주기율표 Periodic Table of the Elements

원소 기호 → C   6 ← 원자 번호
영어명 → Carbon
한글명 → 탄소
원자량 → 12.011

금속 (Metal)
준금속 (Semimetal)
비금속 (Nonmetal)

주기＼족	1A 1	2A 2	3B 3	4B 4	5B 5	6B 6	7B 7	8B 8	8B 9	8B 10	1B 11	2B 12	3A 13	4A 14	5A 15	6A 16	7A 17	8A 18
1	H 1 Hydrogen 수소 1.007																	He 2 Helium 헬륨 4.0026
2	Li 3 Lithium 리튬 6.941	Be 4 Beryllium 베릴륨 9.0122											B 5 Boron 붕소 10.811	C 6 Carbon 탄소 12.011	N 7 Nitrogen 질소 14.0067	O 8 Oxygen 산소 15.9994	F 9 Fluorine 플루오린 18.9984	Ne 10 Neon 네온 20.1797
3	Na 11 Sodium 소듐(나트륨) 22.9898	Mg 12 Magnesium 마그네슘 24.305											Al 13 Aluminium 알루미늄 26.9815	Si 14 Silicon 규소 28.0855	P 15 Phosphorus 인 30.9738	S 16 Sulfur 황 32.0650	Cl 17 Chlorine 염소 35.4533	Ar 18 Argon 아르곤 39.948
4	K 19 Potassium 포타슘(칼륨) 39.0983	Ca 20 Calcium 칼슘 40.078	Sc 21 Scandium 스칸듐 44.9559	Ti 22 Titanium 타이타늄 47.867	V 23 Vanadium 바나듐 50.9415	Cr 24 Chromium 크로뮴 51.9961	Mn 25 Manganese 망가니즈 54.938	Fe 26 Iron 철 55.845	Co 27 Cobalt 코발트 58.9332	Ni 28 Nickel 니켈 58.6934	Cu 29 Copper 구리 63.546	Zn 30 Zinc 아연 65.409	Ga 31 Gallium 갈륨 69.723	Ge 32 Germanium 저마늄 72.64	As 33 Arsenic 비소 74.9216	Se 34 Selenium 셀레늄 78.96	Br 35 Bromine 브로민 79.904	Kr 36 Krypton 크립톤 83.798
5	Rb 37 Rubidium 루비듐 85.4678	Sr 38 Strontium 스트론튬 87.62	Y 39 Yttrium 이트륨 88.9059	Zr 40 Zirconium 지르코늄 91.224	Nb 41 Niobium 나이오븀 92.9064	Mo 42 Molybdenum 몰리브데넘 95.94	Tc 43 Technetium 테크네튬 98.9063	Ru 44 Ruthenium 루테늄 101.07	Rh 45 Rhodium 로듐 102.9055	Pd 46 Palladium 팔라듐 106.42	Ag 47 Silver 은 107.8682	Cd 48 Cadmium 카드뮴 112.411	In 49 Indium 인듐 114.818	Sn 50 Tin 주석 118.71	Sb 51 Antimony 안티모니 121.76	Te 52 Tellurium 텔루륨 127.6	I 53 Iodine 아이오딘 126.9045	Xe 54 Xenon 제논 131.293
6	Cs 55 Cesium 세슘 132.9055	Ba 56 Barium 바륨 137.327		Hf 72 Hafnium 하프늄 178.49	Ta 73 Tantalum 탄탈럼 180.9479	W 74 Tungsten 텅스텐 183.84	Re 75 Rhenium 레늄 186.207	Os 76 Osmium 오스뮴 190.23	Ir 77 Iridium 이리듐 192.217	Pt 78 Platinum 백금 195.078	Au 79 Gold 금 196.9666	Hg 80 Mercury 수은 200.59	Tl 81 Thallium 탈륨 204.3833	Pb 82 Lead 납 207.2	Bi 83 Bismuth 비스무트 208.9804	Po 84 Polonium 폴로늄 208.9824	At 85 Astatine 아스타틴 209.9871	Rn 86 Radon 라돈 222.0176
7	Fr 87 Francium 프랑슘 223.0197	Ra 88 Radium 라듐 226.0254		Rf 104 Rutherfordium 러더포듐 261.1088	Db 105 Dubnium 더브늄 262.1142	Sg 106 Seaborgium 시보귬 266.1219	Bh 107 Bohrium 보륨 264.1247	Hs 108 Hassium 하슘 269.13	Mt 109 Meitnerium 마이트너륨 268.1388	Ds 110 Darmstadtium 다름스타튬 271.15	Rg 111 Roentgenium 뢴트게늄 272.1535	Cn 112 Copernicium 코페르니슘 (277)	Nh 113 Nihonium 니호늄 (284.18)	Fl 114 Flerovium 플레로븀 (289.19)	Mc 115 Moscovium 모스코븀 (288.19)	Lv 116 Livermorium 리버모륨 (293)	Ts 117 Tennessine 테네신 (294)	Og 118 Oganesson 오가네손 (294)

란타넘족 (Lanthanides)	6	La 57 Lanthanum 란타넘 138.9055	Ce 58 Cerium 세륨 140.116	Pr 59 Praseodymium 프라세오디뮴 140.9077	Nd 60 Neodymium 네오디뮴 144.24	Pm 61 Promethium 프로메튬 146.9151	Sm 62 Samarium 사마륨 150.36	Eu 63 Europium 유로퓸 151.964	Gd 64 Gadolinium 가돌리늄 157.25	Tb 65 Terbium 터븀 22.9898	Dy 66 Dysprosium 디스프로슘 162.5	Ho 67 Holmium 홀뮴 164.93	Er 68 Erbium 어븀 167.259	Tm 69 Thulium 툴륨 168.9342	Yb 70 Ytterbium 이터븀 173.04	Lu 71 Lutetium 루테튬 174.967
악티늄족 (Actinides)	7	Ac 89 Actinium 악티늄 227.0278	Th 90 Thorium 토륨 232.0381	Pa 91 Protactinium 프로트악티늄 231.0359	U 92 Uranium 우라늄 238.0289	Np 93 Neptunium 넵투늄 237.0482	Pu 94 Plutonium 플루토늄 244.0642	Am 95 Americium 아메리슘 243.0614	Cm 96 Curium 퀴륨 247.0703	Bk 97 Berkelium 버클륨 247.0703	Cf 98 Californium 캘리포늄 251.0796	Es 99 Einsteinium 아인슈타이늄 252.083	Fm 100 Fermium 페르뮴 257.0951	Md 101 Mendelevium 멘델레븀 258.0984	No 102 Nobelium 노벨륨 259.101	Lr 103 Lawrencium 로렌슘 262.1097

Undergraduate Instrumental Analysis

Eighth Edition

기기분석

제8판

Thomas J. Bruno • James W. Robinson
Eileen M. Skelly Frame • George M. Frame II

이승호 옮김

자유아카데미

저자 서문

오늘날의 분석 화학은 대부분 기기 분석 화학으로, 화학 전공자가 아닌 다양한 분야의 기술자나 과학자들도 사용하고 있다. 분석 기기는 분자 생물학, 의학, 지질학, 식품 과학, 재료 과학 같은 다양한 분야의 연구에 매우 중요하다. 정확하고 정밀한 결과를 얻는 데 매우 뛰어난 예술적인 기술이 필요하지는 않더라도, 분석 기기를 "black box(기능은 알지만 작동 원리는 이해하지 못하는 복잡한 기계장치)"처럼 간주하지는 않아야 한다. "Garbage in, garbage out(쓰레기가 들어가면, 쓰레기가 나온다)"이라는 말은 컴퓨터뿐만 아니라 분석 기기에도 적용된다. 이 책의 목적은 사용자에게 장비에 대한 이해를 제공하는 것이다.

이 책은 앞의 판들과 마찬가지로, 학부생이나 기기 분석 화학에 대한 배경지식이 없는 학생들에게 현대 분석 기기들의 작동방식, 용도와 한계가 무엇인지를 알려주기 위해 집필되었다. 대수학 이상의 수학은 최소한으로 유지하였다. 이전 판에서는 미적분학이나 물리학 또는 물리화학에 대한 배경지식이 필요하지 않다고 하였으나, 이러한 분야에 어느 정도 익숙해지면 도움이 될 것이다. 실제로, 기기 분석을 수강하는 학생이 배경지식이 없을 것이라고 가정하는 것은 비현실적이다. 8판은 그들에게 자신의 배경을 바탕으로 발전할 수 있는 기회를 제공한다.

이 책에서는 주된 현대 기기를 중심으로 기기의 기본 원리, 기기 장치의 자세한 설명과 그 응용을 다룬다. 각 장에는 업데이트된 참고문헌과 연습문제를 실었으며 대부분의 장에서는 해당 기술에 적합한 실험을 제안하였다.

이번 8판은 완전히 업데이트되고, 개정되었으며, 확장되었다. 강사들의 선호도에 맞춰 7판과는 다르게 순서를 변경하였다. 분광학을 소개한 후 UV-VIS에 대해 논의하고, 기본 사항이 소개된 후에는 강사가 순서를 자유롭게 변경할 수 있다. 크로마토그래피와 질량 분석법은 현대 실험실에서 주로 사용되는 장비를 더 잘 반영하기 위해 크게 확장되었다. 6판에서는 NMR의 중요성을 반영하여 FTNMR, 13C, 2DNMR 스펙트럼 해석을 중점으로 확장하였는데, 이번 8판에서는 시간 영역 NMR(relaxometry)과 저자기장, benchtop, 기기의 소형화에 대한 내용이 포함된다. 또한 최근 소형화된 저비용 ESR 기기가 출시되고 생분석에서의 중요성을 고려하여 전자 스핀 공명 분광법(ESR, EPR)을 추가하였다.

이 책의 특징은 유기 스펙트럼 해석(IR, NMR, MS)과 기기 분석의 결합이다. Bio-Rad 연구소(IR, NMR), Aldrich 사(NMR), Agilent technology 사 및 NIST 화학 웹북에서 제공한 NMR, IR, MS 스펙트럼은 학생들이 현대 실험실에서 마주칠 최신 기기로부터 얻은 것이다. 추가 NMR 스펙트럼은 Bruker Corporation 및 picoSpin LLC(현 Thermo Fisher Scientific)에서 제공하였다. 계산을 위해 스프레드시트를 사용하는 방법을 예제와 함께 소개하였다. 어디에나 존재하는 인터넷의 특성을 반영하여 광범위한 리소스가 포함된 많은 기기 제조업체 웹사이트와 정부 웹사이트를 포함시켰다. 여기에는 표준 물질(National Measurement Laboratories에서 이용 가능) 및 표준 물질 데이터에 대한 확장된 논의를 포함한다.

시료 채취, 시료 처리, 보관 및 시료 전처리 방법을 다루며, 가속 용매 추출, 고체상 미세 추출(SPME), QuEChERS, 마이크로파 기술과 같은 최신 방법도 포함하였다. NMR에서는 기기 장치, 액체와 고체 분석, 응용을 자세하게 다루었다. MRI 및 이미징에 대한 절과 함께 하이픈으로 연결된 NMR에 대한 섹션이 포함되었다. IR은 FTIR에 중점을 두었고, 광음향 분광학이 포함되었다. FTIR 현미경과 마찬가지로 흡수, 방출 및 반사 분광학도 논의된다. ATR에 대한 내용이 확장되었다. 근적외선 장치와 응용을 다루었고, 화학계량학(chemometrics)을 소개하였다. 라만 분광법에서는 공명 라만, 표면 증강 라만, 라만 현미경을 포함하였다. 공초점형 라만 이미징을 포함하여 화학 이미징을 기술하였다. 자외선과 가시광선 분광법에서는 마이크로리터 이하의 분석과 핵산 및 단백질의 비파괴 분석 장치와 함께 흐름-통과(flow-through) 시료 용기와 광섬유 탐침과 같은 혁신적인 내용을 포함하였으며, 유기물의 UV 흡수 스펙트럼의 해석을 상세히 다룬다. 응용으로는 핵산 및 단백질 측정, 분광학적 적정 및 법의학 화학에서의 새로운 응용을 포함하였다. 탁도법, 비탁법, 형광 및 인광에서의 장치와 응용을 자세히 다루며 CIE를 이용한 색상 측정을 예시와 함께 설명하였다.

질량 분석법은 두 개의 장으로 구성되어 있으며 유기 및 무기 MS 기기 및 응용 분야를 다룬다. 우리는 진공 시스템의 혼돈되는 단위 조합을 없앴다. 새로운 Triple Quad ICP-MS 기기를 포함하여 유기 및 무기 MS용 MSn 기기와 함께 GC-MS 및 LC-MS를 설명한다. 전기분무 및 MALDI와 같은 최신 이온화 방법도 설명되어 있다. DESI(탈착 전기분무 이온화) 및 LAESI(레이저 제거 전기분무 이온화)와 같은 표면 스캐닝 및 이온화 소스와 DART 대기압 이온화 소스를 소개하며, Orbitrap 및 장거리 비행시간(JEOL SpiralTOF 및 LECO Citius-LC 및 Pegasus GC-HRT)과 같은 고해상도 시스템을 설명한다. 저해상도 MS로부터의 질량 및 스펙트럼 정확도를 향상시키기 위해 MS 피크 프로필 보정 소프트웨어의 사용이 설명되었으며 검색 소프트웨어 사용 시 중요한 주의 사항을 설명한다. HRMS의 활용에 대한 관심이 높아지고 있다. 휴대용 증기 모니터부터 단백질체 분석기(proteomic analyzer)의 다양한 형태 이성질체의 분석을 가능케 하는 단계까지 이르는 4가지 시스템에 대한 논의와 함께 이온 이동성 분광법 섹션이 추가되었으며, 유기질량 스펙트럼의 해석을 예시와 함께 다룬다. 유기 및 무기 응용 분야에서는 프로테오믹스, 생체분자 및 환경 관심종을 강조하면서 GC-MS, LC-MS 및 하이픈으로 연결된 ICP-MS의 사용에 중점을 둔다. 새로운 동시 및 "삼중 쿼드" ICP-MS 시스템과 글로우 방전 표면 샘플링 및 금속 프로파일링에서의 수소를 사용하는 원자 MS 응용의 예가 추가되었다. 새로운 MP-AES 및 삼중 사중 극자 ICP-MS를 포함하여 모든 주요 원자 흡수 및 방출 방법과 장비를 다룬다.

크로마토그래피 분리 및 장치는 분자적 관점에서의 혼합물에 대한 기본적인 설명으로 시작하는 세 개의 장으로 구성된다. 첫 번째 장에서는 혼합물의 특성부터 시작하여 크로마토그래피 과정의 특성을 다룬다. 복잡한 공식은 최소한으로 하였다. 그 대신 분리, 분리도 및 검출에 관하여 학생들이 직관적으로 이해할 수 있도록 광범위한 설명과 비유를 사용한다. 개념을 명확히 하기 위해 그래픽이 추가되었다. 현재 관행에 따라 GC는 거의 대부분 모세관 컬럼을 사용하는 방법으로 취급된다. SPME 주입, 저블리딩 정지상, 이온성 액체 정지상, 화합물 선택 검출기, 특히 분광 검출기와의 인터페이스 및 컴퓨터를 사용한 데이터 처리를 다룬다. GC-MS, GC-IR, GC-IR-MS 및 GC-GC와 같은 소위 하이픈 기술을 포함하며, 머무름 지수, 검출성 및 휘발성 개선을 위한 유도체화, 공기 중 혹은 수중 가스 분석에 관한 새로운 섹션이 추가되었다. HPLC를 구현하기 위한 요구 사항을 개발하였다. 학생들은 LC의 기기화가 GC보다 뒤처지게 만든 어려움을 이해하게 된다. 일단 문제가 해결되면 LC는 급성장하고 있는 생물분석, 프로테오믹스, 유전학 분야에 더 넓게 응용할 수 있는 것으로 보인다. 더 높은 분해능과 더 빠른 분석을 가능케 하는 표면 다공성 코어-쉘-입자 정지상의 사용을 설명한다. 이러한 UHPLC 방법은 현재 사용되는 LC의 반 이상을 차지한다. 이온 크로마토그래피용 전하 검출기, 코로나 방전 검출기, 당류 검출을 위한 펄스 전류 검출기, 광학 비활성 분석물의 검출을 위한 증발 광산란 검출기와 같은 새로운 검출기의 장치 디자인과 작동에 관한 자세한 논의를 추가하였다. HPLC와 질량 분석기(ESI, APCI)의 인터페이스의 디자인과 작동에 관한 내용을 추가하고 단백질이나 펩타이드의 염기 서열 결정 및 확인에 대한 내용을 추가하였다. 또한 학생들을 위하여 아미노산의 구조와 명명법을 정리한 표를 제시하였다. 이온 크로마토그래피, 친화 크로마토그래피, 크기 배제 크로마토그래피, 초임계 유체 크로마토그래피(SFC)에 관한 내용을 확장하였다. 초고성능 수렴 크로마토그래피(UPC2)가 가능하도록 재디자인한 SFC를 소개하였고, SFC의 개선사항을 제시하였다. 엄격히 말해 크로마토그래피 방법으로 분류되지는 않지만 평면 및 모세관 전기 이동을 13장에서 자세히 설명하였다. 유전학에서 유전자의 염기 서열 결정을 위한 형광 유도체 검출을 이용한 모세관 전기 이동의 응용과 프로테오믹스에서 단백질 펩타이드 맵핑을 위한 2D slab-gel, 등전 집중/SDS-PAGE 전기 이동의 응용을 보여 준다. 부록에서는 수천 개의 크로마토그래피 분리 예가 담긴 웹사이트로 가는 링크를 제공하는데, 학생들은 특정 분리나 측정 문제에 대한 해결책을 찾기 위해 컬럼 제조업체에서 제공하는 정보를 이용하는 방법을 배우기를 권장한다.

XPS에 대한 내용은 판매용 장비의 최신 내용을 반영하여 개정하였다. 분광 전기 화학과 나노전기화학에 대해서는 판매용 장치와 예를 추가하여 더 자세히 설명하였다. 석영 결정 microbalance를 기반으로 한 검출법도 소개하였다. 새로운 pH 미터는 안트로퀴논이 결합된 다중층 탄소 나노튜브 표면을 가지는데, 교정이 필요 없으며 보관이 용이하고 전압 측정을 기반으로 하는 매우 견고한 검출 방법이다.

17장에는 중요한 생분석 기술인 미세 열량 측정법을 추가하였고, 열분석, TMA, DMA는 TA Instrument 사가 제공한 훌륭한 자료와 도움으로 상세히 기술하였다. 이제 광학 열 기기를 다룬다.

이번 판에 주제 색인과 화학 색인이 모두 포함되어 있다. 화학 색인이 완전하지는 않지만 독자는 이를 통해 많은 화합물과 원소에 대한 분석방법을 신속하게 찾을 수 있다. 저자들은 그래픽, 기술적 조언, 재작성 및 리뷰를 제공한 감사의 글에 나열된 전문가들에게 매우 감사하고 있지만, 이 책의 모든 오류는 전적으로 저자들의 책임이다.

James J. Bruno
James W. Robinson
Eileen M. Skelly Frame
George M. Frame II

감사의 글

본 판의 성공적인 완성을 위해 도움을 주신 다음 분들께 감사드린다. 그들은 다이어그램, 사진, 애플리케이션 노트, 스펙트럼, 크로마토그램 및 텍스트와 관련된 많은 유용한 설명과 제안을 제공하였다. 이들의 이름을 특정 순서 없이 나열한다. **BÜCHI Labortechnik AG**의 Birke Götz; **TA instrument** 팀 모두와 특별히 Roger Blaine, Fred Wiebke, Charles Potter 및 Terry Allen; **Agilent Technologies**의 Gwen Boone, Doug Shrader, Ed McCurdy, Pat Grant, Laima Baltusis, Dan Steele, Jim Simon, Paul Canavan, Amy Herlihy, Eric Endicott, Valerie Lopez, William Champion 및 Matt Nikow; **HORIBA Scientific**의 Dr. A. Horiba, Atsuro Okada, Juichiro Ukon, Mike Pohl, Philippe Hunault, Patrick Chapon, Phil Shymanski, Diane Surine, Joanne Lowy, Andrew Whiteley, Christophe Morin 및 David Tuschel; **Teledyne Leeman Labs, Inc.**의 Peter Brown, Dave Pfeil 및 Dr. Manuel Almeida; **Mettler Toledo, Inc.**의 Steve Sauerbrunn; **Thermo Fisher Scientific**의 Mark Mabry, Bob Coel, Ed Oliver, Lara Pryde, Jim Ferrara, John Flavell, Chuck Douthitt, Keith Bisogno, Mary Meegan-Litteer, Jackie Lathos-Markham, Todd Strother, Joseph Dorsheimer, Marty Palkovic, Dr. Julian Phillips, Wendy Weise, Carl Millholland, Michael Bradley, Janine O'Rourke, Eric Francis, Art Fitchett, Dr. Stephan Lowry, Timothy O. Deschaines, Fergus Keenan, Simon Nunn, Ryan Kershner, Elizabeth Guiney, Russell Diemer, Michael W. Allen, Bill Sgammato, Dr. John Wolstenholme, Dr. Joachim Hinrichs, Carolyn Carter, Kathy Callaghan, Allen Pierce, Arthur Fitchitt, Fraser McLeod 및 Frank Hoefler; **Allen Design**의 Mary Allen; **CETAC Technologies**의 Todd Maxwell; **PANalytical, Inc.**의 David Coler; **Buchi Corporation**의 William Ickes; **Supercritical Fluid Technologies, Inc.**의 Kenneth Krewson; **AMETEK**의 Jim McKinley, Dale Edcke, Bob Anderhalt; **Hitachi High Technologies America**의 Mike Hurt 및 Luis Moreno; **Rigaku Corporation**의 Michael Nelson; **Applied Rigaku Technologies, Inc.**의 Robert Bartek; **Carpenter Technologies**의 Dr. Tom Dulski; **Pfizer Central Research and Development**의 Dr. Alex Medek; **Lehigh 대학**의 Dr. James Roberts; **Bruker Corporation**의 Dr. Thorsten Thiel, Kodi Morton, Catherine Fisk, Andrew Hess, Armin Gross, Sarah Nelson, Jerry Sooter 및 Mark Chaykovsky; **Bruker BioSpin**의 Pat Wilkinson 및 James Beier; **New York 주립대학 환경과학 및 임업대학**의 F. X. Webster 교수; **LECO Corporation**의 Pat Palumbo, Bill Strzynski, Lorne M. Fell 및 Veronica Jackson; **NIST**의 Dr. Cedric Powell, Dr. William M. Haynes, Dr. Megan Harries; **Supelco**의 Jill Thomas와 Michael Monko; **Phenomenex, Inc.**의 Michael Garriques 및 Karen Anspach,; SGE의 A. Audino 및 Kerry Scoggins; **BURLE Electro-Optics, Inc.**의 Dr. Ronald Starcher; **Milestone, Inc.**의 Merrill Loechner; **CEM Corporation**의 Dr. Mike Collins; **Scripps 연구소 질량 분석 센터**의 Gary Siudzak 교수; Georgia주 소재 **Atlanta 질병통제센터**의 Dr. Robert Kobelski; **Vanderbilt 대학**의 David Hercules 교수; **NIST 질량 분석 데이터 센터**의 Dr. S.E. Stein 및 Anzor I. Mikaia; **NITON Corp.**의

Volker Thomsen; **NETZSCH Instruments North America, LLC**의 Dr. Gilles Widawski 및 Fumi Akimaru; **NETZSCHGerätebau GmbH**의 Dr. Thomas Rampke 및 Stephan Knappe; **JEOL, Inc.**의 Michael Fry, Dr. Chip Cody, Pam Mansfield, Masaaki Ubukata 및 Patricia Corkum; **PerkinElmer, Inc.**의 Andy Rodman, Giulia Orsanigo, Christopher Tessier, Sarah Salbu 및 Danielle Hawthorne; **Newport Corporation**의 Nancy Fernandes; **SPEX CertiPrep, Inc.**의 Ralph Obenauf; **Applied Separations, Inc.**의 Rolf Schlake; **Avantor Performance Materials, Inc.**의 Paul Smaltz 및 Anne Logan; **Anasazi Instruments, Inc.**의 Donald Bouchard; **Starna Scientific, Inc.**의 John Hammond, Rosemary Huett 및 Keith Hulme; **picoSpin, LLC**의 John Price, Dean Antic 및 Chuck Miller; **PIKE Technologies**의 Jenni L. Briggs 및 Z. Stanek; **Enwave Optronics, Inc.**의 Dawn Nguyen; **Rigaku Raman Technologies, Inc.**의 Alicia Kimsey 및 Claire Dentinger; **BaySpec**, Inc.의 Steve Pullins 및 Eric Bergles; **Hellma USA**, Inc.의 Evan Friedmann; **Microspectral Analysis, LLC**의 Eric Shih, Mark Salerno, C Technologies; Monique Claverie, Joseph Dr. E. Johnson 및 Dr. David Wooton; **Shimadzu Scientific Instruments, Inc.**의 Keith Long, Mark Talbott, Mark Taylor, Kevin McLaughlin 및 Herb Pottoff; **TSI, Inc.**의 Steve Buckley 및 Edwin Pickins; **Gamry Instruments**의 Chris Beasley 및 Burak Uglut; **International Crystal Manufacturing, Inc.**의 Mark Handley; **Olympus NDT**의 Eoin Vincent, Samuel Machado 및 John Nikitas; **Process NMR Associates, LLC**의 Dr. John C. Edwards; **GE Healthcare Life Sciences**의 Mary Jo Wojtusik 및 Michele Giordiano; **Norton Scientific Inc.**의 Bryan C. Webb; **Glass Expansion, Inc.**의 Ryan Brennan; **Implen, Inc.**의 Heather Grael; **AstraNet Systems, Ltd.**의 Ray Wood; **ASTM International**의 Jamie Huffnagle, Len Morrisey 및 Brent Cleveland; **Waters Corp.**의 Brian J. Murphy 및 Dave DePasquale; **Prosolia**의 Joseph H. Kennedy; **Excellims**의 Carol Morloff; **Photonis**의 Margaret M. Cooley; **Palisade**의 Stanton Loh; **IonSense Inc.**의 Mike Festa; **CERNO Inc.**의 Yongdong Wang 및 Ming gu; **Chemring Inc.**의 제프 오카미츠.

저서인 자외선 분광학의 이론 및 응용(Wiley, New York, 1962)의 자료 사용을 허락해준 **Cincinnati 대학**의 Milton Orchin 교수에게 특별히 감사드린다. **New York 시립대학**의 Paris D.N. Svoronos 교수와의 장기 협력에 감사드린다. 3~5장의 Bio-Rad NMR, UV 및 IR 스펙트럼을 제공한 **Bio-Rad 정보학 부서**의 Marie Scandone과 3장의 Aldrich NMR 스펙트럼과 Supelco 그래픽을 제공해준 **Sigma-Aldrich**의 Wes Rawlins, Cindy Addenbrook, Sean Battles, Dean Llanas, Chris Wozniak, Chris Lein의 유쾌한 협력, 인내 및 귀한 도움에 특별한 감사를 드린다. New York주 Albany 소재 **Albany Advanced Imaging**의 Herk Alberry, Mike Farrell 및 Danny Dirico는 3장에서 제공한 MRI 이미지와 기술 지원에 도움을 주었다. 3장에서 MRI 이미지를 제공한 독일 Bremerhaven 소재 **Alfred-Wegner-극지 및 해양 연구소**의 Dr. Christian Bock, 3장에서 사용된 의료용 MRI 시스템 사진을 제공해준 **Toshiba America Medical Systems**의 Vielen Dank와 Julie Powers에게 감사드린다. 12장의 그림을 만드는 데 사용된 EZ-Chrom 크로마토그래피 시뮬레이션 프로그램을 제공해준 **Restek**의 Dr. Frank Dorman과 귀한 도움을 제공한 **Restek**의 Dr. Jack Cochran 및 Pam Decker에게 감사드린다. **Bruker Optics, Inc.**의 Dr. Z. Harry Xie는 TD-NMR과 관련된 3.9절에 대한 아이디어와 상당 부분을 제공한 데 대해 감사하게 생각한다. **Agilent Technologies**의 Amy Herlihy는 SWIFT NMR에 대한 정보와 예시를 제공했다. **Thermo Fisher Scientific**의 Todd Strother는 4장에서 그래픽과 화학계량학 요약을 통해 NIR에 귀중한 도움을 제공했다. **Thermo Fisher Scientific**에서 근무했던 Timothy O. Deschaines는 라만 섹션, 특히 SERS의 업데이트에 도움을 주었다. **WITec GmbH**의 Harald Fischer는 4장의 3D 공초점 라만 이미징 및 표면

현미경에 대한 섹션을 제공하고 그래픽을 제공했다. 3장의 900 MHz NMR 사진을 제공해준 **Madison의 Wisconsin 대학**(nmrfam.wisc.edu)의 Dr. Anne Lynn Gillian-Daniel에게 감사드린다. **Bruker BioSpin** 웹사이트의 Dr. Ralph Weber가 제작한 EPR(ESR) 튜토리얼은 매우 유용했다. Weber 박사는 유용한 의견과 함께 6.12절의 많은 부분에 기여하였다. 8장을 수정해준 **Bruker AXS**의 Dr. Alexander Seyfarth는 온라인으로 제공될 대화형 연습을 시작할 예정이며 해당 장의 공동 저자이다. Micro-ESR에 대한 그래픽 및 기술 지원에 대해 Dr. James R. White, Christopher J. White, Colin T. Elliott(**Active Spectrum, Inc.**)에게 감사드린다. **미 육군 연구소**의 Dr. Andrzej Miziolek과 **Applied Photonics Ltd.**의 Dr. Andrew Whitehouse는 LIBS 섹션에 대한 기술 조언, 문헌, 응용 노트 및 그래픽을 제공했다. **Agilent Technologies**의 Dr. Doug Shrader와 Dr. Ed McCurdy는 새로 출시된 ICP-MS 삼중 사중 극자 장비에 대한 설명을 위한 그래픽과 예를 제공했다. **SPECTRO Analytical Instruments**의 Alan Merrick이 SPECTRO MS 그래픽을 제공했다. **Physical Electronics USA, Inc.**의 John F. Moulder 박사는 14장의 많은 부분에 대한 그래픽과 전문가 제안 및 수정을 제공했다. **ZAHNER-Elektrik GbmH & Co.KG**의 Hans Joachim Schaefer 박사와 C.-A. Schiller, 호주 **Melbourne 대학**의 Stephen P. Best 교수는 분광전기화학 논의를 위한 그래픽과 예시를 제공했다. **Gamry Instruments, Inc.**의 Dr. Chris Beasley는 15장의 석영 결정 미세 저울 섹션 그래픽의 대부분을 검토하고 제공했다. Dr. Christin Choma는 단백질 연구를 위한 미세 열량계의 응용을 이해하는 데 귀중한 도움을 주었다. 모두에게 감사드린다.

ChemDraw Ultra 12.0를 제공한 **CambridgeSoft Corporation**의 Irwin Schreiman에게 감사드린다.

저자들은 유용한 논평과 제안을 해준 다음 동료들에게 감사의 말씀을 전한다: **Pacific University**의 Dr. O. David Sparkman; **Rensselaer Polytechnic Institute**의 Ronald Bailey 교수; **Idaho 대학**의 Peter Griffiths 교수; Dr. Elizabeth Williams; **Massachusetts 대학**의 Julian Tyson 교수. 제5판의 15장을 공동 집필한 **LSU**의 Robert Gale 명예교수에게 감사드린다.

앞표지 내부의 주기율표는 Dragoset, R.A., Musgrove, A., Clark, C.W. 및 Martin, W.C.의 허가를 받아 사용하였다(주기율표: 원소의 원자 특성, NIST SP 966 유인물, 2019년 8월, National Institute of Standards and Technology, Gaithersburg, MD, www.nist.gov).

Sadtler Spectra 출판은 Bio-Rad 연구소의 정보학 부서로부터 허락받았다. 모든 Sadtler Spectra의 저작권은 Bio-Rad Laboratories, Informatics Division, Sadtler Software and Databases 2014이다.

J.T.Baker® 및 ULTREX®는 Avantor Performance Materials, Inc.의 상표이다.

마지막으로 분석, 산업 및 물리화학 수석 편집자 Barbara Glunn Knott, 편집자 Alexis O'Brien, 수석 편집 보조 Sherry Thomas, 수석 출판인 Fiona Macdonald, 표지 디자인 관리자 Jonathan Pennell 및 CRC Press/Taylor & Francis Group의 모든 구성원의 놀라운 인내심과 귀중한 지원에 감사드린다.

저자 소개

Thomas J. Bruno는 2019년에 은퇴하기 전까지 Colorado주 Boulder시에 있는 NIST의 응용 화학 및 재료 부서의 그룹 리더였다. Polytechnic Institute of Brooklyn에서 화학 학사 학위를 받았고, Georgetown 대학교에서 물리화학 석사 및 박사학위를 받았다. 처음에는 NIST에서 미국국립과학원(National Academy of Sciences)-국립연구위원회(National Research Council) 박사후 연구원으로 근무했다. Bruno 박사는 연료, 폭발물, 법의학, 환경 오염 물질을 연구해 왔다. 또한 화학적 분리, 새로운 분석 방법 개발, 크로마토그래피용 새로운 검출기에 대한 연구에도 참여했다. 그의 발명품 중에는 증류 곡선 방법(연료 분석용)과 PLOT-냉동흡착(증기 시료채취용)이 있다. 그는 270편 이상의 연구 논문과 8권의 책을 출판했으며 10개의 특허를 발표하였다. CRC *Handbook of Chemistry and Physics*의 부편집장, *Fuel Process Technology*의 부편집장으로 활동 중이다. Bruno는 "반응성 유체의 열물리학"에 관한 연구로 1986년 상무부 동메달을 받았으며, 2010년에는 "미국에 새로운 연료를 도입하기 위한 복잡한 유체 혼합물의 새로운 분석방법"으로 상무부 은메달을 받았다. 2011년에는 고영향 연구에 대한 주지사상의 최종 후보였으며 2015년에는 미국화학회 Colorado 지부 연구상을 수상하였다. 미국 법무부의 법의학 컨설턴트 및 미국 법무부(특히, Oklahoma시 폭탄 테러에 대한 Terry Nichols의 연방 재판), 변호사, 감찰관의 전문가 증인으로 활동하였다. 그 외 다양한 노력으로 2002년에 법무부로부터 표창장을 받기도 하였다. 현재는 미국 사법부를 위한 과학 및 기술 교육 프로그램을 개발하는 일을 하고 있으며 이러한 자격으로 국립법원 및 과학 연구소, Bryson 사법 교육 연구소의 이사로도 활동하고 있다. 그는 9년 동안 Mamie Doud Eisenhower 도서관의 이사회 의장을 역임했다. 여가시간에는 열성적이고 뛰어난 목공인이며 집에 있는 모든 가구를 손으로 만들었다.

고 **James W. Robinson**은 영국 Birmingham 대학에서 BS(우등), PhD, DSc를 받았다. 그는 Louisiana주의 Baton Rouge에 있는 Louisiana 주립대학의 명예교수였다. 영국 왕립화학회 회원이며, *Atomic Absorption Spectroscopy*와 *Atomic Spectroscopy*의 1판과 2판을 포함하여 250편의 논문 및 책의 저자이다. 그는 *Spectroscopy Letters*와 *Journal of Environmental Science and Health*의 편집위원장이었고, *Handbook of Spectroscopy* Vol. 1 (1974), Vol. 2 (1974), Vol. 3 (1981)과 *Practical Handbook of Spectroscopy*(1991)의 주필이었다. 1970년부터 1971년까지 National University Accreditation Committee 위원을 역임하였으며, 1972년에 Colorado 대학과 1975년에 호주 Sydney 대학의 객원교수였다. 1974년에 분석 화학 분야의 Gordon Conference 의장을 맡기도 했다. James W. Robinson 명예교수는 2018년 11월에 95세의 나이로 세상을 떠났다.

고 **Eileen M. Skelly Frame**은 New York주 Troy시 소재 Rensselaer Polytechnic Institute(RPI)의 Chemistry & Chemical Biology 학과의 겸임교수였고, Full Spectrum Analytical Consultants의 대표였다. Skelly Frame 박사는 Drexel University 육군 ROTC 프로그램을 통하여 임관한 최초의 여성이었

다. 그녀는 Drexel 화학과를 우등으로 졸업한 뒤 1975년부터 1986년까지 미 육군 의무병단 장교로 복무하였으며 대위까지 승진했다. 군에서의 첫 5년 동안 Skelly Frame 박사는 독일 Landstuhl에 있는 미 육군 병원의 제10 의학 연구소에서 근무했다. 그 후, 1982년에 루이지애나 주립대학교 화학과에서 박사학위를 받고 웨스트포인트 미 육군사관학교 최초의 여성 화학 교수가 되었다. 군 복무 후 General Electric Corporation(현 GE Global Research)에 입사하여 원자 분광학 실험실의 책임자로 근무하였다. RPI에서의 직무 외에도 New York주 Schenectady에 있는 Union College의 화학과 임상 및 겸임교수도 역임하였다. 그녀는 생물학적 시료와 화장품, 고온 초전도체, 고분자, 금속, 합금과 같은 다양한 물질의 특성 분석을 위한 기기 분석의 활용에 전문가로 잘 알려져 있다. 45년 동안 미국화학회(American Chemical Society)의 정회원이었고, 여러 ASTM 위원회의 회원이었다. Skelly Frame 박사는 2020년 1월에 세상을 떠났다.

George M. Frame II는 Albany 소재 New York State Department of Health의 Wadsworth Laboratory의 Chemical Biomonitoring Section 과학 부문 책임자로 은퇴하였다. 그는 분석 화학 분야의 경험이 많고, GE Corporate R&D Center(현 GE Global Research), Pfizer Central Research, US Coast Guard R&D Center, Maine Medical Center, 미국 공군 Biomedical Sciences Corps에서 근무하였다. 그는 미국화학회 회원이다. Dr. Frame은 Massachusetts주 Cambridge의 Harvard College에서 AB 학위를, New Jersey주 New Brunswick의 Rutgers 대학에서 분석화학 전공으로 박사학위를 받았다.

역자 서문

본 교재는 James J. Bruno, James W. Robinson, Eileen M. Skelly Frame, George M. Frame II가 공저한『Undergraduate Instrumental Analysis』8판을 편역한 것이다.

분석 화학은 물질의 구성 성분, 구조, 함량 등을 측정하는 방법을 연구하는 학문으로, 화학의 주된 분야 중 하나이다. 현대의 화학 분석에서는 대부분 다양한 기기를 이용하는데, 이렇게 기기를 이용하여 분석하는 방법을 연구하는 학문을 기기 분석 화학이라고 한다. 기기 분석 화학은 화학 전공자는 물론, 화학 관련 전공이나 응용과학 분야의 학부에서도 필수적으로 이수하는 핵심 교과목이다. 대부분의 화학 관련 전공 학부에서는 주로 고학년 학생들을 대상으로 하여 한 학기 또는 두 학기 과정으로 기기 분석을 배운다.

국내에서 기기 분석 화학을 강의하는 교수들이 공통적으로 아쉬워하는 점은 학부 과정에 마땅한 교재가 없다는 것이다. 기존의 교재들은 지나치게 상세하거나 혹은 지나치게 간단하여, 보통 두 학기 과정인 기기 분석 강의에 적당하지 않았다. 이에 분석 화학을 전공하고 국내 대학에서 기기 분석 화학을 강의하는 교수들이 뜻을 모아 미국에서 기기 분석 화학 교재로 널리 사용되는 교재인 본 교재를 선택하여 공동으로 7판을 편역했었으며, 이는 이번 8판 개정으로 이어지게 되었다.

본 교재는 주로 화학 및 화학 관련 전공의 3~4학년 학부생을 대상으로 하는 한 학기 또는 두 학기용 '기기 분석 화학' 강의 교재이다. 본문은 총 17개장으로 구성되며, 1장에서는 분석 화학 및 기기 분석 화학의 기본 개념을 소개하고, 3~9장에서는 분광 분석법, 10~11장에서는 질량 분석법, 12~14장에서는 분리 분석법, 15장에서는 표면 분석법, 16장에서는 전기 분석법, 마지막으로 17장에서는 열분석법을 다룬다. 7판과 달리진 가장 큰 부분은, 기기 분석 실험실 환경에서 가장 염두에 두어야 할 실험실 안전에 대해 한 개의 장을 통째로 할애하여 2장으로 수록한 점이다. 또 여러 강의 경험을 반영하여 이전 판에서 내용의 순서가 다소 변경되었으니 이 부분은 저자 서문을 참고하라. 두 학기 강의에서는 첫 학기에 9장까지 분광 분석법을 배우고, 두 번째 학기에 나머지 부분을 강의하면 적당할 것으로 보인다. 다만, 본 교재는 한 학기에 소화하기에는 분량이 많은 편이므로, 한 학기 강의 시에는 중요한 부분만을 선택하여 강의하기를 권한다.

본 교재는 학생의 이해를 돕기 위해 원서를 직역하지 않고 부분적으로 의역하였다. 7판까지 편역에 참여하였던 각 교수의 강의 경험이 토대가 되어 원서에서 학부 수준 강의에 필요하지 않은 부분은 과감히 제외하였으며, 이는 8판에도 유지되었으므로 원서의 내용 및 이를 소개하는 저자 서문과 정확히 일치하지 않는 부분이 있으니 참고하기를 바란다. 또한 학술 용어는 대한화학회의 화학술어집과 화합물 명명법을 따랐으며, 중요한 개념과 요약문은 고딕체나 이탤릭체로 강조하였다. 일부 고유 명사는 원어 그대로 사용하였다. 그럼에도 표현이 서투르거나 잘못 표현된 곳이 있으리라 생각한다. 이러한 부분은 앞으로도 꾸준히 수정 보완할 계획이다. 본 교재를 사용하는 교수나 학생들에게 오역된 부분을 지적해 주거나 더 좋은 표현을 제안해 주길 부탁드린다. 출간 후 수정 사항이 있을 경우에는 자유아카데미 홈페이지(www.freeaca.com) 자료실에 제공할 예정이니 참고하기를 바란다.

이 교재가 학생들에게 유용한 기기 분석 화학 교재가 되기를 기대하며, 이 교재가 출판될 때까지 수고하신 자유아카데미 출판사 관계자 여러분께 깊이 감사드린다.

2025년 1월
역자 이승호

차 례

CHAPTER 01 기기 분석 화학의 개념

1.1 서론: 분석 화학이란 무엇인가? • 1
1.1.1 무게와 질량의 차이 • 2
1.2 분석적 접근 • 3
1.2.1 문제의 정의 • 3
1.2.1.1 정성 분석 • 4
1.2.1.2 정량 분석 • 9
1.2.2 분석 방법의 설계 • 10
1.2.3 시료 채취 • 11
1.2.3.1 기체 시료 • 14
1.2.3.2 액체 시료 • 14
1.2.3.3 고체 시료 • 15
1.2.4 시료의 보관 • 15
1.3 측정의 불확실성에 대한 개념적 논의 • 16
1.4 기초적인 통계와 데이터 처리 • 18
1.4.1 유효 숫자 • 18
1.4.2 정확도와 정밀도 • 20
1.4.3 오차의 종류 • 21
1.4.3.1 가측 오차 • 22
1.4.3.2 불가측 오차 • 25
1.4.4 통계의 정의 • 25
1.4.5 우연 오차의 정량화 • 27
1.4.5.1 신뢰 한계 • 29
1.4.5.2 분산 • 30
1.4.6 이상점의 처리 • 31
1.4.7 불확실성(불확도)의 표현 • 32
1.5 시료의 준비 • 33
1.5.1 산을 이용한 용해와 삭임 • 33
1.5.2 용융 • 36
1.5.3 건조와 연소 • 36
1.5.4 추출 • 37
1.5.4.1 용매 추출 • 37
1.5.4.2 고체상 추출 • 40
1.5.4.3 QuEChERS 법 • 41
1.5.4.4 고체상 미량 추출 • 42
1.6 측정 • 44
1.6.1 신호와 잡음 • 44
1.6.2 교정 곡선 • 47
1.7 데이터의 평가 • 49
1.7.1 검출 한계 • 49
1.7.2 정량 한계 • 50
1.8 참고 자료 및 참고 데이터 • 50
1.8.1 참고 자료 • 50
1.8.2 참고 데이터 • 51
문제 • 52
참고문헌 • 54

CHAPTER 02 기기분석 실험실에서의 안전

2.1 전기적 위험 및 안전 • 58
2.1.1 전기선, 콘센트 및 케이블 • 58
2.1.2 영국의 PAT 테스트 절차 • 62
2.1.3 전기 감전 • 63
2.1.4 배터리 • 63
2.1.5 휴대용 발전기 • 65
2.1.6 접지에 대한 간략한 논의 • 65
2.2 기기 냉각 • 66
2.3 압축 기체 실린더 안전 • 66
2.3.1 압축 기체 조절기 및 매니폴드 • 67
2.3.2 기체 실린더 표시 • 68
2.4 극저온 유체 안전 • 70
2.4.1 극저온 유체 • 70
2.4.2 극저온 액체 용기 • 72
2.5 기기분석 실험실에서의 흄후드 사용 • 74
2.6 레이저 안전 • 76
2.7 압축 공기 라인의 안전 • 77
2.8 사다리 안전 • 78
2.8.1 계단형 사다리 • 78
2.8.2 직선형, 조합형, 연장형 사다리 • 78
2.9 청력 보호 • 79
2.10 실험실 장갑 선택 • 80
2.11 호흡기 카트리지 및 필터 선택 • 81
2.12 나노물질의 안전성 • 82
2.13 이온화 방사선의 상대적 선량 범위 • 84
2.14 자기장 안전 • 86
2.15 기타 위험 및 화재 안전 • 87
2.15.1 소화기 • 88
2.15.2 화기 작업 허가 • 90

2.16 작업 중지 명령 • 90

문제 • 91
토론 질문 • 93
참고문헌 • 93

CHAPTER 03 분광학 입문

3.1 전자기 복사선과 물질과의 상호작용 • 95
3.1.1 전자기 복사선이란 무엇인가? • 95
3.1.2 전자기 복사선은 어떻게 물질과 상호작용 하는가? • 96
3.2 원자와 원자 분광법 • 101
3.3 분자와 분자 분광법 • 102
3.3.1 분자의 회전 전이 • 102
3.3.2 분자의 진동 전이 • 103
3.3.2 분자의 전자 전이 • 103
3.4 흡수 법칙 • 104
3.4.1 Beer의 법칙에서의 편차 • 106
3.5 교정 방법 • 107
3.5.1 표준물을 이용한 교정 방법 • 107
3.5.2 표준물 첨가법 • 110
3.5.3 내부 표준물 교정법 • 112
3.5.4 Beer의 법칙과 관련된 오차 • 115
3.6 분광학에서 사용되는 광학 기기 • 118
3.6.1 광원 • 119
3.6.2 파장 선택기 • 119
3.6.2.1 필터 • 119
3.6.2.2 단색화 장치 • 119
3.6.2.3 두 파장을 분리하기 위한 분해 • 123
3.6.3 슬릿 • 127
3.6.4 검출기 • 129
3.6.5 홑살형 분광기와 겹살형 분광기 • 129
3.6.6 분산형 분광기의 광학적 배치 • 131
3.6.7 푸리에 변환 분광기 • 132
3.6.7.1 FT 장비의 장점 • 133
3.7 분광학적 기술과 기기에 대한 명명 • 134

문제 • 134
참고문헌 • 137

CHAPTER 04 가시광선 및 자외선 분자 분광법

4.1 개요 • 139
4.1.1 분자에서의 전자 들뜸 • 143
4.1.2 분자에 의한 흡수 • 145
4.1.3 몰흡광 계수 • 146
4.1.4 UV 흡수 곡선의 모양 • 147
4.2 기기 • 149
4.2.1 광학계 • 149
4.2.2 방사선원 • 151
4.2.3 단색화 장치 • 152
4.2.4 검출기 • 153
4.2.4.1 장벽층 광전지 • 154
4.2.4.2 광전자 증배관 • 155
4.2.4.3 반도체 검출기: 다이오드 및 다이오드 어레이 시스템 • 156
4.2.4.4 다이오드 • 158
4.2.4.5 다이오드 어레이 • 159
4.2.5 시료 거치대 • 161
4.2.5.1 액체 및 기체 셀 • 161
4.3 분자의 자외선 흡수 스펙트럼 • 162
4.3.1 자외선 스펙트럼에서의 용매 효과 • 163
4.3.1.1 장파장 이동 또는 적색 이동 • 163
4.3.1.2 단파장 이동 또는 청색 이동 • 164
4.4 분석적 응용 • 165
4.4.1 정성 구조 분석 • 165
4.4.2 정량 분석 • 166
4.4.3 다성분 측정 • 171
4.5 분자 방출 분광법 • 172
4.5.1 형광 및 인광법 • 172
4.5.2 형광 강도와 농도의 관계 • 174
4.5.3 형광과 인광의 장점 • 175
4.5.4 형광과 인광의 단점 • 176

문제 • 176
참고문헌 • 178

CHAPTER 05 적외선, 근적외선, 라만 그리고 광음향 분광법

5.1 분자들의 적외선 흡수 • 181
5.1.1 분자 내 쌍극자 모멘트 • 182
5.2 적외선 흡광 기기 • 185
5.2.1 광원 • 185
5.2.1.1 중적외선 광원 • 185
5.2.1.2 근적외선 광원 • 187
5.2.1.3 적외선 레이저 광원 • 188
5.2.2 간섭계 • 188
5.2.2.1 FT 분광기 • 189
5.2.3 검출기 • 191
5.2.3.1 골레이 검출기 • 191
5.2.3.2 열전기 검출기 • 192
5.2.3.3 광자 검출기 • 192
5.3 시료 채취법 • 193
5.3.1 흡광 혹은 투광 방법 • 193

5.3.1.1 고체 시료 • 193
5.3.1.2 액체 시료 • 194
5.3.1.3 기체 시료 • 194
5.3.2 배경 보정 • 196
5.3.2.1 용매 흡광 보정 • 196
5.3.2.2 공기 흡광 보정 • 196
5.3.3 반사 및 방출 측정 기술 • 196
5.3.3.1 흡수 전반사 방법 • 196
5.3.3.2 거울 반사 방법 • 197
5.3.3.3 확산 반사 방법 • 198
5.4 FTIR 현미경 • 198
5.5 비분산 IR 시스템 • 198
5.6 근적외선 분광기 • 199
5.6.1 NIR 분광기 장치 • 200
5.6.2 NIR 진동 띠, 스펙트럼 해석, 교정 • 200
5.6.2.1 NIR 교정: 화학 계측법 • 201
5.6.3 NIR 분광법에서의 시료 채취법 • 202
5.6.3.1 액체와 용액 • 203
5.6.3.2 고체 • 203
5.7 라만 분광법 • 204
5.7.1 라만 기기 • 204
5.7.1.1 광원 • 204
5.7.1.2 분산형 분광기 시스템 • 206
5.7.1.3 FT-라만 분광기 • 206
5.7.2 표면-증강 라만 분광법 • 206
5.7.3 라만 현미경 • 206
5.8 광음향 분광학 • 208
문제 • 212
참고문헌 • 216

CHAPTER 06 자기 공명 분광법

6.1 핵자기 공명 분광학 개론 • 219
6.1.1 핵의 성질 • 220
6.1.2 자기장에서 ^{1}H 핵의 양자화 • 222
6.1.2.1 포화와 자기장 세기 • 225
6.1.3 흡수선의 너비 • 227
6.1.3.1 균일한 자기장 • 227
6.1.3.2 이완 시간 • 227
6.1.3.3 화학적 이동 • 228
6.1.3.4 요술각 회전 • 228
6.1.3.5 선을 넓히는 다른 원인 • 230
6.2 FT-NMR 실험 • 230
6.3 화학적 이동 • 232
6.4 스핀-스핀 결합 • 240
6.5 기기 장치 • 251
6.5.1 시료 용기 • 251
6.5.2 시료 탐침기 • 251
6.5.2.1 극저온 냉각 탐침기 • 253
6.5.3 자석 • 255
6.5.4 RF 발생기와 검출기 • 256
6.5.5 신호 적분기와 컴퓨터 • 257
6.6 NMR의 분석적 응용 • 258
6.6.1 NMR 시료와 시료 준비 • 258
6.6.2 정성 분석: 분자 구조 결정 • 258
6.6.2.1 피크 면적과 분자 구조의 관계 • 259
6.6.2.2 화학적 교환 • 259
6.6.2.3 이중-공명 실험 • 260
6.6.3 ^{1}H 스펙트럼의 해석 • 263
6.6.3.1 지방족 화합물: 알케인, 알켄, 알카인, 알킬 할라이드 • 264
6.6.3.2 방향족 화합물 • 268
6.6.3.3 산소-포함 유기 화합물 • 269
6.6.3.4 질소-포함 유기 화합물 • 273
6.6.4 ^{13}C NMR • 275
6.6.4.1 이핵종 결합 분단 • 278
6.6.4.2 핵 오버하우저 효과 • 279
6.6.4.3 고체 ^{13}C NMR 스펙트럼 • 279
6.6.4.4 ^{13}C 스펙트럼의 이해 • 281
6.6.5 2차원 (2D) NMR • 284
문제 • 288
참고문헌 • 298

CHAPTER 07 원자 흡수 분광 분석법

7.1 원자에 의한 복사 에너지 흡수 • 301
7.1.1 스펙트럼 선너비 • 303
7.1.2 복사 에너지 흡수 • 304
7.2 기기 • 304
7.2.1 광원 • 304
7.2.1.1 속빈 음극등 • 304
7.2.1.2 무전극 방전등 • 306
7.2.2 원자화기 • 307
7.2.2.1 불꽃 원자화기 • 307
7.2.2.2 전열 원자화기 • 309
7.2.2.3 기타 원자화기 • 310
7.2.3 분광기 광학 • 311
7.2.3.1 단색화 장치 • 311
7.2.3.2 광학 및 분광기 구성 • 311
7.2.4 검출기 • 312
7.2.5 변조 • 313
7.3 원자화 과정 • 313
7.3.1 불꽃 원자화 • 313

7.3.2 흑연로 원자화기 • 317
7.4 AAS에서의 간섭 • 318
7.4.1 비스펙트럼 간섭 • 319
7.4.1.1 화학적 간섭 • 319
7.4.1.2 매트릭스 간섭 • 319
7.4.1.3 이온화 간섭 • 320
7.4.1.4 GFAAS에서 비스펙트럼 간섭 • 321
7.4.1.5 화학적 변형 • 321
7.4.2 스펙트럼 간섭 • 323
7.4.2.1 원자 스펙트럼 간섭 • 323
7.4.2.2 바탕 흡수와 보정 • 323
7.4.2.3 두 선 바탕 보정 • 323
7.4.2.4 연속 광원 바탕 보정 • 323
7.4.2.5 Zeeman 바탕 보정 • 324
7.4.2.6 Simith-Hieftje 바탕 보정기 • 325
7.4.2.7 ZGFAAS의 스펙트럼 간섭 • 326
7.5 AAS 분석 응용 • 326
7.5.1 정성 분석 • 327
7.5.2 정량 분석 • 327
7.5.2.1 정량 분석 범위 • 327
7.5.2.2 교정 곡선 • 327
7.5.3 시료 분석 • 329
7.5.3.1 액체 시료 • 329
7.5.3.2 고체 시료 • 329
7.5.3.3 기체 시료 • 330
7.5.3.4 차가운 증기 수은 기술 • 330
7.5.3.5 수소화물 생성 기술 • 331
7.5.3.6 흐름 주입 분석 • 331
문제 • 332
7.A 부록 • 333
7.B 부록 • 341
참고문헌 • 345

CHAPTER 08 원자 방출 분광법

8.1 불꽃 원자 방출 분광법 • 348
8.1.1 불꽃 광학 방출 분광기 • 349
8.1.1.1 버너 어셈블리 • 349
8.1.1.2 파장 선택 장치 • 349
8.1.1.3 검출기 • 350
8.1.1.4 불꽃 들뜸 광원 • 350
8.1.2 간섭 • 352
8.1.2.1 화학적 간섭 • 352
8.1.2.2 들뜸과 이온화 간섭 • 352
8.1.2.3 스펙트럼 간섭 • 353
8.1.3 불꽃 OES 분석적 응용 • 354
8.1.3.1 정성 분석 • 354
8.1.3.2 정량 분석 • 354
8.2 원자 OES • 357
8.2.1 방출 분광법 장치 • 357
8.2.1.1 전기적 들뜸 • 358
8.2.1.2 시료 용기 • 361
8.2.1.3 분광기 • 363
8.2.1.4 검출기 • 364
8.2.2 아크와 스파크 방출 분광법의 간섭 • 367
8.2.2.1 매트릭스 효과와 시료 준비 • 367
8.2.2.2 스펙트럼 간섭 • 367
8.2.2.3 내부 표준 물질 교정 • 368
8.2.3 아크와 스파크 방출 분광법의 응용 • 369
8.2.3.1 정성 분석 • 369
8.2.3.2 지속선 • 369
8.2.3.3 정량 분석 • 371
8.3 플라스마 방출 분광법 • 372
8.3.1 플라스마 방출 분광법의 기기 • 372
8.3.1.1 들뜸 광원 • 372
8.3.1.2 ICP, DCP, MP의 분광기 시스템 • 377
8.3.1.3 시료 주입 시스템 • 379
8.3.2 플라스마 방출 분광법의 간섭과 교정 • 383
8.3.2.1 화학적 간섭과 이온화 간섭 • 383
8.3.2.2 스펙트럼 간섭과 보정 • 384
8.3.3 플라스마 방출 분광법의 적용 • 386
8.3.4 조합된 기기의 화학적 종 분류 • 386
8.4 글로우 방전(GD) 방출 분광법 • 387
8.4.1 DC와 RF GD 광원 • 388
8.4.2 GD 원자 방출 분광법의 응용 • 388
8.4.2.1 벌크 분석 • 388
8.4.2.2 깊이 분석도 분석 • 388
8.5 원자 형광 분광법(AFS) • 389
8.5.1 원자 형광 분광법 기기 장치 • 390
8.5.2 AFS의 간섭 • 390
8.5.2.1 화학적 간섭 • 390
8.5.2.2 스펙트럼 간섭 • 391
8.5.3 AFS의 응용 • 391
8.5.3.1 흑연로 레이저 들뜸 AFS • 391
8.5.3.2 AFS에 의한 수은 결정 및 종분화류 • 392
8.5.3.3 AFS에 의한 수소화물 생성 및 분류 • 392
8.6 레이저 유도 파괴 분광법 • 393
8.6.1 작동 원리 • 393
8.6.2 기기 • 393
8.6.3 LIBS의 응용 • 395
8.6.3.1 정성 분석 및 반정량 분석 • 395
8.6.3.2 정량 분석 • 396
8.6.3.3 원격 분석 • 396
8.7 원자 방출법 논문 그리고 자료 • 398
문제 • 398

8.A 부록 • 401
참고문헌 • 404

CHAPTER 09 X-선 분광법

9.1 X-선 스펙트럼의 기원 • 407
9.1.1 원자의 에너지 준위 • 407
9.1.2 Moseley 법칙 • 414
9.1.3 X-선 방법 • 415
9.1.3.1 X-선 흡수 과정 • 415
9.1.3.2 X-선 형광 과정 • 416
9.1.3.3 X-선 회절 • 418
9.2 X-선 형광 • 419
9.2.1 X-선 광원 • 420
9.2.1.1 X-선관 • 420
9.2.1.2 이차 XRF 광원 • 424
9.2.1.3 방사성 동위 원소 광원 • 424
9.2.2 에너지 분산형 X-선 분광기 • 426
9.2.2.1 들뜸 광원 • 427
9.2.2.2 일차 빛 조절기 • 428
9.2.2.3 시료 거치대 • 431
9.2.2.4 EDXRF 검출기 • 433
9.2.3 파장 분산형 X-선 분광기 • 436
9.2.3.1 평행화기 • 436
9.2.3.2 분석 결정 • 438
9.2.3.3 검출기 • 440
9.2.4 EDXRF와 WDXRF의 비교 • 445
9.2.5 XRF의 응용 • 445
9.2.5.1 분석층 • 446
9.2.5.2 XRF를 이용한 정성 분석 • 448
9.2.5.3 XRF에 의한 정량 분석 • 452
9.3 X-선 흡수법 • 453
9.3.1 EXAFS • 457
9.4 X-선 회절 • 458
9.4.1 단결정 X-선 회절법 • 460
9.4.2 결정 성장 • 462
9.4.3 결정 구조 결정 • 462
9.4.4 분말 X-선 회절법 • 463
9.4.5 XRD의 응용 • 464
9.4.5.1 XRD의 분석 한계 • 467
9.5 X-선 방출 • 467
9.5.1 전자 탐침 미량 분석 • 467
9.5.2 입자 유도 X-선 방출 • 468
문제 • 471
9.A 부록: 특정 파장의 X-선(Å)과 에너지(keV) • 477
9.B 부록: 흡수끝 파장과 에너지 • 482
참고문헌 • 486

CHAPTER 10 질량 분석법 I: 원리와 기기

10.1 질량 분석의 원리 • 487
10.1.1 질량 분석기에서의 분해능과 분리도 • 492
10.2 기기 • 494
10.2.1 시료 주입 시스템 • 494
10.2.1.1 기체 확산 • 494
10.2.1.2 크로마토그래피와 전기 이동 시스템 • 495
10.2.1.3 질량 분석법과 연결된 크로마토그래피 및 적외선 분광 시스템 • 495
10.2.2 이온화 원 • 495
10.2.2.1 전자 이온화 • 495
10.2.2.2 화학 이온화 • 497
10.2.2.3 대기압 이온화 원 • 497
10.2.2.4 탈착 이온화 • 499
10.2.2.4.1 레이저 탈착과 매트릭스-보조 레이저 탈착 이온화 • 500
10.2.2.4.2 빠른 원자 충격 • 501
10.2.2.5 무기물 질량 분석을 위한 이온화 원 • 502
10.2.2.5.1 글로우 방전과 스파크 이온화 원 • 502
10.2.2.5.2 ICP 이온화 원 • 502
10.2.3 질량 분석계 • 504
10.2.3.1 자기 부채꼴, 전기 부채꼴 기기 • 504
10.2.3.2 비행 시간형 분석기 • 505
10.2.3.2.1 JEOL 나선형 TOF • 507
10.2.3.3 사중 극자 질량 분석계 • 508
10.2.3.4 MS/MS 그리고 MS^n 기기 • 511
10.2.3.5 사중 극자 이온 트랩 • 513
10.2.3.6 푸리에 변환 이온-사이클로트론 공명 • 514
10.2.3.7 Orbitrap MS • 515
10.2.4 검출기 • 516
10.2.4.1 전자 증배관 • 517
10.2.4.2 페러데이 컵 • 519
10.2.4.3 배열 검출기 • 520
10.3 질량 분석기 시스템에서의 누출 • 521
문제 • 522
참고문헌 • 524

CHAPTER 11 질량 분석법 II: 스펙트럼 해석과 응용

11.1 질량 스펙트럼 해석: 간단한 분자의 구조 확인 • 525
11.1.1 분자 이온과 조각화 유형 • 527
11.1.2 질소 규칙 • 528
11.1.3 분자식과 동위 원소 존재비 • 529
11.1.3.1 탄소 수 집계 • 530
11.1.4 조각화에 의한 흔한 질량 손실 • 531
11.2 질량 스펙트럼 해석: 몇 가지 예 • 531

11.2.1 탄화수소의 질량 스펙트럼 • 534
11.3 분자 질량 분석의 응용 • 539
11.3.1 고분해능 질량 분석 • 540
11.3.1.1 저분해능 질량 분석 기기를 이용하여 높은 질량 정확도 얻어내기 • 541
11.3.1.2 저분해능 질량 분석 기기 데이터 파일로부터 동위 원소 비율의 정량 정확도 증가시키기 • 541
11.3.2 혼합물과 화합물의 정량 분석 • 542
11.3.3 단백질-서열 분석(단백질체학) • 543
11.3.4 기체 분석 • 545
11.3.5 환경에 적용 • 546
11.3.6 분자 질량 분석의 다른 응용 • 546
11.4 원자 질량 분석 • 547
11.4.1 ICP-MS • 548
11.4.2 원자 질량 분석의 응용 • 550
11.4.2.1 지질학적 물질의 특성 확인 • 552
11.4.2.2 크로마토그래피 결합-ICP-MS를 이용한 종분리 • 553
11.4.2.3 식품 화학, 환경 화학, 생화학, 임상 화학, 의약에의 적용 • 554
11.4.2.4 원자 분석용 질량 분석의 접목 • 556
11.4.3 원자 질량 분석에서의 간섭 • 557
11.4.3.1 매트릭스 효과 • 558
11.4.3.2 스펙트럼 간섭 혹은 동중핵 간섭 • 558
11.4.4 간섭을 줄이는 기기적 접근 • 559
11.4.4.1 고분해능 ICP-MS • 560
11.4.4.2 충돌 셀 혹은 반응 셀 • 560
11.4.4.3 MS/MS를 이용한 간섭 제거 • 560
11.4.5 원자 질량 분석의 한계 • 562
문제 • 563
11.A 부록 • 564
참고문헌 • 567

CHAPTER 12 크로마토그래피의 원리

12.1 크로마토그래피 소개 • 569
12.2 혼합물의 특성 • 570
12.3 크로마토그래피 과정 • 573
12.4 일차원 이상의 크로마토그래피 • 575
12.5 분자 수준에서 크로마토그래피 분리 과정 시각화: '무빙 벨트 위의 사람들' • 576
12.6 크로마토그래피에서 실리콘-산화물의 중요 역할에 대한 논의 • 579
12.7 크로마토그래피 분리를 설명하는 기본 수식 • 581
12.8 컬럼 효율(단 높이)에 영향을 주는 변수는 어떤 것이 있는가? • 583
12.9 크로마토그래피 분리의 최적화 • 585
12.10 컬럼-밖 띠넓힘 효과 • 586
12.11 크로마토그래피의 정성 분석: 분석물 확인 • 587
12.12 크로마토그래피에서 정량 측정 • 588
12.12.1 피크 면적, 피크 높이: 무엇이 정량에 더 적합한가? • 588
12.12.2 외부 표준물을 이용한 교정 • 589
12.12.3 내부 표준물 교정 • 589
12.13 크로마토그래피 계산의 예 • 590
문제 • 592
참고문헌 • 595

CHAPTER 13 기체 크로마토그래피

13.1 GC 기기의 각 요소의 디자인(시료 주입기) • 597
13.1.1 주사기 • 597
13.1.2 자동 시료 주입기 • 597
13.1.3 고체상 미량 추출법 • 598
13.1.4 분할 주입 • 599
13.1.5 비분할 주입 • 599
13.2 GC 장치 구성 요소 디자인(컬럼) • 600
13.2.1 컬럼 정지상 • 600
13.2.2 정지상의 선택 • 602
13.2.3 이동상의 선택과 흐름 변수의 영향 • 603
13.3 GC 기기의 작동(컬럼의 규격과 용리값들) • 604
13.4 GC 기기의 작동(컬럼 온도와 용리값) • 606
13.5 GC 기기 구성 요소의 디자인(검출기) • 606
13.5.1 TCD • 609
13.5.1.1 TCD의 특징 • 609
13.5.2 FID • 610
13.5.2.1 FID의 특징 • 610
13.5.3 ECD • 611
13.5.3.1 ECD의 특징 • 611
13.5.4 ELCD • 613
13.5.4.1 ELCD의 특징 • 613
13.5.5 SP-FPD • 613
13.5.5.1 SP-FPD의 특징 • 613
13.5.6 황 화학 발광 검출기(SCD) • 614
13.5.7 NPD • 614
13.5.7.1 NPD의 특징 • 614
13.5.8 PID • 615
13.5.8.1 PID의 특징 • 615
13.5.9 HID • 615
13.5.9.1 HID의 특징 • 615
13.5.10 AED • 617
13.5.10.1 AED의 특징 • 617
13.6 이종 기기 연결 GC 기술(GC-MS, GC-IR, GC-GC, 또는 2D GC) • 618

13.6.1 GC-MS • 618
13.6.2 GC-IR 분석기 • 621
13.6.3 통합적인 이차원 기체 크로마토그래피(GC×GC 또는 GC^2) • 622
13.7 GC 분석의 범위 • 623
13.7.1 GC에 의한 기체 분석 • 624
13.7.2 GC의 한계 • 625
문제 • 625
참고문헌 • 629

CHAPTER 14 액체 크로마토그래피

14.1 고성능 액체 크로마토그래피 • 631
14.1.1 HPLC 컬럼과 정지상 • 631
14.1.1.1 지지체 입자 고려사항 • 634
14.1.1.2 정지상에 대한 이해 • 634
14.1.1.3 거울상 이성질체 분리를 위한 카이랄 정지상 • 635
14.1.2 분리에 영향을 주는 이동상 조성 • 636
14.1.2.1 매우 극성인 생화학 분자 분석을 위한 새로운 정지상-이동상의 조합 • 638
14.1.2.2 이온 교환 크로마토그래피 • 638
14.1.2.3 친수성 상호작용 액체 크로마토그래피 • 638
14.1.2.4 극성 작용기를 포함한 긴 탄화수소 사슬을 지닌 실리카 • 638
14.1.2.5 극성 작용기를 포함한 짧은 탄화수소 사슬을 지닌 실리카 • 638
14.1.3 HPLC 장비 설계 및 작동 • 639
14.1.4 HPLC 검출기 설계 및 작동 • 641
14.1.4.1 굴절률 검출기 • 642
14.1.4.2 증발 광산란 검출기 • 643
14.1.4.2.1 증발 광산란의 특징 • 643
14.1.4.2.2 코로나 하전 에어로솔 검출기 • 644
14.1.4.3 자외선/가시광선 흡수 검출기 • 645
14.1.4.3.1 자외선/가시광선 검출기 특징 • 645
14.1.4.3.2 단일 파장 필터 광도계 • 646
14.1.4.3.3 분산형 단색화 검출기 • 646
14.1.4.3.4 다이오드 배열 검출기 • 646
14.1.4.3.5 적외선 흡광도 검출기 • 647
14.1.4.4 형광 검출기 • 647
14.1.4.4.1 형광 검출기 특징 • 647
14.1.4.5 전기 화학 검출기 • 648
14.1.4.5.1 전기 화학 검출기 특징 • 648
14.1.4.6 전도도 검출기 • 649
14.1.4.6.1 전도도 검출기 특징 • 649
14.1.4.7 전하 검출기(QD) [Thermo Scientific] • 650
14.1.4.7.1 전하 검출 특징 • 650
14.1.4.8 6종의 주요 HPLC 검출기의 비교 정리 • 651
14.1.5 HPLC에서 유도체화 • 651
14.1.6 HPLC와 연결한 분석법 • 652
14.1.6.1 HPLC와 질량 분석기의 연결 • 653
14.1.6.1.1 전열분무 HPLC-MS 연결 장치 • 653
14.1.6.1.2 HPLC-MS를 위한 전기 분무 연결 장치 • 653
14.1.6.1.3 APCI 연결 장치 • 655
14.1.7 HPLC의 응용 • 656
14.1.7.1 단백질체학에서 생화학적 적용 • 657
14.2 액체 용해된 이온의 크로마토그래피 분석 • 661
14.2.1 이온 크로마토그래피 • 663
14.2.1.1 단일 컬럼 IC • 666
14.2.1.2 IC의 간접 검출 • 667
14.3 친화 크로마토그래피 • 667
14.4 크기 배제 크로마토그래피 • 668
14.5 초임계 유체 크로마토그래피 • 670
14.5.1 작동 조건 • 671
14.5.2 압력의 효과 • 671
14.5.3 정지상 • 671
14.5.4 이동상 • 671
14.5.5 검출기 • 671
14.5.6 다른 컬럼 방법들과 SFC의 비교 • 672
14.5.7 응용 • 672
14.6 전기 이동 • 673
14.6.1 모세관 띠 전기 이동(CZE) • 673
14.6.2 CZE의 시료 주입 • 677
14.6.3 CZE에서의 검출 • 678
14.6.4 CE의 방식 • 679
14.6.4.1 CZE • 679
14.6.4.2 모세관 젤 전기 이동(CGE) • 679
14.6.4.3 모세관 등전 집중 • 681
14.6.5 모세관 전기 크로마토그래피 • 682
14.6.5.1 마이셀 동전기 모세관 크로마토그래피 • 682
14.7 평면 크로마토그래피와 평면 전기 이동 • 683
14.7.1 얇은 층 크로마토그래피(TLC) • 683
14.7.1.1 평형 1차원 TLC 분리 • 683
14.7.1.2 TLC에서의 검출 • 684
14.7.1.3 TLC(2차원-TLC)를 이용한 2차원 분리 • 685
14.7.2 슬래브 젤에서 평면 전기 이동 • 685
14.7.2.1 1차원 평면 젤 전기 이동 • 685
14.7.2.2 2차원 평면 젤 전기 이동 • 685
문제 • 687
참고문헌 • 690

CHAPTER 15 전기 분석 화학

15.1 전기 화학의 기초 • 693
15.2 전기 화학 전지 • 695

15.2.1 전지와 반쪽 전지의 선 표기법 • 697
15.2.2 표준 환원 전위 • 698
15.2.2.1 표준 수소 전극 • 698
15.2.3 Nernst 식 • 701
15.2.4 활동도 서열 • 702
15.2.5 기준 전극 • 703
15.2.5.1 포화 칼로멜 전극 • 703
15.2.5.2 은/염화은 전극 • 704
15.2.6 전기 이중층 • 705
15.3 전기 분석 방법 • 705
15.3.1 전위차법 • 707
15.3.1.1 지시 전극 • 708
15.3.1.1.1 금속 전극 • 708
15.3.1.1.2 막 전극 • 709
15.3.1.1.3 유리막 전극 • 709
15.3.1.1.4 결정성 고체상 전극 • 711
15.3.1.1.5 액체 막 이온-선택성 전극 • 712
15.3.1.1.6 기체-감지 전극 • 712
15.3.1.1.7 고정화된 효소막 전극 • 713
15.3.1.1.8 이온-선택성 전계 효과 트랜지스터 • 713
15.3.1.2 단전위차법의 분석 응용 • 713
15.3.1.2.1 이온 농도의 직접 측정 • 713
15.3.1.2.2 전위차법 적정 • 715
15.3.1.2.3 pH 측정 • 716
15.3.1.2.4 유리 전극의 pH 측정 오차 • 719
15.3.2 전기량법 • 719
15.3.2.1 전기 무게 분석법 • 721
15.3.2.2 전기 무게 분석법과 전기량법을 위한 기기 장치법 • 721
15.3.2.3 인가 전위 • 722
15.3.2.4 Faraday 법칙을 이용한 정량 분석 • 723
15.3.2.4.1 조절 전위 전기량법 • 724
15.3.2.4.2 전기량법의 분석 응용 • 725
15.3.3 폴라로그래피 • 725
15.3.3.1 고전 또는 직류 폴라로그래피 • 726
15.3.3.2 반파 전위 • 731
15.3.3.3 정상 펄스 폴라로그래피 • 731
15.3.3.4 펄스 차이 폴라로그래피 • 733
15.3.4 전압-전류법 • 735
15.3.4.1 전압-전류법을 위한 기기 장치법 • 737
15.3.4.2 벗김 전압-전류법 • 737
15.3.4.3 산화형 벗김 전압-전류법의 응용 • 739
15.4 액체 크로마토그래피의 검출기 • 739
15.5 분광 전기 화학 • 740
15.6 나노 규모의 전기 화학 • 741
문제 • 742
15.A 부록: 표준 환원 전위(25℃) • 744
참고문헌 • 745

CHAPTER 16 표면 분석

16.1 서론 • 747
16.2 전자 분광학 기법들 • 748
16.2.1 X-선 광전자 분광법(XPS) • 749
16.2.1.1 XPS의 기기 장치 • 750
16.2.1.1.1 복사선 광원 • 750
16.2.1.1.2 전자 에너지 분석기 • 751
16.2.1.1.2 검출기 • 754
16.2.1.1.4 자기 차폐 • 754
16.2.1.1.5 전자 홍수 총 • 754
16.2.1.1.6 이온총 • 755
16.2.1.1.7 초고진공 시스템 • 755
16.2.1.2 표면 분석을 위한 시료 도입 및 취급 • 756
16.2.1.3 XPS의 분석 응용 • 756
16.2.1.3.1 정성 분석 • 756
16.2.1.3.2 XPS 화학적 이동 • 759
16.2.1.3.3 정량 분석 • 762
16.2.1.3.4 깊이 분석도와 원소 위치 • 762
16.2.2 Auger 전자 분광법(AES) • 763
16.2.2.1 AES의 기기 장치 • 765
16.2.2.2 AES의 응용 • 767
16.2.2.2.1 깊이 분석도 • 768
16.3 이온 산란 분광법 • 769
16.4 2차 이온 질량 분석법 • 771
16.4.1 SIMS의 기기 장치 • 771
16.4.1.1 1차 이온원 • 772
16.4.1.2 질량 분석기 • 772
16.4.2 SIMS의 분석 응용 • 773
16.4.2.1 정량 분석 • 775
16.4.2.2 이온 미세 탐침 질량 분석법 • 775
16.5 전자 미세 탐침(전자 탐침 미량 분석) • 776
문제 • 776
참고문헌 • 777

CHAPTER 17 열분석

17.1 열무게 분석법 • 781
17.1.1 TGA 기기 장치 • 783
17.1.2 열무게 분석법의 응용 • 786
17.1.3 미분 열무게 분석법 • 791
17.1.4 열무게 분석에서의 오차 원인 • 792
17.2 시차 열분석법 • 794
17.2.1 DTA 기기 • 795
17.2.2 DTA 분석 응용 • 796
17.3 시차 주사 열계량법 • 798
17.3.1 DSC 기기 • 799

17.3.2 DSC의 응용 • 802

17.3.2.1 고압 DSC • 804

17.3.2.2 변조 DSC • 805

17.4 이종 기기 연결법 • 805

17.4.1 이종 기기 연결 열분석법 • 805

17.4.2 발생 기체 분석 • 806

17.5 열적정 • 811

17.5.1 열적정의 응용 • 812

17.6 직접 주입 엔탈피 측정법 • 812

17.7 미량 열계량법 • 813

17.7.1 Micro-DSC 기기 • 814

17.7.2 Micro-DSC의 응용 • 814

17.7.3 등온 적정 열계량법 • 817

17.7.4 마이크로리터 흐름 열계량법 • 819

17.8 열기계적 분석법과 동적 기계특성 분석법 • 820

17.8.1 기기 • 821

17.8.1.1 TMA 장비 • 821

17.8.1.2 DMA 장치 • 823

17.8.2 TMA와 DMA의 응용 • 824

17.9 광 열분석 • 828

17.9.1 열현미경 • 829

17.9.2 광팽창계 • 830

17.9.3 시차 열분석(DTA)이 가능한 광 열분석기 • 832

17.10 요약 • 834

문제 • 834

참고문헌 • 837

- **약어와 기호 모음** • 839
- **찾아보기** • 845

CHAPTER

01 기기 분석 화학의 개념

1.1 서론: 분석 화학이란 무엇인가?

기능적인 관점에서 분석 화학이란 '물질의 정성적 혹은 정량적인 특성을 결정하는 것'이라고 정의할 수 있다. '특성 결정'이란 말은 매우 넓은 의미로 사용된다. 특성 결정이란 단어는 "라벨에 표시된 바와 같이 이 샴푸에 비타민 E가 함유되어 있는가?" 혹은 "이 흰색 알약은 아스피린인가?" 혹은 "이 금속 조각은 철인가 아니면 니켈인가?"와 같은 질문에 답하기 위해 시료에 함유된 화합물이나 원소를 확인하는 작업을 의미한다. 무엇(*what*)이 존재하는지를 결정하는 것을 정성 분석이라고 하는데, **정성 분석**(qualitative analysis)이란 어떤 물질에 포함된 한 가지 혹은 그 이상의 화학종을 확인하는 것이다. 또한 '특성 결정'이란 "아스피린 한 알에 존재하는 아세틸살리실산의 양은 얼마인가?" 혹은 "이 강철에 함유된 니켈의 양은?"과 같은 질문에 답하기 위해 시료에 존재하는 특정 화합물이나 원소의 양을 결정하는 것을 의미할 수도 있다. 시료에 존재하는 성분의 양(*how much*)을 결정하는 것을 정량 분석이라고 하는데, **정량 분석(quantitative analysis)**이란 시료에 존재하는 화학종의 정확한 양을 결정하는 것이다. 화학종은 원소, 화합물, 혹은 이온일 수도 있다. 화합물은 유기물이나 무기물을 포함한다. 강철 조각 내 원소의 조성 분석에서와 같이 **전체 시료에 대한 분석**(*bulk analysis*)이 필요할 때도 있고, 대기나 수분에 노출된 금속의 **표면에 생성된 산화물의 두께나 조성을 확인하는 것과 같은 분석**(*surface analysis*)을 수행할 때도 있다.

오랫동안 분석 화학에서는 시료에 함유된 성분을 확인하거나 결정하기 위하여 화학 반응을 이용하여 왔다. '습식 방법'이라고 불리는 고전적인 방법은 일정량의 시료를 취하여 용매에 녹인 후 반응시킨다. 이런 방법을 이용하는 분석법으로 부피 분석과 무게 분석을 예로 들 수 있다. 산–염기 적정, 산화–환원 적정, 염화은 침전을 형성하여 은 함량을 결정하는 무게 분석법 등은 모두 습식 분석의 예이다. 이런 형태의 분석에서는 정밀하고 정확한 결과를 얻기 위하여 분석자의 높은 기술력과 집중력이 요구된다. 또한 이런 분석법은 긴 시간을 요구하는데, 신약 개발실, 법의학실, 상업용 환경 분석실, 산업용 품질 관리실 등에서 반복적으로 행해지는 분석에서는 긴 시간을 요구하는 분석법을 사용하기 어렵다. 때로는 비파괴적인 분석이 요구되기도 하는데, 고가 예술품의 진위를 판별하거나 증거물을 보존해야 하는 법의학실에서의 분석 등이 그 예이다. 이런 종류의 분석에서는 **비파괴 분석(nondestructive analysis)**이 요구되며, 따라서 습식 분석은 사용할 수 없다. 습식 분석은 아직도 몇몇 특수한 경우에 이용되지만 대부분 자동 분석법으로 대체되었다. 고전 분석법과 기기 분석법은 시료의 채취, 시료의 전처리, 정밀도와 정확도에 대한 평가, 그리고 결과의 처리 등에서 많은 공통점을 가지고 있다. 이번 장에서 간단히 언급한 주제들은 일반적인 분석 화학이나 정량 분석 교재에서 보다 심도 있게 다루어지기도 한다. 관련 책들을 참고문헌 목록에 수록하였다.

요즘은 대부분의 분석을 컴퓨터로 조작되는 전자 장치를 이용한다. 이런 기기는 전자기파와 물질 간의 상호 작용이나 물질의 특정 물리적 성질을 이용하여 분석 시료의 특성을 파악한다. 일반적으로 이런 기기는 자동화된 시료 도입 장치나 결과 처리 장치, 심지어는 자동화된 시료 전처리 장치 등을 갖추고 있다. 기기가 어떻게 작동되는지 그리고 어떤 정보를 제공할 수 있는지를 이해하려면 화학, 물리, 수학, 공학 분야의 지식이 요구된다. 분석 기기의 기본 원리와 이런 기기들을 이용하여 어떻게 측정하는지를 이해하는 것이 앞으로 공부하게 될 내용의 핵심이다. 분석 화학자는 분석 화학과 분석 기기에 대하여 폭넓은 지식을 갖추어야 할 뿐만 아니라 다른 과학 분야에 종사하는 과학자들에게 문제 해결자의 역할도 수행해야 한다. 이는 분석 화학자에게 재료 과학, 금속학, 생물, 제약학, 농학, 식품학, 지질학, 그리고 그 외의 여러 분야에 대한 지식이 요구된다는 것을 의미한다. 분석 화학의 범위는 매우 빠르게 확장되고 있다. 이런 추세에 부응하기 위하여 분석 화학자는 일반적인 분석 기술과 그 방법의 장 · 단점을 정확히 이해해야 한다. 분석 화학자는 해결해야 하는 문제를 정확하게 이해하고 적당한 분석법(들)을 선택한 후, 원하는 결과를 얻을 수 있도록 분석 실험을 설계하고 그 결과가 유효한지를 결정한다. 의뢰자에게 단순하게 결과만을 전달하는 것으로는 충분하지 않다. 분석 화학자는 결과를 해석하고, 정밀도와 정확도에 기초하여 평가된 결과의 신뢰성을 포함하여 그 결과의 의미를 의뢰인과 소통할 수 있는 능력을 갖추어야 한다. 현대의 분석에서는 단순한 과학적인 내용뿐만 아니라 분석 실험에 요구되는 시간이나 비용도 고려된다. 일하는 기관이 정부 행정 기관, 병원, 개인 기업, 혹은 대학 어디든 얻은 결과는 법적으로 유효해야 한다. 컴퓨터를 이용한 결과의 기록, 정밀도와 정확도에 대한 평가, 데이터에 대한 통계 처리, 보고서, 응용 기술 기준에 부합된 결과 등은 현대 분석 화학자의 중요한 직무들이다.

분석 화학에서는 일반인들에게 익숙하지 않은 특수한 용어들을 사용한다. 일반적으로 굵은 글씨로 표시한 용어에 대한 정의를 이해해야 한다. 이 책에서는 대부분 SI 단위(Systéme International d'Unités)를 이용한다. SI 단위는 과학자나 공학자들이 전 세계적으로 사용하는 단위이다. 본 교재의 뒤표지 안쪽에 측정에 사용되는 기본적인 SI 단위를 수록하였다. SI 유도 단위를 포함하는 전체 SI 단위의 목록은 미국 표준국(US National Institute of Standards and Technology, NIST)의 웹사이트 http://physics.nist.gov에서 찾을 수 있다.

대부분의 분석 결과는 일정량의 시료에 함유된 측정 물질의 농도로 나타낸다. 이때 측정 물질을 **분석물(analyte)**이라고 한다. 일반적으로 사용되는 농도 단위는 몰농도(단위 리터당 물질의 몰수), 질량 퍼센트(단위 그램에 함유된 물질의 그램수 × 100%), 그리고 미량 물질을 나타내는 단위가 있다. **1 ppm**은 1 g의 시료에 1 μg의 분석물이 존재(1×10^{-6} g 분석물/시료)함을 의미하고, **1 ppb**는 1 g의 시료에 1 ng의 분석물이 존재(1×10^{-9} g 분석물/시료)함을 의미한다. 유도 결합 플라스마 질량 분석법(ICP-MS)을 이용하면 대부분의 원소들을 **ppt**(*part per trillion*) 수준으로 검출할 수 있는데, 이는 1 g의 시료에 1 pg의 분석물이 존재(1×10^{-12} g 분석물/시료)함을 의미한다. 1백만 초는 약 12일(정확하게는 11.57일)이다. 시간 단위로 1 ppm은 약 12일 중의 1초, 1 ppb는 약 32년 중의 1초, 1 ppt는 32,000년 중의 1초에 해당한다. 오늘날에는 기기 분석법을 이용하여 ppt 수준의 분석물을 검출할 수 있으므로, 환경 관련 법규에서 대기나 수자원에서의 화합물이나 원소의 허용치를 ppt 수준에서 정하고 있다. 이러한 법규를 제정할 때 믿을 수 있는 데이터를 만드는 사람은 바로 분석 화학자들이다. 일반적으로 많이 사용되는 상수값이나 환산 인자 그리고 접두사 등을 실은 표를 이 책 뒤표지 안쪽에 수록하였다. 이 접두사들은 본 교재에서 자주 사용되므로 학생들은 이들과 익숙해지도록 노력해야 한다.

1.1.1 | 무게와 질량의 차이

무게와 질량이라는 용어는 종종 같은 의미로 사용되는데, 일반적으로 지구에서는 괜찮다. 질량은 물체 내 물질의 양(전자, 양성자, 중성자의 합)이고, 무게는 질량을 가지는 물체 사이의 중력 상호 작용이다. 전자저울은 중력에 의한 물체의 힘(즉, 무게)을 측정하여 질량으로 변환한다(무게 = 질량 × Gravitation, W

=mg, g=약 9.81 N/kg). 같은 저울을 화성에서 사용한다면 정확한 질량을 얻을 수 없을 것이다. 동일한 저울을 움직이는 엘리베이터에서 사용한다면, 마찬가지로, 정확한 질량을 얻지 못할 것이다. 즉 저울은 무게를 측정하지만, 나타내는 값은 질량이다. 그러므로 질량이라고 말하는 것이 더 정확하다.

1.2 분석적 접근

어떤 제조업자가 소비자로부터 '새로운 고기능 샴푸'를 사용한 후 머리카락이 초록색으로 변색되었다는 항의 전화를 받았다. 바닷물이 오일로 오염되었다는 신고를 받은 미국 해안 경비대가 현장에 도착했을 때, 오염원을 놓고 두 선장이 서로 비난하는 광경을 목격하였다. '순수하고 깨끗한 생수'를 파는 생수업체에 플라스틱 용기를 납품하는 플라스틱 공장의 종업원이 새로 만든 100,000개의 플라스틱 병이 투명하지 않고 약간 노란색을 띠는 것을 발견하였다. 새로운 전염병으로 많은 사람들이 독감과 비슷한 증세로 죽어간다. 문제의 원인은 무엇인가? 미래에 이런 문제를 어떻게 예방할 수 있는가? 누구의 잘못인가? 백신이나 처방약을 빨리 개발할 수 있는가? 이런 종류의 문제들은 전 세계의 산업계, 제약업계, 환경 분야에서 매일 발생한다. 이런 종류의 문제를 해결할 수 있는 핵심 인물이 바로 분석 화학자이다. 분석 화학자는 최전방에서 문제를 해결하는 사람이며, 문제 해결을 위해서는 분석적인 접근 방법, 일반적인 분석 기술의 원리, 응용, 한계에 대하여 잘 이해하고 있어야 한다.

문제 해결을 위하여 분석 화학자들이 사용하는 접근 방법은 다음과 같은 단계를 포함한다.

1. 문제의 정의 및 분석 방법의 설계
2. 시료의 채취 및 보관
3. 시료의 전처리
4. 측정
5. 데이터 평가
6. 방법 검증
7. 보고서 작성

일반적인 시료 전처리 과정은 이 장에서 설명하겠지만, 각 분석 기기의 고유한 시료 전처리 과정은 해당 장에서 설명한다. 이 책은 분석 기기에 중점을 두고 있으므로 방법 검증과 보고서 작성은 다루지 않는다. 방법 검증과 보고서 작성에 관심이 있는 학생은 참고문헌에 포함된 Christian의 교재를 참고하기 바란다.

데이터를 다루고 방법 검증하는 것뿐만 아니라 시료 채취와 분석 방법의 선택을 위해서는 기본적인 통계에 대한 이해가 유용하다. 통계나 **정확도(accuracy)**, **정밀도(precision)**, **오차(error)** 등에 대한 정의를 1.4절에서 다룬다. 단계 1과 2는 이번 절에서 다루고, 단계 3~5는 1.4절 이후의 절에서 다룰 것이다.

1.2.1 | 문제의 정의

분석 화학자는 시료나 물질 혹은 과정에 대한 어떤 정보가 필요한지, 요구되는 분석 결과의 정확도 및 정밀도는 어떤 수준인지, 시료나 물질의 양은 얼마나 있는지, 그리고 시료의 파괴 없이 분석해야 하는지 등을 확인해야 한다. 시료가 순수한 물질인지 혼합물인지? 의뢰인이 시료 전체에 대한 정보를 원하는지 혹은 시료의 표면 등과 같은 부분적인 정보를 원하는지? 의뢰인이 원하는 정보가 시료에 존재하는 원소에 대한 것인지 혹은 화학종(이온이나 분자, 특정한 산화 상태)에 대한 것인지? 이런 질문에 대한 답이 분석자가 분석법을 선택하는 길잡이가 될 것이다. 때때로 질문에 대한 답이 문제의 일부분일 수도 있다. 시료가 미지 물질이라면 분석자는 문제를 해결하는 과정에서 이 시료가 유기물인지 무기물인지 혹은 순물질인지 혼합물인지 확인해야 한다. 분석물은 분석 대상 물질이다. 분석물을 제외한 나머지 모든 물질을 **매트릭스**(**matrix**, 기질)라고 한다. 물론 주어진 시료에 한 가지 이상의 분석물이 있을 수 있다. **분석**(*analysis*) 혹은 **분석하다**(*analyze*)라는 용어는 시료에 적용된다. 예를 들어 '물에 존재하는 질산 이온 측정을 위해 물을 분석하다' 혹은 '오염된 토양에 대한 분석을 수행하다.'라고 한다. **측정하다**(*determine*) 혹은 **측정**(*determination*)이란 용어는 분석물에 적용된다. 예를 들어 '물 시료에 존재하는 질산 이온을 측정하다' 혹은 '납 중독 증상이 있어서 혈액 내 납 측정을 수행하였다' 혹은 '토양을 분석하여 사이안산 이온의 농도를 측정하였다'라고 한다. 질산 이온, 납, 사이안산 이온 등은 모두 분석물이다. 시료 매트릭스에 포함된 다른 성분들이 분석물 측정을 방해할 수 있다. 방해하는 성분들을 **방해물**(**interference**, 간섭물)이라고 한다.

시료 내 모든 부분의 화학 조성이 동일할 때 그 시료는 **균일**(**homogeneous**)하다고 한다. 바닐라 푸딩이나 우유 초콜릿, 혹은 소금물 등은 균일 물질의 예이다. 많은 시료는 각 부분의 조성이 달라 **불균일**(**heterogeneous**)하다. 대부분의 실제 시료에서 불균일성을 육안으로 직접 확인하기는 어렵다. 조성 변화가 **불규칙**하거나 확연히 다른 조성을 가지는 영역으로 **나누어져** 있을 수도 있다.

정량 분석을 할 것인가 아니면 정성 분석을 할 것인가의 결정은 문제의 정의에서 매우 중요하다. 일반적으로 먼저 시료에 대한 정성 분석을 수행하고 특정 분석물에 대한 정량 분석을 수행한다. 분석자는 분석을 의뢰한 사람과 소통해야 한다. 해결할 문제점을 정확히 이해하고, 의뢰인이 분석의 범위와 한계를 확실하게 이해하도록 쌍방소통이 중요하다.

1.2.1.1 정성 분석

정성 분석이란 "물에서 나는 나쁜 냄새의 원인이 무엇인가?" 혹은 "이 돌에 금이 포함되어 있는가?" 혹은 "이 빛나는 돌이 다이아몬드인가 아니면 지르코니아 결정인가?" 혹은 "이 플라스틱 제품은 폴리염화비닐, 폴리에틸렌, 폴리카보네이트 중 어느 것으로 만든 것인가?" 또는 "이 흰 가루는 무엇인가?"와 같은 질문에 답을 구하는 분석 화학의 한 부분이다.

정성 분석에 사용되는 일부 방법은 시료를 파괴하지 않고 시료에 들어있는 성분에 대한 정보를 제공해주는 비파괴적인 방법이다. 이런 방법은 같은 시료를 다음 단계에서도 사용할 수 있기 때문에, 먼저 시도해 볼만한 최선의 방법이다. 비파괴적으로 시료에 어떤 원소가 함유되어 있는지 결정하기 위하여 X-선 형광 분광법(XRF)과 같은 **정성 원소 분석**(*qualitative elemental analysis*)법을 사용할 수 있다. 9장에서 다룰 XRF 기기는 소듐에서 우라늄까지 모든 원소를 확인할 수 있으며, 특히 몇몇 기기는 베릴륨에서 우라늄까지의 원소를 분석할 수도 있다. 일반적으로 XRF 분석에서는 시료가 파괴되지 않는다. 예를 들면 XRF 방법으로 다이아몬드와 지르코니아 결정을 쉽게 구분할 수 있다. 다이아몬드는 탄소의 결정이고 다이아몬드의 탄소는 XRF에서 어떤 신호도 보이지 않지만 지르코늄과 산소의 결정인 지르코니아는 강한 신호를 보일 것이다. **정성 분자 분석**(*qualitative molecular analysis*)을 수행하면 시료에 함유된 분자의 종류를 알 수 있다. 시료에 포함된 분자 성분을 비파괴적으로 확인하는 방법에는 6장에서 다루는 핵자기 공명(nuclear magnetic resonance, NMR) 분광법이나 5장에서 다루는 적외선(infrared, IR) 분광법 등이 있다. IR 분광법을 이용하면 알코올, 케톤, 카복실산, 혹은 아민 등과 같은 시료에 포함된 유기 작용기를 확인할 수 있다. IR 분광법은 지문처럼 화합물에 대하여 독특한(유일한) 스펙트럼을 제공하므로, 시료가 아스피린의 주성분인 아세틸살리실산과 같은 순수한 화합물이면 IR 스펙트럼을 이용하여 그 화합물을 정확히 확인할 수 있다. 재활용을 위한 고분자의 정성적 확인도 IR 분광법을 이용하여 수행할 수 있다. NMR은 유기 화합물에 포함된 수소나 탄소 혹은 다른 원자의 종류나 그 원자들이 어떻게 연결되어 있는지에 대한 정보를 제공한다. NMR을 이용하면 시료의 파괴 없이 화합물의 화학적 구조를 확인할 수 있다.

정성 분석에 사용되는 많은 방법들은 파괴적이어서 분석하는 동안 시료가 소모되거나 혹은 분석을 위하여 화학적으로 변형되어야 한다. 무기물의 원소 분석에서 가장 감도가 높고 완전한 방법은 8장에서 다루게 될 ICP 원자 방출 분광법(ICP-AES)이나 10장과 11장에서 다루게 될 ICP-MS법이다. 이 방법들은 주기율표상의 거의 모든 원소를 극미량까지 확인할 수 있는데, 시료는 용액 형태로 만들어야 한다. 이 장의 뒷부분에서 어떻게 용액으로 만드는지 공부할 것이다. 이 방법을 이용하면 분석자는 어떤 원소가 포함되어 있는지 정확히 확인할 수는 있으나, 시료 준비 과정에서 시료에 포함된 분자에 관한 정보는 잃어버리게 된다. 감도가 매우 높고 대부분의 원소에 대하여 1 ppb 이하의 검출 한계를 갖는다는 점이 ICP-AES나 ICP-MS의 장점이다.

만약 시료가 주로 탄소와 수소로 구성된 유기물이라면 정성 분석을 통하여 화학적, 구조적 정보를 얻어 화합물을 확인할 수 있다. IR 스펙트럼을 이용하여 화합물이 케톤, 유기산, 혹은 에터 중 어느 그룹에 속하는지 확인 가능하다. 해당 장에서 자세히 다루겠지만, NMR 분광법이나 질량 분석법(mass spectrometry, MS)은 시료의 몰질량(MW)을 포함하여 상세한 구조적 정보를 제공한다. 탄소, 수소, 산소 혹은 다른 원소의 정확한 함량(%)을 구하는 정량 분석과 IR, NMR, MS로부터의 정보를 합치는 것이 분석 화학자가 유기 화합물을 확인하는 일반적인 과정이다. 간단한 예로 미지의 유기 화합물에 대한 원소 분석을 하면 C_2H_5와 같은 **실험식(empirical formular)**을 얻을 수 있다. 실험식이란 분자에 존재하는 각 원소의 원자들을 가장 간단한 정수비로 나타낸 것이다. 어떤 화합물의 실험식은 **분자식(molecular formular)**과 일치할 수도 있고 아닐 수도 있다. 분자식은 화합물 단일 분자에 포함된 각 원소의 전체 원자수를 포함한다. IR, NMR, MS 결과를 이용하여 분석 화학자는 분자식이 C_4H_{10}라는 결론을 내릴 수 있고 화합물이 아래 두 구조 중 어느 것인지 확인할 수 있다.

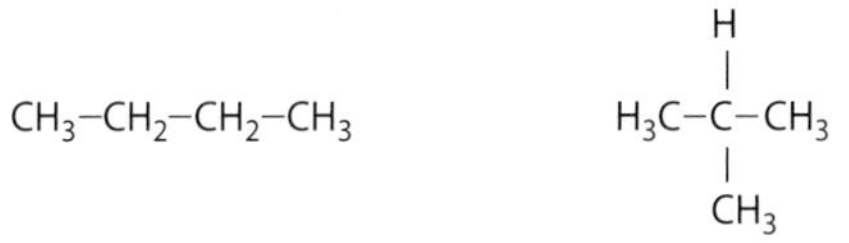

$CH_3-CH_2-CH_2-CH_3$

n-뷰테인

$H_3C-C(H)(CH_3)-CH_3$

2-메틸 프로페인(혹은 아이소뷰테인)

이 두 구조의 화합물은 동일한 몰질량을 갖지만 서로 다른 화합물이다. 이런 관계를 **이성질체(isomer)**라고 한다. 원소 분석으로는 두 구조를 구별할 수 없지만, 일반적으로 NMR과 MS는 두 구조를 구별할 수 있다. Erythrose와 같은 간단한 당류의 정성 분석은 더 어려운 문제이다. 원소 분석을 이용하여 실험식이 CH_2O로 결정되었다고 하자. 분자식이 $C_4H_8O_4$이고 IR, NMR, MS를 이용하여 구조적 정보를 얻었다 하더라도, 시료가 그림 1.1에 나타낸 두 이성질체 중 어느 것인지 확인할 수 없다.

두 erythrose 분자는 **카이랄(chiral)**이며, 서로 겹쳐지지 않는 **거울상 이성질체(enantiomer)** 관계이다. 종이면에서 벗어나지 않는다면 두 분자를 어떻게 움직여도 두 분자는 겹쳐지지 않는다. 두 분자는 동일한 분자식($C_4H_8O_4$)을 가지고 있고, IR 스펙트럼과 질량 스펙트럼 그리고 NMR 스펙트럼이 모두 동일하며, 녹는점이나 굴절률(RI)과 같은 대부분의 물리적 성질 또한 동일하다. 이런 카이랄 화합물은 다른 카이랄성 화합물과의 상호작용이나 평면 편광과의 상호작용을 이용하여 구별할 수 있다. 두 카이랄 화합물

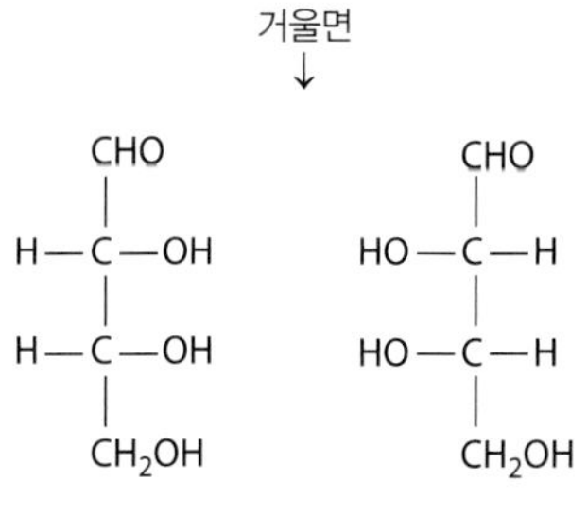

거울면 ↓

D-(−)-Erythrose	L-(+)-Erythrose
CHO	CHO
H—C—OH	HO—C—H
H—C—OH	HO—C—H
CH_2OH	CH_2OH

그림 1.1 Erythrose의 이성질체

이 다른 카이랄 분자와 상호작용하는 정도는 서로 다르며, 이것이 카이랄 크로마토그래피의 기본 원리이다. 카이랄 크로마토그래피(14장)를 이용하여 위의 두 erythrose 화합물을 분리할 수 있다. 카이랄 화합물의 평면 편광에 대한 상호작용 또한 서로 다른데, 편광 기술을 이용하여 두 화합물을 구분할 수 있다. Erythrose의 두 거울상 이성질체 중 하나는 평면 편광을 오른쪽(시계 방향)으로 회전시키는데 이를 **우회전성**(*dextrorotatory*)이라고 하고, 그 이름에 (+) 기호를 붙인다. 다른 거울상 이성질체는 평면 편광을 왼쪽(반시계 방향)으로 회전시키는데 이를 **좌회전성**(*levorotatory*)이라고 하고, 그 이름에 (−) 기호를 붙인다. 이런 화합물들은 '광학적 활성'이라고 한다. 이름에 사용된 문자 D와 L은 맨 아래에서 두 번째 탄소에 붙어 있는 알코올기의 위치를 나타내는 것으로, 평면 편광의 회전 방향과는 관계가 없다. 그림 1.2는 가장 간단한 당인 glyceraldehyde를 보여 준다. 이 화합물 역시 D와 L의 두 거울상 이성질체를 가지고 있지만 D-glyceraldehyde와 D-erythrose가 회전시키는 평면 편광의 방향은 서로 반대이다.

표 1.1은 상업용 기기 분석 방법들과 각 방법이 원소 혹은 분자의 정성 및 정량 분석에 유용한지의 여부를 보여 준다. 표 1.2에는 각 방법의 응용을 간단히 요약하였으며, 표 1.3에는 각 기기 분석법으로 결정

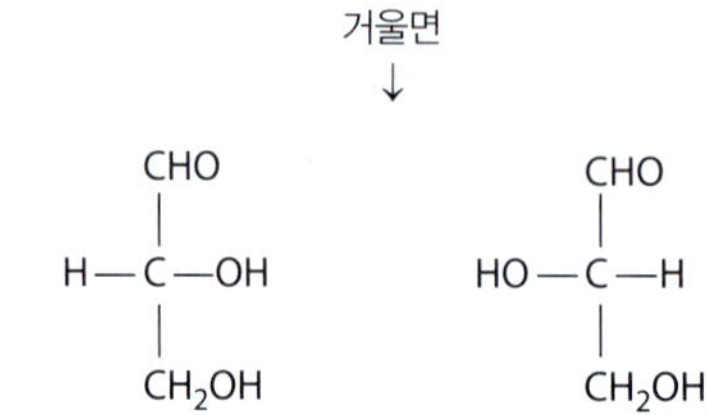

그림 1.2 Glyceraldehyde의 거울상 이성질체

표 1.1 기기 분석법

분석법	정성 분석 원소	정성 분석 분자	정량 분석 원소	정량 분석 분자
원자 흡수 분광법	아니오	아니오	예	아니오
원자 방출 분광법	예	아니오	예	아니오
모세관 전기 이동법	예	예	예	예
전기 화학법	예	예	예	예
기체 크로마토그래피	아니오	예	아니오	예
ICP-질량 분석법	예	아니오	예	아니오
적외선 분광법	아니오	예	아니오	예
이온 크로마토그래피	예	예	예	예
액체 크로마토그래피	아니오	예	아니오	예
질량 분석법	예	예	예	예
핵자기 공명법	아니오	예	아니오	예
라만 분광법	아니오	예	아니오	예
열분석	아니오	예	아니오	예
자외/가시선 분광 광도법	예	예	예	예
자외선 흡수법	아니오	예	아니오	예
자외선 형광법	아니오	예	아니오	예
X-선 흡수법	예	아니오	예	아니오
X-선 회절법	아니오	예	아니오	예
X-선 형광법	예	아니오	예	아니오

표 1.2 기기 분석법의 응용 분야

분자 분석

핵자기 공명(NMR) 분광법

- **정성 분석:** NMR은 분자의 구조를 결정하는 가장 좋은 방법 중 하나이다. 이 방법으로 유기 분자에 포함된 탄소나 수소 원자의 수와 종류를 확인할 수 있는데, 예를 들어 방향족, 지방족, 알코올, 혹은 알데하이드 등을 구분할 수 있다. 가장 중요한 것은 NMR을 이용하여 분자에 존재하는 각 핵종의 상대적 위치를 알아낼 수 있다는 점이다. 예를 들면, $CH_3-CH_2-CH_2OH$와 $CH_3-CHOH-CH_3$의 구분이 가능하다. 화합물의 분자량을 알아낼 수는 없지만, 황, 질소, 플루오린, 인, 규소와 같은 이종 원자의 확인에도 사용될 수 있다.
- **정량 분석:** NMR은 % 수준의 농도에서 유용하지만 미량 수준(ppm)의 정량 분석도 어느 정도의 정확도로 가능하다.

적외선(IR) 분광법과 라만 분광법

- **정성 분석:** IR을 이용하여 분자에 포함된 유기 작용기를 확인할 수 있다. O, S, N, Si, 할로젠 등의 이종 원자를 포함하는 작용기의 확인도 가능하다. 화합물의 지문과 같은 정보를 제공하므로 IR은 정성 분석에 매우 유용한 방법이다. 고전적인 mid-IR 분광법을 이용한 수용액의 분석은 불가능하다. 화합물의 분자량을 확인하는 것도 불가능하다. IR 분광법과 상호보완적인 라만 분광법은 수용액 시료의 분석에 유용하다.
- **정량 분석:** IR은 %농도 수준의 유기 시료의 정량 분석에 손쉽게 사용할 수 있고 액체, 고체, 기체 시료 모두에 사용할 수 있다. 라만의 응용 범위는 IR과 상호보완적이다.

자외선(UV) 흡수 분광법

- **정성 분석:** UV 흡광법은 아래와 같이 불포화 결합(π 전자)이나 방향족 그리고 피리딘과 같이 비공유 전자쌍을 포함하는 분자의 구조나 작용기의 확인에 이용된다.

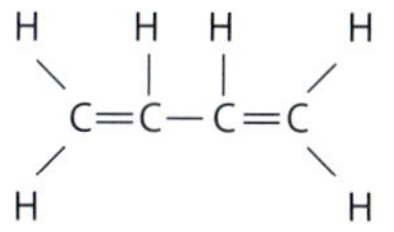

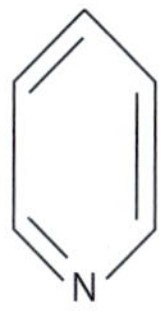

```
H     H  H     H
 \    |  |    /
  C = C — C = C
 /             \
H               H
```

N

비공유 전자쌍

분자량이나 포화 결합(σ 결합)에 관한 정보는 얻기 어렵고, 따라서 유기 화합물의 확인은 UV 흡광법 대신 NMR과 IR을 이용한다.

- **정량 분석:** UV 흡광법은 천연물에서 많이 발견되는 불포화 화합물의 정량 분석에 널리 응용된다. 분석물의 흡수 스펙트럼이 시료에 포함된 다른 화합물의 스펙트럼과 겹치는 경우가 있어서 방해 요인이 될 수 있다.

UV 형광법

- **정성 분석:** UV 형광법은 특히 방향족과 같은 불포화 화합물의 분석에 유용하다. MW 정보는 제공하지 못하지만 포함된 작용기에 대한 정보는 어느 정도 얻을 수 있다. UV 흡광법보다 감도가 높다.
- **정량 분석:** UV 형광법은 감도가 우수한(10^{-8} g/g 혹은 10 ppb) 분석법이지만, 다른 화합물과의 스펙트럼 겹침이나 소광 작용 등과 같은 여러 종류의 방해 요인이 존재한다.

UV-가시광선(UV/VIS) 분광 광도법

- **정성 분석:** 여러 가지 원소나 화합물을 분석하기 위하여 이들을 유기 혹은 무기 시약과 반응시켜 특정 파장의 빛을 흡수하는 형태로 바꾼다. 생성물이 색을 띠기도 하고 무색인 경우도 있다. 생성물이 색을 띠고 있으면 눈을 이용한 발색법이 가능하지만, 분광기를 이용하여 보다 정확하게 분석할 수 있다.
- **정량 분석:** 대부분의 원소와 작용기에 대한 선택적이고 감도가 높은 방법들이 개발되었다. 물, 식료품, 음료수, 혹은 공장 생산품 등의 일반적인 분석에 매우 활발하게 이용되고 있다.

X-선 회절(XRD)

- **정성 분석:** XRD는 결정 격자의 크기를 측정하거나 여러 형태의 무기 및 유기 결정체의 구조나 조성을 확인하는 데 이용된다.
- **정량 분석:** XRD는 고분자의 결정화도(%)나 혼합물, 혼합 결정, 고체, 천연물의 조성을 확인하는 데 사용된다.

X-선 흡수 분광법

- **정성 분석:** X-선 흡광법은 고체 시료에 존재하는 구멍(틈새)이나 원자량이 작은 매트릭스 내에 존재하는 원자량이 큰 원자의 위치 혹은 윤곽을 보여 준다. 예를 들면, 사람의 신체 내부에 있는 뼈의 위치, 가방 안의 내용물, 새로 그린 그림 안에 숨겨진 옛 그림, 접합 부위의 불투명한 용접 내부에 존재하는 빈 틈새 등을 확인할 수 있다.

유기 질량 분석법(MS)

- **정성 분석:** MS를 이용하여 매우 작은 분자부터 고분자나 생화학적 분자(>100,000 Da)와 같이 매우 큰 물질을 포함하는 유기 혹은

표 1.2(계속) 기기 분석법의 응용 분야

무기 화합물의 MW를 확인할 수 있다. MS는 유기 화합물의 구조를 결정하는 데 결정적인 방법이다. 토막의 형태를 이해하면 분자에 포함되어 있는 부분적인 구조를 확인할 수 있다.

- **정량 분석:** MS는 고체, 액체, 기체 상태 시료의 유기 성분의 정량 분석에 광범위하게 이용된다.

열분석(TA)

- **정성 분석:** TA는 소량의 시료를 이용하여 무기물이나 몇몇 유기물을 확인하는 데 이용된다. 상전이, 가열에 의한 화학적 변화, 융해열, 녹는점, 끓는점, 건조 과정, 분해 과정, 그리고 화합물의 순도 등을 확인하는 데에도 이용된다.
- **정량 분석:** TA는 무기 시료의 성분(특히 고농도로 존재하는)에 대한 정량 분석에 이용된다.

기체 크로마토그래피(GC)

- **정성 분석:** GC는 기체나 휘발성 성분의 혼합물을 분리하는 데 이용된다. 머무름 시간으로부터 각 성분을 확인할 수 있다.
- **정량 분석:** GC는 분석물과 표준 물질의 피크 면적을 비교하여 정확한 정량 분석이 가능한 분석법이다. GC는 유기, 환경, 임상, 혹은 산업 분야의 분석에 광범위하게 이용된다. MS 검출기를 갖춘 GC(GC-MS)는 환경이나 생화학 시료의 유기 성분에 대한 정량 분석에 일상적으로 사용되는 강력한 분석법이다.

액체 크로마토그래피(LC, 고성능 LC[HPCL])

- **정성 분석:** LC는 극성 화합물, 이온, 몰질량이 큰 화합물, 그리고 열적으로 불안정한 화합물을 포함하는 액체 상태 혼합물의 성분을 확인하는 데 사용된다. 성분 확인은 머무름 시간을 표준 물질과 비교하는 방법을 이용한다.
- **정량 분석:** LC는 특히 몰질량이 큰 고분자와 열적으로 불안정한 화합물의 혼합물의 성분을 분석하는 데 이용된다. 이 방법은 특히 식물이나 동물에서 추출한 천연물이나 소변이나, 혈액과 같은 생물학적 시료와 같이 복잡한 혼합물의 분리에 유용하다. 이온 크로마토그래피(IC)는 물의 분석에 일상적으로 이용된다. MS 검출기를 갖춘 LC(LC-MS)는 환경이나 생화학 시료에 포함된 유기 성분에 대한 정량 분석에 일상적으로 사용되는 강력한 분석법이다.

모세관 전기 이동법(CE)

- **정성 분석:** 이온이나 중성 분자의 혼합물을 분리하고 확인하는 데 이용된다. 수용액에 존재하는 이온이나 유기 이온 분석에 응용할 수 있다.
- **정량 분석:** 이온에 대한 정량 분석(IC나 LC에서와 같이)은 각 성분을 분리한 후에 진행된다.

원소 분석

원자 방출 분광법(AES), 광방출 분광법(OES)

- **정성 분석:** AES는 기체로 존재하는 몇몇 성분을 제외하고 금속, 준금속, 비금속의 원소에 대한 정성 분석이 가능한 거의 완벽한 분석법이다. 이 방법의 감도는 %수준에서 ppb 수준까지 범위가 넓다. 많은 원소를 동시에 확인할 수도 있다. 스펙트럼의 겹침이 주된 방해 요인이다.
- **정량 분석:** AES는 %에서 ppb 수준의 농도로 존재하는 원소에 대한 정량 분석에 광범위하게 이용된다. 적당한 장비를 이용하여 액체, 현탁액, 그리고 고체 분석이 가능하다.

불꽃 광도법(불꽃 원자 방출 광도법)

- **정성 분석:** 불꽃 광도법은 특히 알칼리 금속과 알칼리 토금속의 정성에 유용하다. 이 방법은 정성 분석에 사용되는 불꽃 시험의 기초를 제공한다.
- **정량 분석:** 불꽃 광도법은 혈액, 혈청 그리고 소변에 포함되어 있는 알칼리 금속과 알칼리 토금속의 정량 분석에 이용된다. AES에서보다 간단한 스펙트럼을 얻을 수 있지만 감도는 비교적 낮다.

원자 흡수 분광법(AAS)

- **정성 분석:** 대부분의 AAS 기기는 한 번에 한 개의 원소를 확인하므로 일반적인 정성 분석에는 사용하지 않는다.
- **정량 분석:** AAS는 금속이나 준금속의 정확한 정량 분석이 가능하고 감도가 우수한 분석법이다. 어떤 원소는 절대량이 pg 수준의 낮은 농도에서도 분석이 가능하다. 비금속의 정량 분석은 어렵다.

X-선 형광법(XRF)

- **정성 분석:** XRF는 원자 번호가 4보다 큰 금속과 비금속 원소의 분석에 유용하다. 정성 분석을 위한 시료의 전처리 과정이 필요 없고, 비파괴적이다.
- **정량 분석:** XRF는 합금이나 광물 시료의 정량 원소(특히 높은 원자량을 가지는 원소) 분석에 널리 사용된다. 정량 분석을 위한 시료 준비 과정은 매우 복잡하다.

무기 질량 분석법(MS)

- **정성 분석:** 무기 MS는 고체나 용액에 존재하는 원소, 동위 원소, 그리고 다원자 이온 등의 분석에 이용된다.
- **정량 분석:** 무기 MS를 이용하여 ppt나 그 이하의 농도로 존재하는 원소의 분석이 가능하다. 금속과 비금속의 여러 원소를 동시에 분석할 수 있고, 동위 원소의 분포를 측정할 수 있다. 지질학이나 지질 화학에서 정확한 동위 원소의 비를 측정할 때 특별히 제작된 질량 분광기를 사용한다.

표 1.3 기기 분석법의 분석 농도 범위

분석법	파괴성	극미량 (<1 ppm)	미량 (1 ppm∼0.1%)	부성분 (0.1%∼10%)	주성분 (>10%)
X-선 회절법	없음	불가능	불가능	가능	가능
핵자기 공명법	없음	불가능	가능	가능	가능
X-선 형광법	없음	불가능	가능	가능	가능
적외선 분광법	없음	불가능	가능	가능	가능
라만 분광법	없음	불가능	가능	가능	가능
자외/가시선 분광법	없음	불가능	가능	가능	가능
비색법	없음	가능	가능	가능	불가능
분자 형광 분광법	없음	가능	가능	가능	가능
원자 흡수 분광법	있음	가능	가능	가능	불가능
원자 방출 분광법	있음	가능	가능	가능	가능
원자 형광 분광법	있음	가능	가능	불가능	불가능
ICP-질량 분석법	있음	가능	가능	가능	불가능
유기 질량 분석법	있음	가능	가능	가능	가능
기체 크로마토그래피-질량 분석법	있음	가능	가능	가능	가능
액체 크로마토그래피-질량 분석법	있음	가능	가능	가능	가능
전위차법	없음	가능	가능	가능	가능
전압-전류법	없음	가능	가능	가능	가능
기체 크로마토그래피	경우에 따라	가능	가능	가능	가능
고성능 액체 크로마토그래피	경우에 따라	가능	가능	가능	가능
이온 크로마토그래피	경우에 따라	가능	가능	가능	가능
모세관 전기 이동법	없음	가능	가능	가능	가능
열분석	있음	불가능	불가능	가능	가능

주: 기기 분석에서의 파괴성은 상황에 따라 다르다. 비파괴 분석에서도 시료의 전처리 과정에서 시료가 파괴될 수 있다. 크로마토그래피는 사용하는 검출기의 종류에 따라 시료의 파괴 여부가 결정된다. 비파괴적 검출기의 감도는 일반적으로 '미량' 수준으로 제한된다. 분자가 형광성이 있으면 분자 형광법은 비파괴적이지만 분자를 유도체화해야 하는 경우는 파괴적이라고 할 수 있다. 극미량에 대하여 '가능', 주성분에 대하여 '불가능'으로 표시한 방법은 선형 범위를 반영한 것이다. 그런 방법에서는 시료를 충분히 묽히면 주성분을 분석할 수 있다.

가능한 분석물의 농도를 나타내었다. 실제 시료에서 분석 가능한 분석물 농도는 시료와 기기의 종류에 의존하는데, 표 1.3에는 각 방법의 감도와 분석 가능 농도 범위를 나타내었다.

1.2.1.2 정량 분석

정성 분석이 끝난 후에는 '존재하는 성분(들)이 양은 얼마인가?'라거나 '이 광석에 포함된 금의 함량은 얼마인가?' 혹은 '이 식수에 포함된 유기 염소계 살충제인 dieldrin의 양은 얼마인가? 등의 질문에 대한 답을 구해야 한다. 이렇게 양을 결정하는 것을 정량 분석이라고 한다. 분석 화학자가 양을 나타낼 수 있는 방법은 많지만, 주어진 시료에 함유된 분석물의 양으로 정의되는 **농도**(*concentration*)로 나타내는 경우가 가장 일반적이다. 농도란 주어진 시료의 부피나 질량에 포함된 분석물의 양으로 표현된다. 가장 일반적인 농도 단위는 다음과 같다.

- 몰농도: 시료 1리터에 포함된 분석물의 몰수이며, 기호로 M이나 혹은 mol/L를 사용한다.
- 질량 퍼센트: $\frac{\text{분석물의 질량(g)}}{\text{시료의 질량(g)}} \times 100(\%)$이며, 단위는 % 혹은 %w/w이다.

• 백만분율: $\frac{\text{분석물의 질량}(\mu g)}{\text{시료의 질량}(g)}$이며, 단위는 ppm 혹은 μg/g이다.

묽은 수용액의 경우 물의 밀도가 1 g/mL이므로 1 mL 용액의 질량은 1g이고, 따라서 용액의 질량을 부피로 표현하기도 한다. 예를 들면, 분석물의 농도가 1 ppm인 용액은 용액 1 mL에 1 μg의(μg/mL) 분석물이 존재하는 것과 같다.

분자의 정량 분석은 환경, 고분자 화학, 생화학, 제약 화학, 천염물 화학, 의약 화학 등의 여러 분야에서 매우 중요하다. 순물질이나 혼합물에서 특정 성분의 함량을 알기 위하여 GC, LC, HPLC, CE, MS, 형광 분광법, IR, XRD와 같은 여러 가지 기술들이 사용된다. 이런 기술들은 대부분 자동화되어 있고 매우 민감하기 때문에, 대부분 μg이나 mg 정도의 시료만이 요구된다. 혼합물을 분리하는 데 사용되는 크로마토그래피 기술은 혼합물 성분을 확인하고 정량하는 기술인 MS와 연결하여 사용된다. GC-MS나 LC-MS와 같은 기술을 이종 기기 연결 기술(hyphenated technique)이라고 한다. 이종 기기 연결법을 이용한 많은 기기들이 상품화되었다. 완전히 자동화된 이런 기술은 제약 산업에서 대량 가공 과정에 이용하고 있다. 시료를 분석하고, 데이터를 컴퓨터 파일로 저장하며, '동일한 형태'의 스펙트럼을 찾아가는 방법으로 화합물을 확인하고, 시료에 포함된 화합물의 농도를 계산한다. 그렇다 하더라도 유력한 후보 약품을 개발하기 위해서는 한 개 이상의 기기가 필요하다. 예를 들면, 1989년에 첫 번째 LC-MS 기기를 구매한 어느 제약회사의 경우 1998년에는 약품의 대사 연구에 이용되는 LC-MS 기기의 수가 한 부서에만 40대가 넘는다.

정량 분석 능력은 기기마다 다른데, 일부 방법은 다른 방법보다 **감도가 높다**. 즉 동일한 분석물에 대하여 어떤 기기는 다른 기기에 비하여 더 낮은 농도까지 분석할 수 있다. 어떤 방법은 넓은 농도 범위에서 적용이 가능하고, 어떤 방법은 적용 농도 범위가 좁다. 그 이유는 해당 장에서 논하겠지만, 표 1.3에 일반적인 기기 분석법의 적용 농도 범위를 나타내었다. 표 1.3의 범위는 대략적인 것이며, 특정 분석에서의 각 기술의 실제 감도나 유용한 농도 범위(작업 범위라고도 함)는 여러 가지 요인에 의존한다.

1.2.2 | 분석 방법의 설계

일단 문제가 정의되었다면 문제 해결을 위한 분석 과정(혹은 분석법)을 설계해야 한다. 분석 화학자는 요구되는 정밀도와 정확도, 시료 양, 예산, 허용된 시간 등을 고려하여 목표에 부합되는 분석 과정을 설계해야 한다. '처리 시간(turnaround time)'이란 실험실에 시료가 도착한 후 분석 의뢰자에게 결과를 전달할 때까지의 시간을 말한다. 병원 응급실에서의 임상 화학 실험의 경우 주어진 시간이 매우 짧을 것이다. 현대 분석에서의 공통적인 목표는 '환경 친화적 화학(green chemistry)'이다. 즉, 사용하는 용매의 독성이 낮고 자연 분해성이 있어서 폐기물을 최소화하고, 가능하다면 사용한 화학 물질을 재활용해야 한다.

훌륭한 분석 과정을 설계하려면 분석 물질로부터 어떻게 **대표 시료**(*representative sample*)를 취하고, 분석할 때까지 어떻게 시료를 보관하고, 시료에 대한 전처리를 어떻게 할 것인지 등에 관한 지식이 필요하다. 분석자는 **방해 물질**(*interference*)이나 **오차**(*error*)를 사전에 예측하고 분석 결과의 정확도와 정밀도를 평가하는 방법을 알아야 한다.

다양한 매트릭스에 처한 많은 분석물에 대한 분석 과정이나 분석법들이 개발되어 발표되었다. 이러한 방법들은 화학 관련 학술지인 *Analytical Chemistry*, *The Analyst*, *Analytical and Bioanalytical Chemistry* (*Fresenius' Journal of Analytical Chemistry*), *Talanta* 등이나 특정 분석 기술에 초점을 맞춘 학술지인 *Applied Spectroscopy*, *Journal of Separation Science* (*Journal of High Resolution Chromatography*), *Journal of the American Society for Mass Spectrometry*, *Thermochimica Acta* 등에 수록되어 있다. 미환경청(*EPA*)과 같은 정부 기관이나 *American Association of Official Analytical Chemists*(*AOAC*), *American Society for Testing and Materials*(*ASTM*), *American Public Health Association*(*APHA*) 등의 사설 표준 기관에서 '표준' 분석법, 혹은 '공인' 분석법을 편찬하였다. 다른 나라에도 비슷한 기관과 공

인 분석법이 존재한다. 표준 방법은 여러 실험실에서 검증된 방법으로, 알려진 정확도와 정밀도로 재현 가능한 방법이다. 참고문헌 부분에 분석 방법에 관한 여러 권의 책을 열거하였다. 먼저 화학 관련 문헌을 조사하여 이미 존재하는 분석 과정을 설계하느라 시간을 허비하지 않는 것이 현명하다.

만약 기존 방법을 찾을 수 없다면 분석자는 분석 방법을 개발해야 할 것이다. 매우 어려운 분석의 경우에는 새로운 분석 기기를 만들거나 작업을 수행하기 위하여 분석 기기를 변형시키는 일이 포함될 수도 있다.

분석 방법을 설계할 때 분석자는 그 분석법의 정확도나 정밀도를 고려해야 한다. 이를 위하여 1.3절에서 다룰 정확도와 정밀도에 대한 지식이 요구된다. 분석자는 방해 물질에 대하여 사전 조사를 해야 한다. 방해 물질이란 (1) 분석물 외에 반응을 하거나, 혹은 (2) 분석물의 반응을 변화시키는 물질이다. 방해 물질은 시료에 포함되어 있거나 혹은 시료가 분해될 때 생성되는 화합물이나 원소들이다. 방해 화합물이나 원소는 측정 기기와 반응하여 잘못된 분석 신호를 생성하기도 하고 혹은 분석물의 반응에 영향을 미쳐 간접적으로 분석 신호를 증가시키거나 감소시키기도 한다. 각 기기 분석법에서의 방해 사례는 해당 장에서 설명하기로 한다. 설계된 분석법은 신뢰성이 있고 **안정**(*robust*)해야 한다. 1.6절과 1.7절에서 이와 관련된 내용을 상세하게 다룰 것이다.

우수한 분석법이 되기 위해서 포함되어야 하는 기본적인 과정이 있다. **바탕 시료**(**blank**)를 준비하고 분석해야 한다. 분석에서 존재할지 모르는 방해를 확인하고 보정하기 위하여 바탕 시료를 사용한다. 많은 경우에 한 가지 이상의 바탕 시료가 필요하다. 시료 용액을 만들 때 사용하는 순수한 용매는 바탕 시료의 한 예이다. 이 바탕 시료는 용매에 분석물이 포함되지 않기 때문에 분석자로 하여금 기준선 혹은 '영점(zero point)'을 확인할 수 있게 한다. 시료의 전처리 과정에 사용되는 모든 시약을 포함하지만 시료 자체는 없는 **시약 바탕**(**reagent blank**)이 필요할 수도 있다. 시약 바탕을 이용하여 분석자는 전처리에 사용된 시약이 분석물의 최종 농도에 영향을 미치는지 확인할 수 있다. 때로는 **매트릭스 바탕**(**matrix blank**)이 요구되기도 하는데, 이는 분석물만 빠진 상태에서 시료와 비슷한 조성을 가진다. AES에서 스펙트럼 겹침을 보정하기 위하여 매트릭스 바탕을 사용하는 것이 한 예이다.

전기량법(coulometry)을 제외한 모든 기기 분석에서 분석물의 농도가 정확히 알려진 **교정 표준 물질**(**calibration standard**)이 필요하다. 동위 원소-묽힘 MS(IDMS)에서는 분석물인 동위 원소의 양을 알아야 한다. 교정 표준 물질은 기기로 측정하는 신호와 분석물의 농도 사이의 관계식을 구하는 데 사용된다. 이 관계식이 얻어지면, 미지 농도의 시료에 대한 측정 신호로부터 분석물의 농도를 결정할 수 있다. 분석 방법은 **기준 표준 물질**(**reference standard**)을 필요로 한다. 기준 표준물은 분석물의 농도와 조성이 알려진 표준물이다. 이 표준물은 교정 표준물이 아니며, 교정 표준 물질과는 다른 물질을 이용하여 만든다. 기준 표준 물질의 분석을 통하여 교정이 올바른지, 정확도와 정밀도는 얼마인지를 평가한다. 여러 나라의 정부 기관이나 사설 기관에서 기준 표준 물질을 제공한다. 미국의 NIST나 캐나다의 NRCC, 영국의 LGC 등이 정부 기관의 예들이다.

1.2.3 | 시료 채취(sampling)

분석에서 가장 중요한 단계는 분석할 물질의 시료를 채취하는 것이다. 실제 시료들은 보통 불균일하기 때문에, 그 물질을 **대표하는**(**representative**) 시료를 선택해야 한다. 대표 시료란 원래의 물질에 포함된 분석물의 실제 분포와 농도를 반영하는 시료이다. 시료가 오염되거나 부석설하게 보관되었나면 분식자는 시간을 허비하게 될 뿐 아니라 잘못된 결론에 도달할 수도 있다. 이런 일들은 임상 화학 분석에서 질병에 대한 잘못된 진단이나 법의학에서 잘못된 판결의 원인이 될 수 있다.

시료의 양은 실험을 두 번 혹은 세 번 반복할 수 있을 정도로 충분해야 한다. 물론 범죄 현장에서 수거된 법의학적 시료나 달에서 채취된 돌과 같이 소량의 시료만이 제공된 경우에도 분석자는 주어진 조건에서 최선을 다해야 할 것이다.

시료는 채취 도구를 이용하여 채취하고 보관함에 넣어야 한다. 이런 도구나 보관함은 시료를 오염시키기도 한다. 예를 들면 스테인리스강으로 만든 주사 바늘에 의하여 혈액이나 혈청에 미량의 금속이 오염되기도 한다. 금속으로 만든 시약 주걱, 가위, 드릴날, 유리 피펫, 거름 종이, 그리고 플라스틱이나 고무 튜브 등이 시료에 무기 혹은 유기 오염물을 가하기도 한다. 강철에서 나오는 철, 니켈, 크로뮴 등에 의한 오염을 피하기 위하여 집게나 핀셋의 끝부분을 백금이나 금으로 처리한 것을 사용하기도 한다.

다음은 한 지점에서 시료를 채취하고(현지 시료 채취라고도 한다) 다른 지역에 있는 실험실로 옮기는 과정에 대한 것이다. 요즘은 시료의 채취 과정 없이 **현장**(*in situ*)에서 혹은 제품을 생산하는 동안(온라인) 탐침용 기기를 이용한 시료 분석이 가능하다. 휴대용 기기를 이용하여 현장이나 온라인상으로 시료를 분석하는 사례는 다른 장에서 다루기로 한다.

특히 석탄, 금속 광물, 토양, 곡물, 그리고 한 탱크 분량의 자동차용 휘발유나 화학 물질과 같은 대량의 물질로부터 시료를 채취하는 과정은 여러 단계로 구성된다. 우선 **로트**(*lot*)로부터 **전체 대표 시료**(*gross representative sample*)를 모은다. 로트란 가지고 있는 전체 물질의 양을 의미한다. 전체 대표 시료가 대표성을 가지기 위해서는 로트의 여러 부분에서 모아야 한다. 석탄이나 광물과 같이 로트가 매우 큰 경우에는 **긴 더미에서 한 번씩 번갈아가며 시료를 취하는 방법**을 사용한다. 물질을 긴 직사각형 더미로 만든 후, 한 삽씩 떠서 번갈아가면서 모으는 방법으로 전체를 두 더미로 나눈다. 한 더미는 치우고 남은 더미를 같은 방법으로 실험실에 보낼 만큼의 양이 남을 때까지 그 크기를 줄여나간다. **원뿔 사분법**(*cone and quarter*)은 고체 물질의 대표 시료를 채취하는 또 다른 방법이다. 시료를 원형의 더미로 만든 후 잘 섞는다. 그 더미를 사분면으로 나눈 후 마주보는 두 사분면으로 두 번째 더미를 만들고 남은 두 사분면은 치운다. 이 과정은 그림 1.3에 나타내었다. 이 과정을 분석에 적당한 양의 시료를 얻을 때까지 반복한다. 여전히 시료의 양이 너무 많을 수도 있다. 예를 들면, 매우 불균일한 철 합금의 경우, 지름 약 2인치의 대표 시료 한 조각을 얻기 위하여 약 1 ton의 합금이 필요하다.

임의의 수를 생산하는 컴퓨터를 이용하여 시료를 채취할 위치를 정하는 방법은 환경이나 농업 분야에서 유용하다. 전체 시료가 옥수수 밭이라면 밭을 여러 개의 눈금으로 나누고 각 영역에 번호를 부여한다. 컴퓨터를 이용하여 시료를 채취할 영역 번호를 무작위로 선정한 후, 각 영역의 시료들을 모아 더 작은 규모의 균일한 **실험실 시료**(*laboratory sample*)를 만든다. 만일 시료가 매우 불균일하다면(segregated), 대표 시료는 각 영역의 상대적 양을 반영한 복합적인 시료가 되어야 한다. 상대적 양에 대한 정보가 없으면 시료의 양은 크게 늘어날 것이다. 여러 가지 방법으로 적은 양의 실험실 시료를 얻을 수 있지만, 전체 물질에 대한 대표성이 있어야 하며 필요한 분석을 하기에 충분한 양이어야 한다. 실험실 시료를 얻은 다음 이 시료를 더 적은 양의 **시험 분량**(*test portion*)으로 나눈다. 반복 분석이나 혹은 한 가지 이상의 분석법으로 분석을 수행할 목적으로 여러 개의 시험 분량으로 나누는 것이다. **분취량(aliquot)**이란 시험 분량을 **녹인** 용액의 정량적인 양을 의미한다. 예를 들면, 0.100 g 시험 분량의 염화 소듐을 전체 부피가 100 mL가 되도록 물에 녹인다. 피펫을 이용하여 10.0 mL의 분취량을 3회 취하고, 이온 선택성 전극을 이용하여 염소 이온을 분석하는 실험을 세 번 실행한다.

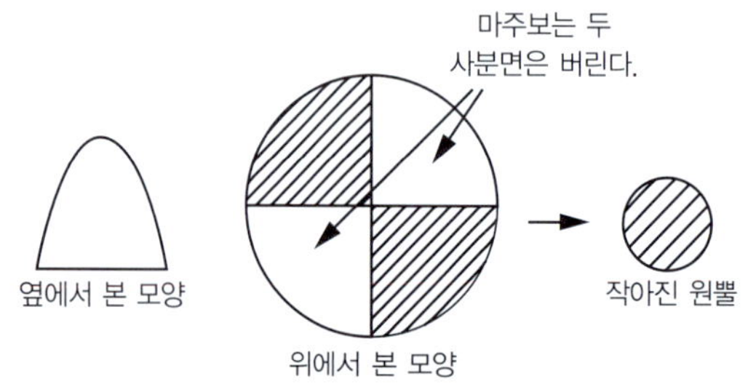

그림 1.3 대량의 물질로부터 시료를 채취하는 원뿔 사분법

전체 시료의 양이 줄어들수록 자르고, 부수고, 갈고, 혹은 깎아서 더욱 작은 조각으로 나누어야 한다. 예를 들면, 1 ton의 합금철을 부수고 잘라서 채로 고르는 작업을 여러 번 반복한다. 이런 과정 중에 리플(riffle)이라고 하는 시료를 나누는 도구를 이용하여 시료의 크기를 줄인다. 건조를 포함하는 일련의 과정이 끝나고, 최종적으로 약 1 lb(454 g)의 시료를 얻는다. 전 과정 중에 시료가 원시료를 대표하도록 시료를 잘 섞는다. 시료를 가는 장비에 의한 오염이 발생하지 않도록 주의한다. 일반 시료보다 단단한 boron carbide나 tungsten carbide로 만든 분쇄기를 사용한다. 그러나 이들은 boron이나 tungsten으로 시료를 오염시킬 수 있으므로 미량의 boron이나 tungsten을 측정하는 경우에는 사용할 수 없다. Zirconium oxide로 만든 볼밀(ball mill)은 Zr이나 Hf로 시료를 오염시킬 수 있다. 스테인리스 분쇄기에 의한 Fe, Cr, Ni 등의 오염도 주의해야 한다. 어떤 절단기는 유기 윤활유를 사용하는데, 분석하기 전에 모든 윤활유를 제거해야 한다.

시료를 갈거나 분쇄하면 특정 성분의 농도가 낮아지는 오차가 발생할 수 있다. 금과 같이 전성이 높은 금속은 분쇄 과정 중에 분쇄기 표면에 달라붙어 시료로부터 제거되는 바람직하지 않은 일이 발생하기 때문이다. 금과 같이 시료 채취하기가 어려운 분석물이 분리된 형태로 포함된 물질의 시료 채취 방법을 그림 1.4에 나타내었다. 맨 위의 직사각형 조각이 금을 함유하는 석영을 나타낸 것이다. 금은 검은 점으로 표시하였다. 그림에 의하면 금이 석영 안에 띠 형태로 함유되어 있고, 또 다른 석영 띠(흰색 영역)에 의하여 서로 분리되어 있다. 석영을 크기 I의 형태로 부수면 금이 석영으로부터 이탈하지 않을 것이다. 어떤 조각에는 금이 포함되어 있지만 다른 많은 조각들은 순수한 석영이다. 이 크기에서 몇 조각을 선택하여 대표 시료라고 하기는 힘들다. 석영을 더 작은 크기 II로 분쇄하면 대표성 있는 시료를 얻을 수 있다. 석영을 크기 III 수준으로 분쇄하면 금이 석영 매트릭스로부터 분리되어 나온다. 이 시료를 완벽하게 섞을 수 있다면 크기 II의 시료에서보다 더 적은 양으로 전체를 대표하는 시료를 얻을 수 있을 것이다.(이것이 바람직한 이유는 무엇인가? 분석 시료의 양이 적을수록 소모되는 금의 양이 줄어든다. 이는 분석물이나 시료가 고가인 경우 중요한 고려사항이다.) 그러나 금과 석영의 밀도와 모양이 서로 다르고, 따라서 잘 섞기가 어렵다. 이미 언급하였듯이 금은 부드럽고 전성이 높다. 금이 석영으로부터 떨어져 나가면 분쇄기 표면에 박히거나 달라붙어서, 크기 III로 분쇄한 시료 입자로부터 금을 잃어버리는 효과가 나타난다. 결국 크기 II로 분쇄한 시료가 다른 경우보다 전체를 더 잘 대표한다.

산업용 생산품, 환경 시료, 그리고 생물학적 시료의 시료 채취 과정은 산업계나 정부 혹은 전문 과학자들 사이에 협약되거나 혹은 **표준화되어**(*standardized*) 있다. 표준화된 과정을 따르면 시료를 채취할 때

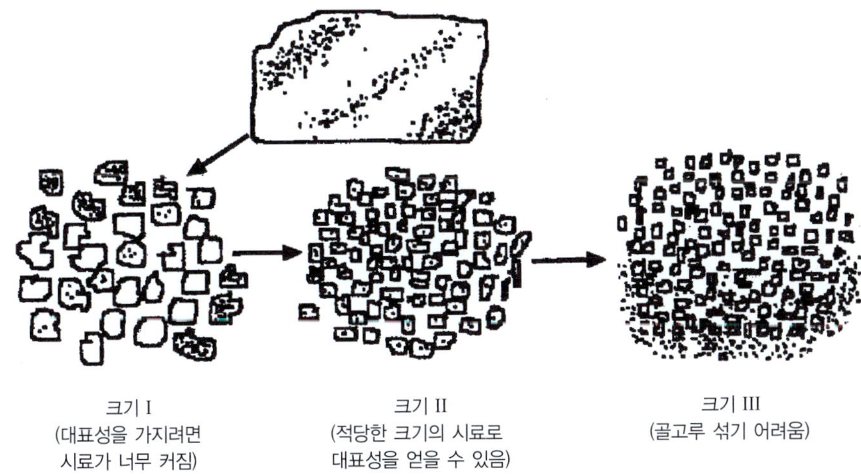

그림 1.4 금과 같이 시료 채취하기가 성분이 분리된 형태로 포함된 시료에 대한 시료 채취(Extracted from Dulski, T. R., *A Manual for the Chemical Analysis of Metals*, ASTM International, West Conshohocken, PA, 1996. with permission Copyright 1996 ASTM International.)

시료의 오염이나 변형을 막을 수 있고, 또한 전체를 더 잘 대표하는 시료를 얻을 수 있다. 예를 들면, 여러 가지 물질에 대한 표준 시료 채취 과정은 *Annual Book of ASTM Standards*와 같은 책에서 찾을 수 있다. 토양, 물, 대기 관련 시료 채취 과정은 미국 EPA나 다른 나라의 비슷한 기관에 의하여 확립되어 있다. 물이나 폐수의 시료 채취 과정은 *Standards Methods for the Analysis of Water and Wastewater*에서 찾을 수 있다. AOAC는 식품의 시료 채취 과정을 출판하였다. 이런 종류의 출판물을 참고문헌에 수록하였다. 좋은 분석 화학자는 친숙하지 않은 물질에 대한 시료를 채취하기 전에 문헌을 참고한다. 몇 가지 시료의 채취에 대한 일반적인 지침을 살펴보기로 하자.

1.2.3.1 기체 시료

기체 시료는 일반적으로 균일할 것이라고 생각하지만 혼합 기체의 경우 밀도 차이에 의해 여러 개의 층으로 분리되기도 한다. 채취한 후 오랫동안 저장된 시료는 일부를 취하기 전에 잘 섞어야 한다. 기체 시료는 한 순간 한 지점에서 취할 수도 있고, 일정 기간에 걸쳐 여러 지점에서 취하여 **평균적인** 혹은 **복합**(**composite**) 시료의 형태로 취할 수도 있다. 기체 시료는 밀폐형 기체 주사기(gas-tight syringe), 풍선, 플라스틱 주머니, 혹은 진공을 걸 수 있는 금속이나 유리 용기 등을 이용하여 모은다. 독성이나 발화성, 혹은 부식성이 있는 기체는 적당한 안전 장비를 사용하여 주의 깊게 채취하여야 한다.

기체 시료 중의 특정 성분, 예를 들어 대기 중의 유기 성분은 대기를 활성탄에 통과시켜 모을 수 있다. 대기의 주성분인 산소나 질소는 통과하지만 유기 성분은 활성탄에 흡착된다. 이 방법은 분석물을 **농축**(*preconcentration*)시키고 시료의 크기를 줄이는 장점이 있다. 볼펜보다 크지 않은 크기의 활성탄 컬럼에 수 리터의 대기를 통과시킬 수 있다. 수백 리터의 대기를 실험실로 옮기는 것보다 활성탄에 모아진 분석물을 옮기는 것이 훨씬 용이하다. 기체상의 분석물을 추출하는 이와 같은 과정을 집진(scrub)이라고 하는데, 분석물을 흡수하는 성질이 있는 액체에 기체를 불어 넣는 방법으로 집진할 수도 있다.

기체에 포함되어 있는 고체 성분은 필터를 이용하여 거른다. 분석물을 흡착하거나 시료를 오염시키지 않는 필터를 이용한다. 흐르는 기체에서 지름이 0.2 μm 정도로 작은 입자를 제거할 수 있는 필터도 구할 수 있다.

1.2.3.2 액체 시료

액체 시료는 한 번에 간단히 채취할 수도 있고 복합 시료로 채취할 수도 있다. 액체 시료의 채취는 상당히 어려운 작업이며 병에 든 내용물을 조금 덜어내거나 흐르는 물속에 용기를 담그는 것과 같은 단순한 과정이 아니다. 여기에서는 일반적인 액체 시료의 채취에 관하여 간단히 언급할 것이다. 대표 시료를 얻기 위하여는 액체를 저어주는 것이 일반적이나 경우에 따라서는 저어주는 것이 바람직하지 않을 수도 있다. 분석자가 물 위에 떠 있는 오일층만을 분석하고 싶은 경우에는 저어주는 것이 불필요하고 오일층을 피펫 등으로 떠내면 된다. 시료는 오염원에서 떨어진 곳에서 채취해야 대표 시료를 얻을 수 있다. 예를 들어, 강물 시료가 필요하면 강둑, 부유 거품, 기름 성분, 그리고 공장이나 도시 폐수 처리 시설 등으로부터 멀리 떨어진 곳에서 시료를 채취해야 한다. 강이나 호수의 시료는 수심이나 기슭으로부터의 거리 등을 바꿔가면서 채취한다. 이렇게 모은 시료를 각각 분석하거나 혹은 섞어서 평균 조성을 구하기도 한다.

액체 시료에 포함된 고체 입자는 필터나 원심 분리기를 이용하여 제거할 수 있다. 시료를 오염시키거나 분석물을 흡착하지 않는 재료로 된 필터를 사용해야 한다. 오렌지 주스나 액상 개미 퇴치제와 같은 액체는 고형 부유물을 포함하고 있다. 이런 시료들은 고체를 제거하지 않고 시료를 채취해야 한다. 이런 종류의 현탁액에 대한 대표 시료를 얻기는 매우 어렵기 때문에, 오늘 결과를 내일 결과와 비교하기 위해서는 표준화된 시료 채취 과정이 필요하다. **섞이지 않는**(**immiscible**) 두 개 이상의 액체로 된 시료의 경우 시료가 여러 개의 층으로 분리될 수 있다. 기름이 유출된 바다나 야채 드레싱에 사용되는 오일과 빙

초산, 그리고 한 잔의 우유 위에 부은 크림 같은 경우가 그 예이다. 대표 시료를 얻기 위하여 액체를 **유화**(*emulsify*)시킬 수 있지만, 각 층의 독립적인 시료 채취가 더 유용할 수도 있다.

1.2.3.3 고체 시료

고체 시료는 일반적으로 기체나 액체 시료보다 균일하지 않기 때문에 시료 채취가 가장 어렵다. 고체를 균일하게 하기 위하여 갈거나 구멍을 뚫거나 혹은 분쇄하여 작은 입자로 만든다. 많은 종류의 수동 혹은 자동 형태의 그라인더나 분쇄기를 구할 수 있는데, 시료가 얼마나 단단한지를 고려하여 선택한다. 연한 물질은 전동 커피 그라인더에 약간의 액체 질소를 가하고 갈 수 있다. 액체 질소가 고분자를 얼려 깨지기 쉽게 만든다. 식료품과 같은 다른 연한 고체 시료들도 비슷한 방법으로 다룰 수 있다. 많은 고체 시료들은 대표 시료를 채취하기 전에 흡착된 물을 제거하기 위하여 오븐에서 말린다. 시멘트, 섬유, 식료품, 토양, 세라믹 등의 고체 물질에 대한 표준 시료 채취법의 많은 논문들이 발표되었다. 다양한 종류의 분쇄기, 그라인더, 혹은 교반기에 대한 정보는 SpexCertiprep(www.spexcsp.com), Retsch(www.retsch.com), 혹은 Netzsch(www.netzch.com) 등의 인터넷 사이트에서 찾을 수 있다.

1.2.4 | 시료의 보관

시료를 보관하는 플라스틱 용기로부터 가소제나 단량체 등이 빠져 나와 시료를 오염시킬 수도 있다. 플라스틱 용기를 만들 때 사용한 촉매로부터 나오는 미량의 Cu, Mn, 혹은 Pt 등과 방염제나 무기 보충제로부터 나오는 Si, Ti, Sb, P과 같은 원소가 시료를 오염시키기도 한다. 미량의 이온 성분이 유리 표면에 흡착되기도 하고 떨어져 나오기도 하는데, 이로 인하여 용액에 포함된 미량의 원소나 이온의 농도가 급격히 변할 수 있다. 용액에 포함된 미량의 금속 성분이 유리의 표면에 손상된 부분(strain line)에 흡착되는 현상이 관찰되었다. 유기 시료에 사용하는 용기는 용매를 이용하여 닦고, 미량 금속 분석에 사용하는 용기는 산 용액에 담근 후 초순수(DI)로 세척해야 한다.

생물학적 시료나 환경 시료를 얼리거나 용기 내부의 공기를 비활성 기체로 대체하면 시료의 보관 기간을 늘릴 수 있다. 시료를 분석 전에 꼭 필요 이상으로 장기간 보관하지 않고, 지나친 열이나 습기가 많은 상태로 보관하지 않는다. 어떤 시료는 광화학적 조성 변화를 피하기 위하여 어두운 곳에서 보관해야 하는데, 물에 녹아 있는 은을 분석하는 경우가 좋은 예이다. 이런 시료는 빛에 의하여 은 콜로이드 입자가 형성되고, 이 입자가 침전이 되어 시료로부터 이탈하게 되는데, 이를 피하기 위하여 어두운 플라스틱 병에 보관한다. 환경 분석에서는 많은 시료들의 질이 저하되는 것을 방지하기 위하여 pH를 조절하거나 방부제를 첨가하는 것이 필요하다. 수용액에 포함된 미량의 금속 성분을 분석할 때, 금속 성분의 이탈을 방지하기 위하여 순도가 높은 질산으로 산성화시킨다. 혈액 시료의 액상을 유지하기 위하여 항응고제가 첨가된 용기에 혈액을 보관하는데, 이때 항응고제가 분석을 방해하면 안 된다. 예를 들면, 환자의 소듐 레벨을 측정하기 위하여 모은 혈액에 EDTA의 소듐 염으로 만든 항응고제를 사용하면 안 된다. 어떤 생물학적 시료는 무균 용기에 모아야 하는 경우도 있다.

시료 용기에는 정확한 라벨을 붙이고, 시료가 라벨에 의하여 훼손되는 일이 없어야 한다. 예를 들어, 냉각시킬 시료에 수용성 펜을 사용하지 않는다. 라벨에는 시료의 정확한 이름과 시료와 관련된 모든 위험성에 대한 내용을 나타낸다. 많은 분석 실험실이 컴퓨터에 기초한 시료 관리 시스템을 이용하여 가게에서 상품에 붙이는 것과 유사한 바코드를 만들어 사용한다. 이런 컴퓨터에 기초한 시스템을 실험실 정보 관리 시스템(Laboratory Information Management System, LIMS)이라고 하는데, LIMS를 이용하여 시료뿐만 아니라 관련된 분석 데이터들에 대한 목록을 만들어 관리한다.

1.3 측정의 불확실성에 대한 개념적 논의

불확실성(uncertainty)은 과학 전체에 내재된 개념이다. 이 장 후반에서 다루겠지만, 분석 측정에서의 불확실성은 그러한 측정이 법적 또는 규제적 장소, 특히 분석 결과가 법정에 제시될 때 매우 중요한 역할을 할 수 있다.

불확실성은 측정에 대한 우리의 확신을 나타낸다. 예를 들어 방의 온도를 20°C로 측정했을 때, 이 측정의 불확실성은 1°C 단위로 온도를 제공하는 온도계 때문이다. 이는 다음과 같은 방식으로 간단히 기술될 수 있다:

$$T_{room} = 20\ °C \pm 1\ °C$$

우리는 이것을 20 플러스 마이너스 1도라고 읽는다. 기호 ± 자체가 문제가 되는 경우가 있음을 유의하라. 우리는 불확실성이 결코 음수가 될 수 없음을 직관적으로 안다. 그래서 때때로 불확실성을 기호 없이 표의 분리된 공간에 표시하거나, 본문에 간단히 기술한다. 불확실성의 사전적 정의는 다음과 같이 다양하다.

1. 발생 시간, 수, 크기 또는 품질을 명확히 확인할 수 없거나 고정되어 있지 않은.
2. 자신감이나 확신이 없는, 혹은 망설여지는. 예: 불확실한 미소.
3. 명확하거나 정확하게 결정되지 않은, 애매한, 알 수 없는. 예: 출처가 불분명한 원고.
4. 모호한, 불분명한, 완벽하게 이해되지 않는. 예: 주제가 불확실한 난해한 소설.
5. 변할 수 있는, 변하기 쉬운, 변덕스러운, 불안정한. 예: 의견이 불확실한 사람.
6. 모호한, 신뢰할 수 없는, 믿을 수 없는. 예: 그녀의 충성심은 불확실하다.
7. 우연이나 예측할 수 없는 요소에 의존하는, 의심스러운, 예측할 수 없는 결과나 효과의.
8. 빛처럼 불안정하거나 깜박이는, 강도나 성질이 변하는.

불확실성이라는 용어에는 일반적인 언어적 의미뿐 아니라 보다 잘 정의된 과학적 또는 기술적 의미도 있다. 첫 번째 정의에 의하면 "확실하게 확인할 수 없거나 고정되지 않음"이다. 이것은 과학자에게 무엇을 의미하는가? 과학자가 측정할 수 있는 것 중에서 "확실하게 확인할 수 있거나 고정되어 있는" 것은 **없다**. 물론, 우리는 종종 불확실성이 없는 용어를 정의한다. 우리는 탄소 원자의 분자 질량을 1몰당 12 g으로 정의한다. 불확실성은 없다. 우리가 **물리적 상수(physical constant)**라고 부르는 양들은 때때로 수정되기도 하지만, **우리가 고정되어 있다고 말하기 때문에** 고정되어 있는 것이지, 형이상학적인 무오류성을 나타낼 정도로 잘 측정했기 때문은 아니다.

온도, 압력, 화재 잔해 속 휘발유 농도 등 우리가 측정하는 어떤 것도 참값(true value)을 제공할 수 **없다**는 점은 강조할 가치가 있다. 과학과 장비, 자원이 발전함에 따라 측정치가 참값에 가까워질 수 있지만 결코 참값에 도달할 수는 없다. 이는 온도가 절대 영도에 가까워지는 것과 비슷하다. 가까이 다가갈 수는 있지만 절대 영도에 이를 수는 없다. 이는 과학에서 우리의 업무가 측정과 불확실성이라는 두 가지 요소로만 구성되어 있기 때문에 중요하다. 불확실성을 적절히 평가하고 표시하지 않고 측정값을 제시한다면, 그 업무는 절반만 완료된 것이다. 이 아이디어의 결과는 언뜻 보기에 혼란스러울 수도 있는 개념이다. 과학에서 우리의 업무는 '진실(truth)'을 추구하는 것이 아니다. 우리는 그 업무를 종교인에게 맡긴다. 노벨상 수상자(생리의학상, 1996년) Peter Doherty는 이렇게 말한다. "완전무결함(absolutes)을 원한다면 정치인이나 교황에게 말하라."

위의 여섯 번째 정의를 살펴보면 미국식 회화체 영어와 그에 상응하는 과학적 용법이 상충됨을 알 수 있다. 측정 평가에 적용되는 불확실성은 모호성 또는 비신뢰성과 전혀 관련이 없다. 온도계는 매우 정확할 수도 있고 (따라서 비용이 많이 들 수도 있음) 부정확할 수도 있다(아마도 저비용으로 만들어지기 때문에). 그러나 모호한 결과를 주는 유일한 방법은 임의의 숫자를 읽는 것이다. 간단히 말해서, 모호하고 신뢰할 수 없는 과학적 결과는 불확실성을 잘 이해하지 못하거나 잘 표현되지 않았을 때이다.

사실, 이 일반적인 철학은 1994년 전 NIST 소장 John W. Lyons 박사가 잘 표현하였다. "측정 결과, 그리고 우리의 기관 이름으로 제공하는 많은 정보의 유용성은 수반되는 불확실성에 대한 표현의 수준에 따라 결정된다는 것에 일반적으로 동의한다." 그리고, 불확실성이 나쁘다는 통념을 없애자. 실험 결과의 불확실성이 장난스럽고 당황스럽고 여러분을 덜 인간답게 만든다고 배웠다면, 무시하라. 사실, 최선의 노력에도 불구하고 불확실성이 너무 높다면 결론이 제한적일 수는 있다. 그게 전부이다. Lyons 박사가 말했듯이, 불확실성에 대한 이해를 수용하는 것은 과학과 모든 인간의 노력을 발전시키는 미덕이다.

위에서 언급한 사전적 정의는 혼란스럽다. 불확실성을 설명하기 위해 사용되는 단어는 더 나쁠 수도 있다. 왜냐하면 우리는 우리가 무엇을 하고 있는지 알고 있다고 생각하기 때문이다. 과학 저널을 읽거나 편집하는 경우 다음과 같은 용어를 접하게 된다.

- 정확도.
- 절대 정확도.
- 오차.
- 절대오차.
- 불확실성 (불확도).
- 절대불확도.
- 최대불확도.
- 재현성.
- 반복성.
- 정밀도.
- 일정 범위 내인 것으로 알려진…
- 자신 있게 제공되는…
- ...으로 측정된다.
- 신뢰할 수 있는...
- + / − ...
- 재현 가능한 것으로 생각되는 것은…
- 개인적으로 보장한다.
- 우연성.
- 신경 쓰지 말라, 절대로 신경 쓰지 말라.

이들 중 일부는 설명할 가치가 있다. 이는 이 책의 저자 중 한 명(TJB)의 경험에서 가져온 것이며 모두 사실이다. 예를 들어 마지막 세 항목을 살펴보자. 우리는 저자들이 자신의 측정값이 정확하고 이를 "개인적으로 보장한다"라고 주장하는 논문을 접했다. 이 보장을 어떻게 행사하거나 수집하는지는 미스터리이다. Aleatoric은 실제로 "내 측정의 불확실성은 불운으로 인한 것이다"에서와 같이 불운을 의미한다. 더 이상의 만회는 불가능하다! 또 다른 저자는 논문을 수정할 때 불확실성을 제공하라는 요청을 받았을 때, 불확실성에 대해 전혀 신경 쓰지 않았고 신경을 쓴 적도 없다고 답했다! 그의 논문은 저널에 승인되지 않았다. 물론 이러한 경우는 극히 드물다. 우리는 과학자가 불확실성을 부정확하게 설명하는 것은 결코 용납될 수 없음을 강조한다.

눈에 띄는 마지막 세 가지를 제외한 나머지 용어들은 모두 너무 일반적이다. 문제는 이들 중 어느 것도 정량적 의미를 가지지 않는다. 정량적 의미란 예를 들어 온도계로 온도를 읽을 때의 불확실성을 설명할 때 필요한 것이다.

측정값의 불확실성을 표현하기 위한 가이드는 GUM(Guide for Expressing Uncertainty in Measurements)이라는 문서에서 찾을 수 있다. 이 문서는 1993년에 출판되어 주기적으로 수정되었으며, 모든 산업화된 국가에 설립된 국립 계측 연구소(예: 미국 National Institute of Standards and Technology, NIST) 간에 합의된 결과이다. 이 문서는 과학계에 모든 측정, 교정 및 결과의 불확실성을 평가하고 보고하는 방법을 제공한다.

1.4 기초적인 통계와 데이터 처리

분석을 위해서 몇 개의 시료가 필요한가? 대표성을 가지기 위해 얼마나 많은 양이 필요한가? 통계를 이용하여 이런 종류의 질문에 대한 답을 구할 수 있다. 개발한 방법의 한계를 이해하기 위해서도 통계에 대한 기초적인 지식이 요구된다. 이런 이유 때문에 분석 화학자가 사용하는 통계의 개념과 계산 등을 소개한다.

올바른 실험 계획을 세우기 위해서는 필요한 정확도 및 정밀도를 얻는 데 필요한 시료 크기, 시료수, 측정 횟수를 선택하기 위한 통계학적 방법이 필요하다. 데이터에 대한 통계 분석을 통하여 측정값에 대한 불확실성 또한 구할 수 있다. 모든 측정 결과에는 불확실성이 있고, 분석자는 측정값의 유효한 범위를 표시하는 방법으로 불확실성을 나타낼 수 있다. 측정값에 대하여 올바르게 평가된 불확실성은 실제 값이 구한 범위에 존재할 신뢰 수준(confidence level, CL)을 나타낸다.

1.4.1 | 유효 숫자

분석 화학적 측정은 50.1% 철, 10 ppm 파라치온(제초제), 혹은 25 mg isopropanol/L 등과 같이 관련 단위를 포함한 숫자로 나타낸다. 측정 결과와 관련된 숫자와 이 숫자를 이용한 계산을 다루기 위하여, **유효 숫자(significant figure)**라는 개념에 대한 이해가 필요하다. 모든 측정에는 불확실성이 포함되므로 측정은 불확실성을 포함하는 숫자로 나타내야 한다. 측정 결과를 나타내는 숫자는 실험자가 확실하게 신뢰할 수 있는 모든 숫자와 불확실성을 포함하는 첫 번째 자리의 수로 구성된다. 이와 같이 마지막 숫자만 불확실성을 포함하고 있는 수를 유효 숫자라고 한다. 이 숫자는 측정이 얼마나 정확한가를 반영한 결과값을 표시한다. 예를 들면, 50.1%라는 수는 결과 %가 50.2나 50.0보다는 50.1에 가깝다는 것을 의미하지만, 결과가 정확히 50.1%라는 의미는 아니다. 간단히 말하면 숫자에서 '50'이라는 부분은 확실하지만 마지막 숫자에는 어느 정도 불확실성이 포함되어 있다. 0.1%까지 분석 가능한 기기를 이용하여 두 시료를 분석한 결과가 각각 50.08%와 50.12%였다면, 두 시료의 성분 차이를 구분하기 어렵고, 모두 50.1%라고 보고해야 한다.

50.1의 유효 숫자는 세 자리(5, 0, 1)이다. 측정 결과가 0.1%보다 더 좋을 수 없으므로 마지막 숫자에는 적어도 ±1 정도의 불확실성이 있다. 마지막 유효 숫자는 측정의 정확성을 반영해야 한다. 수학적으로 더 많은 자릿수로 된 숫자를 얻을 수 있어도 그 값에 의미가 없기 때문에 결과를 더 많은 자릿수로 나타낼 필요는 없다.

보고된 수에서 모든 숫자는 유효 숫자이고 마지막 숫자(그 값이 0이라 하더라도)만 불확실성을 포함하고 있다. 예를 들면, 유효 숫자가 세 자리(1, 2, 1)인 1.21×10^6는 1.22×10^6이나 1.20×10^6보다 1.21×10^6에 가깝다는 의미이다. 그러나 1,210,000과 같이 7개의 유효 숫자로 나타내면 이는 1,210,001이나 1,209,999보다 1,210,000에 가깝다는 의미이다. 뒤에 나오는 0들은 단순하게 소수점 위치를 나타내는 것이면 유효 숫자가 아니기 때문에 착각하기 쉽다. 더욱이 50.10은 50.1보다 정확도가 10배 더 높다. 숫자 0은 유효 숫자일 수도 있고 단순히 소수점 위치를 나타내는 경우도 있다. 5개의 유효 숫자로 구성된 12,067에서와 같이 두 유효 숫자 사이에 있는 0은 유효 숫자이다. 0.024의 처음의 두 0들은 소수점 위치를 나타내는 것으로 유효 숫자가 아니다. 0.024에서 유효 숫자는 2와 4 두 개이다. 자릿수를 나타내는 0을 명확하게 표기하기 위하여 2.4×10^{-2}과 같은 과학적 표기법을 사용하는데, 이 표기에서 유효 숫자가 두 개인 것을 확연하게 알 수 있다. 소수점 뒤에 사용되는 0은 유효 숫자이기 때문에 24.0의 유효 숫자는 세 개이다. 어떤 수에서 0이 유효 숫자일 때만 끝자리(terminal)에 쓸 수 있다. 예를 들면, 54,300이나 1,210,000의 각 숫자에서 마지막 0이 유효 숫자인지 판단하기 어렵다. 이런 경우에는 유효 숫자를 정확하게 표시하기 위하여 과학적 표기법을 따르는 것이 효과적이다. 5.4300×10^4의 유효 숫자는 다섯 개이고, 5.430×10^4의 유효 숫자는 네 개이며, 5.43×10^4은 세 개의 유효 숫자를 가지고 있다. 1,210,000이 일곱 개의 유효 숫자가 있다는 것을 확실하게 나타내려면 1.210000×10^6으로 표기하면 된다.

독립된 개체를 나타내는 수에는 불확실성이 존재하지 않는다. 5회 측정을 한 후, 평균을 계산하기 위하여 결과값을 모두 더하고 5로 나누는데, 숫자 5는 최종 답의 유효 숫자에 영향을 미치지 않는다. 측정한 횟수에는 불확실성이 없으므로 5는 무한대의 유효 숫자를 갖는 것으로 간주한다.

다음은 결과를 보고 할 때 지켜야 할 규칙들이다.

1. 데이터를 숫자로 표시할 때, 마지막 숫자만 불확실성이 포함된 유효 숫자로 나타낸다.
2. 다른 숫자는 모두 버리고 반올림한다. 예를 들면, 1.325178을 네 개의 유효 숫자로 표기하려면 처음의 다섯 자리 수인 1.3251만을 고려한다. 마지막 숫자가 5보다 크면 반올림하고 5보다 작으면 반내림한다. 만일 마지막 숫자가 5이고 네 번째 숫자가 홀수이면 반올림하고, 마지막 숫자가 5이고 네 번째 숫자가 짝수이면 반내림하여 다섯 번째 숫자를 삭제하면 된다. 표 1.4에 위의 규칙을 이용하여 네 자리의 유효 숫자를 만드는 예를 수록하였다.
3. 덧셈이나 뺄셈 결과의 첫 번째 불확실한 수는 더하거나 빼는 수 가운데 첫 번째 불확실성을 가진 자리의 수이다. 덧셈이나 뺄셈의 결과의 절대 불확정도는 더하거나 빼는 수 가운데 가장 큰 절대 불확정도와 같다. 가장 큰 불확정도를 갖는 수는 마지막 유효 숫자의 자리가 가장 위에 있는 것이다. 예를 들면, 21.1과 3.216, 그리고 0.062를 더한 결과는 소수 아래 첫 번째 자리까지만 의미가 있다. 왜냐하면 21.1의 유효 숫자가 소수점 아래 첫 번째 자리이기 때문이다. 따라서 더한 결과의 유효 숫자는 소수점 아래 첫 번째까지이다. 이런 계산을 하는 방법 중 하나는 모든 수를 소수점 아래 첫 번째 자리까지 반올림하는 것이다. 반올림한 수 $21.1 + 3.2 + 0.1$의 합은 24.4이다. 다른 방법은 마지막 유효 숫자의 위치가 가장 위쪽인 수보다 한 자리 더 보존하고 계산하는 방법이다. 이 방법에 의하면 $21.1 + 3.21 + 0.06 = 24.37$이고 이 값을 소수점 아래 첫 번째 자리까지 반올림하면 24.4가 된다. 과학적 표기법으로 나타낸 수를 덧셈이나 뺄셈할 때는, 모든 수의 지수가 동일하도록 수를 재구성한다.

표 1.4 네 자리의 유효 숫자로 반올림하기

숫자	네 자리 유효 숫자
1.37286	1.373
1.37243	1.372
1.3735	1.374
1.3725	1.372
1.37251	1.372

예를 들면, $3.25 \times 10^{-2} + 3 \times 10^{-6}$을 계산하기 위하여 3×10^{-6}를 0.0003×10^{-2}으로 표기하는 식이다. 두 수를 더하면 3.2503×10^{-2}이고 이를 반올림하면 3.25×10^{-2}이 된다.

4. 곱셈과 나눗셈의 결과 값의 유효 숫자 개수는 유효 숫자의 개수가 가장 적은 항보다 클 수 없다. 곱셈과 나눗셈에서 얻은 결과 값의 상대 불확정도는 절대 불확정도가 가장 큰 수의 그것과 같은 수준이다. 이번에도 유효 숫자보다 한 자리 더 보존한 수들을 이용하여 계산하고 마지막으로 반올림을 한다. 예를 들면, 10자리까지 표기할 수 있는 전자 계산기를 이용하여 계산하면 $1.236 \times 3.1 \times 0.18721 \times 2.36 = 1.692860653$를 얻는다. 곱하는 수의 유효 숫자는 각각 4개, 2개, 5개, 3개이다. 3.1의 유효 숫자의 수는 2개로 가장 작다. 따라서 결과 값은 유효 숫자가 2개가 되도록 반올림해서 1.7이 된다. 곱셈을 하기 전에 각 수를 유효 숫자가 2개가 되도록 반올림하면 $1.2 \times 3.1 \times 0.19 \times 2.4 = 1.69$이고 이 값을 유효 숫자 2개가 되도록 반올림하면 1.7이 된다.
5. **대수(logarithm)**의 **지표(characteristic)**는 지수의 크기를 나타내므로 불확실성이 없으며 계산에서 유효 숫자의 수와는 무관하다. **가수(mantissa)**의 유효 숫자의 수는 원래 수에 포함된 유효 숫자의 수보다 클 수 없다. 12.7의 대수 값은 1.1038이다. 가수의 유효 숫자가 세 자리이므로 log 12.7은 1.104이다. 용액의 pH는 수소 이온 농도의 음의 대수이다. 따라서 수소 이온의 농도가 3.42×10^{-2} M인 용액의 pH는 $-\log(3.42 \times 10^{-2}) = 1.4659 = 1.466$이다. 가수의 유효 숫자는 농도의 3.42와 같이 세 자리이다.
6. 특정 시료에 대하여 **반복 분석(replica analysis)**을 하면, 결과 값의 어디까지 유효 숫자인지를 확인해야 한다. 최종 답은 그에 합당하게 표기해야 하는데 다음 절에서 그 방법에 대하여 설명할 것이다. 예를 들면 11.32, 11.35, 11.32와 같은 세 번의 반복 실험 결과를 얻었다면, 11.3의 숫자는 확실하지만 소수점 아래 두 번째 자리(네 번째 수)에는 불확실성이 포함되어 있다. 따라서 평균은 $(11.32 + 11.35 + 11.32) \div 3$으로부터 유효 숫자가 네 자리인 11.33이 된다. 나누는 수 3은 불확실성이 없고, 답의 유효 숫자에 영향을 미치지 않는다.

곱셈과 나눗셈 그리고 덧셈과 뺄셈이 혼합된 계산에서는 단계별 계산을 한다. 계산기나 엑셀과 같은 프로그램을 이용한다면, 계산 과정에는 모든 숫자를 버리지 말고 최종 순간에 반올림을 처리하는 것이 좋다.

유효 숫자라는 개념을 강조하는 이유는 무엇일까? 불확정도에 따른 측정의 한계를 이해한다면, 보다 효율적으로 분석법을 설계할 수 있기 때문이다. 분광기로 얻은 흡광도의 유효 숫자가 세 자리라면, 시료의 질량을 다섯 자리의 유효 숫자로 측정하는 것은 무의미하다.

1.4.2 | 정확도와 정밀도

정확도와 정밀도의 정의와 그 차이를 이해하는 것은 매우 중요하다. **정확도(*accuracy*)**는 측정값이 참값에 얼마나 가까운가를 평가하는 척도이다. 대부분의 분석에서 '참값'을 알 수 없는 것이 일반적이다. 주로 '인정되는 참값'이나 '인정되는 기준값'이 이용된다. 알려진 표준 시료를 분석해서 정확도를 평가한다. Washinton D.C.에 있는 US NIST는 표준 시료로 사용될 수 있는 많은 종류의 **표준 기준 물질(standard reference material)**을 보유하고 있다. 캐나다, 영국, 유럽, 그 외의 여러 나라의 정부 기관이나 혹은 표준 물질을 공급하는 다양한 사기업들이 비슷한 개념의 **공인 기준 물질(certified reference material)**을 제공하고 있다. 정확도를 평가하는 또 다른 방법은 시료에 정확한 양의 순수한 분석물을 **소량 첨가(*spike*)**하는 것이다. 시료에 대한 분석을 수행하고 첨가된 분석물의 **회수량(*recovered*)**을 구한다. 소량첨가 회수율이 100%면 첨가된 모든 분석물이 분석되었다는 의미이다. 정확도는 신뢰 수준과 함께 측정값과 참값의 차이나 혹은 첨가된 분석물에 대한 소량 첨가 회수율(%)로 나타낸다.

정밀도(*precision*)는 동일한 시료에 대하여 분석한 결과가 서로 얼마나 비슷한지에 대한 척도이다. 정확도와 정밀도의 차이를 유추하는 데 이용되는 도구로 양궁에서 사용되는 과녁을 들 수 있다. 모든 화살이 과녁의 가운데에 맞으면 사수는 정확하고(가운데를 맞췄다) 동시에 정밀하다(화살들이 서로 가깝다)고 말할 수 있다. 모든 화살이 과녁의 오른쪽 윗부분에 몰려 있다면 사수는 정밀하지만 정확하지는 않다. 화살이 과녁의 중심과 중심의 위, 아래, 오른쪽, 왼쪽 등 모든 곳에 흩어져 있다면, 사수는 정확하지도 정밀하지도 않다. 정확도와 정밀도의 차이를 표 1.5에 나타내었다. 수학적으로 정밀도를 평가할 수 있는 여러 가지 방법이 있다. 표 1.5에서는 다음에 정의될 **표준 편차**(**standard deviation**)를 정밀도의 척도로 나타내었다. 분석자 2의 결과를 피상적으로 검사하면 잘못된 결론에 도달할 수 있다. 결과 값들이 서로 잘 일치하면 결과가 정확하다고 믿기 쉽다. 표준 편차로 표현된 결과 값들의 높은 유사성은 분석자 2의 결과가 **정밀하다**(*precise*)는 것을 나타내지만 정확하다는 의미는 아니다. 정확도는 분석자 2로 하여금 조성이 알려진 표준 시료를 분석하게 하는 등의 별도의 방법에 의하여 평가되어야 한다. 표의 각주에 의하면 인정되는 참값은 10.1 ± 0.2%이므로 분석자 2의 결과는 정확하지 않다. 분석자 3의 결과는 정확하지도 정밀하지도 않다. 정밀하지 않은 결과가 정확할 가능성은 별로 없다. 정밀성은 정확한 결과를 위한 필요 조건이지만 충분 조건은 아니다.

시료에 대한 정량 분석의 결과는 정확하고 정밀해야 하며, 재현성 있고, 믿을 수 있으며, 또한 시료를 대표하는 것이어야 한다. 불행하게도 1.3.3절에서 보는 것처럼 분석 화학적 실험에는 항상 어느 정도의 오차가 포함되어 있다.

분석 결과를 유용하게 사용하기 위하여 결과에 대한 신뢰성을 인식하는 것이 중요하다. 이를 위하여 오차의 원인을 이해하고 어느 경우에 오차를 제거할 수 있는지 혹은 제거가 어려운지를 인식하는 것이 중요하다. 오차는 참값(혹은 인정되는 참값)과 측정값과의 차이이다. 분석 결과의 오차가 큰 경우에는 심각한 결과가 초래될 수 있다.

1.4.3 | 오차의 종류

분석에서의 오차는 크게 **가측 오차**(**determinate error**)와 **불가측 오차**(**indeterminate error**)로 나눌 수 있는데, 각각 **계통 오차**(**systematic error**)와 **우연 오차**(**random error**)라고도 한다.

표 1.5 시료에 포함된 분석물에 대한 반복 분석[a]

	% 분석물		
	분석자 1[b]	분석자 2[c]	분석자 3[d]
	10.0	8.1	13.0
	10.2	8.0	10.2
	10.0	8.3	10.3
	10.2	8.2	11.1
	10.1	8.0	13.1
	10.1	8.0	9.3
평균(%)	10.1	8.1	11.2
절대 오차[e]	0.0	2.0	1.1
표준 편차	0.089	0.13	1.57

[a] 인정되는 참값은 10.1 ± 0.2%이다(다른 방법으로 측정함).
[b] 정밀하고 정확한 결과
[c] 정밀하지만 정확하지 않은 결과
[d] 정밀하지도 않고 정확하지도 않은 결과
[e] 절대 오차 = |참값 − 측정값|

1.4.3.1 가측 오차

넓은 의미에서 **가측 오차**(**determinate error**)는 분석 과정이나 분석에 사용되는 기기의 오류에서 기인한다. 이름에서 알 수 있듯이 이런 부류의 오차는 그 원인을 찾아서 제거할 수 있다. 가측 오차는 우연히 발생하는 것이 아닌 **계통 오차**(*systematic error*)이다. 어떤 가측 오차는 분석 결과를 항상 더 크게 만들기도 하고, 어떤 가측 오차는 항상 작게 만들기도 한다. 어떤 경우에는 오차가 **일정**(*constant*)해서 결과값이 일정한 양만큼 항상 크거나 작다. 참값이 25, 20, 30 mg/L인 세 개의 시료에 대한 측정값이 각각 35, 30, 40 mg/L이었다면, 분석에 10 mg/L의 일정한 오차가 존재한다는 의미이다. 모든 결과값이 참값에 비하여 크므로 이 오차는 양의 값이다. 어떤 경우에는 가측 오차가 참값에 비례하는 **비례 오차**(*proportional error*)인 경우도 있다. 예를 들면, 위에서 언급한 시료에 대한 측정값이 각각 27.5, 22.0, 33.0 mg/L이었다면 이는 참값에 비하여 모두 10%가 큰 값이며, 이 오차는 참값에 비례하는 것을 알 수 있다.

표 1.5의 분석자 2의 결과를 살펴보면, 한 개의 시료에 대한 반복 실험에서 얻은 각각의 결과가 서로 매우 비슷하므로 정밀도가 매우 높다고 할 수 있다. 그러나 이 결과는 표 1.5에 언급된 참값인 10.1±0.2% 보다 모두 작은 부정확한 결과이다. 따라서 분석자 2의 결과에는 음의 가측 오차가 포함되어 있다. 이런 오차는 잘못 교정된 저울에서 기인할 수 있다. 만일 저울의 영점이 실제로는 0.5 g이라면, 이 저울을 이용하여 측정된 질량은 모두 0.5 g 더 높은 값이 될 것이다. 이 저울을 이용하여 임상 실험실에서 사용할 포타슘 표준 용액을 만들기 위한 염화 포타슘의 질량을 재면, 표준 용액의 실제 농도는 너무 높고 따라서 이 표준 용액을 이용한 실험 결과들은 너무 낮은 결과가 나올 것이다. 이런 오차는 측정값과 참값의 차인 절대 오차로 보고된다. 그러나 이 오차가 일정한지 혹은 비례 오차인지 판단할 만큼 충분한 정보는 없다. 결과값들 간에 차이가 거의 없는 것(즉, 높은 정밀도)이 가측 오차가 없다는 것을 의미하는 것은 아니다.

가측 오차는 잘못된 분석 과정으로부터 기인하는 것이다. 분석을 수행할 때마다 잘못된 과정은 되풀이 된다. 분석을 5번 반복하든 50번 반복하든 분석 결과가 서로 잘 일치(높은 정밀도)하더라도 참값과는 매우 다른 경우(낮은 정확도)도 있다. 표 1.6에 그 예를 나타내었다. 반복 결과가 서로 잘 일치한다는 사실이 정확도에 대한 정보를 말해주지는 않는다. 표 1.6에 나타낸 참값을 참고하면 실험 결과가 너무 높고 실험 과정에 가측 오차가 있다는 것을 알 수 있다. 표 1.6의 분석 결과를 살펴본 분석자나 의사가 결과들이 서로 잘 일치하므로 분석 결과가 정확하다고 판단하여 측정치를 실제 포타슘 농도로 오해할 수도 있다.

표 1.6의 예에서 참값은 4.0 mmol/L이고 환자의 혈청에 대한 측정값의 평균은 5.2 mmol/L이다. 그러나 분석자나 의사가 미지의 혈청 시료에 대한 참값을 알고 있는 것은 아니다. 측정값이 성인의 혈청에 포함된 염화 포타슘의 정상적인 범위에 속해 있으므로 분석자나 의사 누구도 결과를 의심하지 않을 것이다.

잘못된 분석 과정을 이용하여 다섯 명의 혈청 시료를 분석해 표 1.7과 같은 결과를 얻은 경우에, 모든

표 1.6 혈청 시료에 포함된 포타슘의 농도

	측정값 (mmol/L)	실제값[a] (mmol/L)
	5.2	4.0
	5.1	
	5.3	
	5.1	
	5.1	
평균	5.2	4.0

[a] 혈청에 포함된 포타슘의 정상 범위: 3.5~5.3 mmol/L

표 1.7 환자의 혈청에 포함된 포타슘 농도

환자	측정값[a] (mmol/L)	참값 (mmol/L)
A	5.3	4.1
B	4.8	3.6
C	6.3	5.1
D	5.0	3.8
E	4.1	2.9

[a] 1.2 mmol/L의 일정한 오차

분석에 +1.2 mmol/L 만큼의 오차가 포함되어 있음을 알 수 있다. 이는 일정한 양의 오차이다. 이 분석 결과 한 환자의 혈청 K 수준을 너무 높게 진단하거나, 실제 K 수준이 너무 낮은 또 다른 환자를 정상으로 오진하는 결과를 초래할 것이다.

다른 병원에서 다른 기기를 이용하여 얻은 분석 결과를 표 1.8에 나타내었다. 분석 결과를 조사하면 모든 결과값이 참값보다 ~20% 정도 더 크다. 즉, 물의 실제 농도에 **비례하는** 오차가 포함되어 있다. 오차의 성질에 대한 이런 정보들은 가측 오차를 진단하는 데 매우 유용하다.

계통 오차는 분석자가 통제할 수 있다. 결과를 **한쪽으로 치우치게** 하는(참값에서 벗어나게 하는) 계통 오차를 찾아서 수정하는 것은 분석자의 책임이다. 가측 오차를 확인하고 수정하는 방법은 무엇일까? **계통 오차**를 찾기 위하여 일반적으로 두 가지 방법이 이용된다. 한 가지 방법은 계통 오차가 없다고 알려진 완전히 다른 방법으로 시료를 분석하는 것이다. 이런 방법은 '표준 방법'이라고 하는데, 많은 실험실에서 정확하고 정밀하다고 검증된 방법이다. 두 분석법에 의한 결과가 잘 일치하면, 두 분석 과정 모두 가측 오차가 없다고 가정해도 좋을 것이다. 두 번째 방법은 분석물의 농도가 알려진 기준 물질에 대한 분석을 여러 번 반복 수행하는 것이다. 알려진 농도와 측정값이 차이가 난다면 오차가 존재함을 의미한다. 기준 물질에 대한 분석 결과가 항상 높다면(혹은 항상 낮다면), 분석 방법에 가측 오차가 있음을 나타낸다. 오차의 원인을 찾아서 제거하거나 혹은 정확한 결과를 얻도록 조절해야 한다.

가측 오차는 잘못 교정된 저울이나 부피 플라스크 혹은 피펫, 기기의 오작동, 시약에 포함된 불순물, 잘못된 분석 과정이나 기술, 혹은 분석자의 실수 등으로부터 기인한다.

분석자 오차: 분석을 수행하는 사람이 유발하는 오차로 미숙련, 불충분한 트레이닝, 혹은 성급함 등의 결과일 수 있다. 분석자가 기기 조건을 잘못 설정하거나 시료의 위치를 잘못 선정하는 등 기기를 잘못 다룰 수 있다. 부피 플라스크의 메니스커스를 항상 한쪽으로 높거나 낮게 읽거나 피펫을 사용할 때 남은 용액을 모두 불어내는 등의 오류 또한 분석자 오차의 원인이 된다. 또 다른 분석자 관련 오차로 (1) **부주의**: 일

표 1.8 혈청에 포함된 포타슘 농도

환자	측정값 (mmol/L)	참값[a] (mmol/L)
A	5.8	4.8
B	4.3	3.6
C	7.4	6.2
D	3.5	2.9
E	6.6	5.5

[a] 결과는 참값의 20%에 해당하는 양의 비례 오차가 포함되어 있다는 것을 나타낸다.

반적으로 생각하는 것보다 더 자주 발생한다, (2) **오기에 의한 오류**: 실험 노트, 프로그램, 혹은 라벨 등에 잘못된 정보를 기입, (3) **계산 오류** 등이 있다. 올바른 훈련, 숙련, 그리고 분석 전 과정에서의 집중 등에 의하여 이런 부류의 오차를 수정할 수 있다.

시약이나 분석 기기: 오염되거나 분해된 시약은 가측 오차를 유발한다. 시약에 포함된 불순물은 특히 ppm 수준이나 그 이하의 분석물을 측정하는 데 방해물이 될 수 있다. 준비된 시약의 라벨도 오류가 있을 수 있다. 의심되는 시약은 알려진 방법으로 순도 측정을 하거나, 다른 한 별의 시약으로 분석을 하고 그 결과를 서로 비교한다.

기기와 관련하여 광학적 정렬 오류, 파장 선택의 오류, 결과값을 읽을 때 오류, 그리고 영점 조정의 오류 등에 기인하는 많은 오차가 발생할 수 있다. 최적의 설정에서 조금만 벗어나도 오차가 발생할 수 있다. 사용하기 전에 기기의 설정이나 작동을 점검하는 체계적인 절차가 있으면 이런 부류의 오차를 제거할 수 있다. 이런 절차를 표준 운전 절차(standard operating procedures, SOPs)라고 하는데, 실험실에서 사용하는 기기와 분석법 각각에 SOP가 갖추어져 있어야 한다.

분석법: 가장 심각한 오차는 분석 방법 자체와 관련이 있다. 방법 오차의 예로 (1) 완결되지 않은 화학 반응, (2) 시료 자체나 시약의 예상치 못한 방해, (3) 측정하는 분석물의 산화 상태가 잘못된 경우, (4) 전처리 과정 중 침전이나 휘발에 의한 분석물의 손실, (5) 잘못된 화학식이나 MW 등을 사용하는 것과 같이 잘못된 정보를 이용한 계산으로 인한 오차 등이 있다. 분석법 개발을 연구하는 대부분의 분석 화학자는 시료에 존재할 가능성이 있는 모든 화합물에 대하여 분석물을 결정하는 데 방해가 되는지 점검한다. 적절한 분석법이 완성되면 방법에 대한 SOP를 작성하여 항상 동일한 방법으로 분석을 수행할 수 있도록 한다.

오염: 외부 요인에 의하여 시료가 오염되는 것은 매우 심각한 오차의 원인이 되며, 그 결과는 극단적으로 가변적이 된다. 이 문제의 심각성에 대한 좋은 예로 polychlorinated biphenyls(PCBs) 시료에 대한 분석 사례가 있다. PCBs는 1929년 처음 합성된 유기염소계 화합물의 혼합물로 심각한 환경 오염물로 주목을 받고 있는 물질이다. PCBs의 합성이 시작되기 전인 1914년부터 보관되어온 시료를 실험실에 몇 시간 방치하는 것만으로 PCBs로 오염된다는 보고가 있다(Erickson). 일반적인 실험실의 먼지에 포함된 알루미늄 농도가 매우 높아서 시료에 존재하는 ppb 수준의 알루미늄을 측정하는 데 방해가 된다. 반도체 공장에서 미량의 알루미늄, 규소, 철과 같은 일반 원소를 측정할 수 있도록 설치한 청정실과 유사하게, 작은 먼지 입자를 제거할 수 있는 필터가 달린 특별히 제작된 '청정 실험실' 혹은 '청정 실험대'가 필요하다. **미량**(< ppm 수준)이나 **초미량**(< ppb 수준) 수준의 유기나 무기 분석에서 실험실 환경은 심각한 오염원이 될 수 있다.

분석에서 또 다른 주요 오염원은 분석자 자신이다. 분석물이 무엇인가에 따라 다르지만, 미량 혹은 초미량 수준의 원소나 분자를 측정하는 경우에는 분석자 자신도 문제가 될 수 있다. 핸드크림, 샴푸, 파우더, 그리고 화장품과 같은 개인 용품에 분석물과 동일한 물질이 상당량 포함되어 있을 수 있다. 이 문제는 특히 향수, 스킨 로션, 혹은 많은 종류의 방향제와 같이 휘발성이 강한 물질이나 많은 건강 보조제나 미용 용품에 사용되는 규소 고분자 물질 등에서 심각하다. 장갑에 뿌려진 가루에는 다양한 미량의 원소가 포함될 수 있고, 따라서 미량 원소를 분석하는 분석자가 사용하는 것은 피해야 한다. 머리, 피부, 옷 등으로부터 세포나 섬유질 등이 떨어져 시료를 오염시킬 수 있다.

가측 오차가 존재하는 것이 확인되면 그 원인을 찾아야 한다. 실제 분석을 통하여 분석법에 익숙해지고 분석 과정에서 얻은 직접적인 관찰은 매우 소중하다. 사무실에 앉아서 문제의 원인을 찾는 것은 시간을 허비하는 일이다. 예상치 못한 오차는 실험실에서만 확인할 수 있다. 작은 데이터도 많은 토론이 필요하다(Robinson's law).

1.4.3.2 불가측 오차

분석 과정에서의 모든 가측 오차를 찾아서 제거한 후에도, 분석법은 측정 고유의 한계로부터 기인하는 우연 오차 혹은 불가측 오차의 영향을 받는다. 오차의 부호는 양과 음이 모두 가능하고 그 크기도 매번 다르다. 불가측 오차는 일정하지 않으며 한쪽 방향으로만 발생하지도 않는다. 이 오차는 우연의 특성이 있으며 한 분석자가 동일한 분석법으로 반복해서 얻은 실험 결과가 서로 약간 다른 원인이 된다.

우연 오차의 원인에는 저울이나 자 등의 눈금을 읽을 때의 한계나 기기의 전기적 '잡음' 등이다. 예를 들면, 0.001 g까지 측정할 수 있는 저울로는 질량이 각각 1.0151 g과 1.0149 g인 시료를 구별할 수 없다. 처음 측정에서 높은 질량값이 나왔다고 하더라도 다음 측정에서 낮은 질량값이 될 수 있다. 이런 우연 오차가 표 1.5의 분석자 1이 얻은 결과와 같이, 어떤 결과는 높게 어떤 결과는 낮게 하는 원인이 된다. 반복 실험 결과의 평균값이 정확하다고 하더라도 각각의 측정 결과는 참값과 약간씩 다를 수 있다. 불가측 오차는 경우에 따라서는 그 원인을 찾기 어렵고 원인을 알더라도 수정하거나 제거하기 어렵다. 모든 분석 과정은 불가측 오차의 영향을 받는다. 그러나 불가측 오차가 우연하게 발생하므로 오차는 우연 발생에 따른 분포를 한다. 이런 분포는 확률의 법칙과 기초 통계를 이용하여 이해할 수 있다. 불가측 오차의 정도는 수학을 이용하여 계산할 수 있다.

가측 오차가 없는 분석법을 개발했다고 가정해 보자. 이 방법으로 한 시료에 대하여 무한대의 분석을 반복하면 결과값의 분포는 대칭적인 종 모양(그림 1.5)이 된다. 이 종 모양의 분포를 **정상 분포(normal distribution)** 혹은 **Gauss 분포(Gaussian distribution)**라고 한다. 불가측 오차만 존재할 때 특정한 측정값의 발생 빈도는 그림 1.5와 같은 도표를 이용하여 나타낼 수 있다.

불가측 오차만 존재한다면 참값의 빈도수가 가장 높고, 따라서 곡선이 최대일 때가 참값이다. 실제로 무한대의 한 시료에 대하여 무한대의 반복 실험은 불가능하다. 많아봐야 3~4회의 분석을 하고, 어떤 경우에는 시료 한 개에 대하여 한 번의 분석을 수행하기도 한다. 그러나 통계에 대한 지식을 이용하여 이렇게 얻은 결과들이 얼마나 신뢰성이 있는지를 평가할 수 있다. 기초적인 통계 계산에 대해서는 1.4.4절에서 설명하기로 한다. 통계학자들은 N번의 측정으로부터 얻은 값과 무한대의 측정으로부터 얻은 값을 구분하여 사용하므로 이를 정의할 필요가 있다.

1.4.4 | 통계의 정의

참값(true value) T: 참값 혹은 인정되는 값, x_t로도 표현한다.

관측값(observed value) x_i: 한 번 실험으로부터 관측된 값의 수학적 평균

표본 평균(sample mean) $\bar{x}$: 유한한 실험으로부터 관측된 값의 수학적 평균

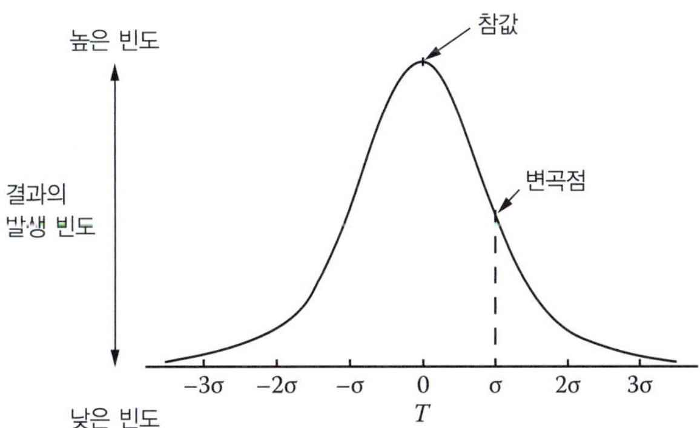

그림 1.5 불가측 오차만 존재하는 결과의 정상 혹은 Gauss 분포. 분포의 범위를 기호 σ로 표기된 표준 편차로 나타낼 때, 빈도수가 가장 높을 때의 결과가 참값(T) 혹은 평균값이다. 우연 오차가 클수록 더 넓은 분포를 한다.

$$\bar{x} = \frac{\sum_{i=1}^{N} x_i}{N} = \frac{(x_1+x_2+x_3+\cdots+x_N)}{N} \tag{1.1}$$

여기서 N은 관측 횟수이고 $\sum x_i$는 모든 관측값 x_i의 합이다.

모집단 평균(population mean) μ: 표본 평균에서의 N이 무한대일 때의 평균

$$\mu = \lim_{N\to\infty} \sum_{i=1}^{N} \frac{x_i}{N} \tag{1.2}$$

계통 오차가 없을 때 모집단 평균 μ는 측정치의 참값 T와 동일하다.

오차(error) E: 참값 T와 한 번 측정한 값 x_i나 혹은 관측값의 표본 평균 $\bar{x}$와의 차이. 오차의 부호는 음과 양 모두 가능하다.

$$E = x_i - T \quad \text{또는} \quad \bar{x} - x_t \tag{1.3}$$

전체 오차는 모든 계통 오차와 우연 오차의 합이다.

절대 오차(absolute error): E의 절댓값으로 단일값과 평균값 모두에 대하여 정의할 수 있다.

$$E_{abs} = |x_i - T| \quad \text{또는} \quad |\bar{x} - x_t| \tag{1.4}$$

상대 오차(relative error): 절대 오차를 참값으로 나눈 것으로 일반적으로 100을 곱해서 퍼센트로 나타낸다.

$$E_{rel} = \frac{E_{abs}}{x_t} \quad \text{또는} \quad \%E_{rel} = \frac{E_{abs}}{x_t} \times 100 \tag{1.5}$$

절대 편차(absolute deviation) d_i: 관측값 x_i와 표본 평균 $\bar{x}$의 차의 절댓값

$$d_i = |x_i - \bar{x}| \tag{1.6}$$

상대 편차(relative deviation) D: 절대 편차 d_i를 평균 $\bar{x}$으로 나눈 값

$$D = \frac{d_i}{\bar{x}} \tag{1.7}$$

퍼센트 상대 편차(percent relative deviation): 상대 편차에 100을 곱해준 값

$$D(\%) = \frac{d_i \times 100\%}{\bar{x}} = D \times 100 \tag{1.8}$$

표본 표준 편차(sample standard deviation) s: N회의 유한한 관측에 대한 표본 표준 편차는 다음과 같이 정의된다.

$$s = \sqrt{\frac{\sum_{i=1}^{N} d_i^2}{N-1}} = \sqrt{\frac{\sum_{i=1}^{N} (x_i - \bar{x})^2}{N-1}} \tag{1.9}$$

평균의 표준 편차(standard deviation of the mean) s_m: N회의 측정으로 이루어진 데이터 집합의 평균과 관련된 표준 편차

$$s_m = \frac{s}{\sqrt{N}} \tag{1.10}$$

모집단 표준 편차(population standard deviation) σ: 무한대의 측정에 대하여

$$\sigma = \sqrt{\lim_{N \to \infty} \frac{\sum_{i=1}^{N} (x_i - \mu)^2}{N}} \tag{1.11}$$

퍼센트 상대 표준 편차(percent relative standard deviation, % RSD)

$$\%\text{RSD} = \frac{s}{\bar{x}} \times 100 \tag{1.12}$$

분산(variance) σ^2 혹은 s^2: 모집단 표준 편차 σ의 제곱 혹은 표본 표준 편차 s의 제곱

1.4.5 | 우연 오차의 정량화

계통 오차를 제거한 후에도 우연 오차로 인하여 측정값은 참값 주위에 분산된다. 여러 번의 측정으로 이루어진 한 집합의 평균값이 얼마나 참값에 근접해 있는지 어떻게 알 수 있는가? 이 문제를 해결하기 위하여 Gauss 분포와 통계가 필요하다.

Gauss 분포 곡선은 무한대의 측정을 한 경우에 대하여 얻은 분포이다. Gauss 곡선이 최대일 때 $\bar{x} = \mu$이고, 이 값이 주어진 측정의 참값이다. 따라서 무한대의 측정에 대한 모집단 평균이 참값 x_t이다. 이제 우리가 측정한(유한한) 결과들이 Gauss 분포를 따른다고 가정하자. N이 증가할수록 $\bar{x}$와 μ의 차이는 0에 수렴할 것이다. N이 20보다 크면 표본 평균은 모집단 평균에 매우 근접한다. 25회 이상의 반복 실험을 하면 실험에서 얻은 평균을 참값으로 대체할 수 있다. 그러나 불행하게도 실제 실험에서 20회 측정하는 것은 쉬운 일이 아니다. 통계를 이용하여 모집단 평균 μ와 모집단의 작은 부분 집합의 평균 $\bar{x}$의 차이와 관련된 우연 오차를 구할 수 있다. 작은 부분 집합의 평균의 우연 오차는 $\bar{x} - \mu$이다.

Gauss 분포에서 특정한 값, 예를 들면, x_1과 x_2 사이의 면적은 측정값이 두 값을 포함하는 구간의 값을 가질 분율을 나타낸다. Gauss 분포의 폭, 즉 종 모양의 곡선의 너비는 모집단 표준 편차 σ로 나타낸다. 그림 1.5에서 보는 바와 같이 표준 편차 σ는 변곡점과 일치한다. 곡선은 대칭적이므로 최대를 중심으로 좌 · 우에 한 개씩 두 개의 변곡점이 있다. 곡선 아래의 면적과 σ 사이의 관계를 생각해 보자. x축이 $+\sigma$에서 $-\sigma$까지의 범위에 해당하는 면적은 전체 면적의 68.3%이다. 이는 전체 측정값 x_i의 68.3%가 $x = \mu \pm \sigma$의 범위 안에 존재한다는 의미이다. 곡선 아래 면적의 약 95.5%가 $x = \mu \pm 2\sigma$ 범위에 있고 99.7%가 $x = \mu \pm 3\sigma$ 범위에 속한다.

일반적으로 분석 결과의 정밀도를 표준 편차 σ로 나타낸다. 가측 오차가 없는 경우에 충분히 많은 측정을 한다면(20회 이상) 전체 결과의 68.3%가 참값의 $\pm\sigma$ 범위의 값을 가지며, 95.5%가 $\pm 2\sigma$ 범위를 그리고 99.7%가 $\pm 3\sigma$ 범위의 값을 가진다는 것을 알 수 있다. 분석 결과의 정밀도를 예상할 수 있도록 평균과 표준 편차로 보고하는 것이 일반적인 관습이다.

많은 예비 실험을 통하여 알루미늄 합금에 포함된 규소를 측정하는 분석법의 표준 편차가 0.1% w/w인 것을 알고 있다고 가정하자. 이는 RSD가 아닌 농도 단위(0.1 g Si/100 g Al 합금)의 표준 편차이다. 이 분석에 가측 오차는 없다고 가정한다. 이 분석법으로 특정 시료에 대하여 충분한 반복 실험을 한 결과 그 평균이 질량으로 19.6% Si인 값을 얻었다. 이 실험의 결과를 19.6%±0.1% Si라고 보고하면 실험 결과의 68.3%가 이 범위에 속한다는 것을 함축하고 있다. 결과를 19.6%±0.2% Si(0.2% = 2σ)라고 보고할 수도 있다. 실험값이 19.6% Si이고 분석법의 2σ가 0.2%라는 결과 보고는 참값이 19.6%±0.2% Si 범위 안에 존재한다는 것을 95.5% 확신한다는 의미이다. 분석법에 가측 오차가 없고 μ와 σ를 얻기에 충분한 반복 실험을 했다는 전제하에 '이 분석의 CL은 95.5%다'라고 말할 수 있다. 주어진 범위에 참값이 속할 것이라는 확신이 클수록 범위가 더 커지는 것에 주목하라. 분석자는 의뢰인에게 정밀도가 얼마인지를

확인할 수 있도록 평균값과 정밀도와 관련된 정보를 동시에 제공해야 된다. 분석자 A의 결과는 19.6% ± 0.1% Si이고 분석자 B의 결과는 19.6% ± 0.2% Si일 때, 0.1%와 0.2%의 의미가 무엇인지 모르면 의뢰인은 분석자 A의 결과가 더 정밀하다고 판단할 것이다.

그러나 일반적으로 실험실에서의 측정은 20회나 그 이상이 아닌 적은 횟수의 측정을 하게 되므로, 이런 경우의 표준 편차는 표본 표준 편차 s이다. 작은 수의 결과로 이루어진 집합에 대하여 얻은 s는 두 가지 관점에서 σ와 다르다. 정의를 설명할 때의 식을 다시 살펴보라. 표본 표준 편차 s를 구하는 식에는 모집단 평균이 아닌 표본 평균이 사용되었으며, 전체 측정 횟수인 N 대신 $N-1$을 사용하였다. $N-1$을 **자유도(degree of freedom)**라고 한다.

몇 가지 통계학적 파라미터를 구하는 계산을 해 보자. N이 증가하면 지루하기는 하지만 일반적으로 계산은 간단하다. 대부분의 공학용 계산기는 평균, 표본 표준 편차 s(어떤 경우에는 계산기에 σ_{N-1}이라고 표시되어 있다), 그리고 σ(어떤 경우에는 계산기에 σ_N이라고 표시되어 있다) 등을 구하는 프로그램이 설치되어 있다. 여러분의 계산기에 대한 사용법을 별도로 공부해야 한다. 이와는 별도로 Microsoft Excel® 과 같은 계산용 프로그램을 이용하여 구할 수도 있다.

수은에 중독된 물고기를 먹은 왜가리의 조직 시료 8개에 대한 수은을 측정하는 실험을 AAS (6장에서 다룬다) 분석한 결과를 아래 표의 두 번째 칸에 나타내었다.

시료	Hg 농도(ppb)	$(x_i - \bar{x})^2$
1	5.34	0.010
2	5.37	0.005
3	5.44	0.000
4	5.22	0.048
5	5.84	0.160
6	5.67	0.053
7	5.27	0.029
8	5.33	0.012

식 1.1을 이용하여 평균을 계산하면:

$$\bar{x} = \frac{5.34+5.37+5.44+5.22+5.84+5.67+5.27+5.33}{8}$$

$$= \frac{43.48}{8} = 5.44 \text{ ppb Hg}$$

총 8회의 측정을 하였으므로 식 1.9를 이용하여 표본 표준 편차 s를 계산한다. 표준 편차 s는 표의 세 번째 칸에 있는 $(x_i - \bar{x})^2$를 이용하여 계산할 수 있다. $(x_i - \bar{x})^2$의 합은 0.317이므로,

$$s = \sqrt{\frac{0.317}{8-1}} = 0.213$$

이제 왜가리 조직에 대한 Hg 농도 분석 결과를 0.21이 $1s$에 해당한다는 사실과 함께 5.44 ± 0.21 ppb라고 보고할 수 있다. Hg의 농도를 모집단 표준 편차의 경우와 마찬가지로 $2s$나 $3s$ 등등을 이용하여 보고할 수도 있다. 정밀도와 관련한 정보가 없는 분석 결과는 큰 의미가 없다. 이런 보고는 결과에 대한 신뢰도 없이, 단순히 얻은 결과만을 나타낼 뿐이다.

분석법에 대한 정밀도와 관련한 여러 가지 용어들이 있다. 분석법의 **반복성(repeatability)**이란 동일한 작동 조건에서 얻은 단기 정밀도이다. **재현성(reproducibility)**이란 주어진 시료에 대한 여러 실험실에

표 1.9 Student t값

자유도 (N − 1)	CL에 대한 t 값		
	90%	95%	99%
1	6.31	12.7	63.7
2	2.92	4.30	9.92
3	2.35	3.18	5.84
4	2.13	2.78	4.60
5	2.02	2.57	4.03
6	1.94	2.45	3.71
7	1.90	2.36	3.50
8	1.86	2.31	3.36
9	1.83	2.26	3.25
10	1.81	2.23	3.17
∞	1.64	1.96	2.58

서 동일한 결과를 얻을 수 있는 능력을 의미하는데, 이는 실험실 간의 협동 연구를 통하여 결정된다. **견고성(ruggedness)**이란 한 실험실에서 다양한 실험 조건(장기 정밀도와 유사하다)에서 얻은 결과의 재현성을 의미한다. 반복성, 재현성, 견고성은 모두 실험 결과의 표준 편차(혹은 RSD)로 나타낸다. **안정성(robustness)**은 약간의 실험 조건의 변화에 대한 주어진 분석법의 **신뢰도(reliability)**, 즉 정확도와 정밀도를 나타내는 용어이다. 변화시킬 수 있는 실험 조건에는 실험실 온도, 시료의 농도나 pH, 그리고 시약과 표준물의 안정성 등이 포함된다.

1.4.5.1 신뢰 한계

제한된 실험 결과를 이용하여 μ와 σ를 결정하는 것은 불가능하다. 통계학을 이용하여 참값 μ가 측정값의 평균 $\bar{x}$의 어떤 범위 안에 존재할 확률을 계산할 수 있다. 이 확률을 신뢰 수준(CL)이라고 하고, 'CL이 95%이다'처럼 주로 퍼센트로 나타낸다. **신뢰 한계(confidence limit)**는 주어진 신뢰 한계에서 μ가 포함되는 $\bar{x}$에 대한 **신뢰 구간(confidence interval**, 범위)의 양극단을 의미한다.

만일 s가 σ와 매우 근사하다면, Gauss 분포를 이용하여 얻은 결과에 대한 신뢰 수준(CL)을 구할 수 있다. CL은 표본 평균이 모집단 평균에 얼마나 근접해 있는지를 말해주는 지표이다. 한 번 측정한 결과의 s를 σ와 동일하다고 하면, CL은 $\mu = x \pm z\sigma$에 대한 확실성이다. $z = 1$인 경우에 μ가 x의 $\pm\sigma$ 구간에 존재한다는 것을 68.3% 확신하고, $z = 2$이면 μ가 x의 $\pm 2\sigma$ 구간에 존재한다는 것을 95.5% 확신할 수 있다. N번의 측정에서의 신뢰 수준은 $\mu = \bar{x} \pm zs_m$를 이용한다.

대부분의 경우에 충분한 측정을 하지 못하므로 s와 σ는 상당히 다르다. 이런 경우의 신뢰 수준은 *Student t*라는 통계적 파라미터를 이용하여 계산할 수 있다. 파라미터 t는 $t = (x - \mu)/s$로 정의되고, 신뢰 수준은 $\mu = \bar{x} \pm ts/\sqrt{N}$을 이용한다. 표 1.9에 t값 일부분을 나타내었으며, 전체 목록은 수학이나 통계학 책에서 찾을 수 있다.

살충제 dichlorodiphenyltrichloroethane(DDT)로 오염된 물을 GC를 이용하여 5회 분석한 예를 통해 표 1.9를 사용하는 방법을 알아보자. 평균과 표준 편차와 함께 5회 분석한 결과를 그림과 같이 입력하였다. 신뢰도 95% 수준에서 참값을 나타내기 위해서는 어떻게 결과를 보고해야 할까?

	A	B	C	D
1	반복 시료	DDT 농도 (ppb)		
2				
3	1	1.3		
4	2	1.5		
5	3	1.4		
6	4	1.4		
7	5	1.3		
8				
9	평균	1.4		
10	표준 편차	0.08		

실험 횟수가 5회이므로 자유도는 4이다. 표 1.9에 의하면 95% 신뢰 수준에서 $N-1=4$에서의 t값은 2.78이다.

$$95\%\ \mathrm{CL}=\bar{x}\pm\frac{ts}{\sqrt{N}}=1.4\pm\frac{2.78\times0.08}{5^{1/2}}=1.4\pm0.1$$

가측 오차가 없다는 전제하에, 오염된 물의 DDT 농도의 참값이 1.4±0.1임을 95% 확신한다.

Student t를 이용하여 분석법에 가측 오차가 존재하는지 확인할 수 있다. CL 관련 식을 다시 쓰면 다음과 같다.

$$\pm t=(\bar{x}-\mu)\frac{\sqrt{N}}{s} \tag{1.13}$$

알려진 분석법으로 기준 물질을 분석하여 μ를 결정한다. 같은 시료를 새로운 방법(새로운 기기, 다른 분석자 등)으로 분석하여 $\bar{x}$와 s를 결정한다. 주어진 CL과 자유도에 대한 t를 계산한다. 계산한 t값이 같은 CL과 자유도에서의 표 1.9의 t값보다 크면, 두 방법으로 얻은 결과 사이에 상당한 차이, 즉 계통 오차가 있다는 것을 의미한다. 앞에서 분석한 DDT 농도가 1.38 ppb라고 가정하고 그 분석 결과를 이용해서 설명해 보자. 새로운 분석자가 5회 분석을 수행한 결과의 평균과 표준편차는 각각 1.20 ppb와 0.13이었다. 식 1.13을 이용하여 t를 구하면 $\pm t=(1.20-1.38)(5)^{1/2}/0.13=-3.09$이다. 95% CL에서 계산된 t의 절댓값이 표 1.9의 자유도 4에서의 t값보다 크므로(즉 3.09>2.78), 새로운 분석자가 수행한 분석에 계통 오차가 존재한다고 추정할 수 있다.

1.4.5.2 분산

분산(variance)은 표준 편차의 제곱(σ^2)으로 정의된다. 독립적인 여러 가지 원인의 우연 오차가 있을 때, 전체 우연 오차의 분산($\sigma_{tot}{}^2$)은 각 우연 오차에서 기인하는 분산($\sigma_i{}^2$)의 합으로 나타낼 수 있기 때문에, 정밀도에 대한 척도로 분산을 많이 사용한다. 표준 편차 자체는 더해지는 성질이 아니다. 각각이 우연 오차를 포함하고 있는 여러 숫자의 수학적 계산을 통하여 얻은 결과에 포함된 우연 오차는 분산을 이용하여 계산할 수 있다. 전체 분산은 각 분산의 합으로 다음과 같이 계산할 수 있다.

$$\sigma_{tot}^2=\sum_{i=1}^{m}\sigma_i^2 \tag{1.14}$$

덧셈과 뺄셈 두 경우 모두 절대 분산 σ^2는 서로 더해줘야 한다. 곱셈이나 나눗셈의 경우에는 상대 분산값을 더해 주면 된다. 상대 분산이란 표준 편차를 평균으로 나눈 것을 제곱한 값($\sigma_{rel}^2=(\sigma/\bar{x})^2$)이다.

표준 편차의 제곱은 두 방법(분석법, 기기 등)으로부터 얻은 데이터 집합이 각각의 정밀도 관점에서 통

표 1.10 95% CL에서의 *F*값

자유도 (N – 1)	$(N-1)_1$					
	2	4	6	8	10	20
2	19.0	19.2	19.3	19.4	19.4	19.4
4	6.94	6.39	6.16	6.04	5.96	5.80
6	5.14	4.53	4.28	4.15	4.06	3.87
8	4.46	3.84	3.58	3.44	3.35	3.15
10	4.10	3.48	3.22	3.07	2.98	2.77
20	3.49	2.87	2.60	2.45	2.35	2.12

계적으로 서로 상당히 다른가를 결정하는 데에도 이용된다. 이를 위하여 두 집합의 분산을 비교한다. 어떤 결과에 대한 분산 $\sigma_2{}^2$을 계산하고 먼저 얻은 결과의 분산 $\sigma_1{}^2$과 비교하거나, 새로운 분석법의 분산을 표준 방법의 그것과 비교한다. 이 검정을 ***F*-시험**(*F-test*)이라고 한다. 두 데이터 집합으로부터 계산된 분산의 비를 ***F*-함수**(*F-function*)라고 한다.

$$F = \frac{\sigma_1^2}{\sigma_2^2} \tag{1.15}$$

이때 더 큰 σ^2를 분자에 사용하여, 두 분산의 비를 항상 1보다 크게 만든다. 각각의 분산은 각각 고유한 자유도 $(N-1)_1$과 $(N-1)_2$을 가진다. *F*값에 대한 표는 수학이나 통계학 책에서 찾을 수 있다. 95% CL에서 *F*값의 일부분을 표 1.10에 수록하였다. 계산된 *F*값이 관련 자유도와 CL에서의 표 값과 다르면, 두 데이터 집합 사이에 상당한 차이가 있다는 의미이다.

1.4.6 | 이상점의 처리

반복 실험 결과 중 하나가 '벗어나는' 것처럼 보이는 경우가 있다. 이러한 결과를 **이상점(outlier)**이라고 한다. 분석이 더 정확해 보이기 위해 '좋아 보이지 않는' 데이터를 버리고 싶은 유혹이 있지만, 결과를 폐기할 정당성이 없다면 결코 좋은 습관이 아니다. 시료를 쏟거나, 잘못된 용량의 피펫을 사용하거나, 잘못된 희석 또는 시료를 마를 때까지 끓이는 등으로 인하여 오차가 발생하면, 그 결과는 버리고 더 이상 사용하지 않는다. 결과가 의심되는 경우, 훌륭한 분석가는 가능하다면 시료를 버리고 다시 시작한다.

데이터 포인트를 이상점으로 간주해야 하는지를 결정하는 데 다양한 통계 테스트와 몇 가지 대략적인 지침을 사용할 수 있다. 결과를 버려야 하는지를 알려주는 테스트나 지침은 없으며, 단지 그 데이터 포인트가 이상점일 수 있음을 말할 뿐임을 강조하고자 한다. 결정을 내리기 위해 선택한 범위는 테스트와 지침을 제한한다. 범위가 넓으면 잘못된 결과를 유지하게 될 것이고, 범위가 너무 좁으면 유효한 데이터 포인트를 버리게 될 것이다. 이상점은 데이터 중 가장 높은 값이거나 가장 낮은 값이어야 한다는 점에 유의하라. 측정에 오류가 발생했다는 사실을 알지 않는 한, 데이터 세트에서 중간값을 버릴 수는 없다.

한 가지 간단한 방법은 평균보다 $\pm 4\sigma$ 만큼 크면 이상점으로 간주하는 것이다. 의심되는 결과를 포함하지 **않고** 평균과 표준편차를 계산한 후, 의심점이 평균보다 4σ만큼 큰지 검사한다. 의심점이 이 범위를 벗어나면 그 의심점은 무시한다. 만약 의심점이 범위 내에 있다면, 그 의심점을 포함시켜 σ값을 다시 계산한다. 이 지침은 둘 이상의 결과를 버리는 것을 허용하지 않는다. σ의 계산에 의심점을 포함해서는 안 되는데, 의심점을 포함하면 그 의심점이 자동으로 4σ 내에 들어오게 되기 때문이다. 어떤 경우에는 범위를 $2.5\ \sigma$로 권장하기도 한다.

작은 데이터 세트(Rorabacher 책 참조) 내의 어떤 데이터 포인트를 버려야 하는지를 결정하기 위해 *Q*–

테스트라고 하는 통계 테스트를 효과적으로 사용할 수 있다. 일반적으로 90% CL이 사용된다. 데이터는 값이 증가하는 순서로 정렬하고, 가장 높은 값에서 가장 낮은 값을 뺀 데이터 범위를 계산한다. 즉, 범위는 $x_n - x_1$이다. 그런 다음 '간격(gap)'을 계산한다. 간격은 의심점과 가장 가까운 값의 차이 $x_n - x_{n-1}$로 정의된다. Q는 간격/범위로 정의된다. 계산된 Q값이 Q−테이블의 Q값보다 크다면 그 의심점을 버린다. 데이터 세트에서 하나의 데이터 포인트를 제외한 모든 데이터 포인트가 동일한 경우 Q−테스트를 사용할 수 없다. 예를 들어, 3회 반복 측정 결과가 1.5, 1.5, 3.0인 경우 통계적 방법으로 3.0을 버릴 수 없다. 어떤 데이터 포인트를 버릴지 결정하는 것은 궁극적으로는 분석가의 몫이지만 가볍게 생각하지 않아야 한다. 이상점에 대한 추가 논의는 Bruno와 Svoronos의 책을 참조하라.

1.4.7 | 불확실성(불확도)의 표현

일반적으로 측정 대상값(예: 오염물질의 농도)은 우리가 직접 측정하는 것이 아니라, 여러 가지 요인에 따라 달라지는 기기 반응의 결과이다. 그러한 관계는 수학적으로 다음과 같이 표현된다: $y = f(x_1, x_2, \cdots x_i)$. 여기에서 y는 측정코자 하는 값이고, x_i는 개별 측정값인데 전압, 전류, 온도, 압력, 질량, 조성 등이 포함된다. y에 다양한 기여가 포함되듯, y의 불확도에도 다양한 기여 $u(x_i)$가 포함된다. 매우 중요한 기여는 몇 가지뿐이겠지만, 가능한 많은 불확실성의 잠재적 원인들을 포함시켜야 한다. 불확실성의 원인들의 목록을 'uncertainty budget'이라 부르는데, **반드시** 모든 보정(calibration)의 기여도를 포함해야 한다. 개별 기여도를 더할 때는 **구적법**(quadrature)을 이용해야 한다. 즉, 개별 기여도를 제곱하고 민감도 인자를 곱한 후, 합의 제곱근을 취한다. 단순히 개별 기여도를 더하면 불확도는 과대평가될 것이다.

너무 어려운가? 나무판의 길이를 측정한 후, 끝을 연결하는 예를 생각해 보자. ±3 cm의 불확도를 가지는 자를 사용하여 첫 번째 나무판의 길이를 500 cm로 측정하였고, 동일한 자를 사용하여 두 번째 보드를 300 cm로 측정하였다. 이때 불확도가 6 cm가 아닌 이유는 무엇인가? 그러려면 두 나무판의 길이 측정의 불확도가 동시에 최댓값이어야 하는데, 두 측정값이 서로 독립적인 한(하나의 측정값이 다른 측정값에 영향을 주지 않음), 그럴 가능성은 거의 없다. 불확도는 다음과 같이 계산한다.

$$u_c^2(y) = \sum_{i=1}^{N} \left(\frac{\partial f}{\partial x_i} \right)^2 u^2(x_i) \tag{1.16}$$

$\frac{\partial f}{\partial x_i}$는 민감도 인자인데, 개별 기여도 x_i에 대한 y의 변화율이며 개별 기여도의 상대적 중요성을 제공한다. 마지막 항, $u^2(x_i)$은 각 기여 요인의 개별 불확도의 제곱이다. 식 (1.16)의 우변의 제곱근을 취하면 표준 혹은 전파 불확도를 얻는다. 정밀도 계산에서의 신뢰 수준에 관한 설명에서와 같이, 표준불확도는 68% CL을 나타낸다. 표준불확도에 2를 곱하면 95% CL에서의 확장불확도를 얻는다. 3을 곱하면 99% CL이 된다. 개별 기여 x_i가 독립적인 경우(즉, 서로 의존하지 않는 경우)에만 식 (1.16)을 이용해 표준불확도의 계산을 수행할 수 있다. 일부 변수가 서로 의존하는 경우, 교차 상관 항을 식 (1.16)에 추가해야 하는데, 그런 경우는 드물다.

그렇다면 불확실성과 정밀도의 차이는 무엇인가? 불확도 평가를 위하여는 전체 uncertainty budget을 고려해야 한다. 정밀도 계산에서는 개별 데이터만을 다루면 되지만 불확도 결정에서는 결과에 기여하는 모든 요소 교정 포함)를 포함해야 한다. 법의학과 같은 중요한 응용 분야뿐만 아니라 연구 환경에서도 불확실성의 결정과 표시가 필요하다. 불확실성이 무엇인지 설명했다면, 반대로 불확실성이 아닌 것이 무엇인지도 설명할 수 있다. 불확실성(불확도)은 반복성, 재현성, 정밀도, 편차, 기기 제조업체의 주장 또는 문헌값으로부터의 편차가 아니다.

1.5 시료의 준비

실제 시료 중에서 화학적 혹은 물질적 전처리 과정 없이 바로 분석할 수 있는 시료는 거의 없다. 모든 시료 준비 과정의 목표는 관심 대상인 분석물을 방해 물질이 없고, 분석 가능한 범위의 농도 상태 등 기기가 요구하는 물리적 형태로 존재하게 하는 것이다. 많은 경우에 분석을 위하여 분석물을 유기 용액이나 수용액 상태로 바꿔야 한다. 시료를 준비하는 과정에 대하여 이미 어느 정도 설명을 하였다. 고체 시료는 깨거나 갈기도 하고, 표면에 붙은 오염물을 제거하기 위하여 물, 산, 혹은 유기 용매로 씻기도 한다. 두 가지 이상의 상으로 존재하는 액체 시료는 추출이나 분리 과정을 거쳐야 한다. 이를 위하여 거르기나 원심분리기를 사용하기도 한다.

시료의 물질적 형태가 분석 기기가 요구하는 형태와 다르면 더욱 정교한 전처리 과정이 필요하다. 시료를 용액 상태로 녹이기도 하고, 압력을 가해 알갱이 상태로 만들거나, 얇은 필름 상태로 만들거나, 혹은 잘라서 표면이 매끄럽게 닦기도 한다. 시료 전처리 과정은 시료의 성질이나, 선택된 분석법, 측정되는 분석물, 그리고 해결해야 하는 분석 화학적 문제의 종류에 따라 다르다. 대부분의 시료가 균일하지 않으므로, 분석물을 분석하는 데 방해하는 성분을 포함할 가능성이 있다. 실제 시료에 대하여 이런 문제를 해결하기 위한 매우 다양한 시료 전처리 과정이 있다. 가장 일반적인 시료 전처리 기술에 대하여 간단히 설명하기로 한다. 각 분석법을 설명하는 장에 더욱 자세한 설명이 있으니 참조하라.

주의: 여기서 설명하는 모든 시료 준비 방법은 교수나 실험 담당자의 감독하에 설명서에 기준하여 실행되어야 한다. 설명된 방법들은 심각한 위험성을 내포하고 있다. 많은 방법에서 진한 산, 연소성 용매, 그리고 고온이나 고압이 이용되고 있으며, 반응에 의하여 위험한 가스가 발생되기도 한다. 실제 시료를 준비하는 동안에 통제하기 힘든 반응이나 폭발이 일어날 수도 있다. 시료의 준비는 안전상의 이유로 흄 후드에서 진행해야 하며, 실험하는 동안 고글, 실험 가운, 그리고 사용하는 시약에 견딜 수 있는 장갑 등을 항상 착용해야 된다.

1.5.1 | 산을 이용한 용해와 삭임

금속, 합금, 광물, 지질학 시료, 세라믹, 유리 등은 진한 산과 반응하므로, 이런 종류의 시료를 용해하는 데 진한 산을 이용할 수 있다. 유기 물질을 진한 산으로 분해(삭임 혹은 습식 회화)하면 탄소 성분을 제거하고, 생물 조직, 식료품, 플라스틱과 같은 물질에 포함된 미량의 원소 성분을 녹일 수 있다. 대기압보다 높은 압력을 가하면 용해가 빨리 진행되기도 한다. 압력을 높이면 용매의 끓는점이 상승하므로, 대기압에서보다 시료와 용매를 더 높은 온도로 가열할 수 있게 된다. 이런 작업은 완전히 닫힌 용기를 이용하는데, 이 용기를 이용하면 휘발성 원소가 시료로부터 달아나는 것도 막을 수 있다. 산의 용해나 산소 분위기에서 유기 시료를 연소시키기 위하여 특수하게 제작된 스테인리스 강철로 만든 고압 용기(bomb)를 구할 수 있다. 이런 용기를 사용하면 용해 과정이 촉진되지만, 수백 기압의 고압이 사용되므로 적절히 사용하지 않으면 매우 위험하다. 닫힌 용기를 이용한 또 다른 용해 기술로 **마이크로파 용해법(microwave digestion)**이 있다. 이 방법에서는 고분자로 만든 용기를 사용하는데, 용기를 특수하게 제작된 실험실용 마이크로파 오븐으로 가열한다. 마이크로파 용해법을 사용하면 용액으로부터 휘발성 원소의 손실을 방지하고 외부로부터의 오염을 방지할 뿐만 아니라, 대기압 상태의 비커를 가열판에서 가열하는 경우보다 빠르게 용해시킬 수 있다. 마이크로파는 극성 물질(물)이나 이온(수용액에 녹은 무기 산)을 포함하는 용액의 가열에 매우 효과적이다. 더욱이 닫힌 용기를 사용하여 압력을 높일 수 있으므로 끓는점 또한 높아진다. 상품화된 분석용 마이크로파 용해에 사용하는 장비를 그림 1.6에 나타내었다.

시료의 용해나 삭임에 사용되는 일반적인 산은 염산(HCl), 질산(HNO_3), 황산(H_2SO_4)이다. 이런 산을 단독으로 혹은 혼합하여 사용한다. 어떤 산 혹은 어떤 혼합산을 사용할 것인가는 시료와 분석물의 종류에 따라 결정된다. 측정되는 분석물의 농도 수준에 맞도록 산의 순도를 선택해야 한다. ppb나 그 이하의 농도에 이용할 수 있는 고순도의 산이 상품화되어 있지만 일반 시약급 산보다 매우 비싸다. 특별한 경우에 과염소산($HClO_4$)이나 플루오린화 산(HF)을 사용하기도 한다. $HClO_4$나 HF는 경험이 많은 분석 화학자에게 훈련을 받은 후, 감독하에서만 사용해야 한다. HNO_3와 $HClO_4$를 혼합한 산은 유기 물질의 습식 회화에 매우 유용하지만 $HClO_4$는 심각한 폭발의 위험성을 가지고 있다. $HClO_4$ 증기가 후드의 배기관에서 폭발성 과염소산 염을 형성하는 것을 막고 또한 고온의 $HClO_4$가 유기 화합물과 반응하여 격렬한 폭발성 분해 반응을 하는 것을 방지하기 위하여 특수하게 제작된 흄 후드를 사용한다. 폭발 보호 장치를 설치하고 $HClO_4$를 가하기 전에 유기 시료를 우선 HNO_3만을 이용하여 가열하면서 쉽게 산화되는 물질을 분해한다. 진한 HF는 실리카로 이루어진 유리나 텅스텐과 같이 녹이기 어려운 금속을 녹이는 데 사용하는데, 매우 독성이 강하다는 것을 명심해야 한다. HF에 노출된 후 시간이 지나면 혹독한 통증을 동반하는 조직의 손상이 초래된다. 그러나 HF(소량이라 하더라도)로 인한 손상에 대한 치료가 늦으면 심각한 의학적 문제가 발생되어 심지어는 생명이 위태로울 수도 있다.

HCl은 일반적으로 금속, 합금, 그 외의 많은 무기물을 녹이는 데 이용되는 비산화성 산이다. HCl은 용해된 양이온과 안정한 염화물을 만들기 때문에 많은 종류의 물질을 녹일 수 있다. HCl을 용해제로 사용하는데 두 가지 제약이 있다. 어떤 원소는 휘발성 염화물을 형성하여 손실될 수 있는데, 이런 예로는 비소(arsenic), 안티모니(antimony), 셀레늄(selenium), 저마늄(germanium) 등을 들 수 있다. AgCl과 같은 몇몇 염화물은 물에 녹지 않는다. 염화 수은, 염화 구리, BiOCl, $AuCl_3$ 등은 물에 녹지 않지만 $PbCl_2$와 TlCl은 약간 녹는다. **왕수**(*aqua regia*)는 HCl과 HNO_3의 3:1 혼합 용액인데 금, 백금, 팔라듐을 녹일 수 있다. 왕수는 스테인리스 강철이나 여러 가지 특수강을 녹이는 데에도 이용된다.

HNO_3는 산화력이 강한 산이기 때문에 용질을 더 높은 산화 상태로 바꾸는 능력이 있다. 질산만으로도 니켈, 구리, 은, 아연 등을 녹일 수 있다. HNO_3를 사용하는 데 가장 큰 문제점은 질산이 시료의 표면에 녹지 않는 산화물을 만들어서 시료의 용해를 방해한다는 것이다. 이런 이유로 인하여 HNO_3는 주로 HCl, H_2SO_4, 혹은 HF 등과 섞어서 사용한다. HNO_3와 H_2SO_4, 혹은 HNO_3와 $HClO_4$ 혼합 용액을 유기 시료에 가하고 용액을 가열하면 시료에 포함된 탄소와 수소가 CO_2와 H_2O로 변한다. 시료에 포함된 미량의 금속은 용액에 남아 있는데, 이와 같이 산을 이용하여 유기 물질을 파괴하는 것을 습식 회화 혹은 삭임이라고 한다. 강력한 산화제인 H_2SO_4는 유기 시료를 삭임하는 데 매우 유용하다. 황산이 수용액에 잘 녹지 않는 황산 염을 형성하는 성질이 있다는 것이 가장 큰 단점이다.

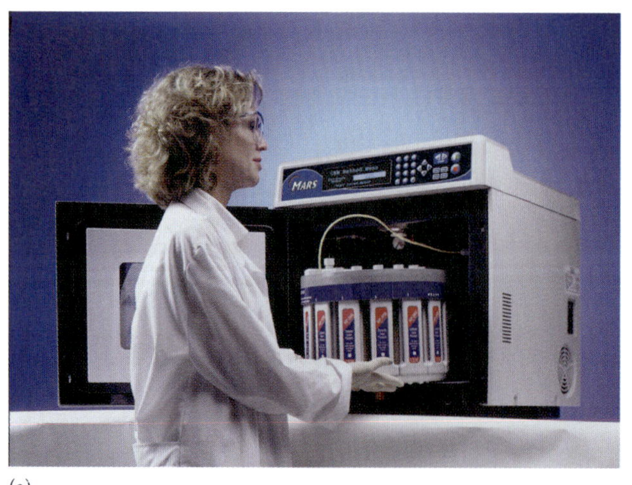

(a)

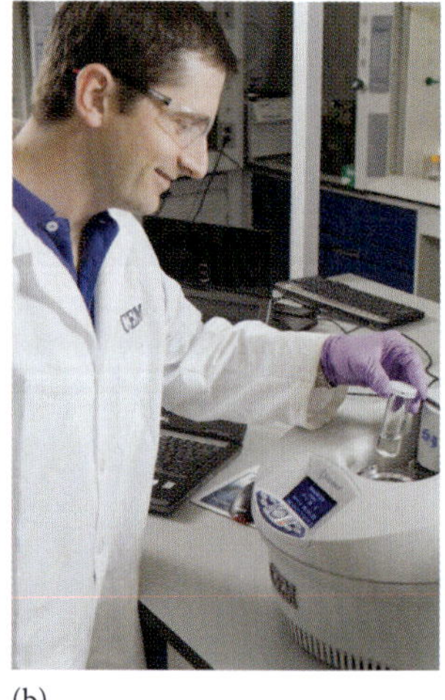

(b)

그림 1.6 (a, b) 분석용 마이크로파 용해기(Courtesy of CEM Corporation, Mathews, NC. www.cem.com.)

HF는 HCl과 같은 비산화성이며 착물을 형성하는 성질이 있다. 유리와 같은 실리카에 기반한 많은 무기물을 녹이는 성질이 HF의 가장 큰 장점이다. 충분한 양의 HF와 섞어서 가열하면 거의 대부분의 규소가 증발한다. 묽은 HF라고 하더라도 유리로 만든 비커나 플라스크에 보관하지 말아야 한다. 테플론이나 혹은 다른 고분자 물질로 만든 실험실 용기나 병을 사용하는 것이 좋다. 가열할 수 있는 상업용 테플론 비커(밑부분을 그래파이트 처리한)를 이용하여 가열기로 가열할 수 있다. HF와 다른 산을 섞어서 여러 가지 잘 녹지 않는 원소나 무기물을 녹일 수 있다. 텅스텐, 타이타늄, 나이오븀, 탄탈럼 등은 HF 용액에서 플루오린화 착물을 형성한다. Si, B, As, Ge, Se 등은 휘발성 플루오린화물을 형성하여 손실될 수 있다. 불용성 플루오린화 화합물도 많은데, 대부분의 알칼리 토금속(Ca, Mg, Ba, Sr)과 희토류 원소(란탄계 원소) 등이 그 예이다. 표 1.11은 용해에 이용되는 몇 가지 산의 목록이다.

수산화 소듐이나 tetramethylammonium hydroxide과 같은 염기는 과산화 수소와 같이 산이나 염기가 아닌 시료를 녹이는 데 이용된다. 알려진 거의 대부분의 시료에 대한 시료 용해 과정을 설명하는 문헌들이 있으니 참고하기 바란다. 원소나 무기 화합물에 대한 정보는 *CRC Handbook of Chemistry and Physics*에 수록된 무기 화합물의 물질적 성질에 관한 표를 참고하여 용해에 대한 도움을 얻을 수 있다.

표 1.11 무기 화합물 분석을 위한 금속, 합금, 그리고 기타 물질의 용해에 이용되는 일반적인 산

물질[a]	산의 전체 부피(mL)	산(vol:vol)
원소		
구리 금속	20	1:1 HNO_3/H_2O
금 금속	30	3:1 HCl/HNO_3
철 금속	20	1:1 HCl/H_2O
타이타늄 금속	20	H_2SO_4, 3-5 방울 HNO_3
아연 금속	20	HCl
지르코늄 금속	15	HF
합금		
구리 합금	30	1:1 HNO_3/H_2O
낮은 합금강	20	3:1 HCl/HNO_3
스테인레스강	30	1:1 HNO_3/HCl
타이타늄 합금	100	1:1 HCl/H_2O, 3-5 방울 HNO_3
아연 합금	30	1:1 HCl/H_2O, dropswise HNO_3
지르코늄 합금	40	1:1 H_2SO_4/H_2O, 2 mL HF dropswise
기타 물질		
붕규산 유리	12	10 mL HF + 2 mL 1:1 H_2SO_4/H_2O
백운석(dolomite)	40	1:1 HCl/H_2O
석고(gypsum)	50	1:1 HCl/H_2O
포틀랜드 시멘트	20	HCl + 3 g NH_4Cl
규산염 광물	30	10 mL HF + 20 mL HNO_3
이산화 타이타늄	15	HF
산화 아연	15	1:1 HCl/H_2O

출처: Extracted from Dulski, T.R., *A Manual for the Chemical Analysis of Metals*, ASTM International, West Conshohocken, PA, 1996. With permission. Copyright 1996 ASTM International.

주의: 'Dropwise'란 완전히 녹을 때까지 한 방울씩 가하라는 의미이다.

[a] 시료는 1 g이고, 완전히 녹을 때까지 가열한다.

1.5.2 | 용융

곱게 갈은 고체 시료를 역시 곱게 갈은 염과 함께 혼합 물질이 녹을 때까지 고온으로 가열하는 것을 용융 혹은 용융 염 용해라고 한다. 반응한 후 식은 용융물에 물이나 묽은 산 용액을 가해서 분석물을 녹이고 원자 분광법이나 ICP-MS를 이용하여 원소를 분석한다. 어떤 경우에는 용융 혼합물을 바닥이 평편한 주형에 붓고 식혀서 얻은 유리 같은 디스크를 XRF 법으로 분석한다. 용융 염 용해는 규소 무기물, 유리, 세라믹, 광물, 뼈, 그리고 carbide나 boride와 같은 녹이기 어려운 물질을 녹이는 데 유용하게 이용된다. 사용되는 염(융제라고 함)으로는 탄산 소듐, borax(sodium tetraborate), lithium metaborate, sodium peroxide 등이 있다. 시료를 적당한 물질로 만든 도가니에 담아서 머플로나 버너를 이용하여 용융시킨다. 사용하는 융제나 분석물의 종류에 따라서 백금, 니켈, 지르코늄, 도자기, 석영, 혹은 유리 탄소로 만든 도가니를 선택해서 사용한다. 많은 용융 작업을 하는 실험실에서는 한 번에 여섯 개의 시료를 용융시킨 후 XRF용 주형이나 비커에 부어주는 자동화된 용융기(fluxers)를 사용하기도 한다. 용융의 단점은 융제로 사용하는 염에 포함된 여러 가지 미량의 원소들이나 도가니 재료에 포함된 성분 등으로 인하여 시료가 오염될 수 있다는 것이다. 예를 들면 융제로 borax나 lithium metaborate를 사용하는 경우에는 용융으로 붕소(boron)를 분석하는 것이 원칙적으로 어렵고, 미량의 백금 촉매를 분석하는 실험에 백금 도가니를 사용할 수 없다. 표 1.12에 여러 가지 물질에 대한 용융 방법에 대하여 수록하였다.

1.5.3 | 건조와 연소

유기 화합물과 무기 원소가 섞여 있는 물질을 분석하기 위하여 유기 성분을 제거할 필요가 있다. 이 방법의 하나로 습식 회화를 언급한 바가 있다. 또 다른 방법으로 '건식 회화(dry ashing)'가 있는데, 이 방법은 공기나 산소 분위기에서 유기 물질을 연소시키는 방법이다. 유기 성분은 이산화 탄소와 물로 바뀌고, 무기 성분은 산화물의 형태로 남는다. 회화는 도가니 혹은 백금이나 규소로 만든 증발 접시를 이용하여 머플로에서 한다. 비교적 낮은 온도에서도 휘발성 성분의 손실이 있는데, 따라서 환경이나 생물학적으로 관심이 있는 시료에 포함된 수은, 비소, 카드뮴 등등의 금속을 분석하는 데에는 건식 회화를 사용하지 않는다. 용기 형태의 열량계와 유사하게 강철로 만든 고압의 용기를 이용하여 연소시키는 방법이 이용되기도 한다. 순수한 산소 분위기에서 1 g 이하의 유기물을 약간 양의 물이나 묽은 산과 함께 연소시킨다. 유기 성분은 이산화 탄소나 물이 되고 관심의 대상이 되는 원소 성분은 물이나 묽은 산 용액에 흡수된다. 대

표 1.12 여러 가지 물질에 대한 용융 염 용해

물질[a]	용해 과정
보크사이트(bauxite)	2 g Na_2CO_3; Pt c&l
강옥(corundum)	3 g Na_2CO_3 + 1 g H_3BO_3; Pt c&l
철 광석	5 g Na_2O_2 + 5 g Na_2CO_3; Zr c&l
나이오븀 합금	10 g $K_2S_2O_7$; 용융된 실리카 도가니
규산염 합금	10 g 1:1 Na_2CO_3; $Na_2B_4O_7$; Pt c&l
주석 광석	10 g Na_2O_2 + 5 g NaOH; Zr c&l
타이타늄 광석	7 g NaOH + 3 g Na_2O_2; Zr c&l
텅스텐 광석	8 g 1:1 Na_2CO_3/K_2CO_3; Pt c&l

출처: Extracted from Dulski, T.R., *A Manual for the Chemical Analysis of Metals*, ASTM International, West Conshohocken, PA, 1996. With permission. Copyright 1996 ASTM International.

주의: c&l, 뚜껑이 달린 도가니

[a] 시료는 1 g이다.

기압에서 산소를 이용한 연소는 *Schöniger flask*라고 불리는 유리 기구를 이용한다. 시료의 양이 10 mg 이하로 제한적이라는 문제가 있지만, 이 방법을 이용하여 유기 물질에 포함된 황, 인, 혹은 할로젠 등의 용액을 얻을 수 있다. 이런 원소들을 이온 선택성 전위차법이나 IC 등의 방법으로 분석한다.

1.5.4 | 추출

앞에서 언급한 시료 전처리 기술은 무기 시료에 효과적이며, 유기 물질의 경우 유기 매트릭스를 제거한 후 사용할 수 있다. 그러나 유기 분석물 자체의 분석에는 이용할 수 없다. 유기 분석물에 대한 가장 일반적인 방법은 적당한 용매를 이용하여 매트릭스로부터 유기 분석물을 추출하는 것이다. 분석물의 극성에 따라서 '비슷한 것은 비슷한 것을 녹인다'라는 관점에서 유기 용매를 선택한다. 다시 말하면 극성의 용매는 극성의 화합물을 잘 녹이고, 비극성 용매는 비극성 화합물을 잘 녹인다. 추출에 사용되는 일반적인 용매로 헥세인, 염화 메틸렌, methyl isobutyl ketone(MIBK), xylene 등이 있다.

1.5.4.1 용매 추출

용매 추출은 한 분석물이 섞이지 않는 두 상에서의 용해도 차이를 이용하는 것이다. 자주 경험하게 되는 두 가지 분석 사례를 생각해 보자. 우선 토양과 같은 고체상에 포함된 유기 분석물을 유기 용매로 추출한 후 다른 분석에 이용하는 경우를 생각할 수 있다. 다음으로 물에 포함된 PCBs를 유기 용매로 추출하는 경우와 같이 어떤 액체에 포함된 분석물을 섞이지 않는 다른 액체로 추출하는 경우도 있다.

섞이지 않는 두 액체를 각각 용매 1과 용매 2라고 하자. 세게 흔든 용기에서 두 용매가 다시 분리되었을 때 두 용매에 포함된 분석물의 농도비(K_D)는 일정하다.

$$K_D = \frac{[A]_1}{[A]_2} \tag{1.16}$$

K_D를 분배 계수라고 하는데, 이는 용매 1과 2에 포함된 분석물 A의 농도비이다. K_D가 크다는 것은 분석물이 용매 2보다는 용매 1에 더 잘 녹는다는 의미이다. K_D가 매우 크면 용매 2에 녹아 있는 분석물 대부분을 정량적으로 용매 1으로 추출할 수 있다. 분석물을 포함하고 있는 액체와 추출 용매를 분별 깔대기에 넣고 세게 흔든 다음, 추출 용매를 다른 용기에 따른다. 용매 추출은 분석물을 매우 복잡한 매트릭스로부터 분리하고, 시료를 분석하기에 보다 적합한 (유기)용액 상태로 만들고, 또한 분석물을 농축하는 등의 긍정적인 효과가 있다. 예를 들면 1 L의 물에 포함된 유기 분석물을 10~50 mL의 헥세인과 같은 용매로 추출할 수 있다. 단순히 분석물을 추출하는 것만 아니라 수용액 상태에서보다 상당히 농축되었음을 알 수 있다. 용매 2에서 용매 1으로 추출된 분석물의 퍼센트는 다음과 같이 구할 수 있다.

$$\%E = \frac{[A]_1 V_1}{[A]_2 V_2 + [A]_1 V_1} \times 100 \tag{1.17}$$

여기서 $\%E$는 용매 1으로 추출된 분석물의 퍼센트이고, 각 용매에서의 분석물의 농도는 몰농도를 사용한다. V_1과 V_2는 각각 용매 1과 2의 부피이다. 추출 퍼센트와 K_D의 관계는 다음과 같다.

$$\%E = \frac{100 K_D}{K_D + (V_2/V_1)} \tag{1.18}$$

더 많은 양의 용매 1을 사용하면 추출 퍼센트가 증가하지만, 일반적으로 소량의 용매 1을 이용하여 추출을 여러 번 반복하는 것이 더 효과적이다. 여러 번 추출한 용매들을 합해서 다음 분석에 이용한다.

액체-액체 추출을 이용하여 소변과 같은 임상 시료의 매트릭스로부터 유기금속 착물을 추출한 후, 불꽃을 이용한 AAS로 분석할 수도 있다. 적당한 pH로 조절한 소변 시료를 분별 깔대기에 넣고 착화제와

MIBK와 같은 용매를 가한다. 세게 흔든 후 시간이 지나면 무거운 금속 성분은 염이나 단백질 혹은 다른 매트릭스 성분으로부터 분리되어 유기 용매 층으로 추출된다. 정제된 시료를 얻게 될 뿐만 아니라 더 적은 부피의 용매에 녹아 있으므로 분석물을 농축시킨 효과가 있다. 유기 용매를 사용하기 때문에 불꽃 AAS(7장에서 설명함)에 대한 감도가 증가하는 부수적인 효과도 기대된다.

Soxhlet 추출기를 이용하여 식품, 토양, 식물과 같은 고체 시료로부터 살충제, PCBs, 지방과 같은 유기 분석물을 추출할 수 있다. Soxhlet 추출기는 목 부분에 유기로 만든 시료/사이펀 관이 설치된 둥근 바닥 플라스크로 되어 있다. 시료관 위에는 일반적인 물을 이용하는 냉각기를 설치한다. 고체 시료를 골무(thimble)라고 불리는 셀룰로스나 유리 섬유로 만든 다공성 시료 지지대에 넣고, 용매를 플라스크에 붓는다. 가열용 맨틀을 이용하여 플라스크를 가열하면 용매가 증발했다 시료 주변에서 응축한다. 가용성 분석물이 추출된 용매는 사이펀에 의하여 둥근 바닥 플라스크로 되돌아간다. 가열을 하는 동안 이 과정이 반복되고, 결국에는 플라스크에 추출된(그리고 농축된) 분석물을 얻게 된다.

이런 추출을 손으로 직접 수행하는 것은 오랜 시간이 걸리는 매우 힘든 일이 될 것이다. 뿐만 아니라 1 L의 분별 깔대기를 설치할 선반이나 여러 개의 맨틀을 사용하려면 넓은 공간이 필요하다. 용매 추출을 보다 효과적으로 수행할 수 있는 기기적인 방법들이 개발되었다. 새로운 방법에서는 주로 추출 효율을 높이기 위하여 고압 상태의 밀폐된 용기를 사용하기 때문에 고압 유체(혹은 고압 용매) 추출법이라고 한다. Dionex 사에서 개발한 Accelerated Solvent Extraction(ASE®, 가속 용매 추출법)이 그 좋은 예이다. 그림 1.7에 나타낸 이 방법은 식품과 같은 고체(혹은 반고체) 시료에 대하여 용매를 이용한 추출이 가능하다. ASE는 추출 과정의 효율을 높이기 위하여 일반적인 용매나 혹은 혼합 용매를 고온 그리고 고압 상태에서 이용한다. 일반적인 용매의 끓는점인 70~80°C보다 훨씬 높은 200°C 정도로 가열하면 추출 속도가 매우 빨라지고, 고압으로 유지된 용매는 끓는점 이상의 온도에서도 액체 상태로 존재하기 때문에 보다 안전하고 효과적인 추출이 가능하다. 표 1.13에 ASE와 일반적인 Soxhlet 방법을 비교하였다. 초콜릿에 포함된 지방으로부터 환경이나 산업용 시료에 이르기까지 다양한 응용에 대한 사례를 Dionex사의 웹사이트에서 확인할 수 있다. 2009년에 도입된 Büchi Coporation의 SpeedExtractor에 관한 응용 사례는 www.

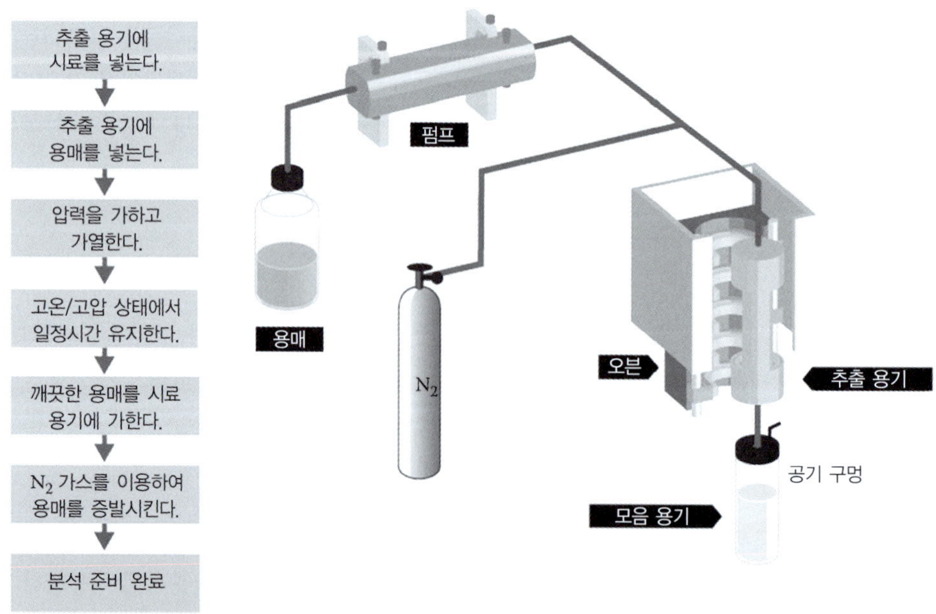

그림 1.7 ASE 방법(Courtesy of Dioned Corp., Sunnyvale, CA, www.dionex.com; © Thermo Fisher Scientific (www.thermofisher.com). Used with permission.)

표 1.13 Soxhlet 추출법과 ASE의 비교

추출 방법	시료당 사용하는 용매(mL)	시료당 걸리는 시간	시료당 비용(US $)
수동 Soxhlet	200–500	4–48 h	27
자동 Soxhlet	50–100	1–4 h	16
ASE(가속 용매 추출법)	15–40	12–18 min	14

출처: Courtesy of Dioned Corp., Sunnyvale, CA. www.dionex.com; Thermo Fisher Scientific (www.thermofisher.com).Used with permission.

mybuchi.com에서 확인할 수 있다. 미국의 US EPA는 ASE나 유사한 방법처럼 환경 분석에서 시료의 추출을 촉진하기 위하여 고온/고압을 사용하는 것을 US EPA Method 3545A(SW-846 series)에서 승인하였다. 이와 관련된 자료는 www.usepa.gov에서 찾을 수 있다.

고온/고압을 사용하는 두 번째 방법은 마이크로파를 이용한 추출법이다. 시료를 추출 용매와 함께 밀폐된 용기에 넣고 마이크로파 삭임에서 설명한 것과 유사하게 가열한다. 온도가 150℃ 정도까지 상승하고 고압 상태가 되면 이미 설명한 이유와 같이 추출의 효율이 증가한다. 비극성의 직선형 알케인과 같은 용매는 마이크로파를 흡수하지 못하여 가열이 되지 않는 경우가 있다. 여러 기기 관련 회사에서 마이크로파 추출기를 생산하고 있는데, 특히 Milestone Inc.(www.milestonesci.com)의 웹사이트에서 많은 응용 사례와 동영상을 참고할 수 있다. CEM(www.cem.com)도 마이크로파 추출법에 대한 응용 사례를 제공하고 있다. 마이크로파 추출법과 일반적인 추출법을 비교한 데이터를 표 1.14에 수록하였다.

추출에 이용되는 세 번째 방법은 **초임계 유체(supercritical fluid)**를 이용하는 것이다. 어떤 물질이 임계점보다 높은 압력과 온도에서 존재하는 것을 초임계 유체라고 한다. 초임계 유체의 밀도나 점성은 그 물질의 기체상보다는 높으나 액체상보다는 낮다. 기체상에 비하여 상대적으로 높은 밀도로 인하여 비휘발성의 유기 분자를 녹이기 쉽다. 이산화 탄소(CO_2)의 임계 온도는 31.3℃이고 임계 압력은 72.9 atm(아래 상평형 그림 참조)인데, 이 온도와 압력 조건을 만드는 것이 상대적으로 용이하기 때문에 CO_2의 초임계 유체를 추출을 위한 용매로 많이 사용된다. CO_2 초임계 유체의 장점은 낮은 독성, 저렴한 가격, 비인화성, 그리고 제거하기 쉬운 점 등이다. 추출을 끝내고 압력이 대기압으로 돌아오면 이산화 탄소는 기체상이 되어 추출 용기의 구멍을 통하여 날아가고 순수한 분석물만 남는다. 자동화된 SFE 기기는 온도와 압력을 각각 150℃와 10,000 psi(pound per square inch, 14.70 psi = 1 atm)까지 올릴 수 있으며, 한 번에 여러 개의 시료에 대한 추출을 수행할 수 있다. SFE에 대한 자세한 설명과 응용 사례는 Jasco, Inc.(www.jascoinc.com); Supercritical Fluid Technologies, Inc.(www.suprcriticalfluids.com); Büchi Corporation(www.mybuchi.com); Newport Scientific, Inc.(www.newport-scientific.com) 등과 같은 회사의 웹사이트를 참고하면 된다.

표 1.14 토양에 포함된 제조제 추출에 대한 마이크로파 추출법과 일반적인 Soxhlet 추출법의 비교

추출 방법	시간(min)	용매 부피(mL)	%회수율
분별 깔대기	15	25	42–47
Soxhlet	90	40	51–52
마이크로파 추출	10(90°C)	20	66–78

출처: Data in table courbesy of Milestone Inc., Shelton, CT, www.milestonesci.com.

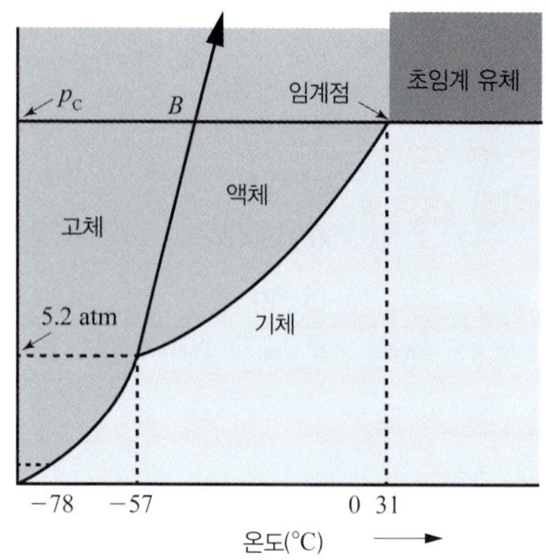

1.5.4.2 고체상 추출

고체상 추출(**solid-phase extraction**, SPE)에서 사용되는 추출제는 유기 액체가 아닌 고체상이다. 유기 화합물을 실리카나 고분자 구슬 같은 고체 매트릭스에 화학 결합시킨 형태이다. 시료 용액을 층상이나 원반 형태의 고체 추출제에 부어주면, 결합된 유기층이 시료 용액에 포함된 유기 분석물과 상호작용을 하고 그 결과 시료 용액으로부터 분석물이 추출된다. 남은 용액을 흘려보낸 다음, 분석물은 제거하지 않는 용매를 이용하여 추출제 층에 남아 있는 방해 물질을 제거한다. 마지막으로 적당한 유기 용매를 추출제 층에 흘려주면서 고체상 추출제로부터 유기 분석물을 **용리**(**elute**)시킨다. 분석물을 추출하는 상호작용은 일반 화학에서 배운 반데르발스 인력, 쌍극자−쌍극자 인력, 전지적 인력 등이다.

여러 가지 형태의 유기 화합물을 고체 매트릭스에 결합시킬 수 있다. C_8이나 C_{18} 탄화수소 사슬과 같은 소수성 비극성 분자로부터 cyano(—C#N), amine(—NH_2), hydroxyl(—OH) 등과 같은 극성이 높은 작용기나 아황산 이온(—SO_3^-)이나 탄산 이온(—CO_2^-)과 같이 해리한 작용기가 포함된 사슬을 이용하여 다양한 형태의 분석물을 추출할 수 있다. 고체상 추출제를 **흡착제**(**sorbent**)라고 한다. 상업용 SPE 카트리지는 고분자로 만든 주사기나 일회용 피펫에 흡착제를 충전한 형태이다. 그림 1.8a는 여러 가지 형태의 흡착제로 충전된 주사기 형태의 상업용 플라스틱 카트리지를 보여 준다. 그림 1.8b는 카트리지 안에 흡착제가 어떻게 충전되어 있는지를 보여 주는 개략도이다. 이 제품들은 시료 상호 간의 오염을 방지하고 임상

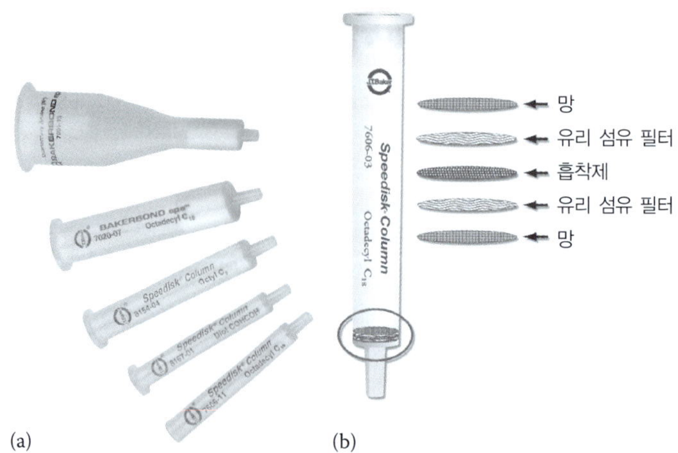

그림 1.8 (a) 상업용 플라스틱 주사기 형태의 카트리지, (b) 흡착제 충진 개략도(Permission to reprint from Avantor Performance Materials, Inc., Center Valley, PA, formerly known as Mallinchrodt Baker, Inc., www. avantormaterials.com)

화학에서의 시료와 같이 극히 적은 부피(1 μL)의 시료를 다루기 때문에 일회용으로 사용한다. 약물 복용 여부를 판단하기 위한 소변, 혈액 혹은 혈장 시료에 대한 정제용으로 만든 특수한 흡착제도 있다. 제약이나 바이오 산업 분야에서 수백 개의 시료를 동시에 처리할 수 있는 자동화된 SPE를 사용하기도 한다.

SPE는 14장에서 설명할 LC, HPLC, 혹은 LC-MS를 이용한 분석에 적합하도록 분석물을 정제하고 농축하는 목적으로 많이 이용된다. 앞으로 배우게 될 화합물 분리를 위한 HPLC에서 사용되는 많은 종류의 고체상과 SPE에서 사용하는 결합형 고체상 추출제가 동일하다. SPE 용품을 공급하는 업체는 Avantor Performance Materials, Inc.(www.avantormaterials.com), Supelco(www.signa-aldrich.com/supelco), Phenomenex(www.phenomenex.com), Büchi Corporation(www.mybuchi.com) 등이 있는데, 이들로부터 상세한 응용 사례에 관한 자료를 구할 수 있다.

1.5.4.3 QuEChERS 법

과일, 야채, 시리얼과 같은 가공 식품의 잔존 살충제를 분석하는 일은 매우 중요하다. 이런 분석에서는 HPLC나 MS 분석을 수행하기 전에 시료를 추출하고 정제하는 복잡한 과정이 요구된다. 2003년에 미국 농림부 소속 과학자들(Anastassiades 등)이 QuEChERS(ketchers 혹은 catchers라고 발음한다.)라고 하는 식료품에 대한 간단한 분석법을 개발하였는데, 이 단어는 빠르고(quick), 쉽고(easy), 저렴하며(cheap), 효과적이고(effective), 견고하며(rugged), 마지막으로 안전한(safe)이라는 단어의 첫 글자로 만들어진 것이다. QuEChERS는 현재 음식물, 건강 보조식품, 살충제를 포함하는 여러 가지 매트릭스, 그리고 가축 관련 의약품 등등의 시료에 광범위하게 활용되고 있어서 AOAC 등에 의하여 공인된 시료 전처리 방법으로 인정되고 있다. QuEChERS 방법은 추출 단계와 분산형 SPE 단계의 두 단계로 구성된다. 먼저 시료를 균일하게 갈아서 일정량을 50 mL 원심 분리기용 용기에 넣고 적당한 용매와 염을 가한다. 황산 마그네슘이나 아세트산 소듐 등의 염을 사용하는데, 이는 시료에서 물을 제거하고 완충 작용을 한다. 시료를 잘 흔들어 주고 원심 분리를 한 후, 위층에 대하여 분산형 SPE를 사용하여 추출 및 정제를 수행한다. 분산형 SPE란 한 가지 혹은 복수의 흡착제가 소량의 $MgSO_4$와 함께 원심 분리기용 용기에 담겨있는 것이다. 첫 번째 단계에서 얻은 상층액 일정 분취량을 SPE에 가하고 잘 흔든 다음 원심 분리를 하면, 흡착제에 의하여 시료에 포함된 방해 매트릭스가 제거된다. 일차 혹은 이차 아민(PSA)이 포함된 흡착제는 당류, 지방산, 유기산, 혹은 색소 등을 제거하고 C18(LC에서 사용되는 일반적인 octadecyl 기가 포함된 소수성 물질)은 지방질이나 비극성 방해물을 제거하며 흑연이 포함된 카본 블랙은 색소나 스테롤을 제거하는 데 사용된다. 현재 여러 업체에서 미국이나 유럽의 법 규제에 맞는 QuEChERS 키트를 공급하고 있다. www.quenchers.com, www.restek.com, www.gerstel.com/en/applications.htm, 그리고 agilent.com/chem/Quechers 등의 웹사이트에서 QuEChERS와 관련된 다양한 설명서, 응용 사례, 그리고 음성 및 영상 자료를 제공하고 있다.

2010년에 발생한 멕시코 만의 유전에서의 기름 오염 사건과 관련된 QuEChERS의 환경 분야에서의 응용 사례가 Gerstel, Inc.와 Arkansas Public Health Laboratory의 연구원에 의하여 발표되었다. Polyaromatic hydrocarbon(PAHs)과 같은 원유에 포함된 탄화수소를 분석해야 하는 오염된 해양 식물 시료가 한 달에 약 10,000건 정도로 예상되었다. 기존의 표준 방법으로 14-25 시료를 분석하는 데 약 일주일이 소요되었다. Gerstel 사의 Twister™ stir bar sorptive extraction (SBSE)를 사용하여 하루에 약 40 시료를 분석할 수 있게 되었다. Twister™은 유리로 코팅된 자석 교반기로 그 표면에 polydimethysiloxane(PDMS) 층이 있다. QuEChERS로 처리한 상층액 일정량에 교반기를 넣고 용액을 교반하면 유기 화합물이 PDMS 층으로 추출된다. 시료에서 꺼낸 Twister를 초순수로 씻고 보푸라기가 없는 수건으로 물기를 제거한다. 건조된 교반기를 열탈착 용기에 넣고 열에 의하여 탈착된 분석물이 자동으로 GC-MS 분석기에 주입되도록 한다. SBSE 단계에서 분석물은 농축되고 상층액을 정제하는 효과가 있

(a) (b)

그림 1.9 (a) 코팅된 섬유가 시료 용기에 담겨있는 상업용 SPME 장치.
(b) 코팅된 섬유의 외관 (Reprinted with permission of Supelco, Bellefonte, PA, www.sigma-aldrich.com)

기 때문에 훨씬 적은 양의 용매를 사용하였음에도 불구하고 검출 한계가 10~50배 증가하는 결과를 얻을 수 있다.

Dionex 사가 2009년에 비교적 큰 부피(20 mL ~ 4 L)의 수용액 매트릭스로부터 미량의 유기물을 추출하는 데 사용할 수 있는 자동화된 SPE 기기를 상품화하는 등 SPE 분야는 계속 진보하고 있다.

1.5.4.4 고체상 미량 추출

고체상 미량 추출(**solid-phase microextraction**, SPME)은 처음에 GC 분석에서 이용할 목적으로 개발되었다. GC나 혹은 관련 분야에서의 SPME 응용 사례에 대한 상세한 설명은 13.1절을 참고하라. 고체상은 용융 실리카에 코팅된 섬유이고, 코팅제는 실리콘 고분자인 PDMS와 같은 액상의 고분자를 사용한다. 고체 흡착제나 고체/액체 고분자 혼합체를 사용하기도 한다. 그림 1.9a는 코팅된 섬유가 시료 용기에 담겨있는 상업용 SPME 장치를 나타낸 것이고, 그림 1.9b는 코팅된 섬유의 모양을 나타낸 것이다. 시료를 GC로 분석하는 경우에 추출 용매는 사용하지 않는다. 코팅된 섬유를 액체나 기체 혹은 액체나 고체 시료 위 부분의 증기(이 방법을 시료액 **상층부**(**headspace**) 채취라고 한다.)에 일정 시간 동안 노출시킨다. 섬유 표면의 고체 코팅제나 액체 코팅제에 흡수된 분석물을 기체 크로마토그래피의 가열된 주입구에서 열을 이용하여 탈착시킨다. 이 과정에 대한 개략도를 그림 1.10에 나타내었다.

용매 추출과는 달리 분석물 전체가 추출되는 것은 아니다. 코팅된 섬유에 의하여 추출되는 분석물의 양은 시료에 존재하는 분석물의 양에 비례한다. 이런 관계는 섬유와 시료 사이에 평형이 되거나 혹은 평형 이전이라도 시료를 채취하는 조건을 잘 조절할 때 가능하다. SPME를 이용하여 시료를 채취하고 탈착하는 방법은 정량 분석 및 정성 분석 모두에서 사용이 가능하다. 외부 표준물을 이용한 교정, 내부 표준물을 이용한 교정, 표준물 첨가법(MSA) 등을 이용한 정량 SPME 분석도 모두 가능하다. 교정 방법에 대해서는 1.6.2절과 3장에서 상세히 다룬다.

SPME를 이용한 시료 채취법은 환경 오염 물질, 식물 시료에 포함된 휘발성 성분(담배 성분), 폭발물, 그리고 화학 시약의 잔류 성분 등의 분석에 널리 사용되고 있다. 방화 혐의를 밝히기 위하여 SPME를 이용해 화재 잔해 위에서 가솔린과 같은 연료 성분을 채취할 수도 있다. 0.01 μL 수준의 미량의 가솔린에 대한 검출이 가능하다. SPME를 이용하여 실내 공기나 호흡과 관련된 기체 시료에 대한 채취도 가능하다. 물, 와인, 과일 주스, 혈액, 우유, 커피, 소변 등의 액체 시료는 섬유를 시료에 직접 담그거나 혹은 시료액 상층부에 존재하는 증기를 채취하는 방법으로 분석한다. 치즈, 식물, 과일, 고분자, 의약품, 혹은 생물학적 조직과 같은 고체 시료의 상층부에 존재하는 증기에 대한 분석도 가능하다. 이와 관련된 많은 응용 사례(pdf 파일 혹은 CD)를 Supelco 사의 웹사이트인 www.sigma-aldrich.com/supelco에서 찾을 수 있다. 현장에서 직접 사용할 수 있는 볼펜 크기의 SPME 탐침(그림 1.11)도 개발되었다(www.fieldforensics.com 혹은 www.sigma-aldrich.com/supelco). 시료를 채취한 다음 뚜껑을 닫아서 현장에 있는 이동 실험실이나 혹은 일반 실험실로 옮겨서 분석을 수행한다.

SPME가 GC 분석을 위한 무용매 추출 방법으로 시작되었지만, 현재에는 HPCL 기기에 시료를 주입하는 방법으로도 활용되고 있다. 그림 1.12에 나타낸 것과 같은 SPME-HPLC 연결 장치를 이용하여 SPME 섬유로 물에 존재하는 비이온성 계면 활성제를 추출한 다음 HPLC 분석에 이용되는 이동상으로 용출시킨다. 시료 채취와 용출 과정에 대한 개략도를 그림 1.10에 수록하였으며, 이와 관련된 응용은 14장에서 다루기로 한다.

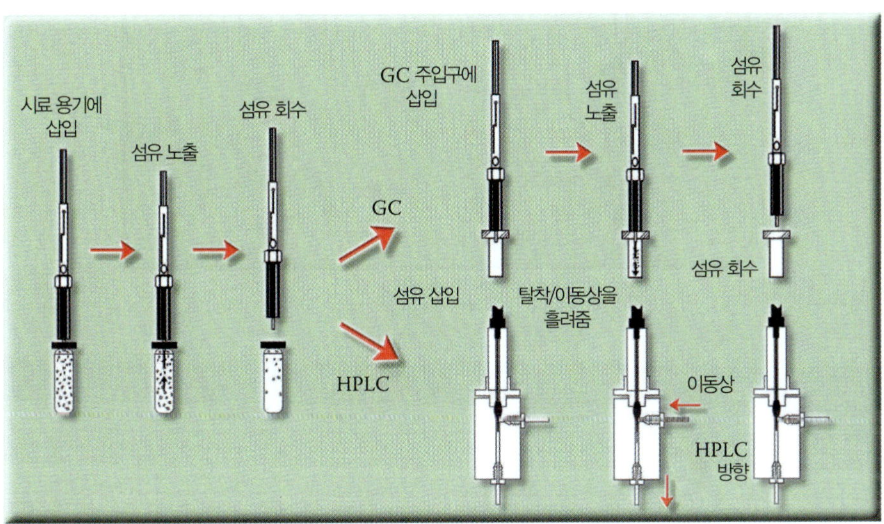

그림 1.10 SPME 과정에 대한 개략도 (Reprinted with permission of Supelco, Bellefonte, PA, www.sigma-aldrich.com.)

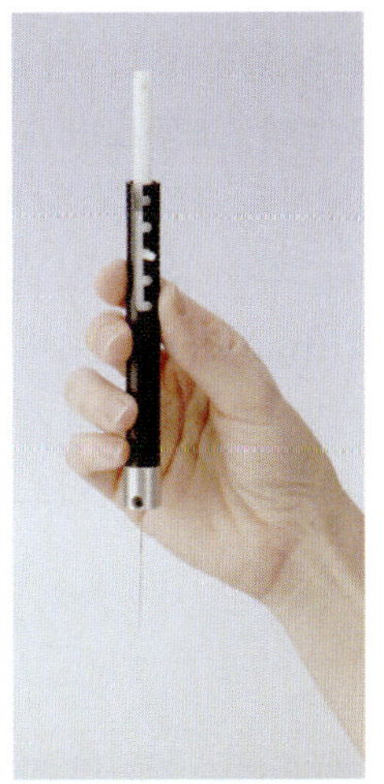

그림 1.11 볼펜 크기의 SPME 탐침(Reprinted with permission of Supelco, Bellefonte, PA, www.sigma-aldrich.com.)

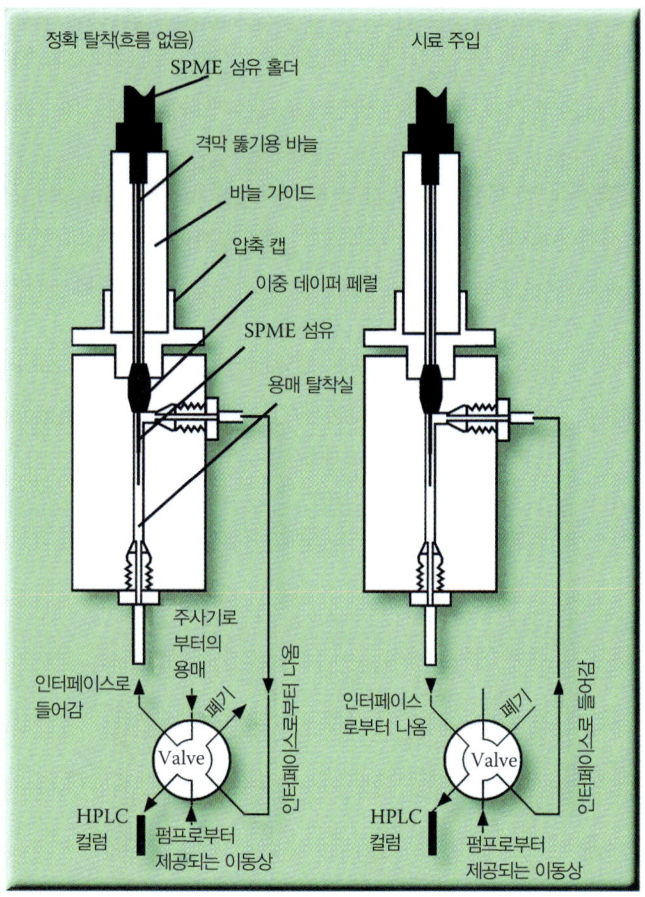

그림 1.12 SPME–HPLC 연결 장치(Reprinted with permission of Supelco, Bellefonte, PA, www.sigma-aldrich.com.)

1.6 측정

기기 분석법을 이용하여 분석물 농도를 결정하려면 측정되는 물리량과 분석하는 시료에 포함된 분석물의 농도 사이의 관계식을 알아야 한다. 대부분의 분석에서 측정을 하고 측정값을 시료에 포함된 분석물의 양으로 환산하는 수학적 계산을 수행한다. 계산할 때는 처음에 사용한 시료의 양과 시료의 전처리나 측정 과정에서의 묽힘 등을 고려해야 한다.

분석 기기에서 **검출기(detector)**란 측정하는 물리량의 크기에 따른 특정 변화를 기록하는 장치이다. 이때 '검출기가 **신호(signal)**를 기록한다'라고 한다. **교정(calibration)**이라는 과정을 이용하여 검출기 신호와 시료에 존재하는 분석물의 농도와의 관계식을 구할 수 있다. 교정 과정을 설명하기 전에 검출기가 기록하는 신호에 대한 약간의 이해가 필요하다. 검출기는 구성 원리에 따라서 물리적, 화학적, 혹은 전기적 변화(이를 신호라고 함)를 기록한다. **변환기(transducer)**는 비전기적 신호를 전기적 신호로 바꿔주는(혹은 그 반대) 검출기이다. 예를 들면 분광학 기기에서는 빛의 세기를 전류로 바꿔주는 변환기를 사용한다. 검출기나 변환기와 비슷한 개념으로 **센서(sensor)**라는 단어도 있다. 특정 검출기의 작동 원리는 각각의 기기에 대한 해당 장에서 다루기로 한다.

1.6.1 | 신호와 잡음

기기 분석에서는 시료에 대한 정보를 얻기 위하여 전기적 장치를 이용한다. 옛날의 기기에서는 진공관이나 도표지 기록기를 이용하였으나 현대의 기기는 반도체 기술과 컴퓨터를 이용하여 기기를 조정하고 신호를 측정하며 데이터를 가공하고 보고하는 작업을 한다. 현대 기기와 관계된 전자 공학은 참고문헌에 나타낸 Malmstadt 등이 저술한 책을 참조하라.

모든 기기는 주어진 파장에서 시료의 흡광도, 시료로부터 생성되는 이온의 질량 대 전하의 비율, 혹은 시료가 통과하는 선의 전도도 변화율 등과 같은 시료와 물리 혹은 화학적 특성을 측정한다. 어떤 형태의 검출기는 반응을 전기 신호로 바꾼다. 전기 신호는 측정되는 화학적 혹은 물리적 성질과 직접적으로 관련이 있어야 하며, 또한 분석물의 농도와도 관련이 있어야 한다. 이상적인 경우에는 신호가 분석물과 관련된 정보만을 반영해야 한다. 다시 말하면 분석물이 존재하지 않는 경우에는 신호가 발생하지 않아야 한다. 그림 1.13은 시료가 방출하는 특정 파장의 빛의 양을 측정하는 분광기에서 얻어지는 신호를 나타낸 것이다. 그림 1.13의 세 도시에서 방출 파장에서의 신호인 **피크(peak**, 봉우리)를 확인할 수 있다. 피크 양쪽에서의 신호를 **바탕선(baseline)**이라고 한다.

각각의 파장에서 시료가 방출하는 빛의 세기를 측정할 때 이상적인 신호라면 그림 1.13a에서 보는 바와 같이 방출하는 빛이 없는 파장에서는 매끄러운 바탕선을, 그리고 방출 파장에서는 역시 매끄러운 피크를 나타낼 것이다. 이런 경우라면 분석물이 존재하지 않으면 신호도 발생하지 않고 결과적으로 완전히 평평한 바탕선을 보일 것이다. 기기가 분석물을 검출하면 신호가 증가하다 분석물이 사라지면 신호는 다시 바탕선으로 감소한다. 이 경우에는 신호(피크) 전체가 분석물에서 기인하는 것이다. 그러나 실제의 경우에는 신호와 바탕선이 매끄러운 경우는 없고 **잡음(noise)**이라는 불규칙한 신호를 포함하고 있다. 모든 측정 신호에는 분석물과 관련된 필요한 신호와 잡음을 포함하는 불필요한 정보와 관련된 신호가 포함되어 있다. 잡음은 여러 형태의 기기 부품 혹은 기기에 공급되는 전력으로부터의 작은 변동에서 기인하기도 하고, TV나 라디오 방송국 혹은 주변의 다른 기기, 건물의 진동, 전기 모터, 그리고 심지어는 제거가 불가능한 양자역학적 효과로부터 발생하기도 한다. 신호가 잡음보다 매우 크다면 필요한 분석 신호를 측정하는 데 어려움이 없을 것이다. **신호-대-잡음비(signal-to-noise ratio**, S/N)는 분석법이나 기기를 비교하는 데 매우 유용한 물리량이다.

그림 1.13b에서 그림 1.13a에 비하여 증가한 잡음이 신호와 겹쳐져 있다. 잡음으로 인하여 신호값에 대한 확실성이 떨어진다. 그러나 측정의 정확성은 떨어지지만 신호를 확실하게 구별할 수는 있다. 그림 1.13c에서는 잡음의 수준이 신호 세기와 비슷하고 따라서 신호를 측정하는 것이 거의 불가능하다. 잡음과 데이터를 포함하는 신호를 구별하는 것이 매우 중요하다. 미량의 분석물의 경우와 같이 신호가 매우 약하

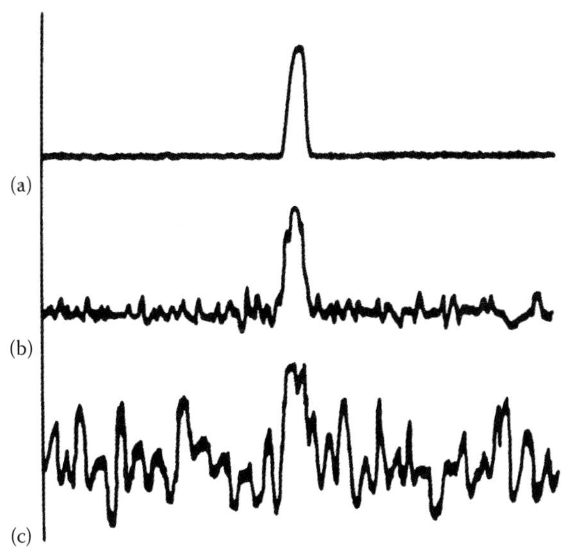

그림 1.13 서로 다른 잡음 수준에서 신호 대 파장의 도시. (a) 잡음이 거의 없는 수준, (b) 중간 수준의 잡음, (c) 높은 수준의 잡음.

면 잡음을 줄이든지 아니면 신호의 크기를 증가시켜야 한다. 잡음은 우연한 특성이 있다. 그림 1.13b와 c에서 보는 바와 같이 특정 시점에서 양일 수도 있고 음일 수도 있다. 잡음이 불규칙한 것이므로 통계적으로 다룰 수 있다.

측정치를 신호 S라고 하면 잡음 N이란 같은 시료에 대하여 반복 측정한 값에 대한 변동이다. 다시 말하면 잡음은 반복 측정한 값의 표준 편차 s로 나타낼 수 있고, 신호 S는 측정값의 평균 $\bar{x}$로 나타낼 수 있다. 피크 값이 최대일 때 여러 번 측정한 결과를 이용하면 그 점에서의 최적의 S/N 비를 구할 수 있지만, 이 방법에 약간의 어려움이 따른다. 첫 번째 문제점은 최대 피크에서 잡음을 측정하는 데 어려움이 따른다는 것이다. 신호가 작을 때 변동성을 측정하는 것보다 신호가 클 때 작은 변동성을 측정하는 것이 더 어렵다. 두 번째는 최대 피크에서 측정한 S/N 비는 신호의 크기에 의존한다는 점이다. 일반적으로 잡음은 최대 피크 점에서 측정하는 것이 아니라 신호가 0인 바탕선에서 측정한다. 그림 1.13b에서 잡음을 측정하는 가장 좋은 방법은 자를 이용하여 신호가 나오는 지점에서 멀리 떨어진 바탕선에서 최댓값을 측정하는 것이다. 바탕선에서 측정한 잡음의 크기는 신호의 크기와는 무관하다. 신호의 크기는 바탕선의 중간점에서 잡음이 겹쳐진 피크의 중간까지 측정한다. 바탕선의 중간이 어디인지는 분석자가 결정해야 한다. 신호가 증가함에 따라 잡음이 측정 결과의 상대 오차에 미치는 영향은 감소한다.

$$\frac{\mathrm{S}}{\mathrm{N}} = \frac{\bar{x}}{s} = \frac{\text{평균}}{\text{표준 편차}} \tag{1.19}$$

기기 분석에서 마주치게 되는 잡음의 형태는 다양하다. 첫 번째 예로 그림 1.13b와 c에서와 같은 불규칙한 잡음인 **백색 잡음(white noise)**을 들 수 있다. 백색 잡음은 전자와 같은 전하 운반체의 불규칙한 운동이나 전압의 불규칙한 변동 같은 원인에서 기인한다. 이런 백색 잡음을 **열잡음**(*thermal noise*)이라고도 한다. 검출기나 다른 기기 부품을 냉각시키면 열잡음을 감소시킬 수 있다. **산탄 잡음**(*shot noise*)은 또 다른 형태의 백색 잡음인데 전기 회로에서 전하 운반체가 접합점을 통과할 때 생긴다. 잡음의 두 번째 종류로 **표류 잡음(drift noise)** 혹은 **깜박임 잡음(flicker noise)**이다. 이 잡음은 측정하는 신호의 주파수에 반비례하는 특성이 있어서 낮은 주파수의 신호에 민감하다. 표류 혹은 깜박임 잡음의 원인은 잘 밝혀지지 않았다. 마지막으로 기기의 전력선이나 건물의 진동과 같은 기기 주변 환경에 관련이 있는 선잡음이다. 이 잡음 중 일부분은 주파수에 의존하고 따라서 특정 주파수에서 발생한다.

S/N 비를 개선하기 위하여 어떤 방법으로든 신호를 잡음과 구별하는 것이 중요하다. 대부분의 방법은 시간이나 주파수를 이용하여 구별하는 것이다. S/N 비를 증가시키기 위해서는 잡음을 감소시키거나 혹은 신호를 증가시켜야 한다. 기기의 잡음을 줄이기 위한 많은 종류의 장비나 소프트웨어가 개발되었다. 외부에서 기인하는 잡음은 기기 회로에 대한 적당한 접지나 차폐를 하거나 혹은 다른 기기나 진동의 원인으로부터 먼 곳에 설치하는 방법으로 줄일 수 있다. 기기 자체로부터 발생하는 잡음은 고정 위상 증폭기(lock-in-amplifier), 필터, 신호 변조기 등의 전자 장비를 이용하여 줄일 수 있다. 신호 평균, 푸리에 변환, filtering, 혹은 smoothing 등의 작업을 수행할 수 있는 소프트웨어 프로그램을 이용하면 신호의 크기를 증가시킬 수 있다. 데이터를 모은 다음에 다양한 종류의 소프트웨어를 이용한 작업을 수행한다. 요즘은 간단한 장비조차도 디지털 형태의 데이터를 만들기 때문에, 잡음을 줄이기 위하여 장비를 사용하는 대신 컴퓨터를 이용한 소프트웨어적인 방법이 많이 이용되고 있다. 아날로그-디지털 변환기와 S/N 비를 증가시키는 방법에 대한 상세한 설명은 이 책의 범위를 넘는 것으로, 필요하면 Enke 혹은 Malmstadt 등이 저술한 책을 참고하기 바란다.

S/N 비를 증가시키기 위한 방법 중의 하나인 신호 평균이란, 반복 측정 후 신호의 평균을 얻는 것이다. 잡음은 불규칙하지만 신호는 더해지는 원리를 이용하는 것이다. 그림 1.13b의 신호를 두 번 측정하여 더하면 신호는 첫 번째 측정치보다 두 배의 크기를 가질 것이다. n회 측정 후 결과를 모두 더하면 그 합은

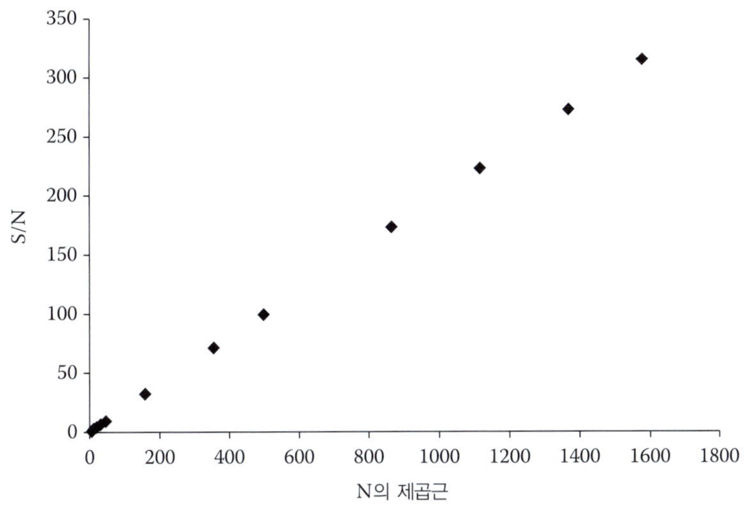

그림 1.14 여러 번 측정한 신호를 평균해서 얻게 되는 S/N 비 개선 효과

첫 번째 신호보다 n배 커진다. 그러나 잡음은 불규칙하므로 양의 값일 수도 있고 음의 값일 수도 있다. n회 측정 후 모두 더하면 잡음의 크기는 n의 제곱근 혹은 $n^{1/2}$배만큼 증가한다. S는 n배 증가하고 N은 $n^{1/2}$배 증가하므로, S/N 비는 $n/n^{1/2} = n^{1/2}$배만큼 증가한다. 그림 1.14에서와 같이 여러 번 측정한 신호를 평균하면 S/N 비를 $n^{1/2}$배 개선할 수 있다. 따라서 S/N 비를 10배 정도 개선하려면 약 100회 정도 측정하면 된다. 여러 번 측정을 하면 시간이 오래 걸리는 단점이 있다. 어떤 장치는 빠른 측정이 가능하지만 크로마토그래피와 같은 장치는 측정에 오랜 시간이 걸린다.

3장에서 설명하게 될 푸리에 변환 장치를 이용하는 기기는 전체 신호(간섭 그림)를 수초 이내에 측정할 수 있다. 수백 번의 측정을 한 결과를 컴퓨터에 저장하고 FT 장비로 단시간 내에 평균을 구하면 결과적으로 매우 향상된 S/N 비를 얻게 된다. FT 방법은 주파수에 의존하여 신호와 잡음을 구별한다. FT는 시간의 함수($f(t)$)로 측정한 변수를 시간의 역수의 함수($f(1/t)$)로 바꾸는 수학적 변환식이다. 시간의 역수의 함수는 진동수의 함수이다. FT를 이용하여 신호의 진동수와 다른 잡음을 제거하고 신호와 관련된 진동수의 증가 효과를 얻는다. FT 그리고 관련 알고리즘인 fast FT(FFT)가 여러 가지 데이터 처리용 프로그램의 일부분으로 구성되어 팔리고 있다. FT를 이용하려면 FTIR 분광법(5장)이나 pulsed NMR 실험(FTNMR, 6장), 혹은 사이클로트론 공명(cyclotron resonance) MS 실험(FTMS, 10장)에서와 같이 간섭계를 이용하여 얻은 데이터가 필요하다.

분석 화학에서의 측정의 성공 여부는 S/N 비가 결정한다. 이론적으로 매우 오랜 시간에 걸쳐 측정을 하거나 혹은 신호를 구할 수 있을 정도로 많은 횟수로 측정을 반복한다면 잡음 수준의 신호도 찾아낼 수 있다. 그러나 실제 실험에서는 시간, 비용, 시료의 양, 기기에서 기인하는 다른 요인으로 인하여 반복할 수 있는 횟수에도 제한이 있다.

1.6.2 | 교정 곡선

교정(**calibration**)이란 측정하는 기기 신호와 분석물의 농도와 관계를 설정하는 과정이다. 이런 관계를 설정하기 위하여 고안된 여러 가지 방법이 있다. 이와 관련된 기초적인 내용을 다음 장에서 다룰 것이다. 신호-농도 관계를 설정하기 위하여 사용하는 분석물의 농도가 알려진 시료를 **교정 표준물**(*calibraion standards*)이라고 한다. 대부분의 분광학적 분석법에서 일정한 범위에서 농도가 알려진 교정 표준물을 준비하고 각각의 농도에서 신호를 측정한다. 각 표준물에 대한 신호의 크기를 농도에 대하여 도시하고 신호와 농도 사이의 관계를 규정하는 식을 결정한다. **교정식**(**calibration equation**) 혹은 **교정 곡**

선(calibration curve)이라고 하는 이런 관계식이 얻어지면, 미지 시료에 대한 신호를 측정하고 결정된 관계식을 이용하여 분석물의 농도를 계산할 수 있다. 교정 곡선이란 농도(x)와 신호(y)로 이루어진 데이터(x_i, y_i)의 집합을 도시한 것이다. 실제로 대부분의 교정 곡선에서 분석물의 농도와 신호 사이의 관계가 $y = mx + b$로 규정되는 직선의 관계(혹은 부분적으로 직선의 관계)를 확인할 수 있다. 직선의 기울기는 m이고 y축에 대한 절편은 b이다. 최적의 교정 곡선의 식을 결정하는 일은 정확한 결과를 얻기 위하여 매우 중요하다. 우리는 모든 측정에 불확실성이 포함되어 있다는 것을 이미 알고 있다. 교정 곡선에도 자체의 불확실성을 포함하고 있다. 모눈종이와 자를 이용하여 여러 개의 데이터를 지나는 최적의 직선을 그릴 수도 있지만, 계산기나 스프레드 시트 혹은 기기에 연결된 컴퓨터에 내장되어 있는 통계 프로그램을 사용하여 교정 곡선을 그리고 그에 맞는 최적의 식을 찾아내는 방법이 훨씬 더 정확하다. 계산기나 스프레드시트 프로그램을 사용하면 직선에서 벗어난 관계에 대한 고차원의 식을 구하는 것도 용이하다.

알려진 농도 x에 비하여 측정된 신호 y에 포함되어 있는 오차가 훨씬 크다고 가정하자. 이런 경우에 최적의 직선은 직선으로부터 벗어난 y축 방향의 편차를 최소화한 것이다. 각 점이 직선으로부터 y축 방향으로 벗어난 편차를 제곱한 것을 모두 더한 후, 이 값이 최소가 되도록 설정한 직선이다. 이 방법을 **최소 제곱법(method of least squares)**이라고 한다. 주어진 x_i, y_i와 직선 $y = mx + b$에서 각 점이 y축으로부터 벗어난 편차는 $(y_i - y)$이다. 모든 점에 대한 편차를 더하면 그 합은 다음과 같다.

$$D = \sum (y_i - y)^2 = \sum [y_i - (mx_i + b)]^2 \tag{1.20}$$

최적의 직선에 대한 기울기 m과 절편 b를 구하면(수학적 배경은 생략함) 다음과 같다.

$$m = \frac{n\sum x_i y_i - \sum x_i \sum y_i}{n\sum x_i^2 - \left(\sum x_i\right)^2} \tag{1.21}$$

$$b = \bar{y} - m\bar{x} \tag{1.22}$$

측정값 y, 기울기, 절편에 포함되어 있는 불확실성은 식 1.9와 같이 표준 편차로 나타낼 수 있다. 기울기와 절편이 결정되었으므로 y에 대한 불확실성을 구하는 식에서 자유도 2가 감소하였음을 주목하라.

$$s_y = \sqrt{\frac{\sum_{i=1}^{N} d^2}{N-2}} = \sqrt{\frac{\sum_{i=1}^{N} (y_i - mx + b)^2}{N-2}} \tag{1.23}$$

$$s_m = \sqrt{\frac{s_y^2}{\sum (\bar{x} - x_i)^2}} \tag{1.24}$$

$$s_b = s_y \sqrt{\frac{1}{N - \left(\sum x_i\right)^2 / \sum x_i^2}} \tag{1.25}$$

식 1.23, 24, 25는 각각 y의 불확실성 s_y, 기울기의 불확실성 s_m, 절편의 불확실성 s_b와 관련된 식이다. x_i에 대한 불확실성은 1.4.5절에서 설명한 바와 같이 관련된 모든 분산을 이용하여 계산한다. Microsoft Excel과 같은 스프레드시트 프로그램을 이용하여 교정 곡선을 그리면 최소 제곱이나 관련된 계산을 직접 해야 하는 수고를 덜 수 있다. Excel 프로그램을 이용하여 최소 제곱 회귀 분석을 통한 최적의 직선식(직선에서 벗어난 곡선의 식도 포함)을 구할 수 있을 뿐만 아니라 그 직선에 대한 **상관 계수(correlation coefficient**, r)도 구할 수 있다. 상관 계수가 1이라는 것은 x와 y 사이에 직접적인 관련이 있다는 것으로 주어진 직선에 완전하게 맞는다는 의미이다. 상관 계수는 1~−1 범위의 값이다. 대부분의 직선 형태의 교정 곡선의 상관 계수는 0.99나 혹은 그 이상이다. 많은 통계 프로그램에서 상관 계수의 제곱 r^2은 대한 최적화의 정도를 나타내는 보다 현실적인 척도이다. 데이터를 항상 그래프로 그려서 통계적 계산 결과를 수치만으로 표기했을 때 있을지도 모를 오해의 소지를 줄이는 것이 현명하다.

1.7 데이터의 평가

좋은 분석법은 정밀하면서도 정확해야 한다. 다시 말하면 믿을 수 있고 안정한 방법이어야 한다. 안정한 분석법이란 분석 조건의 미세한 변화에도 정밀하고 정확한 결과를 제공하는 방법이다. 분석 방법의 안정성은 온도, pH, 반응 시간 등의 분석 조건을 변화시키면서 이런 변화가 분석 결과에 미치는 효과를 관찰해서 얻는다. 방법의 **특이성(specificity)**이란 방해물이 존재할 때 분석물을 정확하게 측정할 수 있는 능력을 말한다. 새로운 분석법을 개발할 때 시료에 존재하는 다른 물질이나 분해로 인한 부산물 혹은 밀접한 관계가 있는 화합물이나 원소에 대한 감응 정도를 파악해야 한다. 분석법이 관심의 대상이 되는 분석물에만 선택적인 경우가 가장 이상적이다. 같은 분석을 다른 실험실에서 수행할 때는 다른 형태의 오차가 발생하고 이들은 서로 상쇄되지 않을 수 있어서 결과적으로 알짜 오차가 발생하기도 한다. 이는 신뢰성이나 안정성이 낮은 분석법의 한 예이다. 문헌에서 찾은 새로운 분석법을 이용하려면 알려진 기준 물질에 대한 분석을 수행해 보는 것이 현명하다.

분석법의 **감도(sensitivity)**는 분석물 농도의 변화에 대한 기기 반응의 변화의 비이며, 이는 교정 곡선의 기울기이다. AAS에서의 감도는 흡광도 0.0044(1% 흡수에 해당)를 나타내는 분석물의 농도로 정의된다. 감도라는 용어를 사용할 때는 그 정의도 함께 다루어야 한다.

일단 신호와 분석물의 농도와의 관계(즉, 교정 곡선)가 결정되고 나면 그 분석법의 직선 작업 범위를 결정할 수 있다. **범위(range)**란 농도를 정확하고 정밀하며 직선의 관계로 측정할 수 있다고 증명된 최대 및 최저 농도 구간을 말한다. 직선 작업 범위는 분석 방법의 종류에 따라 많이 다르고 기기의 구조나 사용하는 검출기 등의 여러 가지 요인에 의존한다. 원자 흡광 분광기나 전자 포획 검출기를 장착한 기체 크로마토그래피와 같은 기기의 직선 범위는 1~2 자릿수로 비교적 짧다. ICP-AES 같은 기기의 직선 범위는 5 자릿수 수준이고, MS의 경우에는 9 자릿수의 직선 범위를 가진다. 모든 결과는 그 분석법의 직선 범위 내의 값이어야 한다. 따라서 교정 표준물 중 가장 큰 농도보다 진한 시료는 묽혀서 신호의 크기가 알려진 직선 범위 안에 포함되도록 한다. 분석물의 농도가 너무 높으면 신호−농도 관계가 직선에서 벗어나는 경우가 많으므로, 표준물의 최고 농도를 벗어나는 범위로 외삽하는 것은 매우 위험하다. 정량 한계(LOQ)의 문제점이 발생할 수 있으므로 낮은 농도 범위로의 외삽도 위험하다.

1.7.1 | 검출 한계

분석물의 농도가 감소함에 따라서 신호의 크기도 줄어든다. 어떤 농도에 도달하면 신호와 잡음의 구별이 어렵고, 따라서 더 이상 분석물의 '검출'이 불가능하게 된다. 잡음으로 인하여 분석물이 '존재하지 않는다'라고 말하기 어렵고, **검출 한계(detection limit)**를 설정할 수 있을 뿐이다. 검출이란 배경의 잡음이 존재할 때 미약한 신호를 구분하는 능력이므로, 따라서 잡음을 줄이면 낮은 농도의 분석물을 검출할 수 있다. **검출 한계(limit of detection, LOD)**란 검출이 가능한 분석물의 최저 농도를 말한다. 검출이라는 의미는 농도를 알아내는 정량 분석이 가능하다는 의미는 아니고, 다만 분석물의 농도가 특정 수준(즉 LOD)보다 높은지 낮은지를 확인할 수 있다는 의미이다. LOD를 설정하는 일반적인 방법은 적당한 바탕 시료나 낮은 농도의 표준물에 대하여 여러 번의 측정(8~10회가 적당하다)을 한 후 바탕 신호에 대한 표준 편차를 계산하는 것이다. 바탕 시료는 배경이나 바탕선의 잡음만을 나타낸다. 이렇게 얻은 바탕 시료의 표준 편차의 2배나 혹은 3배의 신호를 나타내는 분석물의 농도를 LOD로 설정한다. 이 설정에 의하면 95% CL에서 S/N = 2 혹은 99% CL에서 S/N = 3일 때의 농도를 LOD로 정의하는 것이다.

$$\text{LOD} = \bar{x}_{\text{바탕}} \pm 2\sigma_{\text{바탕}} \quad \text{또는} \quad = \bar{x}_{\text{바탕}} \pm 3\sigma_{\text{바탕}} \tag{1.26}$$

2σ를 기준으로 하면 LOD에 대한 CL은 95%로 5%의 가양성 혹은 가음성의 위험이 있다. 요즘에는 3σ를 사용하는 것이 더 일반적이어서 US EPA와 같은 기관의 공인 분석법의 기준으로 사용되고 있으며, 이 기준으로 설정한 LOD의 CL은 99%이다.

LOD를 계산하는 방법에는 여러 가지가 있기 때문에 어떤 방법으로 계산한 LOD인지 명기해야 한다. 기기에 대한 LOD를 기기 검출 한계(IDL)라고 한다. 시료의 준비 과정을 포함하는 전체 분석법에 대한 검출 한계를 정의하기도 하는데 이를 방법 검출 한계(MDL)라고 한다. 일반적으로 MDL은 IDL과 비교하여 더 높은 값을 가지는데, 따라서 어떻게 정의된 LOD인지 아는 것이 매우 중요하다. 계산된 LOD는 LOD보다 낮은 농도부터 높은 농도까지의 모든 범위의 표준물을 분석해서 검증해야 한다. 시료를 분석한 결과가 LOD보다 더 낮으면 '불검출' 혹은 '< LOD'라고 보고해야 한다. 검출 한계를 제외한 농도를 나타내는 숫자는 사용하지 말아야 하는데, 예를 들어 분석의 검출 한계가 0.5 ppb일 때 < 0.5 ppb라고 보고할 수 있다.

1.7.2 | 정량 한계

일반적으로 검출 한계 근처에서 분석의 정밀도는 높은 농도일 때보다 낮으므로 검출 한계에 일정 수준의 불확실성이 포함된다. 이런 이유로 많은 공인 기관에서 정량 한계(limit of quantitation, LOQ)라는 새로운 한계를 사용하는데, 이 한계는 LOD보다 높고 따라서 정밀도도 높다.

LOQ란 주어진 정밀도와 정확도 수준에서 정량적 분석이 가능한 분석물의 최저 농도를 말한다. 보편적으로 LOQ는 S/N 비가 10/1인 농도를 의미한다. 바탕 시료를 이용하여 계산한 표준의 10배에 해당하는 농도를 LOQ로 정의한다. LOQ는 관련된 정밀도와 정확도와 함께 사용되어야 하며, 분석법이 주어진 정밀도와 정확도 수준에서 분석물을 확실하게 분석할 수 있는 농도의 표준물에 대한 분석을 통하여 검증해야 한다.

결과가 LOD와 LOQ 사이의 값이면 '검출되었지만 정량 불가'라고 보고한다. 정량할 수 있는 LOQ 이하의 값이므로 그 농도는 추정치일 뿐이다.

1.8 참고 자료 및 참고 데이터

1.8.1 | 참고 자료

이 책에서는 NIST(국립표준기술연구소)에서 제공하는 표준물질을 사용한 기기의 표준화 및 교정(calibration)을 논의한다. 산업화된 모든 국가는 국립측정연구소(National Measurement Laboratory, NML)를 운영하고 있으며, 미국에서는 NIST가 법령으로 이 요구 사항을 충족한다. NIST로부터는 다양한 종류의 물질을 구할 수 있다.

기준 물질(Reference Material, RM): RM은 측정에서의 사용에 적합하도록 설정된 하나 이상의 속성에 대해 균일하고 안정한 물질이다. RM이라는 용어는 일반적이며 법령에 의해 정해지지 않는다. RM은 교정, 식별, 절차 평가 또는 품질 관리에 사용될 수 있다. RM은 일반적으로 동일한 기기 혹은 절차에서 검증과 교정 모두에 사용할 수는 없다.

인증 기준 물질(Certified Reference Material, CRM): CRM은 하나 이상의 속성에 대해 적절한 방법으

로 특성화된 기준 물질이다. 인증 기준 물질은 지정된 속성의 값, 관련 불확도(확장불확도 또는 확률 진술로 표현될 수 있음) 및 추적 가능성이 기록된 인증서와 함께 제공된다. 인증서에는 속성(예: 엔탈피, 밀도 등)의 값과 추적 가능성이 기록된다.

표준 기준 물질(Standard Reference Material, SRM): SRM은 물질에 따라 다른 추가 인증 조건을 충족하는 CRM이다. 추가 인증 조건은 NIST에서 결정하는데, 속성(및 관련 불확도)에 대하여 두 가지 별도의 측정을 요구할 수도 있으며, 이는 동봉된 인증서에 기록되어 있다. SRM은 세 가지 주된 목적으로 사용된다.

(1) 정확한 분석 방법의 개발을 지원하기 위해
(2) 제품교환을 용이하게 하고, 품질 관리를 실시하며, 성능 특성을 결정하거나, 최첨단 단계에서 속성을 측정하는 데 사용되는 측정 시스템을 교정 (calibration)하기 위해
(3) 측정 품질 보증 프로그램의 적절성과 온전함을 오랫동안 보장하기 위해.

'표준 기준 물질'이라는 용어는 법령으로 정해지며, 등록상표이다. 기준 물질과 함께 제공되는 불확도는 그 물질을 사용하여 개발한 절차의 불확도에 대한 하한을 설정하는 데 사용될 수 있다. 이러한 물질을 사용한다고 해서 해당 물질을 사용하여 얻은 결과가 인증서에 기록된 동일한 불확도를 가짐을 보장하는 것은 아니다. 여전히 그 방법에 대한 uncertainty budget을 개발하고 불확도 분석을 수행해야 한다. 더 자세한 내용은 PDF로 제공되는 (https://nvlpubs.nist.gov/nistpubs/SpecialPublications/NIST.SP.260-176-2018.pdf) NIST 표준 기준물질 카탈로그를 참조하라(2020년 10월에 접근 가능). NIST에서 제공하는 물질이 최고 순도의 물질이 아닐 수 있다는 점은 흥미롭다. 그 물질은 측정 방법의 온전함을 오랫동안 보장하기 위해 균일하고 충분히 큰 배치에서 제공되는 물질일 뿐이다. 예를 들어, NIST는 밀도 측정 장비의 교정을 위해 톨루엔의 SRM을 제공한다. 그 톨루엔에는 소량의 알려진 불순물이 포함되어 있을 수 있지만, 그 물질의 밀도는 이용 가능한 최고의 계측법으로 정밀하게 측정되었으며 불확도 역시 잘 결정되었다. 이 주제에 대한 추가 내용은 Bruno와 Svoronos의 책을 참조하라.

1.8.2 | 참고 데이터

이 책에서는 여러분이 수업에서 혹은 전문가로서 기기분석 과정 중에 결정해야 할 때 필요한 추가 정보와 데이터의 출처를 언급한다. 참고도서, 교재, 제조업체로부터의 자료 및 응용 가이드, 표준 참고 핸드북 및 표준 참고 데이터베이스가 여기에 포함된다. 법으로 요구되는 안전 데이터 시트(Safety Data Sheet, SDS; 이전 용어로는 물질 안전 보건 자료, MSDS)에도 일부 물리적 특성에 대한 정보가 있다. 다양한 출처를 사용하다 보면, 모든 출처가 신뢰할 수 있는 것은 아니라는 점을 깨닫게 될 것이다. 좋은 것과 그리 좋지 않은 것을 식별하는 능력을 키워야 할 것이다. 놀랍게도 SDS에 제공된 물리적 특성 데이터는 신뢰할 수 없는 것으로 악명이 높다. 우리는 액체의 대략적인 끓는점과 같이 추정치만으로도 충분할 때가 많다는 것을 알고 있다. 어떤 경우에는 가장 잘 결정된 정보와 불확도만 있으면 된다. 여기에는 법의학이나 환경 분석과 같은 법과 관련된 장소가 포함된다. 이러한 상황에서는 표준 참고자료로부터 필요한 데이터(및 불확도)를 얻는 것이 필수적이다. 미국 NIST에서 제공하는 데이터는 표준 참고 데이터의 중요한 소스이다. 쉽게 접근할 수 있고 신뢰할 수 있는 시작 장소는 NIST 화학 웹북이지만, 그 외에도 무료이거나 최소 비용으로 제공되는 많은 데이터 소스가 있다. 최근 몇 년 동안 표준 핸드북들이 NIST 데이터로 표준화하는 과정을 거쳐, Bruno와 Svoronos의 책뿐만 아니라 *CRC Handbook of Chemistry and Physics*도 NIST 표준 데이터와 일치하는 데이터를 제공한다.

문제

1.1 a. 가측 오차를 정의하고 2가지 예를 제시하시오.

b. 분석을 위하여 시료 용액을 준비하는 과정에서 5.00 mL 피펫으로 옮긴 양이 사실은 4.92 mL인 것으로 밝혀졌다. 이 시료를 분석할 때 발생하는 오차는 가측 오차인가, 불가측 오차인가?

1.2 a. 정밀도를 정의하시오.

b. 가측 오차가 정밀도에 영향을 미치는가?

1.3 a. 정확도를 정의하시오.

b. 분석 과정의 정확도를 어떻게 측정하는가?

1.4 a. 시그마(σ)의 통계학적 정의는 무엇인가?

b. 가측 오차가 없고 우연 오차가 Gauss 분포를 가지는 한 벌의 데이터에서 측정값이 참값의 $\pm 2\sigma$ 범위에 있을 확률은 몇 퍼센트인가?

1.5 다음의 측정값에 대한 표준 편차를 계산하시오.

3.15, 3.21, 3.18, 3.30, 3.25, 3.13, 3.24, 3.41, 3.13, 3.42, 3.19.

1.6 어떤 유리 구슬의 참질량이 0.1026 g이다. 한 학생이 분석 저울을 이용하여 구슬의 질량을 4회 측정한 결과가 0.1021 g, 0.1025 g, 0.1019 g, 0.1023 g이었다. 이 결과에 대한 평균, 평균 편차, 표준 편차, %RSD, 평균의 절대 오차와 상대오차를 구하시오.

1.7 다음 수에 포함된 유효 숫자는 몇 개인가?

3.216, 32.1, 30, 3×10^6, 3.21×10^6, 321,000

1.8 다음의 덧셈의 결과에 대한 유효 숫자를 맞추시오.

	3.2	1.9632	1.0×10^6
	0.135	0.0013	1.321×10^6
	3.12	1.0	1.13216×10^6
	0.028	0.0234	4.32×10^6
합계	6.483	2.9879	7.77316×10^6

1.9 다음은 납의 농도를 ppm 단위로 반복 측정한 결과이다. 다음을 구하시오.

2.13, 2.51, 2.15, 2.17, 2.09, 2.12, 2.17, 2.09, 2.11, 2.12

a. 산술 평균

b. 표준 편차

c. 95% CL

d. 다른 결과와 매우 다른 '이상점'이 있는가? 의심스런 결과를 버리는 기준으로 4σ를 사용할 때 기준에서 벗어나는 결과가 있는가? 계산할 때 의심스런 결과를 포함해야 하는가?

1.10 a. 시료 채취를 잘해야 하는 이유를 설명하시오.

b. 시료를 보관할 때 주의해야 할 3가지 예를 드시오.

1.11 a. 정밀도와 정확도의 차이를 그림을 이용하여 설명하시오.

b. 불가측 오차가 정밀도와 정확도에 영향을 미치는가?

1.12 문제 1.9는 식료품 시료에 포함된 납의 함량을 나타낸 것이다. 이 음식에 대한 납의 최대 허용치는 2.5 ppm 이다. (a) 결과는 95% CL에서 2.5 ppm보다 큰가? (b) 납의 규제 수준을 2.00 ppm으로 하향 조정한다면 결과는 95% CL에서 2.00 ppm보다 큰가?

1.13 사람의 혈청에 포함된 Cu의 함량을 측정하는 것은 여러 가지 질병을 진단하는 데 매우 유용하다. Wilson's 병에 걸리면 혈청의 Cu 농도가 정상 수준보다 많이 낮아지고 소변의 Cu 농도는 상승한다. 어떤 환자에 대하여 한번 측정한 농도가 0.58 ppm이었다. 이 분석법의 표준 편차 σ는 0.09 ppm이다. 혈청의 구리 농도가 0.70 ppm 이하면 치료를 시작해야 한다. 이 한 번의 측정 결과를 기준으로 구리 부족에 대한 치료를 시작해야 하는가? 통계를 이용하여 설명하시오. 의사가 분석 결과에 대한 확신을 얻을 수 없다면 추가적인 정보를 얻을 수 있는 방법은 무엇인가?

1.14 다음의 농도를 모두 더하고 그 결과를 단위를 포함한 유효 숫자로 나타내시오.

3.25×10^{-2} M, 5.01×10^{-4} M, 8×10^{-6} M

1.15 σ를 불확정도로 이용한다면 분석 화학자가 데이터를 보고할 때 가질 수 있는 신뢰도는 무엇인가?

1.16 8개의 반복 시료에 대하여 측정한 혈액의 글루코스 농도의 평균이 74.4 mg 글루코스/100 mL 혈액이었다. 시료 표준 편차가 1.8 mg 글루코스/100 mL 혈액일 때 95% CL과 99% CL에서 글루코스의 농도를 구하시오.

1.17 어떤 분석의 결과가 10.0이고 $\sigma = 0.1$이라고 보고되었다. 결과가 ±10.0의 (a) ±0.3과 (b) ±0.2 범위에 속할 확률을 구하시오.

1.18 주파수에 의존하는 잡음의 이름을 쓰시오. 측정 온도를 낮추면 감소하는 잡음은 어느 것인가?

1.19 잡음이 많은 기기를 이용하여 측정하여 다음과 같은 결과를 얻었다.

1.22, 1.43, 1.57, 1.11, 1.89, 1.02, 1.53, 1.74, 1.83, 1.62

a. 잡음이 우연하다고 가정할 때 S/N 비를 구하시오.

b. S/N 비를 100배 증가시키기 위하여 몇 번의 측정이 필요한가?

1.20 그림 1.13의 b와 c에서 대략적인 S/N 비를 구하시오. (c)에 비하여 (b)의 S/N 비는 얼마나 증가하였는가? (c)의 S/N가 한 번의 측정에서 얻은 것이라면 (b)의 S/N 수준으로 증가시키기 위하여 몇 번의 측정이 필요한가?

1.21 표준 광물 시료에 포함된 텅스텐의 농도를 표준 분석법인 XRF와 ICP-AES 법으로 분석하여 질량% 단위로 구한 결과를 아래 표에 나타내었다. 95% CL에서 두 실험 결과는 서로 다른가? ICP 방법이 편향되어 있는가? (**힌트**: 표준 분석법의 평균이 참값 μ라고 가정한다.)

반복수	XRF	ICP
1	3.07	2.92
2	2.98	2.94
3	2.99	3.02
4	3.05	3.00
5	3.01	2.99
6	3.01	2.97

1.22 같은 시료를 여러 번 분석한 결과가 Gauss 분포를 한다고 가정하고 Gauss 곡선에서 σ에 해당하는 부분을 구하시오.

1.23 투명한 유리병에 보관된 액체 시료에 포함된 ppm 수준의 미량 금속을 분석하고자 한다. 결과를 (a)너무 낮게 하거나 혹은 (b) 너무 높게 할 요인에 대하여 설명하시오.

1.24 유효 숫자에 대한 규칙을 적용하여 다음의 계산 결과를 나타내시오. (a) $10.2 \div 3$, (b) $10.0 \div 3.967$, (c) $11.05 \div 4.1\times10^{-3}$, (d) $11.059 \div 4.254$, (e) $11.00 \div 4.03$

1.25 물에 포함된 질산 이온의 농도는 UV/VIS 분광기를 이용하여 220 nm에서의 흡광도를 측정해서 구할 수 있다. 흡광도는 질산 이온의 농도에 비례한다. 이 방법은 참고문헌에 수록된 Examination of Water and

Wastewater에 표준 분석법으로 소개되고 있다. 교정 표준물을 준비하고 각각의 흡광도를 측정한 결과를 아래 표에 나타내었다. (**주의**: 이 실험에서 바탕 시료(0.0 mg 질산 이온/L)의 흡광도는 0.000으로 조정하였다. (즉, 모든 표준물의 흡광도에서 바탕의 흡광도를 빼 다음 교정 곡선을 그리고 곡선의 식을 계산하였다.)

질산 이온(mg/L)	흡광도
0.00	0.000
1.00	0.042
2.00	0.080
5.00	0.198
7.00	0.281

a. y축을 흡광도로 하는 실험 결과에 대한 $x-y$ 그래프를 그리시오.

b. 최소 제곱법을 이용하여 결과에 대한 최적의 직선의 식을 구하시오.

c. 기울기와 절편에 포함된 불확실성을 계산하시오.

d. 통계 프로그램을 이용하여 상관 계수를 구하시오.

1.26 a. 원소의 정성 분석에 사용할 수 있는 기기 분석법의 이름을 쓰시오.

b. 원소의 정량 분석에 사용할 수 있는 기기 분석법의 이름을 쓰시오.

1.27 a. 유기 작용기를 확인할 수 있는 기기 분석법의 이름을 쓰시오.

b. 유기 분자에서 각 작용기의 상대적 위치를 알려주는 기기 분석법은 어느 것인가?

1.28 (a) 복잡한 혼합물, (b) 간단한 혼합물, 혹은 (c) 순수한 화합물에 대한 정량 분석을 할 수 있는 최상의 기기 분석법은 무엇인가?

1.29 분자의 분자량을 측정할 수 있는 기기 분석법은 무엇인가?

1.30 분석에서 바탕 시료를 사용하는 이유는 무엇인가? 분석에서 기준 물질이나 기준 표준물을 사용하는 이유는 무엇인가?

1.31 식 1.26을 이용하여 95% CL과 99% CL에서의 LOD를 계산할 수 있다. 음식물에 포함된 비소를 측정하기 위하여 비소를 수소화물 형태로 바꾼 후 원자 형광 분광법을 이용하여 분석하였다. 바탕 시료에 대한 결과가 아래와 같을 때 (a) 95% CL과 (b) 99% CL에서의 LOD를 계산하시오.

0.23 ppb, 0.14 ppb, 0.16 ppb, 0.28 ppb, 0.18 ppb,

0.09 ppb, 0.10 ppb, 0.20 ppb, 0.15 ppb, 0.21 ppb

1.32 문제 1.31에 대한 답을 이용하여 두 CL에서의 LOQ를 각각 구하시오.

1.32 문제 1.31에 대한 답을 이용하여 두 CL에서의 LOQ를 각각 구하시오.

참고문헌

American Society for Testing and Materials. *2003 Annual Book of ASTM Standards*. ASTM International: West Conshohocken, PA, 2003.

Anastassiades, M.; Lehotay, S.J.; Stajnbaher, D.; Schenck, F.J. *J. AOAC Int.* (*JAOAC*), 86, 412–413, 2003.

APHA, AWWA, WPCF. In Greenberg, A.E., Clesceri, L.S., and Eaton, A.D. (eds.), *Standard Methods for the Examination of Water and Wastewater*, 18th edn. American Public Health Association: Washington, DC, 1992.

Christian, G.D. *Analytical Chemistry*, 6th edn. John Wiley & Sons, Inc.: Hoboken, NJ, 2004.

Diamond, D.; Hanratty, V. *Spreadsheet Applications in Chemistry Using Microsoft Excel*. John Wiley & Sons, Inc.: New York, 1997.

Dulski, T.R. *A Manual for the Chemical Analysis of Metals*. ASTM International: West Conshohocken, PA, 1996.

Enke, C.G. *The Art and Science of Chemical Analysis*. John Wiley & Sons, Inc.: New York, 2001.

Erickson, M.D. *Analytical Chemistry of PCBs*, 2nd edn. CRC Press: Boca Raton, FL, 1997.

Harris, D.C. *Quantitative Chemical Analysis*, 5th edn. W.H. Freeman and Company: New York, 1999.

Horwitz, W. (ed.) *Official Methods of Analysis of the Association of Official Analytical Chemists*, 13th edn. Association of Official Analytical Chemists: Washington, DC, 1980.

Keith, L.H. (ed.) *Principles of Environmental Sampling*. American Chemical Society: Washington, DC, 1988.

Malmstadt, H.Y.; Enke, C.G.; Crouch, S.R. *Microcomputers and Electronic Instrumentation: Making the Right Connections*. American Chemical Society: Washington, DC, 1994.

Mark, H.; Workman, J. *Statistics in Spectroscopy*. Academic Press, Inc.: San Diego, CA, 1991.

Rorabacher, D.B. *Anal. Chem.*, *63*, 139, 1991.

Simpson, N.J.K. (ed.) *Solid-Phase Extraction: Principles, Techniques and Applications*. Marcel Dekker, Inc.: New York, 2000.

Skoog, D.A.; Holler, J.A.; Nieman, T.A. *Principles of Instrumental Analysis*, 5th edn. Saunders College Publishing; Harcourt, Brace and Company: Orlando, FL, 1998.

Tyson, J. *Analysis. What Analytical Chemists Do*. Royal Society of Chemistry: London, U.K., 1988.

US Environmental Protection Agency. Methods for the chemical analysis of water and wastes, EPA-600/4-79-020. Environmental Monitoring and Support Laboratory: Cincinnati, OH, March 1983.

US Environmental Protection Agency. Test methods for evaluating solid waste-physical/chemical methods, 3rd edn., SW-846. Office of Solid Waste and Emergency Response: Washington, DC, 1986 (most recent version available at www.epa.gov).

Wercinski, S.A.S. (ed.) *Solid Phase Microextraction: A Practical Guide*. Marcel Dekker, Inc.: New York, 1999.

Whitecavage, J.; Stuff, J.R.; Pfannkoch, E.A.; Moran, J.H. High throughput method for the determination of PAHs in seafood by QuEChERS-SBSE-GC-MS. Application Notes 2010/6a and 2010/6b. http://www.gerstel.com/en/applications.htm.

Zwillinger, D. (ed.) *CRC Standard Mathematical Tables and Formulae*, 32nd edn. CRC Press: Boca Raton, FL, 2011.

CHAPTER 02 기기분석 실험실에서의 안전

학생들이 본 강의를 수강할 즈음에는 이미 화학 실험실 안전 교육을 받았을 것이다. 특히 유기 화학 실험실에서 적절하고 안전한 시약과 용매의 사용과 안전한 기기의 취급에 대한 안내도 받았을 것이다. 그렇다면 왜 다시 이 책에서 안전에 관해 논의를 하는가? 그 이유는 간단하다: 기기분석 실험실에는 시약과 용매를 안전하게 취급하는 것 이상의 잠재적 위험요소가 존재하기 때문이다. 모든 대학, 기업체 및 정부 연구소는 작업자를 위험에서 보호하기 위해 상세하게 작성된 안전 계획, 지침 및 표준 작업 절차(Standard Operation Procedure, SOP)를 마련한다. 어떻게 보면 이러한 문서의 준비는 잠재적인 책임에 대한 행정적 대응이다. 그러나 그로부터 배울 수 있는 중요한 교훈이 있다. 우리는 모든 위험을 제거하는 것이 불가능함을 알지만 이러한 문서를 토대로 위험을 최소화하기는 가능하다.

여러분은 화학 수업에서 화학 안전에 대해 배웠을 것이다. 이 장에서는 화학적 위험을 다루지 않는다. 화학적 위험은 다른 안전 프로그램을 통해 효과적으로 다루기 때문이다. 기기분석 실험실에서 접할 수 있는 화학적 위험에 대한 더 광범위한 정보는 Bruno와 Svoronos의 책에서 찾을 수 있다. 또한 보안경, 실험실에서의 음식 및 음료, 세안대 및 안전 샤워기, 폐기물의 적절한 처리에 대해서도 논하지 않는다. 이러한 주제는 이미 여러분의 이전 교과 과정에서 다루었기 때문이다.

이 장의 목적은 두 가지이다. 첫째, 학생이 기기분석 실험실의 안전 프로토콜과 위험을 인식하여 실험식 측면에서의 안전교육을 완료할 수 있도록 하는 것이 중요하다. 그러나 이를 넘어서, 여러분이 학부 및 대학원 연구, 사회생활, 심지어 가정 생활에서도 여러분과 함께하기를 바란다. 이 장에서의 조언은 좋은 산업 및 실험실 행동을 반영할 뿐만 아니라 저자들의 축적된 경험을 반영하며, 어떻게 안 하는지가 아니라 어떻게 하는 지에 대한 안내를 제공할 것이다. 예를 들어, 전기 안전에 대한 정보는 가정이나 직장에 적용 가능하다. 지침이나 팁은 귀중하니 잘 활용하기 바란다.

우리는 의도적으로 이 내용을 두 번째 장에 배치했다. 안전에 대한 논의는 나중에 생각하거나 방심해서는 안되기 때문이다. 우리는 학생들이 이 장을 주의 깊게 읽고 기기를 사용할 때마다 지침을 적용하기를 제안한다. 더욱이, 대학원생과 실험실 수업을 진행하는 조교는 이 장의 모든 정보를 숙지해야 한다.

대부분의 분석 장비는 전력을 사용하여 작동된다. 오용할 경우 사망할 수 있으므로 주의해야 한다. 많은 기기는 압축 공기 또는 압축 기체 실린더를 사용하는데, 부주의하게 취급하면 매우 나쁜 결과를 초래할 수 있나는 점은 의심할 여지가 없다. NMR과 같은 대형 장비에는 시료를 삽입하기 위해 사다리가 필요하기도 한다. 사다리에서 떨어지는 것이 실험실 부상의 가장 흔한 원인 중 하나이다. GC 검출기 및 분광계와 같은 기기에는 방사선원이 포함되어 있다. 이러한 제품은 사용 시 주의가 필요할 뿐만 아니라 정부 및 대학 규정을 준수해야 한다. 이는 단지 몇 가지 예일 뿐이다. 실제로 기기분석 실험실에서는 부상의 원인이 많으며, 이 장의 목적은 부상을 최소화하는 것이다. 앞으로는 분석을 시작하기 전에 이 장의 내용을 복습하기를 제안하면서 잠재적인 위험에 대해 언급할 것이다.

2.1 전기적 위험 및 안전

분석 장비는 일반적으로 전기로 구동된다. 물리학 입문 과정에서 기본적인 전기 방정식을 다루므로 여기에서는 반복하지 않는다. 전압, 전류, 저항 및 전력 사이의 관계를 복습할 필요가 있다면 물리학 교과서나 온라인 자료를 참조하라.

2.1.1 | 전기선, 콘센트 및 케이블

분석 기기는 일반적으로 내장된 전원 공급 장치를 이용하는 컴퓨터 및 마이크로프로세서를 사용하므로 기기에 필요한 전류 및 전압은 실험실 콘센트에서 제공되는 전원을 사용한다. 미국의 경우, 실험실의 일반적인 콘센트는 15 A 또는 20 A 전류 부하 용량으로 60 Hz에서 110~120 V의 교류 전류를 공급한다. 일부 장비에는 더 높은 전압이 필요하며(예: 240 V) 일부 산업 또는 상업 환경에서는 208 V가 제공된다. 후자의 전압은 친숙한 2상 대신 3상 전력으로 제공된다. 240 V가 필요하지만 208 V 라인만 사용할 수 있는 경우 (또는 그 반대의 경우) 변압기를 구비해야 한다. 잘못된 전압을 사용하면 조기에 장비가 고장 날 수 있다. 영국(및 서유럽)에서는 50 Hz에서 240 V AC를 접하게 된다. 그림 2.1에는 일반적인 구성 중 일부를 보여준다. 플러그 끝에 구멍이 있는데, 이 구멍의 목적은 두 가지이다. 첫째, 이 구멍은 콘센트의 작은 멈춤쇠와 맞물려 플러그를 안전하게 고정한다. 둘째, 이 구멍에는 플러그가 콘센트에 삽입되는 것을 방지하기 위한 케이블 타이 또는 작은 자물쇠 형태의 안전 잠금장치가 있다. 단자는 분극형이므로 콘센트에 한 방향으로만 삽입할 수 있다. 즉, 넓은 단자는 중립선에, 얇은 단자는 핫라인에 연결된다.

2 pole, 2 wire

Current / Voltage	15 Amp R P	20 Amp R P	30 Amp R P	50 amp R P
125	,	,		
250	,	,		

2 pole, 3 wire (grounding)

Current / Voltage	15 Amp R P	20 Amp R P	30 Amp R P	50 amp R P
125	,	,		
250	,	,	,	,

(a)

그림 2.1(a) 기기분석 실험실에서 일반적으로 사용되는 콘센트 (R)와 플러그 (P)의 개략도 (Bruno 및 Svoronos의 책에서 가져옴). 공통적으로 하나 이상의 핫라인, 중립라인 및 접지라인이 있다.

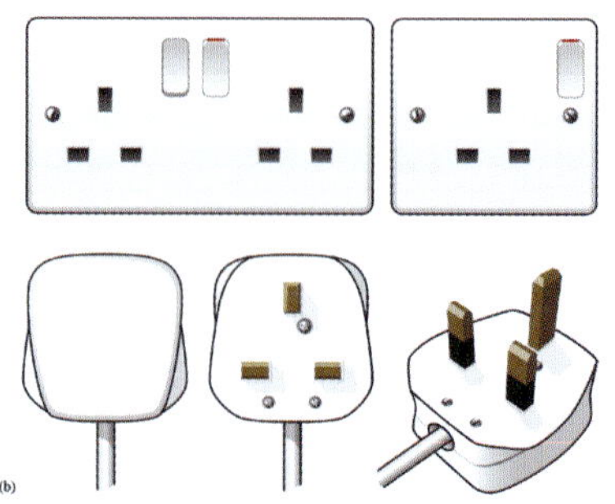

그림 2.1(b) 영국에서 사용되는 콘센트 및 플러그. 두 개의 전원 단자는 부분적으로 절연되어 있으며 접지 단자가 전원 단자보다 길다.

Jury rig (혹은 Jerry rig)는 근처의 기본적인 도구와 재료를 사용하여 수행하는 임시변통형 수리이다. 따라서 항해 중에 범선의 돛대가 고장 나면 승무원은 'Jury 돛대'라 불리는 임시 돛대를 제작한다.

보통 기기분석 실험실의 콘센트는 실험실을 가로질러 벽에 장착된 배전관에 설치된다. 이러한 사진이 그림 2.2에 나와 있다. 유리병, 펜 및 기타 작은 물건을 보관하는 선반으로 이러한 배전관을 사용하고 싶은 유혹이 있다. 이 관행은 모든 안전 지침에 의해 금지된다. 배전관에 금속 물체가 있으면 특히 위험하다. 배전관에ㅁ 여분의 구리 튜브를 올려놓는 경우가 있는데, 튜브가 미끄러져 전기 연결부에 접촉하면 아크 및 화재를 일으킬 수 있다. 화학물질이 들어 있는 유리병을 배전관에 올려 놓으면, 누출된 화학물질이 배전관에 떨어질 수 있다. 배전관의 유일한 목적은 전력을 전달하는 것이다. 콘센트들이 서로 다른 회로에 엇갈리게 배치되는 것이 최선이다. 이는 배전관의 인접한 콘센트가 별도의 회로에 있어야 함을 의미한다. 회로 수는 방의 총 부하에 따라 결정된다.

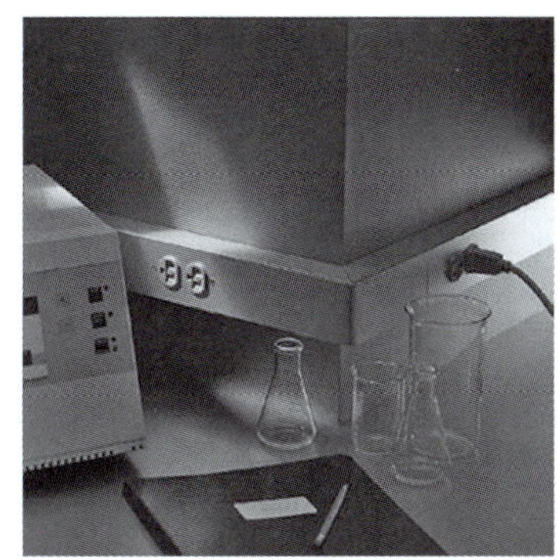

그림 2.2 실험실 벤치 위의 벽에 장착된 전기 배전관. Continuant Inc.의 허락을 받아 재생하였음.

영국(및 서유럽)의 학생들은 플러그가 미국에서 사용되는 것보다 상당히 크다는 것을 알게 될 것이다. 첫째, 접지 플러그 단자는 전원 단자보다 길고 전원 단자는 부분적으로 절연되어 있다. 더 긴 접지 플러그는 실제로 두 가지 목적으로 사용된다. (1) 접지 단자 역할을 하고 (2) 콘센트의 전원을 잠금 해제하는 키 역할을 한다. 접지 단자가 전원 방출에 영향을 미칠 만큼 멀리 삽입되지 않는 한 콘센트에 전원이 공급되지 않는다. 이 기능과 전원 단자의 부분 절연으로 인해 플러그로 인한 감전 가능성이 줄어든다. 영국의 플러그에도 내부 퓨즈가 포함되어 있다는 점에 유의하라. 따라서 영국에서는 플러그 자체에 퓨즈 문제가 발생할 수 있다. 전반적으로 영국의 전기 설비는 이러한 엔지니어링 덕분에 더 높은 수준의 안전성을 갖추고 있지만 상당한 추가 비용이 든다. 이로 인한 부작용은 콘센트 부족이 자주 발생한다는 것이다.

학생들은 특정 장소(예: 화학공학과의 단위조작 실험실)에 설치된 특이한 콘센트를 발견할 수 있다. 폭발성 증기나 먼지가 존재할 가능성이 있는 경우 특수 방폭(Explosion-Proof, EP) 또는 증기-방지 장치를 사용해야 한다. 이러한 콘센트는 실험실 환경에 영향을 미치는 전기 스파크와 아크를 방지하는 역할을 하지만 실제 목적은 상당히 다르다. 이러한 장치는 폭발성 증기가 장치로 들어가면 아크가 장치 내부에서 폭연이나 폭발을 일으킬 수 있도록 설계되었다. EP 장치에서는 화염이 장치 외부에 도달하는 것을 방지한다. 방폭 상지 예가 그림 2.3에 나와 있다. 방폭 조명과 스위치, 심지어 방폭 전화기도 사용이 가능하다.

이 장에서는 화학적 위험을 다루지는 않지만, 용매와 같은 가연성 물질에 사용되는 냉장 장치는 제어 장치가 화학 물질 저장구역 외부에 위치한다는 점에서 항상 방폭형이다. 때로는 생물학적 시료나 아미노산/단백질을 보관하는 실험실에서 일반 냉장고를 발견할 수 있다. 비방폭 장치에 용매나 기타 휘발성 유기 화합물이 보관되어 있는 것을 발견하면 강사에게 알리기 바란다.

플러그는 콘센트에 완전히 삽입되어야 하며 플러그나 전선에 과도한 응력이 가해지지 않아야 한다.

그림 2.3 방폭(EP) 전기 콘센트의 예. Hubbell Incorporated(델라웨어), Killark 사업부의 허락을 받아 재생하였음.

표 2.1에는 일반적인 실험실 기기의 대략적인 전류 및 전력 요구 사항이 나와 있다 (Bruno와 Svoronos의 책에서 발췌).

장비는 이동하는 경우가 많으므로 이동 후에는 항상 전력 요구 사항을 맞추어 주어야 한다. 또한 장치에 처음 전원을 공급할 때 전류 소모량이 정상 작동 시보다 훨씬 더 급증한다는 점에 유의하라. 여러 장비

표 2.1 일반적인 실험실 장비의 요구 전력

장비	전류(암페어, A)	전력(와트, W)
balance(electronic)	0.1 – 0.5	12 – 60
biological safety cabinet	15	1,800
blender	3 – 15	400 – 1,800
centrifuge	3 – 30	400 – 6,000
chromatograph	15	1,800
computer (PC)	2 – 4	400 – 600
freeze dryer	20	4,500
fume hood blower	5 – 15	600 – 1,800
furnace/oven	3 – 15	500 – 3,000
heat gun	8 – 16	1,000 – 2,000
heat mantle	0.4 – 5	50 – 600
hot plate	4–2	450 – 1,400
Kjeldahl digester	15 – 35	1,800 – 4,500
refrigerator/freezer	2 – 10	250 – 1,200
stills	8 – 30	1,000 – 5,000
sterilizer	12 – 50	1,400 – 12,000
vacuum pump(mechanical)	4 – 20	500 – 2,500
vacuum pump(diffusion)	4	500

Bruno와 Svoronos의 책에서 발췌.

가 한 회로에 연결된 경우 이 점을 고려해야 한다. 기계식 진공 펌프, 확산 진공 펌프 및 기체 크로마토그래피(GC-MS에서와 같이)를 켤 때는 동시에 전원을 공급하지 말고 순차적으로 공급해야 한다. 세 개 모두에 동시에 전원을 공급하면 과부하로 인해 회로 차단기가 작동될 수 있다. 대부분의 장비와 컴퓨터는 강제 전원 차단에 대비하여 설계되지 않았다. 강제 전원 차단으로 인해 데이터가 손실되거나 장비가 손상될 수 있다.

회로 차단기가 작동한 경우 작업 중이던 기기뿐만 아니라 종료로 인해 영향받은 모든 기기를 끄는 것이 중요하다. 전원이 꺼지고 장치가 작동하지 않는 동안 모든 장치가 켜진 상태에서 회로 차단기를 리셋해서는 안 된다. 이는 또 다른 회로 차단기의 작동을 초래할 뿐이다. 일부 조직에서는 승인된 전기 기술자만 회로 차단기를 리셋할 것을 요구하며 때로는 아크 보호복을 착용하기도 한다. 차단기를 리셋하기 전에 차단기에 그을음과 같은 전기 아크의 흔적, 과도한 가열의 흔적 또는 타는 냄새가 있는지 검사하라. 모든 것이 정상이면 차단기를 리셋할 수 있지만 차단기가 '켜짐' 위치에 유지되는지 확인하기 위해 10초 정도 기다리는 것이 좋다. 차단기를 리셋한 후 장비에 순차적으로 전원을 공급할 수 있다. 회로 차단기의 작동이 우발적인 과부하 만의 결과는 아니다. 장비 내부 결함도 의심해야 한다. 따라서 차단기가 작동될 때마다 왜 이런 일이 발생했는지 자문하고 원인을 파악하는 것이 중요하다.

기기분석 실험실에서는 연장 케이블(연장 코드)의 사용을 피하는 것이 가장 좋지만, 장치가 콘센트에서 멀리 떨어져 있는 경우에는 필요하다. 연장 케이블의 부적절하고 현명하지 못한 사용은 전기 화재의 주요 원인이다. 실험실에서 연장 케이블에 대한 의존도가 높다는 것은 사용할 수 있는 콘센트나 회로가 너무 적다는 것을 의미한다. 이에 대한 유일한 해결 방법은 실험실에 추가 회로를 설치하는 것이다. 학생들은 그러한 상황을 강사에게 알리는 데 주저하지 않아야 한다. 아래에 열거한 지침은 국가 및 지역 규정뿐만 아니라 올바른 산업 관행과 상식에 기반을 두고 있다.

1. 부하에 적합한 케이블만 사용하라. 표 2.1은 실험실 장치의 대략적인 부하에 대한 몇 가지 지침을 제공하지만 장비에 전기 부하 라벨을 부착할 수도 있다. 항상 이 정보를 참조하라.
2. 벽, 출입구, 천장 또는 바닥을 통해 전기 케이블을 설치하지 않는다. 케이블이 가려지면 문제를 관찰할 수 없다.
3. 전기 케이블을 바닥 매트로 덮지 않는다. 열 발산을 방해하고 마모 징후를 가릴 수 있다.
4. 전기 케이블을 일시적으로 바닥에 배선해야 하는 경우, 움직이지 않고 걸려 넘어질 위험을 최소화하기 위해 케이블을 바닥에 테이프로 단단히 고정한다. 넘어지는 위험을 방지하기 위해 케이블은 눈에 보여야 한다. 전기 케이블을 어떤 표면에도 스테이플로 고정하거나 못으로 고정하지 않는다.
5. 손상된 전기 케이블을 사용하지 않는다. 낡은 징후가 있는지 미리 확인하라. 덕트 테이프나 전기 테이프로 '수리'된 전기 케이블은 사용하지 않는다. 이 규칙은 연장 케이블뿐만 아니라 기기 케이블에도 적용된다. 진공 펌프와 같은 특정 장치 근처의 배선은 이러한 장치가 발생할 수 있는 오존으로 인해 성능 저하 및 균열에 특히 취약하다는 점에 유의하라.
6. 항상 접지된 3구 연장 케이블과 접지 콘센트를 사용하라. 일부 장비에는 부유 접지(floating ground)가 있는 일정 전압 변압기를 사용하는데, 이러한 경우 변압기의 금속 케이스를 접지해야 한다.
7. 더 편리하게 만들기 위해 분극(polarized) 플러그를 연마하려는 유혹에서 벗어나라. 중립선이 아닌 핫 라인이 스위치 혹은 켜기/끄기 메커니즘에 전원을 공급하도록 분극되어 있다.
8. 연장 케이블의 플러그를 콘센트에 완전히 삽입하라. 전선이 아닌 플러그 자체를 잡고 콘센트에 플러그를 삽입하고 제거한다. 플러그를 뽑기 위해 전선을 반복적으로 당기면 플러그의 절연체가 손상된다.
9. 연장 케이블을 물에 닿지 않도록 하라. 한 손으로 전기제품이나 콘센트를 만지면서 다른 손으로 수원(예: 수도꼭지)을 만진다면 누전차단기(Ground Fault Circuit Interrupter, GFCI)를 사용해야 한다. 습한

환경이나 실외에서 회로를 사용할 때 GFCI를 사용해야 한다.

10. 연장 케이블은 연결부분이나 단자 나사에 장력이 가해지지 않도록 연결한다. 케이블에 힘이 가해지면 케이블 내 도체 가닥이 느슨해질 수 있다.
11. 히트건(heat gun)이나 난방기 등 전력 소모가 많은 장치에는 연장 케이블을 사용하지 않는다. 실제로 이러한 장치의 조작은 실험실이나 조직에서 완전히 금지되기도 한다.
12. 사용하지 않는 연장 케이블은 플러그를 뽑아 실내에 보관하고, 바닥에 닿지 않도록 끈이나 고무줄로 감싸거나 묶는 것이 좋다.
13. 여러 개의 연장 케이블을 '데이지 체인'으로 묶지 않는다.
14. 멀티탭을 벤치나 기기에 영구적으로 고정하지 않는다. 멀티탭은 임시 연결 장치인데, 고정한다는 것은 영구적 설치를 의미한다.
15. 연장 케이블을 장비의 연결 해제 수단으로 사용해서는 안 된다. 장비의 전원을 끄려면 전원 케이블이나 연장 케이블을 뽑기 전에 먼저 전원스위치를 끈다.

표 2.2에는 연장 케이블의 크기와 용량에 대한 정보가 있다. AWG는 미국 와이어 게이지 스케일(American wire gauge scale)이고, SWG는 영국의 표준 와이어 게이지(Standard wire gauge)이다. 미터법으로 변환하려면 mm 단위의 와이어 지름에 10을 곱하여 미터법 게이지를 구한다. AWG 및 SWG에서는 게이지가 감소함에 따라 지름은 증가한다. 이 정보는 연구실용으로 제작되었으므로 25피트(7.6m)에 대한 정보만 제공한다. 앞에서 언급했듯이 일부 실험실 장치는 시동 시 큰 전류를 소비하므로, 연장 케이블 선택 시 이 점을 고려해야 한다.

표 2.2 전기 케이블의 와이어 게이지와 전류 등급

AWG	SWG	직경, in (mm)	명목전류 등급, A	비고
12	14	0.0808 (2.052)	20	대부분의 중간 및 중장비에 적합.
14	16	0.0641 (1.628)	15	소형 및 중형 실험실 장비에 적합.
16	18	0.0508 (1.290)	10	컴퓨터, 모니터, 기타 소형 장비에 적합.
18	19	0.0453 (1.024)	7	노트북 컴퓨터의 전원 공급 및 기타 매우 소형 장비에 적합.

대부분의 실험실에는 교수나 직원이 버리기를 거부하는 사용하지 않은 컴퓨터 케이블이 들어 있는 서랍이나 캐비닛이 있다. 일반적으로 이런 케이블의 한쪽 끝에는 콘센트용 표준 플러그가, 다른 쪽 끝에는 C13 어댑터가 있다. C13 어댑터를 잘라내고 케이블을 사용하여 실험실 장비를 배선하는 것이 종종 유혹적이고 편리하다. 이는 조직의 표준 운영 절차에 의해 금지될 수 있다. 금지되지 않은 경우, 이러한 케이블들은 거의 항상 매우 낮은 부하에 사용된다는 점에 유의하여 세심한 주의가 요구된다.

플러그 상태에도 주의를 기울여야 한다. 대부분의 플러그는 수년간 잘 작동하며 유지 관리가 필요하지 않지만, 일부 플러그는 교체가 가능하고 나사로 고정되어 있다. 나사를 단단히 조이고 플러그 입구의 절연이 손상되지 않아야 한다. 단자는 수년 동안 사용하면 산화물과 일반적인 때로 덮인다. 사포로 단자를 닦고 깨끗하게 닦아내는 것이 좋다.

2.1.2 | 영국의 PAT 테스트 절차

영국의 모든 실험실에는 전기로 작동되는 모든 실험실 장비에는 '휴대용 기기 테스트 (Portable Appliance Test)'가 적용된다. 매년 담당 직원이 검사를 수행하는데, 여기에는 케이블과 플러그의 육안 검사, 절연 저항 테스트 및 접지 테스트가 포함된다. 예외적으로 컴퓨터 장비는 2년마다 검사가 필요하다. 장치가 사용에 적합하다고 판단되면 다음 검사 날짜가 적힌 색상으로 표시된 스티커를 부착한다. 장치가 불량으로 간주되면 플러그를 제거하고 해당 장치를 담당 직원에게 알린다. 1년 미만의 새 장비 또는 장치에는 PAT 스티커가 필요하지 않다. 모든 대학에서는 신뢰할 수 있는 최신 PAT 기록이 필요하다.

2.1.3 | 전기 감전

전기에 대한 논의에서는 전류와 전압이 인체에 미치는 영향을 고려해야 한다. 표 2.3에서는 전기 충격의 영향을 보여준다. 전류는 밀리암페어 단위로 나타내었다. 이는 인체에 해를 끼치는 데 필요한 전류가 얼마나 적은지를 나타낸다. 거의 눈에 띄지 않는 충격과 치명적인 충격 사이의 전류 차이는 100배에 불과하다. 심장에 문제가 있는 사람의 경우 임계값이 더 낮을 수도 있다. 저항과의 관계 때문에 전압도 중요한 고려 사항이다: $I = V/R$ (I는 전류, V는 전압, R은 저항). 습기가 있으면 피부의 저항이 크게 감소하여 감전 위험이 증가할 수 있다.

2.1.4 | 배터리

전기 위험에 관한 마지막 주의 사항은 배터리로 작동되는 장치에 적용된다. 일부 기기는 현장 사용을

표 2.3 인체에 미치는 전류의 영향

전류(milliamperes)	전기 감전의 영향
1	인지할 수 있는 수준. 약하게 따끔거림.
5	약한 충격 느껴짐. 불안하지만 고통스럽지는 않음. 보통 사람은 그냥 지나침. 그러나 충격에 대한 지나친 무의식은 사고를 발생할 수 있음.
6 to 25(여성) 9 to 30(남성)	고통스러운 충격. 근육 조절 능력 상실. '동결' 또는 'Let-go 범위'* 라고 함.
50 to 150	극심한 통증, 호흡 정지, 심한 근육 수축, 근육 활동에 의해 떨어지지 않는 한 놓을 수 없음. 사망 가능성 있음.
1,000 to 4,300	심장의 리드미컬한 펌핑 작용 멈춤. 근육 수축과 신경 손상 발생. 사망 가능성 높음.
10,000 -	심장 마비, 심각한 화상 및 사망 가능성 높음.

* 충격으로 신근이 흥분된 사람과는 접촉하지 않도록 강제로 밀어낼 수도 있다. 표의 성별 차이는 결정적인 것은 아니다. 남성은 수축기 혈압의 현저한 변화로, 여성은 현저한 호흡 변화로 충격에 반응하는 것으로 보인다. 이러한 성별 차이는 감전 발생 시 확인할 증상을 설명하기 위하여 구분하였다.

위해 이동한다. 여기에는 일부 굴절계, 색도계, 시료 채취(sampling) 장치, 심지어 분광 및 크로마토그래피 장치가 포함된다. 모니터, 카메라 등 몸에 착용할 수 있는 장치도 있는데, 이들은 일반적으로 환경 규정 준수 및 법의학 분석을 위한 시료 채취에 사용된다. 배터리 안전에 관한 연구는 매우 활발하여, 해당 주제를 다루는 학회와 저널이 있다. 배터리 위험을 인식하지 못하면 건강과 안전은 물론 환경에도 영향을 미친다.

휴대용 분석 장비에는 여러 유형의 배터리가 사용된다. 여기에는 납-산 배터리, 알칼리 배터리, 니켈-카드뮴 배터리 및 리튬 이온 배터리가 포함된다. 납-산 배터리는 컴퓨터 무정전 전원 공급 장치(Uninterruptable Power Supplies, UPS 장치)에 사용되기도 하며, 현장용 기기에도 사용된다. 이들의 목적은 장치에 전원을 공급하는 것이 아니라(전원은 실험실의 주전원 또는 현장의 발전기를 통해 공급됨), 정전 시 장치의 전원이 '부드럽게' 차단되도록 하는 것이다. 급작스러운 전원 중단은 장비의 손상 혹은 데이터의 손실을 유발할 수 있다. 이러한 배터리는 충전이 가능하며 기기 작동 중에는 전원에 연결되어 있는 경우가 많다. 만약 배터리가 고장 나면 재활용업체를 통해 폐기해야 한다. 부적절한 폐기(예를 들면,

투기)는 환경에 납오염을 유발하기 때문이다. 배터리의 케이스는 밀봉되어 있지만 고장이 나거나 고장이 임박하면 부풀어 오르기도 한다. 실제로, 팽창이 두드러지면 배터리를 하우징에서 꺼내기가 어려울 수 있다. 경험에 의하면, 요구되는 사양 중 가장 높은 전류 용량의 배터리를 사용하면 비용은 다소 증가하지만 최상의 결과를 얻는다. 납–산 배터리를 교체할 때는 단자를 만지지 않고 회로를 완성하는 것이 중요하다. 그러지 않으면 심각한 감전이 발생할 수 있다.

알칼리 배터리는 편리하고 쉽게 사용할 수 있다. 이들은 충전할 수 없으므로 수명이 다하면 폐기해야 한다(그림 2.4). 대부분의 기관에서는 배터리를 재활용한다. 정상적인 사용 시 이러한 배터리는 새지 않지만, 장기간 사용하지 않거나 기기 단자와의 접촉이 손상되면 누수가 발생할 수 있다. 이런 일이 발생했다면 누수된 물질에 닿지 않도록 주의하라; 종이 수건(paper towel)이나 나무막대로 배터리를 제거하고 장갑을 착용하라. 새 배터리로 교체하기 전에 기기 접점을 모두 청소하라. 전압이 동일하더라도 해당 기기 전용 배터리만 사용하라.

니켈–카드뮴 배터리(NiCad)는 열전도도를 기반으로 하는 가연성 기체 감지기와 같은 일부 장치에서 여전히 사용된다. 이 배터리는 재충전이 가능하다. 이 배터리는 리튬–이온 배터리가 도입된 이후 훨씬 덜 일반화되었다. 다 쓴 니켈–카드뮴 배터리는 재활용해야 하며 쓰레기통에 버리지 말아야 한다.

그림 2.4 AA알칼리 배터리를 넣어야 할 곳에 AAA 배터리를 잘못 넣은 예.

지금까지 휴대용 분석 장비에 사용되는 가장 일반적인 유형의 배터리는 리튬 배터리이다. 리튬 배터리에는 리튬–금속 배터리와 리튬–이온 배터리(Lion)의 두 가지 유형이 있다. 리튬–금속 배터리는 계산기, 펜라이트, 자동차 전자열쇠, 온도 데이터 기록기, 일부 제세동기에 사용되는 소형 동전형 배터리이다. 이 배터리는 충전할 수 없다. 반면에 리튬–이온 배터리는 일반적으로 장치에서 배터리를 제거하지 않고도 충전이 가능하다. 이는 핸드폰, 전동 공구 및 많은 휴대용 분석 장비에 사용된다.

적절하게 취급하고 제조 과정에 결함이 없다면 리튬 배터리는 일반적으로 안전하다. 리튬 배터리의 고장은 화재/폭발 위험과 화학 물질 노출 위험을 초래할 수 있다. 물론, 배터리에 물리적인 충격(예: 바닥에 떨어뜨리는 것)으로 인해 셀은 물론 셀이 들어 있는 케이스가 손상될 수 있다. 54°C(130°F)를 초과하는 온도에 노출되면 유형과 관계없이 모든 리튬 배터리는 손상된다. 이러한 온도는 실험실에서는 흔하지 않지만 일부 지역에서 장치를 뜨거운 차량에 방치하는 경우에는 드문 일이 아니다. 또한 0°C 이하의 온도에서 리튬–이온 배터리를 충전하면 손상될 수 있다. 과충전이나 너무 빠른 충전은 피해야 한다. 일부 장치에는 충전 시간을 몇 시간 이상으로 연장하는 충전 제어 기능(전원을 주기적으로 켰다 끄는 방법으로)이 내장되어 있는데, 이는 배터리 수명을 연장시킨다. 리튬 배터리의 가장 극적인 고장은 화재 및 폭발이다. 흔하지는 않지만 내부 단락이나 외부 열에의 노출은 열폭주(thermal runaway)로 이어질 수 있다. 배터리 셀 하나에 열폭주가 발생하면 배터리 전체가 손상된다. 고장이 나면 케이스가 부풀어 오르고 일산화 탄소, 이산화 탄소, 수소, 탄화수소가 방출될 수 있다. 일부 배터리에서는 플루오린 및 플루오린산의 방출도 가능하다. 리튬-이온 배터리에서 연기가 나거나 '쉭'하는 소리가 나기 시작하면 화재나 화학 물질의 방출이 가능하다고 가정하는 것이 좋다. 가능하면 안전하게 기기를 꺼라. 대응 방법은 화재의 경우와 동일하다. 일단 대피하고 비상요원을 부르라.

2.1.5 | 휴대용 발전기

배터리가 비실용적이거나 용량이 충분하지 않은 경우를 대비하여 휴대용 혹은 현장용 기기를 사용할 수 있다. 일반적으로 응급 차량이나 소방 장비에는 전기 장비를 작동하기 위한 준비가 되어 있으나, 별도로 '젠셋(genset)'이라 부르는 휴대용 엔진 발전기를 사용하는 것이 선호된다. 이 장치는 가솔린이나 디젤을 이용하는 4행정 피스톤 엔진으로 작동하는데, 일부는 이중 연료(가솔린 또는 프로페인)를 이용한다. 인버터 발전기가 장착된 젠셋을 사용하는 것이 중요하다. 인버터가 아닌 발전기를 사용하면 전압이 일정하지 않아 기기에 손상을 줄 수 있다. 또한 인버터 방식은 더 조용하고 연료 소비도 적다. 인버터형 젠셋은 초기 투자비용이 비싸지만 투자할 가치가 충분히 있다. 인버터형 젠셋이 없다면, 전력을 조절할 수 있는 장치를 사용하는 것이 중요하다. 일반적으로 '가변기(variac)'라고 불리는 자동변압기를 사용할 수 있다. 발전기의 출력은 KW 단위로 명확하게 표시되어야 하며, 이 용량을 초과하지 않는 것이 중요하다. 또한 일산화 탄소를 배출하므로 발전기는 실외에서 작동하는 것이 중요하다.

2.1.6 | 접지에 대한 간략한 논의

접지 및 정전기에 대한 논의로 전기적 위험에 대한 논의를 마치고자 한다. 이 논의는 용어가 종종 오해받기 때문에 중요하다. 앞에서 접지된 콘센트와 케이블만 사용해야 한다고 했다. 그 이유는 두 가지이다. 첫째, 지구는 거의 무한한 전하 흡수원의 역할을 한다. 이는 지구가 전위의 변화 없이 많은 양(무한은 약간 과장된 표현임)의 전류를 흡수할 수 있음을 의미한다. 두 번째 이유는 측정 시, 무한에 가까운 전하 용량으로 인하여 지구가 전위가 0인 기준점 역할을 할 수 있다는 것이다. 예를 들어, 120 V 콘센트에는 '핫와이어(hot wire)' (보통 검은색 절연체), 중성선(보통 흰색 절연체) 및 접지선(보통 녹색 절연체)이 있다. 핫와이어는 접지 전위보다 120 V 높은 반면 중성선은 (이론적으로) 0 V이다. 그러나 실제로 중성선은 0보다 몇 V 높을 수 있다. 반면 접지선의 전위는 0이다. 기기의 섀시, 케이스, 덮개는 접지선에 연결된다. 접지선을 사용하는 목적은 장비의 핫와이어가 분리되어 장비의 섀시 또는 덮개와 접촉하는 경우 접지선이 안전하게 작업자로부터 멀리 떨어진 접지로 유도하는 것이다.

앞에서 우리는 전도체의 흰색, 검정색, 녹색 절연체를 언급했다. 많은 산업 현장이나 실험실 환경에서 절연체의 다양한 색상 혹은 색상 조합이 있을 수 있음을 유의하기 바란다. 이는 여러 회로를 설치를 용이하게 하기 위함이다. 앞에서 또한 중성선이 접지 전위보다 약간 높을 가능성을 언급하였다. 이를 '중성-대-접지 전압'이라고 한다. 많은 분석 장비에서는 허용 가능한 최대 중성-대-접지 전압은 보통 5 V이다. 이 수준을 초과하는 전압은 장비의 오작동을 초래할 수 있으며 이는 버퍼링-과부하 오류와 같은 오류 메시지로 나타난다. 기기에 이러한 설명할 수 없는 오류 메시지가 발생하면 원인을 정확히 찾아내기 어려운 경우가 많다. 많은 서비스 기술자가 회로 기판을 교체하지만 효과가 없다. 문제를 해결하는 유일한 방법은 회로에 라인 모니터를 설치하여 회로의 전류, 전압, 부하 및 접지 등을 기록하는 것이다. 중성-대-접지 전압은 일반적으로 '불순한 전력(dirty power)', 즉 시설 내 다른 장치 및 장비의 간섭으로 인해 발생한다. 여기에는 건물의 엘리베이터나 공조 장비의 모터가 포함된다. 거의 모든 불순한 전력은 건물 내부에서 발생한다. 이 문제에 대한 공학적 해결책은 분리된 회로를 설치하는 것이다. 임시방편으로 일정 전압 변압기를 설치할 수도 있다.

일부 실험실에서는 전기 콘센트 밑에 구리 레일을 볼 수 있다(그림 2.5). 이는 안전한 접지로 직접 사용할 수 있는 접지 막대이다. 장치에서 접지 막대까지 전선을 연결하면, 전하를 접지로 방출하여 장치에 정전기의 축적을 최소화할 수 있다. 앞에서 일부 실험실에는 방폭 설비가 있을 것이라고 언급하였다. 그런 실험실에서는 전도성 바닥을 사용하는 것이 일반적이다. 바닥은 금속 섬유가 내장된 에폭시-기반 복합재로 만든다. 이는 스파크를 일으키고 폭발을 일으킬 수 있는 정전기를 소멸시키는 데 도움이 된다. 이런 실험실에서는 바닥 자체가 접지에 연결된다.

그림 2.5 접지에 연결된 접지막대. 영국 노팅엄 소재 A.N. Wallis & Co Ltd의 허락을 받아 재생하였음.

접지는 실제로 어떻게 이루어지는가? 그것은 간단하다. 접지 전극이라 불리는 금속 막대(구리 혹은 저가형 철근)를 건물 밑 땅에 설치한다. 이 막대는 건물의 가장 낮은 층 밑 30~50피트 정도까지 이른다. 모든 회로와 접지 레일을 이 접지 막대에 연결한다. 대부분의 경우 건물의 냉수 배관도 접지에 연결된다. 따라서 실험실에서 접지 레일을 사용할 수 없다면 냉수 파이프를 사용할 수 있다(기관이 이를 허용하는지 확인을 거치는 것이 필요하다). 물론, 냉수 배관이 비전도성 PEX(가교 결합된 폴리에틸렌)인 경우에는 소용이 없다.

2.2 기기 냉각

실험실 내 사용되는 대부분의 기기는 열을 발생한다. 거의 모든 최신 기기에는 열을 발산시키기 위한 도구(보통 작은 팬)가 설치되어 있다. 팬이 막히지 않고 먼지나 보푸라기가 쌓이지 않는 것이 중요하다. 덮개가 열린 상태에서 기기를 작동하지 않는 것도 중요하다. 측정장비나 컴퓨터의 덮개는 들어오는 냉각 공기가 트랜지스터와 같이 열에 민감한 부품 위로 전달되도록 설계되었다. 덮개를 제거하면 기기가 과열될 가능성이 더 크다. 일반적으로 기체 크로마토그래프는 오븐 후면에 설치된 팬을 사용하여 오븐 내부의 컬럼 온도 제어 기능을 제공한다. 이러한 장비를 냉각시키기 위하여 일반적으로 기구 후면에 있는 작은 문을 열어 뜨거운 공기를 배출한다. 고온에서의 작동 후, 기체 크로마토그래프 뒷면으로 배출되는 공기는 매우 뜨거우므로 다른 기기나 가연성 물질이 방해하지 않아야 한다.

2.3 압축 기체 실린더 안전

압축 기체는 많은 분석 장비에 사용되며, 우수한 제어 및 실험실 관행을 통해 예측되는 위험을 최소화해야 한다. 압축 기체 실린더를 사용하는 모든 실험실에는 준수해야 하는 규칙과 지침이 있다. 여기에서는 기기 작동 중 학생과 직접적으로 관련이 있는 압축 기체 실린더 취급을 소개한다.

압축 기체 실린더에는 내용물에 대한 라벨이 붙어 있어야 한다. 몇 가지 색상 규칙이 있는데, 영국에서는 영국 압축 기체 협회에 의해 표준화된 반면, 미국에서는 제조업체에 따라 다를 수 있다. 중요한 점은 색상에 의존하지 말고 라벨의 내용을 확인하는 것이다.

실린더 안의 압축 기체는 많은 양의 에너지를 포함한다. 채워진 실린더는 일반적으로 17.3 MPa(2500 psig) 압력의 기체를 함유한다. 기체가 비활성이더라도 주의해야 한다. 여기에 더해 기체는 독성이거나 가연성 혹은 둘 다일 수 있다. 가장 중요한 것은 압축 기체 실린더를 스트랩 클램프나 체인으로 실험실 벤치에 단단히 고정해야 한다는 것이다. 일반적으로 두 개의 실린더를 체인으로 고정하는 것이 허용되기는 하지만, 개별 스트랩 클램프로는 하나만 고정한다. 두 개 이상의 실린더를 체인으로 연결하는 것은 표준 작동 절차와 규정 모두에 의해 금지된다. 실린더 고정은 항상 중요하지만, 실린더에 압력 레귤레이터가 설치되어 있을 때 특히 중요하다. 레귤레이터가 부착된 상태에서 실린더가 넘어지면 실린더 밸브가 파손되고 실린더 목 부분이 파열될 수 있다. 그러면 실린더는 미사일이 된다. 잠시 시간을 내어 조지타운 대학교의 비디오를 시청해보라(https://ehs.georgetown.edu/occupational/physical-hazards/compressed-gas-cylinders/#). 이 비디오는 파열된 실린더가 두 개 금속층을 관통한 후, 지붕을 관통하여 140피트까지 공중에 오른 다음 다시 추락하여 두 번째로 지붕을 관통하는 사건을 보여준다. 모두 몇 초 안에 일어났으며 대응할 시간도 없다.

일반적으로 기체 실린더는 강철로 만들어지는데, 비어 있는 대형 실린더의 중량은 최대 66 kg(145 lbs)이다. 일부 실린더는 알루미늄으로 만들어졌으며 압력 등급이 다소 낮다. 무게 때문에 실린더는 다루기가 불편하고 어려울 수 있다.

2.3.1 | 압축 기체 조절기 및 매니폴드

압력조절기는 압력 조절 밸브(PRV)라고 불리며, 실린더의 높은 압력을 기기에서 사용할 수 있는 수준까지 낮추는 데 사용된다. 기기분석 실험실의 대부분의 조절기는 2단계 장치이다. (실린더 밸브에 가까운) 1단계 게이지는 실린더 내부의 압력을 나타내고, (배출구에 가까운) 2단계 게이지는 기기에 공급되는 더 낮은 압력을 나타낸다. 일반적으로 PRV는 스프링 작동식 다이어프램 밸브이다. 밸브 핸들을 시계 방향으로 조이면 배출구 압력이 증가하고, 반대 방향으로 돌리면 감소한다. 출구 쪽에 압력이 가해지는 동안에는 밸브를 시계 반대 방향으로 돌리지 않는 것이 중요하다(스프링 풀기). 이로 인해 다이어프램이 파열될 수 있으며, 이는 기체가 가연성이거나 독성인 경우 특히 위험한 상황이다. 스프링을 풀어 배출구 압력을 줄여야 하는 경우 먼저 배출구 압력을 기기, 흄후드 또는 통풍구로 빼낸다.

PRV에서 기체 실린더까지의 연결을 위해 미국 압축 기체 협회에서 정의한 기체 전용 피팅을 사용한다. 피팅에 대한 자세한 내용은 Bruno와 Svoronos의 책에서 찾을 수 있다. 가연성 기체는 일반적으로 왼나사형 피팅으로 연결된다; 왼나사형 피팅의 존재 여부는 일련의 음각선으로 피팅 너트에 표시된다. 2단계 압력 조절 밸브의 예가 그림 2.6에 나와 있다.

때때로 단일-단계 밸브를 접하기도 한다. 이 밸브는 실린더의 내부압력을 나타내며, 감압 기능은 없다. 일부 반응기 및 추출기와 같이 감압 없이 실린더 압력이 그대로 필요할 때 사용된다. 이러한 유형의 밸브

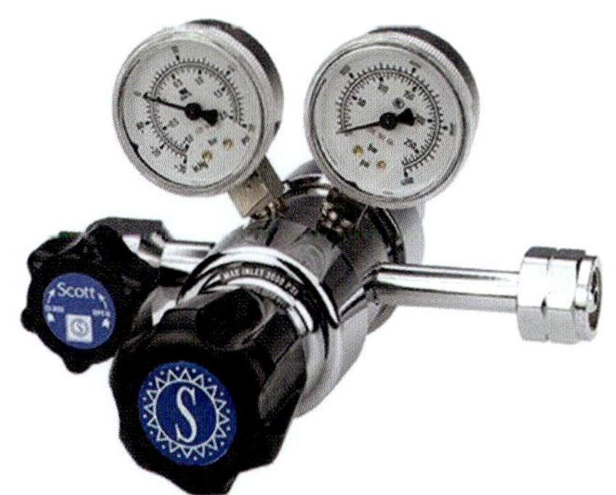

그림 2.6 기체 실린더용 2단계 압력 조절 밸브의 예. 오른쪽 피팅 너트의 홈은 가연성이거나 유독성 가스용임을 나타내며, 왼나사형이다.

를 간단히 매니폴드라고 한다. 만약 실린더 내부에 고압 기체 하부에 액체가 있다면(예: 초임계 유체 추출에 사용되는 이산화탄소 실린더), 실린더에는 기체가 아닌 액체를 매니폴드로 유도하는 딥 튜브를 장착할 수 있다. 이와 같은 실린더는 일반적으로 DT로 표시되며 PRV를 사용하지 않고 매니폴드를 사용한다.

사용하지 않을 때는 실린더 밸브를 닫아야 하며, 장치를 상당 기간 정지하는 경우에는 조절기를 제거하고 실린더 캡을 다시 설치해야 한다. 실린더를 교체하거나 이동하는 경우 조절기를 제거하고 캡을 설치하는 것이 필수적이다. 이동 중에는 실린더를 체인으로 묶거나 고정할 수 있는 기체 실린더 카트 혹은 손수레를 사용해야 한다. 실린더를 다른 층으로 이동하는 경우, 실린더를 가급적 지정된 화물 엘리베이터에 놓고 사람은 실린더와 함께 탑승해서는 안 된다. 실린더는 사람과 도착층에서 만나야 한다. 실린더가 두 개 이상의 층을 이동하는 경우 "실린더 이동중 – 엘리베이터를 타지 마시오"라는 플래카드를 부착하여 출발층과 도착층 사이에서 아무도 엘리베이터에 타지 않도록 해야 한다.

모든 기체가 고갈되기 전에 실린더를 교체하는 것이 좋다. 예를 들어 실린더에 50 psig의 기체가 남아 있다면 실수로 공기가 실린더로 역류하여 오염을 유발하는 것을 방지할 수 있다. 과거에는 새로운 불활성 기체(예: 질소 또는 헬륨) 실린더를 설치할 때 실린더 밸브를 잠깐 열어서 밸브 본체의 먼지를 불어내는 것(blow–out)이 일반적이었다. 이는 PRV를 실린더에 설치하기 전에 먼지와 오염물이 PRV에 유입되는 것을 방지하기 위한 것이다. 이때 발생할 큰 소음에 대해 실험실의 모든 사람에게 경고하는 것이 중요하다. 요즘 실린더는 일반적으로 실린더 밸브가 보호용 수축 랩으로 포장되어 제공되므로 블로우–아웃이 필요하지 않다. 당연히 유독성 혹은 인화성 기체 실린더에는 블로우–아웃을 수행하지 않는다. 실린더에 인화성 기체나 독성 기체가 존재할 때는 각별한 주의가 필요하다. 예를 들어, 압축 수소 기체 실린더는 기체 크로마토그래프의 이온화 검출기(FID)에 사용된다. FID용 수소 실린더는 상대적으로 낮은 유량으로 인해 오랫동안 사용할 수 있지만 가끔 교체가 필요하다.

2.3.2 | 기체 실린더 표시

압축 기체 실린더는 압력을 점검하기 위해 정기적인 정수압(또는 비파괴 이미징) 테스트를 거친다. 이것이 학생에게는 큰 관심사가 아닐지라도, 기체 실린더의 테스트 표시와 인증을 이해하는 것은 중요하다. 그림 2.7에서 보듯이, 실린더의 모든 영구 스탬프 표시에는 목적이 있다. 이러한 표시는 내용물이 아닌, 실린더 자체와 관련이 있다.

실린더의 소유자는 일반적으로 실린더 목 부분의 칼라에 표시된다. 이는 보통 대학이나 연구실 이름이 아니라 공급자의 이름이다. 일부 기관이 실린더를 소유할 수도 있지만 드문 일이다. 실린더 상부의 칼라 아래에는 영구 스탬프 표시가 있는 4개의 필드가 있다.

필드 1에는 실린더 사양을 나열한다. DOT는 미국 내 기체 실린더의 운송 및 사양을 규제하는 기관인 미

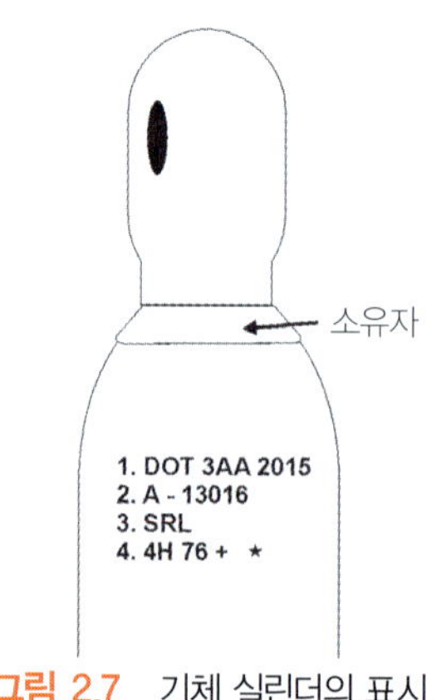

그림 2.7 기체 실린더의 표시.

국 교통부(United States Department of Transportation)를 나타낸다. 다음 항목(예: 3AA)은 실린더의 유형 및 재질에 대한 사양이다. 가장 일반적인 실린더는 3A, 3AA, 3AX, 3AAX, 3T, 3AL이다. 마지막을 제외한 모두는 강철 실린더를, 3AL은 알루미늄 실린더를 나타낸다. 각 사양은 주로 강철의 화학적 조성과 운송할 기체에 따라 다르다. 3T 사양은 실험실용 실린더가 아닌 튜브 트레일러 실린더의 큰 묶음만 다룬다. 다음 (숫자) 항목은 서비스 압력(psig)이다. 서비스 압력은 실린더를 검사하는 압력이 아니다. 검사압력(test pressure)은 서비스 압력의 5/3배이다.

필드 2는 제조업체가 할당한 고유한 일련번호이다.

필드 3에는 제조업체 식별 기호를 포함한다. 제조업체 식별 기호는 일련의 문자일 수도 고유한 기호일 수도 있다. 최근 DOT는 이 식별 기호를 'M' 번호(예: M1004)로 표준화했다. 이는 실린더 제조업체를 식별하기 위해 DOT에서 발행한 번호이다.

필드 4는 실린더의 제조 정보가 표시한다. 제조일자는 월, 연도 형태로 제공한다. 이 날짜에는 검사자의 공식 마크(예: H)가 있다. 최근 이 마크는 DOT에서 검사자로 승인한 독립 기관을 나타내는 'IA' 번호(예: IA02)로 대체되었다. "+"가 있는 경우 실린더는 서비스 압력의 10%를 초과하여 채울 수 있다. 별이 있는 경우 실린더의 재시험 간격은 5년이 아닌 10년이다. 실린더에는 다음 검사 날짜를 표시한다. 실린더에는 현재 검사 스탬프가 있어야 한다. 없다면 강사에게 알려야 한다. 검사 날짜가 지난 실린더는 검사가 완료될 때까지 기체를 채울 수 없다.

압축 기체 실린더 안전에 대한 마지막으로 실린더 밸브를 다룬다. 밸브를 자세히 살펴보면 PRV 연결부 반대쪽에 구멍이 있는 다른 너트가 있다. 이것은 파열판 너트이다. 이것은 실린더 압력이 검사압력을 초과하면 파열되도록 설계된 얇은 금속 시트(파열판이라고 함)를 고정한다. 실린더의 과압은 열(예: 화재에 노출)로 인해 발생하거나 과충진의 결과일 수 있다. 파열판이 파열되면 실린더 내용물이 파열 디스크 너트의 통풍구를 통해 빠르게 방출된다. 파열된 디스크로부터의 기체방출은 그 자체로 손상 및 부상의 원인이 될 수 있다. 저자 중 한 명(TJB)은 실수로 질소 기체 실린더를 과충진하였는데 다행히 밤에 파열판이 파열되었다. 다음 날 직원은 기체 크로마토그래프 위에 실험실 가구가 있고, 다른 장비가 뒤집혀 있으며, 종이가 사방에 흩어져 있는 혼란스러운 실험실을 발견했다. 처음에는 의도적인 난동이 의심되어 경찰을 소환하였다. 조사 끝에 범인은 파열판이 파열된 과충진된 질소 실린더인 것으로 밝혀졌다(그림 2.8).

그렇다면 얻은 교훈은 무엇인가? 첫째, 실린더 밸브에서 파열판을 제거하지 않아야 한다. 둘째, 실린더 밸브를 청소해야 하는 경우는 거의 없지만(앞에서 언급하였듯이 일반적으로 기체 실린더는 청결을 유지하기 위해 밸브가 포장된 상태로 배송된다), 비누와 물로만 청소하고 암모니아 계열 세제는 절대로 사용

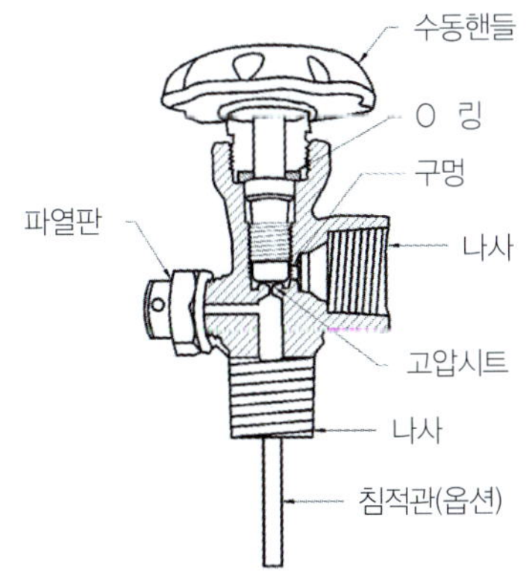

그림 2.8 파열판 너트를 포함한 구성 부품을 보여주는 기체 실린더 밸브의 단면도. (미국 워싱턴주 에드먼즈 소재 실린더 트레이닝 서비스(Cylinder Training Services)의 허가를 받아 재생하였음.

하지 말아야 한다(일부 파열판의 재질은 구리이다). 많은 파열판 고장이 병원에서 발생하는데, 병원의 산소 실린더 청소에 사용된 수산화 암모늄 용액이 구리판의 부식을 초래하기 때문이다. 셋째, 너트에서 기체 새는 소리가 들리면 실린더를 교체하라.

2.4 극저온 유체 안전

극저온 유체(또는 극저온 물질, 액화 기체, 또는 극저온 액체)는 분석 기기에 광범위하게 사용된다. 극저온 물질은 일반적으로 끓는점이 −90℃(−130℉) 이하인 액화 기체로 정의된다. 드라이아이스(194.65 K(−78.5℃)에서 승화하는 고체 이산화 탄소)도 실험실에서 저온을 얻기 위해 사용되지만 극저온 물질로 간주되지는 않는다. 극저온 물질의 이용 시의 위험은 두 가지이다. 극저온 유체 자체의 위험과 극저온 유체의 저장 및 운반에 사용되는 용기와 관련된 위험이 있다.

2.4.1 | 극저온 유체

극저온 유체(cryogenic fluid)의 사용 시 주된 위험은 낮은 온도, 높은 액체-대-기체 팽창비, 독성 및 공기 치환으로 인해 발생한다. 일반적인 극저온 유체 취급과 관련된 몇 가지 중요한 특성이 표 2.4에 있다. 기체-대-액체 팽창비는 1:R을 기준으로 하며, 온도에 따라 최대 ± 5의 범위를 가진다. 끓는점은 대기압(101.325 kPa)에서 끓는 온도이다.

극저온 물질(cryogen) 사용의 주요 이유는 끓는점이 낮기 때문이다. 따라서 극저온 물질이 피부에 닿으면 심각한 동상을 입을 수 있다. 처음에는 얇은 증기층이 피부를 보호하지만, 극저온 물질이 옷 등에 모이게 되면 동상 위험이 심각해진다. 극저온 장갑과 보안경(전면 가림 권장)을 포함한 보호복이 필수이다

표 2.4 극저온 유체의 주요 특성

극저온 유체	팽창비 R (대략치)	끓는점 K	끓는점 ℃
Argon	847	87.302	−185.84
Helium (^{4}He)	757	4.2238	−268.92
Hydrogen	850	20.271	−252.87
Nitrogen	696	77.355	−195.79
Oxygen	860	90.188	− 182.96

(그림 2.9). 흘렸을 때 고일 수 있는 캔버스 신발은 권장되지 않는다. 바지의 단에도 고임이 발생할 수 있으므로 피해야 한다. 바지는 신발 속에 넣지 않는다. 실험복이나 셔츠 소매는 장갑 속으로 넣는다. 극저온 물질이 피부에 접촉한 경우 찬물로 씻어내고 건조한 열을 가하지 않는다. 극저온 유체 노출로 인해 옷이 얼어붙은 경우, 찬물을 가해 옷을 풀고 응급 요원을 부른다.

저온으로 인한 또 다른 위험은 유체가 호스, 바닥 매트, 실험실 내 표면을 포함한 물질을 부스러지게 만드는 능력으로 인해 발생한다. 특히 우려되는 것은 전기 절연체가 부스러지기 쉬워져 화재 위험으로 이어질 수 있다는 점이다.

액체 질소의 끓는 온도는 액체 산소의 끓는 온도보다 낮으므로 액체 질소로 냉각된 표면이나 용기에 산소가 응축될 수 있다. 액체 산소는 접촉하는 액체 및 고체의 가연성을 향상시킬 수 있는 산화제이다. 액체 질소를 운반하는 라인에서 흘러나오는 액체 공기는 최대 50% 산소일 수 있다. 액체 질소를 사용하는 용기에서 파란색 색조가 관찰되면 액체 산소의 존재를 가정해야 한다. 액체 산소의 추가 위험은 아래에서 논의될 것이다.

그림 2.9 긴 장갑, 앞치마 및 안면 보호구를 보여주는 극저온 유체 취급용 보호복의 예 (National Safety Apparel, Inc.의 허가를 받아 재생하였음).

표 2.4의 높은 액체-대-기체 팽창비는 극저온 물질이 기화될 때 실험실의 공기를 대체할 가능성이 있음을 보여준다. 대부분의 극저온 물질은 그 자체로 독성이 없지만 질식제로 작용할 수 있다. 극저온 물질을 사용하는 실험실은 적절히 환기하여야 한다. 큰 극저온 용기(예: NMR 기기에서 볼 수 있는 용기)가 있는 실험실에서는 경보기가 달린 산소 모니터를 사용하는 것이 중요하다. 구조대원을 포함한 인원은 자급식 호흡 장치나 공기호흡기가 제공되지 않는 한 산소 농도가 19.5%(vol/vol) 미만인 지역에 들어가서는 안 된다. 산소 모니터에 표시된 안전 범위는 19.5에서 23%(vol/vol) 사이이다. 산소 농도가 낮은 공간에서는 사람이 상황을 인식하지 못할 수 있으므로 모니터링이 중요하다.

6장에서는 NMR 자석 소광(quench)의 특별한 효과에 대해 논의한다. 우발적인 소광이 발생한 경우, 즉시 실험실에서 대피하고 도움을 요청해야 한다. 극저온 유체 작업 중에 현기증이 나거나 의식을 잃은 경우, 즉시 환기가 잘 되는 곳으로 옮겨야 한다. 호흡이 멈췄을 경우 심폐소생술(CPR)을 실시하고 구급대원을 부른다.

액체-대-기체 팽창비와 관련된 것은 극저온 유체가 따뜻해지면 발생할 수 있는 과압(overpressure)이다. 실제로 어떤 극저온 유체도 용기 내에서 액체 상태로 남아 있을 수 없다. 즉, 환기해야 한다. 통풍구가 자동하지 않거나 존재하지 않는 경우, 따뜻해진 극저온 유체가 기화되어 매우 높은 압력을 생성할 것이다.

일부 극저온 물질은 화학적 특성에 따라 특정 위험 혹은 취급 시 요구 사항을 제기한다:

액체 산소(LO_x)는 유기 물질과 접촉할 수 없으며, 여기에는 용매와 진공 펌프 오일도 포함된다. 유기 물질은 표면에 찍힌 지문을 포함하여 LO_x에 노출된 후 불꽃이나 충격에 의해 쉽게 점화될 수 있다. 저자 중 한 명(TJB)은 강철 빔에 지문을 찍고 LO_x의 흐름을 지문에 향하게 하는 시연을 보았다. 그런 다음 지문을 망치로 가볍게 두드리자 작은 폭발이 일어났다. 산소로 포화된 의복은 쉽게 발화하고 격렬하게 연소된다. LO_x가 아스팔트 표면에 엎질러진 경우, 1시간 동안 해당 표면 위를 걷거나 장비를 굴리면 안 된다. 특별한 독성 문제는 없지만, LO_x가 고에너지 전자기 복사선에 노출되면 오존이 발생하여 LO_x 온도에서 응고된다. 고체 오존은 불안정하고, 기화되면 독성이 있으며 폭발할 수도 있다.

액체 수소(liquid hydrogen) 취급에는 수소 기체에 적용되는 모든 예방 조치가 필요하다. 액체 수소는 액체 수소 내에서 쉽게 응축되어 폭발 가능성이 있는 혼합물을 생성할 수 있으므로 공기 중에서 이송해서는 안 된다. 액체 수소는 헬륨 또는 기체 수소로 사전 청소된, 적절하게 설계된 진공 단열 이송 라인에서 헬륨 가압을 통해 이송되어야 한다. 액체 헬륨처럼 액체 수소는 공기를 응고시켜 통풍구와 안전 완화 장치를 막을 수 있다. 듀어(Dewar) 플라스크 및 유리로 만들어진 용기는 액체 수소 서비스에 사용해서는 안 된다. 파손으로 인한 폭발 가능성이 너무 위험하다.

2.4.2 | 극저온 액체 용기

실험실에서는 일반적인 화학 분석 중에 여러 가지 유형의 극저온 액체 용기를 접하게 되며, 각 용기는 고유한 위험 및 주의 사항이 있다. 이러한 모든 용기를 듀어(Dewar)라고 부르는 것이 일반적이지만 이는 부정확하다. 실험실 냉탕에 사용되는 소형 휴대용 용기와 소형 운반 용기(느슨한 뚜껑과 운반용 손잡이가 있는)는 듀어이다. 이 용기는 대기압에서 사용된다. 더 큰 공급 용기는 액체 실린더라고 하는데, 듀어를 채우는 데 사용한다. 이 실린더는 가압되어 있다. 그림 2.10에서는 다양한 극저온 액체 실린더를 보여준다.

액체 실린더는 이동을 용이하게 하기 위해 바퀴가 달린 크고 무거운 용기이다. 바퀴 중 최소 2개에는 제동 장치가 장착되어 있어야 한다. 종종 액체 질소 재킷이 장착된 액체 헬륨 실린더는 일반적인 극저온 물질에 사용되는 실린더보다 무겁다. 게다가 다른 극저온 물질의 경우 일반적으로 160~230 L인 반면, 50~500 L의 다양한 크기가 가능하다. 이러한 실린더의 무게로 인해 취급이 어려울 수 있다. 액체 실린더를 취급할 때는 앞에서 설명한 극저온 물질용 개인 보호 장비를 사용해야 한다. 뒤집힐 가능성을 줄이

그림 2.10 다양한 극저온 액체 실린더 (Cryofab, Inc.의 허가를 받아 재생하였음).

려면 당기지 말고 밀어서 실린더를 움직여야 한다. 액체 실린더를 자주 운반하는 장소에서는 바닥 문틀을 제거하여 튀는 가능성을 제거해야 한다. 실린더를 엘리베이터로 운반해야 하는 경우, 화물용 엘리베이터가 선호된다. 사람은 실린더와 함께 엘리베이터에 탑승해서는 안 된다. 실린더는 사람 없이 엘리베이터로 운반하여 도착층에서 만나야 한다. 엘리베이터가 2개 층 이상을 이동하는 경우 "극저온 물질 이송중 – 엘리베이터에 타지 마세요"라는 공지를 문에 게시해야 한다.

액체 실린더를 다른 건물로 이송해야 하는 경우 경사로를 사용하고 경로에 큰 균열이 없는지 확인하는 것이 중요하다. 일반적인 액체 실린더의 바퀴는 장거리 포장도로를 따라 이동하는 데 적합하지 않다.

이송 중 액체 실린더의 통제력을 상실하여 실린더가 쏟아지기 시작하면 그대로 두고 기관의 표준 운영 절차(standard operating procedure, SOP)에 따라 자격을 갖춘 도움을 요청하는 것이 가장 좋다.

액체 실린더는 고압이며, 실린더에 따라 최고 350 psi(2411 kPa)까지 이를 수도 있다. SI 단위가 아닌 영국식 단위로 표기된 실린더의 압력 사양은 가끔 혼란스러운데, 일반적으로 사용되는 사양은 다음과 같다:

- psia(pounds–force per square inch absolute): 게이지 압력에 대기압을 더한 값.
- psid(psi difference): 실린더 레이블에 표시된 두 압력 사이의 차이.
- psig pounds(force): per square inch, gauge.
- psi–vg(psi vented gauge): 측정 지점과 현지 압력의 차이.
- psi–sg(psi sealed gauge): 대기압에서 밀봉된 공기 챔버와 측정 지점에서의 압력의 차이.

압력–배출 장치는 모든 액체 실린더에 필수 장치이며 성에로 의해 막히지 않은 상태로 유지되어야 한다. 압력–배출 밸브의 배출구 피팅이 액체 또는 기체 분배 밸브와 같은 방향을 향하는 경우, 배출 기체를 사용자로부터 멀어지도록 하는 피팅을 추가하여 사람을 보호해야 한다. 액체 실린더의 고압은 심각한 위험 요소이다. 압력–배출 밸브가 손상되거나 작동하지 않으면 실린더가 파열될 수 있다.

듀어 플라스크(간단히 듀어)는 대기압에서 사용하는 소형 극저온 물질 용기로서, 뚜껑이 있을 수도 없을 수도 있다. 파열될 때 유리가 날아가는 것을 방지하기 위해 노출된 유리에는 테이프를 붙여야 한다. 다양한 듀어 플라스크를 그림 2.11에 보여준다.

액체 실린더로부터 작은 듀어를 채울 때는 먼저 소량의 극저온 물질로 몇 초간 휘저어 듀어 내부를 냉각시킨 후 채우는 것이 가장 좋다. 일반적으로 따뜻한 용기를 채울 때 끓거나 튀는 일이 발생하므로, 앞에서 설명했듯이 멀리 물러서고 적절한 개인 보호 장비를 착용한다. 채우기 전 플라스크는 깨끗하고 건조해야 한다. 대부분의 기기에서 요구하는 균일성을 얻으려면 듀어에 있는 극저온 물질의 온도가 평형에 도달하도록 기다려 주어야 한다.

그림 2.11 극저온 유체에 사용되는 듀어 플라스크들 (Pope Scientific Co.의 허가를 받아 재생하였음).

듀어 플라스크는 용량의 80% 이상 채워서는 안 된다. 너무 많이 채우면 튀거나 쏟아질 위험이 커진다. 음료 보온병으로 듀어 플라스크를 대체할 수 없다. 작은 듀어 플라스크를 휴대할 때는, 그것이 당신이 들고 있는 유일한 물건임을 확인하라. 듀어 플라스크를 얼굴에서 최대한 멀리하라. 주변의 다른 사람이 있는지 주의하라.

액체 질소가 들어 있는 소형 듀어 플라스크는 실험실에서 종종 콜드 트랩으로 사용된다. 장비의 일부를 듀어 냉탕에 넣을 때는 천천히 넣어 튀거나 과하게 끓는 것을 피하는 것이 중요하다. 듀어 플라스크 내 극저온 액체의 온도가 안정화되는 데에는 어느 정도 시간이 필요하다. 실제로 등온 측정 장비와 같은 장비는 냉각할 시료를 넣은 후 15~30분의 대기 시간이 필요하다.

파이렉스(Pyrex)나 유리솜 단열재로 플라스크를 둘러싸게 되면 유리솜이 극저온 물질에 빠지거나 증기 장벽이 되지 않도록 해야 한다. 액체 질소가 푸른 빛을 띠면, 액체 산소로 오염된 것이므로 Lox에 의한 위험을 조심해야 한다.

듀어 플라스크 콜드 트랩을 진공 펌프와 함께 사용하는 경우, 독성 화학 물질에의 노출을 피하고 트랩이 건조하게 되어 발생하는 과압(over–pressurization)을 방지하기 위해 트랩을 주기적으로 비워주는 것이 중요하다. 또한 진공 펌프의 V–벨트 근처에서 액체 질소를 배출하면 벨트가 부스러지기 쉬워져 수명이 단축될 수 있음을 유의하라. 전기 케이블 근처에 통풍구가 있는 경우에도 마찬가지이다. 전기 절연체가 부스러지면 화재 위험이 발생한다.

2.5 기기분석 실험실에서의 흄후드 사용

흄후드는 실험실에서 볼 수 있는 안전장치 중 하나이다. 일반적으로 생물학적 시료(미생물, 포자)를 다루는 실험실에는 생물학적 안전 캐비닛(biological safety cabinet, BSC)이 설치되어 있다. 경우에 따라 안전을 위해 기기를 흄후드 안에 설치할 수도 있다. 대부분의 흄후드는 허리 높이의 테이블 위에 설치된 캐비닛을 흄후드 위 또는 외부에 위치한 송풍기에 연결한다. 워크-인 흄후드는 실험실 바닥에 설치한다. 이는 대형 장비의 환기에 사용되며, 장비를 흄후드 안팎으로 이동할 수 있다는 장점이 있다. 흄후드의 유형 및 생물학적 안전 캐비닛에 대한 추가 정보는 Bruno 및 Svoronos의 책에서 찾을 수 있다. 흄후드의 몇 가지 구성이 그림 2.12에 나와 있다.

흄후드의 작동은 간단하지만 안전한 작동 방법을 준수해야 한다. 면속도(face velocity)는 80~120 fpm 사이에서 최적화되어야 한다. 125 fpm을 초과하면 흄후드에서 오염 물질이 유출되어 사용자를 위험에 노출시킬 수 있는 난류를 유발할 수 있다. 흄후드 안에 설치한 기기도 난류의 원인이 될 수 있다. 면속도는 시설관리자나 안전 담당자가 정기적으로 점검한다. 흄후드는 출입문에서 멀리 떨어진 실험실 내 교통량이 적은 구역에 위치하는 것이 이상적이다. 흄후드를 안전하게 작동하려면 다음을 준수해야 한다.

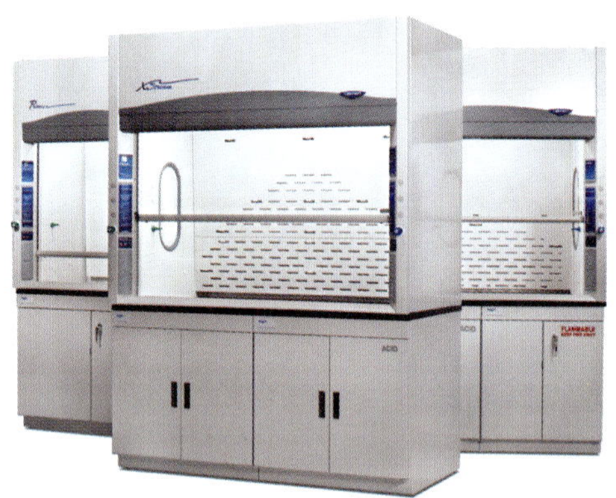

그림 2.12 흄후드의 몇 가지 일반적인 구성(Labconco Inc.의 허가를 받아 재생하였음).

1. 흄후드를 사용하기 전에 작동 상태가 양호한지 확인하라. 간단한 공기 흐름 테스트는 실험실용 천으로 수행할 수 있으며, 설치되어 있다면 흐름 모니터를 관찰할 수도 있다. 흐름 모니터는 공기 흐름이 불충분할 경우 경보음을 울린다. 구동 벨트가 부러졌거나 곧 부러질 수 있음을 나타내는 덜거덕 소리나 모터의 베어링이 고장 났음을 나타내는 삐걱거리는 소리에 주의하라.
2. 흄후드의 모터는 보수 시를 제외하고는 항상 작동해야 한다. 스위치가 실험실 내부에 있는 경우 관리 담당자를 보호하기 위해 잠금장치를 장착해야 한다. 불행히도, 서비스를 받는 동안 누군가가 모터를 켜서 몇몇 담당자가 손가락을 잃었다.
3. 사용자는 새시 면 너머 흄후드 내부로 머리를 넣는 것을 피해야 한다.
4. 실험자는 난류를 최소화하기 위해 흄후드 앞에서의 이동을 피하거나 최소화해야 한다.
5. 실험자는 흄후드 앞에서의 빠른 움직임을 피해야 한다. 여기에는 새시를 빠르게 올리고 내리는 것이 포함된다.
6. 새시를 최대한 닫아 두라. 새시를 작동할 수 있는 최대 높이를 나타내는 스티커가 흄후드 측면에 있다. 이 수준은 안전 담당자가 풍속계를 사용하여 매년 측정한다. 공기 흐름 모니터가 설치된 경우, 표시된 최대 높이보다 높아지면 경보가 발생한다.

7. 흄후드의 후면이나 측면에 있는 배플이 막혀서는 안 되며, 실험실 물티슈와 같은 종이 조각이 배플에 빨려 들어가지 않도록 해야 한다.
8. 흄후드에서 핫플레이트 등의 가열 장치를 사용하는 경우 대류에 의해 내부 공기 흐름이 급격하게 변화할 수 있다. 이러한 경우 흄후드의 하단 배플은 닫거나 최소화하고 중간 배플이 있는 경우에는 대류를 수용하기 위해 완전히 열어야 한다.
9. 캐비닛 내부의 장비는 공기 흐름을 방해할 수 있다. 이러한 장비는 작은 선반이나 블록을 사용하여 하부 배플보다 높게 올려야 한다. 콘크리트 블록을 사용하면 무게 때문에 안정성을 제공한다.
10. 외부에서 흄후드로 연결하는 호스와 전원 코드는 새시 아래의 에어포일(airfoil)을 통과해야 한다.
11. 일부 흄후드에는 캐비닛 내부에 컵싱크가 있다. 컵싱크의 목적은 냉각수 배출이다. 싱크대에 정기적으로 물을 흘려 막히지 않게 유지하고, P-트랩을 가득 채운 상태로 유지하여 하수 기체의 역류를 방지해야 한다. 또한 컵싱크로 화학 물질이 배출되지 않도록 하는 것도 중요하다.
12. 일부 흄후드에는 압축 공기 라인이 설치되어 볼텍스 튜브(가열 및 냉각용)와 같은 공기로 작동하는 장비를 사용할 수 있다. 흄후드 내부에서 볼텍스 튜브를 사용하는 경우 흄후드 내부에 추가 공기 흐름이 존재하므로 새시를 완전히 닫아야 한다.
13. 정전 시에는 새시를 1인치 이하로 연다.
14. 과염소산을 사용한 증발 및 삭임은 특별히 설계된 과염소산용 흄후드에서만 수행하여야 한다. 방사성 핵종과 감염성 물질의 사용 시에도 동일한 고려사항이 적용된다.

새시가 열리거나 닫힌 상태에서 흄후드 내부의 공기 이동을 그림 2.13에 표시하였다.

마지막으로, 앞에서 논의한 흄후드와 안전 캐비닛(층류 흄후드(laminar flow hood) 및 생물학적 안전 캐비닛) 간의 차이점을 살펴본다. 후자의 경우 둘 다 위의 일반적인 실험실 흄후드와 작동 및 목적이 다르며, 일반 실험실에서는 광범위하게 사용되지만 기기분석 실험실에서는 비교적 드물게 사용된다. 층류 흄후드는 일반적인 흄후드와는 반대로, HEPA(high-efficiency particulate air) 필터를 통과한 균일하고 상대적으로 느린 공기 흐름을 작업 표면과 실험자를 향해 아래로 향하게 하여 실험실로 배출한다. 이 장치는 미립자, 휘발성 물질 및 에어로졸과 같은 위험한 화학 물질이나 감염성 물질로부터의 보호를 제공하지 않는다. 층류 흄후드의 주요 용도는 결정, 전자 장치, 의약품 등을 깨끗하게 다루는 것이다. 생물학적 안전 캐비닛은 일반 흄후드와 달리 밀폐형 환기 캐비닛으로, 에어로졸이나 생물학적 위험에 대한 깨끗하고 안전한 작업 환경을 제공한다. 모든 배출 공기는 생물학적 안전 캐비닛을 빠져나갈 때 HEPA 필터를 거

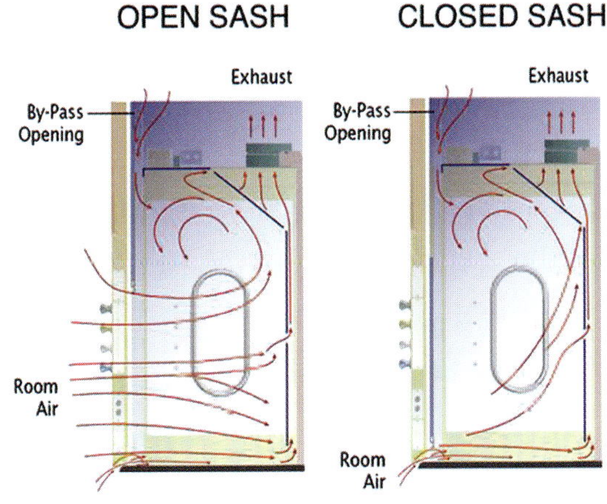

그림 2.13 새시가 열리거나 닫힌 상태에서 흄후드 내부의 공기 흐름 (Labconco, Inc.의 허가를 받아 재생하였음)

쳐 유해한 박테리아와 바이러스를 제거한다.

2.6 레이저 안전

레이저 사용의 안전은 많은 책이나 온라인 자료에서 다루는 매우 큰 주제이다. 기기분석 실험실의 레이저는 일반적으로 장비 내부에 내장되어 있으며, 사용자는 차폐, 장벽, 그리고 장비 덮개가 제거되면 레이저의 전원을 차단하는 시스템에 의해 보호된다. 그러나 시료를 바꾸거나 시스템을 조정할 때는 레이저에 노출될 수 있으므로 여기에서는 분석 시 가장 흔히 접하게 되는 장치에 대하여 간략히 설명한다.

주어진 장비에 어떤 레이저 위험이 존재하는지 미리 말하기는 어렵다. 그러나 각 장비에는 레이저의 유형을 나타내는 태그나 라벨이 있다(레이저 태그의 예는 그림 2.14에 보여 준다). 따라서 레이저 유형을 기준으로 안전 지침의 논의가 가능하며, 교수자는 장비에 관한 구체적인 정보를 갖고 있을 것이다. 다음은 미국에서 사용되는 ANSI 지침을 따르는 레이저 등급에 대한 요약이다(국제전기기술위원회(IEC)는 다른 분류 체계를 발표한다).

등급 I

등급 I 레이저는 정상적인 사용 조건에서는 눈 손상 가능성이 없고 본질적으로 안전하다. 이들은 출력이 낮거나(따라서 장시간 노출 후에도 눈 손상이 불가능함), CD 플레이어, 레이저 프린터, 분석기기에서와 같이 정상 작동 중에는 레이저 빔으로의 사용자 접근을 막는 보호장치 덕분에 안전하다.

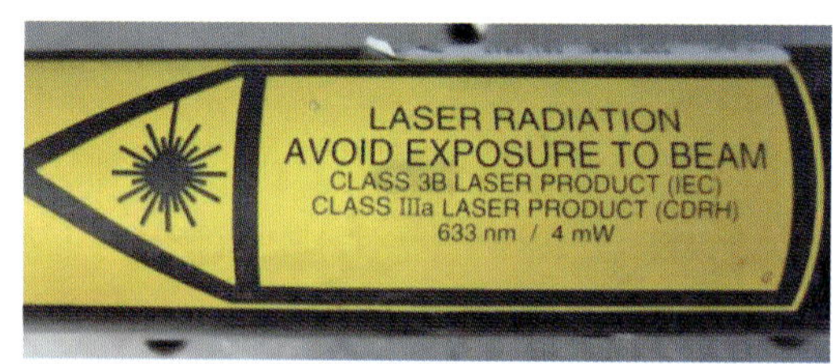

그림 2.14 분석 기기에 사용되는 레이저 라벨의 예(Niagara 대학 Mark Csele 교수의 허가를 받아 재생산하였음).

등급 II

이 등급의 레이저는 의도적으로 장시간 빔을 응시하지 않는 한, 인간의 눈 깜빡임 반사로 눈의 손상을 방지할 수 있다. 따라서 이 등급 레이저는 장시간 빔을 응시한다면 눈에 약간의 손상을 일으킬 수 있다. 출력은 최대 1 mW 정도이다. 이 등급은 가시광선을 방출하는 레이저만 포함된다. 일부 레이저 포인터가 이 등급에 속한다.

등급 IIIa

이 등급의 레이저는 빔의 지름이나 레이저 출력을 변경하는 특정 광학 기기와 결합하면 위험하다. 출력은 5 mW를 초과하지 않는다. 빔의 출력 밀도는 2.5 mW/cm2를 초과할 수 없다. 총기용 레이저 조준경과 일부 레이저 포인터가 이 등급에 속한다.

등급 IIIb

이 등급의 레이저는 빔이 눈에 직접 들어가면 손상을 일으킬 수 있다. 이는 일반적으로 5~500 mW 레이저에 적용된다. 이 등급의 레이저는 레이저의 강도에 따라 1/100초 이하의 노출에 의해 영구적인 눈 손상을 일으킬 수 있다. 일반적으로 종이나 무광택 표면에서의 확산 반사는 위험하지 않지만 반사율이 높은 표면에서의 정반사는 직접 노출만큼 위험할 수 있다. 등급 IIIb 레이저를 직접 보게 되는 경우 보안경을 착용하는 것이 좋다. 이 등급의 고출력 레이저는 화재 위험이 있으며 피부에 가벼운 화상을 입힐 수도 있다.

등급 IV

이 등급의 레이저는 500 mW 이상의 출력을 가지며 확대되지 않고도 눈이나 피부에 심각하고 영구적인 손상을 일으킬 수 있다. 레이저 빔의 확산 반사는 위험 구역(nominal Hazard Zone, NHZ) 내에서 피부나 눈에 위험할 수 있다. 많은 산업, 과학, 군사 및 의료용 레이저가 이 범주에 속한다.

앞에서 레이저 포인터를 언급했다. 레이저 포인터는 실제 관찰된 출력에 대한 최근 연구로 인해 별도로 언급할 가치가 있다. 인간의 빛-회피 반응은 일반적으로 이러한 레이저로부터 보호할 수 있다. 그러나 이 반응은 근적외선 범위(700~1400 nm)에서는 덜 민감하다. 따라서 망막 화상을 방지하기 위해 레이저 포인터는 위험한 수준의 적외선을 방출해서는 안 되며, 해당 파장 범위에서 접근 가능한 방출 수준(accessible emission level, AEL) 측면에서 등급 I을 준수해야 한다. NIST에서 실시한 테스트 프로그램에서 무작위로 선택하여 테스트한 결과, 두 개의 포인터를 제외한 모든 포인터가 지정된 AEL의 15% 이상의 방출을 보였고, 48%는 지정된 AEL의 두 배 이상을 방출하는 것으로 나타나 높은 잠재적 위험을 나타냈다.

2.7 압축 공기 라인의 안전

분석 기기 실험실에서 압축 공기는 많은 장치의 작동에 사용된다. 모든 파이프, 호스 및 부속품에는 압축기의 최대 압력 등급이 있어야 한다. 압축 공기 파이프라인은 파이프에 부착된 라벨을 통해 식별될 수 있어야 한다('고압 공기' 또는 '플랜트 공기'도 허용 가능한 라벨이다). 압축 공기 전달에 사용되는 호스는 적절한 등급이 지정되어야 하고, 그리스와 부식물이 없어야 하며 클램프로 고정되어야 한다. 호스는 파열될 경우 움직이지 않도록 고정되어야 한다. 공기 호스가 꼬이지 않도록 주의해야 한다. 최대 작동 압력을 알고 있어야 하며 초과해서는 안 된다. 일반적으로 실험실 압축 공기 라인의 압력은 125 psig(862 kPa) 이하이며 다이어프램 조절기(기체 실린더에 사용되는 PRV와 유사)에 의해 감소된 압력이 제공된다.

압축 공기를 사용하여 옷이나 먼지를 청소해서는 안 된다. 청소에 사용하려면 블로우건에 압력을 낮추기 위한 확산 노즐을 장착하거나 압력을 15 psi(103 kPa)까지 낮추어야 한다. 공압(pneumatic) 장치 및 도구는 정전기를 발생할 수 있다. 이러한 유형의 장비를 연료나 가연성 증기 또는 폭발성 대기가 있는 곳에서 사용할 경우 접지하거나 접착해야 한다. 이때 앞에서 언급한 실험실 접지 막대를 사용하면 좋다.

필터가 인라인으로 연결되어 있더라도 실험실 압축 공기에는 수증기가 포함된다. 수증기는 액체나 얼음으로 응축될 수 있으며 공기가 전기 또는 전자 장치에 접촉하면 위험을 초래할 수 있다. 공기 공급 장치를 냉장 컨디셔너로 건조하더라도 이슬점은 일반적으로 4℃까지만 떨어진다. 오래된 시설에서는 압축 공기 시스템이 오일(보통 압축기에서 발생), 녹(강철 배관에서 발생) 및 액체 물로 심각하게 오염될 수 있다. 이러한 시설에서는 유착 필터와 미립자 필터를 인라인으로 제공하는 것이 중요하다.

2.8 사다리 안전

실험대 위나 기기 뒤 영역에 접근하기 위해서는 사다리가 사용된다. 일부 실험실에서는 NMR 자석 앞에 반영구적으로 사다리가 설치되어 있는 경우가 종종 있다. 실험실 부상의 가장 일반적인 유형 중 하나는 사다리에서 떨어져 발생한다.

2.8.1 | 계단형 사다리

가능하다면 두 개의 전면 사이드 레일과 두 개의 후면 사이드 레일이 있는 휴대용 자립형 A 프레임 사다리를 사용하는 것이 가장 좋다(일부 오래된 삼각대형 사다리도 여전히 사용 중이다). 일반적으로 전면 사이드 레일 사이에 계단이 설치되고 후면 사이드 레일 사이에 브레이싱이 설치되는 경우가 있으나, 양쪽에 계단이 있는 경우도 있다. 알루미늄 사다리는 가볍고 휴대가 간편하지만 전기 장비 및 전자 제품 근처에서 사용하면 위험할 수 있다. 일반적으로 더 무겁고 더 비싼 유리섬유 사다리를 사용하는 것이 더 좋다. 표 2.5는 다양한 사다리 유형을 보여준다.

사다리에서 오르거나 내려갈 때 세 개의 접촉점(두 손과 발 혹은 두 발과 한 손)을 유지하는 것이 중요하다. 계단 중간에 서고, 평평한 표면에서만 사용하며, 다른 사람이 있는지 주의하라. 예를 들어 NMR 자석 주변에 설치된 반영구적 사디리에는 바리케이드를 쳐야 한다. 만약 도구를 들고 사다리 꼭대기로 가서 작업을 했다면, 사다리를 접기 전에 도구들을 가지고 내려온다. 사다리 위에 서 있는 동안 사다리를 움직이려고 하지 않는다. 사다리에는 한 명 이상 올라가지 말고, 사다리의 맨 꼭대기 계단에는 올라가지 않는다.

표 2.5 사다리 유형

유형	등급	용도	하중(kg)
1AA	특수 부하	거친 산업용(Rugged industrial)	170
1A	초고부하(Extra heavy duty)	산업용	136
I	고부하(Heavy duty)	산업용	113
II	중부하(Medium duty)	상업용	102
III	저부하(Light duty)	가정용	91

2.8.2 | 직선형, 조합형, 연장형 사다리

실험실에서는 계단형 사다리를 선호하지만 때로는 직선형 또는 조합형 사다리가 필요할 수도 있다. 조합형 사다리는 계단식 사다리와 직선형 사다리를 혼합한 것으로, 접거나 펼 수 있으며 때로는 작은 발판을 제공하기도 한다. 연장형 사다리는 계단형 사다리에 대한 모든 지침은 몇 가지 추가 사항과 함께 직선형 및 조합형 사다리에 적용된다. 직선형 사다리의 각도는 매우 중요하다. 직선형 또는 조합형 사다리를 설치할 때 적절한 각도는 바닥면이 벽에서 사다리 길이의 1/4 지점에 위치하는 것이다. 직선형 또는 조합형 사다리를 사용하여 높은 면에 접근할 때 사다리는 해당 표면 위로 최소 3피트 이상 연장되어야 한다. 직선형, 조합형 또는 연장형 사다리의 세 개의 상단 가로대 위에 절대 서지 않는다. 마지막으로, 사다리에는 오일이나 그리스와 같은 미끄러운 코팅이 없어야 하며, 적절한 조정 잭이 제공되지 않는 한 평평한 표면에서 사용해야 한다.

당연하지만, 실험실 기기의 덮개를 사다리처럼 사용하지 말아야 한다. 오늘날 기기에는 일반적으로 플라스틱 캐비닛으로 내부 구성 요소만 보호하도록 설계되었다.

2.9 청력 보호

기기분석 실험실의 다양한 곳에서 소음이 발생한다. 고용주는 실험실 작업장에서 8시간 동안 평균 85데시벨(dB)을 초과하는 소음에 노출된 직원을 식별해야 한다. 기기분석 실험을 수강하는 학생들은 장기간 과도한 소음에 노출될 가능성이 없지만, 누적된 노출은 궁극적으로는 청력 손실을 초래할 수 있다. 따라서 시끄러운 환경에서의 청력 보호는 일찍 시작하는 것이 좋다. 표 2.6은 일반적인 실험실 장비의 소음(데시벨, dB)을 제공한다.

표 2.6 일반적인 실험실 장비의 소음 수준

장비	소음 수준(dB)
공기압축기	75~95
쉐이커 테이블	75~85
감압밸브	75~120
가압 와류관	75~85
초음파 처리기(프로브형)	70~110
흄후드	30~70
진공펌프	50~70
룸에어컨	30~65

소음 노출을 완화하기 위하여는 엔지니어링 및 행정적 제어를 적용하는 것이 가장 좋다. 예를 들어, NMR에 극저온 프로브가 장착되어 있으면 액체 헬륨을 기기로 이송하는 라인이 장착된 극저온 냉각기가 있다(보통 다용도 공간 또는 건물 외부에 위치). 이 라인은 극저온 액체 헬륨용 진공 라인이며 폼 단열재로 싸여 있다. 이 폼 단열재는 열을 보호하기 위한 것이 아니라 극저온 냉각기의 소음을 완화하기 위한 것이다. 단열재가 없으면 소음으로 불편할 것이다. 다른 예는 고출력 프로브 유형 초음파 처리기인데, 거의 항상 방음 캐비닛 내부에서 사용한다.

엔지니어링 및 관리 제어를 적용한 후에도 소음 수준이 규정 또는 권장 수준보다 높다면, 청력 보호 장치(HPD)를 사용해야 한다. 기기에서 발생하는 소음 외에 실험과는 직접 관련이 없는 장치에서도 소음이 발생할 수 있다. 라디오, 파이프인(pipe-in) 음악, HVAC 시스템 및 전화기로부터의 소음도 존재한다.

단순히 소음 감소를 최대화하기 위해 청력 보호 장치를 사용하는 것이 반드시 최적은 아니다. 학생과 근로자 간 소통은 여전히 중요하다. 또한 실험실 장비의 경보(예: 흄후드의 저유량 경보, 오븐의 온도 경보, 지게차의 경보 등)를 인식할 수 있어야 한다. 소음이 심한 환경에서 HPD를 제거하면 청력 보호 기능이 크게 약화될 수 있지만, 많은 경우 직원들은 서로 소통하거나 경보를 듣기 위해 청력 보호 장치를 제거한다. 올바른 청력 보호 장치를 선택하면 직원이 HPD를 제거하는 일이 최소화될 수 있다. 적합한 소음 감소 등급을 결정하기 위해 소음 수준을 결정해야 하며, 산업 위생사 또는 적절한 인력이 교육을 제공해야 한다.

청력 보호 장치를 선택할 때는 사용자의 선호도(예: 귀마개와 이어머프 사이에서)를 고려해야 한다. 귀의 해부학적 구조는 개인마다 다르므로, 잘못 삽입하면 귀마개의 효과가 모두에게 같을 수 없다. 일부 환경에서는 직원이 귀마개를 삽입했다 제거하는 과정에서 먼지나 박테리아가 유입되어 귀에 감염을 일으킬 수 있다. 더 높은 소음 감소 등급(noise reduction rating, NRR)이 필요한 경우, 때로는 두 가지 스타일의 HPD(예: 귀마개와 일회용 폼 귀마개)를 동시에 사용하는 것이 효과적이다. 표 2.7은 적절한 HPD 선택을 위한 지침을 제공한다. 표에 표시된 장비 외에도 사용 가능한 조합 장치가 있다. 예를 들어 보호용 안전모 및 다양한 유형의 안면 보호구와 결합하여 수동형 이어머프를 얻을 수 있다.

2.10 실험실 장갑 선택

손 보호에 대하여는 보통 일반화학과 유기화학에서 다루기 때문에 여기서 다루는 실험실 장갑에 대한 대부분의 논의는 복습일 수 있다. 다만 기기분석 실험실에서는 더 다양한 손 보호의 경우를 접하게 되기 때문에 이 책에서 다루는 것이다. 기기분석 실험실에서는 유기 및 무기 시약, 수용액, 열 및 추위로 인한 위험에 직면하게 된다. 앞에서 우리는 극저온 장갑의 사용에 대해 논의하였다. 극저온 유체를 다루기 전에 이 부분을 검토하라.

다음 표들은 실험실용 보호 장갑의 선택에 대한 지침을 제공한다. 두 가지 이상의 위험 요소나 화학 물질로부터 보호가 필요한 경우 이중 장갑을 고려하라. 표 2.8은 긁힘, 화상, 인체공학적 이슈, 베임, 찰과상으로부터의 일반적인 손 보호 방법을 다루며, 표 2.9는 화학 물질로부터의 손 보호 방법을 다룬다. 적절

표 2.7 청력 보호 장치의 선택

유형	그림	설명
수동형 이어머프		착용하기 쉽다. 간헐적인 소음 노출에 적합하고, 안전모와 같은 다른 보호 장비를 수용할 수 있도록 다양한 종류의 헤드밴드가 있다. 다만 불편할 정도로 덥거나 무거울 수 있으며, 귀마개보다 비싸다.
일회용 폼 귀마개		이어머프보다 시원하고 장시간 사용에 더 편안하다. 최대 소음 감소를 제공하며, 크기가 다양하다. 소음 감소 효과는 얼마나 귀에 잘 맞는가에 의존한다. 더러운 환경에서는 위생 문제기 있을 수 있다. 땀을 흡수할 수 있으며, 일회용이다.
재사용 가능 성형 귀마개		장시간 사용에 편안하며, 세탁하여 재사용할 수 있다. 땀을 흡수하지 않는다. 크기가다양하며 소음 감소 효과는 얼마나 귀에 잘 맞는가에 의존한다. 일회용 귀마개보다 약간 더 비싸다. 사용 후 세척 필요하며, 말하거나 씹을 때 느슨해질 수 있다.
캐널캡/반삽입형 귀마개		간헐적 사용에 편리하다. 다양한 소음 감소 등급 제공하며, 사용하지 않을 때는 목에 걸어 둘 수 있다. 대부분의 귀마개보다 소음 감소 효과 낮다. 일반적인 이어머프나 귀마개보다 소음 감소 등급 낮다. 폐색 효과로 인해 착용자의 목소리가 더 크게 들린다.
맞춤형 귀마개		올바르게 삽입하면 편안하다. 적극적으로 소리를 관리하며, 소음 감소는 가변적이다. 착용감이 다양하며 편안하다. 다른 귀마개보다 초기 비용도 높고, 품질도 다양한다.
조합형 이어머프		장착이 쉽다. 안면 보호대 또는 안면 스크린으로 사용할 수 있지만, 개별 구성 요소보다 조정 가능성은 낮다. 불편할 정도로 덥거나 무거울 수 있다. 이어머프나 귀마개보다 비싸고, 종종 개별 구성품보다 더 비싸기도 하다.

한 손 보호구를 선택할 때는 위험을 식별하고, 가능하다면 공학적 제어 방법(병의 물방울 제어, 날카로운 물건 제거, 인체공학적으로 설계된 도구 사용 등)을 사용해야 한다.

2.11 호흡기 카트리지 및 필터 선택

기기분석 실험에 인공호흡기가 필요한 경우가 있다. 여기에는 현장 작업이나 환경 시료 채취가 포함된다. 실험실 작업에 인공호흡기를 사용해야 하는 경우, 강사가 호흡기를 장착해 준다. 피팅 프로세스의 일부는 아이소아밀 아세테이트(증기 테스트용, 바나나 특유의 냄새가 남)나 사카린(입자 테스트용, 단맛이 남)과 같은 물질로 호흡기가 잘 장착되었는지를 테스트하는 것이다. 얼굴 털로 인해 호흡기가 샐 수 있다. 예를 들어, 턱수염이 많으면 호흡보호구를 적절하게 사용할 수 없다.

호흡기에 사용되는 카트리지 및 필터의 사양 및 선택을 위해 모든 제조업체에서 사용하는 표준화된 색상

표 2.8 일반적인 손 보호용 장갑 선택 기준

장갑	적용 예
면(cotton)	시료의 무게를 재거나 유리류를 다룰 때(피부 오일에 의한 오염 방지). 화학 물질용 장갑 안에 사용할 수 있다.
가죽	중간 정도의 뜨겁거나 차가운 물질 다루거나 장비를 옮길 때.
젤-충진(방진)	진동하는 장비를 다룰 때.
케블라 혹은 미세 망사	금속 시트나 유리를 다루거나 절단 작업할 때. 구멍이 날 수도 있다.
내화학성(chemical resistant)	표 2.9 참조.
내열성	전기로를 사용하거나 뜨거운 유리 및 금속을 다룰 때.
난방용	극저온 작업에서 듀어를 채우거나 NMR 자석을 보충할 때.

표 2.9 화학적 위험으로부터의 손 보호

장갑 재질	저항력 있는 물질:
바이톤(Viton)	PCB, 염소화 용매, 방향성 용매
바이톤/뷰틸	아세톤, 톨루엔, 방향족 화합물, 지방족 탄화수소, 염소화 용매, 케톤, 아민, 알데하이드
실버쉴드(SilverShield), 4H(PE/EVAL)	모르폴린(Morpholine), 염화비닐, 아세톤, 에틸에터, 독성 용매 및 부식제
배리어(Barrier)	넓은 범위의 염소화 용매, 방향족 산
PVA	케톤, 방향족 화합물, 염소화 용제, 자일렌, MIBK, 트라이클로로에틸렌; 물이나 수용액 사용 금지
뷰틸(Butyl)	알데하이드, 케톤, 에스터, 알코올, 대부분의 무기산, 부식제, 다이옥세인(dioxane)
네오프린	오일, 그리스, 석유계 용제, 세제, 산, 부식제, 알코올, 용매
PVC	산, 부식제, 용매, 그리스, 오일
나이트릴(Nitrile)	오일, 지방, 산, 부식제, 알코올
라텍스	체액, 혈액, 산, 알코올, 알칼리
바이닐	체액, 혈액, 산, 알코올, 알칼리
고무	유기산, 일부 무기산, 부식제, 알코올; 방향족 용매나 염소화 용매에는 권장되지 않음

코드 시스템이 있다. 표 2.10은 색상 코드를 사용하여 적절한 카트리지를 선택하는 지침을 제공한다.

표에 열거된 카트리지 외에도 단독으로 혹은 조합하여 사용할 수 있는 미립자용 필터가 있다.

앞에서 논의한 호흡기는 CV-19(중증 급성 호흡기 증후군 코로나바이러스-2, SARS-CoV-2) 바이러스가 발생한 이후 널리 사용된 안면 마스크와는 다르다. 공기 중의 비말 감염 방지를 위한 의무적인 보호에는 안면 마스크, 안면 가리개, N95 마스크가 포함된다. 일반적으로(혹은 실수로) 인공호흡기라고 불리는 N95 마스크는 폴리프로필렌 부직포 섬유의 미세한 그물망을 사용하여 공기 중 미립자의 95%를 제거하도록 설계되었다. 이러한 마스크는 나노입자로부터도 보호할 수 있다. N95는 화학적 노출에 대한 보호를 제공하는 장치라는 의미에서의 호흡기가 아니다. 실제로 N95 마스크는 오일이나 유기물 증기로부터 보호하지 않는다.

표 2.10 호흡기 카트리지 색상 코드

색상 코드	적용
회색	유기물 증기, 암모니아, 메틸아민, 염소, 염화수소, 이산화 황이나 황화 수소(대피 전용) 또는 플루오린화 수소나 폼알데하이드.
검은색	규제 기준을 초과하지 않는 유기물 증기.
노란색	유기물 증기, 염소, 이산화 염소, 염화 수소, 플루오린화 수소, 이산화 황 또는 황화 수소(대피 전용).
흰색	염소, 염화 수소, 플루오린화 수소, 이산화 황, 황화 수소(대피 전용).
녹색	암모니아와 메틸아민.
주황색	수은 및/또는 염소.
보라색	고체 및 액체 에어로졸과 미스트.
보라색+회색	유기물 증기, 암모니아, 메틸아민, 염소, 염화 수소, 이산화 황이나 황화 수소(대피 전용) 또는 플루오린화 수소나 폼알데하이드; 고체 및 액체 에어로졸과 미스트.
보라색+검정색	유기물 증기, 고체 및 액체 에어로졸과 미스트.
보라색+노랑색	유기물 증기, 염소, 이산화 염소, 염화 수소, 플루오린화 수소, 이산화 황 또는 황화 수소(대피 전용); 고체 및 액체 에어로졸과 미스트.
보라색+흰색	염소, 염화 수소, 플루오린화 수소, 이산화 황 또는 황화 수소(대피 전용); 고체 및 액체 에어로졸과 미스트.
보라색+녹색	암모니아, 메틸아민, 고체 및 액체 에어로졸과 미스트.

2.12 나노물질의 안전성

지난 10년 동안 나노물질에 관한 연구가 급증했다. 나노물질은 고분자, 촉매, 화학 공정, 의학, 에너지 저장, 전자 및 기타 여러 분야에 응용되었다. 실제로 나노과학 분야 연구 그룹은 화학 관련 분야의 대학원 수준 교육에서 가장 많이 찾는 그룹 중 하나이다. 많은 문제가 기기분석 실험실과 관련된 것이 아니고 화학적 유해성과 관련된 것임에도 불구하고 이 장에서는 나노물질 안전에 대해 다룬다. 그 이유는 이 책에서 언급하는 공학적 및 개인 보호 안전 장치 중 많은 것이 나노물질 취급에 사용되기 때문이다.

나노물질의 분류에는 나노물체와 나노입자가 포함되며, 나노물체는 적어도 하나의 치수(길이, 폭, 높이 및/또는 직경)가 1 nm에서 100 nm ($1 \times 10-9$ m) 사이인 물질이고, 나노입자는 세 개의 치수 모두가 이 범위에 있는 물질이다. (ASTM 정의에 의하면 두 개의 치수가 1에서 100 nm 사이일 때를 허용한다.) 사람의 머리카락은 지름이 약 50,000 nm이다. 나노물질은 그 기원에 따라 천연적, 우발적(incidental), 가공된(공학적) 물질로 분류할 수 있다. 천연 나노물질에는 화산 산물, 바이러스, 바다 물보라, 광물 에어로졸이 포함되며, 자연 어디에나 상당한 농도로 존재한다. 우발적 나노물질에는 용접 중에 발생하는 금속 증기, 모래 먼지 및 기타 산업 유출물, 요리 연기 및 디젤 엔진 미립자가 포함된다. 천연 나노물질의 환경적 건강 및 안전에 관해서는 약간의 연구가 수행되었고, 부수적인 나노물질 중 용접 증기와 디젤 연료 미립자에 관해서는 광범위한 연구가 수행되었다.

최근, 공학적 나노물질이 강조되고 있는데, 주관심물질은 금속 나노입자, 나노막대, 나노와이어, 나노튜브, 나노캡슐 및 양자점 등이다. 이러한 물질들이 다양한 분야에서 널리 사용됨에 따라 공학적 나노물질의 환경 건강 및 안전에 관한 연구는 점점 더 많은 관심을 받고 있는 활발한 연구 분야로 남아 있다. 이 종류의 물질의 이동과 독성에 관해 아직 많은 부분이 알려지지 않았지만, 여기에서는 나노 물질의 안전한 취급을 위한 몇 가지 일반적인 지침을 제공한다. 우선 이러한 안전 지침의 이해에 필요한, 나노기술에 분야에서 사용하는 몇 가지 단순화된 정의 또는 용어부터 시작한다.

정의

- 공기역학적 지름(aerodynamic diameter): 관심 입자와 동일한 침전 속도를 가지며 밀도가 1000 kg/m2인 구의 지름으로 정의되는 입자 지름의 척도.
- 응집체(agglomerate): 입자(나노입자 포함)들이 van der Waals 힘, 표면 장력 및 정전기와 같은 약한 힘으로 뭉쳐진 느슨한 덩어리. 응집체는 종종 분산될 수 있음.
- 골재(aggregate): 이질적인 입자들이 상대적으로 강한 힘으로 뭉쳐진 덩어리로, 입자들이 쉽게 떨어지지 않아 잘 분산되지 않음.
- 버키볼(Buckey ball): 구형 탄소(C60) 풀러렌.
- 풀러렌(fullerene): 전체가 탄소로 구성된 분자. 일반적으로 속이 빈 구, 타원체 또는 튜브 형.
- 그래핀(graphene): 탄소 원자 한 개 두께의 탄소 시트.
- 다중벽 탄소 나노튜브: 나노 크기의 튜브 형태로 감긴 여러 장의 그래핀 시트.
- 나노에어로졸(nanoaerosol): 기체에 분산된 나노물질.
- 나노콜로이드(nanocolloid): 젤이나 기타 반고체 물질에 분산된 나노물질.
- 나노복합체(nanocomposite): 서로 다른 물리적 특성을 가지는 두 가지 이상의 나노물질로 구성된 고체.
- 나노하이드로졸(nanohydrosol): 용액에 분산된 나노물질.
- 나노튜브(nanotube): 나노미터 범위의 지름을 가지는 이음새 없는 튜브.
- 나노와이어(nanowire): 나노미터 범위의 크기를 가지는 와이어.
- 양자점(quantum dot): 전도대 전자, 원자가대 정공 또는 엑시톤(전도대 전자 및 원자가대 정공의 쌍)의 움직임을 세 가지 방향 모두에서 제한하는 나노물질 또는 나노입자.
- 단일벽 탄소 나노튜브: 나노 크기의 튜브로 감긴 한 장의 그래핀.
- 초미립자(ultrafine particle): 보통 지름이 100 nm 미만인 공기 중 입자.

나노물질이 초래하는 안전성 문제는 조직 침투 가능성, 혈액-뇌 장벽 통과 가능성, 장기 간 이동 가능성 등에서 발생한다. 생물학적 효과는 크기, 모양, 극성/전하, 흡착 능력, 표면 조성, 단백질과 수용체와의 결합 능력에 따라 결정된다. 나노물질은 모화합물보다 반응성이 더 높아 종종 촉매 효과를 나타내며 더 큰 인화성 또는 폭발 위험을 나타낸다. 예를 들어, 금덩어리는 불활성이지만 5 nm 미만의 금 나노 입자는 여러 가지 산화 반응에 촉매 작용을 한다.

나노물질에 대한 가장 확실한 노출 경로는 호흡기이며, 폐의 공기 교환 영역에 침적되는 입자는 호흡 가능한 것으로 간주한다. 의도하지 않았지만 손에서 입으로의 이동으로 인한 섭취도 가능하다. 마지막으로, 나노입자는 피부나 피부의 상처를 통해 흡수될 수 있다. 나노물질의 안전한 취급은 아래와 같은 일반적인 실험실 안전망을 따른다:

- 제거(elimination): 위험을 피하기 위한 실험 설계 변경.
- 대체(substitution): 위험도가 낮은 대체품 사용.
- 공학적 제어(enginnering control): 인클로저, 흄후드 등의 사용.
- 행정적 제어(administrative control): 표준 절차 및 프로토콜 준수.
- 개인 보호 장비(personal protective equipment, PPE): 장갑, 의복, 인공호흡기 등을 포함한 최후의 안전선

제거와 대체는 우발적으로 발생한 나노입자에 가장 유용하다. 가공된 나노입자를 이용한 연구에서는 공학적 제어, 행정적 제어, 그리고 개인 보호 장비를 사용해야 한다.

흄후드 및 고효율 미립자 공기(HEPA) 집진 시스템과 같은 비재생 일반 환기 시스템의 사용은 안전한 취급을 위해 매우 필요하다. 가능하다면, 초저미립자 공기(ULPA) 필터를 설치해야 하는데, 이는 가공 나노물질에 더 효과적인 것으로 알려져 있기 때문이다. 나노물질을 취급하는 연구실은 주변 환경(복도, 조리실 등)에 비해 음압이어야 한다. 이 장의 흄후드 및/또는 생물학적 안전 캐비닛에 대한 내용은 흄후드 선택 및 작동에 대한 추가 정보를 제공한다.

가능하다면, 에어로졸 형성 가능성을 최소화하기 위해 용액(또는 액체 상태)에서 작업을 수행해야 한다.

용액상 나노물질은 장갑을 끼고 취급해야 한다. 장갑은 나노물질 분산에 사용되는 용매와 호환(compatible)되어야 한다. 일반적으로 나이트릴 장갑을 권장하며, 많이 사용하거나 장기간 사용하는 경우에는 이중 장갑을 사용하는 것이 좋다. 소매가 있는 장갑, 손목을 보호할 수 있는 소매가 긴 의복 또는 실험실 가운을 권장한다. 액상 또는 용액상 나노물질, 특히 개방형 용기에 분산된 나노물질을 사용하거나, 건강에 위험한 용매에 분산되어 있거나, 초음파 처리, 교반 및 와류(vortex) 혼합과 같이 고위험도 활동을 수행하는 경우에는 흄후드나 생물학적 안전 캐비닛에서 다루는 것이 가장 좋다. 밀폐된 용기에서 수행되는 조작은 흄후드나 생물학적 안전 캐비닛에서 수행할 필요는 없지만, 개봉 시 에어로졸이 방출될 수 있으므로 용기는 그런 인클로저 내부에서 열어야 한다. 누출 가능성이 있다면 일회용 벤치 커버를 사용해야 한다. 누출된 물질은 즉시 청소해야 한다. 오염된 장갑은 즉시 교체해야 한다.

건조한 나노물질의 조작은 흄후드나 생물학적 안전 캐비닛에서 수행하여야 한다. 건조 나노물질을 다른 곳으로 운반할 때는 밀폐 용기를 이용해야 한다. 공기에 민감한 나노물질의 조작을 위하여는 글러브 박스나 글러브 백이 필요하다. 나노물질을 다룬 후에는 손을 씻어야 한다. 작업 완료 후에는 작업 공간을 청소해야 한다. 나노물질 작업에 사용한 장비나 기기의 유지 관리 시에는 나노물질이 존재한다는 가정하에 수행하여야 한다.

나노물질의 이동과 독성은 아직 잘 알려지지 않았으며 여전히 활발한 조사의 영역이다. 그렇더라도 나노물질과 그 합성 부산물은 잠재적으로 위험한 폐기물로 처리되어야 한다. 나노물질은 나노물질과 용매 조성에 따라 적절하게 폐기되어야 한다. 중금속을 함유한 나노물질은 다른 폐기물 흐름과 별도로 처리한다. 가능하다면 폐기물의 양을 줄이기 위해 용액에 존재하는 나노물질을 모으거나 완전히 용해시키는 것이 좋다. 종종 나노물질은 반용매(antisolvent)를 사용하여 용액에서 응집시키거나 침전시켜 여과 후 재활용하거나 고형 폐기물로 수집할 수 있다. 다른 방법으로는 활성탄과 같은 흡착제를 이용하여 나노물질을 흡착시킨 후 여과하여 용액에서 특정 유형의 나노물질을 제거할 수 있다. 금속 산화물과 같은 나노물질은 종종 강산에 완전히 용해된다.

2.13 이온화 방사선의 상대적 선량 범위

이온화 방사선이 인체에 미치는 영향에 관한 연구는 보건물리학이라는 분야의 영역이다. 이 이름은 물

리학뿐만 아니라 화학과 생물학도 포함하기 때문에 오해의 소지가 있다. 이것은 제2차 세계대전이 끝나고 원자력 시대가 열리면서 시작된 매우 큰 분야이다. 원자력, 핵의학, 센서, 그리고 핵무기 모두 이온화 방사선원을 사용한다. 분석 기기실험실도 수혜자이다. 미국에서는 모든 방사선원은 미국 원자력규제위원회(National Regulatory Commission, NRC)로부터 면허를 받아야 하며, 모든 방사선원에는 지정된 관리인이나 책임자가 지정되어야 한다. 또한 기관이나 대학에는 관리, 규칙 및 규정 준수, 보유한 모든 방사선원에 대한 정기 점검을 감독하는 방사선 안전 책임자(radiation safety officer, RSO)가 있어야 한다. 방사선원 자격에 대한 세부 사항은 본 교재의 범위를 벗어나지만 사용자의 책임에 대한 관점을 제공하기 위해 일부를 논의한다.

기기분석 실험실에서 가장 흔히 접하는 방사선원은 기체 크로마토그래피 전자 포획 검출기(ECD) 및 이온 이동성 분광계(IMS)에 사용되는 ^{63}Ni 베타 방사선원이다. 실제로, 이것이 우리가 본 교재에서 다룰 유일한 방사선원이다(X선관은 방사선원으로 간주되지 않는다). 두 장비 모두 방사선원이 밀봉되어 있으며 방사능은 15 mCi이고 최대 방출은 65.87 keV이다. 우리는 mCi 단위로 방사능을 나열한다. 왜냐하면 mCi 단위가 방사선원에 표시되기 때문이다. SI 단위는 베크렐(Bq)이다. 1 Bq은 초당 하나의 방사선 방출(예: 붕괴) 이벤트이다. 1 Ci = 3.7×10^{10} Bq이다(방사선 안전 단위에 대한 자세한 논의는 Bruno와 Svoronos의 책을 참조하라). ^{63}Ni 방사선원은 검출기 내부에 방사성 물질을 전기 도금하여 만든다. 녹는점은 1453℃로, 모든 온도에서 고체이고, 반감기는 101.1년이다.

미국에는 방사선원에 대한 두 가지 라이선스가 있다(일반(general) 또는 특정(specific) 라이선스). 기기분석 실험실의 가장 일반적인 방사선원은 일반 라이선스를 받은 것이다. 일반 라이선스 하에서는 사용자는 방사선원을 열거나 변화를 주거나 용매 세척할 수 없다(지정된 열 세척은 허용됨). 사용자는 방사선원을 이동할 수 없다. 이 작업은 RSO가 수행해야 하며, RSO는 주기적으로 방사선원 외부를 닦아준다. 이는 에탄올에 적신 섬유 패드로 광원 외부를 닦아준다. 특정 라이선스하에서는 사용자는 이송 및 청소 측면에서 좀 더 유연성을 가지지만, 일반적으로 더 많은 책임을 진다. 두 가지 유형의 라이선스에 따라 식별 태그를 부착해야 한다. 태그의 표기나 경고는 정상 작동 시 노출을 나타낸다.

방사선량(dose)은 SI 단위로 시버트(Sievert, Sv)를 이용하는데, 이는 방사선의 물리적 영향이 아닌 방사선이 인체 조직에 미치는 영향을 나타낸다. 대부분의 RSO는 보다 일반적인 단위인 rem을 사용하므로 이 단위를 아는 것이 중요하다. 1 rem= 0.01 Sv이다. 이 관계는 X선, 감마선 및 베타선에 적용된다(중성자나 알파 입자에는 적용되지 않는다).

자연에서의 방사(바탕방사)는 지구상에서 발견되는 모든 방사선원의 합계로 구성되는데, 일반적으로 표 2.11에 표시된 네 가지 주된 요소로 나뉜다.

표 2.11 자연에서의 바탕 방사에의 평균 기여도

기여	평균 방사선량(mrem/year), 미국
지상에서의 기여	21
우주의 기여	33
공기 중 라돈(및 부산물)에 의한 기여	228
내부 소비에 의한 기여	29
합계	311

미국에서의 평균 바탕 이온화 방사 수준은 311 mrem인데, 이는 가변적이다. 예를 들어 영국과 핀란드의 평균은 각각 200 mrem과 700 mrem이다. 고도가 높은 지역은 더 높다. 예를 들어, 미국 Colorado 주 Denver에서는 약 450 mrem인데, Florida에서는 230 mrem 정도이다. 지상에서의 기여는 주로 포타슘,

우라늄, 토륨의 방사성 핵종과 그 부산물로부터 발생한다. 우주의 기여는 주로 뮤온, 중성자, 전자에서 발생하며 지구 자기장과 고도에 따라 달라진다. 내부 기여는 음식과 물에 있는 칼륨과 탄소의 방사성 핵종을 소비한 결과이다. 지금까지 가장 큰 기여는 라돈과 그 부산물에서 비롯된다. 미국에서는 측정 결과가 4 pCi/L(150 Bq/m^3) 이상이면 실내 라돈 완화 조치가 필요한 수준에 도달한다. 이 수준의 방사능은 연간 300에서 700 mrem 사이의 방사선량을 초래한다. 라돈 테스트는 일반적으로 부동산 거래 중 주택 검사의 필수 부분이고, 회사에서 테스트를 제공하므로 많은 사람들에게 친숙하다.

실험실에서 이온화 방사에 노출되면 바탕 수준을 초과하는 방사선량이 발생한다. 다음 그래프들은 일반적인 노출에 의해 추가되는 방사선량을 보여준다. 그림 2.15에서는 흡연에 의한 방사선량이 너무 커 다른 데이터를 보기 어려워 그림 2.16에서는 흡연의 기여를 제거하였다. 흡연에 의한 방사는 몸 전체가 아닌 폐에 특정되므로 중요하다. 그림 2.15에서 항목 간 적절한 비교를 위하여는 흡연에 의한 기여 8000 mrem에 폐의 조직 가중치인 0.12를 곱하면 된다.

흡연으로 인한 높은 증가(흡연 중 시간당 1 mrem)는 담뱃잎에 ^{210}Po와 ^{210}Pb (라돈 부산물, 알파 및 감마선 방출)가 축적된 결과이다.

비행으로 인해 발생하는 방사선량 증가는 고도에 따라 다른데, 고도가 높을수록 높아지고 범위는 0.3~0.5 mrem/hr이다. 의료 영상이나 방사선 치료로 인한 증가는 오해의 소지가 있다. 많은 개인의 경우 방사선량은 0에 가까울 수 있지만(예를 들어 특정 연도에 X선 촬영을 하지 않은 경우), 방사선 치료(예: 암)의 경우 훨씬 더 높을 수 있다. 실제로 특정 방사선 치료(예: 근접 치료)를 받은 환자는 그 자신이 방사선원이 되어 주치의, 간병인, 가족, 일반 대중에게 증가를 유발한다. 그림 2.15와 2.16의 시계는 발광을 위해 Ra/ZnS 페인트로 코팅된 다이얼이 있는 오래된 시계이다.

2.14 자기장 안전

6장에서는 핵자기공명 분광법(NMR)과 적절한 에너지 전이에 요구되는 높은 자기장을 다룬다. NMR 실험실에서 접하는 대부분의 자석은 초전도성이다. NMR에 사용되는 자석은 매우 강력하다. 자기장이 약 5가우스(0.0005 T)인 자석 주변 영역을 밧줄로 막아 이 영역 밖에 머무는 것이 일반적이다. 금속 물체나 자기 기록장치(신용 카드 포함)를 자석에서 멀리 두는 것이 중요하다. 심장 박동기를 착용한 사람은 자기장 근처에 접근해서는 안 된다. 요즈음의 능동 차폐형 자석은 자기장 누출 가능성이 훨씬 적어, 능동 차폐형 자석에 신용 카드를 대도 별일이 발생하지 않는다. 그러나 능동 차폐형을 사용하더라도 자석 근처에서 강철 도구를 사용하는 것은 위험할 수 있다. 이러한 자석에는 자석 아래에 여전히 강력한 자기장이 있다.

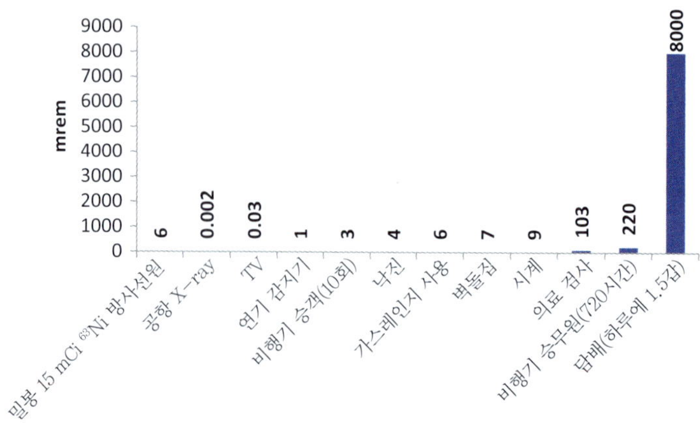

그림 2.15 전자 포획 검출기 및 이온 이동도 분광계에 사용되는 15 mCi^{63}Ni 방사선원에 대한 자연 바탕 수준으로부터의 증가치 비교(Bruno와 Svoronos의 책에서 발췌).

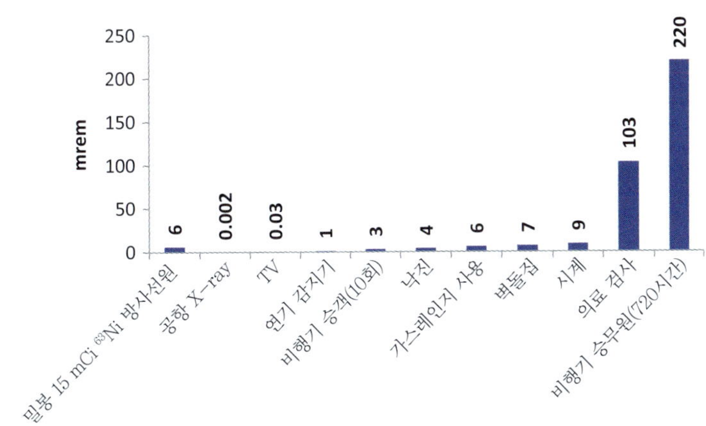

그림 2.16 그림 2.15에서 담배 데이터를 제거한 그림(Bruno와 Svoronos의 책에서 발췌).

실제로 프로브 교체(자석 바닥에서 수행됨) 중에 작은 렌치가 손에서 빠질 수도 있으며, 실수로 자석 바닥 근처에 렌치를 놓으면 더욱 그렇다. 6장에서는 초전도 자석의 소광(quench)으로 발생할 수 있는 일련의 사건을 논의한다. 이는 자석 내 극저온 액체 냉매의 급속한 방출을 동반하는 놀라운 현상이다. 이러한 방출은 기화하는 액체 헬륨과 질소가 공기를 빠르게 밀어내어 질식제로 작용한다는 점에서 위험하다. 추가로 주의할 점은 소광 중에 도구와 같은 강자성 물체가 자석의 중심부 쪽으로 끌릴 수 있다는 것이다.

2.15 기타 위험 및 화재 안전

여기에서는 기기분석 실험실이나 작업장에만 국한되지 않는 몇 가지 일반적인 위험에 대해 논의한다. "무언가가 보이면 무언가를 말하라"라는 격언이 여기에 적용된다. 연료가스(천연가스 및 액화석유가스) 냄새에 익숙해져라. 예를 들어, *t*-뷰틸 머캅탄(TBM)과 기타 황 화합물의 혼합물인 천연가스는 썩은 달걀 냄새가 난다고 하는데, 꼭 그런 것은 아니다. 오히려 그것은 천연가스 누출을 특정할 수 있는 "가스 냄새"이다. 그러나 북쪽 기후에서 사용되는 냄새제는 남쪽 기후에서 사용되는 냄새제와 다르다. 유럽에서 사용되는 냄새제는 가스 냄새보다 더 불쾌한 냄새가 나는 싸이오펜 혼합물이다. 새로운 곳에 살게 된다면 차이점을 알아보라. 일부 공급자는 익숙해지도록 무료 스크래치 및 스니프 카드를 제공한다. 만약 방에서 천연가스 냄새가 난다면, 나가서 안전 혹은 보안 사무소에 알리는 것이 가장 현명한 방법이다. 강한 타는 냄새나 연기에도 동일하게 행동하라. 이들 중 어느 하나라도 범위가 넓고 비정상적으로 강하다면 (우발적인 화재가 그러하듯) 화재경보를 울려라. 화재경보 장치를 켜려면 상당한 힘이 필요할 수 있다. 실수로 켜지는 것을 방지하도록 설계되었기 때문이다(그림 2.17).

화재경보기가 활성화되면 벽에 부착된 경보장치를 통하여 건물 전체에 소리 및 점멸(strobe) 경보가 울리고, 안전 및 보안 사무소는 물론 지역 소방서에도 경보를 알린다. 일부 경보장치에는 정보를 알릴 수 있는 방송 스피커가 있다. 북미 지역에서는 학교 실험실 화재의 경우, 일반적으로 대학 경찰(university police)이 소방대원을 현장으로 호송할 수 있다. 그렇지 않더라도 지역의 소방서는 대학 건물, 특히 실험실이 있는 건물에 대해 이미 소방 계획을 준비하고 있는 경우가 많다.

대피는 신속하게 이루어져야 하지만 당황해서는 안 된다. 많은 기관에는 집결 장소를 지정하고, 대피자들을 정리할 사람을 지정한다. 집결 장소에 모이고, 그곳에 머무는 것이 중요하다. 그 목적은 인원수를 쉽게 집계하기 위함이다. 인원수가 부족할 경우, 사람들이 시설 내부에 남아 있다고 가정해야 한다. 경보를 울린 사람은 다른 사람들과 함께 건물에서 대피하되, 비상 요원에게 자신이 위험을 발견하고 경보를 활성화한 사람임을 밝혀야 한다. 자신이 아는 세부 정보를 알려주고, 그들이 맡은 일을 하게 하라. 비상요원이

(a)

(b)

그림 2.17 경적, 라이트, 확성기가 장착된 전형적인 화재경보기(a)와 비상 경보 장치(b)의 사진.

모두 해결되었음을 선언한 후에만 입장이 허용된다. **위험이 존재한다고 판단될 때 도움을 요청하는 것에는 아무런 문제가 없다.**

강사에게: 조직의 표준 운영 절차(SOP) 또는 안전교육 매뉴얼을 통해 강사의 책임이 명확하지만, 몇 가지 일반 지침이 중요하다. 경보나 구두 경보에 대응하여 실험실에서 대피하는 경우, 강사의 관할 아래의 모든 학생과 직원이 실험실을 떠나도록 하는 것은 강사의 책임이다. 두 번, 세 번 **인원수를 세어** 방이 비었는지 확인해야 한다. 화장실이나 수유실 등 개인공간을 점검하고 대피시키는 것도 중요하다. 이는 소방관이나 안전 책임자의 책임일 수 있다. 대피가 완료되면, (안전하게 수행할 수 있다면) 실험실 **문을 닫는다**. 문은 일반적으로 방화 등급이며 화재 및 연기의 확산을 늦춘다. 위험한 상황으로 인하여 문을 닫을 수 없거나 개인공간을 확인할 수 없다면 응급 구조원에게 해당 사실을 알려야 한다.

2.15.1 | 소화기

기기분석 실험실 문 근처(또는 문 밖 복도) 손 높이 정도에 하나 이상의 소화기가 걸려 있는 것을 볼 수 있다. 여기에서는 소화기 사용의 기본, 유형 및 화재 발생 시 따라야 할 지침에 대해 논의한다. 강의자는 소화기 사용 교육을 받았을 가능성이 높으므로 일반적으로 강의자에게 맡기는 것이 가장 좋다. 그러나 예상치 못한 상황이 발생하여 귀하가 책임을 맡아야 할 수도 있다. 앞에서의 대피 및 경보에 관한 논의를 이어 가기 위해 이 논의를 넣었다. 왜냐하면 다음 조건이 충족되지 않는 한 소화기 사용을 고려해서는 안 되기 때문이다.

1. 첫 번째 응답자를 소환하기 위해 풀 스테이션이나 기타 수단을 사용하여 경보가 발령되었다.
2. 연구실 대피가 완료되었으며 인원수도 확인되었다.
3. 화재는 하나의 장치 또는 위치에 국한된 소규모이며 확산되지 않는다.
4. 소화기 사용을 고려하는 사람은 부상을 입지 않았으며 물리적으로 소화기를 들어 올려 조준할 수 있다(많은 소화기는 무겁고 불편함).
5. 소화기 사용을 고려하는 사람에게 탈출로가 명확하고 유해한 연기를 피할 수 있다.

소화기가 실험실 문 근처에 있다는 점을 유의하라. 대피가 완료되고 비상 요원에게 통보된 후에 문 쪽에서 실험실 내부를 돌아보고 소화기 사용이 가능한지 확인한다.

사용하는 소화기의 유형은 화재 유형에 따라 결정된다.

유형 A: 종이, 목재, 천 등 일반 가연물과 관련된 화재.
유형 B: 용매, 가솔린과 같은 인화성 액체, 액체 및 기체 연료, 페인트 등과 관련된 화재.
유형 C: 활성 전송선, 모터, 배선과 관련된 화재.
유형 D: 소듐, 리튬, 마그네슘, 금속 나노물질 등의 금속 연소와 관련된 화재.
유형 K: 상업용 조리 시설에서 동물성 및 식물성 지방과 관련된 화재.

가장 흔히 발생하는 실험실 화재는 A, B, C 유형이지만, 나노입자에 대한 연구가 기하급수적으로 증가함에 따라 D 유형 화재도 알려지고 있다. 그림 2.18에 다양한 유형의 일반적인 소화기를 보여준다.

고압수 소화기는 종이, 목재 또는 천과 관련된 A형 화재에만 사용할 수 있다. 이러한 소화기는 실험실보다는 사무실 환경에서 더 자주 볼 수 있다. 이산화 탄소 소화기는 B형 및 C형 화재에 사용할 수 있다. 고압 이산화 탄소가 방출되면 연소하는 물질이 화재 발생지에서 주변으로 날아갈 수 있으므로 종이와 관련된 화재에는 사용해서는 안 된다. ABC라고 불리는 다용도 건조 화학소화기는 A, B, C형 화재에 사용할 수 있다. ABC 소화기의 건조 화학 물질은 일반적으로 질소 기체에 의해 추진되는 인산 일암모늄(monoammonium phosphate)을 기반으로 하며, 독성은 없지만 자극적일 수 있다. ABC 장치의 사용 후에는 청소가 필요하기 때문에 기기분석 실험실에서는 이산화 탄소 소화기를 선호하는 경우가 많다. 긴급 상황이라면 머뭇거릴 시간이 없다. ABC 소화기만 있다면 사용하라. 소화기의 작동은 그림 2.19에 나타나 있으며 PASS 방법을 보여준다. 핀을 빼고 호스나 노즐을 화재 발생 지점에 겨냥한 후, 방아쇠를 당기고 좌우로 쓸어준다. 소화기를 사용한 후에는 벽에 다시 걸지 말고 다시 채우거나 교체해야 한다.

그림 2.18 고압수, 이산화 탄소, ABC 건조 화학소화기의 사진(South Florida 대학교의 허가를 받아 재생산하였음).

금속 연소와 관련된 D형 화재에 필요한 소화기에 대해서는 논하지 않았다. 분석 기기를 배우는 학생은 이러한 장치를 접할 가능성이 거의 없다. D형 화재는 그림 2.18의 소화기로는 진압할 수 없다. 이들은 상황을 더욱 악화시킬 것이다. 흑연 분말, 염화 소듐 또는 구리를 기반으로 한 특수 분말 화학소화제는 금속 화재의 열을 흡수한다. D형 화재는 매우 위험하고 다루기 어렵다는 점을 이해해야 한다. 해상에서의 금속 화재는 일반적으로 갑판 가장자리로 타는 물체를 배 밖으로 밀어내는 방식으로 처리된다. D형 화재용 소화기는 다른 유형의 화재에는 사용할 수 없다. K형 화재는 기기분석 실험실과 관련이 없다. 상업용 주방에서 발생하는 K형 화재는 습식 화학약품 소화기 또는 화학 포말 소화기로 진화해야 한다. D형 화재와 마찬가지로 다른 소화기를 사용하면 상황이 더욱 악화될 뿐이다.

앞에서 소화기가 복도의 고리에 걸려 있다고 하였다. 복도에는 책상, 책장, 캐비닛 등과 같은 장애물이

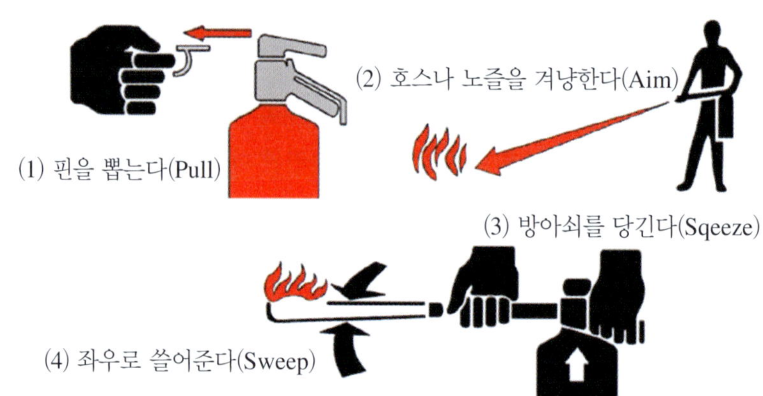

그림 2.19 PASS 방식의 소화기 작동(미국 화재예방협회, National Fire Prevention Association(NFPA)의 허가를 받아 재생산하였음).

없어야 한다. 이는 여러 가지 이유로 매우 중요하다. 첫째, 긴급상황 발생 시 전복되어 대피를 방해할 수 있으며, 특히 화재로 인해 복도에 연기가 자욱한 경우 더욱 그렇다. 둘째, 소방대원이 복도를 통해 호스를 연결해야 하는 경우 이러한 장애물은 문제가 될 수 있다. 호스 라인이 책상이나 캐비닛에 걸려 대응이 훨씬 더 어려워질 수 있다. 실험실 건물 복도에서 그러한 장애물을 목격한 경우 강사에게 알려야 한다. 이들을 제거하고 더 안전한 위치로 옮겨야 한다.

2.15.2 | 화기 작업 허가

실험실 작업이나 기기의 유지/보수를 위해 납땜, 브레이징(경납땜), 용접이 필요한 경우가 있다. 이러한 작업은 이상적으로는 적절한 안전 장비가 제공되는 지정된 장소에서 수행되어야 하지만 때로는 실험실에서 수행해야 하는 경우도 있다. 이런 작업 중에는 불가피하게 약간의 연기가 발생하여 적절한 환기가 제공되더라도 연기 경보기가 작동할 수도 있다. 이를 방지하기 위해 일반적으로 기관 안전 사무소 또는 공장 사무소에 화기 작업 허가를 신청할 수 있다. 화기 작업 허가에는 화재경보기를 의도적으로 비활성화하는 것과 진행 중인 작업에 대한 경고 표지판을 게시해야 하는 요구 사항이 포함된다. 또한 '화재 감시자'로 지정된 직원의 관찰이 필요하다. 영국에서는 이 사람을 'Fire Warden'이라 부른다. 화재 감시자는 작업을 관찰하고 불꽃이 인화성 물질에 접촉하지 않도록 할 책임이 있다. 화기 작업이 완료되면 해당 구역을 환기하고 연기 경보기를 활성화해야 한다.

2.16 작업 중지 명령

이제 불편한 논의로 이 장을 마무리하고자 하는데, 그 이유는 모든 사람에게 막대한 권한과 책임을 전가되기 때문이다. 이 장 전반에 걸쳐 우리는 안전 지침을 논의하고 기기분석 실험실의 안전에 대한 조언을 제공했다. 이 논의 전반에 걸쳐 내포된 것은 안전 지침을 따르는 개인의 책임이다. 이제 우리는 실험실에서 다른 사람들의 행위에 대한 우리의 책임에 대해 논의해야 한다. 이러한 맥락에서 다른 사람들이란 동급생, 강사, 교직원, 조교부터 노벨상 수상자, 학장, 대학 총장, 관리인, 상인 및 외부 계약자까지 포함한다.

안전하지 않은 활동이나 상황을 목격한 경우, 이를 알리고 잠재적인 사고를 예방하는 것이 여러분의 책임이다. 이는 '전선을 당기지 말고, 플러그를 뽑으세요'라는 부드러운 알림의 형태를 취할 수도 있다. 누구에게 이 말을 해야 하는지는 전혀 중요하지 않다. 플러그 뽑기의 예는 사소해 보이지만 중요하다. 반복해서 잡아당겨 전선이 손상되면 여러분이나 동료가 전선을 만질 때 심한 충격을 받을 수도 있다.

조직 내 직위와 상관없이 누군가가 조절기가 부착된(또는 캡이 제자리에 없는 상태로) 기체 실린더를 고정하지 않은 채 이동하는 것을 본다면 주저하지 말고 행동하라. 그러한 행동을 즉시 중단하고 적절하게 수행할 것을 명확하고 확고하게 주장해야 한다. 사다리 꼭대기에 누군가가 서 있거나, 압축 공기 호스를 들고 말장난을 하는 경우도 마찬가지다.

이제 어려운 부분이다. 교수가 "걱정하지 마세요. 저는 제가 무엇을 하고 있는지 알아요"라고 말하더라도 여러분은 단호하고 명확하게 멈추라고 말해야 한다. 여러분은 이제 작업 중지 명령을 내린 것이다. 이는 위험한 상황에 직면했을 때 조직 내 누구에게나 법적으로 허용된 명령이다. 작업에 참여한 사람은 이제 중단해야 한다. 사건을 조사하고 책임자가 모든 것을 밝힐 때까지 위험은 억제되거나 완화되어야 한다. 작업 중지 명령을 따르지 않는 것은 대부분의 관할구역에서 법률을 위반하는 것이다. 작업 중지 명령이 발부되면 사고 평가를 위해 안전 담당자를 소환해야 할 수도 있다. 조직의 안전 프로그램이나 표준 운영 절차에 따라 그 절차는 명확하다. 거의 모든 경우에 작업 중지 명령을 내린 사람은 사건이 해결될 때까지 현장에 남아 있어야 한다. 이것이 불편할 것이라는 것은 의심의 여지가 없지만, 최악의 상황을 피할 수 있을 것이다.

작업 중지 명령에 따르는 책임을 간과해서는 안 된다. 충분한 정당성이 없이는 할 수 없는 일이다. 용기가 필요하고, 심지어 건방져 보일 수도 있지만 동료의 사고나 부상을 진심으로 방지하려는 의도라면 괜찮을 것이다. 이러한 경우는 매우 드물 것이다. 저자 중 한 명(TJB)은 약 44년 동안 대학 및 정부 연구소에서 연구자로 근무하면서 단 한 번 작업 중지 명령을 내렸다. 전기 공사업체 직원이 복도에 있는 사다리의 꼭대기 계단에 서 있었는데 더 긴 사다리를 사용해달라는 요청을 거부했다. 하지 말아야 할 일의 또 다른 예로서, 이 장의 앞부분에서 분광 광도계를 사다리로 잘못 사용하는 교수를 도운 저자 중 한 사람(TJB)의 이야기를 다루었다. 오늘날에는 작업 중지 명령을 내리는 등 가능한 모든 수단을 동원하여 그러한 행위를 방지하는 것이 의무이다. 이 상황을 더욱 어렵게 만든 것은 그 교수가 자신의 분야에서 유명할 뿐만 아니라, 모든 학생이 좋아하는 인물이라는 점이었을 것이고, 그 사람에게 더 나은 방법을 찾도록 강요하는 것이 참으로 불편했을 것이다.

문제

2.1 다음 중 화재경보기를 켜야 할 때는 언제인가?

a. 실험실에서 통제할 수 없는 대규모 화재가 관찰되었을 때

b. 실험실에서 통제할 수 없는 소규모 화재가 관찰되었을 때

c. 강한 천연기체 냄새가 날 때

d. a, b, c 모두

2.2 실험실에서 소화기 사용을 고려할 수 있는 조건은?

2.3 나노물질을 일반 시약과 다르게 취급하는 이유는?

2.4 작업장 소음 노출에 대한 조치 수준(즉, 규정에 의해 시정 또는 개선 조치를 요구하는 수준)은 무엇인가? 시끄러운 환경에서 청력에 해로운 영향을 최소화하기 위해 할 수 있는 것은?

2.5 모든 화학 실험실에는 소화기가 비치되어 있다. 가장 일반적으로 사용되는 네 가지 유형의 소화기 중 화학 실험실에서 발견할 수 없는 것은?

a. 물

b. 이산화 탄소

c. 분말 화학 소화제

d. D형

2.6 소화기 작동 시 PASS 방법을 기억하라. PASS는 소화기를 올바르게 작동하는 단계를 나타내는데, 다음 중 무엇인가?

a. 기도하고, 조준하고, 쓸어주고, 패스한다.

b. 뽑고, 겨냥하고, 당기고, 쓸어준다.

c. 고르고, 묻고, 당기고, 쓸어준다.

d. 뽑고, 겨냥하고, 밟아주고, 쓸어준다.

2.7 듀어 플라스크에 들어 있는 액체의 푸른 색조는 무엇을 나타내는가?

2.8 압축 기체 실린더는:

a. 옆으로 뉘어서 보관해야 한다.

b. 방 구석에 세워서 보관해야 한다.

c. 벤치에 고정하여 보관해야 한다.

2.9 압축 기체 실린더로부터의 기체의 압력을 낮추려면:

a. 위에 있는 큰 밸브를 닫는다.

b. 니들 밸브를 닫는다.

c. 압력조절기의 다이얼을 시계 방향으로 돌린다.

d. 압력을 제거한 후 압력조절기의 다이얼을 반시계 방향으로 돌린다.

2.10 흄후드에서 작업할 때는:

a. 시약을 기기나 장비 근처에 보관한다.

b. 후드의 새시를 안전 표시까지 닫는다.

c. 후드에 머리를 넣을 수 있을 만큼 새시를 연다.

d. 새시 에어포일 위로 전기 코드를 돌린다.

2.11 가장 많은 전력을 필요로 하는 일반적인 실험실 기기 5가지를 나열하라.

2.12 고통스러운 충격을 일으키려면 어떤 전류가 필요한가?

2.13 압축 기체 실린더에 찍힌 '+' 기호와 별 모양의 의미는 무엇인가?

2.14 극저온 유체 사용 시 주요 위험은 무엇인가?

2.15 레이저 포인터는 출력이 낮아 항상 안전하다:

a. 그렇다

b. 아니다

2.16 일반적으로 모든 실험실 방사선원은 두 사람이 감독한다. 미국 원자력규제위원회는 이 두 사람을 어떻게 지정하는가?

2.17 미국의 일반적인 바탕 방사선 수준은 얼마인가?

2.18 NMR실에서 자석에서 나오는 큰 쉭쉭 소리와 거대한 증기구름이 발견되었다. 적절한 조치는?

a. 핸드폰으로 평생의 이벤트인 이 순간을 녹화한다.

b. 극저온 유체의 정상적인 증발이니 작업을 계속한다.

c. 자석 소광(quench)이 발생했다. 연구실을 떠난다(안전하게 할 수 있다면 문을 닫는다).

d. 청력 보호구를 착용하고 작업을 계속한다.

2.19 실험실에서 사다리 사용 시의 위험을 최소화하기 위해 유지해야 하는 세 가지 접촉점은 무엇인가?

2.20 나는 지금까지 질문을 성공적으로 완료했으므로 기기분석실의 안전 전문가가 되었다:

a. 그렇다

b. 아니다

토론 질문

1. 실험실 장비에 전기를 연결할 때 접지의 중요성에 대해 논의하라.
2. 실험실 흄후드에서, 난류란 무엇을 의미하며 왜 문제가 되는가? 무엇이 난류를 유발하는가?
3. 기기분석 실험실에서 흔히 접하는 이온화 방사선 위험의 상대적 크기와, 이러한 위험이 일반적인 바탕 방사선과 어떻게 관련되는지 논의하라.
4. 이 장에서는 기기분석 실험실과 관련된 위험에 대해 논의했다. 일반화학 및 유기 화학 수업에서는 화학 물질, 시료 및 시약의 취급과 관련된 다른 위험들을 배운다. 이제 이 모든 지침을 검토하고 논의할 좋은 시간이다.
5. 실험실에서의 안전은 협동 노력임이 분명하다. 일과 학습이 안전하게 이루어지고 모두가 안전하게 귀가하기 위해 우리 각자의 역할이 무엇인지 논의하라.

참고문헌

이 책의 독자는 때때로 여러 판(edition)의 책이 참고 자료로 인용되었음을 알게 될 것이다. 그 이유는 판에 따라 다른 그림이 사용되기 때문이다. 아래 참고문헌들은 특정 자료의 최신 버전이다.

어떤 경우에는 정확한 인터넷 주소의 URL을 제공하여 장비 제조업체 및 공급업체를 인용한다. 이 책의 출판 당시 이러한 링크가 제대로 작동하는지 확인하지만 이러한 링크는 변경된다. 링크가 작동하지 않는 경우 브라우저의 고급 검색 기능을 활용하는 것이 좋다. 예를 들어 "회사 이름" AND "상품 유형" AND "특정 설명자"로 시작하면 좋다.

Bruno, T.J., Svoronos, P.D.N., *CRC Handbook of Basic Tables for Chemical Analysis – Data Driven Methods and Interpretation*, 4th Ed., CRC Taylor and Francis, Boca Raton, FL, 2021.

Furr, A.K., *CRC Handbook of Laboratory Safety*, 5th Ed., CRC Taylor and Francis, Boca Raton, FL, 2000.

National Fire Protection Association, www.nfpa.org.

Nuclear Magnetic Resonance Safety Tips, www2.lbl.gov/ ehs/saf ety/ nir/ ass ets/ docs/ NMRsafetyt ips.

Compressed Gas Association, www.cga net.com.

British compressed Gas Association, https:// bcga.co.uk.

CHAPTER

03 분광학 입문

3.1 전자기 복사선과 물질과의 상호작용

무지개를 보면 가시광선(백색광)은 보라색부터 붉은색까지 **연속**(**continuum**)적인 색으로 이루어져 있다. 백색광이 물이 담긴 비커를 통과하면 백색(무색)으로 유지된다. 그러나 과망가니즈산 포타슘을 첨가한 물이 담긴 비커를 통과한 백색광선은 자주색이 된다. 원래의 백색광선 중에서 붉은색과 푸른색은 과망가니즈산 용액을 통과하지만 나머지 성분은 용액에 흡수하기 때문이다. 이것이 **전자기 복사선**(**electromagnetic radiation**)과 **물질**(*matter*) 사이의 상호작용의 한 예이다. 위의 사례는 가시광선 영역에서 일어나는 특수한 경우로 물질과 가시광선 사이의 상호작용을 눈으로 직접 관찰할 수 있지만 대부분의 상호작용들은 넓은 스펙트럼(X-선에서 라디오파까지)에서 일어나기 때문에 눈으로 관찰하기 힘들다. 그래서 물질과 전자기파의 상호작용을 확인하기 위해서는 적절한 실험 기기가 필요하다.

전자기파와 물질 간의 상호작용은 흡수되거나 방출되는 전자기파의 파장과 양에 대한 정형화된 공식을 따른다. **분광학**(**spectroscopy**)은 전자기파와 물질 간의 상호작용을 다룬다.

3.1.1 | 전자기 복사선이란 무엇인가?

현대에는 양자역학의 관점에서 전자기 복사선을 포함한 모든 물질이 '파동-입자 이중성'을 가지고 있는 것으로 이해하고 있지만, 많은 경우에 전자기 복사선을 파동으로 다루는 것이 편리하다.

빛은 서로 수직으로 진동하는 전기장과 자기장으로 표현된다. 전기장과 자기장은 서로 수직을 유지하며, 진행 방향과도 수직의 관계에 있다. 진동의 모양은 그림 3.1에서와 같이 사인파 형태이다. 이때 파동의 꼭짓점과 꼭짓점 사이의 거리를 **파장**(**wavelength**), λ이라고 하고 단위는 SI 단위인 m을 사용하지만 cm, μm, nm도 사용한다. **진폭**(**amplitude**)은 원점에서 진동의 변위까지의 최대 벡터양으로 정의된다. 그림 3.1에 한 축 방향으로 진행하는 빛의 전기장의 일부분을 나타내었다. 한 평면에만 제한적으로 존재하는 이런 파를 **평면 편광**(**plane-polarized light**)이라고 한다. 그림에 나타낸 빛은 단일 파장, λ이다. 단일 파장의 빛을 **단색광**(**monochromatic light**)이라고 하고, 여러 파장의 빛으로 이루어진 경우에는 **다색광**(**polychromatic light**)이라고 한다. 백색광은 다색광의 일종이다.

진동수(**frequency**), ν는 1초 동안에 한 점을 통과하는 꼭짓점의 수로 정의된다. 일회의 꼭짓점-꼭짓점 진동에 걸리는 시간을 주기라고 한다. 일반적으로 진동수의 단위로 헤르츠(Hz) 혹은 시간의 역수인 sec^{-1}을 사용한다.

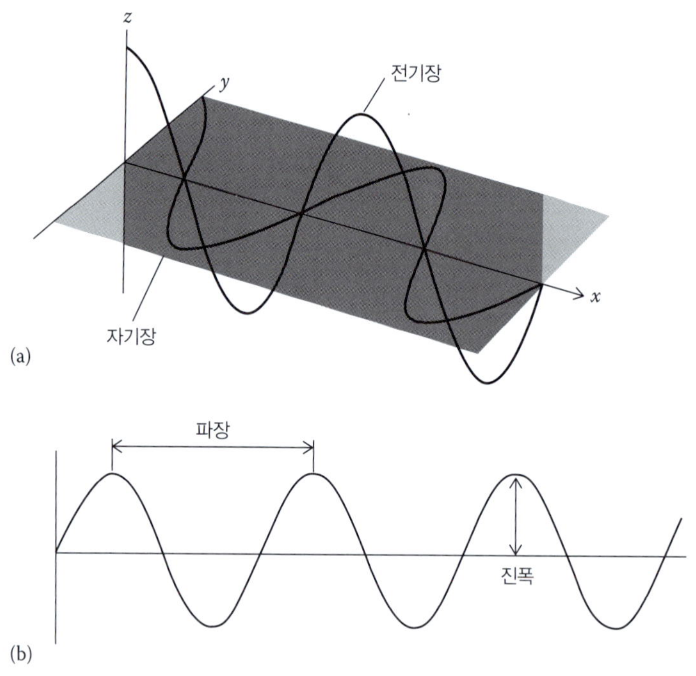

그림 3.1 (a) x-축으로 진행하는 평면 편광. 전기장과 자기장은 서로 수직이다. (b) 파동의 파장과 진폭

빛의 파장 λ와 진동수 ν 사이에는 다음과 같은 관계가 있다.

$$c = \lambda\nu \tag{3.1}$$

여기서 c는 진공에서의 빛의 속도, 2.997×10^8 m/sec, ν는 Hz(sec^{-1}) 단위로 나타낸 진동수, λ는 파장(m)이다. 진공 상태에서 빛의 속도는 최대이고 파장과 관계없이 일정하다. 빛의 진동수는 빛의 종류에 따라 결정되며 한 번 정해진 진동수는 변하지 않는다. 빛이 진공이 아닌 물질을 통과하면 속도가 감소한다. 진동수는 변하지 않으므로 파장이 감소해야 한다. 일반적으로 대기 중이나 혹은 진공에서의 빛을 속도로 3.00×10^8 m/sec(3자리 유효 숫자)를 사용하기로 한다.

어떤 경우에는 빛을 입자들의 흐름으로 이해하는 것이 더 편리하다. 빛의 입자를 **광자(photon)** 라고 한다. 광자의 중요한 특성인 에너지 E와 빛의 진동수는 다음과 같은 관계를 가진다.

$$E = h\nu \tag{3.2}$$

여기서 E는 J 단위로 나타낸 에너지, h는 플랑크 상수로 6.626×10^{-34} Js, ν는 Hz(sec^{-1}) 단위로 나타낸 진동수이다. 식 3.1과 3.2로부터 다음의 관계식을 얻을 수 있다.

$$E = \frac{hc}{\lambda} \tag{3.3}$$

분석 분야에 유용한 주요 전자기 스펙트럼 영역을 그림 3.2에 나타내었다. 그림에서 보듯이 인간의 눈으로 볼 수 있는 가시광선 영역은 전체 복사선의 극히 일부분이다. 표 3.1에 여러 가지 전자기 복사선에 공통적으로 사용되는 단위를 수록하였다.

3.1.2 | 전자기 복사선은 어떻게 물질과 상호작용 하는가?

분광학이란 복사선 에너지(빛)와 물질 사이의 상호작용을 연구하는 학문이다. 양자역학에 의하면 에너지는 물질의 한 형태이고, 모든 물질은 파동과 입자의 성질을 동시에 가진다.

기체상에서 원자나 분자는 서로 멀리 떨어져 있고, 액체나 고체상에서는 가까이 있다. 고체 상태에서

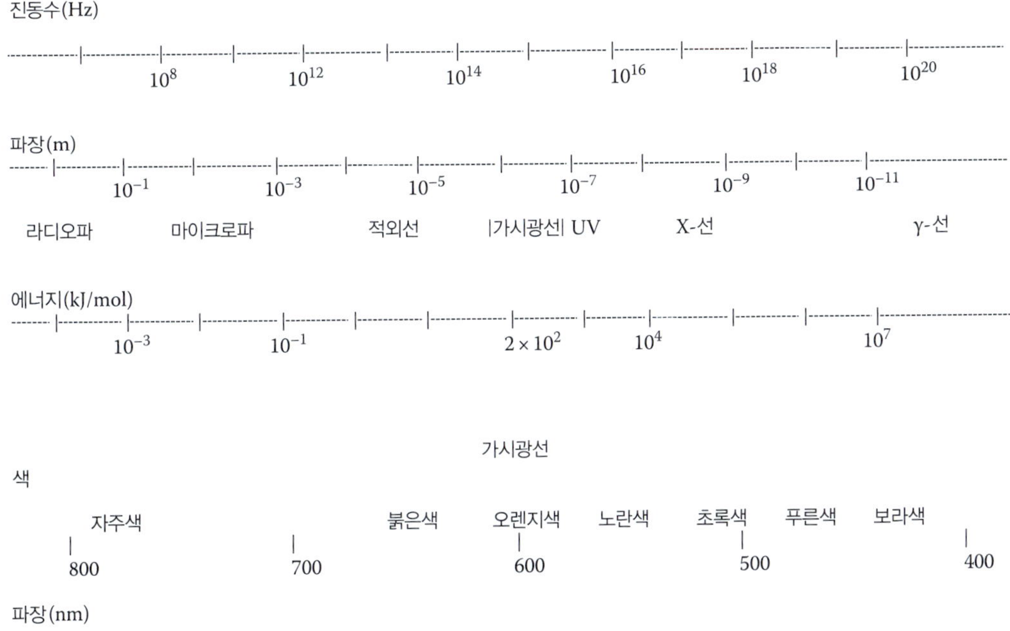

그림 3.2 전자기 스펙트럼. 가시광선의 색을 보여 주기 위하여 해당 파장 영역을 확대하여 나타내었다.

표 3.1 전자기 복사선에 대한 일반적인 파장의 단위 및 기호

단위	기호	길이(m)	복사선의 종류
옹스트롬(Angstrom)	Å	10^{-10}	X-선
나노미터(Nanometer)	nm	10^{-9}	자외선/가시광선(UV/VIS)
마이크로미터(Micrometer)	μm	10^{-6}	적외선(IR)
밀리미터(Millimeter)	mm	10^{-3}	IR
센티미터(Centimeter)	cm	10^{-2}	마이크로파
미터(Meter)	m	1	라디오파

는 원자나 분자가 규칙적인 배열을 하고 있는 **결정(crystal)**으로 존재할 수도 있고, 불규칙적인 배열을 하고 있는 **무정형(amorphous)** 상태로 존재하기도 한다. 물리적 상태나 배열과 무관하게 원자나 분자 혹은 이온들은 지속적으로 움직인다. 분자의 운동에는 회전, 진동, 병진 운동 등 여러 종류가 있다. 복사선 에너지와 상호작용을 하면 분자의 운동에 변화가 유발된다. 분자가 적외선을 흡수하면 더 큰 진폭으로 진동하게 되고, 자외선과 가시광선을 흡수하면 결합 전자가 더 높은 에너지 준위로 전이한다. 전자기파의 흡수에 의한 분자 운동의 변화는 분자 에너지의 변화를 유발하는데, 이를 **전이(transition)**라고 한다. 분자에서는 진동 전이나 회전 전이 혹은 전자 전이가 일어날 수 있다. 원자도 공간에서 움직일 수 있고 포함된 전자가 에너지 준위 사이를 전이할 수 있으나 회전이나 진동을 할 수는 없는데, 이는 단원자로 이루어진 이온의 경우도 마찬가지이다. 표 3.2에 분광학을 이용하여 연구할 수 있는 몇 가지 중요한 전이를 정리하였다. 이론적으로는 수백 가지의 전이가 있으며, 물질을 연구하는 데 이용되는 분광학의 종류도 그만큼 많다. 이 교재에서는 분석 관련 일반적인 분광학에 대하여 다루기로 한다.

물질에 충돌한 빛은 물질에 흡수되거나 투과, 반사, 혹은 산란된다. 빛을 흡수한 시료가 빛을 방출하기도 하는데 이를 **발광(luminescence)**이라고 한다. 발광에는 **형광(fluorescence)**과 **인광(phosphorescence)**이 있는데, 4장에서 공부하기로 한다. 표 3.3에 물질과 빛 사이의 주요 상호작용과 대표적인 분광학적 기술들을 요약하였다.

표 3.2 분광학을 이용하여 연구할 수 있는 전이의 종류

전이의 종류	분광학적 방법	파장 범위
자기장에서의 핵의 회전	핵자기 공명(NMR) 분광법	0.5~10 m
분자의 회전이나 진동	라만 혹은 IR 분광법	0.8~300 μm
결합 전자 에너지, 원자가전자 에너지	UV/VIS 분광법	180~800 nm
핵심부 전자 에너지	X-선 분광법	0.1~100 Å

참조: 현재 사용되고 있는 분광법과 전이 형태 중 일부분만 나타낸 것이다.

표 3.3 빛과 물질의 상호작용

상호작용	측정되는 복사선	분광법
흡수와 투과	입사광, I_0	원자 흡광법
	투과광, I	분자 흡광법
흡수 후 방출	방출광, I'	원자 형광법
		분자 형광법
		분자 인광법
산란	산란광, I_s	탁도(측정)법
		네펠로법
		라만
반사	반사광 I_R 혹은	감쇄 전반사
	상대 반사 I_R	확산 반사 IR('반사율'이라는 용어도 사용됨)
방출	방출선, I_e	원자 방출법
		분자 방출법
		화학 발광법

전자기 복사선과 물질의 상호작용은 양자역학으로 설명할 수 있다. 원자, 이온, 분자는 특정 에너지 상태에 존재한다. 양자역학에 따르면 물질의 에너지 상태 변화에는 초기 상태와 최종 상태의 에너지 차이와 일치하는 에너지, ΔE의 흡수나 방출이 동반된다. 에너지 변화는 다음과 같이 나타낼 수 있다.

$$\Delta E = E_{\text{최종}} - E_{\text{초기}} = h\nu \tag{3.4}$$

식 (3.1)을 $c = \lambda\nu$에 대입하면

$$\Delta E = h\nu = \frac{hc}{\lambda} \tag{3.5}$$

이 식은 두 에너지 상태 사이에서 전이가 일어날 때 물질이 복사선을 방출하거나 흡수할 수 있다는 것을 말해준다. 하지만 모든 복사를 흡수, 방출하는 것이 아니라 처음 에너지 상태와 마지막 에너지 상태와의 에너지 크기 차이에 맞는 파장이나 주파수에 해당하는 빛만 흡수, 방출하게 된다. 복사선을 흡수하면 흡수하는 화학종의 에너지가 증가($E_{\text{최종}} > E_{\text{초기}}$)하고, 복사선을 방출하면 방출하는 화학종의 에너지가 감소($E_{\text{최종}} < E_{\text{초기}}$)한다. 따라서 ΔE는 양의 부호와 음의 부호 모두 가질 수 있으나, 파장이나 진동수를 계산할 때는 양의 ΔE를 사용하여 구한다. 파장이나 진동수 그리고 빛의 속도 등은 모두 양의 값을 가지기 때문이다.

화학종에 따라 진동수만 고유한 것이 아니고 특정 진동수를 흡수하거나 방출하는 정도도 화학종마다 서로 다르다. 흡수 혹은 방출 정도에 따라 빛의 **세기(intensity)**가 결정된다. 분광학에서는 진동수의 고유성과 주어진 화학종에 따른 흡수나 방출 정도의 차이를 이용하여 화학종을 구별한다. 이러한 한 화

학종이 흡수하거나 방출하는 여러 가지 진동수와 또 관련된 세기들에 관한 데이터를 그린 것을 **스펙트럼**(**spectrum**)이라고 한다.

분자나 원자의 가장 낮은 에너지 상태를 **바닥 상태**(**ground state**)라고 하고, 이보다 에너지가 높은 다른 모든 상태를 **들뜬 상태**(**excited state**)라고 한다. 일반적으로 분자나 원자는 상온에서 바닥 상태에 존재한다.

푸른 유리의 에너지 상태에 대한 간단한 그림을 그려보자. 이 실험은 상온에서 수행하므로 빛을 쪼여주기 전에 유리는 바닥 상태에 존재한다고 가정한다. 이 바닥 상태의 에너지를 E_1이라고 하자. 유리가 붉은색 빛을 흡수한다는 것은 바닥 상태와 붉은색 빛의 에너지만큼 차이가 나는 들뜬 상태에 존재함을 의미한다. 그림 3.2에서 붉은색 가시광선의 대표적인 파장인 653 nm를 선택하면, 유리가 흡수하는 가시광선의 진동수를 식 3.1을 이용하여 다음과 같이 계산할 수 있다.

$$\nu = \frac{c}{\lambda} = \frac{2.997 \times 10^{8}\ \text{m/s}}{(653\ \text{nm}) \times (10^{-9}\ \text{m/nm})}$$

$$\nu = 4.59 \times 10^{14}\ \text{s}^{-1}$$

계산된 진동수를 이용하여 에너지가 각각 E_1과 E_2인 바닥 상태와 들뜬 상태의 에너지 차이를 계산할 수 있다.

$$\Delta E = E_2 - E_1 = h\nu$$

$$\Delta E = (6.626 \times 10^{-34}\ \text{J s})(4.59 \times 10^{14}\ \text{s}^{-1})$$

$$\Delta E = 3.05 \times 10^{-19}\ \text{J}$$

유리는 바닥 상태보다 에너지가 3.05×10^{-19} J만큼 높은 들뜬 상태에 존재한다. 그러나 바닥 상태의 에너지의 절댓값은 알 수 없다. 유리가 흡수하는 또 다른 복사선인 노란 빛의 파장인 575 nm를 선택한 후, 앞에서의 계산을 다시 해 보자. 575 nm에 해당하는 빛의 진동수는 5.21×10^{14} Hz이고, 들뜬 상태와의 에너지 차이는 다음과 같다.

$$\Delta E = E_3 - E_1 = h\nu$$

$$\Delta E = (6.626 \times 10^{-34}\ \text{J s})(5.21 \times 10^{14}\ \text{s}^{-1})$$

$$\Delta E = 3.45 \times 10^{-19}\ \text{J}$$

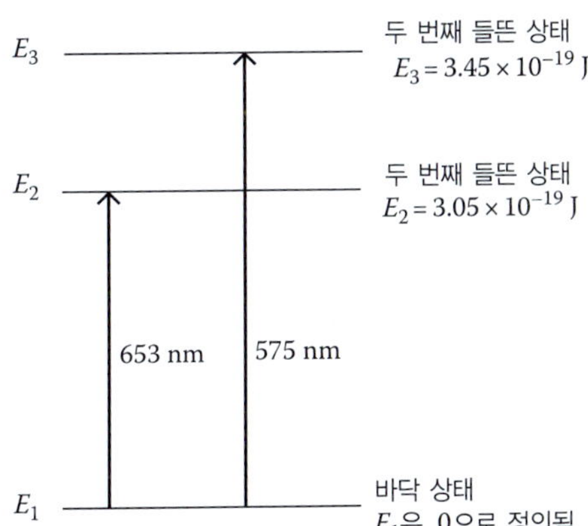

그림 3.3 푸른 유리에 의한 가시광선 흡수와 관련된 에너지 도표. 도표에 각각 653 nm(붉은색)를 흡수하는 것과 관련된 에너지 상태와 575 nm를 흡수하는 것과 관련된 더 높은 에너지 상태 등 두 개의 들뜬 상태가 표시되어 있다. 바닥 상태의 에너지를 0으로 정의하면, 들뜬 상태의 상대적 에너지를 결정할 수 있다.

이제 그림 3.3과 같이 푸른 유리의 간단한 에너지 도표를 그릴 수 있다.

이 도표에는 유리가 각각 653 nm와 575 nm를 흡수한 두 개의 들뜬 상태가 표시되어 있다. 유리는 푸른색 빛을 흡수하지 않으므로(백색광 중 푸른색 빛은 통과한다) 푸른색 빛에 해당하는 파장의 에너지 변화는 일어나지 않는다. 그림 3.2에서 보듯이 '붉은 빛', '노란 빛', '푸른 빛'은 어느 정도의 파장 범위를 포함한다. 실제로는 예로 든 전이와 관련하여 더욱 더 많은 에너지 상태가 존재한다. 붉은 빛의 흡수는 620~750 nm 범위에서, 노란 빛의 흡수는 550~595 nm 범위에서 일어난다.

왜 가시광선을 이용한 분광학 실험에서 '넓은 띠' 형태의 흡수가 일어나는가? 유리가 가시광선을 흡수하는 것은 분자에 포함된 결합 전자의 들뜸, 즉 전자 전이에서 기인한다. 전자 전이에 필요한 에너지는 회전이나 진동 에너지보다 크다. 한 분자에서 전이에 필요한 상대적 에너지의 크기는 회전 에너지 < 진동 에너지 < 전자 전이 에너지 순이다. 유리(일반적으로 분자)에 대한 더 사실적인 에너지 준위 도표를 그림 3.4에 나타내었다. 각 전자 상태 E_n에는 회전 부준위와 진동 부준위가 존재한다. 이 부준위들은 작은 에너지 차이를 가진다. 전자가 한 에너지 준위 E_n에서 더 높은 에너지 준위로 전이할 때 회전이나 진동 부준위로의 전이가 가능하고, 각 부준위 사이의 에너지 차이가 작으므로 단일 파장이 아닌 넓은 범위의 파장의 복사선을 흡수하는 것이다.

들뜬 상태는 불안정하므로 분자나 원자는 짧은 시간에 에너지를 방출하고 바닥 상태로 돌아간다. 불안정한 들뜬 상태의 수명은 10^{-9}~10^{-6} s 수준으로 매우 짧다. 따라서 들뜸 이후 매우 빠른 속도로 빛의 방출이 일어난다. 4장에서 설명할 인광에서는 예외적으로 들뜬 상태의 수명이 수십 초 정도로 긴 경우도 있다.

분자나 원자가 $\Delta E = h\nu = hc/\lambda$ 조건을 만족하는 복사선을 흡수할 때 흡수 에너지를 기록한 것을 흡수 스펙트럼이라고 한다. 어떤 물질의 **흡수 스펙트럼(absorption spectrum)**은 흡수하는 빛의 에너지(진동수 혹은 파장)뿐만 아니라 각 진동수(혹은 파장)의 빛을 흡수하는 양에 대한 정보도 제공한다. 흡수 스펙트럼은 x-축에 흡수하는 복사선의 파장이나 진동수와, y-축에 각 파장에서의 흡광도를 그래프로 나타낸 것

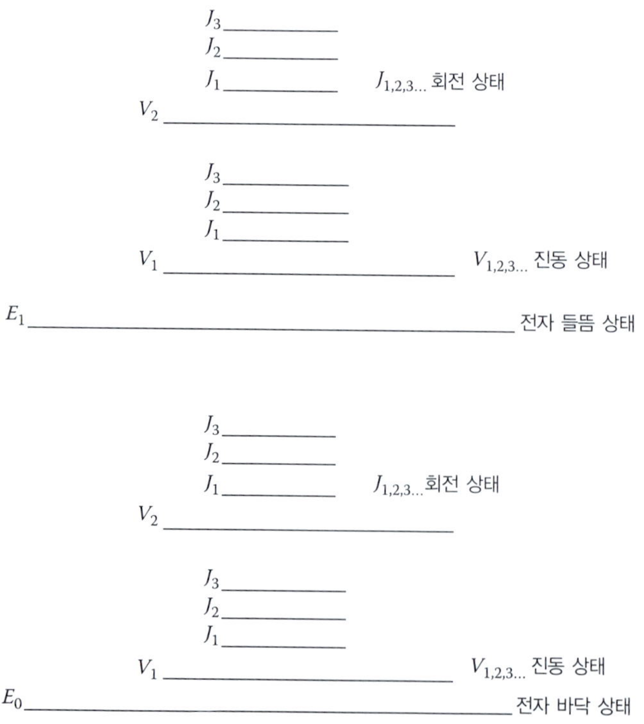

그림 3.4 분자 에너지 준위의 개략도. 각각의 전자 에너지 준위 $E_{0,1,2,...}$에는 진동 부준위 $V_{1,2,3,...}$와 회전 부준위 $J_{1,2,3,...}$가 존재한다.

이다. 벤젠의 UV 흡수 스펙트럼과 폴리스타이렌의 IR 흡수 스펙트럼을 각각 그림 4.11과 그림 5.1에 나타내었다.

들뜬 상태의 원자나 분자가 바닥 상태로 전이할 때 방출하는 복사선을 측정하여 **방출 스펙트럼(emission spectrum)**을 얻는다. 원자나 분자가 전자기 복사선을 흡수하거나, 열에너지나 전기 에너지가 가해지는 환경에서 다른 원자나 분자와의 충돌에 의한 에너지 교환으로 들뜬 상태가 된 후 바닥 상태로 전이하면서 복사선을 방출한다. 전자기 복사선을 흡수한 원자나 분자가 복사선을 방출할 때 발광(luminescence)이라는 용어가 사용되고, 다른 방법으로 들뜬 경우에는 단순히 방출(emission)이라는 용어를 사용한다.

3.2 원자와 원자 분광법

원자는 서로 다른 에너지를 가지는 다양한 원자 오비탈이 존재하므로 원자의 전자 에너지 상태는 양자화되어 있다. 한 원소의 가장 안정한 전자 배치는 가장 낮은 에너지 상태이고, 이 상태를 바닥 상태라고 한다. 다시 말하면 바닥 상태는 일반 화학에서 배운 **축조 원리**(*aufbau principle*), Pauli의 배타 원리, Hund의 규칙 등에 따라 전자가 배치된 상태이다. 예를 들어 원자 번호가 11인 Na의 경우 주기율표에서의 위치가 3주기의 첫 번째 족이고 전체 전자수가 11개임을 고려하면 바닥 상태의 전자 배치는 $1s^22s^22p^63s^1$이다. 포타슘과 바나듐의 바닥 상태 전자 배치는 각각 $1s^22s^22p^63s^23p^64s^1$과 $1s^22s^22p^63s^23p^64s^23d^3$이다. 어떤 원자에 크기가 정확하게 일치하는 에너지를 가하면 원자가 에너지를 흡수하여 최외각(원자가) 전자가 바닥 상태의 오비탈에서 더 높은 오비탈로 전이한다. 그 결과 원자는 더 높은 에너지 상태인 불안정한 들뜬 상태가 된다. 들뜬 상태는 바닥 상태보다 덜 안정하므로 전자는 자발적으로 바닥 상태로 되돌아온다. 이 과정에서 원자는 들뜬 상태와 바닥 상태의 에너지 차이와 일치하는 에너지를 방출한다. 이런 과정에 대한 개략도를 그림 3.5에 나타내었다. 방출하는 에너지가 전자기 복사선이면 식 3.4와 3.5를 이용하여 전자 전이에 의해 흡수하거나 방출하는 복사선의 파장을 계산할 수 있다.

$$\Delta E = E_{최종} - E_{초기} = h\nu = \frac{hc}{\lambda} \tag{3.6}$$

각 원소는 고유한 전자 구조를 가지므로 고유한 전자 에너지를 가진다. 따라서 어떤 원소의 한 원자가 흡수하거나 방출하는 빛의 파장은 그 원소의 고유한 특성이 된다. 원자에 의한 복사선 에너지 흡수는 7장에서 설명할 원자 흡수 분광법(AAS)의 기본 원리이며, 에너지를 흡수한 다음, 들뜬 원자가 복사선을 방출하는 현상은 8장에서 설명할 원자 방출 분광법과 원자 형광 분광법의 기본 원리이다.

실제로 원자의 에너지 준위 도표는 들뜬 원자의 방출 스펙트럼으로부터 얻는다. 그림 3.6은 수은 원자의 에너지 준위 도표를 보여 주고 있다. 기체 상태의 자유 원자는 회전이나 진동 에너지가 존재하지 않기

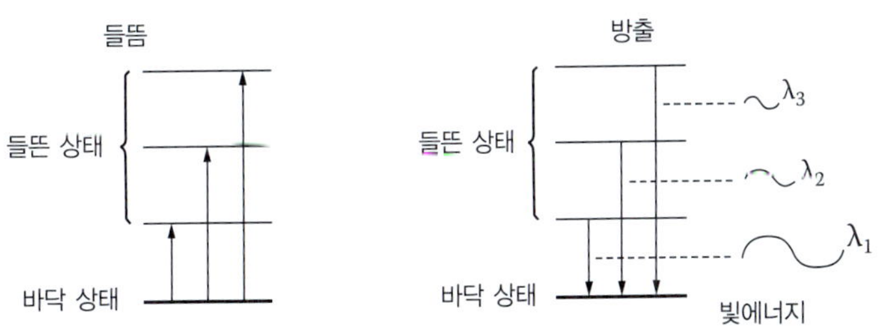

그림 3.5 원자의 에너지 전이. 바닥 상태의 원자가 에너지를 흡수하여 에너지가 더 높은 들뜬 상태로 전이한다. 들뜬 원자는 두 상태의 에너지 차이와 일치하는 파장의 복사선을 방출하고 다시 바닥 상태로 돌아온다. 세 가지 종류의 방출선을 나타내었다. [**© 1993–2014 PerkinElmer, Inc. All rights reserved. Printed with permission.**(www.perkinelmer.com).]

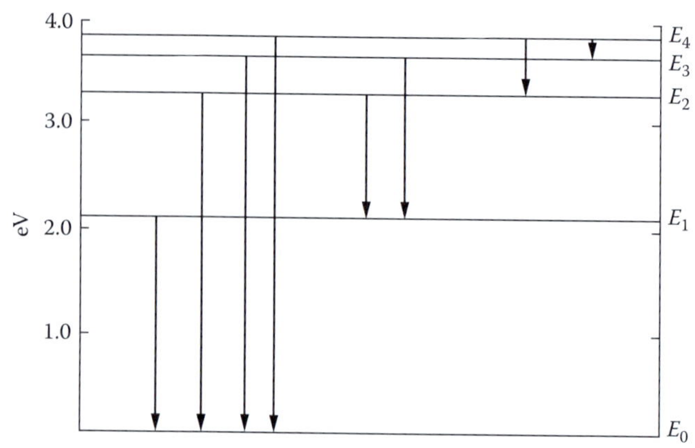

그림 3.6 수은 원자의 에너지 준위 도표(에너지의 단위는 eV이다)

때문에 원자의 경우에는 회전이나 진동 부준위가 없다는 사실에 주목하라! 전자가 에너지가 더 높은 상태로 전이해서 들뜬 상태가 될 때의 에너지 변화는 정확하게 정의되고, 따라서 흡수[혹은 바닥 상태로 **이완(relaxation)**할 때 방출]하는 빛의 파장은 단일 파장이라고 할 수 있다. 원자가전자의 전이와 관련된 빛의 파장은 가시광선이나 UV 영역에 속한다. 이 파장을 줄여서 UV/VIS 영역이라고 한다. 모든 원소의 에너지 준위 도표는 알려져 있으며, 흡수하거나 방출하는 파장의 표도 참고문헌에서 구할 수 있다. 부록 6.A에 7장에서 설명할 AAS를 이용하여 원소를 분석할 때 사용할 수 있는 파장들을 수록하였다.

시료가 흡수하거나 방출하는 빛의 파장을 알면 시료에 포함된 원소에 대한 정성적인 확인(qualitative identification)이 가능하고, 흡수 혹은 방출되는 각 파장의 빛의 세기를 측정하면 주어진 원소의 정량 분석(quantitative elemental analysis)을 할 수 있다. 흡수나 방출 혹은 형광과 관련된 모든 원자 분광학적 방법들은 감도가 매우 좋은 분석법으로, 원자 분광기는 10^{-12}~10^{-15} g의 원소도 검출할 수 있다.

원자는 자외선이나 가시광선보다 더 높은 에너지의 전자기파를 흡수할 수 있다. 원자가 X-선과 같이 더 높은 에너지의 복사선을 흡수하면 핵심부 전자가 들뜬 상태로 전이되고, 들뜬 전자가 빠르게 바닥 상태로 내려오면서 X-선을 방출하는 경우도 있다. 이러한 원리는 X-선 형광 광도계를 이용하여 시료에 구성 성분의 정량, 정성 분석을 가능하게 한다. 이와 관련된 과정이 9장에서 설명할 X-선 형광법(XRF)이나 기타 X-선 관련 분석법의 기본 이론이다.

3.3 분자와 분자 분광법

분자와 관련된 에너지 상태들은 원자와 같이 양자화되어 있다. 라디오파에서 UV 영역까지 다양한 복사선을 이용하여 분자의 허용된 상태 간의 전이를 연구할 수 있는 강력한 분광학적 방법들이 있다. 이런 방법을 이용하여 분자 구조에 관한 상세한 정보뿐만 아니라 정성 및 정량적인 정보를 얻을 수 있다.

3.3.1 | 분자의 회전 전이

분자의 회전 에너지는 각속도에 의존하고, 또한 결합각에 따라 변하는 분자의 구조나 질량 분포에 의존한다. O_2와 같은 이원자 분자 구조의 변화는 매우 한정적이지만 헥세인 C_6H_{14}과 같이 2개 이상의 원자를 가지는 분자의 경우에는 다양한 형태가 가능하여 가능한 회전 에너지도 많다. 또한 분자에서 존재하는 동위 원소는 분자의 새로운 회전 에너지 준위를 만들어낸다. 예를 들어 분자에 포함된 탄소는 ^{12}C뿐만 아니라 ^{13}C도 함께 존재하므로 간단한 분자의 경우에도 매우 복잡한 회전 흡수 스펙트럼이 얻어진다. 회전 전이 에너지는 10^{-24} J 수준으로 매우 작기 때문에 라디오파(RF)나 마이크로파 영역의 복사선을 흡수한다.

마이크로파 분광법은 실험 과정이 어렵고, 생산된 스펙트럼이 복잡하여 분석 화학에서 비교적 연구가 많이 이루어지지 않는 분야이다. 이 기술은 기체상 시료에 제한되며 성간 구름 내 화학종을 검출하는 데에 사용되어 왔다.

3.3.2 | 분자의 진동 전이

진동과 관련된 분광법의 이해를 위하여 분자를 스프링(화학 결합)에 연결된 여러 개의 추(원자)로 생각해 보자. 그림 3.7에 나타낸 바와 같이 원자가 서로 가까워지거나 혹은 멀어지는 방향으로 진동하기도 하고, 때로는 여러 가지 각도로 굽힘이 일어나기도 한다. 각각의 진동은 그에 맞는 특정한 에너지와 연관되어 있으며 진동 에너지 또한 양자화되어 있다. 어떤 분자의 진동 에너지를 변화시키려면 IR 영역의 복사선을 흡수해야 한다. 그림 3.4에서 본 바와 같이 회전 에너지 준위는 진동 에너지 준위의 부속 준위라는 것을 기억하면 쉽게 이해할 수 있다. 따라서 일반적으로 IR 복사선을 흡수하면 분자의 회전과 진동 에너지의 변화가 동시에 발생한다. 두 개 이상의 다원자로 이루어진 분자에는 여러 가지 진동 상태가 가능하므로, IR 흡수 스펙트럼은 여러 개의 흡수 띠로 이루어진 매우 복잡한 형태이다. 5장에서 다루게 될 IR 흡수 분광법을 이용하여 분자의 구조를 규명하거나 분자에 대한 정성 및 정량 분석이 가능하다.

3.3.3 | 분자의 전자 전이

원자가 결합하여 분자를 이루면 각 원자의 오비탈은 새로운 분자 오비탈을 이룬다. 결합한 핵 사이의 면과 축 방향으로 전자 밀도가 큰 분자 오비탈을 시그마(σ) 오비탈이라 하고, 핵 사이의 결합 면의 위와 아래에 전자 밀도가 큰 것을 파이(π) 오비탈이라고 한다. 시그마와 파이 오비탈은 각각 결합 오비탈과 반결합 오비탈로 나눌 수 있다. 결합 오비탈의 에너지는 반결합 오비탈보다 낮다.

분자가 적당한 복사선(에너지)을 흡수하면 분자의 최외각 전자가 높은 에너지 상태로 들뜨게 된다. 원자의 경우와 마찬가지로 분자의 전자 전이에 필요한 복사선의 에너지는 가시광선이나 UV 영역이다. 들뜬 상태의 분자는 바닥 상태보다 불안정하므로 분자는 자발적으로 UV/VIS 복사선을 방출하고 다시 바닥 상태로 이완한다. 분자에는 많은 가능한 회전 및 진동 상태가 가능하고, 따라서 각각의 회전 혹은 진동 에너지 준위에 미세한 차이가 있는 많은 수의 분자들에 의한 UV/VIS 복사선의 흡수는 비교적 넓은 파장 범위에서 이루어진다. 이것을 **흡수띠(absorption band)**라고 한다. 분자의 흡수 스펙트럼은 적은 수의 넓은 흡수 띠로 구성되어 있어서 IR 스펙트럼과 비교하여 비교적 간단한 형태이다. 분자 흡수 혹은 방출 분광법은 화학종의 정성적 분석에 이용될 수 있어서 유기 분자에 대한 구조 결정에 중요한 역할을 했지만 최근에는 더 강력한 구조 결정 방법인 NMR이나 IR 분광법 혹은 질량 분석법(MS)으로 대체되는 추세이다.

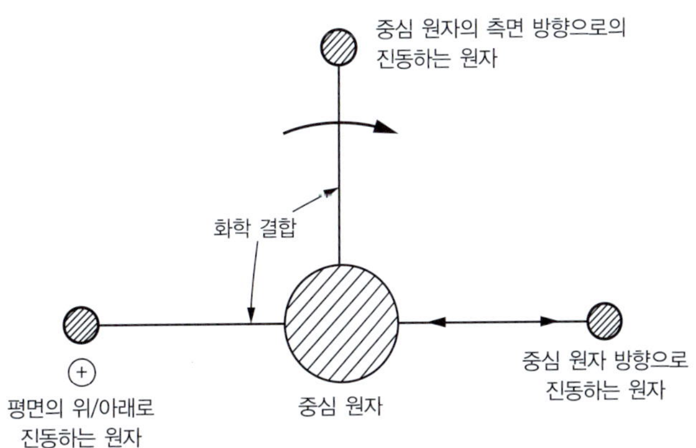

그림 3.7 분자에 포함된 원자의 여러 가지 진동

UV/VIS 흡수 분광법의 가장 중요한 응용 분야는 시료에 포함된 분자 성분에 대한 정량 분석이다. 분자 형광 분광법은 단일 분자를 검출할 정도로 매우 감도가 좋은 분석법이다. UV/VIS 분광법을 이용하여 정량 분석을 할 때 이용할 법칙에 대하여 다음 절에서 공부하기로 한다. UV/VIS 분자 분광법에 대한 자세한 내용은 4장에서 다룬다.

3.4 흡수 법칙

어떤 빛의 **복사력(radiant power)** P는 단위 시간과 단위 면적당 에너지로 정의하고, 이와 관련된 **세기(intensity)** I는 단위 입체각당 복사력으로 정의한다. 복사력이나 세기는 모두 빛이라는 파동의 진폭에 제곱에 비례하는데, 이 책에서는 흡수와 관련된 법칙을 복사선의 세기의 함수로 표현하였지만 복사력의 함수로 표현한 예도 많다.

빛을 흡수하는 시료를 통과한 빛의 세기는 감소한다. 세기가 I_0인 단색광(단일 파장)이 그 파장의 빛을 흡수하는 시료를 통과하는 모습을 그림 3.8에 나타내었다. 시료를 통과한 빛의 세기를 I라고 하면 $I_0 \geq I$의 관계가 성립한다. 시료가 빛을 전혀 흡수하지 않으면 $I_0 = I$이다. 복사선을 조금이라도 흡수하면 $I_0 > I$이고, I_0와 I의 비율인 **투과도(transmittance)** T는 다음과 같이 정의한다.

$$T = \frac{I}{I_0} \tag{3.7}$$

투과도는 전체 빛 중에서 시료를 통과한 빛의 비율이므로, T는 0에서 1 사이의 값을 가진다. I_0와 무관하게 I/I_0는 상대적으로 일정하므로 T는 I_0의 크기와는 무관한 양이다. 시료에 의한 복사선의 흡수를 정량적으로 다루기 위하여 다음과 같이 정의되는 **흡광도(absorbance)** A를 정의하는 것이 편리하다.

$$A = \log\left(\frac{I_0}{I}\right) = \log\left(\frac{1}{T}\right) = -\log T \tag{3.8}$$

빛을 전혀 흡수하지 않으면 $I = I_0$이고 $A = 0$이다. 흡수율과 투과도는 백분율로 환산하여 **투과 백분율**($T \times 100$, $\%T$), **흡수 백분율**($100 - \%T$, $\%A$)로 투과하는 빛의 양을 표현하기도 한다.

그림 3.9와 같이 길이가 1.0 cm인 사각형 유리 용기에 빛을 흡수하는 액체 시료가 담긴 채 떨어져 있다고 생각해 보자. 이런 시료 용기를 **시료 셀(sample cell)** 혹은 **큐벳(cuvette)**이라고 하고, 셀의 길이를 **경로 길이(path length)** b라고 한다. 입사광의 세기 I_0를 100이라고 하자. 만일 50%의 빛이 흡수된다면 50% 빛이 투과될 것이다. 따라서 투과광의 세기 $I_1 = 50$이다. 이를 정리하면 다음과 같다.

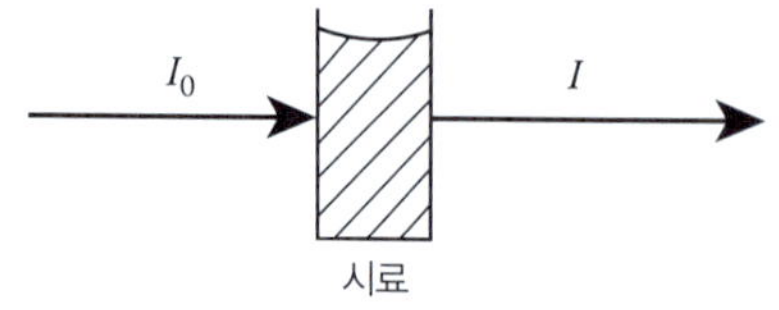

그림 3.8 시료에 의한 복사선의 흡수

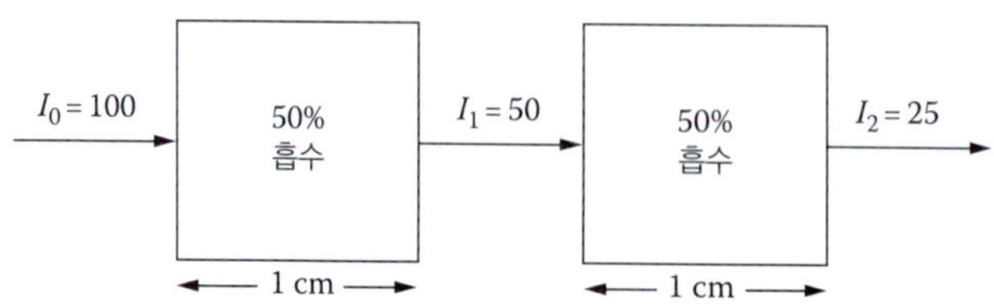

그림 3.9 동일한 두 개의 시료에 의한 복사선의 흡수

$$T = \frac{\%T}{100} = \frac{I_1}{I_0}$$

$$T = \frac{50}{100} = 0.50$$

T를 이용하여 계산한 흡광도 A는 다음과 같다.

$$A = -\log T = -\log(0.50) = 0.30$$

동일한 용액을 담은 동일한 용기를 I_1의 경로에 놓으면 입사광 I_1의 50%가 흡수되므로 새로운 투과광의 세기 I_2는 25이다. 따라서 두 번째 셀에서의 투과도는 다음과 같다.

$$T = \frac{I_2}{I_1} = \frac{25}{50} = 0.50$$

두 번째 셀의 흡광도 $A = -\log 0.50 = 0.30$이다. 두 셀의 흡광도는 동일하다. 여러 가지 경우에 있어서 분광학을 이용하여 정확한 정량 분석을 하려면 동일한 혹은 '광학적으로 대응되는' 셀이 필요하다.

이제 떨어져 있던 두 개의 시료 용기를 틈이 없이 붙여보도록 하자. 시료 셀 사이의 유리벽이 없다고 한다면 경로 길이가 2 cm인 하나의 시료 셀이라고 생각할 수 있다. 2 cm 시료 셀에 세기 $I_0 = 100$의 빛을 투과하는 실험을 한다면 앞에서 실험했던 결과처럼 마지막 빛의 세기 $I = 25$가 되며 흡수율은 $A = -\log 0.25 = 0.60$, 투과도는 $T = 25/100 = 0.25$로 앞의 실험과 같은 결과 값이 나온다. 같은 방법으로 경로 길이가 3 cm가 된다면 $I = 12.5$, $T = 0.125$, $A = 0.90$이 되고 경로 길이가 4 cm가 된다면 $I = 6.25$ $T = 0.063$, $A = 1.20$이 된다. 그림 3.10a에 나타낸 복사선 세기 I에 대한 셀의 개수(즉 cm로 나타낸 경로 길이)에 대한 그래프를 보면 경로 길이가 증가함에 따라 I가 기하급수적으로 감소하는 것을 알 수 있다. 그림 3.10b에 나타낸 A와 경로 길이의 관계를 참고하면 경로 길이가 증가함에 따라서 흡광도가 직선적으로 증가하는 것을 볼 수 있다. 나중에 흡광도가 분석 화학자에게 매우 중요한 인자와 직선의 관계에 있다는 사실을 알게 될 것이다. 같은 농도의 시료에서 흡광도가 시료의 두께(투광 거리)에 비례한다는 사실은 1729년 P. Bouguer와 1760년 J. Lambert에 의하여 각각 알려졌다.

한 개의 시료 셀을 이용하여 투광 거리를 일정하게 유지하고 빛을 흡수하는 화학종의 **농도(concentration)**를 변화시키면 투광 거리를 변화시키는 실험에서와 동일한 I, A, 그리고 농도 사이의 관계를 얻을 것이다. 다시 말하면 흡광도 A와 시료에 포함된 빛을 흡수하는 화학종의 농도(매우 중요한 양이다!) 사이에는 직선의 관계가 있다는 것이다. 흡광도 A와 투광 거리와 농도의 직선 관계는 다음의 식으로 표현할 수 있다.

$$A = abc \tag{3.9}$$

비례 상수 'a'는 **흡광 계수(absorptivity)**라고 한다. 흡광 계수는 시료 중 빛을 포함하는 화학종이 특정 파장의 빛을 흡수하는 정도를 나타낸다. 시료의 농도를 몰농도(mol/L 혹은 M)로 표시할 때의 흡광 계수를 **몰흡광 계수(molar absorptivity)**라고 하며 ε으로 표시한다. 일반적으로 투광 거리의 단위로 cm를 사용하므로 농도를 몰농도 M로 나타내면 몰흡광 계수의 단위는 $M^{-1}\,cm^{-1}$이다.

흡광도, 화학종의 농도, 시료의 투광 거리, 그리고 흡광 계수 사이의 관계를 요약한 식 3.9를 **Beer–Lambert–Bouguer 법칙** 혹은 간단히 줄여서 **Beer의 법칙**이라고 한다. $A = -\log T$ 이므로 Beer의 법칙으로부터 다음과 같은 관계식을 얻을 수 있다.

$$abc = -\log T \tag{3.10}$$

$$-\log\left(\frac{I}{I_0}\right) = abc \tag{3.11}$$

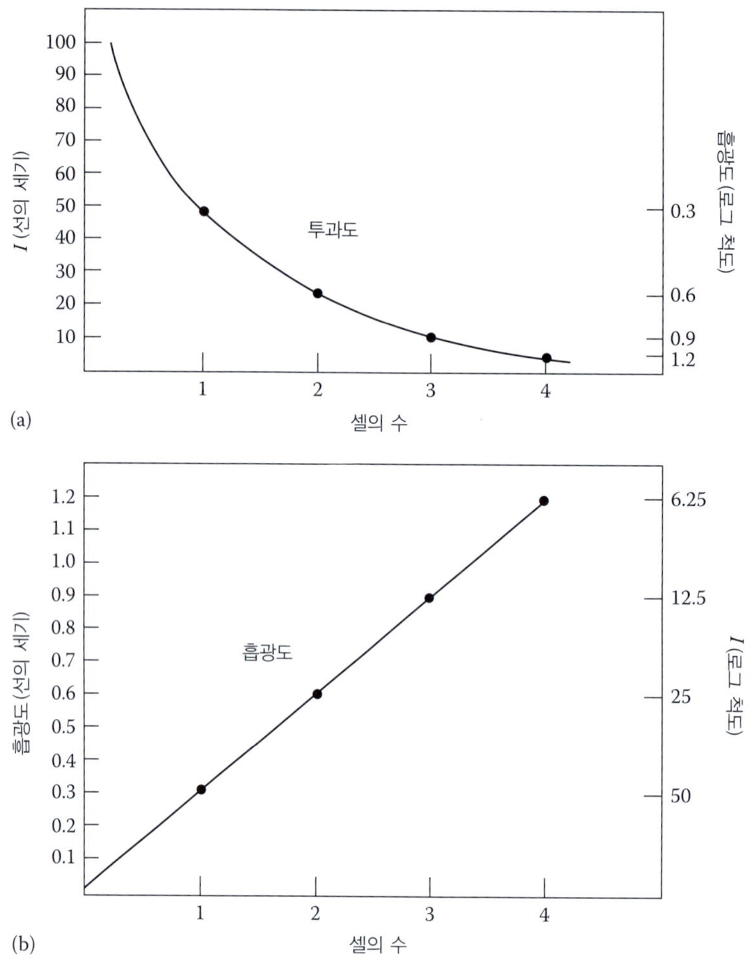

그림 3.10 (a) 빛의 세기(혹은 투과도)와 셀의 수(경로 길이) 사이의 지수적 관계. (b) 흡광도와 셀의 수(경로 길이) 사이의 직선 관계. 두 관계에서 I_0는 100이다.

$$\log\left(\frac{I_0}{I}\right) = abc \tag{3.12}$$

$$\frac{I_0}{I} = 10^{abc} \tag{3.13}$$

$$\frac{I}{I_0} = 10^{-abc} \tag{3.14}$$

이 식에서 시료의 농도 c를 몰농도로 나타내면 흡광 계수 a는 몰흡광 계수 ε가 된다.

실험 결과에 기초한 Beer의 법칙은 입사광의 파장과 투광 거리가 일정하면 A와 화학종의 농도 사이에 직선의 관계가 있다는 수학적 표현이다. 복사선의 세기를 **정량적**(*quantitative*)으로 측정하는 것을 **분광법**(**spectrometry**)이라고 한다. Beer의 법칙은 IR 흡수 분광법, AAS, UV/VIS 흡수 분광법 등의 모든 광학적 흡수에 기반을 둔 분광법에서 이용된다.

3.4.1 | Beer의 법칙에서의 편차

Beer의 법칙은 균일한 시료에서 분석물의 농도가 낮을 때 잘 맞는다. 일반적으로 분석물의 농도가 0.01 M보다 낮은 경우에 흡광도는 분석물의 농도에 비례한다.

분석물의 농도가 높을 때 직선의 관계에서 벗어나는 경우가 많다. 높은 농도에서 직선의 관계에서 벗어나는 이유는 여러 가지가 있다. 용액에서 분석물은 낮은 농도로 존재하는 **용질**(**solute**)이다. 용질의 농도가 높아지면 분석물을 이루는 분자들이 수소 결합이나 반데르발스 힘과 같은 분자 간 인력 등에 의해 서로 상호작용이 일어난다. 이런 상호작용으로 인하여 분석물의 흡광 계수가 변하고, 결과적으로 흡광도와 농도 사이의 직선의 관계에서 벗어나게 된다. 용질의 농도가 극단적으로 높으면 용질이 **용매**(**solvent**)가 되고 용액의 특성이 바뀌게 될 수도 있다. 용액에서 약산이나 약염기와 같이 다른 화학종과 평형 상태로 존재하는 분석 화학종의 농도가 변하면, Le Chatelier 법칙에 따라서 평형이 변하게 된다. 따라서 용액을 묽히거나 농축하면 Beer의 법칙에서 벗어나는 겉보기 편차가 발생한다.

Beer의 법칙에서 벗어나는 편차를 유발하는 다른 요인으로는 시료에 의한 입사광의 산란을 들 수 있다. 용액은 부유물 입자가 없는 상태로 만들기 위하여 흡광도를 측정하기 전에 거르는 것이 좋다. 높은 농도에서 직선의 관계에서 벗어나는 가장 일반적인 이유는 흡수되는 빛의 절대량이 너무 적기 때문이다. 분석물의 농도가 낮을 때 농도를 두 배로 늘리면 흡수되는 빛도 예를 들면 25%에서 50%로 두 배로 늘어난다. 그러나 이미 99%의 빛이 흡수된 경우에는 농도를 두 배로 늘려도 입사광의 99.99%가 흡수될 뿐이다. 따라서 높은 농도에서는 직선은 평평한 모양이 된다.

식 3.8에 따르면 $A = \log(I_0/I)$에서도 확인할 수 있다. I_0가 100이고 $A = 1.0$이면 $I = 10$이 된다. 처음 복사선의 10%만이 투과하고 나머지 90%는 시료에 의하여 흡수된다. $A = 2.0$이면 $I = 1.0$이 되는데, 이는 입사광의 99%가 흡수되는 것을 의미한다. $A = 3.0$이면 입사광의 99.9%가 흡수된다. 나중에 알게 되겠지만 A를 측정할 때의 오차는 A가 증가할수록(혹은 I가 감소할수록) 증가한다. 실제로 Beer의 법칙은 흡광도 값이 1.0 이하의 경우에 잘 맞는다.

3.5 교정 방법

교정 과정이란 흡광도와 같이 측정하는 신호와 분석물의 농도 사이의 관계를 설정하는 과정이다. 이 관계가 설정되면 미지 시료의 신호를 측정해서 농도를 결정할 수 있다. 다음 절에서 설명할 교정 방법들은 분광학적 측정뿐 아니라 이 책에서 설명하는 대부분의 다른 기기 분석법에서 사용할 수 있다. 선형 회귀 등의 방법으로 교정식이나 그 식을 이용하여 얻은 계산 결과에 대한 정밀도나 정확도를 크게 향상시킬 수 있다.

3.5.1 | 표준물을 이용한 교정 방법

미지 시료에 포함된 분석물의 농도를 결정하는 데 Beer의 법칙을 사용하려면 특정 파장에서의 흡광도와 분석물의 농도 사이의 관계를 설정해야 한다. 알려진 농도의 분석물을 포함하는 용액을 **표준 용액**(**standard solution**) 혹은 간단히 **표준물**(**standard**)이라고 한다. 어떤 경우에는 고체나 기체 형태의 표준물이 사용되기도 한다.

분석물의 농도가 정확한 표준물을 제조하려면 순도가 매우 높은 물질을 사용해야 한다. 분석물이 포함되지 않은 표준물(분석물의 농도가 0이다.)과 함께 필요한 농도 범위를 포함하는 일련의 표준물을 만든다. 분석물이 포함되지 않은 표준물을 바탕 시료라고 하는데, 이는 시료를 제조하는 데 사용된 다른 시약이나 용매에 포함된 불순물에 의한 흡광도를 보정하고 기기의 바탕선을 확인하는 데 사용된다. 각 표준물의 흡광도를 측정하고 각 흡광도에서 바탕 시료의 흡광도를 뺀 후 필요한 계산을 수행한다. 바탕 시료의 흡광도를 뺀 것을 '**보정된 흡광도**(**corrected absorbance**)'라고 한다. 표준물의 농도를 x값으로, 보정된 흡광도를 y값으로 도시한다. 가장 일반적인 교정 곡선을 그림 3.11에 나타내었다. 그림 3.11에 나타낸 교정 곡선은 원유에서 발견되는 탄화수소의 일종인 n-헥사데케인($CH_3(CH_2)_{14}CH_3$)을 테트라클로로에틸렌(C_2Cl_4)에 녹인 표준물의 IR 영역인 3.41 μm에서의 흡광도와 농도 사이의 관계를 도시한 것이다. 대부분의 탄화수소가 3.41 μm의 빛을 흡수하기 때문에 물이나 토양 혹은 다른 환경 시료에 대한 원유의 오염 정도를 측정하기 위하여 3.41 μm에서의 *n*-헥사데케인(*n*-hexadecane)의 흡광도를 측정하는 방법이 자주 이용된다. Beer의 법칙에 기초한 미국 환경청(EPA, www.epa.gov)의 공인 분석법(Method 8440)을 이용하여, 땅에 매설된 탱크로부터 새어 나오거나 혹은 불법 투기 현장에서 채취된 환경 시료에 포함된 탄화수소의 함량을 측정할 수 있다.

표 3.4는 표준물의 농도, 측정한 흡광도, 보정된 흡광도 값을 보여 준다. 그림 3.11에서 흡광도와 농도가 $y = mx + b$(y는 흡광도, x는 농도) 형태의 직선 관계를 나타내는 것으로 보아, Beer의 법칙을 따름을 확인할 수 있다. 1장에 공부한 바와 같이 엑셀과 같은 컴퓨터용 계산 프로그램을 이용하여 선형 회귀 방법으로 최적 직선을 구한다. 물론 교정 곡선을 이용하여 특정 흡광도에 대한 농도를 대략적으로 계산할 수 있지만, 정확한 값을 구하기 위하여 최적의 직선을 구해야 한다.

표 3.4의 데이터에 대한 선형 회귀를 적용하여 Beer의 법칙을 만족하는 정확한 식을 구하면 $A = 0.0250x - 0.001$(x는 mg/100 mL 단위로 나타낸 *n*-헥사데케인의 농도)이다. 구한 식을 이용하면 특정 흡광도에 해당하는 농도를 구할 수 있다. 예를 들면 US EPA Method 8440의 방법대로 제조한 오염된 토양 시료의 흡광도가 0.302이고, 따라서 보정된 흡광도가 $0.302 - 0.002 = 0.300$이라고 하자. 교정 곡선으로부터 이 흡광도에 해당하는 대략적인 농도가 ~ 12.0 mg *n*-hexadecane /100 mL임을 알 수 있지만, 더 정확한 값을 계산하기 위하여 직선의 식에 대입하면 농도는 11.96 mg/100 mL 혹은 유효 숫자 3자리로 표기하면 12.0 mg/100 mL임을 알 수 있다.

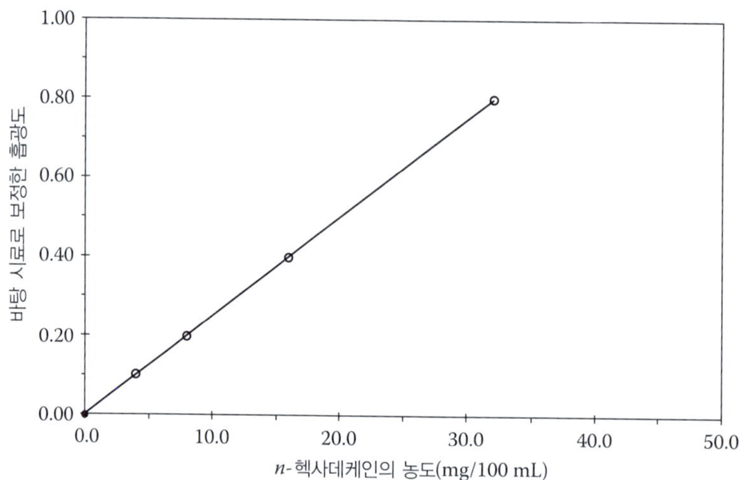

그림 3.11 흡광도를 이용한 분광법에서 외부 표준물을 이용하여 얻은 대표적인 교정 곡선. 농도와 흡광도 사이에 직선의 관계가 나타나므로 교정 표준물은 Beer의 법칙을 만족한다.

표 3.4 IR 흡수 분광법을 이용하여 측정한 탄화수소의 교정 데이터

n-헥사데케인의 농도 (mg/100 mL)	3.41 μm에서의 흡광도	보정된 흡광도
0.0	0.002	0.000
4.0	0.103	0.101
8.0	0.199	0.197
16.0	0.400	0.398
32.0	0.804	0.802

표 3.4에 나타낸 데이터에 60.0 mg/100 mL 용액과 100.0 mg/100 mL 용액을 추가로 만든 경우를 생각해 보자. 두 시료에 대한 흡광도를 추가한 전체 데이터를 표 3.5에 나타내었다. 그림 3.12에 기존의 데이터와 함께 속이 빈 원으로 표시한 새로운 두 농도를 도시하였다. 그림 3.12를 보면 새로 추가된 고농도 부분이 Beer의 법칙으로 벗어나는 편차를 나타내는 것을 확실하게 확인할 수 있다. 직선의 관계를 만족할 때 예상되는 흡광도에 비하여 측정된 흡광도는 낮은 값을 나타내고 있다. 이 결과는 표준물을 이용하여 얻은 농도 범위를 벗어난 영역으로 교정 곡선을 외삽하는 것이 바람직하지 않다는 것을 보여 주고 있다. 예를 들어 미지의 농도 *n*-헥사데케인 시료의 흡광도 값이 1.30(표준물 60 mg *n*-hexadecane/100 mL 보정된 흡광도 값이 1.30이다.)이라고 하자. 그림 3.11에서 구한 검량선을 이용하여 외삽하여 농도를 구하면 시료의 농도는 51.9 mg /100 mL이다. 보정된 흡광도 값이 1.30인 표준물의 농도와 비교해 보면 계산된 농도가 표준물의 농도보다 낮다는 것을 알 수 있다. 이런 문제를 해결하기 위한 방법 중 가장 적합한 방법은 시료의 희석이다. 60.0 mg/100 mg의 표준물을 10배로 희석해 보자. 희석한 표준물의 보정된 흡광도를 측정해 보면 $A = 0.153$이다. 이 흡광도를 통해 농도를 구해 보면 6.07 mg/100 mL이다. 이 표준물은 10배 희석되었으므로 실제 표준물의 농도는 10배인 60.7 mg/100 mL이다. 앞에서 구한 51.9 mg/100 mL보다는 더욱 정확하다는 것을 알 수 있다. 따라서 미지 시료의 흡광도가 교정 곡선의 범위를 넘는 경우에는 시료를 묽힌 후 흡광도를 측정하면 비교적 정확한 농도를 구할 수 있다.

표 3.5 IR 흡수 분광법을 이용하여 측정한 탄화수소의 교정 데이터(고농도 데이터 포함)

n-헥사데케인의 농도 (mg/100 mL)	3.41 μm에서의 흡광도	보정된 흡광도
0.0	0.002	0.000
4.0	0.103	0.101
8.0	0.199	0.197
16.0	0.400	0.398
32.0	0.804	0.802
60.0	1.302	1.300
100.0	1.802	1.800

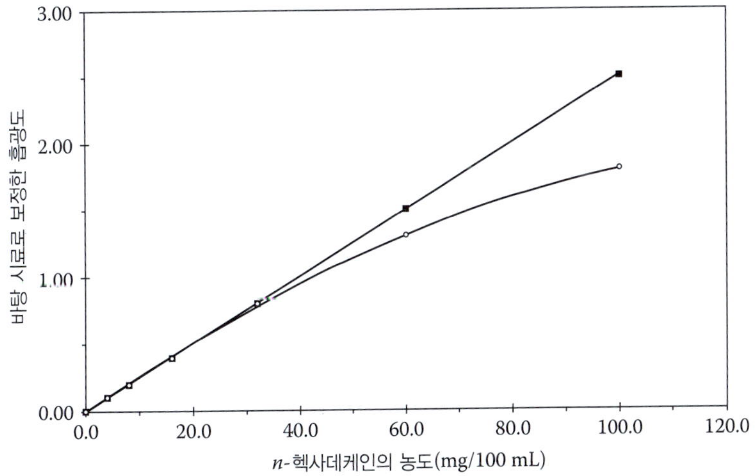

그림 3.12 높은 농도에서 Beer의 법칙으로부터 벗어난 결과를 나타내는 교정 곡선. 속이 빈 원으로 나타낸 표준물의 흡광도는 $A = 0.8$ 이상에서 Beer 법칙을 따르는 직선에서 벗어남을 알 수 있다. 검은 사각형으로 나타낸 흡광도는 모든 표준물이 Beer의 법칙을 따를 때 예상되는 흡광도이다. 이 흡광도 값은 직선 영역을 외삽해서 얻은 것이다.

지금까지 공부한 바와 같이 농도를 아는 일련의 표준물을 이용하여 교정 곡선을 얻는 방법을 외부 표준물 교정법 혹은 외부 교정법(external calibration)이라고 한다. 1장에서 설명한 불확실성에 대한 내용은 생략하기로 한다. 물론 분석 결과를 보고할 때는 불확실성을 함께 보고해야 한다.

3.5.2 | 표준물 첨가법

다른 교정법으로는 표준물 첨가법(method of standard additions, MSA)이 있다. 이는 미지 농도의 분석물을 담고 있는 시료에 농도를 아는 분석물을 직접 넣는 방법이다. 가한 분석물로 인하여 증가된 신호(흡광도나 방출선의 세기 등)를 이용해 분석물의 초기 농도를 구할 수 있다. 이 교정법이 잘 작동하려면 분석물의 농도와 신호 사이에 직선의 관계가 유지되어야 한다.

MSA는 외부 교정 곡선을 얻기 어려운 경우에 사용한다. 예를 들어, 환자의 혈장 내 Na의 농도를 급하게 결정해야 하는 응급 상황에서 교정에 필요한 표준 용액을 제조할 시간이 부족하거나, 시료에 대한 충분한 정보가 없거나 매트릭스가 너무 복잡해서 교정 표준 용액의 제조가 불가능한 경우에 표준물 첨가법이 이용된다. 공장에서 제조 과정의 이상으로 인하여 초래된 정체불명의 시료에 대한 분석을 할 때도 이 방법을 이용할 수 있다. 시료 매트릭스에 특정한 방해물이 존재할 때 방해물을 제거하지 않고 MSA를 이용하여 분석물의 농도를 비교적 정확하게 계산할 수 있다. 일반적으로 외부 표준물을 준비하는 것이 어렵고 시료 중 한 가지 성분만을 분석하는 경우에 표준물 첨가법을 이용한다.

MSA를 이용하는 한 가지 예는, 공장에서 성분이 알려지지 않은 물질이 만들어지는 일련의 과정에서 원자 방출 분광법을 이용하여 Na의 양을 측정하는 경우이다. 제조 과정에서 만들어진 물질을 100 mL씩 채취하여 4개의 시료를 만든다. 첫 번째 시료에는 아무것도 넣지 않는데, 이 시료를 '무첨가' 시료라고 한다. 두 번째 시료에는 100 μg의 Na을 첨가하는데, 이때 10,000 ppm의 Na 10 μL을 가하듯이, 진한 농도의 표준물을 이용하여 부피가 크게 변하지 않도록 한다. 10,000 ppm Na 용액은 10,000 μg Na/mL의 분석물을 포함하므로 10 μL는 다음의 계산과 같이 100 μg Na을 포함한다.

$$\left(\frac{10{,}000\ \mu\text{g Na}}{\text{mL 용액}}\right)\left(\frac{1\ \text{mL}}{1000\ \mu\text{L}}\right)\times 10\ \mu\text{L} = 100\ \mu\text{g Na}$$

두 번째 시료에는 100 mL에 100 μg의 Na이 추가되었으므로, 이는 Na의 농도가 1.0 ppm만큼 증가한 것과 같다. 세 번째 시료에는 10,000 ppm Na 용액 20 μL를 가해서 Na 농도를 2.0 ppm만큼 증가시키고, 네 번째 시료에는 10,000 ppm Na 용액 30 μL를 가해서 Na 농도를 3.0 ppm만큼 증가시킨다. Na 용액을 가할 때 발생하는 최대 부피 변화는 0.03%로 무시할 수 있는 양이다. 농도–신호의 관계에 영향을 미치지 않기 위하여 각 시료의 부피 변화를 최소화하는 것이 매우 중요하다. 정확한 계산을 위하여 표준물을 가한 시료와 가하지 않은 시료 모두 동일한 매트릭스 조성을 가지고 있어야 한다. 시료 번호와 각각에 가한 Na 농도를 표 3.6에 나타내었다. Auger 전자 분광법(Auger electron spectroscopy, AES)이나 불꽃 광도계를 이용하여 측정한 각 시료가 방출하는 Na의 특성 방출선인 589.0 nm의 세기도 표 3.6에 함께 나타내었다. 시료가 없는 상태에서 불꽃이 방출하는 세기도 측정해야 하는데, 이 값은 시료가 없을 때의 **바탕 방출**(**background emission**)의 크기를 나타낸다. 앞에서 설명한 시료 바탕 값을 빼주는 것과 같이 표 3.6의 보정 세기를 구하기 위하여 시료의 세기에서 바탕 방출을 빼준다. 7장과 8장에서 불꽃으로부터의 바탕 방출에 대하여 자세히 공부하기로 한다.

그림 3.13과 같이 가해준 Na 농도에 대한 보정 방출 세기를 도시하면, 실험 범위에서 농도와 세기 사이에 직선의 관계가 있음을 알 수 있다. 선형 회귀법을 이용하여 직선의 **기울기**($\Delta I_{\text{방출}}$/가한 Na의 Δppm)를 구하면 다음과 같다.

$$\frac{\Delta I_{\text{방출}}}{\text{가한 Na의 }\Delta\text{ppm}} = \frac{1.3}{1.0\ \text{ppm Na}}$$

Na의 양이 1.0 ppm 증가할 때마다 방출 세기가 1.3 단위 증가한다. 따라서 Na 표준물을 가하지 않은 원 시료의 Na 농도는 다음과 같이 계산할 수 있다.

$$\text{ppm Na}_{\text{시료}} = \frac{R}{\text{기울기}} = R(\text{기울기})^{-1}$$

여기서 R = 시료 1의 보정 세기, 기울기 = ($\Delta I_{\text{방출}}$/가한 Na의 Δppm)이다. 따라서 생산품에 포함된 Na 농도는 다음과 같다.

$$\text{ppm Na}_{\text{시료}} = 2.4 \text{ 세기 단위} \times \frac{1.0 \text{ ppm Na}}{1.3 \text{ 세기 단위}}$$

$$\text{ppm Na}_{\text{시료}} = 1.85 \text{ ppm}$$

미지 농도를 구하는 다른 방법은 선형 회귀법으로 구한 교정 곡선을 외삽하여 x-축 절편을 구하는 것이다. 미지 시료에 포함된 Na 농도는 x-축 절편의 절댓값과 일치한다. 표 3.6의 결과를 외삽한 것을 그림 3.14에 나타내었다. x-축과 만나는 절편은 −1.85이므로 시료에 포함된 Na의 농도는 $|-1.85 \text{ ppm}| = 1.85$ ppm Na이다.

MSA를 이용하여 바탕 방출이나 바탕 흡수 혹은 다른 **스펙트럼 방해**(**spectral interference**, 스펙트럼 간섭)를 보정하지는 못한다. 바탕 보정과 관련된 방해 물질이나 보정 방법에 대해서는 나중에 다시 공부하기로 한다.

환자의 혈청과 같이 시료의 양이 제한적이면 표준물을 한 번만 첨가하는 단일 첨가 방법을 이용할 수 있다. 불꽃 AES를 이용하여 혈청에 포함된 Na을 정량하는 다음의 예를 생각해 보자. 시료의 방출 세기를

표 3.6 MSA 교정

시료 번호	방출 세기 (세기 단위)[a]	보정 세기 (세기 단위)[a]	가한 Na ppm
1	2.9	2.4	0.0
2	4.2	3.7	1.0
3	5.5	5.0	2.0
4	6.8	6.3	3.0
바탕[b]	0.5	0.0	

[a] 세기 단위 = 1000 counts/s.
[b] 시료를 가하지 않은 불꽃의 방출 세기

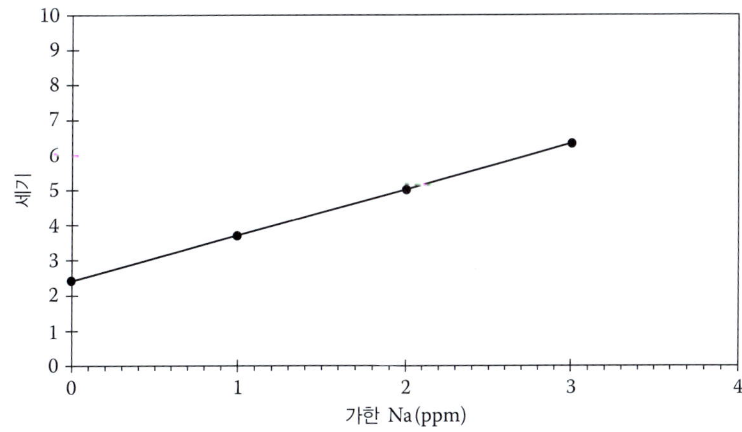

그림 3.13 전형적인 MSA 교정 곡선. y-축은 보정된 방출 세기이다.

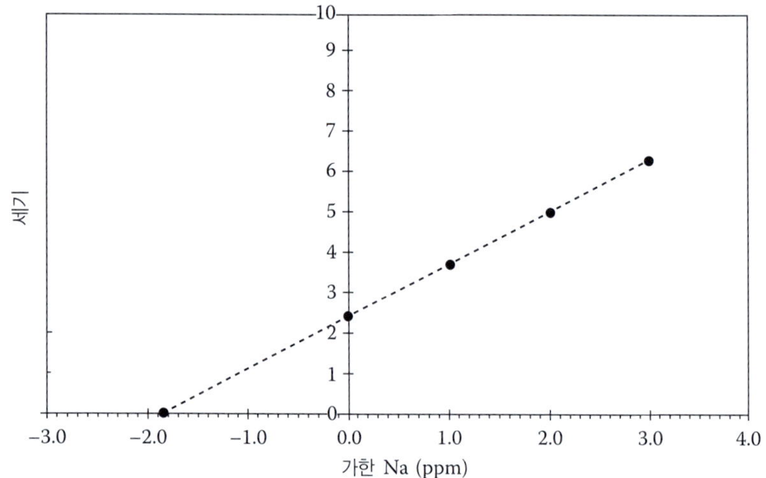

그림 3.14 MSA로 얻은 교정 곡선을 외삽하여 x-축에 대한 절편을 얻으면 분석물의 농도를 결정할 수 있다. y-축은 보정된 방출 세기이다.

측정한 다음, 시료의 부피를 크게 변화시키지 않는 범위에서 일정량의 Na을 시료에 가한다. 표준물을 가한 시료와 불꽃 바탕에 대한 방출 세기를 측정한다. 방출 세기가 Na의 농도에 직접 비례하기 때문에 다음의 관계를 만족한다.

$$\frac{I_{\text{미지 시료}}}{I_{\text{첨가 시료}}} = \frac{\text{ppm Na}_{\text{미지 시료}}}{\text{ppm Na}_{\text{미지 시료}} + \text{ppm Na}_{\text{첨가 시료}}}$$

여기서 $I_{\text{미지 시료}}$는 원시료의 보정 세기, $I_{\text{첨가 시료}}$는 Na을 첨가한 시료의 보정 세기, ppm $\text{Na}_{\text{첨가 시료}}$는 원시료에 첨가한 Na의 농도이다.

어떤 혈청 시료의 보정 세기가 2.4 단위였다고 하자. Na의 농도가 3.0 ppm만큼 증가하도록 Na을 가하고 다시 측정한 보정 세기가 6.3 단위라고 하면, ppm $\text{Na}_{\text{미지 시료}}$를 x라고 정의하면

$$\frac{3.7}{6.3} = \frac{x\ \text{ppm}}{(x + 3.0)\ \text{ppm}}$$

으로부터 다음을 얻는다.

$$x = 4.3\ \text{ppm Na}$$

3.5.3 | 내부 표준물 교정법

내부 표준물(internal standard)은 시료, 바탕액, 표준 용액에 일정 농도로 첨가하는 물질로, 분석물과는 다른 물질이다. 내부 표준물 교정법은 첨가된 표준물로부터의 신호를 이용하여 분석에서의 방해를 보정한다. 이 방법을 이용하면 다양한 오차의 원인이 제거되어 분석의 정밀도와 정확도를 개선할 수 있다.

분석물 A의 농도를 결정하기 위하여 우선 시료에 존재하지 않는 내부 표준물 S를 선정하고, 동일한 농도의 S를 시료, 표준 용액, 바탕액에 가한다. 각 용액에서의 A와 S의 신호를 측정하고, 분석물 A와 표준물 S의 신호 비를 결정한다. 두 신호의 비율(A의 신호/S의 신호)을 표준 용액에서의 A와 S의 농도 비율 A/S에 대하여 도시한다. 선형 회귀를 이용하여 교정 곡선의 식을 구하고, 내부 표준물을 가한 미지 시료에서 A와 S의 신호를 이용하면 A와 S의 농도 비율을 구할 수 있다.

$$\frac{\text{시료에서의 농도비(A/S)}}{\text{표준 용액에서의 농도비(A/S)}} = \frac{\text{시료에서의 신호비(A/S)}}{\text{표준 용액에서의 신호비(A/S)}}$$

내부 표준물 교정법은 분광법, 크로마토그래피, MS 등에서 널리 이용된다. 이 방법을 이용하면 시료 준비 단계에서의 분석물 손실, 분석 과정 중 발생하는 기계적인 혹은 전기적인 변화, 증발 등에 의한 부피 변화와 여러 형태의 방해 요인을 보정할 수 있다. 내부 표준물은 분석물과 물리/화학적 성질이 유사한 물질을 선택한다. 분석물의 신호를 변화시키는 영향은 동시에 내부 표준물의 신호에도 영향을 미쳐야 한다. 두 신호 값이 변해도 신호의 비는 일정하게 유지되므로 내부 표준물을 사용하지 않을 때보다 분석 결과의 정밀도나 정확도가 향상된다.

유도 결합 플라스마 MS(ICP-MS)를 이용하여 음료수에 포함된 납의 농도를 결정하는 사례를 통하여 분석하는 동안 신호의 세기가 변하는 '기기 변동'과 같은 문제를 보정하는 데 내부 표준물이 어떻게 응용되는지를 알아보자. Pb-208 동위 원소(^{208}Pb)의 신호를 이용하여 납의 농도를 결정할 수 있다. 각각 10.0 ppb의 납을 포함하는 두 개의 표준 용액을 준비하고, 그 중 한 개의 표준 용액에 20.0 ppb의 Bi를 내부 표준물로 첨가한다. 두 개의 표준 용액에 포함된 Bi-209 동위 원소의 신호와 Pb-208 동위 원소의 신호를 하루에 여러 번 측정하고 그 결과를 표 3.7에 나타내었다. 표에서 보듯이 Pb와 Bi의 신호가 계속 변하는데, 그 원인 중 하나는 하루 동안 지속적으로 변하는 전기 전압을 들 수 있다. 그러나 표의 마지막 줄에서 보듯이 분석물과 내부 표준물 신호 비는 일정한 수준을 유지한다. 오후 1시에 측정한 Pb 신호가 오전 8시에 측정한 신호보다 약 2.5배 높다. 만약 오전 8시에 내부 표준물을 이용하여 장치를 교정하지 않았다면, 오후 1시에 측정한 농도는 실제보다 높을 것이다(실제보다 약 30% 정도 높을 것이다). 모든 시료 용액과 표준 용액에 20.0 ppb의 Bi를 첨가하면, (Pb 신호/Bi 신호)의 비가 일정하게 유지되고, 정확한 Pb 농도를 결정할 수 있다. 예를 들어, 오전 8시에 10.0 ppb의 Pb만을 함유하는 표준 용액을 이용하여 교정하였다고 하자. 이때 10.0 ppb의 Pb의 신호 세기는 12,050이고, 교정 인자는 12,050/10.0 ppb이다. 두 번째 표준 용액은 10.0 ppb의 Pb와 20.0 ppb의 Bi를 함유한다. 두 번째 표준 용액의 Pb와 Bi의 신호 세기는 표 3.7에 보이듯이 각각 12,050과 60,000이다. 식수에 내부 표준물로 20.0 ppb의 Bi를 첨가한 후 하루 종일 분석한 결과를 표 3.8에 나타내었다. 오전 8시에 측정한 시료의 Pb 신호 세기는 6,028이므로, 내부 표준물을 사용하지 않은 시료의 교정 인자를 이용하여 Pb의 농도를 계산하면 다음과 같다.

$$\text{ppb Pb}_{\text{시료}} = (6{,}028)\frac{10.0\text{ ppb Pb}}{12{,}050}$$

$$\text{ppb Pb}_{\text{시료}} = 5.00\text{ ppb Pb}$$

측정한 Pb 농도는 식수에 함유된 Pb의 참값과 일치한다. 같은 방법으로 얻은 분석 결과를 표 3.8의 세 번째 칸에 나타내었다. 기기의 '표류'로 인하여 오후 1시와 3시에 얻은 결과에는 큰 오차가 있음을 확인할 수 있다. 예를 들면 오후 1시에 얻은 Pb의 신호 세기는 15,010이다. Pb의 농도는 다음과 같다.

$$\text{ppb Pb}_{\text{시료}} = (15{,}010\text{ counts})\frac{10.0\text{ ppb Pb}}{12{,}050\text{ counts}}$$

$$\text{ppb Pb}_{\text{시료}} = 12.5\text{ ppb Pb}$$

표 3.7 내부 표준물을 이용한 교정

측정 시간	신호 세기[a] 10 ppb Pb, $m/e = 208$	신호 세기 20 ppb Bi, $m/e = 209$	신호비 Pb/Bi
8 AM	12,050	60,000	0.2008
10 AM	12,100	60,080	0.2013
1 PM	30,000	149,200	0.2010
3 PM	15,750	78,400	0.2009

[a]두 표준 용액에서의 Pb 신호 세기가 동일하므로 한 가지 결과만 나타내었다. Bi의 신호 세기는 두 번째 표준 용액으로부터만 얻은 결과이다.

표 3.8 내부 표준물을 사용한 시료와 사용하지 않은 시료의 비교

측정 시간	Pb 신호 세기, $m/e=208$	ppb Pb, 내부 표준물 없음	Pb 신호 세기, $m/e=208$	Bi 신호 세기, $m/e=209$	신호비: Pb/Bi	ppb Pb, 내부 표준물 포함
8 AM	6,028	5.00	6,028	60,010	0.1004	5.00
10 AM	6,063	5.03	6,063	60,075	0.1009	5.02
1 PM	15,010	12.5	15,010	149,206	0.1006	5.01
3 PM	7,789	6.46	7,789	78,398	0.0994	4.95
평균		7.25				4.99
SD		3.57				0.03
% RSD		49.2				0.60
참값		5.00				5.00
%오차		45.0				−0.2

참조: % 상대 표준 편차 = (표준 편차/평균) × 100

참값과 비교한 %오차는 다음과 같다.

$$\%\text{오차} = \frac{\text{측정값} - \text{참값}}{\text{참값}} \times 100$$

$$\%\text{오차} = \frac{12.5 - 5.00}{5.00} \times 100$$

$$\%\text{오차} = +150$$

내부 표준물 Bi를 사용한 시료에 대하여 Pb와 Bi의 신호비를 이용하여 교정 인자를 계산하면 다음과 같다.

$$10.0\ \text{ppb Pb} = \frac{12{,}050\ \text{counts Pb}}{60{,}000\ \text{counts Bi}} = 0.2008$$

$$\text{교정 인자} = \frac{10.0\,\text{ppb Pb}}{0.2008}$$

표 3.8에서 Bi를 내부 표준물로 사용한 시료에 대한 오전 8시에 분석한 결과를 이용하여 계산한 신호비는 $\frac{6{,}028\ \text{counts Pb}}{60{,}010\ \text{counts Bi}} = 0.1004$이다. 따라서 시료에 포함된 Pb의 농도는 다음과 같이 계산할 수 있다.

$$\text{ppb Pb}_{\text{시료}} = (0.1004)\frac{10.0\ \text{ppb Pb}}{0.2008}$$

$$\text{ppb Pb}_{\text{시료}} = 5.00\ \text{ppb Pb}$$

이 농도는 내부 표준물을 사용하지 않고 얻은 결과와 일치한다. 내부 표준물을 이용하면 기기의 '표류'에 의한 발생하는 오차에 대한 보정이 가능하므로 다른 시간에 측정한 시료에서 발생하는 오차를 제거할 수 있다. 예를 들면 오후 1시에 측정한 시료에서 Pb의 신호 세기는 15,010 count이고 Bi의 신호 세기는 149,206 count로 오전 8시에 측정한 신호에 비하여 증가하였으나, 두 신호의 비는 15,010/149,206 = 0.1006이고 Pb 농도를 계산하면 다음과 같다.

$$\text{ppb Pb}_{\text{시료}} = (0.1006)\frac{10.0\ \text{ppb Pb}}{0.2008}$$

$$\text{ppb Pb}_{\text{시료}} = 5.01\ \text{ppb Pb}$$

이 결과의 %오차는 다음과 같다.

$$\%\text{오차} = \frac{5.01 - 5.00}{5.00} \times 100$$

$$\%\text{오차} = 0.2$$

0.2% 수준의 오차는 일반적인 기기 분석에서 허용되는 범위이다.

이 결과를 내부 표준물을 사용하지 않고 얻은 Pb 농도 12.5 ppb와 비교하면, 내부 표준물을 사용해야 하는 당위성을 명백하게 확인할 수 있다.

3.5.4 | Beer의 법칙과 관련된 오차

모든 분광학적 방법을 이용하여 측정한 농도에는 불가측(우연) 오차가 포함되는데, 그로 인하여 측정된 농도의 정밀도나 정확도에 영향을 미친다. 분광학적 분석에서 발생하는 가장 흔한 우연 오차의 원인으로 기기에서 발생하는 '잡음'을 예로 들 수 있다. 잡음은 광원이나 검출기의 불안정, 시료 셀 위치의 변동, 그리고 모든 잡음 요인의 조합에 기인한다. 이런 오차는 우연 오차이므로 제거가 불가능하다. 복사선의 세기를 측정할 때 발생하는 오차는 교정 곡선과 Beer의 법칙을 이용하여 계산하는 시료의 농도에 오차를 야기한다.

우리는 투과도 측정에서 얻는 정보에 미치는 기기의 잡음에서 기인한 불가측 오차의 영향을 평가할 수 있다. 다음에 설명하는 내용은 광원의 세기가 약하거나 혹은 검출기의 감도가 낮은 영역에서의 UV/VIS 분광기나 열 검출기의 잡음이 심각한 IR 분광기에 적용된다. Beer의 법칙으로부터 다음의 관계를 얻는다.

$$\frac{\Delta c}{c} = \frac{0.434\Delta T}{T \log T} \tag{3.15}$$

여기서 $\frac{\Delta c}{c}$는 농도의 상대적 오차, ΔT는 투과도 측정의 오차이다.

ΔT는 동일한 용액을 여러 번 반복 측정($n > 20$)하여 얻을 수 있다. 측정한 T의 오차가 1%로 일정하다고, 혹은 $\Delta T = 0.01$이라고 가정하면, 식 3.15를 이용하여 농도의 상대 오차를 계산할 수 있다. 표 3.9는 넓은 투과도 측정 범위에서 1 % T의 일정한 오차가 야기하는 농도의 상대 오차를 보여 준다. 표 3.9로부터 T 값이 매우 낮거나 높으면 농도의 상대 오차가 높음을 알 수 있는데, 이는 분석물의 농도가 매우 낮거나(높은 %T) 매우 높을 때(낮은 %T) Beer의 법칙을 적용하면 심각한 오차가 발생함을 의미한다.

표 3.9의 상대 오차를 투과도에 대하여 도시한 결과를 그림 3.15에 나타내었다. 그림 3.15에서 보면 $T = 0.37$(37%)일 때 상대 오차가 최소가 되고, 15~65%의 투과도 범위에서 비교적 만족할 만한 결과를 얻을 수 있다. 이 범위에 해당하는 흡광도 범위는 0.82~0.19이다. 흡광도 측정을 통한 정량 분석에서 높은 정확도를 얻기 위해서는 흡광도가 0.82에서 0.19 범위인 농도를 이용하는 것이 좋다. 농도가 너무 진한 시료($A > 0.82$)는 묽혀서 흡광도를 0.8 이하로 조절하고, 농도가 너무 묽은 시료($A < 0.19$)는 추출이나 증발을 통하여 시료를 농축하는 것이 좋다.

일반적으로 최근의 UV/VIS 분광기에서는 전자가 검출기 내 연결 부위를 통과할 때 '산탄 잡음(shot noise)'이 발생한다. 이 경우 기기에서 발생하는 불가측 오차로 인한 상대 불확정도는 그림 3.15와는 매우 다르다. 산탄 잡음이 있어도 고성능 기기에서는 매우 낮은 A(높은 % T)에서의 상대 오차는 크지만, 0.2부터 2.0 이상의 흡광도에는 거의 같은 크기의 낮은(<1%) 상대 불확정도가 발생한다.

분광학 데이터를 도시하는 다른 방법은 농도의 로그값에 대하여 (100−%T)를 도시하는 Ringbom 방법을 이용하는 것이다. 이때 얻는 S 모양의 곡선을 'Ringbom 도시'라고 한다. 과망가니즈산 이온의 Mn의 흡수에 대한 Ringbom 도시를 그림 3.16에 나타내었다. Ringbom 도시를 이용하여 분석 오차가 최소인

표 3.9 1%의 분광학적 오차가 발생할 때 농도의 상대 오차

투과도(T)	농도의 상대 오차$(\Delta c/c) \times 100$(%)
0.02	12.8
0.08	4.9
0.15	3.5
0.30	2.8
0.37	2.7
0.45	2.8
0.65	3.6
0.80	5.6
0.97	33.8

주의: $\Delta T = 0.01$; $\Delta c/c = (0.434\Delta T)/(T \log T)$.

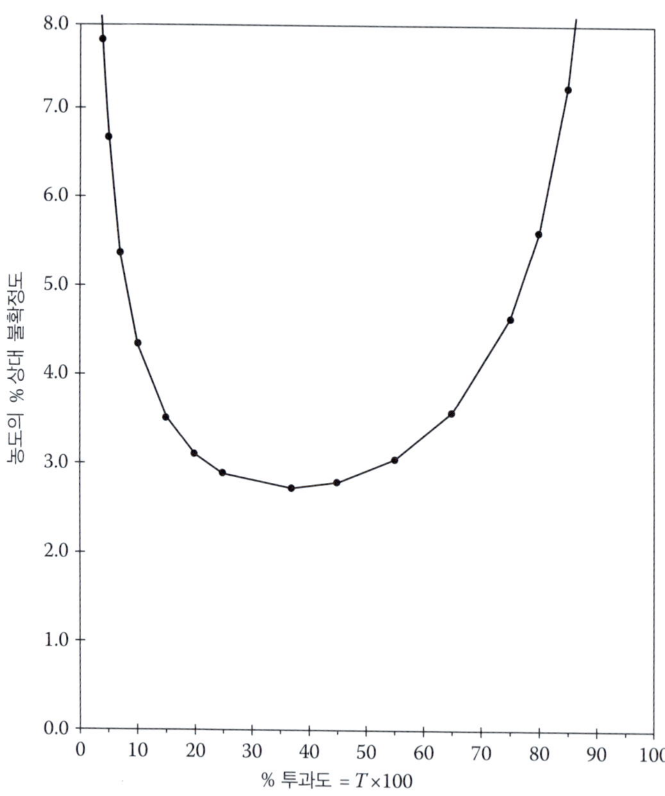

그림 3.15 기기 잡음에 의한 우연 오차에 기인한 측정 농도의 상대 불확정도(투과도에 1%의 일정한 오차가 발생하는 경우) 투과도의 오차가 다르면 그래프의 모양은 같지만 불확정도는 변한다.

농도 범위를 찾을 수 있는데, 그림에서 기울기가 직선에 가까운 가파른 부분이다. 또한 이 도시를 이용하여 특정 농도에서의 정확도를 평가할 수 있다. Beer의 법칙으로부터, 투과도 오차 1%에 해당하는 %상대 분석 오차는 다음과 같다.

$$\frac{\%\ \text{상대 분석 오차}}{1\%\ \text{투과도 오차}} = \frac{100\Delta c/c}{1} = \frac{230}{\Delta T/\Delta \log c} \tag{3.16}$$

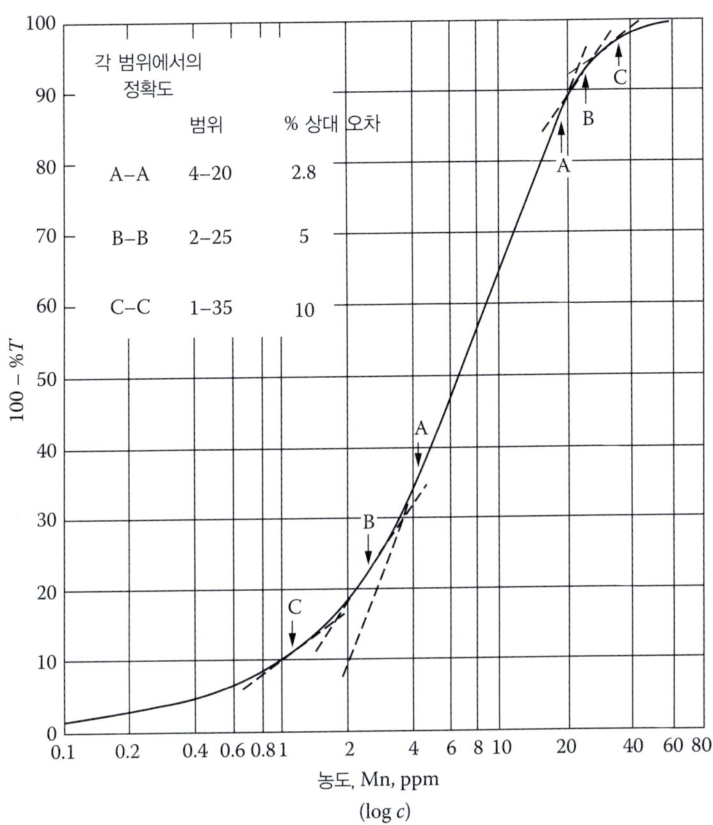

그림 3.16 1.00 cm 셀을 이용하여 얻은 과망가니즈산 이온의 526 nm에서의 흡광도에 대한 Ringbom 도시. %RE는 1% 투과도 오차에 대한 농도의 %상대 오차이다. 세 가지 Mn 농도 범위에서의 %RE의 크기를 나타내었다. Mn의 농도 단위는 ppm이다(1 ppm = 1 μg Mn/mL 용액).

$\Delta T/\Delta \log c$는 곡선의 기울기이므로 1%의 투과도 오차당 상대 분석 오차는 230을 기울기로 나눈 값이다. 일반적으로 x값이 10배 변할 때의 y값의 변화를 이용하여 기울기를 구한다. 예를 들면 그림 3.16에서 A로 표시된 두 점 사이의 기울기를 구하기 위하여 그림과 같이 접선을 농도가 2에서 20 ppm까지(10배 변화) 연장해서 그린다. 농도 2와 20 ppm에 해당하는 y값은 각각 9%와 90%이므로 y값의 변화는 $90 - 9 = 81$이고, 따라서 상대 오차는 $230/81 = 2.8$이다. 이 영역에서의 %상대 분석 오차는 2.8%이다. 다른 영역에서의 오차는 그림 3.16의 위쪽에 나타내었다.

Ringbom 도시의 실제적인 응용은 % 상대 분석 오차가 특정한 값을 넘지 않는 농도 범위를 구하는 것이다. 이런 부류의 범위는 '좋은' 제품의 규격에 맞는 조성에 대한 상한값과 하한값을 분광법을 이용하여 측정하는 공장에서 많이 이용되고 있다. 이 규격을 벗어난 제품은 검수 과정에서 불량의 판정을 받게 될 것이다.

Ringbom 도시를 이용하면 그림 3.15에서 얻을 것과 동일한 결론을 얻을 수 있다. 100 – %T가 63(혹은 37% T)일 때 오차가 최솟값을 나타낸다. 1% 투과도 오차에 대한 상대 분석 오차는 2.8%이다. 이 오차는 (100 – %T)가 40~80% 범위(혹은 T가 20~60%)에서 크게 변하지 않는데, 이 영역이 Rongbom 도시에서 기울기가 직선인 가파른 영역이다. 100 – %T가 매우 작거나 혹은 매우 크면 Ringbom 도시의 기울기가 0에 수렴하고, 따라서 % 상대 오차가 무한대에 접근한다.

표 3.10에 분광학에서 사용되는 용어를 수록하였다.

표 3.10 분광학에서 사용되는 용어와 정의

용어	기호	정의
투과도	$T(=I/I_0)$	시료를 통과한 빛의 세기 I와 시료를 통과하기 전의 빛의 세기 I_0의 비
흡광도	A	$-\log T = abc$
흡광 계수	a	Beer의 법칙에서의 비례 상수(A = 흡광도, c = 농도, b = 경로 길이)
몰흡광 계수	ε	Beer의 법칙 $A = \varepsilon bc$에서의 비례 상수(A = 흡광도, c = 몰농도, b = 경로 길이)
경로 길이	b	시료의 광학적 경로 길이
시료 농도	c	단위 부피나 질량에 포함된 시료(빛을 흡수하는 물질)의 양 (일반적으로 g/mL, mol/L, ppm 혹은 %의 단위를 사용)
최대 흡수 파장	λ_{max}	최대 흡수가 일어나는 파장
파장	λ	파동에서 마루와 마루 사이의 길이
진동수	ν	파동이 1초 동안에 진동하는 수; 1초 동안에 어떤 점을 통과하는 파동의 마루 수
파수	$\bar{\nu}$	$1/\lambda$ 혹은 단위 cm에 포함된 파동의 수

3.6 분광학에서 사용되는 광학 기기

광학 분석 기기는 흡수하거나 방출하는 복사선의 파장과 각 파장에서의 세기(I) 혹은 흡광도(A)에 대한 정보를 얻을 수 있도록 설계되어야 한다. UV에서 IR 영역에 이르는 분광학적 연구에 이용되는 기기의 기본적인 구성은 매우 유사하다. 당분간 분광학에서 사용되는 광학 기기라는 의미로 **분광기**(**spectrometer**)란 용어를 사용하기로 하자.

분광학에 사용되는 기기에는 광원, 단색화 장치 같은 파장 선택기, 관심 영역의 복사선을 흡수하지 않는 시료 용기, 복사선의 세기를 측정하고 신호로 바꾸는 검출기, 그리고 검출기 신호를 처리해서 보여 주는 장치가 필요하다. 다음 절에서 설명할 푸리에(Fourier) 변환 분광기는 파장 선택기가 필요 없다. 흡수, 형광, 인광 혹은 산란 등을 측정하는 장비에는 외부 광원이 필요하지만, 방출 세기를 측정하는 경우에는 들뜬 시료가 광원이다. 이런 부품들을 배열하는 것을 기기의 **광학적 구성**(**optical configuration**) 혹은 **광학적 레이아웃**(**optical layout**)이라고 한다. 간단한 홑살형 흡수 분광기에서의 광학적 구성을 그림 3.17에 나타내었다. 시료 용기와 파장 선택기의 위치는 바뀌어도 상관이 없어서 UV/VIS 흡수 분광기에서는 일반적으로 시료를 파장 선택기 다음에 위치시켜 시료에 입사되는 빛이 단색광이 되게 한다. 원자 흡수, IR, 형광 분광법에서는 시료를 주로 파장 선택기 앞에 배치한다.

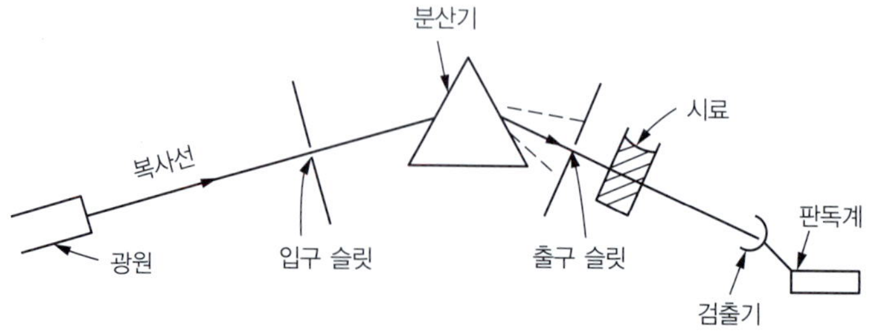

그림 3.17 홑살형 흡수 분광기의 도식적 그림

3.6.1 | 광원

분광학에서 사용되는 이상적인 광원은 다음과 같은 특성을 갖추어야 한다.

1. 실험에 사용할 모든 복사선 범위를 포함하는 빛을 제공해야 한다.
2. 사용 범위의 복사선의 세기가 충분히 강해야 한다.
3. 각 파장에서의 세기가 일정해야 한다.
4. 긴 시간 간격으로 광원의 빛이 깜박이지 않아야 한다.
5. 짧은 시간 간격으로 광원의 빛이 깜박이지 않아야 한다.

분광학에 사용되는 광원에는 **연속 광원**(**continuum source**)과 **선형 광원**(**line source**) 두 가지 종류가 있다. 연속 광원은 넓은 파장 영역의 복사선을 방출하며 파장에 따른 세기의 변화가 크지 않은 광원이다. 가시광선(백색광) 영역의 복사선을 방출하는 텅스텐 램프나 UV 영역의 복사선을 방출하는 중수소 램프나 고압 수은 혹은 제논 아크 램프 등이 연속 광원의 좋은 예이다. IR 영역의 연속 광원은 가열한 고체 세라믹 혹은 고온의 도선 형태의 광원 등이 있다. 대부분의 분자 흡수 혹은 형광 분광기에서는 연속 광원을 사용한다. 연속 광원과는 달리 선형 광원은 몇 가지 불연속 파장의 빛을 방출하고 각 선의 세기가 파장에 따라 매우 다르다. AAS나 원자 형광 분광기에서 UV나 가시광선 영역의 광원으로 사용하는 속빈 음극관이나 무전극 방전관 등이 사용되며, Na 혹은 수은(가로등과 유사한) 증기 램프와 특정 레이저 등도 UV나 가시광선 영역에 사용되고 있다. 레이저는 강한 **결맞는**(**coherent**) 선형 광원으로 UV, 가시광선, IR의 전 영역의 복사선을 방출하는 레이저가 개발되어 있다. 특히 레이저는 라만 분광학과 원자 혹은 분자 형광 분광학 분야에서 널리 이용되고 있다.

3.6.2 | 파장 선택기

3.6.2.1 필터

특정 영역의 전자기파를 선택하기 위한 간단하고 경제적인 방법은 필터를 사용하는 것이다. 필터에는 흡수 필터와 간섭 필터 두 종류가 있다. 흡수 필터의 원리는 색유리처럼 간단하다. 가시광선의 여러 영역을 선택적으로 얻을 수 있는 다양한 색유리 형태의 흡수 필터를 구할 수 있다. 이런 유형의 필터는 간단하고 안정하며 저렴하기 때문에 현장에 직접 가지고 다닐 수 있는 이동형 분광기에 매우 적합하다. 그러나 필터로 선택할 수 있는 파장의 폭이 프리즘이나 회절발에 비하여 매우 넓다는 것이 가장 큰 단점이다. 프리즘이나 회절발은 넓은 다색광 중에서 폭이 좁은 특정 파장 영역을 선택하는 장치이다. 흡수 필터를 이용하여 선택하는 파장의 폭은 대략 50~300 nm이며, 주로 가시광선이나 X-선 영역에서 사용할 수 있다.

두 번째 종류는 다른 물질들로 여러 층으로 구성한 간섭 필터를 이용하는 방법이다. 필터를 통과 할 수 있는 빛의 파장은 가운데 층의 두께와 굴절률에 의해 정해진다. 이 필터는 적외선, 자외선, 가시선 영역의 빛을 분리해 낼 수 있다. 흡수 필터와 비교해 보면 통과되는 파장의 범위는 더 좁고 투과되는 양도 더 많다. 선택한 파장의 범위는 흡수 필터에 비하여 매우 좁아서 1~10 nm 수준이며, 투과한 빛의 세기도 더 강하다.

3.6.2.2 단색화 장치

단색화 장치(**monochromator**)는 분산 장치, 입구 및 출구 슬릿, 그리고 복사선을 조준하거나 모으는 데 사용되는 거울과 렌즈 등으로 구성되어 있다. 모아진 빛을 파장에 따라 공간으로 퍼지게 하는(혹은 **분산시키는**) 것이 분산 장치의 역할이다. 프리즘과 회절발이 가장 많이 사용되는 분산 장치이다.

광원에서 방출된 빛이 입구 슬릿을 지나 분산 장치에서 분산된 후 단색화 장치의 출구 슬릿에 모아진다. 극히 제한된 파장의 빛만이 출구 슬릿을 지나 시료나 검출기로 보내진다. 분산 장치를 회전시키면 각 파장의 빛이 차례대로 출구 슬릿에 모아진다. 예를 들면 프리즘이나 회절발을 이용하여 백색광을 보라색 빛에서 붉은색 빛까지 분산시킨 후, 분산 장치를 천천히 회전시키면 보라색 빛이 출구 슬릿을 통과하고 다음으로 푸른색 빛에서 붉은색 빛까지 차례대로 출구 슬릿을 통과하게 된다.

프리즘: 프리즘은 IR, 가시광선, UV 영역의 복사선을 분산시키는 데 사용된다. UV 영역의 분산을 위하여 석영으로 만든 프리즘을 사용하고 가시광선이나 근적외선 영역의 분산을 위하여 규산염 유리로 만든 프리즘을 사용하며 IR 영역의 분산을 위하여 NaCl이나 KBr로 만든 프리즘을 사용한다. 일반적으로 프리즘은 삼각형의 단면적을 갖는 막대 형태이다. 그림 3.17에 나타낸 내각이 60°인 정삼각형의 Cornu 프리즘이 많이 이용되지만 다른 형태의 프리즘도 많다. 입구 슬릿을 통과한 다색광은 프리즘의 표면에 모아진 후 **굴절**된다. 이때 파장이 다른 빛은 서로 다른 각도로 굴절되므로 서로 다른 위치(공간)로 분리된다. 프리즘의 굴절률은 빛의 파장에 따라 다르다. 짧은 파장의 빛에 대한 석영 프리즘의 굴절률은 긴 파장의 빛에 대한 것보다 크므로 짧은 파장의 빛은 긴 파장의 빛에 비하여 더 큰 각도로 굴절된다. 그림 3.18에서 나타낸 바와 같이 가시광선 영역에서 붉은색 빛은 푸른색 빛에 비하여 굴절되는 정도가 더 작다.

회절발: 회절발은 UV, 가시광선, IR 영역의 복사선을 분산시킬 수 있다. 그림 3.19에 나타낸 바와 같이 회절발은 단단한 유리나 금속, 혹은 세라믹 표면에 새긴 평행한 일련의 고랑(groove)으로 이루어져 있다. 평편하거나 혹은 오목한 형태의 줄이 그어진 표면은 반사가 잘 되도록 코팅되어 있다. UV나 가시광선에 이용되는 회절발의 고랑의 수는 500~5000 groove/mm이고 IR 영역에 이용되는 회절발은 50~200 groove/mm의 고랑을 가지고 있다. 다이아몬드 날을 이용하여 회절발의 고랑을 만드는 전통적인 방법은 시간이 많이 걸리고 비용도 많이 든다. 이렇게 만든 회절발을 **마스터**(*master*) 회절발이라고 하며, 고분자 레진을 이용하여 **복제**(*replica*) 회절발을 만드는 주형으로 사용된다. 복제 회절발은 마스터 회절발의 고

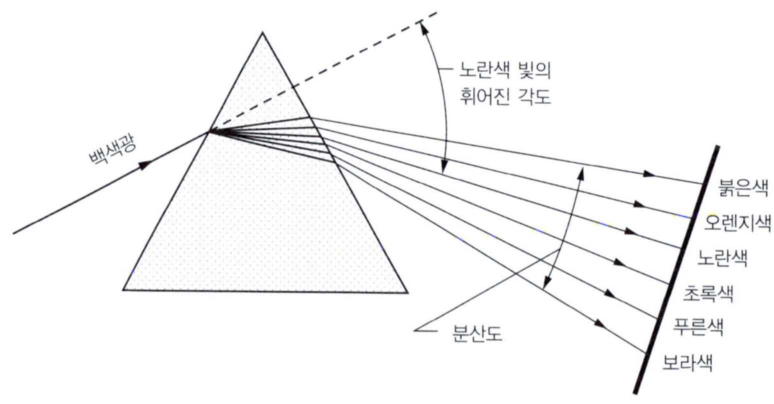

그림 3.18 프리즘을 이용한 가시광선의 분산

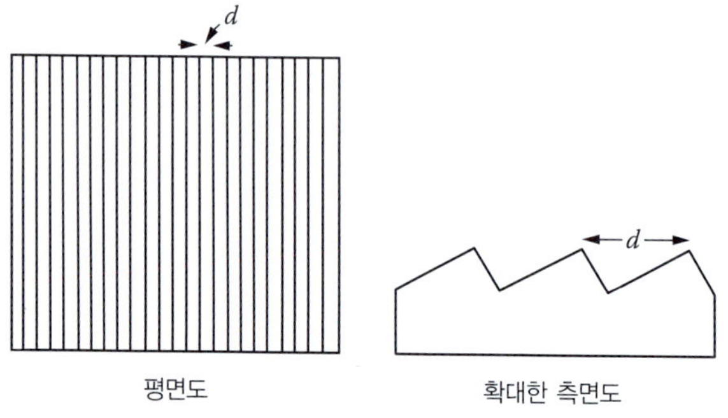

그림 3.19 확대한 회절발의 도식적 그림

랑을 그대로 복제한 것으로 반사가 잘 되도록 알루미늄으로 코팅하여 사용한다. 복제 회절발이 마스터 회절발보다 경제적이므로 대부분의 기기에는 복제 회절발이 이용된다. 최근에는 대부분의 회절발을 홀로그래프 기술을 이용하여 만든다. 회절발 매트릭스에 감광성 고분자 필름으로 코팅을 한 후, 그 위에 레이저를 이용하여 얻은 간섭 무늬를 세긴다. 화학 물질 혹은 이온 에칭(식각)법을 이용하여 필요한 형태의 고랑을 매트릭스에 만들면 마스터 회절발이 얻어진다. 이를 홀로그래프 회절발이라고 하는데 기기에 직접 사용하기도 하고 복제 홀로그래프 회절발을 만드는 마스터 회절발로 이용되기도 한다. 전통적인 회절발이 평편한 형태 혹은 오목한 형태인 것에 비하여 홀로그래프 회절발은 여러 가지 형태로 제작되고, 고랑의 배열도 사용 목적에 따라서 균일하기도 하고 혹은 불균일하기도 하다. 일반적으로 회절발의 크기는 25×25에서 110×110 mm 수준이다.

회절발에 의한 빛의 분산은 반사되는 빛의 보강 간섭에서 기인하는 회절 현상 때문에 가능하다. 그림 3.20에 어떤 빛의 경로를 나타내었다. 이웃한 고랑에 또 다른 평행한 빛이 있다는 것을 가정한다. 이때 보강 간섭이 일어날 조건은 다음과 같다.

$$n\lambda = d(\sin i \pm \sin\theta) \tag{3.17}$$

여기서 n은 회절 차수로 양의 정수 1, 2, 3,... , λ는 복사선의 파장, d는 고랑 사이의 거리, i는 빛의 입사각, θ는 파장이 λ인 빛의 분산각(반사각)이다.

입사각 i와 회절각(반사각) θ는 모두 회절발에 수직선에 대한 각이다. 주어진 n에서 파장 λ가 다르면 회절각 θ가 서로 다르다. 다른 파장의 빛이 서로 다른 각도로 분산(회절)되기 때문에 빛의 분리가 가능한 것이다.

회절발을 사용할 때 문제점 중의 하나는 서로 다른 파장의 빛이 같은 반사각으로 회절한다는 것이다. 어떤 복사선이 i의 입사각으로 회절발에 조사되는 경우에 식 3.17로부터 θ가 일정하면 $n\lambda$도 일정하다는 것을 알 수 있다. 따라서 n과 λ의 곱이 일정한 어떤 조합도 식 3.17을 만족하게 된다. 파장 $\lambda = 600\,\text{nm}$의 복사선이 $n = 1$인 차수인 경우에 회절각이 θ라면, $\lambda = 200\,\text{nm}$의 복사선의 $n = 3$일 때의 회절각도 θ이다. 결과적으로 위에서 언급한 각각의 복사선은 같은 각도(θ)로 빈시되어 그림 3.21에서처럼 같은 경로로 진행할 것이다. 이와 같은 관계에 있는 복사선을 서로 다른 **차수**(n)의 회절 복사선이라고 하며, 그림 3.21에

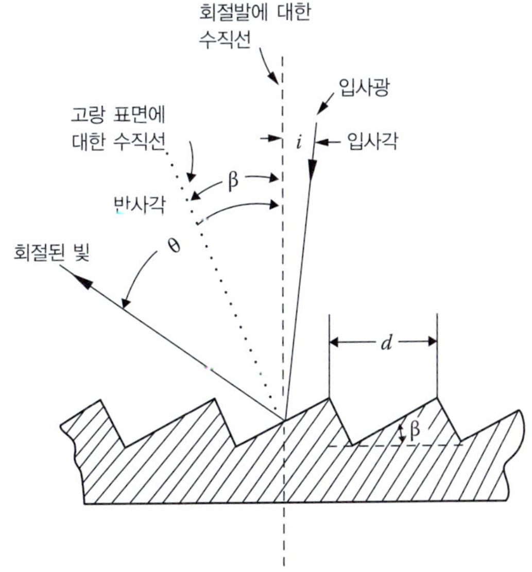

그림 3.20 홑살 빛에 대한 회절을 보여주는 회절발의 단면도. 사용된 기호는 다음과 같다. i = 입사각, θ = 반사각(회절각), β = 회절발의 경사각, d = 고랑 사이의 거리(Modified from Dean, J.A. and Rains, T.C., eds., *Flame Emission and Absorption Spectrometry*, Vol. 2, Marcel Dekker, Inc., New York, 1971. Used with permission.)

서와 같이 서로 분리되지 않는다. 회절발에서 분산된 후 같은 경로로 진행하지만 파장이 서로 다른 복사선의 관계는 양의 정수 n으로 설명할 수 있다. 고성능 분광기에서는 그림 3.22와 3.23에 나타낸 바와 같이 **차수 선별기**(*order sorter*)로 작은 프리즘이나 필터를 회절발에 추가로 사용한다. IR의 경우에는 필터를 선별기로 사용하는 것이 일반적이다. 복사선을 분산시키기 위하여 회절발을 회전시킬 때, 필터나 프리즘을 적당한 위치로 회전시켜서 다른 파장의 빛에 의한 겹침을 막고 한 가지 파장의 빛만 검출기로 진행하도록 한다. Horiba Scientific(www.horiba.com) 사에서 회절발과 분광기에 대한 매우 좋은 온라인 교재 제공하고 있는데, 홈페이지의 검색란에 'optics of spectroscopy tutorial'을 치면 확인할 수 있다.

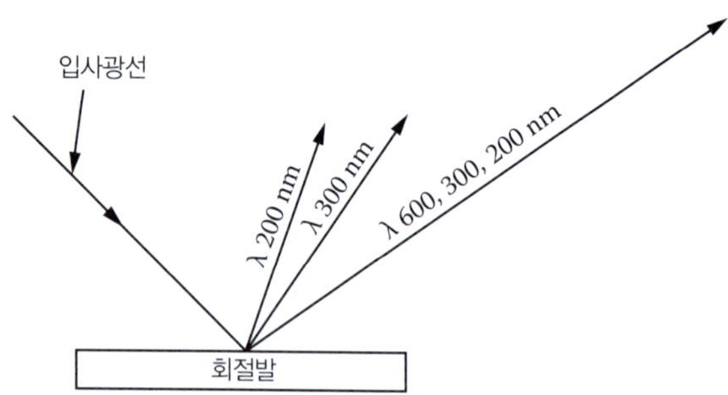

그림 3.21 회절발에서 회절각(반사각)은 파장뿐 아니라 회절 차수(n)에도 영향을 받는다. 파장이 200, 300, 600 nm인 빛은 각각 서로 다른 각도로 회절하지만, 200 nm의 3차와 300 nm의 2차 회절은 600 nm의 1차 회절각과 동일하다. 즉, 세 가지 파장의 빛은 서로 겹친다.

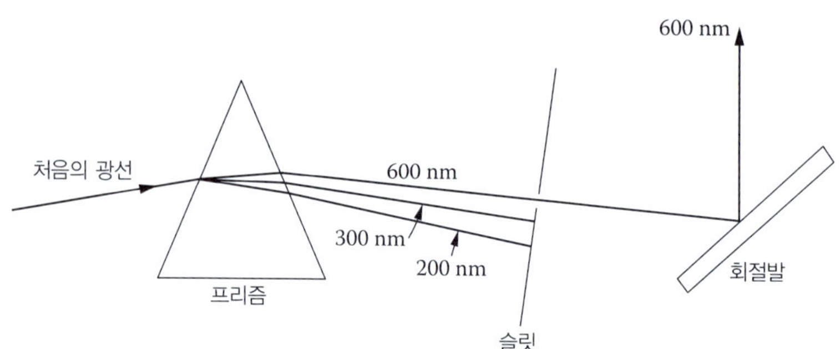

그림 3.22 회절발을 이용한 단색화 장치에 사용되는 프리즘 차수 선별기

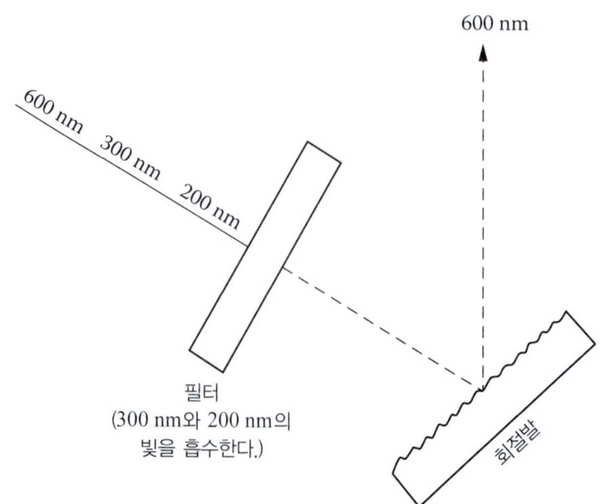

그림 3.23 높은 차수의 파장이 회절발에 도달하는 것을 막기 위한 차수 선별기로 필터가 사용된다.

3.6.2.3 두 파장을 분리하기 위한 분해능

단색화 장치의 파장 정확도: 단색화 장치의 두 파장을 분리하는 능력을 설명하기 전에 파장의 정확도가 평가되어야 한다. 이를 위하여 UV/VIS 영역에서는 holmium이나 didymium 산화물(유리) 혹은 holmium perchlorate나 didymium perchlorate 용액을 채우고 밀폐시킨 석영 셀을 구입해서 스펙트럼을 얻는다. 이와 같은 화합물은 그림 3.24에서와 같이 UV/VIS 영역에서 일련의 예리한 피크를 나타내는데, 주기적으로 스펙트럼을 얻어 단색화 장치를 이용하여 얻은 파장의 정확도를 평가해야 한다. Starna Cells, Inc(www.starnacells.com)에서 파장의 정확도를 측정할 수 있는 표준물을 구입할 수 있다. 원자외선이나 근적외선 영역에서 파장의 정확도를 측정하기 위한 표준물도 구할 수 있다.

단색화 장치의 분해능: 복사선을 분산할 수 있는 능력을 **분해능**(*resolving power*)이라고 한다. **분산능**(*dispersive power*)이나 **분해**(*resolution*)란 용어를 사용하기도 한다. 각각 600.1 nm와 599.9 nm의 두 피크를 각각 얻기 위하여 두 피크를 분리(분해)해야 한다.

단색화 장치의 분해능 R은 $\lambda/\delta\lambda$로 정의되는데, λ는 분리하고자 하는 두 피크의 평균 파장이며 $\delta\lambda$는 두 피크의 파장의 차이이다. 앞에서의 두 피크를 분리하는 데 필요한 분해능은 다음과 같다.

$$R = \frac{\lambda}{\delta\lambda} \tag{3.18}$$

$$R = \frac{599.9\text{의 } 600.1\text{의 평균}}{599.9\text{와 } 600.1\text{의 차이}} = \frac{600}{0.2} = 3000$$

프리즘의 분해능: 프리즘의 분해능 R은 다음과 같다.

$$R = t\frac{d\eta}{d\lambda} \tag{3.19}$$

여기서 t는 프리즘의 밑변의 길이, $d\eta/d\lambda$는 파장의 변화에 대한 프리즘을 만든 물질의 분산능(**굴절률**)의 변화 속도이다.

파장이 λ_1과 λ_2인 두 빛살을 분리하기 위하여 두 파장에서의 프리즘의 굴절률이 서로 달라야 한다. 굴절률이 일정하면 파장에 따른 빛의 분리는 불가능하다. 프리즘의 분해능은 두께에 비례해서 증가한다. 주어진 파장 영역에서 최대의 분해능을 얻기 위하여 프리즘을 만들 때 $d\eta/d\lambda$이 최대인 재료를 사용하는 것이 좋다. 예를 들면 가시광선 영역에서 석영보다 유리로 만든 프리즘의 분해능이 더 좋다. 분해능의 관점

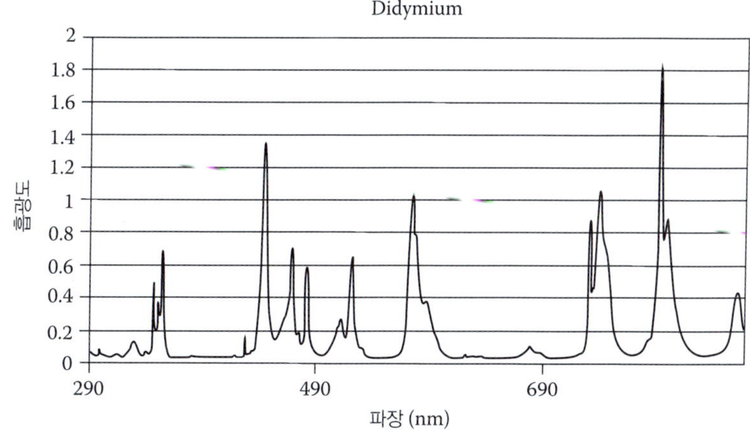

그림 3.24 Didymium 산화물을 과염소산에 녹인 용액의 UV/VIS 스펙트럼. (Courtesy of Starna Cells, Inc., Atascadero, CA, www.starnacells.com.)

에서 프리즘은 투과도가 급격하게 줄어드는 파장 부근에서 가장 효과적이다. 이보다 더 긴 파장에서 분해능은 줄어든다.

회절발의 분해능: 회절발의 분해능은 다음과 같다.

$$R = nN \tag{3.20}$$

여기서 n은 정수이고, N은 입구 슬릿에서 들어온 빛이 비추는 영역의 전체 고랑(groove)의 수이다.

따라서 크기가 크고 고랑의 간격인 좁은 회절발을 더 높은 차수($n > 1$)에서 사용할 때 분해능이 더 크다. 고랑의 수가 500 grooves/cm인 회절발을 이용하여 Na의 D 선인 589.5 nm와 589.0 nm를 분리하기 위하여 필요한 회절발의 크기를 구해 보자.

식 3.18로부터 두 피크를 분리하는 데 필요한 분해능을 계산하면 다음과 같다.

$$R = \frac{589.25}{0.5} = 1178.5$$

요구되는 회절발의 최소 분해능은 1179(유효 숫자 4자리)이다. 회절발의 분해능이므로, 일차 ($n = 1$)일 때의 전체 고랑의 수 $N = 1179$이다. 회절발의 고랑수는 500 groove/cm이므로 회절발의 크기는 2.358(1179/500)cm이다. 이 결과는 회절발 전체에 빛이 비추는 것으로 가정하고 계산한 것이다.

회절발 전체에 빛이 비춘다고 가정하고, 길이가 3.00 cm인 회절발을 이용하여 Na의 D선을 분해하기 위하여 요구되는 단위 cm당 고랑의 수를 계산해 보자. 필요한 분해능은 1179이므로 일차에서 필요한 고랑의 수는 1179이다. 따라서 단위 cm당 고랑의 수를 계산하면 다음과 같다.

$$N/\text{cm} = 1179/3.00\,\text{cm} = 393\,\text{lines/cm}$$

고랑의 수는 정수여야 하므로 계산 결과를 반올림하여 정수로 만들어야 한다.

일반적으로 단색화 장치에 사용되는 회절발의 UV 영역에서의 분해능은 몇 개의 예리한 흡수선을 보이는 벤젠 증기의 스펙트럼을 이용하여 평가한다. 이런 목적으로 상용으로 판매되고 있는 벤젠 증기를 넣은 밀폐된 석영 셀을 이용하여 얻은 스펙트럼을 그림 3.25에 나타내었다.

회절발 단색화 장치의 분산: 단색화 장치의 분해능은 서로 이웃한 두 파장을 분리하는 능력의 척도이다. 분해능은 다음과 같은 역분산(reciprocal dispersion) 혹은 역선형 분산(reciprocal linear dispersion) D^{-1}과 관계가 있다.

$$D^{-1} = \frac{\mathrm{d}\lambda}{\mathrm{d}y} \tag{3.21}$$

역선형 분산은 파장의 변화(dλ)를 dy로 나눈 값인데, 여기서 y는 분산 축에서 두 파장이 분리된 길이이다. 주로 nm/mm의 단위를 사용하는 D^{-1}이 중요한 이유는 단색화 장치를 빠져 나오는 빛의 **분광 띠너비(spectral bandwidth, SBW)**가 D^{-1}과 단색화 장치의 슬릿 너비(s)에 비례한다는 것이다.

$$\text{SBW} = sD^{-1} \tag{3.22}$$

SBW는 단색화 장치에서 나오는 파장의 너비의 75%를 나타낸다. 회절발을 사용하는 단색화 장치의 역선형 분산의 다음과 같다.

$$D^{-1} = \frac{\mathrm{d}}{nF} \tag{3.23}$$

여기서 d는 회절발에서 고랑 사이의 길이, n은 회절 차수, F는 단색화 장치의 초점 길이이다.

회절발을 이용하는 단색화 장치의 역분산은 파장에 대하여 일정하다. UV 영역에서의 SBW는 헥세인에

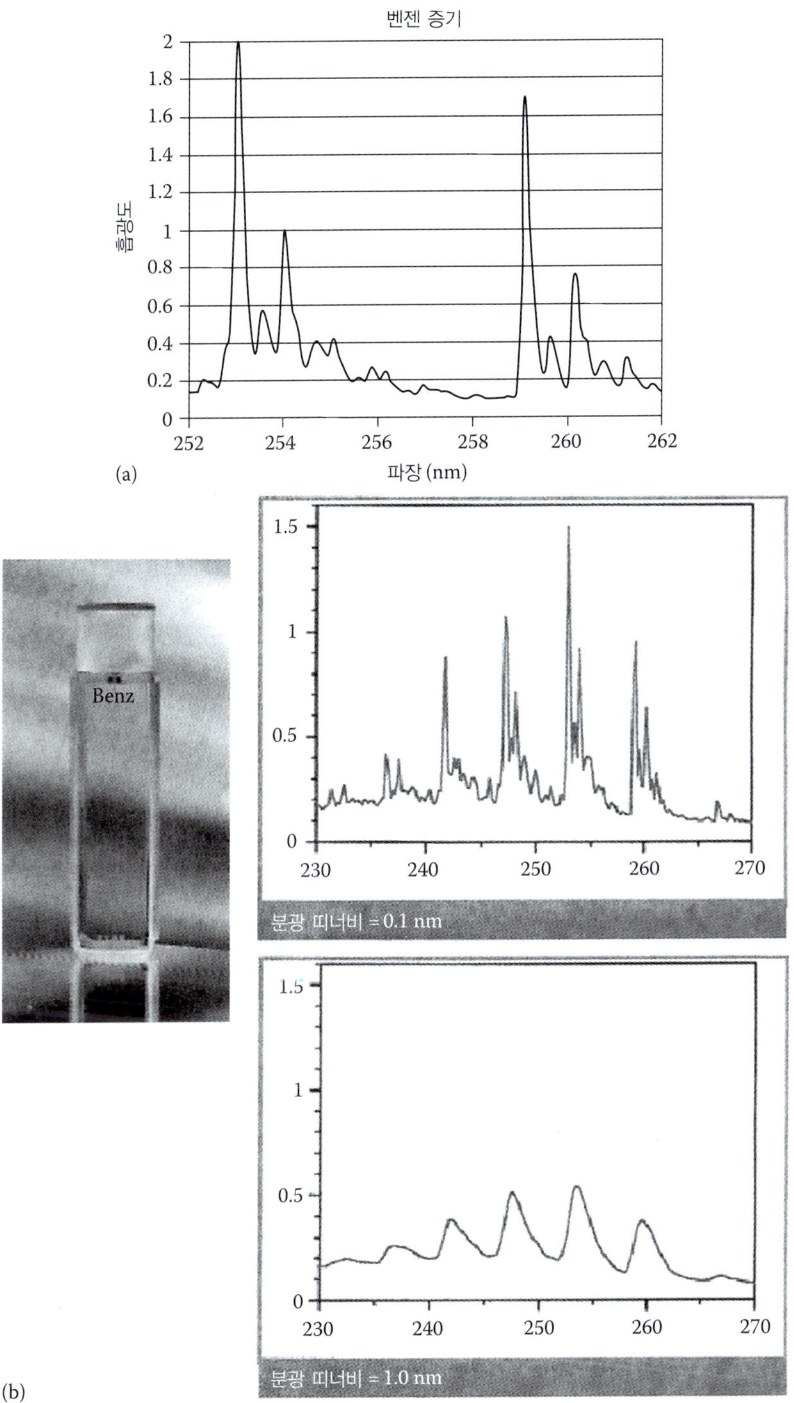

그림 3.25 (a) 벤젠 증기의 스펙트럼. (b) 회절발을 이용하는 기기의 분해능을 측정하기 위하여, 서로 다른 두 띠너비에서 얻은 벤젠 증기의 스펙트럼.(Courtesy of Starna Cells, Inc., Atascadero, CA, www.starnacells.com.)

녹인 0.02% 톨루엔 용액의 흡광도를 이용하여 측정한다. 기준 셀에 헥세인을 넣고 268.7 nm와 267.0 nm에서의 흡광도를 측정한다. 표 3.11과 그림 3.26에 나타낸 바와 같이 흡광도의 비($A_{268.7}/A_{267}$)가 SBW와 직접적인 관계가 있다.

프리즘을 이용하는 단색화 장치의 분산의 계산 과정은 매우 복잡하고, 현재 사용하는 대부분의 기기에서 회절발을 이용하기 때문에 여기서는 다루지 않는다.

Echelle 단색화 장치: 그림 3.19와 3.20으로부터 회절발 표면에 새겨진 고랑이 대칭적인 v자 형태가 아

표 3.11 두 파장의 비를 이용하여 계산한 띠너비

비	2.5	2.1	1.6	1.4	1.0
SBW	0.5	1.0	1.5	2.0	3.0

출처: Courtesy of Starna Cells, Inc., Atascadero, CA, www.starnacells.com.

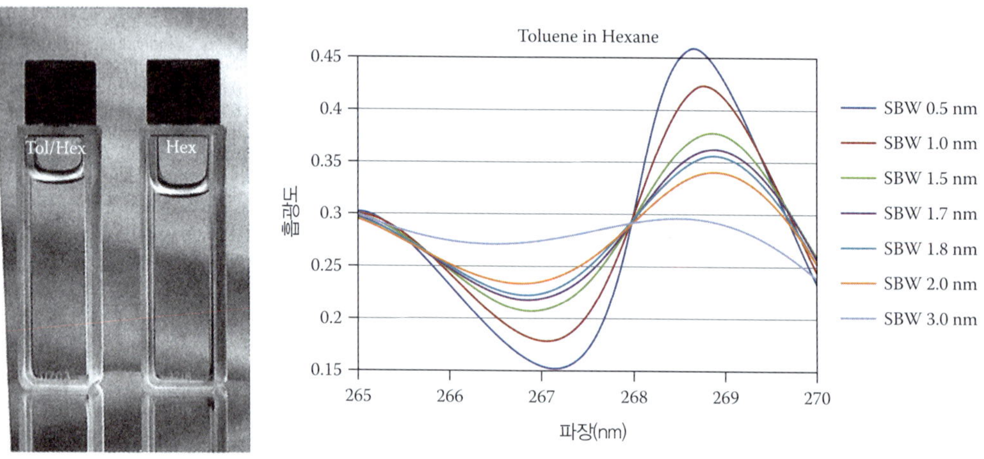

그림 3.26 헥세인에 녹인 0.02% 톨루엔을 이용하여 얻은 SBW. 기준 셀에는 헥세인 용매를 사용하였다. (Courtesy of Starna Cells, Inc., Atascadero, CA, www.starnacells.com.)

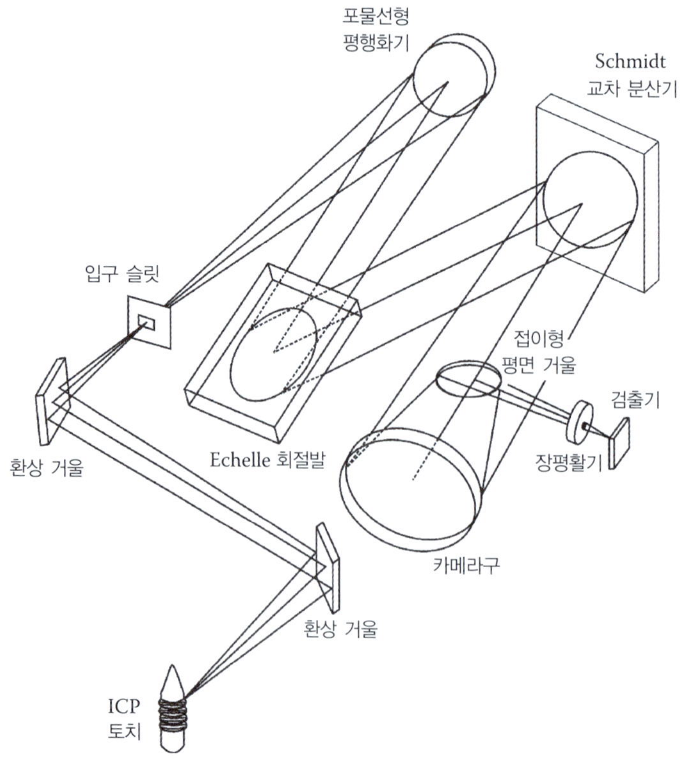

그림 3.27 Echelle 분광기의 광학적 배치. Echelle 회절발은 빛을 교차 분산기라고 하는 두 번째 파장 선택기로 분산시킨다. 교차 분산기로 프리즘이나 일반적인 회절발이 사용된다. [© **1993–2014 PerkinElmer, Inc. All rights reserved. Printed with permission.**(www.perkinelmer.com).]

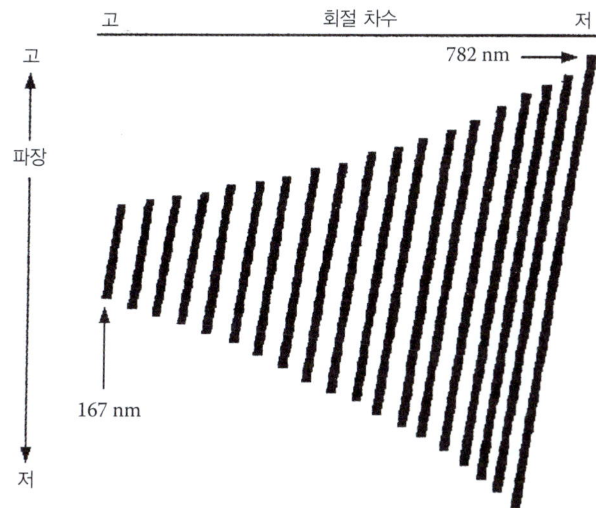

그림 3.28 Echelle 분광기를 이용하여 분산된 빛의 이차원 배열. [© 1993–2014 PerkinElmer, Inc. All rights reserved. Printed with permission. (www.perkinelmer.com).]

님을 알 수 있다. 이런 회절발을 blaze 회절발이라고 한다. 관례적으로 그림 3.20과 같이 회절발은 고랑의 긴 면을 사용하고, blaze 각 β는 일차 회절에 최적화되도록 제작된다. 이와는 달리 더 큰 blaze 각을 이루고 고랑의 짧은 면을 사용하여 회절되도록 제작할 수도 있는데, 이런 형태를 echelle 회절발이라고 한다. 통상적인 회절발에 비하여 **echelle 회절발**을 이용하면 분산각 θ가 훨씬 크다. Echelle 회절발은 큰 θ와 더 높은 회절 차수(n)를 이용하여 동일한 초점 거리를 갖는 일반적인 회절발에 비하여 약 10배 정도 더 높은 분해능을 얻는다. 몇 가지 서로 다른 차수(n)에서의 회절이 동시에 얻어지므로, 분산된 복사선이 겹친 것을 분리하기 위하여 두 번째 분산 장치가 필요하다. 교차 분산기라고 하는 두 번째 분산 장치는 겹쳐진 복사선을 회절발에 대하여 수직 방향으로 분리하기 때문에 이차원적인 스펙트럼이 얻어진다. ICP를 이용하는 광학 방출 분광기(ICP-OES)의 광학적 배열을 그림 3.27에 나타내었다. 그림 3.28에 y축에 파장을 x축에 회절 차수로 나타낸 이차원 분산 결과를 나타내었다. 상용인 echelle 분광기에 대하여 8장에서 설명할 것이다.

3.6.3 | 슬릿

그림 3.17에서와 같이 빛의 일부분을 선택하기 위하여 파장 선택기 앞과 뒤에 슬릿이 사용된다. 슬릿의 두 날은 금속으로 만들며 마치 칼날과 같은 모양을 하고 있다. 두 날을 움직여 슬릿 너비를 조절할 수 있다. 그림 3.17에서 간단히 나타내기 위하여 빛을 모으거나 비추는 데 필요한 렌즈나 거울은 생략하였다.

입구 슬릿(*entrance slit*)은 광원으로부터의 빛 한줄기를 통과시키는 역할을 한다. 광원으로부터 빛은 입구 슬릿에 모아지고, 떠돌이 복사선은 제거된다. 입구 슬릿을 통과한 빛은 평행한 광선을 이루고 프리즘의 한 면 전체나 회절발 전체에 비추게 된다. 프리즘이나 회절발은 빛을 파장에 따라 서로 다른 방향으로 분산시킨다. 분산 장치에 맞춰진 특정 방향으로 한 파장의 빛이 다시 모아지고, 바로 그곳에 출구 슬릿을 설치한다. 다른 파장의 빛은 출구 슬릿이 아닌 다른 곳에 모아진다. 출구 슬릿을 나온 빛을 검출기 방향으로 보내 그 세기를 측정한다.

렌즈나 반사면이 표면에 있는 거울(전면 거울)을 이용하여 빛을 한 점에 모으거나 평행하게 조절한다. IR 영역에서는 거울이 렌즈보다 더 효과적이고 복사선을 흡수하지 않기 때문에 항상 전면 거울을 사용한다. 전면 거울은 일반 거울과는 달리 반사면이 유리로 보호되지 않기 때문에 표면에 긁힌 자국이 자주 발생한다. 유리가 복사선을 흡수할 수 있기 때문에 후면 거울은 사용하지 않는다. 거울을 이용하여 빛을 한

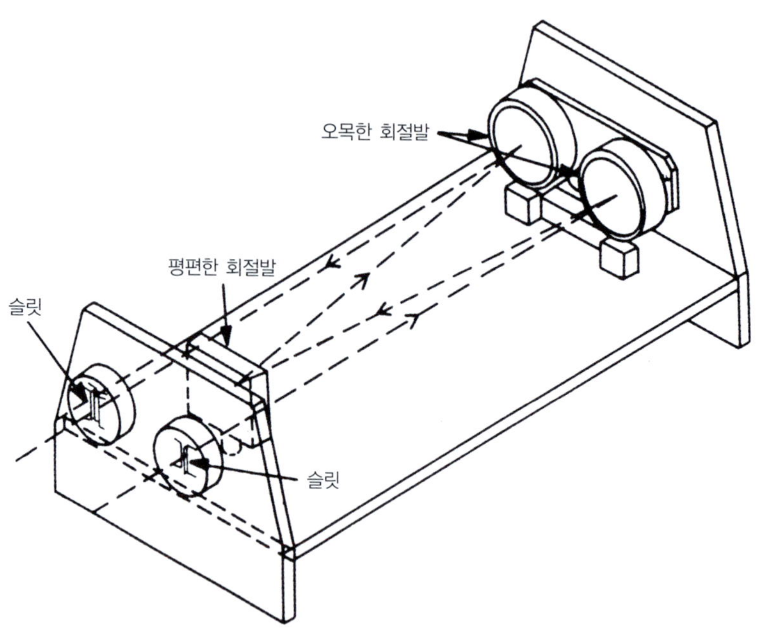

그림 3.29 슬릿과 함께 나타낸 회절발 단색화 장치. 오른쪽에 입구 슬릿을 왼쪽에 출구 슬릿을 나타내었다. (From Dean, J.A. and Rains, T.C., eds., *Flame Emission and Absorption Spectrometry*, Vol. 2, Marcel Dekker, Inc., New York, 1971. Used with permission.)

점에 모으거나 평행하게 만들고, 회절발을 이용하여 빛을 분산시키는 단색화 장치를 슬릿과 함께 그림 3.29에 나타내었다.

슬릿의 두 날 사이의 거리를 **기계적 슬릿 너비**(*mechanical slit width*)라고 한다. 컴퓨터로 제어되는 현대적인 기기에서는 소프트웨어를 이용하여 슬릿에 장착된 단계 모터(stepper motor)를 직접 조정해서 슬릿의 너비를 조절한다. UV 영역에서 사용하는 슬릿 너비는 0.3~4 μm 수준이다. IR 영역에서 사용되는 분산형 기기의 슬릿 너비는 0.1~2.0 mm 수준이나, FTIR에는 슬릿이 없다.

출구 슬릿을 통과하는 복사선의 파장 범위를 **분광 띠너비**(*spectral bandwidth*, *SBW*) 혹은 **분광 슬릿 너비**(*spectral slit width*)라고 한다. 출구 슬릿을 통과시킨 매우 좁은 띠너비를 갖는 방출선을 검출기로 측정하는 방법으로 SBW를 측정하기도 한다. 분산 장비를 회전시키면서 검출되는 파장의 범위를 기록한다. 실제 방출선의 너비로 보정하면 분광 띠너비를 계산할 수 있다. 예를 들면 AAS에 사용되는 단색화 장치의 분광 띠너비를 측정하기 위하여 카드뮴 속빈 음극 램프가 방출하는 카드뮴의 특성 방출선 228.8 nm를 이용할 수 있다. 분산기를 회전시키면서 검출기를 이용하여 228.8 nm의 방출선을 측정한다. 카드뮴의 방출선이 228.2 nm에서 229.4 nm까지 검출되었다면, 이는 카드뮴 방출선이 1.2 nm 범위에서 검출된다는 것을 의미한다. 따라서 이 단색화 장치의 분광 띠너비는 1.2 nm이다. 이 예에서는 카드뮴의 228.8 nm의 실제 너비는 무시할 수 있을 정도로 작으므로 이에 대한 보정은 생략하였다. 앞에서 설명한 실험에서 측정한 신호는 Gauss 형태이다. 이런 형태의 SBW는 최대 피크 높이의 1/2에서의 너비로 정의되는데, 이를 반높이 너비(FWHM)라고 한다. 분광 띠너비는 일반적으로 0.3~4 nm 수준이다. 분광 띠너비는 nm 수준으로 μm 수준인 슬릿 너비에 비하여 10^3배 정도 작다.

그림 3.25에서 보는 바와 같이 분광 띠너비는 분해능에 영향을 미치는 분광기의 중요한 요소이다. 예를 들면 앞에서 설명한 슬릿 너비를 유지하면 카드뮴의 228.8 nm와 229.0 nm의 방출선이 동시에 슬릿을 통과하므로 두 선을 분리하는 것은 불가능하다. 실제로 최적의 분해능을 유지하기 위하여 많은 경우에 슬릿 너비를 최소로 유지해야 하지만, 검출기로 측정하기에 충분한 양의 빛을 통과시킬 수 있는 너비를 유지해야 한다. 최종적인 슬릿 너비는 어떤 시료를 분석하느냐에 따라서 분석자가 결정해야 한다. 가장 좋은 슬

릿 너비는 정한 양의 시료를 검출할 수 있고 검출기의 성능에 영향을 미치는 않는 범위에서 최소로 유지하는 것이다.

3.6.4 | 검출기

검출기는 복사선의 세기를 측정하는 것으로 일반적으로 검출기는 방사 에너지를 전기 에너지로 변환시켜 주는 장치이다. 생성되는 에너지의 양이 매우 작기 때문에 증폭이 필요하다. 검출기가 만들어내는 신호는 안정해야 하고 복사선의 세기를 잘 반영해야 한다. 신호를 너무 많이 증폭하면 신호가 불규칙적이고 안정적이지 않게 되고, 이런 것을 신호에 **잡음**이 많이 발생했다고 한다. 신호에 포함된 우연 오차의 정도를 **잡음 수준**(*noise level*)이라고 한다. 검출기로부터의 신호를 증폭하면 응답이 증가한다. 실제로는 신호에 포함된 잡음 수준이 너무 높지 않은 범위에서 응답을 증폭시켜야 한다.

광검출기에는 광증배관, 규소 광다이오드, 광기전력 전지, 전하 이동 장치라고 불리는 몇 가지 다채널 검출기 등 다양한 형태의 검출기가 있다. 전하 이동 검출기에는 광다이오드 배열, 전하 결합 장치(CCDs), 전하 주입 장치(CIDs) 등이 있다. 이런 부류의 검출기는 UV/VIS 혹은 IR 영역에서 원자 혹은 분자 분광기에 사용된다.

광검출기와는 달리 열을 측정하는 몇 가지 중요한 검출기가 있다. 열 검출기는 광자의 에너지가 낮은 IR 영역에서 매우 유용한 검출기이다. 앞으로 공부하게 될 여러 가지 분석법에서 관련한 검출기에 대한 상세한 설명을 하기로 한다.

3.6.5 | 홑살형 분광기와 겹살형 분광기

그림 3.17에 도식적으로 나타낸 홑살형 분광기는 대부분의 분광학적 **방출**(*emission*)법에서 유용하다. 방출법에서는 시료가 그림 3.17의 광원의 자리에 위치한다. **흡광**(*absorption*)법에서는 시료를 통과하기 전과 후의 빛의 세기를 측정한다. 홑살형 기기를 사용할 때, 측정하는 동안 광원의 세기가 변하면 분석 결과에 오차가 발생한다. 그림 3.30에서와 같이 시간에 따라 신호가 서서히 변하는 것을 **표류**(*drift*)라고 한다. 그림 3.30의 예에서는 분석물이 없고 시간이 0일 때 신호를 0으로 맞췄다. 시간이 흘러 시간 1이 될 때까지 표류에 의하여 분석물이 존재하지 않는 시료에 의한 신호(바탕선 신호라고 한다.)가 증가하는 것을 볼 수 있다. 시간 1에서 분석물을 포함하는 시료를 분석하였더니 신호가 증가한 결과(바탕선 위의 피크)를 얻었다. 시간 1에서 바탕선과 분석물에 의한 전체 신호의 크기는 5이다. 다시 분석물을 포함하는

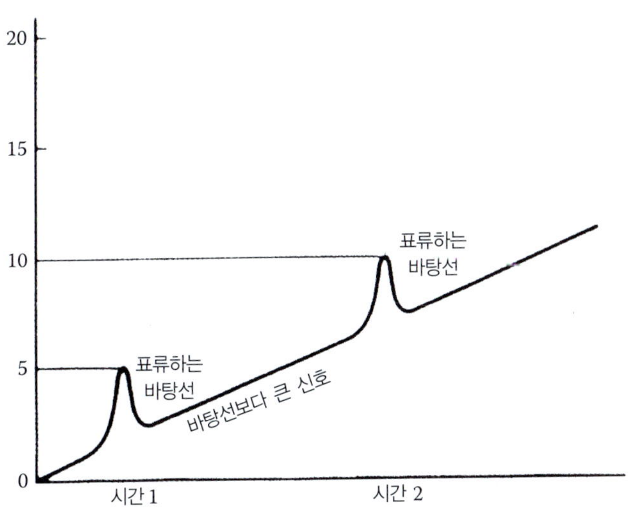

그림 3.30 분광학적 분석에서 바탕선의 표류로 인한 오차

시료를 분석하는 시간 2가 될 때까지 바탕선은 계속 표류한다. 그림에서 보는 바와 같이 시간 2에서의 피크의 크기는 시간 1에서와 동일하지만, 전체 신호(바탕선+피크)의 크기는 10이다. 바탕선의 표류를 보정하지 않으면 시간 2에서 측정한 시료에 포함된 분석물의 양은 시간 1에서 측정한 시료보다 2배라는 결과를 얻게 되는데, 이는 명백한 오류이다.

표류의 원인은 다양하다. 전압의 변동이나 기기를 가동한 후의 예열 과정 혹은 광원의 노후화 등으로 인하여 **광원**(*radiation source*)의 세기가 변하는 것이 원인일 수 있다. 가열 혹은 냉각으로 인한 팽창이나 수축 혹은 진동 등의 이유로 **단색화 장치**(*monochromator*)의 위치에 미세한 변화가 있을 수도 있다. **검출기**가 노후화되거나 검출기에 공급되는 전압의 변동으로 인한 신호의 변화가 발생하기도 한다. 홑살형 분광기는 표류에 의한 오차에 취약한 편이지만, 겹살형 분광기를 사용하면 이런 오차를 많이 줄일 수 있다.

겹살형 장치는 흡광법에서 많이 사용된다. 각 부품의 역할은 한 가지만 제외하고 홑살형에서와 유사하다. 그림 3.31에서와 같이 **빛살 분할기**(*beam splitter*)를 이용하여 광원으로부터의 복사선을 동일한 세기의 두 빛살로 나눈다. 한 빛줄기를 **기준 빛살**(*reference beam*)이라고 하고 시료 셀을 통과하는 다른 빛살을 **시료 빛살**(*sample beam*)이라고 한다. 두 빛살은 다시 합쳐져서 단색화 장치를 지나서 검출기로 진행한다. 이를 그림 3.31에 도식적으로 나타내었다. 그림에서 기준 셀은 시료를 넣은 셀과 동일한 것을 사용하는데, 빈 셀이나 시료를 묽히는 데 사용한 용매를 넣어 사용하기도 한다. 그림과 같이 단색화 장치를 시료 뒤에 배치하는 형태는 분산형 IR 겹살형 장치에서 사용하는 일반적인 형태지만, 겹살형 기기의 배열은 제조사마다 약간씩 다르다.

그림 3.32a에서와 같이 빛살 분할기로 표면에 많은 구멍을 뚫은 거울을 사용하기도 한다. 거울 표면에서 반사된 빛은 시료 빛살의 경로를 따라 간다. 동일한 양의 빛이 구멍을 통과해서 기준 빛살 역할을 한다.

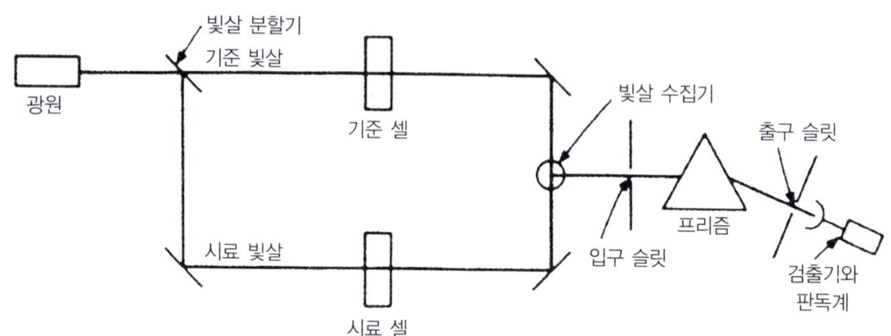

그림 3.31 겹살형 분광기의 배열을 나타내는 도식적 그림

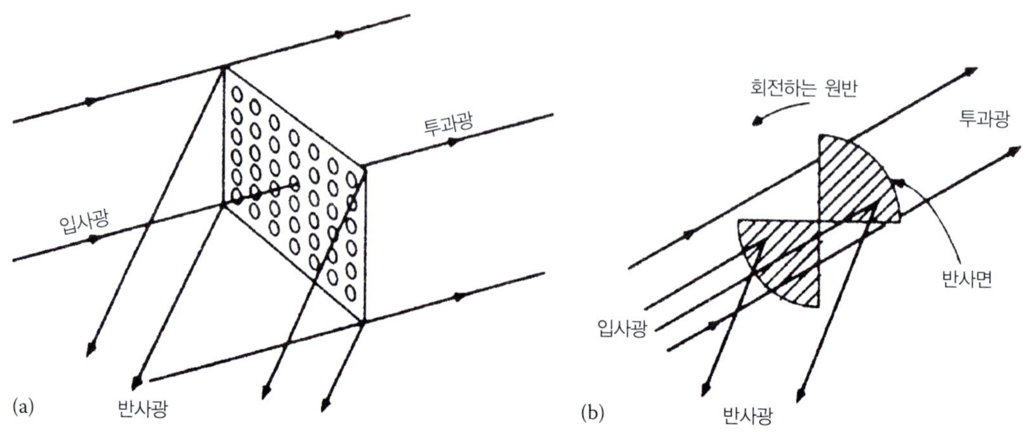

그림 3.32 (a) 평면형 빛살 분할기. (b) 회전 원반형 빛살 분할기(혹은 토막틀)

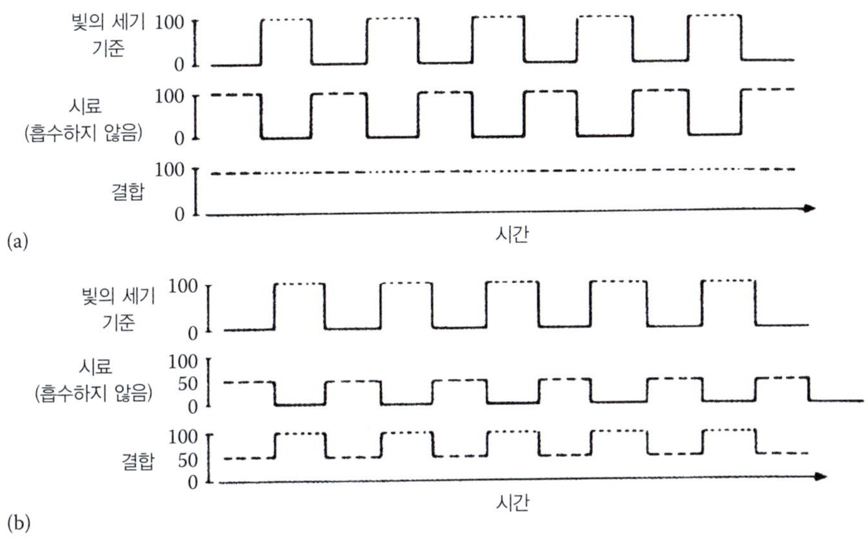

그림 3.33 회전 원반형 빛살 분할기를 이용하는 겹살형 기기를 이용할 때 검출기에서 측정된 복사선의 세기. (a) 시료가 흡수하지 않는 경우. (b) 시료의 흡광도가 50%인 경우.

다른 빛살 분할기는 그림 3.32b에 나타낸 바와 같이 서로 마주보는 사분면을 제거한 원반 형태이다. 복사선을 향한 원반이 회전을 할 때 거울면에 부딪힌 빛은 반사되어 시료 빛살 역할을 하고, 제거된 사분면을 통과한 빛은 기준 빛살이 된다. 각각의 빛살은 교류의 형태로 교대로 검출기에 도달한다. 시료가 빛을 흡수하지 않으면 두 빛의 세기는 동일하고, 합쳐져서 일정한 빛 세기를 유지한다. 그러나 복사선이 시료에 의하여 흡수되면 두 빛의 세기가 다르고, 따라서 검출기에 교류 신호가 나타난다. 이와 관련된 내용을 그림 3.33에 나타내었다.

겹살형 장치를 이용하여 기준 빛살과 시료 빛살 세기의 **비**(*ratio*)를 얻는다. 비를 사용하므로 측정하는 동안 발생하는 광원으로부터의 복사선 세기에 변화가 있어도 오차를 유발하지 않는다. 이런 장점 때문에 흡수 분광법이 비약적으로 발전하였다.

3.6.6 | 분산형 분광기의 광학적 배치

일반적으로 널리 사용되는 형태의 분산형 분광기의 요소들의 배치를 아래에 나타내었다. 각 배치에서 화살표는 빛의 진행 방향을 의미한다. 첫 번째와 세 번째 배치에서는 외부 광원이 필요하며, 세 번째 배치에서 광원은 일반적으로 시료에 대하여 수직의 방향에 배치한다. 방출과 관련된 두 번째 배치에서는 외부 광원이 필요 없고 들뜬 시료 자체가 광원 역할을 한다. 흡수, 형광, 인광, 산란에서는 광원으로부터 오는 빛이 파장을 선택하는 분산 장치를 통과한 다음 시료를 비춘다. 선택된 파장이 시료를 통과한 다음 검출기에 도달하는데, 검출기는 이 빛의 세기를 전기적 신호로 바꾼다. 방출에서는 시료에서 방출되는 복사선이 분산 장치를 통과한 다음 검출기로 보내진다. 분산 장치는 빛을 파장별로 분리한 후 차례로 검출기로 보낸다. 모든 분광기에서 검출기에서 얻은 신호를 처리(미분이나 증폭 혹은 매끄럽게 처리하는 등)하고 그 결과를 얻는다. 이 결과는 그림(파장에 따라 세기를 도시하며, 이를 **스펙트럼**(*spectrum*)이라고 한다.)이나 표로 제시한다. 7장에서 설명하는 AAS에서는 시료가 분산 장치 앞에 위치하는데, 그 이유는 7장에서 설명하기로 한다.

1. 흡수 분광학
   광원 → 분산 장치 → 시료 → 검출기 → 데이터
2. 방출 분광학
   시료 → 분산 장치 → 검출기 → 데이터

3. 형광, 인광, 분산 분광학

시료 → 분산 장치 → 검출기 → 데이터

↑

분산 장치

↑

광원

3.6.7 | 푸리에 변환 분광기

지금까지 설명한 분산형 분광기는 빛을 파장에 따라 분리한 다음 서로 다른 방향으로 퍼뜨리는 방법을 이용한다. 이런 분광기에서 빛의 세기는 각 파장의 빛이 진행하는 방향 선상의 어느 한 점에서 검출기를 이용하여 측정하면 된다. 회절발을 천천히 돌리면서 각 파장의 빛이 검출기가 위치한 점을 통과하게 하면 각 선의 세기를 한 개의 검출기로 측정할 수 있다. 또 다른 방법으로 여러 개의 검출기를 배열시켜 각 파장의 빛을 동시에 측정할 수 있다. 후자의 경우 더 짧은 시간에 더 많은 정보를 얻을 수 있다. UV/VIS 영역에서 이와 같은 동시 측정은 일차원적으로 배열된 광다이오드나 현대의 디지털 카메라에 장착된 것과 유사한 2D CCDs를 사용한다.

모든 파장의 빛을 동시에 측정하고 각 파장에 대한 세기 정보(즉 스펙트럼)를 나중에 얻는 것은 매우 이상적인 방법이다. 간섭계를 이용하여 빛의 세기를 변조하는 것과 같은 잘 정립된 방법으로 파장과 관련된 정보를 암호화한다면, 수학적인 방법을 이용하여 숨겨진 정보를 해석해서 분산형 분광기를 이용하여 얻은 것과 같은 스펙트럼을 얻을 수 있다. 분산 장치 없이 이런 작업을 수행할 수 있는 장치를 **다중(multiplex)** 기기라고 한다. 관심 영역의 모든 파장의 빛을 분산 과정 없이 동시에 수집하면 파장과 세기에 관한 정보가 서로 섞인다. 따라서 스펙트럼을 얻으려면 뒤섞인 정보를 선별하여 정리해야 한다. 겹쳐진 신호를 선별하거나 혹은 '풀어내기(deconvolution)'를 하는 가장 일반적인 방법은 푸리에 분석이라고 하는 수학적 과정을 이용하는 것이다.

푸리에 분석법에 의하면 파장이나 진동수의 함수로 나타나는 세기 변화와 같은 복잡한 스펙트럼을 시간의 sin이나 cos 함수의 합으로 나타낼 수 있다. 반대로 sin이나 cos 함수의 합으로 얻은 데이터는 스펙트럼 곡선으로 **푸리에 변환**(*Fourier Transform*)시킬 수 있다. 이를 위하여 디지털 형태로 얻은 데이터와 상당한 계산 능력 그리고 효율적인 소프트웨어 알고리즘이 필요한데, 현재 사용하는 대부분의 개인용 데스크탑이나 노트북 컴퓨터를 이용하여 처리할 수 있다. 이런 장비를 FT 분광기라고 하는데, FTIR, FTNMR, FTMS 기기 등이 대표적인 예이다.

FT 분광기는 그림 3.34에 나타낸 것과 유사한 **간섭계(interferometer)**를 사용한다. 광원이 파장이 λ인 단색광을 방출하는 간단한 예를 생각해 보자. 빛살 분할기에 부딪힌 광원에서 방출된 복사선의 반은 고정 거울 방향으로 통과하고 나머지 반은 이동형 거울 방향으로 반사된다. 이동형 거울은 빛의 진행 방향으로 매우 일정한 속도로 움직이도록 통제된다. 각 빛살은 다시 반사되어 빛살 분할기 쪽으로 돌아온다. 각 빛살의 반은 시료를 지나 검출기 쪽으로 진행한다. 광원 쪽으로 되돌아가는 나머지 반은 무시하기로 한다. 고정 거울과 이동 거울이 빛살 분할기로부터 동일한 거리에 위치한다면 시료 방향으로 진행하는 두 빛은 동일한 위상이 되므로 보강 간섭이 발생하고, 따라서 검출기의 신호가 최대가 될 것이다. 이동 거울이 $\lambda/4$에 해당하는 거리를 움직였다면 두 빛의 위상에 180°(경로차 $= \lambda/2$) 차이가 발생한다. 결과적으로 두 빛은 상쇄 간섭이 발생하여 검출기 신호가 0을 기록할 것이다. 두 거울 사이의 경로차가 0과 $\lambda/2$ 사이인 다른 모든 경우에는 부분적인 상쇄 간섭이 발생한다. 이동 거울이 일정한 속도로 움직임에 따라 검출기의 신호는 보강 간섭과 상쇄 간섭을 반복적으로 재현하여, 경로차 δ가 λ의 정수배이면 최댓값을 그리고 λ의 반정수배이면 0이 된다. FTIR에서 δ를 **지연**(*retardation*)이라 한다. δ에 대한 신호(세기)의 도시를 **간섭**

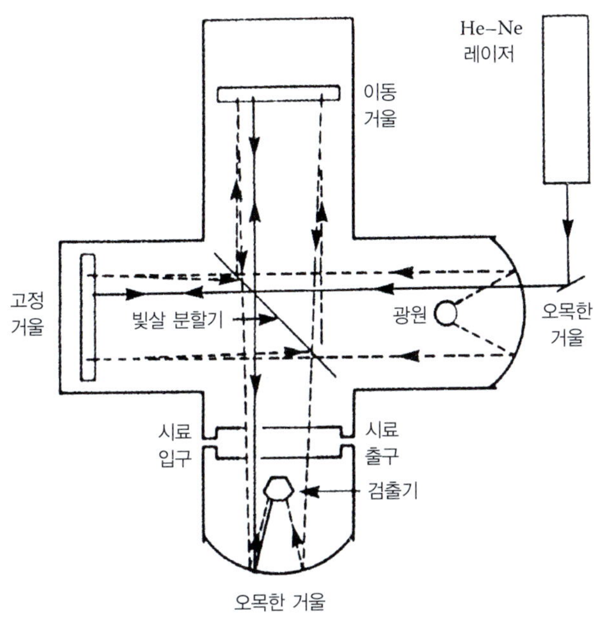

그림 3.34 Michelson 간섭계를 이용하는 FTIR 분광기

그림(**interferogram**)이라고 하는데, 단색광의 경우 다음과 같은 간단한 cos 곡선이다.

$$P(\delta) = B(\bar{u})\cos(2\pi\delta\bar{u}) \tag{3.24}$$

여기서 $P(\delta)$는 검출기의 신호의 진폭, $B(\bar{u})$는 검출기의 감응, 빛살 분할기에서 투과 혹은 반사되는 빛의 양, 광원의 세기 등을 나타내는 진동수 관련 상수이다.

파수 $\bar{u}$는 $1/\lambda$이다. 간섭그림은 간섭 신호에 대한 검출기의 기록이며 '시간 영역(time domain)' 스펙트럼이다. 즉, 시간에 따른 검출기의 신호의 변화에 대한 기록이다. 시료가 특정한 주파수의 빛을 흡수하면 그 주파수의 진폭이 변한다. 연속 광원의 간섭그림은 매우 복잡한 곡선으로 무한 수의 cos 함수의 합으로 나타낼 수 있는, 시료에 의한 흡수가 일어나면 각 cos 함수의 진폭이 변한다. 매우 복잡하기는 하지만 간섭그림에 대한 충분한 데이터 점을 얻고 컴퓨터의 푸리에 변환 프로그램을 이용하여 간섭그림에 대한 데이터를 처리하면, 파장에 따른 세기를 나타내는 IR 스펙트럼을 얻기에 충분한 cos 함수를 찾아낼 수 있다. 이와 관련한 내용은 5장의 FTIR과 6장의 FTNMR에서 자세히 다루기로 한다.

3.6.7.1 FT 장비의 장점

분산형 장비에 비하여 FT 분광기를 이용하면 다음의 몇 가지 이유로 인하여 S/N 비가 더 좋은 결과를 얻는다. FT 기기에는 슬릿이 없고 광학 부품도 더 적기 때문에 분산형 기기에 비하여 더 많은 양의 복사선이 검출기에 도달할 수 있고, 따라서 신호의 세기가 더 크기 때문에 S/N 비가 증가한다. 이것을 **스룻풋**(*throughput*) 혹은 Jacquinot 장점이라고 한다. 모든 파장에 대한 정보를 동시에 측정하기 때문에 스펙트럼을 얻기 위해 필요한 모든 정보를 얻는 데 필요한 시간이 매우 단축된다. 예를 들면 1초보다 짧은 시간 안에 전체 IR 스펙트럼을 얻을 수 있다. 측정 시간이 짧으므로 신호 평균을 위하여 여러 번 측정을 반복하는 것이 비교적 용이하다. 이론적으로 스펙트럼을 n번 측정하여 평균을 구할 때 $(n)^{1/2}$에 비례하는 S/N 비의 증가 효과를 얻을 수 있다. 이것을 **다중**(*multiplex*) 혹은 Fellgett 장점이라고 한다.

FT 분광기는 매우 높은 파장 재현성을 보인다. FTIR 분광기에서는 그림 3.34에 나타낸 바와 같이 가시광선 영역의 단색광을 방출하는 레이저를 이용한 간섭계를 이용하여 지속적으로 이동 거울의 위치를 매우 정밀하게 교정한다. 이동 거울의 위치를 정확하게 기록하면 간섭그림에 대한 푸리에 변환 후에 얻는 스펙트럼에서 파장의 정확도에 긍정적인 영향을 미친다. 파장의 정확도가 매우 높으므로 여러 번 측정한 스펙트럼에 대한 평균을 구하는 과정에 오차가 발생하지 않는다.

FT 분광기는 홑살형 기기이다. 바탕에 대한 스펙트럼은 시료에 대한 것과는 별도로 얻어야 한다. 겹살형에서와 유사하게 이렇게 얻은 두 스펙트럼의 비를 이용하여 바탕에 대한 보정을 수행한다. 바탕과 시료에 대한 스펙트럼을 동시에 측정하는 것은 아니지만, 스펙트럼에 관한 정보를 얻고 처리하는 속도가 매우 빠르기 때문에 바탕에 대한 스펙트럼을 자주 측정하여 홑살형 분산 기기에서 발생하는 문제점을 줄일 수 있다.

3.7 분광학적 기술과 기기에 대한 명명

분광학(**spectroscopy**)은 전자기파와 물질의 상호작용에 대한 연구를 의미한다. **분광법**(**spectrometry**)은 한 가지 혹은 그 이상의 파장의 전자기 복사선의 세기의 정량적인 측정이란 의미로 사용된다. **분광 광도법**(**spectrophotometry**)은 겹살형 혹은 홑살형 장비를 이용하여 두 빛 (시료와 기준물)의 세기의 비를 측정하는 흡광법을 의미한다. 이 용어는 분광법이란 용어로 대체되었는데, 예를 들면 **원자 흡수 분광법**(*atomic absorption spectrometry*)이란 용어가 **원자 흡광 분광광도법**(*atomic absorption spectrophotometry*)이란 용어보다 더 많이 사용되고 있다.

기기와 관련된 용어는 파장을 선택하는 방법이나 검출기의 종류에 따라 명명한다. 광학 분광기는 프리즘이나 회절발을 분산 장치로 사용하고 투과도나 흡광도를 측정하는 데 광전자 검출기를 사용하는 기기이다. 그러나 요즘은 FTIR과 같이 간섭계를 사용하고 슬릿 없이 모든 파장을 동시에 측정하는 경우에도 분광기란 용어를 사용하고 있다. 분광 광도계(spectrophotometer)는 겹살형 분광계를 의미하는 용어였지만 지금은 흡광도를 측정하는 데 이용되는 홑살형과 겹살형 분산 분광계 모두에 사용된다. **광도계**(**photometer**)는 분산 장치 대신 필터를 이용하여 파장을 선택하는 분광 기기를 의미한다. **분광 사진기**(**spectrograph**)는 작은 출구 슬릿이 아닌 큰 구경의 분산 장치와 검출기로 사진 필름이나 고체 상태 이미지 검출기를 사용하는 기기를 의미한다.

문제

3.1 어떤 분자가 진동수가 3.00×10^{14} Hz인 복사선을 흡수하였다. 이와 관련된 분자의 두 에너지 준위의 에너지 차이를 구하시오.

3.2 파장이 500.0 nm인 복사선의 진동수는 얼마인가?

3.3 원자가 UV 복사선을 흡수할 때의 전이에 대하여 설명하시오.

3.4 다음의 복사선을 파장이 증가하는 순서대로 나열하시오. IR, 라디오파, X-선, UV, 가시광선

3.5 바닥 상태와 들뜬 상태의 입자수 중 어느 것이 원자나 분자의 흡수 정도에 영향을 미치는가? 설명하시오.

3.6 바닥 상태와 들뜬 상태의 입자수 중 어느 것이 원자나 분자의 방출선의 세기에 영향을 미치는가? 설명하시오.

3.7 분자에서 발생할 수 있는 세 가지 형태의 전이를 복사선의 파장과 함께 간단히 설명하시오.

3.8 Beer–Lambert–Bouguer 법칙을 수식으로 나타내고, 식에 포함된 각 기호의 의미를 설명하시오.

3.9 (a) 투과도와 흡광도를 정의하시오.

(b) 농도와 (1) 투과도 혹은 (2) 흡광도 사이의 관계를 설명하시오.

3.10 그림 3.16에서 B(낮은 농도 영역)로 표시된 점을 통과하는 접선의 기울기를 계산하시오. 이를 위하여 B에서의 접선을 농도가 10배 증가하는 범위까지 연장하면 된다. 또한 1% 상대 오차(%RE)를 가지는 B−B 범위가 옳게 표시되었는지 확인하시오. 즉, 앞에서 계산한 기울기와 동일한 기울기를 갖는 또 다른 한 점(높은 농도 영역)을 구하여 그림 3.16에 표시된 B−B 범위와 비교하시오. C 점에서 기울기를 계산하고 범위 C−C가 옳은지 판단하시오.

3.11 Fe^{2+}가 1,10-phenanthroline과 반응하여 생성되는 붉은색 착물의 510 nm에서의 투과도를 이용하여 철의 농도를 결정할 수 있다. 다음은 철의 농도를 결정하기 위하여 준비한 철 표준 용액을 1.00 cm 셀에 넣고 510 nm에서의 투과도를 측정한 결과이다.

Fe 농도(ppm)	% *T*	Fe 농도(ppm)	% *T*
0.20	90.0	3.00	26.3
0.40	82.5	4.00	17.0
0.60	76.0	5.00	10.9
0.80	69.5	6.00	7.0
2.00	41.0	7.00	4.5

(a) 각 용액의 흡광도 *A*를 계산하고 철의 농도에 대한 *A*를 도시하시오. 전체 농도 범위에서 이 결과는 Beer의 법칙을 만족하는가?

(b) 이 결과를 이용하여 철 착물의 평균 몰흡광 계수를 계산하시오.

(c) Ringbom 곡선을 얻기 위하여 log 농도에 대한 100−%*T*를 도시하시오.

(1) 이 실험에서 최적의 농도 범위와 최대 정확도(1% 투과도 오차당 %RE)를 구하시오.

(2) 1% 투과도 오차당 %RE가 5%를 넘지 않는 농도 범위를 구하시오.

3.12 다음은 구리를 정량하기 위한 표준 용액에 대한 투과도를 ($Cu(NH_3)_4^{2+}$) 형태로 측정한 결과이다.

Cu 농도(ppm)	% *T*	Cu 농도(ppm)	% *T*
0.020	96.0	0.800	27.8
0.050	90.6	1.00	23.2
0.080	84.7	1.40	17.2
0.100	81.4	2.00	12.9
0.200	66.7	3.00	9.7
0.400	47.3	4.00	8.1
0.600	35.8		

각 용액의 흡광도 *A*를 계산하고 철의 농도에 대한 *A*를 도시하시오. 전체 농도 범위에서 이 결과는 Beer의 법칙을 만족하는가? Beer의 법칙에서 벗어나는 정도가 큰가? 법칙에서 벗어나는 이유는 무엇인가?

3.13 질산에 녹인 0.200 g의 구리 용액에 과량의 암모니아를 가해서 착이온 $Cu(NH_3)_4^{2+}$가 형성된 후, 전체 부피를 1 L로 맞추었다. 이 용액 10.0, 8.0, 5.0, 4.0, 3.0, 2.0, 1.0 mL를 각각 취하여 10.0 mL로 묽혔다. 묽힌 용액의 흡광도는 각각 0.500 0.400, 0.250, 0.200, 0.150, 0.100, 0.050이었다. 세 개의 구리 시료에 암모니아를 가해서 $Cu(NH_3)_4^{2+}$를 형성시킨 후 흡광도를 측정하였더니 각각 (a) 0.450, (b) 0.300, (c) 0.200이었다. 각 구리 용액의 농도를 구하시오. 실험에 사용한 세 개의 구리 용액이 원 시료를 각각 (a) 1.000 g, (b) 2.000 g, (c) 3.000 g을 녹여 10 mL로 묽힌 용액이라면 각 원 시료에 포함된 구리의 농도는 얼마인가?

3.14 미지 성분을 결정하기 위하여 사용하는 표준물 첨가법에 대하여 설명하시오. 이 방법의 장점은 무엇인가?

3.15 내부 표준물을 이용한 교정법에 대하여 설명하시오. 내부 표준물이 갖추어야 하는 특성은 어떤 것이 있는가? 내부 표준물 교정법의 장점은 무엇인가?

3.16 농도가 가장 높은 표준물보다 큰 흡광도를 나타내는 시료를 어떻게 처리해야 하는지 설명하시오.

3.17 (a) IR 분광기에서 사용하는 열 검출기의 잡음이나 (b) 산탄 잡음의 영향을 받는 기기에서 최소의 오차가 발생하는 % 투과도의 범위를 구하시오.

3.18 흡수된 빛이 (a) 90%, (b) 99%, (c) 99.9%, (d) 99.99%일 때의 흡광도를 구하시오.

3.19 시료 바탕을 측정하는 이유는 무엇인가?

3.20 세기가 100인 빛을 용액을 채운 셀에 통과시켰더니 세기가 80으로 줄었다. 동일한 용액을 채운 셀 두 개를 통과한 빛의 세기를 계산하시오.

3.21 길이가 1.00 cm인 셀에 담긴 미지 시료 용액의 투과도가 0.700이었다. 길이가 4.00 cm인 셀에 담긴 100.0 ppm 표준 용액의 투과도가 0.700이라면 미지 시료의 농도는 얼마인가?

3.22 1.0 mg의 $KMnO_4$를 포함하고 있는 1 L 용액이 있다. 1.00 cm 셀을 이용하여 525 nm와 500 nm에서 투과도 T를 측정하였더니 각각 0.300과 0.350이었다.

(a) 각 파장에서의 흡광도 A를 계산하시오.

(b) 각 파장에서의 몰흡광 계수를 계산하시오.

(c) 2.00 cm의 셀을 사용했을 때 T를 계산하시오.

(d) 농도를 mg/L로 나타낼 때 각 파장에서의 흡광 계수를 계산하시오.

3.23 일련의 구리 표준 용액에 과량의 암모니아를 가하고 투과도를 측정하여 다음의 결과를 얻었다.

Cu 농도	투과도	시료	투과도
0.20	0.900	1	0.840
0.40	0.825	2	0.470
0.60	0.760	3	0.710
0.80	0.695	4	0.130
1.00	0.635		
2.00	0.410		
3.00	0.263		
4.00	0.170		
5.00	0.109		
6.00	0.070		

농도에 대한 흡광도를 도시하시오. 같은 방법으로 미지 농도의 구리 용액에 대한 투과도를 측정한 결과도 표에 함께 제시하였다. 각 시료 용액의 농도를 계산하시오. 이 실험에서 부족한 것이 무엇인가? 정확하고 정밀한 결과를 얻기 위하여 필요한 두 가지 조치를 설명하시오.

3.24 흡수 분광법과 방출 분광법에서 사용하는 홑살형 장비에 필요한 부품들을 각각 나열하시오.

3.25 회절발 단색화 장치에 필요한 부품을 나열하고 그 역할을 간단히 설명하시오.

3.26 회절발의 분해능에 대한 식을 쓰시오.

3.27 다음을 정의하시오.

(a) 기계적 슬릿 너비

(b) 분광 띠너비

3.28 기계적 슬릿 너비가 분해능에 미치는 영향은 무엇인가?

3.29 회절 차수가 2차에 가장 효율적으로 설계된 회절발의 분해능을 식으로 나타내시오. 1차를 사용하도록 설계된 회절발이 동일한 분해능을 가지려면 더 많은 수의 고랑(groove)이 필요한가?

3.30 두 파장 λ_1과 λ_2를 분해하기 위하여 필요한 분해능을 쓰시오.

3.31 Na의 D 선인 589.0과 589.5 nm를 1차를 이용하여 분리하기 위하여 필요한 분해능을 계산하시오.

3.32 Na의 D선을 2차를 이용하여 분리하기 위하여 빛을 쪼여줘야 하는 고랑의 수를 계산하시오.

3.33 홀로그래프 회절발을 만드는 과정을 간단히 설명하시오. 기계적으로 제작하는 회절발과 비교하여 이 방법의 장점은 무엇인가?

3.34 고랑의 수가 1000인 회절발이 있다. 빛이 모든 고랑을 비출 때 이 회절발을 이용하여 1차에서 500.0과 499.8 nm를 분리할 수 있는가?

3.35 겹살형 기기에 필요한 부품은 무엇인가? 두 가지 형태의 빛살 분할기에 대하여 설명하시오.

3.36 겹살형 기기가 표류를 보정하는 원리를 설명하시오. 겹살형 기기에서 입사광의 25%를 흡수하는 시료로부터 오는 교류 신호를 그리시오.

3.37 흡수 필터의 예를 들어보시오. 흡수 필터가 파장 선택기로 작용할 수 있는 파장의 범위는 어느 정도인가?

3.38 회절발과 비교하여 흡수 필터의 파장 선택기로서의 장점과 단점을 설명하시오.

3.39 300.0 nm의 빛이 수직(즉 $i = 0°$)으로 회절발에 입사했을 때 회절각 θ를 계산하시오. 고랑의 수는 1180 grooves/mm이고 회절 차수는 1차이다.

3.40 마그네슘의 방출선 285.2 nm의 1차 회절각이 θ일 때 2차 및 3차 회절각을 구하시오. 철의 방출선 570 nm을 측정할 때(1차) 시료에 존재하는 마그네슘이 방해를 하는가? 방해를 한다면 어떤 조치가 필요한가?

3.41 FT 분광기와 분산형 분광기의 중요한 차이점은 무엇인가?

3.42 스룻풋(throughput) 장점이란 무엇인가?

3.43 다중(multiplex) 장점이란 무엇인가?

3.44 동일한 진폭을 가지며 위상이 맞는 두 cos파를 그리고, 두 파가 합쳐진 결과를 그리시오. 위상차가 180°인 두 cos파를 그리고, 두 파가 합쳐진 결과를 그리시오.

3.45 분광기와 광도계의 차이는 무엇인가? 분광기와 분광 사진기의 차이는 무엇인가?

참고문헌

Ayres, G.H. *Quantitative Chemical Analysis*, 2nd edn. Harper & Row: New York, 1968.

Beaty, R.D.; Kerber, J.D. *Concepts, Instrumentation and Techniques in Atomic Absorption Spectrophotometry*. PerkinElmer, Inc.: Norwalk, CT, 1993.

Boss, C.B.; Fredeen, K.J. *Concepts, Instrumentation and Techniques in Inductively Coupled Plasma Optical Emission Spectrometry*, 2nd edn. PerkinElmer, Inc.: Norwalk, CT, 1997.

Dean, J.A.; Rains, T.C. (eds.) *Flame Emission and Absorption Spectrometry*, Vol. 2. Marcel Dekker, Inc.: New York, 1971.

Harris, D.C. *Quantitative Chemical Analysis*, 5th edn. W.H. Freeman and Company: New York, 1999.

Hollas, J.M. *Modern Spectroscopy*. John Wiley & Sons, Ltd.: Chichester, U.K., 1996.

Ingle, J.D.; Crouch, S.R. *Spectrochemical Analysis*. Prentice Hall, Inc.: Englewood Cliffs, NJ, 1988.

Koenig, J.L. *Anal. Chem.*, 66(9), 515A, 1994.

Meehan, E.J. *Optical Methods of Analysis. Treatise on Analytical Chemistry*, 2nd edn. John Wiley & Sons, Ltd.: Chichester, U.K., 1981.

Settle, F.A. (ed.) *Handbook of Instrumental Techniques for Analytical Chemistry*. Prentice Hall PTR: Upper Saddle River, NJ, 1997.

Skoog, D.A.; Holler, F.J.; Nieman, T.A. *Principles of Instrumental Analysis*, 5th edn. Harcourt, Brace and Company: Orlando, FL, 1998.

Willard, H.H.; Merrit, L.L.; Dean, J.A.; Settle, F.A. *Instrumental Methods of Analysis*, 7th edn. Van Nostrand: New York, 1988.

Zumdahl, S.S.; Zumdahl, S.A. *Chemistry*, 5th edn. Houghton Mifflin: Boston, MA, 2000.

CHAPTER 04

가시광선 및 자외선 분자 분광법

4.1 개요

분석 화학에서 첫 번째로 이용하는 물리적 방법 중 하나는 색을 띠는 용액의 변화를 이용하는 것이다. 첫 번째 관측할 수 있는 것은 색을 가지는 용액의 **색조**와 **농도** 혹은 **세기**를 관찰하는 것이다. 이 관측은 **측색법**(*colorimetry*)의 시초가 되었다. 용액의 색으로부터 용액 내 물질을 확인할 수 있고(정성 분석), 색의 농도로부터 그 물질의 양을 확인할 수 있다(정량 분석). 이 방법은 흡수 분광법을 이용한 화학 분석의 최초의 예이다. 백색 빛이 용액을 통과하여 적색 빛이 나온다면 우리는 용액이 적색이라고 말한다. 이 현상은 용액이 적색 빛만 통과하는 것을 허용하고 나머지 청색, 황색 빛의 영역을 모두 흡수하기 때문에 일어나는 것이다. 만약 용액의 농도가 진해진다면 청색, 황색 빛의 영역을 흡수하는 정도가 커지고 적색 빛의 통과량이 증가하기 때문에 눈에 들어오는 적색의 강도는 강해진다. 오래전에는 용액의 색 강도와 색조를 사람의 눈으로 측정하였다. 최선의 분석을 하기 위해서는 다른 두 가지 색의 강도 차이를 확인하고 경미한 색조의 차이를 측정해야 하지만 인간의 눈에는 한계가 있다. 그래서 사람의 눈보다 더 정확하고 믿을 만한 분석 장치를 개발하게 되었다. 사람의 눈은 가시선만을 감지할 수 있지만, 이 장에서는 자외선(UV)과 가시선 영역의 빛을 모두 다룰 것이다.

자외선은 가시선의 끝부분인 청색 영역(약 400 nm)부터 약 200 nm까지의 영역이다. 이 영역의 빛은 최외각 전자를 들뜨게 할 수 있는 충분한 에너지를 가진다. 가시선은 800~400 nm 영역의 빛을 말하며 적외선과 같은 성질을 가지고 있어 최외각 전자의 들뜸을 유발한다. 이런 이유로 일반적으로 사용하고 있는 분광학 기계들은 대부분 800~200 nm 영역의 빛을 사용한다. 이런 종류의 분광기를 UV/VIS 분광기라고 한다. 진공 자외선 영역이라고 하는 영역은 자외선 부분 200 nm부터 X-선 영역 100 Å까지를 말한다. 진공 자외선이라고 부르는 이유는 200 nm 아래의 복사선은 공기 중의 수증기, 산소와 같은 분자들에 의해 흡수되기 때문이다. 그래서 200 nm 아래의 복사선을 관찰하기 위해서는 분광기의 빛 경로를 진공으로 만들어줘야 한다. 또한 진공 자외선을 사용하는 장치는 진공을 유지하거나 헬륨과 같은 자외선을 흡수하지 않는 분자를 이용하여 공기를 제거해야 한다. 이 장에서의 자외선은 다른 언급이 없으면 200~400 nm의 빛이다. 이 영역의 빛에서 주로 사용하는 분광학의 목록들이 표 4.1에 제시되어 있다. 이 장은 분자의 자외선이나 적외선 방출, 흡수와 같은 분자 분광학에 초점을 둘 것이다. 또한 가시선의 산란을 이용하여 거대 분자의 정보를 얻는 과정에 대하여도 학습할 것이다.

표 4.1 가시광선 및 자외선을 이용한 분광학

기능	분석 분야	분석 응용
원자 분광학		
UV/VIS 복사선의 흡광	원자 흡광 분광법	정량 원소 분석법
UV/VIS 복사선의 방출	화염 광도계, Auger 전자 분광법	정성 및 정량 다원소 분석법
UV/VIS 복사선의 방출	원자 형광 분광법	초미량 농도(sub−ppb)의 정량 원소 분석법
분자 분광학		
UV/VIS 복사선의 흡광	UV/VIS 분자 흡광 분광학, 분광 광도법	천연물을 포함한 방향족 및 불포화 유기 화합물의 정성 및 정량 분석: 무기 이온, 유기 분자 및 생화학 물질의 직접 및 간접적인 정량 분석
UV/VIS 복사선의 방출	분자 형광, 분자 인광	특정 방향족 화합물 및 천연물의 소량(<ng) 검출, 시료를 젤 또는 유리 상태로 분석, 'tagging'에 의한 유기 및 무기 종의 결정

가시선과 자외선 영역의 빛들과 물질 간의 상호작용은 분자나 다원자 물질의 정성적 정보를 제공할 수 있다. 분자, 다원자 물질, 유기 화합물의 구조적 정보 또한 얻어 낼 수 있다. 이런 정성적 정보는 분자의 기능기에 의한 특정 파장의 흡수에 의해 얻어질 수 있다. 전형적인 유기 화합물의 자외선 흡수 스펙트럼을 그림 4.1에 보여 준다. 스펙트럼은 보통 파장에 따른 빛의 흡광도 또는 흡투광도, 혹은 몰 흡광도 ε의 그래프로 나타낸다. 몰 흡광도(ε)는 나중에 논의하도록 하자. 그림 4.1a는 에탄올에 녹인 피리딘의 흡수 스펙트럼을 파장(Å)에 따른 log ε의 그래프로 보여 준다. 그림 4.1b와 c는 흡광도 대 파장(nm)의 스펙트럼을 보여 준다.

분자나 다원자 물질의 정량 정보 또한 가시선과 자외선의 흡수 혹은 방출로부터 얻을 수 있다. 그림 4.2와 같이 적색 잉크가 들어있는 용액에서 측정한 적색 빛의 흡수 스펙트럼을 예로 들어보자. 색이 없는 순수한 물인 경우 그림 4.2의 점선처럼 적색 빛을 포함한 모든 파장이 시료를 통과한다. 만약 한 방울의 적색 잉크를 떨어뜨려 흐릿한 적색의 용액을 만든다면 일부 청색과 황색 부분의 파장을 흡수하고 적색 빛은 모두 투과한다. 이 흐릿한 적색 용액에 적색 잉크를 더 떨어뜨려 짙은 적색 용액을 만들었다면 이 용액은 대부분의 청색 및 황색 영역의 파장은 흡수하고 적색 빛은 모두 투과시킨다. 짙은 용액과 흐릿한 용액은 적색 빛의 투과에는 같은 성질을 보이지만 황색이나 청색 빛을 흡수하는 양이 다르다. 이런 원리를 이용하면 용액 내 분석 물질의 농도를 구할 수 있다. 용액의 농도 측정은 대부분 UV/VIS 흡수 분광학이나 형광 분광학을 이용한다. 용액의 농도나 농도의 변화를 측정함으로써 평형 상수, 반응 속도, 화학량론의 계산에 사용할 수 있다. UV/VIS 흡수 분광학을 이용한 정량 분석은 환경 모니터링, 식품 생산 산업 제어, 제약 산업에서의 품질 관리에서 중요한 역할을 한다.

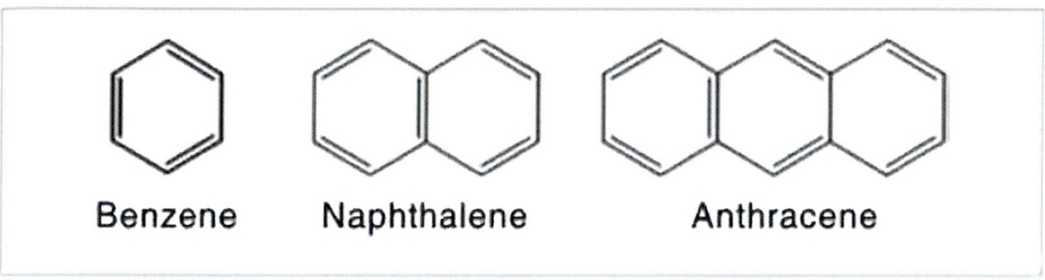

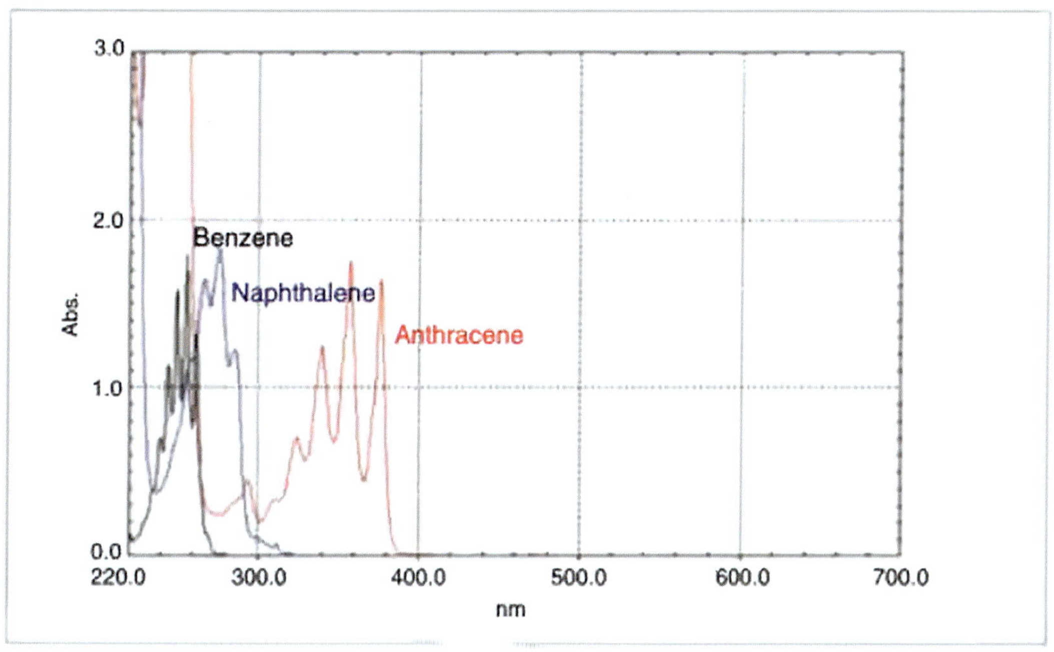

그림 4.1 유기 분자들의 전형적인 UV 흡수 스펙트럼. (a)는 벤젠, 나프탈렌, 안트라센의 구조를, (b)는 에탄올에 용해된 각 화합물의 UV 흡수 스펙트럼을 보여 준다. (Reprinted with permission of Shimadzu Inc.)

602 UV

BENZONITRILE

IR 2255

Mol. Form.	C_7H_5N
Mol. Wt.	103.12 B. P. 188-189°C
Source	The Matheson Co., Inc., E. Rutherford, N. J.

		A	B	C	D	E
Methanol	Conc. g/L	0.140	0.140	0.140	0.0380	0.0380
	Cell mm	5	5	5	2	2
	a_m	932	1010	804	9100	10600
	λ Max. mμ	277	269.5	263	230	222

Methanol KOH	Conc. g/L					
	Cell mm					
	a_m		Checked - no change			
	λ Max. mμ					

Methanol HCl	Conc. g/L					
	Cell mm					
	a_m		Checked - no change			
	λ Max. mμ					

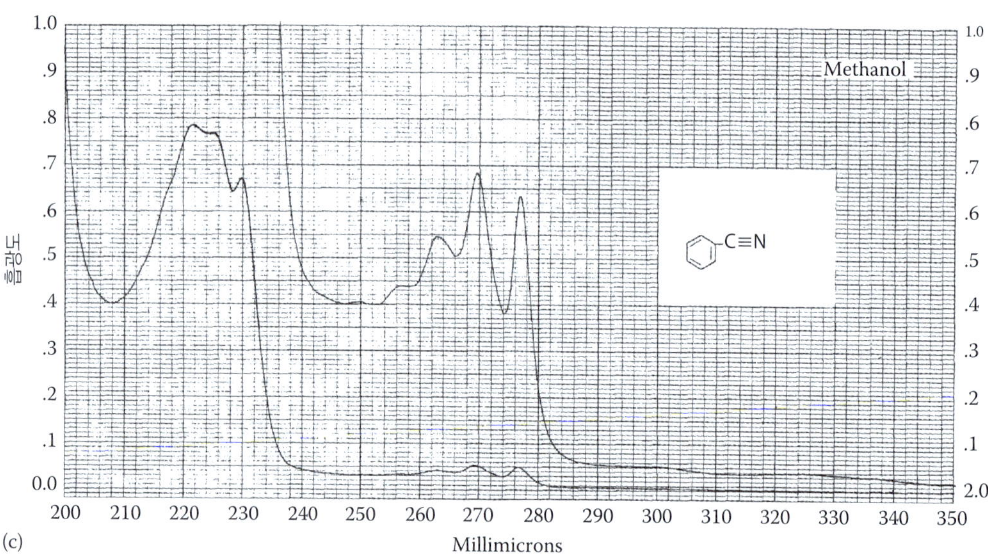

(c)

그림 4.1(계속) (c) 메탄올에 용해된 벤조나이트릴의 UV 스펙트럼. (b and c: Copyright Bio-Rad Laboratories, Informatics Division, Sadtler Software and Databases, 2022. All rights reserved.)

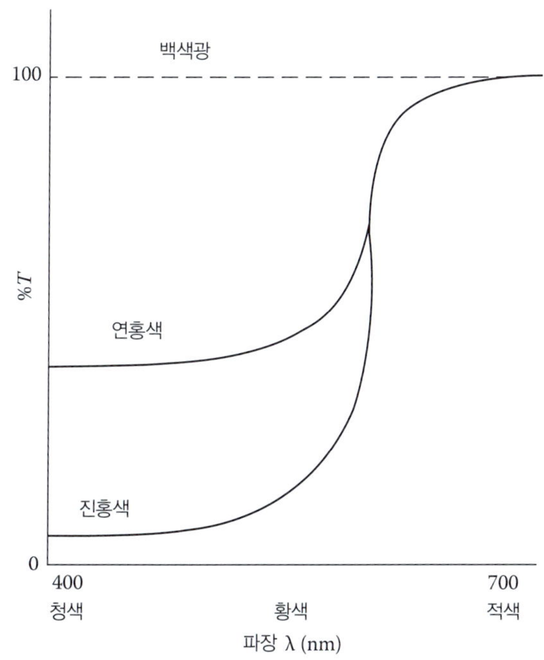

그림 4.2 무색의 순수한 물(점선), 연홍색 잉크 수용액, 진홍색 잉크 수용액의 가시광 흡수 스펙트럼

4.1.1 | 분자에서의 전자 들뜸

분자는 원자들로 구성되어 있으며 원자들의 전자 공유로 화학 결합하여 연결되어 있다. 전자들은 양자 이론으로 정의된, 분리된 에너지 준위에서 움직인다. 전자의 에너지 준위가 가장 작을 때 분자는 바닥 상태에 있다고 할 수 있다. 분자가 복사선을 흡수하여 에너지 준위가 높아진다면 **들뜬 상태**가 될 것이다. 이렇게 전자가 높은 에너지 상태로 이동하는 것을 **전자 들뜸**이라고 한다. 전자 들뜸을 유발하기 위해서는 복사선의 종류가 반드시 가시/자외부 영역의 빛을 이용해야 한다.

분자가 흡수하거나 방출하는 복사선의 진동수와 에너지의 관계는 $\Delta E = h\nu$를 따른다. 실제로 분자가 흡수하거나 방출하는 복사선 에너지는 바닥 상태 에너지 E_0에서 들뜬 상태 에너지 E_1 사이의 차이이다. 이 관계는 다음 식으로 나타낼 수 있다.

$$\Delta E = E_1 - E_0 = h\nu \tag{4.1}$$

여기서 E_1은 들뜬 상태의 에너지, E_2는 바닥 상태의 에너지이다.

이 장에서는 유기 분자에 초점을 맞출 것이다. 무기 분자들도 가시선과 자외선에서 흡수, 방출이 일어나지만 유기 분자들보다 더 복잡하고 전이 금속이나 중금속 원자들은 d와 f 오비탈을 가지고 있어 더 복잡해진다.

분자에서 최외각 전자의 전이는 3가지의 종류가 있다. 첫 번째는 알케인처럼 단일 결합에 의해 연결되어 있는 전자들이다. 이런 결합을 **시그마 결합**(*sigma*(σ) *bond*)이라고 한다. 시그마 결합에 존재하는 최외각 전자들을 들뜨게 하기 위해서는 대부분 자외선보다 더 강한 빛이 필요하다. 이런 이유로 알케인이나 다른 단일 결합으로 이루어진 화합물들은 자외선을 흡수하지 않아 주로 용매로 사용한다. 헥세인(C_6H_{14})은 자외선을 흡수하지 않는 용매의 한 예이다.

다음으로는 이중, 삼중 결합을 하고 있는 불안정한 전자들이다. 이 결합은 **파이 결합**(*pi*(π) *bond*)을 포함한다. 전형적인 π 결합을 포함하고 있는 물질 중에는 알카인, 알켄, 방향족 화합물들이 있다(그림 4.3). π 결합에 있는 전자들은 쉽게 들뜨기 때문에 자외선에서도 쉽게 들뜬다.

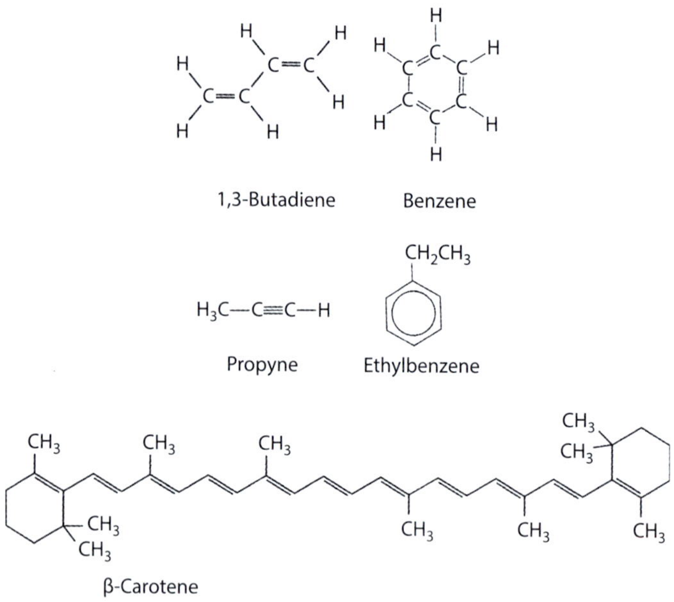

그림 4.3 π 결합을 가지는 유기 분자의 예. 벤젠 고리는 3개의 π 결합 또는 고리 내의 원으로 표시함.

마지막 경우는 결합에 참여하지 않는 전자이다. 이 전자는 n 전자라고 하며 비결합 전자이다. 포화된 탄화수소는 탄소와 수소의 모든 전자가 결합에 관여하므로 이런 화합물들은 n 전자가 없다. 하지만 유기 화합물 중에 질소, 산소, 황, 할로젠을 포함하는 물질들은 종종 비결합 전자들을 가지고 있다(그림 4.4). n 전자들은 자외선이나 가시선에 들뜬다. 그래서 n 전자를 가지고 있는 많은 화합물들은 가시, 자외선의 빛을 흡수한다.

그림 4.5는 두 개의 인접한 원자의 s 오비탈 전자가 합쳐져 σ 결합을 이룰 때 에너지 준위를 개략화한 그림이다. 오비탈들은 모두 보존되며 분자 오비탈이 만들어진다. σ 결합 오비탈과 더 에너지가 높은 반결합 오비탈이 만들어진다. 반결합 오비탈은 σ*으로 표시한다. σ와 σ*의 차이는 ΔE와 같고 그림에서 화살표만큼의 차이이다. 각 원자에는 2p 오비탈이 3개가 있으며, 이 중 하나의 p 오비탈은 인접한 원자의 p 오비탈과 겹쳐 두 번째 세트의 σ 오비탈을 만들어낸다. 다른 두 개의 p 오비탈은 원자의 측변에서 겹치게 되어 π 결합을 형성하고 반결합 오비탈을 만들어낸다. 그림 4.6은 원자의 p 오비탈이 π 결합을 이룰 때 에너지 준위를 개략화한 그림이다. π와 π*의 차이는 ΔE와 같고 그림에서 화살표만큼의 차이이다. 만약 p 오비탈에 짝으로 전자가 채워져 있으면 전자의 결합하는 경향은 없어진다.

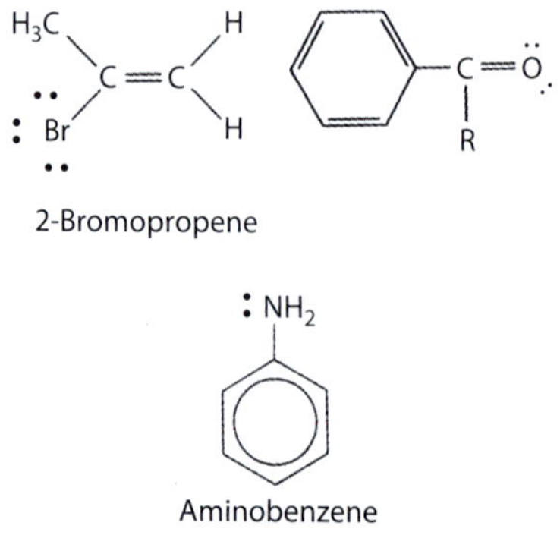

그림 4.4 비결합 전자를 가지는 유기 분자. n 전자들은 점으로 표시되며, 원자 주위에 쌍으로 나타냄. 카보닐 화합물의 경우, 알데하이드는 R = H, 케톤은 R = 유기 작용기

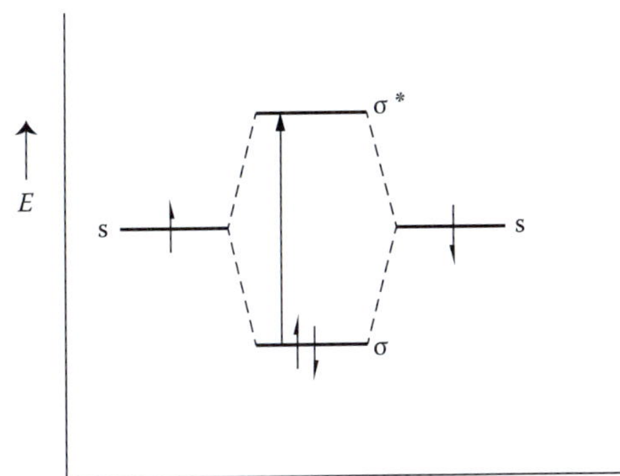

그림 4.5 인접한 두 원자의 s 오비탈로부터 형성된 σ 결합 오피탈과 σ* 반결합 오피탈의 에너지 다이아그램

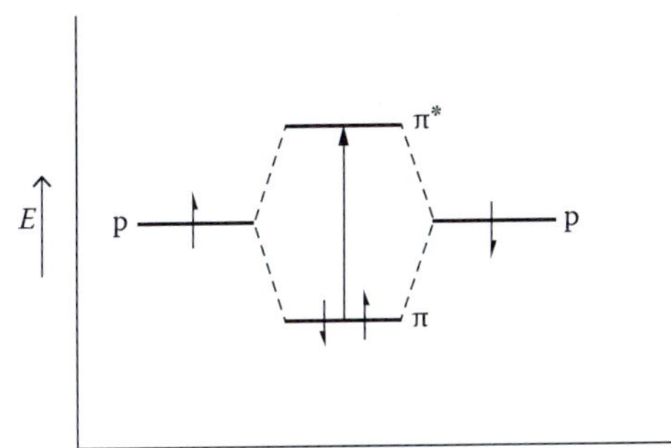

그림 4.6 인접한 두 원자의 p 오비탈로부터 형성된 π 결합 오피탈과 π* 반결합 오피탈의 에너지 다이아그램

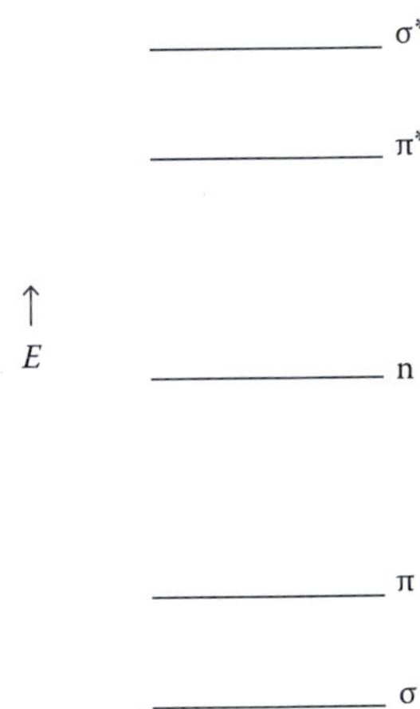

그림 4.7 σ, π, n 오비탈 및 반결합 오비탈들의 상대적인 에너지 준위

4.1.2 | 분자에 의한 흡수

양자역학은 분자 오비탈들의 상대적인 에너지 준위를 이론적으로 설명해 주며 분자 구조에 따라 오비탈들이 어떻게 변화하는지 설명해 준다. 양자역학은 또한 전자 전이가 어떻게 이루어지는가에 대한 예측인 '선택 규칙(selection rules)'을 만들었다. 분자에서 일어나는 전이는 모두 선택 규칙에 의해 일어난다.

분자가 들뜨게 되면 전자들은 분자 오비탈의 에너지가 가장 낮은 곳에서 반결합 오비탈과 같은 높은 준위로 옮겨간다. π 안에 존재하는 전자는 π*로 옮겨지고, n 전자들은 π* 또는 σ*로 옮겨간다.

유기 화합물과 무기 화합물 모두 가시선과 자외선을 흡수하고 방출하는 특징을 가지고 있다. 이런 가시선과 자외선을 흡수하고 방출하는 분자의 한 부분을 색깔이란 그리스어 *chroma*에서 유래한 *chromophore*로 부른다. 예를 들어 π → π*로 전이가 일어나는 모든 분자들은 발색단(chromophore)이다. 이런 분자들은 C=C, C=O, C=N과 같은 불포화 결합을 하고 있다. 이 종류의 발색단에는 알켄, 아마이드, 케톤, 카복실산, 옥심(oximes) 등이 있다. 다른 가시, 자외부 복사선에서 전이가 일어나는 경우는 n → π*이다. 따라서 결합에 참여하지 않는 전자를 가지는 유기 분자들은 가시, 자외부 복사선을 흡수할 수 있다. 이런 유기 분자들은 대부분 질소, 산소, 황, 할로젠과 같은 원자들을 가지고 있다. 표 4.2는 가시 자외부 복사선을 흡수할 수 있는 유기 화합물의 작용기를 정리한 것이다. 표 4.3은 가시 자외부 복사선을 흡수하는 유기 화합물의 흡수 극대 파장을 정리한 것이다. 몇몇의 화합물들은 한 개 이상의 흡수 피크를 가지고 있으며 표 4.3에는 가장 높은 몇 가지 피크만 나열되어 있다. 알케인과 같이 σ 결합만 가지고 있는 화합물들은 가시 자외부 방사선을 흡수하지 못한다.

전이 금속 화합물의 몇 가지도 종종 가시 자외부 복사선을 흡수하여 색을 나타내기도 한다. 이것은 d 오비탈에 전자가 다 차지 않아서 나타난다. 금속 화합물이 최대로 흡수하는 파장은 d 오비탈에 있는 전자의 수, 전이 금속 화합물의 구조, 전이 금속에 붙어 있는 원자의 종류에 의해 결정된다.

4.1.3 | 몰흡광 계수

시료 셀의 길이, 빛을 흡수하는 시료의 농도, 흡광도 사이의 관계를 나타내는 Beer 법칙은 3장에서 살펴보았다. Beer 법칙에서 비례 상수 a는 시료의 흡광 계수를 나타내는 것이다.

흡광 계수(*absorptivity*) a는 특정 파장과 시료의 농도에서 시료가 빛을 흡수하는 능력으로 정의할 수 있다. 만약 농도가 몰농도로 표시되었다면 흡광 계수는 **몰흡광 계수**(*molar absorptivity*), ε를 사용한다. 흡광 계수는 측정한 흡광도를 Beer 법칙에 대입해 계산할 수 있다.

$$A = abc = \varepsilon bc \tag{4.2}$$

여기서 A는 흡광도, b는 시료 셀 길이, c는 빛을 흡수하는 시료의 농도이다. 만약 b의 단위가 cm이고 c의 단위가 몰농도(M)이라면 비례 상수는 몰흡광 계수이고 ε로 표시하며 단위는 L/mol/cm이다. 일반적으로 ε은 약 10^4~10^5 L/mol/cm 범위의 값을 갖는다. 흡광 계수가 크다는 것은 시료가 특정 파장의 빛을 잘 흡수한다는 의미이고 반대로 흡광 계수가 작다는 것은 특정 파장의 빛을 시료가 잘 흡수하지 못한다는 뜻이다. a와 ε 모두 특정 파장에서의 상수이며 분자의 물리적 특성이다. 몰 흡수율은 임의의 파장에 대해 특정될 수 있지만, 일반적으로 분자에 대해 빛의 최대 흡수가 발생하는 파장에 대해 표시한다. 최대 흡수 파장

표 4.2 UV/VIS 광을 흡수할 수 있는 유기 작용기

작용기	화학 구조	전자 전이
Acetylenic	—C≡C—	π → π*
Amide	$-CONH_2$	π → π*, n → π*
Carbonyl	>C=O	π → π*, n → π
Carboxylic acid	—COOH	π → π*, n → π*
Ester	—COOR	π → π*, n → π*
Nitro	$-NO_2$	π → π*, n → π*
Olefin	>C=C<	π → π*
Organoiodide	R—I	n → σ*
Thiol	R—SH	n → σ*

참조: R은 임의의 유기 작용기 (예: Ch_3, C_2H_5, C_6H_5)

표 4.3 유기 작용기의 흡광 파장

발색단	구조식	흡수 극대 파장 λ_{max}(nm)
Amine	$-NH_2$	195
Bromide	$-Br$	208
Iodide	$-I$	260
Thioketone	$>C=S$	460
Thiol	$-SH$	220
Ester	$-COOR$	205
Aldehyde	$-CHO$	210
Carboxylic acid	$-COOH$	200–210
Nitro	$-NO_2$	210–270
Nitrile	$-C\equiv N$	<160
Azo	$-N=N-$	285–400
Conjugated olefins	$(-HC=CH-)_2$ $(-HC=CH-)_3$ $(-HC=CH-)_5$ $(-HC=CH-)_{10}$	210–230 260 330 460
Benzene	(벤젠 구조식)	198 255
Naphthalene	(나프탈렌 구조식)	210 220 275

은 λ_{max}로 표시하고, 이에 해당하는 ε는 ε_{max}으로 표시한다. 표 4.4에 몇 가지 일반적 유기 분자에 해당하는 λ_{max}와 ε_{max}의 전형적인 값을 나타내었다.

흡광 계수는 주어진 전자 전이가 일어날 가능성을 측정하는 직접적인 방법은 아니다. 흡광은 흡수띠의 폭보다 훨씬 작은 파장 범위에 대하여 측정되기 때문이다. 흡광 계수는 띠에 나타나는 각각의 파장 값마다 다를 것이다. 전이 가능성과 직접적으로 연관된 몇몇 기본적인 수량이 있다. 이것은 아인슈타인 계수와 진동자 세기 f를 포함한다.

4.1.4 | UV 흡수 곡선의 모양

그림 4.1은 용액 내 몇 가지 유기 분자들의 '전형적인' UV 흡수 스펙트럼들을 보여 준다. 각 스펙트럼은 매우 단순하다. 이러한 스펙트럼은 5장에서의 많은 수의 좁은 흡수를 보이는 적외선 스펙트럼과 달리, 넓은 파장 범위에 걸쳐 넓은 흡수 띠를 가지고 있다. 이러한 흡수 띠들이 넓은 이유는 각각 전자 에너지 준위는 다양한 진동과 회전 에너지를 가지고 있기 때문이다. 회전 및 진동과 관련된 전자 전이의 개략도가 그림 4.8에 나와 있다. 바닥 상태에서 가장 낮은 진동 준위만이 4개의 하위 회전 준위와 함께 나타난다. 상온에서 대부분의 분자는 가장 낮은 진동 상태의 바닥 상태에 있다. 들뜬 상태에서 4개의 진동 하위 준위는 각각 4개의 회전 준위와 함께 분리되어 있다. 가능한 전이 중에서 오직 4개만이 보인다. 각각의 화살표는 흡수 파장의 길이를 나타낸다. 전자 전이는 '연속적인' 흡수 띠를 제공하기 위해 중첩되는 다수의 파장으로 구성된다. 각각의 분리된 전이가 양자화되더라도, 진동 준위의 밀집된 에너지 간격과 훨씬 더 밀접하게 떨어진 회전 부준위(sublevel)는 전자 전이를 넓은 대역으로 나타낸다. 이는 그림 4.9에서 개략적으로 나타내고 있다.

표 4.4 발색단의 최대 흡광 파장 및 몰 흡광계수

발색단	화합물	λ_{max}(nm)	ε_{max}(L/mol/cm)
$>C=C-C=C<$	$H_2C=C-C=CH_2$	210	2.5×10^4
$-NO_2$	CH_3NO_2	210	1.0×10^4
		280	10
$-N=N-$	$CH_3N=NCH_3$	<250	$>1.0\times10^5$
$-Br$	CH_3Br	205	1.8×10^3
$-SH$	C_2H_5SH	230	160
Aromatic ring	Benzene (C_6H_6)	198	8.0×10^3
		255	200
	Naphthalene	221	1.0×10^5
		285	9.0×10^3
		300	290
$>C=S$	$(CH_3)_2C=S$	460	<10

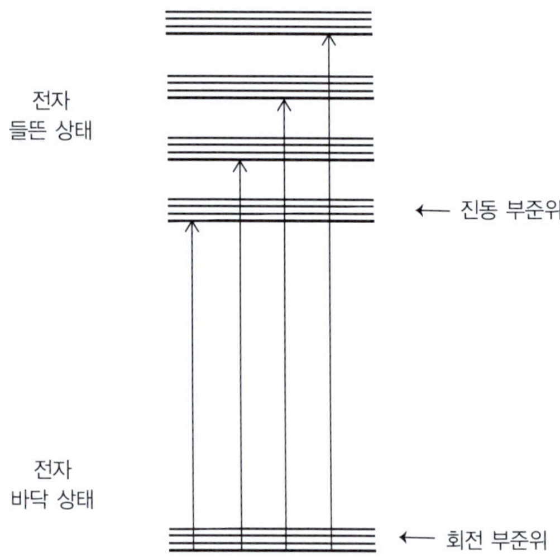

그림 4.8 전자 전이는 다중 진동 회전 준위로 인하여 띠로 발생한다. 이 개략도는 발생 가능한 많은 전환 중 네 가지를 보여준다. 화살표의 길이는 전이에 필요한 에너지에 비례하며, 따라서 분자 전자 전이는 에너지 차이가 적은 많은 전이들로 구성되어 불연속적인 선이 아닌 띠로 나타난다.

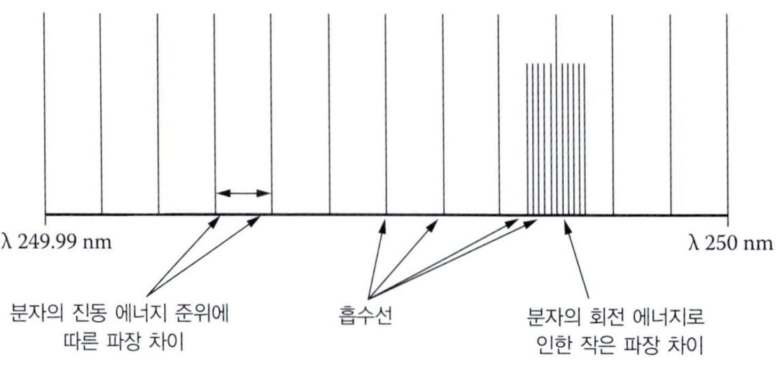

그림 4.9 확장된 UV 흡수띠

흡수 띠는 모양, 즉 폭과 강도에 의해 특징지어진다. 띠의 형태는 진동 에너지 준위 간격과 진동 간 전이에 의해 결정된다. 강도 분포는 주어진 진동 부준위로의 전환 확률과 관련이 있다. 전환 확률은 Franck–Condon 원리를 사용하여 결정될 수 있다. 자세한 내용은 Hollas 및 Lambert 외의 문헌을 참고할 수 있다. 만약 우리가 백만 개의 분자를 가지고 있다면, 들뜨기 전에 대부분의 분자가 바닥 상태의 진동 상태에 있다고 하더라도 들뜸 후에 여러 가지 진동 상태에 있을 수 있다. 각 진동 에너지 준위에서 전자 들뜸을 일으키는 데 필요한 복사 에너지는 약간 다르며 회전 에너지 변화에 의해 추가로 제한된다. 이런 이유로 UV 방사선이 백만 개의 분자에 떨어지면, 그것은 수많은 파장에서 흡수된다. 흡수 파장의 전체 범위는 100 nm 이상으로 늘어날 수 있다. 분자의 회전 에너지는 단일 대역에 더 많은 흡수선을 추가한다. 증가한 흡수선의 수는 선을 가깝게 하지만, 그것은 선의 총 범위를 눈에 띄게 증가시키지는 않는데 이는 회전 에너지가 진동 에너지에 비해 매우 작고 전자 들뜸 에너지에 비해 지극히 작기 때문이다. 따라서 자외선은 불연속 파장보다는 오히려 **흡수띠**(*absorption band*) 형태로 흡수된다.

UV/VIS 스펙트럼은 진동 부준위와 관련된 여러 에너지를 보여 준다. 예를 들어, 기체 상태의 단순한 분자는 그림 4.10 벤젠의 기체상 스펙트럼에서 볼 수 있듯이 전자 전이 에너지 준위에 겹쳐진 진동 준위를 보여 준다. 넓은 띠의 상단의 날카로운 피크는 진동 '미세 구조(fine structure)'라고 한다. 용액 내의 분자(그림 4.1의 스펙트럼과 같은)는 일반적으로 용매와 용질 분자 사이의 상호 작용으로 인해 진동 구조를 나타내지 않는다. 벤젠의 기체상 스펙트럼(그림 4.10)과 벤젠 용액의 스펙트럼(그림 4.11)을 비교하면 용액 내에서 미세 구조의 손실이 많이 나타남을 알 수 있다. 보통의 UV/VIS 스펙트럼에서는 회전 부준위로 인한 미세 구조가 관찰되지 않는다. 상용 계기의 해상도는 이러한 라인을 분리하기에 충분하지 않다.

4.2 기기

4.2.1 | 광학계

분광기(**spectrometer**)는 흡수되거나 전달되는 빛의 강도에 대한 정보를 파장의 함수로 제공하는 도구이다. 홑살형(single-beam) 및 겹살형(double-beam) 광학계(3장 참조) 모두 분자 흡수 분광학에 이용된

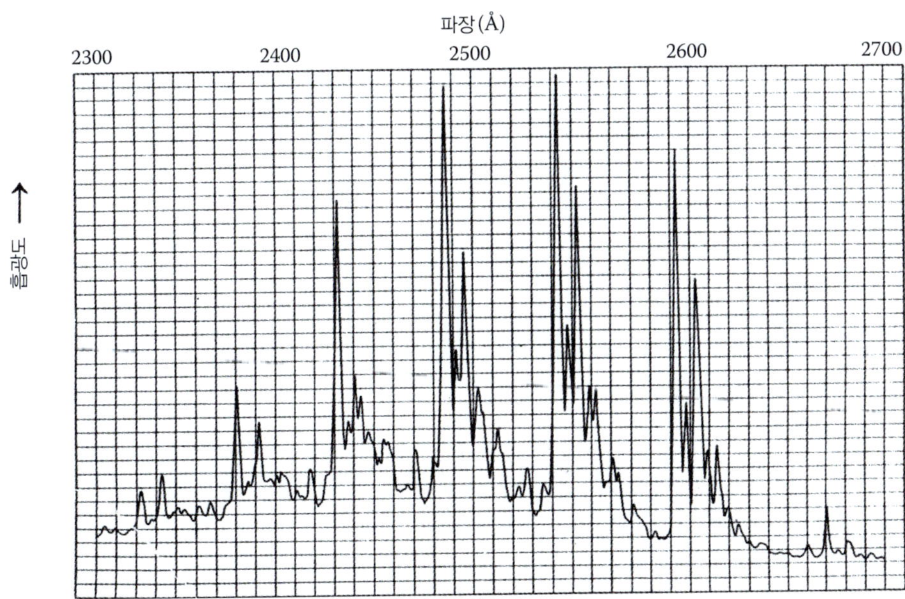

그림 4.10 벤젠의 기체상 흡수 스펙트럼 (Reprinted with the permission of the late Professor Milton Orchin, Jaffé, H.H. and Orchin, M., *Theory and Applications of Ultraviolet Spectroscopy*, John Wiley & Sons, New York, 1962.)

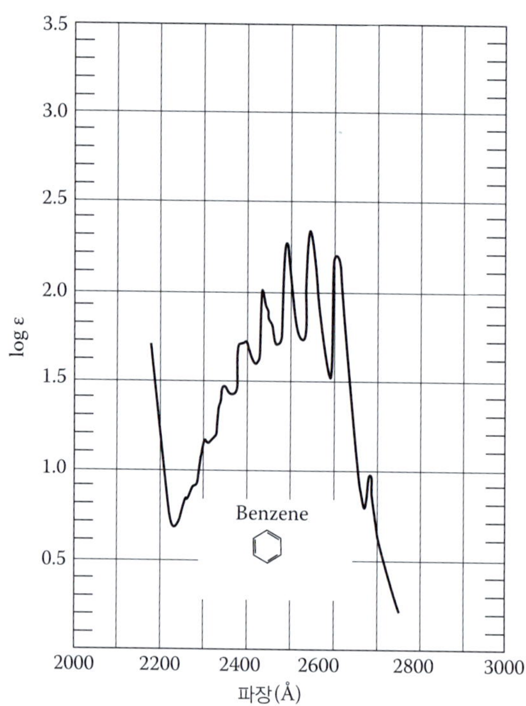

그림 4.11 벤젠 용액의 스펙트럼. 용매는 사이클로헥세인이다. 그림 4.10과 비교하여 미세 구조의 손실이 나타난다. (Reprinted with the permission of the late Professor Milton Orchin, Jaffé, H.H. and Orchin, M., *Theory and Applications of Ultraviolet Spectroscopy*, John Wiley & Sons, New York, 1962.)

다. 홑살형 기기와 그 단점은 3장에서 다뤘다. 흡수 분광법을 위한 대부분의 상업용 기기는 겹살형이므로 이것에 대해 다루겠다.

겹살형 기기에서 방사선원은 동일한 강도의 2개의 빛살(beam)로 분할된다. 이 2개의 빛살은 길이가 동일한 2개의 광경로를 가로지른다. **기준**(*reference*) 셀은 하나의 경로에 놓고 **시료**(*sample*) 셀을 다른 경로에 놓는다. 셀을 통과한 후에 두 개의 빛살의 강도가 비교된다. 전력 변동으로 인한 방사 강도의 변화, 광학 시스템으로의 방사 손실(예: 셀 표면, 반사경), 용매에 의해 흡수된 방사 등이 두 빛살에 대해 동일해야 하며, 이들 오류의 원인을 수정해야 한다. 하나 이상의 출구 슬릿을 갖는 흡수 분광학에 사용되는 분산 분광계 및 파장의 함수로서 두 개의 광선의 세기를 비교하는 광전 검출기를 분광 광도계라고 한다.

상업용 UV/VIS 분광기는 200~800 범위의 광경로에서 공기와 함께 작동하도록 설계되었다. 분광계를 건조 질소로 퍼지하면 175 nm만큼 낮은 파장을 관찰할 수 있다. 언급했듯이, 낮은 파장에서 분광계는 진공 상태이거나 비흡수 기체로 퍼지해야 한다. 분석적으로, 진공 UV 영역은 진공을 필요로 하는 기기에 내재된 어려움 및 비용 때문에 일상적인 분석에서 중요하지 않다.

파장 선택을 위한 필터와 광전 검출기를 사용하는 간단한 광학 시스템을 광도계라고 한다. 광도계는 가시영역 및 UV 영역에 사용된다. 예를 들어, UV 광도계는 고성능 액체 크로마토그래피(High Performance Liquid Chromatography, HPLC) 검출기에서 사용되었으나 배열된 광다이오드(photodiode array, PDA)로 대체되었다. HPLC 검출기는 14장에서 더 자세히 다룰 것이다.

흡수 측정을 위한 모든 분광기는 광원, 파장 선택 장치, 시료 거치대 및 검출기가 필요하다. 완비된 UV/VIS 및 UV/VIS/근적외선(UV/VIS/near-IR, NIR) 시스템은 Agilent Technologies, PerkinElmer, Shimadzu Scientific Instruments, Thermo Fisher Scientific과 같은 많은 상업용 계측기 회사에서 구입할 수 있다. 이러한 큰 회사는 각각 다양한 기능을 가진 5에서 8개 버전의 시스템을 제공한다. 이 회사들의 웹사이트는 응용 프로그램, 기기 사용에 관한 비디오, 사용설명서 및 기타 유용한 정보를 제공한다.

4.2.2 | 방사선원

분자 흡수를 측정하기 위해 방사선원은 연속된 파장의 빛을 생성해야 한다. 이상적으로 광원의 세기는 방출되는 모든 파장에 대해 일정해야 한다. 전통적으로, UV/VIS 분광학을 위한 두 가지 가장 보편적인 방사선원은 텅스텐 램프와 중수소 방전 램프였다. **텅스텐 램프**(*tungsten lamp*)는 일반 백열 전구와 기능 면에서 유사하다. 텅스텐 램프는 백색 열에 전기적으로 가열된 텅스텐 필라멘트를 포함하며 연속 스펙트럼을 생성한다. 텅스텐 램프는 두 가지 단점이 있다. 단파장에서의(<350 nm) 방사 강도는 낮다. 또한 일정한 강도를 유지하기 위해 램프로의 전류는 신중하게 제어되어야 한다. 하지만 램프는 일반적으로 안정적이며 강력하고 다루기 용이하다. 특징적으로 그림 4.12에서 나타나듯이 방출 강도는 파장에 따라 다양하다. 이 곡선의 모양은 백열 광으로 가열된 고체의 연속선에서 일반적이다. 이 유형의 곡선을 생성하는 백열등 고체를 흑체 방사체라고 한다. 연속선은 고체, 이 경우에는 텅스텐 필라멘트에서의 열 이동 전이로 인한 것이다. 흑체 방사체의 강도 대 파장 도표는 화학적 구성이 아닌 발광원의 온도에 따라 결정된다. 텅스텐 램프는 가시영역에서 가장 유용하여 후에 다룰 분광 광도법에 일반적으로 사용된다. 가시 영역에서만 사용되기 때문에 전구(즉, 램프의 덮개)는 석영이 아닌 유리로 만들 수 있다. 석영은 자외선 전송에 필요하다. 자동차 헤드라이트의 램프와 비슷하게 텅스텐-할로젠 램프는 현대 기기의 구형 텅스텐 램프를 대체했다. 텅스텐-할로젠 램프는 램프의 높은 작동 온도를 견디기 위해 석영 전구를 가지고 있다. 이 램프는 W 램프보다 효율적이며 현저히 긴 수명을 가진다. 텅스텐-할로젠 램프의 파장/강도 출력은 그림 4.13에 있다.

중수소 아크 램프(*deuterium arc lamp*)는 전기 방전이 있는 석영 전구 안의 중수소 가스(D_2)로 구성된다. 분자들이 전기적으로 들뜨면, 들뜬 중수소 분자는 해리되어 자외선을 방출한다. 중수소 분자가 원자들로 분리되면, 0에서 분자의 들뜸 에너지까지의 연속 에너지 범위에 걸쳐 UV 광자 방출이 일어난다. 이로 인해 램프는 좁은 선의 원자 방출 스펙트럼이 아닌 160~400 nm 범위의 연속(광대역) UV 스펙트럼을 방출한다. 수소 가스 대신에 중수소(D_2)를 사용하면, UV 범위의 단파장에서 3배만큼 방출 강도가 증가하게 된다. 중수소는 수소보다 비싸지만 높은 강도가 필요할 때 사용된다. 그림 4.13b는 중수소 아크 램프의 방출 스펙트럼을 보여 준다.

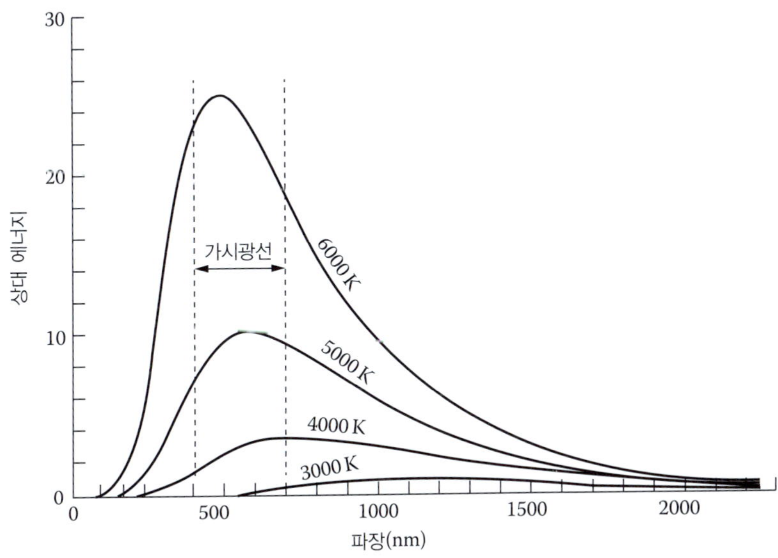

그림 4.12 다양한 온도에서 흑체 복사의 방출 강도. 3000 K는 텅스텐 필라멘트 램프(백열 램프)와 동일하다. 6000 K는 제논 아크 램프와 동일하다.

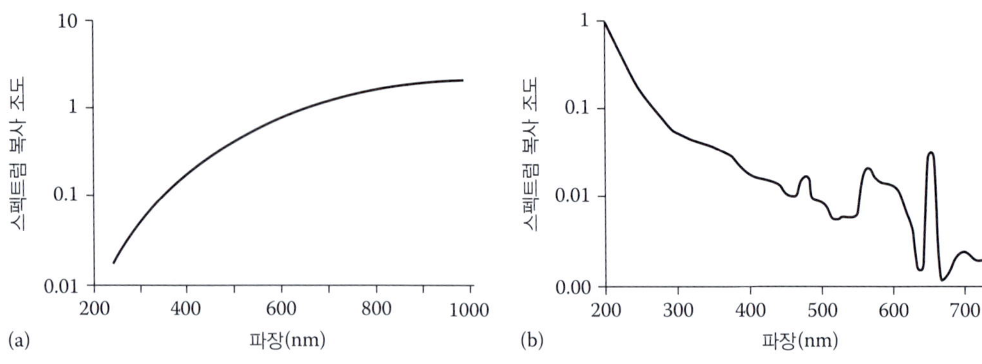

그림 4.13 (a) 상용 텅스텐–할로젠 램프의 방출 스펙트럼(Courtesy of Agilent Technologies, Inc., Santan Clara, CA, www.agilent.com.) (b) 상용 중수소 아크 램프의 방출 스펙트럼(Courtesy of Agilent Technologies, Inc., Santan Clara, CA, www.agilent.com.)

제논 아크 램프(*xenon arc lamp*)는 중수소 램프와 유사한 방식으로 작동한다. 전류의 제논 가스통과는 200~1000 nm 범위의 강한 방사선을 생성한다. 제논 아크 램프는 매우 높은 복사 강도를 제공하며 예열 시간이 필요 없기 때문에 최신 UV/VIS 기기에서 널리 사용된다. 오늘날 많은 UV/VIS 분광기는 제논 플래시 램프를 사용하는데, 이는 판독이 수행될 때만 작동한다. 이 램프는 예열 시간이 필요 없으며 매우 적은 전기 에너지를 사용한다. 시료가 다량의 방사선 또는 열에 노출되지 않기 때문에 이 유형의 램프는 광분해가 일어나지 않는다.

최근에 소개된 중요한 광원은 발광 다이오드(light-emitting diode, LED)이다. LED는 p–n 접합을 만들기 위해 불순물이 첨가된 반도체 물질의 칩으로 구성된다(그림 4.20). 전류는 p측, 산화 전극(anode)으로부터 n측, 환원 전극(cathode)으로 흐른다. 전하 운반체, 전자, 정공은 서로 다른 전압을 갖는 전극들로부터 접합부로 흐른다. 전자가 정공과 만날 때 전자는 낮은 에너지 준위로 떨어지고 광자를 방출한다. 방출되는 빛의 파장(색)은 p–n 접합을 형성하는 물질의 띠 간격 에너지(그림 4.14a 및 4.19)에 따라 달라진다. 그림 4.14b는 LED 개략도를 보여 준다.

상업용 LED는 다양한 가시광선 색상뿐만 아니라 IR 및 UV-방출 LED로도 제공된다. UV-방출 LED는 종종 질화 붕소(boron nitride, BN), 질화 알루미늄(aluminum nitride, AlN), 알루미늄 갈륨 질화물(aluminum gallium nitride, AlGaN) 및 알루미늄 갈륨 인듐 질화물(aluminum gallium indium nitride, AlGaInN)로 만들어진다. 가시광선 분광학을 위한 백색 광원을 만들기 위해 두 가지 방법이 사용된다. 하나는 적색, 녹색, 청색 LED를 조합하여 백색광을 만드는 것이다. 최초로 실용화된 적색 LED는 갈륨 인(gallium phosphide, GaP), 갈륨 비소 인(gallium arsenide phosphide, GaAsP), 알루미늄 갈륨 비소(aluminum gallium arsenide, AlGaAs), 알루미늄 갈륨 인듐 인(aluminum gallium indium phosphide, AlGaInP)으로 만들어진다. 녹색 LED는 인듐 갈륨 질화물(indium gallium nitride, InGaN), 알루미늄 갈륨 인(aluminum gallium phosphide, AlGaP) 및 유사물로 만들어진다. 청색 LED는 인듐 갈륨 질화물(indium gallium nitride, InGaN), 셀렌화 아연(zinc selenide, ZnSe), 그 외 다른 물질로 만들어진다. 고강도 청색 LED의 개발, 실용화된 후 두 번째 접근법은 청색 LED와 이트륨 알루미늄 산화물(yttrium aluminum oxide, YAG)과 같은 물질을 기반으로 하는 인광체 코팅을 사용하는 것이다. 인광체는 청색 빛과 결합될 때 백색으로 보이는 황색 빛을 만들어낸다. 이것은 표준 형광 전구가 작동하는 방식과 매우 유사하다.

4.2.3 | 단색화 장치

단색화 장치의 목적은 파장에 따라 방사선을 분산시키고 선택된 파장이 시료를 비추도록 하는 것이다.

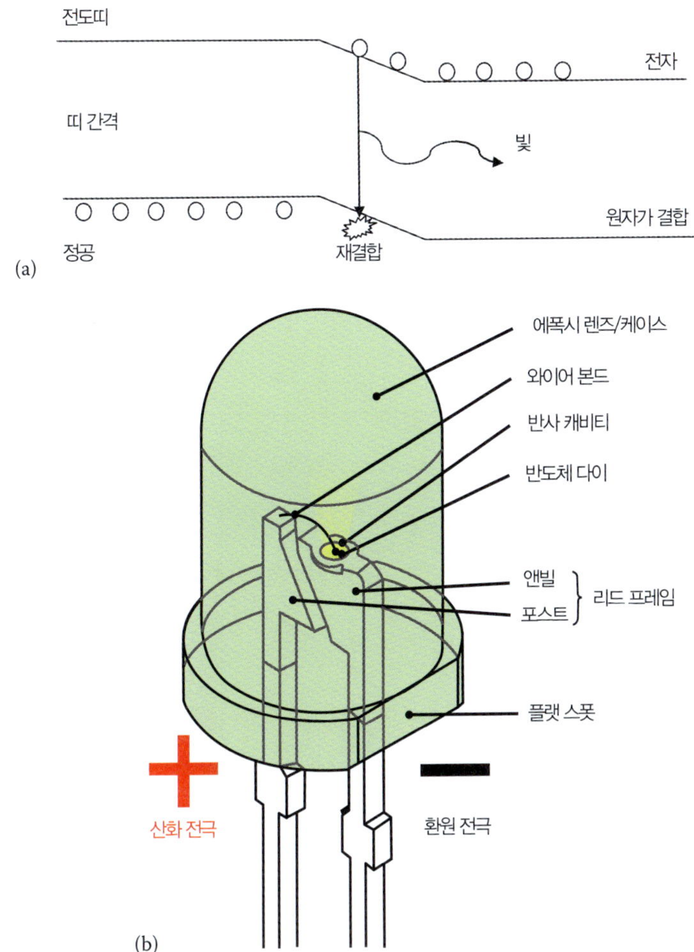

그림 4.14 (a) LED에서 전자와 정공의 결합에 의한 광 생성. (b) LED 개략도.

회절 격자는 3장에서 논의된 것처럼 현대 기기에서 빛을 분산시키는 데 사용된다. Agilent Technologies의 Cary 분광 광도계와 같은 최신 시스템의 단색화 장치는 제약 및 생물 공학 연구소에서 요구되는 고효율 측정을 수행하기 위해 16,000 nm/min의 슬루레이트(측정을 하지 않고 파장 사이를 이동하는 시간)와 함께 최대 2000~3000 nm/min의 속도로 스캔할 수 있다.

새로운 회절 격자 기술은 불과 몇 년 전에 불가능했던 측정을 가능하게 하였다. 이온 살(ion beam) 또는 레이저 빛 포토리소그래피에 의해 제조된 회절 격자는 표면의 거칠기로 인한 미광(원하지 않는 파장의 빛)을 생성할 수 있다. 오늘날, 홀로그램 기술과 함께 사용되는 식각 공정을 최적화하기 위해 개발된 새로운 독자적인 제조 방법은 Shimadzu Scientific Instruments(www.ssi.schimadzu.com)의 "Lo-Ray-Ligh" 격자와 같이 크게 향상된 회절 격자를 생성한다. Lo-Ray-Ligh 격자는 0.00005%의 매우 낮은 미광 값을 가지며, 최대 8.5 흡광도 단위까지 완벽한 선형성을 지닌 흡광도 측정이 가능하다. 그림 4.15a는 Lo-Ray-Ligh 격자와 기존 분광기에서 얻은 UV-2700의 흡수 스펙트럼을 비교한 것이다. 그림 4.15b는 8.5 흡광도 단위까지의 선형성을 보여 준다. 이것은 선글라스 편광자 및 용접 안면 마스크와 같이 흡수성이 높은 재료의 측정을 가능하게 한다.

4.2.4 | 검출기

가시광선 분광법에서 가장 최초의 검출기는 인간의 눈이었다. 색상과 강도를 육안으로 관찰할 수 있도

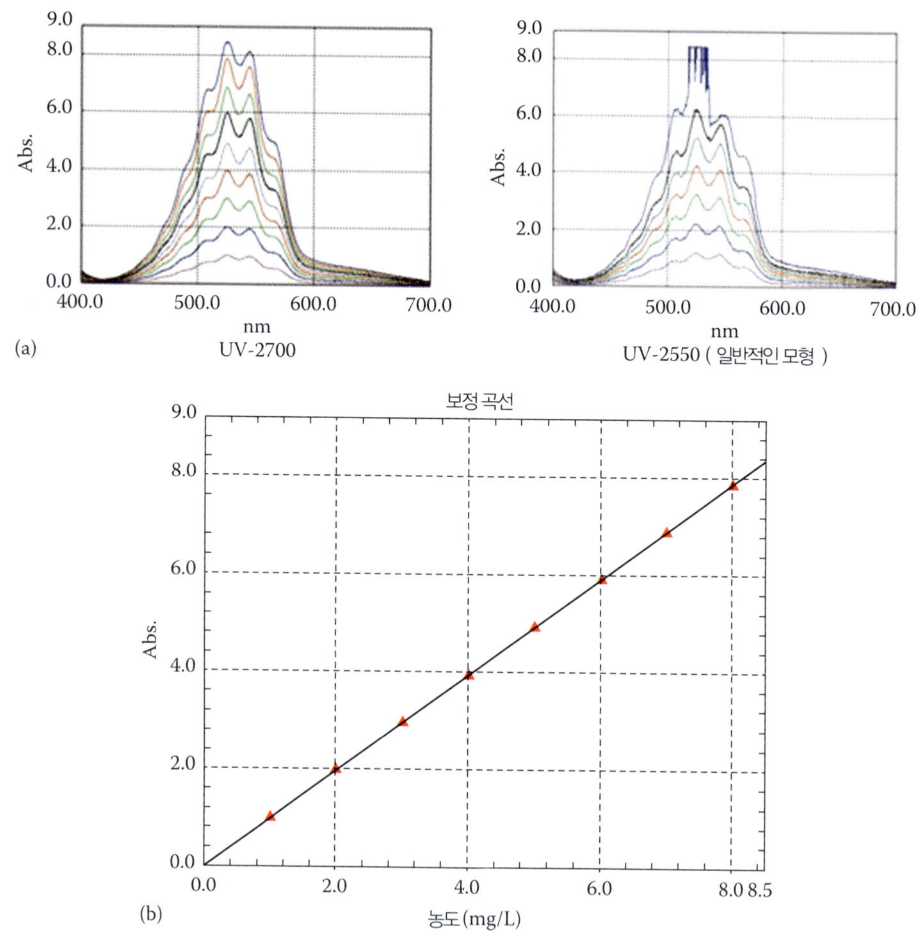

그림 4.15 (a) 왼쪽: Lo-Ray-Ligh 격자를 장착한 UV-2700 분광계에서 얻어진 스펙트럼. 오른쪽: 기존 분광기에서 얻어진 동일한 스펙트럼. (b) 흡광도 = 8.5까지 선형성을 보여 주는 UV-2700의 보정 곡선(©2014 Shimadzu Scientific Instruments, www.ssi.shimadzu.com. Used with permission.)

록 설계된 **분광기**(*spectroscope*)와 **색상 비교기**(*color comparator*)가 여전히 존재한다.

대부분의 현대 기기는 광전자를 전기 신호로 변환하는 검출기인 **광전 변환기**(**photoelectric transducer**)에 의존한다. 광전 변환기는 복사 에너지를 흡수할 수 있는 표면을 가진다. 흡수된 에너지는 전자의 방출을 일으켜 광전류를 발생시키거나 전자를 고체 반도체의 전도대로 이동시켜 전도성을 증가시킨다. 이러한 검출기에는 장벽층 광전지, 광전자 증배관(photomultiplier tubes, PMT), 반도체 검출기를 포함하여 여러 일반적인 형태가 있다.

4.2.4.1 장벽층 광전지

장벽층 광전지, 또는 광전지에서 방사선이 흡수될 때 금속과 반도체의 접점에서 전류가 발생한다. 예를 들어, 은은 철과 같이 강한 금속 기재에 결합된 셀레늄과 같은 반도체에 코팅된다(그림 4.16). 이러한 광전지를 만들기 위해서는 셀레늄을 용기에 위치시키고 기압을 진공으로 감소시킨다. 은을 전기로 가열하면 그 표면이 녹아 증발될 정도로 뜨거워진다. 표면에 떨어지는 모든 방사선은 셀레늄과 은의 접점에서 전자와 정공을 생성한다. 장벽은 셀레늄과 은 사이에 존재하여 전자가 철로 흐르는 것을 막는다. 전자는 은으로 정공은 철로 흐른다. 전자는 은으로 모인다. 이와 같이 생성된 광전류는 광전지에 충돌하는 광자의 수에 비례한다.

장벽층 광전지는 카메라 및 저가형 휴대형 기기의 광계량기로 사용된다. 이 전지의 반응 범위는

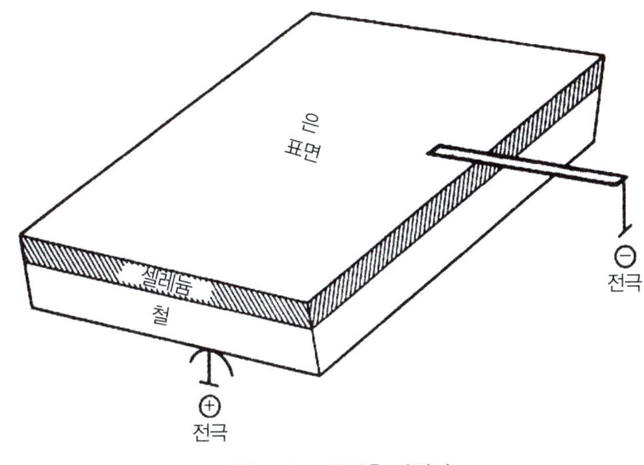

그림 4.16 장벽층 광전지

350~750 nm이다. 이러한 검출기에는 두 가지 주요한 단점이 있다. 이 전지는 저조도에서는 민감하지 않고 **피로**(*fatigue*)를 보인다. 즉, 전류는 빛에 지속적으로 노출되는 동안 점차적으로 떨어진다. 장점으로 장벽층 광전지는 외부 전력이 필요하지 않으며 매우 견고하다.

4.2.4.2 광전자 증배관

PMT는 자주 사용되는 검출기이다. PMT는 **광방출 환원 전극**(*photoemissive cathode*)과 산화 전극, 그리고 **다이노드**(*dynode*)라고 하는 몇 개의 추가 전극을 포함하는 진공 처리된 밀폐 투명 덮개(석영이나 유리)이다. 광방출 환원 전극은 광자에 의해 타격될 때 전자를 방출하는 알칼리 금속 또는 원소들의 혼합물(예: Na/K/Cs/Sb 또는 Ga/As)로 코팅된 금속이다. PMT는 광방출 환원 전극과 산화 전극만을 포함하는 진공 광튜브의 보다 정교한 버전이다(그림 4.17a). 광전류는 환원 전극으로부터 방출된 전자들로 제한되었다. 그림 4.17b를 보면 PMT에서 추가된 다이노드는 사용가능한 전자를 '배(multiply)'로 늘린다. 방출된 전자는 각 환원 전극에 대하여 양의 전압으로 유지되는 노드로 향한다. 다이노드에 도달하자마자, 각 전자는 다이노드의 표면에 충돌하고 표면에서 몇 개의 전자가 더 방출된다. 방출된 전자는 차례로 제2 다이노드로 향하여 유사한 전자 방출이 일어나고 전자가 배로 늘어난다. 이 과정은 방출된 전자들이 수집기인 산화 전극에 도달할 때까지 여러 번 반복된다. 수집기 상에 떨어지는 전자들의 수는 검출기 상에 떨어지는 광의 강도의 척도이다. 이 과정에서 단일 광자는 많은 양의 전자를 생성하고 높은 신호를 낼 수 있다. 따라서 다이노드는 안정된 신호를 제공할 수 있는 최적의 전압에서 작동한다. 상업용 PMT는 9개 이상의 다이노드를 가진다. 생성되는 전자는 광자당 10^9개만큼 증가할 수 있다. 검출기 시스템의 잡음 수준은 생성되는 전자의 수를 줄일 수 있다. 예를 들어, 다이노드 사이의 전압을 증가시키면 신호가 증가하지

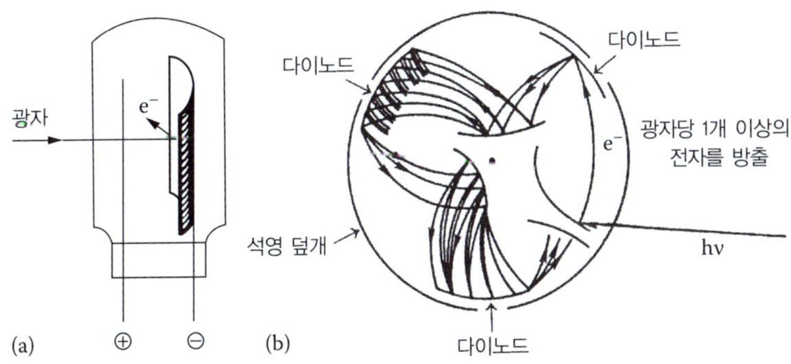

그림 4.17 (a) 진공 광튜브. (b) 튜브를 내려다본 PMT의 개략도. 충돌하는 광자는 석영의 덮개를 통과하고 감광성 캐쏘드로부터 전자를 방출한다. 전자는 첫 번째 다이노드로 가속되며, 각 전자는 충돌 시 여러 개의 전자를 방출한다. 이 과정은 다른 다이노드에서 반복되며 PMT를 타격하는 모든 광자에 대한 전자 연속 단계가 발생한다.

만, 전압이 너무 높으면 검출기의 신호가 불규칙하거나 **잡음**(*noisy*)이 있다. 실제로는 정확도를 위해 적은 전자 수 증가와 낮은 잡음 수준이 선호될 수 있다.

PMT는 자외선과 가시광선에 매우 민감하다. 실제로, PMT는 매우 민감하기 때문에 손상을 피하기 위해 밝은 빛에 PMT를 노출시키지 않도록 주의해야 한다. 다양한 파장 범위에 반응하는 다양한 종류의 광방출 표면이 존재한다. 검출 신호 대 파장의 도표를 **반응 곡선**(*response curve*)이라고 한다. 상용 PMT의 몇 가지 반응 곡선이 그림 4.18에 있다. PMT 검출기는 관심 파장 범위에 대해 최대 반응을 갖도록 선택되어야 한다. 예를 들어 IP28은 800 nm에서 유용하지 않지만 R136 및 Ga/As PMT는 이 범위에서 반응한다. PMT는 매우 빠른 응답 시간을 갖지만 **암전류**(*dark current*)에 의한 감도가 제한적이다. 암전류는 방사선이 떨어지지 않을 때 검출기로부터의 작고 일정한 신호이다. 암전류는 검출기 하우징을 냉각시킴으로써 최소화되거나 제거될 수 있다. 냉각 장치는 이 목적으로 상용화되어 있다.

4.2.4.3 반도체 검출기: 다이오드 및 다이오드 어레이 시스템

고체 반도체 물질은 전자기 및 계측에서 방사선 검출기로서의 사용을 포함하여 매우 중요하다. 반도체의 작용을 이해하기 위해서는 이들 물질의 결합을 살펴볼 필요가 있다.

많은 수의 원자가 고체 실리콘과 같은 고체를 형성하기 위해 결합할 때, 개개의 원자에 존재하는 불연속 에너지 준위가 고체의 **에너지띠**(*energy band*)로 퍼져 나갔다. 원자가전자는 더 이상 주어진 원자 내 공간에 국한되지 않는다. 에너지띠의 폭은 고체의 원자 간격이 감소함에 따라 증가한다. 적게라도 부분적으로 전자가 차지하는 가장 높은 띠를 **원자가띠**(*valence band*)라고 한다. 원자가띠 바로 위의 에너지띠를 **전도띠**(*conduction band*)라고 한다. 원자가띠 및 전도띠는 불가능한 에너지 범위(양자역학적으로 불가능)에 의해 분리된다. 이 분리의 크기를 **띠간격**(*band gap*, E_g)이라고 한다. 그림 4.19에 에너지띠와 띠간격을 개략적으로 나타내었다. 고체의 원자가띠가 0 K의 온도에서 완전히 채워지면 이 물질은 **반도**

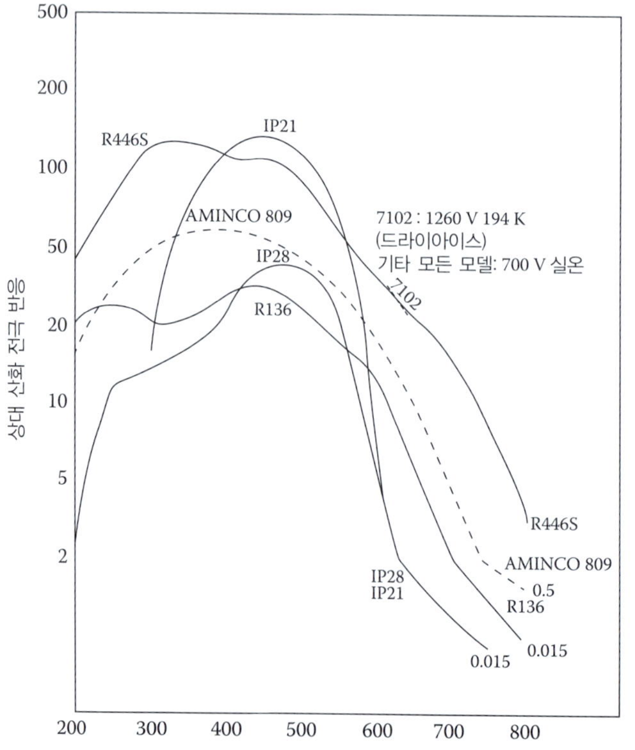

그림 4.18 다양한 상업용 PMT의 반응 곡선. 서로 다른 모델들 사이의 다양한 반응과 사용 가능 범위를 벗어나는 반응의 급감에 주목하라.

체(semiconductor) 또는 **절연체(insulator)**이다. 반도체와 절연체 사이의 차이는 띠간격의 크기에 의해 정의된다. $E_g \leq 2.5$ eV이면 물질은 반도체이다. $E_g > 2.5$ eV이면 물질은 절연체이다. 제3유형의 물질인 **도체(conductor)**는 0 K에서 부분적으로 채워진 원자가띠를 갖는다.

반도체 기기에 가장 많이 사용되는 두 가지 원소는 실리콘과 저마늄이다. 둘 다 고체 상태로 공유 결합되어 있고 둘 다 주기율표의 4A족에 속한다[이 족은 새로운 국제순수응용화학연합(International Union of Pure and Applied Chemistry, IUPAC)의 명명법에 따라 14족이라고 하거나 몇몇 문헌에서는 IVA족이라고 한다]. GaAs, CdTe, InP와 다른 유기물 및 무기물도 반도체에 속한다. 대부분의 반도체는 공유 결합을 한 고체이다. 반도체의 띠간격 에너지는 *CRC Handbook of Chemistry and Physics*에 표로 정리되어 있다.

실리콘은 $3s^2 3p^2$의 원자가전자 배열을 가진다. 부분적으로 채워진 p 오비탈은 실리콘이 부분적으로 채워진 원자가띠를 가지고 전도체가 된다고 할 수 있다. 실리콘은 공유 결합을 하므로, 두 개의 3s 전자와 두 개의 3p 전자는 sp^3 혼성 오비탈을 채운다. 이것은 각각 4개의 밀접하게 위치한 부준위를 가지는 2개의 전자 에너지띠가 있는 고체를 만들어내고, 실리콘의 원자가전자가 각각의 준위에 위치해 있다. 4개의 전자는 0 K에서 원자가띠를 채우므로 비전도성이다. 그러나 0 K 이상의 온도에서, 소수의 전자가 열역학적으로 원자가띠에서 전도띠로 이동할 수 있다. 전도띠에서 전자는 전기 도체가 된다. 전자가 원자가띠를 떠날 때, 움직일 수 있는 양극의 정공이 형성된다. 즉, 전자–정공 짝이 생성된다. 전자 및 정공 모두 반도체에서 전하 운반체이다. Si 및 Ge와 같은 반도체는 고유 반도체라고 한다. 이와 같은 진성 반도체는 순수 물질의 띠간격 및 띠구조로 인해 그 특성을 나타낸다.

비소 또는 안티모니와 같은 5A족 원소 또는 인듐 또는 갈륨과 같은 3A족 원소 중 하나를 도핑함으로써 반도체의 전도성을 증가시킬 수 있다. 도핑은 다른 종류의 물질을 **주물질**(*host*)에 첨가하는 것을 의미한다. 첨가된 물질을 **도핑제**(*dopant*)라고 한다. 도핑제 원자와 관련된 전자는 주물질과 동일한 에너지 준위를 갖지 않으며 주물질이 불가능한 에너지를 가질 수도 있다. 도핑제의 첨가에 의해 발생한 전도성은 **비고유 전도**(*extrinsic conduction*)라고 한다. 5A족 원소는 여분의 전자(또는 여분의 음전하)를 지닌다. 이 전자는 주물질에 공유 결합된 전자와 달리 단단히 유지되지 않으며 전도대로 이동하는 데 더 적은 에너지를 필요로 한다. 이것을 n형 반도체라고 한다. 유사하게, 3A족 원자를 첨가하면 '누락(missing)' 전자가 발생한다. 이것은 여분의 양성 정공의 발생으로 생각할 수 있다. 도핑제 원자로 형성된 정공은 원자가띠에서 전자를 받아들일 수 있다. 전자를 수여 정공으로 이동시키는 데 필요한 에너지는 전자를 전도대로 이동시키는 데 필요한 에너지보다 적다. 이것을 p형 반도체라고 한다. n형 반도체에서 전자가 움직일 수 있고 p형 반도체에서 양성 정공이 움직일 수 있다. 고유 반도체에서 반도체가 작동할 때마다 2개의 전하 운반체가 형성된다. n형 및 p형 비고유 반도체에서 반도체가 작동할 때에는 하나의 전하 운반체만 형성된다.

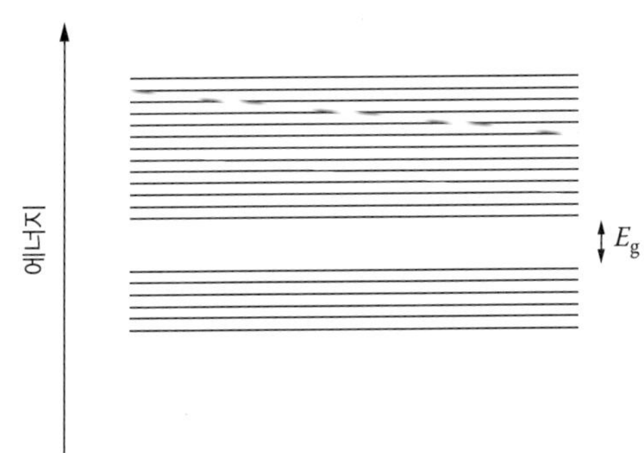

그림 4.19 고체 물질의 띠간격 E_g로 분리된 에너지띠 개략도

반도체는 전자기 복사의 검출기로 사용될 수 있다. $E>E_g$인 빛의 광자는 반도체에 부가적인 전하 운반체를 생성할 수 있다. 부가적인 전하 운반체는 반도체의 전도도를 증가시킨다. 전도도를 측정함으로써 빛의 강도를 계산할 수 있다. 적절한 띠간격을 갖는 물질을 선택하면 UV, 가시광선 및 IR 영역의 스펙트럼에서 작동하는 광검출기를 생산할 수 있다.

4.2.4.4 다이오드

다이오드 또는 정류기는 전류를 한 방향으로만 흐르게 하는 전기 장치이다. p형 반도체와 n형 반도체를 부착하면 그림 4.20과 같이 두 반도체 사이에 p-n 접합이 형성된다. 한쪽을 p형으로 도핑하고, 다른 쪽을 n형 반도체로 도핑함으로써 단일 반도체가 형성된다. 접합은 두 형의 반도체가 만나는 곳에 형성된다. 반도체에 전위가 가해지기 전에, 정공은 p측의 주요 전하 운반체가 될 것이고, 전자는 n측의 주요 전하 운반체가 될 것이다. 그림 4.21에서 보듯이, p형 측에 양의 전위를, n형 측에 음의 전위를 가하면, 양전하(정공)가 p 영역에서 접합으로 흐르고 음전하가 n 영역에서 접합으로 흐른다. 접합부 또는 그 근처에서, 정공과 전자가 만나면 소멸된다. 이것을 **순방향 바이어스**(*forward bias*)라고 하며, 이러한 조건하에서 전류는 반도체를 통해 쉽게 흐르고, 전자-정공 짝의 소멸은 에너지를 생성한다. 이 에너지가 빛을 형성한다면 이전에 다룬 LED가 된다.

그러나 전압을 반대 방향으로 걸면 운반체의 흐름이 그림 4.22a와 같이 반대 방향이 된다. 이것을 **역 바이어스**(*reverse bias*)라고 한다. 접합 영역에서 움직일 수 있는 전하 운반체가 고갈되면 재결합이 일어나지 않으며, 유의한 전류 흐름이 발생하지 않는다. 고유 전도성으로 인해 항상 작은 전류는 흐른다. 요약하면, p-n 접합은 정류기 역할을 하며 순방향 바이어스하에서만 유의한 전류 흐름을 허용한다.

다이오드가 역 바이어스하에서 유지되고 띠간격 에너지보다 큰 에너지의 광자가 그림 4.22b와 같이 다이오드 접합부에 가해지면, 전자-정공 짝이 고갈된 영역에서 형성된다. 운반체는 다이오드를 통해 이동하며 다이오드에 도달하는 빛의 강도에 비례하는 전류를 생성한다. 이러한 검출기의 스펙트럼 범위는 자외선(약 190 nm)에서 근적외선(약 1000 nm)을 포함하나 PMT만큼 민감하지는 않다. 다이오드는 PMT에 비해 제한된 동적 범위를 가지고 있으며 선형성을 벗어나면 급격하게 변화한다.

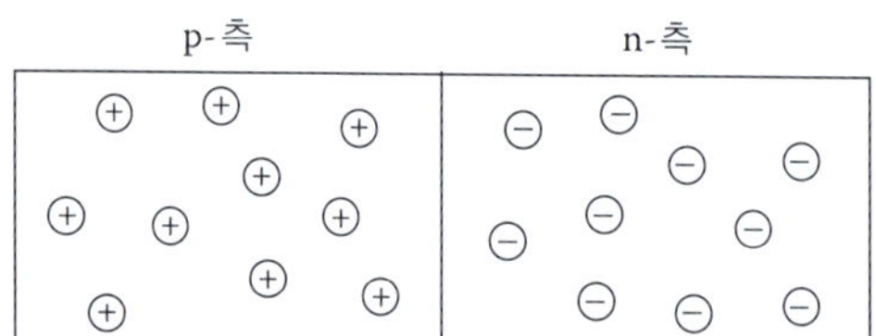

그림 4.20 전위가 가해지지 않은 p-n 접합

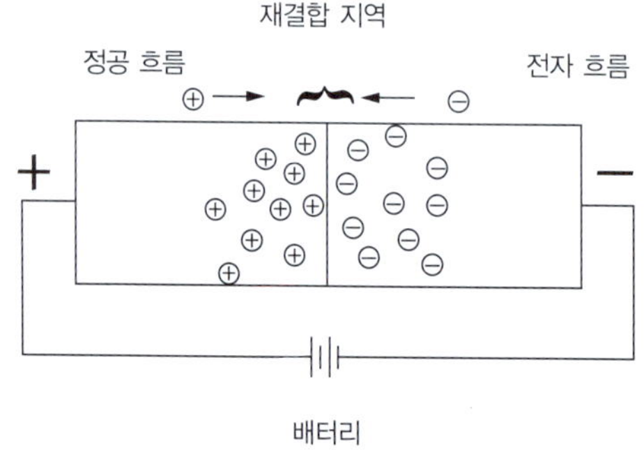

그림 4.21 순방향 바이어스의 p-n 접합. 배터리의 양극성 단자가 p 면에 연결됨.

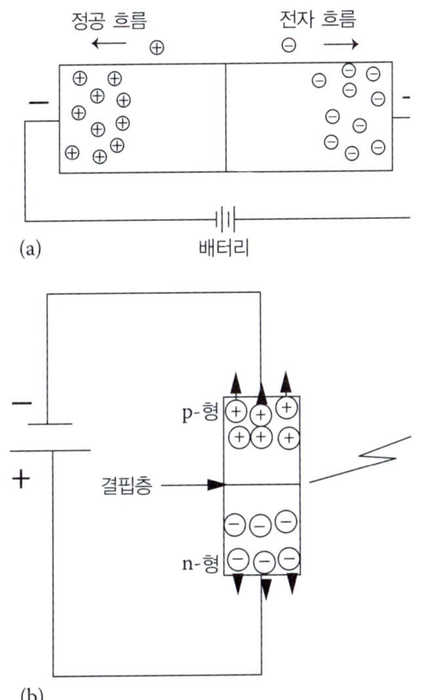

그림 4.22 (a) 역 바이어스의 p–n 접합 배터리의 양극이 n 면에 연결되었다. 접합부를 따라 결핍층이 형성된다. (b) 결핍층에서 빛을 보이는 다이오드의 다이어그램. (From Brown, C., In *Analytical Instrumentation Handbook*, 2nd edn., Ewing, G.W., ed., Marcel Dekker, Inc., New York, 1997. With permission.)

4.2.4.5 다이오드 어레이

UV/VIS 분광법에서는 전체 파장 범위를 스캔하고 한 번에 한 파장씩 PMT로 스펙트럼을 기록하여 완전한 흡수 스펙트럼을 얻을 수 있다. 최신 기기는 기존 기기보다 훨씬 빠르지만 기존의 스캐닝 단색 장치 시스템을 사용하면 시간이 걸린다. 하나의 파장에서의 흡수는 다른 파장에서의 흡수와 다른 시간에 측정된다.

스캐닝 광학 시스템이 잘 작동하지 않는 두 가지 조건이 있다. 첫 번째는 화학 반응이 빠르게 일어나서 종래의 스캐닝이 반응을 따르기에는 너무 느린 경우이다. 두 번째는 시료를 제한된 시간 동안만 사용할 수 있고 스캔을 완료할 수 없는 경우이다. 후자의 예는 액체 크로마토그래피 분리로부터의 용리액, 흐름–주입 시스템에서의 흐름 또는 화학 또는 제약 생산 공장에서의 공정 경로를 포함한다. 이와 같은 경우, 넓은 범위의 파장을 동시에 관찰해야 한다. 이상적으로, 강도 측정은 전체 스펙트럼에서 동일한 순간에 진행되어야 한다. 오늘날, 빠른 분석의 필요성인 제3의 조건(많은 산업 분야에서 높은 시료 처리량의 필요성)은 종종 기기의 24시간 연중무휴 무인 작동으로 가져와 분석적 '처리 시간(turnaround)'을 향상시키고 비용에 영향을 미친다.

선형 PDA(LPDA)는 다수의 파장에서 광 강도를 동시에 측정할 수 있도록 개발된 변환기이다. 다이오드 어레이는 1D 선형 어레이의 단결정에 내장된 다수의 반도체로 구성된다. 일반적으로 n형 반도체인 도핑된 실리콘의 단결정을 사용한다. 비소와 같은 소량의 3A족 원소가 일정한 간격으로 표면에 도핑된다. 이것으로 부분적인 p형 반도체를 생성한다. 이상적으로 반도체 장치는 그림 4.23에 개략화된 것과 같은 단면을 갖는다. 표면은 광다이오드인 각각의 p–n 접합 선형 직렬 또는 배열을 포함한다. 개별 다이오드를 **요소**(*element*), **채널**(*channel*) 또는 **픽셀**(*pixel*)이라고 한다.

PDA는 회로의 일부로 배열된다. 역 바이어스는 회로에서 축전기를 충전함으로써 p–n 접합을 가로질러 생성된다. 어레이 상에 떨어지는 방사선은 p 및 n 영역 모두에서 전하 운반체를 생성한다. 전자는 가장

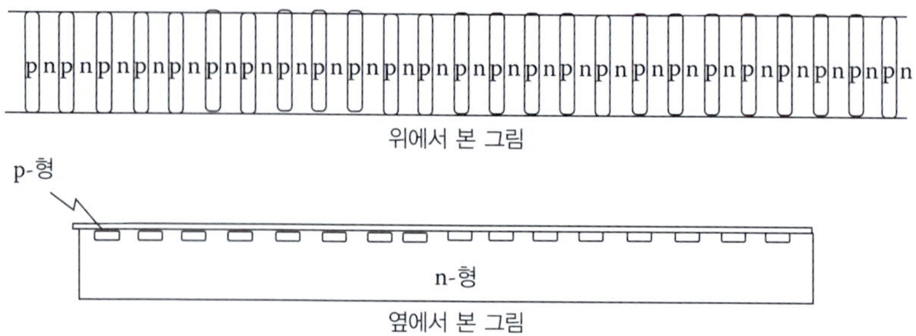

그림 4.23 PDA. 위에서 본 그림은 빛이 떨어지는 면을 보여 준다. 옆에서 본 그림은 p형 소자가 n형 반도체의 연속 층에 매립되어 있음을 보여 준다. (From Brown, C., In *Analytical Instrumentation Handbook*, 2nd edn., Ewing, G.W., ed., Marcel Dekker, Inc., New York, 1997. With permission.)

근접한 p형 반도체로 흐를 것이고, 정공은 p형 영역에서 수집될 것이다. 그러면 전자는 부분적으로 축전기를 방전시킨다. 측정 사이클이 끝나면 축전기가 다시 충전된다. 충전 전류는 광 강도에 직접적으로 관련된 전압을 발생시킨다. 특정 소자 내에 형성된 전하 운반체의 수는 특정 소자의 바로 근처의 어레이 상에 떨어지는 광 강도에 의존한다. 각각의 개별 요소에 대한 전하를 측정함으로써 전체 스펙트럼 범위에서 파장에 대한 광 강도를 측정하지만 불연속적으로 얻을 수 있다. 이는 디지털 UV 흡수 스펙트럼과 동일하다.

상업용 멀티 채널 기기의 광학 레이아웃이 그림 4.24에 개략적으로 있다. 이 시스템은 시료를 통해 홀로그래픽 격자(holographic grating)로 진행하며, 여기서 방사선은 파장에 의해 분리되고 다이오드 어레이 검출기로 향한다. 출구 슬릿은 사용되지 않는다. 전체 스펙트럼 영역은 1초 이내에 측정된다. 실제로 스펙트럼은 일반적으로 1초 이상 걸려 수집되어 컴퓨터에 의해 분류된다. 이 방법은 측정의 S/N 비율을 향상시킨다. 여러 번의 측정을 통해서 신호를 축적하고 민감도를 크게 향상시킬 수 있다.

PDA는 190~1100 nm 사이의 파장 범위를 측정할 수 있다. 전체 파장 범위에서의 동시측정은 다중 장점을 제공하고 시스템의 해상도를 향상시킨다. 시스템의 분해능은 다이오드 소자의 수에 의해 결정된다. 일반적인 다이오드 간격은 0.025 mm이다. 각각은 제한된 스펙트럼 범위를 커버한다. 검출기는 한 배열 안에 최대 4096개의 요소까지 개발되었지만 1024개가 가장 일반적이다.

다이오드 어레이 시스템은 원자 분광학에 필요한 분해능을 제공하지 않으므로 주된 응용 분야는 분자 분광법이다. 분자 분광법에서의 유용한 응용 영역은 (1) 반응 속도를 결정하기 위해 빠른 반응을 검색하는 것, (2) 스펙트럼을 저장하고 합쳐 신호 세기를 높이는 것, (3) HPLC 및 모세관 전기 이동(CE)의 검출기로 적합하다.

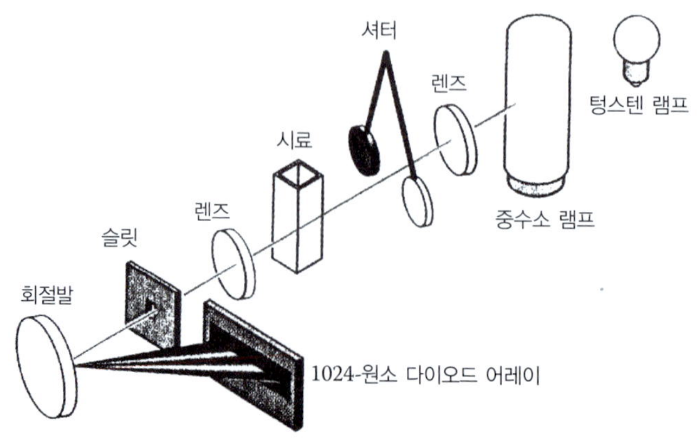

그림 4.24 UV 및 가시광선 광원과 1024 요소의 PDA 검출기를 장착한 다이오드 어레이 분광 광도계의 광학 다이어그램(Courtesy of Agilent Technologies, Inc., Santa Clara, CA, www.agilent.com).

4.2.5 | 시료 거치대

UV/VIS 분광분석의 시료는 고체, 액체, 기체가 가능하다. 시료의 상태에 따라 다양한 유형의 시료 거치대가 개발되었다.

4.2.5.1 액체 및 기체 셀

자외선 흡수 또는 방출 분광학에서 사용되는 셀 또는 **큐벳**(*cuvette* 또는 *cuvet*이라 함)은 자외선에 대해 투명해야 한다. 석영 및 용융 실리카가 가장 보편적으로 사용된다. 석영 및 용융 실리카는 화학적으로 대부분의 용매에 대해 비활성이기 때문에 사용할 때 견고하고 안심할 수 있다. (주의: 플루오린화 수소산 또는 매우 강한 염기를 함유한 용액(예: 농축 NaOH)은 절대로 이들 셀에 사용하면 안 된다. 이러한 솔루션은 셀 표면을 식각하여 정량 분석에 사용할 수 없게 한다.) 석영 및 용융 실리카 셀은 또한 가시광선 영역과 NIR 영역에서 투명하므로 UV 및 가시광선 영역에서의 모든 작업에 사용할 수 있다. 석영 및 용융 실리카 셀은 가격이 비싸기 때문에 스펙트럼의 가시광선 부분만 사용된다면 Pyrex®과 같이 저렴한 셀을 사용할 수 있다.

몇 가지의 일반적인 셀 유형이 그림 4.25에 있다. 다양한 크기의 셀이 존재한다. 오랫동안 분광 광도계의 표준 크기는 그림 4.25의 왼쪽 상단에 보이는 용액 3.5 mL를 담는 1 cm 길이의 직사각형 셀이었다. 40 μL만큼 작은 부피의 마이크로부피 셀(그림 4.25 윗줄 왼쪽에서 두 번째), 공정 과정을 위한 흐름-통과 셀(flow-through cell) 셀 또는 많은 시료의 일상적인 분석, 크로마토그래피 시스템을 위한 마이크로 플로우 셀, 가스 및 고농도 용액을 위한 더 큰 경로 길이/부피 셀이 있다. 두 가지 흐름-통과 셀이 그림 4.25의 아랫줄 중앙에 있다. 일반적으로 가스 셀은 그림 4.25의 윗줄 오른쪽과 같은 긴 길이의 경로 셀이며 가스 시료가 채워진 후에는 닫을 수 있어야 한다.

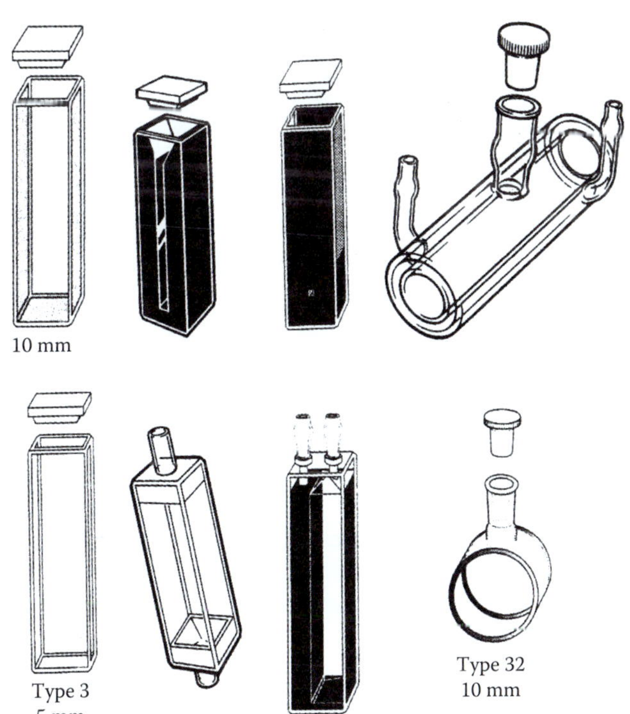

그림 4.25 다양한 종류와 크기의 액체 시료의 셀. 윗줄 왼쪽에서 오른쪽: 두 개의 광학면과 두 개의 불투명 면이 있는 표준 1 cm 분광 광도계 큐벳, 세미마이크로 0.7 mL 큐벳, 10 μL 서브마이크로 셀, 온도 제어 유체를 순환시키기 위한 재킷이 있는 항온 셀. 아랫줄 왼쪽에서 오른쪽: 5 mm 형광 광도용 큐벳(4면 모두 광학적으로 깨끗함), 과정을 관찰하기 위한 연속 공정 흐름 셀(시료는 아래에서 위로 흐름), 10 mm 플로우 셀, 원통형 셀. (Courtesy of Starna, Inc., Atascadero, CA, www.starna.com.)

스펙트럼의 가시광선 영역에서의 분광 광도 분석을 위해, 일회용 플라스틱 셀의 유리가 사용될 수 있다. 이들은 석영이나 용융 실리카보다 저렴하지만 짧은 UV 파장에서는 사용할 수 없다. 폴리스타이렌은 종종 가시광선 범위의 큐벳(340~800 nm)에 사용되는 반면, 아크릴 고분자 큐벳은 285 nm까지 사용할 수 있다. 플라스틱 셀은 플라스틱이 용해되는 유기 용매에는 사용할 수 없다. 일회용 플라스틱 셀은 정확한 정량 작업에 적합하지 않다. 재료 간 가격 차이는 상당하다. 예를 들어 UV에 사용하기 위한 고품질의 1 cm 석영 큐벳은 $80이고, 220~3800 nm의 투과 범위를 갖는 1 cm Infasil® Quartz 셀(Starna, Inc.)은 $130에 대해 비용이 들며, 가시광선 영역에서 사용하기 위한 동일한 크기의 유리 큐벳은 $35 정도이고 1 cm 플라스틱 일회용 큐벳은 약 10~20센트이다. 마이크로 부피 셀, 플로우 셀 및 기타 특수 셀은 비용이 많이 들며 셀당 비용은 $200~$500이다. 일부 분광기는 일반 유리 시험관을 '셀(cell)'로 사용하도록 설계되었다. 이러한 시험관 '셀(cell)'은 정확한 정량 작업에 사용하면 안 된다. 많이 사용되는 일부 셀 재료의 투명도가 그림 4.26에 있다.

최고의 결과를 얻고 셀의 수명을 연장시키기 위해서는 셀을 올바르게 취급하는 것이 중요하다. 이를 위해 분석가는 (1) 항상 분석을 위한 올바른 셀을 선택한다. (2) 셀을 깨끗하게 유지하고 셀의 투명도를 변화시키는 얼룩, 식각 흔적 또는 스크래치가 있는지 확인한다. (3) 투명하지 않은 면으로 셀을 잡는다. (4) 사용 전에 깨끗이 씻어 내고, 시료를 채우기 전에 시료 용액으로 셀을 소량씩 씻어 내고 측정한다. (5) 유리, 석영 또는 용융 실리카 셀에 강염기성 용액 또는 플루오린화 수소산(HF) 용액을 넣지 않는다. (6) 분광기에 넣기 전에 일회용 플라스틱 셀의 용매 적합성을 확인한다. (7) 일회용이 아닌 셀의 경우 항상 조심스럽게 말리고 적절한 케이스에 보관한다. (8) 종이 제품으로 광학 표면을 닦지 않는다. 제조업체가 권장하는 렌즈 클리닝 페이퍼나 천 소재로만 닦는다. 사용하지 않을 때는 언제나 셀을 깨끗하게 유지하고 광학 표면이 긁히지 않도록 보관한다.

4.3 분자의 자외선 흡수 스펙트럼

앞에서 살펴본 바와 같이, UV/VIS 흡수띠의 모양 및 강도는 흡수하는 분자의 전자 구조와 관련이 있다. 이 절에서는 유기 분자의 구조와 흡수의 관계에 초점을 맞출 것이다. 표 4.3, 4.4에 UV 및/또는 가시광선을 흡수하는 일반적인 유기 발색단의 대략적인 최대 흡수 파장과 작용기를 열거하였다. 발색단은 고립된 단위가 아니라 분자의 일부이다. 보통 스펙트럼을 얻기 위해 분자를 용매에 용해한다. 다음으로 특정

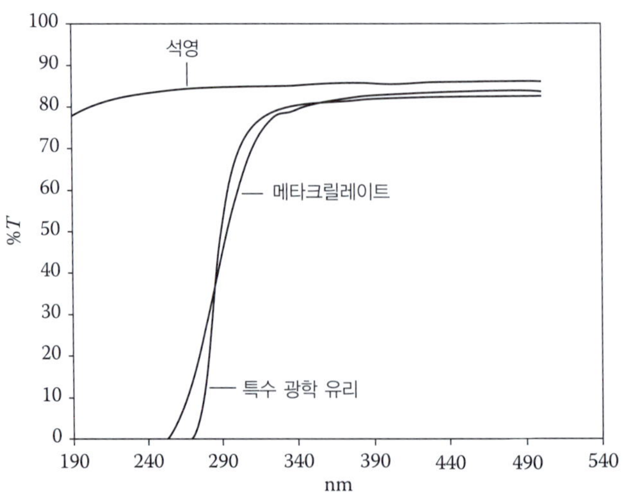

그림 4.26 UV/VIS 분광기에 사용되는 시료 셀 재료의 투명도

분자의 최대 흡광도의 위치를 예측하기 위해 발색단의 최대 흡광도와 일련의 가이드라인을 어떻게 사용할 수 있는지 살펴볼 것이다. 또한 용매가 어떻게 일부 분자의 스펙트럼에 영향을 미치는지도 알아볼 것이다. 상기해 보면 유기 분자에 의한 UV/VIS 흡수는 $n \rightarrow \sigma^*$, $\pi \rightarrow \pi^*$, $n \rightarrow \pi^*$ 전이에 의해 야기된다.

몇 가지 용어를 정의하자. **발색단(chromophore)**은 전자 흡수를 일으키는 원자 그룹(분자의 일부)이다. **조색단(auxochrome)**은 OH, NH 및 할로젠과 같이 공유되지 않은(비결합) 전자쌍을 가지는 치환체이다. π 전자 이동과 함께 조색단이 발색단에 부착되면 최대 흡수 파장을 더 긴 파장으로 이동시킨다. 더 긴(*longer*) 파장으로 이동하는 것을 **장파장 이동(bathochromic shift)** 또는 **적색 이동(red shift)**이라고 한다. 더 짧은 **파장**(*shorter*)으로 이동하는 것을 **단파장 이동(hypsochromic shift)** 또는 **청색 이동(blue shift)**이라고 한다. 흡수띠의 **강도**(*intensity*)가 증가하는 것을(예: ε_{max}의 증가)를 **흡광 증가 현상(hyperchromism)**이라고 하고 감소하는 것을 **흡광 감소 현상(hypochromism)**이라고 한다. 이러한 흡수 파장 및 세기의 변화는 전체 분자의 구조 또는 용질 분자와 용매 분자 사이의 상호 작용의 결과로 나타난다.

4.3.1 | 자외선 스펙트럼에서의 용매 효과

4.3.1.1 장파장 이동 또는 적색 이동

$\pi \rightarrow \pi^*$ 전이에 의한 흡수는 극성 용매에서 최대 흡수 파장이 장파장으로 이동한다. 더 긴 파장으로의 이동을 장파장 이동 또는 적색 이동이라고 한다. 이것은 용액이 적색으로 변하거나 가시광선 스펙트럼의 적색 부분에서 흡수가 일어남을 의미하는 것이 아니라 흡수 파장이 장파장쪽으로 이동함을 의미한다. 이러한 현상으로부터 분자의 $\pi \rightarrow \pi^*$ 전이를 확인할 수 있는데 확인을 위해 2개의 다른 용매에 시료를 용해시켜 수행한다. 예를 들어 한 용액은 헥세인과 같은 비극성 용매로, 두 번째 용액은 알코올과 같은 극성 용매로 제조한다. 두 용액의 스펙트럼을 측정한다. 알코올 용액의 최대 흡수가 헥세인 용액의 최대 흡수보다 더 긴 파장에서 일어난다면, 적색 이동을 한 것이다. 이는 분자 내에 $\pi \rightarrow \pi^*$ 전이가 존재하고, 따라서 분자는 불포화 결합을 가짐을 알 수 있다. 이러한 현상의 가장 큰 예외는 다이엔 및 다른 탄화수소 폴리엔 분자에서의 $\pi \rightarrow \pi^*$ 전이이다. 이런 분자의 스펙트럼은 용매의 극성에 의해 이동하지 않는다.

파장 이동의 원인은 전이 상태의 에너지 준위와 관련이 있다. 들뜬 π^* 상태는 들뜨지 않은 π 상태보다 쌍극자–쌍극자 상호작용 및 수소 결합에 더 큰 영향을 받는다. 따라서 분자가 극성 용매에 용해되면, 반결합성 π^* 오비탈의 에너지 준위는 결합성 π 오비탈의 에너지 준위보다 더 감소할 것이다. 이것은 그림 4.27에 나와 있다. 극성 용매에서의 에너지 차이는 비극성 용매에서의 에너지 차이보다 작다. 그 결과 극성 용매에서는 더 긴 파장에서 최대 흡수가 일어난다.

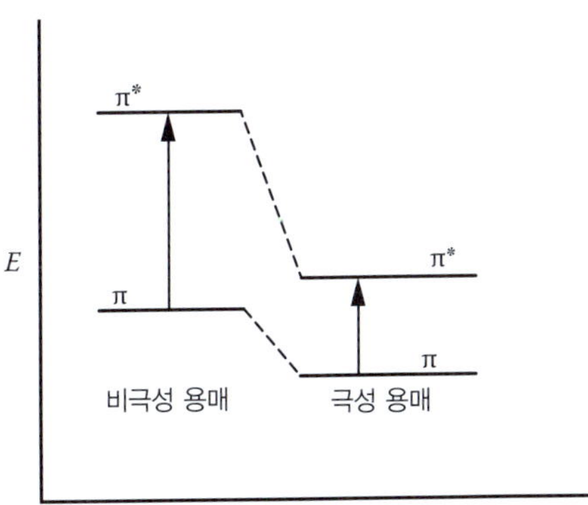

그림 4.27 극성 용매에서 π와 π^* 준위 사이의 에너지 차이는 감소하고 이로 인해 흡수 파장이 증가한다. 이것이 장파장 이동 또는 적색 이동이다.

극성 용매의 인력에 의해 π^* 에너지 준위가 낮아지면 극성 용매에서도 $n \rightarrow \pi^*$ 전이가 적색 이동을 보일 것이다. 하지만 $n \rightarrow \pi^*$ 전이에 대한 적색 이동보다 더 중요한 상호작용이 존재한다.

4.3.1.2 단파장 이동 또는 청색 이동

수소 결합으로 알려진 분자 간 인력은 분자가 산소 또는 질소에 공유 결합된 수소를 포함할 때 나타난다. O—H 또는 N—H 결합은 고도로 분극화되어 있어서 공유 결합 내의 전자는 전기 음성도가 높은 원자 쪽으로 당겨지고, 수소는 부분적으로 양전하를 가진다. 이 수소는 인접 분자에서 한 쌍의 비결합성 전자를 가진 원자와 '수소 결합'을 형성할 수 있다. 수소 결합은 분자 간 인력 중 가장 강하다. 수소 결합을 할 수 있는 용매 분자의 예로는 물, 에탄올, 메탄올과 같은 알코올, N—H 결합을 가지는 아민 같은 분자이다.

분자 내의 n 전자는 수소 결합 형성에 의해 크게 영향을 받는다. 수소 결합을 할 수 있는 용매에서 n 전자의 에너지 준위는 현저하게 감소한다. 그 결과 n 오비탈과 π^* 오비탈 사이의 에너지 차이가 증가한다. 이는 $n \rightarrow \pi^*$ 전이의 최대 흡수 파장을 더 짧은 파장으로 약 25~50 nm 정도 청색 이동을 일으킨다. n 전자의 에너지 감소는 형성된 수소 결합의 에너지와 거의 같다. $n \rightarrow \pi^*$ 전이는 수소 결합을 하지 않는 용매에서도 용매 극성이 증가함에 따라 단파장 이동을 나타낸다. 이는 n 전자의 용매화 증가로 인한 것으로 생각된다. 용매화된 전자는 에너지 준위가 낮아진다. 용매가 비극성일 때 $n \rightarrow \pi^*$ 전이에 관여하는 에너지는 분자가 극성 또는 수소 결합을 하는 용매에 있을 때의 동일한 전이에 관련된 에너지보다 적다.

n 전자에 대한 단파장 이동 효과는 이전에 설명한 오비탈의 하강으로 인한 $n \rightarrow \pi^*$ 장파장 이동보다 훨씬 더 크다. 결과적으로, 고립 전자쌍을 함유하는 분자에서의 $n \rightarrow \pi^*$ 전이에 대한 최대 흡수 파장은 에탄올 및 헥세인에 용해될 때 더 짧은 파장으로 이동하게 된다. 다시 말하지만 청색 이동은 흡수가 청색에서 되는 것을 의미하는 것이 아니라 최대 흡수 파장이 짧아짐을 의미한다. 이런 현상은 분자 내의 n 전자의 존재를 확인하는 데 다음과 같이 사용될 수 있다. 시료를 헥세인과 같이 수소 결합을 하지 않는 용매와 에탄올과 같이 수소 결합을 하는 용매에 용해시킨다. 에탄올 용액의 흡수 스펙트럼이 헥세인의 스펙트럼에 비해 청색 이동(더 짧은 파장에서 최대 흡수)을 나타내면 n 전자가 시료 분자에 존재함을 의미한다. $n \rightarrow \pi^*$, $n \rightarrow \sigma^*$ 전이 모두 수소 결합 용매에서 청색 이동한다. $n \rightarrow \sigma^*$ 전이는 200 nm 이상에서 거의 나타나지 않는다. 단파장 이동은 이러한 흡수가 진공 자외선 영역에서 일어나도록 하여 일반적인 분석에서는 거의 나타나지 않는다.

이 용매 효과 정보를 어떻게 사용할 수 있는지에 대한 가상의 예는 다음과 같다. π 및 n 전자를 모두 함유하는 분자를 갖는 화합물은 2개의 흡수 극대를 나타낼 수 있고 용매 극성의 변화에 따라 적색 이동 및 청색 이동을 나타낼 수 있다. 일반적으로 $\pi \rightarrow \pi^*$ 전이는 $n \rightarrow \pi^*$ 전이보다 약 10배 더 강하게 흡수한다. π와 n 전자를 모두 포함하고 헥세인과 같은 비극성 용매에 용해된 분자는 그림 4.28의 스펙트럼과 유사한 흡수 스펙트럼을 가진다. 2개의 피크의 상대 강도를 비교함으로써, 250 nm에서의 흡수는 $\pi \rightarrow \pi^*$ 전이에 의한 것이고 350 nm에서의 흡수는 $n \rightarrow \pi^*$ 전이에 의한 것이라고 생각할 수 있다. 이는 $\pi \rightarrow \pi^*$ 전이의 흡수 계수가 $n \rightarrow \pi^*$ 전이의 흡수 계수보다 커서 더 높은 흡광도를 생성하기 때문이다. 일반적으로, $n \rightarrow \pi^*$ 전이는 $\pi \rightarrow \pi^*$ 전이보다 더 긴 파장에서 발생하는데, 이는 $n \rightarrow \pi^*$ 전이의 에너지 차이가 더 낮기 때문이다.

만약 화합물의 이러한 현상을 확인하고 싶다면, 극성이고 수소 결합이 가능한 에탄올과 같은 용매에 화합물을 넣으면 된다. 용매의 극성은 $\pi \rightarrow \pi^*$ 전이의 적색 이동을 유도할 것이고, 수소 결합은 $n \rightarrow \pi^*$ 전이의 청색 이동을 유도할 것이다. 정확히 진행했다면, 에탄올 내 화합물의 흡수 스펙트럼은 그림 4.29와 같을 수 있다. 상대 강도(흡수의 정도)와 에탄올에서 발생하는 청색 및 적색 이동 정보를 합하면 분자가 π 결합과 n 전자 모두를 포함한다고 예측할 수 있다.

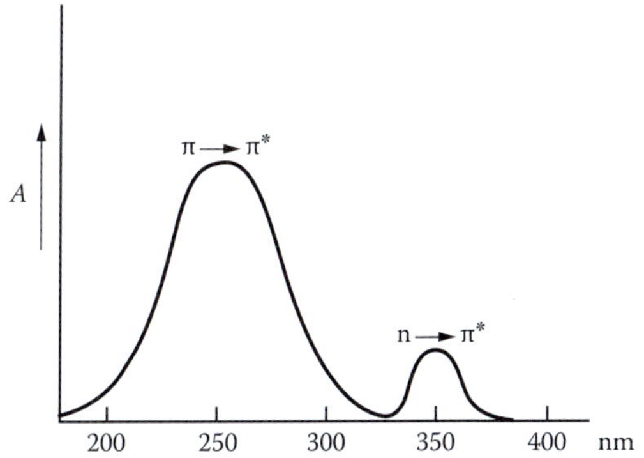

그림 4.28 비극성 용매에서 π → π* 및 n → π* 전이를 나타내는 분자의 예상 흡수 스펙트럼. 두 전이의 흡수율의 차이에 주목하라.

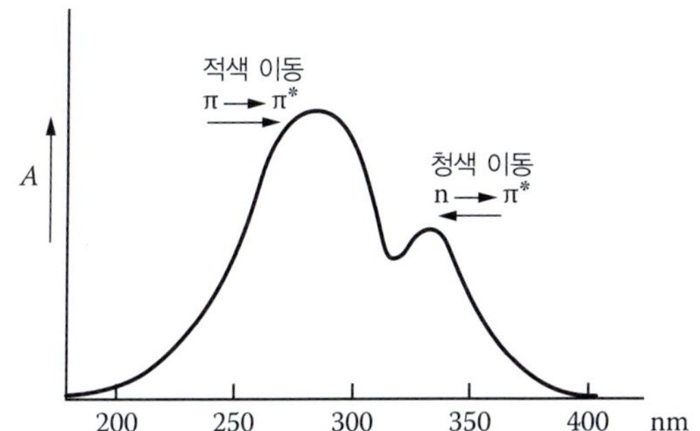

그림 4.29 에탄올과 같은 극성 용매에 용해된 그림 4.28의 분자에 대한 예상 흡수 스펙트럼. π → π* 전이 시에는 장파장쪽(적색) 이동이 일어나고, n → π* 전이 시에는 단파장쪽(청색) 이동이 일어난다.

4.4 분석적 응용

4.4.1 | 정성 구조 분석

이 장의 시작 부분에서 설명한 바와 같이 UV 복사를 흡수하는 화합물의 유형은 방향족 화합물 및 공액 올레핀과 같은 비결합 전자(n 전자) 및 합성 이중 결합 시스템을 가진 화합물(π 전자)이다. 불행하게도, 이러한 화합물은 유사한 파장 범위를 흡수하며, 흡수 스펙트럼은 상당히 중첩된다. 정성 분석의 첫 번째 단계로, 불순물로 인한 흡수띠를 제거하기 위해 시료를 정제할 필요가 있다. 그러나 순수하더라도, 스펙트럼들은 종종 미세 구조 없이 광범위하고 자주 발견된다. 이러한 이유로 UV 흡수는 MS, IR, NMR과 같은 분석 방법보다 기능적 그룹 또는 특정 분자의 정성적인 식별에 덜 유용하다. UV 흡수(6장), IR과 라만(5장), MS(10장 및 11장)의 사용 및 출력의 용이성 때문에 오늘날의 실험실에서는 유기 구조적 설명을 위해 자외선 흡수가 거의 사용되지 않는다.

화합물의 정성적 식별을 위해 UV 스펙트럼을 사용하는 경우, 알려지지 않은 화합물의 흡수 스펙트럼과 알려진 화합물의 스펙트럼을 비교하여 식별을 수행한다. 전자 형식의 자외선 흡수 스펙트럼은 Informatics Division, Bio-Rad Laboratories(www.bio-rad.com) 또는 American Petroleum Institute(API) 지수와 같은 상용 소스에서 찾아볼 수 있다. 컴퓨터 검색 및 패턴 매칭은 현대의 실험실에서 스펙트럼을 비교하고 알려지지 않은 것을 식별하는 방법이다. 일부 학술 도서관은 여전히 수동으로 검색해야 하는 인쇄된 스펙트럼들을 가지고 있다.

정성적 UV/VIS 분광학이 여전히 매우 유용한 한 분야는 UV 흡수 화합물에 대한 시료의 신속한 스크리닝이다. 높은 처리량의 환경적 실험실에서, UV 흡수에 민감한 장비의 오염을 막기 위해 또는 정량 분석에 필요한 희석 인자를 평가하기 위해, 시료에 대한 UV 흡수가 정성적으로 사용될 수 있다. 오늘날의 매우 처리량이 많은 제약 실험실에서 UV 흡수 스펙트럼은 예상되는 흡광도를 가지지 않아서, 원하는 구조를 가지지 않은 것들을 차단하기 위해 합성 화합물에 대한 빠른 조사를 제공할 수 있다.

또 다른 접근법은 미분 스펙트럼의 사용, 즉 흡광도 스펙트럼의 1차, 2차 또는 더 높은 미분을 적용하는 것이다. 미분 스펙트럼은 스펙트럼 간의 차이를 강조하고, 중첩 대역을 해결하고, 다른 흡수성 화합물로부터 간섭의 영향을 감소시킬 수 있다. 파생물의 더 높은 차수에 따라 띠의 수가 증가한다. 파생 스펙트럼의 증가된 복잡성은 화합물 식별에 도움이 될 수 있다. 예를 들어, 테스토스테론의 흡광도는 330 nm를 중심으로 하나의 넓은 피크를 보인다. 그리고 2차 미분 스펙트럼은 6개의 뚜렷한 피크를 가지고 있다.

4.4.2 | 정량 분석

UV/VIS 흡수 분광법은 정량 분석을 위한 강력한 도구이다. 그것은 화학 연구, 생화학, 화학 분석 및 산업 처리에 사용된다. 정량 분석은 흡수 정도와 흡수 물질의 농도 간의 관계에 근거한다. 수학적으로, 그것은 Beer의 법칙 $A = abc$에 의해 많은 화학 시스템에서 설명된다. 강도 비를 측정하여 정량 흡수 분광법에 적용되는 용어는 **분광 광도법(spectrophotometry)**이다. 스펙트럼의 가시 영역에서의 분광 광도계의 사용은 **측색법**(*colorimetry*)이라고 한다. (비공식 문헌의 많은 부분에서 비색계라는 용어는 관련이 없는 측정, 예를 들어 CIE(Commision Internationale de l'Eclairage) L*a*b*를 사용하는 시료의 색상 사양에도 사용된다). 혼란을 피하기 위해, 분석종의 정량적 측정을 의미할 때 분광 광도계라는 용어는 UV 및 가시 영역 모두에 사용되어야 한다. 정성 분석은 유기 분자 및 일부 전이 및 희토류 화합물에 가장 유용하지만 정량적 UV/VIS 분광법은 유기 분자, 무기 분자, 금속 및 비금속 이온 및 유기 금속 착물의 측정에 유용하다.

UV/VIS 분광 광도계는 널리 사용되는 분광 기술이다. 연구, 임상 분석, 산업 분석, 환경 분석 및 기타 여러 분야에서 전 세계 어디에서나 사용되고 있다. 자외선 흡수 분광학의 대표적인 응용 분야로는 페놀, 비이온성 계면 활성제, 황산염, 황화물, 인산염, 불소, 질산염, 다양한 금속 이온 및 기타 화학 물질의 환경 시험용 물, 스테로이드와 염소 물질, 염료 물질, 비타민, 단백질, DNA, 생화학 분야의 효소 등과 같은 천연 물질의 농도 측정을 포함한다.

정량적 UV/VIS 분광 광도계는 흐름-통과 셀(flow-through cells)을 사용하는 산업 플랜트 스트림과 같은 유기 시료의 불순물을 측정하는 데 사용되었다. 예를 들어, 순수한 헥세인 또는 유사한 파라핀에서 단순 올레핀 또는 방향족 불순물의 결합 올레핀의 흔적을 확인하는 데 사용할 수 있다. 또한 식품, 음료, 담배 연기 및 공기에서 가능한 발암 물질 탐지에 사용되었다. 농업 분야에서 UV/VIS 분광 광도법은 질소 및 인 함유 비료의 측정에 사용된다. 의학 분야에서는 효소, 비타민, 호르몬, 스테로이드, 알칼로이드, 바비튜레이트의 측정에 사용된다. 이러한 측정은 당뇨병, 신장 손상 및 심근 경색의 진단과 다른 질환에서 사용된다. 제약 업계에서는 제조 과정에서의 약물 순도와 최종 제품의 순도를 측정하는 데 사용할 수 있다. 예를 들어, 통증 완화 정제의 일반적인 성분인 아스피린, 이부프로펜 및 카페인은 모두 자외선을 흡수하여 분광법으로 쉽게 측정할 수 있다. 약제에 대한 많은 방법은 US Pharmacopeia(USP)에서 찾을 수 있으며 USP 방법이라고 한다.

예를 들어 아세트 아미노펜 $C_8H_9NO_2$의 순도는 244 nm에서 약물 수용액의 흡광도를 측정하고 알려진 순도와 농도의 아세트 아미노펜 용액과 비교하여 결정할 수 있다.

식품 및 음료는 UV/VIS 분광 광도법으로 분석하여 품질을 보장하고 불순물을 확인하는 경우가 많다. 그러한 분석의 한 예는 꿀에 함유된 hydroxymethylfurfural(HMF)의 측정이다. 이 방법은 Keppy et al. 그리고 White를 참조하여 설명할 수 있다. HMF는 산성 조건에서 과당 분해에 의해 생성되는 알데하이드이다. 그것은 284 nm에서 흡수하는 발색단을 가지고 있다. HMF는 대부분의 꿀에서 시간이 지남에 따라 자연적으로 발생하지만, HMF가 많으면 저장 조건이 좋지 않거나 설탕 첨가제로 오염되거나 열이 많이

나는 것일 수 있다. 벌꿀의 농도는 유럽 연합(EU)과 한국 식품 규정에 의해 규제된다.

올리브 오일은 많은 나라에서 주요 농산물이다. 그것은 다른 식물성 오일, 특히 엑스트라 버진 올리브 오일(EVOO)과 같은 고급 오일보다 더 가치가 있지만, 지난 20년 동안 전 세계 수많은 사례에서 EVOO가 해바라기, 카놀라, 대두유와 같이 저렴한 오일로 취급되었다. 올리브유를 평가하는 표준 방법은 페놀프탈레인을 사용하여 산도를 적정하는 것이다. 이것은 느린 방법이며 오염된 시료에 결과를 '전달'할 수 있다. EVOO에 대한 신속하고 정확한 테스트가 분명히 필요하다. 올리브 오일은 올리브, 주로 클로로필 및 카로티노이드에서 발견되는 안료로 인해 다양한 녹색-금색 색상이 있다. Claverie와 Johnson은 i-LAB 가시광 분광기를 사용하여 400~700 nm 범위의 5 cm 큐벳을 사용하여 12가지 식용유를 측정하였다. EVOO 시료는 417, 455, 478, 667 nm에서 주요 흡착 피크를 갖는 것으로 나타났으나(그림 4.30), 카놀라 및 혼합 오일에는 흡광도 피크가 없었다. 그림 4.30에서 400 nm에서 흡광도가 0.45 미만인 4개의 스펙트럼 중 3개는 EVOO 이외로 알려진 시료이다. 그러나 4개의 스펙트럼 중 하나는 분명히 특성 흡수 피크를 포함하지 않고 EVOO로 표시된 시료에서 나온 것이다. 가시 스펙트럼은 약 10초 안에 올리브 오일의 명확하고 빠른 확인을 제공한다. 또한 i-LAB은 스펙트럼을 촬영할 때 동시에 다음과 같은 CIE 삼자극 색상

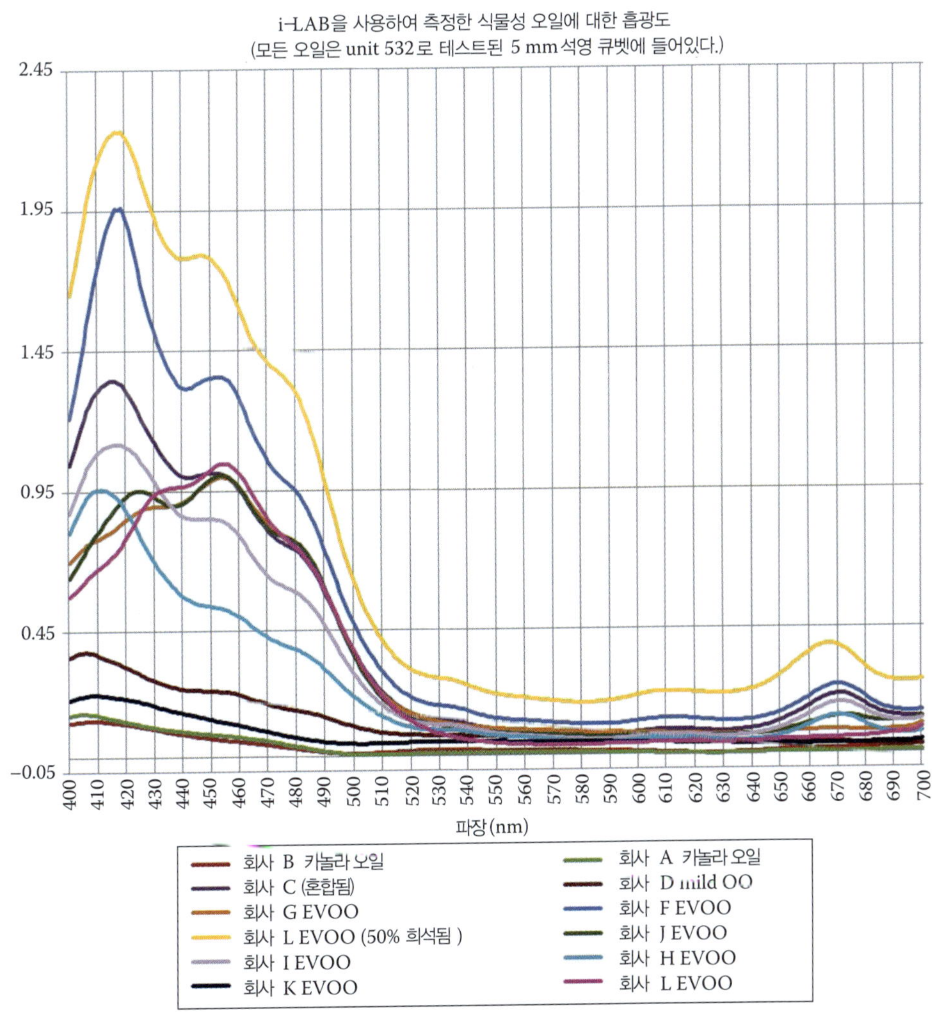

그림 4.30 i-LAB 가시 분광기를 사용하여 다양한 식물성 오일에 대한 흡광도 스펙트럼. EVOO는 400~480 nm 영역의 강한 흡수 피크와 667 nm의 피크에 의해 다른 식물성 오일과 분명히 구분된다. (From Claverie, M. and Johnson, J.E. The determination of EVOO from other oils by visible spectroscopy, Courtesy of Microspectral Analysis, LLC. Wilton, ME, www.microspectralanalysis.com. With permission.)

값을 제공한다.

UV 분광 광도계를 통해 핵산과 단백질을 측정하는 경우가 많으며, 주로 0.3~2 μL의 시료 부피에 대해 측정할 수 있는데, 비파괴적인 경우가 많다. 이것은 DNA microarrays, PCR, 법의학 DNA 측정에 중요하다. 뉴클레오타이드의 질소 염기, 퓨린, 피리미딘은 λ_{max} 260 nm에서 흡수된다. 알려진 흡광 계수를 사용하여 이중 가닥 DNA(dsDNA), 단일 가닥 DNA, RNA의 농도를 결정할 수 있다. 앞서 설명한 microvolume 시스템을 사용하여 dsDNA는 약 2~18,000 ng/μL 범위에서 측정할 수 있다. 단백질과 펩타이드는 방향족 아미노산인 트립토판, 타이로신, 페닐알라닌, 그리고 더 적은 정도의 다이설파이드 결합으로 인해 280 nm에서 강력하게 흡수된다. 280 nm에서의 DNA 시료의 흡광도는 시료의 단백질 농도를 나타내며, 260 nm에서의 흡광도와 280 nm에서의 흡광도의 비는 DNA 시료의 순도를 측정한 것이다. 비율은 1.65와 1.85 사이여야 한다. 280 nm에서의 단백질 및 펩타이드의 측정은 질병 치료제로서, 이들의 사용이 증가함에 따라 그 자체로 중요하다. 선형 작용 범위에 대한 흡광 계수를 결정하는 흡광 계수 분석은 단백질과 펩타이드를 확인하는 데 사용될 수 있다. 또한 용액에서 염료와 단백질 사이의 복합체 형성에 기반한 여러 가지 분광 광도계 단백질 분석법이 있다. 브래드 포드 분석은 Coomassie Brilliant Blue G-250을 465에서 595 nm로 이동시킨 결과이다. 이러한 변화는 단백질에 결합할 때 염료의 음이온 형태가 안정화되기 때문이다. bicinchoninic acid(BCA) 분석법(Smith 외)은 단백질과 알칼리성 구리 이온을 BCA와 반응시켜 562 nm에서 최대 흡광도를 갖는 보라색 복합체를 형성하는 것에 기반을 두고 있다.

많은 임상 화학 분석은 UV/VIS 분광 광도계를 기반으로 하며, 종종 글루코스와 같은 화학 물질을 효소와 염료와 반응시켜 착색된 복합체를 만든다. 범죄 현장의 마른 피가 마르기 시작한 시기를 알 수 있는 새로운 방법은 ImplenNanoPhotometer™ Pearl(Hanson and Ballantyne)을 사용하여 센트럴 플로리다 대학교 법의학 센터(National Center for Forensic Science)의 연구진에 의해 개발되었다. 연구진은 건조 혈류가 퇴적된 이후의 시간과 높은 상관 관계를 갖는 헤모글로빈(λ_{max} = 412 nm)의 Soret 밴드에서 이전에 확인되지 않은 저 색소 변이(더 짧은 파장으로의 청색 이동)를 발견하였다. 변화의 정도에 따라 분, 시간, 일, 주에 침착된 혈흔을 구별할 수 있다. 검사는 1 μL 정도의 소량의 피로 이루어질 수 있으며, NanoPhotometer에서 헤모글로빈 UV/VIS 스펙트럼을 수집하여 장소를 혈액으로 확인할 수 있다.

분광 광도계는 다양한 시료에서 금속 및 비금속 이온의 농도를 결정하기 위해 일상적으로 사용되지만, 고전적인 분광 광도계 측정법 중 대부분은 이온 크로마토그래피(IC)(14장), 원자 분광 분석(7장, 8장), 무기 MS(10장, 11장)으로 대체될 수 있다. 스펙트럼의 UV 영역에서의 분광 광도법은 많은 유기 화합물, 특히 방향족 고리 및 공액 다중 결합을 갖는 직접 화합물의 직접 측정에 사용된다. 자외선을 흡수하는 무색 무기종도 있다. NO_3^-은 좋은 예이다. 식수에서 질산염에 대한 신속한 스크리닝 방법은 220 및 275 nm에서 물의 흡광도를 측정하여 수행된다. 질산 이온은 220 nm에서 흡수되지만 275 nm에서는 흡수되지 않는다. 275 nm에서의 측정은 존재할 수 있는 간섭 유기 화합물을 검사하는 것이다. 가시 영역에서의 분광 광도 분석은 시료가 착색될 때마다 사용될 수 있다. 많은 물질이 본질적으로 화학 반응(예를 들어, 다이크로뮴산 염, 과망가니즈산 염, 구리 이온 및 제 2 철 이온과 같은 무기 이온) 없이 착색되고 착색된 화합물을 형성하기 위해 더 이상의 화학 반응을 필요로 하지 않는다. 염료와 같은 착색된 유기 화합물도 자연적으로 착색되어 있다. 이러한 물질의 용액을 직접 분석할 수 있다. 그러나 대부분의 금속 이온과 비금속 이온은 무색이다. 시료 용액에서 이들 이온의 존재는 우선 이온을 유기 시약과 반응시켜 강하게 흡수되는 종을 형성함으로써 결정될 수 있다. 반응 생성물이 착색된 경우, 가시광선 영역에서 흡광도를 측정할 수 있다. 다른 한편으로, 형성된 생성물은 무색일 수 있지만 UV에서 흡수될 수 있다. 분광 광도계 측정법의 대부분은 분석물의 농도가 증가함에 따라 흡광도(가시적인 경우 더 어두운 색)를 증가시킨다. 그러나 분석물질 농도가 증가함에 따라 표백(흡광도 감소)이 일어나는 분석이 있다.

소개에서 언급했듯이 착색된 용액에서 관찰되는 색상은 용액에 의해 전달되는 색상이다. 흡수된 색은 보색이다. 흡수된 빛의 색과 관찰된 색의 관계는 표 4.5에 나와 있다.

분석 대상 화학종을 유기 시약과 반응시킴으로써 형성될 수 있는 수많은 화합물 및 착물이 존재한다. 이상적으로, 선택된 시약은 선택적이어야 한다. 즉, 존재하는 조건하에서 하나의 이온 또는 분자와 반응해야 한다. 둘째, 시약은 분석물과 혼합될 때 급격한 색 변화 또는 흡광도 변화를 유발해야 한다. 이것은 위 방법에 높은 감도를 부여한다. 셋째, 이 색 또는 UV 흡광도의 강도는 시료 내의 이온 농도와 관련이 있어야 한다. 분광 광도계 시약은 거의 모든 금속 및 비금속 이온 및 많은 분자 또는 부류의 분자(즉, 작용기)에 대해 개발되었다. 이러한 많은 반응은 민감하고 선택적이다. 이러한 시약 및 그 용도에 대한 몇 가지 예가 표 4.6에 나와 있다. 참고문헌에 있는 Boltz, Sandell과 Onishi가 쓴 책은 고전적인 참고 자료이지만 찾기 어렵다. 분석 자료에는 금속과 비금속의 정량 분석을 위한 수천 가지 직접 및 간접 방법이 포함되어 있다. 참고문헌에 포함된 대부분의 금속 이온과 비금속 이온에 대한 좋은 요약은 참고문헌 목록에 있는 Dean의 핸드북에서 찾을 수 있다.

흡수 분광 광도계에 의한 정량 분석은 시료에 미립자가 없어야 하며, **탁도**(**turbidity**)가 없어야 한다. 그 이유는 입자가 빛을 산란할 수 있기 때문이다. 시료에서 빛이 검출기에서 멀어지면 빛이 흡광도로 해석된다. 시료가 탁해지면 흡광도가 잘못 측정될 수 있다. 시료의 특성을 밝히기 위해 빛의 산란을 이용할 수 있지만, 정확한 흡광도 측정을 위해서는 미립자를 피해야 한다.

분광 광도법에 의한 정량 분석은 일반적으로 모든 표준, 시료, 블랭크에 대해 동일한 pH 조건, 시약 추가 등을 사용하여 검량선을 준비해야 한다. 시료에 첨가된 모든 것을 포함하는 시약 블랭크를 갖는 것이 중요하다(분석물 제외). 흡광도는 모든 블랭크, 표준, 시료에 대해 측정된다. 블랭크의 흡광도를 다른 모든 흡광도에서 뺀 표준에 따라 검량선을 만든다. 검체의 농도는 검량선으로부터 결정된다. 가장 정확도가 높은 것은 검량선의 선형 영역에서 작업한 결과이다. 이러한 정량 방법은 관련된 화학 및 요구되는 단계(추출, 뱅크 추출, pH 조절, 강수, 마스킹 및 많은 다른 유형의 조작이 방법에 포함될 수 있음)에서 상당히 복잡할 수 있으며 분석물에 주의를 기울여야 한다. 정확한 결과를 얻기 위해 모든 세부 사항까지 이러한 분석을 수행하는 데는 과학과 예술이 모두 관련되어 있다. 많은 표준 또는 규제 방법(예: **물 및 폐수의 검사를 위한 표준 방법**, 미국 재료 시험 협회(ASTM) 및 환경 보호국(EPA))은 방법에 정밀도 및 정확도 데이터를 발표하였다. 이것은 경험 있는 분석가가 달성할 수 있는 정밀도와 정확도이다.

표 4.5 흡수된 색과 관찰된 색

흡수된 색	관찰된 색
적색	청록색
주황색	녹청색
황색	청색
연두색	보라색
녹색	자주색
청록색	적색
녹청색	주황색
청색	황색
보라색	연두색

표 4.6 분광 광도계에서 사용되는 시약

시약	설명
Aluminon (ammonium aurintricarboxylate)	Aluminon 화합물은 약산(pH 4~5)에서 알루미늄과 반응하여 용액에 질은 붉은색을 형성한다. 이 화합물은 0.04~0.4 μg/mL (ppm)의 알루미늄을 검출한다. 시료의 알루미늄을 분석하려면 다른 요소들은 반드시 제거해야 한다. 붉은색 용액의 흡광도는 525 nm에서 측정된다. 붉은색은 'lake'라고 불리는 금속-염료 복합체가 생성된 결과이다.
4-Aminophenazone (4-aminoantipyrine)	이 화합물은 다양한 페놀과 반응하여 강하게 착색된 화합물을 생성하며 물에서 0.02~6.4 ppm의 페놀을 검출한다. 증기 · 증류로 처리된 식수는 이 시약으로 처리되고 착색된 착물은 $CHCl_3$로 추출된다. $CHCl_3$ 용액의 흡광도는 460 nm에서 측정된다. 시약은 paracresol과 같은 일부 파라 치환 페놀과 반응하지 않는다. 이 반응은 색 생성 시약과의 반응 후 분광 광도계 분석에 의한 유기 화합물 측정의 한 예이다.
Thiourea H_2NCSNH_2	Thiourea는 황산 용액에서 매우 유독한 성분인 osmium과 반응하여 착물을 형성한다. 흡광도는 460 nm에서 측정되며, 검출 범위는 8~40 ppm이다. 유일한 간섭은 Pd와 Ru이다. 해당 표의 다른 시약과 비교하여 시약의 감도가 낮다. 흥미롭게도, 다른 분석 조건(산, pH의 차이) 하에서, thiourea는 Bi와 반응한다. 이 제품의 흡광도는 322 nm에서 측정되었으며 0.06~0.6 ppm의 Bi를 검출한다. Ag, Cu, Hg, Pb와 같은 여러 요소가 간섭한다. Thiourea는 하나의 조건에서는 저감도이고 다른 조건에서는 고감도로 측정되는 시약의 예이다.
Chloranilic acid	Chloranilic acid는 강렬한 빨간 용액을 형성한다. 용액에 칼슘을 첨가하면 Chloranilic acid이 석출되고 적색의 강도가 감소한다. 색상 변화(손실)는 칼슘 첨가량의 척도이다. 많은 요소들이 이 반응에 간섭한다. 이 시약은 시료를 첨가한 후 색상의 손실에 의해 분광 광도 분석을 하는 예이다.
Quinalizarin	이 시약은 수용액에서 강하게 착색된 용액을 제공한다. 93% w/w H_2SO_4/H_2O에서 적색을 띈다. 붕산염이 존재하면 색이 파랗게 변한다. Mg^{2+}, Al^{3+}, Be^{3+}와 같은 많은 다른 이온들도 quinalizarin과 반응한다. 이것은 시료와의 반응 후 시약의 색상 변화의 예이다.
Curcumin	Curcumin는 555 nm에서의 흡광도로 0.01~0.1 ppm의 B를 검출하는, 붕소에 민감한 시약이다. 플루오린화물, 질산염 및 아질산염은 간섭하지만, methyl borate ester로 B를 증류하여 붕소를 시료에서 분리하면 제거할 수 있다.

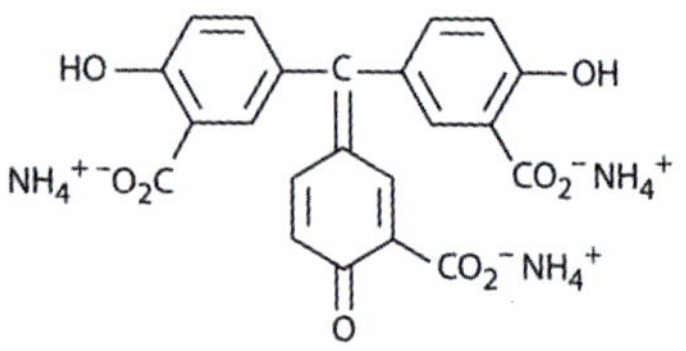

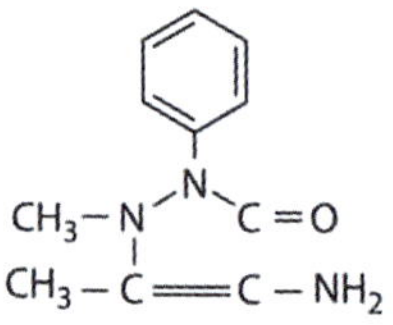

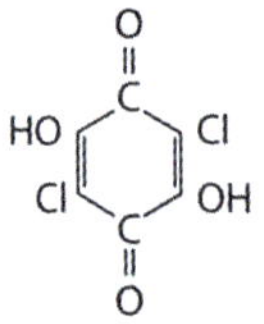

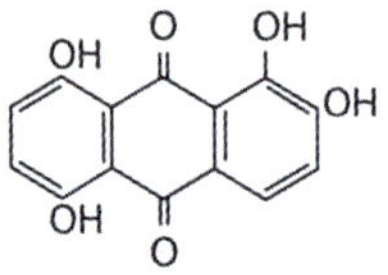

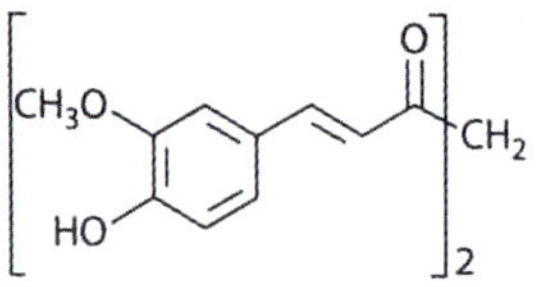

계속

표 4.6(계속) 분광 광도계에서 사용되는 시약

SPADNS [4,5-dihydroxy-3-(2-hydroxy-5-sulfophenylazo)-2,7-naphthalenedisulfonic acid]

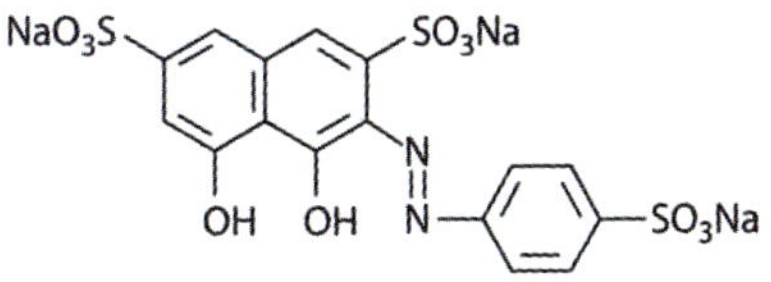

SPADNS('spa-dens'라고 발음한다.)는 식수에서 플루오린화 이온을 측정하는 데 사용된다. SPADNS 염료는 지르코늄과 반응하여 진한 빨간색 Zr 염료 'lake'를 형성한다. F^- 이온은 반응하여 Zr 염료 복합체를 해리시키고 무색인 (ZrF_6^{2-})을 형성한다. 플루오린화 이온 농도가 증가함에 따라 용액의 색상이 감소한다. 흡광도는 570 nm에서 범위는 0.2~1.40 ppm F^-의 범위로 측정된다. 식수에는 염소, 염화물, 인산염, 황산염 및 기타종이 양성 및 음성 간섭으로 형성된다. 이것은 분석물의 농도가 증가함에 따라 색상이 '표백된' 반응의 또 다른 예이다.

출처: Examples were extracted from *Standard Methods for the Examination of Water and Wastewater*, and the references by Dean and Dulski.

4.4.3 | 다성분 측정

UV/VIS 흡수 피크는 일반적으로 넓어서 두 개의 화합물 X와 Y가 있는 경우 서로로부터 완전히 분리되지 않을 가능성이 높다. 즉, X와 Y는 넓은 파장을 흡수한다. 일련의 측정으로 X와 Y의 농도를 계산할 수 있다. 측정은 혼합물의 구성 요소 수와 동일한 파장 수에서 이루어져야 한다. 이 경우 두 가지 구성 요소가 있으므로 두 개의 파장이 필요하다. 이 방법에 대한 주의사항은 두 가지 구성 요소가 각각 Beer의 법칙을 따르고 두 구성 요소가 용액에서 상호 작용하지 않아야 한다는 것이다. 그들의 흡광도는 부가적이어야 한다.

X를 λ_1, X를 λ_2, Y를 λ_1, Y를 λ_2의 4가지 보정 곡선을 준비해야 한다. 모든 보정 곡선은 원점을 통과하도록 공백으로 보정해야 한다. 시료 혼합물의 흡광도는 λ_1과 λ_2에서 측정된다.

$$\begin{aligned} A_1 &= C_X S_{X1} + C_Y S_{Y1} \\ A_2 &= C_X S_{X2} + C_Y S_{Y2} \end{aligned} \tag{4.3}$$

여기서 A_1은 λ_1에서 미지수의 흡광도, A_2는 λ_2에서 미지수의 흡광도이며, C_X는 미지수에서 X의 농도, C_Y는 미지수에서 Y의 농도이고, S_{X1}은 λ_1에서 X에 대한 교정 곡선의 기울기, S_{X2}는 λ_2에서 X에 대한 교정 곡선의 기울기, S_{Y1}은 λ_1에서 Y에 대한 교정 곡선의 기울기, S_{Y2}는 λ_2에서 Y에 대한 교정 곡선의 기울기이다. 흡광도와 기울기는 알려져 있으며, 2개의 방정식과 2개의 미지수를 준다. C_X와 C_Y 방정식은 미지의 혼합물에서 X와 Y의 농도에 대해 풀 수 있다. Dulski(참고문헌 참조)는 하이드로 퀴논과의 반응과 400 및 500 nm에서 측정에 의한 나이오븀 및 타이타늄의 동시 측정 방법으로 이 접근법의 한 예를 제시한다. 또 다른 예는 L-phenylephrine(PEH)과 chlorpheniramine maleate(PAM)가 포함된 일반적인 비강 분무의 분석이다. 수용액의 각 화합물은 UV에 넓은 흡수 피크를 제공한다. 두 개의 파장을 선택하라. 가능하면 λ_{max}를 선택하라. 비강 분무의 두 가지 성분의 양은 각 화합물의 교정 곡선을 작성하여 두 파장, 예를 들어 266 및 272 nm에서 선의 기울기를 구함으로써 알 수 있다. 이전에 표시된 것처럼 4개의 S항을 제공한다. 그런 다음 시료를 두 개의 파장에서 측정하여 A항을 얻는다. 실험은 이 장의 마지막에 제시된 실험에서 대략적으로 설명된다.

이 같은 접근법은 세 가지 구성 요소를 혼합하여 사용할 수 있다. 보다 복잡한 혼합물은 여러 파장에서 반복적인 과정을 사용하여 농도를 계산하는 컴퓨터 소프트웨어를 통해 풀 수 있다. 사용된 수학적 접근법에는 부분 최소 제곱(PLS), 다중 최소 제곱, 주요 구성 요소 회귀 및 기타 통계 방법이 포함된다. 자외선

흡수를 이용한 다성분 분석은 단백질에 얼마나 많은 종류의 방향족 아미노산이 존재하는지를 결정하고 혈액 내의 5가지 다른 헤모글로빈을 정량화하는 데 사용되었다.

4.5 분자 방출 분광법

4.5.1 | 형광 및 인광법

'blank light'(자외선)이 어두운 곳에서 특정 도료나 특정 미네랄을 비추면 가시광선을 방출한다. 이 페인트와 미네랄은 **형광**(*fluoresce*)이라고 한다. 이 현상의 에너지 도표가 그림 4.31에 나와 있다. 형광이 발생하기 위해서는 분자가 광자를 흡수하고 더 높은 전자 상태에서, 기저 상태에서 여기된 진동 상태로 들뜸되어야 한다. 실제로는 두 가지 가능한 전자 전환이 있다. 전자는 스핀의 성질을 가지고 있다. 우리는 전자가 시계 방향 또는 반시계 방향으로 회전하는 것처럼 단순하게 생각할 수 있다. 두 개의 전자가 같은 궤도를 차지하기 위해서는 그들의 궤도가 서로 반대가 되어야 한다. 우리는 스핀이 짝을 이룬다고 말한다. 하나의 전자가 스핀을 변화시키지 않고 레벨이 상승하면, 들뜸된 레벨의 전자는 원래의 전자와 스핀이 반대이다. 전자 스핀이 짝을 이루는 분자의 들뜸 상태를 **단일항 상태**(*singlet state*)라고 한다. 전자 스핀이 평행(들뜸된 전자의 스핀을 반전시킨 결과 같은 방향으로 회전하는 경우)하는 경우, 여기 상태를 **삼중항 상태**(*triplet state*)라고 한다. 각 '들뜬 상태'에는 단일항과 해당하는 삼중항 상태가 있다. 단일 상태 에너지 준위는 해당하는 삼중항 상태 에너지보다 높다. 단일항 상태는 S_1, S_2, S_3 등으로 지정된다. 삼중항 상태는 T_1, T_2, T_3 등으로 지정된다. 바닥 상태는 단일항 상태, S_0이다. 그림 4.31은 첫 번째 들뜸된 단일항 및 삼중항 상태를 가진 바닥 상태를 보여 준다. 들뜬 상태의 일부 진동 하위 수준도 표시된다.

분자는 에너지를 흡수하고 전자는 단일 상태에서 더 높은 진동 수준 중 하나로 촉진된다. 이것은 진동으로 들뜸된 전자 상태이다. 진동으로 들뜸된 분자는 전자 들뜬 상태 S_1의 가장 낮은 **진동**(*vibrational*) 수준으로 빠르게 '완화'된다. 에너지의 이완 또는 손실은 물결 모양의 화살표로 표시된 방사 없는 과정이다. 에너지는 감소하지만 빛은 방출되지 않는다. 이제 분자는 두 준위 사이의 에너지 차이와 동일한 광자를 방출함으로써 기저 상태로 돌아갈 수 있다. 이것은 **형광**(*fluorescence*)의 과정이다. 진동 흡수된 상태로의 광자 흡수에 의한 들뜸, 그리고 흡수된 광자보다 동일한 스핀 상태(이 경우 단일항에서 단일항까지)로 두 단계 사이의 빠른 전환이 뒤따른다. 파장 차이는 그림 4.31에서 물결선에 의해 묘사된 진동 없는 에너지의 무손실 때문이다. 흡수된 것보다 긴 파장의 방출 유형의 형광은 일반적으로 용액에서 보인다. 이는

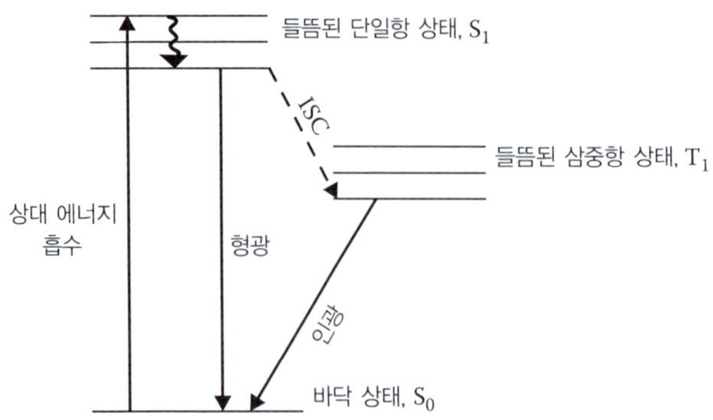

그림 4.31 분자의 기저 상태, 들뜸된 단일항 상태 및 들뜸된 삼중항 상태의 개략도. 물결선은 들뜸된 단일항 상태의 더 높은 진동 수준에서 들뜸된 단일항 상태에서의 가장 낮은 진동 수준으로 방사 없는 변환을 나타낸다. ISC(intersystem crossing)로 표시된 점선 화살표는 들뜸 없는 단일 시스템 상태에서 들뜸된 삼중항 상태로 교차하는 무방사 상호 시스템을 보여 준다. 실선 화살표의 길이는 전환의 상대적 에너지를 나타낸다. 흡수 > 형광 > 인광. 그 결과 $\lambda_{phosphorescence} > \lambda_{fluorescence} > \lambda_{absorption}$이다.

스토크스 형광이라고 한다. 들뜬 상태의 수명은 1~20 nm 정도로 매우 짧기 때문에 형광은 들뜸 이후 거의 순간적으로 방출된다. 그러나 형광 물질의 수명이 길기 때문에 현대적인 계측으로 시간 분해 스펙트럼을 얻을 수 있다. 형광을 나타내는 분자를 **형광단**(*fluorophore*)이라고 한다.

단일항 기반 상태에서 삼중항 상태로의 전환은 금지된 전환이다. 그러나 들뜸된 단일항 상태는 들뜸된 전자의 스핀을 반전시킴으로써 삼중항 상태로의 방사 없는 전이를 겪을 수는 있다. 이것은 삼중항 상태가 단일항 상태보다 낮은 에너지 준위이기 때문에 에너지적으로 바람직한 공정이다. 그림 4.31과 4.32에 개략적으로 나타낸 무방사 전이를 ISC라고 한다. 분자는 광자의 방출에 의해 삼중항 상태에서 기저 상태로 이완될 수 있다. 이것은 **인광**(*phosphorescence*) 과정, 즉 들뜸된 단일항 상태로 빛을 흡수한 다음 삼중항 상태로 ISC를 가한 후 삼중항-단일항 전이로 인한 광자 방출로 이어지는 과정이다. 인광과 관련된 광자는 그림 4.31과 4.32의 상대적 에너지 수준에서 알 수 있듯이 형광 광자보다 낮은 에너지(더 긴 파장)이다. 삼중항-단일항 전이가 금지되어 있기 때문에, 삼중항 들뜬 상태의 수명이 긴 경우도 있으며, 경우에 따라 최대 10 s까지 길어진다. 시료는 들뜸 광원이 제거된 후 얼마 동안 '발광'한다. '어둠 속에서 빛나는' 페인트는 인광성 물질의 예이다.

형광과 인광은 두 종류의 발광이다. 그들은 **광발광**(*photoluminescence*)의 특정 유형으로, 분자가 빛을 흡수하여 들뜬다. 다른 종류의 발광도 있다. 분자의 들뜸과 빛의 방출이 화학 반응의 화학 에너지의 결과로 발생하면, **화학 발광**(*chemiluminescence*)이라고 한다. 록 콘서트와 할로윈에서 인기 있는 '발광 스틱'은 화학 발광의 한 예이다. 반딧불이 방출하는 빛은 **생체 발광**(*bioluminescence*)의 예이다. **전기 발광**(*electroluminescence*)은 전류에 의해 유도된다. 광발광과 전기 발광은 반도체 양자점과 InAs와 같은 물질로 만들어진 단일 광자의 고체 상태 소스에 의해 나타난다.

그림 4.32에서 볼 수 있듯이 분자가 바닥 상태로 돌아가는 다른 경로도 있다. 들뜬 분자는 다른 분자와 충돌할 수 있다. 충돌하는 동안 에너지가 전달될 수 있다. 분자는 바닥 상태로 돌아가지만 방사선을 방출하지 않는다. 이를 충돌에 의한 비활성 또는 **퀀칭**(*quenching*)이라고 한다. 퀀칭은 들뜬 분석 분자와 많은 용매 분자가 충돌하여 용액에서 발생한다. 용매 분자와의 충돌에 의한 퀀칭은 온도를 감소시킴으로써 감소될 수 있는데, 이는 단위 시간당 충돌 횟수를 감소시키는 것이다. 예를 들어 글리세린을 첨가하여 점도를 증가시킴으로써 동일한 결과를 얻을 수 있다. 용존 산소는 강한 퀀칭제이다. 시료를 통해 실소를 새어 냄으로써 제거할 수 있다. 인광은 퀀칭에 매우 민감하다. 삼중항 상태의 분자는 들뜬 상태에서 수명이 길기 때문에 다른 분자와 충돌하여 광자를 방출하지 않고 들뜸 에너지를 잃을 가능성이 크다. 인광은 충돌 불활성화 때문에 실온 용액에서 거의 볼 수 없다. 낮은 온도가 사용되어야 하고 충돌로부터 구속되어야 한다. 이것은 시료를 젤(고점도 상태) 또는 유리로 변환하거나 고체 기판에 분석물을 흡착시켜 형광 및 인광을 수행할 수 있다. 계면 활성제 미셀과 같은 '조직화된' 용매는 충돌에 의한 비활성화를 감소시키거나

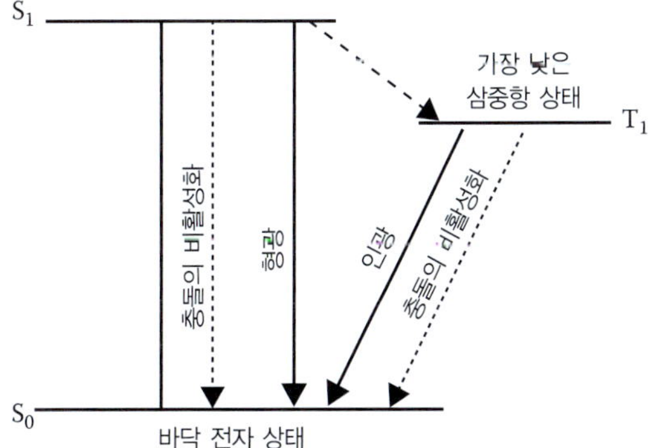

그림 4.32 들뜸된 분자가 바닥 상태로 이완될 수 있는 과정 (Adapted from Guilbault, G.G., ed., *Practical Fluorescence*, 2nd edn., Marcel Dekker, Inc., New York, 1990. With permission.)

제거함으로써 실온에서의 인광을 관찰하거나 형광을 크게 강화하는 데에 성공적으로 사용되어 왔다. 적절히 실험을 하더라도 방사선이 없는 전이가 발생할 확률이 높으므로 실제로는 형광이나 인광이 가능한 분자들 중 일부만 형광이나 인광을 방출한다.

4.5.2 | 형광 강도와 농도의 관계

형광 F의 강도는 분석 분자에 의해 흡수되는 빛의 양에 비례한다. 우리는 Beer의 법칙에서 다음과 같음을 알았다.

$$\frac{I_0}{I_1} = e^{-abc} \tag{4.4}$$

각각의 식을 1에서 빼면 다음과 같다.

$$1 - \frac{I_1}{I_0} = 1 - e^{-abc} \tag{4.5}$$

양쪽에 I_0를 곱하면 다음과 같다.

$$I_0 - I_1 = I_0(1 - e^{-abc}) \tag{4.6}$$

$I_0 - I_1 =$ 흡수된 빛의 양이므로, 형광 강도 F는 다음과 같이 정의된다.

$$F = (I_0 - I_1)\Phi \tag{4.7}$$

여기서 Φ는 양자 효율 또는 양자 수율이다. 양자 수율 Φ는 형광에 의해 바닥 상태로 이완된 들뜬 분자의 분율이다. Φ 값이 높을수록 분자에서 관찰되는 형광 강도가 높아진다. 비형광 분자는 $\Phi = 0$이다.

따라서 형광 강도는 다음과 같다.

$$F = I_0(1 - e^{-abc})\Phi \tag{4.8}$$

식 4.8로부터, 형광 강도는 분석물의 농도, 양자 효율, 입사 방사선의 강도 및 분석물의 흡수율과 관련되어 있음을 알 수 있다. Φ는 흡수율과 마찬가지로 분자의 특성이다. 표 4.7은 형광 분자에 대한 Φ 값의 일반적인 값을 보여 준다. 화합물의 흡수율은 형광 강도(식 4.8)와 관련이 있다. UV/VIS 영역에서 흡수하지 않는 포화 탄화수소와 같은 분자는 형광을 발생하지 않는다.

형광 강도는 소스 방사선 I_0의 강도에 직접 비례한다. 이론적으로 형광 강도는 광원 강도가 증가함에 따라 증가하므로 종종 레이저, 수은 램프 또는 제논 램프와 같은 매우 강한 광원이 사용된다. 일부 유기 분자는 광분해될 수 있으므로 광원 강도에 실질적인 제한이 있다.

분석물의 농도가 낮아서 abc가 0.05 미만인 경우, 형광 세기는 다음과 같이 표현된다.

$$F = I_0 abc\Phi \tag{4.9}$$

즉, 총 형광 $F = KI_0c$이다. 여기서 k는 비례 상수이다. 낮은 농도에서 F와 농도는 선형 관계이다. 그러나 총 형광의 일부분만 모니터링하거나 측정한다. 따라서 다음과 같다.

$$F' = Fk' \tag{4.10}$$

여기서 F'은 형광을 측정하고

$$F' = k'I_0c \tag{4.11}$$

여기서 k'은 또 다른 비례 상수이다.

표 4.7 형광 양자 수율, Φ

형광 분자	용매	Φ
9-Aminoacridine	Ethanol	0.99
Anthracene	Hexane	0.33
9,10-Dichloroanthracene	Hexane	0.54
Fluorene	Ethanol	0.53
Fluorescein	0.1 N NaOH	0.92
Naphthalene	Hexane	0.10
1-Dimethylaminonaphthalene-4-sulfonate	물	0.48
Phenol	물	0.22
Rhodamine B	Ethanol	0.97
Sodium salicylate	물	0.28
Sodium sulfanilate	물	0.07
Uranyl acetate	물	0.04

출처: Guilbault, G. G., ed., *Practical Fluorescence*, 2nd edn., Marcel Dekker, Inc., New York, 1990. With permission.

참조: 용액의 농도는 10^{-3} M (온도 21°C~25°C)

F와 c의 관계는 그림 4.33에 나와 있다. 이 둘의 관계는 낮은 농도에서는 선형적이다. 형광에 대한 선형 범위는 10^{-9}에서 10^{-4} M 정도이다.

4.5.3 | 형광과 인광의 장점

분자 분석을 위한 형광 및 인광의 장점은 높은 감도, 높은 특이성 및 넓은 선형 동적 범위를 포함한다. 높은 감도는 제로 배경 신호에서 형광 또는 인광 신호를 직접 측정함으로써 얻어진다. 특이성은 두 가지 요인에 기인한다. 첫째, 모든 분자가 형광을 나타내지는 않는다. 따라서 많은 분자가 고려 대상에서 제외된다. 둘째, 형광 분석법에서는 한 파장이 아닌 두 개의 파장(들뜸과 방출)이 사용된다. 두 개의 다른 화합물이 동일한 파장을 흡수하더라도 같은 파장에서 방출할 가능성은 낮다. 형광 화합물이 하나 이상의 들뜸 또는 형광 파장을 갖는다면, 방출 스펙트럼 또는 들뜸 스펙트럼의 차이는 동일한 용액에서 화합물의 혼합물을 측정하는 데 사용될 수 있다. 예를 들어 그림 4.34에서 퀴닌과 안트라센의 들뜸 스펙트럼은 중첩되지만 동일한 파장에서 방출하지 않으므로 두 화합물을 혼합하여 측정할 수 있다. 형광 측정법의 선형 동적 범위는 분광 광도계에서 달성할 수 있는 1~2차 수준과 비교하여 6~7차 수준이다.

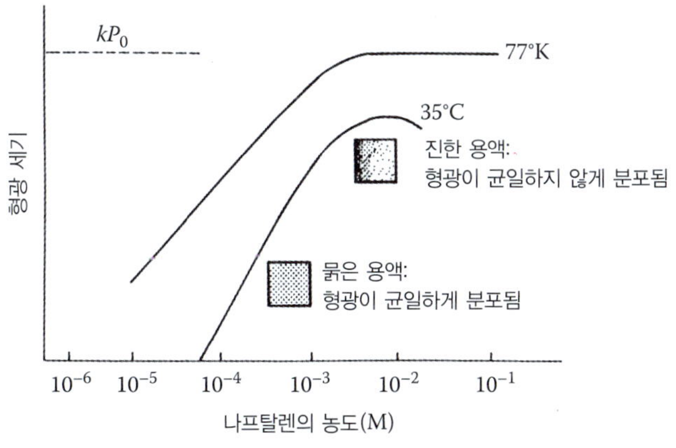

그림 4.33 형광 분자 농도에 대한 형광 의존성

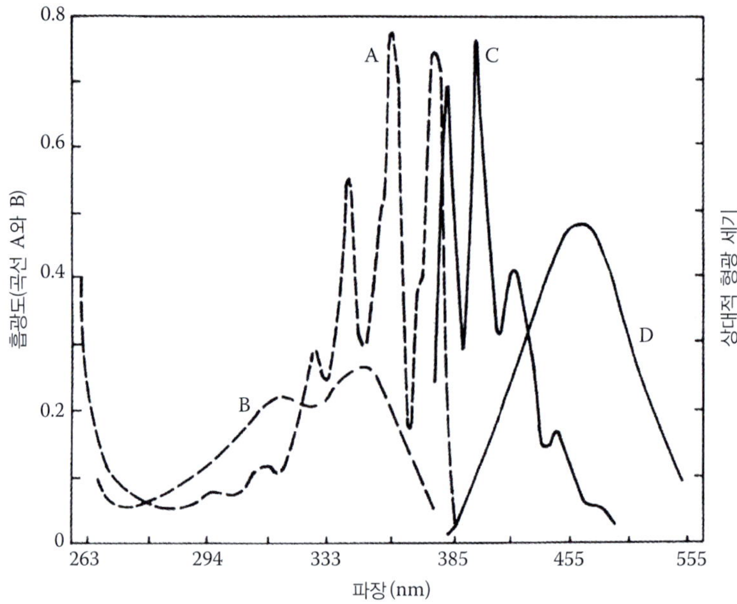

그림 4.34 안트라센과 퀴닌의 방출과 형광 스펙트럼: 곡선 A는 안트라센 들뜸, 곡선 B는 퀴닌 들뜸, 곡선 C는 안트라센 형광, 곡선 D는 퀴닌의 형광 스펙트럼

4.5.4 | 형광과 인광의 단점

형광이 다른 화합물은 스펙트럼이 겹쳐지면 계에서 제거할 필요가 있는데, 예를 들면 컬럼 크로마토그래피로 제거할 수 있다. 피크는 다른 방출 및 산란 과정으로 인해 형광 스펙트럼에 나타날 수 있다. Rayleigh, Tyndall, Raman 산란은 사용된 광원의 높은 강도로 인해 나타날 수 있다. 형광 불순물로 인한 피크가 발생할 수 있다.

고농도에서 형광 강도 또는 자체 퀀칭의 역전은 정량 분석에서 문제가 되지만 연속 희석으로 제거할 수 있다. 불순물에 의한 퀀칭 또한 발생할 수 있으며 분석에 심각한 문제를 일으킬 수 있다. pH의 변화는 구조를 바뀌게 하며 그로 인해 형광 강도를 변화시킨다. 따라서 pH를 조절해야 한다. 재현성 있는 결과를 위해서는 온도와 점도를 제어해야 한다.

광화학 분해 또는 광화학 반응은 강한 광원에 의해 유발될 수 있다. 일반적으로 가능한 한 긴 들뜸 파장과 가능한 한 짧은 측정 시간을 사용하는 방법으로 문제를 최소화한다.

문제

4.1 어떤 종류의 분자가 자외선에 의해 여기되는가? 그 이유는 무엇인가?

4.2 다음 분자 중 자외선을 흡수하는 물질을 고르고 이유를 설명하시오.
(a) heptane, (b) benzene, (c) 1,3-butadiene, (d) water, (e) 1-heptene, (f) 1-chlorohexane, (g) ethanol, (h) ammonia, (i) *n*-butylamine.

4.3 겹살형 분광 광도계의 개략도를 그리시오. 각 주요 구성 요소의 기능을 간략하게 설명하시오.

4.4 UV/VIS 분광법에 사용된 주요 광원을 열거하시오.

4.5 파장이 640 nm인 방사는 20°의 각도로 단순한 격자 단색화 장치로 분산된다. 이 회절 격자(가장 낮은 파장 200 nm)에 의해 동일한 각도로 분산되는 다른 파장의 방사선은 무엇인가?

4.6 PMT의 작동 원리를 설명하시오.

4.7 정성 분석을 위한 도구로서 자외선 흡수 분광학의 한계점은 무엇인가?

4.8

농도(ppm)	흡광도
1.2	0.24
2.5	0.50
3.7	0.71
5.1	0.97
7.2	1.38
9.8	1.82

(a) 위 표에 열거된 데이터로부터 monochlorobenzene을 측정하기 위한 검량선을 그리시오.

(b) monochlorobenzene의 세 가지 시료를 분석을 위해 가져왔다. 시료는 위의 검량선 조건하에서 빛의 (1) 90%, (2) 85%, (3) 80%를 전달하였다. 각 시료에서 monochlorobenzene의 농도는 얼마인가?

4.9 Monochlorobenzene의 여러 시료를 문제 5.8의 교정 곡선을 사용하여 분석을 위해 실험실로 가져왔다. 각 표본의 흡광도는 다음 표에 나열되어 있다.

시료	흡광도
A	0.400
B	0.685
C	0.120
D	0.160
E	3.0

(a) 시료 A에서 D까지 monochlorobenzene의 농도는 각각 얼마인가?

(b) 시료 E의 문제점은 무엇인가? 어떻게 시료 E의 분석을 얻을 수 있는가?

4.10 다음 중 UV 영역에서 흡수할 수 있는 것은?

(a) N_2, (b) O_2, (c) O_3, (d) CO_2, (e) CH_4, (f) C_2H_4, (g) I_2, (h) Cl_2, (i) cyclohexane, (j) C_3H_6.

4.11 산성에서 염기성 용액으로 바뀔 때 페놀프탈레인의 색이 변하는 이유는 무엇인가?

4.12 UV 흡수 스펙트럼이 왜 넓은 대역으로 나타나는가?

4.13 스펙트럼에서 청색 이동과 적색 이동의 원인은 무엇인가?

4.14 D_2 램프가 선스펙트럼이 아닌 연속체를 방출하는 이유는 무엇인가?

4.15 p-n 다이오드는 어떻게 작동하는가?

4.16 다이오드 어레이를 기술하시오.

4.17 UV 분자 형광 및 인광의 과정을 기술하시오.

4.18 형광과 들뜸 광 세기 I_0 사이의 관계는 무엇인가?

4.19 분석물질의 농도가 증가함에 따른 형광 강도의 역전을 설명하시오. 이 오류의 원인은 어떻게 수정되었는가?

4.20 자외선 형광 강도 측정에 사용되는 계측기의 개략도를 그리시오.

4.21 (a) UV 형광에서 어떤 간섭이 발생하는가?

(b) 인광이 분석 측정을 위해 형광만큼 광범위하게 사용되지 않는 이유는 무엇인가?

4.22 퀴닌과 안트라센의 방출 스펙트럼(그림 4.34)으로부터, 퀴닌과 안트라센의 혼합물에서 퀴닌을 결정할 수 있는 파장을 선택하시오. 안트라센에 대하여도 똑같이 하시오. 두 화합물을 구별하기 위해 들뜸 스펙트럼을 사용할 수 있는가? 설명하시오.

참고문헌

Agilent Technologies, *Fundamentals of Modem UV-Visible Spectroscopy*, Publication Number 5980-1397E and the companion *Fundamentals of Modern UV-Visible Spectroscopy Workbook*, Publication 5980-1398E, Agilent Technologies, 2000 (Both publications may be accessed as pdf files at www.chem.agilent.com).

American Public Health Association. *Standard Methods for the Examination of Water and Wastewater*, 18th edn. American Public Health Association: Washington, DC, 1992.

Bain, G. Wine color analysis using the evolution array UV-visible spectrophotometer. Thermo Fisher Scientific Application Note 51852, Thermo Fisher Scientific, Inc., 2013. www.thermoscientific.com.

Boltz, D.F. (ed.) *Colorimetric Determination of Nonmetals*. Interscience Publishers: New York, 1958.

Bradford, M.M. *Anal. Biochem*., 72, 248, 1976.

Brown, C. Ultraviolet, visible and near-infrared spectrophotometers. In *Analytical Instrumentation Handbook*, 2nd edn. Ewing, G.W. (ed.) Marcel Dekker, Inc.: New York, 1997.

Burgess, C.; Knowles, A. (eds.) *Techniques in Visible and Ultraviolet Spectrometry*. Chapman & Hall: London, U.K., 1981.

Callister, W.D., Jr. *Materials Science and Engineering: An Introduction*, 5th edn. John Wiley & Sons: New York, 2000.

Chang, R. *Essential Chemistry*, 2nd edn. McGraw-Hill Companies, Inc: New York, 2000.

Claverie, M.; Johnson, J.E. The determination of extra virgin olive oil from other oils by visible spectroscopy. White Paper, Microspectral Analysis, LLC, 2011. www.microspectralanalysis.com.

Creswell, C.J.; Runquist, O. *Spectral Analysis of Organic Compounds*. Burgess: Minneapolis, MN, 1970.

Dean, J.A. *Analytical Chemistry Handbook*. McGraw-Hill, Inc.: New York, 1995.

Dulski, T.R. *A Manual for the Chemical Analysis of Metals*. American Society for Testing and Materials: West Conshohocken. PA. 1996.

Ewing, G.W. (ed.) *Analytical Instrumentation Handbook*, 2nd edn. Marcel Dekker, Inc.: New York, 1997.

Froelich, P.M.; Guilbault, G.G. In *Practical Fluorescence*, 2nd edn. Guilbault, G.G. (ed.) Marcel Dekker, Inc.: New York, 1990.

Gerardi, D.; Bamett, N.W.; Lewis, S.W. *Anal. Chim. Acta*, *378*, 1, 1999.

Guilbault, G.G. (ed.) *Practical Fluorescence*, 2nd edn. Marcel Dekker, Inc.: New York, 1990.

Hanson, E.K.; Ballantyne, J. *PLoS One*, *5*(9), e12830, 2010.

Haynes, W.M. (ed.) *CRC Handbook of Chemistry and Physics*, 94th edn. CRC Press: Boca Raton, FL, 2013.

Hollas, J.M. *Modern Spectroscopy*, 3rd edn. John Wiley & Sons, Ltd.: England, U.K., 1996.

Huber, L.; George, S.A. (eds.) *Diode Array Detection in HPLC*. Marcel Dekker, Inc.: New York, 1993.

Ingle, J.D., Jr.; Crouch, S.R. *Spectrochemical Analysis*. Prentice Hall, Inc.: Englewood Cliffs, NJ, 1988.

Jaff?, H.H.; Orchin, M. *Theory and Applications of Ultraviolet Spectroscopy*. John Wiley & Sons: New York, 1962.

Johnson, J.E.; Claverie, M.; Wooton, D. The color and turbidity of beer. White Paper, Microspectral Analysis, LLC, 2011. www.microspectralanalysis.com.

Keppy, N.K.; Allen, M.W. The determination of HMF in honey with an Evolution^{TM} array UV-visible Spectrophotometer, Thermo Fisher Scientific Application Note 51864, Thermo Fisher Scientific, Inc., 2013. www.thermoscientific.com.

Lambert, J.B.; Shurvell, H.F.; Lightner, D.; Cooks, R.G. *Introduction to Organic Spectroscopy*. Macmillan Publishing Company: New York, 1987.

Lowry, O.H. et al. *J. Biol. Chem*., *193*, 265, 1951.

McGarry, S.F.; Baker, A. *Quaternary Sci. Rev*., *19*, 1087, 2000.

Meehan, E.J. Optical methods of analysis. In Elving, P.J., Meehan, E., Kolthoff, I.M. (eds.), *Treatise on Analytical Chemistry*, Vol. 7. John Wiley & Sons: New York, 1981.

Owen, A. Tutorial on UV-visible spectroscopy, Agilent Technologies, 2013. www.chem.agilent.com.

Pavia, D.L.; Lampman, G.M.; Kriz, G.S. *Introduction to Spectroscopy: A Guide for Students of Organic Chemistry*, 3rd edn. Harcourt College Publishers: Fort Worth, TX, 200l.

Pisez, M.; Bartos, J. *Colorimetric and Fluorometric Analysis of Organic Compounds and Drugs*. Marcel Dekker, Inc.: New York, 1974.

Purcell, S.; Bamett, N. Using the Agilent Cary Eclipse to measure the chemiluminescence of a ruthenium complex. Application Note, www.chem.agilent.com.

Sandell, E.B.; Onishi, H. *Colorimetric Determination of Traces of Metals*, 4th edn. Interscience: New York, 1978.

Schaffer, J.P.; Saxena, A.; Antolovich, S.D.; Sanders, T.H., Jr.; Wamer, S.B. *The Science and Design of Engineering Materials*, 2nd edn. WCB/McGraw-Hill: Boston, MA, 1999.

Scott, A.I. *Interpretation of the Ultraviolet Spectra of Natural Products*. Pergamon: Oxford, U.K., 1964.

Settle, F.A. (ed.) *Handbook of Instrumental Techniques for Analytical Chemistry*. Prentice Hall, Inc.: Upper Saddle River, NJ, 1997.

Shackelford, J.F. *Introduction to Materials Science for Engineers*, 4th edn. Prentice Hall, Inc.: Upper Saddle River, NJ, 1996.

Silverstein, R.M.; Bassler, G.C.; Morrill, T.C. *Spectrometric Identification of Organic Compounds*, 5th edn. John Wiley & Sons: New York, 1991. (*Note*: The most recent edition of this text [Silverstein, R.M.: Webster, F.X., 6th edn., John Wiley and Sons: New York, 1998] has eliminated entirely the topic of UV spectroscopy.)

Smith, P.K. et al. *Anal. Biochem.*, *150*, 76, 1985.

United States Pharmacopeia and National Formulary, Rockville, MD, 2014.

White, J.W. J. *Assoc. Ojf. Anal. Chem.*, *62*(3), 509, 1979.

Zumdahl, S.S.; Zumdahl, S.A. *Chemistry*, 5th edn. Houghton Mifflin Co.: Boston, MA, 2000.

CHAPTER 05

적외선, 근적외선, 라만 그리고 광음향 분광법

적외선은 1800년에 William Herschel 경에 의해 발견되었다. 그리고 Coblentz가 유기 및 무기 물질의 흡광 스펙트럼을 체계적으로 연구함으로써 적외선 분광학의 기본 틀을 갖추었다. 이로부터 각 화합물이 적외선 흡광 패턴을 가지며, 특정 작용기는 다른 화합물에서도 동일 흡광 파장을 가짐을 보였다. 적외선 스펙트럼은 공유 결합을 가진 물질들을 확인할 수 있는 '지문'의 역할을 한다. 적외선 분광법을 이용하여 유기 및 무기물을 정성적으로 확인한다. 그리고 적외선 스펙트럼은 분자 내에 존재하는 카보닐기 등의 작용기의 존재를 확인하게 해 준다. 적외선 분광법에서는 대부분 **흡광** 스펙트럼이 사용된다. 적외선 흡광법은 정량 분석에 사용될 수도 있다.

요즈음 사용되는 적외선 분광기는 대부분 푸리에 변환 적외선(FTIR) 기기이다. 그러므로 이 장에서는 FTIR 기기를 위주로 설명할 것이다. 그리고 근적외선(NIR) 분광법과 라만 분광법도 설명할 것이다.

화학자들이 관심 있는 적외선 영역은 2~20 μm이다. 전체 적외선 영역은 0.75~2.5 μm의 **근적외선**(*NIR*), 2.5~20 μm의 **중적외선**(*mid-IR*), 20~200 μm의 **원적외선**(*far-IR*)으로 나뉘어진다. 적외선의 영역은 일반적으로 파수로 cm^{-1} 단위를 표시한다. 파장과 파수는 다음 식의 관계를 가진다.

$$\nu = \frac{c}{\lambda} \tag{5.1}$$

여기서 ν는 진동수, c는 빛의 속도, λ는 파장이다.

5.1 분자들의 적외선 흡수

적외선을 흡수한 분자에는 회전이나 진동 에너지의 변화가 일어난다. 대략 100 μm 이상의 파장을 가지는 에너지가 가해지면 기체 상태에서 더 높은 회전 에너지 상태로 전이된다. 1~100 μm 파장 범위의 에너지가 가해지면, 분자들은 더 높은 진동 에너지 상태로 전이된다. 회전 에너지를 변화시키기 위해서는 적은 에너지가 필요하므로, 진동 에너지의 변화는 여러 개의 회전 에너지 변화를 수반한다. 그러므로 기체상 적외선 스펙트럼은 신으로 구성된다. 응축상에서는 회전이 자유롭지 않다. 액체나 고체상 시료에서는 진동 에너지에 해당하는 개개의 피크가 나타나지 않고, 넓은 폭을 가지는 **흡수띠(absorption band)**가 나타난다. 액체나 고체로부터 얻은 스펙트럼이 그림 5.1에 제시되어 있다. 이와 비교하여 기체상에서는 각각의 진동-회전 라인들을 관찰할 수 있다. 그림 5.2에는 기체상 HCl 스펙트럼을 보여 주고 있다. 모든 물질이 적외선을 흡수하지는 않는다. 진동을 할 때 쌍극자 모멘트(dipole moment)의 변화가 있어야 적외선을 흡수한다.

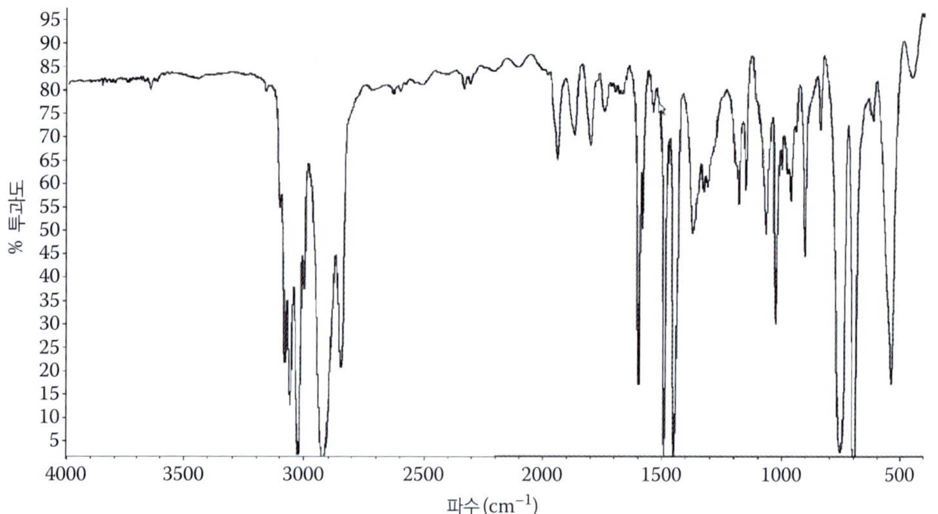

그림 5.1 폴리스타이렌 박막의 FTIR 스펙트럼. y축 단위는 $\%T$, x축은 파수(cm^{-1}). 중수소화 triglycine sulfate(DTGS) 검출기를 가진 Thermo Scientific 6700 FTIR 분광기에서 수집됨. (© Thermo Fisher Scientific, www.thermofisher. com. Used with permission.)

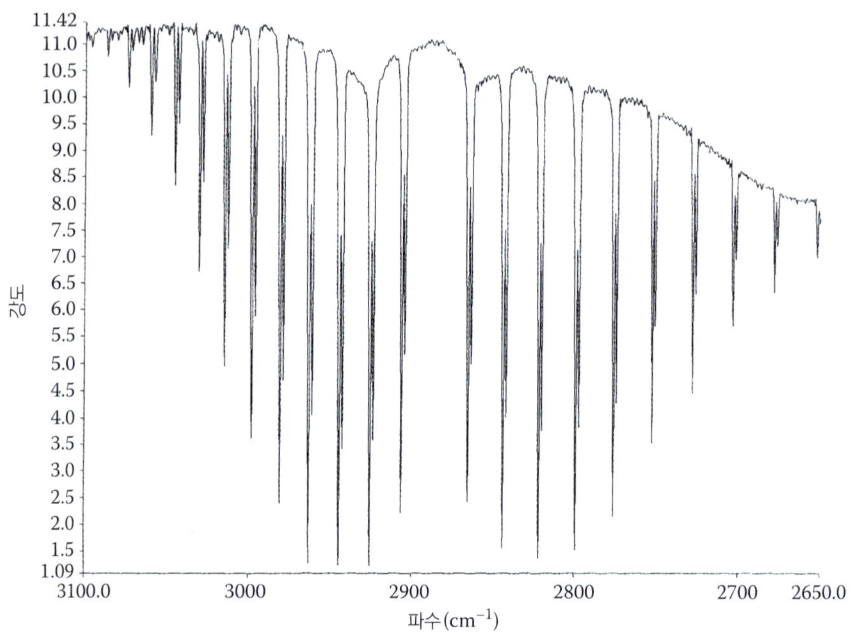

그림 5.2 염화수소(HCl)의 기체상 FTIR 스펙트럼. 스펙트럼은 NaCl 창을 가진 10 cm 기체 셀이 장착된 Paragon 1000 FTIR 분광기로 측정됨. [© **1993–2014 PerkinElmer, Inc. All rights reserved. Printed with permission.** (www.perkinelmer.com).]

5.1.1 | 분자 내 쌍극자 모멘트

쌍극자 모멘트를 가지는 경우, 예를 들어 HF, 진동은 분자 내 쌍극자 모멘트 변화를 야기한다. 이에 반하여 H_2,N_2,O_2,Cl_2 등과 같이 2개의 동일 원자로 이루어진 분자들은 대칭 구조를 가지므로 진동은 쌍극자 모멘트의 변화를 수반하지 않는다. 그러므로 이들 분자들은 적외선 스펙트럼에서 피크를 보이지 않는다. 이에 반해 HCl, CO와 같이 서로 다른 2개의 원자로 구성된 분자는 적외선을 흡수한다.

2개 이상의 원자로 구성된 분자의 경우에는 지속적인 쌍극자 모멘트를 가지는 경우도 있고, 아닌 경우도 있다. 이 경우 적외선 흡광 여부는 분자의 기하학적 모양에 의하여 결정된다. 예를 들어 직선 구조를 가지는 CO_2 분자가 다음의 그림에 제시된 운동을 할 경우, 쌍극자 모멘트가 상쇄되어 변화가 없으므로 적외선 흡광 피크를 나타내지 않는다.

←+ +→
O═C═O

그러나 굽은 구조를 가지는 H_2O 분자의 경우에는 쌍극자 모멘트가 서로 상쇄되지 않으므로 (아래 그림 참조) 흡광 피크를 나타낸다.

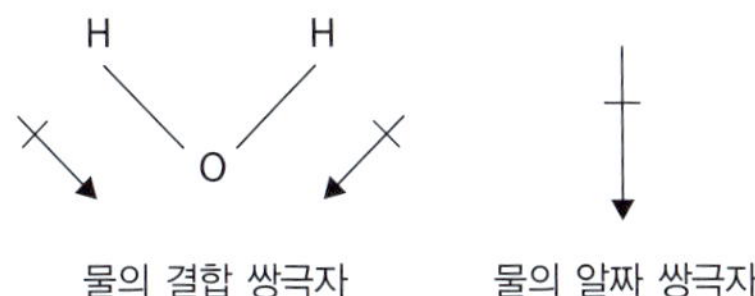

2개 이상의 원자를 가지는 분자의 적외선 흡광성을 예측하는 것은 간단하지 않다. 그러나 여러 개의 원자를 가지는 분자의 경우에 대부분이 적외선 흡광성을 가지므로 이 방법은 응용 범위가 넓다. 다양한 분자들의 흡수 파장이 표 5.1에 제시되어 있다.

표 5.1 분자 진동 및 근사 흡수 주파수(cm^{-1})

분자 그룹	구조		신축	굽힘	
C–H 결합			C→H	C↓H	
메틸렌(알케인)	H | R—C—R | H		2929, 2850	1460	780–760
메틸(알케인)	H | R—C—R | H		2960, 2870	1450	1375
알켄(말단)	H H | / R—C═C \\ H		3080, 2990	1410	890
방향족	(벤젠 고리)		3050	1200	680–900
알데하이드	H / R—C \\\\ O		2820, 2710	1390	
알카인(말단)	R—C≡CH		3300	615–680	
질소 결합		C→N	N→H	N↓H	
일차 아민	H / R—N \\ H	1065	3390, 3330	1610	

분자 그룹	구조	신축			굽힘	
질소 결합		C→N	N→H		N↓H	
이차 아민	R_1–NH–R_2	1150, 850	3330		1610	
삼차 아민	$R_1R_2R_3$N	780				
산소 결합		O→H	C⇒O	C→O		C–O↓H
일차 알코올	R–CH_2–OH	3635		1050, 850		1300
이차 알코올	R_2CH–OH	3625		1100, 830		1300
삼차 알코올	$R_1R_2R_3$C–OH	3615		1150, 780		1360
페놀	C_6H_5–OH	3600		1220		1360
카복실산	R–C(=O)–OH	2500–3000	1710			1420, 925
케톤	R_1R_2C=O		1715			
에터	R–CH_2–O–CH_2–R			1100, 860		
알데하이드	R–C(=O)–H		1730			
C-C 결합		C→C	C⇒O	C⇒O		
알케인	R–CH_2–CH_2–R	800–1200				

분자 그룹	구조	신축			굽힘
C-C 결합		C→C	C⇒O	C⇛O	
알켄	R—C(H)—C=CH_2		1650		
알카인	R—C≡CH			2120	
방향족	C_6H_5—CH_3		1590, 1450		
클로로알케인	R—C(Cl)(H)—R	C→Cl 550−850			

참조: 단일 화살표(→)는 단일 결합 신축 진동, 이중 화살표(⇒)는 이중 결합 신축 진동, 삼중 화살표(⇛)는 삼중 결합 신축 진동을 나타낸다. 수직 화살표(↓)는 굽힘 진동을 나타낸다.

5.2 적외선 흡광 기기

1980년대 초반까지 대부분의 중간-적외선 분광기에서는 3장에서 설명한 겹살형 분산 회절발(double-beam dispersive grating)이 사용되었다. 그러나 현대에는 대부분 FTIR 기기가 사용된다. 이는 FTIR이 분석 속도, 신호-대-잡음비, 파장의 분해능 등의 면에서 우수하기 때문이다. 일부 근적외선 기기에서 겹살형 분산 회절발이 사용되는 경우가 있지만, 많은 근적외선 기기에서 한 개의 분산 회절발이 사용된다.

적외선 분광 기기에 사용되기 위한 첫 번째 조건은 사용되는 물질이 적외선을 흡수하지 않아야 한다는 점이다. 이러한 조건 때문에 유리와 석영은 중적외선 기기에서 사용되지 않는다. 두 번째 조건은 물질이 창문, 시료 셀 등으로 가공될 수 있는 충분한 강도를 가져야 한다는 점이다. 이러한 조건을 만족하는 물질들로는 브로민화 포타슘(potassium bromide), 플로오린화 칼슘(calcium fluoride), 염화 소듐(sodium chloride, 암염), 셀레늄화 아연(zinc selenide) 등이 있다. 마지막 조건은 사용 가능한 파장 범위에 의하여 결정된다. 예를 들어 염화 소듐은 2.5~15 μm 영역의 빛을 흡수하지 않는다. 브로민화 포타슘은 2.1~2.6 μm 영역, 플로오린화 칼슘은 2.4~7.7 μm 영역의 빛을 흡수하지 않는다. 다양한 물질들에 대한 정보가 표 5.2에 제시되어 있다. 이들의 문제점은 물에 잘 녹는다는 점이다. 공기 중에 존재하는 미량의 수분이 물질의 표면을 흐려지게 한다. 그러므로 이런 물질들은 보관에 주의하여야 한다.

5.2.1 | 광원

적외선 광원은 이상적으로 다음 조건을 만족하여야 한다. 첫째, 원하는 파장 영역에서 연속적이고, 둘째, 넓은 파장 범위를 가지며, 셋째, 긴 시긴 동안 일정한 양의 빛을 생성해야 한다. 그림 5.3은 흑체 광원의 온도에 따른 파장 범위를 보여 준다.

5.2.1.1 중적외선 광원

중적외선 광원은 대부분 전기적으로 가열된 세라믹 봉이나 감겨진 선을 이용하여 만들어진다.

네른스트 발광체(Nernst glower)는 원통형의 산화 지르코늄(zirconium oxide), 산화 세륨(cerium oxide), 산화 토륨(thorium oxide)으로 이루어져 있다. 이 물질들은 전기적으로 1500~2000 K 사이의 온도로 가열된다. 광원은 일반적으로 길이 20 mm, 지름 2 mm로 만들어진다.

표 5.2 중적외선 광학에 쓰이는 일반적인 물질들

물질	투과 범위 (μm)	용해도 (g/100 g 물)	굴절률 (RI)	참고
Sodium chloride(NaCl)	0.25–16	36	1.49	가장 많이 사용됨. 투과 위가 적당하고 가격이 쌈.
Potassium chloride(KCl)	0.30–20	35	1.46	NaCl보다 투과 범위가 넓음. 레이저용 창으로 사용됨.
Potassium bromide(KBr)	0.25–26	65	1.52	많이 사용됨. 넓은 투과 범위를 가짐.
Barium fluoride(BaF_2)	0.2–11	0.1	1.39	매우 부서지기 쉬움.
Cesium iodide(CsI)	0.3–60	160	1.74	60 μm까지 투과됨.
Cesium bromide(CsBr)	0.3–45	125	1.66	
Thallium bromide/iodide eutectic(KRS-5)	0.6–40	<0.05	2.4	수분이 문제가 될 때에 원적외선에서 내부 반사용으로 사용됨.
Strontium fluoride(SrF_2)	0.13–11	1.7×10^{-3}		열충격에 강함.
Silver chloride(AgCl)	0.4–25	1.5×10^{-4}	2.0	UV 빛을 통과시키지 않음.
Silver bromide(AgBr)	0.5–35	1.2×10^{-5}	2.2	UV 빛을 통과시키지 않음.
Germanium	2–11	불용성	4.00	
용융 실리카(Fused silica)	0.2–4.5	불용성	1 μm에서 1.5	NIR에 가장 적합함.
Magnesium fluoride (MgF_2)	0.5–9	불용성	5 μm에서 1.34	이것과 다음 다섯 재료는 Irtran® 1~6로 상용화 됨.
Zinc sulfide(ZnS)	0.4–14.5	불용성	2.2	
Calcium fluoride(CaF_2)	0.4–11.5	불용성	1.3	
Zinc selenride(ZnSe)	0.5–22	불용성	2.4	
Magnesium oxide(MgO)	0.4–9.5	불용성	5 μm에서 1.6	
Cadmium telluride(CdTe)	0.9–31	불용성	2.7	

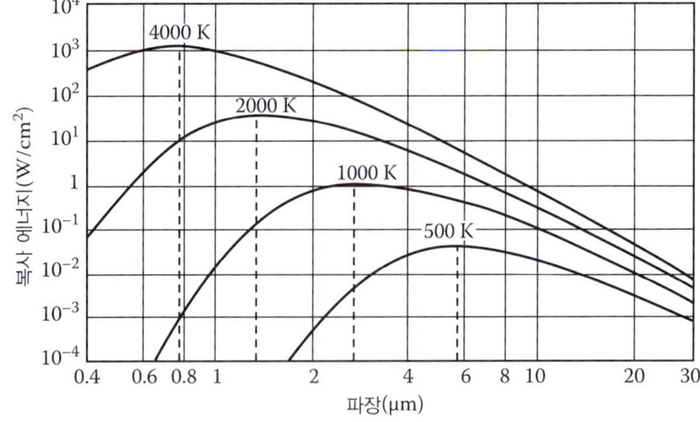

그림 5.3 다양한 온도에서 작동하는 흑체원에 대한 복사 에너지 분포 곡선. (From Coates, J., Vibrational spectroscopy, in Ewing, G.W., ed., *Analytical Instrumentation Handbook*, 2nd edn., Marcel Dekker, Inc., New York, 1997. With permission.)

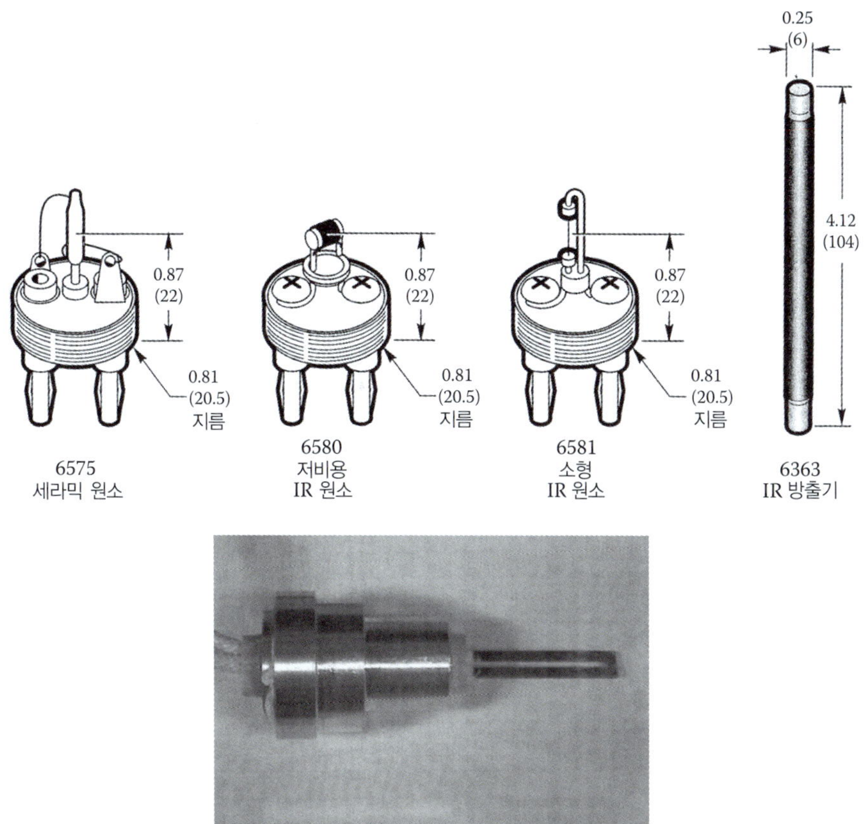

그림 5.4 상용 IR 방사선원. (위)다양한 디자인. 치수는 인치 및 (mm) 단위로 표시되어 있음. (Courtesy of Newport Corporation, Irvine, CA, www.newport.com.). (아래)PerkinElmer Spectrum One 기기에서 사용된 FTIR 원 요소. 세라믹/금속 합성물로 만들어졌고, 원소의 끝까지 핫스폿을 최소화하도록 설계되었다. 끝에 5mm만 켜짐. [© **1993–2014 PerkinElmer, Inc. All rights reserved. Printed with permission.** (www.perkinelmer.com).]

글로바(Globar)는 실리콘 카바이드(silicon carbide)로 제작된 원통형 물질이 전기적으로 가열되어 적외선 빛을 발생하는 것이다. 글로바는 네른스트 발광체보다 더 강한 빛을 발생한다. 현내 FTIR 기기에서는 슬릿이 사용되지 않기 때문에 작은 구조로 만들 수 있다. 그림 5.4에서 보듯이 다양한 모양과 크기로 광원을 만들 수 있다. 이러한 광원에서 만들어지는 빛을 흑체 광원에서 발생되는 빛과 비교한 데이터가 그림 5.5에 제시되어 있다.

전기적으로 가열된 감겨진 코일도 광원으로 성공적으로 사용되고 있다. 이러한 코일은 약 1100도로 가열된다. 현재 사용되는 중적외선 영역 광원은 코일이나 글로바의 변형이 사용된다.

5.2.1.2 근적외선 광원

그림 5.3에서 보듯이, 중적외선 광원을 더 높은 온도(> 2000 K)에서 작동하여 근적외선 빛을 더욱 강하게 만들 수 있다. 그러나 매우 높은 온도에서 작동하는 것은 많은 열 발생과, 광원 물질의 빠른 소모 때문에 현실적이지 않다. 근적외선 영역에서는 수정-할로젠 램프가 광원으로 사용된다. 수정-할로젠 램프는 텅스텐 전선으로 만들어진 필라멘트와 수정으로 만들어진 전구 모양 안에 밀봉되어 있는 아이오딘 기체로 이루어진다. 할로젠 기체는 기화된 텅스텐이 다시 필라멘트에 입혀지는 역할을 한다. 이 광원은 일반적인 텅스텐 광원보다 더 강한 빛을 방출한다. 이 광원에서 방출되는 빛의 범위는 25,000~2,000 cm^{-1}이다. 그림 5.6에는 일반적인 상용 수정 텅스텐-할로젠 램프와 광원에서 방출되는 빛의 파장 및 세기 범위를 보여 준다.

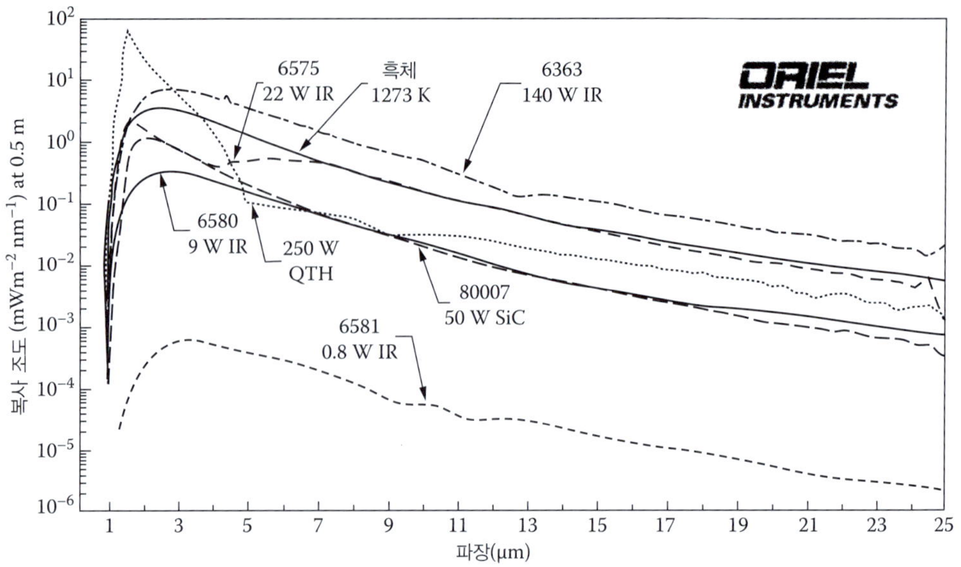

그림 5.5 실리콘 카바이드 광원(SIC) 및 근적외선 석영 텅스텐-할로젠 램프(QTH)를 비롯한 다양한 상업용 적외선 광원의 스펙트럼 출력. 1273K에서의 흑체 곡선이 비교를 위해 포함됨. (Courtesy of Newport Corporation, Irvine, CA, www.newport.com.)

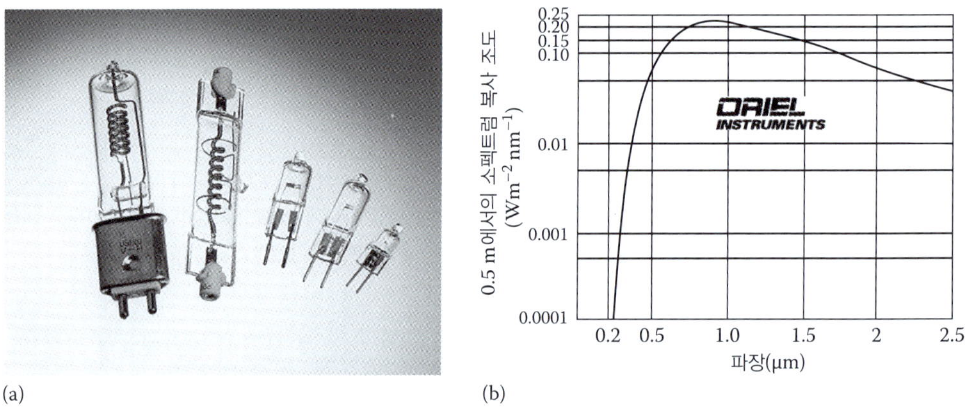

그림 5.6 (a) NIR 영역에서 사용되는 상용 석영 텅스텐-할로젠 램프. 램프는 석영 내부에 도핑된 텅스텐 코일 필라멘트를 넣어서 제작됨. 희귀 기체와 소량의 할로젠 기체가 포함되어 있음. (b) 모델 6315 1000 W 석영 텅스텐-할로젠 램프의 스펙트럼 출력. 피크의 위치와 높이는 램프 모델과 작동 조건에 달려 있음. (Courtesy of Newport Corporation, Irvine, CA, www.newport.com.)

5.2.1.3 적외선 레이저 광원

두 가지 형태의 적외선 레이저가 사용되는데 기체상 그리고 고체상 레이저이다. 파장 가변 이산화 탄소 레이저가 기체상 레이저의 예이다. 이 레이저는 1100~900 cm^{-1} 영역의 광을 방출한다. 파장 가변 기체상 레이저는 비싸지만, 고체상 다이오드 레이저는 상대적으로 저렴하다. 여러 가지 고체상 다이오드 레이저를 이용한 기기들이 음식이나 연료를 근적외선 범위에서 측정할 수 있도록 만들어져 시판되고 있다. 레이저는 좁은 범위의 빛을 방출하므로 특정 분석물의 분석에 전용으로 사용된다. 고체상 다이오드 레이저는 공정 및 품질 관리에 유용하게 사용되지만, 파장 가변 레이저처럼 다양한 용도로는 사용될 수 없다.

5.2.2 | 간섭계(interferometer)

Coates는 1997년도에 약 95%에 해당하는 적외선 기기들이 FTIR이라고 하였으며, 이는 더욱 증가하였을 것으로 판단된다. 따라서 앞으로의 설명은 Michelson 간섭계를 사용하는 FTIR에 한정될 것이다.

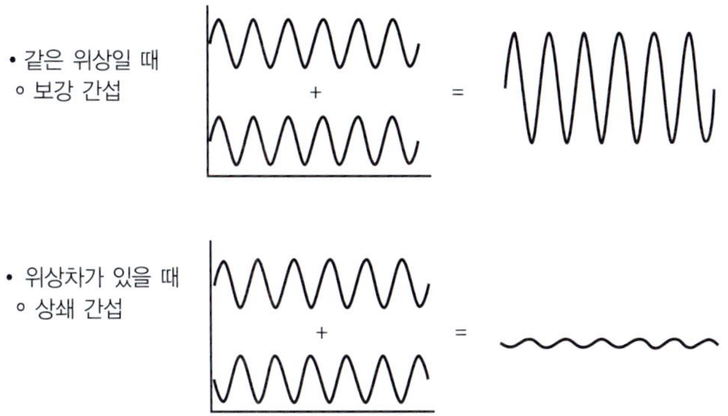

그림 5.7 파동의 상호작용. (위)두 파동이 같은 위상을 가질 때 보강 간섭이 발생함. (아래)상쇄 간섭은 두 파동이 서로 위상차가 있을 때 발생함. (© Thermo Fisher Scientific, www.thermofisher.com. Used with permission.)

5.2.2.1 FT 분광기

만약 같은 파장을 가지는 두 빛살이 같은 상으로 모아지면, 그 빛살은 보강된다. 그러나 두 개의 빛살이 다른 상으로 모아지면, 빛이 상쇄되어 세기가 줄어든다. 이러한 효과는 두 빛살의 위상차가 180°일 때 최대가 된다(그림 5.7 참조). FT 기기에서는 이러한 점을 이용한다. FT 기기는 그림 5.10에 제시된 Michelson 간섭계에 기반을 둔다. 이 시스템은 4개의 빛 경로와 (일반적으로 서로 직각을 이룸) 이들이 겹치는 영역에 있는 **빛살 분할기**(*beam splitter*)로 이루어져 있다. 입사 빛살은 분할기에 의하여 대략 같은 강도를 가지는 두 개의 빛살(서로 직각을 이룸)로 나뉘어진다. 각 빛살은 두 개의 다른 거울에 의하여 반사되어 다시 빛살 분할기로 돌아온다. 이때 두 개의 빛살은 합쳐져서 함께 검출기로 반사된다. 두 개의 거울 중 하나는 고정되어 있고, 다른 거울은 빛살 분할기와 가까워지거나 멀어지도록 이동시킨다.

이때 거리가 변하면서 빛살 분할기에 의하여 나누어진 빛 간에 경로차가 발생하고, 보강 및 상쇄 간섭이 일어난다. 그림 5.8은 경로차에 의해 발생하는 빛의 세기 변화를 보여 준다. 한 개의 거울은 고정되어 있고, 다른 거울은 일정한 속도로 움직인다. 그림 5.8에 보인 빛의 변화는 일정한 주기를 가지는데, 그 주기는 식 5.2로 표현된다.

$$f = \frac{2}{\lambda}(v) \tag{5.2}$$

여기서 f는 주파수, v는 움직이는 거울의 속도, λ는 복사선의 파장이다.

변형된 빛의 주기는 거울이 움직이는 속도에 비례하고 빛의 원래 파장에 반비례한다.

실제로 사용되는 적외선 광원은 다양한 파장을 발생한다. 광원에서 발생하는 모든 파장의 빛이 모여 간섭계로 간다. 각 파장의 빛은 고유한 코사인파를 생성하고, 검출기에는 다양한 코사인파가 더해져서 도착한다. 다양한 파장의 빛을 생성하는 광원으로부터 만들어진 이상적인 간섭그림(interferogram)이 그림 5.9에 제시되어 있다. 간섭그림은 광원(혹은 시료)으로부터 나오는 정보를 시간축으로 나타낸다.

만약 각각의 고유한 코사인파를 간섭그림으로부터 추출할 수 있다면 각 파징의 빛에 대한 정보를 얻을 수 있다. 이러한 정보는 푸리에 변환에 의하여 추출될 수 있다. 간섭그림을 푸리에 변환으로 처리하여 각 파장에 대한 정보를 가지는 스펙트럼을 얻는다. 이러한 이유로 이 기술은 FTIR이라 불리게 되었다.

FTIR은 기존에 사용되던 분광형 IR과 비교하여 많은 장점을 가진다. FTIR에서는 시료가 광원에서 나오는 모든 파장의 빛에 한꺼번에 노출되므로, 모든 파장이 1초 내에 측정된다. 이러한 장점을 **멀티플렉스**(*multiplex*) 혹은 **펠젯의 장점**(*Fellgett's advantage*)이라고 하고, 이러한 장점은 감도와 분해능을 크게 향상시킨다. 멀티플렉스 장점으로 인하여 짧은 시간 내에 시료로부터 많은 수의 스펙트럼을 얻을 수 있다. FTIR은 단색화 장치(monochromator)를 사용하는 기기와 비교하여 더욱 정밀하며 정확하다(**콘의 장점**,

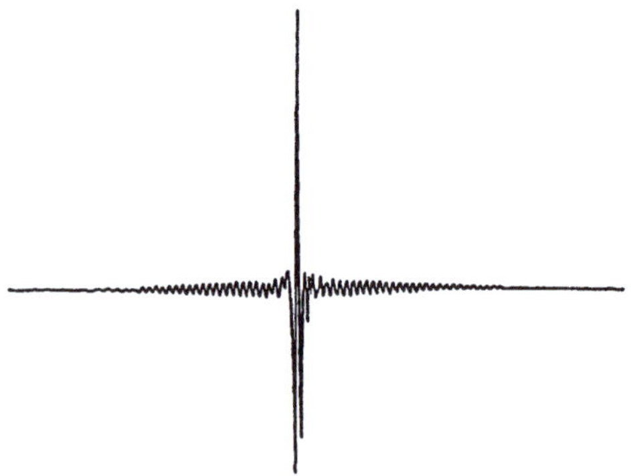

그림 5.8 이상적인 간섭그림. (From Coates, J., Vibrational spectroscopy, in Ewing, G.W., ed., *Analytical Instrumentation Handbook*, 2nd edn., Marcel Dekker, Inc., New York, 1997. With permission.)

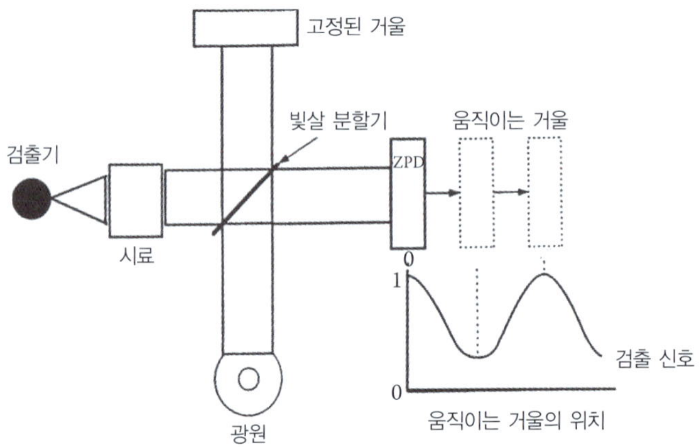

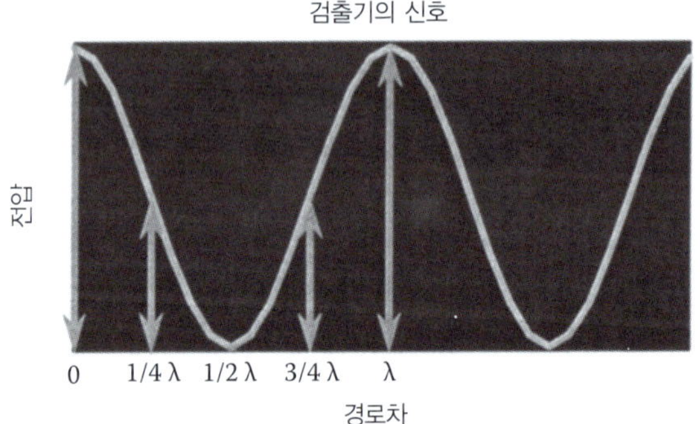

그림 5.9 (위) 단색광으로부터 이동 거울의 변위를 이용한 간섭그림의 생성을 보여 주는 간단한 개략도. (Modified from Coates, J., Vibrational spectroscopy, in Ewing, G.W., ed., *Analytical Instrumentation Handbook*, 2nd edn., Marcel Dekker, Inc., New York, 1997. With permission.) (아래) 파장 λ의 단색광에 대한 이동 거울과 고정 거울 사이의 거리를 함수로 하는 검출기 신호의 확대도. (© Thermo Fisher Scientific (www.thermofisher.com). Used with permission.)

Conne's advantage). 다른 장점은 슬릿이 없기 때문에 버려지는 빛이 없어서 기존의 기기와 비교하여 더 많은 양의 빛이 검출기에 도착한다는 점이다. 이는 검출기에 더 많은 양의 에너지가 전달됨을 의미하며, 이를 **자퀴노트의 장점**(*Jacquinot's advantage*)이라고 한다. FTIR을 기존의 분산형 IR과 비교한 결과가 표 5.3에 제시되어 있다.

표 5.3 기존의 분산형 IR과 FTIR 기기의 비교

분산형 IR	FTIR
움직이는 부품이 많아서 기계적 미끄러짐이 발생할 수 있음.	실험 중 한 개의 거울만 움직임.
기준 스펙트럼을 이용한 교정을 자주해야 함.	레이저를 사용하여 높은 파장 정밀도(0.01 cm^{-1})를 얻을 수 있음(Connes의 장점)
기기 안 미광(stray light)이 잘못된 값을 줄 수 있음.	미광이 검출기에 영향을 미치지 않음.
분해능을 높이기 위하여 작은 양의 IR 빛살을 슬릿 사이로 통과시킴.	넓은 빛살 입구가 사용됨: 높은 에너지 처리량을 가짐(Jacquinot의 장점)
한 번에 좁은 파장 범위를 가지는 빛만 검출기에 도착함.	모든 파장의 빛이 검출기에 동시에 도착함: 빠르게 향상된 감도로 측정을 할 수 있음(multiplex 또는 Fellgett의 이득).
스캔 속도가 늦기 때문에 빠른 변화를 하는 시료를 측정하기 어려움(예: 기체 크로마토그래피 용출액)	빠른 측정으로 급격하게 변하고 있는 시료를 모니터링이 가능함.
스캔 시간이 길기 때문에 시료가 열변형될 수 있음.	짧은 스캔 시간: 시료가 열에 영향을 받지 않음.
시료에서 방출되는 IR 빛이 검출기에 도착하게 됨. 이는 통상적으로 시료가 단색화 장치 앞에 놓이기 때문임.	시료에서 방출되는 IR이 검출되지 않음.
겹살형 광을 통하여 실시간으로 배경 스펙트럼을 제거할 수 있음.	홑살형 광: 시료 스펙트럼과 배경 스펙트럼이 다른 시간에 얻어짐. 배경 스펙트럼을 자주 측정하지 않으면 오차가 생길 수 있음.

5.2.3 | 검출기

적외선의 검출기는 2가지 종류가 있는데, 열검출기와 광자 검출기이다. 표 5.4에는 적외선 분광기에 사용되는 다양한 검출기들이 비교되어 있다.

5.2.3.1 골레이 검출기

골레이 검출기(Golay detector)는 작은 셀(cell)에 제논(Xenon)과 같이 흡광도를 가지지 않는 기체를 채워서 만든다. 셀의 가운데에는 검은 필름(blackened film)이 놓인다. 적외선이 검은 필름에 흡수되면 열이

표 5.4 적외선 분광기에 사용되는 검출기들

근적외선 (12,000~3,800 cm^{-1}; 0.8 μm)	중적외선 (4,000~400 cm^{-1}; 2.5~25 μm)	원적외선 (400~20 cm^{-1}; 25~500 μm)
InGaAs(12,000~6,000 cm^{-1})		
PbSe(11,000~2,000 cm^{-1})		
InSb(11,500~1,850 cm^{-1})		
mercury cadmium telluride (MCT) (11,700~400 cm^{-1})	MCT(11,700~400 cm^{-1})	
DTGS/KBr(12,000~350 cm^{-1})	DTGS/KBr(12,000~350 cm^{-1})	
	광음향(10,000~400 cm^{-1})	
	DTGS/CsI(6,400~200 cm^{-1})	
		DTGS/PE(700~50 cm^{-1})
		Si 블로미터(600~20 cm^{-1})

출처: Thermo Fisher Scientific (www.thermofisher.com). Used with permission.

전달되어 온도가 올라간다. 온도가 올라가면 셀에 있는 기체의 온도가 올라가고 압력이 올라가서 빛에 대한 굴절률이 바뀐다. 셀의 면에는 거울이 있어서 외부에서 쪼여주는 빛을 반사한다. 굴절률의 변화는 반사되는 빛의 양의 변화를 야기한다. 결과적으로, 셀에 들어오는 빛의 강도 변화는 검출기 신호의 변화를 야기한다. 이 검출기의 중요한 장점은 넓은 파장 범위에서 사용할 수 있다는 점이다. 자외선, 가시광선, 적외선, 마이크로파를 포함하는 넓은 범위에서 선형 감응을 보인다. 골레이 검출기의 반응 시간은 10^{-2} s로 다른 검출기보다 상대적으로 빠르다. 현대 IR 기기에서는 잘 사용되지 않지만 다른 형태로 변형되어 사용되고 있다.

5.2.3.2 열전기 검출기

열전기 물질은 온도에 따라 전기적 양극성이 바뀐다. 이러한 물질로는 유전체(dielectric insulator), 반도체 등이 있다. 전기장에 놓인 유전체에는 양극성이 유도된다. 양극성의 정도는 가해진 전기장과 유전체 상수에 의해 결정된다. 대부분의 물질들은 전기장이 없어지면 양극성을 잃는다. 그러나 열전기 물질은 전기장이 없어져도 계속 양극성을 가지며 양극성의 정도는 온도에 따라 변한다.

열전기 검출기(pyroelectric detector)에는 열전기 물질이 두 개의 전극 사이에 놓인다. 이는 온도에 따라 변화하는 축전기(capacitor)의 역할을 한다. 적외선이 가해지면 온도와 열전기 물질의 양극성이 바뀐다. 양극성의 변화는 전극에 흐르는 전류의 변화로 나타난다. 신호 세기는 온도에 따른 양극성의 변화 속도와 열전기 물질의 표면적에 따라 변한다. 많이 사용되는 열전기 물질에는 DTGS[$(NH_2CH_2COOH)_3H_2SO_4$에서 수소를 중수소(D)로 바꾼 물질], lithium tantalate($LiTaO_3$), strontium barium niobate 등이 있다.

5.2.3.3 광자 검출기

광자 검출기(photon detector)에는 빛이 가해지면 전도체로 바뀌는 반도체를 이용한다. 빛이 가해지면 저항이 크게 변하므로 적외선에 대하여 매우 빠르게 반응한다. 반도체 검출기의 반응 속도는 부도체에서 도체로 바뀌는 시간이며 일반적으로 1 ns이다.

중적외선과 근적외선 검출에 사용되는 반도체로는 lead selenide(PbSe), indium antimonide(InSb), indium gallium arsenide(InGaAs), mercury cadmium telluride(HgCdTe, MCT) 등이 있다. 이러한 검출기는 낮

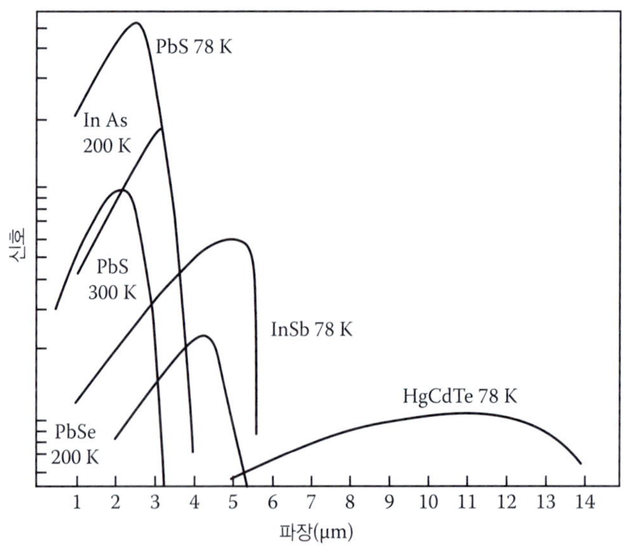

그림 5.10 다양한 반도체 검출기의 스펙트럼 응답. 켈빈 단위의 작동 온도가 물질 옆에 제시됨.

은 온도로 유지되어야 한다. 예를 들어 MCT는 77 K에서 작동하므로 액체 질소를 이용해야 한다. 몇 가지 반도체 검출기의 파장에 따른 감응이 그림 5.10에 제시되어 있다.

반도체 검출기는 감도가 높고 속도가 빠르다. 빠른 감응 시간은 빠른 적외선 신호 검출을 가능하게 한다. 빠른 감응은 FTIR과 연관된 기술들(예를 들어 GC-IR)의 응용에 적합하다. 이러한 검출기의 높은 감도는 IR 현미경, 마이크로 샘플링 등을 가능하게 하였다.

5.3 시료 채취법

적외선 분광법은 고체, 액체, 기체 상의 시료를 모두 측정할 수 있는 소수의 분석법 중 하나이다. 시료 채취법의 선택은 분석의 목적, 즉 정성 혹은 정량, 사용 가능한 시료의 양, 시료의 소모량 등에 의해 결정된다. 시료에 포함되어 있는 물의 양도 매우 중요한 요소인데, 이는 적외선 분광법에 사용되는 물질들이 물에 잘 녹기 때문이다. 다른 상의 물질들을 채취하기 위해서는 다른 방법이 사용되어야 한다.

5.3.1 | 흡광 혹은 투광 방법

흡광(absorption)은 가장 오래되고 가장 기본적인 적외선 분광법이며 FTIR과 분산형 IR에 모두 사용된다. 흡광 분석은 다양한 종류의 시료에 적용이 가능하고 정성 및 정량적 측정이 가능하다. 흡광 분석을 이용하여 적은 비용으로 최대의 감도와 높은 시료 처리 속도를 얻을 수 있다. 단점으로는 많은 양의 시료 처리를 해야 한다는 점이다.

시료를 준비하기 위하여 사용되는 물질들은 적외선을 흡수하지 않아야 하며 이는 시료 용기 물질로 NaCl, KBr 등의 염으로 한정시킨다. 일반적으로 많이 사용되는 물질들이 표 5.2에 제시되어 있다.

5.3.1.1 고체 시료

고체 시료를 분석하기 위하여 세 가지 전통적인 방법들이 있는데 이는 섞거나, 펠렛으로 만들거나(pelleting), 얇은 필름으로 입히는 방법이다. 첫째로 시료를 2 μm 이하의 지름을 가지도록 잘게 부순다. 빛의 분산을 줄이기 위하여 작은 입자로 만드는 것이 중요하다. 2~4 mg의 적은 양의 시료를 파라핀 오일이나 그리스를 이용하여 진한 슬러리로 만든다. 진한 슬러리를 염으로 만들어진 두 개의 판 사이에 넣고 압력을 가하여 얇은 막이 되도록 한다. 이 방법은 정성적 측정에는 적합하지만 정량적 측정에는 적합하지 않다. 중적외선 영역 전체를 커버하기 위하여 두 개의 슬러리용 시약을 사용한다.

두 번째 방법은 KBr 펠렛을 이용하는 방법인데, 1 mg의 잘게 갈아진 고체 시료 입자(< 2 μm)들을 100 mg의 건조한 KBr과 섞는다. 섞인 고체를 진공 상태에서 매우 높은 압력(> 50,000 psi)으로 눌러서 1 cm 정도의 지름을 가지는 작은 디스크 형태로 만든다. KBr 펠렛을 만들기 위하여 사용되는 도구가 그림 5.11에 제시되어 있다. 잘 만들어진 KBr 펠렛은 유리같이 보인다. 디스크 자체는 적외선을 흡수하지 않으므로 적외선 기기에서 바로 측정할 수 있다.

KBr을 마른 상태로 유지하는 것이 매우 중요하다. 잘 마른 KBr이라도 물의 피그가 관찰되는 경우가 있는데, 이는 KBr의 흡습성이 매우 뛰어나기 때문이다. KBr을 이용하여 스펙트럼을 얻는 경우, 시료 없이 KBr만으로 만들어진 블랭크(blank) 시료를 측정하는 것이 매우 중요하다. 나이트리지(Nitrage) 등의 불순물을 포함하는 경우 KBr이 적외선을 흡수할 수 있다. 그러므로 적외선 순도의 KBr을 사용하는 것이 중요하다. 스펙트럼의 질을 결정하는 다른 요소는 잘 섞는 것과 작은 입자 크기를 유지하는 것이다.

세 번째 방법은 고체 시료를 KBr이나 NaCl 판의 표면이나 1회용 카드에 막으로 입히는 것이다. 이를 위하여 고체 시료를 증발시키거나 녹은 시료의 얇은 막이 고체가 되도록 한다. IR이 입혀진 얇은 막을 통과하게 함으로써 측정이 이루어진다.

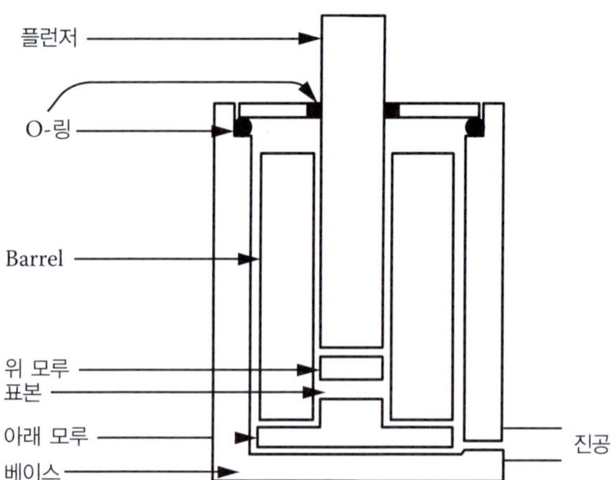

그림 5.11 주요 IR 구성 요소의 배열을 보여 주는 전형적인 IR 펠렛 다이의 개략도. (Reprinted from Aikens, D.A. et al., *Principles and Techniques for an Integrated Chemistry Laboratory*, Waveland Press, Inc., Prospect Heights, IL, 1978, Reissued 1984. All rights reserved. With permission.)

고체 시료로부터 흡광 스펙트럼을 얻는 새로운 방법은 **다이아몬드 모루 셀**을 사용하는 것이다. 다이아몬드는 대부분의 2000 cm^{-1} 부근의 넓은 피크를 제외하고는 중적외선 영역에서 흡수하지 않는다. 고체 시료를 작은 2개의 평행한 다이아몬드 면 사이에 넣고 시료의 얇은 막을 만든다. 다이아몬드의 강도가 높으므로 매우 높은 압력을 사용할 수 있다. 결과적으로 얻어지는 매우 딱딱한 물질로부터 적외선 스펙트럼을 얻는다.

일반적으로, 고체 시료의 스펙트럼은 정성적인 측정에 사용되지만 정량적인 측정에는 사용되지 않는다. 고체 시료의 스펙트럼은 시료가 IR을 흡수하지 않는 액체에 녹지 않는 경우에 사용된다.

5.3.1.2 액체 시료

적외선 측정을 위하여 가장 다루기 쉬운 시료가 액체 시료이다. 많은 액체 시료들이 특별한 준비 없이 측정될 수 있다. 휘발성이 없는 경우 액체의 방울을 두 개의 염(salt)으로 만들어진 판 사이에 넣고 누른다. 염 판은 모세관 현상에 의하여 혹은 클램프에 의하여 결합된다. NaCl, KBr, AgCl이나 유사한 염들이 사용된다.

다음의 몇 가지 이유들로 인해 농도가 낮은 용액을 이용하는 것이 선호된다. 스펙트럼의 반복성이 좋고, 희석되지 않은 시료가 너무 강하게 빛을 흡수하는 문제를 방지한다. 적외선 측정을 위하여 일반적으로 사용되는 용매와 사용 가능한 영역이 그림 5.12에 표시되어 있다. 한 개의 용매가 전체 적외선 영역에서 투명하지 않으므로 분석자는 파장에 적합한 용매를 선택하여야 한다.

액체를 측정하기 위하여 사용하는 셀은 0.1~1 mm의 경로 길이(path length)의 닫힌 공간과 두 개의 염 창문(salt window)을 가진다. 어떤 셀은 일정한 경로 길이를 가지고, 어떤 셀은 경로 길이를 조정할 수 있다. 이러한 셀에서는 그림 5.13a에 제시되어 있듯이 분해시킨 후 간격 띄우개(spacer)를 중간에 끼워 넣음으로써 길이를 조절할 수 있다. 창문과 간격 띄우개는 입구와 출구를 가진다. 주사기를 이용하여 한쪽 입구에 시료를 주입하는데 다른 입구로 시료가 나올 때까지 계속 주입한다. 정량적인 측정을 위하여 1~10% 용액을 사용한다. 겹살형 분산 적외선 측정에서는 두 개의 셀을 이용하여 용매의 흡광을 보정해 준다.

5.3.1.3 기체 시료

기체 시료는 KBr 윈도우, 유리나 금속으로 만들어진 지지체, 기체가 들어가고 나오는 입구 및 출구 두 개로 구성되어 있다. 기체 시료는 액체나 고체와 비교하여 농도가 훨씬 낮다. 낮은 농도를 극복하기 위

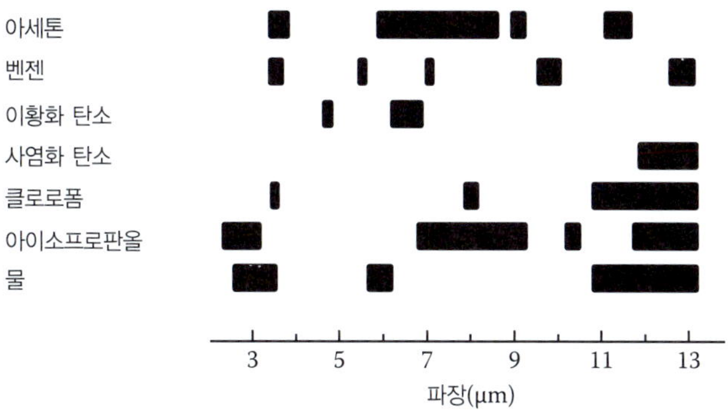

그림 5.12 일부 일반적인 용제의 IR 흡수 특성. 0.1 mm 셀(물은 0.01 mm) 사용 시 강한 IR 흡광도의 영역을 검은색으로 표시함. 더 긴 셀 경로는 흡수하는 영역을 확장하고, 어떤 경우에는 흡수가 중요한 새로운 영역을 도입한다. (Reprinted from Aikens, D.A.et al., *Principles and Techniques for an Integrated Chemistry Laboratory*, Waveland Press, Inc., Prospect Heights, IL, 1978, Reissued 1984. All rights reserved. With permission.)

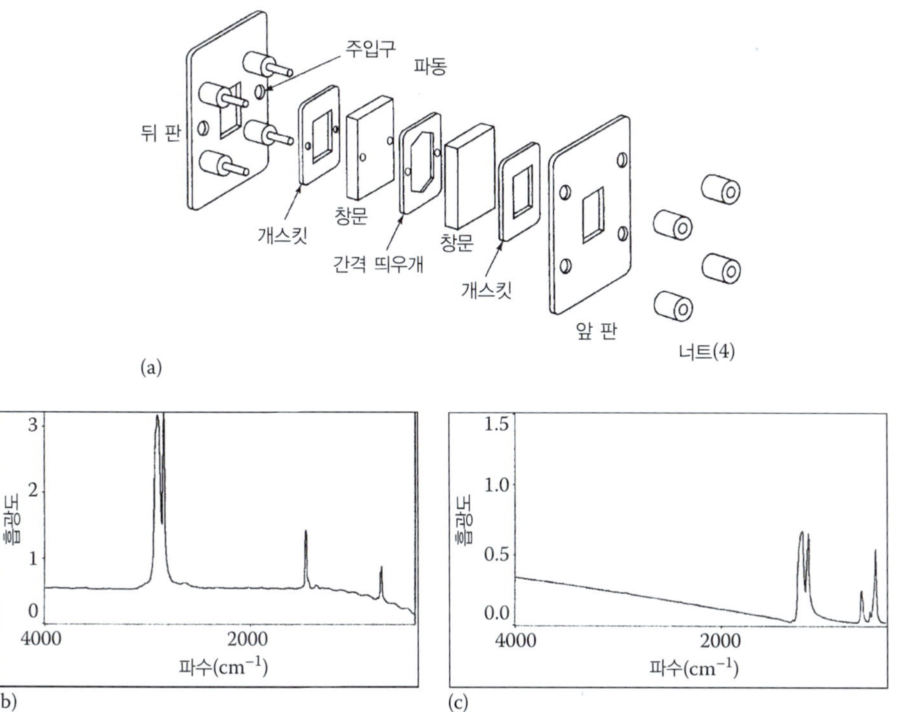

그림 5.13 (a) '분해된' 상태로 나타낸 액체 시료의 표준 탈착 가능 셀. 간격 띄우개는 테프론 또는 금속재질임. 사용된 간격 띄우개의 폭은 조립된 셀의 경로 길이를 결정함. 조립된 셀을 밀봉하기 위해 네 개의 나사가 고정됨. 일단 셀이 조립되면, 주사기를 이용하여 시료를 주입함. 배면판의 입구 포트에는 주사기(도시되지 않음)용 피팅이 장착된다. 출구 포트는 입구 구멍 맞은편의 뒤 판의 구멍임. 액체가 출구 포트의 상단에 나타날 때까지 시료 주입함. 플러그를 입구와 출구 포트에 넣고 셀을 밀봉함. [**© 2000–2014 PerkinElmer, Inc. All rights reserved. Printed with permission.** (www.perkinelmer.com).] (b) 및 (c)는 중합체 필름 윈도우가 있는 2개의 상업용 일회용 IR 카드를 사용하여 얻은 흡광도 스펙트럼을 보여준다. 중합체의 선택은 연구되어야 할 스펙트럼의 영역에 달려 있다. 폴리테트라플루오르에틸렌(PTFE) (c)는 C–H 신축 영역을 측정할 필요가 있을 때 사용되며 폴리에틸렌 (b)는 그 용도에 적합하지 않다. (© Thermo Fisher Scientific (www.thermofisher.com). Used with permission.)

하여 기체 셀은 긴 길이를 가진다. 기체를 위한 적외선 측정 셀은 일반적으로 10 cm의 길이를 가진다. 10 cm 셀도 있지만, 대부분의 경우 반복 반사를 통하여 경로 길이를 늘린다. 상업적으로 판매되는 셀에는 2, 10, 20, 40, 120 m까지의 길이도 가능하다. 이러한 셀의 예가 그림 5.14에 제시되어 있다.

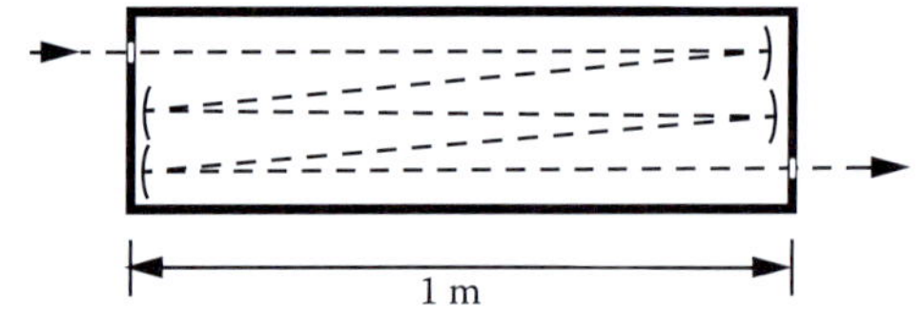

그림 5.14 도식화된 기체 흡수 셀. 셀을 통한 광선의 반사는 셀 길이보다 긴 유효 경로를 만든다.

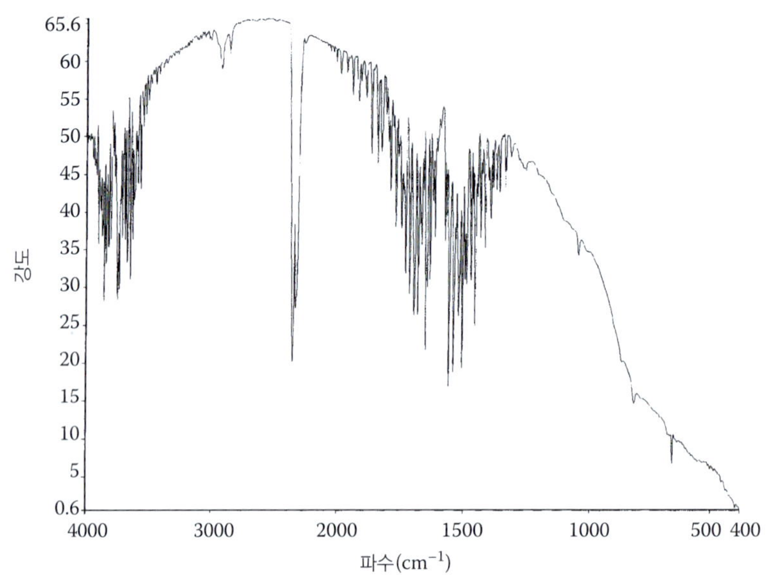

그림 5.15 Paragon 1000 FTIR 분광기로 수집된 공기의 배경 스펙트럼. 수증기와 이산화탄소로 인한 흡수띠가 나타남. [© 2012–2014 PerkinElmer, Inc. All rights reserved. Printed with permission. (www.perkinelmer.com).]

5.3.2 | 배경 보정

5.3.2.1 용매 흡광 보정

용매 흡광 보정은 순수한 용매를 액체 용기에 넣고 스펙트럼을 측정함으로써 수행한다. 시료의 스펙트럼을 측정한 후 용매 스펙트럼을 빼준다. 이를 통하여 용매가 배제된 시료만의 스펙트럼을 얻을 수 있다.

5.3.2.2 공기 흡광 보정

CO_2 기체와 H_2O 증기는 모두 강하게 적외선을 흡수한다. 이러한 신호의 보정은 다음의 두 가지 방법으로 배경 신호를 얻음으로써 수행할 수 있다. 첫째는 시료가 들어 있지 않은 용기를 측정하는 것이다. 얻어진 스펙트럼은 배경 스펙트럼으로 저장되고, 시료의 스펙트럼에서 빼준다. 이 방법은 FTIR 측정에서 사용되는 쉽고 빠른 방법이다. FTIR을 이용하여 얻어진 배경 신호의 예가 그림 5.15에 제시되어 있다.

두 번째 방법은 빛의 경로에 바람을 주입하여 다른 물질들을 제거하는 방법인데, 이 방법은 기술적인 어려움이 있다. 예를 들어서 순수한 N_2 기체를 주입하여 CO_2와 H_2O를 제거할 수 있다. 이런 방법이 효율적으로 작동하면 따로 배경 신호를 얻을 필요가 없다.

5.3.3 | 반사 및 방출 측정 기술

5.3.3.1 흡수 전반사(Attenuated Total Reflectance, ATR) 방법

ATR 방법에서는 높은 RI(reflective index) 값을 가지는 광학 물질이 이용된다. 이러한 물질을 ATR 결정(ATR crystal)이라고 한다. 높은 RI 값을 가지는 물질을 통과하는 빛은 낮은 RI 물질과의 경계면에 도착하면 반사된다. 반사되는 빛의 양은 경계면에 빛이 도달하는 각도에 의해 결정된다. 입사각이 **임계각**(*critical angle*)보다 크면 전반사가 일어난다. 실제로는 빛이 RI 값이 낮은 물질의 표면(시료)을 매우 짧은 거리(일반적으로 2μm 이하)로 침투한다. 시료가 빛을 흡수하지 않으면 전반사가 일어난다. 만약 시료가 빛을 흡수하면 빛의 세기는 줄어든다. ATR 결정 실험 방법이 그림 5.16에 개략적으로 표시되어 있다. 일반적으로 사용되는 ATR 결정과 성질들이 표 5.5에 제시되어 있다. 시료는 반드시 ATR 결정과 물리적으로 접촉해야 한다.

5.3.3.2 거울 반사 방법

매끄럽게 가공된 표면에서는 거울 반사가 일어난다. 거울 반사(specular reflectance)에서는 들어오는 빛의 각도가 반사되어 나가는 각도가 같은데 이는 거울에서 일어나는 현상과 같다. 거울 반사는 매끄럽고 반사되는 표면에 얇게 입혀져 있는 물질을 비파괴적으로 연구하는 데 사용된다. 측정은 흡수와 반사를 모두 이용한다. 적외선이나 근적외선이 얇은 막(coating)을 통과하고 이때 흡광이 일어난다. 빛은 얇은 막을 통과해서 밑에 있는 표면에서 반사되고 얇은 막을 지나면서 다시 흡광이 일어난다. 무기 및 유기 막을 수 μm부터 100μm 두께까지 측정할 수 있다. 일반적으로 입사각은 45°가 사용된다. 20Å의 얇은 막을 측정하기 위하여 표면과 직각을 이루는 선과 80°의 입사각을 이루는 빛을 사용한다. 거울 반사 방법은 컴퓨터 디스크에 입혀진 필름, 금속의 산화 층을 측정하기 위하여 사용된다. 예를 들어 금의 표면에 입혀진 단백질의 적외선 흡광 스펙트럼을 측정에 사용될 수 있다.

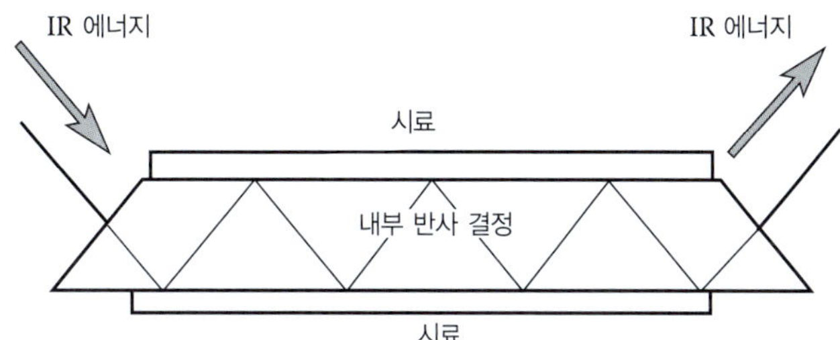

그림 5.16 도식화된 ATR 시료 장치. 내부 반사 결정은 다중 반사를 허용함. 각각의 반사에서 소량의 IR 에너지가 시료를 관통하며 시료의 진동 주파수에서 흡수가 일어남. (Courtesy of Pattacini Associates, LLC, Danbury, CT.)

표 5.5 일반적인 ATR IRE 물질들

물질	스펙트럼 범위(cm^{-1})	RI	침투 깊이[a](μm)	용도
저마늄	5,500~675	4	0.66	대부분 시료에 적합함: 어두운색 중합체처럼 높은 흡광도 시료
규소	8,900~1,500	3.4	0.85	염기성 용액에 저항성이 있음
AMTIR[b]	11,000~725	2.5	1.77	산성 용액에 저항성이 있음
ZnSe	15,000~650	2.4	2.01	일반적인 사용
다이아몬드	30,000~200	2.4	2.01	대부분의 시료에 적합함: 부식성을 가지거나 딱딱한 시료

출처: Thermo Fisher Scientific (www.thermofisher.com). Used with permission.

[a] 깊이 45° 그리고 1000 cm^{-1}

[b] AMTIR은 Ge, As, Se로 구성된 IR-투명 유리이다.

5.3.3.3 확산 반사(Diffuse Reflectance, DR) 방법

DR 혹은 DRIFTS라고 하는 이 방법은 불규칙적인 표면의 적외선이나 근적외선 스펙트럼을 얻기 위하여 사용된다. 표면은 고체, 페인트칠이 된 표면, 섬유, 곤충 날개, 나무 조각 등이 될 수 있다. 펠렛 형태로 눌려지지 않은 시료 컵에 담긴 가루도 가능하다. 빛은 시료와 몇 가지 형태로 상호작용을 한다. 표면에서 거울 반사가 일어날 수 있지만 이는 확산 반사 측정에 좋지 않으므로, 거울 반사를 최소화하기 위하여 KBr과 섞기도 한다. 우리가 원하는 DR은 입사되는 빛이 시료와 상호작용하여 발생된다. 이상적으로 빛은 100 μm의 두께를 통과하여야 한다. 산란된 빛을 모으기 위하여 큰 거울이 사용된다.

DRIFTS는 가루 시료에 잘 적용된다. 가루 시료를 KBr과 5~10%가 되도록 섞은 뒤 열린 시료컵에 놓는다.

DR 실험에서는 빛이 시료를 침투해야 하는데, 경로 길이가 일정하지 않다. 경로 길이는 시료가 빛을 흡수하는 정도에 반비례한다. 스펙트럼은 경로가 일정한 스펙트럼과 비교하여 왜곡되므로 정량적인 측정에는 적합하지 않다. 일반적으로 Kubelka–Munk 식을 적용하여 스펙트럼의 신호를 정량적으로 만든다. Kubelka–Munk 식은 다음과 같다.

$$f(R_\infty)=\frac{(1-R_\infty)^2}{2R_\infty}=K'C \tag{5.3}$$

5.4 FTIR 현미경

IR 현미경에서는 두 가지 빛이 사용되는데, 하나는 가시광선이고 다른 하나는 적외선이다. 두 개의 빛은 그림 5.17에 제시된 대로 같은 경로를 이용한다. 가시광선은 시료를 눈으로 보면서 측정하고자 하는 영역을 정하고 중앙에 오도록 하는 데 사용된다. 어떤 기기에서는 가시광을 빛의 경로로부터 제거하고 적외선을 가해준다. 10 μm 지름의 작은 영역으로부터 흡광이나 반사 모드를 이용하여 IR 스펙트럼을 얻는다.

흡광 스펙트럼을 얻기 위하여, 마이크로톰(microtome)을 이용하여 빛이 통과할 수 있도록 얇게 시료를 자른다. 시료의 두께는 15 μm 이하여야 하고 또한 평평해야 한다. 나노그램 이하의 시료로부터 스펙트럼을 얻을 수 있는 감도를 가진다.

현대 FTIR 현미경은 컴퓨터로 조절되는 현미경 시료대(microscope stage)와 비디오 이미징 시스템을 가진다. 이를 이용하여 시료의 2차원 그림을 얻을 수 있고, 또한 특정 작용기를 가지는 영역을 다른 색으로 표시하여 위치에 따른 성분의 변화를 보여 줄 수 있다. 편광된 빛이나 형광을 이용하여 이미지를 얻는 것이 가능하다. 이러한 기능을 이용하여 일반적인 빛으로는 불가능한 시료의 성분 차이를 관찰할 수 있다.

FTIR 현미경의 가장 중요한 예는 공업적으로 중요한 물질인 중합체를 검사하는 것이다. 중합체의 물리적인 성질은 분자 구조에 의하여 결정된다. 불순물, 잔류 모노머(residual monomer), 크기, 구조의 일정한 정도, 미세 구조는 중합체의 성질을 결정한다.

적외선 현미경은 제약, 촉매, 광물, 보석, 접착제, 처리된 금속 표면, 반도체 물질, 화석, 예술품 등의 측정에 사용된다. 식물 잎, 줄기, 동물 조직, 세포 등에도 적용된다. 일반적으로 이러한 정보는 다른 방법들을 이용하여 얻어질 수 없다. IR과 Raman 측정을 결합한 현미경은 Raman 분광법에서 설명할 것이다.

5.5 비분산 IR 시스템

산업체에서는 지속적인 측정을 통하여 생산물의 품질이 기준에 맞는지 확인하여야 한다. 이러한 온라인, 실시간 측정을 **공정 분석(process analysis)**이라고 한다. 적외선 분석은 유기 화합물, 중합체, 기체 생산

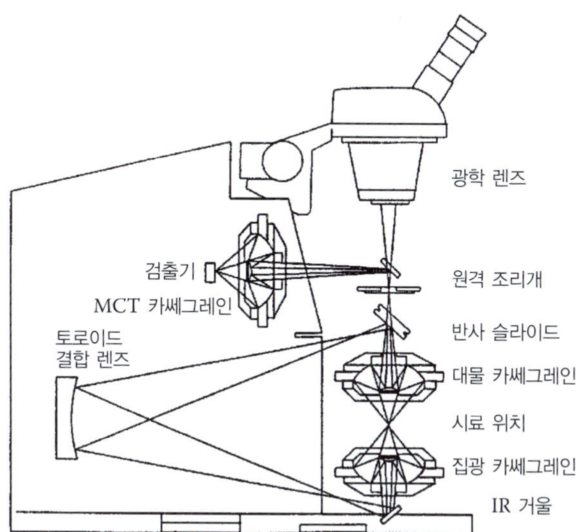

그림 5.17 현미경에 통합된 검출기가 있는 IR 현미경 그림. 현미경은 대개 FTIR 분광기의 측면에 있는 광포트에 연결된다. FTIR 분광기는 현미경에 변조된 평형 광선을 제공함. [© **1997–2014 PerkinElmer, Inc. All rights reserved. Printed with permission.** (www.perkinelmer.com).]

공정의 모니터링에 사용된다. 실험실에서 사용하는 적외선 측정 장치는 너무 크고 복잡하며 비싸므로 이러한 용도에는 사용되지 않는다. 비분산 시스템은 지속적인 사용이 가능하므로 이러한 용도로 사용된다.

비분산 적외선 분광법을 기체 시료 분석에 적용하기 위하여 필터를 사용할 수 있다. 각 필터는 지정된 화합물을 분석하기 위하여 사용된다. 그림 5.18a는 휠(wheel) 형태에 여러 개의 띠 필터(band filter)를 가지는 상용화된 중적외선 기기의 필터 시스템을 보여 준다. 한 종류의 기체 시료를 분석하기 위하여 만들어진 기기도 있다. 그림 5.18a 기기에서는 휠을 돌려 적합한 필터를 선택한다.

비분산 적외선 기기의 구조가 그림 5.18b에 제시되어 있다. 이 시스템은 한 개의 광원, 두 개의 빛을 반사하는 두 개의 거울, 각각의 빛이 통과하는 시료와 기준 시료, 검출기로 구성된다. 이 검출기는 골레이 검출기(Golay detector)와 유사하게 전환기를 가지고 있으며 측정하고자 하는 각각의 기체를 가지고 있다. 그러므로 검출기는 각각의 기체에 선택적으로 작동한다. 예를 들어 카본 테트라클로라이드(carbon tetrachloride)를 가지는 2개의 검출기를 생각해 보자. 만약 시료 셀에 테트라클로라이드가 없다면 두 검출기는 같은 정도의 빛을 흡수할 것이고 이는 같은 온도 변화를 발생시킬 것이다. 시료 셀에 테트라클로라이드 기체가 있으면 빛을 흡수할 것이고 두 검출기에 도달하는 빛의 양이 달라진다. 이는 두 검출기 간 온도 차이($T_2 - T_1$)를 유발한다. 시료의 농도가 증가할수록 $T_2 - T_1$가 증가한다.

시료에 분석 물질과 같은 파장을 흡수하는 다른 물질이 있으면 문제를 일으킬 수 있다. 이는 물질의 측정을 간섭한다. 이러한 문제는 간섭을 유발하는 순수한 물질을 가진 셀을 시료 셀 전에 추가하여 해결할 수 있다. 이를 이용하여 간섭하는 물질의 흡수가 영향을 미치지 않게 한다. 비분산 적외선 측정기는 산업체 및 유사한 환경에서 특정 화합물의 농도를 측정하는 용도에 적합하다.

5.6 근적외선 분광기

근적외선(NIR) 영역은 0.75 μm(750 nm 혹은 13,000 cm^{-1})~2.5 μm(2,500 nm 혹은 4,000 cm^{-1})을 포함한다. 이는 가시광선의 장파장 쪽 끝에서 중적외선 영역의 짧은 파장 영역이다. 근적외선 영역은 분자 진동 분광법과 전자 전이 분광법의 중간에 자리 잡고 있다. 근적외선 영역의 피크들은 OH, NH, CH 결합으로부터 발생한다.

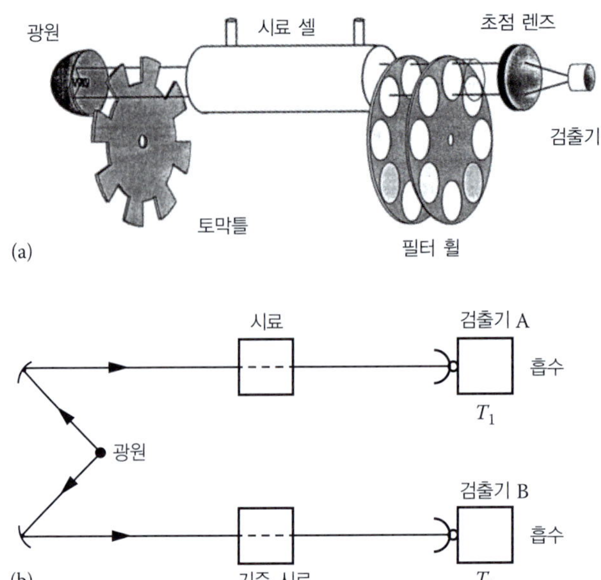

그림 5.18 (a) 2 필터휠, 다중 파장 필터 광도계 그림. (From Coates, J., Vibrational spectroscopy, in Ewing, G.W., ed., *Analytical Instrumentation Handbook*, 2nd edn., Marcel Dekker, Inc., New York, 1997. With permission.) (b) positive-filter 비분산적 IR 시스템의 개략도.

근적외선 영역의 피크들은 주로 배진동수(overtone), 조합(combination)에 의해 발생한다. 중적외선 영역에서 이 피크들은 약하다. 약한 강도와 화학 작용기에 대한 구체적인 정보를 제공하지 못하는 단점이 있으나, 근적외선 분광법은 독특한 장점도 가진다. 텅스텐-할로젠 램프는 근적외선 영역에서 강하고 일정한 빛을 낸다. 납-황화 광자 검출기(lead sulfide photodetector)는 감도가 높은 검출기이다. 세 번째 장점은 수정이나 용융 실리카(fused silica)를 사용할 수 있다는 점이다. 근적외선 영역은 주로 OH, NH, CH 결합을 가지는 고체, 액체 화합물의 정량 분석에 사용된다. 이는 중적외선 영역이 주로 정성 분석에 사용된다는 점과 비교된다.

근적외선의 또 다른 장점은 빠르고, 시료 준비가 거의 필요하지 않으며, 용매나 다른 화합물이 필요하지 않고, 높은 농도의 측정이 가능하며, 두께가 길어도 측정할 수 있다는 점이다.

5.6.1 | NIR 분광기 장치

근적외선 장치는 3, 4장에서 설명한 UV/VIS 장치와 매우 유사하다. UV/VIS 장비에서 사용되는 것과 같은 석영, 용융 실리카, 텅스텐-할로젠 램프가 사용된다. 흡광, 발광, 반사 분광 측정들이 근적외선 영역에서 가능하다. 다양한 측정 모드를 사용할 수 있는 근적외선 분광기가 그림 5.19에 제시되어 있다.

5.6.2 | NIR 진동 띠, 스펙트럼 해석, 교정

그림 5.20a에 제시되어 있듯이, 3000 cm^{-1}에서의 흡수는 6000, 9000, 12000 cm^{-1}에서 배진동 및 조합띠를 나타낸다. NIR 흡광은 IR 띠만큼 높은 흡광도를 가지지 않는다. 그림 5.20b에 같은 화합물을 IR과 NIR로 측정하여 비교한 결과가 제시되어 있다.

NIR에서 주요 흡광 띠는 다음과 같다.

C−H 결합 2100∼2450 nm, 1600∼1800 nm
N−H 결합 1450∼1550 nm, 2800∼3000 nm
O−H 결합 1390∼1450 nm, 2700∼2900 nm

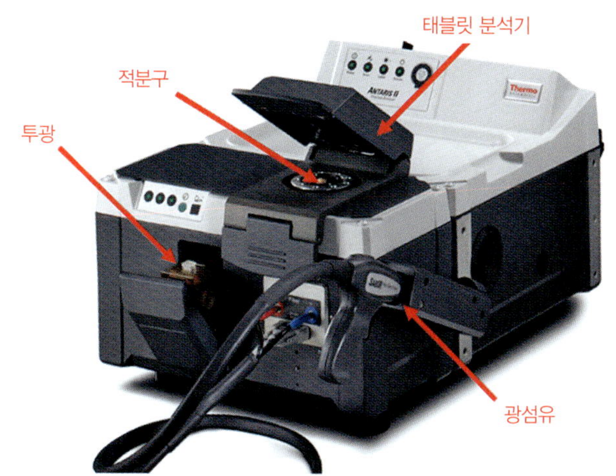

그림 5.19 Antaris II^{TM} FTNIR 분석기, 원격 측정용 광섬유 프로브, 적분구, 의약품 직접 분석을 위한 태블릿 분석기를 장착한 Thermo Scientific 기기. (© Thermo Fisher Scientific (www.thermofisher.com). Used with permission.)

S−H, P−H, C≡N, C=O 띠들도 NIR 영역에서 나타난다. 물은 1400, 1890, 2700, 2750 nm에서 독특한 흡광 피크를 나타낸다. 이런 띠들은 탄화수소, 아민, 중합체, 단백질, 물 등의 다양한 물질에서 나타난다. 분자 구조와 띠의 위치 사이에 약간의 상관성이 있기는 하지만, 배진동수(overtone)와 조합 때문에 띠의 위치가 중적외선 영역의 기본 띠(fundamental band)만큼 구조에 따라 바뀌지는 않는다.

NIR 띠의 흡광 계수는 중적외선 영역의 기본 띠보다 약 3배까지 적으며 이로 인하여 낮은 감도를 가진다. 이를 극복하기 위하여 더 두꺼운 시료 두께를 사용한다.

5.6.2.1 NIR 교정: 화학 계측법

NIR 분석에서는 **화학 계측법(chemometrics)**이라는 통계적인 방법이 스펙트럼 교정(calibration)을 위하여 사용된다. 화학 계측법은 통계 알고리즘을 이용하여 수학적으로 분석하고 이를 통하여 물질의 정성이나 정량을 하는 방법이다. 화학 계측법을 이용하여 NIR 스펙트럼을 분석함으로써 다양한 순물질이나 혼합 화합물의 정성 및 정량을 할 수 있다. NIR 스펙트럼은 서로 다른 물질 간 혹은 환경과의 복잡한, 혼합된, 심지어 알려지지 않은 상호작용에 의해 생성된다. 그러므로 특별한 구조에 기인하는 피크가 물질의 농도에 선형으로 증가하는 것을 얻을 수 없다. 화학 계측법은 통계 알고리즘을 이용하여 여러 개의 스펙트럼과 물질의 조성 간 복잡한 관계를 추출해 내고, 이 관계를 이용하여 새로운 물질의 조성을 예측하는 방법이다. 근본적으로, NIR 컴퓨터 시스템을 이용하여 관련 소프트웨어를 훈련시켜 스펙트럼 간 변화를 측정하고, 이를 적용하여 새로운 물질을 측정한다.

이 방법을 사용하여 정확하게 정성 및 정량적 예측을 하려면 좋은 훈련 데이터 모음(training data set)이 필수적이다. 화학 계측법을 위한 적합한 훈련 모음은 시험 시료의 예상되는 변화를 반영하는 충분한 수의 시료를 가지고 있어야 한다. 훈련 모음에 포함된 시료의 농도는 크로마토그래피, 적정 등의 다른 방법을 통하여 결정한다. 이 농도는 화학 계측법을 이용하여 모델을 만드는 데 사용된다.

정량 및 정성 분석을 위하여 다양한 화학 계측 모델들이 개발되어 있다. 일반적 정량 분석을 위하여 사용되는 방법은 부분 최소 회귀법(partial least square, PLS)이다. PLS에서 스펙트럼의 변화는 **요소(factor)**라고 하는 변수들로 집약된다. 좋은 모델에서는 첫 번째 요소가 스펙트럼 변화의 많은 부분을 설명할 수 있다. 이후에 두 번째, 세 번째 등의 나머지 요소들이 나머지 변화를 설명하게 된다. 실전에서는 몇 개의 요소들을 사용하여 대부분의 변화를 설명한다.

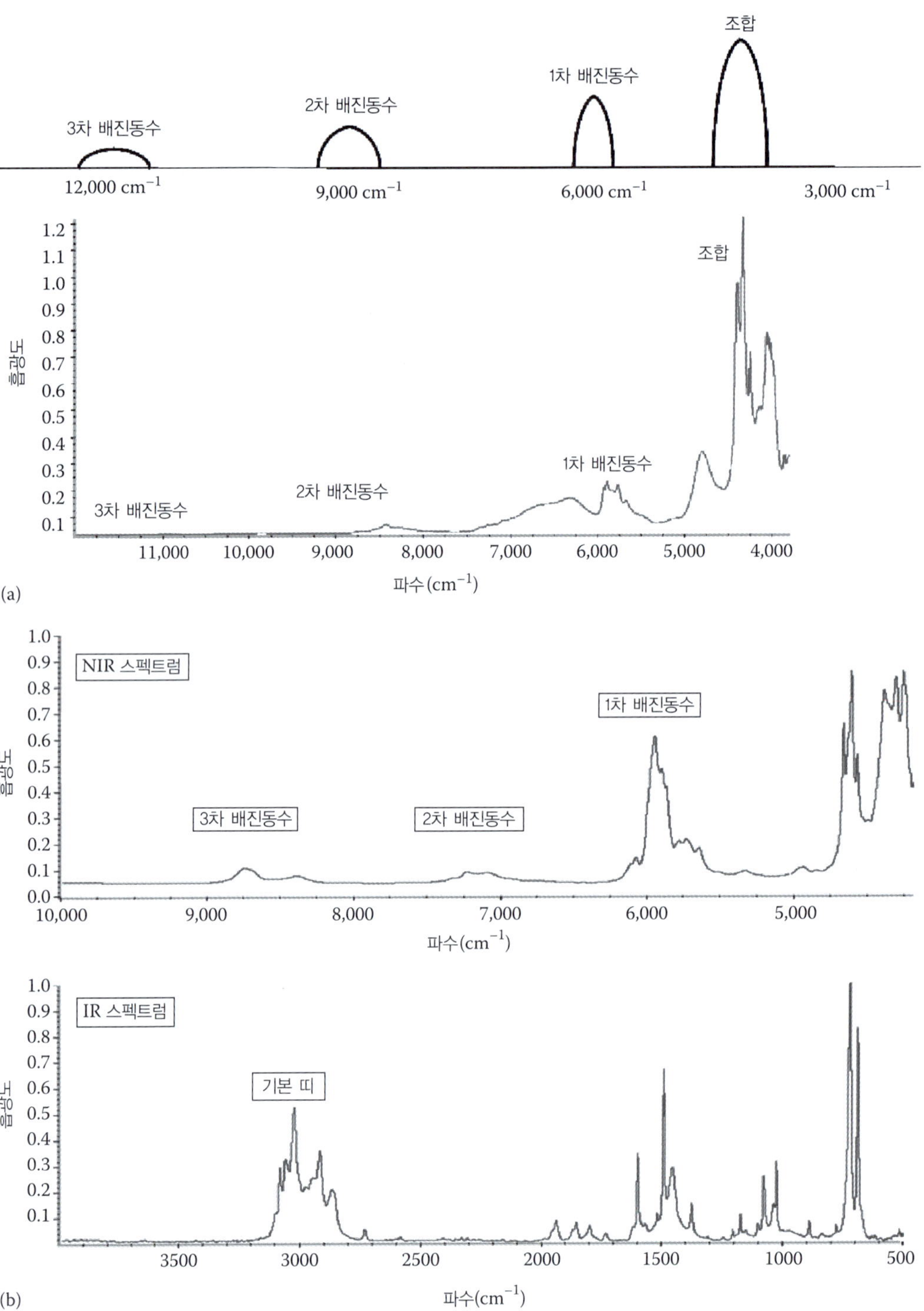

그림 5.20 (a) 3000 cm^{-1} 기본 띠로부터 생성된 배진동수와 조합 및 근적외선 스펙트럼을 함께 표현한 도식도. (b) 동일한 화합물의 근적외선 및 적외선 스펙트럼. (© Thermo Fisher Scientific (www.thermofisher.com). Used with permission.)

5.6.3 | NIR 분광법에서의 시료 채취법

NIR 분광법은 다른 분광법과 비교하여 큰 장점을 가지는데 이는 플라스틱, 유리 등의 물질들이 필름, 포장재, 코팅에서 사용되는 일반적인 두께를 가질 때 NIR을 흡수하지 않는다는 것이다. 또한 대부분의 경우 시료를 담은 그릇의 뚜껑을 열지 않고도 측정할 수 있으며, NIR 측정을 위하여 특별한 시료 준비가 필요하지 않다.

5.6.3.1 액체와 용액

액체, 젤, 용액을 NIR을 흡수하지 않는 용기에 담고 NIR이나 FTNIR 측정을 할 수 있다. 현대 FTNIR 기기는 LC에서 사용되는 원통형 유리 용기에 액체 시료를 담고 측정할 수 있도록 제작되어 있다. NIR 측정을 위하여 사용할 수 있는 용매가 다수 있다. 예를 들어 사염화 탄소와 이황화 탄소는 NIR 전 영역에서 흡수하지 않는다. 많은 유기 용매들이 1700~1800 nm에서 약간 흡수하는 것을 제외하고는 2200 nm까지 흡수하지 않는다. 아세토나이트릴(acetonitrile), 핵산, 다이메틸설폭사이드(DMSO), 다이뷰틸에터(dibutyl ether) 등이 이런 용매이다. 염화 메틸렌(methylene chloride)과 클로로폼(chloroform)은 1700~2300 nm 사이의 갭을 제외하고는 2600 nm까지 사용할 수 있다.

5.6.3.2 고체

대부분의 고체 시료는 반사 측정을 위한 시료 준비가 필요하지 않다. 가루, 약, 섬유, 고체 덩어리 물질, 음식, 많은 다른 고체들이 있는 그대로 분석된다. 시료는 플라스틱 백, 유리 바이알(vial), 시료컵 등에 담긴 그대로 측정할 수 있다(그림 5.21). NIR 반사 스펙트럼이 많은 경우 2차 미분한 결과로 표시된다. 2차 미분 그래프는 시료 간의 작은 차이를 더욱 분명하게 보여 주고 바탕선의 흔들림을 제거해 준다. 그 예가 그림 5.22에 제시되어 있다.

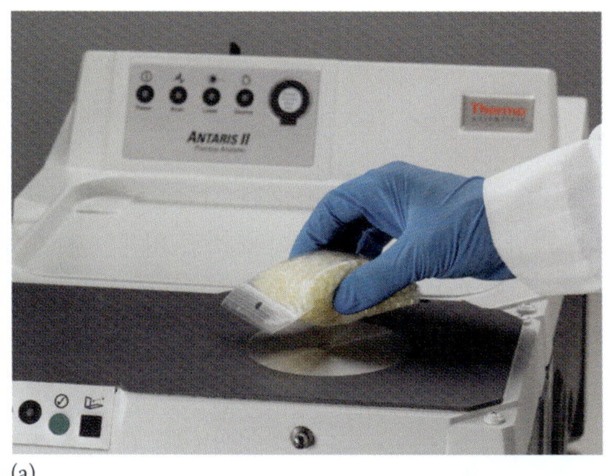

(a)

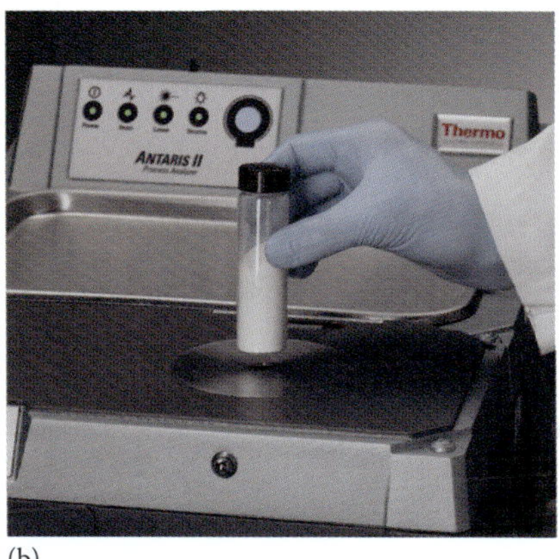

(b)

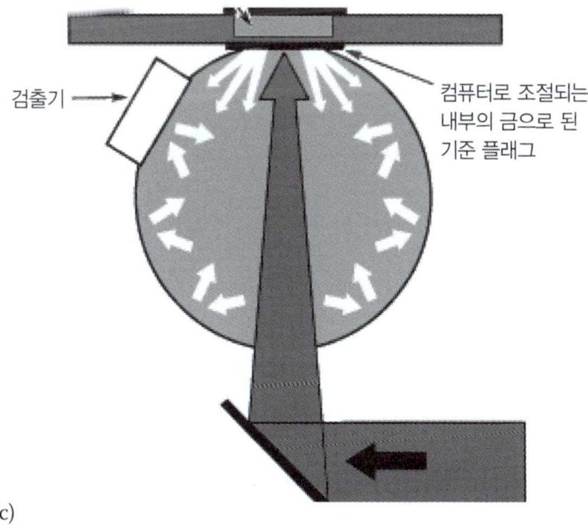

(c)

그림 5.21 (a) 플라스틱 백을 통한 NIR 측정. (b) 유리 바이알을 통한 근적외선 측정. 둘 모두 시료 준비가 필요 없음. 표시된 장비는 Thermo Scientific Antaris™ II FTNIR 분석기임. 적분구와 원격 NIR 프로브가 계측기 측면에 장착되어 있음. (c) 적분구(그림에 해당), 플라스틱 백 또는 유리 바이알이 장비 상단에 위치하게 됨. (© Thermo Fisher Scientific (www.thermofisher.com). Used with permission.)

5.7 라만 분광법

라만 분광법(Raman spectroscopy)은 빛의 산란을 이용하여 시료를 파괴하지 않고 분자의 진동을 연구할 수 있는 강력한 방법이다. 라만 분광법은 IR 흡광 분광법과 상보적인데 이는 일부 진동이 IR 범위에서 흡광하지 않기 때문이다. IR 에서는 진동 과정에서 쌍극자 모멘트의 변화가 있어야 측정된다. 라만 분광 스펙트럼에서는 편극성의 변화가 있어야 측정이 가능하다.

다른 분광법과 비교하여 라만 분광법의 가장 큰 장점은 이 방법이 빛의 산란에 기반하기 때문에 시료의 두께에 따른 염려가 없고 대기 중 공기가 간섭하지 않는다는 점이다. 그러므로 낮은 압력의 진공이나 공기를 제거하기 위한 과정이 필요 없다. 유리, 물, 플라스틱 포장은 라만 스펙트럼에서 약한 피크를 보이기 때문에 유리병이나 포장 용기에 담긴 채로 측정이 가능하다. 따라서 시료의 오염이 최소화된다. 물속의 시료도 쉽게 측정할 수 있다. 다른 화합물은 같은 라만 스펙트럼을 나타내지 않으며 또한 산란되는 정도는 시료의 양에 비례한다. 따라서 라만 스펙트럼은 정성 및 정량 분석에 사용된다.

5.7.1 | 라만 기기

라만 기기는 광원, 시료 지지대 혹은 셀, 파장 선택기, 검출기, 신호 처리 및 디스플레이 장치로 구성된다. 라만 분석에서는 산란되는 빛을 측정하므로, 광원, 시료 셀이 파장 선택기와 90° 각도로 놓인다. 라만 분광기의 구성을 보여 주는 그림이 그림 5.23에 제시되어 있다. 라만 분광법에서 측정되는 빛은 가시광이나 NIR이다. 그러므로 광학 장치, 창, 시료 셀 등이 유리나 석영 재질로 만들어진다.

5.7.1.1 광원

라만 분광기에서는 단색화된 광원이 사용된다. 전에는 Hg 아크 램프와 같은 간단한 자외선 광원이 사용되었다. 그러나 약한 광원은 약한 신호를 만든다. 라만 신호는 광원의 세기에 직접 비례한다. 따라서 단색화되어 있고 강한 세기의 빛을 방출하는 레이저가 라만 분광기에 적합한 광원이다. 현대 라만 분광기는 레이저를 광원으로 사용한다. 일반적으로 사용되는 레이저에는 He/Ne 레이저(633 nm), 아르곤 이온 레

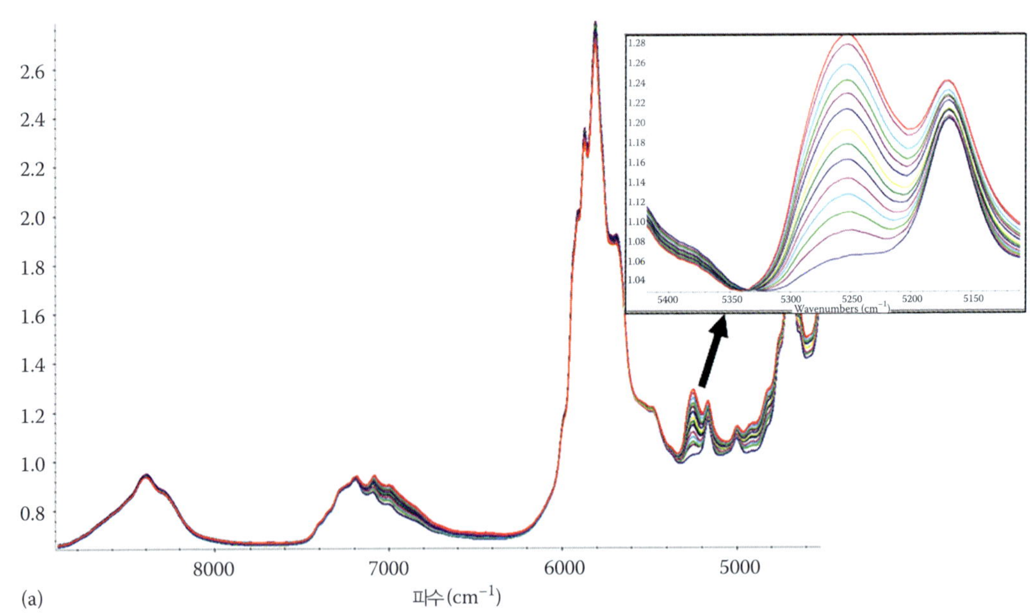

그림 5.22 (a) 농도가 다른 14개의 나이트로셀룰로스 용액 시료의 근적외선 스펙트럼. 오른쪽 위 확대 그림은 5200 cm^{-1} 영역을 확장한 그림. 조성에 따른 피크 강도의 차이를 분명하게 보여 줌.

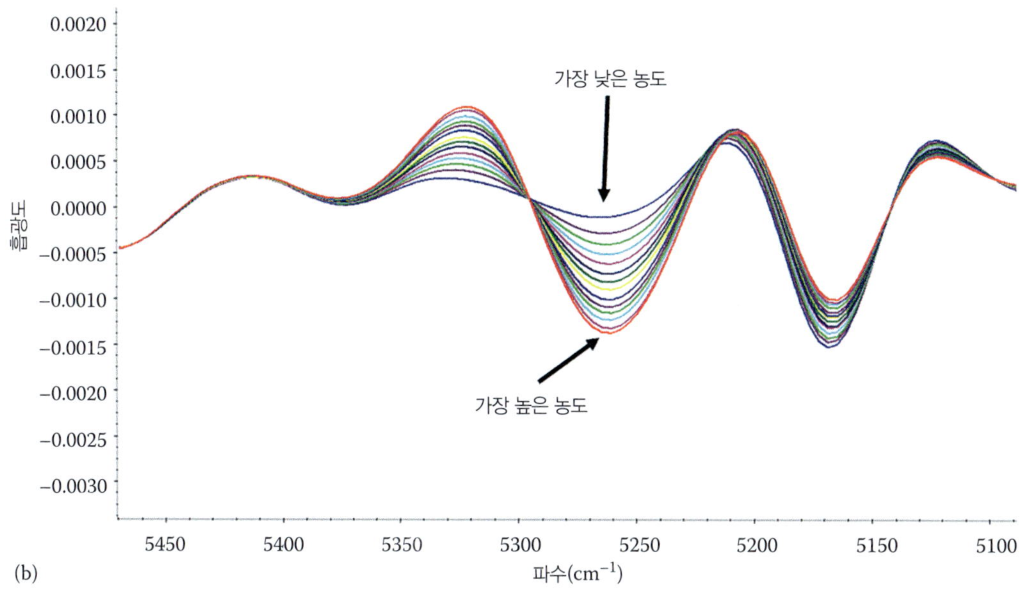

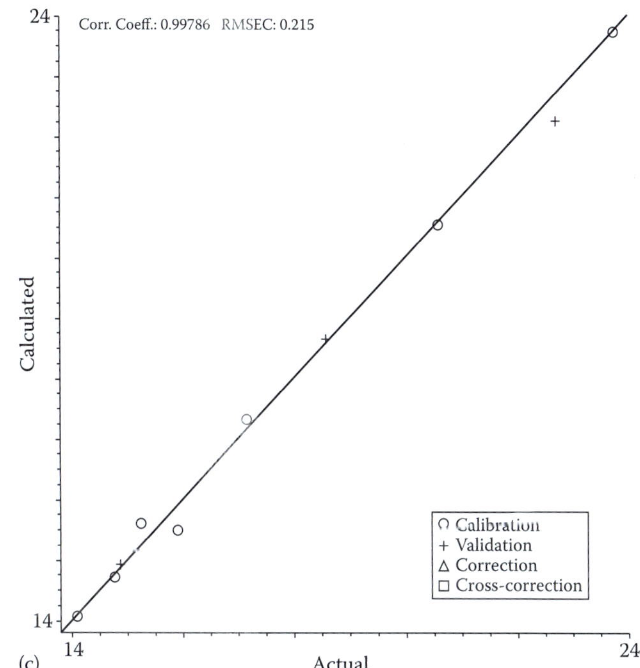

그림 5.22(계속) (b) 5200 cm^{-1} 영역의 미분 스펙트럼에서 개선된 피크 모양(거의 가우시안(Gaussian) 형태)과 (a)의 삽입구에서 볼 수 있는 낮은 파수측에 대한 기준선 이동의 제거를 보여 줌.
(C) 화학 계측법 기반의 계산 결과와 실제 농도의 비교. (© Thermo Fisher Scientific (www.thermofisher.com). Used with permission.)

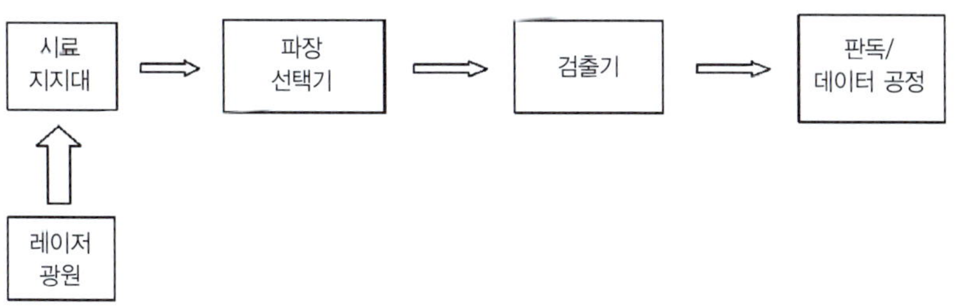

그림 5.23 최적화된 라만 분광법의 과정

이저(488 nm), 크립톤 이온 레이저(532 nm)를 주로 사용한다. NIR 영역인 Nd/YAG 레이저(1064 nm), NIR 다이오드 레이저(785 nm) 등이 사용되기도 한다.

5.7.1.2 분산형 분광기 시스템

전형적인 라만 분광기는 2~3개의 회절발(grating)을 가진 단색화 장치를 이용한다. 분산형 라만 분광기의 개략적인 구조가 그림 5.24에 제시되어 있다. 분산형 시스템에서는 주로 가시광선 레이저를 광원으로 사용한다. 전에 사용되던 검출기로는 광전자 증배관(photomultiplier tube)이 있다. 현재에는 여러 개의 채널을 가지는 PDA, 전하 주입 장치(charge injection device, CID), 전하 결합 장치(charge coupled device, CCD)가 주로 사용된다. 3개의 검출기는 초저온 냉각이 필요하다.

5.7.1.3 FT-라만 분광기

FT-라만 분광기에서는 일반적으로 NIR 레이저 광원인 Nd/YAG 레이저와 Michelson 간섭계가 사용된다. FT-라만 분광기의 개략적인 구조가 그림 5.25에 제시되어 있다. NIR 레이저 광원은 1064 nm 빛을 방출한다. FT-라만 분광기는 FTIR과 같이 여러 가지 장점을 가진다. 빛의 손실이 적고, 모든 파장의 동시 측정이 가능하고, 신호 평균을 통한 신호-대-잡음비 향상, 정밀한 파장 측정 등이 장점이다. 또 다른 중요한 장점은 NIR 레이저를 사용함으로써 시료의 형광을 감소시킨다는 점이다. 형광에 의하여 영향을 받는/받지 않는 라만 스펙트럼의 예가 그림 5.26에 제시되어 있다.

5.7.2 | 표면-증강 라만 분광법

표면-증강 라만 분광법(surface-enhanced Raman spectroscopy, SERS)은 표면이나 계면으로부터 강한 신호를 얻는 방법이다. Fleischmann과 동료들은 1974년도에 SERS를 개발하였다. SERS 기술에서는 물질을 원자 단위에서 거친(rough at the atomic level) 금속 표면이나 금속 콜로이드에 흡착시킨 후 측정한다. 예를 들어 532~780 nm 파장의 레이저가 사용될 때 거친 표면의 입자 크기는 20~100 nm 범위이다. 라만 들뜸 레이저는 금속의 표면에서 **표면 플라스몬**(*surface plasmon*)을 발생시킨다. 표면 플라스몬은 분석 물질과 상호작용하여 라만 신호를 증폭시킨다. 이 과정이 그림 5.27에 설명되어 있다.

표면에 흡착된 유기/무기 물질은 일반적인 라만 신호보다 10^6배까지 증폭된 신호를 발생시킨다. 신호 증폭의 정확한 메커니즘은 알려져 있지 않다. 금, 은, 백금 등의 금속이 표면에 사용된다. 이러한 신호 증폭은 매우 적은 양의 시료를 측정할 수 있게 해준다. SERS의 검출 한계는 나노그램 범위이다.

5.7.3 | 라만 현미경

라만 분광기와 결합된 현미경을 이용하여 매우 작은 시료를 비과괴적으로 분석할 수 있다. 라만 현미

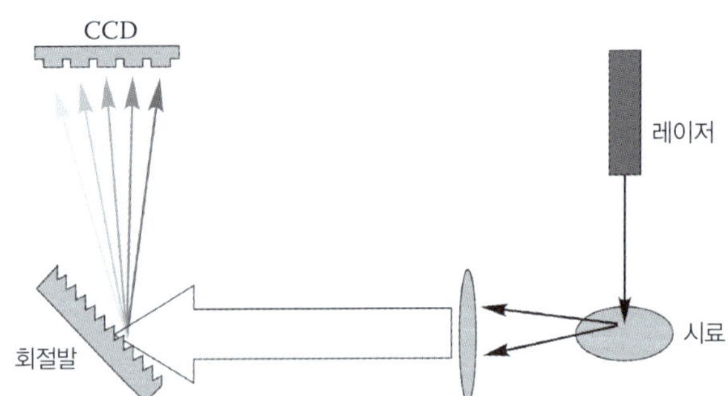

그림 5.24 분산형 Raman 분광기 그림. (Reprinted from Weesner, F. and Longmire, M., *Spectroscopy*, 16(2), 68, 2001. With permission from Advanstar Communications, Inc.)

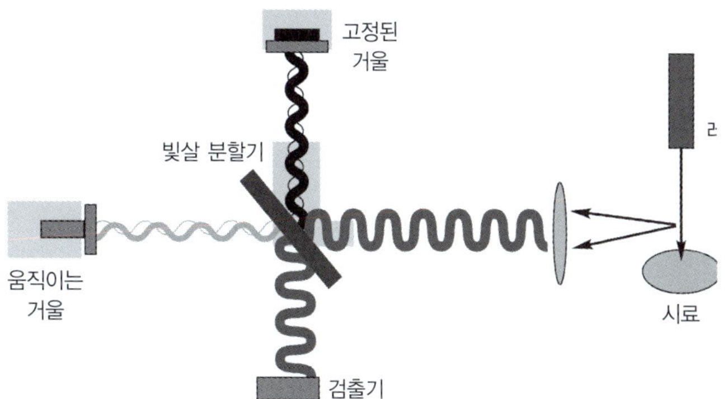

그림 5.25 FT–라만 분광기 그림. (Reprinted from Weesner, F. and Longmire, M., *Spectroscopy*, 16(2), 68, 2001. With permission from Advanstar Communications, Inc.)

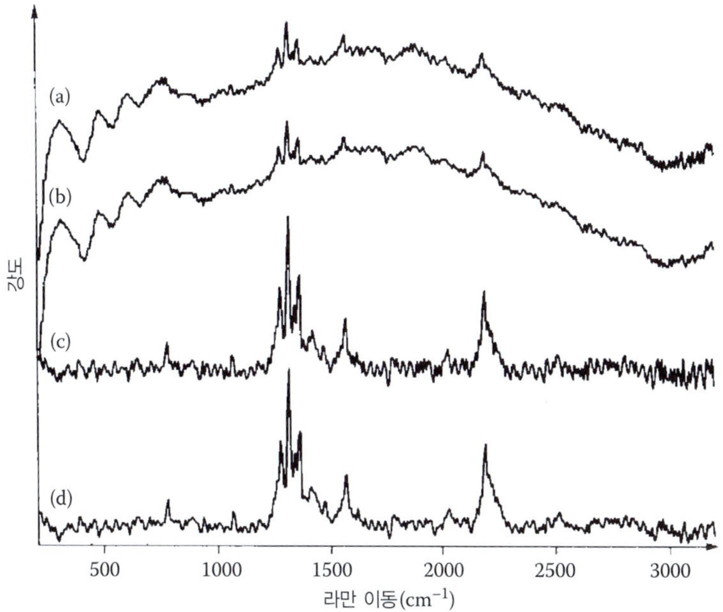

그림 5.26 수학적 데이터 처리를 응용하여 형광 간섭을 나타내는 라만 스펙트럼에서 데이터를 추출할 수 있음. 데이터 처리를 순차적으로 적용하여 (d)에 표시된 최종 스펙트럼을 얻음. (a)는 형광 배경을 갖는 약한 산란자의 원시 스펙트럼임. (b)는 Savitzky–Golay 평활화 후의 얻어진 스펙트럼. (c) 다지점 기준선 보정 후에 얻어진 스펙트럼. (d) 푸리에 평활화 후에 얻어진 스펙트럼. (Reprinted from Kawai, N. and Janni, J.A., *Spectroscopy*, 15(10), 32, 2000. With permission from Advanstar Communications, Inc.)

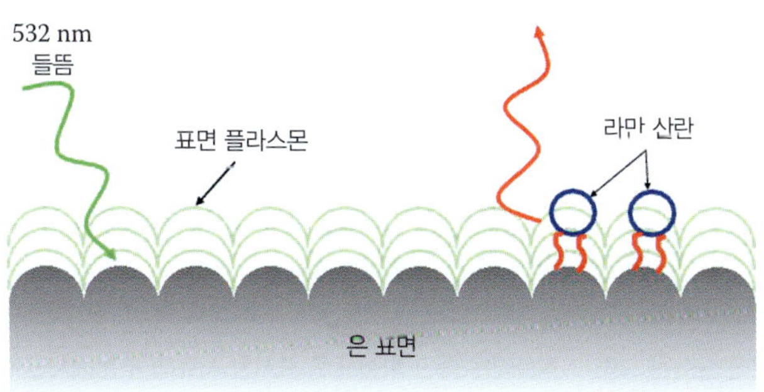

그림 5.27 은 입자에 흡착된 물질의 532nm 여기를 이용한 SERS 프로세스. 표면 플라스몬은 흡착된 종과 상호작용하여 라만 방출을 향상시킨다. (© Thermo Fisher Scientific (www.thermofisher.com). Used with permission.)

경을 이용하여 매우 높은 공간 분해능으로 혼합물 시료의 특별한 영역을 측정할 수 있다. 분산 라만 현미경을 이용하면 보통 1 μm보다 높은 분해능으로 측정할 수 있다. FT-라만 현미경은 분해능이 2~10 μm로 제한되지만 형광의 방해가 없다는 장점이 있다. 그림 5.28에 제시되어 있는 공초점 현미경(confocal microscope)은 시료에 초점이 맞추어진 빛만 통과하여 검출기에 도달하도록 한다. 이는 시료를 자르지 않고 깊이에 따른 성분 측정을 할 수 있게 한다. 예를 들어 공초점 라만 현미경을 이용하여 음식 포장에 사용되는 포장재를 구성하는 여러 겹 중합체들을 확인할 수 있다.

공간 분해능은 회절에 의해 제한되므로, 짧은 파장을 가진 레이저가 작은 시료를 측정하기에 유리하다. 마이크로 단위의 공간 분해능을 얻기 위하여 라만 현미경을 잘 배열하는 것이 매우 중요하다. 즉 가시광의 경로, 여기시키는 레이저 빛의 경로, 시료로부터 산란된 빛의 검출기까지의 경로가 정확하게 같은 점을 지나야 한다.

IR과 라만은 상보적인 관계에 있으므로, IR-현미경과 라만-현미경 또한 상보적인 관계에 있음을 쉽게 예상할 수 있다. 그러나 두 개의 기기로 정확하게 같은 점에 대한 스펙트럼을 얻기는 어렵다. 두 개의 기기를 이용하여 같은 시료로부터 얻은 스펙트럼의 예가 그림 5.29와 5.30에 제시되어 있다.

5.8 광음향 분광학

전화기의 발명자 Alexander Graham Bell이 발견한 광음향 효과에 기초한 광음향 분광학(photoacoustic spectroscopy, PAS)에 대한 논의로 이 장을 마무리할 것이다. 이 놀라운 사람의 삶에 대한 간략한 설명이 삽입물에 나와 있다. PAS용 기기는 일반적으로 진동 분광 광도계의 부속품으로 제공되기 때문에 이 주제를 이 장에서 다룬다.

광음향 효과는 진동하는 광원에 노출된 물질에서 음파가 유도되는 현상이다. 1880년 Bell의 발견은 불투명한 회전하는 구멍 뚫린 (슬롯형) 디스크에 의해 펄스화된 햇빛에 노출된 얇은 고체에서 이루어졌다. 음파는 주위 공기에 압력(소리)파를 유발하는 고체가 빠른 가열의 결과이다. Bell은 태양광을 입사 광선으로 사용하고, 발로 작동하는 장치를 사용하여 슬롯형 디스크를 회전시키고, 마이크를 사용하여 생성된 음파를 감지하였다. Bell은 나중에 적외선과 자외선으로도 동일한 효과를 보였다. 모든 분광학적 방법과 마

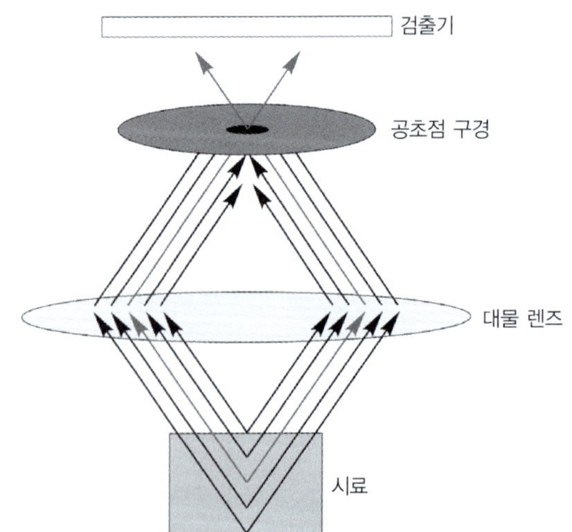

그림 5.28 공초점 현미경의 단순화된 그림. 스펙트럼은 중간 화살표로 표시된 시료의 부분에서만 수집됨. 그 광만이 공초점 조리개를 빠져나감. 다른 시료 영역에서의 정보들은 차단됨. 시료를 높이거나 낮추면 시료의 다른 영역으로부터 라만 신호를 수집할 수 있음. (Reprinted from Weesner, F. and Longmire, M., *Spectroscopy*, 16(2), 68, 2001. With permission from Advanstar Communications, Inc.)

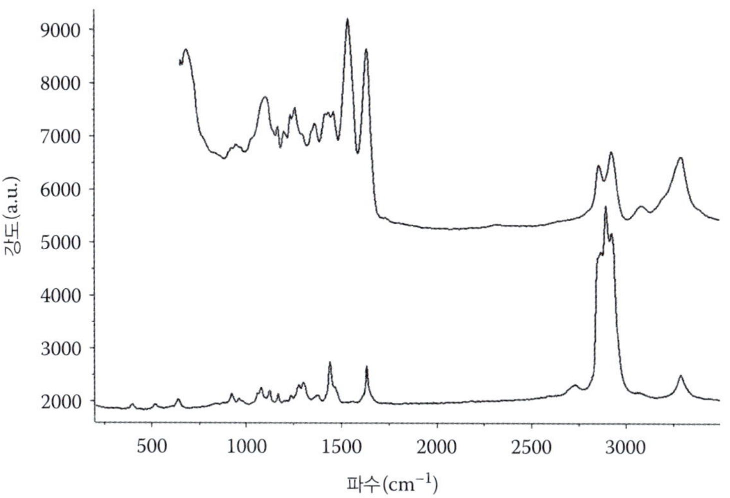

그림 5.29 나일론 6-PEG 블록 공중합체의 10 μm 섬유의 라만 및 FTIR 스펙트럼. 스펙트럼 수집은 광섬유의 정확히 같은 지점에서 이루어짐. (Courtesy of HORIBA Scientific, www.horiba.com.)

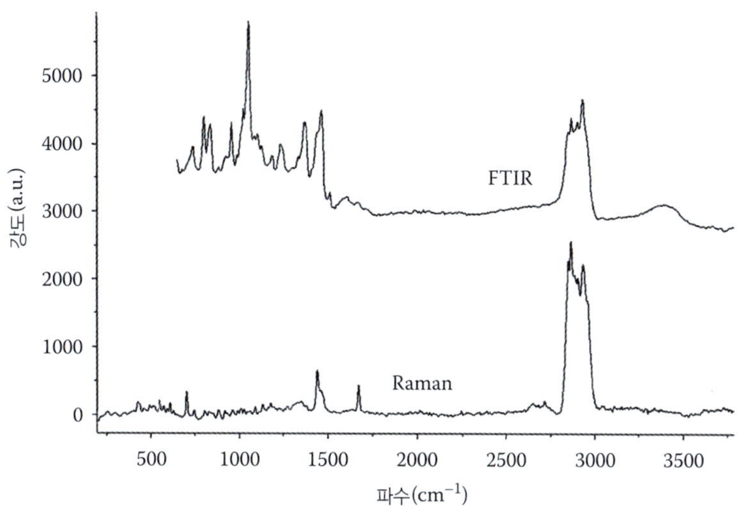

그림 5.30 담석의 라만 및 FTIR 스펙트럼. 스펙트럼은 LabRAM-IR 현미경으로 532 nm 레이저를 사용하여 기록됨. FTIR 스펙트럼은 OH 띠에 더 민감하며 라만 스펙트럼은 600 cm^{-1} 이하에서 시작하여 콜레스테릭종과 C=C 띠의 세부사항을 보여 줌. (Courtesy of HORIBA Scientific, www.horiba.com.)

찬가지로, 입사선의 파장을 변화시키면서 고체, 액체 및 기체에 의해 생성된 음향 신호를 추적할 수 있다. 이 방법은 입사광에 미치는 물질의 효과(흡수 등)를 연구하는 것이 아니라, 시료 자체에 미치는 효과를 직접 연구한다는 점에서 다른 분광학 방법과 개념적으로 다르다. 입사광은 시료 내에서 병진 에너지로 변환되어 국부 가열을 유발한다. 입사광의 변조(modulating) 혹은 펄스화, 혹은 시료에 의한 입사광의 흡수는 압력파 변조를 발생한다. 이 방법의 개념적 개략도를 그림 5.31에서 보여준다.

PAS는 흡수 스펙트럼이 간접적으로 측정되는 흡수 분광법과 다르나. 일반적인 분광법에서는 입사광과 투과광의 비율을 측정한다. 이 때문에 흡수와 산란(scattering)을 구별하는 것이 불가능하다. 낮은 농도의 분석물질에서는 투과광이 강하고, 고농도의 분석물질에서는 투과광이 약하므로 기존 분광법에서는 고유 잡음으로 인한 어려움을 겪는다. PAS에는 이러한 어려움이 없으며, 열량 측정과 더 유사하다.

PAS 활용에 혁명을 가져온 것은 레이저의 보편적인 이용 가능성이었다. 음향 신호는 입사광 세기에 비례하는데, 레이저의 밝기는 매우 낮은 음향 신호를 감지하고 미량 성분을 측정할 수 있게 해준다. PAS는 다른 방법만큼 분석 분야에서 널리 사용되지는 않지만 기체, 액체, 고체, 생물학적 및 생체 조직 분석을

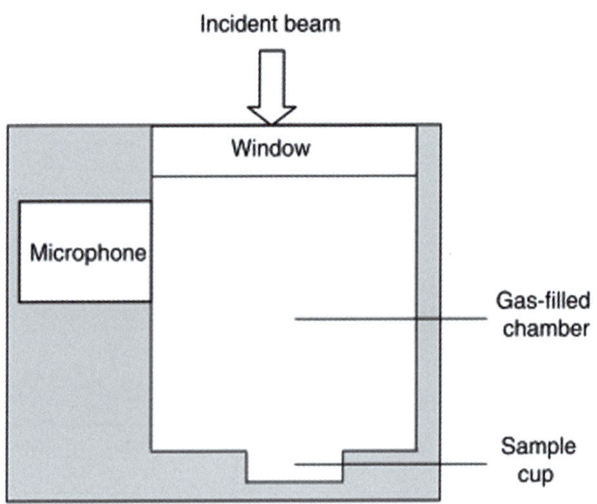

그림 5.31 광음향 분광학의 원리를 보여주는 개념도(Elsevier의 허가를 받아 재생산하였음).

위한 상업적 발전을 눈앞에 두고 있다. 앞으로는 PAS가 흡수 분광법 챕터에 짧은 절로 포함하는 것을 넘어, 전용 챕터를 할애해야 할 것으로 예상한다. 지금은 기체 분석에 초점을 맞춰 주요 기능을 요약할 것이다.

연속 광원(continuous light source)을 사용하여도 광음향 효과를 연구할 수 있으나, 변조(modulation) 또는 펄스 효과의 검출이 더 처리가 쉽다. 변조는 Bell의 초기 실험에서 이용한 초퍼(chopper)를 사용하여 얻는데 다양한 분광학에 사용된다. 여기에서는 '세기 변조(intensity modulation)'나, 파장 변조(wavelength modulation)도 가능하다. 변조된 빛은 기체 시료에 초점을 맞춰 기체가 들어있는 챔버나 셀을 통과한다. 이 빛은 기체 분자의 진동, 회전 및 전자 상태를 여기 시키고, 들뜬 상태는 복사 방출, 화학 반응 및 충돌 과정을 통해 에너지를 방출하여 이완된다(복사 방출 및 화학 반응은 거의 발생하지 않음). 방출되는 에너지의 대부분은 충돌을 강화시켜 열을 발생한다. 그 결과 발생하는 압력파는 소리로 감지된다. 가스 셀을 음향 공진기(acoustic resonator)로 하고, 초퍼는 공진기의 공진 주파수와 일치시켜서 이 과정을 더욱 민감하게 만든다. 이에 대한 예는 그림 5.32에서 볼 수 있다.

우리는 변조와 펄스의 두 가지 접근 방식을 언급했으나 이것이 무엇을 의미하는지 아직 설명하지 않았다. 그림 5.32에서 우리는 초퍼가 셀의 공진 주파수에 맞춰 변조되는 것을 보았다. 셀의 공진 주파수에 맞추어 펄스화된 조정 가능 레이저를 사용하여 셀의 공진 주파수에 맞추면 펄스 모드가 가능해진다. 이완 과정이 본질적으로 단열 과정(adiabatic)이므로 이 방법이 훨씬 더 민감하다. 전자 장치와 펄스를 결합하면 PAS를 정유공정이나 최대 부하 상태의 엔진 테스트와 같은 가혹한 환경에서도 사용할 수 있다. 기존의 흡수분광법에서 골치 아픈 소음이 방지된다. PAS를 사용하면 가스 농도를 1조분의 1(vol/vol) 수준까지 측정할 수 있다. 미래에는 PAS가 산업 및 임상 환경에서 더 중요한 역할을 하게 될 것이 분명하다.

Alexander Graham Bell(1847~1922)은 스코틀랜드계 미국인 발명가이자 응용과학자이며 최초의 전화 특허자로 가장 잘 알려져 있다. 그러나 그의 업적은 단순히 이에 그치지 않으며, 훨씬 뛰어나다. 그는 음향학, 광학, 하이드로포일 디자인 및 항공학 분야에서 중요한 족적을 남겼다. 그의 창의력은 어린 시절부터 시작되었다. 친구와 함께 밀 껍질을 제거할 수 있는 못과 나무 주걱이 달린 기계를 발명했는데, 이 장치는 제분소에서 수년 동안 사용되었다. 그의 어린 시절은 웅변과 연설에 관심이 있었던 그의 가족(그의 어머니와 아내는 귀가 들리지 않았다)의 영향을 받았다. 그는 유머 감각도 뛰어났는데, 어린 Bell은 강아지가 말할 수 있는 것처럼 보이도록 강아지의 입술을 조작하여 개가 으르렁거리도록 훈련시켰다! Bell은 University College of London에서 정식 교육을 마치고 Boston University에서 교수직을 맡았다. Bell은 전화기에 대한 연구 외에도 초기 금속 탐지기, 고속 하이드로포일 및 최초의 음향 분광계를 개발했다. 홍

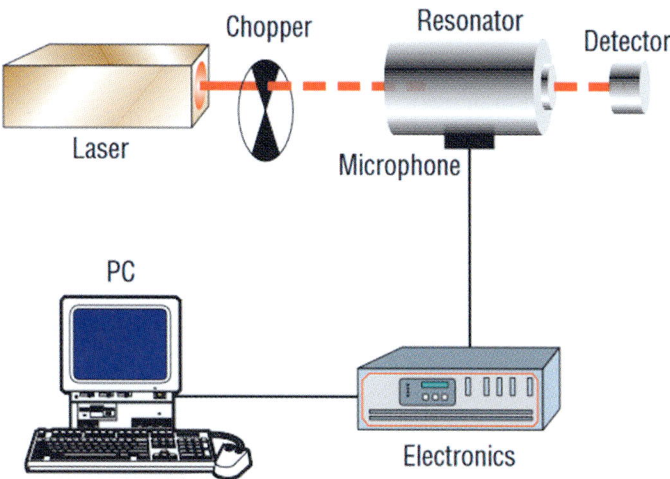

그림 5.32 초퍼로 변조된 연속파 레이저를 가진 기체상 PAS의 예. 초퍼는 공진기의 공진 주파수에 맞춰 조정된다. 전자 장치에는 잡음을 줄이기 위한 증폭기 잠금 기능(lock in amplifier)이 포함되어 있다(ACS의 허가를 받아 재생산하였음).

미롭게도 그 자신은 전화기를 좋아하지 않았는데, 일종의 침입이라고 생각했다. 그의 사무실에는 전화기가 하나도 없었다. 그의 연구는 1887년 Bell Telephone Company의 설립으로 이어졌는데, 1885년에는 American Telephone and Telegraph Company(AT&T)의 공동창립자였다. 그는 내셔널 지오그래픽 협회(National Geographic Society)의 두 번째 회장이었고, Science 잡지의 설립자 중 한 명이었다. 1922년 당뇨병 합병증으로 사망했고, 그의 장례식 당일 미국 내 모든 전화 서비스가 중단되었다.

그림 5.33 1892년 뉴욕시와 시카고 간 장거리 전화 서비스 개통 당시의 Alexander Graham Bell(의회 도서관 인쇄 및 사진 부서. 재생번호 LC-G9-Z2-28608-B).

문제

5.1 유기 분자에서 어떤 유형의 진동이 발생하는가?

5.2 IR 분광법에 사용되는 셀 윈도우를 만드는 데 사용되는 물질은 무엇인가? 이 물질들을 건조하게 유지하기 위해 특별히 예방조치를 취해야 하는 이유는 무엇인가?

5.3 유기 작용기가 특성 주파수에서 공명을 보이는 이유는 무엇인가?

5.4 1차, 2차, 3차 알코올은 어떻게 IR 흡수 스펙트럼으로 구별할 수 있는가?

5.5 2.5~16 μm 범위의 IR 흡수 스펙트럼에서 어떤 C−H와 C−C의 신축 및 굽힘 진동이 감지될 수 있는지 여부를 쓰시오. 각 진동의 주파수는 얼마인가?

5.6 중적외선 영역을 통해 정량 분석을 논의함에 있어서, OH 신축띠 또는 C−O 신축띠가 헥산올 및 헥세인의 혼합물에서 헥산올을 측정하는 데 사용될 수 있다고 한다. 더 정확한 결과를 내기 위해서는 어떤 띠를 선택해야 되는가? 그 이유는?

5.7 용액은 아세톤과 에틸 알코올을 함유하는 것으로 알려져 있다. 각 화합물에 대해 예상되는 IR 흡수 곡선을 그리시오. 어떤 흡수띠가 혼합물 내 아세톤의 존재를 확인하는 데 사용될 수 있는가?

5.8 분자가 IR 복사를 흡수하기 전에 충족되어야 할 요건은 무엇인가?

5.9 펠젯(Fellgett)의 장점이 무엇을 의미하는지 설명하시오.

5.10 다음을 설명하시오. (a) 진동띠 (b) 배진동수띠

5.11 FTIR은 홑살형 기법과 겹살형 기법 중 어느 것인가? 배경 보정은 어떻게 이루어지는가?

5.12 MCT 검출기와 같은 반도체 검출기는 IR 분광법에서 사용하기에 열전기쌍 검출기와 비교해 어떠한가?

5.13 FTIR 분광기의 구성요소를 기술하시오. FTIR에 사용되는 검출기는 무엇인가?

5.14 분산형 IR 분광법과 비교해 FTIR 분광법의 장점을 쓰시오.

5.15 IR 흡수 스펙트럼을 얻기 위해 ATR이 어떻게 작용하는지 기술하시오.

5.16 화학적 분석을 위해 FTIR 현미경을 사용하는 두 가지 예를 제시하시오.

5.17 NIR에서 다루는 파장 범위는 얼마인가? 여기에 어떤 띠가 생기는가?

5.18 중적외선과 비교했을 때 근적외선 사용의 장점과 단점을 기술하시오.

5.19 분자가 라만 활성이 되기 위한 요구 조건은 무엇인가?

5.20 정상 라만 분광법에서 형광이 문제인 이유를 설명하시오. 라만 분광법에서 형광 간섭을 최소화하거나 제거할 수 있는 두 개의 예를 제시하시오.

5.21 공명 라만 과정과 그 장점에 대해 설명하시오.

5.22~5.37번 문제에는 IR 스펙트럼 및 기타 정보를 제공한다. 합리적인 화합물의 구조를 추론하시오.

5.22 미지 화합물의 분자량=86

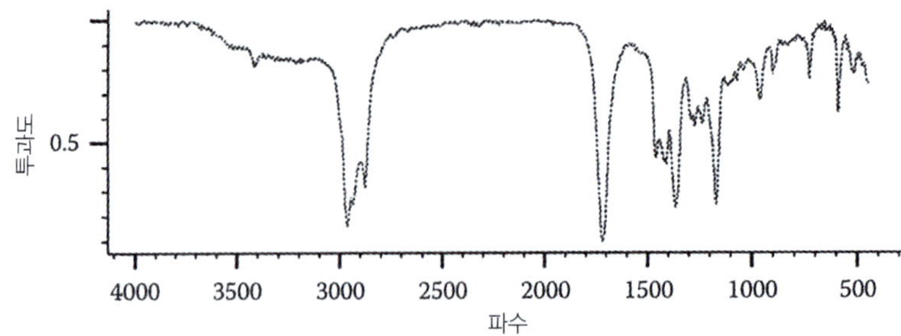

5.23 미지 화합물의 분자량=128

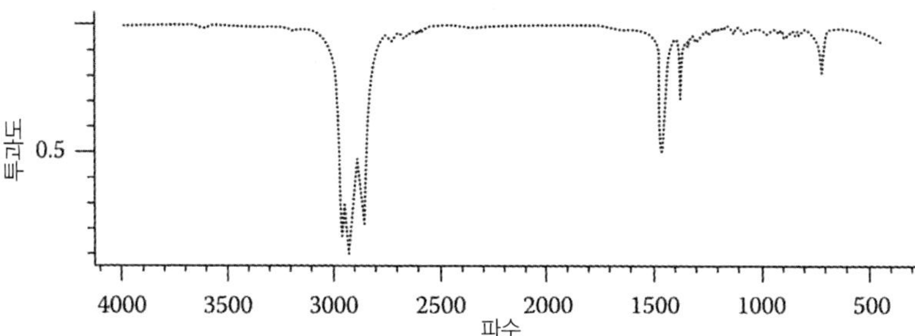

5.24 미지 화합물의 분자량=46

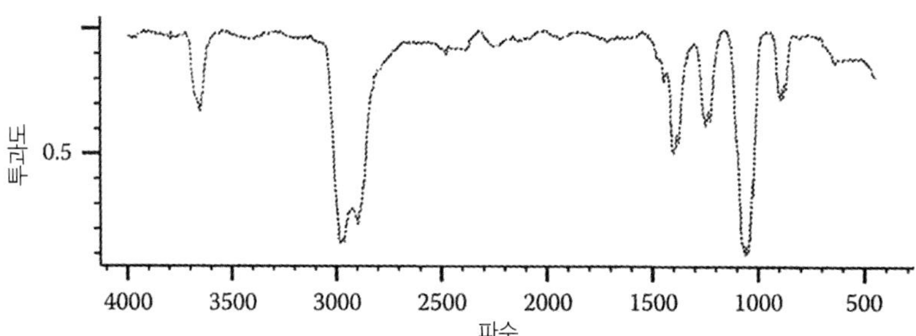

5.25 미지 화합물의 분자량=154

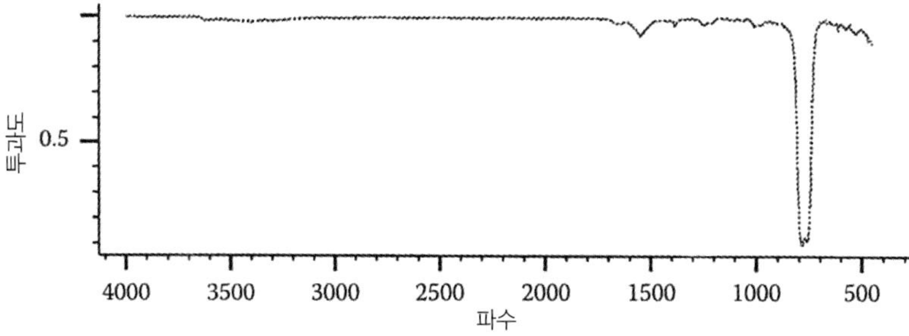

5.26 미지 화합물의 분자량=106

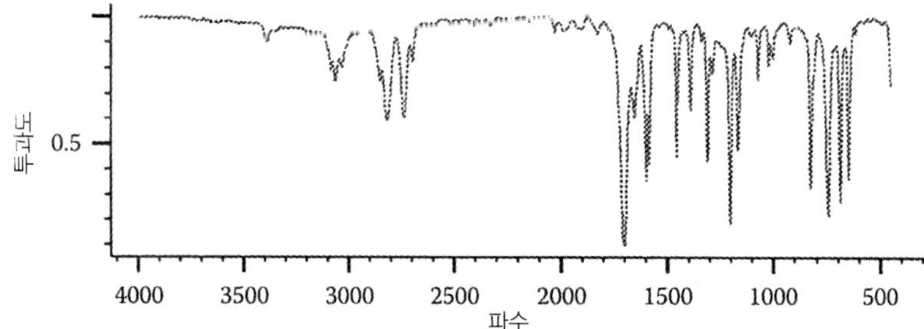

5.27 미지 화합물의 분자량=93(힌트: 분자량이 홀수이다)

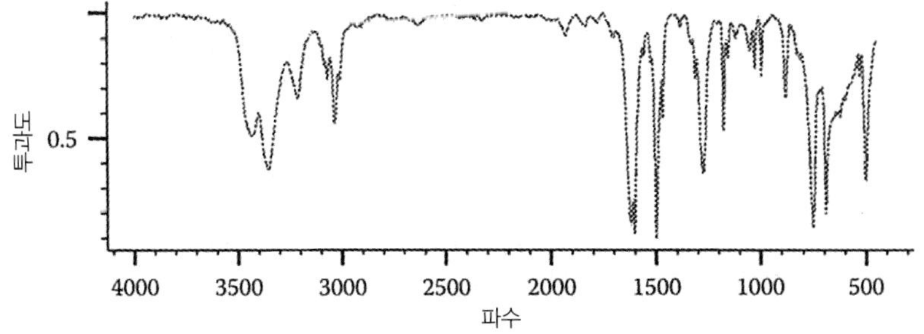

5.28 미지 화합물의 분자량=284

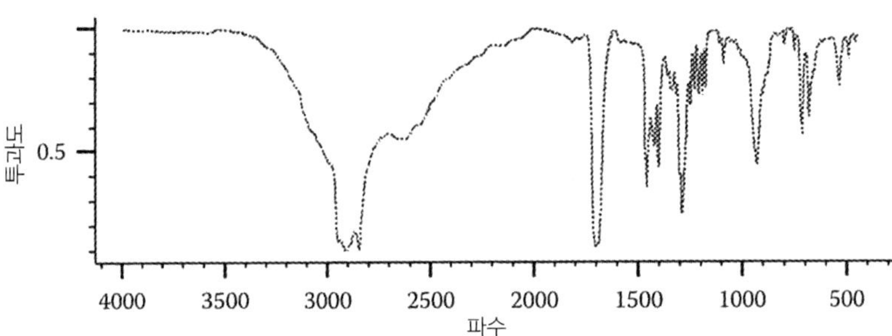

5.29 미지 화합물의 분자량=107

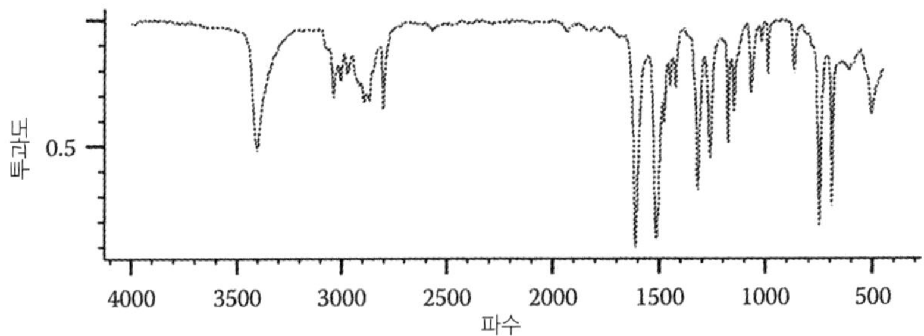

5.30 미지 화합물의 분자량=104. 원소 분석으로부터 구한 분자식은 $C_3H_6NO_3$이다.

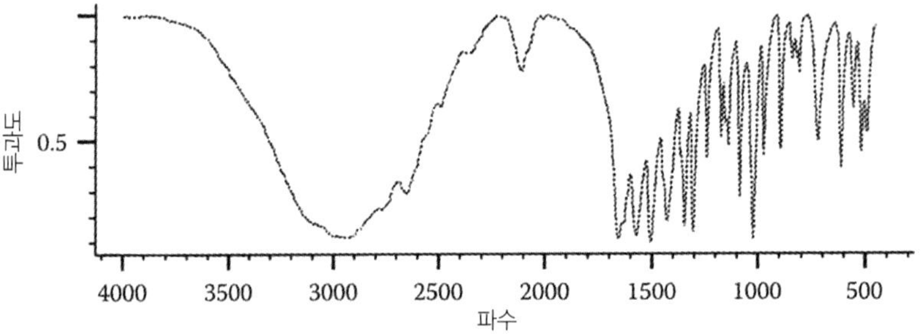

5.31 미지 화합물의 분자량=153. 원소 분석으로부터 구한 분자식은 $C_8H_{11}NO_2$이다.

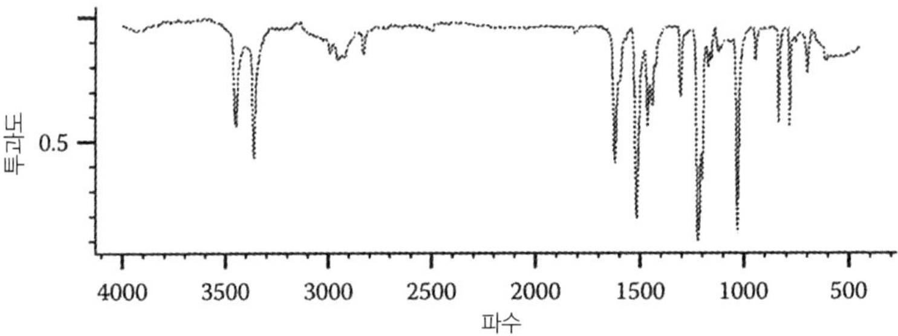

5.32 미지 화합물의 분자량=60

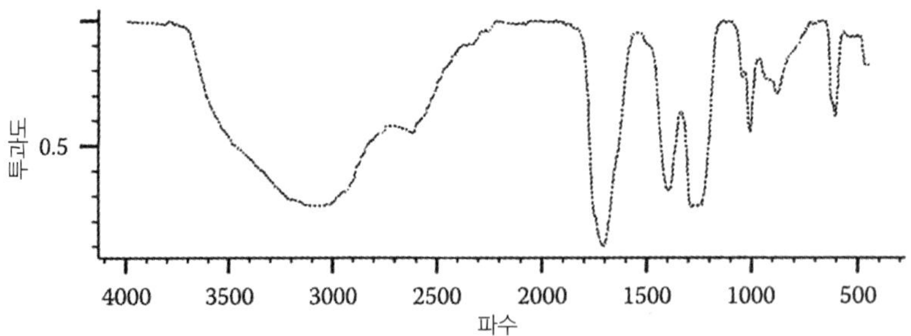

5.33 미지 화합물의 분자량=124(힌트: 분자는 헤테로원자를 포함한다)

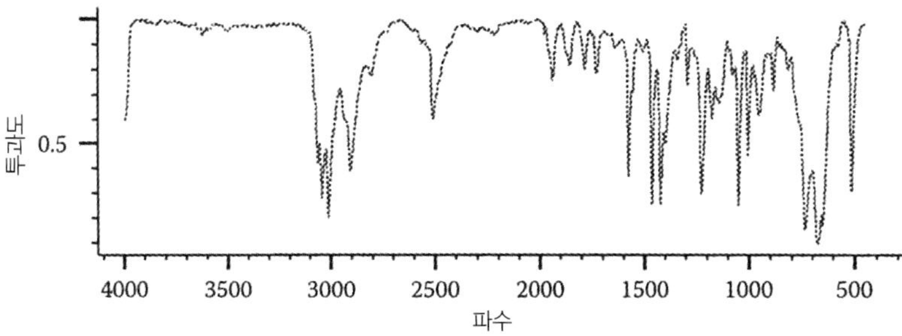

5.34 미지 화합물의 분자량=87

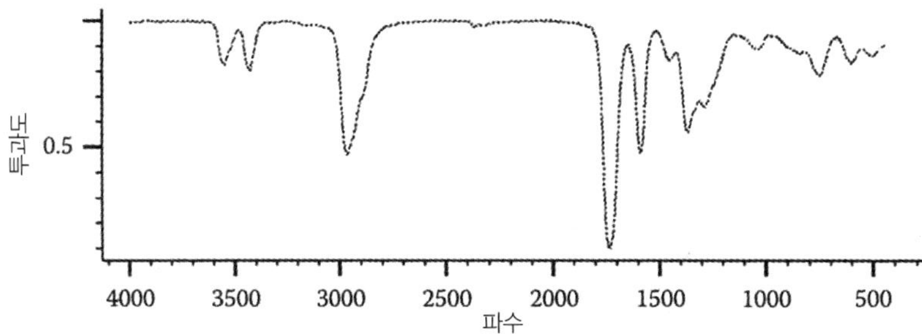

5.35 미지 화합물의 분자량=126

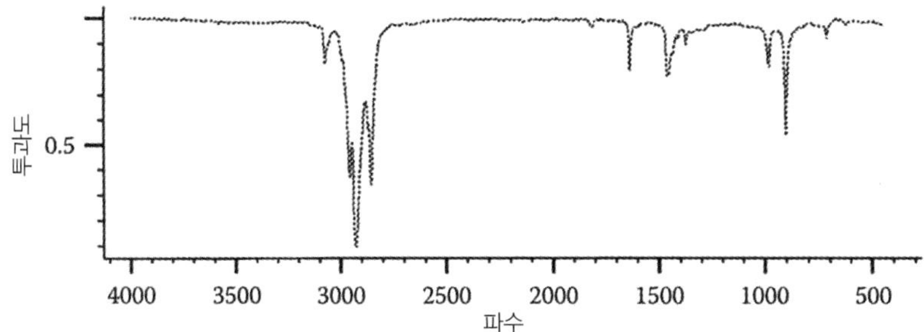

5.36 미지 화합물의 분자량=149.5. 이 화합물은 C와 H 외에 두 가지 다른 헤테로원자를 포함한다.

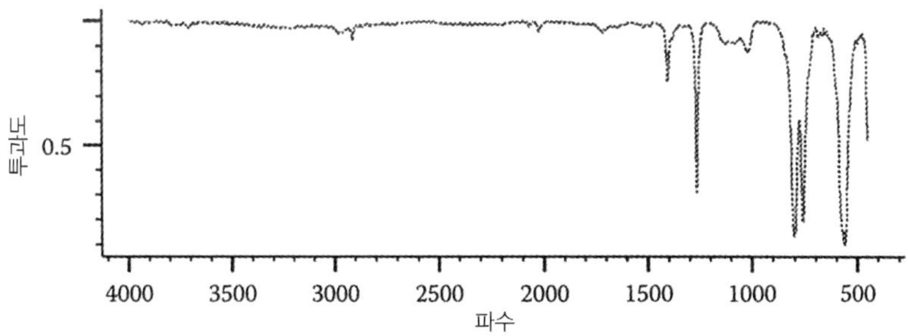

5.37 미지 화합물의 분자량=160(힌트: H 원자보다 C 원자가 더 많다)

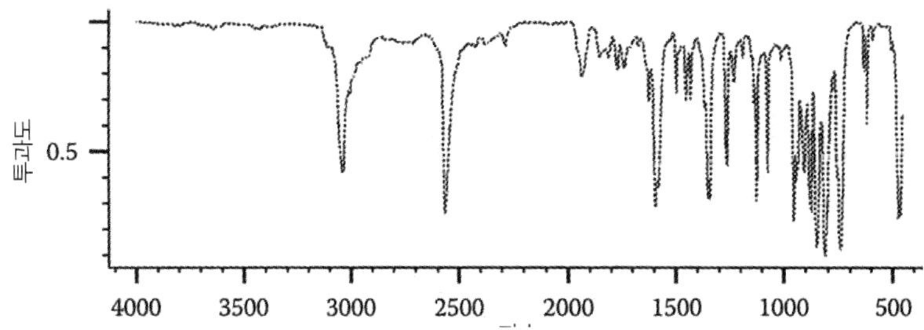

5.38 A, B, C 3가지 화합물의 스펙트럼 a, b, c가 있다. 스펙트럼 a와 스펙트럼 b는 매우 유사하다. (그러나 동일하지는 않다. 차이점을 확인하는 가장 쉬운 방법은 각 스펙트럼을 겹쳐 놓고 뒤에서 빛을 쪼여 보는 것이다. 바탕선이 일치하도록 놓고 보면, 스펙트럼의 차이를 분명히 확인할 수 있다.) 화합물 A의 분자량은 102이다. 화합물 B의 분자량은 114이다. 화합물 C의 분자량은 114이며 화합물 B와 정확히 동일한 분자식을 갖는다. 하지만 스펙트럼 b와 c는 매우 다르다. 화합물 A, B, C의 가능한 구조를 그리시오.

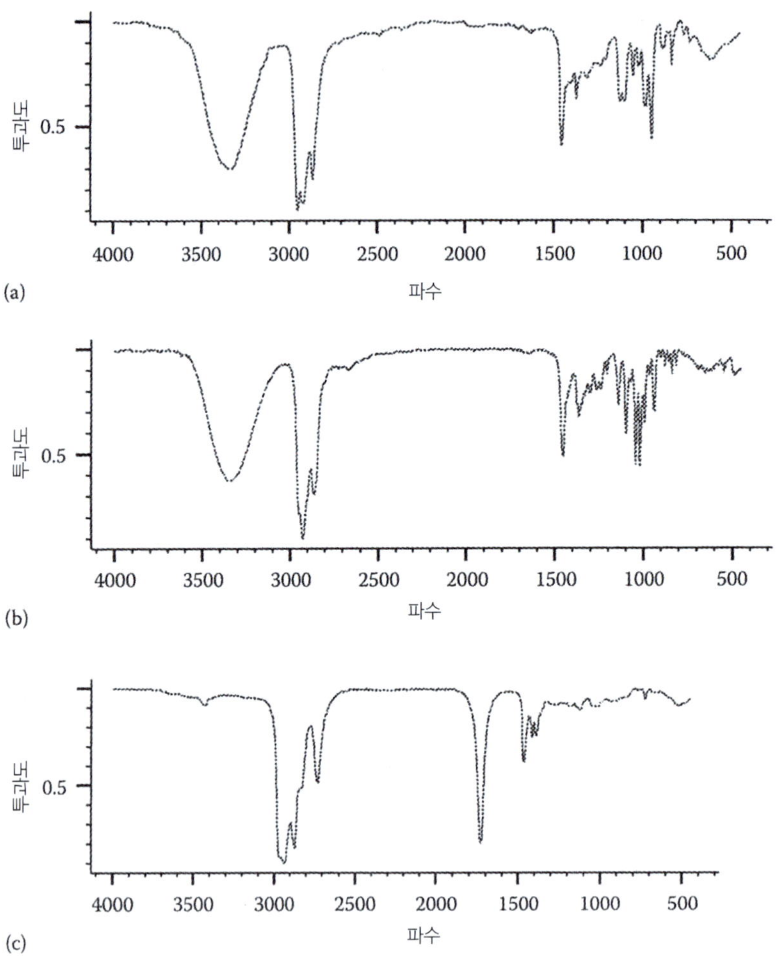

참고문헌

Aikens, D.A.; Bailey, R.A.; Moore, J.A.; Giachino, G.G.; Tomkins, R.P.T. *Principles and Techniques for an Integrated Chemistry Laboratory*. Waveland Press, Inc.: Prospect Heights, IL, 1978. (Reissued 1984).

Asher, S.A. UV resonance Raman spectroscopy for analytical, physical and biophysical chemistry, Pts.l and 2. *Anal. Chem.*, *65*(2), 59A−66A and 201A−210A, 1993.

Briggs, J.L. Hollow waveguides: The next generation of mid-IR remote sampling accessories. *FT-IR Technology for Today's Spectroscopists*, August 2010, a supplement to Spectroscopy, 2010.

Bums, D.R.; Ciurczak, E.W. (eds.) *Handbook of Near Infrared Analysis*. Marcel Dekker, Inc.: New York, 1993.

Carroll, J.E.; He, H.; Landa, I. *The NIR Desk reference*. LT Industries, Inc.: Rockville, MD, 1998.

Coates, J. Vibrational spectroscopy. In Ewing, G.W. (ed.), *Analytical Instrumentation Handbook*, 2nd edn. Marcel Dekker, Inc.: New York, 1997.

Colthup, N.B.; Daly, L.H.; Wiberley, S.E. *Introduction to Infrared and Raman Spectroscopy*, 3rd edn. Academic Press: New York. 1990.

Cooke, P.M. Chemical microscopy. *Anal. Chem.*, *68*(12), 339R, 1996.

De Blase, F.J.; Compton, S. IR emission spectroscopy: A theoretical and experimental review. *Appl. Spectrosc.*, *45*(4), 611, 1991.

Deschaines, T.O.; Hodkiewicz, J.; Henson, P. Characterization of amorphous and microcrystalline silicon using Raman spectroscopy. Technical Note 51735, Thermo Fisher Scientific, Inc.: Madison, WI, 2009.

Deschaines, T.O.; Wieboldt, D. Practical applications of surface-enhanced Raman scattering (SERS). Technical Note 51874, Thermo Fisher Scientific, Inc.: Madison, WI, 2010.

Dieing, T.; Hollricher, O.; Toporski, I., (eds.) *Confocal Raman Microscopy*, Springer Series in Optical Sciences, Vol. 158, 1st edn. Springer Verlag: Berlin/Heidelberg, Germany, 2011.

Edwards, H.G.M. Raman microscopy in art and archeology. *Spectroscopy*, *17*(2), 16, 2002.

Ferraro, J.R.; Nakamoto, K. *Introductory Raman Spectroscopy*. Academic Press: New York, 1994.

Fleischmann, M.; Hendra, P.J.; McQuillan, A.J. *Chem. Phys. Lett.*, *26*, 163, 1974.

Garrell, R.L. Surface-enhanced Raman spectroscopy. *Anal. Chem.*, *61*(6), 401A, 1989.

Goddu, R.F. Near infrared spectrophotometry. In Reilly, C.N. (ed.), *Advances in Analytical Chemistry and Instrumentation*, Vol. I. John Wiley & Sons, Inc.: New York, 1960.

Grasselli, J.G.; Bulkin, B.J. (eds.) *Analytical Raman Spectroscopy*. John Wiley & Sons, Inc.: New York, 1991.

Grasselli, J.G.; Snavely, M.K.; Bulkin, B.J. *Chemical Applications of Raman Spectroscopy*. John Wiley & Sons, Inc.: New York, 1981.

Greenberg, A.E.; Clesceri, L.S.; Eaton, A.D. (eds.) *Standard Methods for the Examination of Water and Wastewater*, 18th edn. American Public Health Association: Washington, DC, 1992.

Gremlich, H.-U.; Yan, B. (eds.) *Infrared and Raman Spectroscopy of Biological Materials*. Marcel Dekker, Inc.: New York, 2001.

Griffiths, P.R.; de Haseth, J.A. *Fourier Transform Infrared Spectrometry*. Chemical Analysis, Vol. 83. Wiley-Interscience: New York, 1986.

Heil, C. Rapid, multi-component analysis of soybeans by FT-NIR spectroscopy. Thermo Fisher Scientific application note, www.thermo.com, ©2010 Thermo Fisher Scientific, Madison, WI (www.thermofisher.com).

Herrero, A.M.; Carmona, P.; Careche, M. *J. Agric. Food Chem.*, *52*(8), 2147, 2004.

Humecki, H.J. (ed.) *Practical Guide to Infrared Microspectroscopy*. Practical Spectroscopy Series, Vol. 19. Marcel Dekker, Inc.: New York, 1995.

Hsu, C.-P.S. Infrared spectroscopy. In Settle, F.A. (ed.), *Handbook of Instrumental Techniques for Analytical Chemistry*. Prentice Hall PTR: Upper Saddle River, NJ, 1997.

Ingle, J.D., Jr.; Crouch, S.R. *Spectrochemical Analysis*. Prentice Hall, Inc.: Englewood Cliffs, NJ, 1988.

Kawai, N.; Janni, J.A. Chemical identification with a portable Raman analyzer and forensic spectral database. *Spectroscopy*, *15*(10), 32, 2000.

Kneipp, K.; Moskvits, M.; Kneipp, H. (eds.) *Surface-Enhanced Raman Scattering: Physics and Applications*. Topics in Applied Physics, Vol. 103. Springer: New York, 2006.

Lambert, J.B.; Shurvell, H.F.; Lightner, D.; Cooks, R.G. *Introduction to Organic Spectroscopy*. Macmillan Publishing Company: New York, 1987.

Lowry, S. *Using FT-IR Spectroscopy to Analyze Gemstones*: Application Note 51123. Thermo Fisher Scientific: Madison, WI, 2006.

Marbach, R.; Koschinsky, T.; Gries, F.A.; Heise, H.M. Noninvasive blood glucose assay by NIR diffuse reflectance spectroscopy of the human inner lip. *Appl. Spectrosc.*, *47*(7), 875, 1983.

McLain, B.L.; Hedderich, H.G.; Gift, A.D.; Zhang, D.; Jallad, K.; Haber, K.S.; Ma, J.; Ben-Amotz, D. Fast chemical imaging. *Spectroscopy*, *15*(9), 28, 2000.

Metzel, D.L.; LeVine, S.M. In-situ FTIR microscopy and mapping of normal brain tissue. *Spectroscopy*, *8*(4), 40, 1993.

Mirabella, F.M. (ed.) *Intenal Reflection Spectroscopy: Theory and Applications*. Practical Spectroscopy Series, Vol. 15. Marcel Dekker, Inc.: New York, 1992.

Morris, M.D. (ed.) *Microscopic and Spectroscopic Imaging of the Chemical State*. Marcel Dekker: New York, 1993.

Nakamoto, K. *Infrared and Raman Spectra of Inorganic and Coordination Compounds*, 5th edn. John Wiley & Sons, Inc.: New York, 1996.

Pattacini, S. *Solving Analytical Problems Using Infrared Spectroscopy Intenal Reflectance Sampling Techniques*. Pattacini Associates, LLC: Danbury, CT, 1995.

Pavia, D.L.; Lampman, G.M.; Kriz, G.S. *Introduction to Spectroscopy*, 3rd edn. Harcourt College Publishers: New York, 2001.

Raman, C.V. *Indian J. Phys*., 2, 387, 1928.

Richard, S.; Tang, P.L. Identification and evaluation of coatings using hand-held FTIR, Publication number 5990-8075EN. Agilent Technologies, Inc., Santa Clara, CA, 2011.

Robinson, J.W. (ed.) *Handbook of Spectroscopy*, Vol. II. CRC Press: Boca Raton, FL, 1974.

Robinson, J.W. *Practical Handbook of Spectroscopy*. CRC Press: Boca Raton, FL, 1991.

Robotham, C.; Izzia, F. *FT-IR Microspectroscopy in Forensic and Crime Lab Analysis*. Application Note 51517, Thermo Fisher Scientific, Inc.: Madison, WI, 2008.

Schultz, C.P. Precision infrared spectroscopic imaging. *Spectroscopy*, 16(10), 24, 2001.

Sellors, J. ATR imaging oflaminates. *Am. Lab*., *40*(8), 24, 2008.

Silverstein, R.M.; Webster, F.X. *Spectrometric Identification of Organic Compounds*, 6th edn. John Wiley & Sons, Inc.: New York, 1998.

Smith, A.L. *Infrared Spectroscopy*, *Treatise on Analytical Chemistry*, Part 1, Vol. 7. John Wiley & Sons, Inc.: New York, 1981.

Strommen, D.P. Raman spectroscopy. In Settle, F.A. (ed.), *Handbook of Instrumental Techniques for Analytical Chemistry*. Prentice Hall PTR: Upper Saddle River, NJ, 1997.

von Rosenberg, Jr., C.W.; Abbate, A.; Drake, J.; Mayes, D.M. A rugged near-infrared spectrometer for the realtime measurement of grains during harvest. *Spectroscopy*, *15*(6), 35, 2000.

Weesner, F.; Longmire, M. Dispersive and Fourier transform Raman. *Spectroscopy*, *16*(2), 68, 2001.

CHAPTER

06 자기 공명 분광법

6.1 핵자기 공명 분광학 개론

핵자기 공명(Nuclear Magnetic Resonance, NMR) 분광학은 분자 구조의 연구를 위한 강력한 분석 방법 중 하나이다. NMR법은 1952년 Texas Baytown의 Humble Oil Company에 Varian HR-30이 최초의 상용 장비로 설치된 이후 매우 빠르게 개발되었다. 작은 자석을 이용한 초기 장비들은 유기 화합물의 수소(또는 양성자, protons, ^{1}H)를 연구하는 데 사용되었고, 고농도의 액상 또는 용액상 분석 물질 분석만 가능하였다. 이제는 훨씬 강력한 자석이 개발되어, 900,000Da이나 되는 거대한 단백질의 3차원(3D) 구조 결정이 가능한 NMR 장비와 실험법이 가능하게 되었다. 고분자와 같은 고체 시료에 대한 ^{13}C, ^{19}F, ^{31}P, ^{29}Si 등과 같은 다양한 핵종의 측정이 가능한 요술각(magic angle) NMR 장비도 상용화되었다. 암과 같은 다양한 질병을 비파괴 진단하는 **자기 공명 영상기**(*magnetic resonance imaging*, MRI)로 불리는 NMR 영상 기법도 폭넓게 사용된다. 또한 NMR 장비와 액체 크로마토그래피, 질량 분석기가 결합되어 미지 시료를 분리하고 분자 구조를 결정할 수 있는 장비도 상용화되었다. 분해능과 감도도 개선되어, NMR로 물질의 ppm 단위의 농도를 검출 및 확인이 가능하고 검출 한계가 나노그램(nanogram) 수준까지 가능한 장비도 개발되었다. NMR은 고성능 액체 크로마토그래피(HPLC)와 결합하여(HPLC-NMR) 혼합물을 크로마토그래피로 분리한 후 각 화합물을 확인해 주고, 또한 매우 강력한 유기 화합물의 분리 및 분석 방법인 HPLC-NMR-MS 시스템에서 비파괴 검출기의 역할을 한다. 특히 1970년대 이후 응용 분야가 매우 광범위해졌으며, 앞으로도 계속 발전할 것으로 보인다.

NMR 현상은 핵의 자성에 의존한다. 특정 핵종은 고유의 스핀 각운동량을 갖고 자기장 안에서 다른 스핀 상태가 만들어진다. ^{12}C와 ^{16}O와 같이 원자 번호와 원자량이 짝수를 갖는 모든 핵종은 스핀 양자수(I)가 0이 되어, 자기 모멘트가 없고 NMR 현상을 발현하지 못한다. 위와 같은 핵종을 제외한 모든 핵종은 NMR 관찰이 이론적으로는 가능하다.

NMR은 **자기장 안**에 놓인 분자의 원자들과 관련된 핵의 라디오파를 흡수하는 현상과 관련이 있다. NMR은 자외선/가시광선(UV/VIS) 흡수 분광법과 같이 흡수 분광법의 종류 중 하나로 분류된다. 라디오파는 수 kHz(= 10^3 Hz)에서 수백 GHz(= 10^9 Hz)까지의 주파수를 갖는 낮은 에너지의 전자기 복사선이다. 주파수의 SI 단위는 Hz로 1초에 사이클 수(cycle per second, cps), 즉 초의 역수 단위(s^{-1})와 같다. 라디오 주파수(radio frequency, RF) 복사선의 에너지는 다음과 같이 계산될 수 있다.

$$E = h\nu$$

여기서 h는 Planck 상수로 6.626×10^{-34} Js이고, ν는 주파수이다.

RF 복사선과 관련된 에너지의 양은 매우 작아서, 원자 또는 분자의 진동, 회전 또는 전자적 들뜸을 일으킬 수가 없다. 하지만 분자의 원자 핵스핀에 영향을 주기에는 충분한 에너지이다. 즉, **자기장 안**에서 분자의 어떤 원자의 스핀하는 핵종은 RF 복사선을 흡수할 수 있어 스핀하는 축의 방향을 바꿀 수 있다. 원리적으로 분자 내에서 화학적으로 다른 원자는 (핵이 **자기 모멘트**를 갖는다면) 각각 다른 흡수 주파수 또는 **공명(resonance)** 주파수를 갖는다. 자기장 안에서 핵의 RF 복사선 흡수를 이용하여 시료의 정보를 제공하는 분석 분야를 NMR 분광학이라고 한다.

분석 화학에서 NMR은 분자의 모양과 구조에 대한 연구가 가능하게 하는 분석법이다. 특히, 분자에서 NMR 활성을 갖는 핵종의 다른 화학적 환경을 구분하여 분자의 구조를 확인하는 데 사용할 수 있다. 또한 NMR은 한 분자에서 원자의 공간적 배향에 대한 정도도 제공한다. 어떤 화합물이 존재하는지 알고 있다면, NMR은 혼합물에서 각각 화합물의 정량적 정보도 제공할 수 있다. 따라서 NMR은 특히 유기 화합물에 대한 정성적 및 정량적 분석이 가능한 분석법이다. 더불어 NMR은 화학 평형, 반응 역학, 분자의 운동, 분자 간 상호작용 등에 대한 연구에도 사용이 가능하다.

NMR 분야에서는 3번의 Nobel 상이 수상되었다. 첫 번째는 1946년에 NMR 효과를 증명한 물리학자 E. Purcell과 F. Bloch이 1952년에 수상하였다. 두 번째는 1960~1980년 사이에 펄스 푸리에 변환(FT)-NMR 개발과 2차원 NMR 기법 개발로 R. Ernst와 W. Anderson이 1991년에 수상하였다. FT-NMR과 2차원 분석법은 현대 NMR 실험의 기초가 되어 학부생 기기 분석 실험에도 수행된다. 앞으로 사용되는 NMR 용어는 FT-NMR을 의미하며, 현재 제작되는 대부분의 NMR은 FT-NMR이다. 2002년에 Nobel 화학상은 NMR과 질량 분석기(MS)를 이용하여 단백질과 같은 중요한 거대 생체 분자의 분석법을 개발한 세 명의 과학자에게 돌아갔다. 특히, 분자 생물리학자인 스위스의 교수 K. Wüthrich는 NMR을 이용하여 단백질의 3차원 구조를 결정한 공로로 수상하였다.

1970년대 이후로, NMR과 관련된 기술은 급격하게 첨단화되었다. 이론, 기기 디자인, 수학 등이 NMR을 강력하게 만드는 데 혼합됨에 따라, 현대 NMR 실험을 이해하기 위해서는 양자역학, 물리학, 전기공학 등에 대한 풍부한 이해력이 요구된다. 다행히도 NMR을 사용하는 데 있어서 이론을 완벽히 이해할 필요는 없지만, 이 장에서는 최소한의 수학을 이용한 단순한 접근법으로 NMR을 설명하고자 한다.

6.1.1 | 핵의 성질

NMR 실험에서 어떤 핵의 성질을 이해하기 위해서는 핵이 어떤 축에 대해 회전한다고 가정해야 하며, 이를 **핵스핀(nuclear spin)**이라고 하고 스핀 양자수(spin quantum number, I)를 갖는다. 더불어 핵은 전하를 갖고 있다. 어떤 전하를 갖고 회전하는 입자는 회전축에 대해 **자기 모멘트(magnetic moment)**를 만든다. NMR 실험에서 신호를 제공하기 위해서, 핵은 스핀 양자수가 0이 아니어야 하고 자기 쌍극자 모멘트를 가져야만 한다.

^{1}H와 같은 핵종은 축에 대해 2종류의 에너지 상태를 갖는다. 핵은 질량을 갖고 회전하고 있기 때문에 핵은 스핀 각운동량을 갖고 역학적 에너지를 갖는다. 그래서 에너지의 첫 번째 형태는 **역학적 에너지**(*mechanical energy*)이다. 수소 핵의 역학적 에너지에 대한 계산식은 다음과 같다.

$$\text{스핀 각운동량} = \frac{h}{2\pi}\sqrt{I(I+1)} \tag{6.1}$$

I는 스핀 양자수이며, ^{1}H는 $I = 1/2$이다.

스핀 양자수(I)는 핵의 물리적 성질로서 양성자와 중성자에 의해 결정된다. 알려진 핵의 핵스핀의 관찰로부터 스핀 양자수를 예측하는 실험적 규칙을 표 6.1에 요약하였다. 예를 들어, ^{12}C는 원자량이 12, 원자 번호가 6이다. 즉, 이 핵은 6개의 양성자(원자 번호 = 6)와 6개의 중성자(원자량 − 원자 번호 = 중성자 수)를 갖고 있다. 이 핵은 질량과 양성자 수가 모두 짝수이므로, 표 6.1에서 예상하는 바와 같이 ^{12}C의 스

표 6.1 핵의 스핀 양자수를 예측하는 규칙

질량(양성자수 + 중성자수) (원자량)	전하(양성자수, 원자 번호)	스핀 양자수 (*I*)
홀수	홀수 또는 짝수	1/2, 3/2, 5/2, ⋯
짝수	짝수	0
짝수	홀수	1, 2, 3

핀 양자수는 0이며 스핀이 없다. 따라서 스핀 양자수가 0이므로, 식 (6.1)에 대입하면 ^{12}C는 스핀 각운동량을 갖지 않으므로 자기 모멘트가 없다. 이러한 $I=0$인 핵종은 자기장 안에서 RF 복사선을 흡수하지 못하고, 결국 NMR 신호를 갖지 못한다. ^{12}C와 ^{16}O와 같이 원자 번호와 원자량이 짝수를 갖는 모든 핵종은 NMR을 측정할 수 없다.

한편 ^{13}C은 원자량이 13(= 양성자수 + 중성자수)의 홀수 값을 갖고 원자 번호는 짝수인 6이다. 표 6.1로부터 ^{13}C의 스핀 양자수(I)는 반정수를 예측할 수 있고, ^{13}C은 ^{1}H와 같은 $I=1/2$이다. 따라서 ^{13}C은 NMR 측정이 가능하지만, 유기 분자에 총 탄소 중에서 ^{13}C의 자연계 존재비는 약 1.1% 정도이므로 ^{13}C NMR은 유기 분자의 구조를 밝히는 데 어려움이 따른다.

물리적인 성질들을 통해 스핀 양자수가 0, 반정수 또는 정수인지를 예측할 수 있지만, 1/2, 3/2, 1 또는 2와 같은 스핀 양자수는 실제로는 실험적으로만 결정된다. Ar, Tc, Ce, Pm, Bi, Po를 제외한 주기율표의 처음 6번째 주기까지에 있는 모든 원소들은 스핀 양자수가 0이 아닌 동위 원소를 적어도 하나는 갖고 있다. 이것은 표 6.1과 부록 10.A로부터 볼 수 있는데, 주기율표에서 자연계에 가장 풍부하고 일반적인 동위 원소인 C, O, Si, S는 NMR에 의해 측정될 수 없다. 특히 이들은 생물학, 제약 산업, 고분자 산업, 화학 제조 산업 등과 관심이 있는 많은 유기 분자의 매우 중요한 구성 성분이다. NMR에 의해 측정될 수 있는 가장 중요한 원소들과 스핀 양자수는 표 6.2에 나타내었다. 유기 화학자와 생물학자에게 가장 중요한 두 가지의 핵 ^{13}C와 ^{1}H는 모두 스핀 양자수$(I)=1/2$를 가진다.

핵 에너지의 두 번째 형태는 **자기성**(*magnetic*)이다. 이것은 핵의 전기적 전하 때문에 생긴다. 어떠한 움직이는 전기적 전하는 자기장을 만든다. 핵자기장 모멘트 μ는 자기적 쌍극자의 크기를 표현한다. 핵자기 모멘트 대 스핀 양자수 비율을 **자기 회전 비율**(**magnetogyric radio** 또는 gyromagnetic ratio)이라고 하고, 기호 γ로 나타낸다. 그러므로 $\gamma=\mu/I$이다. 이 비율은 각 핵종에 따라 다른 값을 가진다. 핵자기 모멘트를 가지고 있는 핵의 자기장은 다른 국부적 자기장과 상호작용할 수 있다. NMR의 기본은 외부에서 적용된 자기장에 대해 자기적으로 활성된 핵의 감응에 대한 연구이다.

표 6.2 NMR-활성 핵과 그들의 양자수들

동위 원소	*I*	동위 원소	*I*
^{13}C	1/2	^{35}Cl	3/2
^{17}O	5/2	^{37}Cl	3/2
^{1}H	1/2	^{79}Br	3/2
^{2}H(중수소)	1	^{81}Br	3/2
^{3}H(삼중수소)	1/2	^{125}I	5/2
^{19}F	1/2	^{129}I	7/2
^{31}P	1/2	^{14}N	1
^{29}Si	−1/2	^{15}N	1/2
^{33}S	3/2	^{10}B	3
^{35}S	3/2	^{11}B	3/2

6.1.2 | 자기장에서 ^{1}H 핵의 양자화

핵이 매우 강하고 균일한 외부 자기장 B_0에 놓여 있을 때, 핵은 자기장의 방향에 대해 특정한 방향으로 나열하게 되는 경향이 있다. 각 핵이 나열한 상대적인 방향은 에너지 준위와 관련 있다. 어떠한 특정한 에너지 준위만 허용이 되는데, 이것을 에너지 준위는 **양자화되어(quantized)** 있다고 한다. 따라서 핵은 자기장 B_0에 상대적으로 특정한 방향으로만 나열될 수 있다. (**참조:** 기호 B는 자기장의 SI 단위이다. 많은 교과서에는 여전히 H와 H_0를 자기장의 기호로 사용하고 있다.)

배향수(*number of orientations*) 또는 자기 양자수는 핵의 물리적인 성질의 함수이고, 수식으로는 $2I+1$과 같다.

$$\text{배향수} = 2I + 1 \qquad 6.2)$$

^{1}H인 경우에, $I = 1/2$이므로, 배향수는 $2 \times (1/2) + 1 = 2$이다. 자기 양자수(magnetic quantum number, m)에 의해 기호화된 자기 양자 상태의 허용된 값은 I, $I-1$, $I-2$, ..., $-I$이다. 결론적으로, ^{1}H에 대해서는 두 개의 에너지 준위만 허용된다. 하나는 $m = +1/2$이고, 나머지 하나는 $m = -1/2$이다. 자기장에서 이러한 에너지 준위의 갈라짐을 Zeeman 갈라짐이라고 한다. (이것은 자기장에서 전자 에너지 준위의 갈라짐인, 전자의 Zeeman 효과와 유사하다. 전자의 Zeeman 효과는 7장에서 다룬다.)

^{1}H와 같이 $I = 1/2$인 핵이 외부 자기장에 놓일 때, 핵의 자기 모멘트는 자기장과 같은 방향 또는 반대 방향과 같은 두 가지 방향 중 한 가지 방향으로만 나열한다. 이것은 그림 6.1과 같이, 하나는 나머지보다 높은 에너지를 갖는, 두 개의 분리된 에너지 준위를 야기한다. **낮은** 에너지는 자기 모멘트가 자기장과 같은 방향으로 나열한 것이다. 낮은 에너지 상태는 높은 에너지 상태보다 에너지 측면에서 더 선호하는 상태여서, 낮은 에너지 상태에 있는 핵의 입자수가 높은 에너지 상태에 있는 입자수보다 많다. 에너지 준위 사이의 차이는 외부장의 세기에 비례한다. 그림 6.2에서와 같이, 팽이처럼 회전축도 외부 자기장의 축에 대하여 원운동하는 형태로 같이 회전한다. 이 회전을 **세차 운동(precession)**이라고 한다. 세차 운동의 방향은 외부 자기장과 **같은** 방향이거나 **반대** 방향이다.

따라서 ^{1}H와 같은 핵의 경우에는 두 개의 분리된 에너지 준위를 가진다. 핵이 많이 있는 시료에서, 더 많은 양성자가 낮은 에너지 상태에 존재할 것이다. NMR 실험의 기초는 복사선의 흡수에 의해 낮은 에너지 상태의 양성자 입자들을 높은 에너지 상태로 전이하게 하는 것이다. 그림 6.1에서처럼, $\Delta E = h\nu$의 관계에 따라 ΔE와 같은 주파수의 복사선 흡수에 의해 이 두 에너지 상태 사이의 전이가 발생한다.

$I = 1/2$인 핵의 두 양자 준위 사이의 에너지 차이는 적용된 자기장 B_0와 핵의 자기 모멘트 μ에 비례한다. 이들 에너지 준위와 흡수된 복사선의 주파수 ν는 다음 방법으로 계산된다. E는 특정 자기장에서 핵의 에너지 준위를 표현한 것이다.

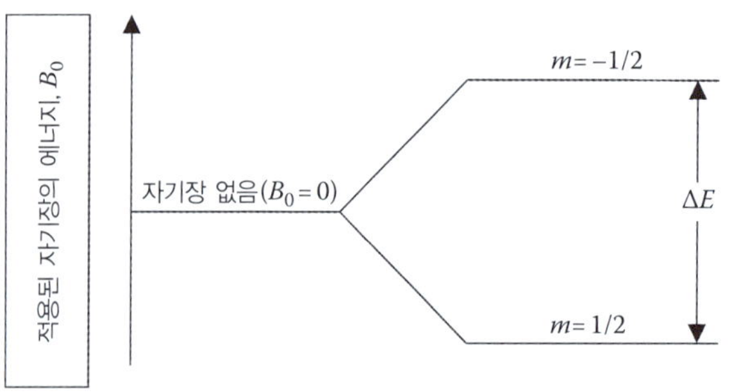

그림 6.1 외부 자기장의 존재하에서, $I = 1/2$인 핵은 두 개의 분리된 에너지 준위 중 하나에 존재할 수 있다. 두 준위의 에너지 차이는 ΔE이다. 낮은 에너지 준위($m = 1/2$)는 자기장과 같은 방향으로 배열된 핵자기 모멘트를 가진다. 높은 에너지 상태($m = -1/2$)에서 핵자기 모멘트는 자기장에 반대로 배열한다.

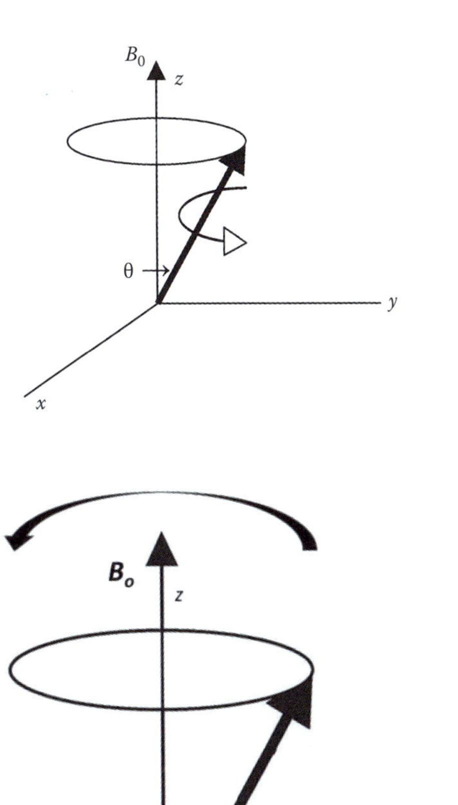

그림 6.2 주어진 자기장, B_0(+z축에 평행)의 존재하에서 스핀하는 핵은 자기장 축에 대하여 원운동하는 방식으로 세차 운동한다. 핵은 시계 반대 방향으로 스핀함을 보여 준다(속이 빈 화살표), 검은색 굵은 화살표는 원주를 따라가는 회전축을 나타낸다.

$$E = -m\left(\frac{\mu}{I}\right)B_0 = -m\left(\gamma\frac{h}{2\pi}\right)B_0 \tag{6.3}$$

여기서 m은 자기 양자수, μ는 핵자기 모멘트, B_0는 자기장의 세기, I는 스핀 양자수, γ는 자기 회전 비율, h는 Planck 상수이다. 식 6.3은 NMR에 감응하는 모든 핵의 특정 에너지 준위에 대한 일반적인 식이다. 하지만 만약 ^{1}H 핵으로만 국한시키면 $I = 1/2$이다. 따라서 두 준위만 있다.

$$\Delta E = E_{-1/2} - E_{+1/2} = h\nu \tag{6.4}$$

및

$$\Delta E = h\nu = \gamma\frac{h}{2\pi}B_0 = \frac{\mu}{I}B_0 = 2\mu B_0 \tag{6.5}$$

따라서 ΔE의 전이를 야기할 수 있는 흡수 주파수는 다음과 같다.

$$\nu = \gamma\frac{B_0}{2\pi} \tag{6.6}$$

NMR에서 ω(radians/s) 또는 ν(Hz)로 주파수를 일반적으로 표현한다. 하나의 주기 = 2π radians이기 때문에, $\omega = 2\pi\nu$, 즉, $2\pi\nu = \gamma B_0$이 된다. 더 일반적으로, 식 6.6은 다음과 같이 쓴다.

$$\omega = \gamma B_0 \tag{6.7}$$

여기서 ω는 rad/s의 단위를 가지는 주파수이다.

식 6.7은 NMR에서 기본이 되는 **Larmor 식(Larmor equation)**이다. 이 식은 핵에 의해 흡수된 RF 복사선의 주파수 ω와 자기장 B_0 사이의 관계를 나타낸다. 이 관계식이 NMR의 기초이다.

흡수 과정은 자기장에서 전하를 가진 입자의 행동으로 바라보는 고전적인 접근의 방식으로 이해될 수 있다. 전하를 가진 핵의 회전(그림 6.2)은 적용된 자기장에 대하여 회전축이 원 경로로 움직이는 것을 야기하는 각 가속도를 만든다. 이미 언급했다시피, 이 운동은 세차 운동이라고 한다. 세차 운동의 주파수 $\omega = \gamma B_0$는 Larmor 주파수로서 고전 역학으로 계산할 수 있다. 양자 역학과 고전 역학 모두, 어떤 자기장하에서 전하를 가진 핵의 스핀에 의하여 흡수되는 복사선의 주파수가 Larmor 주파수인 것을 예측하고 있다.

그림 6.2에서 보듯이, 세차 운동하는 수소 핵의 회전축은 주어진 자기장과 각도 θ를 이룬다. 세차 운동하는 핵의 에너지는 $E = \mu B_0 \cos\theta$이다. RF 복사선 형태의 에너지가 핵에 흡수되면, 각도 θ는 바뀌어야 한다. 양성자가 에너지를 흡수하면 자기장과 같은 방향으로 있던 자기 모멘트가 자기장과 반대 방향으로

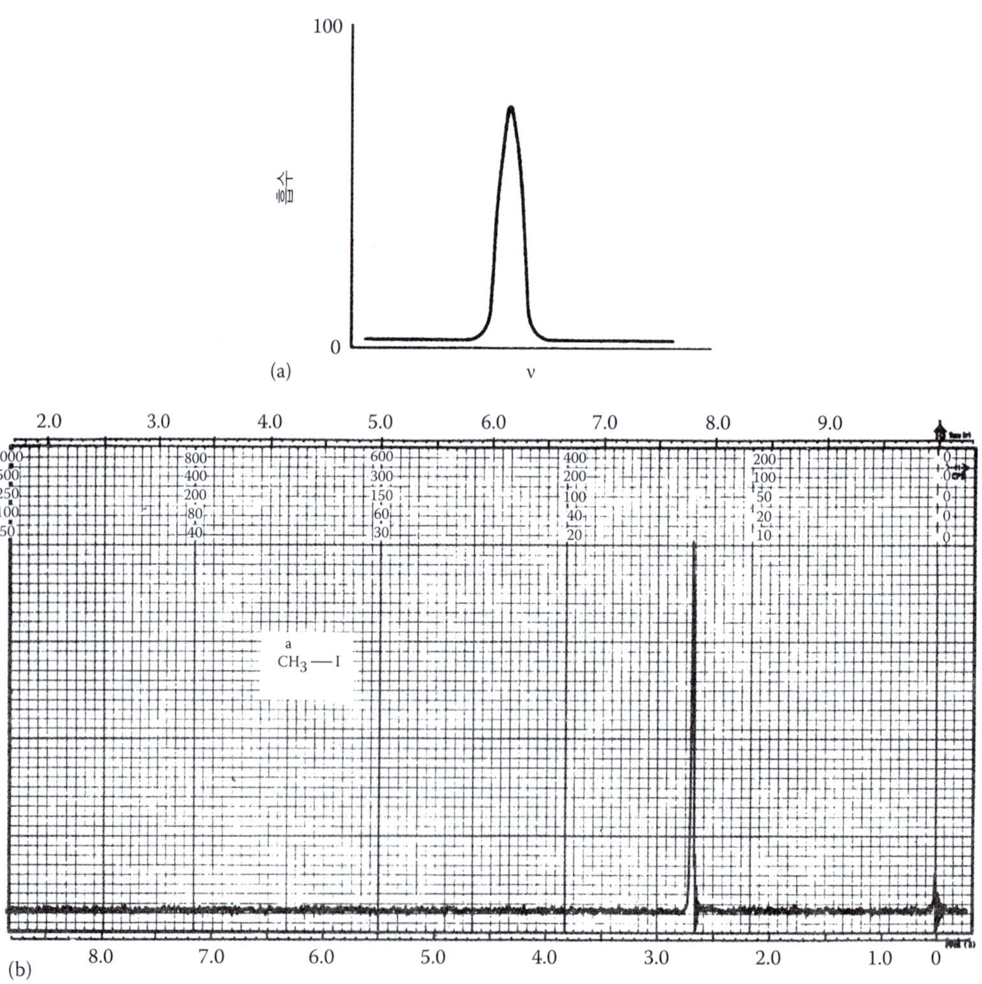

그림 6.3 (a) RF 복사선 주파수에 따른 흡수. (b) 메틸 아이오다이드(CH_3I)의 60MHz ^{1}HNMR. (From *The Sadtler Handbook of Proton NMR Spectra*, W.W. Simons, ed., Sadtler Research Laboratories, Inc., Philadelphia, PA, 1978. [Now Bio-Rad Laboratories, Inc., Informatics Division, Sadtler Software and Databases. Copyright Bio-Rad Laboratories, Informatics Division, Sadtler Software and Databases, 2014. All rights reserved.])

뒤집힌다(flipping). 가해지는 RF 복사선의 주파수가 세차 운동의 속도와 같을 때, RF 복사선을 흡수한다. 그러면 핵은 자기장과 **반대** 방향으로 정렬되고, 들뜬 상태가 된다. NMR로 양성자(수소)를 가지는 유기 화합물을 분석하려면, 시료를 자기장에 넣은 후, RF 복사선을 조사한다. 복사선의 주파수가 식 6.7을 만족할 때, 복사 에너지의 자기 성분이 흡수된다. 자기장 B_0가 일정하게 유지되면, RF 복사선의 주파수 ν에 대한 흡수를 도표로 그릴 수 있다. RF를 일정하게 유지하면서 B_0를 변화시킬 수도 있다. 그림 6.3a는 단일 주파수에서의 흡수 스펙트럼을 도식적으로 보여 준다. 실제 NMR 스펙트럼은 그림 6.3b에 보여 준다. 그림 6.4는 톨루엔의 NMR 스펙트럼을 보여 준다. 그림 6.4b는 300 MHz ^{1}H(양성자) NMR 스펙트럼을, 그림 6.4c는 60 MHz ^{1}H(양성자) NMR 스펙트럼을 보여 준다. 그림 6.4a는 ^{13}C NMR 스펙트럼이다.

핵이 에너지를 흡수할 때, 핵은 들뜬 상태에 도달한다. 그 다음 핵은 에너지를 잃고 바닥 상태로 돌아온다. 다시, 핵은 복사 에너지를 재흡수하고 다시 들뜬 상태로 된다. 핵은 교대로 들뜬 상태로 되었다가 바닥 상태로 되고, 이것을 **공명**(*resonance*) 상태에 있다고 한다. 이것이 NMR에서 말하는 공명이다.

자기장 세기의 단위는 테슬라(tesla, T) 또는 가우스(gauss, G)로 주어진다. 두 단위 사이의 관계는 1 T = 10^4 G이다. 만약 적용된 자기장이 14,092 G(또는 1.41 T)이면, ^{1}H(양성자)에 의해 흡수되는 복사 주파수는 60 MHz이다. '60 MHz ^{1}H NMR' 명명은 수소 공명의 RF를 나타내고, 또한 측정될 특정 핵에 대한, 적용된 자기장의 세기를 의미하기도 한다. 예를 들어, ^{13}C 핵이 같은 60 MHz RF 복사선을 흡수한다고 하더라도, 자기장 세기는 56,000 G가 필요할 것이다. 유사하게, 100 MHz ^{1}H NMR은 100 MHz RF와 ^{1}H 측정을 위해 14,092 × 100/60 = 23,486 G(2.35 T)의 자기장을 사용한다. 이 자기장 세기에서, 매우 다른 자기 회전율을 갖는 ^{13}C 핵은 25.1 MHz을 흡수한다. 특정 핵의 지정 없이 NMR 기기의 주파수가 지정되었다면, 이는 수소의 주파수로 추정한다. (즉, 500 MHz NMR은 수소가 흡수되는 500 MHz와 이 따른 자기장 세기의 기기를 언급하는 것으로 추정한다.)

6.1.2.1 포화와 자기장 세기

핵의 바닥 상태와 들뜬 상태 사이의 에너지 차이 ΔE는 매우 작다. 바닥 상태에서의 핵의 수는 자기장 B_0와 같은 방향으로 나열한 핵의 수이다. 들뜬 상태와 바닥 상태의 핵의 비율은 Boltzmann 분배로 정의할 수 있다.

$$\frac{N^*}{N_0} = e^{-\Delta E/kT} = e^{-\gamma h B_0/2\pi kT} \tag{6.8}$$

여기서 N^*는 들뜬 핵의 수이고 N_0는 들뜨지 않은(바닥 상태) 핵의 수이다.

4.69 T 자기장에서 293 K에 있는 시료에 대해, N^*/N_0 비율 = 0.99997이다. 두 에너지 준위들 사이의 차이가 매우 작기 때문에, 바닥 상태와 들뜬 상태에 있는 핵의 숫자는 비슷하다. 일반적으로 들뜬 상태에 있는 각 100,000개의 핵에 대해, 바닥 상태는 100,003개의 핵이 있을 것이다. NMR에서 Boltzmann 비는 거의 항상 1.00에 매우 가깝다. 이런 이유로 NMR은 본질적으로 낮은 감도의 기법이다.

바닥 상태에 있는 분자들의 계는 에너지를 흡수하고 들뜬 상태로 된다. 들뜬 상태에 있는 분자들의 계는 에너지를 방출하고 바닥 상태로 돌아온다. 신호는 과량 분자들이 바닥 상태에 있을 때만 나타난다. 만약 바닥 상태에 있는 분자의 수가 들뜬 상태에 있는 수와 같다면, 측정된 알짜 신호는 0이고 흡수는 관찰되지 않는다.

들뜬 핵보다 과량의 들뜨지 않은 핵을 **Boltzmann 과량**(*Boltzmann excess*)이라고 한다. 시료에 복사선이 조사되시 않으면, Boltzmann 과량은 최대(N_x)가 된다. 하지만 복사선이 시료에 조사되면, 바닥 상태 핵의 일부는 들뜬 상태가 되고, 줄어든 수의 핵들은 여전히 바닥 상태에 남는다. 만약 RF 장이 일정하게 유지되면, 새로운 평형에 도달되고 Boltzmann 과량은 N_s로 감소한다. $N_s = N_x$일 때, 흡수는 최대가 된다. $N_s = 0$일 때, 흡수는 0이 된다. N_s/N_x의 비는 Z_0, 즉 **포화 인자**(**saturation factor**)라고 한다.

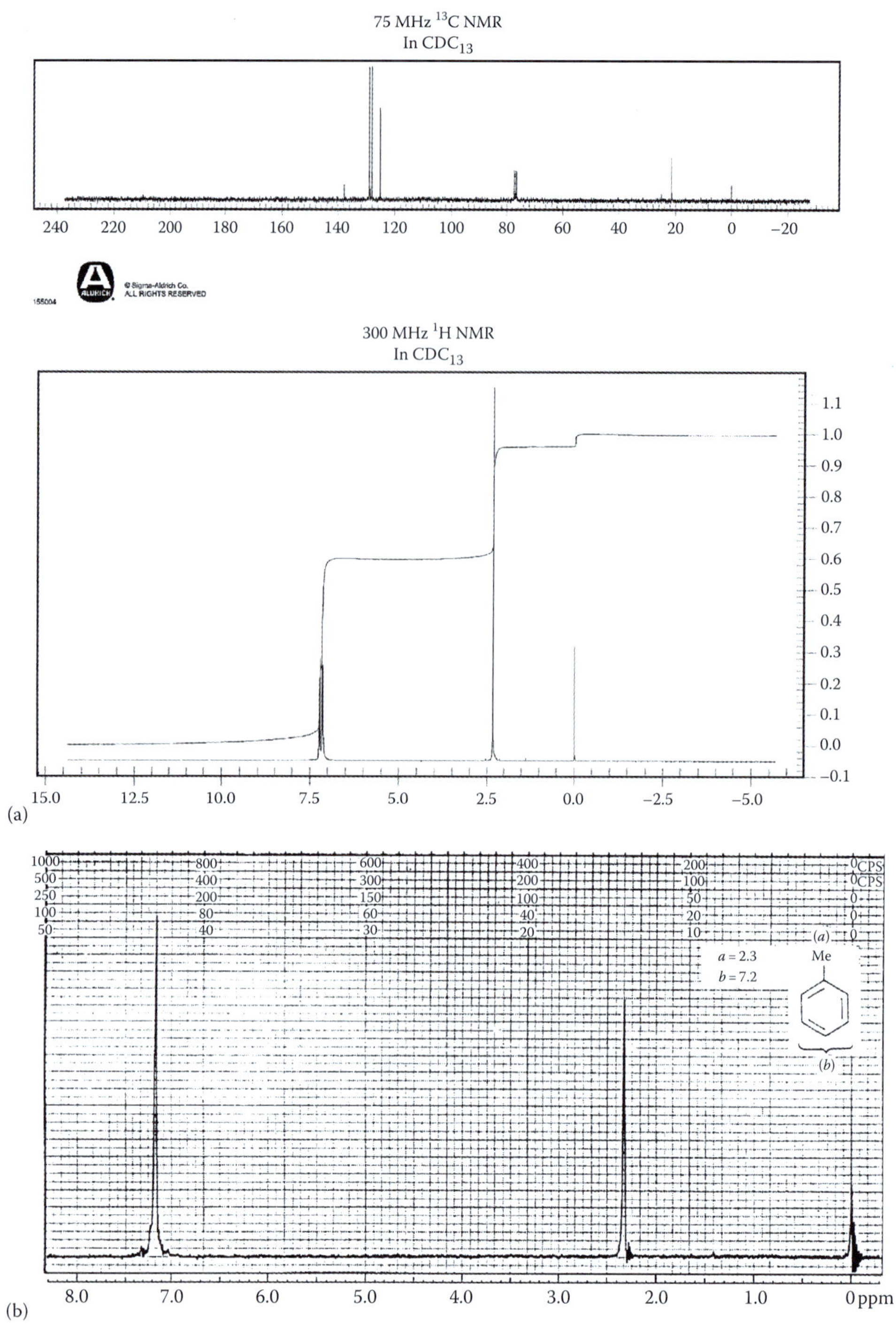

그림 6.4 (a) 톨루엔의 300 MHz ^{1}H NMR 스펙트럼(아래)과 톨루엔의 ^{13}C NMR 스펙트럼(위). (Reprinted with permission of Aldrich Chemical Company, Inc.) (b) 톨루엔의 60 MHz ^{1}H NMR 스펙트럼. 톨루엔의 구조를 메틸($-CH_3$)기를 나타내는 Me로 나타내었다. 두 개의 흡수 피크 그룹들이 있고, 하나는 메틸기의 수소 때문에, 나머지는 방향족 고리 수소들이다. 스펙트럼은 6.4절에서 다룬다.

만약 RF 영역이 매우 강하면, 모든 과량 핵은 들뜬 상태가 될 것이고, $N_s \rightarrow 0$, 흡수 $\rightarrow 0$이 된다. 이때 시료는 **포화(saturated)** 되었다고 말한다. 포화 인자 Z_0는

$$Z_0 = (1 + \gamma^2 B_1^2 T_1 T_2)^{-1} \tag{6.9}$$

여기서 γ는 자기 회전 비율, B_1은 RF 장의 세기, T_1과 T_2는 각각 세로 방향과 가로 방향의 이완 시간이다

(6.1.3.2절에서 다룬다). 이 관계의 결과로서, RF 장은 포화를 피하기 위해 너무 강하지 않아야 한다. 하지만 어떠한 실험적 조건에서 특정 핵의 포화는 중요한 구조적 정보를 제공할 수 있다(6.3절).

식 6.8로부터 다음 식을 유도할 수 있다.

$$\frac{N^*}{N_0} = 1 - \frac{\gamma h B_0}{2\pi kT} = 1 - \frac{2\mu B_0}{kT} \tag{6.10}$$

이 식은 바닥 상태에 과량인 핵의 상대적인 수가 B_0에 비례함을 보여 준다. 자기장 세기가 증가함에 따라, NMR 신호의 세기는 증가한다. 이것이 NMR에서 높은 자기장의 자석이 필요한 이유이다.

6.1.3 | 흡수선의 너비

두 흡수선들의 분리 또는 분별은 그들이 서로 얼마나 가까운가와 흡수선 너비에 따라 달라진다. 흡수선 너비(즉, 흡수가 일어나는 주파수 범위)는 다양한 인자들에 영향을 받지만, 몇 가지만이 조절할 수 있다. 이 인자들은 다음에 다뤄진다.

6.1.3.1 균일한 자기장

흡수선 너비를 조절할 수 있는 중요한 인자는 적용되는 자기장 B_0이다. 이 자기장은 시료(1~2인치)의 모든 부분에 대하여 일정하는게 매우 중요하다. 만약 자기장이 균일하지 않으면, 시료의 각 부분마다 B_0이 다르게 되어 식 6.7에 나타낸 바와 같이 흡수된 복사선의 주파수가 시료의 각 부분에서 다양하게 될 것이다. 이 다양성은 넓은 흡수선으로 나타난다. 분자 구조의 결정을 위해서는 이웃한 피크들의 겹침과 구조적 정보의 손실이 발생되는 넓은 흡수선들은 결코 옳지 않다. 자기장은 전체 시료에 대하여 수 ppb 안에서 반드시 일정해야 하고 데이터를 얻는 시간 동안에 반드시 안정해야 한다. 보통의 ^{1}H 와 ^{13}C 측정을 위해서는 짧게는 5~30분의 수준이지만, 복잡한 분석은 몇 시간 또는 며칠이 걸리기도 한다. NMR 기기들에서 사용되는 자석들은 이 정도의 안정성을 가지고 있지 않다. 자기장에서 시료 홀더의 회전과 같은 다양한 실험적 기법들을 이용하여 불균일한 자기장을 보정한다.

6.1.3.2 이완 시간

흡수선 너비에 영향을 주는 또 다른 중요한 인자는 들뜬 핵이 들뜬 상태에 머무르는 시간의 길이이다. **Heisenberg 불확정성 원리(Heisenberg uncertainty principle)**는 다음과 같은 것을 알려 준다.

$$\Delta E \Delta t = \text{상수} \tag{6.11}$$

여기서 ΔE는 E값에서 불확정성이고, Δt는 들뜬 상태에서 핵이 머무르는 시간의 길이이다. $\Delta E\Delta t$는 일정하기 때문에, Δt가 작을수록, ΔE는 크다.

그러나 $\Delta E = h\nu$이고, h가 상수이므로 E의 어떤 변화는 ν의 변화를 야기한다. E가 정확한 수가 아니라 $E + \Delta E$ 범위에서 변화하기 때문에, ν는 정확하지는 않지만 $\nu + \Delta\nu$ 범위에서 변화한다. 이것은 다시 나타내면,

$$E + \Delta E = h(\nu + \Delta\nu) \tag{6.12}$$

즉, Δt가 작을 때, ΔE가 크게 되어, $\Delta\nu$가 크다고 요약할 수 있다. 그래서 $\Delta\nu$가 크면, 흡수가 일어나는 주파수 범위는 넓이지고 넓은 흡수선으로 나타나게 된다.

들뜬 상태에서 핵이 머무르는 시간의 길이는 Δt이다. 이 수명은 들뜬 핵이 에너지를 잃어버리고 바닥 상태로 돌아가는 속도에 의해 조절된다. 에너지를 잃어버리는 과정을 **이완(relaxation)**이라고 하고, 들뜬 상태에서 머무르는 시간을 **이완 시간(relaxation time)**이라고 한다. 이완에는 세로 방향과 가로 방향으로

의 두 가지 형태가 있다. **세로 방향 이완(longitudinal relaxation)**을 스핀-격자(spin-lattice) 이완이라고 하고, **가로 방향 이완(transverse relaxation)**은 스핀-스핀(spin-spin) 이완이라고 한다.

세로 방향 이완 T_1: NMR 실험에서 흡수되는 핵과 흡수되지 않는 핵 모두, 즉 전체 시료를 **격자(lattice)**라고 한다. 들뜬 상태의 핵(**높은 스핀** 상태)은 격자에 에너지를 잃을 수 있다. 핵이 낮은 에너지(**낮은 스핀**) 상태로 떨어질 때, 이 에너지는 증가된 진동과 회전 운동의 형태로 격자에 의해 흡수되어 시료의 온도를 매우 조금 올리게 되고, 이것이 스핀-격자(세로 방향) 이완으로 나타난다. 격자 분자들이 빠르게 움직일 수 있을 때는 이 과정이 매우 빠르다. 이것은 대부분 액체 시료의 경우에 해당된다. 들뜬 에너지는 분석물이 포함된 분자들의 전체 계를 통해서 분산된다. 들뜨지 않은 핵들은 복사 에너지가 나타나지 않는다. 대신에, 이러한 형태로 수많은 핵들이 에너지를 잃어버리기 때문에, 시료의 온도는 아주 약간 올라간다. 세로 방향 이완은 자기 회전율(magnetogyric ratio)과 격자 움직임에 비례한 T_1 이완 시간을 갖는다. 따라서 고체 및 점도가 있는 액체는 격자 움직임이 적기 때문에 T_1이 길다.

가로 방향 이완 T_2: 들뜬 핵은 주변의 들뜨지 않은 핵으로 에너지를 전달한다. 이 과정에서, 주변의 들뜨지 않은 분자의 양성자를 들뜨게 하고, 들떴던 양성자는 낮은 에너지 준위로 되돌아간다. 계의 알짜 에너지 변화는 없지만, 이 상호작용으로 인해서 핵이 들뜬 상태에 머무르는 시간은 짧아지게 된다. 즉, 들뜬 상태의 평균 수명의 감소가 흡수선의 넓어짐으로 나타나게 된다. 이런 형태의 이완을 가로 방향 이완 또는 스핀-스핀 이완이라고 하며, 수명 T_2로 표현한다.

액체 시료의 경우에, 알짜 이완 시간은 비교적으로 길어서, 그림 6.4와 같이 좁은 흡수선이 관찰된다. 하지만 고체 시료는 가로 방향 이완 시간 T_2는 매우 짧아서, ΔE와 $\Delta\nu$는 커지게 된다. 이런 이유로 고체 시료들은 일반적으로 넓은 흡수선들을 나타낸다. 뒤에 다시 언급하겠지만, 고체 시료는 액체 시료의 보편적 NMR 실험과 다른 형태의 실험적 조건들이 필요하다. 고체를 더욱 액체와 같이 거동하게 하는 한 가지 접근법이 있다. 예를 들어, 고체 고분자 시료는 보통 넓은 NMR 스펙트럼을 갖지만, 이 시료를 '용매화'(solvated)하면 좁은 흡수선을 갖는 스펙트럼을 얻을 수 있어 해석이 쉬워진다. 용매화에 의해 고분자는 부풀고 젤리와 같은 형태로 되지만 화학적 구조는 변하지 않는다. 용매화 과정은 가로 방향의 이완을 매우 느리게 하고 **알짜** 이완 시간이 증가하게 되어, 흡수선 폭은 줄어들고 구조적 정보를 위한 스펙트럼의 분해능은 더 좋아진다.

6.1.3.3 화학적 이동

들뜬 핵에 가까운 전자의 움직임은 핵이 '느끼는' 자기장에 영향을 미치는 작은 자기장을 생성한다. 이 작은 자기장은 기기에 적용된 자기장에 역으로 작용한다. 이 효과를 '차폐(shielding)'라 한다. 차폐로 인해 핵을 한 스핀 상태에서 다른 스핀 상태로 들뜨는데 더 적은 에너지가 필요하다. 에너지는 주파수 ν에 비례하므로 흡수는 더 낮은 ν 값에서 관찰된다. 이러한 변화를 화학적 이동(chemical shift)이라고 하며, 보통 기준물질과의 차이로 표현된다. 양성자 NMR의 경우, 일반적인 기준물질은 테트라메틸실란(TMS)이다. 이 개념은 유기 분자의 구조 결정에 매우 중요하므로 유기화학 수업에서 이 개념을 공부했을 것이며 해당 내용을 복습하는 것이 도움이 될 것이다. 화학적 이동에 대한 심층적인 논의는 이 장의 뒷부분에 제공된다.

TMS가 NMR에 사용되는 유일한 기준 물질은 아니다. 표 6.3에는 다양한 핵에 사용되는 일반적인 기준 물질을 나열하였다.

6.1.3.4 요술각 회전(magic angle spinning, MAS)

고체 시료 분석의 문제는 공간적으로 핵이 자유롭지 않다는 것과 자기장에 대한 배열이 자유롭지 않다는 것이다. NMR 신호는 무엇보다도 자기장에 대한 핵의 배향에 의존한다. 고체 상태에서 핵의 배향은 고

표 6.3 NMR 기준 물질(Bruno와 Svoronos의 책에서 발췌하였음)

핵	기준 물질 이름	분자식
^{1}H	tetramethylsilane [TMS]	$(CH_3)_4Si$
	3-(trimethylsilyl)-1-propanesulfonic acid, sodium salt [DSS][a]	$(CH_3)_3Si(CH_2)_3SO_3Na$
	3-(trimethylsilyl)-propanoic acid, d4, sodium salt [TSP]	$(CH_3)_3Si(CD_2)_3CO_2Na$
^{2}H	deuterated chloroform [chloroform-d]	$CDCl_3$
^{11}B	boric acid	H_3BO_3
	boron trifluoride etherate	$(C_2H_5)_2O.BF_3$
	boron trichloride	BCl_3
^{13}C	tetramethylsilane [TMS]	$(CH_3)_4Si$
^{15}N	ammonium nitrate	NH_4NO_3
	ammonia	NH_3
	nitromethane	CH_3NO_2
	nitric acid	HNO_3
	tetramethylammonium chloride	$(CH_3)_4NCl$
^{17}O	water	H_2O
^{19}F	trichlorofluoromethane [Freon 11, R-11]	CCl_3F
	hexafluorobenzene	C_6F_6
^{31}P	trimethylphosphite [methyl phosphite]	$(CH_3O)_3P$
	phosphoric acid (85%)	H_3PO_4
^{35}Cl	sodium chloride	$NaCl$
^{59}Co	cobalt (III) hexacyanide anion	$[Co(CN)_6]^{-3}$
^{119}Sn	tetramethyltin	$(CH_3)_4Sn$
^{195}Pt	platinum (IV) hexacyanide	$[Pt(CN)_6]^{-2}$
	dihydrogen platinum (IV) hexachloride	H_2PtCl_6
^{183}W	sodium tungstate (external)	Na_2WO_4

정되어 있으므로, 각각의 핵(화학적으로 동일한 핵 포함)은 다른 자기장을 느끼어 넓은 NMR 흡수선 폭을 갖는다. 핵이 느끼는 자기장은 핵 자체의 화학적 환경에 따라 달라진다. 핵이 공명하는 위치를 **화학적 이동**(**chemical shift**)이라고 한다. **분자의 다른 환경 때문에** 생기는 화학적 이동은 NMR로 구조를 결정하는 데 열쇠가 된다. **공간적 배향**(orientation in space)**의 결과로서** 나타나는 화학적 이동의 다양성을 가지는 고체 핵에서의 현상을 **화학적 이동 이등방성**(**chemical shift anisotropy**)이라고 한다.

자기적 이등방성(magnetic anisotropy)으로 발생하는 화학적 이동은 시료와 자기장 사이의 각에 직접적으로 관련이 있다. 보통의 90°로 측정하는 액체 시료의 분석법과 달리, 고체 시료를 자기장에 대해 **요술각**(**magic angle**)이라고 불리는 54.76°의 각도로 기울여 회전하며 측정하면, 화학적 이동 이등방성은 제거되고 좁은 흡수선의 스펙트럼을 얻을 수 있다. 그림 6.5는 요술각 스핀(MAS)과 요술각 스핀이 없이 측정한 고체 시료의 두 가지 ^{13}C NMR 스펙트럼을 보여 주고 있다. 그림 6.5a의 스펙트럼은 L-DOPA 결정 분말을 시료의 회전 없이[즉, 정적(static)으로] 얻은 것이다. 이 스펙트럼은 넓고 분리되지 않는 선을 보여 유용한 정보를 얻을 수 없다. 같은 시료를 요술각 54.76°에서 9.6 kHz의 속도로 회전하며 얻은 스펙트럼을 그림 6.5b에 나타냈다. 흡수선의 폭은 극적으로 감소되고 7개의 탄소 피크가 분리되어 화합물에 대한 중요한 구조적 정보를 제공한다. 최적의 실험 결과를 얻기 위해 회전 속도는 매우 빠르게(5~15 kHz = 5,000~15,000 cycle/s) 한다. 이 회전은 더 좋은 분해능을 제공하여, 화학적 이동의 측정과 스핀-스핀 갈라짐을 향상시킨다. 고체 시료 분자 내 작용기와 작용기들의 상대적인 위치 결정이 가능하게 되며, 뒤에 다시 다룰 것이다.

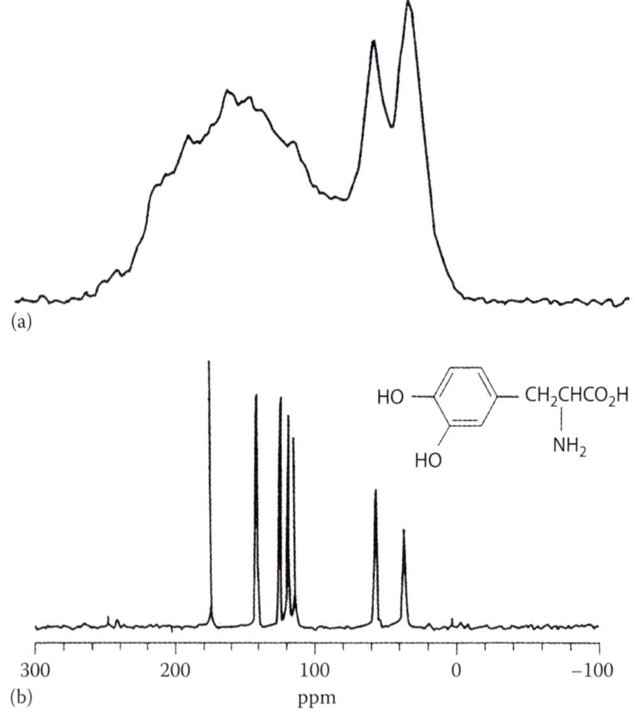

그림 6.5 (a) L–DOPA 고체 분말의 요술각 회전 없이 얻은 ^{13}C NMR 스펙트럼
(b) 같은 시료를 9.6 kHz 속도로 회전하여 얻은 ^{13}C MAS NMR 스펙트럼. 고체 시료에 대해 MAS를 사용했을 때 NMR의 선 너비의 극적인 감소와 분해능의 증가가 있음. (Spectra provided courtesy of Dr. James Roberts, Department of Chemistry, Lehigh University, Bethlehem, PA.)

자동적으로 요술각으로 시료의 위치를 설정이 가능한 특별한 프루브(probe)가 고체상 NMR을 위해 개발되어 있다. MAS를 갖춘 현대 기기들은 일상적인 분석법으로 고체 시료의 NMR 분석을 하게 한다. 교차 편극(cross-polarization)과 쌍극자 결합 분단(dipolar decoupling)이라고 하는 두 개의 RF 펄스 기술(6.6.4절에서 다룸)과 결합한 MAS는 자연계 존재비가 낮은 ^{13}C과 ^{29}Si 핵의 NMR 실험을 가능하게 하여, 높게 교차 결합된 고분자, 유리, 세라믹, 미네랄 등의 NMR 분석이 가능하게 되었다.

6.1.3.5 선을 넓히는 다른 원인

들뜬 분자들의 **비활성화**(*deactivating*) 또는 이완의 과정들이 들뜬 상태의 수명을 줄이는 결과를 가져온다. 이들은 선의 넓힘을 야기한다. 비활성화의 원인들은 다음과 같다고 할 수 있다. (1) 이온들의 존재(큰 국부적 전하는 핵을 비활성화함), (2) 용해된 O_2와 같은 상자성의 분자들(전자의 자기 모멘트는 핵 자기 모멘트의 약 10^3배임. 이렇게 큰 국부적 자기장이 선폭을 넓힘), (3) 사중 극자 모멘트를 갖는 핵. ($I>1/2$)인 핵은 사중 극자 모멘트를 가지고, 사중 극자 모멘트는 전기적 상호작용과 선 넓힘을 야기한다. 사중 극자 모멘트를 가지는 중요한 핵 중 하나가 ^{14}N이고, 아민, 아마이드, 아미노산, 단백질들과 같은 많은 유기 화합물에 존재한다.

6.2 FT-NMR 실험

주파수 또는 자기장을 스캐닝하여 NMR 스펙트럼을 얻기 위해 필요한 시간은 Δ/R이며, Δ는 주사되는 스펙트럼의 범위이고 R은 요구되는 분해능이다. ^1H NMR 경우에, 필요한 시간은 스펙트럼 범위가 작기 때문에 수 분밖에 되지 않는다. 그러나 ^{13}C NMR 경우에는 화학적 이동 범위가 매우 넓어서 스캔하는 스펙트럼 범위가 매우 넓고 측정에 필요한 시간도 길다. 예를 들어, 스캔 범위가 5 kHz이고 1 Hz의 분해능이 요구된다면, 필요한 시간은 (5000 s)/1 또는 83분이므로, 제약회사에서처럼 수천 개의 화합물의 빠른 스크리닝이 필요한 경우에는 분석에 너무 긴 시간이 걸려 사용이 불가능하다.

이 문제와 NMR에서 다른 문제들을 극복하기 위해 FT-NMR이 개발되었다. FT 분광학의 기초와 FT 분광기 사용의 장점은 3장의 광학 분광학에서 다루었다. FT-NMR에서는 짧고 강한 '펄스(pulse)' 복사선으로서 RF가 시료에 적용된다. 그림 6.6에 실험을 도식적으로 나타내었다. 약간의 많은 핵들이 자기장의 방향으로 나열하기 때문에, 바닥 상태에 있는 과량의 핵이 외부 자기장 B_0와 함께 나열된 단일 자기 모멘트를 가지는 것으로 생각해볼 수 있다. 이 알짜 자성을 그림 6.6d에서 M_z로 표현하였다. 알짜 자성은 하나의 자석처럼 거동한다. 자석을 둘러싸고 있는 전선의 코일에 전기적 전류를 적용하면 자석은 회전하게 된다. 시료를 둘러싸고 있는 전선 코일을 통한 RF 펄스는 B_0에 대해 오른쪽 방향으로 두 번째 자기장 B_1을 생성한다. 이것이 NMR 실험에서 들뜨는 과정을 제공한다. 현대의 NMR 기기에서, 전자기장 B_1이 수 10 μs의 짧은 시간의 **펄스(pulse)**로 적용되며, 펄스 간은 수초의 시간을 둔다. 시료 핵의 알짜 자기 모멘트는 펄스에 의해 B_0 축에서 벗어난 이동 상태를 갖는다(그림 6.6e). 대부분 90°의 펄스가 사용된다. 즉, 알짜 자성의 벡터를 90° 이동시킨다(z축으로부터 y축으로). 이러한 90° 변화가 최대의 신호를 제공한다. 펄스를 멈춘 후 들뜬 핵은 B_0 축에 대해 특정 각도로 자기장 주위에서 세차 운동을 한다. 이 '회전 자석'이 전

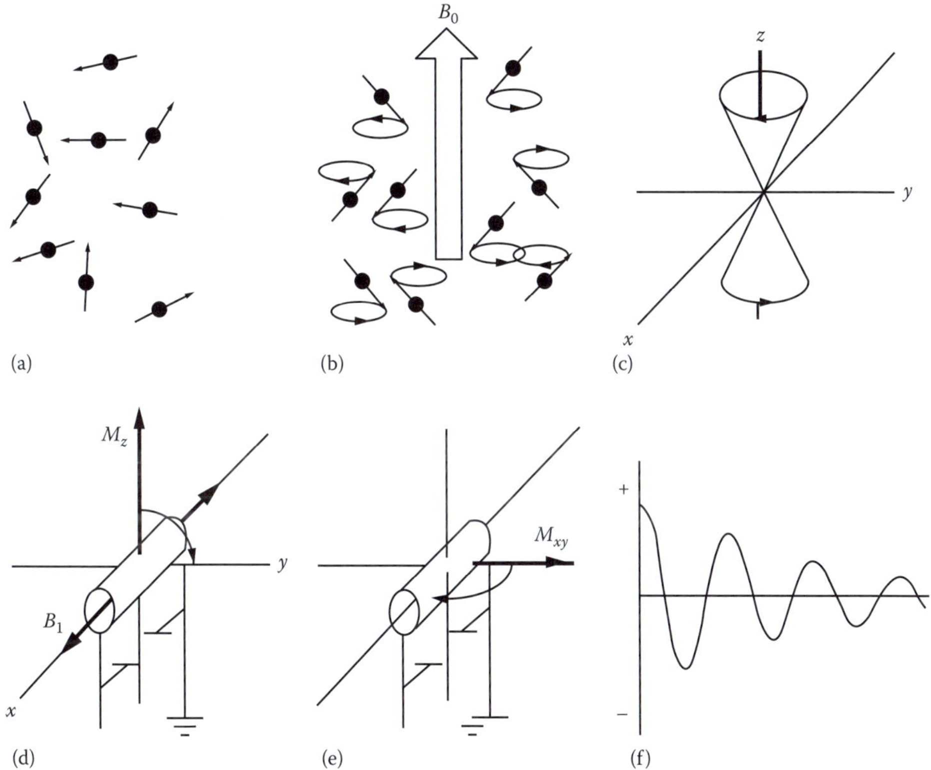

그림 6.6 펄스 NMR 실험. (a) NMR에 활성인 핵은 자기 쌍극자 모멘트를 가진다. (b) 외부 자기장 B_0가 존재하면, 쌍극자는 자기장 축에 대하여 세차 운동을 하고 자기장과 같은 방향 또는 반대 방향으로 나열한다. (c) 이 경우에, 두 개의 원뿔로 표현되는 반대 방향에서 두 종류의 세차 운동이 존재한다. 평형에서, 위쪽 원뿔(자기장과 같은 방향의 쌍극자)에 좀 더 많은 입자가 존재한다. (d) 두 방향의 입자 수 차이는 알짜 자성 M_z로 표현한다. 공명 RF 자기장 B_1을 제공하는 RF 코일의 평면에서 회전하게 되는 M_z로부터 NMR 신호를 유도하게 된다. (e) B_1은 보통 $x-y$ 평면으로 M_z가 회전할 수 있을 정도로만 길게 가해진다. B_1을 멈춘 후에, 알짜 자성 M_{xy}은 활성핵의 세차 주파수와 같은 주파수로 z축을 중심으로 회전하기 시작한다. (f) 이 M_{xy} 회전은 x축을 따라서 RF 코일에 전자기력(emf)을 유도한다. 신호는 펄스 후에 시간에 따라 감소하는 코사인(cosine) 파동처럼 나타나고, 이것을 자유 유도 감쇠(free induction decay, FID)라고 한다. (From Petersheim, M., Nuclear magnetic resonance, in Ewing, G.A., ed., *Analytical Instrumentation Handbook*, 2nd edn., Marcel Dekker, Inc., New York, 1997. Used with permission.)

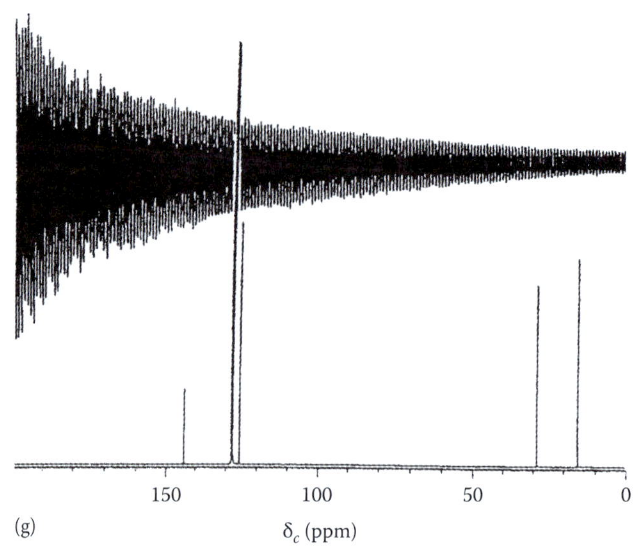

그림 6.6(계속) (g) 화학적으로 다른 탄소 핵 때문에 다중 흡수 주파수를 포함하는 유기 화합물의 시간에 따른 FID와 이 FID를 푸리에 변환 후의 주파수에 따른 ^{13}C 스펙트럼. (From Wiliams, Williams, E.A., Polymer molecular structure determination, in Lifshin, E., ed., *Characterization of Materials*, Part I, VCH Publishers, Inc., New York, 1992. Copyright Wiley-VCH Verlag GmbH & Co. KGaA. Used with permission.)

선 코일에서 전류를 유도한다. 이렇게 유도된 전류가 NMR 신호이고, B_1 펄스가 멈춘 후에 매우 빠르게 코일에서 얻게 된다. 신호는 유도 자유 감쇠(free induction deacy, FID) 형태로 나타난다. 그림 6.6f에서 보여 주는 것처럼, 이 유도 전류는 자유롭게 세차 운동하는 핵이 바닥 상태로 돌아감으로 인해 시간이 지나면서 감소한다. FID 신호는 시간 도메인 신호이므로 일반적인 주파수-도메인 스펙트럼을 만들기 위해 반드시 FT(또는 다른 수학적인 변환)를 사용하여 변환되어져야 한다. 모든 주파수 영역에서 동시에 들뜨기 때문에, FID 신호는 스펙트럼에서 각각의 구성 성분의 주파수에 대해 기하급수적(exponentially)으로 감쇠하는 코사인(cosine) 파동 형태로 나타난다. 그림 6.6g에서는 어떤 ^{13}C 실험의 빽빽하고 검은 다중선 신호로서 시간-도메인의 FID를 위에 나타내었고, 이 FID를 푸리에 변환(Fourier transformation)한 주파수-도메인의 ^{13}C 스펙트럼을 아래에 나타내었다.

FT-NMR 실험의 한 가지 장점은 전체 스펙트럼을 하나의 펄스로 얻는 것이다. 이것은 펄스 RF가 넓은 RF 주파수 분포를 제공하기 때문에 가능하며, 몇 kHz 주파수 범위의 모든 공명 신호들이 동시에 들뜨게 된다. FID 신호 세기는 매우 약하기 때문에, 이 과정은 매우 빠르게 반복하여 스캔하여 측정한다. 예를 들어, 0.8초마다 8192번(스캔 횟수) 반복하여 측정한다. 이 신호 평균화(signal averaging) 과정은 신호를 직선적으로 증가시키지만, 잡음은 스캔 횟수의 제곱근 배로 증가한다. 이 방법은 그림 6.7에서 나타낸 바와 같이 신호-대-잡음비(S/N)를 상당히 향상시켜, 직접적으로 감도를 증가시키는 방법이다. 이렇게 FT-NMR에서 신호 평균화로 얻은 신호는 고전적 '연속파'(continuous wave, CW) NMR로 얻어지는 신호보다 훨씬 더 좋은 감도를 갖는다. 지금은 FT-NMR이 주로 제작되어 ^{13}C NMR과 2D(2차원) NMR 실험이 가능하게 결정적으로 기여하고 있다.

6.3 화학적 이동

Lamor 수식(식 6.7)은 특정 자기장에서 시료의 모든 수소(proton)들이 정확히 같은 주파수에서 흡수하는 것처럼 표현하고 있다. 따라서 NMR은 단지 수소가 시료에 존재한다는 것만을 알려준다. ^{13}C에서도 똑같이 NMR은 단지 탄소가 존재한다는 것만을 알려준다. NMR이 단지 유기 화합물에서 수소 또는

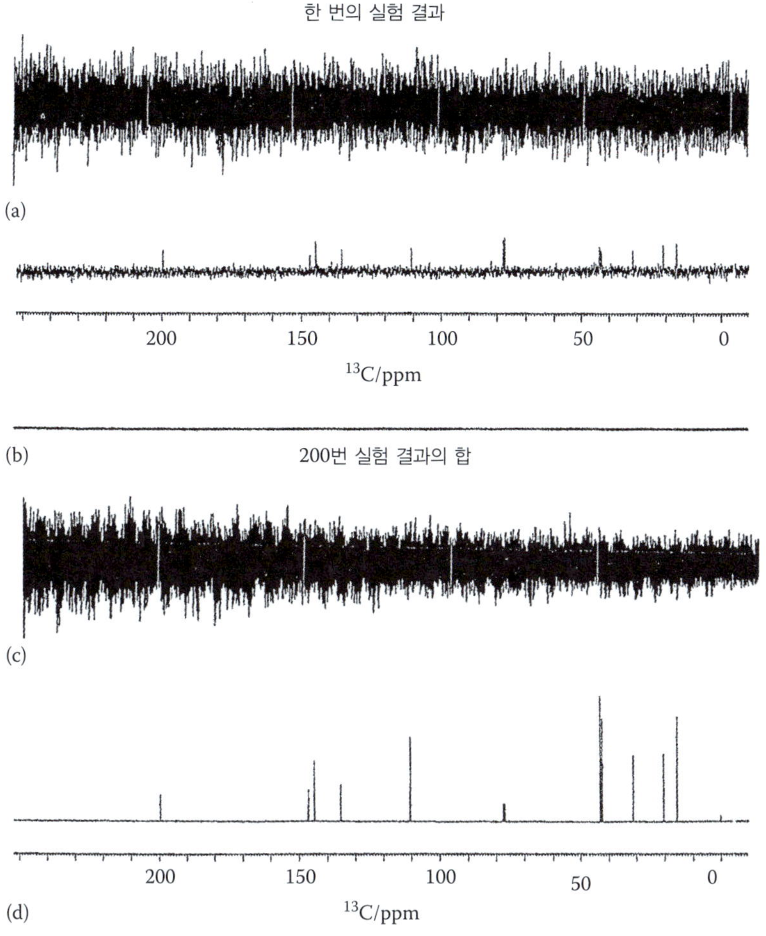

그림 6.7 위에서 아래순: (a) 한 번의 펄스 실험으로 얻은 100.62 MHz ^{13}C NMR FID. (b) 이것의 FT 결과. (c) 200번의 펄스 실험을 합한 FID 결과. (d) 200번 실험 FID의 FT 결과. 신호의 향상을 보여 줌((b)와 (d)에서 피크의 높이를 비교). 잡음의 감소를 보여 줌((b)와 (d)의 바닥선을 비교). (From Akitt, J.W. and Mann, B.E., *NMR and Chemistry*, 4th edn., CRC/Taylor & Francis, Boca Raton, FL, 2000. With permission.)

탄소의 존재를 검출하는 데에만 사용 가능하다면, 이것은 매우 제한된 분석 기법이다. 다행히도 NMR은 한 분자에서 다른 화학적 환경에 있는 수소는 약간 다른 주파수에서 흡수가 일어난다. 흡수 주파수에서 이런 변화는 화학적 결합과 인접한 원자의 차이에 때문에 수소의 전자 환경에 약간의 차이를 야기된다. 한 수소의 흡수 주파수는 분자의 화학적 구조에 따라 달라진다. 흡수 주파수에서 이런 변화를 **화학적 이동(chemical shift)**이라고 한다. 이러한 화학적 이동은 한 분자에서 화학적 환경이 탄소에서도 일어난다. 화학적 이동의 물리적인 기초는 다음과 같다.

에탄올 CH_3CH_2OH 분자와 같은 몇 개의 다른 종류의 수소 원자를 가지는 분자에 대해 고려해 보자. 이 분자에는 3개의 다른 화학적 환경을 가지고 있는 수소 원자들이 있다. 말단의 CH_3에서 3개의 수소 원자들, CH_2에서 두 개의 수소 원자들, 나머지 하나는 OH 기이다. 각각의 다른 종류의 수소 핵을 고려해 보자. 각각의 핵은 궤도를 돌고 있는 전자들에 의해 둘러싸여 있지만, 오비탈의 모양이 다양하고 전자 밀도 분포가 다른 결합을 갖는다. 이것이 어떤 한 종류의 수소 핵 근처에서 보내는 전자의 시간을 다르게 한다. 강한 자기장 B_0에 이러한 분자가 놓여 있다고 가정하자. 핵과 연관된 전자들은 자기장 B_0에 대해 회전하게 될 것이다. 이 회전 또는 **표류**(*drift*)가 매우 큰 자기장 B_0와 반대 방향으로 매우 작은 자기장 σB_0를 생성한다. 핵은 궤도를 돌고 있는 전자들에 의해 자기장으로부터 약간 **감싸져**(*shield*) 있다. 감싸진 정도는 자기장에 의해 야기된 전자들의 움직임에 비례한다(전자의 단순한 궤도 선회에 의한 것 아님). 이 감싸진 정도가 σB_0라면, 핵은 전체 자기장 B_0에 노출되어 있는 것이 아니라 핵에 대한 **유효**(*effective*) 자기장 B_{eff}에 노출된 것이다.

$$B_{eff} = B_0 - \sigma B_0 \tag{6.13}$$

여기서 B_{eff}는 핵에 대한 유효 자기장, B_0는 적용된 외부 자기장, σB_0는 국부적 전자들의 표류에 의한 감싸짐, σ는 **가리움 상수**(*screening constant*) 또는 **반자성 감싸짐 상수**(*diamagnetic shielding constant*)이다.

에탄올의 경우에, σB_0는 각각 수소의 종류에 따라 다르므로, 유효 자기장 B_{eff}이 각각 수소의 종류에 따라 다르다. 주파수 ν에서의 흡수를 얻기 위해서는 B_0 변화에 의한 변화를 보상해야 주어야 한다. 다시 말해서, 다른 화학적 환경에 있는 수소 원자들의 공명은 약간 다른 **적용된**(*applied*) 자기장에서 일어난다. 이 관계를 표현하는 다른 방법은, 적용된 자기장이 일정하다면 다른 화학적 환경에 있는 핵은 약간 다른 주파수 ν에서 공명한다는 것이다. 감싸진 핵은 감싸여 있지 않은 핵보다 더 낮은 주파수에서 공명 또는 흡수가 일어난다. 감싸임 때문에 나타나는 흡수 주파수의 변화가 화학적 이동이다. 이로 인해 에탄올에서 수소들이 한 개의 흡수 신호가 아니라, 약간 다른 주파수에서 세 개의 흡수 신호를 얻게 된다. 그림 6.8은 에탄올의 낮은 분해능 ^{1}H(proton) NMR 스펙트럼을 도식적으로 보여 주고 있다. 실제로 세 개의 흡수 피크가 있다. 에탄올의 구조를 보면, ^{13}C NMR 스펙트럼이 어떤 형태일지를 예측할 수 있다. 에탄올 분자는 화학적으로 다른 두 개의 C 원자들이 있다. 즉, 메틸 탄소와 메틸렌 탄소이다. 따라서 에탄올의 ^{13}C NMR 스펙트럼은 두 개의 피크를 나타내야 한다. 화학적 이동 차이로부터 발생되는 B_{eff}와 피크의 분리는 적용된 자기장 세기에 정비례하다는 것이 매우 중요하다. 이것이 쎈 자기장의 세기를 갖는 자석을 개발하는 또 다른 이유이다(더 좋은 분해능과 더 많은 구조적 정보를 제공함).

핵의 화학적 이동은 표준 핵에 대해 상대적으로 측정 또는 정의된다. ^{1}H NMR에서 가장 많이 사용하는 표준 물질은 테트라메틸실레인(TMS) $Si(CH_3)_4$이다. 이 화합물에 있는 12개 수소 핵은 모두 화학적으로 동등하다. 즉, 이 모두는 같은 감싸임에 노출되어 오직 한 개의 흡수 피크를 갖는다. 다른 수소 핵에 대한 화학적 이동은 다음과 같이 표현된다.

$$\text{화학적 이동} = \frac{\nu_S - \nu_R}{\nu_{NMR}} \tag{6.14}$$

ν_S는 관찰하는 핵의 공명 주파수, ν_R은 표준 핵의 공명 주파수, ν_{NMR}은 분광기의 주파수이다.

화학적 이동은 시료와 표준 물질 핵들의 측정된 주파수 차이를 분광기 주파수로 나눈 것이다. 이것은 단위가 없는 값이다. 시료와 표준 물질 핵들의 측정된 주파수 차이는 보통 수 Hz 또는 kHz 범위이고 분광기 주파수는 MHz 범위이다. 이러한 값을 더 쉽게 다루기 위해서, 일반적으로 10^6을 곱하여 ppm으로 표현한다(이 단위를 정량 분석에서 사용되는 농도의 단위 ppm과 혼동하지 말 것). 화학적 이동은 기호 δ로 나타내며, 정의는 다음과 같다.

$$\delta = \frac{\nu_S - \nu_R}{\nu_{NMR}} \times 10^6 \text{ ppm} \tag{6.15}$$

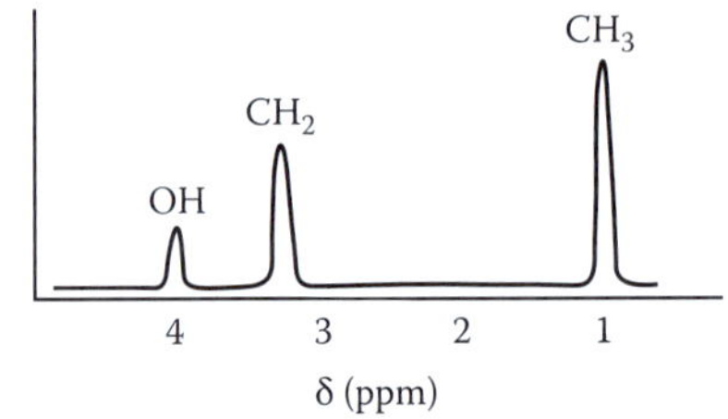

그림 6.8 에탄올(CH_3CH_2OH)에 대한 저분해능 ^{1}H(proton) NMR 흡수 스펙트럼

그림 6.13b를 보라. x축은 화학적 이동으로 ppm 단위로 나타낸다. 정의한 바와 같이, TMS의 하나의 피크를 0.0 ppm으로 규정한다. NMR 스펙트럼은 x축을 따라 자기장이 왼쪽에서 오른쪽까지 증가하는 것처럼 표현하는 것이 일반적이다. 그러므로 반자성의 감싸임도 왼쪽에서 오른쪽으로 증가한다. 스펙트럼의 오른쪽에서 흡수되는 핵은 스펙트럼의 왼쪽에서 흡수된 핵보다 **더 감싸여 있다**고 말한다. 기준 피크로 TMS를 사용하는 이유는 일반 유기 화합물의 수소들은 보통 TMS에 비해 덜 감싸져 있기 때문이다. TMS 피크는 스펙트럼의 오른쪽으로 가장 멀리 떨어진 곳에서 나타난다. (그림 6.4a와 b의 ^{1}H NMR을 다시 보자. x축은 ppm 단위이며 모두 0.0 ppm에서 TMS 피크를 보여 준다.) ^{1}H NMR 스펙트럼에서 x축을 따라 왼쪽에서 오른쪽으로 갈수록 δ가 감소하고 있음을 기억하라. 이것은 일반적인 수들을 왼쪽에서부터 오른쪽으로 증가하게 도식하는 방법은 아니다. 화학적 이동을 τ로 도식하는 또 다른 방법도 있다. τ는 다음과 같이 정의한다.

$$\tau = 10.00 - \delta(\text{ppm}) \tag{6.16}$$

이 τ 도식법은 더 이상 사용되지 않지만, 1970년대 문헌에서는 공명 위치를 언급하기 위해 높은 장(upfield)과 낮은 장(downfield)을 사용하였다. 반드시 사용되어야 하는 용어는 덜 감싸짐(deshielded, 더 큰 δ) 또는 감싸짐(shielded, 더 작은 δ)이다. 표류하는 전자들에 의한 감싸짐은 그들의 주변의 다른 핵에 의해 변화된다. 이것은 계의 화학적 특성, 기하학적 구조, 전자 밀도 등에 의해 영향을 받는다. 결론적으로, 감싸짐의 정도의 차이는 대부분 분자에서 발생하고, 특정 핵은 화학적으로 다른 핵과는 다른 화학적 이동을 갖는다. 감싸짐이 적은 핵일수록 NMR 스펙트럼에서 더 왼쪽으로 움직인다. 이로 인해 분자에서 같은 원자라도 작용별로 구분할 수 있다. 에탄올 스펙트럼에서 보이는 바와 같이, 메틸기는 메틸렌기와 구분이 된다. 분자의 기하학적 구조에 따라서 얼마나 감싸지고 또 덜 감싸지는가를 나타내는 두 가지 예를 그림 6.9에 나타내었다. 그림 6.9a와 b는 아세틸렌 분자이다. 분자가 외부 자기장과 같은 방향으로 나열될때, 그림 6.9a에서 굽혀진 화살표로 나타낸 것처럼 삼중 결합에서 π-전자들의 순환은 외부 자기장의 반대 방향으로 분자 축을 따라서 유도 자기장을 생성한다. 유도 자기장을 그림 6.9b에 선으로 나타내었다. 화살표는 유도된 자기장의 방향이 수소 원자의 위치에 있음을 보여 준다. 아세틸렌에서 모든 수소는 유도 자기장에 의해 외부 자기장으로부터 감싸진다. 이들 수소들이 느끼는 자기장은 B_0-B_{local}이며, 이것은 B_0보다 작다. (주석: 식 6.13의 $B_{\text{eff}} = B_0 - \sigma B_0$를 보는 바와 같이 감싸임이 클수록 σ이 커지게 됨에 따라 핵이 느끼는 자기장은 더 감소하게 된다.) 그러므로 더 낮은 주파수에서 공명이 일어난다. 그림 6.9c와 d는 각각의 탄소에 하나의 수소가 있는 평면의 벤젠 분자를 보여 준다. 수소는 고리의 평면에 있는 탄소 고리의 바깥쪽으로 위치해 있다. 고리에 부착되어 있는 여섯 개의 수소 중 유일하게 두 개의 수소만 나타냈다. 비편재화된 π-전자들은 탄소 육각형 안에 원으로 표현하였다. 벤젠 고리가 외부 자기장에 수직일 때, 그림 6.9c에 부분적으로 그림자가 있는 굽은 화살표로 나타낸 것처럼 비편재화된 전자들은 순환하고 있고, 그림 6.9d에서 표현한 것처럼 유도 자기장을 발생시킨다. 이 경우에 유도 자기장은 고리 바깥으로 적용된 자기장을 강화시킨다. 벤젠 고리에 있는 모든 수소들은 B_0보다 더 강한 장을 느낀다. 그들은 **고리 전류**(*ring current*)에 의해 야기된 유도 자기장에 의해 덜 감싸진다. 이런 수소가 겪는 장은 $B_0 + B_{\text{local}}$이고, 따라서 더 높은 주파수에서 공명이 일어난다. 이등방성 효과 또는 화학적 이동 이등방성은 분자에서 배향에 따라 다른 화학적 이동이 일어나는 것을 의미한다.

화학적 이동은 어떠한 작용기가 분자 또는 혼합물에 존재하는지를 확인할 수 있게 한다. 화학적 이동은 알려진 분자를 같은 조건에서 화학적 이동을 측정하고 비교하여 어떤 종류의 수소 핵이 분자에 존재하는지를 알아낼 수 있게 한다. 예를 들어, 방향족과 지방족 수소 원자, 알켄과 알카인, 산소 또는 질소에 결합되어 있는 수소, 케톤과 에스터 등에 인접한 탄소와 결합하고 있는 수소들을 구분할 수 있게 한다. 수소(proton)의 일반적인 화학적 이동의 예를 표 6.4에 나타내었다. 화학적 이동의 더 광범위한 표는 참고

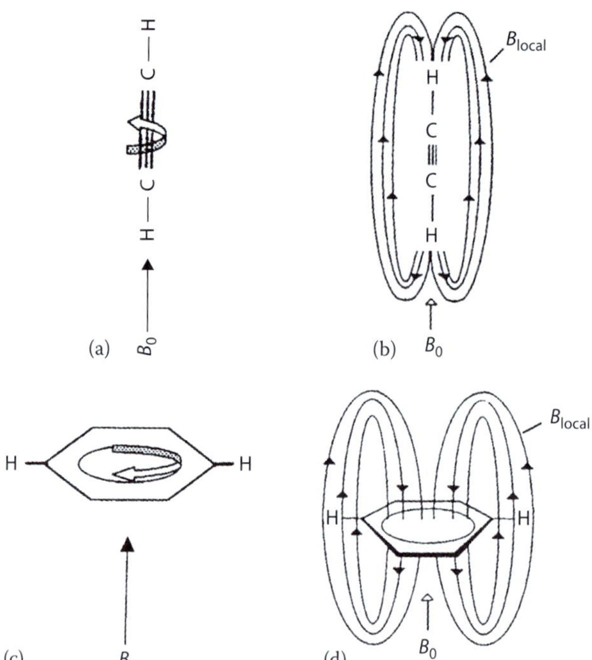

그림 6.9 (a)와 (b): 아세틸렌의 C≡C에서 π-전자들의 순환은 (a)에서 부분적으로 그림자가 있는 화살표로 나타냈다. 수소 원자에서 유도 자기장 B_{local}의 방향은 (b)에서 화살표들로 나타내었다. 외부 자기장 B_0의 방향도 표시하였다. 두 개의 수소는 유도된 국부적 자기장에 의해 외부 자기장으로부터 감싸진다. (c)와 (d): (c)에서 부분적으로 그림자가 있는 화살표로 나타낸 벤젠 고리에서의 π-전자들의 순환은 (d)에서 보여 주는 유도 자기장 B_{local}을 생성한다. 화살표는 유도 자기장과 외부 자기장의 방향을 나타내고 있다. 벤젠 고리의 평면에 있는 여섯 개의 모든 수소들은 유도 자기장에 의해 감싸지지 않는다. ((b) and (d) are from McClure, C.K., in Bruch, M.D., ed., *NMR Spectroscopy Techniques*, 2nd edn., Marcel Dekker, Inc., New York, 1996. Used with permission.)

문헌에 나열한 Silverstein과 Webster, Pavia et al., Lambert et al.을 참고하기 바란다.

그림 6.8은 에탄올의 저분해능 스펙트럼을 보여 준다. 이 흡수 스펙트럼은 역사적으로 기록된(Arnold et al., 1951) 첫 번째 NMR 스펙트럼 중의 하나로서 에탄올 분자에 세 종류의 수소 핵이 있다는 것을 보여 준다. NMR 스펙트럼은 분자의 구조에 대한 정보를 제공하므로, 미지의 화합물이나 실험식은 알지만 구조를 모르는 화합물들을 분석하는 데 강력한 도구 중 하나이다.

하지만 대부분의 ^{1}H NMR 스펙트럼에서는 화학적 동등(chemical equivalency)을 기초로 한 예측보다 더 많은 피크를 나타낸다. 고분해능의 향상된 기기의 개발로 그림 6.8에 나타난 것과 같은 에틸 알코올의 흡수 스펙트럼은 뒤에 다룰 그림 6.19와 6.23에서와 같이 더 복잡해진다. 고분해능 스펙트럼은 각각의 피크가 몇 개의 피크로 구성된 것을 볼 수 있게 한다. 이 **미세 구조(fine structure)**는 **스핀-스핀 분리(spin-spin splitting)** 또는 **스핀-스핀 결합(spin-spin scoupling)**에 의해 알 수 있다.

표 6.4 일반 유기 화합물에서 수소의 화학적 이동 근삿값

(a) 수소의 종류	화학적 이동(ppm) a	b	c	d
TMS $(CH_3)_4Si$ (CH_3—Si(CH_3)(CH_3)—CH_3)		0		
$CH_3CH_2CH_2CH_3$ (a b b a)	1.0	1.2		
CH_3CH_2—C(CH_3(C))(CH_3(C))—CH_2CH_3 (a b, b a)	1.0	1.2	2.0	
CH_3CH_2Br (a b)	1.2	3.48		
CH_3CH_2I (a b)	1.8	3.2		
CH_3CH_2OH (a b c)	1.32	3.7	0.5–4.0	
$CH_3C{=}O$ (a), OH(b)	2.1	11.4		
$CH_3CH_2CH_2NH_2$ (a b c d)	0.92	1.5	2.7	1.1
$CH_3CH_2CH{=}CH_2$ (a b c d)	.9	2.0	5.8	4.9
$CH_3CH_2CH{=}CHCH_2CH_3$ (a b c c b a)	1.0	1.3	5.4	
CH_3CH_2CH(NO_2)—CH_3 (a b c d)	1.0	1.9	4.2	1.5
CH_3C(=O)—CH_2CH_3 (a b c)	2.1	2.5	1.1	
CH_3CH_2S—CH_3 (a b c)	1.3	2.53	2.1	
$CH_3CH_2C{\equiv}CH$ (a b c)	1.0	2.2	2.4	
$CH_3CH_2CH_2C$(=O)H(d) (a b c)	1.0	1.7	2.4	9.7

표 6.4(계속) 일반 유기 화합물에서 수소의 화학적 이동 근삿값

(b)

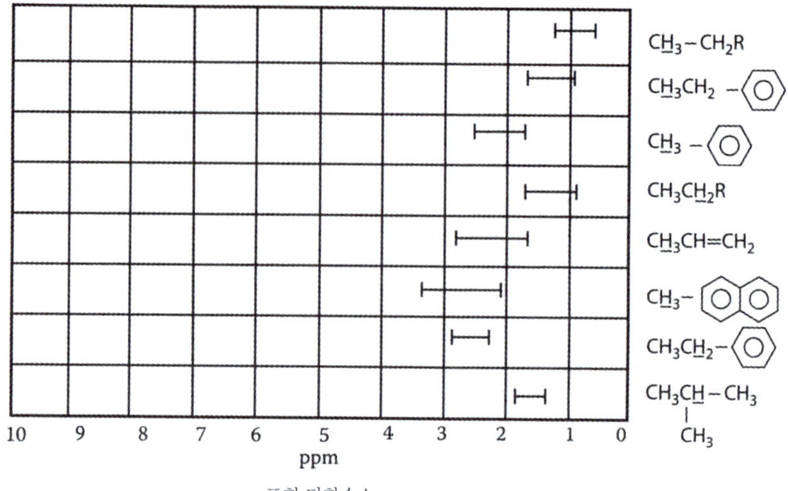

포화 탄화수소

(c)

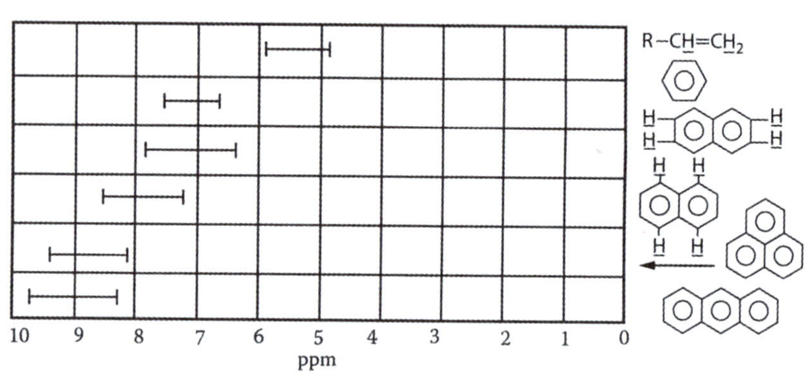

방향족 및 올레핀 탄화수소

표 6.4(계속) 일반 유기 화합물에서 수소의 화학적 이동 근삿값

(d)

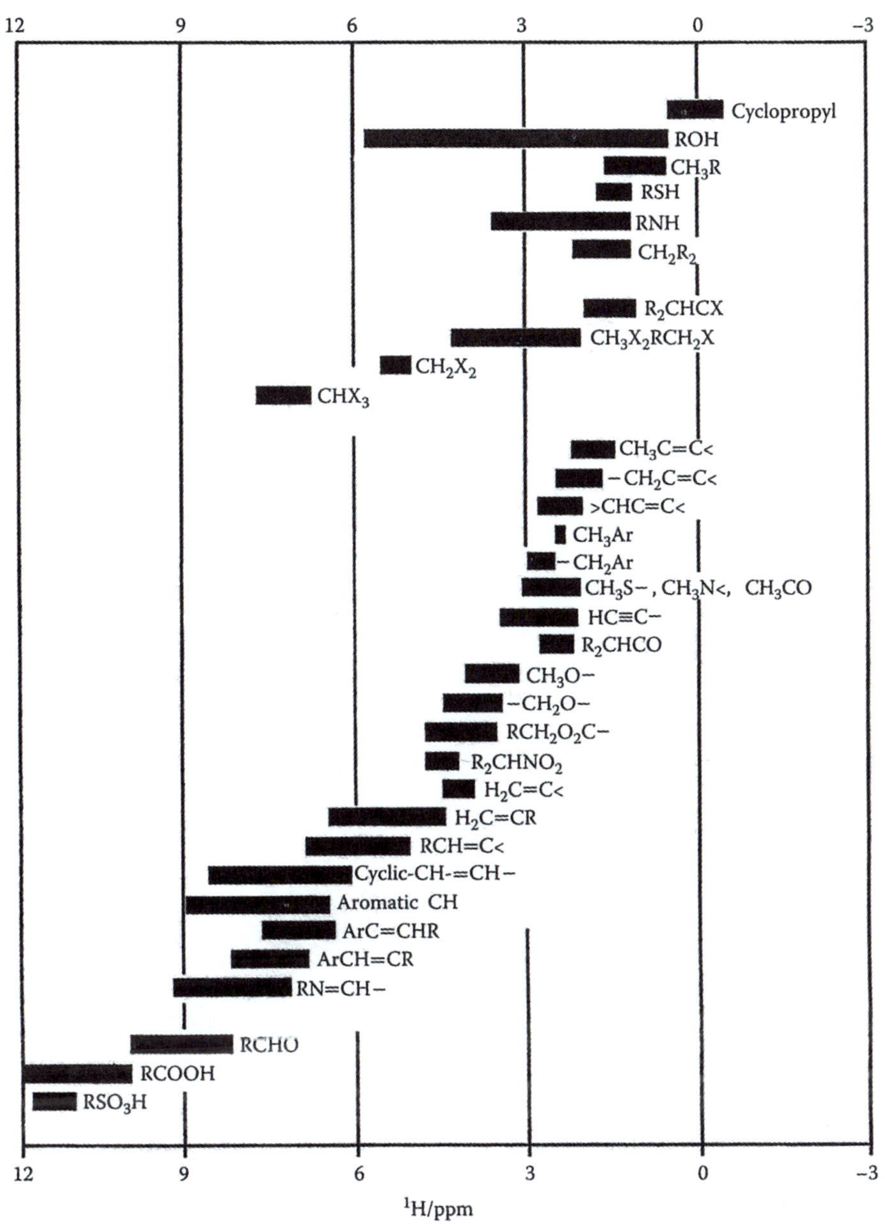

출처: (d) With kind permission from Springer Science + Business Media: *Multinuclear NMR*, 1987, Akitt, J.W., in Mason (ed.), Plenum Press, New Youk, 1987.

참조: 유기 화합물에서 다른 종류의 수소의 ^1H의 화학적 이동 범위의 근삿값 도표. X = 할로젠; R = 유기 치환체; Ar = 아릴 치환체.

6.4 스핀-스핀 결합

유기 분자 내 수소 핵은 회전하고 있고, 외부 자기장에 대해 반대 또는 같은 방향으로 회전한다. 핵은 자성이 있기 때문에, 외부 자기장과 같은 방향 또는 반대 방향으로 약간의 자기장을 만든다.

1-뷰탄알(butanal) 또는 뷰티르알데하이드(butyraldehyde)와 같은 알데하이드 분자를 생각해 보자.

$$CH_3-CH_2-\underset{\underset{H}{|}}{\overset{\overset{H}{|}}{C}}-\overset{\overset{H}{|}}{C}=O$$

1-뷰탄알의 저분해능 NMR 스펙트럼을 그림 6.10에 나타내었다. 한 탄소 원소에 결합되어 있는 수소들은 화학적으로 서로 동일하지만, 각 수소 그룹은 나머지와 다르다. 그림 6.10의 a~d에 화학적으로 다른 네 개의 수소 그룹이 있다. 구조에서 예측되듯이, 저분해능 스펙트럼은 네 개의 피크를 나타낸다.

우선, c와 d의 수소에만 관심을 두고 잠시 나머지 수소들을 무시해 보자. c의 수소들은 알데하이드기에 인접한 두 개의 메틸렌 수소이다. d의 수소는 알데하이드 탄소에 있는 유일한 수소이다. CHO로 표현하는 알데하이드의 d 수소는 외부 자기장에 대해 **같은** 방향 또는 **반대** 방향으로 회전할 것이다. 핵의 스피닝에 의해 외부 자기장과 같은 방향 또는 반대 방향으로 작은 자기장을 만들게 된다. 이것은 인접한 CH_2 기의 두 개 수소가 느끼는 유효 자기장을 변화시킨다. 자기장과 같은 방향으로 스핀하는 CHO의 수소 옆에 있는 CH_2의 수소는 자기장과 반대 방향으로 스핀하는 CHO의 수소 옆에 있는 CH_2의 수소 주파수와 약간 다른 주파수를 흡수한다. 통계적으로, 시료에는 자기장과 반대 방향으로 회전하는 수소보다 같은 방향으로 회전하는 수소가 많을 것이다. 또한 두 그룹의 수소 모두는 동등한 상황에 있다. CHO 기의 회전하는 하나의 수소는 인접한 CH_2 기의 수소들의 흡수 피크(그림 6.10에서 c 피크)를 동등한 세기(1:1 피크 면적비)로 약간의 다른 주파수에서 흡수하는 두 개의 피크로 갈라지게 한다. 스핀–스핀 갈라짐(spin–spin splitting)을 그림 6.11에 도식적으로 나타내었다(피크 c). 두 개의 피크는 원래의 주파수로부터 이동되어, 하나는 약간 더 높은 주파수로 다른 하나는 약간 낮은 주파수로 이동되지만, 두 피크는 원래의 주파수에 대하여 대칭적으로 위치한다.

동시에 CH_2 기의 두 수소도 회전하여 이웃한 CHO 수소의 흡수 주파수에 영향을 미친다. CH_2 기의 두 수소는 각각 외부 자기장과 같은 방향 혹은 반대 방향으로 회전할 수 있다. 그림 6.12는 두 수소의 스핀 방향의 조합을 보여 주는데, 화살표는 핵의 회전에 의해 발생하는 자기장의 방향을 나타낸다. 그림 6.12의 (a), (b), (c), 세 개의 조합은 CHO에서 느끼는 외부 자기장의 세기를 세 가지로 변화시켜, CHO 수소에서는 세 개의 주파수에서 흡수가 일어난다.

그림 6.12(b)의 조합은 두 가지 방법으로 가능하지만, 그림 6.12(a) 또는 (c)의 조합은 한 가지 방법으로만 가능하다. 따라서 (b) 조합의 핵이 (a) 또는 (c) 조합의 핵보다 두 배 더 많이 존재한다. 그 결과, 그림 6.11(d 피크)에서처럼, CHO의 수소는 1:2:1의 상대적인 세기로 서로 다른 세 주파수에서 흡수한다.

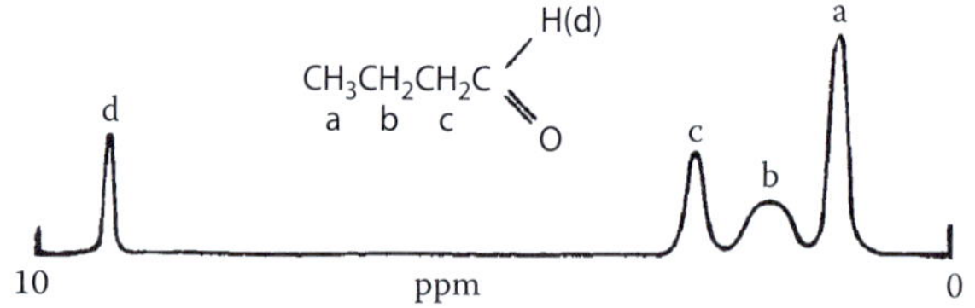

그림 6.10 네 개의 흡수 피크를 갖는 1-뷰탄알의 저분해능 ^{1}H NMR. x축은 ppm으로 나타낸 화학적 이동, y축은 흡수를 나타낸다. 화학적으로 동등하지 않은 네 개의 수소 그룹을 화학 구조식에 a~d로 표시하였다. 각 그룹의 수소에 해당하는 피크를 스펙트럼에 a~d로 표시하였다. 표 6.4에서 각 그룹의 수소에서의 화학적 이동에 대한 근삿값과 확인해 보라.

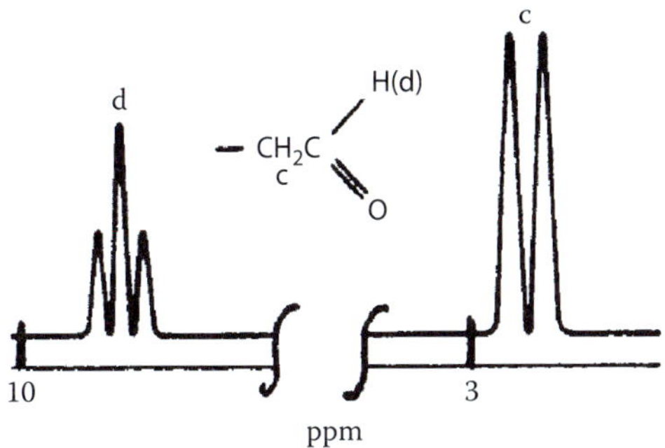

그림 6.11 알데하이드 수소와 인접한 메틸렌기 사이의 스핀-스핀 결합을 보여 주는 예상된 1-뷰탄알 NMR 스펙트럼의 일부분. x축은 ppm으로 나타낸 화학적 이동, y축은 흡수를 나타낸다. 인접한 $-CH_2-$ 기에 의해 삼중으로 갈라진 d 피크와 알데하이드 수소에 의해 이중으로 갈라진 c 피크를 보라(잠시 분자의 나머지는 무시함).

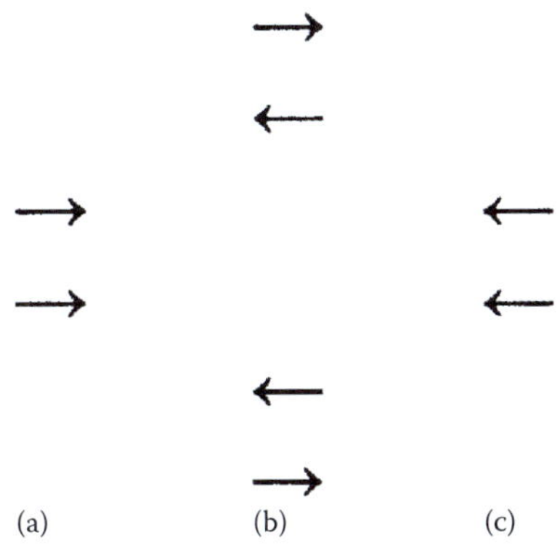

그림 6.12 수소 쌍들의 가능한 자기장 배열: (a) 둘 다 자기장과 같은 방향으로 나열(B_0 크기 증가), (b) 하나는 자기장과 같은 방향이고 다른 하나는 자기장과 반대 방향(두 배열은 같은 확률을 가짐. B_0가 변하지 않음), (c) 둘 다 자기장과 반대 방향으로 나열(B_0 크기 감소).

다중선(multiplet)에서 상대적인 피크 세기는 그림 6.12에서처럼, 가능한 스핀 상태의 조합 개수로부터 알아낼 수 있다. 다중선에서 상대적인 피크 세기는 이항 전개의 계수와 잘 맞는다. Pascal의 삼각형은 피크의 세기 비율을 빠르게 결정하는 데 유용하다

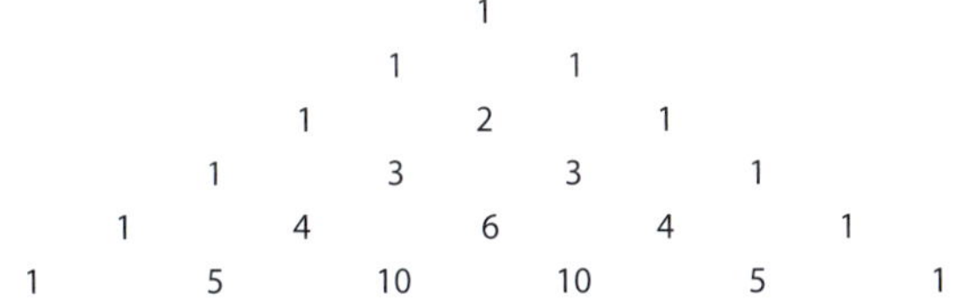

삼각형 관계에서 사중선(quartet, 삼각형의 위에서부터 4번째 선)은 1:3:3:1 세기 비를 갖고, 육중선(sextuplet, 위에서 6번째 선)은 1:5:10:10:5:1의 비율을 갖는다.

1-뷰탄알 $CH_3CH_2CH_2CHO$의 ^1H NMR 스펙트럼을 그림 6.13에 나타내었다. 그림 6.13a는 1-뷰탄알의 예상되는 일차 스펙트럼이고, 그림 6.13b는 실제 60 MHz ^1H 스펙트럼이고, 그림 6.13c는 90 MHz ^1H 스펙트럼이다. 그림 6.13a에서, 알데하이드의 수소(피크 d)는 예측된 바와 같이 1:2:1의 삼중선(triplet)으로 나타나지만, 피크 c는 알데하이드 수소만에 의해 갈라지므로 예측된 1:1 이중선(doublet)이 아니다. 그것은 CHO 기 옆의 CH_2 기가 반대쪽의 다른 CH_2 기와 인접해 있다는 것을 무시하였기 때문이다.

스핀-스핀 갈라짐(splitting) 또는 결합(coupling)은 화학 결합을 통한 핵 사이의 스핀 상태 정보의 전달이다. 스핀-스핀 결합은 **인접한** 탄소에 있는 수소들 사이에 매우 강하게 나타나지만(3 bonds

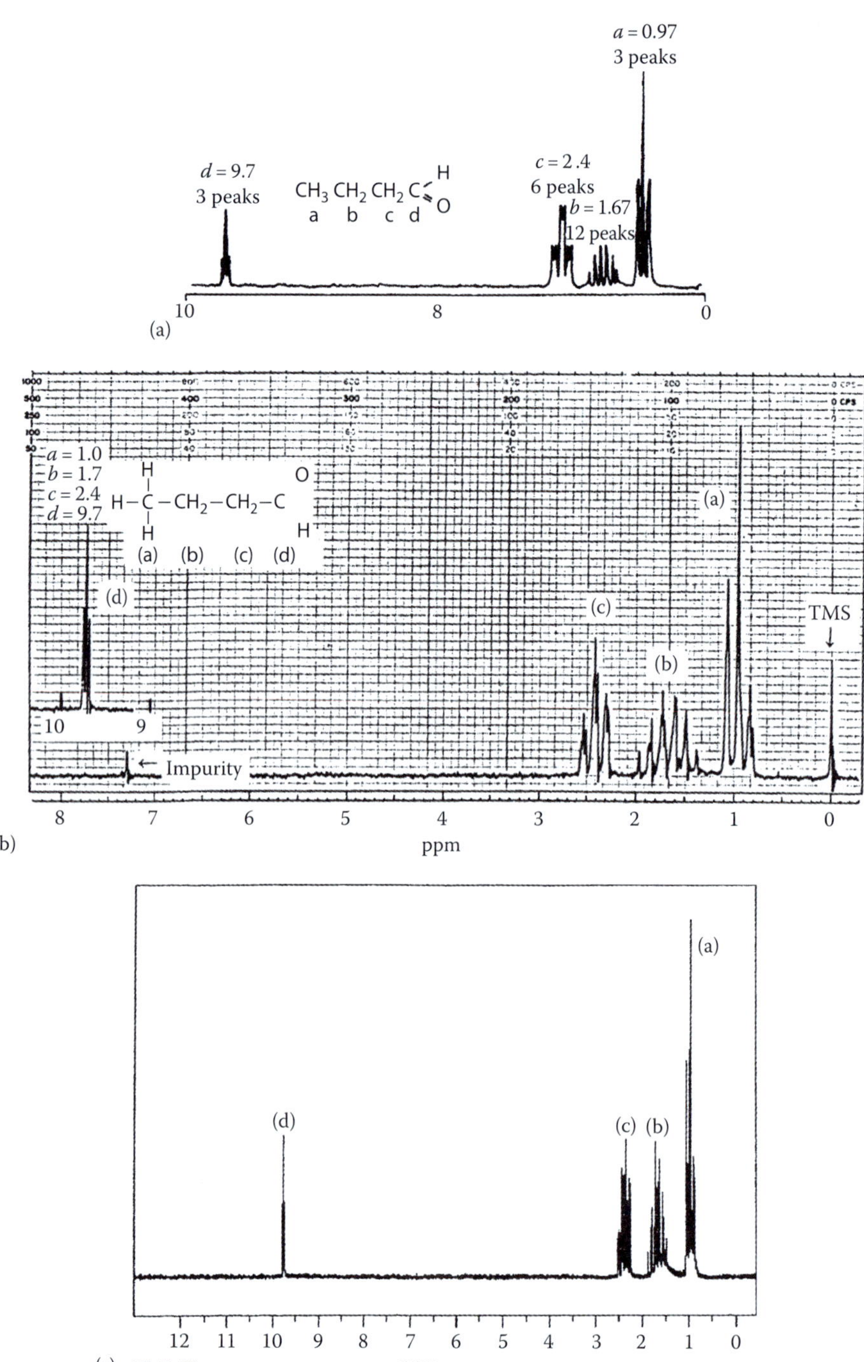

그림 6.13 (a) 스핀–스핀 결합을 보여 주는 1-뷰탄알의 예측 ^{1}H NMR 스펙트럼. (b) 1-뷰탄알의 실제 60 MHz ^{1}H NMR 스펙트럼. TMS의 피크와 약 7 ppm에서 작은 불순물 피크가 존재함. 60 MHz 기기에서 0부터 8 ppm 바탕선까지를 표시하고, 8 ppm보다 더 큰 화학적 이동은 삽입 그림으로 표시함. (c) 0.5 mL $CDCl_3$에 용해된 0.04 mL의 1-뷰탄알의 실제 90 MHz ^{1}H NMR, SDBS No. 1925HSP-04-071.(Courtesy of National Institute of Industrial Science and Technology, Japan, SDBSWeb: http://www.aist.go.jp/RIOBD/SDBS. Accessed on December 13, 2002.)

coupling), 이보다 더 멀리 떨어져 있는 수소들(> 4 bonds) 사이는 거의 무시한다. 어떤 핵에 의한 스핀–스핀 갈라짐이 분자 내에서 **인접한** 수소들 피크의 미세 구조 변화를 야기하는 것은 반드시 기억하라. 예를 들어, CH_2는 인접한 CHO 기의 H를 갈라지게 하고, CHO의 H는 인접한 CH_2를 갈라지게 하지만, CH_2의 수소들끼리는 갈라지게 하지 않는다(양자 이론에 의해 금지된 상호작용).

미세 구조에서의 피크의 수를 피크의 **다중도**(multilicity)라고 한다. 그림 6.11에서 알데하이드 [1]H 피크의 다중도는 3이고 메틸렌 피크의 다중도는 2이다. 이를 각각 삼중선, 이중선이라고 한다. 스핀–스핀 갈라짐에 의해 나타나는 수소 피크의 다중도는 다음과 같다.

$$2nI + 1 \tag{6.17}$$

여기서 n은 이웃하는 탄소에 결합된 수소 원자의 개수이고, I는 스핀 양자수이다. 수소의 경우, $I = 1/2$이므로 식 6.17은 $n + 1$이 된다.

만약 두 개의 인접한 그룹에 의해 갈라짐이 일어난다면, 다중도는 $(2nI + 1)(2n'I + 1)$이 되며, n과 n'은 각 그룹에 있는 동등한 수소의 개수이다.

식 6.17과 뷰탄알의 구조를 이용하면 예상되는 갈라짐 패턴을 알아낼 수 있다. 예상되는 스펙트럼이 그림 6.13a이고, 그림 6.13b와 c에서 실험적으로 얻은 스펙트럼과 비교할 수 있다. 알데하이드의 수소는 인접한 CH_2 수소들에 의해 삼중선으로 갈라짐을 예측할 수 있다. 9.7 ppm의 삼중선 피크이다. 알데하이드의 수소가 인접한 CH_2를 이중선으로 갈라지게 함을 예측할 수 있지만, 이 CH_2의 다른 쪽에 있는 수소에 대한 것은 고려하지 않았다. "c"의 메틸렌 수소 옆에 두 개의 메틸렌 수소들("b" 수소)이 있다. "c"의 수소들은 이웃하는 b와 d의 두 개의 다른 그룹을 가지는 경우이다. 앞에서 설명한 것과 같이, 다중선은 $(2nI + 1)(2n'I + 1)$로부터 계산되므로, 이 "c" 수소는 $(2 + 1)(1 + 1) = 6$을 갖는다. 즉, "c" 수소 피크의 다중도는 6이므로, c의 피크가 여섯 개의 피크들로 구성됨을 예측할 수 있다. 그림 6.13b에서 2.4 ppm에서 나타난 피크는 총 여섯 개의 피크에 대해 삼중선이 다시 각각 이중선으로 갈라진 것이다. 메틸 수소(1.0 ppm에 있는 "a" 수소들)는 인접한 "b" 메틸렌 수소들에 의해 삼중선으로 갈라진다. "b" 메틸렌 수소들은 메틸기(3개의 동등한 수소)와 "c" 메틸렌 수소들(2개의 동등한 수소들)로 인해 갈라진다. 따라서 "b" 수소 피크의 다중도는 $(3 + 1)(2 + 1) = 12$이다. 모든 12개의 선들이 대략 1.7 ppm에서 확대하지 않고도 나타나며, 특히 90 MHz 스펙트럼인 그림 6.13c에서 더 명백하게 "b" 피크에 여섯 개 이상의 피크들이 보인다.

스핀–스핀 결합의 더 많은 예제들이 단순한 화합물의 갈라짐 모양을 예측하는 데 도움이 될 것이다.

1,1-dichloroethane의 구조는 다음과 같다.

```
       H
       |
  Cl — C — CH3
       |
       Cl
```

두 개의 Cl 원자를 포함하는 탄소에 있는 한 개의 수소가 인접한 메틸기에 있는 3개의 동등한 수소들에 의해 $(3 + 1)$로 갈라질 것이다. 이 피크의 다중도는 4이고, 이것을 사중선(quartet)이라고 한다. 사중선에서 각각의 피크는 정확히 같은 주파수만큼 분리되므로, 피크들은 균등하게 떨어져 있을 것이다. 그림 6.12에서와 같은 방식으로 상대적인 피크들의 세기는 1:3:3:1로 나타날 것이다. 세 개의 메틸기 피크는 인접한 한 개의 수소에 의해 $(1 + 1)$ 피크들로 갈라져 다중도가 2인 이중선이 될 것이다. 이중선에서 두 개의 피크들 시이의 긴격(Hz 단위로)은 사중선의 피크들 간의 간격과 정확히 같고, 이중선 피크들의 세기 비율은 1:1이 될 것이다.

위 화합물의 CH_3 기의 H 원자들 중의 하나를 Cl로 대체하면, 1,1,2-trichloroethane 화합물이 된다.

```
       H
       |
  Cl — C — CH2Cl
       |
       Cl
```

왼쪽 탄소에 있는 한 개의 수소는 메틸렌 탄소에 있는 두 개의 수소들 때문에 삼중선 피크로 갈라지며, 메틸렌 탄소에 있는 수소들은 이중선으로 갈라질 것이다.

각각의 탄소에 하나씩의 Cl을 갖는다면, 1,2-dichloroethane 화합물이 된다.

$$Cl-CH_2CH_2-Cl$$

두 개의 메틸렌기들은 화학적으로 동등하므로 수소 피크는 갈라지지 않는다. 즉, 메틸렌기들은 단일선으로 나타날 것이다.

6.6.3절에서 이 화합물들의 스펙트럼을 나타내고 있다(그림 6.29b~d).

벤젠 화합물, C_6H_6은 여섯 개의 화학적으로 동등한 수소들을 갖는다. 단일 흡수 피크가 약 7 ppm에서 화학적 이동을 나타낼 것을 예측할 수 있다(표 6.4). 벤젠의 300 MHz ^{1}H 스펙트럼(그림 6.14)은 7.3~7.4 ppm에 위치한 단일 피크로 확인된다. 이 피크의 세기에 영향을 주는 수소의 개수에 대해서는 말할 수 없다. 단지 한 개의 피크만 있을 때 상대적인 피크의 면적은 1이다. 톨루엔의 ^{1}H 스펙트럼인 그림 6.4를 보면, 벤젠 고리에서 수소 원자들 중의 하나를 메틸기로 치환된 구조이다. 메틸기에는 이웃하는 수소들이 없기 때문에 메틸기는 단일 피크를 예상할 수 있다. 피크의 화학적 이동은 약 2 ppm일 것이다(표 6.4). 스펙트럼은 그 위치에 단일선을 보여 주고 있다. 또한, 약 7.3 ppm에서 다중선으로 나타나는 방향족 고리의 수소 흡수 피크가 예상된다. 고리에 있는 다섯 개의 **오쏘**(*ortho*), **메타**(*meta*), **파라**(*para*) 수소들은 화학적으로 동등하지 않아서(벤젠 고리의 여섯 개 수소와 다름), 300 MHz NMR에서처럼 다르게 나타난다. 낮은 자기장에서 얻은 과거의 스펙트럼(그림 6.4b의 60 MHz 스펙트럼)은 오쏘, 메타, 파라 수소의 전자 환경이 비슷하여 한 개의 넓은 피크로 겹침 형태로 나타난다. 피크의 겹침은 ^{1}H NMR에서 문제가 되는 경우가 있다. 톨루엔 피크들의 예상되는 면적 비율은 5/3이며, 6.6.2절에서 설명할 스펙트럼

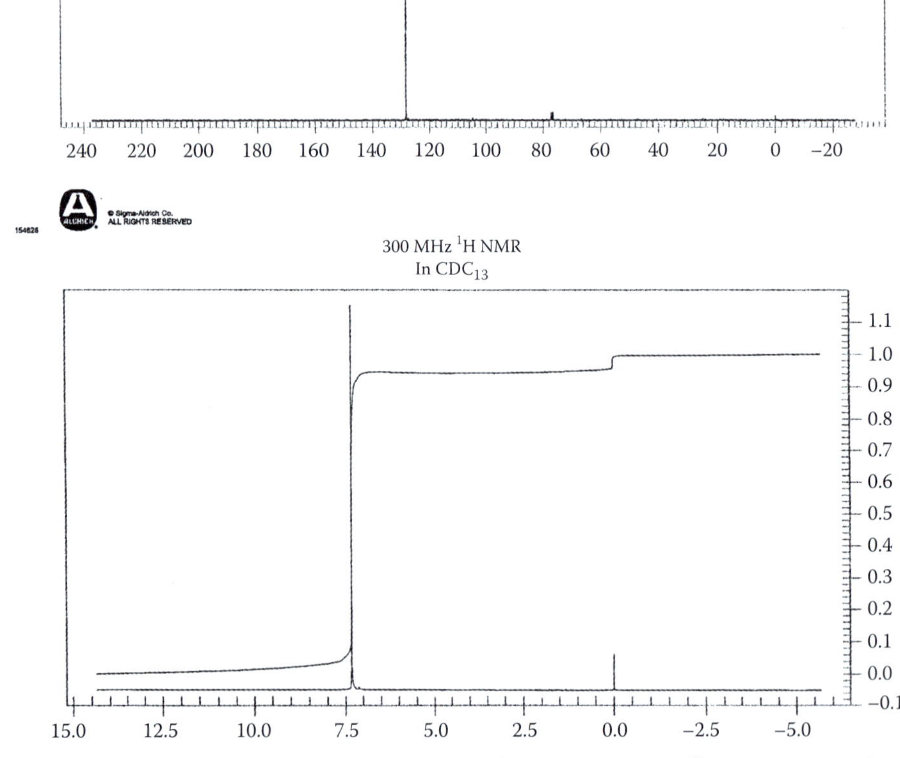

그림 6.14 중수소화된 클로로폼에 용해한 벤젠(C_6H_6)의 300 MHz ^{1}H NMR 스펙트럼과 ^{13}C NMR 스펙트럼. (Reprinted with permission of Aldrich Chemicals Co., Inc.)

의 계단식 선으로 확인할 수 있다. 그림 6.15a에 방향족성 나프탈렌 화합물 및 ^{1}H NMR 스펙트럼을 보면, 구조식에 A와 B로 표시한 두 가지 종류의 수소가 있다. 각 A 수소는 한 개의 B 수소에 인접하고, 각 B 수소도 인접한 한 개의 A 수소가 있다. 스펙트럼에서는 방향족 범주에서 예측되는 두 개의 이중선을 보여준다. A와 B 수소들의 개수가 같게 있기 때문에, 두 이중선의 상대적 면적 비율은 1:1이다. 나프탈렌의

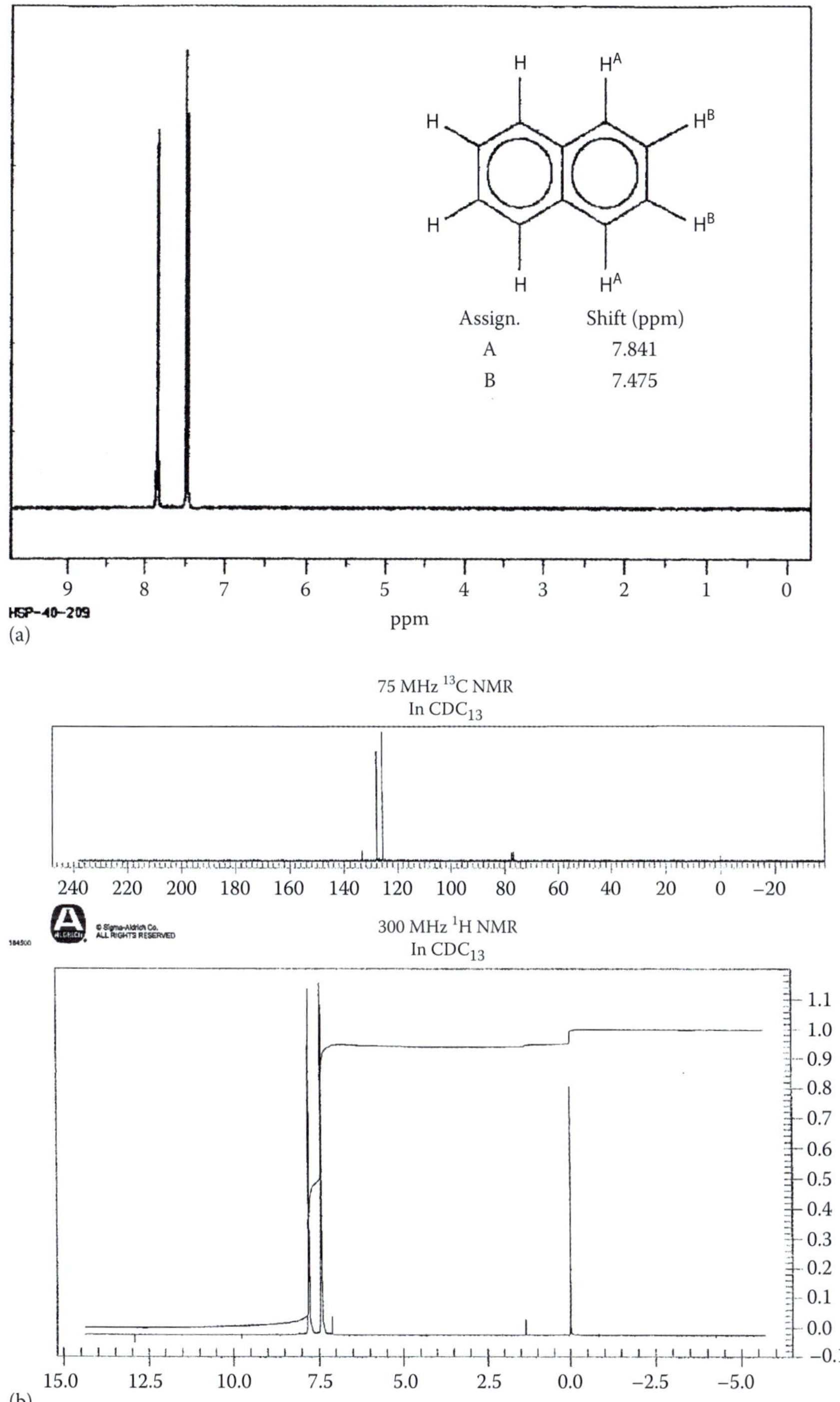

그림 6.15 (a) 0.5 mL 중수소화된 클로로폼에 10.5 mg 나프탈렌을 용해하여 얻은 나프탈렌의 400 MHz ^{1}H NMR 스펙트럼. SDBS No. 1350HSP-40-209. (Courtesy of National Institute of Industrial Science and Technology, Japan, SDBSWeb: http://www.aist.go.jp/RIOBD/SDBS. Accessed on May 11, 2002.) (b) 나프탈렌의 300 MHz ^{1}H 스펙트럼과 ^{13}C 스펙트럼. 수소 스펙트럼은 피크 적분값(면적)을 보여 주고 있다. (Reprinted with permission of Aldrich Chemical Co., Inc.)

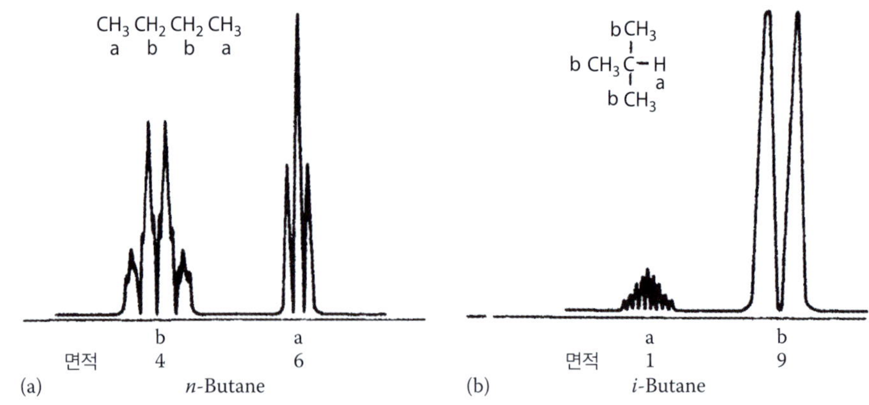

그림 6.16 (a) 뷰테인의 구조식과 예측한 ^{1}H NMR 스펙트럼에서의 상대적인 피크 면적과 스핀-스핀 결합을 보여 줌. (b) 아이소뷰테인의 구조식과 상대적인 피크 면적과 스핀-스핀 결합을 보여 주는 예측한 ^{1}H NMR 스펙트럼. 도식적인 스펙트럼에는 단위가 없음. 피크들의 화학적 이동은 표 6.4으로부터 예측할 수 있다.

다른 스펙트럼인 그림 6.15b는 계단식 선으로 나타낸 상대적인 피크 면적을 보여 주고 있다. 두 개의 계단 높이가 같으므로, A 수소와 B 수소는 같은 개수임을 알 수 있다.

알케인 뷰테인과 아이소뷰테인(또는 2-methylpropane)의 스펙트럼을 예측해 볼 수 있다. 피크들은 표 6.4에 따라 1~1.5 ppm 영역에서 화학적 이동을 나타낼 것이다. 뷰테인 $CH_3CH_2CH_2CH_3$은 그림 6.16a에서처럼 두 종류의 수소를 가진다. 아이소뷰테인도 그림 6.16b에서처럼 두 종류의 수소를 가진다. 따라서 두 스펙트럼 모두 두 종류의 흡수 피크를 가진다. 뷰테인에서 메틸 수소들은 인접한 메틸렌 수소들에 의해 삼중선으로 갈라지고, 메틸렌 수소들은 메틸 수소들에 의해 사중선으로 갈라진다. 상대적인 흡수 피크 면적과 뷰테인의 ^{1}H NMR 스펙트럼을 그림 6.16a에 도식적인 스펙트럼으로 나타내었다. 아이소뷰테인은 갈라짐 모양이 매우 다르게 나타난다. 9개의 화학적으로 동등한 수소(구조식에서 "b"로 표시)가 세 개의 메틸기에 있다. 이 9개 수소들의 피크는 중앙 탄소에서 1개의 "a" 유형 수소에 의해 이중선으로 갈라질 것이다. 1개 수소의 피크는 그림 6.16b에서처럼 상대적인 피크 면적과 "b" 타입의 수소들에 의해 $(9+1)=10$ 다중선 피크로 갈라질 것이다.

아이소뷰테인에서 메틸기 중의 하나를 치환한다면, 아이소프로필기 $-CH(CH_3)_2$를 포함하게 되며,

$$\begin{array}{c} R \\ | \\ CH_3-C-CH_3 \\ | \\ H \end{array}$$

여기서 R은 치환체를 의미한다. R이 페닐 고리인 큐멘(cumene) 분자를 고려해 보자. 큐멘의 구조식과 ^{1}H NMR 스펙트럼을 그림 6.17에 나타내었다. 약 7 ppm에 고리 수소들이 나타난다. 아이소프로필기는 매우 독특한 갈라짐 패턴을 보여 준다. 약 1 ppm에 위치한 6개 동등한 수소의 이중선과 1개 수소의 칠중선(septuplet)이다. 칠중선의 화학적 이동은 R 그룹의 성질 때문에 나타나지만, 아이소프로필의 갈라짐 모양은 스펙트럼에서 간단하게 나타난다.

R 치환체가 NO_2라면, 2-nitropropane이 된다(그림 6.18a의 구조식). 이 또한 아이소프로필기를 포함하는 치환체 화합물이다. 2-chloropropane과 같은 비슷한 화합물 구조이다(그림 6.18b). 그림 6.18a는 2-nitropropane의 60 MHz 스펙트럼이다. 그림 6.18b는 2-chloropropane의 300 MHz 스펙트럼이다. "R" 그룹을 포함하는 탄소의 1개 수소는 6개의 동등한 메틸 수소에 의해 $(6+1)$ 피크들로 갈라지는 칠중선이다. 2개의 메틸기는 화학적으로 동등하며 같은 주파수에서 흡수되고, 모든 6개 수소들의 피크는 가운데 탄소에 있는 1개 수소에 의해 이중선으로 갈라진다. 이 시료들의 계단 높이를 비교하면 쉽게 구분할 수 있다. 피크의 화학적 이동이 R에 따라 다양하지만, 큐멘, 2-nitropropane, 2-chloropropane 스펙트럼에서

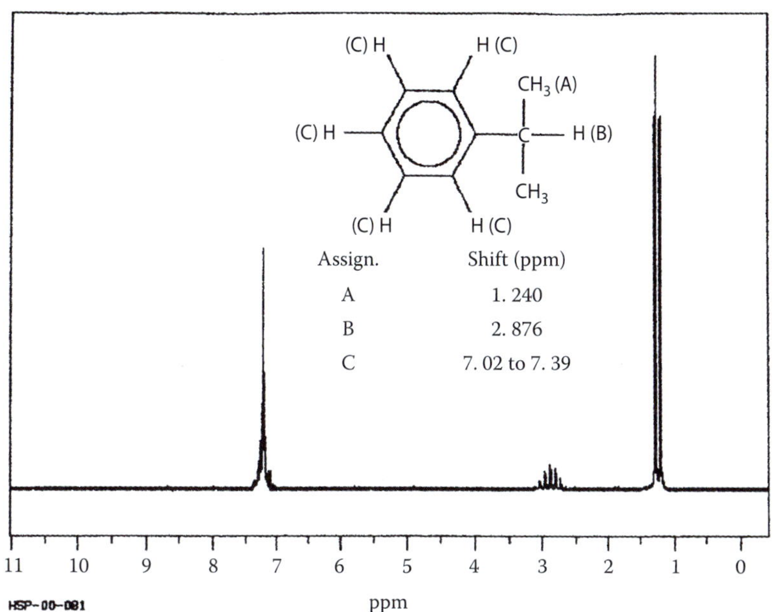

그림 6.17 특징적인 아이소프로필기의 갈라짐 모양을 보여 주는 큐멘의 90 MHz ^{1}H NMR 스펙트럼. SDBS No. 1816HSP-00,081. (Courtesy of National Institute of Industrial Science and Technology, Japan, SDBSWeb: http://www.aist.go.jp/RIOBD/SDBS. Accessed on December 14, 2002.)

모두 독특한 갈라짐 패턴을 갖는 아이소프로필이 있다.

그림 6.19a는 최대로 건조한 에탄올의 NMR 스펙트럼이다. CH_3 수소들은 CH_2 기에 의해 $(2+1)=3$ 피크들로 갈라진다. CH_2는 OH 수소와 CH_3 수소들에 의해 $(3+1)(1+1)=8$ 피크로 갈라진다. OH 수소는 인접한 CH_2 기에 의해 3개의 피크로 갈라진다. n이 스핀-스핀 갈라짐에서 기여하는 동등한 수소의 개수임을 기억하라. 예를 들어, 메틸기 $-CH_3$에는 3개의 동등한 수소가 있고, 메틸렌기 $-CH_2-$ 에는 2개의 동등한 수소가 있다. 또한, 스핀-스핀 결합 때문에 생기는 피크의 개수는 오로지 $I=1/2$인 ^{1}H 핵의 수 $(n+1)$과 같다.

미세 구조에서 피크들 사이의 간격(Hz)은 결합에 관여하는 핵 사이 자기장 상호작용의 세기에 비례한다. 간격의 크기는 기호 J로 나타낸다. J 값은 두 핵 사이의 **결합 상수(coupling constant)** 또는 **스핀-스핀 결합 상수(spin-spin coupling constant)**이고, 결합에 참여하는 두 핵을 A와 B라고 하면 기호 J_{AB}로 나타낸다. J 값은 NMR 스펙트럼에서 피크 간격을 측정하여 직접적으로 관측할 수 있고, 그림 6.19a에서처럼 보통 Hz 또는 cps로 표현된다. 그림 6.19a는 300 MHz로 얻은 ^{1}H 스펙트럼으로 각 피크를 확대하면 갈라짐 패턴을 잘 확인할 수 있다. 낮은 자기장의 스펙트럼이 더 잘 갈라짐 패턴을 확인할 수 있는 것처럼 보이는 것은 J 값은 자기장에 영향을 받지 않기 때문이다. 확대한 각 피크를 스펙트럼의 위와 옆에 나타내었다. 최대로 건조한 에탄올의 하이드록시 수소는 산소 원자에 고정된 것으로 간주된다. (이것은 물을 함유하는 '보통'의 에탄올 경우와 다름. 뒤에 더 자세히 다룸.) 그러므로 하이드록시 수소는 인접한 메틸렌 수소에 의해 삼중선으로 갈라지고 약 4.3 ppm에서 나타난다. 확대한 피크(하이드록시 피크 위에 삽입)를 보면, 삼중선은 1291, 1296, 1301 Hz에서 5 Hz 간격으로 떨어져 나타난다. 메틸렌 수소와 하이드록시 수소 사이의 J 결합 상수, J_{AB}는 5 Hz이다. 메틸기 수소들은 1.0~1.1 ppm 사이에서 인접한 메틸렌 수소에 의해 갈라진 삼중선으로 나타난다. 확대하여 삽입한 그림에서 피크들 사이의 간격을 Hz 단위로 측정하면, 메틸 수소와 메틸렌 수소 사이의 결합 상수 J는 7 Hz임을 알 수 있다. 하이드록시 수소를 A로 표시했기 때문에 메틸-메틸렌 사이의 J는 J_{BC}로 나타낸다. 메틸렌 수소는 약 3.5 ppm에서 이웃하는 메틸 수소와 하이드록시 수소에 의해 8개의 피크로 갈라진다. 메틸-메틸렌 상수 J_{BC}가 메틸-하이드록시 상수 J_{AB}

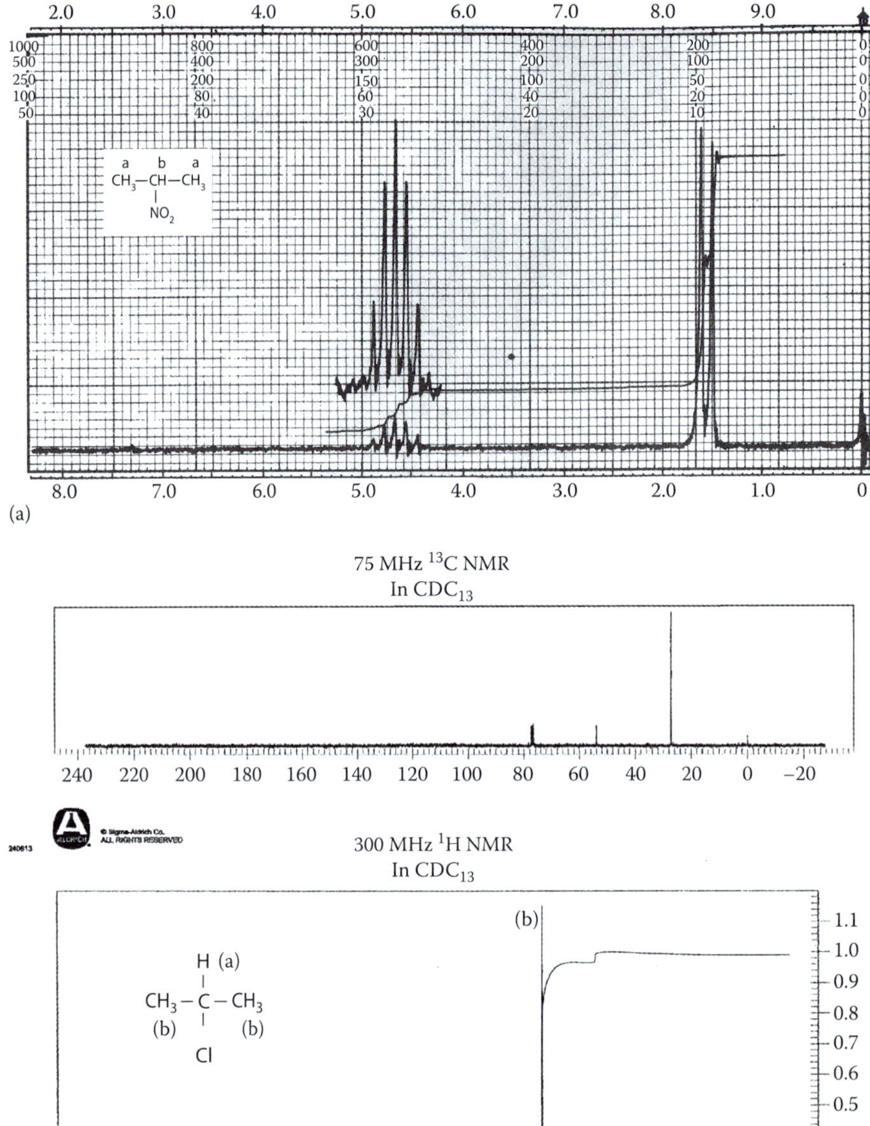

그림 6.18 (a) 2-nitropropane의 60 MHz ^{1}H 스펙트럼. (From *The Sadtler Handbook of Proton NMR spectra*, W.W. Simons, ed., Sadtler Research Laboratories, Inc., Philadelphia, PA, 1978. [Now Bio-Rad Laboratories, Inc., Informatics Division, Sadtler Software and Databases. Copyright Bio-Rad Laboratories, Informatics Division, Sadtler Software and Databases, 2014. All rights reserved.]) (b) 2-chloropropane의 300 MHz ^{1}H NMR 스펙트럼. (Reprinted with permission of Aldrich Chemical Co., Inc.) 스펙트럼 모두 1:6 피크 면적 비율과 특징적인 아이소프로필 갈라짐 패턴을 보여 준다. 그림에서 칠중선의 위치를 그림 6.17과 비교해 보라.

보다 크기 때문에, 메틸렌 피크는 그림 6.19b에서처럼 7 Hz 간격의 사중선으로 갈라진다. 그 다음, 각각의 사중선 피크는 5 Hz 간격으로 다시 이중선으로 갈라진다. 최종 패턴은 그림 6.19a에서 볼 수 있고, 상세한 것은 6.19b에 나타내었다.

클로로에테인, CH_3CH_2Cl과 같은 화합물에서는 동등한 수소 그룹이 2개만 있다. 메틸 수소는 메틸렌

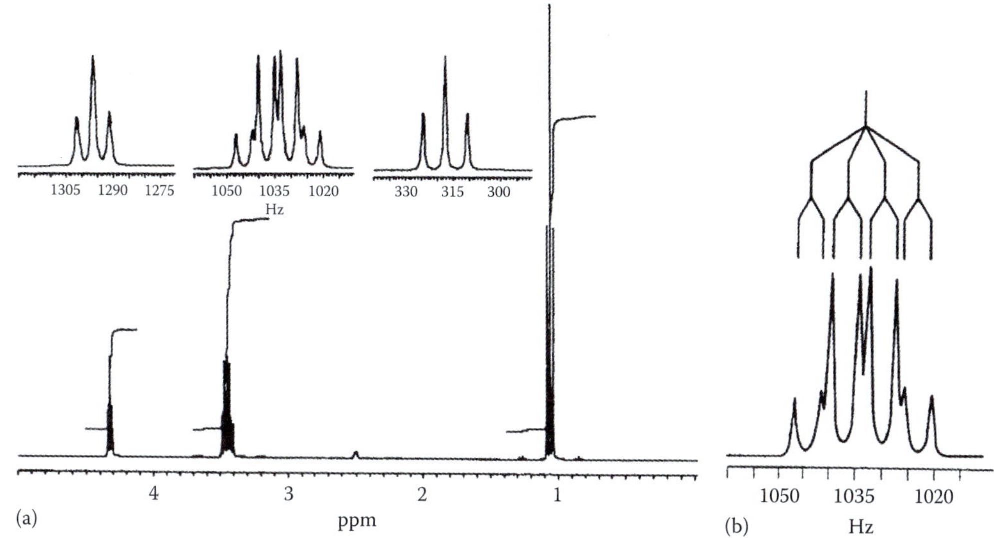

그림 6.19 (a) 중수소화된 다이메틸설폭사이드(DMSO)에 용해된 건조 에탄올의 300 MHz ^{1}H NMR 스펙트럼. (b) 메틸렌 수소의 상세한 갈라짐 패턴. 메틸–메틸렌 결합의 J 값은 7 Hz이고, 이 간격의 사중선으로 갈라짐. 하이드록시–메틸렌 결합의 결합 상수 J는 5 Hz이므로 사중선은 각각 이중선으로 다시 갈라짐. (From Silverstein, R.M. and Websterm, F.X., *Spectrometric Identification of Organic Compounds*, 6th edn., John Wiley & Sons, Inc., New York, 1998. This material is used by permission of John Wiley & Sons, Inc.)

수소를 갈라지게 하고, 반대로 메틸렌 수소는 메틸 수소를 갈라지게 한다. 메틸 수소들은 A로, 메틸렌 수소들은 B로 정의하고, 결합 상수는 기호 J_{AB}로 나타낸다. J_{AB}와 J_{BA}는 똑같아야 하고, 사중선 피크들 사이의 간격과 삼중선 피크들 사이의 간격도 똑같을 것이다. 피크들 사이의 간격을 측정하여 구한 결합 상수는 어떤 수소 그룹이 어떤 수소 그룹을 갈라지게 하는지 알려주어, 미지 화합물의 구조를 NMR 스펙트럼으로부터 밝히는 데 도움을 준다. 결합 상수 J 값은 물리 화학자와 유기 화학자에게 분자 상호작용에 대한 중요한 정보를 제공한다. 외부 자기장의 세기에 따라 변하는 화학적 이동과 달리, J 값의 크기는 자기장의 세기와 무관하게 일정하다.

인접한 단일 결합 탄소의 수소들 사이의 J 결합 상수 크기는 6~8 Hz 정도이다. J의 크기는 포화 C−C 화합물에서 수소들이 멀리 떨어질수록 빠르게 감소한다. 다중 결합 또는 방향족 고리가 있으면 J 값을 변화시키고 더 멀리 떨어져도(long-range) J 결합을 하게 한다. 같은 탄소의 수소들 사이에 J 결합은 없다. 예를 들어 뷰테인과 같은 화합물에서,

$$\underset{A}{CH_3}-\underset{B}{CH_2}-\underset{C}{CH_2}-\underset{D}{CH_3}$$

탄소 A에 있는 수소들 사이의 결합은 0이다. 탄소 A에 있는 수소들과 탄소 B에 있는 수소들 사이의 J 결합은 약 6~8 Hz이다(J_{AB} = 6~8 Hz로 표현함). 탄소 A의 수소들과 탄소 C의 수소들 사이의 결합은 절대로 1 Hz보다 작다($J_{AC} \leq 1$). J_{AD}는 너무 작아서 일반적으로 무시한다. C−C 결합 중 하나를 C−C로 대체한다면, 탄소 원자들의 이중 결합에서 같은 방향에 있는 인접한 수소들(*cis*)은 7~10 Hz의 결합 상수를 갖고, *trans* 수소의 결합 상수는 12~19 Hz 정도로 커진다. 그러므로 결합 상수의 크기는 화합물에 대한 구조적 정보를 제공하게 된다. 그림 6.13b의 뷰탄알 스펙트럼을 보면, 말단의 메틸 피크 a는 인접한 메틸렌기 때문에 삼중선이 예상되지만, 삼중선의 각 피크는 긴 범위(long-range) J 결합에 의해 매우 작은 크기로 갈라진다.

^{13}C 핵 또한 $I = 1/2$인 핵이므로, 인접한 두 개의 ^{13}C 핵이 상호 간의 탄소에 의해서 피크가 이중선으로 갈라질 것으로 예측할 수 있다. ^{13}C은 자연계에 1.1%만 존재하고, 낮은 분자량(MW)의 유기 분자에서

1개의 ^{13}C을 찾을 수 있는 확률은 매우 작다. 두 개의 인접한 ^{13}C 핵을 찾을 수 있는 확률은 더더욱 작다. 결론적으로, 특별한 기술이나 동위 원소(^{13}C)로 치환한 분자를 연구하지 않으면, C–C 스핀–스핀 결합은 ^{13}C NMR 스펙트럼에서 일반적으로 측정되지 않는다. 특별한 방법으로 측정한 탄소–탄소 결합에서 J 값은 약 20~200Hz의 범위를 갖는다.

스핀–스핀 상호작용은 ^{13}C과 수소들 사이에도 가능하고, 적절한 조건하에서 ^{1}H NMR과 ^{13}C NMR 스펙트럼 모두에서 관찰할 수 있다. ^{13}C의 낮은 존재비 때문에 ^{13}C–^{1}H 상호작용에 의한 피크들은 매우 작다. 무용매 액체 ^{1}H 스펙트럼에서는 중앙의 수소 피크 양편에서 각각 하나씩 약한 위성 피크로 관찰된다.

모든 핵들 간의 상호작용에 의해 가능한 모든 다중도를 고려하면 NMR 스펙트럼의 해석은 매우 어렵게 된다. 스펙트럼에서 상호작용하는 그룹들 사이의 화학적 이동이 J 값보다 큰 경우로 제한한다면, 갈라짐 패턴과 스펙트럼은 더 쉽게 해석할 수 있다. 이것을 용이한 **1차 스펙트럼**(*first-order spectra*)이라고 한다. 2차(second-order) 및 더 높은 차수의 스펙트럼을 생성하는 더 복잡한 시스템은 이 교재에서는 다루지 않는다. 2차 스펙트럼과 2D(2차원) NMR 스펙트럼과 혼동하지 않아야 하며, 2D NMR은 추후에 다룰 것이다.

알파벳의 대문자는 강하거나 약한 결합 상수를 갖는 스핀 시스템을 정의하기 위해 사용된다($\Delta\nu$가 Hz 단위로 핵들의 화학적 이동 차이라면, $\Delta\nu/J$는 클 수도 작을 수도 있음). 예를 들어, 시스템 A_2B_3는 A유형 2개와 B유형 3개가 서로 강하게 상호작용하는 두 종류의 핵 시스템을 의미한다. 시스템 AB는 작은 $\Delta\nu/J$ 값을 가질 것이다. 알파벳의 차이가 많이 나는 시스템은 약하거나 결합이 없음을 의미하고 큰 $\Delta\nu/J$ 값을 가질 것이다. 예를 들어, 시스템 A_2X는 X 유형의 수소 1개와 A 유형의 2개 수소가 약하게 결합한 시스템이고, AX 스핀 시스템은 일차 갈라짐 패턴을 나타낼 것이다. $\Delta\nu/J$ 값의 감소로, 갈라짐 패턴은 더 복잡해진다.

일차 ^{1}H 스펙트럼 해석을 위한 규칙은 다음과 같이 요약될 수 있다.

1. 어떤 동등한 수소들과 결합한 수소 스핀은 J Hz 만큼 간격이 있는 $(n+1)$ 선들을 만든다. J는 결합 상수이다. 선들의 상대적 피크 세기는 이항 전개 $(r+1)^n$이 되며, n은 동등한 수소의 개수이다. 1개의 수소에 의한 갈라짐은 동등한 세기의 2개의 선을 만들고, 2개의 수소에 의한 갈라짐은 1:2:1 세기 비로 3개의 선을 만들어낸다. 3개의 수소에 의한 갈라짐은 1:3:3:1 세기 비율로 4개의 선을 만들고, 4개의 수소에 의한 갈라짐은 1:4:6:4:1 세기 비율로 5개의 선을 만들어낸다.
2. 1개의 수소가 다른 2종류의 동등한 수소들과 상호작용하면, 다중도는 2종류에 의한 갈라짐의 곱이 될 것이다. 예를 들어, 1개의 수소가 메틸(CH_3)기와 메틸렌(CH_2)기 둘 다에 의해 갈라진다면, 메틸기에 의해 4개의 선으로 갈라지고, 각 4개의 선은 메틸렌기에 의해 다시 3개로 갈라져 총 12개 선들을 만들 것이다. 아마도 몇몇 선은 서로 겹칠 수도 있다. 정확한 갈라짐 패턴(예를 들어, 삼중선의 사중선 또는 사중선의 삼중선)은 결합 상수들의 크기에 의해 결정된다.
3. 동등한 수소들끼리는 서로 갈라짐을 일으키지 않는 금지된 전이이다. 하지만, 실제로는 이 상호작용이 일어나기도 하여 이차 스펙트럼으로 나타난다.

간단한 NMR 스펙트럼의 해석은 6.6.2절과 6.6.3절에서 다뤄질 것이다. 이 교재에서 NMR 스펙트럼 해석에 대한 완벽한 방법을 설명하지는 못하지만, 몇 개의 간단한 예들을 통해 NMR 스펙트럼이 분자에 대한 중요하고 자세한 구조적 정보를 주는 것을 이해하도록 하고 있다. 예를 들어, 화학적 이동은 방향족성, 할라이드, 케톤, 아민, 알코올 등과 같은 작용기의 존재를 알려주고, 스핀–스핀 갈라짐은 어느 그룹들이 서로 결합하고 분자 구조 내에서 서로 가까이 있는지를 알려준다. 다중도는 몇개의 동등한 수소들이 인접한 작용기에 있는지를 알려주고, 피크 면적은 각 유형의 상대적인 핵 개수를 알려준다. 크거나 복잡한 분자들의 3차원(3D) 기하학적 구조도 결정할 수 있다.

6.5 기기 장치

복잡한 유기 화합물의 분자 구조 결정을 위해서 고분해능 NMR이 필요하므로 고분해능 NMR 기기 장치를 다룬다. 원래의 저자기장(예: 60 MHz) NMR 기기는 그림 6.20b에서 도식적으로 나타낸 것처럼, 고정된 RF, 영구 자석, 또는 자석의 양극이 마주보는 형태로 Helmholtz 코일 2세트로 구성된 전자석을 사용한다. 이 코일을 통해 전류를 통과시켜 외부 자기장을 약간씩 변화하면서 화학적으로 다른 핵이 연속적으로 공명을 일으키는 장치로, 이러한 기기를 **연속파**(*continuous wave*, CW) 또는 **자기장 수색**(*field sweep*) 기기라고 한다. 시료 용기는 자기장에 놓인다. 2개의 RF 코일들은 서로 수직하게 또한 외부 자기장에도 수직하게 놓여 시료를 에워싸고 있다. 첫 번째 코일은 한 주파수의 일정한 RF를 시료에 제공하여 특정 핵종을 들뜨게 하고, 두 번째 코일은 들뜬 핵들이 낮은 에너지 준위로 돌아오면서 생성되는 RF 방출을 검출한다. 이 장치는 간단하고 견고하지만, 분해능과 성능이 낮다. 60 MHz online NMR을 비롯한 최신 NMR 장치는 FT-NMR 기기이다. FT-NMR 기기의 가장 중요한 부품은 자석, RF 발생기, 시료가 놓이는 시료 공간과 RF를 전송하고 및 검출하는 코일이 있는 탐침기(probe) 등이다. 또한 FT-NMR 기기는 하나 이상의 펄스 발생기(pulse generator), RF 수신기, 다양한 전자 부품, 데이터 처리를 위한 컴퓨터를 포함하고 있다. NMR 기기의 계략도는 그림 6.20에 있다.

FT-NMR의 증가된 감도가 ^{13}C 및 자연계 존재비가 낮은 핵종의 측정을 가능하게 하고 ^{1}H NMR의 감도를 증가시키므로 현대의 모든 NMR 장치는 FT 기기이다. 따라서 앞으로의 NMR 분광기라는 용어는 펄스를 사용하는 FT 장치를 의미한다.

현대의 상용 NMR 시스템의 다양한 주파수 범위의 자석을 그림 6.21에 나타내었다. NMR 기기의 가격은 소형 45 MHz는 약 \$20,000, 일반 300 MHz 기기는 \$200,000, 고체용 고자장 wide-bore 300 MHz 기기는 \$1,000,000 정도, 영상 관찰용 MRI와 NMR은 \$3,000,000 정도이다.

6.5.1 | 시료 용기

NMR의 시료 용기는 보통 실린더형의 관(tube) 모양이므로 시료관이라고 불린다. 관은 반드시 RF가 투과해야 하고, 내구성이 있으며, 화학적으로 비활성이어야 한다. 유리 또는 파이렉스 관을 주로 사용한다. 이것은 견고하고, 실용적이며, 값이 싸다. 시료관은 시료를 담기 위한 플라스틱 뚜껑이 있으며 일반적으로 길이는 약 6~7인치이고 지름은 ~1/8인치이다. 이런 유형의 관은 벌크 시료와 용액 시료의 스펙트럼들을 얻는 데 사용된다. 고분해능 NMR에서는, 자기장의 뒤틀림을 피하기 위해 시료관의 두께가 균일한 것이 중요하다. 시료관은 표준 크기부터 40 μL까지 담을 수 있도록 제작된다. HPLC–NMR 및 온라인 분석과 같은 기법에서는 흐름-통과 셀(flow-through cell)이 사용된다.

6.5.2 | 시료 탐침기

시료 용기가 놓이는 공간을 NMR 분광기에서는 **탐침기(probe)**라고 한다. 탐침기는 자기장 내에 시료 용기를 고정시키며, 스펙트럼을 획득하는 동안 시료 용기를 회전시키는 공기 터빈과 NMR 신호를 송출하고 검출하는 코일들을 포함한다. 탐침기의 개략도를 그림 6.20에 나타내었다.

탐침기는 NMR 시스템의 핵심이다. 가장 중요한 구성요소는 시료 용기 주위에 감겨져 있고, 관찰할 핵의 세차 주파수에 맞추어져 있는 RF 송-수신 코일이다. 최신 NMR 탐침기는 시료를 들뜨게 함은 물론 신호 검출도 가능한 단일 전선 고일을 사용한다. 코일은 상한 RF 펄스를 송출하고, 펄스가 정지된 후에 같은 코일로 이완하는 핵들의 자유-유도-감쇠(free induction decay, FID) 신호를 수신한다.

최대의 감도를 얻기 위해서는 고정된 주파수의 탐침기가 필요하다. 즉, ^{1}H, ^{13}C, ^{19}F 등과 같은 핵의 측정을 위해서 핵종별로 각각의 탐침기가 필요하다. 최고급 탐침기는 \$120,000 정도이다. 자주 측정하는

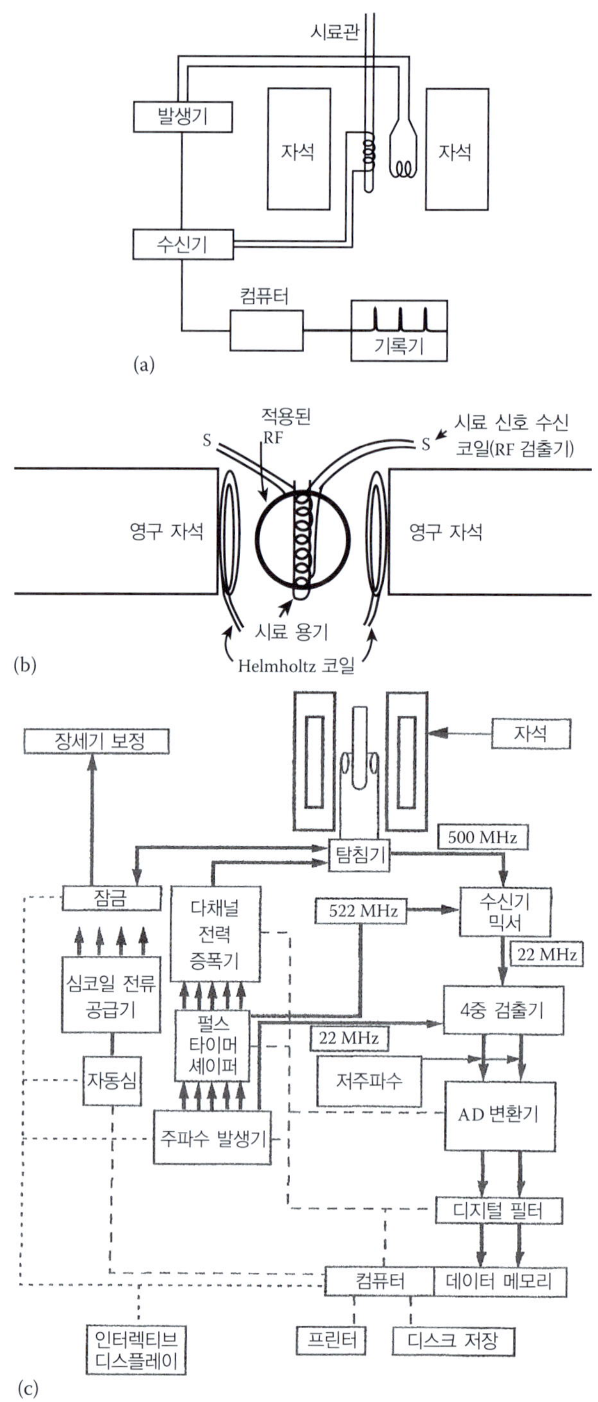

그림 6.20 (a) NMR 분광기의 기본적인 부품. (From Williams, E.A.: *Characterization of Materials*, Part I, 1992. Copyright Wiley-VCH Verlag GmbH & Co. KGaA. Used with permission.) (b) 영구 자석을 사용하는 CW NMR 분광기의 도식적인 그림. (c) FT-NMR 분광기의 도식적인 그림. (From Akitt, J.W. and Mann, B.E., *NMR and Chemistry*, 4th edn., CRC/Taylor & Francis, Boca Raton, FL, 2000. Used with permission.)

핵종을 바꾼다면, 사용 전에 주파수를 맞추기 위해 탐침기를 교체하는 데 많은 시간을 허비해야 한다. 따라서 측정 주파수를 조절할 수 있어 다양한 핵종의 측정이 가능한 탐침기가 있지만, 고정 탐침기보다 전류의 세기 및 감도, 스펙트럼의 질 등이 떨어진다. 이중-공명(double-resonance) 실험을 위한 탐침기는 2개 주파수의 RF 제공을 위해 2개의 코일이 있다. 액체 및 고체, 유체 시료의 실험을 위해 기울기(gradient) 사양이 있는 삼중-공명(triple-resonance) 탐침기도 있다.

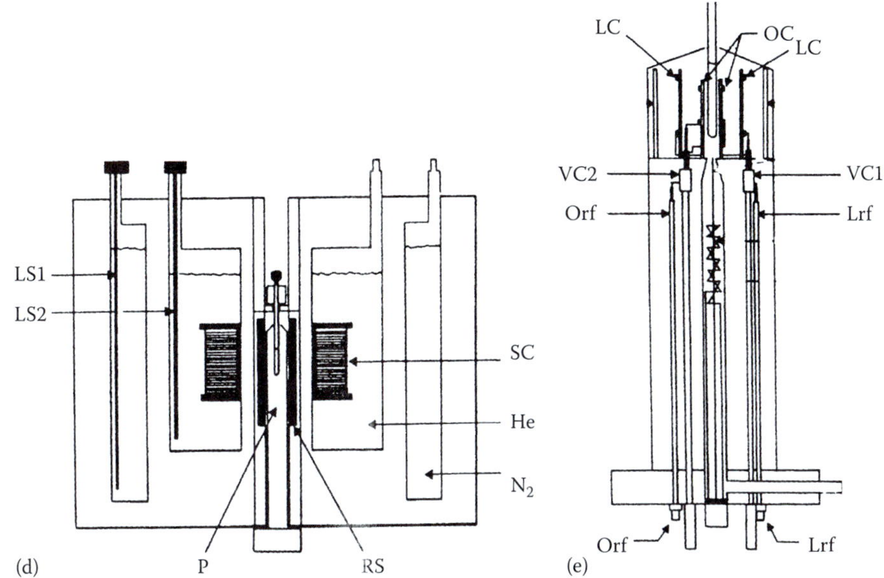

그림 6.20(계속) (d) 현대의 NMR 분광기의 자석과 단면도. 초전도 코일(일차 관형 코일(solenoid)와 심 코일(shim coil, SC))은 진공 챔버(chamber)에 매달려서 액체 헬륨(He)에 담겨져 있다. 액체 질소(N_2)가 비싼 헬륨의 소비를 줄이기 위하여 둘러싸고 있다. 초저온 유체의 잔여량은 준위 감지기(level sensor, LS)로 측정된다. 실온 심 코일(RS)과 탐침기(probe, P)는 자석의 내부 구멍에서 고정된다. 탐침기 위쪽에 뚜껑 씌워진 시료관이 놓이게 하기 위해 내부 구멍 꼭대기로부터 공기 바람을 이용하여 삽입하고 또 제거할 수 있다. (e) 탐침기의 단면도. 시료관(메니스커스가 있는 액체 시료)이 탐침기 위쪽에 삽입된 상태를 보여 주고 있다. 관찰할 핵의 RF 코일(observing coil, OC)은 시료에 가장 가깝게 유리관 위에 감겨 있다. Lock 신호 관찰을 위한 RF 코일(lock coil, LC)은 더 큰 유리관에 감겨있다. 가변 커패시터(VC)는 원하는 RF로 공명이 되도록 회로(lock, observe)의 주파수를 맞추는 데 사용한다. 탐침기에서 RF 회로망의 작은 부분만 나타냈다. (From Petersheim, M., Nuclear magnetic resonance, in Ewing, G.A., ed., *Analytical Instrumentation Handbook*, 2nd edn., Marcel Dekker, Inc., New York, 1997. Used with permission.)

탐침기는 일반적으로 NMR 측정 온도의 조절이 가능하다. 압출 냉각(cryogenically cooled) 탐침기는 장비의 분해능을 향상시켜, 압출 냉각 탐침기를 갖춘 600 MHz의 분광기는 700~800 MHz의 기기의 분해능과 거의 같다. 어떤 NMR 장비는 시료의 온도를 80°C까지 올릴 수 있다. HPLC-NMR 및 HPLC-NMR-MS, 온라인 공정 제어 분석기에 사용할 수 있는 흐름-통과 셀(flow-through cell) 형태의 시료 용기도 상용화되었다.

탐침기는 분광기의 자석 안에 설치되어 있으므로 코일들은 자석의 중심에 놓여 있다. 시료관은 탐침기의 윗부분으로 삽입되고, 공기 바람으로 자석 내부 구멍(bore)을 따라 이동하며, 탐침 코일들의 중심에 자리 잡는다. NMR 측정 후, 시료관은 내부 구멍을 따라 공기 바람을 불어넣어 탐침기의 윗부분을 통해 자석에서 빠져나오게 된다.

6.5.2.1 극저온 냉각 탐침기

지난 약 15년 동안 극저온으로 냉각된 탐침기(cryogenically cooled probe)의 등장은 NMR 측정의 감도와 분해능을 극적으로 향상시켰다. NMR의 감도는 신호-대-잡음비(S/N)에 따라 달라진다. 신호는 수신기 코일에서 감지된 전압이고, 잡음은 코일의 열잡음, 전단증폭기(preamplifier)의 열잡음 및 시료의 잡음에 기인한다. 신호-대-잡음비를 증가시키는 방법은 두 가지이나. 시료 농도를 높이거나 장세기를 높여 신호를 증가시킬 수 있다. 열 잡음은 수신기 코일에서의 전자의 운동을 감소시킴으로써 줄일 수 있으며, 매우 낮은 온도에서 일반 금속은 온도에 무관한 잔류 상수 저항을 갖는다. 따라서 수신기 코일을 절대 0도에 가깝게 냉각시키면 감도는 크게 향상된다. 코일과 전단 증폭기 전자 장치에 매우 차가운 헬륨 가스를

(a)

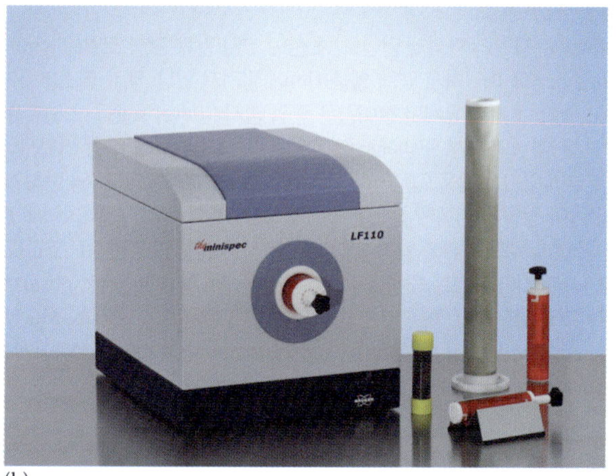

(b)

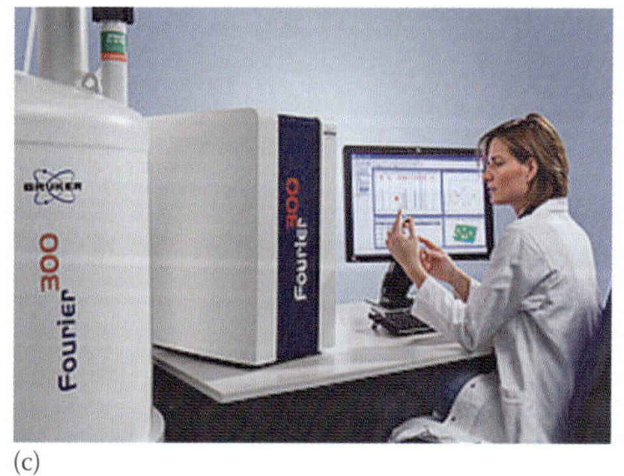

(c)

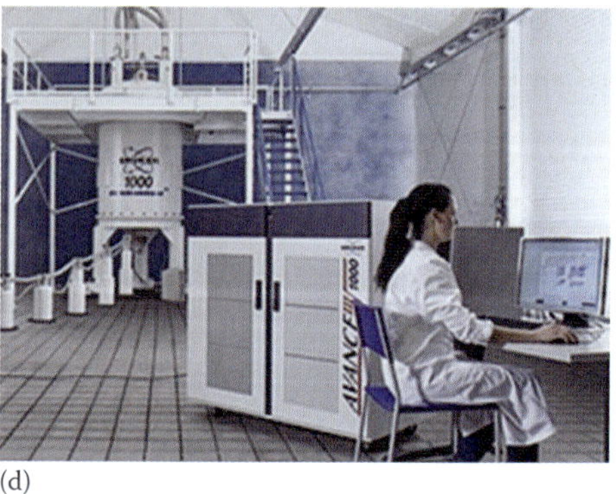

(d)

그림 6.21 (a) Wisconsin 대학교(Madison)의 국립자기공명연구실(NMRFAM)에 있는 900 MHz NMR. (Photos by Robin Davies, Medialab, University of Wisconsin-Madison, used with permission.) (b) 소형 NMR. (c) 300 MHz FT-NMR. (d) 1 GHz NMR(1000 MHz). (Photos (b–d) courtesy of Bruker BioSpin. www.bruker.com.)

흘려줌으로써 냉각시킬 수 있다.

극저온 탐침이 제공하는 감도 상승은 시료와 수신기 코일 사이에 필요한 단열재로 인해 이론값보다 낮다. 냉각된 리시버 코일은 열 잡음을 약 2배 줄이고, 냉각된 전단증폭기는 또 2배 줄여준다. 따라서 극저온 탐침기의 열 잡음 감소는 약 4배이다. 또한 이렇게 향상된 성능으로 양성자 및 13C 채널을 사용할 수 있어 데이터 수집 시간이 약 20배 단축된다.

극저온 탐침 시스템은 극저온 냉각기용 압축기, 헬륨 순환 조절 장치 및 온도 제어 장치, 탐침기로 구성된다. 그림 6.22는 냉각 탐침 시스템의 개략도를 보여주며 그림 6.23은 일반적인 설치 사진을 보여준다.

그림 6.23에는 모든 구성 요소가 같은 위치에 있는 것으로 보이지만 압축기와 극저온 냉각기는 멀리 건물 외부의 유틸리티 공간이나 지붕 위에 설치하는 것이 일반적이다. 이는 이들 장치가 시끄럽기 때문이다. 헬륨 가스 라인을 감싸는 두꺼운 단열재는 단열을 위함이 아니라 장치의 진동을 완화하기 위한 것이다. 냉각에 필요한 헬륨 가스는 최고 순도여야 하는데, 그렇지 않으면 오염 물질로 인해 매우 비싼 장치가 손상될 수 있다. 일반적으로 헬륨 실린더는 탐침기가 설치되어 있는 동안 계속 작동해야 하며, 2~3개월마다 교체해야 한다.

6.5.3 | 자석

NMR 분광기에서 자석은 강하고 안정적이어야 하며 균일한 장을 생성해야 한다. 여기에서 균일이란 자석의 세기도 변하지 않고, 시료가 차지하는 공간의 모든 방향으로 일정해야 한다는 것을 의미한다. 자기장은 시료 공간으로 수 ppb 정도의 균일성을 가져야 한다. 즉, Lamor 수식은 동등한 수소의 주파수는 균일한 자기장의 세기에서만 성립된다. 1.4 T의 자기장에서 ^{1}H의 주파수는 60 MHz가 된다. 상용 자석은

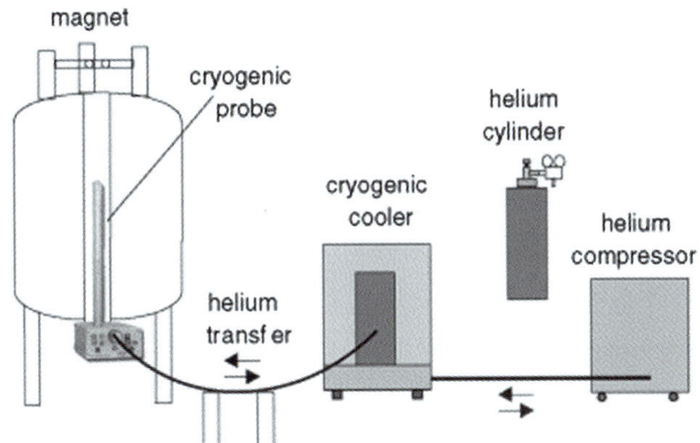

그림 6.22 NMR 냉각 탐침기 시스템의 개략도(Bruker, Inc.의 허가를 받아 재생산하였음).

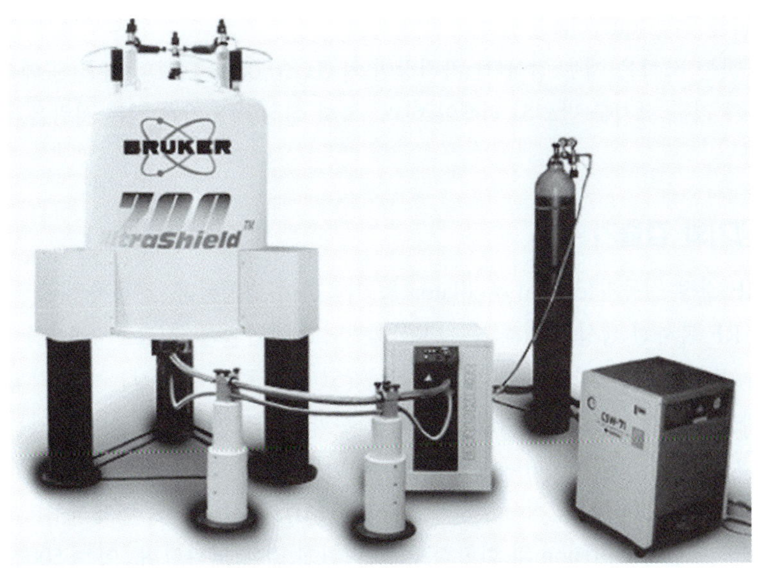

그림 6.23 700 MHz NMR 장비에 설치된 냉각 탐침기 사진(Bruker, Inc.의 허가를 받아 재생산하였음).

60 MHz(1.4 T)에서 700 MHz(16.4 T)까지 또는 그 이상도 있다.

Varian(1952년 첫 상용 NMR 기기 출시 회사)은 2001년에 900 MHz NMR 기기를 출시하였다. 이 장비를 그림 6.21a에 나타내었다. 자석은 너무 커서, 분석자가 탐침기의 윗부분으로 시료관을 주입하고 제거할 수 있게 기기에 계단이 설치되어 있다. 이 기기는 대략 450만 달러이다(Varian은 Agilent technology Inc.로 합병되었고, 현재는 NMR 사업을 중단함). 다른 기기 회사인 Bruker는 그림 6.21에 보여 준 것과 같은 GHz 기기까지 출시하고 있다.

현대 NMR 분광기는 전자석이나 영구 자석을 사용할 수 있으나, 대부분은 그림 6.20처럼 초전도 솔레노이드 자석을 사용한다. 자석은 초전도체 Nb/Sn 또는 Nb/Ti 전선으로 구성된 주자기장 코일과 자기장의 균일도를 향상시키기 위해 초전도 코일 주위에 감겨진 12개 정도의 초전도체 **심 코일(shim coil)**로 구성되어 있다. 초전도체 코일들은 액체 헬륨 속에 담겨져 있어야 한다. 자석과 액체 헬륨 저장실은 비싼 액체 헬륨의 기화를 최소화하기 위해 액체 질소 저장실이 감싸고 있다. 그림 6.20에서 보듯이, 자석의 솔레노이드 중심에는 비어 있는 내부 구멍이 있다. 시료 탐침기는 상온 심 코일 여러 세트와 함께 내부 구멍에 설치된다. 이 심 코일들은 탐침기에 놓이는 시료의 조성, 부피, 온도 등의 변화에 따라 작은 자기장의 변화를 보정하는 데 사용된다. 균일한 자기장을 만들기 위해 조정하는 절차(shimming이라고 함)는 시간이 다소 걸린다. 최신 기기는 이 절차를 컴퓨터로 조절하는 자동화 장치가 포함되어 있다. 자기장의 세기는 '주파수 잠금(frequency locking)' 회로가 일정하게 유지시킨다. 이 회로는 액체 시료의 용매에 있는 중수소 핵을 모니터링하고 이 핵이 일정한 공명 주파수를 갖도록 자기장의 세기를 조정하는 데 사용된다.

내부 구멍에는 시료 용기가 자기장의 적정한 위치에 놓여 회전하고 시료 용기를 교체할 수 있도록 공기 바람을 흘려줄 수 있는 관들이 연결되어 있다. 내부 구멍의 크기는 자기장에 얼마나 큰 시료를 도입할 수 있는지에 따라 결정된다. 일반적인 NMR은 내부 구멍 지름이 보통 5~10 cm 정도이며, MAS를 이용하는 고체 전용 NMR은 지름이 더 큰 내부 구멍으로 구성된다. 자기장의 균일도는 좁은 내부 구멍을 갖는 자석이 더 높다. 환자용 테이블과 환자를 관찰하는 MRI는 훨씬 큰 지름의 내부 구멍의 자석이 사용된다.

어떻게 NMR 자석을 제조하는지를 알고 싶으면, JEOL 웹사이트(www.jeolusa.com)를 방문하여 NMR과 링크되어 있는 NMR 자석 해체를 둘러보라. 웹 브라우저에서 "JEOL magnet destruction"으로 검색해 보라.

극저온 유체는 매주 액체 질소를 보충해주고 1~6개월 간격으로 액체 헬륨을 정기적으로 보충해 주어야 한다. 초전도체 코일은 반드시 차가운 상태를 유지해야 한다. 만약 온도가 올라가면, 자석의 역할을 못하게 되는데, 이 자석을 '멈춤(quenched)'이라고 한다.

NMR에서 사용하는 자석은 매우 강하다. 자기장이 약 5 G(0.0005 T)보다 높은 곳에서는 금속이나 신용카드와 같은 자기 기록 장치를 반드시 피해야 하며, 특히 심장 박동기가 있는 사람은 절대로 자기장 근처로 가면 안 된다.

6.5.4 | RF 발생기와 검출기

RF 복사선은 RF 결정 진동자(crystal oscillator)를 이용하여 생성된다. 진동자의 출력은 NMR 기기에서 필수적인 단일 RF 복사선 생성을 위해 증폭되고 혼성되고 여과된다. 시료로 전달되는 RF 복사선은 펄스화(pulsed)된다. 단순 펄스는 약 10 μs 지속 시간을 갖고 특정 주파수를 갖는 직사각형의 펄스이다. 펄스를 가하는 이 과정이 실질적으로 RF 띠를 넓혀 특정 주파수 영역에서 공명을 일으키는 모든 핵이 들뜨게 할 수 있는 주파수의 범위를 제공한다. 특정 주파수 범위에 있는 모든 공명들은 동시에 들뜨게 된다. 그림 6.24의 예는 10 μs의 500 MHz 직사각형 펄스가 500 MHz의 주파수 주변에서 RF 세기의 분포를 만든다. ^{1}H NMR 스펙트럼은 ~10 ppm의 화학적 이동 범위에 걸쳐 나타나며, 이는 500 MHz를 기준으로 ±2.5 kHz에 해당된다. 그림 6.24에서 보듯이, 시료의 모든 ^{1}H은 500 MHz 복사선에서 전달되는 전력 세

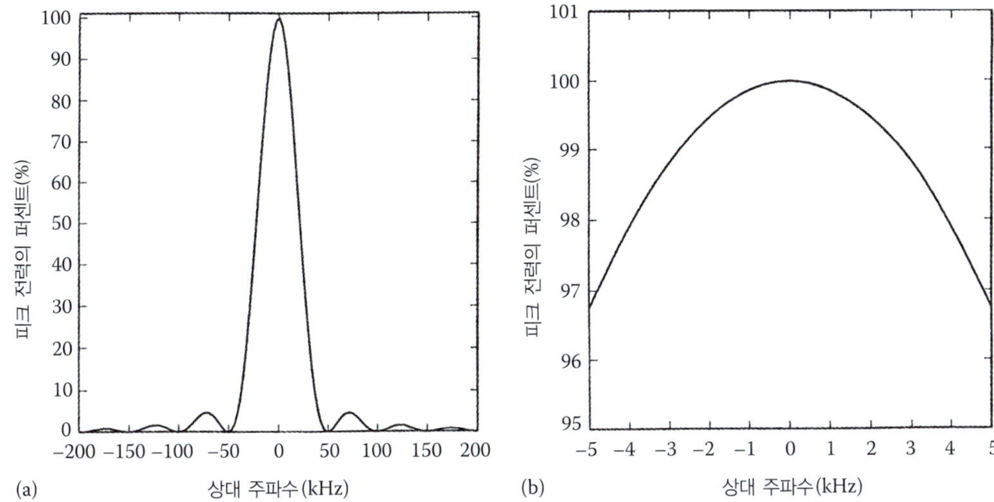

그림 6.24 500 MHz RF 복사선의 10 μs 직각 펄스에 대한 전력 세기 분포. (a) 400 kHz 범위의 분포. (b) 스펙트럼 중간에서 양쪽으로 5 kHz(10 ppm) 떨어져 있을 때 최대 전력 세기는 97%로 감소함. 이것이 스펙트럼에서 떨어진 부분에서의 공명 신호 면적에 대한 정확도를 감소시킨다. (From Petersheim, M., Nuclear magnetic resonance, in Ewing, G.A., ed., *Analytical Instrumentation Handbook*, 2nd edn., Marcel Dekker, Inc., New York, 1997. Used with permission.)

기의 98~100%를 느끼게 되고, 동시에 모두 들뜨게 될 것이다. 펄스 프로그래머(pulse programmer)는 시료를 들뜨게 하기 위해 사용되는 RF 펄스의 시간과 모양을 조절하는 데 사용된다. 사각 파동(square wave) 펄스들이 주로 사용되지만, 다중 펄스 실험과 2D NMR 실험에서는 다른 모양의 펄스가 사용된다. 수백의 펄스 배열(sequence)과 2D NMR 실험들이 개발되었고, 부착된 양성자 실험(attached proton test, APT), DEPT, INEPT, INADEQUATE, COSY 등과 같은 이름을 갖는 실험법들은 다음에 설명하겠다. NMR 스펙트럼을 해석하고 분자의 화학적 구조를 밝히는 데 도움이 되는, 각각의 펄스 배열은 특수하고 독특한 NMR 신호를 만든다.

모든 NMR 신호들은 동시에 얻어진다. 생성된 RF 펄스는 일반적으로 수 와트(watt, W) 수준인 반면에 측정된 NMR 신호는 μW 수준으로 매우 약하다. 시간 도메인의 FID 신호는 푸리에 변환(Fourier transformation) 또는 다른 수학적 변환을 적용하여 주파수 도메인의 스펙트럼으로 전환해야 한다. 상용 기기들은 수학적 변환에서 생기는 인공적 스펙트럼 오차를 제거하기 위해 대체적으로 구적 위상-감도(quadrature phase-sensitive) 검출법을 사용한다.

6.5.5 | 신호 적분기와 컴퓨터

모든 NMR 분광기는 피크의 면적을 측정하기 위한 신호 적분기(signal integrator)가 있다. 그림 6.19a에서처럼 면적은 스펙트럼에 계단식으로 중첩하여 일반적으로 나타내며, 별도로 출력도 가능하다.

또한 모든 NMR 분광기는 컴퓨터로 데이터를 처리하고 기기를 조작한다. 최근에는 대부분 다중 작업이 가능하고 네트워크에 연결되어 있으므로 긴 실험을 하는 도중에도 데이터를 처리할 수 있다. 일반적인 1개의 NMR 데이터는 1초 이내에 처리가 가능하다. 2차원 또는 3차원 NMR 실험의 데이터는 Mb 또는 Gb이므로 각 실험이 끝난 후에 처리해야 한다.

균일한 자기장 조정을 위한 상온 심코일의 전류 조절, 시료의 회전 속도, 시료 자동화 장치, 펄스 배열기 등의 조정을 컴퓨터로 수행한다.

6.6 NMR의 분석적 응용

NMR 분광기는 정성 분석과 정량 분석에 모두 사용 가능하다. NMR 응용은 매우 다양하지만, 이 책에서는 일부 예만 보여 주고 있다. NMR 응용에 관심이 있는 경우는 American Chemical Society의 Analytical Chemistry, Society for Applied Spectroscopy의 Applied Spectroscopy 및 Journal of Magnetic Resonance 등의 학술지를 참고하기 바란다. 전문 NMR 학술지의 목록은 www.spincore.com/nmrinfo에서 찾을 수 있다. 또한 JEOL, Bruker, Agilent Technologies, Anasazi(www.aiinmr.com), Oxford Instruments(www.oxinst.com), picoSpin(www.picospin.com)과 같은 기기 업체의 웹사이트에 NMR 응용에 대한 많은 자료들이 게시되어 있다.

6.6.1 | NMR 시료와 시료 준비

액체 시료는 NMR로 분석하기에 가장 간단하다. 순수한 점성이 없는 액체는 '있는 그대로' NMR 관에 약 0.5 mL를 담아 직접 측정할 수 있다. 하지만 일반적으로 액체는 적절한 용매에 잘 용해시켜 액체 상태로 측정한다. 분석 농도는 일반적으로 약 2~10% 정도이다. 액체 시료의 측정에서, 약 0.1% 이하의 농도로도 충분한 감도를 갖는다. NMR은 '미량(trace)' 분석에 적정하지 않았으나 지속적 기기의 개선을 통해 가능해지고 있다. 용매 100 μL에 최소 시료 1 μg이 사용 가능한 마이크로튜브도 쓸 수 있다. 용액 시료와 순수 액체 시료는 산소를 제거하고 철 입자를 걸러주어 사용한다. 산소와 철은 상자기성(paramagnetic)이어서 불필요한 선 넓힘 현상을 일으킨다.

용해성 고체 시료는 적절한 중수소화(deuterated) 용매에 용해하여 분석한다. 일반적인 시료 양은 0.5 mL 용매에 2~3 mg 정도를 용해하여 측정한다. 어떤 고체 고분자 시료들은 MAS를 사용하지 않고 고체 시료를 용매에 흠뻑 적시고 '부풀게'하여 '액체' 조건에서 측정할 수 있다. 이것은 시료에 충분한 유동성을 주어, NMR 실험에서 액체처럼 거동하게 한다. 다른 고체 시료들은 앞에서 언급한 대로 MAS를 갖춘 기기에서 측정해야 한다. 시료 용액은 일반적으로 불순물 입자를 제거하기 위해 알루미나(alumina)에 통과시켜 걸러준다.

NMR은 기체 시료를 직접 측정하기에는 감도가 충분하지 않다. 기체는 적절한 용매에 흡수, 액체상으로 응축, 또는 적당한 고체상에 흡착 등을 통해 농축하여야만 측정이 가능하다.

NMR에서 적절한 용매는 다음의 조건을 만족시켜야 한다. (1) 시료와 시료 용기에 대한 화학적 비활성, (2) 용매의 NMR 흡수 스펙트럼이 없거나 매우 단순한 스펙트럼을 가짐, (3) 원 시료로 다른 실험을 하기 위하여 쉽게 용매의 증류가 가능. ^{1}H NMR에서 가장 좋은 용매는 ^{1}H를 포함하지 않고 ^{1}H NMR 신호가 없어야 한다. 사염화 탄소(carbon tetrachloride)와 이황화 탄소(carbon disulfide)가 여기에 해당된다. ^{1}H을 대신해서 2H(D)와 같은 중수소로 전부 치환하면 스펙트럼에서 용매로부터의 ^{1}H 양성자 신호가 제거된다. 중수소로 치환된 클로로폼(chloroform, $CDCl_3$), 중수소 치환된 물(D_2O) 등과 같은 많은 중수소로 치환된 용매들이 상용화되어 있다. 중수소 치환된 용매는 2가지 문제점이 있다. 높은 가격과 일반적으로 소량의 ^{1}H이 잔류하여 용매로부터 나오는 작은 신호를 갖는다. 새로운 용매 병을 개봉하였을 때와 정기적으로 용매 스펙트럼(바탕 스펙트럼)을 측정할 필요가 있다. 중수소로 치환된 클로로폼은 가장 많이 사용되는 용매이며, ^{13}C 스펙트럼에서 ^{13}C과 D의 결합에 의한 작은 신호가 나타난다.

6.6.2 | 정성 분석: 분자 구조 결정

NMR 분광법의 주된 사용은 화합물의 분자 구조 결정을 위해서이다. 유기 화학자, 제약 화학자, 고분자 화학자에 의해 합성 또는 분리된 유기 화학물 및 생물학자, 생물 화학자, 의학 화학자에 의해 추출된 유기 화합물 그리고, 화학자, 재료 과학자에 의해 합성된 유기금속 화합물 및 무기 화합물 등에 주로 이용된다.

이제 몇 가지 단순한 유기 분자 구조를 결정하기 위해 ^{1}H NMR 스펙트럼을 어떻게 사용하는지 설명할 것이다.

6.6.2.1 피크 면적과 분자 구조의 관계

6.4절에서 다루었듯이, 특정 피크의 다중도(multiplicity)는 이웃하는 동등한 ^{1}H의 개수를 알려준다. 하지만 다중도는 특정 피크 자체의 ^{1}H 개수는 알려주지 않는다. 이것은 피크의 면적으로부터 알 수 있다. 특정 흡수 피크의 총 면적은 그 주파수에서 공명하는 ^{1}H의 개수에 정비례한다. 총면적은 다중선의 모든 피크의 면적의 합을 의미하고, 단일선은 그 피크의 면적을 의미한다.

그림 6.19a에서 건조한 에탄올 시료의 메틸기 CH_3는 메틸렌기에 의해 3개의 피크로 갈라진다. 메틸기 피크의 총면적은 바닥선으로부터 측정한 삼중선의 3개 피크에 대한 면적의 합이다. 메틸렌기 CH_2의 두 ^{1}H는 메틸기와 OH의 ^{1}H에 의해 총 8개의 피크로 갈라진다. 메틸렌기의 총면적은 스펙트럼의 바닥선으로부터 측정한 8개 피크 면적의 합이다. 메틸기 CH_3의 총면적은 (3/2)×(CH_2 기의 총면적)과 같을 것이다. OH의 ^{1}H는 메틸렌 ^{1}H들에 의해 삼중선으로 갈라진다. 총면적은 삼중선 3개 피크 면적의 합이다. OH ^{1}H의 총면적은 메틸기 총면적의 1/3이어야만 한다.

실제 피크의 면적은 자동적으로 신호 면적을 적분하여 측정된다. 컴퓨터는 상대적인 면적을 출력한다. 상대적인 면적은 그림 6.19a의 스펙트럼에서처럼 계단식으로 나타낸다. 각 피크에서 아래 선과 위 선의 차이로 피크의 **상대(relative)** 면적을 나타낸다. NMR 스펙트럼만으로는 미지 시료의 분자식을 밝히는 것은 불가능하다. 에탄올의 예에서, 오른쪽에서 왼쪽 순으로 피크의 상대 면적비(A:B:C)는 3:2:1이다. 에탄올의 경우에 피크의 상대 면적이 절대 면적이다. 이것은 시료가 에탄올임을 알고 에탄올의 분자식을 알기 때문에 가능하다. 면적은 스펙트럼에서 계단 모양의 선으로 나타낸다. 적분기가 없는 드문 경우에, 상대적인 면적은 각 계단의 높이를 측정하여 얻을 수도 있다.

이 상대적인 면적 계산으로부터, 피크 C의 작용기보다 피크 B에 2배의 ^{1}H가 있고, 피크 C의 작용기보다 피크 A에 3배의 ^{1}H가 있다고 말할 수 있다. 하지만 구조적 정보가 없다면 피크 C는 1개의 ^{1}H가 있고, 피크 A에는 3개의 ^{1}H가 있다고 말할 수는 없다. 원소 분석을 통해 실험식을 결정할 수 있고, 질량 분석(MS)을 통해 분자량(MW)을 안다면 분자식을 결정할 수 있다. 이 방법을 이용하면 그림 6.18의 아이소프로필기는 1:6의 비율로 예측된다.

스펙트럼에서 가장 작은 피크는 최소 하나 이상의 ^{1}H가 있다는 것을 명심하라. 만약 1.9:1.5:1의 비를 얻었다면, 탄소 원자에 1.5개의 ^{1}H가 있는 분자는 없으므로, 모든 수에 공통의 수를 곱하여 실수가 가까운 비를 가지게 해야만 한다. 위 비율에 2를 곱하면, 4:3:2의 정수에 가까운 비를 갖게 되어 구조식을 유추할 수 있다. 이에 해당하는 예제가 뷰틸아민(butylamine)의 스펙트럼이다(그림 6.40).

6.6.2.2 화학적 교환

메탄올과 물, 또는 에탄올과 물의 용액에서, 알코올 OH 기의 수소는 물의 수소와 물리적으로 교환한다. 이와 같은 ^{1}H를 **치환 용이**(*labile*)하다고 한다. 만약 이 물리적 교환 속도가 특정 핵의 공명 주파수 변화보다 훨씬 빠르다면, 이웃의 핵들은 그 핵의 평균화된 상태만 느끼게 되고 치환 용이한 ^{1}H로 인한 스핀-스핀 갈라짐은 사라진다. 교환 속도는 온도에 영향을 받는데, 온도가 증가하면 빨라진다. 더구나, OH 기의 ^{1}H는 온도와 농도, 그리고 용매에도 영향을 받는 결합에도 참여할 수 있다. 따라서 알코올의 스펙트럼은 온도와 시료 내 미량의 물의 존재에 영향을 받는다. 그림 6.25는 물을 함유하는 일반 시약 등급 에탄올의 60 MHz 스펙트럼이다. 이 스펙트럼과 그림 6.19a의 건조한 에탄올을 비교하면 2가지의 극명한 차이가 있다. 교환 속도가 너무 빨라서 OH 피크는 메틸렌 ^{1}H에 의해 갈라짐이 없어져, 4.40 ppm에서 삼중선이 아닌 단일선의 피크로 나타난다. 같은 이유로, 메틸렌 ^{1}H들은 메틸 ^{1}H에 의해서만 갈라지고, OH

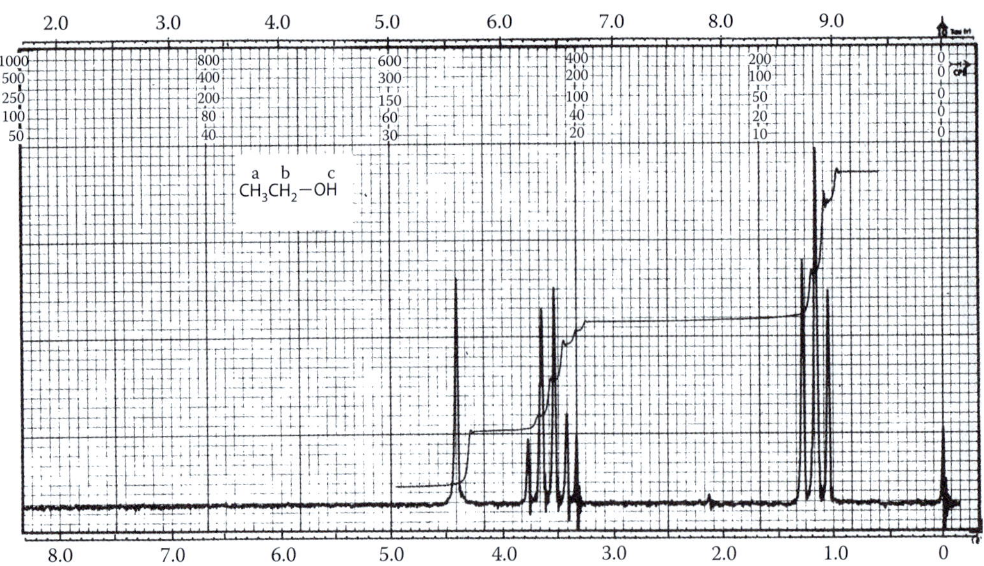

그림 6.25 항상 물을 함유하는 일반 시약 등급 에탄올의 60 MHz ^1H 스펙트럼. 그림 6.19a의 스펙트럼과 비교해 보라. OH의 ^1H로 인하여 발생하는 스핀–스핀 결합이 물로 인하여 사라진다. (From *The Sadtler Handbook of Proton NMR spectra*, W.W. Simons, ed., Sadtler Research Laboratories, Inc., Philadelphia, PA, 1978. [Now Bio-Rad Laboratories, Inc., Informatics Division, Sadtler Software and Databases. Copyright Bio-Rad Laborotories, Informatics Division, Sadtler Software and Databases, 2014. All rights reserved.])

^1H에 의해서는 갈라지지 않는다. 따라서 에탄올의 메틸렌 피크는 3.58 ppm에서 사중선으로 나타난다. 삼중선 피크들과 사중선 피크들 간의 간격은 ($J_{AB} = J_{BA}$이므로) 같다.

NMR에 미치는 온도의 영향에 대한 예로, 20°C와 −40°C에서 측정한 CH_3OH의 스펙트럼을 그림 6.26a에 도식적으로 나타내었다. 고온에서 교환 속도는 너무 빨라서 스핀–스핀 갈라짐이 보이지 않는다. 수소 결합에서의 변화는 OH ^1H의 화학적 이동에 매우 큰 영향을 미친다. 마찬가지로 수소 결합이 가능한 NH 또는 OH의 ^1H이 있는 화합물은 모두 온도 및 농도, 용매의 극성에 영향을 많이 받는다.

화학적 교환 주파수가 측정하는 핵의 스펙트럼 주파수보다 낮다면, 각 상태의 공명들이 구분이 될 것이다. 중간 속도의 교환 과정은 NMR 피크의 위치와 모양으로 반응 속도 및 반응물과 생성물의 수명을 측정할 수 있어서 물리 및 유기, 무기 화학자에 의하여 주로 연구된다.

화학적 교환은 용액에서 수소 결합 ^1H 교환에만 국한되지 않는다. 형태 변화(conformational change)를 비롯하여 결합의 끊김과 결합 형성의 변화를 포함한 화학적 교환은 관찰하는 핵의 화학적 이동을 변화시킨다. 이합체(dimer) 형성과 토토머 형성(tautomerism)이 여기에 해당된다. 알코올의 예처럼 화학적 교환이 NMR 스펙트럼의 형태를 바꿀 수 있으므로 추후 NMR 스펙트럼 해석에서 꼭 고려해야 한다.

6.6.2.3 이중-공명 실험

미지 시료의 NMR 스펙트럼을 처음 측정하면, 갈라짐 패턴이 복잡한 경우에는 어떤 핵들이 서로 결합하고 있는지 밝히기가 쉽지 않다. 이중-공명(double resonances) 실험은 이러한 복잡한 갈라짐 패턴을 구분하기 위해 2개의 다른 RF 주파수와 다양한 펄스 배열(pulse sequence)을 사용한다. 6.1.2절에서 설명한 것처럼, ^1H의 어떤 시스템은 시료에 조사되는 강한 RF 자기장에 의해 포화될 수 있다. 포화 상태의 포화 ^1H는 NMR 신호를 만들지 못하고 이웃한 ^1H와 결합을 하지 않고 따라서 결합에 의한 피크 갈라짐도 없다. 따라서 포화된 ^1H를 '결합 분단(decoupled)'되었다고 한다. 이 현상의 장점은 복잡한 NMR 스펙트럼을 단순화시킨다는 것이다. ^1H NMR의 이중-공명 **스핀–결합 분단(spin-decoupling)** 실험에서, 일반 실험처럼 1개의 RF는 스캔하는 데 사용된다. 두 번째 RF는 선택적으로 하나의 공명 주파수(한 작용기 또

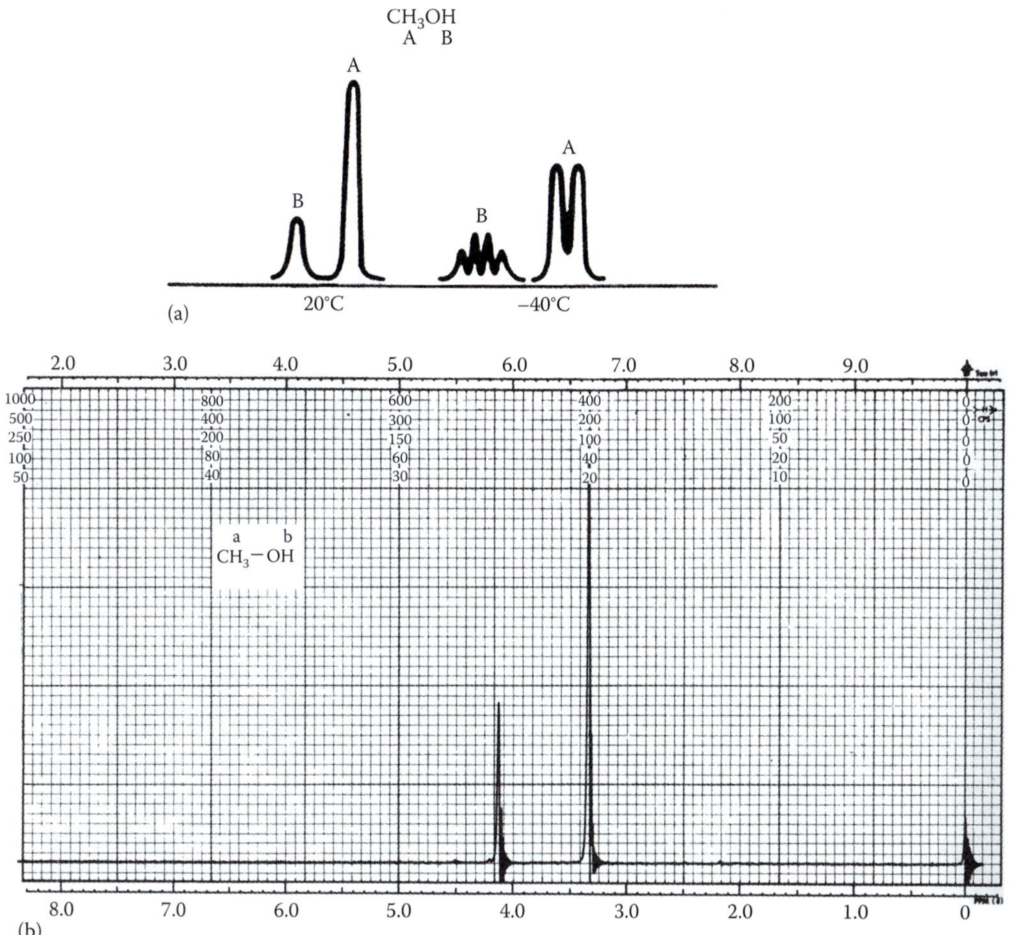

그림 6.26 (a) 20°C(왼쪽)와 −40°C(오른쪽)에서 측정한 CH_3OH의 ^1H 스펙트럼의 도식도. 미세 구조(스핀–스핀 갈라짐)는 OH ^1H의 빠른 교환 속도 때문에 20°C에는 관찰되지 않는다. 시료를 −40°C로 천천히 냉각시키면, 교환 속도를 충분히 느리게 하여 OH ^1H이 고정된 것처럼 느껴져, 스핀–스핀 결합이 관찰된다. (b) 실온에서 일반 품질의 메탄올 60 MHz ^1H 스펙트럼(미세 구조가 관찰 안 됨). (From *The Sadtler Handbook of Proton NMR Spectra*, W.W. Simons, ed., Sadtler Research Laboratories, Inc., Philadelphia, PA, 1978. [Now Bio-Rad Laboratories, Inc., Informatics Division, Sadtler Software and Databases. Copyright Bio-Rad Laborotories, Informatics Division, Sadtler Software and Databases, 2014. All rights reserved.])

는 한 종류의 ^1H)를 포화시킨다. 이것은 그 작용기와 결합된 핵의 모든 갈라짐 패턴을 없애준다. 이렇게 각 공명 주파수를 차례로 조사하여 어떤 갈라짐이 없어지는지를 관찰하면 모든 ^1H 핵들이 어떻게 서로 결합하고 있는지를 밝힐 수 있다. 예를 들어, 메틸렌기의 스핀–스핀 갈라짐이 포화된다면 삼중선으로 갈라진 피크가 단일선으로 줄어들 것이다. 그림 6.27에 이중-공명 스핀-결합 분단을 이용한 간단한 예를 나타내었다. 그림 6.27a의 에틸벤젠에 대한 ^1H 스펙트럼에서, 메틸 공명이 포화되면 NMR 스펙트럼은 그림 6.27b에서처럼 얻어질 것이다. 1.2 ppm에서의 메틸기 신호가 사라지고, 2.6 ppm의 사중선으로 갈라진 메틸렌이 단일선으로 축소된다. 이것은 메틸 ^1H가 더 이상 메틸렌 ^1H를 갈라지게 하지 않기 때문이다. 두 번째 실험에서 메틸렌 공명이 포화된다면, 그림 6.27c와 같은 스펙트럼을 얻을 것이다. 2.6 ppm에서의 메틸렌 신호는 사라지고 삼중선으로 갈라졌던 메틸기가 단일선으로 축소된다. 이 두 실험으로부터, 메틸과 메틸렌기가 서로 결합하고 있음을 추론할 수 있고, 서로 이웃하고 있음을 알 수 있다.

그림 6.28에는 슈크로스(sucrose)에 대한 더 복잡한 스펙트럼과 비결합 실험을 보여 주고 있다. 설탕의 구조를 그림 6.28에 나타내었다. OH ^1H를 무시하면, 각 메타인(methine) ^1H과 메틸렌기는 화학적으로 달라, 스펙트럼에서 11개의 공명 피크가 나타난다. 중수(D_2O)에 용해된 설탕의 결합 스펙트럼은 그림

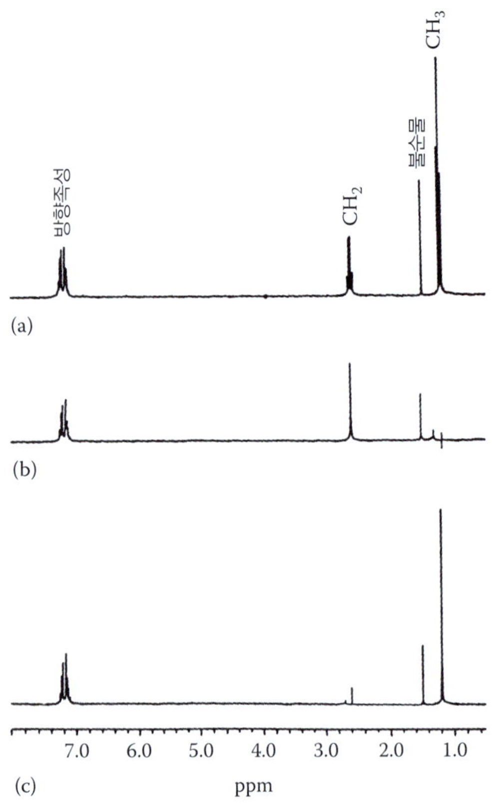

그림 6.27 동핵 결합 분단 실험. 중수소화 클로로폼에 용해된 에틸벤젠의 250 MHz ^{1}H NMR (a) 결합 스펙트럼, (b) 메틸기 공명을 조사한 비결합 스펙트럼, (c) 메틸렌기 공명을 조사한 비결합 스펙트럼. (From Brunch, M.D. and Dybowski, C., Spectral editing methods for structure elucidation, in Bruch, M.D., ed., *NMR Spectroscopy Technologies*, 2nd edn., Marcel Dekker Inc., New York, 1996. Used with permission.)

6.28(c)에 나타냈으며 교환 속도가 매우 빨라서 OH ^{1}H과의 결합은 나타나지 않는다. 그림 6.28의 (a)와 (c) 스펙트럼을 비교해 보자. 4.05 ppm의 삼중선 피크로 나타나는 구조식의 ^{1}H−a의 포화로 인해 스펙트럼 (a)에서는 삼중선이 거의 사라진다. 또한 ^{1}H−a는 4.22 ppm에서 흡수되는 ^{1}H와 결합에 의해 4.22 ppm에서의 이중선을 단순하게 만든다. 4.05 ppm의 피크는 ^{1}H−a임을 알고 있기 때문에, 4.22 ppm의 피크는 ^{1}H−b에 해당되는 것을 확신할 수 있다. [왜 ^{1}H−a의 오른쪽에 결합된 탄소의 ^{1}H가 아닐까? 힌트: 갈라짐을 생각해 보라.] 이제 스펙트럼 (b)를 보라. 5.41 ppm의 이중선 ^{1}H−c의 포화로 인해 스펙트럼 (b)에서는 이중선이 사라지고, 또한 3.55 ppm의 이중선-이중선(doublet of doublets)은 이중선으로 축소된다. 이것이 3.55 ppm에서의 공명이 ^{1}H−d로 인한 것임을 말해준다. [왜 결합 스펙트럼에서 ^{1}H−d는 이중선-이중선으로 갈라져 나타나는가?] 그림 6.28의 모든 스펙트럼에서 4.8 ppm에 나타나는 단일 피크는 D_2O 용매의 일부 HDO 불순물로 인한 것이다.

이중-공명 실험을 하면 스펙트럼을 매우 단순화시킬 수 있다. 다른 종류의 핵들 사이의 결합을 포화된 핵의 피크 사라짐과 결합된 핵의 다중도가 단순화됨으로부터 확인할 수 있다. ^{1}H−^{1}H 결합과 같이 같은 종류의 핵들 사이의 결합 분단을 **동핵 결합 분단(homonuclear decoupling)**이라고 한다. 또한 ^{1}H−^{13}C 결합 분단과 같이 다른 종류의 핵들 사이의 결합 분단을 **이핵 결합 분단(heteronuclear decoupling)**이라고 한다. 이 둘은 스핀 결합 분단의 예시이다.

최신 기기에서 최적의 구조 분석을 위해 스펙트럼을 단순화하는 이중- 및 삼중-공명 실험이 가능하다. 이중-공명 실험의 결과 중의 하나인 **핵 오버하우저 효과(nuclear Overauser effect**, NOE)는 ^{13}C NMR에서 매우 중요하며, 6.6.4절에서 논의될 것이다.

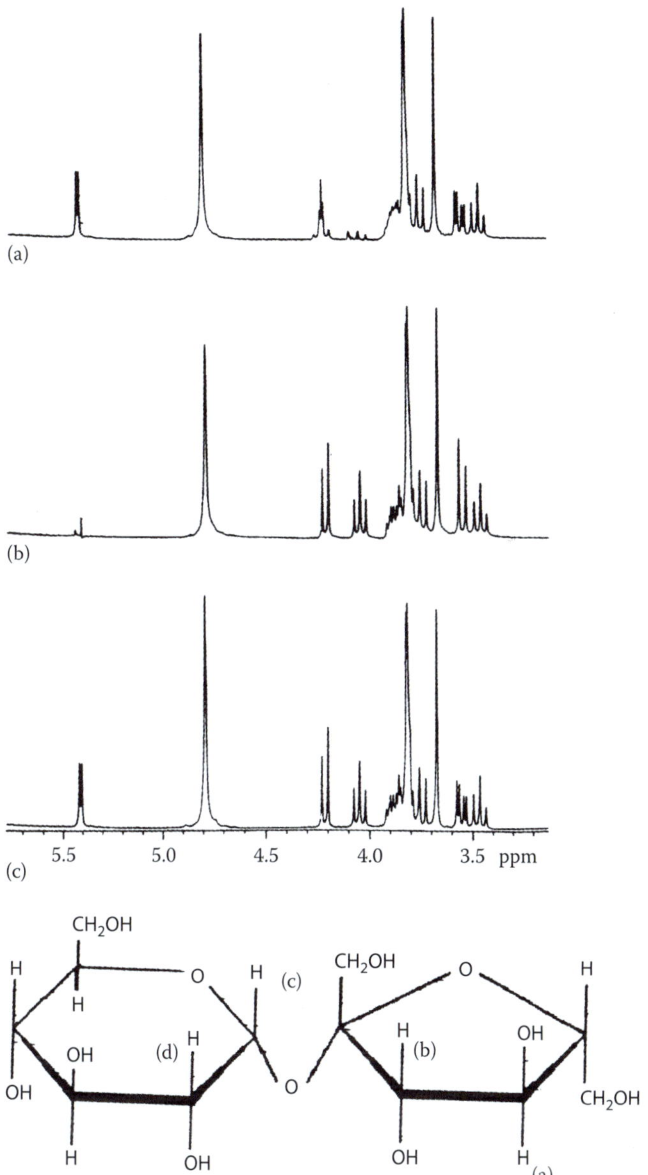

그림 6.28 D_2O에 용해된 설탕의 동핵 결합 분단 300 MHz ^1H NMR 스펙트럼. (c)는 결합 스펙트럼이다. (a) 4.05 ppm의 삼중선을 선택적으로 포화시킨 비결합 스펙트럼. 설탕의 구조식에서 ^1H–a와 ^1H–b의 결합에 의한 4.22 ppm의 이중선은 단순화된다. (b) 5.41 ppm의 이중선의 포화로 인해 이중선–이중선은 이중선으로 축소된다. 이 실험은 구조식에서 ^1H–c와 ^1H–d이 결합하고 있음을 보여 준다. (The spectra are from Petersheim. M., Nuclear magnetic resonance, in Ewing. G.A., ed., *Analytical Instrumentation Handbook*, 2nd edn., Marcel Dekker Inc., New York, 1997. Used with permission. The sucrose structure is that of D-(+)-sucrose, obtained from SDBS database, courtesy of the National Institute of Industrial Science and Technology, Japan, http://www.aist.go.jp/RIOBD/SDBS. Accessed on May 11, 2002.)

6.6.3 | ^1H 스펙트럼의 해석

NMR 흡수 스펙트럼은 피크의 화학적 이동과 피크의 스핀–스핀 갈라짐으로부터 해석이 가능하다. 화학적 이동은 외부 자기장의 영향으로 핵 주변의 전자의 표류(drift, not orbiting 또는 spinning)에 의해 생성된다. 또한 화학적 이동은 외부 자기장의 세기에 정비례하게 변한다(자기장이 일정하면, 화학적 이동도 일정함). 따라서 화학적 이동으로 메틸, 메틸렌, 알데하이드, 방향족과 같은 작용기를 구분할 수 있다(표 6.4 참조). 이 교재의 모든 ^1H 스펙트럼은 표준 시료로 TMS(0.0 ppm으로 맞춤)를 포함하고 있다. 이 교재의 모든 300 MHz ^{1}H NMR 스펙트럼과 75 MHz ^{13}C NMR 스펙트럼은 Aldrich Chemical Company Inc.에서 제공받았다.

스핀-스핀 갈라짐은 인접한 핵으로부터 일어나고 결합을 통해 전달된다. 이것은 외부 자기장의 세기에 영향을 받지 않는다. 스핀-스핀 갈라짐에 의한 다중도(multiplicity)는 인접한 작용기에 있는 동등한 수소 핵의 개수와 연관이 있다. 따라서 다중도는 $(2nI+1)$이다[n: 동등한 수소의 개수, I: 스핀 양자수 (수소의 경우, $I=1/2$)]. 인접한 작용기가 2개일 경우에, 다중도는 $(2nI+1)(2n'I'+1)$이다[n과 n': 각 작용기에 있는 수소의 개수, I와 I': 1/2(수소의 경우)]. 이 경우가 실제 스펙트럼에서 다중도에 의한 다중선의 피크 세기의 비율이 Pascal의 삼각형과 같이 나타나지 않는 이유이다. 그림 6.13b와 c의 삼중선 피크(a)를 보라. 이것은 확실히 1:2:1 비도 아니고 대칭적이지도 않다. 이와 같이 분자 구조 해석을 위한 스펙트럼의 이론과 실제는 다소 차이가 있음을 보게 될 것이다.

스펙트럼의 상대 면적은 각 그룹의 상대적인 ^{1}H의 개수를 알려준다. 따라서 ^{1}H NMR 스펙트럼을 통하여 (1) 분자에 몇 종류의 ^{1}H이 존재하는지를 알려주는 ^{1}H 공명의 개수, (2) ^{1}H의 종류를 구분하는 공명의 화학적 이동, (3) 인접한 동등한 ^{1}H를 밝히는 공명의 다중도, (4) 상대적인 ^{1}H 개수를 알려주는 공명의 면적(혹은 세기)을 조사해야 한다. 여기에서는 일반적인 유기 화합물에 대해서만 다룬다.

6.6.3.1 지방족 화합물: 알케인, 알켄, 알카인, 알킬 할라이드

알케인 ^{1}H는 0.6~1.7 ppm 영역에서 흡수가 일어난다. 그림 6.29의 옥테인[$CH_3(CH_2)_6CH_3$]의 스펙트럼은 전형적인 긴 사슬 알케인이다. 메틸기는 0.88 ppm에서, 메틸렌기는 1.26 ppm에서 흡수가 일어난다. 긴 사슬 알케인에서, 메틸렌 ^{1}H는 주로 겹쳐지고 스핀-스핀 갈라짐도 구분이 잘 안 된다. 메틸렌/메틸의 상대적 면적 비율은 12:6 또는 2:1이 예측되고 스펙트럼에 나타낸 계단의 상대적 높이를 측정하여 확인할 수 있다. 메틸기의 0.88 ppm 피크는 인접한 메틸렌 ^{1}H에 의해 삼중선으로 갈라지는 것을 예측할 수 있다.

알케인(alkane)에 전기 음성도를 갖는 할로젠 원자 F, Cl, Br 또는 I를 치환하면 같은 탄소 원자에 결합된 ^{1}H는 전자로부터 덜 감싸진다(deshield, 벗김). 할로젠 원자의 전기 음성도로 인하여 벗김이 생긴다. 플루오린의 벗김 효과가 가장 크고, 아이오딘이 가장 작다. 단일 탄소에서 2개의 할로젠 원자가 있으면 1개가 있는 경우보다 훨씬 큰 벗김 효과를 가진다. ^{19}F은 $I=1/2$인 핵이기 때문에, 플루오린으로 치환된 탄화수소는 H-F와 F-F 스핀-스핀 결합을 보일 것이다. 다른 할로젠 원자는 결합을 하지 않는다.

그림 6.30a는 브로모에테인(bromoethane)의 60 MHz ^{1}H 스펙트럼이다. 분자 구조와 화학적 이동을 보여 준다. 메틸 피크는 메틸렌기에 의해서 삼중선으로 갈라지고, 메틸렌기의 피크는 메틸기에 의해서 사중선으로 갈라진다. 피크 a/피크 b의 면적비는 3:2로 예상된다. 메틸렌 피크의 위치는 브로민의 벗김 효과 때문에 훨씬 높은 공명 주파수로 이동된다. 옥테인 같은 알케인에서 메틸렌 ^{1}H는 일반적으로 1.2~1.4 ppm(그림 6.29)에 나타나는 것에 비하여 약 3.4 ppm에서 나타난다. 브로민의 전기 음성도는 인근의 메틸 ^{1}H의 공명 주파수에도 영향을 주어, 일반적인 알케인에서 약 0.9 ppm에 나타나던 것이 훨씬 높은 공명 주파수인 1.7 ppm으로 이동한다. 삼중선을 보면 대칭적이지 않음을 알 수 있다. 삼중선의 좌측에 있는 피크의 세기가 우측에 있는 피크보다 세다. 사중선에서는 우측에 있는 두 피크는 좌측의 두 피크보다 높음을 고정된 알 수 있다. 삼중선은 사중선을 향하여 '기울어(leaning)' 있고, 사중선은 삼중선을 향하여 '기울어' 있다. 이것이 두 피크가 서로 결합하고 있음을 의미한다. J 결합 상수는 삼중선과 사중선이 동일할 것이다(즉, $J_{AB}=J_{BA}$). 스펙트럼에서 측정해 보라. 그림 6.30b는 브로모에테인의 300 MHz ^{1}H 스펙트럼과 그것의 ^{13}C 스펙트럼이다. 300 MHz 스펙트럼에서 계단의 높이 차이로부터 면적비가 3:2임을 확인할 수 있다.

클로로에테인(CH_3CH_2Cl)은 브로모에테인과 같은 갈라짐 형태를 보일 것이다. 메틸렌 피크의 위치는 염소의 더 큰 전기 음성도로 인해 약간 더 벗겨질 것이다(3.5 vs. 3.4 ppm). 이 두 화합물에서, 전기 음성

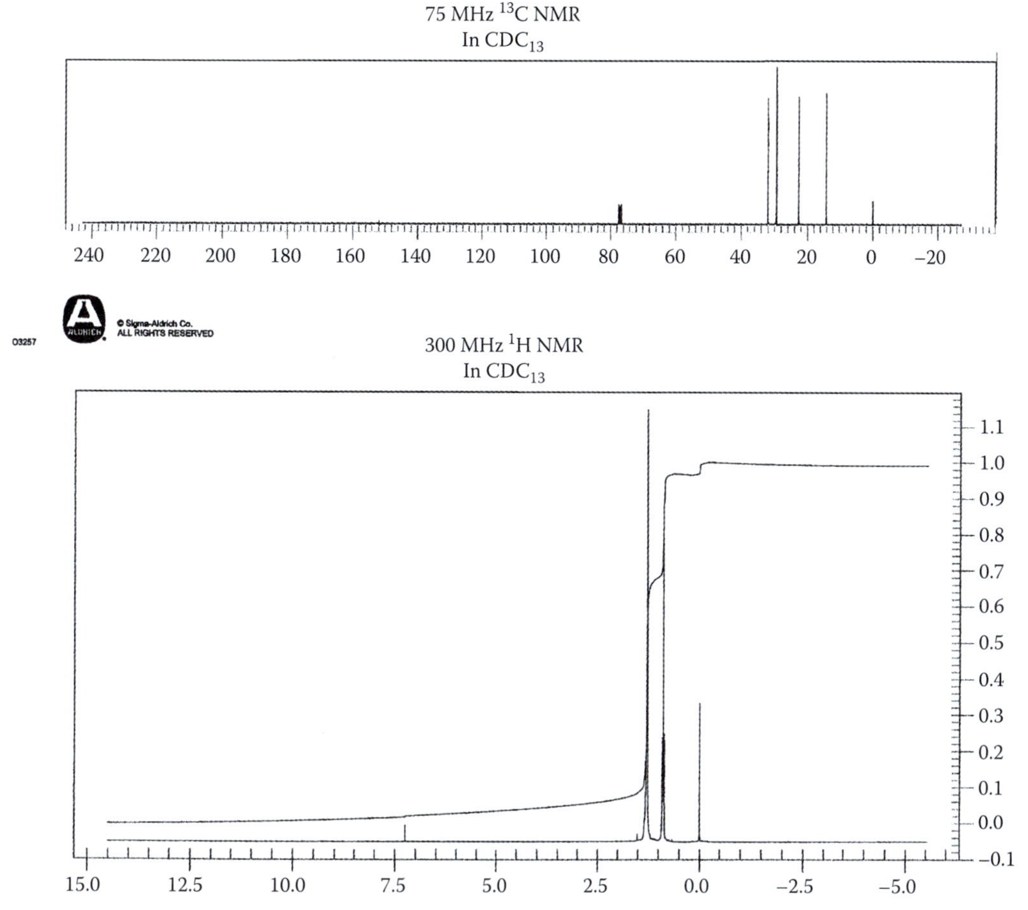

그림 6.29 옥테인[$CH_3(CH_2)_6CH_3$]의 ^{1}H과 ^{13}C NMR 스펙트럼. (Reprinted with permission of Aldrich Chemical Co., Inc.)

인 할로젠은 인접한 메틸 ^{1}H에 벗겨짐 효과를 가진다. 이들은 알케인(0.7~1.0 ppm)에서 보다 높은 화학적 이동(1.2~1.5 ppm)을 갖는다. 그림 6.31a는 같은 탄소에 두 Cl 원자로 치환된 효과를 나타낸다. 탄소에 결합한 ^{1}H는 벗겨짐으로 인해 5.9 ppm으로 이동된다. 클로로에테인과 브로모에테인에서 ^{1}H의 화학적 이동들을 비교해 보라(그림 6.30). 두 염소 원자가 단일 염소 원자로 치환될 때보다 더 많이 인접한 메틸 ^{1}H를 벗기는 것을 알 수 있다. 메틸기는 인접한 ^{1}H에 의해 이중선으로 갈라지고, 단일 ^{1}H은 메틸기에 의해 사중선으로(5.9 ppm의 피크) 갈라진다. 6.4절에서 2개 및 3개의 염소 원자로 치환된 에테인의 스핀–스핀 갈라짐이 어떻게 되는지에 대한 예측을 하였다. 그림 6.31b~d는 60 MHz 스펙트럼이다. 6.4절의 예측이 맞는 것을 확인할 수 있다. 이 형태의 마지막 예로, 그림 6.32에 1,3-다이클로로프로페인(1,3-dichloropropane)의 60 MHz 스펙트럼을 나타내었다. “a” 메틸렌 ^{1}H는 4개의 동등한 “b” 메틸렌 ^{1}H에 의해 5개의 피크로 갈라진다. “a” ^{1}H는 또한 벗김이 있어, 보통의 알케인에서는 1.2~1.4 ppm에 나타나지만, 여기서는 2.2 ppm에서 흡수된다. “b” 메틸렌 ^{1}H는 2개의 “a” ^{1}H로 인해 삼중선으로 갈라지고, 염소 원자가 “b” ^{1}H과 같은 탄소에 결합되어 있기 때문에 더 강하게 벗겨진다. 피크 a/피크 b의 예상되는 면적비는 1:2이다. 다중도의 비대칭성은 예상되는 바와 같이 두 피크가 서로 ‘기울어’ 있기 때문이다.

알켄(alkene)은 2개의 특징적인 ^{1}H 형태를 가진다. 바이닐기(vinyl, $CH_2=CH-$) ^{1}H는 이중 결합에 붙어 있다. 바이닐 ^{1}H은 이중 결합에 의하여 벗겨지고, 일반적으로 4.5~6 ppm 사이에서 화학적 이동이 나타난다. 바이닐 ^{1}H는 이중 결합으로 인해 자유 회전이 어려워 화학적으로 동등하지 않기 때문의 스핀–스핀 결합은 복잡하다. 알릴(allyl, $CH_2=CH-CH_2-$) ^{1}H는 이중 결합 옆의 탄소 원자에 위치한다. 이들은 이중 결합으로 인해 약간 벗겨지고 1.2~2.5 ppm에서 나타난다. 이중 결합이 존재하면 긴 범위(long-

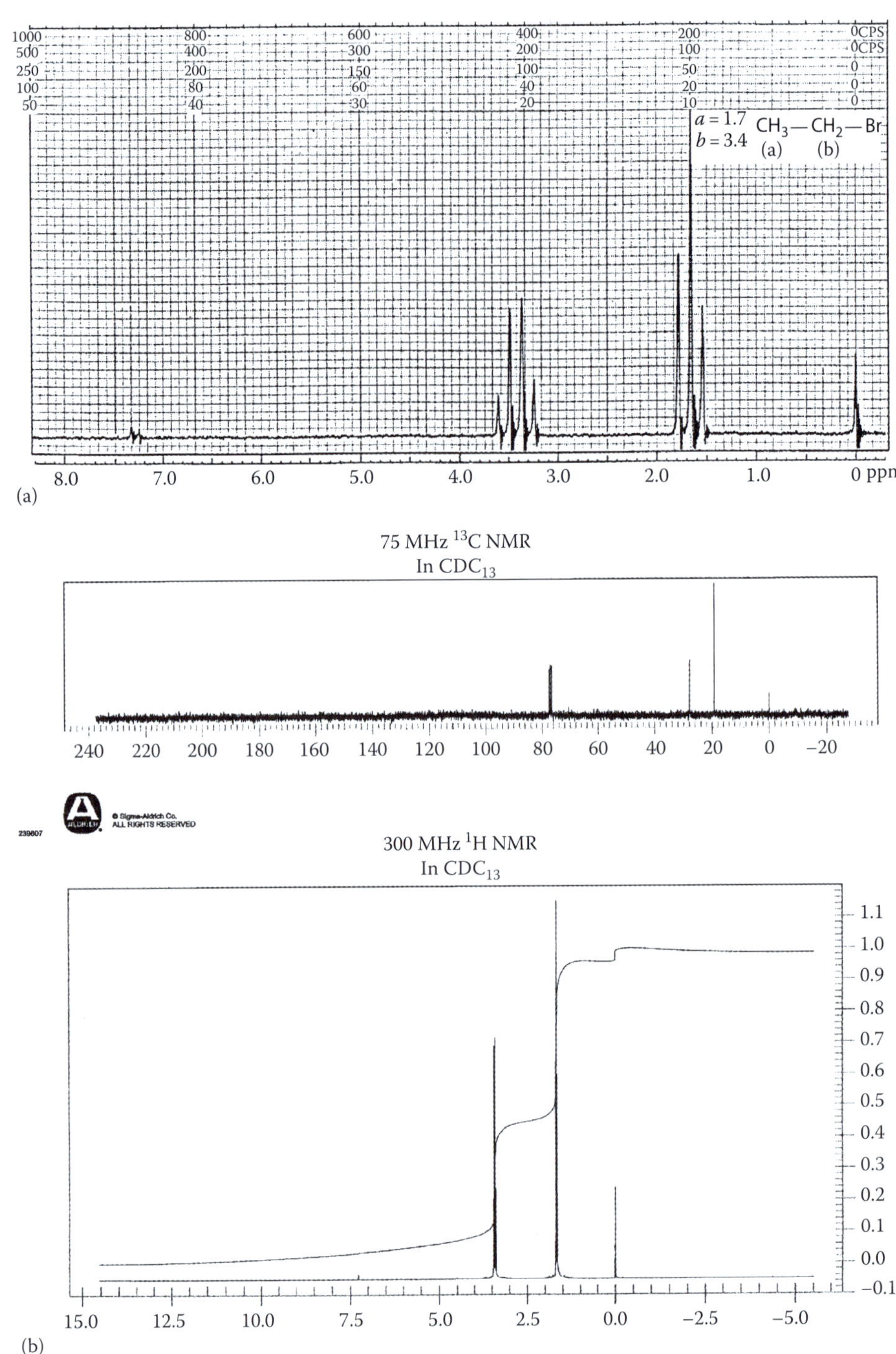

그림 6.30 (a) 브로모에테인의 60 MHz ^{1}H 스펙트럼. 1.7 ppm에서 메틸 ^{1}H는 2개의 메틸렌 ^{1}H에 의해 $[(2nI + 1) = (2)(2)(1/2) + 1 = 3]$ 삼중선으로 갈라짐. 메틸렌 ^{1}H는 브로민에 의해 벗겨져 3.4 ppm으로 이동되고, 인접한 메틸 ^{1}H으로 인해$[(2nI + 1) = (2)(3)(1/2) + 1 = 4]$ 사중선으로 갈라진다. (b) 브로모에테인의 300 MHz ^{1}H 스펙트럼과 그것의 ^{13}C 스펙트럼. 3:2의 면적비를 이 스펙트럼으로부터 측정할 수 있다. (Reprinted with permission of Aldrich Chemical Co., Inc.)

range) 결합이 가능해진다. 따라서 알릴 ^{1}H는 인접한 ^{1}H뿐만 아니라 이중 결합의 끝에 있는 ^{1}H와도 결합을 할 수 있다. 그림 6.33은 1-옥텐 $[CH_3(CH_2)_5CH = CH_2$ 또는 $C_8H_{16}]$의 스펙트럼이다. 1-옥텐의 분자 구조를 스펙트럼 위에 나타내었다. 알릴 ^{1}H는 이중 결합에 의한 벗김과 “d, e, f”의 바이닐 ^{1}H의 강한 벗김에 의해 2 ppm으로 이동한다. 3개의 바이닐 ^{1}H은 화학적으로 동등하지 않음으로, 4.9~5.8 ppm 영역에서 복잡한 갈라짐 형태로 관찰된다. 말단의 메틸 피크는 삼중선이지만, 사슬 중간의 메틸렌 작용기들는

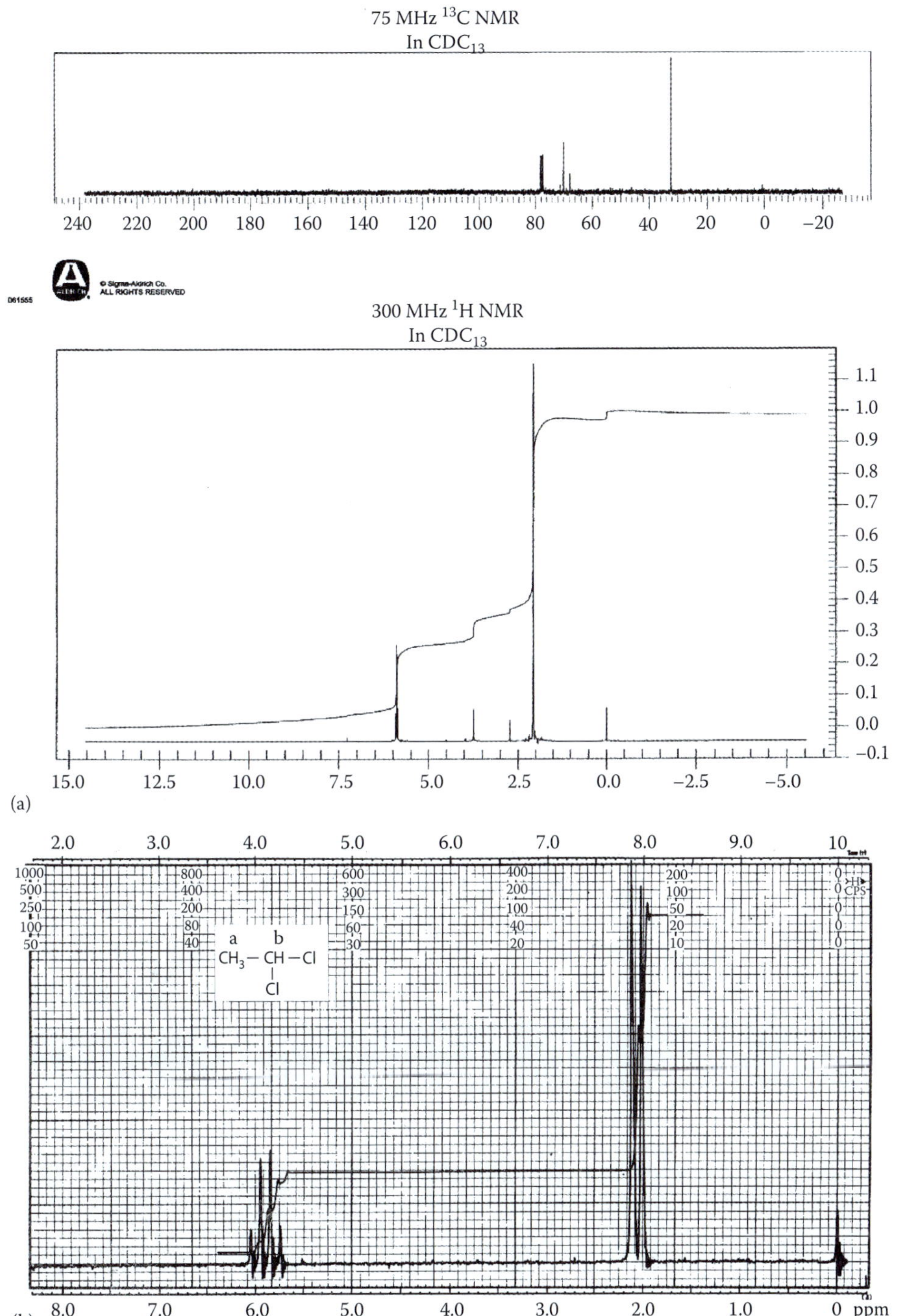

그림 6.31 (a) 1,1-dichloroethane, CH_3CHCl_2의 스펙트럼은 ^{1}H과 같은 탄소에 있는 2개의 할로젠 원자가 공명 주파수에서 같은 미치는 영향을 보여 준다. CH_3 기는 2.06 ppm에서 흡수되고, 염소와 함께 탄소에 결합하고 있는 ^{1}H는 많이 벗겨져 5.89 ppm에서 흡수된다. J_{AB} 결합 상수는 6.0 Hz이다. (Reprinted with permission of Aldrich Chemical Co., Inc.) (b) 1,1-dichloroethane, CH_3CHCl_2의 60 MHz ^{1}H 스펙트럼.

1.0~1.5 ppm에서 넓은 피크들이 겹쳐서 나타난다. 좌측부터 상대적인 면적비는 1:2:2:8:3이 될 것이다.

사슬의 끝에 삼중 결합이 있는 알카인(alkyne)은 말단(terminal) 알카인이라고 하고, 삼중 결합의 말단에 있는 수소는 아세틸렌 수소라고 한다. 그림 6.9에서 이 말단 ^{1}H는 삼중 결합 π-전자들의 이등방성에 의해 가려져 약 1.8 ppm에서 흡수된다. 삼중 결합 옆의 탄소에 결합된 ^{1}H는 알켄의 알릴 ^{1}H와 같은 방법으로 영향을 받아, 같은 범위에서 화학적 이동을 나타낸다.

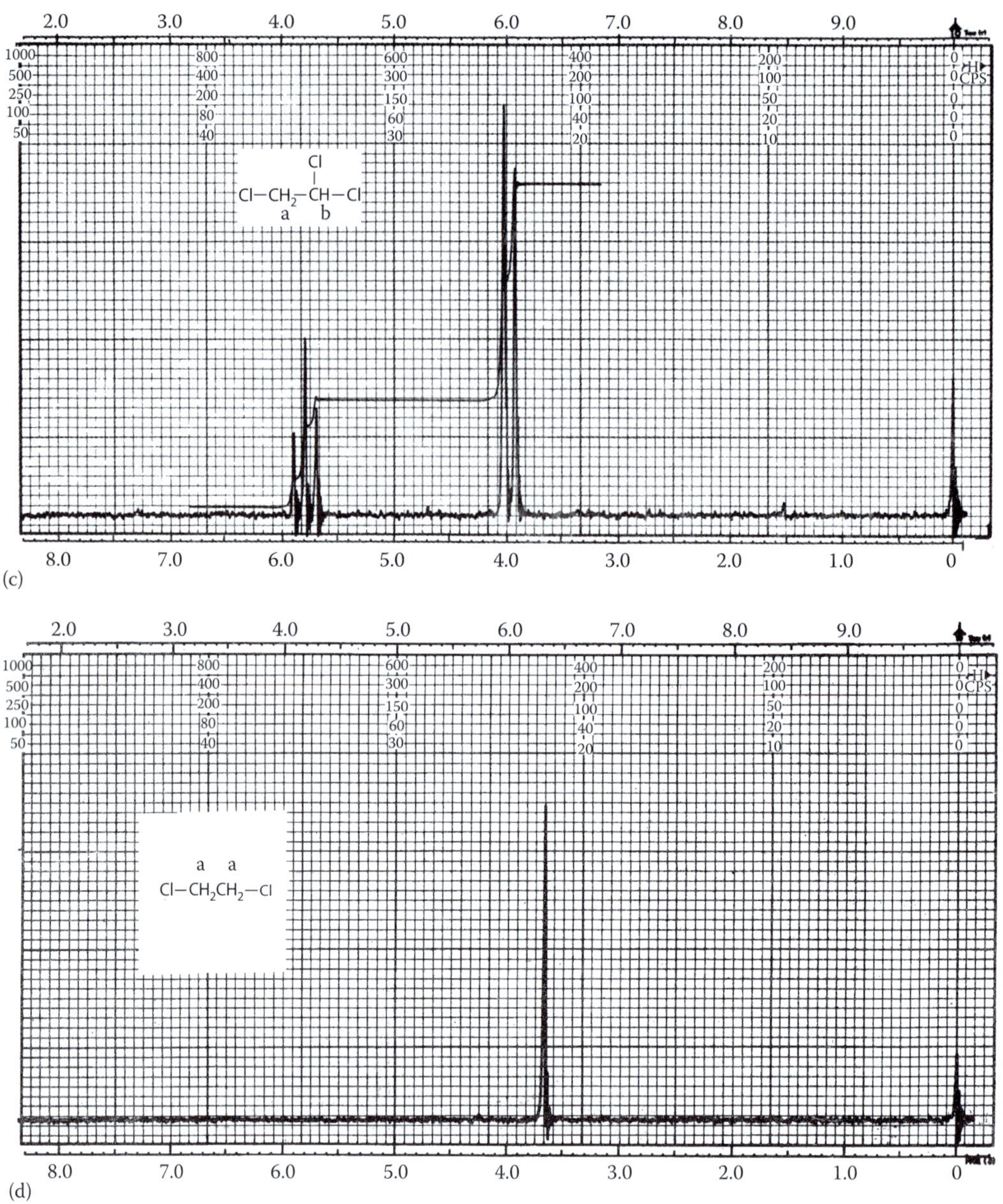

그림 6.31(계속) (c) 1,1,2-trichloroethane, $CHCl_2CH_2Cl$의 60 MHz ^{1}H 스펙트럼. (d) 1,2-dichloroethane, CH_2ClCH_2Cl의 60 MHz ^{1}H 스펙트럼. (Spectra [b–d] from *The Sadtler Handbook of Proton NMR Spectra*, W.W. Simons, ed., Sadtler Research Laboratories, Inc., Philadelphia, PA, 1978. [Now Bio-Rad Laboratories, Inc., Informatics Division, Sadtler Software and Databases. Copyright Bio-Rad Laboratories, Informatics Division, Sadtler Software and Databases, 2014. All rights reserved.])

6.6.3.2 방향족 화합물

방향족 화합물 분자 구조를 확인할 때 ^{1}H NMR은 방향족 고리에 있는 ^{1}H와 고리 주변의 탄소에 결합된 벤질 자리 ^{1}H(benzylic proton)를 관찰하는 데 사용된다. 그림 6.9에서처럼 방향족 고리에 있는 ^{1}H는 π-전자에 의해 많이 벗겨지게(highly deshield) 되어, 6.5~8.0 ppm 사이에서 흡수가 된다. 이 영역에서 관찰되는 다른 ^{1}H이 거의 없으므로, 이 영역에서의 흡수 피크는 방향족 화합물의 존재를 의미한다. 그림 6.4의 톨루엔 스펙트럼은 이 특징적인 흡광 피크를 보여 주어, 고리 ^{1}H가 7.2 ppm에서 신호를 나타낸다. 고리 ^{1}H들은 치환체에 대해 오쏘(ortho), 메타(meta), 파라(para) 위치에 있어 동등하지 않아(non-equivalent) 복잡한 갈라짐 패턴을 보인다. 이 갈라짐 패턴과 *J*값으로부터 고리에 치환기의 개수와 위치

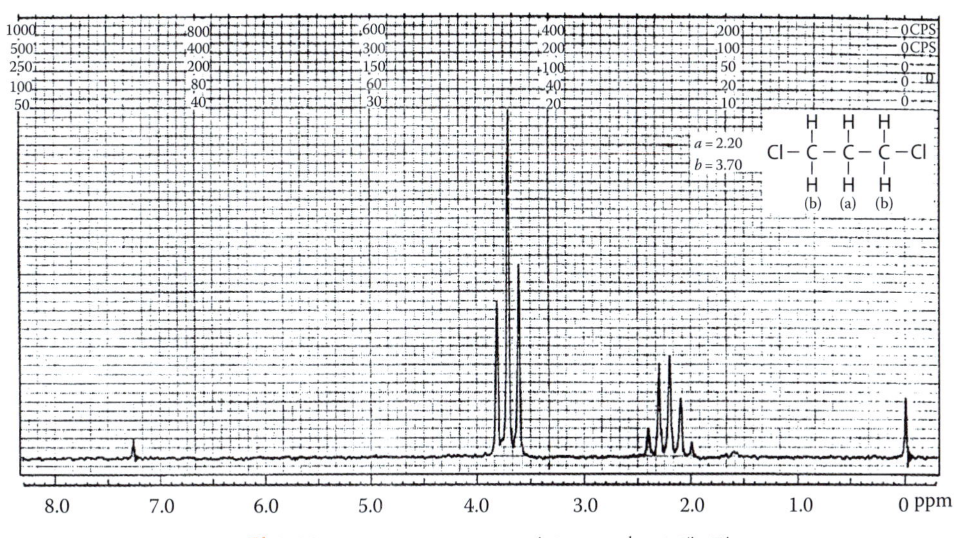

그림 6.32 1,3-dichloropropane의 60 MHz ^{1}H 스펙트럼

를 밝힐 수 있다. 몇 개의 예를 살펴볼 것이다. 갈라짐 패턴은 2차(second-order) 스펙트럼에 따른다. 그림 6.34에 전형적인 패턴의 하나로 고리의 파라 위치에 2개의 치환체가 있는 1-bromo-4-chlorobenzene의 ^{1}H 스펙트럼을 나타내었다. 이 분자는 대칭면을 갖고, 고리에 2종류의 동등한 ^{1}H가 존재한다.

$H_{(b)}$ $H_{(a)}$
Cl — ⟨benzene ring⟩ — Br 대칭면
$H_{(b)}$ $H_{(a)}$

스펙트럼은 방향족 영역에서 4개 선의 특징적인 패턴을 나타낸다.

고리의 파라 위치에 2개의 같은 치환체가 있는 1,4-dibromobenzene은 4개의 모든 ^{1}H이 동등하여 단일선의 피크를 보일 것이다(그림 6.34b). 고리의 오쏘 위치에 2개의 같은 치환체가 o-dichlorobenzene은 대칭면을 갖는다.

Cl Cl
$H_{(a)}$ $H_{(a)}$
$H_{(b)}$ $H_{(b)}$
대칭면

그림 6.34c의 스펙트럼은 ^{1}H의 복잡한 2차 패턴을 보여 준다. 그림 6.34d의 메타-치환된 고리도 이와 같다. *O*-dichlorobenzene과 *m*-dichlorobenzene은 대칭면을 가지지만, 그림 6.34에서와 같이 갈라짐 패턴은 복잡해진다.

방향족 고리 주변의 탄소에 결합된 **벤질 자리** ^{1}H(*benzylic proton*)는 고리에 의해 벗겨지지만, 고리의 ^{1}H보다는 덜 벗겨진다. 벤질 자리 ^{1}H의 특징적인 흡수 피크는 2.2~2.8 ppm 영역에서 나타난다. 그림 6.35는 ethylbenzene($C_6H_5-CH_2-CH_3$)의 스펙트럼을 보여 주고 있다. 이 화합물은 방향족 고리에 1개의 치환체가 있고, 7.2 ppm에서 고리 ^{1}H의 복잡한 갈라짐 패턴을 나타낸다. 벤질 자리 ^{1}H는 고리에 연결된 탄소의 메틸렌 ^{1}H로, ~2.6 ppm에 사중선으로 나타난다. 메틸기는 1.2 ppm에서 삼중선으로 나타난다.

6.6.3.3 산소-포함 유기 화합물

알코올(alcohol)은 탄소에 결합된 하이드록시기 −OH가 있는 유기 화합물이다. 그림 6.19, 6.25, 6.26

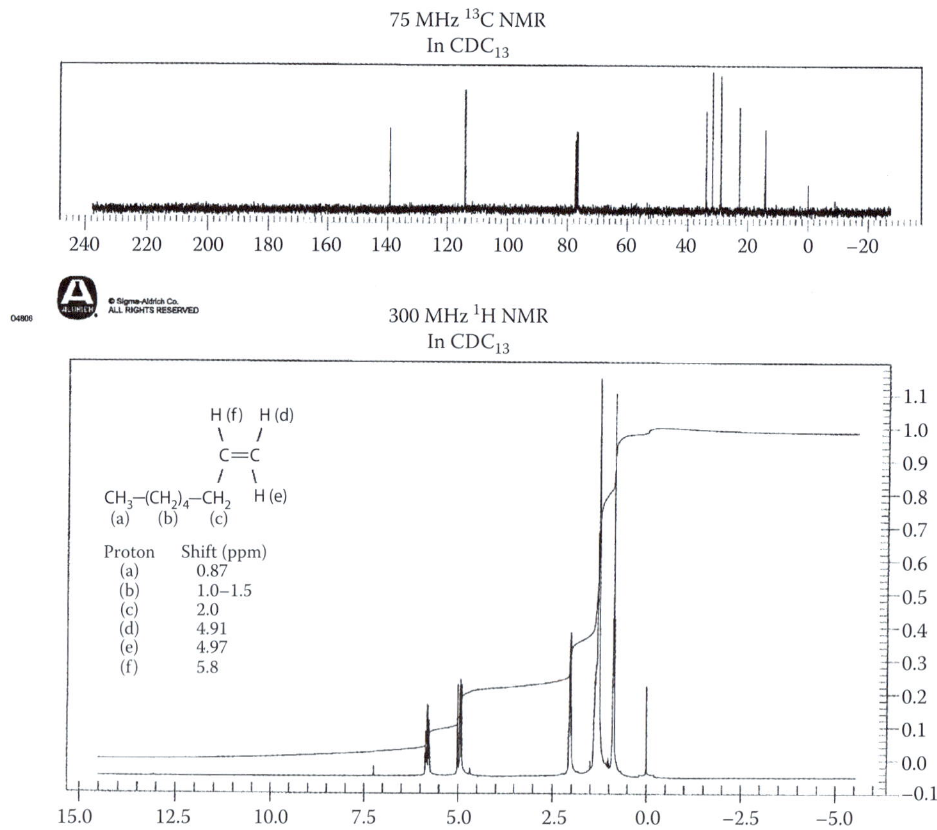

그림 6.33 1-octene의 스펙트럼. C=C 이중 결합의 말단 ^{1}H의 화학적 이동은 5~6 ppm 사이이다. ^{1}H(d)와 (e)는 동등하지 않다. (이중 결합이 이 ^{1}H의 자유 회전을 방해하기 때문임) (Reprinted with permission of Aldrich Chemical Co., Inc. with structure and chemical shift information added by the authors.)

에서 보았듯이, 하이드록시 ^{1}H의 화학적 이동은 온도, 용매, 농도와 같은 변수에 따라 달라진다. 지방족 알코올류의 화학적 이동은 0.5~5.0 ppm 영역이다. 방향족 고리에 붙어진 −OH 하이드록시 ^{1}H는 고리에 의해 벗겨져, 페놀(C_6H_5OH)의 스펙트럼(그림 6.36)처럼 나타난다. 하이드록시기가 붙어 있는 탄소의 ^{1}H($-CH_xOH$)는 전기 음성인 산소 원자에 의해 이동된다. 이 ^{1}H는 3.1~3.8 ppm 범위에서 흡수된다. 그림 6.25에서 이 ^{1}H는 ~3.58 ppm에서 화학적 이동을 나타내고 있고, 그림 6.26b에서는 3.34 ppm에서 흡수가 나타났다.

알데하이드(aldehyde)는 말단에 $-\overset{\overset{\large O}{\|}}{C}-O$ 기가 있다. 그림 6.13b와 c에서 뷰탄알(butanal)의 스펙트럼을 다루었다. 알데하이드 ^{1}H는 ~9.0~10 ppm에서 나타난다. C=O에 인접한 탄소에서의 ^{1}H는 약간 벗겨져 약 2~2.5 ppm에서 나타난다. 케톤(ketone)은 말단기가 없는 −C=O 기를 포함하고, 케톤은 다음과 같이 표현한다.

$$RCH_{(x)}-\underset{\underset{\large R'}{|}}{C}=O$$

C=O 기에 인접한 탄소의 ^{1}H는 알데하이드에서과 같은 환경에 있다. 여기서 R′를 수소로 치환한다면, 알데하이드의 화학식을 가지게 된다. 따라서 진하게 표시된 ^{1}H는 C=O에 의해 약간의 벗겨져 약 2~2.5 ppm에서 흡수된다. 그림 6.37에 사이클로헥사논(cyclohexanone, $C_6H_{10}O$)의 스펙트럼을 나타내었다. 카보닐기에 인접해 있는 2개의 탄소 원자에 결합된 4개의 동등한 ^{1}H는 2.4 ppm에 나타난다.

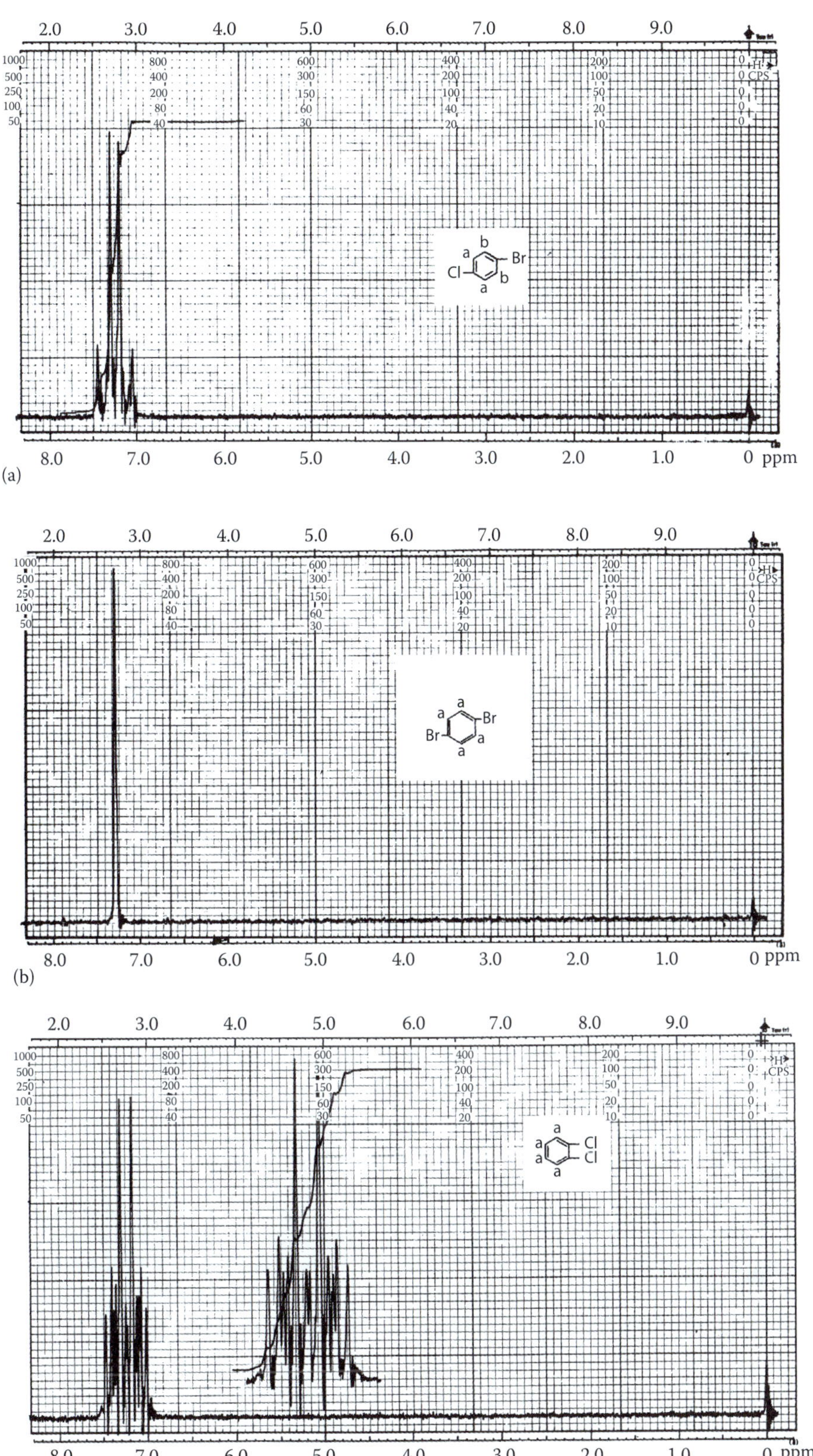

그림 6.34 (a) 1-bromo-4-chlorobenzene의 60 MHz 스펙트럼(모든 흡수 피크는 방향족 고리 ¹H에 의해서 나타남). 분자에 대칭면이 있어 방향족 고리 신호 영역에서 '4개의 선'으로 특징적인 갈라짐 패턴을 나타낸다. (b) 1,4-dibromobezene의 60 MHz 스펙트럼. 모든 ¹H는 동등함을 보인다. (c) *o*-dichlorobenzene의 60 MHz 스펙트럼.

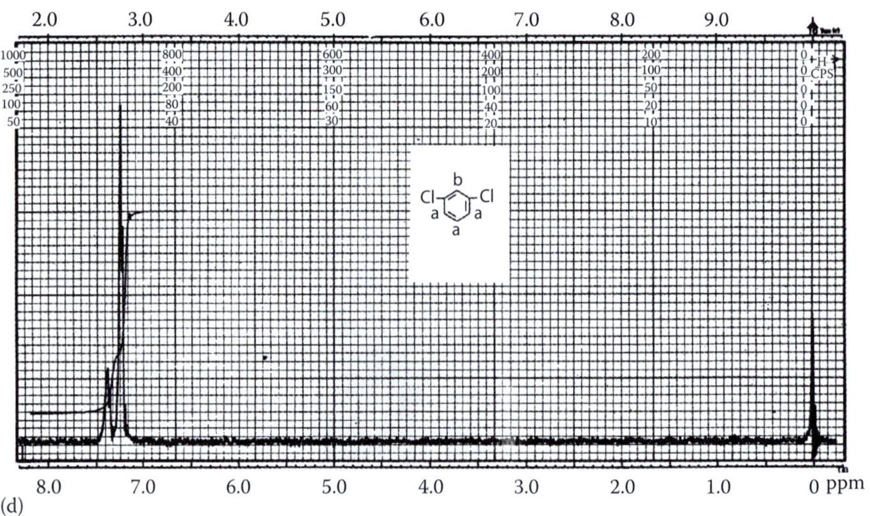

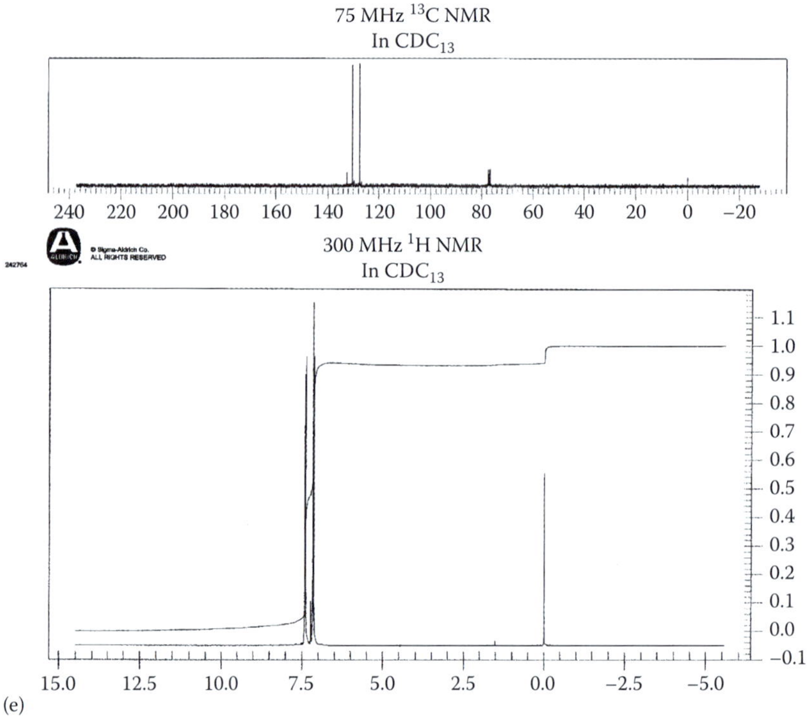

그림 6.34(계속) (c) 1,1,2-trichloroethane, $CHCl_2CH_2Cl$의 60 MHz ¹H 스펙트럼. (d) 1,2-dichloroethane, CH_2ClCH_2Cl의 60 MHz ¹H 스펙트럼. (Spectra [b–d] from *The Sadtler Handbook of Proton NMR Spectra*, W.W. Simons, ed., Sadtler Research Laboratories, Inc., Philadelphia, PA, 1978. [Now Bio-Rad Laboratories, Inc., Informatics Division, Sadtler Software and Databases. Copyright Bio-Rad Laboratories, Informatics Division, Sadtler Software and Databases, 2014. All rights reserved.])

카복실산은 (—COOH) 작용기 $-\overset{\text{O}}{\overset{\|}{\text{C}}}\text{OH}$를 갖고 있다. COOH 기에 있는 산성의 ¹H는 매우 많이 벗겨져 10~13 ppm에서 흡수된다. 이 위치에 나타난 피크는 카복실산임을 알려주는 중요한 정보이다. 케톤과 알데하이드의 경우에서처럼, —COOH 작용기에 인접해 있는 탄소의 ¹H는 약간 벗겨져 2.1~2.5 ppm 영역에서 흡수된다. 단순한 예로 그림 6.38에 아세트산(CH_3COOH)의 스펙트럼을 보여 주고 있다. 산 ¹H는 약 11.8 ppm에 나타나고, COOH 기와 결합한 메틸 ¹H는 약 2.1 ppm에 나타난다. 그림 6.39의 벤조산 90 MHz 스펙트럼에서는 분자 구조와 피크 결정 결과를 보여 주고 있다. 하나만 치환된 벤젠 고리의

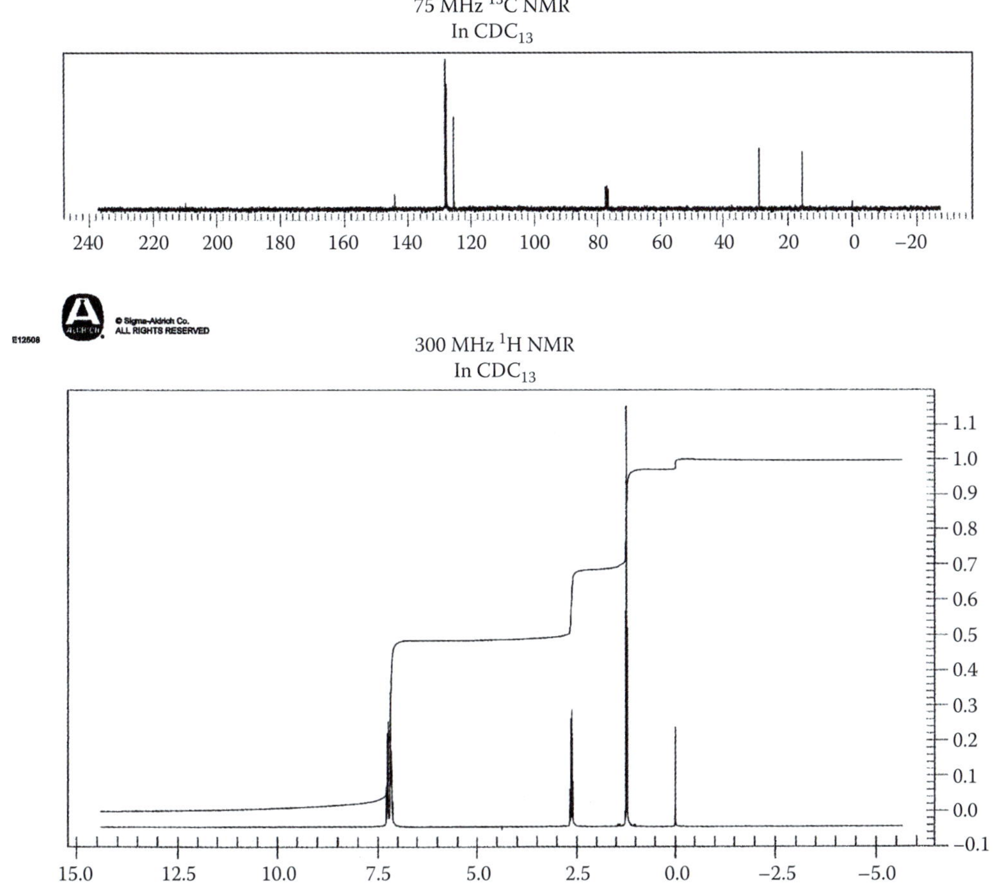

그림 6.35 알킬이 치환된 전형적 화합물인 ethylbenzene의 스펙트럼. 방향족 고리와 벤질 자리의 특징적 ^{1}H 흡수 피크를 보인다. (Reprinted with permission of Aldrich Chemical Co., Inc.)

복잡한 갈라짐 패턴을 이 스펙트럼에서 잘 보여 주고 있다. 오소 ^{1}H는 메타와 파라 ^{1}H보다 더 벗겨진다. 이것은 카보닐이나 다른 작용기가 고리에 결합하고 있는 벤즈알데하이드(benzaldehyde)나 나이트로벤젠(nitrobenzene)과 같은 화합물에서 일반적으로 나타난다.

6.6.3.4 질소-포함 유기 화합물

아민(RNH_2)과 아마이드($RCONH_2$)와 같이 질소 원자와 수소가 결합한 화합물의 ^{1}H NMR 스펙트럼은 여러 인자에 의해 영향을 받아 복잡하다. 알코올의 하이드록시 ^{1}H와 같이 이러한 화합물의 질소와 결합한 ^{1}H는 매우 다양한 화학적 이동을 보인다. 이 ^{1}H는 수소 결합을 할 수 있어서, 화학적 이동은 온도, 용매, 농도에 따라 변한다. ^{14}N 핵의 스핀 양자수가 $I = 1$이므로, 이론적으로 1개의 질소 원자에 결합한 1개의 ^{1}H는 $2(1) + 1 = 3$으로 삼중선으로 갈라질 것이다. 이것은 일반적으로 관찰이 안 되는 2가지 이유가 있다. 첫 번째로, 전기 음성적인 질소의 ^{1}H는 알코올과 같이 교환(exchange)이 일어나고, ^{1}H이 질소와 결합한다면 교환 속도를 측정할 것이다. 지방족 아민과 아마이드에서는 교환 속도가 너무 빨라서 갈라짐이 관찰되지 않는다. 두 번째로, 질소는 전기적으로 사중 극자 모멘트(quadrupole moment)를 가지고 있다. 이 사중 극자 모멘트는 N—H 피크를 넓게 만들어서, 갈라짐을 나타내지 않게 한다. 아민의 N—H ^{1}H 피크는 0.5~4.0 ppm 영역에서, 아마이드의 ^{1}H 피크는 5~9 ppm 영역에서 다양한 화학적 이동을 갖는다. 피크는 일반적으로 좁은 단일선 또는 약한 넓은 신호로 나타난다. N—H, N—CH, —HC—NH— 사이의 결합은 일반적으로 ^{1}H의 교환과 사중 극자 상호작용으로 인해 관찰되지 않는다. 아민에서 질소와 인접한 탄소의 ^{1}H는 2.3~3 ppm으로 이동된다. 아마이드기에 인접한 탄소의 ^{1}H는 2~2.5 ppm 영역(C=O와 인

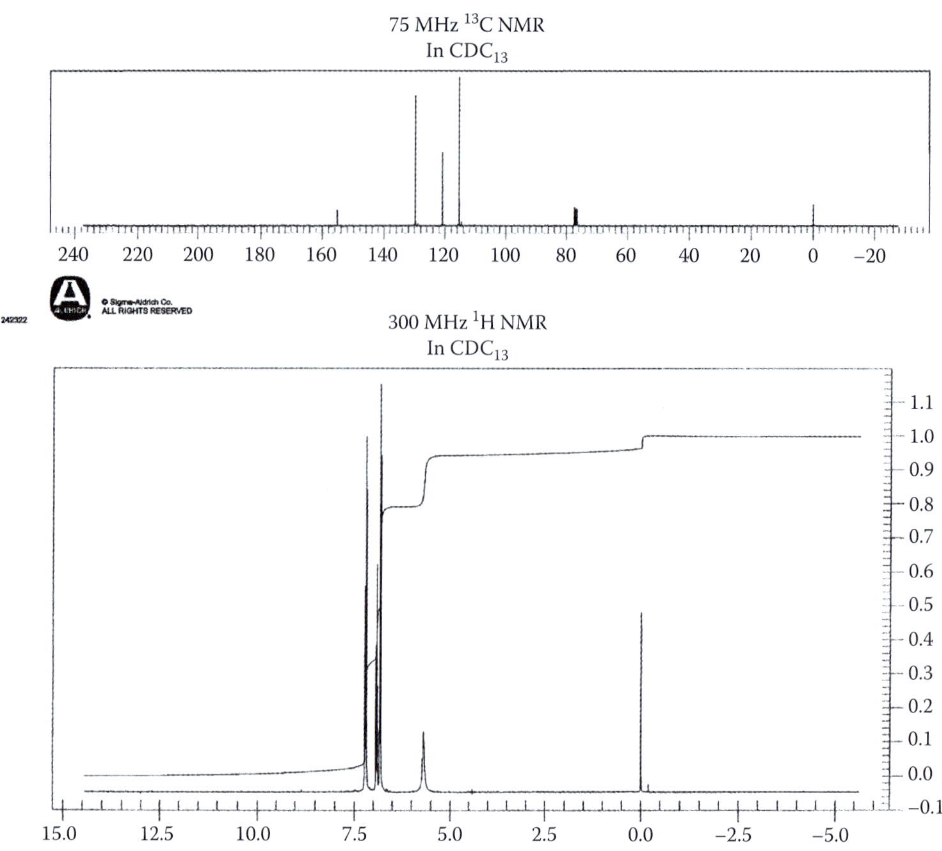

그림 6.36 방향족 알코올인 페놀(C_6H_5–OH)의 스펙트럼. 하이드록시 ^{1}H는 방향족 고리에 의해 벗겨져 5.6 ppm에서 화학적 이동이 나타난다. (Reprinted with permission of Aldrich Chemical Co., Inc.)

접한 ^{1}H의 흡수 영역과 같음) 흡수가 일어난다.

아민의 질소에 있는 ^{1}H의 화학적 이동 위치는 변수가 너무 많아 확실하게 언급하기는 어렵다.

일반적으로, 지방족 아민에서 아민 ^{1}H의 피크는 빠른 ^{1}H 교환으로 인해 날카로운 단일선일 것이다. 그림 6.40에 전형적인 지방족 아민인 뷰틸아민($CH_3(CH_2)_2CH_2NH_2$)의 스펙트럼을 나타냈으며, 분자 구조와 피크 결정 결과를 보여 주고 있다. 아민 ^{1}H 피크는 d 피크이며, 1.1 ppm에서 날카로운 단일선 피크로 나타난다. 계단 높이로부터 얻은 상대적인 면적비는 좌측부터 2:4:1:3이다.

그림 6.48에는 프로피온아마이드($CH_3CH_2CONH_2$)의 스펙트럼을 나타내었다. 2개의 작고 넓은 피크가 6.3과 6.6 ppm에 있다. 이들은 질소 원자에 결합된 두 ^{1}H에 의한 것으로 질소의 사중 극자 상호작용으로 피크는 넓고 작은 세기를 갖는다. 분자 구조식에서는 두 ^{1}H가 화학적으로 같아 보이지만, 2개의 피크로 나타난 것은 두 ^{1}H가 동등하지 않음을 의미한다. 질소 원자에 있는 비공유 전자쌍이 존재하기 때문에, 두 ^{1}H는 동등하지 않게 된다. 질소의 비공유 전자쌍은 산소의 비공유 전자쌍과 상호작용한다. 이 상호작용이 C−N 결합의 회전을 방해하여 질소와 결합하고 있는 두 ^{1}H를 동등하지 않게 하여서 2개의 분리된 피크로 나타난다. 이 2개의 피크는 전형적인 일차 아마이드(1개의 $-NH_2$ 기를 갖는)에서 일반적으로 관찰된다.

나이트로($-NO_2$)기가 있는 화합물은 나이트로기와 인접한 탄소에 결합한 원자에서 ^{1}H의 특징적인 이동을 가진다. 그림 6.41에 나이트로프로페인($CH_3CH_2CH_2NO_2$)의 스펙트럼과 그림 6.18a에 2-나이트로프로페인[$(CH_3)_2CHNO_2$]의 스펙트럼에서와 같이 이 ^{1}H는 4~4.7 ppm 사이에서 흡수된다. 나이트로프로페인에서 나이트로기에 인접한 메틸렌기는 이웃하는 다른 메틸렌기에 의해 삼중선으로 갈라서 4.3 ppm에 나타난다. 나이트로기 옆에 있는 메틸렌기는 나이트로프로페인에

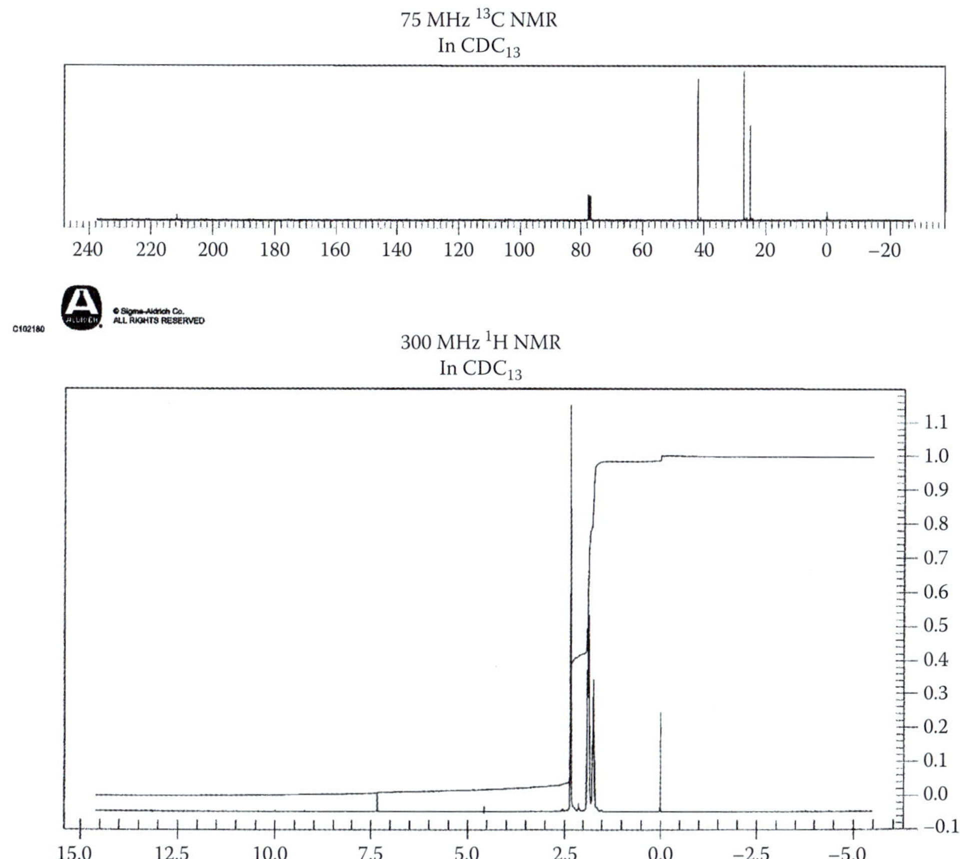

그림 6.37 Cyclohexanone의 스펙트럼. ^{1}H NMR 스펙트럼에서 케톤의 특징적인 하나의 흡수 피크는 약간 벗겨짐에 의해 2.4 ppm으로 이동된 카보닐기에 인접한 ^{1}H 피크이다. (Reprinted with permission of Aldrich Chemical Co., Inc.)

서 삼중으로 갈라지고, 갈라짐은 인접한 메틸렌기에 의한 것이고, 나이트로기에 의한 것이 아니다. 2-나이트로프로페인에서, 메타인기의 ^{1}H는 칠중선으로 4.65 ppm에서 관찰된다.

6.6.4 | ^{13}C NMR

홀수 질량을 가지는 모든 핵은 분수의 스핀 양자수(1/2, 3/2, 등)를 가지고 있다. 또한, 짝수 질량과 홀수 원자 번호를 가지고 있는 모든 핵은 정수의 스핀 양자수(1, 2, 3, 등)를 가진다. 그리고 짝수 질량과 짝수 원자 번호를 갖는 모든 핵은 0의 스핀 양자수를 가져 NMR 신호가 없다. 불행하게도, 유기 화학에서 중요한 두 가지 핵인 ^{12}C와 ^{16}O이 여기에 해당된다. 탄소는 유기 분자의 기본 '골격(backbone)'을 만들어, 분자에서 탄소 원자의 위치를 밝히는 것은 분자 구조를 결정하는 데 중요하다.

그러나 모든 원소는 적어도 하나 이상의 동위 원소를 가지고 있어 NMR로 측정이 가능하다. 표 6.1과 표 6.5를 이용하여 동위 원소들의 NMR 감도를 ^{1}H과 비교해 볼 수 있다.

유기 화학과 생화학에서 탄소가 중심 원소이기 때문에 ^{13}C NMR의 개발은 매우 큰 혜택이다. 그러나 기기 개발의 어려움으로 인해 1970대까지는 잘 사용되지 못했다. 두 가지 주요 문제가 있었다. 첫 번째, 1.1%밖에 되지 않는 ^{13}C의 자연 존재비가 낮기 때문에 ^{13}C 신호는 매우 약하다. 또한, 자기 회전 비율 γ의 감도가 ^{1}H에 비해서 현저히 낮나. 결과적으로 ^{13}C NMR 신호는 ^{1}H 신호에 비해서 0.0002 정도밖에 안 된다. 두 번째로, ^{13}C NMR의 화학적 이동 범위는 TMS를 기준으로 200 ppm까지 넓다. 이 넓은 스펙트럼 범위가 기존의 상용 ^{1}H NMR 기기에서 간단하게 '추가' 하는 것이 불가능하게 하였다. 그러나 FT-NMR의 개발로 동시에 모든 ^{13}C 핵을 들뜨게 하는 것이 가능하게 되어 쉽게 ^{13}C을 측정할 수 있게 되었

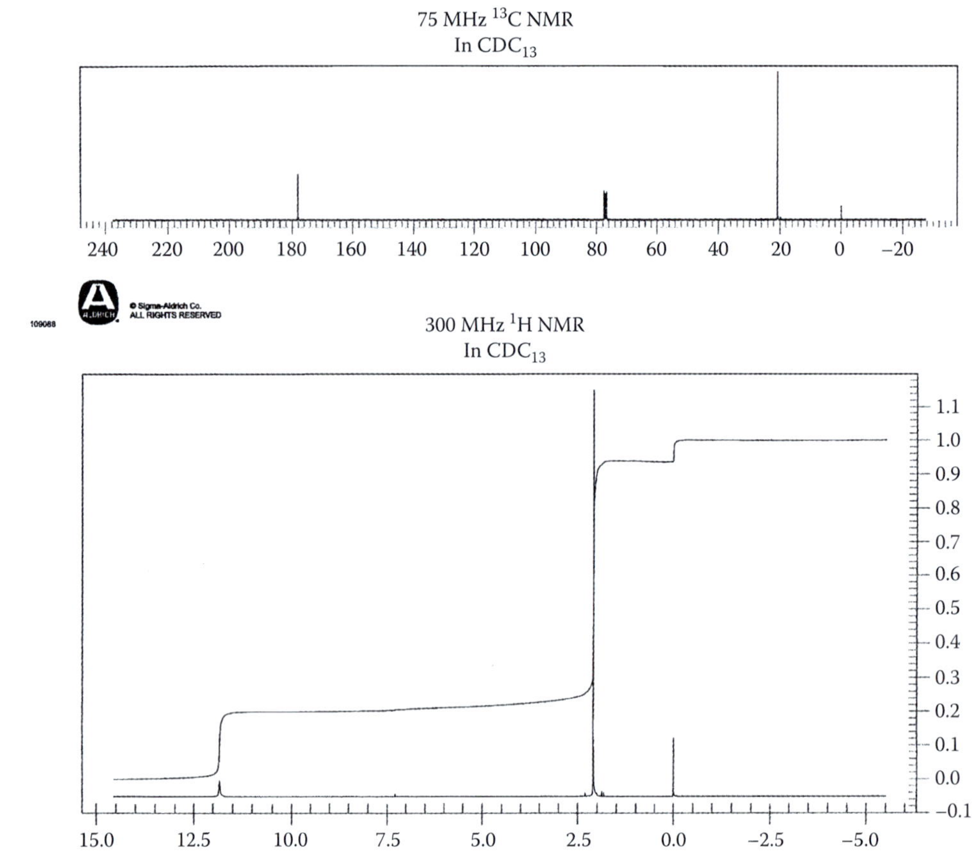

그림 6.38 아세트산의 스펙트럼. 11.8 ppm에서 흡수되는 특징적인 산 ^{1}H 피크는 카복실산임을 알려준다. (Reprinted with permission of Aldrich Chemical Co., Inc.)

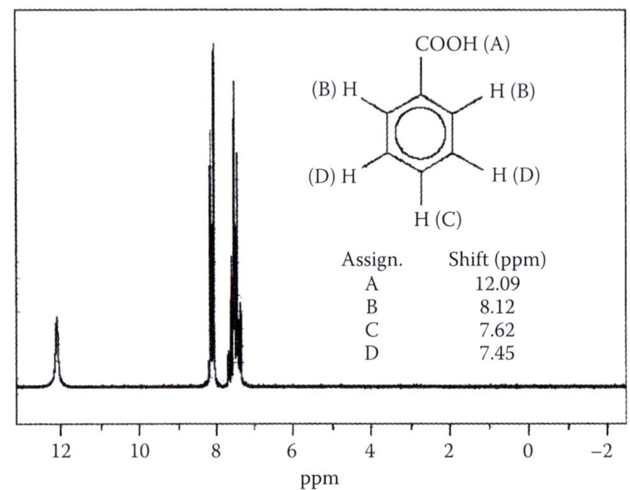

그림 6.39 벤조산의 90 MHz ^{1}H 스펙트럼. (Courtesy of National Institute of Industrial Science and Technology, Japan, SDBSWeb: http://www.aist.go.jp/RIOBD/SDBS. Accessed on May 11, 2002.)

다. 현재는 유기 분자의 탄소 골격에 대한 중요한 구조적 정보를 제공하는 ^{13}C NMR은 보편적 기술이 되었다.

^{13}C NMR 스펙트럼을 통해 유기 분자의 구조적 확인을 얻을 수 있다는 여러 장점이 있다. 첫째로, 200 ppm의 탄소가 10 ppm의 수소에 비해, 화학적 이동에 대한 피크의 범위가 크게 나타나는데 이는 탄소

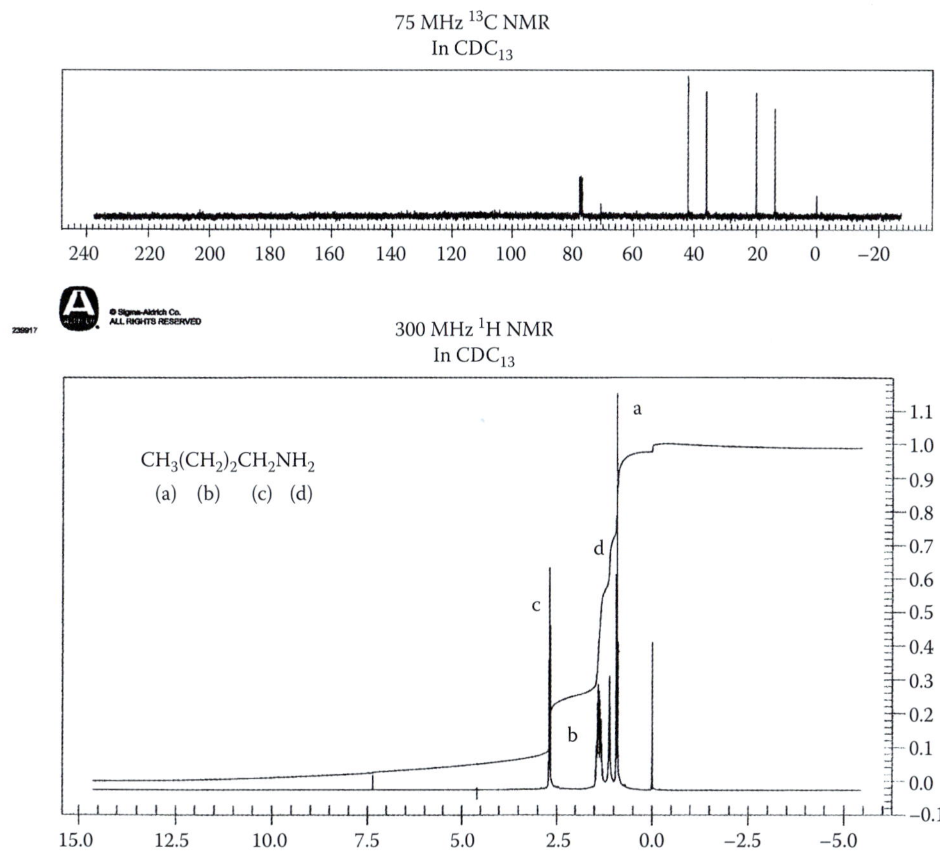

그림 6.40 뷰틸아민($CH_3(CH_2)_2CH_2NH_2$)의 스펙트럼. 아민 ^{1}H(d) 피크는 1.1 ppm에서 날카롭게 단일선으로 나타나고, 인접한 메틸렌 ^{1}H(c)는 전기 음성의 질소에 의해 약 2.7 ppm으로 이동된다. 다른 알킬 메틸렌(b)과 메틸(a) ^{1}H는 그들의 일반적 화학적 이동 위치에 나타난다. (Reprinted with permission of Aldrich Chemical Co., Inc., modified by addition of the structure and peak identification.)

내의 서로 다른 화학적 환경으로 인해 겹침이 크게 줄어들기 때문이다. 스펙트럼은 덜 복잡해지고 피크는 특이한 탄소 핵으로 예상된다. 두 번째로, 인접한 ^{12}C 원자들은 스핀–스핀 갈라짐을 유도하지 않고 서로 인접하는 두 개의 ^{13}C 원자들이 존재할 확률은 매우 낮다. 따라서 ^{13}C 핵들 사이의 스핀–스핀 상호작용은 나타나지 않아 ^{13}C 스펙트럼은 ^{1}H 스펙트럼보다 훨씬 단순하다. 이 책에 사용되는 모든 ^{13}C NMR 스펙트럼은 Aldrich ^{1}H NMR 스펙트럼과 함께 나타내었다.

^{13}C와 ^{1}H 핵은 서로 상호작용이 일어나지만, 이들의 결합을 분단하는 기법을 사용한다. 그 결과로 ^{13}C NMR 스펙트럼은 아주 단순하고, 화학적으로 다른 각각의 탄소 원자는 단일선으로 나타나서 스펙트럼의 해석이 매우 쉽다. 따라서 ^{13}C와 ^{1}H 스펙트럼을 비교하면 매우 복잡한 분자 구조의 해석도 가능하다. 중수소로 치환된 용매를 사용하기 때문에 ^{13}C와 D 사이의 결합도 관찰된다. $CDCl_3$를 용매로 사용한 그림 6.38과 6.40의 ^{13}C 스펙트럼에서처럼 D 핵에 의해 갈라진 용매의 ^{13}C 신호가 77 ppm에서 삼중선으로 나타난다. $CDCl_3$와 같은 중수소로 치환된 용매의 D 신호는 NMR에서 주파수 잠금(frequency lock)으로 사용된다. D는 $I = 1$이므로, 1개의 D는 $2I + 1 = [(2 \times 1) + 1] = 3$이기 때문에 1개의 C 신호를 삼중선으로 갈라지게 한다.

^{13}C 핵의 화학적 이동은 ^{1}H처럼 화학적 환경에 의해 결정되지만(전기 음성도와 비등방성) 좀 더 복잡하다. 일부 ^{13}C 작용기의 화학적 이동을 그림 6.42에 나타내었다.

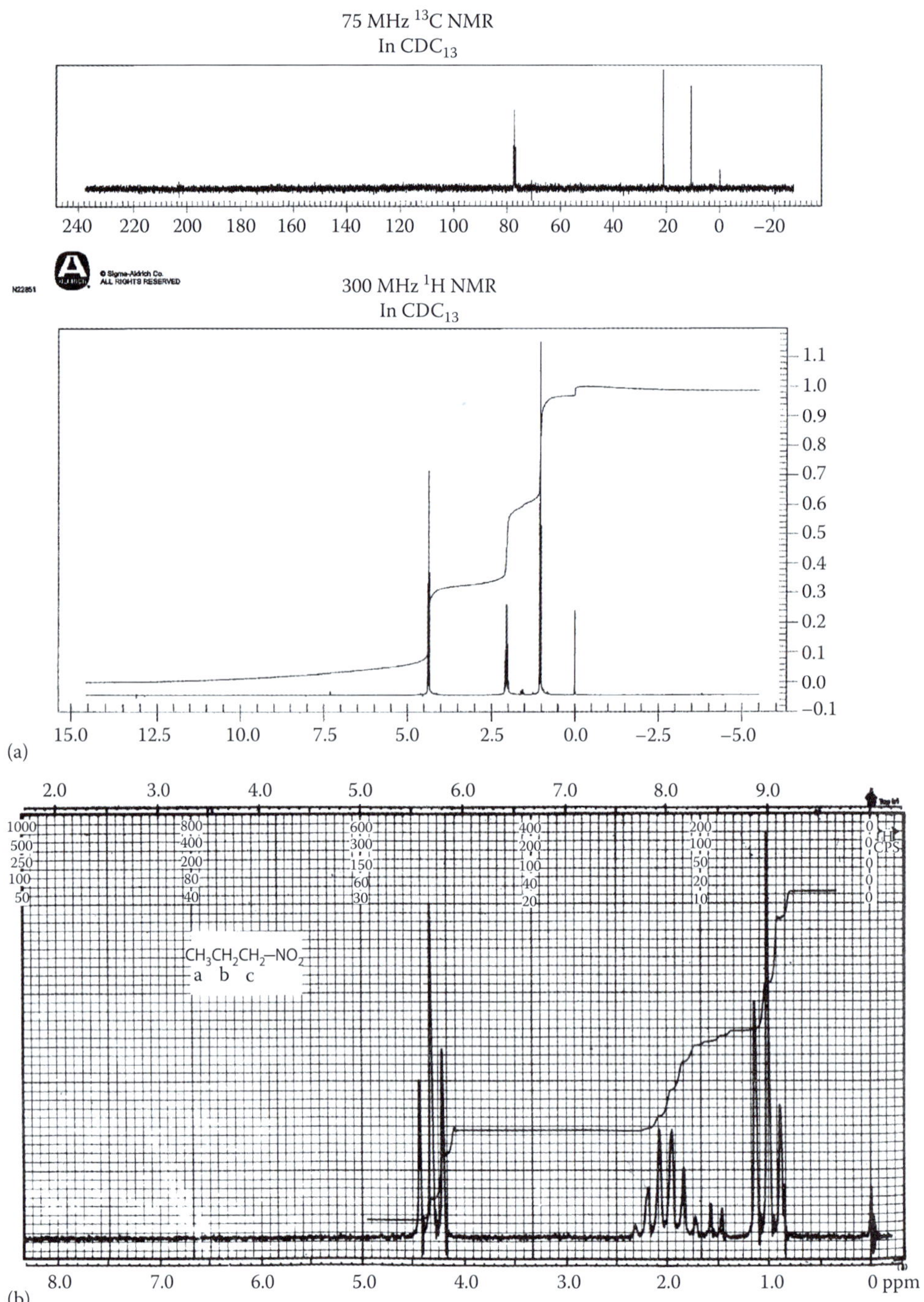

그림 6.41 (a) 나이트로프로페인의 300 MHz 스펙트럼. (Reprinted with permission of Aldrich Chemical Co., Inc.) (b) 1-나이트로프로페인의 60 MHz 스펙트럼. 나이트로기에 인접한 메틸렌 ^{1}H은 2.0 ppm에 나타나는 두 번째 메틸렌 ^{1}H보다 훨씬 더 벗겨져서 삼중항으로 4.31 ppm에서 나타난다(1.48과 1.59 ppm의 작은 피크는 불순물이다). (From *The Sadtler Handbook of Proton NMR Spectra*, W.W. Simons, ed., Sadtler Research Laboratories, Inc., Philadelphia, PA, 1978. [Now Bio-Rad Laboratories, Inc., Informatics Division, Sadtler Software and Databases. Copyright Bio-Rad Laborotories, Informatics Division, Sadtler Software and Databases, 2014. All rights reserved.])

6.6.4.1 이핵종(heteronuclear) 결합 분단

^{13}C와 ^{1}H 사이의 결합이 발생하면 다중선의 겹침으로 복잡한 스펙트럼이 나타나지만, 실험적으로 넓은-띠(broad band) 결합 분단에 의해 단순해진다. 시료는 한번에 모든 ^{1}H의 결합 분단을 위해 넓은 RF 영역에서 조사되어, 화학적으로 각각 다른 탄소 원자는 단일선의 NMR 공명 피크를 갖게 된다. 그림 6.43

표 6.5 선택된 NMR-활성 핵의 자연 존재비 및 스핀 양자수, 감도

핵	자연 존재비 (%)	스핀 양자수	대비 상대적 강도 ^{1}H
^{1}H	99.98	1/2	1.0
^{7}Li	92.6	3/2	0.3
^{13}C	1.1	1/2	0.0002
^{14}N	99.6	1	0.001
^{17}O	0.037	5/2	0.03
^{19}F	100	1/2	0.83
^{23}Na	15.9	3/2	0.09
^{25}Mg	10.1	5/2	0.003
^{27}Al	15.6	5/2	0.206
^{29}Si	4.7	1/2	0.008
^{31}P	24.3	1/2	0.07
^{33}S	0.8	3/2	0.002

은 ^{1}H 결합 분단 전(위)과 후(아래)의 슈크로스(sucrose)에 대한 ^{13}C NMR 스펙트럼을 보여 주고 있다. 아래의 스펙트럼에서는 슈크로스의 12개의 탄소 원자 각각에 대한 독립적인 단일 흡수 피크를 보여 주고 있다. ~26.5 ppm에 2개의 공명 피크는 매우 가까이 있지만, 구분이 가능하다. 슈크로스의 구조는 그림 6.28에 나타낸 바와 같이, 각각의 탄소 원자는 화학적으로 동등하지 않다.

6.6.4.2 핵 오버하우저 효과

넓은-띠 결합 분단이 ^{13}C 스펙트럼을 단순화하기 위해 이용될 때, 피크 갈라짐을 방지하면서 피크의 면적이 증가하는 것을 볼 수 있다. 이것이 핵 오버하우저 효과(Nuclear Overhauser Effect, NOE)이다. 포화된 핵과 불포화된 핵 사이의 직접적인 쌍극자 결합(direct dipolar coupling)은 불포화된 핵의 바닥 상태 분포의 변화를 준다. 바닥 상태 분포의 변화는 핵 사이의 교차-이완(cross-relaxation)을 야기하여, 결과적으로 양자 전이를 일으킨다. 즉, 한 핵의 전이는 두 번째 핵의 전이를 유발한다. ^{13}C NMR에서 NOE는 자연계 존재비가 낮은 ^{13}C 핵의 신호가 ^{1}H 결합 분단에 의해 매우 증가하게 한다. 이상적으로 NOE는 ^{13}C 피크 세기를 두 배로 증가시킬 수 있어서, ^{13}C NMR 측정 시간을 4배 정도 감소시킨다. 이 두 동위 원소 사이의 최대 NOE는 다음과 같이 계산된다.

$$\mathrm{NOE} = \frac{\gamma_{\mathrm{obs}}}{2\gamma_{\mathrm{sat}}} + 1 \tag{6.18}$$

여기서 γ_{obs}는 관찰하는 핵(^{13}C)의 자기 회전 비율이고, γ_{sat}는 포화되는 핵(^{1}H)의 자기 회전 비율이다.

NOE의 주요 단점은 탄소 개수와 피크 면적의 정량적 관계를 잃어버리게 한다는 것이다. 그림 6.44의 각 단일 탄소의 피크를 보면, ^{1}H와 결합한 방향족 탄소(피크 2와 3)의 피크가 ^{1}H와 비결합한 방향족 탄소(피크 1와 4)의 피크보다 두 배 이상의 세기를 갖는다. 따라서 ^{13}C NMR을 정량적으로 이용하려면, NOE를 실험적으로 제거해야만 한다. 또한, NOE를 동종 핵종 사이의 스핀 결합 분단에서 사용하면, 분자의 더 자세한 구조적인 정보인 핵 사이에 거리를 결정할 수 있다.

6.6.4.3 고체 ^{13}C NMR 스펙트럼

^{13}C NMR에서 고체 시료는 많은 문제가 있다. 화학적 이동의 비등방성(anisotropy)에 의한 선 넓힘은 고체 시료의 각 탄소 원자들이 외부 자기장에 대해 다양한 방향을 갖기 때문이다. 화학적 이동 비등방성

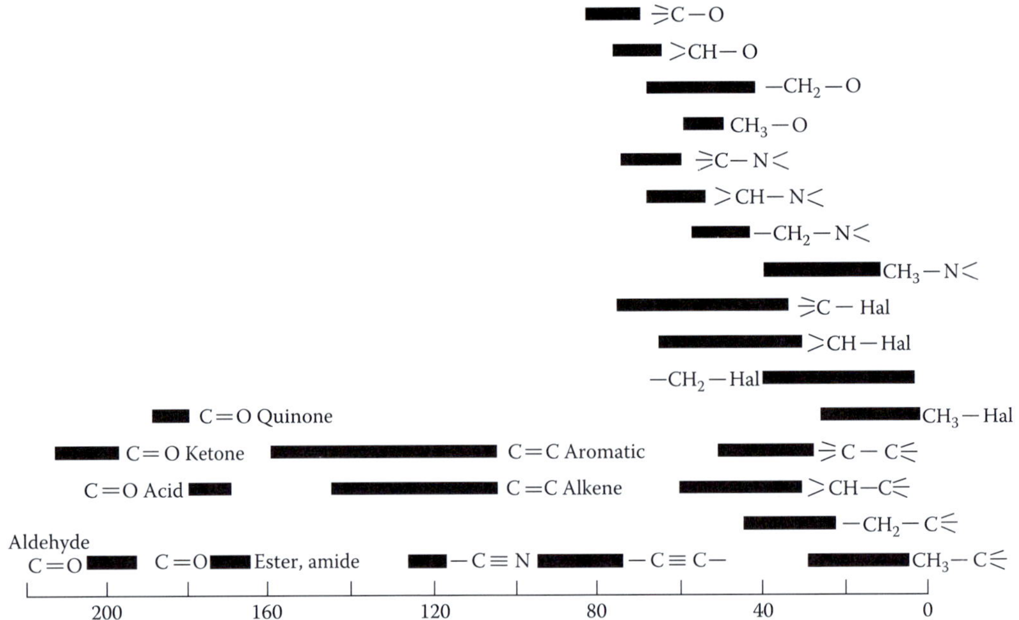

그림 6.42 표준 물질 TMS(0.0 ppm 기준)를 사용한 ^{13}C의 화학적 이동. 할로젠 원소(Cl, Br, I)는 Hal로 표시했음. (From Leyden, D.E. and Cox, R.H., *Analytical Applications of NMR*, John Wiley & Sons, Inc., New York, 1977. Used with permission of John Wiley & Sons, Inc.)

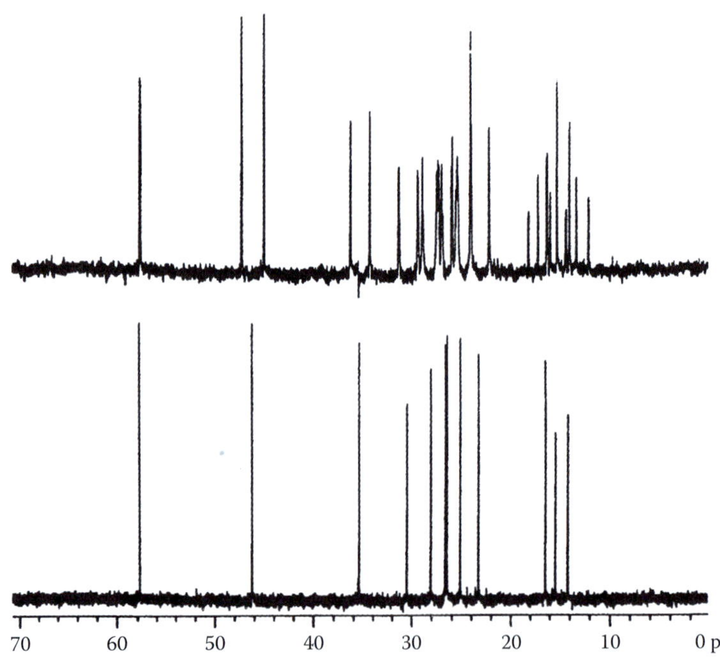

그림 6.43 슈크로스의 이핵종 결합 분단 75 MHz ^{13}C 스펙트럼. 완전히 결합된 스펙트럼(위). 넓은-띠 ^{1}H 결합 분단 스펙트럼(아래). 슈크로스의 구조는 그림 6.28에 나타낸 바와 같이, 12개의 탄소 원자는 화학적으로 동등하지 않아서, 결합 분단 스펙트럼에서는 각각의 탄소 원자로 인해 12개의 단일선이 나타난다. (From Petersheim, M., Nuclear magnetic resonance, in Ewing, G.A., ed., *Analytical Instrumentation Handbook*, 2nd edn., Marcel Dekker Inc., New York, 1997. Used with permission.)

은 외부 자기장에 대해 54.76°(magic angle, 요술각)의 각도로 기울여 5~15 kHz의 속도로 시료를 회전시키는 MAS 방법에 의해 제거될 수 있다. 이 기법은 화학적 이동 비등방성을 평균화하여 등방성 값을 갖도록 분해능을 증가시키는 것이다. 그림 6.5는 고체 샘플 스펙트럼에서 MAS의 사용이 얼마나 선 넓힘

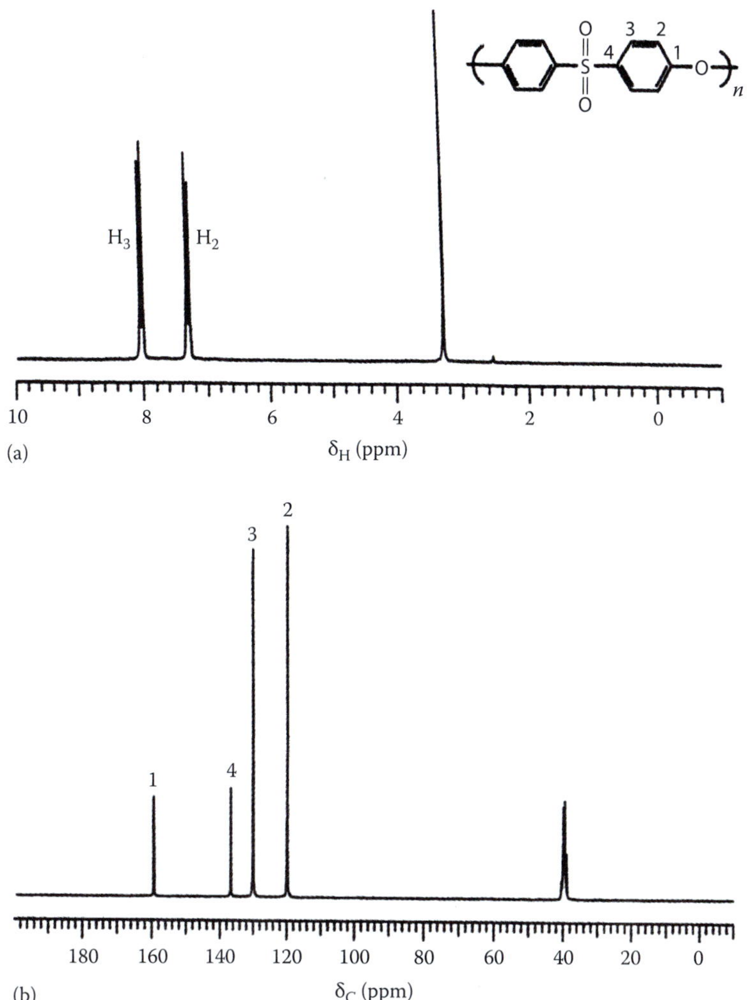

그림 6.44 중수소화된 다이메틸설폭사이드(dimethylsulfoxide, DMSO-d_6)에 용해된 poly(1,4-phenylene ether sulfone)의 (a) ^{1}H와 (b) ^{13}C NMR 스펙트럼. 스펙트럼 (b)는 ^{13}C 스펙트럼의 ^{1}H 결합 분단을 일으킨 NOE를 보여 주고 있다. ^{1}H와 결합한 2와 3의 방향족 탄소 피크는 ^{1}H와 비결합한 1과 4의 방향족 탄소 피크보다 큰 것을 보여주고 있다. ^{1}H 스펙트럼의 3.3 ppm 피크는 용매의 물 때문이고, ^{13}C 스펙트럼의 40 ppm 피크는 용매의 ^{13}C 때문이다. (From Williams, E.A.: *Characterization of Materials*, Part I., 1992. Copyright Wiley-VCH Verlag GmbH & Co. KGaA. Used with permission.)

을 감소시키는지를 보여 준다. 또, 고체 NMR에서 ^{13}C와 ^{1}H 사이에서 상호작용의 결과로 선 넓힘이 나타나는데, 이것은 스핀 결합 분단과 비슷한 방식으로 쌍극자 상호작용의 결합 분단 기법을 이용하여 선폭을 감소시킬 수 있다.

고체에서 ^{13}C의 스핀–격자 이완 시간은 매우 길다(수 분). 다른 펄스가 주사되기 전에 핵들이 이완되어야 하기 때문에, 적절한 세기의 스펙트럼을 얻기 위해 몇 시간의 충분한 긴 시간이 필요하다. **교차–편극(cross-polarization)**이라고 하는 펄스 기법은 더 빨리 핵이 이완되어 탄소와 수소 간의 상호작용을 감소시키기 위해 많이 사용된다. 고체 시료 분석을 위한 FT-NMR 시스템은 높은 세기의 쌍극자 분단 및 MAS, 교차-편극을 이용하여 적절한 시간 동안 좁은 선 스펙트럼을 얻기 위한 하드웨어와 소프트웨어를 구성하고 있다.

6.6.4.4 ^{13}C 스펙트럼의 이해

C 스펙트럼 해석의 몇 가지 예를 다루고자 한다. 그림 6.42는 유기 화합물의 다양한 화학적 이동 정보

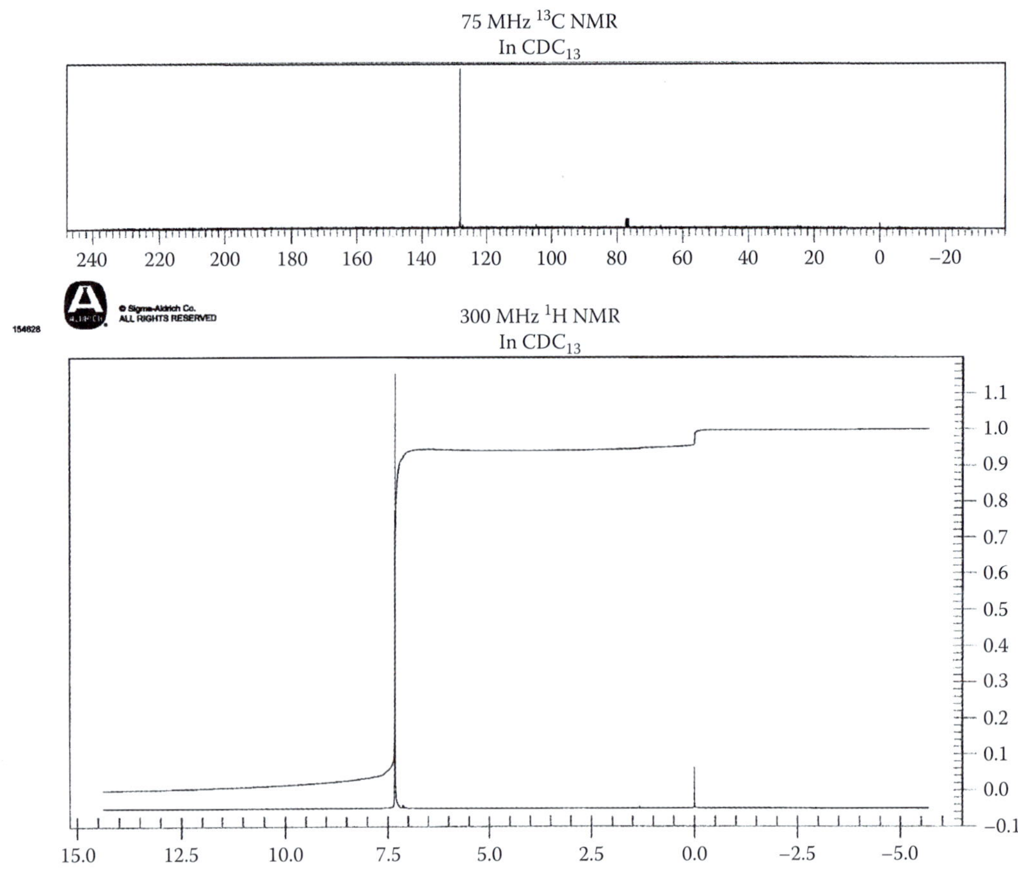

그림 6.45 벤젠(C_6H_6)의 NMR 스펙트럼. 6개의 모든 탄소 원자는 화학적으로 동등하기 때문에 스펙트럼은 128 ppm의 방향족 탄소 영역에서 단일 피크만을 보여 주고 있다. 6개의 수소도 동등하여 ^{1}H 스펙트럼에서 단일 피크로 나타난다. (Reprinted with permission of Aldrich Chemical Co., Inc.)

를 제공하고 있어 다음 예들에서 사용될 것이다. 이제 분자 구조에서 ^{1}H가 아니라 탄소 원자를 보아야 한다는 것을 기억하라. 예를 들면, 그림 6.42에서 0~75 ppm 사이에서는 알케인 탄소를, 100~160 ppm 구간에서는 방향족과 알켄 탄소를, 170~180 ppm 사이의 아주 좁은 구간에서는 카복실산의 C=O 탄소를 찾을 수 있다.

아세트산의 ^{13}C 스펙트럼(그림 6.38의 위쪽)을 보면, 21 ppm과 178 ppm에 2개의 단일 피크가 있다. 77 ppm의 작은 삼중선은 $CDCl_3$ 용매의 탄소 피크이다. 아세트산의 구조는 CH_3COOH이므로, 알킬 탄소 1개와 카복실산 탄소 1개의 뚜렷한 2개의 탄소 원자를 가진다. 그림 6.42에서, 178 ppm의 피크는 카복실산 탄소 때문이고, 21 ppm의 피크는 CH_3 탄소 때문이다. 알킬 탄소의 피크는 산 탄소 피크보다 훨씬 세다. 수소와 결합하지 않고 있는 산 탄소의 세기는 변하지 않는 반면에 수소와 결합하고 있는 메틸 탄소 신호는 ^{1}H 결합 분단에 의해 강해진다. NOE 때문에 피크의 상대적인 크기는 탄소 원자의 개수를 측정하는 데 사용할 수 없다.

벤젠(C_6H_6)의 ^{13}C 스펙트럼은 그림 6.45에 나타내었다. 6개의 모든 탄소 원자는 화학적으로 동등하기 때문에 스펙트럼은 128 ppm의 방향족 탄소 영역에서 단일 피크만을 보여 주고 있다. 그림 6.46은 사이클로헥산올($C_6H_{11}OH$, 고리형 지방족 알코올)의 스펙트럼을 나타내었다. 고리에 6개의 탄소는 화학적으로 모두 동등하지 않다. 분자 구조와 피크 결정 결과를 스펙트럼에 나타내었다. 하이드록시기가 결합하고 있는 탄소는 독특한 덜 감싸여져 70 ppm에서 하나의 피크로 나타난다. 하이드록시기의 정반대편 탄소도 독특하게 25 ppm에서 피크를 나타난다. 분자의 대칭성 때문에 2개의 동등한 "b" 탄소와 2개의 동등한 "d"

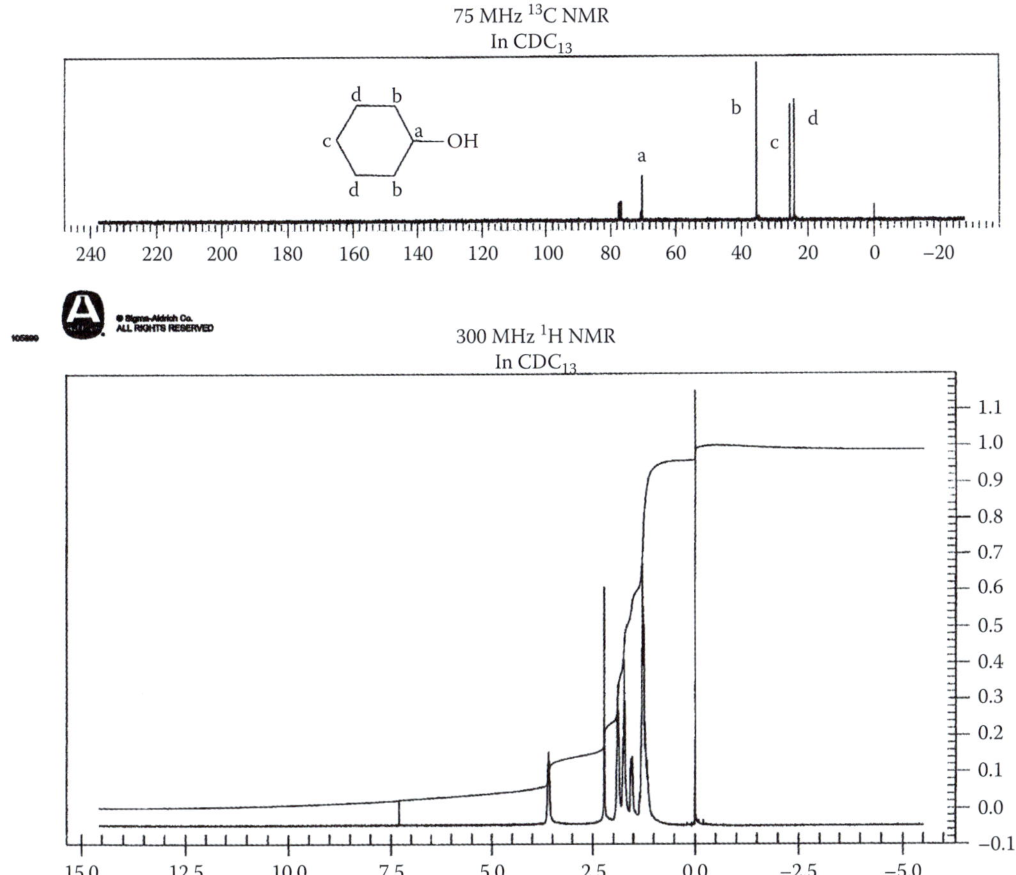

그림 6.46 사이클로헥산올($C_6H_{11}OH$)의 NMR 스펙트럼. (Reprinted with permission of Aldrich Chemical Co., Inc., modified by addition of the structure and peak identification by the authors.)

탄소가 존재한다. 또한 용매의 피크는 77 ppm에서 삼중선으로 나타난다.

벤젠 고리에 치환기가 하나인 경우는 사이클로헥산올과 같은 대칭 패턴을 가지므로, 오쏘 탄소끼리와 메타 탄소끼리는 동등한 반면, 치환된 탄소와 파라 탄소는 각각 독특하다. 그러므로 벤젠 고리에 치환기가 하나인 경우는 방향족 영역에서 4개의 탄소 피크를 보인다. 벤즈알데하이드 (C_6H_5CHO)가 여기에 해당된다. 그림 6.49의 벤즈알데하이드 ^{13}C 스펙트럼은 130~140 ppm 영역의 방향족 구간에서 4개의 피크를 보여 준다. 4개의 피크 중 제일 작은 것은 치환된 탄소이고, 그 다음이 파라 탄소이며, 2개의 큰 피크는 오쏘와 메타 탄소이다. NOE가 피크 면적(또는 높이)과 탄소 개수의 일정비를 잃어버리게 하지만, 피크의 높이는 탄소에 결합한 수소의 개수와 동등한 탄소 핵의 개수에 비례한다. 모든 것이 같은 조건이면, 수소와 결합하고 있지 않는 단일 탄소는 다수의 양성자를 포함한 다수의 탄소핵 피크보다 더 작은 피크를 나타낸다. 그림 6.42에서처럼, 알데하이드기의 탄소는 스펙트럼에서 추가적인 신호가 192 ppm에서 나타난다(알데하이드 탄소는 190~120 ppm 영역에서 나타남).

그림 6.48은 카복실산의 하이드록시기가 $-NH_2$로 치환된 화합물인 한 아마이드(amide)의 NMR 스펙트럼을 보여 준다. 프로피온아마이드($CH_3CH_2CONH_2$)는 3개의 독특한 탄소 원자가 있다. 아마이드의 카보닐 탄소 1개와 2개의 알킬 탄소이다. 그림 6.42에서 아마이드의 카보닐 탄소는 165~175 ppm에서 흡수될 것으로 예상되고, 그림 6.48의 스펙트럼에서는 177 ppm에서 피크가 나타난다. 메틸 탄소는 10 ppm에 위치하고, 반면에 메틸렌 탄소는 29 ppm에서 나타난다. ^1H 스펙트럼은 앞에서 설명한 것처럼 동등하지 않은 아마이드의 수소들 때문에 6.3과 6.6 ppm에서 2개의 작고 넓은 피크가 나타난다.

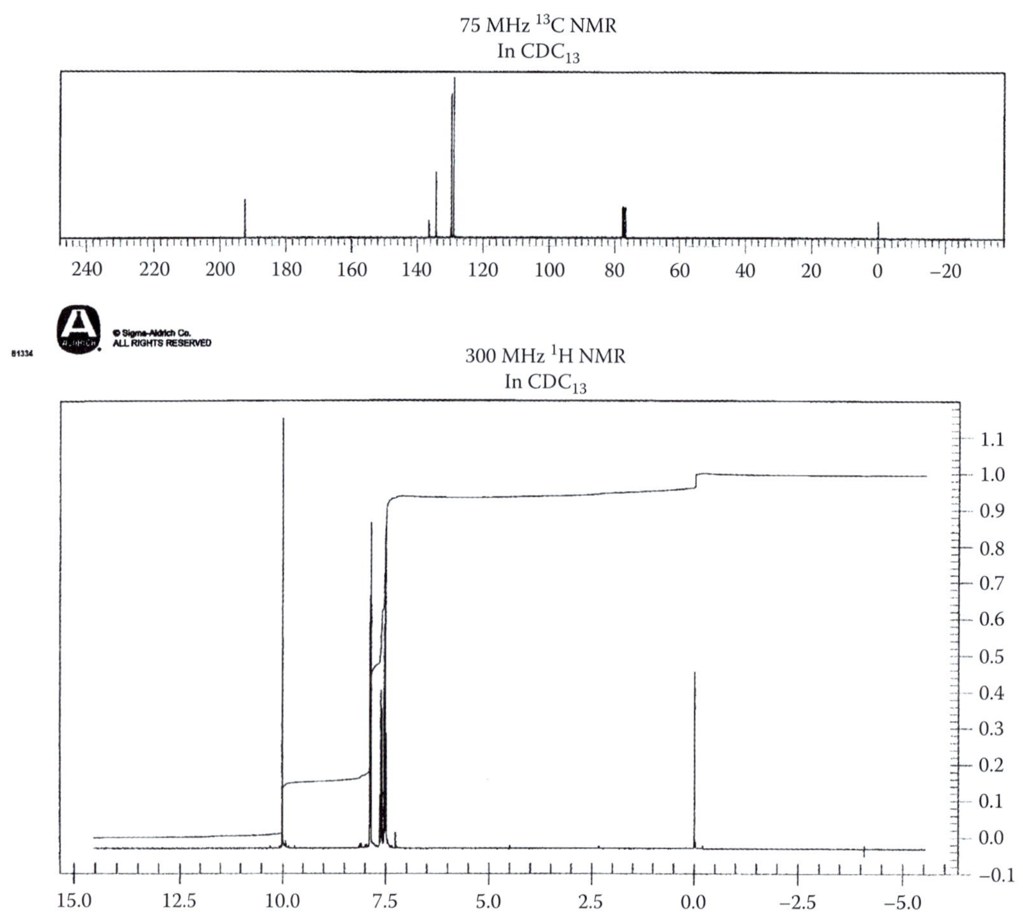

그림 6.47 벤즈알데하이드(C_6H_5CHO)의 스펙트럼. 벤젠 고리에 치환기가 하나인 경우의 전형적인 ^{13}C 스펙트럼과 알데하이드 탄소의 특징적인 신호를 보여 주고 있음. (Reprinted with permission of Aldrich Chemical Co., Inc.)

6.6.5 | 2차원(2D) NMR

유기 화합물의 고분해능 NMR 스펙트럼은 공명 겹침과 스핀–스핀 결합의 겹침으로 복잡할 수 있다. 2차원(2D) NMR 실험 및 3D와 4D 실험을 이용하면 두 번째(또는 세 번째 또는 네 번째)-주파수 차원으로 얻어진 정보를 확대할 수 있어서, 스펙트럼의 해석을 더 쉽게 하고 더 많은 구조적 정보를 얻을 수 있다. 2차원 및 고차원 실험은 핵스핀들 사이의 상호작용에 따른 특정한 핵스핀을 선택적으로 조작할 수 있게 하였다. 연속된 여러 NMR 실험을 통해 분자의 기하학적 구조를 포함한 분자 전체의 구조를 해석할 수 있다.

2차원 실험은 일반적으로 '첫 번째 펄스–시간 간격 t_1–두 번째 펄스–시간 간격 t_2'와 같이 4가지로 구성되어 있다. 첫 번째 시간 간격 t_1은 전개 기간(evolution period)이라고 하고, t_2는 신호 획득(acquisition) 기간이라고 한다. 전개 기간 동안 핵스핀들은 서로 상호작용을 한다. 신호 획득 기간에 검출된 핵은 전개 기간 t_1 동안 상호작용한 핵에 의해 주파수 변조가 된다. 전개 기간 t_1을 조금씩 증가시키면서 획득한 FID들을 이중 푸리에 변환(Fourier transformation, FT)하면 2개의 주파수가 발생한다. 보통 1024 또는 더 많은 FID를 획득한다. 각각의 FID들은 하나의 주파수 축(ν_1)을 갖도록 첫 번째 푸리에 변환한다. 두 번째 FT는 첫 번째와 수직한 방향으로 t_1에 대해 또 하나의 주파수 축(ν_2)이 생기도록 수행된다. 첫 번째 주파수 축(ν_1)은 신호 획득 기간 동안에 검출된 핵으로부터 발생된 것이고, 두 번째 축(ν_2)은 전개 기간 동안 상호작용한 같은 핵종(COSY와 같은 동종핵 실험) 또는 다른 핵종(HETCOR와 같은 이종핵 실험)으로부터 발생된 것이다. 데이터는 주파수-대-주파수로 도시하며 일반적으로 등고선(contour) 형식으로 나타난다.

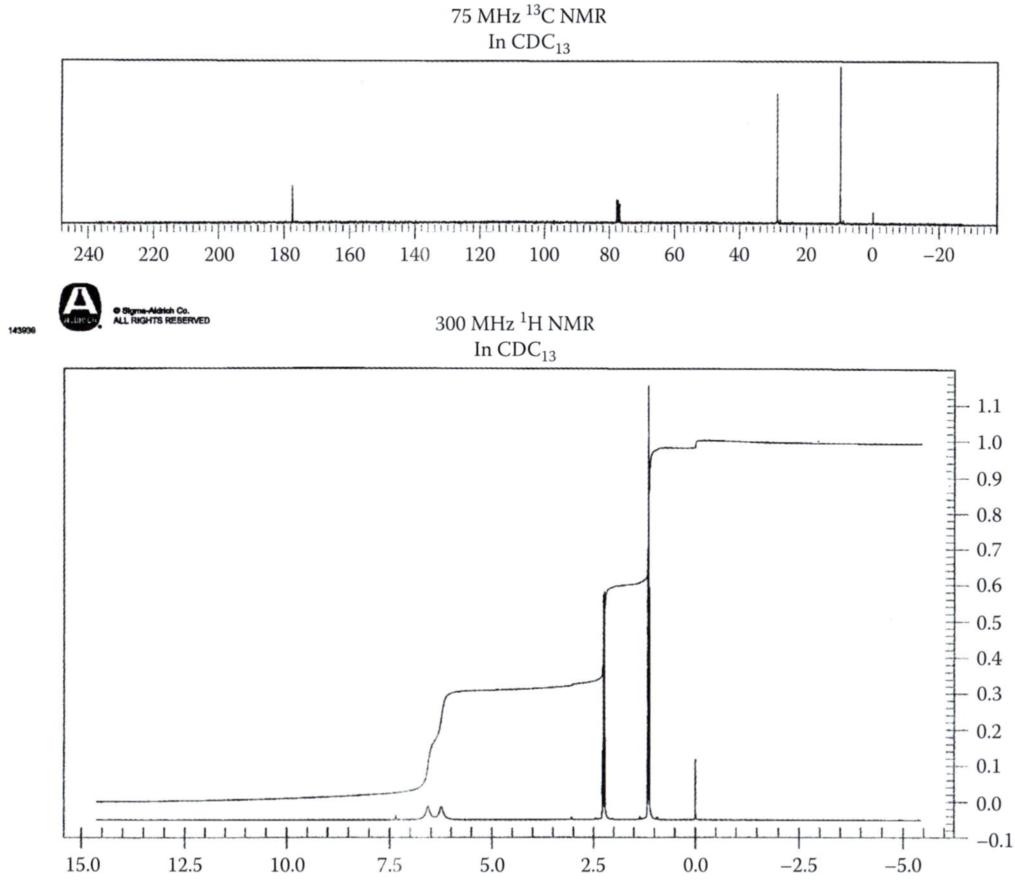

그림 6.48 프로피온아마이드($CH_3CH_2CONH_2$)의 NMR 스펙트럼. (Reprinted with permission of Aldrich Chemical Co., Inc.)

예를 들면, 동종핵 COSY 실험은 한 분자 내에서 $^1H-^1H$ J 결합을 지도로 표현하여 이용된다. CH—CH와 같이 결합되어 있는 단순한 2개의 ^1H을 고려해 보자. 2D COSY 실험의 기본 펄스 서열은 스핀의 평형을 만들기 위한 이완(relaxation)과 준비(preparation) 기간으로 구성된다. 1개의 90° 펄스가 조사되고 전개 기간 t_1 동안 스핀들은 특징적인 주파수들로 세차 운동을 한다. 전개 기간 후에, 믹싱(mixing) 펄스인 두 번째 90° 펄스가 조사된다. 이 두 번째 펄스가 J-결합하는 스핀들 간의 자성 교환을 가능하게 한다. 일반적으로 1D ^1H 스펙트럼은 x축과 y축 양쪽에 도식화된다. 우리가 고려하는 간단한 시스템의 스펙트럼은 2개의 이중선을 가질 것이고, 하나의 ^1H A에 대한 화학적 이동의 중앙을 δ_A로, 또 하나의 ^1H X에 대한 화학적 이동의 중앙은 δ_x로 표현하였다. 그림 6.49에 2D 스펙트럼의 개략도를 나타내었다. t_1과 t_2 동안 자성이 동일하게 변조를 하게 되면, 얻어지는 주파수들은 동일해질 것이다. 두 주파수가 동일하다면, ν_1 대 ν_2 도면의 한 점으로 $x-y$ 그래프의 대각선에서 나타날 것이다. 대각선을 따라 나타나는 등고선 피크(개략도의 ○점)는 모든 스펙트럼에서 나타나는 '보통(normal)' 공명이며 어떠한 정보도 갖고 있지 않다. 대각선에 1~4로 표시된 4개의 점은 1D NMR 스펙트럼에서 단지 4개 피크(즉, 2개의 이중선)의 주파수를 의미한다. 5~8의 피크는 자체 상호 관계(autocorrelation) 피크로 논의할 필요가 없다. 우리가 관심이 있는 것은, t_1 동안의 한 주파수가 t_2 동안의 다른 어떤 주파수와 자성을 발현하여, 상호작용에 의한 주파수-변조 피크로 어디에서 나타나는지이다. COSY 실험에서는, 이 상호작용 피크가 $x-y$ 그래프의 대각선에서 벗어나서 나타난다. 이 피크를 교차-상호관계(cross-correlation) 피크 또는 교차-피크(cross-peaks)라고 한다. 교차-피크는 우리가 원하는 추가적인 정보를 제공한다. 동종핵 COSY 실험에서, 교차-피크는 어떤 ^1H들이 서로 결합하고 있는지를 알려준다. 그림 6.49에서는 자성 교환에 의

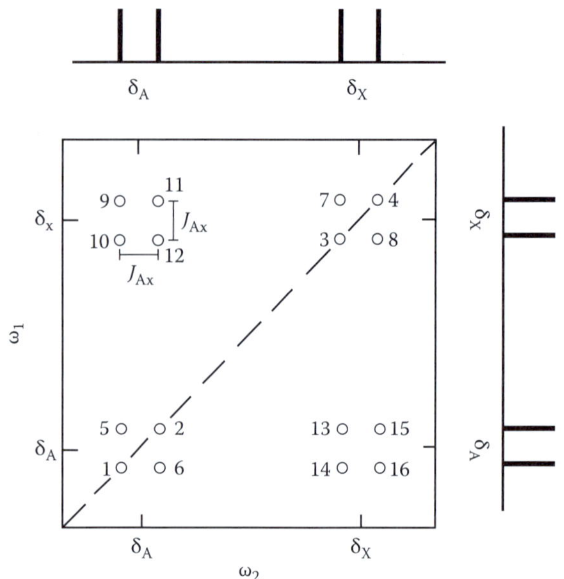

그림 6.49 모사된 AX ^1H–^1H COSY 스펙트럼. (Modified from Bruch, used with permission.)

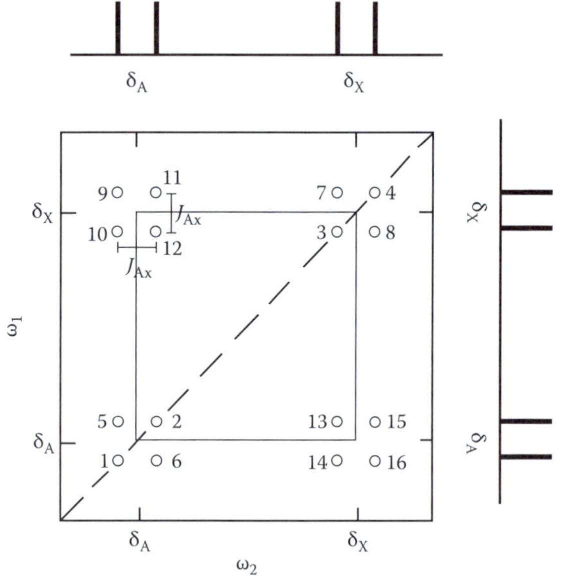

그림 6.50 교차-피크들과 대각선 위의 A와 X 피크를 연결한 선이 A와 X가 스핀-결합을 하는 것을 증명하고, 또한 J_{AX}의 측정을 가능하게 한다. (Modified from Bruch, used with permission.)

하여 9~16의 8개 피크가 대각선에서 벗어난 대칭 쌍으로 나타난다. 그림 6.50에서는 ^1H A와 X의 대각선 위 2개의 피크와 대각선 밖의 대칭쌍 2개의 피크를 연결한 선을 통해, ^1H A와 X가 서로 결합하고 있는 것을 보여 주고 있다. 즉, 동종핵 COSY 실험에서 대각선 밖의 대칭쌍 2개의 피크는 어떤 스핀 쌍이 서로 스핀-결합을 하고 있는지를 알려준다. 이 방법으로 복잡한 스펙트럼에서의 결합을 밝힐 수 있다. 그림에서 보이듯이 미세한 구조(피크 갈라짐) 또는 피크 간격은 J_{AX}로 나타난다. 그림 6.51a에서 나타낸 모사 COSY 스펙트럼과 같이 일반적으로 나타나며, 피크들은 등고선으로 나타난다. 이 모사 스펙트럼에는 대각선 위에 6개의 ^1H들이 있다. 그림 6.51b에서는 연결선으로 ^1H 1과 2가 스핀-결합을 하고, ^1H 3과 4가 스핀-결합을 하고 있음을 보여 주지만, ^1H 5와 6은 다른 ^1H들과 스핀-결합하지 않는다는 것을 보여 주고 있다. 이것은 미지의 분자 구조를 예측하기에 중요한 정보이다. 즉, ^1H 5와 6은 메틸 또는 메틸렌, 메틴

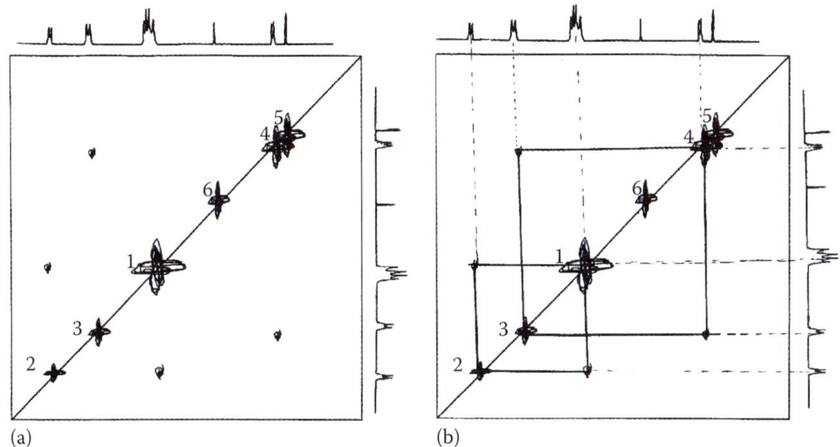

그림 6.51 (a) 미지 화합물의 ^{1}H–^{1}H COSY 모사도. (b) 연결선들이 어떤 ^{1}H들이 서로 스핀-결합을 하는지를 나타냄. COSY에서 ^{1}H 5와 6은 어떤 ^{1}H와도 결합하지 않는 것을 나타냄. 미지의 화합물 구조 예측은 COSY 실험의 결합 정보와 일치되어야 한다.

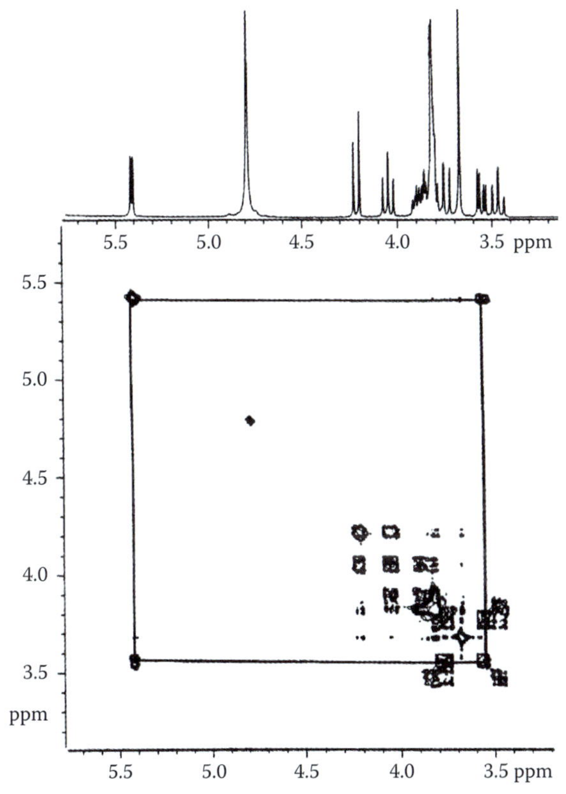

그림 6.52 D_2O에서 슈크로스의 COSY 등고선 스펙트럼. 5.41 ppm의 ^{1}H 대각선 피크와 3.35 ppm의 이중의 이중선과 연결선에 강한 등고선 피크가 있음. 또한, 4.05 ppm의 삼중선은 4.22 ppm의 이중선과 결합한다는 것을 알려주는 대각선 밖의 강한 등고선 피크가 있음. 그림 6.28과 비교해 보라. (Modified from Petersheim, M., Nuclear magnetic resonance, in Ewing, G.A., ed., *Analytical Instrumentation Handbook*, 2nd edn., Marcel Dekker, Inc., New York, 1997. Used with permission.)

의 ^{1}H들과 이웃하고 있지 않다. 그림 6.52은 슈크로스의 COSY 스펙트럼이다. 그림 6.52에서 연결선은 결합이 일어난 것을 보여 준다. 거대 분자의 COSY 스펙트럼은 복잡하고 해석하기 어려울 수 있다. 그림 6.53에 글루코피라노사이드(glucopyranoside) 분자의 ^{1}H NMR 스펙트럼(3.8~5.4 ppm) 일부분과 연관된 복잡한 COSY를 도시하였다.

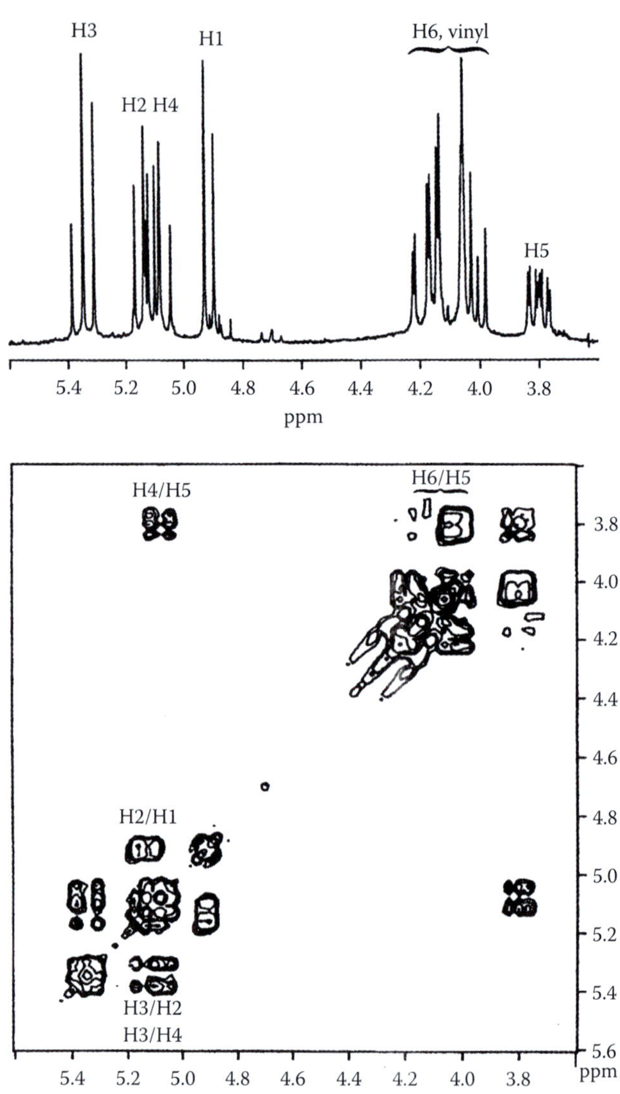

그림 6.53 글루코피라노사이드의 실제 2D-COSY 스펙트럼의 일부. 3.6～5.4 ppm 영역을 확대하였음. (Modified from Bruch, used with permission.)

문제

6.1 화학적 이동에 대한 용어를 정의하시오. 화학적 이동은 왜 일어나는가? ^{1}H와 ^{13}C NMR에서 화학적 이동을 어떻게 측정하는가?

6.2 (a) 스핀–스핀 결합이 왜 일어나는지 설명하시오.

(b) 메틸렌(CH_2)기가 CH 기와 인접해 있을 때, 메틸렌의 ^{1}H NMR 피크는 몇 개로 갈라지는가?

6.3 J 결합 상수는 무엇을 의미하는가? A ^{1}H와 B ^{1}H와의 결합 상수 $J_{AB} = 9$이고, A ^{1}H와 C ^{1}H와의 결합 상수 $J_{AC} = 2$일 때, A ^{1}H의 갈라짐 패턴을 예측하여 그려보시오.

6.4 다음 화합물에 대한 개략적 ^{1}H NMR 스펙트럼을 도식하시오. 화학적 이동과 피크 다중도를 나타내시오.

(a) *n*-Butane (b) 2,2-dimethylpropane (또는 neopentane)

```
   H  H  H  H              CH3
   |  |  |  |               \
H—C—C—C—C—H         CH3—C—CH3
   |  |  |  |               /
   H  H  H  H              CH3
```

6.5 다음 화합물에 대한 개략적 ^{1}H NMR 스펙트럼을 도식하시오. 화학적 이동과 피크 다중도를 나타내시오.

(a) Benzene (b) benzaldehyde

```
     H     H
      \   /      H
   //—\\        |
H—      —C=O
   \\—//
      /   \
     H     H
```

6.6 1-butene 피크의 총면적은 80단위이다. (a) 탄소 b의 CH_2 기와 (b) 탄소 c의 CH 기의 피크 면적을 예측하시오.

```
   H  H  H
   |  |  |    /H
H—C—C—C=C
   |  |       \H
   H  H
   a  b  c  d
```

6.7 FT-NMR 장치의 개략도를 그리시오.

6.8 자기 회전 비율(magnetogyric ratio)을 정의하시오.

6.9 '요술각(magic angle)'은 무엇인가? 고체 시료의 NMR 스펙트럼을 얻기 위해 MAS를 사용하는 이유를 설명하시오.

6.10 액체 시료의 NMR 스펙트럼을 얻는 동안 시료를 자기장 속에서 회전시키는 이유를 설명하시오.

6.11 알데하이드 ^{1}H의 NMR 피크는 약 9~10 ppm에서 나타난다. 즉, 다른 ^{1}H에 비해 전자가 벗겨짐(deshield)을 의미한다. 알데하이드 ^{1}H가 전자 벗겨지는 이유를 그림 6.9의 예를 이용하여 설명하시오.

6.12 원소의 스핀 양자수를 결정하는 규칙을 설명하시오.

6.13 다음 중 어느 것이 스핀 양자수 = 0을 가지는가?

^{12}C, ^{13}C, ^{16}O, ^{17}O, ^{1}H, ^{2}H, ^{19}F, ^{28}Si, ^{35}Cl, ^{108}Ag, ^{96}Mo, ^{66}Zn, ^{65}Zn

6.14 (a) ^{1}H와 (b) ^{2}H의 스핀 양자수(I)는 무엇인가? 자기장에 대해 (a) ^{1}H와 (b) ^{2}H는 몇 개의 방향을 갖는가? (스핀 양자 상태 수 = $2I + 1$)

6.15 COSY 실험은 어떤 정보를 제공하는가? COSY 스펙트럼을 해석하는 방법을 설명하시오.

6.16 HETCOR 실험은 어떤 정보를 제공하는가? HETCOR 스펙트럼을 해석하는 방법을 설명하시오.

6.17 INADEQUATE 실험은 어떤 정보를 제공하는가? INADEQUATE 스펙트럼에서 x축과 y축에는 어떤 스펙트럼을 표시해야 하는가? 이 실험의 중요한 제약사항은 무엇인가?

6.18 NMR에서 TMS와 같은 표준 기준 물질에 대한 요구사항은 무엇인가?

6.19 Propylamine($CH_3CH_2CH_2NH_2$)의 ^{1}H NMR 스펙트럼을 예측하여 그리시오. 화학적 이동과 피크 다중도를 나타내고 그 이유를 설명하시오.

6.20 CH 기와 이웃한 NH 기와의 스핀-스핀 갈라짐이 생기는 이유는 무엇인가?

6.21 CH 기에 인접한 (a) CH_3, (b)CH_2, (c)CF_3, (d)CF_2, (e)CH, (f)CFH가 있을 때의 스핀-스핀 갈라짐을 예측하시오.

6.22 (a)가로 방향 이완과 (b) 세로 방향 이완은 무엇인가?

6.23 NMR에서 이완을 일으키는 원인을 나열하시오.

6.24 이완 시간이 선폭에 어떤 영향을 미치는가?

6.25 NOE가 무엇인가? ^{13}C NMR에서 NOE에 의한 장점과 단점을 설명하시오.

6.26 다중선을 잃어버리는 온도와 화학적 교환 속도와의 관계를 설명하시오.

6.27 T_1에서 점도의 영향은 무엇인가?

6.28 60 MHz ¹H NMR 분광기로 7.0 ppm(TMS 기준)에서 나타난 화학적 이동의 공명 주파수를 Hz로 변환해 보시오.

6.29 핵의 포화는 무엇을 의미하는가?

6.30 그림 6.15의 나프탈렌 스펙트럼에서 방향족 ¹H가 '사중선(four-lines)' 갈라짐 패턴을 나타내는 이유를 설명하시오. 그림 6.42a의 고분자에 대한 ¹H의 갈라짐 패턴도 설명하시오.

6.31 옥테인과 1-옥텐의 혼합물에 대한 정량 분석의 예에서, 5.0 ppm의 말단 올레핀 ¹H 피크를 이용하여 1-옥텐을 정량하였다. 다른 공명을 사용할 수 있을까? (표 6.3 참조) 다른 공명을 사용했을 때, 정량값이 앞에서 계산한 값과 차이가 있는가? 두 계산의 장점은 무엇인가?

6.32 유기 화합물을 용해하여 측정하는 NMR 연구에서 용매에 대한 요구사항은 무엇인가?

6.33 Dibromobenzene과 같이 동일한 2개의 치환체를 가지는 벤젠 고리 화합물의 경우, 고리에는 2, 3 또는 4의 동일한 탄소가 존재할 수 있다. 브로민 원자가 고리의 어디에 결합되어 있느냐에 따라 ¹³C NMR 스펙트럼은 다르게 나타난다. (a) 가능한 dibromobenzene 분자식 3개를 그리시오. (b) 6.6.3절의 dichlorobenzene 예를 이용하여, 각 dibromobenzene의 거울면을 그리시오. 거울면은 분자에서 각 면의 마주보고 있는 것이 동일함을 의미하는 대칭면을 의미한다. 각 dibromobenzene 분자에는 몇 종류의 탄소가 존재하는지를 설명하고, 각 분자에 대한 ¹³C NMR 스펙트럼에서 몇 개의 피크가 나타날지 예측하시오.

문제 6.34~6.48에서는 제시한 분자식 또는 분자량의 화합물에 대한 ¹H와 ¹³C 스펙트럼과 표 6.3의 화학적 이동을 이용하여, 적절한 화합물의 구조를 그리시오. 주어진 모든 스펙트럼은 Aldrich Chemical Co.의 허가를 받고 사용하였다. 모든 스펙트럼은 60 MHz에서 측정하였으나, 일부 300 MHz ¹H NMR 스펙트럼은 스핀-스핀 갈라짐을 명확하게 보기 위하여 확대하여 추가하였다. 모든 ¹H 스펙트럼은 0.0 ppm에서 TMS의 피크를 보이고, 모든 ¹³C 스펙트럼은 77 ppm에서 $CDCl_3$ 삼중선을 가진다.

6.34 $C_{12}H_{10}$

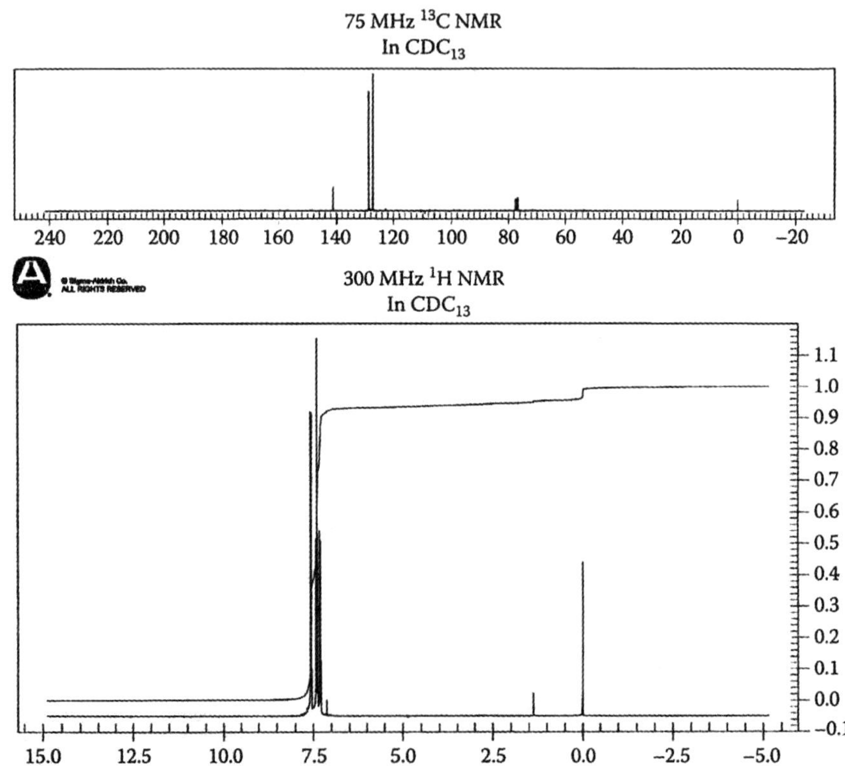

6.35 C_4H_9I

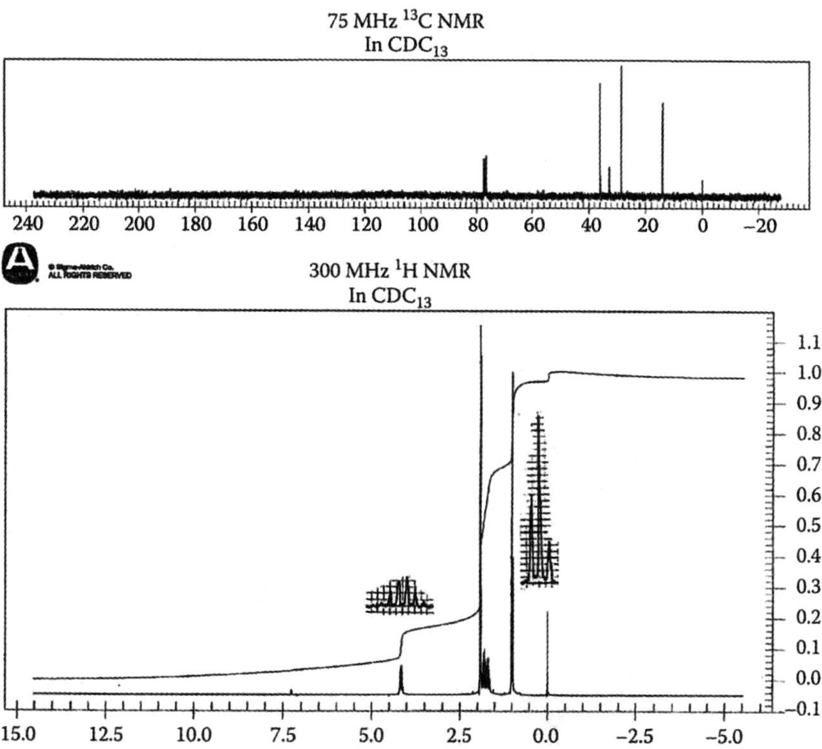

6.36 C_4H_8O

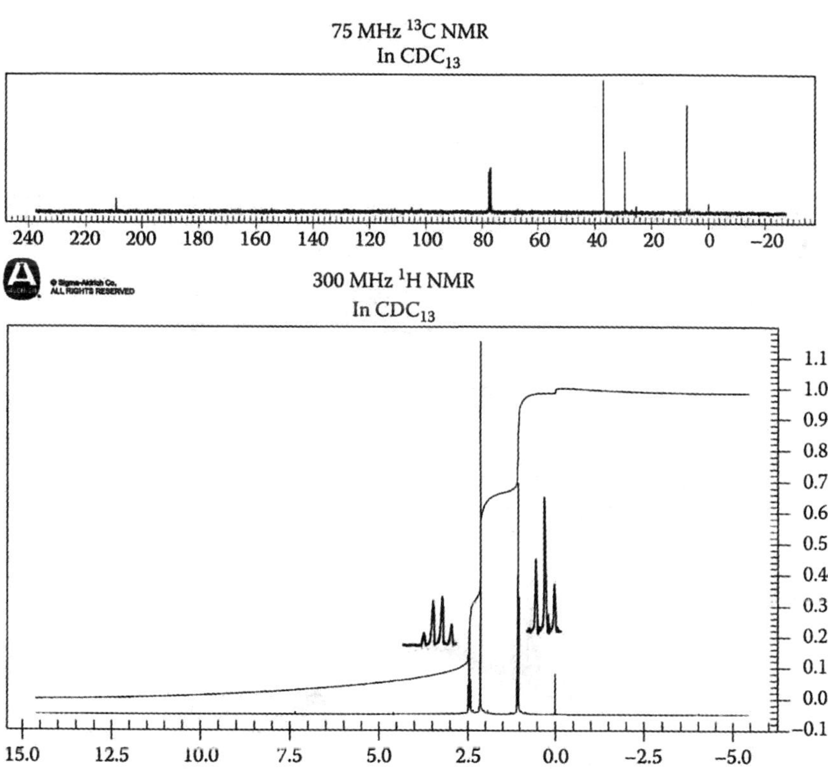

6.37 분자량 (MW) = 120.97. 이 분자는 할로젠 원자 1개를 포함하고 있음.

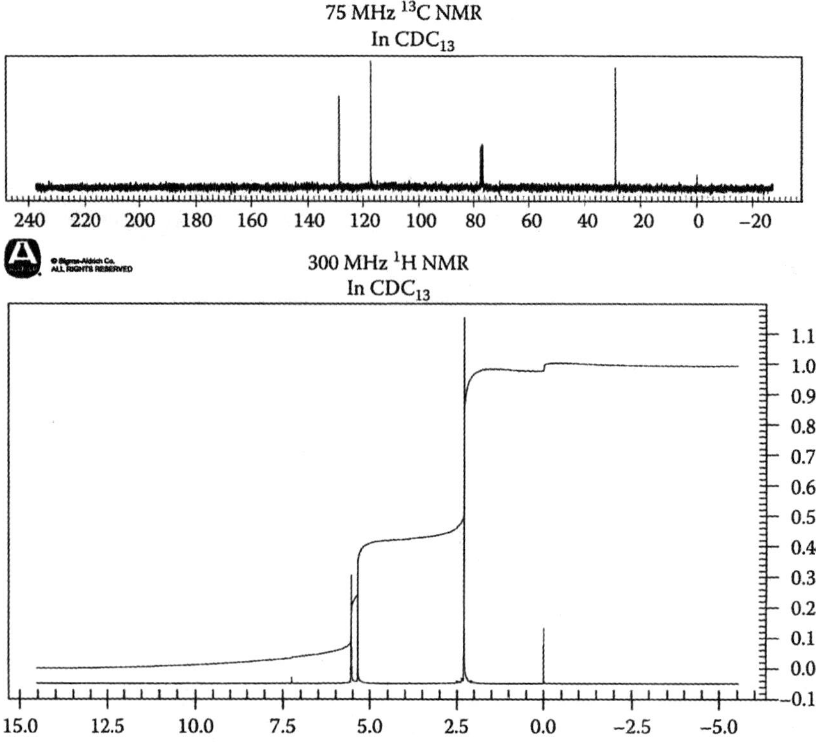

6.38 분자량 (MW) = 156.23.

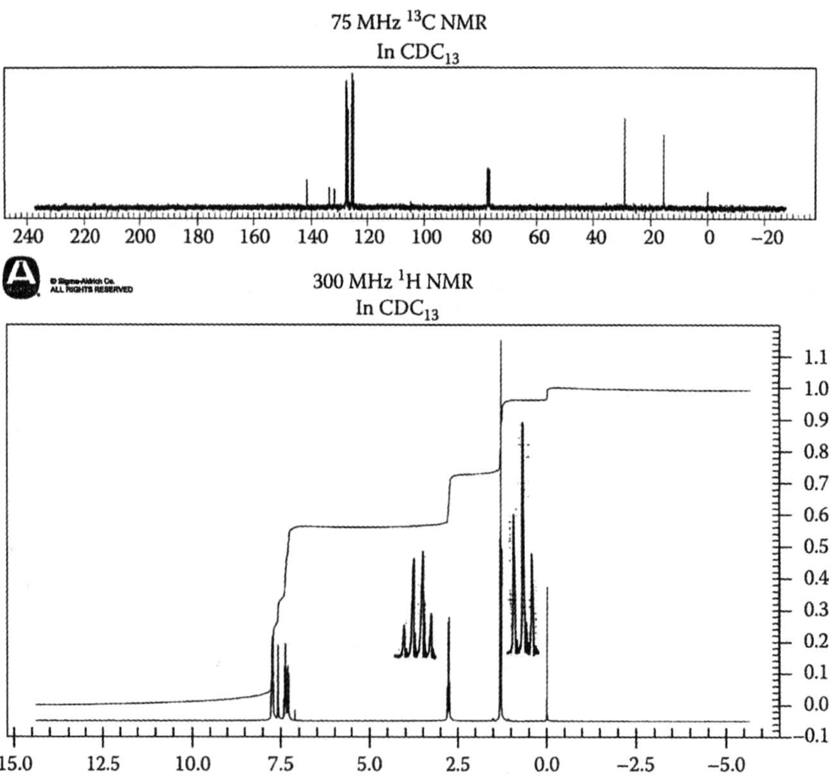

6.39 C_3H_7O

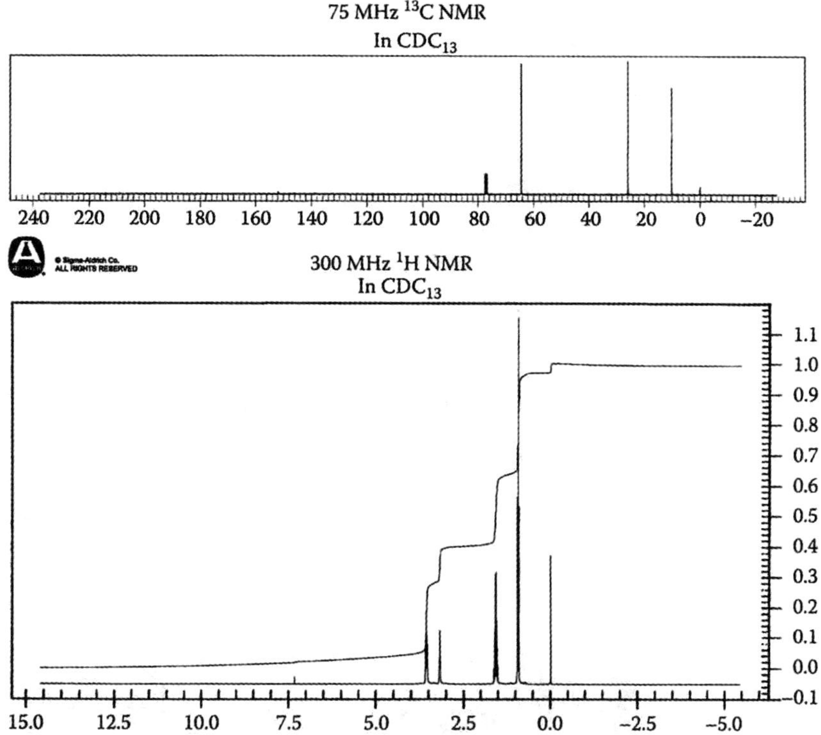

6.40 $C_3H_5O_2Cl$

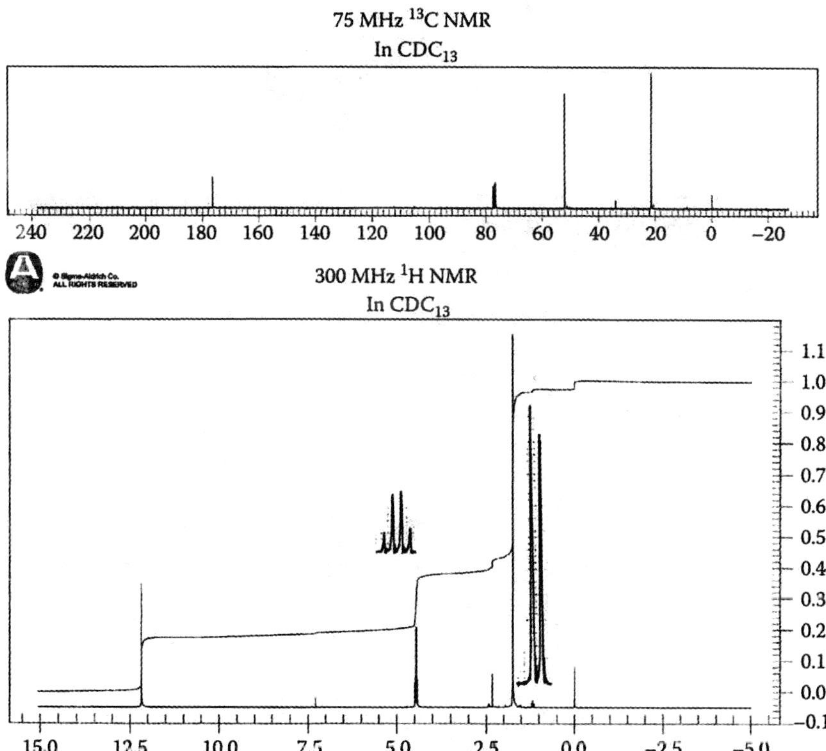

6.41 $C_3H_6Cl_2$

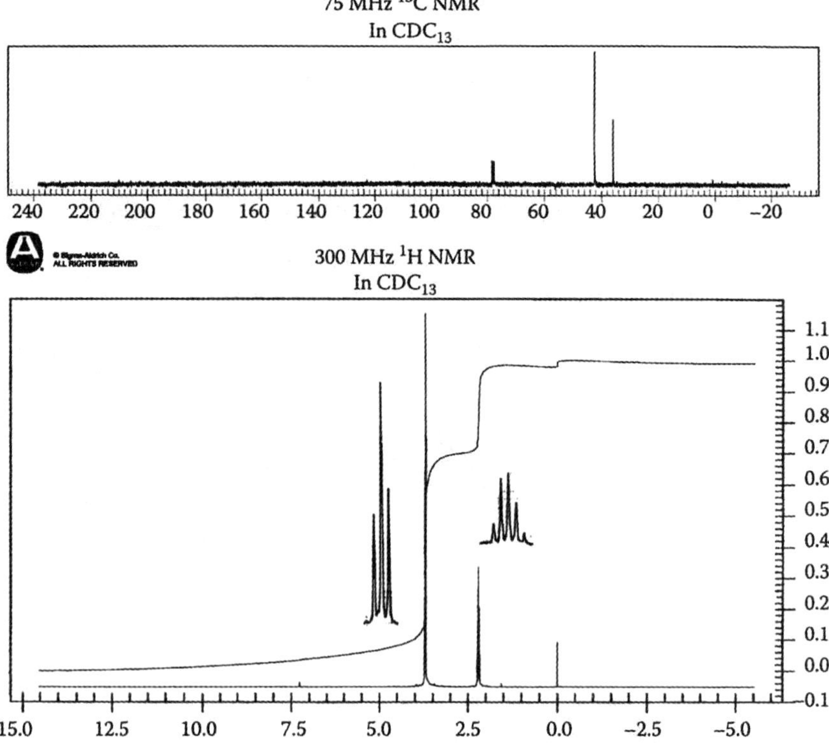

6.42 $C_3H_6Cl_2$

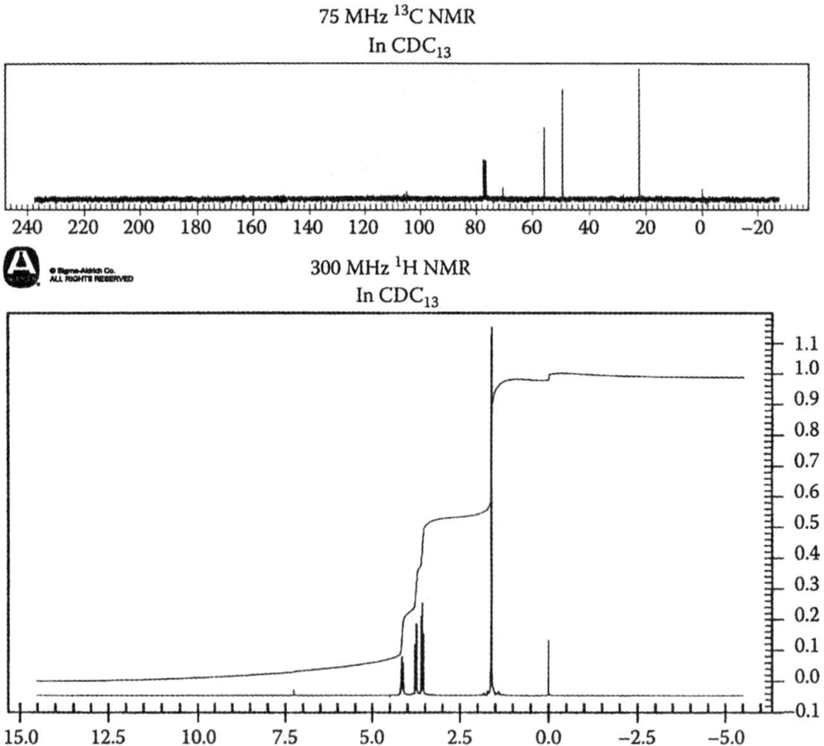

6.43 분자량 (MW) = 106.17

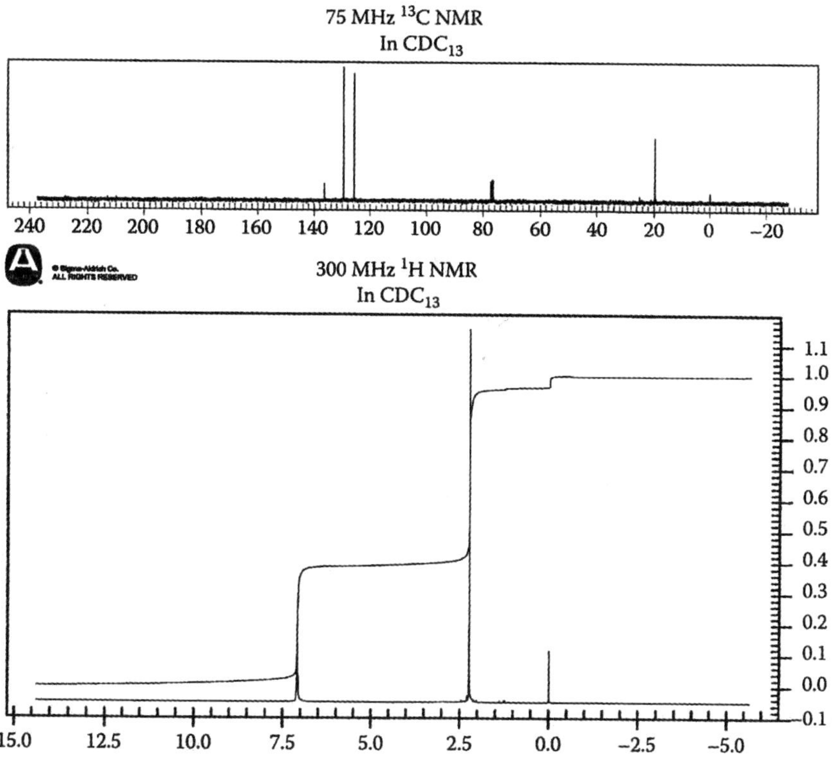

6.44 분자량 (MW) = 106.17

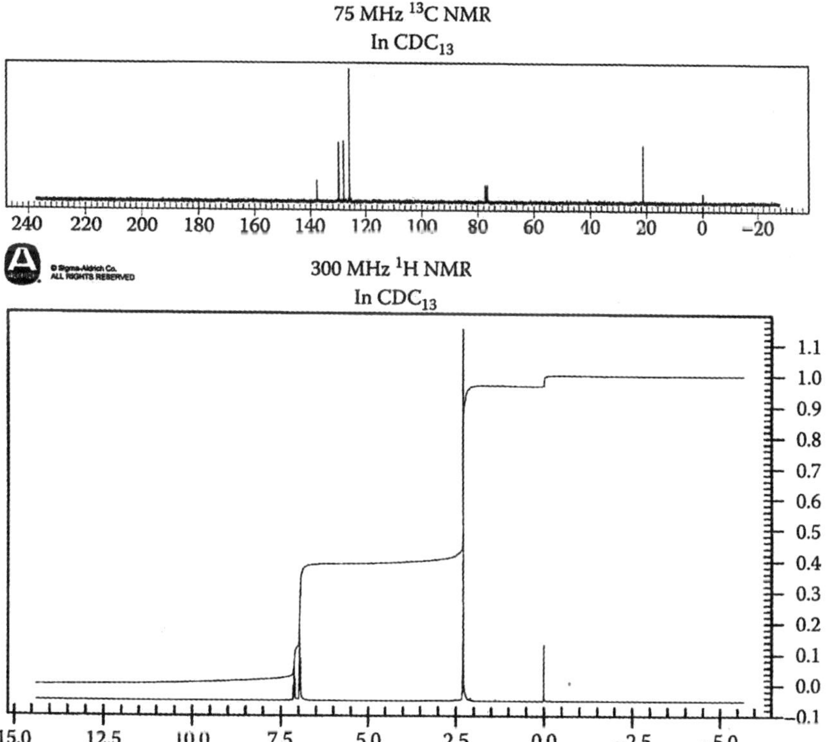

6.45 분자량 (MW) = 106.17

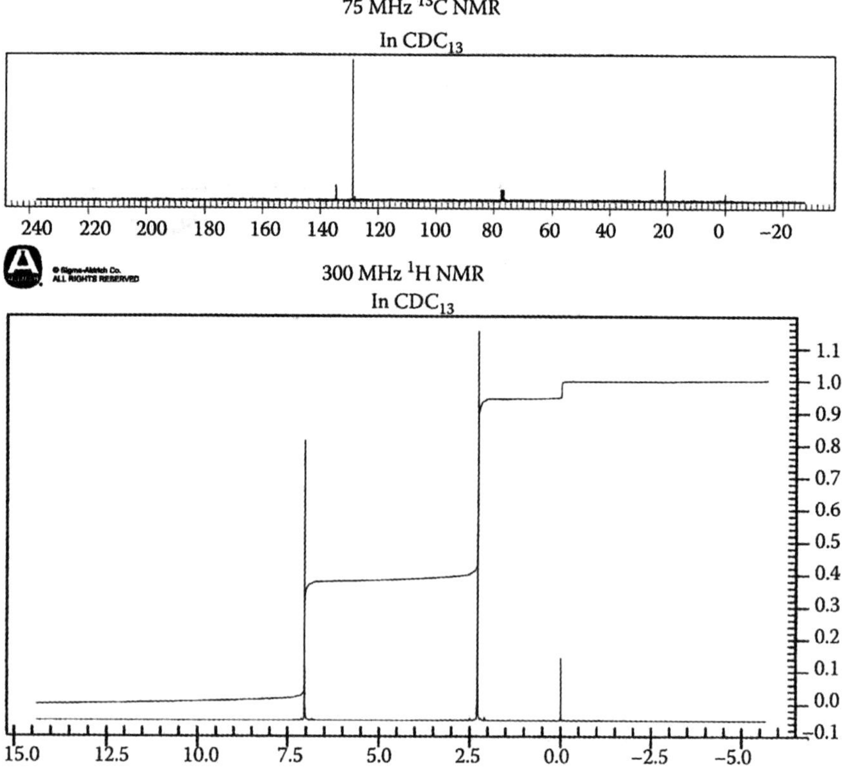

6.46 분자량 (MW) = 108.14

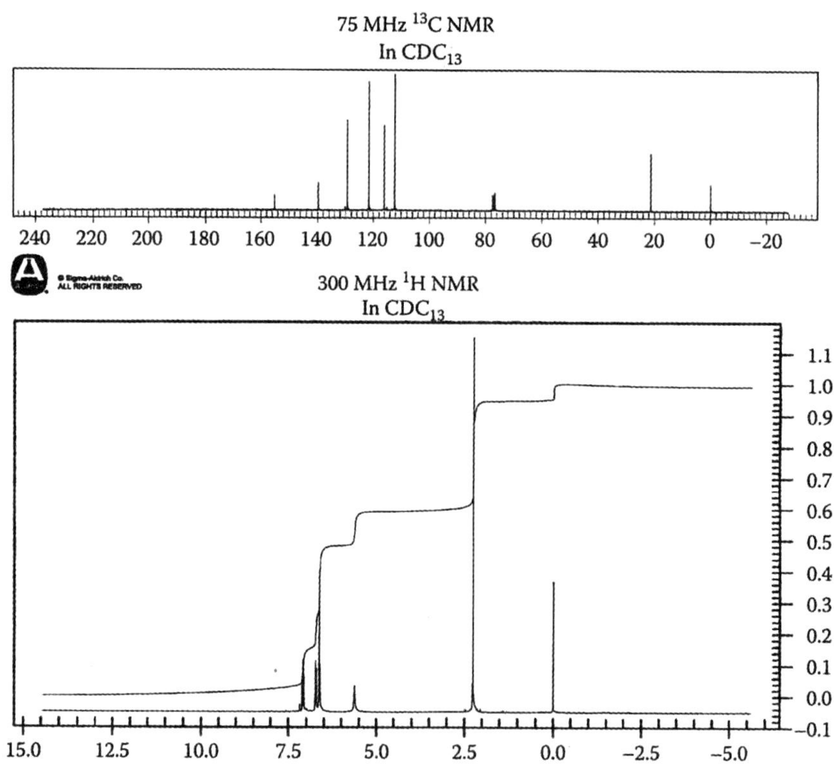

6.47 분자량 (MW) = 84.16. 탄화수소 분자이다.

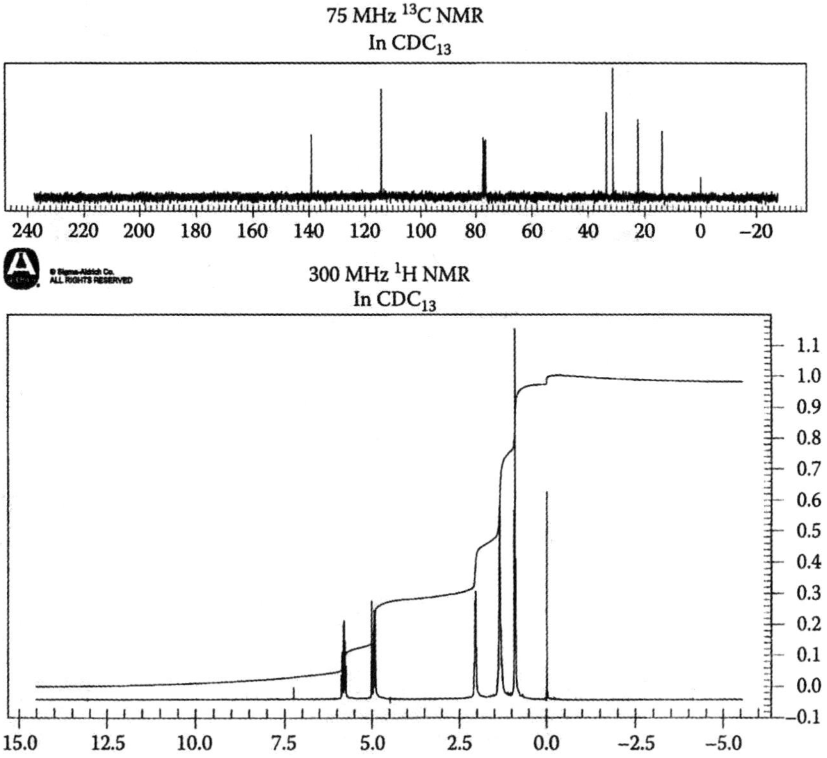

6.48 $C_4H_{11}N$

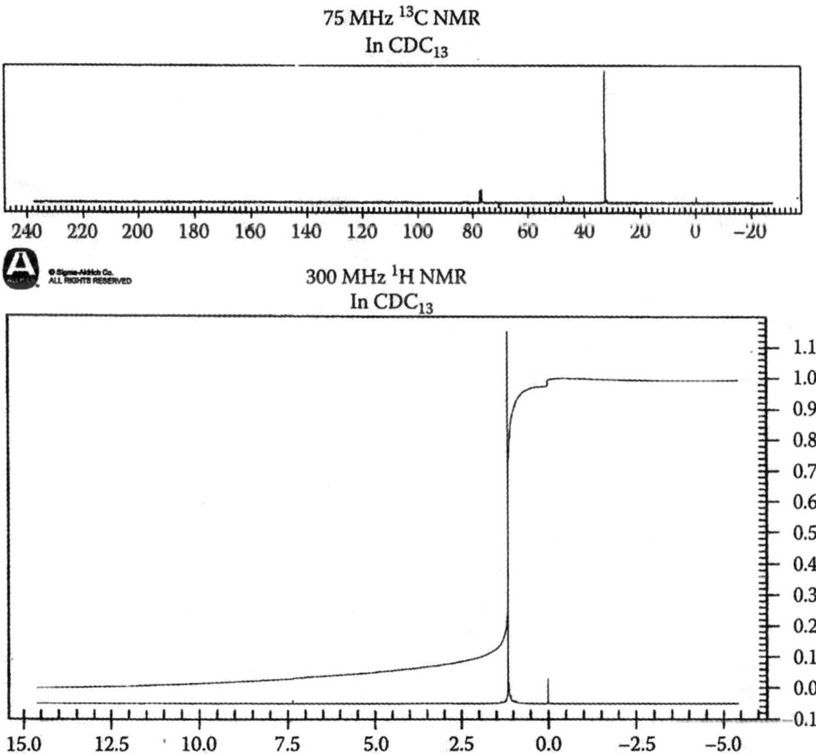

참고문헌

Akitt, J.W. In Mason, J. (ed.), *Multinuclear NMR*. Plenum Press: New York, 1987.

Akitt, J.W.; Mann, B.E. *NMR and Chemistry*, 4th edn. CRC/Taylor & Francis: Boca Raton, FL, 2000.

Ando, I.; Yamanobe, T.; Asakura, T. *Prog. NMR Spectrosc.*, *22*, 349, 1990.

Apple, T.M. NMR applied to materials analysis. *Appl. Spectrosc.*, *49*(6), 12A, 1995.

Arnold, J.T.; Dharmetti, S.S.; Packard, M.E. J. *Chem. Phys.*, *19*, 507, 1951.

Atherton, N.M. *Principles of Electron Spin Resonance*, Ellis Horwood: Chichester, U.K., 1993.

Bell, A.T.; Pines, A. (eds.), *NMR Techniques in Catalysis*, Marcel Dekker, Inc.: New York, 1994.

Bock, C.; Frederic, M.; Witting, R.M.; Pörtner, H.-O. *Magn. Reson. Imaging*, *19*, 1113−1124, 2001.

Bock, C.; Sartoris, F.-J; Pörtner, H.-O. In vivo MR spectroscopy and MR imaging on nonanaesthetized marine fish: Techniques and first results. *Magn. Imaging*, *20*, 165−172, 2002.

Bovey, F.A. *Nuclear Magnetic Resonance*, 2nd edn. Academic Press: New York, 1988.

Bringmann, G.; Günther, C.; Schlauer, J.; Rückert, M. HPLC-NMR on-line coupling including the ROESY technique: Direct characterization of naphthylisoquinoline alkaloids in crude plant extracts. *Anal. Chem.*, *70*, 2805, 1998.

Bruch, M.D.; Dybowski, C. Spectral editing methods for structure elucidation. In Bruch, M.D. (ed.), *NMR Spectroscopy Techniques*, 2nd edn. Marcel Dekker, Inc.: New York, 1996.

Ebsworth, E.; Rankin, D.; Craddock, S. *Structural Methods in Inorganic Chemistry*. CRC Press: Boca Raton, FL, 1987.

Farrar, T.C.; Becker, E.D. *Pulsed and Fourier Transform NMR*. Academic Press: New York, 1971.

Fukushima, E.; Roeder, S.B.W. *Experimental Pulse NMR: A Nuts and Bolts Approach*. Addison-Wesley: Reading, MA, 1981.

Fyfe, C.A. *Solid State NMR for Chemists*. CFC Press: Guelph, Ontario, Canada, 1985.

Herlihy, A. SWIFT MRI: Silent MRI that images the "invisible". *Access Agilent eNewsletter*, February 2011, www.chem.agilent.com/en-US/Newsletters/Accessagilent/2011 /feb/pages/swift_mri.aspx.

Ichikawa, M.; Nonaka, N.; Amano, H.; Takada, I.; Ishimori, S.; Andoh, H.; Kumamoto, K. *Appl. Spectrosc.*, *46*, 1548, 1992.

Lambert, J.B.; Shurvell, H.F.; Lightner, D.; Cooks, R.G. *Introduction to Organic Spectroscopy*. Macmillan Publishing Company: New York, 1987.

Laupretre, F. *Prog. Polym. Sci.*, *15*, 425, 1990.

Leyden, D.E.; Cox, R.H. *Analytical Applications of NMR*. John Wiley & Sons, Inc.: New York, 1977.

Lindon, J.C.; Nicholson, J.K.; Wilson, I.D. *Advances in Chromatography*, Vol. 36. Marcel Dekker, Inc.: New York, p. 315, 1996.

Maniara, G.; Rajamoothi, K.; Rajan, S.; Stockton, G.W. Method performance and validation for quantitative analysis by ^{1}H and ^{31}P NMR spectroscopy. Applications to analytical standards and agricultural chemicals. *Anal. Chem.*, *70*(23), 4921, 1998.

Mathias, L.J. *Solid State NMR of Polymers*. Plenum Press: New York, 1991.

McClure, C.K. In Bruch, M.D. (ed.), *NMR Spectroscopy Techniques*, 2nd edn. Marcel Dekker, Inc.: New York, 1996.

Pavia, D.L.; Lampman, G.M.; Kriz, G.S. *Introduction to Spectroscopy*, 3rd edn. Harcourt College Publishers: New York, 2001.

Petersheim, M. Nuclear magnetic resonance. In Ewing, G.A. (ed.), *Analytical Instrumentation Handbook*, 2nd edn. Marcel Dekker Inc.: New York, 1997.

Robinson, J.W. (ed.) *Handbook of Spectroscopy*, Vol. II. CRC Press: Boca Raton, FL, 1974.

Rodgers, J.E. Wide line nuclear magnetic resonance in measurement of finish-on-fiber of textile products. *Spectroscopy*, *9*(8), 40, 1994.

Ruan, R.; Chen, L. *Water in Foods and Biological Materials–A Nuclear Magnetic Resonance Approach.* Technomic Publishing Co., Inc.: Lancaster, PA, 1998.

Shoolery, J.J. NMR spectroscopy in the beginning. *Anal. Chem.*, *65*(17), 731A, 1993.

Silverstein, R.M.; Webster, F.X. *Spectrometric Identification of Organic Compounds*, 6th edn. John Wiley & Sons, Inc.: New York, 1998.

Skelly Frame, E.M.; Uzgiris, E.E. The determination of gadolinium in biological samples by ICP-AES and ICP-MS in evaluation of the action of MRI agents. *Analyst*, *123*, 675–679, 1998.

Skloss, T.W.; Kim, A.J.; Haw, J.F. High-resolution NMR process analyzer for oxygenates in gasoline. *Anal. Chem.*, *66*, 536, 1994.

Smith, M.E.; Strange, J.H. NMR techniques in materials physics: A review. *Meas. Sci. Tech.*, *7*, 449, 1996.

Simons, W.W. (ed.) *The Sadtler Handbook of Proton NMR Spectra*. Sadtler Research Laboratories, Inc.: Philadelphia, PA, 1978. (Now Bio-Rad Laboratories, Informatics Division, Sadtler Software and Databases.)

Wendesch, D.A.W. *Appl. Spectrosc. Rev.*, *28*(3), 165, 1993.

White, C.J.; Elliott, C.T.; White, J.R. Micro-ESR: Miniature electron spin resonance spectroscopy. *Am. Lab.*, 43, 18-23, April 2011.

Williams, E.A. Polymer molecular structure determination. In Lifshin, E. (ed.) *Characterization of Materials*, Part I. VCH Publishers, Inc.: New York, 1992.

Williams, E.A.; Skelly Frame, E.M.; Donahue, P.E.; Marotta, N.A.; Kambour, R.P. Determination of bromine levels in brominated polystyrenes and poly(2,6-dimethyl-l,4-phenylene oxides). *Appl. Spectrosc.*, *44*, 1107. 1990.

Yu, T.; Guo, M. *Prog. Polym. Sci.*, *15*, 825, 1991.

CHAPTER

07 원자 흡수 분광 분석법

원자 흡수 분광 분석법(atomic absorption spectrometry, AAS)은 바닥 상태에 있는 기체상의 자유 원자에 의한 불연속 파장의 빛의 흡수를 기본으로 한다. AAS는 1950년대 Alan Walsh에 의해 개발되었고 빠르게 광범위한 분석 도구로 사용되었다. AAS는 **원소 분석(element analysis)**이 가능한 기술로, 거의 모든 형태의 시료에서 70여 개 원소에 대한 정량적인 정보를 제공할 수 있다. 이것은 원소 분석 기술로서 대부분의 경우 실제로 원소의 화학적 형태에 의존하지 않는다는 큰 장점이 있다. 수질 시료 내 카드뮴의 측정은 총 카드뮴 농도로 결정된다. 적당한 분석 조건을 사용하면, 카드뮴이 염화물, 황산염, 혹은 질산염으로 존재하든 아니면 착물이나 유기금속 화합물로 존재하든 상관이 없다. 농도가 ppt 이하인 경우에도 분석 가능하고 대부분의 금속 원소 농도가 ppb나 ppm인 경우에도 분석 가능하다. 또 다른 주된 이점은 분석물의 흡수를 방해하지 않는 다른 원소와 함께 있을 때에도 주어진 원소의 측정이 가능하다는 것이다. 따라서 시료 외의 매트릭스에서 시료를 분리할 필요가 없어 빠른 분석 시간과 오차의 요인을 줄이는 결과를 갖는다. AAS의 주된 단점은 분석물의 화학적 형태(speciation)에 대한 정보를 얻을 수 없고 한 번에 한 원소만 검출할 수 있는 경우가 많다는 것이다. AAS는 대부분 정량 분석에만 사용되므로 분광법(spectroscopy) 대신 분광 분석법(spectrometry)이라는 용어를 사용한다.

7.1 원자에 의한 복사 에너지 흡수

AAS는 자유 기체상 원자에 의한 복사 에너지 흡수에 그 기초를 둔다. 3장에서 언급한 것처럼 흡수 과정에서 원자는 낮은 에너지 상태에서 높은 에너지 상태로 전이한다. 기체상 원자는 분자처럼 진동하지 않고 회전 에너지도 가지고 있지 않아서 원자의 전자 들뜸에 진동이나 회전 에너지가 관여하지 않는다. 따라서 원자 흡수 스펙트럼은 용액 내 분자 흡수 에너지로 인해 나타나는 넓은 띠와는 다르게 매우 좁은 흡수선으로 구성된다.

각 원소는 고유한 오비탈 구조에 위치한 특정 전자수를 갖는다. 원자의 가장 낮은 전자 배치를 바닥 상태라고 하며 이는 가장 안정된 전자 상태이다. 만약 정확한 ΔE가 자유 기체상 원자에 적용된다면 그 에너지는 흡수될 것이며, 바깥 전자는 높은 에너지로 전이되고 불안정한 전이 상태가 될 것이다. 이때 원자에 의해 흡수될 수 있는 광자 에너지의 진동수와 파장은 $\Delta E = h\nu = hc/\lambda$로부터 예측된다. 흡수된 에너지, ΔE는 높은 에너지 상태와 낮은 에너지 상태의 에너지 차이이다. 그림 7.1과 같이 이 원자는 4개의 전자 에너지 준위를 가지고 있다. E_0는 바닥 상태, 다른 준위는 높은 에너지의 들뜬 상태이다. 만약 각 준위의 정확한 에너지를 안다면, 흡수될 수 있는 3개의 파장은 다음과 같이 계산될 수 있다.

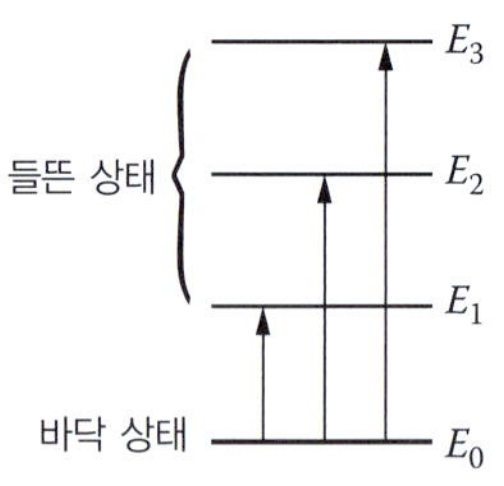

그림 7.1 자유 원자에서의 전자 에너지 준위 개략도

$$\Delta E' = \frac{hc}{\lambda_1} = E_1 - E_0$$

$$\Delta E'' = \frac{hc}{\lambda_2} = E_2 - E_0$$

$$\Delta E''' = \frac{hc}{\lambda_3} = E_3 - E_0$$

계산된 파장, λ_1, λ_2, λ_3는 바닥 상태에서 들뜬 상태로 전이될 때 발생한다. 이런 전이로부터 생기는 흡수선을 **공명선**(**resonance lines**)이라고 한다. AAS에서 대부분의 흡수는 바닥 상태로부터 일어난다.

AAS에서 흡수되는 복사 에너지는 적외선(ultraviolet, UV)과 가시광선(visible, VIS) 영역에 해당한다. UV/VIS 광자는 내부 껍질 전자를 들뜨게 할 충분한 에너지가 없기 때문에 원자가 껍질(valence shell)에 있는 전자만 들뜨게 한다. 원자 내에 에너지 준위수는 양자 이론으로부터 예측할 수 있으며 준위의 실제 에너지 차이는 원자 스펙트럼을 연구하면서 추론할 수 있다. 주어진 원자의 에너지를 y축에 나타내고 가능한 원자 에너지 준위를 x축에 나타낸 것을 *Grotrian* **다이어그램**이라고 한다. 소듐의 부분적 Grotrian 다이어그램을 그림 7.2에 나타내었다. 전자 자체의 스핀으로 인해 두 개의 비슷한 전자 준위가 생기고 이로 인한 가능한 두 개의 흡수선이 생겨 에너지 준위가 나뉘어진다. 소듐의 경우 바닥 상태에서 첫 번째 들뜬 상태로의 전이는 3s 오비탈에 있는 전자가 움직여 비어 있는 3p 오비탈로 움직인다. 전자 스핀에 의해 $^2P_{1/2}$, $^2P_{3/2}$의 두 전자 전위로 갈라진다. 두 준위의 에너지 차는 매우 작은데 이는 전자 스핀과 전자 오비탈 운동의 작용 때문이다. 이 전위와 관련된 파장이 589.5와 589.0 nm이며 잘 알려진 소듐 D 라인이다.

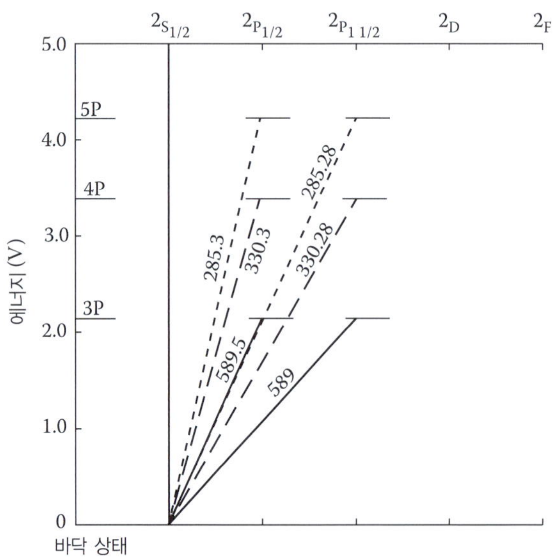

그림 7.2 소듐의 부분적 Grotrian 다이어그램

상용화된 AAS 시스템에 사용되는 원자화기의 온도에서는, 원자의 대부분이 가능한 가장 작은 에너지의 바닥 상태로 존재하고, 높은 에너지 상태로 존재하는 원자는 거의 없다. 높은 에너지와 들뜬 상태에 존재하는 원자의 비는 Maxwell–Boltzmann 식으로부터 계산할 수 있다.

$$\frac{N_1}{N_0}=\frac{g_1}{g_0}e^{-\Delta E/kT} \tag{7.1}$$

여기서 N_1은 들뜬 상태의 원자 개수, N_0는 낮은 상태의 원자 개수, g_1, g_0는 각 준위 0, 1, 등에서 동일한 에너지를 갖는 상태의 개수(g는 준위의 미분화라고 함), ΔE는 낮은 상태와 들뜬 상태 사이의 에너지 차이(J), k는 Boltzmann 상수(1.381×10^{-23} J/K), T는 절대 온도(K)이다.

예를 들어, 만약 213.9 nm에서 공명 흡수를 갖는 아연 증기(Zn^0 기체)가 3,000 K로 가열되었다면 Boltzmann 분포로부터 바다 상태에 있는 10^{10}개 원자마다 들뜬 원자가 단 하나라는 것을 계산할 수 있다. 아연 원자가 들뜨기 위해서는 상당한 양의 에너지가 필요하다. 이에 반해, 소듐은 대부분의 다른 원소들에 비해 쉽게 들뜬다. 그럼에도 불구하고, 3,000 K에서 바닥 상태에 있는 1,000개 원자에 대해 1개의 소듐 원자만이 들뜨게 된다. 많은 변수 중에서 흡수된 총 복사량은 낮은 에너지 상태에서 얼마나 많은 원자들이 복사선을 흡수할 수 있게 들뜨는가에 달려 있다. 결과적으로, 흡수된 총 복사량은 바닥 상태에서 흡수하는 것이 가장 많다. 따라서 AAS에서 바닥 상태 공명선이 분석에 유용하게 사용되며, UV/VIS 영역에서 3~4개 정도의 유용한 공명선이 나타난다. 이러한 흡수선의 파장은 Grotrion 다이어그램으로부터 유추할 수 있으며 AAS 기기 분석 방법 매뉴얼에도 읽기 쉽게 제공되어 있다. 불꽃 AAS(flame AAS, FAAS)를 이용한 원소 분석에 사용되는 가장 뚜렷한 흡수 파장은 부록 7.A에 나타내었다.

AAS가 분석할 수 있는 약 70여 종의 원소 중 대부분은 금속이나 준금속 원소이다. **비금속**은 첫 번째 들뜬 상태로 전이하는 데에 보통 UV 복사(> 190 nm)로는 불가능하고 진공 UV 영역에서나 가능하다. 상용화된 AAS 시스템은 일반적으로 광학 경로에 공기가 있으며, 가장 보편적으로 쓰이는 불꽃 원자화기도 공기가 있어야 작동한다. 결과적으로 불꽃 원자화기를 이용하는 원자 흡수는 비금속을 직접 분석하는 데에는 사용할 수 없다. 비금속은 간접적인 방법으로 분석되는데, 응용 절에서 언급할 것이다.

7.1.1 | 스펙트럼 선너비

원자의 Bohr 모델에 따르면, 원자 흡수와 방출 선너비는 주어진 전이에 해당하는 에너지 값이 불연속적인 한 값을 가지므로 굉장히 좁아야 한다. 하지만 선폭 넓어짐(line broadening)이 일어나는 데에는 여러 요인이 있다. 스펙트럼선의 정상적인 너비는 Heisenberg의 불확정성 원리와 들뜬 상태의 수명에 의해 결정된다. 대부분의 들뜬 상태는 10^{-8}~10^{-10}초의 수명을 갖는데, 원자 에너지의 불확정성 때문에 스펙트럼선이 넓어진다. 이를 **정상적인**(*natural*) 선너비라고 하며 약 10^{-4} Å(1.0 Å = 1.0×10^{-10} m)이다.

원자화기에 있는 다른 원자들과의 충돌은 **압력 넓힘**(*pressure (Lorentz) broadening*)을 일으키며 약 0.05 Å이다. 검출기로 향하거나 검출기로부터 떨어진 임의의 반응 운동으로 인해 Doppler 넓힘(Doppler broadening)은 0.01~0.05 Å 정도가 된다. Doppler와 충돌 넓힘은 온도에 의존한다. 고농도의 원자와 전자를 가진 원자화원(7장에 나와 있는 플라스마 같은)에서는, 강한 국부적인 전기장을 만난 원자로 인해 *Stark* **넓힘**(*Stark broadening*)이 일어난다. 자기장에서는 전자 에너지 준위의 *Zeeman* **분리**(*Zeeman splitting*)가 일어난다. 이동하는 이온과 전자로부터 생성되는 원자화기 내의 국부적인 자기장은 무시할 정도로 작고 그 영향도 거의 보이지 않는다. 하지만 외부에서 자기장을 걸어주면, 바탕 흡수 보정을 도와주기 위하여 Zeeman 분리를 이용할 수 있다. 원자 흡수선 너비는 0.002 nm이다.

7.1.2 | 복사 에너지 흡수

특정 파장에서 원자가 흡수하는 입사광의 분율은 파장을 흡수하는 원자수(N)와 진동자 세기(f)에 비례한다. **진동자 세기(oscillator strength, f)**는 특정한 전이를 나타내는 무차원인 상수이며, 전이를 일으키는 광자를 흡수하는 정도를 나타낸다.

3장에서 설명한 바와 같이, 화학종에 의해 흡수된 입사광의 분율은 흡광도, A로 나타낼 수 있다. 흡광도와 빛 경로 내에 있는 분석물, 즉 원자의 양과는 Beer 법칙이 성립한다.

$$A = abc = (\text{상수} \times f)(b)(\mathrm{N/cm^3}) \tag{7.2}$$

비례 상수 a는 흡광률이고 진동자 세기수 f를 포함하며, b는 빛의 경로 길이, c는 빛 경로 내의 바닥 상태 원자의 농도이다.

7.2 기기

AAS에 사용되는 기기의 도표를 그림 7.3에 나타내었다. 구성 성분은 3장과 4장에서 설명한 분광학적 흡수에 사용되는 방법과 비슷하다. 광원에서 빛이 시료 용기에 해당하는 **원자화기(atomizer)**를 거쳐 파장 선택기로 그리고 검출기로 이동한다. 검출기는 시료에 의해 빛이 얼마나 흡수되었는지를 측정한다. 대부분 용액 형태의 시료는 다양한 주입 장치를 통해 원자화기로 주입되며 원자화기에서 입사광을 흡수할 수 있는 기체상 바닥 상태의 원자들로 변환된다.

7.2.1 | 광원

시판되는 AAS 기기에 사용되는 두 종류의 광원은 속빈 음극등과 무전극 방전등이다. 두 종류 모두 앞에서 언급한 바와 같이 충돌 과정으로 인한 선폭 넓어짐 없이 최대 세기를 내도록 작동된다.

7.2.1.1 속빈 음극등(Hollow Cathode Lamp, HCL)

앞에서 이미 언급한 것처럼 원자 흡수선은 매우 좁아서(약 0.002 nm) 수소등이나 중수소등 같은 연속 광원을 사용하는 경우 흡수된 입사광을 측정하기 매우 어려울 것이다. 213.9 nm에서 아연 원자에 의한 중수소등으로부터 나온 에너지 흡수를 그림 7.4에 나타내었다. 그림 7.4에 나타난 중수소등의 파장 넓이는 50 nm이고 이는 단색화 장치의 띠통과(대역)에 의해 결정된다. 만약 아연의 흡수선 넓이가 0.002 nm라면 현 척도의 $0.002 \times 1/50 = 1/25{,}000$일 것이다. 이와 같은 좁은 선은 매우 좋은 띠통과를 가진 고분리능 상태에서만 감지될 것이다.

매우 좁은 방출선을 내는 AAS의 광원을 그림 7.5에 나타내었다. 음극은 속빈 실린더 형태이며 순수 금속으로 만들어지고 이 금속의 스펙트럼이 등에 의해 방출될 것이다. 음극과 안정화된 양극은 낮은 압력의 아르곤이나 네온(충전 기체)으로 충전된 유리 실린더 안에 밀봉되어 있다. 밀폐된 등의 양쪽은 UV 파장

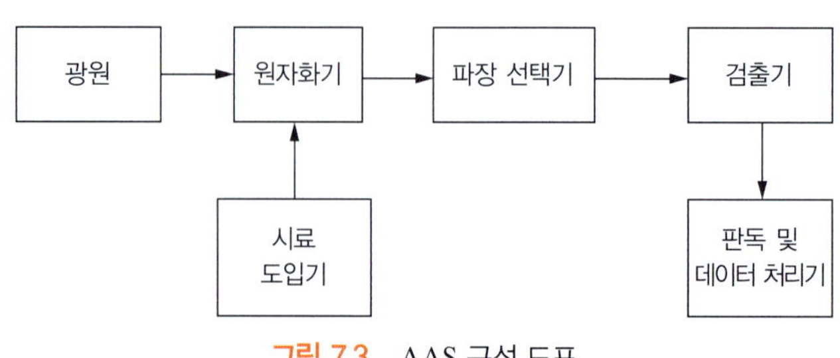

그림 7.3 AAS 구성 도표

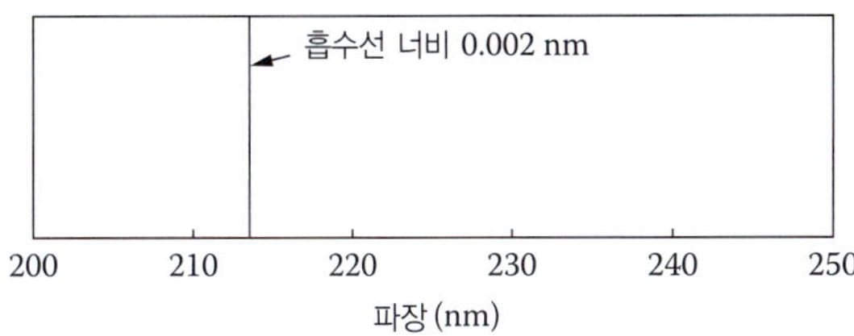

그림 7.4 중수소등과 같은 연속체 광원의 방출 대역폭에 비해 과장된 원자 흡수선

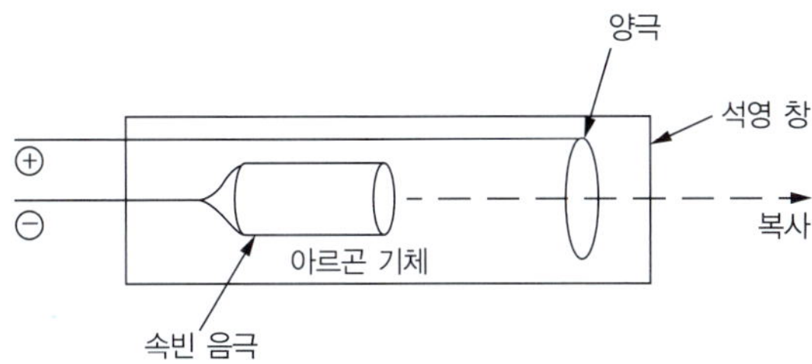

그림 7.5 HCL의 개략도. 양극과 음극은 아르곤 또는 네온 기체로 충전된 유리 실린더에 저압으로 밀봉되어 있다. 창문은 방출된 방사선에 투명해야 한다.

이 투과되는 석영이나 유리로 되어 있다. 대부분 HCLs은 석영 창을 가지는데, 대부분의 원소가 UV 범위에서 방출과 흡수선을 내기 때문이다. 유리는 소듐과 같은 몇 가지 원소에 사용되는데, 모두 강한 흡수선이 가시 영역에 나타나는 경우이다.

HCL 방출은 원소로부터 좁고 강한 선을 방출하며 음극을 형성한다. 양극과 음극 사이에 강한 전압을 걸어주면 이러한 방출 스펙트럼이 생성된다. 양극에서 원자화된 충전 기체 원자들은 음극으로 끌리고 가속된다. 빠르게 움직이는 이온들은 음극의 표면을 때리고 표면 금속 원자들은 어느 정도 물리적으로 제거된다(이러한 과정을 튕김(sputtering)이라고 함). 튕겨 나온 원자들은 전자와의 충돌에 의해서 들뜨게 되고 음극을 이루고 있는 금속의 특징적인 원자 방출 스펙트럼을 방출한다(그림 7.6). 연속 광원과 달리, HCL의 방출선은 매우 좁고 들뜨지 않은 원자에 의해서 모두 흡수될 수 있다. 이러한 광원을 사용하여 원자 흡수는 검출과 정량을 쉽게 할 수 있다. 예를 들면, 구리 HCL에 의해 구리 원자 방출선만 생성되기 때문에 구리 원자 이외에 흡수하는 흡수종은 거의 없고 AAS에는 스펙트럼 간섭이 거의 없다.

각 속빈 음극은 음극에 사용된 금속의 스펙트럼을 방출한다. 이러한 이유로 인해 다른 원소를 검출하기 위해서는 다른 HCL를 사용해야 하는 점이 불편하지만, 스펙트럼선이 좁은 것과 이로 인해 선택성을 가지는 것은 장점이다.

음극을 다원소로 만드는 것이 가능한데, 이른바 '다중 원소(multielement)' HCLs라고 하며 음극에 있는 모든 원소를 검출할 수 있다. 분석 중에 등을 교환하지 않고 연속적으로 검출이 가능하기 때문에 시간을 줄일 수 있다. 일반적으로, 다중 음극은 각 원소의 단일 HCL보다 음극의 모든 원소에 모두 잘 반응하지

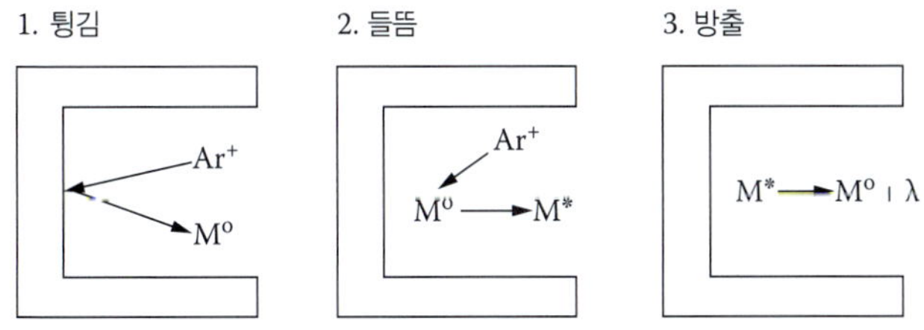

그림 7.6 HCL 과정. 이때 Ar^+는 아르곤 양이온, M^0는 튕긴 바닥 상태 금속 원자, M^*는 들뜬 상태 금속 원자, λ는 튕긴 금속의 고유한 파장에서 들뜬 복사선임. [© **1993–2014 PerkinElmer, Inc. All rights reserved. Printed with permission.** (www.perkinelmer.com).]

않는다. 다중 음극은 하나 혹은 다중 원소에 대해 감소된 세기를 가질 수 있다. 각 원소들이 원자 흡수선을 나타내 단일 원소등보다 복잡한 방출선을 갖기 때문에 발생하는 스펙트럼 간섭을 피하기 위해서는 덜 민감한 흡수선을 선택해야 한다. 여덟 개 정도의 원소를 측정하는 연속적 다중 원소 AAS 시스템이 시중에 판매되고 있다. 대부분은 사용하는 원자화기에 대한 단일 원소 등을 바탕으로 사용하는데, 다중 원소 음극의 최적 조건이 아닐 가능성이 있다.

HCL은 여러 과정을 거치는 동안 충전 기체 원자들의 상실로 제한된 수명을 가진다. 등의 표면에 충전 기체 원자들이 흡착되는데 이로 인해 튕김이 줄어들고 방출 세기가 감소하여 결국은 충전 기체 원자들이 감소하여 빛을 방출하지 않게 된다. 튕긴 기체 원자들은 등 내에서 종종 응축되거나 갇혀서 음극등의 수명이 감소된다. Cd, As 같은 휘발성 금속의 음극등에서 특히 문제가 된다. 권장보다 높은 전류에서 음극등을 사용하면 강한 세기를 보이지만 잡음을 증가시키고 정밀도와 검출 한계(limit of detection, LOD)에 영향을 주고 수명이 단축될 것이다. 입사광과 흡수광의 비율을 측정하므로, 음극등의 전류를 증가함으로써 얻는 것은 거의 없다.

7.2.1.2 무전극 방전등(Electrodeless Discharge Lamp, EDL)

특별히 비소, 저마늄, 셀레늄 같은 휘발성 원소의 HCL은 안정하게 만들기 어렵고 수명이 짧으며 세기도 낮다. 이에 대한 대안으로 그림 7.7의 EDL 광원이 개발되었다. 얻고자 하는 소량의 원소의 금속이나 금속염이 아르곤 기체로 채워진 석영관으로 밀봉된다. 그림 7.7에 보이는 코일은 라디오 주파수 발생기이며 전원이 켜지면, 생성된 라디오 주파수 영역이 금속이나 금속염과 '짝(couple)'을 이룬다. 짝을 이룬 에너지는 방전등 내의 금속 원자를 휘발시키고 들뜨게 하여 금속 방출 스펙트럼을 생성한다.

EDL은 세기가 세고 안정한 방출 광원이다. 휘발되거나 낮은 UV 범위에서 주된 공명선을 내기 때문에 제한된 세기를 가진 원소들에 대해서는 HCL보다 좋은 검출 한계(DLs)를 가진다. As, Se, Cd 같은 원소들은 두 가지 문제들을 다 가진다. Sb, As, Bi, Cd, Ge, Pb, Hg, P, Se, Tl, Sn, Zn과 같은 많은 원소들에 대한 EDL이 가능하다. 예전의 EDL은 방전등을 작동하기 위해 별도의 전원 공급 장치가 필요했지만 근래의 시스템은 자체 장착되어 있다. EDL은 비슷한 원소의 HCL보다 가격이 비싸다.

최근의 AAS 시스템은 분광기 소프트웨어에 의해 인식되는 '코드화'가 되는 등을 가지고 있어 분석 파라미터들이 자동으로 설치하고 '인식'하여 분석자의 작동 없이 기본 분석 조건을 적용한다.

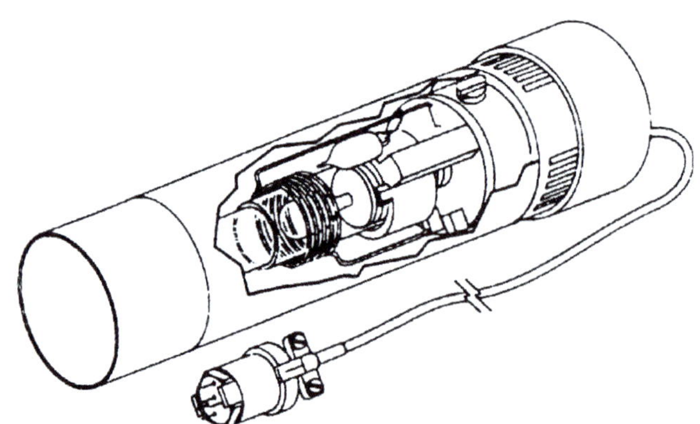

그림 7.7 무전극 방전등. [© 1993-2014 PerkinElmer, Inc. All rights reserved. Printed with permission. (www.perkinelmer.com).]

7.2.2 | 원자화기

원자화기는 시료 용기이며, AAS 과정을 위해서 꼭 필요한 바닥 상태 자유 기체상 원자들을 발생시켜야 한다. 분석 물질인 원자들은 일반적으로 시료에 염이나, 분자 화합물 혹은 착물로 존재한다. 원자화기는 이러한 시료를 환원된 자유 기체상 원자 상태로 전환시켜야 한다. 가장 보편적인 원자화기의 두 종류로는 불꽃 원자화기와 전열(흑연로) 원자화기이다.

7.2.2.1 불꽃 원자화기(flame atomizer)

불꽃을 생성하기 위해서는 산화 기체와 연료 기체를 혼합해야만 한다. 시판되는 FAAS에서 사용되는 불꽃에는 두 가지 종류가 있다. 첫 번째는 공기를 산화제로, 아세틸렌을 연료로 사용하는 공기-아세틸렌 불꽃이다. 두 번째는 아산화 질소를 산화제로, 아세틸렌을 연료로 사용하는 아산화 질소-아세틸렌 불꽃이다. 연료와 산화 기체가 사전 혼합 버너에서 섞인다. 그림 7.8(a)에 나타낸 시판 불꽃 원자 흡수 버너의 분해도에서, 산화 기체가 **분무기**(*nebulizer*) 옆을 통해 주입되는 동안 연료 기체는 주입구(나타나 있지 않음)를 통해 혼합 챔버로 주입된다. 사전 혼합 버너 형태는 층흐름을 형성하여 매우 안정된 불꽃을 만든다. '불꽃 깜빡이(flame flicker)' 때문에 안정된 불꽃은 잡음 발생이 적어 정밀도를 향상시킨다. 혼합 챔버에서 기체를 혼합하여 가연성 기체 혼합물이 갖는 유해성을 제거한다. 불꽃은 그림에서 보이는 버너 헤드 바로 위에서 홈을 따라 연소된다.

시료는 용액 형태로 모세관 같은 분무기를 통해 흡인되어 혼합 챔버에서 미세한 에어로솔 상태로 분무되어 버너로 이동한다. 세 가지 분무기 형태를 그림 7.8b에 나타내었다. '분무한다'는 말은 구름 같은 미세한 미스트로 바꾼다는 뜻이다. 용액은 빠른 속도로 모세관을 빠져 나오며, 압력 강하로 인해 작은 물방울로 분해된다. 연료와 산화 기체들이 시료 에어로솔을 불꽃 바닥부분으로 이동시킨다. 불꽃에서 시료 에어로솔은 탈용매화, 휘발, 그리고 원자화가 되어 자유 기체상 원자들을 형성한다.

시료 용액이 분무기를 통과할 때 물방울 크기가 서로 다른 에어로솔이 생성된다. 물방울이 불꽃에 들어가면, 용매(물 혹은 유기 용매)와 찌꺼기는 기화되어야 하고, 시료는 반드시 원자들로 분리되어야 한다. 물방울이 클수록 이러한 과정은 비효율적인데, 그림 7.8a에 보인 두 종류의 장치를 이용하여 이러한 문제를 극복할 수 있다. 충돌 구슬은 유리, 석영, 테플론 혹은 도자기로 만들어져 있으며 혼합 챔버 안쪽 분무기 스프레이 바로 앞에 위치해 있다. 이 충돌 구슬은 분무와 구슬을 충돌시켜 큰 물방울을 작은 물방울로 분해하여 분무 효율을 향상시킨다. 흐름 막이는 고분자 조각이나 내부식성 물질이 3개 혹은 그 이상의 바람개비 모양으로 되어 있다. 큰 물방울은 배수구를 통해 혼합 챔버에서 제거된다. 이 시스템은 4 μm 지름 정도의 물방울 크기를 가진 에어로솔을 생성한다. 이 두 장치는 단독으로 쓰이거나 혹은 연결하여 사용하기도 한다. 배수구 입구는 고분자관으로 액체 폐기통과 연결되어 있고 그 사이에는 버너로부터 불꽃 기체의 자유 흐름을 방지하기 위한 트랩이 꼭 설치되어 있어야 한다. 트랩은 '역화(flashback)'를 제거하는 데 도움을 준다.

지금까지 설명한 분무기는 자체 흡인 가능한 기압식 분무기이며 그림 7.8b 왼쪽 아래에 나타내었다. 분무기 모세관은 보통 스테인레스강으로 만들어지지만 부식성 용매를 사용할 때는 Pt, Ta, 그리고 고분자와 같은 물질로 만들어진다. AAS에는 사용되지 않는 특별한 용도로 개발된 분무기 디자인이 있는데, 이러한 분무기는 원자 방출 분광법에 사용되며, 이는 9장에서 설명할 것이다.

버너 헤드는 스테인레스강이나 타이타늄으로 만들어진다. 다양한 불꽃을 위해 다른 크기와 모양의 버너 헤드가 사용된다. 그림 7.8a에 공기-아세틸렌 불꽃을 위해 사용되는 10 cm 길이 홈을 가진 단일-홈 버너 헤드를 나타내었다. 이 경우에 10 cm 길이 불꽃은 곧 AA 분광기의 시료 통과 길이와 같다. 좁은 홈을 가지는 5 cm 길이 단일-홈 버너 헤드는 아산화 질소-아세틸렌 불꽃을 위한 것이다. 그림 7.9를 보면 대개 홈(slot)은 광원에서 나오는 빛과 평행하게 놓여 높은 감도(Beer 법칙을 상기)를 갖기 위해서 경로 길이를

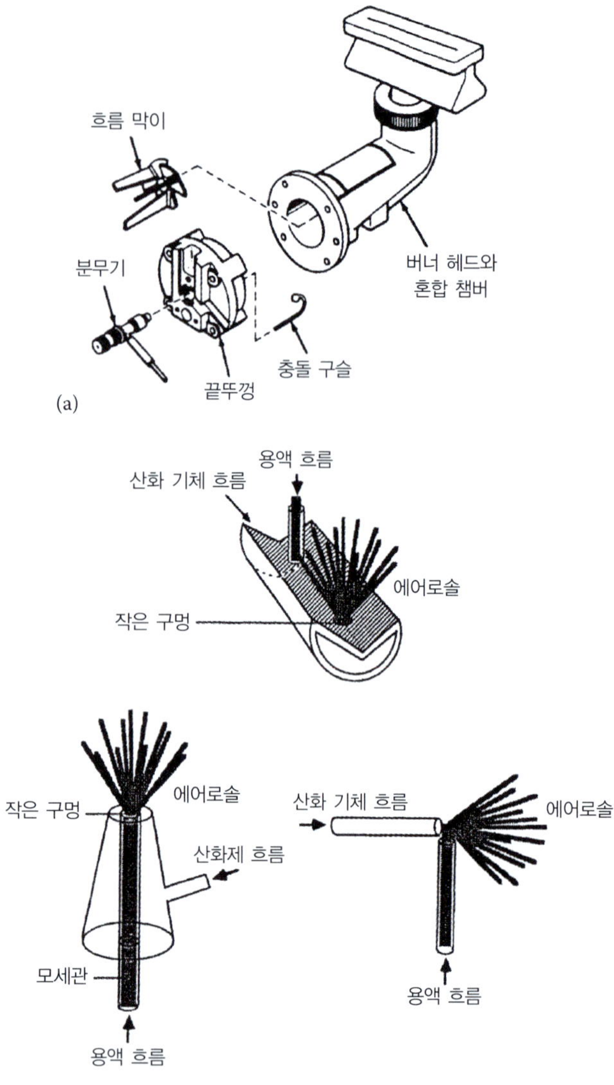

그림 7.8 (a) 사전 혼합 버너 시스템. [© **1993–2014 PerkinElmer, Inc. All rights reserved. Printed with permission.** (www.perkinelmer.com).] (b) 간략한 분무기 디자인. 위: 변형된 Babington 형태, 왼쪽: 동심적 형태(FAAS에서 가장 보편적임), 오른쪽: 직교류 형태. (From Parsons, M.L., Atomic absorption and flame emission, in Ewing, G.A., ed., *Analytical Instrumentation Handbook*, 2nd edn., Marcel Dekker, Inc., New York, 1997. Used with permission.)

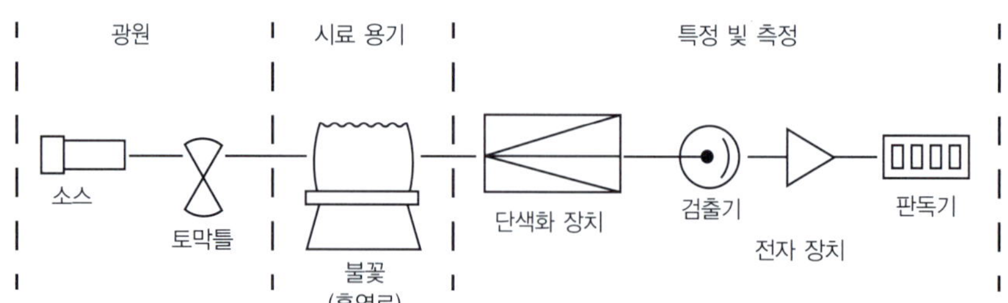

그림 7.9 기본적인 AAS 시스템. [© **1993–2014 PerkinElmer, Inc. All rights reserved. Printed with permission.** (www.perkinelmer.com).]

최대한으로 할 수 있다. 최근 버너 헤드 디자인은 역화의 가능성을 제한하는 혼합 챔버 배수기와 폐기통 사이에 용액을 채운 트랩 사용과 결부된 형태이다. 기체 혼합물은 버너 헤드 위에서 점화되고 연료와 산화제 사이에 높은 에너지의 화학 반응이 일어나 불꽃이 빠르게 전파된다. 버너 홈을 통과하는 기체 흐름 속도가 불꽃의 **연소 속도(burning velocity)**보다 빠를 때 불꽃은 버너 헤드로부터 전파된다. 연소 속도는 불꽃 종류에 따라 고유한데, 아산화 질소-아세틸렌과 공기-아세틸렌 불꽃은 연소 속도가 낮다. 만약 미리 혼합되는 기체의 흐름 속도가 연소 속도보다 느리면, 점화되었을 때 역화가 발생할 수도 있다. 역화는 매우 바람직하지 않으며 버너 헤드 아래로 불꽃이 진행되고 혼합 챔버 안으로 역류한다. 이는 혼합 챔버에서 폭발이 일어나 버너 부분이 파괴되어 잔해가 발생하기도 하고 연료와 산화제 공급선이 파열되어 기체들이 실험실로 유입될 수 있다.

빛의 경로 길이가 보통 1 cm 정도 되는 UV/VIS나 IR 분광법과 비교하여 FAAS의 경로 길이가 긴 이유는 사용되는 선 혼합 버너와 분무 장치가 매우 효율적이지 못하고 시료가 버려지는 시스템이기 때문이다. 약 5 mL/min의 속도로 분무 장치로 흡인되는 시료 용액의 약 5%만 버너에 도달한다. FAAS는 신속하고 높은 선택성을 가지며 운영하기 쉽지만 본래 가지고 있는 잡음을 동반한 시료 주입 시스템의 비효율성으로 인해 검출 한계가 대부분의 원소에서 ppm 범위로 제한된다.

7.2.2.2 전열 원자화기(electrothermal atomizer, ETA)

농도가 ppb 범위의 금속을 측정하기 위해서는 다른 형태의 원자화기가 필요하다. 원자로나 전열 원자화기는 AAS가 개발되고 10년이 지난 후에 개발되었다. 1961년 B.V.L'vov는 가열된 탄소관 원자화기를 제작하였다. 탄탈럼 호일로 안을 채운 관을 아르곤 기체로 씻어내고, 관이나 로가 높은 온도에 다다른 후 탄소 전극 위에 있는 시료를 바닥에 삽입하였다. 원자화가 이루어지고 분석물 원자가 탄소관을 통과하는 빛을 흡수하였다. 이 시스템은 불꽃 원자화기보다 민감하며, 그만큼 조절하기 어렵다. 현재 상용화 기기는 전열 원자화기를 위해 이러한 탄소관 원자화기를 사용하는데, 그 중 가장 많이 사용하는 원자화기는 열분해 흑연으로 코팅한 흑연관을 사용하고 전기 저항으로 온도를 올리는데, 이를 **흑연로 원자화기(graphite furnace atomizer)**라고 한다. GFAAS는 흑연로 AAS를 나타내는 약어이며, 불꽃 원자화기와는 달리 흑연로를 원자화기로 사용한다.

상용되는 흑연로 원자화기는 그림 7.10에 나타내었다. 이 원자화기는 지름이 약 6 mm이고 길이가 25~30 mm인 흑연관, 관을 가열하기 위한 전기 접점, 각 관 끝에 위치한 전기 접점을 물로 냉각하는 시스

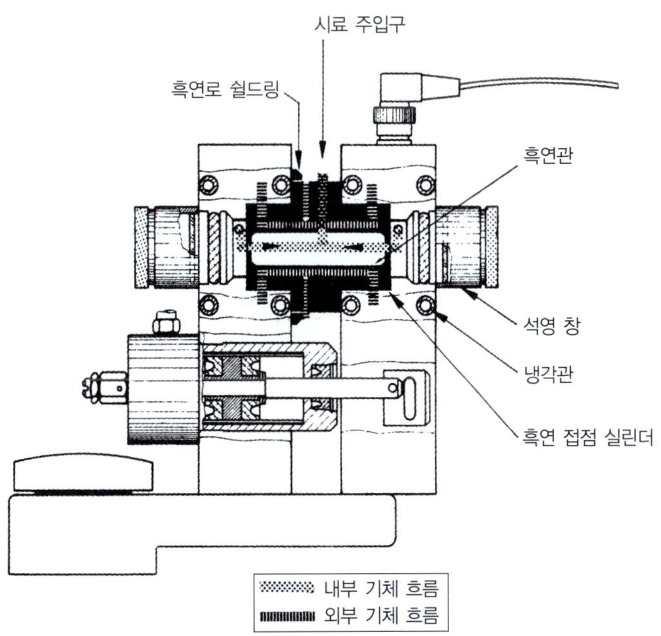

그림 7.10 흑연로 원자화 장치. 세로 방향으로 가온하는 디자인. [© 1993-2014 PerkinElmer, Inc. All rights reserved. Printed with permission.(www.perkinelmer.com).]

템, 그리고 로로부터 발생하는 공기를 제거하기 위한 비활성 퍼지 기체 조절기로 구성되어 있다. 비활성 기체는 가열하는 동안 흑연이 공기로부터 산화되는 것을 방지하기 위해 사용된다. 로 각 끝에 위치한 석영 창은 HCL 혹은 EDL로부터 빛이 로를 통과하도록 한다. 소량의 시료(5~50 μL)가 관 꼭대기에 있는 작은 구멍을 통하여 흑연관으로 주입된다. 로는 용매를 증발시키고 시료 잔여물을 분해하여 빛 경로에서 시료를 원자화하기 위하여 프로그램된 온도 단계를 따라 가온된다. 흑연로 원자화 과정과 승온 프로그램은 나중에 설명할 것이다. 그림 7.10은 세로 방향으로 가온하는 흑연로이다. 전기 접점은 관의 각 끝에 위치하며 물로 냉각되어야 한다. 이 세로 방향으로 가온된 로에서 온도 변화가 발생한다. 즉 끝이 중앙보다 온도가 낮기 때문에 기화된 종이 관의 끝에서 재응축이 일어날 것이다. 만약 전 시료로부터의 물질이 여전히 로에 남아 있게 되면 다음 시료 분석에 문제가 된다. 이러한 문제를 '캐리오버(carryover)'나 '메모리 효과'라고 하며 낮은 정확도와 정밀도의 원인이 된다. 이러한 문제를 해결하기 위해서, 가로 방향으로 가온되는 새로운 흑연로(그림 7.11)가 개발되었다. 전기 접점이 빛 경로에 가로로 놓여 있고 관은 길이에 걸쳐 고른 가온이 가능하며 이를 통해 캐리오버 문제를 상당히 감소할 수 있다.

현대의 흑연로 원자화기는 전원 장치가 별도로 있으며 전력 온도 프로그램, 기체 흐름, 분광기 기능을 조절하는 프로그램이 있다. 예를 들면, 분광기가 '판독'하도록 프로그램할 수 있는데, 이는 로가 원자화 온도에 도달했을 때에만 흡광도 데이터를 수집한다. 이를 통해 데이터 저장 공간과 데이터 처리 시간을 절약한다.

오랜 시간 동안 필라멘트, 막대, 탄소 리본, 탄탈럼, 텅스텐 및 다른 물질들을 포함한 여러 다른 종류의 전열 원자화기가 개발되었지만, 상용화가 가능한 전열 원자화기는 흑연로 원자화기뿐이다.

7.2.2.3 기타 원자화기

환경과 임상 분석에 광범위하게 사용되는 상용화된 원자화기에 쓰이는 두 가지 분석 기술이 있다. 원소 수은을 검출하는 **차가운 증기 AAS(cold vapor AAS, CVAAS) 기법**과 As, Se, Sb을 포함한 휘발성 수소화물을 형성하는 여러 원소를 검출하는 **수소화물 생성 AAS(hydride generation AAS, HGAAS) 기법**이다. 이런 원소들은 독성을 나타내며 법으로 음용수, 폐수, 대기 등에서 농도를 규제하고 있기 때문에 ppb 농도 범위의 측정은 매우 중요하다. 이 부분은 AAS 응용에서 자세히 설명되어 있다.

글로우 방전(glow discharge, GD)법을 이용한 원자화기가 AAS로 고체 금속 시료를 분석하는 데 상용화되어 있다. 이는 고체 시료 분석의 AAS 분석 응용에서 자세히 설명될 것이다.

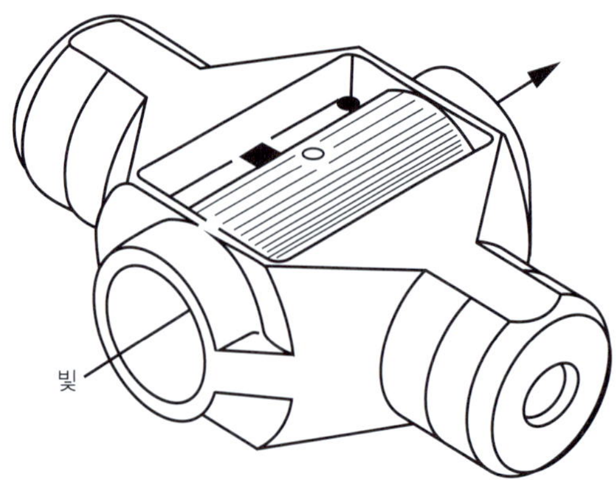

그림 7.11 가로 방향으로 가온하는 로를 위한 흑연관. [© 1993–2014 PerkinElmer, Inc. All rights reserved. Printed with permission. (www.perkinelmer.com).]

7.2.3 | 분광기 광학

7.2.3.1 단색화 장치

단색화 장치는 분석물의 흡수선을 HCL에서 방출하는 다른 스펙트럼선과, 원자화기에 있는 다른 원소들에서 방출하는 스펙트럼에서 분리하는 데 필요하다. 광원에서 굉장히 좁은 선을 발생하기 때문에 스펙트럼 간섭은 일어나지 않으므로 고성능 단색화 장치는 필요로 하지 않는다.

전형적인 단색화 장치를 그림 7.12에 나타내었다. AAS에서 가장 보편적인 분산은 회절발에 의한 것이다. 3장에서 설명한 것과 같이 회절발은 다른 각도에서 빛의 다른 파장을 분산시킨다. 회절발이 회전되어 출구 슬릿을 통해 검출기로 통과하는 파장을 선택할 수 있다. 이때 다른 파장들은 검출기에 도달하지 않고 차단되는데 회절발 위에 있는 그어진 선의 밀도에 따라 달라진다. 회절발 위에 단위 길이(mm)당 회절발 수가 많을수록 분산이 많아진다. 많은 분산은 곧 인접한 선 사이가 많이 분리되어 있음을 의미한다. 분산이 많은 회절발은 동일한 분리능을 나타내기 위해서는 단색화 장치에 넓은 입구와 출구 슬릿을 사용한다. 슬릿이 넓으면 시스템을 통해서 더 많은 빛을 검출기에 다다르게 한다. 회절발 위에 그려진 선의 수 외에 새긴 각도 또한 회절된 파장의 강도에 영향을 준다. 회절발은 어떠한 파장을 위해서 새겨질(blaze) 수 있다. 새겨진 회절발의 파장으로부터 멀리 떨어질수록, 회절에 의하여 많은 빛 강도가 소실될 것이다. 분석적으로 AAS의 유용한 파장 범위는 190~850 nm이다. 만약 회절발이 이 범위의 중간을 위해 새겨진다면 양쪽 모두 강도의 손실이 있을 것이다. 이러한 문제 해결 방법은 UV 영역과 가시 영역을 위한 두 개의 회절발을 가진 단색화 장치를 갖추는 것이다.

대부분 시판되는 AAS 시스템은 단원소 기기로, 단색화 장치, 광학, 그리고 한 번에 한 파장을 측정하는 검출기로 구성된다. 한편으로는 echelle 분광기(3장에서 설명함)를 사용하여 동시에 다원소 분석이 가능한 시스템이 있다. 이러한 방법의 한계점은 원자화기인데, 그 이유는 한 가지 종류의 조건에만 맞추어져 있고 다른 측정 원소에게는 최적의 조건이 아닐 수 있기 때문이다.

7.2.3.2 광학 및 분광기 구성

원자 분광기 시스템은 그림 7.9에 나타낸 것과 같은 홑살형 시스템(single-beam system)과 그림 7.13에 나타낸 겹살형 시스템(double-beam system) 혹은, 이 책에서는 언급하지 않는 유사 겹살형 시스템(Beaty and Kerber, 1993)으로 구성될 수 있다. 원자 분광기의 시료 용기는 자외선/가시선 분광법과 달리 단색화 장치 앞에 놓인다.

홑살형 시스템은 겹살형 시스템보다 저렴하지만 분석하는 동안 기기 변화를 줄 수 없다. 겹살형 시스템에서는 광원으로부터 방출되는 빛이 시료 용기(불꽃이나 흑연로 원자로) 주위에서 방향을 바꾸어 그림 7.13

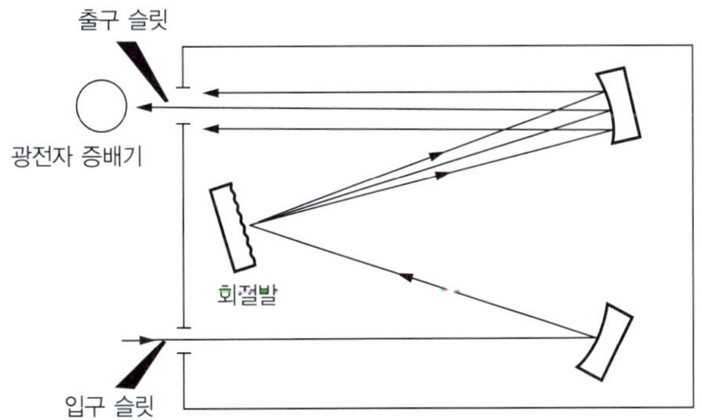

그림 7.12 전형적인 회절발 단색화 장치 그림. [© 1993–2014 PerkinElmer, Inc. All rights reserved. Printed with permission. (www.perkinelmer.com).]

에 보이는 것 같이 **기준 빛살**(*reference beam*)을 생성한다. 기준 빛살은 복사선원의 세기와 광원의 전기적 변화(소음, 표류)를 모니터한다. 검출기의 신호는 시료와 기준 빛살의 비로 관찰되며 이를 통해 기기에 공급되는 전력의 전압 불안정으로 인해 등 세기의 짧은 변화와 같은 두 빛살(beam)에 영향을 주는 변화도 보정될 수 있다. 이러한 변화에 대한 보정은 현대 겹살형 분광기에서는 자동으로 실행된다. 비록 광원 복사선의 일정 부분이 기준 빛살로 향하더라도, 현대 겹살형 기기는 홑살형 기기와 같은 신호-대-잡음비를 가지며 보다 정확하고 정밀하게 흡광도를 측정한다.

렌즈나 거울은 광학 시스템의 여러 부분에서 복사선을 모으거나 집중하는 데 사용된다. 그 결과 너무 많은 신호를 잃는 것을 방지하고 불꽃과 함께하는 빛살을 집중해서 많은 빛이 시료를 통과할 수 있게 한다. 시료를 통과하지 않는 빛은 흡수될 수 없고 이로써 감도가 낮아진다. 석영 렌즈가 이러한 목적으로 사용되어 왔는데 근래의 대부분의 기기는 거울 면으로부터 빛을 반사하고 집중하는 앞면 오목 거울이 사용되어 이러한 과정에서 많은 복사선을 잃지 않는다. 단색화 장치는 입구 슬릿과 출구 슬릿, 두 개의 슬릿을 가진다. 입구 슬릿은 단색화 장치에 빛이 들어가면서 발생하는 떠돌이빛(stray light)을 방지하는 데 사용된다. 입구 슬릿에서 회절발로 빛이 통과한다. 입구 슬릿은 많은 빛이 회절발까지 가능한 많이 통과하는 동시에 반드시 분석 파장을 분리할 수 있도록 좁아야 한다. 회절발에 의해 분산된 후, 복사선은 출구 슬릿으로 향한다. 여기에서 단색화 장치 출구 슬릿에 의해 원하는 흡광선이 통과되지만 광원과 원자화기로부터 방출된 다른 선들은 검출기에 다다르지 못한다. 슬릿과 회절발의 시스템은 분석자가 검출기에 다다르는 복사선의 파장을 선택할 수 있게 한다. 기계적인 슬릿 너비에 따라 감도가 줄어들며 이런 이유로 스펙트럼 띠너비(스펙트럼 슬릿 너비)는 증가한다.

판매되는 원자 분광 기기는 고정된 슬릿이나 변화할 수 있는 슬릿을 가진다. 고정된 슬릿 너비는 변화 가능한 슬릿 너비를 가지는 원자 분광 기기보다 저렴하면서도 대부분 분석 목석에 적합하다. 변화 가능한 슬릿 너비는 특별히 시료가 다양하고 복잡할 때 활용성이 높다. 원자로 슬릿은 기기에 도달하는 원자로로부터의 방출을 피하기 위해 대부분 짧다. 일반적으로 분석자는 속빈 음극등에서부터 단일 공명선을 분리할 때 검출기에 도달하는 떠돌이빛을 감소시키는 넓은 슬릿 너비를 사용해야 한다.

7.2.4 | 검출기

원자 분광 기기의 보편적 검출기는 광전자 증배관(photomultiplier tube, PMT)이다. 광전자 증배관의 구성과 작동은 4장에서 기술하였다. 광전자 증배관이 가장 보편적인 검출기라면, 고체 상태 단일 혹은 4장에 나오는 배열된 광다이오드(photodiode arrays, PDAs)와 9장에 나오는 전하–결합 소자(charge-coupled device, CCDs) 같은 다채널 검출기기 많이 사용되고 있다. 작은 시스템인 경우, 특히 CVAAS 수은 분석기 같이 한 원소 분석을 위한 경우는 광전자 증배관 대신 다채널 고체 상태 검출기를 사용한다.

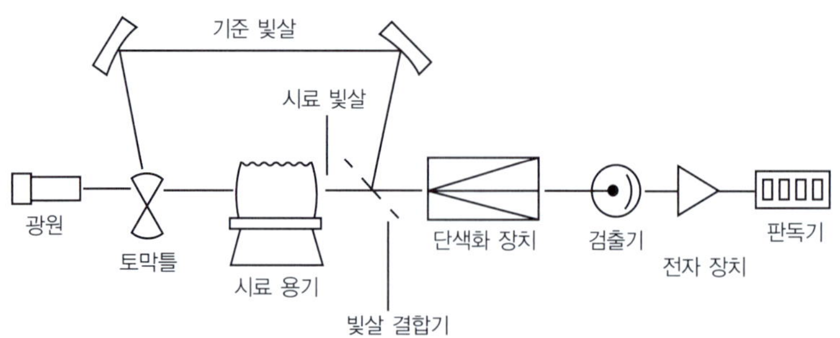

그림 7.13 겹살형 AAS 배열. [© 1993–2014 PerkinElmer, Inc. All rights reserved. Printed with permission. (www.perkinelmer.com).]

7.2.5 | 변조

많은 금속은 불꽃이나 원자로에서 원자화될 때 빛을 흡수한 동일한 파장에서 강하게 방출한다. 방출 신호는 실제 흡광을 측정할 때 심각한 오차를 발생할 수 있다. 이러한 문제를 그림 7.14에 나타내었다. 원자화기 내에서 금속에 의한 방출은 같은 전자 전이가 이루어지기 때문에 금속의 흡광 파장과 정확히 같은 파장에서 발생한다. 분리도를 향상한다고 이러한 문제가 나아지지 않는다. 뿐만 아니라, I_1를 측정하려 할 때 불꽃에서 발생하는 방출에 의한 간섭은 직접적 오차를 만든다. 보정을 하지 않으면, 기록되는 신호는 (I_1+E)일 것이다. 이때 E는 방출 세기이다.

이러한 문제는 복사 광원을 변조함으로써 대부분 간단하게 해결된다. **변조(modulation)**란 광원 복사선이 매우 빠르게 점멸한다는 것이다. 이는 바로 앞에 놓인 광원 회전 기계식 **토막틀**(chopper)을 이용하여 할 수 있다. 그림 7.9와 7.13에 토막틀을 나타내었다. 토막틀은 사분면을 자른 금속판으로 동그랗게 복사선을 번갈아 차단하고 통과시킨다. 광원을 변조하는 다른 방법으로는 전력을 주어진 주파수로 등에 보내는 것이다. 변조되면 광원으로부터의 신호는 교류 신호(alternating current, AC)가 된다. 따라서 I_0와 I_1 신호 모두 교류 신호가 되지만 시료 방출 E는 변조되지 않은 직류 신호(direct current, DC)가 된다. 검출기 전자 장치는 교류 신호의 주파수에 고정될 수 있어서 변조된 흡수 신호는 측정되는 반면 직류 신호인 방출 신호는 무시될 수 있다. 이로써 원자화기에서 방출되는 신호로 인한 오차를 줄일 수 있다. 광원 변조는 원자 분광기의 정확한 결과를 위해서 필요하다.

7.3 원자화 과정

7.3.1 | 불꽃 원자화

AAS로 분석하는 시료는 토양, 암석, 생물 조직, 금속 합금, 도자기, 유리, 고분자 같은 고체이거나 물, 폐수, 소변, 혈액, 음료, 기름, 석유 제품, 유기 용매 같은 액체 물질이다. FAAS(불꽃 원자 흡수 분광법)와 GFAAS(흑연로 원자 흡수 분광법)는 시료가 반드시 용액의 형태여야 한다. 따라서 대부분의 시료는 산처리, 용융, 재, 혹은 다른 시료 준비를 이용하여 수용액, 산용액 혹은 가연성 유기 용매로 전처리한다. FAAS의 대부분 공통된 시료 형태는 산 수용액이며, 산 수용액에서 금속은 용해된 이온으로 존재하는데, Cu^{2+}, Fe^{3+}, Na^{+}, Hg^{2+} 같은 경우이다.

원자 흡수 신호를 측정하기 위해서는 분석물이 반드시 수용액에 용해된 이온에서 환원된 기체상 자유 원자로 전환되어야 한다. 이 전체 과정을 7.15에 나타내었다. 앞에서 언급한 것처럼, 이온이 용해된 시료 용액은 분무기를 통해서 흡인된다. 에어로솔 방울이 불꽃에 들어갈 때, 용매(여기 경우에는 물)가 증발한다. 이때 시료는 '탈용매'된다고 한다. 불꽃의 열로 인해 입자들이 액체로 녹게 되고 기화된다. 최종으로는 불꽃의 열로(또한 불꽃 안에서 연소로) 분석 금속과 그것의 음이온 사이의 결합이 깨지고 자유 원자 M^0이 생성된다. 이러한 전체 과정은 분석물이 불꽃으로 진행하기 전까지 매우 빠르게 진행된다. 자유 원자

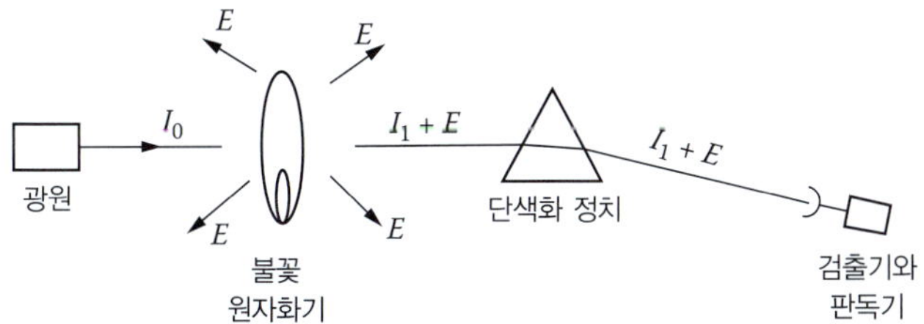

그림 7.14 원자화기 내 들뜬 원자에 의한 방출은 공명 파장에서 발생할 수 있고 원자 흡광 측정에서 직접적인 오차를 만들 수 있다.

	$M^+ + A^-$	(용액)
1. 분무	↓	
	$M^+ + A^-$	(에어로솔)
2. 탈용매화	↓	
	MA	(고체)
3. 액화	↓	
	MA	(액체)
4. 기화	↓	
	MA	(기체)
5. 원자화	↓	
	$M^0 + A^0$	(기체)
6. 들뜸	↓	
	M^*	(기체)
7. 이온화	↓	
	$M^+ + e^-$	(기체)

그림 7.15 불꽃 원자화기에서 발생하는 과정. M^+는 금속 양이온; A^-는 관련된 음이온. M^0와 A^0는 각각의 바닥 상태 자유 원자들 [© 1993–2014 **PerkinElmer, Inc. All rights reserved. Printed with permission.** (www.perkinelmer.com).]

가 생성된 다음에는 여러 물질들이 발생한다. 자유 원자들은 입사 복사선을 흡수할 수 있는데, 이는 바람직한 과정이다. 자유 원자들은 뜨거운 불꽃의 화학적 환경 내에서 빠르게 산화될 수 있으며, 이는 등에서 나오는 공명선을 흡수할 수 없게 만든다. 충돌 혹은 이온화에 의해 들뜰 수 있지만, 이 또한 등에서 나오는 공명선을 흡수할 수 없게 한다. 분석자는 반드시 불꽃 조건, 흐름 속도, 그리고 자유 원자 생성은 최대로 하고 산화물 형성, 이온화나 다른 원치 않는 반응은 최소화하도록 조절해야 한다. 만약 원자화가 최적화되지 않으면 불완전한 원자화 과정에서의 이러한 변화로 인해 분석 오류를 나타낼 수 있다.

불꽃이 자유 원자를 발생하는 데 있어 불꽃 온도와 연료/산화제 비율은 매우 중요하다. 많은 불꽃 연료와 산화제가 사용되었는데, 불꽃 온도의 범위를 표 7.1에 나타내었다. 현대의 상용 기기는 공기–아세틸렌과 아산화 질소–아세틸렌 불꽃이 사용된다.

온도가 낮은 불꽃은 분석물의 불완전한 원자화로 인한 간섭이 있다. 공기–아세틸렌 불꽃은 많은 원소들에게 유용하지만, 내화(refractory) 원소들과 Al이나 Si 같이 쉽게 산화되는 원소들에게는 온도가 높고 화학적으로 환원적인 아산화 질소–아세틸렌 불꽃이 더 적합하다. 부록 7.A에 각 원소들마다 선호하는 불꽃 선택에 대해 정리하였다. 이 부록에는 각 원소의 최대 감도를 위해 사용되는 연료/산화제 비율 조건도 정리되어 있다. 불꽃은 산화(산화제 과량) 혹은 환원(연료 과량)으로 분류된다. 공기–아세틸렌 불꽃은 산화 혹은 환원 모드로 사용될 수 있는 반면 아산화 질소–아세틸렌 불꽃은 대부분 환원 모드로 사용된다. 일반적으로, 과량의 산화제는 시료 내 유기 물질 분해를 돕지만, 산화 분자를 형성하기 위해 원소들과 반응하여 안정한 산화물로 존재한다. 이런 산화 물질은 원자 흡광을 할 수 없다. 따라서 알루미늄, 보론, 몰리브데넘, 크로뮴 같은 안정한 산화물을 형성하는 원소들은 산화물 형성을 피할 수 있는 온도가 높은 아산화질소–아세틸렌 불꽃을 사용하여 환원 불꽃 조건에서 결정한다.

만약 버너 위의 신호 높이에 따라 원자 흡수 신호를 측정한다면, 광원은 고정되어 있고 버너의 위치는 수동으로 혹은 자동으로 조절할 수 있다. 불꽃 단면도는 버너 헤드 바로 위에, 빛살이 불꽃의 바닥에 오도록 유입되는 원소의 용액에 의해 결정된다. 그 후 빛살이 불꽃의 높은 부분을 통과할 수 있도록 버너 헤드를 천천히 낮춘다. 버너 위 높이에 따른 흡광도와 산화성 공기–아세틸렌 불꽃 내 Cr, Mg, Ag의 불꽃 단면도가 그림 7.16에 나와 있다. 마그네슘 신호는 자유 원자가 아직 형성되지 않았기 때문에 불꽃 바닥에서 낮게 시작한다. 흡광도는 불꽃의 높이(버너 헤드 위)가 증가함에 따라 최댓값까지 증가한다. 이 곡선은 원자화, 산화, 이온화를 비롯한 화염 속에서 발생하는 복잡한 반응에 의해 발생한다. 빛살이 버너 헤드 위의 최대 흡광도의 위치에 있을 때 Mg에 대한 최대 감도가 얻어지지만 불꽃의 아주 높은 곳에서는 아니다.

표 7.1 다양하게 혼합된 불꽃에서 얻어진 온도(℃)

연료	산화제	
	공기	아산화 질소
수소	2000–2100	
아세틸렌	2100–2400	2600–3000
프로페인(천연 가스)	1700–1900	

불꽃 속에서 더 높아질수록 흡광도가 감소하는 것은 산화물 분자의 형성 때문이다. 많은 원소들은 그림 7.16에서 볼 수 있듯이 Mg와 유사한 불꽃 단면도를 가지고 있지만 전부 그렇지는 않다. 크로뮴은 안정한 산화물을 형성하여 원자화가 어렵다. 단면도에서 볼 수 있듯이, Cr 원자에 의한 흡광도는 실제로 불꽃의 바닥에서 가장 높다. Cr 원자는 형성 즉시 거의 공기 중의 산소와 결합하고, 흡광도는 버너 헤드 높이가 높아질수록(즉, 공기에 대한 노출이 증가함에 따라) 급속히 감소한다. Cr은 산화 크로뮴의 형성을 최소화하기 위해 연료가 풍부한(환원) 불꽃에서 더 잘 분석될 수 있는 원소이다. 반면에 Ag은 Mg와 같이 불꽃의 바닥에서 낮은 흡광도로 시작하고, 불꽃의 높이가 증가함에 따라 흡광도가 증가하여 원자가 일단 형성되면 안정함을 나타낸다. 산화물 형성 또는 이온화에 의한 흡광도의 감소가 없다.

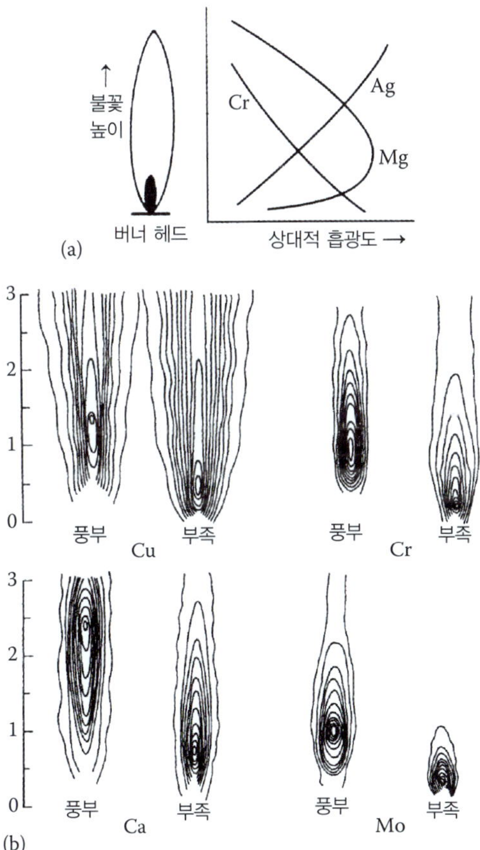

그림 7.16 (a) Cr, Mg, Ag의 불꽃 단면도는 산화성 공기–아세틸렌 불꽃에서 버너 위의 높이 함수로서 자유 원자 형성의 차이를 나타낸다. (b) 10 cm 크기의 공기–아세틸렌 불꽃에서의 2D 원자 분포. 연료가 풍부한(환원) 결과와 연료가 부족한(산화) 결과가 함께 표시되었다. 왼쪽의 눈금은 버너 헤드 위의 높이고, 최대 흡광도는 등고선이 0.1로 분리된 그림에서 가장 작은 원으로 표시된다. Cr의 경우, 연료가 부족한 불꽃은 (a)의 결과에 따라 버너 근처에서 최대 흡광도를 나타낸다. 연료가 풍부한 불꽃에서 Cr의 최대 흡광도는 버너 헤드 위로 약 1 cm 올라간다는 것을 보여 준다. 몰리브데넘은 연료/산화제 비율에 의해 더욱 영향을 받는다. (The diagrams in (b) are adapted and reprinted with permission from Rann, C.S. and Hambly, A.N., *Anal. Chem.*, 37, 879. Copyright 1965 American Chemical Society.)

실제로, 흡광도 측정을 위한 최적의 위치는 정확하게 이러한 방식으로 결정된다. 결정하고자 하는 원소의 용액을 흡인하고, 흡광도를 연속적으로 관찰하며, 최대 흡광도의 위치가 될 때까지 버너 헤드를 빛살에 대해 상하로(그리고 전후로) 이동시킨다. 그림 7.16b는 몇몇 원소에 대한 공기-아세틸렌 불꽃에서 원자의 2D 분포를 보여 준다. 등고선은 단면도의 중앙에서 최대 흡광도와 함께 흡광도가 0.1만큼 다르다. 연료가 풍부한(환원) 조건과 연료가 부족한(산화) 조건이 표시된다. 논의한 것처럼 Cr은 버너 헤드 바로 위의 연료가 부족한 불꽃에서 가장 높은 흡광도를 나타낸다. 연료가 풍부한 불꽃에서, 최대 흡수 위치는 불꽃 내에서 위로 이동된다. 몰리브데넘은 동일한 반응을 보였으나 더욱 강력하게 나타난다. 칼슘은 연료가 풍부한 또는 연료가 부족한 화염에서 결정될 수 있으며, 최적의 위치는 버너 위 2 cm 이상이며 산화 불꽃에서는 버너 위의 0.5~1 cm 사이에 위치한다.

자유 원자의 형성은 불꽃 온도와 시료의 화학적 형태에 달려 있다. 만약 금속이 안정한 화학적 형태(작은 해리 상수)로 시료에 존재한다면, 분해가 어려울 수 있으며 **원자화 효율**(**atomization efficiency**)은 낮다. 반면에 쉽게 분해되는 시료 형태라면, 형성되는 원자의 수가 많고 원자화 효율이 높다. 원자화 효율은 원자를 포함하고 있는 가능한 모든 종으로부터 얼마나 자유 원자가 많이 형성되는지를 나타내는 척도이다. 원자화기의 관측 높이에서 자유 원자로 존재하는 기체 상태의 총 원소 분율 또는 유리 원자와 이온으로 존재하는 총 원소의 분율로 표현될 수 있다. 총 원소는 분석 대상 원자 M(예: M, MX, MO, M^+)을 포함하는 모든 원자, 분자, 이온 종을 의미한다. 원자화 효율은 0에서 1까지 다양할 수 있으며, 이 값은 원자화기에서 분수로 표현한 M /(총 M 함유 종)의 관찰이 이루어지는 곳에 따라 달라진다.

원자화기에서 자유 원자의 손실은 또한 시료의 화학 작용의 함수이다. 분석 대상 원소의 산화물이 쉽게 형성되면, 자유 원자는 불꽃에서 산화물을 형성하고 자유 원자의 집단은 동시에 감소할 것이다. 이것은 크로뮴, 몰리브데넘, 텅스텐, 바나듐과 같은 원소의 경우이다. 다른 한편으로, 일부 금속 원자는 불꽃에서 안정하고 자유 원자는 연장된 시간에 존재한다. 이것은 귀금속인 백금, 금, 은이 특히 그렇다. 연료/산화제 비율을 조정하면 그림 7.16b에서와 같이 불꽃 화학 및 원자 분포를 변화시킬 수 있다. 작은 이온화 에너지를 가진 원자는 공기-아세틸렌 불꽃에서 고온(심지어 적당한 온도에서도)으로 쉽게 이온화될 것이다.

최대 흡광도 신호는 빛 경로의 자유 원자의 수에 따라 달라진다. 이 자유 원자들은 불꽃 내에서 종들과 역동적인 평형을 이룬다. 그들은 불꽃에 의해 연속적으로 발생되고 그 속에서 연속적으로 손실된다. 생성된 수는 시료의 원래 농도와 원자화 효율에 달려 있다(표 7.2). 잃어버린 수는 산화물, 이온 또는 다른 비원자성 종의 형성에 달려 있다. 화학적 형태의 시료와 함께 원자화 효율의 변화를 **화학적 간섭**(*chemical interference*)이라고 한다. 그것은 AAS에서 발생하는 가장 심각한 간섭이므로 항상 고려되어야 하며 7.4절에서 자세히 논의된다. 표 7.2는 원소의 AAS 결정에 사용할 불꽃을 선택하기 위한 지침으로 사용할 수 있다. 예를 들어 알루미늄이나 바륨은 공기-아세틸렌보다 아산화 질소-아세틸렌 불꽃에 더 나은 감도를 보일 것이다. 그러나 포타슘의 경우 공기-아세틸렌 불꽃이 아산화 질소-아세틸렌 불꽃보다 감도 면에서 더 나은 선택이다. 이것은 포타슘이 고온에서 매우 쉽게 이온화되고 이온은 원자 흡수 신호를 내지 않기 때문이다. 이온화 에너지 추세에 따라 Cs와 Rb가 더 차가운 공기-아세틸렌 불꽃에서도 더 민감할 것으로 기대된다.

표 7.2 불꽃에서 금속 원자화의 효율

금속	불꽃	
	공기-아세틸렌	아산화 질소-아세틸렌
Ag	1.0	0.6
Al	<0.00005	0.2
Au	1.0	0.5
B	<0.0005	0.004
Ba	0.001	0.2*
Be	0.00005	0.1
Bi	0.2	0.4
Ca	0.07	0.5*
Cd	0.5	0.6
Co	0.3	0.3
Cu	1.0	0.7
Cr	0.07	0.6
Cs*	0.7	–
Fe	0.4	0.8
Ga	0.2	0.7
In	0.6	0.9
K*	0.4	0.1
Li*	0.2	0.4
Mg	0.6	1.0
Mn	0.6	0.8
Na*	1.0	1.0
Pb	0.7	0.8
Rb*	1.0	–
Si	–	0.06
Sn	0.04	0.8
Sr	0.08	0.03
Ti	–	0.2
Tl	0.5	0.56
V	0.01	0.3
Zn	0.7	0.9

출처: Modified from Robinson, J.W. (ed.), *Handbook of Spectroscopy*, Vol. 1, CRC Press, Boca Raton, FL, 1975.

[a] 불꽃에서 원자화 효율은 원자화기의 관측 높이에서 자유 중성 원자 또는 이온화 원자로 존재하는 기체 상태의 성분의 분율로 측정되었다. *표시는 7.4.1절에 소개된 이온 억제를 이용하여 얻는다. 데이터는 여러 연구자가 다양한 조건에서 얻었으며 원소 간에 직접 비교할 수 없다. 따라서 자세한 내용은 참고문헌을 참조해야 한다.

7.3.2 | 흑연로 원자화기

흑연로와 불꽃 원자화기의 중요한 차이점은 FAAS에서는 흡광도를 측정하는 동안 시료 용액이 지속적으로 불꽃에 흡인되는 반면 GFAAS는 지속적인 과정이 아니다. 산성 시료 용액을 사용할 경우, 소량의 용액(5~50 μL 사이)을 마이크로 피펫 또는 자동 시료 주입기를 통해 흑연관에 주입한다. 흑연로관은 극한 온도 프로그램을 거치는데 이 프로그램은 온도 상승 시간, 각 단계의 최종 온도, 최종 온도가 각 단계에서 유지되는 시간, 각 단계에서 흑연로를 통과하는 퍼지 기체의 성질 및 유량을 제어한다. 흑연로 프로그램은 일반적으로 (1) 건조, (2) 열분해, (3) 냉각, (4) 원자화, (5) 세척, (6) 냉각 단계로 구성된다.

GFAAS를 위한 일반적인 온도 설정 프로그램을 통해 건조, 열분해, 원자화 단계를 거친다. 원자화 공

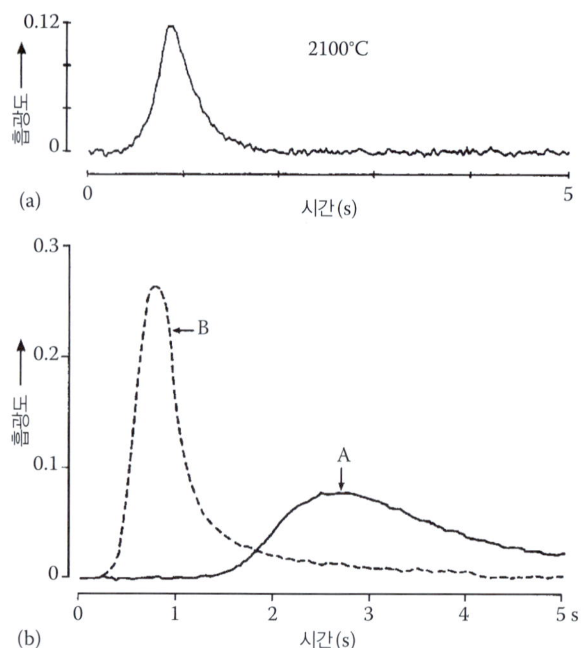

그림 7.17 (a) 흑연로로부터 생성된 이상적인 가우시안 모양의 원자화 신호. (b) 흑연로 원자화기에서 원자화된 몰리브데넘(Mo)의 신호. A는 코팅되지 않은 일반 흑연관 원자화기로부터의 신호이고 B는 열분해 흑연으로 코팅된 흑연관으로부터의 신호이다. [© **1993–2014 PerkinElmer, Inc. All rights reserved. Printed with permission.** (www.perkinelmer.com).]

정은 매우 빠르며 엄격하게 통제되어야 한다. 처음 두 단계 동안 시료의 손실을 피하는 것이 중요하지만 가능한 한 많은 유기 물질 및 다른 휘발성 물질을 제거하는 것이 매우 중요하다.

'건조' 단계를 통해 용매를 제거한다. 용매는 신속한 끓임(boiling)에 의해 시료를 비산(splattering)시키지 않고 제거되어야 한다. 실온에서 약 110°C까지 온도 상승이 느리게 일어나고 이 단계에서 비활성 퍼지 기체(질소 또는 아르곤)는 원자로에서 용매 증기를 제거하기 위해 약 300 mL/min의 최대 유량을 갖는다. '열분해' 단계에서는 분석물의 휘발 없이 분석물을 제외한 매트릭스의 가능한 한 많은 것을 제거한다. 기체 흐름은 일반적으로 300 mL/min이며 일반적으로 비활성 퍼지 기체를 사용한다.

'원자화 단계'는 기체 상태가 없는 분석 대상 원자를 생성해야 한다. 온도는 분자 결합을 파괴할 만큼 충분히 높아야 하고 일반적으로 온도는 이 단계에서 매우 빠르게 상승하고 퍼지 기체 흐름은 원자가 빛 경로에 남아 있도록 정지된다. 퍼지 기체 흐름을 정지시키면 분석 감도가 증가한다. 원자가 로에서 확산됨에 따라 흡광도가 감소하여 거의 가우시안 피크 모양의 신호가 된다. 서로 다른 두 종류의 흑연로 관에서 생성된 몰리브데넘에 대한 원자화 신호가 그림 7.17b에 나와 있다.

마지막으로, 원자화로는 원자화 온도보다 높은 온도로 유지되어 가능한 많은 남은 잔류물을 연소시킨다. 이것은 '세척' 단계이다. 원자로는 다음 시료가 주입되기 전에 냉각된다. 하나의 시료를 작성하는 전체 프로그램은 대개 약 2분이다.

7.4 AAS에서의 간섭

간섭(interference, 방해)은 시료 내의 분석물의 신호를 동등한 표준의 신호보다 높거나 낮게 만드는 물리적 또는 화학적 과정이다. 따라서 간섭은 정량적 분석에서 양수 또는 음수 오차를 일으킬 수 있다. 비스펙트럼 간섭 및 스펙트럼 간섭의 두 가지 주요 간섭이 있다. 비스펙트럼 간섭은 분석물의 자유 원자의 형성에 영향을 미치는 것들이다. 비스펙트럼 간섭에는 화학적 간섭, 이온화 간섭, 용매 효과(또는 매트릭스 간섭)가 포함된다. 스펙트럼 간섭은 흡수된 빛의 양을 분석 대상 원자 이외의 종에 의한 흡수로 인해 높게 만든다. 모든 기술은 어느 정도 간섭을 겪지만, AAS는 다른 주요 광학 원자 분광 기술인 원자 방출 분광법이나 XRF(X-ray fluorescence)보다 스펙트럼 간섭 및 비스펙트럼 간섭이 훨씬 적다.

7.4.1 | 비스펙트럼 간섭

7.4.1.1 화학적 간섭

간섭의 심각한 원인은 **화학적 간섭**(*chemical interference*)이며, 표준 용액과 비교할 때 시료의 일부 화학 성분이 시료의 분무 효율에 영향을 줄 때 발생한다. 그 결과는 분석물의 표준으로부터의 분석물 신호와 시료로부터의 분석물 신호가 증가되거나 억제된다. 이 효과는 시료에 존재하는 주된 음이온 때문에 대부분 일어난다. 음이온은 분석물이 결합되어 있는 금속 화합물의 안정성에 영향을 미치고, 이는 금속 원자를 생성하는 효율에 영향을 미친다. 예를 들어, 인산 칼슘은 염화 칼슘보다 더 열적으로 안정하여 염화 칼슘 용액은 공기-아세틸렌 불꽃에서 원자화되면 쉽게 칼슘 원자로 분해된다. 10 ppm의 칼슘을 함유하는 염화 칼슘 용액은 10 ppm의 칼슘을 함유하는 인산 칼슘 용액보다 높은 흡광도를 나타낼 것이다. 인산 이온을 염화 칼슘 용액에 가하면 인산염 농도가 증가함에 따라 Ca에 의한 흡광도가 감소하는데 이를 화학적 간섭이라고 한다.

화학적 간섭을 상쇄하는 데에는 세 가지 방법이 있다. 첫 번째 방법은 표준과 시료의 매트릭스를 일치시키는 것이다. 즉, 동일한 음이온을 분석 대상 시료에서와 같이 작업 표준에서 동일한 농도로 존재하게 하는 것이다.

두 번째 방법은 분석물 이온보다 방해 음이온과 훨씬 더 안정한 화합물을 형성하는 다른 금속 이온을 첨가하는 것이다. 그러한 이온은 분석물이 음이온과 화합물을 형성하는 것을 막아 분무화할 수 있기 때문에 '방출제(releasing agent)'라고 한다. 예를 들어, 란타넘은 인산 칼슘보다 더 고온에 더 안정한 인산염을 형성한다. 생물학적 시료와 같은 불명확하거나 다양한 양의 인산염을 포함하는 용액에서 칼슘을 결정하기 위해 분석자는 모든 표준 물질과 시료에 과량의 란타넘(염화물 또는 질산염과 같은)을 첨가할 수 있다. 분석 용액에서 인산염과 완전히 반응하기 때문에 충분한 란타넘을 첨가하기만 하면 된다. 보통 500~2000 ppm의 란타넘이면 시료에 충분하다. 방출제는 가능한 한 높은 순도를 가져야 한다.

세 번째 방법은 가능하다면 더 높은 온도의 불꽃으로 전환하여 화학적 간섭을 제거하는 것이다. 아산화질소-아세틸렌 불꽃은 인산 칼슘 용액을 분해하기에 충분한 에너지를 갖기 때문에, 란타넘 첨가 없이 인산염에 의한 칼슘에 대한 화학적 간섭은 없다.

가능한 네 번째 접근법은 3장에서 논의된 표준물 첨가법(MSA)의 사용이다. 이 접근법은 일부 화학 물질 간섭을 보정할 수 있지만 전부는 아니다. 예를 들어 흑연로에서, 분석물이 첨가된 분석 물질 화합물보다 더 휘발성 화합물로서 시료에 존재한다면, MSA는 효과적이지 않다. 왜냐하면 분무화되기 전에 시료의 분석물은 휘발의 결과로 손실되며 첨가된 분석 물질 화합물은 원자화될 때까지 유지되기 때문에 표준물 첨가법으로 정확한 분석 결과를 얻을 수 없다.

7.4.1.2 매트릭스 간섭

다른 방해 요소는 시료 용액을 만들기 위해 사용된 시료 **매트릭스**(**matrix**)와 용매이다. 일부 시료의 매트릭스는 상당히 복잡하다. 우유의 경우, 우유 단백질, 비네랄, 기타 우유 성분의 현탁된 미립자와 부유된 지방 방울이 있는 수용액으로 구성된 매트릭스가 있다. 우유의 칼슘 측정은 식수에서 칼슘을 측정할 때 발견되지 않는 매트릭스 효과를 나타낸다. 분석물 이외의 고농도 염을 가진 시료 용액은 분해 속도가 느려서 기화 단계를 방해하고 간섭을 일으키는 입자 내에 분석물을 포함할 수 있다. 표준 용액과 시료 또는 다른 시료 사이의 점도, 표면 장력의 차이도 간섭을 일으킬 수 있다. 점도 또는 표면 장력으로 인한 간섭은 FAAS의 분무 과정에서 발생하는데, 그 이유는 주어진 시간 동안 다른 부피의 용액이 흡인되고 용매 특성의 결과로 분무 효율이 변하기 때문이다. 수용액에서의 금속은 유기 용매에서 같은 금속의 동일한 농도보다 항상 낮은 흡광도를 나타낸다. 수용액에서 산 농도가 진한 경우 종종 시료 흡수가 감소하기 때문에 용액 점도가 더 높아지고 흡광도가 감소한다. 매트릭스 및 용매 효과는 FAAS뿐만 아니라 GFAAS에서도 종종 나타나며 불꽃보다 흑연로에서 더 심할 수 있다. 매트릭스 간섭의 존재 여부는 외부 교정 곡선의 기울기와 MSA 직선의 기울기를 비교하여 결정할 수 있다(3장에서 논의됨). 두 직선의 기울기가 동일하면(서로 평행) 매트릭스 간섭이 없고, 기울기가 다른 경우(평행이 아닌)는 간섭이 존재하므로 이를 보정해야 한다.

용매가 원자화 과정을 방해할 수 있다. 케톤, 알코올, 에터 또는 탄화수소와 같은 유기 용매인 경우, 용매는 급속하게 증발할 뿐만 아니라 또한 연소되어 불꽃 온도를 증가시킬 수 있다. 고온에서 더 많은 자유 원자가 생성되고, 두 용액의 금속 농도가 같더라도 유기 용매의 용액으로부터 수용액보다 흡광도 신호가 더 증가한다.

작업 표준의 용액을 시료 용액과 비교하면 용매 간섭을 보완할 수 있다. 용매의 종류(물, 톨루엔, 메틸 아이소뷰틸 케톤(MIBK) 등), 산의 양과 종류(1% 질산, 5% 염산, 20% 염화 소듐 등) 및 방출제와 같은 임의의 첨가제는 정확한 결과를 위해 교정 표준 및 시료에서 동일해야 한다.

대안으로, 간섭을 보상하기 위해 MSA가 사용될 수 있다. 이 교정 방법은 간섭이 있을 때 시료를 사용하여 교정한다. MSA를 사용할 때의 가정은 시료에서 자유 원자의 형성 속도에 영향을 주는 것이, 동일한 방식으로 추가된 분석물 스파이크로부터 자유 원자의 형성 속도에 영향을 미친다는 것이다. MSA는 기울기에 영향을 미치는 간섭을 보정할 수 있지만 곡선의 절편에 영향을 주는 간섭은 **보정하지 않는다**.

7.4.1.3 이온화 간섭

AAS의 원자화기에서의 원자화 과정은 바닥 상태 원자의 생성에서 멈춰야 한다. 일부 원소의 경우, 그림 7.15와 같이 계속해서 들뜬 상태의 원자와 이온을 생성한다. 이온화 및 들뜸의 결과로 바닥 상태 원자의 모집단이 감소했기 때문에 불꽃이 들뜸과 이온화가 발생하기에 충분히 뜨겁다면 흡광 신호가 감소한다. 이를 이온화 간섭이라고 한다. 이온화 간섭은 보통 저온 불꽃에서도 쉽게 이온화되는 알칼리 금속 및 알칼리 토금속 원소에서 발생한다. 다른 원소의 이온화 간섭은 고온의 아산화 질소–아세틸렌 불꽃에서는 발생하지만 공기–아세틸렌 불꽃에서는 일어날 수 없다.

모든 표준 물질 및 시료에 보다 쉽게 이온화되는 원소를 첨가하면 이온화 간섭이 제거된다. 이러한 첨가는 불꽃 내에서 많은 수의 자유 전자를 생성하게 되고 발생된 자유 전자는 분석물 이온에 의해 '포획(capture)'되어 다시 원자로 변환되어 분석물의 이온화를 '억제'한다. 이온화 억제제로 종종 첨가되는 원소는 포타슘, 루비듐, 세슘이다. 예를 들어 소듐의 AAS 측정에서, 모든 시료와 표준 물질에 과량의 포타슘을 첨가하는 것이 일반적이다. 포타슘은 소듐보다 더 쉽게 이온화되므로 포타슘이 우선적으로 이온화되고 포타슘의 이온화에서 나오는 자유 전자는 소듐의 이온화를 억제한다. **이온화 완충제**(*ionization buffer*)라고도 하는 이온화 억제제는 정확한 결과를 위해 동일한 농도로 모든 시료, 표준 및 바탕 용액에 첨가해야 한다. 이온화 억제의 사용 예를 그림 7.18에 나타내었다. 바륨 공명선(원자 흡광)에서의 흡광도 및 바륨 이온선(불꽃에서 바륨 이온에 의한)에서의 흡광도는 용액에 첨가된 포타슘의 기능으로 그려진다. 포타슘 농도가 증가함에 따라, 바륨 이온화가 억제되고 바륨은 바륨 원자로 유지된다. 원자와 이온선에서 흡광도의 추세는 바륨 이온 형성이 1000 ppm보다 쉽게 이온화된 포타슘의 첨가에 의해 억제됨을 매우 명확하게 보여 준다.

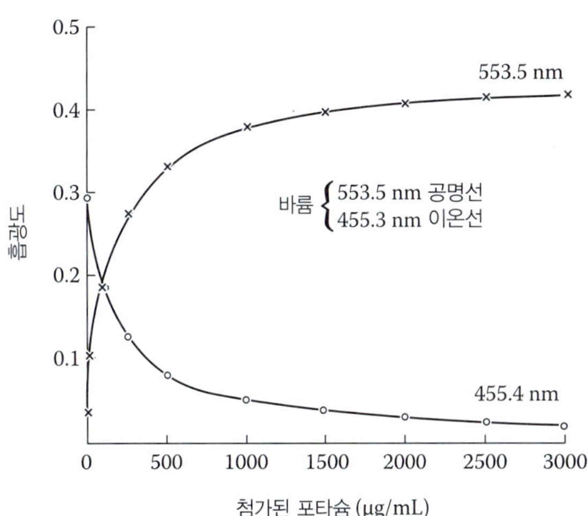

그림 7.18 이온화가 잘 되는 포타슘을 첨가한 후 불꽃 원자화에서 바륨의 이온화가 억제됨. [© **1993–2014 PerkinElmer, Inc. All rights reserved. Printed with permission.**(www.perkinelmer.com).]

7.4.1.4 GFAAS에서 비스펙트럼 간섭

흑연로 원자화기는 상당한 비스펙트럼 간섭 문제를 일으키는데, 그 중 일부는 원자로에만 고유하다. 이러한 간섭의 보상 또는 제거는 불꽃 원자화기에서 수행되는 것과는 다르다.

일부 분석기는 고온에서 원자화기의 흑연 표면과 반응하여 열적으로 안정한 탄화물을 형성한다. 이러한 탄화물은 원자화되지 않으므로 분석 감도가 감소한다. 탄화물 형성은 또한 흑연 원자화기 표면의 조건에 의존하기 때문에 정밀도와 정확도가 떨어진다. 탄화물을 형성하는 경향이 있는 원소는 W, Ta, B, Nb, Mo를 포함한다. 관 벽에 고밀도의 열분해 흑연 코팅을 사용하여 탄화물 형성을 최소화하는 것이 좋다. 보통 흑연은 용액이 흑연관에 흡수되어 흑연/용액 접촉 면적을 증가시키고 고온에서 더 많은 탄화물 형성을 하게 되는 다공성 구조를 가진다. 열분해 흑연은 용액이 흑연 구조로 들어가는 것을 막아서 탄화물 형성을 감소시키는 불 침투성 표면을 형성한다. 그림 7.17b에서 Mo에 대한 원자화 단면도를 관찰하면, 코팅되지 않은 관(A 피크)으로부터의 원자화가 열분해 흑연 코팅 관보다 훨씬 늦게 나타난다. 이러한 시간 지연은 Mo가 다공성으로 코팅되지 않은 흑연에서 확산되기 때문이다. 그 결과는 시간 지연뿐만 아니라 정확하게 통합하기 어려운 매우 넓은 흡수 신호를 나타낸다. 열분해 흑연 코팅 관으로부터의 신호는 빠르게 상승하여 바탕선으로 급속히 돌아오는데 이는 Mo가 흑연으로 상당한 확산이 일어나지 않는다는 것을 증명한다. 이로 인해 더 높은 흡광도 신호와 피크를 정확하게 통합할 수 있고 또한 훨씬 짧은 원자화 단계가 가능해지며 관 수명을 증가시켜 시료 처리량 향상에 기여한다.

분석물이 흑연관의 벽으로부터 직접적으로 원자화되면, 화학적 및 매트릭스 간섭이 심각해질 수 있다. 분석물은 원자 또는 기체상 분자로서 분무 온도의 고온 벽에서 관 내부의 더 시원한 비활성 기체 대기로 방출된다. 대기는 관의 벽으로부터의 전도 및 대류에 의해 가열되므로 대기의 온도는 벽의 온도보다 낮아진다. 원자 또는 분자는 다수의 반응이 발생할 수 있는 이 차가운 대기로 진입한다. 예를 들어, 원자는 매트릭스 성분과 재결합하여 분자로 되거나, 온도가 낮아서 기화된 분석물 함유 분자가 원자화되지 못할 수 있다. 두 경우 모두, 비스펙트럼 간섭이 발생한다. 이 문제에 대한 해결책은 관에 플랫폼 삽입을 이용하여 분자의 원자화를 개선하고 자유 원자의 재결합을 방지하여(L'vov 플랫폼), 간섭을 감소시키고 정밀도를 현저히 향상시킬 수 있다.

7.4.1.5 화학적 변형

일반적으로 **매트릭스 변형(matrix modification)**이라고도 하는 화학적 변형은 시료와 함께 흑연 관에 하나 이상의 시약을 첨가하는 것이다. 이러한 화학적 개질제의 사용은 원자로 내에서 발생하는 화학 작용을 변경하여 비스펙트럼 간섭을 제어하는 것이다. 시약은 매트릭스의 휘발성을 향상시키거나 분석물의 휘발성을 감소시키거나 원자화기의 표면을 변형시키기 위해 선택된다. 다량의 화학적 개질제의 사용은, 가능한 가장 높은 열분해 온도를 사용함으로써 정확도와 정밀도를 향상시키는 것이다. 이것은 분석물의 손실 없이 매트릭스를 제거할 수 있다.

중금속 중 하나인 카드뮴은 독성 때문에 법으로 규제된다. 음용수, 혈액, 소변, 환경 시료는 낮은 ppb 농도의 Cd에 대해 GFAAS에 의해 분석된다. 염화 카드뮴과 같은 많은 일반적인 카드뮴 화합물은 상대적으로 휘발성이다. 개질제가 없는 상태에서 Cd는 그림 7.19에서 보듯이 400℃의 낮은 열분해 온도의 노에서 휘발되기 시작한다. 단일 화합물 또는 화합물의 혼합물을 첨가함으로써, 열분해 온도를 1000℃ 이상으로 증가시킬 수 있다. 개질제의 첨가는 시료 내의 카드뮴을 훨씬 휘발이 덜 한 형태로 전환시켜 일반적으로 분석의 정밀도와 정확도가 모두 향상된다. 예를 들어, 카드뮴이 유기 금속성 Cd 화합물 및 무기 Cd 화합물과 같은 2가지 상이한 화학적 형태로 시료에 존재한다면, 이 두 화합물은 상이한 속도 및 상이한 온도에서 분무될 수 있다. 그 결과는 여러 개의 원자화 신호가 되어 신호의 측정에 심각한 오류를 발생시킬 수 있다. 다수의 분석물 피크는 통상적으로 하나의 공통종으로 분석물을 전환시키는 적절한 매트릭스 개질제의 사용을 통해 제거될 수 있다.

분석물을 안정화시키는 데 사용되는 개질제의 또 다른 예는 생체 조직에서 셀레늄의 결정에 질산 니켈을 사용하는 것이다. 개질제로서의 질산 니켈 첨가는 열처리 및 조직 모체의 제거를 허용하면서 셀레늄화 니켈로서 원자로에서 Se를 함유한다. 질산 니켈을 첨가하지 않으면 Se의 손실을 막기 위해 열분해 온도가 350℃여야 한다. 질산 니켈을 사용하면 최대 1100℃의 온도를 사용할 수 있다.

경우에 따라, 매트릭스 자체가 화학적 변형을 통해 더 휘발될 수 있다. 예를 들어, 바닷물에 있는 원소를 결정할 때 건조 후 흑연관의 매트릭스는 기본적으로 염화 소듐이다. 염화 소듐은 고용융 이온 화합물이며 이를 휘발시키기 위해 비교적 높은 온도를 필요로 한다. 염화 소듐 분자는 휘발 시 그대로 유지되어 스펙트럼 간섭을 증가시킨다. 모든 염화 소듐이 용광로에서 휘발될 수 있다면 Hg, As, Se, Pb 및 기타 많은 휘발성 분석물 요소가 이 과정에서 손실될 수 있다. 흑연관의 시료에 **매트릭스 개질제**로서 과량의 질산 암모늄을 첨가함으로써, 염화 소듐 매트릭스는 훨씬 더 휘발성인 염화 암모늄 및 질산 소듐으로 전환될 수 있다. 대부분의 매트릭스는 휘발성 분석물의 손실 없이 바탕 흡수를 실질적으로 감소시키는 500℃ 이하의 온도에서 제거될 수 있다. 팔라듐과 질산 마그네슘의 일반적인 '**혼합 개질제**'는 많은 원소의 GFAAS 측정을 향상시킨다.

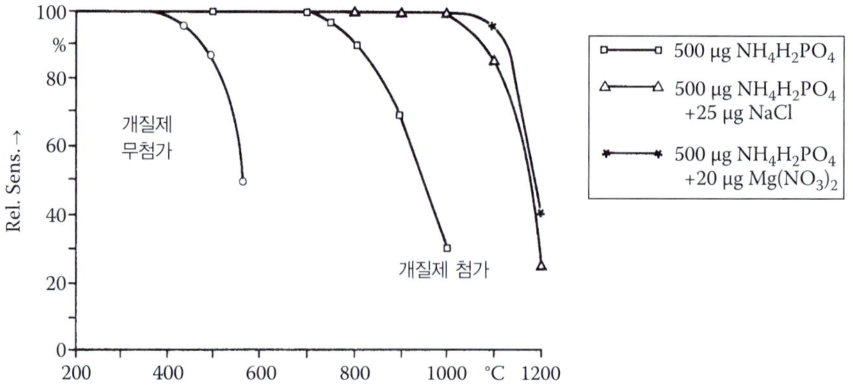

그림 7.19 카드뮴의 열분해 온도에 대한 매트릭스 개질제의 효과. 개질제 첨가 없이 카드뮴은 500℃ 이하에서 휘발을 시작하는 반면, 개질제 첨가 후 카드뮴이 높은 온도에서도 남아 있음. [**Printed with permission.** (www.perkinelmer.com).]

7.4.2 | 스펙트럼 간섭

결정되는 원소 이외의 화학종에 의해 속빈 음극에서 공명선의 흡수가 일어날 때 스펙트럼 간섭이 발생한다. 예를 들어, Pb 217.0 nm 선은 시료나 불꽃에 납이 없기 때문에 불꽃 구성 성분에 의해 흡수될 수 있는데 이를 스펙트럼 간섭이라고 한다.

7.4.2.1 원자 스펙트럼 간섭

다양한 원소들의 공명 흡수선은 0.0002 nm의 배수와 이산 파장에서 매우 좁다. 서로 다른 원소의 흡수선 사이의 직접적인 중첩은 일반적으로 오류의 원인으로 무시될 수 있다. 고농도로 존재하는 간섭 요소 흡수선의 날개에 의한 흡수가 관찰되었지만, 이것 또한 드문 경우이다. 직접적인 원자 스펙트럼 간섭에 대한 유일한 보정법은, (1) 시료에서 간섭 요소를 제거하기 위해 다른 분석 파장을 선택하거나, (2) 시료에서 간섭 요소를 제거하는 것이다. 간섭 물질과 분석물의 분리에 대한 많은 방법이 참고문헌에 나와 있지만, 분석 시 시료가 손실되거나 오염되지 않도록 주의해야 한다. 방법 중 하나인 추출법은 분석자가 추출 중에 분석물을 주의 깊게 수행할 때 분석의 정확도와 감도를 증가시킬 수 있다.

7.4.2.2 바탕 흡수와 보정

스펙트럼 간섭을 일으키는 공통적인 현상은 원자화기 내의 분자 또는 다원자종에 의한 HCL 복사의 흡수이다. 이것은 '바탕 흡수'라고 하는데, 시료 매트릭스의 분자들과 불꽃 기체가 모두 완전히 원자화되지 않았기 때문에 발생한다. 이러한 종류의 간섭은 많은 화합물이 흡수하는 짧은 파장(<250 nm)에서 더 일반적이다. 간섭의 정도는 불꽃 상태(환원 또는 산화), 불꽃 온도, 사용된 용매 및 시료 흡인 속도에 달려 있다. 열분해 단계가 분석물을 휘발시키지 않는 최대 온도로 제한되는 흑연로 원자화기가 사용될 때 바탕 간섭이 심각하다. 결과적으로 많은 분자는 열분해되지 않고 더 높은 원자화 온도에 도달할 때 광경로로 휘발되어 상당량의 광원을 흡수한다.

원자들이 매우 좁은 파장 범위를 흡수하고, 분석물 공명선이 다른 원자에 의한 중복 흡수가 쉽지 않다는 것을 알았다. 그러나 분자 흡수는 광범위한 파장 영역에서 발생하며 불꽃 및 흑연로 원자화기에서 관찰된다. 분자 흡수는 불꽃 내의 물에서 생성된 하이드록실 라디칼, 유기 용매의 불완전 연소, 안정한 분자 잔류물, 금속 산화물 등으로부터 유래될 수 있다. 불꽃 원자화기 내 고체 입자는 넓은 범위의 파장에서 빛을 분산시킬 수 있다. 이것은 흡수는 아니지만 검출기에 도달하는 빛을 적게 만든다. 빛의 산란은 흡수 측정에 직접적인 오차를 일으킨다. 바탕 흡수를 측정하고 그것을 보정하는 몇 가지 방법이 있다.

7.4.2.3 두 선 바탕 보정

바탕을 측정하고 보정하는 방법 중 하나는 비공명선의 흡수를 사용하는 것이다. 속빈 음극의 방출 스펙트럼은 방출선이 상당히 풍부하며, 분석 대상 원소의 공명선과 원소 및 충전 기체의 다른 많은 비공명 방출선을 포함한다. 분석 대상 원자는 이러한 비공명선을 흡수하지 않지만 넓은 분자 바탕은 그들을 흡수한다. 비공명선에서의 흡광도는 바탕 흡수에만 기인하고 공명선에서의 흡광도는 원자 흡수 및 바탕 흡수에 기인한다. 따라서 공명과 비공명선 사이의 흡광도 차이는 순수한 원자 흡광이라 할 수 있다.

7.4.2.4 연속 광원 바탕 보정

정상 단색화 장치 및 슬릿 시스템은 약 0.2 nm 폭의 스펙트럼 슬릿을 가진다. 연속 광원의 방출이 불꽃을 통과할 때 원자는 공명 파장과 정확히 일치하는 부분만 흡수할 수 있는데 약 0.002 nm의 폭을 갖는다. 결과적으로 원자들은 연속등의 1%만 흡수하고 방출된 빛의 99% 이상이 검출기에 도달한다. 따라서 연속등에 대한 원자 흡수의 효과는 무시할 만하며 원자는 연속등 방출을 흡수할 수 없다고 말할 수 있다.

HCL 광원이 사용될 때의 연속 광원 바탕 보정 방법에서 측정된 흡수는 원자 및 바탕 흡수의 총량이다. 연속등 광원이 사용될 때, 바탕 흡수만이 측정된다. 파장의 범위 또는 대역에서 빛을 방출하는 연속등은 분광기 시스템에 배치된다. 이 설정은 HCL과 연속등의 복사를 동일한 경로를 따라 검출기에 도달하도록 한다. 검출기는 거울 토막틀의 사용 또는 등 전류의 펄스를 통해 시간에 따라 각 광원을 번갈아 관찰한다. 이 보정 방법은 현대 AAS 시스템에서 완전히 자동화되어 있다. HCL 또는 EDL과 연속등은 시간 내에 번갈아 관찰된다. 계기 전자 장치는 신호를 비교하여 순 원자 흡광도를 계산한다.

연속 광원으로 사용되는 등은 UV 영역용 중수소등(D_2)과 가시 영역용 텅스텐 필라멘트등이다. 연속 바탕 보정을 사용하는 상업적 기기는 일반적으로 완전한 파장 범위를 포함하기 위해 연속 광원을 모두 설치한다. 사용된 연속등은 분석물의 파장에 따라 컴퓨터에 의해 선택된다.

연속 광원 바탕 보정은 FAAS에 사용되며 원자로 AAS에 사용될 수 있으나 한계가 있다. 시료의 분석 대상이 아닌 다른 원소가 사용된 스펙트럼 대역 내에서 흡수선을 가지고 있다면, 특히 이 원소가 너무 많으면 복사를 흡수하여 부정확한 바탕 보정을 초래할 수 있다. 바탕 보정은 두 가지 다른 출처를 사용하여 작성된다. 광원이 유사한 강도를 가지지 않고 정확하게 정렬되어 원자화기의 동일한 영역을 정확하게 통과하지 못하면 보정이 부정확할 수 있다. 연속 광원은 일반적으로 $A = 0.8$까지 바탕 흡광도를 보정할 수 있다. 바탕 흡수 스펙트럼이 스펙트럼 통과 대역에 대해 균일하지 않을 때 문제가 발생할 수 있다.

7.4.2.5 Zeeman 바탕 보정

흡수를 야기하는 전이가 두 개의 분리된 에너지 준위 사이에 있기 때문에 원자 흡수선은 개별 파장에서 발생한다. 그러나 기체상 원자가 강한 자기장에 놓이면 전자 에너지 준위가 분리된다. 이것은 자기장이 없는 경우 단일 흡수선의 속도에서 주어진 전이에 대해 여러 흡수선을 발생시킨다. 이것은 모든 원자 스펙트럼에서 발생하며 **Zeeman 갈라짐(Zeeman splitting)** 또는 Zeeman 효과라고 한다. 가장 단순한 경우 Zeeman 효과는 흡수선을 두 개의 구성 요소로 나눈다. 첫 번째 구성 요소는 이전과 같은 파장(변경되지 않은)에서 π-성분이다. 두 번째는 σ-성분이며, 이는 파장에서 양의 변화와 음의 변화를 겪게 되어 원 흡수선의 양쪽에 두 개의 동일한 간격의 선이 생긴다. 이 분할 패턴은 그림 7.20에 제시되어 있다. 자기장 강도에 따라 약 0.01 nm 또는 그 이하로 선이 분할되며 바탕 흡수 및 산란은 대개 자기장의 영향을 받지 않는다.

π-와 σ-성분은 편광된 빛에 다르게 반응한다. π-성분은 자기장에 평행한 방향으로 편광된 빛을 흡수하고, σ-구성 요소는 입사된 자기장에 90°로 편광된 복사선만을 흡수한다. 분할 및 편광 차이의 조합을 사용하여 총 흡광도(원자+바탕)와 바탕 흡수만을 측정하여, 순 흡광도를 결정할 수 있게 한다.

에너지 준위를 분리하기 위해 원자로 주위에 영구 자석을 배치할 수 있다. 회전 편광판은 HCL 또는 EDL 앞에 사용된다. 빛이 자기장에 평행하게 편광되는 사이클의 부분 동안, 원자 및 바탕 흡수 모두가 발생한다. 빛이 자기장에 수직으로 편광될 때 원자 흡수가 일어나지 않지만 배경은 여전히 존재한다. 둘 사이의 차이는 순 원자 흡수이다. 이러한 시스템은 DC Zeeman 보정 시스템이다.

교대로 고정된 편광자가 광원의 앞에 배치될 수 있고 전자석이 원자로 주위에 배치될 수 있다. 자기장을 끈 상태(원자+바탕) 및 자기장을 켠 상태(바탕만)로 흡수 측정을 함으로써 순 원자 흡수 신호를 결정할 수 있다. 이것은 가로 방향 AC Zeeman 보정 시스템이라고 한다. AC 전자석은 또한 장이 빛 경로를 가로지르지 않고 빛 경로(종단 AC Zeeman 시스템)를 따르도록 배향될 수 있다. 세로 방향 AC Zeeman 시스템에는 포화 장치가 필요하지 않다.

DC 또는 AC Zeeman 시스템에서 편광판을 사용하면 빛 처리량이 크게 줄어들어 감도와 정밀도에 악영향을 미친다. DC Zeeman 시스템은 전력은 더 적게 들지만 AC 시스템보다 선형 작동 범위 및 감도가 낮다. AC Zeeman 시스템은 작동하기에 더 비싸지만 DC 시스템보다 높은 감도와 더 큰 선형 작동 범위

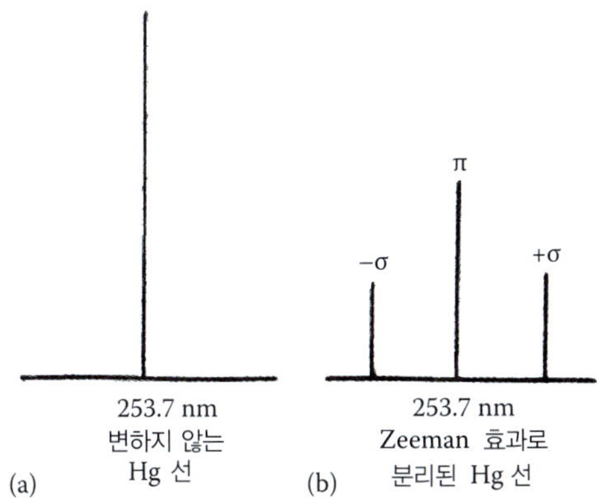

그림 7.20 Zeeman 효과로 인해 전자 에너지 준위가 바뀜. (a) 자기장이 없는 경우 Hg 공명선은 253.7 nm에서 단일선으로 나타남. (b) 자기장이 있는 경우 Hg 공명선. π-성분은 원래의 변이되지 않는 파장에 있음(253.7 nm). $\pm\sigma$-성분은 원래 선에서 더 높고 낮은 파장으로 똑같이 이동함.

를 가지고 있다.

Zeeman 바탕 보정의 장점은 다양하다. 광원이 하나만 사용되기 때문에 강도를 일치시키거나 다양한 광원을 정렬할 필요는 없다. 바탕 보정은 공명선과 원자 흡수 신호와 동일한 흡수 띠너비에 매우 근접하게 이루어진다. 따라서 보정은 일반적으로 매우 정밀하고, 흡광도가 2.0 정도의 높은 바탕 단계에서도 매우 정확하다. Zeeman 보정 시스템은 모든 파장의 모든 요소에 사용할 수 있다. Zeeman 바탕 보정 사용에 대한 한 가지 제한은 분석 기술 작동 범위를 단축한다는 것이다. 농도가 증가함에 따라, 흡광도는 먼저 선형적으로 증가하고, 최대 흡광도에 도달할 때까지 비선형적으로 증가한다. 최대 흡광도 이후에는 농도가 증가함에 따라 실제로 감소한다.

7.4.2.6 Simith–Hieftje 바탕 보정기

HCL이 높은 전류에서 작동하면 풍부한 원자가 형성된다. 이 자유 원자들은 속빈 음극이 방출하고자 하는 공명선을 정확하게 흡수한다. 예를 그림 7.21에 나타내었듯이 자유 원자는 매우 좁은 너비에서 정확히 λ에 흡수된다(그림 7.21b). 결과는 그림 7.21a에 그려진 원하는 방출선 대신에 그림 7.28c에 그려진 것처럼 HCL에서 방출된 선이 있음을 나타낸다. 등 내의 자유 원자에 의한 복사선의 중앙 부분 흡수 현상을 '자체 역전(self-reversal)'이라고 한다. 방출된 공명선의 중심에 있기 때문에 흡수가 쉽게 감지되지 않는다. 물론 시료의 원자에 쉽게 흡수되는 것이 바로 복사이다. 실제로, HCL이 너무 높은 전류에서 작동되면 자체 역전은 흡수 가능한 빛을 제거하여 민감도를 감소시키고 또한 등의 수명을 상당히 단축시킨다.

Smith–Hieftje 바탕 보정기는 고전류와 저전류 사이에서 등을 진동함으로써 이러한 자체 역전 현상을 이용하였다. 저전류에서 정상 공명선이 방출되고 시료는 정상적인 원자 흡수를 한다. HCL이 고전류로 진동될 때 방출선의 중심은 자체 흡수되어 방출된 공명선의 날개만 남게 된다. 방출된 선은 그림 7.21c와 유사하다. 시료의 원자들은 그러한 선을 크게 흡수하지 않고 넓은 바탕은 선의 날개를 흡수한다. 결과적으로 날개의 흡수는 원자 공명 흡수 파장에서 바탕 흡수의 직접적인 측정이다. Smith–Hieftje 기법을 사용하여 바탕을 자동으로 보정할 수 있는데 실제로, 저전류는 짧은 시간 동안 작동되며 흡광도가 측정된다. 고전류는 매우 짧고 속빈 음극 내부의 강렬한 방출과 자유 원자가 방출되고 흡광도가 다시 측정된다. 측정 간의 차이는 순 원자 흡수가 된다. 사이클이 다시 시작되기 전에 등 내에 자유 원자를 분산시키는 지연 시간이 있다.

Smith–Hieftje 기법의 장점은 홑살 광학에서 사용할 수 있다는 것과 동일한 빛살이기 때문에 바탕 흡수 및 원자 흡수를 측정하는 빛살을 따로 정렬할 필요가 없다는 것이다. 또한 전자 장치는 Zeeman 바탕 보정 시스템에 사용되는 것보다 훨씬 간단하며 비싼 자석이 필요하지 않다. 이 기술에는 몇 가지 단점이 있

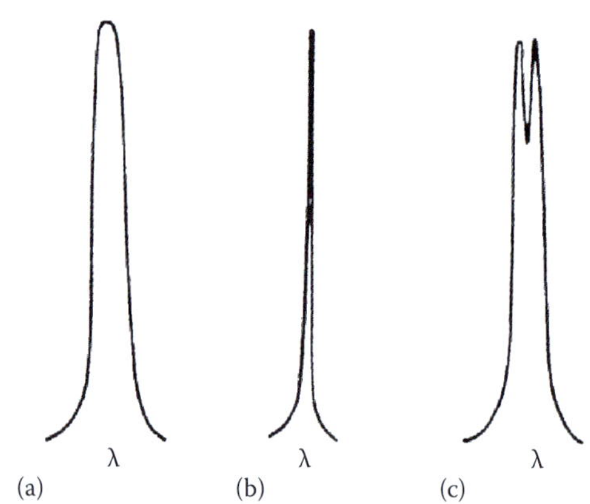

그림 7.21 자체 역전에 의한 HCL에서의 스펙트럼 선 모양 왜곡. (a) HCL에 의해 방출된 스펙트럼 선의 모양. (b) HCL 내부의 냉각된 원자에 의해 흡수된 스펙트럼 에너지 띠의 모양. (c) HCL에서 나오는 순 신호의 모양. 방출 띠 중심의 자기 흡수를 보여 줌.

는데, 저전류 및 고전류에서 작동할 수 있는 특별한 유형의 HCL이 필요하며 이러한 HCL의 수명은 일반 HCL의 수명보다 현저히 짧다(요소에 따라 150~500시간, 일반 HCL의 경우 5000시간). 이 기술의 감도 손실은 연속 보정 시스템을 사용하여 얻은 것의 약 50%이며, 동적 범위가 더 짧고 구조화된 바탕을 보정할 수 없다.

7.4.2.7 ZGFAAS의 스펙트럼 간섭

흑연로 원자화기는 그 자체로 스펙트럼 간섭 문제를 가지고 있다. 분석물에 의해 흡수될 수 없는 광원 또는 원자화기로부터의 어떠한 복사라도 검출기에 도달하는 것을 방지해야 한다. 2,200°C를 초과하는 원자화 온도에서 흑연로는 뜨거운 백색 배출원이다. 이 강렬한 가시광선이 PMT에 도달하면 잡음이 증가하여 정밀도가 떨어진다. 고온의 흑연으로부터의 방출은 본질적으로 흑체 복사이며, 350~800 nm까지 확장되고 파장과 함께 강도가 변한다. 검출기로 도달하는 이 복사에 의해 야기되는 방출 간섭의 정도는 분석물의 파장에 따라 변하는데, Ca 및 Ba과 같은 400~600 nm 영역에서 공명선을 갖는 원소는 심각하게 영향을 받을 수 있다.

GFAAS에서 바탕 흡수는 심각할 수 있는데, 이를 위해 시료 부피를 줄이고 대체 파장을 선택할 수 있다. 원자로에서 일어나는 화학 반응 제어는 바탕을 줄이기 위한 열쇠이다. 열분해 단계는 분석물의 손실 없이 가능한 많은 매트릭스를 휘발하도록 설계되어야 한다. 이상적으로, 매트릭스는 분석물보다 훨씬 휘발성이 높기 때문에 원자로 내 분석물 보유율을 100%로 하여 열분해 단계에서 100% 매트릭스가 제거될 수 있다. 이전에 논의한 것 같이 매트릭스 개질을 통해 어느 정도까지 매트릭스 및 분석물의 변동성을 제어할 수 있다.

7.5 AAS 분석 응용

AAS는 오래된 분석 기술이며 거의 모든 유형의 시료에서 어떤 요소를 결정하기 위한 수천 가지의 방법이 공개되어 있다. AAS와 기타 원자 분광법 기술의 분석 방법에 관한 책과 저널이 있는데, 참고문헌에 일부 목록을 나타내었다. *Analytical Chemistry*, *Applied Spectroscopy*, *Journal of Analytical Atomic Spectroscopy*, *The Analytst*, *Spectroscopy Letters*, *Spectrochim. Acta Par B* 등은 상호 심사 논문 저널이며 환경 화학, 식품 분석, 지질학 등에 대한 전문 저널에서 많은 응용 기사를 찾을 수 있다.

AAS는 모든 금속 및 준금속 원소의 측정에 사용된다. 비금속은 가장 민감한 공명선이 스펙트럼의 진공 UV 영역에 위치하기 때문에 직접 측정할 수 없다. 불꽃이나 원자로 원자화기는 진공 상태에서 작동할 수 없다. 일부 화합물의 불용성을 이용하여 간접적으로 비금속을 결정할 수도 있는데, 예를 들어, 농도를 아는 과량의 은 이온을 용액에 첨가하여 염화 은을 불용성인 염화 은으로 침전시키면 용액 내에 침전하지 않고 잔류하는 은 이온을 AAS에 의해 결정하여 은 이온 농도의 변화로부터 염화 이온 농도가 결정될 수 있다. 다른 비금속 또는 심지어 황산염과 같은 다원자 이온에 대해 유사한 간접 접근법이 고안될 수 있다.

7.5.1 | 정성 분석

AAS에 사용된 복사선원은 HCL 또는 EDL이며, 각 원소를 결정하기 위해 다른 등이 필요하다(새로운 연속 광원 시스템 제외). AAS는 본질적으로 단일-원소 기술이므로 미지 물질에 대한 정성 분석에 적합하지 않다. 하나 이상의 원소를 찾는 과정은 상당한 양의 시료가 필요하고 많은 시간이 소요된다. 미지 성분의 시료인 경우 XRF, ICP-질량 분석기(ICP-mass spectrometry, ICP-MS), ICP-optical emission spectrometry(ICP-OES) 및 기타 원자 방출 기술과 같은 다중 분석 기술이 훨씬 유용하고 효율적이다.

7.5.2 | 정량 분석

정량 분석은 분석 화학의 궁극적인 목표 중 하나이며 AAS는 훌륭한 정량 분석 방법이다.

7.5.2.1 정량 분석 범위

AAS에서 결정되는 분석물의 흡광도와 농도 사이의 관계는 일부 농도 범위에서 Beer의 법칙(3장에서 논의됨)을 따른다. 흡수선의 각 원소마다 최적의 선형 분석 범위가 있다. 검출 한계를 결정하는 중요한 요소는 사용하는 기기의 잡음 수준이다. AAS의 검출 한계(LOD)는 IUPAC 및 많은 규제 기관에 의해, 분석에 사용되는 동일한 작동 조건하에서 측정된 바탕 용액 신호의 표준 편차에 대해 세 배의 신호를 보이는 농도로 정의된다. 그러나 LOD는 보고되는 정량 데이터의 최솟값으로 사용되지 않는다. 정량 한계(LOQ, limit of quantitation)는 분석을 위한 작동 조건하에서 측정된 표준 용액에 대한 표준 편차의 10배와 동일한 신호를 제공하는 농도로 정의된다. 이것은 보고되어야 하는 가장 낮은 정량적 농도이다. LOD와 LOQ 사이의 농도는 "검출되었지만 정량화할 수 없음"으로 보고되어야 하며 LOD 이하의 농도는 "검출 안 됨"으로 보고되어야 한다. 분석 범위의 **최댓값**은 시료에 따라 다르다. 교정 곡선(calibration curve)은 높은 흡광도 값에서 편평한 기울기를 가지고 선형성에서 벗어난다. 따라서 매우 높은 흡광도 값에서 정확하게 농도를 측정하는 것은 불가능하다. 최신 전산 기기를 이용하면 비선형 곡선 피팅을 사용하여 선형 범위를 벗어나는 농도를 측정할 수 있으나 3장에서 논의한 것처럼 시료와 표준 물질의 흡광도 값을 0.8 이하로 유지하는 것이 좋다. 단, 시스템이 더 높은 선형 작업 범위를 처리할 수 있는 경우는 예외이다. 분석 방법에 대한 농도 범위가 인용될 때, 하한 및 상한이 어떻게 결정되었는지를 아는 것이 중요하다. FAAS에 의해 결정된 원소에 대한 대략적인 선형 범위의 상한선은 부록 7.A에 나와 있다. 원소별 FAAS, GFAAS, CV Hg, HGAAS에 의한 분석의 검출 한계, 그리고 후속 장에서 논의되는 다른 원자 분광 기술은 부록 7.B에 있다. AAS의 경우, 분석물이 0.0044(1% 흡수와 동일)의 흡광도를 나타내는 농도를 감도라고 정의하고 이러한 감도를 보고하는 것이 일반적이다. FAAS 및 GFAAS에 대한 감도는 부록 7.B에 나와 있다. LOD와 감도는 시료 매트릭스, 작동 조건, 사용된 특정 기기 및 데이터 처리 방법에 따라 크게 달라진다.

7.5.2.2 교정 곡선

AAS 방법의 교정은 외부 교정 곡선 또는 MSA를 사용하여 수행할 수 있다. 두 가지 교정 방법 모두 2장에 나와 있다. AAS는 일반적으로 단일 원소 기술이기 때문에 내부 표준이 사용되지 않는다. 외부 교정 곡선은 시료 원소의 농도가 알려진 표준 용액으로 준비한다. 고순도 산에 용해된 고순도 금속을 사용하여

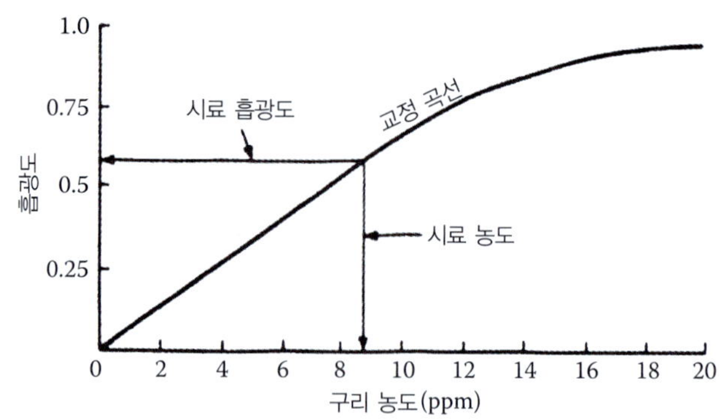

그림 7.22 324.8 nm 방출선에서 검출된 구리 AAS 교정 곡선은 직선성과 비직선성 구역을 보여 줌.

저장 표준 용액을 만든다. AAS의 경우, 저장 표준 용액 농도는 1,000 또는 10,000 ppm이다. 작업 표준 용액은 저장 표준 용액에서 희석하여 조제한다. 예를 들어, 2~20 ppm 범위의 구리 측정에 대한 교정 곡선을 만들고자 한다면, 질산에 구리 금속을 용해시켜 1,000 ppm Cu의 저장 표준 용액을 만들고 일련의 작업 표준 용액을 만들기 위해 이 용액을 희석한다. 작업 표준 용액의 농도는 0~20 ppm 범위를 포함해야 한다. 표준 용액을 준비하는 데 사용된 물 또는 시약에 존재하는 분석물을 보정하기 위해 교정 바탕(0.0 ppm 표준)이 필요하다. 이 예에서 교정 바탕은 탈이온수와 표준 용액을 만드는 데 사용된 동일한 고순도 질산으로 만들어진다. 일반적으로 3~5개의 작업 표준 용액이 사용되며 0, 2, 5, 10, 15, 20 ppm의 구리 용액을 만들 수 있다. 이러한 표준 용액은 불꽃 속으로 흡인되며 각 표준의 흡광도가 측정되어 그림 7.22와 같이 농도 대 흡광도의 교정선이 만들어진다. 흡광도와 농도 사이의 관계는 구리 농도가 0~10 ppm의 범위에서 선형이라는 것에 유의해야 한다. 그러나 농도가 높을수록 관계는 선형성에서 벗어난다. 곡선의 기울기가 가파른 경우 12~14 ppm과 같이 선형 범위를 벗어나는 농도를 구별할 수 있다. 16 ppm을 초과하면 곡선이 너무 평평해져 정확한 농도 결과를 얻기가 어렵거나 불가능하다.

정량 분석을 수행할 때는 시료를 분무하고 교정을 위해 표준 용액에서 사용한 것과 동일한 조건에서 흡광도를 측정한다. 교정용 표준 용액을 먼저 측정하고, 즉시 시료 용액을 측정해야 한다. 바탕은 시료 준비 중에 발생할 수 있는 오염을 보정하는 데 사용된다. 시료 흡광도 또는 순수 시료 흡광도를 알기 위해 시료 흡광도에서 바탕 흡광도를 뺀 후, 교정선으로부터 알고자 하는 용액의 농도가 결정된다. 예를 들어, 시료 용액의 보정된 흡광도 값이 0.58이라고 가정하면, 그림 7.22에 나타난 교정선을 사용하여 용액의 농도가 약 8.7 ppm임을 추론할 수 있다.

1,000 및 10,000 ppm 농도의 단일 원소의 저장 표준 용액은 여러 회사에서 구입할 수 있다. 저장 표준 용액을 구매하면 많은 시간과 노력을 절약할 수 있으며, '직접 만드는 것'보다 저렴하다. 미국 표준 기술 연구소(NIST)에서도 농도가 인증된 여러 원소의 표준 물질(SRM, standard reference material) 용액을 판매한다. 대부분의 원소에 대한 저장 기간은 최소 1년 이상의 유효 기간을 가진다. 작업 표준은 안정성 테스트에 의해 매일 또는 필요에 따라 자주 조제되어야 한다. 용액 내 낮은 금속 이온 농도는 오랜 시간 동안 안정하지 못하다. 그들은 용기 벽에 흡착되는 경향이 있으며 시간이 지남에 따라 용매가 증발하면 용액의 농도가 바뀌어 더 이상 '표준'이 되지 않는다.

외부 교정 곡선을 작성할 때 시료와 표준의 매트릭스가 가능한 한 비슷해야 한다는 것은 매우 중요하다. 신뢰할 수 있는 정량 데이터를 얻으려면 시료와 표준이 다음과 같아야 한다.

1. 동일한 용매(예: 물, 5% 질산, 알콜, 메틸 에틸 케톤(MEK)이 사용되는 경우 동일한 매트릭스 개질제 사용)
2. 동일한 농도의 동일한 주 음이온(예: 황산염, 염화물)

3. 동일한 유형의 불꽃(공기-아세틸렌 또는 아산화 질소-아세틸렌) 또는 동일한 흑연관/플랫폼
4. 분석 중 불꽃 기체의 안정된 압력
5. 불꽃/원자로에서 동일한 위치에서 측정된 흡광도
6. 동일한 보정 기법을 이용한 각 시료, 바탕 및 표준에 대해 바탕 보정

시료 용액은 교정 후 즉시 측정해야 한다. 어떤 이유로든 기기가 꺼지면(연료를 다 쓰게 되는 경우, 뇌우로 전원이 꺼지는 경우, 등이 소진되는 경우, 분무기가 막혀서 청소해야 하는 경우, 흑연관에 균열이 생기는 경우, 분석자가 점심 먹으러 가는 경우 등), 기기를 다시 켜야 하고 위의 3~6항이 시료 및 표준에 정확히 일치하는지 확인하기 위해 교정을 반복해야 한다. GFAAS의 경우 실험 중 관에 균열이 있으면 새 관과 플랫폼을 삽입하고 시료를 분석하기 전에 제조업체의 지침에 따라 조절하고 교정을 다시 실행해야 한다. 매우 복잡한 시료 매트릭스의 경우 비슷한 매트릭스를 가진 외부 표준을 만들 수 없어 이 경우 정량 분석을 위해 MSA를 사용해야 한다.

FAAS의 신호는 연속적인 정상 상태 신호이다. FAAS의 신호는 시료가 불꽃 속으로 흡인되는 한 연속적인 정상 상태인 데 반해 GFAAS에서의 신호는 일시적이며 피크의 모양과 높이는 원자 형성 속도에 따라 달라진다. 이 비율은 시료 매트릭스의 간섭에 의해 영향을 받을 수 있다. GFAAS에 의한 정량 분석을 위해서는 가장 정확한 결과를 위해 농도를 피크 높이가 아닌 피크 면적에 대해 도시해야 한다.

7.5.3 | 시료 분석

7.5.3.1 액체 시료

흔히 액체 시료는 직접 또는 고체 입자를 제거하기 위한 여과와 같이 최소한의 시료 준비로 분석할 수 있으며, 직접 분석되는 전형적인 시료에는 소변, 전기 도금 용액, 석유 제품, 와인, 과일 주스 및 물과 폐수가 있다. 시료가 너무 농축된 경우 분석 전에 희석시킬 수 있는데, 이들이 너무 희석되면, 용매 추출 또는 다른 방법으로 용매를 증발시켜 분석물을 농축시킬 수 있다.

표준 물질은 MIBK로 조제되며 불꽃에 직접 흡입된다. 이것은 추출뿐만 아니라 분석 전 농축을 하는 것과 같다. 예를 들어 1 L의 해수를 50 mL의 MIBK로 추출할 수 있으며 이는 결과적으로 20배 농축되는 것과 같다. 해수는 표본과 유사한 매트릭스에서 교정 표준을 만들기 위한 인공 해수 용액을 준비하여 주요 양이온을 분석할 수 있다. 인공 해수는 실제 해수 수준의 탄산 칼슘, 산화 마그네슘, 탄산 포타슘, 염화 소듐을 함유한다. 오일은 자일렌과 같은 적합한 유기 용매로 희석될 수 있으며 가용성 금속은 직접 분석한다. 유기 용매에 용해되는 유기 금속 표준은 이러한 분석 유형에 대한 교정 곡선을 준비하기 위해 시판 용액의 이용이 가능하다.

FAAS 측정 전에 산 용해(digestion) 또는 회분화(ashing)에 의한 시료 준비를 필요로 하는 혈액, 혈청, 매우 점성이 있는 오일 등과 같은 액체 시료 매트릭스는 GFAAS로 측정할 경우 대부분 산 용해 또는 사전 회분화 없이 분석될 수 있다.

7.5.3.2 고체 시료

고체 시료는 일반적으로 시료를 용해시켜 불꽃 또는 원자로에 도입할 수 있는 액상 용액을 만들어 분석한다. 용해는 무기산 시료 용해(습식 회분화), 용융염과의 융합 및 융합 비드의 용해, 잔류물의 산 용해에 의한 유기 고체의 건조 회분화, 연소 및 다른 절차에 의해 이루어질 수 있다. 즉, 신속한 마이크로파 시료 용해 및 회분화 시스템, 자동화된 융합 플럭스 및 기타 자동화된 시료 준비 장치를 사용할 경우에도 용해되는 데 시간이 많이 걸린다. 많은 경우, 고체 시료는 용해 전에 작은 입자로 분쇄되어야 하며 때로는 균질 시료를 확보하기 위해 다양한 연삭 도구 또는 혼합기를 사용해야 하는 다단계 공정에서 수행해

야 한다. 연삭으로 열이 발생하고 휘발성 요소가 손실될 수 있어 휘발성 물질의 손실을 막기 위해 분쇄기를 액체 질소 또는 드라이 아이스로 냉각시키는 경우가 많다. 용해하면 불순물이 유입되거나 분석물이 손실되어 오류가 발생할 수 있으며 특히 ppb 및 분석 대상물의 농도가 낮을 때 문제가 된다. 고체의 용해는 AAS 분석에서 가장 일반적인 접근법이다. 용해 후 분석된 시료의 유형에는 금속, 합금, 토양, 의약품, 석탄, 회분, 페인트 칩 및 많은 고체 산업 화학 물질이 포함된다. 공기, 기체 및 유체 스트림 내 고형 미립자는 여과에 의해 수집될 수 있으며, 필터 및 수집된 미립자를 용해시킴으로써 분석될 수 있다.

시료를 준비하는 것과 동일한 방식으로 바탕을 준비하고, 사용된 산, 염 및 기타 시약에 존재할 수 있는 미량의 분석물을 보정하고 시료의 다른 환경으로부터의 오염을 방지하는 것이 중요하다.

고체 분석은 시간이 많이 걸리고 많은 오류의 원인이 되기 쉽다. 분석 화학자들은 고체 시료를 분해할 필요 없이 시료를 분석하려고 오랫동안 노력해 왔다. 일부 유형의 시료는 AAS로 이를 수행할 수 있다. 고형물은 **글로우 방전**(GD) **원자화기**를 사용하여 시료의 작은 조각이나 입자를 불꽃 또는 원자로에 직접 삽입하거나 **레이저 절제**를 이용하여 분석할 수 있다. 이러한 접근 방법 중 일부는 원자 방출 분광법과 ICP-MS에도 사용되며 9, 11, 12장과 Sneddon, Robinson, Skelly Frame과 Keliher의 참고문헌에서 다루고 있다.

고체의 직접 분석에 대한 하나의 접근법은 시료를 적합한 용매에 녹여 슬러리를 형성하고 흑연로 원자화기에 직접 도입하는 것이다. 슬러리는 액체 중의 미세한 고체 입자의 현탁액이다. 슬러리는 시료가 미세 분말의 형태이거나 분쇄 공정의 오염 없이 미세 분말로 분쇄될 수 있어야 준비 가능하며 식품, 곡물, 의약품, 퇴적물과 같은 많은 유형의 시료에 대해 적용될 수 있다.

7.5.3.3 기체 시료

실온에서 기체인 금속 함유 화합물이 있으면 기체 시료는 불꽃 원자화기에 직접 주입될 수 있다. 보다 일반적으로, 기체는 적절한 흡수 용액을 통해 주입되고 용액은 통상적인 방식으로 분석된다.

원자화기에 기체 시료를 도입하면 고형물 또는 용액을 도입하는 것보다 중요한 이점이 있다. 용액 분무기의 5~15% 효율에 비해 수송 효율은 100%에 가까울 수 있다. 또한, 기체 시료는 많은 고체와 달리 균질하다. 기체 시료를 원자화기에 도입하는 독특한 상용 분석 시스템에는 두 가지가 있는데, 수은을 통한 CV 기술 그리고 HGAAS 기술이다. 둘 다 환경 및 임상 화학 실험실에서 광범위하게 사용된다.

7.5.3.4 차가운 증기(Cold Vapor, CV) 수은 기술

수은은 상온에서 자유 기체 원자로서 존재한다는 점에서 이례적이다. 원소 수은은 실온에서 액체이지만 증기압이 매우 높은 액체이다. 따라서 AAS에 의해 수은 증기를 측정하기 위해 불꽃이나 원자로에서 열을 가할 필요는 없다.

CV 또는 CVAAS 기술은 시료 용액에서 수은을 원소 수은으로 **화학적으로 환원**해야 한다. 이는 일반적으로 AA 분광기 외부의 폐쇄된 반응 시스템에서 수소화 붕소 소듐 또는 염화 제1주석과 같은 강한 환원제로 진행된다. 그 후, 수은 원자는 비활성 기체를 용액에 버블링시키거나 기체/액체 분리기를 통해 환원한 후 용액을 펌핑함으로써 용액으로부터 퍼지된다. 유리된 수은 원자를 함유하는 기체 흐름은 AAS 광통로 내에 있는 비가열된 석영관 셀로 통과된다. 셀은 일반적으로 버너 헤드가 차지하는 위치에 고정되어 있다. 수은 원자는 HCL 또는 EDL에서 방출되는 수은 파장을 흡수하여 측정이 이루어진다. 때로는 셀에서 수분 응축을 방지하기 위해 가열되지만 수은을 원자화하기 위해 열이 필요하지는 않다. CVAAS는 수동으로 수행되거나 아래에 설명된 흐름 주입이라고 하는 기술을 사용하여 자동화할 수 있다. 수은 측정은 식수를 포함한 많은 환경 시료에서 필요하기 때문에 기기 회사들은 수은 측정을 위해 작은 AAS CV 시스템을 구축하였다. 그림 7.23은 기체-액체 분리기, 수은등, 긴 빛 경로 석영 셀 및 고체 검출기를 사용하는 자동화된 전용 수은 분석기의 개략도를 보여 준다. 시료는 자동 시료 주입기 트레이에서 펌핑되고 염화 제1철 환원제와 자동으로 혼합된다. 염화 제1 주석은 수은 이온, Hg^{2+}를 Hg^0로 환원시키지만 유기 수은 화합물 또는 수은 이온은 환원시키지 않을 것이다. 시료는 염화 제1주석을 첨가하기 전에 시료의 모든 수은이 수은 이온의 형태가 되도록 강력한 산화제로 사전에 용해한다(그림 7.23).

수은에 대한 CVAAS 기술의 감도는 약 0.02 ppb이고 샘플링 효율은 100%이고 시료 부피가 크기 때문에 감도는 FAAS 또는 GFAAS 방법보다 훨씬 우수하다.

7.5.3.5 수소화물 생성(Hydride Generation, HG) 기술

HGAAS 기술은 여러 면에서 CVAAS와 유사하다. 원자화기는 AA 분광기의 빛 경로에 위치하고 있는 석영관 셀인데 HGAAS 기술에서는 셀을 버너 헤드 위에 위치하고 공기-아세틸렌 불꽃을 이용하여 셀을 가열한다. 대안적으로, 일부 시스템은 전기적으로 가열된 셀을 포함한다.

시료 용액은 CVAAS에서와 같이 AA 분광기 외부의 폐쇄된 반응 시스템에서 수소화 붕소 소듐과 반응시키면, 일부 원소는 수소화 붕소 소듐과 반응하여 휘발성 수소 화합물을 형성한다. 예를 들어 이 과정을 통해 비소는 아르신 기체, $AsH_3(g)$를 형성한다. 휘발성 수소 화합물은 비활성 기체에 의해 용액으로부터 분사되어 가열된 석영 셀로 보내진다. 아르신 기체는 원자가 아닌 분자이기 때문에 비소에 의한 원자 흡수율을 측정하기 위해서는 수소화물 종류가 분해되어(결합을 끊음으로써) 자유 원자로 환원되어야 한다. 이것은 가열된 석영 셀에서 이루어지며, 흡광도가 측정된다. 휘발성 수소화물을 형성하는 원소는 As, Bi, Ge, Pb, Sb, Se, Sn, Te를 포함한다. HGAAS 기술은 수동 모드에서 작동하거나 흐름 주입 기술을 사용하여 자동화 할 수도 있다. As, Se 및 기타 원소에 대한 감도는 수소화물을 원자화기로 효율적으로 이동하고 시료의 부피가 크기 때문에 우수하다. CVAAS 및 HGAAS에 대한 검출 한계는 부록 7.B에 있다.

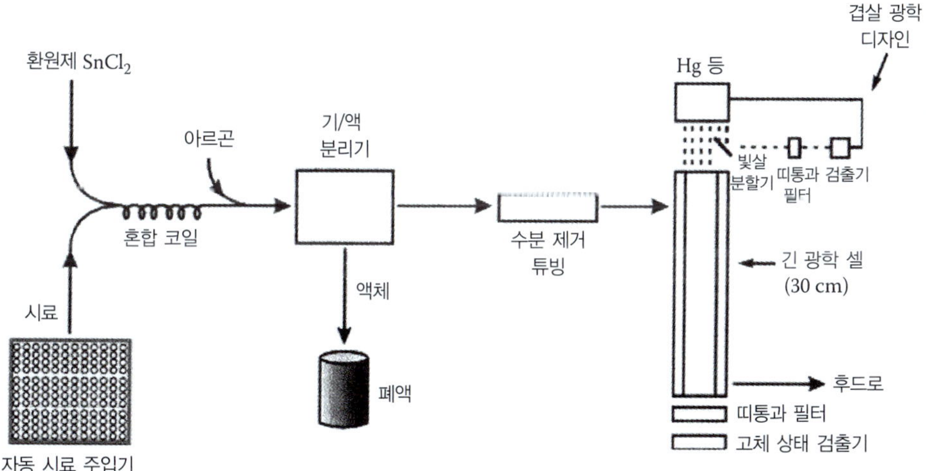

그림 7.23 자동화된 CV 수은 분석기. 시료의 수은은 Hg로 환원되고, Hg 증기는 기액 분리기에 의해 용액으로부터 분리되어 광학 셀로 운반된다. Hg 증기는 Hg 등에서 253.7 nm 방출선을 흡수하고 원자 흡광의 양은 고체 상태 검출기를 사용하여 측정된다.

7.5.3.6 흐름 주입 분석

흐름 주입 분석(flow injection analysis, FIA)이라는 용어는 시료의 분액을 연속적으로 흐르는 이동 흐름에 주입하는 자동화된 연속 분석 방법을 의미한다. 이동 흐름은 일반적으로 시료와 반응하는 하나 이상의 시약을 포함한다. 단기 신호는 분석물 또는 반응 생성물이 검출기를 지나갈 때 관찰된다. 앞에서 환원 반응이 일어나고 분석물이 이동 흐름에서 빛 경로로 통과되어야 하는 CVAAS를 설명하였듯이 이로 인해 일시적인 신호가 발생한다. FIA를 위한 구성 요소는 시료, 시약, 이동 흐름, 단기 신호 측정이며 HGAAS도 마찬가지이다. CVAAS 및 HGAAS에 대한 FIA의 구현은 시료의 포착에서부터 측정된 농도의 인쇄에 이르기까지 완전히 자동으로 수행할 수 있다.

FIA 시스템은 4가지 기본 부품으로 구성된다. 펌프 또는 유량 제어를 위한 펌프, 시료 부피를 정확하고 재현 가능하게 캐리어에 삽입하기 위한 분사 밸브, 매니폴드(manifold) 및 흐름-통과(flow-through) 검출기. 매니폴드는 배관, 부품, 믹싱 코일 및 원하는 반응을 수행하는 데 사용되는 기타 장치에 사용되는 용어이다. AAS의 흐름-통과 검출기는 분광기의 원자화기/검출기 조합이다. 자동화된 CVAAS 및 HGAAS 외에도 FIA는 교정 곡선 작성, 용액의 온라인 매트릭스 매칭, GFAAS의 온라인 사전 농축 및 추출, 시료의 자동 용해 등을 위해 온라인 희석을 자동화하는 데 사용되고 있다. 상용 FIA 시스템은 대부분의 AAS 기기에서 사용할 수 있다.

문제

7.1 원자 흡수선이 매우 좁은 이유는 무엇인가?

7.2 HCL 또는 EDL을 대부분의 AAS 기기의 복사선원으로 사용해야 하는 이유는 무엇인가? 납(Pb)에 대한 HCL을 개략적으로 설명하시오. 음극은 어떻게 만드는가?

7.3 정확한 결과를 얻기 위해 선원의 '변조'가 필요한 이유는 무엇인가? 변조는 어떻게 이루어지는가?

7.4 복사원이 변조되지 않은 경우, 원자화기의 분석물에서의 방출은 양 또는 음의 오차를 유발할 것인가? 답을 뒷받침하는 계산을 보이시오.

7.5 일반적으로 정성 분석에 원자 흡수가 일반적으로 사용되지 않는 이유는 무엇인가?

7.6 AAS에 화학적 간섭을 일으키는 원인은 무엇인가? 세 가지 예를 드시오.

7.7 고체 시료는 AAS로 어떻게 분석되는가?

7.8 구리의 여러 표준 용액을 준비하였다. 이들은 불꽃으로 흡인되었고 다음의 결과로 흡광도가 측정되었다고 한다. 데이터로부터 교정 곡선을 작성하시오.

시료 농도(ppm)	흡광도
바탕(0.0)	0.002
0.5	0.045
1.0	0.090
1.5	0.135
2.0	0.180
2.5	0.225
3.0	0.270

7.9 고분자 시료의 구리 함유량을 결정하기 위해 시료를 회분화하고, 잔류물을 무기산에 용해시키고, 일정한 부피로 희석시켰다. 각 용액 및 바탕의 흡광도를 측정하였다. 문제 7.8의 교정 곡선을 사용하여 각 용액과 바탕의 농도를 계산하고 다음 표를 채우시오.

시료	흡광도	농도(ppm)
바탕	0.006	
A	0.080	
B	0.105	
C	0.220	
D	0.250	

정확히 2.00 g의 각 시료를 용해시키고 각 시료 및 바탕의 최종 용액의 부피를 100.0 mL로 하였다. 고분자의 각 시료에서 구리의 농도를 계산하시오.

7.10 Grotrian 다이어그램에 표시된 것은 무엇인가?

7.11 비금속 원소들을 AAS로 직접 분석할 수 없는 이유는 무엇인가?

7.12 흡수된 빛의 양과 변환기의 진동자 강도 사이의 관계는 무엇인가?

7.13 다양한 에너지 준위에서 원자 개수 분포는 어떻게 계산될 수 있는가?

7.14 3000K까지의 온도에서 원자 개수의 대다수가 바닥 상태에 있다고 결론을 내리는 근거는 무엇인가?

7.15 AAS에서 사용되는 두 가지 주요 광원, 즉 HCL과 EDL을 설명하시오.

7.16 왜 EDLs를 사용하는가? HCL 대신 EDL 사용의 이점이 있는 요소를 나열하시오.

7.17 불꽃 단면도란 무엇인가?

7.18 불꽃에서 일어나는 원자화 과정을 설명하시오.

7.19 분석물의 안정한 산화물의 빠른 형성은 불꽃 단면도에 어떻게 영향을 미치는가?

7.20 화학적 간섭을 정의하고 이 간섭이 어떻게 보정되는지 예제를 드시오.

7.21 바탕 흡수의 요인은 무엇이며, 어떻게 보정하는가?

7.23 Zeeman 바탕 보정기의 작동을 설명하시오. 바탕 보정을 위해 중수소등 사용과 비교하여 장단점에 대해 설명하시오.

7.24 중수소(D_2)등 바탕 보정기의 작동을 설명하시오.

7.25 일반적인 흑연로 원자화기 관의 설계도를 그리시오.

7.26 L'vov 플랫폼을 설명하고 장점을 쓰시오.

7.28 불꽃에 비해 흑연로 원자화기의 장점은 무엇이고 단점은 무엇인가?

7.30 이온화 간섭을 정의하고 예제를 제시하시오. 이 간섭은 어떻게 보정되는가?

7.31 FAAS를 사용하여 혈청 시료에서 포타슘을 측정해야 한다. 측정 시 이온화 간섭을 보정하기 위해 무엇을 추가해야 하는가?

7.32 AAS에서 스펙트럼 간섭과 비스펙트럼 간섭을 구별하시오.

7.33 염화 은으로의 침전을 이용한 염화물 이온의 간접 측정을 설명하였다. AAS에 의해 간접적으로 물에서 황산염 이온을 결정하기 위해 어떤 금속 원소를 사용할 것인가? 어떻게 이 실험을 진행할지 설명하고 200 mg SO_4^{2-}/L을 함유한 황산 용액에 대한 계산 예를 제시하시오. (이 질문은 외부 참고문헌을 참조해야 할 수도 있음.)

7.A 부록

FAAS에 의한 원소의 흡수 파장, 선호 불꽃 및 특성 농도

흡수 파장(nm)	선호 불꽃	특성 농도 (ppm)	선형 범위(ppm)
Aluminum			
309.3	N.A. (red.)	1.1	100.0
396.2	N.A. (red.)	1.1	150.0
308.2	N.A. (red.)	1.5	150.0
394.4	N.A. (red.)	2.2	–
237.3	N.A. (red.)	3.3	–
236.7	N.A. (red.)	4.8	–
257.5	N.A. (red.)	6.7	–
Antimony			

흡수 파장(nm)	선호 불꽃	특성 농도 (ppm)	선형 범위(ppm)
217.6	A.A. (ox.)	0.55	30.0
206.8	A.A. (ox.)	0.85	50.0
231.2	A.A. (ox.)	1.3	50.0
Arsenic[a]			
189.0	A.A. (ox.)	0.78	180.0
193.7	A.A. (ox.)	1.0	100.0
197.2	A.A. (ox.)	2.0	250.0
Barium			
553.5	N.A. (red.)	0.46	20.0
350.1	N.A. (red.)	5.6	–
Berylium			
234.8	N.A. (red.)	0.025	1.0
Bismuth			
223.1	A.A. (ox.)	0.45	20.0
306.8	A.A. (ox.)	1.3	100.0
206.2	A.A. (ox.)	3.7	–
227.7	A.A. (ox.)	6.1	–
Boron			
249.7	N.A. (red.)	13.0	400.0
208.9	N.A. (red.)	27.0	–
Cadmium			
228.8	A.A. (ox.)	0.028	2.0
326.1	A.A. (ox.)	11.0	–
Calcium			
422.7	A.A. (ox.)	0.092	5.0
239.9	A.A. (ox.)	13.0	800.0
Cerium			
520.0	N.A. (red.)	30	–
Cesium			
852.1	A.A. (ox.)	0.21	15.0
894.4	A.A. (ox.)	0.40	15.0
455.5	A.A. (ox.)	25.0	–
459.3	A.A. (ox.)	94.0	–
Chromium			
357.9	A.A. (red.)	0.078	5.0
359.3	A.A. (red.)	0.10	7.0
360.5	A.A. (red.)	0.14	7.0
425.4	A.A. (red.)	0.20	7.0
Cobalt			
240.7	A.A. (ox.)	0.12	3.5
242.5	A.A. (ox.)	0.15	2.0
241.2	A.A. (ox.)	0.22	3.0
252.1	A.A. (ox.)	0.28	7.0
352.7	A.A. (ox.)	3.2	–
Copper			

흡수 파장(nm)	선호 불꽃	특성 농도 (ppm)	선형 범위(ppm)
324.8	A.A. (ox.)	0.077	5.0
327.4	A.A. (ox.)	0.17	5.0
216.5	A.A. (ox.)	0.17	20.0
222.6	A.A. (ox.)	1.1	50.0
249.2	A.A. (ox.)	5.8	100.0
224.4	A.A. (ox.)	14.0	–
244.2	A.A. (ox.)	24.0	–
Dysprosium			
421.2	N.A. (red.)	0.70	20.0
404.6	N.A. (red.)	0.97	50.0
418.7	N.A. (red.)	1.0	–
419.5	N.A. (red.)	1.3	–
Erbium			
400.8	N.A. (red.)	0.068	40.0
415.1	N.A. (red.)	1.2	150.0
389.3	N.A. (red.)	2.3	150.0
Europium			
459.4	N.A. (red.)	0.67	200.0
462.7	N.A. (red.)	0.79	300.0
466.2	N.A. (red.)	0.98	–
Gadolinium			
407.9	N.A. (red.)	19.0	1,000.0
368.4	N.A. (red.)	19.0	1,000.0
405.8	N.A. (red.)	22.0	–
Gallium			
287.4	N.A. (red.)	1.3	100.0
294.4	N.A. (red.)	1.1	50.0
417.2	N.A. (red.)	1.5	100.0
403.3	N.A. (red.)	2.8	400.0
Germanium			
265.1	N.A. (red.)	2.2	200.0
259.3	N.A. (red.)	5.2	300.0
271.0	N.A. (red.)	5.0	400.0
275.5	N.A. (red.)	6.1	–
Gold			
242.8	A.A. (ox.)	0.33	50.0
267.6	A.A. (ox.)	0.57	60.0
274.8	A.A. (ox.)	210.0	–
312.8	A.A. (ox.)	210.0	–
Hafnium			
286.6	N.A. (red.)	11.0	500.0
294.1	N.A. (red.)	14.0	–
307.3	N.A. (red.)	16.0	–
Holmium			
410.4	N.A. (red.)	0.87	50.0

흡수 파장(nm)	선호 불꽃	특성 농도 (ppm)	선형 범위(ppm)
405.4	N.A. (red.)	1.0	50.0
416.3	N.A. (red.)	1.4	70.0
Indium			
304.9	A.A. (ox.)	0.76	80.0
325.6	A.A. (ox.)	0.80	60.0
410.5	A.A. (ox.)	2.5	200.0
Iridium			
264.0	A.A. (red.)	12.0	1,000.0
266.5	A.A. (red.)	13.0	–
285.0	A.A. (red.)	15.0	–
Iron			
248.3	A.A. (ox.)	0.11	6.0
252.3	A.A. (ox.)	0.18	10.0
248.8	A.A. (ox.)	0.19	10.0
302.1	A.A. (ox.)	0.40	10.0
296.7	A.A. (ox.)	0.81	20.0
Lanthanum			
550.1	N.A. (red.)	48.0	1,000.0
418.7	N.A. (red.)	63.0	2,000.0
495.0	N.A. (red.)	72.0	3,000.0
Lead			
217.0	A.A. (ox.)	0.19	20.0
283.3	A.A. (ox.)	0.45	20.0
205.3	A.A. (ox.)	5.4	–
202.2	A.A. (ox.)	7.1	–
Lithium			
670.8	A.A. (ox.)	0.035	3.0
323.3	A.A. (ox.)	10.0	–
610.4	A.A. (ox.)	150.0	–
Lutetium			
336.0	N.A. (red.)	6.0	500.0
331.2	N.A. (red.)	11.0	–
337.7	N.A. (red.)	12.0	–
451.9	N.A. (red.)	66.0	–
Magnesium			
285.2	A.A. (ox.)	0.0078	0.50
202.6	A.A. (ox.)	0.19	10.0
Manganese			
279.5	A.A. (ox.)	0.052	2.0
279.8	A.A. (ox.)	0.067	5.0
280.1	A.A. (ox.)	0.11	5.0
Mercury[a]			
253.7	A.A. (ox.)	4.2	300.0
Molybdenum			
313.3	N.A. (red.)	0.67	40.0
317.0	N.A. (red.)	1.1	30.0

흡수 파장(nm)	선호 불꽃	특성 농도 (ppm)	선형 범위(ppm)
319.4	N.A. (red.)	1.4	60.0
390.3	N.A. (red.)	2.9	–
Neodymium			
492.4	N.A. (red.)	7.3	200.0
463.4	N.A. (red.)	11.0	200.0
471.9	N.A. (red.)	19.0	–
Nickel			
232.0	A.A. (ox.)	0.14	2.0
231.1	A.A. (ox.)	0.20	5.0
352.5	A.A. (ox.)	0.39	20.0
341.5	A.A. (ox.)	0.40	–
Niobium			
334.4	N.A. (red.)	15.0	600.0
334.9	N.A. (red.)	15.0	600.0
408.0	N.A. (red.)	20.0	–
412.4	N.A. (red.)	26.0	–
353.5	N.A. (red.)	42.0	–
374.0	N.A. (red.)	47.0	–
Osmium			
290.9	N.A. (red.)	1.0	10–200
305.9	N.A. (red.)	1.6	–
263.7	N.A. (red.)	1.8	–
301.8	N.A. (red.)	3.0	–
Palladium			
244.8	A.A. (ox.)	0.22	10.0
247.6	A.A. (ox.)	0.25	15.0
276.3	A.A. (ox.)	0.74	–
340.5	A.A. (ox.)	0.72	–
Phosphorus[a]			
178.3	N.A. (red.)	5.0	2,000.0
213.6	N.A. (red.)	290.0	10,000.0
214.9	N.A. (red.)	460.0	20,000.0
Platinum			
265.9	A.A. (ox.)	2.2	60.0
306.5	A.A. (ox.)	3.2	–
262.8	A.A. (ox.)	4.2	–
283.0	A.A. (ox.)	5.4	–
293.0	A.A. (ox.)	6.1	–
Potassium			
766.5	A.A. (ox.)	0.043	2.0
769.9	A.A. (ox.)	0.083	20.0
404.4	A.A. (ox.)	7.8	600.0
Praseodymium			
495.1	N.A. (red.)	39.0	5,000.0
513.3	N.A. (red.)	61.0	–
492.5	N.A. (red.)	79.0	–

흡수 파장(nm)	선호 불꽃	특성 농도 (ppm)	선형 범위(ppm)
Rhenium			
346.0	N.A. (red.)	14.0	500.0
346.5	N.A. (red.)	24.0	500.0
345.2	N.A. (red.)	36.0	1,000.0
Rhodium			
343.5	A.A. (ox.)	0.20	15.0
369.2	A.A. (ox.)	0.35	20.0
339.7	A.A. (ox.)	0.45	15.0
350.3	A.A. (ox.)	0.65	20.0
Rubidium			
780.0	A.A. (ox.)	0.11	5.0
794.8	A.A. (ox.)	0.19	5.0
420.2	A.A. (ox.)	8.7	–
421.6	A.A. (ox.)	19.0	–
Ruthenium			
349.9	A.A. (ox.)	0.66	20.0
372.8	A.A. (ox.)	0.86	20.0
379.9	A.A. (ox.)	1.6	–
392.6	A.A. (ox.)	7.5	–
Samarium			
429.7	N.A. (red.)	6.7	400.0
476.0	N.A. (red.)	12.0	–
511.7	N.A. (red.)	14.0	–
Scandium			
391.2	N.A. (red.)	0.30	25.0
390.8	N.A. (red.)	0.40	25.0
402.4	N.A. (red.)	0.41	25.0
408.2	N.A. (red.)	2.1	25.0
Selenium[a]			
196.0	A.A. (ox.)	0.5	50.0
204.0	A.A. (ox.)	1.5	–
206.3	A.A. (ox.)	6.0	–
207.5	A.A. (ox.)	20.0	–
Silicon			
251.6	N.A. (red.)	2.1	150.0
251.9	N.A. (red.)	3.0	200.0
250.7	N.A. (red.)	5.9	–
252.9	N.A. (red.)	6.1	–
252.4	N.A. (red.)	7.0	–
Silver			
328.1	A.A. (ox.)	0.054	4.0
338.3	A.A. (ox.)	0.11	10.0
Sodium			
589.0	A.A. (ox.)	0.012	1.0
330.2	A.A. (ox.)	1.7	–
Strontium			

흡수 파장(nm)	선호 불꽃	특성 농도 (ppm)	선형 범위(ppm)
460.7	N.A. (red.)	0.11	005.0
407.8	N.A. (red.)	2.0	20.0
Sulfur			
180.7	A.A. (ox.)	9.0	–
Tantalum			
271.5	N.A. (red.)	11.0	1,200.0
260.9	N.A. (red.)	23.0	–
277.6	N.A. (red.)	24.0	–
Technetium			
261.4	A.A. (red.)	3.0	70.0
260.9	A.A. (red.)	12.0	1,000.0
429.7	A.A. (red.)	20.0	1,000.0
Tellurium			
214.3	A.A. (ox.)	0.43	20.0
225.9	A.A. (ox.)	4.4	–
238.6	A.A. (ox.)	18.0	–
Terbium			
432.6	N.A. (red.)	5.9	200.0
431.9	N.A. (red.)	6.8	200.0
390.1	N.A. (red.)	9.5	400.0
406.2	N.A. (red.)	11.0	200.0
Thallium			
276.8	A.A. (ox.)	0.67	40.0
377.6	A.A. (ox.)	1.6	100.0
238.0	A.A. (ox.)	3.7	200.0
258.0	A.A. (ox.)	13.0	–
Thorim			
324.6	N.A. (red.)	500	–
Thulium			
371.8	N.A. (red.)	0.45	60.0
410.6	N.A. (red.)	0.66	50.0
374.4	N.A. (red.)	0.74	60.0
409.4	N.A. (red.)	0.80	100.0
Tin[a]			
224.6	N.A. (red.)	1.7	300.0
235.5	N.A. (red.)	2.2	–
286.3	N.A. (red.)	3.2	400.0
Titanium			
364.3	N.A. (red.)	1.8	100.0
365.4	N.A. (red.)	1.9	100.0
320.0	N.A. (red.)	2.0	200.0
363.5	N.A. (red.)	2.4	200.0
Tungsten			
255.1	N.A. (red.)	9.6	500.0
294.4	N.A. (red.)	13.0	1,500.0
268.1	N.A. (red.)	12.0	1,000.0

흡수 파장(nm)	선호 불꽃	특성 농도 (ppm)	선형 범위(ppm)
272.4	N.A. (red.)	13.0	500.0
Uranium			
351.5	N.A. (red.)	110.0	5,000.0
358.5	N.A. (red.)	47.0	–
356.7	N.A. (red.)	76.0	–
Vanadium			
318.4	N.A. (red.)	1.9	200.0
306.6	N.A. (red.)	4.6	200.0
306.0	N.A. (red.)	4.7	400.0
305.6	N.A. (red.)	6.2	500.0
320.2	N.A. (red.)	13.0	–
390.2	N.A. (red.)	13.0	–
Ytterbium			
398.8	N.A. (red.)	0.12	15.0
346.4	N.A. (red.)	0.45	15.0
246.4	N.A. (red.)	1.0	–
267.2	N.A. (red.)	5.0	–
Yttrium			
410.2	N.A. (red.)	1.6	50.0
407.7	N.A. (red.)	1.9	50.0
412.8	N.A. (red.)	1.9	50.0
362.1	N.A. (red.)	2.9	100.0
Zinc			
213.9	A.A. (ox.)	0.018	1.0
307.6	A.A. (ox.)	79.0	–
Zirconium			
360.1	N.A. (red.)	7.0	600.0
303.0	N.A. (red.)	11.0	600.0
301.2	N.A. (red.)	11.0	600.0
298.5	N.A. (red.)	13.0	–
362.4	N.A. (red.)	17.0	–

출처: The data are from *Analytical Methods for Atomic Absorption Spectrometry*, PerkinElmes, Inc., Shelton, CT, 1994. [**© 1993–2014 PerkinElmer, Inc. All rights reserved. Printed with permission. (www.perkinelmer.com).**]

참조: 적어도 세 개의 가장 강한 선(사용 가능한 경우)이 각 원소에 대해 나열되었다. Hg, S, P 같은 일부 원소는 진공 UV 영역(<190 nm)에서 가장 강한선을 가지고 있다. 대부분의 상용 AAS 시스템에서는 이러한 선에 접근할 수 없다. 앞에서 언급한 자료가 아닌 것은 고 Fred Brech 박사의 호의에 의한 것이다. A.A.는 공기-아세틸렌, N.A.는 아산화 질소-아세틸렌, ox.는 산화성 불꽃 상태, red.는 환원성 불꽃 상태를 나타냄.

[a] EDL(무전극 방전등)을 이용하여 얻은 특성 농도임.

7.B 부록

표 B.1 대표적인 원자 분광법의 검출 한계(μg/L)

원소	불꽃 AA	수은/수소화물	흑연로	ICP 방출	ICP-MS
Ag	1.5		0.005	0.6	0.002
Al	45		0.1	1	0.005[a]
As	150	0.03	0.05	1	0.0006[b]
Au	9		0.15	1	0.0009
B	1,000		20	1	0.003[c]
Ba	15		0.35	0.03	0.00002[d]
Be	1.5		0.008	0.09	0.003
Bi	30	0.03	0.05	1	0.0006
Br					0.2
C					0.8[e]
Ca	1.5		0.01	0.05	0.0002[d]
Cd	0.8		0.002	0.1	0.00009[d]
Ce				1.5	0.0002
Cl					12
Co	9		0.15	0.2	0.0009
Cr	3		0.004	0.2	0.0002[d]
Cs	15				0.0003
Cu	1.5		0.014	0.4	0.0002[c]
Dy	50			0.5	0.0001[f]
Er	60			0.5	0.0001
Eu	30			0.2	0.00009
F					372
Fe	5		0.06	0.1	0.0003[d]
Ga	75			1.5	0.0002
Gd	1,800			0.9	0.0008[g]
Ge	300			1	0.001[h]
Hf	300			0.5	0.0008
Hg	300	0.009	0.6	1	0.016[i]
Ho	60			0.4	0.0006
I					0.002
In	30			1	0.0007
Ir	900		3.0	1	0.001
K	3		0.005	1	0.0002[d]
La	3,000			0.4	0.0009
Li	0.8		0.06	0.3	0.001[c]
Lu	1,000			0.1	0.00005
Mg	0.15		0.004	0.04	0.0003[c]
Mn	1.5		0.005	0.1	0.00007[d]
Mo	45		0.03	0.5	0.001
Na	0.3		0.005	0.5	0.0003[c]
Nb	1,500			1	0.0006
Nd	1,500			2	0.0004
Ni	6		0.07	0.5	0.0004[c]

Os	(120)			6	
P	75,000		130	4	0.1[a]
Pb	15		0.05	1	0.00004[d]
Pd	30		0.09	2	0.0005
Pr	7,500			2	0.00009
Pt	60		2.0	1	0.002
Rb	3		0.03	5	0.0004
Re	750			0.5	0.0003
Rh	6			5	0.0002
Ru	100		1.0	1	0.0002
S				10	28[j]
Sb	45	0.15	0.05	2	0.0009
Sc	30			0.1	0.004
Se	100	0.03	0.05	2	0.0007[b]
Si	90		1.0	10	0.03[a]
Sm	3,000			2	0.0002
Sn	150		0.1	2	0.0005[a]
Sr	3		0.025	0.05	0.00002[d]
Ta	1,500			1	0.0005
Tb	900			2	0.00004
Te	30	0.03	0.1	2	0.0008[k]
Th				2	0.0004
Ti	75		0.35	0.4	0.003[l]
Tl	15		0.1	2	0.0002
Tm	15			0.6	0.00006
U	15,000			10	0.0001
V	60		0.1	0.5	0.0005
W	1,500			1	0.005
Y	75			0.2	0.0002
Yb	8			0.1	0.0002[m]
Xn	1.5		0.02	0.2	0.0003[d]
Zr	450			0.5	0.0003

출처:

참조: 모든 DL은 리터당 마이크로그램으로 주어지며 묽은 수용액에서 원소 기준을 사용하여 결정되었음. 모든 DL은 98% 신뢰 수준(3 표준편차 또는 3 SD)을 기반으로 함. 모든 원자 흡수 DL은 시스템 2 EDL 사용을 포함하여 개별 원소에 최적화된 기기 변수를 사용하여 결정됨. 모든 Optima ICP-OES DLs는 사이클론 분무 챔버와 동심형 분무기를 사용하여 축방향으로 볼 수 있는 dual-view 플라스마를 이용한 동시 다중 원소 조건하에서 얻음. CV 수은 DL은 아말감 악세사리가 있는 FIAS-100 또는 FIAS-400 흐름 주입 시스템을 사용하여 측정되었음. 수화물 DLs는 MHS-15 Hg/hydride 시스템을 사용하여 결정되었음. GFAA DL은 50 μL 시료 부피, 원자로(stabilized temperature platform furcace, STPF) 조건을 사용하여 PerkinElmer AA에서 결정되었음. 달리 명시하지 않는 한, ICP-MS DL은 Ryton™ 스프레이 챔버, Type II 교차-흐름 분무기 및 니켈 콘이 장착된 PerkinElmer ICP-MS를 사용하여 결정되었음. 모든 DL은 3초의 적분 시간과 최소 8회의 측정을 사용하여 결정되었음.

ICP-MS DL에 표시된 영문은 특수 조건 또는 다른 모델 장비의 사용을 의미함. [a]Run on a PerkinElme ICP-MS in standard mode using Pt cones and quartz sample introduction system. [b]Run on a PerkinElmer ICP-MS in dynamic reaction cell(DRC) mode using Pt cones and a quartz sample introduction system. [c]Run on a PerkinElmer ICP-MS in standard mode in a Class-100 clean room using Pt cones and quartz sample introduction. [d]Run on a PerkinElmer ICP-MS in DRC mode in a Class-100 clean room using Pt cones and quartz sample introduction. [e]Using C-13. [f]Using Dy-163. [g]Using Gd-157. [h]Using Ge-74. [i]Using Hg-202. [j]Using S-34. [k]Using Te-125. [l]Using Ti-49. [m]Using Yb-173.

불꽃 AA 데이터는 PerkinElmer가 아닌 저자에 의해 공급되었음.

표 B.2 불꽃 AAS 사용 시 감도

원소	파장(nm)	감도(ppm)	원소	파장(nm)	감도(ppm)
Al	309.2	1.0	Nd	463.4	10.0
Sb	217.6	0.1	Ni	232.0	0.1
As	193.7	1.0	Nb	334.9	20.0
Ba	553.5	0.2	Pd	247.6	0.5
Be	234.9	0.1	Pt	265.9	1.0
Bi	223.1	0.1	K	766.5	0.1
B	249.7	30.0	Pr	495.1	10.0
Ca	442.7	0.05	Re	346.0	15.0
Cs	852.1	0.1	Rh	343.5	0.1
Cr	357.9	0.1	Rb	780.0	0.1
Co	240.7	0.1	Ru	349.9	0.8
Cu	324.7	0.1	Sm	429.7	10.0
Dy	421.2	1.0	Sc	391.2	1.0
Er	400.8	1.0	Se	196.1	1.0
Eu	459.4	2.0	Si	251.6	0.8
Gd	368.4	20.0	Ag	328.1	2.5
Ga	287.4	1.0	Na	589.0	2.5
Ge	265.2	2.0	Sr	460.7	0.1
Au	242.8	1.0	Ta	471.4	10.0
Hf	307.2	10.0	Te	214.3	0.5
Ho	410.4	2.0	Th	377.6	0.4
In	304.0	0.1	Sn	235.4	0.5
Fe	248.3	0.1	Ti	364.3	1.0
La	392.8	75.0	W	400.9	1.0
Pb	217.0	0.05	U	351.5	100.0
Li	670.7	0.03	V	318.4	1.0
Mg	285.2	0.001	Y	398.8	2.0
Mn	279.5	0.05	Zn	218.9	0.01
Hg	253.7	1.0	Zr	360.1	50.0
Mo	313.3	0.1			

참조: 데이터는 원소에 따라 공기-아세틸렌 및 아산화 질소-아세틸렌 불꽃을 포함함(표준 불꽃에 대해서는 부록 6.A 참조)

표 B.3 흑연관로(HGA-70) 사용 시 감도

원소	절대 감도($g \times 10^{-12}$)	20 μL 용액(mg/μL)
Al	150	0.007
As	160	0.008
Be	3.4	0.0002
Bi	280	0.014
Ca	3.1	0.05
Cd	0.8	0.00004
Co	120	0.006
Cr	18	0.01
Cs	71	0.004
Cu	45	0.02
Ga	1,200	0.06
Hg	15,000	1.5
Mn	7	0.01
Ni	330	0.10
Pb	23	0.001
Pd	250	0.013
Pt	740	0.02
Rb	41	0.002
Sb	510	0.15
Si	24	0.10
Sn	5,500	0.2
Sr	31	0.0015
Ti	280	0.5
Tl	90	0.1
V	320	0.2
Zn	2.1	0.0001

참고문헌

Analytical Methods for Atomic Absorption Spectrometry. PerkinElmer, Inc.: Shelton, CT, 1994.

Beaty, R.D.; Kerber, J.D. *Concepts, Instrumentation and Techniques in Atomic Absorption Spectrophotometry* PerkinElmer, Inc.: Shelton, CT, 1993.

Burguera, J.L. (ed.) *Flow Injection Atomic Spectroscopy*. Marcel Dekker, Inc.: New York, 1989.

Carnrick, G.R.; Slavin, W. *Appl. Spectrosc.*, *37*(1), 1, 1983.

Dean, J.A. *Analytical Chemistry Handbook*. McGraw-Hill, Inc.: New York, 1995.

Dean, J.A.; Rains, T.C. (eds.) *Flame Emission and Atomic Absorption Spectrometry*, Vol. 1. Marcel Dekker Inc.: New York, 1969 (1971; Vol. 2; 1975; Vol. 3).

Huang, M.D.; Becker-Ross, H.; Florek, S.; Heitmann, U. *Spectrochim. Acta Part B*, 2005.

Ingle, J.D. Jr.; Crouch, S.R. *Spectrochemical Analysis*. Prentice Hall: Englewood Cliffs, NJ, 1988.

Jackson, K.W. (ed.) *Electrothermal Atomization for Analytical Atomic Spectrometry*. John Wiley & Sons, Inc.: New York, 1999.

Kirkbright, G.F.; Sargent, M. *Atomic Absorption and Fluorescence Spectroscopy*. Academic Press: New York, 1974.

Lajunen, L.H.J. *Spectrochemical Analysis by Atomic Absorption and Emission*. Royal Society of Chemistry: Cambridge, U.K., 1992.

L'vov, B.V. *Atomic Absorption Spectrochemical Analysis*. Elsevier: New York, 1970.

Miller-Ihli, N. *J. Anal. Atomic Spectrosc.*, *3*, 73, 1988.

Parsons, M.L. Atomic absorption and ftame emission. In Ewing, G.A. (ed.), *Analytical Instrumentation Handbook*, 2nd edn. Marcel Dekker, Inc.: New York, 1997.

Rann, C.S.; Hambly, A.N. *Anal. Chem.*, *37*, 879, 1965.

Robinson, J.W. (ed.) *Handbook of Spectroscopy*, Vol. 1. CRC Press: Boca Raton, FL, 1975.

Robinson, J.W. (ed.) *Atomic Spectroscopy*. Marcel Dekker, Inc.: New York, 1990.

Schlemmer, G.; Radziuk, B. *A Laboratory Guide to Graphite Furnace Atomic Absorption Spectroscopy*. Birkhauser Verlag: Basel, Switzerland, 1999.

Skelly Frame, E.M.; Keliher, P.N. Atomic spectrometry. In Cahn, R.W., Haasen, P., and Kramer, E.J. (eds.), *Materials Science and Technology*, Vol. 2A. VCH Publishers, Inc.: New York, 1992.

Slavin, W. *Graphite Furnace Source Book*. PerkinElmer, Inc.: Shelton, CT, 1984.

Smith, S.B. Jr.; Hieftje, G.M. *Appl. Spectrosc.*, *37*, 419, 1983.

Smith, S.B. Jr.; Hieftje, G.M. *Science*, *220*, 183, 1983.

Sneddon, J. (ed.) *Sample Introduction in Atomic Spectroscopy*. Elsevier: Amsterdam, the Netherlands, 1990.

Sneddon, J. (ed.) *Advances in Atomic Spectroscopy*, Vol. 1. JAI Press: Greenwich, CT, 1992 (1994; Vol. 11).

Tyson, J.F. Flow injection techniques for atomic Spectrometry. In Sneddon, J. (ed.), *Advances in Atomic Spectroscopy*, Vol. 1. JAI Press: Greenwich, CT, 1992.

Walsh, A. *Spectrochim. Acta*, 7, 108, 1955.

Welz, B.; Becker-Ross, H.; Florek, S.; Heitmann, U. *High Resolution Continuum Source AAS*. Wiley-VCH: Weinheim, Germany, 2005.

Welz, B.; Heitmann, U. 50 Years after Alan Walsh-AAS redefined. Technical Note, Analytik Jena, Jena, Germany, 2005 (www.analytik-jena.de).

Welz, B.; Sperling, M. *Atomic Absorption Spectrometry*, 3rd edn. John Wiley & Sons: New York, 2002.

CHAPTER

08 원자 방출 분광법

원자 방출 분광법(atomic emission spectroscopy, AES)은 들뜬 원자나 이온에 의해 방출되는 복사선을 다룬다. 들뜬 원자와 이온은 3장과 그림 8.1에서 논의된 것처럼 바닥 상태로 이완된다. 이완은 진공 UV 영역을 포함하여 가시광선(V1S) 및 자외선(UV) 영역에서 선 스펙트럼 형태로 빛을 방출한다. 방출된 원자 및 이온 선은 시료 내 원소의 정성 분석 및 ppb부터 퍼센트 농도 범위의 원소의 정량 분석에 사용될 수 있다. 원자 방출 분광법은 과거에는 불꽃이나 전기 방전을 광원(source)으로 사용했지만 이들은 유도 결합 플라스마(inductively coupled plasma, ICP) 광원 및 마이크로파 플라스마(microwave plasma, MP) 광원과 같은 플라스마 광원에게 그 자리를 빼앗겼다. 원자 방출 분광법은 금속, 준금속, 일부 비금속 원소를 동시에 결정할 수 있는 다중 원소 기술이다. 다양한 형태의 원자 방출 분광 기술 간의 주요 차이점은 들뜸 광원 및 원자 또는 이온에 부여된 에너지의 양(즉, 광원의 들뜸 효율)에 있다. 16장에 나오는 Auger 전자 분광법(Auger electron spectroscopy, AES)에 동일한 약어가 사용되어 혼동을 최소화하기 위해, **광학 방출 분광학**(*optical emission spectroscopy*, OES)이라는 용어가 보통 원자 방출 분광법에 사용된다.

불꽃 광원은 불꽃에서 생성된 원자에 비교적 적은 양의 에너지를 전달한다. 전자는 불꽃 속의 몇 가지 저에너지의 들뜬 상태로 전이되고 이는 간단한 방출 스펙트럼을 나타낸다. 실제로, 불꽃 방출 분광법은 쉽게 들뜬 알칼리 금속 및 알칼리 토금속에 가장 유용하다. 아크 및 스파크와 같은 전기 방전은 불꽃보다 훨씬 더 큰 에너지를 제공한다. 대부분의 원소는 이러한 전하에서 원사화 및 이온화될 수 있다. 더 높은 에너지가 가해지면 전자가 더 높은 에너지 준위로 많이 전이되어 방출선을 많이 가진 스펙트럼을 발생한다. ICP, MP, 직접 전류 플라스마(direct current plasma, DCP)와 같은 플라스마 광원은 금속 및 비금속 모두의 원소 대부분의 들뜸을 허용하는 고에너지 광원이며 매우 풍부한 선 스펙트럼을 생성한다. 방출 분광법의 주요 이점 중 하나로, 원자와 이온과 같은 많은 원소는 동시에 여러 파장을 방출한다. 분석자는 각 원소에 대해 여러 파장을 선택할 수 있고 여러 원소를 동시에 측정할 수 있다. 단점은 방출 파장이 증가하면 겹쳐진 선에서의 **스펙트럼 간섭**(*spectral interference*)도 증가한다. 이것은 불꽃 방출 시스템이나 원자 흡수에 필요한 분광기보다 비용이 많이 드는 고분별능 분광기의 사용을 요구한다. 원자 방출 분광법은 원소 분석을 통해 다양한 액체, 고체, 기체 시료에서 대부분의 금속, 준금식, 비금속을 측정할 수 있다.

이 장에서는 원자 형광 분광법(atomic fluorescence spectroscopy, AFS)의 관련 주제, 광자의 흡수에 의한 들뜸 후 기상 원자에 의한 광자의 방출에 대해서도 다룬다.

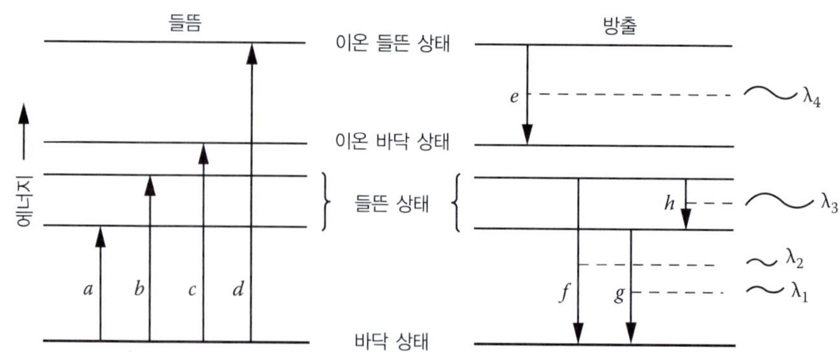

그림 8.1 들뜸과 방출 과정. 에너지 a와 b는 원자의 들뜸을 나타내고, c는 이온화, d는 이온화와 들뜸을 나타낸다. 가능한 네 가지 방출 에너지와 각각의 파장을 보여 준다. e는 이온 방출 그리고 f, g, h는 원자 방출을 나타낸다. 방출 파장과 에너지는 $\Delta E = hc/\lambda$와 관련되어 있다. [**© 1993-2014 PerkinElmer, Inc. All rights reserved. Printed with permission.** (www.perkinelmer.com).]

8.1 불꽃 원자 방출 분광법

불꽃 원자 방출 분광법은 금속이 포함된 용액 또는 할로젠화물, 황 또는 인과 같은 일부 비금속을 포함하는 용액이 불꽃에 도입될 때 생성되는 방출 스펙트럼의 측정을 기반으로 한다. 초기 실험에서, 사용된 검출기는 분석가의 눈이었다. 가시광선을 방출하는 요소는 질적으로 식별될 수 있으며, 이러한 '불꽃 테스트'는 시료의 특정 원소, 특히 알칼리 금속 및 알칼리 토금속의 존재를 확인하는 데 사용되었다. 불꽃에 있는 원소에 의해 방출되는 색상 목록은 표 8.1에 나와 있다.

인간의 눈은 정성 분석에는 유용하지만 정량 분석에는 유용하지 않다. 인간의 눈을 광전자 증배관(photomultiplier tube, PMT) 또는 전하 결합 장치(charge-coupled device, CCD)와 같은 분광기 및 광자 검출기로 교체하면 시료가 방출하는 정확한 파장을 결정할 수 있기 때문에 존재하는 원소를 보다 정확하게 식별할 수 있다. 또한 광자 검출기를 사용하면 시료의 정량 분석이 가능하다. 복사선의 파장은 어떤 원소가 존재하는지를 나타내며 복사선 세기는 그 원소가 얼마나 존재하는지를 나타낸다. 불꽃 AES는 소듐, 포타슘, 리튬, 칼슘, 마그네슘, 스트론튬, 바륨을 포함하여 주기율표의 처음 두 주기의 원소를 측정하는 데 특히 유용하다. 분광법(spectrometry)이라는 용어는 복사선 세기 측정을 통한 정량 분석에 사용된다.

표 8.1 원자 방출 불꽃 색

불꽃 색	청색 유리*를 통한 불꽃 색	원소
암적색	자주색	리튬
흐릿한 붉은색	황록색	칼슘
진홍색	자주색	스트론튬
황금색	(흡수됨)	소듐
녹황색	청녹색	바륨, 몰리브데넘
녹색		구리, 인 (인산염), 보론 (붕산염)
청색		구리
보라색	붉은 보라	포타슘

*청색 유리는 대부분의 시료 구성원소인 소듐에서 방출되는 강한 노란색을 흡수하기 위해 사용됨.

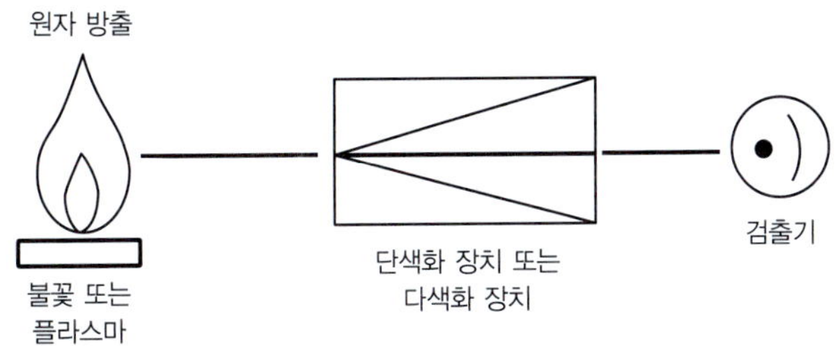

그림 8.2 원자 방출 분광기의 모식도 [© 1993-2014 PerkinElmer, Inc. All rights reserved. Printed with permission. (www.perkinelmer.com).]

8.1.1 | 불꽃 광학 방출 분광기

불꽃 광학 방출 분광기(flame OES)는 대부분의 최신 원자 흡수 분광기를 사용하여 수행할 수 있다. 불꽃이 들뜬 원자화 광원과 들뜸 광원으로 동시 작용하기 때문에 외부 램프가 필요하지 않다. 홑살 원자 흡수 분광기를 기반으로 한 불꽃 방출 분광기의 개략도는 그림 8.2에 나와 있다. 알칼리 금속의 측정에는 스펙트럼의 단순성 때문에 저해상도 필터 광도계만 필요하다. 필터 광도계는 8.1.1.2절에서 논의된다. 두 가지 장비 모두 버너 어셈블리, 불꽃, 파장 선택 장치 및 검출기가 필요하다.

8.1.1.1 버너 어셈블리

불꽃 방출 분광기의 중심 구성 요소는 버너 어셈블리이며 시료를 분무하고 시료 에어로솔을 불꽃에 도입하는 장치이다. 불꽃에서는 자유 원자가 형성되고 들떠서 복사 에너지를 방출한다. 적당한 시간(1~2분) 동안 방출 세기가 일정해야 분석 가능하다. Lundegardh 또는 사전 혼합(premix) 버너가 가장 일반적으로 사용되며 그림 8.8(a)에 묘사되어 있다.

사전 혼합 버너에서 시료는 용액 형태로 먼저 에어로솔 또는 스프레이를 형성하는 분무기로 흡인된다. 충돌 구슬 또는 흐름 막이 분무기에서 작은 방울을 만드는 데 사용된다. 큰 방울이 스프레이 챔버의 측면에서 합쳐지고 더 작은 물방울과 증기는 구름의 형태로 불꽃의 바닥으로 쓸려간다. 이 버너의 중요한 특징은 흡인된 시료의 소량(약 5%)만 불꽃에 도달한다는 것이다. 불꽃에 도달하는 물방울은 매우 작고 쉽게 분해되어 그 결과 시료가 불꽃에서 효율적으로 원자화된다. 높은 분무 효율은 다른 버너 설계와 비교하여 방출 세기와 분석 감도를 증가시킨다. 버너 어셈블리 및 불꽃에서 발생하는 과정은 표 8.2에 요약되어 있다. 이 과정은 원자 흡광 분석법(atomic absorption spectrometry, AAS)의 원자화 과정과 동일하다.

불꽃 방출 분광법에 사용되는 일반적인 분무기는 AAS에서와 마찬가지로 공압식 분무기 및 교차 흐름 분무기이다.

8.1.1.2 파장 선택 장치

두 개의 파장 선택기가 불꽃 OES에 사용되는데 단색화 장치와 필터이다.

단색화 장치. 이들은 슬릿과 분산 부분으로 구성되며 3장과 7장에서 설명하였다. 현대의 불꽃 원자 흡수 및 방출 분광기의 일반적인 분산 요소는 회절발이다.

필터. 저온 불꽃에서 알칼리 금속은 몇 개의 선만을 방출하므로 간단한 방출 스펙트럼을 갖는다. 이 경우

표 8.2 불꽃 속에서의 원자 방출이 생성되는 과정

		액체 시료가 분무기로 유입	→	작은 액체 방울의 불꽃 유입	→	방울의 증발 ↓
원자들의 산화	←	들뜬 원자의 생성과 안정화가 일어날 때 원자에서 발생하는 방사선 방출	←	입자가 자유 원자로 분해	←	미세한 고체 입자의 생성

더 넓은 파장 범위가 오류를 일으키지 않고 검출기에 도착할 수 있으므로 광학 필터가 고가의 회절발을 대체할 수 있다. 필터는 좁은 스펙트럼 범위에서 투명한 재질로 제작된다. 불꽃과 검출기 사이에 필터를 배치하면 시료에서 원하는 파장의 방출선을 검출기에 도달시켜 측정할 수 있다. 다른 복사선은 필터에 흡수되어 측정되지 않는다. 따라서 측정할 각 원소마다 별도의 필터가 필요하다. 예를 들어, 766 nm 파장의 복사선에 대해 투명한 필터는 포타슘을 분석하는 데 사용되는 반면, 589 nm의 복사선에 투명한 필터는 소듐 분석에 사용된다. 포타슘 필터는 소듐 방출을 흡수하고 소듐 필터는 포타슘 방출을 흡수하므로 두 원소는 다른 원소의 간섭 없이 동일한 시료에서 측정할 수 있다. 파장 선택기로서의 필터 사용은 단순한 반복 분석에 매우 편리하지만 대다수의 원소는 많은 수의 필터를 사용해야 한다. 대부분의 불꽃 광도계는 단일 채널 기기이다. 한 번에 하나의 원소가 결정되면 필터가 변경되고 새로운 원소가 결정될 수 있다. 불꽃으로부터의 방출이 두 개 이상의 필터를 통과하려면 다중 채널 기기가 필요하다. 각 필터는 필요한 복사선을 전송하고, 투과된 복사선은 필터 뒤의 PMT에 도달한다. 복사선의 세기는 교정 표준, 바탕 및 시료에 대해 측정된다. 농도 대 방출 세기의 교정 곡선이 표준 물질을 이용하여 만들어지며 시료의 농도는 교정 곡선과 비교하여 결정된다. 이 다중 채널 접근 방식은 내부 표준(IS)을 사용하여 정밀도를 향상시킨다.

8.1.1.3 검출기

일반적으로 사용되는 검출기는 PMT 또는 CCDs와 전하 주입 장치(charge injection devices, CIDs)와 같은 고체 감지기이다. PMT와 배열된 광다이오드(photodiode arrays, PDAs)는 4장에서 설명하였다.

8.1.1.4 불꽃 들뜸 광원

불꽃은 연료 기체와 산화제로 사용되는 기체 사이의 발열 화학 반응의 결과로 생성된다. 반응은 산화-환원 반응이며, 산화제는 연료를 산화시키고 반응을 통해 많은 열을 발생시킨다. 현대 AAS/OES 시스템에 사용되는 산화제는 공기와 아산화 질소이고, 이 시스템의 유일한 연료는 아세틸렌이지만, 상업용 필터 광도계 시스템은 프로페인, 천연 가스 또는 뷰테인을 연료로 사용할 수 있다. 액체 시료가 불꽃에 도입되면, 들뜬 상태 원자를 생성하는 복잡한 과정이 발생한다.

스펙트럼 방출선은 불꽃에서 연소 과정 중에 형성되는 들뜬 원자에 의해 생성된다. 다른 양자 에너지를 가지는 원소(그림 8.1에 개략적으로 표시된 것과 같은)는 특정 파장을 방출한다. 방출의 세기는 (1) 시료의 원소 농도와 (2) 불꽃에 들뜬 원자가 형성되는 속도 등 여러 요인에 따라 달라진다. 후자는 (3) 시료가 불꽃에 도입되는 속도, (4) 불꽃의 조성, (5) 불꽃의 온도에 의존한다. 방출 세기-농도 관계는 불꽃 OES에 의한 정량 분석의 기초가 된다.

불꽃 온도는 불꽃 측광에서 가장 중요한 단일 변수인데, 사용된 연료 및 산화제의 유형에 따라 온도가 조절된다. 일반적으로 불꽃 온도가 증가하면 대부분의 원소의 방출 세기가 증가한다. 이것은 소듐, 포타슘, 리튬과 같이 쉽게 이온화되는 원소에서는 일어나지 않는다. 이러한 원소가 너무 높은 온도에서 가열되면 이온화된다. 바깥 전자는 원자를 완전히 떠나 이온을 형성할 때까지 높은 에너지 상태로 이동한다. 원자가 이온화되면 전자가 소실되어 바닥 상태로 돌아가지 않고 그 과정에서 원자 복사선을 방출할 수 없어 원자 방출 세기의 손실이 발생한다. 이러한 원소는 이온화를 최소화하기 위해 저온 불꽃에서 결정되어야 한다.

낮은 에너지 상태의 원자수에 대한 상부 들뜬 상태의 원자수의 비율은 Maxwell-Boltzmann 방정식(Boltzmann 분포라고도 함)으로 계산할 수 있다.

$$\frac{N_1}{N_0}=\frac{g_1}{g_0}\mathrm{e}^{-\Delta E/kT} \tag{8.1}$$

여기서 N_1은 상부 상태에 있는 원자의 수, N_0는 하부 상태에 있는 원자의 수, g_1과 g_0는 각 준위 0, 1 등에서 동일한 에너지를 갖는 상태의 수(g는 준위의 **축퇴**라고 불린다), ΔE는 상부 상태와 하부 상태의 에너지 차이(J), k는 Boltzmann 상수 1.381×10^{-23} J/K, T는 절대 온도(K)이다.

Boltzmann 분포는 시스템이 열평형 상태에 있다고 가정한다. 방출 세기는 높은 들뜬 상태 N_1에서 원자의 수와 관련이 있다.

Boltzmann 방정식을 사용하여 두 가지 온도에서 들뜸 상태 원자의 수의 비율을 계산할 수 있다. 포타슘 원자의 경우 주요 원자 방출선은 766.5 nm에서 발생한다. 이러한 전환의 에너지(J)는 다음과 같다.

$$\begin{aligned}\Delta E &= \frac{hc}{\lambda}\\ &= (6.626\times10^{-34}\text{ J s})(2.998\times10^{8}\text{ m/s})/(766.5\text{ nm})(1\times10^{-9}\text{ m/nm})\\ &= 2.59\times10^{-19}\text{ J}\end{aligned}$$

전형적인 공기-아세틸렌 불꽃의 온도는 약 2,200°C, 즉 2,473 K로 계산된다. 2,473 K에 대한 2,498 K에서의 들뜬 상태 포타슘 원자의 비율은 2,498 K에서의 Boltzmann 방정식을 2,473 K에서의 Boltzmann 방정식으로 나눈 값으로 계산이 되는데 N_0와 g가 상쇄되면 다음과 같이 정리된다.

$$\begin{aligned}\frac{N_{2498}}{N_{2473}} &= \frac{\exp[-2.59\times10^{-19}(\text{J})/1.38\times10^{-23}(\text{J/K})(2498\text{ K})]}{\exp[-2.59\times10^{-19}(\text{J})/1.38\times10^{-23}(\text{J/K})(2473\text{ K})]}\\ &= \frac{5.458\times10^{-4}}{5.059\times10^{-4}} = 1.08\end{aligned}$$

이것은 불꽃 온도가 25 K 증가하면 포타슘 원자의 들뜬 상태 비율이 8% 증가하여 방출선이 증가하는 것을 알 수 있다. 방출의 세기는 열적 평형을 이루지 않아도 들뜬 상태 비율과 직접적으로 비례한다. 방출 세기 S와 들뜬 상태 비율 간의 관계는 다음과 같이 표현된다.

$$S = kN \tag{8.2}$$

여기서 S는 세기, k는 방출된 광자의 전이 확률 및 에너지와 같은 여러 요소를 포함하는 비례 상수이고, N은 들뜬 상태의 원자수이다. S는 들뜬 상태에 있는 원자수와 직접적으로 관련되어 있다. 이 숫자가 증가하면 복사선의 세기가 증가한다. 절대 온도가 증가함에 따라 들뜬 상태의 원자수가 증가하여, 방출 세기가 증가한다. 작은 온도 변화만으로도 들뜬 상태의 숫자가 크게 달라진다. AES는 온도 변화에 매우 민감해서 분무기의 온도는 방출 세기의 정량적 측정을 위해 주의 깊게 제어되어야 한다. 바닥 상태에서 전이가 측정되는 AAS의 경우는 그렇지 않은데, 바닥 상태의 원자수는 온도의 작은 변화에 비교적 영향을 받지 않는다. 표 8.3은 몇 개의 공통된 불꽃의 최대 온도를 나타내고 있다.

들뜬 상태를 증가시키는 데 에너지 증가가 필요하기 때문에, 원자를 들뜨게 하기 어렵고 따라서 들뜬 상태의 원자수가 감소한다. $\Delta E = h\nu = hc/\lambda$의 관계로 인해 방출선의 파장이 감소하면 원자를 들뜨게 하

표 8.3 불꽃의 최대 온도 (°C)

연료	산화제 공기	산화제 산소	산화제 아산화 질소
수소	2100	2900	
아세틸렌	2200	3100	3200
프로페인	1900	2800	
석탄 가스	1800		

기 위해서 더 많은 에너지가 필요하다는 것을 알 수 있다. 이 과정은 점점 더 어려워지고, 더 적은 수의 원자가 들뜨며, 복사선의 강도는 감소한다. 결과적으로 스펙트럼의 단파장 부분에 방출선을 갖는 원소는 저온의 불꽃에서 약한 방출 신호를 나타낸다. 이러한 원소들은 고온의 아산화 질소-아세틸렌 불꽃이나, 나중에 논의될 높은 에너지의 전기 또는 플라스마 광원을 사용하는 것이 좋다.

방출 세기에 영향을 미치는 또 다른 요소는 불꽃 내 연료와 산화제의 비율이다. 가장 높은 불꽃 온도는 이 둘의 화학량론적 혼합물이 사용될 때 얻어진다. 화학량론적 불꽃에서 존재하는 연료와 산화제의 몰수는 완전히 반응하고, 연소 후에 어느 것도 과잉으로 존재하지 않는다. 과량의 산화제 또는 연료는 불꽃의 온도를 감소시킨다. 그러나 일부 원자는 특정 종류의 불꽃에서 불안정하다. 알루미늄 원자는 화학량론적 불꽃이나 과량의 산화제를 사용한 불꽃 내에서 매우 빠르게 산화된다. 산화 알루미늄은 알루미늄 원자와 관련된 선 방출과 동일한 파장이 아닌 분자 복사선을 방출하고 이로 인해 원자 방출 세기가 직접적으로 손실된다. 산화 알루미늄의 형성을 막기 위해 불꽃은 대개 연료를 과량으로 사용하여 '환원 상태'로 작동한다. 과량의 연료는 자유 산화제를 '제거해' 불꽃 속 알루미늄의 산화를 최소화한다. 일부 원소는 산화 불꽃에서 더 강하게 방출된다. 또한 과량의 산소는 시료에 존재하는 다른 물질을 분해하는 데 도움을 주며 분자 배경을 감소시키기도 한다. 부록 8.A의 표 8.A.1에 많은 원소에 대한 불꽃 OES 검출 한계(DL)와 사용된 불꽃을 나타내었다.

8.1.2 | 간섭

복사선 세기는 간섭이 있기 때문에 정확하게 시료 내 분석물 농도를 나타내지 않을 수 있다. 간섭은 스펙트럼과 비스펙트럼의 두 종류로 나뉜다. 불꽃 OES에서는 세 가지 주요 간섭원이 발생한다. 이는 불꽃 AAS(FAAS)에서 발생하는 것과 동일한 간섭이다.

8.1.2.1 화학적 간섭

분석 대상 원소가 강하게 결합된 음이온이 시료에 존재한다면 자유 원자로 쉽게 분해되지 않는다. 용액에 존재하는 음이온이 분석 대상 원소와 약하게 결합하는 경우 자유 원자의 분해 및 형성이 더 쉬워진다. 예를 들어 칼슘을 측정한다면, 인산 이온과 함께 존재하는 칼슘 농도는 염소 이온과 동일한 양이 존재할 때보다 더 낮은 신호를 줄 것이다. 인산 칼슘보다 염화 칼슘에서 자유 칼슘 원자로 분해되는 것이 더 쉽다. 이 효과를 **화학적 간섭**(*chemical interference*)이라고 하며 비스펙트럼 간섭이다. 이는 여러 가지 방법으로 감소시키거나 제거할 수 있는데 분석물 이온은 킬레이트제를 사용하여 시료 매트릭스에서 추출되거나 간섭 음이온은 이온 교환으로 제거될 수 있다. 시료에 동일한 염(인산염, 염화물 등)으로부터 간섭의 영향을 보상할 수 있는 표준을 만들 수 있다. 시료 용액에 **방출제**(*releasing agent*)를 첨가할 수 있는데 분석물 금속에 의해 형성되는 것보다 음이온과 더 안정한 염을 형성함으로써 화학적 간섭을 감소시키거나 최소화시킨다. 예를 들어, 과량의 란타넘을 첨가하면 인산 란타넘을 우선적으로 형성함으로써 칼슘이 인산 이온의 영향으로부터 해방된다.

8.1.2.2 들뜸과 이온화 간섭

들뜸과 이온화 간섭은 시료가 불꽃으로 흡인될 때 비스펙트럼 간섭이며, 시료의 원소는 중성 원자, 들뜬 원자 및 이온을 형성할 수 있다. 이런 종류들은 일정한 방출 신호를 발생시키는 동적 평형 상태에 존재한다. 시료에 다른 양의 원소가 포함되어 있으면 평형의 위치가 각 시료마다 이동될 수 있어, 원자 방출의 세기에 영향을 줄 수 있다. 예를 들어, 많은 양의 포타슘을 함유한 시료에서 소듐을 측정할 때, 소듐 원자가 들뜨고 충돌을 통해 에너지가 전달되는 동안 포타슘 원자는 불꽃 속에서 들뜨지 않은 소듐 원자들과 충돌할 것이다. 이 결과로 들뜬 소듐 원자의 수가 증가하고 포타슘 원자가 없을 때보다 같은 농도의 용액 내에 원자 방출 신호가 증가한다. 이것을 **들뜸 간섭**(*excitation interference*)이라고 하고, 일반적으로 알칼리 금속으로 제한된다. 이는 시료와 표준을 일치시키는 매트릭스로 극복할 수 있으며, 표준 용액은 시료에 있는 것과 유사한 비분석 원소들의 농도를 포함하도록 구성되어야 한다. 매트릭스 통일은 시료의 구성이 알려진 일상적인 산업 분석에서는 수행될 수 있지만, 조성을 알 수 없거나 매우 다양한 시료에서는 수행할 수 없다. 매트릭스 통일이 실용적이지 않은 경우, 표준 물질 첨가법(methods of standard addition, MSA)이 사용될 수 있고 그 예는 8.1.3에 나와 있다.

이온화 간섭(*ionization interference*)은 분석 대상 원자가 불꽃에서 이온화되면 원자 방출 파장을 방출할 수 없으며 원자 방출 세기가 감소한다. 예를 들어 포타슘이 불꽃에서 이온화되면 766.5 nm에서 원자 방출선으로 방출할 수 없으며 분석 감도가 감소한다. 세슘과 같은 보다 쉽게 이온화되는 원소(easily ionized element, EIE)가 용액에 첨가되면, 세슘이 먼저 이온화되어 포타슘의 이온화를 억제할 것이다. 포타슘 이온은 세슘에 의해 방출된 전자를 포획하여 중성 포타슘 원자로 되돌아간다. 과량의 세슘이 존재할 때 766.5 nm에서의 포타슘 방출 세기가 증가할 것이다. 첨가된 세슘은 **이온화 억제제**(*ionization suppressant*)라고 한다. 이온화 간섭은 1족과 2족 내의 EIE들의 문제점이다. 이러한 원소를 측정할 때 최상의 감도와 정확성을 위해 이온화 억제제를 사용하는 것이 좋다. 물론 이온화가 증가함에 따라 **이온 방출**(*ion emission*) 세기가 증가한다. 따라서 측정을 위해 원자 방출선 대신 이온 방출선을 사용할 수도 있다.

8.1.2.3 스펙트럼 간섭

불꽃 OES에는 (1) 바탕 복사와 (2) 다른 원소의 방출선 겹침의 두 가지 유형의 스펙트럼 간섭이 있다. 불꽃에서 들뜬 분자와 라디칼은 스펙트럼의 넓은 영역에 방출된다. 바탕 복사선이라고 부르는 것은 이러한 넓은 **띠 방출**(*band emission*)이다. 분자 및 라디칼은 시료와 유사한 종의 원소로부터 형성된 불꽃 기체, 산화물 및 수산화물의 연소 생성물일 수 있다. 예를 들어 BaOH, CaOH, SrOH, MnOH, CaO, CN 및 희토류 산화물들은 불꽃에 흡인될 때 모두 띠 스펙트럼을 방출한다. 이러한 띠 스펙트럼은 실제로 UV/VIS 방출 분광기의 기체상 형태로 이들 화학종 확인하는 데 사용할 수 있지만 원자 방출을 측정할 때는 간섭을 일으킬 수 있다. 공기-아세틸렌 불꽃으로부터 바탕 방출의 예가 그림 8.3에 나와 있다. 광범위한 분자 바탕에 마그네슘, 니켈, 소듐, 포타슘의 원자 방출선이 중첩된다. 관심 있는 원자에서 방출되는 세기를 정확하게 결정하기 위해서는 바탕 복사로 인한 세기를 측정하고 전체 세기에서 빼야 한다. 분석물이 존재하지 않는 바탕 용액을 흡인하고 분석물 파장에서 세기를 측정한다. 이 세기는 분석물이 존재하지 않기 때문에 바탕 방출로 인한 것이다. 그 다음 시료 및 표준 용액을 흡인하고 세기를 측정한다. 시료 또

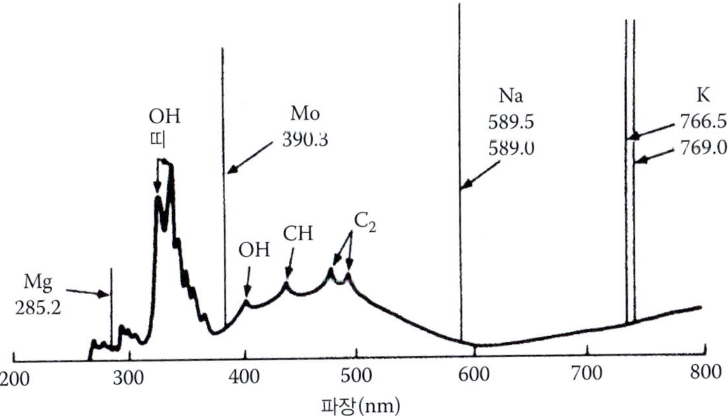

그림 8.3 불꽃 방출 스펙트럼. OH와 CH 같은 다원자 종의 넓은 바탕 복사 범위를 보여 준다. 넓은 바탕 복사에 겹쳐진 것은 Mg, Mo, Na, K 원소들의 매우 좁은 원자 방출선이다.

는 표준 세기는 바탕 방출과 분석물 방출의 합으로 나타난다. 시료 또는 표준 세기에서 바탕 세기를 빼주면 분석물의 세기가 얻어진다. 시료의 계산은 8.1.3절에 나와 있다.

모든 시료와 표준 물질은 바탕 방출을 보정해야 한다. 바탕 세기를 측정하는 두 번째 방법은 방출선보다 파장이 약간 더 높거나 약간 더 낮은 파장에서 실제 시료의 바탕 세기를 측정하는 것이다. 그런 다음 이 세기를 분석 방출 파장에서 측정된 시료의 세기에서 뺀다. 이 두 번째 접근법은 바탕 스펙트럼이 관심 영역에서 '평면'이 아닌 경우 첫 번째 방법보다 덜 정확할 수 있다. 예를 들어 Mo 방출선의 영역을 보면, 바탕선의 기울기가 높은 파장 영역에서 더 높다. Mo에 대해 바탕 보정을 한 결과로 이 영역의 파장에서 바탕 세기의 급격한 변화 때문에 상당한 오차가 발생할 수 있다. 반면 포타슘 방출선 주변의 바탕 지역은 비교적 평평하여 포타슘에 대해서는 정확한 바탕 보정이 이루어진다.

다른 유형의 스펙트럼 간섭은 분석 원소와 동일한 파장에서 나타나는 다른 원소에 의한 방출이다. 이는 오류와 직접적인 연관이 있다. 분석자는 다른 분석 파장을 선택하거나, 간섭 원소를 추출하거나, 간섭 원소의 농도를 알고 있는 경우 보정 계수를 적용할 수 있다. 이것은 불꽃의 온도가 낮고 상대적으로 적은 들뜬 상태로 인한 불꽃 OES의 문제점은 아니지만 전기 방전 및 플라스마와 같은 고온 들뜬 광원에서 주요 방해 원인이다. '동일한 파장'은 실제 파장이 약간 다르더라도 사용 중인 장비가 분석 선에서 간섭선을 분리할 수 없다. 스펙트럼 띠통과는 두 파장이 기기 내 슬릿을 통과하여 검출기에 도달하는 것과 같다. 이러한 이유로 비불꽃 OES에 대해 고분별능 분광기가 필요하다.

8.1.3 | 불꽃 OES 분석적 응용

8.1.3.1 정성 분석

AAS와는 달리, 원자 방출 분광법은 시료의 다양한 원소를 정성적으로 측정하는 데 탁월하다. 불꽃은 온도가 제한적이기 때문에 대부분의 원소에 대한 최적의 발생원이 아니지만 사용되고 있다. 시료 내 존재하는 원소들은 각 원소의 특성 파장에서 관찰되는 방출선을 관찰함으로써 정성 분석에 이용된다. 부록 8.A의 표 8.A.1에 일반적인 불꽃 OES의 특징적인 방출선을 나타내었으며, 보다 자세한 목록은 참고문헌에 인용된 **분광학 핸드북**(*Handbook of Spectroscopy, Robinson*)에서 찾을 수 있다. 766.5 nm에서 방출은 시료 내 포타슘의 존재를 알려주고 598 nm에서 밝은 황색 방출은 소듐의 존재를 나타낸다. 표 8.1에서 보았듯이 일부 원소들은 시각적으로 감지할 수 있지만 분광기를 사용하여 방출되는 파장을 식별하는 것이 훨씬 정확하다. 불꽃의 사용은 각 원소마다 다양한 파장이 관찰되어 더 많은 증거를 제공하는 높은 에너지의 들뜬 광원의 사용만큼 신뢰할 수 없다. 이러한 이유로, 플라스마 광원은 대부분의 원소에 대해 선호되는 원자 방출원이 되었다. 불꽃 OES는 1족 및 2족의 정성적인 분석을 위한 빠르고 간단한 방법이다.

8.1.3.2 정량 분석

불꽃 OES는 시료 내 원소의 농도를 결정하는 데 사용할 수 있다. 시료는 일반적으로 용액 형태여야 한다. 다중 채널 기기는 둘 이상의 원소를 동시에 결정할 수 있다. 검출 한계(DL)는 부록 8.A, 표 8.A.1에서 볼 수 있듯이 매우 낮다. 알칼리 금속에 대한 검출 한계는 이온화 억제제가 사용될 때 ppt 농도 범위에 있다. 수용액에서 1 ppt는 용액 1 mL 당 1 pg의 분석물, 즉 1×10^{-12} g/mL이다. 대부분의 원소는 높은 ppb에서 낮은 ppm 범위의 검출 한계를 가진다.

불꽃 OES에 의한 정량 분석의 중요한 요소는 시료와 표준 용액에 사용되는 용매이다. 용매가 물일 때, 원자화 과정은 비교적 느린 흡열 반응이다. 용매가 유기 물질인 경우, 불꽃에서의 반응은 발열 반응이며 원자화는 빠르게 일어난다. 다른 조건들이 동일하면 수용액보다 유기 용매에서 더 많은 자유 원자가 방출

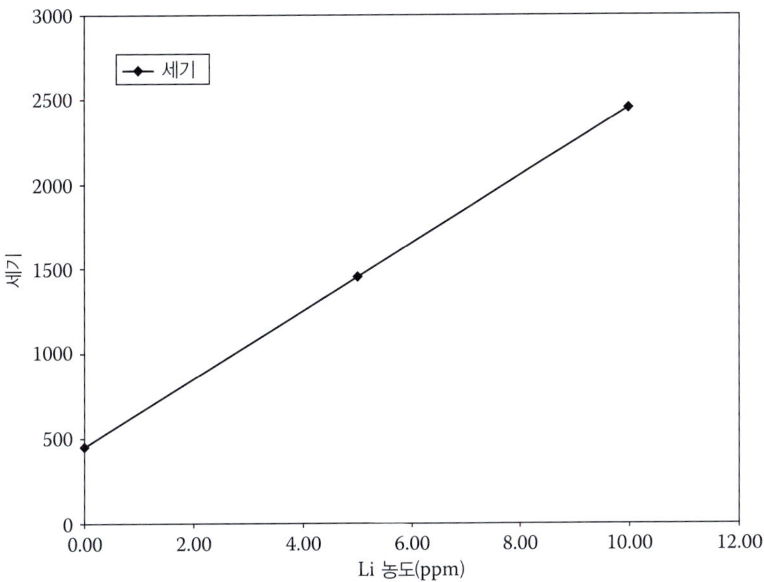

그림 8.4 외부 표준 물질을 이용한 불꽃 방출에 의한 리튬의 교정 곡선. 불꽃의 바탕 방출로 인해 바탕 용액은 0이 아닌 값을 가진다.

되고 방출 세기가 증가한다. 따라서 정확성을 위해 시료와 표준 물질을 동일한 용매로 준비하는 것이 중요하다.

정량적 측정을 위해 시료를 불꽃 속으로 흡인하고 복사선 세기를 측정할 분석 대상 원소의 방출 파장에서 측정한다. 시료 내 원소의 농도는 외부 교정선과의 비교 또는 표준 첨가법에 의해 계산된다. 두 가지 방법 모두 3장에서 논의하였다. 리튬에 대한 일반적인 외부 교정 곡선이 그림 8.4에 나와 있다. 교정 곡선은 5 ppm과 10 ppm의 Li 표준 용액과 바탕 용액(0.0 ppm의 Li)에 의해 작성되었다. 각각의 세기를 측정하고 세기 대 농도의 그래프를 만든다. 현대 시스템은 통계 곡선 모형 프로그램을 사용하여 교정 곡선을 만들고 미지의 농도를 계산한다. 리튬이 포함되지 않은 표준(제로 농도 표준 또는 교정 바탕)에서 방출 신호가 감지된 것에 유의해야 한다. 이를 **바탕 신호**(*background signal*) 또는 **바탕 방출 신호**(*blank emission signal*)라고 한다. 이 경우 바탕 방출은 각 표준에서 뺀 것이 아니라 0.0 ppm Li 표준 용액으로 도시되었다. 이 곡선을 사용하려면 미지 시료의 방출 세기를 측정하고 교정선을 통해(또는 컴퓨터로 계산) 농도를 구해야 한다. 이 경우 시료와 표준 물질 모두 동일한 바탕 방출을 가진다고 가정한다. 이러한 유형의 교정선을 사용하려면 알 수 없는 미지 시료 신호에서 바탕 신호를 빼야 한다. 한 가지 또는 다른 방법으로 시료의 분석물 농도를 최종 계산할 때 바탕 방출 신호를 보정해야 한다. 이 예에서 방출 세기와 리튬 농도 사이의 관계는 선형이다. 교정 곡선은 분석물의 낮은 농도에서 Beer 법칙(Beer's law)을 따른다. 높은 농도에서 선형성의 편차는 보통 불꽃 방출 교정 곡선에서 보여진다.

예를 들어 그림 8.4의 교정선이 있다면 이 곡선에 대한 데이터 점과 선형 회귀에 의해 결정된 교정선의 방정식은 표 8.4에 나와 있다.

측정된 미지 시료 용액의 세기를 1626이라고 한다면, 미지의 Li 농도를 계산하기 위해 방정식을 사용할 수 있다. 방정식에 y를 1626으로 입력하고 x를 풀어내면, 미지 시료 내의 리튬 농도 x는 5.88 ppm으로 계산된다.

시료의 세기에서 바탕 세기를 빼면 보정된 세기는 표 8.4의 오른쪽 값과 같다. 표시된 방정식에 $y = 1176$을 대입하여 x를 풀면 리튬의 농도가 5.88 ppm이 된다. 예상대로 동일한 바탕 때문에 두 가지 방법의 결과는 동일하다(모든 시료와 표준 물질에서 동일하다 가정).

표 8.4 불꽃 OES에 의한 리튬 교정 곡선과 바탕 신호가 보정된 리튬 교정 곡선

리튬 농도(ppm)	세기	바탕 보정된 세기
0.00	450	0
5.00	1450	1000
10.00	2450	2000
미지 시료	1626	1176

선형 회귀 방정식: $y = mx + b = 200x + 450$, $y = mx + b = 200x + 0 = 200x$

리튬 기반 항우울제를 모니터링하기 위해 인간 혈청에서 리튬을 측정해야 한다고 가정하면 우리는 혈청 시료의 바탕이 수용액 상태의 표준 용액 바탕과 같을 것이라고 기대하지 않는다. 리튬이 함유되지 않은 혈청에서 교정 표준을 만들지만, 측정해야 할 시료가 하나뿐이라면 비용이나 시간 면에서 효율성이 떨어진다. 이것은 MSA를 사용하는 경우의 좋은 예이다. MSA에서 교정선은 시료 자체로 구성된다.

시료를 동일한 부피의 3개의 분취량으로 나눈다. 2개의 분액은 리튬 첨가량을 알고 있으며, 세 번째 시료는 단지 시료 분취량 또는 '무첨가' 시료이다. 3장에서 논의했듯이, 리튬은 3개의 분취량의 총량이 크게 변하지 않는 방식으로 첨가된다. 그림 8.5와 같이 세 가지 용액 모두에 대한 방출 세기를 표 8.5에 제시된 대로 측정하고 첨가된 리튬에 대해 나타내었다. 원래 시료의 리튬 농도는 보정 곡선과 배경 보정된 시료 세기를 사용하여 계산할 수 있다. 시료 농도는 $x = 0.0$에서 y의 절댓값이다(Li 첨가 없음). $y = 0.0$에서 x에 대한 계산된 값은 −9.1이므로 시료 내 리튬 농도는 9.1 ppm이다.

시료 농도는 교정선의 음의 x축 절편에서 읽을 수도 있다. 그림 8.5에서 시료는 −9.1 ppm에 절편이 존재하므로 9.1 ppm의 리튬을 함유하고 있다고 볼 수 있다. 불꽃으로부터 바탕 방출을 측정하고 표준 첨가 곡선을 도식화하기 전에 모든 분취 신호에서 바탕 방출 신호를 빼는 것이 중요하다. 이것이 수행되지 않으면 보고된 농도에 양의 오차가 발생한다.

일정한 세기의 방출 신호를 얻으려면 표 8.2에 나와 있는 과정의 각 단계를 통제해야 한다. 방출 세기의 변화는 (1) 시료의 흐름을 막는 분무기 또는 버너의 막힘, (2) 시료 또는 시료와 표준 사이의 점도 차이, (3) 시료 내의 용매의 변화, (4) 연료 또는 산화제 유속의 변화, (5) 기기 내 버너의 위치 변화로 인해 복사선이 광경로에서 벗어나게 된다. 작동 조건은 사용하고자 하는 불꽃의 선택, 관측할 파장, 연료/산화제 비, 시료의 흡수율, 슬릿 너비, 광경로에서 버너의 위치를 포함하여 분석을 위해 최적화되어야 한다.

불꽃 방출 분광법의 주요 용도는 의학 실험실에서 생물학적 조직 및 체액에서의 Na, K, Li, Ca, Mg, Ba를 측정하는 것이다. 동일한 원소들이 식물 조직, 동물 사료, 식품에서 자주 측정된다. 불꽃 OES는 1족과 2족 원소들을 간단하고 신속하게 측정할 수 있는 방법이지만 액체 시료의 대부분의 다른 원소를 측정할 때에는 ICP-OES가 사용된다.

표 8.5 MSA에 의한 혈청 내 리튬 데이터

첨가된 리튬 표준물의 농도(ppm)	세기	바탕 보정된 세기
0	1432	1247
5.0	2117	1932
10.0	2802	2617
바탕 시료	185	0

선형 회귀 방정식: $y = mx + b = 137x + 1247$, 상관 계수 = 1.00

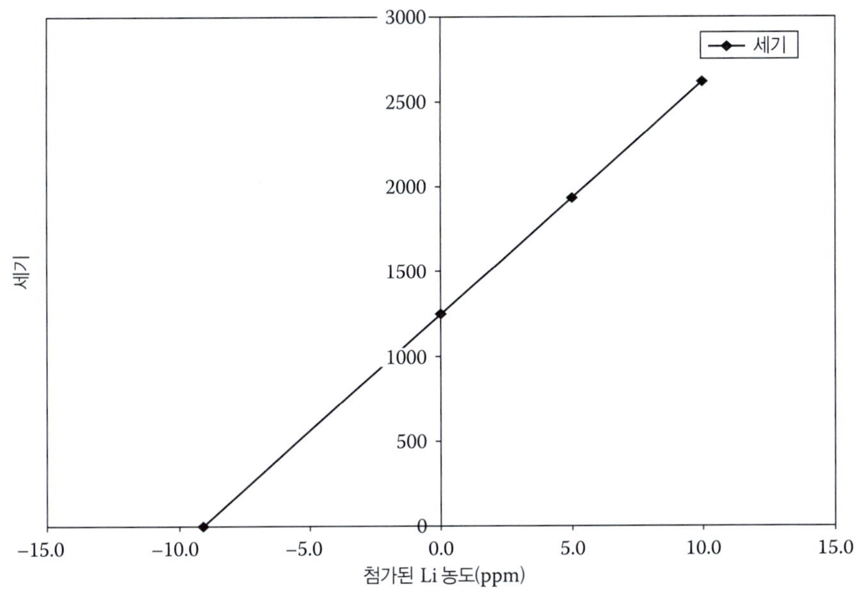

그림 8.5 MSA에 의한 혈청 내 리튬 정량. 도식화 전에 시료 세기에서 바탕 방출 세기를 빼줌.

8.2 원자 OES

전기 방전, 글로우 방전(glow discharge, GD) 또는 플라스마로 주입되는 시료에 의해 들뜬 원자나 이온의 복사선이 방출된다. 이 광원들은 불꽃원보다 에너지가 높기 때문에, 다루기 힘든 붕소, 텅스텐, 탄탈럼, 나이오븀과 같은 원소들을 포함한 모든 금속과 준금속 원소들은 낮은 농도에서 검출되고, C, N, H, Cl, Br, I를 포함하는 비금속들도 검출된다. 플라스마 광원을 이용하여 액체나 고체는 꽤 쉽게 분석된다. 전기 방전과 글로우 방전은 고체 분석에만 사용된다. 수소, 헬륨, 네온, 수은 증기와 같은 순수한 기체 상태의 원소들은 밀봉된 석영관에 넣어진 기체의 전기 방전으로 생성된 방출 스펙트럼들에 의해 검출된다. 이와 동일한 방법으로 '네온' 사인과 수은 증기 가로등에서 빛이 생성된다.

전기 방전과 플라스마의 온도가 불꽃에서 얻어지는 온도보다 높기 때문에, 이 광원에서 얻어진 스펙트럼들은 매우 복잡하다. 이 시스템을 통해서 두 가지 종류의 선 스펙트럼이 생성된다. 하나는 중성 원자에서 발생하는 **원자 방출 스펙트럼**(*atomic emission spectra*)이다. 이 선들은 방출선의 표에서 파장 다음으로 나오는 로마 숫자 I에 의해 지정된다. 스파크와 플라스마 조건하에 이온들이 생성된다. 이온에서 두 번째 전자는 들떠서 높은 에너지 준위 상태로 전이되고 이온이 안정화되며 그 과정에서 광자가 방출된다. 이온의 에너지 준위는 원자의 에너지 준위와 같지 않으므로 그들은 **이온선**(*ion line*)이라고 하는 다른 방출선을 방출한다. 단일 하전된 이온으로부터 방출된 선들은 로마 숫자 II에 의해 지정되고 이중으로 하전된 이온들로부터 방출된 선들은 파장 다음으로 나오는 로마 숫자 III에 의해 지정된다.

이온선들은 원자선들보다 감도가 약하지만 자기 흡수(8.2.3.2절 참조)로 인해 역전되지 않는다. 이온선들은 감도가 떨어지기 때문에 정량 분석에는 잘 사용되지 않는다.

8.2.1 | 방출 분광법 장치

간단히 말하자면 전기 방전원을 사용하는 방출 분광기(그림 8.6)의 기능은 다음과 같다. 전기적 광원은 전기 방전을 일으켜 **시료 전극**(*sample electrode*)과 **상대 전극**(*counter electrode*), 두 전극 사이에 공간적인 '틈'을 생성한다. 분석되어야 하는 금속의 고체 조각은 시료 전극으로 사용된다. 상대 전극은 텅스텐이나 흑연으로 된 '비활성' 전극이다. 시료 전극에서 나온 물질은 증기화되고 들뜨게 되는 방전 속으로 주입된다. 들뜬 원자들은 검출기 판독 시스템에 의해 검출되고 측정되는 복사선을 방출한다. 방출된 선들의 파장은 원소의 존재를 확인시켜주고 각 파장의 방출 세기는 각 원소가 존재하는 양을 알 수 있게 해준다. 기기의 각각의 부분은 다음 절에서 소개된다.

8.2.1.1 전기적 들뜸

역사적으로 직류(direct current, DC) 아크, 교류(alternating current, AC) 아크, AC 불꽃 같은 몇 가지 종류의 전기 방전원은 1900년대 초기부터 사용되었다. 전기 방전을 사용하는 상업적인 기기는 PMT 검출기와 함께 약 1940년대부터 사용 가능했다. 그 이전 방출 기기는 사진 건판이나 필름을 검출기로 사용하였다. 현대 기기는 DC 아크 방출 기기나 고압 스파크 방출 기기 모두 '불꽃 같은' 또는 '아크 같은' 조건에서 작동할 수 있다. 이 전기적 광원의 큰 장점은 시료를 희석시킴으로써 발생하는 검출 한계의 저하를 피하면서 전도성의 고체가 바로 분석될 수 있다는 것이다. 비전도성의 고체 가루는 용해만큼은 아니지만 시료를 소량 희석시키는 정도로 전도성 흑연과 섞어서 분석한다.

직류 아크. 광원에서 직류 전압은 작은 틈으로 분리된 한 쌍의 흑연이나 금속 전극에 적용된다. 직류 전원을 위한 전형적인 전압은 3–20 A의 전류를 가지는 200 V이다. 아크는 일반적으로 낮은 전류의 스파크에 의해 개시되지만 반드시 이온의 생성에 의하여 개시되어야 한다. 전기 전도가 발생하는 틈에서 생성된 이온과 열이온화에 의해 생성되는 전자와 이온의 움직임이 아크를 유지한다. **플라스마**는 전기와 열에너지에 의해 시료를 증발시킨다. 고체 가루, 조각 형태의 시료는 보통 찻종 모양으로 생긴 흑연 전극의 끝부분에 채워진다(그림 8.7a와 b). 이 전극은 그림 8.6에서 보이는 것과 같이 틈의 밑바닥 부분에 존재한다. 상부 전극 또는 **상대 전극**은 고체 흑연 전극이다. 상업용 직류 아크 방출 분광기의 전극 조립 사진이 그림 8.8a에 있다. 만약 시료가 전도성 금속 조각이라면 적합한 모양으로 주입되어 말단 전극의 역할을 한다. 직류 전압 아크 방출에서 전극 컵 안에 충전되어 있는 전체 시료는 보통 증기화되거나 몇 분에 걸쳐 '타게' 된다. 아크는 **연속적인** 방전이고 방출 세기는 타는 동안 수집되고 통합된다. 작동 중인 직류 아크는 그림 8.8c에서 나타나 있다.

아크의 온도는 플라스마의 조성에 따라 달라지고 시료의 종류에 따라 다양해진다. 만약 시료가 낮은 이온화 에너지를 가진 물질로 만들어졌다면, 플라스마의 온도는 낮을 것이다. 만약 물질의 이온화 에너지가 높다면 온도도 높아질 것이다. 더욱이 온도는 축 또는 방사 어느 쪽에서든 일정하지 않다. 매트릭스 효과와 자기 흡수를 야기한다. 아크의 온도는 3,000~8,000 K의 범위를 가진다. 아크 광원에서 발생되는 방출 스펙트럼들은 소량의 이온 선들과 함께 주로 원자선들을 포함하고 있다. 직류 아크는 70종 이상의 원소들을 들뜨게 만들 수 있다.

직류 아크 광원의 주요한 문제점은 방출 신호의 안정성이 떨어진다는 것이다. 일반적으로 플라스마는 고체 시료 표면의 지점이나 돌출부에 연결되고 증기화 과정에서 시료를 지속적으로 침식시킨다. 침식에 의해 시료에 구덩이가 형성되고 마침내는 더 커지게 되어 그 지점에서 방전이 더 지속될 수 없게 된다. 그

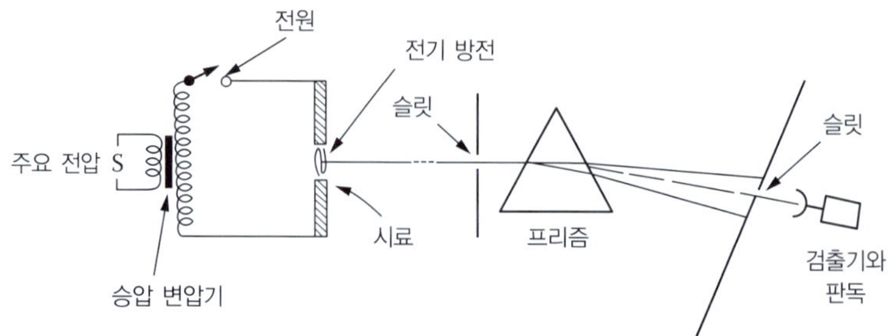

그림 8.6 전기 방전원을 사용하는 방출 분광기의 모식도. 프리즘은 분산 장치를 나타낸 것으로, 회절발이 단일 분산 장치와 함께 현대의 모든 분광기에 사용된다. Echelle 분광기는 프리즘과 한 개나 두 개의 회절발, 두 가지 분산 장치를 사용한다.

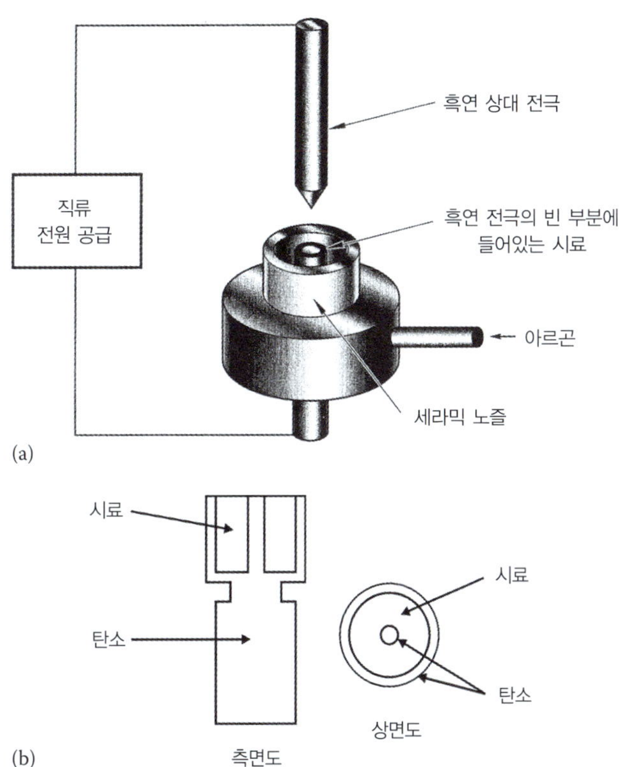

그림 8.7 (a) 직류 아크 광원의 모식도. 하부 흑연 전극의 찻종 모양의 끝부분 안에 고체 시료를 채워 넣는다. 흑연 상대 전극도 나타내었다(From Hareland, W., Atomic emission spectroscopy, in Ewing, G.W. ed., *Analytical Instrumentation Handbook*, 2nd edn., Marcel Dekker, Inc., New York, 1997. With permission.). (b) 시료를 고정하는 데 사용되는 하부 전극의 모식도.

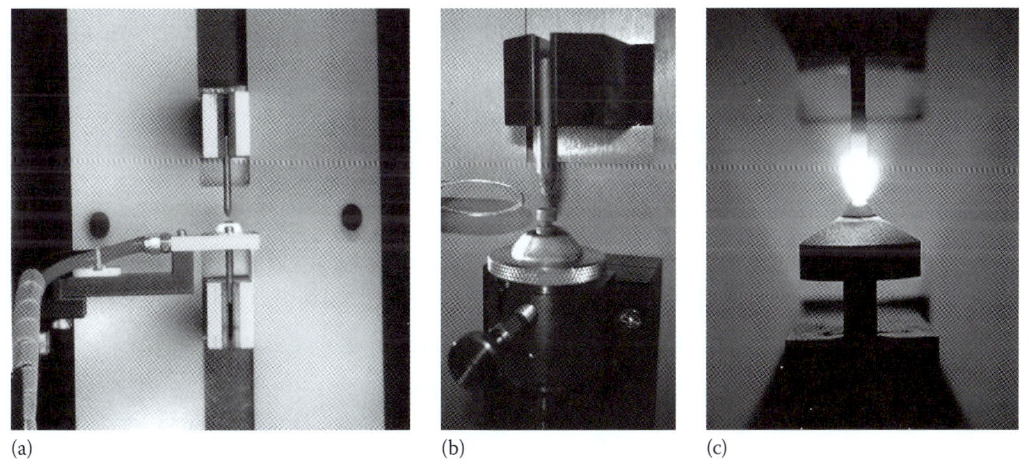

그림 8.8 (a와 b) 상업용 직류 아크 방출 분광기의 전극 조립 사진. (c) 직류 아크에 의해 생성된 플라스마가 작동 중인 사진. 전극 사이의 틈에서 방전이 일어난다.

러면 방전은 시료의 표면 위에서 가까운 다른 지점으로 '돌아다닌다.' 실제로 방전의 돌아다님은 꽤 빠르게 일어나고 신호의 변동을 야기한다. 많은 방전 지점이 동시에 생기게 된다. 바로 가까이에 있는 시료를 빠르게 증발시키고 쉽게 들뜨게 만드는 부분적 핫스팟이 형성된다. 하지만 이 핫스팟은 지속적이지 않고 곧 사라지고 부분적 방출 세기는 감소하게 된다. 이것의 결과로 총 방출 세기는 다소 불규칙적이고 정밀도가 떨어지는 신호가 생성된다. 반면에 신호들은 매우 강하고 분석 감도는 다른 종류의 전기 방전을 사용할 때보다 좋아지게 된다.

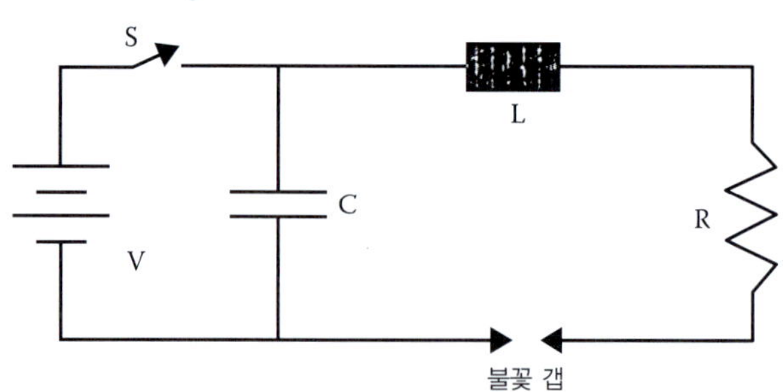

그림 8.9 스파크 발광원의 모식도. S는 전원이고, C는 축전기, L은 감응 물질, R은 저항, V는 전압원이다. (From Thomsen, V.B.E., *Modern Spectrochemical Analysis of Metals: An Introduction for Users of Arc/Spark Instrumentation*, ASM International, Materials Park, OH, 1996. With permission from ASM International®.)

직류 아크의 또 다른 문제점은 휘발성 원소가 시료 내에 있는 휘발성이 약한 원소보다 먼저 증발하여 플라스마에 유입된다는 것이다. 전극의 온도는 아크의 초기 온도에서부터 천천히 증가한다. 만약 시료가 환원 전극보다 빠르게 가열되고 더 높은 온도에 도달하게 되는 산화 전극이라면 휘발성 원소는 아크에 빠르게 주입되게 된다. 예를 들어 전구 전선용 텅스텐 가루는 포타슘과 실리콘을 포함하고 있다. 직류 아크 분석에서 녹는점이 낮은 포타슘이 먼저 기화되고, 녹는점이 높은 실리콘과 텅스텐은 나중에 기화된다. 만약 시료 매트릭스의 휘발 거동과 일치하지 않는 표준 물질이 사용되었다면, 정량 분석에 큰 문제가 발생하게 된다. 과량의 '분광 화학 완충제'를 표준 물질과 시료의 혼합물에 사용하면 이 문제를 극복할 수 있다. 이것은 NaF, Na_2CO_3와 같은 염들의 혼합물 또는 염으로, 흑연과 혼합되는 경우가 많다. '완충제'는 전도성을 증가시키고 아크 온도를 일정하게 유지시키는 균일한 매트릭스를 제공한다. 순수한 흑연과 혼합하면 일반적인 매트릭스로 사용할 수 있다.

직류 아크는 주로 분말 고체, 조각을 포함하는 고체의 반정량적이고 정성적인 분석에 사용된다. 대부분의 원소 분광기는 대부분의 원자 방출이 일어나는 UV와 가시 영역을 포함하는 약 190~800 nm에서 작동된다. 현대 직류 아크 분광기에서 이룰수 있는 정밀도는 5~10%이며 이때 고체 시료의 검출 한계는 10~100 ppb이다. 이 검출 한계는 일반적으로 고체의 용해나 용액을 형성하기 위한 희석이 필요한 흑연로 AAS(Graphite furnace AAS, GFAAS)와 ICP-OES의 기기적 검출 한계와 견줄만하다. 고체 시료에 대해서는 GFAAS나 ICP-OES가 직류 아크 검출 한계보다 나쁘다. 직류 아크의 한계점은 고체 시료의 전도성이 필요하다는 것이다. 직류 아크 광원의 선형 작업 범위는 광원의 상대적으로 낮은 에너지에 의해 제한된다.

스파크 광원. 높은 에너지의 스파크 광원의 개략도를 그림 8.9에 나타내었다. 전원이 닫혔을 때, 축전기가 대전된다. 전원이 열렸을 때, 축전기가 감응 물질과 저항기를 통해 방출되고 불꽃 갭의 전기 방전이 생성된다. 현대 기기에서 사용되는 회로의 전압은 400~1,000 V이다. 이 전압은 시료와 상대 전극 사이의 3~4 mm를 건너기에 충분히 높지 않다. 자동차에서 사용되는 것과 비슷한 분리된 점화 회로는 매우 높은 전압(10 kV)이 사용된다. 연속적인 이 높은 전압은 격차를 건너 전기적 들뜸을 시작한다. 전기적 통로가 시작되면, 작업 전압은 방전을 지속한다. 직류 아크 방전과 다르게 스파크 광원은 비연속적 방전이다.

현대 스파크 광원에서 방전은 상대 전극에서 시료로 오직 한 방향으로만 향한다. 이것은 축전기를 가로지르는 다이오드를 포함하는 것으로 한 방향으로만 전류가 흐른다. 스파크 광원 빈도는 일반적으로 200~600 Hz의 범위이다. 현대 스파크 광원은 스파크나 아크와 같은 방식 중 어느 하나로 사용된다. 스파크 같은 방식은 짧은 시간대에 높은 전류의 방전을 나타낸다. 아크 같은 방식은 대부분 지속적인 방전인 낮은 전압을 나타낸다(그림 8.10).

스파크 같은 방전의 온도는 직류 아크 방전의 온도보다 훨씬 높다. 온도는 시간이나 공간적인 면에서 모두 안정적이지 않으며 40,000 K에 이를 수도 있다. 이것은 산소, 질소, 할로젠, 18족 원소들(Ne, Ar

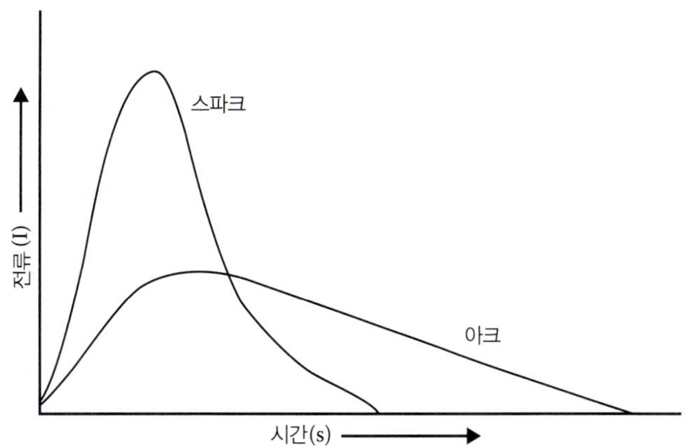

그림 8.10 스파크 방전와 아크 방전에 관한 전류–시간 관계(출처: Thomsen, V.B.E., *Modern Spectrochemical Analysis of Metals: An Introduction for Users of Arc/Spark Instrumentation*, ASM International, Materials Park, OH, 1996. With permission from ASM International®.)

등)을 포함하여 대부분의 원소들을 들뜨게 한다. 온도가 높아지면 많은 이온 방출선이 생성된다. 스파크 스펙트럼들은 단일이나 이중으로 이온화된 원소들의 이온선을 포함한다. 따라서 스파크 스펙트럼들은 직류 아크 스펙트럼보다 더 복잡하다. 스파크 같은 방전은 직류 아크보다 재현성이 좋아 정량 분석을 위한 더 좋은 선택이 될 수 있지만, 이 기술을 사용하면 간접적인 분석 감도의 손실과 함께 신호의 세기가 손실된다.

전기 들뜸원의 주된 기능은 시료 원자를 기화시킨 후 들뜨게 하는 방전을 생성하는 것이다. 두 번째 기능은 시료 표면을 녹여 균일하게 만들어 주는, 높은 전류의 스파크 방전인 고에너지 프리스파크(High energy prespark, HEPS)를 제공한다. HEPS 기간(이전에는 preburn이라고 불림) 동안의 방출은 관찰하지 않는다. 금속 시료를 위한 전형적인 스파크 주기는 10~20초의 HEPS 기간, 스파크 같은 조건에서 주성분과 부성분 검출을 위한 5초, 아크 같은 조건에서 미량 성분의 검출을 위한 5초를 포함한다. 전형적인 들뜸원 매개 변수를 표 8.6에 나타내었다.

표 8.6 전형적인 스파크 들뜸원 매개 변수

매개 변수	HEPS	스파크	아크
$R(\Omega)$	1	1	15
$L(\mu henry)$	30	130	30
$C(\mu farad)$	12	2	12
$V(V)$	400	400	400
$f(Hz)$	300	300	300
$I(A)$	130	60	20
$t(\mu s)$	100	90	600

출처: Thomsen, V.B.E., *Modern Spectrochemical Analysis of Metals: An Introduction for Users of Arc/Spark Instrumentation*, ASM International, Materials Park, OH, 1996. Used by permission of ASM International®.

8.2.1.2 시료 용기

시료 용기의 기능은 전기 방전에 시료를 주입하는 것이다. 시료 용기에는 고체 시료를 위한 것과 액체 시료를 위한 것, 두 종류가 있다. 시료를 고정하기 위한 크기가 다른 50개 이상의 전극들이 시판되고 있다.

고체 시료 용기. 고체 시료들, 특히 비금속 재료는 분말로서 분석될 수 있다. 고순도 탄소 전극의 한쪽 끝에 뚫린 작은 구멍에 가루 시료를 주입한다. 몇 가지 경우에서 시료 가루는 알루미나나 흑연과 혼합된

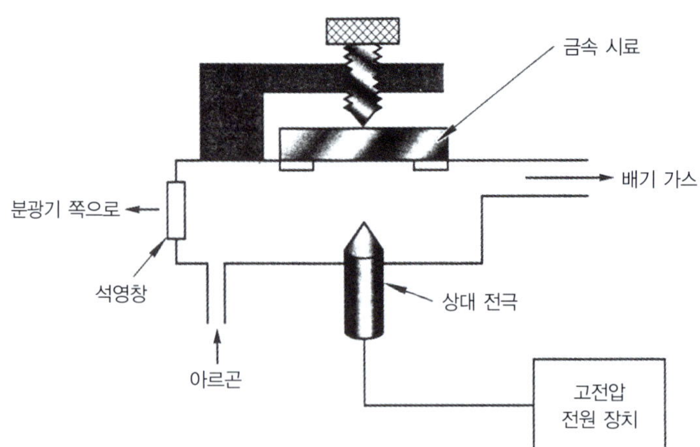

그림 8.11 음극인 금속 시료와 양극인 텅스텐 상대 전극을 보여 주는 스파크 광원 모식도. (From Hareland, W., Atomic emission spectroscopy, in Ewing, G.W. ed., *Analytical Instrumentation Handbook*, 2nd edn., Marcel Dekker, Inc., New York, 1997. With permission.)

실리카 같은 고순도의 매트릭스 가루를 과량 혼합한다. 이는 일정한 매트릭스와 분석의 정밀도를 개선하기 위한 플라스마 온도를 보장한다. 다른 접근법은 시료 가루를 과량의 고순도 구리와 같은 전도성 가루와 혼합한 다음, 전극으로 사용하기 위해 혼합물을 압축하여 펠렛 형태로 만든다. 전도성의 가루 또한 측정의 정밀도를 개선하기 위해서 일정한 매트릭스로 사용된다.

판, 철사나 합금 막대 또는 순수한 금속과 같은 금속성이나 전기 전도성 시료는 한쪽 또는 양쪽 전극으로 바로 사용될 수 있다. 원하는 모양으로 금속을 갈거나 금속을 녹이거나 틀에 넣어 주조하는 등의 약간의 준비 과정이 필요하다. 전극의 끝부분은 평평하게 연마되거나 끝에서 점점 가늘어진다. 형성된 전극은 분석 전에 표면에 남아있을 수 있는 오염 물질을 제거하기 위한 세척을 반드시 진행해야 한다. 현대 스파크 기기에서 사용하는 공통적인 접근 방법은 그림 8.11에서 보이는 것처럼, 광이 나는 평평한 금속 시료를 음극으로 사용하고 텅스텐 전극을 양극으로 사용하는 것이다.

액체 시료 용기. 기름 시료는 회전 디스크 전극을 사용하는 스파크 방출 분광법을 이용하여 바로 분석된다. 회전 디스크 전극(rotating disk electrode)이나 로트로드(rotrode)는 액체 시료 내에서 회전하여 디스크의 표면을 젖게 하는 흑연 디스크이다(그림 8.12). 회전하는 젖은 표면은 시료를 일정한 속도로 방전 내에 주입시킨다. 교정 데이터는 반드시 동일한 조건에서 얻어야 하며 동일한 회전수를 가져야 한다. 이

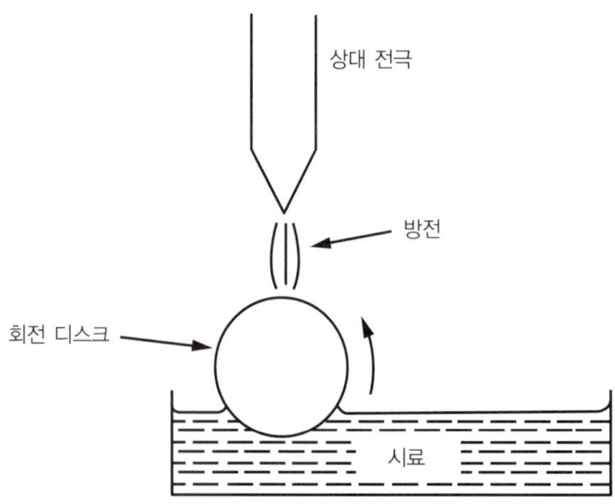

그림 8.12 액체 시료를 전기 방전에 주입하는 데 사용되는 회전 디스크 전극(또는 로트로드)의 모식도. 이 시스템은 기름 내 금속 검출에 주로 사용된다.

접근은 연료유와 윤활유 속의 금속을 검출하는 데 일반적으로 사용된다. 로트로드는 직류 아크 시스템이 아닌 스파크 광원을 사용하였다. 많은 현대의 기름 분석 실험실들이 정밀도를 개선하고 낮은 검출 한계를 얻기 위해서 검출에 사용하는 기기들을 DCP나 ICP로 교체하였다.

8.2.1.3 분광기

광원의 불안정성과 방전의 비연속성이 10초 혹은 그 이상 동안의 방출 신호를 통합해야 하므로 동시 다중 채널 분광기가 필요하며, 따라서 주사 분광기는 실용적이지 못하다. 사용되는 세 가지의 분광기가 있는데, 분광 사진기, 다색화 장치, 전기적 분광 사진기라고도 불리는 CID 기반의 또는 CCD 기반 시스템이다. 분광기의 가장 기본적인 구성은 3장에서 논의되었으며, 원자 분광기의 더 자세한 내용은 7장에서 논의되었다. AAS와 AES에서 사용되는 시스템 사이의 중요한 차이점은 스펙트럼 띠너비(spectral band width, SBW) 또는 스펙트럼 대역 통과의 사용이다. 원자 방출은 0.1 nm 이하에서 나타나는 반면에 AAS에서 대역 통과는 보통 0.2~0.5 nm의 범위에서 나타난다.

분광 사진기. 분광 사진기는 방출된 복사선을 검출하고 기록하기 위해 사진 필름이나 사진 건판을 사용하는 분광기이다. 분광 사진기는 1930년대에 도입되어 수년 동안 특히 2000년에 산업 분야에서 기초적인 원소 분석 기기로 사용되었다. 사진 건판은 전문적인 제품이고 일 년 또는 그 이상 미리 주문해야 했기 때문에 비쌌다. 이러한 이유와, 스펙트럼들을 기록하고 판을 개선하고 필름 이미지를 분석하기 위한 기술들과 시간 때문에 대부분의 산업에서 CID, CCD, PMT 다색화 시스템으로 전환하였다.

다색화 장치. 다색화 장치는 PMTs를 검출기로 사용하는 다중 채널 분광기이다. 최대 108개의 PMT를 사용하는 기기가 시판되고 있다. 이 기기는 그림 8.13에 나타낸 것처럼 일반적으로 오목한 초점 회절발을 분산 장치로 사용한다. 오목한 초점 회절발은 서로 다른 파장의 빛을 원 둘레의 서로 다른 지점에서 모아준다.

주어진 회절발의 곡률 반지름, 입구 슬릿, 회절발의 표면, 원 위에 놓인 분산된 파장의 초점을 *Rowland* **원**(*circle*)이라고 한다. Rowland 원의 지름은 오목한 회절발 표면의 곡률 반지름과 동일하다. 광전자 증배관 검출기는 4개의 슬릿과 검출기만 나타낸 그림 8.13에서처럼 최대 64종 파장의 초점에서 고정된 슬릿 너머에 둔다. 채널 수의 제한은 기존의 Rowland 원 시스템에서 PMT의 물리적 크기에 따라 달라진다. 기기 구매자가 파장을 선택하므로 각 기기는 주문 제작된다. 이 시스템의 장점은 많은 원소에 대한 분석을 일상적으로 빠르게 수행할 수 있다는 것이다. 한 번 선택한 파장과 그로 인해 검출된 원소들은 고정되

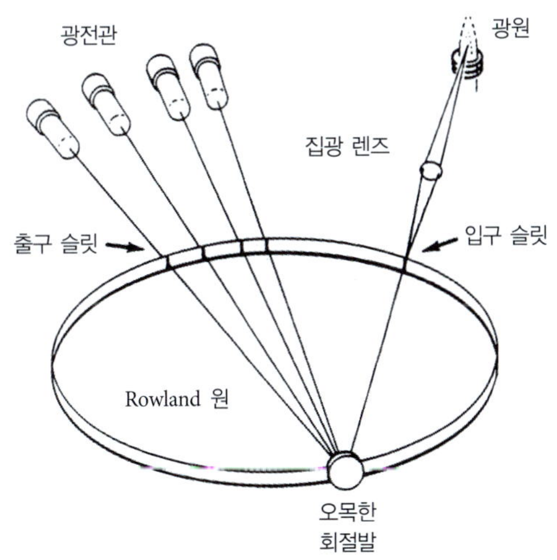

그림 8.13 Rowland 원 다색화 장치. 이 형태를 Paschen-Runge 마운트라고 한다. 보여지는 광원은 ICP이지만, 전기 들뜸원으로 대체될 수 있다. 다중 광전자 증배관 검출기는 분산된 파장을 측정하기 위해서 원의 둘레 위에 적절한 위치에 놓여 있다. [**© 1993-2014 PerkinElmer, Inc. All rights reserved. Printed with permission.** (www.perkinelmer.com).]

어, 만약 일상적이지 않은 시료의 분석이 필요할 경우 기기는 융통성이 부족해진다. 스파크 광원을 사용하는 이 기기의 정밀도는 뛰어나며 1%의 상대 표준 편차보다 우수하고, 정량 분석을 빠르게 수행할 수 있다. 만약 직류 아크 광원이 사용된다면, ppb의 검출 한계를 가지는 빠른 반정량적인 분석을 수행할 수 있다.

70~80종의 원소들을 동시에 측정하기 위해서, 가시 영역에 걸쳐 진공 UV의 전체 파장 범위를 포함시켜야 한다. 단일 Rowland 원을 이용할 때, PMT의 수는 검출기의 크기에 의해 제한된다. 스파크 분광기는 들뜬 시료로부터 특정 파장 범위 내에서 각각 최적화된 최대 네 가지로 분리된 다색화 장치로 빛을 옮기기 위해 광섬유를 사용한다. 이는 측정되는 파장의 수를 크게 증가시킨다. 이 시스템은 스펙트럼 모듈에서 CCD 검출기를 사용하고 최대 108가지의 PMT는 두 번째 스펙트럼 모듈에서 배치할 수 있다. UV 다색화 장치는 진공 펌프 없이 120 nm만큼 짧은 파장이 검출될 수 있는 아르곤으로 채워져 봉인된 광학기를 가진다. 강철 시료는 이 시스템을 이용하여 30초 안에 강철에서 C와 N의 검출을 포함하여 정량적으로 분석할 수 있다.

Echelle 단색화 장치. 지난 10년 동안 echelle 단색화 장치는 다중 원소 방출 시스템에서 점차 일반화되었다. Echelle 장치는 두 개의 분산 장치를 동시에 사용한다(프리즘과 echelle 회절발, 혹은 두 개의 회절발). Echelle 회절발의 설계는 3장에서 논의하였다. 두 개의 분산 장치가 설치되어 먼저 프리즘이 한쪽 면으로 빛을 분산시키고, 회절발이 프리즘 분산면의 수직인 면으로 그 빛을 분산시킨다(그림 8.14a). 마지막 분산은 Rowland 원 광학의 단일 선을 따르지 않고 2D 평면에서 발생한다. 복사선 세기는 PMT 검출기나 배열 검출기를 이용해서 측정할 수 있다. 그림 8.14b에서 보듯이, 파장은 복수의 개별 출구 슬릿의 2D 배열인 조리개 회절발을 이용하여 분리된다. 많은 광전자 증배관은 회절발 뒷편에 위치한다. Echellogram 결과는 회절 순서 대 파장의 형태로 그림 8.15에 나타내었다. 새로운 배열 검출기를 이용하여 PMT를 이용할 때보다 더 많은 최대 5,000개의 파장을 동시에 확인할 수 있다. 고체 상태 검출기를 사용하는 echelle 시스템의 추가적인 장점은 실제 시간에 바탕 방출을 수정할 수 있는 능력이다. (즉, 정확히 같은 시간에 분석 세기를 측정한다.) 이런 Echelle 시스템은 오래된 사진 이미징 시스템의 전기적 버전이고 그들은 보통 분광기라고 불리기도 하지만 전자 분광 사진기라고도 불린다.

8.2.1.4 검출기

PMT와 선형 PDA 검출기는 4장에서 자세하게 논의되었다. 이 절에서는 아크/스파크 그리고 플라스마 방출 분광기에 사용되는 2D 배열 검출기를 다룬다. Echelle 분광기에서 파장의 2D 분산을 이용하기 위해서 2D 검출기가 필요하다. 검출기는 검출기에 서로 다른 파장이 떨어지도록 위치한 다수의 개별 검출기로 이루어져 있다. 이런 배열 검출기는 선형이나 2차원으로 배열된 다중 채널 검출기라고 한다. 전하 주입 장치(charge-injection device, CID)와 전하 결합 장치(charge-coupled device, CCD)는 둘 다 빛에 반응하는 실리콘 기반의 센서이다. 그들은 전하 전송 장치(charge transfer devices, CTDs)라고 불리는 광대한 종류의 장치에 속한다. 논의되었던 두 개의 검출기는 실리콘 광전 다이오드 검출기의 2D 배열이라고 생각할 수 있다. CTDs는 전자기 복사선이 그들과 충돌할 때 전하를 축적하고 전하량을 읽을 수 있게 한다. 측정된 전하의 양은 검출기에 충돌한 빛의 세기에 비례한다.

SiO_2의 절연층은 결정성 실리콘 기판 위에 위치하고, 얇은 전도성 전극은 금속–산화물–반도체(metal–oxide–semiconductor, MOS) 축전기를 만들기 위해 실리카 층 위에 놓이게 된다. 결정성 실리콘은 Si–Si 결합이 3D 격자 모양으로 배열되어 있다. 결합은 실리콘 격자에 전자를 제공하는 충분한 에너지를 가지는 광자에 의해서 깨지며 동시에 '정공(hole)'을 만든다. 이것은 4장에서 논의되었던 광다이오드의 전자–정공 짝 형성과 유사하다. 장치 전체에 걸쳐 적용된 전기장에서 전자들은 한 방향으로 움직이며, 구멍은 양전하가 고갈된 영역을 떠나 반대편으로 움직인다(공핍 영역 또는 퍼텐셜 우물). 실리콘에 더 많은 전자가 흡수되면 퍼텐셜 우물에 더 많은 전자가 쌓이게 된다. 우물은 조각 안에 '누출'되거나 '초점 번짐'되기

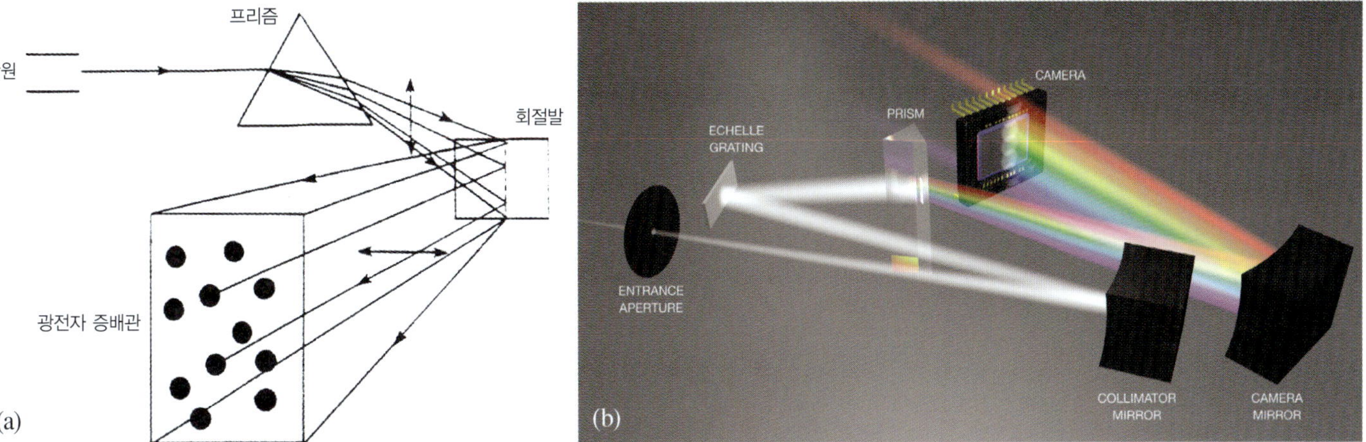

그림 8.14 (a) Echelle 분광기의 모식도. 두 개의 분산 장치가 사용된다. 프리즘은 수직면으로 빛을 분산시키고, 회절발은 수평면으로 분산시킨다. (b)에서 보듯이 회절발과 프리즘의 배치를 바꾸거나 두 개의 회절발을 사용할 수도 있다. (b) 2D 분산 파장을 분리하기 위해 조리개 그리드를 사용하는 상업용 echelle 분광기 시스템인 Profile ICP 분광기의 개략도. 이 시스템은 PMT 검출기(표시되지 않음)를 사용한다. (Diagram (b) courtesy of Teledyne Leeman Labs, Inc., Hudson, NH, www.teledyneleemanlabs.com.)

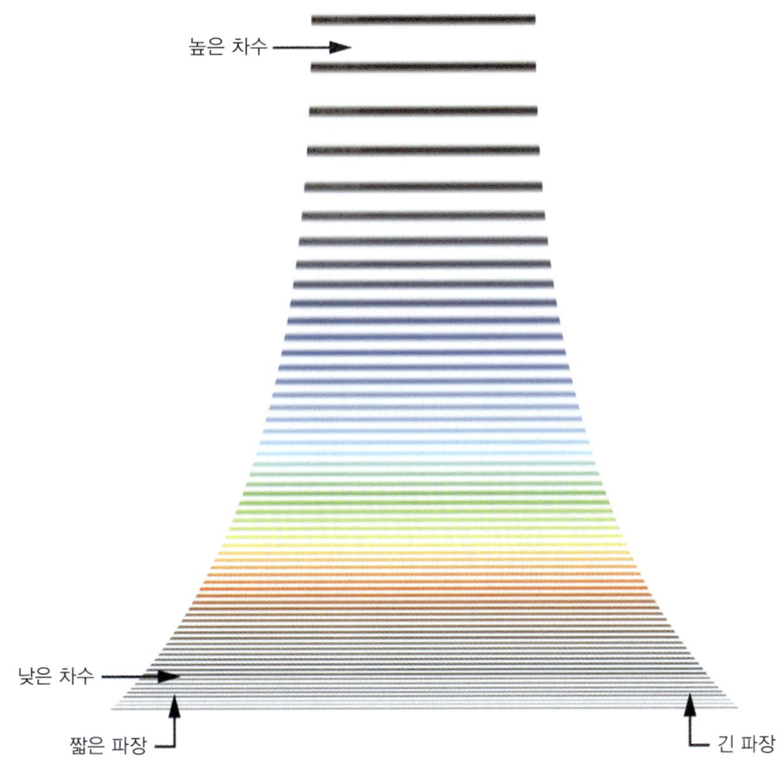

그림 8.15 Echelle 배열에 의해 생성된 파장의 2D 배열을 나타내는 출구면[**© 1993–2014 PerkinElmer, Inc. All rights reserved. Printed with permission.** (www.perkinelmer.com).]

전까지 무려 10^6이나 되는 전하를 수용할 수 있다. CTD 기억 장치 또는 화소는 실리콘 조각 위에 2D 배열로 정돈된다. 화소의 수는 512×512에서 4096×4096까지 다양하다. CID와 CCD 사이의 차이점은 전하가 얻어지고, 접근되고, 저장되는 방식이다. 둘 다 수백 가지의 파장을 이용하여 다중 원소 분석이 가능한 다중 채널 검출기이다. 이 다중 채널 검출기의 중요한 장점은 더 정확한 바탕 보정과 더 빠른 분석 시간을 제공하면서 분석물 방출과 동시에 바탕이 측정된다는 것이다.

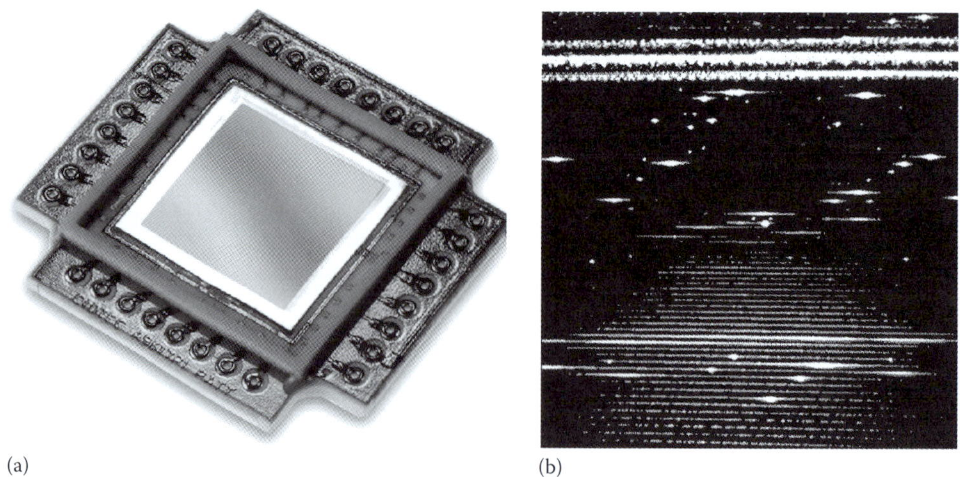

(a) (b)

그림 8.16 (a) CID의 사진. 이 고체상 배열 검출기는 완전한 방출 스펙트럼의 전자 이미지를 포착한다. (b) DC 아크 광원으로부터 CID 검출기를 통해 수집한 산화 아연 시료의 echellogram.(© Thermo Fisher Scientific (www.thermofisher.com). Used with permission.)

CID. CID의 각 화소는 주어진 시간 동안 축적된 전하의 양을 확인하기 위해 무작위로 접근된다. 이 기간을 노출 시간(integration time)이라고 한다. 전자-정공 짝의 광자 생성에서 양전하는 퍼텐셜 우물 안음으로 편향된 축전기 아래에 축적된다. CID 정보 읽기는 비파괴적이므로 전하의 양을 읽어내는 것은 전하의 양에 변화를 주지 않는다. 화소가 빛에 노출되는 동안, 즉 노출 시간 동안에도 전하에 접근할 수 있다. 이것은 하나의 화소에서 다른 화소로 넘치는 초점 번짐을 제거하는 것을 도와준다. 무작위 접근과 비파괴적 정보 읽기는 CID의 장점이다. 다른 장점은 작동 시에 CID가 사진 건판처럼 완전한 파장 범위를 제공한다는 것이다. 이것은 250,000 이상의 선들을 동시에 측정할 수 있게 해준다. 바탕 보정과 스펙트럼 간섭은 데이터가 수집된 이후에 데이터를 처리하며 보정된다. CID는 잡음 수준이 높으며 작동을 위해서 반드시 액체 수은 온도까지 식혀주어야 한다. CIDs는 UV와 가시 영역(190~800 nm)을 다룰 수 있다. 사용되는 CID의 작업 범위는 사진 필름에 의해 제공되는 10^1~10^2보다 훨씬 많은 10^8이다. 이 CID의 사진과 CID에 의해 수집된 실제 echellogram 사진이 그림 8.16에 나와 있다.

CCD. CCD는 선형 PDA 검출기와 동일한 방식으로 작동하며, 개별 검출기에 접근하고 제어하는 방식을 제외하고는 CID와 비슷하게 작동한다. CCD는 공핍 지역(퍼텐셜 우물)에 빛이 화소에 부딪힐 때 생성되는 광전하에 의한 음전하를 저장한다(그림 8.17). CCD에서 축적된 전하는 반드시 연속해서 읽어야 한다. 이것을 읽어내는 과정에서 전하는 파괴된다. 전하는 '버킷 릴레이' 방식으로 한 화소에서 다음 화소로

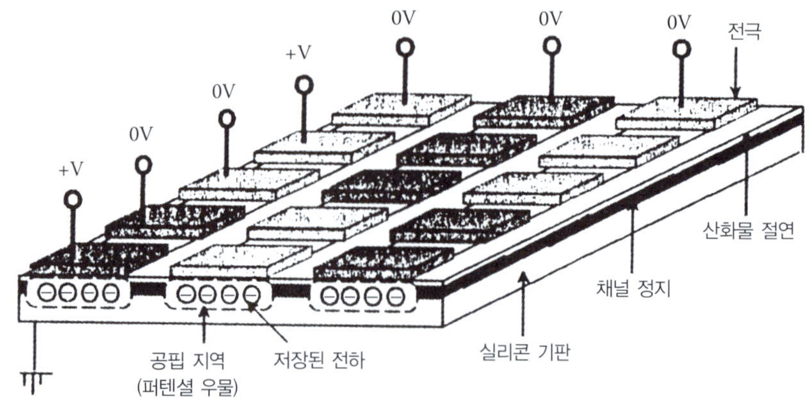

그림 8.17 CCD의 도식. 이 CCD에서 세 종류의 전극이 화소를 결정함.(Courtesy of HORIBA, Inc., HORIBA Scientific, Kyoto, Japan, www.horiba.com/scientific.)

옮겨진다. '버킷' 해독은 CCD의 가장자리에 위치한다. 각 열을 읽기 때문에 다음 열의 전하는 비어 있는 열의 해당하는 화소에 옮겨지고 이 과정을 병렬 전하 이동(parallel charge transfer)이라고 한다. 전기적 판독은 끝부분 버킷에 옮겨진 화소의 원래 열의 위치를 알고 그 위치에서 측정된 전하와 일치시킨다. 비록 전하는 옮겨졌지만 이것은 CCD가 세기-파장 상관 관계를 알려줄 수 있게 한다. CCDs는 액체 질소뿐만 아니라 더 편리한 열전 냉각 장치(thermoelectric cooling device)에 의해서도 냉각될 수 있고, 여전히 좋은 S/N 비율을 유지하며, 약한 광원에 좋은 검출기로 사용된다.

PMT 검출기는 CID나 CCD 검출기보다 감도가 좋고 낮은 S/N으로 작동되지만, CTD 배열 검출기의 다중 채널 용량에는 미치지 못한다.

8.2.2 | 아크와 스파크 방출 분광법의 간섭

현대 연구실에서 액체 시료의 분석은 ICP, MP 또는 DCP 방출 분광법에 의해 좀 더 쉽게 이루어지기 때문에 아크와 스파크 방출은 고체 분석에 제한적으로 이용된다.

아크과 스파크 방출 분광법은 지질 시료, 금속, 합금, 세라믹, 유리 등 다른 고체 시료 원소의 정성적, 반정량적 혹은 정량적인 검출에 널리 사용된다. 70가지 이상에 해당하는 원소의 정량분석은 10~100 ppb와 같은 낮은 농도 수준에서 시료의 손실 없이 가능하다. 금속 합금에 존재하는 산소, 수소, 질소, 탄소와 같은 임계의(critical) 비금속 원소의 검출은 합금에 존재하는 금속 원소와 함께 동시에 분석된다.

8.2.2.1 매트릭스 효과와 시료 준비

시료의 매트릭스나 주요 물질은 존재하는 미량 원소의 방출 세기에 큰 영향을 준다. 이는 매트릭스가 열전도성, 결정 구조, 끓는점(또는 기화열)과 같은 성질을 다르게 갖고 있기 때문이다. 전기 방전으로 흡인되는 매트릭스로 인해 플라스마 온도와 전극의 열 축적에 영향을 주어, 방출 세기에도 영향을 준다. 분석물이 교정에 사용되는 매트릭스에서 보다 시료 매트릭스로부터 휘발이 더 빠르다면 정의 오차(positive error)가 발생한다. 반대로 분석물이 교정에 사용되는 매트릭스에서 보다 시료 매트릭스로부터 휘발이 더 느리다면 부의 오차(negative error)가 발생한다. 다른 이유로는 매트릭스나 분석 원소의 물리적인 상태와 같은 **원소 간 영향**(*interelement effect*)이 있다. 몇몇의 원소는 금속의 고용체에 존재하거나 침전된 원소나 시료에 포함된 화합물로 존재한다. 시료에 존재하는 분석물의 물리적 상태가 방출 세기에 영향을 준다. 원소 간 영향으로 교정 곡선의 기울기는 변한다. 이는 겹치는 선으로부터의 스펙트럼 간섭과는 다르다. 선 겹침은 전체 교정 곡선이 스펙트럼 간섭이 없는 교정 곡선으로 평행하게 이동하여 발생하는 현상으로 기울기의 변화는 없다.

특히 아크 방출 분석에서는 이 문제를 최소화하기 위하여 모든 시료의 매트릭스를 일치시킨다. 이는 산화된 산을 이용한 습식 회화나 건식 회화를 통해 시료를 산화 분말로 변형시키는 것이다. 흑연 분말과 같은 동일한 비활성 매트릭스를 과량으로 넣어 시료의 산화 분말과 섞는다. 분석하기 전에 금속 분말은 산화되기도 한다. 시료가 일정한 속도로 전기 방전에 접근하도록 매트릭스 분말과 섞는다. 이는 시료의 방출에 의한 갑작스러운 'flare(너울거리는 불꽃)'을 막기 위함이다. 이런 불꽃은 불규칙한 결과를 증가시키는 요인이다.

다량의 고체 시료는 부드러운 부분을 닦아내어 표면의 구성을 바꾸거나 물질을 갈아 표면의 오염을 제거해준다. 분석 전, 시료를 준비하는 과정에서 시료표면을 윤활유나 석유로 깨끗이 해야 한다.

8.2.2.2 스펙트럼 간섭

불꽃 방출 분광법에는 바탕 간섭과 선 겹침의 두 종류의 스펙트럼 간섭이 있다. 아크와 스파크 방출에서의 바탕은 열 복사선(달궈진 물체에서 방출된 빛) 때문이라고 할 수 있다. 이 간섭은 대기에 존재하는 질소나 검출기에 도달하는 이웃한 방출선의 가장자리에서 나타나는 시아노기(CN)와 같은 다원자종이나 분자의 방출이다. 이웃한 방출선의 가장자리에 의한 바탕은 존재하는 성분에 따라 다양하다. 일반적으로, 아크 광원에서의 원자선(atomic line)의 바탕은 스파크 광원에서의 동일한 것보다 더 작다. 바탕은 분석물의 방출선과 가능한 가깝게 측정되어야 하고 정확한 결과를 위해 분석물의 세기를 보정하여 측정해야 한다.

고온의 들뜸 광원에 대한 광학적 선 겹침은 심각한 문제이다. 강철을 포함한 금속 합금과 몰리브데넘과 텅스텐을 포함하는 중원소에서 수천의 파장이 방출되기 때문에 선 겹침은 피할 수 없다. 분석물의 분석선을 분리하기 위해 가능한 분해능의 큰 분광기가 필요하다. 고분해능의 분광기에서도 광학적 겹침은 존재한다. 분석자는 방출선에 대한 공개된 자료를 이용하고 시료 속에 존재하는 다른 성분과 직접적으로 겹치지 않는 분석선을 선택하는 것이 필요하다. 예를 들어 Mn은 293.306 nm에서 강한 방출선을 가지며 참고문헌에 따르면 우라늄이 정확히 같은 파장에서 방출한다. 따라서 이 선은 우라늄에 존재하는 Mn이나 망가니즈에 존재하는 우라늄을 측정하는 데는 사용할 수 없다. 망가니즈 293.306 nm 선의 ±0.008 nm 안에는 다섯 개의 방출선이 존재한다. 구리나 알루미늄으로부터의 선은 없기 때문에 망가니즈 선은 구리 합금이나 알루미늄 합금에 존재하는 Mn을 측정할 때는 사용될 수 있다. 하지만 U, Th, W, Ir에서는 사용할 수 없다.

광학적 겹침이 없는 적절한 분석선이 없다면, 간섭하는 성분에 대한 보정이 필요하다. 이는 겹치는 성분의 세기가 분석 성분의 세기보다 10%보다 작은 경우에만 해당하고 가능하다면 1% 미만이 더 효율적이다. 하지만 겹치는 선이 시료의 주요 성분 중 하나라면 보정을 할 수 없다(예를 들어 강철 시료의 Cr에 철 선이 겹치는 것은 수학적으로 보정할 수 없다).

8.2.2.3 내부 표준 물질 교정

정확한 분석을 수행하기 위해 조절해야 하는 매트릭스 효과를 제거하기 위하여, 물리적 충전과 입자의 크기와 같은 요인을 조절하는 것은 방전으로 들어가는 기화된 시료의 양의 차이를 야기한다. 기기의 드리프트, 광원 에너지의 작은 변화와 다른 시스템 문제는 방출 세기의 차이에 대한 방법적인 문제가 된다. 아크와 스파크 방출 분광법은 다원소 분석 기술이기 때문에 이 문제를 **IS 교정**(*IS calibration*)을 이용하여 보완해야 한다. 3장에 설명한 이 교정법은 방출 파장에서의 IS 세기와 선택된 방출 파장에서의 분석물 세기의 비를 측정하는 방법이다. 이 세기의 비는 IS에 대한 분석물의 농도 비율을 그려서 얻는다. 분석물의 세기를 증가시키는 원인이 있다면, IS의 세기 또한 증가되기 때문에 그 비율은 일정하게 유지될 것이다.

금속, 합금과 같은 다량의 고체 시료를 위한 가장 쉬운 교정법은 중요 매트릭스의 방출선을 IS 선으로 선택하는 것이다. 예를 들어 철 방출선은 강철에서 사용되고 Cu 선은 구리 합금에서 사용된다. 시료가 분말이라면 중요 성분을 사용하거나 모든 표준 물질이나 시료에 첨가하여도 분리되는 성분을 선택한다.

IS로 사용할 성분과 파장을 선택할 때 아래의 지침을 따른다.

1. IS로 사용할 성분은 분석하려는 성분과 유사한 기화 엔탈피 및 이온화 에너지와 같은 성질을 가져야 한다.
2. IS 방출선의 파장은 분석물의 파장과 상응해야 한다. 상응한다는 것은 선이 들뜸에 대해 유사하게 진행된다는 것을 의미한다. 원자의 IS 선은 원자 분석물질 선에 이용되고 이온 IS 선은 이온 분석물 선에 이용된다. (선정된 파장은 로마 숫자로 같아야 한다. 강철에 존재하는 성분들의 상응하는 선의 조합을 표 8.7에 나타내었다.)
3. 첨가하는 IS의 농도는 측정하려는 분석물의 농도와 유사해야 한다.
4. 하나 이상의 다색화 장치를 가지는 분광기의 경우 IS 선과 분석물 선은 동일한 다색화 장치를 이용하여 측정되어야 한다.

최고의 정확도를 얻기 위해 가능한 한 지침을 지켜야 하는데, 모든 지침을 충족하는 하나의 IS 원소를 얻는 것은 불가능하다.

8.2.3 | 아크와 스파크 방출 분광법의 응용

8.2.3.1 정성 분석

정성 분석은 시료 방출 스펙트럼의 기록을 통해 수행된다. 시료의 방출 스펙트럼과 이전에 알려진 성분의 스펙트럼 비교를 통해 시료에 존재하는 성분이 확인된다. 일반적으로 극미량을 분석한다면, **지속선**(*raies ultimes*), 즉 **RU 선**(*RU lines*)은 존재할 것이고, 이는 다음에서 논의되는 방출 스펙트럼으로 확인해야 한다. 고농도에서는 다른 많은 방출선과 RU 선이 함께 존재한다. 불꽃 광도법(flame photometry)에서 관찰된 것과 반대로, 아크와 스파크 방출 분광법에서 발생하는 방출 스펙트럼은 주기율표에 존재하는 많은 원소에 풍부하고 강렬하다. 이러한 이유로 이 기술은 고체 시료의 원소 정성 분석에 널리 사용된다. 대부분 원소는 높은 신뢰도로 낮은 농도(ppm 또는 ppb)까지 검출된다. 실제로, 기기 소프트웨어에 포함된 방출선의 데이터베이스를 이용하여 방출 스펙트럼을 '대조(matching)'해 존재하는 원소를 확인한다.

8.2.3.2 지속선(raies ultimes)

전기 방전에 의한 원소의 들뜸으로 인해 강하고 약한 여러 개의 선을 포함하는 복잡한 스펙트럼이 방출된다. 원소의 농도가 낮아지면 약한 선은 사라진다. 원소의 계속적인 희석에 따라 몇 가지를 제외한 나머지 선들은 점점 사라지고 최종적으로 남은 선을 RU 선이라고 한다. RU 선은 가장 강한 방출선이고 들뜬 상태에서 바닥 상태로의 전자 전이를 수반하는 불변하는 선이다. 반대로, 시료로부터 다른 광학적 선이 방출되어도 시료에 어떤 원소가 존재한다면 그 RU 선은 항상 확인할 수 있다. 몇 가지의 원소와 그에 해당하는 RU 선을 표 8.8에 나타내었다. 일반적으로 주어진 시료의 미량 성분의 존재를 확인하기 위해서 2~3개의 RU 선이 검측되어야 한다. 다른 원소에 의한 스펙트럼 간섭 때문에 하나의 RU 선으로 성분을 확인하는 것은 신뢰할 수 없다.

방전 전체에서의 플라스마의 온도가 균일하지 않기 때문에 비교적 온도가 낮은 부분에서는 분석 원소의 들뜸이 일어나지 않은 자유 원자(free atoms)가 동일한 파장의 복사선을 흡수한다. 이는 같은 원소의 다른 들뜬 원자에 의해 방출된 RU 선으로 동일한 전이를 가지기 때문이다. 주어진 원소의 농도가 진할수록, 방전에 존재하는 자유 원자는 많아진다. 결과적으로 이러한 방출선은 들뜨지 않은 이웃한 원자에 의해 재흡수된다. 이 과정을 자체 흡수(self-absorption) 또는 자체 역전(self-reversal)이라고 한다. (이것은 속빈 음극등(hollow cathode lamps, HCLs)에서 일어나는 자체 역전과 동일하며 7장에서 언급한 Smith–

표 8.7 강철 내 존재하는 성분들의 상응하는 선 조합

분석선 (nm)	Fe II 273.0 nm 내부 표준 물질 선	Fe I 281.3 nm 내부 표준 물질 선
Mn II 293.3	×	
Cr II 298.9	×	
Ni II 376.9	×	
Mo II 281.6	×	
Si I 251.6		×
Ni I 352.4		×

출처: Adapted From Thomsen, V.B.E., *Modern Spectrochemical Analysis of Metals: An Introduction for Users of Arc/Spark Instrumentation*, ASM International, Materials Park, OH, 1996. Used by permission of ASM International®.

주의: 로마 숫자는 선(원자, 이온)의 종류를 나타내며 원자가 상태를 나타내지 않음.

표 8.8 일반적인 원소의 RU 선

원소	RU 선의 파장(nm)	원소	RU 선의 파장(nm)	원소	RU 선의 파장(nm)
Ag	328.07	Co	344.36	Mo	379.63
	520.91		240.73		386.41
Al	396.15	Cr	399.86	Na	589.59
	394.40		425.43		568.8
As	193.76	Cs	852.11	Ni	341.48
	189.04		894.35		352.45
	286.04	Cu	324.75	P	253.57
Au	242.80		327.40		255.33
	267.60	Fe	385.99	Pb	405.78
B	249.77		371.99		368.35
	249.68	Ge	265.12	Pt	265.95
Ba	265.05		303.90		292.98
	553.55	Hg	185.0	Se	196.03
Be	234.86		253.65		206.28
	313.11		435.84		203.99
Bi	306.77	K	766.49	Si	288.16
	289.80		769.90		251.61
C	193.09	La	624.99	Sn	286.33
	247.86		579.13		284.00
Ca	422.67	Li	670.78	Sr	460.73
	445.48		610.36		483.21
Cd	228.80	Mg	285.21	Ti	498.18
	326.11		383.83		399.86
Ce	569.92	Mn	403.08	V	318.40
	404.0		403.31		437.92

Hieftje 바탕 보정 기술의 기초가 된다.) 이로 인해 고농도 원소에 대한 방출 교정선의 휘어짐이 나타난다. 매우 고농도일 경우, 자체 흡수가 강하기 때문에 실제로 전체 방출 세기는 그림 8.18(베릴륨의 RU 선인 313.11 nm의 선)에 나타나듯이 감소한다. 농도에 따른 방출 세기는 최대를 지나 감소하고 더 높은 농도에서의 세기는 '가역(reverses)'이 된다. 이러한 선을 **가역적인 선**(*reversible lines*)이라고 한다. 이 선은 고농도에서의 정량 분석에는 이용될 수 없지만 매우 낮은 농도에서의 정량 분석에는 유용하다. 낮은 농도에서는 반대가 되는 문제가 일어나지 않는다. 이 선은 매우 민감하여 Be의 313 nm 선은 생물학적 시료의 높은 독성 성분인 Be의 ppb 수준까지 결정할 수 있다. 원자의 에너지 상태와 이온의 에너지 상태가 동일하지 않기 때문에 이온 선은 자체 역전이 없다.

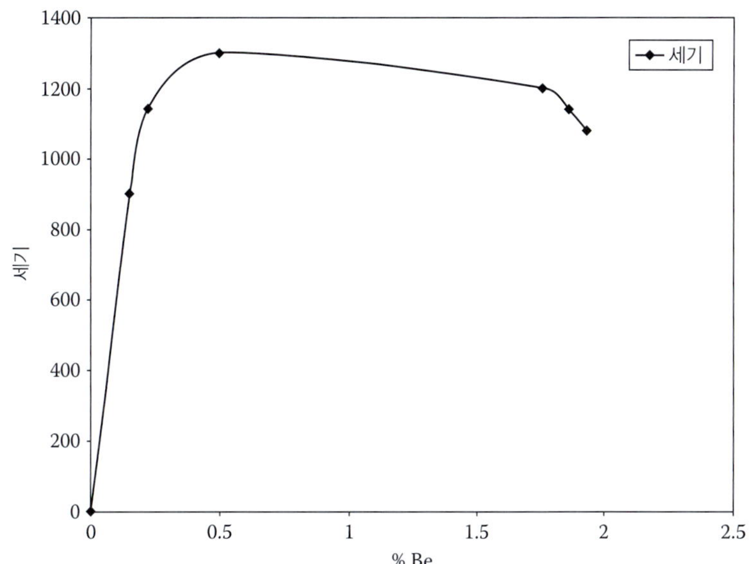

그림 8.18 313.11 nm Be 선에서의 % Be에 따른 방출 세기. 이 그림은 Be에 대한 가역적인 선이다. Be 농도가 증가할수록 방출 세기는 최대점에 도달하고 감소한다. 이러한 선은 고농도의 분석물에는 사용할 수 없고 저농도에는 유용하게 사용된다. (Modified from Thomsen, V.B.E., *Modern Spectrochemical Analysis of Metals: An Introduction for Users of Arc/Spark Instrumentation*, ASM International, Materials Park, OH, 1996. With permission from ASM International®.)

8.2.3.3 정량 분석

각 원소들의 스펙트럼에서 하나의 방출선의 세기를 측정하여 정량 분석을 수행한다. 측정하려는 선을 선정할 때는 확인하려는 원소의 예상되는 농도와 시료 매트릭스를 고려해야 한다. 극히 낮은 농도에서는 RU 선이 사용될 수 있다. 높은 감도가 요구된다면 강한 세기의 선을 이용해야 한다. 이 선은 가역적이고 방출 세기는 농도에 따라 직선적으로 증가하지 않는다. 고농도의 성분 분석은 직선적인 교정 범위에 농도가 포함될 수 있도록 비가역적인 선을 이용해야 한다.

전기 방전에 시료를 주입할 때는 방출 신호가 안정되기 전에 시간 지연이 있다. 방전의 초기 몇 초는 방출 세기는 불규칙하고 제어하기 어렵다. 재현성 있는 정량 분석을 하기 위해서는 이러한 불규칙한 신호를 무시하는 것이 좋다. 신호가 안정되었다고 판단될 때까지 방출을 기록하지 않는다. 시간에 따른 표준 물질의 방출 세기를 기록하면서 시간을 측정할 수 있다. 주석의 경우에는 이 시간이 15초 정도이다. 시료의 주석 분석을 할 때는 방전에서의 처음 15초는 기록하지 않는다. 이 시간을 **예열 시간**이라고 한다. 스파크 기기에서 사용되는 용어는 HEPS이고 보통 10~20초이다. DC 아크 시스템에서 예열은 60초 정도로 진행된다. 정확한 결과가 요구된다면, 예열 시간을 가져야 한다. 현대의 분광기에서는 소프트웨어로 예열 시간을 맞추고 자동적으로 진행한다.

아크와 스파크 방출 분광법으로 얻은 상대 정확도(relative accuracy)와 상대 정밀도(relative precision)는 보통 5% 정도이지만 안 좋을 경우 20~30%도 있다. 아크 방출은 더 낮은 온도의 방전 때에 스파크 방출보다 더 쉽게 매트릭스 영향을 받는다. 정확한 분석을 위해 시료와 표준 물질의 매트릭스가 일치되어야 하고 IS를 사용하는 것이 아크와 스파크의 들뜸에 요구된다.

실제로, 전기 방전에서 시료는 들뜬다. 방출선의 세기는 분광기에 있는 검출기에 의해서 측정되고 원소의 농도는 표준 물질의 교정 곡선의 세기와 비교하여 결정한다. 중요 매트릭스 원소인 IS와 같이, 외부 표준물 교정법(external calibration)(3장에서 언급된)은 많은 물질에 사용될 수 있다. 고체의 강철 표준 물질, 황동 표준 물질, 니켈 합금 표준 물질 등은 교정 표준 물질과 시료의 품질 관리를 위한 용도로 구매할 수 있다. 고순도의 금속 가루는 공급업체에서 얻을 수 있다. 기기의 교정에 이용되는 표준 물질의 정확도만큼 분석의 정확도가 좋아진다. 자동 판독 시스템을 사용하면 시료에 존재하는 원소의 동시 분석이 1분 이하로 진행된다.

아크와 스파크 들뜸에 의한 방출 분광법은 많은 산업 분석에서 1930년대부터 사용되어 왔다. 분석은 방전 장치에 맞추기 위하여 물리적인 성형 이외에는 시료 준비가 거의 없다. 알루미늄, 마그네슘, 아연과 구리의 합금(황동과 청동을 포함하는), 납과 타이타늄 합금(땜납을 포함하는), 타이타늄 합금과 금, 백금, 팔라듐과 같은 고순도의 금속, 많은 다른 금속들이 아크와 스파크 방출 분광법을 통해 통상적으로 분석된다. 금속 조각의 분류와 재활용을 위한 합금의 식별은 점점 중요해져, 휴대할 수 있는 손바닥 크기의 스파크 방출 분광기가 개발되고 있다. 배터리와 내장되어 있는 합금 조성에 관한 데이터베이스로 구성된다.

원자력 발전소에서 이용되는 우라늄 연료봉의 생산과 품질관리는 DC 아크 방출 분광법에 의해 모니터링된다. 고순도의 금속 가루에 존재하는 미량 원소는 품질관리 목적으로 측정된다. 텅스텐 가루의 미량 원소는 텅스텐의 용해 없이 아크와 스파크 방출 분광법에 의해 분석된다.

석유 산업에서 윤활유는 철, 니켈, 크로뮴, 망가니즈, 실리콘, 구리, 알루미늄 및 다른 원소들에 대한 분석을 할 수 있다. 베어링과 피스톤이 마모될 때, 윤활유로부터 이 금속을 얻는다. 석유 정제 접촉 분해 장치(petroleum refinery catalytic cracking units)의 원료는 철, 니켈, 바나듐을 분석한다. 이 원소는 촉매에 나쁜 영향을 줄 수 있고 연료에서 요구되는 가지 달린 탄화수소의 생산을 방해할 수 있다. 석유 분석의 많은 경우 액체를 더 쉽게 다룰 수 있는 ICP나 DCP 방출 분광기를 통해 수행되고 있다.

8.3 플라스마 방출 분광법

플라스마는 중성종과 라디칼 이외에도 전자와 이온을 상당한 비율(>1%)로 포함하는 물질의 형태이다. 플라스마는 전기적으로 전도성이 있고 자기장에 의해 영향을 받는다. 방출 분광법에서 사용되는 플라스마는 높은 에너지를 가지며 이온화된 비활성 기체이다. 상업적으로 사용되는 가장 흔한 플라스마는 아르곤 ICP이다. 다른 플라스마 광원으로는 DCP(아르곤으로 유지함), 최근에 도입된 질소 MP, 헬륨 마이크로파 유도 플라스마(microwave-induced plasma, MIP)가 있다. 플라스마 들뜸 광원의 온도는 6,500~10,000 K의 높은 온도이기 때문에 대부분의 모든 원소들은 원자화 되거나 이온화되고 여러 단계로 들뜬다. 결과로 얻은 방출 스펙트럼은 매우 풍부하여 광학적 겹침을 피하기 위해 높은 분해능의 분광기를 사용하는 것이 필요하다.

8.3.1 | 플라스마 방출 분광법의 기기

8.3.1.1 들뜸 광원(Excitation Sources)

라디오파(*radio-frequency*, *RF*) **ICP 광원**. ICP-OES에서 시료는 액체의 흐름으로 기기에 주입된다. 시료 용액은 분무되고 에어로솔은 플라스마로 운반된다. 시료는 플라스마 안에서 표 8.2와 동일한 과정을 거친다. 아르곤 플라스마는 시료 안의 원소를 원자화, 이온화 그리고 들뜨게 한다. 방출된 복사선은 분광기 안에서 파장에 의해 분류되고 각각의 파장에서의 세기가 측정된다. 전형적인 ICP-OES 시스템의 계통도를 그림 8.19에 나타내었다.

그림 8.19에서 아르곤 플라스마는 ICP 토치(torch)의 꼭대기에 있으며 라디오파 발생기로부터 코일 위에 있는 불꽃 모양의 물체이다. 그림 8.20은 ICP 토치의 횡단면을 나타내었다. 이 토치는 아르곤의 흐름과 시료 에어로솔의 도입을 위한 세 개의 동심 이중관(concentric tubes)을 포함한다. 일반적으로 두 개의 외부관은 석영으로 만들어진다. 주입관(injector tube)이라고 하는 내부 관은 석영, 알루미나, 사파이어, 또는 다른 세라믹을 이용하여 만들어진다. 토치 주변은 수냉식 구리 하중 코일(water-cooled copper

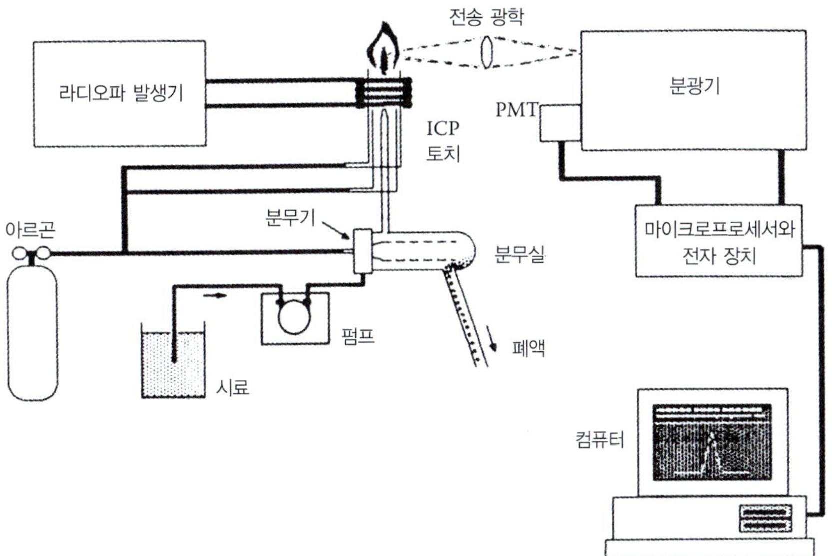

그림 8.19 전형적인 ICP-OES 기기의 주요 구성요소와 배치[© **1993–2014 PerkinElmer, Inc. All rights reserved. Printed with permission.**(www.perkinelmer.com).]

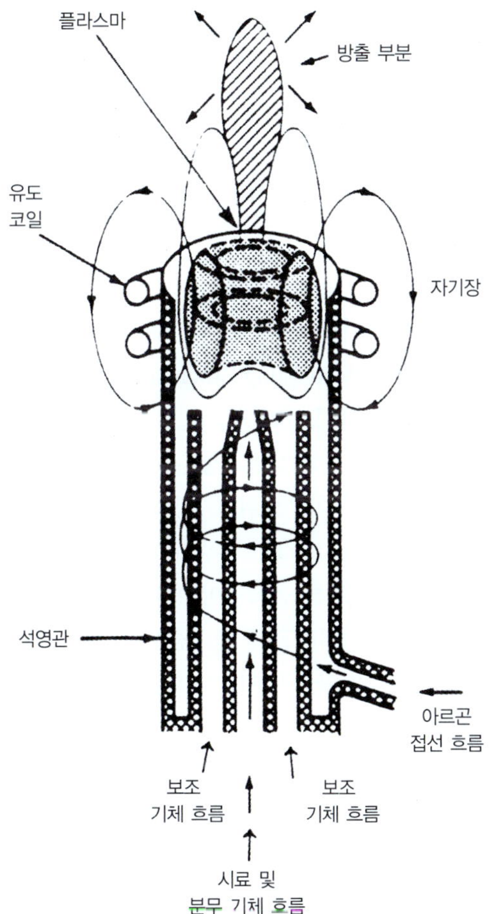

그림 8.20 ICP 토치의 횡단면. 방사상의 위치에 토치가 있을 때, 코일 상층부에서 방출된다.

load coil) 또는 유도 코일(induction coil)로 감싸져 있다. 이 코일은 플라스마 기체에 RF 발생기로부터의 전력을 전달해주는 안테나와 같은 역할을 한다. 그 전력은 아르곤 플라스마를 발생하며 700~1,500 W의

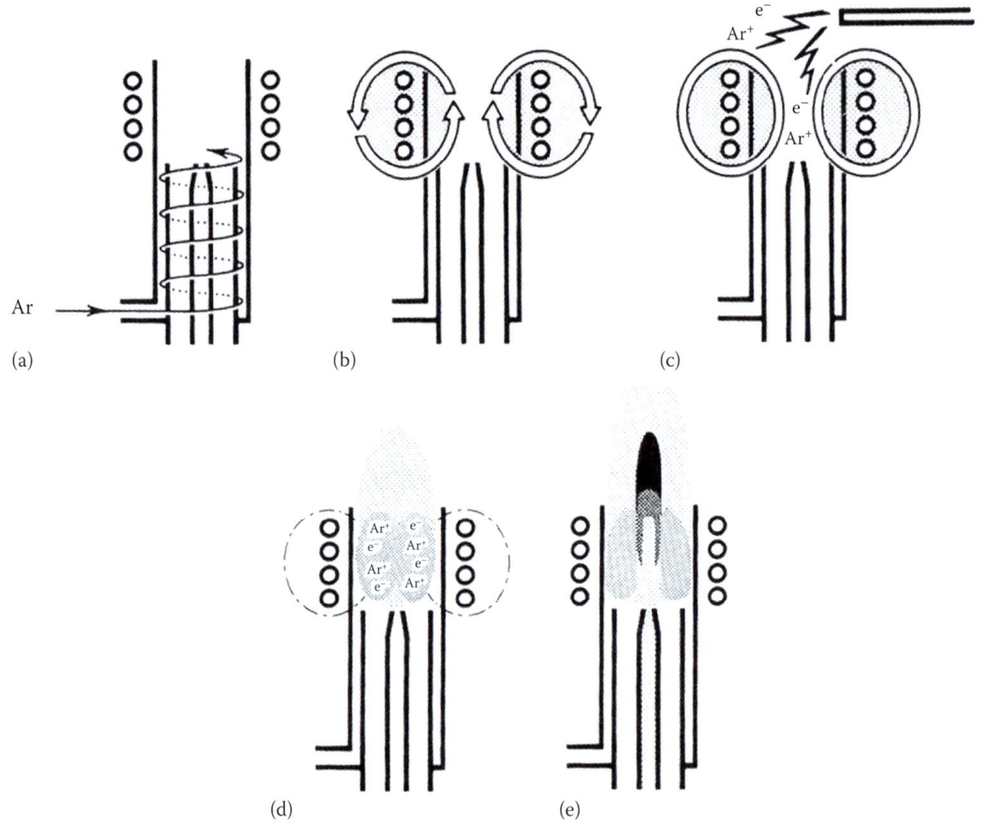

그림 8.21 ICP 토치의 횡단면과 하중 코일(load coil)의 점화 순서를 묘사. (a) 토치에서 소용돌이치는 아르곤 기체. (b) 하중 코일에 가해지는 라디오파 힘. (c) 스파크는 아르곤 안에 자유 이온을 생성한다. (d) 자유 이온은 라디오파 장에 의해 가속화되어 더 이온화되고 플라스마를 형성한다. (e) 분무 흐름은 시료 에어로솔을 플라스마로 이동시킨다. [© **1993–2014 PerkinElmer, Inc. All rights reserved. Printed with permission.** (www.perkinelmer.com).]

범위를 유지하기 위해 필요하다. 요즘 기기들은 대부분 40.68 MHz에서 작동되고, 기기의 RF 발생기는 27.12 MHz에서 작동된다. 이는 결합 효율(coupling efficiency)을 더 좋게 하고 바탕 방출 세기를 더 낮게 한다. 플라스마의 개시 순서는 그림 8.21에 나타내었다. RF 전력은 하중 코일에 가해지고, AC는 코일 안에서 발생 장치의 주파수로 진동한다. 진동하는 전기장은 코일 주변에 진동하는 자기장을 유도한다. 토치에서 흐르는 아르곤은 Tesla 코일에 의해 이온화된다. 생성된 이온과 전자는 자기장에 의해 곧바로 영향을 받는다. 병진 운동(translational motion)은 RF 발생기와 같은 주파수로 진동하면서 한 방향에서 다른 방향으로 빠르게 변한다. 방향 전환의 빠른 움직임이 에너지를 유도한다. 이러한 방식으로 에너지를 더하는 것을 **유도 결합**(*inductive coupling*)이라고 한다. 높은 에너지의 전자와 이온은 다른 아르곤 원자와 충돌하고 더 이온화된다. 아르곤 기체가 아르곤 이온, 자유 전자, 중성 아르곤 원자의 플라스마로 전환되는 빠른 사슬 반응은 계속 진행된다.

ICP 토치는 가장 바깥쪽 두 개의 관 사이에 좁은 공간을 갖도록 설계되어 기체가 빠른 속도로 나오게 된다. 플라스마 흐름이라 불리는 아르곤이 흐르는 외관은 그림 8.20에서 보이듯이 접선의 경로를 따른다. 이 흐름은 석영관 벽을 식혀주고 플라스마가 중심에 오도록 한다. 플라스마 흐름의 전형적인 속도는 7~15 L argon/min이다. 중간 경로에 있는 아르곤의 흐름은 보조 흐름이라고 하며 유속은 0~3 L argon/min이다. 유기 용매를 분석할 때, 주입구 끝에 탄소가 쌓이는 것을 감소시키거나 다른 목적을 위하여 보조 기체의 흐름이 사용된다. 플라스마로 시료 에어로솔을 이동시키고 흐르는 기체는 중심, 즉 주입관으로 흐르는데 이 흐름을 분무 흐름 또는 시료 흐름이라고 하며 보통 1 L/min씩 흐른다. 접선 또는 방사상의 흐름은 아르곤을 회전시켜 시료 에어로솔이 지나가는 플라스마의 아래에 방사면 또는 도넛 모양의 부

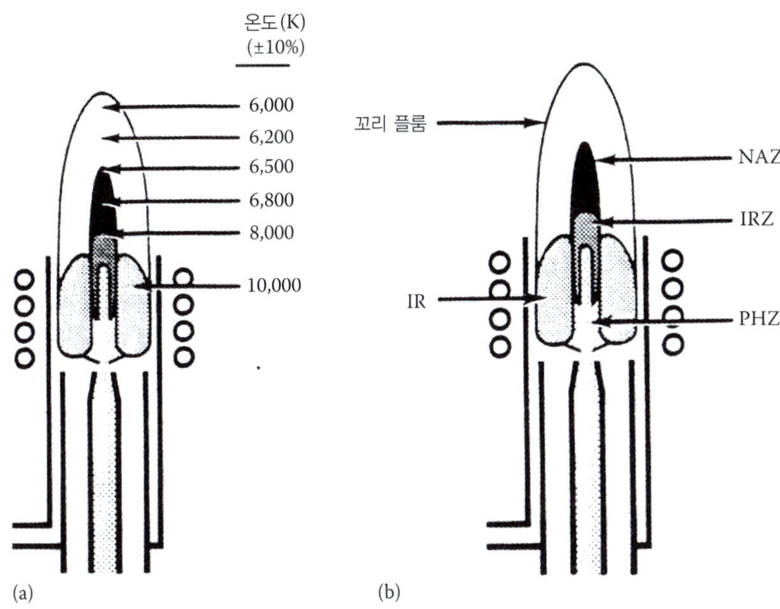

그림 8.22 (a) 전형적인 아르곤 ICP 복사의 온도 범위. (b) ICP 복사의 구분. IR, 유도 부분(induction region); PHZ, 예열 영역(preheating zone); IRZ, 초기 복사선 영역(initial radiation zone); NAZ, 일반적인 분석 영역(normal analytical zone). [**© 1993–2014 PerkinElmer, Inc. All rights reserved. Printed with permission.** (www.perkinelmer.com).]

분을 생성한다. 플라스마의 다양한 부분의 온도를 그림 8.22a에 나타내었다. 하중 코일 바로 위에는, 바탕 방출이 매우 높고 하중 코일부터의 거리에 따라서 바탕 신호는 낮아진다. 하중 코일의 약간 높은 부분에서 방출을 측정하는데 이 부분에서 최적의 신호-대-바탕(signal-to-background)을 얻을 수 있고 이 부분을 '일반적인 분석 영역(NAZ)'이라고 하며 그림 8.22b에 나타냈다.

들뜸 광원으로서 아르곤 ICP의 장점은 고온과 안정성이다. 플라스마 중심의 기체 온도는 대략 6,800 K이다. 높은 온도는 다양한 시료의 많은 원소를 효율적으로 원자화, 이온화하거나 들뜨게 한다. 또한 높은 온도는 낮은 온도의 전기 광원과 불꽃에서 나타나는 화학적 간섭을 감소하거나 제거하고 ICP를 상대적으로 매트릭스 효과에서 자유롭게 한다. ICP의 또 다른 중요한 장점은 시료 에어로솔을 플라스마 중심으로 유도하고 수 밀리초(milliseconds) 동안 고온의 플라스마에 노출시키는 것이다. 이 시간은 다른 들뜸 광원보다 더 긴 시간이고 이 영향으로 매트릭스 효과가 제거된다. 원소는 동시에 원자화되고 들뜬다. ICP 방전은 아크나 스파크 방전보다 더 안정하고 1% 이하의 RSD 정밀도를 쉽게 갖는다. ICP 광원의 측정 가능한 농도 범위는 대략 10^4~10^6 정도이다. 단일 용액에서 주요 원소와 소량의 원소 및 미량 원소는 ICP로 측정이 가능하다. 많은 ICP 시스템은 유기 물질을 분석하는 경우에 탄소 축적을 방지하고 바탕을 감소시키기 위해 공기나 산소를 플라스마로 주입한다.

DCP 광원. DCP 광원의 도안이 그림 8.23에 나와 있다. 두 개의 아르곤 제트는 흑연 양극에서 나오는 전기적 다리가 되어 텅스텐으로 만들어진 음극과 연결한다. 작동 시에는 세 개의 전극이 접촉되어 전압을 가하고, 그 후 전극을 분리한다. 아르곤은 이온화되어 플라스마를 생성하고 뒤집어진 Y 모양의 꾸준한 방전을 형성한다.

그림 8.23에서 측정을 위해 관찰해야 하는 부분은 음극의 아르곤 흐름이 모이는 곳이다. 이 작은 부분은 분석 원자에 좋은 들뜸 세기를 제공하고 바로 인접한 부분보다 더 낮은 바탕을 제공한다. 별도의 주입 시스템에서 아르곤 흐름과 시료가 이 영역에 주입된다. 효율적인 전자 흐름에 대한 들뜸 영역의 온도는 대략 5,000 K이다. 스펙트럼은 ICP 방출 스펙트럼에 비해 더 적은 이온선을 포함하며 더 간단하다. 많은 원소와 알칼리 금속에 대한 DCP 감도는 ICP 광원의 한 자릿수로 알려져 있는 감도 이내이고, 알칼리 토금속에 대한 감도는 ICP만큼 좋다. 전원 장치는 더 저렴하고 DCP 작동에 필요한 아르곤의 양은 ICP에서

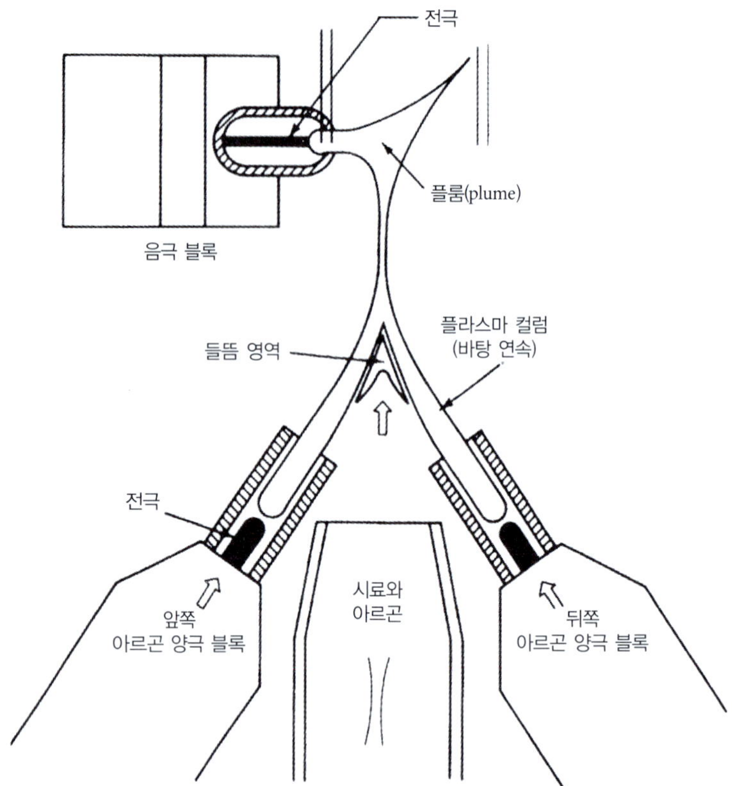

그림 8.23 DCP 제트의 뒤집어진 Y 모양(© Thermo Fisher Scientific (www.thermofisher.com). Used with permission.)

필요한 양보다 상당히 적다. 시료가 플라스마에 주입되는 방법 때문에, ICP보다 DCP에서 더 많은 고체를 포함하는 용액을 용이하게 취급할 수가 있다. DCP의 몇 가지 단점은 흑연 전극을 자주 교체하여야 하고, 분석하는 동안 전극의 마모가 신호의 장기적인 끌림에 원인이 된다. DCP의 측정 가능한 농도 범위는 ICP보다 작은 10^3 정도이다. ICP 광원에 비해 DCP 플라스마는 작기 때문에 시료가 머무는 시간이 짧아 강한 내화성 원소를 원자화하고 들뜨게 하는 데에 어려움이 있다.

MP 광원. 2011년도에 Agilent Technologies, Inc.에서 원자 방출 분광법의 독특한 들뜸 광원을 소개하였다. 기기는 주방의 전자레인지와 유사한 전자관을 이용하고 전기장이 아닌 자기장은 플라스마에서 마이크로파 에너지와 짝(coupling)을 이룬다. 공기로 냉각하는 전자관은 2,450 MHz에서 작동하고 토치 주변에 수직으로 고농도의 자기장을 형성하며 도넛 모양의 플라스마를 생성한다. 아르곤의 짧은 흐름으로 플라스마가 점화되면 자동적으로 질소로 바꾼다. 질소는 실린더로부터 공급되거나 Dewar(액체 질소) 또는 질소 발생기를 통해 공기에서 생산되어 공급된다. 유기물을 분석할 때 탄소 쌓임을 예방하고 바탕을 줄이기 위해서 외부 기체 조절 장치에서 플라스마에 공기를 주입한다.

MIP 광원. 상압 헬륨 MIP는 2.45 GHz의 마이크로파 발전기와 Beenakker 공동(cavity)이라 불리는 전자기의 공동 공명기를 이용하여 발생한다. 스파크에 의해서 생성된 전자는 마이크로 파장에서 진동하고 충돌에 의해 헬륨 기체를 이온화하여 플라스마를 형성한다. 마이크로파 에너지는 외부 공동에 의해 방전관의 기체 흐름과 짝을 이룬다.

MIP는 ICP보다 낮은 전압에서 작동하고 ICP에서 사용하는 라디오파를 대신하여 마이크로파를 이용한다. 낮은 전압 때문에 MIP는 액체 시료를 탈용매화 및 원자화 할 수 없으므로 기체 시료나 미세(1~20 μm 지름) 입자 분석에 제한이 있다. 헬륨은 MIP 광원의 일반적인 플라스마 기체이고 헬륨 MIP의 전기적 들뜸 온도는 4,000 K 이상이기 때문에 다른 불꽃 원자화 장치에서 들뜰 수 없는 할로젠, C, N, H, O와 다른 원소의 들뜸이 허용된다. 낮은 온도는 ICP나 높은 에너지 광원에서 일어나는 직접적인 선 겹침으로의 스펙트럼 간섭보다 더 낮은 스펙트럼 간섭을 갖지만 더 큰 화학적 간섭을 야기한다.

헬륨 MIP는 기체 크로마토그래피(GC)의 특정 원소 검출기로 이용된다. GC에서 용출된 기체는 운반 기체와 분리된 기체상의 화학 성분을 포함한다. 분리된 성분은 방전관에 존재하는 플라스마로 흐르고 플라스마로 들어간 성분은 분해 및 원자화되고 들뜬다. 그리고 존재하는 원소의 특정 파장에서 방출한다. 플라스마에서 방출된 빛은 PDA 검출기인 회절발 단색화 장치(grating monochromator)로 보내진다.

8.3.1.2 ICP, DCP, MP의 분광기 시스템

ICP와 DCP의 분광기 시스템은 3장에서 논의되고 이 장 앞에서도 언급한 분산 장치와 설계를 포함한다. 모든 광학적 설계의 주사 단색화 장치(scanning monochromators)는 **순차 측정 분광기**(*sequential spectrometer*) 시스템에서 사용된다. 순차 측정 기기에서 하나의 파장은 따로따로 측정되며, 하나 이상의 원소를 검출하기 위해서는 회절발이 움직여야 한다. 순차 측정 기기의 주사 속도는 매우 빠르지만 **동시 측정**(*simultaneous*) 기기보다는 느리다. 동시 측정 시스템은 다색화 장치나 echelle 분광기를 포함하고 앞에서 언급한 아크와 스파크 기기와 같이 동시에 여러 개의 파장을 측정한다. 다색화 장치와 단색화 장치를 모두 포함하는 **조합 기기**(*combination instruments*)는 통상적으로 동시 측정 시스템의 빠르기를 갖는 이점이 있고 비통상적인 파장의 접근이 필요할 경우 순차 측정 시스템의 유연성도 가질 수 있다. 그림 8.24는 조합 기기의 광학적 배치의 예시이다.

ICP와 DCP 시스템에서 사용되는 검출기는 PMTs, CCDs, CIDs를 포함한다. ICP에 사용되는 CCD의 변형은 분할된 어레이 CCD나 분할된 전하 검출기(segmented charge detector, SCD)이다. 실리콘 매트릭스에 위치한 개별적인 작은 서브어레이(subarray)가 SCD에 있다. 이 서브어레이는 echellogram 방식이다. 200개 이상의 서브어레이는 ICP 방출 분광법에서 측정되는 70개의 원소에 대한 중요한 236개 파장을 포함할 수 있다. 무작위로 빠르게 정보를 얻는 개별적인 서브어레이를 갖는다는 점에서 SCD는 표준 CCD와 다르다(CID와는 비슷하다). SCD 검출기는 160~782 nm에서 작동한다.

DCP 광원은 분광기 안에서 오직 하나의 배치로 배열되어 있다. 예전부터 ICP 광원은 그림 8.19에서 보이듯이 플라스마의 측면에서 관찰된다. 이 배열을 '방사형 기하 구조(radial viewing)'라고 한다. 지름을

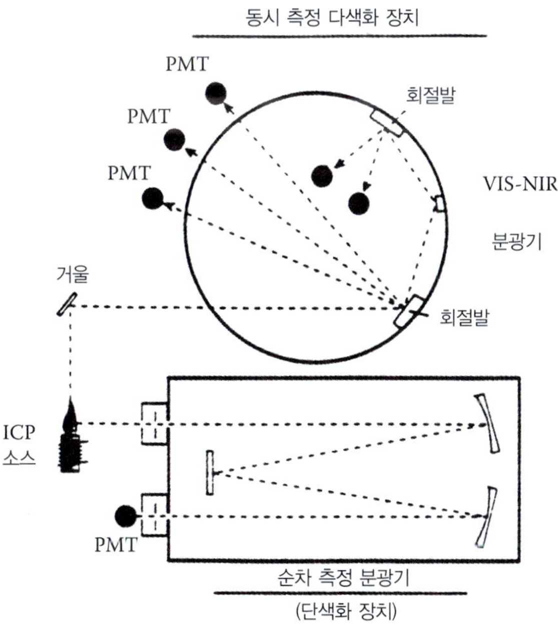

그림 8.24 순차적-동시적 측정 조합의 ICP 방출 분광기. 이러한 조합은 다색화 장치와 선별된 파장을 이용하여 다원소 분석을 빠르게 수행한다. 단색화 장치는 추가적인 원소를 확인하고 스펙트럼 간섭에 따라 파장을 바꾼다. (Courtesy of HORIBA Scientific, Inc., HORIBA Scientific, Kyoto, Japan, www.horiba.com/scientific.)

가로질러 관찰하는 것보다 플라스마 축에서 관찰하는 것이 더 긴 광학 거리를 갖기 때문에 더 낮은 검출 한계를 얻는다. 하지만 더 긴 광학 거리는 온도 영역을 더 많이 포함하여 화학적 간섭이 더 많이 발생한다. 축방향 기하 구조에서 발생하는 플라스마의 서늘한 부분에서 일어나는 스펙트럼 간섭과 매트릭스 간섭 그리고 자기 흡수의 문제를 방지하기 위해 방사형 기하 구조가 생겼다. 그러나 플라스마의 축방향 기하 구조는 여러 원소들에 대한 검출 한계를 향상시킨다. 플라스마의 서늘한 끝을 차단하기 위한 shear 기체라 불리는 아르곤의 흐름에 의하여 축방향이나 정면 기하 구조가 실용화되었다. 이 흐름으로 자기 흡수와 매트릭스 간섭이나 화학적 간섭이 감소된다. ICP 시스템에서는 방사형 기하 구조, 축방향 기하 구조, 방사형과 축방향이 동시에 가능한 기하 구조가 있고 토치를 돌려 기하 구조를 변경시키는 시스템도 있다. 축방향과 방사형 기하 구조와 다양한 분무 장치의 원소에 대한 검출 한계 비교를 표 8.9에 정리하였다.

표 8.9 압축 공기를 이용한 분무기와 초음파의 분무기를 이용한 방사형, 축방향 ICP의 검출 한계 비교

		검출 한계(mg/L)			
		방사형[a]		축방향[b]	
원소	파장(nm)	압축 공기에 의한 분무기	초음파에 의한 분무기	압축 공기에 의한 분무기	초음파에 의한 분무기
Ag	328.068	2	0.3	1	0.03
Al	396.153	9	0.5	2	0.06
As	193.69	18	2		
As	188.979			3	0.7
Ba	233.527			0.5	0.01
Be	313.107	0.3	0.02	0.1	0.009
Bi	233.061			2	0.2
Ca	347.933			2	0.03
Cd	214.43	2	0.2		
Cd	228.802			0.1	0.02
Co	228.616	5	0.3	0.2	0.02
Cr	267.716	4	0.2	0.2	0.01
Cu	324.754	2	0.3	0.6	0.02
Fe	238.204			0.1	0.02
Mg	285.213			0.5	0.06
Mn	257.610			0.1	0.03
Mo	202.031	8	0.3	0.6	0.3
Ni	231.604	10	0.4	0.4	0.06
Pb	220.353	27	1	2	0.2
Sb	206.836	12	3	2	0.3
Se	196.026	20	1.3	3	0.5
Sn	189.927			1	0.4
Ti	334.940			0.2	0.006
Tl	190.801	22	5	2	0.5
V	292.40	2	0.2		
V	290.880			2.0	0.02
Zn	213.857	2	0.2	2.1	0.03

출처: Data courtesy of Teledyne CETAC Technologies, Omaha, NE, www.cetac.com.

참조: 두 경우 모두 사용된 초음파 분무기(USN)은 CETAC U-5000AT$^+$이다.

[a] 방사형 검출 한계는 3σ, 10 s의 시간을 기반으로 하였다.

[b] 방사형 검출 한계는 3σ, 20 s의 시간을 기반으로 하였다.

8.3.1.3 시료 주입 시스템

플라스마 방출을 이용한 분석 시료는 주로 액체이고 분무기(nebulizer)와 분무 챔버(spray chamber) 조합으로 주입된다. 주입관을 통해 흐르는 분무 기체에 의해 에어로솔이 생성되고 플라스마로 주입된다. 분무기와 분무 챔버는 수용액, 고염도(녹아있는 고체가 많은) 용액, 플루오린화 수소(HF)를 함유한 용액, 유기 용매를 다루기 위한 다양한 설계가 가능하다.

액체에 존재하는 입자의 슬러리를 다룰 수 있는 시료 주입 시스템이 있다. 분석을 위해 분말은 플라스마에 직접적으로 주입될 수 있다. 플라스마로 시료를 주입하기 위해 고체에서 기체 시료를 발생시키는 데 레이저, 스파크, GF(원자 흡수 분광법 GF와 동일한)를 사용한다. 원자 흡수 분광법에서의 ICP에서는 As와 Se를 위한 HG(수소화물 생성)와 차가운 증기(cold-vapor, CV) Hg가 주입된다. 이 두 가지의 기술은 7장에서 논의되었다.

액체 시료 주입. 분무 장치를 통해 용액은 플라스마로 주입된다. 분무기는 일반적으로 분무 챔버와 연결되어 있다. ICP, DCP, MP 측정을 위해 고정된 속도로 시료 용액을 분무기로 주입하도록 펌프하는 것이 일반적이다. 펌프, 분무기, 분무 챔버의 배열은 그림 8.19에 나와 있다. 펌프를 이용하면 점도에 따라 들어오는 시료량이 변하는데 이 변화가 없고, 시료에서의 일정하게 빠른 흐름을 이용하여 분무기와 분무 챔버를 빠르게 씻어낼 수 있다. 많은 ICP 시스템에서 사용하는 펌프의 종류는 연동식 펌프(peristaltic pump)이다. 이 펌프는 시료 용액을 관으로 미는 연속적인 롤러를 이용한다. 이 관만이 시료와 접촉하게 된다. 연동식 펌프관은 펌프하려는 시료와 잘 맞아야 한다. 강산 용액, 다양한 유기 용매, 강염기 용액 등에 따라 다양한 종류의 관이 존재하고 이 관은 많은 제조 회사에서 제공된다. 분석자는 주어진 고분자관과 이 관을 지나갈 시료와의 화학적인 적합성을 확인해야 한다. 그리고 분석 전에는 바탕 용액을 분석하여 원소가 통과할 수 있는 관인지를 확인하여야 한다. 몇몇의 고분자는 미량의 금속 촉매를 포함하는데 만약 촉매 금속이 분석물 중 하나라면 잘못된 결과를 얻을 수 있다. 시료의 실리콘 분석이 요구된다면 실리콘 고무관은 사용하지 않는다.

분무기. 분무기는 액체를 작은 물방울인 에어로솔로 변환하여 플라스마로 이동시킨다. ICP에서 에어로솔 생성에는 두 가지 접근이 있다. 하나는 압축 공기에 의한 분무이고 다른 하나는 초음파에 의한 분무이다. 압축 공기에 의한 분무에서는 에어로솔을 생성하기 위해 빠른 속도로 흐르는 기체를 이용한다. 일반적으로 압축 공기를 이용한 분무기는 세 가지가 있다. 동심원 형태 분무기(concentric nebulizer), 직교류 형태 분무기(cross-flow nebulizer), Babington 분무기가 있다. 압축 공기에 의한 분무기는 다양한 크기의 에어로솔 방울을 만들고, 큰 방울은 효율적으로 탈용매화되기 어려워 큰 물방울을 제거하기 위해 **분무 챔버**(*spray chamber*)를 통과시킨다. AAS의 경우, 실제로 시료 액체의 5%의 미만이 플라스마에 도달한다.

동심원 형태의 분무기(*concentric nebulizer*)는 동심원의 기체가 빠른 속도로 모세관 끝을 지나면서 생성된 낮은 압력 부분으로 모세관을 통해 액체 시료를 주입한다. 동심원 형태는 액체의 흐름과 기체의 흐름이 서로 평행하다는 것이다. 액체는 모세관 끝을 나가면서 미세한 에어로솔로 분해된다. 일반적인 분무기의 기체 흐름 속도는 대략 1 L/min이다. 동심원 형태의 분무기는 높은 효율로 에어로솔 형성하는 매우 작은 구멍이 있고 이로 인해 감도와 안정성이 커진다. 가장 일반적인 유리 동심원 형태의 분무기는 그림 8.25a에 있는 Meinhard® 분무기이다. 모세관 끝에서 고체가 건조되어 잘 막히기 때문에 0.1% 정도 정도의 낮은 고체 함유량을 포함하는 용액에도 유리의 Meinhard 분무기는 쉽게 막힌다. HF는 유리를 녹일 수 있기 때문에 유리 분무기에는 HF를 포함하는 용액을 분석할 수 없다. 고밀도 고체 동심원 분무기는 모세관 끝이 막히는 것 없이 20% 이상의 고체를 함유하는 용액까지 분석할 수 있다. 그림 8.25b에 있는 Glass Expansion Pty, Ltd.의 SeaSpray는 매우 부드러운 자체 세정 팁과 zero dead volume 연결기를 갖는 균일한 VitriCone 모세관을 사용한다. 고분자로 만들어진 분무기는 HF 용액 분석에 사용할 수 있다. 표준 동심원 형태의 분무기의 시료 흡입 속도는 1~3 mL 용액/min이다.

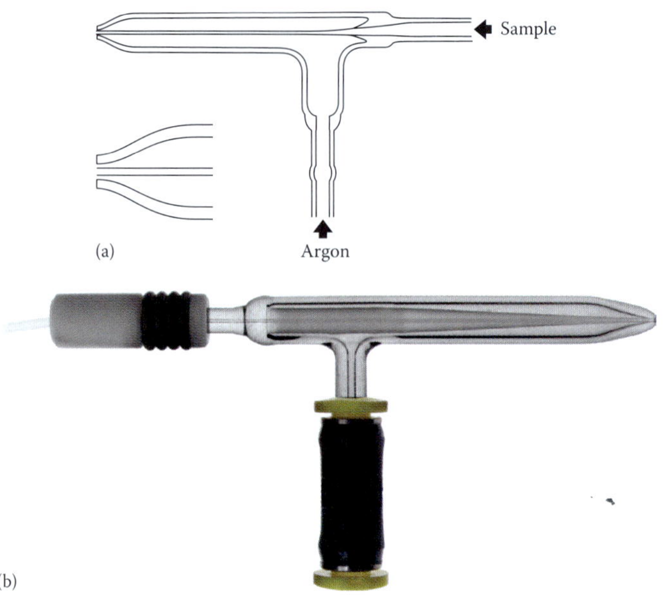

그림 8.25 (a) Meinhard 유리 동심원 형태의 분무기, 끝(tip)에 근접한 모습. (b) Glass Expansion의 SeaSpray 분무기. 분무기 안의 동일한 모세관으로의 시료 경로(a)와 끝의 차이를 비교하라. (b: Courtesy of Glass Expansion Pty, Ltd., Melbourne, Victoria, Australia, www.geicp.com.)

직교류 형태 분무기(*cross-flow nebulizer*)는 그림 8.26a에 나타나듯이 에어로솔을 만들기 위해 시료가 흐르는 모세관 팁(tip)과 수직인 빠른 속도의 기체 흐름을 이용한다. 동심원 형태의 분무기보다 더 큰 방울을 생성하는 직교류 형태 분무기는 효율적이지 못하다. 하지만 시료 모세관은 더 큰 지름을 갖기 때문에 염의 쌓임에 의한 분무기의 막힘은 최소화된다. 직교류 형태 분무기는 비활성 고분자 몸체와 모세관 끝에 사파이어와 루비를 갖는다. 이로 인해 유리 분무기보다 좀 더 튼튼하고 더 큰 화학적인 저항을 갖는다.

Babington 분무기(*Babington nebulizer*)는 본래 연료를 흡입하기 위해 발전되었다. Babington 분무기의 변형인 **V-groove 분무기**는 ICP 시료 주입에 흔히 사용된다.(그림 8.26b) 액체 시료는 작은 구멍이 있는 부드러운 표면의 홈(groove)로 흐른다. 구멍에서 나오는 큰 흐름은 액체를 작은 방울로 분해한다. 이 분무기는 막히는 것이 적기 때문에 점도가 있는 용액과 고염도 용액을 분석에 사용되고 HF 용액을 분석하기 위한 고분자로 만들어질 수 있다.

미세 집중 분무기(*Microconcentric nebulizers*)는 ICP 토치 시료 모세관으로 직접 용액을 주입하는 방법으로 개발되었다. 따라서 분무 챔버는 필요가 없다. 직접 주입 분무기(direct insertion nebulizers, DINs)라고 하는 분무기는 매우 작은 부피(마이크로리터)의 시료 분석과 원소별 검출기로서 ICP에 직접 결합한 액체 크로마토그래피 기기에 사용될 수 있다.

분무 챔버. 압축 공기에 의한 분무기는 일반적으로 분무기와 플라스마 사이에 분무 챔버를 배치한다. 큰 방울은 탈용매화, 원자화, 들뜸이 효율적이지 않기 때문에 에어로솔의 큰 방울을 제거하기 위해 분무 챔버가 설계되었다. 또한 분무 챔버는 연동 펌프에 의해 끌어오는 과정에서 발생하는 에어로솔 흐름의 진동을 제거한다. 지름이 10 μm 이하의 방울은 분무 챔버를 통해 플라스마로 흐른다. 시료 용액의 5%만이 플라스마로 들어가고 나머지는 폐액으로 빠져나간다. 그림 8.19에 있는 분무 챔버는 Scott double-pass 분무 챔버이다. 좀 더 효율이 좋은 새로운 분무 챔버들이 출시되고 있다. 분무 챔버는 적용 범위에 따라 유리나 비활성 고분자로 만들어진다. 플라스마에 들어가는 용매 증기의 양을 줄이기 위해 수냉의 분무 챔버는 휘발성 유기 용매에 사용될 수 있다. 수용액 시료의 도입에 필요한 개별적인 부분을 그림 8.27a에 나타내었다. Tracey 분무 챔버와 유리가 동심 형태인 분무기를 가지는 석영 토치는 세 부분으로 분리된다. 그림 8.27b를 보면 아르곤 기체 연결을 위한 이음새는 보조 흐름과 플라스마 기체 흐름을 만든다.

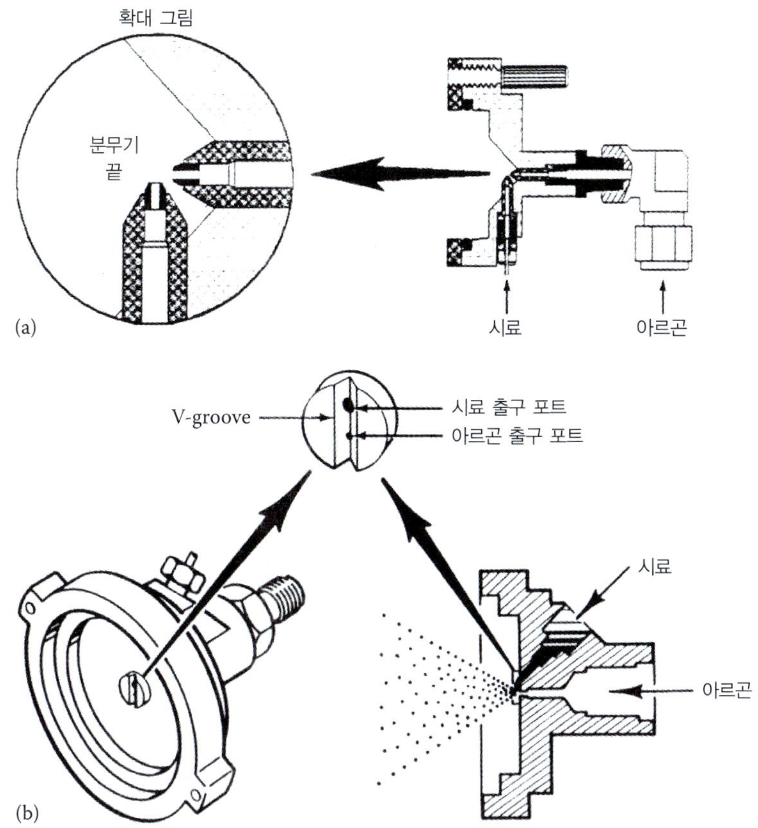

그림 8.26 (a) 분무기 끝에 근접한 모습과 직교류 형태 분무기. (b) V-groove 분무기[© 1993–2014 PerkinElmer, Inc. All rights reserved. Printed with permission. (www.perkinelmer.com).]

고체 시료 시스템. 고체 물질의 직접적인 분석은 고체 시료를 다루는 분석가들의 목표이다. 고체 시료의 용해는 시간이 걸리는 작업이고 오류가 발생하기 쉽다. 분석하기 위해 ICP 아르곤 플라스마에 직접적으로 고체 시료를 주입하기 위해 설계된 장치는 슬러리 분무기를 제외하고는 상업화되지 못했다. 슬러리는 액체에 존재하는 미세한 입자의 부유 물질이다. 가루나 곱게 갈아지는 시료는 물이나 유기 용매에 부유될 수 있고 직접적으로 플라스마로 흡인된다. 슬러리 분무기는 동심원 형태와 V-groove 형태로 이용될 수 있다. 슬러리 주입은 시멘트 가루와 우유 가루의 부유액 분석에 사용된다.

다른 고체 시료 시스템은 첫 번째로 고체 시료의 일부를 완전히 기화시킨다. 증기나 미세 입자는 원자화되고 들뜸이 일어나는 플라스마로 이동된다. 고체 시료 추출에 이용되는 세 가지 방법은 전열 증발(electrothermal vaporization, ETV), 스파크 깎임(spark ablation)과 레이저 깎임(laser ablation)이다. 원자화 단계와 들뜸 단계로부터 시료 단계(ETV, 스파크, 레이저를 이용하여)를 ICP에서 분리한 것은 개별적으로 최적화하고 제어할 수 있다는 장점이 있다. 직접적인 고체 시료시스템의 단점은 정량 분석하기 위한 시스템의 교정이다. 정량 분석을 하기 위해서는 표준물로써 시료 매트릭스와 유사한 잘 특징지어진 고체 시리즈를 구매해야 한다. 예로 스테인레스강 시료를 분석하기 위한 스테인레스 합금이 필요하고 니켈 합금 시료를 위한 니켈 합금, 유리 시료를 위한 증명된 유리 표준 물질이 필요한데 이러한 표준 물질의 종류에는 한계가 있고 매우 비싸다.

전열 증발(*ETV*). GF AAS에서 개조된 ETV 기술은 고체 시료의 증기를 플라스마로 주입하는 목적에 적당하다. 이 기술은 시료를 분해할 필요가 없기 때문에 고분자와 생물 조직과 같은 유기 매트릭스에 특히 유용하다. 전열 증발기는 AAS에서 사용되는 온도 프로그램과 동일한 유형인 시료의 건조, 회분화(ashing)와 '원자화'의 순서를 따르고 ICP가 원자화 장치로도 작용하기 때문에 기화가 필요하다. 생

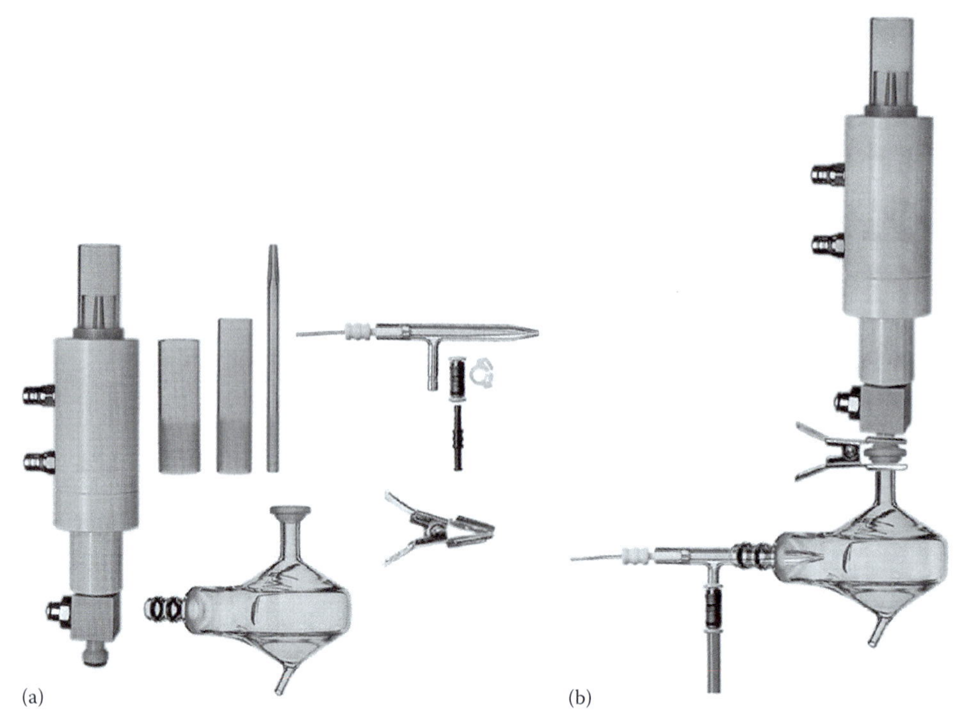

그림 8.27 ICP의 액체 시료 주입 시스템의 구성: 유리 동심원 형태의 분무기, 석영 토치의 분리할 수 있는 세 조각, 토치 몸체, 유리 분무 챔버. (b) 조립된 구성. HORIBA Scientific ICP instruments에서 사용되는 전형적인 토치 모습. (Courtesy of Glass Expansion Pty, Ltd., Melbourne, Victoria, Australia, www.geicp.com.)

성된 증기는 기체의 흐름에 의해 원자화되고 들뜸이 일어나는 ICP로 흐른다. 이 방법은 작은 부피의 액체 시료와 고체 시료에 사용될 수 있다. 10~15 μL의 액체 또는 적은 양의 고체 시료나 슬러리가 이 방법으로 분석될 수 있다. ETV-ICP-OES의 검출 한계는 부록 8.A의 표 8.A.2에 정리하였다. 동일한 표에는 GFAAS 검출 한계와 ICP-질량 분석법(mass spectrometry, MS)의 검출 한계를 비교하였다. ICP-MS 기기 장치는 10장과 11장에서 다룰 것이다.

스파크 깎임. 고체 시료 추출의 스파크 깎임은 이전에 설명했던 스파크 광원과 동일한 유형을 사용한다. 이 경우의 스파크 역할은 고체 시료를 기화시키는 것이다. ICP 플라스마는 도달하는 원자가 아닌 증기를 원자화할 수 있다. 스파크 깎임은 전기가 통하는 고체 분석에 제한되어 있다. 시간을 소비하는 시료 용해 단계와 많은 비용이 드는 고순도 산을 사용하지 않기 때문에 금속과 합금 분석에 매우 유용하다.

레이저 깎임. 직접적인 고체 시료 추출의 다른 방법으로는 레이저 깎임이 있다. 높은 에너지의 레이저 빛은 고체 시료로 집중되고 광자 에너지는 시료와 작용하여 열에너지로 전환된다. 이 열에너지는 물질의 표면을 기화시키고 기화된 물질은 플라스마로 흘러간다. 레이저는 많은 유형의 고체 표면을 기화시킬 수 있지만 전도성 물질은 기화시키지 못한다. 따라서 레이저 깎임은 금속, 유리, 세라믹, 고분자, 미네랄 및 기타 물질들에 이용될 수 있다. 시료는 시료 챔버에 맞는 것이 좋으며 잘 닦인 편평한 표면은 필요하지 않다. 레이저 빛은 작은 크기의 점에 초점이 맞춰질 수 있기 때문에 표면의 미세한 함유물도 분석될 수 있다. 레이저 빛은 시료의 한 부분에 초점을 맞추고 표면으로부터 점점 깊숙한 곳에서의 기화에 의한 방출 신호를 측정한다. 이는 깊이에 대한 시료 조성의 윤곽(profile)을 알아낸다. 깊이의 윤곽을 알아내는 것은 표면 코팅 분석과 다층 물질의 조성 분석에 유용하다. UV 영역에서 방출하는 XeCl과 ArF과 같은 기체가 충전된 엑시머(excimer) 레이저가 레이저 깎임에 사용될 수 있다. 하지만 엑시머 레이저는 비용이 많이 들고 복잡하다. 고체 레이저의 최근 설계는 Nd: yttrium aluminum garnet(YAG) 고체 레이저이다. 이 고체 레이저의 주요 파장인 1,064 nm의 적외선 영역에서 작동하거나 주파수를 2배 또는 4배하여 532 nm나

266 nm에서 작동하게 한다. UV 고체 레이저는 많은 종류의 물질에 대해 효율적인 에너지 짝지음과 높은 감도, 양호한 정확도와 깎임을 조절하는 특징이 있다. 물질의 깊이의 윤곽을 알아내는 것은 가능하지만 ICP-OES에서의 레이저 깎임 기술은 주로 고체 시료의 다량 분석에 이용된다. 함유물, 다층 물질, 고체의 미세한 상이 레이저 깎임에 의해 분석되는 경우가 많은데, ICP-MS로 분석하는 것이 더 감도가 좋다.

8.3.2 | 플라스마 방출 분광법의 간섭과 교정

표준 용액이나 MSA를 이용한 외부 표준물 교정법 등 AAS에서 이용되는 방법과 동일하게 교정한다. 플라스마 방출은 플라스마의 높은 온도 때문에 큰 화학적 간섭이 없지만 분석 시료의 표준 용액과 교정 바탕 용액의 매트릭스를 일치시키는 것이 좋다. 매트릭스 일치는 점도의 차이와 원소 간 영향에 의한 분석 신호의 억제와 증대를 보정한다. 표준 용액과 시료는 동일한 용매를 사용해야 하고 동일한 산의 농도, 가능하다면 용액의 주요한 화학종을 일치하면 매트릭스를 일치시킬 수 있다.

금속 원소는 산에 잘 녹기 때문에 플라스마 방출 분광법을 이용하여 분석하는 시료를 산에 용해시킨다. 용액의 산성 성질은 유리 기구의 표면에 원소가 흡착하는 것을 방지한다. 유기 용매는 유기 금속 화합물을 직접적으로 용해하거나 수용액에 존재하는 킬레이트 금속을 용매로 추출하는 데 사용한다.

교정에 이용될 표준 물질은 매우 높은 순도의 원소나 화합물을 산 수용액에 정확히 녹여 준비한다. 일반적으로 농축된 저장 용액을 준비하고 연속적으로 희석하여 사용할 표준 용액을 제조한다. 많은 판매업자는 산 수용액에 녹은 하나의 원소 표준 물질을 증명된 농도 값인 1,000 또는 10,000 ppm 농도로 제공한다. 사용하려는 표준 용액을 1,000 ppm에서 희석하는 것보다 1 ppm에서 희석하는 것이 기기적 검출 한계를 향상시킨다. 고품질의 저장 용액을 구매하는 것이 직접 제조하는 것보다 더 쉽고 정확하며 효율적이다. 다원 분석을 위해서는 단일 원소의 표준 문질 여러 개를 혼합하여 원하는 분석물을 포함하는 작업 표준(working standard)을 제조한다.

많은 분석에 있어서 표준 용액은 염산이나 질산과 같은 미네랄 산을 포함하는 수용액이다. 산에 다른 원소들을 혼합할 때는 무기 화합물의 기본적인 화학 지식과 용해도 규칙이 중요하다. 원소는 서로 화합할 수 있어야 하고 사용하는 산에 용해되어 침전 반응이 일어나지 않아야 한다. 이런 침전 반응은 반응에 관여하는 원소 용액의 농도를 변하게 하고 표준 용액을 쓸모가 없어지게 한다. 이러한 침전 반응을 일으키는 은과 HCl 혼합, 바륨과 황산의 혼합과 같은 불용성의 침전물이 생기는 조합은 피해야 한다. HF나 강산과 같은 시약의 사용은 유리를 에칭시킬 수 있고 유리 용기에 준비한 Si, B, Na 용액을 오염시킨다.

방출은 본질적으로 다원소에 대한 기술이기 때문에 내부 표준 물질(IS)의 사용으로 정확도와 정밀도를 향상시킬 수 있다. IS는 시료에 존재하지 않는 원소이고 시료와 표준 용액에 잘 녹는다. 또한 분석 방출선에 간섭하지 않는 파장을 방출한다. 이상적으로 IS는 플라스마 내에서 분석물과 유사하게 거동해야 하며 분석물과 IS의 이온화 에너지를 일치시키는 것도 좋은 접근이다. 또한 분석 이온선에 IS의 이온선을 이용하는 것과 분석 원자선에 IS 원자선을 이용하는 것도 좋은 접근이다. 다원소 분석에서는 '이상적인' 거동을 얻기 위해 하나 이상의 IS 원소가 필요하다. IS 원소는 모든 바탕 용액, 표준 용액, 시료 용액에 동일한 농도로 첨가된다. IS 농도에 대한 시료 농도 비율에 따른 방출 세기에 대한 시료의 세기 비율로 교정 곡선이 그려진다. 세기에 대한 비율의 이용은 기기의 변화, 시료 흡입 속도의 변화, 기기 광원의 오차를 보정하지만, 바탕 간섭이나 스펙트럼 간섭은 보정하지 못한다.

8.3.2.1 화학적 간섭과 이온화 간섭

고온인 플라스마의 높은 원자화 때문에 플라스마 방출 분광법에서는 화학적 간섭이 드물다. 그림 8.28에 나타낸 것처럼, FAAS에서는 많은 양의 Al을 포함하는 시료의 칼슘 선의 세기는 억제되며, Al을 포함하는 용액에서 Ca의 ICP 방출 신호는 높은 Al/Ca 비율까지도 화학적 간섭이 적다는 것을 보여 준다. 플

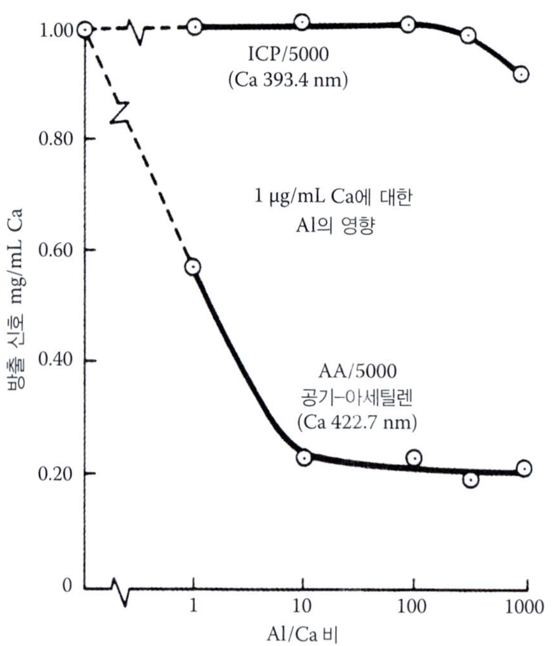

그림 8.28 ICP의FAAS와 ICP-OES에서 Ca 검출 시 Al의 화학적 간섭 효과 비교. Ca의 FAAS 신호는 Al/Ca 비율의 작은 증가에도 크게 감소한다. 반면, 고온의 플라스마에서의 방출 신호는 크게 영향을 받지 않는다. [© 1993–2014 **PerkinElmer, Inc. All rights reserved. Printed with permission.** (www.perkinelmer.com).]

라스마에 대한 RF 힘의 증가와 아르곤 흐름 속도의 최적화는 화학적 간섭을 제거하기 때문에 화학적 간섭이 일어나는 경우는 거의 없다.

8.3.2.2 스펙트럼 간섭과 보정

플라스마에서의 높은 들뜸효율 때문에 스펙트럼 간섭은 불꽃에서보다 플라스마에서 더 흔히 발생한다. Fe, Mn, Ta, Mo, W, U와 같은 원소는 플라스마 광원에서 수천 개의 선을 방출한다. 이상적으로, 선택된 분석물의 파장은 다른 방출선의 간섭이 없어야 하지만 불가능한 경우가 많다.

많은 스펙트럼 간섭은 바탕 방출 세기가 시료와 표준 물질 사이에서 이동하는 것이다. 그림 8.29에서는 텅스텐 207.911 nm 방출 파장에서 측정한 1,000 ppm의 Al만 포함하는 용액의 일정하고 넓은 방출의 바탕 이동을 보여 준다. 보여지는 텅스텐 방출 스펙트럼은 Al이 없는 산 수용액으로부터 얻은 것이다. 신호 세기는 그림의 바닥에서 꼭대기까지 증가한다. 측정된 스펙트럼은 중심에 텅스텐 방출선을 두고 너비는 0.25 nm이다. 바탕 방출의 차이는 두 가지의 정의 오차를 가져온다. Al 합금에 존재하는 W을 측정하거나 수용액의 W 표준 물질을 사용하고 보정하지 않았다면 Al 용액의 연속적인 방출이 텅스텐 분석의 정의 오차를 가져온다. 바탕 신호와 텅스텐 신호 모두 측정해야 하고 오차의 원인은 텅스텐이라고 가정해야 한다. 일부 시료가 높은 Al 함량을 포함하는 것을 모르고 광물 시료에서 텅스텐을 검출하는 경우에 또 다른 오차가 일어날 수 있다. Al을 함유하는 시료에 텅스텐이 없더라도 우연히 측정된 바탕 세기에 의해 텅스텐이 존재한다는 틀린 보고를 할 수 있다. 바탕이 일정하게 이동하기 때문에 그림 8.30에서와 같이 텅스텐 방출 파장이 아닌 가까운 파장을 선택하여 바탕 신호를 보정해야 한다. 이 경우 바탕 보정점은 텅스텐 피크 양쪽이다. 이 보정점에서의 세기는 텅스텐 피크에서 측정된 전체 세기에서 감해진다. 컴퓨터 소프트웨어는 바탕 보정점을 설정하고 자동적으로 보정한다.

더 복잡한 바탕은 그림 8.31에 있다. Cd 214.438 nm 방출선은 가까이 나타나는 넓은 Al 방출선과 겹치기 때문에 Cd 피크 양쪽에서 바탕 세기가 같지 않다. 알루미늄 합금에서 Cd를 검출한다면 비대칭의 바탕에 의해 정의 오차가 발생한다. 바탕 방출 세기가 비대칭을 이룬다면 두 개의 바탕 보정점이 필요하다.

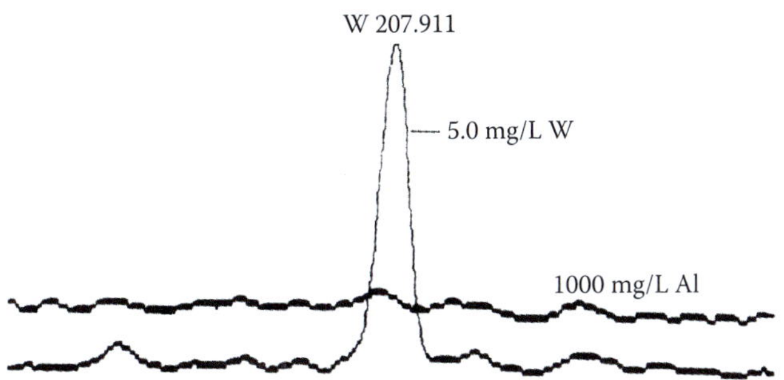

그림 8.29 텅스텐 207.991 nm 선에서 1000 ppm Al에 의한 간단한 바탕 이동. 알루미늄 용액에 의해 증가된 바탕 때문에 1000 ppm의 Al 용액은 텅스텐이 더 큰 값을 갖도록 한다. (텅스텐 방출선의 끝에 있는 텅스텐 바탕선 세기는 없다고 가정한다.) [© **1993–2014 PerkinElmer, Inc. All rights reserved. Printed with permission.** (www. perkinelmer.com).]

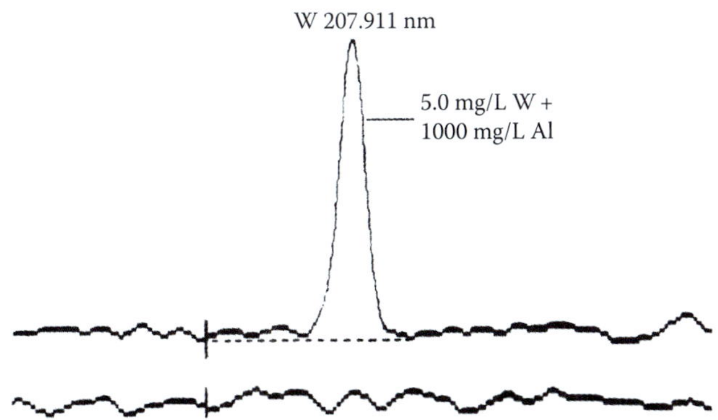

그림 8.30 텅스텐 방출선에서 Al에 의해 이동한 바탕선에 대해 하나의 바탕 보정점을 이용하는 예시. 텅스텐 방출의 왼쪽 점을 선택하고 텅스텐 피크에서의 세기에 그 점에 해당하는 세기를 뺀다. 이는 Al 매트릭스에 의해 상승된 바탕을 빼주는 효과이다. 점선으로 표시된 새로운 바탕선은 그림 8.29에 있는 텅스텐 바탕선에 의해 동일한 바탕선의 세기(아래 선)로 돌아갈 것이다. 바탕선은 방출선에 대하여 대칭적이기 때문에 텅스텐 피크에 오른쪽을 바탕점으로 선택하여도 결과는 동일할 것이다. [© **1993–2014 PerkinElmer, Inc. All rights reserved. Printed with permission.** (www. perkinelmer.com).]

하나는 그림 8.32에서 보이는 것과 같이 방출선의 한쪽이다. 컴퓨터 소프트웨어는 피크의 새로운 바탕선을 그리기 위해 두 개의 선택된 점을 이용하여 자동적으로 바탕 방출을 보정한다.

Au 267.595 nm 방출선은 복잡하고 방출선이 많은 텅스텐의 방출선과 많이 겹친다. 그림 8.32처럼 두 개의 바탕 보정점을 이용할 수 없을 때, 덜 간섭하는 Au 방출선을 찾거나 텅스텐 매트릭스에서 금을 추출하여 이 문제를 해결한다. 모든 선이 상당한 간섭이 있는 경우, 고전적인 '습식(wet)' 화학인 킬레이트화(chelation), 추출법, 이온 교환 방법이나 전기 화학 방법에 의하여 분석물을 매트릭스로부터 분리해야 한다.

Pt와 Cr의 두 방출선처럼 직접적인 광학적 겹침에 해당하는 경우, 높은 분해능의 분광기는 발생하는 직접적인 광학적 겹침의 수를 제한하지만 완전히 제거하지 못할 것이다. 파장을 선택할 때 첫 번째로 할 일은 Pt 및 Cr에 대한 대체 방출선을 찾는 것이다. 다른 분석 파장이 없다면 원소 간 보정(IEC) 기술을 사용해야 할 것이다. 간섭하는 원소의 방출선을 다른 파장에서 측정하고 계산된 보정 계수를 간섭이 일어나는 파장에 적용한다. 보정 계수는 연속적인 실험을 통해 결정되어야 한다. 이 기술은 시료 각각의 간섭 요소에 대해 간섭을 받지 않는 방출선이 필요하다.

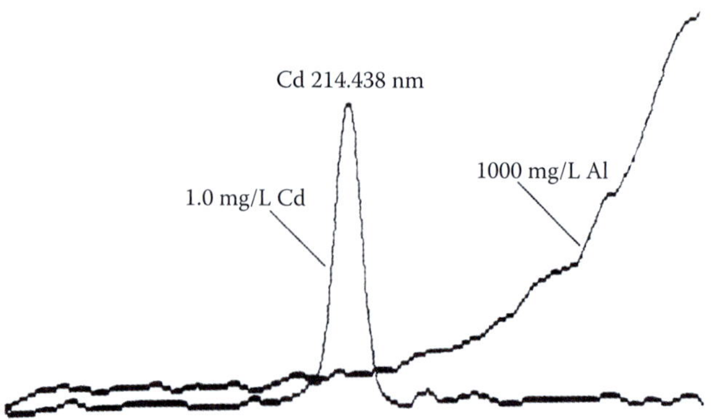

그림 8.31 Cd 241.438 nm 선에서 비스듬한 바탕 이동을 나타내는 알루미늄 바탕 스펙트럼. 방출선의 양쪽의 바탕 세기는 다르기 때문에 비대칭의 바탕에서는 그림 8.30에 있는 하나의 바탕 보정점을 이용할 수 없다. [© 1993–2014 PerkinElmer, Inc. All rights reserved. Printed with permission. (www.perkinelmer.com).]

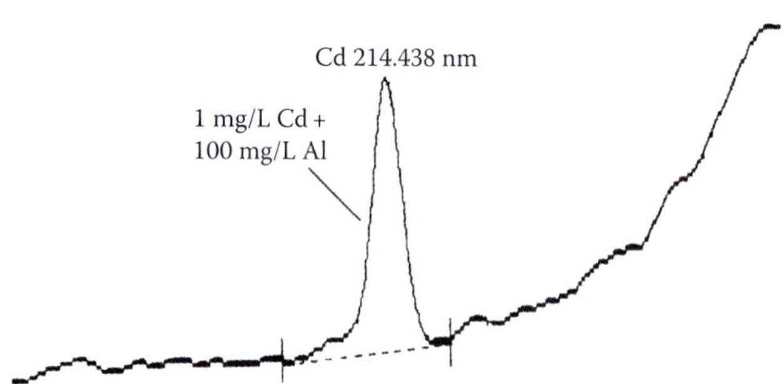

그림 8.32 그림 8.31에 있는 비스듬한 바탕은 Cd 방출선 양쪽 점인 두 개의 바탕 보정점을 이용한다. 피크는 바탕 보정점을 연결하는 곧은 선(점선으로 표시된 새로운 바탕선)에 의해 보정된다. [© 1993–2014 PerkinElmer, Inc. All rights reserved. Printed with permission. (www.perkinelmer.com).]

8.3.3 | 플라스마 방출 분광법의 적용

플라스마 방출 분광법의 적용은 매우 광범위하다. 임상 화학, 생화학, 환경 화학, 지질학, 화학물질 다량 생산, 금속 합금과 유리, 세라믹, 고분자와 혼합 물질의 특성 파악, 과학 수사, 미술품의 복원과 복구, 농업과학, 식품영양 과학, 산업위생 등 여러 분야에 사용된다. 플라스마 방출 분광법의 다목적성은 다양한 시료 매트릭스와 넓은 측정 가능한 농도 범위를 갖는 많은 수의 원소를 빠르게 검출할 수 있는 것에서 비롯된다.

플라스마 방출 분광법의 강점은 빠르게 다원소 정성 분석과 정량 분석이 가능한 것이다. AAS의 측정 가능한 농도 범위는 보통 10^1~10^2 정도인데 반해 ICP 방출 분광법은 10^6~10^{10} 범위의 측정 가능한 넓은 농도 범위를 갖는다. 이는 미량에서 다량의 조성을 갖는 원소를 한 번에 분석할 수 있고 시료를 희석할 필요가 없다는 것이다. ICP 측정의 정확도는 보통 2% RSD보다 좋다. 수용액, 유기 용매 용액, 고염도의 용액은 거의 동일한 정확도와 정밀도로 분석된다.

8.3.4 | 조합된 기기의 화학적 종 분류

플라스마 방출 분광법은 측정할 원소의 화학적 형태나 산화수의 정보를 제공하지 않는 기본적인 분석 기술이다. 시료에 존재하는 원소의 화학 상태에 대한 확인을 **종분류**(*speciation*)라고 한다. 독성 때문에 비소는 환경과 건강 분야에서 관심을 받고 있다. 수은과 마찬가지로 비소는 여러 개의 유기 비소 종으로 존재하고 무기 비소 이온은 여러 개의 산화 상태로 존재한다. 종분류는 왜 중요할까? 갑각류에 존재하는 가장 흔한 비소 화합물은 인간에 의해 대사 작용이 될 수 없기 때문에 유독하지 않다. ICP-OES로 총 비소 농도를 검측하여 독성을 예측하는 것은 갑각류 섭취에 대한 위험을 크게 과대 평가한다. 화학적 종분류를 하기 위해서 시료의 다른 종을 분리하고 각각 측정해야 한다. 크로마토그래피는 여러 과정을 거쳐 시료에 존재하는 다른 화합물을 서로 분리하는 분리 방법이며 기기는 12~14장에 다룬다. 크로마토그래피를 이용하여 화학종을 분리하고 분리된 화학종을 ICP에 연속적으로 주입하면 동일한 원소의 다른 화학적 형태를 확인할 수 있다. 기기 장치의 두 가지 분리 방법을 연결한 기기 결합을 연결된 기기(hyphenated instrument)라고 한다. 가장 흔한 종류의 연결된 기기는 크로마토크래피와 같은 분리 방법을 핵자기 공명(nuclear magnetic resonance), 푸리에 변환 IR(Fourier transform IR), AES 또는 MS와 같은 분광학적인 기술과 결합하는 것이다. 기체 크로마토그래피(GC)와 고성능 액체 크로마토그래피(HPLC), 이온 크로마토그래피(IC)와 분자 크기 배제 크로마토그래피 기기는 시료의 화학종을 확인하기 위해서 플라스마 방출 분광기와 연결할 수 있다.

실리콘 방출선을 측정하기 위한 순차 측정 ICP와 연결된 HPLC 구성은 고분자량 실리콘 고분자의 가수분해에 의해 생긴 작은 유기실리콘 분자를 분리하고 검출하는 데 사용된다. 크로마토그래피의 상(phase)에는 **컬럼 정지상**과 컬럼을 통해 시료를 운반하는 **액체 이동상**이 있다. 크로마토그래피에서 용액 내 화합물은 화학 물질이 선택적으로 정지상과 이동상에 선택적인 상호작용을 하여 분리된다. 분리된 화합물을 포함하는 이동상은 컬럼에서 검출기인 ICP로 주입된다. ICP는 플라스마로 들어오는 실리콘 포함 화합물을 검출하고 측정한다. HPLC와 ICP의 조합은 극미량의 유기 실리콘 화합물을 분리하고 측정하는 방법 중 하나이고 이는 크로마토그래피와 AES를 연결한 많은 적용 중에 하나이다.

GC를 이용하여 분리된 화합물의 검출기로 헬륨 MIP를 이용하는 것은 13장에서 다시 다루어질 것이다.

8.4 글로우 방전(GD) 방출 분광법

글로우 방전(glow discharge, GD)은 아르곤과 같은 비활성 기체로 채워진 관 안의 두 전극 사이에서 발생한 감압 기체 방전이다. GD 광원에 있는 튕긴(sputtered) 원자 구름은 들뜬 원자, 중성 원자 이온을 포함한다. 방출 스펙트럼은 GD-OES 기술 안에서 방출 분광법으로 사용될 수 있지만 GD 광원은 AAS, AFS, MS에서도 사용된다. 광원은 분광법의 플라스마 방출에 논의된 다음 유형 중 하나와 사용될 수 있다. 순차적 단색화 장치, Rowland 원 다색화 장치, echelle 분광기 또는 순차적-동시적 측정 조합 기기가 사용된다. 검출기로는 플라스마 방출 분광법을 위해 PMTs, CCDs 또는 CIDs와 같은 것이 사용된다.

8.4.1 | DC와 RF GD 광원

DC GD 광원을 그림 8.33에 나타내었다. 아르곤 기체의 압력은 수 torr 정도이다. DC GD 광원은 두 전극 사이에 가해진 DC −800~−1200 V의 음전위에서 작동된다. 그림 8.33에서 보듯이 시료는 전기적 접촉에 의해 음극으로 작용한다. 가해진 전위에 의해 아르곤 기체는 자발적으로 Ar^+ 이온으로 이온화된다. Ar^+ 이온들은 음극으로 가속되며, 아르곤 원자들과 충돌하여 방전이 발생된다. 이렇게 생성된 플라스마를 GD라고 한다. 일부 Ar^+ 이온들은 시료 표면으로 가속되고, 그 충격으로 중성 원자들이 튕겨나가거나 시료 표면으로부터 균일하게 제거된다. 즉 GD 광원은 시료 도입 시스템이면서 동시에 원자화 장치이기도 하다. 충돌에 의해 튕겨진 음극 물질은 GD 내에서 분해되고, 원자화되고, 여기되어 음극, 즉 시료의 방출 스펙트럼이 생성된다. 시료는 표면이 평평하고 전기 전도성이 있어야 한다.

DC GD 광원은 튕김 전도성의 시료에서만 사용될 수 있다. 몇몇 비전도성 물질은 비전도성 시료 가루를 흑연 또는 깨끗한 구리 가루와 혼합하고 평평한 알갱이로 압력을 주어서 이용한다. 1990년대 새로운 GD 광원은 RF 들뜸 개발에 기초를 두고 있었다(Maecus, et al). 이 RF GD 광원은 전도성 시료뿐만 아니라 유리와 세라믹 같은 비전도성 물질의 들뜸과 튕김을 허용한다. 이 광원은 여전히 낮은 아르곤 압력과

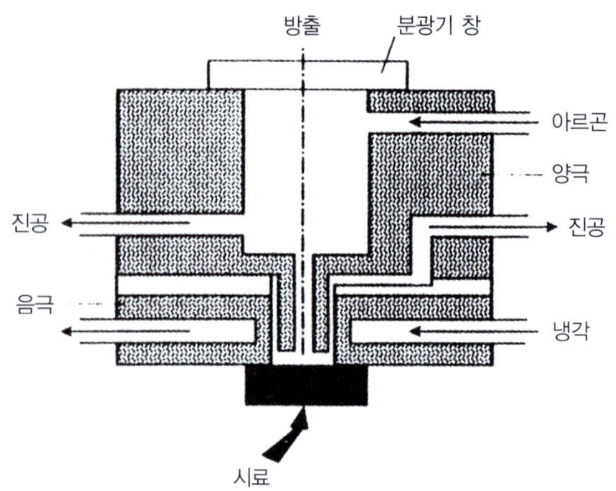

그림 8.33 DC GD 광원. 음극 부분으로 작용하는 평평한 전도 시료(Courtesy of HORIBA Scientific, Inc., HORIBA Scientific, Kyoto, Japan, www.horiba.com/scientific.)

두 개의 균형이 잡히지 않은 전극, 음극과 같은 평평한 분석 시료, 시료와 구리관으로 된 양극 전극을 갖는다. 절연체의 경우 시료는 교류 RF 전압에 대해 축전기로 작동한다. 그 결과 각 순환을 통해 시료 표면에 교류 전하가 발생한다. 시료의 표면이 음전하일 때 Ar^+ 양이온은 음 표면으로 가속화되고 시료 물질은 GD로 튕겨진다. 전하의 교체가 매우 빠르므로 튕김은 매우 효율적이다. 들뜸과 방출은 DC 광원에서처럼 일어난다.

8.4.2 | GD 원자 방출 분광법의 응용

8.4.2.1 벌크 분석

가장 첫 번째 응용은 DC 광원을 GD-OES로 사용하는 것으로, 스파크 광원과 같은 고체 금속과 합금을 직접적으로 다원소 분석하는 것이다. 전도 고체의 분석을 위한 DC GD 광원은 스파크 방출 분광법에 비해 몇 가지의 장점이 있다. GD에 의해 생성되는 스펙트럼들은 Doppler 넓힘이 적어 스파크 광원보다 바탕이 낮으며 좁은 방출선을 내보낸다. 스펙트럼에서 나타나는 방출선은 거의 대부분 원자선이다. GD 광원은 튕김(sputtering) 단계와 들뜸 단계가 분리되었기 때문에 아크 또는 스파크 광원보다 소자 간 준위와 매트릭스 간섭이 작다. 따라서 정확한 결과를 얻기 위해 매트릭스를 맞출 필요가 없으므로 다양한 물질에 대해 하나의 교정 표준 물질을 사용할 수 있다. 검출 한계들은 대부분의 원소에서 0.1~10 ppm이며 정밀도는 0.5~2% RSD이다.

최근 응용 분야에는 RF Marcus 형태의 광원을 사용한 중합체, 세라믹 그리고 유리와 같은 비전도성 금속의 분석도 포함되었다. DC GD 광원의 경우, 비전도체 금속은 전도체 가루로 희석해야 한다.

8.4.2.2 깊이 분석도 분석

GD 튕김 과정에서 시료 표면으로부터 금속의 균일한 층이 제거되기 때문에 이를 통해 코팅과 다층 물질을 검사할 수 있다. 표면으로부터 깊이의 함수로서 시료의 조성을 분석하는 것을 **깊이 분석도**(*depth profiling*)라고 한다. 그림 8.34에서 시료의 균일한 제거를 볼 수 있는데 이는 철 시료에서 GD 튕긴 지점이다. 나노미터 두께의 층은 정량적으로만 분석을 할 수 있다. 자동차 다층 도료 층, 아연 도금 강판의 아연 층의 두께, 연질화된 강철에서 두께의 함수로 탄소와 질소 농도, 반도체 금속의 구조, 합금에서 질화물과 탄화물의 비전도성 코팅, 그리고 다른 많은 복합 시료는 GD-OES로 깊이 분석도 분석으로 쉽게 특성을 나타낼 수 있다. 한 가지 예를 그림 8.35에 나타내었다.

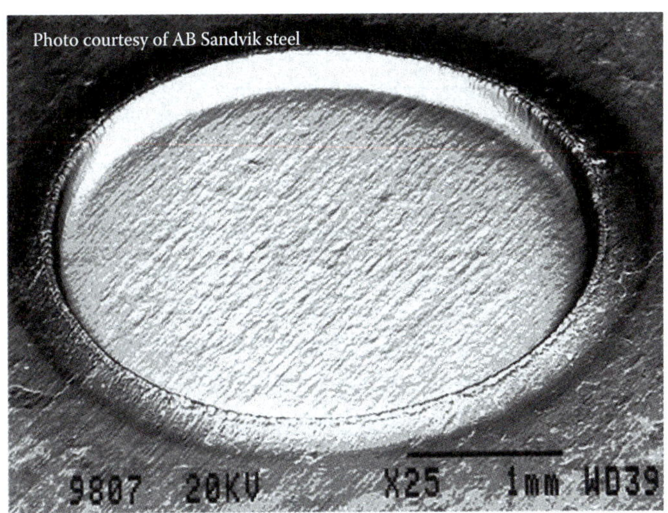

그림 8.34 강철 시료의 GD '튕김 지점'은 표면의 균일한 제거를 보여 준다. 이 균일한 튕김 과정은 GD-OES에 의한 층간 물질의 정확한 깊이를 가늠하게 해준다. (Courtesy of Sandvik Materials Technology, Sandvikem, Sweden, www.smt.sandvik.com.)

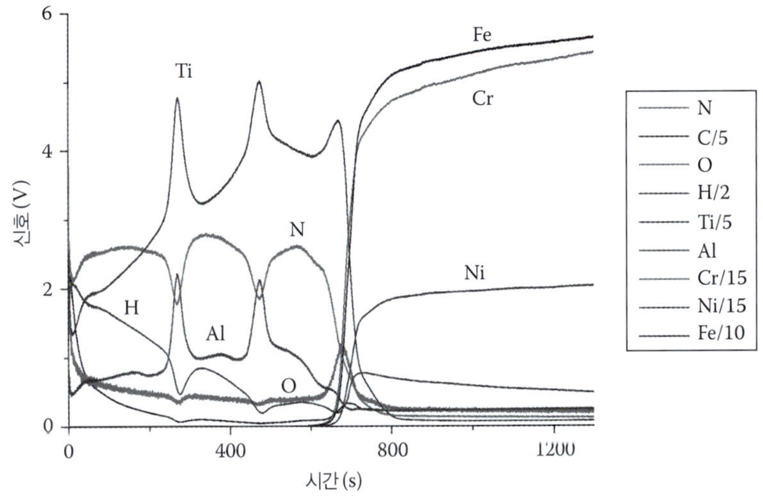

그림 8.35 다층의 스테인레스강 코팅에 대한 GD 깊이 분석도. *y*축은 원자%의 농도, *x*축은 표면으로부터 마이크로미터의 수심 (Courtesy of HORIBA Scientific, Inc., HORIBA Scientific, Kyoto, Japan, www.horiba.com/scientific.)

8.5 원자 형광 분광법(AFS)

원자 형광 과정은 열이나 전기가 아닌 빛을 흡수하여 들뜬 기체상 원자의 광자 방출을 수반한다. 그림 8.36에 몇 가지 형태의 형광 전이를 나타내었다. 직선 화살표는 광자의 흡수 또는 방출이다. 점선 화살표는 광자와 상관없는 전이이다. 가장 낮은 에너지 수준은 바닥 상태이다. 두 개의 **공명 형광**(*resonance fluorescence*) 전이를 그림 8.36a에서 볼 수 있는데 흡수 및 방출 단계의 초기 및 최종 에너지 수준이 같다. 공명 형광에서는 흡수와 방출 파장이 동일하다. 그림 8.36b는 **스토크스 직계 형광**(*Stokes direct-line fluorescence*)을, 그림 8.36c는 **반스토크스 직계 형광**(*anti-Stokes direct-line fluorescence*) 전이를 나타낸다. 단계적 전이와 다광자 과정을 포함하는 다른 전이도 가능하다.

Boltzmann 분포를 통해 대부분의 원자들이 GF의 어떤 온도에서도 바닥 상태에 있다는 것을 알고 있다. 따라서 대부분의 분석 AFS는 바닥 상태 공명 형광 전이에 사용되는데, 이는 이들이 가장 큰 전이 확률을

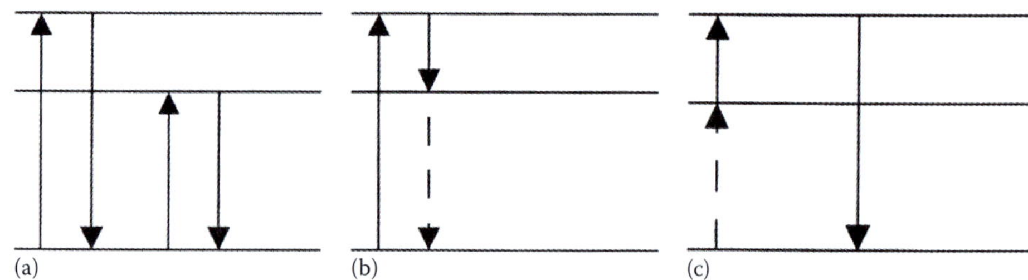

그림 8.36 원자 형광 전이의 예. (a) 공명 형광, (b) 스토크스 direct-line 형광, (c) 반스토크스 direct-line 형광

가지므로 가장 높은 형광 수율 결과를 갖기 때문이다. 하지만 형광 수율은 모든 들뜸 광원의 힘이 흡수되는 것은 아니기 때문에 전체 들뜸 광원의 힘의 일부에 불과하다. 모든 흡수된 광자가 형광을 생성하는 것은 아니며 총 형광의 소량만이 측정된다. 공명 형광 분광선 사용의 주요 단점으로는 광원으로부터 산란되는 빛이 있는데 이것이 방출 형광 분광과 정확하게 같아서 직접적인 간섭이 일어난다는 것이다.

원자 형광 분광법에서 형광 수율의 계산은 분자 형광과 비슷하다. 공명 전이와 낮은 농도의 분석물은 형광 신호가 분석 농도와 광원의 세기에 비례한다. 강력한 레이저 광원은 들뜸이 일어나는 상태를 포함하는 낮은 에너지 상태의 개수를 대폭 감소시킬 수 있다. 이 상태를 **포화**라고 하며 8.5.3절 원자 형광 분광법 응용에서 논의할 것이다.

8.5.1 | 원자 형광 분광법 기기 장치

원자 형광 분광법 기기의 모식도를 그림 8.37에서 볼 수 있다. 형광 신호는 일반적으로 분자 형광의 측정에서와 같이 파장 선택기로 들어오는 광원으로부터의 산란된 복사선을 최소화하기 위해 들뜸 광원에 대해 90° 각도로 측정된다. 형광 복사선은 원자화기로부터 모든 방향에서 방출되는데 작은 일부만이 모이고 그것이 검출기로 보내진다. 대부분의 경우에 아주 작은 신호에서 작은 형광 수율 결과로 결합한다.

사용되는 원자화기는 불꽃, 플라스마, GF, 또는 HG 및 CVASS 시스템을 위해 사용되는 석영 셀 원자화기가 있다. 파장 선택기는 회절발 단색화 장치에서 비분산 필터 장치에 이르기까지 사용된다. 일반적으로 사용되는 검출기는 높은 감도로 인해 PMT를 사용한다. 형광 신호는 낮은 농도의 분석물에서 들뜸원의 세기에 직접 비례하므로 AFS에는 강하고 안정된 광원이 필요하다. 가장 일반적인 광원은 선원이며 무전극 방전등(EDL) 및 HCL(7장에서 설명)을 포함한다. HCL은 일반적으로 고세기 램프로 변경된다. 레이저는 AFS에 이상적인데 이는 극도로 강한 단색광을 제공하고 감도가 낮은 비공명 형광 전이를 사용할 수 있기 때문이다. 레이저의 주된 단점은 일부 유형의 레이저 작동 시 비용과 복잡성이다. 모든 경우에 있어 열원 또는 들뜸 수단에 의해 생성되는 분석물의 방출로부터의 간섭을 제거하기 위해, 광원은 펄스되거나 기계적으로 겹쳐진다. 공명 방출은 공명 형광과 동일한 파장에서 발생한다. 그러나 형광 신호는 광원 주파수에서 변조되지만 방출 신호(열 또는 기타 여기에서 발생)는 안정된 신호가 된다. 광원 변조 주파수로 설정된 로크인 변조기(lock-in amplifier)는 형광 신호만 측정한다.

8.5.2 | AFS의 간섭

AFS는 우리가 논의한 다른 원자 방출 기술처럼 화학적 간섭과 스펙트럼 간섭을 받을 것으로 예상된다.

8.5.2.1 화학적 간섭

CV 수은 AFS 방법의 화학적 간섭은 중요한 문제가 아니다. 왜냐하면 반응의 화학적 성질은 잘 알려져 있으며, 간섭은 거의 없고 드물기 때문이다. 많은 양의 금과 다른 금속들이 수은 원자 증기의 방출을 방해하지만 수은에 대해 일상적으로 분석되는 생물학적 및 환경적 시료에서 간섭은 일반적으로 발생하지 않

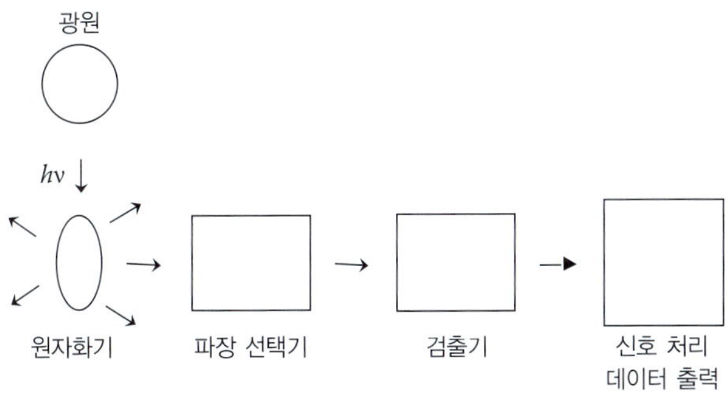

그림 8.37 산란광을 감소하기 위해 광원과 파장 선택기 사이의 90도 배열을 가지는 원자 형광 분광기의 모식도

는다. HG의 화학적 간섭도 잘 알려져 있다. 예를 들어 원소는 적절한 산화 상태로 변환되어야 한다. 표준 분석 프로토콜을 사용하여 생물학적 및 환경적 시료를 일상적으로 분석하는 경우, As 및 Se의 AFS 분석은 중요한 화학적 간섭을 받지 않는다.

8.5.2.2 스펙트럼 간섭

스펙트럼 간섭은 AFS에서 중요할 수 있으며 그 중 일부는 AFS에 고유하다. 검출기에서의 총 형광 신호는 광원으로부터 산란된 빛, 분석되지 않은 원자 및 분자의 형광, 바탕 방출, 분석물 방출, 분석물 형광을 포함할 수 있다. 분석물 형광만 측정하려면 다른 스펙트럼 간섭을 제거하거나 보정해야 한다. 언급했듯이, 광원이 변조되면 분석물 방출은 측정되지 않는다. 비분석 원자 및 분자 또는 바탕 형광으로 인한 형광은 드물다. 형광 과정의 다단계 특성으로 인해 분석되지 않은 종은 분석물과 동일한 파장에서 흡광 및 형광을 일으키지 않는다. 발생하는 모든 배경 형광은 측정된 총 신호에서 바탕 신호를 빼냄으로써 보정될 수 있다. 바탕 방출과 산란된 빛은 AFS의 스펙트럼 간섭의 주요 원인이다. 산란된 빛은 들뜸 및 형광 파장이 비공명 형광보다 동일한 공명 형광에서 더 중요하다. 파장 선택은 형광 파장이 들뜸 파장과 같지 않기 때문에 비공명 형광에서의 광원 산란 및 분석물 신호를 구별할 수 있다. 들뜸 광원으로서 레이저를 사용하는 이점은 감도가 낮은 비공명 전이가 사용될 수 있고, 산란된 빛이 파장 선택에 의한 간섭원으로서 제거된다는 것이다.

8.5.3 | AFS의 응용

AFS 현상은 1950년대 후반부터 광범위하게 연구되어 왔다. AFS는 주로 정량 분석에 사용된다. AFS의 정확도와 정밀도는 사용된 원자화기에 따라 다르지만 일반적으로 수은에 대해서는 CVAAS, As 및 Se에 대해서는 HG 사용 시 1~2% RSD 정도이다. 원자화기 GF를 사용하면 고체 시료의 경우 10~30% RSD, 용액의 경우 5% RSD 정도의 GFAAS의 정밀도를 얻을 수 있다. 선형 범위는 10^3~10^8까지 다양하다.

8.5.3.1 흑연로 레이저 들뜸 AFS

GF 원자화기와 레이저 들뜸 광원을 결합하여 흑연로 레이저 들뜸 AFS(GF laser-excited AFS, GF-LEAFS)라고 한다. 현재 이 기술은 몇몇 실험실에 한정되어 있는 연구 기술이지만 다른 원자 분광 분석법에 비해 극적인 이점이 있다. 고분자 조각과 같은 작은 고체 시료는 GFAAS보나 2~4배 우수하고 ICP-MS보다 1~2배 우수한 검출 한계로 참고문헌에 의하면(Lonardo et al.) 직접 분석할 수 있다. 용해를 위해 사용된 고순도 산의 제거, 시료의 오염 감소, 휘발성 원소의 손실 최소화, 시료 분석 속도 향상과 같은 직접 고체 시료 분석을 위한 확실한 이점이 있다.

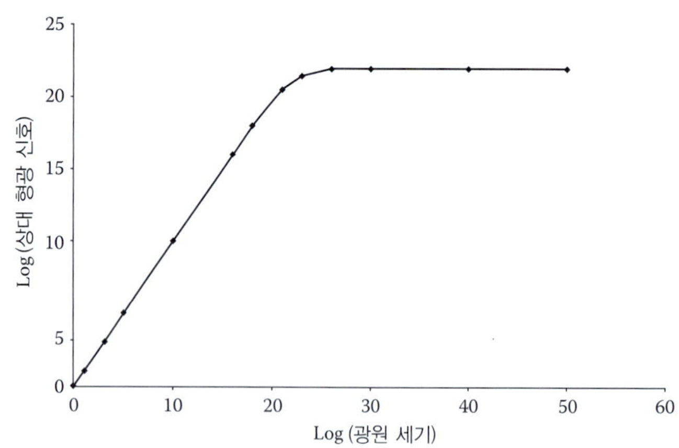

그림 8.38 AFS를 위한 포화 곡선의 개략도. 낮은 강도에서 신호는 광원 강도와 선형이지만 높은 광원 세기에서, 신호는 광원 세기와 독립적이다. 이것은 포화 영역이다.

강렬한 레이저 광원을 사용하면 분석물의 상태 수를 바꿀 수 있다. 특히 들뜬 상태가 발생하는 낮은 상태는 고갈될 수 있으며 펄스 상태의 염료 레이저와 같은 고밀도 광원을 사용하여 들뜬 상태가 채워진다. 간단한 두 단계 시스템(바닥 상태 및 제1들뜬 상태)에 대해, 완전한 포화는 들뜬 상태의 원자의 절반을 갖는 것으로 정의된다. Boltzmann 분포에서 알 수 있듯이, 이것은 원자의 일반적인 분포가 아니다. 상대적인 형광 신호의 대수와 광원 세기의 대수를 그래프로 표시하면 그림 8.38에 개략적으로 표시된 **포화 곡선**(*saturation curve*)을 얻을 수 있다. 낮은 레이저 출력 또는 종래의 EDL 또는 HCL 광원에서 발생하는 낮은 광원 세기의 영역에서, 신호는 광원 세기와 선형적인 관계이다. 세기가 높을수록 일반 광원에 대한 곡선의 선형 영역의 신호가 높아진다. 매우 높은 세기의 광원의 경우, 바닥 상태 및 들뜬 상태의 원자수가 변경되었기 때문에 신호는 광원 세기와 독립적이다. 강렬한 레이저 광원은 원자의 수를 변화시켰고 흡수율과 형광률을 동일하게 만들었다. 이 상태를 포화 또는 광포화라고 한다. 포화 형광은 몇 가지 장점을 제공하는데, 형광 신호는 최대로 얻을 수 있는 신호이므로 검출 한계는 얻을 수 있는 최저 신호이다. 신호는 광원 세기의 변동에 독립적이다. 포화는 충돌의 비활성화에 의한 형광 신호의 퀀칭을 제거하고 형광 신호의 자기 흡수를 감소시킴으로써 선형성을 향상시킨다. 실제로, 충분한 레이저 출력은 주어진 전이를 포화시키는 데 사용된다.

8.5.3.2 AFS에 의한 수은 결정 및 종분화류

AFS를 사용하는 수은에 대한 검출 한계를 극적으로 개선하여 수은에 대한 상용 CV AFS 시스템 사용이 가능하다. Hg 분석 검출 한계는 수은을 예비 농축하기 위해 융합을 사용하여 0.1 ppt~250 ppb에서 0.05 ppt 미만으로 보고되었다. CVAAS보다 적어도 10~100배 더 민감하다. P S 분석 GC 기반 Hg 종분류 시스템은 통합된 열분해 제어 장치가 있는 AFS에 연결된 GC로 구성되고 검출기는 들뜸 원으로 저압 Hg 램프가 있는 PMT이다.

8.5.3.2 AFS에 의한 수소화물 생성 및 분류

As, Se, Sb, Bi, Te, Ge, Sn 및 기타를 포함하는 수소화물 형성 원소는 상업적 HG-AFS 기기를 사용하여 결정될 수 있다. (대문자 HG는 수은이 아니라 수소화물 생성을 의미함.) 수은과 같은 여러 원소는 독성 때문에 중요한 분석물이다. 이러한 원소 대부분의 검출 한계는 낮은 ppt(ng/L) 범위에 있으며 선형 범위는 최대 10 ppm이다. 검출 한계는 일반적으로 해당 HG AAS 검출 한계보다 5~10배 더 낫다. 이런 원소들의 종분류는 LC 또는 GC를 AFS 시스템과 결합하여 수행할 수 있다. 수은, 비소, 셀레늄은 무기 및 유기 형태로 모두 발견되며, 독성은 형태에 따라 매우 다양하다.

8.6 레이저 유도 파괴 분광법

레이저 유도 파괴 분광법(Laser-induced breakdown spectroscopy, LIBS)은 펄스 레이저를 들뜸 원으로 사용하는 비교적 새로운 원자 방출 분광 기술이다. LIBS는 레이저 스파크 분광법(LASS) 및 레이저 유도 플라스마 분광법이라고도 한다. 이 기술은 레이저의 발명 이후 1960년대 초에 개발되었지만, 고가의 대형 레이저 및 분광기는 1990년대까지 전문 연구 도구로 사용되었다. 소형 광섬유 분광기와 소형 첨단 고출력 레이저의 발전으로 인해 실험실 및 현장에서 사용하기 위한 소형 휴대용 분석 시스템이 개발되고 있다. 2012년 8월 현재 'Curiosity'라는 화성 탐사선에 LIBS 시스템이 운용 중이다.

8.6.1 | 작동 원리

소형 Q-스위치 Nd:YAG 레이저와 같은 펄스 레이저의 출력은 간단한 초점(focusing) 렌즈를 사용하여 분석할 재료의 표면에 집중된다. 일반적으로 10 ns 레이저 펄스의 지속 기간 동안, 재료의 표면에서의 힘은 1 GW/cm^{2}을 초과할 수 있다. 이것은 유도된 절연 파괴 또는 플라스마 스파크를 생성한다. 이러한 고출력 밀도에서는 레이저 절삭 과정에 의해 표면으로부터 마이크로그램 미만의 물질이 방출된다. 수명이 짧지만 발광하는 플라스마는 물질의 표면에 도달하는 순간 10,000℃를 형성한다. LIBS에서는 레이저 자체가 플라스마를 생성하는데, 뜨거운 플라스마 내에서 방출된 물질은 분무화되고, 이온화되고, 들뜨게 된다. 레이저 펄스의 끝에서, 플라스마는 초음속에서의 팽창에 의해 빠르게 냉각된다. 들뜬 원자와 이온은 낮은 에너지 준위로 되돌아감에 따라 특징적인 방출선을 방출한다. 광학 분광기에 수집(collecting) 렌즈 및 광섬유 연결을 사용하여 재료의 원소 조성을 결정할 수 있다.

LIBS를 사용하여 모든 원소(고체, 액체, 기체, 슬러리 등)를 분석할 수 있다. 많은 원소들이 <1~100 ppm 수준에서 검출될 수 있으며, 100~500 ppm 범위의 검출 한계를 갖는다. 매우 적은 양의 시료가 레이저 샷 당 나노그램에서 마이크로그램 정도의 물질로 줄어들기 때문에 이 방법은 비파괴적인 것으로 간주된다. 보통 시료 전처리는 필요하지 않다.

8.6.2 | 기기

최신 LIBS 시스템의 개략도가 그림 8.39에 나와 있다. 필요한 부품으로는 고 피크-파워 Q-스위치 레이저, 시료 표면에 레이저를 집속시키는 광학 장치, 레이저 펄스 방출 및 검출 타이밍 회로, 방출된 빛을 모아 분광기로 전송하는 광학 장치, 스펙트럼 분석을 위한 컴퓨터 소프트웨어 등이 있다.

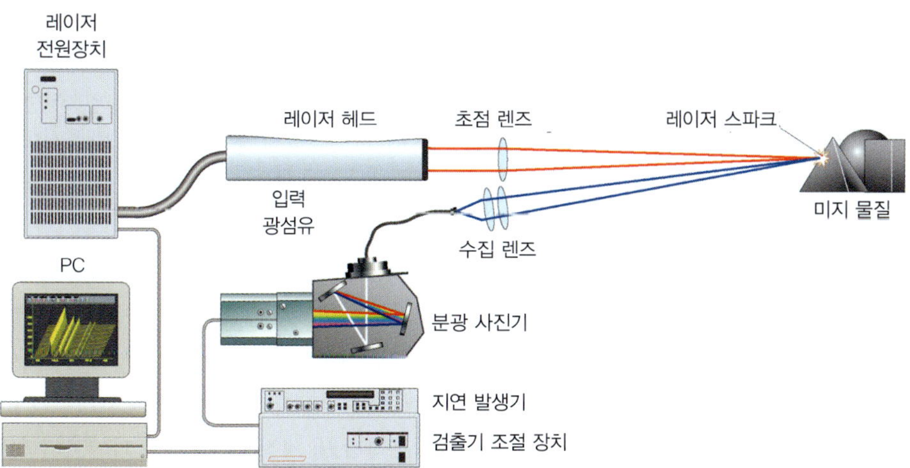

그림 8.39 LIBS의 주요 구성 개략도. (Image reproduced courtesy of Applied Photonics Ltd., Yorkshire, U.K., www.appliedphotonics.co.uk.)

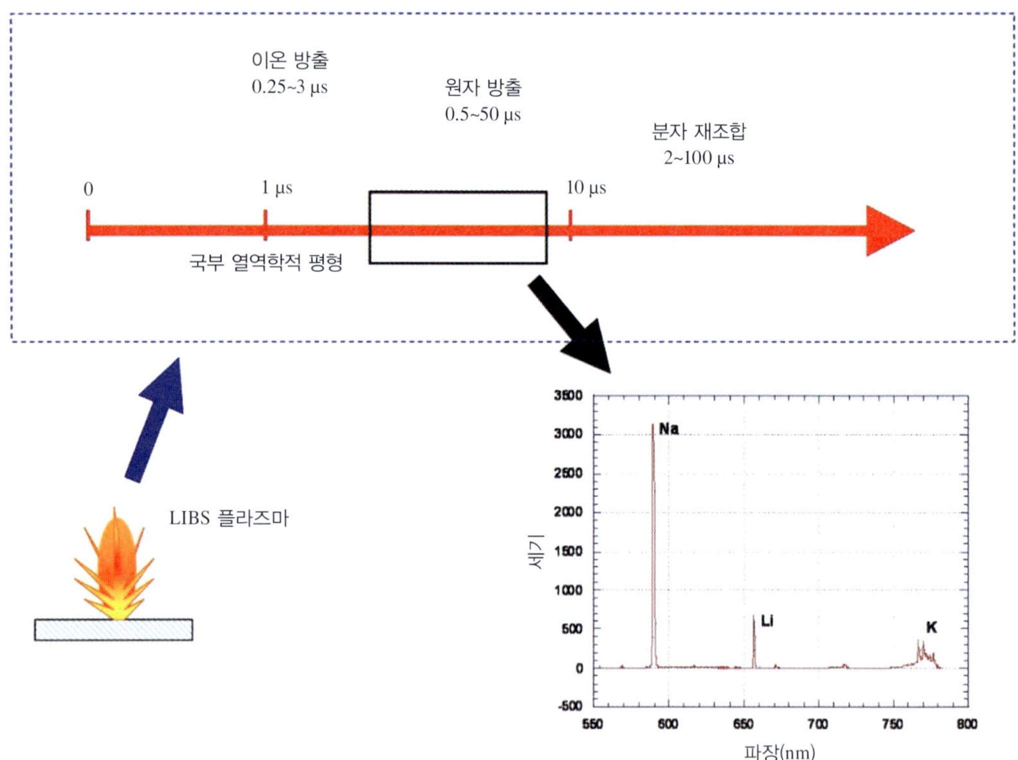

그림 8.40 LIBS 플라스마의 점화 후 원자의 방출에 대한 개략적인 시간 순서(Courtesy of Photon Machines, Inc., Bozeman, MT, www.photon-machines.com.)

LIBS에는 다른 레이저가 사용되었지만 가장 일반적으로 사용되는 Q-스위치 ND:YAG 레이저는 기본 파장 1,064 nm, 주파수 배가 파장인 532 nm 또는 355 및 266 nm의 고조파에서 작동한다. 레이저에 대한 요구 사항은 짧은 펄스 지속 시간 또는 펄스 폭(1~20 ns)과 펄스당 최소 10 mJ인데 LIBS의 레이저 펄스는 일반적으로 10~100 mJ이다. Neodymiun-doped YAG는 광학 펌핑된 고체상 레이저에 사용되는 재료이다. Q-스위치는 레이저의 발진 능력을 제어하는 광학 장치이다. 레이저 Q-인자를 낮게 유지함으로써 레이저는 더 높은 수준의 에너지를 저장할 수 있고 저장된 에너지는 매우 짧은 고출력 펄스 형태로 방출된다. (이 고전력 레이저는 사람들에게 안전 위험과 잠재적인 화재 위험을 초래하므로 적절한 안전 장비를 갖춘 숙련되고 숙련된 분석자만 사용해야 한다.)

방출 스펙트럼을 정확하게 수집하기 위하여는 레이저 펄스 후 약간의 시간이 지난 후 레이저 플라스마로부터의 광학 방출을 기록할 수 있게 해주는 시간 의존성 검출기(time-gated detector)가 필요하다. 레이저 '점화' 이후 처음 수 마이크로 초 동안, 플라스마는 강력한 연속 백색광(제동 복사(bremsstrahlung)라고도 함)를 방출하며, 플라스마가 냉각되면서 감소하는데, 이때 특징적인 원자 및 이온 방출선이 나타난다. 연속 복사선으로부터의 간섭을 제거하기 위해 수 마이크로 초 정도 검출이 지연된다. 이 원리는 그림 8.40에 나와 있다.

PMT 검출기는 특히 다수의 PMT에 사용될 수 있는데, 단점은 모니터링할 수 있는 파장이 고정되어 있으며 검출기의 수에 제한된다는 것이다. 스펙트럼은 화학 계측법을 포함하는 컴퓨터 소프트웨어로 처리된다(4.6.2.1절의 화학 계측법에 대한 설명 참조). 부분 최소 제곱(PLS) 및 주성분 분석과 같은 방법으로 계측 소프트웨어를 사용하여 교정 곡선을 만들고 정량 분석을 제공한다. 많은 상용 시스템의 LIBS 소프트웨어는 라이브러리 매칭, 시료 분류, 미리 장착된 라이브러리 및 교정, 고객 제작 라이브러리 및 교정을 포함한 정성 분석, 반정량 분석, 정량 분석을 지원한다.

시료 표면의 저압 아르곤 퍼지는 시료의 레이저 절삭 과정에서 미립자가 시스템 광학계를 더럽히는 것을 방지하고, 강한 방출 신호를 생성하고 LIBS 스파크로부터 공기를 이동시켜 시료 내 N 및 O의 분석을 가능하게 하는 데 사용된다.

8.6.3 | LIBS의 응용

LIBS는 H, Be, B, C, N, O와 같은 원자 번호가 낮은 원소를 포함하여 모든 원소를 검출할 수 있다(앞에서 설명한 다른 원자 방출 기술 및 XRF 기술과 비교할 때 LIBS에 상당한 이점이 있다). 시료 준비가 거의 또는 전혀 필요하지 않다. 시료 표면이 산화물 층, 페인트, 기름 또는 다른 오염물로 코팅된 경우 레이저를 사용하여 표면을 빠르게 세척하여 밑에 있는 물질을 노출시킬 수 있다. 이러한 방식으로 수백 마이크론 두께의 코팅을 신속하게 제거할 수 있다. 레이저가 표면 코팅을 제거할 수 있기 때문에 LIBS는 GD 시스템의 해상도가 아니더라도 사용 가능한 레이저 출력에서 시료를 제거할 수 있으면 코팅 및 다층 재료의 깊이 분석도 분석에 사용할 수 있다. 모든 원소의 벌크 동시 측정은 약 20초 이내에 수행할 수 있다.

LIBS는 산업, 생물 의학 응용 분야, 원자로 내와 같은 위험한 환경에서의 재료 분석, 수중 소재 분석, 폭발물을 포함한 유해 물질의 원격 탐지에 사용된다. 시료는 고체, 액체, 기체, 슬러리, 슬러지 및 기타 혼합물 등이 가능하다. LIBS는 다음의 여러 분야에도 응용된다. 고고학; 지질학; 보석학; 예술 복원 및 보전; 폭발물, 지뢰, 화학 또는 생물학적 전쟁 요인에 대한 군사 및 국토 안보 분석; 바이오 에어로솔 및 생물학적 위험물질; 뼈, 머리카락, 치아, 암 조직 박테리아, 기타 생물학적 물질의 법의학 및 생의학 연구; 대기, 배기 가스, 산업 폐기물에 대한 실시간 환경 모니터링에 사용된다.

8.6.3.1 정성 분석 및 반정량 분석

정성 분석은 LIBS 스펙트럼에 존재하는 특정 원자 방출선을 확인함으로써 실행된다. 상업용 계측기는 원자 스펙트럼 라이브러리와 방출선 자동 식별 소프트웨어를 포함한다.

모든 원소가 LIBS에 의해 탐지될 수 있기 때문에, 정성적인 원소 '지문'(선과 세기)을 사용하여 표본을 일치시킬 수 있다. 따라서 품질 관리에 사용될 수 있다. 예를 들어 생물학적 물질은 산소, 질소, 수소, 탄소 및 헤테로 원자 S와 P의 여러 선들과 세기의 특징적인 지문을 제공할 것이다. 흥미로운 예는 LIBS 스펙트럼을 박테리아 분석에 지문과 같이 사용하여 유사한 박테리아를 쉽게 구별하는 것이다. **탄저균**(*Bacillus anthracis*)과, 매우 일반적이며 관련이 있지만 치명적이지 않은 *Bacillus thuringiensis*, *Bacillus cereus* 등을 구별할 수 있다. 시연된 LIBS 기능을 기반으로 조직의 생체 내 병원체 분석을 실시간으로 수행할 수 있다.

보석은 매우 귀중한 물질이다. 특히 Hope Diamond처럼 진한 푸른색 다이아몬드와 같은 보기 힘든 색의 보석은 더욱 그렇다. 인조석 및 처리, 염색, 코팅된 보석은 쉽게 구할 수 있으며 '진짜' 보석으로 판매되는 경우도 많다. 원석의 평가에서, UV 355 nm 주파수 3배 Nd:YAG 레이저를 사용하면 원석에 작은 초점이 생기며 표면에만 흡수되어 레이저 스펙트럼의 손상을 최소화하면서 유용한 스펙트럼을 생성할 수 있다. 이 접근법을 TSI LIBS 시스템과 함께 사용하여 응용 과학자들은 베릴륨으로 처리한 사파이어와 돌의 색을 변화시키는 과정을 통해 코발트 코팅한 토파즈를 쉽게 식별할 수 있었다.

주석, 나이오븀, 탄탈럼, 텅스텐의 주원료인 다이아몬드, 금 및 금광석, 광물은 전 세계 여러 곳에서 채광된다. LIBS는 이러한 물질의 지질학적 출처를 밝히는 목적으로 광물 '지문'을 연구하는 데 사용되고 있다. 또한 연구자들은 흑암으로 만들어진 신석기 시대의 유물(Renum et al.)의 기원을 추적하기 위해 LIBS를 사용해왔다.

교정 표준을 사용하지 않고 조성을 결정하는 것은 모든 분광 기술의 목표이다. 반정량 분석을 허용하는 다양한 기법에 대해 사용할 수 있는 스펙트럼 모델링 접근 방식이 많이 있다. LIBS의 경우 정의된 플라스마 파라미터(Yaroshchyk et al.)를 사용하여 이론 방출 스펙트럼의 데이터베이스를 이용한 이론적인 스펙트럼을 생성하는 소프트웨어를 사용할 수 있다.

8.6.3.2 정량 분석

정량 분석은 표준 및/또는 인증 기준 물질(CRM)의 사용, 적절한 원소 광학 방출선의 선택, 그리고 대부분의 경우 내부 표준 물질로 사용되는 표준화된 선의 선택을 요구한다. 교정 곡선은 내부 표준 물질을 사용하고 이전에 설명된 것처럼 농도에 대한 표준화된 피크 면적을 사용하여 작성된다. 농도가 교정 세트에서 거의 일정하게 유지되는 지배적인 매트릭스 성분이 있는 경우 표준화를 위해 그 매트릭스 성분의 방출선을 사용하는 것이 가장 좋다. 이러한 접근법은 레이저 세기의 샷-샷(shot-to-shot) 변동에 의해 야기되는 플라스마 상태의 변화로 인한 영향을 최소화한다. 또는 전체 관찰된 스펙트럼과 분석물의 농도를 화학계측적으로 분석하여 교정 곡선을 자동으로 구성할 수 있다. 일반적으로 5~10%의 RSD를 쉽게 얻을 수 있다. 정량 분석을 향상시키기 위해 펠렛과 같은 시료 준비 방법은 토양 및 퇴적물로부터의 불확실성을 개선할 수 있으며, 시료를 유리 구슬(bead)로 전환시키는 염과의 융합은 매트릭스 효과를 제거할 수 있다. 융합은 1장에서 논의되었으며 XRF 분석에서 광범위하게 사용되고 있다(9장).

LIBS 방법의 장점은 빠른 측정 시간, 제조의 여러 단계에서 납 함량을 측정할 수 있는 능력, 독성 폐기물 및 비싼 고순도 산의 제거로 AAS 및 ICP-OES와 같은 방법보다 저렴하고 안전하다는 것이다.

고체 시료를 직접 분석할 수 있는 XRF는 란타넘족 계열 형광선과 전이 원소의 형광선이 겹치는 문제가 있다. LIBS는 광석의 란타넘족 원소를 10 ppm 이하의 수준에서 쉽게 측정할 수 있으며, 현장에서 수행할 수 있어 광석이 광산에 가치가 있는지를 신속하게 판단할 수 있다.

8.6.3.3 원격 분석

LIBS는 광학 기술이므로 분석을 수행하려면 재료에 대한 광학 접근이 필요하다. 직접 시선법을 위한 망원경이 장착된 검출기를 사용하여 원격 측정을 하면 약 10 m 거리의 대상물을 분석할 수 있으며 광섬유 프로브는 최대 100 m까지 분석할 수 있다. 이것은 위험하거나 고온의 물질 분석과 적대적인 환경에서의 배치에 매우 유용하다. 화성 행성의 혹독한 환경에서 LIBS를 흥미롭게 사용하는 것이 현재 진행 중이다.

그림 8.41 Curiosity 화성 탐지기를 위에서 본 구상도 (Image credits: Courtesy of NASA/JPL-Caltech/LANL, Pasadena, CA.)

Curiosity라는 화성 탐사선에는 화학 카메라(켐캠, ChemCam)라는 LIBS 시스템이 장착되어 있으며, 화성 표면을 덮는 얇은 먼지 층을 통해 최대 7 m 떨어진 암석 및 토양의 원소 구성을 결정할 수 있다. 이 시스템은 IR 레이저, 망원 렌즈, 6000개가 넘는 UV, 가시광선 및 IR 채널이 240~850 nm의 범위를 포함하는 분광기를 사용한다. 이 LIBS 시스템은 프랑스의 우주 기관 센터(CNES)와 Los Alamos National Laboratory(LANL) 간의 합작품이다. LIBS는 대기압이 해수면의 지구 대기압의 약 1%에 불과해 플라스마가 팽창하여 더 밝아질 수 있다는 점에서 화성 적용에 이점이 있다.

ChemCam의 첫 번째 LIBS 스펙트럼은 로버 근처의 바위에서 수집되었다. 'Coronation'이라고 불리는 암석(그림 8.42a)은 약 7.6 cm 너비이며 ChemCam이 설치된 곳에서 약 2.7 m 거리에 있다. 스펙트럼은 그림 8.42b에 나와 있는데 0.4 mm 지름의 단일 지점에서 30개 이상의 레이저 샷으로 찍은 스펙트럼의 복합체이다. 주요 원소가 식별되며 왼쪽 상단 상자는 398~404 nm 영역의 확장을 보여 주며 Ti 및 Mn의 미세한 원소를 식별한다. 오른쪽 상자는 수소와 탄소 피크를 보여 주는데, 탄소는 화성 대기의 이산화 탄소

(a)

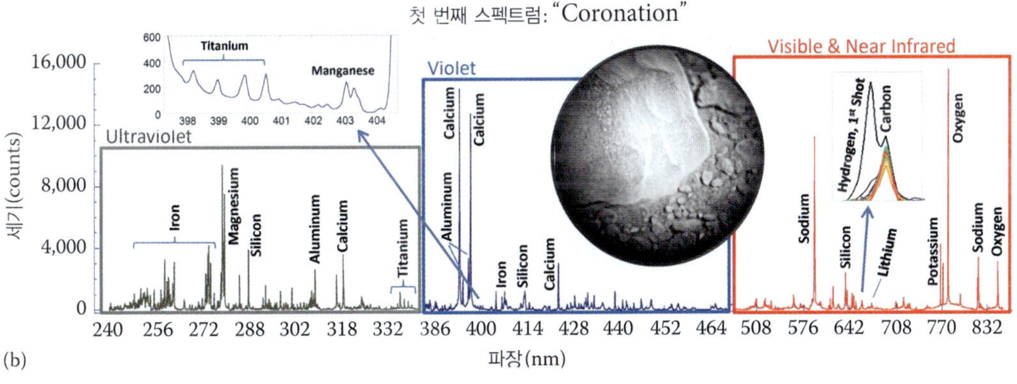

(b)

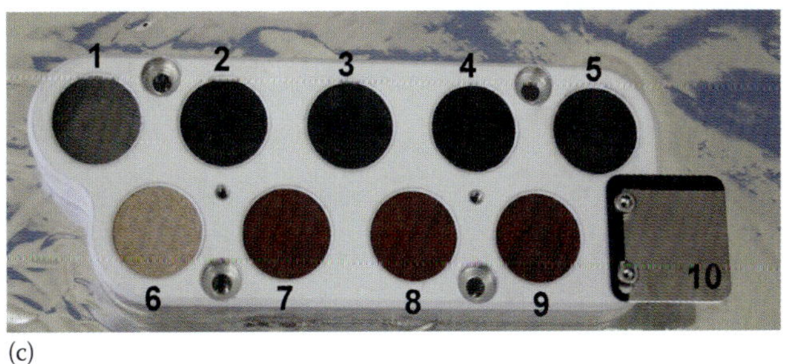

(c)

그림 8.42 (a) LIBS에 의한 화성의 첫 번째 바위 'Coronation' 연구. (b) 바위의 첫 번째 ChemCam 스펙트럼, 주성분과 부성분 원소들을 보여 준다. (c) ChemCam의 교정 물질. (Image credits: courtesy of NASA/JPL-Caltech/LANL/CNES/IRAP, Pasadena, CA.)

를 나타내며, 수소는 단지 암석 표면에만 있다는 것을 나타낸다. 일부 방출선은 다른 것보다 더 쉽게 들뜨기 때문에 피크의 높이가 원소의 상대적 존재비를 직접 나타내지는 않는다. 스펙트럼의 예비 분석은 이전 탐사에서 화성에 풍부하다고 알려진 화산암의 일종인 현무암과 일치함을 나타낸다.

ChemCam은 화성에서 예상되는 것을 나타내는 9가지 재료로 구성된 그림 8.42c와 같은 표적을 사용하여 교정된다. 원 1~4는 화성암을 나타내는 유리 시료, 원 5는 흑연, 원 6~9는 퇴적암을 나타내는 세라믹 시료이다. Ti의 사각형판 10은 ChemCam의 레이저 진단 및 파장 교정에 사용된다.

8.7 원자 방출법 논문 그리고 자료

원자 방출 분광법에 대한 기사들을 발간한 많은 학술지들이 있다. *Analytical chemistry*, *Applied Spectroscopy*, *Spectrochimica Acata Part B*, *The Analyst*는 원자 방출 분광법뿐만 아니라 다른 분석적인 방법들을 발표하였다. The *Journal of Analytical Atomic Spectrometry*는 이름에서 알 수 있듯이 학술지에 더 많은 초점을 두었다. 원자 방출 분광법을 사용하여 특정 물질들의 분석을 수행하는 응용기사들은 (지질학, 농업, 식품학, 약학, 고분자 화학 등과 같은) 응용의 분야와 관련이 있는 학술지 안에서 찾을 수 있다.

방법 및 응용들은 정부, 학계, 기기 제조사들의 홈페이지에서 찾을 수 있다. 예를 들면, 환경 시료들의 분석을 위하여 AES를 사용하는 미국의 환경 보호국(EPA) 방법들은 www.usepa.gov에서 찾을 수 있다. 이 장에서 웹사이트 주소가 나와 있는 대부분의 기기 회사들은 홈페이지에 응용 프로그램 안내와 방법들을 제공한다.

원자 스펙트럼 선들의 표들은 참고문헌 안에 수록된 Zaidal, Robbinson, Harrison, Boumans의 핸드북과 책 안에서 찾을 수 있다. 원자의 스펙트럼 파장들은 US NIST 웹사이트 www.nist.gov에서 찾을 수 있다. 대부분 상업용 소프트웨어에는 방출선의 참고정보가 포함되어 있다.

문제

8.1 단색화 장치와 다색화 장치의 차이점은 무엇인가?

8.2 시료가 불꽃에 흡인될 때 어떤 과정을 거쳐 복사 에너지 방출이 일어나는가?

8.3 표준 물질에서 원자 방출의 스펙트럼 간섭이 교정 곡선에서 양 또는 음의 기울기를 갖게 하는지 가능성을 간단히 설명하시오.

8.4 AES에 의한 포타슘을 확인하기 위한 교정 곡선을 작성하기 위해, 아래의 데이터를 얻었다.

K 농도 (ppm)	방출 세기
0.1	10
0.1	410
0.2	800
0.4	1620
0.6	2450
0.8	3180
1.0	3600
1.2	3600

(a) 스프레드시트를 사용하여 도표를 그리시오. 선형 회귀를 사용하여 교정 곡선의 방정식을 알아내시오. (b) 결과에 오류 값이 있는가? (c) 데이터 점들에서 방출 세기 농도 사이의 관계가 선형인가? (d) 데이터 점들에서 나타나는 오류는 무엇인가? (필요하다면 1장을 읽고 당신의 추론을 설명하시오.)

8.5 5개의 시료로부터 방출 세기는 대략 1020, 2230, 2990, 4019, 3605이다. 준비된 바탕 시료의 세기는 398이다. 문제 8.4에서 그린 교정 곡선을 사용하여 5개 시료의 포타슘 농도를 계산하시오.

8.6 표준 물질이 첨가된 방법을 사용하여 다음의 결과를 얻었다. 시료 내 칼슘 농도는 얼마인가?

	방출 세기
시료만	5.1
시료 + 0.1 ppm Ca	6.2
시료 + 0.2 ppm Ca	7.3
시료 + 0.5 ppm Ca	10.6
불꽃만	0.7

8.7 AES에서 시료에 존재하는 분석물이 아닌 원소가 스펙트럼과 비스펙트럼 간섭의 원인이 되는가?

8.8 다음 데이터를 이용하여 리튬을 확인하는 교정선을 그리시오. 리튬에 없는 불꽃 복사선 세기는 무엇인가? 리튬이 포함되어 있는 시료의 복사선 세기는 3번 측정하였다. 세기는 1847, 1839, 1851이었다. 시료 내 리튬 농도는 얼마인가? 불확실성을 포함하여 결과를 나타내시오.

표준 용액 농도 (ppm Li)	방출 세기
0.1	360
0.2	611
0.4	1113
0.6	1620
0.8	2091
1.0	2570

8.9 불꽃에서 스펙트럼 방출선은 불꽃의 원자 흡수 스펙트럼과 같은 0.01 nm 너비이다. AAS에서는 원자 방출 분광기에서 스펙트럼의 대역 통과가 왜 더 적은가?

8.10 AES의 바탕 복사의 원인은 무엇인가? 모든 들뜬 광원을 고려하여 설명하시오.

8.11 화학적 간섭의 의미는 무엇인가? 불꽃 광도계, 아크/스파크, ICP, GD 광원 각 기술에 대해 나타나는 화학적 간섭의 양을 비교하시오.

8.12 불꽃 광도기와 분광기의 방출은 어떻게 다른가? 이 차이가 각각의 방법으로 검출되는 원소의 수에 어떻게 영향을 미치는지 설명하시오.

8.13 DC 아크 방출 분광기에 의한 가루 시료의 분석을 위해 사용되는 흑연 전극을 묘사하고 그리시오.

8.14 아크/스파크 방출 그리고 ICP 방출, GD 방출에서 방출 신호의 세기는 매트릭스에 어떤 영향을 주는가?

8.15 Echelle 단색화 장치의 구성요소와 작동을 묘사하시오.

8.16 Echelle 분광기에서 PMT 또는 다양한 PMTs를 사용하는 대신 CCD 또는 CID 검출기의 사용하는 이점은 무엇인가?

8.17 AES에서 매트릭스의 영향은 무엇을 의미하는가? 적어도 두 개의 예시를 말하시오.

8.18 ICP는 어떻게 형성되는가? 플라스마 형성에 어떤 기체가 사용되는가? 다른 플라스마의 종류는 무엇인가?

8.19 직교류 형태 분무기를 그리고, 작동을 설명하시오.

8.20 레이저 절삭이 시료의 도입에 어떻게 이용되는지 묘사하고 어떤 시료에 사용되는지 설명하시오.

8.21 ICP 형태의 분석에서 측정 가능한 범위는 무엇인가? AAS와 비교하였을 때 어떠한가? 측정 가능한 범위에서 ICP 사용의 이점은 무엇인가?

8.22 고체의 분석물에서 스파크 광원보다 GD 광원의 사용은 어떤 이점이 있는가?

8.23 깊이 분석도의 의미가 무엇인지 그리고 어떻게 물질의 분석에 사용되는지 설명하시오.

8.24 정성 분석에서 원자 흡수와 원자 방출을 비교하시오. 각각의 장점과 단점은 무엇인가?

8.25 정량 분석에서 원자 흡수와 원자 방출을 비교하시오. 각각의 단점과 장점은 무엇인가?

8.26 (a) 공명 형광 (b) 스토크스 direct-line 형광, (c) 반스토크스 direct-line 형광이 발생하는 과정을 그리시오.

8.27 공명 형광을 사용하는 이점과 단점은 무엇인가?

8.28 AFS에서 약한 세기 또는 넓은 띠의 광원보다 왜 높은 세기의 선 광원을 선호하는가?

8.29 AFS에서 레이저 광원을 사용하는 이점은 무엇이고 단점은 무엇인가?

8.30 AFS의 스펙트럼 간섭을 간단하게 묘사하시오. 그리고 어떻게 발생하고 제거되는지 설명하시오.

8.31 포화된 형광은 무엇을 의미하는가? AFS 분석에서 왜 포화된 형광이 사용되는가?

8.32 원자 형광을 원자 흡수와 원자 방출과 비교하시오. 각각의 기술의 장점과 단점은 무엇인가?

8.33 LIBS가 어떻게 작동하는지 설명하시오. 다른 원자 방출법과 비교할 때 LIBS의 장점은 무엇인가?

8.A 부록

표 8.A.1 불꽃 원자 방출 검출 한계

원소	파장 (nm)	불꽃	불꽃 상태	검출 한계 (ppm)
Aluminum	396,2	NA	R	0,005
Antimony	259,8	NA	R	1,0
Arsenic	235,0	NA	Ox	2,2
Barium	553,6	NA	R	0.001
Berylium	234,9	NA	R	
Bismuth	223,1	NA	R	6,4
Boron	249,7	NA	R	7
Cadmium	326,1	NA	R	0,5
Calcium	422,7	NA	R	0,0001
Cerium	569,9	NA	R	30
Cesium	852,1	NA	Ox	0,5
Chromium	425,4	NA	R	0,005
Cobalt	345,4	NA	R	0,5
Copper	327,4	NA	R	0,01
Dysprosium	404,6	NA	R	0,07
Erbium	400,8	NA	R	0,04
Europium	459,4	NA	R	0,0006
Gadolinium	440,2	NA	R	1,0
Gallium	403,3	NA	R	0,01
Germanium	265,1	NA	R	0,5
Gold	267,6	NA	R	0,5
Hafnium	368,2	NA	R	
Holmium	405,4	NA	R	0,02
Indium	451.1	NA	R	0,002
Iridium	380.0	NA	R	30
Iron	371.9	NA	R	0.05
Lanthanum	579.1	NA	R	0.1
Lead	405.8	NA	R	0.2
Lithium	670.8	AA	Ox	5×10^{-6}[a]
Lutetium	451.9	NA	R	1.0
Magnesium	285.2	NA	R	0.005
Manganese	403.1	NA	R	0.005
Mercury	253.7	NA	R	2.5
Molybdenum	390.3	NA	R	0.2
Neodymium	492.4	NA	R	0.2
Nickel	341.5	NA	R	0.1
Niobium	405.9	NA	R	1.0
Osmium	442.0	NA	R	
Palladium	363.5	NA	R	0.1

표 8.A.1 불꽃 원자 방출 검출 한계

원소	파장 (nm)	불꽃	불꽃 상태	검출 한계 (ppm)
Phosphorus	253.0	NA	R	1.0
Platinum	265.9	NA	R	2.0
Potassium	766.5	AA	Ox	15×10^{-6}[a]
Praseodymium	495.1	NA	R	1.0
Rhenium	346.0	NA	R	0.3
Rhodium	369.2	NA	R	0.1
Rubidium	780.0	AA	Ox	0.001
Ruthenium	372.8	NA	R	0.02
Samarium	476.0	NA	R	
Scandium	402.0	NA	R	0.012
Silicon	251.6	NA	R	4.0
Silver	328.1	NA	R	0.02
Sodium	589.0	AA	Ox	8×10^{-6}[a]
Strontium	460.7	NA	R	0.001
Tantalum	481.3	NA	R	5
Tellurium	238.3	NA	R	2.0
Terbium	431.9	NA	R	0.4
Thallium	535.0	NA	R	0.6
Thorium	570.7	NA	R	0.02
Thulium	371.8	NA	R	0.02
Tin	284.0	NA	R	0.5
Titanium	399.9	NA	R	0.2
Tungsten	400.9	NA	R	0.5
Uranium	591.5	NA	R	
Vanadium	437.9	NA	R	0.01
Ytterbium	398.8	NA	R	0.002
Yttrium	362.1	NA	R	0.3
Zinc	213.9	NA	R	77
Zirconium	360.1	NA	R	3

참조: AA, 공기–아세틸렌 불꽃; NA, 아산화 질소–아세틸렌 불꽃; R, 환원성 불꽃 상태; Ox, 산화성 불꽃 상태. 파장과 불꽃상태

출처: Analytical Methods for Atomic Absorption Spectrometry, PerkinElmer Inc., Shelton, CT, 1994[**© 1993–2014 PerkinElmer, Inc. All rights reserved. Printed with permission.** (www.perkinelmer.com).]; and Robinson, Used with permission.

[a] 데이터 출처: Model 300 flame photometer, courtesy of Buck Scientific Company, Norwalk, CT.

표 8.A.2 전열 원자화 (ETA) 방법의 검출 한계 근사치

	ETA-ICP-MS		GFAAS		ETA-ICP-OES	
	ng/mL		ng/mL		ng/mL	
원소	**(2 μL)**	**pg**	**(10 μL)**	**pg**	**(10 μL)**	**pg**
^{107}Ag	0.08	0.16	0.01	0.1	0.1	1
^{27}Al	0.03	0.05	0.2	2	1.5	15
^{75}As	0.05	0.1	1	10	20	200
^{44}Ca	0.7	1.4	0.5	5	0.002	0.02
^{114}Cd	0.15	0.3	0.01	0.1	0.2	2
^{52}Cr	0.1	0.2	1	10	0.3	3
^{39}K	1.5	3	0.1	1	110	1100
^{23}Na	0.2	0.4	1	10	80	800
^{58}Ni	0.47	0.93	1	10	0.9	9
^{208}Pb	0.1	0.3	0.2	2	2	20
^{78}Se	5.7	11.4	1	10	6	60
^{28}Si	2.7	5.4	5	50	10	100
^{64}Zn	0.2	0.4	0.05	0.5	0.05	0.5

참조: 이 표는 ICP-MS와 ICP-OES의 결합에서 시료 기화 단계로 GF(ETA)의 사용과 GF AAS의 비교를 나타낸 것이다. 각 기술의 검출 한계, 시료의 양, 그리고 절대 검출 한계(피코그램)을 나타내었다. 동위 원소의 측정은 ICP-MS 기법으로 명시되었고 동위원소 번호는 AAS 또는 ICP-OES의 결과를 의미하지 않는다.

참고문헌

American Society for Testing and Materials. *Annual Book of ASTM Standards*, Vols. 3.05 and 3.06. ASTM: West Conshohocken, PA, 2000–2001.

Amaud, C.H. Fingerprinting conftict minerals. *C&E News*, April 30, 2012, www.cen-online.org.

Beaty, R.D.; Kerber, J.D. *Concepts, Instrumentation and Techniques in Atomic Absorption Spectrophotometry*. PerkinElmer Instruments: Shelton, CT, 1993.

Bemeron, R. A study of passive films formed on pure ferritic steels. *Corros. Sci.*, *20*, 899–907, 1980; Pergamon Press Ltd.: Great Britain.

Boss, C.B.; Fredeen, K.J. *Concepts, Instrumentation and Techniques in Inductively Coupled Plasma Opticai Emission Spectrometry*. PerkinElmer Instruments: Shelton, CT, 1999.

Boumans, P.W.J.M. *Line Coincidence Tablesfor Inductively Coupled Plasma Emission Spectrometry*, Vols. I and II. Pergamon Press: New York, 1984.

Boumans, P.W.J.M. *Inductively Coupled Plasma Emission Spectroscopy*, Parts 1 and 2. Wiley: New York, 1987.

Broekaert, J.A.C. Glow discharge atomic spectroscopy. *Appl. Spectrosc.*, *49*(7), 12A, 1995.

Busch, K.W.; Busch, M.A. *Multielement Detection Systems for Spectrochemical Analysis*. Wiley: New York, 1990.

Cassap, M. Analysis of elemental impurities in liquid pharmaceutical products using the Thermo Scientific iCAP 6000 Series ICPOES, Application note 43086, Thermo Fisher Scientific, Waltham, MA, www.thermo.com.

Chandler, C. *Atomic Spectra*, 2nd edn. D. Van Nostrand Co. Inc.: Princeton, NJ, 1964.

Cremers, D.A.; Radziemski, L.J. *Handbook of Laser-Induced Breakdown Spectroscopy: Fundamentals and Applications*. John Wiley & Sons Ltd.: Chichester, U.K., 2006.

Dean, J.A. *Flame Photometly*. McGraw-Hill: New York, 1960.

Dean, J.A.; Rains, T.E. *Flame Emission and Atomic Absorption Spectroscopy*, Vols. 1–3. Marcel Dekker, Inc.: New York, 1965–1971.

DeForest, P.R.; Petraco, N.; Kobilinsky, L. Chemistry and the challenge of crime. In Gerber, S.M. (ed.), *Chemistry and Crime*. American Chemical Society: Washington, DC, 1983.

Dom, S.B.; Skelly Frame, E.M. Development of a high-performance liquid chromatographic-inductively coupled plasma method for speciation and quantification of silicones: From silanols to polysiloxanes *Analyst*, 119, 1687–1694, 1994.

Dulski, T.R. A *Manual for the Chemical Analysis of Metals*. ASTM: West Conshohocken, PA, 1996.

Epperson, P.M.; Sweedler, J.Y.; Billhom, R.B.; Sims, G.R.; Denton, M.B. *Anal. Chem.*, *60*, 327A, 1988.

Hahn, D.W.; Omenetto, N. *Appl. Spectrosc.*, *64*, 355A, 2010.

Hahn, D.W.; Omenetto, N. *Appl. Spectrosc.*, *66*, 347A, 2012.

Hareland, W. Atomic emission spectroscopy. In Ewing, G.W. (ed.), *Analytical Instrumentation Handbook*, 2nd edn. Marcel Dekker, Inc.: New York, 1997.

Hark, R.R.; Remus, J.J.; East, L.J.; Harmon, R.S.; Wise, M.A.; Tansi, B.M.; Shughrue, K.M.; Dunsin, K.D.; Liu, C. Geographical analysis of “conftict minerals” utilizing laser-induced breakdown spectroscopy. *Spectrochim. Acta B*, 74, 131–136, 2012.

Harmon, R. S.; Shughrue, K.M.; Remus, J.J.; Wise, M.A.; East, L.J.; Hark, R.R. *Anal. Bioanal. Chem.*, *400*, 3377, 2011.

Hamly, J.M.; Fields, R.E. Solid-state array detectors for analytical Spectrometry. *Appl. Spectrosc.*, *51*(9), 334A, 1997.

Harrison, G.R. *MIT Wavelength Tables*. The MIT Press: Cambridge, MA, 1969.

Ingle, J.D., Jr.; Crouch, S.R. *Spectrochemical Analysis*. Prentice Hall: Englewood Cliffs, NJ, 1988.

James, S.H.; Nordby, J.J. *Forensic Science, An Introduction to Scientific and Investigative Techniques*, 2nd edn. CRC Press: Boca Raton, FL, 2005.

Kirkbright, G.F.; Sargent, M. *Atomic Absorption and Fluorescence Spectroscopy*. Academic Press: London, U.K., 1974.

Lajunen, L.H.J. *Spectrochemical Analysis by Atomic Absorption and Emission*. The Royal Society of Chemistry: Cambridge, U.K., 1992.

Lieberman, M.A.; Lichtenberg, A.J. *Principles of Plasma Discharges and Materials Processing*. Wiley: New York, 1994.

Lonardo, R.F.; Yuzefovsky, A.; Yang, K.X.; Michel, R.G. *JAAS*, *4*, 279, 1996.

Marcus, R.K. (ed.) *Glow Discharge Spectroscopies*. Plenum Press: New York, 1993.

Michel, R.G. Atomic fluorescence spectrometry. In Riordan, J.F.; Vallee, B.L. (eds.), *Metallobiochemistry*, PartA, Vol. 158. Academic Press: San Diego, CA, 1988.

Miziolek, A.W. Progress in fieldable laser induced breakdown spectroscopy (LIBS), *SPIE-DSS*, Baltimore, MD, April 2012.

Miziolek, A.W.; Palleschi, V.; Schechter, I. (eds.) *Laser Induced Breakdown Spectroscopy*. Cambridge University Press: U.K., 2006.

Montaser, A.; Golightly, D.W. (eds.) *Inductively Coupled Plasmas in Analytical Atomic Spectrometry*, 2nd edn. VCH: New York, 1992.

Myers, M.J.; Myers, J.D.; Myers, A.G. Laser induced breakdown spectroscopy. In Lackner, M. (ed.), *Lasers in Chemistry*. Wiley-VCH: Weinheim, Germany, 2008.

Parsons, M.L.; Foster, A. *An Atlas of Spectral Interferences in ICP Spectroscopy*. Plenum Press: New York, 1980.

Payling, R.; Nelis, T.; Browner, R.; Chalmers, J. *Glow Discharge Optical Emission Spectroscopy: A Practical Guide*. Royal Society of Chemistry: Cambridge, U.K., 2003.

Pilon, M.J.; Denton, M.B.; Schleicher, R.G.; Moran, P.M.; Smith, S.B. *Appl. Spectrosc.*, *44*, 1613, 1990.

Rehse, S.J.; Salimnia, H.; Miziolek, A.W. Laser-induced breakdown spectroscopy (LIBS): An overview of recent progress and future potential for biomedical applications. *J. Med. Engr. Technol.*, 36, 77−89, 2012 (http://informahealthcare.comltoc/jmtlcurrent).

Remus, J.J.; Harmon, R.S.; Hark, R.R.; Potter, I.K.; Bristol, S.K.; Baron, D.; Haverstock, G.; East, L.J. *Appl. Optics*, *51*, B65, 2012.

Robinson, J.W. (ed.) *Handbook of Spectroscopy*, Vol. 1. CRC Press: Boca Raton, FL, 1974.

Robinson, J.W. *Atomic Spectroscopy*. Marcel Dekker: New York, 1990.

Sacks, R.D. Emission spectroscopy. In Elving, P.J.; Meehan, E.; Kolthoff, I. (eds.), *Treatise on Analytical Chemistry*, Vol. 7. Wiley: New York, 1981.

Settle, F. (ed.) *Handbook of Instrumental Techniques for Analytical Chemistry*. Prentice Hall PTR: Upper Saddle River, NJ, 1997.

Skelly Frame, E.M.; Suzuki, T.; Takamatsu, Y. Particle characterization by helium microwave induced plasma Spectrometry. *Spectroscopy*, *11*, 1, 1996.

Skelly Frame, E.M.; Uzgiris, E.E. The determination of gadolinium in biological samples by ICP-AES and ICP-MS in evaluation of the action of MRI agents. *Analyst*, *l23*, 675−679, 1998.

Slickers, K.A. *Automatic Emission Spectroscopy*, 2nd edn. Bruehlische University Press: Giessen, Germany, 1993.

Sneddon, J. (ed.) *Sample Introduction in Atomic Spectroscopy*. Elsevier: Amsterdam, the Netherlands, 1990.

Sneddon, J. (ed.) *Advances in Atomic Spectroscopy*, Vols. I and II. JAI Press: Greenwich, CT, 1992, 1994.

Sweedler, J.Y.; Jalkian, R.D.; Denton, M.B. *Appl. Spectrosc.*, *43*, 953, 1989.

Syty, A. Flame photometry. In Elving, P.J.; Meehan, E.; Kolthoff, I. (eds.) *Treatise on Analytical Chemistry*, Vol. 7. Wiley: New York, 1981.

Thomsen, Y.B.E. *Modern Spectrochemical Analysis of Metals: An Introduction for Users of Arc/Spark Instrumentation*. ASM International: Materials Park, OH, 1996.

Winchester, M.R.; Lazik, C.; Marcus, R.K. *Spectrochim. Acta*, *46B*, 483, 1991.

Winchester, M.R.; Payling, R. Radio frequency glow discharge Spectrometry: A critical review. *Spectrochim. Acta*, *59B*, 607, 2004.

Yaroshchyk, P.; Body, D.; Morrison, R.J.S.; Chadwick, B.L. *Spectrochim. Acta*, *61B*, 200, 2006.

Zaidel, A.N.; Prokofev, Y.K.; Raiskii, S.M.; Slavnyi, V.A.; Shreider, E.Y. *Table of Spectral Lines*, 3rd edn. IFI/Plenum Press: New York, 1970.

CHAPTER

09 X-선 분광법*

저자: Alexander Seyfarth† 와 Eileen Skelly Frame

9.1 X-선 스펙트럼의 기원

X-선은 1895년 Wilhelm Conrad Röntgen에 의해 발견되었다. Wilhelm Conrad Röntgen은 X-선의 발견으로 1901년 최초 노벨 물리학상을 받았다. X-선의 흡수, 방출, 형광 스펙트럼은 고체와 액체 시료의 원소 정성과 정량 분석에 사용된다. XRA는 방사선 사진법(radiography) 또는 X-선 형광 투시법(X-ray fluoroscopy)이라고 하는 기술로, 금속 내부의 균열이나 간극, 충치나 인간의 골절된 뼈 등을 포함한 물체의 결함을 관찰하는 데 사용되는 비파괴 검사이다. 공항에서 수하물의 보안검사에도 이용된다. 방사선 사진법의 컴퓨터화된 버전인 컴퓨터 단층 촬영법(computed tomography(CT) scanning 또는 computed axial tomography, CAT)은 신체 조직의 3차원 단면 영상(3D cross-sectional image)을 제공함으로써 강력하고 높은 해상도의 의료 진단 장치로 사용된다. 결정성 물질에 의한 X-선의 회절에 관한 X-선 결정학(X-ray crystallography)은 물질을 구성하는 원자 배열과 결정 구조 확인을 가능하게 한다. X-선 천문학(X-ray astronomy)에서는 우주 연구에 X-선을 사용하며, 달과 화성의 현지 암석 표면 연구를 위하여 X-선 분광기(X-ray spectrometer)를 달과 화성에 보내고 있다. 이 장에서는 분석 화학자들이 자주 사용하는 X-선 형광 분광법(X-ray fluorescence spectrometry, XRF)과 X-선 회절 분광법(X-ray diffractometry)에 관하여 주로 논할 것이다.

X-선은 0.005~10 nm(0.05~100Å)의 파장 범위에 속하는 전자기파로 자외선에 비해 파장이 짧고 높은 에너지를 가지며 물질 내의 전자의 감속 또는 내부 핵 전자의 전자 전이 등과 같은 여러 가지 과정에 의해 생성된다.

9.1.1 | 원자의 에너지 준위

원자는 원자핵과 전자로 구성되어 있다. 전자는 원자핵 주위의 껍질에 분포하며 각각의 껍질에는 원자가전자를 가진다. 전자 껍질들은 허용되는 양자 상태의 주양자수를 가진다. 주양자수, n은 1부터 시작하는 정수이다. 전자 껍질은 원자핵에서 가까운 껍질부터 시작하여 K 껍질이라고 명명하며, 에너지가 가장 낮은 궤도를 K 껍질 또는 $n = 1$인 전자 껍질이라고 한다. 전자 껍질은 원자핵에서 멀어질수록 L 껍질, M 껍질과 같이 알파벳순으로 이름을 붙인다. 에너지가 가장 낮은 전자 껍질에 사용하는 알파벳 K는 독일어의 *kurz*에서 유래한 것으로 짧다는 의미이며, L은 길다의 뜻을 가진 *lang*에서 유래한 것이다. 그림 9.1a

*뛰어난 X-선 분광학자이며 교육자인 Ron Jenkins와 Eugene Bertin 박사를 기억하며.

†Seyfarth 박사는 Bruker 사의 선임 생산 매니저이다(HHXRF, Bruker Elemental, Kennewick, WA).

는 K, L, M 껍질의 에너지를 각각 Φ_K, Φ_L, Φ_M으로 나타낸 원자 모형을 나타낸 것이다. 몇 가지 원소의 전자 배열을 표 9.1에 나타내었다. 예를 들어, 소듐 원자는 K와 L 껍질에 전자가 채워져 있고, 한 개의 전자가 M 껍질에 채워진다.

X-선 광자나 빠르게 움직이는 전자는 원자와 충돌할 때 원자에 의해 에너지가 흡수될 수 있다. 이때 X-선 광자와 전자가 충분한 에너지를 가지고 있다면, 그 에너지가 원자 내부 껍질(K 껍질)에 있는 전자와 충돌하여 전자가 튀어 나가게 되어 그림 9.1b와 같이 원자는 들뜬 이온이 된다. 이때 전자가 튀어 나간 빈 공간에 높은 에너지 준위의 껍질(L 껍질)에서 전자 전이가 이루어진다. 이처럼 한 에너지 준위에서 다른 에너지 준위로 전자가 전이되면서 X-선 광자를 방출한다(그림 9.1c). 방출되는 X-선 광자의 파장과 에너지는 충돌이 일어나는 원소에 특징적이다.

그림 9.1d에서처럼 X-선 광자의 방출 대신 그 에너지가 M 껍질의 전자를 밖으로 튀어 나가게 하는 네 번째 과정이 일어날 수도 있다. 이 전자를 Auger 전자(Auger electron)라고 한다. 이러한 Auger 과정은 예민한 표면 분석 기술의 기본 원리이다. 그림 9.1b에 나타난 방출 전자 측정을 바탕으로 하는 Auger 전자 분광법(Auger electron spectroscopy, AES)과 이와 관련된 X-선 광전자 분광법(X-ray photoelectron spectroscopy)은 16장에서 논의할 것이다.

주어진 원소에 대한 K, L, M 껍질의 에너지 준위를 그림으로 나타내면 그림 9.2와 같다.

높은 에너지 준위의 껍질은 각 껍질에 부준위를 가지는 반면, K 껍질은 단일 에너지 준위임을 유의해야 한다. K 껍질에서 전자가 제거되면, L 껍질이나 M 껍질의 전자가 전이된다. 들뜬 이온은 두 에너지 준위의 에너지 차이만큼의 에너지, E를 방출한다. 따라서

$$E_{\text{X-ray}} = \Phi_L - \Phi_K \tag{9.1}$$

여기서 Φ_L은 K 껍질로 전자 전이가 일어난 L 껍질의 특정 전자 상태의 전자의 에너지이다. 비슷한 식에서 이 항은 M 껍질의 에너지 부전위와 L 껍질의 에너지 부전위 사이에서 M 껍질의 에너지 부전위에서 L 껍질의 에너지 부전위에 사용한 전자 전이 에너지에 따라 다른 전이들로 표기할 수 있다. 3장에서 논의된 바와 같이,

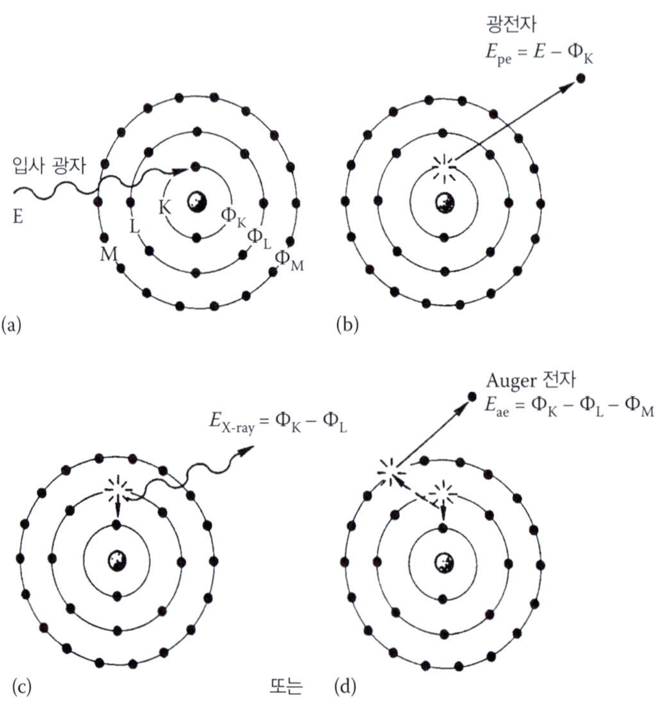

그림 9.1 X-선 광자(c)와 Auger 전자(d)의 방출을 보여 주는 원자 모형도. (From Jenkins, R. et al., *Quantitative X-Ray Spectrometry*, Marcel Dekker, Inc., New York, 1981. With permission.)

표 9.1 원소의 전자 배열

		K	L		M			N	
원소	Z	1s	2s	2p	3s	3p	3d	4s	4p
H	1	1							
He	2	2							
Li	3	2	1						
Be	4	2	2						
B	5	2	2	1					
C	6	2	2	2					
N	7	2	2	3					
O	8	2	2	4					
F	9	2	2	5					
Ne	10	2	2	6					
Na	11		Ne (10)		1				
Mg	12				2				
Al	13				2	1			
Si	14				2	2			
P	15				2	3			
S	16				2	4			
Cl	17				2	5			
Ar	18				2	6			
K	19			Ar (18)				1	
Ca	20							2	
Sc	21						1	2	
Ti	22						2	2	
V	23						3	2	
Cr	24						5	1	
Mn	25						5	2	
Fe	26						6	2	
Co	27						7	2	
Ni	28						8	2	
Cu	29						10	1	
Zn	30			Cu^+ (28)				2	
Ga	31							2	1
Ge	32							2	2
As	33							2	3
Se	34							2	4
Br	35							2	5
Kr	36							2	6

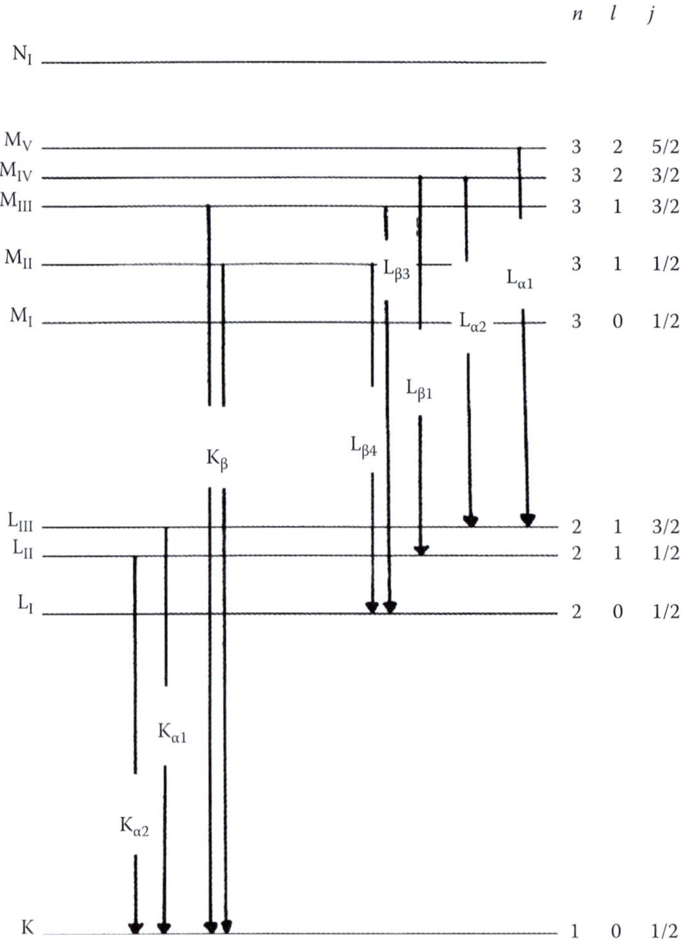

그림 9.2 일반적인 X-선 전이에 사용하는 원자 에너지 준위와 기호. (Modified from Parsons, M.L., X-ray methods, in Ewing, G.W. (ed.), *Analytical Instrumentation Handbook*, 2nd edn., Marcel Dekker, Inc., New York, 1997. Used with permission.)

$$E = h\nu = \frac{hc}{\lambda}$$

이 관계식은 방출 에너지는 파장과 관계가 있고 에너지와 파장의 전환에 사용할 수 있다. 대부분의 X-선 장치는 파장을 Å 단위로 에너지는 keV 단위로 표기한다. 이 두 단위 전환을 위해 식 9.2가 주어진다.

$$\text{에너지(keV)} = \frac{12.4}{\lambda}\text{(Å)} \tag{9.2}$$

특정 에너지 부전위에 있는 L 껍질의 전자가 K 껍질의 빈 공간으로 전이가 일어날 때 방출되는 X-선 광자에 대하여 다음 식으로 나타낼 수 있다.

$$h\nu = \frac{hc}{\lambda} = \Phi_L - \Phi_K$$

따라서 방출된 X-선의 진동수는

$$\nu = \frac{\Phi_L - \Phi_K}{h} \tag{9.3}$$

으로 나타낸다. 다른 껍질들과 에너지 부전위 사이의 전이에 대한 진동수 및 파장은 같은 방법으로 계산한다. 모든 에너지 준위 사이에서 전이가 일어나는 것은 아니다.

모든 형태의 분광기와 마찬가지로, 양자역학적 **선택 규칙**(*selection rules*)에 의해 전이가 일어난다. 어떤 전이는 이 전이 조건에 허용되는 반면 일부 전이는 금지된다. 선택 규칙에 대해 좀 더 알고자 한다면 Jenkins와 Bertin 교재의 참고문헌 목록을 참고하기 바란다.

전자 전이가 K 껍질로 일어날 때 발생하는 X-선 방출선을 K 선이라고 하며, 같은 방법으로 L 껍질로 전자 전이가 일어날 때 방출되는 선을 L 선이라고 한다. L 껍질은 3개의, M 껍질은 5개의 미세 에너지 준위를 가지고 있다. 그림 9.2에 나타나듯이 에너지 부준위는 양자 상태에 따라 다르며 양자수와 양자 상태에 관한 상세한 이론은 여기서 논하지 않을 것이다. L 껍질의 부준위에서 K 껍질로 전자 전이가 일어날 때 발생하는 광자는 이들의 양자 상태 차이만큼 에너지를 가진다. 이 전이로 K_α 선이 방출된다. 원자 번호가 9보다 큰 원자들은 L 껍질의 다른 에너지 부전위에 생성되는 K_{α_1}와 K_{α_2}의 두 종류의 K_α 선을 가진다. K_α 선은 보통 두 선으로 분리되지 않고 하나의 선으로 나타난다. 이러한 X-선 방출을 보여 주는 통상적이 전이를 그림 9.2에 나타내었다. X-선 방출선의 구분하기 위하여 아래 첨자로 그리스 문자와 숫자로 표기하고 이를 *Siegbahn* 표기법이라고 한다. 피크들의 이름을 명명하기 위한 목적으로 이러한 첨자를 사용한다. M 껍질의 에너지 부준위에서 K 껍질로 전자의 전이가 일어날 때 K_β 선이 방출된다. 둘 이상의 K_β 선이 존재하지만 K_{β_1}과 K_{β_3} 사이의 에너지 차이가 너무 작기 때문에 고분해능 분광기를 사용하지 않은 한 K_β 선은 단일선으로 관찰된다. L 껍질의 전자가 튕겨져 나가고 M 껍질의 전자가 L 껍질의 빈 공간으로 전이가 일어나면서 방출되는 X-선은 L 껍질과 M 껍질의 에너지 부준위 차이와 동등한 에너지를 가지는 특정한 파장을 방출한다. 이러한 방출선을 L 선이라고 하며 그림 9.2에 나타낸 바와 같이 L 선의 숫자를 표기한다. 표 9.2는 선택된 X-선 방출선을 유도하기 위한 실제 전자 전이를 나타낸다. N 및 O 껍질에서 전자가 발생하여 L 껍질로 전이가 일어날 때에도 L 선이 생성된다. K, L, M과 더 높은 에너지 껍질의 에너지 준위는 **특정선**(*characteristic line*) 또는 특정 복사선이라고 하는 전자 전이로부터 발생하는 날카로운 방출선으로 원소를 결정하는 것이 특징이다. 그림 9.3에서와 같이 높은 에너지의 전자들이 어떤 조건하에서 로듐, 납 및 은과 같은 고체 금속과의 충돌에 의해 도식적인 X-선 방출 스펙트럼을 얻는다. 특정(복사)선들은 넓고 연속적인 바탕선 위에 날카로운 피크로 나타난다. 표 9.3은 일부 원소들의 특정 X-선 방출선을 보여 준다. 원소들의 K 및 L 선에 대한 더 포괄적인 표는 부록 9.A와 *CRC Handbook of Chemistry and Physics*와 *CRC Handbook of Spectroscopy*, Vol. 1과 같은 핸드북을 보라. 모든 X-선들이 Siegbahn 표기법을 가지고 있는 것이 아니기 때문에 1991년 IUPAC(International Union of Pure and

표 9.2 선택된 X-선에 대한 전자 전이

Siegbahn 선 표기	전자 전이	Siegbahn 선 표기	전자 전이
K_{α_1}	$L_{III} \rightarrow K$	L_{β_1}	$M_{IV} \rightarrow L_{II}$
K_{α_2}	$L_{II} \rightarrow K$	L_{β_3}	$M_{III} \rightarrow L_{I}$
K_{β_1}	$M_{III} \rightarrow K$	L_{β_4}	$M_{II} \rightarrow L_{I}$
K_{β_3}	$M_{II} \rightarrow K$	L_{η}	$M_{I} \rightarrow L_{II}$
K_{β_5}	$M_{IV,V} \rightarrow K$	$L_{\gamma_{2,3}}$	$N_{II,III} \rightarrow L_{I}$
K_{β_2}	$N_{II,III} \rightarrow K$	L_{β_6}	$N_{I} \rightarrow L_{III}$
K_{β_4}	$N_{IV,V} \rightarrow K$	M_{ξ_1}	$N_{III} \rightarrow M_{V}$
L_{α_1}	$M_{V} \rightarrow L_{III}$	M_{ξ_2}	$N_{II} \rightarrow M_{IV}$
L_{α_2}	$M_{IV} \rightarrow L_{III}$		

참조: 모든 선들이 모든 원소들에서 나타나는 것은 아니고, 많은 선들이 표준 X-선 분광기에서 분리되는 것은 아니다. 많은 M → M, N → M, O → L, O → M 전이들이 이들과 연관된 Siegbahn 표기법을 가지고 있지 않다.

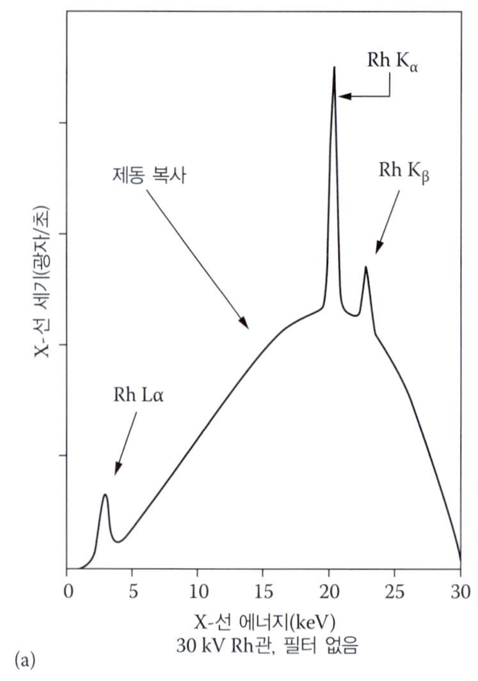

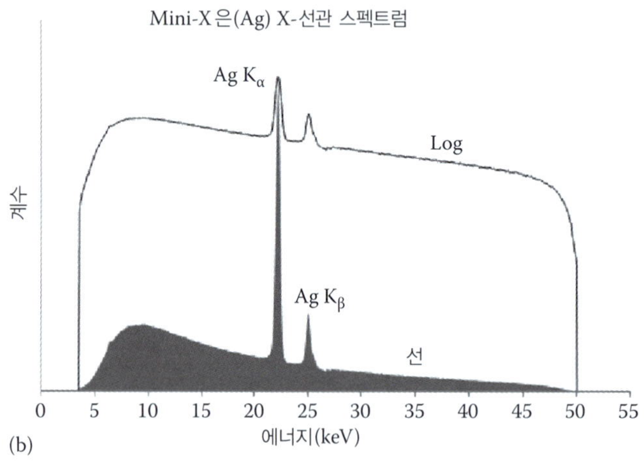

그림 9.3 전자들이 (a) 로듐(Rh) 금속, (b) 은(Ag) 금속과의 충돌에 의해 얻어진 X-선 방출 스펙트럼. 그림에 나타난 것처럼 두 경우 모두 금속에서 방출된 넓은 연속적(제동 복사, Bremsstrahlung)이고 뾰족한 특정 방출선을 볼 수 있다. (a: Thermo Fisher Scientific. www.thermofisher.com. Used with permission; b: Amptek Mini-X silver (Ag) XRF tube output spectrum; Courtesy of Amptek, Inc., Bedford, MA, www.amptek.com.)

Applied Chemistry)에서 X-선에 대한 새로운 ID 시스템을 도입하였다. 부록 9.A에 X-선들의 Siegbahn 표기와 이 선들에 대한 IUPAC 표기를 수록하였는데, 앞으로는 되도록 IUPAC 명칭을 사용하는 것이 바람직하다.

특정선의 파장과 에너지는 내부 전자들이 결합에 참여하지 않기 때문에 오직 원소에만 의존한다. 더욱이 이 선들은 산화수와 결합 및 물리적 상태와 독립적이기 때문에 **원소** 분석 기술에서 특정선으로 사용된다. 이러한 선들로부터는 어떠한 분자 정보도 얻을 수 없다.

그림 9.3의 넓은 연속선의 '바탕' X-선 복사선 방출 신호는 높은 에너지의 전자가 고체에 충돌할 때 일어나는 이차 과정에 의해 발생한다. 고체 원자와 전자의 충돌의 결과로 연속적인 복사선이 생성된다. 각각의 충돌 시 전자는 약간의 에너지를 잃으며 속도가 줄어들고, 그에 상응하는 X-선 광자가 생성된다. 광자의 에너지는 충돌 시 발생하는 전자의 운동 에너지 차이와 동일하다. 각 전자는 일반적으로 일련의 충돌

표 9.3 다양한 원소들의 특정 복사선과 흡수끝(absorption edges)의 파장

원소	K 흡수끝(Å)	방출(Å)	
		$K_{\beta_{1,3}}$[a]	$K_{\alpha_{1,2}}$[b]
Mg	9.512	9.559	9.890
Ti	2.497	2.541	2.748, 2.752
Cr	2.070	2.085	2.290, 2.294
Mn	1.896	1.910	2.102, 2.106
Ni	1.488	1.500	1.658, 1.662
Ag	0.4858	0.4971, 0.4977	0.5594, 0.5638
Pt	0.1582	0.1637, 0.1645	0.1855, 0.1904
Hg	0.1492	0.1545, 0.1553	0.1751, 0.1799

[a] 숫자가 하나보다 많을 때, K_{β_1}부터 나열된다.
[b] 숫자가 하나보다 많을 때, K_{α_1}부터 나열된다.

이 진행되며, 이로 인해 생기는 광자의 운동 에너지는 조금씩 다르다. 이러한 일련의 충돌의 결과로 넓은 파장 영역에 걸쳐 연속 X-선이 방출된다. 이 연속 복사선을 **제동 복사**(*bremsstrahlung*)선 또는 **백색 복사선**(*white radiation*)이라고 한다.

충돌 전자들의 모든 에너지가 X-선으로 전환될 때, 한 번의 충돌로 전자들의 모든 에너지 전이가 발생한다면 방출 광자의 파장이 가장 짧게 얻어진다. 이러한 파장을 최소 단파장, λ 또는 λ_{min}이라고 정의한다. 에너지가 가장 높은 복사선(즉 가장 짧은 파장)을 다음의 식으로 유도할 수 있다. 전자들의 에너지가 모두 복사(방사) 에너지로 전환된다면, 전자들의 에너지는 복사 에너지와 같다. 복사 에너지는 $E = h\nu$로 주어지며, 전자들의 에너지는 $E = eV$로 주어진다. 이 두 에너지가 같을 때 $h\nu = eV$, 여기서 e는 전자의 전하 상태를 나타내며, V는 주어진 전압이며 ν는 복사선의 진동수이다. 즉

$$\nu = \frac{c}{\lambda}$$

이고, 여기서 c는 광속이고, λ는 복사선의 파장이다.

$$h\nu = \frac{hc}{\lambda} = eV \tag{9.4}$$

식을 재정리하면 다음과 같은 식으로 쓸 수 있다.

$$\lambda = \frac{hc}{eV} \tag{9.5}$$

전자의 에너지가 모두 X-복사선으로 전환될 때, 복사선의 파장은 최소가 되며, 이 최소 파장을 얻을 수 있는 조건은 다음과 같다.

$$\lambda_{min} = \frac{hc}{eV} \tag{9.6}$$

여기에 상수인 h, c, e 값을 대입하면, 다음과 같이 **Duane–Hunt 법칙**(**Duane–Hunt law**)을 얻을 수 있다.

$$\lambda_{min} = \frac{(6.626\times10^{-34}\text{ J s})(3.00\times10^{8}\text{ m/s})(10^{10}\text{ Å/m})}{(1.60\times10^{-19}\text{C})\times V} = \frac{12{,}400}{V} \tag{9.7}$$

여기서 h는 Planck 상수이며, c는 광속, e는 전자의 전하, V는 주어진 전압이며, λ_{min}는 Å 단위를 갖는 X-선 복사의 가장 짧은 파장이다.

고체 금속에서 생성된 연속 복사 스펙트럼은 명확하게 정의되는 단파장 한계로 특징지어진다. 이는 가속 전압에 의존하지만 고체 금속과는 무관하다. 같은 전압에서 납, 텅스텐 및 로듐의 충돌에 의해 얻어지는 λ_{min}는 같다.

모든 원소의 X-선 방출 스펙트럼은 적절한 에너지 준위에 전자들이 충분히 존재하는 원소가 있다면 K_α, K_β, L_β 선이 보인다는 점에서 비슷하다. 그러나 이 선들의 실제 파장들은 특정 원소의 원자 번호에 의존하며 원소에 따라 다양하다. K 계열의 파장과 원소의 **원자 번호** 사이에 수학적 관계식이 성립하며, 이 관계식은 L 계열에도 비슷하게 적용된다.

9.1.2 | Moseley 법칙

1913년 영국 캠브리지 대학의 젊은 대학원생 Henry Mosley가 X-선의 특정 파장과 원자 번호 사이의 관계를 발견하였다. 주기율표상의 여러 원소의 X-선 스펙트럼을 기록한 후, 원소의 원자 번호와 K_α 선의 파장과의 수학적 관계를 추론하였다. K_β 및 L_α 선 등의 스펙트럼에서도 유사한 관계가 성립한다. 이 관계를 **Moseley 법칙**(**Moseley's law**)이라고 하며 다음과 같이 나타낸다.

$$\nu = \frac{c}{\lambda} = a(Z-\sigma)^2 \tag{9.8}$$

여기서 c는 광속, λ는 X-선의 파장, a는 X-선 각 계열(예: K_α 및 L_α 선)의 특성 상수, Z는 원소의 원자 번호, σ는 원자에서 다른 전자들 사이의 반발력에 의해 생기는 겹침 상수이다.

그림 9.4는 K_α, K_β, L_α, L_β 방출선에 대한 Moseley 법칙의 일부를 보여 준다. Moseley는 이 위대한 발견 후 제1차 세계대전에 참전하여 전사하였다. Moseley 법칙은 그 당시 여러 개의 가설 중에서 새로 발견한 원소의 원자 번호를 결정하는 방법이란 관점에서 화학의 발전에 결정적 기여를 하였다. 더욱이 이 법칙은 20세기 초에 일부 논쟁 중이었던 주기율표에 있는 모든 원소의 번호를 정확히 결론 내렸다.

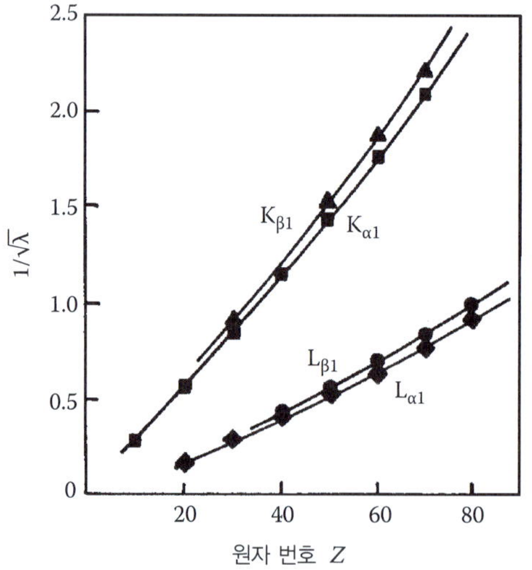

그림 9.4 Moseley 법칙으로 선택된 K와 L선에 대한 X-선 방출 주파수와 원자 번호 사이의 관계. 이 관계식을 사용하면 미 발견 원소와 이미 알고 있는 원소의 정확한 원자 번호를 예측할 수 있다. (From Helsen, L.A. and Kuczumow, A., in Van Griekin, R.E.; Markowicz, A.A. (eds.), *Handbook of X-Ray Spectrometry*, 2nd edn. Marcel Dekker, Inc.: New York, 2002. Used with permission.)

9.1.3 | X-선 방법

분석 화학과 재료 특성 연구에 사용하는 X-선 분석에는 XRA, XRD, XRF 및 X-선 방출과 같은 여러 분야가 있다. 이 절에서는 각 분석의 기본 원리에 대하여 논할 것이다. X-선 방출은 전자 미세 탐침 분석기(electron microprobe, 16장 참조) 및 주사 전자 현미경(scanning electron microscope, SEM)과 같은 극미량 분석에 일반적으로 사용된다.

9.1.3.1 X-선 흡수 과정

X-선 빛살(beam)이 얇은 금속 시료를 통과할 때 그림 9.5와 같은 흡수 스펙트럼을 얻을 수 있다.

다른 형태의 복사선처럼 입사 빛살의 일부는 시료에 흡수되고 나머지는 시료를 통과한다. 얇은 막 시료에 흡수되는 X-선의 세기를 Beer 법칙으로 나타낼 수 있다.

$$I(\lambda) = I_0(\lambda)e^{-(\mu_m)\rho x} \tag{9.9}$$

여기서 $I(\lambda)$는 λ에서의 투과 빛살의 세기이고, $I_0(\lambda)$는 같은 파장에서의 입사 빛살의 세기이다. μ_m은 **질량 흡수 계수**(**mass absorption coefficient**, cm^2/g)이며 ρ는 시료의 밀도로 g/cm^3의 단위를 갖고 x는 시료의 두께로 cm 단위를 갖는다.

질량 흡수 계수는 원소의 화학적 물리적 상태에 무관한 특정 파장에서 시료에 포함된 원소에 대한 상수이다. 최신 편집된 질량 흡수 계수는 NIST 웹사이트: http://www.nist.gov/pml/data/xraycoef/indes.cfm(J. M. Hubbell과 S.M. Seltzer)와 Bertin 저서의 교재나 참고문헌에서 찾을 수 있다.

물론 대부분의 시료들은 단일 순수 원소로 이루어져 있지 않다. 따라서 시료의 총 질량 흡수 계수는 시료에 포함된 각 원소들의 무게 분율과 각 원소들의 질량 흡수 계수 곱의 더하기 함수이다. 철과 같은 합금의 경우는 다음과 같다.

$$\mu_{total} = w_{Fe}\mu_{Fe} + w_{Cr}\mu_{Cr} + w_{Ni}\mu_{Ni} + \cdots \tag{9.10}$$

여기서 w_{Fe}는 철의 무게 분율이며 μ_{Fe}는 순수 철의 질량 흡수 계수이다. w_{Cr}는 크로뮴의 무게 분율이며 합금에 포함된 모든 원소의 경우에 같은 표현을 사용한다.

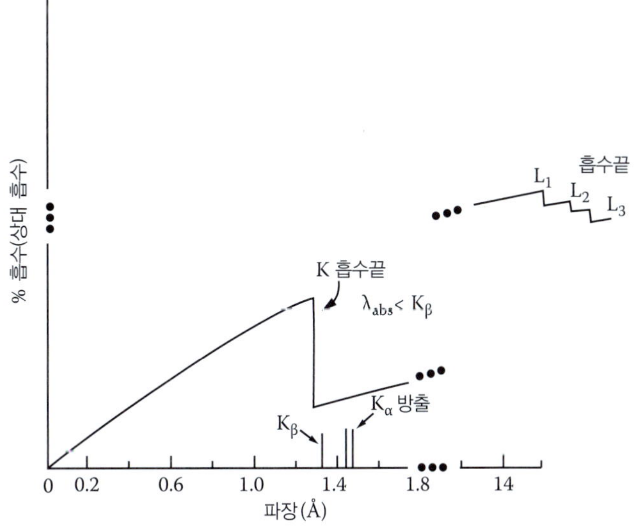

그림 9.5 순수 금속 시료에 대한 X-선 흡수 스펙트럼. 장파장은 단파장에 비해 더 쉽게 흡수된다. 흡수 스펙트럼은 원자 껍질들 중의 하나에서 전자가 방출되는 최대 에너지에서 최대 흡수가 일어난 다음 흡수끝이라 불리는 불연속적인 모습을 나타내는 특징이 있다. 특정 금속의 K 껍질에서 전자가 튕겨져 나오는 최대 에너지에서 K 흡수끝이 나타난다.

정확한 정량 분석을 위해 질량 흡수 계수 대신 **질량 감쇠 계수**(*mass attenuation coefficient*)로 치환한다. 질량 감쇠 계수는 시료에 의한 X-선의 흡수와 산란을 모두 고려한 것이다.

파장이 길어질수록 흡수 빛살의 세기는 증가한다. 즉 파장이 길어지면 에너지가 적어지기 때문에 광자의 운동 에너지가 적어 침투력(penetrating power)이 약해지고 시료에 더 많이 흡수되기 때문이다. X-선 흡수 스펙트럼은 다른 스펙트럼과 명확하게 구분되는 몇 개의 흡수 피크들로 이루어져 있다. 원자에서 전자가 방출되기 위해 필요한 X-선의 파장에서 흡수율(또는 질량 흡수 계수)은 급격히 변한다. 이러한 급격한 X-선 흡수율 변화를 **흡수끝**(**absorption edges**)이라고 한다. 그림 9.5에서 1.8Å의 파장에서 특정 흡수율을 가지는 방출이 일어난다. X-선의 파장이 감소함에 따라 그에 따른 에너지는 증가하게 되므로 투과율이 증가하게 되어 흡수율은 **감소**하게 된다. x축을 따라 1.8Å 파장에서 왼쪽으로 이동하면 흡수선의 기울기가 감소하는 경향을 보인다. 파장이 더 줄어들게 되면 최종적으로 K 껍질에서 전자 전이가 일어나기에 충분한 에너지에 도달하게 되어 흡수율이 급격히 **증가**하는 결과를 초래한다. 이것을 **K 흡수끝**(**K absorption edge**)이라고 한다. 이러한 흡수끝 다음에 아주 짧은 파장 영역에서 흡수력이 아주 적어질 때까지 파장이 감소함에 따라 침투력은 연속적으로 증가한다. 0.2Å보다 짧은 파장 영역에서 침투력은 극도로 커지고 높은 침투력을 가진 우주선(cosmic ray)과 같은 행성 간 복사선(interstellar radiation)을 관찰할 수 있다. K 흡수끝보다 짧은 파장 영역에서는 K 전자가 방출되기에 충분한 에너지를 가진다. 충돌한 시료는 연속 복사선과 시료의 특성 K 선이 나타나는데 이 과정을 XRF라고 하며 여기서 자세히 논할 것이다. K 흡수끝보다 조금 더 긴 파장 영역에서는 K 전자 전이가 일어날 만큼의 충분한 에너지를 가지지 못한다. 흡수 스펙트럼은 각 원소에 특징적이며 이러한 여러 원소들의 K 흡수끝의 위치를 보여 주는 흡수 스펙트럼 일부를 그림 9.6에 나타내었다.

X-선 흡수를 파장이나 에너지 함수와 같은 질량 흡수 계수로 나타내어 도식화하는 다른 방법이 있다. 식 9.9에서 알 수 있듯이, 일정한 입사광의 세기와 순수 금속의 얇은 막 시료에서 흡수율은 파장의 함수이며 질량 흡수 계수 μ_m도 변하기 때문에 흡수율이 변한다. 그림 9.7은 납에 대한 질량 흡수 계수 대 X-선 방출 에너지의 관계를 나타낸 것으로 K, L, M 흡수끝을 볼 수 있다.

그림 9.6b에서 알 수 있듯이, 흡수끝이 나타나는 파장들과 그에 상응하는 복사선들은 겹치지 않는다. 원자로부터 전자 방출에 요구되는 에너지(흡수끝 에너지)와 바깥 껍질로부터 전자 전이가 일어날 때 필요한 에너지(방출 에너지)가 다르기 때문이다. 전자 전이에 요구되는 에너지는 원자 궤도에서 전자가 튕겨져 나가 전자가 완전히 제거되어야 하며 이것은 원자에서 하나의 에너지 준위에서 다른 에너지 준위로 전자 전이가 일어날 때 방출되는 에너지보다 더 크다. 표 9.3에 몇 가지의 흡수끝 값을 나타내었다. 그림 9.6b에 보여 주듯이 K 흡수끝 에너지가 K 방출 에너지보다 크다는 것을 알 수 있다. 방출 스펙트럼과 반대로 K 흡수끝은 K 껍질 단일 에너지 준위이기 때문에 원소마다 오직 하나의 값을 가진다. L 준위는 3개의 다른 에너지 부준위로 인해 3개의 흡수끝을 M 준위는 5개의 흡수끝이 나타남을 그림 9.7에서 관찰할 수 있다. 흡수끝 파장의 종합적인 표는 부록 9.B를 참고하라.

9.1.3.2 X-선 형광 과정

전자들이 시료에 충돌하면 시료로부터 알파 입자나 다른 X-선을 방출한다. 이러한 전자 및 알파 입자가 들뜸에 이용되는 과정을 X-선 방출 또는 입자 유발 X-선 방출법(particle-induced X-ray emission, PIXE)이라고 하며, 전자 미세 탐침(16장)이나 SEM을 이용한 X-선 극미량 분석의 기본이다. 알파 입자 X-선 분광기(alpha particle X-ray spectrometer, APXS)는 현재 화성 Curiosity 탐사선에 탑재되어 화성의 암석 성분 데이터를 모으는 데 사용되고 있다.

X-선, 즉 광자에 의해 들뜬 상태가 되어 방출이 일어나는 과정을 형광이라고 하며 들뜸 파장이 방출 파장보다 짧기 때문에 4장에서 논의된 분자 형광과 8장의 원자 형광과 유사하다. 들뜬 X-선 광원을 **일차** 광

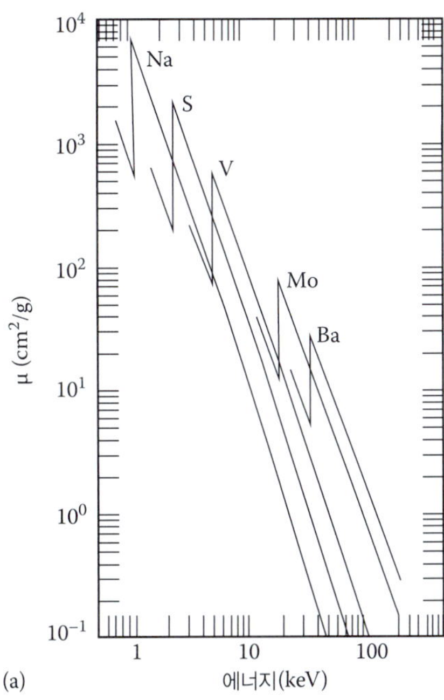

(a)

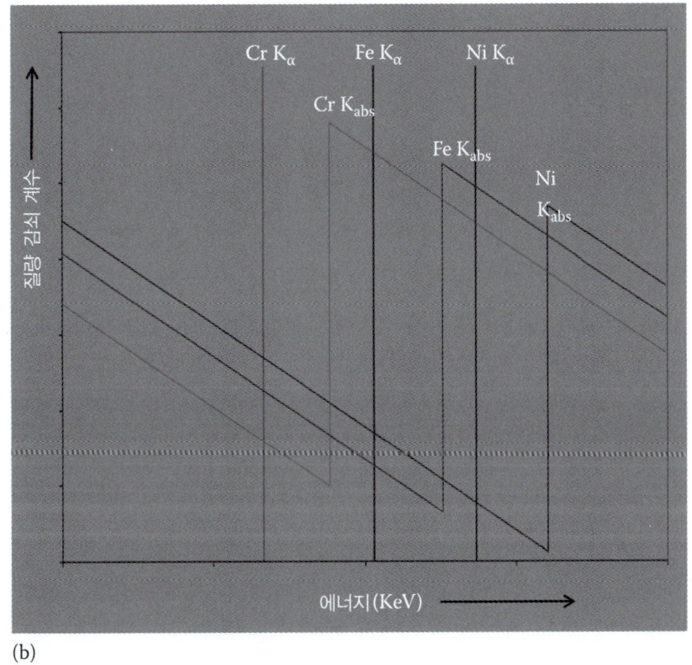

(b)

그림 9.6 (a) 여러 순수 금속에 대한 K 흡수끝의 에너지. (Courtesy of ORTEC (Ametek). www.ortec-online. com; From Jenkins, R. et al., *Quantitative X-Ray Spectrometry*, Marcel Dekker, Inc., New York, 1981. Used with permission.) (b) 철에서의 주요 원소에 대한 K 흡수끝의 에너지 그림. (Courtesy of the University of Western Ontario XRF Short Course, London, Ontario, Canada.)

원이라고 하며 시료에서 방출되는 X-선을 **이차** X-선이라고 한다. XRF 분광학의 기본 원리는 시료에서 이차 X-선 광원을 발생시키기 위해 X-선 광원을 사용하는 것이다. 이러한 일차 X-선 광원은 원소를 들뜨게 하기 위한 흡수끝보다 짧은 λ_{min}을 가져야만 한다.

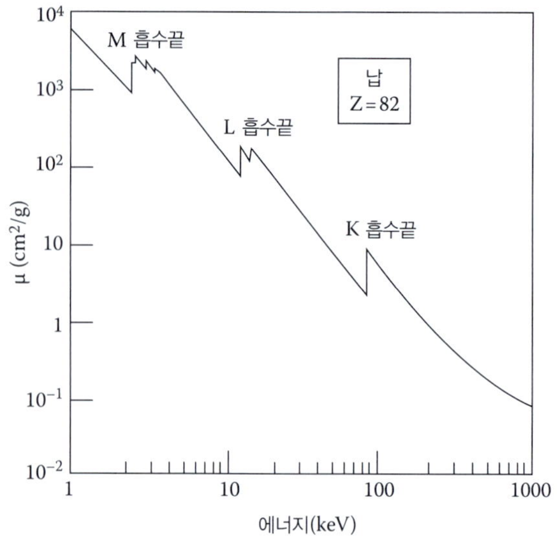

그림 9.7 Pb에 대한 에너지에 대한 함수 관계의 질량 흡수 계수. K, L, M의 흡수끝이 나타난다. (Courtesy of ORTEC (Ametek). www.ortec-online.com; From Jenkins, R. et al., *Quantitative X-Ray Spectrometry*, Marcel Dekker, Inc., New York, 1981. Used with permission.)

9.1.3.3 X-선 회절

원자, 이온 및 분자는 결정 격자(crystal lattice)라고 하는 규칙적이며 반복적인 3D 패턴으로 이루어진다. 이러한 사실은 1912년 독일의 물리학자 Max von Laue, 영국의 물리학자 W.H. Bragg의 연구를 통해 밝혀졌다. 그리고 그들은 결정이 균일한 간격의 회절 격자에 입사 파장의 빛만큼 X-선을 회절한다는 사실을 증명하였다. 회절은 X-선 영역의 단파장 전자기 복사선의 순서로 원자 평면 사이의 공간에 규칙적으로 정렬된 원자에서 일어난다. 이러한 회절 무늬는 결정의 원자 사이의 거리, 즉 결정에서 정확한 정렬을 측정하는 **결정 구조**(*crystal structure*)를 측정하는 데 사용된다. Bragg는 von Laue의 발견을 여러 결정에서 원자 정렬을 측정하고 X-선 회절 분석기(XRD)를 설명하기 위해 간단한 2D 모델을 개발하는 데 사용하였다.

원자 평면 사이의 간격이 복사선의 파장과 같다면 충돌하는 X-선은 그림 9.8에 보이듯이 결정의 각 층에서 반사된다. X-선이 각 θ에서 결정 표면에 평행으로 입사된다고 가정하면 입사파 O 및 O′은 각자의 상을 가지고 각각 반사한다. B와 D 위치의 원자에서 반사가 일어나 새로운 파들이 생길 때 이 산란파 Y와 X는 평행으로 간섭하며 여전히 위상이 같아야 한다. 이들의 위상이 다르면 각각의 진폭에 의해 상쇄가 일어나며 산란파가 생기지 않는다. 보강이 일어나기 위해서는 두 파장이 각각의 결정층에서 회절이 일어난 후 같은 위상을 유지해야 한다.

그림 9.8에 보여 주는 바와 같이 아래 층 파는 표면층을 통과하는 파에 비해 AB + BC 거리만큼 더 길

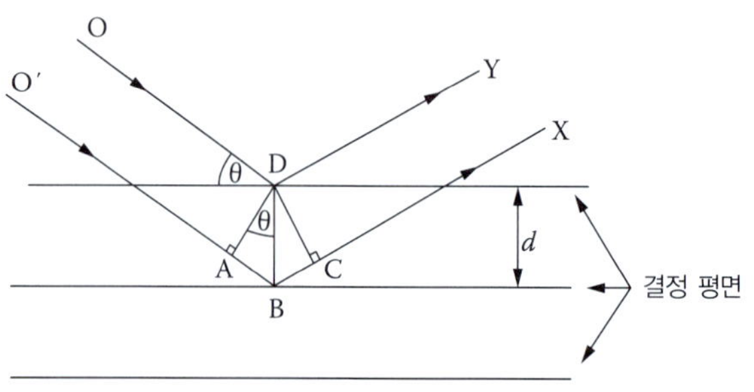

그림 9.8 결정 평면에 의한 X-선의 회절

게 이동한다. 여기서 AB + BC가 파장의 정수이면 산란파 Y와 X는 같은 위상에 있게 되고, 보강이 일어나게 된다. 이것으로부터 X-복사선 파장과 결정 원자 층간의 거리 d와 산란이 일어나는 각 사이의 관계를 다음 식을 이용하여 계산할 수 있다.

X-선 입사파 O와 O′은 평행하다. 입사파 O′은 O보다 결정을 AB + BC의 거리만큼 더 길게 이동한다. 회절이 일어나기 위해서는 이 거리가 파장의 정수, n의 곱이 되어야 한다. 즉

$$\text{거리 AB} + \text{BC} = n\lambda \tag{9.11}$$

즉

$$\text{AB} + \text{BC} = 2\text{AB} \tag{9.12}$$

그리고

$$\text{AB} = \text{DB}\ \sin\theta \tag{9.13}$$

여기서 θ는 X-선이 결정에 입사할 때의 각이므로

$$\text{AB} = d\ \sin\theta \tag{9.14}$$

d는 결정 원자층 간의 거리이며 그림 9.8에서처럼 $d = \text{DB}$이다.

따라서

$$\text{AB} + \text{BC} = n\lambda = 2\text{AB} = 2d\ \sin\theta$$

즉

$$n\lambda = 2d\ \sin\theta \tag{9.15}$$

이러한 $n\lambda = 2d\ \sin\theta$ 관계식을 **Bragg 방정식(Bragg equation)**이라고 한다. 이 방정식은 결정에서 회절이 일어나기 위해서는 어떤 특정 입사각, θ에서만 X-선이 결정으로부터 반사가 일어남을 보여 주는 매우 중요한 식이다. 앞으로 논의할 결정에 의한 X-선 회절은 결정의 구조를 측정하기 위한 XRD의 기본이며 또한 XRF 분광법이 가능한 이유이다.

9.2 X-선 형광

X-선 분광법 기기들은 광원, 파장 또는 에너지 선택기, 검출기와 빛살 조절기(beam conditioner)로 이루어진다. XRF, XRD 및 다른 응용에서의 기기의 각 부분 장치는 비슷하지만 광학 장치는 각각의 분석마다 다르다. 어떤 기기는 시료 위에 광원이 위치하며(X-선 빛살이 시료에 직면한다) 또 다른 기기는 빛살에 대해 시료가 아래로 향하게 시료 밑에 광원이 있다. 두 디자인 모두 장단점이 있으며 이 장의 뒤에서 논의하게 될 것이다.

그림 9.9에 나타낸 바와 같이 XRF는 일반적으로 에너지 분산형 XRF(energy-dispersive XRF, EDXRF)와 파장 분산형 XRF(wavelength-dispersive XRF, WDXRF)의 두 기술로 나눌 수 있다. EDXRF는 다양한 광자 에너지를 분리하며, 동시에 이들의 세기를 측정할 수 있는 검출기를 기반으로 하고, WDXRF는 단일 에너지/파장만을 회절시키는 분석 결정이 중요하며 검출기는 결정을 통과한 모든 광자 세기를 측정한다. 다음에 설명할 기기 장치에서는 오늘날 상용되는 기기의 각 부분 장치에 대하여 논의할 것이다. EDXRF는 EDX 또는 에너지 분산형 분광기(energy-dispersive spectroscopy, EDS)라고도 한다. 들뜬 복사선을 사용하는 모든 X-선 기기들은 건강에 해롭다는 것을 인지해야만 한다. 모든 형태의 상용화된 X-선 기기들은 적당한 차폐 장치와 사고로 누출 가능한 복사선 방지와 이에 요구되는 규제에 따르기 위한 안전장치가 장착되어 있다.

9.2.1 | X-선 광원

실험실과 산업 분석에 사용 되는 X-선 발생에 사용되는 일반적인 세 가지 방법은 다음과 같다.

1. XRD와 XRF에 사용되는 가장 일반적인 광원인 X-선관의 기초이며 고에너지 전자살을 금속 과녁에 충돌시켜서 전자의 감속으로 광대역의 연속 X-선 방출과 금속 원자 과녁으로부터 내부 핵 전자 방출에 의한 원소의 특정 X-선을 방출하는 방법이다.
2. 시료의 내부 핵 전자 방출인 이차 X-선 방출(XRF)을 위해 일차 X-선 빛살을 사용한다.
3. 붕괴 과정에서 고에너지 X-선(감마 복사선)을 방출하는 방사성 동위 원소를 광원으로 사용한다.

대량의 고에너지 입자 가속기인 싱크로트론(synchrotron)을 사용하여 X-선을 방출하는 네 번째 방법이 있다. 미국의 Brookhaven National Laboratory와 Stanford Accelerator Center처럼 세계적으로 몇 곳에서만 싱크로트론을 사용할 수 있는 설비를 갖추고 있다. 알파 입자나 다른 중입자가 시료에 충돌하면서 X-선을 방출하는 PIXE 기술은 적합한 가속 시설이 요구된다. 분광 시료로부터 X-선 방출을 위하여 전자살을 사용하는 것은 전자 미세 탐침 분석기(electron microprobe)와 주사 전자 현미경(scanning electron microscopy, SEM)에 의한 시료 표면 이미지 분석과 같은 X-선 극미량 분석의 기본이기도 하다.

이와 같은 여러 방법의 X-선 방출 방법은 광원을 어떻게 작동하냐에 따라 광대역 연속 방출 스펙트럼과 좁은 선 방출 스펙트럼 또는 두 방출 스펙트럼을 동시에 생성하기도 한다. 그림 9.3은 **X-선관(X-ray tube)**에서 전자와 로듐 금속의 충돌로 얻어진 광대역 연속 스펙트럼과 원소의 선스펙트럼이 연속선에 겹쳐진 스펙트럼을 동시에 보여 준다.

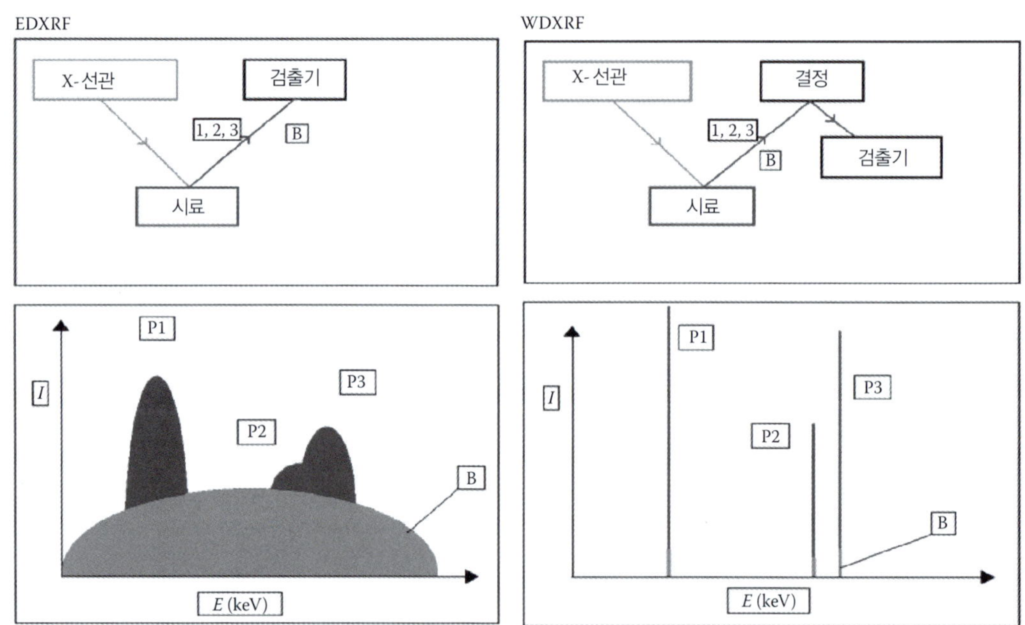

그림 9.9 EDXRF와 WDXRF의 개략적인 비교. 위 그림은 분광기 구성에 대한 비교를 나타낸 것이며, 아래 그림은 각 분광기로 찍은 스펙트럼을 보여 준다. 1, 2, 3(P1, P2, P3)은 에너지가 다른 광자들을 나타낸 것이고 B는 바탕 복사선(background radiation)을 의미한다.

9.2.1.1 X-선관

그림 9.10은 X-선관(X-ray tube)의 도식도를 나타낸 것이다. X-선관은 필라멘트로 된 음극과 순수 금속 양극이 유리관이나 세라믹 관 내부에 장착되어 있다. 얇은 베릴륨 창이 관에 설치되어 있어 X-선을 검출한다. 관을 보호하기 위해 납 차폐물과 중금속 덮개로 X-선관을 감싸고 베릴륨 창은 열리게 되어 있다.

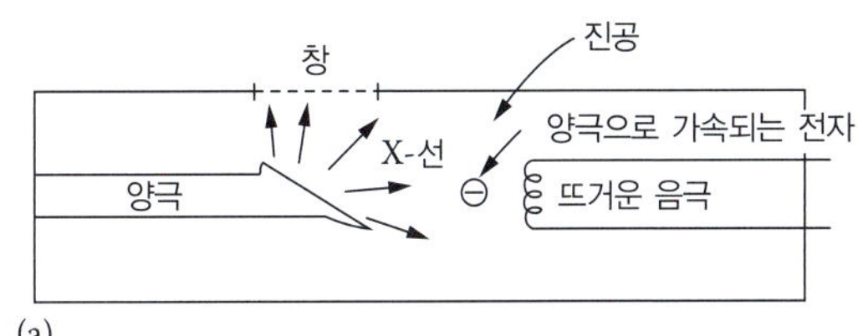

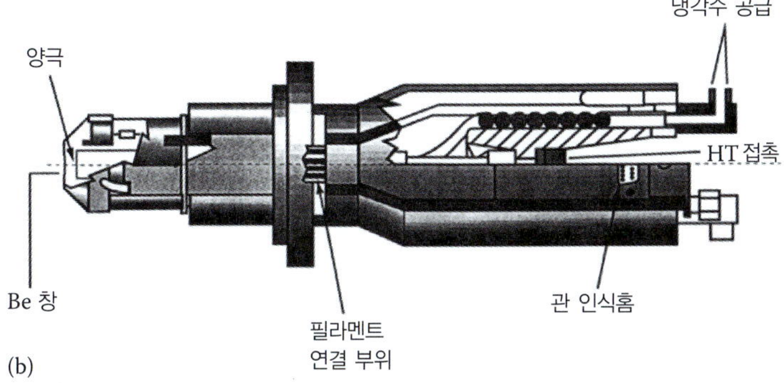

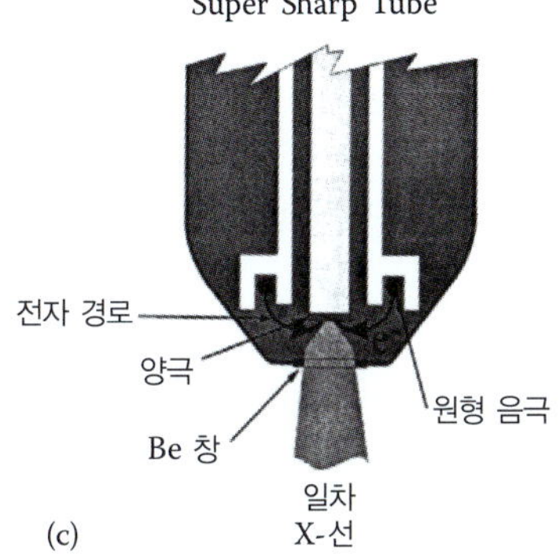

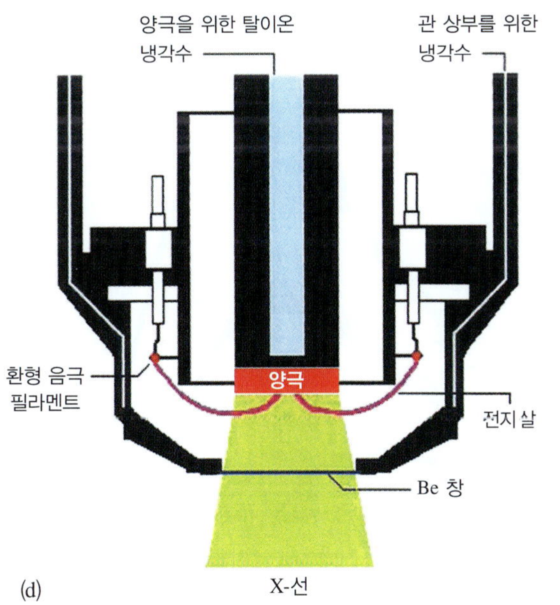

그림 9.10 (a) XRD에 사용하는 사이드-윈도우 X-선관. (b) Super Sharp Tube™라 불리우는 4.0 kW 세라믹 엔드-윈도우 X-선관. (c) Super Sharp Tube 윈도우 끝부분 확대(b, c: Courtesy of PANalytical, Inc., The Netherlands, www.panalytical.com.) (d) Be 창과 냉각수를 포함한 엔드-윈도우 X-선관의 측면도. (© 2013 Bruker, Inc., www.bruker.com. Used with permission.)

금속선 형태의 음극(음전위 전극)은 전류를 흘려 전기적으로 가열하여 전자를 방출하며, 이 과정을 열전자 방출이라고 한다. **진공** 상태에서 양전위를 띤 금속 전극(양극)이 음극 근처에 있다면 음전위를 띤 전자들이 양극 방향으로 가속화될 것이다. 전자가 양극에 충돌하게 되면 양극 금속 표면에 전자의 에너지가 전달된다. 음극과 양극의 높은 전압에 의해 전자가 충분히 빠른 속도로 가속되면, 전자의 에너지는 X-선 복사 또는 X-선이라고 하는 짧은 파장(0.1~100 Å)으로 방출된다. X-선관은 음극 필라멘트와 양극 사이에 일반적으로 2~100 kV의 전압을 걸어준다.

음극으로는 보통 텅스텐 필라멘트를 사용하며 양극은 타겟(target)이라 부른다. X-선관의 이름은 양극에 의해 붙여진다. 구리 X-선관은 구리 양극을 사용하며, 로듐 관은 로듐 양극, 텅스텐 관은 텅스텐 양극을 사용하며 모든 관들은 텅스텐 선 음극을 사용한다. 타겟은 고체 금속은 아니지만 원하는 타겟 물질에 구리 슬러그(slug)를 코팅한다. 타겟 물질로는 일반적으로 타이타늄, 구리, 크로뮴, 몰리브데넘, 로듐, 금, 은, 팔라듐, 텅스텐을 사용한다. 타겟 물질이 특정 방출선을 결정하고 연속선의 세기에 영향을 미친다. 양

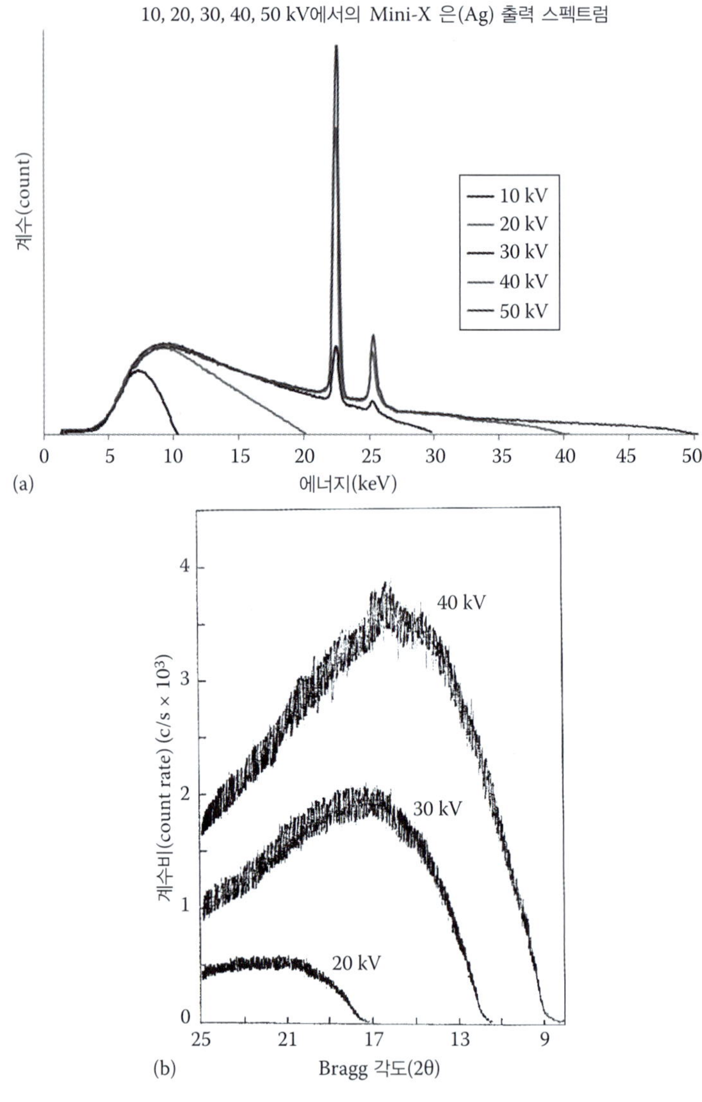

그림 9.11 (a) 다양한 전압에서의 Amptek Mini-X 은(Ag) 방출 스펙트럼. 그림의 왼쪽에서 10kV로 시작하여 전압이 왼쪽에서 오른쪽으로 이동함에 따라 곡선이 증가한다. 30 kV 이하에서는 연속 방출선만 나타난다. 전압이 증가함에 따라 고에너지 차단이 증가하고 Ag L 선 방출 세기가 전압에 따라 증가한다. (Courtesy of Amptek, Inc., Bedford, MA, www.amptek.com.) (b) 전압이 증가함에 따라 X-선관으로부터의 연속 복사선의 세기와 단파장 차단이 변한다. 그림은 텅스텐 X-선관의 데이터이다.

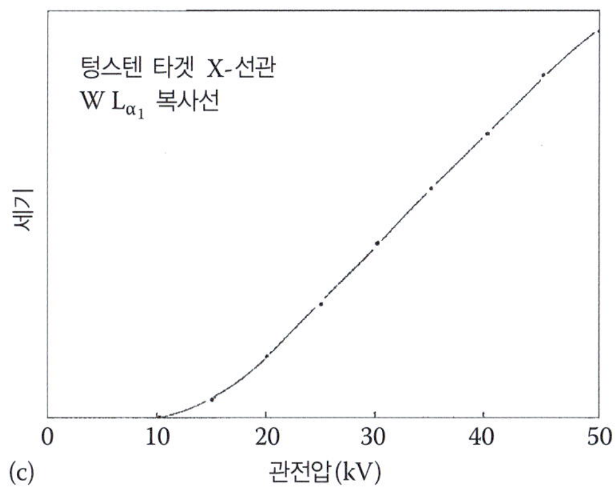

그림 9.11(계속) (c) X-선관으로부터의 특정 복사선 또한 가해주는 전압에 따라 변화한다. 20 kV 이하에서 텅스텐 L_{α_1} 복사선의 세기는 매우 낮다. 이 특정 복사선의 세기는 가하는 전압이 증가함에 따라 증가한다.

극과 음극 사이의 전압이 전자의 에너지를 결정하고 이는 결국 연속 분포에서 넓은 범위의 X-선 세기와 최대 X-선 에너지(가장 짧은 파장, λ_{min}, 식 9.7의 Duane–Hunt 법칙에서 보듯이)를 결정한다. 그림 9.11은 Ag X-선관에 가하는 전압이 달라짐에 따라 연속 복사선과 단파장/고에너지 차단(cut-off)이 어떻게 변하는지 보여 준다. 이 그림은 또한 Ag L 선 방출이 들뜸의 함수로 변화함을 보여 준다.

타겟 물질로 사용하는 원소를 선택할 때 광원에 의해 방출되는 X-선의 에너지가 XRF 분석에서 방출되는 원소의 들뜸 에너지보다 더 커야 함을 명심해야 한다. 경험상으로 광원의 타겟 원소는 시료에서 조사하고자 하는 원소보다 원자 번호가 더 크다. 이것은 복사 에너지가 시료 원소를 발광시키기 위한 것보다 충분히 더 커야 함을 의미한다. 이 조건은 분석 원자들의 들뜸이 필요하지 않는 X-선 흡수나 XRD에서는 필요 조건이 아니다. XRD에서 타겟은 시료의 특정 X-선(XRF) 방출 들뜸을 피해서 선택해야 한다. 예를 들어 구리(Cu) 타겟 XRD 장치는 지질 시료에서 일반적으로 나타나는 철(Fe)을 들뜨게 할 수 있으며 시료에서 발생하는 형광은 측정하는 바탕 신호를 증가시킬 것이다. 이러한 현상을 피하기 위해 코발트를 사용한다.

많은 고출력(>200W) X-선관 설계에서 양극 또는 타겟은 높은 에너지를 가진 전자들이 연속적으로 충돌하며 전자들의 에너지가 충돌 시 열로 소멸하기 때문에 사용할수록 뜨거워진다. 이러한 문제점은 냉각수를 양극에 공급하여 해결한다. 최근의 저출력 소형 X-선관은 양극에 어떠한 액체 냉각수를 공급하지 않아도 되며 낮은 전압에서 작동하도록 설계되었다.

X-선관의 복사 창은 X-선을 근본적으로 통과시키는 베릴륨으로 만든다. 베릴륨 창은 일반적으로 0.3~0.5 mm 두께로 얇으며 아주 쉽게 깨진다. 그림 9.10a와 같이 관의 측면에 창이 있기도 하고 관의 끝부분(그림 9.10b)에 창을 설계하기도 한다. 사이드-윈도우(side-window) 관이 일반적으로 사용되지만 더 얇은 베릴륨 창을 사용하기 위해서 엔드-윈도우(end-window) 관을 사용하기도 한다. 이러한 엔드-윈도우 관은 낮은 에너지 출력관을 개선하여 낮은 에너지 X-선 들뜸에 효과적이다. 관의 크기를 최소화하기 위해 베릴륨 창에 타겟 원소층을 입힌 투과 타겟을 사용할 수 있다. 예를 들어 127 μm 두께의 Be 창에 0.75 μm 두께의 Ag 층을 입혀 은 투과 타겟을 만들 수 있다. 사이드-윈도우 로듐 X-선관과 투과 타겟 로듐 X-선관의 도식도를 그림 9.12에 나타내었다.

XRF를 위한 X-선관은 적절한 수의 원소를 들뜨게 하기 위하여 상대적으로 넓은 스펙트럼 범위에 걸쳐 적당한 세기를 제공해야만 한다. 다음에 논의할 이차 형광 광원의 사용이나 필터 및 단색광 분광기를 사용하여 일부 응용에 요구되는 단색 X-선(monochromatic X-선) 및 단색 X-선에 매우 근접한 X-선을 뽑아낼 수 있다. X-선관의 출력은 높은 정밀도를 위해 짧은 시간에 걸쳐 안정적이어야 하며 정확도 측면에서 장시간에 걸쳐 자주 교정(calibration) 곡선을 작성하지 않아도 안정적이어야 한다. 양극 원소의 방출선

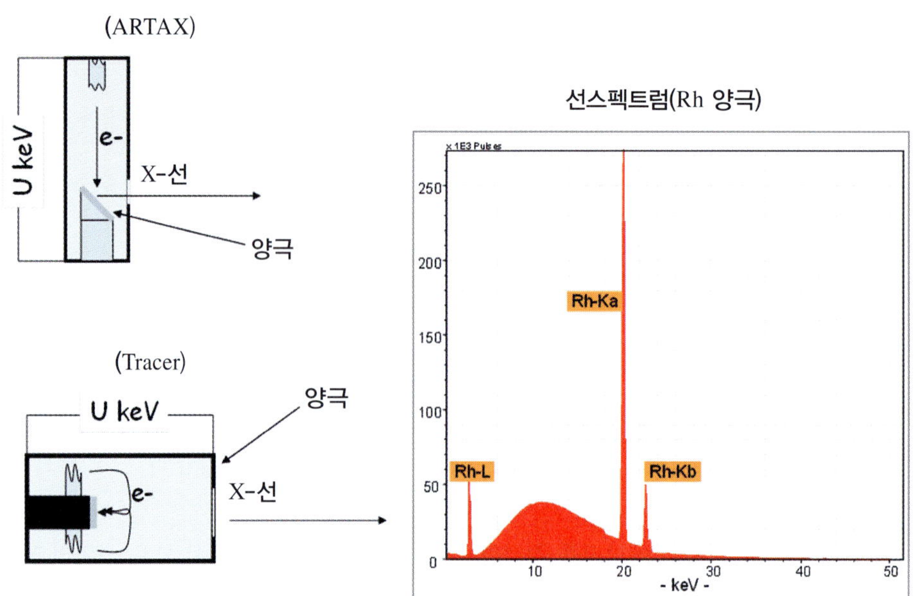

그림 9.12 Rh 타겟 사이드-윈도우 관(ARTAX 시스템)과 현대 휴대용 투과 타겟 설계(TRACER 시스템)의 도식도. (Courtesy of Roald Tagle, BRUKER NANO GmbH, Berlin, Germany. ©2013 Bruker, Inc. Used with permission.)

들이 검출기에 산란되어 시료에 존재하는 원소로 잘못 분석할 수 있기 때문에 양극 원소의 X-선 방출선은 시료 스펙트럼과 겹치지 않아야 한다.

9.2.1.2 이차 XRF 광원

X-선관의 시료에서 산란되는 연속 방출선을 막을 필요가 있을 경우 다른 순수 금속 타겟을 들뜨게 하기 위해 표준관(standard tube)을 사용한다. 이렇게 이차 타겟으로부터 생성되는 XRF를 시료를 들뜨게 하는 X-선의 광원으로 사용하며 이것의 예를 그림 9.13에 보여 주고 있다. 그림의 왼쪽에는 표준 텅스텐 X-선관으로 얻은 방출 스펙트럼으로 텅스텐의 특정 선이 연속 복사선 위에 겹쳐져 있다. 이 관에서 생성되는 복사선이 이차 순수 구리 타겟에 충돌하게 하여 얻은 구리 XRF 스펙트럼을 오른쪽 그림에 보여 준다.

이차 광원은 연속 복사선을 방출하지 않거나 아주 작은 양을 방출하지만 강한 구리 K 및 L 선을 방출한다. 일차 광원으로 사용한 금속은 형광이 일어나게 하기 위해 구리보다 원자 번호가 더 커야 한다. 이러한 이차 광원의 세기는 구리 X-선관의 세기보다 약하지만 이차 구리선을 들뜸 광원으로 사용할 수 있다. 그러나 단색 광원 및 단색에 근접한 광원이 요구되는 분석에서 이러한 신호 세기의 손실은 이차 광원에 의한 바탕 신호를 낮추어 주어 상쇄된다.

9.2.1.3 방사성 동위 원소 광원

X-복사선은 어떤 동위 원소의 방사성 붕괴의 산물이다. 동위 원소의 붕괴 과정에 의해 생성된 X-선을 감마선이라고 한다. 감마선은 방출될 때 알파, 베타 및 전자 포획(electron capture, EC) 과정을 동반한다. 표 9.4에 XRF 광원으로 사용하는 대표적인 방사성 동위 원소를 나타내었다.

방사성 동위 원소 광원은 작고 튼튼하며 휴대용으로 전원 공급 장치가 필요하지 않은 장점이 있다. 긴 작동 시간과 소형 장치 및 전원 공급 장치를 필요로 하지 않기 때문에 많은 XRF 스펙트럼을 대규모 시료와 현장 측정에 사용하는 것이 이상적이다. 예를 들어 항공기 엔진, 배의 선체 및 예술 작품과 같은 작은 사이즈로 자를 수 없는 대규모 시료의 분석에 사용한다. X-선관의 광원에 비해 세기가 약하고 X-선관에서처럼 양극과 음극 사이의 전압을 변화시켜 광원을 최적화시킬 수 없으며 광원의 반감기에 따라 광원

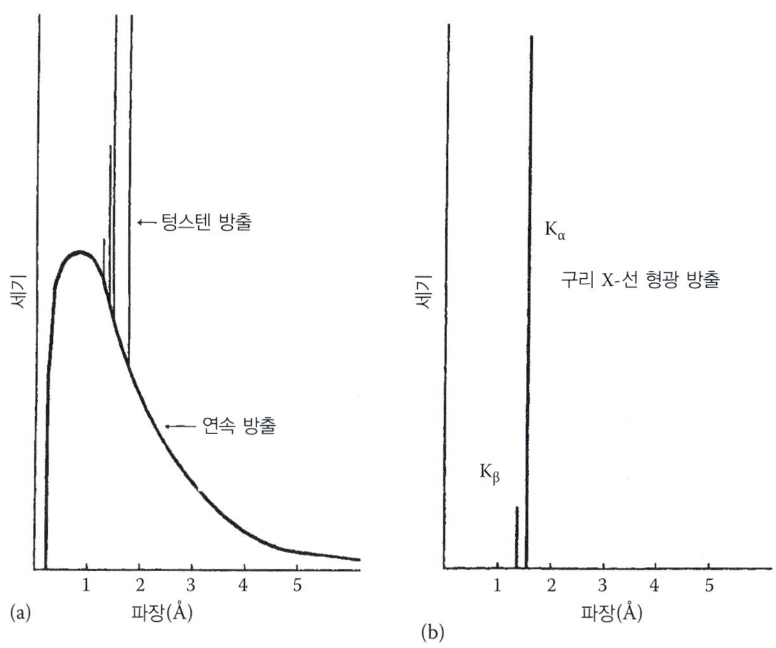

그림 9.13 (a) 텅스텐 타겟에서 방출되는 일차 X-선 방출. (b) 구리 타겟에 의한 이차 방출선. 이차 타겟을 사용함으로 연속 복사선이 제거되고 거의 단색선에 근접한 스펙트럼이 나타남. (From Parsons, M.L., X-ray methods, in Ewing, G.W. (ed.), *Analytical Instrumentation Handbook*, 2nd edn., Marcel Dekker, Inc., New York, 1997. Used with permission.)

표 9.4 XRF 분광법에 사용하는 방사성 동위 원소 광원의 특성

동위 원소	일차 붕괴 방식	반감기(년)	방출되는 광자 에너지	이론적 수율 %(광자 수/100 붕괴 변환)	전형적인 활동도 (mCi)
^{55}Fe	EC	2.7	5.9, 6.4 keV Mn K X-선	28.5	5–100
^{109}Cd	EC	1.3	22.2–25.5 keV Ag K X-선	102	0.5–100
			88.2 keV γ-선	4	
^{241}Am	Alpha	458	14–21 keV Np L X-선	37	1–50
			59.6 keV γ-선	36	
^{57}Co	EC	0.74	6.4, 7.1 keV Fe K X-선	51	1
			14.4 keV γ-선	8.2	
			122 keV γ-선	88.9	
			136 keV γ-선	8.8	
^{3}H[a]	Beta	12.3	제동 복사원, 18.6 keV에서의 종말점		3000–5000
^{147}Pm	Beta	2.6	제동 복사원, 225 keV에서의 종말점		500

출처: Table from Jenkins, R. et al., *Quantitative X-Ray Spectrometry*, Marcel Dekker, Inc., New York, 1981. Used with permission.

[a] 방사성 트리튬 기체는 타이타늄 박막(foil)과 같은 비복사선 금속 박막을 흡수한다.

의 세기가 감소한다는 단점이 있다. 또한 광원의 전원을 끌 수 없기 때문에 분석자가 항상 존재하는 전리 복사선(ionizing radiation) 노출을 피하기 위해 특별히 주의를 기울여야 한다. 동위 원소 광원이 휴대용 XRF 장치에 편리하더라도 동위 원소 광원의 규제가 관 광원보다 엄격하기 때문에 관을 바탕으로 한 소형

휴대용 장치를 일반적으로 사용한다. 동위 원소 광원의 사용은 현재 페인트의 납 성분 분석과 같은 경제적 목적의 전용 분석기뿐만 아니라 K 선의 들뜸 접근에 제한적으로 이용되고 있다.

9.2.2 | 에너지 분산형 X-선 분광기

EDXRF 분광기는 시료에서 발생하는 형광 복사선을 물리적으로 분리하지 않기 때문에 복사선이 검출기에 도달하기 전 어떠한 분산 장치도 필요로 하지 않으며 모든 영역의 에너지의 광자들이 동시에 검출기에 도달한다. 모든 EDXRF 분광기는 그림 9.14에 나타낸 것처럼 일차 들뜸 광원, 시료 거치대(sample holder), 검출기로 구성된다.

모든 EDXRF 장치는 시료의 들뜸을 조절하여 일차 신호(primary signal)를 조절할 수 있다. 직접적인 들뜸, 이차 및 3D 들뜸, 전반사 XRF(total reflectance, TXRF)의 세 가지 방법을 이용하여 일차 신호를 조절할 수 있다.

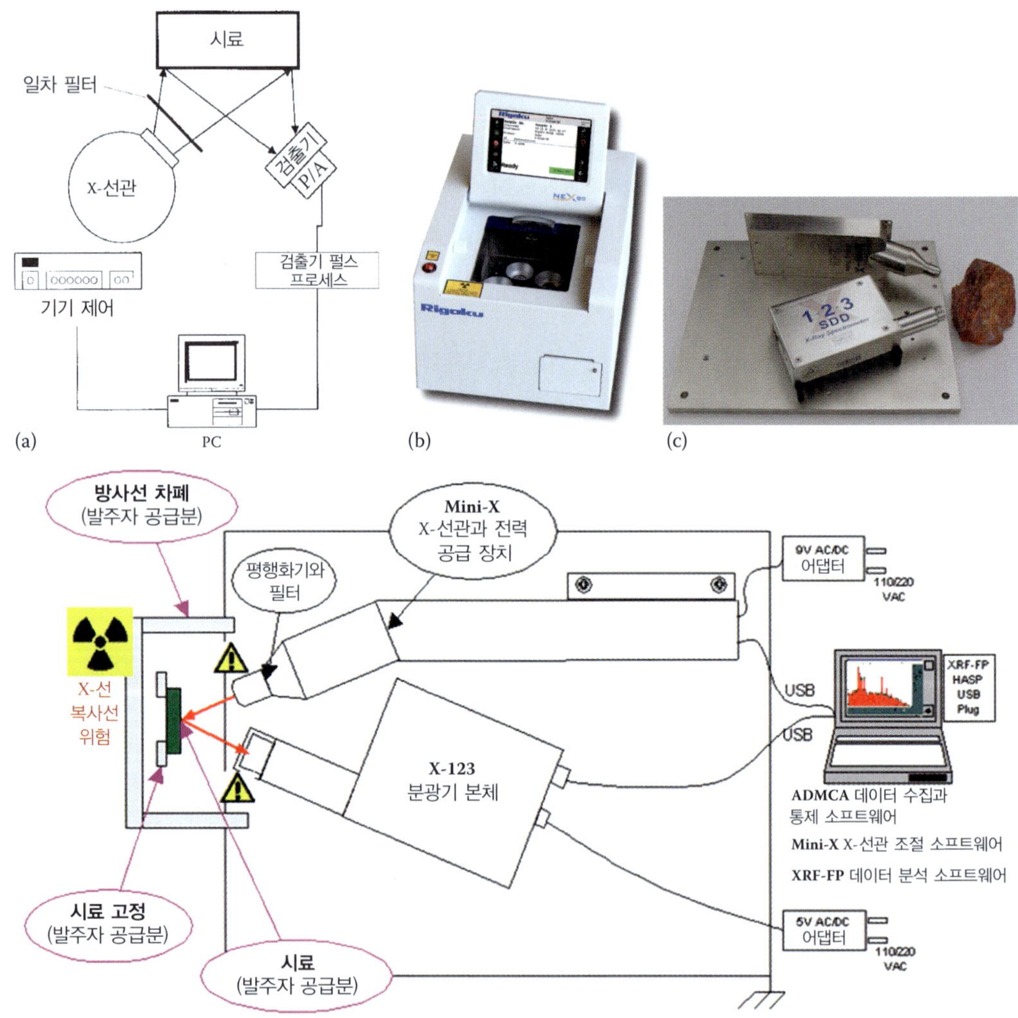

그림 9.14 (a) X-선관 광원을 탑재한 EDXRF의 도식도. 시료와 검출기 사이에 분산 장치가 없다. 모든 에너지 영역의 광자들이 동시에 검출기에 도달한다. (From Ellis, A.T., in Van Griekin, R.E.; Markowicz, A.A. (eds.), *Handbook of X-Ray Spectrometry*, 2nd edn., Marcel Dekker, Inc.: New York, 2002. Used with permission.) (b) 시판용 벤치탑(benchtop) EDXRF, the rigaku NEX QC, 원유의 황 성분을 측정하기 위한 장치. (Courtesy of Applied Rigaku Technologies, Inc., Austin, TX, www.rigakuedxrf.com.) (c) 구성품 기반 소형 XRF 장치, X-선관(위), 시료(오른쪽), X-선 분광기(아래)의 상대적 위치를 보여 줌. (d) 완전한 XRF 시스템의 한 부분으로서의 소형 구성품 장치. (c와 d: Courtesy of AMPTEK, Inc. www.amptek.com.)

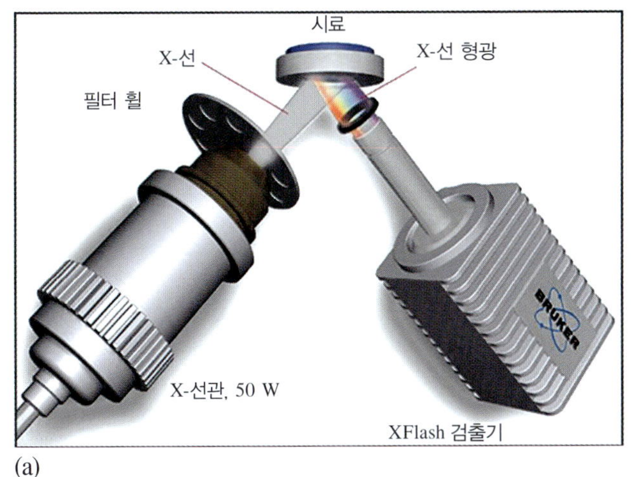

(a)

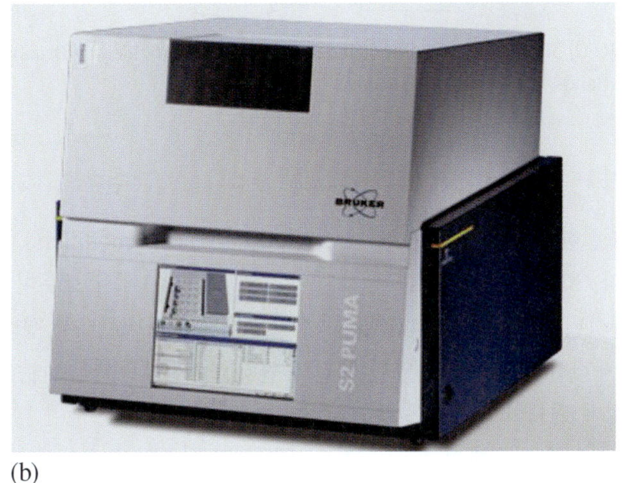

(b)

그림 9.15 (a) 직접 들뜸 EDXRF 시스템의 3D 도식도. (© 2013 Bruker, Inc. www.bruker.com. Used with permission.) (b) 탄소에서 아메리슘까지 측정할 수 있는 기기의 사진(품질 관리에 사용됨). (Bruker, Inc. www.bru ker.com. Used with permission.)

직접적인 들뜸 시스템은 타겟 및 동위 원소 광원의 복사선이 직접적으로 시료에 충돌하여 시료를 들뜨게 한다(그림 9.15). 일차 필터를 들뜸과 들뜸 스펙트럼의 원하지 않는 스펙트럼을 감쇠시키기 위해 사용한다. 핀홀 가리개(pinhole mask)의 사용으로 분석 스팟(spot)의 크기를 줄여 마이크로 스팟 분석이 가능하다. 또한 광학 모세관을 적용함으로써 100 μm 이하의 마이크로 스팟 분석이 가능하다. 직접 들뜸 장치는 휴대용 장치, 동위 원소 장치, 저출력 및 중간 출력 벤치탑(benchtop) EDXRF뿐만 아니라 마이크로-XRF 장치의 두께를 얇게 만드는 데 기여하였다.

이차 들뜸 장치의 광원은 빛을 분산시키거나 새로운 광원으로 사용할 수 있게 특정 물질로 만들어진 선택적인 이차 타겟이 빛을 발산하게 한다. 이차 타겟에서 나오는 신호가 시료에 충돌하고 X-선을 편광시길 수 있게 이차 타겟 물질을 그림 9.16과 같이 기하학적인 배열을 한다.

9.2.2.1 들뜸 광원

EDXRF 시스템에서 대부분의 관은 엔드-윈도우나 투과 타겟 설계이다. 사이드-윈도우 관은 이차 타겟과 휴대용 XRF 장치에 사용되고 있다. 소형 휴대용 기기와 실험실용 기기에서는 보통 50~60 kV 전압을 관 전압과 들뜸에 사용한다. 고전압(≥100 kV)의 경우 차폐 장치가 요구되기 때문에 대형 마루형 장치에 사용한다.

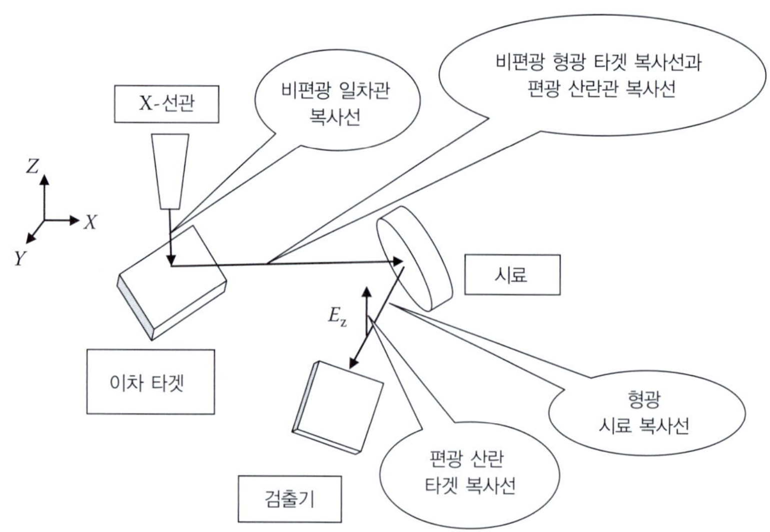

그림 9.16 이차 타겟 EDXRF의 3D 빛살 도식도. (Modified from a diagram provided by Bruno Vrebos, 2009, PANalytical Inc., The Netherlands. www.panalytical.com.)

9.2.2.2 일차 빛 조절기

광원에 의한 들뜸을 조절하기 위하여 일차 빛 조절기(primary beam modifiers), 빛 가리개(beam mask)와 같은 장치를 사용한다. X-선관 사용의 한 가지 문제점은 그림 9.3에서 보듯이 특정 전압에서 연속 및 특정 복사선이 둘 다 생성된다는 것이다. 대부분의 분석에서는 오직 한 가지 형태의 복사선만이 요구된다. 불필요한 복사선을 제거하기 위하여 다양한 물질의 필터를 사용할 수 있는데, 필터는 X-선 광원과 시료 사이에 위치하여 분석에 필요한 파장만을 통과시킨다.

특성적이며 선택적인 흡수를 이용하여 들뜸 스펙트럼을 수정하기 위하여 일차 필터를 사용한다. 재료의 특성과 두께는 일차 들뜸을 조정하는 데에 사용되는 변수이다. 타겟 물질과 응용 목적에 맞추어 필터를 제작한다. 수동 필터는 사용자가 필터를 삽입하는 반면, 자동 필터(그림 9.15 참조)는 기기의 소프트웨어에 의해 제어할 수 있게 바퀴 모양의 형태로 장착되어 있다.

필터 효과에 대한 단순 예를 그림 9.17에 보여 준다. 실선의 스펙트럼은 20 kV 관 전압에서 관과 검출기 사이에 필터가 없을 경우의 Rh 관의 출력 신호이다. 4~19 keV에 걸쳐 넓은 연속 X-선과 Rh L_α 선이 2.69 keV에서 관찰된다. Rh L_α 선이 산란되어 검출기에 검출되면, 결정 시료로부터 방출된 신호로 잘못 해석하거나 다른 선과 겹쳐 스펙트럼 간섭의 원인이 될 수 있다. 관 윈도우에 셀룰로스(cellulose) 필터를 설치하면 낮은 에너지의 Rh 특성 선을 흡수하여 연속 복사선만이 검출기에 도달하여 그림의 점선 스펙트럼을 얻을 수 있다.

반면에 단색 복사선이 요구될 때는 타겟 원소의 K_α와 K_β 방출선 사이의 흡수끝을 포함하거나 타겟의 연속 방출선과 특정 선을 포함하는 필터를 사용한다. Ag X-선관에 Al 필터를 사용하면 5~15 keV 사이의 대부분의 연속 복사선(제동 복사선, bremsstrahlung)이 제거되어 시료에 충돌하는 빛은 타겟의 고유 특정 선들을 나타낸다(그림 9.18a). 그림 9.18b에 나타나듯이 알맞은 필터를 사용하면 시료 스펙트럼의 신호-대-잡음비를 크게 개선하여 방출선의 측정에서 발생하는 불확실성을 줄여 정량 분석을 향상시킨다.

일반적으로 순수 원소의 얇은 금속 박막을 필터로 사용하지만 동(brass)과 셀룰로스와 같은 합금이 사용되기도 한다. 필터 박막 두께를 변화시켜서 피크-대-바탕비(peak-to-background ratio)를 최적화한다. 표 9.5와 9.6은 여러 타겟에 일반적으로 사용하는 필터를 나타낸 것이다.

일차 필터의 응용은 다음과 같다.

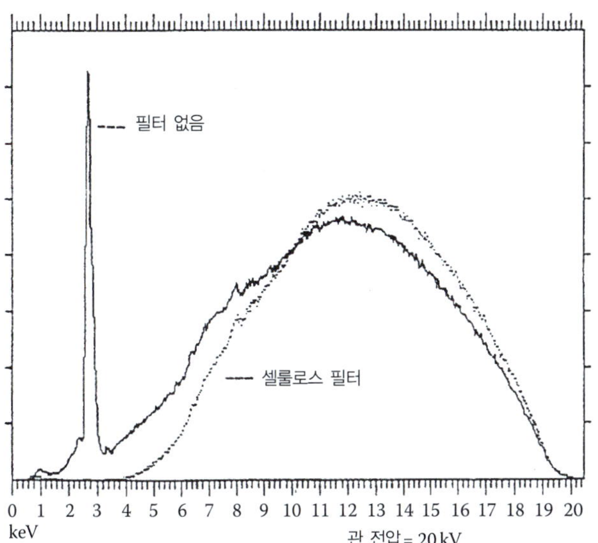

그림 9.17 필터를 이용한 원하지 않는 복사선의 제거를 보여 준다. Rh X-선관과 시료 사이에 셀룰로스 필터를 설치하여 2.69 keV의 Rh L_α 선이 제거되고 들뜬 시료의 연속 복사선만 방출된다. (© Thermo Fisher Scientific. www.thermofisher.com. Used with permission.)

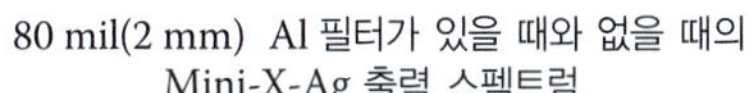

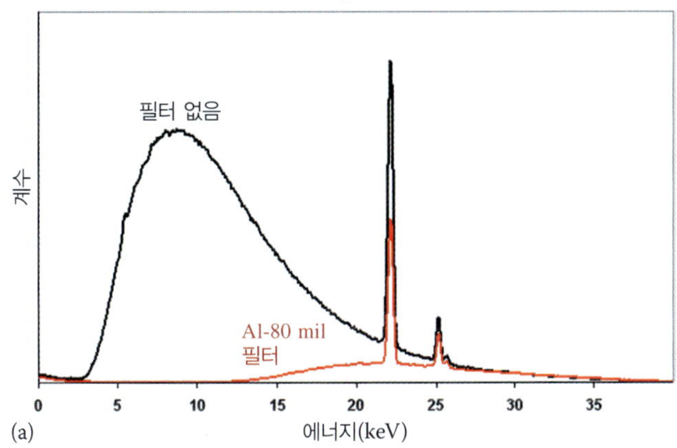

mini-X-Ag X-선관에서 80 mil Al
필터가 있을 때와 없을 때의 (Pb) XRF

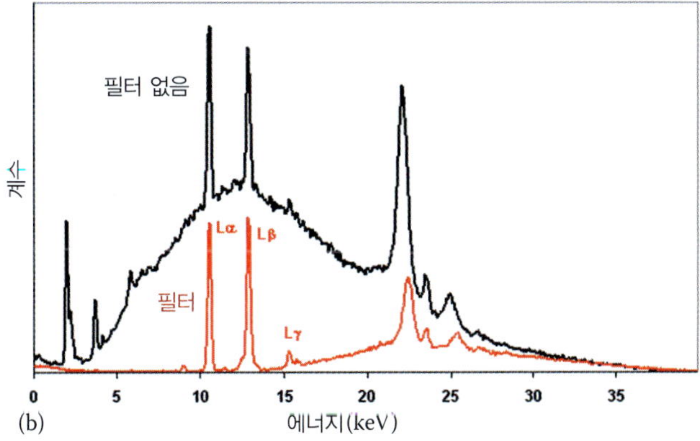

그림 9.18 (a) 40 kV에서 2 mm Al 필터 사용과 필터가 없을 때의 Mini-X Silver X-선관의 출력 스펙트럼. Al 필터가 대부분의 연속 복사선을 제거한다. (b) Ag X-선관에서 필터의 사용 여부에 따른 Pb 시료 분석. 필터를 사용하지 않을 경우, Pb의 특정 X-선들은 산란된 X-선의 주된 바탕 신호에 겹쳐진다. Al 필터 사용 시, 납의 신호-대-잡음비가 크게 개선된다. 필터 사용으로 얻은 스펙트럼에서 Pb L_γ선이 더 확실하게 나타남을 주목하라. (Courtesy of Amptek, Inc. www.amptek.com.)

표 9.5 X-선관에 일반적으로 사용하는 필터

타겟	타겟 k_α (Å)	타겟 k_β (Å)	필터 원소	필터 K 끝 (Å)	박막 두께 (μm)	흡수 K_β %
Cr	2.289	2.085	V	2.269	15.3	99.0
Fe	1.936	1.757	Mn	1.896	12.1	98.7
Co	1.789	1.621	Fe	1.743	14.7	98.9
Ni	1.658	1.500	Co	1.608	14.3	98.4
Cu	1.541	1.393	Ni	1.488	15.8	97.9
Mo	0.709	0.632	Zr	0.689	63.0	96.3
Ag	0.559	0.497	Pd	0.509	41.3	94.6
W	0.209	0.185				

출처: From Parsons, M.L., X-ray methods, in Ewing, G.W. (ed.), *Analytical Instrumentation Handbook*, 2nd edn., Marcel Dekker, Inc., New York, 1997. Used with permission.

참조: 텅스텐에 사용할 알맞은 필터는 없음을 주목하라.

표 9.6 전형적인 일차 필터와 EDXRF 장치에서의 사용 범위

필터	두께 (μm)	X-선관 범위 (kV)	원소	설명
사용하지 않을 경우		4–50	Na–Ca	가벼운 원소에 적합함, 4-8 kV 들뜸[a]
셀룰로스		5–10	Si–Ti	관의 L 선 억제 (그림 9.16 참조)[a]
얇은 Al	25–75	8–12	S–V	관의 L 선 제거[a]
두꺼운 Al	75–200	10–20	Ca–Cu	원소의 전이를 위해 사용함
얇은 양극 원소	25–75	25–40	Ca–Mo	미량 분석에 좋음[b]
두꺼운 양극 원소	100–150	40–50	Cu–Mo	무거운 원소 L 선과 같은 미량 분석[b]
Cu	200–500	50	>Fe	K 선의 억제

출처: Modified from Ellis, A.T., in Van Griekin, R.E.; Markowics\z, A.A. (eds.), *Handbook of X-Ray Spectrometry*, 2nd edn., Marcel Dekker, Inc.: New York, 2002. With permission.

[a]낮은 에너지 선들의 감쇠를 피하기 위해 He을 주입하거나 진공을 사용한다.

[b]이차 형광 광원으로 사용하며 단색광 필터라고 한다. 관의 K 선을 통과시킨다.

- 타겟 원소 및 이웃 원소(Cd, Ag)의 분석을 가능하게 하기 위한 특정 선(예: Rh K_α)의 감쇠 및 억제
- 원소 범위 감소(예를 들면 10 kV 이하의 모든 에너지 제거)
- 신호-대-잡음비의 최적화
- 비흡수 광원 복사 이외에도 타겟 복사선 방출을 위한 '이차' 타겟으로 사용

또한 일차 필터 장치는 가리개 평행화기(collimator) 또는 핀홀 평행화기라고 하는 빛 감소 장치를 장착할 수 있다. 이 장치는 틈을 통과하는 빛을 제외한 모든 일차 빛을 완전히 흡수한다. 감소된 빛의 지름이 작을수록 더 많은 신호가 제거되어 시료의 신호가 감소된다. 그러므로 작은 스팟을 사용하는 장치에는 이와 같은 신호의 감소를 보완하기 위하여 높은 전력(예를 들면, 50 W)이 사용된다.

광학 모세관을 사용한 빛 제한 장치(beam restrictor)와 집광 장치는 신호의 손실 없이 작은 스팟으로 빛

을 모은다. 시판용 장치들은 25 μm 스팟 크기를 사용하여 적당한 세기의 신호를 얻는다. 가리개 및 빛 제한 장치는 시료의 미세한 영역을 관찰하는 데 사용되며 래스터(raster) 기술 접목으로 불균일 시료의 원소 이미지 지도(map)를 얻을 수 있다.

9.2.2.3 시료 거치대

XRF는 고체 및 액체 시료 분석에 사용되며 EDXRF와 WDXRF에 비슷한 유형의 시료 거치대와 자동 시료 주입기(autosampler)를 사용한다. 시료 전처리와 다른 고려할 사항들은 응용 부분에서 논의할 것이다. 정량 분석을 위해서는 시료 표면이 가능한 한 균일해야 하며 자세한 사항은 응용 부분에서 다룰 것이다. 대량의 고체 시료 분석에 사용되는 카세트(cassette) 형식의 시료 거치대와 미세 분말, 작은 입자 및 액체 시료에 사용하는 셀 형식의 두 종류의 시료 거치대가 있다. 연마된 금속 디스크(polished metal disk), 압축 분말 디스크(pressed powder disk), 유리 및 고분자 판과 같은 대량의 균일 고체 시료는 그림 9.19a에 나타낸 것처럼 전형적으로 카세트 형식의 시료 거치대를 사용한다. 카세트 형식의 시료 거치대는 시료를 원형 거치대 및 창에 넣어 X-선에 노출되게 하는 금속 실린더 모양으로, 그림은 고형 시료의 최대 크기를 보여 준다. 시료를 카세트에 장착하며 그림 9.19b에서와 같이 고형 시료는 중력에 의해 거치대에 장착되어 시료의 앞면이 아래로 향하게 하여 분석하는 시스템에서 카세트는 창 아래에 위치한다. 시료 앞면이 위로 향하게 배치되어야 하는 시스템에서는 창을 향해 시료 표면을 누르기 위해 카세트의 몸체에 비활성 지지대(종종 나무 블록을 사용)를 사용해야 한다. 카세트는 보통 지름이 8~38 mm의 다양한 크기의 창을 사용 할 수 있으며 시료에 알맞은 지름을 선택한다. 고체 물질에 코팅을 하는 것과 같은 다른 형태의 고체 시료들도 이러한 형태의 카세트에 직접 삽입할 수 있다.

액체, 미세 분말 및 작은 입자 분석에는 다른 형태의 거치대가 사용되며 그림 9.20a에 나타낸 바와 같은 여러 개의 플라스틱 거치대 모양의 셀을 사용하며 시료를 셀에 넣는 사각형 및 원형의 얇은 고분자 필름이 필요하다. 원형 셀은 양쪽 끝이 모두 열리게 되어 있다. 원형의 한쪽 끝은 플라스틱 필름(투명 테이프를 사용하기도 함)으로 덮여 있고 플라스틱 고리로 플라스틱 필름 및 투명 테이프를 고정한다. 필름 아래에 셀이 놓이며 액체, 분말 및 가루 시료를 넣는다. 필름 표면은 가능한 단일 형태로 완전히 덮여야 한다. 셀에 맞는 플라스틱 디스크를 삽입하여 최대한 균일한 표면을 만들기 위하여 압착하는데 위쪽의 뚜껑

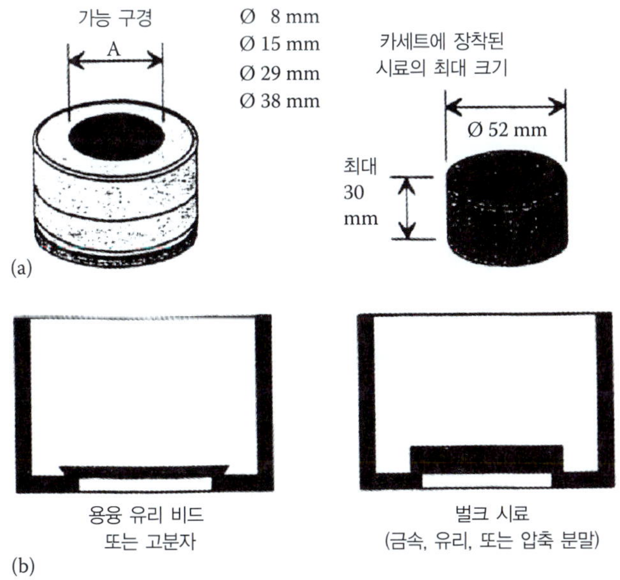

그림 9.19 (a) 고형 고체 시료에 사용되는 시료 카세트. (b) 여러 분광기에 사용하는 엎어진(facedown) 구조에서의 고형 고체의 위치. (Thermo Fisher Scientific. www.thermofisher.com. Used with permission.)

은 나사형이나 버튼 형식으로 되어 있다. 액체 시료 분석에는 X-선에 의한 시료 가열로 압력이 높아지는 것을 막기 위해 배출구가 있는 뚜껑을 사용한다. 이러한 셀은 '있는 그대로' 사용하거나 그림 9.20b에서와 같이 표준 카세트에 삽입하여 사용하기도 한다. 관이 시료 아래에 놓여 얇은 고분자 파편, 미세 분말, 조각(chip) 및 액체 시료가 분광기 내부에 엎질러지게 된다면 분광기가 오염되어 X-선관의 Be 창이 깨지게 된다. 이러한 이유로 액체 시료 셀은 배출구가 있으며 진공을 사용하지 않는다. 이것이 엎어진 구조의 가장 큰 단점이며 이러한 이유로 고형 시료를 제외한 다른 시료의 경우에는 시료를 덮고 있는 필름이 찢어져 기기가 오염이 될 위험성이 있다. 그림 9.20b는 엎어진 구조에서 액체는 당연히 단일 표면이라고 가정하고 있음을 보여 준다. 누워진(faceup) 구조에서 액체 시료가 어떨지 상상해 보라. 밀봉된 셀을 사용한다면 필름 표면에 기포가 형성될 것이며 완전히 덮이지 않을 것이다. 셀이 완전히 채워지지 않으면 시료가 X-선에 의해 가열되면서 표면에 기포가 생긴다. 이러한 현상이 생기면 시료의 XRF 신호 세기가 급격히

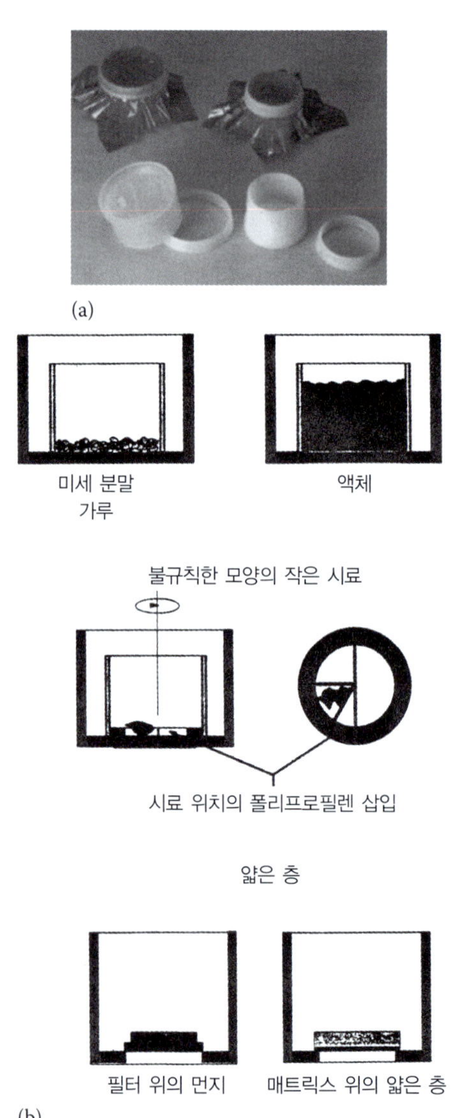

그림 9.20 액체 시료, 미세 분말 및 조각에 사용하는 셀. (a) 액체와 미세 분말 시료에 사용하는 두 가지 형태의 일회용 폴리에틸렌 시료 컵, 컵과 고분자 필름을 고정하는 걸쇠(snap) 고리. 사진의 위에는 고분자 필름으로 덮은 셀을 보여 주고 있다. 사진의 아래쪽에 조립하지 않은 컵과 필름 고정용 고리를 보여 주고 있다. (Courtesy of SPEX Certiprep, Inc. Metuchen, NJ. www.spexcsp.com.) (b) 사진에 보이는 것처럼 셀 안에 액체 및 미세 분말 시료를 넣은 다음 (a)에 보이는 것과 같은 엎어진 형태의 분광기 시료 카세트에 삽입하였다. 효과 필터(impact filter) 위의 분말 시료 및 얇은 층 시료는 시료 카세트에 직접 삽입한다. (© Thermo Fisher Scientific, www.thermofisher.com. Used with permission.)

감소하게 될 것이며 따라서 셀의 압력이 증가함에 따라 필름이 찢어질 확률 또한 급격히 증가한다. 그래서 액체 시료 분석 시 더 나은 정량 분석의 결과를 얻기 위해서 분광기가 오염될 위험을 감안하더라도 엎어진 구조를 사용해야 한다.

시료 카세트는 수동 또는 자동으로 시료 위치를 바꿀 수 있다. X-선에 노출되는 시료 표면을 균일하게 하기 위하여 일반적으로 약 30 rpm의 속도로 회전시킨다.

9.2.2.4 EDXRF 검출기

시료에서 생성된 모든 광자가 검출기에 도달하여 분류되기 때문에 EDXRF 장비에서 검출기는 매우 중요한 구성 요소이다. 검출기 형태와 이와 연관된 전자 공학적 부분 장치가 계수비(count rate), 분해능 및 검출 효율 성능을 결정한다.

계수비는 측정 에너지 범위에 걸쳐 검출기에 도달한 **모든** 광자의 개수이다.

비례 검출기와 실리콘 PIN, Si(Li), Ge(Li), 실리콘 표류 검출기(silicon drift detector)와 같은 반도체 검출기의 두 가지 형태가 상업적으로 활용 가능하다. EDXRF에 사용되는 검출기는 스펙트럼을 분해하기 때문에 매우 높은 내재 에너지 분해능(intrinsic energy resolution)을 가져야 한다. 신호 펄스는 다중 채널 분석기(multichannel analyzer, MCA)에 도달하여 적분(integrator) 과정을 거쳐 데이터로 나타내어진다.

반도체 검출기(*semiconductor detectors*). X-선이 고체 상태의 반도체에 충돌 시 전자(electron, e^-)와 정공(hole, e^+)이 생성된다. 이 현상에 근거하여 반도체 검출기가 개발되었고 현재 EDXRF와 SEM에서 가장 중요한 역할을 하고 있다. 검출기에 도달하는 X-선에 의해 들뜬 모든 이온들은 입사 광자의 에너지에 비례한다. 과거에 일반적으로 사용하던 실험실용 EDXRF 시스템의 검출기는 Si(Li)으로 표기하는 **리튬-표류 실리콘 다이오드**로 'silly' 검출기라고도 한다. 그림 9.21은 실리콘 리튬-표류 검출기의 도식도를 보여 준다.

지름 4~19 mm, 두께 3~5 mm의 원통형 조각의 순수, 단결정 실리콘을 사용한다. 실리콘 내의 자유 전자 밀도는 매우 낮으며 p-형 반도체라고 한다. 반도체 내의 자유 전자 밀도가 높아지면 n-형 반도체가 된다. 반도체 다이오드 검출기는 항상 이 두 형태의 조합으로 작동한다.

다이오드는 실리콘 표면에 리튬(Li) 증기를 증착시켜 만든다. 전압을 걸어주면 리튬이 표류하여 실리콘 층으로 확산된다. 한쪽 끝이 리튬 농도가 높아지면 n-형 영역으로 변환된다. 확산 과정에서 모든 전자 수용체는 층의 대부분을 상쇄하여 점점 부도체가 되고 이것을 **내재성 물질**(*intrinsic material*)이라고 한다. 그림 9.21에 나타낸 것처럼 리튬 표류는 순수 Si(p-형) 영역을 출발하여 실리콘 층의 다른 끝 부분에 도착하기 전에 멈추며 p-형 층의 바깥 표면은 전기 접촉을 위해 얇은 금(Au) 층으로 도포되어 있다. 검출기는 내재성 영역(intrinsic region)에서 자유 전하 매개체(carrier)가 제거되는 역바이어스(reverse-biased)이다. 이 조건하에서는 고유 영역에 전하 매개체가 존재하지 않으므로 전류가 흐르지 말아야 한다. 그러나 원자가 띠(valence band)와 전도띠(conduction band) 사이의 띠간격(bandgap)이 Si(Li)의 경우에 1.1 eV로 작고 실온에서 열에 의해 들뜬 전하 매개체가 이 띠간격을 쉽게 뛰어 넘을 수 있기 때문에 X-선 광자가 존재하지 않아도 검출기에 전기를 전도시켜 높은 잡음 수준이 생기는 원인이 된다. 이러한 잡음을 줄이고 검출기의 감도를 높이기 위해서는 기기의 온도를 현저히 낮추어야 한다. 이를 위해 규칙적으로 충전해야만 하는 액체 질소를 사용하여 77 K까지 검출기를 냉각시킨다. Peltier 효과(Peltier effect)에 근거한 전기 냉각은 벤치탑 EDXRF를 영하 90°C까지 낮출 수 있다.

실리콘 대신 주기율표에서 같은 IV족 원소인 Ge을 사용하여 Ge(Li)-표류 검출기를 만들 수 있다('jelly' 검출기라고도 함). Ge(Li) 검출기 또한 띠간격이 0.66 eV로 매우 작기 때문에 액체 질소 및 전기 냉각을 시켜야 한다.

X-선 광자가 검출기에 충돌하면 고유 영역에 여러 개의 전자−정공 짝이 생성된다(그림 9.21b). 생성되

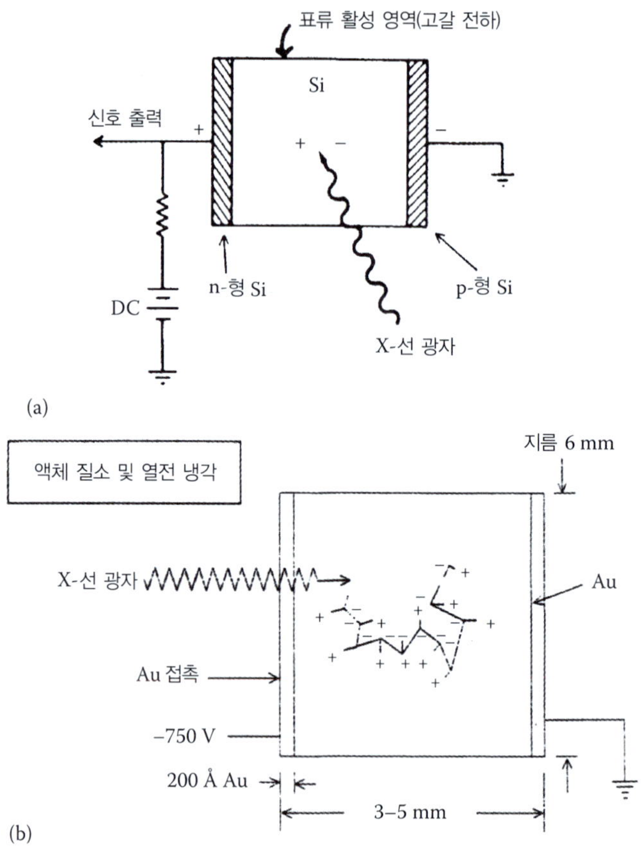

그림 9.21 Si(Li) 반도체 검출기. (a) 실리콘 층의 한쪽의 바깥 표면에는 n-형 Si 층, 중앙의 전하가 없는 고유 영역과 다른 쪽 바깥 표면의 p-형 Si 층을 보여 주는 도식도. (b) 실제 검출기는 각 층의 바깥 표면은 전기 접촉을 위해 200 Å의 Au 층으로 도포되어 있다. X-선 광자가 고유 영역에 충돌하게 되면 다이오드 내에 전자–정공 짝이 생성된다. (b: ©Thermo Fisher Scientific. www.thermofisher.com.Used with permission.)

는 전자–정공 짝의 수는 광자 에너지에 비례한다. Si(Li)에서 전자–정공 짝 생성에 3.86 eV의 에너지가 필요하며, 생성된 전자–정공 짝의 수는 대략 다음과 같다.

$$n = \frac{E}{\varepsilon} = \frac{E}{3.65\ \text{eV}} \tag{9.16}$$

여기서 n은 전자–정공 짝의 수, E는 X-선 광자의 입사 에너지(eV), ε은 전자–정공 짝 생성에 필요한 에너지(eV)이다.

유사한 Ge 리튬-표류 검출기에서 이온화에 요구되는 에너지는 2.96 eV이며 비례 계수기나 NaI(Tl) 섬광(scintillation) 검출기에서 이온화에 요구되는 에너지보다 훨씬 작다.

공급 전압의 영향으로 전자는 검출기의 양극을 향해 움직이고 정공은 음극을 향해 이동한다. 양극에 도달한 총 전하는 다음과 같이 나타낸다.

$$Q = nq_e \tag{9.17}$$

여기서 Q는 C(coulombs) 단위의 총 전하, n은 전자–전공 쌍의 수 $= E/\varepsilon$, q_e는 하나의 전자가 가지는 전하 $= 1.69 \times 10^{-19}$ C/전자이다.

수집된 전하는 결과적으로 전압 펄스(plus)가 된다. 총 전하가 입사 광자의 에너지에 비례함으로 생성된 전압 펄스의 진폭 또한 입사 광자의 에너지에 정비례한다. 전압 펄스는 공학적으로 증폭 및 '성형(shaped)' 과정을 거쳐 **다중 채널 펄스 높이 분석기**(*multichannel pulse height analyzer*)에서 펄스 높이로

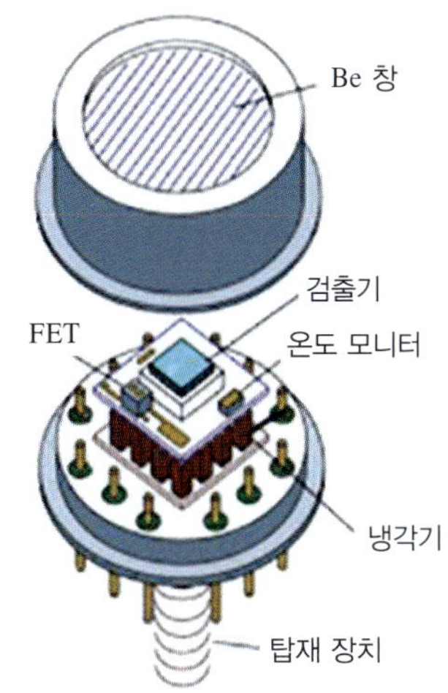

그림 9.22 실리콘 PIN 검출기의 도식도. (Courtesy of Amptek, Inc. www.amptek.com.)

분류되어 세기를 측정한다.

실리콘 PIN 다이오드 검출기(*silicon PIN diode detectors*). 실리콘 PIN 다이오드 검출기는 1000 V 바이어스가 흐르는 수 mm 두께의 실리콘 접합형 p-i-n 다이오드이다. 고농도 도핑된 중간 영역은 부도체인 내재성 층(intrinsic layer)을 형성한다. 도핑이 잔여 수용체(acceptor)를 메우는데 그렇지 않으면 p-형 층으로 변환된다. X-선 광자가 i-층에 입사하면 전자–정공 짝 무리를 형성하며 전압 펄스를 일으킨다. 충분히 낮은 전도도를 만들기 위해서 검출기는 Peltier 소자를 사용하여 저온을 유지해야만 한다. 펄스 제어의 지속적인 발전으로 125 eV만큼 낮은 분해능을 얻을 수 있다. 계수비와 분해능은 밀접한 관련이 있다. 낮은 계수비에서 최고의 분해능을 얻는다. 높은 에너지에서 실리콘 PIN 다이오드 검출기의 효율은 좋은 편이지만 Si(Li) 검출기보다는 효율적이지 않다(그림 9.22)

실리콘 표류 검출기(*silicon drift detector*, SDD). 시판용 실리콘 표류 검출기는 표류 상자 원리(drift chamber principle)에 기본을 두고 있다. 검출기 결정은 무진동 열전 냉각기에 의해 냉각된다. 단일체식 직집 온칩(monolithic integrated on-chip) 전기장 효과 트랜지스터(field effect transistor, FET)는 신호를 증폭하고 에너지 분해능을 조절한다. 직접 표류(integrated drift) 구조를 사용하는 현재 검출기 크기의 측면 감소는 극소의 검출기 전기 용량을 제공함으로써 빠른 신호처리 기술을 가능하게 하여 높은 계수비 처리를 가능하게 한다. 이러한 전자 처리는 높은 계수비와 가능한 최소의 분해능을 가질 수 있게 한다(그림 9.23).

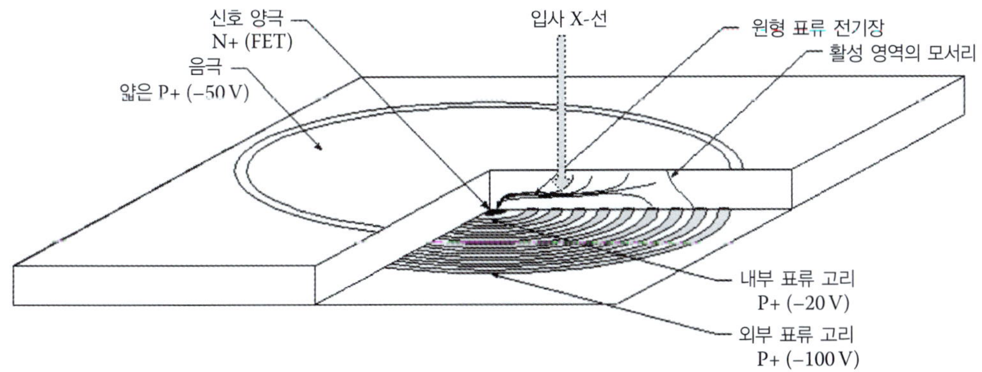

그림 9.23 실리콘 표류 검출기의 도식도. (Courtesy of Amptek, Inc. www.amptek.com.)

9.2.3 | 파장 분산형 X-선 분광기

파장 분산형(WDXRF) 분광기는 **측각기(goniometer)**를 사용하며 파장에 따라 주사하여 원소들을 순차적으로 측정하는 **순차형 분광기(sequential spectrometer)**, 특정 원소 및 바탕 신호의 최적의 측정을 위해 각 채널이 가진 결정과 검출기의 이동을 동시화하는 다중 채널을 사용하는 **동시형 분광기(simultaneous spectrometer)**, XRD 채널과 측각기와 같은 고정된 채널과 함께 순차적인 측각기 및 주사기를 결합한 **하이브리드 분광기(hybrid spectrometer)**의 세 가지 종류가 있다.

WDXRF 분광기는 일반적으로 각 구성 성분의 기능에 따라 **발생기(generator)**, 분광기(spectrometer), 전자 펄스 처리 장치(electronic pulse processing unit), 시료 교환기(sample changer)의 네 가지 주요 부분으로 나눈다. 발생기는 X-선관에 복사선(일차 X-선)을 발생시키기 위해 전류와 고전압을 공급한다. 최신 발생기는 최고 전압 70 kV와 170 mA 전류와 함께 4 kW의 최대 출력을 제공한다.

분광기(spectrometer)는 X-선관, 일차 필터, 평행화기(평행 빛을 만드는 장치), 분석 결정, 검출기로 이루어진다. 분광기의 각 부분들과 시료 측정의 위치는 보통 진공 상태이지만 분석하고자 하는 목적에 따라 다른 대기(기체를 연속적으로 흘려보내는 것)를 사용하기도 한다. X-선관과 일차 빛 필터에 대해서는 앞에 논의하였다. 대부분의 시판용 WDXRF 기기는 냉각수에 의해 냉각되는 엔드-윈도우 X-선관을 사용한다. 창의 두께는 약 75 μm이거나 이보다 얇다(그림 9.10).

일차 빛 필터 휠은 일반적으로 다양한 두께의 Al 및 Cu 선택 흡수 박막을 갖추고 있으며 관과 시료 사이에 위치하여 관 복사선의 간섭 성분이나 원하지 않은 빛을 필터하여 신호-대-잡음비를 개선한다.

9.2.3.1 평행화기

X-선관의 양극(anode)에서 방출되는 X-선은 방사형으로 타겟의 중심에 반구 모양을 형성한다. WDXRF 분광학, XRD 구조 분석, 분광기의 분석 결정 및 결정 물질의 구조 분석이 제대로 이루어지기 위해서는 거의 평행한 복사선이 요구된다. 좁고 거의 평행한 X-선은 두 쌍의 꽉 채운 금속 판(plate)이나 조그마한 틈에 의해 분리되는 칼날(blade)을 사용하여 만들 수 있다. 평행화기는 틈 사이를 통과하는 좁은 빛살을 제외한 모든 복사선을 흡수한다(그림 9.24).

시판용 기기에는 다중 관이나 다중 슬릿(slit) 평행화기를 분석 결정(일차 평행화기)과 검출기(이차 평행화기) 전에 배치하여 사용한다. 순차형 WDXRF 분광기에서 평행화기의 위치를 그림 9.25에 나타내었다. 많은 파장 분산형(wavelength-dispersive, WD) 기기에서 두 개의 검출기를 결합해서 사용하고 세 번째의 보조 평행화기가 요구되기도 하며 이를 그림 9.26에 보여 준다.

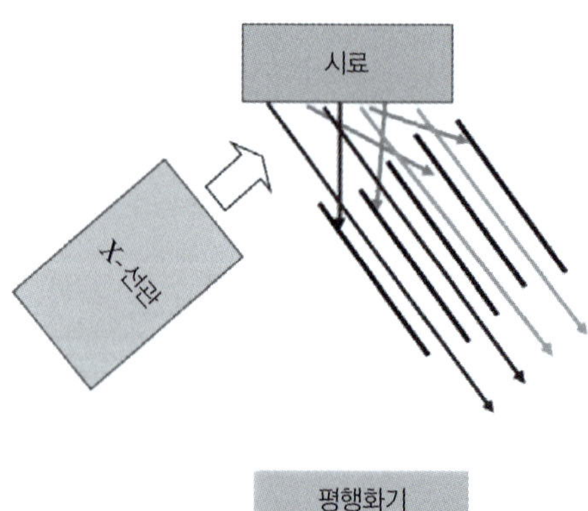

그림 9.24 평행화기의 기능. 틈을 통과한 좁고 거의 평행한 X-선을 제외한 모든 광자를 흡수한다. (© 2013 Bruker, Inc. www.bruker.com. Used with permission.)

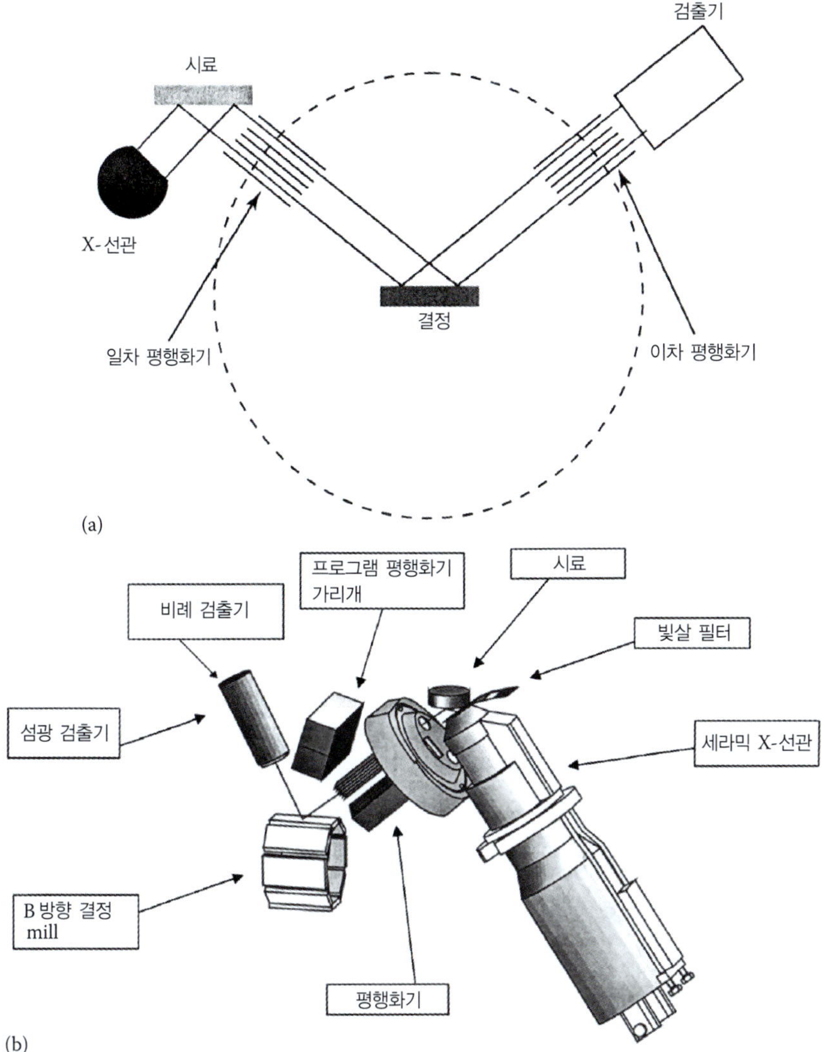

그림 9.25 (a) WD 순차형 분광기에서 광로(optical path)와 평행화기의 위치를 보여 주는 도식도. (b) 시판용 순차형 WDXRF 구조 도식도. (Courtesy of PANalytical, Inc., The Netherlands. www.panalytical.com.)

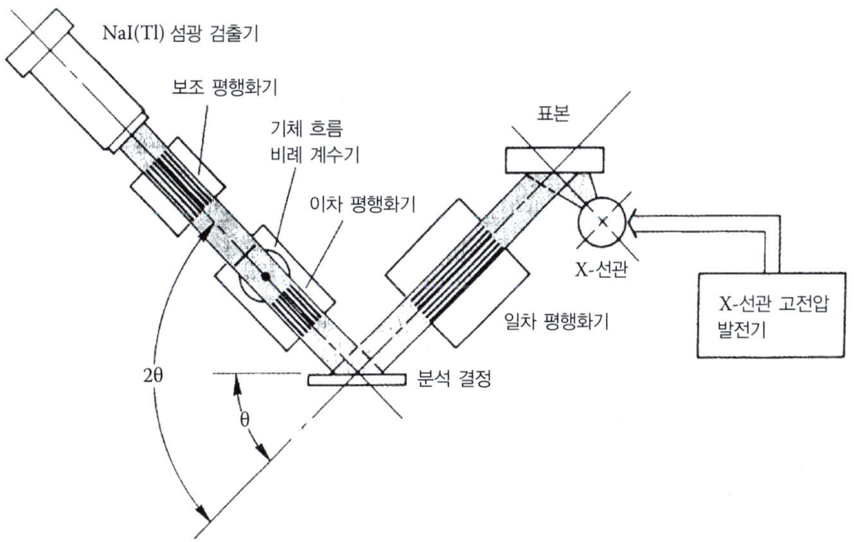

그림 9.26 두 개의 검출기를 직렬 형으로 연결한 순차형 분광기로 평행화기의 위치와 광로를 보여 준다. (From Jenkins, R. et al., *Quantitative X-Ray Spectrometry*, Marcel Dekker, Inc., New York, 1981. Used with permission.)

9.2.3.2 분석 결정

분석 결정(analyzing crystals)은 WDXRF 분광기의 '심장'이라고도 한다. 결정은 이온, 원자 및 분자들이 일정하게 배열된 격자 구조로 이루어진 층이다. 원자층 간의 거리와 복사선의 파장이 거의 같으면 결정의 각 층에서 X-선 빛살은 튕겨져 나와 반사한다(그림 9.8). Bragg 법칙(식 9.15)은 어떤 특정 입사각 θ에서 특정 파장의 X-선이 보강 간섭이 일어나기 위해서는 위상이 같아야 결정에 의한 회절이 일어나는 것을 표현한 관계식이다. 파장 범위에 속하는 X-선 빛살이 결정에 입사되면 다른 파장의 회절된 빛이 다른 각에서 나타난다. 입사 빛살은 프리즘 및 회절발이 백색광을 구성하는 각각의 스펙트럼으로 분리하듯이 입사 X-선 빛살은 결정에 의해 파장 성분에 따라 분리된다. 천연 및 합성 분석 결정은 자외선/가시광선 영역에서 사용하는 등거리의 평행선 눈금이 매겨진 회절발이 빛을 스펙트럼으로 분리하는 역할을 하는 X-선 단색화 장치이다. X-선의 파장 영역은 매우 좁기 때문에 X-선 영역에서 사용하는 회절발을 수동으로 조절하는 것은 불가능하다. 다른 파장의 X-선 빛살은 결정에 의해 다른 각도에서 회절되어 분리된다. Bragg 법칙은 결정의 스펙트럼 범위를 결정한다. sinθ의 최댓값이 1.00이므로 최대 스펙트럼 $\lambda_{max} = 2d$이다. 회절 효율과 분해능은 결정 격자의 순도와 완전 결정에 의존한다. 결정의 모든 부분에서 주어진 면(층) 간 거리는 가능한 일정해야 한다. 그림 9.27a는 이러한 원리를 설명하고 있다. 회절된 두 파장을 동시에 측정할 수 있는 위치에 두 개의 검출기가 놓여 있으며 이를 그림 9.27a에 도식적으로 나타내었다. 또한 검출기나 분석 결정은 연속적으로 다른 파장을 검출할 수 있게 이동할 수 있다. 두 가지 형태의 분광기는 상업화되고 있다. 시판용 XRF 분광기의 X-선 분산에 사용하는 일부 결정들을 표 9.7에 나타내었다. 대부분의 결정은 천연 무기 또는 유기 화합물이다. XRF의 중요한 한계는 작은 원자 번호의 원소에서부터 낮은 에너지 X-선을 회절시키기에 충분히 큰 *d*-간격을 가지는 천연 결정이 부족하다는 것이었으나 다중층의 '인조 결정'의 합성에 의해 극복되고 있다. Si과 W 및 Ni과 BN을 실리콘이나 석영 면에 침적시키는 것처럼 고광학 밀도와 저광학 밀도의 물질을 교대로 층을 쌓아 이상적인 격자 층 *d*-간격을 만든다. 그림 9.27b는 합성 다중 층 결정이 어떻게 작동하는지 보여 준다. 예를 들면 PX-3 다중 층은 B_4C와 Mo을 교대로 층을 쌓아 만든 것이다. 이러한 가공 다중 층은 안정하며 상업적으로 사용할 수 있으며 Be 같은 가벼운 원소의 분석에 획기적인 영향을 주었다.

Bragg 법칙 적용 시, 특정 분석 결정의 *d*-간격은 분석 가능한 원소의 범위를 결정짓는다. 결정의 *d*-간격이 짧을수록 인접한 두 피크 및 겹쳐지는 피크가 더 잘 분리된다. 예를 들면 V과 Cr의 분석 시 LiF-200 결정($2d = 0.4028$ nm)으로 분석할 때보다 LiF-220 결정($2d = 0.2848$ nm)으로 분석할 때 V K_{α_1}과 Cr K_{α_1}선이 더 잘 분리된다.

표 9.7에서 분명히 알 수 있듯이 분석하고자 하는 원소에 따라 적절한 결정을 사용하여야 한다. 시판용 순차형 XRF 기기는 8~10의 결정을 컴퓨터로 조작하는 다중 결정 거치대가 일부 기기에 내장되어 있다.

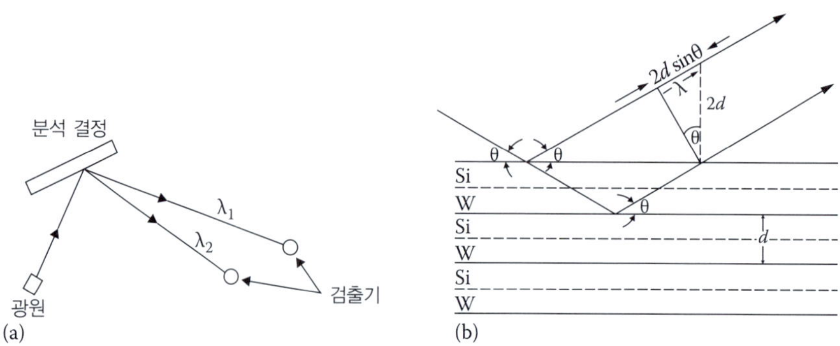

그림 9.27 (a) 단색화 장치의 역할을 하는 분석 결정. (b) Si과 W을 교대로 사용하여 만든 다중 층의 인조 결정으로 *d*-간격과 결정에 의한 X-선의 회절을 보여 준다. (b: © 2013 Bruker, Inc., www.bruker.com. Used with permission.)

표 9.7 현대 X-선 분광기에 사용하는 분석 결정

결정	이름과 방향(Miller 지수)	2*d*-간격 (nm)	원소 범위
LiF-420	Lithium fluoride (420)	0.1891	$\geq NiK_{\alpha_1}$
LiF-220	Lithium fluoride (220)	0.2848	$\geq VK_{\alpha_1}$
LiF-200	Lithium fluoride (200)	0.4028	$\geq KK_{\alpha_1}$
Ge	Germanium (111)	0.6530	P, S, Cl
InSb	Indium antimonide (111)	0.7481	Si
PET[a]	Pentaerythritol (002)	0.8740	Al−Ti, Kr−Xe, Hf−Bi
ADP	Ammonium dihydrogen phosphate	1.064	Mg
TIAP[b]	Thallium acid phthalate (100) (Thallium hydrogen phthalate)	2.576	Fe−Na
XS55, OV055, AX06, PX-1, PX-3, 기타 등등	다중 합성 결정[c]	5.0−19	*d*-간격에 의존하는 Be에서 N, N−Al, Ca−Br까지 가벼운 원소

[a] 가장 열에 민감한 결정

[b] 중독성

[c] 이러한 다중 합성 결정의 명칭은 여러 기기 제조사의 상업적 판매 이름이다.

θ각만큼 회전할 수 있는 회전대에 분석 결정이 탑재되어 있다(그림 9.26의 아래쪽 왼편에 화살표로 표시된 θ를 참고). 검출기는 결정 회전대에 연결되어 있기 때문에 그림에 화살표로 표시된 것처럼 분석 결정이 θ각만큼 회전하면 검출기는 2θ각만큼 회전하여 검출기가 항상 분산 및 회절된 형광을 검출할 수 있는 위치(Bragg 각에) 놓이게 된다. 이러한 결정 위치 확인 시스템을 **측각기(goniometer)**라고 한다. 그림 9.28은 결정과 검출기에 의해 만들어지는 동심원과 회전대를 보여 준다. 대부분의 기기에서 이룰 수 있는 최대 회절각은 75° θ(또는 150° 2θ)이다.

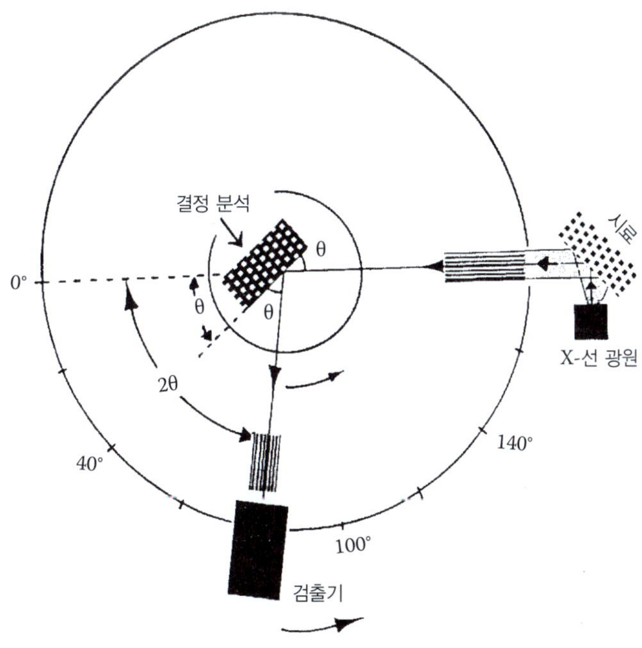

그림 9.28 순차형 XRF 분광기의 측각기의 단면도

9.2.3.3 검출기

X-선 검출기는 광자 에너지를 전기 펄스로 전환한다. 특정 기간 동안 펄스(광자)를 세는데 보통 초당 펄스의 개수로 표현하는 **계수비**로 X-선의 측정 세기를 나타낸다. 광자 계수기로 작동하는 검출기는 X-복사선에서처럼 특히 저출력 광원과 함께 사용하며 유용하다.

상용화된 X-선 검출기는 크게 기체-충전 검출기(gas-filled detectors), 섬광 검출기(scintillation detectors), 반도체 검출기의 세 가지 종류로 나뉜다. EDXRF 기기 부분에서 이미 논의한 반도체 검출기는 EDXRF와 휴대용 기기에 사용된다. WDXRF와 EDXRF 검출은 검출기와 펄스 높이 분석기 및 선택기(selector)라고 하는 신호 처리 장치와 함께 사용한다.

WDXRF 시스템에서는 다음의 검출기를 하나 또는 그 이상 사용하는 것이 일반적이다. 기체 흐름 비례 계수기(gas flow proportional counter, flow counter(FC)), 차폐형 기체-비례 계수기(sealed gas-proportional counter)와 섬광 계수기(scintillation counters, SC).

기체-충전 검출기(*gas-filled detectors*). X-선을 통과하는 창을 가진 금속 실린더의 중심에 양전하를 띤 전선(양극)이 있고 He, Ar 및 Xe과 같은 충전 기체로 채우고 실린더를 봉합한 형태의 검출기이다. X-선 광자가 실린더에 입사하면 충전 기체와 충돌하여 **외각 전자**(*outer shell electron*) 중 하나를 잃고 이온화되어 **일차 이온쌍**(*primary ion pair*)이 생성된다. 충전 기체로 He을 사용하게 되면 He^+와 광전자 e^-의 이온쌍이 생성된다. 이러한 차폐형 기체-충전 검출기의 단면도를 그림 9.29에 보여 주며 X-선 광자와 충전 기체의 상호 관계는 다음과 같다.

$$h\nu + He \rightarrow He^+ + e^- + h\nu$$

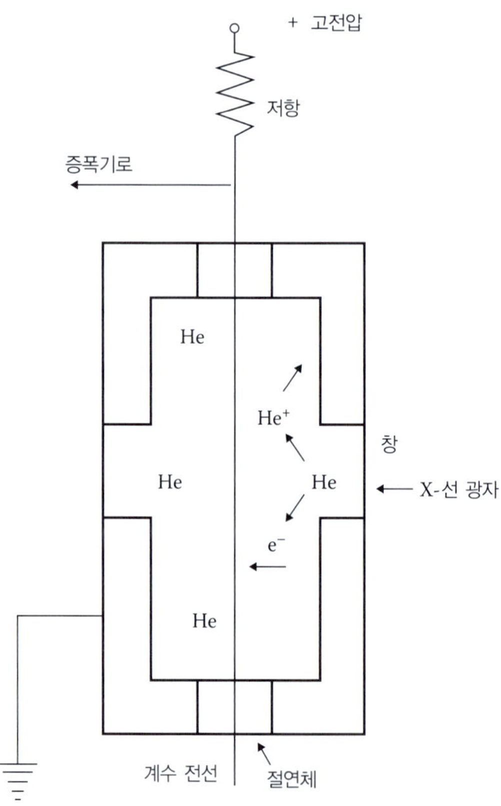

그림 9.29 기체-충전 X-선 검출기의 단면도. He 충전 기체는 X-선 광자에 의해 He^+와 전자 e^-를 생성하면서 이온화된다. 전자는 양전하로 충전된 중심의 전선으로 이동하여 검출된다. (Modified from Parsons, M.L., X-ray methods, in Ewing, G.W. (ed.), *Analytical Instrumentation Handbook*, 2nd edn., Marcel Dekker, Inc., New York, 1997. Used with permission.)

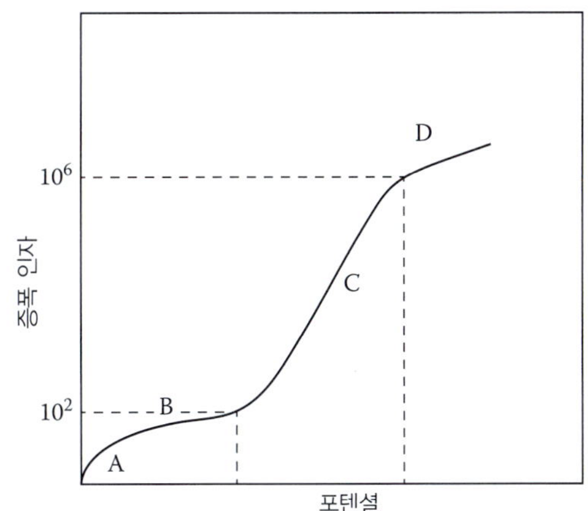

그림 9.30 기체-충전 검출기 감응 대 전압. B로 표시된 정체 영역에서 작동하는 검출기를 이온화 계수기라고 한다. 입사 광자의 에너지에 비례하여 감응하는 C로 표시된 경사진 영역에서 작동하는 검출기는 비례 계수기이다. D로 표시된 정체 영역은 Geiger 계수기의 감응을 나타낸다. (Modified from Helsen, L.A. and Kuczumow, A., in Van Griekin, R.E.; Markowicz, A.A. (eds.), *Handbook of X-Ray Spectrometry*, 2nd edn., Marcel Dekker, Inc., New York, 2002. Used with permission.)

중심에 있는 전선에 전압을 걸어주면 전자는 양극인 전선으로 끌리고 He^+는 금속 몸체(음극)로 이동한다. 입사 광전자는 매우 높은 운동 에너지를 가지는데 광전자가 양극으로 이동하며 많은 기체 분자와 충돌하여 더 많은 이온화가 일어나면서 운동 에너지를 잃어버린다. 기체 충전 검출기에서 걸어준 전극에 따른 양극에 도달하는 전자 수를 그림 9.30에 나타내었다.

전압을 걸어주지 않으면 전자와 양이온(He^+)은 재결합이 일어나 전류가 흐르지 않는다. 전압을 천천히 올려주면 양극에 도달하는 전자의 수가 증가하고, 모두는 아니지만 여전히 재결합이 일어난다. 이는 그림 9.30에 A로 표시된 휘는 영역이다. 그림에서 B로 표시된 정체 영역에서는 단일 광자에 의해 생성된 모든 전자들이 양극에 도달하며 전류는 전압의 적은 변화에 무관하다. 이러한 전압 조건에서 작동하는 검출기를 **이온화 계수기**(*ionization counter*)라고 한다. 이온화 계수기는 감도가 낮으므로 X-선 분광기에서는 사용되지 않는다.

계속하여 전압이 증가함에 따라 양극을 향해 이동하는 전자들은 점차 가속되며, 이차 이온쌍 사태가 일어나게 되어 검출기에 도달하는 전자의 수가 증가함으로써 신호는 크게 증폭된다. 그림 9.30에서 C로 표시된 영역에서 전류 펄스는 입사 X-선 광자의 에너지에 비례하는데 이는 **비례 계수기**(*proportional counter*)의 원리를 기초로 한다. X-선 분광기에 이용되는 비례 계수기는 이 영역에서 전적으로 사용하는 기체-충전 검출기이다. 증폭 인자는 충전 기체의 이온화 전위, 양극 전위, 광전자의 평균 자유 경로와 다른 인자들에 의존하는 복잡한 함수이다. 정확한 펄스 진폭을 측정하기 위하여 공급 전위, 충전 기체 압력과 다른 인자들을 일정하게 유지하는 것은 매우 중요하다. 비례 계수기는 유입형 비례 계수기와 차폐형 비례 계수기의 2가지 주요 형태로 나뉜다.

그림 9.30에 나타낸 바와 같이 전압이 더 증가하면 일차 및 이차 이온쌍 형태의 전자들은 더 많은 이온쌍 사태를 만들 수 있을 만큼 충분히 가속화되어 검출기에 떨어지는 각 광자로부터 양극에 도달하는 전자를 매우 크게 증폭시킬 수 있다. 신호는 광자의 에너지에 무관하게 되며 D로 표시된 다른 정체기가 나타난다. 이 영역을 Geiger–Müller plateau라고 하며 이 전압 영역에서 작동하는 검출기를 *Geiger* **계수기** 또는 *Geiger–Müller* **관**이라고 한다. Geiger 계수기는 광자의 에너지에 상관없이 X-선 빛살에 대하여 높은 신호를 나타냄을 주의해야 한다. 또한 **불감 시간**(*dead time*)이 길어 문제를 겪고 있다. 검출기가 입사 X-선에 감응하지 않는 시간을 불감 시간이라고 하며 이온화된 기체에서 양이온이 전자보다 느리게 움직이기 때문에 발생하는 **공간 전하**(*space charge*)가 원인이 된다. 공간 전하는 양이온이 관 벽으로 이동할

때까지 전자의 흐름을 멈추게 한다. Geiger 계수기의 불감 시간은 거의 100 μs 정도로, 비례 계수기의 불감 시간보다 1000배 정도 길다. 다른 검출기에 비해 현격히 긴 불감 시간 때문에 Geiger 계수기는 정량적인 X-선 분광기에는 사용되지 않고 있지만 X-선의 존재 여부를 측정하는 휴대용 검출기에는 아주 중요하게 사용된다. Geiger 계수기가 장착된 휴대용 방사능 검출기는 이온화된 방사능을 사용하거나 방사능을 생성하는 기기의 작동 시 보호 장치에서 방사능 누출 여부 측정에 사용되고 있다.

EDXRF에서 볼 수 있는 것과 같이 WDXRF 기체-충전 검출기에서도 검출기로 인해 발생하는 잡음인 이탈 피크가 나타난다. X-선 광자에 의한 충전 기체의 이온화는 외각 껍질의 전자가 튕겨져 나와서 생긴 결과이지만 또한 내각 전자가 튕겨 나와 이온화가 일어나기도 한다. 이렇게 내각 전자가 튕겨져 나올 때 입사 광자는 흡수되고 충전 기체는 특정 K 및 L 선을 방출하여 에너지 E'의 위치에 다음과 같은 피크가 나타난다.

$$E' = E(\text{입사 X-선}) - E(\text{충전 기체 특성 X-선}) \tag{9.18}$$

예를 들어 Ar 충전 기체 검출기는 약 3 keV 에너지(3.87 Å 파장) 위치에서 Ar K 선이 나타난다. 입사 X-선 파장이 3.87 Å보다 짧다면 Ar K 전자가 튕겨져 나올 수 있다. 입사 X-선이 6.3 keV의 Fe K_α 선이라고 가정하면 (6.4 − 3) keV 또는 약 3.4 keV 근처에서 피크가 관찰될 것이다. 이러한 3.4 keV 위치의 피크를 **이탈 피크(escape peak)**라고 하며 Fe K_α 이탈 피크 또는 Ar 이탈 피크라고 한다. 이탈 피크는 모 형광 X-선(parent fluorescence X-선, 여기서는 Fe K_α) 피크에서 낮은 에너지 방향으로 일정한 거리에 나타나며 세기가 강하며 원소 분석에 유용하게 사용할 수 있다.

기체-흐름 비례 계수기(*flow counter, FC*). 중앙에 얇은 계수 전선(counting wire)을 고정시킨 금속 실린더로 구성된 검출기이다(그림 9.31).

실린더는 P-10 기체(10% 메테인[CH_4]과 90% Ar)의 연속적인 흐름으로 채워지고 높은 정전압(+1,400 ~ +1,900 V)을 얇은 전선에 걸어준다. 실린더는 낮은 에너지의 X-선 광자를 투과할 수 있는 0.3~1 μm 두께의 매우 얇은 박막 창으로 봉합되어 있고 $Z < 27$인 가벼운 원소 측정에 적합하다. 얇은 창으로 충전 기체가 유출되기 때문에 그림 9.31a의 기체 주입구를 통해서 충전 기체를 지속적으로 검출기에 주입해야 한다. 검출기의 정확한 감도를 위해서 충전 기체의 압력, 유속과 온도를 정밀하게 조절해야 한다.

X-선 광자는 검출기 내의 비활성 기체와의 상호 작용에 의해 이온화가 일어난다. 외각 껍질의 전자가 튕겨져 나오면서 이온화가 일어나고 일차 이온쌍이 생성된다. 충전 기체로 Ar을 사용하면 Ar^+와 전자(e^-)를 둘 다 관찰할 수 있으며 전자는 양전하를 띠는 전선(양극)으로 끌리게 되고 Ar^+은 금속 몸체로 끌려 이동한다. 일차 전자가 전선을 향해 가속화되면서 생성하는 이차 이온 '사태(avalanche)'로 10~10,000개의 전자로 증폭한다(그림 9.32). 검출기에 도달하는 전자–이온쌍의 수는 X-선 광자의 에너지에 비례하며, 즉 계수기에 기록되는 펄스 전압은 '계수' 광자의 에너지에 비례한다.

차폐형 기체-비례 계수기(*sealed gas-proportional counter*). 차폐형 기체-비례 계수기는 일정량의 충전 기체가 장치에 채워져 있다(그림 9.31b). 일반적으로 Ne, Kr, Xe이 충전 기체로 사용된다. 차폐형 검출기는 흐름형 계수기의 창보다 두께가 두꺼운 창으로 봉합되어 있어 기체가 유출되지 않으며 고분자, 운모(mica), 알루미늄, 베릴륨으로 창을 만든다. 창의 두께 때문에 차폐형 비례 계수기는 주기율표상 Be에서 Na까지의 가벼운 원소 측정에 사용할 수 없고 Al에서 Ti까지의 원소 분석에 사용한다.

다중 비례 계수기는 동시형 X-선 분광기에 사용하며 동시형 기기에서 하나의 비례 계수기가 SC와 함께 사용되기 때문에 그림 9.31에 보이는 것과 같이 검출기에 두 개의 창이 있다. 그림 9.26에서 알 수 있듯이 X-선 광자는 비례 계수기를 거쳐 비례 계수기 뒤에 위치한 SC까지 통과하여 두 개의 검출기에 신호를 나타낸다. 그러나 이러한 결합형 배열은 두 검출기 각각의 최적화를 독립적으로 할 수 없음에 주의해야 한다. 순차형 분광기에서는 비례 계수기와 SC 검출기를 독립적으로 사용할 수 있다.

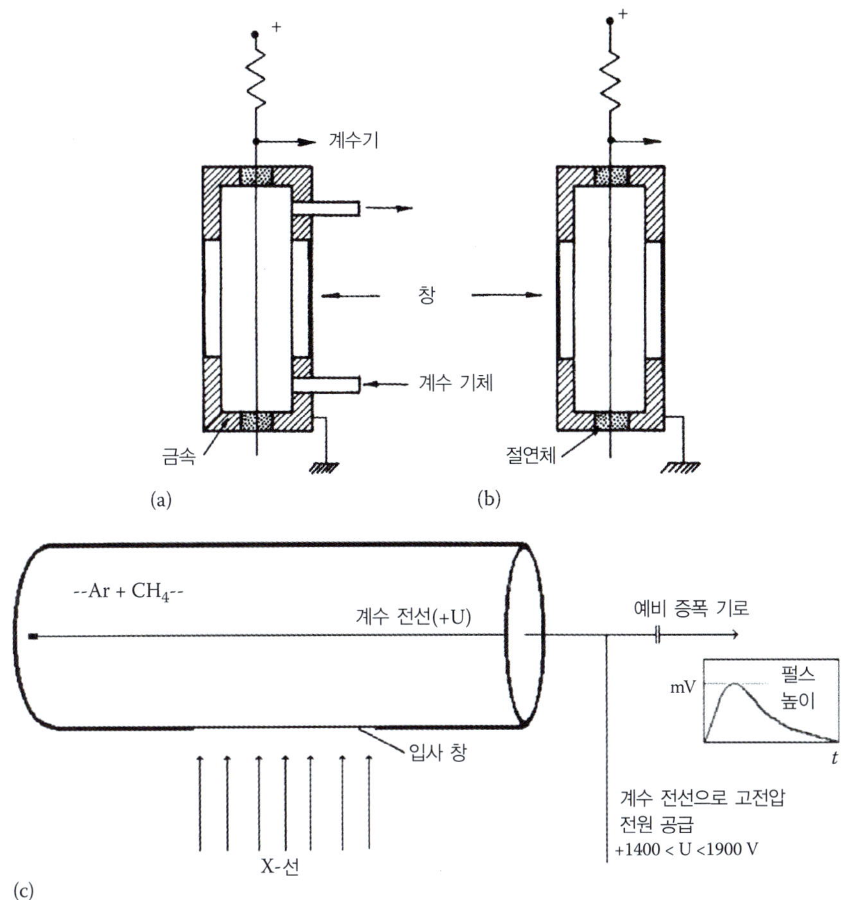

그림 9.31 (a) 비례 계수기와 (b) 차폐형 비례 계수기의 단면도. (From Helsen, L.A. and Kuczumow, A., in Van Griekin, R.E.; Markowicz, A.A. (eds.), *Handbook of X-Ray Spectrometry*, 2nd edn., Marcel Dekker, Inc., New York, 2002. Used with permission.) (c) 기체 흐름 비례 계수기의 단면도

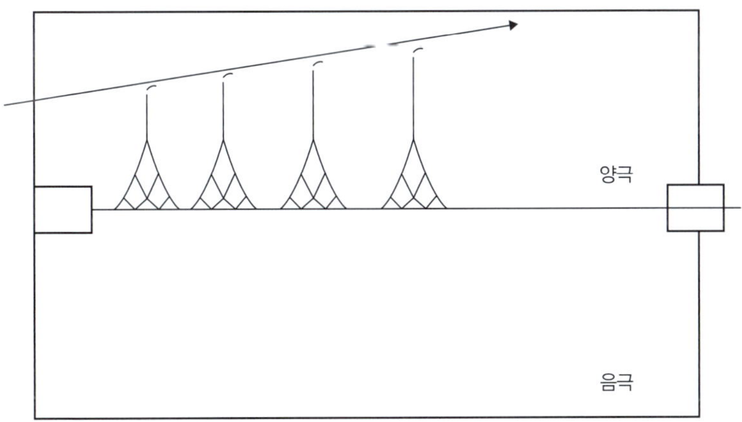

그림 9.32 네 쌍의 일차 이온쌍은 각각 다른 4개의 이온 사태를 일으켜 4개의 펄스가 나타난다. (Copyright Oak Ridge Associated Universities, www.orau.org.)

섬광 계수기(*scintillation counter, SC*). 4장에서 논의한 광전자 증배관 검출기는 가시광선과 자외선 영역의 빛에 매우 민감하지만 X-선은 투과하기 때문에 그렇지 않다. **섬광 검출기**(*scintillation detector*)에서 X-복사선은 화합물에 충돌하여 X-선을 흡수하고 그 결과 가시광선이 방출된다. 이러한 현상을 **섬광**(*scintillation*)이라고 한다. PMT는 가시광선 섬광을 측정할 수 있다. 섬광 물질 또는 인광체(phosphor)로는 무기 결정, 유기 결정, 용액에 녹는 유기 화합물 등이 있다.

가장 일반적으로 사용하는 시판용 섬광 검출기는 섬광 물질로 탈륨이 도핑된 아이오딘화 나트륨, NaI(Tl)을 사용한다. 결정 격자에 소량의 Tl을 균일하게 포함하는 NaI 단결정은 그림 9.33과 같이 PMT와 연결된다.

X-선 광자가 결정을 투과하면 다음과 같은 상호 작용이 일어나 기체-충전 검출기와 마찬가지로 광전자가 방출된다.

$$I^- \rightarrow I^0 + e^-$$

방출된 광전자는 원자가 띠 전자(valence band electron) 전이에 의해 결정에서 들뜬 전자 상태를 만든다. 이러한 들뜬 전자가 바닥 상태로 돌아오면서 가시광선의 섬광(scintillations)을 방출하게 된다. 들뜬 전자는 바닥 상태의 전자보다 약 3 eV 이상 높은 에너지를 가지기 때문에 410 nm 파장을 가지는 섬광이 방출된다. 방출되는 빛의 펄스 세기는 X-선 광자에 의해 들뜬 전자의 수에 비례한다. 이 들뜬 전자의 수는 X-선 광자의 에너지에 비례하기 때문에, 즉 섬광 세기는 X-선 에너지에 비례한다.

결정에서 만들어진 섬광(가시광선 광자)은 안티모니화 인듐(InSb)과 같은 광자 방출 물질로 만들어진 PMT 음극에 들어간다. 광자가 광자 방출 물질에 충돌하면 전자를 방출한다. 음극에서 방출된 전자는 첫 번째 다이노드(dynode)에 충돌하여 가속화되어 많은 수의 전자를 생성한다. 전자 증폭 과정은 각 다이노드에서 연속적으로 일어나 양극에 충돌하는 광자 1개가 10^6의 전자를 생성한다. 광전자 증배관에서 생성되는 전류 펄스의 크기는 결정에서 이온화의 원인이 되는 X-선 광자의 에너지에 비례한다.

섬광 검출기의 원리는 (1) X-선 광자가 결정에 충돌하여 NaI(Tl) 결정에서 광전자 생성, (2) 결정의 들뜬 준위에서 섬광 광자의 방출, (3) 광전자 증배관의 음극에서 광전자 생성, (4) 전자의 증폭으로 요약할 수 있다.

NaI(Tl) 섬광 검출기는 2 Å보다 작은 짧은 단파장 X-선(Z > 27) 영역에 가장 유용하며 비례 계수기를 보완하지만 아이오딘(I) K 선(약 30 keV 또는 0.374 Å)에 의해 생기는 이탈 피크를 수반할 수 있다. 0.374 Å보다 짧은 파장의 입사 X-선은 실제 에너지보다 30 keV 작은 에너지에서 이탈 피크를 관찰할 수

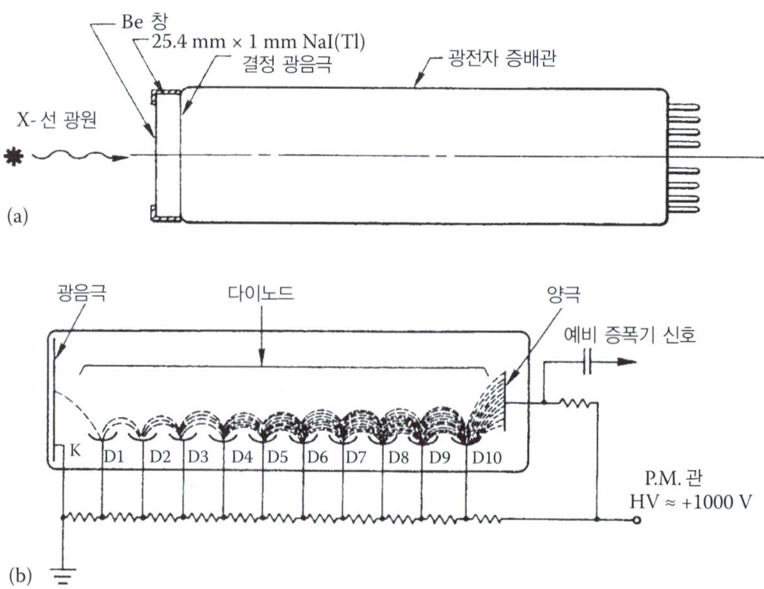

그림 9.33 NaI(Tl) 섬광 검출기 단면도. (a) 조립된 검출기. (b) 광전자 증배관의 단면도와 전기 회로. (Courtesy of ORTEC (Ametek). www. ortec-online.com; From Jenkins, R. et al., *Quantitative X-Ray Spectrometry*, Marcel Dekker, Inc., New York, 1981. Used with permission.)

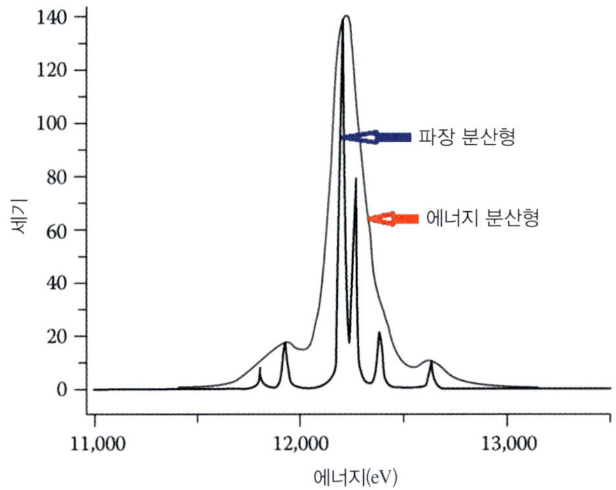

그림 9.34 EDXRF와 WDXRF 시스템의 분해능 비교. WDXRF 시스템은 EDXRF 시스템보다 분해능이 높다. (© 2013 HORIBA, Ltd. www.horiba.com. All rights reserved.)

있다. NaI(Tl) 검출기의 가장 큰 단점은 비례 계수기에 비해 분해능이 현저히 떨어진다는 것이다. 검출기가 펄스를 출력하기까지 작동에 포함되는 여러 단계에서 기인한 폭이 넓은 펄스 높이 분포로 인해 분해능이 취약하다.

9.2.4 | EDXRF와 WDXRF의 비교

EDXRF와 WDXRF의 가장 큰 차이점은 그림 9.34에서 알 수 있는 에너지 분해능이다. WDXRF는 일반적으로 5~20 eV의 분해능을 가지는 반면 EDXRF는 사용하는 검출기에 따라 150~300 eV의 분해능을 제공한다.

WDXRF의 고분해능은 다음과 같은 여러 장점이 있다. 스펙트럼의 겹침을 줄여주고 복잡한 시료의 분석을 더 정확하게 하며 검출 한계(DL)를 향상시켜 바탕 신호를 줄여준다. 하지만 WDXRF 기기의 단색화 장치와 분석 결정과 같은 부가적인 광학 장치로 인하여 기기의 효율성이 떨어진다. 이러한 현상은 고출력 X-선 광원의 사용으로 보완할 수 있지만 냉각수와 계수 기체(counting gas)의 필요로 기기의 복잡성이 증가하고 그에 따른 추가 비용이 증가된다.

EDXRF와 WDXRF의 또 다른 큰 차이점은 스펙트럼 측정 방법이다. EDXRF 시스템에서는 몇 초 안에 전체 스펙트럼을 동시에 측정하지만 WDXRF 시스템에서는 스펙트럼이 일일이 측정되기 때문에 측정 시간이 길어진다. 앞에 언급한 동시형 WD 시스템은 매우 고가이다.

9.2.5 | XRF의 응용

X-선 빛살이 시료에 충돌하면 시료의 원자는 X-선에 의해서 들뜨게 되고 시료 원소의 특정 파장/에너지를 방출하게 되며 이러한 과정을 XRF라고 한다. 들뜬 원소의 특정 파장(에너지)이 형광되기 때문에 이러한 **파장 및 에너지**의 측정으로 형광 원소를 **구별할** 수 있다. X-선 방출선의 표를 이 장의 부록에 수록하였다. 형광의 세기는 시료에 존재하는 원소의 양에 의존한다. 대부분의 실험실용 XRF 장치에서 방출 X-선의 에너지는 원소의 화학적 상태에 무관하기 때문에 XRF는 일반적으로 원소 분석 방법으로 여겨진다. 고체와 액체 시료들도 직접 분석할 수 있다.

최신의 WDXRF 기기는 주기율표상의 F(Z = 9)에서 U(Z = 92)까지의 모든 원소 분석이 가능하다. 일부 WDXRF 시스템은 Be에서 U까지의 원소 분석이 가능하며 벤치탑 EDXRF 장치는 Na(Z = 11)에서 U(Z = 92)까지의 원소 분석이 가능하다. SDD 검출기를 장착한 벤치탑 EDXRF의 경우 F에서 U까지의 분석이 가능하다. SDD 검출기를 장착한 휴대용 EDXRF 장치와 진공 상태나 He 기체를 흘려주는 Si-PIN 장치는 Mg(Z = 12)에서부터 U 까지의 원소를 측정할 수 있다.

Mg(Z = 12)에서 U(Z = 92) 사이의 원자 번호를 가지는 원소들은 일반 공기 중에서 분석한다. 원자 번호 3번(Be)에서 11번(Na) 사이의 원소들은 장파장(낮은 에너지)에서 형광이며 공기가 이 형광을 흡수하기 때문에 이러한 원소들은 진공 상태나 헬륨을 흘려주면서 분석해야 한다.

WDXRF는 일반적으로 진공 상태에서 작동하고 미세 분말 시료와 액체 시료를 분석할 때는 He 기체를 흘려준다. 벤치탑 EDXRF와 마이크로-XRF 시스템은 기기의 구성에 따라 진공 상태, He 상태 또는 공기 중에서 작동한다. 휴대용 기기들은 일반적으로 대기압하의 공기에서 분석한다.

폭넓은 선형 검출 범위를 가지고 대부분의 원소를 ppm 단위로 분석할 수 있는 검출 한계를 가진다. XRF는 합금과 다른 물질들의 다원소 분석과 시료의 주된 원소, 미량 원소와 극미량 원소를 분석할 수 있다. 원자 번호(Z)가 작은 원소의 분석 시 XRF의 감도가 나쁘지만 원자 번호가 큰 원소의 분석 시 최고의 감도를 나타낸다. XRF 성능은 측정 방식(ED 및 WD)뿐만 아니라 출력과 실제 기기 사용의 다양성에 따라 달라진다.

9.2.5.1 분석층(analyzed layer)

이 장의 앞에서 설명한 것처럼 XRF는 고체와 액체 시료를 분석할 수 있다. 마이크로-XRF를 제외한 XRF는 균일한 시료에서 전체 시료의 원소 성분 분석을 일컫는 '총량' 분석 기술로 여겨지고 있다. '총량' 분석의 용어는 시료 표면의 매우 얇은 층만을 분석하는 '표면' 분석(surface analysis)과 구별하여 사용되고 있다. 정확한 결과를 얻기 위해서 XRF에서 고려해야 하는 몇 가지 조건들이 있다. XRF에 의한 시료의 직접 분석 및 전처리 과정을 거친 시료 분석의 한계는 시료의 다른 층에서 발생하는 특정 복사선 신호이다.

시료 내의 들뜬 복사선이 검출기에 도달하기 전에 시료 밖으로 이동할 것이다. 시료의 농도가 일정하다는 가정하에 낮은 에너지 특정 복사선은 상대적으로 표면에 가까운 층에서만 방출되는 반면 높은 에너지 복사선은 시료의 내부에서 방출되어 더 많이 검출되며 그림 9.35가 이 현상을 나타낸다.

XRF는 분석층의 두께와 침투 깊이가 시료의 성분(원자 번호)과 들뜬 복사선에 의존하기 때문에 **표면-감응**(*surface-sensitive*) 기술이라고 한다.

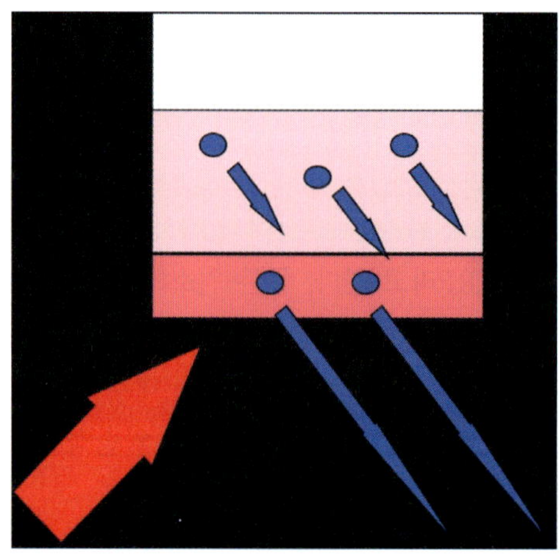

그림 9.35 시료에서 분석층 도면: 입사 일차 복사선은 그림에 보이듯이 시료의 낮은 부분과 중간 부분을 들뜨게 하지만 일차 복사선에 비해 시료가 너무 두껍기 때문에 시료의 위 층은 들뜨게 하지 못한다. 시료의 중간 부분에 존재하는 원소의 들뜬 특정 방출선은 시료 내에서 재흡수가 일어난다. 표면에 가까운 층에서 발생하는 신호만이 검출기에 측정된다.

표 9.8 여러 물질에서 X-선 방출선과 분석층의 깊이

방출선	에너지	흑연	유리	철	납
Cd KA1	23.17 keV	14.46 cm	8.20 mm	0.70 mm	77.30 μm
Mo KA1	17.48	6.06	3.60	0.31	36.70
Cu KA1	8.05	5.51 mm	0.38	36.40 μm	20.00
Ni KA1	7.48	4.39	0.31	29.80	16.60
Fe KA1	6.40	2.72	0.20		11.10
Cr KA1	5.41	1.62	0.12	104.00	7.23
S KA1	2.31	116.0 μm	14.80 μm	10.10	4.83
Mg KA1	1.25	20.00	7.08	1.92	1.13
F KA1	0.68	3.70	1.71	0.36	0.26
N KA1	0.39	0.83	1.11	0.08	0.07
C KA1	0.28		0.42	0.03	0.03
B KA1	0.18	4.19	0.13	0.01	0.01

표 9.9 여러 원소에 대한 NIST 88B Dolomite 시료의 분석층 두께

화합물	방출선	방출선 농도 (%)	에너지 (keV)	층 두께 (μm)
Fe_2O_3	Fe KA1	0.722	6.40	174
MnO	Mn KA1	0.016	5.89	139
TiO_2	Ti KA1	0.016	4.51	66
CaO	Ca KA1	30.12	3.69	104
K_2O	K KA1	0.103	3.31	77
SO_3	S KA1	0.000	2.31	27
P_2O_5	P KA1	0.004	2.01	19
SiO_2	Si KA1	1.130	1.74	13
Al_2O_3	Al KA1	0.277	1.49	8
MgO	Mg KA1	21.03	1.25	7
Na_2O	Na KA1	0.029	1.04	4
CO_2		46.37		

분석층은 시료 농도와 시료 성분뿐만 아니라 측정되는 방출선의 특정 에너지 함수이다. 들뜬 복사선의 흡수에 영향을 미친다. 유효한 분석층은 기기 구조의 배열에도 의존한다. 유효한 분석층은 일반적으로 층의 50% 또는 90% 신호를 생성하는 것으로 정의한다.

정확한 XRF 성분 측정의 영향을 이해하려면 선택된 특정 K_α 방출선과 여러 물질에서의 분석층 깊이 (90% 신호)를 보여 주는 표 9.8을 참고하라. 표의 왼쪽에서 오른쪽으로 갈수록 시료에서 원소 농도가 증가한다. 표에 사용된 방출선의 표시법은 전형적인 약어를 사용하고 있다. K_{α_1} 대신 KA1으로 표기하며 방출 에너지는 keV 단위를 사용한다. 이 표의 몇몇 사용 예를 알아보자.

S K_α 방출선의 예를 들어보면, 흑연에 포함된 S K_α 방출선은 시료의 116 μm 깊이까지 검출할 수 있지만 석영 유리 속의 S K_α 방출선은 14.8 μm 깊이로 줄어 들고 철과 납의 농축 물질의 경우는 더 줄어든다. 만약 유리 시료의 황 원소가 시료 표면으로부터 14.8 μm보다 더 깊은 곳에 존재한다면 유리 밖으로 방출되어 나오지 못하기 때문에 측정할 수 없을 것이다. 역으로 말하자면, 유리 시료에서 측정된 황의 방출선은 정확하게 시료 표면으로부터 14.8 μm 두께에 해당되며 시료는 균일해야 하고 전체 유리 시료의 황의

농도를 대표한다. 흑연의 경우도 시료 표면에서 116 μm 두께의 시료는 균일해야만 한다. XRF 분석자는 분석 층이 시료 전체를 **대표할 수 있는** 조건이 되는지 확인해야 한다. 분말 시료, 알갱이 및 입사 크기의 시료는 분석층의 크기보다 훨씬 작은 크기로 준비하는 전문적인 시료 전처리 과정이 요구된다. 표 9.9는 고착제가 없는 석회암에 대한 이러한 결과를 보여 준다.

시료 전처리 과정은 분석층이 시료를 대표할 수 있도록 확실하게 설계되어야 한다. 광물과 같은 고체 시료에서 가장 가벼운 원소를 측정하기 위해 분석 층보다 더 작은 알갱이 크기를 만들어 균일한 시료를 만들기 위해 시료를 분쇄하는 것과 주로 관련되어 있다. 표 9.9에서 보이는 바와 같이 마그네슘의 방출선은 표면으로부터 단지 7 μm의 깊이에서만 측정된다. 시료를 균일하게 유지하면서 입자 크기를 7 μm보다 충분히 작게 분쇄하는 것은 상당히 어렵다.

석탄 시료(표 9.8의 흑연 데이터를 사용하면)에서 90%의 Cd K_α 선을 측정하기 위해서는 약 14.5 cm 두께가 되어야 한다. 대부분의 벤치탑 및 실험실용 XRF 기기는 최대 5 cm 두께의 시료만을 장착할 수 있기 때문에 모든 시료, 표준 물질과 기준 시료를 동일한 두께로 준비해야 한다.

9.2.5.2 XRF를 이용한 정성 분석

모든 원소는 각각의 고유한 파장(에너지)에서 형광을 나타낸다. 형광 원소는 부록 9.A의 파장(에너지) 표를 이용하여 확인할 수 있다. XRF를 이용한 정성 분석의 예로 아연이 코팅된 철 와셔(washer)의 EDXRF 스펙트럼을 그림 9.36에 나타내었다. 이 스펙트럼들은 원자 방출 스펙트럼보다 훨씬 단순하다. 철은 유도 결합 플라스마(inductively coupled plasma, ICP)나 직류 전류(direct current, DC) 아크(arc) 방출 실험에서 나타나는 것보다 수백 배 강한 방출선을 나타낸다. XRF 스펙트럼에서는 철의 2개의 방출선만 관찰된다. 코팅된 와셔의 아연 방출선도 관찰할 수 있다.

단순한 스펙트럼이라 할지라도, XRF 스펙트럼에서도 간섭 현상은 일어난다. 스펙트럼 간섭의 주요 원인은 관에서의 방출과 WD 시스템에서 높은 에너지 준위의 방출선의 분산과 원자 번호가 큰 원소들의 L 선과 원자 번호가 낮은 원소의 K 선의 겹침 현상이다. 그림 9.37은 이러한 현상의 예를 보여 준다. 스펙트럼의 각 피크들의 방출선이 표기되어 있지만 부록 9.A의 표를 사용하여 분석 결과가 맞는지 확인하고 원소에 따라 어느 위치의 에너지에서 피크가 나타나는지를 알 수 있게 연습하기를 바란다. 그림의 위쪽 스펙트럼은 순수 철과 순수 망가니즈의 방출선의 겹침이 나타난다. 스펙트럼 간섭 현상은 Fe K_α 피크와 Mn K_β에 의해 일어난다. 두 피크의 최고점이 정확히 같은 에너지는 아니기 때문에 혼합물이나 두 원소의 합금에서는 Fe K_α 피크를 구별할 수 있다. 혼합물이나 합금에서 망가니즈의 함량이 높다면 Mn K_β 피크는 Fe K_α 피크의 언저리에 나타날 수도 있다. 두 성분을 함유한 시스템에서 스펙트럼 겹침은 심각한 문제가 아니다. 그림에서 알 수 있듯이, 다른 피크에 의한 겹침이 없는 Mn K_α 피크, 뚜렷한 Fe K_α 피크, 겹침이 없는 Fe K_β 피크를 이용하면 두 원소의 존재를 쉽게 확인할 수 있다.

방출선 K_α와 K_β의 비는 일정하며 모든 원소의 값이 표로 정리되어 있다. K_β 방출선은 항상 K_α 방출선을 동반한다. 이와 비슷하게 L_β 방출선은 항상 L_α 방출선을 동반한다. XRF 스펙트럼을 분석할 때는 이 점을 꼭 명심해야 한다.

그림 9.37 아래쪽 스펙트럼은 Cr, Mn, Fe, Co, Ni, W을 함유한 더 복잡한 합금 스펙트럼이다. Cr, Fe, W, Co의 존재는 정성적으로 쉽게 확인할 수 있다. 겹침이 없는 Cr과 W의 피크로 합금에 Cr과 W의 존재를 알 수 있다. Mn을 함유하고 있다면 Fe의 존재를 확실하게 알 수 있으며 Mn 함유량은 Cr과 Fe에 비해 비교적 낮다. Mn K_α 피크는 Cr K_β 피크와 겹친다. Cr K_α 피크에 의해 Cr의 존재를 알 수 있으며, 5.8 keV이 세기가 작은 피크의 일부가 Cr에 의한 것을 알 수 있다. 저농도의 Mn이 존재한다면 6.4 keV 근처에서 나타나는 피크는 그림의 위 스펙트럼에서 알 수 있듯이 Mn K_β 피크는 Mn K_α 피크보다 훨씬 작기 때문에 대부분이 Fe에 의해 생기는 것이다. Fe K_α 피크의 오른쪽에 관찰되는 피크는 예상할 수 있는

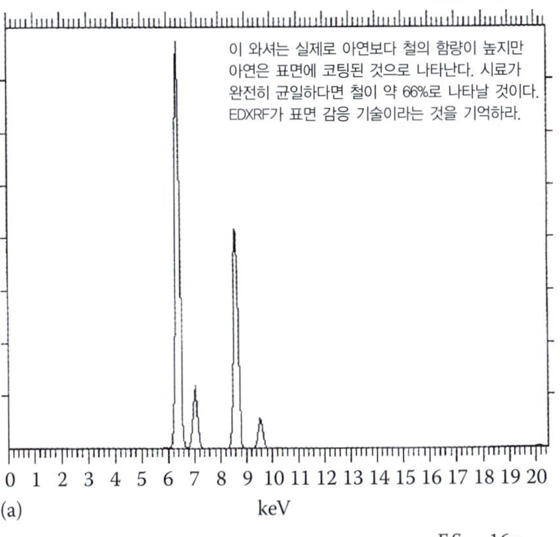

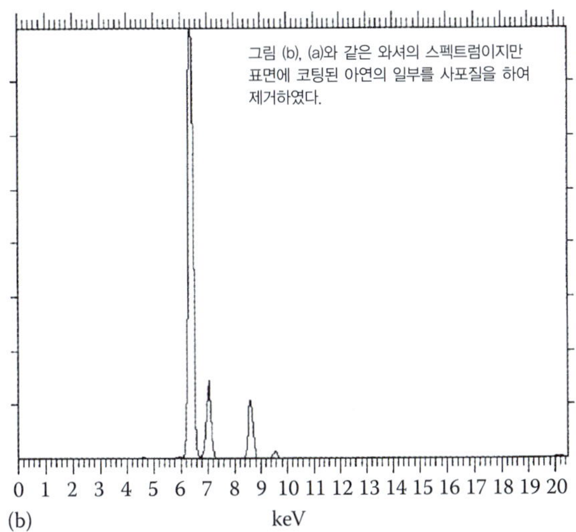

그림 9.36 아연 코팅된 철 와셔의 정성 EDXRF 스펙트럼. (a) 코팅된 와셔. 스펙트럼 피크들은 왼쪽에서 오른쪽 순으로 Fe K_α, Fe K_β, Zn K_α, Zn K_β 선을 나타낸다. (이 피크들을 표 9.A.2를 보고 확인해 보라.) (b) 표면의 일부를 제거하기 위해 사포질을 한 후의 와셔. 아연 피크의 세기가 약해지고 철 피크의 세기 증가를 주목하라. 이 스펙트럼들은 진공하에 X-선관의 방출선을 제거하기 위해 필터를 사용하여 30 kV, 0.01 mA Rh 관에서 50초 동안 수집된 것이다. (© Thermo Fisher Scientific. www.thermofisher.com. Used with permission.)

Fe K_β 피크에 비해 세기가 훨씬 강하다. (위 스펙트럼의 Fe 피크 높이를 비교하라.) 6.9 keV 근처의 대부분의 피크가 Co K_α에 기인함을 알 수 있으며 이것으로 합금에 Co 존재를 확인할 수 있다. 위 스펙트럼의 Mn과 Fe의 비율로부터, Co K_β 피크 세기가 Co K_α 피크보다 약함을 추정할 수 있다. 그러나 약 7.5 keV 피크가 Co K_α 피크 세기(여기서 'Co K_α' 피크 세기는 Fe K_β 선에 의해 일부 보강이 일어난 것이다.)보다 강하게 관찰되는 것으로 합금에 다른 원소 Ni의 존재를 알 수 있다. 존재 여부가 정확하지 않은 하나의 원소가 Mn이다. Cr의 두 방출선 비율을 확인해야 한다. 만약 'Cr K_β' 피크 세기가 K_α 세기에 비해 상대적으로 세다면 합금에 Mn이 함유되어 있을 것이다. Cr과 W의 두 방출선만이 스펙트럼 간섭 현상 없이 관찰되지만 방출선들의 상대적인 세기로 Fe, Co와 Ni의 존재 여부를 확인할 수 있고 미량의 Mn 함유를 예상할 수 있다. XRF 정량 분석에서 이 스펙트럼을 다시 논의할 것이다. 일반적으로 현대 분석 기기의 소프트웨어는 수집한 스펙트럼에 각 원소의 방출선 위치와 상대적인 높이를 나타낸다.

그림 9.38의 스펙트럼은 Cr, Mn, Fe, Cu, Ni, Mo을 함유한 이중 구조 철강(duplex steel) 시료의 더

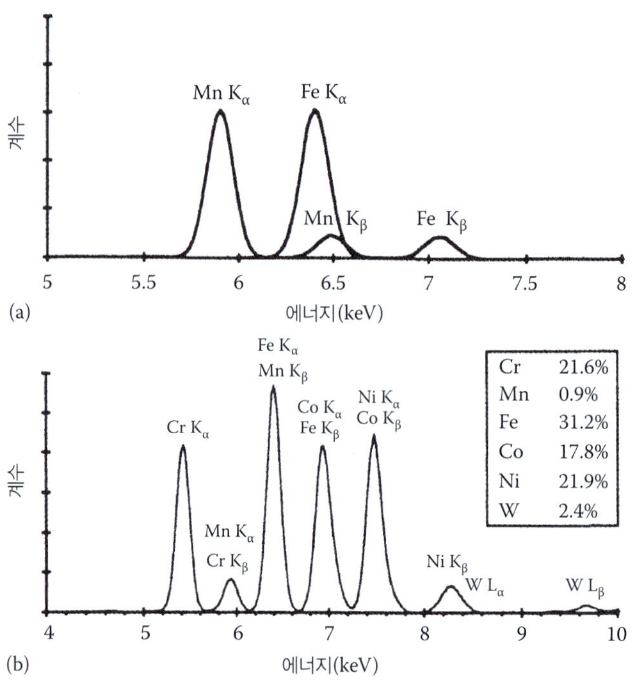

그림 9.37 EDXRF 스펙트럼의 스펙트럼 겹침. (a) 순수 Fe와 순수 Mn의 스펙트럼을 겹쳐 놓았음. Fe K_α 방출선과 Mn K_β 방출선이 겹침. (b) 다원소 합금의 스펙트럼. 방출선 겹침에 의한 다중 스펙트럼 간섭이 나타남. 방출선 겹침에도 불구하고 방출선의 상대적 세기를 이용하여 합금에 존재하는 대부분의 원소의 정성 분석이 가능.

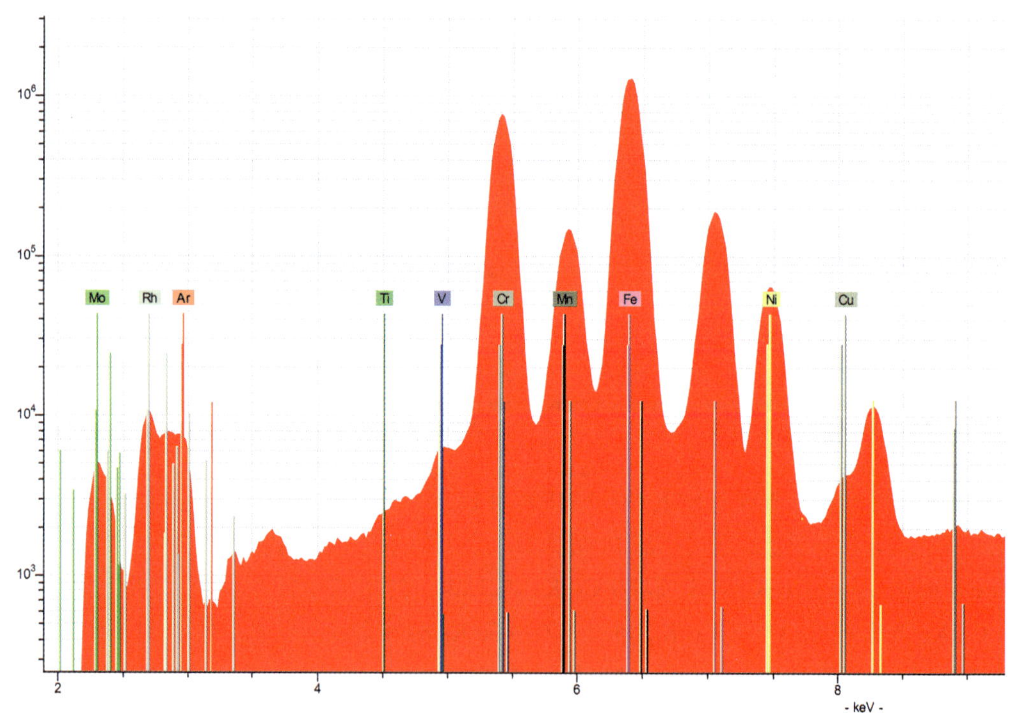

그림 9.38 이중 구조 철강 시료의 XRF 스펙트럼. 대기 중에서 15 kV Rh 관을 사용하여 15초 동안 휴대용 XRF로 측정. (Courtesy of Bruker Elemental, © 2013 Bruker, Inc. www.bruker.com. Used with permission.)

복잡한 스펙트럼이다. 기기 소프트웨어가 자동적으로 원소의 방출선 위치와 세기를 표기함을 주목하라. 스펙트럼에 Rh 관의 방출선과 아르곤 방출선 또한 관찰된다. (그림의 캡션을 보라. 아르곤이 어디서 생기는 것인지 알 수 있겠는가?)

어떤 원소가 존재하는지 스펙트럼을 분석할 때는 먼저 가장 세기가 강한 방출선을 분석하고 그 다음 강한 세기의 피크 순서로 분석한다. 관에 의한 방출선과 공기에 의해 생성될 수 있는 어떠한 방출선도 확인해야 한다. 원소의 방출선과 일치하지 않는 선들은 관, 이탈 피크 또는 합계 피크에 의한 산란선일 수도 있다.

비파괴 분석법인 XRF 분석법은 시료의 양이 제한적이거나 예술작품, 고미술품, 달에서 채취한 암석이나 법의학적 시료와 같이 시료가 매우 중요하거나 시료를 파괴할 수 없는 경우의 시료 분석에 중요한 역할을 한다. XRF 비파괴성과 시료 전처리 과정이 요구 조건이 아니라는 사실을 이용하면 현장에서 직접 여러 원소를 분석할 수 있다. 휴대용 HH XRF 분석기는 지질학자들이 토양과 미네랄 성분 연구와 재활용 센터에서 금속 조각, 유리, 플라스틱 종류를 분류하기 위한 목적이나, 철강 공장의 품질관리 및 수입 재료들을 배나 트럭에서 하역하기 전 검사하는 분야에 사용 되고 있다.

또 다른 중요한 휴대용 XRF 기기 적용 부문은 금속 분류와 비슷한 종류로 합금 성분이나 재질을 분석하기 위한 합금 성분 분석(positive material identification, PMI)이다. PMI는 규격에 맞고 인증된 물질만 사용할 수 있는 유해 물질 함유 공정의 파이프 수리에서 재질의 확인에 사용된다. 텍사스 정유소의 비극적인 사고 이후 PMI 유해 물질 운반 성분 검열은 의무화되었다. 이러한 요구 사항은 HH XRF 분석 기기를 사용하면 현장에서 손쉽게 수행할 수 있다.

고미술품, 보석, 원석과 예술 작품을 분석할 수 있다. 물감 층과 원소 성분에 근거하여 명작의 진품과 위조품을 판별할 수 있다. 실험실에서 합성되는 원석들은 천연 원석이 가지고 있지 않은 성분을 첨가하기도 하고 실제 원석보다 소수의 미량 원소를 함유하고 있기 때문에 천연 원석과 합성 원석을 구별할 수 있다. 순금이나 순은도 도금된 보석들과 구별할 수 있다. 박물관에서 예술 작품을 검사할 경우 이러한 분석법에 상당히 의존하고 있다. 시료는 보통 분석 과정에서 물리적으로나 화학적으로 영향을 받지 않는다. 일반적으로 이러한 분석에는 저출력 EDXRF나 마이크로-XRF 장치가 사용되며 특별한 응용을 전용 소프트웨어를 장착한 기기를 사용하기도 한다. X-선에 장시간 노출될 경우 종이나 플라스틱이 노란색이나 갈색으로 변하는 일부 민감한 재질의 경우 저출력에서 단시간에 분석한다.

법의학적 시료는 일반적으로 시료의 양이 매우 적고 불균일하다. 다음에 논의할 것이지만, 이러한 이유로 법의학적인 시료의 정량 분석이 어렵다. 하지만 XRF 정성 분석의 장점을 이용한다면 분석이 가능하다. 시료의 스펙트럼 '지문(fingerprint)'의 사용은 분석하고자 하는 정확한 농도를 요구하지 않는다. 범죄 현장의 토양 스펙트럼과 범인의 신발에서 발견된 토양 스펙트럼의 일치를 증명함으로 범죄 현장에서 신었던 신발이라는 것을 증명할 수 있다.

마이크로-XRF 사용에 의한 예술 작품, 고고학적인 물건, 의약품과 다른 시료의 비파괴 공간적 연구에 의한 원소 분포 연구의 예는 Bruker, Horiba Scientific, SPECTRO와 Unisantis와 같은 여러 기기 회사의 웹사이트에서 찾을 수 있다. 몇 개의 예에 대하여 알아보자.

Bruker ARTAX® μ-XRF를 사용하여 AD 1424년대의 벽 장식품인 Göttingen Barfüβer 벽 장식품을 분석하였다. 약 1 μm 두께의 금과 은의 얇은 층은 텅스텐 타겟 관에서 0.65 mm 평행화기를 이용하여 단일 측정에 의해 분석하였다. 금과 은을 함께 압연한 층("Zwischgold")과 30% 구리를 함유한 '녹색 금(green gold)'과 같은 전통적인 금 합금, 순은 층을 확인하였다. ARTAX® μ-XRF에 의한 Albrecht Düer의 유명한 작품인 동판화 두 점을 분석하였으며 한 점에 사용한 물감은 16세기에 사용한 물감과 일치하는 반면 다른 한 점에서는 1800년대까지 사용하지 않았던 물감이 분석되었다(Gross; Hahn et al.). Mo 광원과 다중 모세관 렌즈를 장착한 같은 분석 기기를 사용하여 지름이 ≥ 10 μm 입자 분석을 수행하여 총알 자국이 있는 2×2.5 mm 크기의 옷감의 2D 지도를 측정하였다. 옷감을 가로지르는 입자 분포의 패턴으로 총알의 입사각을 측정할 수 있다.

마이크로-XRF의 가장 중요한 혜택을 받는 영역은 알약 이미지 분석으로 유효 의약 성분, 혼합의 균일성,

불순물과 배치에 따른 농도 변화를 측정할 수 있는 제약 업계이다. 하나의 미세 입자를 정확히 조준하고 이를 분석할 수 있는 능력은 엄격한 미립자 농도 제한을 만족시켜야 하는 안구와 정맥 주사 성분 분석에 매우 중요하다. 마이크로-XRF의 다른 제약 분야의 응용은 www.horiba.com/scientific/products/X-ray-fluorecence-analysis/applications/pharmaceutics에서 찾아볼 수 있다.

9.2.5.3 XRF에 의한 정량 분석

분석하고자 하는 원소의 특정 파장에서 형광의 세기를 측정하여 정량 분석할 수 있으며 금속과 비금속, 그리고 시료 매트릭스의 여러 형태로 주기율표상의 대부분의 원소에 광범위하게 사용할 수 있다. 정밀도와 정확도면에서 대부분의 원자 분광 기술과 비슷하다. 특정 조건하에서 원자 번호가 큰 원소의 경우 ppm 이하의 검출 한계를 가지기도 하지만 일반적으로 1~10 ppm의 검출 한계를 가진다. 정확도는 시료 이질성, 시료 매트릭스와 흡수와 발광 과정의 철저한 이해에 의존한다.

X-선은 시료의 특정 거리까지만 침투하며 형광 X-선은 앞에 언급되었듯이 상대적으로 짧은 거리(형광 X-선은 시료에 다시 흡수되기도 한다.)만 산란될 수 있다. X-선은 표면으로부터 1000 Å의 깊이까지 측정할 수 있기 때문에 XRF를 총량 측정법(bulk analysis technique)으로 평가한다. Auger 분광기와 같은 전형적인 표면 분석 기술은 시료 표면으로부터 단지 몇 Å만 측정할 수 있기 때문에 이러한 관점에서 XRF는 총량 시료(bulk sample)를 측정한다고 한다. 이 경우 시료 표면이 균일하며 표면이 전체 시료의 구성 성분을 대표한다는 가정하에서 이러한 관점을 갖는다.

주어진 피크의 측정 신호의 세기와 원소 농도 사이를 다음 식으로 나타낼 수 있다.

$$C = K(I)(M)(S) \tag{9.19}$$

여기서 C는 원소의 농도이다. 상수 K는 분광기의 함수이며 측정 조건이다. I는 바탕 신호를 뺀 측정된 순수 신호 세기이다. M은 흡수와 강화 효과와 같은 원소 간 효과를 나타낸다. 정확한 농도 값을 얻기 위해서 원소 간 효과는 보정되거나 최소화시켜야 한다. S는 시료 전처리와 관련된 항으로(또한 시료 균일성이란 용어로 사용하기도 한다.) 표준 시료의 K값과 측정된 시료의 K값의 차이를 나타낸다. 정량 분석을 위한 전형적인 접근법은 외부 교정 곡선을 사용하는 것이다. 시료 전처리 방법과 비슷한 방법으로 준비한 여러 농도의 표준 물질의 시료 세기를 측정할 때와 같은 기기 조건하에서 표준물의 세기를 주의하여 측정해 농도(C)와 세기(I)에 대한 그래프를 작성한다. M과 S는 상수이다(표준물이 시료의 입자 크기 분포와 매질을 나타낸다는 가정하에서). 정밀도는 오직 주의 깊은 시료 세기 측정에 의존한다. 정확도는 시료와 표준 물질을 같은 방법의 전처리 과정을 사용하여 S를 제거하고 원자 간 효과와 M의 제거나 평가에 의존한다.

피크와 바탕 신호의 세기는 특정 파장/에너지에서 광자의 수를 세어 측정한다. 시료의 알짜 세기(net intensity)는 바탕 신호 보정을 거쳐 얻는다. 바탕 신호 보정 방법은 EDXRF와 WDXRF에 따라 다르다. WDXRF에서는 측정하고자 하는 방출선에 근접한 고정 위치에서 확인해야 한다. 보정에 사용하고자 하는 이 고정 위치는 다른 방출선을 포함하지 않으며 시료에서도 측정할 수 있어야 한다. 회절각 2θ를 얻을 수 있는 신호에서 일반적으로 스캔이 이루어진다. 스캔으로부터(스펙트럼) 바탕 신호는 최소 제곱법에 근거를 둔 사용자 정의 최소화(user-defined minimization)를 사용하여 수학적 함수(예를 들어 다항식)에 들어맞게 수학적으로 얻는다. 바탕 신호가 결정되면 스펙트럼의 나머지는 시료의 알짜 세기가 된다. EDXRF의 경우, 피크의 면적을 정량화에 사용한다. WDXRF에서는 피크 높이를 사용한다. ED 시스템에서는 바탕 신호 감산이 일반적으로 행해진다. XRF의 바탕 신호는 매질에 아주 의존적이기 때문에 바탕 신호 보정이 다른 형태의 분광기에 비해 더 복잡하다.

교정법(calibration method)은 정밀도 향상을 위하여 내부 표준 물질 사용과 외부 표준 물질 사용을 포함한다. 내부 표준 물질은 시료에는 존재하지 않는 원소나 첨가된 원소이지만 표준물과 시료를 제조하고 모든 방출선을 측정하는 데 시간이 걸린다. 흔히 X-선관의 산란 복사선을 내부 표준 물질로 사용하기도 한다. 관의 산란 복사선(바탕 신호)은 시료 매질에 매우 의존적이기 때문에 이러한 방법은 논리적인 접근법이다. 분석 복사선과 산란 복사선의 비는 분석선만 측정했을 경우보다 더 정확한 값을 나타낸다. XRF 교정법은 분석의 정확도와 정밀도 입증을 위해서 인증 표준 물질(certification reference materials)과 같은 정확한 세트의 표준 물질이 요구된다. 분석에 요구되는 물질의 범위에 따라 실험실에서는 교정과 시료 준비에 요구되는 기준 물질, 화합물과 고순도 원소에 많은 돈을 지출하기도 한다.

오늘날에는 값싸고 성능이 뛰어난 컴퓨터와 소프트웨어의 사용으로 흡수-보강 효과 보정과 교정을 위한 다양한 방법의 수학적 접근법이 사용된다. **기본 변수 방법(Fundamental parameters(FP) method)**이 수학적 접근법의 한 예이다.

순수 원소 시료 세트의 사용이나 인증된 다원소 기준 물질의 사용으로, 각 원소의 *M* 인자(식 9.19)는 각 원소의 형광 효율과 유효한 일차, 이차 질량 흡수 및 일차 스펙트럼 분포(관 스펙트럼)를 서술하는 기본 변수법을 사용하여 계산할 수 있다. *M* 인자는 분석 원소에 포함된 '다른' 원소의 영향을 나타낸다. 이러한 변수들은 시료가 단일 표면으로 균일하고 두꺼운 두께(infinity thick, 시료 내의 X-선 이동이 없다)라는 가정하에 사용된다. WDXRF의 FeCrNiCo 굴절률이나 시멘트, 유리 등의 목적으로 사용되는 교정 곡선과 같이 이러한 접근법은 금속과 합금을 기반으로 하는 광범위한 '범용적' 교정을 가능하게 한다.

모든 시판용 XRF는 범용 교정법이나 표준물을 사용하지 않는 교정법을 장착하고 있다. 이러한 교정법들은 여전히 대용량 시료의 교정법에 기초하지만 기기 제조 공장에서 일반적으로 행해지고 교정을 장치에 전송한다. 사용자의 관점에서 보면, 정량 분석은 교정 표준 물질 및 표준 기준 물질(standard reference materials, SRMs)이 요구되지 않는 한 표준물이 없다. 만일 시료가 균일하고 평면이며 두꺼운 두께를 가지거나 두께와 질량을 설명한 항을 교정할 수 있다면 이러한 교정법은 높은 정확도를 가진다. 시료가 불균일하면 범용 교정법으로는 부족할 것이다. 시료가 작고 덜 균일하면 결과는 더욱 '반정량적'이게 된다. 범죄 과학 시료와 실패한 분석 시료들은 작고 평면이 아니며 불균일할 수 있다. 범죄 과학 분석에서는 성분의 농도는 비교하지 않고 알짜 신호의 비율 및 스펙트럼 '지문'을 맞추려고 한다.

9.3 X-선 흡수법

X-선 빛살의 파장이 충분히 짧으면(높은 에너지) 그 경로에 있는 원자를 들뜨게 할 것이다. 즉 원자는 원자를 들뜰 수 있게 하는 충분한 에너지를 가진 X-선을 흡수한다. 경험적으로 특정 원소로부터 방출된 X-선은 낮은 원자 번호의 원소에 의해 흡수될 것이다. 각 원소의 흡수 능력은 원자 번호와 함께 증가한다.

Beer 법칙을 다음과 같이 나타낸다.

$$\log\left(\frac{P_0}{P_x}\right) = \mu_x t \tag{9.20}$$

여기서 μ_x는 선형 흡수 계수, t는 흡수 물질을 통과하는 통과 길이, P_0는 시료에 입사하기 전의 X-선 세기, P_x는 시료를 지난 X-선 세기이다. 그런데,

$$\left(\frac{\mu_x}{\rho}\right) = \mu_\mathrm{m} \tag{9.21}$$

여기서 μ_m은 질량 흡수 계수, ρ는 밀도이다.

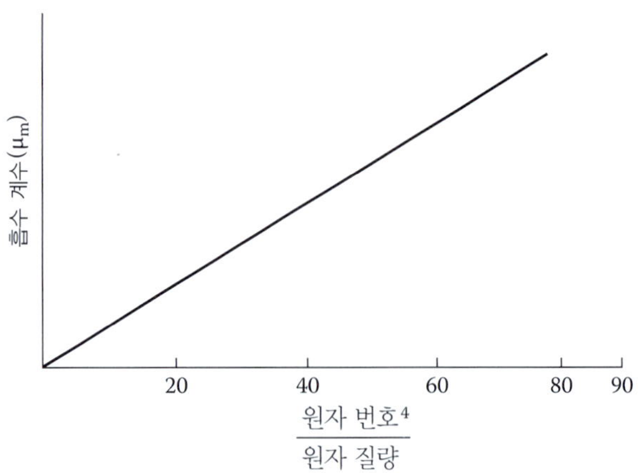

그림 9.39 원자 번호와 X-선 흡수 계수와의 관계

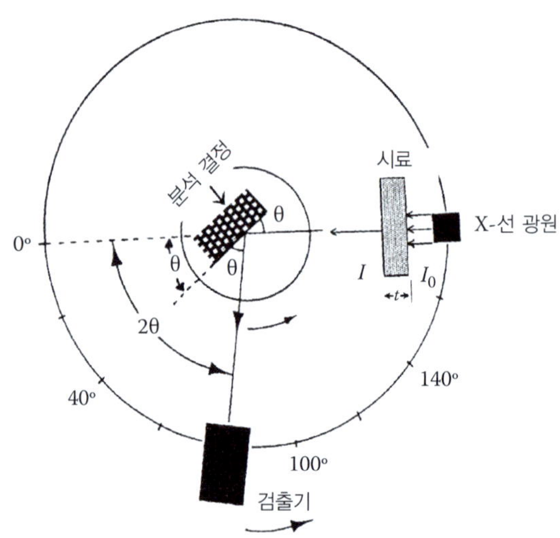

그림 9.40 X-선 흡수. 시료는 X-선관 및 검출기 사이에 놓인다. 광원의 세기는 I_0이다. 시료의 두께(t)를 통과하여 검출기에 도달하는 빛의 세기는 I이다. 흡수가 발생하면 I는 I_0보다 작을 것이다.

그러나

$$\mu_m = \left(\frac{CN_0 Z^4 \lambda^3}{A}\right) \tag{9.22}$$

여기서 C는 상수, N_0는 Avogadro의 수, Z는 원자 번호, A는 원자 질량, λ는 복사선의 파장이다.

이것은 주어진 파장에서, μ_m은 원자 질량으로 나눈 Z^4에 비례한다는 것을 알 수 있다. 이 관계는 그림 9.39에 표시되어 있다. X-선 흡수에 대한 구성은 그림 9.40에서와 같이 XRF와 약간 다르다. 시료는 UV/VIS 흡수 분광법과 매우 유사한 구조로, 직접 X-선관을 맞춰 배치된다. 측정되는 변수는 시료를 통과한 후 입사광 세기의 감소이다. XRF에서 기술한 바와 같은 검출기는 X-선 흡수 분광법에 사용될 수 있다. 이전 시스템과 일부 현재의 의료 시스템은 검출에 사진 필름을 사용한다(방사선 사진법).

X-선 흡수의 가장 익숙한 예(그리고 오래된 용도)로는 화학적 정보를 제공하는 것이 아니라 약간의 물리적 정보를 제공한다. 즉 X-선 흡수의 이용은 의료 방사선 사진법이고 이는 흡수 계수와 원자 번호 사이의 관계에 기초하고 있다. 예를 들어 인간의 팔은 조직, 혈액, 뼈로 구성되어 있다. 조직이나 근육은 주로 탄소, 질소, 산소, 수소로 구성된다. 이들은 낮은 원자 번호 원소들이고 모두 흡수력이 낮다. 마찬가지로 주로 물인 혈액은 수소와 산소, 더해서 소량의 염화 소듐과 미량의 물질로 구성된다. 다시 말해 혈액의 흡

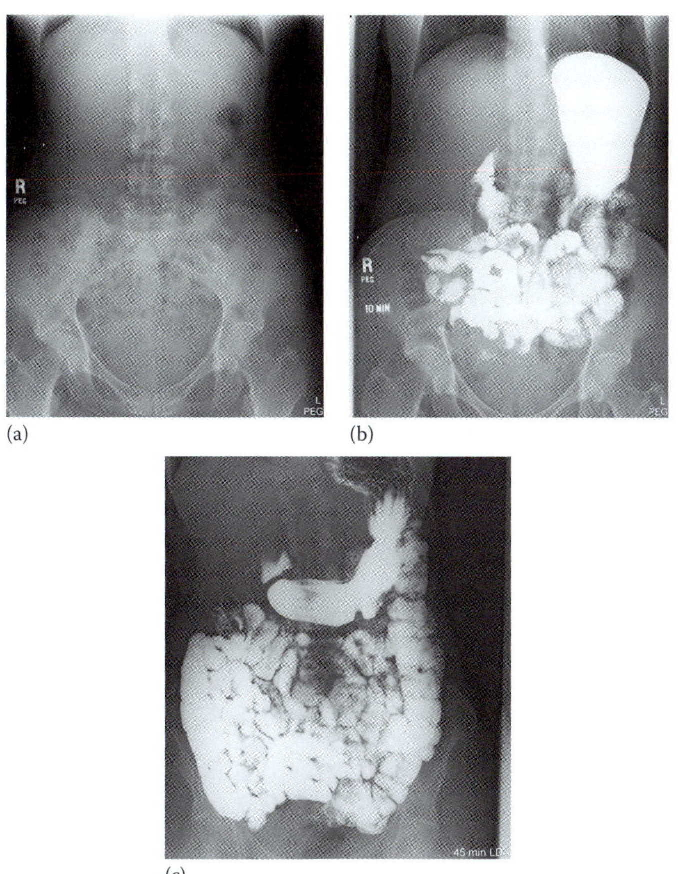

(a) (b) (c)

그림 9.41 바륨 함유 액의 섭취 전과 후의 인간 대장의 X-선 사진. (a) 바륨 용액 섭취 전, 대장은 전혀 보이지 않는다. (b) 섭취 10분 후, 높게 흡수된 바륨은 대장을 나타나게 한다. (c) 45분 후, 대장 전체를 선명하게 보이게 한다.

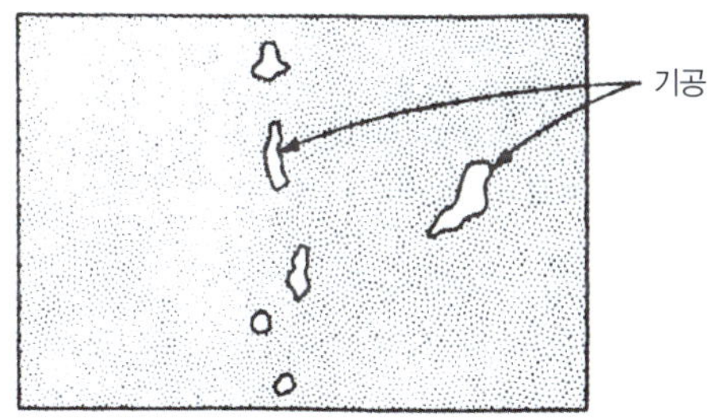

그림 9.42 기계식 용접의 도식적인 X-선 흡수 사진

수력은 매우 낮다. 대조적으로 뼈는 주로 인산 칼슘으로 다량의 칼슘과 인을 포함하고 있다. 이들 원소의 원자 번호는 혈액과 조직에 비해 상당히 높아 흡수력이 상당히 더 높다.

의학에서 X-선 흡수의 또 다른 응용은 동맥과 모세 혈관의 형태를 밝히는 것이다. 일반적으로, 혈액은 흡수가 낮지만 흡수가 강한 아이오딘화 세슘을 정맥 내로 주입시켜 가능하게 한다. 이 물질은 혈액을 따라 퍼지고 동맥의 윤곽을 나타낸다. X-선 영상은 높게 흡수하는 아이오딘화 세슘이 동맥의 윤곽을 나타내면서 동맥을 따라 흘러 기록된다. 이는 내부 출혈을 일으킬 수 있는 정맥 또는 동맥의 끊어짐을 식별하는데 사용될 수 있다. 이러한 내부 출혈은 뇌졸중의 원인이 될 수 있다. 또한 이 기술은 혈관의 안쪽에 쌓이는 플라그의 형성을 검사하기 위해 사용될 수 있다. 이것은 콜레스테롤의 침전물이 심장을 통하는 혈액의 흐름을 제한하여 심장에서 특히 위험하다. 이것을 검진하지 않으면, 심장 마비가 발생할 수 있다. X-선 흡수는 이 문제를 진단하고 정확하게 침전물의 위치를 찾아내는 데 사용될 수 있다. 수술은 이 기술에 의해 훨씬 쉬워졌다. 유사한 방식으로, 바륨은 높은 원자 번호를 가진 원소로 매우 강하게 흡수하기 때문에 환자가 바륨이 함유된 액을 섭취하면 대장의 상세한 관찰을 가능하게 한다(그림 9.41a~c).

야금학 분야에서는 X-선 흡수의 응용으로 다른 연결 부위와 용접에 빈 공간의 검출이나 산화물과 같은 불순물의 분리를 포함한다. 그림 9.42는 빈 공간 또는 내부 구멍을 포함하여 기계식 용접의 이상적인 X-선 흡수 사진을 보여 준다. 이러한 구멍은 용접이 기계적으로 약하고 사용 중 손상될 수 있음을 나타낸다. 용접이 약한 경우에는 충분히 강한 접합을 형성하기 위하여 용접이 강화되어야 한다. 비파괴 검사의 유형은 선박, 항공기, 교량, 건물의 제조 품질을 점검하기 위해 사용된다. 또한 일상적인 유지 관리에 이러한 구조를 점검하는 데 사용된다. 금속 박막의 두께를 측정하기 위하여 X-선 흡수를 일상적으로 이용한다.

X-선 흡수 기술은 또한 개방하거나 파괴하지 않고 밀폐 용기 또는 파이프에서 액체의 수준을 결정하기 위해 사용될 수 있다. 동일한 과정은 건물과 작은 예술 작품 등 다양한 제작 물체 안의 금속 지지대 또는 금속 충전물을 검출하는 데 사용될 수 있다. X-선 기술의 주요 장점은 보통 비파괴 기술이다. 예술가는 때때로 작품 활동에서 걸작을 인식할 수 없도록 자신의 작품을 위해서 캔버스를 사용하여 옛 그림 위에 덮고 덧그림을 그린다. X-선 흡수를 이용하면, 덧그림을 제거하지 않고, 숨겨진 그림을 밝혀낼 수 있다. 고대 그리스 예술 작품으로 수백만 달러에 팔린 금속 말을 검사하는데 사용하여, X-선 흡수로 말이 내부 금속 지지대를 포함하고 있어 가짜라는 것을 보였다. 이와 같이 예술품을 파괴하지 않고도 예술품이 진품인지 아닌지 검사할 수 있다.

정량적 원소 분석을 위해, X-선 흡수는 특히 가벼운 원소의 매트릭스에서 무거운 단일 원소의 경우를 제외하고 유용하지 않다. 식 9.10에서 살펴본 바와 같이, Beer 법칙 연산(식 9.20)에 필요한 질량 흡수 계수는 시료에 존재하는 원소의 질량 분율로부터 계산되어야 한다. 질량 분율은 일반적으로 알려져 있지 않다. X-선 흡수에 의한 정량 분석은 일반적으로 낮은 원자 번호를 갖는 원소의 매트릭스에서 더 높은 원자 번호를 갖는 원소의 결정에 이용한다. 예로는 분석물과 매트릭스 사이의 질량 흡수 계수의 차이가 큰 탄화수소 연료의 납 또는 황의 농도를 결정하거나 고분자에서 백금 촉매의 농도를 결정하는 것을 포함한다. X-선 흡수를 이용한 정량 분석에 대한 한 가지 접근 방법은 시료를 통과한 둘 이상의 단색 X-선의 세기 측정에 기초한다. 이것을 X-선 우선 흡수 분석 또는 이중 에너지 투과 분석이라고 한다. 이 분석은 시료의 나머지 부분(매트릭스)에 의한 흡수와 비교하여 분석물에 의해 투과된 X-선의 선택적 흡수에 의존한다. 분석의 감도는 투과된 X-선 분석물과 시료 매트릭스의 질량 흡수 계수의 차이에 의존한다. 큰 차이가 고감도의 분석 결과를 낸다. 흡수법에서 분석물 농도 계산은 정확한 정량적 결과를 위하여 시료의 두께와 밀도를 알고 있어야 하며 균일한 매트릭스가 요구된다.

X-선 흡수(투과)의 이용 예는 중질 탄화수소 처리 공정에서의 황의 분석이다. 황의 정확한 결정은 원유, 해양 석유 및 벙커유의 혼합과 분석에 필요하다. 석유 산업에서 사용하는 용어는 X-선 투과(XRT) 또는 흡수(XRA) 측정이다. XRT/XRA 측정에서는 21 keV에서 단색 X-선의 감쇠를 측정한다. 21 keV에서 황의 몰흡광 계수는 탄화수소 매트릭스의 몰흡광 계수보다 14배 크고, 산소보다 7배 크기 때문에 이 에너지를 선택한다(표 9.10).

표 9.10에서 보는 바와 같이, C와 H의 흡수 계수는 거의 같다. 이 방법은 C:H 비율의 변화에 둔감하며 오직 황 함량에 민감하다. 실제로, 처리 공정의 흐름은 황이 X-선을 흡수하는 흐름 셀을 통과한다(그림 9.43a). 측정된 X-선 세기는 황 농도에 반비례한다. 즉, 황 농도가 증가함에 따라 X-선 투과는 감소한다. 상업용 공정 분석기를 그림 9.43b에 나타내었다. 이 공정 분석기는 200°C의 온도와 1480 psig의 압력까지 견딜 수 있다.

흐름 셀을 통과하는 X-선의 투과는 다음 식으로 주어진다.

표 9.10 원유 중 원소의 몰흡광 계수

원소	21 keV에서의 몰흡광 계수(cm^2/g)
H	0.37
C	0.41
O	0.79
S	5.82

출처: Courtesy of Applied Rigaku Technologies, Inc. www.rigakuedxrf.com.

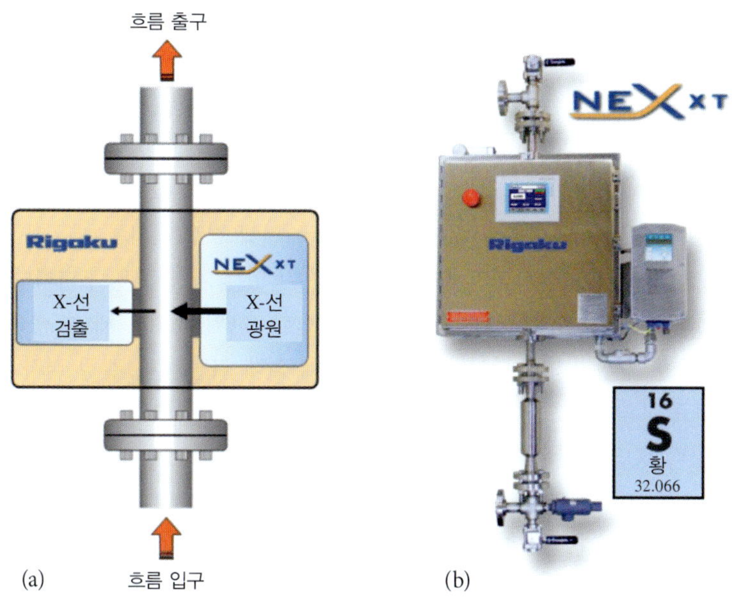

그림 9.43 (a) 흐름 셀, 광원, 검출기를 보여 주는 X-선 투과 NEX XT 시스템. (b) Rigaku NEX XT 온라인 황 분석기. (Courtesy of Applied Rigaku Technologies, Inc., TX. www.rigakuedxrf.com.)

$$T=\frac{I}{I_0}=\exp-dt[\mu_m(1-C_s)+\mu_s C_s] \tag{9.23}$$

여기서 I는 측정된 X-선의 세기(흐름 셀 후)(광자/초), I_0는 초기 X-선의 세기(흐름 셀 전)(광자/초), d는 탄화수소의 흐름의 밀도, t는 흐름 셀의 두께(cm), μ_m는 21 keV에서 탄화수소 매트릭스의 몰흡광 계수(cm^2/g), μ_s는 21 keV에서 황의 몰흡광 계수(cm^2/g), C_s는 황의 질량 분율(% wt/wt)이다.

9.3.1 | EXAFS

X-선 흡수의 이용에서 최근에 개발된 기술은 EXAFS라 불리는 확장 X-선 흡수 미세 구조 분광법(extended X-ray absorption fine structure spectroscopy)이다. 시료에 X-선을 쪼이고 X-선의 에너지를 변화시켜가며 입사 및 투과 세기를 측정한다. 에너지에 대한 흡수 그래프는 원소 흡수 위치(에너지)와 흡수 모양을 제공한다. 미세 구조라 부르는 흡수의 에너지와 모양은 원소의 산화 상태와 가장 가까운 이웃 원자의 수와 종류에 따라 조금씩 변한다. EXAFS는 원소 분석 기술인 일반 X-선 흡수와 XRF와 달리 산화 상태 및 분자 구조의 정보를 제공한다. EXAFS의 스펙트럼 해석법은 이 교재의 범위를 벗어난다. 관심 있는 학생은 참고문헌에 제시된 Teo와 Joy의 설명을 참고하라.

9.4 X-선 회절

XRD(X-ray diffraction)는 결정성 고체나 반결정성 물질의 분석에 유용하다. 대부분의 유기 및 무기 화합물, 미네랄, 금속, 합금, 다양한 형태의 고분자 등은 결정을 형성하므로 XRD로 분석할 수 있다. XRD는 순수한 단결정 물질의 정확한 결정 구조를 제공한다. 또한 XRD는 순수 결정성 분말 또는 결정성 분말의 혼합물에 존재하는 분자의 정성적이고 정량적 정보를 제공한다.

결정을 구성하는 이온이나 분자는 결정 격자라고 하는 명확한 위치에 배열한다. 그림 9.44는 결정성 실리콘의(110) 전자 현미경 사진이다. Miller 지수라는 세 개의 좌표로 공간에서의 면을 식별한다. 이 면에 대한 Miller 지수는 1, 1, 0이다. 광점은 각각의 Si 원자이다. 살펴본 바와 같이, 이것들은 2D 평면에 매우 규칙적인 패턴으로 배열된다. 어두운 영역은 격자 안에서의 원자 사이의 빈 공간이나 틈새 공간이다. 결정은 원자의 3D로 잘 정렬된 배열이다. 일반적인 결정 구조를 크게 확대한 예시는 그림 9.45a에 나타내었다. 결정 구조를 조사하면 이온, 원자 또는 분자가 입체적으로 평면을 형성하는 것을 볼 수 있다. 예를 들어 3D 결정체를 생성하기 위해 서로 다른 상부에 Si 원자의 동일 평면을 층층이 쌓는 상상을 할 수 있다.

격자 안에 굵은 윤곽선으로 나타낸 **단위 세포**(**unit cell**)는 전체 결정 격자를 재구성할 3차원 안에서 옮길 수 있다. 단위 세포는 전체 격자를 설명하는 데 이용될 수 있는 가장 작은 부피이다. 평형좌표계는 결정 격자 안에서 점, 방향, 면의 위치를 파악하는 데 사용한다. 단위 세포는 세 개 축의 교차점에 원점을 가지며, x, y, z 방향으로 가장자리의 길이나 세 개의 각에 의해 지정된다. 결정 격자 내의 원자(분자 또는 이온)는 x, y, z 좌표에 의해 식별되는 점이다. 평면은 x, y, z축과 평면의 교차점의 역수인 Miller 지수에 의해 구분된다. 삼각 평면은 단위 격자 내에서 표시된다. 평면은 1/2인 x축, 1/2인 y축, 1인 z축을 교차한다. 그것은 1/2, 1/2, 1의 절편이다. 역수는 2, 2, 1이므로, 이 면에 대한 Miller 지수는(221)이다. 주어진 축에 평행한 평면은 무한대의 절편을 가진다. 무한대의 역수는 0이다. 한 결정 격자는 서로 간에 일정하게 채워진 각각의 평행한 평면을 가질 것이다. 이런 평면 그룹을 평면족(family of planes)이라고 하고 Miller 지수와 관련 지을 수 있다[예: (110), (220), (330), (440) 면은 평면족이다]. 주어진 그룹에서의 평면은 그림 9.45c과 같이 단지 좌표 시스템에 지정된 원점으로부터 다른 거리에서 모두 평행하다. (110) 면은 원점에서 가장 멀고 (440) 면은 평면 (110), (220), (330), (440)의 집합의 원점에 가장 가깝다. 결정 분석을 위해 일반적으로 사용되는 Miller 지수를 표 9.7에 제시하였다.

단색 X-선이 결정에 조사되면, 각 원자 평면은 빛을 반사한다. 각 반사광은 다른 반사광과 상호작용한다. 만약 빛의 위상이 다른 경우, 서로 상쇄되어 빛이 나오지 않는다. 다른 빛들은 서로 보강하여 결정으로부터 나온다. 알짜 결과는 많은 평면에서 나오는 보강된 빛의 **회절 패턴**(**diffraction pattern**)이다. 이것은 XRD에서 중요한 원자 평면이다. 물론 3차원 평면의 무한한 수를 그리는 것이 가능하지만, 평면 중에 전자 밀도를 가지는 평면들은 X-선을 반사한다.

그림 9.46에서 입사광의 일부는 원자 평면 위에, 일부는 두 번째 평면 위의 결정에 조사된다. 두 빛은

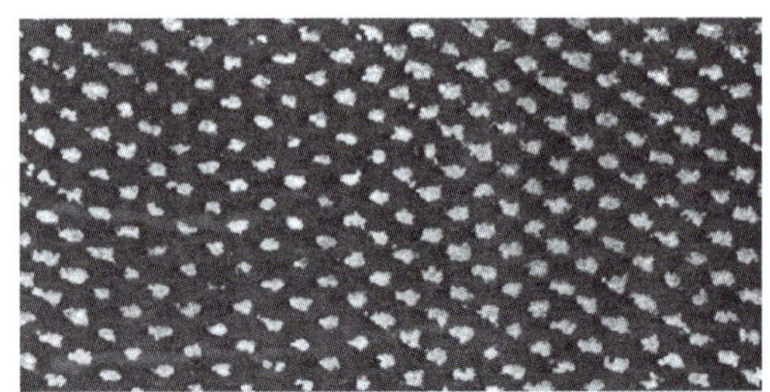

그림 9.44 결정성 실리콘에서의 (110)면의 전자 현미경 사진

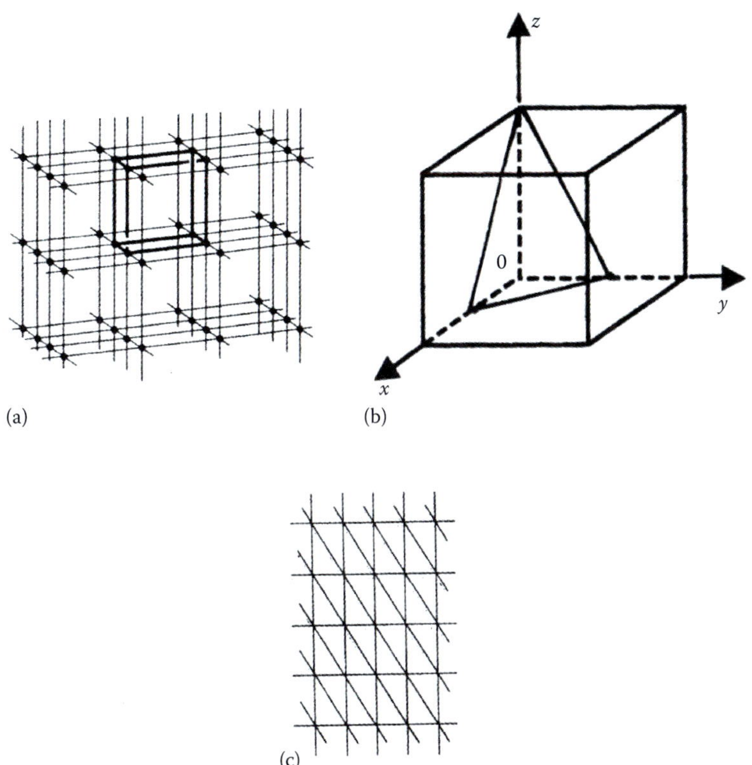

그림 9.45 (a) 3D 결정 격자의 부분. 단위 세포(또는 기본 반복 단위)의 격자는 굵은 윤곽선으로 나타내었다. 검은 점은 결정을 구성하는 원자, 이온 또는 분자를 나타낸다. (b) 원점(O)으로부터 한 단위에 위치하는 세포의 모서리를 포함하는 입방체 단위 세포. 단위 세포 안에 그린 삼각 평면은 1/2인 x축, 1/2인 y축, 1인 z축을 교차한다. 이 면은 (221)의 Miller 지수를 가진다. (c) 2D 격자 안에 나타난 평면족.

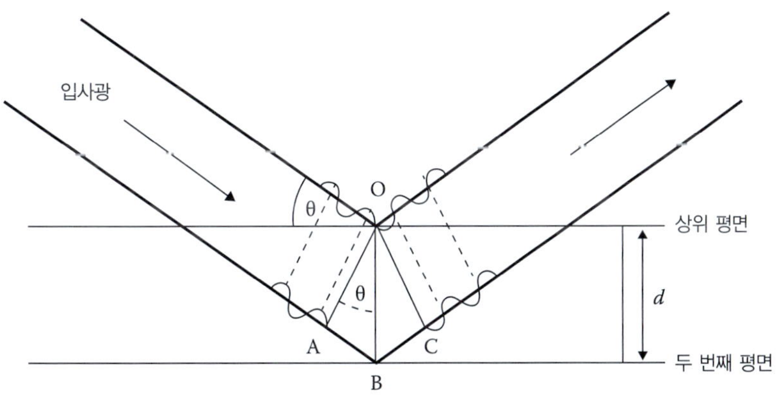

그림 9.46 두 결정 평면에서 회절되는 빛의 보강

원래 동일한 빛 일부이므로 결정에 도달할 때 같은 위상에 있다. 그러나 결정을 벗어날 때, 두 번째 평면에 조사되는 빛은 추가의 거리 ABC를 통과한다. 만약 ABC가 파장의 정수가 아니면, 두 빛은 역 위상으로 나오고 상쇄 간섭에 의해 복사선은 사라진다.

앞에서 유도한 것처럼, $n\lambda = 2d\ \sin\theta$이다. 이것은 Bragg 식이고, $n\lambda = 2d\ \sin\theta$일 때 보강 간섭이 일어난다. 이것으로 결정 안에서 전자 밀도의 평면 사이의 거리(d)를 측정하는 데 사용되고, 고체 결정성 물질의 결정 구조를 결정하는 **X-선 결정학**(**X-ray crystallography**)의 기초이다. 액체, 기체, 유리와 비결정성 고분자와 같은 고체는 잘 정렬되지 않은 구조를 가지므로 X-선의 회절을 나타내지 않는다.

표 9.11 n, λ의 값에 대한 회절 차수

n	λ (Å)	$n\lambda$	차수
1	0.60	0.60	1차
2	0.30	0.60	2차
3	0.20	0.60	3차
4	0.15	0.60	4차

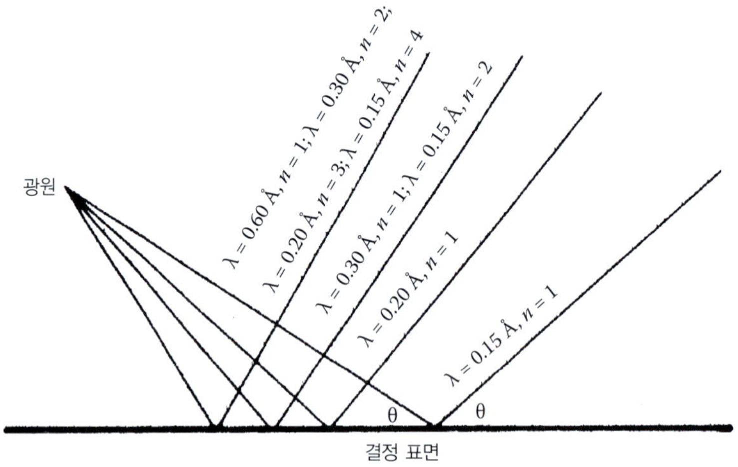

그림 9.47 다른 파장의 복사선의 회절. 중첩은 다른 차수가 같은 각도에서 회절될 때 일어날 수 있다.

어떤 주어진 결정의 경우, d는 주어진 평면족에 대하여 상수이다. 따라서 어떤 주어진 각도 θ와 주어진 평면족에 대하여, $n\lambda$는 일정하다. 그러므로 n이 변하면 Bragg 식을 만족하는 λ에 대응하는 변화가 있어야 한다. 주어진 회절각에 대하여, 다수의 회절된 선이 주어진 평면족으로부터 가능하다. n을 회절 **차수**(**order**)라고 한다. 예를 들어, $2d \sin\theta$가 0.60과 같다면, 표 9.11의 각 조건은 Bragg 식을 만족시킬 것이다. 파장 0.60, 0.30, 0.20, 0.15Å의 복사선은 그림 9.47에 도시된 바와 같이, 각각 첫 번째, 두 번째, 세 번째 또는 네 번째 차수로 같은 각도 θ에서 회절될 것이다. 이것을 차수 중첩(order overlap)이라고 하며 결정 회절 데이터의 해석에 어려움을 주는 요인이 된다.

그림 9.47에 나타낸 바와 같이, 0.30 Å의 복사선은 같은 평면족(같은 d 값)으로부터 첫 번째 차수 안에 다른 각도에서 회절할 것이라는 것에 주목해야 한다. 첫 번째와 두 번째 차수와 같이 낮은 차수에 상응하는 파장은 관측 가능한 회절 선을 제공한다. 결론적으로 단일 평면은 각 파장에 대하여 몇 개의 회절 선을 만들어낼 것이다. 결정의 3차원 안에 있는 각각의 평면은 회절 선을 제공할 것이다. 이러한 회절 선의 총합은 회절 패턴을 만든다. 회절 패턴으로부터 각각의 3차원 안에서 이들 평면 사이의 각뿐만 아니라 평면 사이의 다른 거리를 추측하는 것이 가능하다. 회절 패턴에 기초하여, 결정 중의 원자 평면의 물리적 치수와 배열을 확인할 수 있다.

9.4.1 | 단결정 X-선 회절법

단결정 회절기의 도식적 배치도를 그림 9.46에 보여 준다. 이 시스템은 X-선관, 시료 표본과 Rowland 원으로 알려진 호(arc) 안에서 회전하는 검출기를 사용한다. 단결정 시료는 WDXRF 분석기 안에 분석 결정을 놓는다는 것에 주목하라. 단결정 회절기에 설치된 측각기는 매우 복잡한데, 결정은 여러 평면에서 데이터를 수집하도록 입체적으로 작동해야 하기 때문이다.

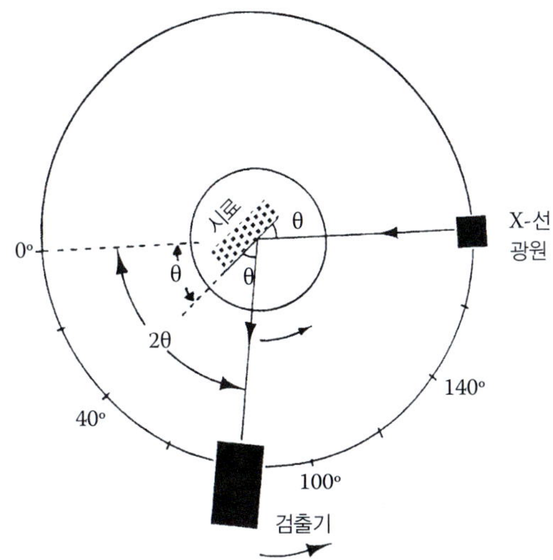

그림 9.48 단결정 XRD의 도식적 배치도

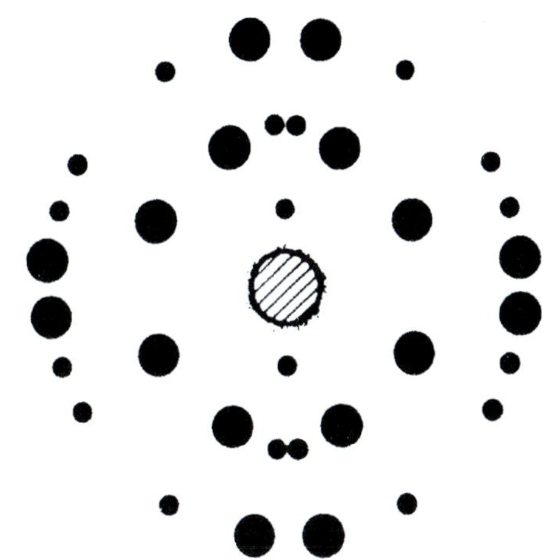

그림 9.49 무기 염의 단결정의 2차원 회절 패턴

특정 실험에서, λ는 단색 X-선의 알려진 파장이다. θ는 측각기에 의해 조절되고 변할 수 있다. 이 정보로부터 *d*가 계산된다. 측각기를 회전시키거나 결정의 다양한 면을 검사함으로써, 수백(또는 수천) 개의 회절된 X-선이 수집된다. 이 데이터는 입체적으로 결정 안에서 원자나 평면의 위치를 구별하기 위해 처리된다. 현대 단결정 회절기는 측각기를 제어하고 데이터를 처리하기 위해 컴퓨터를 사용한다. 회절 데이터는 일반적으로 푸리에 변환(Fourier transformation)에 의해 2D 전자 밀도 지도로 변환된다. 전자 밀도 지도는 원자의 위치를 보여 준다. 2D 전자 밀도 지도는 각 각도에 대해 만들어진다. 컴퓨터 프로그램은 결정 중 원자(분자, 이온)에 대한 3D 좌표를 생성하기 위해 회전 각 데이터를 더해 2D 지도를 사용한다. 모르는 단결정 회절 패턴으로부터 결정 구조를 생성하기 위해 실험 데이터의 수학적 처리가 복잡하게 되어, 이 교재에서는 다루지 않지만, 결과의 예를 다음에 나타낼 것이다.

무기 염 단결정의 회절 패턴은 그림 9.49에 나타내었다. 실제의 회절 패턴은 그림 9.50에 나타내었다. 주어진 분사는 항상 같은 회절 패턴을 제공하고, 이 패턴에서 평면과 결정 중의 평면의 배열 사이의 간격을 결정할 수 있다. 또한, 정성적인 구별은 이전에 구별된 패턴에 이 패턴을 대비함으로써 얻을 수 있다. 현대 기기는 CCD와 같은 2D 영상 검출기를 장착하고 있다.

9.4.2 | 결정 성장

단결정의 구조를 결정하기 위해, 연구할 물질로부터 결정을 성장시켜야 한다. 결정의 질은 얻어진 회절 결과의 질을 좌우한다. XRD의 한 가지 제한은 여러 회의 반복 실험으로 분석하는 다른 기술과 달리 데이터를 벌크(bulk) 물질 중 단 하나의 단결정으로 얻는다. 물질의 단결정 성장은 쉬운 일이 아니다. 간단한 무기 염이나 작은 유기 분자는 염 또는 화합물의 과포화 용액의 매우 느린 증발에 의해 단결정으로 결정화될 수 있다. 하나의 작은 단결정이 형성되면, 보다 작은 결정의 형성에 우선하여 성장할 것이다. 진공하에서 승화를 사용할 수 있다. 단백질과 다른 생체 분자들은 복잡하기 때문에 단결정을 성장시키기 더 어렵다. 실험에서 사용하는 한 방법은 완충 용액의 용기에 단백질 용액을 방울로 떨어뜨리는 것이다. 방울로부터 물이 확산하여 결과적으로 단결정이 성장한다. 다른 기술은 금속 결정을 형성하는 것이 필요하다. 관심 있는 학생은 인터넷상에 X-선 결정학이란 용어로 검색하면 많은 참고문헌이나 자료를 찾을 수 있다. 단결정은 다양한 탑재 유형이 있으며 기기나 사용되는 측각기에 따라 다양하게 탑재된다.

9.4.3 | 결정 구조 결정

회절 패턴으로부터 결정 구조는 수학적으로 결정될 수 있고, 화합물을 확인할 수 있다. 세부 사항에 대한 논의는 이 교재의 범위를 벗어나지만, 작은 벤치탑 형태의 자동화된 단결정 XRD 시스템이 사용되고 있다. 이러한 기기는 신속하고 자동적으로 작은 분자의 고해상도 결정 구조의 결정을 가능하게 하는 다양하고 강력한 데이터 처리 프로그램과 라이브러리를 갖추고 있다. 이들 시스템에는 XtaLAB mini™와 Bruker X2S 등이 있다.

XtaLAB mini™ 소프트웨어는 이러한 자동화된 시스템을 가능하게 해준다. 분석물의 단결정이 탑재되면, '프로젝트'를 열고 데이터를 수집한다. 그리고 데이터가 평가되고 저장된 수학적 접근 방식 중 하나 또는 그 이상을 이용하여 구조를 해석한다. 한 모델이 생성되고 개선되며 결정 구조, 격자 파라미터, 분자 식별이 있는 보고서가 생성된다. 그림 9.51은 프로그램 SHELX를 사용하여 얻은 특정 결정에 대한 상세 검색 결과를 보여 준다. 5회 개선 순환(관측 2000회와 변수 231개 이상이 요구되는) 후의 결과는 가능성이 매우 높은 것으로 표시되는 1.066의 '적합도'를 제공한다. 가장 완벽한 것은 1.000이 될 것이다. 순환, 관측, 변수의 수는 최신의 컴퓨터로 처리하지 않으면, XRD 패턴을 통한 구조의 결정을 예전처럼 처리하는 데 하루 또는 몇 주가 걸리는 것이 분명하다.

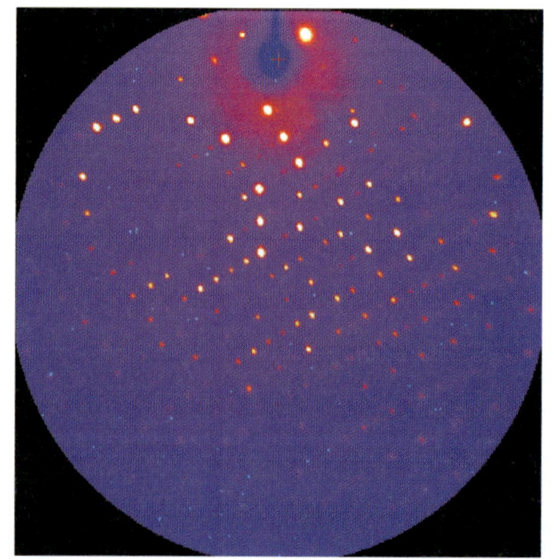

그림 9.50 Rigaku XtaLAB mini™에서 얻은 작은 분자의 실제 단결정 회절 패턴. (Used by permission of Rigaku Corporation. www.rigaku.com.)

9.4.4 | 분말 X-선 회절법

XRD는 결정성 분말 시료의 연구에 이용된다. 시료는 단결정 XRD에 사용된 것과 유사한 구성으로 X-선이 진행하는 경로에 놓인 거치대(specimen holder)에 올려 장착한다. 시료는 손이나 기계적인 연마에 의해 분말로 만들어 얇은 유리나 고분자 모세관 안으로 충진하거나 얇은 평면 표면을 만들기 위해 시료 거치대 내로 가압하여 만든다. 시료가 장착된 후, 시편을 (각 θ)/분의 비율로 X-선 광원에 비례하여 회전시킨다. 회절 복사선은 Bragg 식에 따라 시료로부터 나온다. 동시에 검출기는 관례적인 θ−2θ의 기하 구조를 이용하여 (각 2θ)/분으로 회전한다. Thermo Fisher Scientific ARL X'TRA 분말 회절 시스템과 같은 기기는 θ−θ 구조를 대안적으로 이용한다(Bragg−Bretano 구조).

결정성 분말 물질은 수천 개의 작은 결정으로 이루어져 있다. 이들 결정은 X-선에 대하여 가능한 모든 방향으로 배향된다. 따라서 단지 단일 회절 지점을 생성하는 시료 대신에 분말 시료는 시료에서 모든 원뿔 모양의 점으로 회절된 X-선의 원뿔 모양을 발생한다(그림 9.52). 평면의 각 군은 다른 원형의 지름을 가질 것이므로 결과적으로 시료로부터 복사되는 동심의 원뿔 모양의 열이 된다. 내부로는 Rowland 원은 시료의 반대쪽이라는 것을 생각하면 그림 9.52의 오른쪽에 나타낸 것과 같이 X-선 필름의 가닥을 가진다. X-선의 원형 원뿔은 필름 위에 굽은 선의 열로 나타나는 필름을 치게 될 것이다(그림 좌측 9.52). 필름에서 얻은 분말 시료의 전형적인 회절 패턴을 그림 9.53에 나타내었다. 이 기술을 개발한 독일 과학자 Max

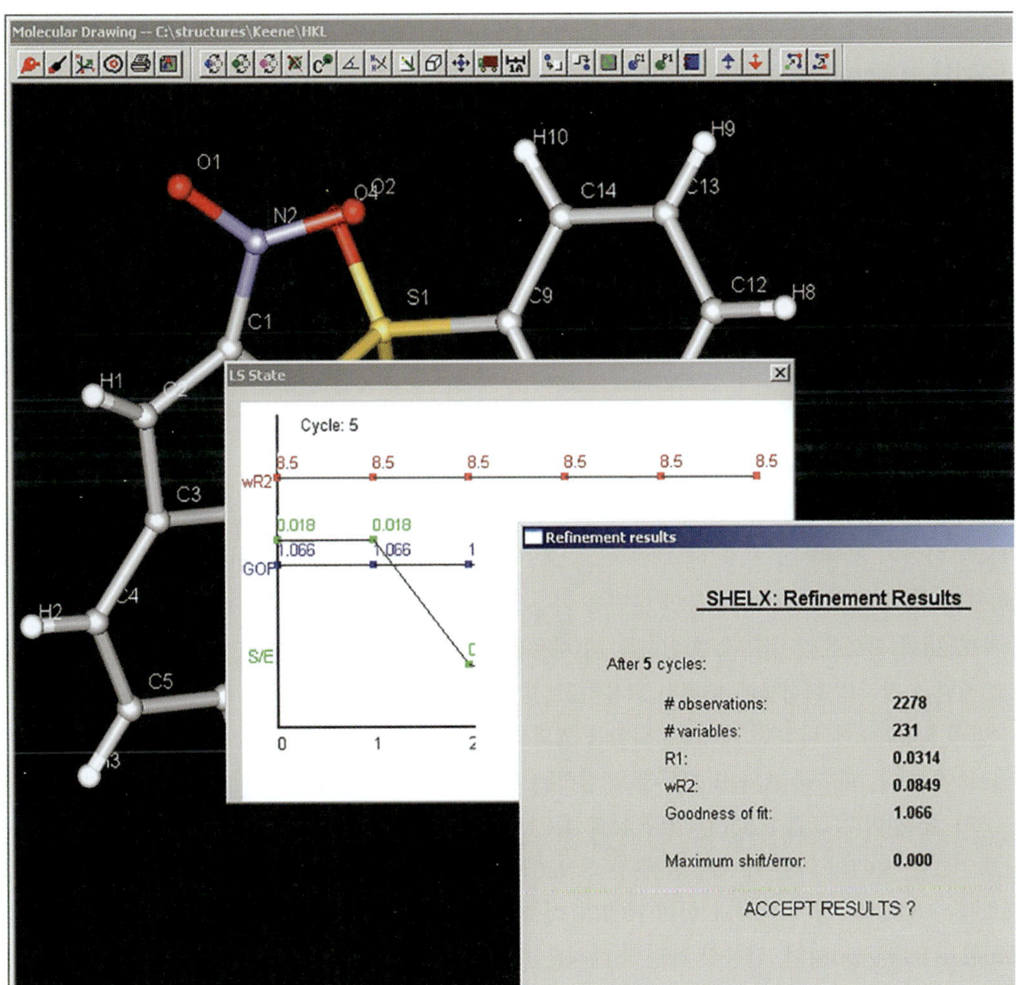

그림 9.51 XtaLAB mini^{TM}에 의한 결정 구조 개선의 자동화된 결과의 컴퓨터 화면. (Used by permission of Rigaku Corporation. www.rigaku.com.)

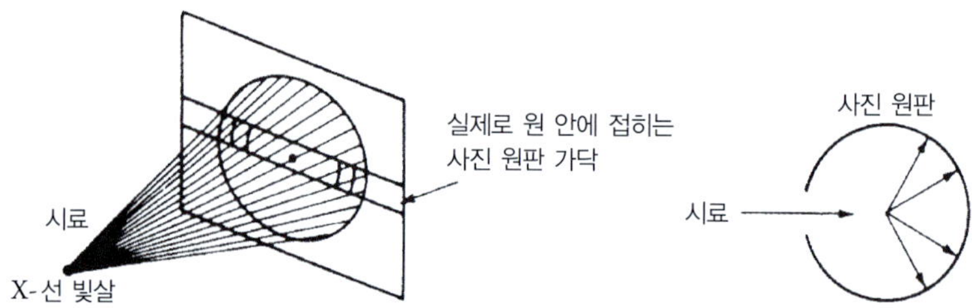

그림 9.52 분말 결정 시료의 회절 도식도. 분말 시료는 시료 안 분말의 무작위 방향 때문에 회절되는 X-선 동심의 원뿔 모양을 만든다. 시료를 들뜨게 하는 X-선관은 이 그림에 나타내지 않았다. 회절 빛의 원뿔 모양은 Rowland 원의 지름에 맞게 굽은 X-선 필름을 가로지른다. 결과적으로 X-선 필름 위의 굽은 선의 열로 나타난다.

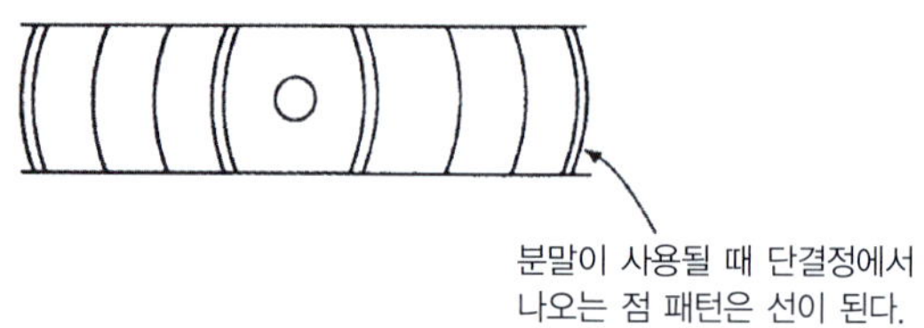

그림 9.53 분말 결정성 시료로부터 얻는 Laue 사진이라고 하는 전형적인 회절 사진

von Laue의 이름을 따서 이것을 Laue 사진(Laue photograph)이라고 한다. XRF에서 논의한 것과 같이 필름은 표준 X-선 검출기와 같이 자동 주사(automated scanning)에 의해 대체되거나 CCD와 같은 이미지 검출기나 2D 이미지를 제공하는 영상판의 이용으로 대체된다. Rigaku Corporation에 의해 이용되는 원통형 영상판 검출기는 454 mm × 256 mm의 활성 영역을 가지며, 100 μm × 100 μm의 픽셀 크기, 매우 신속한 판독, 그리고 Cu K_α 복사선에 대한 픽셀당 1 X-선 광자의 감도를 갖는다. 픽셀당 하나의 X-선 광자는 100%의 양자 효율이다. 이러한 이미지 검출기의 주요 장점은 이미지를 저장할 수 있고 사진 필름을 현상할 필요 없이 전자적으로 조절할 수 있다. Thermo Fisher Scientific ARL X'TRA는 약 −100°C로 냉각되어 극히 낮은 내부 잡음을 주는 Peltier-cooled Si(Li) 고체상 검출기를 사용한다. 이 고체상 검출기는 사용자가 제동 복사(bremsstrahlung)선이나 시료 형광을 제거하는 회절된 빛살 단색화 장치나 베타 필터(beta filter)가 필요 없는 에너지 표시기에 기반하여 전자적으로 광자를 선택할 수 있다.

9.4.5 | XRD의 응용

XRD의 분석적인 응용은 다양하다. 이 방법은 비파괴법이고 결정성 시료의 구조에 대한 정확한 정보를 제공한다. 알려진 화합물의 결정으로부터 얻은 패턴과 미지의 성분 결정으로부터 얻은 분말 회절 패턴을 비교함으로써 미지의 결정성 화합물의 구별을 가능하게 한다. 피크나 선의 수, 피크나 선의 세기, 피크나 선의 각도(2θ의 식으로)는 물질을 확인하는 데 사용된다(그림 9.54).

회절 패턴은 각각의 화합물에 대해서 고유하고 결정성 물질에 대한 지문으로서의 역할을 한다. 예를 들어, 그림 9.55a와 b에 나타낸 것처럼, 화합물 A의 순수한 결정과 화합물 B의 순수한 결정은 다른 회절 패턴을 보여 준다. 화합물 A와 B 모두를 포함하는 **혼합물**은 둘 다 순수한 화합물들로부터 얻은 회절 피크를 보여 줄 것이다(그림 9.55c). 만약 15% KCl과 85% NaCl의 혼합물을 가지고 있다면, 회절 패턴은 상호 혼합된 KCl의 약한 패턴과 함께 강한 NaCl를 보여 줄 것이다. 15% NaCl과 85% KCl을 포함하는 혼합물은 NaCl의 약한 패턴과 함께 KCl의 회절 패턴을 보여 줄 것이다. 이런 혼합물은 **다중상 물질**(*multiphase material*)이며, 다중상 패턴의 해석은 단일상(순수한) 물질에 대한 패턴보다 더 어렵다. 반면에 결정은 **같은 결정 격자** 안에 소듐과 포타슘 이온이 있는 염화 소듐 포타슘(sodium potassium chloride)의 **혼합 결정**(*mixed crystal*)이면 순수한 NaCl이나 순수한 NaCl의 결정으로부터 결정의 격자 크기 안에

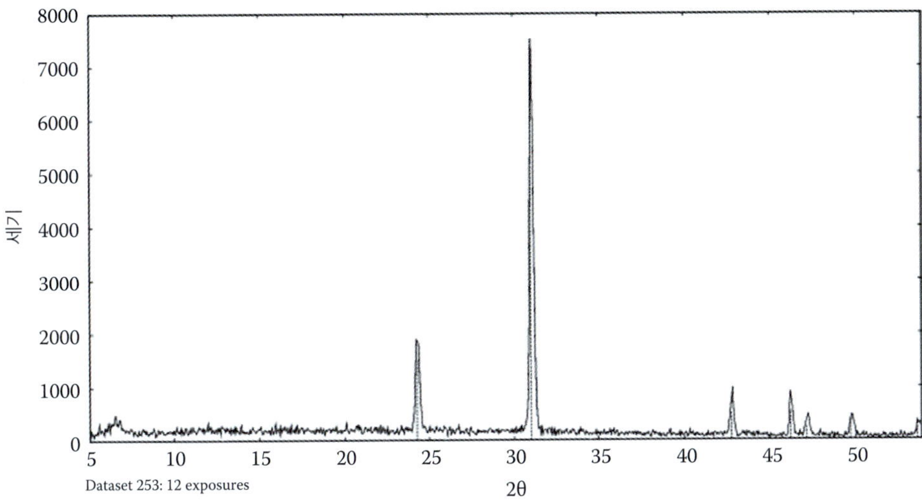

그림 9.54 Co 타겟과 12회 노출(100 s)를 사용하여 BTX 벤치탑 시스템으로 찍은 순수한 석영의 분말 XRD 스펙트럼. (Courtesy of Olympus NDT. www.olympus-ims.com; www.inxitu.com.)

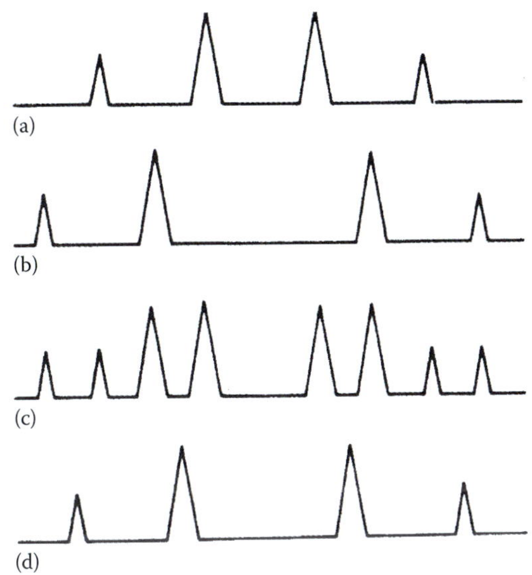

그림 9.55 간단한 무기 염을 위한 X-선 분말 회절 패턴의 도식도. (a) 순수한 염 A. (b) 순수한 염 B. (c) 염 A와 염 B의 물리적 혼합물. 두 순수한 염에 대한 피크를 혼합물에서 볼 수 있음을 주목하라. 모든 피크는 모두 (a) 또는 (b) 안의 피크와 대응한다. (d) 같은 원소를 포함하는 혼합 결정에 대한 회절 패턴은 같은 결정 격자 안에는 화학적으로 결합되지만 모두 A와 B 안에 나타나다. 혼합 결정(고유한 구조)에 대한 회절 패턴은 고유하다. 이것은 순수한 A 또는 순수한 B 모두에 대응하지 않는다.

서 변할 수 있을 것이다. 그러나 혼합된 결정은 그림 9.55d에서 보는 것처럼 독특한 회절 패턴을 주는 단일상 물질이다. 그러므로 X-선 분말 회절은 두 회절 패턴을 보여 주는 **결정의 혼합물**과 분리된 고유한 회절 패턴을 주는 **혼합 결정** 사이를 구분하는 데 이용할 수 있다. 정확한 결정학적 격자 정수는 XRD를 사용함으로써 측정될 수 있다. 미지 시료를 확인하기 위한 분말 회절 패턴 매칭(matching)은 컴퓨터, 소프트웨어, 컴퓨터에 의해서 검색되는 분말 회절 패턴 스펙트럼 라이브러리나 데이터베이스와 함께 수행되고 있다. 그림 9.56에 한 예를 나타내었다. 미국 PA의 Newtown Square에 위치한 International Centre for Diffraction Data(ICDD)는 50,000개 이상의 단일상 분말 XRD 패턴의 데이터베이스를 관리하고 있다(www.icdd.com).

고분자의 특성화 연구에서, 반결정성 고분자의 결정도(degree of crystallinity)를 밝히는 것이 가능하다. 결정성 부분은 회절선을 주지만 비결정성(무정형) 부분은 지속적인 바탕을 제공하는 단순한 X-선 빛살을 산란시킨다. 반결정성 고분자의 전형적인 도시적 회절 스펙트럼을 그림 9.57에 나타내었다. 산란 복사선에 대한 회절 피크의 면적비는 고분자 안의 비결정성 물질에 대한 결정성 물질의 비와 비례한다. 최종적인 정량 분석은 백분율 결정도와 같이 표준 고분자를 사용하거나 비정형 산란에 대한 결정성 회절의 알려진 비에 대한 계산을 기초로 하여 확인하여야 한다.

피크의 세기를 보거나 XRD 패턴을 이용하여, 고분자의 결정이나 금속이 어떤 특별한 방향으로 배향되어 있는지를 결정할 수 있다. '선호된 배향'은 예를 들어 물질이 시트(sheet) 안으로 말려진 후에 일어날 수 있다. 물질은 아마 한 방향으로는 매우 약하고 다른 방향으로는 강하므로 한 방향으로 잘 찢어지는 결과를 주어 이것은 아주 바람직하지 못한 특성이다. 그러나 예를 들어 포장을 열기 위해서 한 방향으로 잘 찢어지기를 원하는 포장 재료에서는 바람직한 특성이다.

분말 XRD는 특별히 미네랄, 광업, 금속 제품과 같은 다양한 산업에서 화합물 확인이나 상 분석에 사용되고 있고 암석, 미네랄, 산화 물질, 상품과 같은 물질에도 이용된다. 전형적인 예로 FeO, Fe_2O_3, Fe_3O_4, FeC와 같은 Fe 상의 층; 시멘트 산업에서 석회 덩어리(clinker)와 슬래그 속 유리 석회(free lime)의 결정; 알루미늄(Al)의 전기 분해와 관련된 상; CaO, $CaCO_3$, $Ca(OH)_2$ 내용물 등을 포함한다.

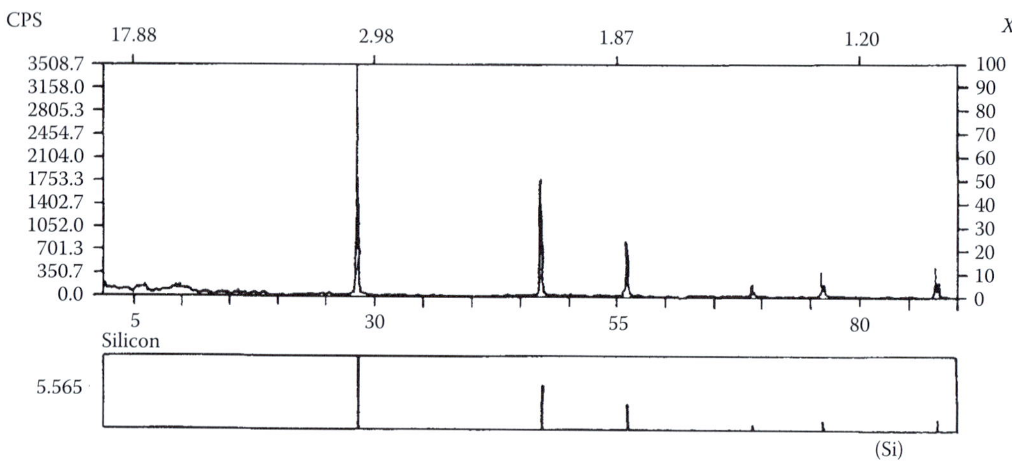

그림 9.56 모르는 물질의 X-선 분말 회절 패턴은 위의 스펙트럼에 나타내었다. 실리콘에 대한 저장된 스펙트럼의 대응에 기반하여 실리콘으로 알려진 미지 시료의 컴퓨터화된 데이터베이스의 탐색(아래 스펙트럼).

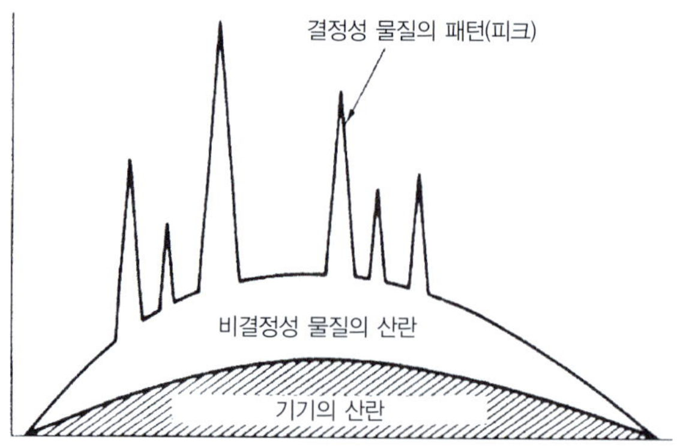

그림 9.57 결정성과 비결정성 상 모두가 어떻게 검출되는지를 보여 주는 결정성 고분자로부터 얻은 회절 패턴 도식도. 비결정성 부분은 결정성 부분이 전형적인 회절 피크 패턴을 보여주는 반면 넓은 산란을 일으킨다. 전체적인 비결정성 고분자는 회절 피크를 보여 주지 않을 것이다(100% 결정성 고분자는 없다). x축 위의 단위는 각 θ이다.

다른 온도에서 XRD는 물질의 서로 다른 결정학적인 형성을 연구하는 데 이용된다(예: yttria-stabilized zirconia의 tetragonal vs monoclinic forms). 이런 접근은 열팽창 계수 측정이나 물질에서 결정-비결정 전이 연구에 사용할 수 있다.

XRD에 의해 결정될 수 있는 금속의 특성은 단련 상태(state of anneal)이다. 잘 단련된 금속은 정렬된 결정 형성과 예리한 회절선을 나타낸다. 만약 금속을 천공, 망치질, 굽힘으로 가하면 금속은 '가공(worked)' 또는 '피로(fatigued)'하게 된다. 결정 구조와 회절 패턴이 변한다. 금속 가공하기는 초기에는 강도가 증가하지만, 계속된 변형(피로)은 금속을 약화시키거나 절단되는 결과를 초래할 수 있다. (종이 클립을 천천히 굽힐 때 한 두 번의 가공(working) 후 굽히기가 더 어려워지지만, 같은 점에서 이런 굽힘을 계속한다면, 결국 피로해지거나 부러지게 된다.) 금속과 합금의 비정렬(disorder)은 용융된 상태에서 급속 냉각으로 발생할 수 있다. 비정렬은 더 낮은 밀도와 더 잘 부러지는 재료를 초래한다. 금속의 전기 전도도는 금속 결정의 정렬에 의해 영향을 받는다. XRD는 정렬이나 비정렬 물질 사이를 구별하고 특정 용도를 위한 재료의 적합성에 관한 가치 있는 정보를 제공하는 데 사용될 수 있다.

XRD의 매우 중요한 이용은 단결정의 구조를 측정하는 데 있다. 즉, 결정 안의 모든 원자(분자, 이온)의 3D 공간에서의 정확한 위치를 구별한다. 단결정 XRD는 RNA, DNA, 인슐린, 비타민, 단백질의 구조를 밝히는 중요한 도구이다. 단결정 회절법은 생체 분자, 천연물, 의약품, 무기 배위 착물, 유기금속 화합물의 구조적 결정에 이용된다.

9.4.5.1 XRD의 분석 한계

비정형 물질은 XRD에 의해 식별할 수 없어 많은 고분자와 유리질 물질을 연구할 수 없다. XRD는 미량 분석 기술이 아니다. 화합물 성분은 검출되는 회절 피크에 검출되기 위해서 최소 중량의 3~5%에 존재해야 한다. 격자 안에서 하나의 원자가 다른 원자로 대체되는 혼합 결정에서의 독특한 패턴은 이전에 논의하였다. 혼합 결정은 순수 물질 안에서 오염의 고용체(solid solution)와 유사하다. 이것이 고용체이기 때문에 오염된 물질은 단일상으로 나타날 것이다. 그러나 순수한 물질의 격자가 격자 안에서 '잘못된' 크기의 오염 원자의 결과로 팽창되거나 수축될 것이다. 고유한 회절 패턴은 있겠지만 이런 패턴은 일치(match)시키기 어려울 것이다. 혼합물은 중첩하는 피크 때문에 구별하기 어려울 것이다.

9.5 X-선 방출

XRF에서는 시료로부터 나오는 특정 X-선을 들뜨게 하는데 X-선 광원에서 나오는 특정 X-선을 이용한다. X-선 방출은 전자와 알파 입자와 같은 입자가 시료로부터 나와 특정 X-선을 발생하는 데 사용되는 광원과는 다르다. X-선 방출 시스템의 여러 유형에 대하여 설명한다.

9.5.1 | 전자 탐침 미량 분석

타겟에 충돌하는 전자는 특정 X-선을 방출한다. 이 장의 앞에 설명하였듯이 이것은 X-선관의 기초이다. 시료에 충돌하는 전자는 시료의 특정 X-선을 생성한다. 0.1~1.0 μm 정도의 작은 지름의 전자선의 이용은 **전자 탐침 미량 분석(electron probe microanalysis)**에 기초하고 있다. 전자 탐침 미량 분석기는 X-선 방출 분광기이다. 작은 지름의 전자선은 지름이 약 1 μm인 면적의 시료 표면을 들뜨게 한다. 현미경 수준에서 원소 조성이나 조성의 변이를 얻을 수 있다.

미량 분석을 하기 위해서 두 가지의 기기를 이용할 수 있다. 전자 미세 탐침 분석기(electron microprobe analyzer, EMA)는 시료의 적절한 공간적 해상도와 저배율로 시료의 원소 분석을 제공하는 높은 전자선 전류를 사용한다. 시료로부터 방출된 X-선의 세기는 높다. 주사 전자 현미경은 고해상도와 시료의 고배율

이미지를 제공하도록 설계되어 있다. SEM은 낮은 전자선 전류에서 작동한다. 특정 X-선은 EMA보다 더 낮은 세기이지만 여전히 원소 조성을 제공한다. 게다가 X-선 스펙트럼 시료와 전자선의 상호 작용의 결과로 다른 정보를 얻을 수 있다. 일부 시료는 UV 또는 가시선 형광(**캐쏘드 발광**, *cathodoluminescence*)을 나타낼 것이다. Auger 전자와 같은 이차 전자를 방출하거나 후방 산란 전자(backscattered electron)는 시료의 지형이나 조성에 관한 정보를 제공하는 데 사용된다.

두 시스템 모두 비슷한 원리로 작동한다. 텅스텐 필라멘트는 전자 광학 시스템에 의해 집광되는 전자를 방출한다. 전자선은 시료 표면을 주사할 수 있고 일련의 평행선 안에서 표면을 가로지르는 빛살을 **래스터하여** 한 점에서나, 선을 따르거나 직사각형 면적에 걸친 조성을 제공한다. 시료는 시료의 평면에 수직으로 정확하게 x-와 y-방향과 z-방향 안에서 정확하게 이동 가능한 스테이지(stage)에 장착된다. 이 시스템은 시료의 배열과 면적의 선택이나 분석할 시료의 지형 특성을 가능하게 하는 광학 현미경을 가지고 있다.

EMA에 대한 X-선 분석 시스템은 기체-비례 계수기 검출기(gas-proportional counter detector)를 장착한 WD 분광기이다. SEM에서, Si(Li) 검출기를 장착한 ED X-선 분광기를 사용한다. 전체적으로 전자와 X-선 광학 시스템은 약 10^{-5} torr 진공하에서 작동한다. 최근 시스템은 기기 변수, 표본 스테이지 이동, 데이터 수집 및 데이터 처리의 컴퓨터 제어로 완전히 자동화되어 있다.

시료는 고체여야 하며 거의 모든 형태가 가능하다. 박막, 벌크 고체, 입자, 분말, 가공 부품 및 작은 물체(생물학적 표본을 포함하여)를 분석할 수 있다. 우라늄에서 베릴륨($Z=4$)까지 모든 원소를 약 100 ppm 또는 그 이상의 농도에서 확인할 수 있다. 시료의 표면 마감은 중요하지 않지만, 정성 분석을 위해 표본의 표면은 평평해야 한다. SEM 시료에 대한 평평한 표면을 얻기 위한 일반적인 방법은 에폭시(epoxy) 안에 시료를 심고 시료의 평평한 표면을 노출시켜 경화된 에폭시를 조심스럽게 연마하는 것이다. 교정 표준물은 평평한 표면을 가져야 할 뿐만 아니라, 표준물의 조성은 시료의 조성과 비슷해야 한다. 다른 방법으로, 순수 원소 표준물을 사용하는 FP 접근법이 사용될 수 있다. 비전도성 시료는 시료의 표면에 오스뮴으로 얇게 코팅한다.

전자 탐침 미량 분석의 응용은 분석 화학, 야금학, 지질학, 의학, 생물학, 재료 과학 등 다양하다. 재료 과학에서 물질의 조성을 결정할 뿐만 아니라, 고체 구조 안의 원소의 위치를 가시화할 수 있다. 예를 들면, 결정 간의 작은 경계 안에 특정 원소의 분리를 볼 수 있다. 이러한 분리는 물질의 특성에 큰 영향을 가진다. 순수한 텅스텐 선은 유용한 전구를 만들기에는 너무 부서지기 쉽다. 이 선은 결정이 작은 경계를 따라 분리되기 때문에 전구를 켜거나(선이 가열) 끌 때(선이 식음) 쉽게 부러진다. 텅스텐에 포타슘과 같은 특정 원소를 가함으로써, 훨씬 더 연성이 있는 불순한(도핑된) 텅스텐 선을 만든다. 이 연성 선은 부러짐 없이 많은 시간을 가열과 냉각을 할 수 있다. SEM을 사용하여 도핑된 텅스텐을 분석하면 첨가된 원소가 결정 사이의 경계에 위치한 것을 보여 준다. 작은 경계 안의 원소는 부러짐 없이 열에 의해 확장이나 수축하며 텅스텐 선을 허용하는 작은 경계를 따라 텅스텐 결정이 미끄러진다. 박막이나 다층 물질을 분석을 할 수 있고 막 두께도 측정할 수 있다. 공기와 물로부터 여과된 작은 입자를 분석할 수 있고, 입자의 수나 입자 크기를 모두 결정할 수 있다. 공기 중의 입자의 수, 크기, 종류는 공기 청정도 측정치이다. 이것은 반도체 장치의 제조에 매우 중요하다.

생물학적 시료, 미네랄 시료, 토양 및 다른 이질 성분 물질 안의 원소 분포를 측정할 수 있다. 많은 다른 응용은 문헌에서 찾아볼 수 있다. 이것은 마이크로미터 수준에서 성분의 공간적 변이를 제공할 수 있는 몇 가지 기술 중 하나이다. 다른 관련 기술은 16장에서 논의된다.

9.5.2 | 입자 유도 X-선 방출

XRF를 위한 광원으로 방사성 동위 원소의 사용을 설명하고 일반적인 방사선 광원의 목록을 표 9.4에 나타내었다. '입자'(전자 또는 알파 입자)를 생성하는 것을 통해 PIXE라는 용어가 생겼다. 2012년 NASA

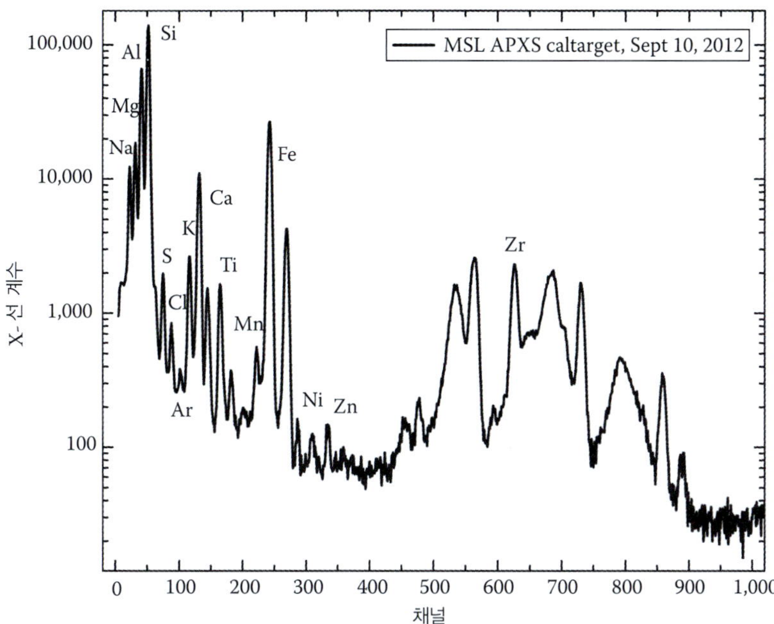

그림 9.58 화성 탐사선 'Curiosity' 위에 탑재된 APXS로부터 얻은 교정 타겟의 스펙트럼. (Image credit: NASA/JPL-Caltech/LANL.)

화성 우주 실험실 탐사선인 Curiosity에 APXS라고 하는 PIXE 장비를 장착하였다. APXS는 화성의 암석으로부터 특정 X-선을 자극하는 Curium-244 광원을 사용한다. 분광기는 다중 원소와 교정 타겟을 포함한다. 타겟은 화성 암석 조성의 정확한 결정을 가능하게 하는 지구에서 가져간 잘 특성화된 암석 판이다. 교정 타겟의 스펙트럼을 그림 9.58에 나타내었다.

그림 9.59는 APXS와 ChemCam 레이저 유도 파괴 분광법(laser-induced breakdown spectroscopy, LIBS) 기기(8장에서 논의된)를 사용하여 연구된 'Jake Matijevic'으로 알려진 화성 암석을 보여 준다. 암석 면 위에 두 개의 검은 원은 APXS에 의해 연구된 영역을 나타낸다. 검은 점은 LIBS 기기로부터의 레이저 구멍이다. APXS 분석의 결과를 그림 9.60에 나타내었다.

암석과 타겟의 스펙트럼을 1시간 동안 수집하였다. 결과는 이전의 화성의 바위에 비해, Jake 암석은 철과 마그네슘이 낮게 나오고, 장석(feldspar) 광물에서 발견되는 소듐, 알루미늄, 실리콘, 포타슘이 높게 나온 것을 보여 준다. 이 결과는 이 암석이 화성이나 화산으로부터 기원한 것을 가리킨다.

그림 9.59 APXS 기기가 데이터를 얻은 원을 보여 줄 뿐만 아니라 LIBS 기기로부터 얻은 레이저 구멍(검은 점)을 보여 주는 화성의 'Jake Matijevic' 암석. (Image credit: NASA/JPL-Caltech/LANL. Fullcolor images are available at www.nasa.gov/mission_pages/msl.)

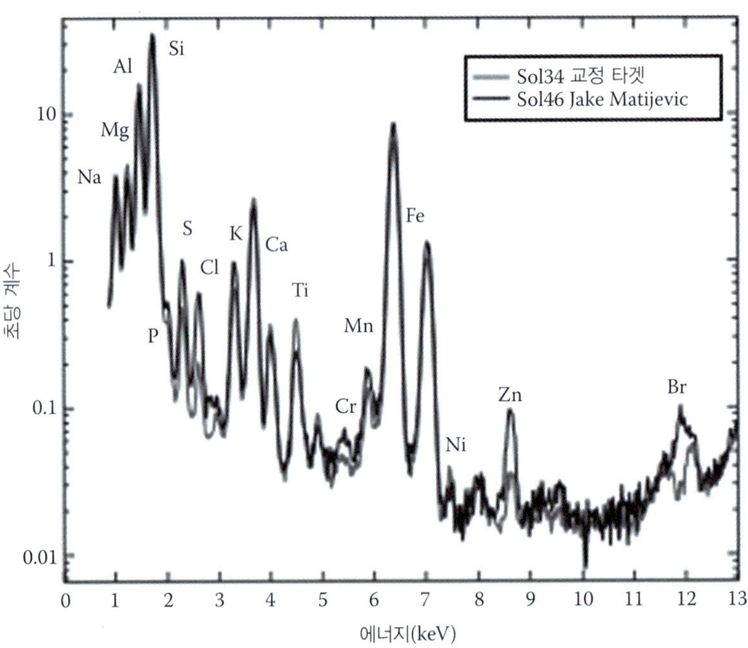

그림 9.60 APXS 시스템에 필요한 교정 타겟과 'Jake'로부터 얻는 스펙트럼. (Image credit: NASA/JPL-Caltech/LANL.)

문제

9.1 X-선관의 구성 도형을 그리고, 주요 구성 부품을 표시하고, 작동 원리를 설명하시오.

9.2 K_α 선, K_β 선, L 선의 원점은 각각 무엇인가?

9.3 Moseley 법칙을 설명하시오. 일반적으로 화학에서 이 법칙의 중요한 이유는 무엇인가?

9.4 X-선 분광법의 세 가지 주요 분석 분야는 무엇인가? 각 분야별 세 가지 분석적 응용 기술을 설명하시오.

9.5 XRF의 세기는 몇 가지 다른 분광 기술에 비하여 약하다. 어떤 기기의 변화가 형광 신호를 최대한으로 만들었는가?

9.6 어떤 원소가 XRF에 의해 검출될 수 있는가? 어떤 원소가 공기 중에 XRF에 의해 검출될 수 없는가? 설명하시오.

9.7 텅스텐 타겟으로부터 발생된 X-선은 구리 원자를 들뜨게 하는 데 사용될 수 있는가? 구리 타겟으로부터 발생된 X-선은 텅스텐 원자를 들뜨게 하는 데 사용될 수 있는가? 설명하시오.

9.8 그림 9.3a와 9.17을 보고 그림 9.3의 스펙트럼은 30 kV의 관 전압에서 얻었다. 그림 9.17의 스펙트럼은 필터 없이 20 kV에서 얻었다. 두 스펙트럼의 차이를 설명하시오.

9.9 흡수끝의 파장과 이와 관련된 방출선 사이의 관계가 무엇인지 설명하시오.

9.10 왜 XRF는 시료 내의 Cu^{2+}와 Cu^{1+}를 구별할 수 없는가?

9.11 그림 9.17에서 두 스펙트럼의 차이점을 설명하시오. 왜 필터가 유용한가?

9.12 모델로 이용되는 두 평행판으로부터의 반사를 이용하여 Bragg 식을 유도하시오.

9.13 (a) 이온 계수기와 비례 계수기에서 신호-대-전압을 그리시오.
(b) 어느 것이 가장 감도가 좋은가? 이유를 설명하시오.

9.14 섬광 검출기를 도시하고 작동 원리를 기술하시오.

9.15 Si(Li)-흐름 검출기가 어떻게 작동하는지 기술하시오.

9.16 (a) 질량 흡수 계수의 의미는 무엇인가? (b) 같은 파장에서의 질량 흡수 계수, 원자 번호, 원자량 사이의 상관관계는 무엇인가?

9.17 단결정으로부터 XRD 패턴을 수집하는 데 사용되는 장치를 기술하시오.

9.18 분석 화학에서 X-선 분말 회절 패턴이 왜 유용한가? 미지 시료의 분석에 대하여 단결정 시료를 우선으로 하여 분말 시료가 가지는 장점은 무엇인가?

9.19 측각기의 기본 구성 부품을 기술하시오.

9.20 부록 9.A의 저마늄(Ge) 선 에너지를 보고 Ge(Li) 검출기를 이용하여 순수한 구리(Cu)의 EDXRF 스펙트럼 내의 어디에서 Ge 이탈 피크를 찾을 수 있는지 예측하시오. 만약 Si(Li) 검출기가 같은 시료에 사용된다면 이탈 피크는 어디에서 나타나는가?

9.21 수수한 구리의 EDXRF 스펙트럼에서 어떤 인공적인 합계 피크를 볼 수 있는지 예측하시오.

9.22 그림 9.45b의 왼쪽 아래 뒷 모서리(O로 표시)을 원점으로 한 단위 격자를 보고 (440) 면이 왜 (110) 면보다 원점에 더 가까운지 설명하시오. Miller 지수는 절편의 역수임을 기억하고 그 면을 그리시오. (2D 그림으로 그리는 것이 3D 그림으로 그리는 것보다 더 쉽다는 것을 알 것이다.)

9.23 규소(Si) 안의 (110) 면에 평행한 축은 무엇인가? 그림 9.45b의 예와 같이 입방 단위 격자에서 (110) 면을 그리시오.

문제 9.24에서 9.31을 해결하기 위하여 학생들은 표 9.A.2와 함께 원소 범위에 따라 최적화된 관전압/필터(tube voltage/filter) 조합의 다음 표를 사용하여야 한다. 이들 스펙트럼은 다른 전압, 필터, 대기 조건하에 Thermo Scientific사의 EDXRF에서 얻었다. 이 조건들을 각 스펙트럼에 표기하였다. 조합을 이용하여 검출할 수 있는 각 원소에 사용된 전압과 필터 조합을 점검하시오.

필터	관전압(kV)	최적화된 원소	검출된 다른 원소
없음	8–15	Na–S (K lines) Zn–Mo (L lines)	K–Fe (K lines) Tc–Ce (L lines)
Cellulose	8–15	Cl–Sc (K lines) Tc–Cs (L lines)	Al–Zn (K lines) Zr–Gd (L lines)
Al, 0.127 mm	10–20	Ti–Mn (K lines) Ba–Sm (L lines)	Cl–Br (K lines) Ag–Hf (L lines)
Thin (0.05 mm Rh)	20–30	Fe–Ge (K lines) Eu–Au (L lines)	K–Mo (K lines) Ba–U (L lines)
Five (0.127 mm Rh)	30–45	As–Mo (K lines) Hg–U (L lines)	Ti–Mo (K lines)
Six (0.63 mm Cu)	45–50	Tc–La (K lines)	Zn–La (L lines)

9.24 아래 스펙트럼을 보이는 이원소 무기염을 밝히시오.

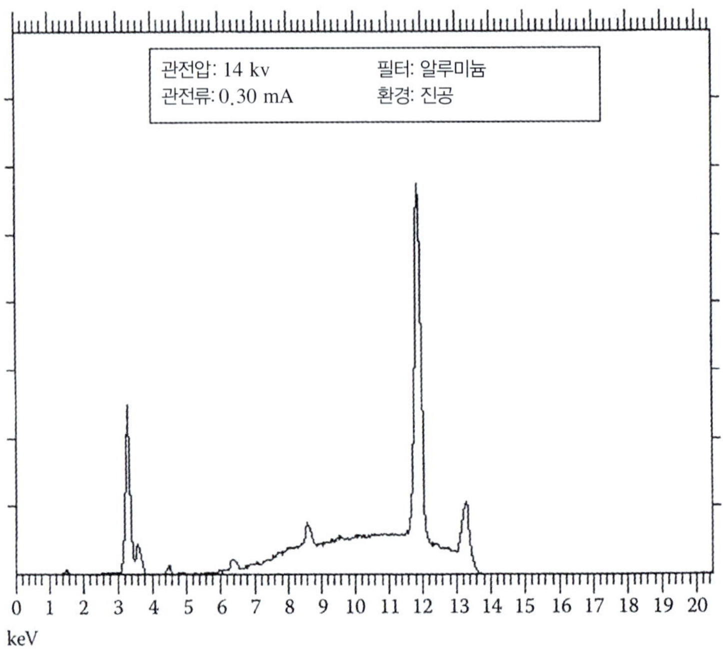

9.25 아래 스펙트럼에 보이는 원소를 밝히시오.

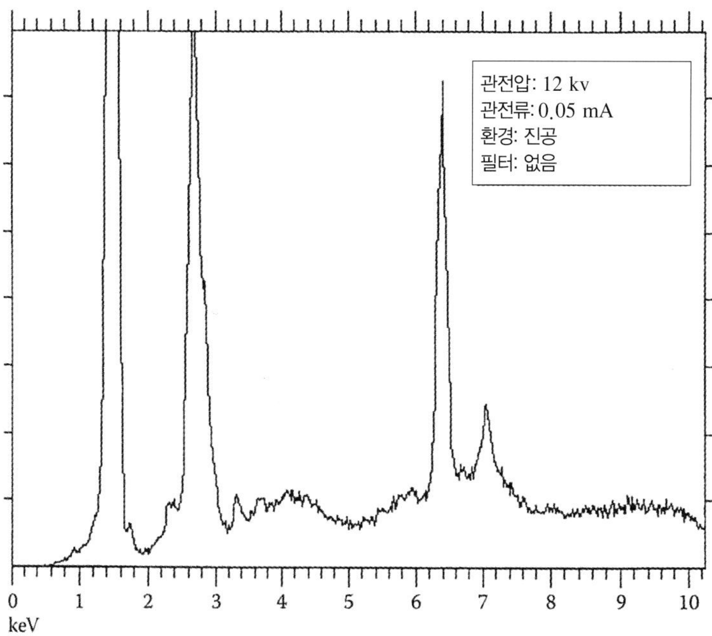

9.26 아래 스펙트럼에 보이는 원소를 밝히시오.

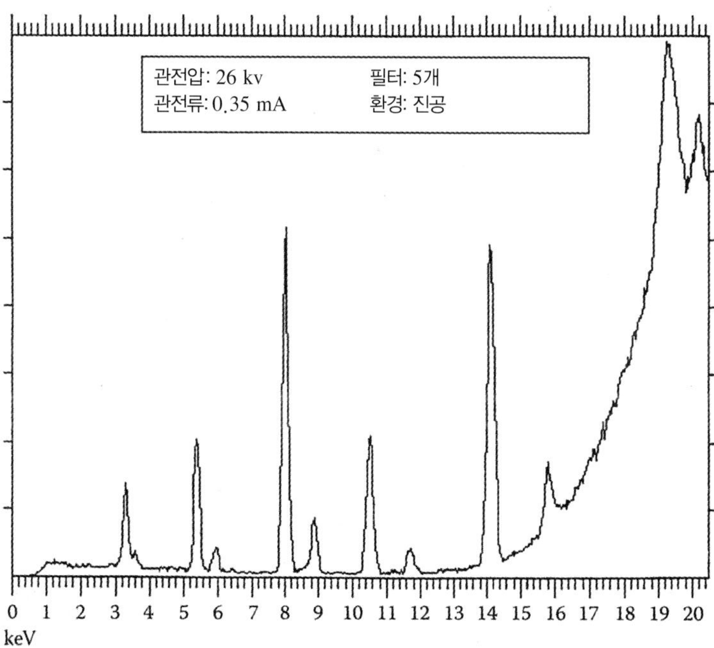

9.27 아래 스펙트럼의 원소를 밝히고 선을 표기하시오.

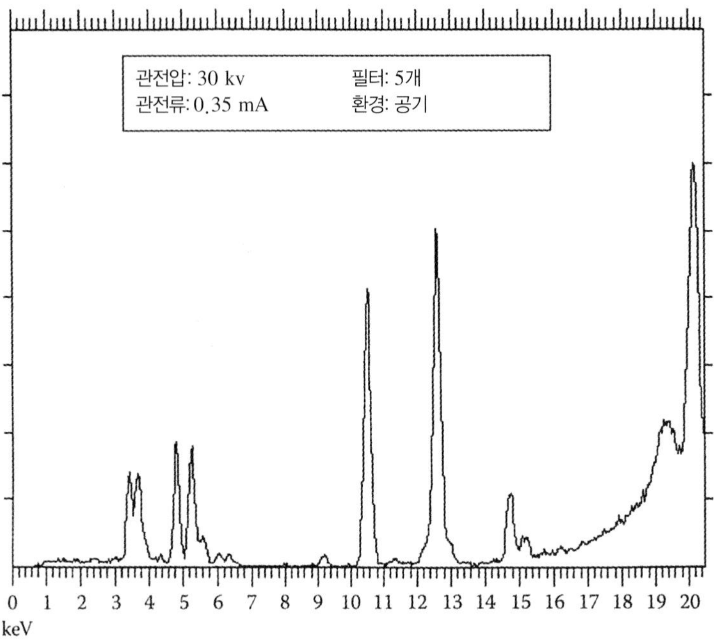

9.28 아래 스펙트럼의 원소를 밝히시오. 적어도 7가지 원소가 있음. (힌트: 대부분 높은 Z 원소임)

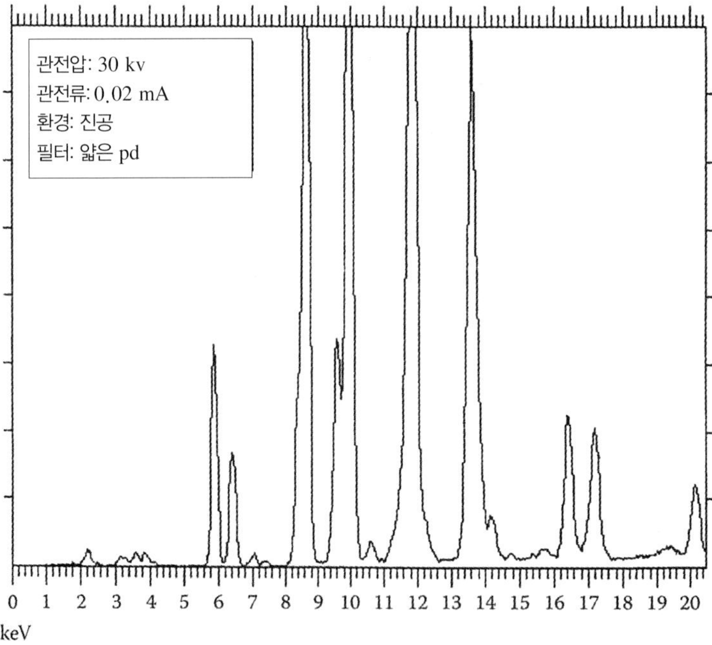

9.29 아래 스펙트럼에서 더 높은 Z 원소를 밝히시오. 선을 표기하시오.

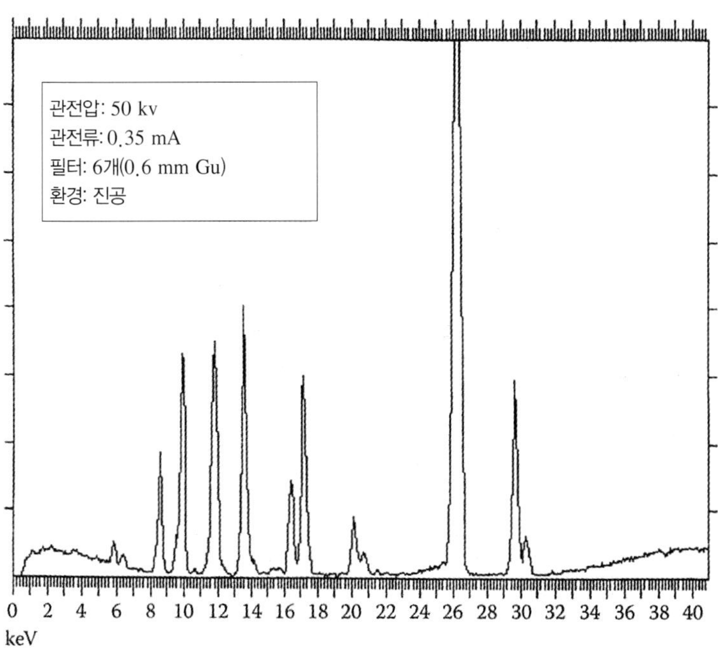

9.30 아래 그림은 X-선관의 스펙트럼이다. 실선 스펙트럼은 X-선관의 경로에서 필터 없이 얻었다. 점선 스펙트럼은 0.63 mm 구리(Cu) 필터를 사용하여 얻었다. (1) 양극 X-선관을 밝히시오. (2) 필터된 X-선관에 의해 방출되는 복사선을 무엇이라고 하는가? (3) 필터된 관의 복사선에 사용되는 어떤 원소가 들뜨게 되는가? (4) 왜 관전압을 높이려 하는가? (50 kV는 높은 전압이다.) (5) 시료를 들뜨게 하기 위하여 왜 필터 없는 X-선관의 스펙트럼을 사용하지 않는가? (6) 양극 원소 자체를 제외한 필터 없는 X-선관을 이용하여 결정할 수 없는 두 원소를 나열하시오.

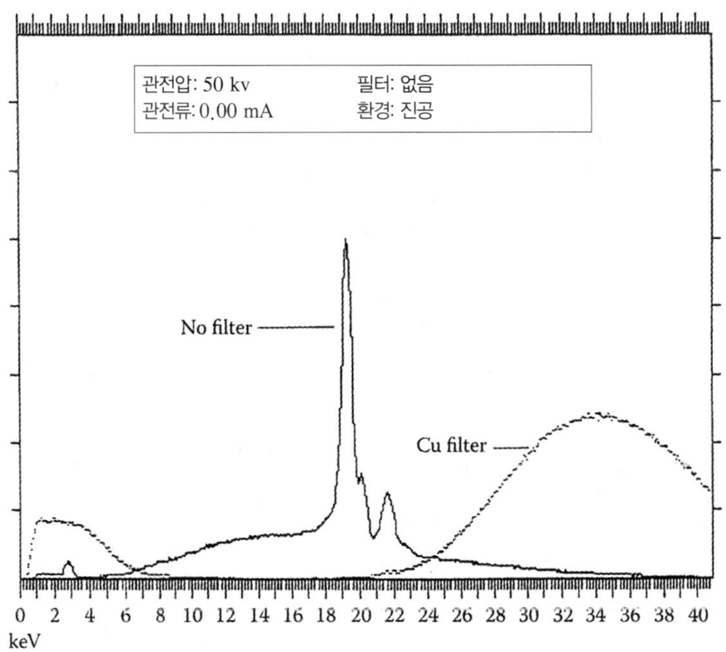

9.31 많은 원소를 포함하는 시료. 가능한 많은 원소를 밝히시오.

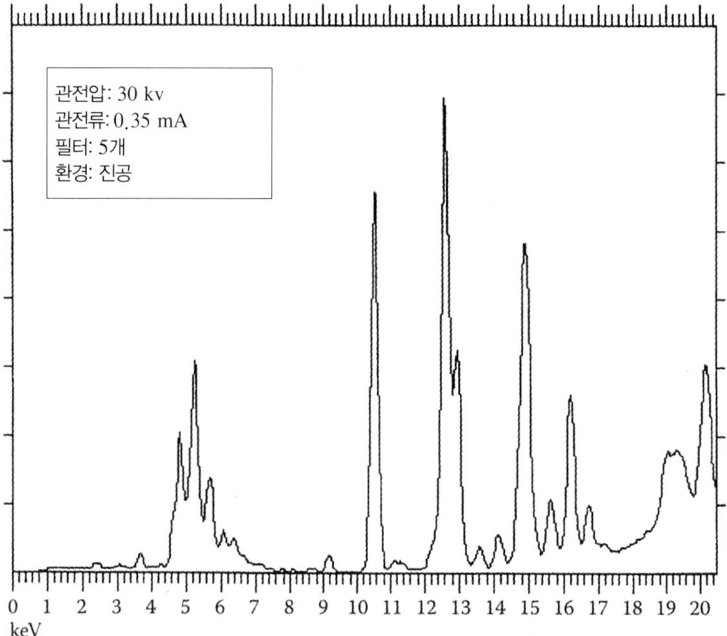

9.A 부록: 특정 파장의 X-선(Å)과 에너지(keV)*

표 9.A.1 K 계열 선(Å)

선		$\alpha_{1,2}$	α_1	α_2	β_1		β_3
대략적 세기		**150**	**100**	**50**		**15**	
원소	**Z**						
Li	3	230					
B	4	113					
B	5	67					
C	6	44					
N	7	31.603					
O	8	23.707					
F	9	18.307					
Ne	10	14.615			14.460		
Na	11	11.909			11.574		11.726
Mg	12	9.889			9.559		9.667
Al	13	8.339	8.338	8.341	7.960		8.059
Si	14	7.126	7.125	7.127		6.778	
P	15	6.155	6.154	6.157	5.804		
S	16	5.373	5.372	5.375	5.032		
Cl	17	4.729	4.728	4.731	4.403		
Ar	18	4.192	4.191	4.194	3.886		
K	19	3.744	3.742	3.745	3.454		
Ca	20	3.360	3.359	3.362	3.089		
Sc	21	3.032	3.031	3.034	2.780		
Ti	22	2.750	2.749	2.753		2.514	
V	23	2.505	2.503	2.507		2.285	
Cr	24	2.291	2.290	2.294		2.085	
Mn	25	2.103	2.102	2.105		1.910	
Fe	26	1.937	1.936	1.940		1.757	
Co	27	1.791	1.789	1.793		1.621	
Ni	28	1.659	1.658	1.661		1.500	
Cu	29	1.542	1.540	1.544	1.392		1.393
Zn	30	1.437	1.435	1.439	1.296		
Ga	31	1.341	1.340	1.344	1.207		1.208
Ge	32	1.256	1.255	1.258	1.129		1.129
As	33	1.177	1.175	1.179	1.057		1.058
Se	34	1.106	1.105	1.109	0.992		0.993
Br	35	1.041	1.040	1.044	0.933		0.933
Kr	36	0.981	0.980	0.984	0.879		0.879
Rb	37	0.927	0.926	0.930	0.829		0.830
Sr	38	0.877	0.875	0.880	0.783		0.784
Y	39	0.831	0.829	0.833	0.740		0.741
Zr	40	0.788	0.786	0.791	0.701		0.702
Nb	41	0.748	0.747	0.751	0.665		0.666
Mo	42	0.710	0.709	0.713	0.632		0.633
Tc	43	0.676	0.675	0.679		0.601	

*Appendices 8.A and 8.B are modified from Markowicz, used with permission. The data in these tables were obtained from the following sources: Clark (1963), Burr (1974), and Jenkins et al. (1991).

표 9.A.1(계속) K 계열 선(Å)

선		$\alpha_{1,2}$	α_1	α_2	β_1		β_3
대략적 세기		150	100	50		15	
원소	Z						
Ru	44	0.644	0.643	0.647	0.572		0.573
Rh	45	0.614	0.613	0.617	0.546		0.546
Pd	46	0.587	0.585	0.590	0.521		0.521
Ag	47	0.561	0.559	0.564	0.497		0.498
Cs	48	0.536	0.535	0.539	0.475		0.476
In	49	0.514	0.512	0.517	0.455		0.455
Sn	50	0.492	0.491	0.495	0.435		0.436
Sb	51	0.472	0.470	0.475	0.417		0.418
Te	52	0.453	0.451	0.456	0.400		0.401
I	53	0.435	0.433	0.438	0.384		0.385
Xe	54	0.418	0.416	0.421	0.369		0.360
Cs	55	0.402	0.401	0.405	0.355		0.355
Ba	56	0.387	0.385	0.390	0.341		0.342
La	57	0.373	0.371	0.376	0.328		0.329
Ce	58	0.359	0.357	0.362	0.316		0.317
Pr	59	0.346	0.344	0.349	0.305		0.305
Nd	60	0.334	0.332	0.337	0.294		0.294
Pm	61	0.322	0.321	0.325		0.283	
Sm	62	0.311	0.309	0.314	0.274		0.274
Eu	63	0.301	0.299	0.304	0.264		0.265
Gd	64	0.291	0.289	0.294	0.255		0.256
Tb	65	0.281	0.279	0.284	0.246		0.246
Dy	66	0.272	0.270	0.275	0.237		0.238
Ho	67	0.263	0.261	0.266	0.230		0.231
Er	68	0.255	0.253	0.258	0.222		0.223
Tm	69	0.246	0.244	0.250	0.215		0.216
Yb	70	0.238	0.236	0.241	0.208		0.208
Lu	71	0.231	0.229	0.234	0.202		0.203
Hf	72	0.224	0.222	0.227	0.195		0.196
Ta	73	0.217	0.215	0.220	0.190		0.191
W	74	0.211	0.209	0.213	0.184		0.185
Re	75	0.204	0.202	0.207	0.179		0.179
Os	76	0.198	0.196	0.201	0.173		0.174
Ir	77	0.193	0.191	0.196	0.168		0.169
Pt	78	0.187	0.158	0.190	0.163		0.164
Au	79	0.182	0.180	0.185	0.159		0.160
Hg	80	0.177	0.175	0.180	0.154		0.155
Tl	81	0.172	0.170	0.175	0.150		0.151
Pb	82	0.167	0.165	0.170	0.146		0.147
Bi	83	0.162	0.161	0.165	0.142		0.143
Po	84	0.185	0.156	0.161	0.138		
At	85		0.152	0.157	0.134		0.135
Rn	86		0.148	0.153	0.131		0.132
Fr	87		0.144	0.149	0.127		0.128
Ra	88		0.144	0.149	0.127		0.128
Ac	89		0.140	0.145	0.124		0.125
Th	90	0.135	0.133	0.138	0.117		0.118
Pa	91		0.131	0.136	0.115		0.116
U	92	0.128	0.126	0.131	0.111		0.112

표 9.A.2 주요 K와 L X-선 방출선의 에너지(keV)

Z	원소	K_{β_2}	K_{β_1}	K_{α_1}		K_{α_2}	L_{γ_1}	L_{β_2}	L_{β_1}	L_{α_1}		L_{α_2}
3	Li				0.052							
4	Be				0.110							
5	B				0.185							
6	C				0.282							
7	N				0.392							
8	C				0.523							
9	F				0.677							
10	Ne				0.851							
11	Na		1.067		1.041							
12	Mg		1.297		1.254							
13	Al		1.553	1.487		1.486						
14	Si		1.832	1.40		1.739						
15	P		2.136	2.015		2.014						
16	S		2.464	2.309		2.306						
17	Cl		2.815	2.622		2.621						
18	Ar		3.192	2.957		2.955						
19	K		3.589	3.313		3.310						
20	Ca		4.012	3.691		3.688			0.344		0.341	
21	Sc		4.460	4.090		4.085			0.399		0.395	
22	Ti		4.931	4.510		4.504			0.458		0.492	
23	V		5.427	4.952		4.944			0.519		0.510	
24	Cr		5.946	5.414		5.405			0.581		0.571	
25	Mn		6.490	5.898		5.887			0.647		0.636	
26	Fe		7.057	6.403		6.390			0.717		0.704	
27	Co		7.647	6.930		6.915			0.790		0.775	
28	Ni	8.328	8.264	7.477		7.460			0.866		0.849	
29	Cu	8.976	8.904	8.047		8.027			0.943		0.928	
30	Zn	9.657	9.571	8.638		8.615			1.032		1.009	
31	Ga	10.365	10.263	9.251		9.234			1.122		1.096	
32	Ge	11.100	10.981	9.885		9.854			1.216		1.166	
33	As	11.863	11.725	10.543		10.507			1.517		1.282	
34	Se	12.651	12.495	11.221		11.181			1.419		1.379	
35	Br	13.465	13.290	11.923		11.877			1.526		1.480	
36	Kr	14.313	14.112	12.648		12.597			1.638		1.587	
37	Rb	15.184	14.960	13.394		13.335			1.752	1.694		1.692
38	Sr	16.083	15.834	14.164		14.097			1.872	1.806		1.805
39	Y	17.011	16.736	14.957		14.882			1.996	1.922		1.920
40	Zr	17.969	17.666	15.774		15.690	2.302	2.219	2.124	2.042		2.040
41	Nb	18.951	18.261	16.614		16.520	2.462	2.367	2.257	2.166		2.163
42	Mo	19.964	19.607	17.478		17.373	2.623	2.518	2.395	2.293		2.290
43	Tc	21.012	20.585	18.410		18.328	2.792	2.674	2.538	2.424		2.420
44	Ru	22.072	21.655	19.278		19.149	2.964	2.836	2.683	2.558		2.554
45	Rh	23.169	22.721	20.214		20.072	3.144	3.001	2.834	2.696		2.692
46	Pd	24.297	23.816	21.175		21.018	3.328	3.172	2.990	2.838		2.833
46	Ag	25.454	24.942	22.162		21.988	3.519	3.348	3.151	2.994		2.978
48	Cd	26.641	26.093	23.172		22.982	3.716	3.528	3.316	3.133		3.127
49	In	27.859	27.274	24.207		24.000	3.920	3.713	3.487	3.287		3.279
50	Sn	29.106	28.483	25.270		25.042	4.131	3.904	3.662	3.444		3.436
51	Sb	30.387	29.723	26.357		26.109	4.347	4.100	3.543	3.605		3.595

표 9.A.2(계속) 주요 K와 L X-선 방출선의 에너지(keV)

Z	원소	K_{β_2}	K_{β_1}	K_{α_1}	K_{α_2}	L_{γ_1}	L_{β_2}	L_{β_1}	L_{α_1}	L_{α_2}
52	Te	31.698	30.993	27.471	27.200	4.570	4.301	4.029	3.769	3.758
53	I	33.016	32.292	28.610	28.315	4.800	4.507	4.220	3.937	3.926
54	Xe	34.446	33.644	29.802	29.485	5.036	4.720	4.422	4.111	4.098
55	Cs	35.819	34.984	30.970	30.623	5.280	4.936	4.620	4.286	4.272
56	Ba	37.255	35.376	32.191	31.815	5.531	5.156	4.828	4.467	4.451
57	La	38.728	37.799	33.440	33.033	5.789	5.384	5.043	4.651	4.635
58	Ce	40.231	39.255	34.717	34.276	6.052	5.613	5.262	4.840	4.823
59	Pr	41.772	40.746	36.023	35.548	6.322	5.850	5.489	5.034	5.014
60	Nd	43.298	42.269	37.359	36.845	6.602	6.090	5.722	5.230	5.208
61	Pm	44.955	43.945	38.649	38.160	6.891	6.336	5.956	5.431	5.408
62	Sm	46.553	45.400	40.124	39.523	7.180	6.587	6.206	5.636	5.609
63	Eu	48.241	47.027	41.529	40.877	7.478	6.842	6.456	5.846	5.816
64	Gd	49.961	48.718	42.983	42.280	7.788	7.102	6.714	6.039	6.027
65	Tb	51.737	50.391	44.470	43.737	8.104	7.368	6.979	6.275	6.241
66	Dy	53.491	52.178	45.985	45.193	8.418	7.638	7.249	6.495	6.457
67	Ho	55.292	53.934	47.528	46.686	8.748	7.912	7.528	6.720	6.680
68	Er	57.088	55.690	49.099	48.205	9.089	8.188	7.810	6.948	6.904
69	Tm	58.969	57.576	50.730	49.762	9.424	8.472	8.103	7.181	7.135
70	Yb	60.959	59.352	52.360	51.326	9.779	8.758	8.401	7.414	7.367
71	Lu	62.946	61.282	54.063	52.959	10.142	9.048	8.709	7.654	7.604
72	Hf	64.936	63.209	55.757	54.579	10.514	9.346	9.021	7.898	7.843
73	Ta	66.999	65.210	57.524	56.270	10.892	9.649	9.341	8.145	8.087
74	W	69.090	67.233	59.310	57.973	11.283	9.959	9.670	8.396	8.333
75	Re	71.220	69.298	61.131	59.707	11.684	10.273	10.008	8.651	8.584
76	Os	73.393	71.404	62.991	61.477	12.094	10.596	10.354	8.910	8.840
77	Ir	75.605	73.549	64.886	63.278	12.509	10.918	10.706	9.173	9.098
78	Pt	77.866	75.736	66.820	65.111	12.939	11.249	11.069	9.441	9.360
79	Au	80.165	77.968	68.794	66.980	13.379	11.582	11.439	9.711	9.625
80	Hg	82.526	80.258	70.821	68.894	13.828	11.923	11.823	9.987	9.896
81	Tl	84.904	82.558	72.860	70.320	14.288	12.268	12.210	10.266	10.170
82	Pb	87.343	94.922	74.957	72.794	14.762	12.620	12.611	10.549	10.448
83	Bi	89.833	87.335	77.097	74.805	15.244	12.977	13.021	10.836	10.729
84	Po	92.386	89.809	79.296	76.868	15.740	13.338	13.441	11.128	11.014
85	At	94.976	92.319	81.525	78.956	16.248	13.705	13.873	11.424	11.304
86	Rn	97.616	94.877	83.800	81.080	16.768	14.077	14.316	11.724	11.597
87	Fr	100.305	97.483	86.119	83.243	17.301	14.459	14.770	12.209	11.894
88	Ra	103.048	100.136	88.485	85.446	17.845	14.839	15.233	12.338	12.194
89	Ac	105.838	102.846	90.894	87.681	18.405	15.227	15.712	12.650	12.499
90	Th	108.671	105.592	93.334	89.942	18.977	15.620	16.200	12.966	12.808
91	Pa	111.575	108.408	95.851	92.271	19.559	16.022	16.700	13.291	13.120
92	U	114.549	111.289	98.428	94.648	20.163	16.425	17.218	13.613	12.438
93	Np	117.533	114.181	101.005	97.023	20.774	16.837	17.740	13.945	12.758
94	Pu	120.592	117.146	103.653	99.457	21.401	17.254	18.278	14.279	14.082
95	Am	123.706	120.163	106.351	101.932	22.042	17.667	18.829	14.618	14.411
96	Cm	126.875	123.235	109.098	104.448	22.699	18.106	19.393	14.961	17.743
97	Bk	130.101	126.362	111.896	107.023	23.370	18.540	19.971	15.309	15.079
98	Cf	133.383	129.544	114.745	109.603	24.056	18.980	20.562	15.661	15.420
99	Es	136.724	132.781	118.646	112.244	24.758	19.426	21.166	16.018	15.764
100	Fm	140.122	136.075	120.598	114.926	27.475	19.879	21.785	16.379	16.113

참조: 에너지(keV)와 파장(Å) 사이의 전환 공식은 다음과 같다. $E(\text{keV}) = 12.4/\lambda$ (Å)

표 9.A.3 구 Siegbahn 표기법과 신 IUPAC 표기법 X-선 도형선의 상관관계표

Siegbahn	IUPAC	Siegbahn	IUPAC	Siegbahn	IUPAC
K_{α_1}	$K-L_3$	L_{α_1}	L_3-M_5	L_{γ_1}	L_2-N_4
K_{α_2}	$K-L_2$	L_{α_2}	L_3-M_4	L_{γ_2}	L_1-N_2
K_{β_1}	$K-M_3$	L_{β_1}	L_2-M_4	L_{γ_3}	L_1-N_3
$K_{\beta_2^{1}}$	$K-N_3$	L_{β_2}	L_3-N_5	L_{γ_4}	L_1-O_4
$K_{\beta_2^{11}}$	$K-N_2$	L_{β_3}	L_1-M_3	L_{γ_4}	L_1-O_2
K_{β_3}	$K-M_2$	L_{β_4}	L_1-M_2	L_{γ_5}	L_2-N_1
$K_{\beta_4^{1}}$	$K-N_5$	L_{β_5}	$L_3-O_{4,5}$	L_{γ_6}	L_2-O_4
$K_{\beta_4^{11}}$	$K-N_4$	L_{β_6}	L_3-N_1	L_{γ_8}	L_2-O_1
$K_{\beta_{4x}}$	$N-N_4$	L_{β_7}	L_3-O_1	L_{γ_8}	$L_2-N_{6(7)}$
$K_{\beta_5^{1}}$	$K-M_5$	$L_{\beta_7'}$	$L_3-N_{6,7}$	L_{η}	L_2-M_1
$K_{\beta_5^{11}}$	$K-M_4$	L_{β_9}	L_1-M_5	L_l	L_3-M_1
		$L_{\beta_{10}}$	L_1-M_4	L_s	L_3-M_3
		$L_{\beta_{15}}$	L_3-N_4	L_t	L_3-M_2
		$L_{\beta_{17}}$	L_2-M_3	L_u	$L_3-N_{6,7}$
				L_v	$L_2-N_{6(7)}$
				M_{α_1}	M_5-N_7
				M_{α_2}	M_5-N_6
				M_{β}	M_4-N_6
				M_{γ}	M_3-N_5
				M_{ζ}	$M_{4,5}-N_{2,3}$

9.B 부록: 흡수끝 파장과 에너지

표 9.B.1 임계 흡수 파장과 임계 흡수 에너지

		K Edge		L_1 Edge		L_2 Edge		L_3 Edge		M_4 Edge		M_5 Edge	
원자 번호	원소	Å	keV	Å	keV	Å	keV	Å	keV	Å	keV	Å	keV
1	H	918	0.014										
2	He	504	0.025										
3	Li	226.953	0.055										
4	Be	106.9	0.116										
5	B	64.6	0.192										
6	C	43.767	0.283										
7	N	31.052	0.399										
8	O	23.367	0.531										
9	F	18.05	0.687										
10	Ne	14.19	0.874	258	0.048	564	0.022	564	0.022				
11	Na	11.48	1.08	225	0.055	365	0.034	365	0.034				
12	Mg	9.512	1.303	197	0.063	248	0.050	253	0.049				
13	Al	7.951	1.559	143	0.087	170	0.073	172	0.072				
14	Si	6.745	1.837	105	0.118	125	0.099	127	0.098				
15	P	5.787	2.142	81.0	0.153	96.1	0.129	96.9	0.128				
16	S	5.018	2.470	64.2	0.193	75.6	0.164	79.1	0.163				
17	Cl	4.397	2.819	52.1	0.238	61.1	0.203	61.4	0.202				
18	Ar	3.871	3.202	43.2	0.287	50.2	0.247	50.6	0.245				
19	K	3.437	3.606	36.4	0.341	41.8	0.297	42.2	0.294				
20	Ca	3.070	4.037	30.7	0.399	35.2	0.352	35.5	0.349				
21	Sc	2.757	4.495	26.8	0.462	30.2	0.411	30.8	0.402				
22	Ti	2.497	4.963	23.4	0.530	27.0	0.460	27.3	0.454				
23	V	2.269	5.462	20.5	0.604	23.9	0.519	24.2	0.512				
24	Cr	2.070	5.987	18.3	0.679	21.3	0.583	21.6	0.574				
25	Mn	1.896	6.535	16.3	0.762	19.1	0.650	19.4	0.639				
26	Fe	1.743	7.109	14.6	0.849	17.2	0.721	17.5	0.708				
27	Co	1.608	7.707	13.3	0.929	15.6	0.794	15.9	0.779				
28	Ni	1.488	8.329	12.22	1.015	14.2	0.871	14.5	0.853				

원자 번호	원소	K Edge		L_1 Edge		L_2 Edge		L_3 Edge		M_4 Edge		M_5 Edge	
		Å	keV	Å	keV	Å	keV	Å	keV	Å	keV	Å	keV
29	Cu	1.380	8.978	11.27	1.100	13.0	0.953	13.3	0.933				
30	Zn	1.283	9.657	10.33	1.200	11.87	1.045	12.13	1.022				
31	Ga	1.196	10.365	9.54	1.30	10.93	1.134	11.10	1.117				
32	Ge	1.117	11.100	8.73	1.42	9.94	1.248	10.19	1.217				
33	As	1.045	11.860	8.107	1.529	9.124	1.358	9.39	1.32				
34	Se	0.980	12.649	7.506	1.651	8.416	1.473	8.67	1.43				
35	Br	0.920	13.471	6.97	1.78	7.80	1.59	8.00	1.55				
36	Kr	0.866	14.319	6.46	1.92	7.21	1.72	7.43	1.67				
37	Rb	0.816	15.197	5.998	2.066	6.643	1.865	6.89	1.80				
38	Sr	0.770	16.101	5.583	2.220	6.172	2.008	6.387	1.940				
39	Y	0.728	17.032	5.232	2.369	5.755	2.153	5.962	2.079				
40	Zr	0.689	17.993	4.867	2.546	5.378	2.304	5.583	2.220				
41	Nb	0.653	18.981	4.581	2.705	5.026	2.467	5.223	2.373				
42	Mo	0.620	19.996	4.298	2.883	4.718	2.627	4.913	2.523				
43	Tc	0.589	21.045	4.060	3.054	4.436	2.795	4.632	2.677				
44	Ru	0.561	22.112	3.83	3.24	4.180	2.965	4.369	2.837				
45	Rh	0.534	23.217	3.626	3.418	3.942	3.144	4.130	3.011				
46	Pd	0.509	24.341	3.428	3.616	3.724	3.328	3.908	3.171				
47	Ag	0.486	25.509	3.254	3.809	3.514	3.527	3.698	3.351				
48	Cd	0.464	26.704	3.085	4.018	3.326	3.726	3.504	3.537				
49	In	0.444	27.920	2.926	4.236	3.147	3.938	3.324	3.728				
50	Sn	0.425	29.182	2.777	4.463	2.982	4.156	3.156	3.927				
51	Sb	0.407	30.477	2.639	4.695	2.830	4.380	3.000	4.131				
52	Te	0.390	31.800	2.511	4.937	2.687	4.611	2.855	4.340				
53	I	0.374	33.155	2.389	5.188	2.553	4.855	2.719	4.557				
54	Xe	0.359	34.570	2.274	5.451	2.429	5.102	2.592	4.780				
55	Cs	0.345	35.949	2.167	5.719	2.314	5.356	2.474	5.010				
56	Ba	0.331	37.399	2.068	5.994	2.204	5.622	2.363	5.245	15.56	0.7967	15.89	0.7801
57	La	0.318	38.920	1.973	6.282	2.103	5.893	2.258	5.488				
58	Ce	0.307	40.438	1.889	6.559	2.011	6.163	2.164	5.727				
59	Pr	0.295	41.986	1.811	6.844	1.924	6.441	2.077	5.967	13.122	0.9448	13.394	0.9257

표 9.B.1(계속) 임계 흡수 파장과 임계 흡수 에너지

60	Nd	0,285	43.559	1,735	7,142	1,843	6,725	1,995	6,213	12,459	0,9951	23,737	0,9734
61	Pm	0,274	45.207	1,665	7,448	1,767	7,018	1,918	6,466				
62	Sm	0,265	46.833	1,599	7,752	1,703	7,279	1,845	6,719	11,288	1,0983	11,552	1,0732
63	Eu	0,256	48.501	1,536	8,066	1,626	7,621	1,775	6,981	10,711	1,1575	11,013	1,1258
64	Gd	0,247	50.215	1,477	8,391	1,561	7,938	1,710	7,250				
65	Tb	0,238	51.984	1,421	8,722	1,501	8,256	1,649	7,517				
66	Dy	0,231	53.773	1,365	9,081	1,438	8,619	1,579	7,848				
67	Ho	0,223	55.599	1,317	9,408	1,390	8,918	1,535	8,072				
68	Er	0,216	57.465	1,268	9,773	1,338	9,260	1,482	8,361	8,601	1,4415	8,847	1,4013
69	Tm	0,209	59.319	1,222	10.141	1.288	9.626	1.433	8.650			8.487	1,4609
70	Yb	0,202	61.282	1,182	10.487	1.243	9.972	1.386	8.941				
71	Lu	0,196	63.281	1,140	10.870	1.199	10.341	1.341	8.239				
72	Hf	0,190	65.292	1,100	11.271	1.155	10.732	1.297	9.554				
73	Ta	0.184	67.379	1,061	11.681	1.114	11.128	1.255	9.874	6.87	1.804	7.11	1.743
74	W	0.178	69.479	1,025	12.097	1.075	11.533	1.216	10.196	6.59	1.880	6.83	1.814
75	Re	0.173	71.590	0,990	12.524	1.037	11.953	1.177	10.529	6.33	1.958	6.560	1.890
76	Os	0.168	73.856	0,956	12.968	1.001	12.380	1.140	10.867	6.073	2.042	6.30	1.967
77	Ir	0.163	76.096	0,923	13.427	0.967	12.817	1.106	11.209	5.83	2.126	6.05	2.048
78	Pt	0.158	78.352	0,893	13.875	0.934	13.266	1.072	11.556	5.59	2.217	5.81	2.133
79	Au	0.153	80.768	0,863	14.354	0.903	13.731	1.040	11.917	5.374	2.307	5.584	2.220
80	Hg	0.149	83.046	0,835	14.837	0.872	14.210	1.008	12.3	5.157	2.404	5.36	2.313
81	Tl	0.415	85.646	0,808	15.338	0.843	14.695	0.979	12.655	4.952	2.504	5.153	2.406
82	Pb	0.141	88.037	0,782	15.858	0.815	15.205	0.950	13.041	4.757	2.606	4.955	2.502
83	Bi	0.137	90.420	0,757	16.376	0.789	15.713	0.923	13.422	4.572	2.711	4.764	2.603
84	Po	0.133	93.112	0,732	16.935	0.763	16.244	0.897	13.817				
85	At	0.130	95.740	0,709	17.490	0.739	16.784	0.872	14.215				
86	Rn	0.126	98.418	0,687	18.058	0.715	17.337	0.848	14.618				
87	Fr	0.123	101.147	0,665	18.638	0.693	17.904	0.825	15.028				
88	Ra			0,645	19.229	0.671	18.478	0.803	15.439				

원자 번호	원소	K Edge		L_1 Edge		L_2 Edge		L_3 Edge		M_4 Edge		M_5 Edge	
		Å	keV	Å	keV	Å	keV	Å	keV	Å	keV	Å	keV
89	Ac	0.116	106.759	0.625	19.842	0.650	19.078	0.782	15.865				
90	Th	0.113	109.741	0.606	20.458	0.630	19.677	0.761	16.293	3.557	3.485	3.729	3.325
91	Pa	0.110	112.581	0.588	21.102	0.611	20.311	0.741	16.731	3.436	3.608	3.618	3.436
92	U	0.108	115.610	0.56	21.764	0.592	20.938	0.722	17.160	3.333	3.720	3.497	3.545
93	Np	0.105	118.619	0.553	22.417	0.574	21.596	0.704	17.614				
94	Pu	0.102	121.720	0.537	23.097	0.557	22.262	0.686	18.066				
95	Am	0.099	124.816	0.521	23.793	0.540	22.944	0.669	18.525				
96	Cm	0.097	128.088	0.506	24.503	0.525	23.640	0.653	18.990				
97	Bk	0.094	131.357	0.491	25.230	0.509	24.352	0.637	19.461				
98	Cf	0.092	134.683	0.477	25.971	0.494	25.080	0.622	19.938				
99	Es	0.090	138.067	0.464	26.729	0.480	25.824	0.607	20.422				
100	Fm	0.088	141.510	0.451	27.503	0.466	26.584	0.593	20.912				

참고문헌

American Society for Testing and Materials. *Annual Book of ASTM Standards*. ASTM: West Conshohocken, PA, 2002.

Application reviews. *Anal. Chem*. June 1994.

Bertin, E.P. *Principles and Practice of X-Ray Spectrometric Analysis*, 2nd edn. Plenum Press: New York, 1975.

Bertin, E.P. *Introduction to X-Ray Spectrometric Analysis*. Plenum Press: New York, 1978.

Burr, A. In Robinson, J.W. (ed.), *Handbook of Spectroscopy*, Vol. 1. CRC Press: Boca Raton, FL, 1994.

Clark, G.L. (ed.) *Encyclopedia of X-Rays and Gamma Rays*. Reinhold Publishing: New York, 1963.

Criss, J.W.; Birks, L.S. *Anal. Chem*., 40, 1080–1086, 1968.

Ellis, A.T. In Van Griekin, R.E.; Markowicz, A.A. (eds.), *Handbook of X-Ray Spectrometry*, 2nd edn. Marcel. Dekker, Inc.: New York, 2002.

Formica, J. X-ray diffraction. In Settle, F. (ed.), *Handbook of Instrumental Techniques for Analytical Chemistry*. Prentice-Hall, Inc.: Upper Saddle River, NJ, 1997.

Gross, A. The characterization of historic pigments by μXRF Spectrometry. Bruker Nano Lab Report XRF 422, www.bruker.com. 2010.

Hahn, O.; Oltrogge, D.; Bevers, H. *Archaeometry*, 2003.

Havrilla, G.J. X-ray fiuorescence spectrometry. In Settle, F. (ed.), *Handbook of Instrumental Techniques for Analytical Chemistry*. Prentice-Hall, Inc.: Upper Saddle River, NJ, 1997.

Helson, L.A.; Kuczumov, A. In Van Griekin, R.E.; Markowicz, A.A. (eds.), *Handbook of X-Ray Spectrometry*, 2nd edn. Marcel Dekker, Inc.: New York, 2002.

Herglotz, H.K.; Birks, L.S. *X-Ray Spectrometry*. Marcel Dekker, Inc.: New York, 1978.

Jenkins, R. X-ray fiuorescence. *Anal. Chem*., 36, 1009A, 1984.

Jenkins, R. *X-Ray Fluorescence Spectrometry*, 2nd edn. John Wiley & Sons, Inc.: New York, 1999.

Jenkins, R.; Gould, R.W.; Gedcke, D. *Quantitative X-Ray Spectrometry*. Marcel Dekker, Inc.: New York, 1981.

Jenkins, R.; Manne, R.; Robin, J.; Senemaud, C. *Pure Appl. Chem*., *63*(5), 785, 1991.

Jenkins, R.; Snyder, R.L. *Introduction to X-Ray Powder Diffractometry*. John Wiley & Sons, Inc.: New York, 1996.

Lubhofsky, H.A.; Schweikert, E.A.; Myers, E.A. *Treatise on Analytical Chemistry*, 2nd edn. Wiley Interscience: New York, 1986.

Markowicz, A.A In Van Griekin, R.E., Markowicz, A.A. (eds.), *Handbook of X-Ray Spectrometry*, 2nd edn. Marcel Dekker, Inc.: New York, 2002.

Parsons, M.L. X-ray methods. In Ewing, G.W. (ed.), *Analytical Instrumentation Handbook*, 2nd edn. Marcel Dekker, Inc.: New York, 1997.

Robinson, J.W. *Handbook of Spectroscopy*, Vol. 1. CRC Press: Boca Raton, FL, 1974.

Robinson, J.W. *Practical Handbook of Spectroscopy*. CRC Press: Boca Raton, FL, 1991.

Stout, G.H.; Jensen, L.H. *X-Ray Structure Determination*. Macmillan Publishing CO., Inc.: New York, 1968.

Teo, B.K.; Joy, D.C. (eds.) *EXAFS Spectroscopy: Techniques and Applications*. Plenum Press: New York, 1981.

Van Griekin, R.E.; Markowicz, A.A. (eds.) *Handbook of X-Ray Spectrometry*, 2nd edn. Marcel Dekker, Inc.: New York, 2002.

CHAPTER

10 질량 분석법 I: 원리와 기기

질량 분석(mass spectrometry, MS)은 시료 내 분자나 원자를 기체 상태의 이온으로 만들고, 이온의 질량-대-전하비(m/z)에 따라 이온들을 분리하여, 이온들의 존재비를 측정하는 기술이다. 질량 분석은 기기 분석에서 가장 빨리 발전하고 있는 분야 중의 하나이다. 질량 분석은 대부분의 원소가 질량수가 다른 동위 원소로 존재함을 증명하는 무기 화학 분야에서 시작되어 분자량이 큰 단백질과 같은 생분자의 구조를 밝혀내는 매우 중요한 기초 기술로 발전하였다. 질량 분석은 복잡한 유기 분자 혹은 생분자의 구조에 대한 정보를 제공하거나 시료 내에 존재하는 원소 혹은 분자의 정량적 정보를 제공한다.

질량 분석은 정성 혹은 정량적 정보를 제공하는데, 이 정보에는 시료 내에 존재하는 분자 혹은 원자의 질량 값, 유기 혹은 무기 화합물의 분자 구조 정보 등이 포함된다. 질량 분석은 화학자 혹은 생화학자들의 관심을 끄는 여러 가지 물질을 확인하거나 특성을 파악하는 등 정성적 정보를 제공하는 분석 도구로 사용될 수 있다. 질량 분석은 기체, 액체, 고체 등의 혼합물을 분석하여 정량적 정보를 제공하는 데 사용된다. 질량 분석은 유기 분자와 생분자를 확인하거나 정량적 정보를 제공할 뿐만 아니라 여러 분야에서 활용되는데, 응용 분야로는 원자 물리학, 물리 화학, 지질학 등이 있다.

이 장에서는 유기물과 무기물 분석에 사용되는 질량 분석의 원리와 기기적 특징을 다룰 것이다. 11장에서는 무기 분석과 유기 분석에서의 질량 분석의 응용에 대해 살펴보고, 간단한 질량 스펙트럼의 해석을 통하여 유기 화합물의 구조를 확인해 볼 것이다.

10.1 질량 분석의 원리

질량 분석기는 기체 상태의 이온화된 원자, 분자, 혹은 분자 조각 등을 그것의 질량-대-전하비로 분리하는 장비이다. 질량-대-전하비는 간단히 m/z로 표현되는데, 여기서 m은 **원자 질량 단위(atomic mass unit)**이고 z는 해당 이온의 전하수이다. 많은 교재에서 질량 분석기가 이온을 질량 차이에 따라 분리한다고 하는데 이것은 이온의 전하가 단일 + 혹은 단일 −일 경우에만 맞는 말이다. 이 경우 m/z는 이온의 질량과 동일한 수치를 갖게 된다. 질량 분석기는 대부분 +1 전하를 갖는 이온을 형성하는데, 새로운 많은 기술은 다중 전하를 지닌 이온을 만들 수 있다.

이온의 질량값은 **원자 질량 단위(u)**로 나타낸다. 단일 원자 질량 단위는 탄소의 동위 원소 중에서 자연계에 안정적으로 가장 많이 존재하는 ^{12}C의 질량의 1/12과 같다. 즉, ^{12}C의 질량은 정확히 12 u로 정의된다. 원자 질량 단위와 동의어로 돌턴(Dalton, Da)이 있다. 1 u = 1 Da. 국제 단위계(System International d' Unites, SI)에서 질량은 다음과 같다.

$1\ u = 1.665402 \times 10^{-27}$ kg. 표 10.1은 유기 화합물에서 흔히 볼 수 있는 몇몇 동위 원소의 정확한 질량 값을 나타내고 있다.

표 10.1 유기 화합물에서 흔히 존재하는 원소의 원자 질량과 측정된 정확한 동위 원소 질량의 비교

원소	원자 질량	동위 원소	질량[a]	% 존재비
수소[b]	1.00794(7)	^{1}H	1.007825	99.99
		^{2}H (또는 D)	2.01410	0.01
탄소[b]	12.0107(8)	^{12}C	12.000000 (defined)	98.91
		^{13}C	13.00336	1.1
질소[b]	14.0067(2)	^{14}N	14.0031	99.6
		^{15}N	15.0001	0.4
산소[b]	15.9994(3)	^{16}O	15.9949	99.76
		^{17}O	16.9991	0.04
		^{18}O	17.9992	0.20
플루오린	18.99840	F	18.99840	100
인	30.97376	P	30.97376	100
황[b]	32.065(5)	^{32}S	31.9721	95.02
		^{33}S	32.9715	0.76
		^{34}S	33.9679	4.22
염소[b]	35.453(2)	^{35}Cl	34.9689	75.77
		^{37}Cl	36.9659	24.23
브로민	79.904(1)	^{79}Br	78.9183	50.5
		^{81}Br	80.9163	49.5

a. 동위 원소 질량은 대부분 질량 분석을 통하여 소수점 이하 7개 혹은 그 이상까지도 정확하게 측정된다. 원자 질량에서 괄호 안의 숫자는 첫 번째 나타나는 불확실한 숫자를 나타낸다.

b. 이들 원소를 포함한 몇몇 원소들의 원자 질량은 범위로 표현되는데 그 이유는 지상에 자연 상태로 존재하는 물질에서 관찰되는 값들이 다양하기 때문이다. (Atomic weights are based on the 2009 values in *Pure Appl. Chem.*, 2011, 83, 359-396 as tabulated at http:///www.chem.qmul.ac.uk/iupac/AtWt/.)

기호 z는 이온의 **전하수**(*number of charges*)를 나타낸다. 이 값은 +1, −1, +2, +10과 같이 양수 혹은 음수를 갖는다. 이온의 전체 전하 q는 $q = ze$로 구할 수 있는데, 여기서 e는 전자 하나의 전하 크기 1.6×10^{-19} C이다.

설명을 간단하게 하기 위해, 아래 설명은 어떤 질량 분석 실험에서 한 유기 분자에 어떤 현상들이 일어나는지를 살펴보고자 한다. 시료 분자 또는 원자로부터 이온을 형성하는 방법 중의 한 가지는 전자로 시료를 충돌시키는 것이다. 이러한 방법을 **전자 이온화**(**electron ionization**, EI)라고 한다.

$$M + e^- \rightarrow M^{+\cdot} + 2e^- \tag{10.1}$$

여기서 M은 분석물 분자이고, e^-는 전자, $M^{+\cdot}$는 이온화된 분석물로서 **분자 이온**(**molecular ion**)이라고 한다.

단일 양전하를 지닌 이온이 형성되는 경우가 많은데 이때 이온의 전하수 z는 +1이 된다. 질량 분석기는 이온의 질량-대-전하비(mass-to-charge ratio, m/z)에 따라 이온들을 분리한다. 단일 양전하를 지닌 이온의 경우 m/z 값이 원자 질량 단위를 이용한 이온의 질량과 같게 된다. 분자 이온의 경우, m/z 값은 화합물의 분자량과 관련이 있다. $M^{+\cdot}$ 기호는 유기 화합물이 전자 하나를 잃어서 라디칼 양이온을 만들었음을 나타낸다. 많은 경우, 전자 이온화를 통해서 과량의 에너지를 얻게 되어 **조각내기**(*fragmentation*) 과정을 거쳐서 m/z 값이 더 작은 다른 이온들을 만들게 된다. 이렇게 형성된 모든 이온들은 각 이온의 m/z 값에 따라 질량 분석기에서 분리되고 각각의 존재비가 측정된다.

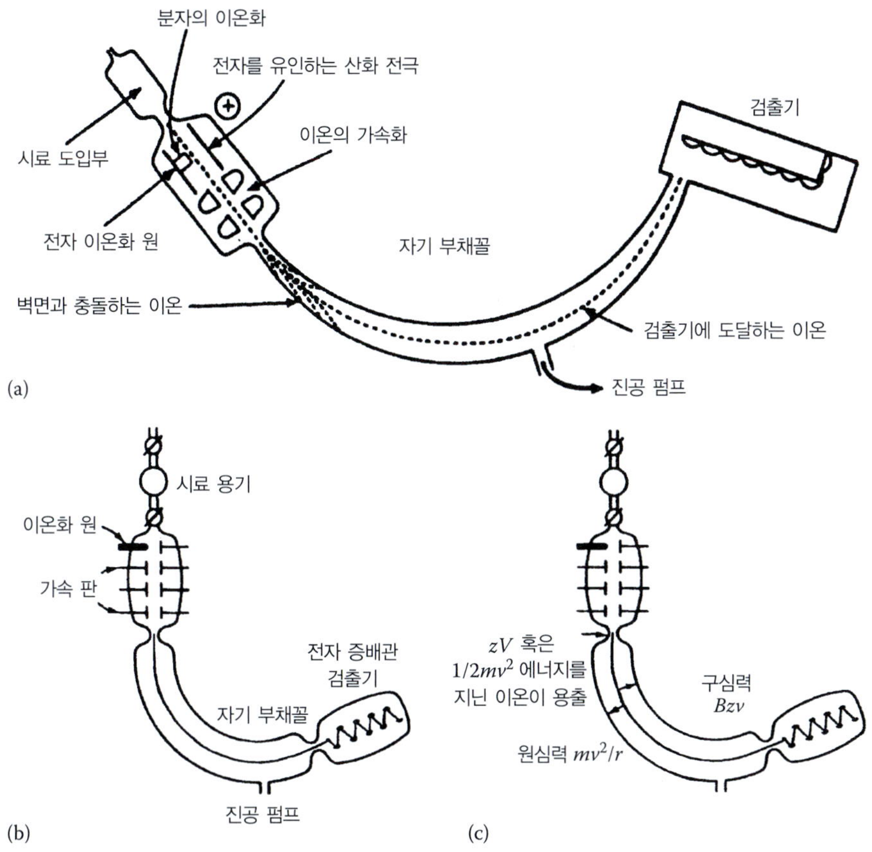

그림 10.1 (a) 자기 부채꼴 질량 분석기. (b) 기체 시료 용기와 전자 증배관을 포함하는 자기 부채꼴 질량 분석기. (c) 자기 부채꼴 질량 분석기를 통과하는 이온에 작용하는 힘과 에너지. 이온이 검출기에 도달하기 위해서는 Bzv가 mv^2/r과 같아야 한다.

자기 부채꼴(magnetic sector) 질량 분석기가 그림 10.1에 나와 있다. 그림에서 나타난 기기는 **단일 초점**(*single-focus*) 자기 부채꼴 질량 분석기이다. 기체상 분자가 시료 도입부로 주입되고 고에너지(또는 고속)의 전자가 시료에 가해지면서 시료가 이온화된다. 고에너지로 도입되는 전자는 시료 원자 또는 분자로부터 전자를 떼어 내어 시료를 이온화(ionization)시키거나 분자에 과량의 에너지를 전달하여 분자 내 결합이 깨어지는 조각내기를 야기한다. 이때 분석 분자의 매우 소량(0.1~0.001%)만이 이온화된다. 이온원(ion source)에서 이온이 너무 많이 형성되면 **공간 전하(space charge)** 효과가 나타나게 되어 가해지는 전기장이 뒤틀리게 되는데 이러한 효과는 특히 과량의 바탕 성분이 있을 경우 더 심하게 나타난다. 형성된 이온은 전압 V를 가지는 전기장에 의해 가속된다. 각 이온이 단일 양전하를 지니면 전하의 크기는 +1이다. 따라서 각 이온에 가해지는 에너지는 전하 z에 가속 전압 V를 곱한 zV가 된다. 이온이 가속되면서 얻은 에너지는 운동 에너지로 나타난다. 전압 V에 의해 가속되어 이온이 얻는 에너지는 이온의 전하와 가해지는 전압에 의해서만 결정되고 이온의 질량과는 무관하다. 운동 에너지는 $(1/2)mv^2$으로 표시된다. 동일한 가속 전압이 주어질 때, 모든 단일 전하 이온이 지니는 운동 에너지는 동일하게 된다. 따라서 작은 질량을 가지는 이온은 큰 질량을 가지는 이온보다 빠른 속도로 이동한다. 즉, 단일 양전하를 가지는 이온의 경우, 다음 식이 성립된다.

$$\frac{1}{2}mv^2 = zV \tag{10.2}$$

따라서

$$v = \left(\frac{2zV}{m}\right)^{1/2} \tag{10.3}$$

여기서 m은 이온의 질량, v는 이온의 속도, z는 이온의 전하, V는 가속 전압이다. $(1/2)mv^2$는 일정하므로, m이 바뀌게 되면 v도 변하게 된다. 이 관계는 두 개의 다른 이온에 대해 아래와 같이 나타낼 수 있다.

$$\begin{aligned} zV &= \frac{1}{2}m_1v_1^2\,(\text{이온 }1) \\ zV &= \frac{1}{2}m_2v_2^2\,(\text{이온 }2) \\ \frac{1}{2}m_1v_1^2 &= \frac{1}{2}m_2v_2^2 \end{aligned} \tag{10.4}$$

여기서 m_1은 이온 1의 질량, v_1은 이온 1의 속도, m_2는 이온 2의 질량, v_2는 이온 2의 속도이다. 이온의 속도는 이온의 질량에 따라 바뀐다. 즉, 이온의 속도는 이온 질량의 제곱근에 반비례한다.

전하를 띤 이온이 가속 전압에 의해 가속된 후에, 이온은 균일한 자기장 B와 일정한 곡률 반지름을 지니는 자석으로 주입된다. 이 자기장이 이온에 작용하면서 이온을 원 모양으로 움직이게 한다. 자석에 의한 인력은 Bzv와 같다. 반면, 이온에 작용하는 원심력은 mv^2/r과 같은데, 여기서 r은 이온이 이동하는 원형 경로의 반지름이다. 이온이 자석의 곡률 반지름을 따라 이동하면, 위에서 언급한 두 힘은 같아야 한다.

$$\frac{mv^2}{r} = Bzv \tag{10.5}$$

또는

$$\frac{1}{r} = \frac{Bzv}{mv^2}$$

이고

$$r = \frac{mv}{zB} \tag{10.6}$$

식 10.3에서 얻어진 v를 대입하면 다음 식을 얻을 수 있다.

$$r = \frac{m}{zB}\left(\frac{2zV}{m}\right)^{1/2}$$

양변을 제곱하면 아래와 같다.

$$r^2 = \frac{m^2}{z^2B^2}\,\frac{2zV}{m} = \frac{m2V}{zB^2} \tag{10.7}$$

위 식을 다시 배열하면 아래와 같다.

$$\frac{m}{z} = \frac{B^2r^2}{2V} \tag{10.8}$$

즉, 이온이 이동하는 원형 경로 반지름은 가속 전압 V, 자기장 세기 B, m/z 비율에 의해 결정된다. V와 B가 일정하게 유지되면 원형 경로 반지름은 이온의 m/z 값에 의해 결정된다. 서로 다른 m/z 값을 갖는 이온들은 다른 반지름의 원을 이동하게 된다. 즉, 분리의 기본은 m/z 값이 되는 것이다. 이온의 경로들은 그림 10.1a에 점선으로 표시되어 있다. 주어진 V와 B 상태에서 특정 m/z 값을 갖는 이온만이 질량 분석기를 통과할 수 있는 r 값을 갖게 되는 것을 알 수 있다. 다른 이온들은 기기의 옆면과 충돌하게 되어 소멸되게 된다. V와 B값을 조절함으로써 기기를 통과할 수 있는 m/z 값을 선택할 수가 있다. 영구 자석을 사용하던 초기 시절에는 비용이 적게 드는 전압 조절 방법을 이용하여 m/z 값을 선택하였다. 하지만 최근 전자석을 사용하면서 감도가 좋은 자기장 세기 조절 방법이 사용되고 있다. (실제로는 곡선 모양 자석의 경로 폭이 커서 제한적이지만 다양한 범위의 m/z 값을 지닌 이온들이 통과할 수 있게 되어, 검출기에 도달하는 이온을 결정하는 것은 출구 슬릿의 폭과 위치이다.)

모든 최신의 자기 부채꼴 질량 분석기에서는 전자석에서 가해지는 자기장의 세기 B가 바뀌게 되고 가속 전압 V는 일정하게 유지된다. 또한 곡률 반지름이 일정하게 유지되어 특정 r 값의 경로를 지나가는 이온만이 통과하게 된다. 특정 자기장 세기에서 식 10.8을 만족시키는 m/z 값을 갖는 이온만이 검출기에 도달할 수 있게 된다. 결론적으로 자기장 세기 B가 변환되면 다른 m/z 값을 갖는 이온이 기기를 통과하여 검출기에 도달하게 되므로, B 값을 변환하면서 특정 m/z 값을 지닌 이온을 선택할 수 있으며, 그 이온들을 세거나 합산하거나 혹은 이온이 검출기에 도달하여 나타내는 전류를 측정하는 등의 방법을 통하여 그 이온들의 상대적 존재비를 결정할 수 있게 된다. 상대적 존재비와 m/z 값 사이의 관계를 도면으로 나타낸 것이 **질량 스펙트럼(mass spectrum)**이다. 질량 스펙트럼 데이터는 도면 혹은 표로 나타낼 수 있다: 벤젠 C_6H_6의 질량 스펙트럼이 그림 10.2a에 나타나 있다. 이 도면은 일종의 히스토그램이다. 여기서 가장 우세한 피크를 **주피크(base peak)**라고 하고 상대적 세기를 100으로 삼게 되는데, 따라서 y축은 **상대 존재비(relative abundance)**를 나타내고 있다. 벤젠 분자 이온의 명목 질량(nominal mass)은 탄소와 수소 동위원소의 명목 질량값의 합이 되므로, 6(12)+6(1) = 78이다. 벤젠 질량 스펙트럼에서 가장 우세하게 존재하는 피크는 분자 이온 피크로 m/z 78에 나타난다. 이보다 작은 m/z 값에서 여러 가지 조각 이온들이 관찰됨이 보인다. 표 10.2는 벤젠의 질량 스펙트럼 데이터를 표로 나타낸 것이다. 그림 10.2b는 코케인의 질량 스펙트럼을 나타내고 있는데 여기서는 많은 조각 이온이 나타나 있음을 알 수 있다. 여기서 볼 수 있듯이 분자 이온이 항상 가장 우세한 이온이 되는 것은 아니다. 코케인의 경우 주피크는 m/z 82에서 나타나는 조각 이온이 된다. m/z 값들과 조각 이온들의 경향을 통해서 유기 분자의 구조와 분자량을 결정할 수 있다. 11장에서는 간단한 유기 분자의 질량 스펙트럼을 해석하는 방법을 살펴볼 것이다.

원자(혹은 이온) 질량과 분자량은 서로 다르다. 원자 질량은 각 원소의 모든 동위 원소의 질량을 평균한 것이고, 분자량은 이들 평균 원자 질량으로부터 계산되는 것이다. 이 분자량 값이 우리가 정확한 몰수의 질량을 이용하고자 할 때 사용되는 값이다. 각 원소의 안정된 동위 원소는 각각 정확한 질량(엄밀하게 말하면 측정된 정확한 질량)을 갖는데 이것들은 질량 분석을 통해서 결정된다. 예를 들어 질량 분석을 통해서 ^{12}C을 포함한 화합물과 ^{13}C을 포함한 화합물을 구분할 수 있는데 그 근거는 두 동위 원소가 다른 질량 값을 갖고 있기 때문이다. 표 10.1은 유기 화합물에서 발견되는 몇몇 원소의 원자 질량과 측정된 정확한

표 10.2 벤젠의 질량 스펙트럼 데이터

m/z	상대 존재비	m/z	상대 존재비
37	4	53	0.80
37.5	1.2	63	2.9
38	5.4	64	0.17
38.5	0.35	73	1.5
39	13	74	4.3
39.5	0.19	75	1.7
40	0.37	76	6.0
48	0.29	77	14
49	2.7	78	100
50	16	79	6.4
51	18	80	0.18
52	19		

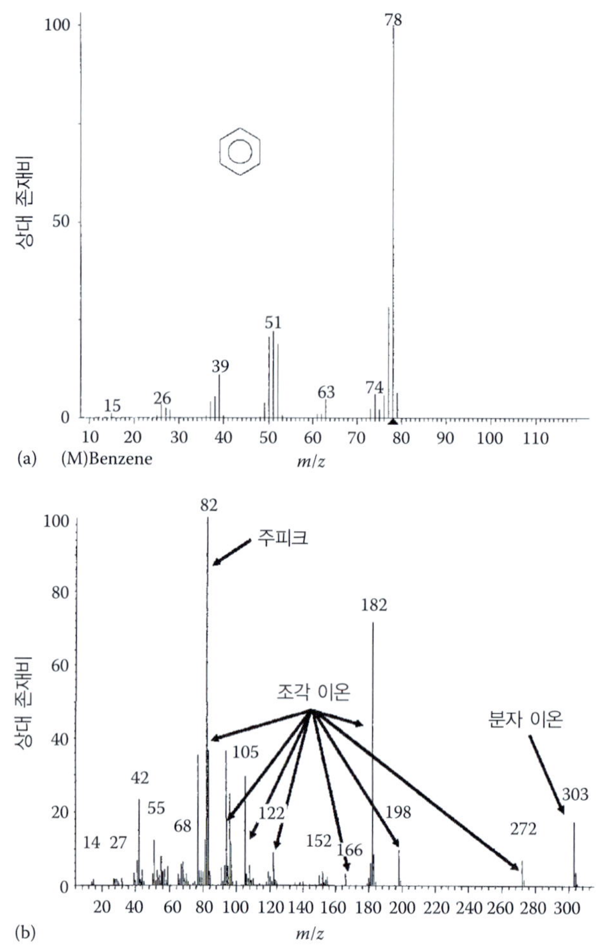

그림 10.2 (a) 벤젠 C_6H_6(MW = 78)의 질량 스펙트럼. 상대 존재비와 m/z 사이의 관계를 나타내며, 가장 강한 피크의 상대적 세기를 100으로 나타냄. 이 질량 스펙트럼에서 가장 강한 피크(혹은 주피크)는 m/z 78에서 나타나는 분자 이온 피크이며, x축에 검정 삼각형으로 표시하였다. 몇 개의 조각 이온이 관찰된다. (b) 코케인의 질량 스펙트럼. 여기에서는 분자 이온이 주피크가 아니고 m/z 82에서 관찰되는 조각 이온이 가장 강한 피크이다. (The cocaine spectrum is courtesy of Dr. Robert Kobelski, CDC, Atlanta, GA.)

질량, 동위 원소의 존재비 등을 나타내고 있다.

m/z는 이온의 질량-대-전하비를 나타내는 용어이다. 예전 문헌에는 m/e를 사용하기도 하였다. 여기서 기호 e는 전자의 전하를 쿨롱 단위로 나타낸 것이다. 현재는 사용되지 않는 두 개의 다른 질량 분석 용어는 분자 이온을 설명할 때 사용되는 '어미 이온(parent ion)'과 조각 이온을 나타내는 '딸이온(daughter ion)'이다. 이온은 성별이 없다. 따라서 어미 이온과 딸이온 대신에 분자 이온(molecular ion)과 조각 이온(fragment ion)을 사용해야 할 것이다. '선구 이온(precursor ion)'과 '생성 이온(product ion)'이라는 용어는 MS/MS 실험에서 사용되기도 하는데 이에 관해서는 이 장의 뒷부분에서 설명할 것이다.

10.1.1 | 질량 분석기에서의 분해능과 분리도

질량 분석기의 **분해능(resolving power)**은 두 개의 다른 m/z 값을 갖는 이온을 분리하는 능력으로 정의된다. 분해능은 단일 전하 이온의 질량값을 이 질량값과 분리 가능한 옆에 있는 피크의 m/z 값의 차이로 나눈 것과 같다. 예를 들어, 두 단일 전하 이온이 999 Da와 1001 Da에서 관찰될 때, 두 피크를 분리하려면, 999/(1001−999) = 500의 분해능이 필요하다. 즉, 다음과 같다.

$$\text{분해능} = \frac{M}{\Delta M} \tag{10.9}$$

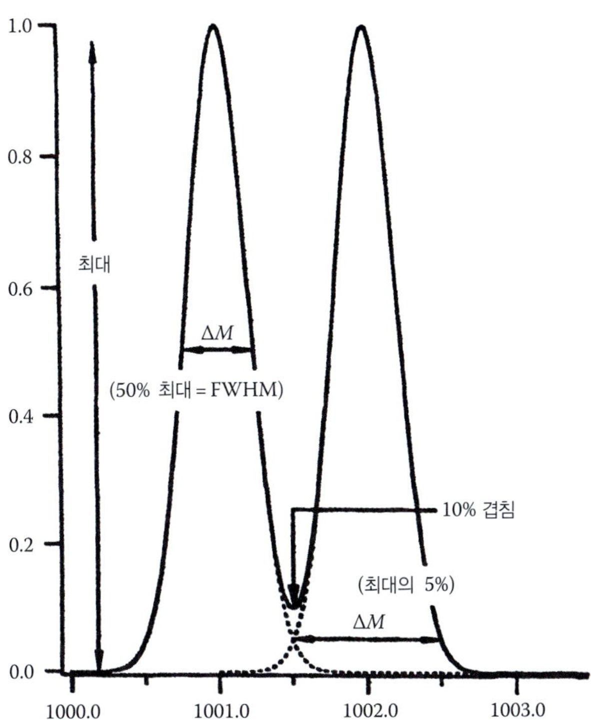

그림 10.3 질량 분석기의 분해능을 계산하는 데 사용되는 피크를 보여 주는 것으로 FWHM, 10% 겹침, 5% 겹침을 보여 준다. (From Sparkman, O.D, *Mass Spectrometry Desk Reference*, Global View Publishing, Pittsburgh, PA, 2000. Used with permission.)

실제로, 600 Da과 599 Da의 두 이온을 구분하기 위해서는 600의 분해능이 필요하게 된다. 요약하면, 600 Da 질량에서 1 Da를 구분하고자 한다면, 600의 분해능이 필요한 것이다. 1200 Da 질량에서 1 Da를 구분하고자 한다면, 최소한 1200의 분해능이 필요할 것이다. 분해능 1200은 그리 큰 것이 아니다. 여러 가지 동위 원소의 합 또는 다른 조합으로 이루어진 조각 이온 등을 고려하면 1 Da보다 훨씬 작은 차이를 갖는 이온들이 나타날 수 있다. 이러한 이온들을 구분하기 위해서는 분해능이 20,000~100,000 혹은 그 이상의 고분해능 질량 분석기가 필요하다.

분해능은 질량 스펙트럼에서 피크를 측정하여 결정한다. 여기에서 ΔM을 계산하는 방법을 명확히 하여야 한다. 그림 10.3에서 보이는 바와 같이 두 피크의 분리를 나타내는 경우 두 가지 방법이 흔히 사용된다. 첫 번째 방법은 동일한 높이 두 피크의 겹침이 10% 혹은 그 이하일 경우를 이용하는 것인데, 즉 겹친 높이가 피크 높이의 10%를 넘지 않을 경우이다. 두 번째 방법은 반높이 너비(full width at half maximum, FWHM)를 이용하는 것이다. FWHM 방법을 이용하면 10% 겹침을 이용할 때보다 분해능이 2배 커지게 되는데, 따라서 어떤 방법으로 분해능을 결정하였는지 명시하는 것이 중요하다.

상용 질량 분석기의 분해능은 기기의 디자인과 관련이 있는데 그 범위는 500에서 1×10^6까지 다양하다. 일반적으로 분해능이 크면 클수록 질량 분석기가 복잡하고 값이 비싸다.

질량 정확도(**mass accuracy**)는 질량 스펙트럼 피크의 꼭대기가 얼마나 참값에 가까운지를 나타낸다. 질량 정확도는 참값과 측정값 사이의 차이(ΔM)로 표현되거나, 측정값을 ΔM으로 나눈 후 1×10^6을 곱하고 ppm으로 나타낸다. 측정값이 28.0061 Da이고, 참값이 27.9949 Da인 경우 질량 정확도는 두 값의 차이인 0.0112 Da이거나, 0.0112를 27.9949로 나눈 후 10^6을 곱한 400 ppm이 된다.

10.2 기기

모든 질량 분석기는 시료 주입 부분, 이온화 원(ionization source), 질량 분석계(mass analyzer), 검출기 등이 필요하다. 대부분의 경우 이들 시스템은 진공 상태를 유지하여야 되므로 다양한 진공 펌프가 필요하게 된다. (이온들이 분리되는 질량 분석계의 경우 10^{-6}~10^{-8} torr 정도의 진공이 필요하고, 초기에 이온이 형성되는 **이온원(ion sources)**의 경우 10^{-4}~10^{-5} torr 정도의 진공이 필요하다.) 실시간 직접 분석(direct analysis in real time, DART), 전기 분무 이온화(electrospray ionization, ESI) (10.2.2.3절에서 논의), 화학 이온화(chemical ionization, CI) 등의 이온화 원들은 대기압 상태에서 운영되고, 추출 렌즈의 극성을 이온의 극성과 반대로 하여 이온을 끌어내어 질량 분석기의 다음 단계로 전달시킨다. 최신 질량 분석기는 컴퓨터에 의해 모든 작동이 이루어지며 컴퓨터 기반의 데이터 습득 및 처리가 가능하다. 그림 10.4는 전형적인 질량 분석기의 모형도를 보여 주고 있다.

10.2.1 | 시료 주입 시스템

10.2.1.1 기체 확산

기체 확산(gas expansion)을 이용한 시료 주입 방법은 휘발성이 충분히 큰 기체 혹은 액체에 유용한 시료 주입 방법이다. 기체 혹은 증기는 진공의 가열된 용기로 확산된다. 이것은 **분자 누출 도입(molecular leak inlet)**이라고도 한다. 진공 펌프를 제어하여 이온화 원의 압력을 10^{-6}~10^{-8} torr 사이로 맞춘다.

진공 시스템의 측정 단위에 관한 간략한 고찰

이 책에서는 진공을 torr(이탈리아 물리학자 Evangelista Torricelli의 이름을 따서 명명) 단위로 표현한다. 이 단위는 SI 단위는 아니지만 질량 분석법 논의에 여전히 널리 사용된다. 이 단위를 이해하는 것은 문헌을 해석하는 데 매우 중요하다. 1 torr는 0°C에서 작동하는 수은 압력계의 수은 약 1 mm이며, 다음과 같이 SI 단위인 파스칼로 변환된다.

torr	Pa	mbar	micron	psi	mm Hg(0°C)
1	133.322	1.33322	1000	0.0193368	0.99999984

마이크론(micron) 단위는 진공 산업에서 일반적으로 사용되며, 1 micron은 1 mtorr와 같다. 단위 변환

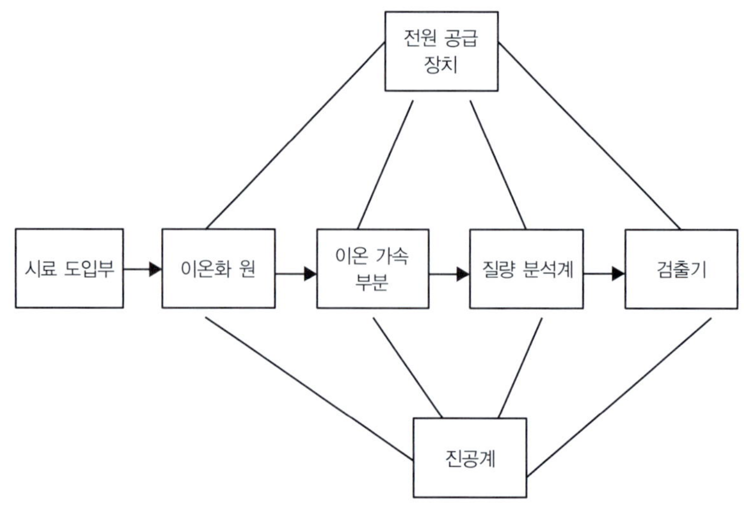

그림 10.4 질량 분석기의 모형도

의 전체 목록은 Bruno와 Svoronos의 책에서 찾을 수 있다.

10.2.1.2 크로마토그래피와 전기 이동 시스템

크로마토그래피 기기는 기체 혹은 액체 시료의 혼합물을 분리할 수 있고, 분리된 성분은 순차적으로 질량 분석기로 도입되어 검출되게 된다. 질량 분석 전문가들은 크로마토그래피 기기를 질량 분석기의 '시료 도입' 부분으로 생각하는 반면에 크로마토그래피 전문가들은 질량 분석기를 크로마토그래피의 '검출기'로 생각한다. 크로마토그래피와 질량 분석기가 접목되면 따로 작동할 때보다 매우 뛰어난 장비가 된다. 이 두 장비를 접목시키는 데 있어서 극복해야 할 큰 문제는 크로마토그래피 기기의 경우 대기압에서 과량의 이동상 기체 혹은 용매를 이용하여 작동한다는 것이다. 반면, 질량 분석기는 앞에서 살펴본 바와 같이 매우 낮은 압력에서 작동한다. 시료가 분석되기 위해서는 시료가 진공의 이온화 원과 질량 분석계로 도입되기 전에 이동상 기체 혹은 용매가 제거되어야 한다.

기체 크로마토그래피(gas chromatography, GC)와 질량 분석기가 접목된 기술을 GC-MS라고 한다. 이 기술은 기체 혹은 휘발성 물질을 분리하는 데 사용되는 매우 잘 확립된 기술이다. 혼합물의 각 성분에 해당하는 질량 스펙트럼이 얻어지며 각 성분은 정량적으로 분석된다. GC-MS의 접목, 작동, 응용에 관한 설명은 11장과 13장에 기술되어 있다.

액체 크로마토그래피(liquid chromatography, LC)도 질량 분석기와 접목되어 사용되고 있다. 고성능 LC(high-performance LC, HPLC)는 비휘발성 유기 화합물의 분리에 널리 사용된다. 질량 분석기와 접목된 기술은 LC-MS라고 한다. 초임계 유체 크로마토그래피(supercritical fluid chromatography, SFC)와 모세관 전기 이동(capillary electrophoresis, CE)도 질량 분석기와 접목되어 사용되고 있다. 이러한 접목 기술의 연결, 이온화 원, 작동, 응용은 11장과 14장에서 다룬다.

10.2.1.3 질량 분석법과 연결된 크로마토그래피 및 적외선 분광 시스템

언급할 가치가 있는 다중 연결(또는 tandem) 기술은 사중 극자 질량 분석기(quadrupolar mass spectrometer) 앞에 인라인 FT-IR 분광 광도계를 연결한 것이다. 질량 분석기 앞에 IR 분광광도법을 연결하려는 욕구는 구조 이성질체의 구별이나 작용기 정보의 제공에 MS가 제한되기 때문에 비롯되었다. 이 시스템은 컬럼 유출물이 양쪽 끝이 IR 광학 물질(일반적으로 염판)로 된 석영 모세관 '광 파이프(light pipe)'를 통과하는 고해상도 기체 크로마토그래피의 형태로 구현되었다. 이를 달성하기 위해 두 가지 접근 방식이 사용되었다. 즉, 두 검출기로의 포스트 컬럼 분할, 또는 IR 측정 후에 MS 측정이 이루어지는 피기백(piggyback)이다. 분할을 사용하는 경우, 일반적으로 흐름의 90~99%가 훨씬 덜 민감한 IR로, 나머지는 더 민감한 MS 분석기로 보내진다. 피기백은 더 일반적인 접근 방식으로서, 분리된 화합물이 질량 분석기로 보내지기 전에 분리된 화합물의 적외선 스펙트럼을 얻을 수 있다. 광 파이프에 컬럼 흐름을 삽입하면 일부 크로마토그래피 분해능이 손실되지만 크로마토그래피 조건을 주의 깊게 제어하면 일반적으로 질량 스펙트럼만으로는 얻을 수 없는 시료에 대한 추가 정보를 얻을 수 있다. GC-ITR-MS의 응용은 약물, 특히 헤로인 타르의 법의학 분석에서 가장 두드러진다. 또한 연료 분석, 특히 나프탈렌 화합물이 많은 석탄-유래 액체 연료의 분석에도 사용되었다. GC-IR-MS 시스템은 고비용이고 섬세하며 유지 관리 비용이 많이 든다.

10.2.2 | 이온화 원

10.2.2.1 전자 이온화

전자 이온화(Electron Ionization, EI) 방법은 유기 분자의 GC-MS 분석에 흔히 사용되는 방법이다. 가열된 텅스텐 혹은 다른 금속 필라멘트로부터 전자가 방출된다. 이 전자는 50~100 V의 전위차에 의해 산

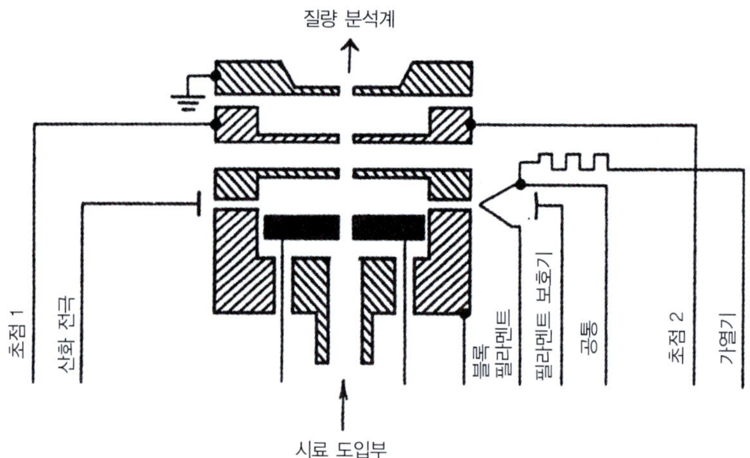

그림 10.5 EI 원. 필라멘트와 산화 전극이 전자살을 결정한다. 이온은 두 개의 반발판(repeller) (검은색 블록) 위의 공간에서 형성된다. 반발판의 양전하와 초점 전극의 음전하가 상호 작용하여 양이온을 그림 위쪽의 질량 분석계로 이동시킨다. (Modified from Ewing, G.W., Mass spectrometry, in Ewing, G.W. (ed.), *Analytical* Instrumentation Handbook, 2nd edn., Marcel Dekker, Inc., New York, 1997. Used with permission.)

화 전극(anode)으로 가속된다(그림 10.5). 전위차 70 V가 표준값으로 흔히 사용되어 다른 실험과의 조각내기 방식(fragmentation pattern) 비교를 용이하게 한다. 현대 EI 원은 작은 영구 자석을 지니고 있어서 전자살에 자기장을 만들어 준다. 이것으로 인해 전자는 나선의 경로를 지나게 되고 따라서 다른 많은 수의 원자 혹은 분자와 만나게 된다. 그래도, 이온화되는 숫자는 10^5 혹은 10^6개 중의 한 개이다. 그림에서 보는 바와 같이 전자와 시료는 직각으로 만나게 된다. 시료의 이온화와 작은 이온을 만드는 조각내기는 고에너지의 전자와 시료의 상호작용에 의해 이루어진다. 이때 형성된 이온은 10^4 V 정도의 가속 전압에 의해 질량 분석계로 이동된다.

EI 방법은 양이온과 음이온을 동시에 만들기 때문에 음이온 질량 분석에도 사용 가능하다. 음이온은 분자가 산 작용기를 포함하거나 혹은 전기 음성도가 큰 원자를 지니고 있을 경우 형성된다. EI로부터 이온에 가해지는 고에너지는 유기 분자의 상당히 큰 조각내기 반응을 일으킨다. 이러한 고에너지 이온화 원를 강한 이온화 원(hard ionization source)이라고 한다. 분자 이온이 크기가 작은 이온으로 조각화되는 것은 해당 분자의 구조를 유추하는 데 큰 도움을 준다. 하지만 EI 조각화가 너무 심하게 일어날 경우 분자 이온이 전혀 관찰되지 않거나 너무 작아서 바탕 신호와 구분되지 않는 경우가 있기도 하다. 이것은 질량 스펙트럼에서 화합물의 분자량이 결정될 수 없다는 것을 의미한다. 이것은 매우 큰 손실인데 그 이유는 미지 화합물의 구조를 유추하는 데 분자량을 아는 것은 매우 유용한 정보이며, 이 정보가 조각 이온을 확인하는 초기 정보를 제공하기 때문이다.

이온화 원에서 이온과 분자 사이의 충돌은 분자 이온보다 더 큰 m/z 값을 갖는 이온을 만들 수 있게 한다. 이온과 분자 사이의 상호 작용의 한 예는 양성자 H^+와 분석물 M의 상호작용으로 이것은 MH^+ 혹은 $(M+H)^+$를 만들게 된다. 이것은 +1 전하를 갖고 분자일 때보다 1 u 큰 질량을 갖는데, 이는 양성자 **첨가 생성물(adduct)**이라고 하며 (M + 1)로 표현된다. LC-MS 실험에서 LC 용액의 소듐 염은 흔히 질량 (M + 23)을 지니는 소듐 첨가 생성 이온(Na-adduct ion)을 만든다. EI 원에서 시료의 압력을 낮게 하는 이유 중의 하나는 이온과 분석물 사이의 상호 작용을 막아서 질량 스펙트럼을 간단히 하기 위함이다.

EI 원이 전자 충격 이온화(electron impact ionization) 원이라고 불리며, EI는 전자 충격 이온화의 약자라고 생각된 적이 있었다. 하지만 **충격**(*impact*)이라는 용어를 사용하는 것은 예전 방식이라고 생각된다. 이온화와 조각화는 고에너지의 전자가 가깝게 지나가면서 전기장이 변동됨에 따라 유도되는 것이지 물리적 충격에 의한 것이 아니고, 또한 하나의 고에너지의 전자는 이러한 역할을 다른 분자에 여러 번 수행할 수 있다. 학생들은 이 장을 읽으면서 알아챘겠지만 질량 분석 용어는 최근에 많이 바뀌고 있는데, 이러한 일들은 용어의 정의와 사용을 표준화하여 혼동을 막기 위한 목적으로 전문 과학 단체의 동의를 거쳐 이루어지고 있다. 모든 단체가 새로운 정의에 동의하는 것은 아니다. 본 교재에서는 Sparkman의 제안을 받아들이고 있는데, 최근 문헌에서조차도 예전 용어를 사용하는 경우가 있기는 하다. 본 교재에서는 필요할 경우 예전 용어를 사용하였다.

10.2.2.2 화학 이온화

화학 이온화(Chemical Ionization, CI) 방법은 **약한** 이온화 원(*soft* ionization source)이다. 화학 이온화 방법을 이용하면 분석물의 조각이 적게 만들어져서 EI 경우보다 단순한 질량 스펙트럼이 얻어진다. CI 과정은 약한 이온화 과정이므로 질량 스펙트럼은 주로 분자 이온만 존재하거나 아니면 첨가 생성 이온이 관찰될 것이다. EI보다 조각화가 적게 일어나므로 구조적 정보를 알아내기가 쉽지 않다. EI 질량 스펙트럼이 조각화가 많이 일어나서 분자 이온의 검출이 어려울 때, 분자 이온을 나타내는 CI 질량 스펙트럼 데이터를 함께 이용하면 미지 화합물의 질량 스펙트럼을 해석하는 데 큰 도움이 된다. 이와 같이 EI와 CI 두 가지 이온화 방법은 미시 시료의 확인과 정량에 있어서 상보적인 역할을 한다.

CI에서는 메테인, 아이소뷰테인, 암모니아 등의 **시약 기체(reagent gas)**가 과량으로 이온화 부분에 가해진다. 따라서 CI 원의 압력은 EI 원의 압력보다 보통 수십 혹은 수천 배 더 높다. 시약 기체와 시료의 혼합물은 전자와 충돌한다. 시약 기체는 보통 시료보다 1,000에서 10,000배 수준으로 존재하므로 시약 기체가 전자와의 상호작용에 의하여 이온화된다. 따라서 시료 분자의 이온화는 이온화된 시약 기체 분자 충돌 혹은 양성자(proton) 혹은 수소화물(hydride)의 이동에 의하여 간접적으로 일어난다. 이때 일련의 반응이 일어난다. 예를 들어, 메테인은 전자살과의 상호작용을 통하여 $CH_4^{+\bullet}$과 CH_3^+를 만든다. 이 이온들은 다른 메테인 분자들과 반응하여 다음과 같이 다른 이온을 만든다.

$$CH_4^{+\bullet} + CH_4 \rightarrow CH_5^+ + CH_3^\bullet$$
$$CH_3^+ + CH_4 \rightarrow C_2H_5^+ + H_2$$

생성된 CH_5^+ 혹은 $C_2H_5^+$ 등과 시료 분자 M 사이의 충돌은 시료 분자를 이온화한다. 이온화된 시약 기체로부터 양성자가 이동하여 MH^+를 만들거나, 시료 분자로부터 수소화물(H^-)가 이동하여 $(M-H)^+$ 혹은 $(M-1)^+$를 생성한다.

$$M + CH_5^+ \rightarrow MH^+ + CH_4$$
$$M + C_2H_5^+ \rightarrow MH^+ + C_2H_4$$
$$M + C_2H_5^+ \rightarrow (M-H)^+ + C_2H_6$$
$$M + CH_5^+ \rightarrow (M-H)^+ + CH_4 + H_2$$

주로 시료 분자가 포화 탄화수소일 경우 시료 분자 M으로부터 수소화물이 빠져 나온다. 또한 이온화된 시약 기체는 시료 분자와 반응하여 $(M+C_2H_5)^+$ 이온을 생성할 수 있는데 이 경우 $m/z = (M+29)$이다. 이와 같이 메테인 시약 기체 CI 질량 스펙트럼에서 분자 이온보다 29 Da 큰 **첨가** 생성 이온의 존재는 분자 이온을 확인하는 데 매우 중요한 단서를 제공한다.

10.2.2.3 대기압 이온화 원

대기압 상태에서 작동하는 이온화 원에는 전기 분무 이온화(ESI)와 대기압 CI(atmospheric pressure CI, APCI) 두 가지가 있다. 이들 이온화 원들은 LC를 MS와 접목시키는 데 사용되어 약학 화학, 생화학, 임상 모니터링 등의 분야에서 비휘발성 고분자 화합물의 혼합물을 분리하고 질량 분석하는 데 사용되고 있다. 여기서는 ESI에 관하여 간단하게 기술되어 있는데 보다 자세한 설명은 14장에서 살펴볼 수 있다.

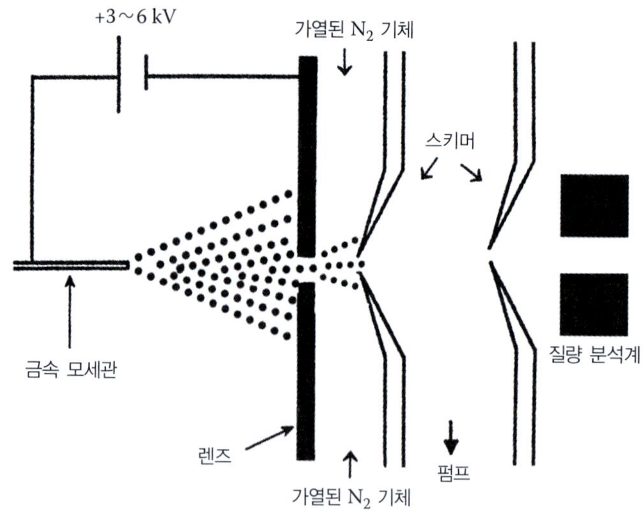

그림 10.6 ESI 원의 도면. 이온화 원이 렌즈 장치와 함께 나타나 있는데, 스키머는 이온을 모으고 가열된 질소 기체는 이온에서 용매를 제거한다.

금속 모세관을 통과하는 액체에 강한 전기장이 가해지면 액체는 양으로 하전되거나 음으로 하전된 작은 방울 형태로 분무되는데 이를 전기 분무(electrospray)라고 한다. 금속 모세관과 상대 전극 사이에 3~8 kV의 전위차를 적용하여 전기장을 형성한다. 전하가 많이 존재하는 방울은 용매가 증발함에 따라 수축되어 방울 표면의 전자 밀도가 증가함에 따라 쿨롱 반발력이 증가하여 일련의 '파열(explosion)'을 겪게 된다. 물방울이 파열될 때마다 크기는 작아지게 된다. 방울이 충분히 작아지면 분석 이온이 방울로부터 탈착되어 질량 분석계로 주입되게 된다. 그림 10.6은 ESI 장치를 보여 주고 있다. ESI 장치는 대기압에서 작동한다. 물방울과 분석 이온들은 일련의 작은 구멍(orifice)과 스키머(skimmer)를 통과하게 된다. 작은 구멍과 스키머는 증발되지 않은 물방울과 과량의 증발된 용매를 우회시키므로 이들이 고진공 영역으로 주입되는 것을 막아주어 분석 이온들이 고진공 영역에서 가속되어 m/z에 따라 분석될 수 있도록 해준다. 또한 질소와 아르곤 같은 기체를 흘려주어 물방울의 탈용매 과정을 도와주고 이온 뭉치를 해체시키는 데 도움을 준다. 스키머는 속도 여과 장치 역할을 한다. 무거운 이온은 작은 구멍으로 주입되는 방향과 직각 방향으로의 속도가 작아서 직선으로 이동하여 질량 분석계로 주입되는 반면에, 용매 증기와 기체 그리고 가벼운 이온은 직각 방향 속도가 커서 펌프에 의해 제거되는데, 이러한 원리로 진공은 유지되면서 이온은 지속적으로 질량 분석계로 주입된다. 표준 ESI 설계에서 금속 모세관에 흐르는 액체의 유속은 1~10 μL/min이다. 최근 중요시되는 생물질의 분석에 사용되는 HPLC-MS 장치에서는 직각 분무 ESI 인터페이스를 사용하는 경우 유속은 1 mL/min이고, 가열된 질소와 같은 기체를 주입시켜서 물방울의 증발 속도를 증가시키면 유속을 4~8 mL/min까지 증가시킬 수 있다.

ESI의 장점은 큰 분자 물질 특히 단백질과 같은 생체 고분자 물질로 하여금 조각내기 반응이 전혀 없거나 아니면 매우 조금만 생기게 한 후, 일련의 다중 전하 이온, M^{n+} 혹은 $(M+nH)^{n+}$으로 이온화할 수 있다는 것이다. 예를 들어, 어떤 분석물 M은 M^{9+}, M^{10+}, M^{11+} 등의 이온을 형성할 것이다. 이때 분석물 M의 질량이 14,300 Da이라면, 질량 스펙트럼에서의 피크는 (14,300/9) = 1588.9, (14,300/10) = 1430.0, (14,300/11) = 1300.0의 m/z 값에서 관찰될 것이다. 이들 이온의 m/z 값은 단일 전하 이온인 M^+ 이온이 갖는 m/z 14,300보다 훨씬 작은 m/z 값을 가짐을 알 수 있다. 작은 m/z 값을 나타내는 다중 전하 이온이 갖게 되는 장점은 제한된 범위의 질량값만을 분석할 수 있는 값싼 질량 분석계를 이용해도 분석이 가능하다는 것이다. 생체 고분자 물질 등이 단일 전하를 갖게 되면 상당히 큰 m/z 값을 갖게 되는데 이때 느린 속도로 CI 원을 떠나게 되고 이로 인해 질량 분석기에서 분석되는 동안 퍼짐 현상이 발생하여 분해능이

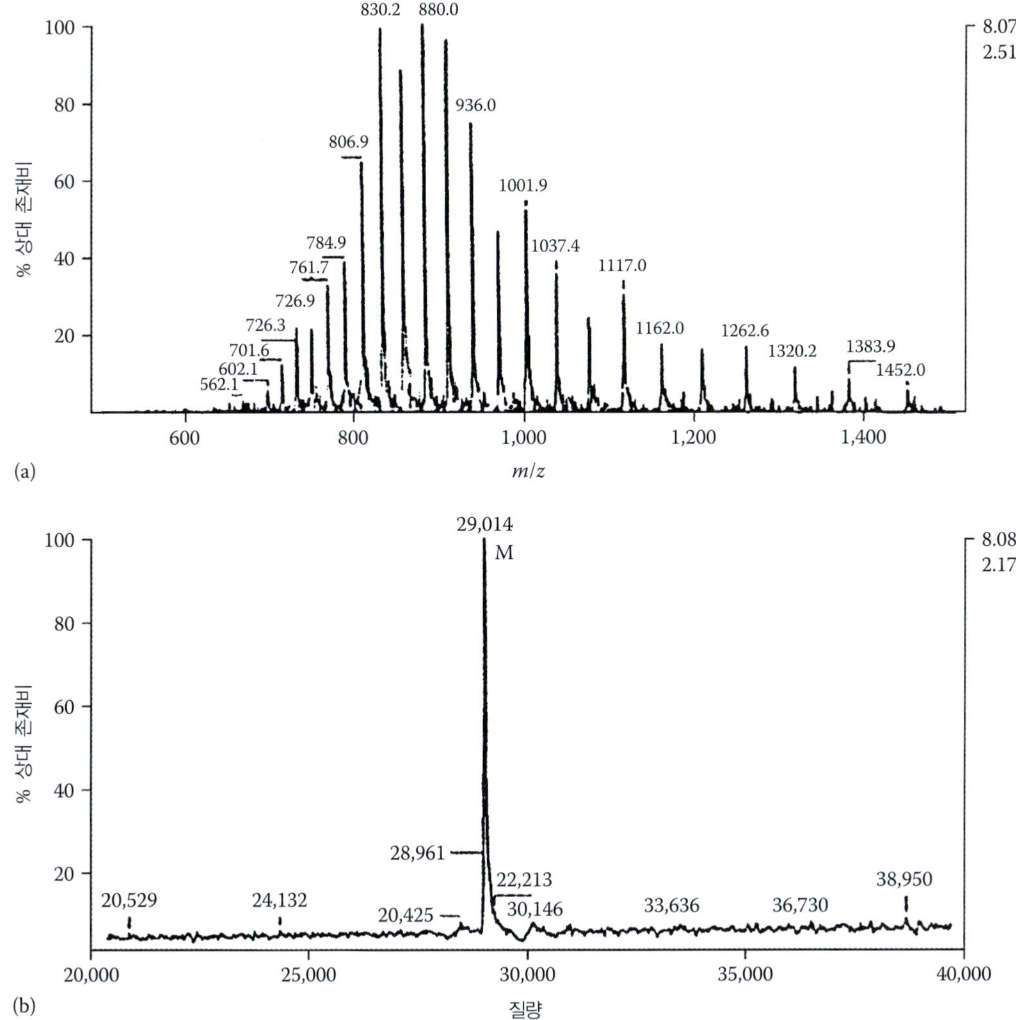

그림 10.7 탄산 무수화 효소의 (a) ESI 질량 스펙트럼과 (b) 디컨볼루션된 질량 스펙트럼. (© Thermo Fisher Scientific. www.thermofisher.com. Used with permission.)

떨어지게 된다. 반면, 작은 m/z 값을 갖는 다중 전하 이온의 경우 쉽게 분해능을 높일 수 있다.

생체 물질을 ESI로 이온화한 질량 스펙트럼의 예가 그림 10.7에 소개되어 있다. 여기 질량 스펙트럼의 각 피크가 갖는 전하수를 알기란 쉽지 않다. 컴퓨터 기반 알고리즘이 개발됨으로써 다중 전하 이온들의 m/z 값들을 이용하여 단일 전하 이온이 갖는 m/z 값으로 변환할 수 있다. 이러한 과정을 디컨볼루션(deconvolution)이라고 하는데 그림 10.7에 나타나 있다. LC-ESI-MS에 관하여 14.1.6.1절에 소개되어 있다. John Fenn 박사는 ESI의 발명으로 2002년에 노벨 화학상을 공동 수상하였다.

10.2.2.4 탈착 이온화

단백질 혹은 고분자 물질과 같은 거대 분자는 열적 안정도가 낮아서 증발할 때 분해된다. 탈착 이온화(desorption ionization, DI) 원의 경우 고체로부터 직접 이온화하기 때문에 큰 분자 분석을 가능하게 한다. 고체 시료를 흡착시키거나 지지체에 놓고 이온 혹은 양사의 충격으로 이온화하는 탈착 이온화에는 몇 가지가 있다. **이차 이온 질량 분석(secondary ion MS, SIMS)** 기술은 거대 분자 분석과 표면 분석에 사용된다.

10.2.2.4.1 레이저 탈착과 매트릭스-보조 레이저 탈착 이온화

고체 시료 표면에 펄스 레이저를 집중하여 쪼여주는 것은 표면으로부터 시료를 절삭(ablating)시키고 동시에 이온화하는 효율적인 방법이다. 다양한 레이저가 사용되어 왔는데, 예를 들어 CO_2 레이저($\lambda = 10.6$ mm)와 같은 적외선 레이저와 Nd: YAG($\lambda = 266$, 355 nm)와 같은 자외선 레이저를 들 수 있다. YAG는 yttrium aluminum garnet을 나타낸다. 적절한 레이저 파장을 선택함으로써 선택적인 이온화가 가능하다. 레이저는 지름이 μm 이하 혹은 수 μm의 작은 지점에 집중시킬 수 있다. 이렇기 때문에 고체 속의 함유물 혹은 다중 층을 분석할 수 있다. 레이저 펄스는 순간적인 신호를 나타내기 때문에 비행 시간(time-of-flight, TOF) 질량 분석계 혹은 푸리에 변환(Fourier transform, FT) 질량 분석기 등과 같은 동시 분석이 가능한 검출 장치를 이용해야 한다. 레이저는 매우 큰 에너지를 시료에 전달한다. 이 에너지는 분자 내에서 빨리 흩어져야 분자의 조각화를 막을 수 있다. 매트릭스-보조 레이저 탈착 방법이 개발되기 전까지는 레이저를 이용하면 분자량이 1000 Da보다 큰 생체 물질의 경우 조각화가 일어났다.

거대 분석 물질을 '매트릭스(matrix)'라고 하는 분자량이 작은 유기 물질과 섞은 후 레이저를 가해 주면 조각화 없이 분자량이 100,000 Da 이상의 분석 시료를 탈착시키고 이온화시킬 수 있다. 매트릭스의 역할은 레이저로부터 흡수되는 거대한 에너지를 흩어지게 해서 분석 시료의 조각화를 최소화하는 것이다. 이러한 매트릭스-보조 레이저 탈착 이온화(matrix-assisted laser desorption ionization, MALDI) 기술은 펩타이드, 단백질, 올리고당 등의 거대 생체 분자와 합성 고분자 등의 질량 분석 연구에 대변혁을 일으켰다. MALDI 과정에서 이온이 어떤 과정으로 형성되는지에 관한 것은 아직까지 확실히 밝혀지지 않고 있다.

일반적인 매트릭스와 최적의 레이저 파장은 표 10.3에 나와 있다. 매트릭스를 선택할 때는 해당 레이저 파장에서 매트릭스는 레이저를 흡수하지만 분석물은 흡수를 거의 하지 않는 매트릭스를 선택한다. 이렇게 해야 분석물의 조각화를 최소화할 수 있다.

MALDI 분석을 위한 시료는 보통 1~2 μL의 시료 용액과 5~10 μL의 매트릭스 용액을 섞어서 준비한다. 이 혼합물에서 한 방울(2 μL 미만)이 MALDI 판에 놓이고 상온에서 말리게 된다. 용매가 증발된 후 결정화된 고체는 질량 분석기로 옮겨진다. 그림 10.8에서 보는 바와 같이 분석 분자들은 매트릭스에 의해 완전히 분리되게 된다.

매트릭스 물질은 가해지는 레이저 파장을 강하게 흡수하여야 한다. 또한 매트릭스는 진공 상태에서 안정하여야 하며, 화학적으로 반응성이 있으면 안 된다. UV 영역을 위한 매트릭스 물질로는 2,5-dihydroxybenzoic acid, 3-hydroxypicolinic acid, 5-chlorosalicylic acid 등이 있고, IR 영역에는 카복실산, 알코올, 요소 등이 있다. 레이저 파의 강한 펄스가 탐침 위의 고체 시료에 조준된다. 레이저 파는 매트릭스 분자에 의해 흡수되어 매트릭스 분자를 빠르게 가열한다. 열은 매트릭스 분자와 분석 분자를 탈착시킨다. 그리고 분석 분자의 탈용매 과정과 이온화 과정이 일어나게 된다. 이온화 과정을 설명하기 위해 이온-분자 반응 등 몇몇의 과정이 제안되었지만 아직까지 MALDI 이온화 과정은 확실히 규명되지 않

표 10.3 MALDI 실험 조건

매트릭스	파장		
나코틴산	266 nm	2.94 μm	10.6 μm
2,5-다이하이드록시- 벤조산	266 nm 2.8 μm	337 μm 10.6 μm	355 nm
석신산	2.94 μm	10.6 μm	
글리세롤(액체)	2.79 μm	2.94 μm	10.6 μm
요소(고체)	2.79 μm	2.94 μm	10.6 μm

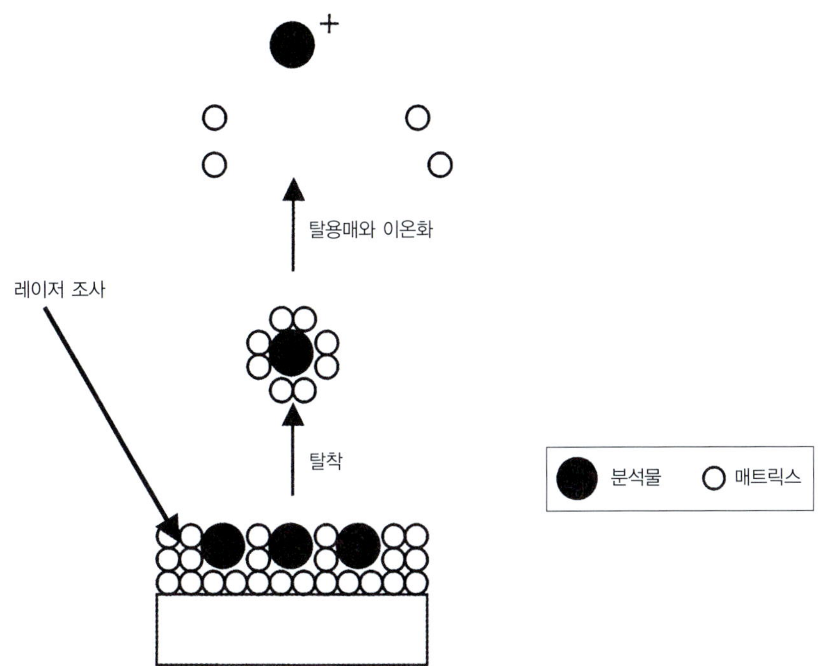

그림 10.8 MALDI 과정. 고립된 분자는 레이저 조사에 의해 매트릭스 분자층으로부터 탈착된다. 그 후 일어나는 분석물의 탈용매 과정과 이온화 과정은 아직까지 확실히 밝혀지지 않았다.

았다. 유사한 간단한 논리는 매트릭스를 침대로 생각하고 분석 물질을 그 위의 도자기 접시로 생각하는 것이다. 레이저 펄스는 마치 힘센 사람이 침대 위에서 점프하는 것과 유사하다. 결국 이러한 주기적 진동은 접시가 깨어지지 않고 침대 위로 튕겨져 나오게 할 것이다. 접시(혹은 분석물)는 그대로 질량 분석계로 옮겨질 수 있을 것이다.

MALDI 는 약한 이온화 원이고 매우 큰 고분자 혹은 생체 분자라 할지라도 보통 단일 전하 분자 이온을 형성하는데, 가끔 다중 전하 이온이나 조각 이온과 뭉치 이온을 형성하기도 한다(그림 10.9).

10.2.2.4.2 빠른 원자 충격

빠른 원자 충격(fast atom bombardment, FAB)에서는 거대 분자를 이온화시키기 위해 빠르게 움직이는 중성의 비활성 원자를 이용한다. 시료는 글리세롤과 같은 활성이 없는 비휘발성 용매에 용해된 후 금속 탐침에 얇은 층으로 펼쳐진다. 탐침은 진공 연동 장치를 통과하여 질량 분석기 안으로 주입된다. 한 줄

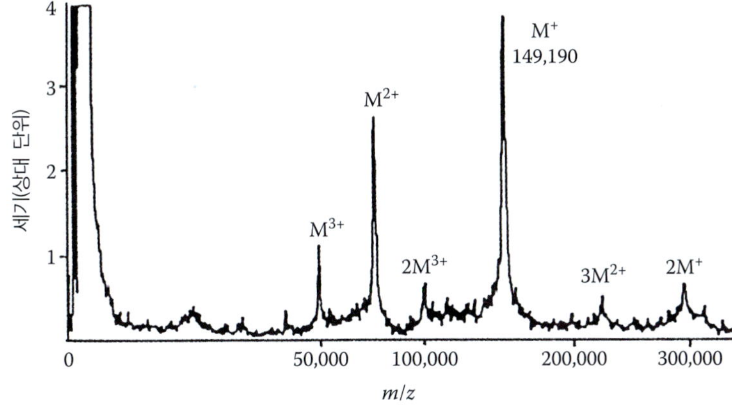

그림 10.9 쥐 단일클론 항체의 MALDI 질량 스펙트럼. 사용된 매트릭스는 니코틴산. 레이저 파장은 266 nm. (Reprinted from *Trends Anal*. Chem., 9, Karas, M. and Bahr, U., 323, Copyright 1990, with permission from Elsevier.)

기의 빠른 원자는 탐침 표면(목표물)에 쪼여진다. 아르곤은 흔히 사용되는 충격 원자이고, 제논의 경우 더 효과적이지만 값이 더 비싸다.

FAB 기술은 몇 가지 장점이 있다. 기기가 간단하고 감도가 매우 좋다. 계면 활성제 등과 같은 분석물은 농도가 0.1 ppb까지 정량 분석이 가능하다. 많은 이온화 방법에서 거대 분자를 기체 상태로 만드는 것은 거대 분자의 낮은 휘발성 때문에 어렵고, 또한 거대 분자를 이온화하여 분자 이온을 얻는 것 또한 어렵다. FAB 과정은 상온에서 일어나게 할 수 있으며, 기화 과정이 필요 없어서, 거대 분자와 열적으로 불안정한 분자를 분석하는 데 사용될 수 있다. 시료로부터의 신호는 연속적으로 나타나며 오랜 시간 동안 안정적으로 관찰된다.

FAB의 중요한 장점 중의 하나는 글리세롤 용매로부터 튕겨져 나간 분석물만 없어지고 나머지는 다른 분석을 위해서 회수될 수 있다는 것이다. 결과적으로 작게는 1 μg만의 시료만을 탐침에 올려놓고 질량 스펙트럼을 얻은 후에 상당한 양의 남은 시료는 회수될 수 있다.

10.2.2.5 무기물 질량 분석을 위한 이온화 원

아래 기술되는 이온화 원은 주로 무기물(원자) 질량 분석에 사용되는 것들인데, 여기서는 시료의 원소 성분 분석을 필요로 한다. 고체 시료에는 주로 글로우 방전(glow discharge, GD)과 스파크(spark) 이온화 원이 사용되고 용액 시료의 경우 유도 결합 플라스마(inductively coupled plasma, ICP)가 주로 사용된다. 이 세 가지 이온화 원은 원자 발광 분광학(atomic emission spectroscopy)의 이온화 원으로도 사용된다.

10.2.2.5.1 글로우 방전과 스파크 이온화 원

글로우 방전과 스파크 이온화 원은 모두 고체 시료 표면으로부터 시료를 튀어 나오게 하여 이온화시키는데 8장에서 원자 발광 광원으로도 소개되었다. 질량 분석기의 이온화 원으로 사용될 때, 이것들은 금속 혹은 고체 시료에 존재하는 원소를 알아내는 원자 질량 분석기에서 주로 사용된다. 직류(direct current, DC) GD 이온화 원은 0.1~10 torr의 아르곤 기체를 지니며 여기에 환원 전극과 산화 전극이 존재한다. 여기서 시료는 환원 전극(cathode)으로 작용한다. 수백 볼트의 전압이 전극 사이에 가해지면 아르곤 기체는 플라스마를 형성하며 이온화된다. 이때 만들어진 전자와 아르곤 이온은 자체가 지니는 전하와 반대 전하로 하전된 전극으로 이동한다. 아르곤 이온은 환원 전극 표면과 충돌하여 환원 전극 표면에 존재하는 원자를 튀어나오게 한다. 플라스마로 튀어나온 시료 원자는 전자에 의해 혹은 들뜬 아르곤에 의해 이온화된다(Penning ionization). 이온화된 시료는 음으로 하전된 전극을 이용하여 플라스마로부터 질량 분석계로 이동된다. 직류 GD 이온화 원은 금속, 합금, 반도체 등 전도성 시료의 분석에 사용된다. 환원 전극으로 작용하려면 시료는 전도성을 지녀야 한다. 최근 RF GD 이온화원이 개발되어 세라믹 혹은 절연체 등 다른 비전도성 물질을 튀어나오게 할 수 있도록 개발되었다. 스파크 이온화 원 역시 고체 시료를 튀어나오게 할 수 있지만, GD 이온화 원이 안정된 이온을 더욱 많이 만들어 낼 수 있고 향상된 신호-대-잡음비를 나타낼 수 있다. GD 이온화 원은 스파크 이온화 원보다 더욱 많은 시료를 튀어나오게 할 수 있고 원소 성분의 대표성과 정량성에서 더욱 향상된 결과를 나타낸다.

10.2.2.5.2 ICP 이온화 원

아르곤 ICP(유도 결합 플라스마) 이온화 원이 원소 발광 분광기(atomic emission spectrometer)에 사용되는 것은 8장에서 이미 설명하였다. 이 이온화 원은 주로 액체 시료에 사용된다. 고체 시료는 산에 용해되어 묽혀진 후 분석되는데, 산 대신 유기 용매가 사용되기도 한다. 아르곤 ICP 이온화 원은 플라스마에 도입된 원소로부터 이온을 만들어낸다. 여기서 만들어진 이온은 질량 분석계로 도입된다. ICP 토치(torch)는 그림 10.10에 보이는 바와 같이 플라스마의 끝이 질량 분석계 입구에 평행하도록 설치하는 것이 일반적이다. 대부분의 플라스마 기체는 시료 콘(sampling cone)이라고 하는 가운데 작은 구멍이 있는

그림 10.10 (a) ICPMS의 이온화 원으로 사용되는 아르곤 ICP 토치. (From Ewing, G.W., Mass spectrometry, in Ewing, G.W. (ed.), *Analytical Instrumentation Handbook*, 2nd edn., Marcel Dekker, Inc., New York, 1997. Used with permission.) (b) SPECTRO MS 시스템의 플라스마 사진(10.2.3절 참조) (Courtesy of SPECTRO Analytical Instruments, Inc., AMETEK® Materials Analysis Division. www.spectro.com, www.ametek.com. Used with permission.)

금속 콘에 의해 빗나가게 된다. 작은 구멍을 통과하여 주입된 기체는 진공에 의해 빈 공간에서 팽창된다. 금속성 혹은 비금속성의 대부분 원소에서 단일 전하를 지닌 양이온이 형성된다. ICP는 높은 이온화 효율을 보여서 주기율표의 대부분 원소에 대해 100% 정도의 이온화 효율을 나타낸다. 또한 질량 스펙트럼이 간단해서 나타난 m/z 값을 이용하여 쉽게 분석물을 확인할 수 있고 동위 원소 비율을 관찰할 수 있다. 플라스마를 만들기 위해 사용된 용매와 아르곤 기체가 나타내는 바탕 이온들도 일반적으로 관찰된다. 여기에는 Ar^+, ArH^+, ArO^+, 시료를 용해시키는 데 사용되는 무기산과 물의 다원소 이온이 포함된다.

10.2.3 | 질량 분석계

질량 분석기에서 질량 분석계(mass analyzer)는 핵심적인 부분이다. 이것의 기능은 이온을 질량-대-전하 비율에 따라서 구분하는 것이다. 질량 분석계에는 다양한 형태의 설계가 존재한다. **자기 부채꼴**(*magnetic sector*) 질량 분석계는 금속의 가늘고 긴 틈인 슬릿(slit)을 이용하여 각각의 m/z 이온을 분리하고, **사중 극자**(quadrupole) 질량 분석계에서는 주사 방식을 이용하여 주어진 시간에 특정 질량-대-전하비를 가지는 이온만 분석계를 통과한다. 여기에서는 m/z 범위에 대해 반복적으로 주사가 이루어진다. 다른 질량 분석계에서는 동시에 모든 이온의 통과가 가능하다. 여기에는 TOF, **이온 트랩**, **이온 사이클로트론 공명**(*ion cyclotron resonance*, *ICR*), **분산형 자성**(*dispersive magnetic*) 질량 분석계 등이 포함된다. 텐덤 질량 분석기(tandem mass spectrometer)는 몇몇의 질량 분석계가 일렬로 연결된 기기이다. 이렇게 하면 첫 번째 분석계에서 한 이온을 선택하고(선구 이온(precursor ion)), 두 번째 분석계(흔히 '충돌 셀(collision cell)'이라고 함)에서는 4, 6, 8개의 극자를 이용하여 선구 이온을 모아서 가두어 충돌 조각화나 분해 반응 또는 증기 시료와 반응시키고, 세 번째 사중 극자, TOF, 혹은 자기 부채꼴 분석계에서는 형성된 이온들의 질량을 결정하게 된다.

10.2.3.1 자기 부채꼴, 전기 부채꼴 기기

간단한 **단일 초점 자기 부채꼴**(**single-focusing magnetic sector**) 질량 분석계는 10.1절에서 간단히 설명되었다. 자기장 B 영향에서 움직이는 이온은 식 10.6에 따라서 원형 경로를 따른 것이다. 비행관의 반지름이 고정되어 있음으로써 B를 변화시킴에 따라 다른 m/z 값을 지닌 이온이 비행관을 통과해 나갈 것이다. 이러한 주사형 자기 부채꼴 기기는 이온을 질량에 따라 정렬할 수 있는데 여기에는 모든 이온이 +1의 전하를 지니고 통일된 운동 에너지를 지닌다는 가정이 있다. 90° 부채꼴 기기의 도식이 그림 10.11에 소개되어 있다.

반지름 정전기장(radial electrostatic field)에서도 이온은 원형 궤도를 따른다. 정전기장은 **전기 부채꼴**(*electric sector*)이고 여기에서 이온은 질량이 아닌 운동 에너지에 따라 분리된다(그림 10.12). 이온원으로부터 나오는 이온 줄기는 질량 분석계에 도입되기 전에 전기 부채꼴을 통과하면서 이온들의 속도가 한층 더 균일하게 된다. 이와 같이 전기 부채꼴은 에너지 필터 역할을 하여 한정된 범위의 운동 에너지를 지니는 이온만을 통과시킨다.

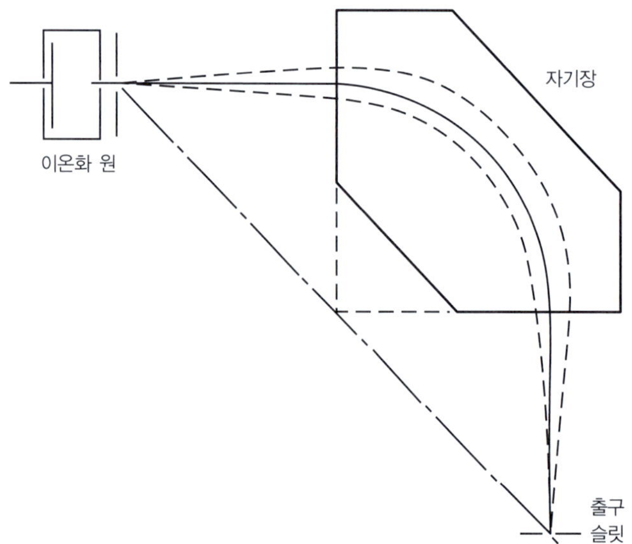

그림 10.11 90° 자기 부채꼴 질량 분석기. (From Ewing, G.W., Mass spectrometry, in Ewing, G.W. (ed.), *Analytical Instrumentation Handbook*, 2nd edn., Marcel Dekker, Inc., New York, 1997. Used with permission.)

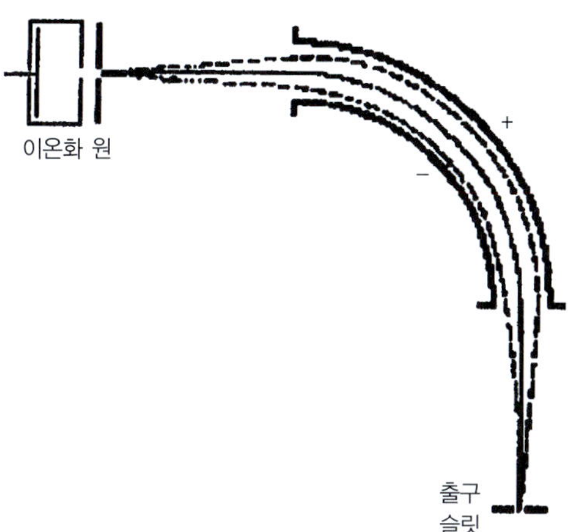

그림 10.12 실린더 형태의 정전기 부채꼴 에너지 필터. (From Ewing, G.W., Mass spectrometry, in Ewing, G.W. (ed.), *Analytical Instrumentation Handbook*, 2nd edn., Marcel Dekker, Inc., New York, 1997. Used with permission.)

현재 사용되는 대부분의 자기 부채꼴 기기들은 전기 부채꼴과 자기 부채꼴을 결합한 것이다. 이러한 기기들은 이중-초점 질량 분석기(double-focusing mass spectrometer)라고 한다. 상용으로 흔히 사용되는 이중-초점 질량 분석기는 1953년에 소개된 Nier−Johnson 모형(그림 10.13)이다.

자기 부채꼴 기기의 질량 분석 범위는 단일-초점 기기의 경우 m/z 1~1,400이고, 이중-초점 기기의 경우 m/z 5,000~10,000이다. 이중-초점 기기의 경우 100,000까지의 매우 높은 분해능이 가능하다.

10.2.3.2 비행 시간형 분석기

비행 시간형 분석기(Time-of-Flight (TOF) analyzer)는 이온을 분리하기 위해 외부의 힘을 이용하지 않는다. 대신 이온 펄스는 표류관(drift tube)이라고 하는 진공의 무전기장 영역(field-free region)으로 가속된다. 이때 모든 이온이 동일한 운동 에너지를 가지면, 이온의 속도는 이온의 질량-대-전하비에 의해 결정될 것이고, 여기서 전하가 같다면 질량에 의해 결정될 것이다. 가벼운 이온은 무거운 이온보다 빠르게 표

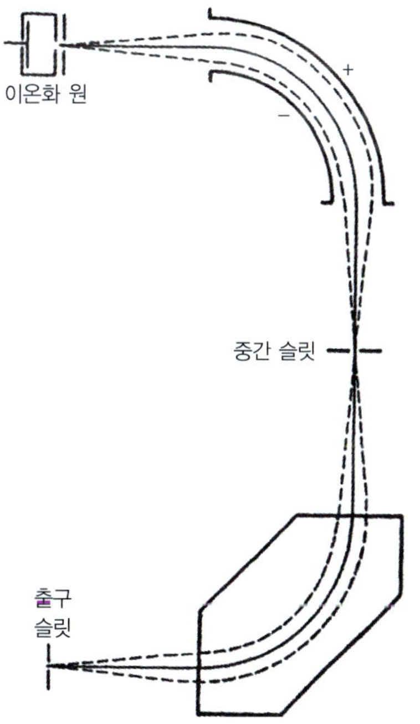

그림 10.13 Nier−Johnson 이중-초점 질량 분석기. (From Ewing, G.W., Mass spectrometry, in Ewing, G.W. (ed.), *Analytical Instrumentation Handbook*, 2nd edn., Marcel Dekker, Inc., New York, 1997. Used with permission.)

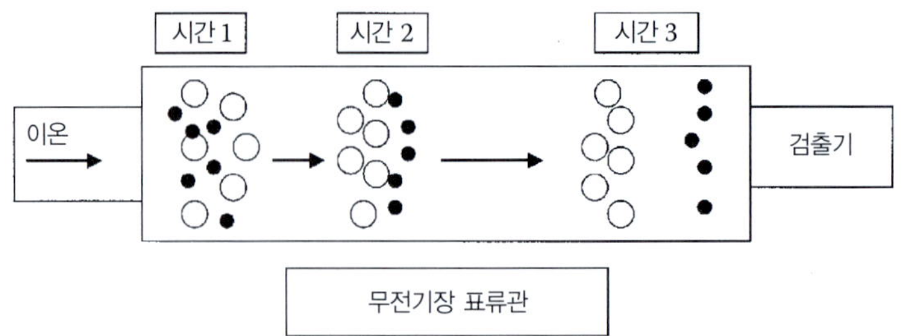

그림 10.14 시간 1에서 두 개의 다른 m/z 값을 갖는 이온 펄스가 TOF 질량 분석계의 무전기장 표류관으로 진입한다. 큰 하얀 동그라미들이 작은 채워진 동그라미들보다 큰 m/z 값을 지닌다. 이온들이 관을 이동함에 따라 가벼운 이온들은 빨리 이동하여 시간 3에서는 무거운 이온들과 분리된다.

류관을 통과하여 검출될 것이다. 이러한 과정은 그림 10.14에 나타나 있다.

그림 10.15는 TOF 질량 분석계를 보여 준다. TOF 장비의 표류관은 1~2 m 길이를 가진다. 시료는 전자, 이차 이온(secondary ion), 레이저 펄스(예: MALDI) 등에 의하여 이온 펄스로 바뀐다. 이때 이온 펄스의 주파수는 10~50 kHz이다. 이온들은 전기장 펄스에 의해 표류관으로 가속된다. 이때 사용되는 전기장 펄스는 '추출 전기장(extraction field)'이라고 하는데 그 이유는 이온들이 무전기장 영역으로 추출되기(혹은 끄집어내기) 때문이다. 가속 전압은 30 kV까지 올라갈 수 있고, 추출 펄스의 주파수는 5~20 kHz이다.

이온은 각각이 지닌 속도 차이에 따라 표류관에서 분리된다. 이온의 속도 v는 다음과 같이 표현된다.

$$v = \sqrt{\frac{2zV}{m}} \tag{10.10}$$

여기서 V는 가속 전압이다. 무전기장 표류관의 길이를 L이라고 하고 이온이 가속 부분에서 검출기에 도달하는 시간(관에서 이온의 비행 시간)을 t라고 하면

$$v = \frac{L}{t} \tag{10.11}$$

따라서 이온 분리를 나타내는 식은 다음과 같다.

$$\frac{m}{z} = \frac{2Vt^2}{L^2} \tag{10.12}$$

여기서 이온의 비행 시간 t는 다음 식으로 표현 가능하다.

$$t = L\sqrt{\frac{m}{2zV}} \tag{10.13}$$

식 10.13은 질량이 서로 다른 이온의 비행 시간 차이를 계산하는 데 사용될 수 있다. 보통 이온들의 비행 시간은 마이크로초(microsecond) 단위이며 비슷한 질량을 가지는 이온들의 비행 시간의 차이는 불과 수 나노초(nanosecond)이다.

TOF 기기는 1950년대 처음으로 개발되었는데, 당시에는 선형 표류관 디자인의 낮은 분해능으로 인해 사용되지 않았다(그림 10.15 참조). 표류관 길이와 비행 시간은 고정되어 있으므로 분해능은 가속 펄스에 의해 결정된다. 이온 펄스는 다음 이온 펄스와의 겹침을 방지하기 위해 짧아야 하는데, 겹침은 질량 겹침을 야기하고 분해능을 저하시킨다. TOF 기기에 대한 관심은 MALDI의 출현과 빠른 데이터 수집 방법의 개발로 1990년대 다시 부상하기 시작하였다. 모든 이온의 동시 전송과 고속 비행 시간에 의해 검출기가 순간적으로 모든 질량 범위를 검출할 수 있다.

TOF 분석기의 분해능은 **리플렉트론(reflectron)**이라고 하는 이온 거울을 이용하여 향상시킬 수 있다. 리플렉트론은 이온 비행의 방향을 바꾸고 이온의 에너지를 모아서 분해능을 향상시킨다. 리플렉트론의

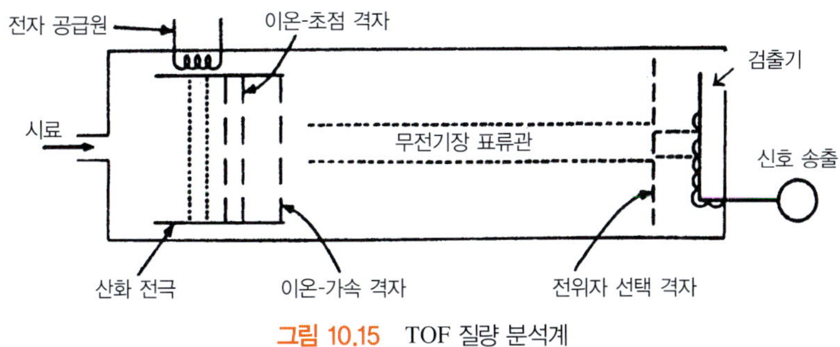

그림 10.15 TOF 질량 분석계

정전기장은 빠른 이온이 더욱 더 깊게 침투할 수 있도록 하는 반면, 동일한 m/z 값을 지니는 느린 이온은 덜 침투하도록 한다. 빠른 이온이 긴 경로를 이동한 후 방향을 바꾸기 때문에 동일한 m/z 값을 갖지만 느린 이온과 검출기에 함께 도달할 수 있다. 곡면의 전기장을 지닌 리플렉트론은 넓은 질량 범위의 이온들을 모을 수 있기 때문에 한 번의 레이저 쪼임으로 전체 질량 스펙트럼을 얻을 수 있다. 리플렉트론 TOF에서는 이온원과 검출기가 질량 분석기의 같은 쪽에 놓여 있고 리플렉트론은 이온원의 반대쪽에 놓여 있다. 이온은 이온원으로부터 리플렉트론까지 이동한 후 검출기까지 이동하게 되어 표류관을 두 번 이동한다. 상용화된 리플렉트론 TOF 질량 분석기가 그림 10.16에 소개되어 있다.

상용화된 TOF 기기의 질량 범위는 10,000 Da 이상이다. 분해능은 TOF 기기에 따라 다른데 GC-TOF-MS에 사용되는 검출기의 경우 1,000이고, 리플렉트론 기기의 경우 20,000까지 올라간다. 일반적인 리플렉트론 기기의 한 가지 단점은 감도가 줄어드는 것인데, 보통 전선 격자 리플렉트론(wire grid reflectron)의 경우 대략 10%의 이온 손실이 있다.

10.2.3.2.1 JEOL 나선형 TOF

TOF 기기에서 이온 비행 경로 길이는 비행 경로를 굽혀서 나란히 옆으로 옮기면서 일렬로 놓는 방법

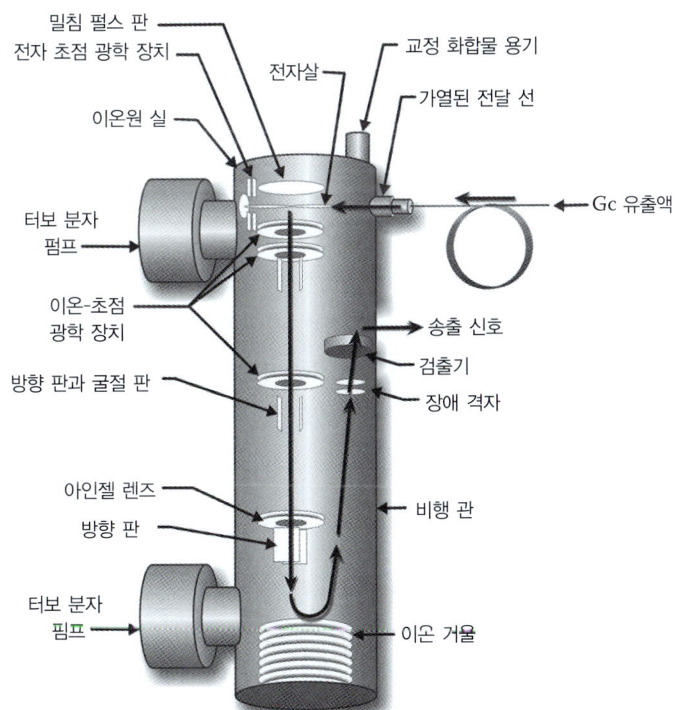

그림 10.16 상용화된 리플렉트론 TOF 질량 분석기(LECO의 Pegasus III). 분석기는 GC의 시료 주입 방법과 함께 나타나 있다. (Diagram courtesy of LECO Corporation. www.leco.com.)

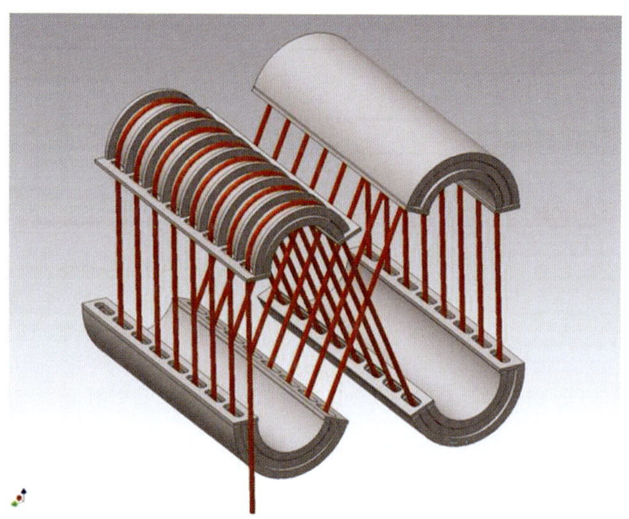

그림 10.17 JEOL 나선형 TOF의 8-자 모양 이온 경로(Used with permission from JEOL Inc. www.jeol.com.)

으로 증가시킬 수 있다. 곡선 모양의 전극은 그림 10.17에서 보는 바와 같이 다중 8자 모양 무대(multiple figure-8 stage)에서 이온 다발(ion packet)의 경로를 굽게 한다. 이온들은 8자 모양 무대를 지날 때마다 모아지게 되어 최종적으로 17 m의 경로를 벗어나지 않고 이동하여 높은 질량 정확도(<1 ppm)과 높은 분해능(> 60,000 FWHM) 그리고 높은 이온 전달 효율을 나타낸다.

10.2.3.3 사중 극자 질량 분석계

사중 극자 질량 분석계(quadrupole mass analyzer)는 이온을 분리하는 데 자기장을 사용하지 않는다. 대신 사중 극자 질량 분석계는 시간에 따라 전기장을 변화시키면서 이온을 분리하게 된다. 전기장은 라디오파 발진 전압(oscillating RF voltage)과 고정 직류 전압(constant DC voltage)을 이용하여 만들어지고 네 개의 정확하게 가공된 평행한 금속 막대에 가해진다(그림 10.18). 이러한 방식으로 교류 전위차에 직류 전위차가 중첩된 신호를 만들어낸다. 이온 줄기는 네 개 막대와 나란한 방향으로 주입된다.

막대 A, B, C, D에서 마주보고 있는 쌍끼리 전기적으로 DC 전원의 반대편에 연결되어 있는데, 예를 들어 C와 D가 양극에 연결되면, A와 B는 음극에 연결되어 있다. 그런 후, 전극 쌍은 라디오 발진 전압에 연결되어 있다. 이러한 방식의 연결을 통하여 각 전극 쌍의 전위는 서로 180° 위상 차이를 연속적으로 갖게 된다. 교류 진동 전압의 크기는 DC보다 크기 때문에 빠르게 진동하는 전기장이 나타난다. DC 전압은 200 V까지 올라가는 반면에 RF 전압은 1200 V까지 올라간다. 막대의 단면은 원형이 아니고 쌍곡선형(hyperbolic)으로 쌍곡면의 축(hyperboloid axis)은 막대 배열의 중심부를 향하여 더욱 균일한 전기장을 나타낸다. 이러한 조건에서 네 막대 안의 어느 임의의 지점에서의 전위차는 RF 전압의 진폭과 주파와 DC 전압의 함수로 표현될 수 있게 된다. 막대의 모양은 제조사별로 다른데, 쌍곡선형 막대 말고 저렴한 원통형 막대가 사용되기도 한다. Agilent Technologies에서는 ICP-MS에 사용되는 쌍곡선형 사중 극자만을 제조한다.

막대 사이의 공간에 주입된 이온은 DC와 RF에 의해 복잡한 측면 운동을 하게 된다. 그림 10.18b에서 보는 바와 같이 x-방향을 A 막대와 B 막대의 단면적의 중간 지점을 통과하는 선의 방향으로 가정하고 y-방향은 C 막대와 D 막대의 단면적의 중간 지점을 통과하는 선의 방향으로 가정해 보자. 이때, 이온의 z-방향(막대 사이의 축 방향) 이동은 전기장에 의해 영향을 받지 않는다. 다음 식을 통해서 이온의 측면 이동을 기술할 수 있다.

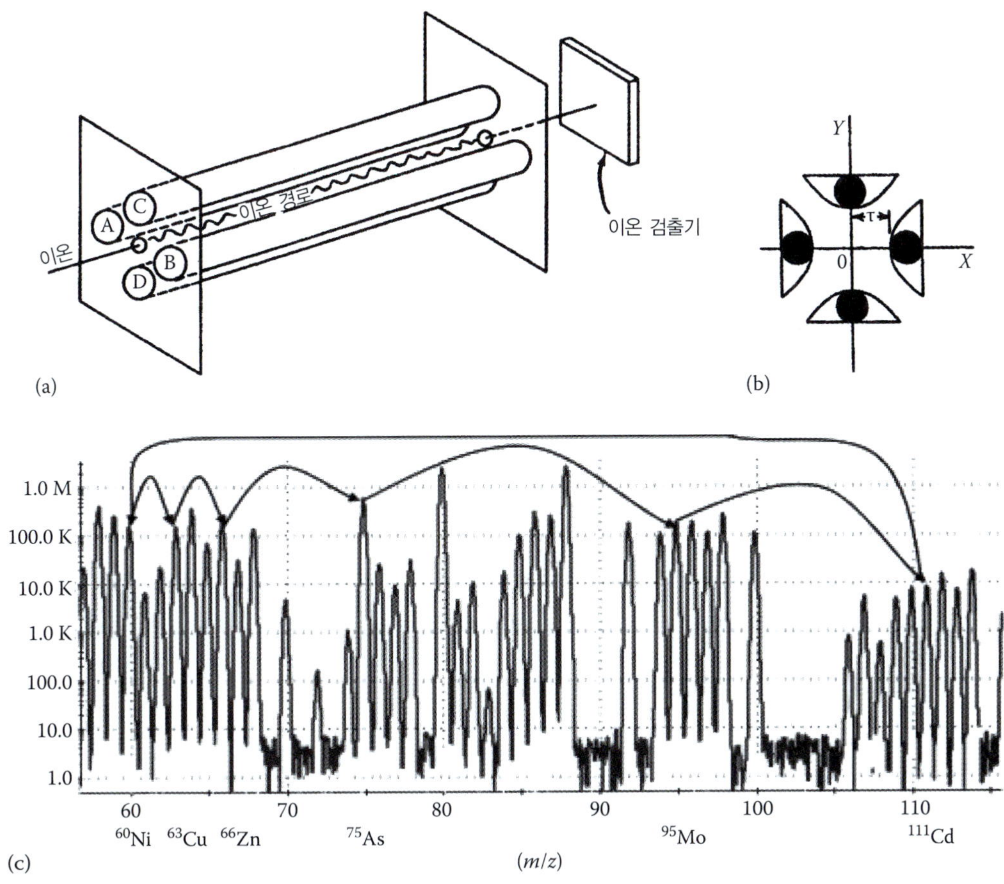

그림 10.18 (a) 투과형 사중 극자 질량 분석기. 막대 A와 B는 전기적으로 연결되어 있고, 같은 방법으로 C와 D가 연결되어 있다. AB와 CD 막대 쌍은 직류 전원과 가변 RF 전원에 연결되어 180° 위상 차이를 갖는다. (b) 막대의 기하 구조. (c) '피크 호핑(peak hopping)' 방법에 의한 원소의 순차적 검출.

$$\frac{d^2x}{dt^2}+\frac{2}{r^2(m/z)}(V_{DC}+V_{RF}\cos 2\pi ft)y=0 \tag{10.14}$$

$$\frac{d^2y}{dt^2}+\frac{2}{r^2(m/z)}(V_{DC}+V_{RF}\cos 2\pi ft)x=0 \tag{10.15}$$

여기서 V_{DC}는 DC 신호의 전압, V_{RF}는 RF 전기장 전압의 진폭, f는 RF 전기장 진동의 진동수, r은 그림 10.18b에서 보는 것처럼 두 개의 마주보는 극자 끝 사이 길이의 반, t는 시간이다.

이온의 이동은 매우 복잡한데 그 이유는 x축 속도가 y축 위치의 함수이고, **반대** 경우도 성립되기 때문이다. 이온이 네 개 막대 사이의 공간에서 통과해 나가려면, 양이온이 음으로 하전된 막대에 끌릴 때마다 AC 전기장이 존재해서 양이온을 밀쳐 내야만 한다. 그렇지 않으면 양이온은 막대와 충돌하여 없어질 것이다. AC 전기장과 이온의 극자 표면 도달하는 시간을 잘 조정하여야 이온이 사중 극자를 통과하게 할 수 있다. 극자에 끌리고 밀쳐짐을 반복하면서 이온은 주기적 반복 운동을 하면서 '나선형 모양(corkscrew)'의 경로를 따라 사중 극자를 통과하여 검출기에 도달하게 된다. 특정 진동수의 RF에서 DC와 RF의 진폭 비율이 정해지면 이에 따라 결정되는 특정 m/z 값을 갖는 이온만이 사중 극자를 통과하게 된다. 이온의 질량-대-전하 비율과 진동수가 식 10.14와 10.15를 만족시키는 이온은 검출기를 향해 가면서 주기적 진동을 계속 유지하게 되어 결국에는 검출기에 도달하게 된다. 만약에 m/z 값과 진동수가 식 10.14와 10.15를 만족시키지 못하면 이온의 진동 운동 폭은 점점 더 커질 것이고 결국에는 극자와 충돌하여 진공으로 빨려 나갈 것이다. 이러한 경우 이온은 검출기에 도달하지 못한다. 특정 주어진 조건에서 오직 하나의 m/z 값

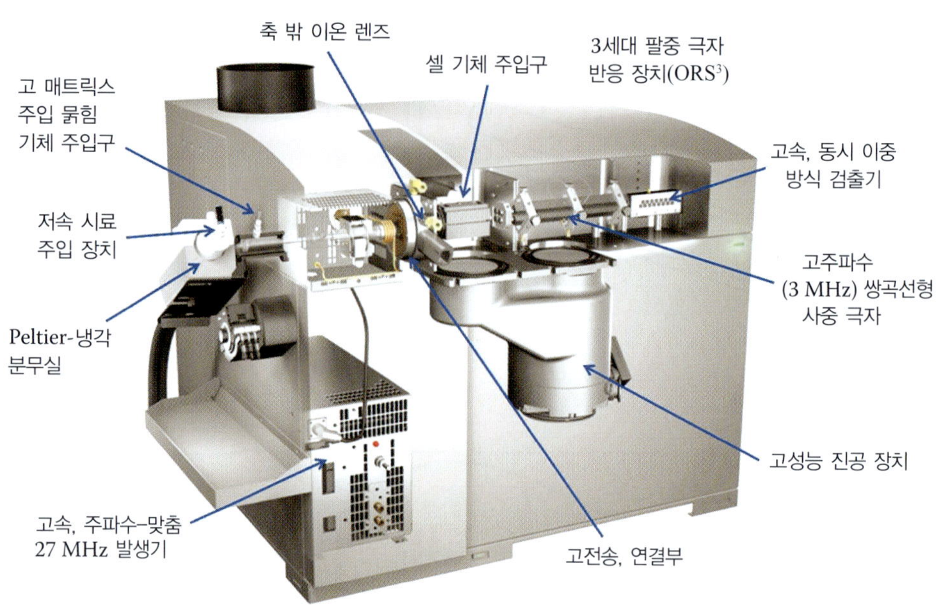

그림 10.19 Agilent Technologies의 단일 사중 극자 7700-계열 ICP-MS의 단면. 쌍곡선형 사중 극자가 반응 셀과 검출기 사이에 보여진다. 시료 주입 장치와 ICP 토치는 도면의 왼편에 위치한다. (© 2013 Agilent Technologies. www.agilent.com/chem. All rights reserved. Used with permission.)

에 해당하는 이온만이 사중 극자를 통과할 수 있다. 이러한 관점에서 보면, 사중 극자는 마치 필터와 같은 역할을 하기 때문에 종종 질량 필터(mass filter)라고도 한다. 이온 줄기로부터 하나의 m/z 값만이 선택되어 검출기에 도달하는데 그림 10.18c는 '피크 호핑(peak hopping)' 방법에 의한 순차적 원소 측정을 보여주고 있다.

다른 m/z 값을 갖는 이온들을 분리하기 위해 몇 가지 다른 방법이 사용된다. RF 전기장의 진동수를 일정하게 유지시키고 DC와 RF의 전압의 비율을 일정하게 하면서 변화시킬 수 있다. 수학적으로 증명된 바에 의하면 V_{DC}/V_{RF}가 0.168일 때, 가장 좋은 분해능을 얻을 수 있다. 이 비율보다 더 큰 비율을 이용하면 모든 질량에 대해 안정된 경로를 만들 수 없고, 이 비율보다 더 작은 비율을 이용하면 분해능이 점차적으로 떨어진다.

기기의 분해능은 이온이 표류관에서 행하는 진동수에 의해 결정된다. 따라서 극자의 길이를 증가시키면 분해능이 증가하게 되고 큰 분자를 측정할 수 있게 된다. RF의 진동수를 증가시키면 같은 효과를 볼 수 있다. 극자의 지름이 중요한 역할을 한다. 지름이 증가하면 감도도 증가하지만 검출 질량 범위는 감소한다. 제조사는 분석용 기기를 제작할 때 이러한 점을 고려하여 절충점을 찾아야만 한다. 사중 극자 질량 분석기를 이용하여 얻을 수 있는 분해능은 대략 1000이고, m/z 범위는 1~1000 Da이다. 다른 질량 분석기와 마찬가지로 시료는 기체 상태로 존재할 수 있어야 하며 반드시 이온화되어야 한다.

사중 극자 질량 분석계는 많은 상용 ICP-MS 기기, GC-MS 기기(13장), LC-MS 기기(14장)에서 볼 수 있다. 사중 극자 혹은 더 많은 수의 다중 극자는 유기 혹은 무기 MS/MS 기기에서 질량 분석용 혹은 충돌 용기(collision cell)로 사용된다. 이 부분에 관한 세부 사항은 10.2.3.4절에 소개된다.

자기 부채꼴 기기에 비해서 사중 극자 질량 분석계는 질량 범위와 분해능이 떨어지지만 빠르다는 장점이 있다. 사중 극자 질량 분석계는 하나의 온전한 질량 스펙트럼을 100 ms 이내에 제공할 수 있다. 이러한 장점 때문에 사중 극자 질량 분석계는 크로마토그래피 혹은 레이저 절삭(laser ablation) 등과 같이 순식간에 신호가 사라지는 이온원에 결합하여 사용하는 데 적합하다. 또한, 사중 극자 질량 분석계는 저렴하고, 소형이며, 견고하다. 사중 극자가 설치된 대부분의 ICP-MS, GC-MS, LC-MS 기기들은 작아서 실험대 위에 올려놓을 수 있다. 그림 10.19는 작은 ICP-MS의 단면을 보여 주고 있다. 사중 극자는 상용적으로 사용되는 가장 흔한 질량 분석계이다. **투과형 사중 극자 질량 분석기(transmission quadrupole mass spectrometer)**라는 용어가 사용되기도 하는데 그 이유는 10.2.3.5절에서 설명된 **사중 극자 이온 트랩(quadrupole ion trap, QIT)** 질량 분석기와의 혼동을 막기 위해서이다.

10.2.3.4 MS/MS 그리고 MS^n 기기

많은 분석 문제는 분석물의 초기 이온화를 통하여 얻을 수 있는 정보뿐만 아니라 조각 이온의 구조 혹은 이온–분자 간의 상호작용에 대한 정보를 요구한다. 이러한 경우 MS/MS 기술 혹은 텐덤 MS(Tandem MS)라고 하는 기술이 유용하다. MS/MS는 두 개 혹은 그 이상의 질량 분석을 결합하여 이온의 질량을 작게 하거나 크게 하는 등의 변화를 유발시키는 기술인데, 작게 하기 위해서는 비활성 기체와의 충돌을 통하여 작은 조각 이온으로 분해하고, 크게 하기 위해서는 중성 분자와의 반응을 통하여 큰 이온으로 변환시킨다. ICP-MS/MS 장비(그림 10.20b)의 자세한 내용은 11장에서 다룬다.

텐덤 질량 분석에서는 두 개의 물리적으로 분리된 질량 분석계가 결합하여 수행할 수 있는데, 예를 들어 두 개의 사중 극자가 나란히 다중 극자 충돌 셀 양편에 연결된 것으로 이렇게 연결되어 MS/MS를 수행하는 방식을 '공간적 직렬(tandem in space)'이라고 한다. 그림 10.20a는 공간적 직렬 분석을 위해 세 개의 사중 극자가 사용된 사중 극자 MS/MS 장비를 보여 주고 있다. 여기서 두 번째 사중 극자는 실제로 네 개 이상의 막대가 사용되기도 한다. 두 번째 극자는 첫 번째 극자에서 선택된 이온을 격리시키고 집중시켜서 충돌 기체와 충돌하게 하고 형성된 조각 이온을 세 번째 사중 극자로 이동시키는 역할을 한다. 이러한 배열을 종종 '삼중 사중 극자(triple quad)'라고 하는데 실제로는 두 번째 단계에서는 설명한 바와 같이 다른 설계와 역할이 있기도 한다. 10.2.3.5절과 10.2.3.6절에서 설명될 이온 트랩(ion trap)의 경우에는 하나의 질량 분석계에서 MS/MS 실험을 수행할 수 있는데 이러한 방식으로 MS/MS 실험을 수행하는 방식을 '시간적 직렬(tandem in time)'이라고 한다.

그림 10.20a를 이용하여 간단한 MS/MS 실험을 설명할 수 있다. 분석물은 이온원에서 이온화된다. 특정 m/z 값을 지닌 이온을 분석해 보자. 이 이온은 **선구 이온(precursor ion)**이라고 한다. 선구 이온은 첫 번째 사중 극자에서 선택되어 오직 선구 이온만이 두 번째 단계로 옮겨진다. 두 번째 단계에는 반응 영역이 있어서 충돌 셀과 이온 렌즈 역할을 하게 된다. 여기서는 보통 비활성 기체가 주입되어 선구 이온이 충돌-유도 조각화에 의하여 가벼운 생성 이온(product ion)을 형성하게 되거나, 반응 시약 기체가 주입되어 이온–분자 간 반응을 통해 무거운 생성 이온이 만들어지기도 한다. 두 번째 단계는 생성 이온을 가두어 옮기는 역할도 한다. 즉, 다음과 같다.

$$M^{+}_{\text{precursor}} \rightarrow M^{+}_{\text{product}}$$

여기서 선구 이온과 생성 이온은 서로 다른 m/z 값을 지닌다. 생성 이온은 세 번째 사중 극자에서 질량 분석 과정을 거치게 된다. 이렇게 첫 번째와 세 번째 사중 극자에서 질량 분석이 이루어지고 중간의 사중 극자에서는 충돌과 결집시키는 역할을 수행하는 설계 형태를 종종 QqQ 설계로 간략하게 쓰기도 하는데, 여기시 대문자 Q를 사용하므로 질량 분석이 단지 두 단계에서만 이루어지고 있음을 나타내기도 한다. 그림 10.20b는 ICP-MS 장비의 도면을 보여 주고 있는데 여기서 동일한 두 개의 사중 극자 분석계가 중간의 팔중 극자 충돌/반응 셀로 분리됨을 알 수 있다. 중간에 팔중 극자를 사용하지만 이 장비는 (제조사에 의해) 삼중 사중 극자 기기라고 하며 QqQ 형태로 불린다.

만약 세 개의 질량 분석계가 결합된 기기를 갖고 있다면 최종 검출 전에 조각화가 반복될 수 있다. 선구 이온이 선택되어 조각화된 후, 만들어진 형성 이온 중의 하나가 선택되어 조각화될 수 있다. 즉, 다음과 같다.

$$M^{+}_{\text{precursor}} \rightarrow M^{+}_{\text{product 1}} \rightarrow M^{+}_{\text{product 2}}$$

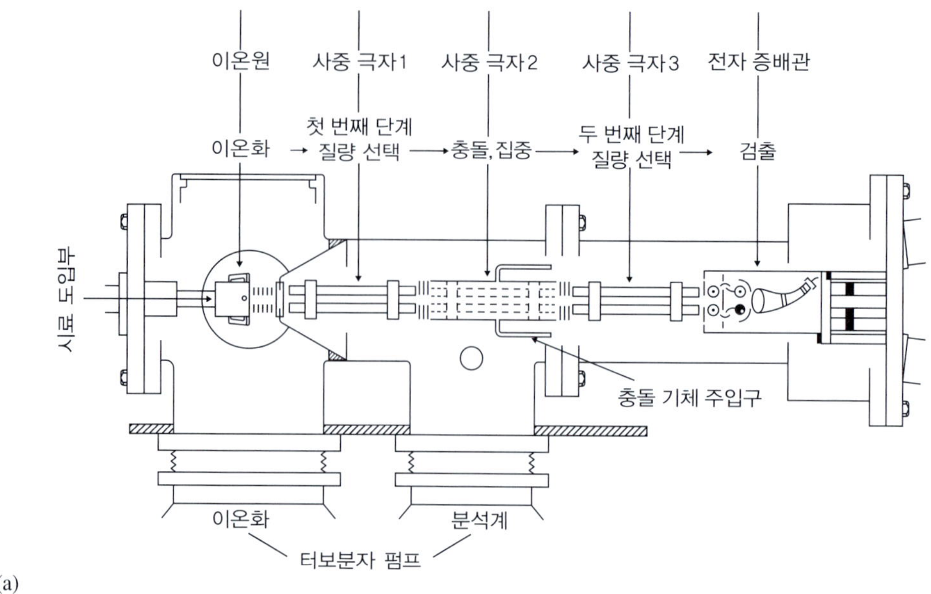

(a)

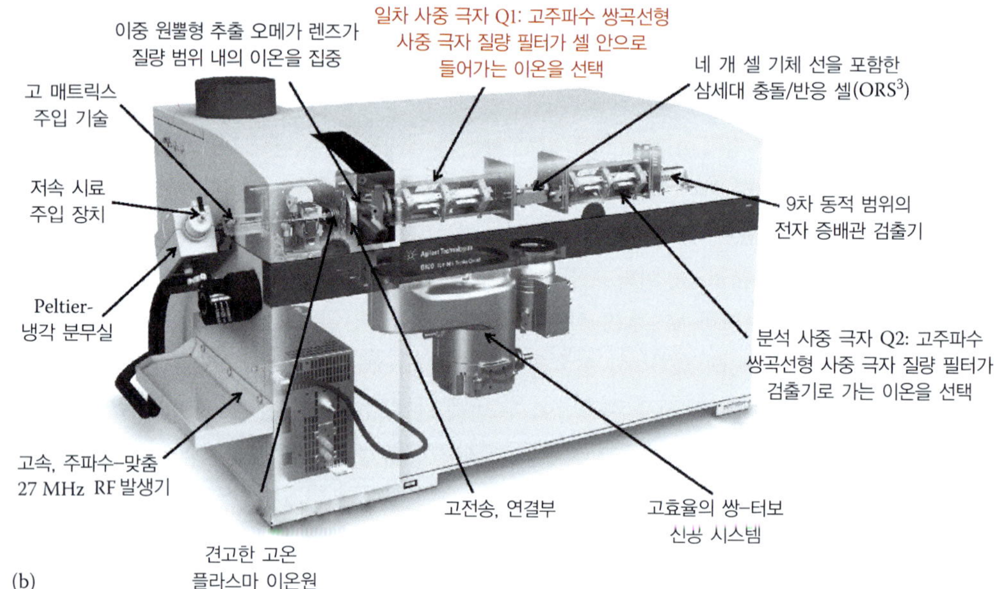

(b)

그림 10.20 (a) 유기물 분석을 위한 상용 사중 극자 텐덤 질량 분석기(Thermo Fisher Scientific.www.thermofisher.com. Used with permission.) (b) 두 개의 쌍곡선형 사중 극자가 팔중 극자 셀을 사이에 두고 분리되어 있다. (© 2013 Agilent Technologies. www.agilent.com/chem. All rights reserved. Used with permission.)

여기서 세 이온은 모두 다른 m/z 값을 지닌다. 이것은 MS/MS/MS 혹은 MS^3의 예이다. 사용되는 단계는 증가될 수 있어서 MS^n 실험도 가능하게 된다. '공간적 직렬' 방식을 이용하여 여러 개의 질량 분석계를 결합한 기기를 만드는 것은 비효율적이고 3개 혹은 4개가 한계이다. 이온 트랩 기기는 고 단계 실험을 수행할 수 있다. 보통 이온 트랩 기기의 경우 $n = 7$ 또는 8이 한계이다.

텐덤 질량 분석기는 그림 10.20a에서처럼 세 개의 사중 극자를 이용하여 만들어질 수도 있으며, 그림 10.20b에서 보는 것처럼 육중 극자 혹은 팔중 극자의 반응/충돌 셀을 이용하거나, 혹은 부채꼴과 TOF 질량 분석기를 결합하여 만들 수도 있다. 전기 부채꼴과 자기 부채꼴 분석기는 사중 극자 혹은 TOF 분석기와 결합되어 사용되어 왔다. 혼합 방식 텐덤 장치에서는 주로 사중 극자가 첫 번째 단계에서 사용되고 두 번째 단계에서는 고분해능 장치가 사용된다(예: TOF 혹은 Orbitrap; 10.2.3.7절 참조). 두 번째 단계에서 분석물 이외의 오염물 등으로부터 유도된 이질적인 이온이 만들어내는 전기장에 의해 분해능과 성능이 떨어질 수 있다(공간 전하 방해(space charge interference)). 분석물 이온 M^+ 혹은 특정 조각 이온은 이들 이질적 이온으로부터 격리되어 다음 단계로 옮겨질 수 있다(예: Q-TOF 혹은 Q-Trap).

10.2.3.5 사중 극자 이온 트랩

이온 트랩(ion trap)은 기체 이온이 형성되고 특정 시간 동안 저장되고, 전기장과 자기장에 의해 격리될 수 있는 기기이다. 현재 질량 분석에 사용되는 상용화된 이온 트랩에는 사중 극자 이온 트랩(Quadrupole Ion Trap, QIT), ICR 트랩, Orbitrap 등이 있다.

QIT 질량 분석기는 **Paul 이온 트랩** 혹은 **3D 이온 트랩** 혹은 그냥 이온 트랩이라고 불린다. 이 분석기는 사중 극자형 전기장을 이용하여 이온을 분리하기 때문에 '사중 극자(quadrupole)'라는 용어를 이름에 사용하여 다음 절에서 설명하게 된 Orbitrap과 ICR 트랩으로부터 구분시킨다. QIT의 도면이 그림 10.21에 소개되어 있다. 고리-모양 전극(ring-shaped electrode)과 고리-모양 전극 아래 위에 두 개의 덮개형 전극(end-cap electrode)이 사용되어 3차원 전기장을 만들어낸다. 고정 주파수의 RF 전압이 고리 전극에 가해지는 반면 덮개형 전극은 접지되거나 RF 혹은 DC 전압이 가해진다. 전극에 전기장을 가해줌으로써 이온은 안정된 궤도를 따라 이동하게 되어 트랩 안에 저장된다. 이것은 전압을 조절하는 방식으로 이루어지는데 이온이 전극과 충돌하기 바로 전에 전압의 극성이 바뀌어 이온을 밀쳐 내게 된다. 넓은 m/z 영역의 이온이 동시에 이온 트랩에 저장될 수 있다.

이온 트랩 안의 이온은 고리 전극에 가해지는 RF의 진폭을 변화시켜서 이온 트랩 밖으로 내보낼 수 있다. 진폭이 커짐에 따라서 큰 m/z를 갖는 이온의 궤도가 불안정해진다. 이러한 이온들이 덮개형 전극으로 이동하게 되고 이 중 하나의 구멍을 통해 이온이 검출기로 이동하게 된다.

덮개형 전극에 가해지는 RF와 DC의 파형을 조절해 선구 이온을 선택적으로 저장하여 MS/MS 실험을 수행하거나, 매트릭스 이온을 제거하고 분석 이온만을 선택적으로 저장할 수 있다. 이러한 방식으로 검출 한계를 향상시킬 수 있다. 이온 트랩은 단점도 있다. 저장된 이온이 다른 이온들과 상호 작용(공간-전하 효과(space-charge effect))을 할 수 있기 때문에 궤도의 안정성을 훼손시키고 저장될 수 있는 이온의 농도를 낮추게 된다. 이러한 영향에 의해 이온 트랩 질량 분석기의 동적 범위가 낮아지게 된다. 분석 이온이 나타내는 미량 수준 신호는 오염 이온이 과량으로 존재하면 불안정화될 수 있는데 이것은 오염 이온과 분

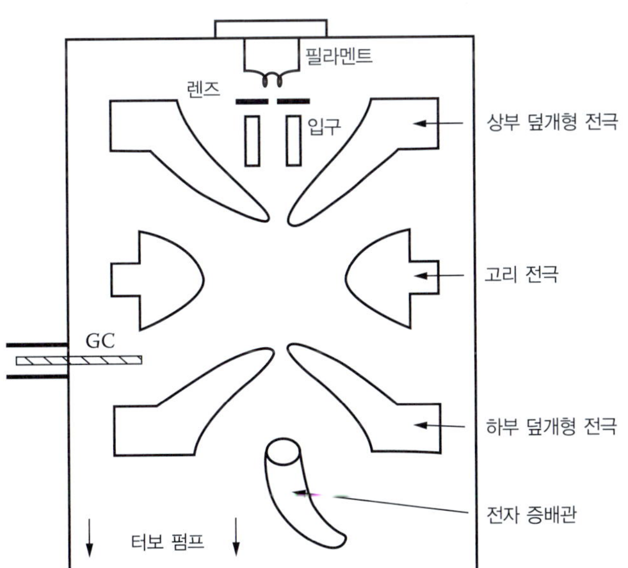

그림 10.21 QIT 질량 분석기의 단면. 본 도면은 기체 상태 시료가 GC로부터 주입되어 트랩 안에서 필라멘트로부터 나오는 전자에 의해 이온화되는 것을 보여 주고 있다. (From Niessen, W.M.A. and van der Greef, J., *Liquid Chromatography–Mass Spectrometry*, Marcel Dekker, Inc., New York, 1992. Used with permission.)

석 이온의 질량값이 충분히 달라서 쉽게 분리할 수 있다고 해도 마찬가지이다. 이온 트랩 질량 분석기는 사중 극자보다 오염된 시료를 쉽게 분석하기 어려운데, 사중 극자의 경우 분석 이온을 측정할 때 원하지 않는 이온들은 '내버리게(throw away)' 된다. 저장된 이온의 상호 작용은 질량-대-전하비 측정에서 정확도를 제한시킨다. 상용 QIT 질량 분석기의 분해능은 0.1~1 범위이고 m/z 영역은 10~1000 범위이다.

10.2.3.6 푸리에 변환 이온-사이클로트론 공명(Fourier Transform Ion–Cyclotron Resonance)

ICR 기기는 또한 **Penning 이온 트랩(Penning ion trap)**이라고도 하는데 자기장을 이용하여 이온을 모아 저장한다. 그림 10.22에서 보는 바와 같이 여섯 개의 전도성 판은 정육면체 형태로 정렬되어 이온 트랩 역할을 한다. 정육면체 셀은 한 모서리의 길이가 약 100 mm이고 높은 진공 상태($<10^{-8}$ torr)로 있으며 초전도 자석에 의해 만들어지는 강한 자기장 안에 위치해 있다. 시료는 셀 안으로 도입되고 이온 트랩을 통과하는 전자살(electron beam) 등의 외부 이온원에 의해 이온화된다. 자기장이 존재하면 이온은 가해진 자기장에 수직인 방향으로 원형 궤도를 따라서 이동하게 되는데 이때 나타나는 진동수는 사이클로트론 진동수(cyclotron frequency)라고 한다.

$$\omega_c = \frac{z}{m}(eB) = \frac{v}{r} \tag{10.16}$$

여기서 ω_c는 이온의 회전 진동수(rad/s), e는 전자의 전하(Coulombs), B는 자기장(Tesla), z는 이온의 전하, m은 이온의 질량, v는 이온의 속도, r은 궤도의 반지름이다.

고정된 자기장에서 이온 이동의 진동수는 해당 이온의 m/z 값의 역에 의해 결정된다. RF 펄스를 수 밀리초(milliseconds) 동안 송신판(transmitter plate)에 가해 줌으로써 질량 분석을 수행할 수 있다. RF 펄스는 이온에게 에너지를 제공하여 이온이 같은 진동수를 가지며 더욱 큰 원형 궤도를 이동하게 한다. 주어진 m/z 값에 대해 ω_c 진동수의 펄스는 해당 m/z 값을 갖는 모든 이온이 에너지를 흡수하여 그 회전 궤도를 증가시키게 된다. RF 펄스가 꺼지면, 이온의 운동은 수신판(receiver plate)에 유도되는 전류에 의해 감지된다. 양이온 그룹이 수신판에 가까이 가면 전자들은 수신판의 내부 표면에 모여든다. 양이온 그룹이 멀리 떨어지게 되면 전자들은 물러난다. 이렇게 유도된 전류는 '이미지 전류(image current)'라고 하며 wc 진동수의 사인 곡선 신호를 갖는다. 궤도가 커질수록 유도 전류도 커진다. 진동수는 이온의 m/z 정보를 제공하고 전류의 진폭은 해당 m/z 값을 갖는 이온의 개수에 의해 결정되며 이온 농도 정보를 제공한다.

RF를 변화시켜 가면서 각 m/z에 해당하는 이미지 전류의 세기를 측정하여 질량 스펙트럼 정보를 얻는 것은 가능하지만 매우 느린 과정이다. 대신, 다양한 진동수를 포함하는 RF 펄스가 사용된다. 원하는 m/z 범위에 해당하는 진동수를 포함하는 RF 펄스를 만들어 사용할 수 있다. 원하는 m/z 범위의 이온을 들뜨게 하기 위한 진동수 범위가 선택된다. 펄스가 없어지면 들뜬 이온은 회전하면서 수신판에 이미지 전류를 유도

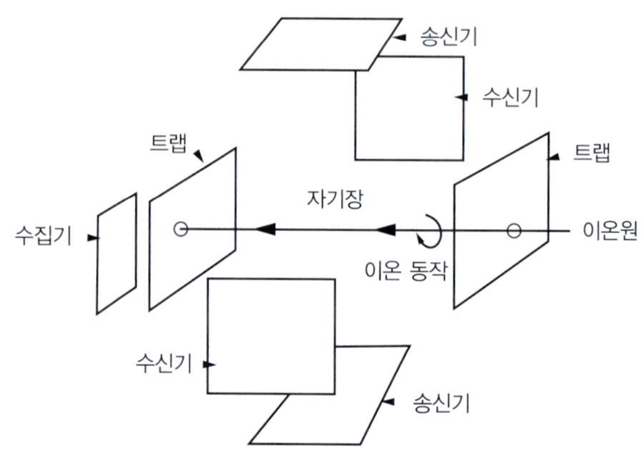

그림 10.22 ICR 이온 트랩의 확대도. ICR은 단독으로 혹은 '혼성(hybrid)' FTMS 장치에서 질량 분석계로 사용된다.

한다. 존재하는 모든 이온의 진동수 정보와 크기 정보를 포함하고 있는 출력 전류는 푸리에 변환(Fourier transformation)이라는 수학적 변환을 적용함으로써 질량 스펙트럼으로 변환시킬 수 있다. ICR 이온 트랩과 푸리에 변환을 이용한 방법을 FTICR-MS 혹은 간단히 FTMS라고 한다. 2003년 초까지 상용으로 존재하는 유일한 FTMS 기기였다.

ICR 기기는 몇 가지 장점이 있다. 그 중 하나는 이온 검출이 비파괴적(nondestructive)이라는 것이다. 따라서 검출을 반복적으로 수행하여 축적시킴으로써 크게 향상된 S/N와 신호-대-바탕값 그리고 매우 낮은 검출 한계를 얻을 수 있다. 분석물의 검출은 attomole 수준까지 가능하다. 진동수는 매우 정확하게 측정이 가능하여, FTMS 기기에서 질량 정확도와 분해능이 매우 높아서 100 Da 질량의 경우 1 ppb까지 가능하다. 이렇게 높은 분해능을 FT 과정에서 얻기 위해서는 오랫동안 데이터를 얻어야 한다. 이 시간 동안 ICR 트랩 안의 잔존 기체 원자와의 충돌에 의해 분석 이온이 손실되는 것을 막기 위해서는 트랩은 매우 높은 진공 상태($<10^{-8}$ torr)에서 작동되어야 높은 분해능을 나타낼 수 있다. ICR 셀은 선구 이온을 저장하고 충돌 기체, 레이저, 이온 줄기 등을 이용하여 조각화하는 등의 방법으로 MS/MS와 MS^n 실험을 할 수 있다. FTMS 기기의 장점은 이 방법이 비파괴적이어서 MS^n 실험의 모든 단계에 있는 이온을 측정할 수 있다는 것이다. 반면, QIT 기기는 분석하고자 하는 이온을 내쫓기 때문에 마지막 단계의 이온만이 측정된다.

ICR의 주요 단점들은 QIT 설명 시 기술되었던 공간 전하 효과에 의한 제한된 동적 범위, 복잡한 설계, 초고 진공과 고성능 초전도 자석을 사용해야 하기 때문에 발생하는 높은 기기 비용 등이 있다.

FTICR 장비의 높은 비용(1백만 달러 이상)에도 불구하고 새로운 '혼성(hybrid)' FTMS 기기가 2003년 소개되었는데 그 이유는 이 기기를 사용하여 단백질 구조를 결정할 수 있기 때문이다. 단백질 구조 결정은 기초 생물학, 유전체학, 단백질체학, 약물-생분자 상호 작용 이해 등을 위해 필수적이다. '혼성(hybrid)' FTMS 기기는 이온 트랩 혹은 사중 극자를 FTICR 앞부분에 설치하여 고감도와 고분해능을 나타낸다. 초기 단계에서 관심 이온 이외의 이온을 다른 데로 돌려 ICR 트랩에서 공간 전하 효과를 크게 줄이면 최대 용량으로 작동할 수 있다. ICP-MS를 위한 이온 트랩과 FTICR 기기는 없는데 그 이유는 분석 이온에 비해 상당히 큰 (플라스마로부터 만들어진) Ar^+ 이온의 세기 때문이다. 이온 트랩에는 제한된 숫자의 이온만이 저장될 수 있기 때문에 다른 ICP 질량 분석 기기에 비해 낮은 감도를 나타낸다.

10.2.3.7 Orbitrap MS

Orbitrap 질량 분석기는 가장 최근에 소개된 설계로, 앞에 기술한 Paul 트랩과 FTICR 트랩의 특징들을 결합한 것으로 Paul 트랩보다 분해능과 질량 범위를 증가시켰고 FTICR 트랩보다 데이터 습득 속도 및 공간-전하 방해에 대한 저항을 증진시켰다. Orbitrap이 어떻게 작동하는지를 자세히 설명하기에는 지면이 부족하여 몇 가지 주요 특징만 간단히 설명하도록 하겠다. 그림 10.23은 Orbitrap의 단면을 보여 주며 이온 하나의 궤도를 보여 주고 있다. 이온은 중심 스핀들(spindle) 둘레를 스핀들 축의 직각 방향에서 궤도를 그리며 공명 궤도 운동을 한다. 덮개의 바깥쪽은 내부 스핀들 쪽으로 약간 들어가게 되는데 그 이유는 긴 축을 따라서 집중시키는 전기장을 만들어서 원운동을 하는 이온들이 m/z 값에 따른 진동수를 나타내면서 축을 따라 앞뒤로 반복적으로 움직이기 위한 것이다. FTICR을 다루려 설명하였던 이미지 전류 검출과 비슷한 원리가 적용된다. 여기서는 길이 방향으로 앞뒤로 움직이며 회전하는 이온의 진동수를 스핀들의 끝부분에서 이미지 전류로 검출하는데, FTICR에서는 회전하는 사이클로트론-공명 이온이 지나가면서 다양한 이미지 전류를 나타낸다는 점이 Orbitrap과 다르다. 두 기기는 이온의 다양한 진동수가 합쳐진 매우 복잡한 신호를 나타내는데 이 신호는 빠른 푸리에 변환(fast Fourier transformation, FFT)을 통하여 각각 이온의 진동수와 진폭으로 변환될 수 있으며, 이것들은 각각 m/z 값과 세기로 전환될 수 있다. 스캔하는 대신, FFT를 이용하여 데이터를 전환하는 것은 FTIR과 FT-NMR을 다룬 절에서 논의하였듯이

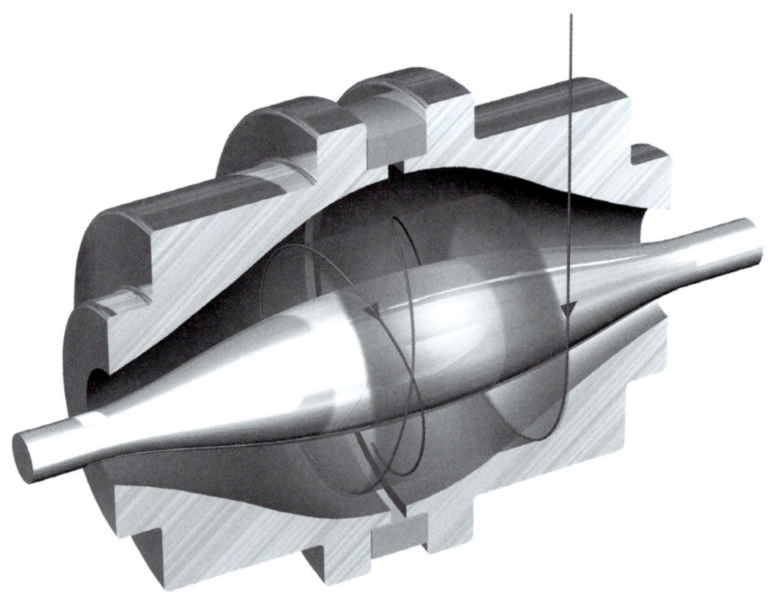

그림 10.23 Orbitrap 질량 분석계(© Thermo Fisher Scientific. www.thermofisher.com. Used with permission.)

Fellgett 장점이 있어서 유용하다. Orbitrap의 기하 구조에서 이온의 축방향 진동수는 이온의 에너지 혹은 공간적 퍼짐과 무관하기 때문에 고분해능(최근 모델의 경우 240,000까지)이 가능하다. 또한, m/z 값과 무관한 포집 전위차와 FTICR 혹은 Paul 트랩보다 큰 포집 공간 때문에 더욱 큰 공간 전하 용량을 갖게 되어 공간 전하의 방해를 덜 받는다. 질량 정확도는 2~5 ppm으로 좋고, m/z 범위는 최소 6000이며, 동적 범위는 1000보다 크다. 고분해능 질량 스펙트럼이 1초 이내에 얻어진다. 이러한 특징들은 2005년에 도입된 초기 모델에서 나타나고 후속 모델들은 더욱 향상된 기능을 나타내고 있다. 그림 10.23에 소개된 Orbitrap 분석기는 다른 질량 분석 부분들과 결합되어 사용된다. 예를 들어 렌즈, 추가 질량 분석 장치(사중 극자, 고에너지 충돌 분해(high-energy collisional dissociation(HCD), 전자 전달 분해(electron transfer dissociation(ETD) 등이 고품질의 MS/MS 스펙트럼을 나타내기 위해 사용된다. Orbitrap 장치의 특이한 점은 C-트랩인데, C-트랩에서는 도입 이온 줄기가 매우 짧은 펄스로 변환되어 Orbitrap 질량 분석 작동이 용이하다. 이러한 모든 것들은 결합되어 매우 빠르게 데이터를 습득할 수 있게 하여 UHPLC와 같은 빠른 분리에 의한 폭이 좁은 피크의 분석을 용이하게 만든다. 이러한 전형적인 형태가 그림 10.24에 소개되어 있다. 이러한 향상된 성능은 상대적으로 저렴한 가격의 Orbitrap 기기를 만들어냈고 이에 따라 FTICR 장비 시장은 감축되었는데, 현재 FTICR은 최고 분해능이 필요하거나 시료가 깨끗하여 오랜 시간 동안 데이터를 얻을 수 있을 경우에 사용된다. 포괄적인 온라인 자료는 Thermo 회사의 사이트인 http://www.planetorbitrap.com/에서 찾아볼 수 있다. 이 사이트에는 Orbitrap의 설계와 작동에 관하여 본 교재에서 취급하는 것보다 더 상세하게 기술되어 있다. 이 사이트에 등록하면 Orbitrap에 관한 다양한 응용과 문헌을 찾아 볼 수 있을 것이다.

10.2.4 | 검출기

대부분의 질량 분석기는 한 번에 하나의 m/z 값을 측정한다. **전자 증배관(electron multiplier, EM)** 혹은 **페러데이 컵(Faraday cup)**과 같은 단일-채널 이온 검출기가 그 예이다. 반면에 TOF, 이온 트랩, FTICR 질량 분석기 등은 동시에 여러 개의 m/z 값의 이온들을 끌어낼 수 있기 때문에 이들의 동시 검출이 필요하다. 다중 이온 검출을 위한 방법은 다중 검출기를 이용하는 것이다. 다중 검출기는 고분해능 자기 부채꼴 질량 분석 기기에 사용되어 매우 정밀한 동위 원소 비율 결정과 정량적 분석을 가능하게 한다.

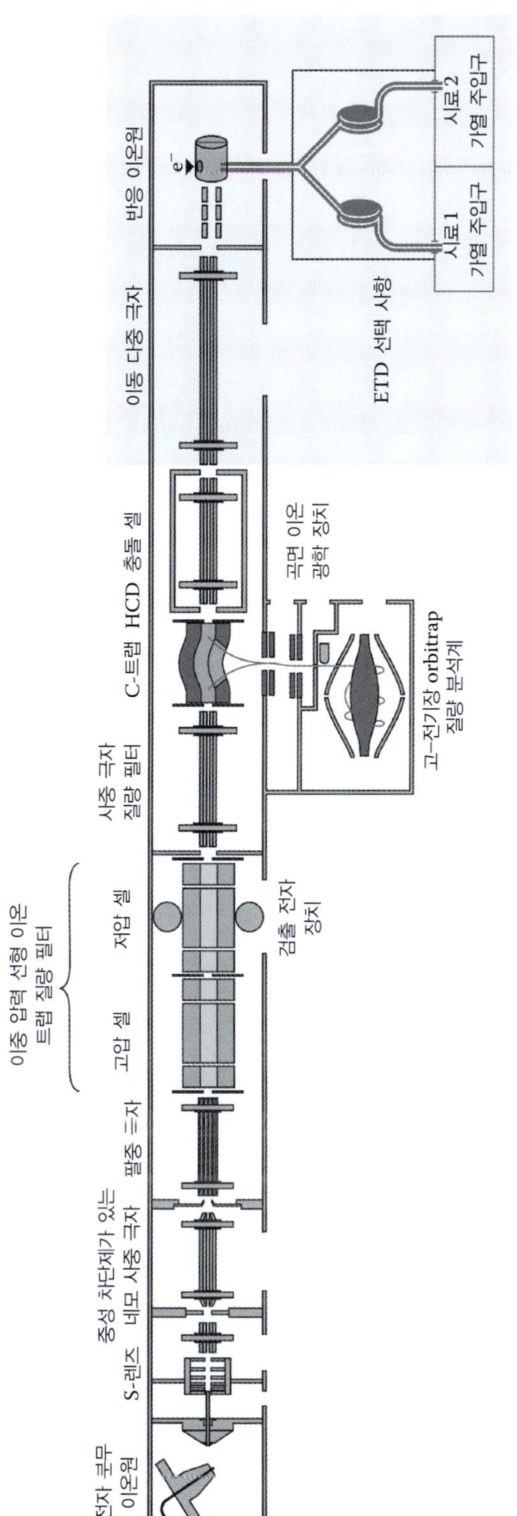

그림 10.24 혼성 Orbitrap-기반 질량 분석 기기의 도면(Thermo Fisher Scientific. www.thermofisher.com. Used with permission.)

나중 검출기를 이용한 기기는 '다중 수집 장치(multicollector)'라고도 한다. 최근 배열 검출기가 새로이 개발되어 넓은 질량 범위에서 동시에 m/z 측정이 가능해졌다.

10.2.4.1 전자 증배관

질량 분석에서 가장 흔한 검출기는 전자 증배관(electron multiplier, EM)이다. EM은 광학 검출기에서 광전자 증배관(photomultiplier tube)과 매우 유사하다. EM은 매우 감도가 좋고 반응이 매우 빠르다. EM은 다이노드(dynode)에 기반을 두는데 다이노드는 표면에 고속의 전자, 양이온, 음이온, 중성 물질 등이 부딪치면 전자를 내어 놓는다. **불연속-다이노드 EM(discrete-dynode EM)**은 12~24개의 다이노드가 일렬로 연결되어 있는데 뒤의 다이노드가 더욱 큰 양 전압을 지닌다. 한 번의 이온 충돌은 다이노드 표면으로부터 몇 개의 전자를 내어 놓게 한다. 이 전자들은 두 번째 다이노드 표면으로 가속되고 여기서 전자 하나의 충돌은 몇 개의 전자를 내어 놓게 한다. 이러한 과정이 반복되면서 전자 폭포(cascade), 즉 증폭된 전류(amplified current)가 형성되어 수집기에 도달하게 된다. 이러한 과정이 도식적으로 그림 10.25에 설명되어 있다. 보통 하나의 전자는 10^5개 이상의 전자를 만들 수 있다. 이온당 만들어지는 전자의 비율을 이득(gain)이라고 한다. 검출기의 이득은 적용 대상에 따라 조절되어 10^4~10^8이 사용된다. 그림 10.25b는 상용화된 불연속-다이노드 EM을 보여 주고 있다. **연속-다이노드 EM(continuous dynode EM)**은 채널 EM(CEM)이라고도 하는데 그림 10.26에서 보는 바와 같이 전기적 저항이 큰 유리관 내부에 납을 소량 불순물로 첨가하여 약간의 전도성을 주어 사용한다. 관 양끝에 전압을 가해 주면 관을 따라감에 따라 선형으로 전압이 감소한다. 이온 하나의 충돌은 전자들을 내보내게 하고 나온 전자가 가속되어 관과 다시

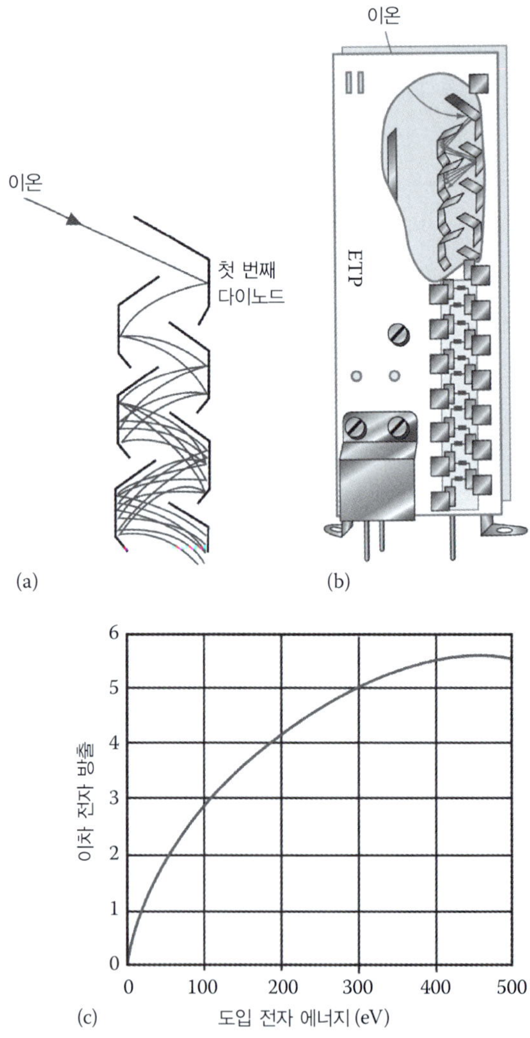

그림 10.25 (a) 불연속-다이노드 EM의 도식으로 첫 번째 다이노드에 전자가 충돌한 후 연이은 다이노드에서 전자 이득을 보여 줌. 전자 증폭 과정에서 21개 다이노드는 전자 이득을 10^8까지 도달하게 할 수 있다. (b) 검출기에서 다이노드의 위치를 보여 주고 있는 ETP EM의 도면. (c) 충돌 에너지에 따른 이차 전자 개수의 의존성 (Images courtesy of SGE, Inc., Austin, TX, and ETP Electron Multipliers Pty Ltd, a division of SGE, Sydney, Australia. www.etspci.com and www.sge.com.)

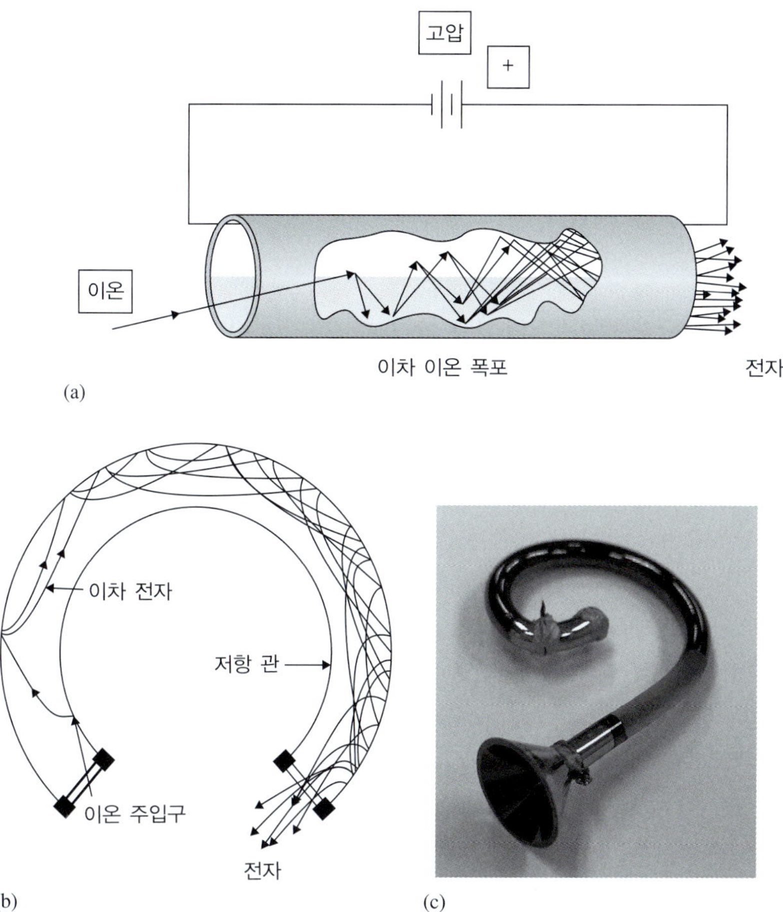

그림 10.26 (a) CEM 도식으로 유리 혹은 내부 코팅된 세라믹 관으로 되어 있어서 이온 충돌에 의해 이차 전자를 내어 놓음. (b) 굽은 CEM 도식. 굽은 모양은 이온 귀환 잡음을 최소화한다. (c) 굽은 모양 유리관 형태의 Channeltron® EM 사진. (Courtesy of Photonis USA, Fiskdale, MA, www.photonisusa.com.)

충돌하도록 하여 나중에는 불연속-다이노드 EM과 같은 폭포 효과(cascade effect)를 나타낸다. 곡면 혹은 나선 구조가 사용되어 양이온이 위쪽으로 이동하는 것을 막아 전기적 잡음을 최소화한다.

다이노드-기반 검출기의 단점은 도입되는 일차 입자의 종류, 각도, 에너지에 따라 방출되는 이차 전자의 개수가 바뀐다는 것이다. 전자 충돌에서 도입 에너지의 변화에 따라 이차 전자의 개수가 어떻게 변화하는지 그림 10.25c에 소개하였다. 이온 충돌도 유사한 경향을 나타낼 것이다. 따라서 이온의 속도 차이에 따라 **질량 차별**(*mass discrimination*)을 나타낼 것이다. 사중 극자 질량 분석계 혹은 QIT 질량 분석계로부터 나오는 무거운 이온은 가벼운 이온에 비해서 느린 속도로 다이노드에 충돌할 것이다. EM 검출기는 속도 차이를 극복할 수 있도록 고안되어야 하는데 한 가지 방법은 첫 번째 다이노드와 충돌하기 전에 이온을 가속하는 것이다.

10.2.4.2 페러데이 컵

페러데이 컵(Faraday cup)은 가장 저렴한 이온 검출기로 금속 혹은 탄소 컵으로 이온을 포집하고 전하를 저장한다. 여기서 형성된 수 마이크로 암페어의 전류는 측정되고 증폭된다. 컵 모양은 이온 충격 때문에 생기는 금속의 전자 손실을 줄인다. 페러데이 컵은 절대 양을 측정하는 검출기이기 때문에 다른 검출기를 교정(calibration)하는 데 사용된다. 전류는 이온 개수에 직접적으로 비례하고, 검출기에 모아진 이온당 전하수에 비례한다. 다이노드-기반 검출기와는 달리 페러데이 컵은 질량 차별을 나타내지 않는다. 단지 이 검출기는 반응 시간이 오래 걸려서 사용에 제한이 있다. 페러데이 컵 검출기는 이온 전류가 급격하게 변하지 않는 동위 원소 비율 질량 분석(isotope-ratio MS)에서 매우 정확한 측정을 할 때 유용하게 사용된다. 페러데이 컵 검출기는 다이노드-기반 검출기와는 달리 신호가 증폭되는 이득(gain)이 없다. 때문에 감도 높은 측정을 하는 데 한계가 있다.

이러한 낮은 감도는 고감도의 개별 다이노드 이차 전자 증배관(secondary electron multiplier, SEM) 검출기와 결합되면 장점이 될 수 있다. SEM 검출기는 선형 동적 범위(linear dynamic range)를 1,000,000,000(nine orders of magnitude)까지 가질 수 있으며, 이를 농도 범위로 나타내면 ppq로부터 ppm까지가 된다.

고정밀 동위 원소 비율 질량 분석기는 다중 페러데이 컵 검출기와 다중 소형 전자 증배관을 결합하여 동시 동위 원소 측정을 가능하게 한다. 이러한 기기를 다중 이온 수집 질량 분석기(예: 다중 수집기(multiple collector, MC-ICP-MS)라고 한다.

10.2.4.3 배열 검출기(Array detector)

마이크로 채널 판(Microchannel plate)은 공간적으로 분리된 배열 검출기로 하나의 지름이 10~100 μm인 다이노드 전자 증배관 10^5~10^7개가 연속적으로 연결된 검출기이다. 이 검출기는 사진 판 검출기의 대체 검출기로 사용되고 있다.

4800개의 분리된 채널(검출기)을 지닌 신형 12 cm 배열 검출기가 SPECTRO MS 이중-초점 부채꼴 ICP-MS에서 사용되고 있다(그림 10.27). 각각의 채널은 다른 신호 증폭 전기 회로를 지닌 두 개의 분리된 검출기로 이루어져 있다. 비파괴적 읽어 내기 알고리즘은 실시간으로 통합 시간을 조절하여 높고 낮은 세기 신호를 동시에 측정될 수 있도록 한다.

초점면 카메라(*focal plane camera*, FPC)는 아직 개발 초기 단계인데, 이것은 31개의 페러데이 컵을 포함하고 있으며, 각각의 컵은 145 μm 너비를 차지한다. 여기서는 동시에 15 m/z까지 측정이 가능하다. 이 검출기는 단일 채널 검출기보다 향상된 정밀도를 보이며, 레이저 절삭(laser ablation) 등에서 나오는 매우 빠른 순간적 신호를 측정할 수 있다.

(a)

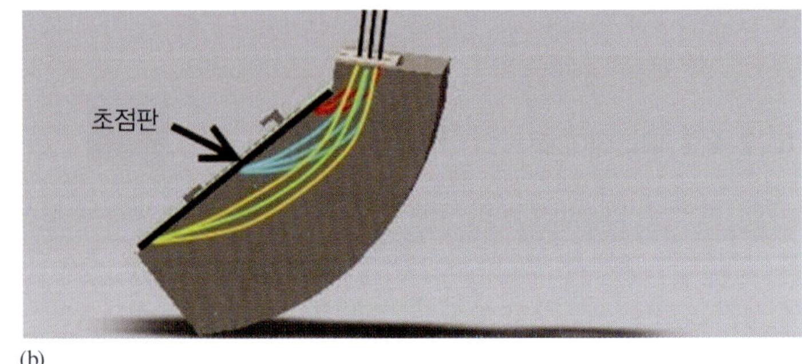

(b)

그림 10.27 (a) SPECTRO MS의 4800-채널 배열 검출기. (b) 자석의 초점판에 올려진 검출기. (Courtesy of SPECTRO Analytical Instruments, Inc., AMETEK® Materials Analysis Division, www.spectro.com, www.ametek.com. Used with permission.)

10.3 질량 분석기 시스템에서의 누출

이 장의 앞부분에서 우리는 분자 누출(leak)을 시료 도입 시스템으로 사용하는 것에 대해 논의했다. 그때는 누출이 우리에게 유리하게 이용되었다. 그러나 고진공하에서 작동하는 질량 분석기는 누출, 즉 원치 않는 공기나 기타 오염 물질의 유입으로 인해 어려움을 겪는 경우가 많다. 누출은 기기 조정 불능, 높은 바탕 신호(디스플레이가 잔디처럼 보이기 때문에 종종 '잔디 이온 증후군'으로 설명됨), 또는 모든 시료에 존재하는 허위 피크 등으로 나타난다. 누출이 의심될 때 문제해결을 위한 첫 번째 단계는 실제로 누출이 있는지 확인하는 것이다. 처음에는 진공 시스템 누출처럼 보일 수 있는 기기 오작동이 발생할 수 있다. 잔디 이온 현상은 마더보드의 오작동일 수 있으며, 이온 게이지에 의한 진공 측정 불량은 단순히 수명이 다한 이온 게이지로 인해 발생할 수 있다. 더욱이, 단순히 분석기나 소스에 몇 달(또는 몇 년) 동안 축적된 찌꺼기(crud)가 누출처럼 보이기도 한다(crud는 모든 종류의 찌꺼기를 설명하는 전문용어이다). 이 경우에는 기기 점검 및 청소를 위해 기기를 열어 보는 것 외에 다른 방법이 없다.

컬럼을 교체하거나 청소한 후에는 기기를 다시 진공 상태로 만들어야 한다. 이 과정에서 약 4:1의 비율로 나타나는 질소 대 산소 피크(28 및 32에서)를 볼 수 있다. 진공으로 만드는 과정 중에 이러한 피크가 줄어들지만, 잘못된 동작이 지속된다면 외부 누출이 아니라 기기가 더러운 것일 수 있다. 그러나 이온 게이지를 확인하였고 기기가 깨끗하다면 누출을 의심해야 한다. 일부 실험실에는 헬륨 누출 감지기가 있는데, 이는 실제로 He를 감지하도록 조정된 별도의 질량 분석기이다. 많은 구형 기기가 여전히 사용 중인데, 그들은 세탁기처럼 생겼고 무겁고 번거롭다. 최신 He 누출 감지기는 휴대용이거나 벤치탑형이며 사용이 쉽다. He 누출 감지기는 포트나 피팅을 통해 질량 분석계의 진공 시스템에 연결해야 한다. He 누출 감지기에는 누출을 나타내는 청각 경보 및 디스플레이가 있어 필요한 수리가 가능하다.

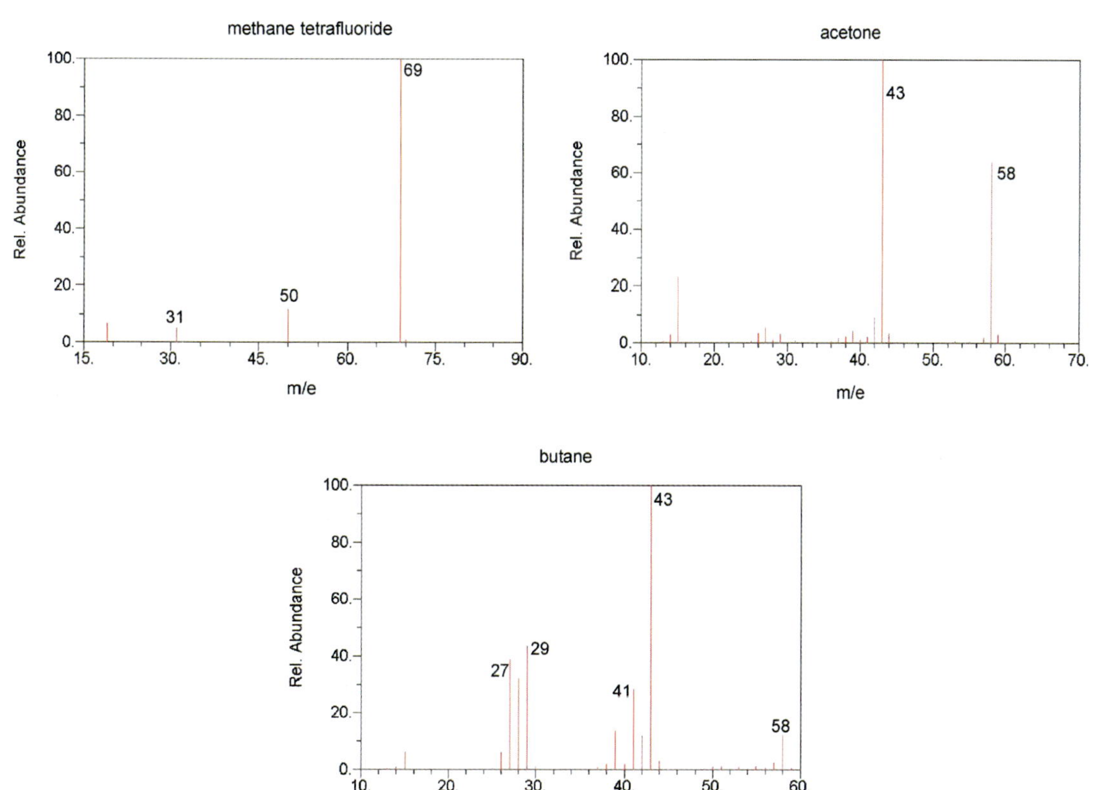

그림 10.28 테트라플루오린화 메테인, 1,1,1,2-테트라플루오로에테인(R-134a), n-뷰테인 및 아세톤의 질량 스펙트럼(NIST 화학 WebBook에서 가져옴).

기기를 작동하는 것이 안전하다면(즉, 작동으로 인해 소스가 소진되지 않을 정도로 누출이 심하지 않다면) 다른 유체(기체 및 액체)를 사용하여 기기를 자체 누출 감지기로 사용할 수 있다. 예를 들어 헥사플루오린화 황(SF_6) 기체의 흐름은 EI 모드에서 질량 127의 피크를 나타낸다. 모든 실험실에 SF_6가 있는 것은 아니며, 유용한 다른 액체도 있다. 더욱이 SF_6은 큰 분자이므로 He보다 훨씬 더 느리게 이동할 것이다. 그림 10.28은 테트라플루오린화 메테인, 1,1,1,2-테트라플루오로에테인(R-134a), n-뷰테인 및 아세톤의 질량 스펙트럼을 보여준다. 테트라플루오린화 메테인, 1,1,1,2-테트라플루오로에테인 및 n-뷰테인은 가스로 취급되는 반면, 아세톤은 액체로 취급된다. 일반적으로 n-뷰테인은 일회용 라이터에서 추출되고, 아세톤은 드로퍼(dropper)에서 추출된다. 아세톤이나 뷰테인 라이터를 사용할 때는 가연성 때문에 주의해야 한다.

중요한 점은 누출이 의심되는 경우 체계적으로 문제에 접근하고 타당한 이유 없이 기기를 해체하지 않아야 한다는 것이다. 이는 상황을 더욱 악화시킬 것이다. 그리고 질량 분석기의 누출을 찾아서 고치는 것보다 누출을 방지하는 것이 훨씬 더 낫다. 문제가 발생할 때까지 기다리기보다는 권장 일정에 따라 피팅 플랜지와 개스킷을 교체하는 것이 좋다. 개스킷이나 O-링을 교체하는 동안에는 청결을 유지하라. O-링에 머리카락이 있으면 누출을 유발한다. Vespel®이나 흑연 페럴(ferrule) 또는 씰(seal)을 재사용하지 말고 새 제품을 사용하라.

문제

10.1 분자 이온(molecular ion)의 의미는 무엇인가? 화학자에게 있어서 분자 이온을 알아내는 것이 중요한 이유는 무엇인가?

10.2 질량 분석기에서 분해능(resolving power)과 분리도(resolution)의 정의는 무엇인가?

10.3 강한 이온화(hard ionization)와 약한 이온화(soft ionization)의 차이는 무엇인가?

10.4 EI가 어떻게 분석물로부터 이온을 형성하는지 기술하시오. 이것은 강한 이온화인가 아니면 약한 이온화인가? 이 이온화 원의 장점과 단점은 무엇인가?

10.5 CI가 어떻게 분석물로부터 이온을 형성하는지 기술하시오. 이것은 강한 이온화인가 아니면 약한 이온화인가? 이 이온화 원의 장점과 단점은 무엇인가?

10.6 일반적인 질량 분석기의 구역 도표(block diagram)를 그려보시오.

10.7 $z=1$인 이온이 있다고 하자. EI 원에서 전위차 1000 V에 의해 이 이온이 가속될 때 가해지는 운동 에너지를 계산하시오. 이때 얻어지는 운동 에너지는 이온의 질량에 따라 변하는가? 설명하시오.

10.8 EI 원에서 이온의 질량은 이온의 속도에 영향을 미치는가? 설명하시오.

10.9 질량 분석에서 액체 시료를 이온화하는 두 가지 방법에 대해서 기술하시오.

10.10 투과형 사중 극자 질량 분석계의 도면을 만들어 보시오. 이중-초점 질량 분석기와 비교할 때, 장점과 단점은 무엇인가?

10.11 다음을 구분하기 위해 필요한 분리도는 얼마인가?

(a) $m/z=84.0073$인 이온과 $m/z=84.0085$인 이온

(b) $ArCl^+$와 As^+

(c) $C_4H_6O_2^+$($m/z=86.0367$)과 $C_5H_{10}O^+$($m/z=86.0731$)

10.12 스테아릴 아민(stearyl amine, MW=269)의 EI 질량 스펙트럼과 CI 질량 스펙트럼의 차이는 어떻게 되는가? 메테인을 시약 기체로 사용하여 CI 질량 스펙트럼을 얻었다면, $m/z > 269$ 이상의 질량 스펙트럼에서 피크

가 관찰되는가? 설명하시오.

10.13 MALDI에서 일어나는 과정의 도면을 만들어 보시오. 이 기술의 장점은 무엇인가?

10.14 간단한 TOF 질량 분석기의 도면을 만들어 보고 어떻게 질량 분리가 이루어지는지 설명하시오. 일직선 표류관과 비교할 때, 리플렉트론(reflectron) TOF가 지니는 장점을 무엇인가?

10.15 MS/MS 실험의 단계들을 설명하시오. MS^n 실험이 가치 있는 이유는 무엇인가'?

10.16 ESI 원의 도면을 그려 보고 사용 유형을 기술하시오.

10.17 불연속-다이노드(discrete-dynode) EM의 도면을 그려 보고 어떻게 작동하는지 기술하시오.

10.18 CEM의 도면을 그려 보고 어떻게 작동하는지 기술하시오.

10.19 EM에서 '이득(gain)'이 의미하는 바는 무엇인가?

10.20 페러데이 컵 검출기와 EM 검출기의 장단점을 비교하시오.

10.21 FTMS가 의미하는 것은 무엇인가? FTMS의 가장 흔한 형태는 무엇인가?

10.22 QIT와 ICR의 작동 원리, 장점, 단점 등을 비교하시오. 이들은 MS^n 실험에서 어떻게 사용되는가?

10.23 Orbitrap 분석계에서 이온의 궤적을 기술하거나 그림으로 표현하시오. 다른 형태의 트랩에서보다 Orbitrap에서 공간–전하 분해능 저하가 적게 일어나는 이유는 무엇이라고 생각하는가? Orbitrap과 FTICR 기기에서 이미지 전류를 수집하는 방식을 비교하시오. FTICR에서 최대 분해능을 얻기 위해 더 높은 진공에서의 작동을 필요로 하는 이유는 무엇인가? UHPLC와 결합해서 사용되기에 더 적합한 것은 무엇인가? 또 그 이유는 무엇인가?

참고문헌

Alexander, M.L.; Hemberger, P.H.; Cesper, M.E.; Nogar, N.S. Laser desorption in a quadrupole ion trap: Mixture analysis using positive and negative ions. *Anal. Chem.*, *65*, 1600, 1993.

Barker, J. *Mass Spectrometry*: *Analytical Chemistry by Open Learning*, 2nd edn. Wiley: Chichester, U.K., 1999.

Barnes, J.H., IV; Hieftje, G.M.; Denton, M.B.; Sperline, R.; Koppenaal, D.W.; Baringa, C. A mass spectrometry detector array that provides truly simultaneous detection. *Am. Lab.*, *35*, 15, October 2003.

Becker, J.S. *Inorganic Mass Spectrometry*: *Principles and Applications*. John Wiley & Sons, Ltd.: Chichester, U.K., 2007

Buchanan, M.V.; Hettich, R.L. Fourier transform mass Spectrometry of high-mass biomolecules. *Anal. Chem.*, *65*(5), 245, 1993.

Caprioli, R.M. Continuous fiow FAB MS. *Anal. Chem.*, *62*(8), 177 A, 1990.

Cody, R.N.; Tamura, L.; Musselman, B.D. Electrospray ionization/magnetic sector MS calibration and accuracy. *Anal. Chem.*, 64, 1561, 1992.

Cole, R.B. *Electrospray and MALDI Mass Spectrometry*. Wiley: New York, 2010.

Dass, C. *Fundamentals of Contemporary Mass Spectrometry*. Wiley: New York, 2007.

De Hoffman, E. *Mass Spectrometry−Principles and Applications*, 3rd edn. Wiley: New York, 2007.

Duncan, W.P. *Res. Dev.*, 57, April 1991.

Eiceman, G.A. *Ion Mobility Spectrometry*, 3rd edn. Taylor & Francis: Boca Raton, FL, 2013.

Ewing, G.W. Mass Spectrometry. In Ewing, G.W. (ed.), *Analytical Instrumentation Handbook*, 2nd edn. Marcel Dekker, Inc.: New York, 1997.

Fenn, J.B.; Mann, M.; Meng, c.K.; Wong, S.E.; Whitehouse, C. *Science*, *64*, 246, 1989.

Finnigan, M. *Anal. News*, February 1990.

Goldner, H.J. Electrospray excites scientists with its amazing potential. *R&D Mag.*, *10*, 43, 1993.

Gross, J.H. *Mass Spectrometry−A Textbook*. Springer VCH: Berlin, Germany, 2011.

Karas, F.H.; Beavis, R.C.; Chait, B.T. Matrix-assisted laser desorption ionization mass Spectrometry of biopolymers. *Anal. Chem.*, 63(24), 1193A, 1991.

Karas, M.; Bahr, U. *Trends Anal. Chem.*, *9*, 323, 1990.

Knight, A.K.; Sperline, R.P.; Hieftje, G.M. et al. *Int. J. Mass Spectrom.*, *215*, 131, 2002.

Lambert, J.B.; Shurvell, H.F.; Lightner, D.; Cooks, R.G. *Introduction to Organic Spectroscopy*. MacMillan Publishing Company: New York, 1987.

Mahoney, J.; Perel, J.; Taylor, S. Primary ion source for FABMS. *Am. Lab.*, 92, March 1984.

March, R.E. *Quadrupole Ion Trap Mass Spectrometry*, 2nd edn. Wiley: New York, 2005.

McLafferty, F.W.; Tureček, F. *Interpretation of Mass Spectra*, 4th edn. University Science: Mill Valley, CA, 1993.

Montaser, A. (ed.) *Inductively Coupled Plasma Mass Spectrometry*. VCH: Berlin, Germany, 1998.

Niessen, W.M.A.; van der Greef, J. *Liquid Chromatography−Mass Spectrometry*. Marcel Dekker, Inc.: New York, 1992.

Silverstein, R.M.; Webster, F.X. *Spectrometric Identification of Organic Compounds*, 6th edn. Wiley: New York, 1981.

Smith, R.D.; Wahl, J.H.; Goodlett, D.R.; Hofstadler, S.A. *Anal. Chem.*, *65*(13), 574A, 1993.

Smith, R.M.; Busch, K.L. *Understanding Mass Spectra−A Basic Approach*. Wiley: New York, 1999.

Sparkman, O.D. *Mass Spectrometry Desk Reference*. Global View Publishing: Pittsburgh, PA, 2000.

Svartsburg, A.A. *Differential Ion Mobility Spectrometry*. Taylor & Francis: Boca Raton, FL, 2008.

Thomas, R. *Practical Guide to ICP-MS*, 2nd edn. Taylor & Francis: Boca Raton, FL, 2011.

Voreos, L. Electrospray mass Spectrometry. *Anal. Chem.*, *66*(8), 481A, 1993.

Wilkins, C.L. *Ion Mobility Spectrometry−Mass Spectrometry*. Taylor & Francis: Boca Raton, FL, 2010.

CHAPTER 11

질량 분석법 II: 스펙트럼 해석과 응용

J. J. Thompson이 1913년 처음으로 질량 분석(mass spectrometry, MS)을 이용하여 네온 기체가 비방사성 동위 원소들(^{20}Ne과 ^{22}Ne)의 혼합물로 구성되어 있다는 것을 증명하였다. 현대 주기율표에 있는 네온의 원자량은 20.18이다. Thompson은 네온의 질량 스펙트럼에서 질량이 20과 22인 두 개의 피크가 약 10:1의 세기 비율로 존재함을 관찰하였는데 질량이 20.18인 피크는 관찰하지 못하였다. 이것은 원소가 서로 다른 원자량을 지닌 동위 원소로 존재함을 증명하고 또한 화학 반응을 통해 얻어진 겉보기 원자량이 정수가 아닌 이유를 설명하였다는 점에서 매우 혁신적이었다. 실제로 자연계에는 3개의 네온 동위 원소가 존재하는데, ^{21}Ne은 다른 두 동위 원소에 비해서 매우 소량 존재한다. 1923년 Francis W. Aston은 높은 분해능의 기기를 제작하여 원소의 원자량과 동위 원소 비율을 결정하였다. 이것은 당시 무기 화학자들에게 매우 유용하였고 주기율표에서 원소의 위치 결정에 관한 많은 문제를 해결할 수 있게 하였다. 제2차 세계대전 당시, 미네소타 대학의 Nier는 고분해능 이중 초점 기기(high-resolution double-focusing instrument)를 개발하여 ^{238}U로부터 ^{235}U를 분리할 수 있도록 하였는데, 이런 기술이 원자 폭탄의 개발을 도왔다.

1940년대에는 최초로 상용 질량 분석기가 개발되어 석유 분석에 사용되었다. 또한 후속 기기의 개발을 통해 다양한 과학 분야에서 질량 분석기가 광범위하게 사용되도록 하였다. 최근에는 매일 10조 개의 질량 스펙트럼이 얻어지는 것으로 예측된다.

질량 분석기는 강력한 분석 도구로 여러 가지 응용 범위를 갖는데, 그 예로는 유기, 무기, 환경, 고분자, 물리 화학, 물리학, 지질학, 기후학, 고생물학, 고고학, 재료 과학, 생물학, 의학 등이 있다. 질량 분석 기기의 발전은 인간 게놈, 단백질 구조, 약물 대사(drug metabolism) 등을 이해하는 데 상당한 진보를 가능하게 하였다. 예를 들어, 수백만 달톤의 바이러스들은 전기 분무 이온화(electrospray ionization, ESI)를 이용한 질량 분석기에 의해 분석될 경우 바이러스 활성과 구조를 그대로 유지한 상태에서 분석될 수 있다. GC와 결합된 질량 분석기(GC-MS^n) 혹은 LC와 결합된 질량 분석기(LC-MS^n) 상용 장비들은 테러리스트에 의해 사용된 화학약품 등 다양한 화학 물질에 노출된 인간을 고감도로 신속하게 감지할 수 있게 해 준다.

11.1 질량 스펙트럼 해석: 간단한 분자의 구조 확인

질량 스펙트럼을 해석하는 방법을 배우는 주요 이유는 미지 화합물의 구조를 유추하여 확실하게 화합물이 무엇인지 확인하기 위한 것이다. 간단한 유기 분자라고 해도 분자를 확인하기 위해서는 유기 화학 구조에 대한 상당한 지식과 많은 연습을 필요로 한다. 다행히도 간단한 질량 스펙트럼은 간단한 수학과 일반 화학에서 배운 지식(예: 화학 결합, 공유, 동위 원소, 원자량, 분자량(molecular weight, MW) 등)만으

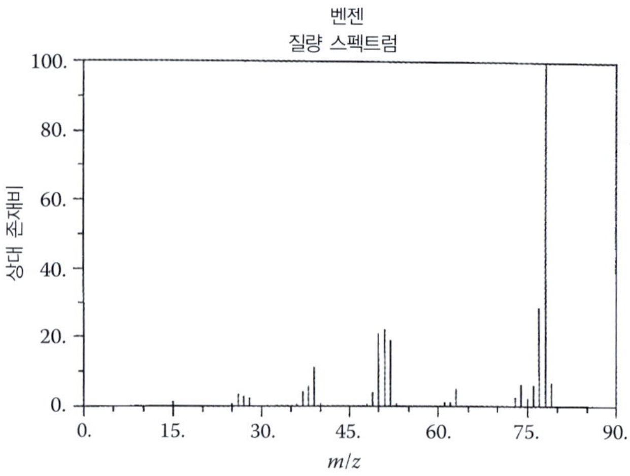

그림 11.1 벤젠(benzene, C_6H_6)의 질량 스펙트럼. (From the NIST Mass Spectrometry Data Center accessed via http://webbook.nist.gov. © 2011 U.S. Secretary of Commerce for the United States of America. All rights reserved. Used with permission.)

로 해석할 수 있는 경우가 많다. 정보가 전혀 없는 분자의 경우 하나 이상의 질량 분석 기술이 다른 분석 기술과 결합되어야 확실히 분자를 확인할 수 있을 것이다. 어떤 분자의 경우에는 질량 분석만 가지고 분석하지 못할 수도 있다.

질량 스펙트럼은 검출 이온의 질량-대-전하 비율(mass-to-charge ratio, m/z)과 이온의 상대 존재비(상대 농도)를 나타내는 도면 혹은 표이다. 작은 유기 분자인 벤젠의 일반적인 질량 스펙트럼이 그림 11.1에 나타나 있다. 여기서 x축은 m/z 값을 나타내고 있고, y축은 상대 존재비를 나타내고 있다. 질량 스펙트럼에서 **가장 많이 존재하는 피크**(*most abundant peak*)를 **주피크**(**base peak**)라고 한다. 주피크는 100% 존재비를 갖는 것으로 나타내고 나머지 피크의 높이는 주피크 높이의 상대적 높이를 퍼센트로 나타낸다. 표 11.1은 벤젠 질량 스펙트럼 데이터를 표 형식으로 나타낸 것이다. 표 형식은 매우 소량 존재하는 이온을 나타낼 수 있다는 장점이 있는데, 여기서 $m/z=64$와 $m/z=80$의 이온은 존재비가 너무 작아서 보통 도면에서는 관찰하기가 힘들다.

우리가 살펴볼 질량 스펙트럼은 전자 이온화(electron ionization, EI) 방법으로 얻어진 것들인데, 다른

표 11.1 벤젠의 질량 스펙트럼 데이터

m/z	상대 존재비	m/z	상대 존재비
37	4.0	53	0.80
37.5	1.2	63	2.9
38	5.4	64	0.17
38.5	0.35	73	1.5
39	13	74	4.3
39.5	0.19	75	1.7
40	0.37	76	6.0
48	0.29	77	14
49	2.7	78	100
50	16	79	6.4
51	18	80	0.18
52	19		

이온화 방법의 경우 조각내기(fragmentation)가 적어서 구조 분석이 어렵기 때문이다. 따라서 다음으로 살펴볼 질량 스펙트럼은 순수한 화합물의 EI 스펙트럼이다. 이들 스펙트럼의 이온들은 모두 양으로 하전된 이온들이다. 그리고 저분해능 질량 분석기에서 얻어진 스펙트럼이기 때문에 m/z 값은 정수로 측정되었다. 고분해능 질량 분석기에 의해서 얻어진 정확한 분자량 값은 정수가 아닌데, 이 또한 이 장의 후반부에서 설명될 것이다.

질량 스펙트럼을 해석하는 방법은 두 가지가 있다. 첫 번째 방법은 얻어진 스펙트럼을 데이터베이스에 있는 질량 스펙트럼과 비교하는 것이다. 두 번째 방법은 곧 이어 설명하게 될 해석 절차에 의해 해석하는 것이다. 어떤 방법을 이용하던지, 질량 스펙트럼을 해석하여 미지 시료가 '무엇인지 확인되면(identified)', 확실한 확인을 위해 순수한 물질을 얻어 동일 조건에서 분석하는 것이 필요하다. 현재까지 일천만 개 이상의 화합물이 확인되었다. 어떤 질량 스펙트럼 데이터베이스도 모든 가능한 화합물을 포함하진 않는데, Wiley Registry of Mass Spectral Data, 10th Edition(www.wiley.com/go/databases)은 719,000개 이상의 화합물을 포함하고 있다. 2011년에 발행된 US National Institute for Standards and Technology(NIST) (www.nist.gov/srd/nista.cfm)의 경우 212,961 화합물의 EI 스펙트럼에 관한 정보가 포함되어 있으며 공인된 회사로부터 구입할 수 있다. 이 중에서 한정된 수의 질량 스펙트럼은 NIST Chemistry WebBook(http://webbook.nist.gov)에서 온라인으로 확인할 수 있다. 몇몇 회사들과 출판사들이 환경 시료, 약품, 천연물, 석유 화학 제품 등에 관하여 특화된 질량 스펙트럼 라이브러리를 제공한다. 뒤에서 설명하겠지만 많은 화합물들은 동일한 실험식을 가지지만 할로젠 혹은 알킬 작용기가 다른 위치에 결합된 여러 가지 구조 이성질체로 존재한다. 예를 들어 pentachlorobiphenyl의 경우에는 46개의 이성질체가 존재한다. 이와 같은 이성질체는 EI 질량 분석에서 구분이 전혀 안 될 수도 있다. 이 경우 질량 분석기와 결합된 GC에 의해 분리될 수도 있고 이성질체는 GC 머무름 지수(GC retention index (RI)) 값에 의해서 구분될 수 있다. 많은 질량 분석 스펙트럼 데이터베이스는 이런 목적으로 GC-RI 값을 제공하고 있다.

실제 경우에는 분석물의 질량 스펙트럼이 컴퓨터에 입력되고 검색 알고리즘에 의해 저장된 데이터베이스의 스펙트럼과 비교된다. 검색 결과는 가능한 후보 화합물의 명단이 확률과 함께 '맞춤(match)'으로 나타난다. 분석자는 육안으로 후보 화합물의 스펙트럼과 분석물의 스펙트럼을 비교해야 한다. 지식, 판단력, 경험 등을 통하여 분석사는 어떤 후보 화합물이 미지 화합물과 가장 잘 맞는지 결정해야 한다. 이러한 스펙트럼 맞춤 방법은 이론적으로는 분석자의 훈련이 거의 필요 없지만 순수한 화합물과 양질의 질량 스펙트럼과 포괄적인 질량 스펙트럼 데이터베이스 등이 필요하다. 순수한 화합물의 스펙트럼과 알려진 스펙트럼을 비교하여 순수한 화합물이 무엇인지 알아내는 방법은 그 화합물의 특징(냄새, 색깔, 녹는점, 적외선 스펙트럼에 존재하는 작용기, 연소 분석에 존재하는 원소 종류 등)을 미리 알고 그 화합물의 질량 스펙트럼이 데이터베이스에 있으면 쉽게 이루어진다. 이러한 정보는 스펙트럼 라이브러리와 직접 비교를 통하여 화합물이 무엇인지를 유추하는 데 도움을 준다. 불행하게도 그렇지 않은 경우가 더 많으며 시료의 특성을 모르는 경우도 많다. 심지어 시료가 순수하지 않아서 스펙트럼의 직접 비교가 화합물을 확인하는 데 적합하지 않은 경우도 있다. 또한 검색 결과가 화합물을 틀리게 확인할 수도 있다. 전혀 모르는 미지 시료의 경우, 라이브러리 검색에 완전히 의존하는 것은 올바르지 않은데, 여러 가지 화합물이 유사한 질량 스펙트럼을 지닌 경우가 있기 때문이다. 예를 들어 동일한 수의 Cl 치환체가 붙어 있는 폴리 염화 바이페닐(polychlorinated biphenyl, PCB)과 폴리 염화 다이페닐 에터(polychlorinated diphenyl ethers, PCDEs) 등은 여러 가지의 구조 이성질체를 가질 수 있으며, 질량 스펙트럼으로는 구분이 거의 불가능하다.

11.1.1 | 분자 이온과 조각화 유형

EI에 의해서 분자가 이온화될 때, 분자로부터 전자가 제거되면서 **분자 이온(molecular ion)**이 형성된다.

이때 형성되는 라디칼 양이온은 $M^{+\cdot}$으로 기호화될 수 있는데, 이것의 질량은 전자 손실에 의해 나타나는 질량 변화는 매우 작기 때문에 중성 분자의 질량과 같다고 본다. 이때 형성되는 분자 이온은 일반적으로 과량의 에너지를 흡수하게 된다. 과량의 에너지는 분자 이온을 쪼개지게 한다. 이렇게 형성되는 조각은 이온, 중성 분자, 라디칼 등등이 될 수 있다. 조각은 조각내기 과정을 더 거쳐서 더 작은 조각이 되기도 한다. 질량 스펙트럼에서 관찰되는 이온은 조각 이온(fragment ion)이라고 한다. 이온화 조건이 일정하게 유지되면 주어진 분자는 항상 같은 조각을 같은 비율로 만들어낸다. 이들 조각의 질량과 존재비를 그 분자의 **조각내기 방식(fragmentation pattern)**이라고 한다. 각각의 분자는 이온화 조건에 따라 고유한 조각화 유형을 갖는다.

분자 이온을 저분해능 질량 분석기를 통해 분석하면 정수의 분자량 정보가 얻어진다. 고분해능 질량 분석기의 경우 높은 질량 정확도를 지니기 때문에 분자 이온이 가질 수 있는 가능한 원소 식(elemental formula)의 개수를 줄일 수 있다. 분자량을 알고 있으면 분석하는 화합물에 관한 많은 결론을 미리 내릴 수 있기 때문에, 분자 이온을 확인하는 것은 매우 중요하다. 예를 들어 어떤 유기 화합물의 분자량이 54라고 하면 화합물은 C_2NO, $C_2H_2N_2$, C_3H_2O, C_3H_4N, C_4H_6 등 제한된 숫자의 실험식만을 가질 수 있다. 여기서 몇몇 실험식은 존재할 수 없기 때문에 제거될 수 있다. 예를 들어 C_2NO는 존재할 수 없다. 이와 같이 분자량을 알면, 그 분자가 가질 수 있는 실험식에 관하여 상당한 정보를 얻을 수 있다. 질량 분석은 분자량을 결정하는 가장 빠르고 믿을 만한 방법 중 하나이다. 불행히도, EI 질량 스펙트럼에서는 분자 이온이 낮은 존재비로 존재하여 관찰되지 않는 경우가 많고, 관찰되더라도 바탕 오염 신호와 섞여서 구분이 힘든 경우가 많다. 요약해서 말하면, 분자 이온의 m/z 값은 그 분자의 분자량을 나타내고 조각화 유형은 그 분자의 구조를 파악하는 데 사용된다. 질량 스펙트럼에서 분자 이온 피크가 주피크(base peak)가 아닐 수도 있는데, 특히 EI 스펙트럼의 경우, 주피크는 분자 이온 피크가 아니다.

본 교재의 대부분 질량 스펙트럼에서 분자 이온의 m/z 값은 x축에 검은색 삼각형으로 표시되었다. 질량 스펙트럼에 표시가 안 되었다고 해도 x축은 m/z 값이고 y축은 상대 존재비이다. 가장 세기가 큰 피크는 100%로 하고, 나머지 피크는 가장 큰 피크에 대해 상대적으로 표현되었다. 화합물의 구조는 산소 원자와 수소 원자를 표현하지 않는 간단한 방법으로 스펙트럼에 표시되었다.

어떤 분자가 전자 충격에 의해 이온화될 때, 다음과 같은 반응을 진행하게 된다.

$$M + e^- \rightarrow M^{+\cdot} + e^- + e^-$$

이와 같이 분자 이온은 항상 라디칼 양이온이고, 보통 단일 양전하를 지닌다. 유기 분자가 전자를 잃으면 짝짓지 않은 전자가 유기 분자에 남게(라디칼 이온이라고 함) 되며, 짝짓지 않은 전자는 점(dot)으로 표현한다. 짝짓지 않은 전자 갖는 라디칼 이온은 **홀수 전자 이온**(*odd electron*(*OE*) *ion*)이라고 한다. **분자 이온은 항상 OE 이온이다.** 예를 들어 $C_2H_6 + e^- \rightarrow C_2H_6^{+\cdot} + e^- + e^-$ 반응에서 $C_2H_6^{+\cdot}$이 분자 이온이다.

방향족 화합물과 콘쥬게이션 탄화수소(conjugated hydrocarbon)는 강한 분자 이온 피크를 나타내는 반면, 알케인, 지방족 알코올, 나이트레이트, 가지가 많은 화합물 등은 분자 이온 피크를 만들지 않는 경향이 있다.

11.1.2 | 질소 규칙

'질소 규칙(nitrogen rule)'은 어떤 피크가 분자 이온 피크인지를 결정하는 데 도움을 준다. 유기 분자에 흔히 존재하는 원소의 원자량과 원자가를 고려하면, 분자 이온의 m/z 값은 **분자가 질소 원소를 전혀 갖고 있지 않거나 짝수 개를 갖고 있으면 항상 짝수이다.** 분자 이온이 홀수 개의 질소 원소를 포함하면 그 m/z 값(그리고 분자량)은 홀수여야 한다. 이것은 암기해야 하는 매우 중요한 규칙이고 C, H, N, O, S, 할로젠 원소, P, Si 등을 포함하는 유기 화합물에 적용 가능하다. 어떤 질량 스펙트럼의 가장 큰 m/z 값이 홀수이고 이것이 분자 이온이면, 그 이온은 홀수 개의 질소 원자를 포함한다. 질소 규칙을 적용하려면, 분자량은 가장 많이 존재하는 동위 원소를 이용하여 정수로 계산되어야 한다. 다음 절에서 이에 관하여 논의될 것이다. 질소 규칙의 예는 다음과 같다.

화합물	질소 원자 개수	분자량	
CH_4	0	16	짝수
HCN	1	27	홀수
H_2NNH_2	2	32	짝수
C_2H_5OH	0	46	짝수
C_6H_6	0	78	짝수
$C_2H_5NH_2$	1	45	홀수
$C_6H_5NH_2$	1	93	홀수
$C_6H_4(NH_2)_2$	2	108	짝수
C_9H_7N	1	129	홀수

11.1.3 | 분자식과 동위 원소 존재비

탄소가 지니는 두 개의 안정한 동위 원소는 ^{12}C와 ^{13}C이다. ^{12}C는 자연계 탄소의 98.90%를 차지하고 ^{13}C은 1.10%를 차지한다. (세 번째 탄소 동위 원소는 ^{14}C인데 방사성 동위 원소이기 때문에 유기 화학 구조 결정에는 중요하지 않고 방사성 탄소 연대 측정법(radiocarbon dating) 등 다른 응용 분야에서 중요하게 사용된다.) 따라서 탄소 원자 하나를 포함하는 화합물에서 98.90%의 분자는 하나의 ^{12}C를 포함하고, 1.10%는 하나의 ^{13}C를 포함할 것이다.

모든 유기 화합물(자연적이건 합성한 것이건 상관없이)은 ^{13}C의 영향에 의하여 분자 이온 질량보다 1이 큰 질량을 갖는 피크가 나타난다. ^{13}C을 포함하는 피크는 일반적으로 (M+1)로 표현된다. 예를 들어 메테인(CH_4)의 경우, 탄소의 원자량이 12라고 하면, 분자량은 16이다($^{12}C^1H_4 = 12+4 = 16$). 이 피크의 크기를 100이라고 하자. ^{13}C의 존재비는 ^{12}C의 1.1%이므로 $^{13}C^1H_4 = 13+4 = 17$이고, 이 피크의 크기는 $^{12}C^1H_4$의 1.1%이다.

피크 지정	동위 원소 식	분자량	상대 존재비
M	$^{12}C^1H_4$	16	100
M+1	$^{13}C^1H_4$	17	1.1

유사한 방식으로, 에테인(C_2H_6)의 경우 두 개의 탄소를 지니므로 다음과 같은 질량 분석 형태를 알 수 있다.

피크 지정	동위 원소 식	분자량	상대 존재비
M	$^{12}CH_3\ ^{12}CH_3$	30	100
M+1	$^{12}CH_3\ ^{13}CH_3$	31	1.1
M+1	$^{13}CH_3\ ^{12}CH_3$	31	1.1
합계 M+1		31	2.2
M+2	$^{13}CH_3\ ^{13}CH_3$	32	0.012

C_2H_6의 경우, $^{12}C_A\,^{12}C_B\,^1H_6$의 분자량은 30이고 이로 인한 분자 이온은 $m/z=30$을 지닌다. 이 분자는 $^{13}C_A\,^{12}C_B\,^1H_6$ ($m/z=31$)과 $^{12}C_A\,^{13}C_B\,^1H_6$ ($m/z=31$)을 가질 수 있다. 두 경우가 존재할 수 있는 확률은 동일하다. $m/z=30$의 존재비를 100이라고 할 때, $^{13}C\,^{12}C\,^1H_6$과 $^{12}C\,^{13}C\,^1H_6$의 존재비는 각각 1.1%이므로 $m/z=31$의 존재비는 $m/z=30$의 존재비의 2.2%가 된다. 여기서 분자 이온 피크보다 2가 큰 작은 피크는 두 개의 탄소가 모두 ^{13}C일 경우이다.

따라서 어떤 분자가 탄소와 수소만을 포함하고 (M+1)의 존재비가 M의 존재비의 1.1%라고 하면 그 분자에는 하나의 탄소만이 존재함을 알 수 있다. 그러므로 하나의 탄소만을 포함하는 탄화수소의 경우, (M+1)/M의 비율은 1.1%가 된다. 그리고 에테인과 같이 두 개의 탄소를 포함하고 있는 분자의 경우에는 ^{13}C의 존재 확률이 두 배가 되므로, (M+1)/M의 비율은 2.2%가 된다.

11.1.3.1 탄소 수 집계

(M+1)과 M 등의 피크와 탄화수소 분자에 존재하는 탄소 수와는 명확한 관계가 있다.

$$\frac{M+1}{M}=1.1\%\times \text{분자에 존재하는 탄소의 개수} \qquad (11.1)$$

이 관계식은 미지 화합물의 특성 분석에 매우 유용하다. 이 계산식은 탄화수소 화합물(탄소와 수소만을 포함하는 화합물)에만 적용 가능하고 이 계산에서 수소의 동위 원소 중 하나인 중수소 ^2H는 존재비가 0.016%로 매우 적기 때문에 무시하였다. 하지만 엄밀한 계산에서는 중수소의 기여도를 고려하여야 한다.

벤젠, C_6H_6(표 11.1)의 경우 분자 이온은 $m/z=78$에서 관찰되고 M+1 이온은 $m/z=79$에서 관찰된다. M+1 피크의 상대 존재비는 6.6%인데, 이를 1.1%로 나누면 6이 되어 분자 내에 6개의 탄소가 있다는 것이 증명된다.

유사한 과정을 C_3H_8(MW = 44)에 적용하면 $m/z=45$에 나타나는 M+1 피크의 상대 존재비는 $m/z=44$ 피크 크기의 3×1.1% 정도라는 것을 예측할 수 있다. 동일한 계산 과정이 어떤 탄화수소에도 적용될 수 있다.

표 11.2는 유기 화합물에서 흔히 발견되는 동위 원소들과 자연계에 존재하는 동위 원소의 상대적 존재비를 나열하고 있다. 부록 11.A에는 모든 원소에 대한 자연계 동위 원소의 상대 존재비를 모두 나타내는 표가 있다. 표 11.2에서 보는 바와 같이 중수소의 자연계 존재비는 ^1H 존재비의 0.016%에 불과하기 때문에 계산에서 무시되는 경우가 많다.

표 11.2 유기 화합물에서 흔히 발견되는 동위 원소의 자연계 존재비

동위 원소	질량	상대 존재비	질량	상대 존재비	질량	상대 존재비
H	1	100	2	0.016		
C	12	100	13	1.11		
N	14	100	15	0.37		
O	16	100	17	0.04	18	0.20
F	19	100				
Si	28	100	29	5.07	30	3.36
P	31	100				
S	32	100	33	0.78	34	4.39
Cl	35	100			37	32.7
Br	79	100			81	97.5
I	127	100				

하지만 산소, 질소, 황, 할로젠 원소 등과 같이 많은 유기 분자에서 무시할 수 없는 많은 동위 원소들이 있기 때문에 분자 이온의 올바른 질량을 얻고자 계산할 때, 어떤 원자 질량을 이용해야 하는 문제가 나타나기도 한다.

질량을 표현하는 세 가지 방법이 있다. 자연계에 가장 흔히 존재하는 동위 원소의 **정수 질량(integer mass)**을 원소의 **명목 질량(nominal mass)**이라고 한다. 동위 원소의 **정확한 질량(exact mass)**은 고분해능 질량 분석기로 얻어진다. ^{35}Cl의 정확한 질량은 34.9689 Da이고, ^{37}Cl의 경우에는 36.9659 Da이다. **원자 질량(atomic weigrt)**은 원소의 **평균 질량(average mass)**이다. 예를 들어 대부분의 주기율표는 염소의 원자량은 35.45 혹은 35.5라고 표기한다. 따라서 CH_2Cl_2의 분자량은 $12+2(1)+2(35.5)=85$가 된다. 하지만 CH_2Cl_2의 질량 스펙트럼은 $m/z=85$에서 강한 피크를 보이지 않는다. 주기율표에 나타난 염소의 원자 질량은 ^{35}Cl와 ^{37}Cl의 무게 평균이고, 여기서 ^{35}Cl이 ^{37}Cl보다 세 배 정도 많이 존재한다. 따라서 염소를 질량 분석기로 분석하면 $m/z=35$에 피크가 있고 이것 크기의 1/3 정도 되는 피크가 $m/z=37$에서 관찰될 것이고, $m/z=35.5$에서는 아무런 피크도 관찰되지 않을 것이다. 질량 분석에서 분자량은 원소의 가장 많이 존재하는 동위 원소의 질량 값을 가장 가까운 정수값으로 변형한 후 계산된다. 즉, 명목 질량이 이용되는 것이다. 대부분의 유기 화합물의 경우 가장 많이 존재하는 동위 원소는 가장 질량이 작은 동위 원소이다. 따라서 CH_2Cl_2의 분자량은 $12+2(1)+2(35)=84$가 된다. CH_2Cl_2의 질량 스펙트럼을 보면 $m/z=84$에서 강한 피크를 볼 수 있다. 존재하는 동위 원소를 고려할 때 이보다 얼마나 큰 m/z 값에서 피크가 나타나겠는가?

11.1.4 | 조각화에 의한 흔한 질량 손실

앞서 기술한 바와 같이 분자가 이온화될 때, 다음과 같은 반응식을 나타낸다.

$$M + e^- \rightarrow M^{+\cdot} + e^- + e^-$$

OE 분자 이온이 쪼개질 때, 다양한 경로를 거쳐서 쪼개지는데, 여기서 생성되는 OE 조각 이온 역시 유사한 경로를 거쳐서 쪼개지게 된다. 단순 끊어짐(simple cleavage)의 경우 아래와 같이 중성 조각인 OE 라디칼($OE^{\cdot}$)을 방출하게 되고 EE 이온(EE^+)을 형성하게 된다.

$$M^{+\cdot} \rightarrow EE^+ + OE^{\cdot}$$

다중심 조각내기(multicentered fragmentation)의 경우 중성의 EE를 방출하게 되고 OE 이온($OE^{+\cdot}$)을 형성하게 된다.

$$M^{+\cdot} \rightarrow EE + OE^{+\cdot}$$

위의 첫 번째 경우, EE^+ 이온이 검출되고 두 번째 경우 $OE^{+\cdot}$ 이온이 검출되게 된다. 조각화에서 손실되는 중성의 화학종은 $M^{+\cdot}$과 조각 이온 사이의 질량 차이를 이용하여 확인될 수 있다. 분자 이온의 흔한 손실은 표 11.3에 나타나 있다. 표 11.4과 11.5는 각각 단순 끊어짐 혹은 다중심 조각화에 의하여 방출되는 흔한 중성 조각들을 나타내고 있다.

11.2 질량 스펙트럼 해석: 몇 가지 예

질량 스펙트럼의 일반적인 모양은 분석하는 화합물의 종류에 의해 결정된다. 보통 알케인과 방향족 탄화수소를 구분하는 것은 많은 연습을 필요로 한다. 아래 예는 다양한 유기 화합물에서 대표적인 간단한 기체 분자 혹은 간단한 화합물들이다.

그림 11.2의 스펙트럼과 표 11.6의 데이터를 보면 가장 큰 피크가 $m/z=44$에서 나타났기 때문에 이것

표 11.3 분자 이온의 흔한 중성 손실

M−1	수소 라디칼 손실	$M-{}^{\cdot}H$
M−15	메틸 라디칼 손실	$M-{}^{\cdot}CH_3$
M−29	에틸 라디칼 손실	$M-{}^{\cdot}CH_2CH_3$
M−31	메톡시 라디칼 손실	$M-{}^{\cdot}OCH_3$
M−43	프로필 라디칼 손실	$M-{}^{\cdot}CH_2CH_2CH_3$
M−45	에톡시 라디칼 손실	$M-{}^{\cdot}OCH_2CH_3$
M−57	뷰틸 라디칼 손실	$M-{}^{\cdot}CH_2CH_2CH_2CH_3$
M−2	수소 손실	$M-H_2$
M−18	물 손실	$M-H_2O$
M−28	CO 혹은 에틸렌 손실	$M-CO$; $M-C_2H_4$
M−32	메탄올 손실	$M-CH_3OH$
M−44	CO_2 손실	$M-CO_2$
M−60	아세트산 손실	$M-CH_3CO_2H$

표 11.4 단순 끊어짐에 의해 방출되는 중성 조각들

질량	조각(OE˙)	질량	조각(OE˙)
1	˙H	46	$^{\cdot}NO_2$
15	$^{\cdot}CH_3$	47	$^{\cdot}CH_2SH$
16	$^{\cdot}NH_2$	57	$^{\cdot}C_4H_9$, $^{\cdot}C_3H_5O$
17	˙OH, $^{\cdot}NH_3$	58	$^{\cdot}C_3H_8N$
19	˙F	61	$^{\cdot}C_2H_5S$
26	˙CN	69	$^{\cdot}CF_3$
29	$^{\cdot}C_2H_5$, ˙CHO	71	$^{\cdot}C_4H_7O$
30	$^{\cdot}CH_3NH$, $^{\cdot}CN_2NH_2$	79	˙Br, $^{\cdot}C_6H_7$
31	$^{\cdot}CH_3O$, $^{\cdot}CH_2OH$	81	$^{\cdot}C_6H_9$, $^{\cdot}C_5H_5O$
35	˙Cl	91	$^{\cdot}C_7H_7$
45	$^{\cdot}C_2H_5O$, ˙COOH	127	˙I

표 11.5 다중심 조각화에 의해 방출되는 중성 조각들

질량	조각(EE˙)	질량	조각(EE˙)
2	H_2	45	C_2H_7N
17	NH_3	46	C_2H_6O, $H_2O+C_2H_4$
18	H_2O	48	CH_4S
20	HF	54	C_4H_6
27	HCN	56	C_4H_8, C_3H_4O
28	CO, C_2H_4	58	C_3H_6O
30	CH_2O	59	C_3H_9N
31	CH_5N	60	C_3H_8O, $C_2H_4O_2$
32	CH_4O	62	C_2H_6S
34	H_2S	74	$C_3H_6O_2$
36	HCl	76	C_6H_4
42	C_3H_6, C_2H_2O	78	C_6H_6
44	CO_2	80	HBr

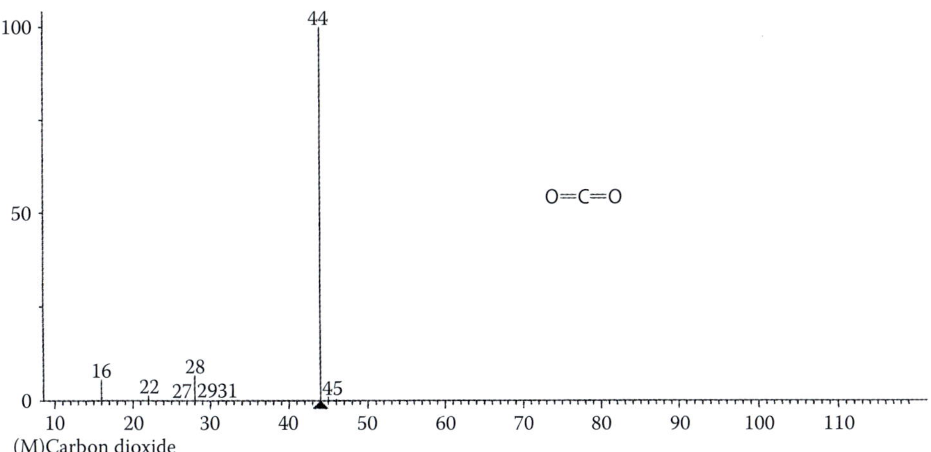

그림 11.2 이산화 탄소(CO_2)의 질량 스펙트럼

표 11.6 CO_2의 질량 스펙트럼 데이터

m/z	상대 존재비
12	8.7
16	9.6
22	1.9
28	9.8
29	0.13
30	0.02
44	100
45	1.2
46	0.42

이 분자 이온이라고 추측할 수 있다. *m/z* 45/44 세기의 비율이 1.2%이므로 이 분자의 탄소 개수는 하나를 초과하지 않을 것이다. 탄소 하나가 제거된 것은 M−12 = 32 Da의 질량을 가질 것이다. *m/z* 46/44 세기의 비율이 0.42%이므로 이 분자는 두 개의 산소 원자를 지닐 것이고 이것의 질량은 2(16) = 32 Da이다. 12+32는 처음 추측된 분자량과 같으므로 이 화합물은 아마도 CO_2일 것이다. 스펙트럼의 나머지를 살펴보면 *m/z* = 28 피크는 분자 이온이 하나의 산소 원자를 잃어서 형성된 CO 이온일 것이고, *m/z* = 16의 피크는 이온화된 산소 원자에 의한 것일 것이다. 고리+이중 결합 식에 의하면 이 화합물은 두 개의 이중 결합을 포함할 것으로 예측되고 실제로 그렇다.

그림 11.3의 질량 스펙트럼을 이산화 탄소의 스펙트럼과 비교해 보자. 그림 11.3의 스펙트럼은 모든 질량 분석자들이 알아야 하는 것이다. 이것은 혼합물인 공기의 질량 스펙트럼이다. *m/z* = 44 피크는 이산화 탄소이고 나머지 피크들은 물(18), 질소(28), 산소(32) 등이다. CO_2 질량 스펙트럼에서 *m/z* = 28 피크는 CO 이온인데, 공기의 질량 스펙트럼에서는 질소 혹은 일산화 탄소에 의한 것이다. 그림 11.3의 분해능에서 N_2와 CO를 구분하는 것은 불가능하다. 모든 질량 스펙트럼이 하나의 순수한 성분만으로 이루어지지 않았다는 것을 이해하는 것은 매우 중요하다. 실제로는 혼합물 혹은 순수하지 않은 시료를 훨씬 더 자주 만나게 된다.

공기에 존재하는 주요 기체의 실제 성분비는 N_2 = 78%, O_2 = 21%, 아르곤(질량 40) = 1%, CO_2 = ~0.039%이다. 물의 존재비는 상대적 습도에 따라 많이 변하게 된다. 그림 11.3에서 피크의 높이를

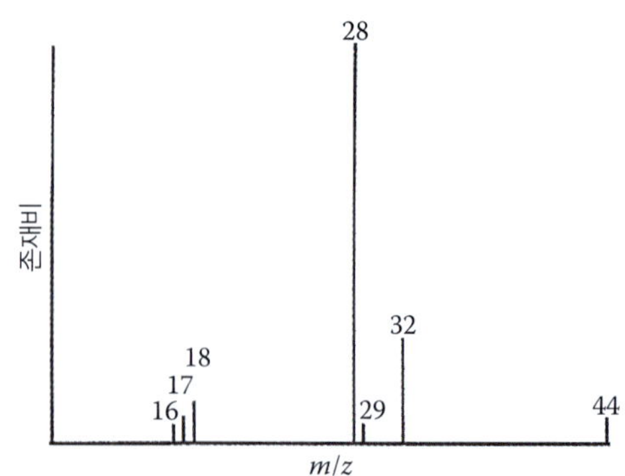

그림 11.3 혼합 기체로 이루어진 공기의 질량 스펙트럼 (Courtesy of Dr. Robert Kobelski, CDC, Atlanta, GA.)

주의 깊게 측정해도 이 비율이 나오지는 않는다. 공기가 하나의 화합물로 이루어진 것이 아니고 혼합물로 이루어져 있음을 다시 한 번 생각하자. 이온화 효율(다시 말해, 주어진 작동 조건에서 형성되는 이온의 개수)은 물질에 따라 바뀌게 된다. 예를 들어, 비활성 기체인 아르곤의 경우 주어진 실험 조건에서 쉽게 이온화되지 않아서 $m/z = 40$에서의 피크가 관찰되지 않는 것이다. 조각화의 정도와 조각물들에서 전하의 나누어짐은 다원자 기체에 따라 바뀌게 된다. 따라서 정확한 정량은 기계 조건과 안정성 등에 의해 결정되게 된다. 그러므로 화석 연료 연소에 따라서 증가하여 지구 온실 효과 논란의 중심이 되고 있는 대기의 CO_2 농도는 질량 분석보다는 IR 분광학으로 조사된다.

11.2.1 | 탄화수소의 질량 스펙트럼

질량 스펙트럼의 일반적인 모양은 분석하고자 하는 화합물의 종류에 의해 결정된다. 우선 노말 알케인(normal alkane, 포화된 직선의 탄화 수소로 화학식은 C_nH_{2n+2}이고 파라핀(paraffin)이라고 함)을 살펴보도록 하자. 그림 11.4는 n-C_{16}과 n-C_{30} 알케인의 질량 스펙트럼을 보여 주고 있다. 두 스펙트럼은 매우 유

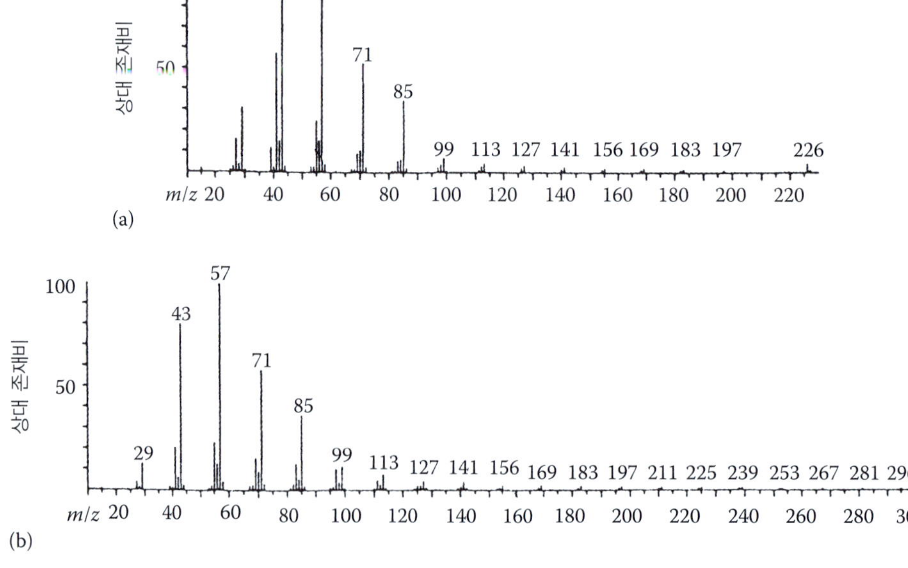

그림 11.4 (a) n-헥사데케인(n-hexadecane, $C_{16}H_{34}$)의 질량 스펙트럼과 (b) n-트라이데케인(n-tridecane, $C_{30}H_{62}$)의 질량 스펙트럼. n-헥사데케인의 분자량은 226 Da이고, 분자 이온은 작지만 스펙트럼에서 확인할 수 있다. n-트라이데케인의 분자량은 422 Da인데, 스펙트럼은 422 Da까지 측정하지 않았지만 분자 이온 피크는 매우 작을 것이다. 두 n-알케인은 모두 CH_2 기가 떨어져 나가서 생기는 14 Da씩 분리된 피크들이 관찰되는 매우 유사한 패턴을 나타내고 또한 저분자량 m/z 영역에서 유사한 질량 스펙트럼을 나타내고 있다.

사해서 비록 한 분자가 다른 분자보다 두 배 정도 크지만 스펙트럼에서 구분하기가 쉽지 않음을 알 수 있다. 일반적으로 작은 *n*-알케인이 강한 분자 이온 피크를 나타낸다. EI로 이온화할 경우 큰 *n*-알케인의 경우 분자 이온의 크기가 매우 작다. (분자 이온을 얻기 위해서는 화학 이온화 방법을 이용해야 할 것이다.)

두 화합물 모두 14 Da 차이가 나는 조각 이온들을 관찰할 수 있다. 이것은 탄소–탄소 결합이 끊어지면서 분자가 순차적으로 CH_2(메틸렌) 기를 잃어버리면서 생기는 것이다. 동족 계열 알케인의 경우, $m/z = 15$(CH_3)로부터 시작하여 $m/z = 15$, 29, 43. 57 등의 피크가 나타남을 알 수 있다. 직선의 알코올 혹은 아민과 같은 다른 동족 계열 분자의 경우도 동족 계열 알케인과 유사한 패턴이 질량 스펙트럼에 나타날 것인데, 단, m/z 값들은 작용기의 질량에 따라 옮겨질 것이다. 표 11.7은 각 계열의 말단 작용기와 처음으로 나타나는 m/z 피크들을 나타내고 있다.

가지가 있는 알케인(branched alkane)은 직성의 알케인보다 쉽게 쪼개지기 때문에 가지가 있는 알케인의 경우 분자 이온 피크를 확인하기가 *n*-알케인보다 쉽지 않다. 사이클로알케인의 경우 강한 분자 이온 피크를 나타내고 14 Da만큼 분리된 고유의 피크들도 나타낸다. 그림 11.5는 헥세인(hexane, C_6H_{14}, MW = 86)의 질량 스펙트럼을 나타내고 그림 11.6은 사이클로헥세인(cyclohexane, C_6H_{12}, MW = 84)의 질량 스펙트럼을 나타내고 있다. 분자 이온 피크는 두 경우 모두 관찰되지만 사이클로헥세인의 분자 이온 피크가 헥세인의 분자 이온 피크보다 훨씬 강하게 나타났다. 사이클로알케인의 경우 우선적으로 에텐(ethene, C_2H_4)을 잃어버리는 만큼 쪼개진다. 이런 우세 조각화에 의해서 사이클로헥세인은 $m/z = 56$에서 주피크(base peak)가 관찰된다. 그림 11.7은 2,2-다이메틸프로페인(2,2-dimethylpropane, $CH_3C(CH_3)_2CH_3$, 가지가 있는 알케인)의 질량 스펙트럼을 보여 주고 있다. $m/z = 72$에서의 분자 이온은

표 11.7 피크가 CH_2에 의해 분리되는 동족 계열

작용기	말단	m/z 계열
아민	$-CH_2-NH_2$	30, 44, 58, ...
알코올	$-CH_2-OH$	31, 45, 59, ...
알데하이드	$-C(=O)-H$	29, 43, 57, 71, ...
케톤	$-C(=O)-CH_3$	43, 57, 71, ...

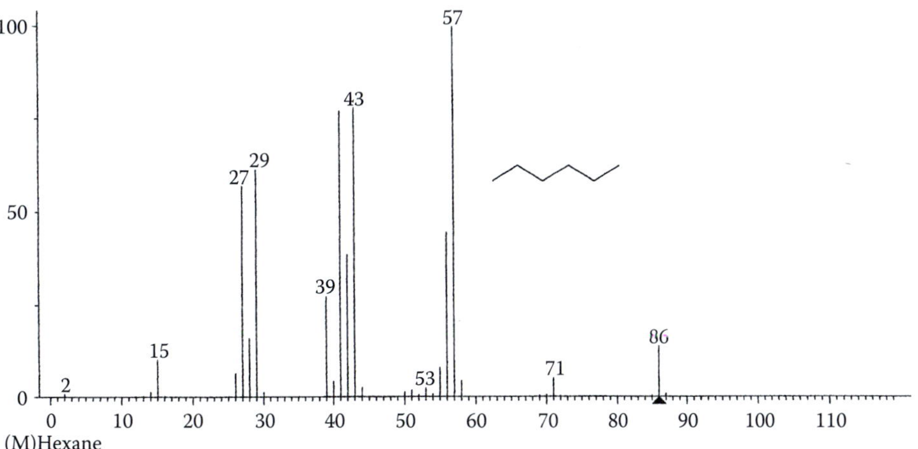

그림 11.5 노말 알케인, 헥세인(hexane, C_6H_{14})의 질량 스펙트럼

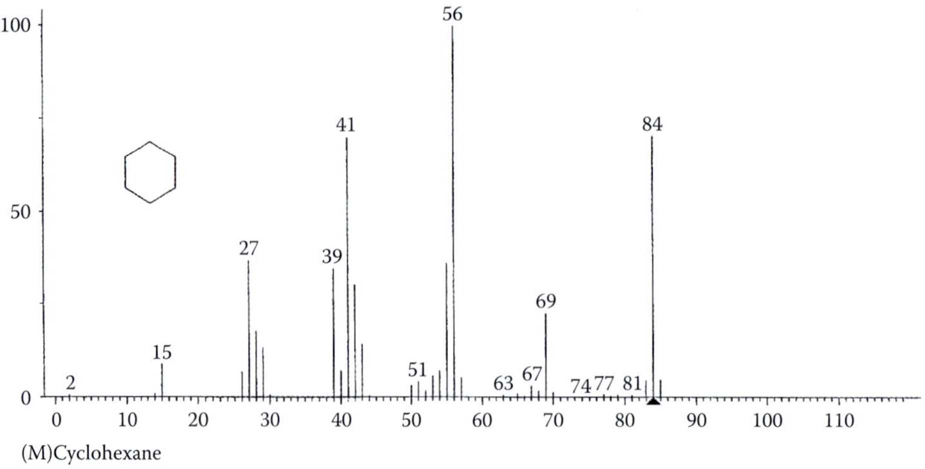

그림 11.6 고리형 알케인, 사이클로헥세인(cyclohexane, C_6H_{12})의 질량 스펙트럼

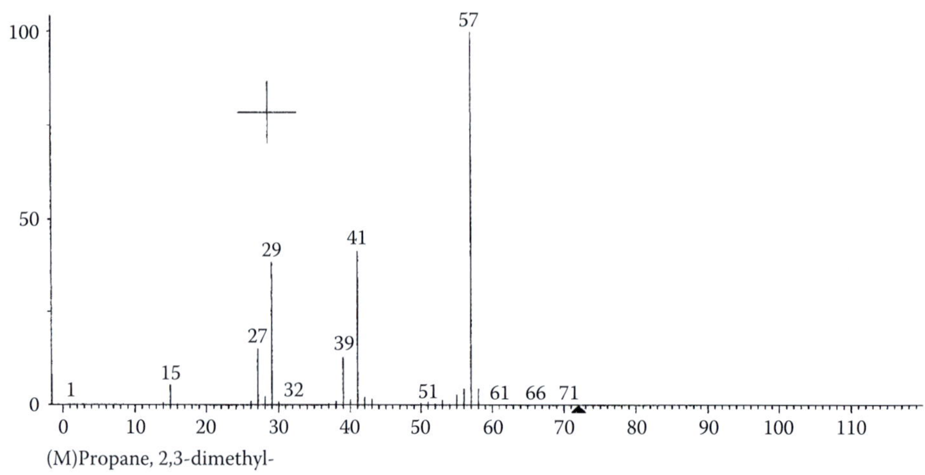

그림 11.7 가지가 있는 알케인의 예인 2,2-다이메틸프로페인(2,2-dimethylpropane, $CH_3C(CH_3)_2CH_3$)의 질량 스펙트럼. 구조는 그림에 도식적으로 나타나 있다. 이 경우 수소 원자는 표시하지 않았다.

너무 작아서 관찰할 수 없고 질량 스펙트럼에서 가장 강한 피크는 메틸기를 잃어버려서 생기는 피크이다.

알켄(alkene)과 알카인(alkyne)의 경우 강한 분자 이온 피크를 보이는데, 이는 이중 결합과 삼중 결합이 에너지를 흡수할 수 있기 때문이다. 탄소 원자를 네 개보다 더 많이 지닌 알켄의 경우, 알릴 이온(allyl ion) 형성에 의해 강한 피크가 $m/z = 41$에서 나타나기도 한다. 알카인은 (M−1)에서 강한 피크를 나타낸다. 알켄 이성질체(특히, *cis*-와 *trans*-이성질체)의 질량 스펙트럼은 매우 유사하기 때문에 질량 분석을 통하여 이들 화합물에 존재하는 이중 결합의 위치를 파악하는 것은 불가능하다. 그림 11.8과 그림 11.9는 1-헥센(1-hexene)과 아세틸렌(acetylene)의 질량 스펙트럼을 각각 나타내고 있다.

표 11.8은 아세틸렌의 질량 스펙트럼 데이터를 나타내고 있다. 분자식은 다음의 과정을 통해서 유추할 수 있다. 분자 이온이 $m/z = 26$에서 관찰된다면 (M+1)/M의 비율은 2.2%이고 이것은 두 개의 탄소 원자가 존재함을 나타낸다. 두 개의 탄소 원자는 24 Da이다. 따라서 남는 것은 2 Da인데, 이것은 두 개의 수소 원자로 설명될 수 있다. 따라서 이 분자의 화학식은 C_2H_2이다. (M+2)의 피크가 매우 작아서 산소 원자가 없다는 것을 나타내며, 짝수의 분자 이온 m/z 값은 질소 원자 개수가 없거나 두 개라는 것을 의미한다. 질소 원자 두 개의 질량은 28 Da이므로, 분자량이 26 Da이라는 것을 고려할 때, 이 분자는 두 개의 질소 원자를 지닐 수 없다. 고리수+이중 결합수 계산은 2를 나타내는데, 탄소 원자수가 두 개이므로 두 탄

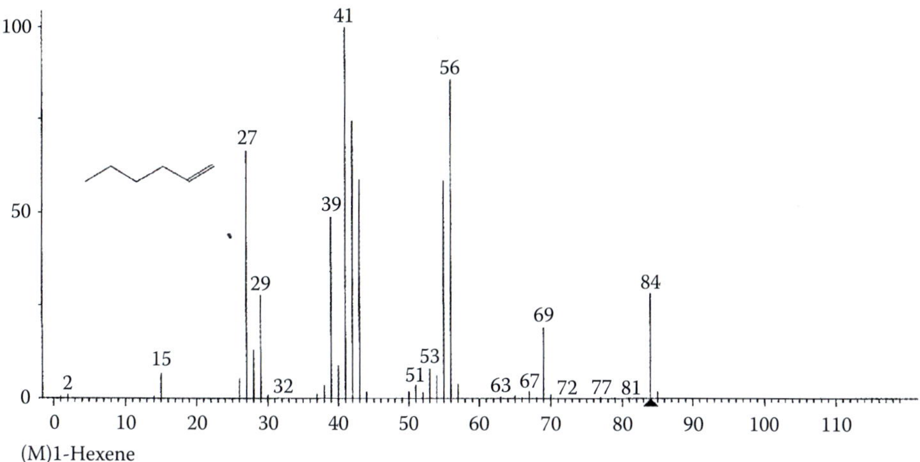

그림 11.8 지방족 알켄, 1-헥센(1-hexene, C_6H_{12})의 질량 스펙트럼

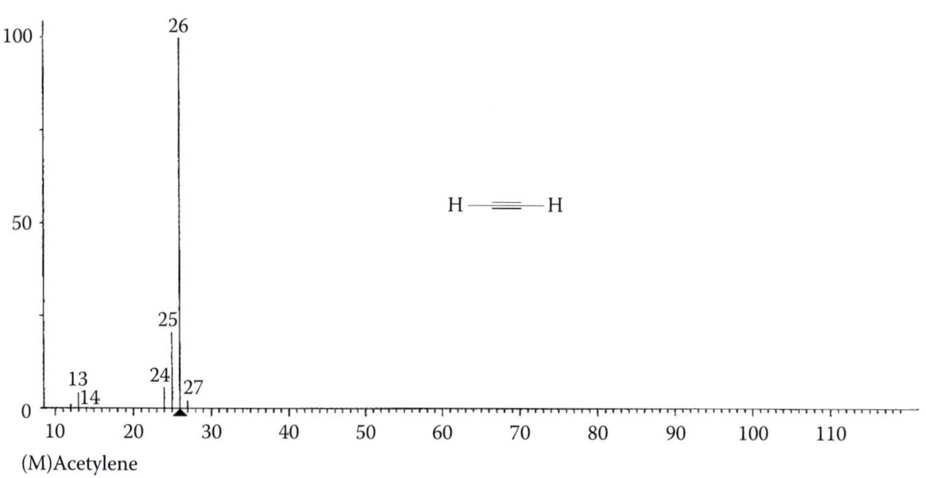

그림 11.9 알카인, 아세틸렌(acetylene, C_2H_2)의 질량 스펙트럼

표 11.8 아세틸렌의 질량 스펙트럼 데이터

m/z	상대 존재비
12	0.91
13	3.6
14	0.10
24	6.1
25	23
26	100
27	2.2
28	0.02

소 원자 사이에 삼중 결합이 존재함을 의미한다. 또한 $m/z = 25$에서의 강한 (M−1) 피크는 한 개의 수소 손실에 의한 것이며 이는 알카인에서 일반적으로 관찰되는 것이다.

그림 11.10(나프탈렌)에서 보는 바와 같이 방향족 화합물은 알케인과는 매우 다른 질량 스펙트럼을 나

타낸다. 방향족 분자는 매우 안정하여 쪼개지지 않는다. 그림 11.10에서 방향족 화합물의 분자 이온 피크는 매우 강하게 나타난다.

예를 들어, 나프탈렌의 경우 그림 11.10와 표 11.9에서 보는 바와 같이 매우 강한 분자 이온 피크가 $m/z = 128$에서 나타나고 상대적으로 작은 조각 이온들이 보인다. 이러한 질량 스펙트럼의 모양만으로 방향족 화합물임을 쉽게 추측할 수 있다. (M+1)/M 비율은 11/100이므로 10개의 탄소 원자가 존재함을 나타내는데 동위 원소 존재비만을 고려할 때, 9개의 탄소가 존재할 수도 있다. 10개의 탄소가 존재한다고 가정할 때, 이것의 질량은 $10 \times 12 = 120$ Da이다. $128 - 120 = 8$ Da이므로, 이제 8 Da을 설명하면 되고, 이것은 8개의 수소 원자로 설명하는 것이 가장 합리적이다. 따라서 화학식은 $C_{10}H_8$이고 이것은 아마도 나프탈렌이고 그 구조가 그림 11.10에 표시되어 있다. 고리수+이중 결합수 계산을 고려해서 이 화학식을 설명할 수 있을까?

벤젠에 대한 표 11.1과 나프탈렌에 대한 표 11.9를 고려할 때, 정수가 아닌 m/z 값들이 관찰됨을 알 수 있다. 나프탈렌의 경우, $m/z = 64.5$, 63.5, 62.5인 피크들이 관찰된다. 이것들은 조각 이온들이 아니라 이중 전하를 지닌 이온들이다. 10장 식 10.8로 다음 식을 배웠는데, EI 스펙트럼에서는 $z = +1$이라고 보통 가정한다.

$$\frac{m}{z} = \frac{B^2r^2}{2V} \tag{11.2}$$

하지만 이온이 이중 전하를 지녀서 M^{++}로 존재하면 식 11.2를 만족시키는 m/z 값은 반으로 줄어든 것처럼 나타난다. 따라서 이러한 이온들의 실제 질량은 $64.5 \times 2 = 129$ Da, $63.5 \times 2 = 127$ Da, $62.5 \times 2 = 125$ Da이다. 상당히 큰 M^{++} 피크는 방향족 화합물의 일반적 특성이다. 겉보기 질량 $m/z = 42.67$의 피크는 삼중 전하를 지닌 이온(M^{+++}) 때문이며 따라서 이 피크의 실제 질량은 $42.67 \times 3 = 128$ Da이 된다. 질량 스펙트럼에서 x축은 질량이 아니고, m/z라는 것을 명심하자. 나프탈렌의 질량 스펙트럼임을 확신하기 위해서는 확실한 나프탈렌 시료의 질량 스펙트럼을 얻어서 비교해야 한다.

조각화가 적게 일어나고 강한 분자 이온이 관찰되는 것을 보면 방향족 화합물이 얼마나 안정적인가 알 수 있다. 일반적으로 불포화도의 증가는 안정성을 증가시킨다. 단일 결합을 끊는 것보다 이중 결합을 끊는 것이 더 어렵고, 방향족 화합물의 매우 안정된 비편재화된 분자 오비탈을 끊는 것이 지방족 화합물의 결합을 끊는 것보다 어렵다. 또한, 고리는 직선 사슬보다 끊기가 어렵다.

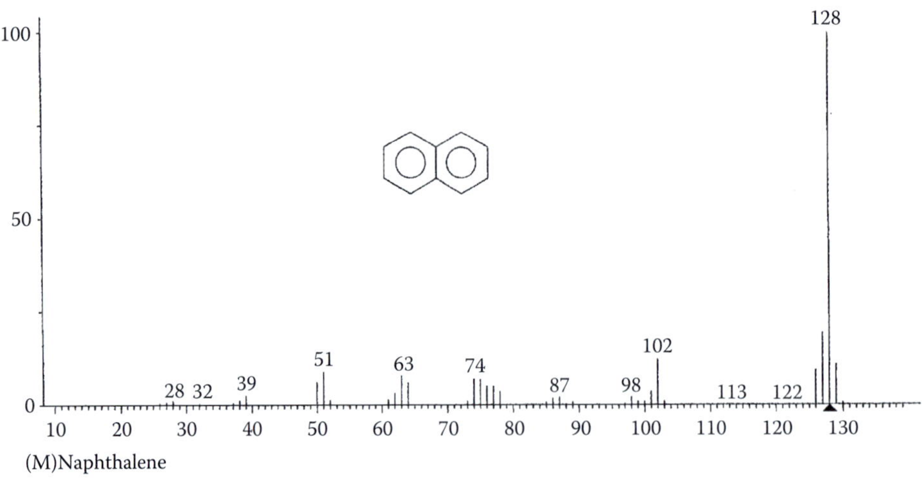

그림 11.10 방향족 탄화수소, 나프탈렌(naphthalene, $C_{10}H_8$)의 질량 스펙트럼

표 11.9 나프탈렌의 질량 스펙트럼 데이터

m/z	상대 존재비	m/z	상대 존재비
38	1.8	64.5	1.1
39	3.9	65	0.24
40	0.19	66	0.02
41	0.01	74	4.7
42	0.06	75	4.9
42.67	0.10	76	3.9
43	0.16	77	4.1
43.5	0.02	78	2.7
49.5	0.24	79	0.19
50	6.4	87	1.4
50.5	0.09	88	0.22
51	12	89	0.73
51.5	0.37	90	0.06
52	1.6	101	2.7
53	0.27	102	7.1
54	0.04	103	0.64
55	0.14	104	0.15
55.5	0.03	110	0.06
56	0.12	111	0.09
56.5	0.06	112	0.02
61	1.4	113	0.18
61.5	0.08	125	0.85
62	2.7	126	6.1
62.5	0.20	127	9.8
63	7.4	128	100
63.5	0.95	129	11
64	10	130	0.52

11.3 분자 질량 분석의 응용

최근 들어 분자 질량 분석이 빠른 속도로 성장하면서 응용되고 있다. 분자 혹은 원자 질량 분석은 임상 화학자, 제약 화학자, 합성 유기 화학자, 석유 화학자, 지질학자, 기후학자, 분자 생물학자, 해양 생물학자, 환경 과학자, 법의 화학자, 식품 과학자, 핵 과학자, 재료 과학자, 무기 화학자, 유기 금속 화학자, 분석 화학자, 그 외 다양한 분야의 과학자에 의해 사용되고 있다. 질량 분석은 실험실에서만 사용되는 것이 아니고 다른 분석 장비와 접속되어 사용되는 질량 분석기와 휴대용 질량 분석기가 상용화되어 있어서 휘발성 오염 물질, 폭발물, 기체 등의 현장 검출과 공정 제어에 사용되고 있다. 질량 분석의 응용 범위는 매우 다양한데 예로는 분자량과 분자 구조 결정, 반응 속도론, 무기물 또는 화석 또는 가공품 등의 연대 측정, 이온-분자 간 반응의 기본 연구, 원소와 화합물의 ppb-이하 정량 분석 등이다. 무기물 혹은 유기물의 고체, 액체, 기체 시료 등도 분석될 수 있다. 또한 리보솜(ribosome) 전체 등과 같은 세포 이하의 구조도 분석이 가능하다. 이제 몇몇 응용 예가 소개될 것인데 응용 범위가 매우 광대하기 때문에 본 교재에서 충분히 취급되지는 못할 것이다. 과학적 문헌뿐만 아니라 질량 분석기 제조 회사의 홈페이지 등을 통해서 질량 분석기의 다양한 응용을 살펴볼 수 있을 것이다.

11.3.1 | 고분해능 질량 분석

이중-초점 자기 부채꼴 질량 분석기; 푸리에 변환(Fourier transform, FT) 질량 분석기; 긴 경로, 접힌 다중 반사 또는 다중 전환 나선형 비행 시간(long path, folded, multireflection or multiturn spiral time-of-flight(TOF)) 질량 분석기; Orbitrap 기기 등은 **고분해능**(*high resolution*)으로 질량 측정이 가능하여 매우 유사한 질량을 갖는 이온들의 질량과 신호 세기를 따로 측정할 수 있으며, 또한 **고질량 정확도**(*high mass accuracy*)로 측정이 가능하여 분리된 이온의 정확한 질량값을 결정할 수 있다. 고분해능 질량 분석기의 가장 중요한 사용은 정확한 질량값을 측정하여 분자식을 직접 결정할 수 있다는 것이다.

원소가 갖는 동위 원소들의 원자 질량은 명목상으로 정수여서 H = 1과 2, C = 12와 13, N = 14와 15, O = 16, 17, 18이다. 이들 질량을 충분한 정확도를 가지고 측정하면 이들 값이 단지 정수에 가깝다는 것을 알게 된다. 이것은 초기 질량 분석 개척자인 Aston에 의해 1920년대 발견된 '질량 결손(mass defect)' 때문이다. 질량 결손은 특정 동위 원소의 고유한 특징이다. ^{12}C를 기준으로 했을 때 몇몇 흔한 동위 원소의 원자 질량이 표 11.10에 나타나 있다. 이러한 이유로 인하여 두 분자식이 동일한 명목 분자량(nominal unit MW)을 갖더라도 실제로는 약간 다른 분자량을 나타나게 된다. 예를 들어, $C_{20}H_{26}N_2O$와 $C_{16}H_{28}N_3O_3$ 분자는 동일한 명목 분자량 310 Da을 지니지만, 각 동위 원소의 정확한 질량을 이용하게 되면 실제 분자량은 각각 310.204513과 310.213067이 된다. 수많은 다른 화학식이 이 명목 분자량과 동일한 값을 지닐 수 있는데, 실제로는 약간씩 다른 분자량을 갖게 된다. 충분한 분해능을 지니고 있으면 거의 모든 합리적인 화학식의 분자량을 구분할 수 있다. 더 중요한 것은 정확한 분자량을 알게 되면 시료의 분자식을 알아낼 수 있다는 것이다. 분자 이온의 화학식을 밝혀낼 수 있을 뿐만 아니라 분자가 쪼개져서 생긴 조각 이온의 화학식도 결정할 수 있게 된다. 이것은 상당히 큰 분자로부터 만들어진 큰 조각 이온에 대한 정보뿐만 아니라 분자 이온이 관찰되지 않는 조각에 대한 정보를 제공하게 된다. 이 분야의 선구적인 연구는 코넬 대학(Cornell University)의 F. W. McLafferty 교수에 의해 수행되었다.

분해능은 10장에서 정의되었고 분해능이 측정된 질량에 미치는 효과의 그래픽 예가 그림 11.11에 나타나 있다. $C_{101}H_{145}N_{34}O_{44}$ 화합물의 명목 질량은 2537 Da인데, 이것은 가장 많이 존재하는 안정된 동위 원소들(^{12}C, ^{1}H, ^{14}N, ^{16}O)의 정수 질량으로부터 계산되었다. 분해능이 200(저분해능)일 경우 질량 스펙트럼은 넓은 하나의 피크를 나타낼 것이다. 피크의 최댓값에서 측정된 이 피크의 질량은 2539.5 Da(혹은

표 11.10 흔한 동위 원소의 정확한 질량

원소	원자량	동위 원소	정확한 질량
수소	1.00794	^{1}H	1.007825
		^{2}H(또는 D)	2.014102
탄소	12.01115	^{12}C	12.000000
		^{13}C	13.003355
질소	14.0067	^{14}N	14.003074
		^{15}N	15.0001
산소	15.9994	^{16}O	15.994915
		^{17}O	16.9991
		^{18}O	17.999159
플루오린	18.998405	^{19}F	18.998405

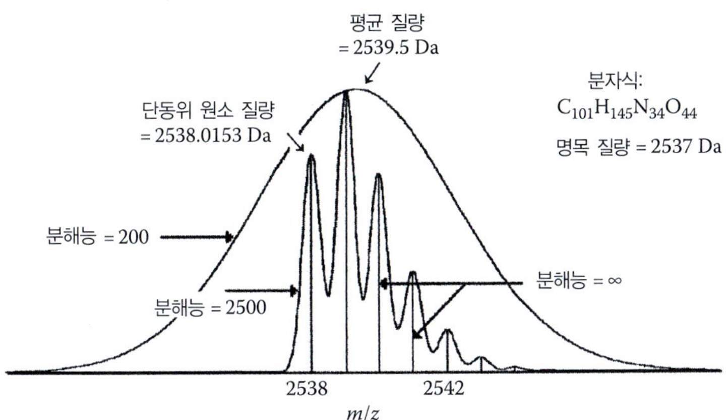

그림 11.11 저분해능 질량 분석과 고분해능 질량 분석의 차이. $C_{101}H_{145}N_{34}O_{44}$ 분자의 명목 질량은 2537 Da이다. 분해능이 200으로 적을 경우에는 피크의 최댓값이 2539.5 Da에서 하나의 피크가 측정된다. 고분해능 기기(분해능 2500)를 이용하면 동위 원소 피크들을 분리할 수 있고 정확한 질량들을 측정할 수 있다. (Courtesy of Professor Gary Siuzdak, Scripps Research Institute Center for Mass Spectrometry, www.masspec.scripps.edu. The website has a number of tutorials on MS.)

정수로 나타내면 2540 Da)이다. 측정된 평균 질량은 명목 질량보다 조금 큰데 그 이유는 이 분자에 존재하는 많은 수의 원자들이 ^{13}C과 같이 큰 동위 원소로 존재하기 때문이다. 따라서 저분해능에서 측정된 평균 질량은 원자 조성을 정하는데 잘못된 정보를 제공할 수 있다. 분해능이 2500이면, 동위 원소 피크들이 구분되어 더욱 정확한 질량 측정을 가능하게 한다. 분해능이 무한대가 되면 동위 원소 피크는 선이 된다.

11.3.1.1 저분해능 질량 분석 기기를 이용하여 높은 질량 정확도 얻어내기

10.1.1절에서 설명된 질량 분석 기기의 분해능과 분리도에 관하여 복습해 보자. 어떤 m/z 값의 이상적인 가우스 모양(ideal Gaussian profile)은 조율하는 동안 이루어진 조절에 의해 어긋날 수 있는데, 기기 속 이온 경로 모양을 만들고 기기 안쪽으로 인도하는 여러 가지 금속 요소의 전압은 주의 깊게 조절되어 최적의 선 모양과 질량 축 위의 최적 위치를 결정할 수 있어야 한다. 뒤틀어짐, 정렬 불량, 금속 요소 위의 오염물 축적 등은 조율과 정확도를 저하시키기 때문에 재조율이 필요하게 된다.

11.3.1.2 저분해능 질량 분석 기기 데이터 파일로부터 동위 원소 비율의 정량 정확도 증가시키기

동위 원소 집단에서 모든 큰 동위 원소 질량(A+1, A+2 등, 단, 여기서 A는 가장 작은 동위 원소에 의한 이온의 질량)에 의한 피크의 세기를 측정할 수 있으면, 우리는 어떤 원소의 어떤 동위 원소 조합이 후보 실험식에 가장 적합한지를 결정할 수 있다. 이렇게 하기 위해서는 높은 **스펙트럼 정확도(spectral accuracy)**를 갖추어야 한다. CERNO 프로그램을 이용하면 이런 큰 동위 원소 질량 집단 질량 피크의 스펙트럼 정확도를 향상시킬 수 있는데, 이를 위해 이 프로그램은 기기 교정 알고리즘을 이용하여 피크들을 이상적인 가우스의 모양, 크기, 위치 등으로 복원시킨다. 이런 방법을 이용하여 후보 질량과 화학식에 가장 직합한 원소 조성을 정밀하고 독점적인 방법으로 찾아내도록 도와준다. 이렇게 저분해능 질량 분석 기기의 질량 정확도와 스펙트럼 정확도는 인 실리코(*in silico*) 방법에 의해 (컴퓨터 작동에 의해) 고분해능 기기로 얻을 수 있는 값들까지 향상시킬 수 있다.

CERNO 프로그램의 작동 원리가 그림 11.12에 설명되어 있는데, 이온 동위 원소 집단의 왜곡된 MS 신호와 검정 알고리즘으로 처리하여 복원된 이상적인 신호를 보여 준다. 이 알고리즘의 효과를 알아보기 위해, 화학식이 $C_{25}H_{23}N_2OS$이고 단위 질량이 400인 화합물을 저분해능 질량 분석으로 측정하였을 때, 반높이 너비(full-width at half maximum, FWHM)가 0.600 Da인 경우를 살펴보자. 질량 허용 범위가 20 mDa(51 ppm)일 때, 허용된 화학식의 개수는 4110개이다. 동위 원소 집단의 큰 질량값들의 데이터를 이

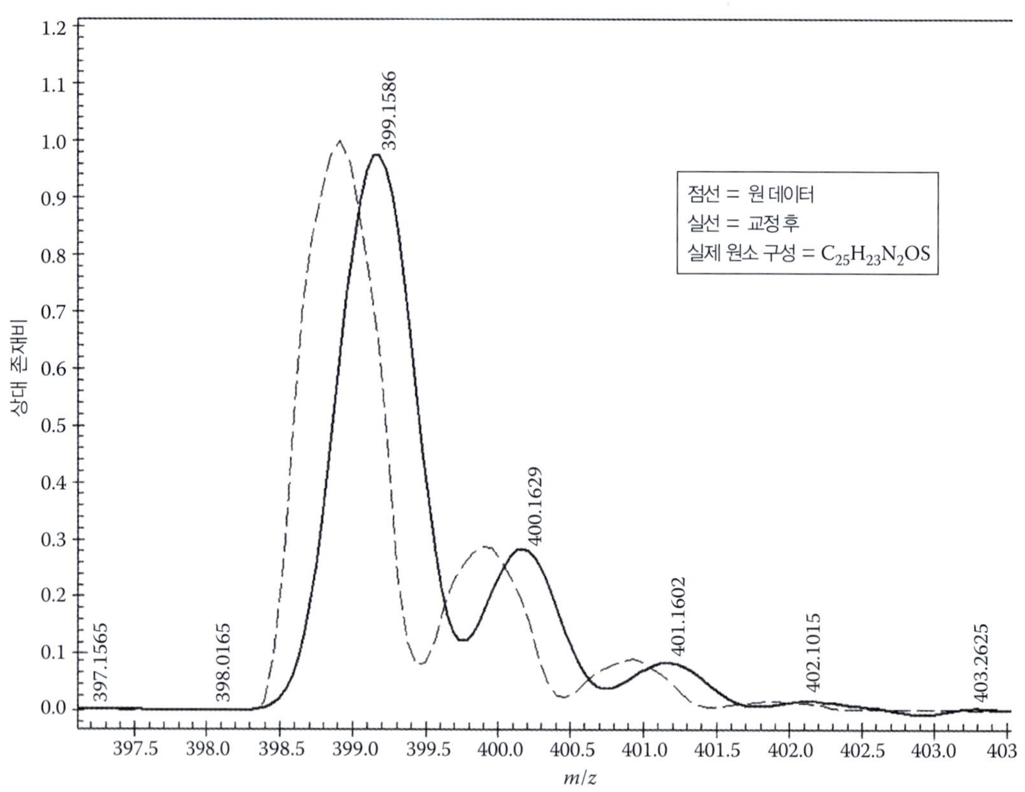

그림 11.12 원 데이터(raw data)에 CERNO MassWorks™와 CLIPS 프로그램의 적용. (Used with permission from CERNO Bioscience, www.cernobioscience.com.)

용하여 스펙트럼 맞추기를 적용하면, 앞서 언급한 화학식이 4110개의 화학식 중에서 두 번째로 높게 나타나며 스펙트럼 오차는 1%이다. 산업체 표준 질량 맞추기 오차 허용 범위인 5 ppm(2 mDa)을 적용하여도 411개의 후보가 남아 있게 된다. 이것은 단위 질량 분해능의 사중 극자 질량 분석기를 이용한 미지 시료의 화학식 결정 가능성을 보여 줄 뿐 아니라, 많은 수의 후보 화학식을 구분하는 데 있어, 질량 분석기의 분해능과 상관없이 질량 정확도보다 스펙트럼 정확도가 더욱 중요하다는 것을 알려 준다. 이 프로그램은 고분해능 기기로부터 얻어진 데이터에도 유용하게 적용될 수 있다.

11.3.2 | 혼합물과 화합물의 정량 분석

화합물의 정량 분석은 화합물의 고유한 피크의 상대적 세기를 측정하고 이것을 일련의 표준물의 세기와 비교하여 이루어진다. 질량 분석의 정량 측정을 위해 **동위 원소 묽힘(isotope dilution)**이 흔히 사용된다. 동위 원소 묽힘은 내부 표준물(internal standard)을 이용하여 교정하는 특별한 방법인데, 내부 표준물 교정 방법은 3장에서 다루어졌다. 분자 분석에서 내부 표준물은 몇 개의 원자가 무거운 동위 원소로 치환된 분석물이다. 이러한 화합물은 **동위 원소로 레이블된(isotopically labeled)** 것이라고 한다. 중수소(^2H) 혹은 ^{13}C를 이용한 레이블 방법이 흔히 사용되는데, 헤테로 원자의 동위 원소도 역시 사용될 수 있다. 예를 들어 오로트산(orotic acid, $C_5H_4N_2O_4$)은 2개의 질소 원자가 포함된 육원자 고리(six-membered ring) 화합물로, 인간 소변에 미량 존재하는 대사체인데, 소변에서 오로트산의 증가는 요소 회로(urea cycle)를 무너뜨리는 질환의 조짐이 될 수 있다(McCann et al. 1995). 자연 오로트산에 존재하는 두 개의 ^{14}N 원자를 ^{15}N 원자로 치환하면 1,3-[$^{15}N_2$] 오로트산으로 나타낼 수 있는데, 이렇게 동위 원소로 레이블된 오로트산의 분자량은 자연 오로트산보다 분자량이 2 Da만큼 크지만 분석하는 동안 자연 오로트산과 모든 면에서 유사하게 행동한다. 동위 원소로 레이블된 화합물을 알고 있는 양만큼 알고 있는 자연 화합물에 첨가하는 방법은 완벽한 교정 표준 방법(perfect calibration standard)이다. 트라이메틸실릴 유도체(trimethylsilyl derivative)와 GC-MS를 이용한 소변 속 오로트산의 정량 질량 스펙트럼 결정은 자연 오로트산은 $m/z = 357$ 또는 254인 이온을 측정하고, 레이블된 오로트산은 $m/z = 359$ 또는 256인 이온을 측정하여 이루어진다. $m/z = 357/359$ 혹은 254/256의 비율은 교정 표준물을 이용한 오로트산의 농도와 도식으로 나타낸다.

정량 분석은 외부 교정(external calibration)을 통해서도 수행될 수 있으며, 아니면 시료 속에 존재하지 않는, 레이블되지 않은 화합물을 내부 표준물로 이용하여 수행할 수도 있다.

생물학적 액체, 천연물, 음식물, 음료수 등 여러 분자의 혼합물은 매우 복잡한 질량 스펙트럼을 나타내고 이것은 조각화를 최소화하기 위해 연한 이온화(soft ionization)를 이용하여도 마찬가지이다. 이러한 혼합물은 GC-MS^n 혹은 LC-MS^n을 이용하여 혼합물의 각 성분을 분리하고 분리된 성분의 질량 스펙트럼 정보를 얻는 방식으로 흔히 분석된다. 그리하여 분석자는 GC-MS 혹은 LC-MS의 방법으로 얻어진 각 크로마토그래피 피크의 순수한 질량 스펙트럼을 얻게 된다. 크로마토그래피의 머무름 시간 맞춤은 피크 지정(peak assignment)의 확신성을 높여줄 것이다. 동위 원소 묶힘 혹은 내부 표준물 교정 등의 방법으로 표준물을 분석하고 적당히 선택된 피크의 세기 혹은 세기 비율을 이용하여 교정 곡선을 만들고 이를 이용하여 시료 속의 미지 농도를 결정하게 된다.

GC-MS와 LC-MS의 기기 및 응용은 13장과 14장에 자세히 기술되어 있다. 여기서는 몇 가지 예를 소개하고자 한다. 일본 전자 광학 연구소(Japan Electron Optics Laboratory, JEOL)의 GCMate II^{TM} 고분해능 GC-MS를 이용하여 스카치 위스키와 테킬라(tequila) 시료를 분석하였다. EI 고분해능 스펙트럼으로부터 위스키의 50개 이상의 화합물을 확인하였다. 그림 11.13a는 위스키 시료의 기체 크로마토그램을 보여 주는데, 각 피크는 분리된 화합물이고 머무름 시간으로부터 확인되었다. 그림 11.13b는 고분해능 정확한 질량 측정값과 확인된 화합물의 원소 조성을 보여 준다. 이러한 분석은 양조업자, 식품 과학자, 감독관들이 상표 및 품질을 비교하고 오염물을 조사하는 데 도움을 준다.

지금까지 양이온 질량 분석을 살펴보았는데, 어떤 종류의 화합물은 음이온으로 분석될 때 잘 검출된다. 선택적인 이온화 방식을 이용하여 분석 분자로부터 직접적으로 음이온을 형성할 수 있다. 전자살의 에너지를 0~25 eV로 조절하여 매트릭스 분자를 제외하고 분석 물질만 선택적으로 이온화시킬 수 있다. 조율 가능 에너지 EI 원과 TEEMmate 상비의 결합을 통하여 10 ppb 미만의 폭발물(트라이나이트로톨루엔(trinitrotoluene, TNT), 나이트로글리세린(nitroglycerin), 펜타에리트리톨 사질산(pentaerythritol tetranitrate), RDX)을 토양과 같은 복잡한 매트릭스 속에서 음이온 질량 분석으로 결정할 수 있었다. 그 예가 그림 11.14에 소개되어 있다.

11.3.3 | 단백질-서열 분석(단백질체학)

단백질은 인체와 모든 동물의 많은 중요한 성분을 이루고 있다. 모든 살아 있는 세포의 주요 성분이기 때문에 생명 과학 분야에서 화학 물질 연구에 매우 중요한 역할을 한다. 인간 혈액 혈장만 해도 대략 100,000개의 단백질이 밀리몰 농도 정도(예: 알부민(albumin))로부터 펨토몰 농도로 정도(예: 종양 괴사 인자(tumor necrosis factor))까지 존재한다고 추측되고 있다.

단백질은 아미노산으로 구성되어 있는데, 아미노산 이름이 암시하듯이 아미노산은 아미노기와 카복실산이 포함되어 있다. 자연계에는 20개의 필수 아미노산이 존재하는데 이 구성 단위로부터 수십만 개의 단백질이 만들어진다. 단백질을 서로 구분하는 것은 단백질에서 아미노산이 배열되는 서열이다. 서열 확인은 단백질의 구조와 기능을 연구하는 단백질체학(proteomics)에서 기본이 되었다. 질량 분석기를 이용하여 단백질의 아미노산 서열을 확인하는 데는 몇 가지 방법이 있다. De Hoffmann과 Stroobant가 만든 참고문헌은 질량 분석기를 이용하여 생분자를 분석하는 데 많은 부분을 할애하였다. 2D 젤 전기 이

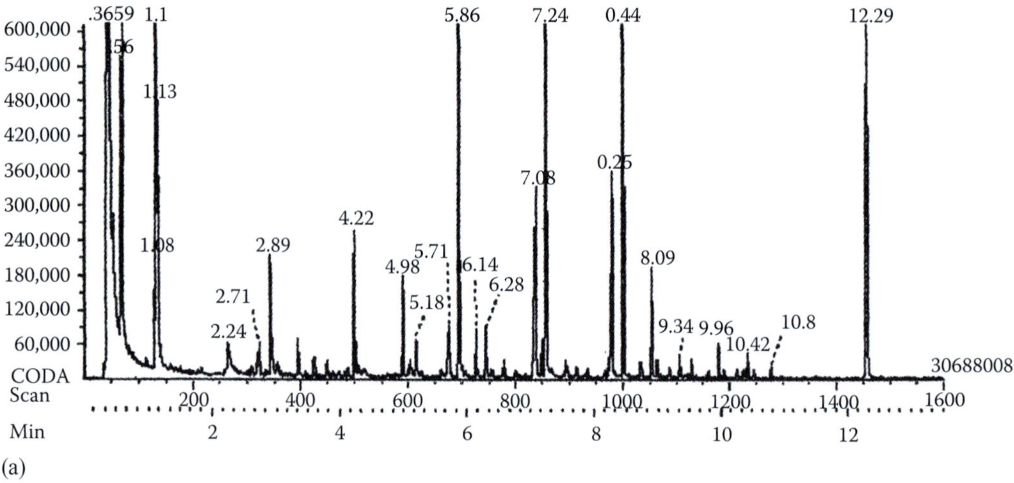

화합물	측정치. *m/z*	조성	이온	계산치. *m/z*	오차(mmu)
Ethyl acetate	88.05077	$C_4H_8O_2$	M+.	88.05243	−1.7
1-Propanol, 2-methyl	74.07131	$C_4H_{10}O$	M+.	74.07317	−1.9
Diethoxyethane	103.0752	$C_5H_{11}O_2$	[M−CH3]+	103.0759	−0.7
Furfural	96.02313	$C_5H_4O_2$	M+.	96.02113	2
Furfural	95.01513	$C_5H_3O_2$	[M−H]+	95.01331	1.8
1-Butanol, 3-methyl acetate	87.04336	$C_4H_7O_2$	조각	70.07825	−0.2
1-Butanol, 3-methyl acetate	70.07805	C_5H_{10}	조각	87.04461	−1.2
Hexanoic acid, ethyl ester	88.05026	$C_4H_8O_2$	조각	88.05243	−2.2
Hexanoic acid, ethyl ester	99.07999	$C_6H_{11}O$	조각	99.081	−1
Hexanoic acid, ethyl ester	101.0588	$C_5H_9O_2$	조각	101.0603	−1.5
Hexanoic acid, ethyl ester	115.0717	$C_6H_{11}O_2$	조각	115.0759	−4.2
Hexanoic acid, ethyl ester	117.0923	$C_6H_{13}O_2$	조각	117.0916	0.7
Hexanoic acid, ethyl ester	144.1134	$C_8H_{16}O_2$	M+.	114.115	−1.6
Phenylethyl alcohol	122.0713	$C_8H_{10}O$	M+.	122.0732	−1.9
Phenylethyl alcohol	92.06038	C_7H_8	조각	92.0626	−1
Phenylethyl alcohol	91.05377	C_7H_7	조각	91.05478	−1
Decanoic acid	172.1481	$C_{10}H_{20}O_2$	M+.	172.1463	1.8
Decanoic acid, ethyl ester	200.1776	$C_{12}H_{24}O_2$	M+.	200.1776	0
Dodecanoic acid	200.1764	$C_{12}H_{24}O_2$	M+.	200.1776	−1.2
Dodecanoic acid, ethyl ester	228.2078	$C_{14}H_{28}O_2$	M+.	228.2089	−1.1

(b)

그림 11.13 (a) 고분해능 자기장 GC-MS 기기인 GCMate II™를 이용하여 얻은 위스키 시료의 기체 크로마토그램. (b) 고분해능 GC-MS로부터 얻은 위스키 시료 내 화합물의 정확한 질량, 원소 조성 및 정성 분석 결과. (From JEOL Applications Note MS-1126200-A, Both graphics courtesy of JEOL USA, Inc., Peabody, MA , www.jeol.com.)

동(2D gel electrophoresis) 분리를 수행한 후 매트릭스-보조 레이저 탈착 이온화(matrix-assisted laser desorption ionization, MALDI)-TOF 질량 분석을 하거나, 단백질을 효소 가수 분해하여 펩타이드 조각으로 만든 후 고성능 LC-MS-MS로 분석하는 등의 두 가지 방법은 단백질의 서열과 구조를 파악하는 데 흔히 사용되는 방법이다. HPLC-MS^n 분석법에 관한 상세한 설명은 14.1.7절에 기술되어 있다. 이러한 분석은 일반적으로 트립신(trypsin)을 이용하여 단백질을 가수 분해하여 펩타이드 조각으로 만드는 과정

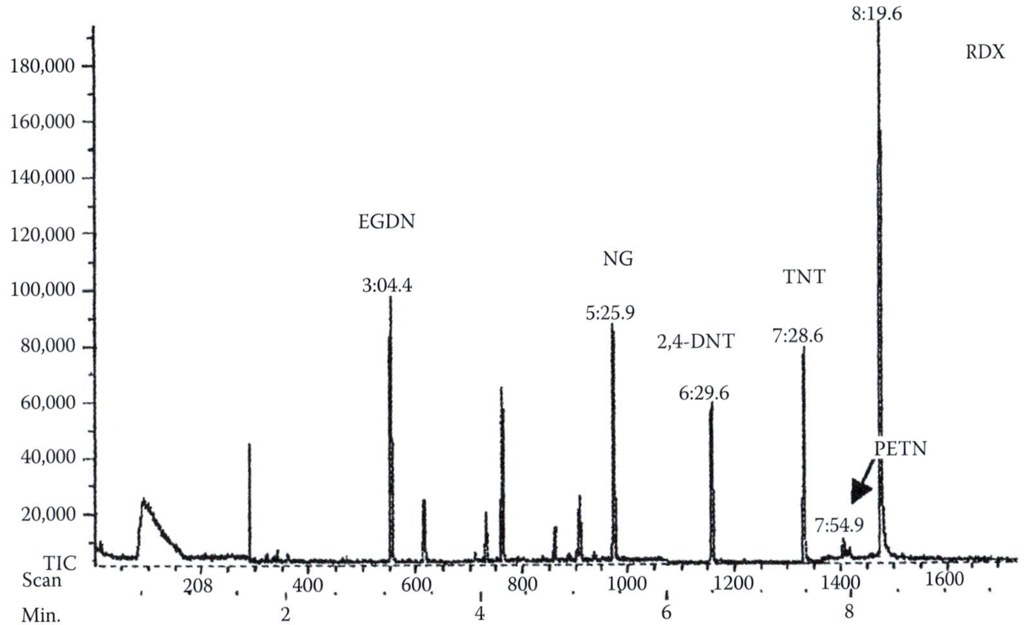

그림 11.14 '더러운(dirty)' 매트릭스에 10 ppb 이하의 폭발물이 첨가된 혼합물을 JEOL TEEMate™와 선택적 이온화 방식 조율 가능 에너지 EI 원을 결합시켜 음이온 질량 분석 방법으로 결정. (Courtesy of JEOL USA, Inc., Peabody, MA, www.jeol.com.)

을 필요로 한다.

질량 분석은 단백질, 단백질과 데옥시리보 핵산(deoxyribonucleic acid, DNA)의 복합체, 리보솜(ribosome) 자체(다중 단백질-리보 핵산(ribonucleic acid) 구조로 단백질을 만들어냄) 등을 확인하는 데 사용되어 왔는데, 그 분석은 매우 느리다. 본 교재 6판이 출간된 2004년의 질량 분석 방법은 한 달에 10개의 시료에서 약 1000개 단백질을 확인하였는데 이는 가능한 단백질의 수가 너무 많고 시료 속의 농도 범위가 매우 다양하기 때문이었다. Richards가 쓴 최근 논문에는 빠른 속도로 발전하는 질량 분석 기술을 다음과 같이 기술하고 있다. "Thermo Scientific의 최신 Orbitrap인 Q-Exactive은 2008년 LTQ Orbitrap에는 없었던 사중 극지 질량 필터를 장착하였다. 사중 극자는 빠른 속도로 펩타이드 이온들을 분리하여 조각화가 일어나도록 하는데, 필터에서 선택되자마자 펩타이드가 쪼개지게 되어, 속도를 증가시킨다." 2008년에 LTQ Orbitrap을 이용하여 3개월에 걸쳐 4000개 단백질을 확인했던 효모 단백질체 지도가 현재는 Q-Exactive를 이용하여 약 4시간에 완성할 수 있어서 복잡한 단백질체 분석 실험이 질량 분석의 신기준 범위에 놓이게 되었다(10.2.3.7절의 Orbitrap 논의 참조).

11.3.4 | 기체 분석

의약, 산업, 재료, 환경 분야에서 기체를 직접 측정하는 것은 질량 분석의 중요한 이용 분야이다.

의약에서 질량 분석의 직접적인 이용 분야는 혈액 기체 분석이다. 분석 속도가 빠르기 때문에 외과 의사는 수술 중에 환자의 혈액을 관찰할 수 있다. 혈액 속에 존재하는 CO_2, CO, O_2, N_2 마취기체인 N_2O 등은 이러한 방법으로 조절될 수 있다.

기체의 질량 분석은 다양한 산업 응용 범위를 지닌다. 석유 화학 분야에서 질량 분석은 탄화 수소 분리물 속에 존재하는 화학 물질을 확인하고, 에틸렌(ethylene)과 같은 고분자 공급 재료 속의 에테인(ethane) 같은 불순물을 검출하고, 알코올 제조에 사용되는 원료 속에 있는 CO, CO_2, H_2, N_2 등을 결정한다. 질량 분석기는 또한 비행기와 자동차의 배기 가스를 분석하는 데도 사용된다. 온라인 사중 극자 MS 기체 분석기는 잔여 기체 분석기(Residual gas analyzer, RGA)라고도 하는데 이것은 비활성 기체, 용매 증기, 부식성 산 증기, 무기물 기체, 반도체와 광전자 제조 공정에서 생기는 물질 등을 검출하는 데 사용된다.

11.3.5 | 환경에 적용

분자 질량 분석기 특히 GC-MS는 환경 분야에서 관심 있는 화합물을 확인하고 정량 분석하는 데 널리 사용된다. 조개, 어류, 조류, 기타 다른 동물의 조직과, 물, 토양, 퇴적물 등에 존재하는 폴리 염화 비닐(polychlorinated biphenyl, PCB), 다이옥신(dioxin), 다이벤조푸란(dibenzofuran), 농약 등은 GC와 결합된 질량 분석기로 분석될 수 있다.

브로민이 붙어 있는 방염제는 환경적 영향 때문에 감시의 대상이 되고 있다. 흔한 방염제로는 폴리브로민화 다이페닐 에터(Polybrominated Diphenyl Ethers, PBDEs)가 있다.

GC-MS는 미국 환경 보호청(Environmental Protection Agency, EPA)에서 물과 하수 속 유기 오염물을 분석할 때 사용하는 많은 공식적 분석 방법의 기본이다. 여기서의 검출 한계는 흔히 ppb에서 ppt 범위이다. 보통 20% 상대 표준 편차(relative standard deviation, RSD)로 나타낸다.

예를 들어, EPA 8260 방법과 8270 방법은 GC-MS를 이용하여 물속의 오염물인 1,4-다이옥세인(1,4-dioxane)을 결정한다. 중수소-레이블된 1,4-다이옥세인-d_8과 동위 원소 희석 GC-MS를 이용하면, ppb-수준으로 소량 첨가물의 퍼센트 회수율이 60~90% 이상으로 향상된다. 두 화합물은 머무름 시간이 약간 달라서 GC 컬럼을 통해서 분리가 가능하고 정량적인 측정이 가능하다. 그림 11.15는 레이블된 1,4-다이옥세인과 레이블되지 않은 1,4-다이옥세인의 크로마토그램과 질량 스펙트럼을 보여 주고 있다.

11.3.6 | 분자 질량 분석의 다른 응용

모든 형태의 생체 분자는 질량 분석기로 분석될 수 있다. 뉴클레오타이드(nucleotide)의 염기 서열과 분자량은 MALDI-TOF-MS 혹은 MS-MS에 의해 결정될 수 있다. 이 결과를 이용하여 정상 유전자와 돌연변이 유전자를 비교할 수 있다. 뉴클레오타이드의 분석은 의약, 농업, 환경 과학, 분자 생물학 등의 분야에서 매우 중요하다. 당 단위체(sugar unit)의 긴 사슬인 올리고당(oligosaccharide)은 단백질과 뉴클레오타이드보다 구조상으로 훨씬 더 복잡하다. 올리고당은 직선형이거나 가지형인데, 당 단위체가 이성질체를 가지고 있으며, 단위체 사이 결합에서 특별한 배치를 가질 수 있다. 이와 같은 모든 구조적 정보는 올리고당의 질량 분석으로부터 얻어질 수 있다. FT 이온 사이클로트론 공명(ion cyclotron resonance, ICR)과 MS^n 기기는 이렇게 복잡한 분자의 구조를 결정하는 데 매우 귀중한 장비이다. 지방산과 스테로이드 같은 지질(lipid) 역시 질량 분석기로 분석될 수 있다. 약물, 독소, 그리고 어떤 화합물들은 인체에서 신진대사 변화를 한다. 질량 분석기는 이 화합물 자체뿐만 아니라 이 화합물의 대사 산물도 측정할 수 있다. 13장과 14장에서 논의하게 될 '오믹스(-omics)' 연구들은 고차원적인 자동화된 대규모의 크로마토그래피–질량 분석 기기들에 의해 수십만 개의 DNA 뉴클레오타이드 서열, 단백질의 펩타이드 서열, 지질, 저분자량 대사 산물 등이 분석되어 박테리아로부터 인간까지의 생명체의 분자 생물학과 질병 상태를 파악할 수 있다.

유기 화학과 무기 화학에서 질량 분석은 반응 생성물과 부산물 등을 확인하는 데 사용된다. 농도가 천조분율(part per quadrillion, ppq) 정도로 낮은 불순물도 검출 가능해서, 질량 분석기는 이런 목적으로 많이 사용된다. 무기 화학에서는 특수 주입 기술 덕분에 결정 혹은 반도체 등 다양한 시료의 원소 조성이 결정될 수 있다. 반응 속도론과 이온–분자 반응도 질량 분석기를 이용하여 연구될 수 있다.

고분자는 질량 분석기에 의해 일상적으로 분석되어 특성이 파악되는데, MALDI 기술은 MALDI-TOF-MS 혹은 MALDI-FTMS 형태로 사용되어 고분자 재료를 이온화시키고 분석하게 된다. 합성 고분자는 사슬 길이에 따라 다양한 크기가 나타나기 때문에 분자량 역시 분포 형태를 나타낸다. 고분자의 분자량은 평균 분자량(분자량 분포의 중심)으로 보고된다. 고분자의 평균 분자량은 흔히 사용되는 젤투과 크로마토

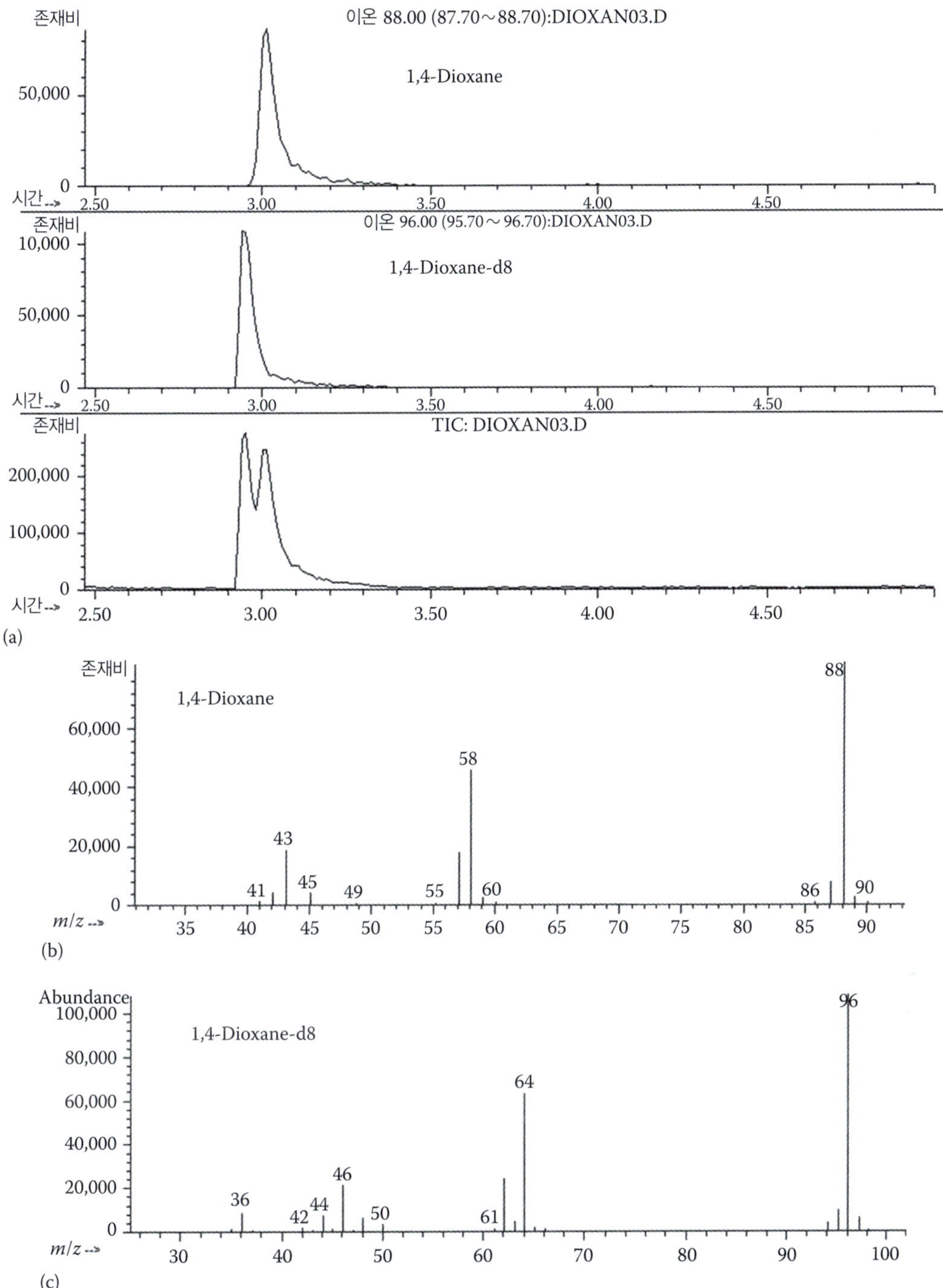

그림 11.15 (a) 레이블된 1,4-다이옥세인과 레이블되지 않은 1,4-다이옥세인의 GC를 이용한 분리; 이 경우 레이블된 다이옥세인이 먼저 용출되었다. (b) 레이블되지 않은 1,4-다이옥세인($m/z = 88$)의 질량 스펙트럼. (c) 중수소로 레이블된 1,4-다이옥세인-d_8($m/z = 96$)의 질량 스펙트럼. 알려진 내부 표준물 이온을 이용하여 질량 척도가 보정되었다.

그래피(gel permeation chromatography)보다 질량 분석기에 의해 더욱 정확하게 측정된다.

11.4 원자 질량 분석

초기 질량 분석기는 원소를 검출하고 확인하는 데 사용되었다. 원소들은 다른 질량을 지니고 있으므로 질량 분석기를 이용하면 원소의 정확한 원자량을 측정할 수 있다. 다양한 원소와 동위 원소들이 이러한 방법으로 분리되고 분석될 수 있다. 이렇게 하여 순수한 원소의 동위 원소 분포가 결정되었다(부록 11.A). 원자량을 결정하고 동위 원소 분포를 확인하는 데 사용된 질량 분석기 덕분에 원자 화학과 물리학이 크게 발전할 수 있었다. 질량 분석기를 이용하여 고체 원자를 분석할 때 사용되는 이온화 방법에는 글로우 방전(glow discharge, GD)과 스파크(spark) 이온화 등(8장과 10장에서 설명) 몇 가지가 있으나, 최근에 원자 질량 분석이 분석 방법으로 엄청나게 사용되고 있는 것은 유도 결합 플라스마(inductively coupled plasma, ICP)와 사중 극장 질량 분석계(quadrupole mass analyzer)의 개발 덕분이다.

11.4.1 | ICP-MS

ICP-MS는 주기율표의 거의 모든 원소를 매우 낮은 농도 수준에서 검출할 수 있다. 리튬(lithium)부터 우라늄(uranium)까지 60개 이상의 원소가 수초 내에 사중 극자 질량 분석계가 장착된 ICP-MS로 분석 가능하다. ICP-MS는 대부분의 원소를 다양한 농도 범위에서 높은 감도를 가지고 측정할 수 있기 때문에 다른 분석 기술보다 많은 장점이 있다. 또한 동위 원소 비율을 얻을 수 있기 때문에 지구 화학 정보와 지질 연대학 정보를 제공하여 준다.

아르곤 ICP 이온화 원과 질량 분석기의 결합은 ICP-MS를 매우 뛰어난 기기로 만든다. ICP는 매우 높은 이온화 효율을 지니고 있어서 주기율표의 대부분 원소를 거의 100%로 이온화시키며, 주로 단일 양전하 이온을 만들어 낸다. 따라서 질량 스펙트럼은 매우 간단하며, 질량값으로 어떤 원소인지를 쉽게 확인할 수 있고 동위 원소 비율도 쉽게 측정할 수 있다. 이러한 측면에서 ICP-MS는 ICP-광학 발광 분광학(optical emission spectroscopy, OES)이 지닌 주요 단점을 극복하였다. 또한 질량 분석기는 감도가 매우 뛰어나서 ICP-OES보다 천 배 정도 향상된 검출 한계를 나타내며 동적 범위의 직선성을 100,000배(fiver orders of magnitude)까지 향상시킨다. 표 11.11은 ICP-OES와 ICP-MS의 상보적인 몇 가지 특징을 나타내고 있다. 금속, 암석, 뼈, 도자기, 타고 남은 재 등의 무기 물질이 용해되어 있는 용액을 빠른 속도로 분리할 수 있고 단순한 질량 스펙트럼, 낮은 바탕 신호, 뛰어난 감도 등을 제공하기 때문에 ICP-MS의 사용은 여러 분야에서 빠른 속도로 확산되고 있다.

라디오파(radio-frequency, RF)-ICP 이온원은 8.3.1절에서 설명되었고, 사중 극자 질량 분석계는 10장에서 설명되었다. 여기서는 ICP 이온원과 사중 극자 질량 분석계를 접목시키는 방법을 좀 더 자세히 살펴보아서 ICP-MS가 어떤 방법으로 이러한 정보를 제공하는지 알아보고자 한다.

ICP가 사중 극자 질량 분석계에 접목된 기기가 그림 11.16a에 나타나 있다. 아르곤 플라스마를 포

표 11.11 MS와 ICP-OES의 상보적 특징

ICP-OES	MS
효율적이지만 약한 이온화 원(주로 단일 전하 이온 형성)	이온 원이 필요
무기염 용액 시료 주입이 빠르고 편리	휘발성이 떨어지는 무기 시료의 경우 시료 주입이 제한받음. 고체 시료에 사용되는 열적 이온화, 스파크 이온화, 글로우 방전, 레이저 등은 시간이 많이 소모됨.
대기압 상태에서 시료 주입. 낮은 효율(5% 시료가 플라스마로 주입되고 나머지는 버려짐.)	시료 주입을 위해 감소된 압력이 필요.
매트릭스 효과가 관찰	소량 시료 혹은 소량 용해된 고체 시료만 가능
자주 스펙트럼이 겹치는 복잡한 스펙트럼	상대적으로 간단한 스펙트럼
검출 파장 범위에서 바탕 신호가 커서 검출이 방해됨.	질량 영역에서 매우 낮은 바탕 신호
중간 정도의 감소(ppm에서 ppb 범위)	뛰어난 감도(ppb에서 ppt 범위)
동위 원소 비율이 검출되지 않음	동위 원소 비율 검출이 가능

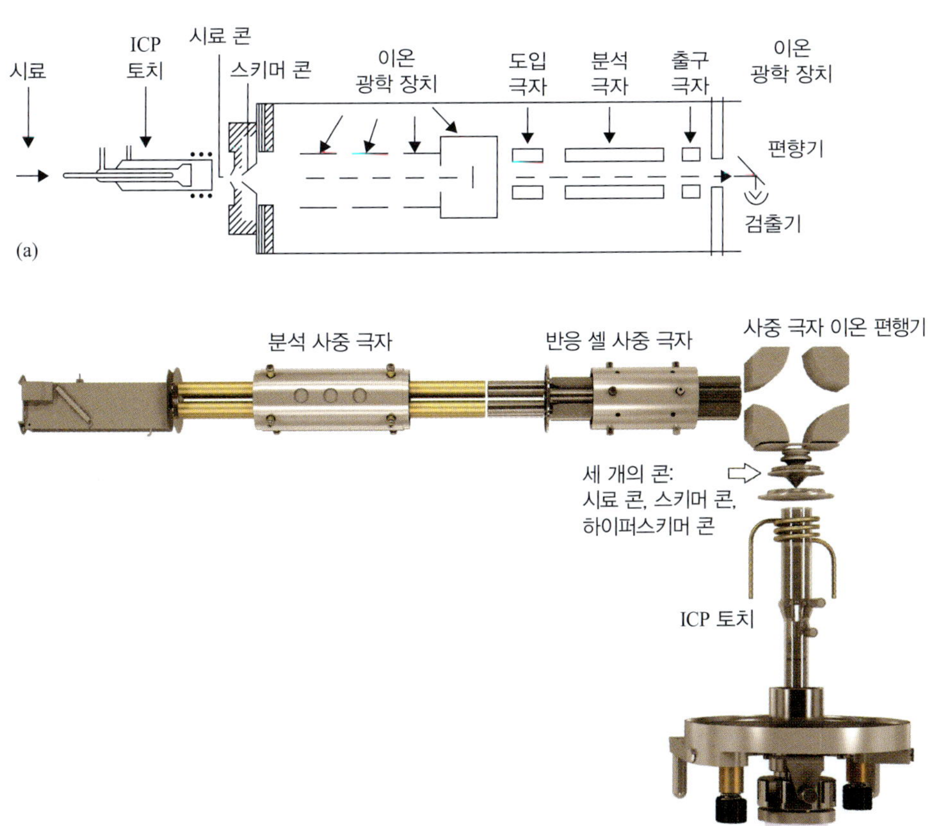

그림 11.16 (a) 사중 극자 질량 분석계가 포함된 ICP-MS의 도면. (b) 세 개의 사중 극자, 세 개의 콘, ICP 토치(torch)와 시료 주입부가 있는 NexION 300 ICP-MS 장비. [**© 1993–2014 PerkinElmer, Inc. All rights reserved. Printed with permission.** (www.perkinelmer.com).]

함하는 ICP 이온원이 질량 분석기 주입구 방향으로 수평으로 놓여 있다. 그림 11.16b는 PerkinElmer NexION 300이라는 새로운 ICP-MS인데 여기에서는 플라스마(그림의 오른쪽에 위치)가 수직 방향으로 질량 분석기를 향하고 있다. 토치 위에는 사중 극자 이온 편향기(quadrupole ion deflector, QID)가 놓여 있다. QID에서는 플라스마로부터 나오는 양전하를 지닌 이온은 90도의 질량 분석계로 주입시키고, 이온화되지 않은 물질은 직선 방향으로 그대로 놓아 두어 시스템 밖으로 나가게 한다. ICP 기기는 대기압에서 작동하고 이때 온도는 대략 10,000 K이다. 반면, 질량 분석기는 고진공(10^{-4}~10^{-6} torr)을 필요로 하고 상온에서 작동한다. 따라서 두 기기를 접목시키는 것은 극복해야 할 큰 문제이다. 대부분의 ICP-MS 기기는 그림 11.17에 나타난 것과 유사하게 접목되어 있다. 플라스마로부터 형성된 이온은 두-단계 연결 장치를 거쳐서 질량 분석기로 주입된다. 플라스마는 **시료 콘**(*sampling cone*) 가운데에 놓이게 되어 이온과 플라스마 기체는 콘의 작은 구멍을 통과하여 진공 영역으로 들어가게 된다. 이때 대부분의 아르곤 기체는 펌프에 의해 제거된다. 나머지 이온은 **스키머 콘**(*skimmer cone*)을 통과하여 질량 분석기로 주입된다. 스키머 콘은 날카로운 각을 지닌 콘으로 구멍(orifice)의 내부 지름은 약 0.9 mm이다. 이 콘의 구조는 이온의 흐름이 질량 분석기로 주입되는 것을 제한한다. 스키머 콘 뒤쪽은 터보 펌프(turbomolecular pump)에 의해 10^{-4} torr 압력의 진공 상태를 갖는다. 이 영역은 게이트 밸브(gate valve)에 의해 연결 장치 부위의 고압으로부터 고립될 수 있다. 이렇게 하면 내부에 진공이 유지된 상태에서 시료 콘과 스키머 콘을 분리하여 청소할 수 있게 된다. 시료 콘과 스키머 콘은 니켈 혹은 백금으로 만들어지고 연결부에서 흐르는 물과의 접촉을 통해 냉각된다.

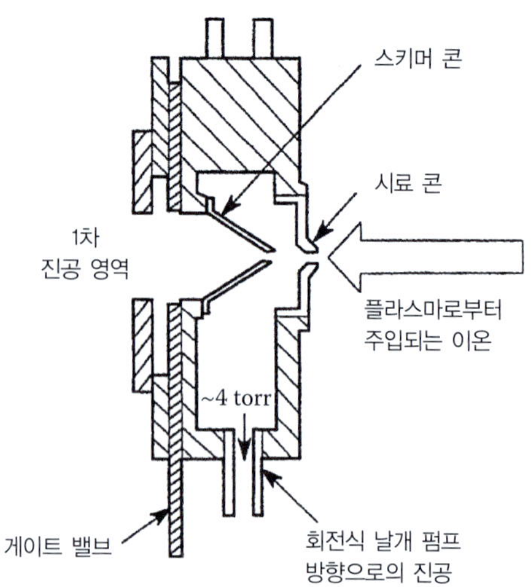

그림 11.17 ICP-MS 연결부(interface)의 확대 그림으로 시료 콘과 스키머 콘을 보여 주고 있음. [© **1993–2014 PerkinElmer, Inc. All rights reserved. Printed with permission.** (www.perkinelmer.com).]

11.4.2 | 원자 질량 분석의 응용

고온의 플라스마는 시료를 분해하여 각각의 원소로 만든다. 이들 원소 중의 상당 부분이 플라스마에서 이온화되기 때문에 다른 이온화 원을 통과할 필요가 없다. ICP-MS는 ppq, ppt, ppb 등의 농도를 지닌 금속과 비금속의 신속한 다원소 분석에 특히 유용하다.

단위 질량 분해능(저분해능)만 있으면 다른 원소들을 구분하기에 충분한데 그 이유는 부록 11.A에서 보는 바와 같이 원소들의 동위 원소가 1 단위 질량만큼만 차이가 있기 때문이다. 원소들 간의 동위 원소 겹침은 흔하지 않기 때문에 분석하고자 하는 원소의 온전한 동위 원소를 쉽게 찾아 낼 수 있다. 실제로 ICP-MS로 확실하게 확인할 수 없는 원소는 인듐(indium) 하나이다. 이 장 뒤의 문제 부분에서 이유를 물어볼 것이다. 각 동위 원소의 존재비는 원시료 속 각 원소 농도의 정량적 측정으로 얻는다. 그림 11.18은 원소들의 동위 원소 패턴을 보여 주고 있다.

ICP-MS가 사용되는 유형은 다음과 같다. 환경 시료 속 금속 혹은 비금속의 ppb 수준 분석; 납 혹은 비소 등의 원소 독소의 생체 내 존재 여부 분석; 지질 시료, 금속, 합금 등 속에 존재하는 미량 원소 결정; 동위 원소 비율 결정; 도자기 및 반도체 분석; 약품 및 화장품 분석; 고분자 속 백금 촉매 결정; 법의학적 분석; 원유 및 화학 산업에서의 원소 분석; 임상 화학 및 식품 화학에서 금속 결정 등이다.

ICP-MS로 분석하는 가장 흔한 시료는 수용액 상태이다. 시료는 산에 용해되고, 용융염에 용융되고, 물로 묽혀진다. ICP-MS 기술의 감도를 고려할 때, 모든 산, 염기, 시약, 물 등은 극도로 순수해야 한다.

고체 시료는 전열 증발(electrothermal vaporization, ETV) 혹은 전열 원자화(electrothermal atomization, ETA) 장치(원자 흡수 분광학(atomic absorption spectrometry, AAS)에서 사용하는 흑연로(graphite furnace)와 동일한 장치)를 ICP-MS에 결합하여 분석하거나, 레이저 절삭(laser ablation) ICP-MS를 이용한다. 시료 주입 방식은 8장에 소개되었고, ICP-OES의 원리와 동일하다. 고체 시료의 직접 주입이 바람직한데 그 이유는 시료 준비 단계를 없애서 시료 준비 단계에서 발생하는 오차를 제거할 수 있기 때문이다. 표 11.12는 ETV-ICP-MS와 흑연로 AAS의 검출 한계를 비교하고 있다.

ICP-MS에서의 정량 분석은 일반적으로 외부 교정 표준물(external calibration standard)을 이용하거나 내부 표준물(internal standard)을 시료에 첨가하여 이루어진다. 주기율표상의 많은 원소를 분석하고자 할 경우에는 내부 표준물로 Li, Y, In, Tb, Bi를 첨가하여 ^{6}Li, ^{89}Y, ^{115}In, ^{159}Tb, ^{209}Bi를 측정한다. 분석물을 정량 분석할 때 모든 내부 표준물이 사용되는 것은 아니다. 일반적으로 분석물과 가장 유사한 일차 이

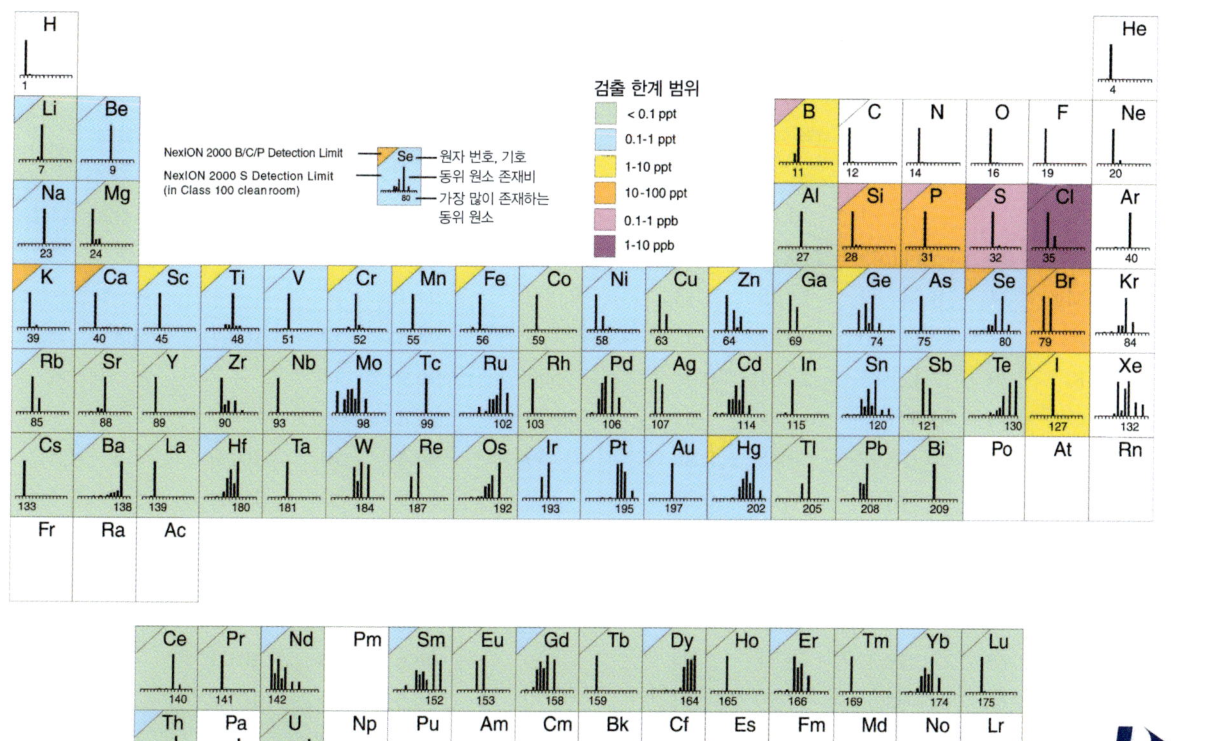

그림 11.18 원소의 동위 원소 패턴. [© 1993–2014 PerkinElmer, Inc. All rights reserved. Printed with permission. (www.perkinelmer.com).]

표 11.12 ETA–ICP–MS의 대략적인 검출 한계

원소	ETA-ICP-MS		GFAAS	
	ng/mL(2 μL)	pg	ng/mL(10 μL)	pg
^{107}Ag	0.08	0.16	0.01	0.1
^{27}Al	0.03	0.05	0.2	2
^{75}As	0.05	0.1	1	10
^{44}Ca	0.7	1.4	0.5	5
^{114}Cd	0.15	0.3	0.01	0.1
^{52}Cr	0.1	0.2	1	10
^{39}K	1.5	3	0.1	1
^{23}Na	0.2	0.4	1	10
^{58}Ni	0.47	0.93	1	10
^{208}Pb	0.1	0.3	0.2	2
^{78}Se	5.7	11.4	1	10
^{28}Si	2.7	5.4	5	50
^{64}Zn	0.2	0.4	0.05	0.5

참조: 본 표는 GFAAS와 ICP-MS의 시료 증발 과정에 사용되는 ETA 장치를 비교하였다. 각 분석 방법에서 용액 검출 한계, 시료 부피(mL), 절대 검출 한계(pg) 등이 나타났다. 측정된 동위 원소는 ICP-MS 기술에 대한 것이고, 동위 원소 질량수는 AAS 기술과 상관없다.

표 11.13 "음용수 속 미량 원소(Trace Elements In Drinking Water)" 보증 기준 물질을 ICP-MS 분석할 때 나타나는 회수율과 정밀도

분석물	동위 원소	평균 측정 농도(μg/L)	표준 편차	상대 % 차이	고순도 보증값	보증값의 회수율(%)	첨가 수준 (μg/L)	평균 첨가 회수율 (%)	평균 첨가 회수율의 표준 편차	상대 % 차이
Be	9	17.17	0.13	0.75	20	85.8	50	92.1	1.0	1.1
Na	23	5,711.45	113.71	1.99	6,000	95.2	–	–	–	–
Mg	24	8,544.22	11.45	0.13	9,000	94.9	–	–	–	–
Al	27	113.60	0.37	0.33	115	98.8	50	106.7	3.8	3.5
K	39	2,421.85	22.01	0.91	2,500	96.9	–	–	–	–
Ca	44	33,871.41	611.84	1.81	35,000	96.8	–	–	–	–
V	51	28.92	0.08	0.28	30	96.4	50	101.0	1.3	1.2
Cr	52	18.99	0.04	0.22	20	94.9	50	103.2	5.6	5.4
Mn	55	33.58	0.73	2.18	35	95.9	50	99.0	2.6	2.6
Co	59	23.71	0.81	3.41	25	94.8	50	100.9	2.2	2.2
Ni	60	60.46	0.26	0.43	60	100.8	50	102.6	3.9	3.8
Cu	63	19.32	0.51	2.64	20	96.6	50	101.1	4.6	4.5
Zn	66	68.98	1.29	1.87	70	98.5	50	101.2	3.2	3.2
As	75	78.67	0.54	0.68	80	98.3	50	108.4	0.0	0.0
Se	82	9.21	0.15	1.61	10	92.1	50	91.7	0.6	0.7
Mo	98	94.93	3.23	3.40	100	94.9	50	105.4	1.1	1.0
Ag	107	2.34	0.04	1.78	2.5	93.6	50	99.4	1.0	1.0
Cd	111	11.35	0.01	0.12	12	94.6	50	96.3	1.1	1.2
Sb	121	9.55	0.03	0.31	10	95.5	50	99.8	1.0	1.0
Ba	135	48.49	0.73	1.51	50	97.0	50	117.5	0.3	0.2
Hg	202	0.11	0.03	27.27	유효하지 않는 값	–	1.5	100.7	0.04	0.04
Tl	205	10.21	0.14	1.34	10	102.1	50	106.3	2.1	2.0
Pb	208	34.85	0.73	2.10	35	99.6	50	109.7	4.8	4.4
Th	232	0.01	0.01	79.73	유효하지 않는 값	–	50	107.6	0.8	0.8
U	238	10.16	0.20	1.97	10	101.6	50	106.7	2.7	2.5

출처: Wolf, R. et al., *EPA Method 2008 for the Analysis of Drinking Waters, Application Note ENVA-300*;[1995–2014 PerkinElmer, Inc. All rights reserved. Printed with permission. (www.perkinelmer.com).]
참조: CRM은 High-Purity Standards 회사로부터 제공 받음.

온화 전위를 갖는 내부 표준물이 사용되는데 이렇게 함으로써 쉽게 이온화하는 Na와 같은 원소로부터 발생할 수 있는 이온화 방해(ionization interference)를 보완한다. 이러한 방법으로 얻어진 결과는 일반적으로 매우 정확하고 정밀하다. 표 11.13은 High-Purity Standards 회사(Charleston, SC, USA)의 보증 기준 물질(certified reference matrial, CRM)인 '음용수 속 미량 원소(Trace Elements In Drinking Water)'에 포함된 25개 원소를 ICP-MS 분석할 경우 나타나는 전형적인 회수율과 정밀도 데이터를 보여 주고 있다.

11.4.2.1 지질학적 물질의 특성 확인

원자 질량 분석은 원소의 동위 원소 비율을 측정할 수 있다. 이것은 Aston과 Thompson이 초기에 질량 분석기를 적용했던 분야이다. 광물 속 미량 원소의 정량 분석과 정확한 동위 원소 비율 결정은 지질학, 기후학, 지구 과학 등의 분야에서 매우 중요하다. 대부분의 원소는 그 동위 원소가 안정하기 때문에 고정된

동위 원소 비율을 갖지만 우라늄, 탄소, 납, 스트론튬 등 일부 원소는 자연 방사능 붕괴 과정을 갖기 때문에 동위 원소 비율이 바뀌게 된다. 원자 질량 분석을 지질 시료와 화석 시료 등에 적용하여 정확한 동위 원소 비율을 측정하는 것은 시료의 연대를 측정하는 지질 연대학, 고생 온도 측정학(paleothermometry), 해양 과학, 기후학 등의 학문을 가능하게 한다.

암석 시료에 존재하는 희토류 원소(rare earth elements, REEs)의 미량 수준을 결정할 수 있는데, 희토류 원소 분포 정보는 지질학자들에게 매우 유용한 정보를 제공한다.

11.4.2.2 크로마토그래피 결합-ICP-MS를 이용한 종분리

GC, LC, 이온 크로마토그래피(ion chromatography, IC) 등의 크로마토그래피 기기 혹은 모세관 전기이동(capillary electrophoresis) 기기를 ICP-MS와 결합시키게 되면 복잡한 혼합물을 분리할 수 있고 또한 원소의 산화 상태에 따른 종분리(speciation)도 가능하게 해 준다. GC는 13장에 기술되어 있고, LC와 CE는 14장에 기술되어 있다. 이런 모든 분리 기기들은 ICP-MS 기기와 결합되어 왔다.

유기 용매 혹은 석유의 유기 부분은 ICP-MS를 이용하여 미량 원소 성분이 분석된다. LC는 ICP-MS와 결합되는 가장 흔한 분리 기술인데, 전통적인 HPLC, 모세관-LC, 나노-LC 등이 몇몇 회사에서 판매되고 있다. HPLC 분리 용매는 자일렌(xylene)과 같은 비극성 유기 용매로부터 극성 알코올-물 혼합액까지 사용된다. ICP-MS에서의 유기 용매는 ICP-OES에 존재하는 유기 용매가 나타내는 한계까지 분석된다. RF 전력, ICP 분무방의 온도, 분무 기체 흐름 속도, 시료 주입 속도 등은 용매의 휘발성에 따라 조절되어 플라스마 소각을 막고 탄소의 시료 콘(sampler cone) 흡착을 막아야 한다. 유기 용매가 주입되면 다원자 방해(polyatomic interference)를 일으킬 수 있다. 다원자 방해의 예는 표 11.14, 11.16, 11.17에 소개되어 있다.

환경적으로 우려가 되고 있는 화합물의 종분리(speciation)는 GC-ICP-MS와 LC-ICP-MS의 매우 중요한 응용 분야이다. 조개 속 비소 화합물(arsenic compound)은 비소를 포함한 화합물을 종분리할 수 있는 중요한 예인데, 존재하는 비소의 정확한 화학적 상태를 결정할 수 있다. 조개 속의 비소는 대부분(80~99%) 아세노베타인(arsenobetaine), 모노메틸 비산(monomethylated arsenic acid), 다이메틸 비산(dimethylated arsenic acid) 등의 유기 비소 화합물 형태로 존재한다. 아세노베타인은 인간이 대사시키지 않기 때문에 인체에 무해하고, 나머지 유기 비소 화합물은 무기 비소 화합물보다 훨씬 덜 해롭다. 따라서 조개를 먹으면서 나타날 수 있는 위험성을 총 비소 양으로 평가한다면 그 위험성을 과대평가하는 것이다. 무기 비소는 As(III)과 As(V)의 두 가지 산화 상태를 지닌다. 여기서 As(III)이 As(V)보다 더 해롭다. 이런 모든 비소 화학종을 LC-ICP-MS를 이용하여 효과적으로 분리하고 극도로 적은 수준에서 검출할 수 있

표 11.14 탄소가 풍부한 플라스마에서 산소 첨가에 따라 나타나는 잠재적 간섭물

잠재적 간섭 화학종	*m/z*	영향 받는 원소
$^{12}C_2$	24	Mg
$^{12}C^{13}C$	25	Mg
$^{40}Ar^{16}O$	56	Fe
$^{12}C^{16}O$	28	Si
$^{12}C^{16}O_2$	44	Ca
$^{40}A^{12}C$	52	Cr
$^{40}A^{12}C^{16}O$	68	Zn

출처: Modified from Elliott, S., *Analysis of Organic Solvents, Including Naphtha by ICP-MS*, Varian Applications Note ICP-MS-19, October 1998. All species would be in the form of ions as measured, used with permission. (Varian is now Agilent Technologies.)

는 것은 물과 음식을 소비함으로써 나타나는 비소 노출과 위험성을 효과적으로 평가할 수 있도록 해주며, ICP-OES, AAS, 원자 형광 분광학(atomic fluorescence spectroscopy, AFS), ICP-MS 등의 원소 분석 방법을 통한 총 비소 양 결정 방법보다 정확한 평가를 가능하게 해 준다.

11.4.2.3 식품 화학, 환경 화학, 생화학, 임상 화학, 의약에의 적용

많은 종류의 음식과 음료수가 ICP-MS로 분석되었다. 고체와 반고체 시료는 음료수와 마찬가지로 무기산을 이용해서 분해한다. 땅콩 버터, 아침식사용 시리얼, 분유, 어류, 조개류, 포도주, 맥주 등의 미량 원소가 분석되어 Cu, Fe, Se, Zn과 같은 영양분 및, As, Pb과 같은 독성 금속이 분석되었다. 음식의 Al이 알츠하이머 질병과 연관이 있다는 연구 결과에 따라서 많은 음식 속의 Al이 분석되어 왔다. 실제 이런 연관이 증명된 것은 아니다.

혈액과 혈청 속의 Al, Cu, Se, Zn, As, Cd, Mn, Pb 등이 ICP-MS로 분석되었다. 혈액 속 납(Pb)의 함량이 측정되어 유아와 어린이가 납 함유 물감에 얼마나 노출되었는지를 결정하는 실험도 수행되었다. 납은 다른 중금속과 마찬가지로 중추신경계 독소이기 때문에, 어린이가 납 함유 물감을 먹거나 납 포함 먼지에 노출될 경우 습득 장애를 나타날 수 있다. ICP-MS는 감도가 뛰어나서 100 μL 정도의 혈액을 이용하여 다성분 정량 분석이 가능하다. 또한, 납의 동위 원소 패턴을 이용하여 집, 환경, 산업 현장 등 중에서 어느 곳에서 온 납이 환자 혈액 속의 납인지를 파악할 수 있다.

6장에서 설명된 자기 공명 영상기(magnetic resonance imaging, MRI)는 일반적으로 종양을 일반 조직과 믿을 만하게 구분할 수 없다. 하지만 종양을 표적으로 하는 가돌리늄(gadolinium, Gd) 화합물을 이용할 경우, 그림 11.19와 같이 종양으로부터의 MRI 신호를 향상시킬 수 있다. 가돌리늄은 MRI에서 T1 이완 시간에 영향을 미쳐서 Gd 화합물을 흡수한 조직이 인접한 다른 조직보다 '눈에 띄게(stand out)' 한다. 각 이미지에서 종양은 위쪽에서 약간 왼쪽에 있다. Gd-포함 조영제가 주입되기 전에는 종양을 주변 조직으로부터 구분할 수 없다. 조영제를 주입한 후에는 종양이 우선적으로 조영제를 흡수하여 종양이 밝은 영역으로 선명하게 나타난다. 주입 후 이미지에서 오른쪽 아래의 밝은 부분은 쥐의 간과 신장이다. ICP-MS를 이용하여 쥐 조직, 혈액, 혈청, 혈장에 있는 Gd의 양을 정확하게 측정하는 것은 Skelly Frame과 Uzgiris의 논문에 기술되었다.

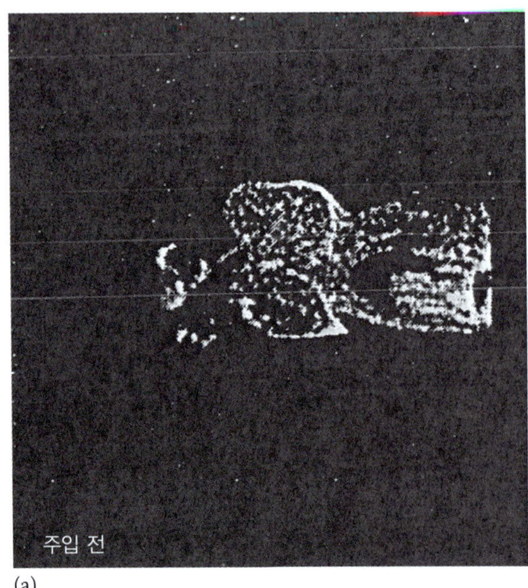

(a)

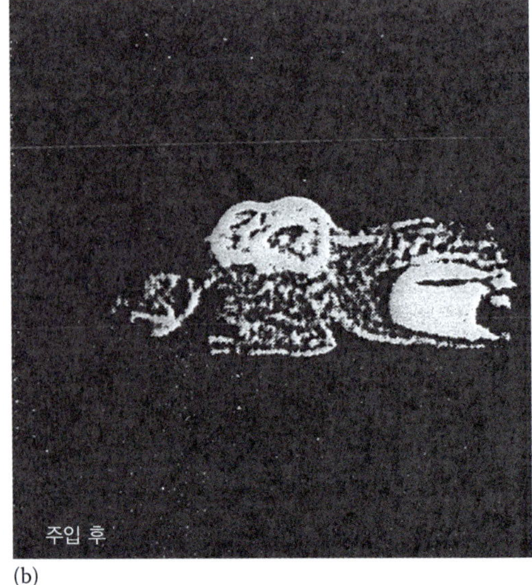

(b)

그림 11.19 Gd-포함 조영제(Gd-containing contrast agent)가 주입되기 전 쥐의 종양 MRI (a)와 주입 후 쥐의 종양 MRI (b). 종양은 각 이미지의 윗부분에서 약간 왼쪽에 위치해 있다. 조영제가 우선적으로 종양에 의해 흡수되어 주변 근육 조직보다 종양이 더욱 향상되어 밝게 보인다.

ICP-MS는 매우 다양한 환경 분야에 적용되고 있는데 그 분야는 물, 폐수, 토양, 퇴적물, 공기 분진 등등이다. 토양은 용해되지 않지만 스며나오게 하거나 추출하여 토양 속 원소를 분석하게 된다. 이런 스며나올 수 있는 원소들의 예로는 매립지에서 상수원으로 이동한 원소가 있다. 표 11.15는 ICP-MS를 이용하여 토양 시료의 표준 기준 물질(standard reference material, SRM)로부터 스며나온 금속을 분석한 결과의 예를 나타내고 있다.

분자 질량 분석은 제약 산업에서 유기 화합물을 분석하거나 확인하기 위해서 널리 유용하게 사용되는 기술이다. ICP-MS는 약품 속 원소를 확인하거나 정량하는 데 매우 중요한 도구로 자리 잡았는데 이것은 미국 약전(United States Pharmacopeia, USP)에서의 최근 변경(2013년 9월 실시 예정)과 미국 식약청(US Food and Drug Administration)의 최근 제안 지침에 근거한다. USP는 미국에서 제조 혹은 판매되는 약품들 관한 공식적인 기준을 마련하는 기구이다. 전 세계적으로 유사한 기관들이 존재하는데(예: 유럽의약청(European Medicines Agency, EMEA)) 이미 몇몇 기구에서는 ICP-MS의 감도와 크로마토그래피-ICP-MS의 종분리(speciation) 능력에 관한 규정을 마련하여 시행하고 있다. 약품 중 무기 불순물은 원료, 반응물, 제조 과정 중 포함된 오염물, 촉매 잔여물, 식물 혹은 무기물 속에 자연적으로 존재하는 원소,

표 11.15 적당히 오염된 몬타나 토양의 표준 기준 물질인 NIST SRM 2711의 여과물을 ICP-MS 분석한 결과

분석물	질량	측정 농도 (mg/kg)	표준 편차	상대 표준 편차 (RSD)	상대 퍼센트 차이 (RPD)	NIST 여과값 (mg/kg)	범위		첨가 양 (ppb)	첨가 회수율 (%)
							낮은 값	높은 값		
Be	9	1.1	0.03	2.54	3.59				100.0	104
Al	27	20,066.5	621.82	3.10	4.38	18,000.0	12,000.0	23,000.0	100.0	–
V	51	48.2	1.63	3.39	4.79	42.0	34.0	50.0	100.0	98
Cr	52	23.7	0.23	0.95	1.35	20.0	15.0	25.0	100.0	97
Mn	55	493.0	14.82	3.01	4.25	490.0	400.0	620.0	100.0	110
Co	59	8.1	0.12	1.44	2.03	8.2	7.0	12.0	100.0	98
Ni	60	17.1	0.01	0.08	0.11	16.0	14.0	20.0	100.0	96
Cu	63	104.1	3.62	3.48	4.92	100.0	91.0	110.0	100.0	99
Zn	66	315.8	8.79	2.78	3.94	310.0	290.0	340.0	100.0	111
As	75	94.0	1.93	2.06	2.91	90.0	88.0	110.0	100.0	103
Se	82	2.2	0.11	4.92	6.96	NR			100.0	109
Mo	98	1.2	0.02	1.48	2.09	<2			100.0	105
Ag	107	4.3	0.03	0.67	0.94	4.0	2.5	5.5	100.0	102
Cd	111	40.0	0.91	2.27	3.20	40.0	32.0	46.0	100.0	102
Sb	123	3.9	0.14	3.71	5.25	<10			100.0	98
Ba	135	192.2	6.64	3.45	4.88	200.0	170.0	260.0	100.0	98
Tl	205	1.8	0.06	3.58	5.07				100.0	105
Pb	208	1,087.3	35.25	3.24	4.58	1,100.0	930.0	1,500.0	100.0	132
Na	23	320.3	5.82	1.82	2.57	260.0	200.0	290.0		–
Mg	24	7,726.8	201.46	2.61	3.69	8,100.0	7,200.0	8,900.0		–
K	39	5,064.4	128.65	2.54	3.59	3,800.0	2,600.0	5,300.0		–
Ca	44	20,742.0	166.68	0.80	1.14	21,000.0	20,000.0	25,000.0		–
Fe	54	21,662.2	526.25	2.43	3.44	22,000.0	17,000.0	26,000.0		–

출처: Wolf, R. et. al., *RCRA SW-846 Method 6020 for the ICP-MS Analysis of Soils and Sediments, Application Note ENVA-301*; [(www.perkinelmer.com).]

포장 재료로부터 스며나온 원소 등이 있다.

의약품의 특성(약물 혹은 건강성 기능 보조 식품)과 복용 방법(구강, 흡입, 주사) 등에 따라 의약품의 원소, 화학적 형태, 섭취 한계 등이 결정된다. 섭취 한계는 50 kg 성인을 기준으로 일일 노출 허용량(permissible daily exposure, PDE)에 의해 농도 단위로 표현되며, 비경구 투여(parenteral administration)의 경우, 용액 속의 어떤 성분이라도 도달할 수 있는 절대적 수준으로 정의되는 대용량 비경구용액(large-volume parenteral, LVP) 성분 한계에 의해 결정된다.

11.4.2.4 원자 분석용 질량 분석의 접목

원자 질량 분석이라는 용어가 특별히 사용되지는 않지만, 질량 분석계는 전통적인 원소 분석계 와 결합되어 금속과 합금 등에 존재하는 C, H, N, S, O 의 미량 존재 수준을 측정하는 데 사용되어져 왔다. 이러한 원소 분석계는 혼동스럽게도 '기체 분석계(gas analyzer)'라고도 하는데 그 이유는 원소 분석계가 열에 의해 금속 시료로부터 발출되는 C, H, N, O, S 등의 기체를 분석하기 때문이다. 이러한 전통적인 원소 분석계는 두 가지 기본 형태가 있는데, 하나는 탄소와 황 분석용 산소-보조 연소 형태이고 나머지 하나는 수소, 산소, 질소 분석용 비활성 기체 융해(fusion)이다. 이것들은 고온로(high-temperature furnace)를 이용하고 TC 혹은 IR 검출기를 이용한다. 이들 기기는 여러 기기 회사에서 제작되고 있으며, 금속과 합금을 분석하여 원재료 개발, 공정 관리, 품질 관리 등을 수행하기 위해 오랫동안 사용되어 왔다.

그림 11.20은 Bruker 회사의 G8 Galileo O/N/H 분석계가 ESD 100 질량 분석계(오른쪽 아래)와 확산 수소 측정을 위한 외부 IR 로(furnace, 오른쪽 위)가 결합된 것을 보여 주고 있다. G8 Galileo 분석계는 비활성 기체 융해 원리를 이용한다. 금속 시료는 흑연 도가니에서 2,500°C 이상으로 가열되어 융해된다. 시료로부터 수소가 방출되고 ESD 100에서 측정된다. 시료로부터 모든 수소가 방출되어 ESD 100에 의해 측정된다. ESD는 작은 m/z 범위에 최적화된 채널트론 검출기(channeltron detector)를 사용한다. TC 검출기를 이용할 경우 0.43 ppm 수소 농도가 금속 시료의 검출 한계이다. 하지만 질량 분석기는 0.23 ppm

그림 11.20 사중 극자 질량 분석 검출기(오른쪽 아래)와 확산 수소 측정용 외부 IR 로(furnace, 오른쪽 위)가 장착된 Bruker 회사의 G8 Galileo O/N/H 분석계 (© 2013 Bruker Corporation, www.bruker-axs.com. Used with permission.)

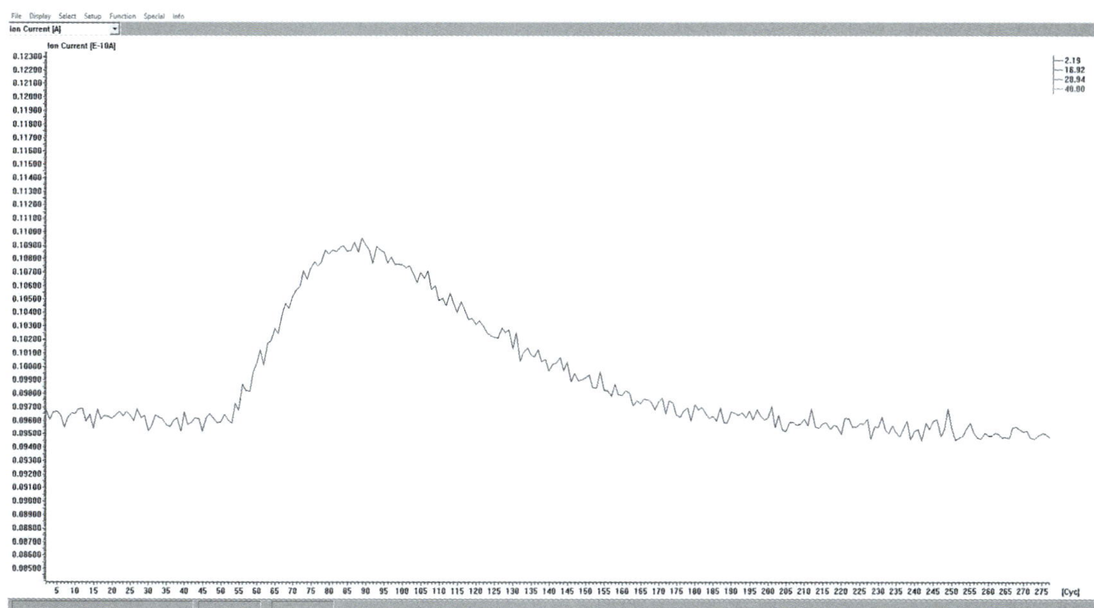

그림 11.21 ESD 100 질량 분석 검출기가 장착된 G8 Galileo O/N/H 분석계를 이용하여 얻은, 0.23 ppm 수소를 함유한 강철 시료의 질량 스펙트럼(© 2023 Bruker Corporation, www.bruker-axs.com. Used with permission.)

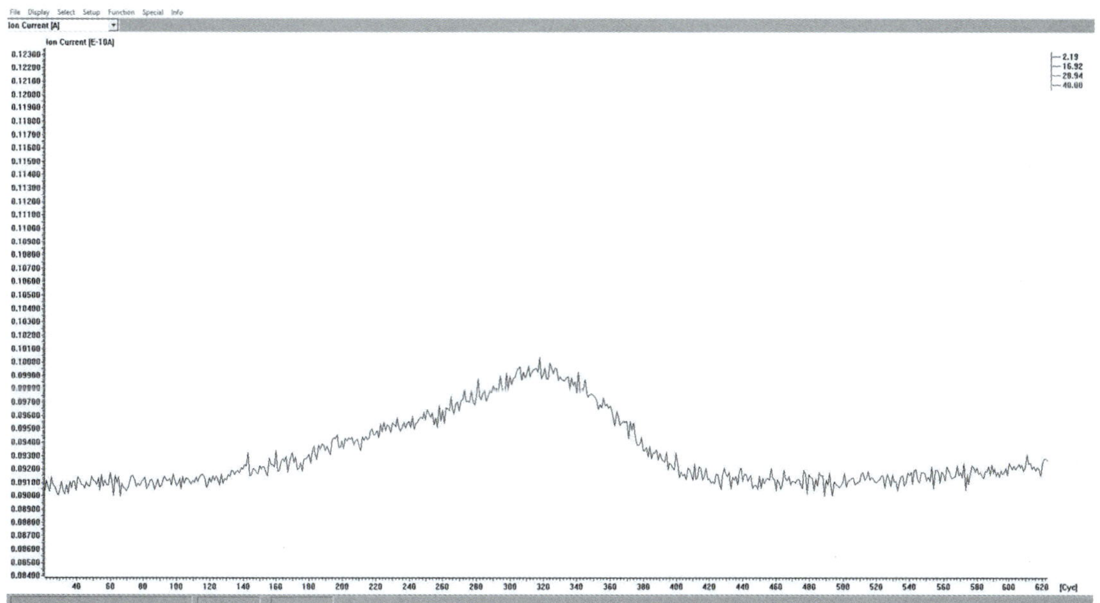

그림 11.22 ESD 100 질량 분석 검출기가 장착된 G8 Galileo O/N/H 분석계를 이용하여 얻은, 0.0074 ppm(7.4 ppb) 수소를 함유한 강철 시료의 질량 스펙트럼

수소는 물론(그림 11.21), 0.0074 ppm(7.4 ppb)의 수소를 함유하는 금속 시료(그림 11.22)도 검출할 수 있다.

11.4.3 | 원자 질량 분석에서의 간섭

질량 스펙트럼 간섭은 원자 질량 분석에서 관찰된다. 이러한 간섭에는 두 가지가 있는데 하나는 두 개 이온의 m/z 값이 직접적으로 겹치는 것이고, 나머지 하나는 매트릭스 간섭(matrix interference)으로 분석 신호를 향상시키거나 감소시킨다.

11.4.3.1 매트릭스 효과(matrix effect)

ICP 방출 분광법(ICP emission spectrometry)에서와 마찬가지로 ICP-MS에서도 플라스마에 시료를 도입하는 것은 많은 난관이 있다. 분무(nebulization)와 원자화(atomization) 등의 복잡한 과정이 난관에 포함된다. 이러한 과정은 시료를 질량 분석 시스템에 도입하기 전에 일어난다.

두 시스템을 접목시키는 부분에 1 torr의 영역이 존재하여 생성물의 증착이 발생한다. 여기에 고농도의 용해된 고체가 존재할 경우 심각한 신호 억제가 관찰된다. 이러한 신호 억제는 시료 속에 분석하고자 하는 원소 이외의 매우 이온화가 잘 되는 원소가 이온화하여 발생하게 될 것이다. 이러한 간섭의 정확한 원인은 밝혀지지 않았지만 간섭이 발생한다는 것은 사실이다. 이러한 문제는 전체 고체 시료 속에 시료의 농도를 0.2% 아래로 감소시켜 어느 정도 극복할 수 있다. 이것은 큰 제한 조건인데 특히 인체로부터 얻어진 액체 혹은 용융 광물을 분석하는 경우 더욱 심각한 문제가 된다. Agilent 8800 시스템과 같은 새로운 기기들은 특화된 시료 도입 장치들이 있어서 높은 매트릭스 농도에서도 견딜 수 있게 하였다. Agilent의 고농도 매트릭스 주입(high matrix introduction, HMI) 기술은 2%의 전체 용해 고체 시료 매트릭스도 매트릭스 억제 효과에 의한 신호의 감소 없이 일반적으로 측정 가능하게 하였다.

용매와 시료 속에 존재하는 다른 원소들은 매트릭스 효과를 나타낸다. 매트릭스 효과는 원자화 효율, 이온화 효율 등에 영향을 미쳐서 질량 분석 신호의 세기에 영향을 미친다. 이것은 정량적 결과에 영향을 미친다. 매트릭스 효과에 의해 신호는 증가되거나 감소된다. 수용액은 유기 용매와는 다르게 작용한다. 이러한 매트릭스 효과에 의한 문제는 대부분 매트릭스 매칭(matrix matching)으로 극복할 수 있다. 즉, 교정용 표준물 준비를 위해 사용되는 산농도, 용매, 주효 성분, 점성 등을 고려한 매트릭스를 분석하고자 하는 시료의 매트릭스와 같게 하는 것이다. 이것은 AAS와 오제 전자 분광법(Auger electron spectroscopy)에서도 유사하게 용매와 주요 매트릭스 성문을 같게 하여 정확한 정량 분석을 수행한다. 내부 표준물을 사용하여 매트릭스 효과를 극복할 수도 있으며 이에 따라 ICP-MS 측정의 정확도와 정밀도를 향상시킬 수도 있다.

11.4.3.2 스펙트럼 간섭 혹은 동중핵 간섭

ICP-MS에서 아르곤 이온과 아르곤-포함 다원자 화학종으로부터 나타나는 것으로 보이는데 그 이유는 아르곤 플라스마 안에 이들이 상당히 많이 존재하기 때문이다. 아르곤은 세 가지 동위 원소로 존재하는데 그 중에서 ^{40}Ar이 99.600% 존재하여 $^{40}Ar^+$이 가장 큰 관심을 끌고 있다. $^{40}Ar^+$과 $^{40}Ca^+$은 동일한 정수 질량을 지닌다. 따라서 우리는 그 둘이 중첩되었다고 할 수 있다. 단일 사중 극자 질량 분석기는 이 둘을 구분할 수 없다. 이렇게 질량이 겹치는 것을 동중핵 간섭(isobaric interference)이라고 한다. 이것은 스펙트럼에서 발생하는 스펙트럼 간섭(spectral interference)이다. 공교롭게도 $^{40}Ca^+$은 Ca 동위 원소 중에서 가장 많이 존재하는 동위 원소로, 96.941%를 차지한다(부록 11.A 참조). 표준 사중 극자 ICP-MS를 이용하여 Ca의 양을 결정하려면 적게 존재하는 다른 Ca 동위 원소를 선택하여 측정하여야 한다. ArH^+, ArN^+, $ArCl^+$, $ArOH^+$, Ar^{2+} 등과 같은 다원자 이온은 플라스마에서 흔히 형성되는 이온으로 표 11.14, 표 11.16, 표 11.17에서 보는 바와 같이 다양한 분석물에 간섭을 나타낸다. 이러한 다원자 이온 스펙트럼 간섭은 영향을 받는 원소가 ^{75}As 혹은 ^{55}Mn과 같이 하나의 동위 원소만 존재할 경우 혹은 영향받는 동위 원소가 ^{56}Fe, ^{39}K, ^{40}Ca, ^{51}V와 같이 해당 원소의 90% 이상 존재하는 경우 매우 심각한 문제가 된다.

다원자 화학종 형성을 최소화하는 방법으로는 플라스마 운영 조건을 조절하는 것이 있다. 플라스마의 전원을 줄여서 '시원한 플라스마(cool plasma)' 혹은 '차가운 플라스마(cold plasma)'를 형성할 수 있다. 시원한 플라스마 조건을 이용하면 많은 Ar 포함 다원자 이온의 형성을 줄이거나 없애서 Na, K, Ca, Fe 등을 정확하게 ppt-수준으로 결정할 수 있다. 시원한 플라스마 조건을 이용하는 단점은 어떤 원소의 검출 한

표 11.16 ICP–MS에서 흔한 다원자 간섭

다원자 이온 간섭	*m/z*	간섭받는 원소
$^{14}N_2$	28	^{28}Si
$^{12}C^{16}O$	28	^{28}Si
$^{14}O^{16}H^{1}H$	31	^{31}P
$^{16}O^{16}O$	32	^{32}S
$^{38}Ar^{1}H$	39	^{39}K
^{40}Ar	40	^{40}Ca
$^{35}Cl^{16}O$	51	^{51}V
$^{36}Ar^{16}O$	52	^{52}Cr
$^{40}Ar^{12}C$	52	^{52}Cr
$^{40}Ar^{14}NH$	55	^{55}Mn
$^{38}Ar^{16}O^{1}H$	55	^{55}Mn
$^{40}A^{16}O$	56	^{56}Fe
$^{23}A^{40}Ar$	63	^{63}Cu
$^{40}A^{35}Cl$	75	^{75}As
$^{40}Ar^{40}Ar$	80	^{80}Se

표 11.17 반응 셀을 통해 알려진 스펙트럼 간섭의 예

동위 원소	존재비(%)	간섭 화학종	반응 기체
$^{39}K^{+}$	93.3	$^{38}Ar^{1}H^{+}$	NH_3
$^{40}Ca^{+}$	96.9	$^{40}Ar^{+}$	NH_3
$^{51}V^{+}$	99.8	$^{35}Cl^{16}O^{+}$	NH_3
$^{52}Cr^{+}$	83.8	$^{36}Ar^{16}O^{+}$	NH_3
		$^{40}Ar^{12}C^{+}$	
		$^{35}Cl^{16}O^{1}H^{+}$	
$^{55}Mn^{+}$	100	$^{38}Ar^{16}O^{1}H^{+}$	NH_3
$^{56}Fe^{+}$	91.7	$^{40}Ar^{16}O^{+}$	NH_3
$^{63}Cu^{+}$	69.2	$^{23}Na^{40}Ar$	NH_3
$^{75}As^{+}$	100	$^{40}Ar^{35}Cl^{+}$	H_2/Ar 혼합
$^{80}Se^{+}$	49.6	$^{40}Ar^{40}Ar^{+}$	CH_4

계가 보통의 '뜨거운 플라스마(hot plasma)'에서보다 안 좋아질 수 있다는 것인데 매트릭스 효과가 커져서 긴 분석 시간이 필요로 할 수도 있다. 따라서 모든 원소에 대해 최적의 검출 한계를 얻기 위해 두 가지 운영 조건에서 시료를 분석하는 것이 필요할 수도 있다.

11.4.4 | 간섭을 줄이는 기기적 접근

원자 질량 분석에서 간섭을 줄이거나 없애는 기기적 접근 방법에는 다음과 같은 다섯 가지가 있다. (1) 고분해능 ICP-MS(HR-ICP-MS) 사용; (2) 다원자 간섭물을 쪼개기 위해 충돌 셀(collision cell)을 사용;

(3) 다원자 간섭을 제거하기 위해 '반응 셀(reaction cell)'에서 기체-상 화학 반응 이용; (4) 기기 운영 조건을 변경하여 앞에서 논의된 시원한 혹은 차가운 플라스마 형성; (5) 텐덤 사중 극자를 이용한 MS-MS 방식으로 목표 분석 질량 외의 모든 질량을 제거.

11.4.4.1 고분해능 ICP-MS(High-Resolution ICP-MS, HR-ICP-MS)

고분해능 분자 질량 분석기와 마찬가지로, 자기장 부채꼴 혹은 TOF-기반 기기들은 분해능 0.1 amu 미만의 정확한 질량 측정을 가능하게 된다. 사중 극자 시스템의 경우 단위 질량 분해능(1 amu)만을 나타낼 수 있다. 따라서 HR-ICP-MS를 사용하면 '겹침(overlap)'이 일어나지 않아서 사중 극자에서 나타나는 많은 스펙트럼 간섭을 제거할 수 있는데, 이는 그 분해능이 다원소 화학종과 분석물 원소의 정확한 질량을 구분할 수 있을 정도로 충분하기 때문이다. HR-ICP-MS는 간섭으로부터 상당한 영향을 받는 S, P, Si, F, Cl 등의 미량 원소를 정확히 측정할 수 있는 유일한 질량 분석 방법이다. HR-ICP-MS는 간섭물의 질량을 정확히 측정하여 특성 분석을 수행할 수 있다. HR-ICP-MS를 사용하면, ^{31}P, ^{30}SiH, $^{12}C^{19}F$, $^{14}N^{17}O$, $^{13}C^{18}O$ 등을 구분할 수 있다. 이것들은 모두 31 Da의 정수 질량을 갖는다. 이런 기기들의 높은 S/N 비율은 극도로 낮은 검출 한계를 가능하게 한다(어떤 제조사는 10^{18} 분율(part per quintillion) 정도로 낮은 검출 한계를 주장). 이러한 장점으로 인해, 저농도 시료를 전처리 과정 없이 직접 분석할 수 있고, 시료를 묽혀서 분석할 수 있고, 낮은 유속으로 분석하여 매트릭스 효과를 최소화하면서 분석할 수도 있게 된다.

11.4.4.2 충돌 셀 혹은 반응 셀

충돌 셀은 작은 육중 극자, 팔중 극자, 사중 극자 등으로 이루어져 있으며, 이온 광학 장치와 질량 분석계 사이에 삽입되어 있다. 다원자 이온 등의 이온은 충돌 셀을 통과하면서 헬륨 혹은 수소와 같은 기체 분자와 추돌한다. 분석 이온과 다원자 이온이 He 원자와 충돌할 때마다 동일한 양의 에너지를 잃게 되는데 다원자 이온의 크기가 크기 때문에 충돌 셀을 통과하면서 분석 이온보다 He 원자와 더 자주 충돌하게 되고 따라서 더 많은 에너지를 잃게 된다. 따라서 충돌 셀 출구에서 이온의 에너지는 더 이상 겹치지 않게 된다. 바이어스 전압(bias voltage)인 '스텝(step)'에 의해 저에너지 다원자 이온은 제거된다. 다원자 간섭물을 제거하는 이와 같은 방법을 **운동 에너지 차별화(kinetic energy discrimination, KED)**라고 한다. 간단한 육중 극자는 다원자 이온인 ArO^+ 이온이 $^{56}Fe^+$에 나타내는 간섭 효과를 100배 감소시킬 수 있다.

11.4.4.3 MS/MS를 이용한 간섭 제거

단일 사중 극자 ICP-MS 기기에서 사용되는 사중 극자-기반 반응 셀은 이온 가이드(ion guide)를 저질량 차단(low-mass cutoff) 필터 혹은 띠통과(band-pass) 필터로 이용하여 분석하고자 하는 이온 외의 이온들을 제거할 수 있다. 하지만 이러한 장비들이 모든 겹치는 이온들을 제거할 수 있는 것은 아니기 때문에 간단한 잘 알려진 매트릭스의 경우를 제외하고는 반응 셀이 제대로 작동하지 않을 수 있다. 2012년에 Agilent Technologies는 ICP-MS를 위한 첫 번째 직렬(tandem) MS 기기(8800 ICP-QQQ)를 처음으로 내놓았다. 여기서 QQQ는 삼중 사중 극자(triple quadrupole)를 나타내는데 모든 삼중 사중 극자 시스템은 오직 두 개의 사중 극자 질량 분석 장치가 존재한다. 분자 질량 분석용 삼중 사중 극자 기기(10장 참조)는 1970년대 초반부터 판매되어 사용되었다. 8800 ICP-QQQ 기기에서 단일 사중 극자는 Agilent ORS[3] 팔중 극자 충돌/반응 셀앞에 놓여 있다. 그리고 두 번째 사중 극자는 충돌/반응 셀 뒤에 놓여 있다. 이러한 배열을 MS/MS 혹은 텐덤 MS(tandem MS)라고 한다. 이 기기의 설계는 10장에 소개되었다. 8800 ICP-QQQ 기기의 박스를 제외한 내부 기계 설비가 그림 11.23에 나타나 있다.

MS/MS 방식은 사중 극자를 어떻게 배치하느냐에 따라서 여러 가지 방법으로 간섭물을 제거한다. 간섭물을 제거하는 두 가지 주요한 방식은 MS/MS 온-질량 방식과 MS/MS 질량-변환 방식이다. (여기서

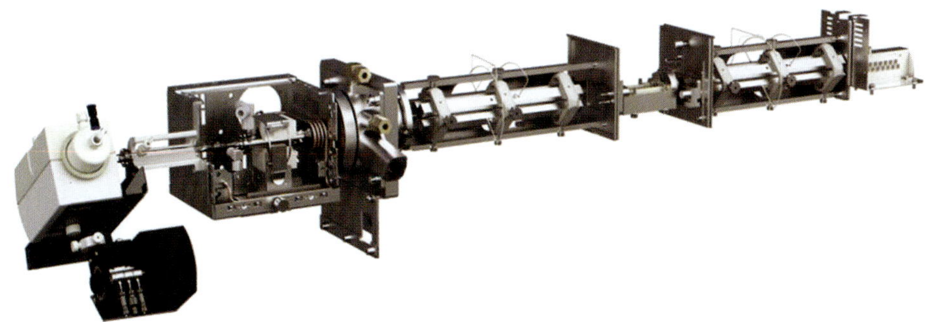

그림 11.23 Agilent Technologies의 8800 ICP-QQQ 기기. 왼편으로부터 시료 주입구, ICP 토치 박스, Q1, ORS^3 팔중 극자 충돌/반응 셀, Q2, 전자 증배관 검출기. (© 2014 Agilent Technologies, www.agilent.com/chem. All rights reserved. Used with permission.)

질량은 실제로 m/z를 의미하는 것이다.)

온-질량 방식(on-mass mode)에서는 Q1과 Q2가 동일한 목표 질량에 맞추어져 있다. Q1은 어떤 이온이 충돌/반응 셀로 주입되는지 결정한다. 분석물 질량을 제외한 모든 질량값들과 다른 질량 간섭물들은 모두 Q1에서 제거된다. 오직 분석물 질량값을 갖는 분석물과 동일한 질량을 갖는 간섭물들이 충돌/반응 셀로 주입된다. ORS^3 셀은 간섭물을 중성화시키거나 간섭물의 질량을 바꿈으로써 분석물을 간섭물로부터 분리해 낸다. Q2에서는 목표 분석 이온을 제외한 셀에서 형성된 다른 간섭물들을 제거하게 된다. 서로 다른 시료 이온은 반응 과정과 생성 이온을 변화하게 되는데, 온-질량 방식은 반응 셀 시스템에서 나타나는 이러한 가변성을 제거한다. 온-질량 방식은 특정 셀 기체에 대해 분석물은 반응성이 없고 간섭물은 반응성이 있을 때 사용된다.

온-질량 방식으로 간섭물을 제거하는 예는 O_2 셀 기체를 이용하여 $^{202}Hg^+$와 겹치는 $^{186}W^{16}O^+$를 제거하는 것이다. 여기서 두 이온이 모두 동일한 m/z 202를 가짐을 주목하자. 수은 이온이 산소와 반응하지 않는 반면, WO^+ 이온은 다음과 같이 반응한다.

$$WO^+ + O_2 \rightarrow WO_2^+ \text{ 및 } WO_3^+$$

Q1과 Q2는 모두 202 amu에 맞추어져 있다. Q1이 202 amu에 맞추어져 있으므로 분석물 Hg^+와 간섭물 WO^+ 모두 ORS^3 셀로 도입된다. ORS^3 셀에서 WO^+은 O_2과 반응하여 WO_2^+과 WO_3^+로 바뀌게 된다. 이렇게 생성된 이온의 질량은 더 이상 202 amu가 아니므로 Q2에서 제거된다. 분석물 이온만이 Q2를 통과해서 간섭물과의 겹침이 없이 검출되게 된다. 그림 11.24는 이렇게 만들어진 질량 스펙트럼이다.

간섭물을 제거하는 두 번째 방식은 질량-변환(mass-shift) 방식으로 Q1과 Q2가 서로 다른 질량에 맞추어져 있다. 이 방식은 특정 셀 기체에 대해 분석물은 반응성이 있고 간섭물은 반응성이 없을 때 사용되게 된다.

질량-변환 방식에서 Q1은 분석물 질량 측 선구 이온(precursor ion) 질량에 맞추어져 있다. 오직 분석물 질량값을 갖는 분석물과 동일한 질량을 갖는 간섭물들이 ORS^3 충돌/반응 셀로 주입된다. ORS^3 셀에서 분석물이 새로운 생성물 이온으로 변환되면서 반응성이 없는 간섭물로부터 분석물이 분리되게 된다.

Q2는 분석물의 목표 반응 생성 이온의 질량에 맞추어져 있다. Q2는 생성된 다른 모든 이온은 제거하고 단지 목표 생성 이온만을 통과시킨다.

질량-변환 방식의 예는 $^{32}S^+$가 산소 기체와 반응하여 $^{32}S^{16}O^+$를 만드는 것이다. 단일 사중 극자에서 $^{32}S^+$는 O_2^+와 겹치고, $^{48}SO^+$는 $^{48}Ca^+$, $^{48}Ti^+$, $^{36}Ar^{12}C^+$와 겹치게 된다. Q1을 32 amu에 설정하고 Q2를 48 amu에 설정하여서(Q1 + 16 amu), 오직 $^{32}S^+$만 반응 셀에 주입되고 $^{48}SO^+$만 Q2를 통과하여 검출되도록 한다. Ca, Ti, ArC 이온들은 Q1에서 제거되어 간섭하지 않게 된다. 모든 S 동위 원소들이 산소와 반

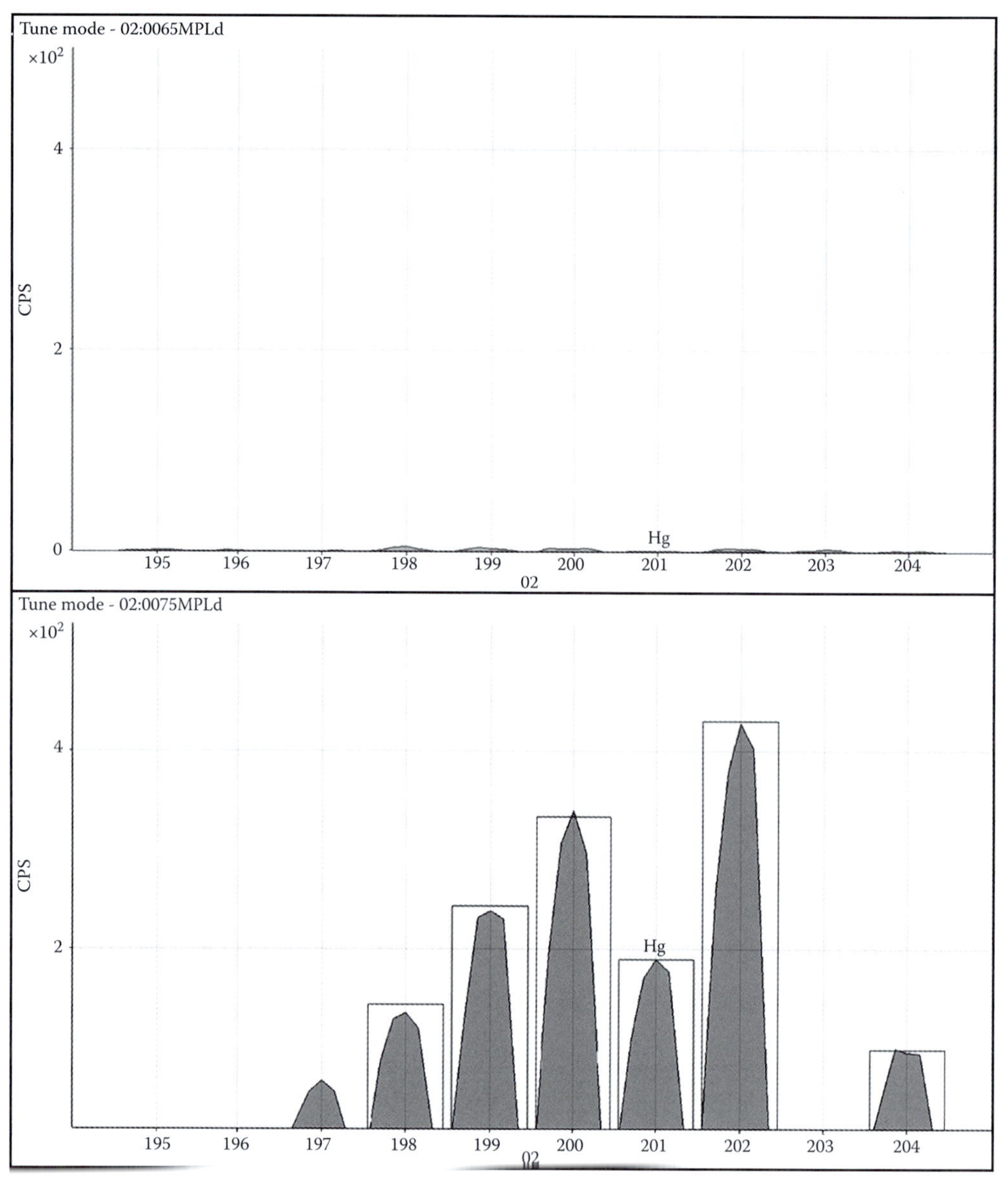

그림 11.24 MS/MS 온-질량 방식. (위) 5 ppm W의 질량 스펙트럼. (아래) 동일한 척도를 이용한 2 ppb Hg의 질량 스펙트럼. W와 Hg 사이의 농도 차이가 크지만 W의 간섭을 거의 찾아볼 수 없다. (© 2014 Agilent Technologies, www.agilent.com/chem. All rights reserved. Used with permission.)

응하기 때문에 MS/MS 방식과 산소 셀 기체를 이용하여 $^{32}S^{16}O$, $^{33}S^{16}O$, $^{34}S^{16}O$를 측정함으로써 S의 동위 원소 비율을 분석할 수도 있다. 유사하게 Ti^+ 이온에 O 원자 첨가 반응을 일으켜서 Ti의 모든 동위 원소를 해당 TiO 이온을 이용하여 온-질량 이온인 Ni, Cu, Zn 등의 간섭 없이 측정할 수도 있다.

11.4.5 | 원자 질량 분석의 한계

현재 원자 질량 분석의 한계는 비효율적인 시료 도입, 매트릭스 효과, 동중핵 간섭(isobaric interference) 등이다. 또한 사중 극자는 S, Cl, P, Si 등 가벼운 원소에 대한 감도가 낮은데 그 이유는 C-, N-, O- 기반 이온들의 간섭 때문이다. ICP-MS는 H, N, O, C, Ar 등을 측정할 수 없는데, 그 이유는 ICP-MS가 대기에 노출되어 있고, 플라스마는 Ar에 기반을 두기 때문이다. 플루오린 또한 플루오린의 이온화 포텐셜 때문에 측정할 수 없다.

유속, 기체 혼합물, 용매 등은 다원자 화학종의 형성에 영향을 미쳐 다루기 힘든 산화물을 포함하는 다

원자 화학종에 의한 간섭 정도에 영향을 미친다. 재현성 있는 분석을 위해서는 작동 조건을 엄밀하게 조절하여야 한다. 플라스마 조건은 간섭물 형성이 최소화되도록 선택하는데, 그런 경우 감도 손실이 있을 수 있다.

동중핵 간섭은 분석물의 다른 동위 원소를 측정함으로써 평가하고 피할 수도 있다. 이렇게 하기 위해 적게 존재하는 동위 원소를 측정하는데, 이 경우 분석물의 감도는 낮아진다. 고분해능 실량 분석기를 사용하면 질량 겹침 문제를 제거할 수 있지만 이런 기기는 사중 극자 기기에 비하여 비용이 많이 든다.

문제

11.1 원자 질량 분석에서 인듐(indium) 원소를 확실하게 확인할 수 없는 이유는 무엇인가?

11.2 분자 질량 분석에서 고분해능 질량 분석기의 장점들은 무엇인가? 단점들은 무엇인가?

11.3 고분해능 원자 질량 분석기의 장점과 단점은 무엇인가?

11.4 질량 스펙트럼을 해석하는 데 원자 질량과 정확한 질량 사이의 차이를 이해하는 것이 중요한 이유는 무엇인가?

11.5 동위 원소 묶힘을 이용하여 어떻게 정량 분석을 하는지 설명하시오. 교정 표준물(calibration standard)로 동위 원소로 레이블된 화합물을 이용하는 장점은 무엇인가?

11.6 ICP-MS 연결부(interface)를 그려보시오. 시료 콘과 스키머 콘의 목적은 무엇인가?

11.7 Ni와 Pt는 ICP-MS 콘을 만드는 흔한 재료들이다. 이 두 재료 사용의 장점과 단점은 무엇인가?

11.8 질량 분석기를 GC 혹은 LC와 연결할 때 어느 기기와 연결하는 것이 쉬운가? 그 이유는 무엇인가?

11.9 ICP-MS 기기에 사용되는 질량 분석계는 무엇인가?

11.10 TOF-기반 ICP-MS의 장점은 무엇인가? (10장에서 다룬 TOF 질량 분석계에 관하여 복습할 필요가 있을 것이다.)

11.11 원자 질량 분석에서 나타나는 두 가지 큰 간섭을 무엇인가?

11.12 ICP-MS에서 다원자 간섭을 제거하거나 최소화하기 위한 두 가지 기기적 접근 방법에 관하여 설명하시오.

11.13 MS/MS 온-질량(on-mass)과 질량-변환 방식의 차이를 설명해 보시오. 온-질량 방식이 상용될 때는 언제인가? 이 방식에서 어떻게 간섭물을 제거하는지 예를 들어 설명하시오.

11.14 질량-변환이 어떻게 간섭물을 제거하는지 설명하고 예를 들어 보시오.

11.15 표 9.1에 주어진 각 원소의 단동위 원소 질량(monoisotopic mass, 여기서는 질량이 가장 작은 것을 사용)의 정확한 값을 이용하여, 엑셀 혹은 다른 스프레드시트 프로그램에 '정확한 질량 계산기'를 만들어서, 표에 나타난 원소만을 포함한 특정 실험식을 지닌 분자의 분자 이온 집단에서 가장 작은 질량을 갖는 이온의 질량을 계산하도록 하자. 셀의 한쪽 방향으로 각 원자가 몇 개 존재하는지 입력하도록 하고, 해답 셀에 정확한 질량을 나타내도록 시트를 만들도록 하자. 이 계산기를 이용하여 그림 11.11에 예시된 $C_{101}H_{145}N_{34}O_{44}$의 단동위 원소 질량이 $M^+ = 2538$임을 계산해 보자. 사용된 화학식을 표시한 셀을 포함한 시트를 인쇄하여 제출하도록 하자. 계산해서 구한 값을 그림의 값과 얼마나 비슷한가? 이 분자에 포함된 원자의 개수와 종류를 고려할 때, 이 화합물은 어떤 종류의 화합물이겠는가? (힌트: 중요한 생물학적 구조를 지님.)

11.16 그림 11.12의 화학식을 이용하여 각 원소의 개수와 퍼센트 존재비를 포함하는 스프레드시트를 만들어 보자. 이것을 분자 이온 집단(예: M^+, $M^+ + 1$, $M^+ + 2$, $M^+ + 3$) 내 각 이온의 정확한 비율을 계산하도록 설계하여 이온 집단 내 각 이온의 정확한 이론적인 상대 존재비를 제공할 수 있도록 만들어 보자. CERNO 알고리즘은 얻어진 질량 스펙트럼을 수정하고 이것에 일치시켜, 고분해능에서 가장 근접한 후보를 찾는다.

11.A 부록

표 11.A.1 자연계 동위 원소의 상대 존재비

동위 원소	%	%	%	동위 원소	%	%	%
1	H 99.985			40	K 0.0117	Ca 96.941	Ar 99.600
2	H 0.05			41	K 6.7302		
3		He 0.000137		42		Ca 0.647	
4		He 99.999863		43		Ca 0.135	
5				44		Ca 2.086	
6			Li 7.5	45			Sc 100
7			Li 92.5	46	Ti 8.0	Ca 0.004	
8				47	Ti 7.3		
9	Be 100			48	Ti 73.8	Ca 0.187	
10		Be 19.9		49	Ti 5.5		
11		Be 80.1		50	Ti 5.4	V 0.250	Cr 4.345
12			C 98.90	51		V 99.750	
13			C 1.10	52			Cr 83.789
14	N 99.643			53			Cr 9.501
15	N 0.366			54	Fe 5.8		Cr 2.365
16		O 99.762		55		Mn 100	
17		O 0.038		56	Fe 91.72		
18		O 0.200		57	Fe 2.2		
19			F 100	58	Fe 0.28		Ni 68.077
20	Ne 90.48			59		Co 100	
21	Ne 0.27			60			Ni 26.223
22	Ne 9.25			61			Ni 1.140
23		Na 100		62			Ni 3.634
24			Mg 78.99	63	Cu 69.17		
25			Mg 10.00	64		Zn 48.6	Ni 0.926
26			Mg 11.01	65	Cu 30.83		
27	Al 100			66		Zn 27.9	
28		Si 92.23		67		Zn 4.1	
29		Si 4.67		68		Zn 18.8	
30		Si 3.10		69			Ga 60.108
31			P 100	70	Ge 21.33	Zn 0.6	
32	S 95.02			71			Ga 39.892
33	S 0.75			72	Ge 27.66		
34	S 4.21			73	Ge 7.73		
35		Cl 75.77		74	Ge 35.94	Se 0.89	
36	S 0.02		Ar 0.337	75			As 100
37		Cl 24.23		76	Ge 7.44	Se 9.36	
38			Ar 0.063	77		Se 7.63	
39	K 93.2581			78	Kr 0.35	Se 23.78	

동위 원소	%	%	%
79			Br 50.69
80	Kr 2.25	Se 49.61	
81			Br 49.31
82	Kr 11.6	Se 8.73	
83	Kr 11.5		
84	Kr 57.0	Sr 0.56	
85			Rb 72.165
86	Kr 17.3	Sr 9.86	
87		Sr 7.00	Rb 27.835
88		Sr 82.58	
89			Y 100
90	Zr 51.45		
91	Zr 11.22		
92	Zr 17.15	Mo 14.84	
93			Nb 100
94	Zr 17.38	Mo 9.25	
95		Mo 15.92	
96	Zr 2.80	Mo 16.68	Ru 5.52
97		Mo 9.55	
98		Mo 24.13	Ru 1.88
99			Ru 12.7
100		Mo 9.63	Ru 12.6
101			Ru 17.0
102	Pd 1.02		Ru 31.6
103		Rh 100	
104	Pd 11.14		Ru 18.7
105	Pd 22.33		
106	Pd 27.33	Cd 1.25	
107			Ag 51.839
108	Pd 26.46	Cd 0.89	
109			Ag 48.161
110	Pd 11.72	Cd 12.49	
111		Cd 12.80	
112	Sn 0.97	Cd 24.13	
113		Cd 12.22	In 4.3
114	Sn 0.65	Cd 28.73	
115	Sn 0.34		In 95.7
116	Sn 14.53	Cd 7.49	
117	Sn 7.68		
118	Sn 24.23		
119	Sn 8.59		
120	Sn 32.59	Te 0.096	
121			Sb 57.36
122	Sn 4.63	Te 2.603	
123		Te 0.908	Sb 42.64
124	Sn 5.79	Te 4.816	Xe 0.10
125		Te 7.139	
126		Te 18.95	Xe 0.09
127	I 100		
128		Te 31.69	Xe 1.91
129			Xe 26.4
130	Ba 0.106	Te 33.80	Xe 4.1
131			Xe 21.2
132	Ba 0.101		Xe 26.9
133		Cs 100	
134	Ba 2.417		Xe 10.4
135	Ba 6.592		
136	Ba 7.854	Ce 0.19	Xe 8.9
137	Ba 11.23		
138	Ba 71.70	Ce 0.25	La 0.0902
139			La 99.9098
140		Ce 88.48	
141			Pr 100
142	Nd 27.13	Ce 11.08	
143	Nd 12.18		
144	Nd 23.80	Sm 3.1	
145	Nd 8.30		
146	Nd 17.19		
147		Sm 15.0	
148	Nd 5.76	Sm 11.3	
149		Sm 13.8	
150	Nd 5.64	Sm 7.4	
151			Eu 47.8
152	Gd 0.20	Sm 26.7	
153			Eu 52.2
154	Gd 2.18	Sm 22.7	
155	Gd 14.80		
156	Gd 20.47	Dy 0.06	
157	Gd 15.65		
158	Gd 24.84	Dy 0.10	
159			Tb 100
160	Gd 21.86	Dy 2.34	
161		Dy 18.9	
162	Er 0.14	Dy 25.5	
163		Dy 24.9	
164	Er 1.61	Dy 28.2	

동위 원소	%	%	%	동위 원소	%	%	%
165			Ho 100	208		Pb 52.4	
166	Er 33.6			209	Bi 100		
167	Er 22.95			210			
168	Er 26.8	Yb 0.13		211			
169			Tm 100	212			
170	Er 14.9	Yb 3.05		213			
171		Yb 14.3		214			
172		Yb 21.9		215			
173		Yb 16.12		216			
174		Yb 31.8	Hf 0.162	217			
175	Lu 97.41			218			
176	Lu 2.59	Yb 12.7	Hf 5.206	219			
177			Hf 18.606	220			
178			Hf 27.297	221			
179			Hf 13.629	222			
180	Ta 0.012	W 0.13	Hf 35.100	223			
181	Ta 99.988			224			
182		W 26.3		225			
183		W 14.3		226			
184	Os 0.02	W 30.67		227			
185			Re 37.40	228			
186	Os 1.58	W 28.6		229			
187	Os 1.6		Re 62.60	230			
188	Os 13.3			231	Pa 100		
189	Os 16.1			232	Th 100		
190	Os 26.4		Pt 0.01	233			
191		Ir 37.3		234	U 0.0055		
192	Os 41.0		Pt 0.79	235	U 0.7200		
193		Ir 62.7		236			
194			Pt 32.9	237			
195			Pt 33.8	238	U 99.2745		
196	Hg 0.15		Pt 25.3				
197		Au 100					
198	Hg 9.97		Pt 7.2				
199	Hg 16.87						
200	Hg 23.10						
201	Hg 13.18						
202	Hg 29.86						
203			Tl 29.524				
204	Hg 6.87	Pb 1.4					
205			Tl 70.476				
206		Pb 24.1					
207		Pb 22.1					

출처: Isotopic composition of the elements 1989. *Pure Apple. Chem.*, 63(7), 991–1002, © 1991 IUPAC.

참고문헌

Allen, L.A.; Georgitis, S.J. High precision isotope ratio measurements by the LECO Renaissance™ TOFICP-MS, LECO Technical Brief, available at www.leco.com.

Application reviews. *Anal. Chem.* American Chemical Society, published biennially in odd years.

Barker, J. *Mass Spectrometry: Analytical Chemistry by Open Learning*, 2nd edn. Wiley: Chichester, U.K., 1999.

Blades, M.W. Atomic mass Spectrometry. *Appl. Spectrosc.*, *48*(11), 12A, 1994. (Reprinted in Holcombe, J.A.; Hieftje, G.M.; Majidi, V. (eds.) *Focus on Analytical Spectrometry*. Society for Applied Spectroscopy: Frederick, MD, 1998. www.s-a-s.org.)

Borman, S.; Russell, H.; Siuzdak, G. A mass spec timeline. *Today's Chemist at Work*. September 2003, p.47. www.tcawonline.org.

Broekaert, J.A.C. Glow discharge atomic spectroscopy. *Appl. Spectrosc.*, *49*(7), 12A, 1995. (Reprinted in Holcombe, J.A.; Hieftje, G.M.; Majidi, V. (eds.) *Focus on Analytical Spectrometry*. Society for Applied Spectroscopy: Frederick, MD, 1998. www.s-a-s.org.)

Buchanan, M.V.; Hettich, R.L. Fourier transform mass Spectrometry ofhigh-mass biomolecules. *Anal. Chem.*, *65*(5), 245, 1993.

Busch, K.L. Units in mass Spectrometry. *Curr. Trends Mass Spectrometr.* (*Spectrosc. Mag.*), *18*(5S), S32, May 2003. www.spectroscopyonline.com.

Chong, N.S.; Houk, R.S. *Appl. Spectrosc.*, *41*, 66, 1987.

de Hoffmann, E.; Stroobant, V. *Mass Spectrometry: Principles and Applications*, 2nd edn. John Wiley & Sons Ltd.: Chichester, U.K., 1999.

Ewing, G.W. Mass Spectrometry. In Ewing, G.W. (ed.) *Analytical Instrumentation Handbook*, 2nd edn. Marcel Dekker, Inc.: New York, 1997.

Fenn, J.B.; Mann, M.; Meng, c.K.; Wong, S.E.; Whitehouse, C. *Science*, *64*, 246, 1989.

Fuerstenau, S.D. et al. *Angew. Chem. Intl. Ed.*, *40*, 541, 2001.

Geiger, W.M.; Raynor, M.W. ICP-MS: A universally sensitive GC detection method for specialty and electronic gas analysis. *The Application Notebook* (*Spectroscopy Magazine Supplement*), February 2009. www.spectroscopyonline.com.

Holmes, J.L.; Aubry, C.; Meyer, P.M. *Assigning Structures to Ions in Mass Spectrometry*. Taylor & Francis: Boca Raton, FL, 2006.

Jarvis, K.E.; Gray, A.L.; Houk, R.S. *Handbook of Inductively Coupled Plasma Mass Spectrometry*. Blackie: London, U.K., 1992.

Karas, F.H.; Beavis, R.C; Chait, B.T. Matrix-assisted laser desorption ionization mass Spectrometry of biopolymers. *Anal. Chem.*, *63*(24), 1193A, 1991.

Kraj, A.; Silberring, J. (eds.) *Introduction to Proteomics*. Wiley: New York, 2008.

Lambert, J.B.; Shurvell, H.F.; Lightner, D.; Cooks, R.G. *Introduction to Organic Spectroscopy*. MacMillan Publishing Company: New York, 1987.

Le Cornec, F.; Correge, T. *A New Intemal Standard Isotope Dilution Method for the Determination of U/Ca and Sr/Ca Ratios in Fossil Corals by ICP-MS*. Varian ICP-MS Applications Note ICP-MS-18, September 1998. (Varian is now Agilent Technologies and the Varian Application Notes are no longer available).

Lovric, J. *Introducing Proteomics, from Concepts to Sample Separation, Mass Spectrometry and Data Analysis*. Wiley-Blackwell: Oxford, U.K., 2011.

McCann, M.T.; Thompson, M.M.; Gueron, I.C.; Tuchman, M. *Clin. Chem.*, 41/5, 739–743, 1995.

McLafferty, F.W.; Tureček, F. *Interpretation of Mass Spectra*, 4th edn. University Science: Mill Valley, CA, 1993.

Milstein, L.S.; Essader, A.; Fernando, R.; Akinbo, O. *Environ. Int.*, *28*(4), 277–283, 2002.

Milstein, L.S.; Essader, A.; Fernando, R.; Levine, K.; Akinbo, O. *Environ. Health Perspect.*, *111*(3), 293–296,

2003b.

Milstein, L.S.; Essader, A.; Murrell, C.; Fernando, R.; Akinbo, O. *JOAC*, *51*(15), 4180−4184, 2003a.

Montaser, A. (ed.) *Inductively Coupled Plasma Mass Spectrometry*. VCH: Berlin, Germany, 1998.

Niessen, W.M.A.; van der Greef, J. *Liquid Chromatography−Mass Spectrometry*. Marcel Dekker, Inc.: New York, 1992.

Oxley, E.S.; Stremming, H.; Paplewski, P. Ultra-low hydrogen detection in steel. *Bruker FIRST Newsletter*, Bruker Corporation, May 2012. www.bruker-axs.com.

Pavia, D.L.; Lampman, G.M.; Kriz, G.S. *Introduction to Spectroscopy*: *A Guide for Students of Organic Chemistry*, 3rd edn. Harcourt College Publishers: Fort Worth, TX, 2001.

Richards, S. Proteome portraits. *The Scientist*, August 2012.

Ridd, M. *Determination of Trace Levels of Rare Earth Elements in Basalt by ICP-MS*. Varian ICP-MS Applications Note ICP-MS-2, April 1994. (Varian is now Agilent Technologies and the Varian Application Notes are no longer available).

Sevastyanov, V. *Isotope Ratio Mass Spectrometry*. Taylor & Francis: Boca Raton, FL, 2013.

Silverstein, R.M.; Webster, F.X. *Spectrometric Identification of Organic Compounds*, 6th edn. Wiley: New York, 1981.

Skelly Frame, E.M.; Uzgiris, E.E. The determination of gadolinium in biological samples by ICP-AES and ICP-MS in evaluation of the action of MRI agents. *Analyst*, *123*, 675−679, 1998.

Srnith, R.M.; Busch, K.L. *Understanding Mass Spectra−A Basic Approach*. Wiley: New York, 1999.

Sparkman, O.D. *Mass Spectrometry Desk Reference*. Global View Publishing: Pittsburgh, PA, 2000

VanHaecke, F.; Degryse, P. (eds.) *Isotopic Analysis*: *Fundamentals and Applications Using ICP-MS*. Wiley-VCH Verlag & Co. KGaA: Weinheim, Germany, 2012.

Voreos, L. Electrospray mass Spectrometry. *Anal. Chem.*, *66*(8), 481A, 1994

Watson, J.T.; Sparkman, O.D. *Introduction to Mass Spectrometry*, 4th edn. John Wiley & Sons Ltd.: Chichester, U.K., 2007.

Wolf, R.; Denoyer, E.; Grosser, Z. EPA Method 2008 for the analysis of drinking waters, Application Note ENVA-300. PerkinElmer Life and Analytical Sciences: Shelton, CT, July 1995.

Wolf, R.; Denoyer, E.; Sodowski, C.; Grosser, Z. RCRA SW-846 Method 6020 for the ICP-MS analysis of soils and sediments, Application Note ENVA-301. PerkinElmer Life and Analytical Sciences: Shelton, CT, January 1996.

Yarnell, A. The many facets of man-made diamonds. *Chem. Eng. News*, *82*(5), 26, 2004

CHAPTER

12 크로마토그래피의 원리

12.1 크로마토그래피 소개

앞에서 설명한 많은 분광학적 기술은 특정 원자 또는 작용기를 선택적으로 검출할 수는 있으나, 구조적으로 매우 유사한 화합물을 구분할 만큼은 아니다. 혼합물은 다양한 방해 물질을 포함하므로 낮은 농도의 분석물을 측정하기는 어렵다. 혼합물에 함유된 각 화합물의 고유한 분광학적 신호를 사용하려면, 여러 분광학적 방법들을 개별적으로 측정해야 하는 번거로움이 있다.

복잡한 혼합물의 분석은 성분 또는 성분 종류별 분리가 필요하다. 기기 분석이 아닌 분리 방법으로는 추출, 침전, 증류 등이 있는데, 이들은 각 성분의 물리적 특성 차이에 따라 두 상으로 성분들을 분배시킨다. 용매 추출법에서는 성분들은 섞이지 않는 두 용매와의 극성 유사도(비슷한 것은 비슷한 것을 녹인다)에 따라 두 용매에 분포하게 된다. 침전은 고체와 액체상 사이의 분리로, 액체상에서의 상대적인 용해도에 따라 달라진다. 증류는 액체상 혼합물과 증기 사이의 분배로, 주로 다른 온도(끓는점의 차이)에서 각 성분의 상대적인 증기압에 영향을 받는다. 물리적 특성이 비슷한 두 성분은 평형 상태에서 두 상으로 완전히 분리되기보다는 한쪽 상에 약간 더 많이 존재하게 된다. 완전히 분리하기 위해서는 분배 과정을 반복해야 하며, 부분적으로 분리된 분획은 다시 모아 여러 번 재분배시켜야 한다. 이런 과정은 **용매 추출법**, **분별 결정**, **분별 증류** 과정에서도 마찬가지로 힘겹게 수행해야 한다. 분별 증류의 경우, 증기가 단일 평형을 이루는 방(chamber)에서 나와 재응축되는 과정이 지속적으로 이이지며, 특정 온도에서 구분되는 평형을 나타낸다.

이러한 과정이 연속적으로 진행되는 것을 **크로마토그래피**(**chromatography**)라고 하는데, 단순하게는 분별 증류의 원리를 그대로 적용할 수 있다. 크로마토그래피는 유사한 성분들로 구성된 복잡한 혼합물들을 분리할 수 있다. 지난 반세기 동안 다양한 형태의 크로마토그래피 장비가 개발되어 상용화되면서 크로마토그래피는 혼합물 내 다양한 분석물을 측정하는 대표적인 분석 장비로 자리매김하였다. 단일 컬럼 크로마토그래피 분석으로도 혼합물로부터 수십 또는 심지어 수백 개의 성분을 분리, 정성, 정량할 수 있다. 오늘날 마이크로 단위의 시료로부터 미량 성분의 유기 생화학 물질의 혼합물을 효율적으로 분석할 수 없었다면 분자 생물학 연구는 불가능하였을 것이다. 이 장에서는 크로마토그래피와 더불어 강력한 분리 기술인 **전기 이동**(**electrophoresis**)도 다룬다. 모든 생물체의 유전체를 형성하는 염기 서열을 밝히고, 조각난 DNA 분자를 분리하는 데 크로마토그래피 방식의 분리가 그 중심에 있다. 인간의 유전체에 있는 30억 개의 DNA 염기 서열을 밝힌 인간 게놈 프로젝트는 2001년에 완료되었고, 이 연구는 크로마토그래피 형태의 기기를 사용하지 않고는 상상하지도 못할 일이었다. 이것은 **유전체학**(*genomics*)이라는 분야의 기초를 이루었으며, 소위 포스트-유전체 시대에 나온 **단백질체학**(*proteomics*) 연구에서는 살아 있는 세포의 개별 유전체에 의해서 발현되는 수천 여 개의 단백질을 분리, 확인, 정량을 해야 하므로 보다 심도 높은 분석 과정이 필요하였고, 이를 해결하는 데 큰 역할을 하게 되었다. 또한 환경 감시 및 규제 분야도 복잡한 환경 시료에서 미량의 오염 물질을 분리, 확인, 측정하기 위하여 크로마토그래피의 도움을 필요로 하므로 수백만 달러의 잠재적인 시장이 되고 있다.

12.2 혼합물의 특성

우리에게 유용한 물질은 대부분 순수한 화합물이 아닌 혼합물이다. 혼합물은 우리가 선택한 용매에 용해된 하나의 용질과 같이 매우 단순할 수도 있고, 사전 지식이 없는 잠재적으로 위험한 폐기물과 같이 매우 복잡할 수도 있다. 혼합물의 복잡성은 (a) 성분의 수가 증가하거나, (b) 성분의 물리적 특성의 다양성이 증가함에 따라 증가한다. 첫 번째 종류의 복잡성은 '종분류(speciation)'라고 하는데, 여러 가지 종들(화합물, 이온 등)의 다양성을 설명한다. 100개의 녹색 구슬이 담긴 가방은 설명하고 이해하기 쉽다. 이 가방에는 녹색 구슬 한 '종'만 있다. 그러나 서로 다른 색상의 구슬 100개가 들어 있는 가방은 설명하기가 훨씬 더 어렵다. 서로 다른 '종'이 100개이다. 이는 그림 12.1에 설명되어 있다.

혼합물 종분류는 특히 환경 분야에서 중요한 분석 화학의 한 분야이다. 예를 들어, 시료에서 오염물질이 어떤 형태로 발견되는지 이해하는 것은 중요하다. 양이온의 한 가지 산화 상태는 다른 산화 상태보다 유기체에 훨씬 더 해를 끼칠 수 있다. 종분류는 관찰 가능한 형태를 분류하기 위해 수행한다. 이것이 앞 장에서 논의한 원자 분광학의 주요 초점이다.

두 번째 종류의 복잡성은 성분 분자의 물리화학적 특성의 차이에서 비롯되는데, 이는 이러한 특성들이 각 분자가 어떻게 상호 작용하는지를 설명하기 때문이다.

혼합물의 특성과 화학 분석에서 혼합물을 다루는 방법은 결국 혼합물을 구성하는 개별 분자 사이에 발생하는 상호 작용과 힘에 의해 결정된다. 혼합물의 분리에 영향을 미치려면 분자간 힘과 이러한 힘으로 인해 발생하는 물리적 특성을 이해하고 활용해야 한다. 몇 가지 중요한 분자간 힘과 에너지를 대표적인 화학 결합 에너지와 비교한 내용을 표 12.1에 보여준다. 각 유형의 힘 또는 결합 옆에 표시된 에너지 값은 해당 결합의 강도를 나타낸다. 이는 표시된 종을 완전히 분리하는 데 필요한 에너지이다.

분자간 힘에 대한 다음 논의는 일반화학과 유기화학 수업에서 배웠을 것이므로 복습이 될 것이다. 논의할 첫 번째 상호 작용은 분산력이다(1930년 Fritz London이 연구하였음). 이것은 가장 약한 분자간 힘이며, 비극성 분자 사이의 인력과 반발력에 기여한다. 이는 표 12.1에 단순 유체 사이에 발생하는 상호 작용으로 표시된다. 분산력은 원자에 상관없이 모든 분자에 존재한다. 중요한 것은 알케인(예: 메테인, CH_4), 비활성 기체(예: 헬륨, He) 또는 더 복잡한 비극성 분자(예: 사염화 탄소, CCl_4)와 같은 비극성 단순 분자 사이에 발생하는 **유일한** 힘이라는 점이다. 순간적으로, 이러한 분자의 전자들은 특정 배열을 하여 순

그림 12.1 혼합물의 복잡성을 보여주는 두 개의 구슬 모음(하나는 모두 녹색이고 다른 하나는 모두 다른 색상) (증기 특성화(NIST 단기 교육 과정 자료집, M.E. Harries의 '혼합물의 거동')에서 채택하였음).

표 12.1 분자간 상호 작용과 결합 에너지

결합/상호 작용	에너지(kJ/mol)
단순 유체(분산력)	
$CH_4...CH_4$	0.5
$C_6H_6...C_6H_6$	1.6
결합 유체(수소 결합)	
C−H...O	11
C−H...N	13~21
화학 결합	
C−C	347
O−H	465

간적인 쌍극자 모멘트를 발생시킨다. 쌍극자 모멘트는 전자와 핵이 특정 순간에 분자의 일부분은 순 음전하를, 다른 부분은 순 양전하를 가지도록 배열될 때 발생한다. 이 순간적인 쌍극자 모멘트는 다른 분자에 정전기적으로 쌍극자 모멘트를 유도하여 약한 근거리 인력을 유발할 수 있다. 따라서 이 상호 작용을 '쌍극자–유도 쌍극자' 상호 작용이라고도 한다. 인력은 여러 분자에 걸쳐 더해질 수 있다. 분자들이 서로 더 가깝게 접근하면 인력은 반발력으로 바뀐다. 유도 쌍극자가 얼마나 잘 형성하는 지는 분자의 편극도(polarizability)에 달려있다. 쉽게 변형될 수 있는 부피가 큰 전자 구름을 가진 그룹을 함유하는 분자는 높은 편극도를 가진다. 분산력은 구성 원자와 관계없이 분자 사이에 항상 존재한다. 이는 알케인이나 비활성 기체와 같은 비극성 분자 사이에 발생하는 유일한 힘이다. 더 활발하게 상호 작용하는 원자(예: 산소, 질소 및 전기 음성도가 강한 할로젠)가 있는 분자는 분산력 외에 다른 상호 작용도 나타낸다.

폼아마이드(CH_3NO)와 같이 영구 쌍극자 모멘트가 큰 화합물은 매우 강한 분자간 상호 작용을 보인다. 이러한 종류의 분자 사이에 발생하는 힘을 Keesom 힘(Keesom force)이라고 한다. 이러한 매력적인 상호 작용은 자기 결합을 촉진하여 분자 클러스터를 형성한다. 이러한 효과로 인해 쌍극자–쌍극자 힘은 방향성 힘으로 간주되어 유체 내에서의 장거리 질서(분자 크기에 비해 규모가 큼)에 중요한 영향을 미친다. 이러한 극성이 높은 분자는 비슷한 분자량의 비극성 분자보다 서로 더 강하게 끌린다. 강한 상호 작용으로 인해 극성 분자의 혼합물은 특히 분리하기 어려울 수 있다.

CCl_4의 염소 원자 중 하나를 수소로 바꾸면 클로로폼 $CHCl_3$이 나온다(그림 12.2). 여기에서 $\delta+$와 $\delta-$는 할로젠 원자와 수소의 부분 전하를 나타낸다.

수소 결합(hydrgen bond)으로 알려진 쌍극자 상호 작용으로 인한 분자 거동의 중요한 변화를 보자. 크기가 작고, 큰 전자 구름으로 가려지지 않는 수소 원자는 근처의 전자가 풍부한 그룹이나 분자와 상호 작용할 수 있다. 클로로폼의 수소 원자는 상대적으로 전자가 풍부하기 때문에 에터나 케톤의 카보닐의 산소 결합에 끌릴 것이다. 수소의 수소 결합 잠재력은 분자의 화학적 분위기에 의해 결정된다. 탄소에 있는 세 개의 염소 원자에 의한 전기음성 환경은 수소 주변의 전자 밀도를 감소시켜 이웃에게 더 양전하를 '느끼게' 만드는 경향이 있다. 그러나 클로로폼과 케톤 사이의 수소 결합은 여전히 상대적으로 약하다. 물에는 매우 강한 수소 결합 시스템이 존재하여 실온에서 4~5개의 물 분자에 걸쳐 상대적으로 안정적인 클러스

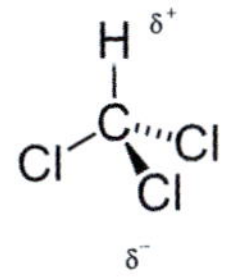

H δ^+

Cl–C(Cl)(Cl)

δ^-

그림 12.2 탄소 원자 주위의 양전하와 음전하의 분포를 보여 주는 클로로폼의 구조.

터로 존재할 수 있다. 분산력이 주된 상호 작용인 CCl_4와 같은 비극성 유체에는 안정적인 장거리 구조가 존재하지 않는다. 수소 결합은 상대적으로 강하며 에너지는 4~11 kJ/mol이다. 이러한 상호 작용은 공간 방향성이 매우 높으며 심지어 약한 결합으로 간주될 수도 있다. 일반적으로 수소 결합은 특히 크로마토그래피와 같은 분리 방법을 설계할 때 어려움을 준다. 피크의 비대칭과 그로 인한 정량에서의 문제는 이러한 시스템의 분석에서 해결되어야 한다.

위에서 언급한 강한 분자간 상호 작용은 분자간 복합체의 형성을 유발할 수 있다. 복합체는 무작위 분자 충돌에서 예상되는 것보다 상호 작용 에너지가 더 높고 수명이 더 긴 분자 간의 관찰 가능하고 명확한 쌍이다. 복합체는 그 자체로 고유한 특성을 지닌 별개의 화학 물질이다. 예를 들어, 벤젠과 아이오딘 사이에 형성된 착물은 순수한 벤젠이나 순수한 아이오딘의 전자 스펙트럼에는 존재하지 않는 밴드를 가지는 고유한 자외선 스펙트럼을 보인다. 벤젠의 π−오비탈과 아이오딘 분자 사이의 전자 이동이 입증되었기 때문에 이 복합체를 '전하 이동 복합체(charge−transfer complex)'라고 한다. 물 분자의 수소 결합 클러스터도 일종의 복합체로 간주할 수 있다. 실제로 복합체의 형성은 음전하 수용체가 음전하 공여체와 결합하는 모든 시스템에서 발생할 수 있다. 이러한 복합체는 에터와 클로로폼의 경우처럼 약하고 수명이 짧을 수도 있고, 화학적으로 분리되어야 할 만큼 충분히 강할 수도 있다. 복합체는 혼합물의 특성과 혼합물을 분리하는 능력에 중요한 영향을 미친다.

수용액에서 이온 사이에 발생하는 힘은 매우 강하고 범위가 넓다. 이는 특히 이온 교환 컬럼과 이온쌍 시약을 사용하는 액체 크로마토그래피에서 중요한 요소가 될 것이다. 용액의 이온은 쌍극자 분자와 강하게 상호 작용하여 이온−쌍극자 상호 작용을 유발한다.

분자 내 원자의 배열(기하학적 구조)은 분자간 상호 작용 때문에 혼합물의 특성에 큰 영향을 미칠 수 있다. 화합물의 분자 구조나 기하학적 구조의 차이가 두드러진 영향을 미치거나 매우 약한 영향을 미치는 두 가지 예를 고려하자. 에탄올과 다이메틸 에터는 화학식 C_2H_6O을 가지는 이성질체로, 둘 다 분자 질량이 약 46 g/mol이다. 표 12.2a에는 관련 물리적 특성을 몇 가지 보여준다.

이 두 화학 물질은 동일한 분자식을 가짐에도 불구하고 매우 다른 특성을 가진다. 그 이유는 분자간 상호 작용이다. 다이메틸 에터에서 주요한 분자간 상호 작용은 London 분산력(혹은 van der Waals 상호 작용)이다. 이러한 상호 작용의 전체적인 효과는 매우 약하다. 반면에 에탄올은 분자 구조의 변화로 인해 수소 결합에 의한 상호 작용을 가진다. 그 결과, 긴 범위의 자체 연결 네트워크로 존재한다. 수소 결합의 효과는 매우 극적이어서 에탄올이 기체가 아닌 액체 상태로 존재하게 한다, 에탄올과 다이메틸 에터의 혼합물을 분리하는 것은 물리적 특성을 기준으로 볼 때 특별히 어려울 것으로 예상하지는 않는다.

이제 분자식이 $C_2F_3Cl_2H$이고 분자 질량이 약 152 g/mol인 두 개의 이성질체에 주목해 보자. 이 화합물은 둘 다 프레온 금지 이후 개발된 대체 냉매 유체의 대표자였다. 표 12.2b에는 이들의 관련 특성을 일부 보여준다.

이 두 물질 사이의 기하학적 구조의 약간의 차이는 실온 및 대기압에서 물리적 특성에 매우 미묘한 영향을 미친다. 두 물질에 대해 고려해야 할 주요 분자간 힘은 분산력이다. 여러분이 상상할 수 있듯이, 이

표 12.2a 다이메틸 에터와 에탄올의 특성 비교

특성	다이메틸 에터	에탄올
상태(우리 주변에서)	기체	액체
상대 몰질량(g/mol)	46	46
정상 끓는점(°C)	−24.9	78.4
녹는점(°C)	−138.0	−114.2

표 12.2b R−123과 R123a의 특성 비교

특성	R−123, CF_3CHCl_2	R123a, $CClF_2CHClF$
상대 몰질량(g/mol)	153	153
정상 끓는점(°C)	27.9	28
녹는점(°C)	−107	−78

러한 이성질체를 분리하는 것은 실제로 몇 가지 어려움을 유발하는데, 일반적으로 하나가 다른 하나에 교차 오염되기 때문이다.

분자의 기하학적 구조와 이성질체에 대한 우리의 논의는 입체 이성질체(stereoisomerism)와 카이랄성(chirality)에 대한 설명 없이는 불완전할 것이다. 물론 이 중 대부분은 유기화학 강의의 복습이 될 것이다. 여기에서는 분리에 영향을 미치는 측면에 초점을 맞춘다. 이 주제는 최근 몇 년간 수행된 까다로운 분리가 입체 이성질체와 관련되어 있기 때문에 특히 중요하며, 제약 산업에서의 생체분자 연구에서 그 중요성의 비중이 크다. 입체 이성질체는 개별 원자가 공간에 배열되는 방식만 다른 이성질체이다. 이는 각 탄소에 연결된 할로젠의 개수가 다른 R−123와 R123a 이성질체의 경우와 대조된다. 입체 이성질체는 거울상 이성질체와 부분 입체 이성질체(diastereomer)라는 두 그룹으로 나눌 수 있다. 거울상 위에 겹쳐질 수 없는 이성질체는 거울상 이성질체이다.

거울상에 겹쳐질 수 없는 분자는 입체 중심(stereogenic center)을 가진다. 오래된 용어는 카이랄성(chirality, 카이랄: 손을 잡는다는 뜻의 그리스어에서 유래)이며, 겹쳐질 수 있으면 '비카이랄(achiral)'이라 부른다. 4개의 서로 다른 치환체를 포함하는 탄소 원자는 항상 카이랄성을 가지며, 탄소를 카이랄 중심(chiral center)이라고 한다. 하나의 거울상 이성질체를 다른 거울상 이성질체로부터 분리할 수 있다면 흥미로운 광학 현상이 관찰될 수 있다. 각 거울상 이성질체는 구조에 따라 편광면을 오른쪽이나 왼쪽으로 회전할 수 있다. 이성질체 중 하나는 평면을 오른쪽(우회전(dextrorotary) 또는 '+' 이성질체)으로 회전시키고 다른 하나는 왼쪽(좌회전(levorotary), '−' 이성질체)으로 회전시킨다. 분리 방법을 설계하는 데 있어 이 흥미로운 물리학이 우리와 관련은 없지만, 이들 분자의 구조적 특징의 결과를 이해해야 한다. 거울상 이성질체의 1:1 혼합물은 오른쪽과 왼쪽으로 회전하려는 경향이 정확하게 균형을 이루기 때문에 편광면을 변경하지 않는다. 이러한 혼합물을 라셈 혼합물이라고 한다. 하나의 양이 다른 것보다 많으면 혼합물에서 광학 활성이 관찰될 수 있다. 이러한 혼합물에서 편광 회전 방향은 지배적인 거울상 이성질체에 따라 달라진다. 혼합물을 구성하는 각 거울상 이성질체의 물리적 특성은 동일하다. 여기에는 밀도, 끓는점, 증기압, 굴절률 등이 포함된다. 광학적 활성 가능성을 제외한 유일한 차이점은 거울상 이성질체 물질에 대한 상대적 반응성과 상호 작용이다. 이는 크로마토그래피를 사용하여 카이랄 물질의 분리를 수행할 수 있게 해주기 때문에 다행스러운 일이다.

부분 입체 이성질체는 단순히 겹쳐질 수 없는 것이 아니라, 거울상 이성질체가 아닌 입체 이성질체의 한 종류이다. 이러한 이성질체는 분리의 관점에서 다루기가 훨씬 간단하다. 부분 입체 이성질체의 물리적 특성은 항상 다르며, 많은 경우 매우 다르다. 부분 입체 이성질체의 화학적 특성은 유사하지만 또한 다를 것이다. 거울상 이성질체 혼합물보다 부분 입체 이성질체 혼합물의 크로마토그래피가 훨씬 쉬울 것이다.

12.3 크로마토그래피 과정

러시아 식물학자 Mikhail Tswett는 20세기 초반에 처음 크로마토그래피 기술을 발명하였다. 탄산 칼슘 입자로 채워진 유리 컬럼의 위에 식물 색소를 포함하는 추출물을 넣었고, 용매(일명 **용리액, eluent**)를 컬

럼에 이어서 흘려줌으로써(일명 **용리**, **elution**) 컬럼을 따라 서로 다른 속도로 색이 갈라져 색소들이 분리되는 것을 알았다. 그는 이 기술을 그리스어로 '색을 나타낸다'는 의미로 '크로마토그래피'라고 명명하였다. 색소는 컬럼 끝에서 용리되는 액을 따로 모아 순수한 물질로 분리할 수 있었다. 컬럼의 출구 쪽에 색깔과 다른 성분 특성을 확인할 수 있는 검출기를 두면, 크로마토그래피로 측정/분리 시에 투명한 컬럼이나 색을 띤 분석물일 필요는 없다.

컬럼에서 성분들의 머무름이 클 때에는 성분들을 빨리 용리하고 분리하기 위하여 더 짧은 컬럼이 사용될 수 있다. 이것이 시료 전처리 기술 중 하나인 **고체상 추출법**(**solid phase extraction, SPE**)이라고 하는 방법의 원리이다.

실제 크로마토그래피 장비는 공학적으로 처리된 **정지상**(**stationary phase**)을 사용하며, 분석물은 **이동상**(**mobile phase**)에 의해서 이동되면서 정지상과 이동상 사이에 연속적으로 분배하게 된다. 컬럼 내에서 평형이 도달되도록 용리액은 천천히 흘려주어야 하며, 컬럼 길이는 이러한 분배가 여러 번 반복될 수 있도록 충분히 길어야 한다. 평형 상태에서 정지상과 이동상에 존재하는 성분 비율의 차이가 약간 나더라도 컬럼에서 띠 형태로 각각 분리될 것이다. 이러한 띠들은 컬럼에서 용출된 후 따로 검출하거나, 모을 수 있다.

크로마토그래피 과정을 규정하는 중요한 특성은 다음과 같다.

1. 서로 섞이지 않는 정지상과 이동상
2. 혼합물 시료를 정지상의 한쪽 끝에 위치시키는 방식
3. 이동상이 정지상의 다른 쪽 끝으로 흐르게 함.
4. 혼합물 내 각 성분들이 다른 속도 혹은 비율로 분배 되고, 용리하는 동안 이 과정이 여러 번 반복됨.
5. 정지상에 있는 성분 **띠**를 보거나 이동상 내 용출되는 성분띠를 **피크** 형태로 검출하는 방법

초기 크로마토그래피 장비에서는 비휘발성 액체 정지상을 붙인 비활성 고체 입자를 금속 컬럼에 채우고, 가압기를 통해 비활성 기체 이동상을 흘려주어 두 상 사이에 분배되도록 만들었다. 분리에 영향을 주는 두 상(정지상, 이동상) 간의 분배 비율은 성분의 휘발성(즉 끓는점)과 관련이 있다. 초기에는 석유 화합물 분리에 **기체 크로마토그래피**(**gas chromatography**, **GC**)를 적용하여 석유 정제에 사용되는 분별 증류보다 더 많은 성분을 용이하게 분리할 수 있었다.

GC 컬럼의 길이가 증가하여 석유 분별 증류를 대신해 개별 특정 탄화수소들을 분리할 수 있었다. 정제 과정에서 사용되는 다중 단 분별 증류탑과 유사하게 크로마토그래피 과정도 초기에 단 이론으로 설명하였다. 이 이론은 띠들이 컬럼 아래로 이동하면서 분리되는 것이 연속적인 평형 과정이 아니라 단으로 구간화되어 분배 평형들이 이어진 것이라고 가정한 것이다. 이러한 가정에도 불구하고 **단 이론**(**plate theory**)은 대부분 정확하게 설명하며, 분리 효율의 인자인 **단 수**(N)와 **이론단 높이**(**height eguiralent to a theoretical plate**, **HETP**)와 같이 중요한 용어를 나타낸다. 실제로 크로마토그래피 컬럼에서 단은 존재

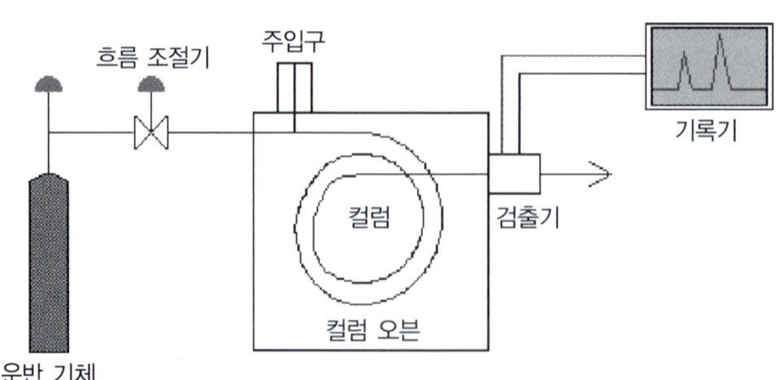

그림 12.3 기체 크로마토그래피 장치. 운반 기체, 컬럼, 오븐, 주입기, 검출기 등을 나타낸다. 장치에 대한 자세한 설명은 13장에서 설명할 것이다.

하지 않고 비평형 동역학 이론이 더 적합하지만, 크로마토그래피의 이론적 특성을 단순화한 것이라고 보면 된다. 극성 또는 비휘발성이거나 열적으로 불안정한 큰 생체 분자는 GC 분석에는 적합하지 않았다. 실온에서 물을 혼합한 다소 극성인 이동상을 사용하면서 추후에 이들의 크로마토그래피 분리가 가능해졌다. 중력을 이용한 전형적인 수직 컬럼에서 개선된 새로운 정지상과 장치가 나오면서 널리 사용되는 **고성능 액체 크로마토그래피(high performance liguid chromatography, HPLC)**의 기초를 이루게 되었다.

12.4 일차원 이상의 크로마토그래피

종이 크로마토그래피를 예로 들어보자. 종이 용지의 중앙에 색을 띤 잉크를 떨어뜨려 건조한 뒤에, 유기 용매 방울을 서서히 이 점에 더한다. 모세 인력은 그 점으로부터 방사 형태로 사방으로 용리액을 퍼지게 한다. 잉크 안에 서로 다른 색의 색소들은 셀룰로스 분자 사슬 위의 여러 개 수산화기들과 극성/수소 결합 상호작용을 통해서 다소 강하게 또는 약하게 붙게 된다. 그러므로 용리액은 색소들을 각각 다르게 운반하게 되며, 결과적으로 서로 다른 반지름과, 다른 형태의 색을 가진 원이 여러 개 생기게 된다. 이것은 Tswett의 1차원 컬럼 크로마토그래피 실험을 2차원 평면 위에서 재현한 것이다.

이러한 초창기 방사형 분리는 평면 크로마토그래피 분리를 수행하는 데 효율적이지는 않다. 사각 평면의 **얇은 층 크로마토그래피(TLC)** 판을 보면, 판의 한쪽 면에 가깝게 그은 선에 시료 혼합물과 표준 물질을 점적한다. 점이 있는 선 아래로 용매가 잠기도록 하며, 모세 인력을 통해 용리액이 한쪽 방향으로 올라가게 하면서 각 점의 성분들을 수직 방향으로 분리하게 한다. 성분이 색을 지니고 있지 않다면, 사진판처럼 색이 띠게 하도록 반응 시약을 사용할 수 있다. 다른 방법으로는 자외선을 쪼여 성분의 형광 방출을 유도하거나, 실리카겔 TLC 층 자체가 지닌 형광을 분리된 성분이 차단하게 한다. 이런 형태의 평면 크로마토그래피가 지니는 장점은 시료와 표준 혼합물의 1차원 크로마토그래피 분리를 다중 병렬로 동시에 진행할 수 있다는 점이다.

혼합물에 많은 성분이 있거나, 일부 성분의 구조나 물리적 특성이 매우 유사한 경우에는 1차원, 평면, 컬럼 크로마토그래피에서 분리되지 않고, 여러 성분이 한꺼번에 나올 것이다. 이것을 크로마토그래피 시스템에서 소위 **공동 용리(coelute)**된다고 한다. TLC 판의 한쪽 모서리 부근에 혼합물의 점을 찍고 한쪽 면에서 용리시키면, 성분들은 면을 따라서 분리가 되고, 용리액은 다른 쪽 끝까지 도달하게 될 것이다. 이때까지도 몇몇 성분들은 여전히 분리가 되지 않았을 것이다. 그 다음 판을 90° 놀려서 처음 사용한 용리액과 극성 또는 pH 등의 특성이 다른, **새로운 용리액** 용기에 넣어서 분리하도록 한다. 초기에 분리된 면의 수직으로 부분적으로 분리된 점들이 다시 용리될 것이다. 두 번째 사용한 용매가 처음 분리에서 공동 용리된 성분들에 대하여 정지상/이동상 분배 비율이 다르다면, 처음 분리 방향의 수직으로 분리가 일어나게 될 것이다. 이것은 2차원 크로마토그래피의 예로, 여기서 진행한 평면 크로마토그래피에서 대부분 쉽게 수행할 수 있다. 그러나 2차원 GC 분리에서 **2차원 컬럼 크로마토그래피** 장비는 좀 더 복합한 하드웨어가 필요하다. 첫 번째 컬럼에서 분리된 용출액은 두 번째 컬럼으로 보내지기 위하여 수집 및 재농축 장치에 의해서 한 번 또는 연속 분획을 취해서 사용한다. 두 번째 컬럼은 첫 번째 컬럼과 다른 선택성을 지녀야 하며, 첫 번째 컬럼에서 하나의 피크로 동시에 공동 용리되는 성분들이 두 번째 컬럼에서 분리가 되는 과정을 **중심부 절단 2차원 크로마토그래피(heart-cutting 2D chromatography)**라고 하며, 첫 번째 컬럼에서 용리된 분획을 분취하여 **연속적**으로 빠르게 두 번째 컬럼에서 분리를 하면, 검출기 신호는 마치 TLC 판처럼 점들의 평면에 점 배열 형태로 보이는 **복합적인 2차원 크로마토그램**으로 나타나도록 컴퓨터로 전환해야 한다.

12.5 분자 수준에서 크로마토그래피 분리 과정 시각화: '무빙 벨트 위의 사람들'

크로마토그래피에서 분리되는 분자들은 공항 터미널의 무빙 벨트 위에 서 있는 사람에 비유할 수 있다. 많은 사람들이 사용할 수 있는 넓은 무빙 벨트가 있다고 가정하자. 여기서 사람들은 자유롭게 무빙 벨트에 타고 내릴 수 있다. 사람들이 무빙 벨트에 올라타면 서서히 움직여 반대쪽 끝까지 가게 될 것이다. 이것은 마치 컬럼을 통과하는 이동상이 분자들을 이동시키는 것과 비슷하다. 벨트(크로마토그래피에서 컬럼)를 통과하는 시간(t_m)은 벨트 길이(크로마토그래피 컬럼 길이)를 벨트 속도(크로마토그래피의 유속)로 나누어서 나타낼 수 있다. 흐르는 이동상에 놓여 있는 분자들처럼 사람들이 벨트 위에서 자유롭게 움직인다면, 벨트에서 퍼지는 경향이 있을 것이다. 벨트(컬럼) 위에 있던 사람들(좁고 조밀한 띠 범위 내의 분자)은 출구로 나갈 때에는 그 시간에 비례하여 퍼지게 될 것이다. 좁은 띠 범위 내의 분자들은 시간이 지남에 따라 평균값을 중심으로 **무작위로 확산**(**random diffusion**)되어 **Gaussian 분포**(**Gaussian distribution**)를 나타날 것이며, 통계에서 흔히 볼 수 있는 **종모양의 분포 곡선**(**bell-shaped curve**)을 지닌 피크를 만들어 낼 것이다. 가장 중심이면서 높은 밀도 지점에 있는 사람(분자)은 벨트(이동상)의 속도로 이동할 것이다. 사람들이 벨트(컬럼)를 따라 이동하면서 움직이지 않는 바닥(정지상)에 내렸다가 다시 올라탈 수 있으며, 이 과정을 지속적으로 빠르게 반복할 수 있다고 가정해 보자. 움직이지 않는 바닥(정지상)으로 나가면 출구로 나가는 시간은 늦어질 것이다. 사람(분자)과 바닥(정지상)과의 상호작용의 정도는 **조정된 머무름 시간**($t'_r = t_r - t_m$)으로 나타낼 수 있는데, 이때 t_m은 바닥(정지상)으로 내리지 않은 사람들(분자)이 걸린 시간이며, t_r은 벨트에서 바닥에 내린 사람들이 걸린 시간이다.

두 가지 종류의 사람들(보라색 셔츠와 금색 셔츠를 입은 사람들)이 출발 지점의 매우 좁은 범위에 조밀하게 서 있다고 가정해 보자. 그리고 보라색 셔츠를 입은 사람들은 금색 셔츠를 입은 사람들보다 무빙 벨트에서 바닥으로 더 많이 내리는 경향이 있다고 하자. 평균적으로 금색 셔츠 입은 사람들이 더 빨리 벨트 끝에 도달하여 이들의 t_r, t'_r은 더 짧을 것이며, 두 종류의 사람들은 벨트를 벗어날 때 분리될 것이다(그림 12.4a). 그러나 두 그룹 내에서도 퍼질 것이므로, 그룹 내 퍼진 정도가 두 그룹이 분리되는 거리에 근접할 경우에는 부분적으로 끝부분이 겹치게 될 것이다(그림 12.4b).

몇 가지 요인이 분리에 영향을 주게 된다.

1. 성분들이 분리되는 속도와 비교하여 분자 확산은 띠를 얼마나 빨리 퍼지게 하겠는가? 확산을 줄이면 분리(즉, 두 성분을 분리할 수 있는 시스템의 능력)가 개선된다.
2. 이 두 과정은 얼마나 오랫동안 서로 경쟁해야 하는가(즉, 성분들이 분리되기 위하여 이들이 시스템 내에 어느 정도 머물러야 하는가)? 분리 시간은 이동상(벨트)의 속도에 반비례하고 컬럼의 길이에 비례한다.
3. 바닥과 벨트의 상대적 매력은 얼마나 차이가 나는가? 즉, 보라색과 금색 셔츠를 입은 사람들이 바닥과 벨트 위에서 보낸 상대적인 시간은 얼마나 차이가 나는가? 차이가 클수록 선택성이 높고 완전하게 분리된다.
4. 시작할 때 벨트 위의 사람들이 벨트를 따라 얼마나 길게 퍼져 있는가? 이동하는 동안 더 이상의 띠 넓힘이 없더라도, 완전한 분리를 얻기 위해서는 적어도 출발할 때 퍼져 있는 길이만큼은 분리되어야 한다.

벨트(이동상)에 있는 동안 모든 사람(분자)들은 벨트와 같은 속도로 이동하고, 따라서 같은 시간 동안 머문다. 단지 움직이지 않는 바닥에서 머무른 시간은 사람에 따라 다를 것이다. 크로마토그래피에서도 유사하게, 서로 다른 종류의 정지상에서 혼합물 내 각 성분들의 상호작용의 차이로 인하여 머무름 시간에 차

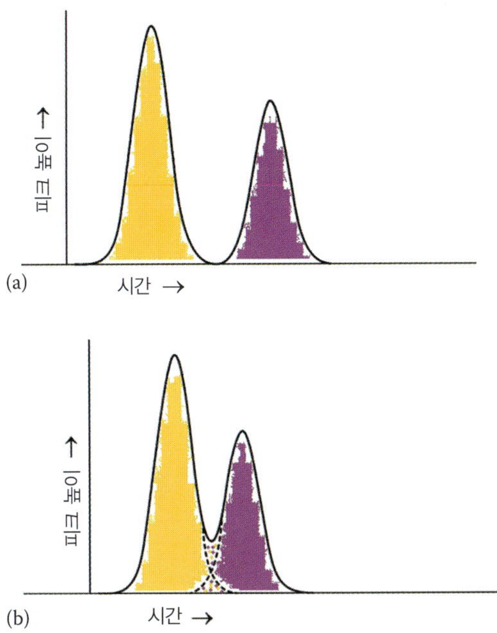

그림 12.4 (a) 두 그룹이 분리되어 벨트를 나가는 경우. 첫 번째 피크는 금색 셔츠를 입은 사람들이고 두 번째 피크는 보라색 셔츠를 입은 사람들이다. 두 피크 모두 가우스 모양이다. (b) 두 그룹이 완전히 분리되지 않고 벨트를 나가는 경우. 금색 셔츠와 보라색 셔츠의 사람들이 섞인 구간이 존재한다.

이를 야기하므로 다른 결과가 얻어진다. 기체 크로마토그래피에서는 기체 이동상이 달라져도 한 화합물에 대하여 거의 비슷한 머무름을 나타낸다. 두 상 사이의 분포에 영향을 주는 주된 변수는 증기압에 영향을 미치는 온도이기 때문이다. 이동상이 액체일 때에는 분리 최적화를 위하여 액체 이동상과의 상호작용이 정지상과의 상호작용과 같거나 더 강한 것을 선택한다.

분자들은 크로마토그래피 컬럼에 비해 매우 작으므로, 많은 사람들을 태울 수 있을 만큼 폭이 넓은 벨트라고 가정하자. 띠가 넓어지게 하는 또 다른 요인은 사람들이 벨트의 가장자리에서 서성거리다가 벨트에 타거나 내릴 수도 있다는 것이다. 압력에 의해 천천히 좁은 관을 천천히 통과하는 유체는 **층류(laminar)**가 된다(난류가 아니라 평행선으로 층을 이룬다). 관이 좁아질수록 관의 벽면에서는 거의 움직이지 않고, 관의 중심으로 갈수록 유속이 증가한다. 즉 벨트 바깥쪽은 속도가 느리고, 벨트 중심으로 갈수록 빨라진다. 벨트 진행 방향뿐만 아니라 수직 방향으로도 사람들이 퍼지므로, 벨트 위에서 서로 다른 속도로 인하여 추가적으로 퍼지게 될 것이다. 정지상을 지지하기 위해 작은 입자로 채워진 컬럼을 사용한다면, 층류를 형성하기는 어려우나 또다른 띠넓힘 현상의 요인이 나타나게 된다. 여기에 천장에 매달린 두꺼운 봉이 앞을 막고 있는 상태에서 사람들이 앞으로 이동한다고 생각해 보자. 사람들은 봉을 피하면서 앞으로 나아가게 되고, 그러는 동안 일부 사람들은 봉으로 인해 더 멀리 돌아가서 다른 사람보다 오래 걸리게 되고, 간혹 사람들 속에서 소용돌이가 발생하여 사람들을 더 퍼지게 할 것이다. 이러한 현상은 결과적으로 벨트를 타고 내리는 사람들을 분리하는 데 방해를 하게 될 것이다.

크로마토그래피처럼 사람들을 분리하는 것은 벨트를 타고 내림에 의한 상대적인 진행 속도에 따르지만, 처음 띠가 퍼져 있거나 나중에 퍼지게 되는 것은 분리를 방해하는 것이다. 실제로 벨트 위에서는 많은 사람들이 한쪽 방향으로 걸어가려고 하지만, 일부는 그냥 서 있기도 하고 일부는 특정 속도로 앞이나 뒤로 걸어간다면, 사람들이 벨트를 타고 내리지 않아도 분리가 일어날 것이다. 열린관 컬럼에서 분자들이 이렇게 움직인다면, 실제 크로마토그래피 과정 없이도 분리가 될 것이다. 분석물 중 일부가 양(또는 음)전하를 지니는 화학종이 용액 내에 전하를 지니지 않는 화학종과 함께 있다면, 양전하, 음전하를 지닌 화학종과 전하를 지니지 않은 화학종이 분리될 것이다.

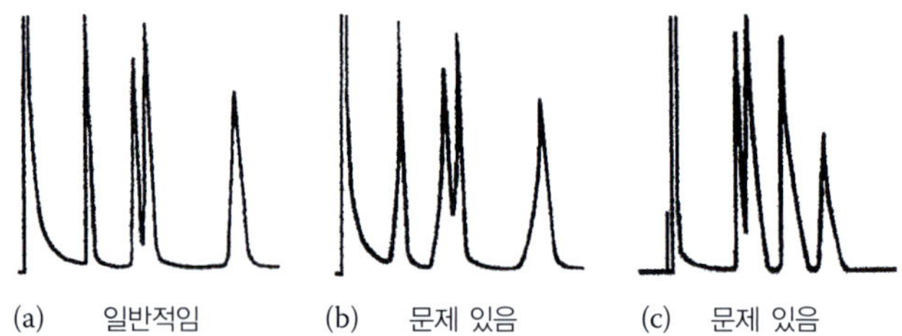

그림 12.5 (a) 일반적인 가우시안 피크 형태, (b) 앞부분이 끌리는 피크 형태, (c) 꼬리 끌기의 피크 형태

모세관 띠 전기 이동 방법(**capillary zone electrophoresis, CZE**)에서는 **음이온**은 뒤로, **양이온**은 앞으로 나아가는 것처럼 보이며, 중성 분자 또는 양이온과 음이온이 균형된 분자(**쯔비터 이온, zwitterion**)는 이동 용매와 같은 속도로 흘러갈 것이다. CZE에 대하여는 14장에서 다룰 예정이다.

크로마토그래피 시스템 또는 무빙 벨트 위의 사람들처럼, 움직이는 사람(분자)은 앞으로 진행할수록 점차 퍼지면서 대칭인 띠를 형성하게 된다(그림 12.5a). 분자가 분배되는 정지상 또는 내릴 수 있는 바닥에 모든 사람을 수용하기 어려운 경우에는 대칭인 띠를 제대로 형성하기 어렵다. 그런 경우에는 사람들 중 일부는 강제로 무빙 벨트에 남아 있게 되고, 따라서 일반적인 분배만큼 일어나지 못하고 앞으로 나아가게 된다. 이로 인해 띠의 모양이 일그러지고, 띠에서 가장 농도가 높은 지점보다 앞선 사람들(분자들)이 더 많아질 것이다. 띠가 컬럼에서 용리되면, 결과적으로 피크는 앞부분이 **끌리는**(**leading**) 형태(그림 12.5b)를 보여줄 것이다. 정지상 용량을 초과하는 시료가 유입되면, 수용할 수 없는 사람(분자)의 비율이 더 많아질 것이며, 결과적으로 피크 앞부분이 끌리면서 대칭이 깨질 것이다.

바닥에 제한된 수의 편안한 의자가 있다고 생각해 보자. 많은 사람들은 이 의자에 앉지 않고 무빙 벨트에 올라타겠지만, 의자에 가까이 있는 사람들은 앉아서 다른 사람들보다 시간이 늦어질 것이다. 바닥에 내린 사람수에 대한 이용 가능한 의자 수의 비율이 클수록 뒤가 쳐지면서 대칭성을 잃게 되는데, 이것을 **꼬리 끌기**(**tailing**)라고 한다(그림 12.5c). 크로마토그래피에서는 의자와 같은 역할을 하는 것이 액체 정지상이 붙어 있는 고체상에서 일부 제한된 수의 강한 머무름 활성 자리이다. 시료의 과부하(overloading)로 인하여 피크 앞부분이 끌게 되고, 활성 자리로 인하여 피크 뒷부분이 끌리면서 띠가 넓어지게 되는데, 이로 인해 인접한 용리 피크들과의 분리도는 낮아지게 된다.

Tswett의 투명 컬럼을 이용한 색소 띠 분리나 TLC 판과 같은 일부 크로마토그래피에서는 직접적으로 분리된 성분을 구분할 수도 있다. 일반적인 컬럼 크로마토그래피에서 분리되는 성분을 검출하는 검출기는 신호를 **피크**(**peak**)로 나타낸 그래프로 나타내며, 두 가지 형태의 **검출기**(**detector**)가 있다.

1. **질량 검출기**(**mass detector**)는 '양 검출기'로 정해진 시간 내에 컬럼에 있는 분자의 전체 양에 비례하여 신호를 준다. 일정 시간 간격으로 주기적으로 닫히는 문이 있고, 그 안의 사람수를 센다고 상상해 보자. 만일 벨트가 빨리 움직이면 더 많은 사람들이 문 안으로 들어가게 되고, 피크는 더 높아지지만 폭은 좁아질 것이다. 고로 피크 면적은 이동상의 속도에 따라 변하지 않는다. 벨트가 멈추면 사람 수를 셀 수 없게 되므로 신호는 0이 될 것이다.
2. **농도 검출기**(**concentration detector**)는 주어진 부피(주로 검출기 셀) 안에 분자수(사람수)를 측정한다. 벨트가 빨리 움직이게 되면, 피크의 폭은 좁아지지만 높이는 같게 유지된다. 고로 피크 면적은 이동상의 속도에 따라 변한다. 벨트가 멈추면 사람들은 아직도 측정 부피 내에 있으므로 신호는 일정한 값으로 유지된다.

12.6 크로마토그래피에서 실리콘-산화물의 중요 역할에 대한 논의

규소 원자는 방대한 전자 산업의 중심 원소로, 적합한 다른 원소(저마늄, 갈륨, 비소)의 도핑을 통해서 트랜지스터와 집적 회로를 구성하는 반도체의 대부분을 구성한다. 산소를 함께 포함한 규소 화합물은 여러 다양한 크로마토그래피에서 중요한 역할을 하는데, 실리카, 실리카젤, '유리', 석영, 용융 실리카, 실리콘 등 모두가 크로마토그래피 내에서 매우 다양하게 활용되고 있다.

실리카는 살리실산(H_4SiO_4) 수용액에서 침전될 수 있다. 석영은 깊은 지하의 높은 압력 조건하에서 용융된 용액으로부터 매우 느린 수열 결정화 과정을 통해 자연적으로 형성된다. **실리카젤**(*silica gel*)이라고 부르는 다공성의 열린 구조인 물질은 일반적으로 TLC 판으로 사용하기 위해서 그 입자를 유리판 위에 정지상으로 입히는 것이 가능하다. 기체 또는 액체 크로마토그래피용 충전 컬럼의 액체 정지상의 지지체로 사용하기 위해 단분산 형태의 구형(지름이 3~50 μm로 거의 같은 크기를 지닌) 순수 단일체 또는 다공성 실리카 입자로 합성할 수 있다. 실리카 표면에서 규소와 결합되어 있는 산소는 수소 원자와 결합되어 있다. 결과적으로 실리카 표면의 −Si−OH 부분은 극성 상호작용/수소 결합 등에 의해 물과 강하게 상호작용한다. 그러므로 가열로 건조 상태를 유지하지 않았다면 실리카 표면은 물이 흡착되어 있게 된다. 그것은 크로마토그래피에서 매우 강한 극성 정지상의 역할을 할 수도 있다. 초기에 중력 흐름을 이용한 액체–고체 컬럼 크로마토그래피 시스템에서는 실리카나 **알루미나**(Al_2O_3)와 같은 입자를 사용했다. 비극성 분자들은 극성 정지상 위에서 다소 극성이 낮으면서 물과 섞이지 않는 이동상과의 분배로 인해 용리되어 분리될 수 있었다. 이것을 **정상**(**normal-phase**) 크로마토그래피라고 한다.

LC를 이용하여 분리하기를 원하는 분자들의 대부분은 극성 유기 생체 분자들이며, 이들은 수용성 이동상에서 실리카나 알루미나보다 상대적으로 극성이 낮은 정지상을 사용하여 용리되는 시스템이 더 적합하다. 단순하게 실리카 표면에 붙어 있는 −OH 기에 긴 탄화수소 사슬과 같은 비극성 유기 치환제를 화학적으로 결합시켜 물 분자 대신 치환하는 것이다. 이런 컬럼은 앞서 정상 크로마토그래피에서 사용된 정지상과 이동상의 상대적인 극성이 반대가 되며, 이를 **역상**(**reversed-phase**) 액체 크로마토그래피라고 한다. 사슬 분자로 실리카 표면의 남아 있는 −OH 기에 붙이면, 점점 사슬 분자를 붙이기가 어려워지게 되므로 일부 −OH 기는 남아 있게 된다. 크로마토그래피 분배 과정에서 비극성 정지상을 통과하는 분석물은 이러한 활성 자리에 강하게 결합할 수도 있다. 이것은 앞서 무빙 벨트를 설명할 때 의자와 유사한 역할을 한다. 그것들은 메틸기가 붙어 작은 분자 시약과 반응시켜서 비활성화하거나 막을 수 있으며, 이 과정을 소위 **끝막음**(**end capping**)이라고 한다. 유리/실리카 컬럼 또는 정지상이 화학적으로 결합되어 있지 않고 코팅되어 있는 특정 지지체들도 꼬리 끌기 현상을 일으키는 활성 자리를 모두 비활성화시키기 위하여 유사하게 처리한다. 액체 크로마토그래피에서 수용성 이동상의 pH가 증가되면, −Si−OH 표면의 H와 결합을 하는 OH^-의 농도가 더 많아지며, 실리카 표면이 서서히 녹으면서 정지상도 손상될 것이다. 높은 pH에서 사용하려면 **지르코니아**(ZrO_2)나 고분자 수지와 같이 내구성이 있는 소재를 사용해야 한다.

크로마토그래피 분석자들은 특히 기체 크로마토그래피에서 길고 가는 **모세관**(안쪽 반지름이 0.1~1.0 mm) 안에 코팅된 정지상이 매우 효율적인 분리를 하는 것을 알고 있다. 금속 모세관은 보다 반응성이 적은 유리로 대체되었는데, 유리도 내부에 용해되어 있는 금속으로 인해 일부 활성을 지니고 있으며, 기기를 설치할 때 부서지고 깨지기 쉬웠다. 그래서 광섬유 통신 산업에서는 유리보다 빛을 덜 흡수하는 순수 실리카 막대로부터 섬유를 뽑는 기술을 도입하여, 순수 용융 실리카로 열린관을 만들어서 크로마토그래피 정지상을 지지하면서 비활성이면서 유연하기까지 한 완벽한 모세관이 만들어졌다(그림 12.6).

모세관은 원하는 길이로 자를 수 있는데, 예기치 않게 긁혀 부서지는 일을 막기 위하여 모세관 외부는 고내열성 **폴리이미드 코팅**(**polyimide coating**)을 하여, 크로마토그래피용 용융 실리카 모세관은 결과적으로 투명하다기보다 갈색–금색 사이의 어떤 색을 띠게 된다.

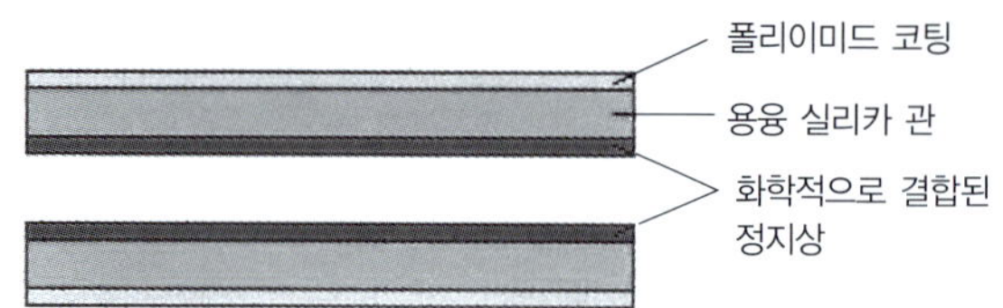

그림 12.6 크로마토그래피용 용융 실리카 열린관 컬럼의 내부 구조

모세관 띠 전기 이동(CZE)의 모세관 내부에는 화학적으로 결합되거나 증착된 정지상을 지니고 있지 않다. 실제로 표면의 −Si−OH 기는 pH 2 이상에서 H^+를 잃기 시작하므로, pH가 올라감에 따라 실리카 표면은 $-Si-O^-$ 단위로 점점 더 음의 전하를 지니게 된다. 아는 바와 같이 모세관 전기 이동(CE)에서는 모세관의 끝부분에 높은 전기 전압을 걸어줌으로써 전하를 띤 분석물들은 수용액 용매에서 서로 다른 방향에 다른 속도로 이동하게 된다. 실리카 표면의 전하로 인하여 전체적으로 용매는 모세관의 한쪽 끝에서 다른쪽 끝으로 이동하게 되다. 전하를 띤 분석물과 심지어 용매 흐름 방향과 반대 방향으로 이동하는 분석물까지도 분리하여 컬럼에서 검출기로 통과하게 한다.

전하를 띤 성분이 컬럼을 통과하면서 마찰열을 많이 방출하여 과도하게 띠넓힘이 일어나고 분리도가 감소한다. 용융 실리카는 유리보다 훨씬 높은 열전도도를 지니므로, 모세관의 작은 내경과 얇은 외벽으로 인하여 주변 항온조로 열을 효율적으로 전달되게 된다. 기체 크로마토그래피(GC)에 사용되면 용융 실리카 컬럼은 컬럼 오븐에 의해 조절되는 온도 차이의 빠른 평형을 이루게 된다.

마지막으로 규소와 산소가 번갈아가며 이어진 사슬은 실리콘이라고 불리는 고분자 형태의 기본 골격을 형성하며, 실리콘은 열적 안정성과 가변적인 극성으로 인해 GC의 정지상으로 주로 사용된다. 일반적인 구조는 다음과 같다.

$$R_3-\underset{R_2}{\overset{R_1}{Si}}-O-\underset{R_2}{\overset{R_1}{Si}}-O-\underset{R_2}{\overset{R_1}{Si}}-O-\underset{R_2}{\overset{R_1}{Si}}-O-\underset{R_2}{\overset{R_1}{Si}}-R_3$$

여기서 R_1, R_2, R_3는 유기 작용기를 나타낸다.

R_1과 R_2가 메틸기라면, 이것은 **폴리다이메틸실록세인(polydimethylsiloxane, PDMS)**이며, 가장 많이 사용되는 실리콘 고분자이다. 사슬의 반복 구간이 그림으로 나타낸 5개 단위보다 더 길어지면 그 물질은 매우 점도가 높으면서 비휘발성이며, 실리카 입자나 용융 실리카 모세관의 벽에 코팅될 수 있다. 이러한 물질은 작은 분자를 용해시키고, 분자들을 액체 또는 기체 이동상으로 분배시킨다. R 기를 변화하면 고분자의 극성을 변화시킬 수 있고, 이 물질에 용해될 수 있는 분자들의 상대적인 분리 가능성을 변화시킬 수 있다. 규소−산소 골격은 정지상으로 사용되는 많은 다른 고분자에 비해 높은 온도에 잘 견딘다. R 기의 일부분 반응성 있는 작용기에서는 고분자 사슬을 교차 결합시키고 실리카 지지체 위의 −Si−OH과 결합함으로써 상의 안정성을 높이게 된다. 실리카 표면에 남아 있는 −Si−OH 기는 트라이메틸클로로실레인(trimethylchlorosilane)과 같은 시약과 반응시켜서 $-Si-O-Si-(CH_3)_3$로 비활성화시킬 수 있다.

HPLC 컬럼의 대부분은 구형이고 1.7~10 μm의 지름 내 **단분산(monodisperse**, 지름이 매우 좁은 범위 내)이며 작은 통로와 이를 관통하는 **동공(pore)**으로 내부 네트워크를 이루고 있는 실리카 지지체 입자가 고기술에 의해 충전되어 있다(그림 13.2 참조). 이러한 내부 네트워크는 흡착 코팅이 결합할 수 있는 표면적을 증가시키며, 결과적으로 분석물의 용량이 증가된다. 분석물이 동공 깊은 곳으로 들어갔다가 나오면 흐르는 이동상과 물질과의 평형을 느려지게 하고, 컬럼의 분리도를 감소시킨다. 입자 구조를 더 미세화하는 것은 투과성 고체 코어 위에 다공성 층(반지름의 20~40% 정도 크기)을 두는 것이다. 이러한 **코어−쉘(core−shell)** 입자는 동일한 지름의 완전 다공성 입자와 비교하여 적당한 시료 용량을 나타내면서 훨씬 더 나은 분리도를 나타내게 된다. 코어-쉘 입자와 비슷한 성능을 나타내는 더 작은 입자로 충전된 컬럼보다 더 낮은 압력에서 작동시킬 수 있다. 지름이 낮은 입자의 컬럼이나 코어-쉘 구조를 지닌 컬럼은 초고성능 LC(ultrahigh-performance LC, UHPLC)로 정의될 만큼 성능의 개선을 이루었고, 벌써 LC 시장의 50% 이상 점유를 하고 있다.

12.7 크로마토그래피 분리를 설명하는 기본 수식

여기서는 크로마토그래피 분리에서 쉽게 측정되고 조절되는 변수로 어떻게 설명하는지를 이해하게 하는 최소한의 수식을 유도하고 나타낼 것이다.

성분 X에 대한 크로마토그래피 과정은 **평형 분배 비율**(또는 **분포 비율**) K_X에 의해 좌우된다. 이것은 섞이지 않는 두 상 사이에 분포 평형에서의 농도 비율을 나타낸다(식 12.1에서 (A)). 크로마토그래피에서 섞이지 않는 두 상은 정지상과 이동상이며, 각 상에서의 농도 비율보다는 전체 양에 대한 비율이 중요하다. 이것은 분리 경로에 따라 각각의 지점에서 두 상의 부피와 관련이 있다(식 12.1의 (B)와 (C)). (C) 수식의 양 비율과 부피 비율을 (D)에서 k'과 β로 정의하며, 평형에서 분포된 양의 비율인 k는 **용량 인자(capacity factor)** 또는 **머무름 인자(retention factor)**라고 한다. 이것은 특정한 크로마토그래피 시스템의 특정한 작동 조건(GC에서 온도)에서 특정 개별 화합물에 대한 각 상의 상대적인 용량을 나타낸다. 각 상에서 직접적으로 측정하지 않고 대부분 머무름 시간을 측정하여(즉, 머무름 인자를 통해서) 유추한다. β 인자는 부피비를 나타낸다.

$$K_x = \underset{\text{(A)}}{\frac{[X]_s}{[X]_m}} = \underset{\text{(B)}}{\frac{\text{Amt X}_s/V_s}{\text{Amt X}_m/V_m}} = \underset{\text{(C)}}{\frac{\text{Amt X}_s}{\text{Amt X}_m} \times \frac{V_m}{V_s}} = \underset{\text{(D)}}{k' \times \beta} \tag{12.1}$$

열린관 GC 컬럼의 제조사는 **컬럼 반지름**(r_c)과 이보다 더 작은 정지상 **필름 두께**(d_f)를 명시하며, 간단히 기하학적으로 상비율을 계산할 수 있다.

$$\beta = \frac{r_c}{2d_f} \; (d_f\text{는 } r_c\text{보다 훨씬 더 작아야 한다}) \tag{12.2}$$

충전된 GC 컬럼에서는 밀도로부터 부피 계산, 컬럼을 통과하는 기체 속도 측정, 이동상 부피를 알기 위해 컬럼에서 전혀 머무름이 없는 성분의 머무름 측정 등을 통해서 특정 지지체에 붙어 있는 정지상의 무게를 나타낼 수 있다. 기체 부피 유속은 비누 거품 유량계로 측정할 수 있으며, 이것은 뷰렛과 유사하며 길이에 따라 부피 교정을 하는 간단한 휴대용 유리 실린더이다. 많은 현대 GC 기기는 오븐 온도를 넓은 범위로 조사하여 최적의 값으로 설정하고, 기체 유체를 조절하고, 측정하며 표시하는 전기 흐름 제어기를 지니고 있다. 12.8절과 그림 12.9, 13.6에서는 최적의 컬럼 효율을 얻기 위하여 이동상의 유속을 조절하는 것이 필요한 이유를 설명하고 있다. 정지상이 분자 크기의 층으로 미지의 표면적을 지닌 지지체에 결합되어 있는 LC 컬럼의 경우에는 정지상의 부피를 추정하기 매우 어렵다.

그림 12.7은 단성분이 머무른 피크를 나타낸 간단한 크로마토그램이다. x축은 이동상의 용리부피 또는 용리 시간을 나타내고 y축은 검출기의 감응을 나타낸다. 크로마토그래피에서 쉽게 측정할 수 있는 것은 성분의 머무름 시간 t_r이며, 이것은 일단 도입에서부터 용리 띠의 중심인 최대 피크가 용리될 때까지의 시간을 의미한다. 그림에서 O는 시작점이다. **머무름이 없는 성분(unretained component**, 즉 정지상에 분배되지 않으며 이동상의 속도에서 시스템을 통과하는 성분)은 작은 피크의 점 D에서 t_m의 시간을 나타낸다. 이것은 검출기와 측정 조건에 따라 다르지만 GC에서는 공기, 메테인, 다이클로로메테인일 수 있다. 반면에 LC에서는 정지상과 상호작용을 하지 않는 크고 이온화된 염료 분자일 수 있다. 성분 피크의 머무

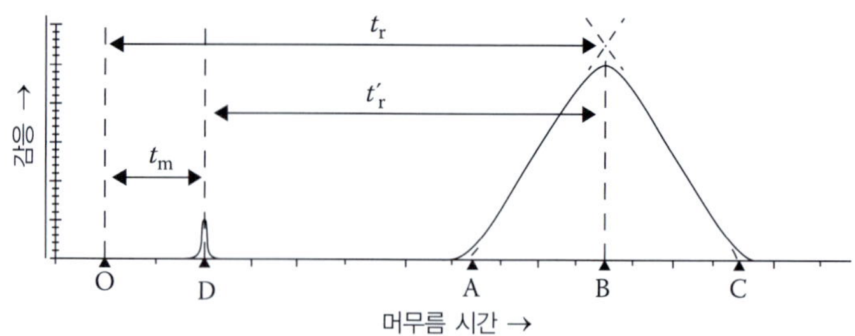

그림 12.7 단일 성분 피크의 크로마토그램. 피크 위치와 형태 관련 용어

름 시간은 t_r이며, 점 B에 해당된다. 피크의 최대 기울기에서 접선은 **바탕선(baseline)**과 점 A와 C에서 교차한다. 피크는 바탕선과 각 끝부분에서 미세하게 겹치므로, 시간 영역 AC는 **바탕에서 피크 폭(w_b)**으로 정의하여 사용된다. AB = BC이면 피크는 완벽한 가우시안 형태이다. AB>BC이면 어느 정도 **앞선 치우침(leading 또는 fronting)**이 있는 것이며, 종종 정지상의 용량 초과와 관련이 있다. AB<BC이면 **꼬리 끌기(tailing)**가 나타내며, 활성 자리의 일부 흡착과 관련이 있다(그림 12.5 참조). 성분이 정지상에 얼마나 머무르는가는 $(t_r - t_m) = t'_r$으로 더 잘 나타나며, '**조정된 머무름 시간(adjusted retention time)**'으로 정의한다(즉 컬럼에 도입부터 시간을 나타내며 정지상 상호작용 없이 컬럼을 통과하는 시간을 빼서 조정한다). 식 12.1에 나타낸 머무름 인자의 용량은 식 12.3을 이용하여 이들 시간을 측정하여 계산할 수 있다.

$$k' = \frac{(t'_r)}{(t_m)} = \frac{(t_r - t_m)}{t_m} \tag{12.3}$$

정지상에 머무르지 않는 성분은 $k' = 0$이다. $k' < 2$이면 모든 피크는 크로마토그램의 시작 부분에 너무 근접하여 함께 나온다. k'값이 2~10이면, 좋은 분리를 나타낸다. $k' > 10$이면 피크가 너무 늦게 용리되어 넓어지면서 낮아지며 그 크기가 바탕선 잡음에 근접하여 구분하기 어렵다. 큰 k'값이면서 넓은 피크는 더 좁게 용리되는 이전 피크만큼 대부분의 띠넓힘이 발생하는 이동상에서 같은 시간을 있게 된다. 더 큰 폭을 지니는 것은 피크를 형성하기 위하여 컬럼으로부터 띠가 용리될 때 느리기 때문이다.

크로마토그래피 시스템에서 두 성분이 거리 내의 띠로 또는 시간 내에 피크로 분리할 수 있는 정도는 정지상의 선택성에 의해 결정된다. 이것은 GC에서는 온도, LC에서는 이동상 조성이 특정한 조건으로 정의된다. 선택성(α)은 두 성분 A와 B의 분배 비율 또는 이전에 그림 12.8과 식 12.4에서 언급된 조정된 머무름 시간과 관련이 있다.

$$\alpha = \frac{K_B}{K_A} = \frac{(V'_R)_B}{(V'_R)_A} = \frac{k'_B}{k'_A} = \frac{(t'_r)_B}{(t'_r)_A} \tag{12.4}$$

선택성이 1에 가까우면 그림 12.8과 같이 피크들이 같이 용리되며, 분리되지 않은 채로 겹쳐서 나오게 된다. 여기서 **피크의 분리도(peak resolution, R_s)**에 대한 개념은 인접한 두 피크의 바닥 부분 폭의 평균에 대한 피크 간의 거리(d)만큼의 비율을 가져야 한다는 정량적인 기초를 가지고 있다(그림 12.8):

$$R_S = \frac{2d}{(w_b)_A + (w_b)_B} \quad \text{또는} \quad \frac{d}{w_b} \quad \text{(같은 면적이나 폭을 지닌 인접한 피크들에 대하여)} \tag{12.5}$$

분리도는 컬럼 효율의 척도이다. 효율을 나타내는 다른 인자로 **이론단수(number of theoretical plates, N)**가 있다. 12.3절의 끝부분에서 크로마토그래피의 단에 관하여 언급한 바 있다. N은 머무름 시간과 시간 단위의 피크 폭으로부터 식 12.6을 이용하여 결정할 수 있다. 효율의 척도로서 N값이 지니는 장점은 한 개의 피크로부터 측정할 수 있다는 점이다. R_s와는 달리 두 개의 피크로부터 계산하지 않으며, 상대적인 선택성(α) 값과는 무관하다. 이 값은 바닥면에서의 피크 폭인 w_b나 피크의 반높이에서의 폭인 w_h로부

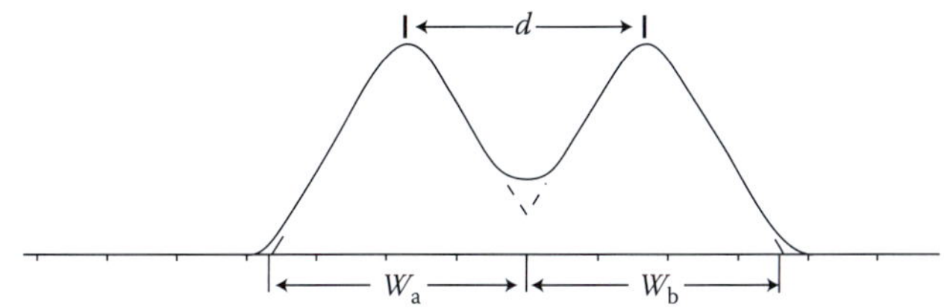

그림 12.8 같은 크기로 근접하여 분리되는 피크들. 분리도(R_s)를 정의하는 인자들

터도 계산할 수 있다. 후자의 경우가 때로는 더 유리할 수 있는데, 용량 초과로 피크 앞부분이 늘어지거나, 흡착에 의해 꼬리 끌기 현상이 나타나서 w_b가 더 넓어질 수 있기 때문이다.

$$N=16\left(\frac{t_r}{w_b}\right)^2=5.54\left(\frac{t_r}{w_h}\right)^2 \tag{12.6}$$

단은 두 상 사이에 시료가 완전한 평형이 일어나는 컬럼 내의 거리로 생각하면 된다. 정해진 컬럼 길이에 대하여 단수가 더 크면, **이론단 높이(HETP, *H*)**는 작아지고 컬럼의 **효율**은 더 좋아진다.

여기서 컬럼에 따른 거리를 높이로 나타내는데, 초기 크로마토그래피 컬럼을 분별 증류탑과 같이 수직으로 세워서 사용했기 때문이다.

$$H=\frac{L}{N} \tag{12.7}$$

L은 컬럼의 길이를 나타낸다.

식 12.5의 d는 $(t_r)_B-(t_r)_A$와 같고, 식 12.6의 w_b를 식 12.5의 두 번째 수식에 넣으면 분리도(R_s)와 단수 N과의 관계를 다음과 같이 나타낼 수 있다.

$$R_S=\frac{(t_r)_B-(t_r)_A}{w_b}=\frac{(t_r)_B-(t_r)_A}{t_r}\times\frac{\sqrt{N}}{4} \tag{12.8}$$

식 12.3과 12.4를 알맞은 형태로 식 12.8에 대입하며 정리하면 결과적으로 식 12.9로 나타낼 수 있다.

$$R_S=\frac{\sqrt{N}}{4}\times\left(\frac{\alpha-1}{\alpha}\right)\times\left(\frac{k'_B}{1+k'_B}\right) \tag{12.9}$$

식 12.9는 식 12.10으로 축약할 수 있다.

$$R_S=\frac{\sqrt{N}}{4}(\alpha-1)\times\left(\frac{k'}{1+k'}\right) \tag{12.10}$$

여기서 k'는 k'_A와 k'_B의 평균값이다.

분리 조건하에서 컬럼의 **선택성(selectivity**, α, 식 12.3), **효율(efficiency**, N, 식 12.6), **피크의 평균 용량 인자(average capacity factor**, k', 식 12.1과 12.3)를 알게 되면 식 12.9와 12.10을 통해서 인접한 두 피크의 분리도를 측정할 수 있다.

12.8 컬럼 효율(단 높이)에 영향을 주는 변수는 어떤 것이 있는가?

미세 분자 수준에서 크로마토그래피 과정을 설명하기 위해서는 매우 복잡한 이론적인 수식이 필요하다. 여기에는 층류나 난류 유체 흐름, 무작위 움직임, 이동상과 정지상 모두에서 분석물의 확산 띠의 넓어짐과 상들 사이에 근평형 질량 이동의 속도론 등이 포함된다. 이 부분에 대한 논의는 이 책의 범위를 벗어나는 것이다.

1950년대 네덜란드 과학자들은 컬럼 성능을 나타내는 이론단 높이 H를 단일 변수인 **이동상 선 속도(linear mobile phase velocity, u)**와 관련지었다. 이 속도는 컬럼의 크기, 부피 유속으로 계산되거나, 머무름이 없는 시료의 머무름 시간(t_m), 측정된 컬럼의 길이로부터 더 간단하게 측정할 수 있다. **Van Deemter 식**(식 12.11)에서는 특정한 형태에서 H가 u에 따라 변화하는지를 설명하기 위하여 세 가지의 상수 A, B, C를 포함하여 나타내고 있다. 이 세 가지 항 중 하나는 u와 무관하고, 하나는 u에 비례하며, 다른 하나는 반비례한다.

$$H = A + \frac{B}{u} + Cu \tag{12.11}$$

Van Deemter 식을 일반화한 두 개의 도표는 그림 12.9에 있다. 각각의 항을 개별로 도표에 나타내었고, 이들을 합한 도표는 U자 형태로 점선으로 나타내었다. 이 그림의 중요한 특징은 선속도 u를 변수로 H가 최솟값을 지닌다는 것이다. 이 값은 가능한 최대 분리도를 나타내는 유속 조건이라고 말할 수 있다. 모든 분석물에 대하여 컬럼이 높은 선택성을 지니고 있다면 Van Deemter 식의 최솟값에서 분석 시간을 줄이려고 할 것이다. 세 가지 항의 계수는 다음과 같은 과정에 의해 영향을 받는다.

1. **다통로항**(A): 이 항은 지지체 입자로 채워진 충전 컬럼에 적용된다. 열린관 컬럼에서 이동상 속도가 층류(즉, 난류가 없이)가 될 만큼 충분히 느리면 이 항은 0이 된다. 충전 컬럼에서 개별 분자들은 입자들 사이의 공간을 통과하면서 서로 이동 경로가 다르다. 그러므로 컬럼을 나갈 때까지 거리 차이가 생기므로 띠넓힘이 일어날 것이다. 다통로항의 상대적인 크기는 컬럼 크기와 입자에 달려 있다. 그림 12.9에서 충전 컬럼을 보면 A는 u이 변해도 일정하여 일정한 양만큼 곡선을 상승시키는 수평 라인으로 나타난다. 다통로 과정은 그림 12.10에서 나타낸다.
2. **세로 확산항**(B): 이 항은 컬럼 내에서 무작위로 확산됨에 따라 띠의 중심으로부터 전 방위 방향으로 분자가 퍼지는 것을 설명한다. 이것은 주로 GC의 이동상에서 발생하지만, LC에서는 두 상 모두 중요하다(정지상에 용해된 분석물은 마치 액체 안에 있는 것처럼 거동하므로). 이동상의 선속도 u가 빠

Van Deemter 식

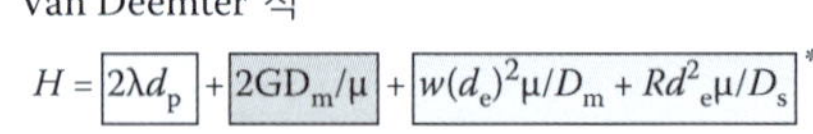

A, 소용돌이 확산, B, 세로 확산, C, 질량 이동

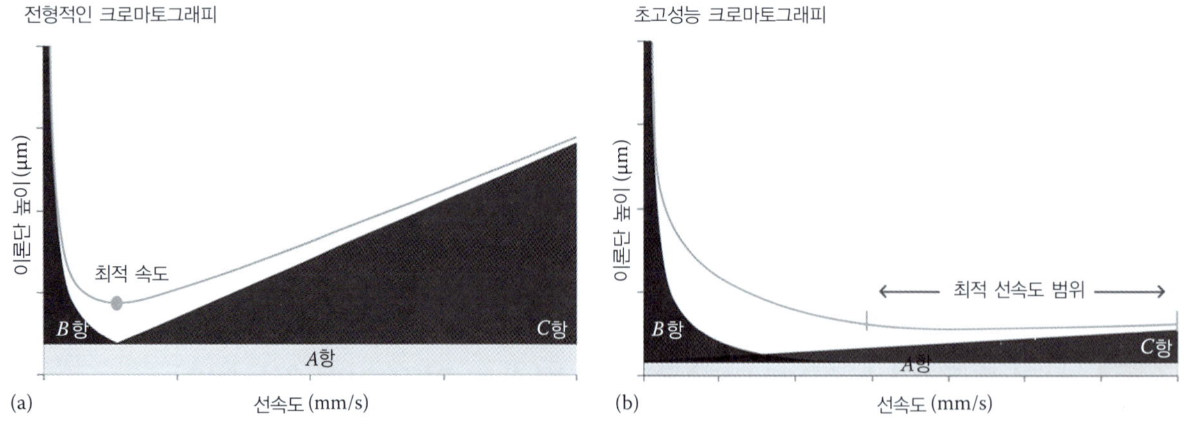

*d_e는 유효한 입자 크기를 나타냄. Kinetex 1.7um 입자에 대해서 d_e=1.5, Kinetex 2.6 μm 입자에 대해서 d_e=1.7이다. 전체적으로 다공성 입자는 d_e=d_p이다.

그림 12.9 세 가지 항 A, B, C의 합으로 나타낸 충전 입자 컬럼의 Van Deemter 도표. (a) 표준 입자로 충전된 HPLC (b) 작은 코어–쉘 입자를 지닌 초고성능 LC. A항의 영향은 두 가지 모두 낮으나, (b)가 오른쪽으로 낮게 기울어진 것을 주목하자. (Used with permission from Phenomenex Inc., Torrance, CA, USA, www.phenomenex.com.)

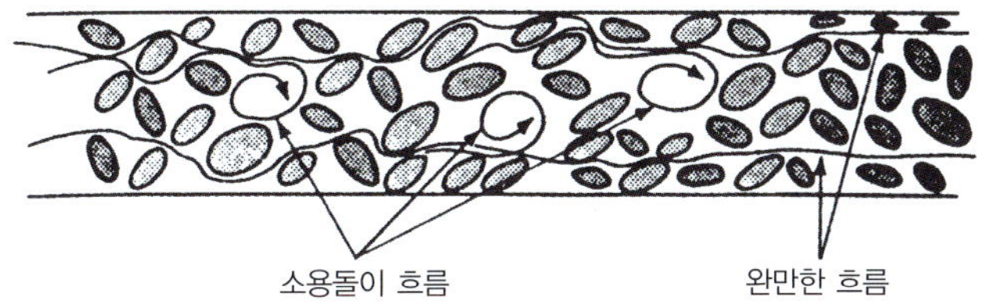

그림 12.10 Van Deemter 식에서 다통로항 A의 메커니즘

클수록 이동상에서 분석물이 퍼질 시간이 부족하게 된다. 그러므로 띠넓힘과 H는 u에 반비례한다. B항은 기체의 확산 속도가 액체보다 더 높으므로 LC에서보다 GC에서 더 중요하다.

3. **질량 이동항**(C): 정지상과 이동상 모두에서의 확산은 유속 방향과 수직으로 나타날 수도 있다. 각 상으로 분자가 들어갔다가 나오는 거리가 극도로 짧고, 이동상의 유속이 극도로 느리면, 각 상들 사이에서 분자가 평형을 이루기 위한 시간이 충분하다. 그러나 이동상이 더 빨리 이동하게 되면 평형에 도달할 만큼의 확산할 충분한 시간이 없기 때문에 일부 분석물은 더 앞으로 이동하게 되고, 일부 분석물은 반대로 정지상에 더 깊게 침투하게 되어 정지상에 남아 있게 된다. 이러한 띠넓힘 메커니즘은 직접적으로 u에 비례한다. 추가적으로 작은 통로 안의 층류 조건하에서 유속은 두 상 사이의 경계면에서 0이면서 통로의 중심에서는 최댓값을 나타낸다. 더 멀리 확산되는 분자는 더 앞서서 나오게 된다. 그림 12.9에서는 H값이 최소가 되도록 B와 C가 어떻게 영향을 주는지 볼 수 있다. 그림 12.9의 왼쪽 도표는 전형적인 충전 GC 컬럼을 나타내며, 다공성 입자 충전 LC도 일부 포함한다. 오른쪽 도표는 작은 표면 다공성 코어-쉘 입자를 사용한 초고성능 LC의 우수한 성능을 나타낸다. A항이 영향이 더 작고 곡선의 최소점 부근이 평평하므로 최소점 이상으로 속도를 높이면 머무름 값도 줄일 수 있다. 이것은 이동상과 다공성 쉘 사이의 빠른 평형에 기인하며, 분리도를 희생하지 않고 분석 시간을 단축하여 예리한 피크로 선택성을 개선하도록 유속을 높여 사용할 수 있다.

12.9 크로마토그래피 분리의 최적화

12.7절과 12.8절에 열거한 수식들의 원리를 어떻게 적용할 것인가? 최적의 분리도와 혼합 성분의 분리, 분리 시간 단축 등을 적절히 절충해야 한다. 식 12.3을 보면 머무름 시간이 매우 큰 성분은 컬럼에서 늦게 용리되면서 피크가 퍼지고 신호 세기가 낮아지면서 검출 감도도 낮아져 측정이 어려워진다. 반면에 k'값이 작은 조건에서는 초기에 많은 피크들이 몰려서 용리되면서 분리도가 낮아진다. 식 12.10에서 k'값을 2보다 작게 하면 R_s값이 어떻게 변하는지 확인해 보면 된다. 최적화의 첫 번째 단계는 분석물에 대한 선택성을 최적화할 수 있는 정지상(그리고 LC에서는 이동상의 조성)을 선택하는 것이다. 크로마토그래피 컬럼 공급회사가 제공하는 카탈로그나 응용 매뉴얼에서는 모든 종류의 분석물에 따라 가장 적합한 정지상과 최적화된 분석 방법을 설명한다.

식 12.7로부터 H값이 낮을수록 컬럼 효율이 높음을 알았다. 식 12.8을 보면, 단수는 컬럼 길이 L에 비례하지만, 분리도는 오직 N 또는 L의 제곱근에 비례한다. 머무름 시간은 길이 L이 길어질수록 증가한다. 그러므로 컬럼 길이를 2배로 하면 분석 시간도 2배가 되지만, 분리도는 1.4배(2의 제곱근)만 증가한다. 분석 성분을 빨리 혹은 늦게 용리시키기 위하여 GC에서는 온도를 변화시키고, LC에서는 이동상의 극성을 변화시킬 수 있다. 하지만 k'값이 2 이하에서는 식 12.10의 마지막 항이 최댓값 1에서 급격히 감소하므로 분리도는 감소한다. 많은 분석물들이 넓은 머무름 시간 범위에서 용리하는 경우 늦게 용리되는 피크의 k'값을 2 근처로 만든다면 앞에서 용리되는 피크들은 분리도가 낮은 영역에서 용리되게 할 것이다. 이동상의 속도를 높이면 그림 12.9의 Van Deemter 곡선처럼 H값이 점차 증가한다. 단 높이의 증가는 이론단수의 감소를 의미하며, 이는 분리도의 감소를 초래한다. 이동상의 속도 증가의 한계는 컬럼 앞부분에 걸리는 압력을 장비가 얼마나 견딜 수 있는지에 달려있다. 좁은 통로에 이동상을 통과시키는 효율이 높은 컬럼은 선유속을 유지하기 위해서 더 높은 압력을 가해야 하며, 또한 컬럼의 길이가 증가됨에 따라 선형적으로 압력도 증가한다. 이러한 이유로 컬럼 길이를 증가시키는 것은 분리도를 개선하기 위한 마지막 수단이어야 한다. 이동상과 정지상에서 선택성을 개선하기 위해서는 먼저 k'와 u(Van Deemter 곡선에서 최솟값)를 먼저 최적화하여야 한다.

LC 시스템에서 컬럼 온도를 높이면 효율이 개선되는데, B항의 증가보다 C항의 감소가 더 크기 때문이다(즉 질량 이동의 개선 효과가 액체에서 확산띠가 확대되는 것보다 크다). 더 긴 컬럼을 사용하여 유속의 최적값을 얻어내기 위해서는 컬럼에 낮은 압력이 걸리도록 온도를 증가시켜 액체 점성도를 감소시키는 것이 필요하다. 온도가 증가하면 액체 점도가 감소한다는 직관적인 이해와는 달리 기체에서는 정반대의 효과가 나타난다. 덧붙여서 온도는 GC에서 분석물의 머무름에 영향을 미치는 가장 중요한 변수이므로, 이론단 높이와 효율를 나타낸 Van Deemter 식을 통해서 오직 분리도만 영향을 주도록 독립적으로 변화할 수는 없다. GC에서 온도 증가는 이동상의 점도를 증가시켜서 유속이 낮아지게 한다. 심지어 k'값이 낮아서 더 빨리 용리되는 분석물도 u는 감소할 것이다. 만일 Van Deemter 식의 최저값인 최적의 효율 조건에서 실험을 할 경우에는 u가 감소하게 되어 최적점에서 왼쪽으로 가파르게 올라감에 따라 분리도에 상당한 손실이 발생할 것이다. GC에서 끓는점 범위가 넓은 분석 혼합물을 더 빨리 용리시키기 위해서 분석 과정 동안 컬럼의 온도를 일정한 속도로 올리는 온도 프로그래밍 과정을 종종 수행한다. 이런 상황에서는 Van Deemter 곡선 중 오른쪽 부분의 완만한 기울기를 나타내는 영역에서 u값을 시작하는 것이 바람직하다. 작동 도중 온도를 올리더라도 u가 앞쪽으로 이동하지만 곡선의 최저점 위치에서 많이 벗어나진 않을 것이다.

12.10 컬럼-밖 띠넓힘 효과

12.7절과 12.8절에서 컬럼 효율과 유속(Van Deemter 식) 사이의 관계와 선택성, 용량 인자(두 상 사이의 분석물의 분포와 관련)가 혼합물을 분리하는 데 어떻게 영향을 미치는지 보았다. 이러한 설명은 이상적인 가우스 모양의 피크를 보이는 컬럼에 적용된다. 활성 자리에서의 흡착이나 용량 초과가 발생하면 분리도를 저하시키는 피크의 뒤끌림 또는 앞끌림 현상이 나타날 수 있다. 컬럼 밖에서도 띠가 넓어지는 원인들이 있다. 검출기부터 주입기까지 역순으로 다음과 같은 원인으로 분리도가 낮아질 수 있다.

1. **검출기 셀 부피가 너무 큼**: 만일 띠가 용리되는 이동상의 분획보다 검출기 셀 부피가 더 크면 띠에서 용리되는 성분 농도들이 그 안에서 서로 섞이게 되므로 결과적으로 피크는 넓어질 것이다. 극단적인 경우에는 컬럼에서 분리가 되었던 두 띠가 큰 검출기 셀 내에서 완전히 섞여서 분리가 안 될 수도 있다. 이러한 전형적인 예로 고분리도의 모세관 GC 컬럼에 충전 컬럼 GC용으로 넓은 피크와 많은 유량을 사용하도록 설계된 큰 부피의 검출기 셀에서 낮은 유속으로 사용하는 것이다. 충분히 섞이기 전에 급속으로 컬럼의 용출 기체를 쓸어버리도록 검출기에 **메이크업 기체(makeup gas)**를 흘려줌으로써 억제할 수는 있다. 결과적으로 용출 기체의 희석은 모세관 유체용으로 특별 설계된 검출기에서 얻은 검출 감도보다 낮게 된다.
2. **충전 컬럼 내의 빈 공간**: 이것은 엄격하게는 '컬럼-밖'은 아니지만, 그 효과는 분리된 성분이 큰 검출기 셀로 들어가면서 분리도가 감소하는 것과 매우 유사하다. 충전 컬럼 내 채워진 입자들 사이에 빈 공간이 있으면 나타난다. 이 문제는 HPLC 분리 시에 가장 빈번히 발생하는 것으로, 충전 입자가 마이크로 크기이면 펌프를 켜거나 끄는 동안 압력의 큰 변화로 인하여 발생한다. 프릿으로 막혀진 관

내에 꽉 차게 충전이 되어 있지 않으면, **빈 공간(void)**은 어느 곳에서도 생길 수 있다. 충전관에 전체 지름에 걸쳐서 균일한 밀도로 채워져 있지 않다면 컬럼의 벽을 따라 **통로(channel)**가 생길 수도 있다. 용해된 기체(공기) 역시 컬럼에서의 압력 강하로 인해 기포가 발생될 수 있다.

3. **주입기에서 퍼짐 및 꼬리 끌기:** 컬럼 주입 전 혼합물의 띠는 정해진 너비의 띠로 존재한다. 이러한 띠가 컬럼에 주입될 때 최소 너비를 초과하면, 컬럼에서 최대 분리도를 얻지 못할 것이다. GC에서는 시료가 뜨거운 주입부에서 증기화되고 컬럼으로 들어간다. 분석 혼합물보다 더 낮은 끓는점을 지닌 용매에 녹아 있을 수 있다. 뜨거운 주입기에서의 순간적인 증기화로 용매와 분석물의 증기 부피가 주입부의 용량을 초과할 경우, 일부 시료는 가열되지 않는 가스로 유입되어 나중에 시스템으로 천천히 스며나오게 된다. 이들 시료가 주입기로부터 컬럼으로 들어가는 동안 컬럼의 앞에 증착된 일부 성분은 상당히 컬럼 아래쪽으로 이동하게 되므로 이상적인 띠너비보다 더 넓어진 상태에서 시작되게 된다. 크로마토그래피 과정의 대부분은 k'값이 매우 크게 되는 조건에서 주입기로 시료가 주입된다. 컬럼의 입구로 시료가 이동할 때까지 띠들이 넓어지지 않을 때 이상적인 초기 띠너비를 얻을 수 있다. 그러므로 GC에서 온도를 올리거나, LC에서 이동상의 극성을 분석물질 극성과 거의 일치하도록 하면 초기에 좁은 띠 형태로부터 분리를 시작할 수 있다.

12.11 크로마토그래피의 정성 분석: 분석물 확인

각 화합물은 크로마토그래피 시스템에서 특유의 **머무름 시간(retention time)** t_r을 가진다. 이것은 화합물을 구분하는 데 유용하지만, 일반적으로 화합물 질량, 적외선/자외선/가시광선 흡수, 핵자기 공명 스펙트럼처럼 구체적이지는 않다. t_r은 화합물의 종류, 정지상/이동상의 조성, 이동상 유속, 컬럼의 크기에 따라 달라진다. 모든 파라미터로부터 정확하게 분석물의 t_r을 예측하는 것이나, 해석이나 스펙트럼 비교를 통해서 분석물을 확인할 수 있도록 참조 데이터를 유지하는 것은 일반적으로 실용적이지 않다. 더군다나 t_r이 길지 않는 $k' = 2 \sim 10$의 범위 내에서 분리도가 최적일 때에는 수백여 개의 정도 분리되는 것이 최선이다. 이 범위 내에 수천 개의 화합물이 용리된다면, 함께 용리되는 것이 많을 것이며 t_r은 한 화합물을 확인할 수 있는 확인자가 되지는 못한다. 그러나 표준 물질을 분리할 때 시스템에서 화합물을 확인하는 머무름 시간대에 다른 피크가 없다면 화합물의 존재 여부를 확인하는 데 사용할 수는 있다. 표준 물질과 미지 회합물이 같은 회합물이리고 말하려면 피크와 t_r은 얼마나 비슷해야 하는가? 두 번 수행한 t_r값의 약간의 차이는 수행할 때 유속, 온도, 이동상 조성의 변동에 인한 것일 수 있다. 미지 용액에 표준 물질을 첨가하여 함께 크로마토그래피 분리를 하면, 변형되지 않은 한 개의 피크를 통해서 불확실성을 제거할 수 있다. 지속적으로 가동하는 경우, 기기적 변동를 반영할 수 있는 다른 방법은 미지 시료와 표준 시료 모두에 **시간 확인용 내부 표준물(IS)**을 함께 주입하는 것이다. 이 화합물은 측정하는 어떤 분석물이나 오인할 정도로 근접 용리되는 오염 물질과는 다른 t_r값을 가져야 한다. **상대 머무름 시간(retention time internal standard, RRTs)**은 표준 물질의 머무름 시간에 대한 내부 표준물의 머무름 시간 비로 계산될 수 있다. 이러한 상대 머무름 시간은 더 재현성이 있고, 정지상/이동상/작동조건이 같은 컬럼들을 서로 비교할 수도 있다.

서로 다른 정지상을 지닌 두 컬럼 또는 단일 평면 정지상에서 두 이동상을 서로 직교하여 용리시켜서 얻은 머무름 값을 대응하면, t_r값으로 피크를 확인하는 데 추가적으로 확실해진다.

피크 확인은 특정 부류의 화합물(예를 들어 할로젠, N, P, S와 같은 특정 헤테로 원자를 가지는 화합물)에 **선택성(selective)**을 가지는 검출기를 이용하면 확실해진다. 여기서 용출액은 분광기(예를 들어 질량 분석기, IR 분광기, UV/VIS 분광기, NMR)로 전달되고, 전체 스펙트럼이나 그 중 특정 영역은 연속적으로 샘플링되어 컬럼으로부터 용리된 피크로 컴퓨터에 저장하게 된다. 이런 형태가 두 영역 모두에서 최상의 조합이 된다(크로마토그래피 분리의 기기 분석 영역과 순수하게 분리된 화합물의 고유 스펙트럼 지문의 영역). 이들 사이에 스펙트럼이 상이하게 다르다면, 단일 피크로 같이 용리되어 분리되지 않은 크로마토그램이더라도 화합물의 정성, 정량 분석이 가능하다. 반대로 질량 분석기에서 *ortho*-, *meta*-, *para*- 자일렌(다이메틸 벤젠)과 같은 이성질체는 그 조각들이 동일한 질량 스펙트럼을 만들어 내지만, 크로마토그래피 시스템에서 다른 t_r값으로 인하여 구분될 수 있다. 이런 장비는 복잡하고 고가이며, 컴퓨터의 데이터 처리가 필요하지만, 생물의학 분야와 환경 모니터링 및 연구 분야에서 기기 분석 화학의 주류를 이루고 있다.

12.12 크로마토그래피에서 정량 측정

다양한 컬럼 크로마토그래피에서 사용되는 다양한 검출기의 전기 신호는 정확하고 재현성이 있으며 검출기 셀을 통해 통과하는 분석물의 양과 선형적으로 관련이 있다. 주입, 분리, 검출과 관련된 모든 변수가 매번 가동할 때마다 주의 깊게 조절되고 특히 과정에 정량을 위한 적절한 내부 표준물이 포함된다면, ±1% 이내의 정확도와 정밀도를 얻을 수 있을 것이다.

12.12.1 | 피크 면적, 피크 높이: 무엇이 정량에 더 적합한가?

분석물의 양은 피크의 면적에 비례한다. 피크 시작과 종류에서 피크 신호 아래에 바탕선의 위치를 어디로 할지 그리고 시작점과 끝점 사이의 바탕선 위의 신호를 어떻게 적분할지 결정해야만 한다. 초기 장비에서 신호는 도표 기록기에 있는 펜으로 보여 주었고, 바탕선은 수동으로 그렸다.

대칭인 가우시안 피크의 면적은 피크 측면의 접선을 그려서 바탕선과 접선으로 만들어지는 삼각형의 면적을 계산하면 대충 알 수 있다(그림 12.7 참조). 대부분 크로마토그래피 장비는 컴퓨터 데이터 시스템을 사용한다. 아날로그 신호를 수집하여 디지털화하고, 피크의 시작과 끝 지점 사이의 바탕값을 빼준 디지털 신호를 합하여 피크 면적을 계산한다. 데이터 시스템에서는 피크 시작을 알리는 바탕선 상승의 시작 높이(trigger level)를 선택해야 한다. 또한 피크 최대점에서 다시 수평 높이(바탕선)으로 되돌아 온 것을 알려주고, 다음 피크로 다시 올라가는 높이도 결정해야 한다. 이를 통해 피크 적분을 위한 시작과 끝을 정한다. 기기의 검출 한계에 가까운 분석물 농도에서 바탕선 잡음으로 인해 피크 시작을 인식하기 어렵다. 잡음으로 인해 피크 시작이 더 높은 곳에서 인식되게 되면 피크의 상당 부분은 적분하는 데 포함되지 않을 것이며, 잡음에 의해 낮게 인식되면 적분 계산이 너무 일찍 시작되거나 너무 빨리 중단될 수도 있다. 컴퓨터로 피크 적분 시에 매개변수 설정 문제는 이따금 정량 한계 아래에서 크로마토그래피 표준 교정 곡선의 비선형을 나타내는 주요 요인이다.

피크 높이는 컴퓨터 방법이나 수동 방법 모두 측정하기 쉽다. 피크 꼭대기의 높이에서 가장 큰 신호 대 잡음비를 나타내며, 가깝게 용리되는 피크들이 불완전하게 분리되는 경우에도 피크 꼭대기는 가장 쉽게 구분해 낼 수 있다. 이상적인 가우시안 형태의 잘 분리된 피크에서는 높이가 피크 면적에 직접적으로 비례한다. 그러나 피크 형태가 앞으로 쏠리거나 꼬리 끌기가 있으면, 비례 관계는 유지되지 않는다. 이럴 경우 표준 교정 곡선에서 농도와 높이 간에 비선형이 나타나게 되고, 이때는 높이 대신에 피크 면적을 적절히 사용하면 극복할 수도 있다. 따라서 피크 면적 측정이 더 복잡하더라도 더 선호하게 된다. 단지 일반적으로 큰 피크의 앞이나 뒤에서 용리되는 작은 피크를 측정할 때만 예외가 된다. 이런 경우에 피크 쌍들을 출력하여 수동으로 바탕선과 미지 성분과 표준 물질의 피크 높이를 측정하여 나타내면 정량 계산을 할 수도 있다.

12.5절 끝부분에서 두 가지 다른 종류의 검출기(질량 검출기와 농도 검출기) 설명을 검토하기 바란다. 질량 검출기에 의해 측정되는 피크의 면적은 이동상의 유속에 무관하지만, 농도 검출기는 관련이 있다.

농도 검출기를 이용하여 표준 물질에 대하여 교정할 때에는 미지 시료와 표준물 분석 시도에서 분석 성분의 피크가 동시에 같은 이동상 유속 조건에서 용리되게 하는 것이 중요하다. 반대로 질량 검출기를 이용하여 피크 높이로 정량할 때도 같은 조건이 요구된다.

12.12.2 | 외부 표준물을 이용한 교정

3장에서 교정에 대해 설명한 것과 같은 원리를 크로마토그래피에 적용한다. 측정 범위에 있는 여러 농도의 분석물 용액을 주입하여 그 피크 면적을 측정하고, 피크 면적과 농도에 대한 **표준 교정 곡선(standard calibration curve)**을 만들어 낸다. 분광 측정과는 달리, 잘 설계된 크로마토그래피 분리에서는 분석물이 혼합물 성분의 머무름 시간과 멀리 떨어져 있어서 피크 면적값에 바탕 보정을 할 필요는 없다. 하지만 주입 용매와 같은 것을 사용하여 바탕 시료를 분석하는 것이 중요하며, 특히 가능하다면 분석 성분을 포함하지 않는 유사한 매트릭스 조건에서 같은 시료 처리 과정을 진행해야 한다. 분석 대상 물질과 같은 시간에 용출되는 방해 피크가 없는지 확인해야만 한다. 만일 있다면 크로마토그래피 조건을 조절하여 분석 성분으로부터 방해 피크를 분리하여야 한다. 이전 실험 경험을 통해 분석물에 다른 방해 성분이 없을 거라고 확신한다면 **표준물 첨가법(method of standard addition, MSA)**을 적용할 수 있다. 어느 정도 불확실성이 있으므로 이 방법은 정량 크로마토그래피에서는 잘 적용되지는 않는다. 크로마토그래피는 대부분 매트릭스 성분들로부터 분석 성분을 분리해내므로, 분광 기기에서 보정해야 하는 매트릭스 억제 효과는 잘 나타나지 않는다.

교정 곡선은 교정 범위 내에서 선형이어야 하며, 이 범위보다 높은 농도의 시료는 희석하여 분석해야 한다. 진보된 데이터 처리 시스템에서는 피크 높이나 면적을 비선형(2차식이나 log) 교정 곡선으로 맞출 수 있으나, 가장 좋은 방법은 선형 범위를 찾는 것이며 선형 범위 내에서 작동하는 것이다. 외부 교정의 정밀도와 정확도는 시료 처리 회수율의 재현성, 시료 주입 부피, 교정과 분석 과정에서의 검출기 감응의 안정성에 의존한다.

교정 곡선으로부터 미지 시료를 정량하려면 농도는 x축(가로축), 감응(디지털 적분기에 의해 계산된 면적)은 y축(세로축)에 나타내는 도표를 만든다. 선형 최소제곱법으로 얻은 추세선의 y절편값은 교정 곡선의 가장 낮은 농도에서의 교정점보다 매우 작아야 한다(즉 농도가 0인 지점으로 외삽한 값은 거의 0이어야 한다). 혹은 강제로 추세선이 원점을 지나도록 하면, 식 12.12를 이용하여 교정 곡선의 기울기 S와 피크 면적 A로부터 미지 시료의 농도 C를 계산할 수 있다.

$$C = \frac{A}{S} \tag{12.12}$$

이 식은 교정 곡선 범위 내의 영역이나 농도 범위 내에서만 유효하다. 원칙적으로는 y절편값이 상당한 교정 곡선도 이용할 수 있는데, 큰 y절편 값을 야기하는 바탕 신호가 표준물과 미지 시료의 매트릭스 모두에서 같을 때에만 타당하다. 이러한 가정은 불안정하며, 확인이 어려운 경우가 많으므로 이러한 교정 곡선의 이용은 피해야 한다.

12.12.3 | 내부 표준물 교정

외부 표준물로 교정할 때 오차를 유발하는 몇 가지 요인들은 미지 시료와 표준 시료에 일정량의 내부 표준물을 첨가함으로써 상쇄시킬 수 있다. 내부 표준물(IS)은 분석물과 화학적으로 유사한 화합물이기 때문에 시료 추출과 처리 과정을 유사하게 통과할 수 있어야 한다. 일반적으로 내부 표준물은 크로마토그래피 시스템에서 각각 분리되어서 용리되어야 정확하게 측정되고 확인할 수 있다. 먼저 피크의 감응과 농도와의 비율을 계산한다. 그런 다음 각 분석물 피크의 비율을 내부 표준물 피크 **비율**로 나누고 이를 내부 표준물에 대한 분석물의 **상대 감응 인자(relative response factor, RRF)**라고 하며 식 12.13으로 요약된다.

$$A\text{비율} = \frac{A\text{면적}}{A\text{농도}}\ ;\ \text{내부 표준물 비율} = \frac{\text{내부 표준물 면적}}{\text{내부 표준물 농도}}$$
$$\text{RRF} = \frac{A\text{비율}}{\text{내부 표준물 비율}} = \frac{A\text{면적}\times\text{내부 표준물 농도}}{\text{내부 표준물 면적}\times A\text{농도}} \tag{12.13}$$

첨가한 일정 농도의 내부 표준물에 대하여 내부 표준물 면적에 대한 분석물 면적의 비와 분석물 농도 A에 대하여 도표로 나타내면, 기울기가 RRF인 표준 교정 곡선을 얻는다. 외부 표준물에 대한 식 12.12와 유사한 방식으로 식 12.14를 이용하여 내부 표준물 피크 면적에 대한 분석물의 미지 농도에 대한 비율 U를 결정하여 미지 농도 C를 계산할 수 있다.

$$C = \frac{\text{미지 시료 비율}}{\text{RRF}} \quad \text{또는} \quad C = \frac{\text{미지 시료 면적/내부 표준물 면적}}{\text{RRF}} \tag{12.14}$$

내부 표준물에 대한 분석물의 면적 비율 대 농도에 대하여 도표를 나타낼 때도 최소제곱법에 의한 직선성의 허용 기준과 절변값이 0인 것은 앞서 설명한 외부 표준물 교정의 경우와 유사하다. 하나 이상의 내부 표준물의 RRFs를 통해 정량을 개선할 뿐만 아니라 머무름 시간 변동을 보정하기 위해 사용될 수 있다. 내부 표준물로 보정할 수 있는 것은 투입하는 시점에 따라 달라진다. 크로마토그래피 주입 전에 내부 표준물을 투입하면, 검출기 감응의 변동, 주입 부피의 변동, 증발에 의한 부피 변동로 인한 농도 변동을 보정할 수 있고, 이것을 **주입 내부 표준물(injection IS)**이라고 한다. 내부 표준물을 처음 시료에 넣어 같은 매트릭스 안에 제조되어 표준 교정을 하면, 시료 처리 과정 동안 회수율 변동를 추가적으로 보정할 수 있으며, 이것을 **방법 내부 표준물(method IS)**이라고 한다. 개별 목적에 따라 별도의 화합물을 병용하는 것은 피크 면적 변동의 원인을 파악하는 데 도움을 줄 수 있다.

12.13 크로마토그래피 계산의 예

앞서 언급한 교정 원리와 수식 중 일부를 설명하기 위해서 표 12.3으로 요약한 다음의 가상 크로마토그램의 데이터를 보도록 하자. 이 시스템은 길이 30 m에 지름 0.25 mm의 모세관 GC 컬럼을 사용하며, 대기압보다 높은 20 psi의 헬륨 압력하에서 일정한 200°C에서 작동되므로 평균 선유속 31.3 cm/s를 나타낸다. 컬럼 머무름이 전혀 없는 성분의 머무름 시간은 1.6분으로 측정되었다. 전형적인 컬럼의 이론단수는 30,000으로 확인되었다. 컬럼 길이가 30 m이므로 HETP는 1 mm임을 쉽게 알 수 있으며, 그런 면에서 이 컬럼은 매우 효율이 좋은 편이다.

피크 1부터 5까지 5개의 분석물이 있고 6번째로 내부 표준물이 있다. 4.00분과 4.10분에 용리되는 피크 2와 3을 보자. 피크 바닥에서의 너비는 5.5초 이상이며, 각 피크는 0.1분(6초)의 시간차가 있으므로 아마도 바닥 부근에 겹침이 있을 것이다. 계산된 분리도는 1.07 정도 될 것이다. 경험상 바탕선 분리를 위해서는 분리도가 1.5 이상이어야 한다. k'값은 2 이상이 적절하지만, 이들 피크들은 1.53 정도로 다소 낮은 편이다. k'값을 증가시킬 수 있도록 200°C부터 온도를 낮추면 분리도를 개선할 수 있다. 식 12.9의 마지막 항에서 k'값을 3.06(시간으로는 6분)까지 증가시키면 분리도가 1.07에서 1.34로 증가된다는 것을 계산할 수 있다. 여기에 컬럼을 60 m로 증가시켜서 단수를 2배로 할 수 있다. 이것으로 분리도는 $\sqrt{2}$배, 즉 1.4배 증가된다. 결과적으로 $1.4\times1.07=1.5$의 분리도를 얻게 될 것이다. 그러나 이것은 60 m의 컬럼으로 인해 거의 2배의 비용이 들 것이며, 같은 최적 유속을 유지하기 위해 40 psi의 압력(아마도 기기 범위를 넘음)이 걸리며, 다음 시료를 시행하기 전에 내부 표준물 피크 6까지 용리되는 데 16분이 걸릴 것이다. 그래도 분석물 2와 3의 분리도를 개선하는 경우에는 온도를 조절하는 것이 가장 쉽다. 근접한 쌍인 피크 4와 5는 분리도가 0.5로 서로 겹쳐 있으므로 따로 정량할 수 없다. 피크 2와 3에 대한 1.07의 분리도를 높이기 위해서 컬럼

표 12.3 가상 크로마토그래피의 데이터

피크	t_r (분)	k'	w_b (초)	$w(1/2)$ (초)	분리도
1	3.70	1.31	5.13	3.02	
2	4.00	1.50	5.54	3.26	3.37
3	4.10	1.56	5.68	3.34	1.07
4	4.30	1.69	5.96	3.51	2.06
5	4.35	1.72	6.03	3.55	0.50
6 내부 표준물	8.00	4.00	11.09	6.52	5.77
농도 (ppm)	10	25	50	100	200
5개 농도 조건에서의 피크 면적					
1	64,871	138,589	300,767	654,611	1,132,301
2	53,422	150,838	345,670	647,345	1,319,829
3	65,668	151,856	235,309	530,813	1,094,460
4	54,705	116,870	253,633	552,025	954,854
5	49,904	140,906	322,911	604,723	1,232,931
6 내부 표준물[a]	287,296	262,670	270,879	300,977	279,087
피크 면적 비율 (표준 물질/내부 표준물 6)					
1	0.23	0.53	1.11	2.17	4.06
2	0.19	0.57	1.28	2.15	4.73
3	0.23	0.58	0.87	1.76	3.92
4	0.19	0.44	0.94	1.83	3.42
5	0.17	0.54	1.19	2.01	4.42

참조: 모세관 GC 컬럼(30 m×0.25 mm), 20 psi 헬륨 이동상, 31.3 cm/s, t_m = 1.6분, 온도 = 200°C, N = 30,000.
[a] 내부 표준물의 농도는 50 ppm이다.

길이 증가나 온도를 낮추는 처방은 실제 4와 5를 해결할 때는 실용적이지 않을 것이다. 이를 측정하려면 두 쌍의 피크에 대하여 선택성이 1이 아닌 다른 정지상을 지닌 컬럼을 찾아야만 한다. 물론 다른 분석물의 분리도는 새 컬럼에서 삼소뇌시는 않기를 희망한다. 이러한 것들이 혼합물 분리에 최적 조건과 컬럼을 찾는 데 절충점이 된다. 우리가 측정하고자하는 성분의 수가 증가할수록 문제가 생길 확률도 증가한다는 것은 쉽게 생각할 수 있다.

표 12.3의 두 번째 단락은 5개의 분석물에 대한 10~200 ppm 사이의 5개 표준 농도 조건에서 각 피크의 면적과 각 표준물 내에 50 ppm의 내부 표준물에 대한 피크의 면적을 나타내었다. 내부 표준물의 면적에 대한 각 피크의 면적비는 세 번째 단락에 계산하여 나타내었다. 표준 농도에 대하여 각 피크 데이터로 최소 제곱법에 의한 직선식을 통해 기울기와 절편을 얻을 수 있다. 이렇게 진행하면 직선에 대하여 절편은 0에 가까우나, 가장 낮은 표준 농도의 감응값보다 훨씬 작다는 것을 알게 될 것이다. 따라서 외부 표준법에 대해서는 식 12.12를 이용하고, 내부 표준물법에 의해서 식 12.14를 이용하여 면적이나 면적비, 기울기 등을 통해서 미지 시료의 농도를 계산할 수 있다.

표 12.4의 첫 번째 단락은 피크 2, 3, 내부 표준물 6을 분석한 표준 분석과 미지 성분 피크(A, B, C)에 내부 표준물을 분석한 별도의 분석결과를 데이터로 나타내었다. 각 분석마다 세 번째 열에 나타낸 상대 머무름 비율(RRT)을 계산하기 위해서 내부 표준물 6은 머무름 내부 표준물로 사용된다. 머무름 시간만 비교하면 A는 2로, B는 3으로 볼 수 있다. 그러나 내부 표준물 D는 표준 분석의 내부 표준물보다 0.2분 늦게 용리된다는 것에 주목하자. 각 분석마다 머무름 시간의 변동이 생길 수 있는데, 유속이 약간 느려지

표 12.4 정확한 피크 확인과 시료 손실 및 농도 변화에 대한 보정을 위한 머무름값과 내부 표준물 정량의 이용

피크	머무름 시간 (분)	상대 머무름 비율(RRT)	면적	외부 표준물 기울기	내부 표준물 기울기	비율 (U)
2	4.00	0.500		6,635	0.0235	
A	4.01	0.489	175,000			0.831
3	4.10	0.513		5,435	0.0193	
B	4.12	0.502	194,500			0.924
C	4.24	0.517	254,000			1.207
6 내부 표준물	8.00		280,182			
D 내부 표준물	8.20		210,500			
	외부 표준물 정량 (ppm)		내부 표준물 정량 (ppm)			
	피크인식 오류	피크 인식 보정 안 됨	피크인식 오류	피크 인식 보정함	피크 확인	
A	26.4	오염물질	35.4	오염물질	미상	
B	35.8	29.3	47.9	**39.3**	화합물 2	
C	오염물질	46.7	오염물질	**62.5**	화합물 3	

거나 GC 오븐 온도가 약간 떨어질 수 있다. RRT로 비교하면 B는 2와 C는 3과 각각 잘 일치하는 것을 볼 수 있다.

D의 머무름 시간이 이동했을 뿐 아니라 피크 면적도 앞에서 보여준 5개 표준 농도 분석에서의 평균값보다 상당히 작다는 것도 주목하자. D를 방법 내부 표준물로 적용하면, 미지 시료와 표준 물질 간에 회수율 차이가 있을지도 모른다. 또는 미지 용액이 주입되기 전 마지막 단계에서 희석되었거나, 부주의로 적은 부피가 주입되거나, 여러 요인이 조합되어 생겼을 수 있다. 내부 표준물은 무엇이 일어나도 일부 또는 전체에 대하여 정량적으로 보정한다. 표 12.4의 아래 부분은 머무름과 정량의 변동 모두 또는 일부의 보정 여부에 따른 서로 다른 결과를 보여 준다. 아래 굵은 글씨로 나타낸 값은 피크 설정을 위한 RRT, 정량을 위한 RRF를 계산하기 위해 내부 표준물을 이용하여 얻은 값이다. 내부 표준물의 머무름과 정량 교정 없이 계산된 잘못된 값들과 어떻게 다른지 주목할 필요가 있다.

문제

12.1 GC에서 다음은 피크의 머무름 시간에 어떠한 영향을 주는가?

(a) 컬럼의 온도를 올릴 때(컬럼 앞부분의 압력을 유지하면서)

(b) 컬럼의 길이를 증가시킬 때

(c) 기체 유속을 증가시킬 때

(d) 컬럼 내 정지상의 부피를 증가시킬 때

(e) 컬럼 앞부분의 압력을 증가시킬 때

(f) 시료를 컬럼에 용량을 초과시켰을 때

(g) 컬럼으로부터 일부 정지상이 서서히 증기화되는 경우

(h) 분석 화합물이 더 휘발성을 지닌 유도체를 생성하였을 때

12.2 LC에서 다음은 피크의 머무름 시간에 어떠한 영향을 주는가?

(a) 컬럼의 온도를 올릴 때(컬럼 앞부분의 압력을 유지하면서)

(b) 충전된 HPLC 컬럼에서 입자 크기를 감소시킬 때(일정한 압력에서)

(c) 컬럼 내에 기포가 형성될 때

(d) 컬럼 앞부분의 압력을 증가시킬 때

(e) 컬럼 앞부분의 압력이 동일한 충전 컬럼 입자 간격의 지름 5배를 지닌 같은 길이의 열린관 컬럼을 사용할 때

(f) 역상 HPLC에서 이동상의 극성을 증가시킬 때

(g) 정상 HPLC에서 덜 극성인 정지상을 사용할 때

(h) 같은 유속에 정지상, 이동상 성분 조성이 동일하며 길이도 같지만 단수가 2배인 더 효율적인 컬럼을 사용할 때

12.3 평면 GC(2차원 GC)를 어떻게 수행할 수 있는가?

12.4 종이 크로마토그래피나 얇은 판 크로마토그래피에서 이동상 유속을 조절하는 방법은 무엇인가? 분리되는 동안 유속이 일정할까?

12.5 다음 용어를 구분하여 설명하시오. 용리, 용리액, 용출액.

12.6 SPE는 크로마토그래피의 어떤 형태인가?

12.7 약어를 확인해 보시오. HETP, HPLC, TLC, CZE, GC-MS, IS, RRT, RRF.

12.8 다음 기호가 무엇을 나타내는지 그리고 수식 형태를 나타내시오.

α', H, k', N, A, B, C, L, t_m

12.9 문제 12.8의 항목 중 두 피크쌍의 분리도에 영향을 주는 것은 무엇인가?

12.10 충전 컬럼 크로마토그래피, 모세관 크로마토그래피, CE를 나타내는 Van Deemter 식은 무엇인가? (힌트: 마지막 CE는 정지상이 없다).

12.11 문제 12.10의 세 가지 분석 방법에 대한 Van Deemter 곡선을 그리시오. 답은 정량적으로 나타내기보다 개념을 나타내면 된다. 각 방법의 차이를 설명하시오.

12.12 (a) 30 m이며 지름이 0.2 mm인 모세관 컬럼에 0.5 μm 두께의 정지상이 입혀져 있을 때 상비율을 계산하시오.

(b) 만일 0.2 μm 두께의 같은 정지상이 입혀져 있는 유사한 컬럼을 사용하는 경우 k'값은 어떻게 변화하겠는가?

(c) 작동되는 조건이 같다면 컬럼 a와 b 사이의 t_m은 다를까?

(d) 컬럼 a의 t_m이 1.5분이고 피크의 t_r이 3.5분이라면 컬럼 b에서 피크의 t_r은 얼마일까?

12.13 어떤 조건에서 피크 높이가 피크 면적에 비례하는가? 비례하지 않을 때는 언제인가?

12.14 8분과 8.2분에 용리되는 두 피크 사이에서 분리도 1.5를 얻으려면 이론단수가 어느 정도 되는 컬럼을 사용해야 하는가?

12.15 제조사로부터 받은 HPLC 컬럼은 테스트 화합물에 대하여 표준 조건에서 측정하였을 때 이론단수가 4000인 것으로 표시되어 있다. 고객이 이 테스트를 반복하였을 때 피크 모양이 가우시안 형태임에도 불구하고 오직 1500의 이론단수를 얻었다면 그 이유는 무엇인가?

12.16 실험을 통해 분석자는 기체 크로마토그래피로 순수한 화합물을 0.2에서 5.0 μL까지 0.2 μL씩 증가시키면서 차례로 주입하였다. 처음에는 연속적인 피크에서 꼬리 끌기 현상은 감소하였지만, 3.0 μL 이상에서는 오히려 증가하였다. 어떻게 된 일인지 설명하시오. (힌트: 부피 범위의 각각 끝부분은 서로 다른 과정으로 진행됨.)

12.13절, 표 12.3, 12.4의 예를 기반으로 한 문제

12.17 개인 컴퓨터나 계산기를 이용하여 표 12.3의 2번째 3번째 단락에 나타난 5개 피크 데이터를 통해 외부 표준법, 내부 표준법 모두를 사용하여 교정 곡선 계산을 해 보자. 표 12.4의 피크 2와 3에 대하여 보고된 값을 확인해 보자.

12.18 피크 B가 아닌 피크 C가 실제로 성분 3이라고 확신할 수 있는 두 가지 다른 방법을 제안해 보자. 어느 것이 구현하기 쉬운가?

12.19 내부 표준법과 별도로 주입을 통해서 주입 부피의 변화로부터 분석물 회수율 변화를 어떻게 분리할 수 있는지 설명하시오.

12.20 5개의 표준 농도의 혼합물이 있다고 가정하고, 두 개의 미지 시료가 9분 간격으로 주입되었다고 하자. 5개 농도의 6개 피크 모두는 정상으로 보이며, 첫 번째 미지 시료에서는 표 12.4에 나타난 것처럼 피크 A, B, C가 나타나고, 두 번째 미지 시료의 경우 내부 표준물은 8.2분, 다른 피크는 이전 크로마토그램의 A, B, C와 동일한 시간에 나왔지만, 4.55분에 대칭의 가우시안 모양이었고 피크 너비 w_b는 19초였다.

(a) 우리는 이 피크를 성분 5번이라고 확인하고 정량화할 수 있는가?

(b) 이 피크의 너비는 무엇을 말해주는가?

(c) 이것은 어디서 왔는가?

(d) 원래의 가정을 어떻게 확신할 수 있는가?

(e) 이와 비슷한 피크를 다룰 때 작동 과정을 어떻게 변경해야 하는가?

참고문헌

Ayres, G.H. *Quantitative Chemical Analysis*, 2nd edn. Harper & Row: New York, 1968.

Berthod, A. *Chiral Recognition in Separation Methods*. Springer VCH: Berlin, Germany, 2010.

Bouchonnet, S. *Introduction to GC-MS Coupling*. Taylor & Francis: Boca Raton, FL, 2013.

Giddings, J.C. *Unified Separation Science*. Wiley: New York, 1991.

Harris, D.C. *Quantitative Chemical Analysis*, 5th edn. W.H. Freeman: New York, 1999.

Hyötyläinen, T.; Wiedmer, S.; Smith, R.M. *Chromatographic Methods in Metabolomics*. RSC Pub.: Cambridge, U.K., 2013.

Jonsson, J.A. (ed.) *Chromatographic Theory and Basic Principles*. Marcel Dekker, Inc.: New York, 1987.

Miller, J.M. *Chromatography: Concepts and Contrasts*. Wiley: New York, 1987.

Scott, R.P.W. *Techniques and Practice of Chromatography*. Marcel Dekker, Inc.: New York, 1995.

Shaliker, R.A. *Hyphenated and Alternative Methods of Detection in Chromatography*. Taylor & Francis: Boca Raton, FL, 2011

Skoog, D.A.; Holler, F.J.; Nieman, T.A. *Principles of Instrumental Analysis*, 5th edn. Harcourt, Brace & Company: Orlando, FL, 1998.

Willard, H.H.; Merrit, L.L.; Dean, J.A.; Settle, F.A. *Instrumental Methods of Analysis*, 7th edn. Van Nostrand: New York, 1988.

Wixon, R.L.; Gehrke, C.W. *Chromatography: A Science of Discovery*. Wiley: New York, 2010.

CHAPTER

13 기체 크로마토그래피

이 장에서는 **기체 크로마토그래피**(**gas chromatography, GC**)를 다루며, 주로 열린관 컬럼 GC의 측면에서 GC와 GC 기기를 다루고자 한다.

13.1 GC 기기의 각 요소의 디자인(시료 주입기)

13.1.1 | 주사기

GC 기기에 시료를 주입하는 가장 일반적인 방법은 주사기를 사용하는 것이다. 일반적인 GC용 주사기는 고정된 바늘의 길이가 길어(2~3인치) 주입기를 관통할 수 있고, 5~25 μL의 부피를 가지며 유리 몸체에 잘 맞는 금속 플런저로 구성되어 있다. 열린관 컬럼을 사용할 경우 보통 0.5~2.0 μL 부피의 액체 시료를 주입하며, 더 큰 부피로 주입할 경우 가열된 주입기의 허용 용량보다 큰 증기 부피(>1~2 mL)로 팽창하여 기체 공급 시스템으로 '되돌아 넘쳐(blow back)' 그곳에서 응축하게 되며, 또한 일반적인 1~2 mL/min의 유속에서 GC 컬럼으로 이동하는 데 너무 긴 시간이 걸리므로 바람직하지 않다. GC 주사기는 매우 가늘고 컬럼의 **선단 압력**을 유지하기 위해 주입기에서 입구를 밀봉하는 신축성 있는 **셉텀(분리막) 디스크**(**septum disc**)를 쉽게 뚫고 지나갈 수 있으며 플런저를 눌렀을 때 주사기 안에 잔류하는 시료 부피가 최소화되어야 한다. 바늘의 지름이 너무 넓으면 셉텀의 구멍을 일부 뜯을 수 있으며 이를 **코어링**(*coring*)이라고 한다. 이렇게 되면 기체가 새어 GC의 선단 압력을 유지할 수 없으며 **셉텀 코어**(**septum core**)는 뜨거운 주입부 쪽으로 들어가는데 이것이 분해되어 컬럼 쪽으로 셉텀이 블리딩되거나 민감한 분석물을 붙잡을 수도 있다. 매우 작은 부피 주입용(<1 μL) 주사기는 내부 선 플런저로 밀어낼 때 바늘의 구멍 안에 시료가 남을 수 있으며 그러한 디자인은 얼마나 바늘이 가는가에 따라 한계를 가진다.

기체 시료는 더 크고 특화된 **기체 샘-방지**(*gas-tight*) 주사기(1 mL 이상의 부피)를 쓰는데 증기화를 하는 경우의 액체만큼 팽창하지는 않는다. 매우 큰 부피의 기체(>30 mL)의 경우 충전 컬럼에서 더 높은 유속으로 천천히 주입해야 한다. 기체를 주기적으로 반복 채취하는 경우 그림 13.6의 HPLC 주입기에서 보이듯 원형의 다중 라인 **기체 샘플링 밸브**를 사용할 수 있다. 이것은 응축할 수 없는 기체 시료를 아는 부피의 금속 시료 루프에 넣은 후 운반 기체를 주입하여 GC 분리를 수행하는 과정을 순환적으로 진행할 수 있다. 공기나 물에서 미량의 기체 농도를 측정하는 채취 및 주입 기술은 13.7.1절에서 자세히 다룰 것이다.

13.1.2 | 자동 시료 주입기

현대의 GC 기기들은 수동적인 간섭 없이도 100개 이상의 액체 시료를 순차적으로 분석할 수 있다. GC 주입부의 셉텀의 소형화된 형태라고 할 수 있는 얇은 셉텀이 달린 마개를 가진 바이알들에 액체 시료 또는 표준 교정 곡선용 용액이 들어 있으며 이들은 네모난 랙 혹은 원형 카로셀에 위치한다. 이러한 바이알

고정대는 로봇식 장치에 장착된 GC 주사기로 각각의 바이알을 순차적으로 이동시키고 주사기는 시료 바이알 셉텀을 뚫고 플런저가 여러 번 펌프하여 정해진 양의 시료를 끌어당기고 공기 방울을 밀어내어 제거한다. 그 후 주사기가 들려서 주입부의 셉텀으로 이동한 후 부드럽고 빠르게 하강하고 플런저가 내려가 주입을 완료한다. 주입 시에 GC 전자 장치에 신호가 보내져서 다양한 GC 오븐에 필요한 온도 조절 프로그램 및 검출기와 기록 전자 장치가 크로마토그램 신호를 기록하기 시작한다. 이러한 작동에 많은 세부 사항들이 프로그램될 수 있다. 예를 들어 주사기가 시료를 끌어당기기 전에 공기를 끌어당기거나 시료 채취 후 플런저를 공기 중에 내려 바늘 안의 모든 시료를 방출하게 할 수 있다. 이런 식으로 시료를 두 개의 공기 플러그 사이에 **샌드위치**할 수 있다. 바늘이 뜨거운 주입기 안으로 주입되면 바늘 안에 미리 증발할 용매가 없으며 플런저가 내려지면 가열된 금속 바늘 안에 끓어 나올 시료가 존재하지 않는다. 이러한 마이크로리터 주입에 필요한 길고 가는 소구경 바늘은 '셉텀을 통과하는 주사기'의 취약점으로 잘못된 작동 방법이나 자동 시료 채취기의 오작동으로 바늘이 쉽게 휘어지기도 하는데 한 번 휘면 GC 주사기와 바늘을 갈아야 하며 고칠 수 없다.

13.1.3 | 고체상 미량 추출법

최근에 개발된 고체상 미량 추출법(Solid-phase microextraction, SPME)은 작은 컬럼에서의 시료 분리 원리와 고체상 추출법(SPE)의 농축 기술 및 주사기 조합을 통하여 자동화된 GC 시료 주입 기술을 결합한 것이다. 시료로부터 분석물이 분배될 수 있는 소량의 고체상이 미세 용융된 실리카 섬유(fiber)의 말단에 코팅되어 있으며 이러한 고체상 물질은 GC의 정지상과 동일하다. 섬유의 또 다른 끝은 GC 주사기의 플런저와 연결되어 있어 섬유의 코팅된 부분을 바늘 끝의 바깥으로 빼거나 완전히 집어넣을 수 있다. 주로 액체인 시료는 셉텀 마개가 달린 바이알에 들어 있고 주사기 바늘이 시료 바이알 셉텀을 뚫고 들어가 시료 액체 안에 혹은 시료 표면 위의 헤드스페이스 기체 부분에 섬유를 수 분간 노출시킨다. 분리 물질은 분배되어 섬유 코팅에 농축된다. 이 고체상 코팅의 부피는 대단히 작으며 SPME에서 '마이크로'를 의미한다. 평형 후 섬유를 뽑아내고 주사기 바늘을 바이알로부터 뽑은 후 GC 셉텀을 통하여 가열된 주입부에 삽입하여 섬유를 노출시킨다. 분석물은 열에 의해 탈착되어 운반 기체 흐름에 의하여 보다 차가운 모세관 GC 컬럼으로 이동하여 수집된다. 컬럼 온도를 증가시킴에 따라 분석물들의 분리가 진행된다.

SPME 주입 과정을 그림 13.1과 그림 1.9~1.12에 나타내었다. 만약 시료 매트릭스가 열에 의해 탈착되지 않는 높은 끓는점을 가진 물질들로서 섬유를 코팅할 정도로 그다지 더럽지 않다면 섬유는 여러 번 시료 채취와 주입 과정을 수행할 수 있다. 분석물이 상당한 휘발성을 가진다면 '더러운' 매트릭스 위의 헤

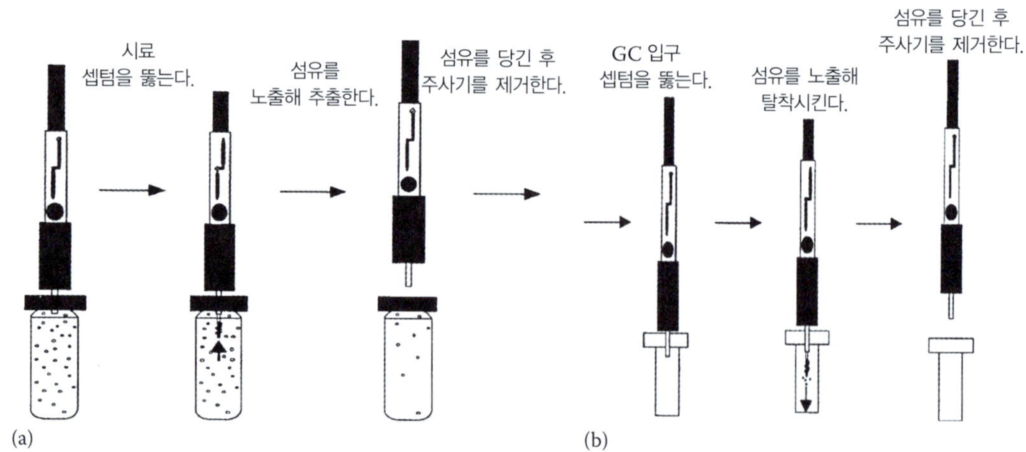

그림 13.1 SPME의 도면. (a) 추출 샘플링. (b) GC 탈착 주입 (Reprinted with permission of Supelco, Inc., Bellefonte, PA, www.sigmaaldrich.com/supelco.)

드스페이스 부분에서 샘플링하는 것이 가능하며 높은 끓는점의 오염 물질에 의한 섬유의 오염을 피할 수 있다. 이러한 **헤드스페이스 분석(headspace analysis)**은 SPME 주입의 가장 유용한 사용 방식 중 하나이다. 섬유는 아주 소량의 분석물만을 농축할 수 있지만 '농축된' 물질은 열적 탈착 과정에 의해 모두 GC에 주입된다. 이것은 추출이 매우 큰 부피(약 1~10 mL)로 이루어져 다시 농축(대략 25~100 μL) 후에 1~2 μL만을 주입하는 고전적인 액체-액체 농축법 혹은 SPE 과정과는 차이가 있다. 헤드스페이스 SPME를 적용하는 좋은 예로는 복잡한 전혈 시료 중 휘발성 유기물 기체들(알코올, 용매, 사이안화 수소 등)을 분석하는 것이 있다. 부착되는 분석물의 양은 섬유에 축적되는 평형 농도에 의존하며 시료 안에 존재하는 분석물의 총량에 의존하지 않는다. 이 평형 농도는 평형 시간, 온도 및 다른 조건들에 따라 근본적으로 변할 수 있기 때문에 SPME를 이용하여 정량적인 결과를 얻으려면 미지 시료들과 교정용 용액들 양쪽에 내부 표준물(IS)을 넣어 교정할 필요가 있다. 내부 표준물은 평형 관계 및 GC 검출기에 대한 감도에 있어서 분석물과 비슷하여야 한다. 내부 표준물을 사용해도 질량 분석 검출기에서 사용하는, 분석물에 동위 원소 라벨링을 한 형태의 내부 표준물이 아니라면 좋은 정량적인 값을 얻기 어렵다. SPME의 섬유 코팅은 GC 정지상과 대개 같으며 분석물들은 GC 용리를 조절할 때와 같이 온도를 조절하여 GC 컬럼으로 이동된다. GC 컬럼에서는 긴 원통형 튜브의 내부에 코팅이 되어 있지만 SPME 섬유에서는 조금 작은 지름의 짧은 원통형 튜브 바깥쪽에 코팅되어 있다. 이러한 이유로 SPME 샘플링과 주입을 '인사이드-아웃 GC'라고 하기도 한다. 이것은 이동상에 계속적인 분배가 되는 것은 아니기에 크로마토그래피는 아니지만 많은 원리와 물질이 유사한 편이다.

13.1.4 | 분할 주입

모세관 컬럼의 시료 용량은 한정되어 있다. 전처리를 하지 않은 혼합물이나 고농축된 용액의 GC 분석에서는 주입부에서 시료의 극히 일부만 증기화시켜 컬럼에 들어가야 한다. 현대적인 모세관 GC 기기는 대개 **분할-비분할 주입기(split-splitless injector)**를 갖추고 있다. 이 기구는 주입부로부터 분할 벤트(우회로) 기체 라인 쪽으로 이어지는 흐름을 조절하기 위한 시간 프로그램이 가능한 온-오프 밸브를 가지고 있다. 밸브가 열리면 운반 기체 흐름 중 일부(그리고 증기화한 주입 시료의 일부)가 주입부를 거쳐 컬럼으로 들어간다. 나머지는 분할 벤트 쪽으로 빠져 나간다. 컬럼으로 통과하거나 벤트로 빠지는 상태는 분할 벤트 라인 쪽에 위치한 다양한 니들(침) 밸브(역압력 조절기)에 의해 조절된다. 분할 벤트 흐름/컬럼 흐름의 비는 보통 5에서 100 사이로 **분할비(split ratio)**라고 한다. GC 길림을 등온 상대(선택된 일정 온도로 작동하여 분석물들이 일정한 속도로 컬럼을 이동하는 상태)로 작동할 경우, 초기 크로마토그래피 띠넓이가 최소화되려면 시료는 컬럼에 짧은 시간 안에 들어가야 한다. 모세관 컬럼 흐름 속도가 ~1 mL/min인 경우 1 μL를 주입하여 생기는 ~1 mL의 증기 부피가 컬럼에 주입되려면 대략 1분이 소요되며 시료를 주입하면 넓게 퍼지게 된다. 분할 벤트를 열어 더 많은 흐름을 주입부로 공급하여 고분할비로 설정하면 훨씬 적은 양의 증기가 보다 짧은 시간 내에 컬럼에 들어간다. 분할-비분할 주입기의 **분할 모드(split mode)**에 대한 흐름의 도면이 그림 13.2a에 나타나 있다.

13.1.5 | 비분할 주입

시료 농도가 매우 낮은 경우(ppm에서 ppb 혹은 그 이하), 분석 시료를 전부 모세관 컬럼으로 주입시키기를 원하게 되고, 오버로딩(시료가 넘치게 주입되는 현상)은 그다지 고려할 상황이 아니다. 그림 13.2b 에시와 같이 분할 벤트로의 밸브가 닫히고 모든 시료 증기가 컬럼으로 들어간다. 이러한 **비분할 모드(splitless mode)**에서는 밸브가 대부분의 시료와 용매 증기가 컬럼에 들어갈 동안 닫혀 있어야 하며 분할 모드에서 언급한 바와 같이 이 시간은 약 1~2분 정도가 된다. 분석물이 컬럼 선단에서 퍼지지 않도록 컬럼의 초기 오븐 온도는 분석물이 컬럼에 들어가기 시작하는 경우보다 충분히 낮아야 한다. 분석물을 녹였

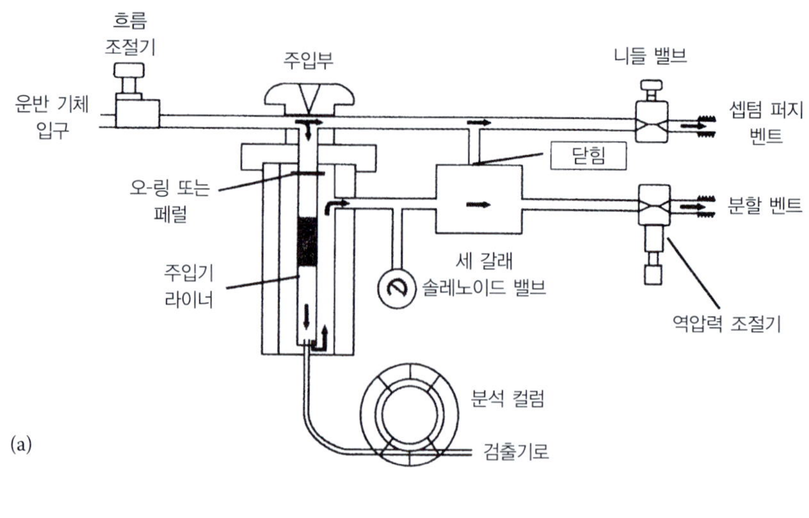

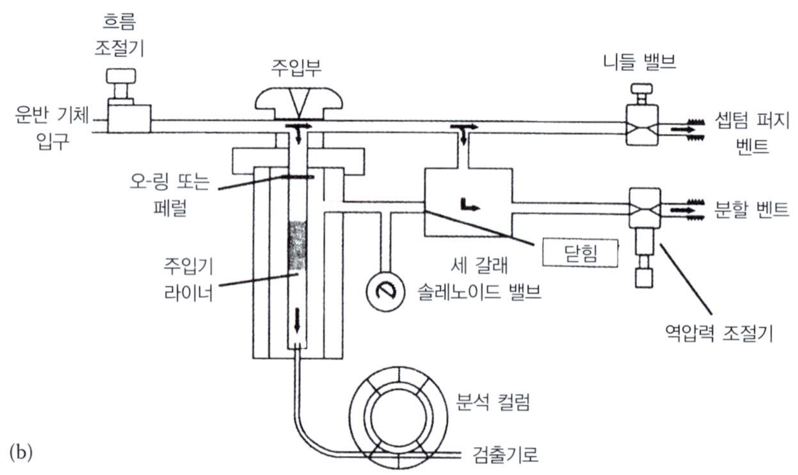

그림 13.2 분할 및 비분할 주입법에서의 GC 흐름도: (a) 분할 모드 (b) 비분할 모드. (Adapted with permission of Restek Inc., Bellefonte, PA, www.restek.com.)

던 낮은 끓는점의 용매는 분석물보다 빨리 지나간다. 비분할 모드의 컬럼 온도는 분석물들이 컬럼을 이동하여 분리가 일어나도록 증가(일정하게 혹은 꾸준하게 증가)되며 주입부에 남은 용매의 고농도 잔류물 중 미량이 컬럼에 계속 유입되어 낮은 농도의 분석물들의 신호를 방해할 수 있다. 그러므로 비분할 주입이 끝나면 밸브를 분할 모드 위치로 돌려 빠르게 남은 용매를 우회시킨다. 높은 분할비를 설정하면 이러한 효과를 증진시킬 수 있다.

13.2 GC 장치 구성 요소 디자인(컬럼)

13.2.1 | 컬럼 정지상

12.6절에서 기술하였듯이, 실리콘 고분자는 GC 정지상 중 가장 일반적이고 유용하다. 그림 13.3a는 폴리다이메틸실록세인(PDMS) 사슬 내 두 개의 단량체를 보여 준다. 이것이 기본적인 실리콘 고분자이다. GC 정지상으로 쓰이는 다양한 고분자들은 극성이 각기 다르다. 분석물의 극성이 정지상의 극성과 유사한 정도가 분석물이 정지상에 잘 녹아 들어가는지와 얼마나 머무르는지를 좌우한다. "비슷한 것끼리 잘 녹인다."라는 일반적인 규칙이 여기에 적용된다. 극성을 표시한 기준의 한 극단에 위치하는 것이 거의 순수하게 **반데르발스 힘**(**런던 분산력**이라고도 함)에 의한 분자 간 상호 작용만 있는 긴 사슬 탄화수소인데, 이들

은 가장 비극성인 화합물이자 정지상이다. 순수한 탄화수소는 GC 온도의 전 구간에서 분해되거나 휘발되지 않을 정도의 충분히 높은 분자량을 가지고 있음에도 불구하고 정지상으로는 그다지 좋지 않다. PDMS 자체는 중간 정도의 극성을 갖는데 이는 뼈대에 있는 산소 원자가 **쌍극자(dipole)** 및 **수소 결합(hydrogen-bonding)** 성질을 가져 극성에 기여하기 때문이다. PDMS에서 메틸기 대신 $-C_8H_{17}$ 혹은 $-C_{18}H_{35}$와 같은 긴 탄화수소를 부착하면 실리콘 고분자는 탄화수소와 더 유사한 더 낮은 극성을 갖는다. 뼈대의 산소 원자는 접근이 어려워지며 분석물에 대해 탄화수소에서 보이는 반데르발스 분산 상호 작용이 가능한 표면이 더 많아진다.

그림 13.3b는 PDMS 구조의 두 가지 다른 변형을 보여 준다. y 단량체에는 **π-전자 결합 상호 작용(π-electron bonding interaction)**에 의해 극성이 더 강한 페닐기가 추가되었다. 이 경우 정지상의 극성이 증가하며 비슷한 작용기를 가진 분석물의 머무름도 증가한다. x 단위체에서 주사슬의 산소 원자를 페닐기로 조금씩 대체하면 극성이 더욱 증가하며 대체되는 산소 원자의 쌍극자 및 수소 결합 극성이 제거되게 된다. 이렇게 삽입되는 **간격 띄우개(spacer)**는 사실 극성을 조절하는 용도보다는 고온에서 고분자 사슬이 열적으로 분해되는 것을 방지하여 안정화하는 효과가 크다. 결과적으로 온도가 오를수록 검출기 신호가 증가하고 바탕선 신호가 올라가는 **컬럼 블리딩(column bleeding)** 현상을 줄인다. 만약 보다 더 극성인 컬럼이 필요하다면 PDMS 메틸기 대신에 아주 강한 극성을 가진 사이아노 작용기 $-CH_2CH_2CH_2CN$으로 대체할 수 있다. 이러한 페닐 혹은 사이아노프로필기에 의한 극성은 사슬에서 이들이 차지하는 퍼센트를 조절하여 변화시킬 수 있다.

간혹 반응성이 있는 말단 작용기를 가진 치환체를 이용하기도 한다. 정지상을 컬럼 내부에 코팅한 후, 이 작용기들은 서로 반응하거나(**가교–결합(cross-linking)**) 컬럼 내부의 자유 실란올기와 반응하여 **결합상 컬럼(bonded phase column)**을 형성한다.

이러한 과정은 정지상의 열적 안정성을 향상시키고 분해 및 블리딩을 억제한다. 블리딩 신호는 이전의 깨끗하지 않은 시료들을 주입하여 컬럼에 침착된 비휘발성 물질의 분해에 의해 생기기도 한다. 모세관 컬럼의 벽에 가교-결합된 정지상은 이러한 종류의 오염을 제거하기 위해 용매를 주입하여 온도를 올려도 견딜 수가 있다. 실리카 벽 표면의 보통의 비결합된 실란올기는 활성점으로써 용출되는 피크의 꼬리 끌림을 유도한다. 컬럼 벽에 정지상을 코팅 및 결합한 후에 잔류 활성점은 메틸 혹은 트라이메틸실릴기를 결합시키는 시약을 처리하여 **비활성화(deactivated)**시킬 수 있다. 오래 사용하면 이러한 **활성점(active site)**들이 재생성되고 컬럼 온도를 높인 후에 길림에 유도체화 시약을 주입하여 활성점을 다시 막기도 한다. 상용화된 모세관 컬럼들에는 이러한 디자인적 요소들이 많이 반영되어 있다. 예를 들어, DB5-MS는 많이 쓰이는 J&W(현 Agilent) 컬럼인데 5는 5%의 페닐 치환 PDMS를 의미하며 MS는 특별히 질량 분석기(MS) 검출에서 간섭을 일으키는 블리딩을 억제하기 위해 정지상 사슬에 페닐 간격 띄우개가 존재하는 것을 의미하며 DB는 'Durabond'로서 이 특별한 제조자 상표는 정지상이 모세관 컬럼에 화학적으로 결합되어 있음을 의미한다. 다른 제조사들도 비슷한 정지상 물질에 대해 다양하지만 아주 유사한 방법을 사용한다. 그림 13.3c는 '카보왁스' 컬럼이라고 하는 잘 알려진 비실리콘 고분자를 보여 준다.

상대적으로 작은 분자들을 분리하는 데 유용한 다른 종류의 충전 컬럼 입자로는 **다공성 고분자(porais**

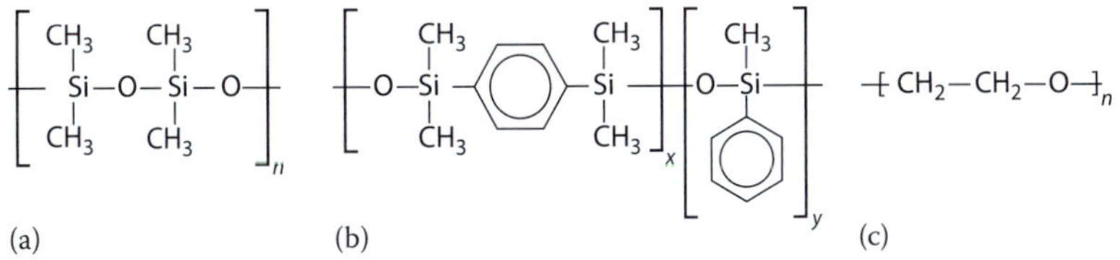

$$\left[-Si(CH_3)_2-O-Si(CH_3)_2-O- \right]_n$$

(a)

$$\left[-O-Si(CH_3)_2-C_6H_4-Si(CH_3)_2- \right]_x \left[-O-Si(CH_3)(C_6H_5)- \right]_y$$

(b)

$$-\!\left[CH_2-CH_2-O \right]\!-_n$$

(c)

그림 13.3 GC 정지상 고분자의 대표적인 단량체 단위. (a) PDMS, (b) 주사슬을 페닐렌으로 안정화하고 페닐기로 치환한(극성의 π-전자 성질을 가짐) PDMS, (c) 카보왁스(폴리에틸에터 상)

polymer, 상업명: **Porapack®**)가 있다. 이들은 분자체와 유사하나 유기 고분자 혹은 보다 큰 동공을 가지는 수지(resin)로 만들어져 있다. 고정 기체들보다 크기가 더 큰 고휘발성 분자들 중 몇 개의 원자로만 구성된 크기를 가진 경우 보통의 GC 컬럼 오븐에 의해 충분히 조절할 수 있는 온도 범위에서 다공성 고분자를 사용하여 머무름을 줄 수 있다. 이러한 다공성 고분자는 현재 열린관 GC 코팅에 도입되어 **다공성 층 열린관(porous layer open tubular, PLOT)** 컬럼이라는 명칭으로 판매되며 나름의 장점을 갖는다. 그림 13.4는 작은 분자들을 PLOT 컬럼으로 분리한 예를 보여 준다. 이 다공성 고분자 정지상의 장점은 피크들이 비록 꼬리 끌림을 보이지만 물에 견디고 물을 분리할 수 있다는 것이다. 물과 같이 초극성이면서 강한 수소 결합을 하는 액체는 보통 다른 정지상을 파괴하므로 사용할 수 없다. PLOT 컬럼은 모세관 벽면에 코팅된 작은 입자가 떨어져 나가 컬럼이나 좁은 내경의 부품들을 막을 수도 있다.

13.2.2 | 정지상의 선택

수천 가지의 분석물에 대하여, 이러한 분석물들의 보다 많은 조합들과 일반적으로 쓰이는 수백 종의 정지상에 대하여, 일을 수행하기에 적합한 컬럼을 어떻게 선택하여야 하는가? 초창기에 분석자들은 McReynold 혹은 Rohrschneider 상수라고 하는 서로 다른 정지상 물질들에 대한 특성을 정리한 표를 만들었는데, 이러한 표에 원하는 화합물의 데이터가 있는 경우 분석자는 이 값들을 계산에 도입하여 각기 다른 컬럼들에 대한 성분들의 용리 순서와 분리도를 예측할 수 있었다. 이러한 접근법은 잘 쓰지 않게 되었고 현재의 상용 모세관 컬럼은 13.2.1절에 기술하였듯이 일개 분석자의 실험실에서 쉽게 만들거나 복제될 수 있는 수준이 아닌 매우 정교한 생산품이다. 컬럼의 제조사들은 막대한 데이터베이스와 그들의 안정한 물질들로부터 가장 적합한 컬럼을 이용하여 최적의 분리를 수행하는 분석 적용 예들을 축적해 왔다. 따라서 컬럼을 찾고 분석물들에 대한 분리가 가능한 정지상을 찾을 때 **제조사들의 적용 문헌**을 참고하는 것이다. 제조사들의 카탈로그들은 책 혹은 검색 가능한 CD-ROM의 형태로 제공되며 분석자들이 그들의 웹사이트에서 화합물명 혹은 분석 적용 예를 입력하면 최적화된 분리에 대한 수천 가지의 정보들을 검색할 수 있다.

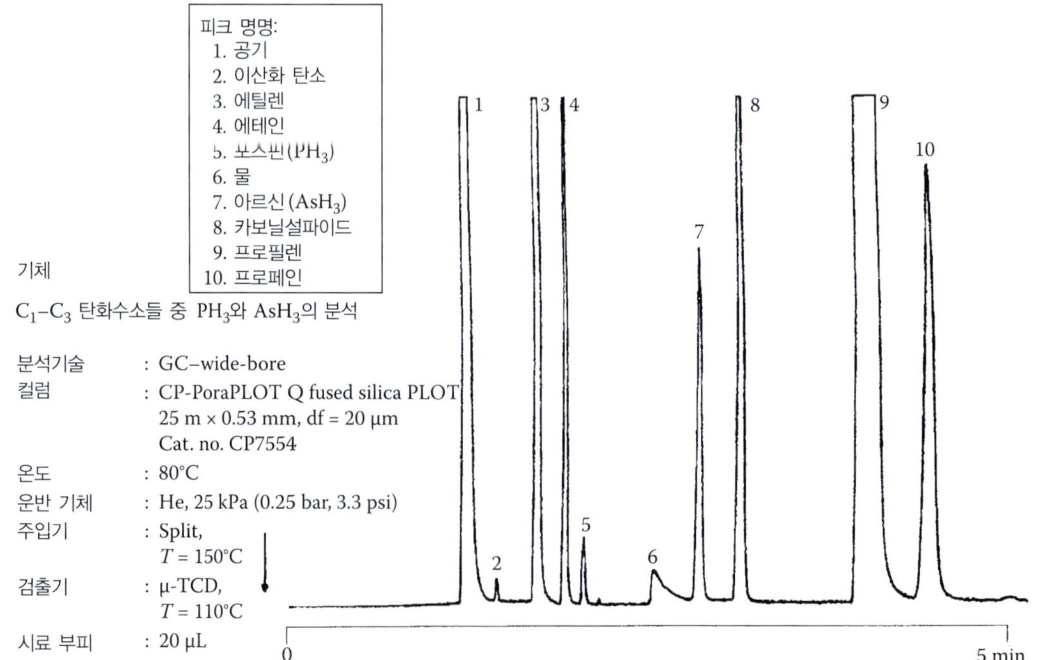

그림 13.4 TCD 검출기를 사용하여 저분자량의 기체를 다공성 고분자 PLOT 컬럼으로 분리함: C_1–C_3 탄화수소 중 PH_3와 AsH_3의 분석

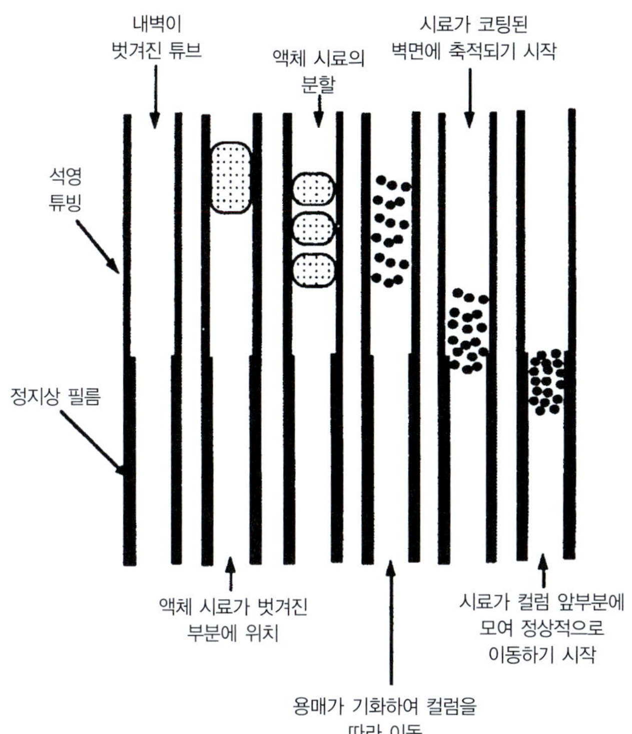

그림 13.5 머무름 갭을 장착한 컬럼 위 주입 과정. (From Cazes, J., Encyclopedia of Chromatography, Marcel Dekker Inc., New York, 2001. Used with permission.)

적당한 정지상을 선택한 후에는 컬럼의 규격을 선택하고, 흐름과 온도를 바꿔가며 분리를 최적화한다. 컬럼의 규격은 필요한 분리도 성취 난이도를 고려하여 결정하는데, 보통 분석물의 수가 증가할수록 난이도는 증가한다. 컬럼의 용량도 컬럼의 규격에 의존한다. 컬럼의 규격, 운반 기체 흐름, 컬럼 오븐 온도가 GC 분석에 걸리는 시간을 결정할 것이다.

코팅된 컬럼 앞에 적당한 길이의 코팅되지 않은 모세관 튜빙을 연결하면 도움이 된다. 이러한 '**머무름 갭**'은 두 가지 목적에 도움을 준다. 이는 주입된 시료와 용매 증기가 코팅된 부분을 만나기 전에 지나친 머무름 없이 컬럼에 모이도록 공간을 허용한다. 깨끗지 않고 휘발성이 낮은 잔류 오염 물질들이 이 곳에 축적되면, 컬럼의 분리 및 머무름 기능에 영향을 주지 않으면서 갭의 앞부분을 잘라내어 오염 물질을 제거할 수 있다. 갭 부분이 너무 짧아지면 새 것으로 교체하면 된다. 그림 13.5는 모세관 컬럼에 시료와 용매가 주입된 후 '**컬럼 위 직접 주입**' 발생하는 과정을 보여준다. 이때 매우 가는 주사기 바늘로 주입기(히터가 꺼져 있는)를 지나 컬럼의 갭 부분에 액체 시료 용액을 주입한다. 갭 부분의 온도는 용매의 끓는점보다 낮거나 비슷한 저온으로 유지한다. 이 과정은 까다로운데, 뜨거운 주입기 안에서 기화에 의해 파괴될 수도 있는 열적으로 불안정한 분석물의 분석에 필요하다.

13.2.3 | 이동상의 선택과 흐름 변수의 영향

특정한 정지상과 규격을 가진 컬럼은 고정된 변수라고 할 수 있다. 이들을 바꾼다고 하는 것은 다른 컬럼을 얻거나 구입하여 장착하는 것을 의미한다. 새 컬럼은 장착 후 상당한 **컨디셔닝(conditioning)** 혹은 '적응' 기간이 필요하다. 또 다른 고정 변수로는 이동상(혹은 사용할 운반 기체)의 선택이 있는데 헬륨(He), 수소(H_2), 질소(N_2) 세 가지가 주로 쓰인다. GC 검출기를 적절히 작동하려면 특정한 운반 기체를 사용해야하는 경우가 있다. 만약 검출기가 위의 모든 기체들에 대해 사용 가능하다면 기체의 흐름과 확산 성질은 각각의 기체에 대한 최적의 크로마토그래피 분리도를 얻는 데 결정적인 기여를 한다. 이것은

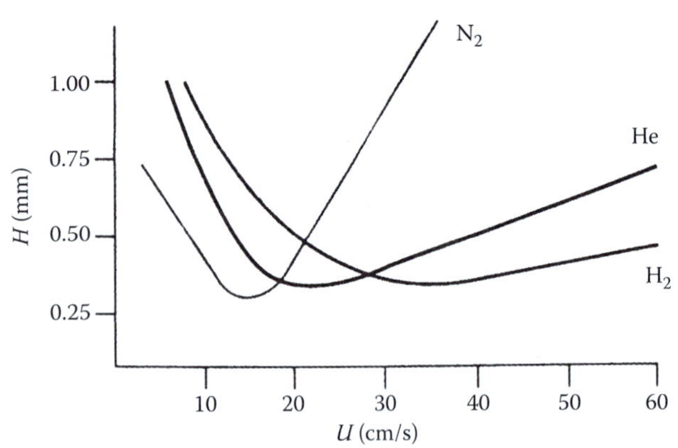

그림 13.6 세 가지 GC 운반 기체에 대한 Van Deemter 도면: N_2, He, H_2. H(이론단 높이) 대 u(선형 흐름 속도, cm/s).

각 기체에 대한 **Van Deemter 곡선**(12.8절, 12.9절, 식 12.11, 그림 12.9)에서 잘 묘사되어 있는데, 그림 13.6에 있다. N_2의 경우 가장 낮은 **최소 H**(이론단 높이, HETP)를 가지지만 이러한 최대의 효율을 갖는 선형 흐름 속도 u의 범위가 좁아 제한적이다. 더 가벼운 He과 H_2의 경우 H 값이 그렇게 낮진 않지만 N_2의 경우보다 넓은 범위의 u에 대하여 낮은 H 값을 유지한다. 분석자는 기체에 대한 Van Deemter 곡선의 최솟값을 가지는 흐름 속도에 근접하도록 컬럼을 작동하려고 한다. 발전된 크로마토그래피 장치는 자동 흐름 조절기를 갖추어 다른 변수들이 바뀌어도 흐름을 최적의 상태로 유지할 수 있다. 이렇게 복잡하고 비싼 장치가 없는 경우 분석자가 분석의 과정 동안 컬럼 온도를 올리고자 한다면 가벼운 기체들을 사용하고 Van Deemter의 최솟값보다 높은 흐름 속도에서 시작하는 것이 좋다. 컬럼의 온도가 올라감에 따라 기체의 점성이 증가하며 흐름이 H의 최솟값 방향으로 감소하기 때문이다. N_2의 경우 곡선의 기울기가 가파르기 때문에 낮은 H 값을 유지하기가 더 어렵다. 13.5절에서 이러한 상승 **온도 프로그램**은 많은 숫자의 화합물에 대한 혼합된 시료를 최적화하여 분리할 때 자주 필요하다는 것을 알게 될 것이다.

헬륨은 질소나 수소에 비해(이들은 물을 전기 분해하는 방법으로 얻을 수 있음) 고가에 구입할 수 있다. 미국에서도 헬륨을 구하려다 재고가 부족한 경우가 많이 있다. 수소는 공기와 섞이면 폭발할 수도 있다. 컬럼이 손상되거나 새면 오븐의 뜨거운 가열 코일과 접촉하여 폭발할 수도 있다. 미국은 He을 거의 독점하고 있어서 GC 사용자들이 수소보다 헬륨을 안전상 선호한다. 유럽이나 다른 나라에서는 크로마토그래피 사용자들은 헬륨이 없는 경우에 수소를 사용하도록 배운다. 사실 수소의 모세관 GC에서의 분리도는 헬륨보다 뛰어나다. GC 기기에서 흐름 조절기가 더 많이 도입되고 모세관의 낮은 흐름 시스템이 일상적이 되면서 분석자는 수소의 유출을 감지하고 수소 농도가 위험 수위에 도달하기 전에 운반 기체 흐름을 정지시킬 수 있도록 프로그램할 수 있게 되었다. 이것이 더 효율적인 수소가 운반 기체로 사용되는 것을 촉진하였다. 수소를 불꽃에 사용하는 FID나 헬륨 혹은 수소를 이동상 기체로 사용하는 TCD의 경우는 간단하지만 컬럼의 끝이 진공과 직접 연결되는 질량 분석 검출기의 경우 주의가 필요하다. 만약 너무 길거나 안쪽 지름이 작은 컬럼이 연결되어 있으면 머무름 시간과 순서가 비진공 연결 시스템에 비해 심하게 변화될 수 있고 일반적인 GC의 전자 흐름 조절기가 오작동하여 출구 압력을 마이너스로 설정할 수도 있다. MS 이온 생성기에서 H_2 압력이 너무 높으면 분석물들과 반응하여 분자 이온에 H 원자가 더해진 비정상적인 전자 이온화(EI) 질량 스펙트럼을 생성할 수도 있다. 이러한 문제는 컬럼의 끝에 흐름 제한기를 설치하여 막을 수 있다.

13.3 GC 기기의 작동(컬럼의 규격과 용리값들)

컬럼의 온도는 GC 분리의 속도와 분리도에 영향을 주는 가장 기기적으로 조절 가능한 변수이다. 보다

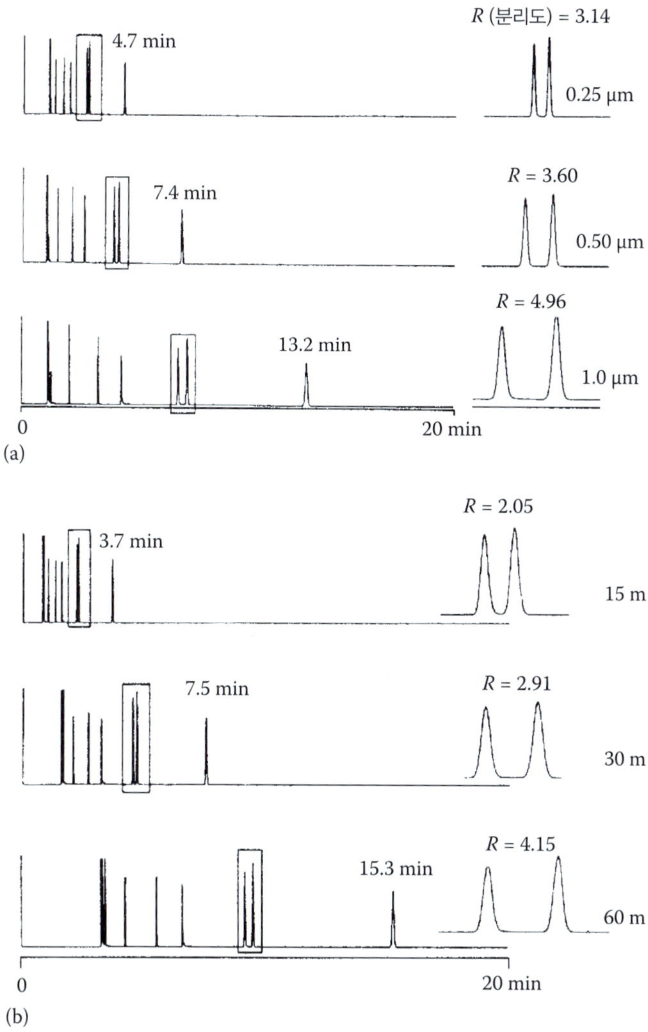

그림 13.7 머무름 시간(R_t)과 분리도(R)에 대한 정지상 필름 두께 혹은 GC 컬럼 길이의 영향. (a) 0.25, 0.50, 1.0 μm 필름 두께(d_f) (30 m×0.25 mm PDMS 컬럼)와 (b) 15, 30, 60 m의 컬럼 길이(L) (0.25 mm×0.5 μm PDMS 컬럼). (Used with permission from SGE Analytical Science, Pty Ltd, Melbourne, Australia, www.sge.com.)

정밀한 기술을 이용하여 각각의 분석에 대하여 컬럼에 맞는 온도 프로파일을 정확히 조절하고 재현할 수 있는 오븐 디자인을 갖는다.

어떻게 온도가 GC 컬럼의 피크 용리에 영향을 주는가를 설명하기 전에 어떻게 컬럼 규격과 정지상 조성이 서로 연관되는가를 다시 살펴보고자 한다. 그림 13.7a에서 정지상의 **필름 두께(film thickness)** d_f가 증가하여 **상 비(phase ratio)**가 감소(12.7절, 식 12.2)하면서 머무름 시간과 분리도에 주는 영향을 알 수 있다. 두꺼운 필름의 경우 빠르게 용리되는 성분들이 적당한 k' 값을 갖게 용리되도록 한다. 이는 특별히 효과적이며 분석 중에 서로 가깝게 용리되는 피크 쌍의 분리도를 상당히 향상시킨다. 두꺼운 필름의 가장 주된 장점은 휘발성이 강한 성분들이 잘 분리될 만한 시간을 얻지 못하고 너무 빨리 용리되는 것을 막을 수 있다는 것이다. 또한 오버로딩(과주입)으로 인한 리딩 피크와 분리도 감소를 방지하도록 컬럼 용량을 증가시키는 것이다. 분리도를 높이는 또 다른 방법은 그림 13.7b에서 볼 수 있듯이 긴 컬럼을 사용하는 것이다. 긴 컬럼의 경우 시간이 더 걸리고 두꺼운 필름의 경우만큼 피크 쌍의 분리도를 좋게 하지는 못한다는 데 주목해야 한다. 긴 컬럼은 훨씬 고가이며 Van Deemter 최적 조건에서 작동하기 위한 흐름을 얻기 위해 보다 높은 압력을 필요로 한다. 따라서 긴 컬럼들은 모든 경우에 있어 보다 나은 분리를 위한 최선의 방법이라고는 볼 수 없다. 긴 컬럼을 선택하는 것은 최후의 수단이어야 한다. 식 12.8에서 분리도는 이론단수 N 혹은 컬럼 길이 L의 제곱근에 비례한다. 또한 두꺼운 필름은 더 나은 분리도를 제공한다기보다 상 비를 낮추는 것이다. 상 비를 낮추는 것은 얇은 필름과 대응하는 가는 지름의 컬럼을 사용해도 얻을 수 있다. 얇은 필름에서 정지상과의 평형은 보다 빠르고 낮은 H(이론단수/m) 값과 보다 효율적인 컬럼을 얻을 수 있다. 그러나 가는 구경에 얇은 필름 컬럼은 시료 용량이 작고 보다 쉽게 과주입되며, Van Deemter 최적값이나 그 이상에서 작동하려면 높은 압력을 필요로 한다. GC의 압력 한계치는 그러한 컬럼의 길이에 제한을 줄 수도 있다.

그림 13.8a에서 필름 두께와 지름을 감소시켜 상 비를 일정하게 한 짧은 컬럼이 보통의 규격을 가진 컬럼보다 절반의 시간에 거의 같은 분리 수행력을 보이는 것을 볼 수 있다. 오버로딩을 피할 수 있다면 이것이 **빠른 GC**를 성취하는 최선의 길이다. 일부 검출기들에서는 느린 운반 기체 흐름이 장점이 되지만 다른 검출기들에서는 빠른 흐름에 맞게 디자인되어 있으므로 특별한 조정(예: **메이크업 기체**(**makeup gas**)의 사용)이 필요할 수도 있다. 만약 이러한 분리도 향상의 기술이나 컬럼 온도의 조정이 중요한 분석물 쌍에 대한 분리도를 개선하지 못한다면, 분석의 성공을 위해 다른 정지상을 사용한 컬럼을 고려해야 한다. 고전적인 예로는 BTEX(벤젠, 톨루엔, 에틸벤젠, 세 개의 아이소머를 가진 자일렌들), 한 개의 링을 가진 방향족 탄화수소들이다. 많은 실리콘-기반의 정지상들은 *meta*-(1,3-dimethyl)과 *para*-(1,4-dimethyl) bezenes(xylenes)을 분리하지 못한다. 그림 13.8b에 보이듯이, SolGel-1MS(PDMS 계 정지상)에서는 안 되지만 SolGel-WAX(카보왁스 계 정지상)에서는 모든 BTEX 화합물이 분리된다. 다른 자일렌 아이소머(동소체)인 *ortho*-(1,2-dimethyl)은 어느 쪽 정지상에서든 강하게 머무른다. 일반적으로 분석자가 비슷한 구조들에 대한 상대적인 머무름에 있어 어느 피크가 어디에 나올지 또는 어떤 정지상이 그들을 분리할지 못할지 정확하게 예측하는 것은 불가능하다. 그러하기에 제조사의 분석과 정지상에 관한 데이터베이스가 매우 가치가 있는 것이다.

13.4 GC 기기의 작동(컬럼 온도와 용리값)

마지막으로 가장 쉽게 GC에서의 용리를 조절할 수 있는 변수를 논의하고자 한다. 12장에서 주어진 정지상에 대하여 컬럼의 온도가 정지상과 이동상 간의 평형 분배 비를 결정하는 주된 요인이라고 소개하였다. 이동상의 기체 흐름에 대해 분석물이 소비하는 시간의 퍼센트가 길면 길수록 컬럼으로부터 분석물은 빠르게 용리된다. 현대의 GC 기기는 매우 정확하고 재현성 있게 감겨 있는 컬럼이 안치된 오븐 구획의 온도를 조절하도록 디자인되어 있다. 이로 인해 피크 확인이 가능한 재현성 있는 머무름 시간이 가능하다.

서로 함께 근접해서 나오는 비슷한 분석물 그룹을 간단한 GC로 분석하는 경우, 13.3절에 요약하였듯이 분석자는 적절한 컬럼을 선택하고 필름 두께를 최적화하며 필요한 컬럼 구경과 길이를 선택한다. 그 후 컬럼의 온도가 이러한 분석물들의 k'가 2와 10 사이(식 12.3)가 되도록 오븐을 설정한다. 가장 근접한 용리 피크쌍이 적절한 분리도를 갖도록 온도 T를 가장 높게 설정하면 가장 빠르게 분석할 수 있다. 그러한 작동법을 **등온 GC**(**isothermal GC**)라고 한다. 이것은 온도 조절기가 온도를 유지하는 가장 간단한 방법으로, 마지막 성분이 용리되는 대로 기기는 다음 시료를 주입할 준비가 되는 것이다.

13.5 GC 기기 구성 요소의 디자인(검출기)

주입기와 컬럼 다음으로 세 번째이자 마지막으로 분석물이 접하게 되는 구성 요소는 검출기이다. 검출기는 전기적 신호(보통 아날로그 신호나 종종 디지털 신호로 전환됨)를 만드는데, 신호 세기는 분석물의 농도 혹은 질량 유속에 비례한다. 신호는 크로마토그램이 되어 차트 기록계에 표시되거나 최근에는 데스크탑 컴퓨터 데이터 시스템의 화면에 표시된다. 머무름 시간은 자동으로 계산되어 피크들의 높이가 측정

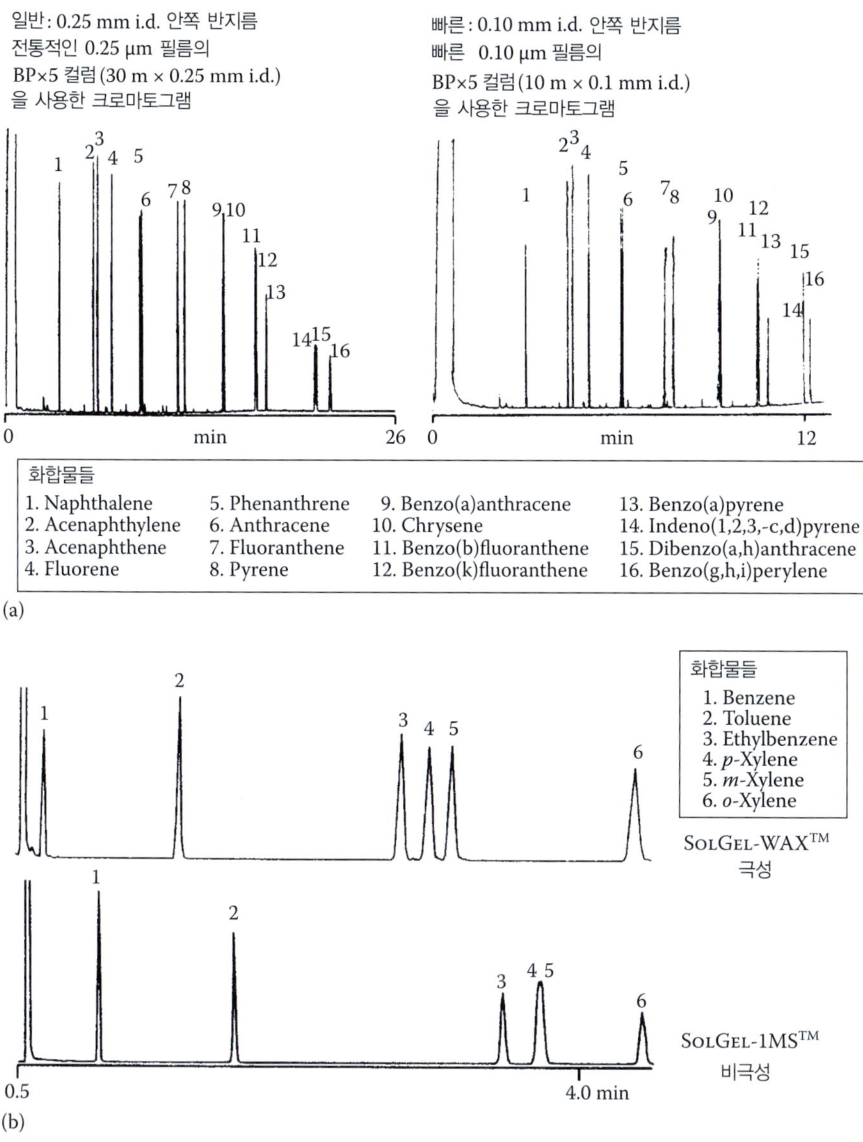

그림 13.8 (a) '일반적인' 규격의 컬럼과 '빠른' GC를 위한 컬럼을 사용한 다원 방향족 탄화수소(PAH)의 분리 비교. (b) 카보왁스와 PDMS GC 정지상에서의 BTEX 화합물의 분리 비교(Used with permission from SGE Analytical Science, Pty Ltd, Melbourne, Australia, www.sge.com.)

되거나, 자동으로 면적이 계산되어 머무름 시간표에 용리 순서에 따라 표시되고 정량 기준 물질의 면적이나 높이와의 비교에 의해 정량된다. 여기서는 이러한 신호 프로세스 장비의 작동과 관련된 세부사항은 다루지 않지만 가장 많이 쓰이는 GC 검출기들의 작동법과 특징들에 관하여 기술하고자 한다.

일반적으로 쓰이는 GC 검출기는 대략 12종 정도이다. 분광학적 기기들은 GC의 출구에 연결되어 분광학적 측정에 의해 화합물을 판별하는 검출기의 형태로 역할을 수행한다. 이렇게 분리 기기가 분광학적 기기와 연결된 것을 **이종 기기 연결법(hyphenated technique)**이라고 한다. GC-MS처럼 두 종류의 기기에 대한 약어를 하이픈(-) 혹은 슬래시(/)로 분리한 형태로 13.6절에서 나중에 설명하고자 한다. 일반적인 GC 검출기의 특징 중 고려해야 할 점들은 다음과 같다.

1. **보편성과 선택성**: 만약 어떤 검출기가 출구에서 아주 다양한 분석물들을 비슷한 감도로 검출한다면 보편적이라고 할 수 있다. (적어도 거의 보편적인–어떤 GC 검출기도 절대적으로 보편적이라고 할 수는 없음) 이러한 검출기는 분리된 시료 중 어떤 성분도 무시되어서는 안 되는 경우에 가치가 있다.

반면에 선택적인 검출기는 오로지 제한된 영역의 화합물들에 대해서만 상당한 반응 감도를 가진다. 어떤 특별한 원자들(예로 유기 화합물의 대부분을 구성하는 보편적인 C, H, O 원자 이외의 원자들)을 포함하는 화합물이나 특정한 타입의 작용기를 가지거나 특정한 친화도 혹은 반응성을 가지는 구조를 가지는 경우이다. 선택적인 검출기는 검출기가 감응이 없는 보다 다량의 함께 용리되는 화합물들의 간섭을 받지 않으면서 목적하고자 하는 화합물을 감응한다면 다양하게 선택할 수 있다.

2. **파괴와 비파괴**: 일부 검출기들은 그들의 작동 과정의 형태로 인해 분석물이 파괴된다. (예로서 분석물이 불꽃에 타거나 질량 분석기의 진공에서 조각화되거나 분석물이 시약과 반응하는 식으로) 비파괴인 경우는 그렇지 않으며 분석물은 비파괴 검출기를 지나 또 다른 종류의 검출기에서 추가적인 분석이 가능하다.
3. **질량 흐름과 농도 감응**: 이 두 가지 형태의 검출기 감응은 12.5절에 기술되었다. 일반적으로 파괴 검출기들은 질량-흐름 검출기이다. 출구 기체의 분석물의 흐름이 멈춘다면 검출기는 셀 안에 무엇이 있든지 간에 빠르게 파괴하고 신호는 영으로 떨어진다. 비파괴 검출기는 분석물에 영향을 주지 않으며 농도 측정은 분석물이 계속 검출기 셀 안에 머무르는 한 신호가 감소하지 않고 계속된다. ECD와 같은 일부 비파괴 검출기들의 경우 전자와 같은 부가된 물질을 포집하여 측정한다. 이러한 과정이 '포화'되면 분석물과 신호 간의 비례 관계가 소실되며 그들은 질량-흐름 검출기가 된다.
4. **보조 기체의 필요성**: 일부 검출기들은 운반 기체의 조성 혹은 모세관 컬럼 출구의 흐름 속도에서는 잘 작동하지 않는다. **메이크업 기체**는 운반 기체와 같은 종류일 경우도 있으며 검출기로 가는 흐름 속도를 증가시켜 검출기 감응을 증가시키며 컬럼에서의 분리도를 감소시키는 **검출기 불감 부피**(**detector dead volume**)를 억제하는 구실을 한다. 어떤 검출기는 GC 분리에 쓰이는 기체와 다른 기체 조성이 필요하기도 하다. 메이크업 흐름은 출구 기체를 희석하지만 검출 메커니즘을 농도에서 질량-흐름 검출로 바꾸지는 않는다.
5. **감도와 선형 활동 범위**: 검출기(보편적이거나 선택적인 것 모두)는 분석물에 대한 감도가 다양하다. 감도는 특정한 분석물이 특정한 **신호-대-잡음비**(**signal-to-noise ratio**)로 측정될 수 있는 가장 낮은 농도를 의미한다. 검출기의 감도가 높을수록, 검출 농도도 낮다. 검출기의 신호가 감지되는 범위가 분석물의 농도와 **선형적으로 비례**한다면 이 범위를 **선형 활동 범위**라고 한다. 일부 아주 고감도의 검출기들은 좁고 제한된 선형 활동 범위를 갖는다. 따라서 고농도의 분석물들은 이 범위 안에 들도록 희석해야 한다. 좁은 선형 활동 범위에 대한 또 다른 덜 만족스런 해법은 여러 단계로 비선형 표준 교정 곡선을 작성하는 것이다. 시료의 농도 범위가 넓게 분포한다면 희석은 별로 도움이 안 될 수도 있다. 아주 감도가 좋지 않은 검출기는 더 제한된 선형 활동 범위를 가질 수 있으며 여러 단계의 교정 곡선이나 희석이 도움이 안 될 수 있다.

그림 13.9는 가장 일반적인 GC 검출기 몇 가지의 감도와 동적 범위를 비교한 것이다. 왼쪽으로 범위 막대가 더 길어질수록, 검출기의 감도가 더 좋다. 막대가 길수록 동적 범위가 더 크다. 각각의 수직 점선은 천 배의 크기(1000)를 의미한다. 따라서 커버하는 전체 범위는 매우 크다. x-축의 값들은 용액 중 1 μL(mL 혹은 cm^3의 1/1000)를 주입한 것을 가정한 것이다. 이 범위는 대략적인 것으로 그들의 정확한 끝값은 검출기의 모델과 디자인 및 작동 조건의 최적화에 따라 차이가 있다. 이 그림은 일반적인 비교를 제공한다. 밑 부분에 위치한 적외선 검출기(IRD)와 질량 선택 검출기(MSD)는 이종 기기 연결법의 분광학적 검출기로서 여러 가지 형태로 작동하고 13.6절에서 다룰 것이다. '원초적인' GC 검출기인 TCD는 가장 감도가 낮지만 니트(100% 순수한 단일 성분) 시료를 다룰 수 있는 유일한 검출기이다. FID는 가장 큰 단일 모드 동적 범위를 가진다. 'micro-ECD'는 감도가 더 좋지만 좁은 동적 범위를 갖는다. 이러한 비연결식 방법의 검출기들 각각에 대해 작동법과 특징, 적용 사례들을 살펴보도록 하자.

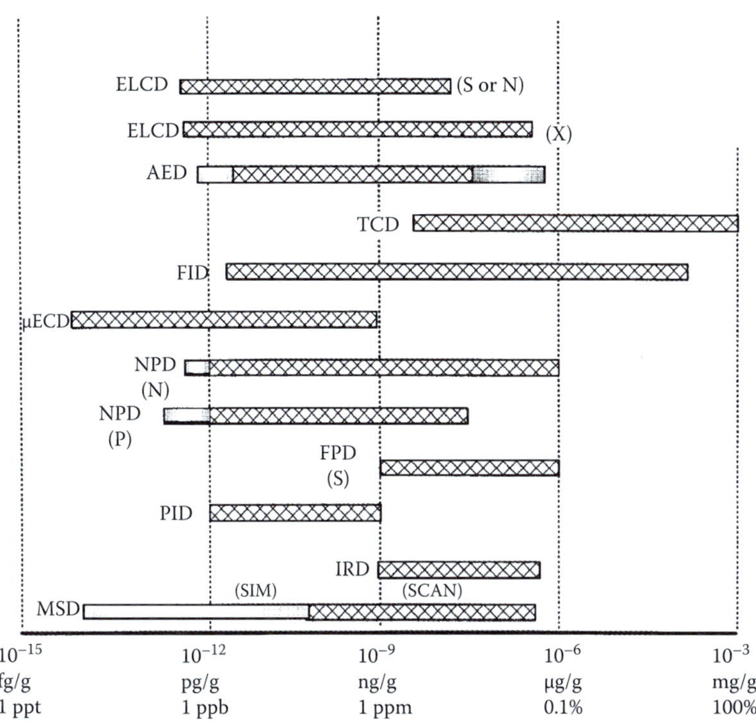

그림 13.9 시료 1 μL를 주입했을 때 12가지 GC 검출기들의 대략적인 검출 한계(막대의 왼쪽 끝)와 동적 범위들

13.5.1 | TCD

13.5.1.1 TCD의 특징

보편적(H_2와 He 제외); 비파괴적; 농도 검출기; 보조 기체 불필요; 병렬 컬럼에 더 잘 작동함; 낮은 감도; 제한된 동적 범위.

TCD는 처음으로 널리 상용으로 쓰인 GC 검출기로 모든 컬럼이 충전식이고 시료는 니트(희석되지 않은) 혼합물을 분리할 때부터 사용되어 왔다. 이것은 아주 열적으로 전도도가 높은 운반 기체(H_2 또는 He)와 아주 전도도가 낮은 분석물(수소, 헬륨 외에 다른 어떤 것도 해당됨)이 작은 농도로 운반 기체를 희석하면 열전도도 혹은 비열의 차이를 측정한다. 흐르는 운반 기체의 열전도성은 금속선을 냉각시킨다. 분석물이 흘러가면 그들의 낮은 열전도도로 인해 덜 냉각되며 금속선의 온도가 상승하고 저항이 증가한다. 이러한 선 저항기는 **Wheatstone 브릿지** 회로(정사각형의 모서리에 네 개의 저항이 위치한 모양) 안에 있으며 저항선 중 하나는 분석물이 흐르지 않는, 컬럼과 대칭된 흐름에 연결된 TCD 셀 안에 있다. 등온 GC에서는 운반 기체 흐름과 온도가 일정하지만 컬럼의 온도 프로그래밍의 경우 온도가 올라가면서 흐름이 감소하여 전도도에 영향을 준다. 대칭된 기준 셀은 저항 변화에 대한 이러한 영향을 보상해 준다. 고정 저항 한 개와 가변 저항 한 개로 이루어진 또 하나의 다리가 브릿지를 구성하며 사각 배열의 대각선으로 전압 센서가 이어져 있다. 가변 저항은 전압 센서를 조절하여 신호가 영이 되게 한다. 브릿지 회로가 맞추어진 후에 분석물이 흐르게 되면 한쪽 다리의 금속선의 저항이 변하고 브릿지의 저항 균형이 무너지며 저항의 변화에 비례하는 전압 신호를 발생시킨다. 그림 13.10에 두 가지 TCD 셀의 모양을 나타내었다. 이러한 디자인의 TCD 셀을 기체 열전도도 측정 기기라는 의미로 **카사로미터(katharometer)** 셀이라고 하기도 한다.

그림 13.4에서 검출기가 μ-TCD인 것에 주목하라. 이것은 소형화된 셀을 도입하여 열린관 PLOT 컬럼의 낮은 운반 기체 흐름에 적합하도록 하였고, 컬럼 외의 띠넓어짐을 피하기 위한 작은 검출기 셀 부피가 필요해서 개발된 것이다.

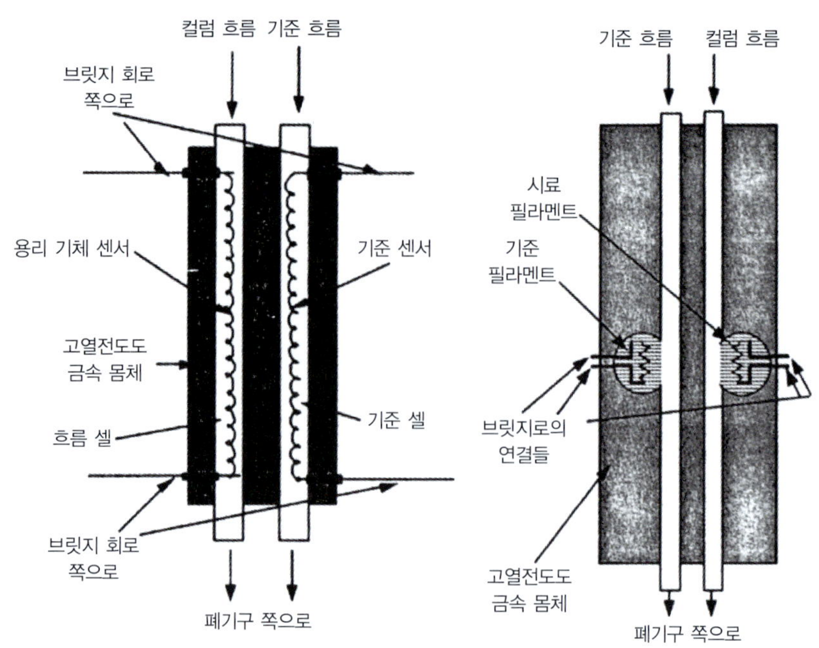

그림 13.10 두 종류의 TCD 개념도 (From Cazes, J., *Encyclopedia of Chromatography*, Marcel Dekker Inc., New York, 2001. Used with permission.)

13.5.2 | FID

13.5.2.1 FID의 특징

거의 보편적(CO, CO_2, HCN을 제외한 모든 탄소 화합물, 무기 계통 기체들은 제외); 파괴적; 질량 흐름 검출기; 수소와 공기 혹은 산소 보조 기체가 필요함; 넓은 동적 범위와 고감도.

FID는 가장 일반적으로 사용하는 검출기로서 거의 모든 유기 화합물들에 감응한다. 분자적인 면에서는 신호가 대략 분자 내의 탄소의 숫자에 비례한다. 수소와 산소(혹은 공기)가 별개로 검출기 셀 안에서 불꽃을 태우기 위해 공급되어야 한다. 그림 13.11의 개념도에 보이듯이 H_2가 도입되어 GC 컬럼에서 나오는 운반 기체와 섞이게 된다. H_2가 모세관 운반 기체로 쓰일 수 있지만 불꽃을 위한 **연료** 공급을 적절히 조절하기 위해서 부가적으로 분리된 H_2 공급이 필요하다. 혼합된 기체는 제트를 통해 셀로 들어가며 공기 혹은 O_2가 불꽃의 **산화제(oxidizer)** 역할로 이미 흐르고 있다. 셀 안에 전기적인 **방전 플러그(glow plug)**가 펄스를 통해 불꽃을 점화하게 된다. 연료와 산화제 흐름은 니들 밸브를 통해 최적의 FID 감응을 갖도록 안정한 불꽃을 얻기 위해 조절되며 머무르지 않은 휘발성 탄화수소가 운반 기체 흐름에 같이 조금씩 유출되면서 기준 신호를 형성한다. **제트 팁(jet tip)**은 **수집 전극(collector electrode)**이나 불꽃 주위를 둘러 싼 **수집 링(collector ring)**에 대하여 수백 볼트의 양의 전하를 띤다. 용리되는 유기 분석물들이 없을 경우 제트에는 아무런 전류도 흐르지 않는다. 탄소를 포함한 분석물이 불꽃으로 흘러갈 경우 분자는 산화 반응의 단계 동안 작은 조각으로 나누어지며 이들 중 일부가 양이온이 되어 이들이 회로에서 불꽃을 따라 전류를 생성한다. 비록 FID의 이온화 효율은 낮지만 기저 전류 또한 대단히 낮아서 신호-대-잡음비는 대단히 높다. 이러한 낮은 바탕에서는 아주 작은 이온화 전류도 매우 작은 전류(높은 입력 임피던스와 전압 측정 회로로 인한)를 사용하는 현대의 전자 기기를 사용하여 정확하게 측정할 수 있다. 따라서 이 검출기는 10^6을 넘는 아주 넓은 동적 범위와 좋은 감도를 갖는다.

분석자는 GC를 통해 이 검출기로 나오는 어떤 유기 화합물도 검출할 수 있다. 한 번의 분석으로 아주 넓은 범위 농도의 분석물들을 측정할 수 있다. FID는 더 선택적이고 가끔 그보다도 더 선택적인 이온화 검출기들의 선구자로서 그들 중 일부를 계속 설명하고자 한다. 이것은 니트 화합물의 혼합물 대신 정제

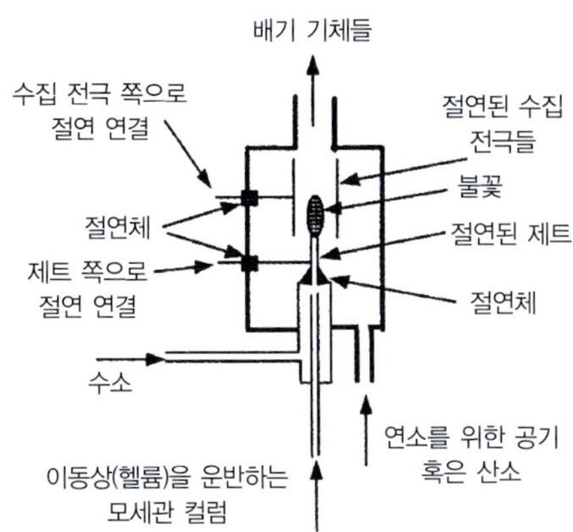

그림 13.11 FID의 개략도 (From Cazes, J., *Encyclopedia of Chromatography*, Marcel Dekker Inc., New York, 2001. Used with permission.)

또는 추출 용매 용액에서 희석된 농도로 존재하는 분석물들을 정량하는 현대 GC 사용의 길을 열었다. 정밀한 정량에는 측정하고자 하는 분석물의 기준 물질에 대한 교정이 요구된다. **대략적인 정량(approximate quantitation)**에서는 하나의 기준 화합물의 피크 면적에 대해 많은 성분들을 교정하며 화합물의 무게에 근거한 감응이 도움이 된다. 넓은 동적 범위는 적절한 기준 곡선에 필요한 교정의 숫자를 최소화한다. 불꽃을 위한 기체는 압축 기체 실린더나 물의 전기 분해에 의한 **기체 생성기(gas generator)** 및 상온의 공기를 압축 및 필터링(유기 오염 물질을 제거하기 위해)하여 공급한다. 운반 기체로 He 대신 H_2가 필요하다면 모든 기체 실린더를 생성기로 대체할 수도 있다.

13.5.3 | ECD

13.5.3.1 ECD의 특징

ECD는 할로젠 치환체를 가지거나 나이트로 및 일부 산소를 포함한 작용기를 가진 유기 화합물들에 매우 선택적이고; 비파괴적이며; 농도 검출기이고; N_2 혹은 아르곤/CH_4를 운반 기체로 사용하거나, H_2 또는 He을 모세관 운반 기체로 사용하면 메이크업 기체로 사용하며; 초고감도지만 분석 성분에 따라 감도가 매우 차이 나고 좁은 동적 범위를 갖는다.

FID가 GC를 유기물의 희석된 용액을 측정하는 분야로 이끌었다고 한다면, ECD는 환경에 있어 기름에 친화도가 높아 잔류하는 유기 오염물(POP)의 먹이 사슬을 통한 농축과 위협적인 생체 조직에의 축적에 대한 이해에 있어서 획기적인 전기를 마련하였다고 할 수 있다. 가장 고전적인 예로는 유기 염소계 농약인 dichlorodiphenyltrichloroethane(DDT)의 폐해에 대한 발견과 금지가 있으며, J.E. Lovelock(모든 지구가 하나의 조직체라는 가이아 이론의 창시자로도 유명한)은 그것에 대해 매우 간단하지만 엄청난 감도와 선택성을 지닌 검출기를 발명하였다. 1960년대에 환경의 인식에 대한 혁명은 이러한 GC 검출기의 사용을 통해서 가능했다는 것은 지나친 말이 아니다.

이러한 작은 기적 같은 물건은 어떻게 작동할까? 그림 13.12에 두 가지 종류가 도시되었다. 오른쪽 개략도에는 직류(DC)에 의해 작동하는 초창기 디자인을 보여 준다. 컬럼에서 용리된 기체는 오른쪽으로 들어가고 방사능 활성을 지닌 ^{63}Ni(에너지를 가진 전자인 β 입자를 방출함)이 입혀진 니켈 호일이 운반 기체를 계속 베타 입자로 때리면서 분자들 중 일부를 이온화하고 양이온과 마이너스 전하의 전자들을 생성한다. 이러한 방사성 재료는 GC 검출기가 높은 끓는점의 분석물들이 응축되는 것을 막는 높은 온도를 견딜 수 있도록 선택되었다. FID에서의 수백 볼트가 아닌 몇 볼트의 **낮은 전압**을 검출기의 입구 마이너스 부분과 출구의 플러스 부분 사이에 거는 것만으로도 두 전극 간에 전류를 생성하기에 충분하다. 이와 같이 낮은 전압하에서는 보다 유동적이고 가벼운 자유 전자들이 양극으로의 스탠딩(유지) 전류라고 하는 흐름을

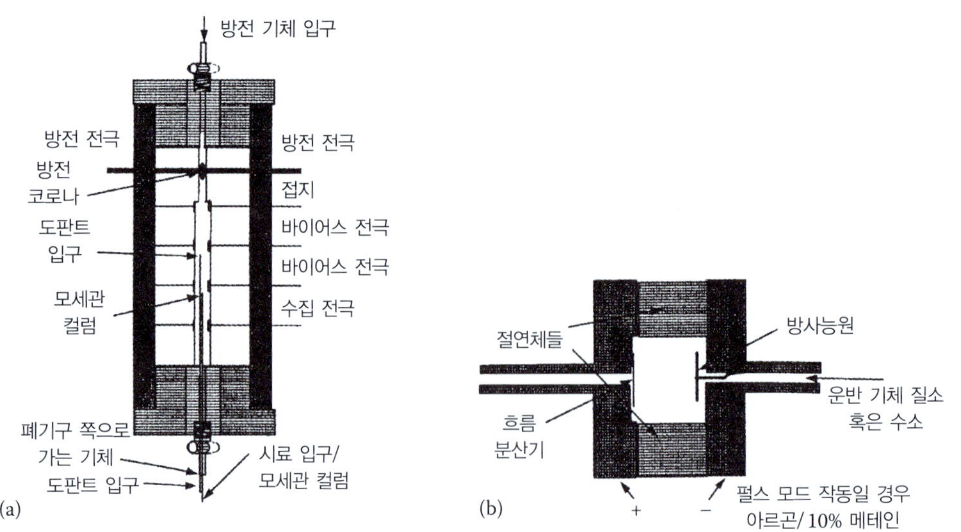

그림 13.12 두 가지 종류의 ECD의 개략도: (a) 펄스 전극 전압을 사용하는 ECD, (b) 일정한 전극 전압을 사용하는 ECD (From Cazes, J., *Encyclopedia of Chromatography*, Marcel Dekker Inc., New York, 2001. Used with permission.)

형성한다.

분석물이 전기적으로 매우 음성인 경우 매우 극성화된 치환체가 셀로 들어가면 스탠딩 전류의 전자들이 이러한 분자들에 붙잡히게 된다. 붙잡힌 음전하의 유동성은 급격하게 감소하고, 생성된 양이온들과의 충돌에 의해 쉽게 중성화된다. 이것이 전자의 스탠딩 전류를 억제하여 신호를 뒤집어 표시하여 피크 신호로서 보이게 된다. 전자 포획 감도는 급격하게(수십 배에서 수백 배) 변화하는데, 이는 치환체의 숫자와 성질에 따라 다르다. 할로젠 중에서는 I > Br > Cl ≫ F의 순서이며 5~8개의 할로젠 원자 > 4 > 3 ≫ 2 ≫ 1의 순서를 갖는다. 가장 전기 음성도가 강한 F가 보다 **극성화도**(*polarizability*)가 큰 Cl, Br, I보다 낮고 따라서 양쪽 다 전자 포획의 효율성에 필수적이지만 전기 음성도보다는 극성화도가 지배적인 인자라는 것에 주목하라. $-NO_2$나 $-NO$와 같은 다른 작용기들은 이러한 감응 순서들에서 낮은 쪽에 위치한다. 탄화수소는 원칙적으로 감응이 없으며, 이들이 분석물들과 함께 용리될 때 과량으로 존재하면 ECD 활성인 화합물들의 ECD 감도를 억제할 수도 있다. 따라서 ECD를 사용할 때는 정량 분석을 수행하기 위해 모든 분석물에 대하여 교정용 표준 물질을 사용해야 한다.

ECD는 특별한 운반 기체 혹은 메이크업 기체를 필요로하는 경우가 많다. 가장 초창기의 ECD 셀들은 높은 충전 컬럼 흐름 속도를 위해 디자인되었고 He이나 H_2가 모세관 운반 기체로 사용되면 보다 높은 흐름 속도와 다른 조성의 메이크업 기체가 필요하다. 검출기의 방사성 이온화 장치는 미국에서는 원자력관리위원회(NRC)로부터의 라이선스와 검출기의 내부와 주위에 방사선의 유출을 감지하는 주기적인 검사 프로그램이 필요하다. 다른 문제는 유지 전류가 쉽게 '포화되어' 강하하는 것으로 전자 포획되는 분석물의 양이 증가하면서 전자의 미묘한 전류가 점점 감소하는 것이다. 또한 분석물이 추가적으로 증가하는 것이 유지 전류가 비례해서 감소하는 것으로 반영되지 않으며 회로를 흘러갈 남은 전자가 충분하지 않은 상태인 것이다. 이렇게 되면 검출기의 감응이 심하게 비선형적이게 되어 기준 곡선이 휘어지게 되며(농도가 계속 증가하여도 감응이 덜 증가하여 평평해짐) 선형 다이나믹 범위가 심각하게 좁아진다. ECD에서 정량 교정은 상당한 기교를 필요로 하게 된다.

왼쪽의 ECD 개략도는 위에서 기술한 문제점들을 감소시키기 위해 보다 현대적인 디자인을 보여 준다. 이온화는 특별한 방전 기체 흐름을 사용하는 '방전 전극'에 의해 이루어지며 방사선 호일을 대체하게 된다. 특별한 도판트 기체를 주입하여 이를 돕는다. 셀에 일정한 전압을 유지하는 대신에 고압을 펄스로 간간히 주게 되는데 ~30 V의 펄스를 1밀리초 간격에 1마이크로초(0.1%의 듀티 사이클)로 반복하게 되면

ECD 셀 안의 모든 자유 전자들을 포집하게 되고 '꺼진 주기' 동안에는 전자들이 기체와 다시 평형을 이루게 된다. 5~10% 메테인을 아르곤 ECD 기체와 혼합하면 아주 빠른 시간 내에 포집이 가능하며 펄스 포집 동안의 전류가 유지 전류 수준을 생성하도록 적분이 된다. 유지 전류를 조절하는 이 방법의 장점은 선형 동적 범위를 늘릴 수 있다는 것으로 대부분의 현대적인 ECD들은 펄스-형태의 ECD로서 작동되도록 디자인되었다. 이렇게 선형 동적 범위가 증가한 'μ-ECD'를 그림 13.9에 나타내었다. 마이크로(μ)-표시는 이 모델이 모세관 컬럼의 용리 흐름 속도에 적합하도록 훨씬 더 작은 셀 부피를 가짐을 의미한다. 또한 메이크업 기체로 용리 흐름을 희석할 필요가 없어지면서 감도는 보다 더 증가한다. 모든 다른 조건은 같으므로 동적 범위가 더 낮게 확장된다. 이는 유지 전류의 포화에 의한 효과가 범위의 위 말단을 주로 제한하기 때문이다. 큰 부피의 초기 모델인 DC-형태의 ECD들은 선형 동적 범위가 100이나 그 미만이었다. 이로 인해 여러 개의 분석물(특별히 이들이 아주 넓은 범위의 농도에 분포하는 경우)을 하나의 교정 범위 안에서 측정하는 것이 매우 복잡해진다. 좋은 정량 분석을 하기 위해서는 여러 번 희석하고 재분석하는 것이 필요하며 넓은 동적 범위를 가진 FID와는 아주 대조적이다. 반면에 ECD의 폴리염화 DDT와 같은 특정 부류의 화합물들에 대한 특별한 선택성과 뛰어난 감도는 폴리염화바이페닐(PCB)이나 다이옥신, polybrominated diphenyl ether(PBDE)와 같은 물질들의 생물 농축 경로의 발견에 필수적이었다. 주어진 분석물들에 대하여 크로마토그래피 방법으로 환경이나 생체 시스템으로부터의 실제 시료들에 적용되는 검출 한계는 검출기의 절대적인 기기적 신호-대-잡음 감도 한계보다는 함께 용리되는 바탕 간섭들에 대한 검출기의 선택성이 보다 더 결정적으로 작용하는 것이 ECD의 중요한 보편적 원리이다.

13.5.4 | ELCD

13.5.4.1 ELCD의 특징

헤테로 원자(heteroatom)에 선택적(할로젠 [X] 치환체 혹은 N, S 원자를 가진 유기 화합물); 파괴적; 질량-흐름 검출기; 액체 시약이 필요함; 좋은 감도와 선형성; 감응은 X, N, S 원자의 흐름 속도에 직접 비례함.

ELCD는 할로젠-공기 불꽃하에서 분석물을 태움으로써 작동하며 생성된 기체를 수용액에 녹이면 전기분해 시의 전도도가 수용액에 녹아들어 각각의 산으로 산화된 할로젠, S, N 원자의 양에 비례한다. 이것은 유기 화합물에서 특정 원자에 대해 특별히 비례적으로 감응하는 첫 번째 검출기의 예이다. 이것은 작동하기에 복잡하고 현재 일반적으로 쓰이지는 않는다. 이것의 독특한 특징은 감응이 헤테로 원자의 수에만 비례하고 분자에서의 위치와는 무관한 것이다. 화합물들의 혼합물에서 이들 원소의 하나만을 분석하고 각 피크(GC-MS 분석을 통해 얻을 수 있는) 내의 각각의 화합물 중 원자의 숫자에 대한 정보가 더 주어진다면 표준 물질이 주어지지 않은 여러 다른 피크들을 검량하는 데에 하나의 기준 피크 반응만으로 가능하게 된다. 예로는 하나의 염소 화합물 표준물에 대한 감응에 대해 PCB 동종체 피크들을 상용인 혼합물들 중에서 검량하는 것이다. PCB 동소체는 209개로 그들의 ECD 감응은 무척 넓다. TCD, FID나 GC-MS 감응은 덜 다양하지만 상당히 많이 다르고 아주 약간의 물질들 외에는 표준 물질이 없다. ELCD의 정확한 원자-비례적인 감응과 좋은 동적 범위는 이러한 비슷한 화합물들의 완전한 기준 물질 묶음이 없을지라도 정량이 가능하도록 한다.

13.5.5 | SP-FPD

13.5.5.1 SP-FPD의 특징

헤테로 원자에 선택저(S 또는 P 원자를 가진 유기 화합물들, 서로 별개로); 파괴적; 질량-흐름 검출기; FID보다 덜 선택적이고 동적 범위가 작음.

S나 P를 함유한 유기 화합물이 FID에서 탈 때 불꽃 조건을 조절하면 394 nm에서 S_2 조각 또는 515 nm

부근의 HPO 조각으로부터의 방출을 증진하도록 낮은 온도를 생성할 수 있다. FID 전극들이 빠지고 온도에 견디는 창 혹은 광섬유 빛 가이드를 검출기 셀의 양쪽에 배치하여 방출된 빛을 필터하여 위의 파장들을 분리하고 감도가 좋은 광전 증배관에 특징적인 방출 파장을 통과시킨다. S-선택 모드로 작동하면 복잡한 석유 혼합물 중 유기황 화합물들을 잡아낼 수 있고 같이 용리되는 탄화수소 피크들이 고농도일지라도 최소의 감응을 가지게 된다. P-선택 모드로 작동하면 복잡한 환경 혼합물들 중 유기인 농약 미량 잔류물을 선택적으로 검출한다. 그림 13.9에 황 모드의 감응 범위를 나타내었다.

13.5.6 | 황 화학 발광 검출기(SCD)

황 화학 발광 검출기(sulfur chemiluminescence detetor, SCD)는 헤테로 원자에 선택적(S 원자가 있는 유기 화합물만)이고, 파괴적이며, 질량–흐름 검출기이고, 황–인 불꽃 광도 검출기(SP–FPD)보다 민감하고 동적 범위가 더 넓다.

이 검출기는 전극을 뺀 FID에서와 같은 방식으로 생성된 불꽃으로부터 나오는 기체를 취한 후, 그 기체를 오존과 반응시켜 불꽃에서 연소된 후 용리하는 유기황 화합물로부터 화학 발광을 유도한다. 불꽃 대신 컬럼 출구를 고온 세라믹 튜브로 연결할 수도 있다. 발광의 강도는 SP–FPD에서 생성된 S2 방출보다 더 낮은 수준에서도 감지할 수 있어 미량 환경 오염 물질인 유기황 물질을 모니터링하는 데 유용하다. 이 검출기는 황 화합물 내 황과 1:1 몰 반응을 나타내므로 보정(calibration)이 간단하다. 어떤 황 화합물도 보정할 수 있다. 대부분의 SCD 장치에서 생성물은 촉매 챔버로 이동시켜 모든 잔류 오존이 파괴되도록 한다.

13.5.7 | NPD

13.5.7.1 NPD의 특징

NPD는 헤테로 원자에 선택적(N이나 P 원자를 가진 유기 화합물; 서로 별개로); FID보다 N과 P 화합물에 감도가 좋고 그들에 선택적; 파괴적; 질량-흐름 검출기; N에 대해 FID보다 민감하고 P에 대해 P-FPD보다 더 민감하지만 FID보다 동적 범위가 작음.

NPD는 GC 검출기의 주역인 FID의 또 다른 변종으로 그림 13.13의 NPD와 그림 13.11의 FID를 비교하면 유사점을 정리할 수 있다. 양쪽 모두 **열이온화 검출기(thermionic detector)**로서 두 전극 사이의 전압의 영향 하에 고온의 불꽃이 용리되는 분석물들이 조각화되고 그들 중 일부가 양이온이 되면서 전자를 방

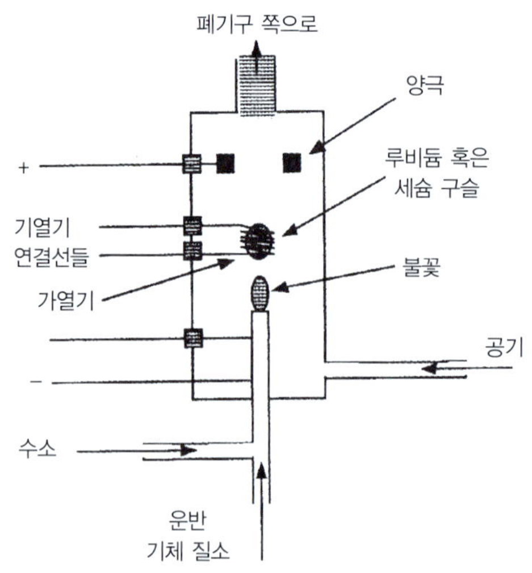

그림 13.13 NPD의 개략도 (J. Cazes의 *Encyclopedia of Chromatography*, Marcel Dekker, Inc., New York, 2001로부터, 허락 후 사용함.)

출하여 전류가 생성되는 형태이다. NPD는 **연료(H_2)가 많은** 조건에서 작동한다. 이러한 조건에서 일반적인 탄소 화합물의 FID 열이온 감응은 수십 배 억제되며 검출기의 '새 원소'인 **루비듐(rubidium)**이 유리 혹은 루비듐 염을 입힌 세라믹 **구슬(bead)**의 형태로 불꽃 내부에서 가열되고 구슬을 지지하는 얇은 금속선을 통해 흐르는 전류에 의해 추가적으로 가열된다. 유기 질소 혹은 유기인 화합물이 이러한 뜨겁지 않은 불꽃에서 분해되면서 구슬의 표면에서 정확히 무엇이 일어나는지는 복잡하고 정확하게 이해되기 어렵다. 어떤 디자인에서는 불꽃이 그 안에서 독립적으로 가열된 구슬에 의해서만 유지된다. C−N- 혹은 C−P-를 포함하는 조각들이 쉽게 이온화하는 루비듐 원자와 상호 작용하여 이온과 전자를 생성해 FID와 같은 신호를 생성하기도 하지만 N이나 P 원자에 선택적이고 무척 민감하다(어떻게 검출기 변수를 입력하느냐에 따라 다름). 이것은 그림 13.9에 나타나 있다. 일부 유기인 화합물에 대한 이 검출기의 초감도가 이 분석에 대한 P-FPD를 크게 능가할 수 있는 이유를 설명하며 비교하는 그림에서 FPD의 작동에 대한 범위는 표시되지 않았다. NPD는 유기 분자에서 탄소에 붙어 있지 않은 N 원자에 대해서는 감응이 없다. 이것은 모든 곳에 존재하는 공기 중의 N_2에 의한 간섭을 받지 않는다는 면에서 매우 행운이라고 할 수 있다.

13.5.8 | PID

13.5.8.1 PID의 특징

화합물의 종류에 선택적(쉽게 이온화되는 π-전자를 가지는 유기 화합물, 특히 방향족 화합물); 비파괴적; 질량-흐름 검출기; 다수의 화합물들에 대해서 FID보다 조금 더 민감하지만 FID보다 동적 범위는 좁음.

FID나 NPD와 같은 이온화 검출기는 높은 감도를 가진다. NPD와 같이 감도가 높고 선택적인 이온화 검출기를 얻는 데 어떤 종류의 화합물들을 선택적으로 이온화하기 위한 다른 방법이 있을까? 열이온화에서 '열'을 빼고 대신 불꽃으로 대체하여 셀 안으로 **고에너지 자외선(UV)**을 통과시켜 이온화 에너지를 공급해 보자. 이는 SP-FPD처럼 나오는 불꽃 방출을 측정하는 것과는 정반대이다. UV 복사는 일부 방향족 화합물들과 높은 에너지 수준의 π-결합 오비탈의 전자들을 가진 화합물들로부터 전자들을 떼어내는 데 충분한 에너지를 제공한다. UV 파장을 정확하게 선택하면 이러한 화합물 종류 내에서 어느 정도 선택성을 얻는다. 단일 결합에 강하게 묶여 있는 전자들을 가진 알킬 탄화수소와 같은 유기 화합물들은 영향을 받지 않는다. 그 결과인 광이온화 검출기(photoionization detector, PID)는 방향족 탄화수소와 그 외 다른 불포화 결합을 가진 유기 화합물들에 선택적이다. 고에너지의 UV 램프와 전력 공급기는 FID와 그에 딸린 기체 공급 장치보다 더 간결하고 견고하다. 상당히 넓은 영역의 유기 화합물들에 대한 매우 높은 감도에 더해 이러한 작동에서의 간편성은 PID가 특별히 외부-휴대용 GC 기기의 검출기로서 적합하다는 평가를 얻게 하였다. 그러한 분석을 돕는 또 다른 요소는 이것이 공기 중 산소의 영향을 받지 않고 만약 컬럼 정지상이 사용한 온도 조건에서 공기를 견딘다면 공기를 운반 기체로 사용할 수도 있다는 것이다.

13.5.9 | HID

13.5.9.1 HID의 특징

네온을 제외한 모든 것에 보편적이고; 비파괴적; 질량-흐름 검출기; FID보다 FID에 감지되는 화합물들에 대해 조금 덜 민감하고 FID보다 좁은 동적 범위를 가짐.

헬륨 이온화 검출기(helium ionization detector, HID)는 FID, NPD, PID와 비슷한데, 분석물 분자들로부터 생성된 이온의 전류를 측정하는 감도 있는 검출기이기 때문이다. 비슷한 **아르곤 이온화 검출기**는 또 다른 초기 GC 검출기로서 같은 원리로 작동한다. **방전 이온화 검출기(discharge ionization detector, DID)**라고도 한다. HID에서 He 기체 원자의 흐름(He 운반 기체 혹은 He 메이크업 기체)이 **방전 전극**들에 의해 준안정 상태로 여기되도록 활성화된다. 방전 전극은 네온을 제외한 어떤 분석물 분자라도 그들이 접촉하는 한 이온화할 수 있는 충분한 에너지를 가지며 검출기 내에 두 개의 다른 전극 사이에 시료 양에 비례하는 이온화 전류를 생성한다. ECD에서처럼 일정한 전류를 유지하도록 방전 전극에 펄스를 주는 것으로 높은 동적 범위를 가진 디자인을 얻는다. 이것은 다른 보편적인 검출기인 TCD와 줄지어 연결하여 쓸 수도 있는데, 양쪽 모두 비파괴적이며 그들의 겹치는 동적 범위들은 희석하지 않은 100% 니트 시료까지도 커버한다. 이것은 고정 기체들과 매우 휘발성인 저분자량 탄화수소를 측정하기 위해 고안된 간단한 휴대용 GC 기기들에 도입되는 경우가 많다(그림 13.14).

보다 현대적인 형태의 HID는 시마즈의 **쌍전기 벽 방전 이온화 검출기(dielectric barrier discharge ionization detector, BID)**이다. 이것은 두 단계의 셀을 가진다(그림 13.15). 위의 단계에서는 He 플라스마 방전 셀의 모든 벽면이 쌍전기 코팅으로 보호되어 낮은 방전 전류가 가능하여 오버히팅과 전극 손상을 방지한다. 헬륨은 위의 단계를 통해 아래로 흐르며 다음과 같은 일련의 반응 단계들을 거친다.

$$\mathrm{He} \rightarrow \mathrm{He}(\mathrm{A}^1\Sigma_u^+) \rightarrow \mathrm{He}(1\mathrm{S}^1) \text{----} h\nu \text{--------------------}\rightarrow [\mathrm{M} \text{----}\rightarrow \mathrm{M}^+ + e^-]$$

↑ 플라스마 17.7 eV에서 헬륨 광전자를 방출함 M = 분석물

He 플라스마는 괄호 안에 표시된 분광학적 기호에 나타난 대로 높은 에너지 준위로 여기된 He 원자를 포함한다. 여기된 He 원자는 매우 강력한 광자(PID의 UV 광자보다 더 강한 에너지)를 방출하며 이온화 전위차가 21.56 eV인 Ne를 제외한 모든 다른 원자나 분자들을 이온화한다. 이온화된 표적 물질들은 아래쪽 셀에서 포집되며 포집되지 않은 이온들을 위 아래로 배출하고 플라스마 생성 셀로 들어가는 것을 방지한다. 일반적으로 이 파괴적 검출기는 TCD보다 더 보편적이고 수십 배 감도가 좋으며 FID보다 약간 감도가 좋거나 비슷하다. 그러나 동적 범위는 높은 분석물 농도에서는 다른 두 검출기에 미치지는 못한다. 이것은 시료 양을 줄이거나 희석하거나 용리 기체를 분할하여 재주입하거나 BID를 비파괴적인 TCD 다음에 순서대로 연결하는 등으로 쉽게 해결할 수 있다. GC는 He 기체 공급만 필요하며 발화의 위험성이 없

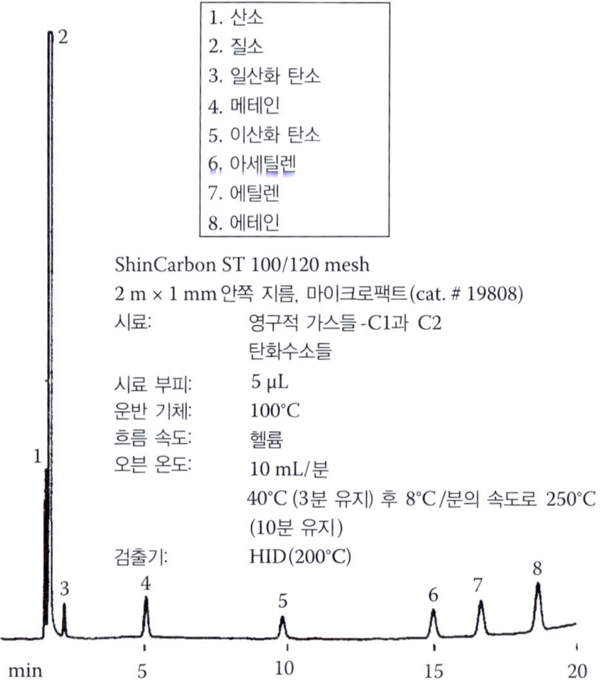

그림 13.14 HID를 사용하여 넓은 표면적의 분자체에서 고정 기체와 저분자량 탄화수소의 분리 및 검출 (Adapted with permission of Restek Corp., Bellefonte, PA, www.restek.com.)

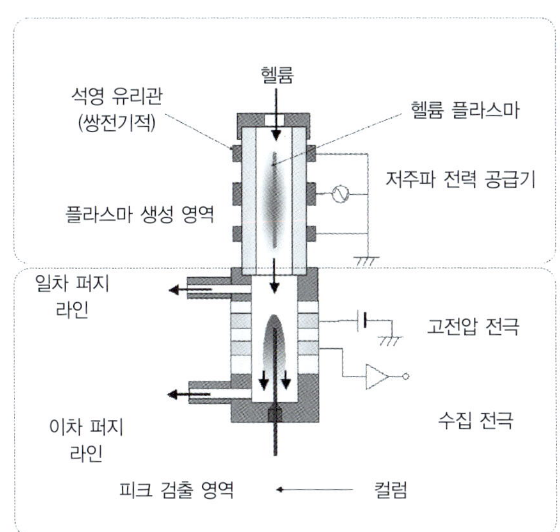

그림 13.15 쌍전기 벽 방전 이온화 검출기(BID)의 구조. (From Cazes, J., *Encyclopedia of Chromatography*, Marcel Dekker Inc., New York, 2001. Used with permission.)

다. 검출기는 350°C까지 작동이 가능하며 원리상 적합한 컬럼과 넓은 범위의 분자량(2~618)을 다룰 수 있는 용리 조건을 가진다면 H_2, H_2O, CO, CO_2, 아르곤 같은 기체들과 높은 끓는점의 액체(C_8에서 C_{44} 이상의 유기물들을 거의 동일한 감도로)들을 한 번의 분석으로 검출할 수 있다. 작동 메커니즘은 PID와 FID가 복합적인 형태로 보다 보편적이고 UV 램프나 H_2/O_2 불꽃을 필요로 하지 않는다.

13.5.10 | AED

13.5.10.1 AED의 특징

미세 조정이 가능한, 많은 특정한 원자들(C, O, N, S, P, Si, 할로젠, 기타 금속들)을 포함한 화합물들에 동시 분석 및 분리가 가능하며 선택적; 파괴적; 질량-흐름 검출기; 측정하는 원소에 따라 감도와 동적 범위가 변함(그림 13.9).

AED는 **마이크로파로 유도된 헬륨 플라스마(microwave-induced He plasma)**로 용리된 분석물 분자들을 구성 원자로 분해하고 그들을 여기하여 특정 파장들에서 빛을 방출한다. 이것은 아르곤 플라스마 유도 결합 플라스마 광원과 메커니즘이 매우 유사하다(8.3.1절 참조). 다이오드 어레이 검출기가 달린 분광기는 각각의 원소에 독특한 발광 파장들을 분리하여 민감하게 세기를 측정한다. 분자 내에 상대적인 감도와 원자들의 비율에 따라 몇몇의 원소에 선택적인 크로마토그램을 얻어 분리된 원소를 감지하는 채널로 피크를 표시한다. 이 데이터를 머무름 정보와 결합하여 피크를 더 분석하고 함께 용리되는 피크들을 따로 정량하며 그들의 원소 조성에 근거하여 미지의 피크들이 무엇인지 제시한다. ELCD와 같이 이 감응은 원자에 선택적이고 원자수에 비례하지만 각각의 다른 원소를 동시에 검출하고 확인하며 정량한다. Agilent는 수년 전에 이러한 시스템을 시장에 내놓았고 얼마 후 독일 기기 회사 joint analytical systems(www.jas.de)에 넘겨졌다. 이것은 가솔린 시료 중 N, F, S, P 총 함량을 검출 및 정량하거나 항공기 혹은 자동차 엔진의 오작동 원인을 알기 위해 사용되는 윤활유의 금속 함량을 검출 및 정량할 때 특별히 유용하다. 이것은 크로마토그래픽 분리 기기가 다중 파장의 분광 검출기와 연결되어 있는 형태이기 때문에 2D 이종 기기 연결 장치에 속하기도 하다. 이러한 완전 2D 기기들을 다음 절에서 다루고자 한다.

13.6 이종 기기 연결 GC 기술(GC-MS, GC-IR, GC-GC, 또는 2D GC)

이차원 분석 기술은 두 가지의 유사한 분리 과정(2D 얇은 층 크로마토그래피(TLC, 12.4절) 또는 2D 젤 전기 이동법)을 결합하여 이동상의 조성을 서로 다르게 하고 처음과는 수직 방향으로 두 번째 이동상을 전개시킨다.

만약 (1) 정지상을 다르게 한 두 개의 기체 크로마토그래피 시스템을 연결하고 (2) 첫 정지상(컬럼)으로부터 용리되는 모든 것을 분리할 수 있고 반복적으로 포집할 수 있으며 (3) 그 후 각각의 포집된 부분을 계속 분리하여 두 번째 컬럼으로 보내고 (4) 두 번째 컬럼의 끝에 위치한 검출기로부터 나오는 데이터 신호를 저장하여 다룰 수 있다면 포괄적인 2D 크로마토그래피 시스템을 생성할 수 있다(2D GC).

크로마토그래피 검출기에 두 번째 차원을 더하는 마지막 방법은 순차적이고 빠르게 모든 스펙트럼을 얻어서 그들을 일련의 컴퓨터 데이터 파일들로 저장할 수 있는 분광학적 기기를 검출기로 사용하는 것이다. GC의 경우 두 개의 주된 이종 기기 연결(hyphenated) 기술로 GC-MS와 GC-infrered(IR)가 있다. 이것을 가능하게 하는 네 가지 중요한 요구사항은 다음과 같다.

1. 용리되는 피크를 적어도 그 너비의 5~10번을 샘플링할 정도로 충분히 모든 스펙트럼을 얻을 수 있는 분광학적 검출기여야 한다.
2. 크로마토그래피 용리 흐름을 분광기의 검출기 셀에 **연결(interfacing)**하여 적절한 검출기 작동에 필요한 조건하에 시료가 존재하도록 하는 방법이 있어야 한다.
3. 많은 스펙트럼을 얻을 수 있도록 충분한 데이터 저장 용량을 가지고 검출기의 빠른 정보 속도를 다룰 수 있을 만큼 빠른 컴퓨터 데이터 프로세싱 시스템을 갖추어야 한다.
4. 이러한 데이터 파일들을 보고 다룰 수 있으며 정보들의 부분을 추출하여 정성적인 확인과 정량적인 측정에 사용할 수 있는 효율적이고 직관적인 소프트웨어가 있어야 한다.

13.6.1 | GC-MS

폭넓은 사용성과 능력을 고려하자면 GC-MS는 기기 분석의 세계에서 가장 큰 분석력을 제공한다고 말할 수 있다. 생화학적 연구 시장에서 LC-MS 기기(14장)의 급속한 확장이 있기에 LC-MS와 GC-MS는 현재로서는 쌍벽을 이루고 있다. 분석물이 휘발성이고 열적으로 안정하다면 모세관 GC-MS는 단일 주입 혼합물로부터 수백 개(GC-GC 비행 시간(TOF) MS 분석의 경우 수천 개까지도)의 분석물을 확인하고 정량할 수 있다. 다양한 종류의 질량 분석기는 10장에 설명되었냐. 앞서 언급한 스캔 속도 측면에서 **사중 극자(quadrupole)**와 **이온 트랩(ion trap)**이 GC-MS에 가장 적합하다. 부채꼴 자석 기기의 경우 질량 분해능이 높지만 스캔 속도가 느리기 때문에 GC 피크들은 넓어지고 느려져야만 한다. 이것은 더 빠르게 분석하고 더 좋은 크로마토그래피 분해능을 얻어야 한다는 목적에 위배된다. 반면에 짧고 좁은 지름에 얇은 필름을 가진 모세관 컬럼을 도입하는 빠른 GC는 MS-스캔 획득 시간이 50~500 s^{-1}로 **TOFMS 기기**에서만 가능하다.

GC-MS의 주된 문제는 연결(interfacing) 방법이다. 질량 분석기는 아주 낮은 압력에서 이온을 생성해서 이동시키며 질량 분석 부분은 그보다도 더 낮은 압력(10^{-5} 또는 10^{-6} torr)에서 작동해야만 한다. GC의 용리 기체는 주로 상압(760 torr) 정도의 운반 기체로 이루어진다. MS 진공 펌프는 이것을 빠르게 제거하여 충분히 필요한 저압 상태를 유지하여야 한다. 충전 컬럼은 10~40 mL/분으로 기체가 흘러가므로 실용적이지 않다. 모세관 GC는 약 1 mL/분으로 흘러가는데 현대의 확산 펌프나 보다 더 좋고 강력한 터보 분자 펌프는 위의 저압을 달성할 수 있다. 이것이 충전 컬럼 GC 분리보다는 모세관 GC를 선호하는 또 다른 이유가 된다. 많은 현대적인 GC-MS 기기는 모세관 컬럼의 말단을 이온 발생 장치에 그냥 연결한다

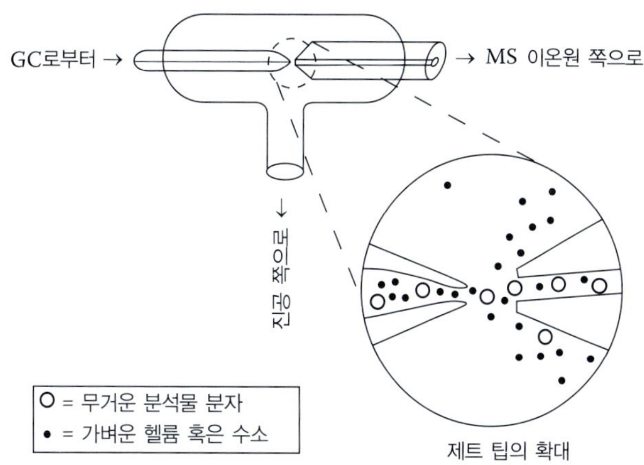

그림 13.16 GC-MS 제트 분리기 연결부 작동의 개략도

(**직접 커플링**). 별개의 펌프가 발생 장치의 부피에 대해 진공을 뽑아내는 동안 또 다른 펌프로 저압을 유지하는 질량 분석 부분으로 작은 오리피스를 통해 이온들이 추출된다. 그러한 MS 디자인을 **차등 펌프 시스템**(*differentially pumped system*)이라고 한다. 충전 컬럼을 연결하려면 **제트 분리기**(**jet separator**, 그림 13.16)라고 하는 기구가 용리 기체로부터 가벼운 He이나 H_2 운반 기체 원자나 분자들을 제거하면서 보다 낮은 총 기체 흐름 속도에서 그보다 작지만 농축된 농도의 분석물들이 이온 발생기로 들어가도록 한다. 가벼운 운반 기체 원자나 분자들의 빠른 속도는 그들 대부분이 분리기 챔버의 진공에서 보다 널리 퍼지도록 하고, 이온 발생기로 인도하는 깔때기 모양의 오리피스를 통과하지 못하게 한다. 현재는 제트 분리기가 GC-MS에 많이 사용되거나 필요하지 않지만 LC-MS 연결에서 더 진하고 많은 이동상 질량을 다루어야 하는 보다 도전적인 문제를 설명할 때 비슷한 디자인을 마주하게 될 것이다.

원리상, 분석자는 TCD와 같은 비파괴 검출기에서 GC 용리 기체를 모니터링하면서 적절한 연결 장치를 통해 흘려보내고 용리되는 피크들의 질량 스펙트럼을 얻어 출력할 수 있다. 빠른 디지털 데이터 전환기와 현대 데스크탑 PC의 속도와 힘에 의해 GC 분석을 진행하면서 계속적인 스펙트럼의 연속 혹은 선택된 질량 조각 신호들인 질량 분석 데이터를 간단히 얻을 수 있다. 컴퓨터 데이터 수득 속도와 메모리 저장 용량의 향상으로 인해 현재는 완전한 MS 선 프로파일(모든 질량에 대해)을 기록하고 저장할 수가 있으며 이것을 전환하여 검출기 계수의 숫자와 **기기적으로 뒤틀린**(*instrumentally distorted*) 질량축의 피크의 정상에 대해 중앙부를 계산할 필요는 없다. 완전한 MS 데이터 수득 파일은 MS 기기의 튜닝 비틀림 데이터가 입력되어 질량 축에 대한 MS 피크 면적과 위치가 이상적인 가우시안 모양으로 검정되는 컴퓨터 프로그램에 의해 보다 정확하게 결정될 수 있다.

이를 통해 '단위 질량'을 측정하는 기기가 '조금 더' 고분해능의 MS 결정을 할 수 있으며 MS 동위 원소 피크 면적을 더 잘 사용하여 가능한 원소 식들의 숫자를 줄일 수 있다.

컴퓨터 메모리의 GC-MS 분석에 대한 데이터 파일은 머무름 시간에 따른 MS 스캔을 순차적으로 쌓은 것이다. 그러한 데이터 파일을 얻고 사용하는 데에는 세 가지 주 형태가 있다.

1. **완전 스캔**: 만약 완전-스캔 스펙트럼의 순차적 배열로 파일이 구성된다면 각각의 스캔 안의 모든 질량의 이온들로부터 모든 숫자가 더해지며 이러한 총합값을 스캔 숫자(또는 GC 머무름 시간과 같음)에 대하여 도시하면 이것이 **총 이온 크로마토그램**(**total ion chromatogram**, **TIC**)이다. 여기서 질량 분석기는 이온화 검출기처럼 행동하며 어떤 MS 이온 발생기 이온화 형태(EI, 화학적 이온화(CI) 등)를 선택해도 된다. TIC는 FID에서 얻은 것과 비슷한데 한 가지 차이점은 크로마토그래피 데이터 시스템에서 디지털화된 FID 결과는 MS가 만들어내는 스캔 수(TOFMS처럼 아주 빠른 스캔이 아니라

면, 10.2.3절)보다 그 너비에 보다 많은 점을 가진다. 이러한 이유로 FID 피크들을 적분하면 TIC 피크들보다 정확한 정량 결과를 얻는다. TIC 데이터 파일의 장점은 TIC 피크를 구성하는 어떤 스캔을 선택함으로써 분석자가 피크 안의 화합물의 질량 스펙트럼을 표시할 수 있는 것이다. 피크들이 날카롭고 좁으면 스캔 시간에 대하여 분석물의 농도가 급격하게 변하며 스펙트럼의 질량 조각의 비율이 뒤틀리게 된다. 그렇기 때문에 피크의 최고점에서 스캔을 선택하는 것이 가장 좋다. 그보다 더 좋은 것은 피크 전체의 스캔을 더하여 평균 스펙트럼을 얻는 것이며, 이보다도 더 좋은 것은 피크 근처의 아무것도 용리되지 않는 바탕 질량 스펙트럼의 스캔 수와 같은 숫자의 스캔을 선택하여 더하는 것이다. 그 후 피크 평균 총합에서 바탕 총합을 제거하여 컬럼 블리드(bleed)로부터 이상한 조각들이 제거된, 보다 깨끗한 질량 스펙트럼을 얻는다. 이것은 계속적으로 농축된 MS 스캔들의 데이터 파일을 처리하는 힘과 유연성을 보여 준다. 우리는 모세관 GC의 강력한 분리력과 MS의 강력한 탐지력과 확인력을 결합하였다. 이것은 GC에서 시료가 증기 상태이고 이것이 MS 이온화와 조각 확인 과정이 진행되기 위해서는 필수적이기 때문에 특별히 유용하다. 방대한 EI-MS 스펙트럼의 라이브러리는 이 형태의 작동에 근거한 것이다. 많은 경우에 피크 감지, 스펙트럼 선택, 라이브러리 스펙트럼 선택과 라이브러리 스펙트럼과의 매칭에 의해 분리된 화합물의 확인 과정을 자동화하는 것이 가능하다. 순진하게 생각하면 GC-MS로 인해 분석자가 필요 없어질지도 모른다고 생각할 수도 있지만 증기를 분리하는 GC와 증기가 필요한 MS를 연결하는 것은 디지털 데이터 파일들을 처리하는 PC의 유연성과 결합하면 최고의 조합이라고 할 수 있다.

2. **질량 크로마토그램**(*XIC*): 분석자는 훨씬 크고 복잡한 혼합물의 크로마토그램 안에서 특정 부류의 분석물들만을 탐지하여 측정해야 할 수도 있다. 이것이 매우 특징적인 질량 조각들일 수도 있다. 예를 들어 연료유와 같은 석유 탄화수소의 복잡한 혼합물 내에 모노-, 다이-, 트라이메틸나프탈렌 동소체들을 생각해 보자. 그들의 질량 스펙트럼은 질량 142, 156, 170에서 각각 단일한 강한 분자 이온(M^+)의 형태로 구성된다. 우리는 완전 스캔 GC-MS 파일로부터 추출한 GC-MS 데이터 시스템이 세 개의 분리된 크로마토그램에서 이들 질량의 이온들만 표시하도록 프로그램할 수 있다. 이러한 도표를 그들이 생성되는 형태로부터 **추출 이온 크로마토그램(extracted ion chromatogram, XIC)** 혹은 선택된 이온 질량만 포함된 스펙트럼이 피크에 표시되므로 **질량 크로마토그램(mass chromatogram)**이라고 한다. 만약 석유 시료의 질량 크로마토그램이 $M^+ = 142$에서 서로 인접한 두 개의 큰 피크를 관찰한다면, 그들이 두 개의 가능한 모노-메틸나프탈렌 동소체로부터 왔다고 의심할 것이고 각각의 피크 중앙에서 스캔의 완전 스펙트럼을 검사하여 확인하고자 할 것이다. 따라서 기준 물질을 주입하지 않고도 다양한 화합물의 머무름 시간을 결정할 수 있을 것이다. 불행히도 이러한 화합물의 동소체는 질량 스펙트럼의 구별이 불가능하므로 어떤 동소체가 어디에서 나온다고 말할 수 있는 특정한 GC 정지상으로 표준 물질을 분석한 것을 근거로 한 머무름 정도가 필요하다. 탄화수소의 서로 다른 부류에 대하여 여러 다른 특징적인 질량들에 대해 이러한 과정을 반복할 수도 있다. TIC 크로마토그램에서의 모든 점에 대해 범위 내의 스캔된 모든 질량에 대한 데이터는 완전 스캔 GC-MS 데이터 파일 내에 존재한다.

3. **선택 이온 모니터링**(*SIM*): 완전-스캔 모드에서 질량 분석기는 스캔의 간단한 일부에 대해서만 모든 특정 이온 질량에 대한 숫자를 계속적으로 얻는다. 예를 들어 50에서 550까지 매초 질량을 스캔하면서 단위 질량의 분해능을 가지면 검출 가능한 스캔당 2 ms 내에 각 질량을 스캔한다. 만약 우리가 측정하고자 하는 분석물들의 몇 가지 부류가 있고 우리는 그들의 특징적인 주 질량 조각을 알면 우리는 선택된 질량에 대해서만 숫자를 얻을 수 있도록 MS를 프로그램할 수 있으며 각각의 질량에 대해 지속 시간을 증가시키고 신호-대-잡음비를 증가시키며 감도를 향상시킬 수 있다. 만약 세 가지 연속적인 메틸나프탈렌 동소체의 분포를 원한다면 $M^+ = 142$, 156, 170만을 모니터하면 된다. 1초 안에 이

세 가지 이온은 각각 2 ms 대신 330 ms보다 좀 짧은 시간 동안 모니터되고 50~550 완전-스캔 수득보다 감도가 대단히 향상된다. 사실 사이클 시간을 1에서 0.2초로 줄여도 아직 사이클당 66 ms를 얻지만 GC 피크 모양을 정의하고 샘플링하는 데 초당 한 번 대신 초당 다섯 번을 할 수 있다. 각각의 동소체 종류가 독특한 머무름 시간의 범위에서 용리된다고 안다면 이 기간 동안 그들의 가장 특징적이고 주로 있는 이온들만 모니터하도록 MS 분석을 설정하여 보다 더 높은 감도를 얻을 수 있다. 이러한 수득 방법을 SIM이라고 한다. SIM은 원하는 질량들에 대해서 더 많은 숫자를 수집하여 감도를 향상시키고 그것이 GC-MS에서 피크를 정의하고 더 많은 점들을 적분함으로써 정량적인 정밀성을 향상시킨다. 완전 스캔과 SIM의 낮은 측정값들에 대한 선형 범위의 증가는 그림 13.9에 있는 GC-MS 감도 범위의 두 가지 부분으로 표시되었다. 아주 높은 SIM 감도는 특정한 분석물 화합물에 대한 MS 이온화 효율, 모니터하는 서로 다른 질량들의 숫자, 지속 시간, 사이클 시간의 복잡한 함수이다. 그림 13.9는 가장 괜찮은 조건에서 GC-MS-SIM이 FID 아래 ECD 영역의 검출 한계에 도달함을 보여 준다. 이러한 종류의 분석은 특정한 머무름 시간 범위 내에 용리될 것으로 기대되는 특정 표적 화합물로부터 특정한 특성 이온을 선택하도록 프로그램 혹은 조정하는 것이기에 **표적 화합물 분석(target compound analysis)**이라고도 한다.

부연하자면, XIC와 SIM 크로마토그램의 차이는 전자의 경우, 원하는 이온 질량들이 완전 스캔 데이터 파일로부터 추출되지만 후자의 경우, MS는 선택된 질량들에 대해서만 데이터를 얻도록 한 것이다. SIM을 사용하여 감도와 정량의 정밀성을 향상시키는 능력은 주로 부채꼴 자석(고분해능 MS의 사용을 포함하여)과 사중 극자 MS 기기들에 적용된다. **이온 트랩 MS**나 **TOFMS** 기기는 완전 스캔 모드에서 거의 최적의 감도를 갖는다. 따라서 이들에게는 일반적으로 SIM 분석을 통한 이점이 없고 정량은 XIC 파일들로 된다. GC-MS의 MS는 파괴적이고 질량-흐름 검출기이다. 분석자는 질량 분석 검출기에서만 '완벽한' 내부 표준 물질(IS)을 쓸 수 있는데 이는 안정한 더 높은 질량(예로 ^{2}H, ^{13}C, ^{15}N, ^{18}O)의 동위 원소 원자로 레이블된 똑같은 화학종을 사용한다. 이러한 과정은 **동위 원소 희석 MS(isotope dilution MS, IDMS)**라고 하며 시료의 준비 수율, 유도체화 효율, MS 이온화 효율 등에 있어 차이를 보정한다. 12.12절에서 크로마토그래피 IS에 대해 이미 설명하였다. 그러나 IDMS IS 물질들은 만들기 어렵고 고가이며 상용으로 특별히 중요한 표적 분석물들 몇 천 개만이 이용 가능하다.

13.6.2 | GC-IR 분석기

GC 컬럼으로부터 용리되는 농도들은 분석물이 매우 희석되어 운반 기체 내에 증기로 존재하므로 IR은 MS처럼 민감한 검출기는 아니다. 불행히도 IR은 보통 액체 혹은 고체 매트릭스 내의 분석물에 대하여 수행하므로 증기 상태의 IR 스펙트럼의 라이브러리는 다른 상에 비하여 광범위하지 않고 스펙트럼도 상당히 다르다. 사실 증기상 IR 스펙트럼은 예리하고 다른 상에서보다 많은 해석 구조를 가지지만 그에 합당한 고농도 범위를 얻을 수 없다. 스펙트럼은 검출기 셀을 통하는 피크의 흐름을 통해 얻어지게 된다. 이를 필수적인 푸리에 변환 IR(FTIR) 과정의 빠른 샘플링을 통해 획득하며, 길고 좁은 실린더형 **빛 파이프** 흐름 셀의 한 쪽 끝에서 다른 쪽 끝까지 FTIR로부터의 빛이 지나가고, GC 용리물이 평평한 IR 통과 물질로 밀봉된 창을 양 끝에 가지는 튜브의 한 쪽 끝에서 들어가고 다른 쪽 끝에서 나간다. 셀은 분석물 증기가 응축되지 않도록 가열되어야 한다. 내부의 옆면 벽은 IR을 반사하는 금 필름으로 코팅하며 빛은 파이프 내부에서 완전 내부 반사 과정을 통해 갇힌 상태를 유지한다.

셀은 GC 컬럼 외부의 띠넓힘을 일으키지 않도록 충분히 작은 부피를 가져야 한다. 이는 피크에서 희석된 분석물 증기로부터의 IR 흡수를 증가시키는 데 필요할 정도로 부피가 길어야 한다는 요구점과 상충된다. IRD는 비파괴적인 농도 검출기이며 그 흡수 신호는 농도와 경로 길이에 비례한다는 것을 기억하

자. 무언가를 포기해야 한다면, 감도를 포기해야 한다. FTIR 획득 과정은 더 많은 스캔을 수행할 수 있는 시간이 주어진다면 감도를 향상시킬 수 있다. 이것을 수행하는 한 가지 방법은 피크가 셀 안에 있을 때 (검출기의 출입구 각각 흐름의 잠금 밸브들을 닫는 것에 의해) 운반 기체 흐름을 멈추는 것이다. 적절한 시간 동안은 확산이 셀 바깥으로 그리 많이 일어나지 않을 것이다. 이러한 **흐름 정지 분석**(**stopped flow analysis**)은 편법으로 흐름을 잠시 정지하는 동안 컬럼 내의 다른 크로마토그래피 피크들이 조금씩 퍼질 수 있으며 분석자는 언제 흐름을 정확히 멈추어야 하는지 사전에 알아야 하며 특히 많은 피크들에 대하여 이런 방법을 수행하고자 한다면 분석 시간이 극적으로 증가하게 된다. 그림 13.9에 (IRD) GC-IR의 낮은 감도가 표시되어 있으며 장비는 대부분의 GC-MS보다도 더 고가일 정도이다.

그렇다면 왜 누군가는 GC-IR을 사용하기를 원하는가? 우리는 MS의 정보가 같은 분자량을 가진, 앞서 언급된 메틸나프탈렌들과 같은 많은 이성질체들을 구별하지 못한다는 것을 보아 왔다. GC 상에서의 표준 물질과 머무름 데이터가 이들을 구별하는 데 도움이 될 것이다. 그러나 몇몇 물질이 같이 용리된다면 GC-MS가 피크 안에 각각의 성분이 얼마나 들어 있는지 혹은 어떤 성분이 있는지 없는지를 알려줄 수 없다. 이러한 예로는 'BTEX' 방향족 탄화수소들에 대한 중요한 GC 분석에서 볼 수 있다(13.3절, 그림 13.7b). PDMS 컬럼 정지상에서 *para*- 및 *meta*-자일렌들이 함께 용리된다. 세 가지 자일렌은 모두 질량 스펙트럼으로는 구별이 불가능하다. 카보왁스-형태의 정지상은 그들을 분리할 수 있으나(그림 13.7a), 다른 분석물들을 나중에 더 고온에서 용리해야 한다면 PDMS만큼 안정적이지는 않다. GC-MS에서 분해된 GC 피크들의 전체 스펙트럼을 검사하여 표준 물질의 머무름 데이터가 없어도 스펙트럼 라이브러리 매칭을 통하여 판별할 수 있다. IR 스펙트럼은 MS 스펙트럼이 같게 보이는 구조 이성질체들 사이를 구별할 수 있다. GC-IRD는 비파괴적이기 때문에 IR 스펙트럼을 얻은 후 피크들을 FID나 MS와 같은 파괴적인 검출기에 연결할 수 있다. GC-FTIR-MS 기기는 매우 복잡하고 고가이지만 분리된 분석물들의 성질을 밝히는 데에 있어 매우 강력하다.

13.6.3 | 통합적인 이차원 기체 크로마토그래피(GC×GC 또는 GC^2)

13.6절의 시작에서, 어떻게 추가적인 다른 GC 컬럼이 연달아 더해져서 GC 분석에 있어 두 번째 차원을 더할 수 있는지 서술하였다. 이러한 제2차원은 검출기에서의 스펙트럼이 아니라, 첫 컬럼과는 다른 분리 능력을 가진 아주 빠른 GC 컬럼이다. 두 번째 짧고 빠른 컬럼의 속도(13.3절의 '빠른 GC' 참조) 때문에 첫 컬럼의 보다 길고 느린 분리로부터 용출된 용출물을 잠시 정지시켜 수집하여 빠르게 분석할 수 있다. 두 번째 컬럼은 첫 컬럼과는 다른 극성의 특징을 가지므로 첫 컬럼으로부터 붙잡힌 피크에서 같이 용리되는 여러 성분들을 분리할 수 있다. 첫 컬럼에서의 크로마토그램에서 반복적으로 순차적인 조각들을 붙잡아 두 번째 컬럼으로 옮기는 방법은 무엇인가? 일정한 길이의 코팅되지 않은 용융 실리카 모세관 튜브로 둘 사이를 연결하는 것이다. 이 부분은 **포집**(**trap**)을 위해 순간적으로 냉각된 후 두 번째 컬럼에 보낼 부분을 **탈착**(**desorb**)시키기 위해 순간적으로 가열된다. 특정 기기들에서는 순간 냉각에 액체 질소의 제트를 이용하고 순간 가열은 모세관의 외부에 전기 전도성 페인트를 통해 이루어진다. 이것은 전기로 가열되는 자동차 후면 유리창의 성에 제거기에 쓰이는 것과 같은 물질이다. 이러한 과정은 바로 용융 실리카 모세관 컬럼의 얇은 벽이 아주 열전도도가 높기에 가능하다. 이러한 연결 장치를 **열적 조정기**(**thermal modulator**)라고 한다. 이렇게 순차적으로 연결된 컬럼 한 쌍의 끝에 검출기로부터 데이터를 얻어 첫 컬럼으로부터 동등한 시간 구간을 가지는 빠른 연속 분리(두 번째 컬럼의 GC '스캔')의 결과물로서 저장한다. 이것은 전체 스캔 GC-MS 데이터 파일과 유사하며 컴퓨터 시스템은 발달된 2D TLC 판 혹은 2D 젤 전기 이동 판과 마찬가지로 평면의 2D 점들의 배열로서 데이터 집단을 표시한다. 각각의 '점'은 하나의 피크이고 정량은 1D GC에서처럼 피크 바탕선에서 적분한 면적 대신에 피크 면적을 적분한 부피로 표시된다. 많은 동일 용리 물질들이 따라서 분해되며 주입된 모든 성분이 측정되므로 **통합적**이다. 이러한 면에

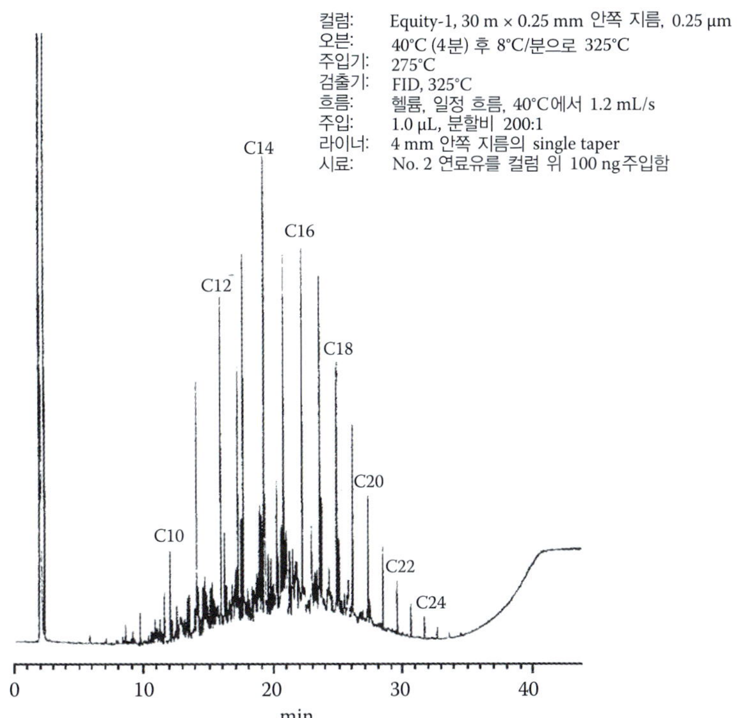

그림 13.17 탄화수소 연료유의 선형 프로그램 온도 GC-FID 분석 결과 (Reprinted with permission of Supelco, Inc., Bellefonte, PA, www.sigmaaldrich.com/supelco.)

서 선택된 피크만을 밸브로 우회시켜 두 번째 느린 컬럼에서 추가 분리를 하는 **심부-컷 방식의 2D GC**와는 다르다. 통합적인 GC×GC-FID를 사용하면 그림 13.17에 일차원 분리가 도시된 가벼운 연료의 경우 3000~4000개의 정량 피크들을 분해할 수 있으며, 이 책에서 크기와 해상도로 표시하기에는 한계가 있다.

열적 조정기의 추가적으로 중요한 점은 이것이 머무름 갭(그림 13.5)과 유사한 형태로 역할을 한다는 것이다. 느리게 움직이며 나중에 용리되는 피크는 첫 컬럼을 나와 냉각 트랩 시에 점차 농축되며 갑자기 순간적으로 기화되어 두 번째 컬럼의 선단으로 아주 빨리 이동하면서 첫 번째 머무름 갭 주입 때처럼 아주 좁은 띠로 '재농축'된다. 두 번째 컬럼의 빠른 분리는 이러한 매우 좁은 피크 너비를 유지시키며 검출기에서 피크 높이는 첫 컬럼을 빠져나갈 때보다 높아지므로 피크의 신호-대-잡음비가 크게 향상된다. 어떤 경우에는 S/N의 향상이 열 배 이상이 되기도 하므로 함께 용리되는 물질들을 분리할 수 있는 두 번째 컬럼이 필요 없어도 열적 조정기가 쓰일 만한 가치가 있도록 한다.

13.7 GC 분석의 범위

적절히 구성된 GC 기기는 가장 작은 분자(수소 기체)부터 1000 Da 정도의 질량을 가진 분자들까지 분리하고 확인할 수 있다. 질량 상한선은 고온에서 높은 열안정성을 가지고, 극성이 매우 낮아서 끓는점이 낮은 화합물에만 적용된다. 이러한 화합물의 예는 *n*-알케인으로서, 이들은 Kovats RI 체계에서의 기준 물질들이며 선형 온도 프로그램에서 용리될 때 특징적인 '피켓 펜스' 프로파일을 보인다. 그림 13.17에 가벼운 연료용 오일의 FID 크로마토그램을 나타내었다. 더 무거운 비정제 석유 오일의 경우 이 패턴이 *n*-C60 혹은 그 이상까지 확장될 수 있다. 제한 요소는 아래와 같다.

1. 화합물을 효율적으로 기화시키는 능력
2. 충분한 시간 동안 분석물을 이동상에 분배시키기에 충분한 온도에서 분해되지 않는 정지상. 이는 적

절한 시간 내에 분석물이 컬럼을 통과하게 하고 배경 잡음보다 훨씬 높은 피크를 생성하기에 충분히 빨리 컬럼을 빠져나오게 한다. 매우 천천히 용리되는 화합물의 경우 아주 조금씩 검출기로 들어가므로 피크가 퍼져 결국 배경 잡음보다 별로 높지 않아 구분이 어려워지고, 바탕선 표류 현상(baseline drift)을 보인다.

3. 컬럼 튜빙 자체가 필요한 온도에서 안정해야 한다. 용융 실리카 모세관의 외부 코팅으로 긁힘을 방지하는 폴리이미드는 약 380°C까지만 안정하다. 어떤 특수한 정지상은 이 한계를 넘어서며 금속 모세관을 필요로 한다. 이때 이 온도에서 분석물이 반응하는 것을 막아야 하기 때문에 실리카를 내부 코팅할 수 있으며 컬럼 코일이 휘는 것은 불가능해진다.

분리와 확인, 정량을 결합한 다른 크로마토그래피 기술에 비해 GC가 지닌 장점은 특정 혼합물에 대해 한 번의 분석에서 확인할 수 있는 화합물의 숫자이다. 그림 13.17의 연료유에 대한 모세관 GC-FID 분석은 해결된 분석의 예를 보인 것이다. 연속적인 *n*-알케인 피크들 사이에 위치한 보다 작은 피크 영역을 확대하면 15~20개의 분리된 탄화수소들을 볼 수 있다. GC-MS SIM이나 GC-MS XIC 크로마토그램의 사용을 통해 FID 크로마토그램에서는 구별하기 어려울 정도로 많이 중첩되거나 작은 탄화수소 피크들도 분리하여 해석해 낼 수 있다. 그들 중에는 이전에 다룬 메틸나프탈렌 동소체들이나 많은 다른 탄화수소 '집단'들일 수도 있다. 13.6.3절에 묘사한 것과 유사한 연료유에 대한 상호 보완적인 2D GC-FID 분석에서 3000~4000개의 피크들이 분리되고 정량되었다(대략적으로 이들 중 다수는 표준물이 확실히 없기 때문이다). 이렇게 놀라운 수행력은 여러 개의 모세관 GC 분리의 극도의 분리 능력과 민감하고 넓은 동적 범위를 가진 FID의 기여에 의한 것이다.

13.7.1 | GC에 의한 기체 분석

GC는 기체 혼합물(상온에서 증기 상태인 화합물) 분석에 선택 가능한 방법이다. 시료를 취해서 GC 기기에 도입하는 과정은 순수한 액체나 희석된 용액 시료를 주입하는 표준화된 주사기 주입이나 SPME 기술(13.1절)과는 다르다. 공기 중 혹은 물에 녹아 있는 미량 수준의 기체는 분석자가 수백 밀리리터 중의 1밀리리터라도 주사기로 취해 주입할 수 있는 부피로는 측정하기에 너무 낮은 수준이다. 수백 밀리리터의 물을 GC 컬럼에 주입하고자 하는 분석자는 아무도 없을 것이다!

공기 중의 미량의 기체는 다량의 부피(몇 세 제곱미터의 부피까지도)의 기체를 펌프로 흡입하여 한 시간 혹은 그 이상의 기간 동안 **트랩(trap**, 특별한 흡착제로 채워진 튜브 혹은 판)을 통하여 채취할 수 있다. 한 가지 특별히 유용한 흡착제는 충전된 **Tenax**® 입자로서 폴리페닐 에터 고분자(...−Φ−O−Φ−O−...)에서 Φ = 6-탄소 방향성 *para*-페닐렌 고리)로 만들어진 구체이다. 어떤 것들은 고분자 뼈대에서 페닐렌 단위에 추가적인 페닐 고리가 달려 있다. 이 흡착제는 상온에서 작은 유기 기체 분자들을 흡착하며 고정 기체들과 물 기체를 통과시킨다. 시간이 지나 천천히 포집된 대량의 공기로부터 이들 유기물이 농축된 후에 트랩 오븐은 가열되어 혼합물을 탈착시켜 그 즉시 저분자량 기체 분석을 위해 준비된 GC로 보내진다. 또 다른 형태의 트랩은 **활성탄(activated charcoal)**을 사용한다. 이 트랩은 열적 탈착이 용이하지 않으며 시료 채취 후에 트랩 충전제를 비우고 분석물들을 이황화 탄소 용매로 탈착시켜 거르고 농축한 후 일반 저온 GC 시스템에 주입한다. 이 방법은 Tenax를 이용한 열 탈착 방법에서보다 큰 분자량의 기체 분자 범위에 대하여 더 잘 작동한다. 그림 13.14에서 새 GC 컬럼은 거의 상온에서 동작하지만 고정 기체들과 저분자량 유기물들을 동시에 용리시킨다. 이러한 종류의 분석의 미량의 시료 채취에는 고정 기체의 경우 덜 휘발성인 작은 유기물들을 Tenax로 트랩한 후에 액체 질소에 의한 **동결 트랩(cryotrapping)**이 필요하다. 단일 GC 컬럼이 이들 양쪽 계열을 동시에 분리할 수 있다는 것에 주목할 만하다.

물속 미량의 기체나 휘발성 물질은 물 시료를 기체(질소 혹은 헬륨) 방울로 시료 병의 바닥에서 **프릿**

(**frit**)으로 도입하여 **퍼지(purging)**함으로써 채취할 수 있다. 퍼지된 증기와 다량의 물 증기는 Tenax나 과량의 물이 머물지 않는 다공성 고분자 구체로 충전된 트랩을 통과한다. 분석물 증기가 시료로부터 완전히 퍼지되어 트랩에 잡힌 후에 그들은 열탈착되어 GC 컬럼에서 분리되어 공기 중 미량 기체에 대한 과정과 유사한 방법으로 검출된다. 여러 개의 물 시료에 대하여 이러한 과정을 순차적으로 수행하도록 GC에 연결된 전용 기기가 존재하며 **퍼지 앤 트랩 시료 채취기(purge and trap sampler)**라고 한다.

상온에서의 휘발성 물질을 위한 트랩은 적절한 시간 내에 용리하기에는 너무 낮은 온도에서 작동하는 GC 컬럼처럼 행동한다. 시료가 긴시간에 걸쳐 계속 로딩되므로 트랩은 결국 분석물에 의해 포화되고 트랩 튜브를 통해 느리게 '용리'되면서 분석물들이 트랩의 출구 쪽으로 빠져 나오기 시작할 것이다. 이때 트랩 내 분석물의 양은 평형값에 도달하고 더 이상 시료 부피 내 시간-평균 농도에 비례하지 않게 된다. 이를 '**돌파(break through)**'가 발생했다고 한다. 주 트랩 뒤에 더 작은 트랩을 추가할 수도 있다. 더 작은 트랩에서 탈착시켜 분석하였을 때 분석물이 검출되지 않는다면 이를 제거하거나 탈착 온도에 남겨두어서 분석자는 주 트랩에서 돌파가 발생하지 않는다고 확신할 수 있고 주 트랩의 흡착물들을 탈착하여 분석을 진행할 수 있다.

13.7.2 | GC의 한계

GC는 특별히 환경 오염 물질을 모니터링하거나, 합성 화학 제조 시의 공정 및 오염 물질 관리, 복잡한 원유 탄화수소 혼합물을 확인하는 등 많은 화합물의 혼합물을 분석하는 데 매우 유용하고 혼합물의 휘발성이 높을 때 특히 돋보인다. 21세기의 크로마토그래피 장비의 거대한 적용 분야에는 생화학, 의학, 약학 연구가 있다. 생명과학에서의 화학은 일반적으로 수용액 화학인데, 많은 화합물들이 이러한 극성 용매에서 작용하도록 똑같이 극성이다. 생명 과정의 복잡성은 효소, 단백질, 수용체, 호르몬, 디옥시리보핵산(DNA)의 이중 나선, 리보핵산(RNA) 등 많은 복잡한 분자들이 필요하다. 이들은 일반적으로 극성이고 산 혹은 염기 작용기를 많이 가지며 유도체화를 시도하더라도 심하게 열적 분해로 손상되지 않고 GC에서 휘발되기에는 너무 크다. 생리적 온도에서 이렇게 복잡한 혼합물들을 분리, 정성 및 정량 분석을 하기 위하여 액체에서의 크로마토그래피가 필요하다. GC는 크로마토그래피에서 기기 발전을 이끌어 왔지만 이제는 액체에서 수행되는 방법으로 넘어가고 있다. 유전체학이나 단백질체학 실험실에서 GC 장비를 보기는 쉽지 않다. 14장에서는 액체 상태에서의 크로마토그래피를 위한 장비와 방법들에 대해 관심을 집중하고자 한다.

문제

13.1 다음 각각의 범주에 대하여 충전 GC 컬럼 혹은 열린관 GC 중 어느 쪽이 가장 나은 수행력을 제공하는지 답하시오.

1. 분석물의 허용량
2. 피크 분해능
3. 주어진 시간 내에 분리 가능한 피크의 숫자
4. 메이크업 기체 흐름이 필요 없는 검출기의 작동
5. 질량 분석기로의 연결의 용이성
6. FTIR 분광기로의 연결의 용이성
7. 별개의 가열 주입부가 필요 없는 작동
8. 가장 긴 컬럼을 사용할 수 있는 능력

9. 가장 '비활성화'된 안정한 컬럼을 만들 수 있는 능력

13.2 다음 범주에 대하여 어떤 주입 방법(분할 혹은 비분할)이 가장 적합한지 답하시오.

1. 보다 민감한 검출
2. 용매 피크 꼬리 끌림이 보다 적음
3. '순수 액체' 시료의 주입에 가장 적절
4. 충전 컬럼 적용에 적합하지 않음
5. 온도 프로그래밍을 시작하기 전 초기 온도를 유지할 필요가 있는 경우
6. 기체 샘플링 밸브 주입에 의한 작동에 선호됨
7. SPME 탈착을 할 때 가장 좋음

13.3 다음 사항들이 머무름 시간에 미치는 효과는 무엇인가(길어짐, 짧아짐, 변화 없음)?

1. 셉텀에 구멍이 남
2. 컬럼 블리딩에 의한 정지상의 소실
3. 고온에서 컬럼의 사용
4. 높은 입구 압력에서의 컬럼 사용
5. 비휘발성 오염 물질들을 제거하기 위해 컬럼의 5%를 잘라냄
6. 온도가 올라갈 때 PDMS 컬럼에서 공기 피크의 용리
7. 흐름, 온도 및 컬럼이 같을 때 운반 기체를 헬륨에서 질소로 바꿈
8. 컬럼을 검출기에 연결 시 조금 새어 나오는 경우
9. 컬럼을 주입기에 연결 시 조금 새어 나오는 경우

13.4 셉텀 블리딩이 퍼지는 GC 피크를 어떻게 야기하는지 순차적으로 일련의 과정을 설명하시오.

13.5 컬럼 블리딩은 왜 그러한 퍼진 피크를 야기하지 않는가? 컬럼 블리딩의 GC 결과의 특징(signature)은 무엇인가? 이러한 특징은 등온 GC 혹은 온도 프로그래밍 GC 중 어디에서 더 잘 관찰될 것인가? 그 이유는 무엇인가?

13.6 다음 각각의 분석물 혼합물들에 관하여 질문에 답하시오.

1. 전혈로부터 휘발된 HCN
2. 순수한 가솔린
3. 헥세인 내에 각각 1 ppm 존재하는 유기인계 살충제들
4. 수영장 물 안의 미량의 휘발성 염화탄소들
5. 공기 중 미량의 비활성 기체들
6. 천연 가스 파이프라인에서 주 탄화수소들을 빠르게 반복적으로 채취한 것
7. 원유의 dimethylbenzothiophene($C_{12}H_8S$) 동소체들
8. 변환기 유체 내 50 ppm 미만의 PCB(polychlorinated biphenyl) 혼합물
9. 톨루엔 중 각각 0.1% 농도로 존재하는 두 개의 완전 미지 피크들
10. 정유소 공기 중 BTEX 증기

A. 위의 각각의 시료에 대하여 가장 좋은 샘플링 및 주입법은 어떤 것인가? (아래에서 고를 것)

a. 분할 주입
b. 비분할 주입
c. SPME
d. 헤드스페이스 SPME
e. 가스 밸브 주입
f. Tenax 트랩에 의한 열 탈착

g. 퍼지 앤 트랩 샘플링

B. 이들 시료를 분석하는 데 가장 적합한 검출기를 13.5절(그리고 13.6절의 이종 기기 연결법 예 중 한 가지만)로부터 하나 또는 그 이상 선택하시오.

C. 각각의 시료에 대하여 아래 어떤 컬럼이 적합한가?

a. 10 m Porapak PLOT Q

b. 20 m × 0.25 mm × 0.25 μm PDMS

c. 5Å 분자체

d. 40 m × 0.18 mm × 0.1 μm PDMS

e. 10 m SolGel-WAX 컬럼

13.7 A. 용융 실리카에 증착된 PDMS 고분자 상의 일부분의 구조식을 그리시오.

B. 가교-결합된 PDMS 상의 구조를 그리시오.

C. 결합된 PDMS 상의 구조를 그리시오.

D. 결합된 그리고 가교-결합된 PDMS 상의 구조를 그리시오.

13.8 그림 13.4와 13.8에 그려진 크로마토그래피 시스템을 사용하여 두 개의 trichloronaphthalene 동소체를 분석하고자 한다.

1. 13.5절의 어떤 선택적 검출기가 가장 적합한가?
2. 질소 운반 기체를 사용하면 흐름 속도를 얼마로 사용하여야 하는가? (cm/s)
3. 수소 운반 기체를 사용하면 흐름 속도(cm/s)를 얼마로 사용하여야 하는가?
4. 이러한 흐름 속도를 어떻게 설정해 측정하는가?
5. 다음 화합물(Cl_2, CH_3Cl, 혹은 클로로벤젠) 중 선형 흐름 속도를 측정하기에 가장 적합한 것은 무엇인가?
6. 수소 운반 기체를 사용할 경우 어떤 보조 기체들이 필요한가?
8. 더 많은 염소들이 달린 클로로나프탈렌들이 존재한다면 어떤 온도 프로그램이 쓰여야 하는가?
9. 첫 두 물질이 분리되지 않는다면, 분리를 달성하기 위해 컬럼에서 바꿀 수 있는 세 가지가 무엇인지 기술하시오.

13.9 13.5절에서 어떤 검출기가 다음 각각의 분석물에 적합한가?

1. 네온
2. 공기 중 크립톤과 제논
3. 공기 중 질소
4. 이산화 탄소
5. 헥세인 중 미량의 사염화 탄소
6. 미량의 '스컹크 냄새'인 *n*-뷰틸 머캅탄, C_4H_9SH
7. 용매 중 미량의 PCB 혼합물
8. 공기 중 미량의 trinitrotoluene(TNT) 증기
9. FAME들의 혼합물
10. 무거운 원유 시료
11. 휴대용 모니터링 GC 기기로 미량의 BTEX 혼합물

13.10 다음 시료들의 분석에 어떤 이종 기기 연결 GC 시스템 검출기와 검출 모드(13.6절)가 가장 적합한가?

1. 식물 추출물 중 100개의 서로 다른 농약들을 라이브러리 조사에 의한 확인
2. 연료유 시료 중 미량의 모노-, 다이-, trimethyldibenzothiophene 동소체 찾기
3. (2)에서 찾은 화합물들과 진짜 동소체 표준물들과 같은지 확인하기
4. 스펙트럼 라이브러리를 이용하여 (2)에서 찾은 화합물들을 확인하기

5. 연료 기름 시료 내 가능한 최대 숫자의 성분들을 가장 넓은 농도 범위에서 확인하기
6. 탄화수소 혼합물 중 소량의 예상치 못한 동소체 계열을 검출한 후에 그 계열을 확인하고 그들이 모두 유사한 상대 감응 비(RRF)를 가진다고 가정할 경우 이 화합물 소집단에 대한 피크들의 상대적 양에 의해 정량하기

13.11 그림 13.7과 13.8의 크로마토그램에서 용출되는 모든 화합물이 동일한 검출기 RRF를 가지며 모두 같은 농도로 존재한다고 가정한다. 피크들의 높이는 시뮬레이션된 크로마토그램의 '이상한' 인공적인 피크들과 어떻게 다른가? 100 ℃ 등온 분석과 온도 프로그래밍된 실제 크로마토그램을 동일한 머무름 시간 척도로 그려보시오. 피크 높이, 면적 및 너비의 차이를 야기하는 것은 무엇인가?

참고문헌

Barry, E.F.; Grob, R.L. *Columns for Gas Chromatography: Performance and Selection*. Wiley: New York, 2007

Blumberg, L.M. *Temperature-Programmed Gas Chromatography*. Wiley: New York, 2010.

Cazes, J. *Encyclopedia of Chromatography*. Marcel Dekker Inc.: New York, 2001.

Grob, R.L. *Modem Practice of Gas Chromatography*, 4th edn. Wiley: New York, 2004.

Hubschmann, H.-J. *Handbook of GC-MS: Fundamentals and Applications*. Wiley: New York, 2008.

Jennings, W.; Mittlefehlt, E.; Stremple, P. *Analytical Gas Chromatography*, 2nd edn. Harcourt Brace: Orlando, FL, 1997.

Koel, M. *Ionic Liquids in Chemical Analysis*. Taylor & Francis: Boca Raton, FL, 2008.

McMaster, M. GC/*MS: A Practical Users Guide*, 2nd edn. Wiley: New York, 2008.

McNair, H.; Miller, J.M. *Basic Gas Chromatography*, 2nd edn. Wiley: New York, 2009.

Niessen, W.M.A. (ed.) *Current Practice of Gas Chromatography−Mass Spectrometry*. Marcel Dekker, Inc.: New York, 2003.

Rood, D. *A Practical Guide to the Care, Maintenance, and Troubleshooting of Capillary Gas Chromatographic Systems*, 3rd revised edn. Wiley: New York, 1999.

Scott, R.P.W. *Chromatographic Detectors*. Marcel Dekker, Inc.: New York, 1996.

Scott, R.P.W. *Analytical Gas Chromatography*, 2nd edn. Marcel Dekker, Inc.: New York, 1998.

Sparkman, O.D.; Pentan, Z.; Kitson, F.G. *Gas Chromatography and Mass Spectrometry: A Practical Guide*, 2nd edn. Elsevier Academic Press: Oxford, U.K., 2011.

CHAPTER

14 액체 크로마토그래피

14.1 고성능 액체 크로마토그래피

중력을 이용한 액체 크로마토그래피(LC) 분리는 유기 연구실에서 합성 혼합물을 분리하는 데 일반적으로 사용되어 왔다. 액체는 기체보다 점도가 높으므로, 좁은 통로로 액체를 강제로 흐르게 하려면 컬럼에 큰 압력을 가해야 하고, 컬럼은 그 압력에 견딜 수 있어야 한다. 작은 지지체 입자는 극도로 얇은 정지상 층으로 코팅되어야 하고, 단단하게 충전되어 고압력 펌프에 의해 미세 입자들 사이로 이동상이 통과할 때 분리도를 저하시키는 빈 공간이 발생하지 않아야 한다. 검출기는 작은 부피의 분석물 피크를 검출할 수 있도록 설계되어야 한다. 기기화된 LC를 고성능 액체 크로마토그래피(HPLC) 혹은 초고성능 액체 크로마토그래피(UHPLC)라고 한다. 이 방법은 초기에는 고압 LC를 의미하는 것으로 인식되었는데, 이는 HPLC가 가능하도록 필요한 압력을 조절할 수 있는 장치이기 때문이다.

HPLC는 GC보다 시장 규모가 더 크다. GC 시료는 상대적으로 분자량이 작고, 전기적으로 중성이며, 극성이 낮고 열적으로 안정해야 하는 한계가 있기 때문이다. 생화학적으로 중요한 분자들은 GC의 분석 범위를 벗어난다. GC에 비해 LC는 변화시킬 수 있는 변수가 많으며, 이에 따라 그들을 분류한다. 일부는 분리 메커니즘(예를 들어 분배, 흡착, 크기 배제, 이온 교환, 친화)에 따라 명명된다. 그 외는 분리 기술의 설계(예를 들어 얇은 층, 고압력 컬럼, 전기 이동)에 따라 분류된다. 전기 이동은 크로마토그래피 방법은 아니지만, 피크, 용리 시간, 모세관 컬럼, 2D판, 크로마토그래피 형태의 검출기 사용 등과 같이 유사한 특징을 가진다.

HPLC의 주된 방법은 **분배 크로마토그래피(partition chromatography)**이다. 초기에는 비극성 액체 이동상과 물이 흡착된 실리카 입자 사이에 분석물이 분배되어 **정상(normal phase, NP)** 크로마토그래피로 알려졌다. 생물학적 시스템에서 자주 보는 극성 물질 분석이 요구되면서 그 반대 방법이 더 유리하게 되었다. 상대적으로 극성이 높으면서 수용성인 이동상은 흡착된 물 분자가 아닌, 비극성 유기 작용기가 공유 결합으로 붙어 있는 입자 사이로 분석물을 운반한다. 이것을 **역상(reversed-phase)** HPLC 방법이라고 하며, 현장에서 주로 쓰이고 있다.

14.1.1 | HPLC 컬럼과 정지상

GC와 HPLC를 비교해 보면, 전형적인 모세관 GC 컬럼은 내부 지름이 약 0.25 mm(250 μm)이며 내벽은 전형적인 고분자 정지상으로 0.25 μm(250 nm)로 코팅되어 있다. 기체상에서 분석물의 확산 속도는 매우 높으므로 매우 빠르게 평형을 이룰 수 있지만, 액체에서의 확산은 느리다. 평형 상태에 도달하기 위해 모세관 LC 시스템으로 축소한다면, 아마도 크기는 수 μm 크기로 매우 작아야 하며 GC와 비슷한 상비를 유지하려면 정지상 코팅은 수 nm의 두께로 줄여야 하는데, 이것은 단일 분자의 크기 정도이다. 이런 크기의 열린관 LC 컬럼은 시료 용량이 너무 작아서 이런 규모에서 검출할 수 있는 검출기를 만들기 어려울 것이다. 모세관 HPLC는 시료가 매우 적은 양일 때 제한적으로 사용하며, 모세관 GC만큼 흔히 사용되지는 않는다.

LC를 고성능으로 유지하기 위해서 GC 충전 컬럼보다는 훨씬 작은 입자의 얇은 정지상으로 코팅되어야 한다. 일반적으로 1.7~10 μm 범위의 일정한 지름을 가지는 구형 실리카 입자를 사용하며, 단단히 채워진 입자들 사이의 틈새 공간도 비슷한 크기가 될 것이다. GC 충전 컬럼의 지지체 입자는 큰 반면에, 이들 LC에 사용되는 입자들은 분석물이 입자에 확산될 수 있도록 더 크기가 더 작으면서 내부에 **다공성을 지니고 있는 경우**가 있다. GC의 정지상 코팅은 유사-액체 형태의 고분자와 같으며, 이상적으로는 기체상에서 분자가 확산/용해/분배가 되는 상이다. 반면에 다공성 마이크로-HPLC 컬럼 입자의 정지상은 실리카 표면의 실란올기에 화학적으로 결합한 유기 단일 분자층이다. 가장 널리 사용되는 작용기는 *n*-C18과 같은 긴 탄화수소 사슬(**옥타데실실릴기, ODS**)이다. 사슬을 뻗으면 수 nm 정도 길이이다. 코팅된 미세 다공성 입자의 구조는 그림 14.2에 나타나 있다. 여기서 HPLC와 충전/모세관 GC 정지상 사이에 비교되는 요소들이 있다.

1. LC에서 정지상 분자들은 고체 지지체 표면에 **결합**되어 있지만, **가교 결합**은 드물다.
2. HPLC의 정지상은 GC 고분자 코팅처럼 완전한 유체가 아닐 정도로 매우 얇다.
3. 일반적으로 입체 장애와 과밀도로 인하여 실리카 표면의 모든 자유 실란올 결합 자리에 ($-O-Si-(CH_3)_2C_{18}H_{37}$ 기와 같은) 분자를 붙이는 것은 불가능하다.
4. GC와 비교하여 이들 미반응 실란올 자리는 이동상과 유사하므로 크로마토그래피의 성능을 저하시키는 활성 자리로 작용하기 쉽다.
5. 지지체 표면에 남아 있는 미반응 실란올 활성 자리는 $-Si-(CH_3)_3$와 같은 짧은 작용기로 반응시켜 막는다. 이러한 과정을 **끝막음(endcapping)**이라고 한다.
6. 액체 이동상의 조성이 변하면 정지상 분자의 배열도 변해서 상호작용하므로 일부 분석물은 분배 거동에도 영향을 준다. 이동상 조성에 따른 정지상 거동 변화는 GC에서는 나타나지 않으며, 이것이 HPLC 분리 거동을 더 복잡하게 만든다.

(a)

(i) Si–OH + Cl–Si(CH$_3$)$_2$–(CH$_2$)$_{17}$CH$_3$ → Si–O–Si(CH$_3$)$_2$(CH$_2$)$_{17}$CH$_3$ + HCl↑

(ii) (Si–OH)$_3$ + 2Cl–SiCl$_2$–(CH$_2$)$_{17}$CH$_3$ → (Si–O)$_2$Si(Cl)(CH$_2$)$_{17}$CH$_3$, Si–O–SiCl$_2$(CH$_2$)$_{17}$CH$_3$ + 3HCl↑

↓ 3H$_2$O

(Si–O)$_2$Si(OH)(CH$_2$)$_{17}$CH$_3$, Si–O–Si(OH)$_2$(CH$_2$)$_{17}$CH$_3$ + 3HCl↑

(iii) Si–OH + Cl–Si(CH$_3$)$_2$–CH$_3$ → Si–O–Si(CH$_3$)$_2$–CH$_3$ + HCl↑

(b)

(i) Si–O–Si(CH$_3$)$_2$–(CH$_2$)$_{17}$CH$_3$

(ii) Si–O–Si(CH$_3$)$_2$–CH$_3$

(iii) Si–OH

그림 14.1 ODS 실리카 HPLC 정지상의 형태: (a) i, 단위체 C18의 합성; ii, C18 중합체의 합성; iii, 끝막음. (b) i, C18 단위체 리간드; ii, 끝막음된 실란올; iii, 실란올 잔기. (From Cazes, J., *Encyclopedia of Chromatography*, Marcel Dekker, Inc., New York, 2001. With permission)

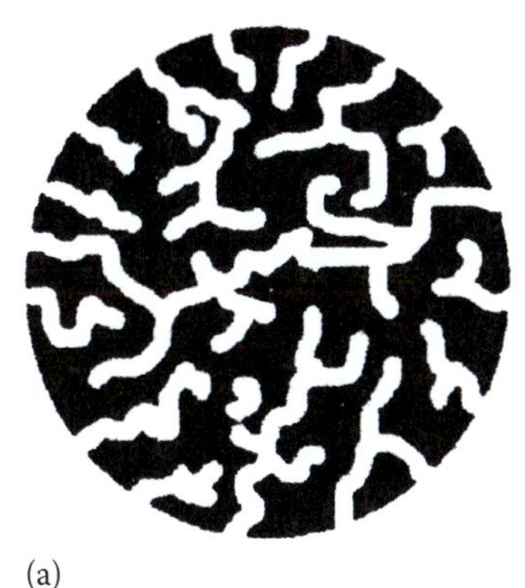

(a)

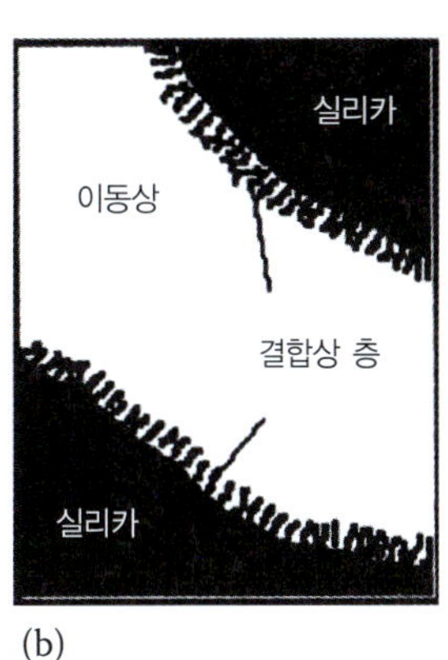

(b)

그림 14.2 결합상 HPLC 입자의 미세다공성 구조. (a) 컬럼 충전 입자는 벌집 모양의 공동이 있다. 대부분의 표면적은 이러한 공동 안에 있다. (일반적으로 동공의 그림은 입자 지름의 1~5% 정도임.) (b) 실리카 표면에 알킬 사슬이 결합된 층이 있는 동공의 확대 단면적 (Reprinted with permission of Supelco, Inc., Bellefonte, PA.www.sigmaaldrich.com/supelco.)

7. HPLC 컬럼 내에서 틈새 통로 차이로 균일한 흐름을 막지 않기 위해서는 안정하고 균일한 구형 형태의 입자가 필요하다. 또한 틈새 부피를 막아서 이동상 흐름을 막거나, 새 통로가 만들어질 수 있는 μm 크기의 입자들은 이동상 용매로부터 **걸러져야** 한다.
8. 이동상 안에 용존 기체는 컬럼 내의 압력 변화로 인하여 거품을 형성할 수도 있다. 용존 기체 거품은 흐름을 막거나, 새로운 경로를 만들기도 하여 분리도를 감소시키고, 경우에 따라서는 컬럼을 막을 수도 있다. 거품이 다시 용해되어도 충전제 안에서 결과적으로 더 큰 거품 방울을 만들어서 컬럼 외 띠넓힘 현상을 나타나게 한다. 이동상 액체를 사용하기 전에는 진공하에서 여과하거나, 불용해성 헬륨 기체를 미세 기포를 통해 **분사(sparging)**하여 용존 기체를 제거해야 한다.
9. 기기 사용 중에 큰 압력 차이가 나도록 펌프를 켜거나 끄면, 충전되어 있는 층이 이동하여 **빈공간(void)**이 생기면서 컬럼외 띠넓힘 현상이 나타난다.
10. 특정 범위의 pH와 온도를 벗어나면, 실리카 지지체 입자가 서서히 용해될 수 있고, 결합된 정지상 분자들이 빠져 나갈 수 있다.
11. 작은 입자 크기와 내부 다공성으로 인하여 분자 단층 형태의 LC 정지상 표면적은 비슷한 부피를 지닌 두꺼운 고분자 필름 형태의 GC 정지상 표면적보다 훨씬 크다.
12. HPLC 컬럼은 GC 컬럼(10~50 psi의 압력)과 비교하여 훨씬 높은 압력(500~6000 psi)에서 작동한다. 그래서 컬럼은 일반적으로 두꺼운 스테인레스강의 외벽으로 만들어지며, 스테인레스강 그물로 충전물이 빠져나가는 것을 막는 프릿(frits)과 스테인레스강 또는 고강도 플라스틱으로 만든 너트 및 페럴로 되어 있다.

HPLC에서 입자 크기와 컬럼 길이가 분리도에 미치는 영향은 GC에서 모세관 컬럼의 지름과 길이가 미치는 영향과 유사하다. HPLC에서는 결합상 분자의 필름 두께를 변화시키지는 않는다. 정지상 그룹이 결합되는 가용 실란올의 비율은 다를 수 있다. 이 비율이 높다고 하여 정지상의 유효 부피가 증가한다고 보기 어렵다. 정지상의 표면 밀도가 변하면 분배가 일어나는 부피뿐 아니라 분사 상호작용 세기에도 영향을 준다. 완전히 끝을 막은 실란올기의 비율도 상호작용에 영향을 주는 변수이다. 이것이 시사하는 바는 옥타데실실란(ODS) 실리카처럼 같은 역상 충전 물질을 사용해도 제조 과정을 다르게 하면, 분석물의 크기, 극성, 산-염기도, 이동상과의 상호작용에 따라 분리에 적합하게 다양하시킬 수 있다는 것이다. 모든 ODS 컬럼은 동일하게 만들어지지 않는다. 카탈로그나 웹사이트로부터 제조사 사양 및 적용 노트를 비교하는 것이 효율적으로 컬럼을 선택하는 첫 번째 단계이다.

14.1.1.1 지지체 입자 고려사항

실리카는 마이크로 크기의 구형으로 만들 수 있고, 내부 다공성을 다양하게 만들 수 있다. 또한 균일하게 충전되도록 지름 범위를 좁게 만들 수 있고, 표면의 실란올기는 결합상 분자들이 결합하기에 용이하다. 산성에서 유기 실란기 결합은 가수분해되어 정지상이 분해될 수 있으나, 더 조밀하게 덮여 있으면서 적절하게 끝막음 처리가 된 실리카 표면은 낮은 pH에서도 견딜 수 있다. pH 8 이상에서는 실리카 자체가 용해되기 시작한다. 높은 온도에서 실리카는 이러한 조건에서 용해도가 더 증가한다. 따라서 HPLC 컬럼 사양에서 pH와 온도 안정성에 대해서는 반드시 점검할 필요가 있다.

지르코니아(ZrO_2)는 넓은 pH 안전성(1~14)과 온도 안전성(100 °C 이상—HPLC는 대기압보다 훨씬 높은 압력에서 사용되므로 끓는점이 높아질 수 있음)을 모두 지닌 HPLC 입자 지지체로 실리카를 대체할 수 있는 새로운 물질이다. 지르코니아 컬럼은 높은 가격에도 불구하고 일부 분석에서 분석 속도와 성능을 향상하고자 사용한다.

개별 입자가 아닌 새로운 개발 형태는 **단일체형 실리카 실린더(monolithic silica cylinder)** 형태로 컬럼을 만드는 것이다. 이것은 크고 작은 다공성을 모두 지니고 있으며, 마이크로 크기의 구형 실리카 입자로 채워진 컬럼에서 틈새 부피를 채운 것과 유사하다. 이 기술은 두 가지 장점을 지니는데, 첫 번째는 입자층으로 채워진 것보다 기계적으로 더 안정하며, 통로나 빈 공간이 발생할 가능성이 훨씬 적다. 두 번째는 융화된 미세 다공성 지지체 네트워크는 서로 연결되어 있으므로 결과적으로 충전 컬럼의 분리도 성능과 비슷하면서도 더 낮은 압력에서 분석물을 용리하므로 더 높은 유속에서 작동될 수 있다.

최근에는 보다 복잡한 구형 실리카 지지체 입자를 합성하여 높은 분리도로 빠른 분석이 가능하게 되었다. 소위 **코어–쉘(core–shell)** 컬럼(**표면 다공성**이라고도 함)이라고 하는데, 불투과성 고체 코어의 외부 껍질 층(일반적으로 구형 입자 반지름의 1/5~1/2)까지만 작은 규모로 입자의 내부 다공성을 지니게 된다. 이것은 분석물의 분자가 투과되는 거리를 줄여주어 이동상이 빠르게 평형을 이룰 수 있게 한다(12.8절과 그림 12.9의 설명 참조). 이와는 별도로 기기 제조업체에서는 컬럼 막힘이나 정지상 파손 등의 비용 부담이 우려되어도 성능 개선을 위해 **더 작으면서 다공성**인 충전 입자를 사용해야 했으므로, 고압력에서 작동되는 새로운 HPLC 기기를 설계하게 되었는데, 이것은 소위 초고성능 액체 크로마토그래피(UHPLC) 또는 UPLC 시스템으로 이어지게 된다. 많은 구형 HPLC는 이들 UPLC 시스템으로 교체되어 전체 LC 기기의 50% 이상을 차지하고 있다. 또한 높은 압력이 필요하지 않는 다소 큰 입자의 코어–쉘 상을 구형 장비에 사용함으로써 초고압, 미세 입자 장비와 유사한 성능을 얻을 수도 있다. 그림 14.3은 전자 현미경을 통한 일반적인 코어–쉘 UHPLC 입자의 표면과 단면 사진이다.

구형, 다공성 유기 고분자 수지, 그중에서 특히 가교 결합된 스타이렌–다이비닐벤젠 공중합체가 HPLC 정지상으로 사용된다. 실리카의 옥타데실실란(ODS)과는 달리 입자 전체가 정지상으로 작용되는데, 단분자층으로 코팅된 경질의 실리카 입자와는 달리 이러한 구형 수지는 이동상 용매를 흡수하여 크기가 팽창된다. 이러한 팽창이 다공을 채우며 막을 수 있으므로 구형 수지의 크기를 구형 실리카 입자만큼 작게 할 수는 없다. 높은 압력에서 사용되지 않으므로 HPLC에서 고분해능의 효율을 얻기는 쉽지 않다. 이러한 수지는 이온 교환 크로마토그래피에서 이온 교환 작용기를 붙이는 지지체로서 매우 중요한데, 이 부분은 14.2절에서 설명될 것이다. 순수한 폴리스타이렌 구형 수지는 pH 8~12의 범위에서 안정하여 유기 작용기를 공유 결합하는 지지체 역할을 할 수 있지만, 구형 수지의 구조적 단점은 지니고 있는 셈이다.

14.1.1.2 정지상에 대한 이해

수용성/극성 이동상을 사용하는 역상 HPLC에서 가장 일반적으로 사용되는 3종의 유기 치환기는 다음과 같다.

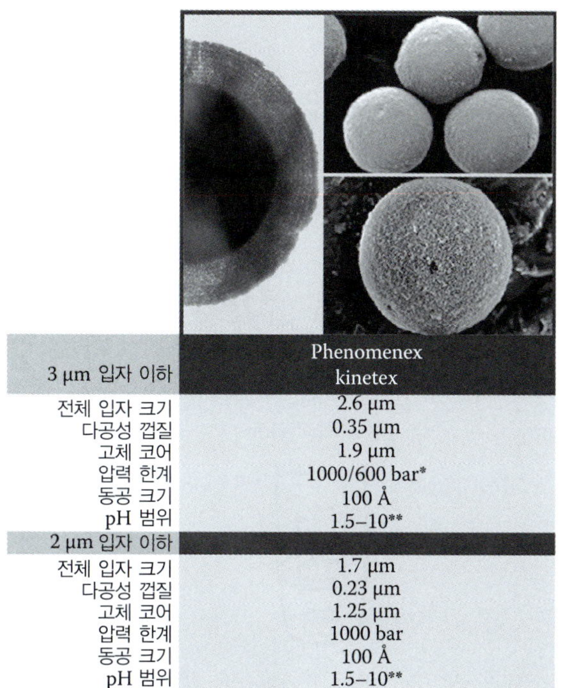

3 μm 입자 이하	Phenomenex kinetex
전체 입자 크기	2.6 μm
다공성 껍질	0.35 μm
고체 코어	1.9 μm
압력 한계	1000/600 bar*
동공 크기	100 Å
pH 범위	1.5–10**
2 μm 입자 이하	
전체 입자 크기	1.7 μm
다공성 껍질	0.23 μm
고체 코어	1.25 μm
압력 한계	1000 bar
동공 크기	100 Å
pH 범위	1.5–10**

그림 14.3 코어-쉘 UHPLC 입자의 전자 현미경 사진. 왼쪽은 코어-쉘 구조의 단면적, 오른쪽은 입자의 표면적. 표면이 다공성인 구조는 Van Deemter 도표에서 오른쪽 부분(C항)이 평평하도록 기여하며, 균일한 입자로 인해 효율적으로 채워지므로 A항을 줄어들게 한다. (With permission from Phenomenex, Inc., Torrance, CA, www.phenomenex.com.)

옥타데실 (C18,ODS): $—(CH_2)_{17}CH_3$

옥틸 (C8): $—(CH_2)_7CH_3$

페닐: $—(CH_2)_3C_6H_5$

치환기가 클수록 비극성 분석물을 오래 머무르게 하여, 머무름이 큰 순서도 위 순서대로이다.

낮은 극성의 이동상을 사용하는 정상 HPLC에서 일반적으로 사용되는 3종의 극성 유기 치환기는 다음과 같다.

아미노: $—(CH_2)_3\mathbf{NH_3}$

사이아노: $—(CH_2)_3—\mathbf{C{\equiv}N}$

다이올: $—(CH_2)_2OCH_2CH(\mathbf{OH})CH_2\mathbf{OH}$

아미노와 다이올 정지상은 수소 결합을 할 수 있는 화합물을 강하게 머무르게 하며, 사이아노 정지상은 강한 쌍극자로 인하여 극성 상호작용을 하는 분석물을 강하게 머무르게 한다. 복잡한 구조의 화합물은 이런 메커니즘이 복합된 형태로 상호작용하므로 역상 컬럼보다 상대적인 머무름을 예측하기 어렵다.

14.1.1.3 거울상 이성질체 분리를 위한 카이랄 정지상

사이클로덱스트린(cyclodextrin)이라고 불리는 복잡한 고리형 탄수화물은 단일한 거울상 이성질체 형태로 존재한다(그림 14.4). 원뿔 형태의 주머니 모양을 하고 있으며, 이 주머니에서 다양한 거울상 이성질체와 다른 세기로 결합할 수 있다. 이로 인해 화학 구조 및 극성은 같지만, 입체 화학적 배향이 다른 이성질체의 HPLC 분리를 가능하게 한다. 이들을 **카이랄(chiral)** 화합물이라고 하며, 그런 정지상을 사용하면 '**카이랄 크로마토그래피(chiral chromatography)**'가 가능하게 된다. 다른 크기의 거울상 이성질체 쌍을 분리하기 위하여 사이클로덱스트린 '주머니'의 크기는 다양하다(α-, β-, γ- 등). 거울상 이성질체의 개별 용액

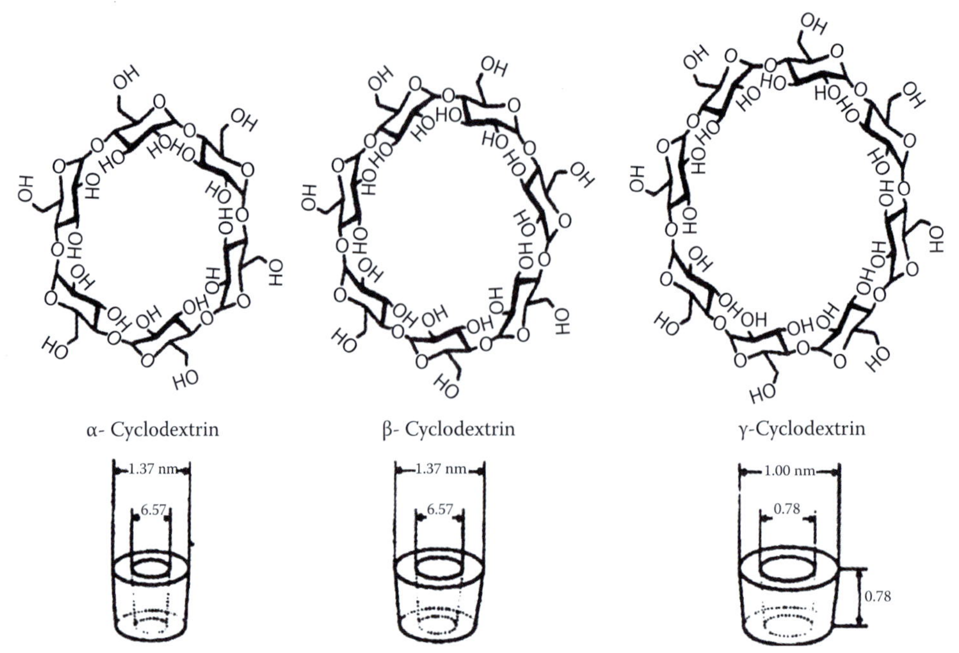

그림 14.4 α-, β-, γ-사이클로덱스트린의 구조 (From Katz, E. et al., eds., *Handbook of HPLC*, Marcel Dekker, Inc., New York, 1998. With permission.)

은 평면 편광된 빛의 진동면을 회전시키는데, 고농도에서 광학 편광 장치에 의해 측정할 수 있다. 편광계 검출기도 HPLC용이 있지만, 검출 한계(LOD)가 5 ppm으로 민감하지 않다. 미량 농도의 경우 카이랄 크로마토그래피로 거울상 이성질체를 분리하며 더 민감한 일반적인 크로마토그래피 검출기를 사용하는 것이 가능하다. 체내 활성 약물 화합물은 하나의 거울상 이성질체 형태로 있는 경우가 있는데, 만일 일부 이성질체가 독성을 지니면, 약은 활성을 지니는 안전한 이성질체만 포함해야 할 것이다. 그 다음 체내에서 이성질체 형태가 언제, 어느 시점까지, 어느 정도까지 **라세미화**(두 거울상 이성질체의 평형 혼합물로 돌아감)되는지 알아내는 것이 중요하다. 카이랄 크로마토그래피가 이 문제를 해결할 유일한 방법일 수 있다. 사이클로덱스트린으로 치환된 정지상은 또한 **카이랄 GC** 컬럼으로 만들어 사용할 수 있다. 그러나 온도를 올리면 GC에서는 컬럼 내에서 라세미화가 일어날 수 있으므로, GC보다는 HPLC가 카이랄 분리에 더 적합하다. HPLC 컬럼에서 거울상 이성질체를 분리할 수 있는 다른 카이랄 치환체들도 있지만, 사이클로덱스트린은 차별화되는 탁월한 능력이 있다.

14.1.2 | 분리에 영향을 주는 이동상 조성

GC에서 용리 온도는 용리 및 k'에 바로 영향을 미치므로 가장 쉽게 조절되는 변수이다. LC에서 이러한 변수는 이동상 조성이며, 결국 변화되는 것은 용매 혼합물의 극성이다. 이것은 분리될 분자 및 이동상 및 정지상 물질 모두에 적용되는 상대적인 특성이다. 극성 상호작용은 여러 형태(예: 쌍극자–쌍극자 상호작용, π-결합 상호작용, 산–염기 또는 수소 결합 상호작용)가 될 수 있다. 분석물과 크로마토그래피 상(정지상, 이동상)은 이러한 메커니즘의 조합으로 극성 정도를 나타낼 수 있다. GC에서는 분석 물질과 정지상 물질만 해당되지만, LC에서는 이동상이 추가되며, 가장 쉽게 변경할 수 있는 변수이다. 다음은 단순화한 일반적인 '경험적 규칙'이다.

1. 특정 작용기에 대하여 전체적인 극성은 다음 순서대로 증가한다.
   탄화수소 < 에터 < 에스터 < 케톤 < 알데하이드 < 아마이드 < 아민 < 알코올
2. 분배 크로마토그래피에서는 분석물과 반대 극성의 정지상을 그리고 같은 극성의 이동상으로 용리하

는 것이 가장 좋다.

3. 정지상이 높은 극성을 지니는 극한의 정상 HPLC의 경우, 정지상은 높은 극성으로 실리카나 알루미나 지지체에 물이 흡착되므로, 용리액은 비극성이어야 하는데 탄화수소 용매가 자주 사용된다. 분석물은 근본적으로 높은 극성 표면에 결합하므로 정상 HPLC의 메커니즘은 분배보다는 흡착으로 분류되는 경우가 많다.
4. 역상 분배 HPLC에서는 낮은 극성의 결합 유기 작용기가 정지상으로 사용되며, 이동상은 보다 더 극성을 지닌다. 이것은 주로 수용액 환경에서 사용하므로 극성을 지닌 많은 생체 분자 분리에 적합하다.
5. 역상 HPLC 이동상은 물(HOH), 아세토나이트릴($CH_3-C\equiv N$) 또는 메탄올(CH_3OH)이 사용되며, 서로 다른 비율로 혼합하여 극성을 조절할 수 있다. 에탄올, 테트라하이드로퓨란(THF) 또는 다이에틸에터와 같은 극성이 낮은 용매를 첨가하여 전체 용리액의 극성을 더 낮추거나 다른 상호작용 메커니즘이 도입됨으로써 분석물 간의 분리 인자(α)를 증가시킬 수 있다. 극성이 가장 큰 물은 이동상의 기본 성분으로 간주하며, 추가되는 비교적 덜 극성인 유기 용매는 '**유기 변형제(organic modifier)**'라고 한다.

HPLC에서 이동상 액체의 상대적 용매 세기 또는 극성을 정량화하는 몇 가지 방법이 있다. 표 14.1에 나타나 있는데, 첫 번째는 정상 흡착 LC에서 분석물을 용리시키는 상대적인 용리 능력을 기술하기 위해서 개발되었다. 이것을 '**용리 세기(eluent strength)**' ε^0로 나타내며, 그 순서를 **용리 서열(eluotropic series)**이라고 한다. 이 값들은 알루미나(Al_2O_3) 입자 컬럼을 통해서 얻으며, 0의 값은 *n*-펜테인으로 정의하며, 가장 극성인 물이 가장 높다. 실리카의 값은 알루미나 값의 약 80%이다. 표 14.1의 두 번째 열은 L.R Snyder에 의해 개발된 '**극성 지수(polarity index)**', P'의 값을 나타낸다. 이 값은 높은 쌍극자–양성자 받개, 낮은 쌍극자–양성자 받개, 높은 쌍극자–양성자 주개의 극성을 지닌 3가지 시험 용매에 대한 용해도로부터 유도된다. 혼합 용매의 극성 지수는 혼합물 내 부피 분율과 각 용매의 극성 지수를 곱하여 계산할 수 있다. ($P_{AB\ldots} = \phi_A P'_A + \phi_B P'_B + \cdots$, ϕ는 부피 분율)

3가지 적절한 용매(일반적으로 물과 2종의 유기 변형제)의 비율을 체계적으로 변화시키면 여러 화합물에 대한 RP-HPLC 분리를 최적화할 수 있다. 각 조건에서 R_t의 상대적인 변화를 관찰하며 잘 선택된 7개 조건에서 실험을 하면 '용매 극성도 삼각형'을 만들 수 있다. 이 데이터를 통해 최적 분리 조건의 이동상 조성을 계산할 수 있다. 개별 용매 조절 프로그래밍이 가능한 정밀 혼합 밸브를 지닌 HPLC 장비에서는 공정을 자동화할 수 있으며 이동상 최적화를 수행할 수 있다.

표 14.1 이동상 용매의 용리 세기 ε^0와 극성 인자 P'

용매	ε^0	P'
Cyclohexane	−0.2	0.04
n-Hexane	0.01	0.1
Carbon tetrachloride	0.18	1.6
Toluene	0.29	2.4
THF	0.57	4.0
Ethanol	0.88	4.3
Methanol	0.95	5.1
ACN	0.65	5.8
Ethylene glycol	1.11	6.9
물	~∞	10.2

GC와는 달리 이동상 용리 세기(k'에 영향을 줌)와 분석물 간의 상대적인 선택성(α)이 모두 변할 수 있다는 점이다. GC에서 운반 기체 조성은 선택성에 실질적으로 영향을 미치지 않고, 온도만 오직 k'에 영향을 미친다. 용매 조성을 최적화하기 위해 평가할 변수가 많고 그 범위가 넓어서 HPLC 방법 개발은 더 복잡해진다.

14.1.2.1 매우 극성인 생화학 분자 분석을 위한 새로운 정지상–이동상의 조합

매우 극성인 생화학 분자의 경우, 역상 정지상에서의 머무름이 너무 짧아서 유도체화를 하거나, 이온쌍 시약을 사용해야 하는 단점이 있다. 분석 시간이 너무 짧아서 재현성이 부족하여 정량에도 문제가 있다. 이러한 종류의 화합물을 분리–정량화하기 위해서 최근 새로운 정지상–이동상 조합이 개발되었다.

14.1.2.2 이온 교환 크로마토그래피

분석물이 전하를 지니고 있으면(강 또는 약산, 강 또는 약염기), 이온 교환이 더 잘 진행될 수 있다. 이 방법은 14.2절에서 자세히 설명되어 있다.

14.1.2.3 친수성 상호작용 액체 크로마토그래피

헥세인과 같은 완전히 비극성인 용리액을 사용하는 전형적인 정상 HPLC와는 달리, 친수성 상호작용 액체 크로마토그래피(hydrophilic interaction liquid chromatography, HILIC)에서 이동상은 유기 용매의 비율이 높지만(예: ACN 70% 이상), 3%의 물이 더해져 있다는 것이 중요하다. 극성인 정지상 입자는 대부분 정지상으로부터 적은 양의 물과 결합할 것이며, 분리 메커니즘은 이동상에서 정지상에 흡착된 물층으로의 친수성 분배, 수소 결합, 정전기적 상호작용에 의해 진행된다. 친수성 분석물은 충분한 머무름을 지니게 될 것이며, 역상 HPLC와는 반대로 분리가 일어날 것이다. 질량 분석기와 연결하여 사용하는 경우, HILIC에서의 감도는 역상에서보다 89% 정도 개선되는 장점이 있다.

높은 유기 용매 이동상을 사용하면 최적 유속에서 컬럼 뒤쪽에 걸리는 압력도 낮아지게 된다.

2차원 LC 분리에서 HILIC와 역상 HPLC를 오프라인으로 연결하여 수행하거나, 직렬로 연결하거나 포괄적으로 2차원 역상 LC-HILIC로 수행할 수 있다. ACN의 양이 많은 이동상은 HILIC이나 UHPLC-전기 분무 이온(ESI) 다중 질량 분석기를 이용한 대사체 조사 과정에서 매우 극성인 대사 물질이나 다량의 작은 분자 혼합물을 분석하는 데 특히 유리하다.

14.1.2.4 극성 작용기를 포함한 긴 탄화수소 사슬을 지닌 실리카

실리카에서 역상 C18 ODS 사슬 대신에 극성 작용기를 지닌 유사한 사슬을 붙일 수 있고, 그 예는 다음과 같다.

$$\text{실리카: } CH_2CH_2CH_2{-}O{-}C{=}O{-}CHCH_2...CH_3$$

$$\text{실리카: } CH_2CH_2CH_2CH_2{-}(3CH, 2N^+, Br^-){-}CH_2CH_2CH_2...CH_3$$

위에서 보인 두 번째 구조에서 괄호 안 부분은 방향족 5각 고리이며, 1,2번 탄소로 분리된 2개의 N 원자로 양쪽 사슬에 연결된 양전하를 띤 고리 구조이다. 전하를 띤 고리는 정전기와 π-결합에 의한 머무름을, 긴 탄화수소 부분은 비극성 역상에 의한 머무름을 나타나게 한다.

14.1.2.5 극성 작용기를 포함한 짧은 탄화수소 사슬을 지닌 실리카

실리카에 C18과 같은 긴 탄화수소 사슬이 있는 경우는 실리카에 반응하지 않는 실란올 자리의 50% 이상은 끝막기 과정을 해줄 필요가 있다(14.1.1절, 5번 참조). 이때 짧은 $-Si-(CH_3)_3$ 기 대신에 $-Si-CH_2CH_2CH_2NH_2$와 같이 더 길게 탄화수소를 띄운 극성 작용기를 사용하면 또 다른 혼합 극성 형태의 정지상이 만들어지며, 앞에서 설명한 극성 작용기를 포함한 정지상의 특성과 유용성을 함께 지니게 된다.

14.1.3 | HPLC 장비 설계 및 작동

그림 14.5는 전형적인 HPLC 기기의 개략도이다. 그림의 번호 순서대로 설명하면 다음과 같다.

1. **이동상 기체 제거**(*degassing*): 헬륨 기체는 분할 밸브를 통해서 4개의 별도 용기에 분배되어 분사되며, 끝은 공기 방울 형태로 분사시키기 위해 용융 유리 또는 금속 필터로 연결한다. 용해된 기체를 제거하는 다른 방법은 진공을 이용하여 수동 여과를 하는 것이다.
2. **이동상 저장**: 순수한 용매(예: 물(pH 조절된 완충 용액), 아세토나이트릴(ACN), 메탄올, 테트라하이드로퓨란(THF) 등)가 4개의 용기에 각각 담겨 있고, 끝에 입구 필터가 연결되어 있다. 원하는 조성의 혼합물로 수동 제조하여 한 용기에 저장하기도 한다. 이동상 조성을 일정 하게 하여 사용하는 것을 **등용매(isocratic)** HPLC 용리라고 한다.
3. **이동상 혼합**: 원하는 조성으로 이동상을 만들기 위해서 용매 비율 조절 밸브를 이용하여 용매를 혼합하도록 프로그래밍할 수 있다. 이것은 등용매로 작동하게 할 수도 있고, 용액 조성을 변화시켜서 시간에 따라 이동상의 용매 세기를 변화시킬 수도 있다. 간단한 예로 처음에는 물(75%)/ACN(25%)로 시작해서 작동이 끝날 때까지 물(25%)/ACN(75%)으로 변화하도록 프로그램할 수 있다. 작동하는 동안 이동상의 조성을 변화시켜서 이동상의 용매 세기 또는 극성을 변화시키는 방법을 **기울기 용리(gradient elution)**라고 한다. 매우 다양한 극성을 지닌 혼합물도 분리할 수 있고 더 빨리 용출되게 할 수도 있다. 역상 조건에서 기울기 용리를 하면 극성이 낮은 성분들은 처음에는 용리가 늦지만, 분석이 완료될 때에는 결과적으로 등용매 용리보다 빨리 나오게 된다. HPLC에서 기울기 용리는 GC에서 온도 프로그래밍과 그 역할과 장점이 유사하다. 반복 분석을 해야 하는 경우, 늦게 용리되는 성분을 다음 분석 시료 주입 전에 제거해야 하는 경우에 특히 유용하다. 기울기 용리를 한 이후 정지상을 처음 이동상 조성으로 재평형을 이루는 데 상당한 시간이 걸린다. 분석 성분들의 극성 범위가 넓

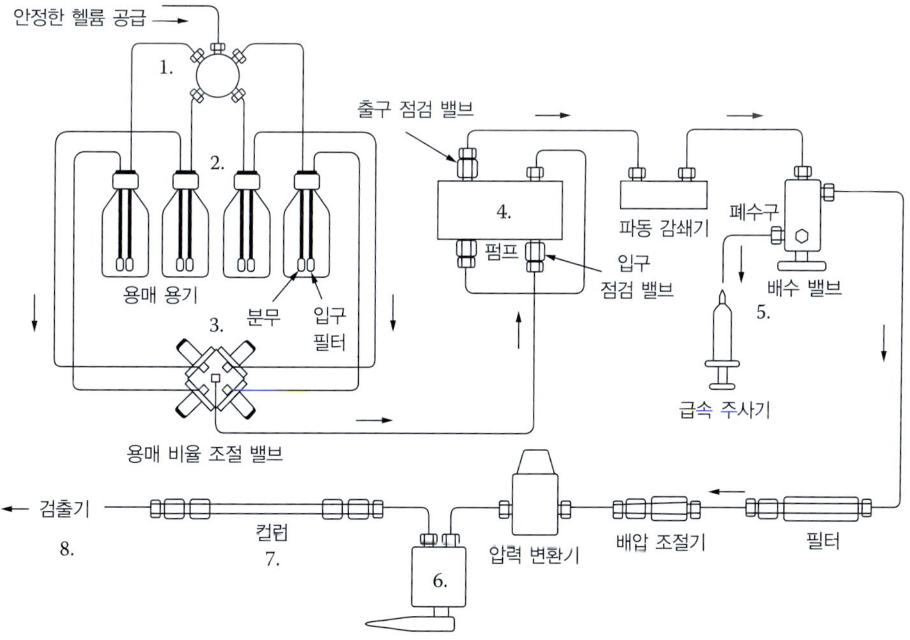

그림 14.5 일반적인 HPLC 기기의 개략도 [©1993–2014 PerkinElmer, Inc. All rights reserved. Printed with permission. (www.perkinelmer.com).]

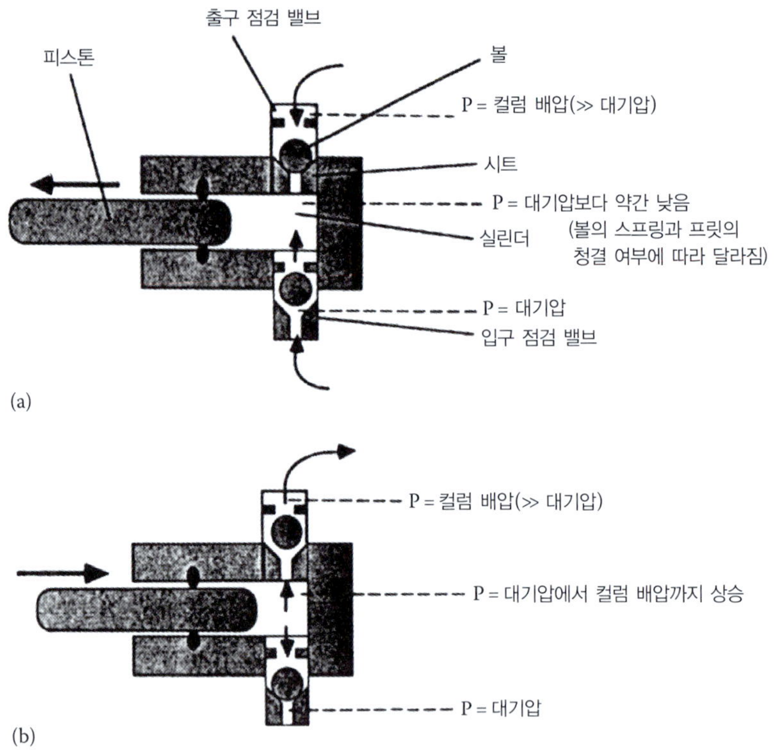

그림 14.6 왕복 펌프의 피스톤 및 점검 밸브 작동: (a) 충전 행정 (b) 배출 행정 (From Katz, E. et al., eds., *Handbook of HPLC*, Marcel Dekker, Inc., New York, 1998. With permission.)

지 않다면 등용매 용리가 더 바람직한데, 분리된 성분의 R_t 값이 너무 길지 않다면 분석 시간의 주기를 줄일 수 있다.

4. *HPLC* **펌프**: HPLC 펌프의 일반적인 방식은 그림 14.6에 나와 있는 왕복 피스톤 방식이다. **충전 행정**(그림 14.6a)에서는 용매 용기로부터 이동상을 끌어당긴다. 그 다음 **배출 행정**(그림 14.6b)에서는 주입기를 통해서 컬럼 앞부분으로 밀어낸다. 여기서 고성능 HPLC를 가능하게 하는 고압이 생성된다.
   펌프로부터의 유량은 배출 행정 중에 상승하고 충전 행정 중에 감소한다. 뒷부분에 있는 '**파동 감쇄기**(pulse dampener)'는 유량 변화를 줄여주는 역할을 한다. 개선된 펌프는 **이중 피스톤**을 사용하여 한쪽 피스톤은 배기 행정, 다른 쪽은 충전 행정으로 배열하여 압력과 유속을 보다 일정하도록 설계되었다.
5. **충전/배수 밸브**: 이동상이 컬럼 앞부분까지 도달하기 전에 선과 장치를 통과해야 한다. 분석자는 이 모든 부분을 새 이동상으로 채워야 하고, 사용 후에는 완충액이나, 염이 용해된 이동상이 아닌 간단한 용매 또는 물로만 채워서 시스템과 컬럼을 유지해야 한다. **세척용 주사기(priming syringe)**로 빈 선을 통해 이동상을 빨아들여서 시스템 내 공기가 없는 펌프 상태가 되어야 하고, 이동상 또는 저장용 용매로 밀어내서 선을 세척한다. 펌프의 **배수 밸브(drain valve)**를 열면 컬럼을 분리하지 않고 선 앞부분을 저장 용매로 신속하게 헹굴 수 있다. 펌프에서 고압이 걸린 쪽으로 시스템과 연결된 검은 실선은 좁은 구경(예: 내부 지름 0.5mm)을 지닌 스테인레스 관이다. 최신 자동화 시스템에서는 모든 분석물의 분석과 교정 표준 물질의 주입이 완료된 후에 자동 시료 채취 장치로부터 저장 용매를 주입하여 세척하는 과정까지 프로그래밍할 수 있다.
6. **회전식 시료 고리 주입기**: 그림 14.7은 HPLC 주입기의 가장 일반적인 형태를 보여 준다. 그림은 축을 중심으로 회전하는 밸브의 개략적인 종단면도이며, 세 개의 입구와 세 개의 출구 가 연결되어 있다. 그림처럼 밸브의 '로드' 위치(실선)에서 주사기를 통해서 시료를 일정 부피(예를 들어, 50 또는

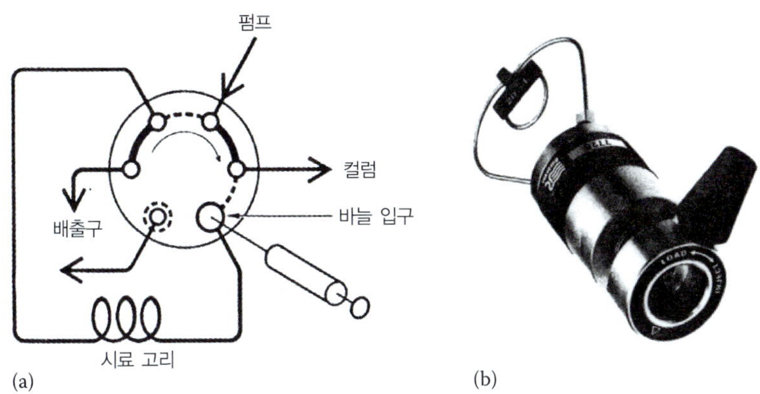

그림 14.7 회전식 주입 밸브의 두 가지 위치에서의 작동 그림과 사진. (From Katz, E. et al., eds., *Handbook of HPLC*, Marcel Dekker, Inc., New York, 1998. With permission.)

100 μL)를 지닌 시료 고리에 채우고, 초과한 양은 폐수구로 나가게 된다. 이때 이동상은 그림에 나타낸 것 같이 실선을 따라 컬럼으로 흐르고 있다. 시료를 **주입**하려면 밸브를 시계 방향으로 60° 회전해야 하며, 이때 밸브 내의 흐름 경로는 점선으로 바뀌게 된다. 펌프는 이동상을 시료 주입 방향과 **반대** 방향으로 고리를 거쳐 컬럼으로 밀어주게 된다. 이 과정에서 높은 압력은 유지되면서 기포가 들어가지 않고 시료는 주입되게 된다.

7. **컬럼**: 용융 실리카 모세관 GC 컬럼에서는 컬럼 앞부분이 오염되면, 앞부분을 일부 잘라내어 사용하는 것이 용이하지만, HPLC 컬럼에서는 가능하지 않다. 시료를 잘 여과하여 주입해도 미세 동공은 시간이 지남에 따라 미량의 입자에 의해서 막힐 수 있다. 해결책은 '**분석 컬럼(analytical column)**' 앞에 **표피형** 입자로 채워진 짧고 가격이 싼 '**보호 컬럼**'을 부착하는 것이다. 오염되면 분리하여 폐기하고 새로운 보호 컬럼으로 교체하면 된다. 이때 정지상 지지체가 견딜 수 있는 **온도까지 상승시키면**, 보호 컬럼에 의한 분리 시간과 분리도의 손실을 만회할 수 있다. 기체와 달리 액체의 점도 및 저항은 온도가 상승함에 따라 감소하기 때문이다. 컬럼에서의 확산 및 평형 속도는 GC처럼 온도가 증가함에 따라 상승한다. 모세관 GC와 달리 오븐을 사용한 온도 평형은 HPLC 컬럼에서는 빠르지 않다. 컬럼의 지름에 따른 온도 차이로 분리도가 떨어지는 것을 방지하려면, 이동상을 온도 조절된 HPLC 컬럼에 들어가기 전에 예열하는 것이 중요하다. 예열하지 않더라도, HPLC 컬럼의 온도를 일정하게 유지하면 분석물의 용리 시간이 재현성 있게 나오게 된다.
8. **HPLC 검출기**: GC와 마찬가지로 HPLC에서도 다양한 검출기가 있으며, 분광기와의 연결 과정에는 까다로운 요구사항이 있다. 컬럼 밖에서의 띠넓힘 현상을 막기 위해서 컬럼과 검출기를 연결하는 관은 5번에서 설명한 것보다 내부 지름이 더 작은 관이어야 한다. 압력이 낮은 경우에는 스테인레스강 대신에 고강도/밀도 PEEK 플라스틱을 사용할 수 있다.

14.1.4 | HPLC 검출기 설계 및 작동

HPLC 검출기 작동의 주요 특징은 13.5절 도입부에서 설명한 GC 검출기 부분을 참고하면 되며, 그 중 13.5절에서 4번 항목만 GC 고유의 내용이다. HPLC에서도 사용되는 것은 컬럼 후 유도체화(14.1.5절)이며, HPLC의 장치 연결 기술은 14.1.6절에 별도로 설명된다.

많은 HPLC 검출기는 공통적으로 작은 부피의 '흐름 셀(flow cell)'을 지니고 있다. 대개 특별한 연결 장치를 필요로 하는 경우를 HPLC 장치 연결 기술로 분류한다. 일반적인 HPLC 유속은 1 mL/min (1000 μL/min) 정도이며, 용출액 내 분석물 농도는 매초 또는 2초에 한 번 정도로 측정하여 수집된다. 용출액의 부피는 이 시간 내에 흐름 셀을 통과해야 하므로, 흐름 셀의 부피는 대략 5~50 μL 정도여야 한다. 많은

HPLC 검출기는 빛의 흡수/방출을 이용하여 측정하므로, 흐름 셀의 입구 및 출구 창에 빛이 통과될 수 있어야 한다. 부피가 작아지면 빛의 경로 길이가 제한되는데, 분석물 농도로부터 얻을 수 있는 분광 신호에 영향을 미치는 요인 중 하나이다(예: Beer 법칙(3.4절)에서 *abc*의 '*b*' 요소).

14.1.4.1 굴절률 검출기

굴절률의 특징

굴절률(refractive index, RI)은 보편적, 비파괴적, 농도 검출기이며, 상대적으로 민감하지 않으면서 온도 조절이 필요하고, 등용매 HPLC 분리에서만 사용할 수 있다. 모든 투과성 물질은 대략적으로 밀도(질량 밀도가 아님)에 비례하여 통과하는 빛의 속도를 늦추게 한다. 빛은 파동성을 지니므로, 밀도가 낮은 물질에서 높은 물질로 통과할 때 그 경계면에서 광경로가 구부러지게 되며, 반대의 경우에도 마찬가지이다. 이러한 유효한 밀도로 나타낸 양을 **굴절률**이라고 하며, 이동상 내에서 분석물 분자가 존재하면 일반적으로 그 농도에 비례하여 굴절률이 변한다. 낮은 농도에서는 그 변화가 적은데, 이동상 조성이나 온도 차이에 의해서 분석물 농도에 따른 굴절률 변화가 쉽게 가려질 수 있으므로, 셀의 일정한 온도 유지와 더불어 등용매 용리 조건에서만 사용해야 한다. 그림 14.8은 일반적인 **차동(differential)**형 굴절률 검출기를 나타낸 것이다. 이동상과 분석물이 포함된 용출액은 기울어진 투명 판으로 분리되어진 두 개의 투명 칸 중 하나에 각각 통과한다. 개별 칸 안에 유체 굴절률이 다르면, 광학 장치의 광전지 감지기 상에 광원 방사선 초점 **위치**가 이동하게 된다. 광전지의 감응 표면은 흡수 분광법처럼 광선의 **세기**보다는 **위치**의 이동으로 인한 셀 내의 분석물 농도에 따른 굴절률 변화가 선형적으로 비례하게 된다.

HPLC용 굴절률 검출기는 GC의 열전도 검출기(TCD)와 다소 유사하다. 상대적으로 민감하지 않으며, 보편적으로 대부분 감응하며, 분석물과 이동상의 굴절률 값이 같아지는 상황에서만 검출되지 않는다. 두 방법 모두 이동상 농도나 GC 오븐의 온도를 변화시키지 않는 조건에서만 안정적으로 작동한다. 대부분의 유기 분자에 대한 감응 인자는 10배 이내에서의 차이를 보이며, 민감하고 선택적인 다른 검출기에 대하여 감응이 없는 분석물들을 적용한다. HPLC 굴절률 검출이 필요한 분석 예는 발색단, 형광, 전기 화학적 활성을 가지지 않고 유도체화를 하더라도 GC 컬럼에서 분해되는 당과 같은 복잡한 탄수화물의 혼합물이 해당된다. 굴절률 검출과 열전도 검출의 차이점은 굴절률은 이동상의 유속 변화에 매우 민감하지 않지만, 열전도 검출은 매우 민감하다.

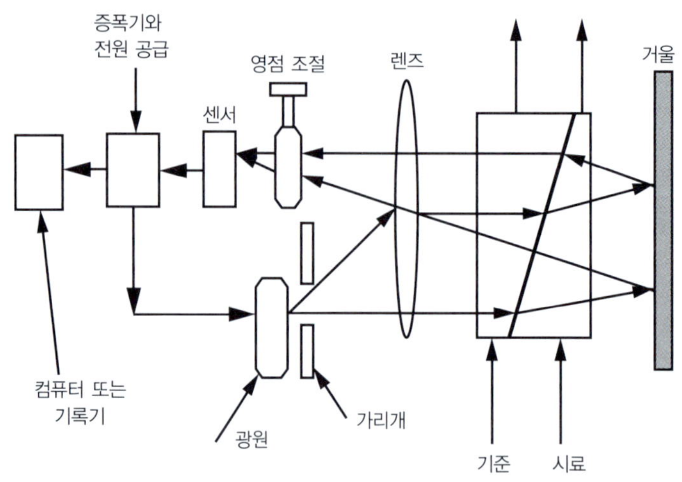

그림 14.8 차동형 굴절률 검출기의 도식도 (From Katz, E. et al., eds., *Handbook of HPLC*, Marcel Dekker, Inc., New York, 1998. With permission.)

14.1.4.2 증발 광산란 검출기

14.1.4.2.1 증발 광산란의 특징

증발 광산란 검출기(evaporative light scattering detector, ELSD)는 보편적, 파괴적, 질량 흐름 검출기이며 민감하며 보조 가스가 필요하다. 등용매 분리나 기울기 용리 모두 사용할 수 있지만, RI 검출기보다 비싸고 이동상으로 완충 용액을 사용할 수 없다.

ELSD는 범용 HPLC 검출기이며, 흡수/방출/굴절 대신에 분석물과 빛의 상호작용인 '**산란(scattering)**'을 이용한다. 산란은 빛의 파장에 비견되는 작은 크기의 입자와 빛이 상호작용하며 파장 변화는 없으면서 원래 광원의 경로 방향과는 무관하게 일어난다.

가시광선보다 훨씬 작은 분자들이 이동상에 녹아 있을 때에는 산란이 일어나지 않지만, 분자 이동상 용출액을 액체 방울로 **분무**하고 증발시키면 비휘발성 분석물의 작은 고체 입자로 잔존하여 측정할 수 있다.

액체 방울로부터 입자 형성의 메커니즘과 입자 크기에 대한 산란 감응과의 관계는 복잡하지만, 경험적인 교정 곡선을 얻을 수 있다. 감응은 대략적으로 용리되는 분석물의 질량에 비례한다. 완충 용액의 염이 없으면 모든 이동상은 휘발될 수 있으며, 기울기 용리되는 동안 조성 변화에 ELSD는 둔감하다. 하지만 굴절률 검출보다는 훨씬 더 민감하다. 최신 장비에서는 고체상 레이저로부터 나온 강한 단색광으로 가열된 증발 튜브에서 나오는 입자 구름을 비추게 한다. 산란된 빛은 검출기 신호를 만드는 민감한 광전지에 동일 파장이 통과하도록 필터를 이용한다.

그림 14.9는 ELSD의 작동 시에 세 가지 단계인 분무, 증발, 광산란을 나타낸 것이다. 분무기 또는 분무 챔버 및 열 보조 노즐 증발의 꼼꼼한 설계는 분석물을 액체 용액에 도입하기 위하여 고안한 많은 기기 연결 장치에서 가장 중요한 부분이다. 그림 14.10은 범용 HPLC 검출기로서 동일한 용출액에 대하여 다른 검출기들의 감응을 비교하였을 때 ELSD가 지니는 몇 가지 장점을 보여 준다.

그림 14.10(2)와 같이 파장에 따라 화합물의 감응이 다르거나, 일부 화합물에 대하여 감응이 없는 UV 검출기와는 달리 ELSD는 분석물에 대하여 균일한 감응을 나타낸다. 그림 14.10(2)에서 UV 검출기에서는 분석물 중 한 성분만 보이지만, ELSD에서는 5종 모두를 볼 수 있다. 또한 질량 비례 감응이 비슷한지를 통해서 주요 성분을 바로 식별할 수 있다.

ELSD는 3종의 당류에 대하여 S/N비가 훨씬 뛰어나며, RI 검출기보다는 바탕선이 더 안정하다. ELSD에서 용매는 빛을 산란시키는 입자로 남지 않고 완전 증발하므로, 용매 피크는 보이지 않는다(그림 14.10(3)).

그림 14.10(4)은 3종의 유도체화된 아미노산 또는 아미노산 대사체를 LC-MS와 LC-ELSD로 분석한 것이다. LC-MS의 질량 스펙트럼은 많은 구조 정보를 포함하지만, 질량 이온화 효율과 조각 수율이 매우

(a)

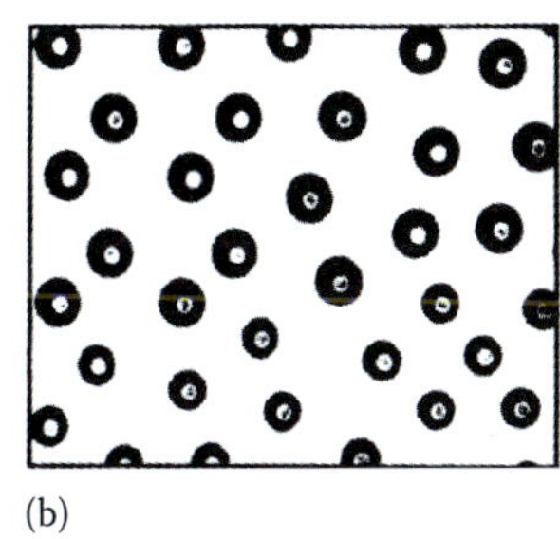
(b)

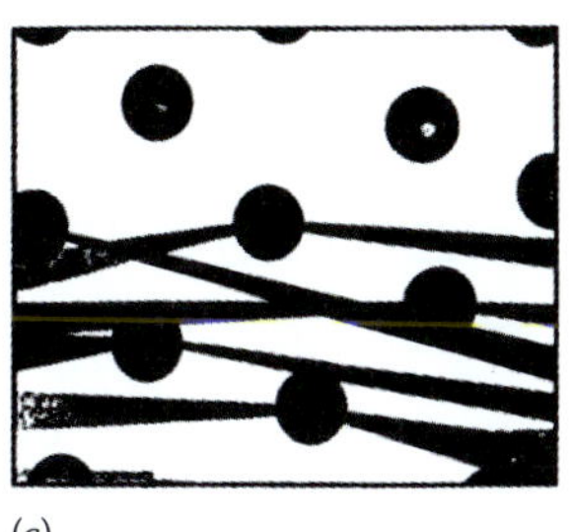
(c)

그림 14.9 ELSD는 세 단계를 통해서 이동상보다 휘발성이 낮은 화합물을 ng 수준까지 검출한다. (a) 분무: 컬럼 용출액은 바늘을 통과하며 액체 방울로 분산되도록 질소 기체와 섞임. (b) 증발: 액체 방울은 이동상이 증발되는 가열된 표류관을 통과하며 용매 증기 안에 건조된 시료 입자의 가는 구름 형태로 남는다. (c) 검출: 시료 입자는 셀을 통과하며 레이저 광에 의해서 빛이 산란된다. 산란된 빛은 검출되어 신호를 나타내게 된다. (Adapted with permission from Alltech, Inc., Lexington, KY)

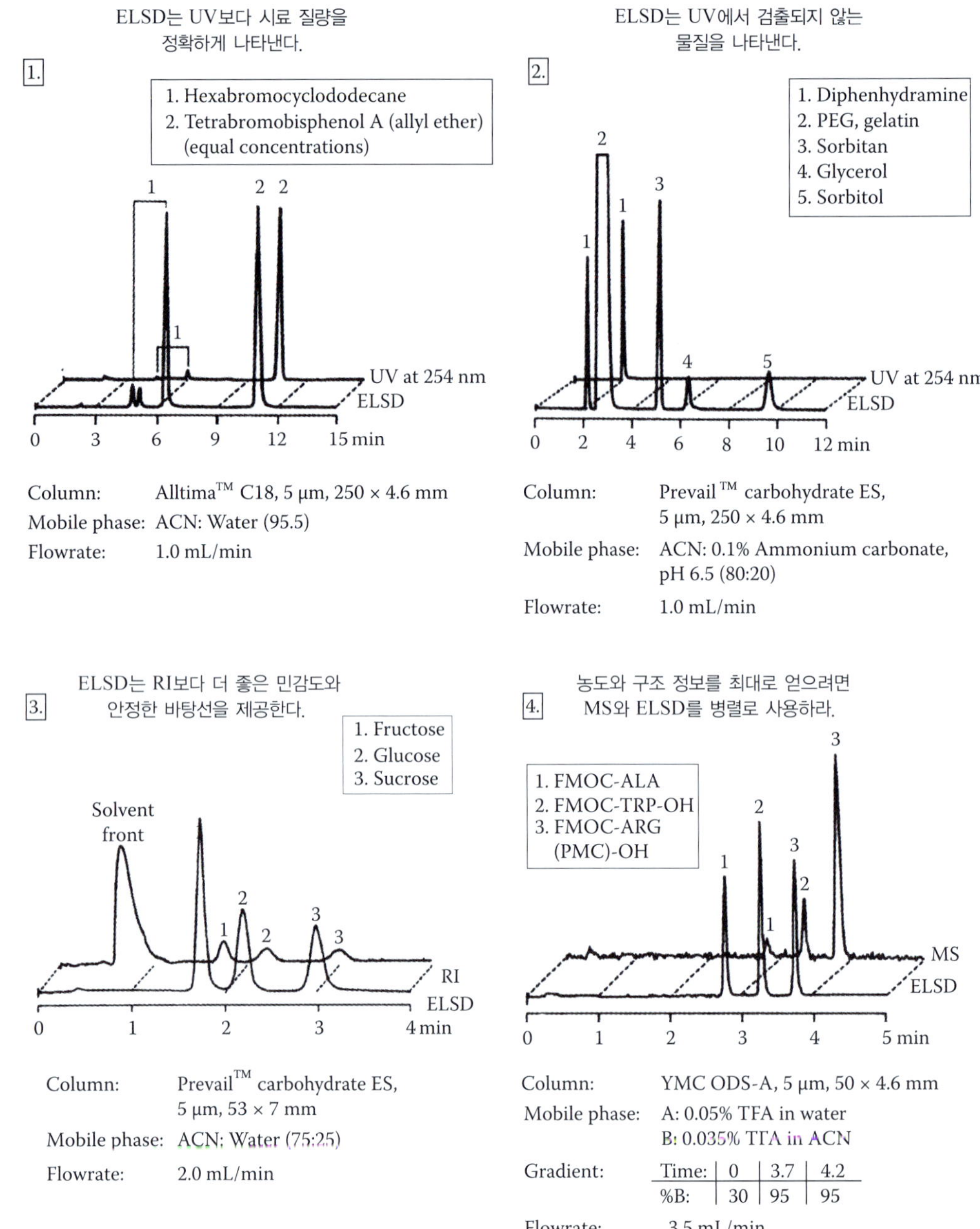

그림 14.10 다른 HPLC 검출기에 대한 ELSD의 4가지 장점. (Adapted with permission from Alltech, Inc., Lexington, KY.)

다양해서 전체 이온 크로마토그램은 ELSD 피크보다 상대 농도가 정밀하지는 않다.

14.1.4.2.2 코로나 하전 에어로솔 검출기

새로운 범용 에어로솔 검출기는 ELSD와 유사하지만 레이저 광선으로부터 입자에 의해 산란된 빛을 측정하는 대신에 에어로솔 증발로 형성된 N_2-건조 증기 운반 입자에 전하를 더한다. HPLC 피크 농도가 증가하면 분석 입자 크기도 증가한다. 두 번째 N_2 흐름은 고전압 코로나 방전 전선을 통과하면서 양전하를 띄게 되고, 이 전하는 반대 방향으로부터 나온 분석물 흐름 입자에 확산되어 전달된다. 얻어진 양은 입자 크기(그리고 분석물의 농도)와 정비례한다. 전하는 매우 민감한 전위계(전류가 거의 흐르지 않으면서 작동하는 전압계)로 측정되어 수집기로 전달된다. 이 신호는 분석물의 양에 비례하며, 신호 민감도(pg 정도)와 10^4의 넓은 동적 범위로 ELSD의 성능을 능가한다.

14.1.4.3 자외선/가시광선 흡수 검출기

14.1.4.3.1 자외선/가시광선 검출기 특징

자외선/가시광선(UV/VIS) 검출기는 비파괴, 농도 검출기이며, 화합물에 따른 감도는 넓은 범위로 모두 다르다. 이 검출기는 완충 용액을 포함하여 등용매 용리와 기울기 용리에서 사용 가능하다. HPLC의 '검출기'는 일반적인 분광기의 시료 셀/큐벳보다 훨씬 작은 부피의 흐름 셀에서 연속적으로 측정하도록 최적화된 복합적인 분광기를 의미한다. 광원, 광학, 분산 장치, 광검출기는 4장에서 설명한 것과 유사하나, 일반 분광기와의 주요 차이점은 흐름 셀의 측정 부피가 훨씬 작고, 유체가 연속적으로 흐를 수 있어야 하며, 작은 흐름 셀의 창으로 빛을 집중시키고 이를 통해 광검출기로 보낼 수 있어야 한다.

그림 14.11은 간단한 UV/VIS 흐름 셀을 보여 주는데, 일반적으로 1~10 μL의 부피를 지니고 있으며 UV가 완전 투과되는 석영창을 지닌 유리이다. 여기에서는 들어오는 용리액은 소용돌이로 혼합되어 한쪽 창을 향하면서 포물선형의 층류 유속 형태가 깨지게 된다. 흐름 셀을 나갈 때에도 비슷한 현상이 나타나는데, 이처럼 'Z자형'의 흐름 셀은 셀 내에서 띠넓힘 현상을 발생시키는 층류 유속 차이를 감소시킨다.

방향족 고리나 C=C 이중 결합, 일부 헤테로 원자와 이중 결합을 하는 작용기를 지닌 화합물, 특히 다중 콘쥬게이션 구조인 경우는 UV/VIS 영역에서 광범위 흡수도를 나타낸다. RP-HPLC에 의해 분리/정량되는 많은 극성 유기 화합물도 이러한 특징을 지니고 있다. 타 장치와 연결하지 않는 HPLC 분석 중 70% 이상은 UV/VIS 검출기를 사용했고, 15% 정도는 자외선 형광 검출기를 측정한다. 즉 UV/VIS과 형광 검출기는 HPLC에서 핵심적으로 사용되는 검출기이며, 분석물의 적용 가능성, 넓은 범위의 이동상 사용 및 높은 감도로 최적의 조합 조건을 가지고 있다.

광 흡수/방출 검출기는 광범위하게 화합물별로 다른 감응 인자를 지니고 있으므로, 각 분석물의 표준물로 교정을 하는 것이 필수적이며, 최적의 파장은 분석물의 구조에 따라 다르다. UV/VIS 흡광 검출기는 **단일 파장 필터 광도계(single-wavelength filter photometer)**, **분산 단색화 검출기(dispersive monochromator detector, DMD)**, **다이오드 배열 검출기(diode array detector, DAD)** 등 3종류로 구분할 수 있다. 이들 중 단일 파장 필터 광도계는 기화된 들뜬 원소에서 특정 파장의 빛을 방출하는 광원 램프를 사용하며, 파장 선택 필터에 의해 걸러진다. 나머지 두 장치는 넓은 파장 범위로 방출하는 광원 램프(가시광선 및 근자외선에서 사용하는 텅스텐 필라멘트, 비진공 UV(약 190 nm 아래)까지 넓은 방출 범위를 지닌 중수소와 제논 램프)를 사용한다. 여러 장치에서 기준 빛으로 흐름 셀에서 이동상만 측정하는 광전지를 지니고 있는 겹살 형태를 주로 사용한다. 기준 빛은 단순히 필터만 통과시키기는 경우도 있는데, 두 신호의 비율을 통해 이동상의 흡광도 변화 영향은 줄일 수 있다. **홑살(single-beam)**로 설계된 장치의 흡광도 데이터가 컴퓨터에 저장되면, 저장된 이후에 이동상의 흡광도를 제거할 수 있으나, 광원의 세기

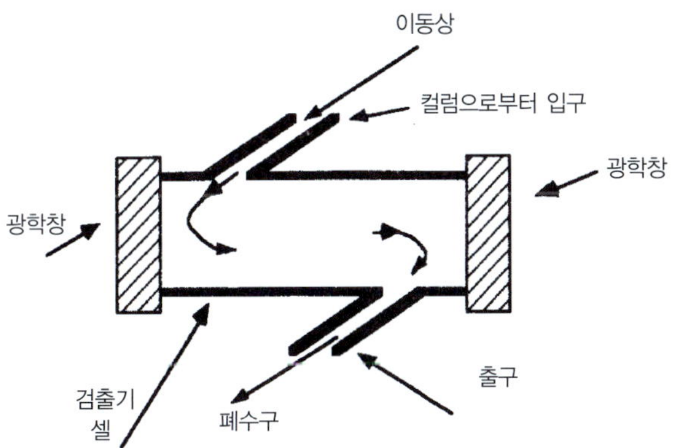

그림 14.11 HPLC UV-VIS 검출기 흐름 셀의 개략도. (From Scott, R.P.W., *Chromatographic Detectors*, Marcel Dekker, Inc., New York, 1996. With permission.)

변화는 상쇄할 수 없으므로 실험하는 동안 광원의 세기를 안정하게 유지해야 한다.

14.1.4.3.2 단일 파장 필터 광도계

가장 간단한 검출기는 수은 증기 광원을 사용하며 광전지와 흐름 셀 사이에 단일선 형태로 방출 파장을 분리하는 필터가 있는 형태이다. 가장 많이 사용하는 파장은 UV 화합물이 강하게 흡수하는 파장인 254 nm이다. 그 외에 적절한 필터를 사용하여 250, 313, 334, 365 nm 등의 파장으로 측정한다. 간섭 필터는 특정 파장을 분리하여 흡광도를 측정하기 위해 중수소 광원과 함께 사용하기도 한다.

14.1.4.3.3 분산형 단색화 검출기

파장 선택 필터 대신에 회절발 단색화 장치(3.6.2.3절)로 좁은 파장의 빛을 선택하기 위해 사용된다. 파장은 일반적으로 광선이 검출기 흐름 셀을 통과하기 전에 분리된다. 이 검출기는 측정 대상 분석물을 미리 알고 있을 때(**목적 화합물 분석**) 특히 유용하다. 단색화 장치는 화합물의 최대 흡수 파장에서 신호를 측정하도록 설정할 수 있으며, 컴퓨터로 제어할 경우에는 용리되는 크로마토그래피 피크 각각에 대하여 최적의 파장으로 변화시킬 수 있다.

14.1.4.3.4 다이오드 배열 검출기

이 검출기는 광전지 대신에 빛에 민감한 고체 다이오드들을 선형으로 배열하여 사용한다(4.2.4절 참고). 광원으로부터의 빛은 흐름 셀을 통과한 다음, 개별 파장으로 분산되어 각각 다른 다이오드 배열에 도달한다(그림 4.23). 각각의 다이오드는 분산된 좁은 파장 범위의 빛에 감응하므로, 전 파장을 동시에 측정할 수 있다. 이러한 모든 병렬 신호를 컴퓨터로 읽어서 용리 시간의 함수로 저장한다. 일반적인 다이오드 배열 UV/VIS 분광기의 개략도는 그림 4.24에 있으며, HPLC에서 사용하기 위해 고안된 DAD의 그림 14.12에 구성요소가 나타나 있다. 분산 단색화 검출기(DMD)는 흐름 셀을 통과하기 전에 단일 파장을 분리하지만, DAD는 광원의 빛이 흐름 셀을 통과한 후에 파장별로 분산되는 것이 대조적이다. 어떤 경우에서든 흐름 셀을 통과하는 자외선은 더 긴 파장에서 형광 방출을 할 가능성이 있으며, DAD에서는 이로 인해 더 긴 파장의 흡수 스펙트럼이 왜곡될 수 있다. DAD나 DMD에서 검출기의 흡광 신호에 형광이 더해져서 흡광도는 낮아지게 될 것이다. DAD는 셀에서 모든 파장을 비추므로, 이로 인해 흡광도가 왜곡될 확률이 더 높다. DAD 데이터는 크로마토그램에서 용리되는 모든 성분의 UV/VIS 스펙트럼을 쉽게 제공할 수 있다. HPLC 피크가 UV를 흡수하는 단일 성분일 때는 여러 다른 파장의 DAD 감응 비율이 피크의 어

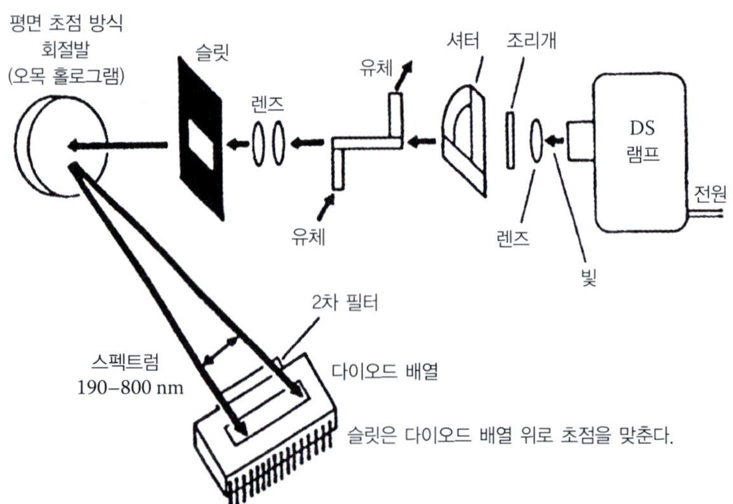

그림 14.12 HPLC용 DAD의 개략도 (From Cazes, J., *Encyclopedia of Chromatography*, Marcel Dekker, Inc., New York, 2001. With permission.)

느 부분에도 일정하게 유지된다. 만일 HPLC 피크 내에 다른 UV 스펙트럼을 지닌 불순물이 주요 성분의 머무름 시간과 약간 차이가 나는 경우, 다른 파장에서 감응 비율은 피크의 앞뒤 부분에서 변할 것이다. 이것은 주요 성분에 묻혀 있는 작은 불순물의 존재를 검출하는 중요한 방법이다.

14.1.4.3.5 적외선 흡광도 검출기

완벽한 분석을 위해 HPLC에도 IR 검출기를 사용한다는 것을 잊지 말자. GC-IR(13.6.2절)의 경우와 마찬가지로, 연속적이면서 빠른 감응의 HPLC-IR 검출기는 푸리에 변환 IR(FTIR) 스펙트럼으로 데이터를 얻고, 연산을 통해 데이터 파일로 저장된다. 얻어진 스펙트럼은 기체상에서 예리하며 정보가 풍부한 GC-IR 피크와는 달리 액체상 특유의 스펙트럼 피크 폭을 가진다. HPLC에서 IR로 검출 시 단점은 일반적으로 사용되는 대부분의 HPLC 이동상이 IR의 넓은 영역에서 강하게 흡수하므로, 매우 제한된 분석물에서만 사용할 수 있다.

14.1.4.4 형광 검출기

14.1.4.4.1 형광 검출기 특징

이 검출기는 특정 화합물을 검출하며 화합물 감도는 개별로 다르고, 비파괴 및 농도 검출기이다. 들뜨게 한 빛과 다른 파장에서 형광이 검출되며, 광원 방향과 수직 방향에서 검출하므로 UV/VIS보다 신호-대-잡음비 감도가 더 좋으며 배경 잡음이 적다. 완충 용액을 포함한 등용매/기울기 용리 이동상에 사용 가능하며, 측정 가능한 화합물수를 늘리기 위해 컬럼 전후의 유도체화 과정을 수행할 수 있다.

가장 간단한 HPLC용 검출은 수은 이나 제논 램프에서 필터로 거른 파장의 빛으로 분자들을 들뜨게 하고, 광원이 비추는 방향과 수직 방향에 적절한 필터를 사용하여 원하는 파장으로 분리한다. 다목적으로 광범위한 분석을 위해 최적화하는 장비에서는 중수소 또는 제논 램프와 같은 넓은 범위의 광원에서 최적에 들뜬 파장을 선택하고, 광전지 또는 다이오드 검출기에서 형광 방출 파장을 선택하기 위해서, 파장 조절을 하는 2개의 단색화 장치를 사용한다.

최신 장비에서는 들뜨는 에너지를 증가시키기 위해 강렬한 단색 레이저 빛을 사용한다. 집중적으로 들뜨게 할 수는 있지만, 사용 가능한 레이저 파장으로 제한되므로 고가의 레이저 파장 조절 장치를 사용하지 않는 한, 물질의 최대 흡수 파장에서 들뜨게 할 수 없다. 이 검출기의 단점은 일부 제한된 분석물만 실질적으로 형광 방출이 나타나는 것이지만, UV/VIS 흡수 검출기와 비교하여 형광을 나타내는 화합물은 흡수보다 형광 감도가 수십 배 큰 장점을 지니고 있다. 이는 빛의 산란으로 인한 긴 파장의 빛이 배경 잡음으로 작용하게 되는데, 입사광에 수직 위치에서 측정하므로 바탕 잡음을 줄일 수 있다. 이를 통해 감도가 개선되고 신호-대-잡음비도 개선되게 된다.

유도체 시약과 반응시켜서 비형광성 분석물을 형광을 띠는 구조로 바꾸기도 한다. 유도체화 반응이 느린 경우에는 시료 주입 및 HPLC 분리 이전에 반응을 시켜야 하지만, 대부분은 검출기로 들어가기 전에 컬럼에서 나오자마자 신속하게 유도체화를 시키는 형태로 진행한다. 이 과정을 **컬럼 후 유도체화(postcolumn derivatization)**라고 하며, 14.1.5절에 더 자세히 설명되어 있다. 대표적인 형광 유도체화 시약은 dansyl chloride(‘**dansyl**’= 5-dimethylaminonaphthalene-l-sulfony-)이다. 1차, 2차 아민, 아미노산 또는 페놀 화합물의 dansyl 유도체는 빨리 생성되며 높은 형광을 지닌다.

아미노산이나 펩타이드의 형광 유도체를 크로마토그래피(또는 전기 이동)에서 고감도로 검출하는 것은 **단백질체학(proteomics)**이라는 새로운 연구 분야의 핵심적인 내용이다. 형광 유도체 시약은 데옥시리보핵산(DNA) 고분자의 한쪽 끝으로부터 한 번에 하나씩 핵산을 제거하여 생성되는 모든 말단 핵산 조각들의 혼합물을 유도체화 할 수 있다. 크로마토그래피나 전기 이동법은 이들 분자 조각들 길이의 역순으로 분리하고 용리시킬 수 있다. 이러한 분석을 통해 DNA 사슬 조각의 서열을 제공하게 되고, 수백 대의 자동화된 장비를 수년 동안 계속 작동하여 약 30억 개의 전체 인간 유전체 정보가 밝혀지게 되었다. 약 1000개의 DNA '염기' 핵산 사슬의 서열과 4개의 파장에서 형광 검출로 얻은 전기 이동 그램(electropherogram)이 그림 14.37에 나와 있다.

14.1.4.5 전기 화학 검출기

14.1.4.5.1 전기 화학 검출기 특징

이 검출기는 특정 화합물을 검출하며 화합물 감도는 개별로 다르고, 파괴 검출이며, 작동 형태에 따라 농도 또는 질량 흐름 검출기이다. 일부 완충염을 포함하는 등용매 RP-HPLC에서 주로 사용될 수 있다. 검출 가능한 화합물을 늘리기 위해 컬럼-전/컬럼-후 유도체화 과정을 사용할 수 있다.

HPLC용 전기 화학 검출기(ECD)는 15.4절 전기 화학 부분에 요약되어 있다. 검출기는 두 가지 형태로 구분할 수 있는데, **전압-전류 검출기(Voltammetric detector)**(전류 검출기, 폴라그래피, 전기량 검출기로 세분화됨)와 **전도도 검출기(conductometric detector)**이다. 이 검출기들은 전해질이 용해된 역상 HPLC 수용성/극성 이동상(즉, 전도도 검출기로 측정되는 분석물 또는 전류 이동을 억제하는 전해질에서 사용해야 하며, 정상 HPLC 분리에는 적합하지 않다. 전도도 검출기와는 달리 전압 전류 검출기는 고체 전극 표면에서 산화 또는 환원이 될 수 있는 물질에 감응하며, 산화 환원 과정에서 전극 회로를 통해 전류를 흐르게 한다. 검출기 셀을 통과하는 분석물의 흐름과 전극에 걸어준 전위가 적절히 조절되면, 전자를 방출하는 **작업 전극(working electrode)** 표면의 분석물 소비 속도는 셀 안의 양에 비례하게 된다. 전압 전류 검출기는 통상적으로 3개의 전극을 지니고 있다.

1. 산화-환원 반응에서 전자들이 전달되는 **작업 전극**
2. 작업 전극으로부터 전류가 흐르는 **보조 전극**
3. 보조 전극에 대하여 상대적으로 작업 전극의 전위를 유지하고 조절하기 위해서 기준으로 작용하는 **기준 전극**

ECD 셀에서는 3개의 전극의 배치를 달리하여 사용할 수 있는데, 이들 중 5가지를 그림 14.13에 나타내었다.

모든 분석물이 소비되면 전류의 적분값으로 전달된 전체 전하량을 알아내는 전압-전류 검출기는 **전기량 검출기(coulometric)**로 분류된다. 검출기 셀에 피크가 통과하는 시간 내로 표준 작업 전극 표면에서 분석물이 완전히 전기 분해하기는 어려운데, **다공성 탄소 전극(poras carbon electrode)**은 압력 강하는 작으며, 큰 내부 표면적으로 인해 해당 전위에서 모든 분석물이 완전히 반응하여 소비할 수 있으므로, 전류 측정보다는 전기량 측정을 가능하게 한다. 이들 전극들(각각 보조 전극 및 기준 전극을 수반하는)의 배열은 증가하는 전위 간격에서 작동하기 위해 유체 경로를 따라 직렬로 놓일 수 있다. 이러한 **다중 전극 배열 검출기(multielectrode array detector)**는 각 설정된 전극 주변의 좁은 전위차 간격 안에서 반응하는 분석물의 신호만을 순차적으로 별도로 생성한다. 낮은 전위에서 반응하는 분석물은 이전 전극에서 이미 완전히 소비되었고, 높은 전위를 필요로 하는 물질은 다음 전극에 측정된다. 이런 전극 배열에서 데이터 수집 및 다중 분석 기능은 UV/ VIS 스펙트럼의 DAD와 유사하다. 전기량 검출의 장점은 반응이 알려져 있는 경우(즉 분석물 1몰당 소비되거나 방출되는 전자의 수를 알고 있는 경우), 통합 신호는 표준 교정 없이 분석물을 정량할 수 있다.

HPLC의 가장 보편적인 전기 화학 검출기는 **전류법 검출기(amperometric detector)**이다. 평형 확산 전류는 작업 전극을 지나는 유체 역학 인자와 산화/환원성 분석물의 농도 모두에 비례하는데, 유속과 확산 조건을 일정하게 유지한다면, 전류법 검출기의 전류는 셀 내의 분석물 농도에 비례한다. 이러한 조건은

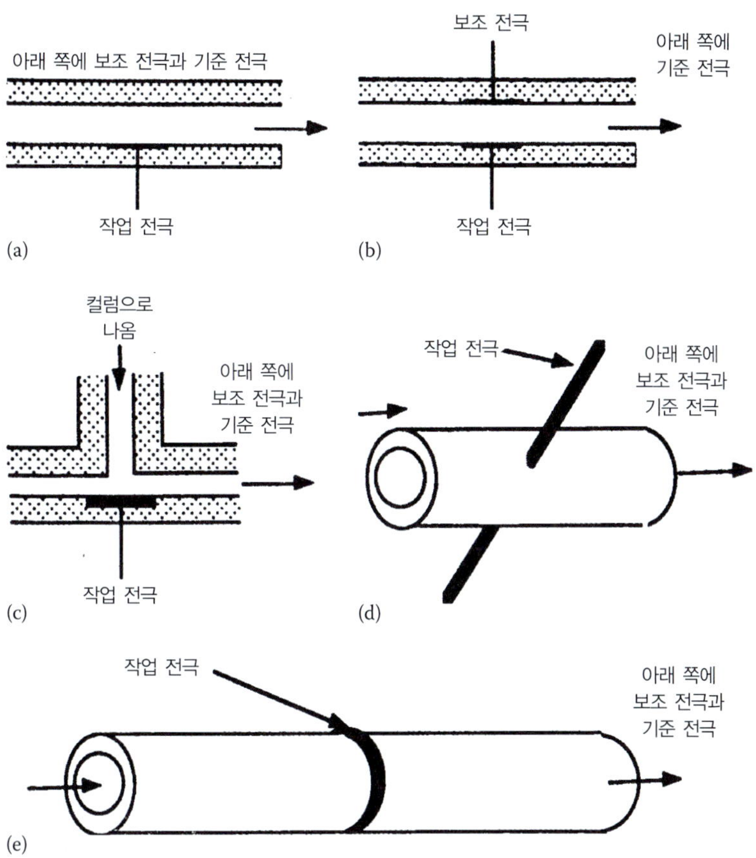

그림 14.13 (a–e) HPLC ECD의 3-전극에 대한 5가지 배열 (From Scott, R.P.W., *Chromatographic Detectors*, Marcel Dekker, Inc., New York, 1996. With permission.)

기울기 용리에서는 유지하기 어려우므로 ECD 검출은 등용매 용리가 적합하다. 전류법 전기 화학 검출기의 작동 형태는 매우 다양하다. 작업 전극은 산화 전극(분석물이 산화되는 곳)이 되며, 산화 분석에 적합한 물질은 전도성이 있고 유리와 같은 소위 '유리질' 탄소이다. 환원 반응도 일어나는데, 환원 전극으로는 Pt, Au, Hg 등이 사용된다. 흡착 물질에 의해 전극들은 오염에 취약할 수도 있다. 수은 전극은 매달린 수은 방울을 모세관으로부터 떨어뜨릴 수 있어서 전극 표면은 쉽고 깨끗하게 교체된다. Hg 표면에서 H^+ 환원에 대한 높은 과전압은 용매 환원이 일어나지 않으면서 환원을 유도할 수 있게 전극 전위를 상당히 넓은 범위로 허용하게 한다. 이것은 폴라로그래피 분석의 원리이며, 그러한 작업 전극을 지닌 검출기를 **폴라로그래피 검출기(polarographic detector)**로 분류한다. 이러한 검출기를 사용할 때는 이동상에서 폭넓게 용존 기체 제거 과정을 수행하는 것이 중요하다. 한 쌍의 전류법 전극 검출기를 직렬로 연결하여 첫 번째 검출기는 산화, 두 번째 검출기는 환원을 하여 사용할 수 있고, 그 반대도 가능하다. 이러한 연결에서 각 작업 전극의 전위를 최적화하면 분석물의 선택성을 높일 수 있고, 배경 잡음을 낮춤으로써 감도를 향상시킬 수 있다.

14.1.4.6 전도도 검출기

14.1.4.6.1 전도도 검출기 특징

이 검출기는 모든 양, 음이온 용액에 보편적으로 사용되며, 비파괴 및 농도 검출기이다. 화합물의 감도는 크기 순서에 따라 다르며, 주로 완충염이 없는 등용매 용리 RP-HPLC에서 사용할 수 있다. 이온 크로마토그래피(IC)에서 가장 선호하는 검출기이다.

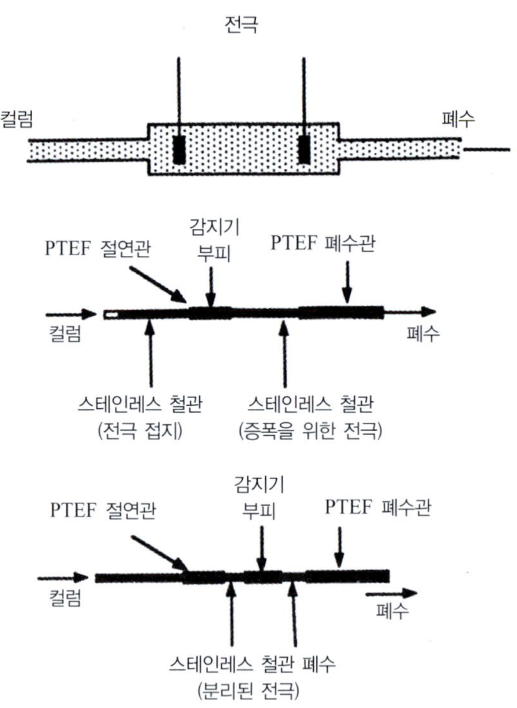

그림 14.14 3종의 전도도 검출기 설계 (From Scott, R.P.W., *Chromatographic Detectors*, Marcel Dekker, Inc., New York, 1996. With permission.)

전도도 검출기는 작고 단순하며 그림 14.14에서와 같이 이동상 용출액에 잠기거나 그 주변에서 두 개의 전기적으로 절연된 전극으로 구성된다. 이동상의 모든 이온은 전극 사이로 1000~5000 Hz의 교류 전위(AC 신호)가 전극 사이에 부과될 때, 셀에 전류를 전달하게 된다. 일정한 직류 전위가 부과되면, 이온은 전하의 반대 전극으로 이동하여 농도차 분극이 일어나고, 셀을 통과하는 전류는 0으로 감소한다. 부과된 AC 전압으로 이러한 분극은 억제되고 AC 전류는 셀에 흐르게 된다. 전도도는 이온의 농도에 비례하며, 역수 관계의 양(저항, 또는 AC 전류, 보다 적절한 임피던스)에 대한 작은 변화는 직접 또는 휘스톤 배열에서 기준 셀로부터 측정될 수 있다(13.5.1절 및 그림 13.9의 GC-TCD에 대한 설명 참조).

전도도 검출기로 유용한 물질은 무기 이온(예: Cl^-, ClO_4^-, NO_3^-, PO_4^{-3}, Na^+, NH_4^+) 또는 작은 유기 음이온(예: 아세테이트, 옥살레이트, 시트레이트)이나 유기 양이온(예: 다이-, 트라이-, 테트라-알킬 암모늄 이온)과 같이 작은 양, 음이온이다. 이들은 ECD에서 유용한 발색단이나, 적절한 산화 환원 활성을 지니고 있지 않은 경우가 많다. 전도도 검출기가 지닌 난점은 이동상에 존재하는 모든 이온에 반응하는 벌크 특성 검출기이므로, 화합물을 선택적으로 검출할 수 없다는 것이다. 이온 교환 크로마토그래피(14.2.1절)에 사용되는 이동상 완충 용액의 바탕 이온은 이온성 분석물의 전도도를 떨어뜨린다. 전도도 검출기에서 바탕 이온 효과를 없애기 위해 이온 억제 컬럼을 개발하여 유용하게 사용되었고, 이것을 IC라고 따로 부르고 있다.

14.1.4.7 전하 검출기(QD) [Thermo Scientific]

14.1.4.7.1 전하 검출 특징

이 검출기는 용액의 양, 음이온에 보편적으로 사용되며, 파괴 분석이며 농도에 민감한 검출기이다. 약하게 해리된 화학종에 대하여 좀 더 선형적인 감응을 나타내며, 이 감응은 분석물의 농도 및 전하 모두에 감응이 비례한다.

전하 검출기 작동 형태는 그림 14.15에 나와 있다. 억제 컬럼의 용출액 안에 있는 분석물 이온, 양이온

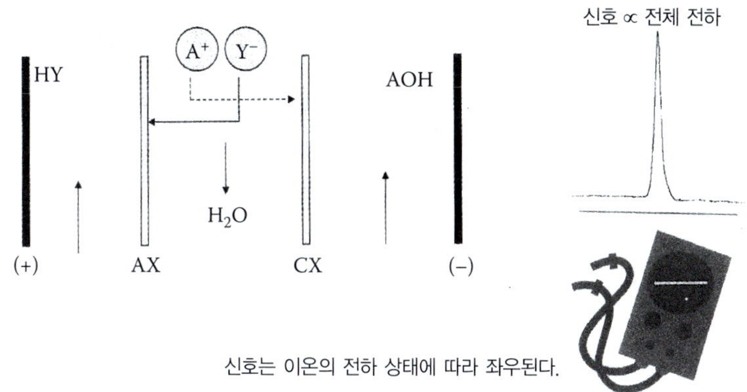

그림 14.15 전하 검출기 작동 개략도 (© Thermo Fisher Scientific (www.thermofisher.com). Used with permission.)

(A^+), 음이온(Y^-)은 양이온 교환(CX) 및 음이온 교환(AX) 막으로 되어 있는 중심 채널을 통해 흐르고, 걸어준 전압에 따라 반대 극성을 지닌 전극을 향해서 놓이게 된다. 이온이 전극으로 이동하면서 전극에 유도된 전류가 검출 신호가 된다. 이동한 이온은 전극에서 생성된 이온(수산화물(OH^-) 또는 하이드로늄(H_3O^+) 이온)과 결합하여 각각 염기(AOH) 또는 산(HY)을 생성한다. 전극 채널에서 수용액 흐름의 반대 방향으로 1.5 V 이상에서 발생하는 전해 반응이 필요한 물을 제공하고 염기/산 생성물의 제거를 돕는다. 분석물 이온은 생성물로 전환되고 폐수로 제거되므로, 전하 검출기는 파괴형 검출기이며 여러 검출기를 연결해서 사용할 때는 맨 끝에 배치해야 한다. 이 검출기의 장점은 붕산과 같이 매우 약한 해리 종에 대하여 상대적으로 강한 감응을 보이고, 억제 전도도 검출보다 더 좋은 선형성을 나타낸다. 또한 강 해리 이온에 대하여 더 큰 감도를 나타내는 전도도 검출기 뒤에 연속으로 연결하여 상대적으로 뛰어난 성능을 겸비할 수 있다.

14.1.4.8 6종의 주요 HPLC 검출기의 비교 정리

표 14.2로 정리될 수 있다.

표 14.2 주요 HPLC 검출기 비교

검출기 형태	굴절률	증발광 산란	UV/VIS	형광	전기 화학 검출	전도도
일반적인 검출 한계 (ng/주입)	100	1	1	0.01~0.1	0.01	1
선택성	없음	없음	보통	매우 높음	높음	낮음
견고성	우수	우수	매우 우수	우수	미약	우수
기울기 용리	불가	가능	가능	가능	불가	가능[a]
마이크로시스템 활용	불가	불가	제한적	높음	높음	높음

[a] 용리액에 적합한 억제 시스템 사용 시

14.1.5 | HPLC에서 유도체화

HPLC에서는 GC와는 달리 분석물의 열적 안정성은 그다지 중요하지 않으며, 매우 극성인 분석물도 역상 시스템에서는 많이 사용된다. HPLC에서 유도체화 과정의 주요 목적은 검출기의 감도 및 선택성을 증가시키기 위함이다. HPLC에서 우선적으로 개선이 필요한 것은 용액에서 하전된 이온(양이온, 음이온, 양전하와 음전하 원자를 모두 지닌 쯔비터 이온)으로 존재하는 분석물이며, 아미노산기도 이 범주에 속한다. 원래 복잡한 이 혼합물들을 완전히 분리하려면 이온 교환 수지 컬럼에서 매우 장시간이 소요되었다.

생리학적으로 발생하는 아미노산들은 오쏘프탈알데하이드와 반응시켜서 극성을 지닌 아이소인돌 유도체를 생성하면 훨씬 더 효율적으로 RP-C18 컬럼에서 빠르게 분리할 수 있다. 또한, 이 유도체들은 425 nm의 형광 검출기에서 강한 형광을 나타내므로 검출 한계를 크게 향상시킬 수 있다.

표 14.3은 형광 유도체 시약과 그의 표적 작용기를 나타낸다. 일반적으로 한 번에 한 그룹만 유도체화한다.

유도체화 과정은 시료 준비의 마지막 단계에서 용액 상태로 진행될 수 있으며, 유도체화 과정을 위해서는 반응 시간과 온도 등이 있어야 한다. GC 유도체화에서 주로 사용되며, 이것을 **전치 컬럼 유도체화(precdumn derivatization**, 또는 표지화)라고 한다. HPLC에서는 **컬럼 후 유도체화(postcolumn derivotization)**를 주로 사용하는데, 유도체화 시약은 별도의 펌프를 통해 일정 속도로 유입되어 컬럼 용출액에 더해지며, 높여진 온도에서 혼합 챔버나 코일에서 정확한 시간 동안 통과하여 검출기 셀로 가게 된다(그림 14.16).

혼합 챔버가 너무 길면 컬럼 외 띠넓힘 현상이 커지게 되기 때문에 **컬럼 후 유도체화** 반응은 빠를수록 좋다. 잘 적용하면 컬럼 후 유도체화는 전치 컬럼 모드보다 실제로 수율 및 정량에서 재현성이 높다. 또한 반응을 통해 하나 이상의 형광 물질이 생성되는 경우, 컬럼 후 유도체화에서는 이들이 모두 검출기 셀을 함께 통과하게 되는 반면, 전치 컬럼을 사용하면 생성물은 HPLC 컬럼에서 다양한 비율로 개별적으로 분리되어 용리될 수 있다. 유도체화를 통해서 ECD 검출에 유리하게 활용할 수 있다.

표 14.3 컬럼 후 형광 표지 시약

시약	분석물	들뜬 파장	방출 파장
o-Phthalic anhydride (OPA)	1차 아민, 싸이올	340	455
Fluorescamine	1차 아민	390	475
Dansyl chloride (Dns-Cl)	1차 및 2차 아민	350	530
9-Fluorenylmethyl chloroformate (FMOC)	1차 및 2차 아민	260	305
Naphthyl isocyanate	하이드록시 화합물	310	350
Dansylhydrazine (Dns-H)	알데하이드와 케톤	365	505
Anthryldiazomethane (ADAM)	카복실산	365	412
N-Acridinyl maleimide	싸이올	355	465

출처: Katz, E. et al., eds., *Handbook of HPLC*, Marcel Dekker, Inc., New Youk, 1998.

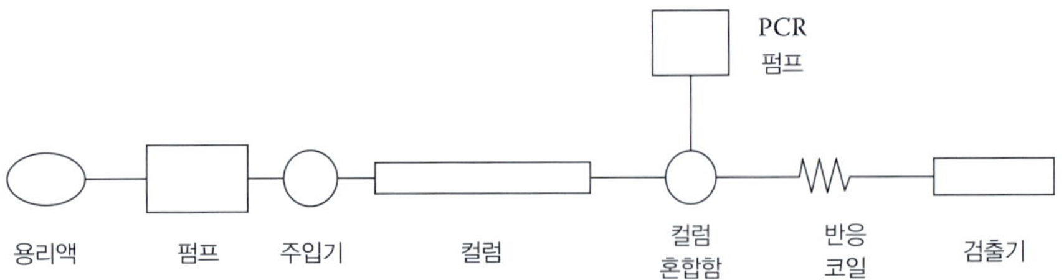

그림 14.16 HPLC 컬럼후 유도체화 시스템의 구역 도표 (From Katz, E. et al., (eds.) *Handbook of HPLC*, Marcel Dekker, Inc., New York, 1998. With permission.)

14.1.6 | HPLC와 연결한 분석법

HPLC들을 연결한 분석법은 최근 LC 제품들의 역세척을 가능하도록 포트 밸브를 결합한 2차원 LC 시스템을 출시했으며, 소프트웨어를 이용하여 컴퓨터로 장치 모드를 전환할 수 있다.

HPLC에서 DAD 검출기(14.1.4.3 절)를 사용하면 용리되는 피크의 UV/VIS 스펙트럼을 연속적으로 수집할 수 있어 유용할 수 있다. 그러나 UV/VIS 스펙트럼은 질량 또는 IR 스펙트럼보다 구조에 대한 정보가 적으므로, 미지 성분을 식별하거나 라이브러리 검색 프로그램으로 일치하는 물질을 찾기는 쉽지 않는 점이 있다. 또한 대부분의 HPLC 이동상 용매가 IR을 흡수하므로 2차원 검출기로서 IR 검출기는 잘 사용하지 않는다.

LC-**핵자기 공명**(*NMR*): GC의 증기상보다 HPLC의 액체 이동상에서 적합한 스펙트럼 기술은 NMR이다. 현재 LC-NMR이 개발되었으나 한계가 있는데, 미지 성분에 대하여 해석이 가능한 스펙트럼을 얻으려면 NMR 튜브보다 측정 셀이 일반적으로 작으므로 다른 검출기보다 농도가 높아야 한다. 검출기 셀은 일반적인 NMR 튜브보다 작으므로 분석물의 농도는 더 높아야 한다. FT-NMR 형태로 데이터를 얻는 것이 유리하며, GC-IR에서 감도를 증가시키기 위해서 흐름 정지 과정을 한 것처럼 용리된 각 피크들도 측정 셀에 머무르게 해야 한다. 양성자 NMR에는 비싼 중수소 이동상 용매가 사용되며, 좁은 구경 또는 모세관 HPLC처럼 작은 이동상 부피를 지닌 컬럼을 사용해야 한다.

14.1.6.1 HPLC와 질량 분석기의 연결

HPLC와 질량 분석기를 연결하는 데 있어 어려운 점은 질량 분석기의 진공 시스템에 분자량이 큰 비휘발성 이동상이 들어가는 것을 막는 것이었는데, 질량 펌프 시스템으로는 충분히 빨리 제거할 수 없었다. 증기는 용액보다 1000배 가량 밀도가 낮고, 모세관 GC 및 충전 컬럼 HPLC의 일반적인 이동상 유속은 모두 분당 1 mL 정도라는 것을 고려해 보자. 전통적인 GC-MS 분석처럼 전자 이온화(EI)-MS 또는 화학 이온화(CI)-MS하에서 이온화되고 조각화될 수 있으므로, 이후 더 높은 진공 상태의 이온원 챔버(ion source chamber)를 통과하면서 분석물을 휘발시키기 위해 가열하는 Rube Goldberg 장치가 시도되었다. 그러나 재현성을 얻기 어려웠으며, 열에 민감한 생체 고분자를 휘발시킬 가능성이 거의 없었다.

14.1.6.1.1 전열분무 HPLC-MS 연결 장치

실제로 처음 성공한 이 연결 장치는 GC-MS 제트 분리기와 비슷해 보이지만, 그 메커니즘은 다르다. 마이크로보어 컬럼이나 일정한 안쪽 반지름을 가진 컬럼 분획에서 나온 HPLC 용출액은 10~20 cm 길이의 모세관에 연결되는데, 이 모세관 안에는 원통형 전기 가열식 튜브가 꼭 맞게 내장되어 있다. 모세관의 끝부분은 MS 이온원에 다른 속도로 전달하게 하는 첫 번째 단계인 스키머 콘의 구멍을 향한다. 가열기 온도 및 가열 속도가 이동상 속도에 맞게 최적화되면, 모세관 출구부분 내에서 끓기 시작하여 미세한 스프레이 분사 형태로 꼭지에서 나와 증발하게 되고, 분석물 분자는 이온원 오리피스(orifice)로 들어가고 나머지 용매 증기는 분무함 밖으로 나가게 된다. 거의 모든 비휘발성 염이나 그 외 물질들은 MS 오리피스 입구 주위에 쌓이므로 자주 청소해야 한다. 약이온화 용액에서는 EI-MS 스펙트럼을 생성해야 하기 위해 전자살이 필요하나, 이온을 포함한 이동상은 분석물의 분자 이온을 강하게 한다. 좁은 MS 입구 오리피스로 적은 양의 이동상을 전달하려면 작은 HPLC 컬럼을 사용해야 했으므로 감도는 높지 않았지만, 그래도 이것은 효과적이었으며 유용한 일반 LC-MS 연결 장치였다.

14.1.6.1.2 HPLC-MS를 위한 전기 분무 연결 장치

열분무 연결 장치에는 몇 가지 단점이 있는데, 연결 모세관에서 이동상의 끓는점까지 온도를 올리면 무빙 벨트 연결 장치나 GC처럼 열적으로 불안정한 화합물이 생긴다는 것이다. 낮은 온도가 더 유리하겠지만, 분무된 액체 방울이 증발되면서 큰 분자들은 응집되어 침전되므로, 낮은 비율의 분석물이 오리피스에 들어가게 될 것이며, 그 중 일부만 개별 분자로 들어가게 될 것이다.

분무 연결 장치를 개선하게 된 핵심 사항은 이동상에서 이미 이온으로 존재하거나 다른 이온으로부터 전하를 전달받아 이온화할 수 있는 분석물이 예외적으로 강한 MS 신호를 주는 것을 관찰한 것이다.

입구 모세관을 가열하는 대신에, ESI에서는 모세관에서 나와 액체 방울이 되면 과잉 양전하 또는 음전하를 전달하여 전기적으로 전하를 지니게 하는 것이다. 증발을 가속화하기 위해서 건조 가열되어 고순도

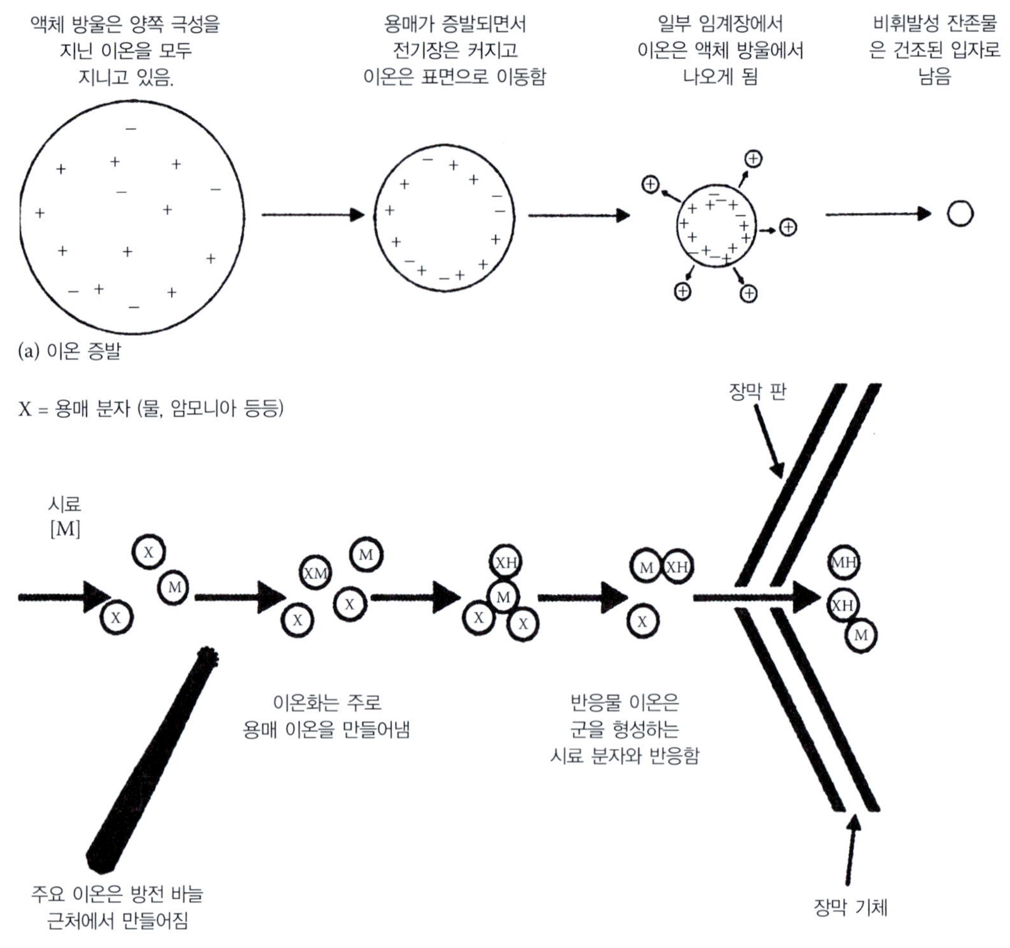

그림 14.17 LC-ESI-MS 연결 장치의 이온화 과정 개략도. (a) ESI 액체 방울 안에서의 쿨롱 폭발. (b) APCI에서 분자 이온 반응 (Adapted with permission from Applied Biosystems, San Francisco, CA; MDS Sciex, Vaughan, Ontario, Canada.)

정제 질소 가스를 전하를 띤 액체 방울에 뿌린다. 극성을 지닌 과잉의 전하의 분석 물질 및 용매 분자는 상호 반발력으로 표면으로 이동한다. 서루 더 가깝게 놓이게 됨에 따라 '**쿨롱 폭발**(**coulomb explosion**)'이 발생하게 되고, 과전하를 유지하기 위해서 더 큰 표면적을 지니는 작은 액체 방울로 만들어지게 된다. 이 과정은 단계적으로 반복되어 순간적으로 극도로 작은 전하를 띤 액체 방울이 만들어진다. 액체 방울의 표면 전기장이 지속적으로 형성됨에 따라, 분석물 이온은 용매 분자로부터 개별적으로 빠져 나오기 시작하며(그림 14.17a), 열분무 연결 장치보다 분자를 이온으로 변환하는 데 훨씬 효율적이다. 분사는 이온 입구 오리피스와 스키머 어셈블리에 직각 방향으로 할 수 있다. 입구 오리피스를 적절하게 전하를 띠게 함으로서, 분석물 이온은 전기적 인력에 의해서 빨아 들일 수 있으므로, 과잉의 용매 방울 및 미립자 물질은 버려지게 된다. 모세관 사이의 영역과 저압의 고순도 질소를 포함하는 '**스키머 콘**(**skimmer cone**)'의 단면은 그림 14.18에 나타나 있다.

열분무 연결 장치처럼 전기 분무 연결 장치는 모세관 컬럼이나 마이크로보어 HPLC 컬럼 또는 모세관 전기 이동에서 사용되는 낮은 이동상 유속으로 제한되어 있었으나, 가열된 가스 유체를 가하여 액체 방울 증발을 가속화하면서 더 높은 유속에서 사용이 가능하게 되었다. 최근 설계된 장비에서는 거대 기공을 지닌 단일체식(monolithic) HPLC 컬럼의 고속 분리에 적용하는 분당 3~6 mL 유량도 견딜 수 있다. 전기 분무는 펩타이드 또는 올리고 핵산과 같이 여러 자리에 전하를 띨 수 있는 화합물을 다중 전하 이온으로

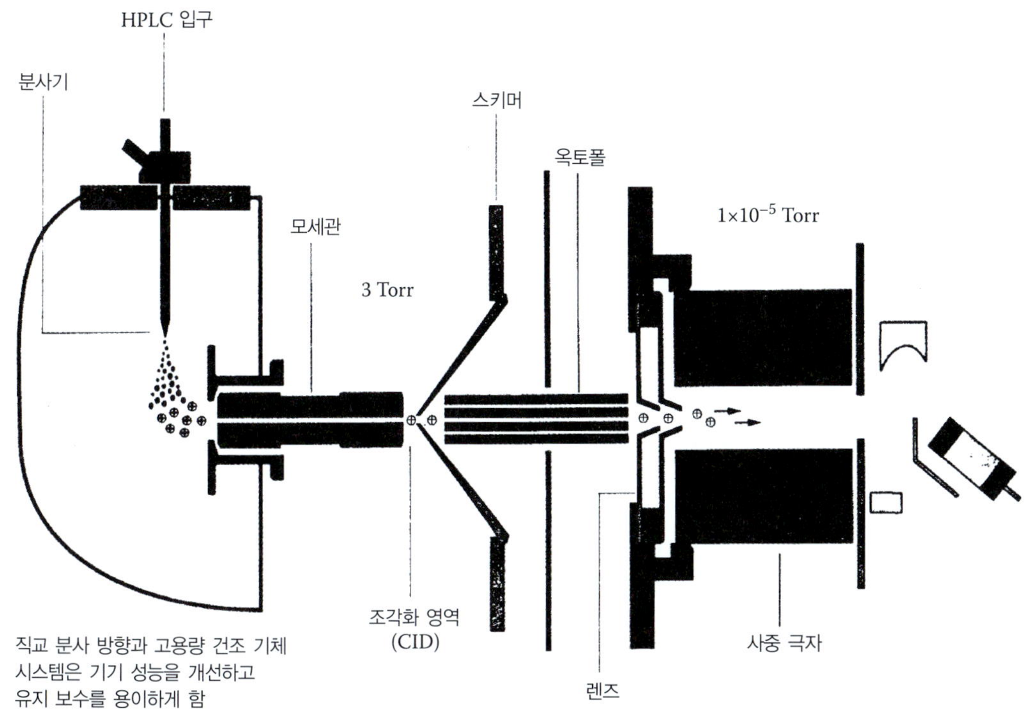

그림 14.18 직교 전기 분무 LC-MS 연결장치의 도식도 (Agilent Technologie사(www.agilent.com/chem)로부터 허가 인쇄됨)

만들 수 있다. 이를 통해 질량 분석기의 일반적인 질량 한계보다 더 큰 분자량을 지닌 고분자 이온 및 조각 이온을 측정할 수 있다. 다중 전하로 장비의 질량 범위 안에 놓인 질량 대 전하(m/z)를 지닌 이온을 생성한다. 모든 이온화는 분무기의 입구, 즉 분사기의 끝에서 시작되며, 분석물을 이온화하고 조각내기 위해 사용되는 전자 충격선은 없다. 큰 분자는 전체 과정을 통해 천천히 처리되는데, 다양한 pH에서 자연적인 전하를 가지고 있다면(특히 아미노산으로 결합된 펩타이드 사슬의 경우), 이들은 쉽게 이온화된다.

이어서 설명한 두 연결 장치의 기반으로 LC-MS 장비는 생물의학연구소에서 많은 사람들이 사용하고 있으며, 현재 GC-MS 장비보다 더 많이 판매되고 있다. 많은 분석물에 대하여 음이온 또는 양이온 LC-MS 작동 중 어느 것이 더 민감한 신호를 생성하는지 예측하기는 어렵지만, 단일 LC-MS 실행에서도 양이온, 음이온 형태로 전환이 쉽고, 용리되는 각 분석물의 최적 극성으로전환해서 LC-ESI-MS 기기를 프로그램화하기 쉽다.

14.1.4.4절에서는 **유전체학(genomics)** 분야에서 DNA 염기 서열 분석을 수행하는 핵심적인 도구가 DNA 조각을 모세관 전기 이동로 분리해서 말단 핵산의 형광 검출이 중요하다는 것을 배웠다. 단백질 거대 분자의 펩타이드 조각에 대한 유사성을 특징짓는데 탁월한 능력을 지닌 LC-ESI-MS 기기는 마찬가지로 생물학적 시스템에서 유전자 발현의 다양한 패턴이 반영되는 복잡한 단백질 혼합물의 특성을 신속하게 규명하는 데 중요하다. 이것이 **단백질체학(proteomics)** 기술의 근간이며, 이 분야 연구가 널리 활용될 때에는 생물군의 유전자 서열 분석 프로젝트(예: 30억 염기 서열의 인간 유전자)보다 훨씬 더 많은 분석이 수반될 것이며, 21세기에 보다 더 활발하게 진행될 것이다. ESI-MS 연결 장치의 개발자 중 한 사람인 존펜 박사는 그 공로로 2002년 노벨 화학상을 받았다.

14.1.6.1.3 APCI 연결 장치

HPLC-MS 연결 장치와 같이 성공한 또 다른 장치는 APCI 연결 장치이다(그림 14.19). 전기 분무 연결 장치와 같이 시료가 미세한 액체 방울 형태로 분무되지만, 분무기 끝에서 전위를 걸어 하전시키지는 않고, 질소 **'덮개 기체(sheath gas)'**를 통해서 분무에 도움을 받는다. 전기 분무 연결 장치에서는 같이 덮

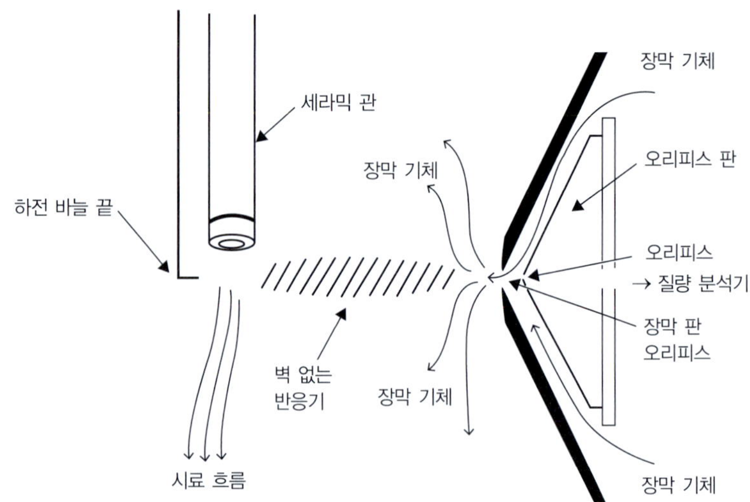

그림 14.19 APCI LC-MS 연결 장치 도식도. (Adapted with permission from Applied Biosystems, San Francisco, CA; MDS Sciex, Vaughan, Ontario, Canada.)

개 기체로부터 전도된 열은 액체 방울이 아래로 흘러가면서 가열된 세라믹 관으로 전달된다. 이 과정으로 대기압에서 미세 방울의 증발이 서서히 가속된다. 관 출구의 날카로운 금속 바늘에 수천 볼트의 높은 기울기 전기장을 걸어서 방출되는 전자 코로나 방전에 의해 이온이 생성된다. 방전에 의해 초기에 생성된 이온은 공기에서부터 온 N_2^+, O_2^+, H_2O^+, NO^+이며, 복잡한 전하 이전 과정을 통해서 양성 모드에서는 $[X+H]^+$, 음성 모드에서는 $[X-H]^-$ 이온(X는 이동상 용매 분자)을 만든다. 이 **시약 이온(reagent ion)**은 시료 분자와의 충돌하여 안정한 시료 이온을 생성한다. 이후의 메커니즘은 전통적인 CI-MS와 동일하며, 대기압에서 진행되어 APCI라고 한다.

GC-MS와는 달리, LC-APCI-MS 이온원은 청소하기 위해서 환기하거나 MS 장비를 끄지 않고 대기 중에서 열 수 있다. 시료 분자 이온의 생성을 유도하는 반응은 그림 14.17b에 나타나 있다. 그림 14.17a와 14.19처럼 장막 판과 오리피스 판 사이로 N_2 **장막 기체(curtain gas)**를 불어 넣어 줌으로써, 용매 증기가 질량 분석기의 진공 펌핑된 부분으로 들어갈 때 장벽이 생긴다. 이온은 판에 걸린 전하에 끌려 당겨지고, 전하를 띠지 않는 분자는 휩쓸려 나가게 된다. 시료 이온을 형성하는 다양한 전하 이동 반응은 이온이 입구 오리피스에 유입될 때 일어나며, 코로나 방전 팁과 장막 판 오리피스 사이의 영역은 이상적으로 '벽 없는 반응기' 역할을 하게 된다. 오리피스를 통과하지 못한 이온들은 결국 벽면 접촉에 의해 중성화되어 과정에 참여하지 못하게 된다. ESI 연결 장치는 다중 전하 자리를 지니고 있는 생체 고분자에 특히 적합하나, APCI 연결 장치는 작은 중성 분자에 더 유용하다. 다양한 분석물은 각각 최적화 과정을 통해 최상의 감도를 얻을 수 있는데, 양이온, 음이온 모드, 이온화 효율이나 화학적 이온화에 영향을 줄 수 있는 이동상 및 염 등에 따라 달라진다.

이온화 전압, 오리피스 전압, 증발 온도 및 유량 변수는 감도를 최대화하기 위해 조절할 수 있다. 많은 현대적인 범용 HPLC-MS 장비에는 ESI 또는 APCI 분무 및 이온화 어셈블리가 있어 MS 진공 시스템의 배기 필요 없이 한 모드에서 다른 모드로 신속하게 전환할 수 있다.

14.1.7 | HPLC의 응용

HPLC에서는 크기가 작은 분석물로 액체 용액에 저장하기 어려운 고휘발성 물질들의 처리가 어려우므로 GC로 분석하면 된다. 고체 형태로만 존재하는 물질(예: 금속, 내화 및 불용성 무기물, 무한 고분자량의 가교 중합체)는 X선 형광(XRF) 또는 X선 회절(XRD)과 같은 직접 분광 기술이나 분광 분석, 열분석 등을 하기 전에 선택적으로 용해시켜 수행된다.

여기서는 역상 또는 정상 HPLC로 특성화할 수 있는 광범위한 화합물 범위에 대한 포괄적인 설명은 하지 않을 것이다. 분석할 수 있는 다양한 분류들은 다음과 같다.

첨가제	탄수화물	농약
아플라톡신	축합 방향족	식물 안료(Tswett 분류 참조)
아미노산	의약품	페놀
진통제	약물 대사체	독
항생제	염료	추진제
산화 방지제	에스트로겐	진정제
인공 감미료	제초제	스테로이드
담즙	지질	계면 활성제
혈액 알코올	마약	소변 추출물
혈액 단백질		

14.1.7.1 단백질체학에서 생화학적 적용

생화학 연구에 LC가 유용하게 이용되는 것은 아미노산과 펩타이드의 분석이다. **펩타이드(peptide)**는 **아미노산(amino acid)** 단위로 구성된 짧은 중합체 사슬이며, 그림 14.20은 4개의 아미노산으로 구성된 펩타이드의 구조를 개략적으로 나타낸 것이다. 세포 표면에 전달 화합물을 받아 해석하는 선택적인 화합물 수용체를 만들어내는데, 전달 물질 중 일부는 아미노산이거나 펩타이드가 된다. 분자 수준에서 생명체를 이해하려면 이러한 복잡한 혼합물들을 측정하고 특성화할 필요가 있다. 가능한 수천 개의 아미노산 중 이들 생체 고분자에 포함된 20종의 **'필수' 아미노산(essential amino acid)**은 각각 다른 R 치환기로 구분된다(그림 14.21). R 치환기는 다양한 극성을 지니며, 일부는 산성/염기성을 지니며, 양/음전하를 운반하는 능력을 지니기도 하며, 이들 필수 아미노산은 이름과 더불어 각각 세 글자 또는 한 글자로 나타낸 약어로 나타내기도 한다.

소단위체(subunit)를 구성하는 큰 고분자는 GC로 사용하여 분리할 수 없다. 아마도 유도체화하거나, 측정 감도와 선택성을 향상시키기 위해 다양한 검출기를 사용하는 다양한 형태의 HPLC가 필요하다.

그림 14.22는 아미노산을 phenyl isothiccyanate로 유도체화시켜서 254 nm 파장에서 강한 흡광도를 가지게 만들어 분석한 HPLC 크로마토그램을 나타낸다. 단일 글자는 아미노산의 약자이며, 그 외에 암모니아(NH_3), 포스포세린(phosphoserine, PH-S), 포스포레오닌(phosphothreonine, PH-T), 하이드록시프롤린(hydroxyproline, OH-P), 갈락토사민(galactosamine, Gal)과 내부 표준 물질(IS)인 노르루신(norleucine, NLE), 과량의 유도체화 시약(Re)이 피크로 나타나 있다. 뚜렷하게 Re 피크가 나타나는 것은 유도체화가 전치 컬럼 모드에서 일어났음을 나타낸다. 20가지 필수 아미노산이 변형되거나, 대사된 유도체가 나타나는 것은 실제 생물학적 시료의 특징이다. 위 크로마토그램은 200 pM 농도의 아미노산 표준 시료이며, 아래는 유리 표면에서 물과 에탄올로 추출한 지문 기름에서 나온 것이다. HPLC에서 UV/VIS

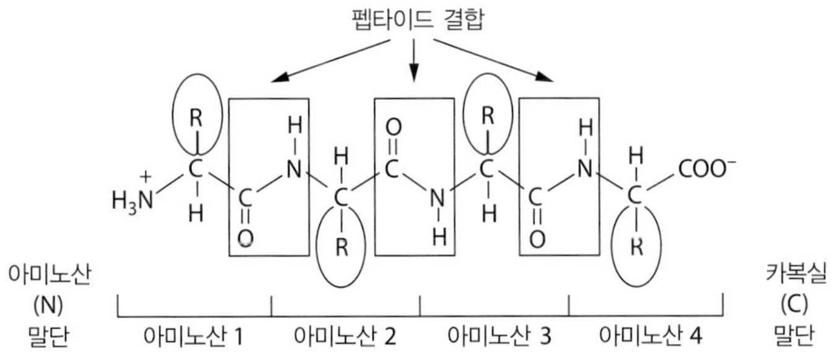

그림 14.20 4개의 아미노산 사슬의 일반 구조 (With permission from Phenomenex, Inc., Torrance, CA, www.phenomenex.com.)

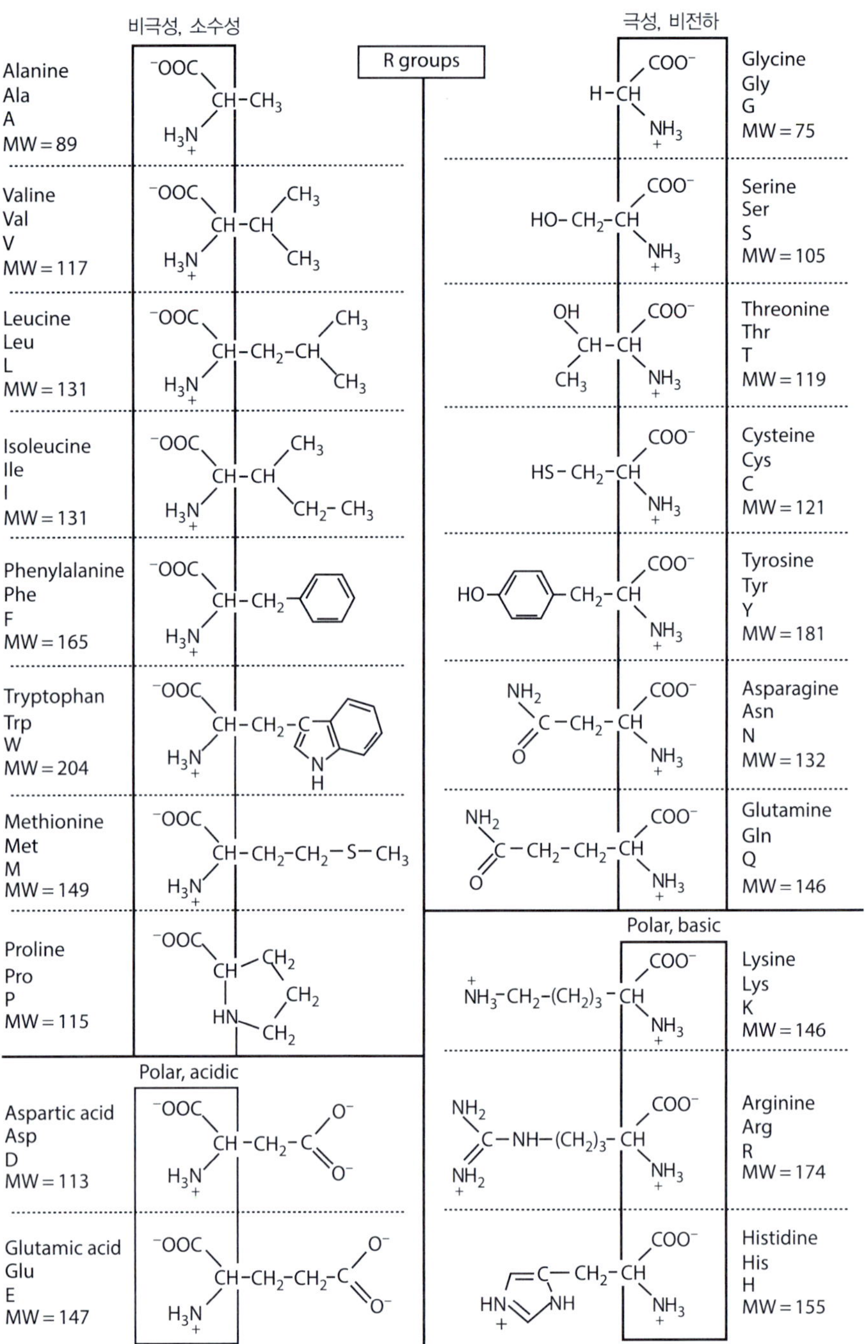

그림 14.21 20종의 필수 아미노산의 구조, 이름, 약자, 분자량(MW) (With permission from Phenomenex, Inc., Torrance, CA, www.phenomenex.com.)

검출도 감도가 매우 뛰어난 것을 나타내며, 아미노산 유도체를 OPA(표 14.2 참조)로 형광 검출할 경우에 감도가 20배 이상 증가한다.

HPLC-MS의 주요 응용 분야는 단백질/펩타이드의 서열 분석이며, 다양한 크로마토그래피 분리 및 질량 분석으로 수행할 수 있다.

그림 14.23은 LC-MS 데이터를 사용하여 미지의 단백질 사슬에서 아미노산의 서열을 평가하기 위한 초기 단계를 보여 준다. 이것은 펩타이드 분자 이온의 질량을 측정하기 위해 삼중 사중 극자(triple quad) MS 장비의 첫 번째 극자(10.2.3.4절 참조)에서 얻은 데이터이다. 첫 번째 단계는 그림 14.23a에서 볼 수 있는데, 효소(그 자체가 촉매 단백질)로 단백질을 처리하여 단백질을 더 작은 펩타이드로 분해하는 것이

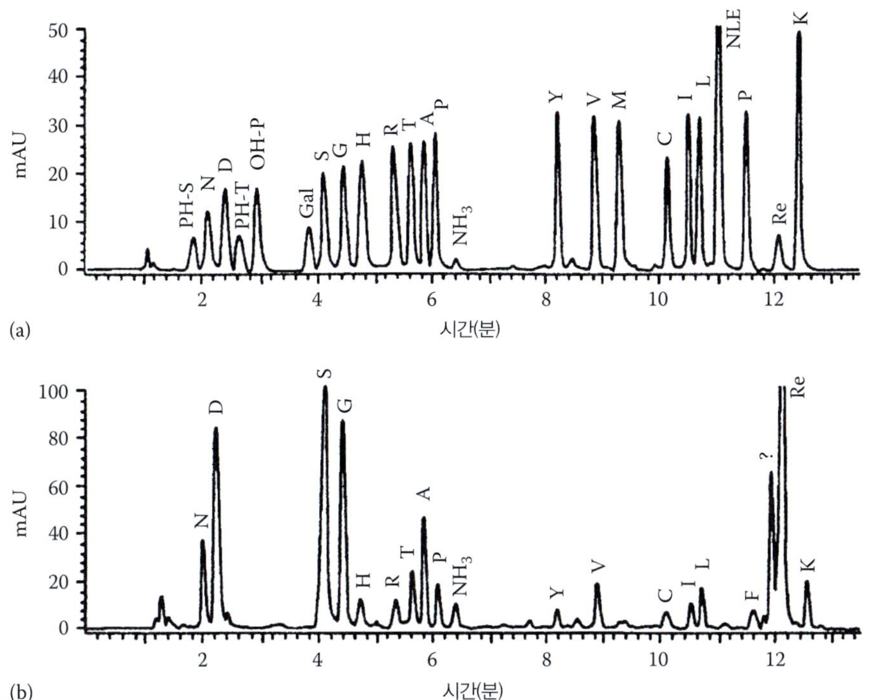

그림 14.22 UV 254 nm에서 검출된 HPLC에서의 아미노산 유도체: (a) PH-S PH-T, 하이드록시프롤린(OH-P), 갈락토사민(Gal), 노르루신 (NLE, 1 nmol 내부 표준 물질), 과량의 시약(Re)을 포함하는 200 pmol의 PTC-아미노산. 다른 아미노산은 한 문자 코드로 나타냄. (b) 물과 에탄올의 혼합물을 사용하여 시계 유리에서 채취한 인간 지문 분석. (Courtesy of National Gallery of Art and the Andrew W. Mellon Foundation; From Cazes, J., *Encyclopedia of Chromatography*, Marcel Dekker, Inc., New York, 2001. With permission.)

다. 이 효소는 사슬의 특정한 순서에 있는 아미노산 쌍 사이를 절단한다. 가장 일반적으로 사용되는 효소는 **트립신(trypsin)**으로, 라이신 또는 아르기닌(기호로 K 또는 R)의 카복실 쪽의 결합을 절단하며, 다른 아미노산의 결합은 절단하지 않는다. 생성된 펩타이드 조각은 길이가 수십 개 이하의 아미노산으로 구성되어 있고, 모세관 LC로 쉽게 분리된다. 그림 14.23b는 LC 이동상에 각각 암모늄 아세테이트나 트라이플루오르아세테이트(trifluoroacetate) 완충액을 넣고 트립신 분해(trypsin digest)를 한 뒤에 얻은 모세관 LC-전기 분무 MS의 총 이온 전류 크로마토그램을 비교한 것이다. MS 이온원에 염 침전물이 쌓이는 것을 방지하기 위해 휘발성 염을 함유한 완충액을 사용한다는 것을 주목하자. 각 크로마토그램의 Y축 크기는 동일하며, 아세트산 암모늄 완충액이 트라이플루오르아세트산에서 보다 더 높은 신호를 나타낸다. 그림 14.23c는 그림 14.23b의 피크 중 하나인 12개 아미노산의 펩타이드 조각에 대한 단일 단계 ESI-MS 질량 스펙트럼을 보여 준다. 이 스펙트럼은 분자량이 1453.8인 펩타이드 사슬 RAKMDRHVGKEK가 1~5개의 양전하를 띤 이온들로 구성되어 있다. 이 펩타이드 사슬 안에는 트립신 절단 자리가 아니었던 R과 K 아미노산이 있음에 유의하자. 트립신 절단(tryptic cleavage)을 이용하여 펩타이드 결합을 끊는 것은 결과적으로 LC로 분리하기에 너무 크거나 작지 않아서 분자량으로 신뢰 있게 확인할 수 있는 가장 알맞은 범위의 펩타이드 혼합물을 생성한다. 이 질량 스펙트럼에서 작은 4개의 m/z값들에 2, 3, 4, 5배를 하면 분자량과 같다는 것은 이 스펙트럼이 한 화합물에서 나왔다는 것을 보증하는 것이다. LC 피크에서 몇 개 분리되지 않는 펩타이드가 있는데 함께 용리되는 혼합물이 단순하다면, 각 성분의 분자량을 확인하기 위해 혼합물의 질량 스펙트럼을 이용하여 해결할 수도 있다. 분자량만으로 펩타이드 내의 아미노산 서열을 식별하지는 못하지만, 특정 단백질의 트립신 분해는 LC-MS에서 명확한 패턴을 지닌 펩타이드 피크들을 만들어 낼 것이다. ESI-MS에 의해 결정된 분자량과 다른 펩타이드의 LC 머무름 시간/순서 등을 조합하여 단백질의 트립신 분해 라이브러리에서 확인할 수 있는 '지문' 패턴을 생성할 것이며, 라이브러리와

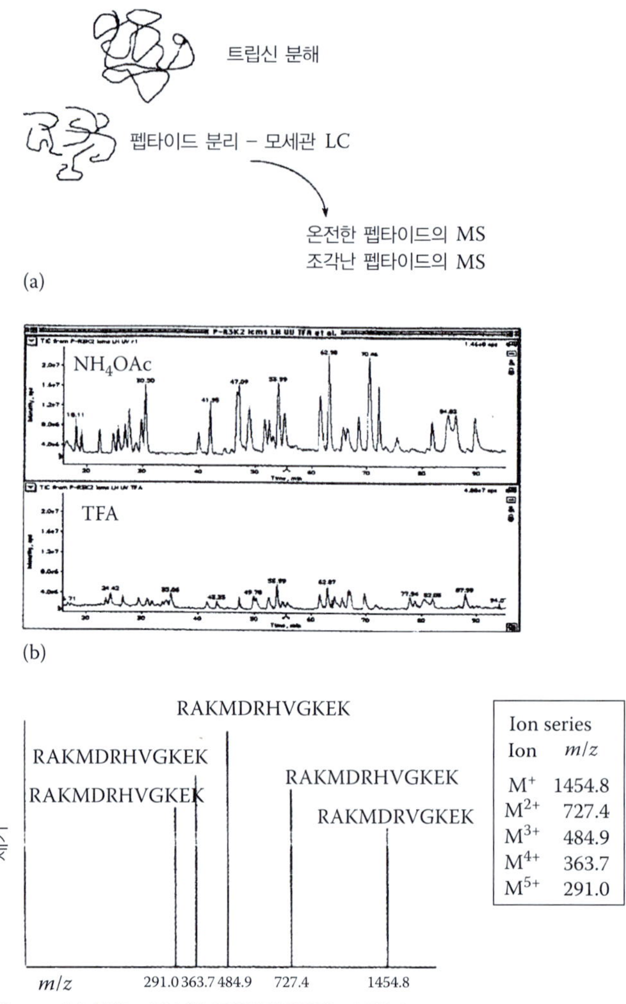

그림 14.23 단백질의 펩타이드 조각에 대한 LC-MS 분석. (a) 단백질의 펩타이드 조각을 생성하기 위한 단백질의 트립신 분해. (b) 단백질 분자의 트렙신 분해에 의한 LC-MS 총 이온 크로마토그램(TIC). (c) 분리된 펩타이드 조각 분자 이온의 ESI-MS 스펙트럼 (Adapted with permission from Applied Biosystems, San Francisco, CA; MDS Sciex, Vaughan, Ontario, Canada.)

일치 여부를 확인함으로써 단백질을 확인하게 될 것이다.

MS-MS를 사용하여 2단계 질량 조각화를 진행하면 미지 펩타이드 조각의 실제 아미노산 **서열**에 대한 데이터를 얻을 수 있다. 그림 14.24는 14개 아미노산으로 구성된 펩타이드 EGSFFGEENPNVAR의 분자 이온이 충돌로 만들어진 조각 패턴을 보여 준다. LC로 펩타이드를 분리한 뒤, 3단계 직렬 MS의 첫 번째 극자를 이용하여 분자 이온을 구분하고, 두 번째 다중 극자 MS 단계에서 충돌로 분자 이온을 조각화하며, 최종 극자를 사용하여 전체 충돌 조각 이온의 전체 질량 스펙트럼을 조사하도록 한다. MS-MS의 스펙트럼 패턴은 각각의 펩타이드에 대하여 상당히 고유하므로, 스펙트럼 지문으로 다시 사용할 수 있다. 일단 펩타이드 서열이 밝혀지면, 그 지문을 데이터베이스에 저장하여, 컴퓨터를 통해 그 패턴이 데이터베이스와 일치하는지 확인함으로써 어떤 상황에서도 신속하게 식별될 수 있다. 이렇게 확인된 1,000종의 펩타이드 지문은 국제 저장소에 제출되어 보관된다.

특정 유전자의 DNA 염기 서열은 종들 간에 매우 유사하거나, 일부는 동일하다. 확인된 유전자 서열 라이브러리는 유전체학 연구의 기초이다. 마찬가지로, 특정 효소 분해로부터 나온 펩타이드의 서열과 라이브러리는 단백질체 분석의 근간이 된다. MS-MS 스펙트럼의 일부분이 알려진 단백질의 해당 '스펙트럼 지

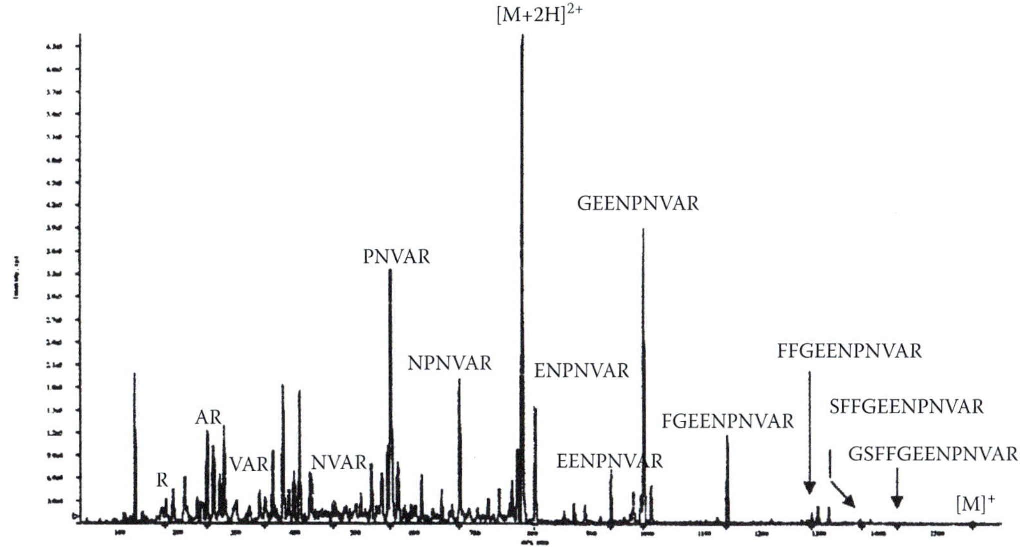

그림 14.24 14개 아미노산 펩타이드의 서열 분석을 위한 LC-MS-MS 조각화 (Adapted with permission from Applied Biosystems, San Francisco, CA; MDS Sciex, Vaughan, Ontario, Canada.)

문'과 일치하는지를 확인함으로써 완전히 서열 확인을 하지 않아도 충분히 식별할 수 있다. 단백질의 신속, 명확하게 식별하고 측정하기 위한 요구 사항은 다음과 같다.

1. 크로마토그래피 기술(LC, 모세관 전기 이동(CE), 2D 얇은막 크로마토그래피(TLC), 전기 이동 등)에 의해 쉽게 분리될 수 있도록 작은 조각(펩타이드)으로 특별하면서도 재현성이 있게 자르는 방법.
2. 펩타이드를 크로마토그래피 분리에서 분광 검출의 어떤 형태(주로 질량 분석이 사용되는데, 특히 다단계 MS-MS으로 사용할 경우, 질량 스펙트럼의 많은 정보와 유도체화 되지 않은 펩타이드 사슬이나 아미노산에 대한 높음 감도로 인함)로 연결하는 방법.

14.2 액체 용해된 이온의 크로마토그래피 분석

많은 화합물이 전하를 띤 화학종(이온)을 생성하며 극성 또는 수용액에 용해된다. 화합물의 알짜 전하는 같은 양의 양전하 및 음전하를 지니는 **등전점(isoelectric point)**에 해당하는 pH에서 균형을 이룰 수 있지만, 용매와는 전하–쌍극자 상호작용을 계속할 수 있다. 양전하 및 음전하를 모두 지닌 작은 분자는 **쯔비터 이온(zwitterion)**으로 존재할 수 있다. 이온 화학종은 일반적으로 역상 또는 정상-HPLC에서 일반하는 전형적인 이동상과 정지상에서는 원하게 분리되지 않는다. 이온 화학종 분리를 크로마토그래피에서 용이하게 분리하기 위해 특별하게 변형을 가하는데, 분석물의 이온화를 억제하기 위해서 이동상에 첨가하거나, 정지상이 반대 전하를 지니게 하여 분석물이 머무르게 하도록 한다.

이온쌍 크로마토그래피(IPC): 이온을 역상 HPLC에서 분리하도록 만든 방법 중 하나로 이동상에 반대 전하를 지닌 **반대 이온(counterion)**을 넣어 주는 것이다. 반대편에 비극성인 유기 치환체가 붙어 있는 반대 이온이 사용되면, 역상 HPLC에서는 극성 수용성인 이동상에서 이온과 결합하여 알짜 전하를 띠지 않는 **'이온쌍(ion pair)'**을 형성하게 된다. 이 이온쌍은 이동상과 정지상 사이에서 평형을 이루어 분배되게 된다. 이온쌍은 원래 이온의 분광/검출 특성이 유지되거나, 오히려 향상되어 표준 HPLC 검출기에서 검출될 수 있다. 양전하를 띤 유기물 아민은 알킬 설폰산(예: $C_{12}H_{25}SO_3^-$)과 이온쌍을 이룰 수 있고, 음전하를 띤 카복실산/설폰산, 염료 분자는 긴 사슬을 지닌 4차 아민(예: 테트라뷰틸암모늄 이온$(C_4H_9)_4N^+$)과 이온쌍을 이룬다.

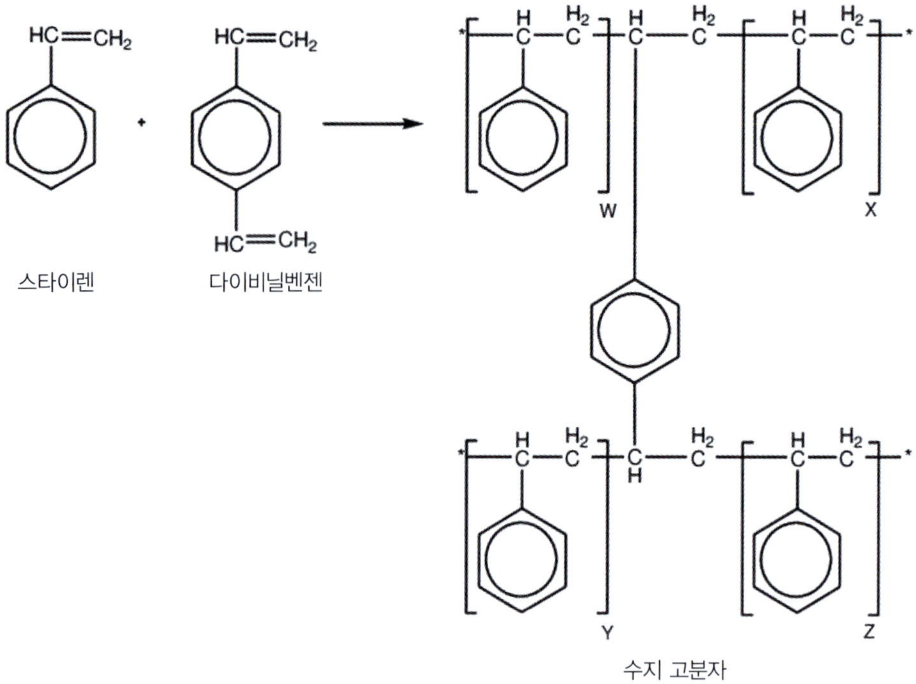

그림 14.25 스타이렌-다이비닐벤젠 수지 고분자의 생성과 구조

이들은 넓은 pH 범위에 걸쳐 이온 형태로 존재하며, 210 nm 이상의 파장에서 분석물의 UV 검출을 방해하지 않는다. 따라서 **IPC**는 역상 HPLC의 범위를 확장시키게 되는데, 극성이 낮은 정상 HPLC의 이동상에서는 반대 이온을 유지할 수 없으므로 실용적이지 않다. 이온 교환 컬럼은 크기가 큰 이온종을 분리하는 것이 어려운데, 이들은 이온 교환 컬럼의 정지상에 가교 결합된 수지 네트워크를 쉽게 통과할 수 없다. 이온성 계면 활성제 분자(예: 인지질, 인산염 세제)는 이온 교환 수지에 대한 높은 친화력으로 인해 용출되기 어려우므로, 이온쌍 역상 HPLC가 이러한 종류의 분석물에 바람직하다.

이온 교환 크로마토그래피: 이온 교환을 크로마토그래피에 적용하기 위해서는 가교된 3차원 고분자 구조에 전하를 띤 작용기를 도입하여 수지 컬럼을 변형시킬 수 있다. 이들 작용기 그룹은 교환할 이온의 반대 전하를 가질 것이다.

특히 유용하게 사용되는 수지는 스타이렌(비닐 벤젠)과 다이비닐벤젠을 공중합시켜서 만든 수지로 그림 14.25에 나와 있다. 고분자 과정에서 도입된 다이비닐벤젠의 비율을 변화시킴으로써 폴리스타이렌 사슬의 가교 결합 정도를 변화시킬 수 있는데, 이는 이동상 액체가 고분자에 잘 스며들 수 있는 정도와 다공성에 영향을 주고, 고분자 구조에 안정성을 더해 줄 수 있다. 고분자 구조 내의 벤젠 고리는 표준 방향족 치환 반응을 통해서 전하를 띤 작용기를 도입할 수 있는 이상적인 부분이다.

1. *CX*(양이온 교환) **수지**. CX 수지의 작용기는 일반적으로 산성이다. 설폰화 반응으로 수지의 모든 벤젠 고리에 설폰산기($-SO_3H$)를 추가하거나, 더 약한 카복실산기(−COOH)를 추가 할 수 있다. 전자는 **강산(strong acid)** CX 수지이며 Res−$(SO_3H)_n$로 나타낸다. Res는 매트릭스의 수지 고분자이고, $-(SO_3H)_n$은 부착된 설폰산기의 수를 나타낸다. −COOH 기를 도입하면 pK_a가 벤조산과 유사한 **약산(weak acid)** 교환 수지가 된다. 주어진 이온 교환 수지 중량 안에 이온 교환 자리의 수(n)로 교환 능력을 나타내며, 통상적으로 밀리 당량/g(또는 meq/g)으로 표시한다. 수지에서 전하 균형을 유지하도록 다중 전하 이온들의 다수의 단일 전하 자리와의 상호작용하여 교환된다. 따라서 이온 당량값은 m/z로 계산되며, m은 몰수, z는 이온 전하가 된다. 용액 중의 Na^+와 같은 이온의 친화력이 작용

기의 H^+보다 크거나, 용액에서의 이온 농도가 수지의 교환 가능한 H^+ "농도"(교환 용량과 혼동하지 말 것)보다 충분히 높을 경우에는 다음과 같은 형태의 교환 반응이 일어나서 평형을 이루게 된다.

$$\text{Res}-\text{COOH}+\text{Na}^+ \rightarrow \text{Res}-\text{COONa}+\text{H}^+ \tag{14.1}$$

$$\text{Res}-(\text{SO}_3\text{H})+\text{Na}^+ \rightarrow \text{Res}-(\text{SO}_3\text{Na})+\text{H}^+ \tag{14.2}$$

거의 모든 금속 이온은 수지의 수소 이온을 치환한다. 이는 수용액으로부터 금속 이온을 제거하는 방법으로 이용된다. 산성 용액에서만 금속 이온이 수소 이온으로 교환된다. 작용기에 H^+가 있는 CX 수지는 산 형태로, Na^+가 H^+를 치환하면 소듐 형태로 된다. 수지의 작용기에 대한 금속 이온의 상대 친화력에 따라서 교환이 가능하다. 예를 들어, Cu^{2+}는 이 과정에 따라 소듐 형태의 수지에서 소듐을 치환할 것이다.

$$\text{Res}-(\text{SO}_3)_2\,2\text{Na}+\text{Cu}^{2+} \rightarrow \text{Res}-(\text{SO}_3)_2\text{Cu}+2\text{Na}^+ \tag{14.3}$$

구리 2가 이온은 2개의 소듐 이온을 방출하면서 수지 작용기 2개와 결합한다. 2가를 띤 구리의 절반이 소듐 또는 수소 이온과 동등하다.

2. *AX*(음이온 교환) **수지**. 음이온을 양이온 교환과 동일한 원리로 용액에서 제거할 수 있다. 교환에 사용되는 가장 일반적인 작용기는 4차 암모늄 또는 폴리알킬 아민기이며, 각각 식 14.4 및 14.5처럼 **강염기(strong base)** 또는 **약염기(weak base)** 교환기를 형성한다.

$$\text{Res}-\text{CH}_2\text{N}(\text{CH}_3)_3^+\text{OH}^-+\text{Cl}^- \rightarrow \text{Res}-\text{CH}_2\text{N}(\text{CH}_3)_3^+\text{Cl}^-+\text{OH}^- \tag{14.4}$$

$$\text{Res}-\text{NH}(-\text{R})_2^+\text{OH}^-+\text{Cl}^- \rightarrow \text{Res}-\text{NH}(-\text{R})_2^+\text{Cl}^-+\text{OH}^- \tag{14.5}$$

같은 농도에서는 친화도가 더 큰 Na^+가 산 형태의 CX 수지에서 H^+를 치환한다. 그러나 매우 높은 농도의 강산(즉, 완전히 해리된)으로 소듐 형태의 수지를 통과하면, 역평형이 이루어져서 산 형태의 수지로 다시 전환된다. 일반적으로, 원하는 이온을 매우 높은 농도로 수지에 과량으로 통과시킴으로써 이온 교환 수지 컬럼을 처음 형태로 되돌릴 수 있다. 매우 높은 농도의 용액을 작은 부피로 여러 번 통과시킬수록, 낮은 친화력의 이온으로 복원되고, 컬럼을 **재생(regenerating)**하게 된다.

작용기에 대한 이온의 상대적 친화력(즉, 선택성)은 두 가지 규칙에 따른다.

1. 높은 전하를 지닌 이온이 높은 친화력을 지닌다.
   (예, $Na^+ < Ca^{2+} < Al^{3+}$, $Cl^- < SO_4^{2-}$)
2. 크기가 크고 전하가 큰 이온이 높은 친화력을 지닌다.
   (예, $Li^+ < Na^+ < K^+ < Cs^+ < Be^{2+} < Mg^{2+} < Cu^{2+}$, $F^- < Cl^- < Br^- < I^-$)

용리액 내 이온을 잘 선택하고, 이온 세기(즉, 이온 농도나 산-염기 평형에 의해서 이온 농도를 조절할 수 있는 pH)를 조절하면, 혼합 이온 성분들을 분리할 수 있다. 이온 교환 크로마토그래피로 분리할 때 분석 이온의 농도는 수지 컬럼의 교환 용량보다 훨씬 낮아야 한다.

수지 정지상과 이온성 이동상에서 분석물의 상대 머무름 시간을 조절할 수 있는 기본적인 인자는 수지의 이온 선택성과 각 상에서의 상대 농도이며, 농도 과부하가 되기 전까지는 분석물의 농도와 무관하다.

이동상 조성 변화 수지에서 제한된 교환 자리를 놓고 분석물과 경쟁하는 이동상 내의 정지상의 반대 이온 농도에 의해 나타난다.

14.2.1 | 이온 크로마토그래피

이온 교환 크로마토그래피에서 전도도 검출기를 사용할 때, 적절한 시간 내에 분석물 이온을 용리시키는

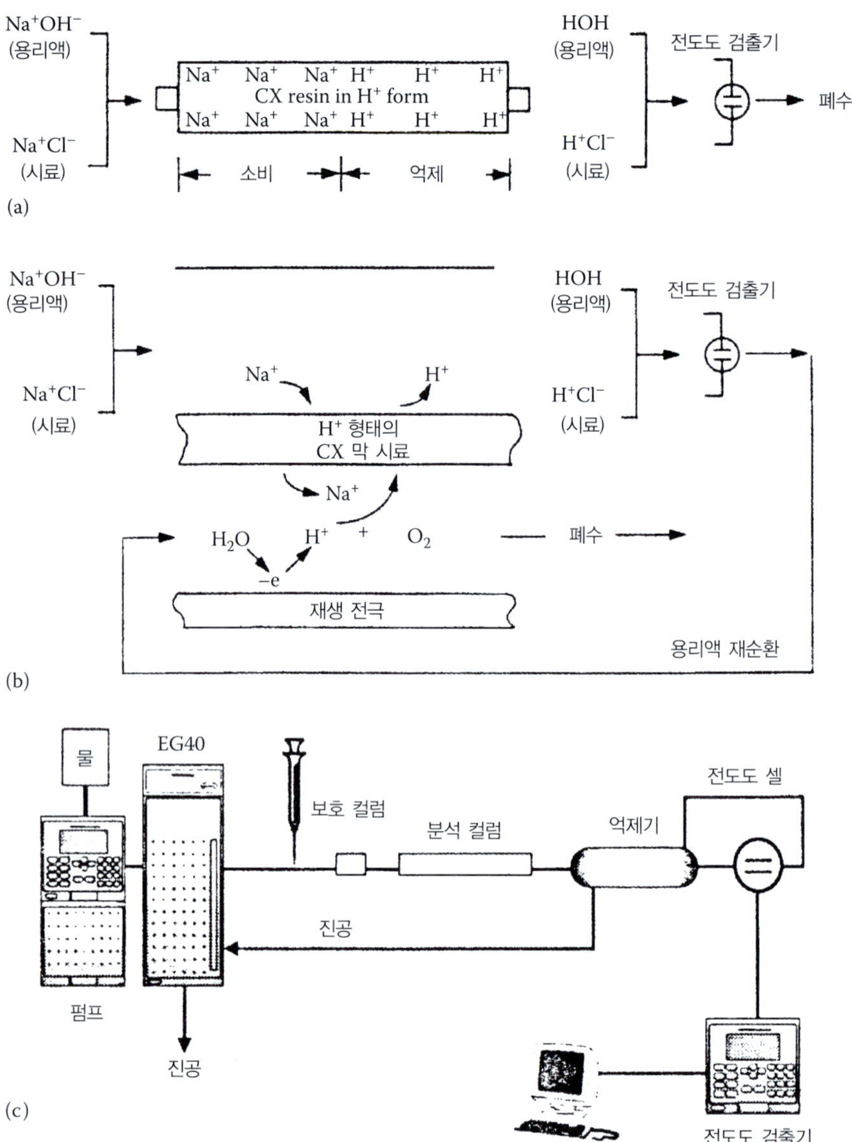

그림 14.26 IC에서 이동상 이온을 억제하는 3가지 방법: (a) 충전 층에 의한 억제; (b) 자체 재생 억제, 연속 재생; (c) 물로부터 용리액 생성. (Thermo Fisher Scientific (www.thermofisher.com). Used with permission.)

데 필요한 고농도의 전해질은 낮은 농도의 분석물 이온보다 전도도가 높다. 이 문제는 이동상 내 고전도성 이온을 비전도성, 비이온화된 분자 형태로 변환하는 **용리 억제 컬럼(eluent suppressor column)**을 도입함으로써 해결되었고, 이러한 형태의 이온 교환 크로마토그래피 방법을 IC라고 한다. IC는 이온 교환 정지상으로 분리하고 과량의 용리액을 **용리 억제(eluent suppression)**시켜서 분석하는 방법으로 정의한다. 대부분의 IC 시스템에서의 검출은 일반적으로 (이온 분석물용) 전도도 검출기(14.1.4.6절)를 사용한다.

분석 컬럼에서 **양이온**을 분리하고자 할 때에는 다양한 농도의 염산이 용리액으로 자주 사용된다. 이 경우에 억제 컬럼은 수산화기 형태의 AX 컬럼이다. 억제 컬럼의 수산화 이온은 분석 컬럼에서 용출된 이동상의 수소 이온과 반응하여 비전도성인 물을 형성하며 전도성 검출기에 신호가 없게 한다. 억제 컬럼에서의 반응은 다음과 같다.

$$H^+(aq) + Cl^-(aq) + Res^+(OH^-) \rightarrow Res^+(Cl^-) + HOH(\text{물}) \quad (14.6)$$

분석 컬럼에서 분리되는 양이온은 AX 억제 컬럼을 머무르지 않고 통과한다. 반대로, 음이온을 분리할 때

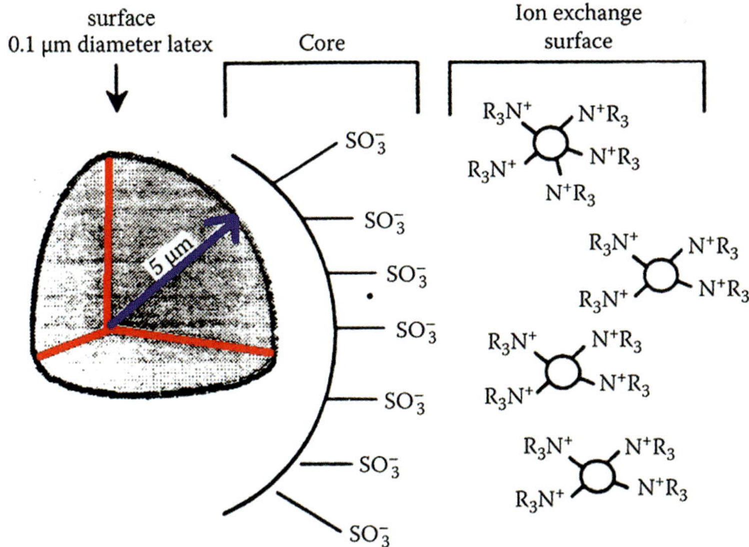

그림 14.27 IC에 사용되는 표피형 입자. (© Thermo Fisher Scientific (www.thermofisher.com). Used with permission.)

의 억제 컬럼은 CX 컬럼의 산성 형태이다. 용리액에는 억제 컬럼의 H^+와 반응하여 크게 해리되지 않은 종(예를 들어, 각각 H_2O 또는 탄산, H_2CO_3)을 만드는 고농도의 음이온(예: OH^- 또는 HCO_3^-)을 포함한다. 간단한 억제 컬럼 IC에 의한 염소 음이온(Cl^-) 분석은 그림 14.26a에 나타나 있다. 이 경우, 수산화 소듐 용리액과 분석물인 염화 소듐으로부터 Na^+는 억제 컬럼에서 H^+로 치환하게 되고, 자유로워진 H^+는 OH^-와 반응하여 물을 만든다. 결국 감소하는 수소 이온과 균형을 맞춰 염소 이온만 남게 되고, 용리된 적은 양의 염소 이온에 비례하여 전도도 검출이 되게 된다. 용리액에서 NaOH가 억제 컬럼에서 H^+를 대체하여 전도도가 점점 감소하게 된다. 결국 시간이 지나면 억제 기능이 완전히 없어지므로 산 형태로 다시 치환하기 위하여 고농도의 강산 용액을 역방향으로 흘려주어서 재생하고, 그 다음 물로 씻어 남은 이온을 제거해야 한다. 양이온 IC 시스템에 사용되는 AX 억제 컬럼은 강염기를 이용하여 동일한 과정으로 재생시키면 된다.

억제 컬럼은 주기적으로 재생해야 하므로, 특히 장기 무인 자동화 방식으로 이온 크로마토그래피를 작동하는 경우에는 불편하다. **자체-재생 억제기(self-regenerating suppressor)**는 이온 크로마토그래프에서 지속적으로 억제 컬럼을 재생해서 그 기능을 수행한다. H^+나 OH^-을 재생산하기 위해서 용출액 안의 물을 연속적으로 전기 분해하는 전극을 두어 이온 크로마토그래피의 용출액을 재생한다. 억제 이온 교환 컬럼은 미세 부피 이온 교환막 배열로 대체되고 있는데, 이 방법에서 분석 컬럼의 용출액은 막의 한쪽 면을 지나가고 전극에 의해 생성된 재생 이온은 반대편으로 흐른다.

과량의 용리액 이온은 막을 통과하여 용리액 재순환 과정에서 폐수로 보내진다. 전극에서 생성된 이온은 전하 균형을 맞추기 위하여 막을 통과하고, 앞서 재생 억제 컬럼에 결합된 이온처럼 과량의 용리액 이온의 전하를 억제하도록 치환한다. 그림 14.26b는 그림 14.26a에서 설명한 동일한 음이온 IC 분석에 대한 과정을 보여 준다. 이를 효과적으로 수행하려면 분리를 위해 고효율, 저용량 이온 교환 컬럼을 사용하는 것이 바람직하다.

입자 구슬 안팎의 확산으로 인해 크로마토그래피에서 이론단수와 분리도를 저하시키는 큰 다공성 구형 수지 대신에 **표피형 충전제(pellicular packing)**가 사용된다. 이러한 이온 교환 컬럼의 구형 입지를 그림 14.27에 나타내었다. 구형 입자는 설폰산기($-SO_3^-$)가 결합되어 있는 라텍스 층이 0.1 μm 두께로 코팅된 반지름 5 μm의 경질 구형 실리카로 이루어져 있다. 다중 양전하를 띤 암모늄기를 지닌 큰 분자 시료는 $-SO_3^-$ 기와 정전기적으로 결합한다. 양전하를 띤 이온의 바깥층은 이동상과 음

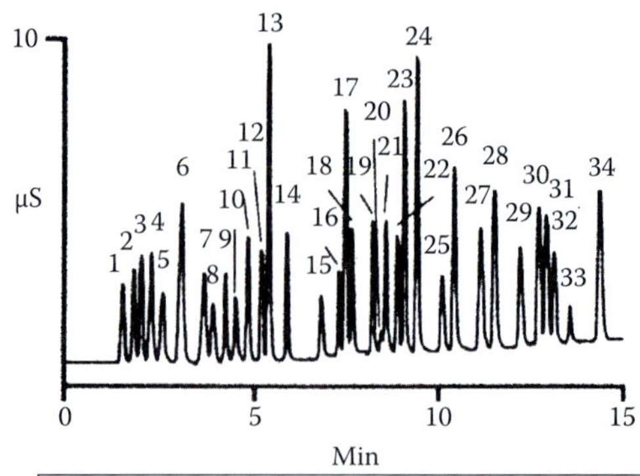

컬럼: IonPac AS11
검출: 억제기를 사용한 전도도 검출기, 자동 억제 모드
피크:

1. Isopropylethyl-phosphonate	5 ppm 5	18. Chlorate	5
2. Quinate	1	19. Selenite	—
3. Fluoride	5	20. Carbonate	5
4. Acetate	5	21. Malonate	5
5. Propionate	5	22. Maleate	5
6. Formate	5	23. Sulfate	5
7. Methanesulfonate	5	24. Oxalate	10
8. Pyruvate	5	25. Ketomalonate	10
9. Chlorite	5	26. Tungstate	10
10. Valerate	5	27. Phthalate	10
11. Monochloroacetate	5	28. Phosphate	10
12. Bromate	2	29. Chromate	10
13. Chloride	5	30. Citrate	10
14. Nitrite	5	31. Tricarballylate	10
15. Trifluoroacetate	3	32. Isocitrate	10
16. Bromide	3	33. *cis*-Aconitate	10
17. Nitrate	3	34. *trans*-Aconitate	(33, 34)

그림 14.28 IC를 이용한 34종 음이온의 분리. (© Thermo Fisher Scientific (www.thermofisher.com). Used with permission.)

이온을 교환하는 자리 역할을 한다. 그림 14.26c는 물의 전기 분해를 기반으로 하는 용리액 생성 시스템 EG40®(Thermo Fisher Scientific, Inc.)을 사용하는 IC 시스템의 개략도를 보여 준다. 이 시스템은 소모된 용리액을 제조할 필요가 없이 용액을 재생한다.

그림 14.28은 34종의 작은 음이온을 IC로 분리한 것이다. 황산염 및 브로민산염과 같은 옥소 음이온과 무기 할로젠화물뿐만 아니라 폼산, 말로네이트, 프탈레이트와 같은 작은 유기 음이온도 측정된다. 아질산염/질산염 및 아염소산염/염소산염과 같이 산화 상태가 다른 무기 원자들의 이온쌍이 쉽게 분리될 수 있음을 주목해야 한다. IC는 무기 원소를 세분화하는 데 특히 적합하며, 원소별로 세분화할 필요가 있을 때 ICP-OES 및 ICP-MS와 같은 매우 명확하고 민감한 검출기를 도입하면 더 유용하다.

최근에는 같은 입자에서 역상 HPLC와 이온 교환 분리 메커니즘이 동시에 일어나는 매우 정교한 컬럼도 사용하고 있다. 내부 다공성 표면은 역상과 음이온 교환(AX)의 머무름 특성을 제공하는 공유 결합된 유기층으로 결합되어 있고, 외부 표면은 양이온 교환(CX) 기능을 가진 나노 입자로 정전기적으로 표면을 덮는다. 전체 구조는 AX 및 CX 영역이 공간적으로 구분되어 있고, 두 머무름 메커니즘이 동시에 작용할 수 있으며, 각각의 머무름 특성은 독립적으로 변할 수 있다. 실험을 통해 분리에 적합한 이동상, 정지상을 찾아내면, 이온쌍 시약을 사용하지 않고 염기, 중성, 산성 그리고 이온, 이온성 분석물들을 동시 분리할 수도 있다.

14.2.1.1 단일 컬럼 IC

교환 용량이 낮은 이온 교환 컬럼의 개발은 억제 컬럼을 없애는 IC 형태로 가게 하였다. 이러한 컬럼을 사용하면, 컬럼에서 이온을 제거하는 데 묽은 용리액으로도 충분하다. 이런 용리액이 분석 이온보다 실질적으로 낮은 전도도를 갖는다면, 좀 더 전도성을 지닌 분석 이온이 검출기를 통해 용리될 때 전도도가 잘 나타날 것이다.

단일 컬럼 음이온 크로마토그래피(single-column anion chromatography)는 일반적으로 용리액 음이온으로 벤조에이트, *p*-하이드록시 벤조에이트 또는 프탈레이트 음이온을 용리액의 음이온으로 사용한다. 이들은 벤젠 고리에 카복실기가 1~2개가 있는 음이온이다. 용리액의 pH를 조절하면, 용리액의 음이온 평균 전하와 용리액의 세기를 조절할 수 있다. **단일 컬럼 양이온 크로마토그래피(single-column cation chromatography)**에서는 단일 하전된 양이온의 용리액으로는 질산, 이중 하전된 양이온 용리액으로는 에틸렌 다이암모늄 염이 사용된다. 기기는 훨씬 단순한 반면, 단일 컬럼 IC의 감도 및 선형 동적 범위는 억제 컬럼을 사용하는 IC보다 좋지 않다.

14.2.1.2 IC의 간접 검출

단일 컬럼 IC에서 프탈레이트와 같은 음이온을 사용하면 다른 형태의 검출이 가능하다. 음이온 중 상당수는 방향족 프탈레이트 음이온이 흡수하는 자외선 범위에서 흡수가 없다. UV 흡수를 하지 않는 음이온을 대신해서 프탈레이트를 용리액으로 사용하면, UV 흡수를 하지 않는 분석 이온이 용리될 때는 흡광도는 감소하여, 음의 피크로 나타난다. 음의 피크 면적은 분석 음이온의 농도에 비례한다. 양이온 크로마토그래피에서도 이런 형태로 사용되는 UV 흡수 용리액은 구리 황산염과 같은 구리(II) 이온이 있다. 이러한 형태를 간접 검출이라고 한다.

14.3 친화 크로마토그래피

생체 고분자(대부분 단백질만이 아니라)의 대부분은 생물체에서 기능을 수행하기 위해 다른 특정 생체 분자와 매우 선택적으로 결합하여 자연 선택으로 진행된다. 예를 들어 효소는 매트릭스에, 항원은 항체에, 수용체는 전달 물질 호르몬 분자에 선택적으로 결합한다.

이런 종류의 생체 분자를 복잡한 생체 분자 혼합물에서 분리할 때는 **친화 크로마토그래피(affinity chromatography)** 기술이 특히 강력하다. 표적과 잘 결합하는 생체 리간드 분자(예: 효소 매트릭스, 항원, 호르몬)를 따로 분리하여, 생체 고분자 용액이 투과될 수 있는 크로마토그래피 젤 지지체에 **'공간 팔(spacer arm)'**이라고 하는 짧은 분자 사슬로 연결하여 붙인다. '공간 팔'은 양쪽 말단에 반응성 작용기(카바마이드 기)를 지니고 있는데, 양 끝은 각각 젤과 결합 생체 분자와 반응하여 붙는다. 젤로부터 생체 리간드 분자가 공간 팔에 의해 멀리 떨어져 있게 되면, 큰 표적 고분자가 결합하기 위해 분자 리간드가 붙은 젤로 접근 시, 일어나는 입체 장애를 줄여줄 수 있다.

특정 생체 고분자를 분리하는 단계는 그림 14.29에 요약되어 있다. 정지상은 투과성 가교 결합된 아가로스-아크릴아마이드 공중합체 젤이며, 컬럼에서 코일 형태의 고리선으로 표시된다. 공간 팔에 의해 붙은 결합 생체 분자(**리간드(ligand)**라고 함)는 젤 고분자에 짧은 선으로 연결된 작은 원으로 표시된다. 3개의 큰 표적 생체 분자가 포함된 혼합물이 컬럼에 도입되고, 이 중 하나만 리간드와 강하게 결합할 수 있는 동공을 지니고 있다(**흡착(absorption)** 단계). **적용 완충액(application buffer)**으로 만들어진 용매를 사용하는데, 이것은 표적과 리간드가 결합하는 자연 환경과 유사한 pH, 이온 강도 및 극성을 지니고 있다. 결합이 되지 않는 두 생체 고분자는 **세척(wash)** 단계에서 적용 완충액을 사용하여 컬럼에서 씻겨진다. 다음 단계는 **용리(elution)** 단계로 **용리 완충액(elution buffer)**을 사용하여 결합된 표적 고분자를 떨어뜨리는 것이다. 용리되는 표적 생체 분자가 용매 조건의 변화에 매우 민감한 경우(예: pH, 용매 극성의 변화에 따라 쉽게 변성되는 단백질 구조인 경우)라면, 적용 완충액과 상이하게 다른 완충액을 이용하여 결합을 끊어내

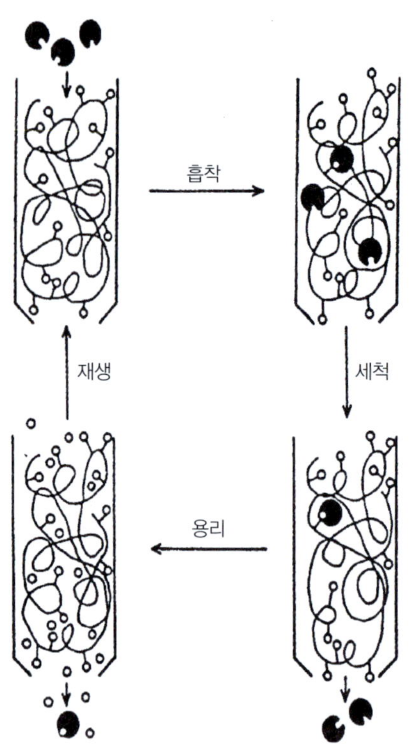

그림 14.29 친화 크로마토그래피의 4단계 과정. (From Katz, E. et al., eds., *Handbook of HPLC*, Marcel Dekker, Inc., New York, 1998. With permission.)

기는 어려울 것이다. 다른 용리 방법으로 **생특이성 용리**(**normal-role elution**)가 있는데, 용리 완충액에는 표적 고분자를 **치환**할 수 있는 경쟁 생체 분자를 넣는다. 이를 위하여는 표적을 놓고 컬럼 리간드와 경쟁하는 시약을 넣어주거나(**정역할 용리**(**normal-role elution**)), 리간드 결합 부위를 놓고 표적과 경쟁하는 시약을 넣어준다(**역역할 용리**(**reversed-role elution**)). 생특이성 용리는 매우 완만하지만 일반적으로 느리고 용출된 표적 피크의 폭이 넓다. 경쟁 분자는 용출된 용액에서 제거될 수 있어야 하며, 분석용 친화 크로마토그래피로 수행될 때는 검출 조건에서 배경 신호가 커져서 간섭이 일어나서는 안 된다. 제조용에서는 완만한 생특이성 용리가 필요하지만, 분석용에서는 **비특이성 용리**(**nonspecific elution**)를 사용하여 실질적으로 리간드와 결합하는 결합 상수를 낮추기 위해서 상이한 pH, 이온 강도, 극성의 용리 완충액을 사용한다. 이런 조건하에서 분석물은 훨씬 더 빨리 용출되어 날카로운 큰 피크를 나타내며 검출 한계도 낮추게 한다. 표적 물질이 분리, 검출된 후에는 다음 시료를 주입하기 전에 적용 완충액을 통과시켜 컬럼을 **재생**한다.

14.4 크기 배제 크로마토그래피

SEC 또는 GPC(젤 투과 크로마토그래피, gel permeation chromatography)/GFC(젤 거르기 크로마토그래피, gel filtration chromatography)는 정지상으로 다공성 물질을 사용하고 이동상은 액체를 사용한다. 다공성 물질의 동공 지름은 분자량이 약 500~100만의 분자 크기 범위에 사용될 수 있는 5~100,000 nm 범위이다. 분자들은 그 크기에 따라 동공에 다르게 침투하는데, 작은 분자는 동공 안으로 더 깊숙이 침투하고, 큰 분자는 작은 동공에 전혀 들어가지 못하기도 한다. 이로 인해 분자가 컬럼을 통과하는 속도의 차이를 나타내게 되고, 큰 분자는 작은 분자보다 빨리 용리된다. 이상적으로는 분석물과 다공성 컬럼 입자 사이의 화학적 상호작용은 없으며, 작은 분자의 머무름은 확산을 통해 동공에 침투하는 상대적인 깊이와

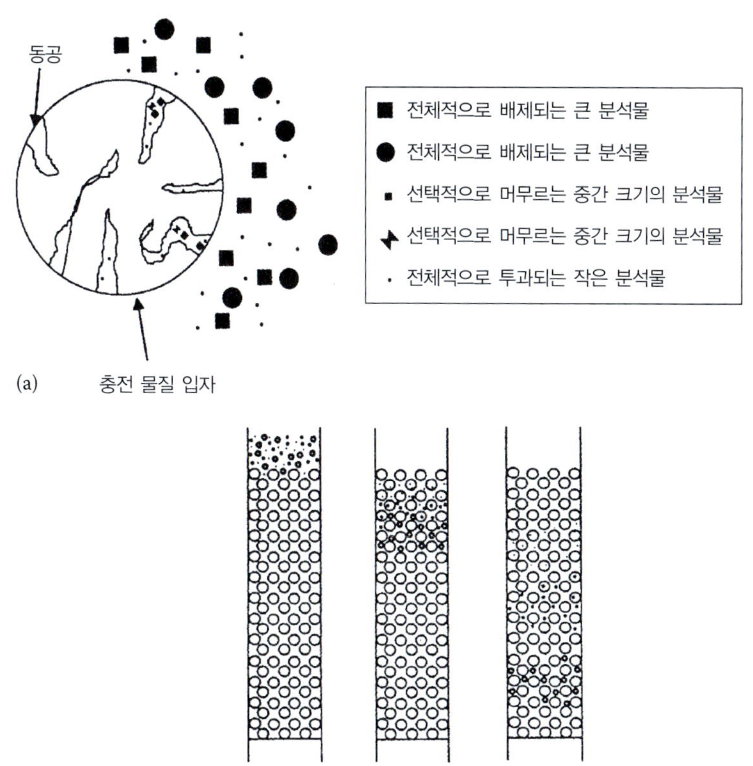

그림 14.30 SEC의 메커니즘: (a) 동공과 분석물의 크기에 따른 크기 선택성. (b) 젤 거르기 컬럼에서 분리 과정 (Adapted with permission from Phenomenex, Inc., Torrance, CA, www.phenomenex.com.)

용이성에 따라 달라진다. 이러한 분리 원리는 그림 14.30에 나와 있다. 실제 SEC 분리는 정지상과 상호작용이 적은 편이나 완전히 없는 것은 아니다. 주로 머무름은 분자 크기나 분자량에 상관성이 있다.

일반적으로 2가지 유형의 컬럼 충전물이 있는데, 다공성 유리/실리카와 덱스트란, 메타아크릴 레이트계 젤, 폴리비닐알코올계 젤 및 하이드록시에틸 셀룰로스 젤과 같은 다공성 가교 유기 젤이 있다. GFC는 수용성 용매와 친수성 충전물을 사용하고, GPC는 비극성 유기 용매와 소수성 충전물을 사용한다. 사용되는 검출기는 UV 형광, UV 흡수, 굴절률의 변화를 기반으로 한다. 일반적으로 사용되는 충전 물질은 다양한 동공 크기 범위로 제공된다. 주어진 분자량보다 더 큰 분자는 너무 커서 동공에 들어갈 수 없으므로 틈새 부피 내에서 용리된다. 이 **배제 한계(exdusion limit)**를 넘는 큰 분자는 최소의 시간으로 용리되므로, 이 한계를 넘는 분자들은 분리될 수 없다. 동공 전체로 충분히 자유롭게 확산되는 작은 분자들은 최대로 머무르게 되며, 동공에 머무른 시간이 동일하므로 최대 시간인 **투과 한계(permeation limit)**에서 용리되면서 분리가 되지 않을 것이다. 따라서 분배 크로마토그래피와는 달리 SEC 또는 GPC는 피크 머무름 시간에 상/하한선이 있다.이 한계 사이의 분자량 범위(10~100배 범위 정도)에서, 분자의 머무름 시간은 분자량의 로그값에 반비례한다. 예상되는 분자량 범위를 포함하는 적절한 크기의 동공을 지닌 충전 컬럼을 선택해야 한다. 서로 다른 동공 크기를 지닌 컬럼을 혼합하여 넓은 범위의 분자량 혼합물을 분리할 수 있다.

시료가 단일 고분자라면 크로마토그램은 분자량 분포를 나타낸다. 이 방법은 매우 높은 고분자의 분자량 분포를 결정하는 데 매우 유용하며, 일반적으로 분자량 분포가 알려진 표준 고분자 물질과의 비교를 기반으로 한다. 이 과정은 단백질과 같은 생체 물질의 분자량을 나타낼 때도 사용된다.

GPC는 고분자 분리와 더불어, 정확한 조건하에서 고분자 혼합물의 개별 고분자의 비율과 분자량 범위

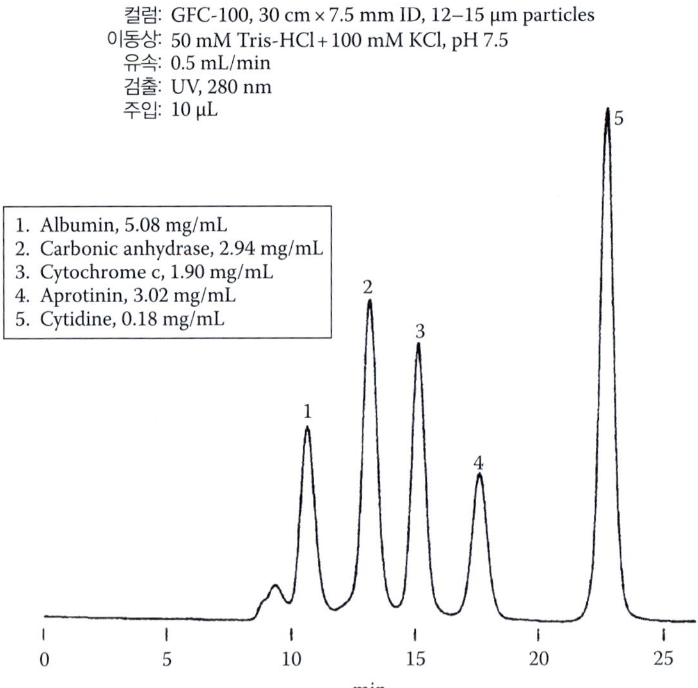

그림 14.31 젤 거르기 크로마토그래피로 5종의 단백질 분자 분리. (Reprinted with permission of Supelco, Inc., Bellefonte, PA. www.sigmaaldrich.com/supelco.)

로 특성화할 수 있다. GPC는 자동차 배기 가스에서 다소 독성이 강한 알데하이드 및 케톤의 정량 분석과 C_{60} 및 C_{70} 풀러렌(공모양 분자)을 분리하는 데도 사용되었다. 그림 14.31은 GFC로 몇 종의 단백질을 분리하는 것을 보여 준다. GFC의 유용한 적용 예는 **탈염화(desalting)**인데, 전기 분무 LC-MS 또는 CE와 같은 방법에 적합한 용액으로 변화시키기 위해 거대 생체 고분자 용액으로부터 저분자량의 염을 분리하는 것이다.

SEC의 장점은 시료가 분해되지 않게 실온에서 수행한다는 것이다. 이것은 2~3개의 조각으로 쉽게 분해되어 겉보기 분자량에 큰 변화가 생기는 고분자량 화합물을 처리할 때 특히 중요하다. 이 방법은 좋은 선택성과 좁은 피크, 그리고 빠른 시료 처리를 용이하게 하도록 제한된 범위로 머무름 시간을 나타낸다. 입자와 분석 시료의 상호작용이 최소화되기 때문에 시료 손실이나 컬럼의 비활성화도 최소화된다. 배제 한계와 투과 한계 사이의 용리 시간이 짧으므로 생기는 단점은 수용할 수 있는 피크 수에 대한 한계가 주어진다는 것이다. 이 방법은 일반적으로 시료 피크가 분리되기 위해서는 분자량 차이가 ±10%는 있어야 한다. 결과적으로, 적절한 리간드를 결합한 친화 크로마토그래피 컬럼을 사용하면, 유사한 크기의 생체 고분자(예를 들어, 이성질체)들은 친화 크로마토그래피에 의해서 더 잘 분석된다.

14.5 초임계 유체 크로마토그래피

CO_2와 같은 화합물은 상온 상압(NTP)에서 기체이며, 특정 임계 온도 미만에서 압력을 증가시키면 모든 기체와 마찬가지로 액체가 된다. 임계 온도 이상에서 압력을 높이면 유체의 밀도는 증가하지만 액체 상태로는 명확하게 구분하기 어려운 상태가 된다. 임계 온도와 압력에서 기체상과 액체상의 밀도는 같다. 이것은 액체도 기체도 아닌 초임계 유체(supercritical fluid, SCF) 상태이다. 이 유체를 크로마토그래피 이동상으로 사용하면, 표 14.4와 같이 GC나 HPLC에서의 기체와 액체와는 다른 특성을 나타낸다. 현재

표 14.4 기체, 액체, 초임계 유체의 일반적인 특성

특성	기체(NTP)	초임계 유체(SCF)	액체
밀도	1×10^{-2}	0.3	1.0
확산 계수(cm^2/s)	3×10^{-1}	10^{-3}	1×10^{-5}
점도(g/cm/s)	2×10^{-4}	2×10^{-4}	2×10^{-2}

까지 31°C, 32°C, 37°C의 임계 온도를 지닌 이산화 탄소, C_2H_6, N_2O가 주로 사용되고 있다. 컬럼 끝부분에 적절한 흐름 제한기를 추가하여 컬럼 끝부분의 용출액이 대기압보다 충분히 높은 압력으로 유지하면, 필요한 온도와 압력은 기존의 GC 장치로 사용할 수 있다. SCF의 중요한 특성은 비휘발성 분자를 용해시키는 능력이다. 초임계 CO_2는 탄소 원자 22개 이하의 *n*-알칸, 탄소 원자 16개 이하의 알킬기를 갖는 다이-*n*-알킬프탈레이트와 다양한 다환 방향족 탄화수소(PAH)를 쉽게 용해시킨다.

14.5.1 | 작동 조건

초임계를 적용하려면 시스템 장비의 내부 압력을 제어하기 위한 독립적인 장치만 있으면 된다. 이러한 시스템은 상업용 GC 또는 HPLC에서 수용할 수 있다.

14.5.2 | 압력의 효과

초임계 크로마토그래피의 압력 변화는 k'(머무름 인자)에 영향을 미친다. 예를 들어, 충전된 컬럼에서 평균 이산화 탄소 압력을 약 70~90 bar (1 bar = 0.987 atm)로 증가시키면 헥사데케인의 용출 시간은 25분에서 5분으로 감소한다. 이러한 효과는 용리가 진행되는 동안 컬럼 압력이 선형적으로 증가하면서 일종의 기울기 용리 형태가 된다. 결과는 GC에서 온도 프로그래밍, LC에서 용매 기울기 용리와 유사한 결과를 낸다.

14.5.3 | 정지상

지금까지는 대부분 초임계 유체 크로마토그래피에서는 LC에서 일반적으로 사용되는 컬럼을 사용했다. 모세관 SFC는 모세관에 결합된 유기 필름 형태의 정지상을 사용한다. SCF의 낮은 점도로 인해 긴 컬럼(50 m 이상)을 사용할 수 있으며, 결과적으로 적절한 시간에 매우 높은 분리도를 얻게 되는데, 이것은 SFC의 주요 장점이다.

14.5.4 | 이동상

SFC에서 가장 일반적으로 사용되는 이동상은 CO_2이다. 그것은 많은 유기 분자에 대하여 뛰어난 용매이며, UV 범위에서 흡수가 없다. 무색, 무독하며 쉽게 사용할 수 있고, 다른 크로마토그래피 용매와 비교할 때 저렴하다. 이산화 탄소의 임계 온도는 31°C, 임계 압력은 72.9 bar이라는 것은 최신 크로마토그래피 장비가 허용하는 범위에서 온도와 압력 범위를 넓게 선택할 수 있음을 의미한다. SFC의 이동상으로 그 외에 사용되는 것은 C_2H_5, C_3H_8, CCl_2F_2, CH_3OCH_3, THF가 있다.

14.5.5 | 검출기

가장 널리 사용되는 검출기는 GC 또는 LC에서 사용하는 것들(즉, UV 흡수/형광, RI, 불꽃 이온화, MS)이다.

14.5.6 | 다른 컬럼 방법들과 SFC의 비교

표 14.4에서 볼 수 있듯이, SCF의 여러 물리적 특성은 기체와 액체의 중간에 해당한다. 따라서 SFC는 GC, LC 모두의 특성을 지니고 있다. 예를 들어 GC와 같이 SFC는 SCF의 점도가 낮고 확산 속도가 빠르기 때문에 LC보다 본질적으로 빠르다고 할 수 있다. 그러나 높은 확산 속도로 띠가 넓어지는 것은 GC에서는 중요한 요인이지만, LC에서는 그렇지 않다. 중간 정도에 해당하는 SCF의 확산 속도와 점도는 GC에서 나타나는 띠넓힘 현상이 적고 LC보다 빠르게 분리된다.

그림 14.32는 초임계 CO_2와 일반적인 액체 이동상으로 용리시켰을 때 충전 컬럼의 효능 특성을 비교한 것이다. 용리 속도는 SFC를 사용하면 약 4배 빠르다. GC, LC, SFC에서 이동상의 역할은 다소 차이가 있는데, GC에서 단지 이동시키는 기능만 한다면, LC에서는 용질 분자의 이동시킬 뿐만 아니라 선택 인자에 영향을 미친다. 분자가 초임계 유체에 용해되는 것은 그 과정이 휘발되는 것과 유사하나 더 낮은 온도에서 이루어진다. 따라서 그 온도에서 SCF 내의 분자 증기압은 유체가 없을 때보다 훨씬 클 것이다. 결과적으로, 고분자량 화합물, 열적으로 불안정한 화학종, 고분자, 생체 분자와 같이 중요한 화합물들은 일반적인 액체 용액에서보다 SCF에서 훨씬 더 유동적인 상태가 될 수 있다. 용질 분자와 SCF와의 분자 간 상호작용은 이들 용해도를 고려해야 하므로, 유체의 화학적 조성이 용해 능력을 변화시킨다. 따라서 GC와는 대조적으로 이동상에 변화를 주어(즉, HPLC에서와 같이 SFC 이동상에 변형제를 첨가함) 실질적으로 머무름이 변화할 가능성이 있다. SFC의 용매화 능력은 기체 밀도 및 기체 압력과 간접적으로 관련이 있는데, 용질이 녹지 않는 밀도 한계점이 일반적으로 존재하며, 그 이하에서는 용해도가 급격하게 증가하다가 그 값 이후로 일정해진다.

14.5.7 | 응용

SFC는 GC보다 더 큰 분자를 취급할 수 있고, LC보다는 높은 효율을 제공하며 대부분 정상 LC 컬럼을 사용한다. 또한 ESI 및 APCI-MS 연결 장치가 나오기 전에, 액체 이동상보다 질량 분석기와 연결하기가 훨씬 쉬웠다. 좋은 분리도를 얻기 위해서 코팅된 모세관 컬럼을 사용하는 것이 매우 중요하다. CO_2를 사용하면 용출된 이동상을 대기압으로 낮추어 쉽고 간단하게 이동상을 제거할 수 있고, 응결과 드라이 아이스 결정이 생기지 않도록 기체를 천천히 배출하면 용출액 수집이 아주 쉽다. 이러한 특징으로 인해 **제조용 SFC(preparative SFC)**가 주된 응용 분야 중 하나이며, **분석용 SFC(analytical SFC)**는 잘 사용되지는 않는다.

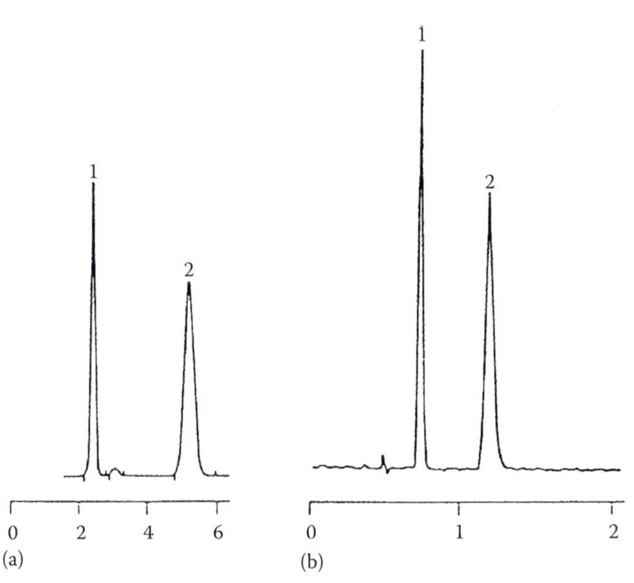

그림 14.32 HPLC(a)와 SFC(b) 분리의 비교 (머무름 시간: 분)

14.6 전기 이동

12.5절에서 무빙 벨트에서 오르고 내리는 사람들에 대한 비유로 확장하여 크로마토그래피 분리 과정의 메커니즘을 설명하였다. 무빙 벨트 위에 그냥 서 있는 사람들과 다른 일정한 속도로 앞뒤로 다른 일정한 속도로 걷는 다른 부류의 사람들이 있는 경우에 그들은 무빙 벨트 위에서 서로 분리될 것이며, 출구에 도달하는 시간이 다를 것이라고 언급했다. 분자가 유사한 방식으로 컬럼에서 거동하도록 한다면, 정지상과 이동상 사이로 이동하는 것이 아니기 때문에 이 과정을 크로마토그래피라고 할 수는 없다. 하지만 분리 공정은 혼합물이 흐르는 유체가 컬럼의 한쪽에서 혼합 시료가 주입되고, 가우스 모양의 피크로 분리되어 컬럼의 다른 끝으로 빠져 나가는 성분을 HPLC에서 사용되는 동일한 유형의 검출기로 검출하고 정량하므로 크로마토그래피와 매우 흡사하다.

14.6.1 | 모세관 띠 전기 이동(CZE)

분자가 용액에서 전하를 띤 상태로 존재할 때, 용액에 담긴 두 전극 사이로 충분히 높은 전압을 걸어주면 양이온은 환원 전극(−극)으로 이동하게 된다. 마찬가지로 음이온은 산화 전극(+극) 쪽으로 이동한다. 전기장을 걸어주면 용액 내에서 이온이 **이동(migration)**하는 것을 **전기 이동(electrophoresis)**이라고 한다.

이온이 용매를 통과하면서 주변 용매와 상호작용이 일어나므로, 액체를 통해서 이온의 움직임을 순간적으로 막는 점성 마찰력이 발생하면서 액체에서 일정한 속도를 나타내게 된다. 이 속도는 지연시키는 마찰력과 적용된 전기 이동력(전압)과 균형을 이루는 속도이다. 유용한 전기 이동 속도를 얻으려면, 미터당 수천 볼트의 전기장을 걸어 주어야 한다. 이온 이동을 저항하는 마찰력에 영향을 주는 것은 이온의 질량이 아니라 유효 크기이다. 주어진 이동 속도에서의 마찰력과 가속력의 균형은 다음 식으로 나타낸다.

$$qE = fu_{ep} \tag{14.7}$$

여기서 q는 이온의 전하(단위: 쿨롱 C), E는 걸어준 전기장(V/m), f는 마찰 계수, u_{ep}는 이온 속도를 나타낸다.

식 14.7을 다시 정리하면 식 14.8로 나타낼 수 있다.

$$u_{ep} = \left(\frac{q}{f}\right)E = \mu_{ep}E \tag{14.8}$$

여기에서 **전기 이동 이동도(electrophoretic mobility)** μ_{eq}는 이온의 속도와 전기장의 비례 상수로 정의된다. 이 값은 이온의 전하에 비례하며 마찰 계수에 반비례한다. 마찰 계수 'f'는 **유효 유체 역학적 반지름(effective hydrodynamic radius)**에 비례하므로 전기 이동 이동도는 이온의 '크기'에 반비례함을 식 14.8에서 알 수 있다. 이양성자 산(diprotic acid)은 용액의 pH에 따라 1개 또는 2개의 음전하를 가질 수 있다. 비록 전하가 정확하게 두 배가 되어도, 단단히 결합된 물 분자가 있는 이온의 유효 크기는 산 해리의 정도에 따라 달라지므로 이동도의 차이는 항상 2배가 되지는 않는다. 이동도는 실험으로 측정해야 하며, 정확한 계산의 대상이 아니기 때문이다. 이동도는 완충 용액의 점도가 변함에 따라 변화하므로 각 완충 용액의 성분에 따라 다르다.

이온의 이동도가 다르면 전기 이동으로 이온들을 분리할 수 있다. 그림 14.33은 모세관 띠 전기 이동(CZE) 기기의 개략도이다. 모세관에 의해 연결된 두 개의 용기는 전기 이동 분리가 되도록 pH와 이온 세기가 조절된 완충 용액으로 채워져 있다. 높은 전압(일반적으로 30~50 kV)을 산화 전극과 환원 전극 모세관에 걸어주게 된다.

12.6절의 끝부분에서 설명한 용융 실리카 모세관의 많은 특징 중 하나는 표면 실란올기가 pH 2 이상의 수용액에서는 H^+를 잃고 음전하를 띠게 된다는 것이다. 과도한 음전하는 완충액 전해질의 양이온과

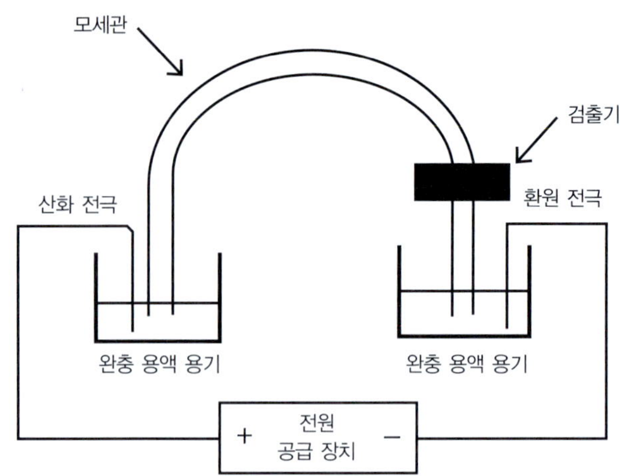

그림 14.33 모세관 띠 전기 이동(CZE) 장비의 개략도. (From Cazes, J., *Encyclopedia of Chromatography*, Marcel Dekker, Inc., New York, 2001. With permission.)

강하게 결합하여 부분적으로 중화된다. 나머지 음전하는 실리카 표면과 매우 가까운 **확산 이중 층(diffuse double layer)** 안의 과량 양이온에 의해 중화된다. 확산 이중층 내의 양이온은 단단히 붙어 있지는 않으므로, 걸어준 전기 이동 전압에 의해 이동할 수 있다. 양이온은 이 층에서 과잉으로 존재하므로, 산화 전극으로 향하는 완충액의 음이온보다 더 많은 양이온이 환원 전극으로 향하게 되어 완충 용액 전체를 환원 전극으로 끌고 가는데, 이러한 움직임을 **전기 삼투 흐름(electroosmotic flow**, EOF)이라고 한다.

이러한 흐름을 조정하는 확산 이중 층의 두께는 완충액의 농도(즉 이온 세기)에 반비례한다. 따라서 완충액의 전해질 조성을 변화시키면 EOF의 속도를 조절할 수 있다. 또한 완충액의 pH를 낮추면 해리된 실란올 표면의 전하 밀도가 감소하고 EOF의 속도가 감소한다. 그림 14.34에 EOF의 원리를 보여준 한 개의 실록실기는 단단히 결합되는 상대 양이온이 없음을 주목하자. 전압을 걸어서 컬럼에서 완충액을 이동시키는 손잡이 역할을 하는 것은 '절단면' 바로 위에 과잉의 이동하는 양이온이다. HPLC 펌프에 의해 압력으로 구동되는 유체 역학 흐름과 달리 이것을 **동전기 펌핑(electrokinetic pumping)**이라고도 한다. 전기장 E에 대해서 EOF(μ_{eo})의 속도와 관련하여 식 14.8과 유사한 식을 쓸 수 있다.

$$u_{eo} = \mu_{eo} E \tag{14.9}$$

여기서 μ_{eo}는 **전기 삼투 이동도(electroosmotic mobility)**이며, μ_{ep}과 μ_{eo}를 합하여 이온의 **겉보기 이동도(apparent mobility)**를 나타낼 수 있고, 측정할 수 있다.

$$\mu_{app} = \mu_{ep} + \mu_{eo} \tag{14.10}$$

μ_{ep}은 양이온에서는 양의 값, 음이온에서는 음의 값이므로 μ_{app}는 μ_{eo}보다 크거나 작다. 이온의 겉보기 이동도와 전기 이동 이동도는 다음과 같이 계산될 수 있다.

$$\mu = \frac{L_d/t_x}{V/L_t} \tag{14.11}$$

여기서 L_d와 L_t는 주입기에서 검출기까지의 컬럼 길이와 컬럼 전체 길이를 나타낸다. CZE에서 검출기는 일반적으로 그림 14.33과 같이 모세관 끝부분에 있음을 참고하자. V는 모세관에 걸린 전체 전압이다. μ_{app}를 측정하기 위해 컬럼 주입기에서 검출기로 이온이 이동하는 데 걸린 시간은 t_x로 대체한다. μ_{eo}의 측정은 검출기에 감응하는 중성 화학종(예를 들어, UV 흡수 화합물)의 걸린 시간을 식에 대체한다. 이 두 가지 측정을 통해 전기 이동 이동도 μ_{ep}는 그 차이로부터 계산할 수 있다.

좁은 모세관 내에서의 액체 흐름에 두 가지 형태가 있고 중요한 차이가 있다. 그림 14.35a는 EOF에 의

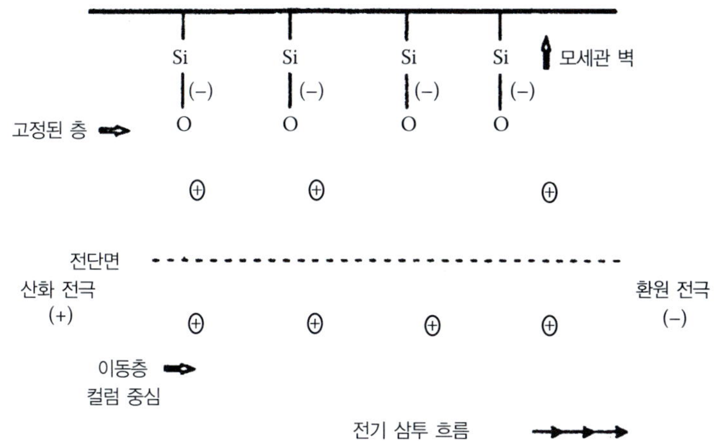

그림 14.34 EOF를 보여 주는 개략도. (From Cazes, J., *Encyclopedia of Chromatography*, Marcel Dekker, Inc., New York, 2001. With permission.)

해 모세관 내 유속의 종단면을 보여 준다. 내벽과 매우 가까운 부분을 제외하고는 유속이 균일하다. 대조적으로, 압력으로 구동되는 유체 역학 흐름은 중심에서 벽까지의 거리에 따라 변하는 전단력에 의해 포물선 모양의 층류를 보인다(그림 14.35b). 유체 역학 흐름에 인해 분석물이 확산되어 띠가 넓어지는 현상은 동전기로 구동되는 시스템에는 없을 것이다. 걸어준 전압에 의해 이동하는 이온들과 용매 분자와의 마찰은 **줄 열(Joule heating)**이라는 과정에 의해 완충액의 온도를 상승시킬 수 있다. CZE에서 이러한 열은 모세관 벽면으로 방출된다. 모세관 반지름을 따라 온도 차이가 나타나면, 높은 중심 온도로 인해서 완충액의 점도는 중앙이 벽면보다 더 낮아질 것이다. 이것은 일정한 EOF 흐름 종단면을 교란시켜서 압력으로 구동되는 층류 종단면과 유사하게 될 것이며, 띠넓힘 현상이 나타날 것이다. 용융 실리카의 높은 열전도도는 이를 완화시키는 데 도움이 되며, 냉각 욕조 안에 모세관을 두면 이러한 문제가 발생하는 것을 지연

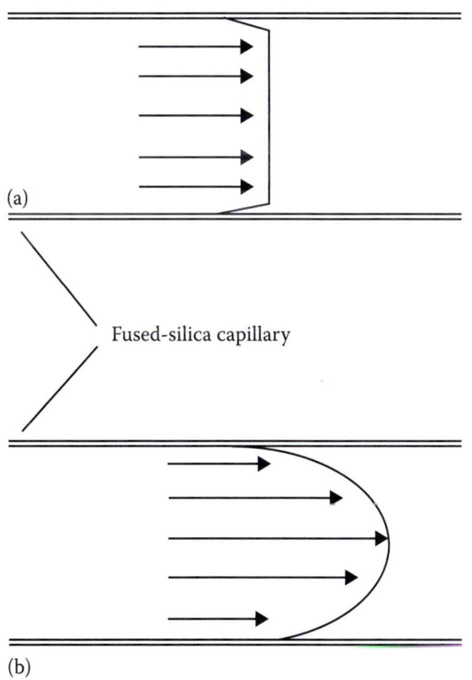

그림 14.35 전기삼투흐름과 유체역할흐름의 비교: (a) 균일한 EOF (전기장에 의해 형성) (b) 포물선, 층류형태의 유체 역학 흐름 (압력에 의해 형성). (From Cazes, J., *Encyclopedia of Chromatography*, Marcel Dekker, Inc., New York, 2001. With permission.)

시킬 수도 있으나, 이런 현상은 모세관의 안쪽 지름이 제한된 범위의 것을 사용하면 최대로 효율적이다. 일반적인 범위는 25~100 μm이며, 지름이 1 mm 이상인 관은 줄열에 의한 악영향을 피할 수 없다.

전기 이동 분리의 기본 원리가 크로마토그래피와 다르다는 것을 강조했지만, 겉보기로는 유사점이 많다. 시료 주입, 컬럼을 따라 유체가 흐름, 컬럼의 끝부분에 사용되는 유사한 검출기, 분리된 화합물이 특정 시간에 피크로 표시되는 것 등이다. 유사한 공식을 사용하여 분리도를 설명하고, 이론단수로 시스템의 분리 효율을 나타낼 수 있다. 12.8절에서 설명한 이론단 높이(HETP) (H)에 대하여 다양한 요인으로 평가한 Van Deemter 식(식 12.11)을 여기서 재검토할 필요가 있다. 단높이를 최소로 하여 효율을 최대화하는 것을 상기하자.

$$H = A + \frac{B}{u} + Cu$$

CZE는 열린관을 사용하므로 다중 경로항 A는 없다. CZE는 실제로 크로마토그래피 기술이 아니라 정지상이 없으므로 질량 이동항 C도 없다. 띠가 넓어지는 유일한 요인은 세로 확산항인 B이다. 이 항은 운반 유체에서 분석물의 확산 계수에 비례하며, 분석물 분자의 크기나 분자량에 반비례한다. 결과적으로, 큰 분자들의 분리에서 매우 낮은 H값, 즉 매우 높은 단수를 얻게 된다. 고로 고분자 분리를 CZE로 진행할 경우에는 HPLC보다는 훨씬 우수하며, 단수는 최대 50만까지 얻을 수 있다. 큰 펩타이드나 단백질과 같은 생체 고분자는 pH 변화에 의해 전하를 띠는 부위가 여러 군데 있으므로, 전기 이동이 잘 될 수 있으며, 한 전하만 우세한 pH 조건을 찾으면 CZE에 의해 좋은 효율로 분리될 수 있다. 해당 화합물의 CZE 분리에서의 단수는 모세관에 걸린 전압 V, 이온의 전기 이동 이동도 μ_{ep}와 확산 계수 D만 관련되어 있고, 다음 식으로 나타낼 수 있다.

$$N = \frac{\mu_{ep} V}{2D} \tag{14.12}$$

크로마토그래피에서와는 달리, N은 컬럼 길이와 무관하다. 분명히 더 높은 전압을 걸어주면 전기장 E에 비례하여 줄열이 발생하므로 제한이 걸릴 것이다. 주어진 전압 V에 대해, E는 V/L에 비례한다. 따라서 줄열이 분리도를 떨어드리는 지점보다 낮게 E를 유지하도록 컬럼의 길이와 분석 시간을 늘려주어야 하므로, 더 긴 컬럼을 사용하게 된다. 그리고 D값이 낮은 큰 이온이 높은 단수를 얻을 수 있다는 것도 알 수 있다. CZE가 전하를 띤 생체 고분자의 분리에 대하여 종종 HPLC보다 우수하다는 이유이다.

CZE 분리에서 모든 음, 양이온에 대한 μ_{ep}의 절댓값이 μ_{eo}보다 작다면, 걸어준 전압으로 EOF가 산화 전극 또는 환원 전극 어느 방향으로 향하든지, 모든 이온을 관찰할 수 있다. 만일 그렇지 않다면, EOF와 반대 방향으로 이동하는 속도가 큰 이온들은 결코 검출기에 도달하지 않는다. 이들을 측정하기 위해서는 전극의 극성을 반대로 하여 두 번째 전기 이동 분리를 해야 할 수 있다. 다른 방법은 같은 전극 극성을 유지하면서 EOF의 방향을 반대로 하는 것이다. 이를 위해서는 컬럼 벽에 붙어 있는 음전하를 띤 실록실기를 양전하로 바꾸는 것이다. 이것은 세틸트라이메틸(cetyltrimethyl) 암모늄 이온[n-$C_{16}H_{33}N(CH_3)_3^+$]과 같은 양이온 **계면 활성제(surfactant)**를 첨가함으로써 얻을 수 있다. 긴 C_{16} 탄화수소 꼬리는 서로를 끌어당기고, 바깥쪽의 친수성인 4차 암모늄 양이온 부분과 내부에 함께 묶인 비극성 유기 사슬과 이중층의 샌드위치 구조를 형성한다. 이것을 유도하는 힘은 양전하 반발력과 인접한 비극성 탄화수소 사슬과의 반데르발스 인력, 이 두 가지이다. 하나의 양전하 층은 실리카 벽면에 있는 음전하를 띤 실록실기와 정전기적 인력으로 고정되고, 다른 양전하 층은 완충 용액 쪽을 향한다. 이제 확산 이중층의 과잉 이온은 양이온이 아닌 음이온이 되어 EOF는 반대 방향으로 움직일 것이다(그림 14.36).

실리카 표면에 선택적으로 결합하는 몇몇 유기 분자가 실제로 분석물인 경우에는 문제가 될 수 있다. 이렇게 의도치 않은 흡착 크로마토그래피 메커니즘이 전기 이동 분리에서 관여하게 된다. 결합이 매우 셀 경우에는 처음에는 일부 성분이 검출기로 나오지 못하게 되고, 연속적인 주입으로 인해 결합하는 자리가

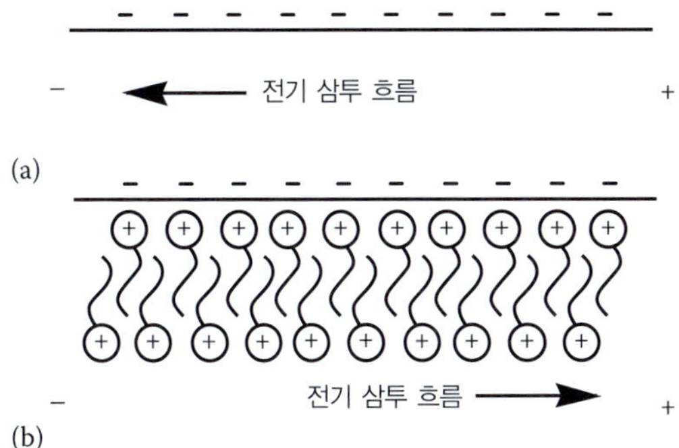

그림 14.36 역방향 EOF를 만들기 위해 양이온 계면 활성제를 이용: (a) 환원 전극으로 향하는 일반적인 EOF(계면 활성제 없음). (b) 산화 전극으로 향하는 역방향 EOF(양이온 계면 활성제 이중층) (From Katz, E. et al., eds., *Handbook of HPLC*, Marcel Dekker, Inc., New York, 1998. With permission.)

포화 상태가 되므로 분리도가 저하되고 이동 시간이 변하기 시작할 것이다. 일부 분야에서는 이러한 간섭을 막기 위해 모세관을 공유 결합된 친수성 고분자로 사전에 코팅할 필요가 있다.

14.6.2 | CZE의 시료 주입

모세관 GC에서 수 μL 단위의 시료는 주사기에서 격막을 통해 분사되어 주입기로 이동하고, 증발하면서 거의 1000배의 부피로 팽창한 다음 모세관 앞부분에서 분활되거나, 다시 농축되어야 한다. 모세관 HPLC에서 시료는 고압에서도 작동하도록 설계된 시료 고리 주입기에 주사기로 주입한다. CZE에서는 모세관 GC나 모세관 HPLC와 비교하여 훨씬 간단해질 수 있으며, 주입량은 nL 정도로 훨씬 작아야 한다. 수용성 완충액에 녹은 분석물의 띠를 모세관의 주입 말단에 도입하는데, 유체 역학 주입과 동전기 주입이라는 두 가지 방법으로 수행할 수 있다. **유체 역학 주입(hydrodynamic injection)**은 완충액 용기에서 모세관의 주입 말단을 빼서 시료 완충액에 잠시 담궈서 주입하게 되는데, 시료 완충액은 검출기쪽 용기보다 높은 곳에 두어 정수압(hydrostatic pressure)으로 인해 시료 용액이 모세관으로 흐르게 된다. 유입되는 시료량은 다음과 같이 주어진다.

$$\text{부피} = \frac{\Delta P \pi d^4 t}{128 \eta L_t} \tag{14.13}$$

여기서 ΔP는 모세관 끝 사이의 압력 차이, d는 안쪽 지름, L_t는 전체 길이, t는 시료 용액에 모세관을 둔 시간, η는 시료 용액의 점도를 나타낸다.

모세관이 좁고 긴 경우에는 적절한 시간 내에 적당한 양을 주입하기 위해서 주입 말단에 추가적으로 압력을 가하거나, 검출기 끝부분 모세관에서 흡입을 할 필요가 있다. **동전기 주입(electrokinetic injection)**은 컬럼의 주입 부분을 시료 용액에 담그고 컬럼과 시료 용액에 전압을 걸어준다(이를 위해 시료 용액에 전극을 삽입해야 함). 시료 이온은 개별로 다른 전기 이동 이동도와 모두 같은 EOF에 의해 컬럼에 들어간다. 정량 분석용 CZE에서 시료량이 차이나는 문제를 일으킬 수 있으므로, 이 경우에는 유체 역학 주입이 바람직하다. 모세관 젤 전기 이동(CGE, 14.6.4절에서 설명 예정)에서는 유체 역학 주입으로 하기에는 모세관의 젤의 점성이 크므로, 동전기 주입을 사용해야 한다.

좁은 CZE 모세관에 충분히 시료량을 도입하게 되면서, 시료의 폭은 더 길어질 것이다. 이것은 '컬럼 외 띠넓힘 효과'의 한 예이다. 크로마토그래피의 주입에서처럼 분석물의 k' 값이 충분히 클 때에는 컬럼으로 들어가면서 정지상에 의해 붙잡혀 있어서 앞부분에 집중되면서 시료 주입에 의한 띠넓힘을 줄일 수 있다. 분리에 사용되는 완충액보다 시료를 녹인 완충액이 훨씬 낮은 전해질 농도를 지닐 경우에는 CZE에서 이러한 집중 효과를 얻을 수 있다.

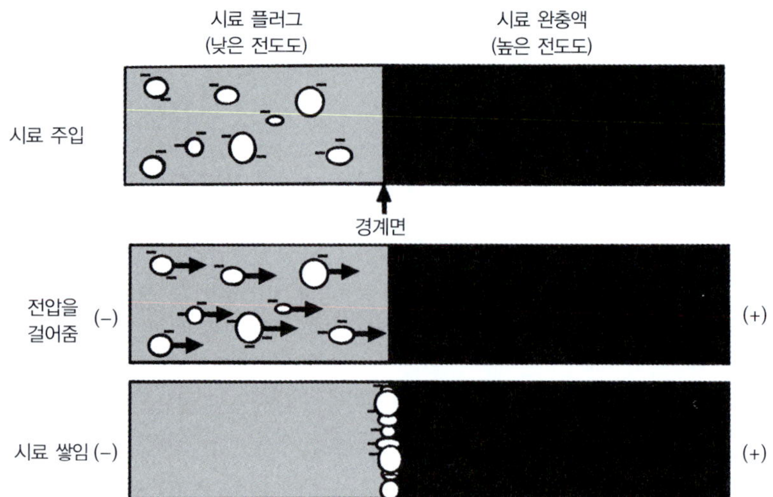

그림 14.37 산화 전극 쪽으로 시료 플러그 안 음이온의 시료 쌓임. (From Katz, E. et al., (eds.) *Handbook of HPLC*, Marcel Dekker, Inc., New York, 1998. With permission.)

더 묽은 시료 플러그(주입된 시료 부분)의 전도도는 훨씬 낮고(저항은 더 높음), 시스템을 통과하는 이온 전류는 옴의 법칙($E = IR$)에 따라 일정해야 하므로, 시료 플러그의 전기장은 비례해서 더 커져야 한다. 전기장을 커지면 주입 시료 안의 이온은 반대 전하의 전극 가까이로 빠르게 이동하게 한다. 이들이 경계면에 도달하면 속도가 느려지면서 이때부터는 분리 완충액의 속도로 이동하게 된다. 이 과정을 **시료 쌓임(sample stacking)**이라고 하며, 시료 플러그 안의 음이온에 대하여 그림 14.37에 나타나 있다. 양이온은 띠의 반대쪽 끝과 비슷한 형태로 '쌓일' 것이다. 결과적으로 양이온이나 음이온은 두 개의 좁은 띠로 시료 주입 띠의 양 끝부분으로 분리되어 CZE 과정에서 완전한 분리 성능을 나타낼 수 있다.

14.6.3 | CZE에서의 검출

CZE의 검출기는 그림 14.33에 나타낸 것과 같이 보통 모세관 용기에 잠기기 전에 위치한다. 광학 검출기는 HPLC 검출기와 설계가 비슷하나 CZE에서 사용하는 훨씬 작은 피크 부피에 맞게 검출기 셀 부분을 수정하였다. 자외선 흡수 또는 형광 검출기의 경우, 검출기 셀은 종종 모세관 그 자체가 된다. 용융 실리카 컬럼의 폴리이미드 보호 코팅이 제거되고, 분광 검출기의 빛살(beam)은 이 작은 부피 위로 집광 광학기로 초점을 맞춘다. 이것은 고분해능 CZE 피크의 띠 부피와 유사한 검출기 셀 부피를 사용하므로 장점이 있다. CZE 모세관 지름을 가로지르는 빛의 경로 길이가 매우 짧으므로 감도를 감소시킨다. 좁은 피크의 띠폭에 근접한 짧은 거리의 모세관을 직각으로 구부리거나 2개의 90° 피팅 사이에 모세관 길이를 맞추어서 광학 평면창을 이 부분에 달아 관의 축 방향으로 빛을 도입하면 감도를 향상시킬 수 있다. 광경로 길이를 증가시키는 다른 방법은 폴리이미드 보호 코팅 안쪽에 반사 은으로 짧은 길이의 모세관 바깥쪽을 코팅하는 것이다. 빛이 도입되는 창은 이 부분의 반대쪽 끝에 있다. 빛은 모세관에 수직에서 약간 기울인 각도로 창으로 들어와서 모세관을 지나면서 여러 번 반사된 후에 검출기 창으로 나가게 된다.

모세관 벽 안쪽에 알맞은 전극을 심은 소형 전류법 또는 전도도 검출기를 모세관에 삽입할 수 있다. 검출기 전극을 포함하는 모세관과 검출기 끝부분 용기에 담그는 모세관 사이는 다공성 유리 또는 흑연으로 연결하는 것이 필수적인데 이것은 전기 이동 분리를 위해 걸어준 고전압으로부터 검출기를 격리시키기 위해서이다.

CZE 모세관 분리에서 완충액의 매우 낮은 유속은 큰 다중 전하를 띤 생체 고분자들을 검출하기 위한 질량 분석기의 ESI 연결 장치(14.1.6.1절 참조)에 쉽게 연결할 수 있게 한다. 전극이 있는 CZE 검출기쪽 용기 대신에 모세관 끝에 안쪽과 바깥쪽 금속으로 코팅된 부분에 전압이 걸린다. 이 전압은 또한 모세관 끝을 빠져 나가는 이온과 작은 방울이 전하를 띠게 만들고 쿨롱 폭발과 전하 이동 과정을 통해 '전기 분무'를 형성하여 MS 분석에 적합한 분자 이온을 생성한다.

CZE의 이온은 전기 이동 이동도에 따라 다른 속도로 분광기 또는 ECD를 통과하기 때문에 일정한 이동상 속도로 컬럼에서 검출기 셀까지 통과하는 크로마토그래피 분석물과는 달리 검출 영역을 통과할 때 다른 속도로 통과한다. 농도 검출기(12.5절 참조)에서 피크 면적은 크로마토그래피 시스템에서는 머무름 시간 또는 용출 시간과 무관하지만, CZE에서는 그렇지 않다. 같은 감응을 하는 같은 농도의 물질이 낮은 이동 속도를 지니게 되면 시간당 더 큰 피크 면적을 나타내면서 모세관의 검출 영역을 천천히 통과할 것이다. 이동도가 다른 내부 표준물(IS)로 정량 분석을 수행하고, 교정 작업이 진행되었을 때와 미지 시료 정량을 수행했을 때에 분리 조건이나 겉보기 이동 시간이 다르면, 피크 면적 비율을 기반으로 한 교정은 무효가 된다.

CZE는 IC와 같이 이온을 분리하고 측정하기 위한 방법이기 때문에 14.2.1절의 끝부분에서 설명된 것처럼 간접적인 검출 방법을 사용하는 것이 특히 적합하다.

14.6.4 | CE의 방식

14.6.4.1 CZE

CZE는 이미 14.6.1~14.6.3절에서 설명하였다. 비교를 위해 요약하면, 그것은 일정한 조성의 분리 완충액을 사용하여 수행된다. 예외적인 부분은 시료 플러그로 주입된 시료의 양쪽 끝에서 효과적으로 시료 쌓임이 일어나려면 빠른 이동 속도가 가능하도록 낮은 농도의 완충액을 사용한다. 일단 시료 혼합물 이온의 이동이 균일한 완충액에서 시작되면, 다른 성분들은 띠(zone)로 분리된다. 이들 영역은 특정 완충액의 pH와 전해질 농도에 의한 전기 이동 이동도와 전기 삼투 이동도의 합에 따라 일정한 속도로 이동하게 된다. 띠들은 완충액 공간별로 구분되며, 산화 전극으로 이동하는 분리 완충액의 흐름과 함께 EOF 속도로 움직이는 중성 분자들(주입된 시료 플러그의 너비)의 띠들의 앞에는 양이온 띠가 있고, 그 뒤로는 음이온 띠(모든 음이온에 대해 $\mu_{ep} < \mu_{eo}$이면)가 뒤따르게 된다. 이러한 이유로 모세관 띠 전기 이동(CZE)이라고 한다.

CZE는 이온 크기가 넓은 범위일 때 유용하며, 특히 소량의 작은 유기 및 무기 이온에 유용하다. 근본적으로 시료 주입량(μL 대신에 nL로)이 적으므로 단일 생물체 세포 안의 유체만큼 적은 부피의 시료에 특히 유용하다. 가장 간단한 형태의 장비는 비교 대상이 되는 IC나 HPLC 장비보다 훨씬 저렴하다. pH, 전해질 농도, 흡착 효과와 같은 많은 변수가 전기 이동 이동도와 전기 삼투 이동도에 모두 영향을 주므로, 특정 분리를 위한 CZE 방법 개발 및 최적화는 IC나 HPLC보다 직관적이지 않다.

14.6.4.2 모세관 젤 전기 이동(CGE)

전기 이동을 처음 적용한 것은 평평한 표면 위에서 큰 생체 분자를 분리하는 것이었다. 다공성인 친수성 젤 매트릭스를 혼합하여 붙인 평면 기판(유리판)에서 분리 완충액을 사용하였다. 이 혼합 젤은 확산과 대류로 분석물의 분산을 늦추고, 이렇게 주조된 **슬래브 젤(slab gel)**은 기기 내에서 조작이 편하고 반대편 가장자리에 전극을 달기가 쉽다. 젤은 일반적으로 가교제를 넣거나, 아가로스나 PEG 같은 다른 친수성 고분자를 사용하여 아크릴아마이드($CH_2{=}CH{-}CO{-}NH_2$)를 중합하여 만든다. 가교 결합 정도가 증가하면 완충액이 확산되어 전하를 띤 고분자와 전해질이 통과하는 젤의 공동 크기가 감소하게 된다. 이러한 젤에서 고분자 분리의 메커니즘은 실제로 이온의 전기 이동 속도와 동공에서 체로 거르는 작용에 의해 크기별로 식별되는 효과가 서로 조합된 형태라 볼 수 있다. 이렇게 체로 **거르는 작용(sieving action)**은 전체적으로 전하를 지니고 있는 올리고핵산, DNA 조각, 단백질과 같은 고분자를 분리할 때, 전기 이동도의

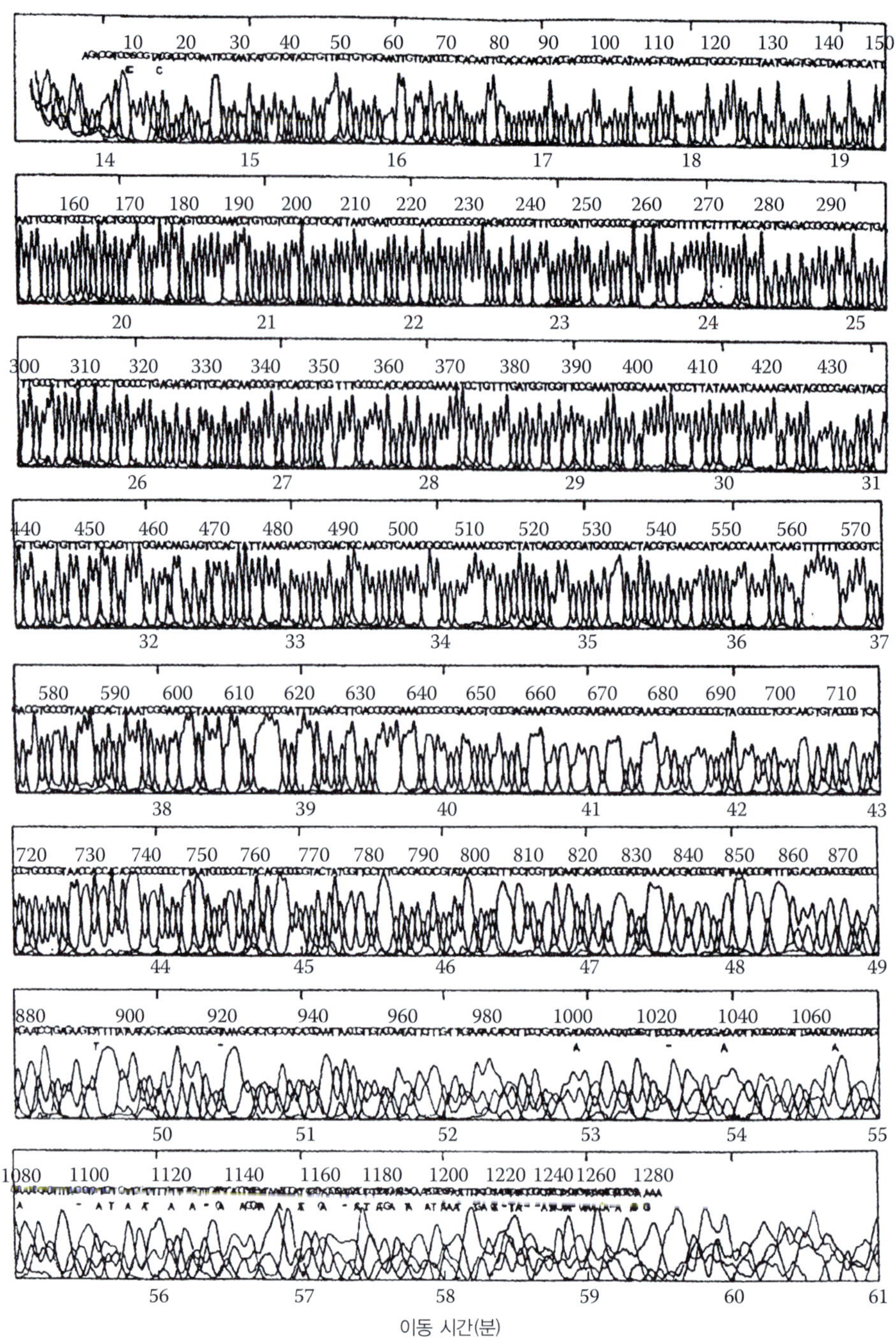

그림 14.38 CGE 형광 유도체화 검출에 의한 1000여 개 이상의 뉴클레오타이드 조각의 분리 및 DNA 염기 서열 분석. (From Cazes, J., *Encyclopedia of Chromatography*, Marcel Dekker, Inc., New York, 2001. With permission.)

차이보다 더 효과적이다. 이러한 젤은 특정 CZE 분리에서 같은 이점을 얻기 위해 모세관 내에 채워서 사용하며, 이러한 CZE를 **CGE**라고 한다.

그림 14.38은 3개부터 1000개 이상의 핵산 길이를 지닌 DNA 조각 혼합물을 분리한 CGE 전기 이동 그램을 나타낸다. 이들은 조각 길이순으로 컬럼에서 분리되므로, 각각 순차적으로 말단 핵산(각 피크 위의 A, G, C, T로 표시)의 목록은 조각 내에서 핵산 서열(또한 '염기'라고도 함)을 직접 얻는다. 자동화된 장치로 병렬화된 많은 모세관을 작동하는데, 단일 형광 분광기로 모세관 다발의 검출 영역을 가로질러 빠르게 반복적으로 스캔함으로써 형광 들뜸과 방출을 측정한다. 다이오드 배열 검출기(DAD)를 사용하여

스펙트럼 데이터를 다중 채널로 동시에 수집할 수 있다. 분석 수행 사이에 자동으로 물리적 젤을 재충전하게 하면, 시스템 운영자 없이 웰 플레이트(well plate)의 시 료나 다량의 시료 병으로부터 동전기 주입을 통해 반복 순환하며 시스템을 작동시킬 수 있다. 매우 적은 양인 수백만 개의 짧은 DNA 조각 시료들을 고도로 자동화된 장비로 처리함으로써, 인간 게놈에 있는 30억 개 염기 서열을 밝히는 프로젝트가 가능하였다. 단백질 서열을 분석하는 대규모 자동화 기기는 단백질체학 분야를 지탱하는 중요한 자원이다.

14.6.4.3 모세관 등전 집중

단백질, 펩타이드, 아미노산은 같은 분자 내에 산성(−COOH)과 염기성($-NH_2$) 작용기를 모두 가지고 있어서 **양쪽성(amphoteric**, 쯔비터) 화합물로 분류된다. 주변 용액의 pH가 변함에 따라서, 카복실산기와 아미노산은 양성자를 잃을 수도 얻을 수도 있다. 이들의 전체 전하는 특정 화합물의 **등전점(isoelectric point**, 쯔비터 화합물에서 양전하와 음전하가 같아지는 pH지점이며, 전체 전하가 0임)보다 높은 pH(염기성)에서는 전체 전하는 음전하(과량 $-COO^-$)가 될 것이고, 낮은 pH(산성)에서는 양전하(과량의 $-NH_3^+$)가 될 것이다. 글라이신을 예로 들면, 다음과 같은 평형이 있다.

글라이신

$$NH_3CH_2COOH$$

$$\uparrow\downarrow$$

쯔비터 이온

$$OH^- + NH_3^+CH_2COOH \Longleftrightarrow H_2O^+ \qquad NH_3^+CH_2COO^- \qquad + H_2O \Longleftrightarrow NH_2CH_2COO^- + H_3O^+$$

pH >등전점 pH@등전점 pH >등전점

이런 화합물을 전기 이동으로 진행하면, 등전점보다 낮은 pH에서는 환원 전극(−극)으로 이동할 것이고, 등전점보다 높은 pH에서는 산화 전극(+극)으로 이동할 것이다. 등전점과 일치하는 pH의 완충액에서는 전체적으로 중성이 되어 이동을 하지 않을 것이다. 모세관 길이에 따라 선형 기울기로 pH가 다른 완충액이 채워진 모세관에 이런 화합물들의 혼합물이 채워져 있다면, 각 양쪽성 화합물들은 각자가 있는 위치의 pH에 따라서 이동을 하게 될 것이며, 등전점과 일치하는 pH 지점에 도달하게 되면 화합물의 과잉 전하는 점차 중화되어서 이동 속도가 느려지고 완전히 멈추게 될것이다.

혼합물은 개별 화합물의 특징인 등전점 값에 해당하는 상대적인 위치에서 매우 날카로운 띠로 분리될 것이다. 이 과정에는 EOF는 없어야 하므로 일반적으로 모세관의 표면 실록실기를 가리도록 흡착 유기물로 코딩을 한다. 이러한 분리를 **모세관 등전 집중(capillary isoelectric focusing, CIEF)**라고 한다.

pH 기울기를 만들기 위해서는 몇 종의 다른 쯔비터 화합물(쯔비터 전해질이라고 함)이 들어 있는 분리 완충액을 사용한다. 이들 쯔비터 전해질 혼합물은 분석하려는 물질의 등전점 범위를 포함할 수 있는 화합물로 구성한다. 모세관의 환원 전극은 NaOH와 같은 강염기 용액을 담그고, 산화 전극에는 강산 용액에 담근다. 전기 이동 전위를 걸어주면 H^+는 산화 전극에서 환원 전극으로 이동하고, OH^-는 환원 전극에서 산화 전극으로 이동한다. 완충액의 쯔비터 물질은 개별 과잉 전하와 반대가 되는 전극으로 이동하며, 각 용기로부터 이동하는 강산 또는 강염기 이온에 의해 점진적으로 중화될 것이다. 이러한 이동과 중화 과정을 통해 최종적으로 분리 완충액의 쯔비터 전해질에서 최고와 최저 등전점의 pH 값 사이로 컬럼을 따라 pH 기울기를 이루는 평형 상태에 도달하게 된다.

모든 분석물의 띠가 pH 기울기를 따라 등전점으로 이동하고 그 등전점에 집중되면, 모두 움직임이 멈추게 된다. 집중된 띠들은 컬럼을 따라 움직이게 하여 등전점을 확인하고 정량을 하기 위해서 검출기를 통과시킨다. 이동시키는 방법은 유체 역학 주입에 의해 시료 플러그를 컬럼 안으로 가져 오는 것과 동일한 메커니즘으로 컬럼을 걸린 압력차를 이용해 간단히 진행할 수 있다. 이때 압력으로 구동된 층류 종단면은 등전 집중 단계에서 얻은 고분해능의 손실을 초래할 수 있다. 다른 방법으로, 용기에 있는 H^+ 또는 OH^- 용액 중 하나에 대해서 같은 전하의 같은 당량을 지닌 다른 이온으로 희석하는 것이다. 이것은 강산이나 강염기를 중성화하기에는 낮은 농도이므로, pH 기울기만 변화할 것이다. 기울기는 희석(또는 이온 치환)을 시킨 전극으로 이동하고, 집중된 띠는 기울 기가 바뀜에 따라 컬럼을 따라 위치가 변한 등전점으로 이동하게 된다.

14.6.5 | 모세관 전기 크로마토그래피

CZE 방법의 단점은 오직 이온만을 분리한다는 것이다. 시료 플러그에서 이온이 분리하는 동안 중성 분자들은 서로 분리될 수 없다. 이것을 극복하기 위한 해결하는 방법은 분리 완충액이 EOF에 의해 이동하면서 역상 HPLC 충전 미립자로 충전한 모세관을 통과하도록 하여 크로마토그래피 분리 메커니즘을 도입하는 것이다. 이것은 고압 펌프 대신 EOF로 유도되어 이동상을 흐르게 하는 단순한 HPLC가 된다. 다중 경로항 *A*와 질량 이동항 *C*가 이 방법의 Van Deemter 식에 다시 들어가게 된다. 이온들 특히 생체 고분자가 CZE에서 얻은 향상된 분리도는 여기서는 얻지 못한다. 같은 혼합 시료에서 전기 이동 이동도의 차이에 기초한 이온 분리뿐 아니라 정지상에 의한 크로마토그래피 분배를 이용한 중성 분자의 분리도 할 수 있다.

14.6.5.1 마이셀(Micellar) 동전기 모세관 크로마토그래피

모세관 전기 크로마토그래피(CEC) 시스템에서 구형 고체 지지체에 유기 코팅된 충전 물질로 완충액/이동상의 흐름을 막지 않고 동일한 기능을 수행할 수 있다. 그림 14.36에서 EOF를 역방향으로 흐르게 하기 위해서 양이온 계면 활성제로 이중층을 만들었던 것을 기억해 보자. **도데실황산소듐(SDS)**(n-$C_{12}H_{25}OSO_3^-$ Na^+)과 같은 음이온 계면 활성제가 들어간 완충액에서는 다양한 구조를 형성할 수 있다. 바깥쪽은 전하를 띤 극성 부분이 있고 내부는 소수성을 지닌, 작은 구형의 마이셀을 형성한다. 이들 구조는 완충액에서 콜로이드성 서스펜션으 로 남을 만큼 작고,다중 전하를 지닌 고분자처럼 전기 이동 시스템에서 움직인다.

그림 14.39는 표준 CE 실험에서 형성된 음이온 계면 활성제 마이셀의 거동을 보여 준다. 계면 활성제는 음이온성이며, 양이온 계면 활성제와 같이 모세관 벽면에 평면 이중층을 형성하지는 않는다. 마이셀은 전체적으로 음전하를 지니므로 천천히 왼쪽으로 이동한다. 이 이동 속도는 환원 전극쪽으로 향하는 EOF보다 느리기 때문에 마이셀은 결국 검출기 쪽으로 이동하지만, 보통 중성 분자가 분리되지 않는 시료 플러그보다 느린 속도로 이동한다. 역상 HPLC에서처럼 중성 분자(그림에서 용해된 것으로 표시)는 극성인 분리 완충액과 마이셀 사이에서 분배가 일어난다. 그들은 이동이 지체되는 마이셀에 머무른 시간 비율만큼 반대 방향으로 시료 플러그와 멀어진다. 완충액과 다른 속도로 이동하는 마이셀 내부와의 분배 계수 차이로 중성 분자들이 분리되므로 정지상처럼 행동한다. 이온의 전기 이동과 크로마토그래피 과정이 겹쳐지므로, 이 과정을 **마이셀 동전기 크로마토그래피(micellar electrokinetic chromatography, MEKC)**라고 나타낸다. 이온 자체는 전하를 띤 마이셀 표면과 어느 정도는 정전기적 상호작용을 할 수 있으므로 이동 시간도 변하게 된다. 크로마토그래피 과정이 도입되어 Van Deemter 식에서 질량 이동항이 다시 나타나는 것을 의미하지만, 마이셀 내외로의 질량 이동은 매우 효율적이어서 띠넓힘 현상에 영향을 주지는 않는다.

극성, 크기, 그리고 CMC 농도가 다른 계면 활성제도 사용될 수 있다. cetyltrinethylamnoniom bromide과 같은 양이온 계면 활성제를 사용하면, 그림 14.36과 같은 모세관 표면에 이중층이 형성되어 EOF의 방향이 바뀐다. 사이클로덱스트린(그림 14.3 참조)을 MEKC 분리에 도입하면 광학 이성질체들 간의 이동 시간을 변하게 하여 광학 이성질체를 분리할 수 있다.

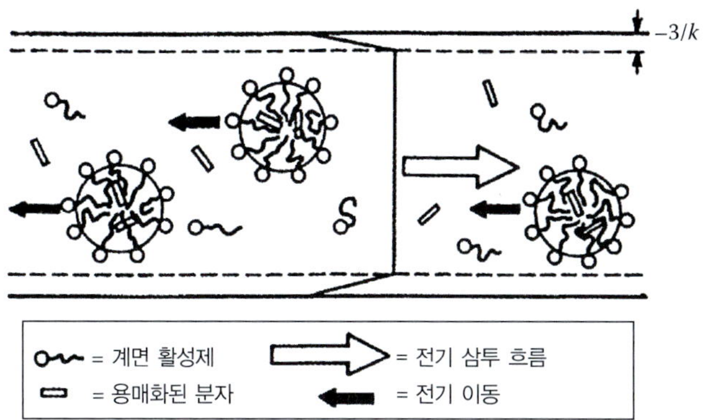

그림 14.39 마이셀 동전기 크로마토그래피의 메커니즘 (From Cazes, J., *Encyclopedia of Chromatography*, Marcel Dekker, Inc., New York, 2001. With permission.)

14.7 평면 크로마토그래피와 평면 전기 이동

크로마토그래피 분리에 사용되는 정지상이나 전기 이동에 사용되는 젤을 평판 표면에 부착시키면, 평판 모서리에 시료점을 찍어 모서리를 따라 크로마토그래피로 분배 또는 전기 이동으로 이동시켜 분리할 수 있다. 분리된 띠들은 첫 번째 분리 방향의 수식으로 다른 크로마토그래피 이동상 또는 전기 이동 완충액을 사용하여 또다른 분리를 시도할 수 있다. 첫 번째 단계에서 분리되지 않은 띠는 두 번째 단계에서 분리되어 최종적으로 분리된 많은 점으로 표면이 덮일 것이고, 일부 검출기로 스캔하거나 분리된 성분들을 시각화하기 위해서 반응시킬 수도 있다(기본 원리: 12.3절).

14.7.1 | 얇은 층 크로마토그래피(TLC)

14.7.1.1 평형 1차원 TLC 분리

TLC에서 정지상 입자(예: 정상에서 실리카나 알루미나, 역상 HPLC 형태로 큰 입자(10~100 μm)는 사각형 **평판**(일반적으로 유리)에 얇은 층으로 붙어서 코딩된다. 액체 이동상은 TLC 유리통 바닥에 액체 이동상을 깔고, 수직에서 약간 기울인 각도로 TLC 판을 세운 다음, 전체를 밀봉한 직사각형 유리통으로 덮는다. 혼합물 시료는 한쪽 모서리에 이동상 용매 수면보다 위로 놓이도록 평행선을 따라 판 위에 점으로 찍는다.

시료는 유리 모세관을 사용하여 판으로 옮기며, 정량 분석 시에는 마이크로리터 주사기를 사용하여 측정한 부피만 천천히 판에 올려놓는다. 그림 14.40은 밀폐된 통에서 TLC 판의 측면도를 보여 준다. 바닥에 있는 액체로부터의 용매 증기는 그 위의 헤드스페이스와 평형을 이룬다(그림 14.40(1)). 얇은 층을 이루는 밀집한 정지상 입자의 모세관 인력에 의해 이동상 용매가 판 위로 올라가게 한다. 이 흐름의 가장 앞부분을 용매선(solvent front)라고 한다. 용매선 위의 얇은 층은 곧 확산될 용매 증기로 노출되게 한다(그림 14.40(2)). 밀폐된 시스템에서 평형 증기압은 일정하므로, 판 위로 흐르는 용매의 증발은 없을 것이다(그림 14.40(3)).

HPLC 컬럼 크로마토그래피와 동일한 분리 원리가 적용된다. 컬럼을 사용하지 않으므로 물질이 휘발성이 크면 안 된다. 그림 14.41은 TLC 크로마토그램을 얻는 3단계 과정을 보여 준다. 왼쪽은 시료점들이 다소 불규칙한 선으로 보여 준다. 강한 세기의 용매를 사용하면, 용매선이 초기 상승하면서 시료 점들을 정확한 선으로 이동하게 하고, 점들을 좁고 길쭉한 띠로 모이게 되는데, 이것을 초기 전개(가운데 그림)라고 한다. 전개가 진행되면서 초기 용매나 분석물들을 잘 구별할 수 있는 약한 용매로 용매선이 판의 끝부분까지 올라갈 때까지(오른쪽 측면 패널) 띠를 분리하며, 이것이 TLC 크로마토그램이 된다. 시작 원점과

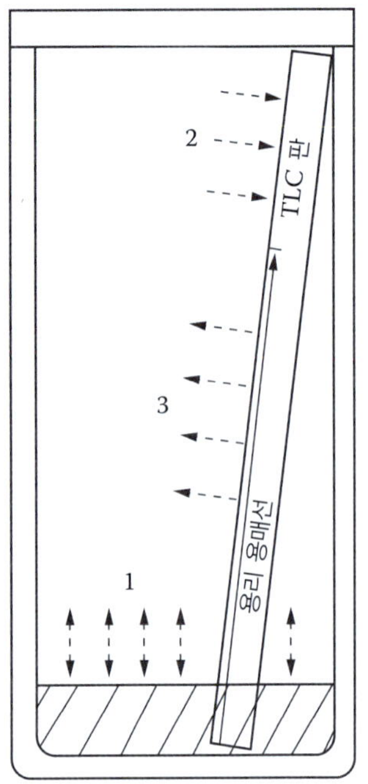

그림 14.40 밀폐된 전개통에서 TLC 판

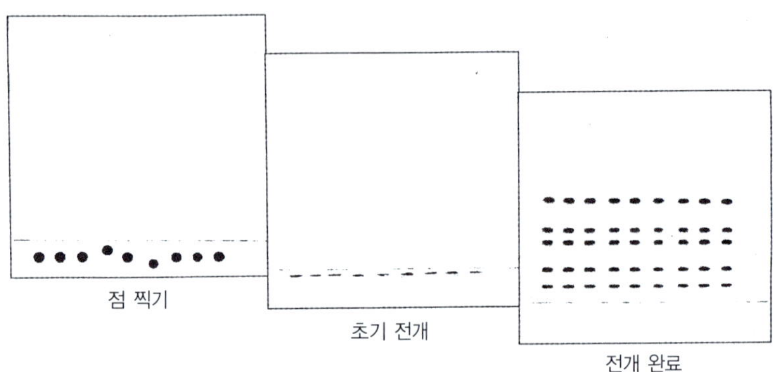

그림 14.41 TLC 크로마토그램의 전개 단계

용매선 사이에 분리된 띠들의 거리와 띠 너비를 측정한다. R_f값(컬럼 크로마토그래피의 상대 머무름 시간(RRT)에 해당함)과 이론단수 N은 그림 14.42처럼 계산하면 된다.

14.7.1.2 TLC에서의 검출

TLC에서 검출은 전개판을 스캐닝하거나 이미지화하는 것이다. 분석물이 무색이나 자외선을 비치면 형광을 띠는 경우, 건조시킨 전개한 판을 검은 상자 안에 두고 UV를 비춰서 형광을 띠는 점을 눈으로 확인한다. 이것은 **판 위치 스캐닝(plate position scanning)** 형광 분광기를 사용하면 보다 정확하게 진행할 수 있다. TLC 판에 황화 아연 같은 형광 지시약이나 인이 결합된 '**F 층**'을 포함하는 경우에는 형광을 **간접 검출법(indirect detection method)**으로 사용할 수 있다. 시료점이 가시광선 영역에서는 무색이지만, 약 254 nm의 Hg-UV 램프에서 흡수하는 화합물(컨쥬게이션 이중 결합을 가지고 있는 대부분의 방향족 유기 화합물)을 포함하면, UV를 흡수하여 전개된 점에서는 판의 형광은 잃어버리게 될 것이다.

포괄적인 검출 시약(universal detection reagents)들을 통해 분석물을 보여 주는 예는 다음과 같다. (1) 일부 포화된 알케인을 제외한 거의 모든 분석물의 점을 가역적으로 어두운 갈색으로 얼룩지게 하는 아이오딘 증

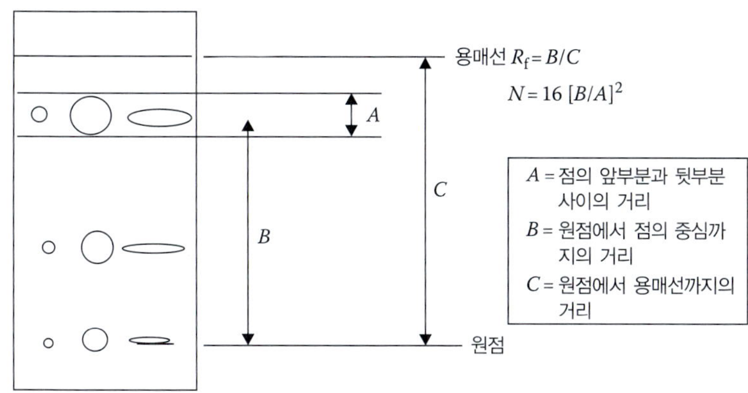

그림 14.42 전개된 TLC 크로마토그램에서 머무름 인자(R_f)와 이론단수(N)의 정의와 계산법

기 (2) 8% 인산과 3% 황산 구리의 혼합물이나 황산이 있는 상태에서 가열하여 비가역으로 태우는 것이다. **선택적 검출 시약(selective detection reagents)**도 있는데, 예를 들어 (1) α-아미노산에 대한 ninhydrin; (2) 2,4-dinitrophenyl-hydrazone HCl로 알데하이드를 반응시켜서 오렌지색 생성, (3) 판 위에 균일한 색을 만들기 위해 색을 띤 생성물을 만드는 매트릭스와 효소의 반응(효소 기능을 차단하는 기능을 하는 생물학적 활성 화합물을 함유하는 경우 제외(예: 유기인 농약과 같은 콜린 에스테라아제 억제제))이 있다.

TLC 판과 슬래브 젤에서 채취되어 탈착 전기 분무 이온화(DESI) 또는 레이저 절제 전기 분무 이온화(LAESI)를 통해 MS로 연결될 수 있다.

TLC 분리는 모세관 컬럼 크로마토그래피 장비만큼의 분리도와 정량 정확도에는 못 미친다. TLC는 단순하고 재료/장비가 저비용이므로, 정밀도를 요구하지 않는 응용 분야에 적합하며, 특히 초기 스크리닝 분야에 사용을 권장한다.

14.7.1.3 TLC(2차원-TLC)를 이용한 2차원 분리

1차원 전개로 완전히 분리되지 않은 성분은 판을 90° 회전하여 다시 전개하면 추가적으로 분리도를 높일 수 있다. 두 번째 전개는 일부 분리되지 않은 화합물들에 대하여 다른 선택성을 줄 수 있는 이동상 용액을 사용하며, 그림 14.43에 나타나 있다. 2차원 TLC 분석은 2차원 정지상을 사용하는 2차원 분리 분석의 예이다.

14.7.2 | 슬래브 젤에서 평면 전기 이동

14.7.2.1 1차원 평면 젤 전기 이동

CZE의 개발 이전에, 전기 이동을 주로 이용한 것은 평면 젤 위에서 거대 생체 고분자를 분리하는 것이었다. 젤은 TLC 판의 얇은 층에 있는 입자와 달리 유리판에 붙어 있고, 이러한 것을 소위 슬래브 젤(slab gel)이라고 하는데, 분리 완충액을 포함할 필요가 있었다. 판의 표면은 가교 결합된 화학 젤을 붙이기가 모세관보다 용이하며, 새로운 분석을 위해서 새 슬래브 젤을 사용할 때, 판에서 젤을 제거하는 것이 쉽다. 1차원으로 여러 시료를 전기 이동 분리로 수행하면 비교 및 시각화를 쉽게 할 수 있다. 생화학자들에게 이 방법은 거의 표준 도구이며, 주로 효소 단백질 분해물이나 DNA 리보핵산 조각으로부터 펩타이드의 분포를 비교하는 데 사용하였다. 1차원으로 여러 시료의 분리를 비교하면 비정상적 분포의 확인이나, 질병 상태나 돌연변이 형태의 지표가 되는 특이성 조각 검출을 쉽게 할 수 있나. 이러한 형태는 그림 14.40의 오른쪽에 나타난 전개된 TLC 판의 개략도와 유사하다.

14.7.2.2 2차원 평면 젤 전기 이동

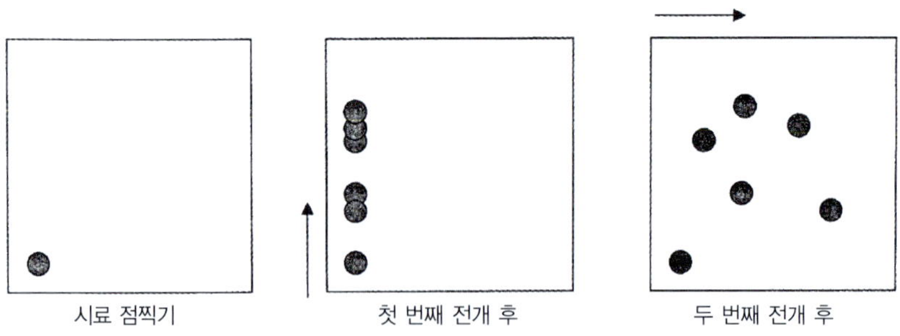

그림 14.43 2차원 TLC 크로마토그램 전개의 개략도

많은 DNA, RNA, 단백질 분해물은 수백 심지어 1,000개 이상의 조각을 포함할 수 있으며, 특정 조직이나 세포 형태의 추출물은 비슷한 수의 단백질을 포함할 수 있다. 1차원 평면 젤 전기 이동은 이들 모두를 분리할 수 없으므로, 2D-TLC와 같은 원리가 적용된다. 수백여 개의 점을 분리하기 위해서 평면 젤에서 시료를 순차적으로 전개할 수 있는 많은 분리 조건의 조합이 있다. 한 개 특정한 서열은 **단백질 펩타이드 지도(protein peptide mapping)**의 기준이 된다. 이 과정은 표준화가 잘 되어 있고, 시약과 기기가 널리 상용화되어 있다. 2차원 젤에서 분리된 특정 배열의 펩타이드의 분포 지도를 국제 컴퓨터 검색 데이터베이스에 보관하게 하여, 연구자가 그들이 찾아낸 새로운 패턴을 제출하였고 또한 새로운 패턴이 이미 다른 연구자들에 의해 기술된 것인지를 확인할 수 있도록 하였다. 세포 단백질의 분포와 같은 라이브러리는 매우 유사한 과정으로 모아진다.

가장 일반적인 표준 단백질/펩타이드 지도 제작 실험은 등전점 pH(pI)값의 순서대로 판의 한 축을 따라 쯔비터 분석물이 퍼지게 만드는 **등전위 집중(isoelectric focusing**, IEF)을 사용하여 슬래브 젤 전기 이동으로 분리를 하는 것이다(14.6.4.3절 참조). 이들 중 일부분만 분리된 성분들은 초기 IEF 분리의 직각 방향으로 **소듐–도데실설페이트–폴리아크릴아미드 젤 전기 이동(sodiun-dodecylsulphate – polyacryl-amide gel electrophoresis, SDS–PAGE)** 분리를 한다. 단백질은 **변성되고**(즉, 이들의 3차 접힘 구조는 고온 또는 높은 이온 강도 용액에 의해 파괴된다), 마이셀 형성 SDS(CMC보다 훨씬 낮은 농도에서)는 변성된 단백질의 크기에 비례하여 음이온성 SDS가 결합할 것이다. 생성된 단백질–SDS 복합체는 거의 일정한 전하 대 질량비(charge-to-mass ratio)를 가지므로, 동일한 전기 이동 이동도를 지닌다. 따라서 체로 되어 있는 젤 배지(gel medium) 안에서, 복합체는 유효 분자 반지름에 비례하여 이동하고, 마찬가지로 단백질 분자량에 비례하여 이동한다. 따라서 2차원 평면 전기 이동 분리는 등전점과 같은 선하 관련 인자에 따라 단백질(또는 펩타이드)을 우선적으로 정렬하고, 두 번째 인자인 SDS–PAGE 체질 과정에서의 크기 관련 인자에 따라 정렬한다.

설명한 2D-SDS-PAGE 분리에서 분리된 화합물(단백질)은 그 점 부위를 젤로부터 녹이거나 잘라낼 수 있다. 분리된 점은 트립신 분해를 할 수도 있고, 분리된 펩타이드 분해 혼합물은 모세관 HPLC로 분리/분석하여, 필요하다면 그림 14.20, 14.21과 같이 ESI-MS와 ESI-MS-MS로 서열을 확인할 수 있다.

펩타이드 지도 제작 실험에서 단일 단백질에서 나온 펩타이드를 2차원 분리를 한 경우, 매트릭스 보조 레이저-탈착 이온화(MALDI)-비행 시간(TOF)-MS(11.3.3절 참조)의 레이저 표적 점에 전개된 슬래브 젤의 각 점을 자동으로 위치하도록 할 수 있다. 이것은 기록된 라이브러리에서 검색/조회를 기반으로 각 펩타이드의 충분한 정보를 얻을 수 있다. 판의 위치 파악 엔진과 MALDI-TOF는 정밀하게 분리된 매우 많은 수의 성분이 있는 젤 판으로부터 데이터를 수집할 수 있을 만큼 충분히 빠르므로, 밀집된 격자의 점안에 전체 판 표면의 데이터를 수집하고 컴퓨터에 저장하여 자동으로 처리되도록 하는 데 더 효율적일 수 있다. 이러한 여러 기기 기술의 융합으로 인해 유전체학, 단백질체학, 급성장하는 다른 '-omics' 기술의 막대한 분석 정보를 제공/지원하는 시스템들이 오늘날 성공적으로 시장에 나오게 되었다.

문제

14.1 충전 컬럼 LC, 모세관 컬럼 LC, CZE를 비교하시오. (다음 항목에 대하여 최상, 중간, 최악 또는 적용 불가 등으로 비교하여 나타내시오.)

(a) 분석물의 용량

(b) 고분자 분리에 대하여 가장 높은 이론단수

(c) 중성 분자 분리의 적합성

(d) 한번 수행으로 양이온과 음이온을 분리할 수 있는 능력

(e) 낮은 분자량 알코올 혼합물 50 μL 분석의 적합성

(f) 낮은 분자량 알코올 혼합물 10 μL 분석의 적합성

(g) 펩타이드 시료 10 μL 분석의 적합성

14.2 (a) 이동상을 분리할 때 실리카 표면에 있는 자유로운 실란올기가 존재할 때의 장점과 단점을 열거하시오.

(b) 실란올기가 해리되지 않게 했을 때 단점은 무엇인가?

(c) 실란올기를 해리시켰을 때의 장점은 무엇인가?

14.3 다음의 HPLC 과정을 설명하시오. (1) 이것은 무엇을 의미하는가? (2) 이것의 목적은 무엇인가? (3) 어떻게 하는 것인가?

(a) 이동상의 **기체 제거(degassing)**

(b) 이동상의 **여과(filtering)**

(c) 이동상에 **변화주기(modifying)**

(d) 정지상의 **끝막음(endcapping)** 과정

(e) 이동상의 **파동 감쇄하기(pulse-dampening)**

(f) **보호 컬럼** 도입

(g) **억제 컬럼** 도입

14.4 HPLC 지지체 입자가 충전 컬럼 GC에서 사용된 것과 다른 세 가지 방법을 설명하시오.

14.5 HPLC에서 다음의 컬럼을 사용하는 주목적과 장점을 설명하시오.

(a) 유기 치환체가 결합된 구형 실리카

(b) 단일체형 컬럼

(c) 구형 고분자 수지

(d) 다양한 동공 크기의 폴리아크릴아마이드 젤

(e) 유기 치환체가 결합된 구형 지르코니아

(f) 노출된 구형 실리카

(g) $-COOH$기가 붙은 구형 수지

(h) $-SO_3H$기가 결합된 코팅된 라텍스가 붙은 구형 실리카

(i) $-N(CH_3)_3^+$기가 결합된 구형 수지

14.6 다음 혼합 분석물에 대하여 질문 (i)과 (ii)에 답하시오.

(a) 스타이렌-다이비닐벤젠 고분자 사슬 길이의 혼합물

(b) 소변에 있는 유기인(organophosphorus) 살충제

(c) 헥세인에 있는 PAHs

(d) 산성 수용액에 있는 REE 이온

(e) 트립신 분해로 얻은 펩타이드

(f) 페놀기를 지니고 있고 부분적으로 광학 이성질체가 혼합된 의약 분자

(g) 파괴된 세포로부터 단일 항체 단백질의 분리
(h) 탄화수소 에터 혼합물
(i) 다당류 고분자 혼합물(예: 전분이나 설탕)
(j) 할로젠화 무기물, 옥시할로젠 혼합물
(k) 잎에서 향신료 혼합 추출물
(i) 14.1.1절, 14.2절, 14.2.1절, 14.3절, 14.4절, 14.1.5절, 14.6절에서의 크로마토그래피나 전기 이동 분리 과정에 알맞은 이동상을 하나 또는 그 이상을 선택하시오.
(ii) 14.1.4절과 14.1.6절로부터 알맞은 검출기를 하나 또는 그 이상을 선택하고 그 이유를 설명하시오.

14.7 다음 실리카 표면을 원자 수준으로 그 구조를 개략적으로 그리시오.
(a) pH 1인 수용액에서 실리카
(b) pH 9인 수용액에서 실리카
(c) ODS 실리카, 결합된 HPLC 상 (C 원자 개수는 Cn으로 나타내시오)
(d) 끝막음이 된, 옥틸이 결합된 실리카 HPLC 상
(e) 역방향 EOF에서 첨가제가 있는 실리카 표면
(f) EOF를 억제하도록 처리된 실리카 표면

14.8 6포트 회전용 HPLC 주입 밸브(그림 14.6)의 개략도 형태를 이용하여 주입과 싣기 위치에서 컬럼과 밸브, 시료 고리를 통해 유체가 흐르는 두 개의 개략도를 그리시오.

14.9 14.1.4절과 14.1.6절에 정보를 이용하여 상대 민감도, 화합물 선택성, 기울기 용리 적합성, 완충액의 염과 pH의 적합성, 분석물의 구조 정보를 추론하는 능력, 질량 또는 농도 검출 형태 등을 포함하여, 다양한 LC 및 CE 검출기의 특성을 대조표로 작성하시오.

14.10 보호 컬럼과 억제 컬럼에 대해서 각각의 목적, 분리 컬럼에 대한 그 위치, 표피형 충전제가 각각의 용도에 적합한 이유 등을 비교하시오.

14.11 정상과 역상 분리에서 다음 물질의 용리 순서를 예측하시오.
(a) *n*-옥테인, *n*-옥탄올, 나프탈렌
(b) 에틸아세테이트, 다이에틸에터, 나이트로뷰테인

14.12 HPLC에서
(a) 고압이 요구되는 이유는 무엇인가?
(b) 왜 결합된 정지상을 사용하는가?
(c) 지지체를 끝막음하는 이유는 무엇인가?
(d) pH가 2~8 사이에 있는 완충액만 사용해야 하는 이유는 무엇인가?

14.13 GC에서 Van Deemter 식의 그림은 심하게 찌그러진 U자 형태인데, 3 μm입자를 이용하는 HPLC에서는 그 모양이 L자와 비슷하다. 그 이유를 설명하시오.

14.14 크로마토그래피와 전기 이동의 분리를 개선하거나 변화를 주기 위해서 SDS를 사용하는 3가지의 다른 형태를 설명하시오.

14.15 CE에서 무엇이 EOF에 영향을 주는가?
(a) 완충액의 pH 증가
(b) 완충액의 농도 증가
(c) 걸어준 전압을 높임
(d) 일정한 전압하에서 모세관의 길이를 증가
(e) 실리카 모세관 표면의 실란올기의 끝막음

14.16 IC에서

(a) 정지상의 교환 용량은 어떻게 증가시키는가?

(b) 억제 컬럼에서 교환 작용기의 전하는 분리 컬럼과 같은가? 반대인가? 그 이유는 무엇인가?

(c) 분리 컬럼을 재생하는 이유는 무엇이고, 어떻게 재생시키는가?

(d) 억제 컬럼을 재생하는 이유는 무엇이고, 어떻게 재생시키는가?

(e) 억제기를 연속적으로 어떻게 재생하는지 설명하시오.

14.17 다음 시료에 대하여 기기별로 분리 매체들을 설명하시오.

(a) 아미노산 분리

(i) 이온 교환 크로마토그래피

(ii) 역상 HPLC에서 유도체화

(iii) CIEF

(b) 단백질 분리

(i) 크기 배제 크로마토그래피(SEC)

(ii) CGE

(iii) 2D-IEF-SDS-PAGE

14.18 그림 14.23c에서 11개 아미노산으로 된 펩타이드의 분자량은 1453.8이다. 그러나 M^+ 이온의 1454.8로 나온다. 그 이유를 설명하시오. (이건은 LC가 아니라 MS에 대한 문제임)

14.19 다음의 기능은 무엇인가?

(a) SEC에서 가교 결합된 폴리아크릴아마이드

(b) SDS-PAGE 평면 전기 이동에서 가교 결합된 폴리아크릴아마이드

(c) CGE에 의해 빠른 DNA 서열 분석에서 가교되지 않은 폴리아크릴아마이드

(d) 이온 교환 크로마토그래피에서 스타이렌-다이비닐벤젠 공중합체 수지

14.20 SFC는 LC와 GC에 대하여 어떤 면에서 유사한가? SFC에서 CO_2로 용리시키는데, 이것을 사용할 때 얻을 수 있는 몇 가지 이점은 무엇인가?

14.21 (a) LC-APCI-MS 연결 장치는 GC-CI-MS와 어떻게 다른가?

(b) 직교 ESI-MS 연결 장치에서 LC 이동상은 대부분은 어디로 가는가?

(c) 다음 시료에 대하여 위 (a), (b)의 LC-MS 연결 장치 중 어느 것 좋은가?

(i) 작은 분자

(ii) 큰 분자

(iii) 전하를 띤 분자(예: 용액 속의 이온)

(iv) 중성(전하를 띠지 않은) 분자

14.22 CZE에서 시료 주입 방식은 유체 역학 주입과 동전기 주입이 있다.

(a) 물리적 젤을 사용하는 CGE에서는 어느 것이 좋은가?

(b) 화학적 젤을 사용하는 CGE에서는 어느 것이 좋은가?

(c) 시료 쌓기(stacking)를 위하여 주입 완충액과 분리 완충액은 어떻게 다르게 해야 하는가? 무엇으로 해야 하는가? 어떻게 작용하는가? 또한 장점은 무엇인지 각각 설명하시오.

14.23 마이셀 동전기 크로마토그래피는 전기 이동과 크로마토그래피 분리 원리를 어떻게 조합하였는지 설명하시오. MEKC 마이셀을 '유사 정지상'이라고 부르는 이유는 무엇인가?

14.24 마이셀을 형성한 세틸트라이메틸암모늄 이온을 MEKC에 적용하였다면, 다음은 어느 쪽(산화 전극 혹은 환원 전극)으로 이동하겠는가?

(a) EOF

(b) 양이온

(c) 음이온

(d) 초기 주입 위치에서 멀어지는 중성 물질

14.25 그림 14.39의 마지막 그림에 나타난 2차원 판 분리를 고려해서

(a) 이것이 TLC라면, FAB-MS로 분리된 점을 확인하려 한다면 본인은 어떻게 하겠는가? 모세관 LC-ESI-MS로 확인하려면 어떻게 해야 할지 설명하시오.

(b) 이것인 슬래브 젤에서의 SDS-PAGE 분리라면, 점을 확인하기 위해서 MALDI-TOF-MS로 어떻게 해야 할지 설명하시오.

참고문헌

Anton, K.; Berger, C. (eds.) *Supercritical Fluid Chromatography*. Marcel Dekker, Inc.: New York, 1998.

Ardrey, R.E. *Liquid Chromatography–Mass Spectrometry*, An Introduction. Wiley: New York, 2003.

Bayne, S.; Carlin, M. *Forensic Applications of HPLC*. Taylor & Francis: Boca Raton, FL, 2010.

Berthold, A. et al. *Micellar Liquid Chromatography*. Marcel Dekker, Inc.: New York, 2000.

Byrdwell, W.; Holcapek, M.E. *Extreme Chromatography*. AOCS Press, Taylor & Francis, CRC Press: Urbana, IL, 2011.

Camilleri, P. *Capillary Electrophoresis: Theory and Practice*. CRC Press: Boca Raton, FL, 1998.

Cazes, J. *Encyclopedia of Chromatography*. Marcel Dekker Inc.: New York, 2001.

Cohen, S.A.; Shure, M.R. *Multidimensional Liquid Chromatography: Theory and Applications in Industrial Chemistry and the Life Sciences*. Wiley: New York, 2008

Corradini, D. *Handbook of HPLC*, 2nd edn. Taylor & Francis: Boca Raton, FL, 2010.

Cunico, R.L. et al. *Basic HPLC and CE of Biomolecules*. Bay Analytical Laboratories: Richmond, CA, 1998

Dong, M.W. *Modern HPLC for Practicing Scientists*. Wiley: New York, 2006.

Fritz, J.S.; Gjerde, D.T. *Ion Chromatography*. Wiley: New York, 2009.

Guillaume, D.; Venthey, J.L.; Smith, R.M.; Cahooter, D. *UHPLC in Life Sciences*. RSC Pub.: Cambridge, U.K., 2012.

Guzman, N.A. (ed.) *Capillary Electrophoresis Technology*. Marcel Dekker, Inc.: New York, 1993.

Hage, D.S.; Cazes, J. *Handbook of Affinity Chromatography*, 2nd edn. Taylor & Francis: Boca Raton, FL, 2005.

Hahn-Deinstrop, E. *Applied Thin-Layer Chromatography–Best Practice and Avoidance of Mistakes*, 2nd edn. Wiley: New York, 2006.

Katz, E. et al. (eds.) *Handbook of HPLC*. Marcel Dekker, Inc.: New York, 1998.

Kromidas, S. *More Practical Problem Solving in HPLC*. Wiley: New York, 2005.

Landers, J.P. *Handbook of Capillary Electrophoresis*. Marcel Dekker, Inc.: New York, 1997.

McMaster, M. *LC/MS: A Practical User's Guide*. Wiley: New York, 2005.

McMaster, M. *HPLC: A Practical User's Guide*, 2nd edn. Wiley: New York, 2006.

Meyer, V.R. *Practical High Performance Liquid Chromatography*, 5th edn. Wiley: New York, 2010.

Niessen, W.M.A. *Liquid Chromatography–Mass Spectrometry*, 3rd edn. Taylor & Francis: Boca Raton, FL, 2006.

Olsen, B.; Pack, B.W. *Hydrophilic Interaction Chromatography: A Guide for Practitioners*. Wiley: New York, 2013.

Pommerening, K. *Affinity Chromatography; Practical and Theoretical Aspects*. Marcel Dekker, Inc.: New York, 1985.

Scott, R.P.W. *Chromatographic Detectors*. Marcel Dekker, Inc.: New York, 1996.

Sherma, J.; Fried, B. (eds.) *Handbook of Thin Layer Chromatography*. Marcel Dekker, Inc.: New York, 1996.

Snyder, L.R.; Kirkland, J.J.; Dolan, J. *Introduction to Modem Liquid Chromatography*, 3rd edn. Wiley: New York, 2009

Snyder, R.L. et al. *Practical HPLC Method Development*. Wiley: New York, 1997.

Spangenberg, B.; Poole, C.F.; Wiens, C. *Quantitative Thin-Layer Chromatography*. Springer VCH: Berlin, Germany, 2011.

Srinatava, M. *High Performance Thin-Layer Chromatography*. Springer VCH: Berlin, Germany, 2011.

Strengel, A. et al. Modem *Size-Exclusion Liquid Chromatography: Practice of Gel Permeation and Gel Filtration Chromatography*, 2nd edn. Wiley: New York, 2009.

Unger, K.K.; Tanaka, N.; Macht명 evas, E. *Monolithic Silicas in Separation Science Concepts*. Wiley: New York, 2011

Van Eeckhaut, A.; Michotte, Y. *Chiral Separations in Capillary Electrophoresis*. Taylor & Francis: Boca Raton, FL, 2009.

Wang, P.G.; He, W. *Hydrophilic Interaction Liquid Chromatography (HILIC) and Advanced Applications*. Taylor & Francis: Boca Raton, FL, 2011.

Wu, C.S. (ed.) *Handbook of Size Exclusion Chromatography*. Marcel Dekker, Inc.: New York, 1995.

CHAPTER

15 전기 분석 화학

전기 화학은 화학 에너지와 전기 에너지 사이의 변환을 연구하는 화학의 한 분야이다. 전기 분석 화학에서는 시료를 분석하기 위해 전기 화학적 방법을 활용한다. 전기 무게 분석법(electrogravimetry), 폴라로그래피(polarography) 등이 분석에 사용된 것은 수용액 중의 미량 금속의 정량을 위함이었다. 이런 방법들은 많은 금속을 1 ppm의 농도까지 검출할 만큼 충분히 신뢰할 수 있고 민감하다. 그 이후로 많은 종류의 전기 화학 기반 분석 기술이 발전되어 왔으며 유기, 무기 및 생화학의 응용 분야에 널리 사용되고 있다.

전압 또는 전류를 가하면 환원되거나 산화되는 화학종을 **전기 활성 화학종(electroactive species)** 이라 한다. 전기 활성 화학종은 일반적으로 수용성 또는 비수용성 용매나 심지어 막 내에서도 용해 또는 착화되어 이온이나 중성의 분자 상태로 존재할 수 있다. 전기 화학적 방법은 미량 금속 이온 분석뿐만 아니라 유기 화합물 분석, 연속 공정 분석, 살아있는 단일 세포 내의 화학 반응 연구에 사용되고 있다. 정상적인 조건에서, 1 ppm 정도 낮은 분석물의 농도까지 별 어려움 없이 측정할 수 있다. 환원을 통한 전해 석출(electrodeposition) 후 전류 또는 전위를 반전시켜 용액에 다시 녹여냄으로써 많은 종류의 전기 활성 화학종에 대한 감도 한계를 3~4 자릿수까지 낮출 수 있으며 ppb 수준까지도 분석할 수 있게 되었다.

전기 화학은 원소나 분자에 대한 분석법을 제공할 뿐만 아니라, 폴라로그래피, 전류법, 전도도 분석, 전위차법 등을 사용하면 화학 평형, 동역학, 반응 메커니즘에 관한 정보를 얻을 수 있다. 정량 분석을 위한 계산은 화학종의 농도에 의존하는 전류, 전압 또는 전지 내에서 발생하는 저항의 측정에 기초한다. 전기 화학은 전기 신호를 측정하므로 자동화가 용이하다. 전기 화학 장비는 보통 분광 측정기보다 훨씬 저렴하다. 14장에서 논의된 것처럼, 전기 화학적 방법은 액체 크로마토그래피(liquid chromatography, LC) 검출기로도 흔히 사용된다.

15.1 전기 화학의 기초

전기 화학은 전자가 한 반응물에서 다른 반응물로 이동하는 **환원–산화 반응(reduction–oxidation reaction, redox reaction**이라고도 함)에 대한 연구이다. 산화–환원 반응에서 전자를 잃는 화학종은 산화된다. 전자를 얻는 화학종은 환원된다. 산화하는 화학종은 다른 화학종을 환원시키기 때문에 **환원제(reducing agent)**라고도 한다. 마찬가지로 **산화제(oxidizing agent)**는 반응에서 그 자체가 환원되는 종이다. 우리는 환원 그리고 산화 반응을 분리하여, 반쪽 반응으로 기술한다. 반쪽 반응의 합은 알짜 산화–환원 반응과 동일하다. 산화 반쪽 반응의 예로는

$$Fe^{2+} \rightarrow Fe^{3+} + e^-$$
$$Cu(s) \rightarrow Cu^{2+} + 2e^-$$
$$AsH_3(g) \rightarrow As(s) + 3H^+ + 3e^-$$
$$H_2C_2O_4 \rightarrow 2CO_2(g) + 2H^+ + 2e^-$$

환원 반쪽 반응의 예로는

$$Co^{3+} + e^- \rightarrow Co^{2+}$$
$$(IO_3)^- + 6H^+ + 5e^- \rightarrow \frac{1}{2}I_2(s) + 3H_2O$$
$$Cl_2(g) + 2e^- \rightarrow 2Cl^-$$
$$Ag^+ + e^- \rightarrow Ag(s)$$

산화 반응의 방향이 바뀌면 환원 반응이 된다. 모든 환원 반응은 반대 방향으로 쓰면 산화 반응이 된다. 실제로 많은 전기 화학 반응은 가역적이다.

알짜 산화–환원 반응은 적절한 환원 반응과 산화 반응의 합이다. 알짜 반응에서 전자가 나타나지 않도록 필요한 경우 반쪽 반응에 계수를 곱해야 한다. 예를 들어 Cu(s), Cu^{2+}, Ag(s), Ag^+ 사이의 반응을 보자.

$$Cu(s) + 2Ag^+ \rightarrow Cu^{2+} + 2Ag(s)$$

왜 이 반응이 정방향으로 진행되는지 곧 알게 될 것이다. 알짜 반응은 다음과 같은 두 개의 반쪽 반응으로부터 얻어진다.

산화 반응: $Cu(s) \rightarrow Cu^{2+} + 2e^-$

환원 반응: $Ag^{2+} + e^- \rightarrow Ag(s)$

구리의 1몰은 2몰의 전자를 방출하지만 은 이온의 1몰은 단지 1몰의 전자를 수용한다. 따라서 환원 반응에 2로 곱한 후 두 반쪽 반응을 합산하면 알짜 반응에 전자가 존재하지 않게 된다.

산화 반응: $Cu(s) \rightarrow Cu^{2+} + 2e^-$

환원 반응: $2(Ag^{2+} + e^- \rightarrow Ag(s))$

알짜 반응: $Cu(s) + 2Ag^+ \rightarrow Cu^{2+} + 2Ag(s)$

전기 화학적 산화–환원 반응은 닫힌 전기 회로에 포함된 **전기 화학 전지(electrochemical cell)** 내에서 수행되므로 반응에 수반된 전자 전류 또는 전압을 측정할 수 있다. 이 변수들은 산화–환원 반응에 대한 정보를 제공하므로 전하, 전압, 전류 사이의 관계를 이해하는 것이 중요하다. 전자 한 개가 갖는 전하량은 1.602×10^{-19} 쿨롱(coulombs, C)이다. 이것은 전하의 기본 단위이기도 하다. 따라서 전자 1몰의 전하량은

$$(1.602 \times 10^{-19}\ C/e^-)(6.022 \times 10^{23}\ e^-/mol) = 96{,}485\ C/mol \tag{15.1}$$

이 값 96,485 C/mol은 Faraday 상수(F)라고 하며, 이것은 산화–환원 반응에 관여한 총 전하량 q와 반응에 관여하는 화학종의 몰수 n과의 관계를 나타낸다.

$$q = n \times F \tag{15.2}$$

전기 회로에서, 1초당 흐르는 전하량을 전류라고 한다. 전류의 단위는 암페어, A이다. 1A는 1C/s와 같다. 전지의 두 지점 사이의 전위차, E는 그 두 점 사이에서 하전된 입자를 이동시키는 데 필요한 에너지를 나타내는 양이며 자주 전압으로 불린다. 입자가 첫 번째 점에서 두 번째 점으로 끌려가는 경우 그 입자는 외부에 일을 할 수 있다. 두 번째 점이 입자를 밀어내는 경우 입자를 움직이게 하기 위해 일이 행해진다. 일

은 줄, J, 로 표시되며 전위차 E는 볼트로 표시된다. 일과 전위 간의 관계는

$$w\,(\text{줄, Joules}) = E\,(\text{볼트, V}) \times q\,(\text{쿨롱}) \tag{15.3}$$

전기량의 단위는 C이므로 1 V는 1 J/C와 같다.

회로의 전류와 전위차의 관계는 옴의 법칙(Ohm's law)으로 표현된다.

$$i = \frac{E}{R} \tag{15.4}$$

여기서 i는 전류, E는 전위차, R은 회로의 저항을 나타낸다. 저항의 단위는 V/A 또는 옴(Ohms), Ω이다.

15.2 전기 화학 전지

전기 화학의 핵심은 전기 화학 전지이다. 우리는 두 개의 반쪽 전지를 결합하여 전기 화학 전지를 생성할 것이다. 금속 판과 같은 전기 전도체를 동일한 금속의 이온의 용액과 같은 적절한 이온의 용액에 노출시키면 그 전도체와 용액 사이에 전위차(전압)가 발생한다. 이런 조합으로 반쪽 전지 또는 전극을 구성한다(그림 15.1). 용액 속의 금속 판을 **전극**(**electrode**)이라고 하고 이온 용액을 **전해질**(**electrolyte**)이라고 한다. 전극이란 용어는 반쪽 전지(예를 들어, 금속 판) 내의 고체 전도체를 부를 때나 표준 수소 전극(standard hydrogen electrode, SHE)이나 칼로멜 등과 같은 완전한 형태의 반쪽 전지를 부를 때도 사용될 수 있다. 각각의 반쪽 전지는 고유의 전위 또는 전극 전위를 갖는다. 전극 전위란 반쪽 전지 반응을 일으키는 데 필요한 추진력을 의미한다. 금속 판과 이온성 용액 간의 반응은 다음과 같이 나타낼 수 있다.

$$\mathrm{M}^0 \rightarrow \mathrm{M}^{n+} + n\mathrm{e}^- \tag{15.5}$$

여기서 M^0는 중성의 금속 원자, M^{n+}은 양이온, e^-는 전자를 나타낸다. n은 각 금속 원자가 잃어버린 전자의 수를 나타내며, n은 정수이다. 금속이 전자를 잃어버렸기 때문에 이것은 산화 반응에 해당된다. 금속은 전하가 없는 원자에서 양전하를 띤 이온으로 산화된다. 이 반응 중에 금속 이온은 용액 중으로 유입된다(용해된다). 정의에 따르면 산화가 일어나는 전극을 **산화 전극**(**anode**)이라고 한다. 이때 산화 전극에서 금속의 산화는 식 15.5에 제시된 반응에 따라 일어난다고 말한다.

이러한 유형의 반쪽 전지의 예는 다음과 같다.

$$\mathrm{Cd(s)} \rightarrow \mathrm{Cd}^{2+} + 2\mathrm{e}^-$$

$$\mathrm{Ag(s)} \rightarrow \mathrm{Ag}^{+} + \mathrm{e}^-$$

$$\mathrm{Cr(s)} \rightarrow \mathrm{Cr}^{3+} + 3\mathrm{e}^-$$

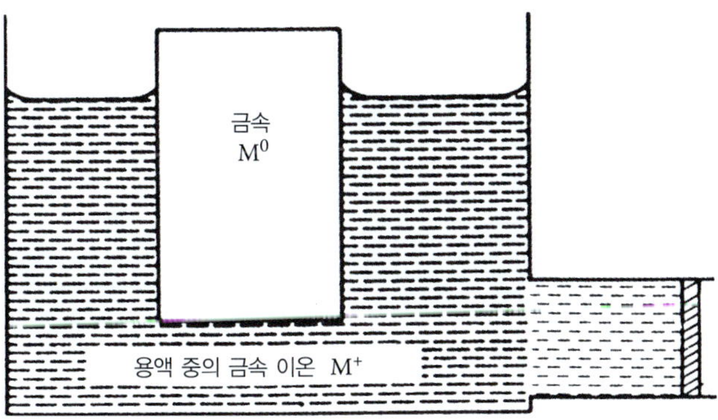

그림 15.1 용액 속의 이온(M^+)과 접촉하는 금속 전극 M^0으로 구성된 반쪽 전지. 오른쪽 아래는 염다리 또는 다공성 막이 위치함.

일반적으로 고체 금속의 산화 상태는 제로이며, 위 첨자를 생략한다. 일부 금속의 경우 반대 방향으로 자발적인 반응이 일어나는데 이 과정에서 금속 이온은 전자를 받아들여 금속 원자가 생성된다. 이 반응은 다음과 같이 나타낼 수 있다.

$$M^{n+} + ne^- \rightarrow M^0 \tag{15.6}$$

양전하를 띤 금속 이온이 전자를 얻으면서 중성 원자가 되기 때문에 이것은 환원 반응이다. 이 반응의 결과로 중성의 금속 원자는 전극에 석출되는데 이 과정을 **전해 석출**(*electrodeposition*)이라고 한다. 이 전극을 **환원 전극**(**cathode**)이라고 하며 **전기 활성 화학종**의 환원 반응이 일어난다. 전기 화학 전지 내에는 전하의 균형을 맞추기 위한 반대 이온(counterions)과 같은 비활성 화학종이 포함되어 있으며, 반응에 참여하지 않는 전극 또한 포함될 수 있는데, 흔히 이러한 비활성 전극은 백금 또는 흑연으로 만들어지며 반쪽 전지 내부나 외부로 전자를 흘리는 역할을 한다.

단일 반쪽 전지의 전위를 직접 측정할 수는 없다는 것은 매우 중요한 사실이다. 어쨌든, 그림 15.2와 같이 두 개의 반쪽 전지를 결합하여 완전한 전지를 형성할 수 있다. 이 예에서, 하나의 반쪽 전지는 $CuSO_4$의 수용액에 침지된 고체 구리 전극을 가지며 다른 하나는 $ZnSO_4$의 수용액에 침지된 고체 아연 전극을 갖는다. 이 전지 내에는 다음과 같이 2개의 반쪽 전지 반응과 **자발적인**(**spontaneous**) 알짜 반응이 나타난다.

산화 전극(산화) 반응: $Zn(s) \rightarrow Zn^{2+} + 2e^-$

환원 전극(환원) 반응: $Cu^{2+} + 2e^- \rightarrow Cu(s)$

알짜 반응: $Zn(s) + Cu^{2+} \rightarrow Zn^{2+} + Cu(s)$

전기 회로가 완성되지 않으면 아무런 반응이 일어나지 않으며 따라서 전류가 흐르지 않는다. 그림 15.2에서 볼 수 있듯이 각 전극은 전선을 이용하여 외부의 전압계와 연결된다. 염다리는 주로 KCl과 같은 염으로 포화된 유리관으로 제작되며 물리적으로는 두 전해질 용액을 분리한다. 염다리는 전해질이 섞이지 않도록 하면서 이온 통로 역할을 하여 전기 회로를 완성하게 해준다. 전해질이 섞이는 현상을 방지해야 하는 이유는 전기 화학 전지에 대한 정보를 얻기 위해 반드시 외부 전선을 통해 전류가 흘러야 하기 때문이지만, 같은 용기 내에 두 전극과 두 이온 용액이 모두 있는 경우, 구리 이온은 아연 전극에서 직접 반응하여 동일한 환원 반응을 나타내지만 외부 회로로는 전류가 흐르지 않게 되는 문제가 발생한다. 전해질 용액과 염다리에서 전류의 흐름은 이온의 움직임에 의하여 가능하고, 외부 회로에서의 전류 흐름은 전자 이동으로 가능해진다. 이렇듯 전지는 두 개의 전극과 적절한 전해질 용액 그리고 염다리와 같은 용액 사이의 이온 이동을 가능하게 하는 장치로 구성된다. 각 용액에 존재하는 반대 이온(예: 황산 이온)은 전하의

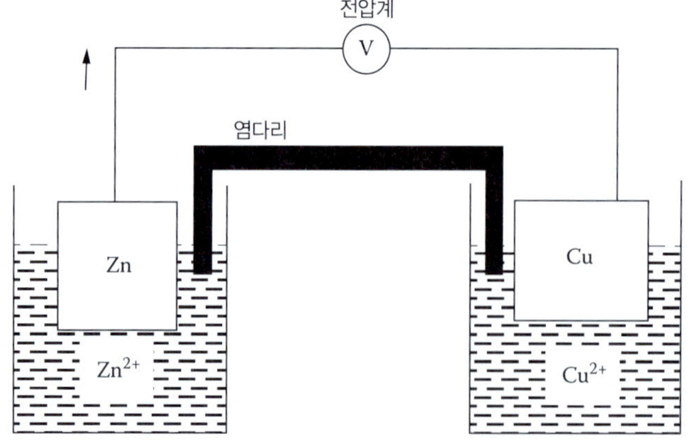

그림 15.2 반쪽 전지를 분리시키는 염다리가 포함된 Zn/Cu 갈바니 전지

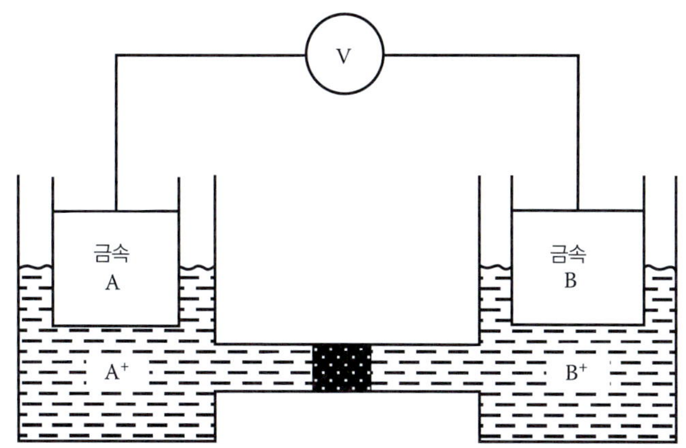

그림 15.3 반쪽 전지를 분리시키는 반투과성 소결 유리막이 포함된 전기 화학 전지

균형을 맞추어 주는 역할을 한다. 이들 이온은 전기 활성이 없으며 산화–환원 반응에 참여하지 않는다. 단지 그들은 이온 흐름을 유지시켜 용액 내의 전하 균형을 유지시킨다. 자발적인 산화–환원 반응을 일으켜 전기를 생성하는 전지를 **갈바니 전지(galvanic cell)**라고 한다. 시중에 판매되는 1.5 V 배터리는 갈바니 전지의 예이다. 외부에서 전기를 공급하여 비자발적 산화–환원 반응을 강제로 일으키는 전지를 **전기 분해 전지(electrolytic cell)**라고 한다.

완전한 전지는 전위차(전압)를 가지고 있으며 이것은 전압계로 측정된다. 전지의 전위차, $E_{전지}$는 각 반쪽 반응에서 생성되는 전위의 차이와 같으며 이때 두 반쪽 전지의 전위는 모두 환원 반응에 대한 값인 **환원 전위(reduction potential)**를 사용한다는 사실이 중요하다.

$$E_{전지} = E_{환원\ 전극} - E_{산화\ 전극} \tag{15.7}$$

산화 전극이라 하더라도 산화 반응의 역반응인 환원 반응에 대한 전위를 이용한다는 것에 주의해야 한다. 이 약속은 $E_{전지}$의 계산에 있어 결과의 부호를 올바르게 표기하는 데 필수적이다. 갈바니 전지에서 전지 전위는 **기전력(electromotive force, emf)**이라고도 한다.

주어진 두 반쪽 전지의 각 전극에 대한 개별 전위를 직접 측정하는 것은 불가능하나 두 반쪽–전지의 전위차는 전압계를 연결하여 쉽게 측정할 수 있다. 모든 종류의 반쪽–전지에 대한 전위는 이 반쪽 전지를 기준 전극(reference electrode)과 연결하여 상대 전극 전위(relative electrode potential)를 측정하여 얻어질 수 있다. 실제 전기 화학 전지에서는 $E_{전지}$에 기여하는 또 다른 전위차가 존재한다. 두 개의 반쪽 전지에서 사용되는 이온의 농도 또는 종류에 차이가 있다면 염다리와 용액의 접촉 면에서 작은 전위가 생성되며 이것을 **접촉 전위(junction potential)**라고 한다. 이러한 접촉 전위는 전극 전위를 측정하는 데 있어 오차의 원인이 될 수 있다. 예를 들어 KCl을 녹여 만든 염다리를 사용한다면 K^+와 Cl^- 이온의 확산 속도가 유사하기 때문에 접촉 전위는 매우 작아지며 따라서 주어진 전극 전위를 측정할 때의 오차는 줄어들 수 있다.

15.2.1 | 전지와 반쪽 전지의 선 표기법

반쪽 전지와 전지의 구성을 식과 화살표를 이용하여 작성하는 것은 시간이 많이 걸리고 공간을 차지하므로 선 표기법이 자주 사용된다. 예를 들어, 은 전극과 0.0001 M Ag^+의 수용액(물에 질산은을 녹여 제조)으로 구성된 반쪽 전지는 다음과 같은 선 표기법으로 나타낼 수 있나.

$$Ag(s)|Ag^+(0.0001\ M)$$

Ag와 Ag^+ 사이의 선은 반쪽 전지의 구성에서 두 물질이 서로 접촉하고 있는 상의 경계(예를 들면, 고체 |

액체, 고체 1 | 고체 2, 또는 액체 | 기체)를 나타낸다. 그림 15.2의 전지는 다음과 같이 나타낼 수 있다.

$$Zn(s) \mid Zn^{2+}(0.01\ M) \parallel Cu^{2+}(0.01\ M) \mid Cu(s)$$

Zn^{2+} 옆의 이중선은 막을 통한 접촉부 또는 염다리를 나타낸다. 이중선은 하나의 반쪽 전지의 끝과 두 번째 반쪽 전지의 시작을 의미한다. 이 전지는 다음과 같이 용액 준비에 사용된 염(salts)들을 나타낼 수도 있다.

$$Zn(s) \mid ZnSO_4(aq) \parallel CuSO_4(aq) \mid Cu(s)$$

왼쪽에 산화 전극을 나타내는 것이 일반적이다. 다른 구성 요소는 전지 내부에서 산화 전극으로부터 환원 전극으로 향하는 순서대로 표시한다.

15.2.2 | 표준 환원 전위

15.2.2.1 표준 수소 전극

이제, 기준 전극을 이용하여 다양한 종류의 상대 반쪽 전지에 대한 전극 전위를 측정할 수 있는 방법을 알아보자. 이 상대 전극 전위를 측정하기 위해 기준 전극으로 사용될 반쪽 전지를 도입해야 한다. 이 반쪽 전지의 구성은 신중하게 결정되어야 한다. 기준 반쪽 전지에 대한 전극 전위의 값은 임의의 값으로 설정될 수도 있지만, 0으로 정해지면 기준점으로 사용하기 편리할 것이다. 화학자들은 **표준 수소 전극(standard hydrogen electrode, SHE)**을 그러한 기준 전극으로 도입하였고 실제로, 이것의 전극 전위를 모든 온도에서 정확히 0 V로 정의하는 데 합의하였다. 그림 15.4에 제시된 SHE는 platinized Pt(미세하게 분쇄되어 큰 표면적을 가지는 검은색의 백금 석출물이 올라간 백금 금속) 전극이 1 M 염산 용액에 침지된 형태로 구성되어 있다. 염산은 해리되어 용액 중에 H^+를 공급하고, 염산 용액 중의 Pt 전극 가까이에는 수소 기체(H_2)의 미세한 기포를 공급한다. 이 전극은 큰 표면적을 제공하여 전기 화학 반응을 원활하게 한다.

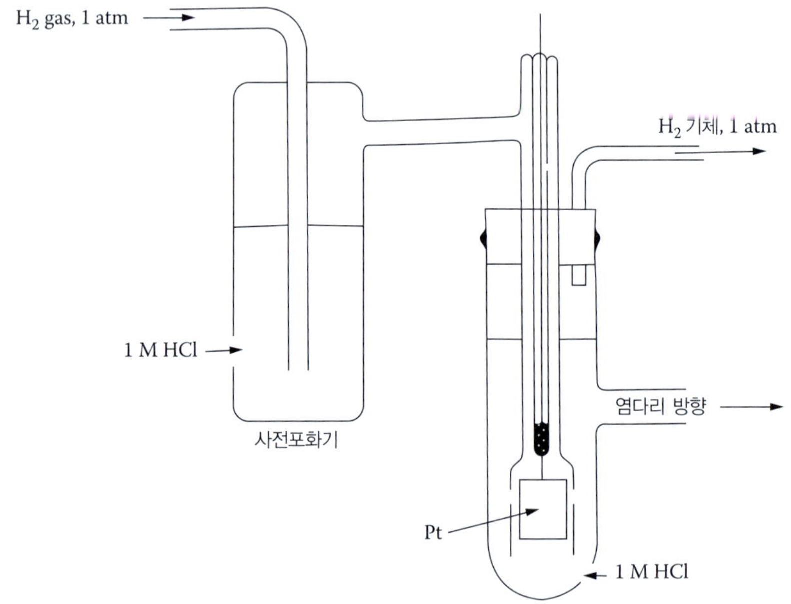

그림 15.4 표준 수소 전극(SHE)과 전지 용기 내에서 용매의 증발에 의한 전해질의 농도 변화를 막기 위해 전극에서와 동일한 1 M HCl 용액을 포함하는 사전포화기(presaturator)를 보여 준다. (From Aikens et al., *Principles and Techniques for an Integrated Chemistry Laboratory*, Waveland Press Inc., Long Grove, IL, 1985. With permission.)

$$2H^+ + 2e^- \rightarrow H_2(g) \quad E^0 = 0.000 \text{ V} \tag{15.8}$$

또한 Pt는 외부 회로에 대한 전기 전도체 역할을 한다. 표준 상태 조건, 즉 1기압의 H_2 기체, 1 M HCl 농도, 그리고 25 ℃일 때 식 15.8에서 주어진 반응에 대한 환원 전위는 정확히 0 V로 정의된다.(전위는 HCl 농도가 아니라 실제로 HCl의 화학적 **활동도**에 의존한다.) 이상적인 용액에 대해 농도와 활동도는 동일하다. 이 전위는 E^0로 나타내는데 위 첨자 0은 표준 상태 조건을 의미한다. 모든 용질의 이상적인 농도가 1 M이고 모든 기체가 1기압일 때 환원 전위를 **표준 환원 전위**(**standard reduction potential**)라고 한다. 이 조건에서는 존재하는 다른 고체 또는 액체를 순수하다고 가정한다(예를 들어, 순수한 Pt 고체). SHE 반쪽 전지를 다른 표준 반쪽 전지와 연결하고 전위차를 측정함으로써 두 번째 반쪽 전지에 의해 생성되는 표준 환원 전위를 결정할 수 있다.

예를 들어, 25 ℃에서 다음과 같은 두 개의 반쪽 전지로 구성된 전지를 고려하라.

$$Zn(s) \,|\, Zn^{2+}(aq, 1\text{ M}) \,\|\, H^+(aq, 1\text{ M}) \,|\, H_2(g, 1\text{ atm}) \,|\, Pt(s)$$

이 전지는 산화 전극으로 Zn 반쪽 전지와 환원 전극으로 SHE을 가지고 있다. 모든 용질은 이상적인 1 M 농도, 1 기압의 기체 그리고 기타 순수한 고체로 존재하므로 두 반쪽 전지는 표준 상태에 있다. 측정된 전지의 기전력이 +0.76V이라면, 두 반쪽 전지가 모두 표준 상태에 있으므로 표준 전지 전위(standard cell potential), E^0는 +0.76V이다. 식 15.7로부터 다음과 같이 쓸 수 있다.

$$E^0_{\text{전지}} = E^0_{\text{환원 전극}} - E^0_{\text{산화 전극}} \tag{15.9}$$

표준 조건에서 생성된 총 전압은 +0.76 V이다. SHE의 전압은 정의에 따라 0 V이므로 Zn 반쪽전지의 표준 환원 전위는

$$+0.76 \text{ V} = 0.000 - E^0_{Zn}$$
$$E^0_{Zn} = -0.76 \text{ V}$$

따라서 다음과 같이 쓸 수 있다.

$$Zn^{2+} + 2e^- \rightarrow Zn(s) \quad E^0_{Zn} = -0.76 \text{ V}$$

이 갈바니 전지에서는 Zn이 산화됨에도 불구하고 Zn에 대한 표준 환원 전위를 결정할 수 있음을 보였다. 아연 대신 다른 물질로 변경하면 그 물질의 환원 반응에 대한 전극 전위(실제로는 상대 전위)를 결정할 수 있으며 이런 식으로 표준 환원 전위 표를 작성할 수 있음이 이해될 것이다. 만약 SHE과 Cu로 갈바니 전지를 구성하면 자발적인 반응이 일으키기 위해 SHE을 산화 전극이 되도록 해야 한다. 다음의 전지

$$Pt(s) \,|\, H_2(g, 1\text{ atm}) \,|\, H^+(aq, 1\text{ M}) \,\|\, Cu^{2+}(aq, 1\text{ M}) \,|\, Cu(s)$$

에서 측정된 기전력이 +0.34 V라면 Cu의 표준 환원 전위는

$$+0.34 \text{ V} = E^0_{Cu} - 0.000 \text{ V}$$
$$E^0_{Cu} = +0.34 \text{ V}$$

여기서 E^0는 표준 조건하에서의 반쪽 전지의 기전력에 해당된다. 25 ℃의 온도에서 다음 조건을 만족할 때 반쪽 전지는 표준 조건하에 있다고 말한다.

1. 모든 고체 그리고 액체는 순수하다(예를 들어, 순수한 금속 전극).
2. 모든 기체는 1기압이다(760 mmHg).
3. 모든 용질은 1 M 농도이다(보다 엄밀하게는 **단위 활동도, unit activity**).

실제 전극 전위는 용액 내 화학종의 농도가 아닌 활동도와 관련이 있다. 순수한 물질의 몰분율과 활동도는 1이다. Raoult의 법칙으로부터 이상 용액에서는 용질의 몰분율과 그 활동도가 동일함을 알고 있을 것이다. 그러나 대부분의 실제 용액에서는 용질과 용매 분자 사이의 상호작용 때문에 그러한 이상성을 벗어난다. 화학종들이 서로 끌어당길 수 있기 때문에 이러한 벗어남은 양이나 음의 오차를 가져올 수 있다. 인력 또는 반발력의 양은 용질의 활동도에 영향을 미친다. Henry의 법칙에 의하면 희석된 용액의 경우, 활동도는 농도에 비례한다. 활동도는 용액에 있는 화학종의 활동도 계수와 농도의 곱으로 주어진다. 즉,

$$a_{이온} = [\mathrm{M}_{이온}]\gamma_{이온} \tag{15.10}$$

여기서, $a_{이온}$은 용액에서 주어진 이온의 활동도, $[M_{이온}]$은 이온의 몰농도, $\gamma_{이온}$은 이온의 활동 계수이다. 활동도는 용액의 이온 세기에 달려 있다. 0.1 M보다 진한 용액의 활동도는 1보다 작거나 활동도 계수가 1보다 작음이 알려져 있다. Henry의 법칙에 따라 양의 편차가 있는 용액의 경우 활동도 계수는 1보다 크다. 용액이 희석될수록(낮은 이온 세기) 활동도 계수 γ는 1에 가까워지므로 매우 희석된 용액의 농도는 활동도와 거의 동일하다. 이 교재의 계산에서 활동도 대신에 농도를 사용하겠지만 이것의 적용은 희석 용액($<$0.005 M)과 단일 전하의 이온에 대해서만 정확하다는 사실을 주지해야 한다.

그림 15.2로 돌아가서, Zn 반쪽 전지를 산화 전극으로 하고 Cu 반쪽 전지를 환원 전극으로 한 갈바니 전지에 대한 표준 전지 전위를 계산할 수 있다. 자발적인 반응에서 Zn은 산화되고 Cu^{2+}는 환원된다. 따라서 Zn은 산화 전극이고 Cu는 환원 전극이다.

$$Zn^{2+} + 2e^- \rightarrow Zn^0 \qquad E^0 = -0.76\ \mathrm{V}$$

$$Cu^{2+} + 2e^- \rightarrow Cu^0 \qquad E^0 = +0.34\ \mathrm{V}$$

표준 전지 전위는 식 15.9로부터 계산된다.

$$+0.34 - (-0.76\ \mathrm{V}) = +1.10\ \mathrm{V}$$

표준 전위 표에서는 모든 반쪽 반응은 환원 반응식으로 표현되어 있다. 반응이 반전되어 산화가 되면 표준 전위의 값에서 부호만 반전된다. 자발적인 반응에서, 두 반쪽 전지가 모두 환원에 대한 식으로 표현되지만, 보다 음의 전위를 가진 쪽이 산화 반응이 일어나는 반쪽 전지가 된다. 식 15.9의 음의 부호는 환원 과정 중 하나를 산화 반응으로 되돌림을 의미한다. 일반적인 반쪽 전지에 대한 표준 환원 전위 표는 부록 15.A에 제시되어 있다. 이것은 Zn/Cu 전지에 대해 수행한 것처럼 다른 식의 전지 조합에 대한 E^0 값의 계산에 사용될 수 있다.

앞의 예로 보인 반응에서 아연 금속은 용해되어 아연 이온을 생성하고 전자를 방출한다. 그 사이구리 이온은 동등한 수의 전자를 받아들여 금속으로 전극상에 석출된다. 알짜 반응은 다음과 같이 요약된다.

$$Zn^0 + Cu^{2+} \rightarrow Cu^0 + Zn^{2+} \qquad E^0 = +1.10\ \mathrm{V}$$

구리가 환원되는 전극은 용액으로부터 구리 이온이 전자를 받으므로 전자가 고갈된다. 동시에 아연이 산화하는 전극은 중성 아연 원자가 이온화되어 전자를 방출하기 때문에 과도한 전자를 가지고 있다. 산화 전극에서 생성된 잉여의 전자가 전선을 통해 환원 전극으로 흐르며 이 전자의 흐름은 외부로 흐르는 전류의 원천이 된다. 산화 전극에서의 전자 축적 그리고 환원 전극에서의 결핍은 산화–환원 반응이 끝날 때까지 계속해서 전위차를 생성한다. 용액 중의 모든 구리 이온이 소모되거나 아연 금속이 모두 용해되든지 또는 두 개의 반쪽 전지 전위가 같아지면 화학적 평형 상태에 도달하게 되어 산화–환원 반응은 끝나게 된다. 손전등 속의 전지의 경우 전지가 '작동 불능' 상태가 된다는 것은 이 반응이 멈춘다는 것을 말한다.

15.2.3 | Nernst 식

앞에서 표준 환원 전위를 사용하여 전지의 E^0 값을 계산하는 방법을 살펴보았다. 표준 상태하의 전지를 구성하는 것은 실제로 불가능하다는 사실을 주목해야 한다. 표준 조건에서 전위를 측정하는 것 역시 불가능하다. 왜냐하면 농도와 이온 세기를 조절하여 단위 활동도를 갖는 용질을 준비하는 것이 불가능하기 때문이다. 따라서 우리는 표준 전위를 실제 전지에 대해 측정된 전위와 관련시켜야 한다. 온도, 용액 중의 화학종의 농도, 그리고 전달된 전자의 수 등의 특정 변수들이 전위 측정에 영향을 미친다는 사실이 실험적으로 밝혀졌다. 이 변수들과 전지의 기전력 사이의 관계식은 간단한 열역학적인 고려로부터 유도될 수 있다(일반 화학 서적 참고). 일반적인 산화–환원 반응

$$aA + bB \rightarrow cC + dD$$

에서 전지 전압과 반응물과 생성물의 농도 사이의 관계는 다음과 같은 Nernst 식으로 주어진다.

$$E = E^0 - \frac{RT}{nF}\ln\frac{[C]^c}{[A]^a}\frac{[D]^d}{[B]^b} \tag{15.10}$$

여기서 E는 측정된 전지 전압(기전력), E^0는 표준 조건하에서의 전지 전압, R은 기체 상수(8.314 J/K mol = 8.314 V C/K mol), T는 온도(K), n은 반응 중 이동된 전자의 몰수, F는 Faraday 상수(96,485 C/mol e^-), ln은 자연 로그이다. 로그 항은 해당 반응에 대한 평형 상수와 동일한 형태를 갖는다. 농도(엄격하게는 활동도)가 반응에 대한 평형 값이 아닐 때는 평형 상수 대신 반응 지수인 Q를 사용한다. 모든 평형 상수 표현에서처럼 순수한 액체와 순수한 고체는 1과 같은 활동도를 하므로 식에서 생략된다. R, T(25°C = 298 K) 그리고 F의 값을 식에 삽입하고 자연 로그를 상용 로그로 변환하면 Nernst 식은 다음과 같이 얻어진다.

$$E = E^0 - \frac{0.05916}{n}\log\frac{[C]^c}{[A]^a}\frac{[D]^d}{[B]^b} \tag{15.12}$$

몰농도보다는 활동도를 사용해야 하지만 우리는 활동도를 쉽게 알지 못한다. 그러한 이유 때문에 활동도 계수를 포함하는 **형식 전위(formal potential**, $E^{0\prime}$)를 정의하고 도입하여 사용한다. 형식 전위이란, 산화 및 환원되는 화학종의 농도 비율을 1이 되게끔 농도를 조절하고 전지의 다른 조성물이 정해진 농도로 존재할 때 측정된 전지 전압으로 정의한다. 이러한 형식 전위의 사용은 알려지지 않은 활동도 계수의 사용을 피할 수 있게 해준다. 이 형식 전위를 포함하면 다음과 같이 표현된다.

$$E = E^{0\prime} - \frac{0.05916}{n}\log\frac{[C]^c}{[A]^a}\frac{[D]^d}{[B]^b} \tag{15.13}$$

또한 Nernst 식은 비표준 조건하에 주어진 반쪽 전지에 대한 전극 전위를 계산하는 데도 사용된다. 예를 들어 $E^0 = 0.77$ V 그리고 $n = 1$인 반쪽 전지 반응 $Fe^{3+} + e^- \rightarrow Fe^{2+}$의 경우 Nernst 식은 다음과 같다.

$$E = 0.77 - \frac{0.05916}{1}\log\frac{[Fe^{2+}]}{[Fe^{3+}]}$$

전극 전위를 계산하기 위해서 반쪽 전지를 구성하는 데 사용된 Fe^{2+} 그리고 Fe^{3+} 이온의 몰농도가 삽입된다. 환원 전극에 대한 Nernst 식의 일반적인 형태는 다음과 같다.

$$E = E^0 - \frac{0.0591}{n}\log\left(\frac{[red]}{[ox]}\right) \tag{15.14}$$

여기서 [red]는 환원된 형태의 전기 활성 화학종의 몰농도, [ox]는 산화된 형태의 전기 활성 화학종의 몰농도이다. 환원된 형태가 금속인 경우, 예를 들어 Cu/Cu^{2+} 반쪽 전지에서는 Cu와 같은 순수한 금속이 단

위 활동도를 갖기 때문에 [red] = 1이다. 각각의 반쪽 전지에서는 형식 전압 대신 형식 전위를 사용하나 정의는 동일하다.

반쪽 전지에 대한 Nernst 식은 전극 전위, E와 용액 중의 산화 및 환원 화학종의 농도 간의 매우 중요한 관계를 제공한다. pH 전극 그리고 이온-선택성 전극(ion-selective electrode, ISE)를 이용한 정량적인 측정 역시 이관계를 기반으로 한다. 두 전극 반응이 환원으로 표시되면 산화 전극 그리고 환원 전극(또는 전압계의 산화 전극 단자에 연결된 전극, E_+ 그리고 전압계의 환원 전극 단자에 연결된 전극, E_-)에 대한 전위를 계산할 수 있다. 따라서 전지 전압은 다음 식에 의해 계산된다.

$$E_{전지} = E_+ - E_- \tag{15.15}$$

15.2.4 | 활동도 서열

화학종이 산화되거나 환원되는 경향은 반쪽 전지의 부호와 전위를 결정하는 데 사용된다. 이 경향은 수용액 내 화학종의 화학 반응과 밀접한 관련이 있다. 반쪽 전지에서 생성된 전위에 기초하여, 금속 원소들의 반응성은 활동도 서열(activity series) 또는 기전 서열(electromotive series)로 알려진 순서로 배열될 수 있다(표 15.1). 일반적으로 활동도 서열 상단의 금속은 화학적으로 가장 반응성이 크기 때문에 $M^0 \rightarrow M^{n+} \rightarrow ne^-$ 반응을 일으켜 쉽게 전자를 방출하려는 경향이 있다. 서열의 하단으로 갈수록 금속은 덜 활동적이며 전자를 쉽게 방출하지 않는다. 실제로, 그들의 양이온은 보다 상단에 위치한 금속으로부터 전자를

표 15.1 금속의 활동도 서열

금속	E^0(V)	화학 반응성
Li	−3.05	이 금속은 물을 포함하여 모든 산의 용액에서 산의 수소를 치환하고 용해된다.
K	−2.93	
Ba	−2.91	
Sr	−2.89	
Ca	−2.87	
Na	−2.71	
Mg	−2.37	이 금속은 산이나 산의 증기와 반응한다.
Al	−1.66	
Mn	−1.18	
Zn	−0.76	
Cr	−0.74	
Fe	−0.44	
Cd	−0.40	
Co	−0.28	이 금속은 모든 산과 천천히 반응한다.
Ni	−0.26	
Sn	−0.14	
Pb	−0.13	
H_2	0.00	
Bi	+0.32	이 금속은 산화력이 강한 산과 반응한다.(예: HNO_3).
Cu	+0.34	
Ag	+0.80	
Hg	+0.85	
Pd	+0.92	
Pt	+1.12	이 금속은 왕수와 반응한다.(3:1 v/v HCl/HNO_3).
Au	+1.50	

받아들인다. 이 과정에서 양이온은 중성의 금속 원자가 되면서 석출되고, 보다 활성인 금속은 이온이 되어 용해된다. 이것은 다음과 같이 설명된다.

$$\text{금속 A(활성)} \rightarrow \text{금속 이온 } A^+ + e^-$$

$$\text{금속 이온 } B^+\text{(비활성)} + e^- \rightarrow \text{금속 B}$$

$$\text{알짜 결과: } A + B^+ \rightarrow A^+ + B$$

예를 들어, 철판을 황산 구리 용액에 담그면 철의 일부가 용해되어 철 이온을 형성하는 반면 구리 이온은 철판 상에 석출되어 구리 금속 박막을 형성한다. 한편, 활동도 서열은 A + BC → AC + B와 같은 유형의 반응 중 원자와 이온 간의 치환 반응을 예측하는 데 사용될 수 있다. 활동도 서열을 사용하면, 임의의 원자 A는 보다 하단에 나열된 임의의 원소 B를 치환시킬 수 있지만 그보다 상단에 나열된 원소를 치환시킬 수 없다.

이 반응은 BC의 B^+가 수용액 중의 수소 이온일 때 특히 중요하다. 활동도 서열에서 수소보다 상단의 모든 원소는 그 원소를 수용액 노출시킬 경우 용액 중 수소 이온을 환원시켜 제거할 수 있다. 즉, H^+ 이온을 환원시키면서 금속을 산성 용액에 용해시킬 수 있게 한다.

15.2.5 | 기준 전극

주어진 반쪽 전지의 전위를 측정하기 위해서는 두 번째 반쪽 전지와 연결한 뒤 전체 전지에서 생성된 전압을 측정해야만 한다. 일반적으로, 두 번째 반쪽 전지는 전극 전위가 잘 알려져 있으면서 동시에 안정한 전극 전위를 생성하는 기준 전극을 도입한다. SHE는 표준 환원 전위를 정의하는 역할을 하지만, SHE를 설치하고 관리하는 데 있어서의 어려움으로 인해 실제로는 잘 사용되지 않는다. 이러한 문제를 해결하기 위해 보다 편리한 기준 전극이 개발되어 왔다. 원칙적으로 모든 금속 이온에 대한 반쪽 전지는 기준 전극으로 사용될 수 있지만 실제로는 많은 금속이 만족스럽지 못하다. 소듐이나 포타슘과 같은 활동도가 매우 큰 금속은 전해질과 화학 반응을 하기 쉽다. 철과 같은 다른 금속은 순수한 형태로 얻기가 어렵다. 일부 금속의 경우, 그 금속의 이온은 열이나 공기에 노출되면 불안정해진다. 또한, 전해질의 농도를 정확하게 조절하는 것이 어려운 경우도 많다. 결과적으로 단지 몇 개의 반응이나 조건만이 만족할만한 안정적인 전위를 제공한다.

이상적인 기준 전극은 시간과 온도에 관계없이 고정된 전위를 제공해야 하며, 장기적 안정성을 갖고, 작은 전류가 흐른 뒤에는 초기 전위로 되돌아 갈 수 있는 능력(즉, 가역적이어야 함)을 갖추어야 한다. 또한 Nernst 식을 항상 만족시켜야 한다. 현재 포화 칼로멜 전극(saturated calomel electrode, SCE)과 은/염화은 전극, 두 종류의 기준 전극이 자주 활용되는데 이들 전극은 이상적인 조건에 가까운 거동을 보인다.

15.2.5.1 포화 칼로멜 전극

SCE는 Hg_2Cl_2(칼로멜이라 부름)의 포화 용액과 이 용액 속에서 칼로멜과 접촉하고 있는 금속 수은으로 구성된다. 금속 수은은 다시 외부로 연결된 Pt 전선과 접촉하여 전자를 외부 회로를 통해 이동시킨다. 용액 중의 수은은 칼로멜로 포화된 염화 포타슘 용액과 접촉하며 이 때 수은 이온의 농도는 용해도 평형을 통해 조절된다. 이 전극명에 포함된 '포화'는 KCl로 포화된 수용액을 사용하는 데에서 기인함을 주목하라(칼로멜 또한 포화되어 있지만). KCl이 포화되지 않고 임의의 일정한 농도를 갖는 다른 종류의 칼로멜 전극들도 활용되고 있다. 하지만 여기서도 모두 칼로멜은 포화되어 있어야 한다. 전형적인 칼로멜 전극은 그림 15.5에 나와 있다. 반쪽 전지 반응은 다음과 같다.

$$Hg_2Cl_2(s) + 2e^- \leftrightarrow 2Hg(l) + 2Cl^- \qquad E^0 = +0.268\ \text{V}$$

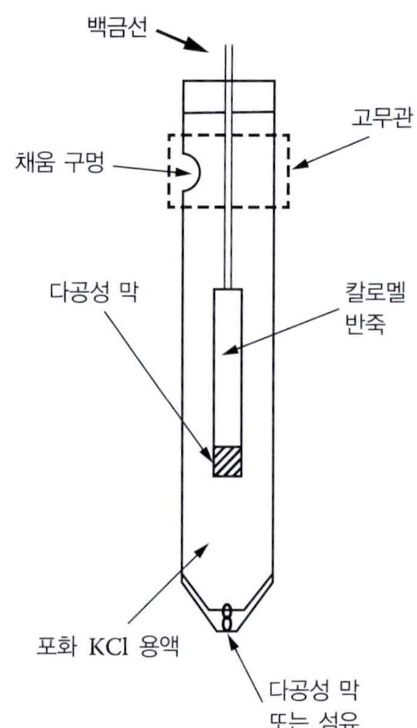

그림 15.5 포화 칼로멜 전극(SCE). (From Aikens et al., *Principles and Techniques for an Integrated Chemistry Laboratory*, Waveland Press Inc., Long Grove, IL, 1985. With permission.).

식 15.12를 적용하면

$$E = E^0 - \frac{0.05916}{n}\log\frac{[C]^c\,[D]^d}{[A]^a\,[B]^b}$$

$$E = E^0 - \frac{0.0591}{2}\log\left(\frac{[Hg^0]^2[Cl^-]^2}{[Hg_2Cl_2]}\right)$$

여기서, Hg_2Cl_2와 Hg(l)는 단위 활동도를 갖는 표준 상태에 있다. 따라서,

$$E = E^0 - \frac{0.0591}{2}\log\left(\frac{1\times[Cl^-]^2}{1}\right)$$

$$= E^0 - \frac{0.0591}{2}\log([Cl^-]^2)$$

온도가 25℃일 때, KCl 포화 용액 중 염소 이온의 농도 $[Cl^-]$는 알려져 있으므로 이를 대입하면, SCE의 경우 $E = +0.244$ V이다.

15.2.5.2 은/염화은 전극

또 다른 기준 전극으로는 은/염화은 전극이 있다. 이것은 화학 공정 산업과 유기 전기 화학에서 유용하게 사용되고 있다. 이 전극은 염화은 반죽으로 코팅된 금속 은이 KCl과 AgCl로 포화된 수용액에 침지된 형태로 구성된다. 반쪽 전지 반응은 다음과 같다.

$$AgCl(s) + e^- \leftrightarrow Ag(s) + Cl^- \qquad E^0 = +0.222\ V$$

SCE에서와 같은 동일한 원리가 적용되지만, 이 경우 은 이온의 활동도는, 잘 알려진 염화 이온 활동도를 갖는 수용액과 접촉하는 AgCl에 대한 용해도 곱(solubility product)에 의존한다. 포화된KCl 용액(약 4.5 M KCl)이 포함된 Ag/AgCl 전극에 대해 측정된 E는 25℃에서 +0.199 V이다. 또 다르게는 3.5 M KCl(AgCl로 포화됨)이 사용되기도 하며 이때 전위는 25 ℃에서 +0.205 V이다. 은/염화은 전극은 수은

이 없어 보다 안전하고 재현성과 신뢰성이 높은 기준 전극의 특성을 제공한다.

두 기준 전극의 구성을 보면 KCl이 다공성 마개의 접촉부를 통해 내부 용액이 미량 새어 나가서 분석 용액을 오염시킬 수 있음을 알 수 있다. 또한, 황산염과 같이 Ag 나 Hg 이온과 반응성이 큰 분석물은 난용성염을 침전시켜 접촉을 막히게 하여 전극의 성능을 저하시킨다. 이 문제의 극복을 위하여 외부에 또 하나의 유리관이 포함된 이중 접촉 전극이 개발되었다. 외부 관에는 주어진 측정을 방해하지 않는 전해질(예: KNO_3)을 채워 사용하며, 쉽게 세척이 가능하며 막힘이 일어나지 않는 측정 용액과의 접촉을 만들어 준다.

15.2.6 | 전기 이중층

전기 화학 전지에서 전위차를 측정할 수 있다고 말하는 것은 쉽지만, 우리가 측정하고 있는 것의 대상은 명확하지 않다. 앞에서 언급한 대로 단일 전극과 용액 사이의 전위는 측정될 수 없다. 우리가 측정할 수 있는 것은 두 전극 사이의 상대적인 전위차뿐이다. 전극과 용액 사이의 전위는 실제로 전극 표면에 바로 인접한 매우 작은 영역에서만 존재한다. 이 전위가 발생하는 영역은 '**전기 이중층**'(**electrical double layer**)이라고 하며 나노미터에 불과한 폭을 갖는다. 음으로 하전된 전극 표면은 전극의 표면에 인접한(또는 흡착된) 용액에서 과량의 양이온 '층'을 가지므로 '이중층'이라는 용어를 갖게 된 것이다. 양이온 층의 바깥쪽에는 보다 큰 범위에 걸쳐 양이온과 음이온이 존재하며 이것의 분포는 다양한 요인에 의해 결정된다. 그 바깥으로 벌크 용액이 위치하며 이것은 전극 표면으로부터 단지 수 나노미터 떨어져 있다. 양으로 하전된 전극 표면은 음으로 대전되어 유사한 계면 영역을 가질 것이다. 이처럼 대전된 계면과 이온 분포 특성은 매우 복잡하며 아직 완전히 이해되지 못하고 있다. 각 전극 표면에 인접한 매우 좁은 영역에서만 상당히 큰 전위 기울기가 존재하며 벌크 용액 내에서는 이런 전위 기울기는 없다.

모든 전기 화학 반응은 전극-용액 계면에서 일어나며, 반응하는 화학종은 용액의 교반(대류)에 의한 질량 이동(mass transfer) 또는 확산 현상에 의해 전극 표면을 향하여 접근한다. 벌크 용액 속의 이온은 전위차에 의해 전극에 끌리지 않는다. 전극 계면에는 대전된 화학종의 복잡한 층이 형성되며 균일하지 않은 환경에서 전극 가까이에 존재하는 극히 소량의 용액만을 분석할 수 있을 뿐이다.

15.3 전기 분석 방법

높은 민감도를 갖는 전기 화학-기반의 다양한 분석 기술은 전류, 전압, 전하, 그리고 저항 측정에 기반을 두어 개발되어 왔다. 하나의 변수가 측정되는 동안 다른 변수는 제어된다. 전기 분석 방법은 측정되는 변수에 따라 분류할 수 있다. 몇 가지 중요한 방법의 요약하여 표 15.2에 나타내었다. 이 방법들은 다음에 상세하게 논의될 것이다.

전위차법(**potentiometry**)이라 불리는 전기 화학 기술은 **지시 전극**(**indicator electrode**)과 기준 전극으로 구성된 전지에 의해 생성된 전위를 측정한다. 이론적으로 지시 전극의 감응은 분석 용액 중의 단일 성분에 대한 활동도를 알려준다. 실제로 지시 전극은 활동도보다는 농도에 감응하도록 교정되며 일반적으로 단일 분석물에만 특이적으로 감응하지 않는다. Nernst 식은 용액에서 화학종의 활성과 그 화학종을 포함하는 전지에서 생성된 전위 간의 관계를 나타낸다. 전위는 측정 대상의 농도가 크게 변하지 않도록 무시할 수 있을 정도의 대단히 작은 전류 흐름하에서 측정된다. 현재 유통되는 전압계(또는 전위차계)는 전류가 1 pA 미만에서도 전위 측정이 가능하므로 전위차법은 비파괴(전기 활성 화학종의 농도 변화가 거의 없음) 기술로 간주될 수 있다. 전위차법은 pH, 이온-선택성 전극(ISE), 그리고 전위차 적정을 통한 측정을 위한 기반 기술이라 할 수 있다.

전기량법(**Coulometry**)은 전기 분해를 통한 분석물의 산화 또는 환원에 기초한 일련의 방법을 일컫는

표 15.2 전기 분석 방법

적용 기술	조절 변수	측정 변수
전도도법	전압, V(AC)	전도도, $G = 1/R$
전도도 적정법	전압, V(AC)	적가 부피 대 전도도
전위차법	전류, $i = 0$	전위, E
전위차 적정법	전류, $i = 0$	적가 부피 대 E
순환 전압-전류법	전위, E	i vs. E
폴라로그래피	전위, E	i vs. E
산화형 벗김 분석법	전위, E	i vs. E
전류법	전위, E	i
전기량법	E	전기량, q(전류 적분)
전기 무게 분석법	E 또는 i	전해 석출된 질량
전기량 적정법	i	시간, t

용어이다. 이 방법에서의 전기 분해는 전위 조절을 통하여 수행되며 분석물을 정량적으로 새로운 산화 상태로 전환시킨다. **전기 무게 분석법**(**electrogravimetry**)은 전기량법의 한 형태로 수용액 중의 금속 이온이 환원되어 전극상에 석출되면 이것의 무게를 측정한다. 석출된 금속의 무게를 측정하여 원래 용액에서의 금속 이온 농도를 계산한다. 전기량법은 전극 반응의 양이 전류에 비례한다는 Faraday 법칙에 근거한다. 전기 활성 분석물의 1 mol과 동등한 무게를 환원(또는 산화)시키기 위해서는 1 F(96,485 C)의 전기가 필요하다는 것이 알려져 있다. 주어진 시료를 100% 효율(또는 알려진 효율)로 완전하게 환원(또는 산화)시키는 데 필요한 전기량을 측정함으로써, 분석물의 양을 결정할 수 있다. 질량 또는 전기량 $q = i(\text{A}) \times t(\text{s})$은 전기 화학 반응의 진행 정도를 측정하기 위해 사용될 수 있다.

전압–전류법(**voltammetry**)에서는 조절 전위가 하나의 반쪽 전지 전극에 인가되고 이때 전지를 통해 흐르는 전류가 시간에 따라 관찰된다. 현재까지 전압–전류법에 기반하여 다양하고 유용한 분석 기술들이 발전되어 왔다. 이 중 **폴라로그래피**(**polarography**)는 작업 전극(working electrode, 지시 전극의 다른 용어)으로 적하 수은 전극(dropping mercury electrode)을 사용한다. 보조 전극(auxiliary electrode, 상대 전극의 다른 용어)으로는 일반적으로 Pt 전선을 사용한다. 기준 전극은 작업 전극의 전위를 제어하기 위해 사용된다. 분석에 요구되는 전류는 작업 전극과 보조 전극 사이를 흐르고, 기준 전극으로는 분석 결과에는 영향을 미치지 않도록 극미량의 전류만 흐르게 된다. 이것은 분석 용액과 만나는 기준 전극의 접촉부가 매우 높은 저항을 갖고 있기 때문이다. 주사 전압-전류법(sweep voltammetry)에서는 작업 전극에 인가한 전위를 시간에 따라 일정한 비율로 증가하거나 감소시켜 전류를 측정한다. 전위가 주사되는 동안 전기 활성 화학종이 산화되거나 환원되면 그 결과로 산화 전극 또는 환원 전극을 통한 전류의 변화가 발생한다. 폴라로그래피는 **선형 주사 전압-전류법**(*linear sweep voltammetry*)의 특별한 경우에 해당된다. 왜냐하면 수은 방울의 지름은 시간에 따라 증가하며 따라서 전극 면적이 증가하고 이것과 맞물려 인가되는 전위 또한 변하기 때문이다. 폴라로그래피는 금속 이온 이나 금속 복합체의 환원, 그리고 용액의 평형을 분석하고 연구하는 데 특히 유용한 기술이다. 또 다른 기술은 **순환 전압-전류법**(*cyclic voltammetry*)이며 전기 화학 반응 속도와 메커니즘을 연구하는 데 유용하며 대개 고체 전극에서 수행된다. 이 방법의 핵심은 정방향 주사(forward sweep) 동안 생성된 전기 활성 화학종을 역방향 주사(reverse sweep)를 통하여 반대 반응이 일어나게 하는 것이다. 이러한 방식을 적용하면 정방향 주사 과정에서의 생성물이 다른 화학종 또는 용매와 별도의 화학 반응을 진행하였는지에 대한 정보를 얻을 수 있다. **산화형 벗김 전압–전류법**(*anodic stripping voltammetry*)이라 불리는 또 다른 종류의 전압-전류법에서는 임의의 시간 동안 일정한 전위에서 전기 분해된 생성물이 전해 석출에 의해 전극상에 농축된다. 그 후 빠르게 역방향으로 산화 전위를 주사하여 농축된 생성물의 전극으로부터 용해시킨다. 역방향 주사의 피크 전류는 표준물 첨가법으로 분석물 농도를 결정하는 데 사용된다. 원칙적으로 이 방법은 산화 전극 그리고 산화형 벗김 모두에 적용될 수 있다. 전류계는 고정된 전위에서 전류를 측정한다. 분석물은 알려진 전위가 인가된 전극에서 산화 또는 환원된다. 분석물의 양은 Faraday 법칙에 근거하여 계산된다.

전류법(amperometry)은 고정된 전위의 인가하에서의 전류 측정에 기초한다. 분석물은 알려진 전위를 가진 전극에서 산화 또는 환원된다. 분석물의 양은 Faraday 법칙에 따라 계산된다. 또한 이 기술은 액체 크로마토그래피 검출기로서 적정의 종말점을 찾는 데 사용되며, 생명현상 및 환경 관찰을 위한 다양한 센서에 응용되고 있다.

전도도법(conductometry)에서, 동일한 용액에 담긴 두 개의 전극에 교류(AC) 전압을 인가한다. 인가 전압에 의해 흐르는 전류의 크기는 용액의 전기 전도도에 의존한다. 이 방법은 화학종을 식별할 수는 없지만 화학 반응 동안(예: 적정 중) 용액 내의 조성 변화를 검출 가능하게 한다. 전도도법은 수질이나 공정의 진행을 관찰하기 위해 일상적으로 사용된다. 전도도 검출기는 이온 크로마토그래피의 이온 농도를 측정하는 데 사용된다.

이외에도 다양한 전기 분석법이 액체 크로마토그래피 검출기로 사용되고 있다. 전도도, 전류법, 전기량법 그리고 폴라로그래피를 기반으로 한 검출기가 시판되고 있다.

15.3.1 | 전위차법

전위차법은 전기 화학 전지의 전위 또는 전압 측정에 기초한다. 전지에 의해 생성된 전위를 정확하게 결정하려면 측정 과정 동안 회로에 흐르는 전류는 무시할 수 있을 만큼 작아야 한다. 전류의 흐름은 화학종의 산화–환원 반응이 일어나는 것을 의미하며, 이는 전류가 흐르지 않을 때 측정될 수 있는 전위의 변화를 수반하므로 측정 결과에 오차를 가져온다.

전지의 전위를 측정하는 것은 그 자체로 유용할 수 있지만, 화학종의 농도에 감응하는 **지시 전극(indicator electrode)**의 전위를 측정하는 데 사용할 수 있다면 특히 유용할 것이다. 이는 그림 15.6과 같이 지시 전극을 기준 전극에 연결하여 완전한 전지를 구성함으로써 수행할 수 있다. 전지의 전체 전압을 측정하여, 이 값과 기준 전극의 전위 간의 차이를 계산하면 그 결과는 지시 전극의 전위가 된다. 이것은

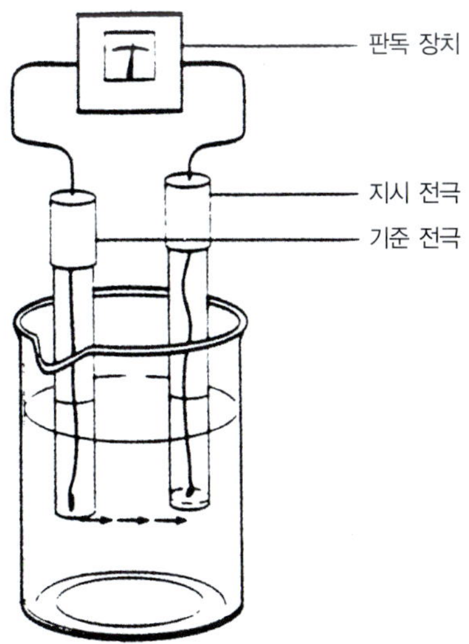

그림 15.6 전위차법을 위한 전기 화학 전지. 지시(작업) 전극은 관심 분석물의 활성에 반응한다. 전압계에서 기준 전극과 지시 전극 사이에 발생 된 전위차가 '판독'된다. (© Thermo Fisher Scientific (www.thermofisher.com). Used with permission.)

표 15.3 다양한 온도에서의 기준 전극의 전위

	전위 (V) vs. SHE	
온도(°C)	SCE	Ag/AgCl
15	0.251	0.209
20	0.248	0.204
25	0.244	0.199
30	0.241	0.194
35	0.238	0.189

다음과 같이 표현 될 수 있다.

$$E(\text{전체}) = E(\text{지시 전극}) - E(\text{기준 전극})$$

이 식을 앞에서 제시한 식 15.7과 15.15와 비교하라. 통상적으로, 기준 전극은 전압계의 (−) 단자에 연결된다. 전위차법에 사용되는 일반적인 기준 전극은 SCE 그리고 은/염화은 전극이다. 그들의 전위는 넓은 온도 범위에서 고정되어 있으며 잘 알려져 있다. 이들 전극 전위의 일부 값은 표 15.3에 나와 있다. 전체 전지 전압은 실험적으로 결정되므로 기준 전위를 알고 있으면 지시 전극 전위를 계산할 수 있다. 그 값을 Nernst 식에 대입하여 분석물의 농도를 구할 수 있게 된다. 실제로, 분석물의 농도를 측정하기 위해서는 측정에 사용할 전압계를 미리 적절한 표준 용액으로 교정해야만 한다. 기준 전극의 선택은 응용 분야에 달려있다. 예를 들어 Ag/AgCl 전극은 은과 반응하여 침전을 만드는 할라이드 또는 설파이드와 같은 화학종을 포함하는 용액에서는 사용할 수 없다.

15.3.1.1 지시 전극

지시 전극은 분석물의 활동도 변화에 감응하는 전극이다. 이상적인 지시 전극은 관심 대상 분석물에만 특이적이어야 감응해야 하고 활동도 변화에 빠르게 감응하며 Nernst 식을 잘 따라야 한다. 일반적 사용에 있어 특별히 정해진 지시 전극은 없지만 특정 분석물에 대해 높은 선택성을 보이는 전극은 있다. 지시 전극은 금속 전극과 막 전극의 두 가지로 분류된다.

15.3.1.1.1 금속 전극

첫 번째는 용액 속에 존재하는 자신의 양이온과 반응하는 금속 전극이다. 전선, 메쉬 또는 판 형태의 Cu/Cu^{2+}, Ag/Ag^{+}, Hg/Hg^{+}, Pb/Pb^{2+}가 이러한 유형의 전극이다. 이 전극의 심각한 문제는 해당 금속의 양이온보다 쉽게 환원되는 다른 양이온과도 반응하여 낮은 선택성을 보인다는 것이다. 일부 금속은 산이나 염기에서 용해되므로 제한된 pH 범위에서만 사용할 수 있다. 은과 수은은 가장 일반적으로 사용되는 첫 번째 종류의 금속 전극이다.

두 번째는 해당 금속의 난용성 염 중 하나가 코팅된 금속으로 구성된다(또는 난용성 염의 포화 용액에 잠김). 이 전극은 염의 음이온에 반응한다. 예를 들어 AgCl이 코팅된 전선은 AgCl의 용해도에 의해 제어되는 용액 중의 염화 이온의 활동도의 변화에 감응한다. 이것의 전극 반응은 $AgCl(s) + e^- \leftrightarrow Ag(s) + Cl^-$로, $E^0 = 0.222$ V이다. 25 °C에서의 전극 전위에 대한 Nernst 식은 다음과 같다. $E = 0.222 - 0.05916 \log[Cl^-]$.

세 번째는 **산화−환원 지시 전극**(redox indicator electrode)이다. 이 전극은 Pt, Pd, Au 같은 비활성 금속으로 만들어지며 용액 내의 다양한 화학종(예: Fe^{2+}/Fe^{3+}, Ce^{3+}/Ce^{4+})에 대한 산화−환원 반응을 관찰하는 역할을 한다. 이 전극은 전위차법 적정에서 종말점을 감지하는 데 자주 사용된다. 비활성 전극에서의 전자 전달은 가역적이지 않은 경우가 많으며, 이 때문에 관찰된 전위의 재현성은 낮아진다. 금속이 아닌 탄소 전극 또한 이런 지시 전극으로 사용될 수 있는데 이것은 탄소가 낮은 범위의 인가 전위에서는 전기 활성을 나타내지 않고 안정하기 때문이다.

15.3.1.1.2 막 전극

막 전극이란 분석 용액과 기준 용액을 분리하는 막을 가로질러 생성되는 전위차(일종의 접촉 전위)에 의해 특정한 이온에 선택적으로 감응하는 전극의 종류를 말한다. 이때 전위차는 막의 양쪽에 동시에 존재하는 특정 이온의 농도 차이에 의존한다. 이들 전극은 금속 전극처럼 전극 표면에서의 산화-환원 반응을 수반하지 않고 단지 이온 자체에만 감응하기 때문에 **이온 선택성 전극(ISE)**이라고도 한다. 이상적인 막은 한 종류의 이온만 통과시킬 수 있으므로 해당 이온의 측정에만 사용될 수 있다. 하나의 전극은 하나의 이온에 대해서만 선택적이다. 따라서 측정 대상인 이온에 대해 별개의 전극이 필요하다.

ISE는 비교적 민감하여 일부 전극은 10^{-12} M 정도의 낮은 농도까지 감지할 수 있다. 작은 농도를 지수적 형태로 쓰는 것을 피하기 위해, 이온의 몰농도에 음의 상용 로그를 취한 **pIon**을 주로 사용한다.

$$\mathrm{pIon} = -\log[\mathrm{Ion}] \tag{15.16}$$

예를 들어, 수소 이온의 경우는 pH, 칼슘 이온은 pCa, 플루오린화 이온은 pF, 수산화 이온은 pOH, 염화물 이온은 pCl로 유사하게 표현될 수 있다.

15.3.1.1.3 유리막 전극

최초로 개발된 막 전극은 수소 이온 농도를 측정하기 위한 유리 전극(또는 pH 전극)이었다. pH 전극은 수소 이온에 감응하는 얇은 유리막을 포함하고 있으며, 보통 이 유리막은 전구 모양이며 유리 또는 고분자 관으로 봉인되어 있다. 전극 내부의 용액은 희석된 HCl 또는 완충 용액 중 하나로 구성되며 알려진 농도의 H^+을 함유한다. 이 용액은 또한 AgCl로 포화된다. 유리막 내부의 H^+의 활동도는 일정하므로 유리막 내부의 전위는 고정된다. 총 두 개의 기준 전극이 사용되는데 내부에 위치한 기준 전극은 내부에 위치한 유리관 속에 밀봉되어 있으며 이 관의 상단은 전압계의 한쪽 단자에 연결된다(그림 15.7). 유리 전극은 내부 유리관의 외벽을 따라 감겨진 형태로 구성되는 또 하나의 Ag/AgCl 기준 전극과 함께 사용된다. pH 전극을 미지 용액에 담그면, 전지 전위가 생성되며 이때 다른 모든 전위가 고정되어 있기 때문에 유리막의 외부 용액 내에 존재하는 수소 이온 농도만이 변수가 되므로 용액의 pH 측정이 가능하게 된다.

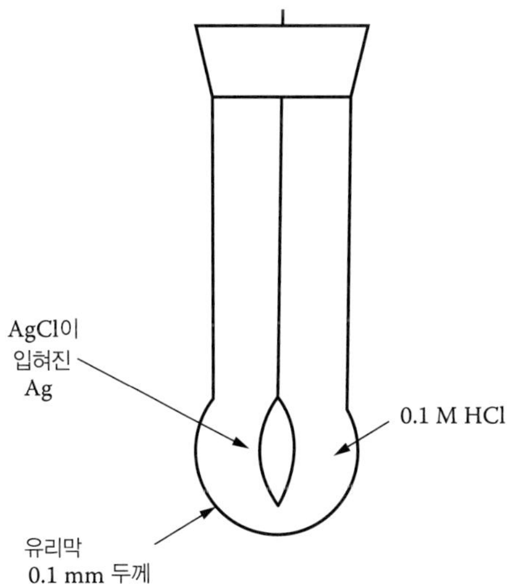

그림 15.7 pH 측정을 위한 개략적인 유리 전극

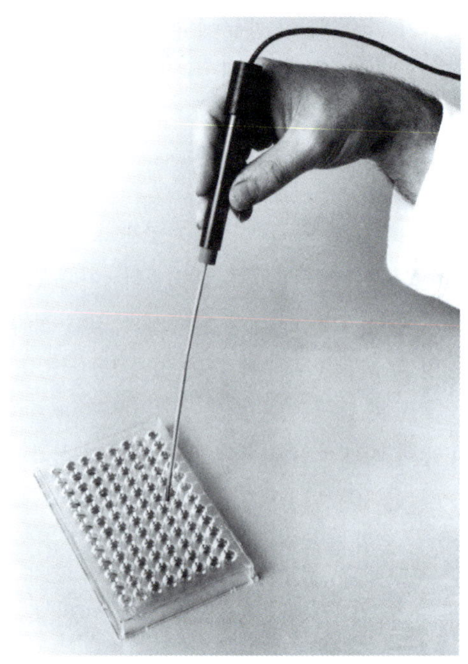

그림 15.8 pH 측정용 마이크로 전극. 10 μL 정도의 적은 양도 측정 가능함. 전극에는 고체 상태의 pH 감지부와 유연한 고분자 지지대가 있어 매우 견고하며 현장에서 사용하기에 적합하다. 이 전극은 식물의 잎이나 풀잎 위에 놓인 한 방울의 물로도 pH 측정이 가능하여 산성비에 대한 연구에서도 사용될 수 있다. (Courtesy of Lazar Research Laboratories, Inc., Los Angeles, CA, www.lazarlab.com.)

전형적인 pH 전극에서의 유리막은 SiO_2, Na_2O 그리고 CaO가 혼합되어 구성된다. 외부의 H^+의 활동도 변화에 대한 유리막의 감응은 복잡하다. 유리가 pH 센서로 작동하기 위해서는 유리 전극 표면이 수화되어야 한다. 유리막의 내 외부 표면에는 H^+가 흡착된 수화된 젤 층이 존재한다고 여겨진다. 전위차가 생성되기 위해서는 반드시 유리막을 가로 지르는 전하의 이동이 동반되어야 하는데, 연구 결과 H^+는 유리막을 통과하지 않고 대신 소듐 이온이 삼차원의 규산염 격자 사이를 이동함이 밝혀졌으며 이것의 이동이 막 내부의 전기 전도를 담당한다. 내 외부 유리막 표면은 음으로 하전된 산소 원자를 함유한다. 막 내부 용액의 H^+은 내부 유리막 표면과 평형을 이루고, 측정 대상인 외부 H^+은 마찬가지로 외부 유리막 표면의 산소 음이온과 평형을 이루며 각 표면의 음전하를 일부 중화시킨다.

더 높은 H^+ 농도에 노출된 유리 표면은 보다 많은 양전하를 띠고 있다. 유리막 내에서 Na^+은 보다 양의 전하를 갖는 쪽에서 멀어져 보다 음의 전하를 갖는 쪽으로 막을 가로질러 이동하며 이것은 막을 가로지르는 전위차의 변화를 가져온다. 유일한 변수는 분석물 용액의 수소 이온 농도이다. 전극 거동은 Nernst 식을 따르기 때문에, $[H^+]$의 10배 변화 또는 단위 pH의 변화에 대하여 0.05916 V만큼 전위가 변한다. 유리 pH 전극은 수소 이온에 대해 매우 선택적이다. 주요 간섭 이온은 Na^+이다. Na^+ 농도가 높고 H^+가 매우 낮으면 전극은 소듐 이온에 대해 전극은 마치 수소 이온인 것처럼 감응한다. 강 염기성인 수산화 소듐의 용액에서는 이런 음의 오차가 발생한다. 측정된 pH는 실제 pH보다 낮으며 이것을 **알칼리 오차**(*alkaline error*)라고 한다. 유리 전극을 사용하여 pH를 측정하는 것은 전위차법의 응용에 해당된다.

pH 전극은 다양한 모양과 크기로 시판되고 있으며 크기에 따라 수 μL의 적은 부피 용액의 pH까지도 측정할 수 있다. 많은 유리 pH 전극은 깨지기 쉬운 유리벽 주위를 고분자로 코팅하여 본체를 구성하여 파손을 방지한다. 그림 15.8에서는 마이크로리터 수준의 부피에 대한 측정을 위해 실제로 사용되는 마이크로 전극의 사진이 제시되어 있다. 다른 유리 조성물은 다른 이온들에 선택적으로 감응하는 막 전극의 제작에 사용되고 있다. 예를 들어 조성이 11% Na_2O, 18% Al_2O_3, 71% SiO_2로 구성된 유리는 다른 알칼리 금속의 존재하에서도 Na^+에 대해 매우 선택적이다. 예를 들어, pH 11에서 이 전극은 K^+보다 Na^+에 대

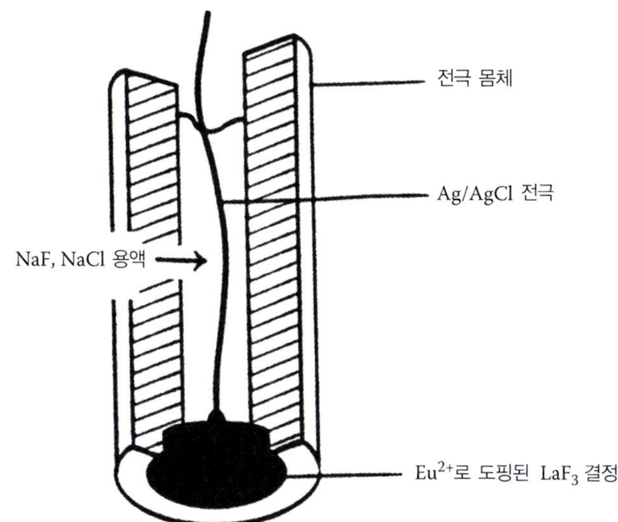

그림 15.9 시판되는 F^- 측정용 고체 상태 ISE. 이온 감응 영역은 EuF_2로 도핑된 LaF_3의 고체 결정이다. 충전 용액은 NaF와 NaCl을 함유한다. 전기적 연결은 Ag/AgCl 전극에 의해 이루어진다. (© Thermo Fisher Scientific (www.thermofisher.com). Used with permission.).

해 약 3000 배 더 민감하다. 동일한 농도의 Na^+ 분석 용액과 K^+ 용액의 전극 감응에 대한 비율을 **선택 계수**(*selectivity coefficient*)라고 한다. 분석물에 대한 높은 선택성을 위해서는 선택 계수는 1보다 매우 작아야 한다. ISE는 감응하는 각 이온에 대해 다른 선택 계수를 가지고 있다. 모든 알칼리 금속 이온, 암모늄 이온(NH_4^+), Ag^+, Fe^{3+}, Pb^{2+}, Cu^{2+}와 같은 전이 금속 이온에 대한 ISE가 현재 시판되고 있다. 물론 한 종류의 ISE로는 한 가지 이온만 측정 가능하다.

15.3.1.1.4 결정성 고체상 전극

결정성 고체 전극은 단결정 이온성 고체 또는 압축된 이온 염의 펠렛 형태의 막으로 구성된다. 이온성 고체는 반드시 분석 대상 이온을 포함해야 하며 측정할 용액(일반적으로 수용액)에 용해되어서는 안 된다. 이 막은 일반적으로 약 1~2 mm 두께와 10 mm 지름을 갖는다. 고체를 고분자 튜브의 끝으로 밀봉하여 전극을 만든다. pH 전극과 마찬가지로, 고분자 튜브의 내부에는 충전 용액(고정된 농도의 분석 이온을 포함)과 전압계에 연결되는 내부 전극이 포함되어 있다. 외부의 분석 이온 농도가 달라지면 막을 가로지르는 하전된 이온의 이동이 일어난다. 이런 전극은 일반적으로 10^{-6} M 정도의 감도를 갖는다.

F^- 측정용 ISE는 가장 일반적으로 사용되는 고체 상태 ISE이다. 그림 15.9는 이것의 개략적인 구조이다. 막은 EuF_2로 도핑된 LaF_3의 단결정이다. 용어 '도핑된'은 소량의 다른 물질(이 경우, EuF_2)이 LaF_3 결정에 의도적으로 소량 첨가되었음을 의미한다.(만약 의도적인 추가가 아니라면, 우리는 EuF_2을 불순물이나 오염 물질이라고 불러야 한다!) EuF_2의 첨가는 LaF_3 격자에서 플루오린화 이온(F^-)이 빈자리를 생성한다. 막 외부에 다양한 농도의 F^- 이온에 노출되면 결정 내의 F^- 이온이 이동될 수 있다. pH 전극과는 다르게 F^- 이온이 실제로 막을 가로 질러 이동하며 이 전극은 F^-에 대해 매우 선택적이다. 간섭하는 유일한 이온은 OH^-이지만 F^-에 대한 감응이 100배 이상 크다. 이 간섭은 OH^- 농도가 0.1 M 이상일 때만 유의하다. 전극은 오로지 F^-에만 감응하므로 HF가 형성되지 않도록 용액의 용액의 pH는 충분히 높아야 한다.

Cl^-, Br^-, I^-, CN^-, S^{2-}을 측정하기 위한 다양한 결정성 고체 전극이 시판되고 있다. 이 물질들의 은 염(silver salt)은 물에 잘 녹지 않기 때문에 이들 각각의 은 염과 공통으로 황화은을 혼합하여 막을 구성한다. 또한 구리, 납, 카드뮴의 황화물에 공통으로 황화은을 혼합하면 Cu^{2+}, Pb^{2+}, Cd^{2+}가 검출 가능한 고체 전극을 제조할 수 있다. 황화은 기반 전극의 장점은 은 선을 막에 직접 연결할 수 있어 충전 전해액을

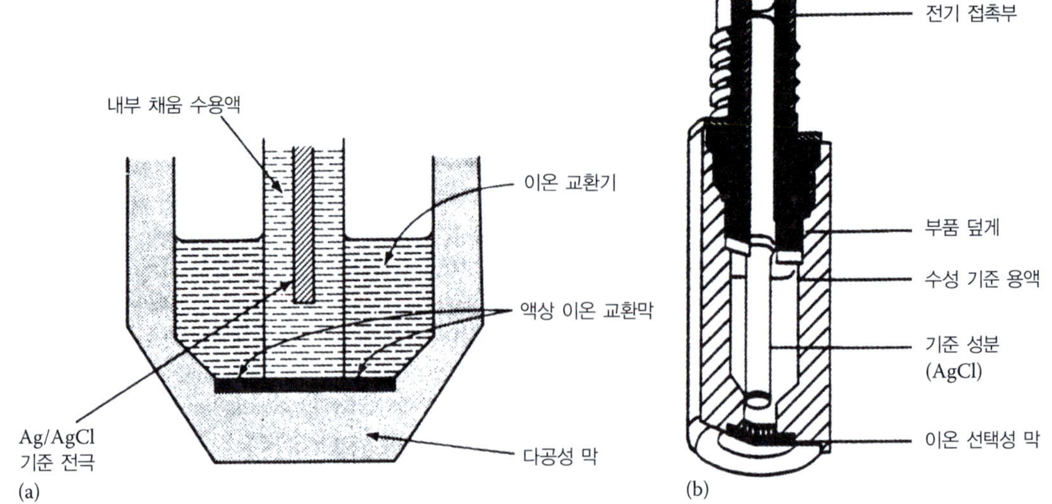

그림 15.10 (a) 액체 막 ISE. (b) 고체 고분자막에 이온 교환 물질이 포함된 ISE. 감지된 이온은 막을 가로질러 교환되며 전위를 생성한다. 이 유형의 ISE는 Ca^{2+}, K^{+}, 질산염 이온 그리고 아질산염 이온의 분석에 사용될 수 있다. (b: © Thermo Fisher Scientific (www.thermofisher.com).Used with permission.)

따로 사용하지 않아도 된다는 것이다. 이 전극은 분석물뿐만 아니라 은 이온 그리고 황화 이온에도 감응한다.

15.3.1.1.5 액체 막 이온-선택성 전극

액체막 전극은 이온 교환의 원리에 기초한다. 그림 15.10a에 표시된 것과 같은 초창기의 전극은 두 개의 동심을 갖는 관의 바닥에 고정된 친수성의 다공성 마개로 구성되었다. 내부 관 속에는 분석될 이온과 같은 종류의 이온의 수용액과 내부 기준 전극이 포함된다. 외부 관에는 유기 용매 속에 이온 교환체가 들어 있다. 이온 교환기는 양이온이나 음이온 교환기, 또는 중성의 복합 물질로 구성될 수 있다. 일부 유기 성분은 친수성 막에 흡수되어, 내부 수용액과 외부 수용액을 분리시키는 유기성의 이온 교환 상(phase)을 형성한다. 이온 교환 평형이 막의 양 표면에 형성되고 막 양 쪽의 분석물의 농도 차이로 인해 전위차가 발생한다. 그림 15.10b에 제시된 바와 같이 막 전극은 고분자 막에 고정되거나 공유 결합된 형태의 액체 이온 교환체를 갖고 있다. 이들 전극의 선택성은 분석 이온에 대한 이온 교환체의 선택성 정도에 의해 결정된다. 선택적 친유성 착화제가 개발되고 있으며 이 분야는 여전히 중요한 연구 분야로 남아있다.

물의 경도를 측정하기 위한 칼슘과 마그네슘을 분석하거나 포타슘, Zn, Cu, Fe, Ni, Ba, Sr 등의 2가 양이온 그리고 BF_4^-과 NO_3^- 등의 음이온을 분석하기 위한 액체 막 전극이 시판되고 있다. 일반적으로, 이들 전극은 막의 유실을 방지하기 위해서 수용액에서만 사용될 수 있다. 이 막의 수명은 이온 교환체의 유실로 인해 짧아진다.

15.3.1.1.6 기체-감지 전극

기체-감지 전극은 용해된 기체상의 분석물 또는 분석물의 짝산 또는 짝염기가 기체인 경우에 감응하는 모든 전기 화학 전지를 말한다. 그들은 완전한 전지 형태를 갖기 때문에 전극 대신에 '탐침'이라는 용어가 자주 사용된다. 일반적인 기체-감지 탐침은 ISE와 기체 투과성 분리막 뒤에 봉인된 기준 전극으로 구성되며, 막을 통해 분석 기체가 확산된다. 이 ISE는 특정 화학종에 대해 선택적 일 수 있다. 예를 들어 Ag_2S 전극은 기체 투과막을 통해 확산되는 황화 수소를 측정한다. 몇몇 기체-감지 탐침은 내부 용액의 pH를 변화시키는 특정한 기체에 감응할 수 있도록 유리 pH 전극을 지시 전극으로 도입한다. 예를 들면, 물에 녹아 H^+ 그리고 HCO_3^-를 생성하는 CO_2나 NH_4^+ 그리고 OH^-를 생성하는 암모니아의 측정이 가능하다.

이 전지에서 생성되는 전위는 시료 용액 중 분석 기체의 농도에 달려 있다. 기체-감지 전극의 사용은 기체가 막을 통과하는 시간에 해당되는 수 분 정도의 긴 시간을 요구한다. 이 전극은 매우 선택적이며 비휘발성 화학종의 간섭으로부터 자유롭다. 기체만이 기체 투과성 막을 통과할 수 있다. pH 전극을 ISE로 사용하면 내부 용액의 pH에 변화를 가져오는 모든 기체를 감지할 수 있다.

15.3.1.1.7 고정화된 효소막 전극

효소는 포도당과 같은 복잡한 유기 분자에 대해 매우 선택적인 생체 촉매이다. 많은 효소들은 암모니아나 이산화탄소를 비롯하여 ISE로 검출 가능한 여러 화학종을 생산하는 반응의 촉매로 작용한다. 효소의 얇은 층으로 ISE를 코팅하면 복잡한 분자에 대한 고도의 선택성과 전위차법이 갖는 장점(속도, 저비용, 단순성)이 결합된 바이오센서를 제작할 수 있다. 효소는 전극 표면상으로 직접 흡착되거나, 젤로의 혼입 또는 고분자 지지체로의 공유 결합을 통해 전극에 고정된다. 이를 통해서 소량의 효소가 다수의 측정에 사용될 수 있다. 효소의 작용이 억제될 수는 있지만 효소-촉매 반응을 방해하는 화학종은 거의 없다. 시판되는 효소 기반 전극은 아직 없으며 이 분야에 대해 여전히 많은 연구가 진행 중에 있다.

15.3.1.1.8 이온-선택성 전계 효과 트랜지스터

이온-선택성 전계 효과 트랜지스터(ISFET)는 분광학에서 사용되는 고체-상태 검출기와 관련된 반도체 소자이다. 이 경우, 트랜지스터의 표면은 시료 용액으로부터 H^+ 이온을 흡착시키는 실리콘 질화물로 덮여 있다. 흡착 정도는 시료 용액의 pH의 함수이며, H^+ 이온의 흡착은 이온 선택적인 ISFET 내 채널의 전도도 변화를 불러온다. 이 전지는 외부 기준 전극이 필요하다. ISFET pH 센서는 매우 작게(약 2 mm^2) 만들 수 있으며 깨지기 쉬운 전구 형태의 유리 pH 전극과 달리 극도로 견고하다. 감응이 매우 신속하며 부식성 샘플, 슬러리나 식품과 같은 습한 고형물에서도 작동할 수 있다. 이 센서는 칫솔로 깨끗하게 닦아 낼 수 있고 건조한 상태로 보관할 수 있으며 사용 전에 수화 상태를 필요로 하지도 않는다. ISFET pH 전극의 가격은 표준 유리 전극의 가격의 약 절반이다. 고분자 전극에 ISFET 센서가 내장된 pH 전극의 개략도가 그림 15.11에 나와 있다.

전위차 감응보다는 전압-전류법을 사용하는 고체 상태 pH 전극이 개발되었으며, 이 전극은 실험실-기반 그리고 현장-기반 pH 관찰에 있어서 혁명처럼 여겨졌다.

15.3.1.2 단전위차법의 분석 응용

전위차법은 산업, 환경, 농업, 임상, 약학 분야에서 이온, 산, 염기, 기체의 분석에 널리 사용된다. 실험실 같은 표준 환경하에서의 측정도 가능하지만 온라인을 통한 관찰, 생체 내 관찰, 휴대형 기기를 사용한 현장 측정에도 전위차법은 이상적이다. pH 측정, 무기/유기 이온, 산성/염기성 이온 그리고 기체의 정량 측정과 특정 산화 상태의 이온 측정은 주로 전위차법에 의해 수행된다. 전위차법은 반응 속도를 결정하거나 반응 메커니즘을 밝히고, 복합체의 안정도 상수, 그리고 용해도곱 상수를 결정하는 데도 사용되며 나아가 효소 등의 생화학 반응 연구에도 사용된다.

분석을 위해 시료는 위해 액체 또는 기체 상태여야 한다. 일부 측정을 위해서는 시료 준비 과정에서 적절한 pH로 시료의 완충이 필요하며 또한 시료 용액과 이온 세기가 동등한 표준 물질을 만들게 된다. 일반적인 전극의 검출 한계는 약 10^{-6} M이며, 기체 탐침은 ppm 범위의 낮은 검출 한계를 갖는다. 아래에 소개될 정량 분석의 응용을 위해 화학량론, 산-염기 이론 그리고 간단한 평형 계산에 대한 이해가 필요하다. 참고문헌에 열거된 Harris 또는 Enke의 저서 같은 기초 화학 교재를 참고하라.

15.3.1.2.1 이온 농도의 직접 측정

용액 내의 이온의 농도는 관련 반쪽 전지에 의해 생성된 전위를 측정하고 Nernst 식을 적용함으로써 알

그림 15.11 실리콘 칩 기반 pH 센서, 기준 전극 그리고 온도 센서가 포함된 상업용 ISFET 기반 pH 탐침. 이 pH 탐침이 쇠고기 같은 부드러운 고체 시료에 쉽게 삽입할 수 있도록 날카롭게 기울어진 팁이 달린 스테인레스강 재질의 외벽이 둘러싸고 있다. (Courtesy of IQ Scientific Instruments, Inc., Carlsbad, CA.)

아낼 수 있다. 예를 들어, 은/은 이온(Ag/Ag^+) 반쪽 전지와 SCE는 다음 관계를 나타낸다.

$$E(\text{전지}) = E(\text{Ag}) - E(\text{SCE})$$

여기서 E(Ag)는 반쪽 전지의 기전력이다. 그리고

$$E(\text{Ag}) = E^0(\text{Ag}) - \frac{RT}{nF}\ln\frac{1}{[\text{Ag}^+]}$$

따라서,

$$E(\text{전지}) = E^0(\text{Ag}) - (0.05916)\log\frac{1}{[\text{Ag}^+]} - E(\text{SCE})$$

25°C에서 E(SCE) = 0.244 V. 부록 15.A으로부터 E^0(Ag) = 0.799 V. 이 값을 대입하면

$$E(\text{전지}) = 0.799 - (0.05916)\log\frac{1}{[\text{Ag}^+]} - 0.244$$

이것으로부터 $E = 0.555 + 0.05916 \log [\text{Ag}^+]$를 얻는다. 25 °C에서 수행한 실험에서, 이 반쪽 전지의 전위를 측정하였더니 0.400 V였다면,

$$\log[\text{Ag}^+] = \frac{0.400 - 0.555}{0.05916}$$

$$= \frac{0.155}{0.05916}$$

$$\log[\text{Ag}^+] = -2.62$$

$$\text{Ag}^+\text{의 농도} = \text{anti}\log(-2.62)$$

$$= 2.4 \times 10^{-3}\ \text{M}$$

15.3.1.2.2 전위차법 적정

전위차법은 적정을 통해 종말점을 결정하는 데 있어 유용한 방법이다. 예를 들어, 용액 중의 Ag^+를 Cl^-로 적정할 때 Ag^+ 이온의 농도 측정을 통해 당량점을 결정할 수 있다.

전위차법은 적정을 통해 종말점을 결정하는 유용한 방법이다. 예를 들어, 용액 중의 Ag^+ 이온의 농도 측정을 통해 Ag^+를 Cl^-로 적정할 때 당량점을 결정할 수 있다. 이 적정에서는 다음과 같은 반응이 일어난다.

$$Ag^+ + Cl^- \rightarrow AgCl(s) \downarrow \text{(침전)}$$

Cl^-가 첨가됨에 따라 용액 중의 Ag^+의 농도는 꾸준히 감소한다. 당량점에서 $[Ag^+] = [Cl^-]$. 난용성인 염화은의 경우, **용해도곱**(K_{sp})이라고 불리는 상수는 $[Ag^+] \times [Cl^-]$와 같다. AgCl 침전 반응의 경우 25 ℃에서 $K_{sp} = 1 \times 10^{-10}$이다. 따라서,

$$[Ag^+][Cl^-] = 1 \times 10^{-10}$$

그리고 당량점에서 $[Ag^+] = [Cl^-]$이므로,

$$[Ag^+]^2 = 1 \times 10^{-10}$$
$$[Ag^+] = \sqrt{1 \times 10^{-10}} = 1 \times 10^{-5}\ \text{M}$$

이 계산으로부터 당량점에서는 $[Ag^+] = 1 \times 10^{-5}$ M. 이 값을 Nernst 식에 대입하면 다음과 같다.

$$E(Ag) = E^0 + \frac{0.05916}{1}\log[Ag^+]$$

$$E^0(Ag) = +0.799$$

$$E(Ag) = +0.799 + \frac{0.05916}{1} \times (-5)$$

$$E(Ag) = +0.799 - 0.295$$

$$E(Ag) = +0.504$$

당량점에서 반쪽 전지의 기전력은 SHE에 대해 0.504 V로 계산된다. 은 반쪽 전지와 SCE 반쪽 진지(+0.244 V)를 사용하여 안전힌 진지를 반들면 당량점에서 관찰되는 전압은 다음 관계로 주어진다.

$$\begin{aligned} E(\text{관찰}) &= E(\text{은}) - E(\text{기준}) \\ &= +0.504 - 0.244 \\ &= +0.260\ \text{V vs. SCE} \end{aligned}$$

은 이온의 적정에서는 Cl^- 용액을 소량만 첨가해야 하고, 첨가할 때마다 전지의 기전력을 측정해야 한다. 첨가된 Cl^- 용액의 부피와 전지의 전압 사이의 관계를 도시하여 당량점에 도달하는 데 필요한 Cl^- 용액의 부피를 결정할 수 있다. 그림 15.12에는 0.100 N, Cl^- 용액을 이용한 은 이온의 적정 과정에서 첨가된 염화물의 부피와 관찰된 전위와의 관계를 나타내는 전형적인 곡선이 제시되어 있다. 실제 적정에서 당량점은 계산된 전위가 아닌 적정 곡선의 점으로부터 결정된다.

만약 은 이온 5.00 mL 용액에 0.100 N, Cl^- 용액 2.00 mL를 넣은 후 당량점에 도달한다면 은 이온의 노말 농도는 다음 식으로부터 결정될 수 있다.

$$(Cl^-\text{의 부피}) \times (Cl^-\text{의 노말 농도}) = (Ag^+\text{의 부피}) \times (Ag^+\text{의 노말 농도})$$

우리는 다음 관계를 만들 수 있다.

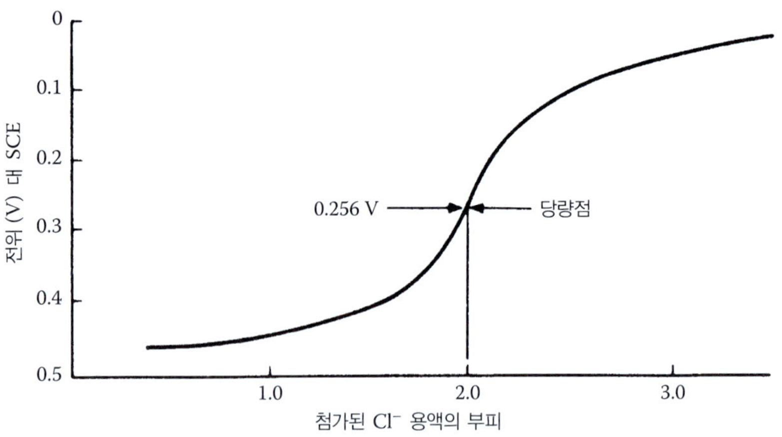

그림 15.12 전지 전위 그리고 첨가된 Cl^- 용액 부피 사이의 관계

$$(2.00\ \text{mL})(0.100\ \text{N}) = (5.00\ \text{mL})(\text{N Ag}^+)\ \text{또는}$$

$$\text{은 용액의 노말 농도} = \frac{2.00\ \text{mL} \times 0.100\ \text{N}}{5.00\ \text{mL}} = 0.0400\ \text{N}$$

이것으로부터, 용액에 존재하는 Ag^+의 중량은 다음과 같이 계산될 수 있다.

1 N, Ag^+ 1 L에는 108 g의 Ag^+가 포함되어 있다. 그러므로,

$$\text{g Ag} = (108\ \text{g Ag/eq})(0.0400\ \text{eq/L})(1\ \text{L}/1000\ \text{mL})(5.00\ \text{mL})$$

$$\text{g Ag} = 0.0216\ \text{g}$$

이 예제에서는 알려진 K_{sp}를 사용하여 당량점에서의 전위를 계산하였다. 반대로 위 과정의 역으로 진행하면 당량점에서 측정된 전위를 사용하여 난용성 염의 K_{sp} 또한 결정될 수 있음을 주목해야 한다.

그림 15.12에서 적정 곡선은 간단하며 당량점은 쉽게 감지될 수 있다. 그러나 묽은 용액, 비수용성 용매, 그리고 느린 반응을 포함한 적정에서는 적정 곡선이 더 완만해져 당량점을 예측하기가 어렵다. 이 경우 적정 곡선의 **1차 또는 2차 미분**을 기록하는 장비를 사용하면 문제를 해결할 수 있다. 그림 15.12와 같은 관계에 대해 얻어진 곡선이 그림 15.13에 나와 있다. 곡선의 1차 미분을 취하면 기울기가 측정되고 첨가된 부피에 대한 그래프를 얻게 된다. 종말점에서 곡선의 기울기는 급격히 증가하다가 갑자기 감소하기 시작한다. 이때 그림 15.13b와 같이 기울기가 최댓값을 유지한다. 2차 미분은 1차 미분 곡선의 기울기를 측정하고 이를 첨가된 부피에 대해 표시한다. 종말점에서 그림 15.13b 상의 곡선의 기울기는 0이다. 2차 미분 곡선은 그림 15.13c에 나와 있다. 2차 미분 곡선의 값이 양수에서 음수로 급격히 변하고, 당량점에서는 2차 미분 값이 0이 된다. 자동화된 적정기가 시판되고 있는데 이것은 적정액(titrant)을 빠른 속도로 첨가하여 전위차 측정을 수행하고, 당량점에 도달하면 첨가를 중지하며, 미분과 연산을 통해 분석물의 농도를 정확하게 계산하는 일련의 과정을 자동으로 수행한다. 대부분은 자동 시료 주입기와 컴퓨터 데이터 처리 시스템을 갖추고 있어 여러 번의 적정을 무인으로 수행할 수 있다.

15.3.1.2.3 pH 측정

전위차법의 가장 중요한 응용 중 하나는 용액의 $[H^+]$ 또는 pH의 결정이다. 여기서 pH는 수소 이온 활동도에 대한 음의 상용로그 값으로 정의된다. 활동도와 몰농도가 비슷하다고 가정하면

$$\text{pH} = -\log(\text{H}^+) \approx -\log[\text{H}^+] \tag{15.17}$$

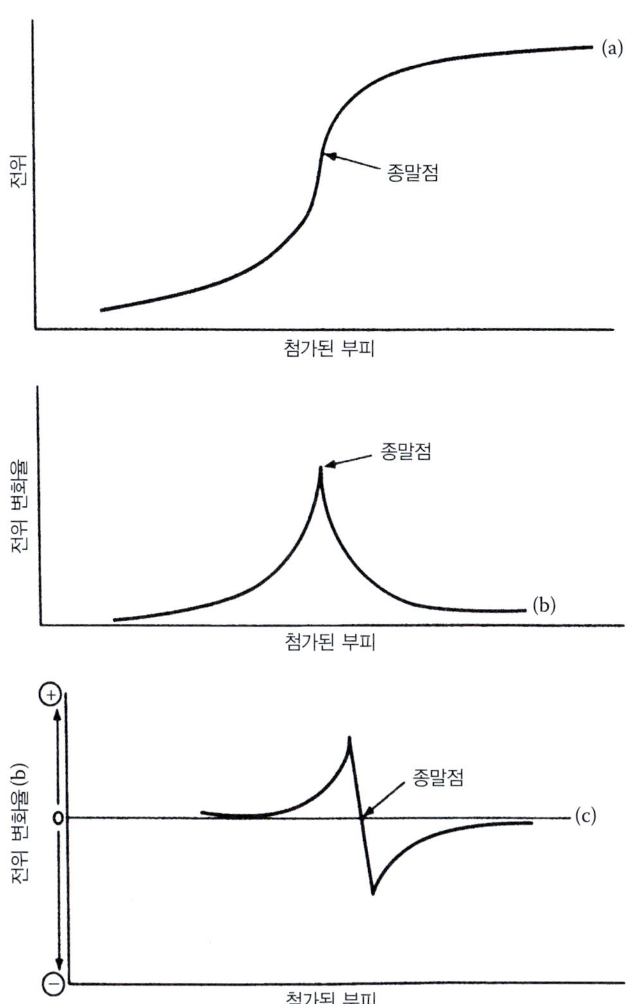

그림 15.13 (a) 간단한 전위차 적정 곡선. (b) 그것의 1차 미분하여 얻어진 곡선. (c) 2차 미분하여 얻어진 곡선.

여기서 (H^+)는 수소 이온의 활동도, $[H^+]$는 수소 이온의 몰농도이다. 이 절차는 대부분의 용액에 대해 pH를 결정하는 데 사용될 수 있다. 그 대상 용액이 음용수, 수영장의 물, 음료수 또는 산업 공정의 화학 물질인 경우 이 측정은 특히 중요하다. 화학자가 수행하는 유기나 무기 합성 반응, 생화학 반응 등은 pH에 매우 민감하므로 반드시 측정되고 조절되어야 한다.

수소 이온 농도는 Nernst 식과 SHE나 SCE와 같은 기준 전극을 사용하여 직접 결정할 수 있다. 전지에 의해 생성된 전위는(액간 접촉 전위를 무시하면)

$$E(\text{전지}) = E(H^+) - E(\text{기준}) \tag{15.18}$$

또한,

$$E(H^+) = E^0(H) + \frac{RT}{nF}\ln[H^+]$$

$$E(\text{전지}) = -E(\text{기준}) = E^0(H) + \frac{RT}{nF}\ln[H^+]$$

$$= -E(\text{기준}) = E^0(H) + \frac{0.05916}{1}\log[H^+] \ (25°\text{C에서})$$

그런데, 표준 수소 전지의 기전력인 $E^0(H)$는 정의에 의해 0이므로,

$$E(\text{전지}) = -E(\text{기준}) + \frac{0.05916}{1}\log[H^+]$$

SHE에 대해 SCE의 기전력은 +0.241 V이다. 따라서,

$$E(\text{전지}) = -0.241 + 0.0591\ \log[H^+]$$

다시 정렬하면

$$-\log[H^+] = \frac{[E(\text{전지}) + E(\text{기준})]}{0.0591}$$

$$= \frac{[E(\text{전지}) + 0.241]}{0.0591}$$

어떤 실험에서 전지의 관찰 전압이 SCE에 대해 −0.6549 V인 경우

$$-\log[H^+] = \frac{(-0.6549 + 0.2412)}{0.05916} = 6.99$$

따라서,

$$[H^+] = 1.0 \times 10^{-7}\ M$$

SHE는 구성의 어려움으로 인해 일상적인 pH 측정에는 사용되지 않는다. 실제로 사용되는 가장 일반적인 수소 반쪽 전지는 유리 전극이다. 일반적으로 기준 전극으로는 SCE나 Ag/AgCl이 사용된다. 이 경우 완전한 전지는 다음과 같이 표현될 수 있다.

$$\text{SCE} \,\|\, [H_3O^+]_{(\text{미지})} \,|\, \text{유리막} \,|\, [H_3O^+]_{(\text{내부 기준})}$$

$$\|\, 0.1\ M\ Cl^-,\ AgCl(sat.) \,|\, AgCl(s),\ Ag(s)$$

SCE는 외부 기준 전극이며 Ag/AgCl 전극은 내부 기준 전극이다. 이론적으로 유일한 미지 값은 시료 용액 중의 H^+의 활동도(농도)이다. Nernst 식은 25℃에서 pH가 1만큼 변할 때마다 pH 전극의 전압이 59.16 mV만큼 변해야 한다는 것을 알려준다. 그러나 실제로는 접촉 전위를 무시할 수 없다. 따라서 전지에 대한 식은 다음과 같다.

$$E_{\text{전지}} = E_{\text{지시}} - E_{\text{기준}} + E_{\text{접촉}} \tag{15.19}$$

접촉 전위 E_j뿐만 아니라, 막 전극은 미지 크기의 비대칭 전위를 갖는다고 알려져 있다. 이러한 전위는 쉽게 측정될 수 없으므로 pH 측정 전에 pH 전극 시스템은 실험을 통하여 직접 교정되어야 한다. 실제로, 미국의 National Institute for Standards and Technology(NIST)와 IUPAC에서 사용하는 pH의 정의는 일련의 표준 완충 용액에 의한 교정을 기반으로 한 **작동 정의**(*operational definition*)이다.

완충 용액이란 넓은 범위의 농도에서 소량의 산 또는 염기가 첨가된 후에도, pH가 비교적 일정하게 유지되는 용액이다. pH 전극을 교정하기 위한 대부분의 표준 완충 용액은 시판되고 있으며, 참고문헌에 있는 Dean의 화학 핸드북에 기술된 방법으로 제조될 수 있다. 공인 기관에서 인증된 완충 용액은 국가 표준 기관(예: 우리나라는 KRISS, 미국은 NIST) 등에서 구입할 수 있지만 매우 정확한 작업에만 필요하다.

pH 미터의 비대칭 전위와 기준 전극 전위의 변동을 교정하기 위해서는 알려진 pH의 완충 용액에서 pH 미터를 교정해야 한다. 교정된 후 pH를 $pH_{\text{표준}}$(표준 pH)라고 한다. 완충 용액에 전극을 담가 전위를 측정하고 이 값은 $E_{\text{표준}}$로 지정된다. 그런 다음 전극을 시료 용액에 담가 $E_{\text{미지}}$(미지 전위)와 $pH_{\text{미지}}$(미지 pH)를 측정한다. 시료의 pH는

$$pH_{미지} = pH_{표준} - \frac{(E_{미지} - E_{표준})}{0.05916} \tag{15.20}$$

식 15.20은 25℃에서 pH의 작동 정의를 알려준다. 이것은 식 15.17로부터 H^+의 활동도를 실험적으로 추정한 것에 해당됨을 반드시 기억하라.

예상되는 시료의 pH에 가까운 값의 pH 또는 예상되는 시료의 pH를 포함하는 두 개의 pH 값에서 측정기를 교정하는 것이 좋다. 측정기 내에 입력될 교정 곡선의 선형성을 확보하기 위해 pH 4.00, 7.00, 10.00과 같은 여러 pH 값에서 교정을 수행할 수 있다. 이때 측정의 정확도는 시료의 이온 세기를 표준 용액의 이온 세기와 가능한 일치시켜 활동도 계수의 차이를 최소화하는 것에 달려 있다. 이것은 높은 이온 세기를 갖는 시료나 복잡한 매트릭스하에서는 수행하기 어려울 수도 있다. 이러한 경우, 표준물 첨가법의 사용이 보다 유리하다.

15.3.1.2.4 유리 전극의 pH 측정 오차

pH 측정은 항상 오차를 수반하며 여기에는 다양한 원인이 존재한다. 완충 용액을 만들 때의 오류나 완충 용액의 저장 시 조성의 변화로 인해 오차가 발생할 수 있다. 완충 용액의 일반적인 문제는 용액 내에 박테리아 또는 곰팡이가 성장하거나 염기성 용액 내로 공기 중의 CO_2가 흡수(이것은 염기성을 감소시킨다)되는 데 있다. 방부제를 첨가하는 등의 완충 용액 보관법 그리고 기타 실용적인 정보는 Dean의 참고문헌에서 찾을 수 있다. 측정된 pH의 정확도는 교정 완충의 pH보다 정확할 수 없다는 사실도 주지해야 한다.

유리 전극은 염기성 용액(pH>11)에서 알칼리 금속 이온에 민감하게 감응하며, 이 조건에서는 H^+뿐 아니라 Na^+, K^+ 등에 모두 감응한다. 그 결과 측정된 pH가 실제 pH보다 낮아진다. 이 **알칼리 오차**(alkaline error)의 크기는 유리막의 조성이나 양이온 간섭에 의존한다. 이는 유리 내의 알칼리 금속 이온과 용액 내의 알칼리 금속 이온 사이 위치한 유리막의 표면에서 발생하는 이온 교환 평형에 기인한다. 수소 외의 이온에 대한 감응을 최소화하기 위해 고 알칼리성 용액에 사용되는 전극에는 특수 유리 조성물이 도입되기도 한다.

유리 전극은 또한 극도로 산성인 용액에서 오차를 보인다(pH<0.5). **산 오차**(acid error)는 알칼리 오차와 반대 방향이다. 측정된 pH 값은 실제보다 높다. 산 오차의 원인은 잘 이해되지 않지만 유리막에 수소 이온이 포화되어 더 이상 감응할 자리가 없을 때 발생하는 것으로 여겨진다.

교정 표준 용액과 시료 용액에 대한 각각 접촉 전위의 변화는 pH 측정 오차를 유발한다. 0.01 pH 단위의 절대 정확도는 얻기가 어렵지만, 0.001 pH 단위만큼 작은 pH의 차이는 측정될 수 있다. 앞서 정의한 pH의 작동 정의는 이온 세기가 0.1 미만이고 pH 범위가 2~12인 희석 용액에서만 유효하다. 한편, 이온 세기가 극단적으로 크거나 작을 때는 재현성 없는 접촉 전위로 인해 심각한 오차가 발생할 수 있다.

15.3.2 | 전기량법

Zn/Zn^{2+} 반쪽 전지와 Cu/Cu^{2+} 반쪽 전지로 구성된 표준 전지에서는 Zn이 녹아 들어감에 따라 용액 중의 Cu^{2+}가 Cu 금속 상태로 석출되며, 이 반응을 통해 1.100 V의 전압이 발생함을 앞에서 살펴보았다. 이런 식으로 자발적으로 작동하는 전지를 **갈바니 전지(galvanic cell)**라고 한다. 반대로 충분한 전위를 인가하면 비자발적인 방향으로 전지 반응을 일으키는 것 또한 가능하다. 이러한 방식으로 작동되는 전지를 **전해 전지(electrolytic cell)**라고 한다. 전위 또는 전류를 인가하여 열역학적으로 비자발적인 산화 또는 환원 반응을 일으키는 과정을 **전기 분해(electrolysis)**라고 한다. 전기 분해는 충분한 시간 동안 진행되어 반응물을 정량적으로 새로운 산화 상태로 변화시킨다. 전기 분해에 기초한 세 가지 주요 전기 분석법이 있는데 정전류 전기량법(전하 적정법), 일정 전위 전기량법, 그리고 **전기 무게 분석법**이 그것이다. 전기 무게 분석법에서는 전기 분해(일반적으로 금속)의 생성물이 하나의 전극에 석출되고 그 전극의 무게를 측정하여

양을 결정한다. **전기량법**에서는 전하를 측정한다. 용액 내 화학종의 농도가 변하지 않게 진행되는 전위차법과 달리, 전기 분해는 화학종을 완전히 소비하여 정량적으로 새로운 화학종으로 변환시킨다.

Zn/Cu 갈바니 전지를 고려해 보면 반응을 어떻게 반전시킬지 예상할 수 있다. 전원이나 배터리로부터 반대 방향으로의 충분한 전압이 인가되면 반응이 역전될 것이다. 이 경우, $Zn^{2+} + 2e^- \rightarrow Zn(s)$ 반응을 강제로 일으켜 Zn을 전해 석출하려고 하면, $2H^+ + 2e^- \rightarrow H_2(g)$ 반응에 의해 물에서 수소가 발생한다.

전지에는 Zn^{2+}보다 훨씬 많은 물이 존재하기 때문에, 인가된 전압은 원하는 Zn(s) 석출을 일으키지 못한 채 H_2만을 생성하게 된다. 따라서 $Zn/Zn^{2+}(aq)$ 반쪽 전지 반응은 **화학적으로 비가역적**이다. 반면에, 산성 용액 중의 산화 전극은 구리를 용해시키며 용해된 구리 이온을 다시 구리 금속으로 되돌이킬 수 있으므로 이때 $Cu(s) \rightarrow Cu^{2+} + 2e^-$ 반응은 **화학적으로 가역적**이다.

갈바니 전지와 전해 전지의 차이점과 유사점은 그림 15.14에 요약되어 있다. 산화는 항상 산화 전극에서 일어나고 환원은 항상 환원 전극에서 일어난다. 하지만 갈바니 전지에서는 (+) 전극에서 환원이 일어나고, 전해 전지에서는 (−) 전극에서 환원이 일어난다는 것을 주목해야 한다. 이 차이는 전기를 제공하는 주체(갈바니 전지에서는 전기 화학 전지 그러나 전해 전지에서는 외부 전원)가 달라서 전극의 극성이 반대가 된다는 점을 고려한다면 이해될 수 있다. Cl^-, NO_3^-, SO_4^{2-}와 같은 음이온은 (+) 전극에 끌리고 Na^+, Ca^{2+}, Mg^{2+}와 같은 양이온은 (−) 전극에 끌린다. 전해 전지에서는 인가된 전압의 영향하에서 H^+ 그리고 Zn^{2+} (−) 전극(환원 전극)에 끌린다. SO_4^{2-} 그리고 OH^-은 (+) 전극(산화 전극)에 끌린다. 전해 전지에서 전자는 H^+ 과의 반응으로 환원 전극에서 소비되어 수소 기체를 방출시키는 데 관여하고, 갈바니 전지에서 전자는 Cu^{2+}에 의해 소모되어 Cu 원자를 석출하는 데 관여한다. 두 유형의 전지를 연속적으로 작동시키려면 산화 전극과 환원 전극 반응이 서로 동일한 수의 전자를 수반해야 한다.

용매의 분해는 두 전극 모두에서 발생 가능하다. 물이 용매이면 이 또한 전기 분해될 수 있다. 물의 전

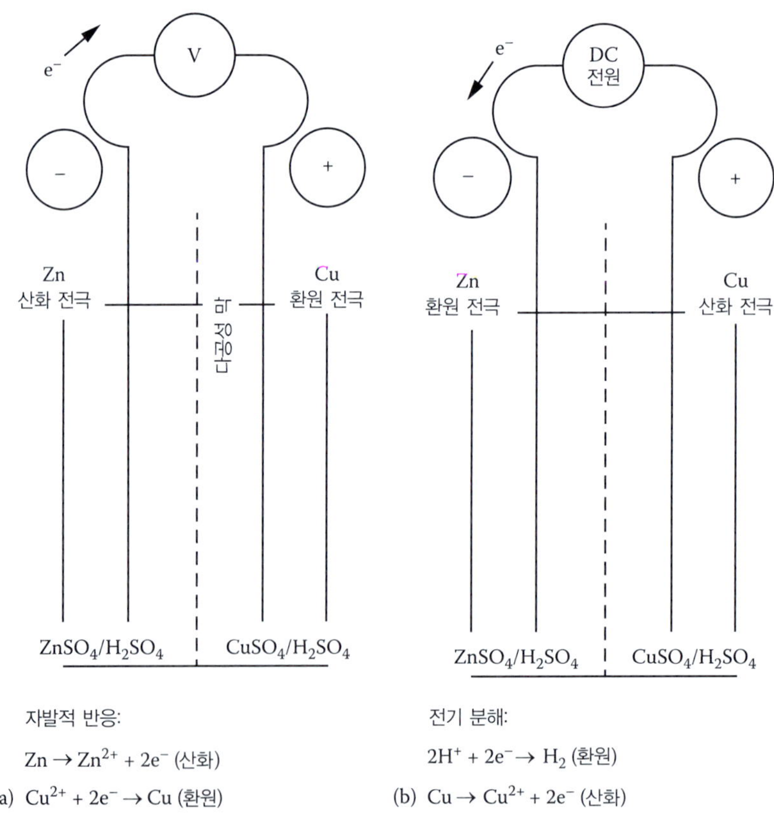

그림 15.14 (a) 갈바니 전지와 (b) 전해 전지의 비교

기 분해는 pH에 의존함을 주목해야 한다.

$$\text{환원: } 2H^+ + 2e^- \rightarrow H_2$$
$$2H_2O + 2e^- \rightarrow H_2 + 2OH^-$$
$$\text{산화: } 2H_2O - 4e^- \rightarrow O_2 + 4H^+$$
$$4OH^- - 4e^- \rightarrow O_2 + 2H_2O$$

15.3.2.1 전기 무게 분석법

구리와 같은 금속 이온의 용액이 동일한 금속의 두 전극 사이에서 전기 분해되는 경우, 다음과 같은 반응이 일어난다.

$$Cu^0 \rightarrow Cu^{2+} + 2e^- \text{ (산화 전극)}$$

$$Cu^{2+} + 2e^- \rightarrow Cu^0 \text{ (환원 전극)}$$

알짜 결과는 금속이 산화 전극에서 용해되고 환원 전극에서 석출되는 것이다. 이 현상은 전기 도금(예: 강철의 크롬 도금)의 기초이다. 또한, 전기 무게 분석법으로 알려진 전해 석출 방법의 분석적 기초가 된다. 여기에는 시료 중에 선택된 성분을 분리하고 무게를 다는 작업이 포함된다. 대부분의 금속 원소의 양은 이러한 방식으로 결정될 수 있으며, 일부 금속 원소는 산화물의 형태로 석출될 수 있지만, 일반적으로 M^0의 형태로 석출된다. 할로젠화물은 할로젠화 은의 석출에 의해 결정될 수 있다. 통상적으로 결정되는 금속은 Ag, Bi, Cd, Co, Cu, In, Ni, Sb, Sn, Zn 등이 있다.

15.3.2.2 전기 무게 분석법과 전기량법을 위한 기기 장치법

전기 무게 분석법과 전기량법에 필요한 기본 장치는 전원(직류의 출력 전압을 갖는 일정 전위기), 비활성 환원 전극 및 산화 전극(보통 백금 포일, 그물 또는 메쉬), 교반 장치이다. 때로는 반응을 용이하게 하기 위해 가열기가 사용된다.

전기 무게 분석법은 일반적으로 전위가 조절된 상태에서 수행되므로 보조 기준 전극이 작업 전극과 함께 사용된다(작업 전극은 산화 전극 또는 환원 전극일 수 있다). 보조 전극-작업 전극 쌍은 일정 전위기에 연결되는데 일정 전위기는 전기 분해 과정 동안 인가된 기전력을 자동으로 조절하여 작업 전극의 전위를 고정된 값으로 유지시킨다.

작업 전극은 넓은 표면적을 가져야 한다. 백금은 비활성이기 때문에 주로 사용된다. Pt 그물 또는 메쉬 전극은 큰 표면적을 제공하기 위해 사용된다. '메쉬'는 전선 지름이 약 0.2 mm인 방충망과 같은 모양이다. 열린 관 형태도 전극으로 사용된다. 표준 크기는 높이 약 5 mm 그리고 지름 약 5 mm의 원통형이지만 다양한 크기로 사용이 가능하다.

석출은 정량적일 필요가 있기 때문에, 용액은 전기 분해 중에 반드시 교반되어야 한다. 자석 젓개-가열판(stirrer-hot plate)과의 조합으로 흔히 사용된다. 전기 무게 분석법에서는 적절한 용량과 감도의 분석용 저울이 필요하다. 실험이 시작되기 전에 석출이 일어날 전극의 무게를 단다. 이 전극은 전기 분해가 완료되면 용액에서 꺼내서, 세척하고, 건조하여 다시 무게를 측정한다. 전기량법의 경우 전하가 측정된다. 전하는 적분기를 사용하여 전류를 적분하여 얻을 수 있다.

이러한 기술의 경우 전류 효율이 가능한 한 100%에 가깝게 유지되는 것이 중요하다. 전류 효율 백분율은 인가된 전류가 해당 반응에 얼마나 사용되었는지 알려준다. 전류 효율 백분율은 $100 \times (i_{\text{인가}} - i_{\text{잔류}})/i_{\text{인가}}$로 정의된다. 여기서 $i_{\text{인가}}$는 전지에 인가된 전류이고 $i_{\text{잔류}}$는 '바탕(background)' 전류이다. 모든 실제 전지에는 바탕 전류가 존재한다. 만약 99.9%의 전류 효율을 달성하려면 인가된 전류가 잔류 전류의 약 1000

배여야 한다. 이는 정전류 전기량법에서 주로 사용되는 μA~100 mA 범위의 전류에 대해 쉽게 달성된다.

15.3.2.3 인가 전위

전기 무게 분석법은 일반적으로 고정된 조절 전위하에서 수행되지만 조절 전류 조건하에서도 수행될 수 있다. 예를 들어, 니켈과 구리를 함유 금속 합금은 용해된 후 그 용액은 전기 분해될 수 있으며, 그 결과 구리는 선택적으로 그리고 완전히 환원 전극에 석출될 수 있다. 석출된 구리는 세척되고 건조되어 무게가 측정될 수 있도록 전극상에 잘 접착되어야 한다. 백금 산화 전극에서는 백금 금속의 용해 대신 수용액으로부터 산소 기체가 발생한다. 결과적으로, 백금은 반응 과정에서 소비되지 않기 때문에 산화-환원을 목적으로 하는 경우 유용한 전극 재료이다. 초기 반응은 다음과 같다.

환원 전극: $Cu^{2+} + 2e^- \rightarrow Cu$ $\quad E^0 = +0.337\ V$

산화 전극: $2H_2O - 4e^- \rightarrow O_2 + 4H^+$ $\quad E^0 = -1.229\ V$

알짜 반응: $2H_2O + 2Cu^{2+} \rightarrow 2Cu + O_2 + 4H^+$ $\quad E_{알짜} = -0.892\ V$

전지가 열역학적 전지(Nernst 식을 잘 따르는 전지)로 거동할 수 있고 반응물이 표준 조건하에 있다면, 구리 석출에 필요한 전압은 알짜 반응에 의해 주어진 값인, $E_{알짜} = -0.892$ V가 될 것으로 예상할 수 있다. 그러나 이것은 전기 화학적 가역성이 있을 때만 가능하다. 일반적인 화학 반응과 유사하게 전기 화학 반응 또한 반응을 위해 극복되어야 하는 **활성화 에너지**(*activation energy*)를 갖는다. 달리 말하면, 전극 반응을 일으키기 위해서는 **과전위(overpotential)**, η라고 하는 추가 에너지가 필요하다. 현재 기술하고 있는 전지에서 전류가 생성되는 지점에 도달하려면 약 2 V를 인가해야 하며, 이 문턱 값을 때때로 **분해 전압**(*decomposition voltage*)이라고 한다. 따라서 우리가 전지 전체에 인가해야 하는 총 전위는

$$E_{분해} = E_{알짜} + IR + \eta \tag{15.21}$$

이런 과전위는 산화 그리고 환원 전극 반응 모두에서 관여하며, 이 구리 석출 전지에서는 Pt 산화 전극이 물을 산화시키는 주된 원인이 된다. 구리가 석출되고 Cu^{2+} 이온의 농도가 떨어지면 전해액을 가로지는 저항 전위 강하(ohmic potential drop), IR과 과전위는 둘 다 감소한다. 용액 저항 R이 일정하게 유지된다고 가정하면, 저항에 의한 전위 강하는 알짜 전류에 직접 비례한다. 한편, Cu^{2+} 이온이 전극에 충분히 빨리 도달할 수 없다면, **농도 분극**(*concentration polarization*)이 발생되었다고 말한다. 이상적으로 분극된 전극(ideally polarized electrode)은 산화 환원에 의한 전자 전달 반응이 일어나지 않는 전극이다. 즉, 전극-용액 계면을 가로 지르는 어느 방향으로든 전자의 흐름은 없다. 만약 H^+ 또는 질산 감극제(depolarizer) 같은 전해질 용액 중의 다른 화학종을 환원시킬 수 있을 정도로 환원 전극 전위가 커다란 음의 값을 갖게 되면 이들의 부반응으로 인해 구리 석출 반응은 더 이상 100% 효율을 유지할 수 없음에 주의한다.

농도 분극을 없애기 위해서는 용액을 활발히 저어주는 것이 필요하다. 이것은 전극에서 발생하는 기체 방울을 제거하는 데도 도움이 된다. 더 중요한 점은 용액의 Cu^{2+} 이온에서 점차 희석될 때 Cu^{2+} 이온을 대류를 통해 환원 전극으로 이동시킨다는 것이다. 이 지점에서, 만약 전류 밀도를 높이기 위해 인가 전압을 높이게 되면 구리 이온 다음으로 가장 쉽게 환원되는 화학종(이 경우에는 H^+ 이온)의 환원을 유발할 수 있다.

$$2H^+ + 2e^- \rightarrow H_2 \qquad E^0 = 0.00\ V$$

H_2 기체의 발생은 상태 불량의 구리 석출물을 생성시킬 수 있으며, 이것은 잘 벗겨지므로 분석 결과에 오류를 가져올 수 있다. 이를 방지하기 위해서 일반적으로 NO_3^- 같은 환원 감극제를 용액에 첨가한다. **감극제**(*depolarizer*)는 H^+ 이온보다 더 쉽게 환원될 수 있는 화학종이지만, 내포 또는 기체 포착에 의해 환원 석출물을 불량하게 만드는 것을 막아준다. 이 경우, 생성물은 암모늄 이온이다.

$$NO_3^- + 10H^+ + 8e^- \rightarrow NH_4^+ + 3H_2O$$

환원 전극의 전위가 큰 음의 값을 가지면, 합금 시료로부터의 Ni^{2+} 이온이 석출되어 합금 석출물을 형성할 수도 있다. 선택성의 순서는 항상 활동도 서열상의 표준 전위에 의해 예측되는 것은 아니라는 점에 유의하라. 또한 pH의 변화 그리고 킬레이트 또는 착화제의 사용에 의해 착화되지 않은 화학종에 의한 전위와는 다른 전위에서 반응을 일으킬 수 있다.

전기 화학에서 만나는 과전위의 가장 일반적인 예는 수은 전극에서 H^+ 이온을 환원시키는 데 필요한 것이다. Platinized Pt(큰 표면적, 검은색의 백금 석출물이 올라간 백금) 촉매 표면에서, H_2/H^+ 이온 쌍은 가역적으로 거동한다고 말한다. 이는 표준 환원 전위 0.00 V에서 표준 상태의 수소 기체를 산화시키거나 H^+ 이온을 환원시킬 수 있음을 의미한다. 그러나 수은 산화 전극에서 H^+ 이온을 환원시키기 위해서는 SHE에 대해 약 −1 V가 필요하다. 이것은 수은 전극에서 수소의 발생이 반응 속도론적으로 느린데 기인한다. 이처럼 수은 전극을 사용하면 표준 환원 전위가 SHE 대비 음의 갖는 많은 금속을 수소 발생의 방해 없이 분석될 수 있으며 이 사실은 폴라로그래피에서 매우 중요하다.

조절 전위 전기 분해(일정 전위 조절)는 기준 전극의 분극을 차단할 수 있는 3-전극 전지를 필요로 한다. 조절 전위법은 금속 혼합물로부터 하나의 금속을 석출하는 데 있어 매우 큰 선택성을 갖는다. 하지만 이 전기 분해의 단점은 분석에 상당한 시간이 필요하다는 것이다. 아래에서 보다 빠른 전기 화학 분석 방법이 설명될 것이다.

정밀한 전해 석출을 위해 실질적으로 고려해야 할 사항을 요약하면, (1) 신속한 교반, (2) 최적 온도, (3) 정확한 조절 전위 또는 정확한 전류 밀도(일반적으로 A/cm^2로 표현됨), (4) pH 조절 등이 있다. 이러한 조건들이 만족되는 경우, 석출물은 윤이 나고 접착성이 좋으며, 전극의 취급(세척, 건조, 칭량 등)에 있어 특별한 주의를 필요로 하지 않는다. 상업용 전기 도금 분야에서는 광택의 증진 그리고 양호한 접착을 위해 접착제, 젤라틴, 싸이오유레아 등의 첨가제가 사용된다. 하지만 이들로 인해 석출물의 중량이 증가되는 등 오류를 가져올 수 있어 분석용 석출에는 사용되지 않는다. 전기 도금은 많은 금속 부품의 외관과 내구성을 향상시킨다. 전기 분해는 또한 배터리를 충전하고, 전극 반응을 연구하고, 기계 가공으로는 얻을 수 없는 모양을 만들고(전기 주조), 용액에서 금속을 추출하거나 제거하는 데 사용된다.

15.3.2.4 Faraday 법칙을 이용한 정량 분석

전기 무게 분석법에서는 분석 대상 원소를 석출시키기 전 후에 작업 전극의 무게를 측정한다. 그러므로 전기 분해 생성물만이 적절한 석출물을 형성하는 경우에만 양이 결정될 수 있다. 석출물의 무게를 측정하는 대신 금속 석출에 사용되는 전기량을 측정한다면 석출된 금속의 양 또는 환원되거나 산화된 이온의 양이 계산될 수 있다. 이것은 전기 분해의 생성물이 고체가 아닌 기체 또는 용해성 이온종인 경우에 유리한데 전기 무게 분석법이 이러한 분석물은 검출하지 못하기 때문이다. 여기서의 계산은 같은 양의 전기는 같은 양만큼의 물질만 전기 분해한다는 것을 말해주는 Faraday의 법칙에 근거한다. 전기량법의 정확도는 무게 분석법만큼 좋으며 훨씬 빠른 것 또한 장점이다.

전하량은 쿨롱 또는 Faraday의 단위를 갖는다. 1 쿨롱(C)은 1 A의 전류에 의해 1초 동안 전달된 전하의 양이다. 1 Faraday(F)는 1몰의 전자의 전하량이므로, 1 F = 96,485 C/mol e^-이다.

정전류, i, 전하, 그리고 분석물의 양 간의 관계는 다음과 같이 나타낼 수 있다.

$$q = nFVM = \frac{nFw}{M_w} = i \times t \tag{15.22}$$

여기서 q는 전하량(C), n은 분석물 1몰당 당량수, F는 Faraday 상수, V는 부피(L), M은 분석물의 몰농도(mol/L), w는 분석물의 무게(g), M_w는 분석물의 분자량(g/mol), i는 전류(A), t는 시간이다. 이 관계는 기본적인 양만을 포함한다. 경험적으로 결정되는 '교정 인자'가 필요 없으므로 표준화 그리고 교정이 필요하지 않는다는 장점이 있다. 이 점이 정량에 있어서 전기량법이 **절대적인 방법**이 되게 함을 기억하라. 이 방법의 전류 효율은 100%이다. 가변 전류의 경우, 전하량은 다음과 같이 계산된다.

$$q = \int_0^t i\,dt$$

예제 A

Sn^{4+} 시료는 반응 $Sn^{4+} + 2e^- \rightarrow Sn^{2+}$에 의해 Sn^{2+}로 완전히 환원되었다. 인가된 전류는 9.65 A이었고, 환원에 걸리는 시간은 16.0분/40초였다. Sn^{4+} 이온의 초기 무게는 얼마인가? 먼저 시간을 초로 변환하라. 16.0분×60초/분 = 960초. 여기에 40초를 더하면 총 시간이 1.00×10^3 초가 된다.

$$\begin{aligned} \text{쿨롱 수} &= i(\text{A}) \times t(\text{s}) \\ &= 9.65\ \text{A} \times 1.00 \times 10^3\ \text{s} \\ &= 9650\ \text{C} \end{aligned}$$

$$\text{패러데이 수} = \frac{9{,}650}{96{,}500} = 0.100\ \text{F}$$

그러나 1F는 1g-당량에 해당되는 중량의 Sn^{4+}을 환원시킨다.

$$1\ \text{g-eq wt.} = \frac{\text{주석의 원자량}}{\text{전하 균형}} = \frac{118.69\ \text{g/mol}}{2\ \text{eq/mol}}$$

즉, 1 F는 59.35 g의 Sn^{4+}을 환원시키고, 0.100 F는 5.935 g의 Sn^{4+}을 환원시킨다.

예제 B

용액의 원래 부피가 250.0 mL인 경우 용액의 몰농도는 얼마인가?

몰농도는 정확히 1 L의 용액에 용해된 용질의 몰수를 의미한다. 용질인 Sn의 원자량은 118.69 g/mol이다. 예제 A에서 주석 5.935 g이 환원되었고 이 환원이 완료되었다고 했다. 용액의 몰농도는

$$\text{mol Sn} = 5.935\ \text{g Sn} \times \frac{1\ \text{mol Sn}}{118.69\ \text{g}}$$

$$\text{mol Sn} = 0.05000\ \text{mol}$$

그리고

$$L_{\text{용액}} = 250.0\ \text{mL} \times \frac{1.000\ \text{L}}{1000\ \text{mL}} = 0.2500\ \text{L}$$

따라서 용액의 몰농도는(0.05000 mol Sn)/0.2500 L = 0.200 M이다. 식 15.22로부터 전기 분해된 물질의 몰농도나 무게 중 전기 활성 화학종의 양의 계산이 가능하다.

15.3.2.4.1 조절 전위 전기량법

전기량법은 주로 3-전극 하에서 조절 전위의 조건 하에서 수행된다. 3-전극 전지에서는 작업 전극의 전위를 일정한 값으로 유지하거나 인가 전압의 펄스가 작업 전극에 가해지도록 한다. 조절 전위를 사용하는 이유는 우리가 Nernst 식을 조사할 때 볼 수 있다. 금속 이온이 환원되는 경우 시간에 따라 원래 산화 상태의 금속 이온의 농도가 점차 감소한다. 따라서 석출을 계속하기 위해서는 전극에 인가되는 전위를 계속해서 증가(음의 방향으로)시켜야 한다. 이렇게 전위가 증가하면 다른 물질의 반응이나 석출이 시작되어 결과에 오류를 가져온다. 이들 석출물로 인해 반응 종결 후 측정되는 석출 금속의 무게 총량이 증가(전기 부게 분석법에서)되거나 전지를 통과하는 전하량이 증가(전기량법에서)되는 결과를 낳게 된다. 이처럼 다른 전위에서 발생하는 의도하지 않은 반응에 의한 방해를 막기 위해서 조절 전위의 사용은 필수적이다.

반응이 진행되면 이론상으로 전류는 지수적으로 감소하므로 최종 전류 값은 0이 될 수 없고 따라서 당량점 도달은 불가능하다. 이 때문에 소량의 물질은 항상 용액에 남아 있게 되므로 분석의 마지막에 흐르는 전류를 측정하여 보정해야 한다. 따라서 반응한 물질의 정확한 측정을 위해서는 적분된 결과로부터 보정 값을 빼야 한다.

벌크 전해라고도 하는 조절 전위 전기량법은 일반적으로 새로운 무기 또는 유기 화합물에 대한 연구가 진행될 때 화학 반응에 관여하는 전자의 수를 결정하는 데도 사용된다. 전기량계를 사용하여 전하량을 측정한다. 예를 들어, 질량 분석을 통하여 분자량을 안다고 가정하면 전자의 몰수는 식 15.22를 사용하여 계산할 수 있다. 이것은 화학종이 얼마나 산화되고 환원되는지를 알려준다. 또한 새로운 화합물의 반응에 대한 정보를 제공한다. 조절 전위 전기량법은 불안정하거나 반응성이 매우 큰 물질을 실시간으로 발생시켜 정량적으로 관찰하는 데 좋은 방법이다.

15.3.2.4.2 전기량법의 분석 응용

전기량법의 가장 주된 장점은 높은 정확도에 있다. 이 방법에서 '반응물'이 곧 전기의 흐름이며 이것은 잘 조절되고 정확하게 측정될 수 있기 때문이다. 전기량법은 기본적으로 분석에 사용되지만 산화-환원 반응 연구나 기본적인 상수의 측정에도 사용될 수 있다.

산업 분야에서 전기량법이 중요하게 쓰이는 전형적인 예로 고무 제조에 사용되는 재료 속의 머캅탄(-SH) 농도를 지속적으로 관찰하는 것이 있다. 전기량법은 염화 탄화수소의 생산에 대한 지속적인 분석과 공정 관리를 위한 상업용 기기로 수행될 수 있다. 염화 탄화수소를 고온 노(furnace)에 통과시켜 HCl로 전환시킨다. 후자를 물에 용해시키고 Ag^+로 적정한다. Ag^+는 은 전극으로부터 전기량법에 의해 생성된다. 시료의 유속은 항상 일정해야 한다. 은을 이온으로 산화시키는 데 필요한 전류를 적분하면 Cl^- 농도를 측정할 수 있다.

전기량법의 또 다른 흥미로운 적용은 용액에 적정 용액(titrant)을 생성하는 것이다. 산, 염기, 환원제, 산화제는 모두 용액에서 생성될 수 있으며 이들은 부피 분석에서의 적정액과 정확히 동일한 방식으로 반응할 수 있다. 실제로, 부피 적정은 전기 화학적으로 적정 용액을 생성함으로써 수행될 수 있다. 사용된 적정 용액의 양은 반응에 관여한 전기량으로 직접 측정된다. 이 방법은 시약의 무게를 재는 것보다 훨씬 더 정확하다. 전기 화학적으로 생성된 시약은 매우 순수하다. 전기량법을 사용하면 시중에서 판매되는 가장 순수한 시약을 사용한 경우보다 더 정확한 결과를 얻을 수 있다.

15.3.3 | 폴라로그래피

두 전극 사이를 가로지는 전압이 인가될 때, 분석물인 전기 활성 화학종이 용액 중에 존재하지 않더라도 용존 불순물 등의 부반응으로 인해 작은 전류가 발생한다. 용액이 다양한 금속 이온을 함유하고 있을 때, 각 금속 이온의 환원 전위를 초과하는 음전위가 인가되지 않는다면 이들 금속 이온은 전기 분해되지 않는다. 폴라로그래피는 다음에 제시된 두 조건하에 흐르는 각 전류 값의 차이를 관찰하는 것에 기초한다. (1) 금속 이온의 환원 전위보다 약간 양의 값을 갖는 전위와 (2) 금속 이온 환원 전위보다 약간 음의 값을 갖는 전위. 폴라로그래피가 음 방향의 전위 주사(negative potential sweep)에서 발생하는 환원 반응에만 국한적으로 사용되는 것은 아니다. 반대로 양의 전위를 주사하여 산화 곡선을 얻을 수도 있다. 금속 양이온, 음이온, 복합체, 유기 화합물은 모두 폴라로그래피를 사용하여 분석할 수 있다. 시료 용액에 인가된 전위에 대해 얻어지는 전류를 도시한 것을 폴라로그램(polarogram)이라고 한다.

폴라로그래피는 **적하 수은 전극(dropping mercury electrod)**에 인가되는 전위와 전도성 용액을 통해 흐르는 전류와의 관계를 관찰한다. 60년 여 전 Jaroslav Heyrovsky에 의해 발견되었고 이후 수만 건의 연구가 이루어졌다. 이 분야에서 선구자적 업적을 인정받아 Heyrovsky는 1959년 노벨상을 받았다. 분석 방법

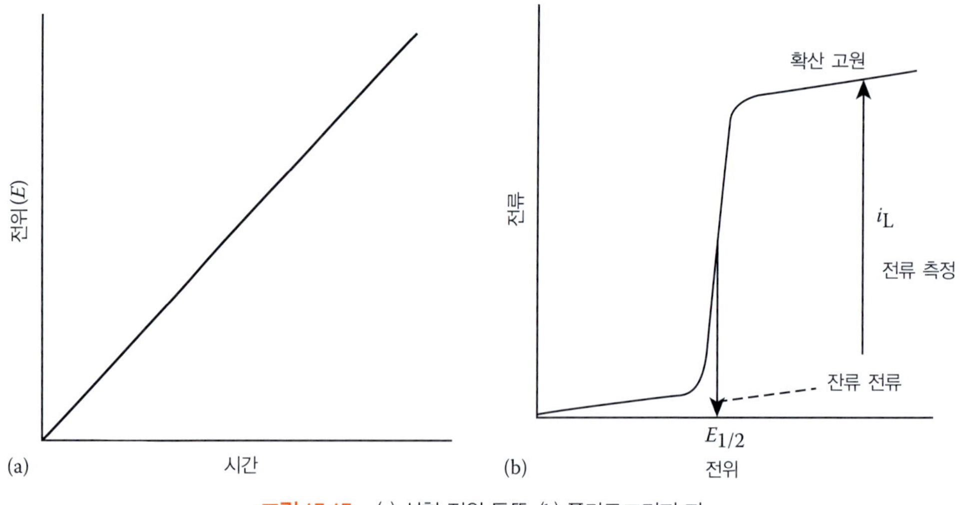

그림 15.15 (a) 선형 전위 들뜸. (b) 폴라로그리피 파.

의 민감도와 해상도를 향상시키기 위해 Heyrovsky의 고전 폴라로그래피 방식은 지난 20여 년 동안 많은 진화를 거듭해왔다. 특히 중요한 두 가지 변화가 아래에 기술될 것이다. 즉, 정상 펄스 폴라로그래피와 펄스 차이 폴라로그래피이다.

고전적 DC 폴라로그래피는 선형 전위 기울기(linear potential ramp)(즉, 선형적으로 증가하는 전압)를 사용한다. 이것은 **전압-전류법(voltammetry)**이라 불리는 더 넓은 범위의 전기 화학적 방법 중의 하나이다. 전압-전류법은 작업 전극을 **분극화**(*polarization*)시키는 인가 전압의 함수로써 흐르는 전류를 측정한다. 이 분극화는 일반적으로 마이크로 전극을 작업 전극으로 사용하여 수행된다. 전극 표면적의 범위는 μm^2~mm^2이다. **폴라로그래피**(*polarography*)라는 용어는 적하 수은 전극을 사용한 전기 화학적 분석에 국한된다. 그림 15.15는 직류 폴라로그래피에 사용되는 전위 들뜸(potential excitation)과 알짜 전류와의 관계를 보여 준다. 물질이 환원(또는 산화)될 때 얻어지는 S자형(또는 sigmoidal 이라고도 부름) 곡선은 **폴라로그래피 파(polarographic wave)**로 불리며 곡선은 정성 분석과 정량 분석의 기초가 된다. **반파전위**(*half-wave potential*), $E_{1/2}$는 환원된(또는 산화된) 화학종의 **확산 전류(diffusion current) 한계** i_L의 절반 높이에서의 전위 값이다. 이것은 반응물의 종류에 의존하므로 정성 분석에 사용된다. 전류, i_L의 크기는 화학종 농도를 결정하는 중요한 척도가 된다. 반응물의 반파 전위에 도달하기 전에 환원(또는 산화)되는 불순물에 의한 전류를 잔류 전류라고 하며 이것은 결과에 오류를 주므로 보정되어야 하며 보통 이 보정에는 잔류 전류를 외삽하여 얻어지는 직선이 이용된다. DC 폴라로그래피는 현재 더 이상 분석 목적으로는 사용되지 않지만 고전 폴라로그래피를 개선시켜 새롭고 강력한 방법을 만들기 위한 기초를 제공할 수 있다.

15.3.3.1 고전 또는 직류 폴라로그래피

DC 폴라로그래피를 위한 최신 장치가 그림 15.16에 나와 있다. 수용액에서의 3-전극 시스템은 수은 작업 전극, Pt 전선 또는 포일 보조 전극, SCE 기준 전극으로 구성된다. 작업 전극의 전위는 기준 전극에 대해 걸어준 전위 기울기의 형태(그림 15.15)를 갖는다. 폴라로그래피의 핵심은 매우 좁은 모세관 끝에 달린 수은을 작업 전극으로 활용하는 것이다. 이 수은은 모세관에 연결된 수은 컬럼에서 공급되며 이 컬럼의 상부에는 수은을 모세관 끝으로 밀어주기 위한 압력 조절 장치가 위치한다. 모세관의 끝에서 수은 방울이 자라고 임계값 보다 무거워지게 되면 수용액 위로 떨어진다. 일반적으로 수은 기둥의 높이는 약 60 cm이고 방울 떨어지는 주기는 2~6 초이다. 수은을 이용하는 것은 다음과 같은 몇 가지 이유로 중요하다.

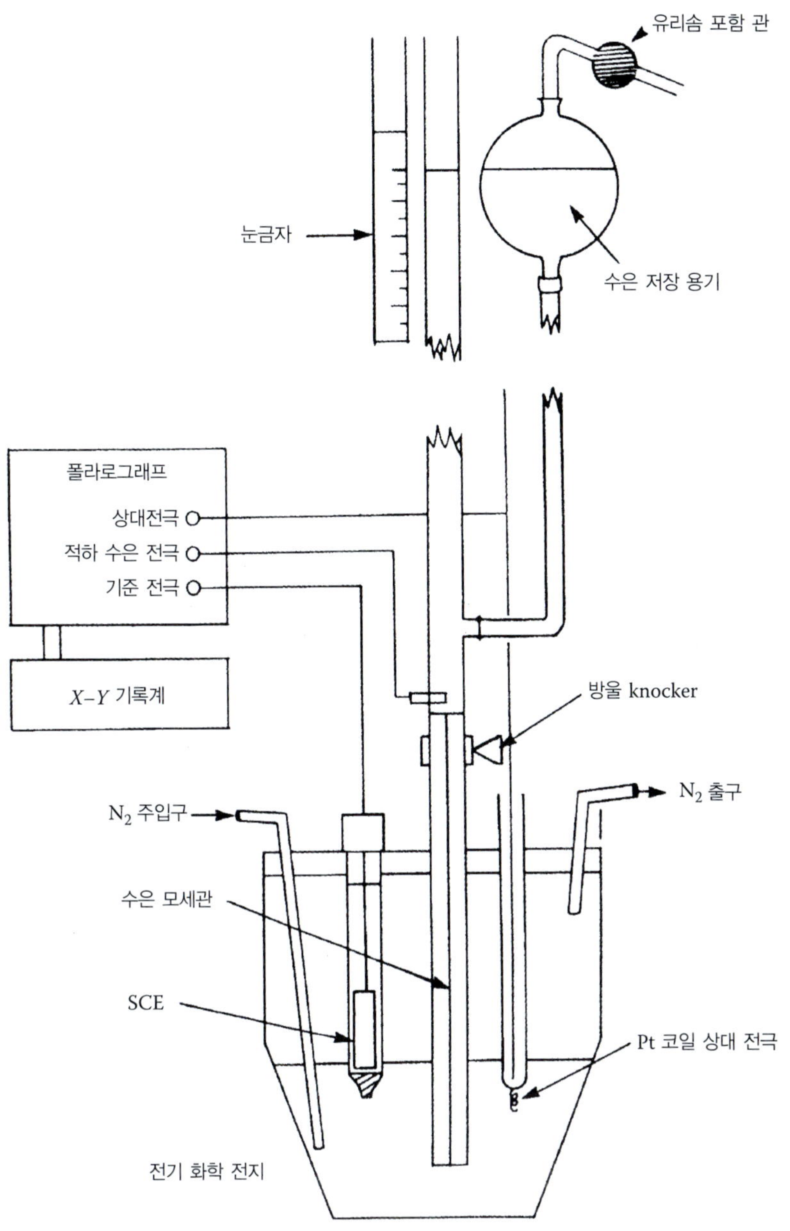

그림 15.16 최신 폴라로그래피 전지와 3-전극 회로

1. 새로 생긴 방울은 매번 용액에 신선한 수은 표면을 노출시킨다. 액체 방울 표면은 일반적인 고체 전극처럼 오염되지 않기 때문에 전류의 거동은 고체 표면보다 더 나은 재현성을 갖는다. 용액 중 존재하는 유기 오염물 또는 흡착성의 물질은 새로운 방울과 다시금 평형을 이루므로 하나의 전극이 이들에 계속 노출되는 경우에 비해 방해는 줄어들게 된다.
2. 앞서 언급했듯이, 수은 전극에서의 H^+의 환원은 높은 과전위를 요구한다. 이것은 표준 환원 전위가 H^+보다 더 음의 값을 갖는 금속 이온을 분석할 수 있음을 의미한다. 대부분의 금속 이온에 대해 이것을 고체 상태로 석출시키는 것보다 수은 아말감으로 환원시키는 것이 더 쉽다. 반대로, 수은은 쉽게 산화되기 때문에 산화 과정 연구에 사용되는 것은 제한된다.
3. 고체 전극은 그 결정성 때문에 표면이 불규칙하다. 반면, 액체 수은은 전처리(연마 또는 에칭) 과정이 없어도 부드럽고 재현성 있는 표면을 제공한다.

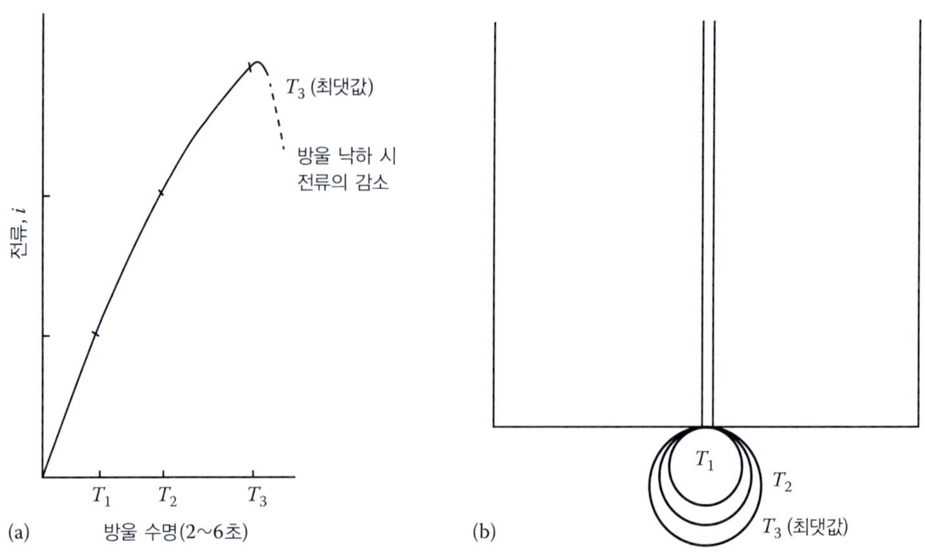

그림 15.17 (a) 전류 파형, (b) 시간에 따른 방울의 확장

일반적으로 전기 분석에서의 확산 전류는 매우 작기 때문에($<100\ \mu A$) 기준 전극과 수은 전극 사이의 수용액에 의한 전압 강하(IR drop)는 무시될 수 있다. 그러나 유기 용매로 제조된 전해질은 상당히 큰 저항을 가질 수 있으며 경우에 따라 전압 강하는 보정되어야 한다.

각각의 새로운 방울이 자라서 크기가 팽창함에 따라 얻게 되는 전류는 다음의 두 가지 중요한 요소에 영향을 받는다. 첫 번째는 수은 방울 표면에서 전기 분해에 의한 전기 활성 물질이 점차 고갈된다는 것이다. 이것은 전극 표면에 인접한 확산층 내부에 존재하는 반응물의 농도 감소를 의미한다. 방울이 커져서 그 표면이 점점 방울의 바깥 쪽으로 이동하면 방울이 접하는 영역의 반응물의 농도는 증가하며 마침내 벌크의 농도와 같은 농도에 도달하게 된다. 두 번째 요소는 방울 그 자체의 성장이며, 이는 확산층의 형성을 방해하는 경향이 있다. 단일 방울의 전류 파형이 그림 15.17에 나타나 있다.

확산 전류 i_L은 방울이 낙하하기 직전에 측정되며 이 전류에 대한 수학적 설명은 다음 식에 의해 주어진다.

$$i_L = 708nCD^{1/2}m^{2/3}t^{1/6} \tag{15.23}$$

여기서 i_L은 수은 방울의 최대 전류(μA), n은 전기 활성 화학종 당 관여한 전자의 수, C는 전기 활성 화학종의 농도(mM), D는 전기 활성 화학종의 확산 계수, m은 수은 흐름의 유속(mg/s), t는 적하 시간(하나의 방울이 자라기 시작해서 낙하할 때까지 걸리는 시간)(s)이다. 이것을 **Ilkovic 식**이라고 한다. 특정 모세관과 수은 압력 장치를 쓰는 경우 $m^{2/3}t^{1/6}$은 일정할 것이다. 또한 특정 화학종 그리고 용매 조건에 대한 확산 계수와 n값은 상수이다. 따라서 i_L은 전기 활성 화학종의 농도 C에 비례하며 정량 분석이 가능하게 된다. Ilkovic 식은 실제로 수 퍼센트 이내로 정확하며 일반적으로 ±1%의 정밀도를 갖는다. 일반적으로 교정 곡선을 얻기 위해서 표준물 첨가나 내부 표준을 사용한다. 내부 표준법은 화학적 시료 채취나 준비 과정에 시료의 손실 가능성이 있는 경우 유용하다. 이 방법은 주어진 전해질하에서 측정되는 '시료와 첨가된 표준물에 의한 확산 전류 값의 비율이 항상 일정하다는 원리'를 활용한 것이다.

시료로부터 폴라로그램을 얻으려면 두 가지 중요한 단계가 필요하다. (1) 시료를 적절한 **지지 전해질(supporting electrolyte)**에 용해시켜야 하며, (2) 용존 기체는 반드시 **제거되어야** 한다. 지지 전해질의 역할을 이해하기 위해 먼저 이온 용액에서 일어나는 세 가지의 질량 이동 현상을 이해해야 한다. (1) 확산, (2) 대류, (3) 전기 이동.

확산(*diffusion*)은 전극 반응에 의해 농도 기울기가 생성될 때 전기 활성 화학종이 전극에 도달하는 수단이다. 전자 전달 과정은 전기 활성 화학종의 농도를 감소시키거나 전극 표면으로부터 확산되는 새로운 화학종(본질적으로 벌크 용액에 존재하지 않음)을 생성시킬 수 있다. **대류**(*convection*), 즉 강제된 전해질의 움직임은 용액 내에 항상 존재하는 자연적인 열 흐름에 의해 발생할 수 있다. 또는 의도적으로 전해질 용액을 저어주거나 전극을 회전시킴으로써 일어날 수 있다. 일반적으로, 자연 대류는 신호 채취 시간(수 초 단위)을 줄이거나 적절한 전극 설계를 통해 최소화되어야 한다. 세 번째 형태의 이동은 전하를 띤 화학종, 즉 이온에만 관여한다. 여기서 **전기 이동**(*migration*)이란 전기장에서 이온의 움직임을 말한다. 대류가 없는 경우 화학종이 확산에 의한 이동만을 일으키게 하려면 이런 전기 이동은 반드시 억제되어야 한다. 일반적으로 이 억제는 과량의 비활성 **지지 전해질**(*supporting electrolyte*)을 용매에 첨가함으로써 이루어진다. 지지 전해질의 역할은 두 가지이다. 기본적으로는 전해질의 저항을 낮추는 것과 전기 활성 화학종이 확산에 의해서만 전극에 도달하도록 하는 것이다.

전형적으로, 지지 전해질 농도는 0.1~1 M이다. 대표적인 예는 KCl 용액이다. K^+은 쉽게 환원되지 않으며 K^+와 Cl^-가 용액에서 거의 같은 속도로 이동한다는 또 다른 장점이 있다. $ZnCl_2$(0.0001 M)와 KCl(0.1 M)의 용액에서 아연의 전기 이동의 의한 전류는 무시할 만하고, 결국 확산에 의서만 전극으로 이동된 아연 이온의 환원으로 인한 전류를 측정할 수 있게 된다.

폴라로그래피에서는 정체된 용액(기체를 방울 형태로 불어넣거나 자석 젓게에 의한 교반이 허용되지 않음)에서 측정이 이루어지지만, 수은 방울의 팽창은 대류를 일으키기 때문에 측정된 전류는 확산과 대류 둘 다에 의존하게 된다. 커짐에 따라 발생하는 전류는 수은의 팽창으로 인한 확산 그리고 대류 운동에 의존한다. 이러한 효과가 조합된 결과, $t^{1/6}$에 비례하는 전류가 생성된다.

정제된 질소 또는 아르곤 기체의 방울을 불어넣어 전해질에 녹아있는 산소를 제거하는 것 또한 필수적이다. 산소를 제거하지 않으면 산소의 환원 반응이 일어나 폴라로그램의 해석이 복잡해질 수 있다. 그림 15.18은 전기 활성 시료가 첨가되지 않은 지지 전해질을 공기로 포화시켜 얻은 실제 폴라로그램을 보여준다. SCE에 대해 −0.1 V 근처에서 갑자기 나타나는 파형의 변화는 산소의 환원에 의한 것이며 −0.8 V에서의 변화는 산소 환원 생성물인 과산화수소의 환원으로 발생된다. 인가된 전위 값이 과산화수소의 환원에 대한 임계 값을 일단 넘어서면, 두 종류의 반응은 모두 발생할 수 있으며, 이 결과로 얻어지는 한계 전류의 크기는 첫 번째의 약 두 배가 된다. 첫 번째 반응에 의한 전류 변화는 급격하며 용존 산소의 양을 측정하는 데 활용할 수 있다.

살 날기된 $Pb(NO_3)_2$의 용액에 대한 전류와 전압 사이의 관계는 그림 15.19에 나와 있다. (이 폴라로그램은 실제로 정상 펄스 폴라로그램이며 직류 폴라로그램은 아니다. 차이점은 아래에서 논의된다.)
0~−0.3 V의 전위 범위에서는 작은 **잔류 전류**(*residual current*)만 흐른다. 일반적으로 폴라로그래피에서는 환원 전류를 양의 값으로, 산화 전류를 음의 값으로 표현하고 있다. 잔류 전류는 두 가지 성분, 패러데이 과정 그리고 충전에 의한 기여를 포함한다.

$$i_{res} = i_F + i_{ch}$$

패러데이 전류 i_F는 인가된 전위 범위에서 전기 분해될 수 있는 소량의 금속 또는 유기 오염물 등의 전기 활성 화학종의 반응으로 발생한다. 이러한 불순물은 지지 전해질에 의해 용액 내로 도입될 수 있으므로, 미량 분석을 위해서는 전해질의 정제가 필요하다. 충전 전류 i_{ch}는 비패러데이 성질이다. 즉, 산화 또는 환원 반응에 의한 전극-용액 계면을 가로 지르는 전자 흐름에 기인한 것이 아니라는 것이다. 수은-용액 경계면은 작은 축전기로 근사될 수 있으며, 이 계면에서는 전하의 흐름이 전기 이중층을 만들어 낸다. 전극에 음의 전위가 인가되면 전극의 금속 표면에 잉여의 전자가 쌓이고 따라서 전극 가까이에는 잉여의 양이온이 쌓이게 될 것이다. 실제로 전기 이중층의 전기 용량은 전위에 따라 달라진다. 따라서 엄격하게 보면

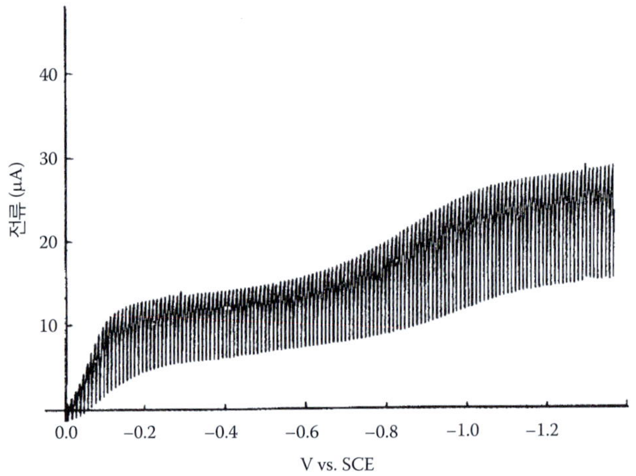

그림 15.18 KNO_3 1 M 전해질 용액에 용해된 산소의 폴라로그램(주사 속도 5 mV/s, 적하 시간 2초).

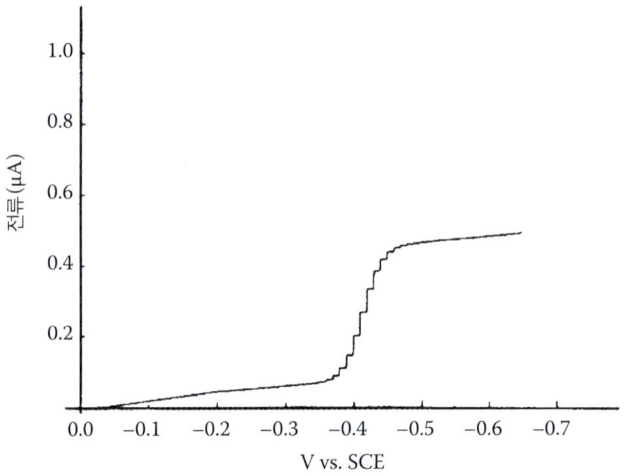

그림 15.19 Pb^{2+} 이온(5 ppm)의 정상 펄스 폴라로그램. 1 M KNO_3의 전해질 용액 사용(주사 속도 5 mV/s, 적하 시간 2초).

일반 축전기와는 다른 거동을 보인다. 충전 전류의 심각한 문제는 폴라로그래피의 분석 감도를 떨어트린다는 것이다. 보다 낮은 농도를 검출하기 위해서 펄스 기반 폴라로그래피를 도입해야 하는 이유가 여기에 있다. 이것은 충전 전류의 간섭을 효과적으로 감소시킬 수 있기 때문이다.

그림 15.19를 다시 살펴보면, 전위가 점점 더 음으로 변함에 따라 환원을 일으키기에 충분한 지점에 도달하게 된다.

$$Pb^{2+} + 2e^- \rightarrow Pb(Hg)$$

Pb^{2+}이 환원되어 아말감을 형성함에 따라 전극 바로 가까이의 Pb^{2+} 농도는 감소한다. 음의 전위가 더 증가하면 벌크 용액의 납 이온 농도는 변하지 않지만 전극 표면의 Pb^{2+} 농도는 결국 0이 된다. 이러한 조건 하의 전극은 '분극되었다'라고 말한다. 적하 수은 전극과 같은 작은 크기의 전극을 사용하므로 벌크에서의 Pb^{2+} 농도 변화는 미미하다.

전극이 분극되었을 때, 벌크로부터 새로운 반응물이 전극 표면에 공급되는 과정은 고갈 영역을 통과하는 확산 현상에 의존한다. 바꾸어 말하면, 이때 전류는 벌크로부터의 반응물의 확산에 의존한다. 이 전류를 확산 전류라고 하며 전류 곡선의 평지 영역을 사용하여 확산 한계 전류 i_L을 측정할 수 있다. 잔류 전류의 외삽에 의해 이것에 의한 바탕 전류 값을 추정하고, i_L에 대한 잔류 전류 오차를 보정한다. 이때 외삽은 일반적으로 평지를 형성한 확산 전류 곡선과 평행선이 되도록 만들어 준다.

15.3.3.2 반파 전위

전류 곡선의 중요한 지점은 확산 전류의 크기가 전체 확산 전류의 절반에 해당되는 전위이다. 이 전류 값을 주는 전위는 $E_{1/2}$, **반파 전위**(*half-wave potential*)이다. 전기 화학 반응이 가역적(reversible)인지의 여부는 전자 전달 반응 속도에 의존하며 이 속도가 충분히 빠를 때만 그 반응은 다음과 같은 전기 화학적 평형이 이루어질 수 있다.(이것을 이해하기 위해서는 먼저 일반적인 화학적 평형과 전기 화학적 평형의 차이점을 이해해야 한다.)

$$\mathrm{ox} + ne^- \leftrightarrow \mathrm{red}$$

전기화학 반응이 가역적(일반 화학 반응의 가역성과 구별 필요)일 때만 다음과 같이 전위의 함수로써 비율 [ox]/[red]가 결정되는 Nernst 식의 적용이 가능하게 된다.

$$E = E^0 + 2.303\frac{RT}{nF}\log\left(\frac{[\mathrm{ox}]}{[\mathrm{red}]}\right)$$

또한 이 경우 전위, 전류, 그리고 폴라로그래피 파 전체에 걸쳐 적용되는 확산 전류 i_L 사이에 관계는 다음과 같음을 알 수 있다.

$$E = E_{1/2} + \frac{0.0591}{n}\log\left(\frac{i_L - i}{i}\right) \quad (25\,°\mathrm{C}에서) \tag{15.24}$$

실제로 이 식은 전기 활성 화학종의 가역성(또는 Nernstian 거동)을 시험하기 위해 실제적으로 사용될 수 있다. E 대 $\log[(i_L - i)/i]$의 그래프는 $0.0591/n$의 기울기와 $E_{1/2}$의 절편을 갖는 직선을 나타낼 것이다. 기울기를 결정하면 전기 화학 반응에 관여한 전자의 수, n을 결정할 수 있다. 식 15.24에다 $i_L/2$를 대입하면 표면 농도 [ox]와 [red]가 같을 때의 전위는 $E_{1/2}$가 됨을 알 수 있다.

그러나 반파 전위 $E_{1/2}$은 열역학적 표준 전극 전위 E^0와는 비슷하지만 정확하게 일치하지는 않는다. 반파 전위의 가치는 전기 활성 화학종을 정성 분석할 수 있다는 것이다. 이 전위는 분석물 농도나 모세관 상수에 영향을 받지 않는다. 표 15.4는 폴라로그래피에 의해 분석될 수 있는 다양한 화학종에 대한 반파 전위를 알려준다.

15.3.3.3 정상 펄스 폴라로그래피

고전적인 직류 폴라로그래피와는 달리, 정상 펄스 폴라로그래피는 선형 전위 램프를 사용하지 않는다. 대신 점진적으로 전위가 증가하는 사각파 전위 펄스를 각 방울의 수명의 마지막 60 ms 동안에 인가한다(그림 15.20a). 전기적 제어로 사전 설정된 시간(예: 매 2초)마다 모세관으로부터 방울을 떨어트린다. 각 방울은 동일한 수명을 가지며 자연적(방해 받지 않은)인 낙하까지의 시간보다는 짧다. 초기 전압 $E_{처음}$은 방울의 성장이 완료에 가까울 때까지도 패러데이 반응이 일어나지 않도록 선택된다. 그런 다음 방울 표면적의 변화율이 방울 성장의 초기 단계보다 적으면 펄스가 인가된다. 첫 번째 근사로서, 방울 표면적은 펄스 인가 동안은 일정한 것으로 간주될 수 있다. 펄스 전위 값이 패러데이 반응을 일으킬 수 있을 정도로 충분하다면, 펄스 인가 동안 생성되는 전류는 패러데이 그리고 충전 전류를 모두 포함하게 된다(그림 15.20b). 전류의 측정은 펄스의 마지막 짧은 시간(예: 17 ms) 동안 이루어질 수 있다. 시간에 따라 미세하게 감소하는 전류에 대한 평균 값이 계산되어 출력되며 이 출력은 전기 회로에 의해 다음 전류 측정 전까지 유지된다. 따라서 측정 전 구간에 걸쳐 관찰되는 전류는 방울 수명(예: 2 s) 동안 유지되는 일정한 값의 연속적인 변화로 주어진다. 이때 $i-E$ 곡선에서는 고전 폴라로그래피를 연상시키는 큰 진동은 관찰되지 않으며(그림 15.18과 15.19 비교) Nernst 거동을 따르는 파형만이 관찰된다.

그림 15.20b는 전류를 왜 이런 방식으로 채취하는지에 대한 이유를 알려준다. 확산에 의해 조절되는 전기 화학 반응의 경우 일정한 넓이의 전극에서 생성되는 패러데이 전류 i_F는 $t^{-1/2}$의 함수로 감소된다. 반면

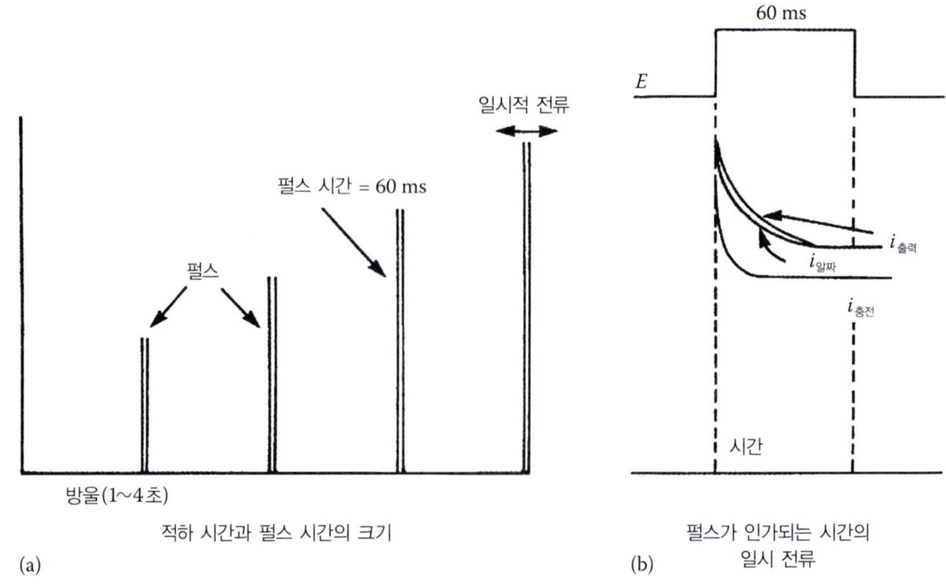

그림 15.20 (a) 정상 펄스 폴라로그래피의 파형, (b) 전류의 일시적 감응

표 15.4 일반 금속 이온의 반파 전위

		$E_{1/2}$ 또는 SCE
Ag(I)	1 M NH_3/0.1 M NH_4Cl	−0.24
Cd(II)	1 M HCl	−0.64
	0.1 M CH_3COONa/0.1 M CH_3COOH	−0.65
Cu(II)	1 M HCl	−0.22
	0.1 M CH_3COONa/0.1 M CH_3COOH	−0.07
O_2	0.1 M KNO_3	−0.05
Pb(II)	1 M HCl	−0.44
	0.1 M CH_3COONa/0.1 M CH_3COOH	−0.50
T1(I)	1 M HCl	−0.48
Zn(II)	1 M NH_3/0.1 M NH_4Cl	−1.35
	0.1 M CH_3COONa/0.1 M CH_3COOH	−1.1

참조: 다른 참고 서적(예: Bard 1980)이나 폴라로그래피 장비 공급업체(예: EG&G Princeton Applied Research Application Briefs and Application Notes)로부터 보다 많은 자료를 얻을 수 있다.

에, 충전 전류는 지수 함수적으로 보다 급격히 감소한다. 이러한 차이로 인해 충전 전류의 방해가 최소화된 패러데이 전류를 얻을 수 있게 된다.

이 방법의 또 다른 중요한 특징은 각 방울 수명의 대부분의 시간 동안은 전류가 흐르지 않는다는 것이다. 예를 들어 수명이 2초라면 마지막 0.060초 동안만 전위 펄스가 인가된다. 이것이 얼마나 유익한지 알기 위해 고전적인 직류 폴라로그래피와 비교해 보자. 직류를 도입하는 경우에는 방울이 팽창하기 시작할 때부터 전위가 인가되고 시간에 따라 점차 전위 값은 증가한다. 패러데이 반응이 일어나면, 방울의 표면에서부터 전기 활성 화학종이 고갈되기 시작하고 이 고갈은 방울의 전체 수명 시간 동안 계속 심화된다. 따라서 약 1.94초 후에는 전극 표면으로부터 상당이 먼 거리에 걸쳐 넓은 폭의 고갈 영역이 생성된다. 하지만 정상 펄스를 사용하는 경우는 1.94초의 시간이 흘러 방울이 상당히 커질 때까지도 전극 반응은 일어나지 않는다. 단지, 전위가 인가되는 0.06초 동안만 고갈 영역이 생성되므로 전극 표면으로의 반응물의 공급이 보다 원활해지고 이는 결과적으로 전류의 감응을 상당히 향상시키게 된다. 이 방법으로는 약 10^{-6} M의 농도 수준까지 검출할 수 있으며, 이는 고전적 직류 펄스법이 갖는 약 10^{-4}~10^{-2} M의 검출 범위보다 훨씬 우수하다.

15.3.3.4 펄스 차이 폴라로그래피

펄스 차이 폴라로그래피는 폴라로그래피 방법 중 가장 복잡한 파형을 가지고 있지만 분석적으로는 해석이 가장 쉬운 방법이다. 전위는 직선의 경사에 펄스가 더해진 형태를 가지며 각 방울의 수명의 마지막 약 60 ms 동안만 부과된다(그림 15.21). 각 펄스 높이는 경사 위에서 일정하게 유지되며, 펄스 차이 방법에서 이 높이는 **변조 진폭**(*modulation amplitude*)으로 불린다. 실제 분석에서 변조 진폭은 10 mV와 100 mV 사이 값을 갖는다. 정상 펄스 방법처럼 전류가 연속적으로 채취되지는 않으며 수은 방울의 수명 내에서 두 번만 채취된다. 한 번은 펄스가 부과되기 직전, 나머지 한 번은 펄스의 부과가 끝난 직후, 즉 각 방울이 기계적으로 제거되기 직전이다. 직류 방법에서와 마찬가지로, 각 방울의 수명이 시작될 때부터 전위가 인가되어 분석물의 농도가 줄어들고 고갈된 확산 층이 생성된다. 그러나 펄스 차이 방법에서는 다음과 같이 각 채취 전류의 차이를 출력한다.

$$\Delta i_{\text{출력}} = i_{\text{펄스 후}} - i_{\text{펄스 전}}$$

정상 펄스 법에서와 같이, 충전 전류가 매우 작은 값으로 감소하도록 시간을 지연시킨 뒤 전류를 채취한다. 다만 측정된 신호가 전류 값의 차이이므로 피크(peak) 모양의 $i-E$ 곡선이 얻어지며, 변조 진폭이 충분히 작으면 최대 피크는 $E_{1/2}$에 가깝다. 펄스 차이 법으로 얻은 전류의 파형은 그림 15.22에 나와 있다.

파형이 피크인 이유를 이해하려면 측정 대상에 대해 먼저 살펴봐야 한다. 출력은 전류가 측정되는 각 전위 값에서의 차이(변조 진폭과 일치함)에 대한 각각의 측정 전류 값의 차이, 즉 $\Delta i/\Delta E$이다. ΔE가 매우 작아지면($\Delta E \rightarrow dE$), 출력은 직류 폴라로그램의 1차 미분 값으로 나타나며, 또한 피크 전위(E_{peak})는 $E_{1/2}$과 일치하게 된다. 그러나 실제로 변조 진폭은 적당한 크기의 전류 신호를 생성할 수 있을 정도의 크기를 가져야 하기 때문에, 환원 과정의 경우에 E_{peak}는 $E_{1/2}$에서 양으로 이동된다.

$$E_{peak} = E_{1/2} - \frac{\Delta E}{2}$$

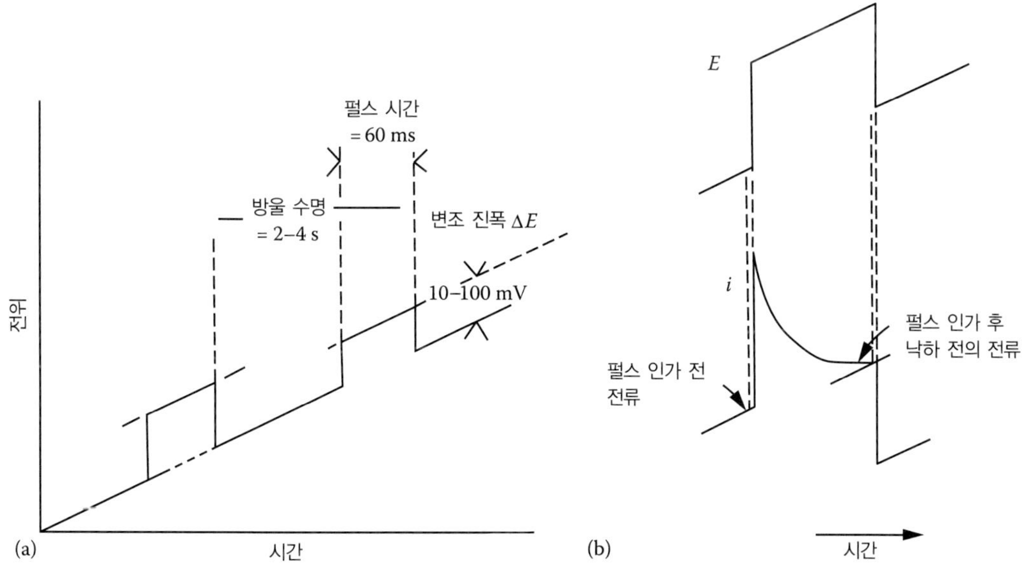

그림 15.21 펄스 차이 폴라로그래피에서의 (a) 시간에 따른 인가 전위의 변화, (b) 시간에 따른 전류 감응

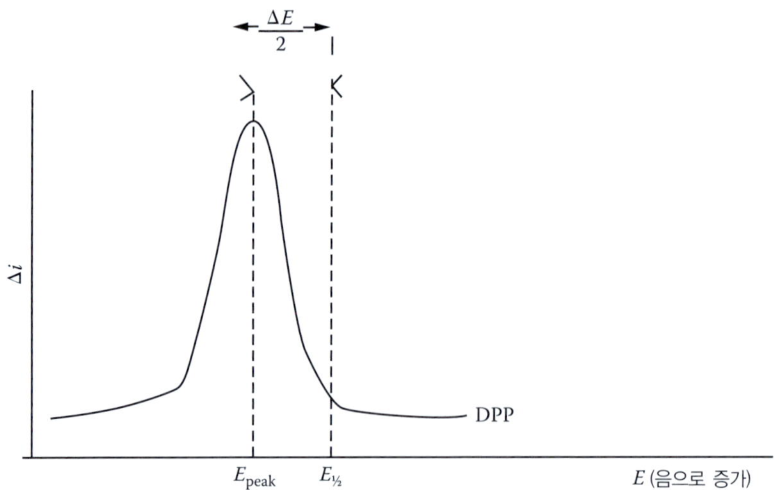

그림 15.22 펄스 차이 폴라로그래피에서 얻는 전류의 파형

여기서 ΔE는 변조 진폭이다. ΔE를 증가시키면 전류 감응은 증가하지만 파형의 분해능은 감소한다. 실험에 있어 최선의 결과를 얻기 위해서는 기기적 실험 변수를 최적화하는 것이 가장 좋은 방법이다. 예를 들어 전위 경사의 주사 속도와 ΔE의 다양한 조합에 대한 파형을 조사하고 최적의 변수를 찾아낸다.

앞서 언급한 펄스 차이 방법의 단순성은 피크 높이가 분석물 농도에 비례한다는 사실에 있다(그림 15.23). 만약 피크 구별에 대한 적절한 해상도를 갖는다면, 그 방법은 동시에 여러 종류의 이온종을 분석할 수 있을 것이다. 펄스 차이 분석은 미량 분석에 특히 유용하다. 검출 한계는 시료 그리고 조건에 따라 다르지만 일반적으로 1×10^{-7} M이거나 또는 더 낮은 값이다.

사용된 용매는 폴라로그래피에서 매우 중요한 역할을 한다. 먼저, 전해질을 녹일 수 있어야 한다. 많은 경우, 음 전위의 인가 시 용매 내의 수소 이온 또는 분자 내 수소 원자의 환원이 수반되므로 완충 용액으로 용액의 pH를 조절하는 것이 중요하다. 완충 용액은 보통 지지 전해질로도 작용한다. 또한 완충 용액은 전기를 전도해야 한다. 이러한 필요들 때문에 벤젠과 같은 많은 유기 액체의 사용은 제한된다. 극성 용매가 필요한 경우 물은 가장 많이 사용되는 용매이다. 유기 화합물을 물에 용해시키기 위해, 에탄올, 아세톤 또는 다이옥세인과 같은 제2의 용매가 먼저 물에 첨가될 수 있다. 이처럼 혼합 용매는 많은 유기 화합물을 녹일

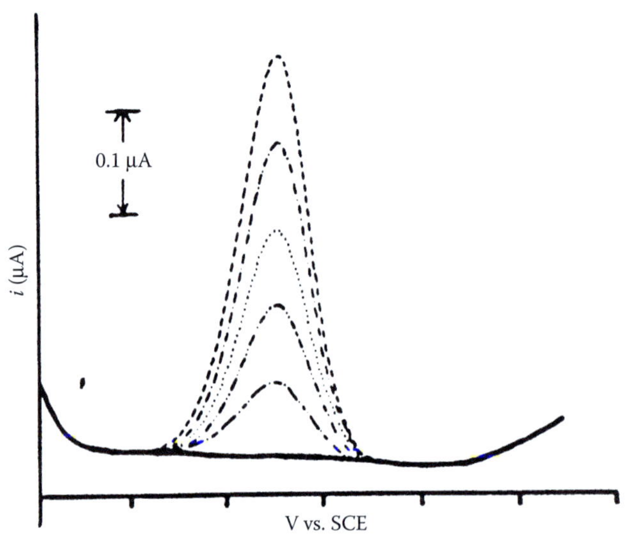

그림 15.23 표준물 첨가의 영향을 보여 주는 펄스 차이 폴라로그램

수 있어서 폴라로그래피 실험 조건에 부합되게 한다.

15.3.4 | 전압-전류법

폴라로그래피는 전기 분해 중 전극 면적이 일정하게 유지되지 않는 전압-전류법의 한 형태임을 앞서 언급한 바 있다. 만약 인가될 수 있는 전위의 범위가 분석물에 적합하다면, 전기 분해를 위해 수은 이외의 전극 물질이 사용될 수도 있다. 표 15.5는 액체 수은 그리고 고체 백금 전극에 대해 이용 가능한 전위의 범위를 요약한 것이다. 흔히 귀금속과 다양한 형태의 탄소가 분석용 전극으로 사용되지만, 때때로 금속성과 반도체성 물질이 사용되기도 한다. 전압-전류법은 작업 전극에서 분극이 촉진되는 조건하에서 마이크로 전극을 작업 전극으로 사용하여 수행된다. 이는 분극이 존재하지 않거나 실험 조건에 의해 최소화된 전위차법이나 전기량법과는 현저한 대조를 이룬다.

분석물의 완전한 소비가 요구되는 전기 측정법과는 달리, 전압–전류법에서는 측정과정에서 매우 적은 분석물이 사용된다.

폴라로그래피에서 수은 전극은 전위 주사 과정에서 정기적으로 갱신되며, 그 결과 분석물 농도는 각각의 새 방울이 시작될 때 전극 표면에서 벌크 수준으로 복원된다. 한편 고체 전극에서는 전위 주사에 의 해 시작된 전기분해가 표면에서 분석물을 고갈시킨다. 이것이 고체 전극을 사용하는 전압-전류법과 고전 폴라로그래피와 사이의 주요 차이점이다. 정상 펄스법은 고체 전극에서도 유용한 기술이다. 그 이유는 전극 표면에서의 농도가 펄스 인가가 없는 시간(전기 분해 기간보다 적어도 10배 이상 긴 시간) 동안 대류에 의해 벌크 수준으로 복원되기 때문이다.

전기 화학적 방법의 강점은 **반전**(*reversal*) 기술의 사용에 있다. 그 중에서도 **순환 전압–전류법**(**cyclic voltammetry**)은 가장 중요한 기술이며 반응 메커니즘을 진단하고 비정상적인 산화 상태에서 반응성 화학종을 연구하는 데 매우 유용하게 사용된다. 순환 전압-전류법에서는 마이크로 전극이 작업 전극으로 사용된다. 전위가 선형적으로 증가하고 전류가 측정된다. 전류는 전기 활성 종의 반응(산화 또는 환원) 전위에 도달할 때 증가한다. 작업 전극의 면적과 분석물이 전극 표면으로 확산할 수 있는 속도에 의해 전류의 크기는 제한된다. 전기 활성 화학종이 반응한 뒤 일정시간 후 전위 주사의 방향이 반전되고, 정방향 주사에서 생성된 모든 전기 활성종이 역방향 주사 동안 검출된다. 가역적인 산화-환원 반응에 대한 전형적인 순환 전압-전류 곡선이 그림 15.24에 제시되어 있다. 역방향 전류는 정방향 주사에서 전류의 아래에 나타나며 이 극성은 반대로 도시되기도 한다. 기본적인 파형과, 다양한 주사 속도에서 이 파형의 변화는 전기 화학 반응의 특징을 조사하는 목적으로 사용된다. 물질은 일반적으로 mM 수준의 농도로 검출되며, 화학

표 15.5 일반적으로 사용되는 전극 및 용매에 대한 허용 전위 범위

		범위(V vs. SCE[a])
수은		
수계	1 M $HClO_4$	+0.05 ~ −1.0
	1 M NaOH	−0.02 ~ −2.5
비수용성	0.1 M TEAP/CH_3CN[b]	+0.6 ~ −2.8
백금		
수용성	1 M H_2SO_4	+1.2 ~ −0.2
	1 M NaOH	+0.6 ~ −0.8
비수용성	0.1 M $TBABF_4$/CH_3CN[c]	+2.5 ~ −2.5

[a]SCE는 비수용성 시스템에서도 사용될 수 있지만 미량의 물이 허용되는 경우에 한정된다.

[b]TEAP, tetraethylammonium perchlorate.

[c]$TBABF_4$, tetrabutylammonium tetrafluoroborate.

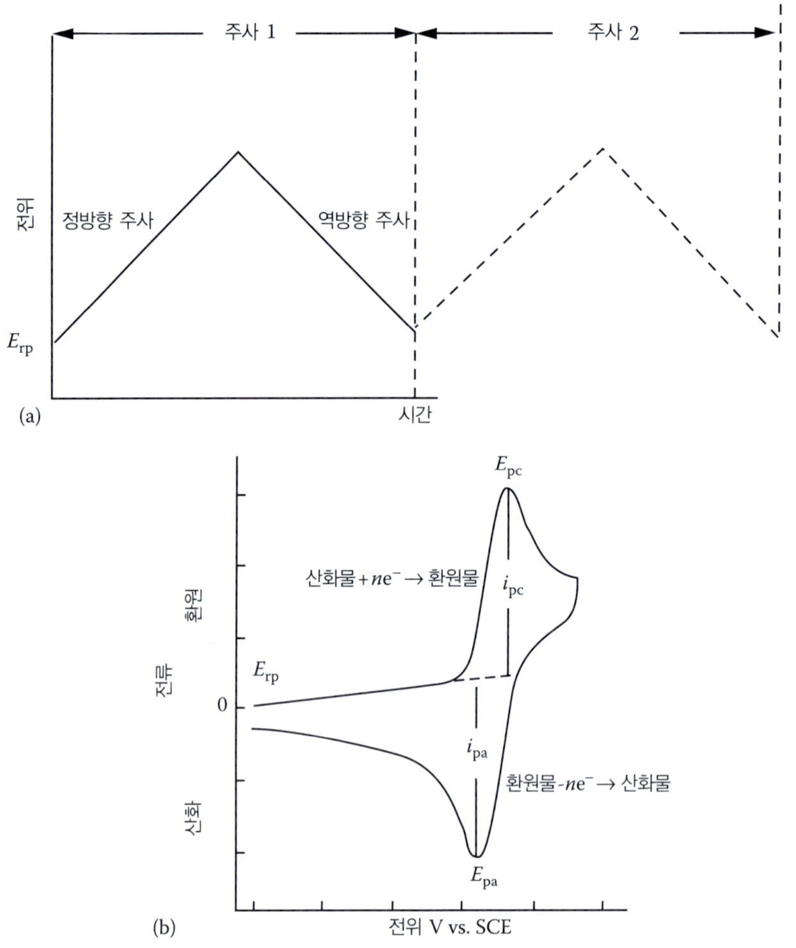

그림 15.24 (a) 순환 전압-전류법에서의 들뜸 파형, (b) 가역성의 전기 활성 화학종에 대한 순환 전압-전류 곡선

종이 환원되고 산화되는 전극 전위를 신속하게 알아낼 수 있다.

첫 번째 전위 주사에 대한 전류 피크 높이는 다음과 같은 Randles-Sevcik 식에서 계산할 수 있다.

$$i_p = 2.69 \times 10^5 n^{2/3} A D^{1/2} C v^{1/2} \tag{15.25}$$

여기서 n은 전달된 전자의 수, A는 전극 면적(cm^2), D 전기 활성 화학종의 확산 계수(cm^2/s), C 전기 활성 화학종의 농도(mol/cm^3), v는 전위 주사 속도(V/s)이다. 표준 전위 E^0는 환원 및 산화 피크 전위, E_{pa}와 E_{pc}와 관련된다.

$$E^0 = \frac{1}{2}(E_{pc} + E_{pa}) \tag{15.26}$$

그리고, 두 피크 전위 값의 분리 정도는 반응에 관여하는 전자의 수와 관련이 있다. 만약 두 피크의 분리를 증가시키는 전지의 IR 강하가 크지 않다면 다음 관계가 성립한다.

$$E_{pa} - E_{pc} = \frac{0.059}{n} \tag{15.27}$$

순환 전압-전류법의 주된 목적은 정량 분석이 아니다. 대신 이 방법의 진정한 가치는 전자 전달 반응의 성격(예를 들어, 빠르고 가역적인 반응에서부터 느리고 비가역적인 반응까지)을 밝혀내고 정방향 주사에서 형성된 불안정한 생성물의 후속 반응을 탐구하는 능력에 있다. 이 능력을 활용하면 마약, 살충제, 제초제, 음식물 오염이나 첨가제, 공해 물질과 같은 화합물의 운명과 분해 과정을 이해할 수 있다. 이 방법의 응용과 해석에 대한 추가적인 설명은 이 장의 마지막의 참고문헌에 제시되어 있다.

15.3.4.1 전압-전류법을 위한 기기 장치법

순환 전압-전류법의 수행을 위해서는 최신의 폴라로그래피의 장치에 내재된 순환 전압-전류법 모드를 사용하거나, 일정 전위기(potentiostat)를 사용할 수 있다. 3-전극 구성이 필요하다. 작업 전극의 전처리는 재현성을 위해 필요하다(적하 수은 전극을 사용하지 않는 한). 일반적으로 전극을 연마제를 이용하여 기계적으로 연마한다. 연마제는 처음에는 거친 것을 써서 전극의 새로운 표면이 드러나게 하고 점차 더 고운 것을 사용하여 전극 표면을 매우 부드럽게 만들어준다.

순환 전압-전류 곡선을 얻기 위한 초기 전위를 선택하는 것은 골치 아픈 일이 될 수 있다. 이를 위해서 먼저 높은 임피던스를 갖는 디지털 전압계로 작업 전극의(기준 전극에 대한) 열린 회로 전위(open circuit potential)를 측정한다. 이 전압은 **휴지 전위**(**rest potential**, E_{rp})로 알려져 있다. 일정 전위기에 설정된 휴지 전위에서 시작하여 음 또는 양의 방향으로 주사를 수행할 수 있다. 이것을 통해 환원 또는 산화 전위 값 그리고 전해질에 의한 한계 전위 값 등이 도출된다. 일반적으로 패러데이 반응이 일어나지 않은 전위에서 주사를 시작하는 것이 필요하며, 그렇지 않으면 전류-전압 곡선이 왜곡되고 재현성 또한 확보될 수 없다.

주사 속도는 일반적으로 10 mV/s에서 1 V/s까지 다양하다. 하한은 전해질에 항상 존재하는 열 대류의 영향을 최소화하는 데 필요한 속도일 뿐이다. 필요에 따라 더 느린 주사도 활용된다. 현대의 모든 일정 전위기는 고속의 주사 전위에서도 잘 작동한다. 상한은 전류 채취 속도와 연산 증폭기의 상승 시간에 의해 결정된다. 두 번째 순환에서부터 나타나는 전류는 첫 번째 주사에서 기록된 전류와 다른 양상을 보인다. 정량을 위해서는 첫 번째 주사에 의한 전류를 사용해야 한다.

15.3.4.2 벗김 전압-전류법

벗김 전압-전류법(*stripping voltammetry*)은 ppb 레벨의 미량 분석이 필요한 많은 분야에서 사용될 수 있다. 이는 생수 시료나 생화학적 연구에서 중금속 오염 물질을 측정하는 데 특히 유용하다. 환원형 벗김은 원칙적으로 가능하지만 산화형 벗김 전압-전류법에 의한 분석이 더 자주 사용된다. 산화형 벗김 분석은 (1) 환원 반응을 수행하여 하나 또는 그 이상의 분석물을 석출을 통해 사전 농축 시킨 다음에 (2) 역반응인 산화 반응을 빠른 속도로 수행하여 그 분석물을 다시 전해질 속으로 녹여낸다. 분석 시간은 몇 분 정도이다. 전체 분석 과정은 세 단계로 나뉜다.

1. 사전 농축
2. 정지(또는 휴지) 기간
3. 전압-전류법이나 펄스 차이법에서의 주사를 통한 벗김 과정

이 기술의 민감도를 향상시키는 것은 사전 농축 기간이다. 이 농축 단계에서 정밀한 전위 제어를 통해 환원될 화학종의 선택이 가능하다. 환원 생성물은 불용성 고체 석출물을 형성하거나 전극 기질과의 합금을 형성해야 한다. 수은 전극을 작업 전극으로 사용할 경우 환원된 금속 이온은 아말감을 형성한다. 일반적으로 석출 수행을 위해 도입되는 전위는 관심 대상 분석물의 환원 전위보다 100~200 mV 정도 더 음의 값으로 설정된다. 예를 들어, 수은에서는 수소 이온의 환원 전위 이하에서 환원 가능한 모든 금속 이온을 환원시키기에 충분히 낮은(음으로) 전위에서 농축 반응이 수행되어야 한다. 완전한 전기 분해는 필수적이지 않으며 2~3%의 제거만으로 충분하다. 또한, 사전 농축 단계가 교정 목적의 실험에 대해 재현성을 갖는 경우 분석물의 전기 분해 효율이 100%일 필요는 없다.

전형적인 고체 기판 전극으로는 유리질(galssy) 탄소, 백금, 금 등이 쓰인다. **매달린 수은 방울 전극 전극**

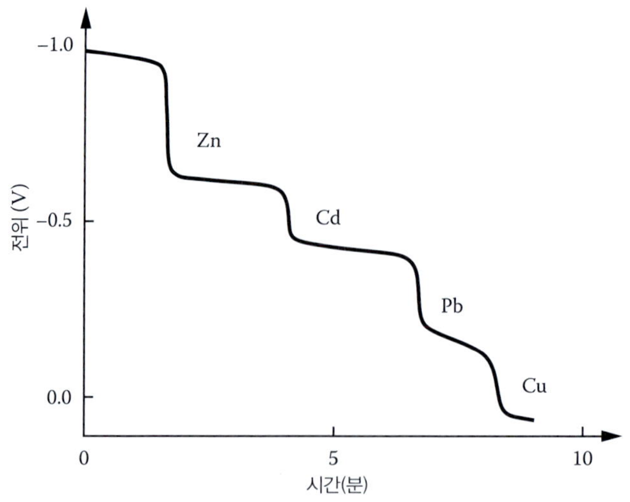

그림 15.25 박막 수은 전극을 이용한 금속 이온의 벗김 전압-전류 곡선

(**hanging mercury drop electrode, HMDE**) 또는 박막 수은 전극 형태를 갖는 수은 전극이 사용될 수 있다. 박막 전극은 $Hg(NO_3)_2$가 용해된 아세테이트 완충 용액(pH 7)을 유리질 탄소 전극상에 전해 석출시켜 제조한다. 탄소 기판에 균일하고 재현성 있는 좋은 박막을 얻기 위해서는 약간의 연습이 필요하다.

사전 농축 단계에서는 용액을 저어주거나 전극을 회전시키는 것이 중요하다. 이 목적은 대류를 통해 전극 표면을 향하는 분석물의 질량 이동을 증가시킴으로써 예비 농축 효율을 향상시키는 것이다. 농축 시간은 일반적으로 3분 이상이다.

이후 휴지기 또는 정지 단계에서 교반기는 30초 동안 꺼두되 전기 분해 전위는 유지시킨다. 이것은 수은 내의 물질의 농도 경사를 보다 균일하게 할 수 있게 한다. 고체 기판에서 제조된 막 수은 전극을 하는 경우 휴지 기간의 조치는 의무 사항이 아니다.

벗김 단계에 대한 다양한 기술이 제안되어 왔다. 여기서 중요한 두 가지 방법을 설명한다. 첫 번째로 산화형 벗김에서 전위는 일정한 속도로 양의 값으로 증가되면서 주사된다. 이 단일 주사 전압-전류법를 사용하면 박막 수은 전극의 분해능은 방울 전극보다 우수하다. 왜냐하면 전자의 벗김 방식에서는 박막의 분석물을 완전히 벗겨낼 수 있기 때문이다. 그림 15.25에 나와 있듯이 많은 금속 화학종을 동시에 분석할 수 있다. 벗김 피크의 높이는 농도에 정비례하는 것으로 간주된다. 교정 곡선을 사용하여 작동 범위 내의 선형성을 확인해야 한다. 벗김의 두 번째 방법은 펄스 차이 방법의 전위 주사를 적용하는 것이다. 이런 식의 전위 주사를 사용하면 폴라로그래피 방식에서 설명한 동일한 원리로 인해 감도가 증가한다.

미량 분석에서 매우 높은 민감도를 얻기 위해서는 시약, 용매, 실험 기구들의 선택과 준비에 있어 많은 연습이 필요하다. 전지용 유리 용기와 부피 측정을 위한 유리 제품은 24시간 동안 6 M HNO_3(미량 금속 순도)에 담가야 한다. 플라스틱 재질의 용기는 용기 벽에 대한 흡착으로 인한 시료의 손실이 예상되는 경우에 권장된다. 용존 산소를 제거하는 데 사용되는 비활성 기체(N_2 또는 Ar)는 추가적인 오염 물질이 유입되지 않도록 미리 정제되어야 한다. 고체 촉매와 건조제를 사용하여 용매 내의 물과 산소를 제거한다. 사전 포화기는 휘발에 의한 전해질 손실을 줄이기 위해 권장된다. 특히 증기압이 낮은 유기 용매를 사용할 때는 유용하다. 주요 오염원은 지지 전해질 그 자체가 될 수 있다. 이것은 부분적으로는 재결정에 의해 정제될 수 있지만, 궁극적으로는 사용될 전극을 이용하여 긴 시간 동안의 사전 전기 분해를 수행하는 것이 요구된다. 희석시킨 표준 물질과 시료는 화학적(예: 가수 분해) 또는 물리적(예: 흡착) 손실의 가능성 때문에 매일 새롭게 준비되어야 한다.

15.3.4.3 산화형 벗김 전압-전류법의 응용

산화형 벗김 전압-전류법은 Ag, As, Au, Bi, Cd, Cu, Ga, In, Mn, Pb, Sb, Sn, Tl , Zn 등과 같이 아말감을 잘 형성하는 금속의 분석에 쉽게 적용할 수 있다. 분석에 있어 간섭의 중요한 원인 중 하나는 아말감 내에 존재하는 금속들끼리 불용성 합금을 형성하는 것이다. 예를 들어, In/Au 또는 Cu/Ni 합금이 수은 방울 내부에서 생성될 수 있다. 이들 합금은 벗김 단계에 잘 반응하지 않으므로 각 금속의 농도는 매우 낮게 측정될 것이다. 간섭이 예상되는 화합물은 착화 또는 전기 비활성화될 수 있도록 전해질을 신중하게 선택한다. 이것은 서로 다른 분석물에 대해 겹치는 전류 피크가 얻어질 때 해상도를 향상시키는 수단이기도 하다. 수용성 전해액에서 분석이 어려운 일부 원소(예: I 족과 II 족)는 반대로 원자 분광법에 의해서 민감하고 쉽게 측정된다. 양이온뿐 아니라 탄소 화합물의 음이온 역시 벗김 분석이 가능하다. 이 경우는 (1) 산화 반응을 통해 해당 음이온을 난용성 수은 염으로 사전 농축을 시키거나, (2) 흡착과 분해를 이용하거나, (3) 금속 착물의 치환과 같은 간접적인 방법 중 어느 하나로 가능하다. 음이온의 수은(I) 또는 은 염이 난용성일 경우 이러한 염들을 생성시켜 분석에 활용할 수 있다. 난용성 염과 용해도 평형을 이루는 각 구성 이온들에 대해 양을 결정하는 잘 알려진 계산법을 사용한다. 이처럼 용해도 평형에 입각한 계산을 통해 수은에서 측정 가능한 음이온의 최소한의 몰농도의 이론적인 값(아래 제시)을 추정하는 것이 가능하다.

$$Cl^-, 5\times10^{-6};\ Br^-, 1\times10^{-6};\ I^-, 5\times10^{-8};\ S^{2-}, 5\times10^{-8};$$
$$CrO_4^{2-}, 3\times10^{-9};\ WO_4^{2-}, 4\times10^{-7};$$
$$MoO_4^{2-}, 1\times10^{-6};\ C_2O_4^{2-}, 1\times10^{-6}.$$

Cl^-를 제외하고는 수은 염은 은 염보다 덜 용해된다.

결론적으로, 벗김 전압-전류법 측정은 다중 조성의 분석물의 분석에 적용될 수 있는 저렴하고 매우 민감한 분석 도구이다. 실제로 농도가 1 ppm을 초과하는 금속 이온 시료에는 권장되지 않는다. 작동 조건 중 전해질 완충 용액은 특히 신중하게 선택되어야 한다. 비금속 그리고 음이온에 대한 이 방법의 민감도는 금속 양이온에 비해 낮다. 최근에는 연속적인 관찰 목적을 위해 흐름 시스템이 고안되고 있다. 벗김 전압-전류법은 해양, 강, 호수 그리고 유출물 중의 불순물을 결정하기 위한 수많은 미량 금속 분석 그리고 환경 연구에 적용된다. 체액, 식품 그리고 토양 시료의 분석과 공기 중 미립자, 산업용 화학 물질 등의 분석에도 이용된다.

15.4 액체 크로마토그래피의 검출기

전기 화학 검출기는 액체 크로마토그래피 용리액 중의 미량 이온 그리고 분자 조성을 결정하기 위해 도입되며 민감하고 선택적이고 저렴하다. 그림 15.26은 전기 화학적 검출을 이용한 액체 크로마토그래피 장치의 개략도를 나타낸다. 많은 분리 분석에서 전기 화학 검출기는 자외선(UV)/가시 광선(VIS) 분광기, 형광 분광기, 굴절률(RI) 검출기와 유사하게 최상의 성능을 제공한다. 두 가지 주요 전기 화학 검출법은 전압-전류법과 전도도법이다. 검출될 이온 또는 분자의 효율적인 전기 화학 활성은 전압-전류법 적용에 필요하지만, 많은 유기 화합물은 컬럼 분리 전후에 전기 활성 성분으로 유도체화 될 수 있기 때문에 실제로 분석물의 활성은 필수 사항이 아니다. 몇 가지 유기 화합물은 컬럼 다음에 위치한 UV 램프에 의해 광분해되어 전기 활성을 갖는 생성물로 변화될 수 있다. 예를 들어, 유기 나이트로 화합물은 적절한 작업 전극 전위에서 전해를 받는 아질산 또는 질산 음이온으로 광분해될 수 있다. 전도도 검출기는 산화-환원 활성인 화학종을 필요로 하지 않는다. 오히려 전해질 유출물의 저항률의 변화를 관찰한다. 검출될 수 있는 화학종의 예는 유기 이온뿐 아니라 할로젠화물, 질산염, 금속 양이온, SO_4^{2-}, PO_4^{3-}, NH_4^+ 등과 같은 단순 이온들이다.

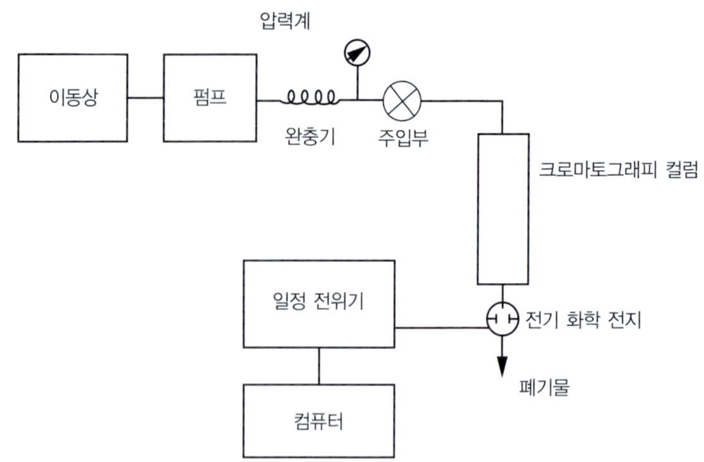

그림 15.26 전기 화학적 검출기가 적용된 액체 크로마토그래피 장치의 개략도

15.5 분광 전기 화학

분광 전기 화학(spectroelectrochemistry, SEC)은 광전기 화학이라고도 하며, 분광학과 전기 화학의 두 가지 기술을 결합한 형태를 말한다. NMR에서 X선까지, 거의 전 영역의 전자기 스펙트럼이 사용될 수 있다. SEC는 재료, 표면, 무기, 유기 그리고 생물학적 물질을 연구하는 데 사용할 수 있다. 이 기술을 적용하면 반응 생성물의 실시간 측정이 가능하여 화학 반응의 가역성 연구, 수명이 짧은 화학종의 연구, 산화–환원 반응에서 알려지지 않은 중간 화학종과 최종 생성물의 확인에 유용하다. 사용할 수 있는 분광학 기술의 범위가 넓기 때문에, 대부분의 측정 장치는 일정 전위기와 같은 상용 부품을 사용하여 연구자에 의해 맞춤형으로 설계된다. 아래에서는 자외선/가시광선/근적외선(NIR) 그리고 적외선(IR)과 결합된 전기 화학 장치만 소개된다. 이는 비교적 비싸지 않게 갖추어질 수 있거나 상업적으로 이용 가능하기 때문이다.

그림 15.27은 SEC 장치를 보여 준다. 자외선/가시광선/근적외선 작업의 경우 백색광 LED (light-emitting diode) 또는 텅스텐 광원이 사용될 수 있으며 다이오드 어레이 분광기가 활용될 수 있다.

자외선/가시광선/근적외선의 광원일 경우 전기 화학 전지는 석영창을 필요로 한다. 작업 전극, 보조 전극, 기준 전극이 있는 일반적인 3-전극 시스템이 사용된다. 적외선 작업의 경우 전지의 창은, 예를 들어 CaF_2와 같이 적외선을 잘 통과시켜야 한다. 많은 장치가 상업적으로 판매되고 있으며 판매업체의 웹사이트에는 장치의 그림과 장치에 대한 상세한 설명은 물론 많은 응용 프로그램과 기술에 대한 소개가 포함되어 있다.

일반적인 자외선/가시광선 또는 적외선 분광기(Plieth 등 1998)는 광학적으로 투명한 전극(Optically transparent electrodes, OTE)을 사용하여 광학적으로 투명한 전지를 구성한다. 투명 전극은 용도에 따라 다음에서 제시된 것처럼 다양한 유형이 있다.

- 투명 기판 위에 입혀진 얇은 금속 박막. 이 박막이 투명하게 유지되도록 두께는 100 nm를 초과해서는 안 된다. 작은 두께는 높은 전기 저항을 초래할 수 있다.
- 광학적으로 투명한 전도성 재료, 예를 들어 인듐-주석 산화물(ITO)의 박막을 가진 유리판.
- 투명 기판 사이의 금(gold) 재질의 망사.
- 독립적으로 설 수 있는 보다 두꺼운 금속 망사.

투명 전극은 단일 작업 전극 또는 작업 전극의 적층 형태로 사용된다.

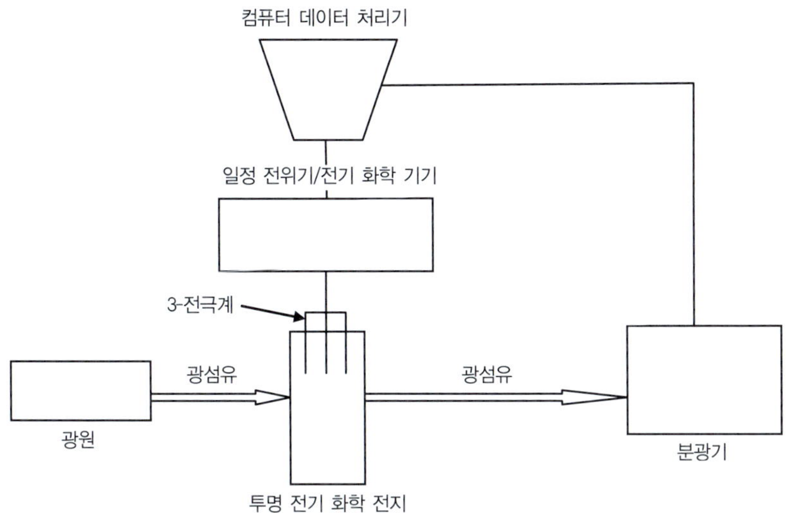

그림 15.27 분광 전기 화학(SEC) 장치의 개략도

SEC 실험 결과는 다음 중의 한 형태로 도시된다. 일정한 파장에서 전위의 함수로 흡광도 도시, 일정한 전위에서 파장의 함수로 흡광도 도시, 그리고 계단 전위 또는 전위 주사 후 시간의 함수로서의 흡광도 도시. 일단 전위를 설정한 후 관찰 시스템이 평형을 이루도록 방치한 다음 스펙트럼을 수집한 후 다른 전위에서 이 작업을 반복하는 절차로 진행된다.

15.6 나노 규모의 전기 화학

1799년 Volta가 전지를 개발하여 전기 화학이 시작된 이래로 전기 화학(및 관련 분석 방법)은 나노 규모의 과학이었다. 전기 이중층 내의 표면 및 계면 특성과 공정에 관한 연구와 개발은 항상 나노미터 및 나노미터 이하의 두께에 대한 연구였다. 금속 및 반도체 전극을 1~100 nm 범위까지 확장하여 센서 기술에 혁명을 일으켰고 극히 낮은 농도의 분자종을 측정할 수 있게 되었다. 그 예로는 금 나노입자와 나노기공(nanopore), 그리고 단일 세포를 조사할 수 있는 전류 측정 프로브가 있다. 이것은 일방적인 관계가 아니었다. 크게 보아 나노기술의 발전은 전착(electrodeposition)과 에칭(etching)의 시너지 효과로 가능해졌다. 이는 나노소자(nanodevice)의 제조 방법의 기초를 형성했다. 나노 규모의 현미경(예: 전자 현미경)과 함께 전압 측정은 양자점, 반도체 나노필름 및 센서와 같은 다양한 분야에 대한 이해를 제공했다. 나노 규모의 전기 화학 응용에 대한 요약은 다음과 같다(ASM 핸드북에 수록된 Svoronos의 논문 참고).

1. 산화 상태 및 전기 촉매 '핫스팟'의 결정과 분석 및 촉매 작용에 미치는 영향.
2. 다양한 환경에서 단일 분자 전도도 측정.
3. 배터리, 슈퍼커패시터, 연료 전지, 센서, 전기 화학적 에너지 변환 및 전기변색 소자와 같은 장치의 응용.
4. 표면 나노 구조의 구축(construction) 및 제작(fabrication)을 가능케 함.
5. 단일 세포로부터의 분자 방출 모니터링에 의한 뇌화학(brain chemistry) 조사.
6. 탄소 나노 튜브의 생체 분석용 촉매 및 전기 촉매 개발.
7. 세포 내 수준에서 산화 환원 특성을 조사하기 위한 막간(transmembrane) 전하 지지체 및 막전위의 측정.
8. 대규모 나노컵 전극(nanocup array) 어레이 개발.

이 논문에서 보듯이 나노 전기 화학의 완전한 의미는 아직 개발 단계에 있지만, 그 가능성은 대단하다고 할 수 있다.

문제

15.1 반쪽 전지의 예를 든다. 반쪽 전지의 절대 전위는 직접 측정할 수 없다. 이 전위를 어떻게 측정할 수 있는지 답하시오.

15.2 Nernst 식을 사용하여 다음 표를 완성하시오.

용액의 pH	H^+의 농도	수소 반쪽 전지 전위
		0
12		
3		
	10^{-5}	
	10^{-10}	
7		
12		
14		

15.3 SCE를 기술하고 설명한다. 이것에 대한 반쪽 전지 반응을 쓰시오.

15.4 유리 전극으로 pH를 측정이 가능한 이유는 무엇인가? 왜 유리 전극은 강 염기성 용액에서 실제 pH보다 낮은 pH 값을 나타내는가? 유리 전극으로 pH를 측정할 때 발생 가능한 다른 오차들을 열거하시오.

15.5 다음 전지의 이론적인 전위를 계산한다. 이 전지는 갈바니 전지 또는 전해 전지 중 무엇인지 답하시오.
$Pt|Cr^{3+}(3.00\times10^{-2}\ M),\ Cr^{2+}(4.00\times10^{-5}\ M)\|Sn^{2+}(2.00\times10^{-2}\ M),\ Sn^{4+}(2.00\times10^{-4}\ M)|Pt$

15.6 두 개의 1가 금속 이온 M과 A의 염은 난용성이다. 금속에 대한 E^0는 표준 수소 전극(SHE)에 비해 +0.621 V이다. 염의 포화 용액에서 관찰된 기전력은 SHE 대 0.149 V이다. 이 염의 용해도곱 상수, K_{sp}는 얼마인지 답하시오.(단, 접촉 전위는 무시하라.)

15.7 전해 석출의 과정 그리고 전기 무게 분석을 위한 방법을 기술하시오.

15.8 철 그리고 니켈과 같은 두 가지 금속을 전기 무게 분석법으로 완전히 분리할 수 있는가? 필요한 가정을 말하고 이것에 대해 무넌 실명하시오.

15.9 Faraday 법칙에 대해 설명하시오. 1.00 L의 부피를 가지는 Fe^{3+}의 용액에서 Fe^{3+}를 Fe^{2+}로 환원시키기 위해 48,246 C이 필요하다면 철 이온의 최초 몰농도는 얼마인가? 12,061 C을 통과한 후 Fe^{2+}의 몰농도는 얼마인지 계산하시오.

15.10 폴라로그래피의 세 가지 주요 형태는 무엇인가? 펄스 폴라로그래피가 고전적인 직류 폴라로그래피보다 더 민감한 이유를 설명하시오.

15.11 전기 화학적 측정을 위한 수은 전극의 장점은 무엇인가? 폴라로그래피를 위한 백금 마이크로 전극에 비해 적하 수은 전극의 장점은 무엇인가? 수은 전극의 단점은 무엇인지 기술하시오.

15.12 산화형 벗김 전압-전류법의 방법을 기술하시오. 농도 결정이 가능한 분석물로는 어떤 것들이 있는가? 벗김 전압-전류법이 다른 전압-전류법보다 더 민감한 이유를 말하시오.

15.13 이온 선택성 전극의 원리를 설명하시오. 이온-특이성(ion-specific) 전극이란 용어가 사용되지 않는 이유는 무엇인지 답하시오.

15.14 전도도 측정은 분석 화학에서 어떻게 사용될 수 있을까? 두 가지 예를 들어 보시오.

15.15 크로마토그래피에 사용되는 두 가지 유형의 전기 화학 검출기에 대해 간략하게 설명하시오.

15.16 플루오린화 이온(F^-) 선택성 전극은 구강 세정제 같은 치과용 제품에서 플루오린이 첨가된 물과 F^-을 측정하는 데 일상적으로 사용된다. F^- 전극과 표준물 첨가법을 사용하여 NaF 수용액 분취량 50 mL를 분석한다. pH와 이온 세기는 용액 중의 모든 F^-이 유리 이온으로 존재하도록 조절된다. 분취된 50 mL 물에서 측정된 이온 선택성 전극의 전위는 −0.1805 V(대 기준 전극) 이다. 비커에 100 mg/L 농도의 F^- 표준 용액 0.5 mL를 첨가한 후 전위는 −0.3490 V로 바뀌었다. 이 자료를 이용하여 물 시료 중의 (1) F^-과 (2) NaF 농도를 계산하시오.

15.17 전해 전지 내의 황산 구리 용액으로부터 구리는 무게를 알고 있는 백금 환원 전극상에 고체로 석출된다. 0.600 A의 일정한 전류가 사용된다면 10분 동안 얼마나 많은 Cu가 석출될 수 있는지 답하시오. (다른 환원은 일어나지 않으며 산화 전극에서의 반응은 산소가 생성되는 물의 전기 분해 반응이라고 가정하라.)

15.18 왜 전기량법은 외부 교정 표준 용액을 필요로 하지 않는지를 설명하시오.

15.19 은 전극이 염소 이온의 분석을 위한 지시 전극이 될 수 있는지에 대해 설명하시오.

15.20 용액 중의 분석물이 전극 표면으로 이동되는 세 가지 과정은 무엇인가? 폴라로그래피에서 요구되는 단일 이동 과정은 무엇인가? 폴라로그래피에서 다른 이동 과정이 어떻게 최소화되는지 설명하시오.

15.21 구리 이온이 구리 금속으로 환원될 때의 반파 전위가 수은 전극과 백금 전극에서 서로 다를 것으로 예상하는지 답하고, 그 이유를 설명하시오.

15.22 비가역적 환원 반응에 대한 대략적인 순환 전압-전류 곡선을 그리시오.(가역 반응에 대한 곡선은 그림 15.34를 참고하라.)

15.23 분광 전기 화학(SEC)은 무엇을 의미하는가? 이 기술에서는 어떤 유형의 전자기 복사선이 사용되는가?

15.24 SEC에서 사용되는 두 가지 유형의 투명 전극(OTE)에 대하여 기술하시오.

15.A 부록: 표준 환원 전위(25 °C)

반쪽 반응	E^0(V)
$F_2(g) + 2e^- \rightarrow 2F^-$	+2.87
$Co^{3+} + e^- \rightarrow Co^{2+}$	+1.82
$H_2O_2 + 2H^+ + 2e^- \rightarrow 2H_2O$	+1.77
$Ce^{4+} + e^- \rightarrow Ce^{3+}$	+1.74
$PbO_2(s) + 4H^+ + SO_4^{2-} + 2e^- \rightarrow PbSO_2(s) + 2H_2O$	+1.70
$MnO_4^- + 8H^+ + 5e^- \rightarrow Mn^{2+} + 4H_2O$	+1.51
$Au^{3+} + 3e^- \rightarrow Au(s)$	+1.50
$Cl_2(g) + 2e^- \rightarrow 2Cl^-$	+1.36
$Cr_2O_7^{2-} + 14H^+ + 6e^- \rightarrow 2Cr^{3+} + 7H_2O$	+1.33
$MnO_2(s) + 4H^+ + 2e^- \rightarrow Mn^{2+} + 2H_2O$	+1.23
$O_2(g) + 4H^+ + 4e^- \rightarrow 2H_2O$	+1.23
$Br_2(l) + 2e^- \rightarrow 2Br^-$	+1.07
$NO_3^- + 4H^+ + 3e^- \rightarrow NO(g) + 2H_2O$	+0.96
$2Hg^{2+} + 2e^- \rightarrow Hg_2^{2+}$	+0.92
$Hg_2^{2+} + 2e^- \rightarrow 2Hg(l)$	+0.85
$Ag^+ + e^- \rightarrow Ag(s)$	+0.80
$Fe^{3+} + e^- \rightarrow Fe^{2+}$	+0.77
$O_2(g) + 2H^+ + 2e^- \rightarrow H_2O_2$	+0.68
$MnO_4^- + 2H_2O + 3e^- \rightarrow MnO_2(s) + 4OH^-$	+0.59
$I_2(s) + 2e^- \rightarrow 2I^-$	+0.53
$O_2(g) + 2H_2O + 4e^- \rightarrow 4OH^-$	+0.40
$Cu^{2+} + 2e^- \rightarrow Cu(s)$	+0.34
$AgCl(s) + e^- \rightarrow Ag(s) + Cl^-$	+0.22
$Cu^{2+} + e^- \rightarrow Cu^+$	+0.15
$Sn^{4+} + 2e^- \rightarrow Sn^{2+}$	+0.13
$2H^+ + 2e^- \rightarrow H_2(g)$	0.00
$Pb^{2+} + 2e^- \rightarrow Pb(s)$	−0.13
$Sn^{2+} + 2e^- \rightarrow Sn(s)$	−0.14
$Ni^{2+} + 2e^- \rightarrow Ni(s)$	−0.25
$Co^{2+} + 2e^- \rightarrow Co(s)$	−0.28
$Cd^{2+} + 2e^- \rightarrow Cd(s)$	−0.40
$Fe^{2+} + 2e^- \rightarrow Fe(s)$	−0.44
$Cr^{3+} + 3e^- \rightarrow Cr(s)$	−0.74
$Zn^{2+} + 2e^- \rightarrow Zn(s)$	−0.76
$2H_2O + 2e^- \rightarrow H_2(g) + 2OH^-$	−0.83
$Mn^{2+} + 2e^- \rightarrow Mn(s)$	−1.18
$Al^{3+} + 3e^- \rightarrow Al(s)$	−1.66
$Na^+ + e^- \rightarrow Na(s)$	−2.71
$Ca^{2+} + 2e^- \rightarrow Ca(s)$	−2.87
$Ba^{2+} + 2e^- \rightarrow Ba(s)$	−2.90
$K^+ + e^- \rightarrow K(s)$	−2.93
$Li^+ + e^- \rightarrow Li(s)$	−3.05

참조: 별도의 지시가 없으면 모든 화학종은 수용액 상태임. 용해된 모든 화학종의 농도 = 1 M; 모든 기체 = 1 atm.

참고문헌

Adams, R. *Electrochemistry at Solid Electrodes*. Marcel Dekker, Inc.: New York, 1969.

Aikens, D.; Bailey, R.; Moore, J.; Giachino, G.; Toruk:ins, R. *Principles and Techniques for an Integrated Chemistry Laboratory*. Waveland Press, Inc.: Prospect Heights, IL, 1985

ASTM. *Annual Book of ASTM Standards, Water and Environmental Technology*, Vols. 11.01 and 11.02. ASTM: West Conshohocken, PA, 2000.

Baizer, M.M.; Lund, H. *Organic Electrochemistry*. Marcel Dekker, Inc.: New York, 1983.

Bard, A.J., ed. *Electroanalytical Chemistry*. Marcel Dekker, Inc.: New York, 1993.

Bard, A.J., ed. *Electrogenerated Chemiluminescence*. CRC Press: Boca Raton, FL, 2004.

Bard, A.J.; Faulkner, L.R. *Electrochemical Methods–Fundamentals and Applications*. John Wiley & Sons, Inc.: New York, 1980.

Bard, A.J.; Parsons, R.; Jordan, J., eds. *Standard Potentials in Aqueous Solution*. Marcel Dekker, Inc.: New York, 1985.

Bates, R.G. *Determination of pH*. John Wiley & Sons, Inc.: New York, 1973.

Berezanski, P. Electrolytic conductivity. In Settle, F.A. (ed.) *Handbook of Instrumental Techniques for Analytical Chemistry*. Prentice Hall PTR: Upper Saddle River, NJ, 1997.

Best, S.P.; Borg, S.J.; Vincent, K.A. Infrared spectroElectrochemistry. In Kaim, W.; Klein, A. (eds.) RSC Publishing: Cambridge, U.K., 2008. (See also www.chemistry.unimelb.edu.au/staff/spbestJtechniques/SEC.htm.)

Bockris, J.O. *Modem Electrochemistry*, Vols. 1 and 2. Plenum Press: New York, 1970.

Bond, A.M. *Modem Polarographic Methods in Analytical Chemistry*. Marcel Dekker, Inc.: New York, 1980.

Curie, P.; Curie, J.C. R. *Acad. Sci.*, *91*, 294, 1880

Dean, J.A. *Analytical Chemistry Handbook*. McGraw-Hill, Inc.: New York, 1995.

Diefenderfer, A.J.; Holton, B.E. *Principles of Electronic Instrumentation*, 3rd edn. Saunders College Publishing: Philadelphia, PA, 1994.

Dryhurst, G. *Electrochemistry of Biological Molecules*. Academic Press: New York, 1977.

Enke, C.G. *The Art and Science of Chemical Analysis*. John Wiley & Sons, Inc.: New York, 2000.

Evans, A. *Potentiometry and Ion Selective Electrodes*. John Wiley & Sons, Inc.: New York, 1987.

Ewing, G. W. (ed.) *Analytical Instrumentation Handbook*, 2nd edn. Marcel Dekker, Inc.: N ew York, 1997.

Fritz, J.S. *Acid–Base Titrations in Non-Aqueous Solvents*. G. Frederick Smith Chemical Company: Columbus, OH, 1952. (This publication had been available from GFS Chemicals upon request.)

Fry, A.J. *Synthetic Organic Electrochemistry*. Harper & Row: New York, 1972.

Gale, R.J. (ed.) *Spectroelectrochemistry*. Plenum Press: New York, 1988.

Greenberg, A.; Clesceri, L.; Eaton, A. (eds.) *Standard Methods for the Examination of Water and Wastewater*, 18th edn. American Public Health Association: Washington, DC, 1992.

Harris, D.C. *Quantitative Chemical Analysis*, 5th edn. W.H. Freeman and Co.: New York, 1999.

Hart, J.P. *Electroanalysis of Biologically Important Compounds*. Ellis Horwood: New York, 1990.

Huber, W. Titrations in Nonaqueous Solvents. Academic Press: New York, 1967.

Ives, D.J.G.; Janz, G.J. (eds.) Reference Electrodes–Theory and Practice. Academic Press: New York, 1961.

Kaim, W.; Klein, A. (eds.) *Spectroelectrochemistry*. RSC Publishing: London, U.K., 2008.

Kalvoda, R. *Operational Amplifiers in Chemical Instrumentation*. Ellis Horwood: Chichester, U.K., 1975.

Kirchhoff, J.R. *Current Separations*, *16*(1), 11, 1997.

Kissinger, P.T.; Heineman, W.R. *Laboratory Techniques in Electroanalytical Chemistry*, 2nd edn. Marcel Dekker, Inc.: New York, 1996.

Koryta, J.; Stulik, K. *Ion-Selective Electrodes*, 2nd edn. Cambridge University Press: Cambridge, U.K., 1983.

Kucharsky, J.; Safarik, L. *Titrations in Nonaqueous Solvents*. Elsevier: Amsterdam, the Netherlands, 1965.

MaImstadt, H.V.; Enke, C.G.; Crouch, S.R. *Microcomputers and Electronic Instrumentation: Making the Right Connections*. American Chemical Society: Washington, DC, 1994.

Meites, L.; Zuman, P.; Rupp, E.B. (eds.) *CRC Handbook Series in Organic Electrochemistry*, Vols. 1–5. CRC Press, Inc.: Boca Raton, FL, 1982.

Michael, A.; Wightman, R.M. Microelectrodes. In Kissinger, P.; Heineman, W. (eds.) *Laboratory Techniques in Electroanalytical Chemistry*, 2nd edn. Marcel Dekker, Inc.: New York, 1996.

Plieth, W.; Wilson, G.S.; Gutierrez de la Fe, C. *Pure Appl. Chem.*, *70*(7), 1395, 1998.

Sauerbrey, G. Z. *Phys.*, *155*, 206, 1959.

Settle, F.A. (ed.) *Handbook of Instrumental Techniques for Analytical Chemistry*. Prentice HaU PTR: Upper Saddle River, NJ, 1997.

Streuli, C.A. Titrimetry: Acid-base titrations in non-aqueous solvents. In Kolthoff, I.M.; Elving, P.J. (eds.) *Treatise on Analytical Chemistry*, *Part I*, Vol. II. Wiley-Interscience: New York, 1975.

Vydra, F.; Stulik, K.; Julakova, E. *Electrochemical Stripping Analysis*. Ellis Horwood, Chichester, U.K., 1976.

Wang, J. *Stripping Analysis*. VCH Publishers, Inc.: Deerfield Beach, FL, 1985.

Warner, M. *Anal. Chem.*, 66, 601A, 1994.

CHAPTER

16 표면 분석

16.1 서론

표면 분석(surface analysis)이란 고체 물질의 **표면층(surface layer)**의 물리 화학적 특성을 분석하는 것이다. 표면층의 화학적 조성과 물리적 성질은 대개 고체 물질의 본체(bulk)와 다르다. 알루미늄과 같은 금속의 표면은 대기의 산소와 접촉하여 얇은 산화물 층을 형성한다. 조사할 수 있는 표면층의 두께는 **단일 원자층(atomic monolayer)**부터 100~1000 nm 깊이까지 다양하다. 표면층의 성질은 부식에 대한 저항성 같은 물질의 중요한 거동을 조절한다. 다양한 표면 분석 방법들이 원소의 종류와 분포 및 화학적 형태 등을 밝혀주므로 표면 분석은 점점 중요해지고 있는 분야이다.

표면 분석법은 고분자, 금속, 세라믹 및 복합 재료 등의 부식, 촉매 작용, 결함 분석, 초소형 전자 부품과 자기 저장 매체의 작동 및 결함 등 재료의 특성 분석과 같은 중요한 분야에 널리 이용되고 있다. 제약 산업에서는 포장재와 시간 조절 방출 제품들의 다층 소재 및 피복제 등을 조사하는 데 이용될 수 있다. 치아 표면 및 뼈의 구조 연구, 금속과 고분자 이식 장치들의 생체 적합성 연구 등에도 이용되어 왔다.

분광학적 표면 분석 기술들은 X-선, 입자, 전자 또는 화학종 등으로 시료 표면을 충격하는 것에 기초를 두고 있다. 이러한 **1차 살(primary beam)**이 표면을 충격하면 X-선, 입자, 전자 등과 같은 **2차 살(secondary beam)**이 방출된다. 2차 살의 특성은 표면에 대한 정보를 제공한다. 이러한 분광학적 기술들의 명칭과 사용되는 1차 및 2차 살을 표 16.1에 수록하였다. 이 표면 분석 기법들의 응용 분야는 표 16.2와 16.3에 제시되었다.

주사 전자 현미경(SEM), 투과 전자 현미경(TEM), 원자힘 현미경(AFM), 주사 터널 현미경(STM)을 포함하는 현미경 분석법에 기초를 둔 다른 종류의 표면 분석 기기들도 있지만, 이에 대한 논의는 이 장의 범위를 벗어난다.

표 16.1 표면 분석을 위한 분광학적 기법들

약칭	본래 명칭	1차 살	2차 살
XPS(ESCA)	X-선 광전자 분광법(화학 분석을 위한 전자 분광법)	X-선	전자
AES	Auger 전자 분광법	전자	전자
ISS	이온 산란 분광법	이온	이온
SIMS	이차 이온 질량 분석법	이온	이온
EM, EPMA	전자 미세 탐침, 전자 탐침 미량 분석법	전자	X-선

표 16.2 표면 분석의 산업 응용 분야

산업	응용 분야
초소형 전자 부품	증착층의 조성, 증착층의 두께, 결함 특성 분석, 입자 확인, 공정 잔류물 확인
자기 자료 저장 매체	윤활제의 종류 및 두께, 탄소 보호막 조성, 자기층 조성 및 두께, 결점/불순물 확인, 결함 분석
광학 코팅	코팅 조성 및 두께, 접착층, 표면 결점의 조성
자동차 산업	도료 접착, 도료 풍화 변질, 촉매 피독, 윤활유 화학 성분
제약 산업	불순물 확인, 정제의 활성 성분 분포, 시간 조절 방출 코팅의 약품 분포, 특허 침해 감시
고분자 산업	표면 코팅제, 표면 화학, 다층 조성 및 두께
생명 공학	불순물 확인, 표면 화학과 생체 적합성의 상관성, 바이오센서 개발, 표면에 세포 성장 촉진

출처: Information in table provided by Physical Electronics, Inc., Eden Prairie, MN, www.phi.com.

표 16.3 표면 분석 특유의 응용 분야

분석 종류	응용 분야
결함 분석	표면 오염, 입자 성분 확인, 조직 경계 불순물로 인한 파단
접착 결함	접착 불량, 응집력 불량, 실리콘 표면 오염
부식	표면 산화물의 두께와 조성, 부식성 원소의 확인(예: Cl), 부동화(passivation) 층의 조성 및 두께
표면 청결	세정제 잔류물 확인, 용매 잔류물 확인, 불순물 종류 및 양
역(reverse) 공학	경쟁사 재료의 성분 확인 및 조성
반도체 웨이퍼	웨이퍼의 전체 표면 분석(300 mm까지), 결점/입자 성분 확인, 박막 조성
고온 시료 분석 (700°C까지)	표면 성분들의 휘발성, 표면 화학의 온도 의존성, 본체(bulk) 성분의 표면으로 이동
저온 시료 분석 (−100°C까지)	초고진공(UHV), 실온(RT)에서 휘발성인 표면 화학종, 수화된 표면들, UHV, RT에서 기체 방출 시료들

출처: Information in table provided by Physical Electronics, Inc., Eden Prairie, MN, www.phi.com.
참조: RT, 실온; UHV, 초고진공

16.2 전자 분광학 기법들

X-선 광자는 고에너지의 전자 또는 광자가 원자에 충돌할 때 생성된다. 고에너지의 전자가 원자로부터 내부 껍질의 전자 하나를 방출하여 내부 껍질이 비어 있는 이온이 되고(그림 16.1), 다음에 바깥 껍질의 전자 하나가 내부 껍질로 내려오면서 동시에 X-선 광자가 방출된다. 이 광자의 에너지는 전자가 본래 있던 오비탈과 내려온 오비탈 사이의 에너지 차이와 동일하다. 이 내부 오비탈들의 에너지 준위는 원자의 화합물 형태나 결합 상태 등에 거의 무관하다. 그러나 원자가전자의 에너지는 결합된 원자의 화합물 형태와 화학적 환경에 따라 변하며 자외선 흡수 분석법의 기초가 된다. 이런 변화는 내부 전자의 에너지에도 물론 반영되지만 관련된 에너지 변화는 방출되는 X-선 자체의 에너지에 비해 매우 작다. 이로 인한 방출 X-선의 파장 차이는 매우 작기 때문에 그 차이를 측정하기는 매우 어렵다. 그러므로 방출 X-선의 에너지는 대개 원자의 화합물 형태에 무관하다고 인정되며, 아주 높은 분해능이 아니면 이 에너지 차이를 측정

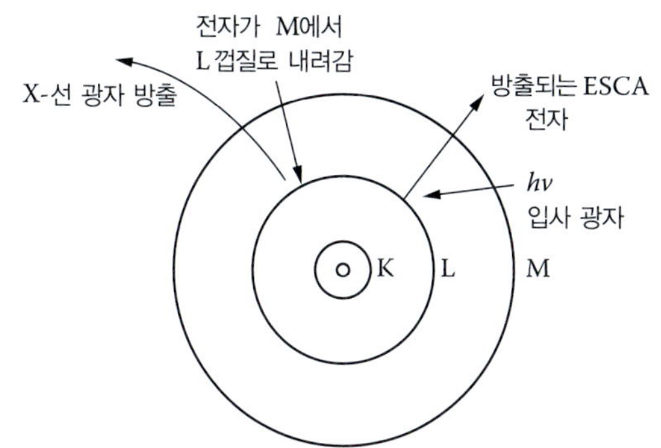

그림 16.1 입사된 광자에 의한 내부 껍질의 XPS(또는 ESCA) 전자 방출. 방출된 XPS(ESCA) 전자의 운동 에너지, E_k는 그 원자에 있는 전자의 결합 에너지, E_b와 관련이 있다. 결합 에너지는 그 원소의 고유한 특성이다. 이 과정에서 $E_M - E_L$ 에너지의 X-선 광자가 방출된다. X-선 광자 방출의 경쟁 과정은 Auger 전자의 방출이며, 이는 그림 16.2에서 보여 준다.

할 수 없다. 따라서 9장에서 논의한 바와 같이 X-선 형광법(XRF)은 어떤 원소가 존재하는지 알려주지만 원소의 산화 상태나 존재하는 화합물 종류에 대한 정보는 제공하지 않는다.

그러나 원자로부터 방출되는 전자의 에너지 E는 충돌 전자(또는 광자)의 에너지 E_1과 원자로부터 전자를 떼어내기 위해 필요한 에너지 E_b의 차이, 즉 $E = E_1 - E_b$이다. E_b는 원자의 화학적 환경에 따라 조금씩 다르다. 우리는 충돌 전자의 에너지 E_1을 전자를 떼어내기 위해 필요한 에너지 E_b보다 약간 더 크게 함으로써 이 작은 차이를 측정할 수 있다. 그러면 방출되는 전자의 에너지 E가 작아져서, E_b의 작은 변화가 방출 전자 에너지 E의 상대적인 변화를 크게 할 것이다. 이런 방법으로 E_b의 작은 차이를 측정할 수 있다. 예를 들어, Al의 K_α선이 1487 eV이고, 화학적 환경 효과가 이를 2 eV만큼 변화시킨다면 Al의 K_α가 1485 eV로 될 것이다. 이 상대적 파장 변화(2/1487)는 매우 작아서, X-선 방출법과 XRF에서 1485 eV의 X-선을 본래의 1487 eV의 방출선과 구별하기는 어려울 것이다. 그러나 만약 X-선을 생성하는 **충돌 전자**(*impinging electron*)의 에너지가 1497 eV이라면, 방출 전자의 에너지는 1497 − 1487 = 10 eV이다. 만일 화학적 환경이 전자를 떼어내는 데 필요한 에너지를 1485 eV로 변화시킨다면 방출되는 전자의 에너지는 1497 − 1485 = 12 eV가 된다. 에너지가 10 eV인 전자를 12 eV인 전자와 구별하는 것은 1487 eV와 1485 eV 에너지의 광자를 구별하는 것보다 훨씬 쉽다. 이러한 방출 전자의 작은 에너지 변화는 존재하는 화학종 및 원자의 산화 상태에 대한 정보를 제공한다. 이런 현상에 기초하여 1960년대에 스웨덴 물리학자 Kai Siegbahn과 동료들에 의해 ESCA 분야가 개발되었고, 근래에는 **X-선 광전자 분광법**(**X-ray photoelectron spectroscopy**, **XPS**)이라는 용어가 더 많이 사용되게 되었다.

동반 분야인 **Auger 전자 분광법**(**Auger electron spectroscopy**, AES)은 동시에 개발되었다. AES는 단지 원소 분석일 뿐 화학종에 대한 정보는 제공하지 않는다. 이 두 기법에서 방출되는 전자는 에너지가 낮고 물질과 상호작용할 확률이 매우 높으므로, 시료의 어느 정도 깊이 이상에서는 전자가 이탈할 수 없다. XPS와 AES 전자의 통상적인 이탈 깊이는 0.5~5 nm 범위이다. 따라서 이 현상은 시료 표면으로부터 몇 개의 원자층에 한정된 표면 분석 방법을 제공한다.

16.2.1 | X-선 광전자 분광법(XPS)

에너지를 정확히 알고 있는 X-선 빛살이 초고진공(UHV) 상태에 있는 시료 표면에 입사되면 내부 껍질의 전자들이 방출되며 방출된 광전자의 에너지가 측정된다. XPS는 이러한 현상에 기초를 두고 있다. 그림 16.2는 원자로부터 광전자와 Auger 전자의 방출을 보여 주는 모형이다.

방출되는 전자의 운동 에너지를 E_k라고 하면, 이 전자의 결합 에너지는 다음의 식으로 주어진다.

$$E_k = h\nu - E_b - \phi \tag{16.1}$$

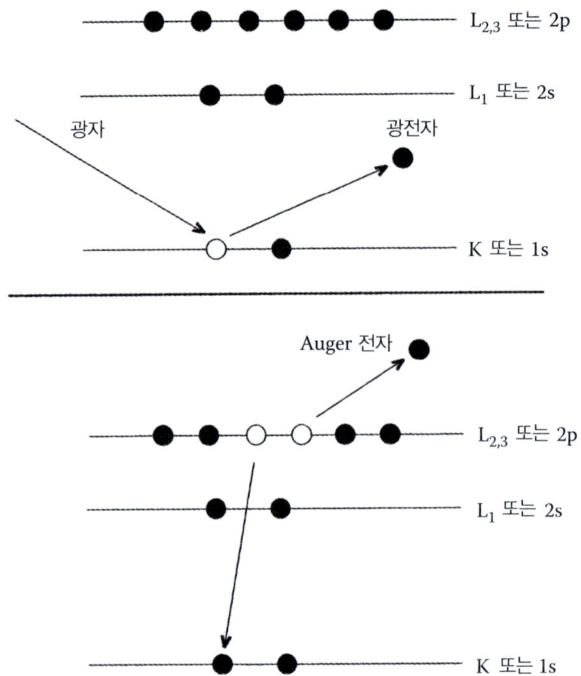

그림 16.2 모형 원자에 대한 XPS 과정. 위 도표는 입사된 광자가 XPS 광전자의 방출을 야기하는 것을 보여 준다. 아래 도표는 광전자의 방출에 따른 이완 과정의 하나로 Auger 전자가 방출되는 것을 보여 준다. (From Moulder, J.F. et al., In *Handbook of X-Ray Photoelectron Spectroscopy.* Chastian, J. and King, R.C., eds., Physical Electronics, Inc., Eden Prairie, MN, 1995; Courtesy of Physical Electronics, Inc., Eden Prairie, MN, www.phi.com.)

여기서, E_b는 전자의 결합 에너지, $h\nu$는 광자 에너지(X-선 또는 진공 UV) E_k는 방출 전자의 운동 에너지, φ는 **분광기의 일함수(the work function of the spectrometer)**라고 하는 기기 상수이다. XPS 스펙트럼은 방출 전자의 운동 에너지 구간별 방출 전자수를 도시한다. 분광기의 일함수는 측정 가능하고 주어진 기기에 대해 일정하므로, 전자의 결합 에너지를 결정할 수 있다.

방출된 전자의 결합 에너지 E_b는 전자 오비탈의 에너지와 전자가 방출된 원소에 의존하므로, 존재하는 원소를 확인하는 데 이용된다. 더욱이 원자의 화학적 형태와 환경은 매우 작지만 측정 가능한 정도로 결합 에너지 E_b에 영향을 준다. 이 작은 변화는 **화학적 이동(chemical shift)**을 야기하고 원자의 산화 상태와 정확한 화합물 형태를 확인하는 데 이용될 수 있다. 원소들과 화합물의 결합 에너지에 대한 자료 정보는 미국의 국립표준기술연구원(NIST)의 전자 XPS 데이터베이스인 www.nist.gov/srd/surface 또는 참고문헌에 수록된 서적인 Moulder et al.(1995)의 표에서 찾을 수 있다. 정량 분석은 각 원소의 XPS 선의 세기를 측정하여 수행된다.

16.2.1.1 XPS의 기기 장치

상용 XPS 기기는 네 개의 주요 부품으로 구성되며 자기장이 차폐된 UHV(초고진공) 시스템 속에 들어 있다. (1) 단파장 X-선을 제공하는 복사선 광원, (2) 시료 집게, (3) 시료에서 방출된 전자를 에너지에 따라 분리하는 에너지 분석기, (4) 전자 검출기. 현대 기기들은 데이터 기록 및 처리 시스템이 컴퓨터화되어 있다. 흡착된 잔류 기체가 표면 분석을 방해하는 것을 방지하기 위해 XPS에 필요한 압력은 대개 10^{-7} Pa 이하로 매우 낮아야 하므로 UHV 시스템이 필요하다. 이들 중 많은 부품들이 Auger 분광기에도 사용된다.

16.2.1.1.1 복사선 광원

XPS에 사용되는 복사선 광원은 9장에서 기술한 표준 X-선 양극관이다. 일반적으로 Al과 Mg 양극을 사용한 약한 X-선이 이용된다. 많은 상용 장치들이 2중 양극 X-선관을 공급하므로 들뜸 파장을 바꿀 수

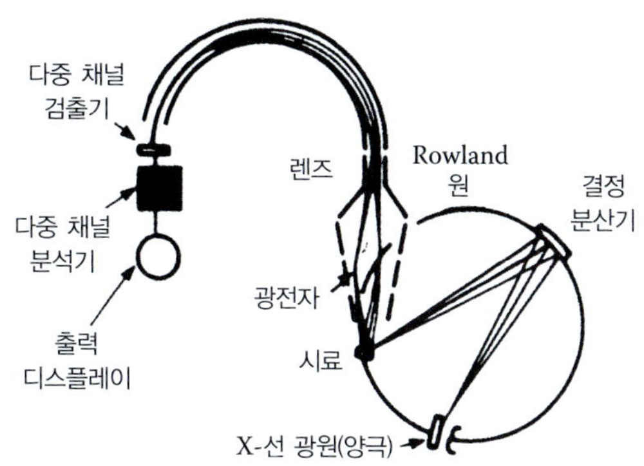

그림 16.3 X-선 단색화 장치와 다중 채널 검출기를 사용한 XPS 기기의 개략도

있다. X-선 광원은 가능한 한 에너지 범위가 좁은 선너비의 단파장이 되는 것이 매우 중요하다. Mg의 K_α 선은 1253.6 eV의 에너지를 갖고 선너비는 0.7 eV이며, Al의 K_α선은 1486.6 eV의 에너지를 갖고 선너비는 0.85 eV이다. 식 16.1에서 보듯이 입사 X-선 에너지의 변동은 동일한 정도로 XPS 방출 전자의 에너지 변동을 야기한다. 대부분의 XPS 기기들은 X-선의 띠너비를 좁히기 위한 X-선 단색화 장치가 장착되어 있으며, 그림 16.3에서 보듯이 Rowland 원주 시스템에 설치된 석영 결정 단색화 장치를 사용하여 달성된다. X-선 단색화 장치는 Al K_α 선의 띠너비를 0.85 eV에서 약 0.3 eV로 좁힐 수 있어서, 성능이 극적으로 향상되며 작은 결합 에너지의 변동을 검출할 수 있다. 적절한 격자 간격을 갖는 결정이 없어서 Mg-선은 단색화 장치를 사용할 수 없다.

단색화 장치는 1차 X-선 빛살의 띠너비를 좁힐 뿐만 아니라, X-선 위성선들과 X-선 광원에서 나오는 복사열, 고에너지 전자들, 그리고 X-선 광원의 양극에서 나오는 연속적인 바탕 복사선(**bremsstrahlung, 제동 복사선**)을 제거한다. 이것은 광전자 스펙트럼을 간단하게 하고, X-선 광원에 의해 시료가 화학적 손상을 입을 가능성을 감소시킨다. 단색광이 아닌 X-선 광원에는 대개 X-선관 끝에 알루미늄 창이 있어서 X-선 광원으로부터 나오는 불필요한 복사선을 감소시킨다. X-선이 잘 투과할 수 있도록 알루미늄 창은 수 마이크론 이하로 매우 얇아야 한다.

과거의 XPS 기기들은 분석 면적을 한정하는 데 에너지 분석기에 의존해왔는데, 이는 X-선 빛살을 가늘게 집속하는 기술이 없었기 때문이며, 이로 인해 XPS의 공간 분해능이 제한되었다. 그림 16.4에서 보듯이 공간 분해능을 향상시키기 위해 흔히 사용되는 방법은 분석 면적을 제한하기 위해 에너지 분석기의 입구 렌즈에 조리개를 배치하는 것이다. 그러면 시료의 주어진 영역에서 나온 전자들만 조리개를 통과하여 분석기로 들어간다. 이 방법을 사용한 미소-면적 XPS 분석의 실제적인 하한은 25 μm이다.

최신 XPS 기기들은 대개 특별한 모양의 결정 단색화 장치가 장착되어 있어 이는 띠너비를 감소시킬 뿐만 아니라 X-선 빛살을 집속시킨다. 현재 이런 방법으로 지름 10 μm 이하의 X-선 빛살을 생성하는 것이 가능하다. 이런 종류의 XPS 기기들은 분석 면적 선택을 위해 조리개를 사용하는 기기보다 미소 면적 XPS 분석에 훨씬 높은 감도를 제공한다.

16.2.1.1.2 전자 에너지 분석기

전자들의 에너지는 그림 16.5와 같이 에너지 판별기로 선별할 수 있다. 그림 16.5a는 두 개의 구멍이 있는 두 평행 전하판을 보여 준다. 요구되는 에너지를 갖는 전자는 슬릿 시스템에서와 같이 한 구멍으로 들어가서 다른 구멍으로 빠져나간다. 다른 에너지의 전자는 두 번째 구멍을 빠져나오지 못한다. 그림 16.5b는 간단한 그리드(격자) 판별기인 두 번째 유형의 에너지 판별기를 보여 준다. 불충분한 에너지를 가진 전자들은 두 번째 그리드에 의해 반발되어 관통하지 못한다. 이 시스템은 오직 낮은 에너지를 갖는 전자들만 구별한다. 충분한 에너지를 가진 전자들은 모두 두 번째 격자를 관통한다. 세 번째 시스템은 원통형 판

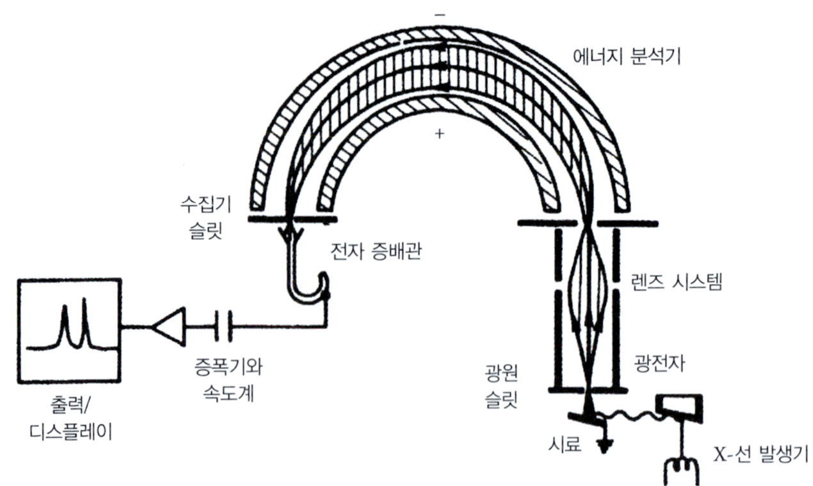

그림 16.4 X-선 단일 채널 전자 증배관 검출기와 분석 면적 선택을 위한 조리개를 장착한 XPS 기기의 개략도

을 사용한다(그림 16.5c). 입구 슬릿과 출구 슬릿의 면의 각도가 127.17°(즉, $\pi/(2)^{1/2}$ rad)이면, 이중-집중 효과가 얻어져서, 전자살의 세기가 최대한 높게 유지된다. 적당하지 않은 에너지를 갖는 전자들은 원통형 판의 측면이나 출구 슬릿의 측면에서 소실된다. 이와 유사하게 개조된 평행판이 아닌 180° 원통형 시스템이 개발되었다(그림 16.5d). 이 시스템은 에너지 띠너비의 미세 조정은 못하지만 전자살의 세기를 증가시킨다. 즉 세기(power)는 증가하고 분해능은 감소된다.

전자 에너지 분석기는 분광학에서 사용되는 단색화 장치와 동등하며, 방출된 광전자를 에너지에 따라 분산시킨다. 가장 일반적인 전자 에너지 분석기는 대칭이거나 반구형의 정전기장을 만들며, 본질적으로 그림 16.5에서 본 전자 에너지 필터의 확장이다. 모든 전자 에너지 분석기는 누설 자기장을 차폐해야 한다. 그림 16.6에 개략적으로 보여 주는 시스템은 그림 16.5a의 시스템을 기반으로 한 것으로, 원통형 거울 분석기(CMA)라고 한다. 여기서 '판들'은 두 개의 동축 실린더가 되어 분해능을 유지하면서 효율적인 전자-포획 시스템을 제공한다. 그림에 표시된 전자원은 광전자를 방출하는 시료 표면이다. 외부 실린더

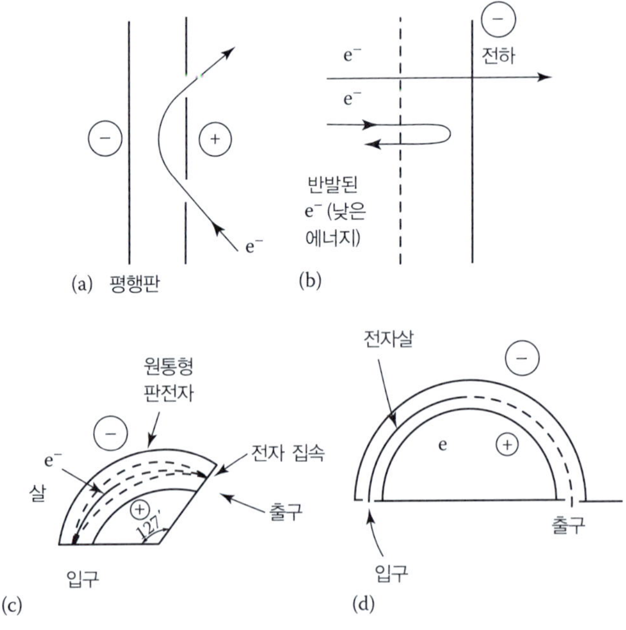

그림 16.5 여러 전자 에너지 판별기의 개략도

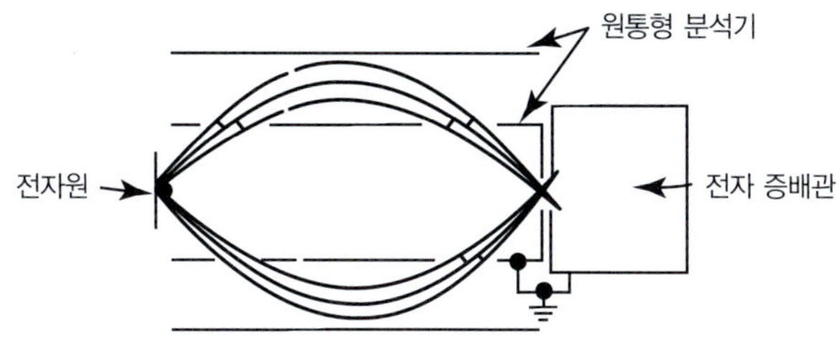

그림 16.6 원통형 정전기적 전자 에너지 분석기의 단면. 전자원은 광전자를 방출하는 들뜬 시료 표면이다.

에는 전압(음전위)이 인가되고, 내부 실린더는 접지되어 있다. 오직 적절한 에너지를 지닌 광전자만 구멍을 통과하여 검출기에 집속된다.

에너지 E의 광전자는 다음과 같을 때 집속될 것이다.

$$E = \frac{KeV}{\ln(r_o/r_i)} \tag{16.2}$$

여기서, K는 상수, e는 전자의 전하, V는 인가된 전압, r_i는 내부 실린더의 반지름, r_o는 외부 실린더의 반지름이다.

CMA는 AES에 사용된다. XPS의 경우 요구되는 에너지 분해능을 얻기 위해 직렬로 연결된 두 개의 CMA가 사용된다. 이러한 배치를 이중 통과 CMA라고 한다. 이중 통과 CMA는 전자의 투과도는 좋으나 동심원 반구형 분석기(CHA)보다 분해능이 낮다.

그림 16.4에 있는 CHA는 XPS와 Auger 기기에 모두 널리 사용된다. CHA는 입력 렌즈 어셈블리, 반지름이 다른 두 개의 동심원 반구형 껍질(shell) 및 전자 검출기로 구성된다. 입력 렌즈는 시료에서 나온 광전자를 집속시키며 에너지를 감소(또는 지연)시키는데 이는 에너지 분해능을 더 좋게 한다. 그다음 전자는 슬릿을 통해 반구형 통로로 들어간다. 그림 16.4와 같이 바깥쪽 반구는 음으로, 안쪽 반구는 양으로 하전되어, 두 껍질의 전위차가 ΔV로 유지된다. 오직 작은 에너지 범위의 전자들만 반지름 r_o의 통로를 따라 반구를 통과하고 출구 슬릿을 통과하여 검출기에 도달한다. 전위차를 변화시켜 전자 에너지를 주사하고, 방출된 광전자의 에너지 스펙트럼이 기록된다. 이 분석기의 분해능, $\Delta E/E$는 분석기로 들어가는 전자의 입사각, 슬릿 너비 및 r_o에 의존하며, 다음과 같다:

$$\frac{\Delta E}{E} = \frac{w}{r_o} + \alpha^2 \tag{16.3}$$

여기서, $\Delta E/E$는 분해능, w는 슬릿 너비, r_o는 분석기 내의 등전위면의 반지름, α는 분석기로 들어가는 전자의 각도이다. 전자를 지연(감속)시키기 위해 두 가지 방식이 사용된다. 한 가지 작동 방식은 **고정 분석기 투과(fixed-analyzer transmission, FAT)** 또는 **일정 분석기 투과(constant-analyzer transmission, CAT)**라고 한다. 이 방식에서 전자는 일정한 에너지로 지연된다. 이것은 시스템의 절대 분해능이 들어오는 전자의 운동 에너지와 무관하게 되는 결과를 낳는다. FAT 방식에서 작동하는 에너지 분석기는 통과 에너지가 높을 때는 높은 감도를 제공하고, 통과 에너지가 낮을 때는 높은 에너지 분해능을 제공한다. 다른 작동 방식은 **고정 지연 비율(fixed retardation ratio, FRR)** 또는 **일정 상대 비율(constant relative ratio, CRR)**이라고 한다. 이 방식에서 들어오는 전자는 초기 운동 에너지로부터 일정한 비율로 감속된다. FRR 방식으로 작동하는 에너지 분석기는 에너지 스펙트럼 전반에 걸쳐 상대적으로 균일한 감도를 제공한다. 그러나 절대 에너지 분해능은 측정되는 운동 에너지가 증가함에 따라 저하된다.

기기는 금 또는 구리와 같이 알려진 선도성 표준물을 사용하여 정기적으로 교정되어 에너지 척도의 선형성 및 위치를 확인한다.

16.2.1.1.3 검출기

단일 채널 및 다중 채널 검출기가 XPS 및 Auger 분광기에 사용된다. 가장 보편적인 단일 채널 검출기는 채널 전자 증배관이다. 채널 전자 증배관은 광학 분광법에 사용되는 광 증배관(PMT)과 유사하며, 차이점은 증폭될 신호가 광자가 아니라 전자라는 것이다. 채널 전자 증배관은 그림 16.7a에 묘사된 바와 같이 관 내부에 연속적인 다이노드 표면으로 구성된다. 채널은 그림처럼 직선 또는 곡선관일 수 있다. 표면은 높은 저항을 가진 박막 도체이다. 입사된 전자 하나가 내벽에 충돌하면 2차 전자들이 방출된다. 이들은 퍼텐셜 기울기에 의해 가속되어 포물선 경로를 따라 이동하고 반대편 벽에 충돌하여 더 많은 전자를 방출하여 전자 증폭이 일어난다. 1 kV의 공급 전압으로 최대 10^5배의 이득을 얻을 수 있다. PMT와 마찬가지로 이 검출기는 높은 전자 세기에서 포화될 수 있다.

다양한 유형의 다중 채널 전자 검출기가 분석기의 출구면에 배치될 수 있다. 전하 결합 소자(Charge-Coupled Devices, CCD), 형광체 코팅된 스크린 및 위치 감지 검출기 등이 사용되고 있는 다중 채널 장치이다. **마이크로 채널판(microchannel plate**, MCP) 전자 증배관은 위치 감지 검출기이다. MCP(그림 16.7b)는 지름이 6~25 μm인 다수의 매우 얇은 전도성 유리 모세관들로 구성된다. 모세관들은 함께 합체되어 있고 얇은 판으로 분할된다. 각 채널들은 단일 채널 전자 증배관과 똑같이 독립된 전자 증배관으로 작동하므로 2D 전자 증배관을 형성한다. 형광체 스크린과 함께 사용하면 표면의 2D 영상화가 가능하다.

전자들이 개별적으로 검출되어 주어진 시간 동안의 전자수와 에너지가 저장되어 스펙트럼으로 표시된다.

16.2.1.1.4 자기 차폐

방출된 전자는 낮은 에너지를 갖는다. 이들은 지구의 자기장과 조명, 장비, 승강기 등의 배선으로 발생되는 표류 전기 자극을 포함하여 국부적인 자기장에 의해 크게 영향 받는다. 유용한 데이터를 얻으려면 이러한 표류 자기장은 기기의 주요 부품에서 중화되어야 한다. 한 가지 방법은 고투자율 자성 합금으로 기기의 주요 영역을 둘러싸서 시료를 표류 자기장으로부터 차폐하는 것이다. 또 다른 방법은 자체 내에 균일한 자기장을 생성하는 Helomholtz 코일을 사용하는 것이다. 이 자기장은 지구 자기장과 정확히 같고 반대가 되게 할 수도 있다. 또한 코일에 대한 피드백 시스템이 사용될 수 있는데, 이는 국부 자기장의 변화를 감지하고 Helomholtz 코일의 전류를 변화시켜, 일시적인 자기장을 중화시킨다. 이 시스템은 지구 자기장뿐만 아니라 생성되는 국부 자기장을 중화한다.

16.2.1.1.5 전자 홍수 총(electron flood gun)

시료가 조사될 때 전자가 방출되는데, 전자는 음전하를 가지므로 시료는 양으로 하전된다. 시료의 전도도에 따라, 이 양전하가 시표 표면에 지속적으로 증가되어 시료 자체의 일함수와 방출되는 전자의 에너지를 변화시킨다. 이는 실제로 측정되는 방출 전자의 에너지 변화로 이어져, 잘못된 결과가 도출될 것이다. 따라서 이 가변 전하를 제거하는 것이 매우 바람직하다. 이 문제는 전자 홍수총을 사용하여 저에너지의 전

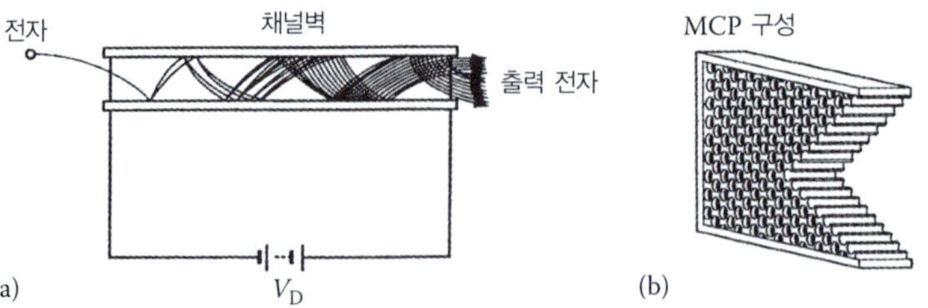

그림 16.7 (a) 개략적인 채널 전자 증배관. 관 내부의 전도성 박막층이 연속 다이노드의 표면 역할을 한다. (b) 개략적인 마이크로 채널판(MCP) 구성. (Courtesy of Hamamatsu Corporation, Bridgewater, NJ, www.usa.hamamatsu.com.)

자로 시료 표면에 축적된 양전하를 중화함으로써 극복할 수 있다. 물론, 이들 전자는 표면의 일함수에 어느 정도 영향을 미치지만, 그 효과는 일정하여 재현성 있는 데이터가 장시간에 걸쳐 얻어진다.

16.2.1.1.6 이온총

이온총은 XPS와 Auger 기기에서 (1) 외부 오염물 층의 시료 표면을 청소하고, (2) 표면으로부터 원자를 튕겨내어 깊이 단면도 분석을 얻기 위한 두 가지 목적으로 사용된다. 한 종류의 이온총은 가열된 필라멘트를 사용하여 비활성 기체 원자를 이온화한다. 이온들은 이온화 챔버에 인가된 전압에 의해 가속되고 시료에 집속되어 표면을 타격하여 시료 표면에서 원자를 떼어낸다. 표면 원자의 제거 속도는 이온의 운동 에너지와 표면 원자의 특성에 따라 조절되며, 튕김 속도는 10 nm/min만큼 높일 수 있다.

16.2.1.1.7 초고진공 시스템

XPS와 관련된 전자는 에너지가 낮으므로 계의 다른 원자나 분자와 충돌하지 말아야 하며, 그렇지 않으면 검출되지 않는다. 이는 매우 높은 진공 시스템을 사용하여 해결된다. 10^{-8}~10^{-9} Pa의 압력은 표면 분석 시스템에서 일반적이다. (1 Pa는 7.50×10^{-3} torr와 같다.) 이 초고진공(UHV)을 달성하기 위해 표면 분석 장비는 스테인레스강으로 제작되며, 적절한 진공 펌프를 사용하여 요구되는 저압으로 배기시킬 수 있다. 또한 스테인레스강은 '가열'되어 흡착된 기체를 제거할 수 있다. 창과 개스킷 같은 부품들은 기체를 방출하지 않고 높은 온도를 견딜 수 있는 재료로 만들어야 한다. 요구되는 UHV 압력을 얻기 위해 표면 분석 장비에 사용되는 진공 펌프에는 터보 분자 펌프, 이온 펌프, 저온 펌프, 오일 확산 펌프가 있다.

다양한 기법의 표면 분석 장비들은 매우 유사하므로 대부분의 기기들은 다중 분석 기법에 맞게 장비가 장착되어 있다. 이온총, 에너지 분석기, 에너지원 등의 배치를 보여 주는 상용 기기의 개략도가 그림 16.8에 있다.

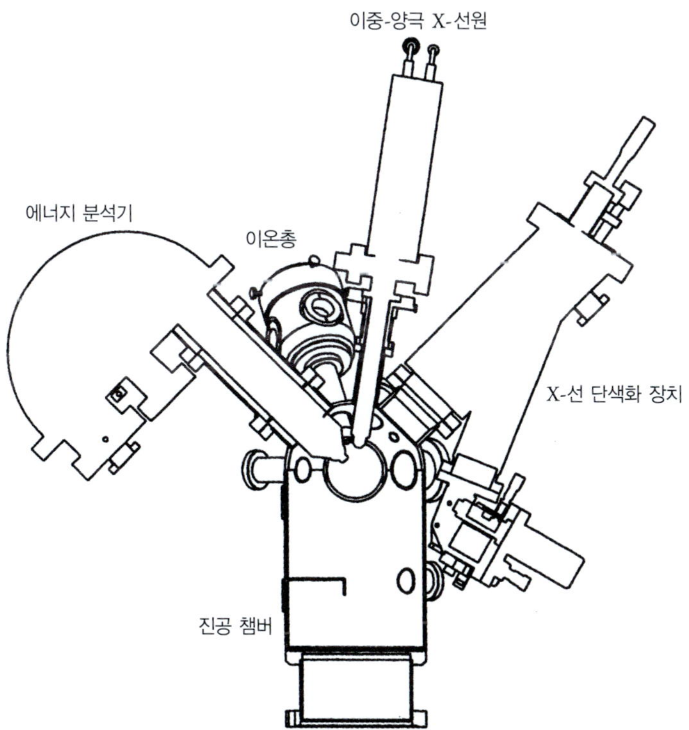

그림 16.8 상용 표면 분석 기기인 PHI Model 5600 MultiTechnique 시스템의 개략도. 단색 X-선원은 시료 표면(표시되지 않음)에 수직으로 위치한다. 표준 X-선원은 분석기 축에 대해 57.4°이다. (From Moulder, J.F. et al., In *Handbook of X-Ray Photoelectron Spectroscopy*. Chastian, J. and King, R.C., eds., Physical Electronics, Inc., Eden Prairie, MN, 1995; Courtesy of Physical Electronics, Inc., Eden Prairie, MN, www.phi.com.)

16.2.1.2 표면 분석을 위한 시료 도입 및 취급

시료는 분석 중에 고진공으로 유지되어야 한다. 오래되거나 저가의 기기들은 시료를 투입하거나 교체하기 위해 주요 분석 챔버를 질소로 채워 대기압 상태가 되게 한 후 시료를 넣고, 다시 전체 시스템을 UHV 상태로 감압해야 하는데, 이는 많은 시료를 분석할 때 문제가 된다. 최근 많은 기기들은 다수의 시료를 넣을 수 있고 신속하게 배기할 수 있는 작은 부피의 프리챔버(prechamber)를 사용하여, 과도한 압력 상승 없이 시료를 주용기(main chamber)로 옮길 수 있다.

시료 용기는 지름 1~2 cm, 두께 약 1 cm인 시료를 수용할 수 있는 것부터 훨씬 더 큰 시료나 불규칙한 크기와 모양의 시료를 담을 수 있는 맞춤형 시료 용기까지 다양하다. 시료는 모든 방향으로 움직일 수 있는 스테이지 위에 올려져 있어, 최적의 위치로 시료를 회전시키고 기울일 수 있도록 컴퓨터로 조절된다. 일부 시료 스테이지는 필요에 따라 시료를 가열하거나 냉각할 수 있다. 높은 증기압을 가진 휘발성 물질 표면 성분 또는 실온의 UHV 조건에서 기체를 방출하는 플라스틱과 같은 시료를 분석할 때 냉각이 필요하다.

XPS 및 AES는 표면에 민감하기 때문에 시료 표면에 오염이 발생하지 않도록 시료를 취급할 때 각별한 주의를 기울여야 한다. 시료를 만지거나, 잔류물을 남기거나 표면에서 관심 물질을 제거할 수 있는 용매의 사용을 피해야 한다. 시료를 절단하거나 쪼갤 때 생기는 먼지나 입자는 질소와 같은 비활성 기체를 사용하여 제거한다. 시료 취급 도구는 고순도 용매를 사용하여 세척해야 한다. 분석자는 파우더나 실리콘이 없는 장갑을 착용해야 한다. 유기 오염물은 고순도 용매로 제거하고, 대기 중에서 생긴 산화물 층은 기기 내에서 시료를 튕김(sputtering)으로 제거한다. 노출된 화학적 활성 표면은 급속한 표면 오염 방지를 위해 초고진공 상태에 보관해야 한다.

진공 상태에서도 기체 분자가 깨끗한 시료 표면에 재흡착될 수 있다. Hercules는 10^{-6} torr의 진공에서 수초 내에, 10^{-8}~10^{-10} torr의 진공에서는 1~10시간 내에 시료 표면이 흡착된 기체 분자 단일층으로 덮힐 수 있다고 기술하고 있다. 깨끗한 표면이 이렇게 빨리 오염되기 때문에 정확한 표면 분석을 위해서는 반드시 UHV 조건이 꼭 필요하다.

일부 표면 분석 장비에는 깨끗한 표면을 만들기 위해 UHV 챔버 내에서 시료를 분쇄하거나 자르는 장치가 장착되어 있다. 금속 시료는 흔히 초고진공하에서 파쇄하여 결정립 경계를 노출시킨다. 이런 방법으로 결정립 경계를 갖는 벌크 불순물을 XPS나 AES로 검출할 수 있다. 결정립계 화학은 여러 이유로 야금학자들에게 큰 관심거리이다. UHV 조건하에서도 새롭게 노출된 표면에 대한 오염 없는 분석은 한정된 시간 동안만 가능하다.

16.2.1.3 XPS의 분석 응용

정성적 원소 분석과 특히 미지 시료의 '1차 조사'의 경우 넓은 에너지 범위의 '개관(survey)' 스펙트럼을 측정해야 한다. 화학적 상태에 대한 정보를 얻거나, 소량의 원소에 대한 정량 분석을 위해서는 관련된 에너지 영역에 대해 높은 분리능의 상세 스캔을 수행해야 한다. 상세 스캔은 정확한 피크 위치와 피크 면적을 결정할 수 있도록 충분한 S/N 비로 수집되어야 한다. 대부분 재료의 신호 채취 깊이는 몇 원자층이다. 표 16.2 및 16.3에 나와 있는 여러 응용 분야에 XPS가 사용될 수 있다.

16.2.1.3.1 정성 분석

XPS를 사용하여 금속은 25 Å, 고분자는 100 Å 깊이까지 시료 표면에 존재하는 원소를 정성적으로 쉽게 확인할 수 있다. 수소와 헬륨을 제외한 모든 원소는 일반적인 X-선원으로 측정할 수 있다. 단색 파장 Al K_α 및 Mg K_α 선으로 얻은 황에 대한 XPS 스펙트럼을 각각 그림 16.9와 16.10에 실었다. 각 스펙트럼은 Al의 경우 0~1400 eV(Mg은 0~1200 eV) 결합 에너지 범위의 광전자 피크들로 한정된다. 황의

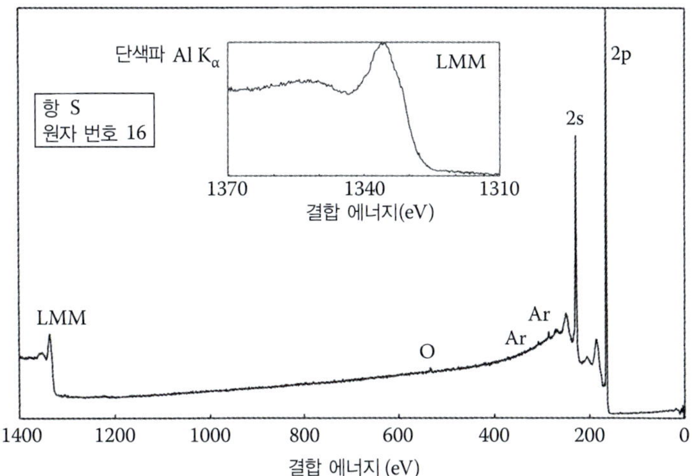

그림 16.9 단색파 Al K_α 선을 사용해 얻은 황의 XPS 스펙트럼. (From Moulder, J.F. et al., In *Handbook of X-ray Photoelectron Spectroscopy*, Chastian, J. and King, R.C., eds., Physical Electronics, Inc., Eden Prairie, MN, 1995; Courtesy of Physical Electronics, Eden Prairie, MN, Inc., www.phi.com.)

2s(K 껍질)와 2p(L 껍질) 오비탈의 XPS 광전자 피크와 Auger 피크(LMM으로 표시) 및 Ar과 산소에서 나온 작은 오염물 피크도 보인다. Auger 피크는 광전자(XPS) 피크와 구별될 수 있다. Auger 전자의 운동 에너지는 이온화 복사선의 에너지와 무관하기 때문에 결합 에너지 도시에서 Auger 선은 다른 X-선 광원이 사용될 때 다른 위치에서 나타난다. 두 스펙트럼에 삽입된 것과 같이 Auger 피크는 Al X-선을 사용하면 Mg X-선을 사용할 때보다 높은 결합 에너지에서 나타난다. XPS 피크는 위치가 변하지 않는다. 그림 16.9와 16.10은 개관 스펙트럼으로, 미지 원소의 정성 분석에 사용되는 주사 방식이다.

원자량이 낮은 원소($Z<30$)의 경우 K와 L 껍질(s와 p 전자)에 해당하는 피크가 관찰된다. 원자 번호 35~70 사이의 원소들은 d 전자 피크도 나타난다. 원자 번호가 70보다 큰 원소의 경우 f 전자와 관련된 피크도 나타난다. 표면에 존재하는 원소의 정성적 확인은 결합 에너지에 의해 식별된다. 모든 원소의 결합 에너지에 대한 표는 NIST XPS 데이터베이스(http://www.nist.gov/srd/surface)와 Moulder 외(1995)와 같은 참고문헌에서 찾을 수 있다. S와 Cu에 대한 자료가 그림 16.11에 있으며 p, d, f 전자 피크의 특징적인 스핀 이중선도 나타나 있다. 구리의 XPS 스펙트럼은 그림 16.12에 나와 있다. 2p 전자에 대한 스핀 이

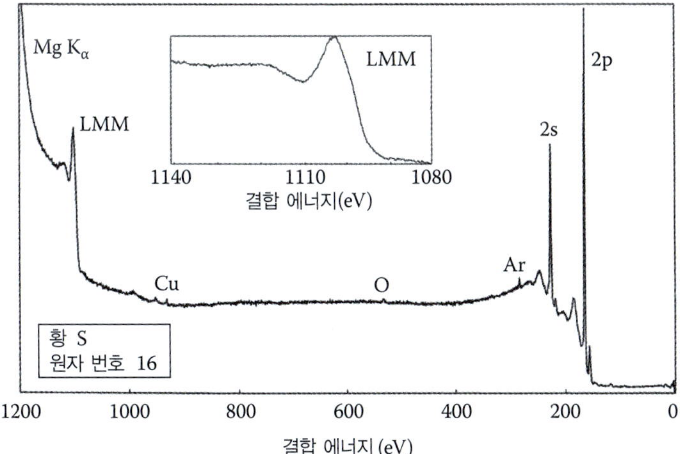

그림 16.10 Mg K_α 선을 사용해 얻은 황의 XPS 스펙트럼. (From Moulder, J.F. et al., In *Handbook of X-ray Photoelectron Spectroscopy*, Chastian, J. and King, R.C., eds., Physical Electronics, Inc., Eden Prairie, MN, 1995; Courtesy of Physical Electronics, Inc., Eden Prairie, MN, www.phi.com.)

선 위치 (eV)

광전자선

2s	$2p_{1/2}$	$2p_{3/2}$	3s
228	165	164	18

Auger 선

$L_{23}M_{23}M_{23}$	
1336	(Al)
1103	(Mg)

선 위치(eV)

광전자선

2s	$2p_{1/2}$	$2p_{3/2}$	3s	$3p_{1/2}$	$3p_{3/2}$
1097	953	933	123	77	75

Auger 선

$L_3M_{23}M_{23}$	$L_2M_{23}M_{23}$	$L_3M_{23}M_{45}$ (^1P)		
719	712	648	(Al)	
486	479	415	(Mg)	
$L_3M_{23}M_{45}$ (^3P)	$L_2M_{23}M_{45}$ (^1P)	$L_3M_{45}M_{45}$	$L_2M_{45}M_{45}$	
640	628	568	548	(Al)
407	395	335	315	(Mg)

그림 16.11 참고문헌에서 발췌한 전형적인 XPS 데이터 표. (위) 황에 대한 자료; (아래) 구리에 대한 자료. (From Moulder, J.F. et al., In *Handbook of X-Ray Photoelectron Spectroscopy*, Chastian, J. and King, R.C., eds., Physical Electronics, Inc., Eden Prairie, MN, 1995; Courtesy of Physical Electronics, Inc., Eden Prairie, MN, www.phi.com.)

중선($2p_{1/2}$ 및 $2p_{3/2}$)이 보이고, 선의 세기 비는 예상되는 바와 같이 약 1:2이다. Auger LMM 전이와 함께 2s, 3s, 3p, 3d 오비탈의 XPS 선들도 보인다.

XPS 스펙트럼에는 여러 다른 과정에 의한 몇몇 작은 피크들이 나타난다. 단색광이 아닌 X-선원의 본질 때문에 X-선 위성 피크라고 하는 작은 피크들이 낮은 결합 에너지에서 나타날 수 있다. X-선원에 존재하는 다른 원소로 인해 X-선 '유령(ghost) 피크'가 발생하는데 구리는 X-선 양극에 사용되는 기본 물질이기 때문에, Cu가 포함되지 않은 시료의 스펙트럼에 Cu 선들이 나타날 수 있다. 복잡한 광전자 발생 과정으로 인해 주된 XPS 광전자 피크보다 약간 더 높은 결합 에너지에서 '요동(shake-up)' 피크들이 생기는데, 그림 16.13은 산화 구리 시료의 요동 피크들(단일선 및 이중선)을 보여 준다.

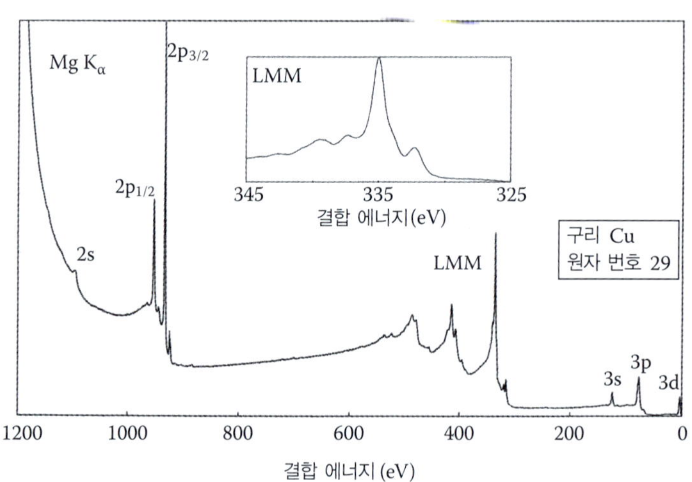

그림 16.12 Mg K_α 선을 사용해 얻은 구리의 XPS 스펙트럼. (From Moulder, J.F. et al., In *Handbook of X-Ray Photoelectron Spectroscopy*, Chastian, J. and King, R.C., eds., Physical Electronics, Inc., Eden Prairie, MN, 1995; Courtesy of Physical Electronics, Inc., Eden Prairie, MN, www.phi.com.)

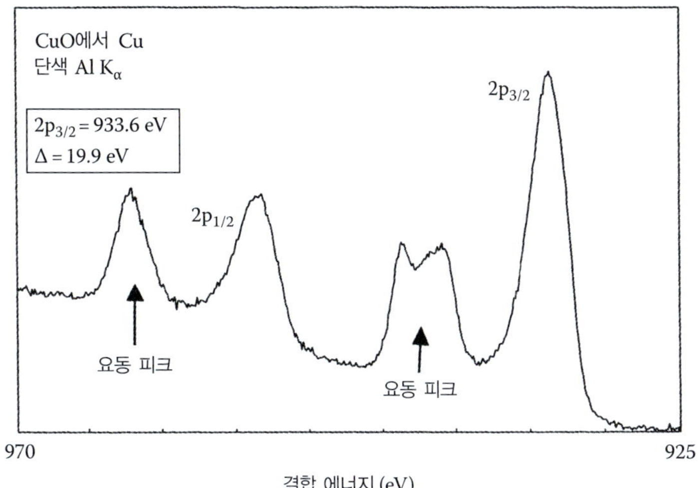

그림 16.13 산화 구리 시료의 구리 XPS 스펙트럼에 있는 '요동' 피크들. 이 피크들은 XPS 스펙트럼의 XPS 및 Auger 선들이 아닌 다른 과정의 의해 발생된 한 예이다. (Modified from Moulder, J.F. et al., In *Handbook of X-Ray Photoelectron Spectroscopy*, Chastian, J. and King, R.C., eds., Physical Electronics, Inc., Eden Prairie, MN, 1995; Courtesy of Physical Electronics, Inc., Eden Prairie, MN, www.phi.com.)

16.2.1.3.2 XPS 화학적 이동

원자의 화학적 환경에 따라 내부 전자의 결합 에너지에 변화가 생기는데 이를 화학적 이동이라 부르며, 0.1~10 eV 정도이다. 화학적 이동은 원자가전자의 위치에 따라 내부 전자가 느끼는 정전기적 가림이 변하여 발생된다. 예를 들어 SF_6의 황에 결합된 플루오린과 같이 전기 음성도가 큰 원소는 황 원자로부터 원자가전자를 끌어당겨서, 황 원자에 음전하가 감소하여 황의 내부 전자에 대한 결합 에너지가 높아진다. 즉, SF_6에서 황의 내부 전자는 원자가전자에 의한 가림이 적어져서 원소 황의 내부 전자보다 양전하의 핵에 의해 더 세게 당겨진다. 그림 16.14a는 화학적 환경의 변화로 인해 황 $2p_{3/2}$ 전자의 결합 에너지가 어떻게 이동하는지 보여 준다. 원소 황은 $2p_{3/2}$선에 대해 164.0 eV의 결합 에너지를 갖는다. 화합물의 황은 이 값이 수 eV 정도 변하는데, 어떤 화합물은 더 낮은 쪽으로 또 어떤 것은 더 높은 쪽으로 결합 에너지가

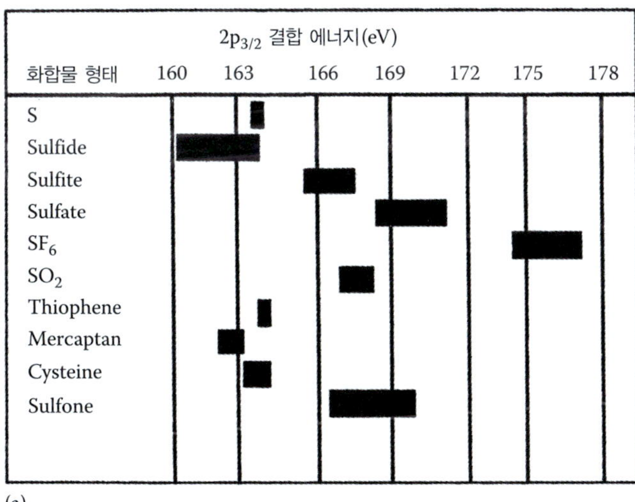

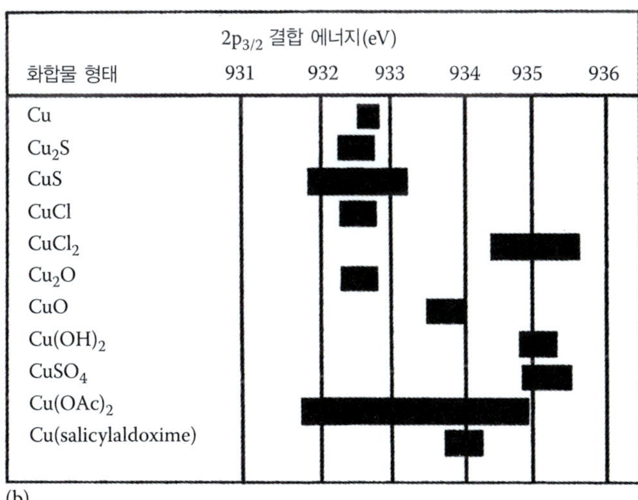

그림 16.14 (a) 다양한 황 화합물에서 황 $2p_{3/2}$ 결합 에너지의 화학적 이동. (b) 다양한 구리 화합물에서 구리 $2p_3/2$ 결합에너지의 화학적 이동. (From Moulder, J.F. et al., In *Handbook of X-Ray Photoelectron Spectroscopy*, Chastian, J. and King, R.C., eds., Physical Electronics, Inc., Eden Prairie, MN, 1995; Courtesy of Physical Electronics, Inc., Eden Prairie, MN, www.phi.com.)

이동된다. 황 원자에 높은 전기 음성도의 플루오린 원자가 결합하면 결합 에너지가 더 높은 값으로 이동된다. 그림 16.14b는 다양한 구리 화합물에 대한 유사한 자료를 보여 준다.

그림 16.15는 코발트 착물에서 화학적으로 다른 세 질소 원자의 1s XPS 피크가 구별됨을 보여준다. 마찬가지로 한 화합물의 탄소와 산소의 화학적 환경은 그림 16.16과 같이 탄소 및 산소의 XPS 스펙트럼에

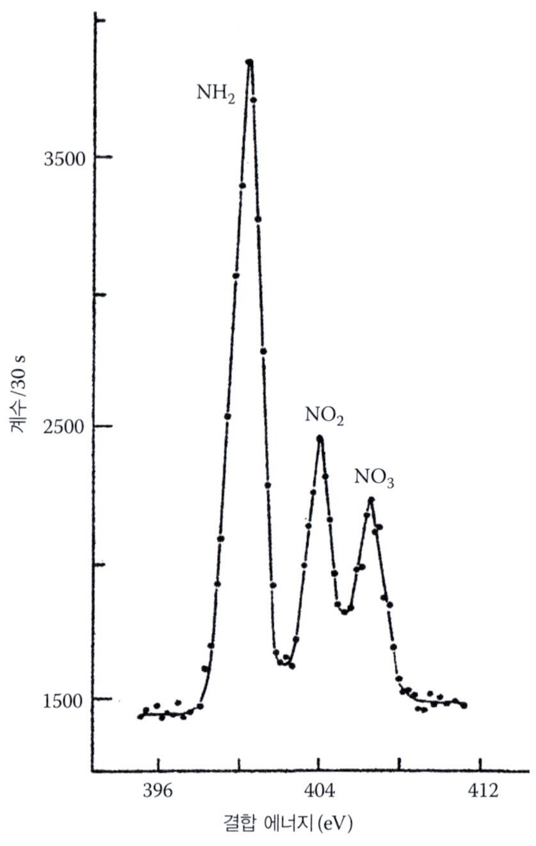

그림 16.15 *tran*-[Co($NH_2CH_2CH_2NH_2$)$_2$(NO_2)$_2$]NO_3에 대한 질소 1s XPS 스펙트럼. 화학적으로 다른 세 종류 질소 원자는 약간 다른 화학적 이동을 보인다. 피크 세기는 각 유형의 질소 원자의 수를 나타낸다. (Modified from Moulder, J.F. et al., In Handbook of X-Ray Photoelectron Spectroscopy, Chastian, J. and King, R.C., eds., Physical Electronics, Inc., Eden Prairie, MN, 1995; Courtesy of Physical Electronics, Inc., Eden Prairie, MN, www.phi.com.)

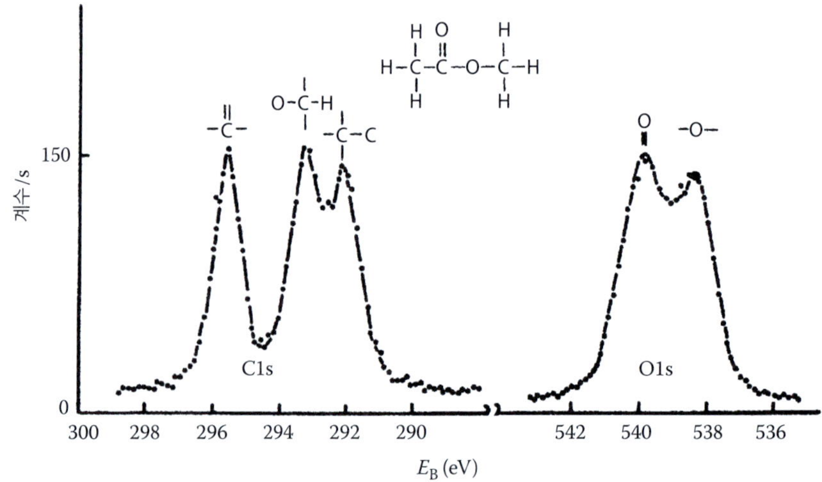

그림 16.16 메틸아세테이트에서 탄소와 산소 원자의 화학적 이동을 보여 주는 ESCA 스펙트럼. (Reprinted from *Endeavor*, 32, Siegbahn, K., 51, Copyright 1973. With permission from Elsevier.)

영향을 준다. 이 예의 출처는 Siegbahn이며, 그는 ESCA(XPS) 기법을 개발하였고 그의 선구적인 업적으로 1981년 노벨 물리학상을 받았다.

마그네슘 K_α 선을 사용하여 브로민화 납 및 염화 납에 대한 Pb 4f 전자 영역(그림 16.17)의 고해상도(상세) 스펙트럼을 얻었다. 두 화합물 피크의 차이는 0.7 eV이며, 이 분해능은 이 기술의 실질적인 한계에 이른다.

순수 납 시료를 표면에 증착시킨 다음 대기에 노출시키고 그림 16.18에 표시한 바와 같이 다양한 시간 간격으로 XPS 스펙트럼을 얻었다. 스펙트럼은 표면에 산화납이 형성됨을 보여 주는데, 중간체 PbO를 거쳐 몇 시간 후에 최종 PbO_2가 된다. 이것은 표면 화학을 연구하는 데 있어 XPS의 성능을 보여 준다.

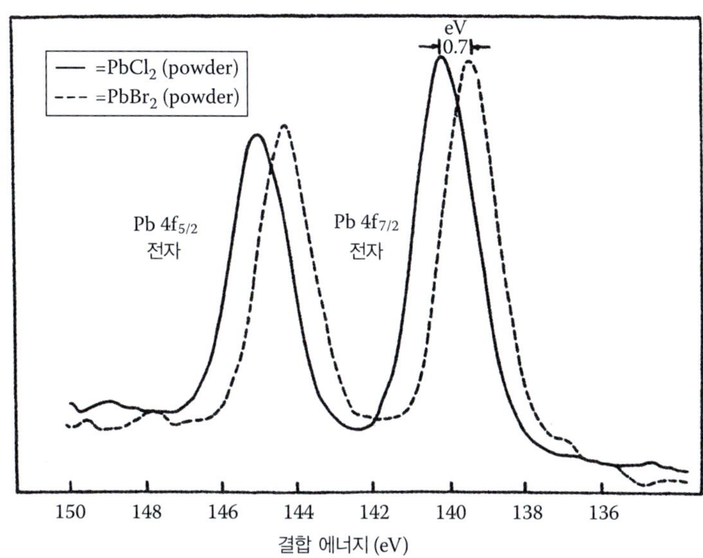

그림 16.17 $PbCl_2$와 $PbBr_2$의 고분해능 XPS 스펙트럼. 두 Pb 선 사이에 0.7 eV의 화학적 이동은 두 화합물을 XPS로 구별할 수 있게 해준다. 들뜸 광원은 Mg K_α 선이다.

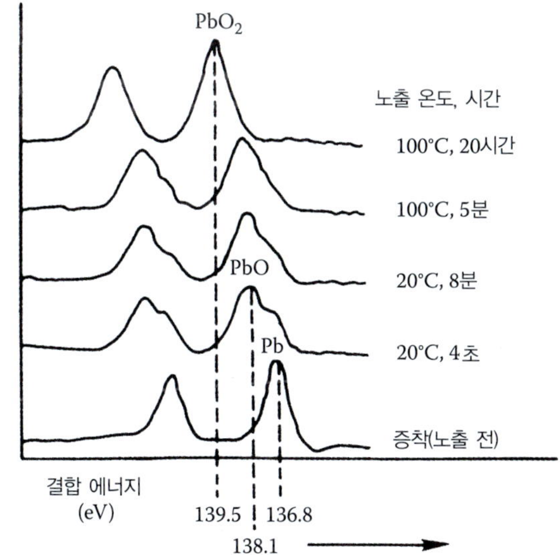

그림 16.18 ESCA(XPS)를 사용한 대기와 열에 노출에 따른 Pb 표면의 조성 변화 연구. (Reprinted from *Endeavor*, 32, Siegbahn, K., 51, Copyright 1973. With permission from Elsevier.)

16.2.1.3.3 정량 분석

XPS에 의한 정량 분석은 시료 성분의 상대적인 농도를 결정하는 데 사용될 수 있다. 피크 면적 또는 피크 높이가 사용될 수 있지만 피크 면적 방법이 더 바람직하다.

균일 시료의 경우 스펙트럼의 특정 피크의 세기는 다음 식으로 표현될 수 있다.

$$I = nf\sigma\theta\lambda yAT \tag{16.4}$$

여기서, I는 세기(광전자의 수/s), n은 원소의 원자수/cm^3 시료, f는 X-선속(광자/$s \cdot cm^2$), σ는 전이에 대한 광전 단면적(cm^2/원자), θ는 광경로와 검출된 전자 간의 각도에 기초한 각 효율 계수, y는 1차 광전자 생성 효율, λ는 시료에서 광전자의 평균 자유 경로(cm), A는 광전자가 검출되는 시료의 면적(cm^2), T는 방출 광전자에 대한 검출 효율이다. 한 원자의 감도 계수 S는 다음과 같이 정의할 수 있다.

$$S = f\sigma\theta\lambda yAT \tag{16.5}$$

한 시료에 있는 두 원소를 측정하려면 각 원소에서 가장 센 선을 측정한다. 각 원소의 양, 선의 세기 및 각 원소의 S 계수 사이의 관계는 다음과 같다.

$$\frac{n_1}{n_2} = \frac{I_1/S_1}{I_2/S_2} \tag{16.6}$$

S_1/S_2의 비는 매트릭스에 무관하기 때문에 이 식은 모든 균일 시료에 사용할 수 있다. 어떤 분광기를 사용하든 각 원소에 대해서 일련의 S의 상대값을 구할 수 있다. (장비 제조사들은 대개 그러한 값들을 제공한다.) 원소 A의 원자 농도비, C_A는 다음과 같이 주어진다.

$$C_A = \frac{n_A}{\Sigma n_i} = \frac{I_A/S_A}{\Sigma I_i/S_i} \tag{16.7}$$

이러한 원자의 감도 인자를 사용하면 대부분의 균일 재료에 대해 10~20% 내에서 반정량적 결과를 얻을 수 있다. XPS의 절대 감도는 높지만, 분석되는 실제 시료 부피는 작으므로 검출될 수 있는 원소의 양은 % 범위이며, 약 0.5 원자 %의 감도를 가진다.

16.2.1.3.4 깊이 분석도와 원소 위치

이온원을 사용해서 가장 바깥의 표면 원자를 튕겨내 제거하고 표면 아래의 깊이에 따른 시료 조성을 검사하는 것을 **깊이 분석도(depth profiling)**라고 한다. 검사하는 층의 깊이를 알 수 있도록 층의 튕김이 제어된 방식으로 수행되며, 얇은 다층 재료의 조성을 결정하는 데 매우 유용하나. 이온 튕김의 한 가지 한계는 이온 충격의 결과로 화학적 상태에 변화가 생길 수 있다는 것이다. 원자의 제거율은 물질마다 다르다. 예를 들어, Au는 SiO_2와 같은 무기 산화물보다 훨씬 빠르게 표면에서 제거된다. 이는 불균일한 재료의 경우에는 문제를 야기할 수 있다.

XPS를 사용하여 표면의 원소와 본체의 원소를 구별하는 간단한 방법은 시료가 놓이는 각도를 변경하는 것이다. 시료 표면의 평면과 분석기 축 사이의 각이 얕으면 전자 방출 각도가 얕아져서 표면의 신호가 강화된다. 이 얕은 각을 스침각(grazing angle)이라고 한다. 표면의 평면이 분석기 축에 90°(수직)로 장착된 시료는 본체 신호에 비해 표면 신호가 최소화된다. 시료 각도 변화에 따른 효과가 그림 16.19에 나와 있다.

최신 XPS 시스템은 지름 10 μm 미만의 영역을 분석할 수 있어서, 표면을 높은 분해능으로 조사하여 원소 분포 및 화학적 상태에 대한 지도를 만들 수 있다.

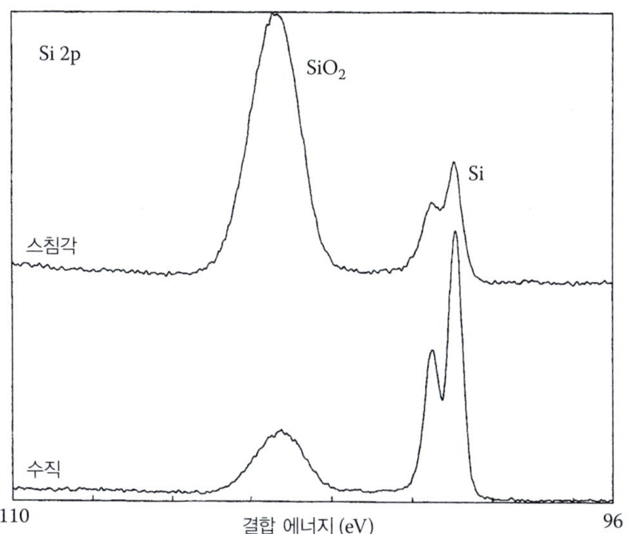

그림 16.19 전자 방출 각도를 변화시킴으로써 향상된 표면 감도의 예. 실리콘(Si) 위의 얇은 SiO_2 산화물 층 신호가 얕은 스침각에서 증가된다. (From Moulder, J.F. et al., In *Handbook of X-Ray Photoelectron Spectroscopy*, Chastian, J. and King, R.C., eds., Physical Electronics, Inc., Eden Prairie, MN, 1995; Courtesy of Physical Electronics, Inc., Eden Prairie, MN, www.phi.com.)

16.2.2 | Auger 전자 분광법(AES)

AES 과정은 XPS 과정과 유사하지만 한 단계가 아닌 두 단계 과정이다. XPS와 마찬가지로 시료는 가속 전자 또는 X-선 광자로 조사된다. 내부 껍질 전자가 방출되면 내부 껍질에 빈 공간이 남게 되고, 바깥 껍질의 전자 하나가 내부 껍질로 내려오고, 이어서 이온이 X-선 광자 또는 Auger 전자를 방출한다. 관련된 두 에너지 준위의 차이에 해당하는 X-선 광자가 방출되면(그림 16.1) 이는 9장에서 논의된 XRF 과정이다. Auger 과정에서는 방출된 에너지가 바깥 껍질의 두 번째 전자로 전달되어 그 전자가 방출되는데, 이것이 Auger 전자이다. 이 과정을 그림 16.2와 16.20처럼 도식으로 나타낼 수 있다.

두 그림의 예에서, K 껍질의 전자 하나가 충돌에 의해 방출된다. L 껍질의 전자 하나가 K 껍질로 내려감과 동시에 L 껍질의 두 번째 전자로 에너지가 전달된다. 이 두 번째 전자가 Auger 전자로 방출된다. 이 Auger 전자를 KLL Auger 전자라고 한다. 이 명명법은 전자 하나가 K 껍질에서 방출되어, L에서 K 껍질로의 전이가 뒤따르고 동시에 L Auger 전자가 방출되는 것에 기인한다. LMM 및 MNN 같은 Auger 전이도 추론이 가능하다.

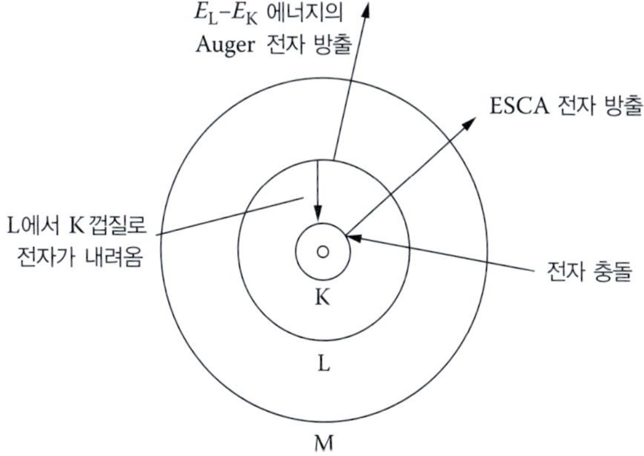

그림 16.20 EAuger 전자 방출 과정의 단순화된 도표. 충돌 전자가 내부 껍질 전자를 방출하여 K 껍질에 빈 공간을 남긴다. L 껍질에서 전자 하나가 K 껍질로 내려오면서, 동시에 L 껍질에서 $E_L - E_K$의 에너지를 갖는 Auger 전자가 방출된다. 이 과정은 그림 16.1의 X-선 광자(XRF) 생성 과정과 경쟁한다.

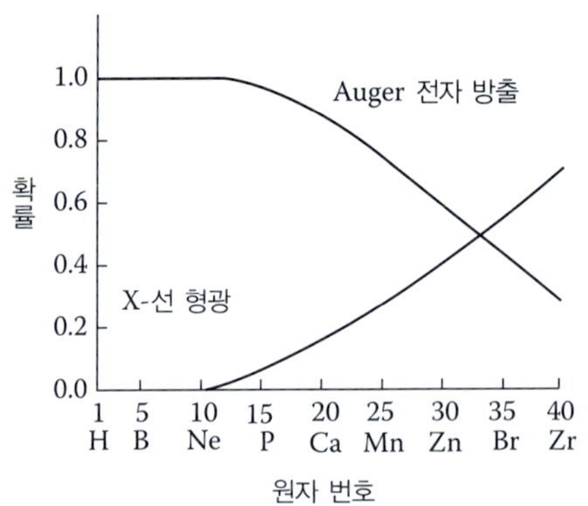

그림 16.21 XRF와 Auger 전자 방출에 대한 원자 번호와 확률의 관계. (Reprinted with permission from Hercules, D.M., *Anal. Chem.*, 42(1), 20A, 1970. Copyright 1970 American Chemical Society.).

Auger 전자는 이완에 의해 방출되는 에너지, 즉 내부 오비탈로 떨어지는 이웃 전자에 의해 방출된다. 이완 시 방출되는 에너지는 특정 원자의 함수이며, 내부 오비탈로부터 초기 전자를 떼어내는 데 사용된 에너지와 무관하다. 이는 광원이 단일 에너지(또는 단색 파장)일 필요는 없다는 것을 의미한다. Auger 피크는 XPS 피크와 달리 광원의 에너지와 무관하므로 XPS 피크와 쉽게 구별할 수 있다. 그림 16.9와 16.10에서 보듯이, 에너지가 다른 두 광원으로부터 스펙트럼이 수집될 때, Auger 전자의 결합 에너지가 광원의 에너지에 따라 변하는 것처럼 보이나 XPS 광전자의 결합 에너지는 변하지 않는다.

Auger 과정과 XRF는 충격 받은 원자로부터 에너지가 방출되는 경쟁 과정이다. 실제로 Auger 과정은 원자 번호가 낮은 원소에서 발생 확률이 높으며, 이 확률은 원자 번호가 증가함에 따라 감소한다. 반대로 XRF는 원자 번호가 낮은 원소에서는 잘 발생되지 않으나 원자 번호가 증가함에 따라 확률이 증가한다. 이를 그림 16.21에서 보여 준다.

AES는 약 0.5원자%의 감도로 리튬부터 우라늄까지의 원소를 검출할 수 있는 표면 원소 분석 기술이다. Auger 스펙트럼은 XPS 피크와 마찬가지로 0~1000 eV 에너지 범위에서 각 원소에 대해 몇 개의 피크들로 구성된다. 그림 16.9와 16.12에서 보듯이 Auger 피크는 XPS 피크보다 세기가 약하다. 따라서 Auger 스펙트럼은 일반적으로 Auger 전자 에너지 대비 신호의 1차 미분, $dN(E)/dE$으로 표시된다(그림 16.22). 1차 미분의 사용은 작은 신호를 향상시키고 산란 전자들로부터 나오는 높고 경사진 바탕 신호를 최소화하는 일반적인 방법이다.

Auger 화학적 이동: XPS 선의 화학적 이동과 마찬가지로 원자의 화학적 환경은 Auger 선을 이동시킨다. 화학적 이동의 크기는 XPS 화학적 이동보다 Auger 선에서 더 클 수 있다. Auger 화학적 이동은 화학적 상태의 확인에 매우 유용하다. Auger 전자 운동 에너지 대 XPS 광전자 결합 에너지 도표는 원소의 화

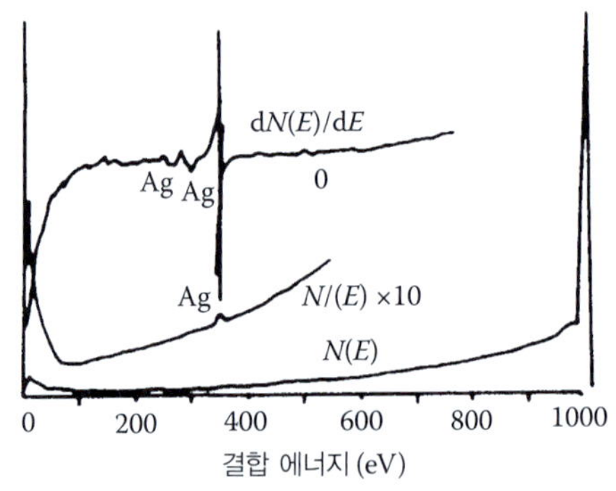

그림 16.22 은의 Auger 스펙트럼 (아래), 신호를 10배 키움 (중간), 미분 스펙트럼 (위). 미분 스펙트럼은 높고 경사진 바탕 신호에 대비하여 작은 신호를 계량하는 기능을 크게 향상시킨다. (From Weber, R.E., *Res. Dev.*, 10, 22, 1972.)

Tin		
화합물	Sn $3d_{5/2}$ 결합 에너지(eV)	Sn MNN 운동 에너지(eV)
Sn	484.9	437.4
Sn	485.0	437.4
Sn	485.1	437.4
SnS	485.6	435.7
Na_2SnO_3	486.2	431.7
SnO_2	486.7	432.7
Na_2SnO_3	486.7	431.7
Na_2SnO_3	487.2	431.7
$NaSnF_3$	487.4	430.8

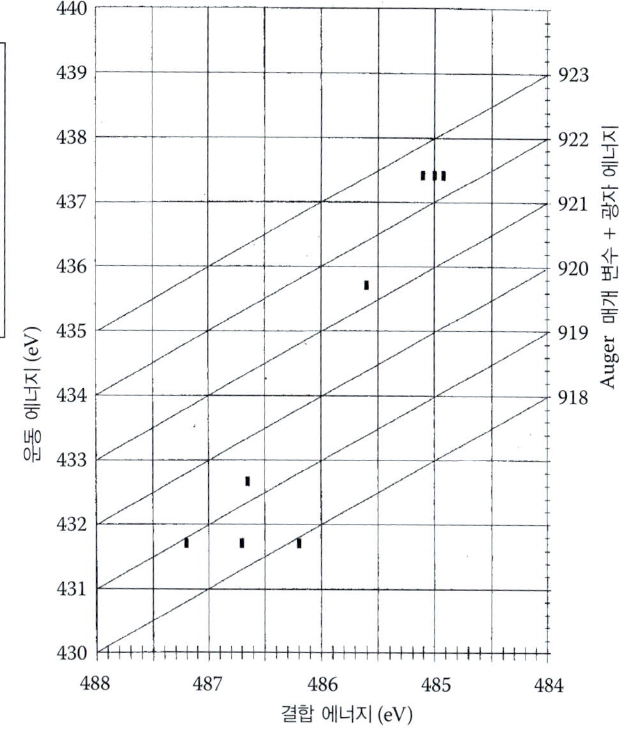

그림 16.23 원소 및 다양한 화합물에서 주석 $3d_{5/2}$ 전자에 대한 결합 에너지와 Auger MNN 전자의 운동 에너지 값에 대한 표와 Auger 매개 변수 대 광전자의 결합 에너지의 도표. 원소 및 화합물에서 주석의 상이한 화학적 상태는 쉽게 구별될 수 있다. (From Moulder, J.F. et al., In *Handbook of X-Ray Photoelectron Spectroscopy*, Chastian, J. and King, R.C., eds., Physical Electronics, Inc., Eden Prairie, MN, 1995; Courtesy of Physical Electronics, Inc., Eden Prairie, MN, www.phi.com.)

학적 상태를 확인하는 데 유용한 도구이다. Auger 매개 변수의 양을 Auger 전자와 광전자 간의 운동 에너지 차이로 정의할 수 있다.

$$AP = KE_{(A)} - KE_{(P)} = BE_{(P)} - BE_{(A)} \tag{16.8}$$

여기서, AP는 Auger 매개 변수, $KE_{(A)}$와 $KE_{(P)}$는 Auger 전자(A)와 광전자(P)의 운동 에너지, BE는 각 전자들의 결합 에너지이다. 광전자의 운동 에너지는 다음과 같이 나타낼 수 있고,

$$KE_{(P)} = h\nu - BE_{(P)}$$

결국 다음과 같이 된다.

$$KE_{(A)} + BE_{(P)} = AP + h\nu \tag{16.9}$$

다른 세로 좌표(Wagner 도표라고 함)에 표시된 AP + $h\nu$와 함께 $KE_{(A)}$대 $BE_{(P)}$의 도표는 문헌 및 NIST XPS 데이터베이스에서 찾을 수 있다. 그림 16.23에 주석(Sn)에 대한 예가 제시되어 있다. Sn $3d_{5/2}$ 광전자와 Sn MNN Auger 전자의 결합 에너지가 원소 Sn 및 다양한 주석 화합물에 대해 표와 도표로 그려져 있으며, 이는 Sn의 화학적 환경이 전자 에너지에 어떻게 영향을 미치는지 보여 준다.

16.2.2.1 AES의 기기 장치

AES에 사용되는 기기 장치는 XPS에 사용되는 것과 매우 유사하다. 가장 큰 차이점은 광원으로 X-선 광자가 아닌 전자총 또는 장방출원으로부터 나오는 집속 전자살이 사용된다는 것이다. AES 기기의 개략도가 그림 16.24에 나와 있다. 많은 기기 제조업체는 하나의 기기에서 XPS 및 Auger 스펙트럼을 수집할

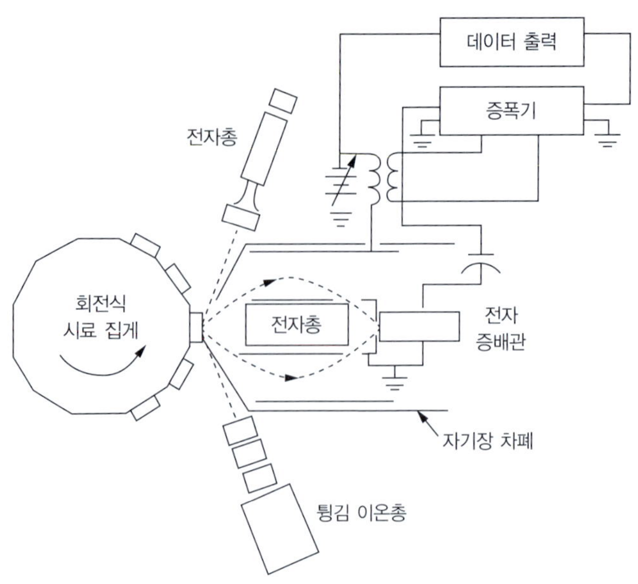

그림 16.24 전자총, 전자 홍수총, 이온총 및 여러 시료를 위한 회전식 시료 집게를 보여 주는 Auger 분광기의 개략도. 진공 시스템은 표시하지 않았다. (Courtesy of Physical Electronics, Inc., Eden Prairie, MN, www.phi.com.)

수 있는 기기를 제공한다.

전자살(electron beam)의 장점은 집속할 수 있고 편향시킬 수 있다는 것이다. 전자살은 선원에 따라 초점 크기를 10 nm에서 수백 μm까지 집속할 수 있다. 집속된 살을 표면 위로 주사할 수 있으며, 이를 통해 매우 높은 분해능으로 표면 성분의 지도를 작성하고 아주 작은 형상을 연구할 수 있다. 전자총은 가열된 텅스텐 필라멘트 또는 육붕소화 란타넘 막대를 음극으로 사용한다. 그림 16.25는 텅스텐 필라멘트가 있는 전자총의 개략적인 단면도를 보여 준다.

장방출원은 그림 16.26에서 보는 바와 같이 바늘 모양의 텅스텐 또는 탄소 촉을 음극으로 사용한다. 끝은 폭이 나노미터에 불과하여 끝에 매우 높은 전기장이 발생된다. 열에너지의 투입이 없이 전자가 끝에

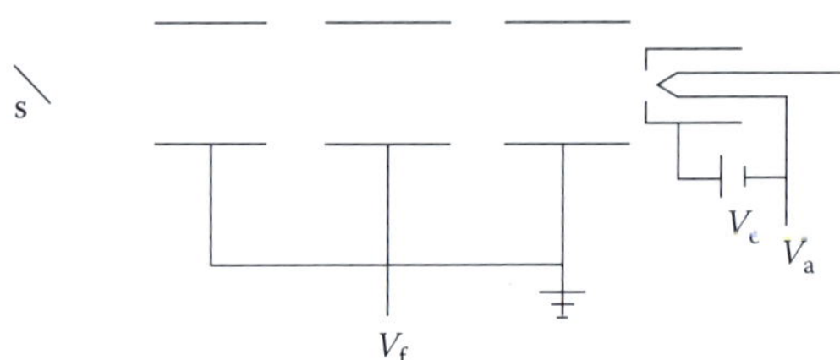

그림 16.25 텅스텐 필라멘트와 Einzel 렌즈 집속 장치가 있는 전자총의 개략 단면도. S는 시료, V_f는 집속 전압, V_e는 방출 전압, V_a는 가속 전압이다. (From Turner, N.H., Electron spectroscopy, in Ewing, G.W., ed., *Analytical Instrumentation Handbook*, 2nd edn., Marcel Dekker, Inc., New York, 1997. With permission.)

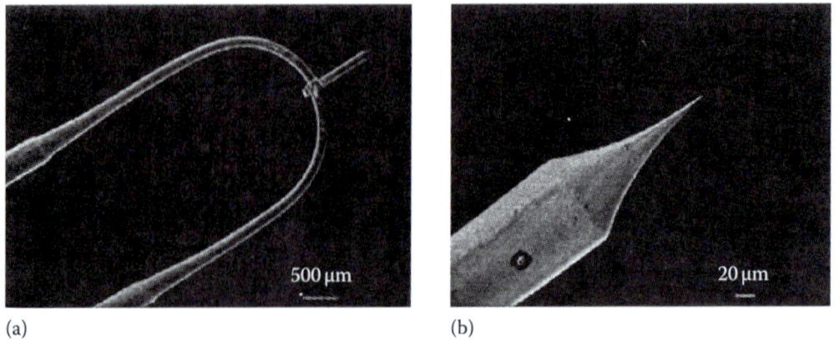

그림 16.26 단결정 텅스텐 장방출침. (a) 머리핀 지지대. (b) 근접 촬영. (From Stinger, K., *Res. Dev.*, 28(9), 40, 1977.)

서 터널링할 수 있어 매우 폭이 좁은 전자살을 생성한다. 가열된 필라멘트로부터의 전자살은 약 50 μm의 초점 지름을 가지지만, 장방출원은 단지 약 10 nm의 초점 지름을 가지며, 나노미터 척도의 표면 탐침(Auger 나노 탐침) 역할을 할 수 있다.

16.2.2.2 AES의 응용

AES는 주로 표면의 원소를 분석하는 기술이다. 고체 표면의 원소 조성 확인과 표면 성분을 정량할 수 있지만, 정량 분석이 쉽지는 않다. AES는 진정한 표면 분석 기술이다. 왜냐하면 저에너지 Auger 전자들은 오직 처음 몇 개(3~5개)의 원자층 또는 0.2~2.0 nm의 깊이에서만 빠져나올 수 있기 때문이다.

전자살은 여러 지점을 분석하기 위해 시료 표면을 가로질러 편향시키거나, 표면의 성분 지도를 생성하기 위해 2차원으로 움직이는 래스터 주사(점 방식)를 할 수 있다. 아주 작은 초점 크기와 큰 배율(최대 20,000배)로 인해 AES는 극소 입자와 정교한 구조를 연구할 수 있다. 이온살 (ion beam) 튕김으로 표면의 깊이 분석을 하면 다층 구조 분석과 결정성 물질의 결정립계 성분을 확인할 수 있다. AES를 이용한 금속 및 합금의 결정립계 불순물 격리에 대한 연구는 합금의 부식 및 응력 부식 균열, 전구 필라멘트에 사용되는 연성 텅스텐의 거동을 이해하는 데 중추적 역할을 하였다. 금속과 합금의 입자 경계에 있는 황, 인 또는 탄소 불순물은 합금의 부식, 균열 및 결함이 시작되는 곳이다. 이와 달리, 입자 경계의 불순물이 유익한 효과를 줄 수도 있다. 연성 텅스텐의 결정 입계에 있는 포타슘은 윤활유 역할을 하여, 전구를 켜고 끌 때 텅스텐 필라멘트가 입계를 따라 끊어지지 않고 팽창 및 수축할 수 있다.

그림 16.27은 750°C에서 10분 간 가열 전과 후의 스테인레스강의 Auger 스펙트럼을 보여 준다. 주요 성분인 철, 니켈, 크로뮴은 가열에 의해 변하지 않음을 볼 수 있다. 그러나 가열 전 스테인레스강 표면에 있던 탄소는 가열 후에 없어졌다. 이 표면 탄소는 윤활유나 절삭유의 자국에서 나올 수 있다. 가열 후 표면에 황이 존재하고 인의 신호가 증가했다. 이는 가열하는 동안 스테인레스강 본체에서 표면으로 확산했기 때문일 것이다.

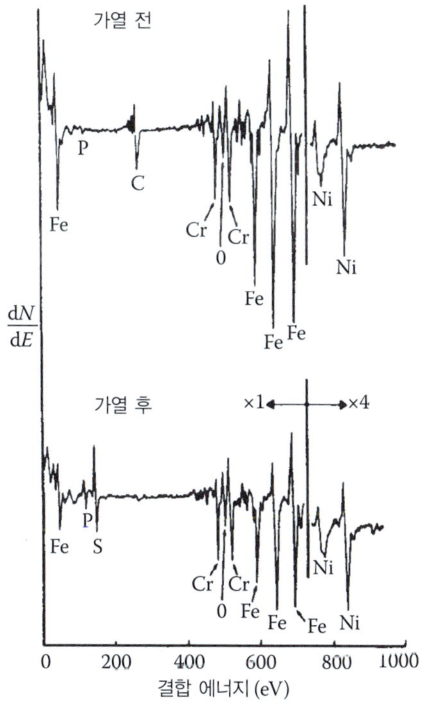

그림 16.27 750°C에서 10분간 진공 가열 전과 후의 스테인레스강의 Auger 스펙트럼. 가열 결과, 표면에 탄소는 사라지고 황 및 인이 본체에서 표면으로 확산되었다.

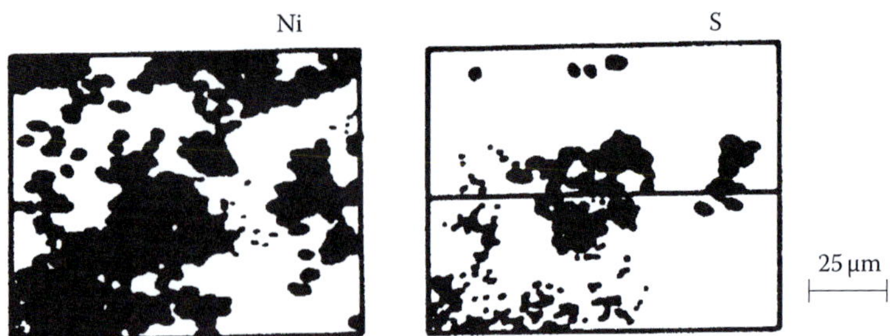

그림 16.28 표면을 가로질러 전자살을 래스터 주사하여 얻은 활성 잃은 촉매 표면 위의 Ni 및 S의 Auger 원소 분포 지도

그림 16.29 집적 회로 표면의 산소, 금, 몰리브데넘의 분포를 보여 주는 Auger 원소 지도. (Courtesy of Physical Electronics, Inc., Eden Prairie, MN, www.phi.com)

전자살은 래스터 스캔이라는 방식으로 표면을 주사할 수 있고, 주사하는 동안 특정 원소의 Auger 스펙트럼 세기를 추적함으로써 표면의 분포 지도를 작성할 수 있다. 이 기법의 한 예는 그림 16.28에 있으며 활성 잃은 촉매 표면의 황과 니켈의 위치 및 농도를 보여 준다. 그림 16.29는 집적회로 위의 몰리브데넘, 금 및 산소 분포와 회로에서 상대적 위치를 지도화 한 것이다. 작은 초점 크기와 주사 방식을 사용하는 이 기법을 주사 Auger 미세 분석법(SAM) 또는 주사 Auger 마이크로 탐침법이라고 한다.

16.2.2.2.1 깊이 분석도

XPS에서와 같이, 이온살을 사용하여 제어된 조건에서 시료 표면을 조금씩 제거하면서 AES 스펙트럼을 수집하면 깊이 분석도라고 하는 깊이에 따른 원소들의 분포 변화를 알 수 있다.

그림 16.30은 깊이 분석이 수행되는 시료의 개략도인데, 이온살은 표면을 튕겨내어 재료를 식각하는 한편 전자살은 AES 광원으로 사용된다. 그림 16.31은 실리콘 기판 위의 니크롬(Nichrome) 박막의 깊이 분석 결과를 보여주며, 니크롬 박막과 외부 산화물 층의 두께가 약 150~175 Å임을 알 수 있다. 이는 약 175 Å의 물질을 튕겨낸 후에 Si 기판이 나타나는 것으로부터 추론할 수 있다. 또한 외부 표면의 크로뮴은 약 75 Å

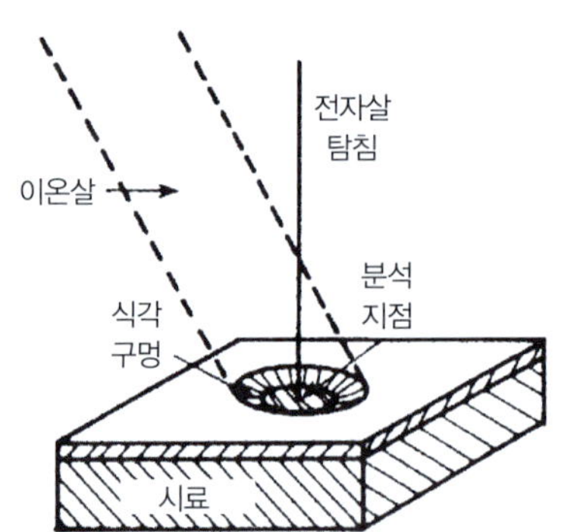

그림 16.30 깊이 분석을 위한 이온 튕김의 사용. Auger 스펙트럼을 수집하는 동안 이온총은 표면층을 제거하는 데 사용된다. (Courtesy of Physical Electronics, Inc., Eden Prairie, MN, www.phi.com.)

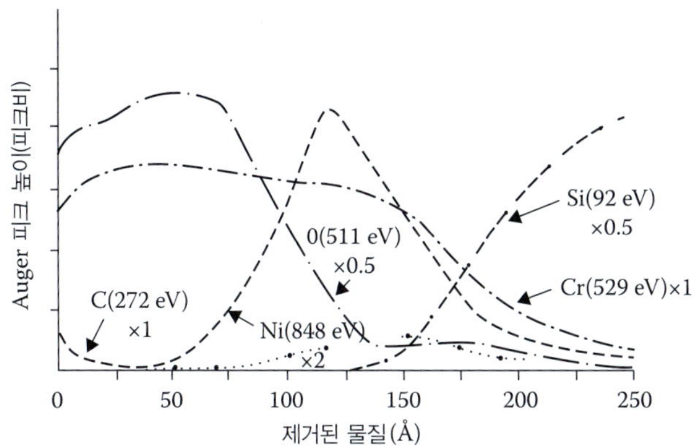

그림 16.31 실리콘 기판 위의 니크롬 박막의 깊이 분석도. 최외각 층은 Cr과 산소 모두 나타나며, 안정한 산화 크로뮴 층일 것이다. Ni과 Cr (Nichrome 박막) 신호는 약 175 Å에서 감소하는 반면 Si 기판 신호가 나타나기 시작하여, 대략적인 박막 두께를 암시한다. (From Weber, R.E., *Res. Dev.*, 10, 22, 1972.)

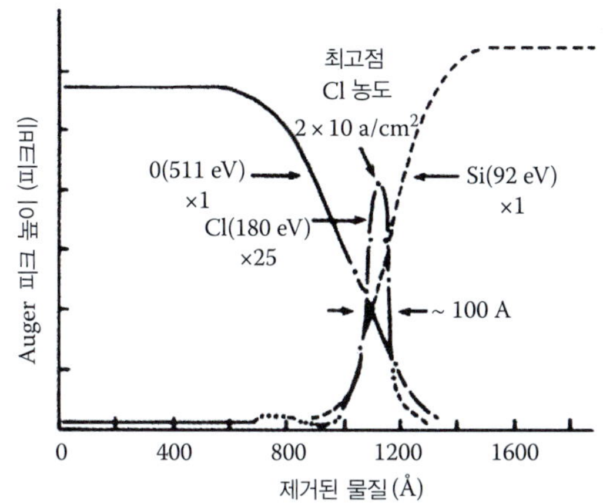

그림 16.32 매우 국소적인 영역에 Cl이 함유된 물질의 깊이 분석도. AES의 높은 수평 분해능은 100 Å 두께의 Cl 함유 영역과 같은 박층 및 미소 형상의 분석을 가능하게 한다. (From Weber, R.E., *Res. Dev.*, 10, 22, 1972.)

두께의 산화물 층을 형성하는 것이 분명하다. 크로뮴은 대기에 노출되면 즉시 산화물 보호막을 형성한다. 산화물 층이 제거됨에 따라 산소 신호는 감소하고 Ni과 Cr 박막 자체가 드러난다. 표면의 산화물 층, 층 두께 및 조성에 대한 정보는 부식 화학, 표면 반응, 물질 거동 및 장비 제조 등을 이해하는 데 중요하다.

그림 16.32에 깊이 분석도의 다른 예가 있는데, AES는 표면으로부터 약 1100 Å의 깊이에 Cl을 함유하는 매우 국부적인 영역을 분명하게 보여 준다. Cl 함유 영역의 폭은 단지 약 100 Å이다. 이 극미세 수평 분해능은 다른 분석 기술에 비해 AES의 강점 중 하나이다.

16.3 이온 산란 분광법

이온 산란 분광법(**Ion scattering spectroscopy**, ISS)에서 이온살이 시료에 조사되어 표면과 충돌하면 표면의 시료 원자에 의해 이온은 산란된다. 충돌 이온의 일부는 표면 원자들과 단일 탄성 충돌 후에 산란된다. 운동량 보존에 의해 주어진 각도로 산란된 이온의 에너지는 표면 원자의 질량 및 충돌(1차) 이온의 에너지에만 의존하게 된다. **산란된 이온**(*scattered ions*)의 에너지를 측정함으로써, 표면의 **산란시킨 원자**(*scattering atoms*)의 질량을 결정할 수 있다.

90°의 산란각으로 산란된 이온의 에너지와 충격 이온 및 산란시킨 원자의 질량 사이의 관계는 다음 식과 같다.

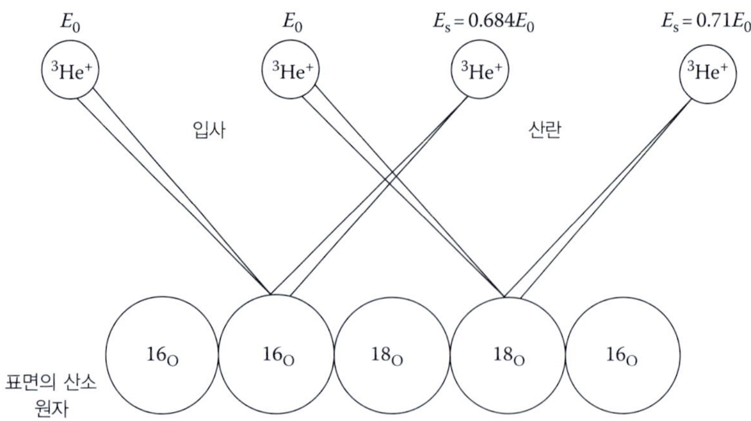

그림 16.33 ISS 과정. 입사된 헬륨 이온은 ^{16}O 및 ^{18}O로부터 다른 에너지로 산란된다. (From Czarderna, A.W. et al., *Ind. Res.*, January 1978.)

$$E_S = E_0 \frac{M_S - M_{ion}}{M_S + M_{ion}} \tag{16.10}$$

또는

$$\frac{E_S}{E_0} = \frac{M_S - M_{ion}}{M_S + M_{ion}}$$

여기서, E_S는 충돌 후 산란된 이온의 에너지, E_0는 충돌 전 충격 이온의 에너지ㅍM_S는 산란시킨 표면 원자의 질량, M_{ion}은 충격 이온의 질량이다. 이 과정은 그림 16.33에 나타나 있으며, 충격 이온은 $^3He^+$이고 산란시킨 원자는 ^{16}O와 ^{18}O이었다. 식 16.10에 기초하여, 1차 살의 에너지를 알면, 산란된 헬륨 이온의 에너지를 계산할 수 있는데 ^{16}O 또는 ^{18}O 원자에 의해 산란되었는지에 따라 달라질 것이다. 산란된 헬륨 이온 에너지의 상대적 존재량(신호 세기)을 측정함으로써, 시료 표면의 ^{16}O 및 ^{18}O의 상대적 양을 결정할 수 있다.

오직 표면에 노출된 원자, 즉 맨 위의 단일층 원자들만이 ISS 신호에 기여하며 표면 분석 기술 중 가장 표면에 민감하다. ISS는 충격 이온보다 원자 번호가 큰 모든 원소를 측정할 수 있고, 표면의 원소 및 동위원소 조성을 정성적 및 정량적으로 측정할 수 있다. 감도는 대부분의 원소에 대해 단일층의 약 1%이다.

그림 16.34는 ISS 기기의 개략도이며 16.2.1.1절에서 논의된 CMA를 기반으로 한다. 기기는 이온원, 진공 시스템, 에너지 분석기 및 검출기로 구성되며 시료와 함께 진공 상태에 있다.

일반적인 이온총은 비활성 기체인 헬륨, 아르곤, 네온을 사용하여 단일 에너지 이온을 생성하며, 이온살을 지름 100 μm~1 mm의 크기로 집속시킬 수 있고 이온살의 전류 밀도를 조절할 수 있다. 비활성 기체가 전자 그리드를 통과할 때 전자 충격에 의해 이온화되며 가속 전극이 이 이온들을 특정 에너지로 가속시킨다. 가속된 이온살은 시료 표면에 집속되며 산란된 이온들은 에너지 분석기에서 분리된다.

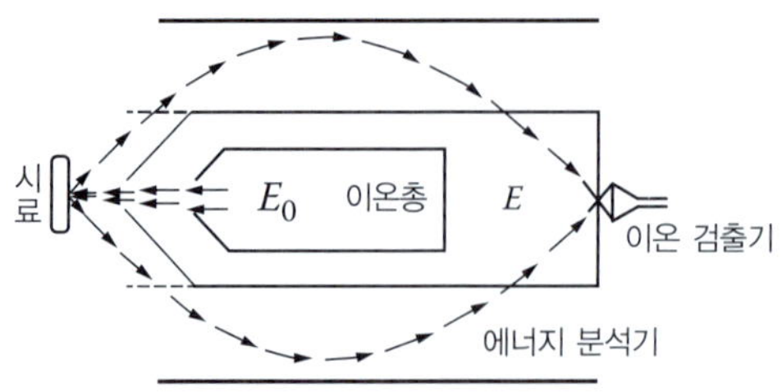

그림 16.34 CMA에 기초한 이온 산란 분광기

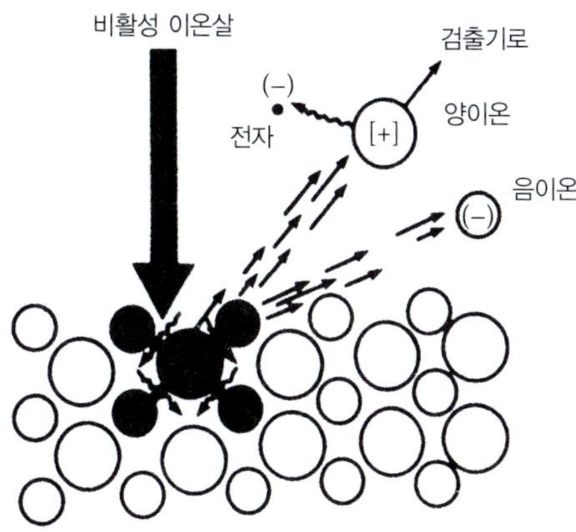

그림 16.35 SIMS 과정. 비활성 이온(He^+)의 충돌에 의해 표면에서 양이온과 음이온이 방출된다.

표면의 무거운 원자는 He보다는 아르곤 같이 무거운 이온의 충격에 더 잘 감응하며, ISS의 분해능은 충격 이온과 표적 원자 간의 질량 차이가 증가함에 따라 감소한다. ISS의 공간 분해능은 약 100 μm로 제한되며, 이 점에서는 AES보다 나쁘다.

ISS는 표면 반응 메커니즘, 촉매 거동 및 표면에 흡착 과정 연구에 사용되며, 동위 원소를 구별할 수 있는 능력 때문에, 한 원소를 동위 원소로 대체하는 반응 연구에도 사용될 수 있다.

16.4 2차 이온 질량 분석법

2차 이온 질량 분석법(secondary ion mas spectrometry, SIMS)은 ISS보다 더 보편적인 기술이며, 그림 16.35에 나타낸 바와 같이 ISS 과정과 약간 다르다. 이 경우 역시, 표면이 이온화된 비활성 기체살(**1차 이온살, primary ion beam**)로 충격된다. 1차 이온은 '연속 충돌 단계(collision cascade)'를 야기하여 직접 충격 또는 간접 에너지 전달에 의해 고체의 화학 결합이 파괴된다. 그 결과 중성 분자뿐만 아니라 이온들도 표면에서 튕겨져 나온다. **2차**(*secondary*) 이온이라고 하는 튕겨진 이온은 분자 이온 또는 분자의 조각 이온이다. 튕겨진 이온은 양 또는 음으로 하전되며, 두 종류의 이온이 분석 과정에 이용된다. MS에서 2차 이온의 질량/전하 비가 측정되고, 2차 이온 세기 대 질량/전하 비의 스펙트럼이 얻어진다. 2차 이온은 표면의 상부 2개 또는 3개의 단일층에서 튀어나오므로 SIMS는 표면에 매우 민감한 기술이다.

SIMS는 높은 세기의 1차 이온살을 사용하는 **동적(dynamic) SIMS**와 매우 낮은 세기의 1차 이온살을 사용하는 **정적(static) SIMS**가 있다. 동적 SIMS는 높은 튕김 비율, 많은 2차 이온 생성을 초래해 검출 한계가 낮으며 표면 분석 감도는 약 1 ppm이고, 표면층 제거율이 높기 때문에 파괴적 기법이다. 튕김 비율은 이온살 세기, 이온 에너지 및 입사각 외에도 시료의 질량, 결정 배향, 화학 성분 및 기타 시료 특성도 표면 원자 또는 분자의 제거율에 영향을 미친다. 정적 SIMS는 매우 얇거나 비파괴적 분석이 요구되는 시료의 연구에 사용된다. 낮은 세기의 1차 살은 표면의 단일층을 제거한다. 2차 이온 생성이 낮기 때문에 감도는 동적 SIMS만큼 좋지는 않으며 검출 한계는 ppm~0.1% 범위이다. 수소를 포함한 모든 원소를 측정할 수 있으며, 분자 화학종도 측정할 수 있다.

16.4.1 | SIMS의 기기 장치

SIMS 시스템은 1차 이온원, 시료 집게, 2차 이온 추출 광학 장치, 질량 분석기 및 이온 검출기로 구성되며 모두 UHV 챔버에 들어 있다. 그림 16.36에 사중 극자 질량 분석기를 갖춘 SIMS의 부분적 개략도를 보여 준다.

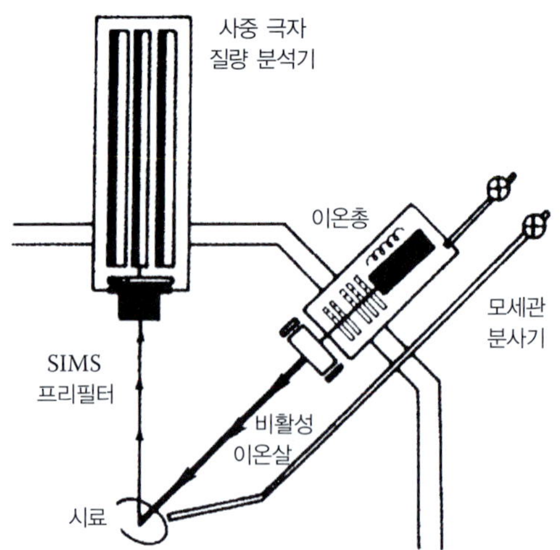

그림 16.36 이온총과 사중 극자 질량 분석기를 장착한 SIMS 기기의 부분적 개략도

16.4.1.1 1차 이온원

SIMS 기기는 2개의 이온원을 갖추고 있는데, 하나는 2차 양이온을, 다른 하나는 2차 음이온을 생성하도록 설계되어 있다. O_2^+와 같이 전기 음성도가 큰 1차 이온을 사용하면 2차 양이온 생성을 증가시키는 반면, Cs^+와 같은 전기 양성적인 1차 이온을 사용하면 2차 음이온의 생성을 증가시킨다. 산소 기체를 저전압, 저압 및 고온의 캐쏘드 아크로 통과시키면 음 및 양으로 하전된 기체 이온 플라스마가 생성되고, 플라스마에서 O_2^+ 이온을 추출하여 가속하고 전기장 및 자기장에 의해 시료 표면에 집속시킨다. 이온살은 약 50 μm~0.5 μm의 초점 크기로 집속될 수 있다. 이중으로 하전된 이온과 중성 입자를 제거하기 위해 1차 이온 질량 필터가 사용된다(그림 16.37).

비행 시간(TOF)-SIMS 기기는 두 개의 이온총을 사용할 수 있는데, 하나는 스펙트럼을 얻기 위한 나노초 펄스 Ga^+ 이온총이고, 두 번째 Cs^+ 이온총은 표면을 튕겨내어 깊이 분석을 하기 위한 것이다.

16.4.1.2 질량 분석기

SIMS 시스템에서 일반적인 질량 분석기는 (1) 이중 집속 자기장 부채꼴 기기, (2) TOF 질량 분석기, (3) 사중 극자 질량 분석기이다. 질량 분석기의 선택은 동적 또는 정적 SIMS가 필요한지, 질량 범위 및 분해능의 요구 정도, 이온 통과 효율 등에 따라 달라진다.

이중 집속 자기 부채꼴 기기는 자기장을 사용하여 질량 대 전하 비로 이온을 분리한다. 질량 범위는 최대 500 Da이며, 질량 분해능, $M/\delta M$은 10,000이고, 저분해능에서 높은 이온 통과 효율을 가진다. 장점은 높은 질량 분해능, 영상화 검출기가 있는 경우 직접 이온 영상화 기능 및 질량 범위에 대한 높은 감도이다. 높은 질량 분해능이 요구될 때 감도는 더 낮아진다. 자기 부채꼴(magnetic sector) 기기는 한 번에 하나의 질량만 측정한다. 2차 이온은 연속적인 1차 이온살에 의해 지속적으로 생성되지만, 대부분의 이온은 검출되지 않는다. 그림 16.37은 1차 이온 질량 필터로 자기 부채꼴을 장착한 이중 집속 이온 미세 탐침 질량 분석기의 개략도를 보여 준다.

사중 극자 질량 분석기는 4개의 막대에 인가되는 라디오 주파수(RF)의 교류(AC)와 직류(DC) 전압을 변화시키며 작동된다. 주어진 m/z 비의 이온들만 특정 조건에서 막대를 통과할 수 있고, 다른 모든 이온은 막대와 충돌하여 검출되지 않는다. 표면 지도 작성은 가능하지만 직접 이온 영상화는 수행할 수 없다. 다룰 수 있는 질량 범위는 최대 1000 Da이지만, 질량 분해능은 단지 약 200이며, 통과 효율은 약 10% 또는 자기 부채꼴 기기의 30%이다. 장점은 저비용, 간편한 작동, 양이온 모드에서 음이온 모드로 신속하게 전환할 수 있는 능력, 그리고 비전도성 시료 처리의 유연성이다. 자기 부채꼴 분석기와 마찬가지로 한 번

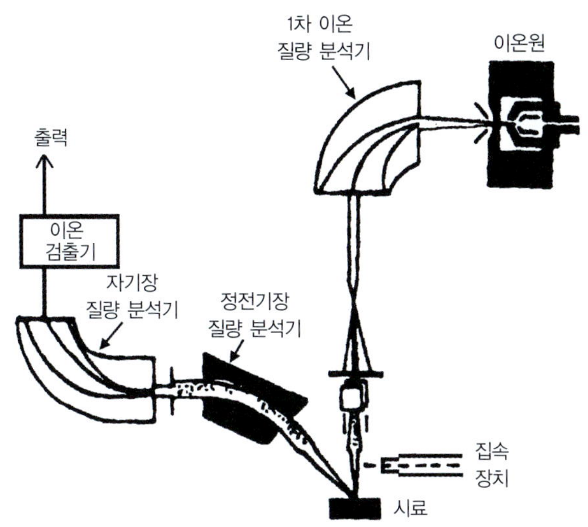

그림 16.37 1차 이온살을 거르기 위해 자기 부채꼴 질량 분석기를 장착한 이중 집속 이온 미세 탐침 질량 분석

에 하나의 질량만 측정된다.

TOF 질량 분석기는 거의 무제한의 질량 범위를 가지며, 질량 분해능은 10,000이고, 통과 효율은 사중극자와 자기 부채꼴의 중간 정도이다. 1차 이온살 펄스에 의해 생성된 2차 이온 펄스는 TOF 분석기의 표류 비행관에서 분리되며, 가벼운 m/z의 이온이 무거운 이온에 앞서 검출기에 도달한다. 다른 두 질량 분석기와 달리 TOF 분석기는 모든 2차 이온을 수집하고 분석한다. 이로 인해 TOF 시스템은 정적 SIMS에 매우 유용하다. 장점은 고분자 같은 매우 큰 분자를 측정하는 능력, (자기 부채꼴 분석기와 달리) 감도 손실 없는 높은 질량 분해능, 모든 질량에 대해 높고 일정한 감도 등이다. 표면 영상화는 1차 이온살이 표면을 래스터 주사하며 256×256 배열의 각 화소에서 질량 스펙트럼을 수집하여 수행된다.

SIMS에 사용되는 검출기는 전자 증배관과 영상화에 사용되는 배열 검출기가 있다.

16.4.2 | SIMS의 분석 응용

SIMS는 고체 시료 상부 2~3개 층의 원소 및 분자 화학종의 표면 조성 확인에 사용된다. 표면 분포, 동위 원소비 및 깊이 분석도를 측정할 수 있다. ISS와 마찬가지로 SIMS는 세정 공정에서 표면의 유기 또는 무기 잔류물을 측정하거나 표면에 흡착된 기체를 조사할 수 있다. 재료의 원소 분포는 균일성, 부식, 결함 메커니즘 및 재료의 강도 등에 대한 정보를 제공할 수 있다. 양 및 음의 2차 이온 모두 분석할 수 있으며 양이온은 주기율표의 왼쪽에 있는 원소들 음이온은 주기율표 오른쪽에 있는 원소(비금속)들의 분석에 유용하다.

SIMS와 ISS에서 홍수총을 사용하여 표면 전하를 중화하면, 비전도성 시료를 분석할 수 있다. 그림 16.38은 유리 표면의 SIMS 스펙트럼이며 홍수총을 사용할 때 스펙트럼이 더 평평한 바탕선과 향상된 분해능을 갖는 것을 보여 준다.

ISS와 SIMS는 표면에 매우 민감한데, ISS는 표면의 최상 단일층에서, SIMS는 표면의 2~3개 층에서 정보를 얻는다. 일반적으로, 산란 이온과 2차 이온은 질량이 크게 다르며 서로 방해하지 않는다. 따라서 두 시스템을 동시에 작동시킬 수 있으며, 표면의 원소, 동위 원소 비율 및 표면의 분자 분석에 대하여 정보를 제공한다.

SIMS를 사용하여 원소 정보를 얻을 수 있으며, 그림 16.39에 예들이 실려 있다. SIMS는 또한 분자 정보를 제공하며 그림 16.40에 TOF-SIMS로부터 얻은 의약 화합물의 양이온 질량 스펙트럼을 나타내었다. M+1 이온, 즉 분자 이온 +H 및 다양한 조각 이온이 나타나 있어 화합물의 분자량과 분자 구조를 알 수

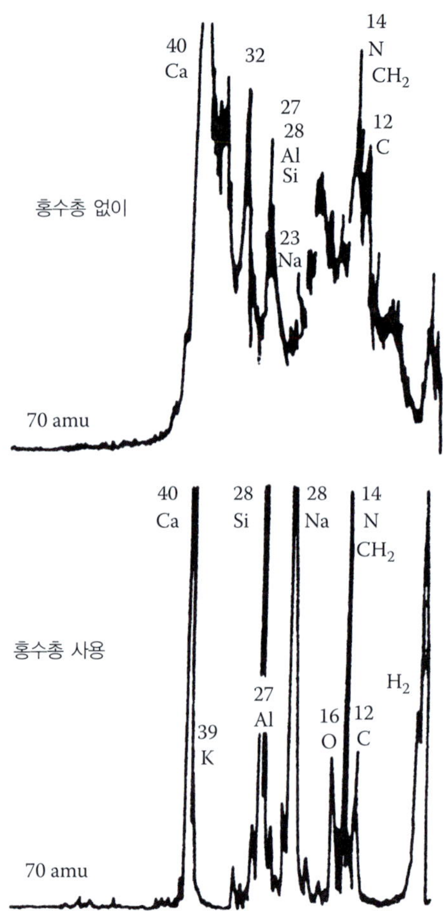

그림 16.38 소다-라임 유리의 SIMS 스펙트럼에 대한 전하 중화 효과. 홍수총을 함께 사용하여 측정한 하단 스펙트럼은 상단 스펙트럼과 비교하여 향상된 분해능과 평탄한 바탕선을 보여준다.

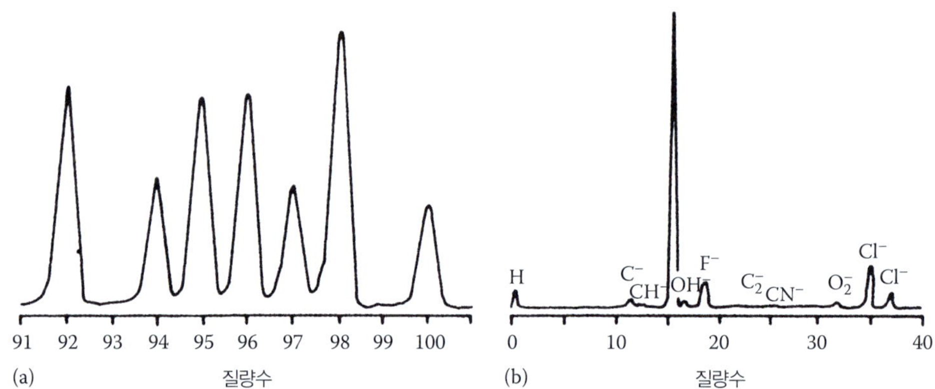

그림 16.39 (a) 몰리브데넘의 양이온 SIMS 스펙트럼. 모든 피크는 Mo의 동위 원소이다. (b) 원소와 분자의 다원자 조각들을 보여주는 음이온 SIMS 스펙트럼. (Physical Electronics, Inc., Eden Prairie, MN, www.phi.com의 허가)

있다. TOF-SIMS를 사용하여 1차 이온살이 시료 표면을 래스터 주사하면서 256×256 배열 검출기의 모든 화소에 질량 스펙트럼을 수집하면 분자 및 원소의 영상 지도를 만들 수 있다. 예를 들어, 시간-방출 약품 정제나 코팅된 정제는 존재하는 약품의 원소와 활성 성분을 영상화하여 코팅 두께를 확인하고 균질성을 평가할 수 있다.

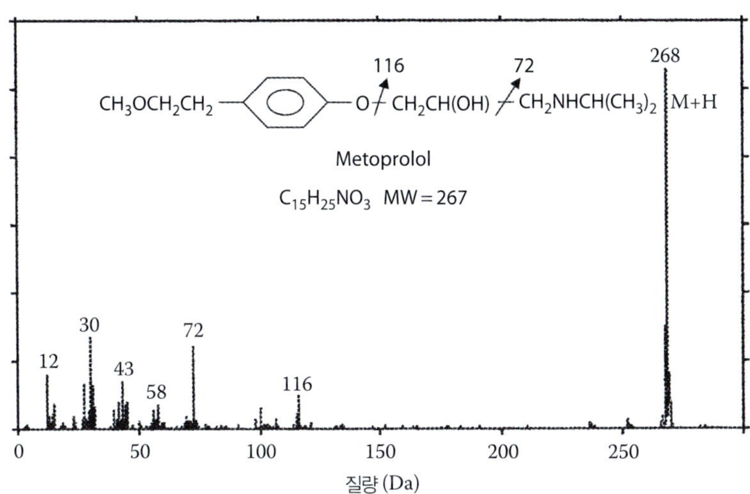

그림 16.40 분자와 분자 조각의 피크를 보여 주는 metoprolol의 양이온 SIMS 스펙트럼. (Courtesy of Physical Electronics, Inc., Eden Prairie, MN, www.phi.com.)

16.4.2.1 정량 분석

SIMS에서 얻은 분석 신호는 표면의 동위 원소 존재량, 표면의 특성 및 충격 이온 등에 의존한다. 그 관계는 복잡하며, 교정선은 연속적이거나 불연속적일 수 있다. 매트릭스가 일치하고 분석 범위를 포괄하는 인증된 교정 표준물이 필요하다. 동적 SIMS를 사용한 벌크 분석의 경우, 많은 금속과 합금, 일부 세라믹 및 유리에 대해 NIST 또는 상용 표준물 회사 같은 곳에서 인증 표준물을 구할 수 있지만, 표면, 박층 및 다층 재료를 위한 표준물은 거의 없다. SIMS의 탁월한 감도로 고체내 분석물의 ppb~ppm 농도까지 분석이 가능하다. SIMS는 % 수준의 정량 분석에는 사용되지 않으며, XPS 또는 XRF가 이러한 목적에는 더 적합하다.

SIMS는 고체 불순물 또는 반도체의 도핑제 같은 미량 원소의 정량적 깊이 분석도 측정에 사용된다. 정확한 깊이 분석을 위해서는 분석되는 영역의 균일한 이온 충격이 요구되며, 재질의 튕김 속도를 측정해야 한다. 튕김 속도는 대개 홈 깊이를 측정해 결정하는데 다층 재료의 경우, 각 층은 고유한 튕김 속도를 가질 수 있어 각각 측정되어야 한다. 깊이 분석 표준물이 필요한데, 일부 **인증 표준 물질(standard reference materials, SRM)**로 실리콘 내 인, 실리콘 내 붕소, 실리콘 내 비소에 대한 깊이 분석 표준물들은 SIMS 기기 교정을 위해 NIST에서 구할 수 있다. P, As, B는 반도체 산업에서 일반적인 도핑제이며, 이들의 정확한 측정은 반도체 제조 및 품질 관리에 매우 중요하다.

16.4.2.2 이온 미세 탐침 질량 분석법

이온 미세 탐침 질량 분석(ion microprobe mass spectrometry, IMMS)은 SIMS의 연장으로 이온살이 작은 초점 크기로 집속되어 표면의 마이크론 크기의 점을 검사할 수 있다. 이온살은 정전기 렌즈로 3~10 μm의 지름으로 축소되며 0.2~0.5 μm의 크기까지 축소가 가능하다. 그림 16.37에 개략도가 나와 있다. 시료 표면에서 생성된 2차 이온은 정전기장을 통과하며 대부분의 이온이 동일한 속도가 되고, 부채꼴 자기장을 통과하면서 질량-대-전하 비로 분리된다.

이온살은 다음의 세 모드로 사용될 수 있다. (1) 시료 위에 고정되어 특정 지점 분석함. (2) 시료 표면을 래스터 주사를 하여 원소의 표면 분포도를 얻음. (3) 단일 지점에 집속하여 파인 홈을 만들어 원소들의 깊이 분석도를 얻음. 표면의 다원소 분석을 할 수 있고, 원소의 표면 지도 작성도 가능하다. IMMS의 초점 집속 능력 때문에 시료 표면의 매우 작은 지점 분석이 가능하며, 대기 중의 입자나 분진 표면의 원소를 측정하는 데 사용될 수 있다. 미립자의 표면에 흡착된 원소들을 정성 및 정량 분석할 수 있다. 대기 중 입자

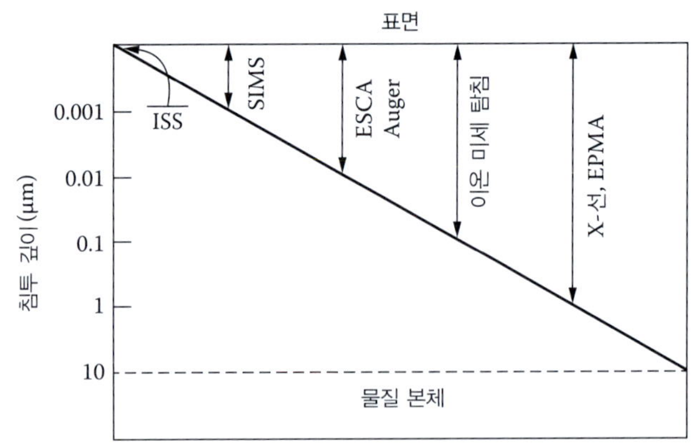

그림 16.41 여러 표면분석 기술들에 의해 탐사되는 시료 표면의 대략적인 깊이

표면의 납, 탈륨, 망가니즈, 크로뮴 등 환경 및 독성학적 관심 대상인 금속들이 이 방법으로 연구되었다.

16.5 전자 미세 탐침(전자 탐침 미량 분석)

전자 탐침 미량 분석기(electron probe microanalyzer, EPMA; 또는 electron microprohe, EM)는 고에너지 전자살을 사용하여 고체 시료의 표면을 충격하여 내부 껍질 전자를 제거하고 이는 광전자 방출(XPS)과 X-선 광자 방출을 야기한다. 방출된 X-선 광자는 존재하는 원소의 특징적 파장을 갖는다. EPMA는 방출된 X-선을 구별하기 위해 파장 분산형(WD) 또는 에너지 분산형(ED) X-선 분광기를 사용한다. 이는 XRF 분광법(9장)과 매우 유사하며, 1차 살은 전자가 아니라 X-선이었다.

EM 기기 장치는 X-선 분광기를 사용하며 광원으로 전자살과 시료 격실을 포함한 UHV 시스템이 사용된다. EDX 분광기를 사용하면 붕소에서 우라늄까지 모든 원소의 X-선 스펙트럼을 동시에 측정할 수 있다. EDX 분광기는 시료 표면의 신속한 정성적 개관 주사에 사용된다. WDX 분광기는 훨씬 우수한 분해능을 가지며 원소의 정량 분석에 사용된다. WDX 분광기는 분해능을 최적화하고 원소들의 전체 스펙트럼 범위를 포괄하기 위해 여러 회절 결정을 갖추고 있다.

EPMA는 표면의 원소 분석 및 마이크론 크기 형상의 원소 분석이 신속하고 정확하며 감도는 약 0.2원자%이다. 전자 현미경으로 얻은 지형도와 원소 조성을 상호 연관시켜 표면의 원소 지도를 작성할 수 있다. XRF와 마찬가지로 EPMA는 원소 분석 기술이므로, 화학종이나 산화 상태에 대한 정보는 얻을 수 없다. X-선은 1000 Å 정도의 깊이에서 나올 수 있으므로, EPMA는 이 장에서 논의된 기술들 중 '가장 깊은 표면'에 대한 기술이다. XRF와 마찬가지로 사실 시료가 균일하다면 본체(벌크) 분석 기술로 간주할 수 있다.

논의된 표면 분석 기술에 대한 상대적 침투 깊이를 그림 16.41에 나타내었다. ISS는 가장 표면에 민감하고, 반면 EPMA는 논의된 기술들 중 표면 민감도가 가장 낮다.

문제

16.1 원소의 XRF 복사선 파장은 원소의 화학적 형태와 무관하지만, ESCA에서는 광전자 에너지가 원소의 화학적 환경과 무관하지 않다. 설명하시오.

16.2 ESCA, Auger 및 기타 표면 분석 기기에 전자 홍수총을 사용하는 이유는 무엇인가?

16.3 이 방법들의 절대 감도는 약 10^{-10} g이지만, ESCA 및 Auger 기기는 1% 이상의 농도로 존재하는 원소의 분석에 유용하다. 설명하시오.

16.4 ESCA 기기의 개략도를 그리시오.

16.5 원자의 개략도를 사용하여 XRF, ESCA, AES를 발생시키는 과정을 보이시오.

16.6 ESCA 스펙트럼은 신호 세기 대 에너지로 직접 도시하지만, 왜 Auger 스펙트럼은 신호의 1차 미분으로 나타내는가?

16.7 XRF는 원자 번호가 높은 원소에 대해 가장 민감하다. Auger 감도와 원자 번호의 관계는 어떠한가?

16.8 한 시료에서 니켈의 농도가 표면에서의 깊이에 따라 변한다. 이 변화를 어떻게 측정할 수 있는가?

16.9 표면 시료를 진공 상태에서 분석해야 하는 이유는 무엇인가? 어떻게 여러 시료를 연속적으로 검사할 수 있는가?

16.10 ISS를 설명하시오. 이 방법으로 어떤 깊이의 표면을 측정할 수 있는가? ESCA와 비교하면 어떤가?

16.11 표면 위의 특정 금속의 농도와 분포를 어떻게 측정하고 나타낼 수 있는가?

16.12 ESCA 및 Auger 스펙트럼 생성하기 위해 주로 사용되는 에너지원(광원)은 무엇인가?

16.13 ESCA 신호에 대한 국부 자기장의 영향을 제거하는 이유와 방법은 무엇인가?

16.14 텅스텐 선에 들어있는 ppm 수준의 포타슘의 위치, 분포, 농도 및 화학적 형태(분자, 원소, 산화 상태)를 확인하고자 한다. 어떤 기술들을 사용하겠는가? 그 이유를 설명하시오. 표면 분석 기술들은 필요한 모든 정보를 제공할 수 있는가? 그렇지 않다면 무엇을 사용하겠는가?

16.15 SIMS는 무엇인가? 분석 용도를 설명하시오.

16.16 XRF에 비해 (a) ISS 및 (b) SIMS의 장점은 무엇인가?

16.17 IMMS의 주요 구성 요소를 기술하시오.

16.18 ESCA에서 사용되는 검출기들을 설명하시오.

16.19 두 가지 유형의 에너지 판별기를 기술하시오. 그들의 기능은 무엇인가?

16.20 두 가지 유형의 에너지 분석기를 기술하시오. 그들의 기능은 무엇인가?

16.21 ESCA의 화학적 이동은 무엇을 의미하는가? Auger의 화학적 이동은 무엇을 의미하는가?

참고문헌

Adams, R. *Electrochemistry at Solid Electrodes*. Marcel Dekker, Inc.: New York, 1969.

Aikens, D.; Bailey, R.; Moore, J.; Giachino, G.; Toruk:ins, R. *Principles and Techniques for an Integrated Chemistry Laboratory*. Waveland Press, Inc.: Prospect Heights, IL, 1985

ASTM. *Annual Book of ASTM Standards, Water and Environmental Technology*, Vols. 11.01 and 11.02. ASTM: West Conshohocken, PA, 2000.

Baizer, M.M.; Lund, H. *Organic Electrochemistry*. Marcel Dekker, Inc.: New York, 1983.

Bard, A.J., ed. *Electroanalytical Chemistry*. Marcel Dekker, Inc.: New York, 1993.

Bard, A.J., ed. *Electrogenerated Chemiluminescence*. CRC Press: Boca Raton, FL, 2004.

Bard, A.J.; Faulkner, L.R. *Electrochemical Methods−Fundamentals and Applications*. John Wiley & Sons, Inc.: New York, 1980.

Bard, A.J.; Parsons, R.; Jordan, J., eds. *Standard Potentials in Aqueous Solution*. Marcel Dekker, Inc.: New York, 1985.

Bates, R.G. *Determination of pH*. John Wiley & Sons, Inc.: New York, 1973.

Berezanski, P. Electrolytic conductivity. In Settle, F.A. (ed.) *Handbook of Instrumental Techniques for Analytical Chemistry*. Prentice Hall PTR: Upper Saddle River, NJ, 1997.

Best, S.P.; Borg, S.J.; Vincent, K.A. Infrared spectroElectrochemistry. In Kaim, W.; Klein, A. (eds.) RSC Publishing: Cambridge, U.K., 2008. (See also www.chemistry.unimelb.edu.au/staff/spbestJtechniques/SEC.htm.)

Bockris, J.O. *Modem Electrochemistry*, Vols. 1 and 2. Plenum Press: New York, 1970.

Bond, A.M. *Modem Polarographic Methods in Analytical Chemistry*. Marcel Dekker, Inc.: New York, 1980.

Curie, P.; Curie, J.C. R. *Acad. Sci*., *91*, 294, 1880

Dean, J.A. *Analytical Chemistry Handbook*. McGraw-Hill, Inc.: New York, 1995.

Diefenderfer, A.J.; Holton, B.E. *Principles of Electronic Instrumentation*, 3rd edn. Saunders College Publishing: Philadelphia, PA, 1994.

Dryhurst, G. *Electrochemistry of Biological Molecules*. Academic Press: New York, 1977.

Enke, C.G. *The Art and Science of Chemical Analysis*. John Wiley & Sons, Inc.: New York, 2000.

Evans, A. *Potentiometry and Ion Selective Electrodes*. John Wiley & Sons, Inc.: New York, 1987.

Ewing, G. W. (ed.) *Analytical Instrumentation Handbook*, 2nd edn. Marcel Dekker, Inc.: N ew York, 1997.

Fritz, J.S. *Acid−Base Titrations in Non-Aqueous Solvents*. G. Frederick Smith Chemical Company: Columbus, OH, 1952. (This publication had been available from GFS Chemicals upon request.)

Fry, A.J. *Synthetic Organic Electrochemistry*. Harper & Row: New York, 1972.

Gale, R.J. (ed.) *Spectroelectrochemistry*. Plenum Press: New York, 1988.

Greenberg, A.; Clesceri, L.; Eaton, A. (eds.) *Standard Methods for the Examination of Water and Wastewater*, 18th edn. American Public Health Association: Washington, DC, 1992.

Harris, D.C. *Quantitative Chemical Analysis*, 5th edn. W.H. Freeman and Co.: New York, 1999.

Hart, J.P. *Electroanalysis of Biologically Important Compounds*. Ellis Horwood: New York, 1990.

Huber, W. Titrations in Nonaqueous Solvents. Academic Press: New York, 1967.

Ives, D.J.G.; Janz, G.J. (eds.) Reference Electrodes−Theory and Practice. Academic Press: New York, 1961.

Kaim, W.; Klein, A. (eds.) *Spectroelectrochemistry*. RSC Publishing: London, U.K., 2008.

Kalvoda, R. *Operational Amplifiers in Chemical Instrumentation*. Ellis Horwood: Chichester, U.K., 1975.

Kirchhoff, J.R. *Current Separations*, *16*(1), 11, 1997.

Kissinger, P.T.; Heineman, W.R. *Laboratory Techniques in Electroanalytical Chemistry*, 2nd edn. Marcel Dekker, Inc.: New York, 1996.

Koryta, J.; Stulik, K. *Ion-Selective Electrodes*, 2nd edn. Cambridge University Press: Cambridge, U.K., 1983.

Kucharsky, J.; Safarik, L. *Titrations in Nonaqueous Solvents*. Elsevier: Amsterdam, the Netherlands, 1965.

Malmstadt, H.V.; Enke, C.G.; Crouch, S.R. *Microcomputers and Electronic Instrumentation*: *Making the Right Connections*. American Chemical Society: Washington, DC, 1994.

Meites, L.; Zuman, P.; Rupp, E.B. (eds.) *CRC Handbook Series in Organic Electrochemistry*, Vols. 1−5. CRC Press, Inc.: Boca Raton, FL, 1982.

Michael, A.; Wightman, R.M. Microelectrodes. In Kissinger, P.; Heineman, W. (eds.) *Laboratory Techniques in Electroanalytical Chemistry*, 2nd edn. Marcel Dekker, Inc.: New York, 1996.

Plieth, W.; Wilson, G.S.; Gutierrez de la Fe, C. *Pure Appl. Chem*., *70*(7), 1395, 1998.

Sauerbrey, G. Z. *Phys*., *155*, 206, 1959.

Settle, F.A. (ed.) *Handbook of Instrumental Techniques for Analytical Chemistry*. Prentice HaU PTR: Upper Saddle River, NJ, 1997.

Streuli, C.A. Titrimetry: Acid-base titrations in non-aqueous solvents. In Kolthoff, I.M.; Elving, P.J. (eds.) *Treatise on Analytical Chemistry*, *Part I*, Vol. II. Wiley-Interscience: New York, 1975.

Vydra, F.; Stulik, K.; Julakova, E. *Electrochemical Stripping Analysis*. Ellis Horwood, Chichester, U.K., 1976.

Wang, J. *Stripping Analysis*. VCH Publishers, Inc.: Deerfield Beach, FL, 1985.

Warner, M. *Anal. Chem*., 66, 601A, 1994.

CHAPTER

17 열분석

물질에 열을 가하면 물리적 혹은 화학적 변화가 발생한다. 상변화, 결정화, 결정 구조의 변화, 금속 합금이나 고분자의 미세 구조의 변화, 단백질 구조의 변화, 부피 변화(팽창 혹은 수축), 흡착, 기체의 흡착이나 탈착, 기계적 거동의 변화 등이 물리적 변화에 해당한다. 화학적 변화에는 새로운 물질의 형성, 산화, 부식, 분해, 탈수, 화학적 흡착, 화합물 사이의 결합(단백질과 약물) 등이 포함된다. 이러한 물리적 혹은 화학적 변화는 상당히 넓은 온도 범위에서 일어난다. 화학 반응의 속도는 온도에 따라 변하고, 반결정성 고분자나 금속 합금과 같은 물질의 특성은 냉각 속도에 의존한다. 물질은 다양한 부식 환경, 습도나 스트레스 혹은 넓은 온도 범위에서 사용된다. 특정 용도에 적합한 물질을 선택하고 물질이나 화학 약품이 변하지 않고 견디는 온도 범위를 결정하기 위하여 넓은 온도 범위에서 물질의 특성이나 거동을 파악하는 것이 필요하다. 이런 종류의 정보들은 극단적으로 춥거나 혹은 더운 지역에서 사용되는 자동차용 타이어에 적합한 최적의 재질을 결정하거나 온도 변화에 노출된 페인트나 고분자 물질의 평균 예상 수명을 결정할 때 사용된다. 특정 물질의 가공 조건이나 치과에서 사용하는 충전제의 경화 시간 혹은 음식을 보관하는 최적 조건 등을 결정할 때도 이런 정보를 활용한다.

시료가 가열될 때 발생하는 물리적 변화나 화학 반응은 시료 물질의 특성과 가열 환경에 의존한다. 반응이 일어나는 온도와 그 반응의 반응열을 측정하면 물질에 대한 많은 정보를 얻을 수 있다. 순수한 화합물이나 고분자 혼합물과 같은 혼합물의 조성이나 의약품의 순도를 결정할 수 있다. 반응 속도, 결정화 속도, 유리 전이 온도, 분해 온도, 촉매 효과 등을 연구하거나, 첨가제나 안정제의 효과를 평가하는 데 이용되기도 한다. 반응의 엔탈피 변화(ΔH)를 측정하거나 고분자의 기계적 성질에 큰 영향을 미치는 고분자의 결정화도를 결정할 수도 있다. 응력(stress)의 존재하에서 물질을 가열하고, 응력의 크기에 따른 탄성률, 늘림성, 항복점(반영구적인 탄성 변형이 영구적인 탄성 변형으로 바뀌는 점) 혹은 부피 변화 등을 측정하기도 한다. 이러한 인자들은 안전하고 적합한 생산품을 공학적으로 디자인하는 데 매우 중요하다.

열은 실생활의 대부분의 과정에 관여한다. 이는 (계에서 발생한 혹은 계에 가해진) 열이 검출기의 역할을 하게 해준다. 많은 경우, 계에서 발생한 혹은 계에 가해진 열을 비파괴적으로 측정할 수 있다. 열은 전도, 대류, 복사의 세 가지 방법으로 이동한다. 전도는 고체 물질이 서로 접촉했을 때 발생하고, 대류는 고온 물질과 저온 물질이 유체(기체나 액체)에 의하여 분리되어 있을 때 일어난다. 복사에 의한 열의 이동은 고온 물질과 저온 물질 사이의 전자기파의 방출과 연속된 흡수에 의하여 진행된다.

온도에 따르는 물리적 성질의 변화를 연구하는 데 이용되는 분석 기술을 **열분석(thermal analysis)**이라고 한다. 열분석에는 열무게 분석법(thermogravimetric analysis, TGA), 시차 열분석법(differential thermal analysis, DTA), 시차 주사 열계량법(differential scanning calorimetry, DSC), 열적정(thermometric titration, TT), 등온 적정 열계량법(isothermal titration calorimetry, ITC), 미량 열계량법(microcalorimetry), 직접 주입 엔탈피 측정법(direct injection enthalpimetry, DIE), 동역학 분석법

(dynamic mechanical analysis, DMA), 열기계적 분석법(thermomechanical analysis, TMA) 등이 있다. 열분석은 생물학적 시료뿐만 아니라 무기 및 유기 화합물, 고분자, 화장품, 의약품, 금속, 합금, 지질학적 시료, 세라믹, 유리 등과 같은 많은 생산품을 연구하는 데 사용된다. 표 17.1에 몇 가지 대표적인 열분석 기술과 그들이 제공하는 정보를 열거하였다. 표 17.2는 여러 가지 열분석 방법을 이용한 응용을 요약한 것이다. 표 17.3에는 몇 가지 일반적인 시료 형태와 열분석 방법에 의하여 측정할 수 있는 성질을 나타내었다.

표 17.1 열분석 방법

열분석 기술	원리	얻는 정보
TGA	비활성이나 혹은 반응성 대기하에서 온도와 시간에 따른 무게 변화를 측정함.	열안정도, 산화 안정도, 반응 속도, 분해, 일반적인 수명. 기체 크로마토그래피(GC)나 적외선 분광기(IR) 혹은 질량 분광기(MS)와 연결하여 화학적 조성이나 구조 확인을 하는 EGA
DSC	특정 대기하에서 시간과 온도의 함수로 시료와 기준 물질 사이의 온도차를 관찰함. 물리적 혹은 화학적 변화 과정에서 물질이 흡수하거나 혹은 방출하는 열을 정량적으로 측정함.	유리 전이, 상전이 혹은 녹는 온도, 반응열, 열용량, 결정화도, 노화, 분해, 열이력
DTA	특정 대기하에서 시간과 온도의 함수로 시료와 기준 물질 사이의 온도차를 관찰함. 물리적 혹은 화학적 변화 과정에서 물질이 흡수하거나 혹은 방출하는 열을 정성적으로 혹은 반정량적으로 측정함.	DSC와 동일하지만 열용량과 ΔH 결과는 정성적이거나 혹은 반정량적이다.
TMA, 팽창법	특정 대기하에서 온도에 따른 크기의 변화를 측정함.	열팽창 계수(CTE), 전이 온도, 응력 이완
DMA	온도와 시간에 따른 고체 물질의 점탄성을 측정함.	유리 전이, 부서짐, 비등방성, 결정화도, 잔류 응력, 잔류 경화, 노화

표 17.2 열분석 방법의 몇 가지 응용

응용	TGA	DSC, DTA	TMA	DMA
조성 분석	×	×		
경화 연구		×		×
유리 전이		×	×	×
반응열		×		
산화 안정성	×	×		
부식	×	×		
처짐			×	×
응력 이완			×	×
열안정성	×	×		
점탄성			×	×
단백질 변성		×		
수축			×	×

참조: ×, 성질 규명이 가능한 시료 형태

표 17.3 열분석에 사용되는 시료의 형태와 성질

성질	시료						
	화학 물질	탄성체	폭발물	토양	플라스틱	직물	금속
정성 분석	×	×	×	×	×	×	×
정량적 성분 분석	×	×	×	×	×	×	
상평형도	×	×	×		×		×
열안정성	×	×	×		×	×	
중합	×	×			×	×	
촉매 활동도	×						×
반응성	×	×			×	×	×
열화학 상수	×	×	×	×	×		×
반응 속도	×	×	×		×	×	×

참조: x, 성질 규명이 가능한 시료 형태

17.1 열무게 분석법

열무게 분석법(thermogravimetry, TGA)은 특정 환경에서 온도 변화에 따르는 시료의 질량(무게) 변화를 측정한다. 등온 과정이나 계단식 온도 변화가 사용되기도 하지만 선형 온도 변화 프로그램이 가장 일반적이다. 설정된 시간 동안 온도를 일정하게 증가시키면서 주기적으로 시료의 질량을 측정하는 것이 가장 보편적인 TGA 실험법이다. TGA 실험 결과는 온도에 대한 질량(혹은 질량%)의 변화를 도시한 **열곡선(thermal curve)**이다. 그림 17.1에 탄산 칼슘의 분해에 대한 열곡선의 예를 나타내었다. 무게나 무게%를 y축에, 온도(혹은 시간)를 x축에 도시한다. 온도 변화에 따른 시료의 무게 변화를 통하여 여러 가지 정보를 얻을 수 있다. 첫째, 물질의 무게가 감소(혹은 증가)하는 온도를 결정할 수 있다. 무게가 감소하는 것은 시료가 분해하거나 증발하는 것이 원인이다. 무게 증가는 시료가 대기 중의 성분을 흡수하거나 산화와 같은 화학 반응이 일어남을 의미한다. 두 번째, 물질의 무게가 변하지 않는 온도 범위(열안정성)를 결정할 수 있다. 특정 온도에서의 무게 변화는 실험 조건(대기, 가열 속도)에서 화합물의 물리적 성질과 관련이 있다. 이런 정보는 시료가 '표준물'과 동일한 물질임을 확인하거나 혹은 어떤 생산 과정에 적합한지를 결정하는 데 이용될 수 있다. 시료가 불안정해서 분해하거나 혹은 화학 변화를 일으키는 온도를 알면 주어진 고

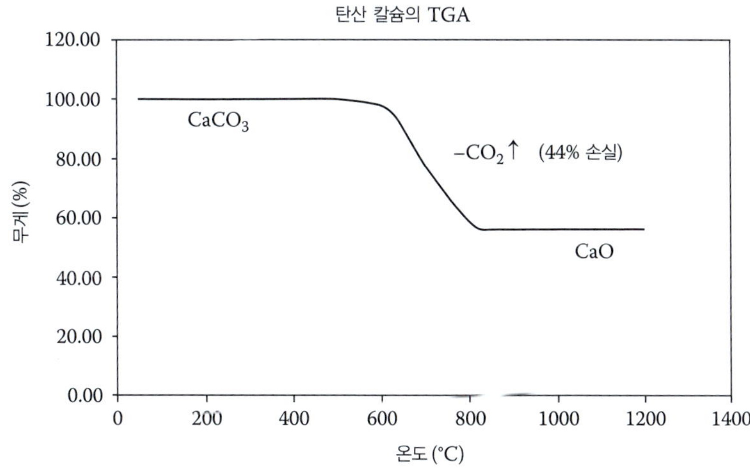

그림 17.1 순수한 무수 탄산 칼슘 $CaCO_3$의 TGA 열곡선. 질량 손실은 CO_2가 방출되기 때문으로 남은 화합물은 CaO이다.

분자, 합금 혹은 건축 재료를 사용할 수 없는 온도나 반대로 안전하게 사용할 수 있는 온도를 알 수 있다.

특정 온도로 가열된 시료의 **무게 감소**(*weight lost*)는 분석자로 하여금 화합물의 성분을 결정하고 분해와 관련된 반응 연구에 이용된다. 또한 조성을 모르는 결정을 확인하거나 혼합물에 함유된 특정 화합물의 퍼센트를 결정하는 데 이용된다. 예를 들면 순수한 탄산 칼슘($CaCO_3$)을 850°C로 가열하면 무게의 44%가 감소하는데(그림 17.1), 이때 발생하는 기체는 CO_2이다. 이 정보를 종합적으로 판단하면 주어진 온도에서 다음과 같은 반응이 일어남을 알 수 있다.

$$CaCO_3(s) \rightarrow CaO(s) + CO_2(g)$$

순수한 탄산 칼슘($CaCO_3$)과 반응으로부터 생성된 기체가 CO_2임을 확인했다면 질량 균형을 고려하여 남은 성분이 CaO라고 유추하는 것이 타당하다. 실험 초기에 50.0 mg의 $CaCO_3$를 사용했을 때 CO_2 형태로 잃어버리는 질량은 다음과 같이 계산할 수 있다.

$$\text{mg } CO_2 = (50.0 \text{ mg } CaCO_3) \times \left[\frac{1 \text{ mmol } CaCO_3}{100.00 \text{ mg } CaCO_3}\right] \times \left[\frac{1 \text{ mmol } CO_2}{1 \text{ mmol } CaCO_3}\right] \times \left[\frac{44.00 \text{ mg } CO_2}{\text{mmol } CO_2}\right] = 22.0 \text{ mg}$$

손실은 CO_2의 무게 손실과 일치한다. 화학량론적 계산에 의하면 1몰당 1몰이 손실되고, 이는 1몰 질량의 44%에 해당한다. 이는 앞에서 제시한 분해 반응과 일치하는 결과이다. 발생하는 기체는 MS나 IR 분광기를 이용하여 CO_2임을 확인할 수 있다. 남은 물질은 X-선 회절(XRD)이나 다른 방법을 이용하여 CaO임을 확인할 수 있다.

TGA는 무게 분석법에서의 문제점을 해결하기 위하여 개발되었다. 칼슘을 결정할 때 일반적으로 옥살산 칼슘 형태로 침전시켜서 거르고 건조시킨 후 무게를 측정하는데, 바로 건조 과정의 재현성에 문제가 많다. 가장 많이 사용되는 건조 방법은 110°C에서 20분 동안 가열하고 상온으로 냉각시켜서 무게를 재는 방법으로 비교적 좋은 재현성을 나타낸다. 또 다른 방법으로 125°C에서 10분 동안 가열하고 냉각시키는 방법으로 이 또한 재현성이 비교적 양호하다. 그러나 두 방법의 결과가 서로 상이하다는 문제점이 있다. 그림 17.2에 수화된 옥살산 칼슘의 열곡선을 나타내었다. 열곡선을 분석해보면 옥살산 칼슘은 100°C에서 225°C에 이르는 비교적 넓은 범위에 걸쳐 무게 감소가 일어나는 것을 알 수 있다. 이는 시료로부터 물이 증발하는 것으로 해석할 수 있다. 침전물 표면에 흡착되거나 내부에 흡수된 혹은 옥살산 칼슘에 $CaC_2O_4 \cdot nH_2O$ 형태로 존재하는 결정수(수화물이라고도 한다) 등 다양한 형태의 물이 시료로부터 떨어

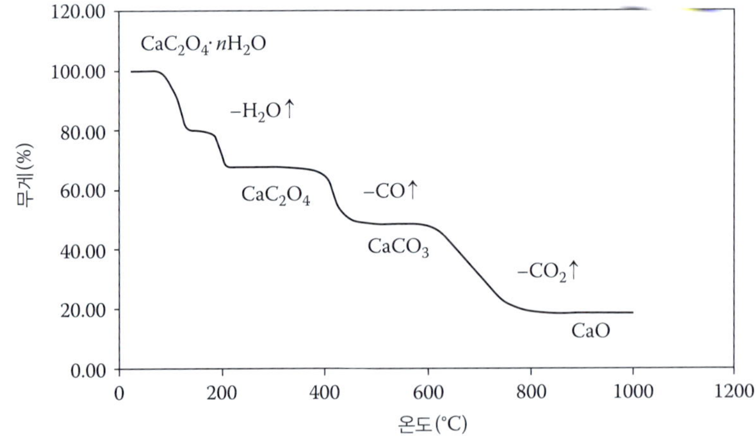

그림 17.2 침전 과정에서 흡착된 물과 결정수를 모두 포함하는 수화 옥살산 칼슘($CaC_2O_4 \cdot nH_2O$)의 TGA 열곡선. 흡착된 물의 감소는 90°C부터 시작되고 결정수는 150°C에서 시작된다. 225°C 이상에서의 안정한 화합물은 무수 옥살산 칼슘(CaC_2O_4)이다. 450°C 이상에서 CO를 잃고 $CaCO_3$가 된다. 탄산 칼슘은 600°C에서 CO_2를 잃어버리고 CaO가 된다. (이 과정을 그림 17.1과 비교하라.)

져 나온다. 모든 형태의 물이 증발한 다음에야 일정한 질량을 유지한다. 시료를 110°C까지 가열하면 흡수된 물과 함께 결정수의 일부분도 함께 증발한다. 그러나 125°C에서 건조시키면 흡수된 물이 증발할 때 아까와는 다른 양의 결정수도 함께 사라진다. 건조 시간을 일정하게 유지하면 각각의 결과에 재현성이 있지만, 두 방법에서 증발되는 결정수의 양이 서로 다르기 때문에 그 결과도 서로 상이하다. TGA의 결과를 인용하면 온도를 225°C 이상 400°C 이하로 유지하여 무게법 분석에 적당한 안정한 화합물을 얻을 수 있다는 것을 알 수 있다.

17.1.1 | TGA 기기 장치

TGA 기기에는 질량을 연속적으로 측정하기 위한 고성능 미량 저울, 시료 가열로, 비활성 혹은 반응성 환경을 제공하기 위한 기체 공급 장치가 설치되어 있다. 일반적으로 컴퓨터를 이용하여 가열로를 조절하거나 데이터(무게 대 시료 온도)를 수집하고 처리한다. 대부분의 기기에 자동 시료 장치가 설치되어 있어서 분석자 없이 시료 분석이 가능하다.

여러 가지 형태의 분석용 미량 저울이 있는데, 비틀림 저울, 스프링 저울, 혹은 전자 저울 등이 TGA에 이용된다. 일반적으로 시료의 무게가 변하면 그에 상응하는 전기적 신호를 발생하도록 구성되어 있다. 전기적 신호는 데이터 처리 과정을 거쳐 다시 무게나 무게 변화로 변환되고 열곡선의 *y*축에 표시된다. 일반적으로 시료의 질량은 5~20 mg 수준이지만 1~1000 mg까지의 질량을 측정할 수 있는 저울을 사용한다. 100 g 정도의 시료를 사용하는 고용량 기기나 마이크로그램 수준의 시료를 사용할 수 있는 특별한 TGA도 있다. 그림 17.3과 17.4에 TGA 전자 저울의 개략도와 전자 저울을 사용하는 고용량 TGA를 나타내었다. TGA에 사용하는 시료의 양은 매우 작으므로 균일한 대표 시료를 얻을 수 있도록 주의해야 한다. 저울은 가열로와 단열되어야 하며 서로 수평 혹은 수직으로 배열된다. 온도가 상승할 때 두 가지 배열 모두 온도가 표류하는 현상이 발생한다. 수직 배열은 온도 변화에 따른 기체의 밀도 변화로 인한 부양 효과(buoyancy effect)가 나타나는 문제가 있다. 수평 배열은 부양 효과를 최소화하기 위하여 고안되었으나, 온도 변화에 따라 시료와 저울을 연결하는 석영 막대의 길이 변화가 나타난다. 부양 효과가 존재하거나 석영 막대의 길이가 변하면 시료의 질량에 오차가 발생한다.

가열로는 시료와 시료 걸이를 둘러싸고 있으며, 온도를 일정하게 변화시킬 수 있어야 한다. 최신 기기는 아주 빠른 속도로 가열하고 냉각시키는 것이 가능하여 효율적인 시료 분석이 가능하다. 일반 기기는 1200°C까지 200°C/min의 속도로 가열하고 ~50°C/min의 속도로 냉각시키는 것이 가능하지만, 1000°C/min의 속도로 가열하는 것이 가능한 기기도 있다. 최고 온도가 1500°C, 1700°C 혹은 2400°C까지 가능한 기기는 내화성 물질이나 공학용 재료의 연구에 이용된다. 실험에 필요한 분위기를 만들기 위하여 가열로에 필요한 기체를 주입할 수 있어야 하고, 또 시료부에서 생성된 기체를 제거할 수 있어야 한다. 비활성 분위기에는 아르곤이나 질소를 사용하고, 특정한 목적을 위하여 반응성 기체 분위기를 사용한다. 산화나 연소 연구에는 공기를 주로 사용한다. 환원 분위기를 위하여 수소를 사용할 때는 폭발에 주의한다. 최신 기기에서는 기체를 자동으로 바꿀 수 있어서, 비활성 분위기에서 시료를 가열하기 시작하여 높은 온도에서 공기나 다른 반응성 기체로 바꿀 수 있다.

시료 걸이나 온도를 측정하기 위한 열전기쌍 등은 고온에서 열적으로 혹은 화학적으로 안정해야 한다. 시료 걸이나 기타 부품으로 석영, 백금 그리고 여러 가지 세라믹 등이 이용된다. 시료는 백금, 알루미늄, 석영, 혹은 세라믹 등으로 만든 접시나 도가니에 담는다. 일반적으로 사용하는 접시의 용량은 20, 50, 100, 혹은 250 μL이다.

시료의 온도를 직접 기록하는 것이 이상적이다. 그래야만 실험하는 동안 시료의 온도를 제대로 반영할 수 있다. 가열로의 온도가 아닌 시료의 온도를 측정하는 것이 매우 중요하지만, 온도를 측정하는 열전자쌍이 시료 내부에 위치하는 것이 아니고 시료 주변에 위치하기 때문에 시료의 온도를 정확하게 측정하는

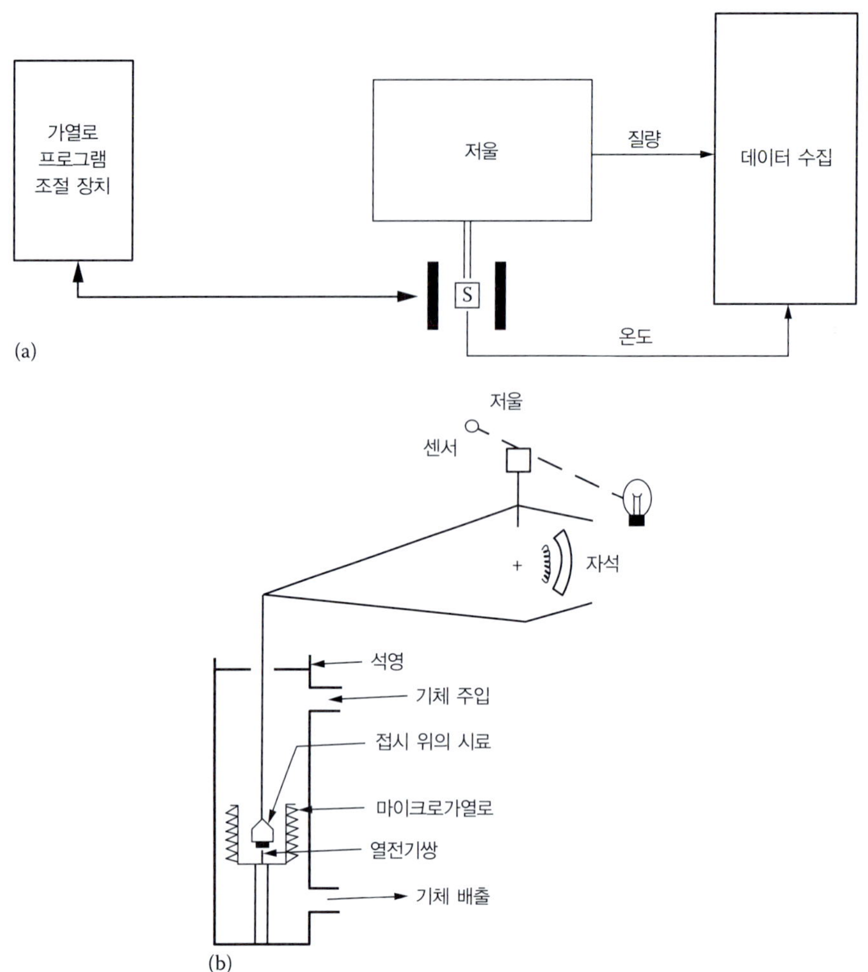

그림 17.3 (a) TGA의 구성도. S는 가열로 안에 위치한 저울 팔(실선으로 표시된)에 매달려 있는 시료 접시를 나타낸다. (b) 시료 접시 아래쪽에 위치한 열전기쌍과 기체 주입구와 배출구를 함께 나타낸 상품화된 TGA의 개략도. (b: [© **1993–2014 PerkinElmer, Inc. All rights reserved. Printed with permission.** (www.perkinelmer.com).].)

것이 매우 어렵다. 가열로 안에 있는 시료의 온도는 크로뮴/알루미늄이나 혹은 Pt 합금으로 만든 열전자쌍으로 측정한다. 시료의 오염(혹은 열전자쌍이 오염되서 온도 측정에 오류가 발생), 의도치 않은 촉매 반응, 입자 크기 효과, 시료 패킹 효과, 혹은 무게 오차 등의 우려가 있기 때문에 열전자쌍을 시료 내부로 직접 넣지 말아야 한다. 열전자쌍은 시료 걸이 가까이에 위치하게 설계되어 있으며, 때로는 시료 접시의 밑바닥과 접촉한다. 가열 속도, 기체 흐름, 시료나 시료 걸이의 열전도도 등의 이유로 일반적으로 시료의 온도는 열전자쌍에 의하여 측정되는 온도보다 약간 낮다. 최신 기기는 온도-전압을 조절하는 컴퓨터 프로그램이 내장되어 있어서 가열로를 재현성 있게 가열하는 것이 가능하다. 재현성 있는 가열을 하면 열전자쌍을 이용하여 가열로의 온도를 정확하게 측정할 수 있지만, 측정된 온도와 시료의 실제 온도와의 관계는 좀 더 복잡하다. 가열로에서 시료로 열이 전달되는 방식은 500°C 이하에서는 주로 대류와 전도에 의해서지만 로가 붉은색을 띠는 500°C 이상에서는 복사에 의해서 일어나기 때문에 온도를 측정하는 것이 매우 복잡하다. 에너지 전달 방식이 대류-전도에서 복사에 의한 방식으로 바뀌면 온도를 측정하는 최적의 열전자쌍 위치가 달라지기 때문이다.

무게 변화가 잘 알려진 순수한 물질을 이용하여 측정 온도를 보정하여도 많은 경우에 만족스럽지 못하다. 석탄과 같이 검은 시료와 인산 칼슘과 같은 흰색 시료는 복사 에너지에 대한 영향이 달라서, 동일한 가열 조건에서 시료의 온도가 서로 다르다. 여러 가지 강자성 표준 물질의 큐리 온도를 이용하면 보다 정

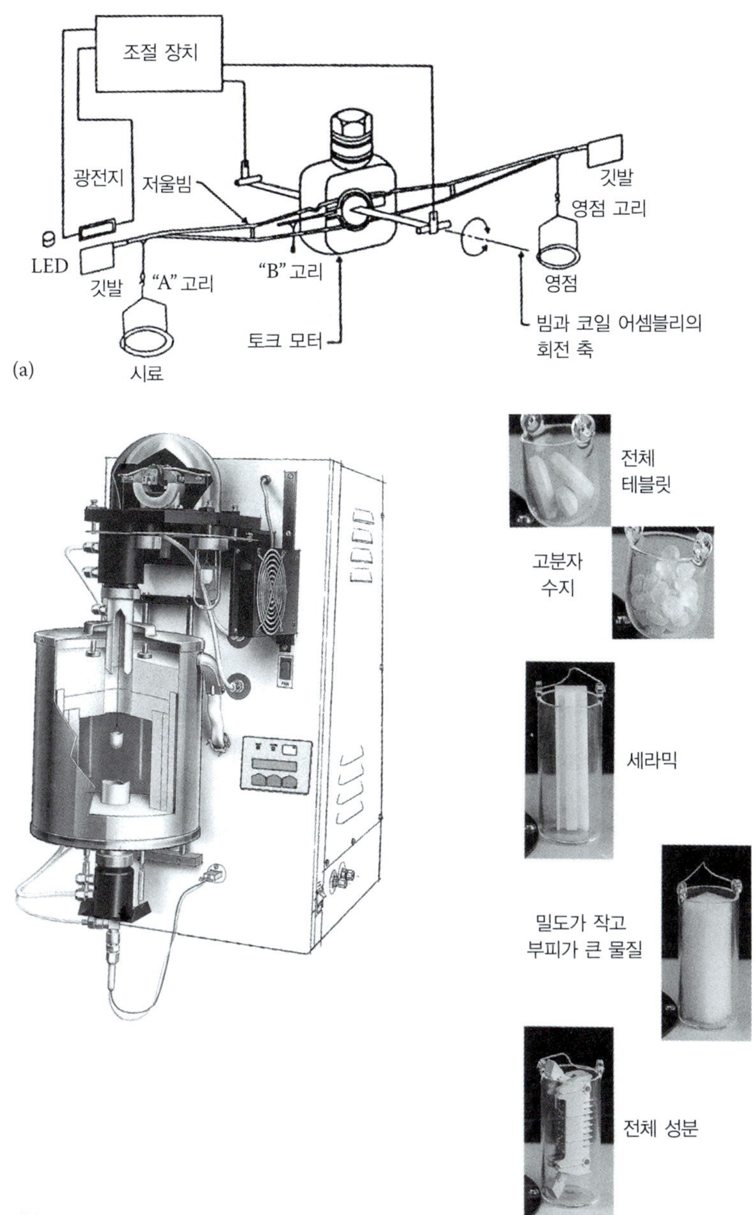

그림 17.4 (a) TGA용 전자 저울. 시료 질량이 변하면 저울팔이 기울어져 광전지에 도달하는 빛의 양이 변한다. 이는 저울팔의 위치를 복원하기 위한 전류를 생성한다. 전류는 시료 질량의 변화에 비례한다. (b) 시료 100 g을 담을 수 있는 고용량 TGA의 단면도. 석영 시료 홀더에 있는 전형적인 유형의 대형 시료를 오른쪽 사진에 보여 준다. 보이는 TGA는 더 이상 생산되지 않는다.(© Thermo Fisher Scientific(www.thermofisher.com). Used with permission.)

확한 교정이 가능하다. 큐리 온도에서 특정한 자기적 성질이 가역적으로 변하는 원리를 이용하는 것이다. 242~771°C 온도 범위에서 사용할 수 있는 몇 가지 표준 물질이 존재한다. **강자기성 물질(ferromagnetic material)**은 정상 조건에서 자기적 성질이 띠지만, 특정 온도[**큐리 온도(Curie temperature)**]에서 구성 원자들의 배치가 무질서해져서 자성이 사라진다. 저울 접시 위에 작은 자석을 설치하고 측정한 강자성 물질의 겉보기 무게는 중력에 의한 무게에서 자석에 끌리는 힘을 빼준 값이다. 큐리 온도에서 표준 물질의 자성이 사라지므로, 표준 물질의 겉보기 무게가 변하면 이를 기록한다. 잘 알려진 강자성 물질의 큐리 변환 온도를 이용하여 온도를 교정할 수 있다. 알루미늄과 니켈의 큐리 온도를 이용하여 온도를 교정하는 예를 그림 17.5에 나타내었다.

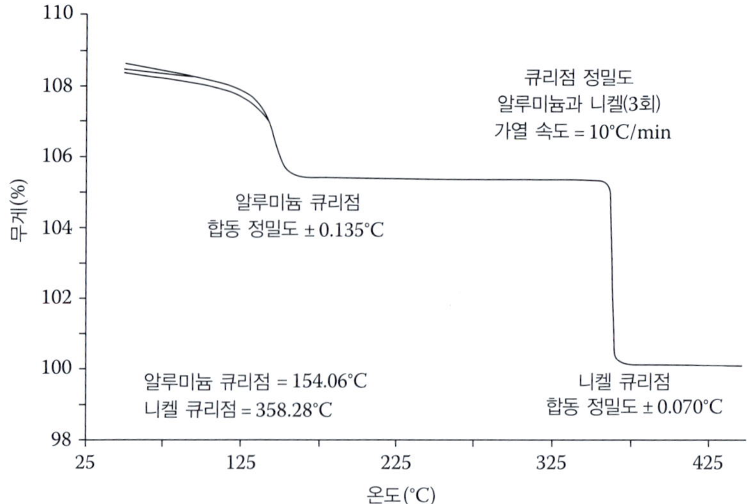

그림 17.5 큐리점을 이용하는 TGA 법에서는 표준물의 강자기성이 변하는 잘 알려진 온도에서 급격한 무게 변화를 기록한다. 그림은 알루미늄과 니켈의 큐리점 표준물을 이용한 3회 반복한 교정 실험에서 얻은 온도의 상대적 정밀도를 보여 준다. (Courtesy of TA Instruments, New Castle, DE, www.tainstruments.com.)

17.1.2 | 열무게 분석법의 응용

열무게 분석법의 가장 중요한 응용 중의 하나는 무게법 분석에서 사용되는 침전이 건조되는 온도를 정하는 것이다. 이 온도는 무게 분석을 이용하여 정확하고 재현성 있는 결과를 얻기 위한, 근본적으로 가장 중요한 정보이기 때문이다. 두 번째 응용은 시료의 온도를 올렸을 때 발생하는 기체 성분을 확인하는 것이다. 이와 더불어 XRD나 X-선 형광법(XRF)을 이용하여 남은 잔류 물질의 성분을 확인할 수 있다. 이런 정보를 활용하여 가열된 물질의 분해 과정을 확인하고, 따라서 초기 시료의 화학적 조성을 알 수 있다. 고분자와 같은 물질을 대기 중에서 가열하여 산화되는 온도를 확인함으로써 특정 물질을 사용할 수 있는 최고 온도를 결정하기도 한다.

그림 17.6에서 보는 바와 같이, 옥살산 칼슘 일수화물($CaC_2O_4 \cdot H_2O(s)$)을 가열하면 결정수가 제거되어 $CaC_2O_4(s)$가 된다. 이 화합물이 1몰의 결정수만을 포함하고 있다는 것을 다음의 분해식으로 계산한 질량 관계로부터 알 수 있다.

$$CaC_2O_4 \cdot H_2O(s) \rightarrow CaC_2O_4(s) + H_2O(g)\uparrow$$

분자량(g/mol)	146	128	18

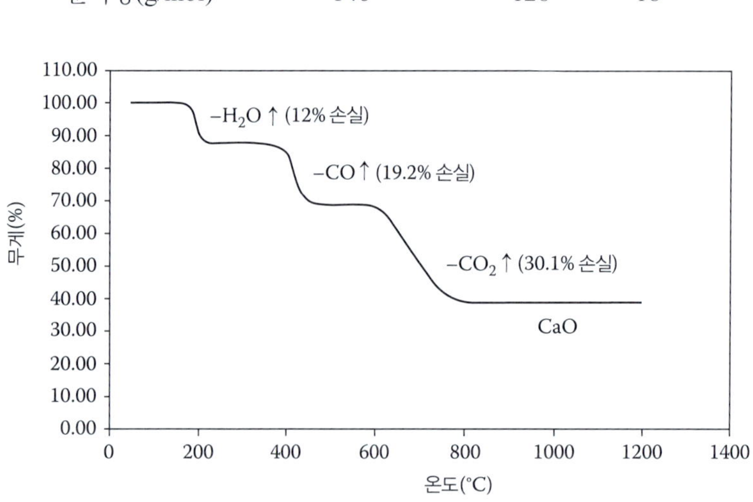

그림 17.6 옥살산 칼슘 일수화물($CaC_2O_4 \cdot H_2O$)의 TGA 열곡선

따라서 1몰의 결정수를 잃는 경우의 %W = (18/146)×100 = 12.3%이다. 초기의 시료 질량이 20.00 mg이라면, 1몰의 결정수를 가정하면 첫 번째 단계에서의 질량 손실은 2.46 mg이다. 만일 실제로 측정한 질량 손실이 4.92 mg이라면 2몰의 결정수가 포함되어 있다는 것을 의미하여, 실제 화학식은 이수화물인 $CaC_2O_4 \cdot 2H_2O(s)$이다.

시료를 400°C까지 더 가열하면 다음과 같이 CO가 발생한다.

$$CaC_2O_4(s) \rightarrow CaCO_3(s) + CO(g)\uparrow$$

분자량(g/mol) 28

이때 %W 손실 = (28/146) × 100 = 19.2%이다. 두 단계를 합한 전체 %W 손실은 12.3% + 19.2% = 31.5%이다.

마지막으로 800°C까지 가열하면 400°C에서 형성된 $CaCO_3$가 다음과 같이 분해한다.

$$CaCO_3(s) \rightarrow CaO(s) + CO_2(g)\uparrow$$

분자량(g/mol) 44

이 단계에서의 %W 손실 = (44/146) × 100 30.1%이고, 세 단계를 합한 전체 %W 손실은 12.3% + 19.2% + 30.1% = 61.6%이다. 옥살산 칼슘 일수화물의 분해 결과를 그림 17.6에서 확인할 수 있다. 기호 ↑는 기체가 시료로부터 방출되고, 방출된 기체가 TGA 기기 밖으로 씻겨 나가는 것을 의미한다. 17.4절에서 설명하는 바와 같이 TGA 분석기를 IR 분광기나 질량 분석기와 연결하여 발생한 기체의 성분을 확인할 수 있다.

TGA를 이용하여 혼합물에 존재하는 화합물을 확인할 수도 있다. 열무게 분석기를 이용하여 혼합물을 가열하면 모든 화합물로부터 가능한 모든 무게 손실과 관련된 열곡선이 서로 겹쳐져서 나타난다. 복잡한 열곡선을 해석하려면 각각의 열분해를 분리하여 확인해야 한다. 많은 경우에 열곡선으로부터 혼합물의 성분을 확인하고 각 화합물에 관한 정량적인 정보를 얻는 것이 가능하다. 그 사례를 그림 17.7에 나타내었다. 가장 위의 곡선은 순수한 화합물 A의 무게 손실 곡선이고, 다음 곡선은 순수한 화합물 B의 무게 손실 곡선이다. 그 아래에 나타낸 곡선은 A와 B 혼합물의 무게 손실 곡선이다. 혼합물에 존재하는 A의 양

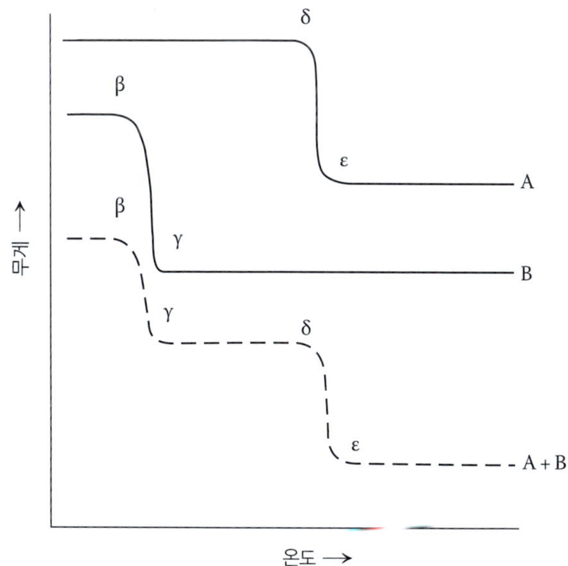

그림 17.7 (위) 순수한 A, (중간) 순수한 B, 그리고 (아래 점선) A와 B의 혼합물의 TGA 열곡선. A와 B 각각 독특한 온도에서 질량 손실이 발생하므로 혼합물의 조성을 확인할 수 있다.

은 점 δ와 점 ε의 무게 차이를 이용하여, 그리고 B의 양은 점 β와 점 γ의 무게 차이를 이용하여 결정된다.

혼합물을 정량 분석하는 TGA 분석 사례로 옥살산 마그네슘과 산화 마그네슘(MgO) 혼합물에서 옥살산 마그네슘을 정량하는 것을 생각해 보자. 옥살산 마그네슘은 탄산 칼슘보다 불안정해서 ~500°C에서 산화 마그네슘으로 분해한다. 순수한 MgO는 상온부터 500°C 이상의 영역에서 안정하므로 어떤 무게 변화도 일어나지 않는다. 이 혼합물의 TGA 곡선에는 200°C와 397~478°C 범위의 두 영역에서 무게 변화가 나타난다. 옥살산 칼슘의 경우와 비교하여 첫 번째 질량 변화는 흡착수나 혹은 결정수가 증발하는 것으로 판단하는 것이 타당하다. 화학식 $MgC_2O_4 \cdot 2H_2O$에 의하면 옥살산 마그네슘 1몰당 2몰의 결정수가 포함되어 있는 것을 알 수 있다. 질량 손실이 다시 한 번 일어나는 온도에서 MgO가 안정하다는 사실로부터, $MgC_2O_4 \cdot 2H_2O$를 500°C 이상 가열하면 다음과 같은 반응에 의하여 MgO가 생성되는 것으로 판단할 수 있다.

$$MgC_2O_4 \cdot 2H_2O \rightarrow MgO(s) + CO + CO_2 + 2H_2O(g)$$

	$MgC_2O_4 \cdot 2H_2O$	MgO(s)	CO	CO_2	$2H_2O(g)$
분자량(g/mol)	148	40	28	44	18

따라서 최종적인 무게 손실 $\%W = ([28 + 44 + 2(18)]/148) \times 100 = 73\%$이다.

혼합물을 500°C로 가열하면 순수한 옥살산 마그네슘 이수화물 100 mg당 73 mg의 손실이 발생한다. 옥살산 마그네슘의 분해는 옥살산 칼슘의 분해와 일치하지 않음을 주목하라. 옥살산 칼슘이 분해하면 첫 번째로 탄산 칼슘이 되고, 이를 600°C 이상으로 가열하면 이산화 탄소를 잃고 CaO가 된다. 옥살산 마그네슘을 500°C 이상으로 가열하면 한 번에 MgO로 분해한다. 옥살산 마그네슘 1g이 분해되고 남는 무게는 다음과 같다.

$$\frac{\text{Mol wt MgO}}{\text{Mol wt } MgC_2O_4 \cdot 2H_2O} \cdot 2H_2O = \left(\frac{40}{148}\right)$$

$$= 0.27 \text{ g MgO/g } MgC_2O_4 \cdot 2H_2O$$

다음은 TGA 실험 결과이다.

시료의 처음 질량	25.00 mg
500°C로 가열한 후 시료의 무게	10.40 mg
무게 손실	14.60 mg

500°C 이상 가열한 후 얻은 결과에 따르면 질량 손실은 $MgC_2O_4 \cdot 2H_2O$ 초기 질량의 73%이므로 혼합물에 포함된 $MgC_2O_4 \cdot 2H_2O$의 질량은 다음과 같다.

$$\text{mg } MgC_2O_4 \cdot 2H_2O = (14.60 \text{ mg 손실})\left[\frac{100}{73}\right] = 20 \text{ mg}$$

따라서 혼합물에 포함된 $MgC_2O_4 \cdot 2H_2O$의 % 농도는 다음과 같다.

$$\text{\% 옥살산 마그네슘 이수화물} = \left(\frac{\text{옥살산 마그네슘 이수화물}}{\text{시료 무게의 합계}}\right) \times 100$$

$$\text{\% 옥살산 마그네슘 이수화물} = \left(\frac{20 \text{ mg}}{25.00 \text{ mg}}\right) \times 100 = 80\%$$

시료의 나머지 20%는 MgO이다.

비슷한 방법으로 옥살산 마그네슘과 옥살산 칼슘 두 화합물이 섞여 있는 혼합물에서 각각의 양을 결정

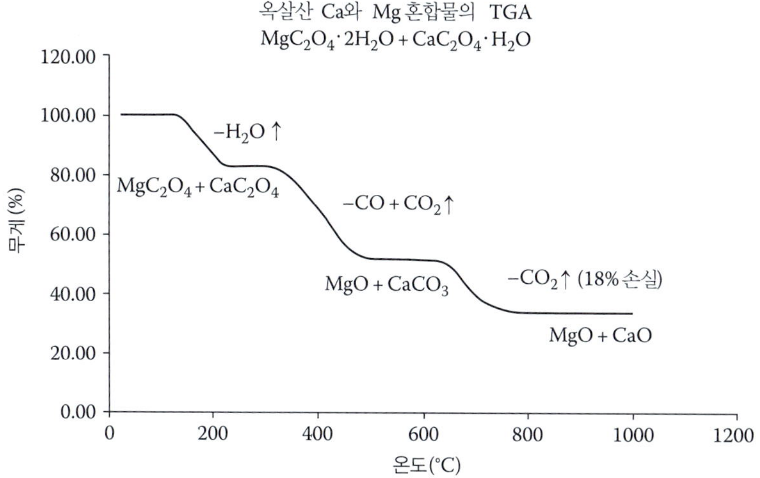

그림 17.8 옥살산 칼슘 일수화물과 옥살산 마그네슘 이수화물 혼합물의 TGA 열곡선. 마지막 영역에서의 무게 손실은 옥살산 칼슘 일수화물에서 CO_2가 방출된 결과이다. 따라서 다른 단계에서 질량 손실이 두 물질 모두로부터 유래된 경우에도 혼합물의 조성을 결정할 수 있다.

할 수 있다. 이 혼합물의 TGA 곡선을 그림 17.8에 나타내었다. 그림 17.6에서 탄산 칼슘을 600°C 이상으로 가열하면 산화 칼슘으로 분해한다는 것을 이미 나타내었다. 옥살산 마그네슘이 직접 산화 마그네슘으로 분해되는 열곡선의 결과로부터 탄산 칼슘은 안정하지 않다는 것을 알 수 있다. 따라서 시료의 온도를 500°C 이상 600°C 이하로 유지하면 시료는 MgO와 $CaCO_3$의 혼합물이 된다. 이제 시료를 850°C 이상으로 가열하면 MgO와 CaO가 남는다. 그림 17.6과 마그네슘 염에 관한 정보를 종합하면, 그림 17.8에서 600°C 이상에서의 무게 손실은 $CaC_2O_4 \cdot H_2O$가 분해해서 생성된 $CaCO_3$에서 CO_2가 방출된 결과임을 알 수 있다. $CaC_2O_4 \cdot H_2O$ 1몰당 1몰의 CO_2가 생성되므로, 600°C 이상에서의 무게 손실(CO_2의 방출)이 18%일 때 혼합물에 포함된 $CaC_2O_4 \cdot H_2O$의 무게%는 다음과 같이 계산할 수 있다.

$$\left(\frac{\text{Mol wt } MgC_2O_4 \cdot 2H_2O}{\text{Mol wt } MgCO_2}\right) \times 18\% = \left(\frac{146}{44}\right) \times 18\% = 60\%$$

$MgC_2O_4 \cdot 2H_2O$과 $CaC_2O_4 \cdot H_2O$만 섞여있는 혼합물인 경우 $Mg(COO)_2 \cdot 2H_2O$의 %W = 100% − 60% = 40%이다. 주어진 예에서 보듯이 TGA를 이용한 정량 분석에는 시료에 대한 정보가 필요하다.

TGA를 이용하여 유기 화합물 특히 고분자 물질의 분해와 관련된 정량 분석이 가능하다. 예를 들면 가열했을 때 아세트산 비닐 1몰당 아세트산 1몰이 방출되는 현상을 이용하여, 아세트산 비닐과 폴리에틸렌 공중합체에 포함된 아세트산 비닐의 양을 결정할 수 있다. 몇 가지 아세트산 비닐–폴리에틸렌 공중합체에 대한 TGA 분석 결과를 그림 17.9에 나타내었다.

TGA는 여러 가지 형태의 시료에 대한 정성적인 정보를 얻는 데에도 유용하게 사용된다. TGA를 이용하여 공기 중에서 혹은 비활성 대기 상태에서 고분자를 가열했을 때 고분자의 안정성과 관련된 정성적인 정보를 얻을 수 있다. 그림 17.10에서와 같이 공기 중에서 여러 가지 고분자를 가열했을 때 분해하는 온도를 측정하면 해당 고분자를 사용할 수 있는 최고 온도를 결정할 수 있다. 그림과 같은 TGA 실험 결과를 비교하여 특정 고분자를 목적에 맞게 이용할 수 있는 최고 온도를 결정한다.

열무게 분석법의 또 다른 응용으로 석탄의 특성을 분석하는 예를 들 수 있다. 질소 혹은 다른 비활성 분위기에서 가열한 석탄의 열곡선을 이용하여(단 한 번의 분석으로) 존재하는 휘발성 물질의 양과 '고정 탄소'의 양을 결정한 다음, TGA 기기의 대기를 공기로 전환하여 고정 탄소를 태우고 남는 재의 양을 결정한다. 이 과정은 석탄의 질을 결정하고 사용하는 데 매우 중요한 정보이다. 각 석탄의 휘발성 물질과 탄소의

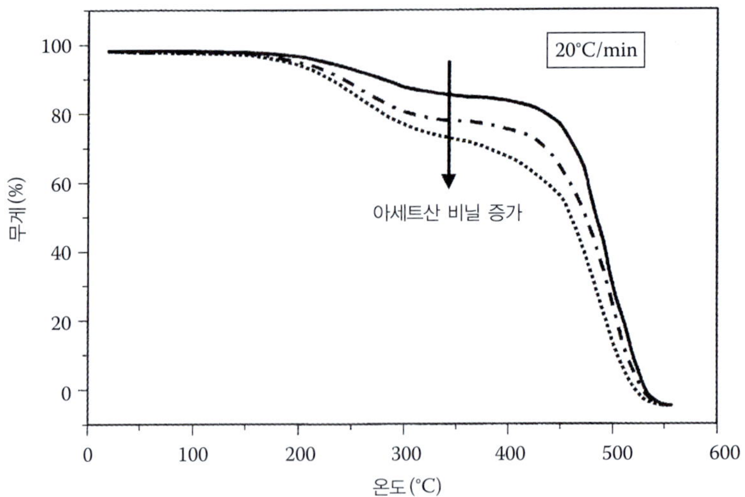

그림 17.9 아세트산 비닐 공중합체의 TGA 열곡선. 아세트산의 방출로 인한 340°C에서의 무게 손실은 고분자에 포함된 아세트산 비닐의 정량적인 측정에 이용된다. (Courtesy of TA Instruments, New Castle, DE, www.tainstruments.com.)

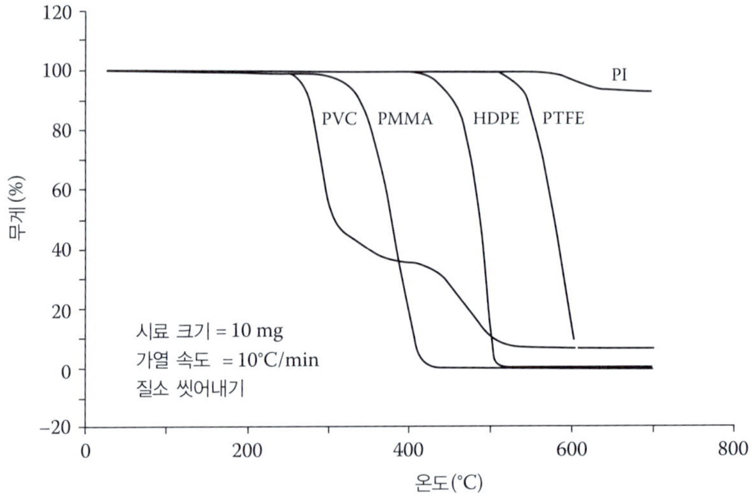

그림 17.10 PVC[폴리(비닐 클로라이드)], PMMA[폴리(메틸 메타크릴레이트), HDPE[고밀도 폴리에틸렌], PTFE[폴리(테트라플루오르에틸렌)], PI[폴리이마이드] 등 몇 가지 일반적인 고분자의 분해 온도를 나타내는 TGA 열곡선. (Courtesy of TA Instruments, New Castle, DE, www.tainstruments.com.)

함량은 서로 다르고 휘발성 물질의 성분도 각각 다르다. 휘발성 물질은 석탄 가스라는 연료로 사용되기도 하지만 어떤 경우에는 성분 중에 의약품, 염료, 혹은 다른 화학 관련 산업에 유용한 성분이 포함되기도 한다. 검댕에서 새로운 형태의 탄소인 C_{60}(버크민스터풀러렌, buckminsterfullerene)와 이와 관련된 풀러렌 화합물이 발견되었다. TGA를 이용하여 검댕에서 흑연보다 더 휘발성이 큰 풀러렌을 정량할 수 있으며, 유사하게 고분자에 포함된 비휘발성 첨가제의 양을 측정할 수도 있다. 그림 17.11에 나일론 고분자에 포함되어 있는 색소 첨가제인 비휘발성 '탄소 검정'(carbon black)을 측정한 예를 나타내었다. 고분자를 태운 후 남은 질량을 측정하면 비휘발성 첨가제의 양이 된다. 실리카나 이산화 타이타늄 그리고 카드뮴 레드와 같은 무기 색소나 비휘발성 방염제 등의 다른 첨가제도 비슷한 방법으로 분석할 수 있다.

등온 혹은 비등온 조건에서 초정밀 TGA를 반응 속도론 관련 연구 분야의 질량 검출기로 이용할 수 있다. 이 방법은 질량 변화를 수반하는 금속의 산화나 부식 반응의 속도 혹은 고온 초전도체 등과 같이 미량의 산소 함량의 변화를 수반하는 상변화를 연구하는 데 이용된다. 과학 서적이나 열분석 기기 제조회사의

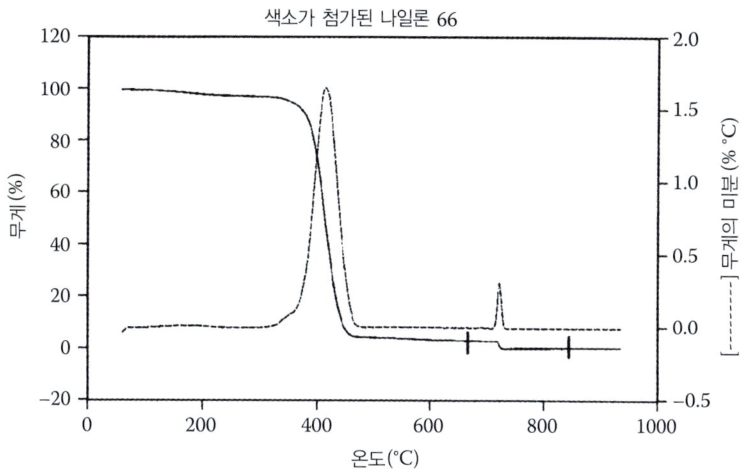

그림 17.11 TGA를 이용한 나일론에 포함된 탄소 검정의 정량. 질소 분위기에서 시료를 650°C까지 가열한 후 공기로 씻어낸다. 350~450°C 사이에서 고분자가 분해한 후 남은 3.05%는 질소 분위기에서 분해하지 않는 탄소 검정 색소이다. 질소를 공기로 씻어내면 나머지가 모두 분해한다(최종 질량 0.00%). 이 실험 결과는 색소를 포함한 전체 시료가 유기물임을 의미한다. 실선은 열곡선이고, 점선은 일차 미분한 열무게 도시[DTG]이다. (Courtesy of TA Instruments, New Castle, DE, from *Thermal Analysis Applications Brief TA-122*.)

웹사이트 등에 TGA를 이용하는 많은 응용 사례가 수록되어 있다(17.8절 참조).

시료에서 방출되는 기체의 화학적 정보를 얻기 위하여 많은 TGA 기기를 질량 분석기나 IR 분광기에 연결하여 사용하고 있다.

17.1.3 | 미분 열무게 분석법(Derivative Thermogravimetry, DTG)

TGA 곡선을 살펴보면 특정 분해와 관련된 시료의 무게 손실은 어떤 한 온도에서 일어나는 것이 아니고 상당한 온도 범위에 걸쳐 발생하는 것을 알 수 있다. 이런 넓은 온도 범위는 TGA를 이용하여 미지 화합물을 확인할 때 불확실성이 증가하는 것을 의미한다. TGA 곡선의 일차 미분을 온도에 대하여 도시하는 DTG를 이용하여 이런 문제점을 극복할 수 있다. 새로운 도시에서는 y축에 시간에 따른 무게 변화(dw/dt)를 나타낸다. 그림 17.11에 색소가 포함된 나일론에 대한 TGA와 DTG 곡선을 나타내었다. TGA 곡선에서 기울기가 변하는 한 점을 선택하는 것에 비하여 DTG 곡선에서 피크 온도를 확인하는 것이 얼마나 쉬운 일인지 확인해 보라. 그림 17.12a에 대표적인 화학식이 $Na_xSi_yO_z \cdot nH_2O$인 수화 규소산 소듐의 TGA와 DTG 곡선을 나타내었다. TGA에서 볼 수 있듯이 물의 손실이 발생하는 온도 범위는 매우 넓으며 기울기도 매끄럽지 않다. DTG에 의하면 50~200°C 범위가 세 개의 단계로 이루어져 있는데, 모두 규소산 소듐에 서로 다르게 결합한 물의 손실과 관련된 것으로 추정된다. 미분을 이용한 도시의 또 다른 강점은 수화된 바륨, 스트론튬, 칼슘 염의 TGA와 DTG를 나타낸 그림 17.12b에서 확인할 수 있다. TGA에 의하면 130~ 210°C에서 단일한 질량 결손이 예상되어 순수한 단일 물질의 TGA 열곡선으로 오해할 수 있다. 그러나 높은 감도의 DTG에 의하면 각각 140°C, 180°C, 205°C의 온도에서 세 번에 걸친 물의 손실이 발생하는 것을 확인할 수 있다. 실제로 이 피크는 각각 바륨염, 스트론튬염, 그리고 마지막으로 칼슘 염에서 물이 제거되는 온도이다. DTG는 TGA로는 확인하기 어려운 한 가지 이상의 질량 변화에 대한 단서를 제공한다. 따라서 DTG는 열분석 결과를 나타내는 매우 중요한 방법 중의 하나임을 알 수 있다. 지올라이트 촉매의 산성 영역에 화학적으로 흡착된 물질의 탈착을 보여주는 그림 17.13은 DTG의 우수성을 나타내는 또 다른 사례이다. **지올라이트(zeolite)**는 산성 영역을 포함하는 규소산 알루미늄으로 이루어진 다공성 결정으로 된 촉매이다. 지올라이트에 화학 흡착된 알루미나와 같은 물질의 탈착을 TGA/DTG를 이용하여 연구하면 산성 영역의 세기나 수를 확인할 수 있다. 그림 17.13에서 보는 바와 같이 넓은 영역에서 발생

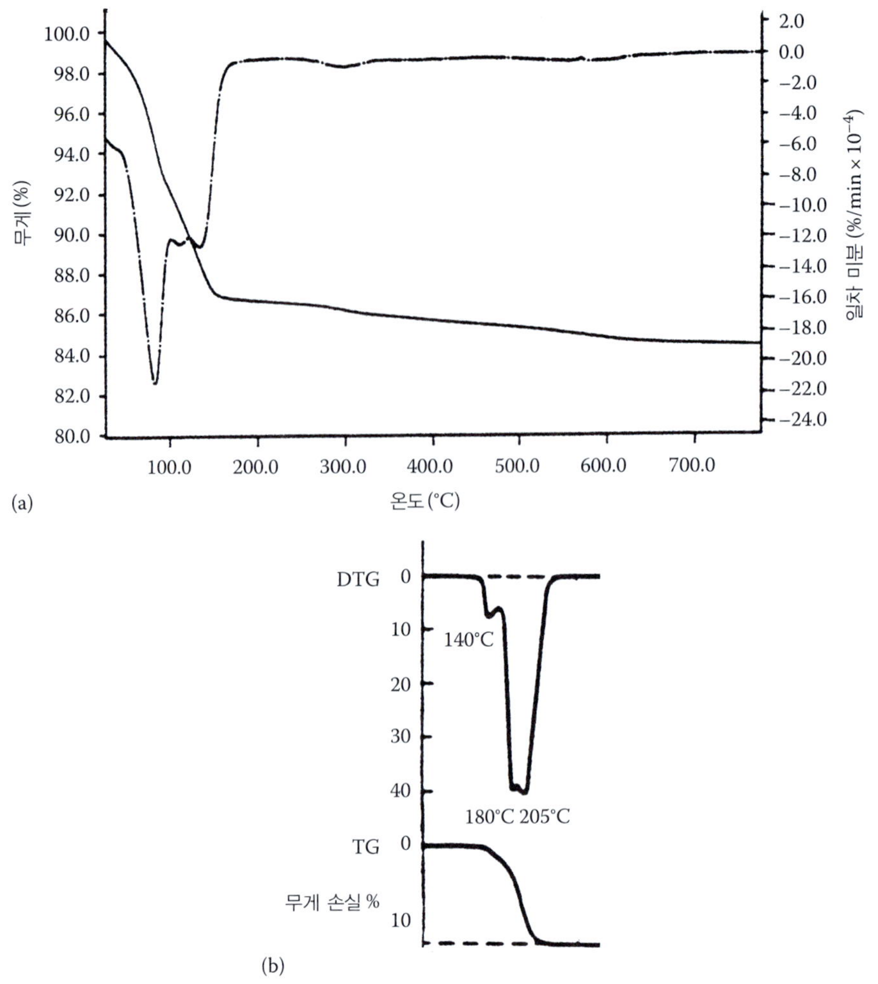

그림 17.12 (a) 순수한 수화 규소산 소듐의 TGA(실선)과 DTG(점선) 열곡선. TGA 도시의 50∼200°C 범위의 질량 손실 과정에 나타난 기울기 변화는 물이 제거되는 방식이 두 가지임을 의미한다. 그러나 일차 미분으로 도시하는 DTG에서는 서로 다른 세 가지 형태로 결합한 물이 제거되는 것을 확실하게 보여 준다. [© **1993–2014 PerkinElmer, Inc. All rights reserved. Printed with permission.**(www.perkinelmer.com).] (b) 수화된 옥살산 바륨, 스트론튬, 칼슘 염의 TGA(아래) 그리고 DTG(위) 열곡선. Erdey(1962) 등은 세 가지 옥살산 염이 서로 다른 세 가지 온도에서 물이 제거되는 것을 확인하였다. TGA에서는 한 단계에서 물이 제거되는 것처럼 보이나 DTG에서는 각 염이 물을 잃는 서로 다른 세 가지 온도를 확실하게 보여 준다.

하는 전체 질량에 대하여 상대적으로 적은 약 1%의 질량 손실이 두 영역에서 발생하는 것을 DTG 도시에서 쉽게 확인할 수 있다.

폴리염화비닐(PVC)의 분해 역시 DTG에서 매우 유용한 정보를 얻을 수 있다. TGA 곡선(그림 17.14의 실선)에서 관찰되는 두 단계의 질량 손실은 DTG 도시(그림 17.14의 점선)에 의해 세 단계인 것을 확인할 수 있다. 280°C에서의 질량 손실은 HCl의 손실에 따른 것이고, 320°C과 460°C에서의 질량 손실은 탄화수소의 손실에 의한 것이다.

17.1.4 | 열무게 분석에서의 오차 원인

열무게 분석에서의 오차는 질량이나 온도의 정확도를 낮아지게 한다. 실험실에서 TGA 기기를 진동이나 열로부터 멀리 설치하는 것이 저울 장치의 변동을 최소화하는 데 매우 중요하다. 구형 기기에서는 가열하면 부력 효과로 인하여 시료 용기의 질량이 증가하는 현상이 나타난다. 대기 부력의 감소, 열에 의한 대류의 변화, 혹은 다른 복잡한 요인에서 기인하는 이런 현상이 현대 TGA 기기에서는 상당 부분 감소하

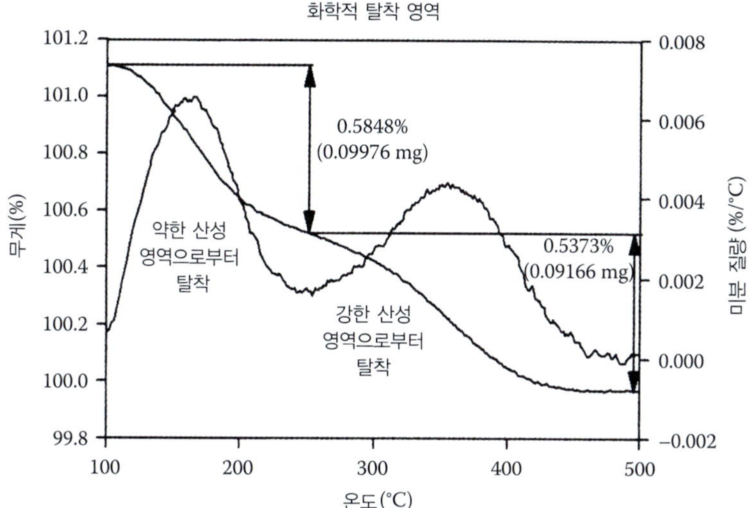

그림 17.13 지올라이트 촉매의 산성 영역으로부터 화합물이 탈착하는 것을 보여 주는 TGA와 DTA 열곡선. 전체적인 질량 결손이 약 1% 수준임에도 불구하고 DTA 곡선에서 약한 산성 영역과 강한 산성 영역으로부터의 손실이 확실하게 구분된다. 왼쪽 y축에 질량 규모를 나타내었다. (Courtesy of TA Instruments, New Castle, DE, from *Thermal Analysis Applications Brief TA, 231.*)

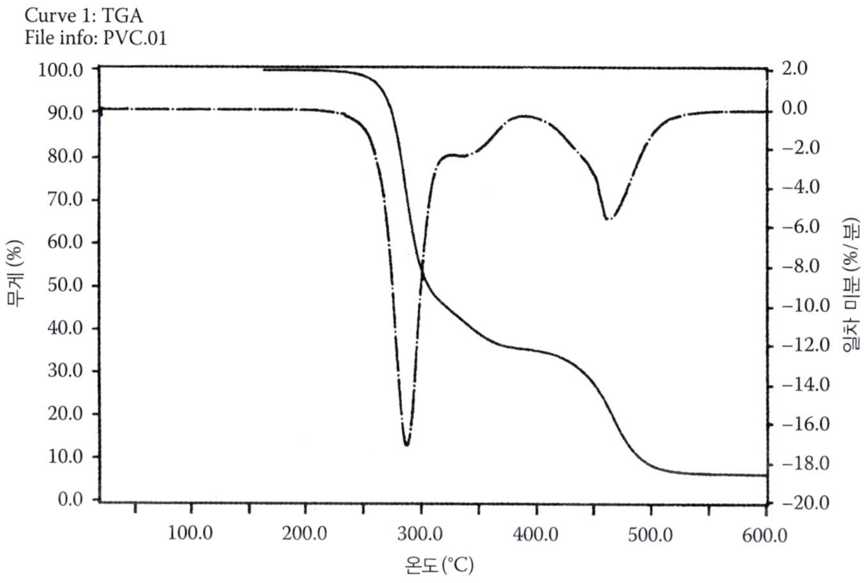

그림 17.14 질소 분위기에서 가열한 고분자 PVC의 TGA(실선)와 DTA(점선) 열곡선. 280°C에서의 질량 손실은 HCl 손실에 따른 것이다. [(© **1993–2014 PerkinElmer, Inc. All rights reserved. Printed with permission.** (www.perkinelmer.com).])]

였다. 부력 효과는 시료를 분석할 때의 열이나 기체 흐름과 동일한 조건에서 바탕 시료(빈 시료 용기)를 분석하여 보정할 수 있다. 가열할 때의 대류나 기체 흐름에 의한 난류에 의하여 오차가 발생한다. 이런 효과를 최소화하기 위하여 기체 흐름 속도와 가열 속도를 가능한 낮게 유지해야 한다.

열전쌍의 위치는 정확한 온도를 측정하는 데 매우 중요하다. 시료 온도를 정확하게 측정하기 위하여 열전쌍을 시료 자체에 위치시키는 것이 가장 이상적이다. 그러나 시료와의 반응, 제한된 시료의 질량, 열전도도, 그리고 시료를 다시 쌓기 어려운 점 등의 몇 가지 문제점으로 인하여 열전쌍을 시료 내부에 설치하는 방법에 어려운 점이 있다. 현대의 기기에서는 열전쌍을 시료 팬에 붙이거나 혹은 시료 팬에 가깝게 설치하는 것이 일반적이다. 제한된 가열 속도, 시료 자체와 시료 용기의 열전도도, 그리고 기체의 유속 등의 몇 가지 요인으로 인하여 시료의 온도는 측정된 온도보다 낮다. 반응열도 고려해야 한다. 흡열 반응의 경우에는 냉각 효과로 인하여 원하는 시료 온도가 얻어질 때까지 더 오랜 지연이 발생한다. 발열 반응의 경우에는 흡열 반응에 비하여 온도 지연이 크게 감소한다.

17.2 시차 열분석법

시차 열분석법(Differential Thermal Analysis, DTA)은 시료와 비활성 기준 물질 간의 온도 차(ΔT)를 온도의 함수로 측정하는 기법이다. 시료와 기준 물질 모두 주의 깊게 조절된 조건에서 가열되어야 한다. 시료가 물리적 변화나 혹은 화학적 반응을 시작하면 기준 물질의 온도는 일정하게 유지되지만 시료의 온도는 변한다. 어떤 물질이 상변화와 같은 물리적 변화나 화학 반응을 하면 물질의 열과 관련된 **엔탈피(enthalpy)** 변화가 수반된다. 시료가 열을 흡수하는 변화는 **흡열(endothermic)** 변화라고 한다. 흡열 변화의 예는 녹음(융해)과 같은 상변화, 증발, 승화, 그리고 물질의 두 가지 결정 상태 사이의 변화 등을 생각할 수 있다. 탈수, 분해, 산화–환원, 그리고 고체상 반응 등이 흡열 반응의 예이다. **발열(exothermic)** 변화에서는 시료가 열을 방출한다. 응고(결정화)와 같은 상변화나 서로 다른 결정 상태 사이의 변화가 일어날 때 열이 방출될 수 있다. 분해, 산화–환원, 그리고 화학적 흡착과 같은 반응은 발열 반응이 되기도 한다. 간단한 상변화는 아니지만 시료의 온도 변화가 수반되는 물리적 변화도 있다. 예를 들면 표면에서의 기체의 흡착이나 탈착, 비결정 유리나 고분자의 **유리 전이(glass transition)** 등이다. 유리 전이란 비결정 물질이 부서지기 쉬운 유리 상태에서 플라스틱 상태로 변화는 것을 의미한다. 유리 전이는 2차 상전이다.

DTA와 이 장의 뒷부분에서 설명할 DSC는 엔탈피 변화가 수반되는 물리적 혹은 화학적 변화를 측정할 수 있다. DTA 신호를 얻는 데 시료의 무게 변화가 꼭 필요한 것은 아니다. 그러나 물이 제거될 때와 같이 질량의 변화가 일어나면 시료의 엔탈피 변화가 반드시 수반되고, DTA 신호를 얻을 수 있다. 따라서 DTA는 TGA로 측정할 수 있는 변화를 측정할 수 있을 뿐만 아니라, 무게 변화가 없기 때문에 TGA로 측정하기 어려운 변화도 감지할 수 있다. 그림 17.15에 나타낸 개략도와 같이 DTA 도시 혹은 열곡선에서 y축은 ΔT이고 x축은 T(혹은 시간 t)를 사용한다. x축의 온도는 가열 구역의 온도나 시료의 온도 혹은 기준 물질의 온도를 사용하며, 때로는 시간을 사용하기도 한다. 약속에 따라 발열 변화는 양의 수로 나타내며 피크를 위쪽으로, 흡열 변화는 음의 수와 아래 쪽으로 향한 피크로 나타낸다. DSC에서도 동일한 기준을 사용하지만, 어떤 기기의 소프트웨어의 경우는 반대의 표기를 사용하기도 한다. 이 책에서는 두 가지

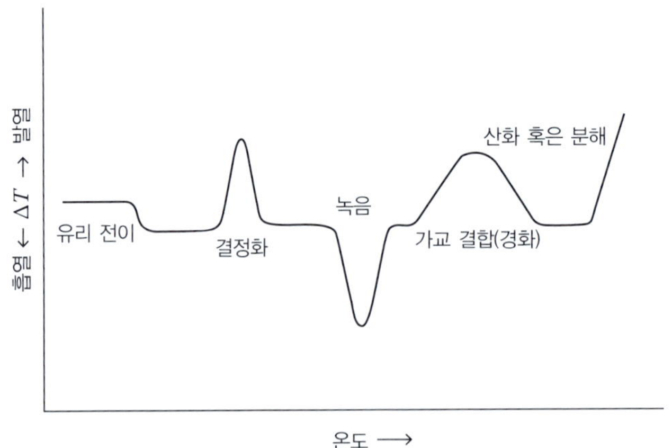

그림 17.15 가교 결합을 할 수 있는 반결정성 고분자에 대한 가상의 DTA 열곡선. 그림에서 유리 전이 온도(T_g)에서 바탕선이 변하고, 결정화나 가교 결합(경화)과 같은 발열 과정과 관련된 발열 피크, 산화에 의한 분해와 관련된 발열 피크(스케일을 벗어남), 그리고 고분자가 녹을 때의 흡열 피크 등을 확인할 수 있다. DSC 분석에서도 비슷한 열곡선을 얻을 수 있다. (Courtesy of TA Instruments, New Castle, DE, www.tainstruments.com.)

표현을 모두 사용한다. 그림 17.15에 나타낸 유리 전이와 같은 변화는 피크를 만들지 않고 기준선에 계단 형태의 변화를 나타낸다. 그 이유는 다시 논하기로 한다.

17.2.1 | DTA 기기

DTA 연구에 사용되는 장비의 구성을 그림 17.16에 나타내었다. 도가니에 담긴 시료를 시료 접시(S로 표기)에 넣는다. Al_2O_3와 같은 비활성 물질로 만든 기준 물질(시료와 동일한 양)을 두 번째 도가니에 담고 R로 표시된 기준 접시에 넣는다. 두 도가니와 접시의 크기는 최대한 동일해야 한다. 특히 시료와 기준 물질의 무게는 완전히 동일해야 한다. 시료와 기준 물질은 열적으로 평형 상태에 있고 가열로 안에서 대칭적으로 배열되어서 동일한 방식으로 가열되거나 냉각되어야 한다. 접시를 둘러싸고 있는 금속 블록은 열전달체 역할을 한다. 내부 가열로를 이용하여 열전달체의 온도를 서서히 증가시키면 열전달체가 시료와 기준 물질을 동시에 가열한다. 이때 한 쌍의 열전기쌍을 이용하여 하나는 시료 혹은 시료 용기의 온도를 측정하고, 다른 하나는 기준 물질과 접촉시킨다. 두 열전기쌍의 온도 차이인 $T_s - T_r$ 혹은 ΔT를 증폭시킨 후, 데이터 수집 장치로 보낸다. 시료나 기준 물질의 온도가 상승하여도 그 차이가 발생하지 않는다면 신호는 0이다. 일반적인 DTA 기기는 상온에서 약 1600°C 범위에서 작동하지만 −150~2400°C 범위에서 작동하는 기기도 있다.

시료에 물질적 변화가 발생하면 열이 발생하거나 흡수된다. 예를 들어 금속 탄산염을 분해했을 때 CO_2가 발생하면, 열이 흡수되고 시료의 온도가 기준 물질의 온도보다 낮아진다. 이때 시료와 기준 물질 사이의 온도차를 기록한다. DTA 열곡선의 한 예를 그림 17.15에 나타내었다. 가열하는 과정 중에 시료가 상전이나 열을 발생시키는 반응(발열 반응)을 한다면 시료의 온도가 기준 물질에 비하여 더 높아진다. 반응이 멈출 때까지 시료는 기준 물질보다 더 높은 온도로 가열될 것이다. 반응이 멈춘 후 시료가 냉각되거나 혹은 기준 물질의 온도가 상승하여 가열실의 온도가 다시 한 번 동일하게 된다. 이와 같은 효과로 인하여 열곡선에서 음의 방향(아래쪽)이 아니고 양의 방향(위쪽)으로 향한 피크가 만들어져서 발열 반응과 흡열 반응을 구분할 수 있다. DTA 실험은 일정한 압력(일반적으로 대기압)하에서 수행된다. 일정한 압력하에서는 시료의 엔탈피 변화가 반응열(ΔH)과 동일하다. ΔH의 변화를 수반하는 모든 물질적 혹은 화학적 변화는 DTA 열곡선에 피크를 만든다. 그림 17.15에 피크를 만들지 않고 기준선의 변화만이 발생하는 경우를 나타내었다. 이런 종류의 변화는 ΔH의 변화 없이 **열용량**(C_p)의 변화만이 발생하는 경우이다. 때로는 비열로 표현되기도 하는 열용량은 주어진 양의 어떤 물질의 온도를 1 K 올리는 데 필요한 열량이다. 물질의 양이 정확히 1몰일 때의 열용량을 몰열용량이라고 하고 J/mol K의 단위를 사용한다. DTA에서 피크를 만들지 않고 기준선의 변화만을 유발하는 대표적인 변화는 고분자나 유리와 같은 무정형 물질에서 관

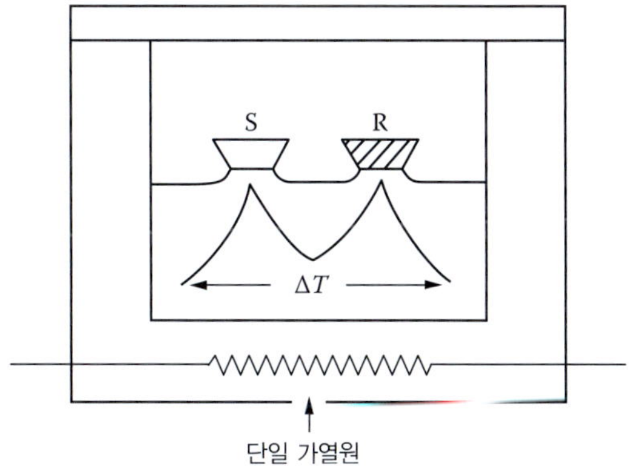

그림 17.16 DTA 기기의 도식적 그림. [© 1993–2014 PerkinElmer, Inc. All rights reserved. Printed with permission.(www.perkinelmer.com).]

찰되는 유리 전이이다. 유리 전이에 대하여 DTA 응용 부분에서 간단하게 설명하기로 한다.

최신 DTA 기기는 TGA에서와 마찬가지로 기기 내부를 비활성 기체에서 반응성 기체로 바꾸는 장치가 있다. TGA와 유사하게 DTA 열곡선의 모양은 시료의 입자 크기, 시료가 채워진 상태, 가열 속도, 가열로 내부의 대류 특성 등에 의존한다. 시료를 비활성 기준 물질로 묽히거나, 각 도가니의 전체 질량을 가능한 동일하게 유지하면 시료와 기준 물질 사이의 열적 동질성이 증가한다.

DTA 열곡선에서의 피크 너비는 그 피크를 만드는 과정의 엔탈피 변화와 관련이 있으므로, DTA 기기는 반드시 온도와 피크의 너비 모두에 대하여 교정해야 한다. 미국의 국립표준연구원(NIST)과 같은 국가 기관은 인듐, 주석, 납과 같이 녹는점(6개의 유효 숫자)과 엔탈피 변화(3~4개의 유효 숫자)가 잘 알려진 금속이나 고체 상태 전이와 관련된 엔탈피 값이 정확히 알려진 고순도 염의 보증(certified) 물질을 보유하고 있다.

이런 물질을 이용하여 온도나 엔탈피 값을 교정할 수 있다. 시료 도가니는 일반적으로 금속(Al, Pt)이나 세라믹(알루미나, 실리카, 지르코늄)으로 만들고, 시료의 양은 1~10 mg 범위를 사용한다. 부식성 기체가 발생하는 실험에서는 boron nitride로 만든 도가니를 사용한다. 비활성 분위기의 매우 높은 온도에서는 흑연이나 텅스텐으로 만든 도가니를 사용한다. Pt는 수소와 반응하므로, 1000°C가 넘는 수소 분위기에서는 텅스텐 도가니가 필요하다.

DTA에서 피크 너비는 엔탈피 변화(ΔH), 시료의 질량(m), 시료의 구조 및 열전도도와 같은 요인들과 관계가 있다. 질량 및 ΔH와 같은 요인과 너비(A)와의 관계를 실험적인 교정 상수 K를 이용하여 다음과 같이 정리할 수 있다.

$$A = K(m)(\Delta H) \tag{17.1}$$

불행하게도 DTA 실험에서 K값은 온도에 매우 의존적이므로 해당 피크와 유사한 온도 영역에서 피크 너비를 교정하는 것이 필요하다. 이런 과정에서 여러 개의 기준 물질과 시간이 요구되기도 한다. DSC에서의 교정 상수 K는 온도와 무관하므로, DTA는 일반적으로 정성 분석에 사용되고 DSC는 ΔH나 열용량 등과 같은 정량적인 측정에 사용된다.

17.2.2 | DTA 분석 응용

DTA는 시료로의 열흐름의 변화에 기초한 분석법이다. TGA에서와 마찬가지로 DTA를 이용하여 시료의 분해나 기화를 확인할 수 있다. DTA에서는 무게의 변화를 수반하지 않는 물리적 변화도 감지할 수 있다. 이런 부류의 변화에는 결정화, 녹음, 고체 결정상의 변화, 그리고 고체상에서의 균일 반응 등이 포함된다. DTA는 주로 열적 과정을 검출하고, 그 과정이 발열인지 흡열인지 혹은 가역인지 비가역인지를 정성적으로 결정하는 데 사용된다. DTA 열곡선을 이용하여 반응의 순서(반응 속도)를 결정하고 시료의 상 그림을 작성하는 데 필요한 정보를 얻을 수 있다. 공업용 물질의 특성 연구나 소결화, 융화, 합금의 미세구조를 변화시키기 위한 열처리 등을 연구하는 데 DTA가 이용된다. 또한 합성 고무의 형태를 결정하거나 고분자의 구조 변화를 연구하는 분야에도 DTA가 이용된다.

DTA를 이용하여 고분자의 특성을 연구하는 실험은 무게의 변화를 수반하지 않는 전이의 한 예이다. 강도나 유연성 혹은 용해도와 같은 고분자의 물리적 성질을 결정하는 요인 중의 하나가 결정도이다. 결정성 물질이란 구성 분자나 원자의 배열에서 높은 장거리 혹은 단거리 질서를 나타내는 물질을 의미한다. 결정도가 100%인 고분자는 존재하지 않지만, 부분적으로 결정성을 나타내는 **준결정성(semicrystalline)** 고분자가 있다. 고분자는 매우 큰 유기 분자로 분자량(MW)이 5,000~40,000 g/mol 수준으로 매우 큰 **거대 분자(macromolecule)**이다. 일반적으로 고분자는 길고 유연한 사슬 형태로 존재한다. 사슬은 그림 17.17a에 나타낸 바와 같이 휘거나 꼬이기도 한다. 고분자 덩어리는 헝클어진 여러 가닥의 줄이나, 요리

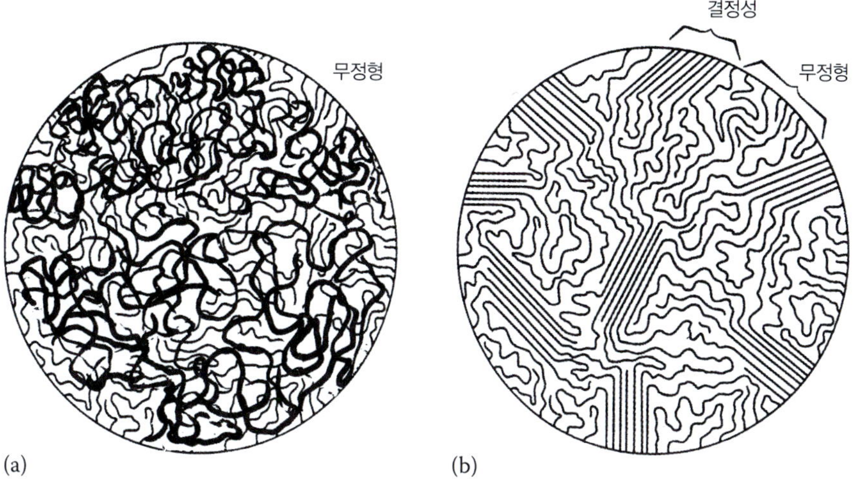

그림 17.17 (a) 무정형 고분자 구조. (b) 사슬이 결정성 영역에서는 배열된 형태로 존재하고 무정형 영역에서는 무작위 형태로 존재하는 준결정성 고분자.

해서 그릇에 담은 스파게티 국수와 같이 서로 얽힌 사슬로 이루어져 있다. 단거리 혹은 장거리 질서가 없는 이런 형태의 고분자를 **무정형**(**amorphous**)이라고 한다. 어떤 고분자는 용융 상태에서 천천히 냉각시키는 것과 같이 적절한 처리를 하면, 그림 17.17b에 나타낸 것처럼 긴 사슬이 규칙적으로 배치되는 결정성 영역이 생성되기도 한다. 그림 17.17에 나타낸 두 시료를 액체 상태에서 빠르게 냉각(급냉)시켰을 때의 DTA 곡선을 그림 17.18에 나타내었다. 유리 전이 온도(T_g)에서 무정형 물질은 단단한 유리 상태에서 유연한 고무 상태가 되는데, 이 상태에서 장거리 분자 운동이 가능하게 된다. 무정형 물질이나 결정성 물질의 무정형 영역만이 유리 전이가 발생한다. 분자 수준에서 보면, 이 온도에서 물질의 뼈대를 이루는 원자의 35~50개 정도가 함께 움직일 수 있다. 유리 전이에서 고분자의 열용량(C_p)의 변화가 수반되므로 열곡선의 바탕선 변화가 관찰된다. T_g에서는 엔탈피의 변화가 없기 때문에 피크가 관찰되지는 않는다. 유리 전이란 녹는 것이 아니다. T_g에서 발생하는 고분자의 부피 팽창 속도 변화는 열기계적 분석법(TMA)으로 측정할 수 있다. 계속 가열하면 고분자의 점성이 감소하고, 분자의 유동성이 증가함에 따라 고분자의 사슬이 질서 있게 배열되는 결정화가 일어나고 발열에 해당하는 피크가 만들어진다. 비정형 고분자의 경우에는 이런 발열 피크가 관찰되지 않는다. 온도를 더 올리면 비정형 고분자가 녹게 되어 열곡선에서 흡열에 해당하는 피크가 관찰된다. 언급한 전이는 모두 시료의 질량 변화가 없는 변화이기 때문에 TGA 열곡선에서는 관찰되지 않는다. 무정형 고분자는 녹지 않지만 가열하면 흡열 분해에 해당하는 피크가 관찰될 수 있다. 분해 과정에는 질량의 변화가 있으므로 분해는 DTA와 TGA 모두에서 피크가 관찰된다. 용융열(발열 결정화 피크의 면적)을 이용하여 준결정성 고분자의 결정도를 계산할 수 있는데, 일반적으로 DTA보다 정확한 DSC를 이용하여 이와 같은 정량적인 계산을 수행한다. 알려진 물질의 DTA 열곡선(지문)과 비교하여 시료의 구조를 확인하는 정성 분석이 가능하다.

이론적으로 DTA 피크 면적은 관련된 과정의 엔탈피 변화에 비례한다. 그러나 일반적으로 간단한 DTA에서는 온도가 상승함에 따라 DTA 감응이 줄어드는 것과 같이 보정하기 힘든 여러 가지 요인들이 존재한다. 따라서 관심 온도 범위에서 DTA를 교정하지 않으면 피크 면적을 이용하여 엔탈피를 계산하는 방법에 대한 신뢰도가 낮아진다. DTA를 이용하여 엔탈피에 대한 반정량적인 계산이 가능하지만, 보다 정확한 계산은 DSC를 이용하는 것이 좋다.

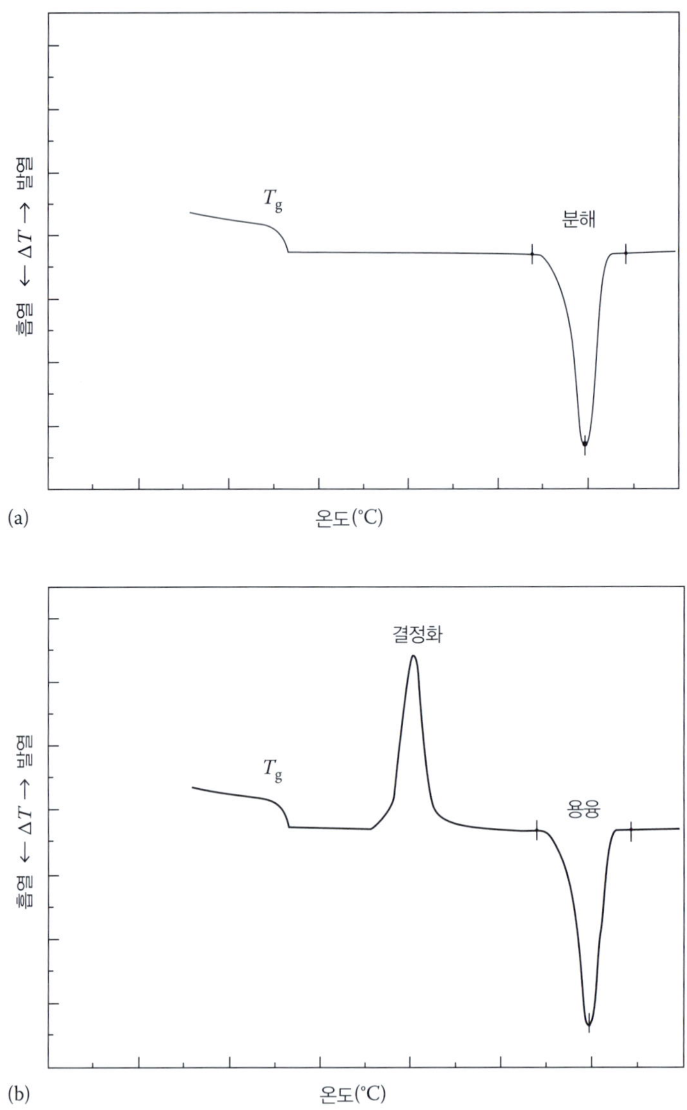

그림 17.18 그림 17.17에 나타낸 (a) 무정형 구조만 있는 고분자와 (b) 준결정성 고분자에 대한 DTA 열곡선. (a)와 (b) 모두에서 T_g를 관찰할 수 있으나, 발열 과정인 결정화는 준결정성 고분자에서만 관찰된다.

17.3 시차 주사 열계량법

열계량법이란 어떤 과정에 수반되는 열을 측정하는 방법이다. Lavoisier와 Laplace가 1782년에 처음으로 열량계를 사용하였다.

시차 주사 열계량법(Differential Scanning Calorimeter, DSC)은 기준 물질과 시료 각각으로의 열흐름의 차이를 시료의 온도에 대하여 측정하는 분석법이다. 열흐름의 차이는 곧 에너지의 차이이다. DSC는 엔탈피 변화와 열용량을 DTA보다 정확하게 측정할 수 있는 열계량법이다.

어떤 전이도 발생하지 않을 때 시료로부터 혹은 시료 쪽으로의 열흐름은 다음과 같이 주어진다.

$$\frac{dQ}{dt} = \frac{dQ}{dT} \times \frac{dT}{dt} \tag{17.2}$$

여기서 dQ/dt는 열흐름, dQ/dT는 열용량, dT/dt는 가열 속도이다. 열용량이나 반응 속도론적 과정의 변화가 수반되는 어떤 전이 과정이 포함되는 경우의 열흐름은 다음과 같다.

$$\frac{dQ}{dt}=\frac{dQ}{dT}\times\frac{dT}{dt}+f(T,t) \tag{17.3}$$

처음의 세 개의 항은 앞에서 설명한 바와 같고, $f(T,\ t)$은 반응 속도론적 과정에 관련된 항이다.

17.3.1 | DSC 기기

DSC 측정을 하려면 DTA에서와 마찬가지로 기준 물질과 시료가 필요하다. 최신 DSC 기기에서 사용하는 기준 물질과 시료 용기는 매우 작고 일반적으로 Al로 만든 것을 사용하지만, alodine으로 코팅한 알루미늄, 금, 구리, 백금, 흑연, 스테인레스강으로 만든 용기도 사용한다. 시료의 크기는 일반적으로 1~10 mg 수준이다. DTA와 유사한 비활성 기준 물질을 사용하지만, 때로는 기준 물질 없이 빈 용기를 사용하기도 한다. 일반적인 DSC 장비는 −180~725°C 범위에서 사용하지만, 특수한 장비를 이용하여 최대 2000°C까지 사용할 수도 있다.

DSC 기기에는 열흐름 DSC와 전력 보상 DSC 두 가지가 주로 사용된다. **열흐름 DSC(heat flux DSC)** 기기의 구조를 그림 17.19에 나타내었다. 열흐름 DSC에서는 한 개의 가열로를 이용하여 기준 물질과 시료를 동시에 가열한다. 온도를 선형으로 변화시키면서 기준 물질과 시료로 전달되는 미분 열흐름을 측정한다. 시료와 기준 물질 용기를 Cu/Ni 합금(constantan)으로 만든 가열 열전기 디스크 위에 위치시킨다. 시료와 기준 물질로 공급되는 미분 열흐름은 열전기 디스크의 시료와 기준 물질 아래 설치된 열전기쌍을 이용하여 측정한다. 용기로 흐르는 미분 열흐름은 열전기쌍 신호의 차이에 비례한다. 시료의 온도는 시료 아래에 설치된 alumel/chromel 열전기쌍으로 측정한다. 열전기쌍이 시료와 직접 접촉하고 있지 않으므로 이는 시료의 대략적인 온도이다. 측정 온도의 정확도는 시료와 용기의 열전도도(TC)나 가열 속도 등 몇 가지 요인에 의존한다. 그림 17.19에 나타낸 바와 같이 시료와 기준 물질 용기 모두 뚜껑을 사용하며, 특히 기준 물질은 빈 용기를 사용한다. **전력 보상 DSC(power compensate DSC)**의 구조는 그림 17.20에 나

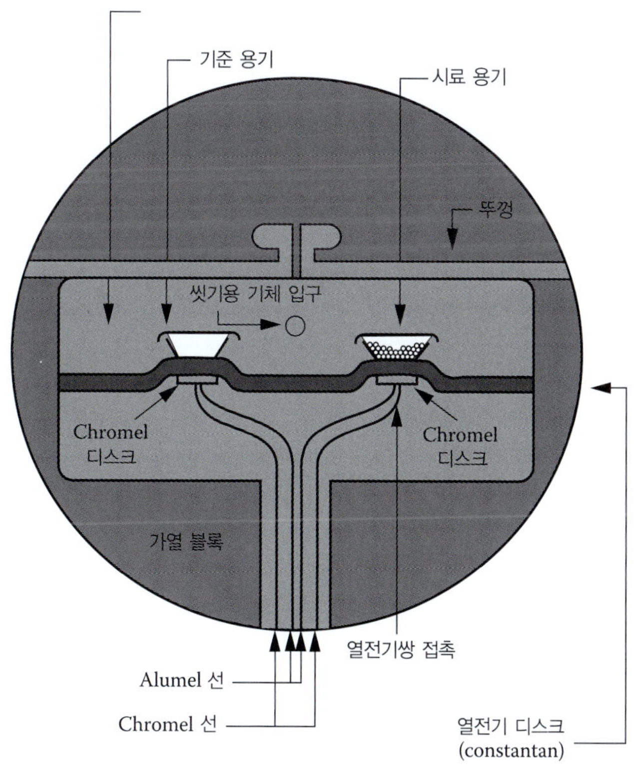

그림 17.19 열흐름 DSC의 구조. (Courtesy of TA Instruments, New Castle, DE, www.tainstruments.com.)

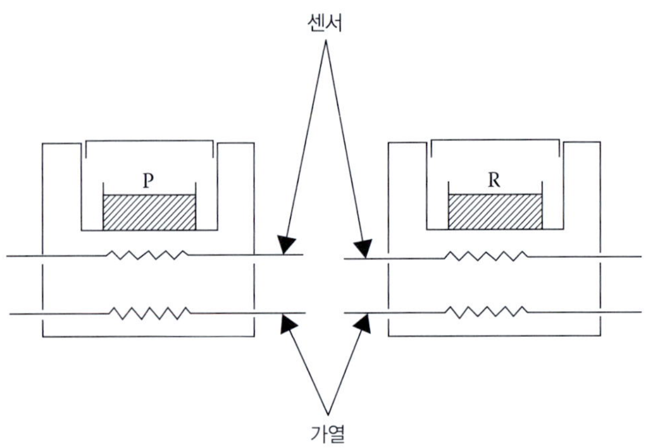

그림 17.20 전력 보상 DSC의 구조. [(© 1993-2014 PerkinElmer, Inc. All rights reserved. Printed with permission. (www.perkinelmer.com).]

타내었다. 전력 보상 DSC 기기의 가장 두드러진 차이점은 시료(그림에서 P로 나타냄)와 기준 물질을 가열하는 데 두 개의 서로 다른 가열기를 사용한다는 것이다. 시료와 기준 물질 사이에 온도 차가 발생하면, 가열기가 작동하여 시료와 기준 물질이 동일한 온도를 유지하게 한다. 시료에 상변화, 반응, 유리 전이, 혹은 이와 유사한 일이 발생하여 시료와 기준 물질의 온도 차가 생기면 온도가 낮은 용기를 가열하기 위하여 더 많은 전력이 필요하게 된다. 이런 방법으로 전체 실험 과정에서 시료와 기준 물질을 동일한 온도($\Delta T = 0$)로 유지시킨다. 시료와 기준 물질의 온도는 그림 17.20에 보인 바와 같이 Pt 저항 센서를 이용하여 측정한다. 공급되는 전력의 차이를 시료와 기준 물질의 평균 온도에 대하여 도시한다. 전력 보상 방법은 정확도 및 정밀도 그리고 감도가 매우 높은 방법이다. 이 방법으로 미량(6 μg)의 인듐 시료를 이용하여 용융열을 측정하는 사례를 그림 17.21에 나타내었다. 이 그림은 일반적으로 흡열 피크를 나타내는 규약과는 반대로 그려진 것에 주목하라. 이론적으로 전기적인 전력을 측정하므로, 결과에 대하여 교정할 필요가 없지만, 실제로는 보다 정확한 결과를 얻기 위하여 기기를 표준 물질에 대하여 교정한다.

엔탈피 측정을 위하여는 피크 면적의 보정(calibration)이 필요하다. DSC 보정에는 DTA 장비를 보정할 때 사용하는 NIST 고순도 금속이나 염을 사용한다. 예를 들어, NIST 표준 기준 물질(SRM) 2232는 DSC와 DTA 장비 보정에 사용하는 1 g 고순도 인듐이다. 인듐 SRM의 보증된 용융점은 156.5985℃±0.00034℃이

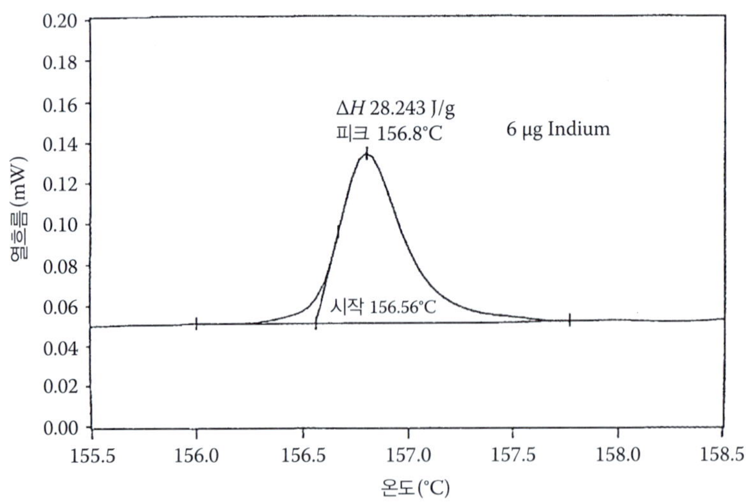

그림 17.21 6 μg의 인듐 금속의 용융 엔탈피를 결정하는 것을 보여 주는 DSC 열곡선. [© 1993-2014 PerkinElmer, Inc. All rights reserved. Printed with permission. (www.perkinelmer.com).]

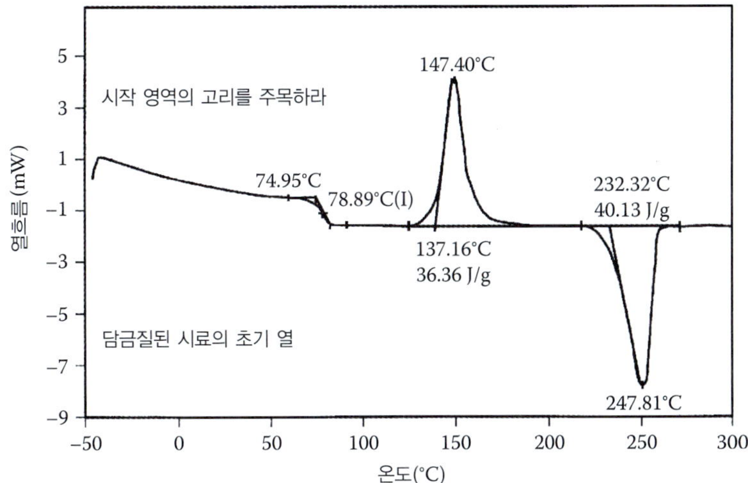

그림 17.22 PET 시료의 DSC 열곡선. T_g가 78.9°C에서 관찰된다. 결정화가 137°C에서 시작되고 발열 피크의 면적은 36.36 J/g PET이다. 323°C에서 시작되는 녹음에 의한 흡열 피크의 면적은 40.13 J/g PET이다. (Courtesy of TA Instruments, New Castle, DE, www.tainstruments.com.)

고 용융 엔탈피는 28.51±0.19 J/g이다. NIST에서는 여러 종류의 유사한 표준 물질을 공급하고 있다. 이런 물질의 종류와 각 보증 값은 www.nist.gov에서 확인할 수 있다. 다른 나라의 정부 표준 기관들도 유사한 기준 물질을 공급하고 있다.

실험 결과로 얻는 열곡선은 DTA의 열곡선과 비슷한 형태이지만 피크 면적을 이용하여 정확한 엔탈피 계산이 가능하다. 열용량의 차이 또한 발열이나 흡열 과정 전후나 혹은 유리 전이로 인한 기준선의 변화를 이용하여 정확하게 측정할 수 있다. DSC를 이용하여 매우 정확한 정량적인 분석 결과를 얻을 수 있기 때문에 가장 많이 이용되는 열분석 기술 중의 하나이다. 그림 17.22에 탄산음료 병으로 많이 사용되는 polyethylene terephthalate(PET)의 DSC 열곡선을 나타내었다.

시차 열량계의 세 번째 형태는 1960년대에 Setaram 기기 회사에 의하여 상업적으로 처음 소개된 Tian-Calvet 설계이다. Calvet DSC는 열흐름 시스템에 3D 검출기를 갖춘 형태이다. 두 개의 열전자쌍 대신에 시료와 기준 물질은 시료로부터의 거의 모든 열흐름(94%±1%)을 측정할 수 있는 일련의 열전자쌍으로 둘러싸인 상자에 들어있다. 시료와 기준 물질을 둘러싸고 있는 열전자쌍의 수가 10개에서 120개까지 다양한 형태의 Calvet 검출기가 판매되고 있다. Peltier 원소를 사용한 3D 열전 소자(thermopile) 검출기를 장착한 미세 DSC(μ-DSC)도 이용되고 있다. 2D 판형의 DSC 검출기에 비하여 Calvet DSC 검출기(그림 17.23)가 가지는 장점은 매우 중요하다. Calvet DSC는 더 많은 시료를 사용할 수 있기 때문에 감도가 더 좋다.

열용량(C_p)는 다음의 식에 의하여 계산할 수 있다.

$$A_{\mu V} = S_{\mu V/mW} \times m_{kg} \times C_p \times V_{°C/min} \quad (17.4)$$

여기서 A는 측정 신호, S는 감도, m은 시료 질량, V는 가열 속도이다. 시료의 질량과 감도가 커져서 전통적인 DSC 검출기에 비하여 신호의 크기가 증가한다. 결정된 C_p의 정확도와 정밀도는 1~3%로 기존 방법의 7~15%보다 좋다.

판형 검출기는 시료의 아래쪽으로의 열흐름만을 측정하므로, 검출기의 두께나 도가니, 시료, 그리고 씻기용 기체의 열전도도에 따라서 20~50%의 효율을 나타낸다. Calvet 검출기는 앞에서 언급한 변수들과 상관없이 93~95%의 효율을 나타내기 때문에 정량적인 측정에 정확도가 증가한다. 검출기의 교정이나 측정은 시료의 형태나 종류, 시료와 도가니 사이의 접촉, 압력, 혹은 유속 등과 무관하다. 더 큰 시료를 사

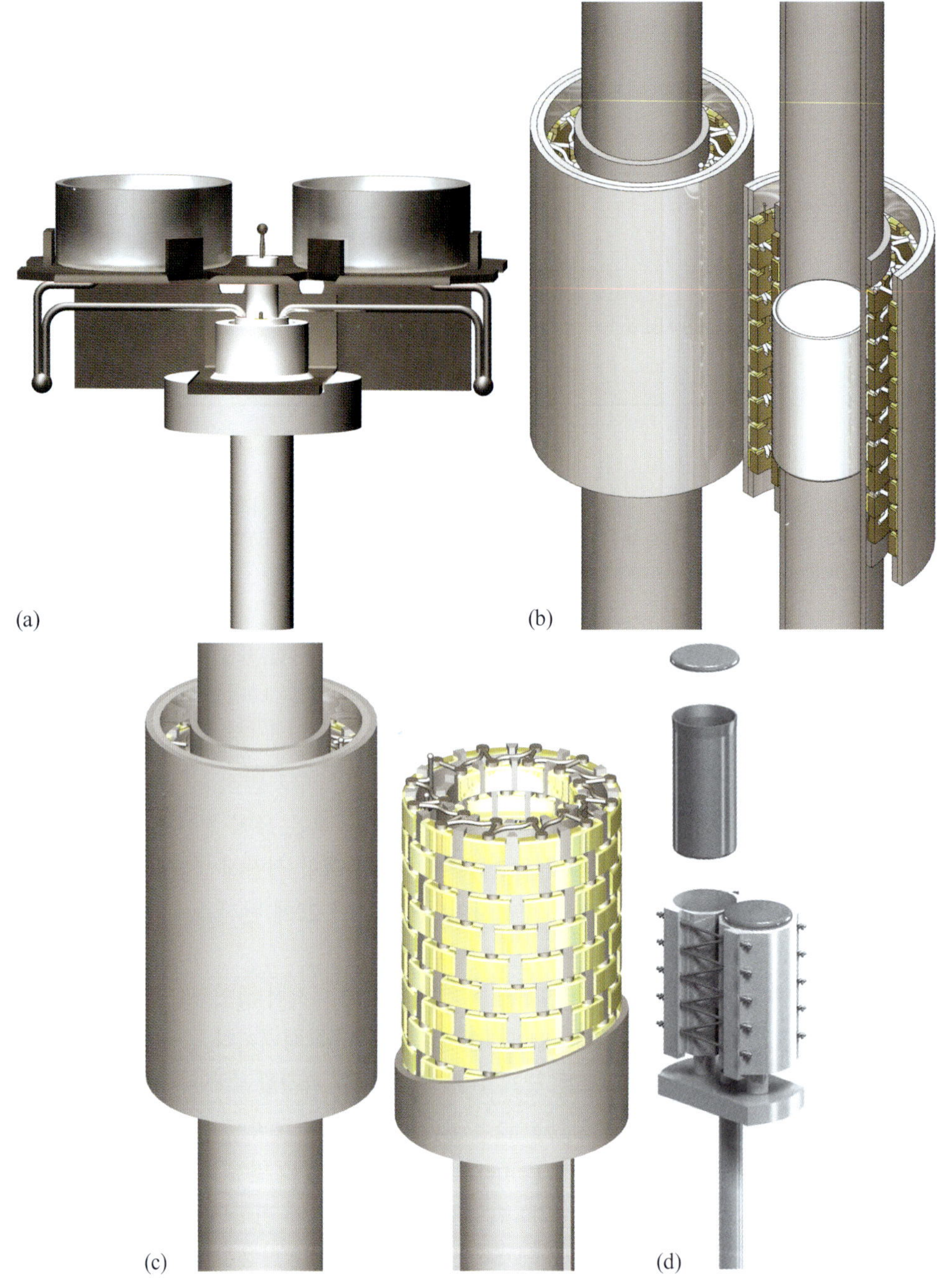

그림 17.23 판형 2D 검출기와 Calvet 3D 검출기의 모양. (a) 두 용기 아래 열전기쌍이 설치된 2D 판형 검출기. 용기의 아래 쪽에서 유입되는 열흐름만 측정된다. (b)와 (c) 시료와 기준 물질을 완전히 둘러싼 일련의 열전기쌍이 설치된 Calvet 3D 열량계 센서. 이 센서를 이용하여 전체 열흐름 중 대략 94%를 포집하여 측정한다. (d) 시료와 기준 물질 각각에 10개의 열전기쌍이 설치된 Calvet 검출기. (Courtesy of Setaram Instrumentation, SA, Caluire, France, www.setaram.com. Used with permission.)

용하면 불균일한 시료를 측정할 때 정확도가 증가한다.

17.3.2 | DSC의 응용

DSC는 DTA로 연구할 수 있는 모든 형태의 반응이나 전이에 대하여 사용할 수 있으며, 더 높은 정확도로 ΔH나 ΔC_p에 대한 정량적 측정이 가능하다. 고분자 관련 화학자는 결정화도, 결정화 속도, 고분자 반응 속도, 고분자 분해, 유리 온도에 대한 성분의 영향, 열용량 측정, 고분자 배합 등과 관련된 연구에

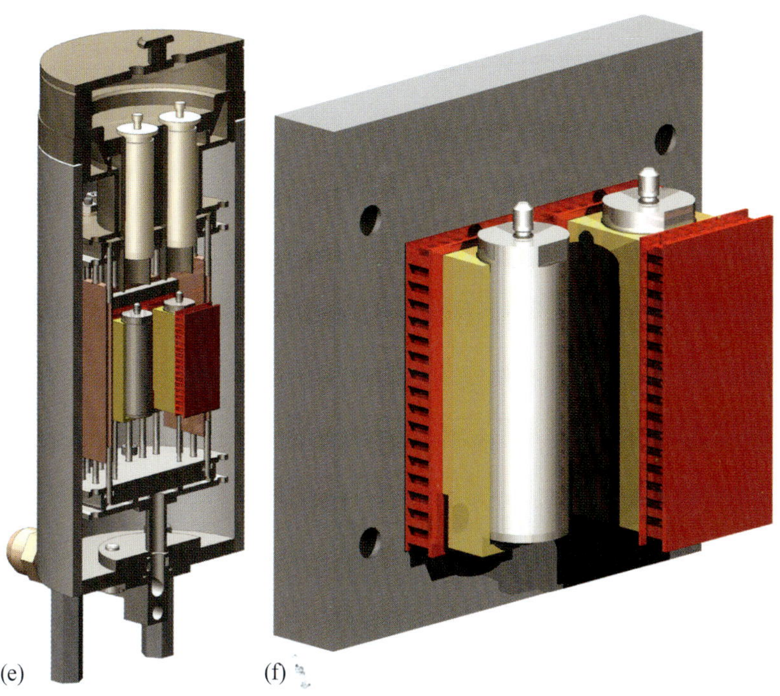

그림 17.23(계속) 판형 2D 검출기와 Calvet 3D 검출기의 모양. (e) 펠티에 원소를 이용한 3D 열흐름 검출기를 장착한 Setaram μDSC7. (f) 펠티에 열전 소자의 상세 구조. (Courtesy of Setaram Instrumentation, SA, Caluire, France, www.setaram.com. Used with permission.)

DSC를 광범위하게 사용하고 있다. 재료 과학자, 물리 화학자, 분석 화학자 등도 부식, 산화/환원, 상변화, 촉매, 표면 반응, 화학적 흡착 및 탈착, 물리적 흡착과 탈착, 그리고 엔탈피, 끓는점, 혹은 평형 증기압 등과 같은 기초적인 물리 특성 연구에 DSC를 이용한다. DSC 기기는 자동으로 씻는 기체를 바꿀 수 있기 때문에 반응성 기체와 시료와의 상호작용에 대한 연구가 가능하다. 식품 화학, 약품 및 생화학 물질을 연구할 수 있으며 몇 가지 사례가 논의될 것이다. 시료는 고체나 액체, 크림, 젤, 유제 등이 될 수 있다.

그림 17.22에서와 같이 기기에 포함된 데이터 분석 프로그램을 이용하여 구한 해당 피크의 면적으로부터 결정화열은 36.36 J/g이고 용융열은 40.13 J/g임을 구할 수 있다. 결정화열이 용융열보다 약간 작은 것으로부터 실험에 사용된 고분자가 초기에 약간의 결정성 구조를 가지고 있었음을 예상할 수 있다. 이 열곡선으로부터 T_g와 비열을 정확하게 측정할 수 있다.

용융열(heat of fusion)은 고분자의 **결정화도(percent of crystallinity)**에 대한 척도이다. 세 가지 폴리에틸렌 시료의 결정화도와 용융열을 표 17.4에 나타내었다. 결정화도가 알려진 표준 물질을 이용한 교정을 통하여 시료의 결정화도를 계산할 수 있다. 표에서 시료 1과 2의 결정화도와 녹는 양상은 서로 유사하지만, 시료 3의 결정화도는 조금 낮고 녹는 양상(녹기 시작할 때와 피크에서의 온도 비교)이 더 예리하다. 주어진 실험 결과에 의하면 시료 3은 시료 1 및 2와는 다른 공정으로 만들어졌고 따라서 다른 물리적 혹은

표 17.4 세 가지 폴리에틸렌 시료의 DSC 결과

시료	녹기 시작하는 온도(°C)	피크 온도(°C)	엔탈피(J/g)	% 결정화도
1	121.9	132.9	195.9	67.6
2	121.3	132.6	194.5	67.1
3	122.3	131.6	180.1	62.1

출처: *TA Instruments Applications Brief TA-123*, courtesy of TA Instrumens, Inc., New Castle, DE.

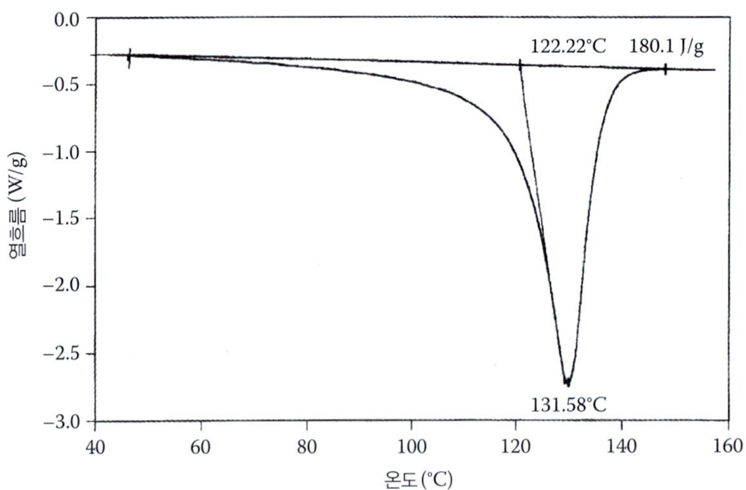

그림 17.24 DSC로 측정한 폴리에틸렌의 녹는점(Courtesy of TA Instruments, New Castle, DE, from *Thermal Analysis Applications Brief TA-123.*)

기계적 성질을 가질 것으로 예상할 수 있다. 그림 17.24에 시료 3의 예리한 녹는 양상을 나타내었다.

생물이나 약학 분야에서의 응용 사례로는 단백질 변성, 효소 반응, 지방 이분자층의 상변화, 핵산 연구 분야 등이 있다. 약품이나 미용 산업에서의 크림, 젤 혹은 유제 등의 상변화 연구에도 DSC가 활용된다. 약의 제제를 위한 부형제의 호환성 연구도 가능하다. 예를 들면 아스피린을 락토스와 섞으면 어떤 반응도 일어나지 않지만 스테아르산 마그네슘과 섞으면 많은 열이 발생하는 것을 알 수 있는데, 이는 스테아르산 마그네슘이 아스피린의 부형제로 적합하지 않음을 의미한다.

17.3.2.1 고압 DSC

일반적으로 DSC 실험은 대기압에서 수행하지만, 다른 압력에서의 실험이 가능하면 DSC의 유용성을 확대할 수 있다. 최대로 500 bar(50 MPa 혹은 493 atm)의 고압에서 사용할 수 있는 DSC가 사용되고 있다. 압력을 변화시키면 응축된 성분에 대한 영향은 거의 없지만 기체가 포함된 반응에 큰 영향을 미치게 된다. 끓음은 액체가 기체로 되는 상변화이다. 압력이 상승하면 끓는점은 상승하지만 녹는점(고체와 액체가 포함되는 상변화)은 거의 변화가 없다. 따라서 압력을 변화시킬 수 있으면 열곡선에 대한 해석을 더 용이하게 할 수 있다. 압력이 변함에 따라서 피크의 온도가 바뀌면 피크와 관련된 반응에 기체가 포함되어 있다는 의미이다. 액체의 끓는점이 압력의 영향을 받으므로 고압 용기를 이용하여 고압하에서 수행한 일련의 DSC 결과로부터 끓는점 변화를 측정할 수 있다. 끓는점 변화를 이용하여 액체의 증기압에 관련된 정량적인 정보를 얻을 수 있다.

압력이 상승하면 많은 경우에 기체가 포함되는 반응의 속도도 증가한다. 수소의 흡착을 이용하여 자동차 자동 변환 장치에 사용되는 백금 촉매나 대량으로 유기 화합물을 합성할 때 사용하는 Pt/Pd 촉매와 같은 고가의 금속 촉매의 특성을 연구가 가능하다. 흡착 실험은 일반적으로 많은 양의 시료와 6시간 이상의 장시간이 요구되지만, 고압 용기가 포함된 DSC를 이용하여 유사한 실험을 ~15분 안에 끝낼 수 있다. 수소 기체의 압력이 높으면 흡착이 촉진되기 때문이다. 그림 17.25에 DSC를 이용한 팔라듐에 대한 수소의 흡착 및 탈착 실험 결과를 나타내었다. 오일이나 그리스의 산화와 같이 대기와 시료가 반응하는 경우에도 공기나 산소의 압력을 증가시켜서 반응을 촉진시킬 수 있기 때문에 DSC를 이용하여 보다 효과적인 실험이 가능하다. 기화와 같이 압력에 민감한 반응은 고압하에서 억제된다. 이렇게 반응이 억제되는 것은 복잡한 계에 대한 고압 DSC 실험에서 매우 중요한 도구가 되기도 한다.

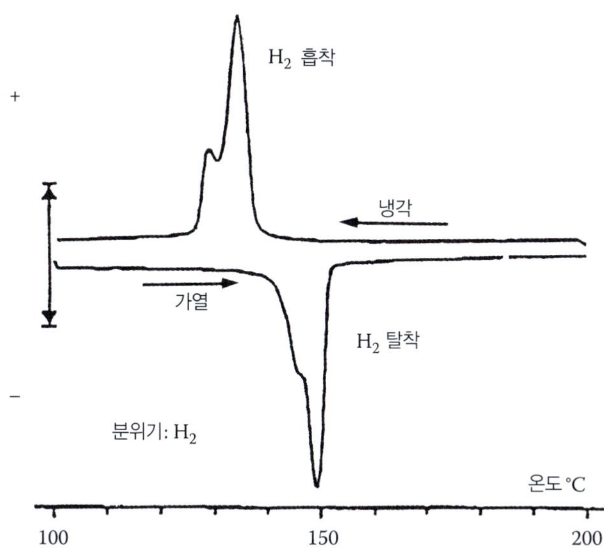

그림 17.25 일정 압력에서 귀금속 촉매 표면에서의 수소의 흡착 및 탈착을 측정한 DSC 열곡선

17.3.2.2 변조 DSC

변조 DSC®(modulated DSC®, MDSC)는 TA Instruments, New Castle, DE의 특허 기술이다. MDSC 실험에서는 선형 온도 경사에 사인 곡선(단일 진동) 형태의 온도 변화를 겹쳐서 사용한다. 이와 같은 온도 프로그램 조건에서 시료의 물질적 성질에 비례하는 진동 열흐름(열 교환 속도)을 얻게 된다. 진동 온도와 열흐름을 풀어내면(deconvolution) 전체적인 열흐름이 거꾸로 된(reverse) 열흐름과 바로 된(nonreverse) 열흐름으로 나뉘는데, 전자는 열용량과 후자는 반응 속도와 관련된 성분이다. 즉, 전체 열흐름(dQ/dt)은 가열 속도에 의존하는 열용량항($C_p\beta$, β는 가열 속도)과 온도와 시간에 의존하는 반응 속도항($f(T, t)$)의 합으로 되어 있다(Mohomed and Bohnsack 2013; Kraftmakher 2004).

MDSC 실험에서 측정된 전체 열흐름은 두 가지 성분으로 나눌 수 있고, 이를 이용하여 시료에서 동시에 일어나는 현상에 대한 이해도를 증가시킬 수 있다. MDSC를 이용하여 엔탈피 회수(enthalpy recovery, 고분자의 물리적 노화 척도), 저온 결정화(cold crystallization), 결정 완전성(crystal perfection, 완전하지 않은 결정이 열역학적 녹는점보다 낮은 온도에서 먼저 녹은 후 결정화가 일어나고, 그 후 1~2회 더 녹는 과정)과 같은 반응 속도론적 과정으로부터 반결정성 PET의 유리 전이와 녹는 현상을 구분할 수 있다. 일반적인 DSC의 경우에는 여러 과정이 서로 겹치기 때문에 동일한 부류의 정보를 얻는 것은 매우 어렵다. 그러나 이런 과정들은 고분자 물질의 불량을 이해하는 데 매우 중요하다. 약학 분야에서 흔한 약품의 재결정은 바로 된 신호에서만 관찰되지만, T_g와 녹음은 두 가지 신호에서 모두 관찰된다.

이 방법의 단점은 온도와 엔탈피에 대한 교정만이 필요한 전통적인 DSC 방법에 비하여 열용량에 대한 교정도 필요하다는 것이다.

17.4 이종 기기 연결법

17.4.1 | 이종 기기 연결(hyphenated) 열분석법

TGA는 질량의 변화가 있는 경우에 유용한 정보를 제공하지만, 질량의 변화를 수반하지 않는 반응에는 TGA를 이용하지 않는 경우가 많다. TGA와 DTA, 혹은 TGA와 DSC를 함께 사용하면 각각의 방법을 단독으로 사용하는 경우보다 훨씬 많은 정보를 얻을 수 있다. 몇몇 열분석 기기 회사에서 동시 열분석기(STA)라 불리는 동시 복합형 열분석기를 제공하고 있다. 동시 TGA-DTA 혹은 동시 TGA-DSC 기기가

그림 17.26 동시 TGA-DTA 기기의 도식적 그림. 시료의 질량 변화에 의하여 방향이 바뀐 빛은, 추진 코일에 흐르는 전류에 의하여 원래의 위치로 되돌아간다. 질량의 변화에 비례하는 전류가 TGA 신호 역할을 한다. 시료와 기준 물질 용기 사이의 온도 변화는 용기에 달린 열전기쌍으로 측정한다. 온도의 미분이 DTA 신호가 된다.

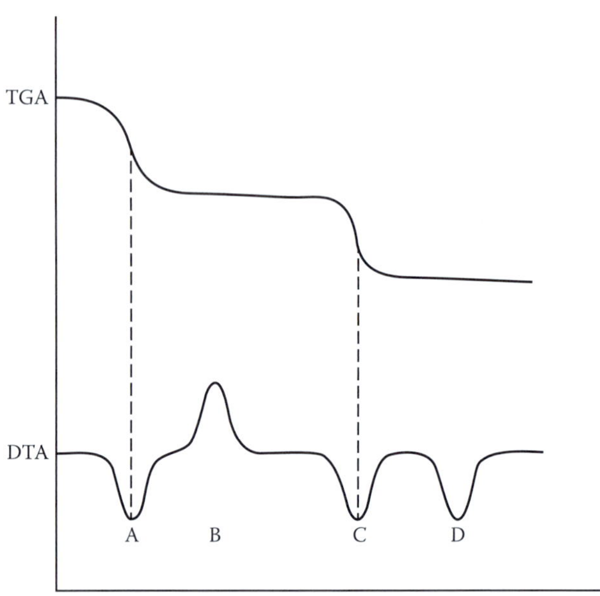

그림 17.27 가상의 시료에 대한 TGA 및 DTA 열곡선. TGA 곡선에 나타난 두 개의 계단은 질량의 손실에서 기인한 것으로, DTA 곡선에서의 흡열 피크인 A와 C에 대응한다. DTA 열곡선에 나타난 발열 과정 B와 흡열 과정 D는 는 질량 손실과 관련이 없다.

상품화되어 있다. 넓은 온도 범위와 소량 시료 규모(1~20 mg)에서 대용량의 시료를 분석할 수 있는 여러 종류의 조합 기기를 구할 수 있다. 시료와 기준 물질 용기를 포함하는 동시 TGA-DTA 기기의 구조를 그림 17.26에 나타내었다. 시료와 기준 물질 사이의 질량과 온도 차이를 측정하고, TGA 및 DTA 열곡선을 동시에 도시한다. 그림 17.27에 나타낸 가상의 시료에 대한 열곡선에서 두 개의 DTA 피크는 TGA에서 나타나는 질량 손실과 관계가 있으나, 다른 두 피크는 질량의 변화가 없는 엔탈피 변화와 관계된 것을 알 수 있다.

17.4.2 | 발생 기체 분석

TGA, DTA, 혹은 DSC 열분석에서 발생한 기체는 **발생 기체 검출**(*evolved gas detection*, EGD)을 이용하여 확인할 수 있으며, 정량적인 혹은 정성적인 분석이 요구되면 발생 기체 분석법(EGA)을 이용한다. 이런 방법은 근본적으로 열분석과 MS, 직렬로 연결된 MS(MS^n), GC-MS, 혹은 FTIR과 같은 선택적인 검출기의 조합으로 만들어진 기기들이다. 가열로에서 발생한 기체를 가열된 이동 통로를 따라 질량 분석기나 FTIR 혹은 다른 기체 분석기에 주입한다. 이런 방법을 이용하여 가열하는 동안 시료로부터 발생하는 기체에 대한 실시간 확인이 가능하다. 그림 17.28a에 TGA에서 발생하는 기체를 FTIR이나 GC-MS로 보내는 연결 부위에 대한 도식적인 모양을 나타내었다. 그림의 연결 부위는 대용량(100 g 이상의 시료) TGA에 사용하는 것으로 비교적 큰 전자 부품이나 시료 전체에 대한 분석이 가능하다. 이 방법을 이용하

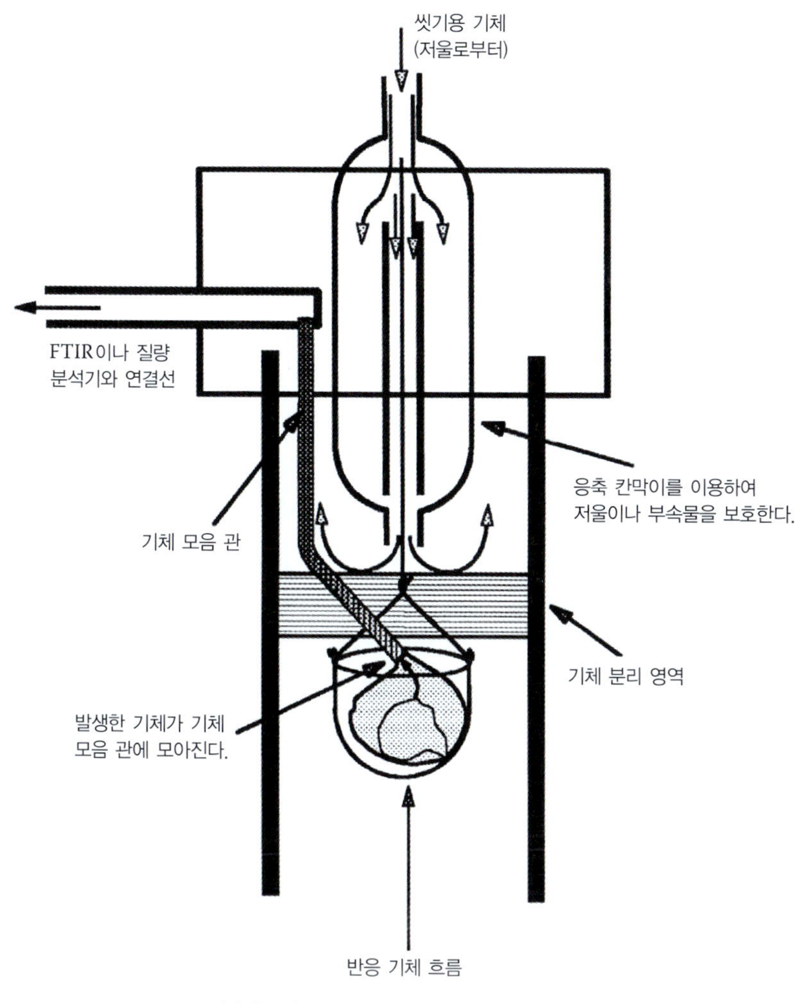

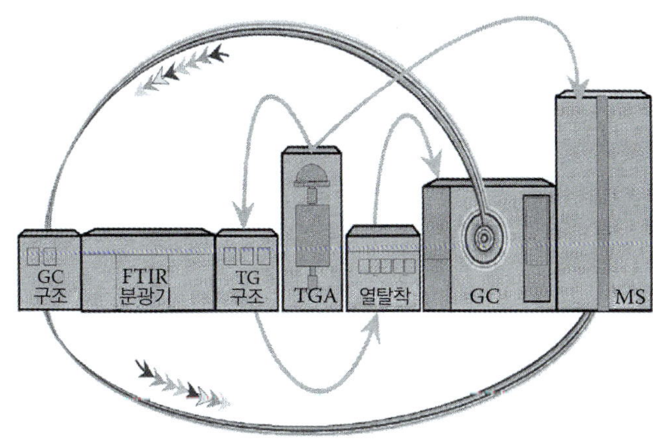

(a)

그림 17.28 (a) EGA의 연결 부위. 시료 용기 위에 직접 연결된 기체 모음 관은 묽힘을 최소화하면서 발생 기체를 FTIR이나 GC-MS 쪽으로 보낸다. 이 연결 부위는 더 이상 상업적으로 구하기 어려운 고용량 TGA에 대한 것이다.

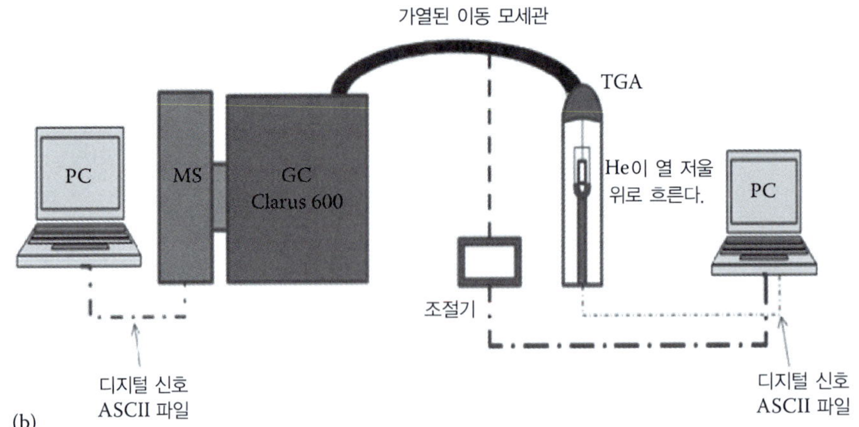

그림 17.28(계속) (b) 가열된 이동관을 이용하여 GC-MS에 연결된 TGA의 모식도. [b: [© **1993–2014 PerkinElmer, Inc. All rights reserved. Printed with permission.** (www.perkinelmer.com).]]

면 제품의 생산이나 분석에서의 오류를 쉽게 조정할 수 있다.

기체 분석을 위한 또 다른 방법은 발생하는 기체를 포집해서 보관한 후, 나중에 분석하는 것이다. 기체 흡착제는 액체나 고체 등 다양하다. 한 가지 기체나 혹은 유사한 성질의 몇 가지 기체에 선택적인 흡착제를 사용한다. 적당한 흡착제가 없는 경우에는 초저온 포집 방법을 이용하기도 한다.

열분석에 연결하는 가장 일반적인 기기는 FTIR(5장)과 GC-MS(10장, 11장, 13장)(그림 17.28b)이다. FTIR은 MS보다 감도나 유용성이 떨어지지만 간단하고 저렴한 장점이 있다. 열분석-FTIR 조합에서는 그림 17.29에서와 같이 열분석기의 가열된 이동 통로가 FTIR의 가열된 기체 셀에 연결되어 있다. FTIR이 열분석기와 마찬가지로 대기 압력에서 작동하기 때문에 연결 부위의 구조는 상대적으로 간단하다. 적외선 스펙트럼은 해석하기 쉽고, 일반적인 기체나 휘발성 유기 물질의 표준 IR 스펙트럼을 수록한 다양한 참고서적을 구할 수 있다. 따라서 수증기나 CO 혹은 HCl과 같이 물질이 분해할 때 발생하는 일반적인 기체에 대한 확인은 어렵지 않다. 그림 17.14에 나타낸 질소 분위기에서의 PVC 분해 실험의 경우 TGA-

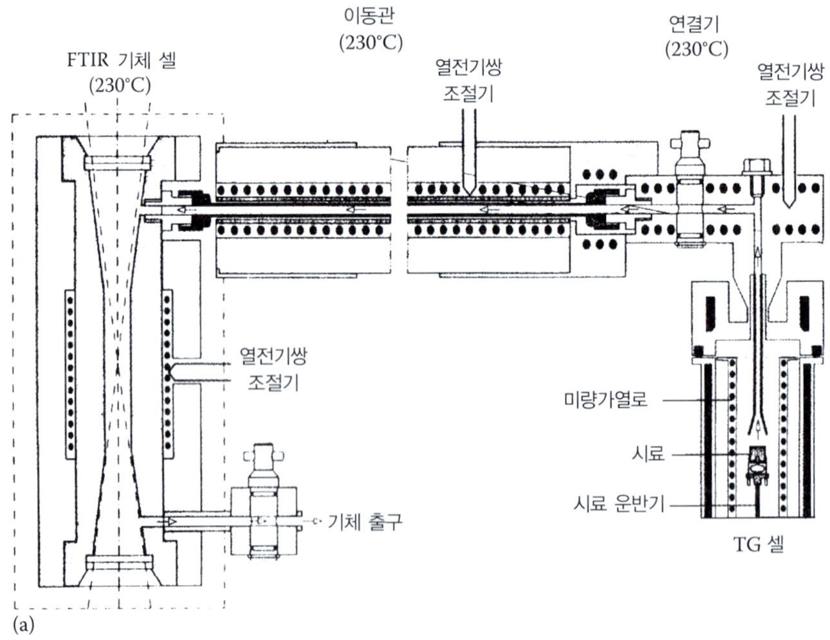

그림 17.29 (a) 가열된 이동관과 IR 기체 셀이 포함된 TGA-FTIR 이종 기기 연결. (Courtesy of NETZSCH Instruments, Inc., Burlington, MA, www.netzsch-thermal-analysis.com.)

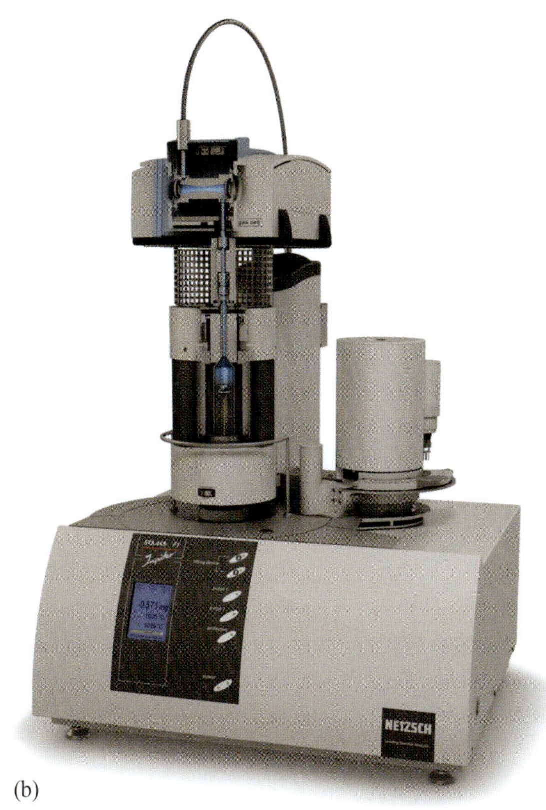

(b)

그림 17.29(계속) (b) FTIR과 열분석기가 수직으로 배열된 *Perseus* TGA-DSC–FTIR로 외부에 연결된 이동관은 없다. (Courtesy of NETZSCH Instruments, Inc., Burlington, MA, www.netzsch-hermal-analysis.com.)

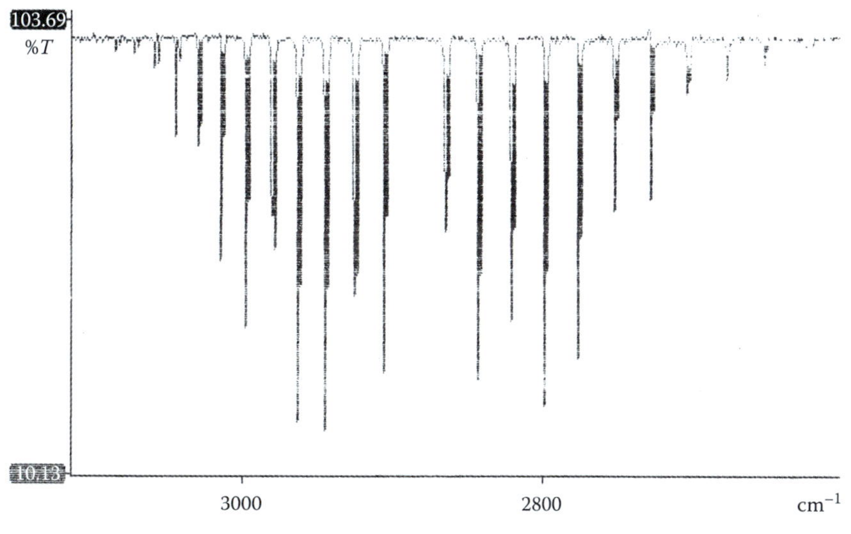

그림 17.30 기체상 HCl의 FTIR 스펙트럼

FTIR을 이용하면 발생 기체에 대한 정보를 실시간으로 얻을 수 있다. TGA에 연결된 FTIR을 이용하여 얻은 첫 번째 질량 손실 지점에서 발생한 기체 IR 스펙트럼(그림 17.30)을 분석한 결과 PVC가 비활성 분위기에서 분해할 때 발생하는 기체가 HCl임을 간편하게 확인할 수 있다.

FTIR과 연결하기 위하여 분리된 연결선을 사용해야 하기 때문에 연결선을 가열하기 위한 별도의 가열 도구가 필요한 점, 연결선 전체가 균일하게 가열되지 못하는 점, 연결선 내부에 응축된 기체로 인한 오염 등이 TGA-FTIR 기기의 단점이다. 더욱이 기기를 나란히 배치하기 위하여 더 긴 실험대가 필요하

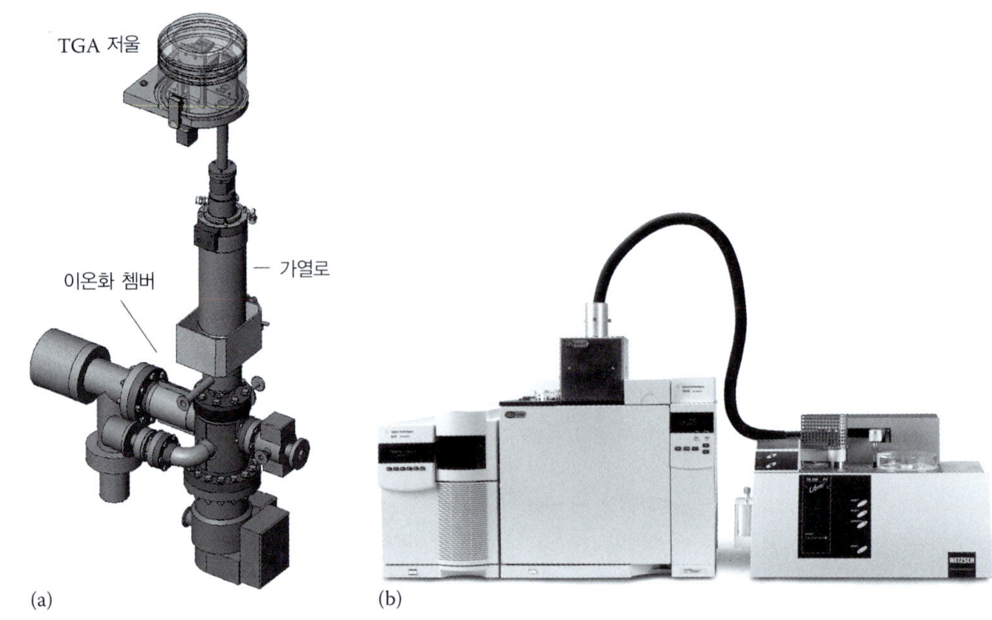

그림 17.31 (a) 열분석기와 질량 분석기 사이를 연결하는 상업적인 초음속 연결 부위. 발생한 기체의 질량 스펙트럼(최대 MW 1024 Da)를 이용하여 열분석기에서 질량 분석기로 이동하는 동안 응축되지 않는 기체의 구조를 확인할 수 있다. (Courtesy of Setaram Instrumentation, SA, Caluire, France, www.setaram.com.) (b) 다른 상업적인 TG-GC-MS 기기로 오른쪽의 Netzsch TG 209가 외부 이동관에 의하여 GC-MS에 연결되어 있다. (Courtesy of NETZSCH Instruments, Inc., Burlington, MA, www.netzsch-thermal-analysis.com.)

다. 최근에는 열분석기와 FTIR 분광기를 연결하기 위한 별도의 연결선이 필요 없는 기기도 구할 수 있다. Netzsch *Perseus* TGA-DSC-FTIR 기기에서는 Bruker Optics의 ALPHA FTIR 분광기가 열분석기 위에 설치되어 있다(그림 17.29b). 가열 기체 셀이 열분석기의 가열로 출구에 직접 연결되어 있다. 가열 조절 장치가 별도로 필요한 것은 아니다. 기체 통로의 부피가 작기 때문에 스펙트럼을 빨리 얻을 수 있어서, 응축하기 쉬운 기체의 분석에 유용하다.

MS는 FTIR보다 분석적인 관점에서 더 유용하지만, 매우 낮은 압력에서 작동하기 때문에 열분석기와의 연결 방법은 매우 복잡하다. 일반적으로 열분석기는 대기압에서 작동하지만 MS 기기는 약 10^{-5} torr에서 운용된다. GC-MS에서 사용되는 연결 방법이 가장 보편적이다. 질량 분석기에 기체를 주입하기 전에 열분석기로부터 나온 기체의 압력을 여러 단계에 거쳐 감압한다. 그림 17.31에 나타낸 상업적인 열분석기-MS 연결 부위에서는 분석물을 MS에 집중시키기 위하여 GC-MS에서 사용하는 제트 분리기와 유사한 초음속 제트(supersonic jet)를 이용한다. 제트 분리기에 대해서는 13장 GC의 이종 기기 연결법에서 설명하였다.

환경 분야에서 다환방향족 탄화수소(polyaromatic hydrocarbon)와 같이 지속적으로 관심의 대상이 되는 유기 오염 물질에 대한 연구는 TGA-GC-MS의 좋은 응용 사례 중 하나이다. 이 연구에 의하면 다환방향족 탄화수소가 옥탄올–물의 두 상으로 이루어진 계에서 분배가 이루어질 때 TiO_2 나노 입자가 존재하면 물로의 분배가 6~10배 증가하는 결과로부터, 나노 입자를 이용하여 환경 오염물이나 기타 화학 물질에 대한 새로운 기술 개발에 이용될 수 있는 가능성이 있음을 알 수 있다(Sahle-Demessie et al.).

이종 기기 연결법과는 다른 접근 방법으로는 동일 시료에 대하여 두 가지 이상의 분석법을 이용하여 동시에 분석을 수행하는 방법이 있다. PerkinElmer 사에서 만든 DSC–라만 장비가 좋은 예이다(Menard et al. 2010). 이 장비에는 DSC의 시료 위에 라만 스펙트럼 측정을 위한 광학 부품을 정확하게 위치시킬 수 있는 세 개의 축을 갖추고 있다. DSC 실험이 진행됨에 따라 라만 스펙트럼을 동시에 얻을 수 있다. 저자는 이 장비를 이용하여 고체 acetaminophen의 세 가지 다형 현상를 확인하는 실험을 수행하였다. 라만과

DSC의 조합으로 고체의 한 다형체에서 다른 다형체로 바뀌는 정확한 온도를 측정하였다. DSC를 이용하여 시료 물질의 변화에 대한 정확한 온도 정보와 발열 혹은 흡열 여부를 확인하고, 라만 스펙트럼을 이용하여 다형체의 구조를 확인하였다. 라만 분광법은 5장에서 설명하였다.

17.5 열적정

열적정(Thermometric Titration, TT)은 화학 반응 중에 생성되는 열을 측정하는 방법이므로, 또 다른 **열계량법(calorimetric technique)**이라고 할 수 있다. 일반적으로 적정 시약이 가해질 때 어떤 물질이나 열도 첨가되거나 혹은 빠져 나가지 않는 상온의 조건에서 실험을 수행한다. 농도를 알고 있는 적정 시약을 일정 부피의 시료에 가한다. 적정 반응은 다음과 같은 일반적인 화학 반응식을 따른다.

$$\text{A(시료)} + \text{B(적정 시약)} \rightarrow \text{C(생성물)} + \text{열}$$

A와 B가 반응하여 반응열이라고 정의되는 일정한 양의 열이 생성된다. A가 한계 반응물이면 생성되는 B가 과량으로 존재하여도 생성되는 열은 A에 의하여 결정된다. 다시 말하면 열은 A와 B가 반응할 때만 생성되며 과량으로 존재하는 어느 것도 열의 생성에 기여하지 못한다. 적정하는 동안 열의 손실을 최소화하기 위하여 Dewar 플라스크나 Christiansen 단열 셀과 같은 단열 반응기를 사용한다.

시료에 적정 시약을 가하는 동안 적정 용기의 온도를 측정한다. y축에 ΔT를, 그리고 x축에 가한 적정 시약의 부피를 이용하여 TT 곡선을 작성한다. 그림 17.32에 발열 반응의 한 예를 나타내었다. 시료 용액과 적정 시약의 초기 온도는 상온이라고 가정한다. 적정 시약을 가하면 발열 반응이 시작되고 대략 4.5 mL의 적정 시약을 가할 때까지 온도가 상승한다. 이때가 적정의 당량점이다. 당량점 이후에 적정 시약을 더 가해도, 모든 시료 A가 모두 반응하였기 때문에 더 이상의 반응은 일어나지 않는다. 높은 온도의 용액

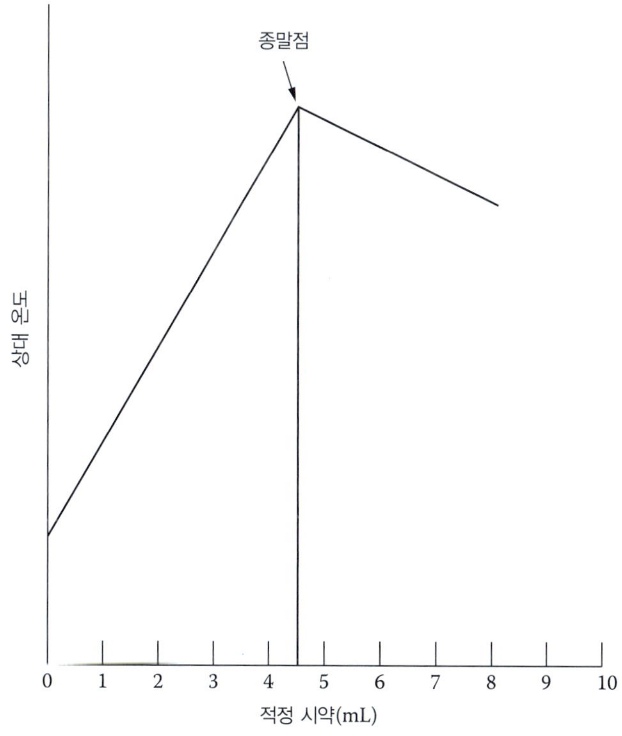

그림 17.32 TT 적정 곡선. 적정 곡선의 기울기가 갑자기 변하는 곳이 종말점이다. 강산 HCl을 NaOH로 적정하는 경우와 매우 약한 산인 붕산을 NaOH로 적정하는 경우의 반응열이 거의 동일하므로 두 TT 곡선은 거의 같다.

에 상온의 적정 시약을 가했기 때문에 온도가 천천히 낮아진다. 따라서 적정 곡선의 기울기가 갑자기 변하는 점이 종말점이다. 이런 실험에서 화학량론적으로 요구되는 적정 시약을 가해야만 하는 것은 아니다. 일반적인 부피 분석에서와 마찬가지로 과량의 적정 시약을 가해도 온도가 상승하는 것이 아니기 때문에 오차는 발생하지 않는다.

간단한 적정의 경우에는 필요한 장비가 온도계, 뷰렛, 그리고 단열 상태의 비커(혹은 서로 겹쳐진 두 개의 스티로폼 컵) 정도로 매우 간단하다. 그러나 반응열이나 열용량을 측정하는 경우에는 더 정교한 실험이 필요하다.

주사기형 펌프로 적정 시약을 가하는 속도를 이용하여, 가한 적정 시약의 부피를 계산할 수 있다. 사용되는 펌프의 흐름 속도는 ~μL/min까지 매우 정교하게 작동한다. 시료와 적정 시약의 온도를 동일하게 유지하기 위한 온도 조절 장치는, 적정 시약은 항온조를 그리고 시료 용기는 히터를 사용한다. 열용량과 엔탈피를 매우 정밀하게 측정하려면 온도 조절이 중요하다. 최신 항온조는 0.001°C까지 온도 조절이 가능하다.

속도 상수, 평형 상수, 엔탈피 등과 같은 반응 인자를 정밀하게 측정하려면 정교하게 설계된 열손실이 최소화된 단열 상태의 적정 용기가 필요하다. 열용량 측정에 미치는 용기의 영향과 전체 계의 온도 변화를 최대화하기 위하여 용기의 질량은 작을수록 좋다. 반응열을 정확하게 측정하기 위하여 필요한 계의 열용량을 측정하기 위하여 교정 회로를 사용한다. 온도에 민감한 반도체인 서미스터는 크기가 작고 감응이 빠르며 감도가 좋아서 온도 센서로 사용된다.

17.5.1 | 열적정의 응용

HCl과 같은 강산을 강염기로 적정하는 경우에 당량점 근처에서 pH 변화가 매우 크기 때문에 유리 전극으로 전위차법 적정을 이용한 강산의 정량적인 분석은 비교적 쉽다. 산이 약할수록 당량점에서의 pH 변화가 작아지고, 극단적으로 약한 산의 경우에는 마침내 전위차법 적정에 의한 당량점의 결정이 어렵게 된다. Boric acid는 $pK_1 = 9.24$이고 $pK_2 = 12.7$인 약산인데, 당량점에서의 pH 변화가 너무 작아서 NaOH를 이용한 전위차법 적정이 불가능하다. 그러나 열적정을 이용하면 붕산(boric acid)의 중화 반응의 ΔH가 비교적 크기 때문에 종말점을 결정하는 것이 용이하다. ΔH는 HCl을 NaOH로 적정할 때의 ΔH와 비슷하다. 열적정은 혼합열이나 평형 상수를 결정하는 경우뿐 아니라 중화 반응, 산화-환원 반응, 혹은 착물 형성 반응을 이용한 정량 분석 등에 이용된다.

TT에 이용되는 반응의 반응 속도는 매우 빨라서 미량의 적정 시약이 초과로 가해지면 바로 종말점을 형성해야 한다. 반응이 느리면 종말점의 위치가 일그러지고 결과에 오차가 발생한다.

17.6 직접 주입 엔탈피 측정법

일정 압력에서 화학 반응이 진행되면 열이 발생되거나 흡수된다. 이때 발생하거나 흡수되는 열의 흐름을 엔탈피(H)라는 이름으로 정량한다. 일반적으로 반응 엔탈피라고 정의되는 엔탈피의 변화(ΔH)를 측정한다. 반응 엔탈피는 A + B → C + ΔH로 표현되는 반응에서 재현성 있게 측정할 수 있는 물리적 특성이다. ΔH의 크기는 반응에 참여하는 반응물의 양에 의존하므로 반응 2A + 2B → 2C의 엔탈피 변화는 $2 \times \Delta H$이다. 물론 과량으로 존재하는 반응물은 생성되거나 흡수되는 열과는 무관하다.

직접 주입 엔탈피 측정법(Direct Injection Enthalpimetry, DIE)은 여러 가지 관점에서 열적정과 유사하지만, 한 가지 다른 점은 과량의 용액을 격렬하게 저어주면서 적정 시약을 빠르게 가한다는 것이다. 그 다음 그림 17.33에 나타낸 바와 같이 적정 시약을 가한 순간부터 시간에 대한 온도 변화를 측정한다. 다음과 같은 반응을 생각해 보자.

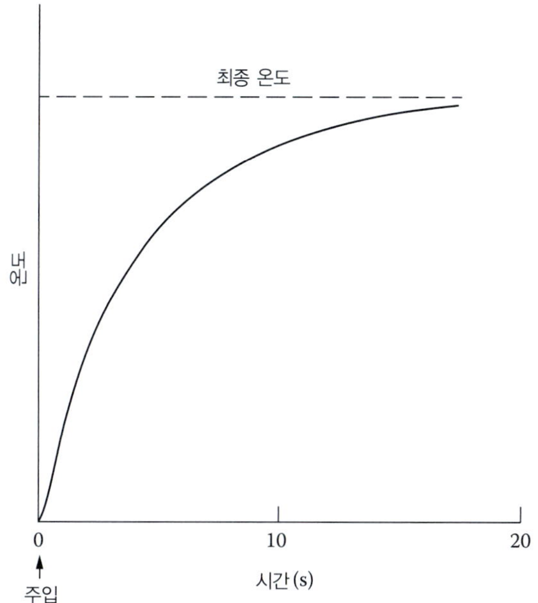

그림 17.33 DIE 적정 곡선. 과량의 B를 빠른 속도로 가하고 도달한 최종 온도로부터 분석물 A의 양을 결정한다.

$$\text{A(분석물)} + \text{B(적정 시약)} \rightarrow \text{C(생성물)} + \text{열}$$

발생하는 열은 반응에 참여하는 반응물인 A와 B에 의존한다. 과량으로 존재하는 A나 B는 반응하지 않고 남는다. 적정 시약 B를 과량으로 가했으므로, 발생 열은 혼합물에 존재하는 A의 양에 의하여 조절된다.

이 방법은 A와 B가 반응하는 속도가 느린 경우에 매우 유용하다. 최종 발생 열은 시간이 아닌 시료에 포함된 분석물 농도의 함수라는 점이, 일반적인 부피 분석법이나 TT에 비하여 DIE가 가지고 있는 분명한 장점이다. 앞에서 언급한 바와 같이 반응 속도가 느리면 TT로 종말점을 결정할 때 오차가 발생한다.

DIE에서 사용하는 장비는 열적정법에서 사용하는 것과 동일하다. 실험을 시작하기 전에 시료와 적정 시약의 온도는 동일하고, 주사기를 빠른 속도로 작동시켜 적정 시약을 한 번에 모두 가한다.

TT 경우와 마찬가지로 지시약을 이용하여 종말점을 결정하기 어려운 붕산 같은 물질의 부피 분석이나 반응 속도가 느린 실험에 DIE를 이용할 수 있다. 산이나 염기를 이용한 단백질의 적정, 항체를 이용한 항원의 적정 혹은 효소-보조효소 계 등에 대한 이용은 또 다른 응용 사례이다. DIE를 이용하여 반응 속도가 느린 경우의 반응 인자를 결정하는 것도 가능하다. 한 가지 반응물을 과량으로 가하면 평형 상수가 작은 경우에도 르샤틀리에 원리에 의하여 정반응이 잘 진행되므로, 다른 적정법으로 실험하기 어려운 경우에도 DIE를 이용한 연구가 가능하다.

두 가지 분석물에 의하여 반응이 동시에 진행되는 경우에는 두 반응 모두 열이 발생할 수 있으므로, DIE의 경우 오차가 발생할 수 있다. 그러나 TT에서는 반응이 순차적으로 진행되므로 두 물질을 미리 분리할 필요 없이 순차적으로 정량할 수 있다. 예를 들면 칼슘과 마그네슘 혼합 용액을 옥살산 이온을 이용하여 적정할 수 있다.

17.7 미량 열계량법

고전적인 DSC나 열계량 적정에 이용되는 고전적인 기기(17.5절과 17.6절)의 감도는 ~ μJ 수준의 열교환이 발생하는 단백질의 접힘이나 풀림 과정 등을 연구하기에 충분하지 못하다. 초감도의 미량 열계량법(microcalorimetry) 기기는 주로 시료의 양이 극히 제한적인 생명 과학 분야의 연구를 위하여 개발되었다.

미량 열계량법은 생체 분자를 포함하는 반응, 리간드 결합과 같은 분자 간 상호작용, 단백질 풀림과 같은 물리적 변화 등을 연구하는 데 사용된다. 언급된 분야에서 미량 열계량법은 다른 생체 분석법에 비하여 분석법 개발이 상대적으로 용이한 장점이 있다. 방사능 표지나 유도체화 과정이 필요 없고, 광학적인 방법이 아니기 때문에 발색단이 없거나 현탁 용액도 쉽게 분석할 수 있다. 미량 열계량 기기에는 마이크로 혹은 나노 DSC, 일정 온도 적정 열량계(ITC), 일정 온도 열량계 등이 있다.

DSC는 온도 변화에 따른 열을 측정한다. 이 방법은 생명 시스템에서 다양한 열적 변화를 구분하고, 이런 변화와 관련된 열역학적 인자와 관련된 정보를 제공한다. ITC는 주로 결합하는 화합물을 가했을 때의 화학 반응을 관찰하는 데 이용되는데, 생체 분자 간의 상호작용을 연구하는 데 가장 좋은 방법 중 하나이다.

TA Instruments나 GE Healthcare Life Science 등과 같은 회사에서 다양한 기기를 제조하고 있다. 회사에 따라서 기기의 이름에 '마이크로' 혹은 '나노'라는 단어를 사용하기도 하고 μ라는 기호를 사용하기도 한다. 여기서는 특정한 기기 이름을 다루는 경우가 아니면 '마이크로'라는 단어를 사용하기로 한다.

17.7.1 | Micro-DSC 기기

극히 적은 양의 시료에 대한 측정을 하는 DSC는 감도가 좋아야 하고, 시료의 온도를 정확하고 정밀하게 조절할 수 있어야 한다. 시료의 크기나 S/N 비 혹은 바탕선의 안정성 등에 의하여 필요한 감도가 결정된다. 최신 열량계에는 과거에는 불가능했던 안정한 바탕선을 유지시키는 조절 장치가 포함되어 있다. 이런 조절 장치는 기기가 외부 환경으로부터 받는 영향을 최소화시키는 역할도 한다. 압력 조절 장치가 설치된 장비를 이용하여 압력 변화가 생체 고분자의 부피 관련 성질에 미치는 영향에 관련한 연구도 가능하다.

TA Instrument 사에서 만든 Nano DSC는 두 개의 모세관형 셀이 설치된 전력 보상 DSC이다. 시료와 기준 물질을 위한 두 모세관형 셀은 세척액을 이용하여 내부 표면을 완전히 그리고 빠르게 씻을 수 있기 때문에 단백질 연구(17.7.2절)에 유용한 장점이 있다. 이 기기는 시료를 가열하거나 냉각시킬 때 고체상 열전기 장비를 사용하기 때문에 온도를 올리거나 내리는 실험 모두에서 동일한 감도를 얻을 수 있다. 압력 조절은 컴퓨터에 연결된 선형 구동기에 의하여 움직이는 내장된 고압 피스톤에 의하여 유지된다. 시료가 끓거나 기포가 생성되는 것을 방지하고 일정 압력 열용량을 측정하기 위하여 DSC 실험을 하는 동안 일정 압력을 유지한다. 압축률이나 열팽창 자료를 얻기 위한 '압력 교란' 실험을 할 때는 압력을 6기압까지 변화시킬 수 있다. 작동 온도는 −10°C에서 130°C나 혹은 160°C 범위이고, 주사 속도는 5초의 감응 시간에서 0.0001°C에서 2°C/min 범위이다. Pt나 Au로 만들어진 시료 셀의 부피는 300 μL이다.

GE Healthcare Life Sciences(앞으로 GE로 표기함) 사의 MicroCal VP-Capillary DSC 장비는 Tantalum 61이라고 불리는 비활성 물질로 만든 모세관 셀이 설치되어 있는데, 이 셀의 가용 부피는 130 μL이다. 이 장비는 분석자 없이 하루에 50개의 시료를 자동으로 분석할 수 있다.

17.7.2 | Micro-DSC의 응용

용액에서 생체 고분자는 단독으로 존재(단백질과 핵산)하거나 다른 분자와 회합(DNA/약물 착물)하거나 혹은 막에 존재하는 지방질과 같이 큰 구조물의 일부분으로 존재한다. Micro-DSC는 단백질이나 다른 거대 분자 혹은 세포 전체의 비공유 결합 형성(따라서 안정성과 관련된)을 조절하는 열역학적 인자를 연구하는 가장 직접적이고 효과적인 방법이다. 용액 상태에서 단백질과 같은 생체 분자는 정상적인 접힘 상태와 변성된 펼침 상태가 평형을 이루고 있다. 이때 열역학적으로 접힘 상태가 더 안정한데, 수소 결합이 5~8개 정도인 중간 크기의 단백질의 경우 그 안정화 정도가 20~30 kcal/mol 수준에 불과하다. 단백질의 안정성은 용매 분자와의 수소 결합이나 혹은 분자 간 수소 결합을 포함하는 여러 가지 요인에 의존한다.

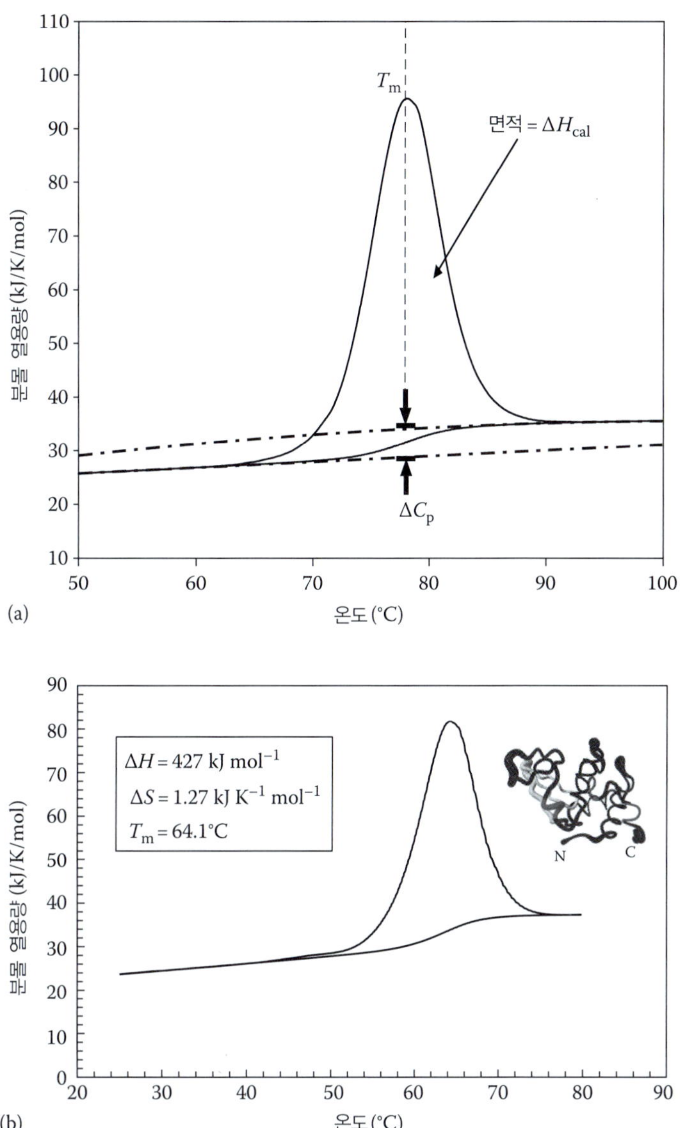

그림 17.34 (a) T_m, ΔH, ΔC_p를 얻는 방법을 보여 주는 모식도. (b) 오른쪽 위에 나타낸 암탉의 흰자에 포함된 리소자임 1 mg/mL 용액(0.2 M 글리신 완충 용액, pH = 2.7) 시료의 주사 그래프를 이용하여 얻은 분몰 열용량 값이다. 1°C/min의 주사 속도로 나노 DSC를 이용하여 얻은 결과이다. (Courtesy of TA Instruments, New Castle, DE, www.tainstruments.com.)

가열하면 변성하는 단백질도 있고, 이와 반대로 냉각하면 변성하는 단백질도 있다. 단백질을 이용한 치료제나 특정 단백질에 선택적인 약물 분자를 효과적으로 설계하거나 생체 치료제의 장기적인 안정성을 평가하기 위하여 열역학적 특성과 안정성 사이의 상관관계를 연구하는 것이 필요하다. 묽은 용액에서의 단백질의 고유한 안정성을 결정하는 DSC 연구에서는 농도가 0.2~2 mg 단백질/mL인 묽은 완충 용액이 필요하다. 열에 의한 변성과 관련된 한 번의 DSC 실험으로부터 생분자의 특성을 결정하는 많은 열역학적인 인자를 측정하고 계산할 수 있다. 열변성 엔탈피(ΔH)와 접힌 단백질과 펼쳐진 단백질이 각각 반씩 섞여 있는 온도인 열전이 중간점(T_m) 그리고 열용량의 변화(ΔC_p) 등이 그 예이다. DSC 실험으로부터 얻을 수 있는 정보를 그림 17.34에 수록하였다.

그림 17.35a와 b에 단백질의 안정성과 관련된 내용을 수록하였다. 일정 압력에서 묽은 완충 용액 시료의 분몰 열용량의 변화(ΔC_p)를 측정해서 안정성을 평가한다. 시료에 대하여 열계량적으로 측정한 열용량에서 바탕 완충 용액에 대한 결과를 빼면 단백질의 열용량을 구할 수 있다. 그림 17.35a에서 보는 바와 같

이 단백질 용액을 가열하면 처음에는 바탕선만 약간 증가하지만 계속 가열하면 단백질이 열을 흡수하여 특정 온도 범위에서 변성이 일어난다. 생성된 흡열 피크의 중간 온도를 열전이 중간점(T_m)이라고 하는데, 이 온도에서 단백질의 반은 접힌 상태로 나머지 반은 펼쳐진 상태로 존재한다. 변성이 완결되면 열흡수가 감소하고 다시 바탕선과 만나게 된다. 그림 17.35b에 나타낸 두 생체 분자 중에서 열전이 중간점이 더 높을수록 더 안정한 생체 분자를 의미한다. 실선은 초기 데이터이고 점선은 그림에서 설명한 대로 통계 처리한 결과를 나타낸 것이다. 그림에 나타낸 바와 같이 이 실험을 통하여 각각의 전이에 대한 ΔH와 일정 압력에서 각 분자의 분몰 열용량(C_p) 그리고 T_m 등의 결과를 얻었다.

그림 17.36은 2 μg의 시료로 1시간 걸린 DSC 실험을 통하여 단백질의 변성에 관련된 엔탈피와 엔트로피를 측정할 수 있다는 것을 나타낸 것이다. 이 실험을 통하여 얻은 열역학적 데이터를 표 17.5에 수록하였다. 이 자료에 의하면 2 μg의 시료로 정확한 열역학적 데이터를 얻을 수 있다는 것을 알 수 있다.

단백질은 약물이나 다른 단백질과 같은 특정 분자를 인식하고 결합할 수 있는 유연한 거대 분자이다.

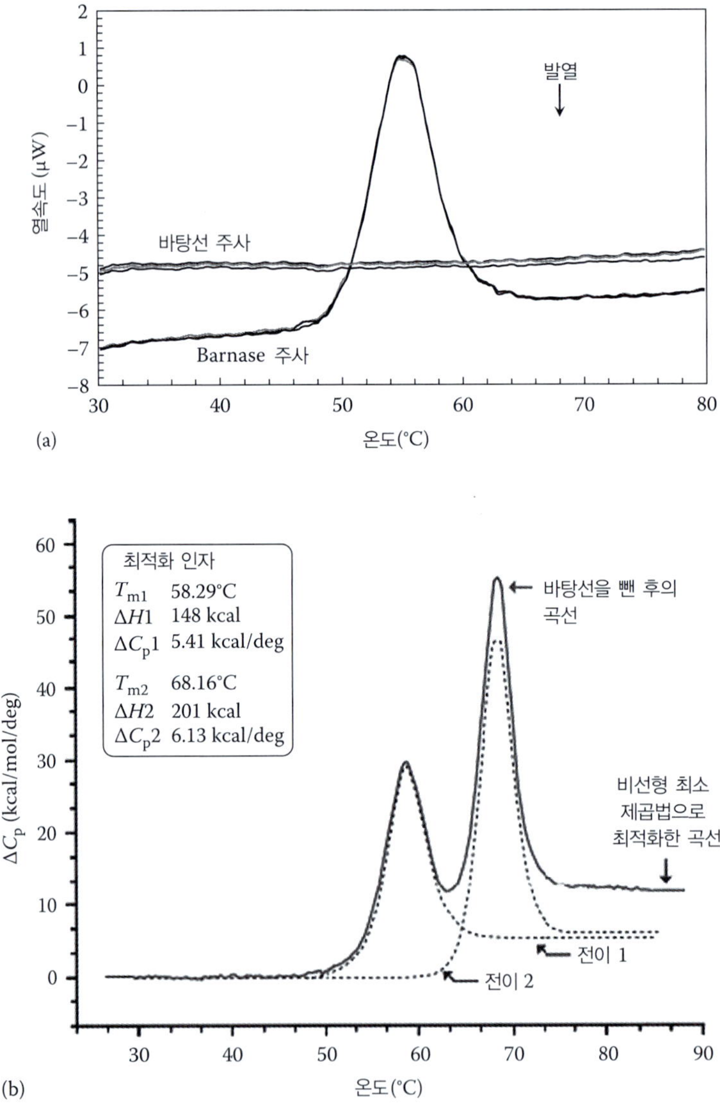

그림 17.35 (a) pH 5.5인 20 mM 인산 완충 용액 0.3 mL에 녹인 60 mg barnase와 바탕 시료에 대하여 각각 3회 주사한 결과를 겹쳐놓은 것이다. (Courtesy of TA Instruments, New Castle, DE, www.tainstruments.com.) (b) MicroCal VP-DSC를 이용한 두 생체 분자에 대한 안정성 평가 결과 (Courtesy of General Electric Company doing business as GE Healthcare, www.gelifesciences.com/microcal.)

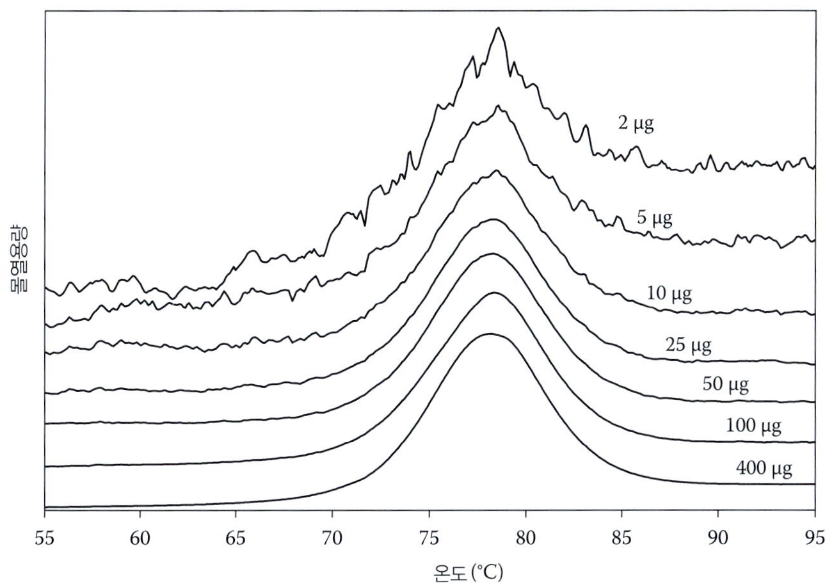

그림 17.36 암탉의 흰자에 포함된 리소자임 용액(0.2 M 글리신 완충 용액, pH = 4.0)의 온도에 대한 주사를 이용하여 얻은 몰열용량. 나노 DSC의 300 μL 용량의 시료 셀에 400~2 μg 범위의 리소자임을 사용하였다. 명확하게 나타내기 위하여 각 곡선을 서로 분리하여 도시하였다. (Courtesy of TA Instruments, New Castle, DE, www.tainstruments.com.)

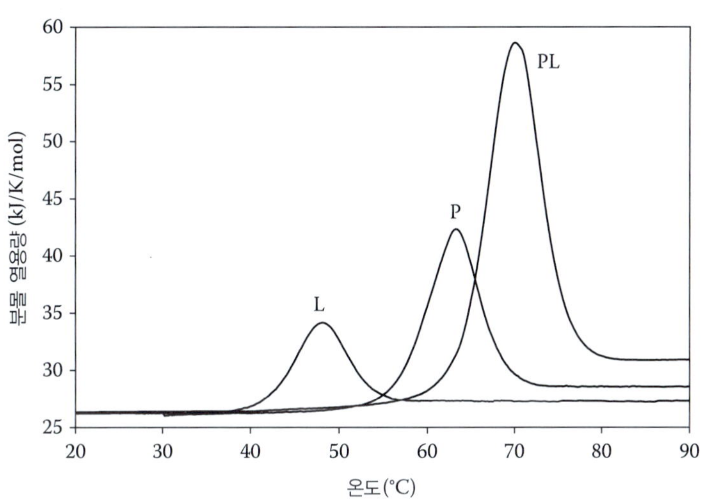

그림 17.37 각각의 단백질(P)이나 리간드(L)보다 열안정성이 더 높은 단백질/리간드 착물(PL)을 보여 주는 모의 DSC 데이터. (Courtesy of TA Instruments, New Castle, DE, www.tainstruments.com.)

단백질이 단독으로 존재하는 경우보다 안정화되는 경우에는 리간드와 단백질 사이의 결합이 형성된다. 리간드는 자연 상태의 접힌 단백질과 결합하여 접힌 단백질을 안정화하기도 하고, 변성된 펼쳐진 단백질과 결합하여 접힌 단백질의 안정성을 깨기도 한다. 결합은 입체 전이를 유발하는데, 이 전이를 DSC를 이용하여 측정할 수 있다. 리간드가 자연 상태의 단백질과의 결합을 선호하면, 리간드-단백질 착물의 변성 온도가 자유 단백질의 변성 온도보다 더 높다. 리간드(L)가 고유한 입체 형태의 단백질(P)과 단단하게 결합한다면, 착물(PL)의 안정성은 리간드와 단백질 각각의 안정성보다 더 크고 따라서 더 높은 T_m 값을 갖는다(Jelesarov and Bosshard 1999). 그림 17.37에 이와 관련된 예를 수록하였다.

17.7.3 | 등온 적정 열계량법

등온 적정 열계량법(Isothermal Titration Calorimetry, ITC)은 소량의 시료를 이용하여 높은 감도를 나

표 17.5 그림 17.36의 주사로부터 얻은 열역학 데이터

셀에 포함된 리소자임의 양(μg)	열량계			Van't Hoff	
	T_m(°C)	ΔH(kJ/mol)	ΔS(kJ/K/mol)	T_m(°C)	ΔH(kJ/mol)
400	78.0	512	1.46	78.0	515
100	78.1	512	1.46	78.0	509
50	78.1	517	1.47	77.9	513
25	78.1	513	1.46	77.8	513
10	78.1	515	1.47	78.0	515
5	78.1	490	1.40	78.1	510
2	78.1	503	1.43	77.8	499

타내는 방법으로 이미 설명한 열적정법의 규모를 소규모화한 실험법이다. 기기는 감도가 매우 높은 열량계로 구성되어 있어서 1 nmol 이하의 생체 분자에서 기인하는 100 nJ 수준까지의 열변화를 검출할 수 있다. TA 제작사의 Nano ITC의 온도 안정성이 25°C에서 0.0002°C 수준의 온도의 안정성을 나타내는 것과 같이 온도를 일정하게 유지하는 것이 매우 중요하다. Hastelloy®이나 금으로 만든 시료 셀은 제작사에 따라서 1~2 mL의 시료를 사용한다. 적정 시약은 정밀한 300 μL 주사기를 이용하여 잘 저어주면서 가한다. 시료의 물리적 성질에 따라서 다른 혼합 속도를 선택할 수 있으며, 응답 시간은 12~20 s로 제작사마다 약간 다르다.

ITC는 분자 간 상호작용에서 기인하는 열적 효과를 측정하는 데 다양하게 응용할 수 있는 실험법이다. 이 방법은 두 개 이상의 단백질이나 혹은 거대 분자 사이의 상호작용에 대한 정량적인 측정뿐만 아니라 약물이나 효소 억제제와 같은 리간드와 단백질(혹은 핵산) 사이의 상호작용을 측정할 수 있는 강력한 도구로 사용된다. 생명과학 분야에서 ITC는 결합이나 혹은 효소-매트릭스 사이의 상호작용 등의 특성을 연구하는 분야에 널리 이용되고 있다. 나노 수준의 미량 시료의 흡열이나 발열을 측정하는 한 번의 적정 실험을 통하여 결합 친화도, 화학량론, 엔탈피, 엔트로피 등을 측정할 수 있다. 일반적으로 단백질-리간드 결합, 단백질-단백질 상호작용, 생고분자-약물 결합, 그리고 지방 소낭 혹은 리포솜 상호작용 등이 일반적인 연구 분야이다.

약물 후보 분자와 같은 작은 리간드에 대한 단백질의 결합력을 결정하기 위하여, 열량계의 시료 용기에 단백질 용액(약 10 μM 용액 1 mL)을 가하고 리간드 용액(약 100 μL)을 시료 용기에 연결된 주입 주사기에 넣는다. 리간드 용액을 단백질 용액에 조금씩 가하면서 적정을 시작한다(그림 17.38a). 발생하는 열은 기기에 의하여 피크로 기록된다. 각 피크를 적분하여 면적을 구하고 각각의 면적(μJ)을 리간드와 단백질의 몰비에 대하여 도시한다(그림 17.38b). ITC를 이용하여 기본적으로 거의 모든 효소 반응이나 촉매 반응의 반응 속도에 대한 연구가 가능하다. 반응 속도나 열역학 자료를 모두 얻을 수 있다. 자동화된 일반적인 ITC 기기를 이용한 실험은 대략 1시간 정도 걸리며, 회합 상수, 결합 엔탈피, 화학량론, 반응 속도 등을 결정할 수 있다.

ITC는 현재 가장 감도가 좋은 열량계로 가장 많이 이용되는 기기이다. 제약 분야에서 인체의 특정 표적(유전자나 수용체)에 대한 약물의 효과를 검증하는 데 이용되기도 한다. 단백질-리간드, 단백질-단백질, 단백질-DNA, 항원-항체 등과 같은 다양한 생체 분자의 상호작용을 연구하는데 ITC가 이용되고 있다.

ITC가 특히 생체 분자 간의 회합 반응의 에너지를 연구하는 데 적당하지만, ITC와 DSC를 동시에 이용하면 회합과 관련된 열역학에 대한 보다 완전한 정보를 얻을 수 있다. ITC와 미량 열계량법과 관련된 기기의 구조나 시청각 자료, 그리고 응용 사례 보고서 등은 TA나 혹은 GE Healthcare Life Sciences의 웹

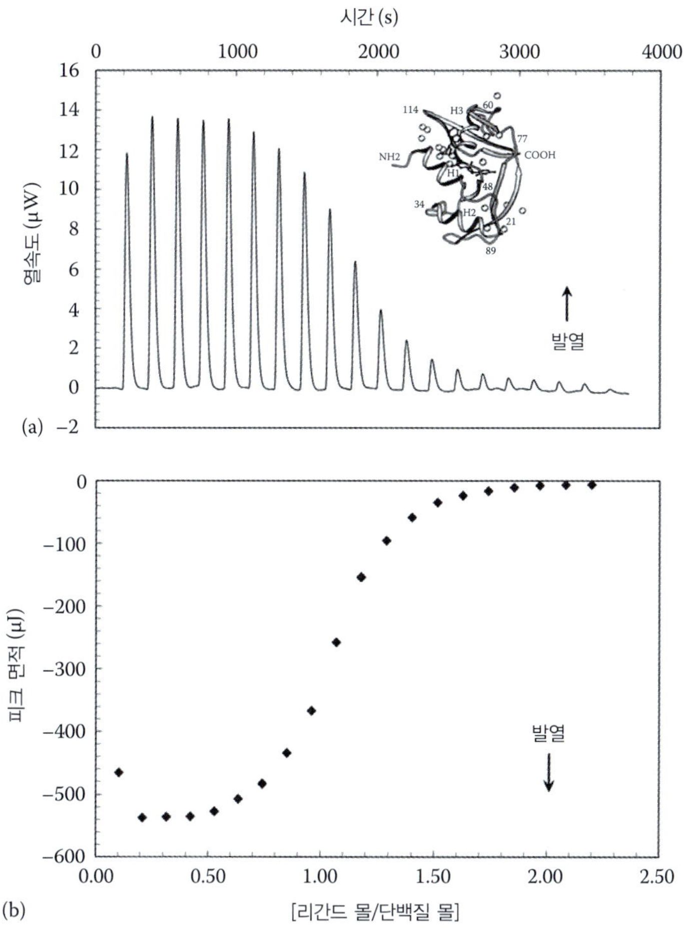

그림 17.38 (a) ITC 모의 실험에서 얻은 데이터. 각 피크는 정해진 시간 동안 일정한 양의 적정 시약을 주입했을 때 발생한 열에 해당한다. (b) 그림 (a)의 각 피크 면적은 적분되며 친화도, 엔탈피, 화학량론 등의 상호작용 계산을 할 수 있는 결합 모델에 적합하다. (Courtesy of TA Instruments, New Castle, DE.www.tainstruments.com.)

사이트(www.tainstruments.com; www.gelifesciences.com)에서 얻을 수 있다.

17.7.4 | 마이크로리터 흐름 열계량법(Microliter Flow Calorimetry)

앞에서 설명한 미량 열계량법 기기는 단백질 화학 분야에서 이미 잘 정립된 기기이다. 수백 μL 수준의 시료를 이용하여 1시간 정도면 실험이 완료된다. 요즘의 생물기술 분야에서는 바이오 연료, 직물, 세재, 그리고 식품 제조 과정에 효소를 이용한다. 비용이 적게 들고 선택성이 높은 효소를 설계하고 선택할 때 소량의 부피로 고효율적인 결과를 얻을 수 있는 검색 방법이 요구된다. TTP Labtech Ltd.(Melbourn, United Kingdom, www.ttplabtech.com)에서 효소 연구에 유용한 chipCAL이라고 불리는 마이크로리터 흐름 열량계(FMC)를 개발하였는데, 이 열량계는 15 μL의 시료를 이용하여 8분 이내에 분석이 가능하다. 효소와 매트릭스 각각 15 μL를 주사기에 넣고 동시에 흐름 용기를 통과시킨다. 발생하거나 흡수되는 열은 열전 소자(thermopire)에 의하여 검출된다. 이 시스템은 효소의 활성을 실시간으로 측정하거나 특이성을 결정하기 위한 매트릭스의 구조를 결정하는 데 사용된다. 그 외에도 배양 세포의 대사 활성을 측정하거나 생약물학이나 식품 혹은 발효 산업 분야에서도 활용되고 있다. 흐름 미량 열계량법은 최소한의 시료 부피를 이용한 표지 과정 없이 효소를 분석할 수 있는 유용한 방법이다. 인터넷 사이트 www.ttplabtech.com에서 장치의 구조나 응용 보고서와 같은 자료를 얻을 수 있다.

17.8 열기계적 분석법과 동적 기계특성 분석법

비행기에 사용되는 알루미늄 합금, 유리창 혹은 문에 사용되는 유리, 자동차 범퍼나 신축성이 좋은 옷감으로 사용되는 고분자와 같이 많은 재료들은 힘이 가하는 상태에서 사용된다. 이런 물질들의 연성, 강성도, 경도 혹은 강도와 같은 **기계적** 성질은 매우 중요한 의미를 가진다. (물질의 기계적 성질을 공부하려면 참고문헌에 수록된 Callister 저서와 같은 재료 과학 분야의 입문서를 참조하라.) 고분자 같은 많은 물질은 탄성 고체와 점성 액체의 성질을 함께 보유하고 있는 **점탄성(viscoelastic)** 물질이다(표 17.6 참조). 물질의 점성 혹은 비탄성 정도는 충격 저항성과 같은 성질을 결정한다. 물질의 기계적 성질은 가해진 부하의 종류, 부하가 가해진 시간, 그리고 온도와 같은 주변 환경에 의하여 결정된다. 고온이나 상온 혹은 온도가 변하는 상황에서 사용하기에 적합한 재료를 선택하는 데 물질의 열적 성질이 매우 중요한 역할을 한다. **열기계적 분석법(thermomechanical methods of analysis)**을 이용하여 온도의 변화에 대한 기계적 거동의 감응을 연구할 수 있다.

열기계적 분석법(Thermomechanical Analysis, TMA)과 **동적 기계특성 분석법(Dynamic Mechanical Analysis, DMA)**은 열기계특성 연구 방법의 중요한 두 분야이다. TMA는 외부에서 부하나 응력을 가한 상태에서 온도의 변화에 대한 물리적 크기의 변화를 측정하는 방법이다. 일반적으로 크기의 변화는 가해진 부하에 대하여 한 방향(시료의 길이)으로 측정하는데, 1D 측정 방법이 부피를 측정하는 것보다 훨씬 용이하다. TMA에서는 일정한 부하를 사용하는데, 부하가 0일 때(즉 부하를 가하지 않으면) TMA를 **열팽창법**(*thermodilatometry*)이라고 한다. 외부에서 부하를 가하지 않아도 온도 변화에 따른 크기 변화를 측정할 수 있다. 이 변화는 물질의 열팽창 계수로 나타낸다. TMA는 고분자나 복합 재료 혹은 세라믹이나 유리 등과 같은 물질의 팽창, 압축, 연화점, 굽힘 성질, 연장(탄성 혹은 소성 변형)을 측정하는 데 이용된다. DMA는 두 가지 관점에서 다른 기계적인 시험과 다르다. 인장력을 시험하는 일반적인 방법은 물질의 탄성 성분에만 주목하여 물질의 점탄성 범위(viscoelastic range, LVR)를 벗어난 영역에서 작동한다. 이와는 달리 DMA는 점탄성 범위 내에서 시료에 순간적인 혹은 진동하는 부하를 가하면서 시료의 점탄성 성질을 측정한다. 온도와 교류 형태의 응력의 변화에 따른 시료의 변형을 시간, 온도, 부하, 진동수의 함수로 측정한다. 다양한 물질의 탄성 혹은 소성 성질과 관련한 많은 정보를 DMA를 이용하여 얻을 수 있다. 표 17.7에 TMA와 DMA를 이용하여 얻을 수 있는 인자와 정보에 대한 요약을 수록하였다.

DMA는 순간적 혹은 동적(진동하는) 시험을 이용하여 시료의 점탄성을 측정하는 방법이다. 순간적(일회성) 시험 방법은 크리프나 응력에 대한 이완 등이 있다. 크리프는 시료에 가한 응력을 일정하게 유지하면서 시간에 따른 변형을 측정한다. 일정한 시간이 흐른 후 응력을 제거하고 회복하는 모습을 측정한다. 응력 이완은 시료에 가한 변형을 일정하게 유지하고 시간에 따른 주어진 변형을 유지하는 데 필요한 응력의 변화를 측정한다. 가장 일반적인 동적(진동) 시험에서는 시료에 사인파 형태의 응력(변형)을 가한 후 얻어지는 사인파 형태의 변형(응력)을 측정한다. 이때 두 사인파의 위상차(δ)를 같이 측정한다. 순수한 탄성 물질의 경우 위상차가 0°이고 점성 물질의 경우에는 90°이다. 고분자와 같은 점탄성 물질의 위상차는 0°에서 90° 사이의 값을 나타낸다. 탄성률은 응력을 변형률로 나눈 것이므로, 전체 탄성률(E^*)은 다음과

표 17.6 물질 거동의 범위

유사 고체 ⟵	⟶	유사 액체
이상 고체 ⟵⟶	대부분의 물질 ⟵⟶	이상 유체
완전 탄성 ⟵⟶	점탄성 ⟵⟶	완전 점성
점탄성: 점성과 탄성의 성질을 모두 가짐		

출처: Courtesy of TA Instruments, New Castle, DE, www.tainstruments.com.

표 17.7 TMA와 DMA로부터 얻는 정보

측정 형태	정보	결과
TMA	길이의 변화	팽창 계수
정적 부하	팽창	유리 전이 온도
	압축	수축
열팽창법	침투	연화
외부 부하 없음	인장	주어진 힘과 온도에서의 침투
	휨	변형
		정적 탄성률(영 탄성률: 탄성 영역에서의 응력-변형 곡선의 기울기
		결정 형태의 전이
DMA	변형 (길이의 주기적 변화)	복잡한 동적 탄성률
동적(진동하는) 부하	침투	저장 탄성률과 손실 탄성률
	휨	기계적 손실("tan delta")
	인장	유리 전이 온도
		중합 반응, 경화(hardening) 및 양생(curing)
		중합 후 가교
		분해

출처: [(www. perkineimer.com).]

같이 계산할 수 있다. 저장 탄성률(E')과 손실 탄성률(E'') 그리고 tan δ은 E^*와 δ를 이용하여 다음과 같이 계산할 수 있다.

$$E^* = \frac{\text{응력}}{\text{변형률}}$$

$$E' = E^* \cos\delta$$

$$E'' = E^* \sin\delta$$

$$\tan\delta = \frac{E'}{E''}$$

저장 탄성률은 탄성과 관련된 것으로 시료의 강성도를 나타내며, 손실 탄성률은 점성과 관련된 것으로 물질이 분자 운동을 통하여 기계적 에너지를 제거하는 능력을 나타낸다. 한편 tan δ는 탄성과 비탄성 성분 사이의 관계를 나타내는 지표이다.

17.8.1 | 기기

17.8.1.1 TMA 장비

TMA 기기의 개략도를 그림 17.39에 나타내었다. 기기는 온도가 안정한 시료 집게와 측정 장치, 온도 변화를 프로그램 할 수 있는 가열로, 길이의 변화를 측정할 수 있는 **LVDT(linear variable displacement transducer)**, 측정 장치를 통하여 시료에 힘(부하)을 가할 수 있는 도구(core rod, push rod), 그리고 열전기쌍과 같은 온도 측정 장비로 구성되어 있다.

시료 집게는 주로 석영이나 강철로 만든다. 시료를 집게 위에 놓고 선택한 측정 장치를 시료의 표면에 접촉시킨다. 선택된 부하를 가하고 온도 프로그램을 가동한다. 시료가 팽창이나 연화 혹은 수축함에 따라서 측정 장치의 위치가 변한다. 측정 장치의 위치 변화에 비례하는 전압이 발생하는 LVDT를 이용하여

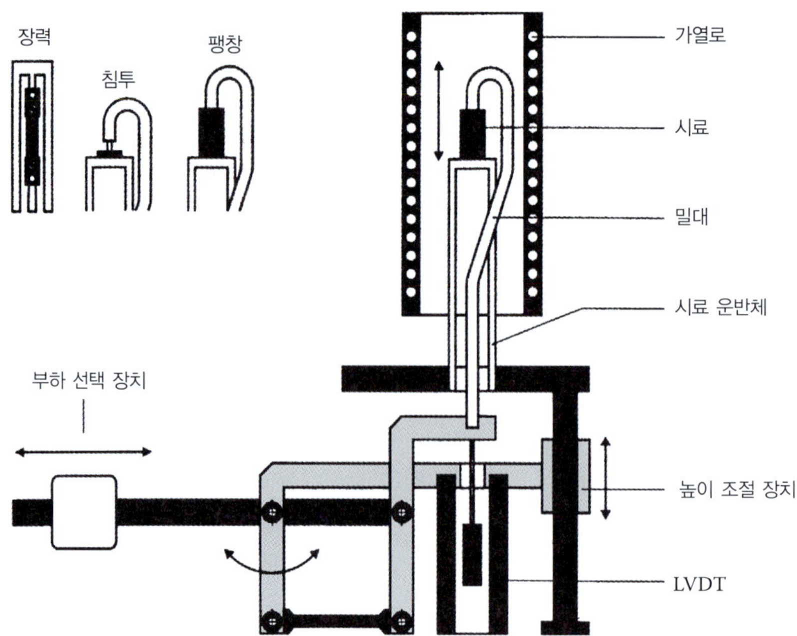

그림 17.39 TMA 개략도. 시료(검은색으로 표현)를 장착한 세 가지 측정 장치. 시료를 장착한 팽창 측정 장치가 가열로에 들어 있는 모습을 같이 나타내었다. [Courtesy of NETZSCH Instruments, Inc., Burlington, MA, www.netzsch-thermal-analysis.com.]

위치의 변화를 측정한다.

측정 장치의 재료도 주로 석영이나 강철이 이용된다. 측정하고자 하는 변형의 종류에 따라서 다양한 형태의 측정 장치가 이용된다. 일반적인 TMA나 DMA 측정 장치의 개략도를 그림 17.40에 나타내었다. 선형 팽창 계수를 측정하는 장치는 끝이 평평한 형태를 사용한다. 압축이나 침투 측정 장치는 끝이 둥글거나 혹은 뾰족한 다양한 형태가 이용되고, 부드러운 고무질 시료의 탄성률을 측정할 때는 반구 형태의 장치를 사용한다. 일반적으로 많이 이용되는 접촉면이 3개인 휘어진 형태의 시료 집게를 그림 17.41에 나타내었다. 두 개의 칼날 형태의 지지대 위에 시료를 올려놓고 시료의 윗면에서 역시 칼날 형태의 장치를 통하여 부하를 가한다. 얇은 막이나 섬유의 연장 혹은 수축을 측정하는 경우에는 장력이나 연장을 측정하는 장치를 사용한다. 장력을 측정할 때는 한쪽은 고정되고 다른 쪽은 움직일 수 있는 집게를 이용하여 시료를 당긴다. 그림 17.39의 상단의 왼쪽에 팽창과 장력 그리고 침투 방식으로 시료를 장착한 모양을 나타내었다.

기기의 종류에 따라서 0.1~200 g 범위의 부하(혹은 0.1~100 N 범위의 힘)를 사용하고 가열로의 온도는 −150°C에서 1000°C 정도로 조절한다. 시료 장치와 기기의 디자인에 따라서 길이가 1 μm~50 mm 정도이고 지름이 10 mm 수준인 다양한 크기와 모양의 시료를 사용한다.

TMA 기기는 온도와 변형 방향에 대한 교정이 필요하다. 온도에 대한 교정은 DSC에서 사용하는 녹는점 측정용 표준 시료인 고순도의 In, Sn, Zn 혹은 Al 등이 주로 이용된다. LVDT에 대한 교정은 Al과 같은 잘 알려진 선형 CTE를 사용한다. 상온에서 측정한 시료의 초기 길이의 온도 변화에 따른 변화를 측정한다. 선형 CTE, α는 다음과 같이 정의된다.

$$\frac{L_f - L_0}{L_0} = \alpha(T_f - T_0) \tag{17.5}$$

여기서 L_f는 시료의 최종 길이, L_0는 시료의 처음 길이, T_f와 T_0는 각각 최종 온도와 초기 온도(°C)이다. 시료에 대하여 계산된 α값을 문헌값과 비교하고, 필요하다면 보정 인자를 적용한다.

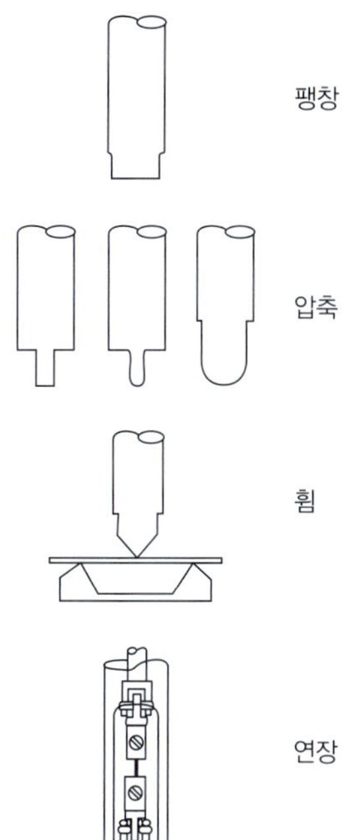

그림 17.40 TMA와 DMA 측정에 이용되는 대표적인 시료 장치. [1993-2014 PerkinElmer, Inc. All rights reserved. Printed with permission. (www.perkinelmer.com).]

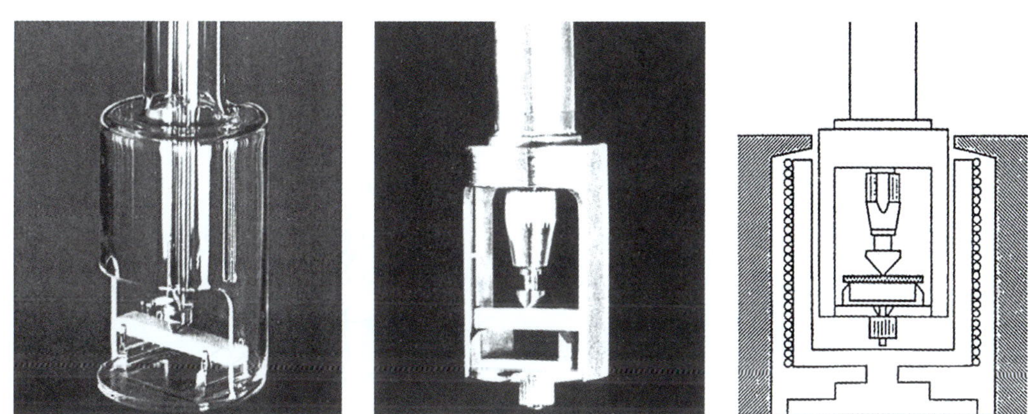

그림 17.41 (우측) TMA와 DMA에서 이용되는 3-접촉면 휨 측정 장비. (중간) 스테인레스강으로 만든 장치 사진. (좌측) 석영으로 만든 장치 사진. [1993-2014 PerkinElmer, Inc. All rights reserved. Printed with permission. (www.perkinelmer.com).]]

17.8.1.2 DMA 장치

상업용 DMA 기기 중의 하나를 그림 17.42에 나타내었다. 다른 기기의 개략도인 그림 17.43은 시료가 중심점 주위를 자유롭게 움직이는 두 개의 지렛대 사이에 고정되어 있는 모습과(그림 17.43a), 전자기 구동 장치와 지렛대/시료 조합(그림 17.43b)을 나타낸 것이다. 전자기 모터는 지렛대/시료 부위를 미리 선정된 진폭(변형)까지 진동시키면서, 그림 17.43b에 나타낸 것과 같이 굴곡 변형시킨다. 가한 응력에 대한 시료의 감응을 LVDT로 측정하고 시료의 탄성률(강성도)과 에너지를 분산(감쇠)시키는 성질을 계산한다. Mettler Toledo 사(www.mt.com)의 DMA 1은 LVDT에 기반하여 평균 분해능이 2 nm 수준에서 ± 1 mm 범위까지의 길이 변화를 측정한다. 이 기기는 −190°C(액체 질소 냉각)에서 600°C 범위의 온도와 특정 습도에서 작동한다. 고분해능 광학 기기를 이용하여 변형 정도를 측정하는 방법도 있다. 이동이 가능한 회절발 1개와 고정된 회절발 1개를 이용하여 얻은 회절 패턴을 이용하면 LVDT 기술에 기반한 것보

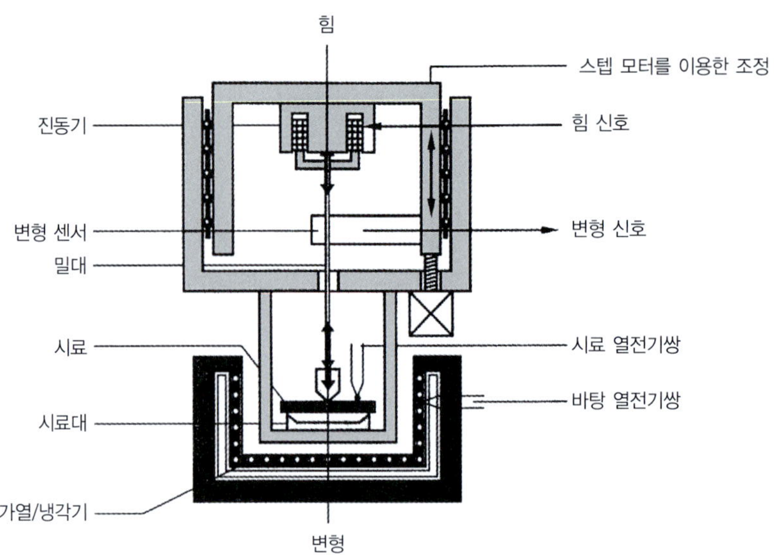

그림 17.42 DMA 분석기의 개략도 (Courtesy of NETZSCH Instruments, Inc., Burlington, MA, www.netzsch-thermal-analysis.com.)

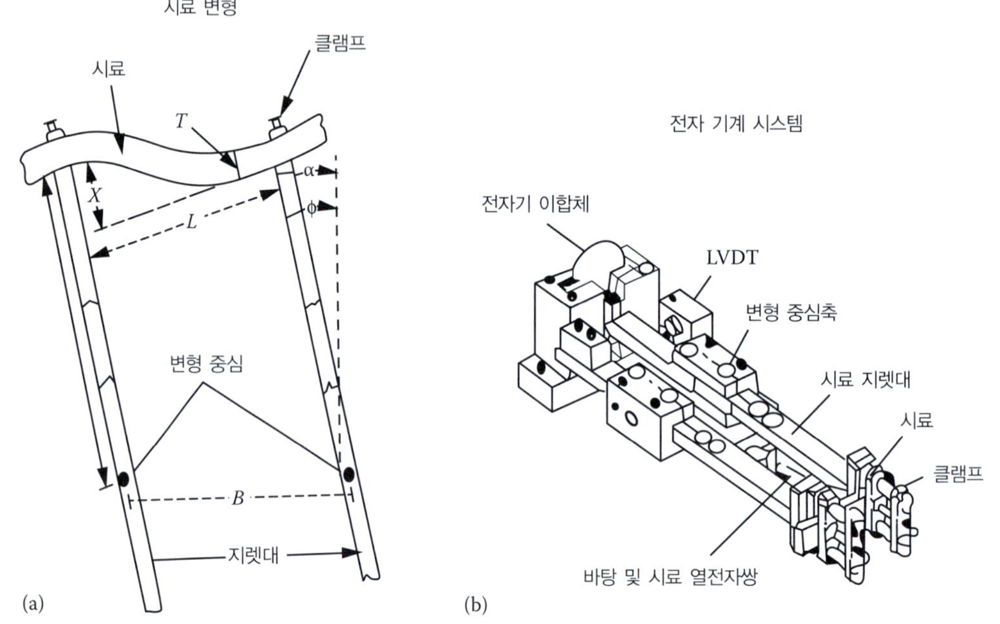

그림 17.43 DMA 시료대(a)와 전자 기계 시스템(b). (Courtesy of TA Instruments, New Castle, DE, www.tainstruments.com.)

다 훨씬 정교한 측정이 가능하다.

DMA 기기에서 사용되는 가열로는 −170°C에서 600°C 범위의 온도 조절이 가능하고, 0.001~1000 Hz 범위의 진동수 변화가 가능하다. 단일/이중 캔티레버 형태의 휨, 압축, 샌드위치형 전단력 장치 등 DMA 시료 장치는 TMA보다 더 다양한 형태의 시료 장치가 사용된다. 가하는 힘은 0.0001 N의 분해능으로 0.0001~18 N 범위이다. TA 사의 특정 기기의 경우 ±0.5~10,000 μm 범위의 동적 시료 변형이 가능하다. 표 17.8에 DMA 실험을 통하여 얻을 수 있는 결과를 수록하였다.

17.8.2 | TMA와 DMA의 응용

TMA는 팽창, 압축, 탄성 이완, 침투, 연화점, 유리 전이, 수축, 팽윤, 탄성률(물질의 탄성 변형에 대한

표 17.8 DMA 실험 결과값

저장 탄성률	복합/동적 점도	시간
손실 탄성률	크리프(처짐) 순응률	응력/변형
저장/손실 순응률	이완 탄성률	진동수
tan δ	정적/동적 힘	시료 강성도
복합 탄성률	온도	변위

참조: Courtesy of TA Instruments, New Castle, DE, www.tainstruments.com.

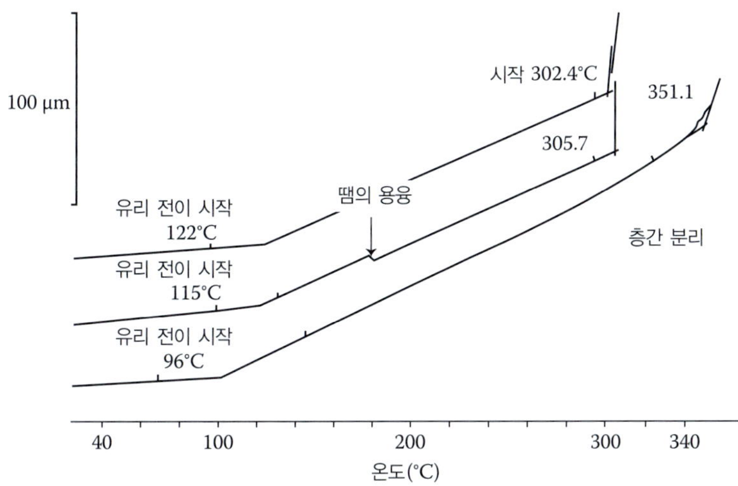

그림 17.44 세 가지 인쇄 회로 기판의 TMA 결과에서 유리 전이, 주석 땜이 녹는 현상, 고온에서 층간 분리로 인하여 크기가 크게 변하는 현상(팽창) 등이 관찰된다. (Courtesy of Mettler-Toledo GmbH, Analytical, Schwerzenbach, Switzerland, www.mt.com.)

저항 혹은 강성도–탄성률이 높을수록 강성도가 높다) 등을 측정하는 데 사용된다. 고분자, 금속, 코팅제, 세라믹, 유리, 복합 물질 등의 특성이 TMA의 주된 연구 분야이다. TMA를 이용하여 인쇄된 회로 기판의 팽창을 측정할 수 있는데, 그림 17.44에 서로 다른 회로 기판 세 개의 팽창을 측정한 결과를 기울기의 변화를 이용하여 얻은 유리 전이 온도와 함께 나타내었다. 가운데 시료의 경우 180°C 부근에서 주석 땜이 녹는 현상이 나타나고, 300°C 이상에서 모든 시료가 갑자기 팽창하는 것이 관찰된다. 이는 복합 재료의 폭발적으로 발생한 내부 응력으로 인하여 기판의 층간 분리가 발생하기 때문이다.

TMA는 직물 산업에 매우 중요한 고분자 섬유의 특성 연구에도 이용된다. 섬유를 가공할 때 가열, 회전, 꼬임 등에 의하여 발생하는 응력이 섬유의 주름에 대한 저항력이나 강직성 등에 영향을 미치기 때문에 가공 과정이 섬유에 미치는 영향에 대한 정량적인 평가가 필요하다. 그림 17.45에 PET 섬유의 가공 전(실선)과 가공 후(점선)의 인장력을 비교한 결과를 나타내었다. 4~5 mm 길이의 시료를 섬유 연장 측정 장치를 이용하여 측정한 결과이다. 섬유 가공 과정에서 인장력이 감소하는 것을 확연하게 알 수 있다. 그림 17.46은 세 가지 고분자 섬유에 대한 시험 결과이다. 시료 중 두 가지(#2와 #3)는 회전 과정에서 유발되는 응력의 이완으로 인하여 녹기 전에 많은 수축이 발생하는 것을 확인할 수 있다. 시료 #1은 녹을 때까지 길이의 변화가 없는 것으로 미루어 유도 응력이 발생하지 않는 것으로 판단된다.

침투 방식의 TMA로 캔 음료 내부의 코팅제나 벗겨지는 라벨지 뒷면의 실리콘 코팅 등의 두께를 측정하거나, 음식이나 화장품에 사용되는 왁스 혹은 지방의 연화점을 측정하기도 한다. TMA의 팽창 방식은 고체상 물질의 수축을 측정하는 데 이용되기도 하고, 세라믹이나 핵 연료봉으로 이용되는 UO_2와 같이 조밀한 분말로부터 만들어진 물질의 최적 소결 조건을 결정하는 데에도 유용하다. 고온 초전도체와 같은 물

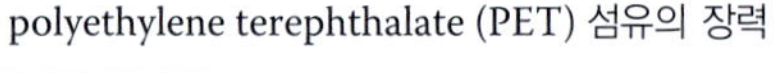

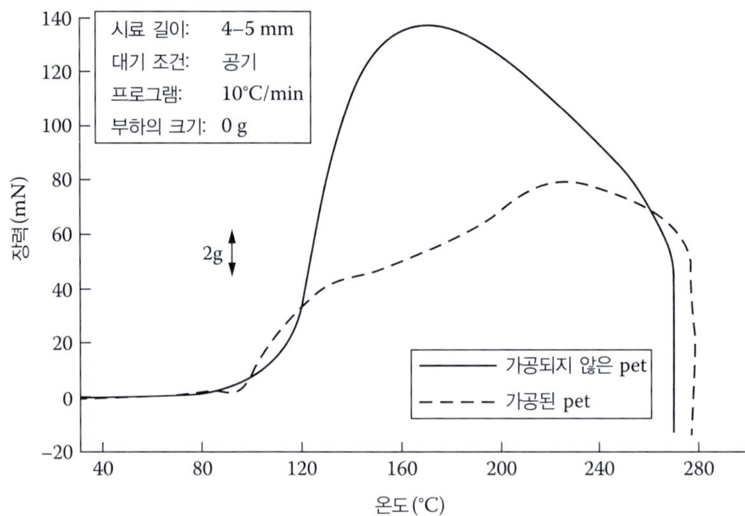

그림 17.45 가공 전후 섬유의 장력을 측정한 TMA 결과에 의하면 가공된 섬유에 따라 확연히 다른 결과가 나타난다. (Courtesy of TA Instruments, New Castle, DE, www.tainstruments.com.)

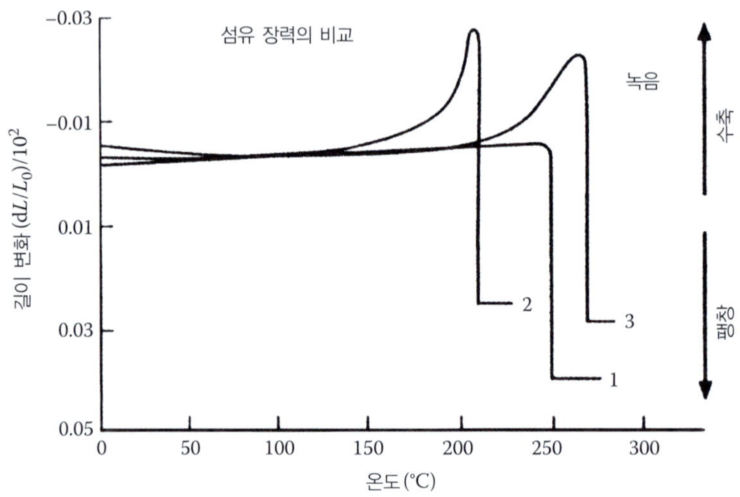

그림 17.46 세 가지 고분자 섬유에 대한 TMA 결과. 고분자 #2와 #3는 녹기 전의 응력의 이완으로 인하여 수축이 발생하는 것을 보여 준다. (Courtesy of NETZSCH Instruments, Inc., Burlington, MA, www.netzsch-thermal-analysis.com.)

질의 거동을 이해하기 위하여 물질의 팽창이나 수축을 연구할 때도 TMA가 이용된다. 그림 17.47에 나타낸 결과는 유리 섬유로 강화된 복합 물질의 팽창 현상이 어떻게 다른지를 보여 준다. 섬유 배열과 수직인 방향으로의 팽창이 배열 방향보다 매우 크다는 것을 확인할 수 있는데, 이는 복합 물질 관련자에게 매우 중요한 정보이다.

재료 과학자나 고분자 화학자 혹은 설계 공학자들은 DMA를 이용하여 물질의 탄성이나 비탄성(플라스틱) 변형, 탄성률, 그리고 감쇠(에너지 분산)와 관련된 특성을 연구할 수 있다. 합성 고무나 혹은 천연 고무의 감쇠 현상은 진동이나 음향 분야의 응용에서 매우 중요한 특성이다.

다양한 종류의 전단 부하나 굴곡 등의 조건에서 기계적 탄성률을 측정할 수 있다. 여러 형태의 부하 조건에서 측정된 탄성률은 저장 탄성률(물질의 강성도와 관계)이나 손실 탄성률(물질의 점성이나 부드러움과 관련)로 표현될 수 있다. DMA를 이용하여 고분자의 경화나 가교 혹은 유리 전이 온도를 측정할 수 있다.

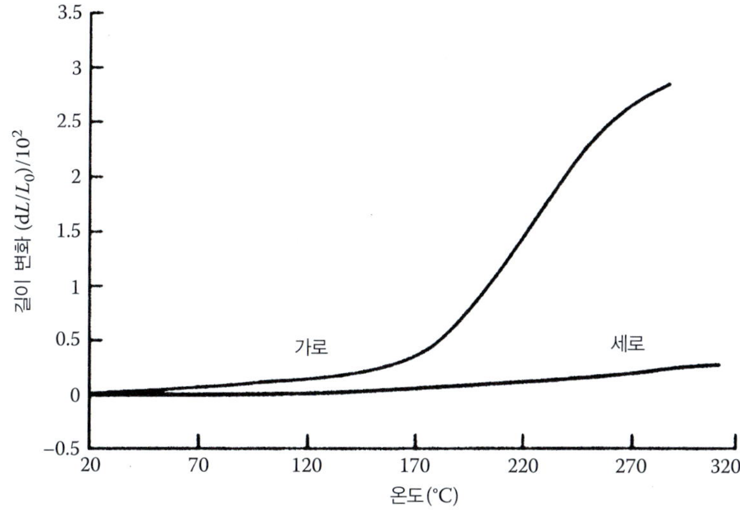

그림 17.47 섬유 복합 물질의 TMA 곡선. 물질의 강도가 섬유 층의 배열에 의존하므로 측정 방향에 따라서 열팽창이 다르다. (Courtesy of NETZSCH Instruments, Inc., Burlington, MA, www.netzsch-thermal-analysis.com.)

DMA 작동 방식은 다양하다. 다진동 모드에서는 일정 진폭 조건에서 물질의 점탄성 성질을 측정한다. 시간에 대하여 단일 진동수를 유지하거나 혹은 진동수를 변화시키면서 실험하는데, 이때 온도는 일정하게 또는 계단식으로 변화시키거나 혹은 일정한 상태로 유지한다. 다응력 모드에서는 진동수와 온도를 일정하게 유지하고 응력이나 변형을 변화시키면서 물질의 점탄성 성질을 측정하는데, 이 모드로 물질의 LVR을 확인할 수 있다. 변형 이완 모드는 일정한 응력 조건에서 시간에 따른 변형을 관찰하는 방법이다. 조절 힘/변형 속도법은 일정한 온도에서 응력이나 변형을 일정한 속도로 변화시키는 방법이다. 이 모드는 Young 탄성률을 측정하기 위한 응력/변형 도표를 얻는 방법이다. 일정 변형 모드는 필름이나 섬유의 수축 정도를 평가하기 위하여 일정한 변형 조건에서 온도를 선형으로 변화시킨다.

DMA를 이용한 식품 연구도 가능하다. DMA는 DSC보다 더 많은 양의 시료를 다룰 수 있는 민감한 방법이므로, 식품과 같이 불균일한 물질을 연구하기에 적당하다. DMA를 이용하여 대기 중에 장시간 노출된 흰 빵(건조해지고 딱딱해지며 잘 부서진다)을 연구한 사례도 있다. 대기 중에 노출된 빵과 신선한 빵에 대한 저장 탄성률, 손실 탄성률, tan δ(delta)를 나타내는 DMA 실험 결과를 그림 17.48a와 b에 나타내었다. 신선한 빵의 경우에 탄성률이나 tan δ는 빵에 포함된 물의 물질적 상태와 관계가 있는 것으로 알려져 있다. 신선한 빵에 대한 tan δ 도시에서 나타나는 0°C 근처의 '이중선'은 서로 다른 두 형태로 존재하는 물이 녹는 것과 관련이 있거나 혹은 표면과 내부에 존재하는 물로부터 기인하는 것으로 판단된다. 어떤 경우든 그런 결과의 원인으로 예상되는 물이 거의 존재하지 않는 오래된 빵의 곡선에서는 신선한 빵에서 나타나는 여러 가지 특징이 거의 관찰되지 않는다. 오래된 빵은 더 단단해지기 때문에 상온에서의 탄성률이 16 MPa로 신선한 빵의 2 MPa에 비하여 훨씬 큰 값이다. 이와 유사하게 일련의 DMA를 이용하여 파스타 요리에 대한 탄성률을 측정한 결과를 그림 17.49에 나타내었다. 약 8분 정도에서 저장 탄성률이 급격히 떨어지는데, 이는 파스타가 흐물흐물해지기 때문이다. 이런 실험 결과를 이용하여 파스타 제조업체는 소비자에게 최적의 요리 시간을 제공할 수 있을 것이다. 이 실험에 대한 상세한 내용은 *TA Instruments Thermal Analysis Applications Brief Number TA−119*(www.tainstruments.com)에서 확인할 수 있다.

T_g를 측정하는 가장 좋은 방법 중의 하나가 DMA이다. E'의 시삭이나 E'' 피크 혹은 tan δ를 이용하여 유리 전이 온도를 측정할 수 있다. T_g에 반응 속도 성분을 포함되기 때문에 물질에 가해지는 변형의 진동수(속도)에 영향을 받아, 진동수가 증가할수록 분자 이완이 더 높은 온도에서 일어난다. PET 시료의 경우, 0.1 Hz에서는 103.00°C이고, 10 Hz에서는 113.25°C이다. 특정 용도로 사용이 가능한 재료를 선택

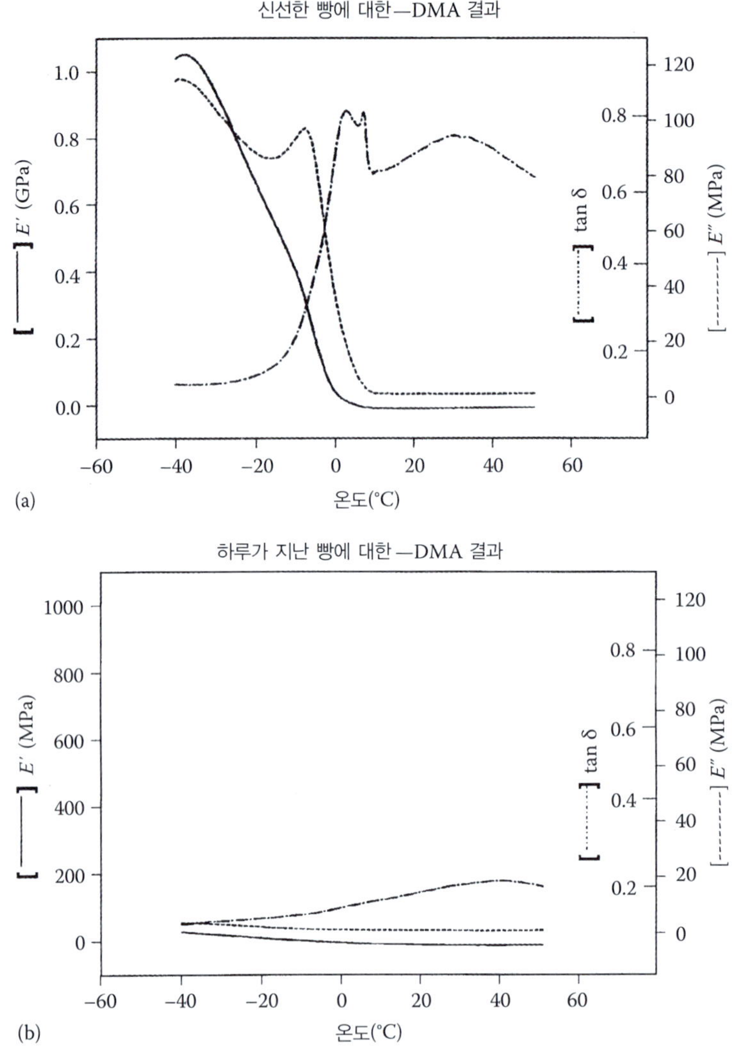

그림 17.48 (a) 신선한 빵과 (b) 오래된 빵에 대한 DMA 도시. 신선한 빵의 탄성률과 tan δ의 변화는 빵에 포함된 물과 관련이 있다. 대기 중에 하루 동안 노출된 빵의 경우에는 건조되어 물이 존재하지 않는다. 오래된 빵은 신선한 빵보다 더 단단하기 때문에 상온에서의 탄성률이 더 크다. (Courtesy of TA Instruments, New Castle, DE, from *Thermal Analysis Applications Brief TA-119*, www.tainstruments.com.)

하기 위하여 전이에 미치는 온도와 진동수의 영향을 이해하는 것이 중요하다.

17.9 광 열분석

기존의 접촉에 기반한 열기계적 분석법(TMA)은 가열할 때 시료가 형체를 유지하는 동안에만 물질의 특성을 관찰할 수 있다는 단점이 있다. 시료가 연화되거나 녹으면 접촉에 의한 압력으로 인하여 시료의 거동이 변한다. 이런 이유로 인하여 광학에 기반한 비접촉형 TMA 기기가 개발되었다. 광 열분석기라고도 불리는 이런 기기들은 세라믹, 에나멜, 유리, 철강 산업, 에너지 산업, 그리고 학계 등의 다양한 분야에서 활용되고 있다. 특히 세라믹이나 혹은 유사 물질에 대한 열팽창, 소결 동력학, 녹는 현상, 열소성, 휘어짐 등을 결정하는 데 많이 이용되고 있다. Expert System Solution(Modena, Italy, www.expertsystemsolutions.com) 사의 Misura® 계열의 비접촉형 광학 기기가 다양한 측정에 이용되는 대표적 사례이다.

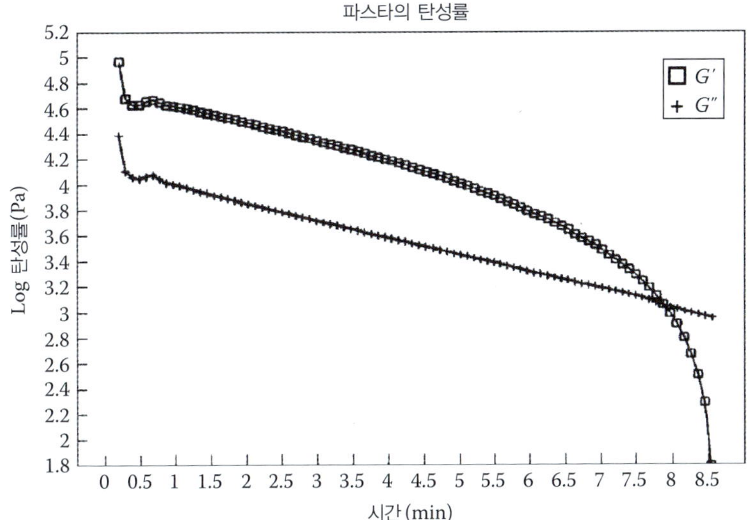

그림 17.49 DMA를 이용하여 측정한 파스타의 저장 탄성률 G'(혹은 E'으로 표현되기도 함). 8분이 경과하면 탄성률이 급격히 떨어지는데, 이는 파스타의 강성도가 줄어들기 때문이다. (Courtesy of TA Instruments, New Castle, DE, from *Thermal Analysis Applications Brief TA-119*, www.tainstruments.com.)

17.9.1 | 열현미경

열현미경을 이용하여 가열하는 동안 시료의 거동을 직접 관찰할 수 있다. 이 현미경을 이용하여 유약, 유리, 연속 주물용 분말, 석탄 혹은 슬래그(slag) 등과 같은 물질의 특성을 연구할 수 있다. Misura® HSM 열현미경은 광학 테이블 위에 설치된 할로젠 램프 광원, 시료대를 포함한 100 mm 길이×2 mm 폭 전기로, 그리고 현미경과 저장 장치를 포함하는 관측부의 세 부분으로 구성되어 있다(그림 17.50a). 그림 17.50b와 같이 열전기쌍 끝부분에 위치한 알루미늄 접시에 시료를 놓고, 실험하는 동안 전기로 안에서 가열한다. 현미경에 의하여 약 5배로 확대된 시료의 상이 석영으로 만든 창을 통과하여 저장용 카메라에 전달된다.

이 열현미경은 완전히 자동화된 장비로 80°C/min의 속도로 최고 1650°C까지 가열할 수 있어서, 공장에서의 열처리 과정을 재현할 수 있다. 실험하는 동안 자동으로 측정되는 크기와 관련된 정보와 함께, 선택한 시간이나 온도 간격으로 시료의 이미지가 저장된다. 작은 시료(유리나 세라믹 원통: 지름 2 mm×높이 3 mm)를 사용하기 때문에 가열 속도가 빠르고 시료를 균일하게 가열할 수 있다. 원통형 유리나 세라믹을 가열하면 그림 17.51a에 나타낸 것과 같은 과정을 거쳐 소결(크기 변화 없이 밀도가 증가), 연화, 녹음, 혹은 형태 변화가 시작된다. 그림 17.51b에 유리성 소결과 연화를 거쳐 녹는 세라믹과 결정화 후에 결정

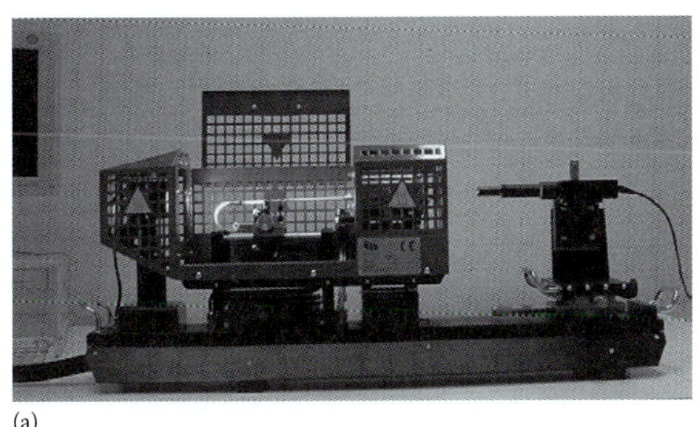
(a)

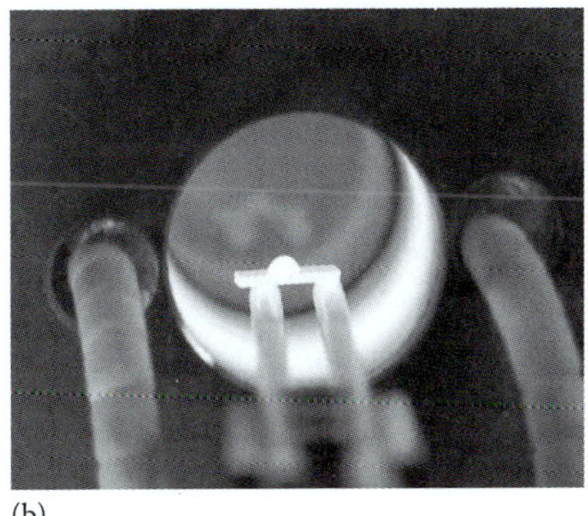
(b)

그림 17.50 (a) Misura® HSM 열현미경. (b) 전기로 내부에 위치한 시료. (©Expert System Solutions (www.expertsytemsolutions.com). Used with permission.)

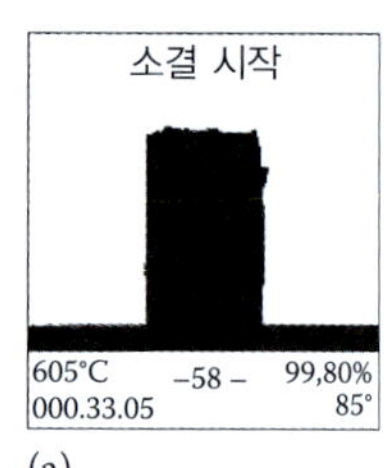

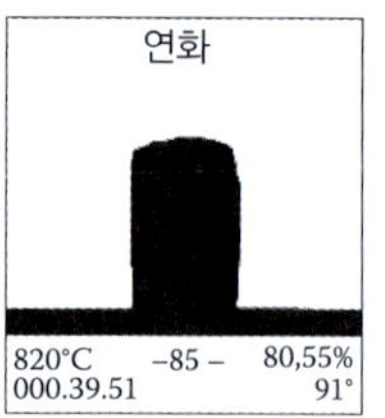

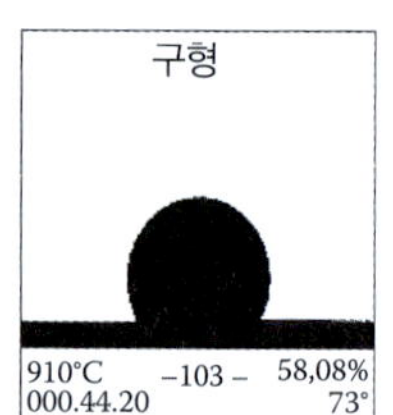

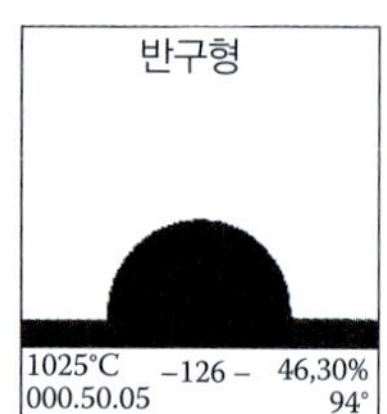

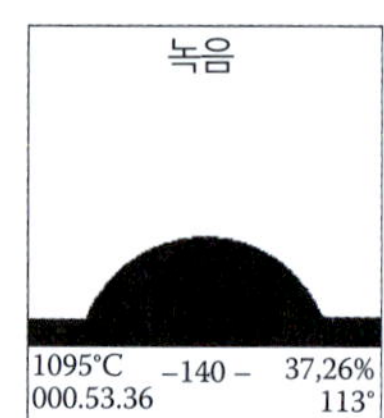

(a)

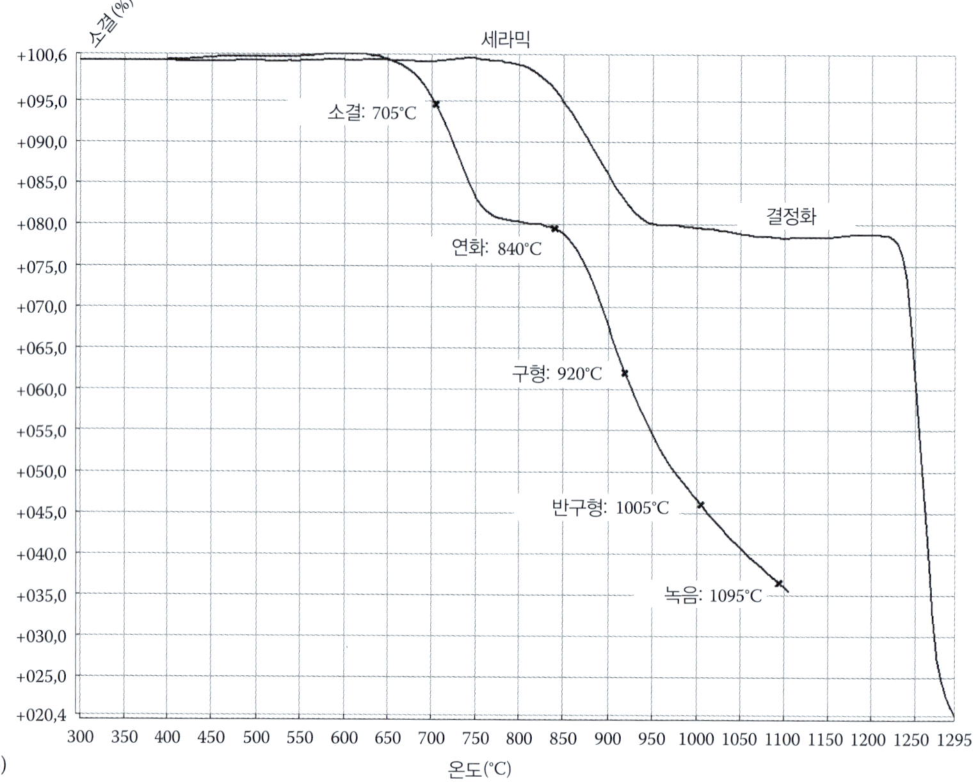

(b)

그림 17.51 (a) 세라믹이나 유리 원통을 가열할 때 형체 변형이 진행되는 모습. (b) 결정이 녹는 양상을 나타내는 세라믹과 유리가 녹는 양상을 나타내는 세라믹의 가열에 따른 거동. (© Expert System Solutions (www.expertsytemsolutions.com). Used with permission.)

성 물질이 보여 주는 전형적인 녹는점을 나타내는 세라믹을 비교하였다.

17.9.2 | 광팽창계

Expert System Solutions 사에서는 수직형과 수평형 팽창계 두 가지를 생산한다. 그림 17.52a에 나타낸 Misura® ODHT 수직형 광팽창계는 두 개의 고배율 카메라가 설치되어 있고 80°C/min의 속도로 최고 1600°C까지 가열할 수 있으며, 시료(15 mm×5 mm×5 mm)는 전기로에 수직으로 배치한다. 시료의 가장 윗부분을 측정하는 첫 번째 빛은 실험하는 동안 계속 시료의 윗부분에 정렬된 상태로 유지한다. 시료대에 초점을 맞춘 두 번째 빛은 시료대의 기계적인 흔들림을 보정할 때 기준으로 사용한다(그림 17.52). 실험 결과는 < 1 μm 수준의 높은 분해능을 나타내고, 교정 절차는 필요없다. 대기나 혹은 비활성 기체 분위기에서 모두 실험할 수 있다. 이 기술의 주된 응용 분야는 세라믹의 소결이나 소결 동력학 분야이다.

수평형 팽창계인 Misura® ODLT는 위에서와 같이 이중 광학 원리를 사용하지만, 전기로 안에 시료(50 mm 길이)를 수평으로 배치하고 두 개의 청색광(478 nm)을 이용하여 시료를 조사한다. 두 개의 디지털 카메라를 이용하여 시료의 양쪽 끝 수백 마이크로미터 영역의 상을 찍는다(그림 17.53). 시료와의 접촉

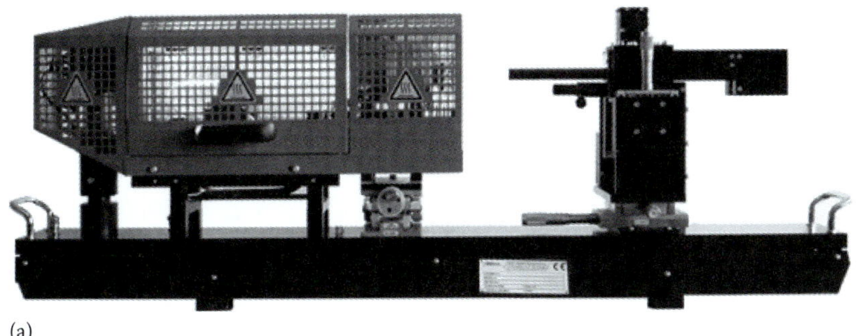

(a)

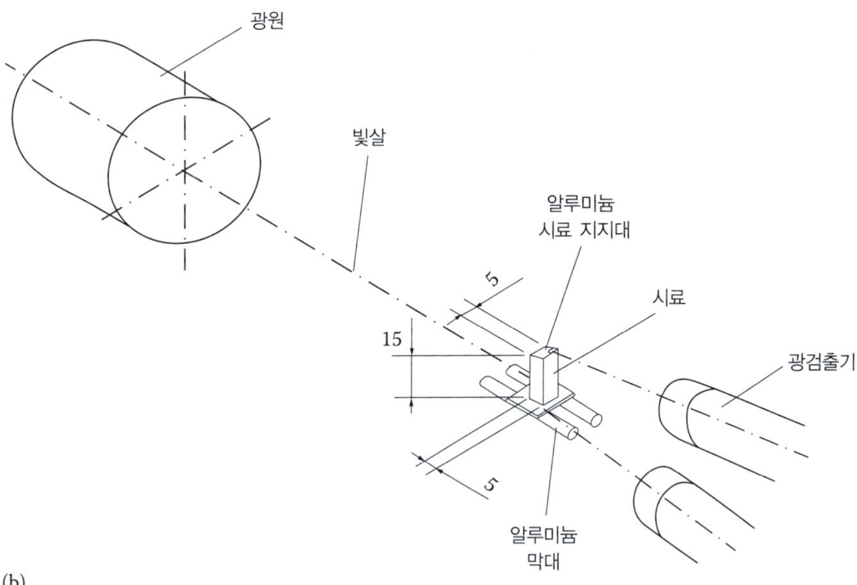

(b)

그림 17.52 (a) Misura® ODHT 수직형 광팽창계. (b) Misura® ODHT 수직형 광팽창계의 모식도. (© Expert System Solutions (www.expertsytemsolutions.com). Used with permission.)

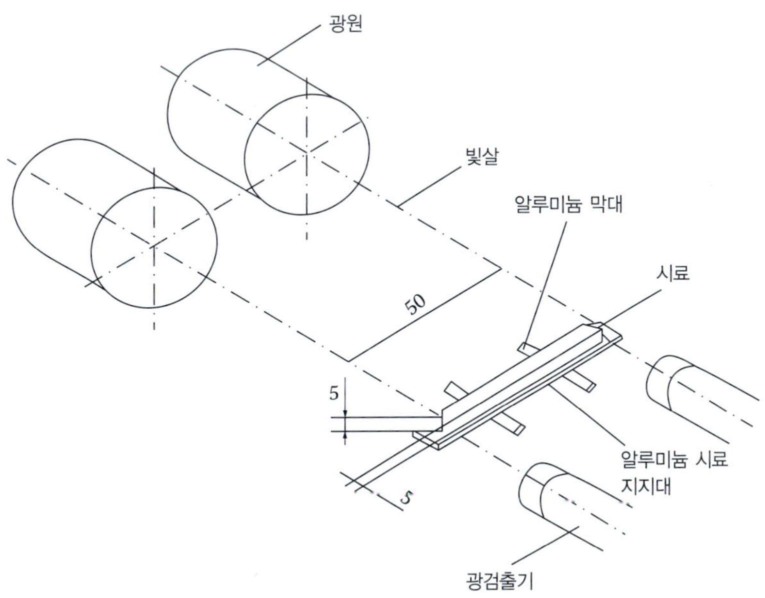

그림 17.53 Misura® ODLT 수평형 광팽창계의 모식도. (© Expert System Solutions (www.expertsytemsolutions.com). Used with permission.)

없이 두 빛을 이용하여 시료의 양끝을 동시에 측정하는 방법으로 정밀한 CTE 결과를 얻을 수 있다. 50 mm 시료에 대한 분해능은 0.5 μm 수준이다.

유리나 세라믹과 같은 물질은 넓은 온도 범위에서 탄성 성질이 점탄성을 거쳐 점성으로 변하기 때문에 광팽창계와 같은 기술은 해당 물질의 연구에 매우 유용하다. 전체 가열 과정에서 시료와의 접촉 없이 시료의 모든 거동을 관찰할 수 있다. 수십 μm 정도로 얇은 시료도 특수한 시료대를 이용하여 분석할 수 있다. 앞에서 언급한 바와 같이 접촉형 팽창계에서는 시료가 연화되기 시작하면 접촉에 의한 압력으로 인하여 시료의 거동에 변화가 유발된다. 뿐만 아니라 온도가 상승하면 기존의 장비 자체도 팽창하기 때문에 기준 물질을 이용하여 교정하는 절차가 필요하다. 비접촉형 팽창계에서는 유사한 교정 과정이 필요 없다.

열현미경과 열팽창계를 합하여 다양한 정보를 얻을 수 있는 새로운 기기를 구성할 수도 있다. 이와 더불어 Expert System Solutions 사에서는 빛을 이용한 유연성 측정기를 제작하였다. 광 유연측정기는 부하를 적용하지 않고 가열할 때 물질이 휘어지는 정도를 분석하는 장비이다. 길이가 85 mm인 작은 시료를 70 mm 간격으로 벌어진 두 알루미늄 지지대 사이에 위치시킨다. 카메라 초점을 가열할 때 위나 아래쪽으로 휘는 시료의 중앙에 맞춘다. 세라믹 산업에서 광 유연 측정기는 화재 시 물질의 낮은 점도로 인하여 자체 무게 때문에 변형이 유발되는 경향(열가소성)을 연구하는 데 많이 사용된다. 더욱이 다층으로 이루어진 물질의 열팽창이나 소결 거동의 차이로 인하여 발생하는 휨 혹은 굴곡 현상에 대한 연구에도 유용하다. 고체 산화물로 이루어진 연료 전지(SOFCs)는 산화 전극, 환원 전극, 고체 전해질, 그리고 기타 물질로 이루어진 다층 구조로, 1000°C 부근에서 작동한다. SOFCs에 사용되는 물질은 $LaMnO_3$, yttria-stabilized zirconia(YSZ), Ni-YSZ 복합 물질, Cu-cerium 산화물, Ca가 도핑된 $LaCrO_3$ 등이 있다. 열에 의한 오작동이나 균열의 원인이 되는 열응력(thermal stress)을 최소화하기 위하여 성분들의 열팽창 계수는 가능한 한 서로 비슷해야 한다. 광유연 측정은 이러한 시스템의 연구에 귀중한 도구이다. 상세한 정보는 www.expertsystemsolutions.com 에서 찾아 볼 수 있다.

17.9.3 | 시차 열분석(DTA)이 가능한 광 열분석기

지금까지 설명한 모든 장치는 시차 열분석법(DTA)과 통합이 가능하다. DTA(17.2절)와의 통합 운용으로부터 얻을 수 있는 몇 가지 장점을 설명하기로 한다. 광분석기와 통합된 DTA 분석을 위해서는 시료와 기준 물질(calcined kaolin 혹은 alumina) 사이의 온도차를 측정하기 위하여 두 개의 열전기쌍이 필요하다. 비접촉형 광분석기가 특히 유리나 세라믹 산업에서 유용하므로, 이 분야의 원자재를 분석하는 사례를 설명하기로 한다(출처: Paganelli and Venturelli).

유리-세라믹 Kaolin은 자기나 내화 세라믹을 만드는 데 사용되는 부드러운 흰색 점토로 종이, 페인트, 고무, 잉크, 화장품 등등의 제품에 많이 이용된다. 주로 kaolinite나 aluminosilicate 등의 광물과 다른 여러 종류의 물질로 구성되어 있다. 그림 17.54에 상온에서부터 1400°C까지의 범위에서 동시에 얻은 팽창 곡선과 DMA 곡선을 나타내었다. 아래의 DTA 곡선에서 세 개의 피크가 확인되었는데 638°C에서의 흡열 피크는 kaolinite에서 하이드록시기가 제거되는 것에서 기인하는 것이고 997°C에서의 발열 피크는 kaolinite의 결정화에 의한 것이며 1263°C에서의 약한 발열 피크는 mullite의 결정화에서 비롯된 것이다. Mullite는 kaolinite와는 다른 구조를 가지는 aluminosilicate 광물의 일종으로 kaoline을 고온으로 가열할 때 얻어진다. 그림에서 DTA 곡선과 상단의 소결(팽창) 곡선을 비교하면 638°C에서 하이드록시기가 제거되거나 997°C에서 결정이 되면 시료가 수축하는 것을 확인할 수 있다. DTA로부터 1000°C 이상에서의 소결 과정에 대한 정보를 얻을 수 없지만, 팽창계 곡선에서는 1000°C 이상에서 상당한 수축이 발생하는 것을 확인할 수 있다.

이와는 반대로 유리나 유리-세라믹 계에 대한 연구에서 팽창계를 이용하여 유리 전이 온도를 확인할 수 없다. Calcium-Magnesium-Aluminosilicate 시료에 관련한 그림 17.55의 결과에서 보는 바와 같이

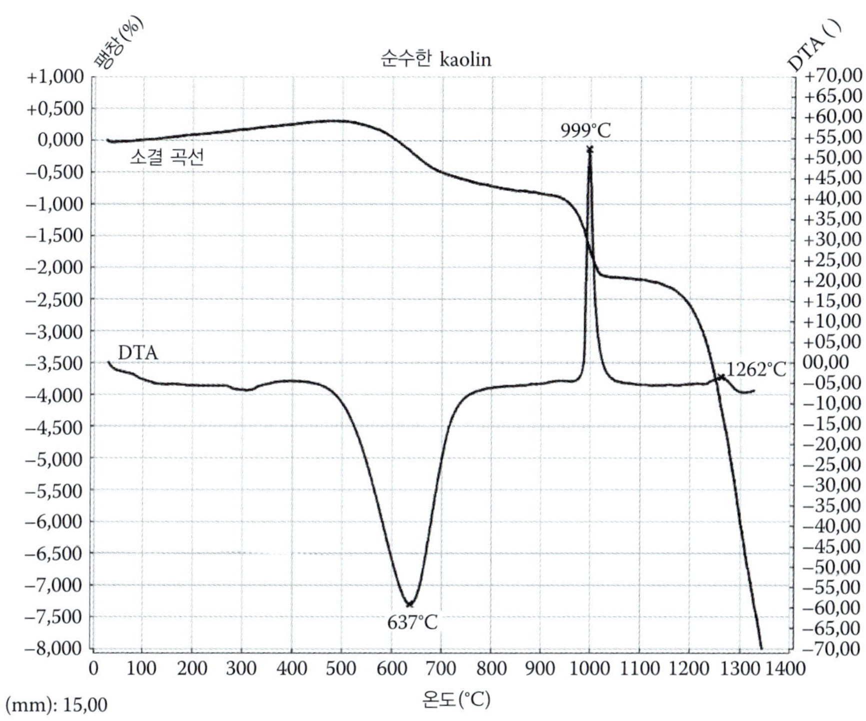

그림 17.54 순수한 kaolin 시료의 팽창 곡선과 DTA 곡선. (© Expert System Solutions (www.expertsytemsolutions.com). Used with permission.)

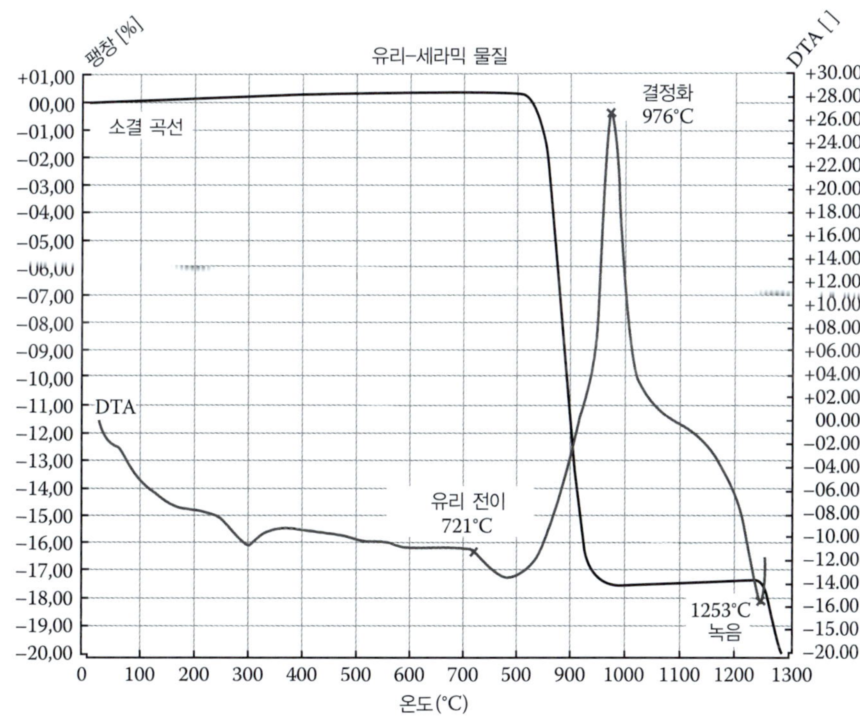

그림 17.55 유리-세라믹 물질의 팽창 곡선과 DTA 곡선. (© Expert System Solutions (www.expertsytemsolutions.com). Used with permission.)

DTA 곡선에서 T_g가 721°C임을 확인할 수 있지만, 이 범위에서 시료의 크기가 변하지 않기 때문에 팽창계 곡선에서는 어떤 변화도 관찰되지 않는다.

17.10 요약

열을 검출기로 이용하는 것은 일반적이므로 온도 측정을 통한 분석법은 널리 사용된다. 화합물의 성분을 확인하기 위한 정성 분석은 물론, 혼합물의 정량 분석과 고분자, 유리, 세라믹, 합금, 복합 물질 등, 여러가지 산업용 물질의 특성 분석에 이용된다. 평형 상수, 반응 속도 상수, 상평형 그림, 열팽창 계수, 엔탈피, 비열 등을 포함하는 시료의 물리/화학적 성질을 측정할 수 있다. TT나 DIE 분야는 기존의 부피 분석에 비하여 뚜렷한 장점이 있다. Micro-DSC, ITC, 그리고 미량 열계량법(microcalorimetry) 등은 생물학적 실험이나 단백질, 핵산, 박테리아 등의 분석에 이용된다. FMC와 같은 새로운 기술은 20 μL 이하의 부피를 가지는 시료의 고효율적 분석을 가능케 하였다. 열기계 분석은 상온에서의 인장 시험을 보완해주며, 다양한 산업용 물질의 물리적 거동을 평가하는 데 매우 유용하다.

열분석 기기와 응용에 관한 웹 사이트로는 TA Instrument, www.tainstruments.com; Mettler Toledo, www.mt.com; PerkinElmer, www.perkinelmer.com; NETZSCH Instruments, www.netzsch-thermal-analysis.com; Setaram Instrumentation, www.setaram.com; Expert System Solutions, www.expertsystemsolutions.com; Shimadzu Scientific Instruments, www.ssi.shimadzu.com; Hitachi High Tech Science Corporation, www.hitachi-hitec-science.com; and GE Healthcare Life Sciences, www.gelifesciences.com 등이 있다.

문제

17.1 TGA 기기의 주된 요소를 설명하시오. 간단한 TGA 기기의 모식도를 그리시오. TGA로는 무엇을 측정하는가?

17.2 Calcium oxalate monohydrate와 무수 silica 혼합물 7.020 mg이 있다. 600°C로 가열한 후 혼합물의 질량이 6.560 mg이 되었다. 원래 시료에 포함된 calcium oxalate의 질량은 얼마인가?

17.3 TGA로 얻을 수 없는 정보 중에서 DTA로 얻을 수 있는 정보는 무엇인가?

17.4 DTA 기기의 요소를 설명하고 DTA와 TGA 기기의 차이점을 설명하시오.

17.5 시료를 분석하기 위하여 DTA와 TGA를 같이 사용할 때의 장점은 무엇인가?

17.6 DSC 기기의 요소를 설명하시오. 열흐름 DSC의 모식도를 그리시오. DSC에서 측정하는 것은 무엇인가?

17.7 DSC와 TGA에서 발열 피크를 나타낼 수 있는 변화를 나열하시오. 흡열 피크를 나타내는 변화에는 어떤 것이 있는가?

17.8 TGA로는 분석이 어렵지만 DSC로는 가능한 응용 분야는 어느 분야인가?

17.9 열분석에서 시료 지지대로 Pt나 석영을 사용하는 이유는 무엇인가?

17.10 다음은 유리 섬유로 보강된 고분자(실선)과 유리 섬유가 없는 고분자(점선)의 TGA 열곡선이다. (a) 유리 섬유로 보강된 시료의 초기 질량이 23.6 mg이었다면 시료에 포함된 유리 섬유의 무게%는 얼마인가? (b) 이 재료를 사용할 수 있는 최대 온도로 몇 도를 추천하겠는가? 20% 안전 인자(즉 분해 온도의 80% 이하로 유지)를 적용하는 것을 가정한다.

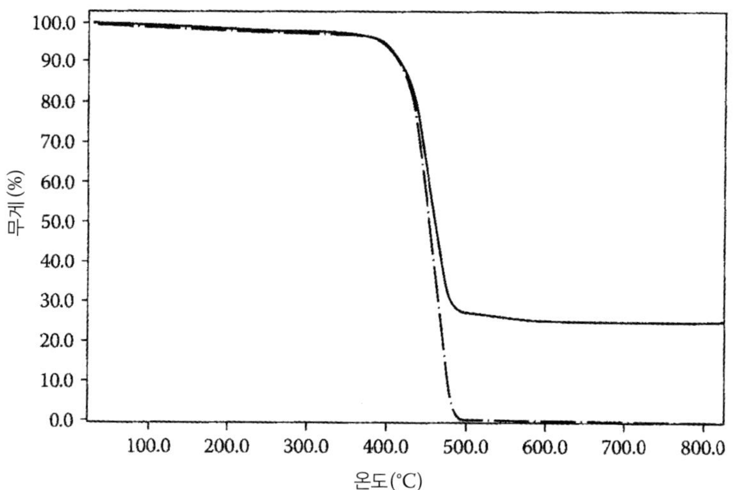

17.11 다음의 그림에서 실선은 $CuSO_4 \cdot 5H_2O$ 결정에 대한 TGA 열곡선이고 점선은 magnesium perchlorate를 건조제로 사용하는 건조 용기 안에 보관된 결정의 TGA 결과이다. (a) 모든 질량 감소가 물의 손실에 의한 것으로 가정했을 때, 몇 가지 형태의 물이 존재하는가? (b) 각 단계에서 제거되는 물의 몰수는 얼마인가? (c) 전체 질량 결손에 의하면 결정이 $CuSO_4 \cdot 5H_2O$임을 증명하는가? (d) 두 열곡선이 차이가 나는 이유를 설명하시오. (e) 건조제에 의하여 제거된 물의 양은 얼마인가?

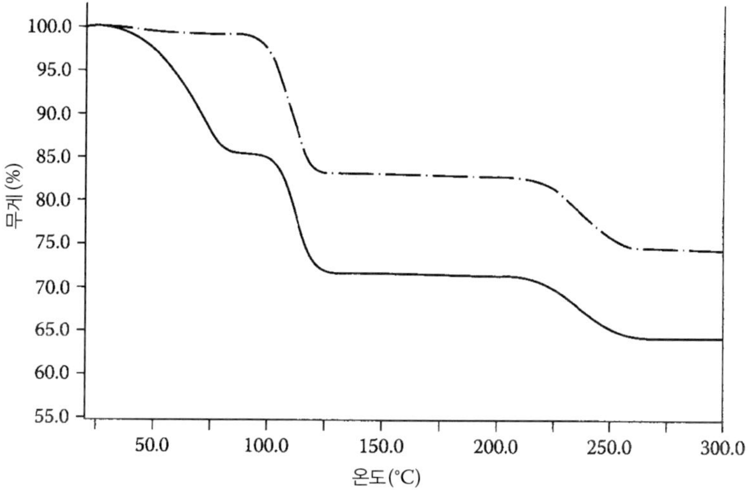

17.12 다음의 그림은 citric acid 수화물($C_6H_8O_7 \cdot nH_2O$) 시료에 대한 TGA(실선)과 DTG(점선) 열곡선이다. 실험에 사용한 시료의 질량은 20.09 mg이다. (a) 첫 번째 질량 손실이 물에 의한 것이라면 수화물에 포함된 물의 몰수는 얼마인가?(수화물의 화학식 $C_6H_8O_7 \cdot nH_2O$에서 n값은 얼마인가?) (b) Citric acid 무수물의 분해 온도를 몇 도로 보고해야 하는가? (c) 수화물을 건조하여 무수물을 만들 때 몇 도로 가열해야 하는가? (b)와 (c)의 온도를 결정할 때 어느 열곡선을 이용하는 것이 더 유용한가?

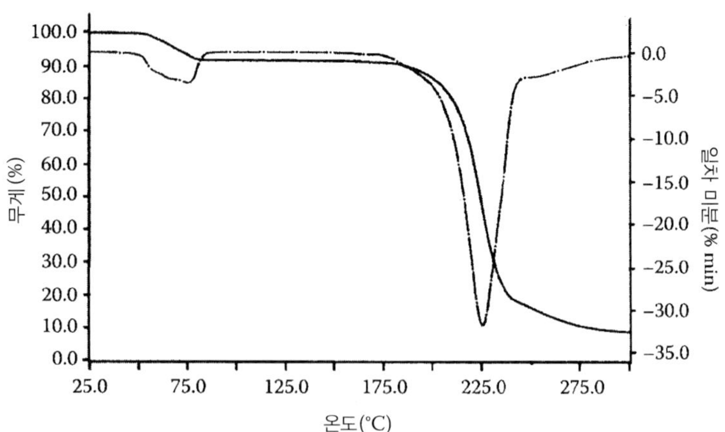

17.13 다음의 그림에서 곡선 1은 LD polyethylene의 DTA 열곡선이고 곡선 2는 안정화된 polypropylene의 열곡선이다. 그림에 녹는점(T_m)을 표기하였다. (a) 각각의 고분자의 녹는점을 몇 도인가? (b) 가정용 온수 파이프로 더 적당한 고분자는 어느 것인가? 그 이유는 무엇인가? (c) 열곡선의 가장 높은 온도 영역에서 각각 무슨 일이 일어나는가?

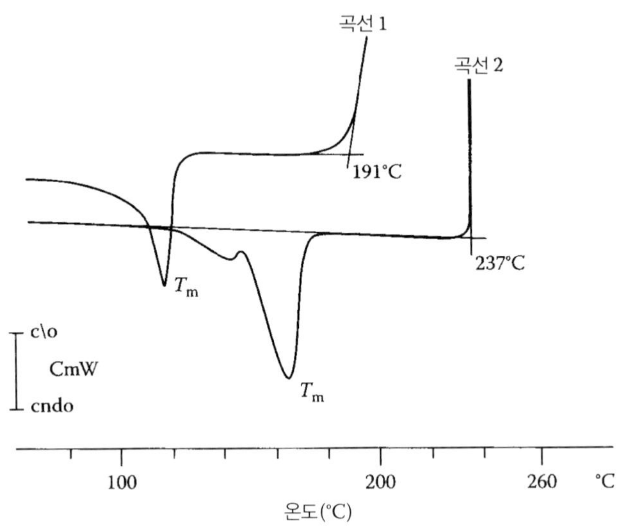

17.14 마가린 시료에 대한 DSC 열곡선을 다음 그림에 나타내었다. (주의: 이 그림에서 흡열 피크를 위쪽으로 나타내었다.) (a) 어떤 물질의 어떤 과정이 4.60°C에서의 흡열 피크의 원인인가? (열량을 줄이기 위하여 마가린에 첨가되는 물질을 생각해 보라.) (b) −24.6°C에서의 발열 피크는 마가린을 만드는 데 사용된 오일이 녹는 데서 기인한 것인가? 답에 대한 이유를 설명하시오.

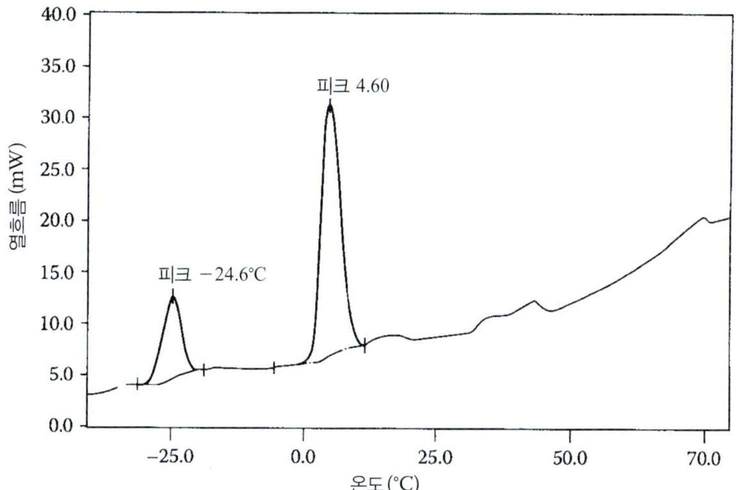

(참고: 문제 17.10~17.12, 17.14의 그림: [© **1993-2014 PerkinElmer, Inc. All rights reserved. Printed with permission.** (www.perkinelmer.com).]. 문제 17.13의 그림: Courtesy of Mettler GmbH, Switzerland.)

17.15 생물이나 제약 분야의 응용에서 미량 열계량법(microcalorimetry)의 장점을 설명하시오.

17.16 ITC에 의하여 어떤 분석이 가능한가?

17.17 기존의 팽창계와 비교하여 비접촉 광팽창계의 장점은 무엇인가?

참고문헌

Brown, M.E. *Introduction to Thermal Analysis: Techniques and Applications*. Chapman & Hall: New York, 1988.

Callister, W.D. *Materials Science and Engineering: An Introduction*, 5th edn. John Wiley & Sons: New York, 2000.

Connolly, M.; Tobias, B. *Am. Lab.*, *1*, 38, 1992.

Craig, D.Q.M.; Reading, M. (eds.) *Thermal Analysis of Pharmaceuticals*. CRC Press, Taylor & Francis Group: Boca Raton, FL, 2007.

Duval, C. *Inorganic Thermogravimetric Analysis*, 2nd edn. American Elsevier: N ew York, 1963.

Eamest, C. Modem thermogravimetry. *Anal. Chem.*, *November*, 1471A, 1984.

Gallagher, P.K. Thermoanalytical methods. In Cahn, R.W.; Haasen, P.; Kramer, E.J. (eds.) *Materials Science and Technology, A Comprehensive Treatment, Part 1*, Vol. 2A. VCH: Weinheim, Germany, 1992.

Groves, I.; Lever, T.; Hawkins, N. *TA Instruments Applications Brief TA-123*. TA Instruments, Ltd: U.K

Jelesarov, I.; Bosshard, H.R. ITC and DSC as complementary tools to investigate the energetics of biomolecular recognition, *J. Mol. Recognit.*, 12, 3, 1999.

Kraftmakher, Y. *Modulation Calorimetry-Theory and Applications*. Springer: New York, 2004.

Menard, K.P.; Spragg, R.; Johnson, G.; Sellman, C. Hyphenation: The next step in thermal analysis. *Am. Lab.*, *1*, 42, 2010.

Mohomed, K.; Bohnsack, D.A. Differential scanning calorimetry as an analytical tool in plastics failure analysis. *Am. Lab.*, *3*, 45, 2013.

Olivon, M.R. et al. Phase transitions and polymorphism of cocoa butter. *JAOCS*, *75*, 4, 1998.

Paganelli, M.; Venturelli, C. Thermal analysis for raw materials controlling. Expert System Solutions Application Note, www.expertsystemsolutions.com.

Pazstor, A.J. Thermal analysis techniques. In Settle, F.A. (ed.) *Handbook of Instrumental Techniques for Analytical Chemistry*. Prentice Hall, Inc.: Upper Saddle River, NJ, 1997.

Sahle-Demessie, E.; Zhao, A.; Salamon, A.W. *PerkinElmer Application Note*, www.perkinelmer.com/nano. PerkinElmer, Inc., Waltham, MASpeyer, R.F. Thermal Analysis of Materials. Marcel Dekker, Inc.: New York, 1994.

Turi, E.A. (ed.) *Thermal Characterization of Polymeric Materials*, 2nd edn. Academic Press: New York, 1996.

Tyrell, H.Y.; Beezer, A.E. *Thermometric Titrimetry*. Chapman & Hall: London, U.K., 1968.

Utschick, H. *Methods of Thermal Analysis*: *Applications from Inorganic Chemistry*, *Organic Chemistry*, *Polymer Chemistry and Technology*. Ecomed Verlagsgesellschaft AG and Co KG: Landsberg, Germany, 1999.

Venturelli, C. Heating microscopy and its applications. *Microsc. Today*, *19*, 20, 2011.

Washall, J.W.; Wampler, T.P. Direct-pyrolysis Fourier transform-infrared spectroscopy for polymer analysis. *Spectroscopy*, *6*(4), 38, 1992.

Wendlandt, W.W. Thermal *Methods of Analysis*, 3rd edn. John Wiley & Sons, Inc.: New York, 1986.

Wunderlich, B. *Thermal Analysis*. Academic Press: Boston, MA, 1990.

부록

약어와 기호 모음

기기 분석은 두문자어를 포함하여 많은 약어를 탄생시켰다. 보통 약어를 더 자주 사용하며, 교재에서도 널리 사용된다. 아래에 약어들과 함께, 자주 사용되는 기호들도 정리하였다.

분석 화학에 사용되는 약어

A	peak area; surface area of solid granular adsorbent; eddy diffusion term in the Van Deemter equation
AAA	absolute activation analysis
AAD	atomic absorption detector
AAS	atomic absorption spectroscopy
AC	alternating current, affinity chromatography
ACP	alternating current plasma
ADXPS	angular dependent x-ray photoelectron spectroscopy
AED	atomic emission detector
AEM	analytical electron microscope (microscopy)
AES	Auger electron spectroscopy, atomic emission spectroscopy
AFID	alkali flame ionization detector
AFM	atomic force microscopy
AFS	atomic force spectroscopy
AIS	average of individual samples
AL	action level
AM	amplitude modulation
AMS	accelerator mass spectrometry
AN	area normalization
ANRF	area normalization with response factors
AOTF	acousto-optical tunable filter
AP	analytical pyrolysis
APCI	atmospheric pressure chemical ionization
APD	azimuthal photoelectron diffraction
API	atmospheric pressure ionization
APSTM	analytical photon scanning tunneling microscope
APT	attached proton test
ARAES	angle resolved Auger electron spectroscopy
ARF	absolute response factor
ARM	atomic resolution microscopy
ARPES	angle resolved photoelectron spectroscopy
ARUPS	angle resolved ultraviolet photoelectron spectroscopy
ASE	accelerated solvent extraction
AsFIFFF (AF4)	asymmetrical flow field flow fractionation
ATD	above-threshold dissociation
ATI	above-threshold ionization
ATR	attenuated total reflection
BB	band broadening
BE	magnetic sector—electric sector tandem mass spectrometer (note: also called a MIKE spectrometer)
BEE	magnetic sector—electric sector—electric sector mass spectrometer
BET	Brunauer-Emmett-Teller (adsorption isotherm)
BIFL	burst integrated fluorescence lifetime
BIS	Bremsstrahlung isochromat spectroscopy
BJH	Barrett-Joyner-Halenda (method)
BL	bioluminescence
BLRF	bispectral luminescence radiance factor
BQQ	magnetic sector-double quadrupole mass spectrometer BTOF
BTOF	magnetic sector—time-of-flight tandem mass spectrometer
CAD	collision-activated dissociation
CAR	continuous addition of reagent
CARS	coherent anti-Stokes Raman spectroscopy
CCC	counter-current chromatography
CCD	charge-coupled device
CCT	constant current topography
CD	circular dichroism
CE	capillary electrophoresis, counter electrode
CEC	capillary electrokinetic chromatography, capillary electrochromatography
CED	cohesive energy density
CFA	continuous How analysis
CF-FAB	continuous low-fast atom bombardment
CFM	chemical force microscopy
CGE	capillary gel electrophoresis
CHEMFET	chemical-sensing field effect transistor
CI	chemical ionization
CID	collision-induced dissociation
CIEF	capillary isoelectric focusing
CITP	capillary isotachophoresis
CL	chemiluminescence
CLLE	continuous liquid–liquid extraction
CMA	cylindrical mirror analyzer

COSY correlation spectroscopy
CPAA charged particle activation analysis
CP/MAS cross polarization/magic angle spinning
CRDS cavity ring-down spectroscopy
CRF chromatographic response function
CRM certified reference material
CS carbon strip (adsorbent)
CT cryogenic trapping
CTD charge transfer device
CV cyclic voltammetry
CV-ASS cold vapor atomic absorption spectrometry
CVD chemical vapor deposition
CW continuous wave
CZE capillary zone electrophoresis
DA diode array
DAD diode array detector (UV-Vis)
DADI direct analysis of daughter ions
dB de Boar t-plot
DBE double bond equivalent
DC direct current
DCI desorption chemical ionization
DCP direct-current plasma
DEP differential electrolytic potentiometry
DEPT distortionless enhancement by polarization transfer
DETA dielectric thermal analysis
DIN direct injection nebulizer
DLI direct liquid introduction
DLS dynamic light scattering
DMA dynamic mechanical analysis
DME dropping mercury electrode
DNMR dynamic nuclear magnetic resonance
DPP differential pulse polarography
DRIFT diffuse-reflectance infrared Fourier transform
DSC differential scanning calorimetry
DTA differential thermal analysis
DTC differential thermal calorimetry
EAES electron-excited Auger electron spectroscopy
EB electric sector—magnetic sector tandem mass spectrometer
EBE electric sector—magnetic sector-electric sector tandem mass spectrometer
EC electrochemical
ECO electron capture detector
ECMS electron capture mass spectrometry
ECNIMS electron capture negative ionization mass spectrometry
EDL electrodeless discharge lamp
EDS energy-dispersive spectrometer
EDXRF energy-dispersive x-ray fluorescence
EELS electron energy-loss spectroscopy
EFFF electric field flow fractionation
EG electrogravimetry
EGA evolved gas analysis
EIA enzyme-linked immunoassay
EI(I) electron impact (ionization)
EIMS electron impact mass spectrometry
ELCO electrolytic conductivity detector
ELISA enzyme-linked immunosorbent assay
ELSD evaporative light scattering detector
EM electron microscopy
EMIRS electrochemically modulated IR spectroscopy
EOF electro-osmotic flow
EPL enhanced photoactivated luminescence
EPMA electron-probe microanalysis
EPR electron paramagnetic resonance
EPXMA electron-probe x-ray microanalysis
EQL estimated quantitation limit
ERO elastic recoil detection
ESA electrostatic analyzer
ESCA electron spectroscopy for chemical analysis
ESEM environmental scanning electron microscope
ESI electrospray ionization
ESP electrospray
ESR electron spin resonance
ET electrometric titration
ETA electrothermal analyzer, emanation thermal analysis
EXAFS extended x-ray absorption fine structure
FAA flame atomic absorption
FAAS flame atomic absorption spectroscopy
FABMS fast-atom bombardment mass spectrometry
FAES flame atomic emission spectroscopy
FAFS flame atomic fluorescence spectroscopy
FAM field analytical method
FAS flame absorption spectroscopy
FD field desorption
FD/FI field desorption/field ionization
FES flame emission spectroscopy
FFEM freeze-fracture electron microscopy
FFF field-flow fractionation
FFFF flow field-flow fractionation
FFM friction force microscopy
FFS flame fluorescence spectroscopy
FFT fast Fourier transform
FGC fast gas chromatography
FI flow injection, field ionization
FIA flow injection analysis
FIB focused ion beam
FID flame ionization detector, free-induction decay
FIM field ion microscopy
FNAA fast neutron activation analysis
FOCS fiber optic chemical sensor
FPO flame photometric detector
FSOT fused silica open tubular (column)
FT Fourier transform
FT-ICR Fourier transform ion cyclotron resonance
FT-IR Fourier transform infrared (often "FT/IR," "FTIR," "FT IR")
FT-IRRAS FT-IR reflection-absorption spectroscopy
FT-MS Fourier transform mass spectrometry
FWHM full-width half-maximum

GC	gas chromatography
GC-IR	gas chromatography-infrared spectrometry
GCMS	gas chromatography mass spectrometry
GDL	glow discharge lamp
GDMS	glow discharge mass spectrometry
GE	gel electrophoresis, gradient elution
GEMBE	gradient elution moving boundary electrophoresis
GFAAS	graphite furnace atomic absorption spectroscopy
GLC	gas–liquid chromatography
GPC	gel permeation chromatography
GS	Gram-Schmidt (algorithm)
GSC	gas-solid chromatography
GSED	gaseous secondary electron detector
HCL	hollow cathode lamp
HCOT	helically coiled open tubular (column)
HOC	hydrodynamic chromatography
HETCOR	heteronuclear correlation
HETP	height equivalent of (a) theoretical plate(s)
HG	hydride generation
HIC	hydrophobic interaction chromatography
HMBC	heteronuclear multiple-bond correlation
HPAC	high-performance affinity chromatography
HPIAC	high-performance immunoaffinity chromatography
HPLC	high-performance liquid chromatography, high-pressure liquid chromatography
HPTLC	high-performance thin-layer chromatography
HRCGC	high-resolution capillary gas chromatography
HRGC	high-resolution gas(-liquid) chromatography
HS	headspace
HSA	hemispherical analyzer
HSC	heteronuclear shift correlation
HSQC	heteronuclear single quantum coherence
HTC	high-temperature combustion
IA	isocratic analysis
IAC	immunoaffinity chromatography
IAES	ion-excited Auger electron spectroscopy
IC	ion chromatography
ICMS	ion chromatography mass spectrometry
ICP	inductively coupled plasma
ICP-OES	ICP optical emission spectrometry
ICR	ion cyclotron resonance
IDMS	isotope dilution mass spectrometry
IEC	ion-exchange chromatography
IEF	isoelectric focusing
IF	intermediate frequency
IGC	inverse gas chromatography
IGF	inert gas fusion
ILDA	intensified linear diode array
IMAC	immobilized metal-ion affinity chromatography
INADEQUATE	incredible natural abundance double-quantum transfer experiment
INEPT	insensitive nuclei enhancement by polarization transfer
INAA	instrumental neutron activation analysis
IP	ion pairing
IPC	ion-pair chromatography
IPG	immobilized pH gradient
IPMA	ion probe microanalysis
IR	infrared (spectrophotometry)
IRN	indicator radionuclide(s)
IRS	internal reflection spectroscopy
ISCA	ionization spectroscopy for chemical analysis
ISE	ion selective electrode
ISP	ion spray
ISS	ion scattering spectrometry
LAMMS	laser micro mass spectrometry
LARIMS	laser atomization resonance ionization mass spectrometry
LARIS	laser atomization resonance ionization spectroscopy
LASER	light amplification by stimulated emission of radiation
LBB	Lambert-Beer-Bouguer law
LC	liquid chromatography
LC-LS	multidimensional liquid chromatography
LDMS	laser desorption mass spectrometry
LDR	linear dynamic range
LEAFS	laser-excited atomic fluorescence spectrometry
LED	light-emitting diode
LEED	low-energy electron diffraction
LEEM	low-energy electron microscopy
LEI	laser-enhanced ionization
LEISS	low-energy ion scattering spectrometry
LESS	laser-excited Shpol'skii spectroscopy
LFM	lateral force microscopy
LIDAR	light detection and ranging
LIFO	laser-induced fluorescence detection
LIMS	laboratory information management system
LLC	liquid–liquid chromatography
LLD	lower-limit detection
LLE	liquid-liquid extraction
LNRI	laser non-resonant ionization
LO	local oscillator
LOC	lab on a chip
LOD	limit of detection
LPDA	linear photodiode array
LPSIRS	linear potential-sweep IR reflectance spectroscopy
LRI	laser resonance ionization
LRMA	laser Raman microanalysis
LSC	liquid–solid chromatography
LSE	liquid–solid extraction
LTP	low-temperature phosphorescence
MAE	microwave-assisted extraction
MALDI	matrix-assisted laser desorption/ionization
MAS	magic angle spinning
MCD	magnetic circular dichroism
MCP	microchannel plate
MDGC	multidimensional gas chromatography
MDL	method detection limit
MDM	minimum detectable mass
MDQ	minimum detectable quantity

MEIS medium-energy ion scattering
MEKC micellar electrokinetic chromatography
MFM magnetic force microscopy
MID multiple ion detection
MIKE mass analyzed ion kinetic energy mass spectrometry
MIP microwave-induced plasma, mercury intrusion porosimetry
MIRS multiple internal reflection spectroscopy
MLC micellar liquid chromatography
MLLSQ multiple linear least squares
MMF minimum mass fraction
MMLLE microporous membrane liquid–liquid extraction
MPD microwave plasma detector
MPI multiphoton ionization
MRDL maximum residual disinfectant level (in water analysis)
MRI magnetic resonance imaging
MS mass spectrometry
MS-MS tandem mass spectrometry
MSPD matric solid-phase dispersion
MSRTP micelle-stabilized room-temperature phosphorescence
MWD microwave (assisted) digestion
NAA neutron activation analysis
NCIMS negative chemical ionization mass spectrometry
NDP neutron depth profiling
NEXAFS near edge X-ray absorption fine structure
NHE normal-hydrogen electrode
NICI negative ion chemical ionization
NIR near-infrared, near-IR
NIRA near-infrared reflectance analysis
nm nanometer
NMR nuclear magnetic resonance
NOE (nOe) nuclear Overhauser effect
NOESY nuclear Overhauser effect spectroscopy
NPD nitrogen-phosphorus detector, normal photoelectron diffraction
NPLC normal-phase liquid chromatography
ODMR optically detected magnetic resonance
ODS octadecylsilane
OES optical emission spectrometry, optical emission spectroscopy
OID optoelectronic imaging device
OMA optical multichannel analyzer
OPO optical parametric oscillator
OPTLC over-pressured thin-layer chromatography
ORD optical rotary dispersion
OTE optically transparent electrodes
PA proton affinity
PAA photon activation analysis
PAGE polyacrylamide gel electrophoresis
PAH polycyclic aromatic hydrocarbon
PAS photoacoustic spectroscopy
PB particle beam
PC paper chromatography
PCA principal component analysis
PCR polymerase chain reaction
PCS photon correlation spectroscopy
PCSE partially coherent solvent evaporation
PD plasma desorption
PDA photodiode array
PDHID pulsed discharge helium ionization detector
PDMS plasma desorption mass spectrometry, polydimethyl siloxane
PED pulsed electrochemical detection, plasma emission detector, photoelectron diffraction
PES photoelectron spectroscopy
PET positron emission tomography
PFIA process flow injection analysis
PGC packed-column gas chromatography
pH negative logarithm of hydrogen ion concentration
PICI positive ion chemical ionization
PID photoionization detector
PIXE particle-induced X-ray emission
pK negative logarithm of an equilibrium constant
PLE pressurized liquid extraction
PLOT porous-layer open tubular
PLOT-cryo porous-layer open tubular (column) cryo-adsorption
PMT photomultiplier tube
ppb parts per billion
ppm parts per million
ppt parts per thousand, parts per trillion
PSD position sensitive detector
PTFE polytetrafluoroethylene
PTR proton transfer reaction (in mass spectrometry)
PTV programmable temperature vaporizer
PVD pulsed voltammetric detection, physical vapor deposition
QCL quantum cascade laser
QCM quartz-crystal microbalance
QFAA quartz furnace atomic adsorption
QIT quadrupole ion trap
qNMR quantitative nuclear magnetic resonance
QQQ, QqQ, Qiq triple quadrupole mass spectrometer
QTH quartz tungsten halogen
QTOF tandem quadrupole time-of-flight mass spectrometer
RAA running annual average
RBS Rutherford backscattering spectrometry
REELS reflection electron energy loss spectrometry
RES reflection electron spectrometry
RF radio frequency
RHEED reflection high-energy electron diffraction
RI refractive index, retention index
RIC reconstructed ion chromatogram
RID refractive-index detector
RIMS resonance ionization mass spectrometry
RIS resonance ionization spectroscopy, range of individual samples
RM reference material
RNAA radiochemical neutron activation analysis
ROA Raman optical activity
ROESY rotating frame nuclear Overhauser effect spectroscopy

RPLC	reversed-phase liquid chromatography
RRDE	rotating ring-disk electrode
RS	Raman spectroscopy
RSF	relative sensitivity factor
RTIL	room-temperature ionic liquid
RTP	room-temperature phosphorescence
SIN	signal-to-noise ratio
SAE	sonication-assisted extraction
SAM	scanning Auger microscopy, self-assembly monolayers
SANS	small-angle neutron scattering
SAW	surface acoustic wave
SAXS	small-angle x-ray scattering
SBSE	stir bar sorptive extraction
SCE	standard calomel electrode, saturated calomel electrode
SCF	supercritical fluid
SCOT	support-coated open tubular
SDD	silicon drift detector
SdFFF	sedimentation field flow fractionation
SEC	size-exclusion chromatography
SEM	scanning electron microscope
SERS	surface-enhanced Raman spectroscopy
SFC	supercritical-fluid chromatography
SFE	supercritical-fluid extraction
SFFF	sedimentation field flow fractionation
SF-MS	sector field mass spectrometry
SFS	synchronous fluorescence spectroscopy
SHE	standard hydrogen electrode
SIA	sequential injection analysis
SIDA	stable isotope dilution assay
SIMS	secondary ion mass spectrometry
SIRIS	sputter-initiated resonance ionization spectroscopy
SMCL	secondary maximum contaminant level (in water analysis)
SMDE	static mercury drop electrode
SMSS	spark source mass spectrometry
SNIFTIRS	subtractively normalized interfacial FT-IR spectroscopy
SNMS	sputtered neutral mass spectrometry
SPAES	spin-polarized Auger electron spectroscopy
SPE	solid-phase extraction
SPME	solid-phase microextraction
SPR	surface plasmon resonance
SRE	stray radiant energy
SRM	standard reference material
SSMS	spark source mass spectrometry
SSRTF	solid-surface room-temperature fluorescence
SSRTP	solid-surface room-temperature phosphorescence
STEM	scanning transmission electron microscope
STM	scanning tunneling microscope
SVE	solvent vapor exit
SWE	supercritical-water extraction
TCA	thermochemical analysis
TCD	thermal-conductivity detector
TCT-GC-MS	thermal cold trap gas chromatography mass spectrometry thermodilatometry
TD	thermodilatometry
TDL	tunable diode laser
TEA	thermal energy analyzer
TED	thermionic emission detector
TEELS	transmission electron energy loss spectrometry
TEM	transmission electron microscope
TET	thermometric enthalpimetric titration
TFFF	thermal field flow fractionation
TGA	thermogravimetric analysis
TGA-IR	thermogravimetric analysis—infrared
THEED	transmission high-energy electron diffraction
ThFFF	thermal field flow fractionation
TIC	total ion current chromatogram, tentatively identified compound
TIMS	thermal ionization mass spectrometry
TLC	thin-layer chromatography
TLE	thin-layer electrode
TLM	thermal lens microscopy
TLV	threshold limit value
TMA	thermomechanical analysis
TMS	tetramethylsilane
TOCSY	total correlation spectroscopy
TOF	time-of-flight
TOF-MS	time-of-flight mass spectrometry
TSP	thermospray
UHV	ultrahigh vacuum
USE	ultrasonic extraction
UV	ultraviolet
UVPES, UPS	ultraviolet photoelectron spectroscopy
UV-VIS, UV-Vis	ultraviolet-visible
VAR	variable angle reflectance
Vis	visible (radiation)
VOC	volatile organic compound(s)
VOX	volatile organic halogens
VUV	vacuum ultraviolet
W	Wein filter (used in mass spectrometry)
WCOT	wall-coated open tubular
WDS	wavelength dispersive spectrometer
WWCOT	whisker-wall coated open tubular (column)
WWPLOT	whisker-wall coated porous layer open tubular (column)
WWSCOT	whisker-wall support-coated open tubular (column)
XAES	x-ray excited Auger electron spectroscopy, X-ray adsorption edge spectrometry
XANES	X-ray absorption near-edge spectroscopy
XPS	X-ray photoelectron spectroscopy
XRD	X-ray diffraction
XRF	X-ray fluorescence
XRFS	X-ray fluorescence spectroscopy
XRS	X-ray spectroscopy
ZAF	Z (element number) absorption fluorescence

분석 화학에 사용되는 기호

기호	의미
a	Auger yield, fine structure constant
a_0	Bohr radius
A	absorbance
A	peak asymmetry factor
B	magnetic field strength
[c]	concentration of component c
d_p	particle diameter (HPLC stationary phase)
D_{ab}	diffusion coefficient
e	electron elementary charge
ε	extinction coefficient
E	energy
E	electrode potential
E_b	binding energy
E_{ea}	electron affinity
E_{ai}	ionization energy
υ	frequency
γ	gyromagnetic ratio
n	refractive index
h	Planck constant
H	enthalpy, plate height
I_0	incident intensity
J	coupling constant
k	coverage factor
k'	capacity factor
λ	wavelength, thermal conductivity
m/z	mass-to-elementary-charge ratio (mass spectrometry)
Q_{crit}	Q value (outlier test)
q	quadrupole parameter (mass spectrometry)
r	correlation coefficient
R	resolution
R_{00}	Rydberg constant
ρ	density
s	standard deviation
s^2	variance
δ	chemical shift
δ^0	solubility parameter
r	true value of a measured quantity
τ_{crit}	Chauvanet's criterion (outlier test)
$t_{1/2}$	half-life
t_M	mobile-phase hold up
t_R	retention time
t_R^0	specific retention time
T	transmittance
T1	spin-lattice relaxation time
T2	spin–spin relaxation time
$\bar{u}$	carrier phase velocity
V_M	carrier hold-up volume
V_R	retention volume
V_R^0	specific retention volume

찾아보기

ㄱ

가교-결합(cross-linking) 600
가로 방향 이완(transverse relaxation) 228
가측 오차(determinate error) 21, 22
간격 띄우개(spacer) 600
간섭계(interferometer) 132
간섭그림(interferogram) 132
간접 검출법(indirect detection method) 684
갈바니 전지(galvanic cell) 697, 719
감도(sensitivity) 49
강염기(strong base) 663
강자기성 물질(ferromagnetic material) 785
거대 분자(macromolecule) 796
거르는 작용(sieving action) 679
거울상 이성질체(enantiomer) 5
결맞는(coherent) 119
검출 한계(limit of detection, LOD) 49
검출기 불감 부피(detector dead volume) 608
검출기(detector) 44, 578
겉보기 이동도(apparent mobility) 674
격자(lattice) 228
견고성(ruggedness) 29
결정(crystal) 97
결정화도(percent of crystallinity) 803
결합 상수(coupling constant) 247
결합상 컬럼(bonded phase column) 600
경로 길이(path length) 104
계면 활성제(surfactant) 676
계통 오차(systematic error) 21
고성능 액체 크로마토그래피(high performance liguid chromatography, HPLC) 575
고정 분석기 투과(fixed-analyzer transmission, FAT) 753
고정 지연 비율(fixed retardation ratio, FRR) 753
고체상 미량 추출(solid-phase microextraction, SPME) 42
고체상 추출(solid-phase extraction, SPE) 40, 574
골재(aggregate) 83
공간 전하(space charge) 489
공기역학적 지름(aerodynamic diameter) 83
공동 용리(coelute) 575
공명(resonance) 220
공명선(resonance lines) 302
공인 기준 물질(certified reference material) 20
공정 분석(process analysis) 198
관측값(observed value) 25
광도계(photometer) 134
광자(photon) 96
광전 변환기(photoelectric transducer) 154
광학적 구성(optical configuration) 118
광학적 레이아웃(optical layout) 118
교정 곡선(calibration curve) 47
교정 표준 물질(calibration standard) 11
교정(calibration) 44
교정식(calibration equation) 47
교차-편극(cross-polarization) 281
구슬(bead) 615
굴절률 642
균일(homogeneous) 4
그래핀(graphene) 83
극성 지수(polarity index) 637
기본 변수 방법(Fundamental parameters(FP) method) 453
기울기 110
기울기 용리(gradient elution) 639
기준 전극 648
기준 표준 물질(reference standard) 11
기체 생성기(gas generator) 611
기체 크로마토그래피(gas chromatography, GC) 574
깊이 분석도(depth profiling) 762
깜박임 잡음(flicker noise) 46
꼬리 끌기(tailing) 578, 582
끌리는(leading) 578
끝막음(end capping) 579, 632

ㄴ

나노복합체(nanocomposite) 83
나노에어로졸(nanoaerosol) 83
나노와이어(nanowire) 83
나노콜로이드(nanocolloid) 83
나노튜브(nanotube) 83
나노하이드로졸(nanohydrosol) 83
내부 표준물(internal standard) 112
농도(concentration) 105

농도 검출기(concentration detector) 578

ㄷ

다공성 고분자(porais polymer, 상업명: Porapack®) 600
다공성 층 열린관(porous layer open tubular, PLOT) 602
다이오드 배열 검출기(diode array detector, DAD) 645
다중(multiplex) 132
다중도(multilicity) 243
다중 전극 배열 검출기(multielectrode array detector) 648
단 이론(plate theory) 574
단백질 펩타이드 지도(protein peptide mapping) 686
단백질체학(proteomics) 647, 655
단분산(monodisperse) 580
단색광(monochromatic light) 95
단색화 장치(monochromator) 119
단위 세포(unit cell) 458
단위 활동도(unit activity) 699
단일 원자층(atomic monolayer) 747
단일 초점 자기 부채꼴(single-focusing magnetic sector) 504
단일 컬럼 양이온 크로마토그래피(single-column cation chromatography) 667
단일 컬럼 음이온 크로마토그래피(single-column anion chromatography) 667
단일 파장 필터 광도계(single-wavelength filter photometer) 645
단일벽 탄소 나노튜브 83
단일체형 실리카 실린더(monolithic silica cylinder) 634
단파장 이동(hypsochromic shift) 163
대략적인 정량(approximate quantitation) 611
대표하는(representative) 11
덮개 기체(sheath gas) 655
도데실황산소듐(SDS) 682
도체(conductor) 157
돌파(break through) 625
동결 트랩(cryotrapping) 624
동공(pore) 580
동시형 분광기(simultaneous spectrometer) 437
동위 원소 묽힘(isotope dilution) 542
동위 원소 희석 MS(isotope dilution MS, IDMS) 621
동위 원소로 레이블된(isotopically labeled) 542
동적 기계특성 분석법(Dynamic Mechanical Analysis, DMA) 820
동적(dynamic) SIMS 771
동전기 주입(electrokinetic injection) 677
동전기 펌핑(electrokinetic pumping) 674
동핵 결합 분단(homonuclear decoupling) 262
들뜬 상태(excited state) 99
등온 GC(isothermal GC) 606
등용매(isocratic) HPLC 639
등전위 집중(isoelectric focusing, IEF) 686
등전점(isoelectric point) 661, 681

ㄹ

라세미화 636
루비듐(rubidium) 615
리간드(ligand) 667
리플렉트론(reflectron) 506

ㅁ

마이셀 동전기 크로마토그래피(micellar electrokinetic chromatography, MEKC) 682
마이크로 채널판(microchannel plate, MCP) 754
마이크로파 용해법(microwave digestion) 33
마이크로파로 유도된 헬륨 플라스마(microwave-induced He plasma) 617
매달린 수은 방울 전극 전극(hanging mercury drop electrode, HMDE) 737
매트릭스(matrix) 4, 319
매트릭스 바탕(matrix blank) 11
매트릭스 변형(matrix modification) 321
머무름 시간(retention time) 587
머무름 인자(retention factor) 581
머무름이 없는 성분(unretained component) 581
메이크업 기체(makeup gas) 586, 606, 608
명목 질량(nominal mass) 531
모세관 등전 집중(capillary isoelectric focusing, CIEF) 681
모세관 띠 전기 이동 방법(capillary zone electrophoresis, CZE) 578
모집단 평균(population mean) 26
모집단 표준 편차(population standard deviation) 27
몰흡광 계수(molar absorptivity) 105
무작위로 확산(random diffusion) 576
무정형(amorphous) 97, 797
물리적 상수(physical constant) 16
미량(〈ppm 수준) 24
미세 구조(fine structure) 236

ㅂ

바닥 상태(ground state) 99
바탕 방출(background emission) 110
바탕 시료(blank) 11
바탕선(baseline) 45, 582
바탕에서 피크 폭(wb) 582
반대 이온(counterion) 661
반도체(semiconductor) 157
반복성(repeatability) 28
발광(luminescence) 97
발색단(chromophore) 163
발생기(generator) 437
발열(exothermic) 794
방법 내부 표준물(method IS) 590
방전 이온화 검출기(discharge ionization detector, DID) 615
방전 전극 615
방전 플러그(glow plug) 610
방출 스펙트럼(emission spectrum) 101
방해물(interference, 간섭물) 4
배수 밸브(drain valve) 640
배제 한계(exdusion limit) 669
백색 잡음(white noise) 46
버키볼(Buckey ball) 83
범위(range) 49
변조(modulation) 313
변환기(transducer) 44
보정된 흡광도(corrected absorbance) 107
보조 전극 648
보호 컬럼 641
복사력(radiant power) 104
복합(composite) 14
복합적인 2차원 크로마토그램 575
분광 광도법(spectrophotometry) 134, 166
분광 사진기(spectrograph) 134
분광기(spectrometer) 118, 149, 437
분광기의 일함수(the work function of the spectrometer) 750
분광법(spectrometry) 106, 134
분광학(spectroscopy) 95, 134
분배 크로마토그래피(partition chromatography) 631
분사(sparging) 633
분산(variance) 27
분산 단색화 검출기(dispersive monochromator detector, DMD) 645
분석 컬럼(analytical column) 641
분석물(analyte) 2
분석용 SFC(analytical SFC) 672
분자 누출 도입(molecular leak inlet) 494
분자 이온(molecular ion) 488, 527
분자식(molecular formular) 5
분취량(aliquot) 12
분할 모드(split mode) 599
분할비(split ratio) 599
분할-비분할 주입기(split-splitless injector) 599
분해능(resolving power) 492
불가측 오차(indeterminate error) 21
불균일(heterogeneous) 4
불연속-다이노드 EM(discrete-dynode EM) 518
비분할 모드(splitless mode) 599
비율 589
비특이성 용리(nonspecific elution) 668
비파괴 분석(nondestructive analysis) 1
비활성화(deactivated) 600
빈공간(void) 633
빛 파이프 621
빠른 GC 606

ㅅ

사이클로덱스트린(cyclodextrin) 635
사중 극자 이온 트랩(quadrupole ion trap, QIT) 511
사중 극자(quadrupole) 618
산 오차(acid error) 719
산화제(oxidizer) 610
산화제(oxidizing agent) 693
산화-환원 지시 전극(redox indicator electrode) 708
상 비(phase ratio) 605
상관 계수(correlation coefficient, r) 48
상대 감응 인자(relative response factor, RRF) 589
상대 머무름 시간(retention time internal standard, RRTs) 587
상대 오차(relative error) 26
상대 존재비(relative abundance) 491
상대 편차(relative deviation) 26
생특이성 용리(normal-role elution) 668
섞이지 않는(immiscible) 14
선구 이온(precursor ion) 511
선단 압력 597
선택성(selectivity) 583, 587
선택적 검출 시약(selective detection reagents) 685

선형 광원(line source) 119
선형적으로 비례 608
세기(intensity) 98, 104
세로 방향 이완(longitudinal relaxation) 228
세차 운동(precession) 222
세척(wash) 667
세척용 주사기(priming syringe) 640
센서(sensor) 44
셉텀 코어(septum core) 597
셉텀(분리막) 디스크(septum disc) 597
소듐-도데실설페이트-폴리아크릴아미드 젤 전기 이동(sodiun-dodecylsulphate-polyacryl-amide gel electrophoresis, SDS-PAGE) 686
수소 결합(hydrgen bond) 571, 600
수소화물 생성 AAS(hydride generation AAS, HGAAS) 기법 310
수집 링(collector ring) 610
수집 전극(collector electrode) 610
순차형 분광기(sequential spectrometer) 437
순환 전압-전류법(cyclic voltammetry) 735
스키머 콘(skimmer cone) 654
스펙트럼(spectrum) 99
스펙트럼 방해(spectral interference) 111
스펙트럼 정확도(spectral accuracy) 541
스핀-결합 분단(spin-decoupling) 260
스핀-스핀 결합(spin-spin scoupling) 236
스핀-스핀 결합 상수(spin-spin coupling constant) 247
스핀-스핀 분리(spin-spin splitting) 236
슬래브 젤(slab gel) 679
시간 확인용 내부 표준물(IS) 587
시료 셀(sample cell) 104
시료 쌓임(sample stacking) 678
시료액 상층부(headspace) 42
시약 기체(reagent gas) 497
시약 바탕(reagent blank) 11
시약 이온(reagent ion) 656
신뢰 구간(confidence interval, 범위) 29
신뢰 한계(confidence limit) 29
신뢰도(reliability) 29
신호(signal) 44
신호-대-잡음비(signal-to-noise ratio) 45, 608
실험식(empirical formular) 5
심 코일(shim coil) 256
쌍극자(dipole) 600
쌍전기 벽 방전 이온화 검출기(dielectric barrier discharge ionization detector, BID) 616

ㅇ

아르곤 이온화 검출기 615
아미노산(amino acid) 657
알칼리 오차(alkaline error) 719
앞선 치우침(leading) 582
약염기(weak base) 663
얇은 층 크로마토그래피(TLC) 575
양자점(quantum dot) 83
양자화되어(quantized) 222
양쪽성(amphoteric) 681
엔탈피(enthalpy) 794
역상(reversed-phase) 579
역상(reversed-phase) HPLC 631
역역할 용리(reversed-role elution) 668
연속 광원(continuum source) 119
연속(continuum) 95
연속-다이노드 EM(continuous dynode EM) 518
열계량법(calorimetric technique) 811
열곡선(thermal curve) 781
열기계적 분석법(thermomechanical methods of analysis) 820
열무게 분석법(thermogravimetry, TGA) 781
열분석(thermal analysis) 779
열이온화 검출기(thermionic detector) 614
열적 조정기(thermal modulator) 622
열흐름 DSC(heat flux DSC) 799
오차(error) 3, 26
옥타데실실릴기(ODS) 632
온도 프로그램 604
요소(factor) 201
요술각(magic angle) 229
용량 인자(capacity factor) 581
용리 서열(eluotropic series) 637
용리 세기(eluent strength) 637
용리 억제 컬럼(eluent suppressor column) 664
용리 억제(eluent suppression) 664
용리 완충액(elution buffer) 667
용리(elution) 40, 574, 667
용리액(eluent) 573
용매(solvent) 107
용융열(heat of fusion) 803

용질(solute) 107
우연 오차(random error) 21
운동 에너지 차별화(kinetic energy discrimination, KED) 560
원소 분석(element analysis) 301
원자 질량(atomic weigrt) 531
원자 질량 단위(atomic mass unit) 487
원자화 효율(atomization efficiency) 316
원자화기(atomizer) 304
유기 변형제(organic modifier) 637
유리 전이(glass transition) 794
유전체학(genomics) 655
유효 유체 역학적 반지름(effective hydrodynamic radius) 673
응집체(agglomerate) 83
이동(migration) 673
이동상 선 속도(linear mobile phase velocity) 584
이동상(mobile phase) 574
이론단 높이(height eguiralent to a theoretical plate, HETP) 574, 583
이론단수(number of theoretical plates, N) 582
이상점(outlier) 31
이성질체(isomer) 5
이온 선택성 전극(ISE) 709
이온 트랩 MS 621
이온 트랩(ion trap) 618
이온원(ion sources) 494
이완 시간(relaxation time) 227
이완(relaxation) 227
이종 기기 연결법(hyphenated technique) 607
이차 이온 질량 분석(secondary ion MS, SIMS) 499
이핵 결합 분단(heteronuclear decoupling) 262
인광(phosphorescence) 97
인증 표준 물질(standard reference materials, SRM) 775
일정 분석기 투과(constant-analyzer transmission, CAT) 753
일정 상대 비율(constant relative ratio, CRR) 753

ㅈ

자기 모멘트(magnetic moment) 220
자기 부채꼴(magnetic sector) 489
자기 회전 비율(magnetogyric radio 또는 gyromagnetic ratio) 221
자발적인(spontaneous) 696
자유도(degree of freedom) 28
자체-재생 억제기(self-regenerating suppressor) 665
작업 전극 648
잡음(noise) 45
장막 기체(curtain gas) 656
장파장 이동(bathochromic shift) 163
재생(regenerating) 663
재현성(reproducibility) 28
적색 이동(red shift) 163
적용 완충액(application buffer) 667
적하 수은 전극(dropping mercury electrod) 725
전기 무게 분석법(electrogravimetry) 706, 719
전기 분해 전지(electrolytic cell) 697
전기 분해(electrolysis) 719
전기 삼투 이동도(electroosmotic mobility) 674
전기 삼투 흐름(electroosmotic flow, EOF) 674
전기 이동 이동도(electrophoretic mobility) 673
전기 이동(electrophoresis) 569, 673
전기 이중층(electrical double layer) 705
전기 화학 전지(electrochemical cell) 693
전기 활성 화학종(electroactive species) 693
전기량 검출기(coulometric) 648
전기량법(Coulometry) 705, 720
전도도 검출기(conductometric detector) 648
전도도법(conductometry) 707
전력 보상 DSC(power compensate DSC) 799
전류법 검출기(amperometric detector) 648
전류법(amperometry) 707
전압-전류 검출기(Voltammetric detector) 648
전압-전류법(voltammetry) 706, 726
전위차법(potentiometry) 705
전이(transition) 97
전자 이온화(electron ionization, EI) 488
전자 증배관(electron multiplier, EM) 516
전자 탐침 미량 분석(electron probe microanalysis) 467
전자기 복사선(electromagnetic radiation) 95
전치 컬럼 유도체화(precdumn derivatization) 652
전해 전지(electrolytic cell) 719
절대 오차(absolute error) 26
절대 편차(absolute deviation) 26
절대적인 방법 724
절연체(insulator) 157
점탄성(viscoelastic) 820
접촉 전위(junction potential) 697
정량 분석(quantitative analysis) 1
정밀도(precision) 3, 20
정상(normal-phase) 579

정상 분포(normal distribution) 25
정성 분석(qualitative analysis) 1
정수 질량(integer mass) 531
정역할 용리(normal-role elution) 668
정적(static) SIMS 771
정지상(stationary phase) 574
정확도(accuracy) 3, 20
정확한 질량(exact mass) 531
제동 복사선 751
제조사들의 적용 문헌 602
제조용 SFC(preparative SFC) 672
제트 분리기(jet separator) 619
제트 팁(jet tip) 610
조각내기 방식(fragmentation pattern) 528
조색단(auxochrome) 163
조정된 머무름 시간(adjusted retention time) 576, 582
종모양의 분포 곡선(bell-shaped curve) 576
주입 내부 표준물(injection IS) 590
주피크(base peak) 526
준결정성(semicrystalline) 796
줄 열(Joule heating) 675
중심부 절단 2차원 크로마토그래피(heart-cutting 2D chromatography) 575
지시 전극(indicator electrode) 705, 707
지올라이트(zeolite) 791
지지 전해질(supporting electrolyte) 728
진동수(frequency) 95
진동자 세기(oscillator strength, f) 304
진폭(amplitude) 95
질량 검출기(mass detector) 578
질량 스펙트럼(mass spectrum) 491
질량 정확도(mass accuracy) 493
질량 크로마토그램(mass chromatogram) 620
질량 흡수 계수(mass absorption coefficient, cm_2/g) 415
쯔비터 이온(zwitterion) 578, 661

ㅊ

차가운 증기 AAS(cold vapor AAS, CVAAS) 기법 310
차동(differential) 642
참값(true value) 25
첨가 생성물(adduct) 496
청색 이동(blue shift) 163
초미량(〈ppb 수준) 24
초미립자(ultrafine particle) 83
총 이온 크로마토그램(total ion chromatogram, TIC) 619
최소 제곱법(method of least squares) 48
추출 이온 크로마토그램(extracted ion chromatogram, XIC) 620
측각기(goniometer) 437, 439
층류(laminar) 577
친화 크로마토그래피(affinity chromatography) 667

ㅋ

카사로미터(katharometer) 609
카이랄(chiral) 5, 635
카이랄 GC 636
카이랄 크로마토그래피(chiral chromatography) 635
컨디셔닝(conditioning) 603
컬럼 반지름(r_c) 581
컬럼 블리딩(column bleeding) 600
컬럼 위 직접 주입 603
컬럼 후 유도체화(postcolumn derivatization) 647, 652
코어-쉘(core-shell) 580, 634
쿨롱 폭발(coulomb explosion) 654
큐리 온도(Curie temperature) 785
큐벳(cuvette) 104
크랩(trap) 624
크로마토그래피(chromatography) 569

ㅌ

탁도(turbidity) 169
탈염화(desalting) 670
탈착(desorb) 622
탐침기(probe) 251
통로(channel) 587
통합적 622
투과 백분율(T×100, %T) 104
투과 한계(permeation limit) 669
투과도(transmittance) 104
투과형 사중 극자 질량 분석기(transmission quadrupole mass spectrometer) 511
트립신(trypsin) 659
특이성(specificity) 49

ㅍ

파장(wavelength) 95
판 위치 스캐닝(plate position scanning) 684
퍼센트 상대 편차(percent relative deviation) 26
퍼센트 상대 표준 편차(percent relative standard deviation, %RSD) 27
퍼지 앤 트랩 시료 채취기(purge and trap sampler) 625
펄스(pulse) 231
페러데이 컵(Faraday cup) 516
펩타이드(peptide) 657
평균 용량 인자(average capacity factor) 583
평균 질량(average mass) 531
평균의 표준 편차(standard deviation of the mean) 26
평면 편광(plane-polarized light) 95
평판 683
평형 분배 비율 581
포괄적인 검출 시약(universal detection reagents) 684
포집(trap) 622
포화 인자(saturation factor) 225
포화(saturated) 226
폴라로그래피 검출기(polarographic detector) 649
폴라로그래피(polarography) 706
폴라로그래피 파(polarographic wave) 726
폴리다이메틸실록세인(polydimethylsiloxane, PDMS) 580
폴리이미드 코팅(polyimide coating) 579
표류 잡음(drift noise) 46
표면 다공성 634
표면 분석(surface analysis) 747
표면층(surface layer) 747
표본 평균(sample mean) 25
표본 표준 편차(sample standard deviation) 26
표적 화합물 분석(target compound analysis) 621
표준 교정 곡선(standard calibration curve) 589
표준 기준 물질(standard reference material) 20
표준 수소 전극(standard hydrogen electrode, SHE) 698
표준 용액(standard solution) 107
표준 편차(standard deviation) 21
표준 환원 전위(standard reduction potential) 699
표준물 첨가법(method of standard addition, MSA) 589
표준물(standard) 107
표피형 641
표피형 충전제(pellicular packing) 665
피크(peak) 45, 578
피크의 분리도(peak resolution, R_s) 582
필름 두께(d_f) 581
필름 두께(film thickness) 605
필수 아미노산(essential amino acid) 657

ㅎ

하이브리드 분광기(hybrid spectrometer) 437
핵 오버하우저 효과(nuclear Overauser effect, NOE) 262
핵스핀(nuclear spin) 220
헤드스페이스 분석(headspace analysis) 599
헬륨 이온화 검출기(helium ionization detector, HID) 615
형광(fluorescence) 97
홑살(single-beam) 645
화학 계측법(chemometrics) 201
화학적 이동 이등방성(chemical shift anisotropy) 229
화학적 이동(chemical shift) 229, 233, 750
확산 이중 층(diffuse double layer) 674
확산 전류(diffusion current) 한계 726
환원 전극(cathode) 696
환원 전위(reduction potential) 697
환원-산화 반응(reduction-oxidation reaction) 693
환원제(reducing agent) 693
활성 화학종 696
활성점(active site) 600
활성탄(activated charcoal) 624
회절 패턴(diffraction pattern) 458
효율(efficiency) 583
휴지 전위(rest potential, E_{rp}) 737
흐름 정지 분석(stopped flow analysis) 622
흐름 주입 분석(flow injection analysis, FIA) 331
흑연로 원자화기(graphite furnace atomizer) 309
흡광 감소 현상(hypochromism) 163
흡광 계수(absorptivity) 105
흡광 증가 현상(hyperchromism) 163
흡광도(absorbance) 104
흡수 백분율(100−%T, %A) 104
흡수 스펙트럼(absorption spectrum) 100
흡수끝(absorption edges) 416
흡수띠(absorption band) 103, 181
흡열(endothermic) 794
흡착(absorption) 667
흡착제(sorbent) 40

기타

1차 또는 2차 미분 716
1차 살(primary beam) 747
1차 이온살(primary ion beam) 771
2차 살(secondary beam) 747
3D 이온 트랩 513
Auger 전자 분광법(Auger electron spectroscopy, AES) 749
Beer-Lambert-Bouguer 법칙 105
Beer의 법칙 105
echelle 회절발 127
F 층 684
Gauss 분포(Gaussian distribution) 25
Gaussian 분포(Gaussian distribution) 576
Heisenberg 불확정성 원리(Heisenberg uncertainty principle) 227
K 흡수끝(K absorption edge) 416
Larmor 식(Larmor equation) 224
LVDT(linear variable displacement transducer) 821
Paul 이온 트랩 513
Penning 이온 트랩(Penning ion trap) 514
TOFMS 621
Wheatstone 브릿지 회로 609
X-선 결정학(X-ray crystallography) 459
X-선 광전자 분광법(X-ray photoelectron spectroscopy, XPS) 749
Zeeman 갈라짐(Zeeman splitting) 324
π-전자 결합 상호 작용(π-electron bonding interaction) 600

역자 약력

이승호

연세대학교 화학과 학사
University of Utah 화학과 박사
미국 3M 중앙연구원 연구원
전) 한국분석과학회 회장
전) 한국인그리에학회 회장
현) 한남대학교 화학과 명예교수

기기분석 제8판

저 자 Thomas J. Bruno · James W. Robinson · Eileen M. Skelly Frame · George M. Frame II
역 자 이승호
발 행 인 김지영
발 행 처 자유아카데미
주 소 경기도 파주시 회동길 37-42
파주출판도시
전 화 031-955-1321
팩 스 031-955-1322
홈페이지 www.freeaca.com
전자우편 main@freeaca.com (대표)
editor@freeaca.com (편집)
crm@freeaca.com (영업)
등 록 제406-2003-017호, 1980. 7. 12
제8판1쇄 2025년 1월 5일 발행

ISBN 979-11-5808-660-2 93430

SI Base Units

Quantity	Name	Symbol
Length	meter	m
Mass	kilogram	kg
Time	second	s
Electric current	ampere	A
Thermodynamic temperature	kelvin	K
Amount of substance	mole	mol
Luminous intensity	candela	cd

Common Scientific Units and Symbols

Symbol	Unit	Unit expressed in other SI units	Symbol	Unit	Unit expressed in other SI units
A	ampere		K	kelvin	
Å	ångstrom		L	liter	
atm	atmosphere		M	mol/L	
C	coulomb	s A	m	meter	
°C	degree Celsius		min	minute	
cal	calorie		N	newton	m kg/s^2
eV	electron volt		Pa	pascal	N/m^2
F	farad	C/V	s	second	
G	gauss		T	tesla	kg/s^{2}A
g	gram		V	volt	W/A
h	hour		W	watt	J/s
Hz	hertz	s^{-1}	Ω	ohm	V/A
J	joule	N m			

SI Prefixes for Common Multiplication Factors

Prefix	Symbol	Factor
tera	T	10^{12}
giga	G	10^{9}
mega	M	10^{6}
kilo	k	10^{3}
deci	d	10^{-1}
centi	c	10^{-2}
milli	m	10^{-3}
micro	μ	10^{-6}
nano	n	10^{-9}
pico	p	10^{-12}
femto	f	10^{-15}

Physical Constants

Constant	Symbol	Value
Avogadro's number	N	6.022×10^{23} atoms/mol
Planck's constant	h	6.626×10^{-34} J s
Speed of light in vacuum	c	2.998×10^{8} m/s
Gas constant	R	0.08206 L atm/K mol
Faraday constant	F	96485.3 C/mol
Boltzmann constant	k	1.381×10^{-23} J/K
Electronic charge	e	-1.6022×10^{-19} C

Common Conversion Factors

Energy	Mass	Length
1 L atm = 1.013×10^{2} J	1 kg = 1000 g	1 km = 0.6214 mile
1 erg = 10^{-7} J	1 g = 1000 mg	1 m = 100 cm
1 calorie (cal) = 4.184 J	1 lb = 453.59 g	1 nm = 1.00×10^{-9} m
1 electron volt (eV) = 1.6022×10^{-19} J		1 inch = 2.54 cm
1 C × 1 V = 1 J		1 Å = 1.00×10^{-10} m
1 kg m^2/s^2 = 1 J		

Volume	Temperature	Pressure
1000 L = 1 m^3	T(K) = T(°C)(1K/°C) + 273.15K	1 atm = 101.325 kPa
1 L = 1000 cm^3	T(°F) = (9°F/5°C)T(°C) + 32°F	1 atm = 760 torr
1 mL = 1000 μL		1 atm = 14.70 psi
		1 bar = 0.987 atm
		1 bar = 10^{6} dyne/cm^2

Concentration	
1 M	= 1 mole/L
% w/w	= (g analyte/g sample) × 100%
% w/v	= (g analyte/volume of sample) × 100% (Volume units, such as deciliter, L, mL must be specified)
1 part per million (ppm)	= 1 μg analyte/g sample
	= 1 mg analyte/kg sample
1 part per million (ppm)	= 1 μg analyte/mL sample; for dilute aqueous solutions only
	= 1 mg analyte/L sample; for dilute aqueous solutions only
1 part per billion (ppb)	= 1 ng analyte/g sample
	= 1 μg analyte/kg sample
1 part per billion (ppb)	= 1 ng analyte/mL sample; for dilute aqueous solutions only
	= 1 μg analyte/L sample; for dilute aqueous solutions only
1 part per trillion (ppt)	= 1 pg analyte/g sample
	= 1 ng analyte/kg sample
1 part per trillion (ppt)	= 1 pg analyte/mL sample: for dilute aqueous solutions only
	= 1 ng analyte/L sample; for dilute aqueous solutions only
1 part per quadrillion (ppq)	= 1 fg analyte/g sample (fg = femtogram; 1×10^{-15} g)
	= 1 pg analyte/kg sample
1 part per quadrillion (ppq)	= 1 fg analyte/mL sample; for dilute aqueous solutions only
	= 1 pg analyte/L sample; for dilute aqueous solutions only

ELECTROMAGNETIC RADIATION

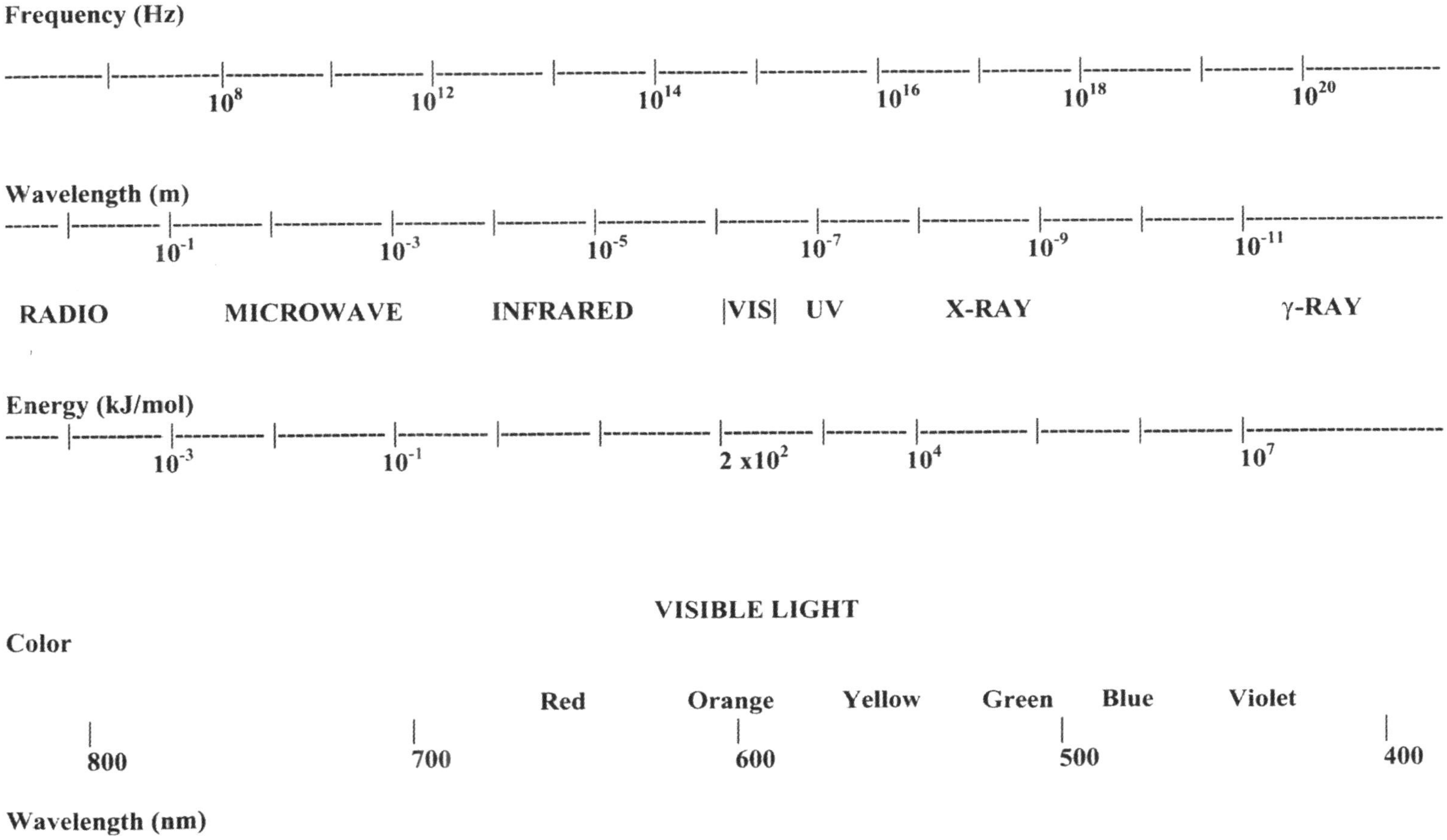

Frequency (Hz)

10^{8} 10^{12} 10^{14} 10^{16} 10^{18} 10^{20}

Wavelength (m)

10^{-1} 10^{-3} 10^{-5} 10^{-7} 10^{-9} 10^{-11}

RADIO **MICROWAVE** **INFRARED** **|VIS|** **UV** **X-RAY** **γ-RAY**

Energy (kJ/mol)

10^{-3} 10^{-1} 2×10^{2} 10^{4} 10^{7}

VISIBLE LIGHT

Color

Red **Orange** **Yellow** **Green** **Blue** **Violet**

800 700 600 500 400

Wavelength (nm)